U0230392

主编/编辑/部分审稿人及编写人员合影（北京）

第一次编委会会议合影（宁波）

第三次编委会会议合影（上海）

# 现代胶黏剂
# 应用技术手册

翟海潮　　张军营　　曲 军　　主编

化学工业出版社

·北京·

## 内 容 简 介

本书从实用的角度出发，系统地介绍了胶黏剂的发展历史、胶黏剂和粘接技术基本原理、胶黏剂配方与生产技术、胶黏剂分析与测试技术、胶黏剂施工工艺与质量控制等内容，详细介绍了胶黏剂在电子电器、汽车制造与维修、轨道交通车辆、船舶制造、新能源装备、医疗与美容、文化体育用品、土木与建筑、飞机制造、航天工业、木工家具、软包装及纸制品、纺织与服装、制鞋与箱包、机械设备制造与维修、农业生产、防伪、文物修复等领域的应用。

本书是一部大型工具书，由75位从事胶黏剂研究、生产与应用的大学教授、研究院研究员、知名胶黏剂企业的技术总监等胶黏剂专家合作完成。本书是胶黏剂从业人员必备的工具书，可供胶黏剂行业的从业人员和胶黏剂原材料、设备供应商以及使用胶黏剂的广大用户参考，也可作为高等院校师生的培训、辅导教材。

**图书在版编目（CIP）数据**

现代胶黏剂应用技术手册/翟海潮，张军营，曲军
主编．—北京：化学工业出版社，2021.10（2024.3重印）
ISBN 978-7-122-39495-8

Ⅰ.①现… Ⅱ.①翟… ②张… ③曲… Ⅲ.①胶粘
剂-技术手册 Ⅳ.①TQ430.7-62

中国版本图书馆 CIP 数据核字（2021）第 132562 号

---

责任编辑：张 艳 刘 军　　　　　　　　文字编辑：师明远 姚子丽
责任校对：杜杏然　　　　　　　　　　　装帧设计：王晓宇

---

出版发行：化学工业出版社（北京市东城区青年湖南街 13 号　邮政编码 100011）
印　　装：北京建宏印刷有限公司
787mm×1092mm　1/16　印张 65¾　彩插 13　字数 1696 千字　2024 年 3 月北京第 1 版第 3 次印刷

---

购书咨询：010-64518888　　　　　　　　售后服务：010-64518899
网　　址：http://www.cip.com.cn
凡购买本书，如有缺损质量问题，本社销售中心负责调换。

---

定　价：398.00 元　　　　　　　　　　　　　　　
京化广临字 2021—04

# 本书编写委员会

主　　　编　　翟海潮　　张军营　　曲　军

副　主　编　　任天斌　　范　宏　　李士学　　梁　滨　　刘益军　　王春鹏

　　　　　　　李盛彪　　薛曙昌　　侯一斌

审　稿　人　　黄世强　　王　新　　阚成友　　叶胜荣

编写人员（按姓氏笔画排序）

| | | | | | |
|---|---|---|---|---|---|
| 马玉峰 | 马菁毓 | 王　洪 | 王　新 | 王一飞 | 王志政 |
| 王春鹏 | 甘禄铜 | 曲　军 | 任天斌 | 刘　鑫 | 刘万章 |
| 刘益军 | 刘海涛 | 孙　健 | 孙全吉 | 杜　海 | 李　峰 |
| 李士学 | 李建波 | 李盛彪 | 肖　明 | 时君友 | 吴　杰 |
| 吴健伟 | 闵彩娜 | 汪宏生 | 沈　峰 | 张　伟 | 张子文 |
| 张军营 | 张孝阿 | 张银华 | 陈吉伟 | 陈县萍 | 范　宏 |
| 范召东 | 林华玉 | 林政炼 | 赵　民 | 赵　苗 | 赵云峰 |
| 赵庆芳 | 郝建强 | 侯一斌 | 姚其胜 | 秦蓬波 | 袁素兰 |
| 夏宇正 | 高　庆 | 高　峰 | 高士帅 | 郭　焕 | 陶小乐 |
| 龚　龚 | 梁　滨 | 董　辉 | 董全霄 | 韩　啸 | 韩胜利 |
| 韩艳茹 | 韩雁明 | 程　珏 | 程冠之 | 曾照坤 | 温明宇 |
| 雷文民 | 虞鑫海 | 窦　鹏 | 蔡玉海 | 翟海潮 | 薛曙昌 |

近年来，在国家政策大力支持下，我国已发展成为产量和销量世界第一的胶黏剂产品大国。胶黏剂行业举足轻重，在精细化工中的地位日益凸显。胶黏剂在工业制造和人民追求美好生活中的应用非常广泛，除常规的粘接、密封、灌封、涂覆、覆膜等功能外，胶黏剂还要满足导热、导电、导磁、耐温、耐油、耐冲击、绝缘、降噪、光学透明甚至透气性的要求。

在世界 500 多种主要工业产品当中，我国大约有 220 多种产品的产量居世界第一。从绝大多数工业产品产量看，庞大的基数十分有利于胶黏剂产品的广泛使用，为胶黏剂带来了广阔的应用发展空间，也是我们实现国产替代的突破口。尤其是当前汽车、新能源、高铁和轨道交通、高端智能手机、高端家用电器等消费产业的高速发展，配套应用的胶黏剂也随之爆发式增长。根据中国胶粘剂和胶粘带工业协会的统计， 2019 年我国胶黏剂总产量约 679 万吨，销售额约 972 亿元，长期持续增长趋势从未改变过。

翟海潮等人主持编写《现代胶黏剂应用技术手册》这部巨著的出版发行可谓正逢其时，其技术内涵、应用广度和深度在此不必赘述，技术指导性和针对性显而易见。

"十三五"期间，我国胶黏剂行业通过不断调整产业结构、持续进行科技创新、快速提升产品质量、努力扩大应用领域等措施，取得了令人瞩目的业绩。我国胶黏剂行业发展呈现以下明显特征：行业经济运行总体稳健，产业结构调整不断优化，质量和效益持续改善，新建和改扩建项目增多，专利信息和技术进展加速，主板上市企业亮点较多。

展望未来，我国胶黏剂行业的高质量发展之路与下游产业链紧密相关，其战略性新兴市场主要包括：汽车、新能源、高速铁路和城市轨道交通、装配式建筑、绿色包装、医疗器械、运动休闲、现代物流、家用电器、消费电子、 5G 建设、汽车充电桩及其他装配制造业。随着我国挥发性有机物（VOCs）排放综合治理趋严，加快淘汰落后胶黏剂产能，通过技术创新促进产品转型升级，从而提高产品竞争力是未来相当长时期企业面临的重要课题。

我们相信，鼓励和促进水基型、热熔型、无溶剂型、辐射固化、改性、生物降解等低 VOCs 含量的胶黏剂产品的发展，必将成为行业共识。进一步提高自主创新能力，逐渐掌握关键核心技术，建立完整的胶黏剂产业链，努力从胶黏剂生产大国向生产强国进行转变；逐步形成一批具有国际竞争力的企业，并进一步促进我国胶黏剂行业向专业化、规模化、品牌化、集团化方向发展，这正是一代又一代胶黏剂人为之奋斗的梦想。

有感于此，欣然执笔，我很愿意把这部大作推荐给大家，衷心希望它在胶黏剂行业大放异彩，成为行业技术人员心之所向并为之点赞。

中国胶粘剂和胶粘带工业协会 副理事长兼秘书长

杨 栩

2020 年 12 月于北京

序言

中国胶黏剂工业从 20 世纪 50 年代末开始起步，历经约 60 年的发展。目前中国已成为世界上最大的胶黏剂生产国和消费国。胶黏剂和粘接技术已广泛应用于我国汽车、电子电器、建筑、机械、新能源设备、船舶、航空航天、医疗、包装、印刷、服装、制鞋等领域，已成为以上诸领域不可或缺的材料和专门技术之一。为了进一步促进胶黏剂和粘接技术在我国现代产业中的应用，我们组织 75 位从事胶黏剂研究、生产与应用的大学教授、研究院研究员、知名胶黏剂企业的技术总监等胶黏剂专家编写了这部《现代胶黏剂应用技术手册》大型工具书。

本书由翟海潮、张军营、曲军任主编，任天斌、范宏、李士学、梁滨、刘益军、王春鹏、李盛彪、薛曙昌、侯一斌任副主编，黄世强、王新、阚成友、叶胜荣审稿。清华大学、浙江大学、北京化工大学、同济大学、湖北大学、大连理工大学、华中师范大学、东华大学、北华大学、北京林业大学、南京林业大学、北京服装学院、北京航空材料研究院、黑龙江石油化学研究院、中国航空制造技术研究院、航天材料及工艺研究所、中蓝晨光化工研究院、中国林业科学研究院木材工业研究所、中国林业科学研究院林产化学工业研究所、广州机械科学研究院、中国铁道科学研究院、中国文化遗产研究院、汉高（中国）、富乐天山、西卡（中国）、3M（中国）、回天新材、康达新材、高盟新材、硅宝科技、之江有机硅、天津三友、北方现代、广东裕田霸力、杭州仁和、辽宁吕氏、上海微谱化工、东莞成铭、武汉时利和、浙江金鹏（原）、苏州湘园、苏州毫邦、上海九元、青岛海誉、北京华腾东光、南京康尼、中车青岛四方、万化化学等单位的 75 位行业一线专家学者参与编写（详见本书编写委员会），各章编写人员在章末标示。

《现代胶黏剂应用技术手册》共 5 篇 45 章。第 1 篇 胶黏剂和粘接技术概论，概括介绍胶黏剂和粘接技术基本知识，胶黏剂的组成、分类、应用领域，胶黏剂的固化机理和粘接机理，影响胶黏剂成功应用的因素以及国内外胶黏剂的历史、现状与发展趋势。第 2 篇 胶黏剂在现代产业中的应用，详细介绍了胶黏剂在电子电器、汽车制造与维修、轨道交通车辆、船舶制造、新能源装备、医疗与美容、文化体育用品、土木与建筑、飞机制造、航天工业、木工家具、软包装及纸制品、纺织与服装、制鞋与箱包、机械设备制造与维修、农业生产、防伪、文物修复等领域的应用。第 3 篇 胶黏剂配方与生产技术，详细介绍了反应型环氧树脂胶黏剂、反应型聚氨酯胶黏剂（含密封胶）、有机硅胶黏剂（含密封胶）、硅烷化改性胶黏剂（含密封胶）、第二代丙烯酸酯胶黏剂、 α-氰基丙烯酸酯胶黏剂、厌氧型胶黏剂、辐射固化型胶黏剂、酚醛与氨基树脂胶黏剂、聚硫密封胶和丁基密封胶、单组分溶剂型胶黏剂、水基型胶黏剂、热熔型胶黏剂、压敏型胶黏剂、无机胶黏剂、耐高温有机胶黏剂、天然胶黏剂、功能型胶黏剂的组成、实用配方及生产工艺。第 4 篇 胶黏剂分析与测试技术，主要介绍胶黏剂的测试方法、胶黏剂的鉴别、测试表征与配方剖析。第 5 篇 胶黏剂施工工艺与质量控制，详细介绍了胶黏剂的选用、粘接接头设计、被粘接材料及表面处理、胶黏剂的涂覆与固化及所用设备、粘接质量控制和无损检测、胶黏剂职业危害的分析与控制。附录介绍了胶黏剂技术与信息资料源、国内国际胶黏剂技术标准目录。

本书可供胶黏剂行业从业人员和胶黏剂原材料、设备供应商以及使用胶黏剂的广大用户参考，也可作为高等院校师生的培训、辅导教材。

胶黏剂和粘接技术是一门跨学科的交叉科学，涉及高分子化学、材料学、力学诸学科，发展十分迅速，限于编者的水平，本书一定会有许多不足之处，恳请广大读者给予批评指正。

编 者

2021 年 5 月

# 目　　录

## 第3篇　胶黏剂配方与生产技术

# 第4篇 胶黏剂分析与测试技术

## 第5篇　胶黏剂施工工艺与质量控制

# 第1篇 胶黏剂和粘接技术概论

# 第1章

# 胶黏剂和粘接技术

## 1.1 胶黏剂和粘接技术基本概念

### 1.1.1 胶黏剂

胶黏剂是一种起连接作用的物质，它将材料粘接在一起。胶黏剂是粘接技术的关键，它通过界面（表面）层分子（原子）间相互作用和原位固化，把两个（含）以上固体表面连接在一起。这种通过表面相互作用把两种（含）以上固体材料粘接在一起的物质，称为胶黏剂（也称黏合剂、黏结剂、粘接剂等，俗称胶、胶水），英文称 adhesive（也称 glue、cement、binder 等）。广义来说，只要能把两种（含）以上材料粘接到一起的物质都可称为胶黏剂，例如黏土、石灰、沥青、水泥、糊精、动物胶、合成胶黏剂等。

胶黏剂依靠粘接界面的相互作用，通过简单的工艺方法把特定的同质或异质且形状复杂的物体或器件连接在一起，同时也可以赋予一些特殊功能，如密封、绝缘、导热、导电、导磁、阻尼、吸声、吸波、缓释、保护等。除连接功能外，常把具有光、电、热、声和生物相容性等一些特殊功能和用途的胶黏剂，称为功能型胶黏剂。

依靠胶黏剂的黏弹性和粘接性，将结合面间的间隙封住、隔离或切断泄漏通道，以实现密封功能的一类胶黏剂，称为密封胶，欧美国家称为密封剂（sealant）。密封胶种类繁多，有弹性密封胶和非弹性密封胶。其中弹性密封胶是应用比较广泛的一种密封胶。

胶黏剂用于两个被粘物之间，由于胶层比较薄、用量相对比较少、品种规格多、价格相对较高，因此胶黏剂也属于精细化学品。

## 1.1.2 粘接技术

粘接（亦称为黏结、胶接、胶合、接着等）技术（adhesive bonding）是一种连接工艺方法，是指通过被粘材料的表面制备、接头的设计、选胶和施胶、固化和后处理等工艺，将同质或异质物体表面用胶黏剂连接成为一体的技术的总称。被粘接在一起的部位称为粘接接头（adherent joint）。粘接技术作为三大连接方法（机械连接、焊接、粘接）之一，具有无可比拟的独特优势（如表 1-1 所示）。粘接接头具有应力分布均匀、工艺温度低等特点，特别适用于不同材质、不同厚度、超薄规格和复杂构件的连接。因此，粘接技术已广泛地应用于国民经济的各个领域，并成为不可或缺的连接技术。

表 1-1　粘接技术与机械连接、焊接的对比

| 连接方法 | 机械连接 | 焊接 | | 粘接 |
|---|---|---|---|---|
| 具体形式 | 螺接、榫接、套接、嵌接、钉接、铆接、捆接、扎接等 | 气焊、电焊、压焊、钎焊、摩擦焊、化学焊等 | | 对接、贴接、搭接、斜接、套接、角接、"T"接等粘接和密封形式 |
| 局限性 | 局部受力，应力分布不均，耐疲劳性差；密封性差，需要密封垫等；对零件有损伤；超薄材料或低刚度材料不适用；外观可设计性差；复杂接头无法实现 | 不适用于无机非金属材料和有机高分子材料；工艺温度高（达到熔化温度）；接头易产生电化学腐蚀；不适用于复杂形状接头 | 相对优势 | 面受力、重量轻、可密封；超薄规格、复杂构件均可适用；对被粘材料内部基本没有损伤 |
| | | | | 不同材质、不同厚度、复杂构件均适用；工艺温度低，界面应力低；可绝缘 |

### 1.1.2.1 粘接技术的优势

粘接的目的是传递应力，也就是说当一种被粘材料受力时，其应力通过被粘材料内部分子相互作用传递到粘接界面，然后通过界面分子相互作用，传递到固化后的胶层，再通过胶层内部分子作用传递到另一界面，直至到另一被粘物，如图 1-1 所示。

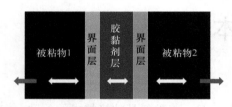

图 1-1　粘接接头结构和应力传递示意图

从图 1-1 中可以看出，粘接接头具有如下优势：

（1）受力面积大，应力分布均匀　对于螺接、榫接、铆接、钉接等机械连接方法，都需要预先对被连接材料进行打孔，这样会对被连接材料造成损伤。另外，两个被连接的物体是通过螺栓、榫头及铆钉等局部材料传递应力，所有应力都集中在该部位。而对于粘接，整个粘接面都可传递应力，因此受力比较均匀。另外，对于螺接而言，还容易出现应力松弛和松动，影响使用的安全性。

（2）能连接任何形状的薄或厚的材料，具有较高的比强度　粘接能有效地减轻重量，这是由于省去了铆钉或螺钉，或者是由于粘接件受力均匀，可用于薄壁结构。如蜂窝夹层结构、复合材料等，同金属相比具有较好的比强度。

（3）可连接相同或不同的材料，减小或阻止双金属腐蚀（电偶腐蚀）　焊接方法一般只能用于同种金属，不同种金属通过螺接或铆接相互接触时形成腐蚀原电池，产生双金属腐蚀并形成脆性破坏。接头形成过程需要温度较低，不会降低金属零件的强度，同时减少了热应力集中和热损伤。

（4）耐受疲劳和交变负荷　粘接件（接头）的疲劳寿命比机械连接方式接头长得多，其原因之一是疲劳裂纹在粘接件的扩展速度较小。

（5）粘接接头外形光滑　粘接件具有平滑的外表面，这对于需要流线型的各种现代化工

具来说是很宝贵的性能，如点焊胶可充分发挥点焊与粘接的优点。

（6）粘接接头对各种环境具有密封性　粘接件的连接缝对水、空气或其他环境介质具有优良的密封性，这是铆接或螺接做不到的，在航空航天飞行器中有重要的应用。

（7）除具有连接作用外，还可具有其他功能　选用功能型胶黏剂，可赋予粘接接头一些特殊的功能，如吸波、密封、绝缘、隔热、导电、导磁、降噪或减振等。

### 1.1.2.2　粘接技术的局限

尽管粘接技术具有很多优点，但也存在某些不足和局限性：

（1）粘接强度同金属材料相比还不够大　因为绝大多数胶黏剂都是通过分子间力（范德华力）的作用将被粘物连接在一起的，而金属材料是靠比范德华力大得多的金属键连接的。但粘接技术通过接头设计，可以用于金属材料的结构粘接。

（2）粘接接头耐高低温性能有限　目前的合成胶黏剂多数属于有机高分子材料，具有黏弹性，其性能对温度依赖性较强。如通常所说的耐高温合成胶黏剂，长期工作温度在 250℃以下，短期工作温度可达 350～400℃。在受热条件下，粘接强度远远低于常温下的粘接强度，一般胶黏剂只能在 -50～100℃ 的范围内正常工作。粘接件在承受高低温交变作用以后，其各项力学性能均有所下降。目前已经有许多学者进行拓宽胶黏剂使用温度的研究，并有些产品获得应用，如超低温（4K）和超高温（1500K）下使用的胶黏剂。

（3）合成胶黏剂易产生老化现象，影响使用寿命　在光、热、空气、射线、菌、霉等环境条件作用下，胶黏剂分子本身会发生降解或粘接面会产生脱附，对强度产生影响。目前人们已经积累了许多关于老化的经验，并在飞机、建筑、汽车、卫星等方面有许多成功应用的实例，但是关于使用寿命的预测还比较困难。

（4）在粘接过程中，影响粘接件性能的因素较多　粘接强度受粘接工艺影响较大，结构胶黏剂的使用往往需要表面处理、固定、加压、加热等特定工艺条件。对于一些特殊情况，对工艺要求还比较严格，也就是说，工艺容忍度还不够宽，另外有时粘接面清洁处理用的溶剂和溶剂型胶黏剂还存在着影响健康和环境的问题。

（5）粘接部位难于进行目视检查（透明的被粘物除外）　粘接件的无损探伤迄今还没有可靠的办法。

### 1.1.2.3　混合连接技术

鉴于不同连接方法的局限性，也可采用多种方式相结合的连接方法。如点焊胶就是用于粘接和焊接相结合的连接，可同时发挥焊接固定速度快、粘接面受力的工艺优点，具有强度高、可密封、耐疲劳性好、结构重量轻和生产率高等优点；螺纹紧固胶用于螺接和粘接场合，可发挥螺接的高强度和连接速度快的特点，同时可以发挥粘接密封和防止螺接的松动和应力松弛问题，广泛用于车辆运输、道轨等振动场合。

## 1.1.3　与涂料、油墨、复合材料相关的胶接材料

在涂料行业，能够把其中细微的颜填料、功能填料粘接成膜，并能粘接在被涂装物体表面的物质，一般称为粘料或成膜物质。在复合材料领域，把微小粉体和增强纤维粘接在一起并形成特定强度和性能材料的物质，称为基体树脂。就粘接原理而言，它们都是通过表面或界面的分子相互作用把两个固体表面连接在一起的，其原理、工艺和使用的材料类型都与胶黏剂相同或类似。因此，本章作者提出了一个更广义的概念——胶接材料，它包括了传统概念的胶黏剂、基体树脂和涂料（见表 1-2）。有所差别的是，基体树脂所粘接的对象一般不能通过工具对其进行简单夹持固化，一般还需要模具；对于涂料，粘接的是被涂装材料的一

面，对其流变学行为和外观还有一些特殊要求。另外，通过分子间黏附并形成粘接达到显示功能的油墨，其原理同胶黏剂类似，是把微细的颜料粘接在被印刷的物体表面，并形成牢固的粘接。

表 1-2　胶接材料的概念

| | 名称 | 作　用 | 应用领域 | 共同特点 |
|---|---|---|---|---|
| 胶接材料 | 胶黏剂 | 宏观物体或器件连接 | 胶黏剂 | 液体、润湿、固化 |
| | 成膜物质 | 功能颜料连接、涂装表面粘接 | 涂料、油墨 | |
| | 基体树脂 | 把纤维或粉体连接成一个整体 | 复合材料 | |

胶接材料具有共同的粘接原理，其共同特征如下：

① 粘接前，在粘接工艺温度（室温或加热）条件下，必须为可流动或能够变形的熔体、液体、膏体或低模量的黏弹体，以适应被粘物体的粗糙表面，达到分子接触（分子间距离在数埃以内），产生相互作用，形成黏附力。这是形成黏附力的前提，它与胶黏剂的化学结构、物理结构、流变学行为、黏弹性等因素有关。

② 施胶时，胶黏剂与被粘表面相接触时要有较小的接触角和良好的浸润性，能够铺展和浸渗到表面的沟壑之中，达到有效的微观的分子接触，这是形成黏附力的条件。浸润性与胶黏剂的表面张力、黏度及被粘物体表面状态和结构有关。

③ 施胶后，胶黏剂在一定的条件下，能够从流体转变为固体。胶黏剂的固化是接头从黏附力转化为粘接强度的关键，也就是把被粘物固定在一起，承受一定负荷的关键。固化过程可以是物理变化过程（如熔体冷却和溶剂挥发），也可以是化学过程（如聚合和交联），这与固化条件（温度、湿度、压力、时间、光照、辐照等）有关。

④ 粘接后，粘接接头（粘接件）具有足够的力学性能（如强度、韧性等），也可具有其他特殊的功能（如导电、导热、透光、弹性、耐热、耐环境性、阻尼等）。这是粘接的基本目的，除前述因素外，还与接头设计、应力分布、性能测试有关。

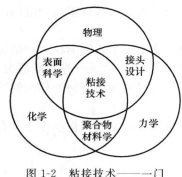

图 1-2　粘接技术——一门跨学科的新兴学科

从上述分析可以看出，胶接材料和粘接技术是由有机化学、高分子化学、高分子物理、界（表）面化学、材料力学等学科相互渗透、彼此综合而形成的一门新兴的交叉学科（见图 1-2），同时粘接技术的发展又对上述学科提出了新的要求。粘接技术的发展和研究领域主要包括上述学科内容，但主要还是合成胶黏剂本身的发展和应用。

# 1.2　胶黏剂的组成和分类

目前市售的胶黏剂产品种类繁多，牌号复杂，生产厂家多，应用领域涉及国民经济和生活的各个领域，产品性能各异，有的同性异类，有的异性同类。因此，胶黏剂的选用也成为粘接技术的关键和难点。胶黏剂的性能由其结构决定，而其结构是由相应的技术配方和工艺所决定。一般而言，按照主体聚合物的化学结构类型、功能属性、固化方法特点和胶黏剂厂商提供的信息来选用胶黏剂产品。但是，了解和掌握胶黏剂配伍原理、各原料作用、基本属性、分类及基本性能，无论对于胶黏剂研究者还是使用者都特别重要。为了便于理解胶黏剂产品，必须了解胶黏剂的组成及分类。

## 1.2.1　胶黏剂的组成

胶黏剂产品是多组分体系，胶黏剂种类不同，配方各异，组成差别巨大。胶黏剂一般是由多种化工原料包括基础聚合物、固化剂、促进剂、稀释剂、增韧剂、填料、助剂等组成的混合物。胶黏剂不仅要求能够完全满足粘接性能和特殊功能要求，也要满足使用工艺性能、环境性能等其他要求。一种单一物质难以同时满足这些要求，因此往往需要多种不同作用和功能的原料通过科学配伍，取长补短，满足实际需求。

胶黏剂的组成和粘接工艺决定了胶黏剂产品的最终性能特点，如应用范围、表面处理要求、粘接费用等。一般正规的胶黏剂制造商提供的 MSDS（material safety data sheet，化学品安全说明书）和 TDS（technical data sheet，产品技术数据表）中，都会对其胶黏剂产品的主要成分和性能进行描述。

### 1.2.1.1　主体材料（或称粘料、基料、主剂等）

所谓主体材料（或称粘料、基料、主剂等），是指各组分中对胶黏剂固化、强度和耐环境性等起关键作用的组分。基料在固化时，能够形成连续相，对传递应力起主要作用。一般情况下，根据胶黏剂基料的化学结构分为有机材料和无机材料两大类，有机材料又分为天然材料和合成材料两类。

（1）天然高分子　如淀粉、糊精、桃胶、纤维素、单宁、阿拉伯树胶、松香、天然橡胶等植物类粘料，以及骨胶、皮胶、鱼胶、虫胶、血蛋白胶、酪蛋白胶等动物类粘料。

（2）合成树脂　分为热固性树脂和热塑性树脂两大类。热固性树脂如环氧树脂、酚醛树脂、脲醛树脂、密胺树脂、不饱和聚酯树脂、反应型丙烯酸酯树脂、聚异氰酸酯树脂、氰酸酯树脂、双马来酰亚胺树脂（双马树脂）、有机硅树脂、聚酰亚胺树脂、聚苯并咪唑树脂等；热塑性树脂如聚醋酸（乙酸）乙烯酯树脂、聚氯乙烯树脂、聚丙烯酸及酯类树脂、聚酰胺树脂、聚乙醇缩醛树脂、热塑性聚氨酯树脂、乙烯-醋酸乙烯酯树脂、醋酸乙烯-丙烯酸共聚树脂、氯乙烯-丙烯酸酯共聚树脂、共聚酰胺树脂、共聚酯树脂等。合成树脂是用量最大的一类粘料。

（3）合成橡胶　如聚异戊二烯橡胶、丁基橡胶、丁苯橡胶、丁腈橡胶、聚硫橡胶、聚异丁烯橡胶、氟硅橡胶、有机硅橡胶、苯乙烯-丁二烯-苯乙烯（SBS）、苯乙烯-异戊二烯-苯乙烯（SIS）、聚氨酯弹性体等。

（4）无机材料　如硅酸盐、磷酸盐、硫酸盐、硼酸盐、金属氧化物、金属或硫黄等。

### 1.2.1.2　固化剂（硬化剂）、促进剂、抑制剂或阻聚剂

为了保持胶黏剂产品在使用之前为可流动状态，在贴合之后又能够固化形成牢固的粘接，反应型胶黏剂的基体需要使用固化剂、引发剂、促进剂、抑制剂或阻聚剂等进行调节。

固化剂是能够通过与基体树脂进行化学反应而引起固化的物料。固化剂种类繁多，不同类型的基体，需要的固化剂类型也不同，对配比容限度要求也不一样。如环氧-脂肪胺和环氧-酸酐胶黏剂体系，有临界混合比的要求，如偏离制造商规定的混合比范围的要求，将会对胶黏剂体系有重大影响。有些固化体系则要求不太严格，如双包装的丙烯酸酯胶、不饱和聚酯及环氧-聚酰胺体系，则配比范围较宽。固化剂组分和基体树脂发生交联固化反应，是交联网络结构的重要组成部分，对固化特性和胶黏剂体系的最终性质有很大影响，因此固化剂也是影响胶黏剂性能的关键组分之一。固化剂不仅对固化速度有重要影响，也是影响体系的模量、强度和耐温性的重要因素，如双氰胺固化的环氧树脂结构强度较大，用聚酰胺和长

链聚醚胺固化剂的胶黏剂柔韧性较好。

促进剂、抑制剂或阻聚剂可以加速或延缓固化速度，对贮存寿命、适用期和工艺性能有重要的影响，这些也是关键组分之一。如厌氧胶用于塑料件的粘接时，就需要使用三氯化铁溶液进行促进，否则固化速度比较慢甚至不固化。对于自由基聚合的丙烯酸酯、光固化胶和厌氧胶需要使用酚类等阻聚剂增加贮存稳定性。如单包装聚氨酯胶黏剂，常使用磷酸等酸性物质作为稳定剂，防止贮存过程中异氰酸酯的自聚。加成型硅橡胶，常使用乙炔基环已醇类物质作为铂催化硅氢加成的高效抑制剂或延迟剂，可以延长胶的低温适用期。

### 1.2.1.3 其他助剂

（1）稀释剂 有时需要使用稀释剂降低胶黏剂的黏度，改善使用工艺、调控胶层厚度和加工条件。一般稀释剂为小分子或低分子物质，又分为活性和非活性稀释剂两类。活性稀释剂在固化时能够参与固化反应，作为交联链节的一部分进入交联网络之中，所以最终胶黏剂特性由粘接料和稀释剂的反应物决定。非活性的稀释剂是指不会参与固化反应的惰性物质，固化后起到增塑剂的作用，一般会增加柔性，降低力学强度，有时会析出影响粘接性能。

（2）填料 在功能性胶黏剂配方体系中，填料可以改进其流变特性、模量、强度和功能特性，它是非粘接性物质。在粘接性能富余的体系，可通过使用填料降低胶黏剂产品的成本；通过功能填料可以对热膨胀性、收缩率、导电性、导热性、黏度、触变性和耐热性进行更大范围调控。如导热胶黏剂，一般使用大量的氧化铝、碳化硅、氮化硅、氮化硼等导热填料来实现导热功能；导电胶黏剂中使用大量的银粉、金粉、铜粉、铝粉、石墨等导电填料来实现导电功能；触变性胶黏剂使用气相法二氧化硅来实现触变性能；高填充量的胶黏剂耐高温性能可明显提高；通过特定直径的球形或短纤维来控制胶层厚度等。一般而言，填料的类型、粒径分布、表面处理等对填充量、分散状况和性能有重要影响。

（3）载体和增强剂 在有些胶黏剂体系当中，有时需要引入薄的织物、纸张、膜类载体或纤维增强剂，以便制成片状或带状胶黏剂。如压敏胶带中，常用双向拉伸聚丙烯（BOPP）膜作为载体制成背材，起到装饰或其他功能作用；环氧结构胶膜一般使用尼龙纱作为基材，便于铺胶和裁剪。在膜或结构胶带中，载体一般是多孔的，并被胶黏剂浸透。玻璃纤维、聚酯纤维、尼龙纤维和晶须是支撑胶黏剂膜的常用载体，起增强和控制胶层厚度的作用。

（4）增韧剂和增塑剂 增韧剂一般用于环氧树脂、酚醛树脂等热固性胶黏剂中，既能保持其高度交联所带来的耐温性和刚性的优点，同时又能增加胶黏剂的耐冲击性和抗裂纹扩展能力，这是目前该类结构胶黏剂常用的配伍技术。常用的增韧剂一般是端活性的低分子量橡胶［如 CTBN（端羧基液体丁腈橡胶）、ATBN（端氨基液体丁腈橡胶）等丁腈橡胶］、线型工程塑料［聚醚砜、PEEK（聚醚醚酮）、尼龙（聚酰胺）等］、纳米橡胶微球和刚性无机微球等。

在胶黏剂中也可通过增塑剂调节柔性和/或断裂伸长率，其作用原理同非活性稀释剂相似，既可用于热固性胶黏剂中，也可用于热熔胶、溶剂型胶黏剂、压敏胶等体系中，能够降低胶体或热熔胶的熔融黏度，也能够增加胶体的柔性和弹性。增塑剂也可看成是不挥发的溶剂，将聚合物分子链隔开，增加分子链段相互运动的能力，使胶黏剂受力时容易变形，降低胶体的模量和使用温度。一般增塑剂对基体树脂的黏弹性有影响，而活性稀释剂只简单地降低体系黏度。聚合物的玻璃化转变温度，会随增塑剂用量的增加而降低。

（5）增黏剂 用于现代胶黏剂配方中的增黏剂包括脂肪烃和芳香烃石油树脂、萜烯和松香改性酯等，它常用于热熔胶和压敏胶体系来提高粘接力或"初始强度"。一般而言，在胶黏剂中加入增黏剂，虽然会增加黏附性和剥离强度，但往往会提高玻璃化转变温度，降低低温下的粘接性能。

（6）增稠剂、触变剂　使用增稠剂和触变剂来调节胶黏剂的流变行为，也可以调节胶层厚度和施工特性。膏状或高黏度胶黏剂中往往使用增稠剂和触变剂来调节体系的触变性。触变性是指胶黏剂体系在较大剪切速率下（如搅拌和混合时）黏度变小，便于施工和混胶，当在静止状态下或较小的剪切速率时，黏度急剧增加，失去流动性，防止在垂直粘接面的流胶和挂胶，保持胶层厚度的性质。该类物质主要有两大类：一种是通过物理相互作用的液体物质，另一种是具有特殊粒径和形貌的固体填料。触变剂还有抗下陷性和防止填料沉降的作用，保持胶黏剂组成的均匀性。如风力叶片用合模胶，使用时粘接面长达几十米，胶层厚度高达数厘米，粘接面有平面也有立面，使用时还要求能够混合均匀，因此要求具有良好的触变性。像汽车挡风玻璃用 PU（聚氨酯）密封胶、玻璃幕墙用的有机硅结构胶等都是使用了触变剂的膏状胶黏剂。

（7）成膜助剂　一般用于乳胶型胶黏剂体系。根据乳胶体系固化原理，在室温或固化温度下，乳胶粒子待水分挥发后能够相互融合成膜，从而形成粘接。但是我们知道，只有乳胶粒子的玻璃化转变温度（$T_g$）低于室温或使用温度时，才可以在室温或使用温度下相互粘连成膜。对于胶层而言，$T_g$ 低于使用温度时，胶层为低模量的高弹态，粘接力和本体强度较低，而形成的粘接体系又希望在室温下强度较高，进而要求体系的 $T_g$ 较高。为了克服这样的矛盾，通过使用成膜助剂来实现。成膜助剂一般都是具有增塑作用的挥发性有机物（VOC），其作用是降低乳胶粒子的 $T_g$，在水分挥发后，乳胶粒子在此状态下能够自粘成膜，当在后期使用过程中，成膜助剂会逐渐挥发，体系的 $T_g$ 逐渐升高，强度逐渐增大，最终形成一个具有较高强度的体系。由此可以看出，大部分具有良好强度和耐温性的常规乳胶型胶黏剂产品中，并不是完全没有 VOC。

（8）抗氧剂、抗水解剂、杀真菌剂及光稳定剂等助剂　以聚合物为基础的胶黏剂产品在贮存或使用过程中都会发生光分解、热氧老化、水解、界面脱附、应力脱附等现象，影响粘接接头的使用寿命。为了减缓老化进程，要在胶黏剂配方中加入抗老化剂、抗水解剂、偶联剂和稳定剂等。水基胶黏剂体系中还要加入抗霉菌剂和抗微生物剂。

（9）表面活性剂和润湿剂　在水基胶黏剂中加入表面活性剂和润湿剂，目的是使乳液或胶液稳定，易于分散填料。也可将添加剂加到水基配方中，来提高体系的冻融稳定性。

（10）偶联剂　为了增加胶黏剂与被粘物的黏附力，会在一些结构胶黏剂或长寿命胶黏剂体系中引入偶联剂。偶联剂是一种含有两种或两种以上可反应基团的物质，既可以与被粘表面产生强的相互作用，也可以和胶黏剂产生化学反应，通过在粘接界面上"架桥"成化学键，把被粘物表面分子与胶黏剂分子牢固结合在一起，可显著提高粘接件的耐湿热和盐雾性能，有时还会显著提高填料在基料中的分散性。

（11）溶剂　有些胶黏剂需要溶剂，在胶黏剂配方中所用的溶剂主要有脂肪烃、酯类、醇类、酮类、氯代烃类、醚类等。溶剂是一种临时助剂，主要是为了降低施工时的黏度，使用时会挥发掉，一般不会存在于胶层中。

## 1.2.2　胶黏剂的分类

从分类学来看，任何事物之所以有多种分类方法，是因为这个事物有多种属性，也就是可按事物某种属性进行分类。按胶黏剂的基本属性有许多种分类方法，如按胶黏剂的化学成分分类、按固化方式分类、按粘接强度分类、按物理形态分类、按包装数目分类、按应用领域或功能分类、按用途分类，等等。

### 1.2.2.1　按化学成分分类

按胶黏剂主体材料的化学成分类别，可将胶黏剂分为无机胶黏剂和有机胶黏剂，有机胶黏剂又可分成天然胶黏剂和合成胶黏剂两类。合成胶黏剂按高分子材料结构类型，分为树脂型胶黏剂、橡胶型胶黏剂和复合型胶黏剂等。树脂型胶黏剂如环氧树脂胶黏剂、丙烯酸酯胶黏剂等；橡胶型胶黏剂如氯丁橡胶胶黏剂、聚硫橡胶胶黏剂等；复合型胶黏剂如酚醛-丁腈胶黏剂、环氧-聚氨酯胶黏剂等。复合型胶黏剂也称高分子合金型胶黏剂，是由热固性与热塑性树脂或弹性体等两种不同类型物质组合而成。热固性树脂胶黏剂具有良好的耐热性、耐溶剂性和高的粘接力，但初始粘接力低，耐冲击和弯曲性也差，固化时需加压。而热塑性树脂和热固型树脂胶黏剂的性能则恰恰相反。利用热固性树脂与热塑性树脂或弹性体相互配合的胶黏剂（复合型胶黏剂），可取长补短，使胶黏剂的耐温性不变或降低得较小，且更柔韧，更耐冲击。胶黏剂按化学成分分类详见表 1-3。

**表 1-3　胶黏剂按化学成分分类**

| 类 | 别 | | 胶黏剂品种 |
|---|---|---|---|
| 无机胶黏剂 | | 硅酸盐 | 水玻璃、硅酸盐水泥 |
| | | 磷酸盐 | 磷酸-氧化铜、磷酸-氢氧化铝-氧化铜、磷酸-氧化锌等 |
| | | 硫酸盐 | 石膏 |
| | | 硼酸盐 | 硼砂-氧化锌、熔接玻璃 |
| | | 金属氧化物 | 氧化锆、氧化铝、氧化钙(石灰)、氧化镁-氯化镁、氧化铅 |
| | | 金属或硫黄 | 锡-铅合金、硫黄 |
| 有机胶黏剂 | 天然胶黏剂 | 动物胶 | 蛋白质类:骨胶、皮胶、鱼胶、虫胶、血胶等 |
| | | 植物胶 | 多糖类:淀粉、糊精、纤维素、树胶 |
| | | | 酚类:木质素、生漆 |
| | | | 萜类:萜烯树脂、松香类 |
| | | | 其他:沥青、天然橡胶 |
| | 合成胶黏剂 | 热固性树脂 | 环氧、酚醛、脲醛、密胺、不饱和聚酯、反应型丙烯酸酯、聚异氰酸酯、氰酸酯、双马树脂、有机硅树脂、聚酰亚胺、聚苯并咪唑等 |
| | | 热塑性树脂 | 聚醋酸乙烯酯、聚乙烯、聚丙烯酸及酯类、聚酰胺、聚乙醇缩醛、热塑型聚氨酯(TPU)、(聚醋酸乙烯及共聚物)(EVA)、醋酸乙烯-丙烯酸共聚树脂、氯乙烯-丙烯酸酯共聚树脂、共聚酰胺、共聚酯等 |
| | | 合成橡胶 | 聚异戊二烯、丁基、丁苯、丁腈、聚硫、聚异丁烯、氟硅橡胶、有机硅、SBS、SIS、聚氨酯弹性体等 |
| | | 复合型 | 酚醛-丁腈、酚醛-缩醛、酚醛-氯丁、环氧-丁腈、环氧-聚酰胺、环氧-聚硫、环氧-聚砜、环氧-聚氨酯等 |

### 1.2.2.2　按固化方式分类

胶黏剂的固化是粘接的重要工艺之一。根据固化方式胶黏剂可分为化学反应型和非反应型（也称非转化型）。非反应型又分为通过溶剂或水分挥发而固化的胶黏剂、通过温度变化而固化的胶黏剂及压敏型胶黏剂。

（1）反应型胶黏剂　分为双组分型和单组分型，单组分型按激发固化的条件（包括外加能源如加热、辐射、表面催化等）主要有如下几种。

① 湿固化胶黏剂；

② 辐射（可见光、紫外光、电子束等）固化胶黏剂；

③ 通过被粘材料表面催化和隔绝氧气的胶黏剂（如厌氧胶）；

④ 热固化型胶黏剂。

（2）非反应型胶黏剂

① 通过溶剂或水分挥发而固化的胶黏剂。

a. 接触胶（溶剂型，两面涂胶，待溶剂基本挥发后进行合拢，依靠自粘粘接）；

b. 湿敏型胶黏剂（如邮票背面的预涂胶）；

c. 溶剂型胶黏剂；

d. 乳胶（液）型胶黏剂。

② 通过温度变化而固化的胶黏剂。

a. 热熔胶；

b. 塑化型胶黏剂［PVC（聚氯乙烯）糊树脂］。

③ 压敏型胶黏剂（压敏胶）。

### 1.2.2.3　按粘接强度分类

胶黏剂按粘接强度和使用性能可分为结构胶黏剂和非结构胶黏剂。结构胶黏剂是指具有较高的粘接强度和较长的使用寿命，可用于结构承力件的粘接，当接头受力破坏时，破坏发生在被粘材料内部的胶黏剂。按此定义，同一种胶黏剂随粘接对象不同，其类型也不同。如同一种胶黏剂，用于木材粘接时，粘接强度大于木材，则为结构胶；当用于高强度金属合金时，则为非结构胶。目前市场上，通常将能够用于工程受力构件或部件的高强度和长寿命的一类热固性胶黏剂称为结构胶。也有按剪切强度大小进行分类的，定义剪切强度大于 6.89MPa 的为结构胶，并有耐大多数使用环境的能力，能抵抗高负荷作用而不被破坏。结构胶一般有较长的寿命，非结构胶在中等负荷下会蠕变，长期在环境中会发生降解，经常被用于临时或短期连接。非结构胶的例子有某些压敏胶、热熔胶和水基胶等。

### 1.2.2.4　按物理形态分类

按胶黏剂使用前的物理和外观形态不同，可以把胶黏剂分为液体、膏糊状和固体状（如胶粉、胶带、胶膜、胶棒和胶线等）胶黏剂。

### 1.2.2.5　按贮运时包装数目分类

为了便于在贮存过程中保持胶黏剂为液体状态，混合后又可以快速固化形成固体，一般把树脂及其配合物放在一个包装内，固化剂和促进剂及其配合物放入另一包装内，使用时按比例混合后再施胶和固化，这种包装形式的胶黏剂称为双包装胶黏剂，市场上也称为双组分胶黏剂。如果只有一个包装，通过加热、光照、空气湿气引起固化的胶黏剂称为单组分胶黏剂，这里的"组分"不是指胶黏剂原料成分和配料组分，是指包装的数目。无论是单组分胶黏剂还是双组分或多组分胶黏剂都是由多种原料配制而成的。

### 1.2.2.6　按应用领域或功能分类

有些胶黏剂是专门为某一应用研发并获得了市场认可，有时可按领域进行分类，如汽车胶、建筑胶、电子胶、医用胶等；也可以按使用功能分类，如密封胶、灌封胶、导热胶、导电胶等。

# 1.3　胶黏剂的粘接机理和固化机理

## 1.3.1　胶黏剂粘接机理

如何理解和考虑粘接界面相互作用形成的现象、条件和方法，是从事胶黏剂理论研究和应用开发的关键和基础。为了便于理解，先介绍一下黏附与粘接这两个不同内涵的术语。

　　黏附（adhesion）现象指的是胶黏剂与被粘物在粘接界面上分子层次的微观相互作用。黏附现象只发生在粘接界面上。如果把黏附界面放大到可见分子大小的程度，黏附界面就是被粘物的分子（原子）与胶黏剂分子（原子）的接触面。所谓黏附力，是指被粘材料分子（原子）对胶黏剂分子（原子）的作用力。如果说一种材料本身的机械强度来自组成材料的同种分子作用力——内聚力的话，那么，黏附强度不过是来自被粘材料分子（原子）与胶黏剂分子（原子）间的异种分子作用力——黏附力而已。

　　所谓的粘接力或粘接强度，是指宏观接头能够承受载荷的能力，是宏观的概念。黏附力是粘接力的基础，但是粘接力不是简单所有界面分子黏附力的总和，因为很难同时在有限时间内让界面所有的分子均匀受力。粘接过程中，除了发生黏附现象之外，还有超越界面的扩散现象和机械锚钩现象发生。目前考虑粘接界面上所发生的相互作用，也就是粘接机理，可从如下几方面进行考虑：

　　① 微观分子相互作用。包括吸附理论（界面分子间相互作用）、扩散理论（界面分子相互溶解和扩散层相互作用）和静电理论（界面分子间电子转移形成的双电层相互作用）。

　　② 机械粘接理论。

　　③ 黏附表面热力学。

　　以上几种粘接理论原理示意图如图 1-3 所示。

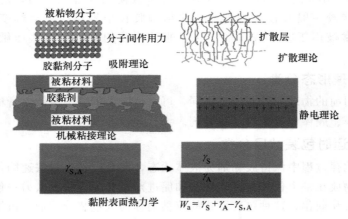

图 1-3　几种粘接理论原理示意图

### 1.3.1.1　粘接的吸附理论

　　认为黏附来自原子或分子间的作用力，把固体表面对胶黏剂的吸附看成是粘接主要原因的理论，称为粘接的吸附理论。

　　根据吸附理论，粘接强度来源于胶黏剂与被粘材料不同分子间的相互作用力——黏附力。分子或原子之间的相互作用力包括范德华力、氢键、化学键等。无论是范德华力、氢键，还是化学键，界面分子间相互作用力都是吸引力和排斥力的矢量和，只是产生的原因不同，都是两者之间距离的函数。

　　当距离很大时，它们之间的作用力很小。随着原子间距离的缩短，由于轨道的重叠，或偶极作用、色散力作用以及电荷相互作用等原因，吸引力逐渐增大。当距离很小时，斥力又会大于引力。这是因为原子并不是一个几何点，它们都有在空间占有一定体积的电子云，由于原子核间的斥力和电子云间的特殊斥力在近距离时常超过离子间的引力，使一个离子的电子云并不能在其对偶离子的电子云中穿入很深。可以想象，如果没有引力与斥力的平衡，那么就不能由分子构成具有一定体积的物质。当二力在接近到一定程度时达到平衡，合力为

0，体系有最低的势能，这时的距离称为平衡距离（$R_0$）。一般化学键的平衡距离大约在 0.15nm，氢键平衡距离约在 0.25nm，范德华力的平衡距离约为 0.35nm。两分子或原子间

作用势能与距离的关系如图 1-4 所示。一般情况下化学键势能大于氢键，氢键势能大于范德华力（分子间作用）势能。

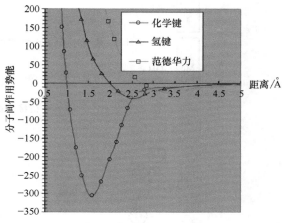

图 1-4　分子间作用势能与距离的关系图
（1Å＝0.1nm）

两分子间产生的作用力，也就是分子间引力与斥力的合力，与其距离的关系见图 1-4 中的曲线。在特定距离时黏附力的值，是曲线上特定距离对应曲线点切线的斜率。当距离小于平衡距离时，分子间作用力是相互排斥力；当距离大于平衡距离时，产生相互吸引力，且随距离的增加而达到极大，然后再很快减小，接近为 0。

根据吸附理论可知，胶黏剂分子与被粘材料表面分子相互接触时，其界面分子的相互作用数目越多和黏附力越大，则粘接强度越大。为了保证充足的界面相互作用分子数，应增加粗糙度，进而增大界面接触面积；增强润湿和扩展性，降低表面缺陷。同时通过化学作用也可增加黏附力，如通过表面接枝、改性、处理等手段，增加胶黏剂分子间作用力。

界面分子或原子间相互作用包括化学键、氢键和范德华力，其相互作用大小见表 1-4。

表 1-4　原子或分子间的作用能

| 作用类型 | 作用力种类 | 作用能/(kJ/mol) |
|---|---|---|
| 化学键 | 离子键 | 585～1045 |
| | 共价键 | 62～710 |
| | 金属键 | 113～347 |
| 氢键 | 氢键 | <50 |
| 范德华力 | 取向力 | <21 |
| | 诱导力 | <2.1 |
| | 色散力 | <42 |

从表 1-4 可以看出，如果能在界面形成化学键，则黏附力比较大，在实际中也有许多例子。如木材和纸张中纤维素表面的碳羟基可以与聚氨酯胶黏剂中的异氰酸酯基反应形成氨基甲酸酯键，会极大提高粘接强度。玻璃、石材、水泥和金属表面的硅羟基可与室温硫化硅橡胶中的硅氧烷发生化学反应形成 Si—O—Si 键，金属羟基可与羧酸形成离子键等，均可以极大地提高粘接强度及在潮湿环境下的抗界面脱附能力。另外，在胶黏剂行业还经常使用偶联剂或反应性底涂剂，或通过表面化学处理转换表面可反应基团，也是为了赋予粘接界面的化学反应性，见图 1-5。

在界面形成氢键对粘接强度的提高也极为有利。当氢原子与电负性比较大的原子，如氧、氮、氯、氟等形成化学键时，成键轨道中的电子云偏向电负性比较大的原子，同时这些电负性大的原子也都含有孤对电子。这些基团相互接近时，氢原子中的空轨道与基团中电负性较大的原子中的孤对电子相互作用，就形成了比范德华作用能大，比化学键能小的氢键。水比同样分子量物质的沸点高很多，就是因为水分子之间存在大量的氢键。如图 1-6 所示，

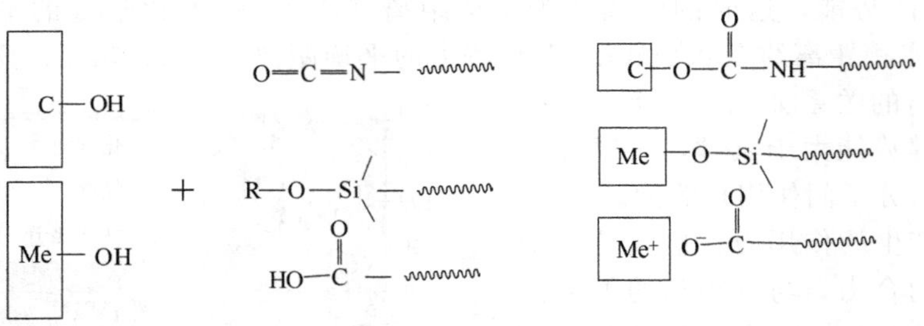

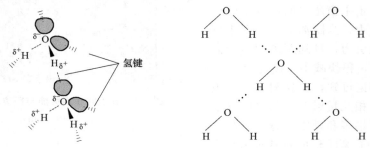

图 1-5　粘接界面的化学键

图 1-6　粘接界面的氢键

氢键是具有方向性的。另外，被粘材料必须是具有强极性的物质才能使用可形成氢键的胶黏剂，如木材表面的羟基可与脲醛胶黏剂中的脲基和羟基形成氢键，聚氯乙烯表面 C—Cl 与聚氨酯中的氨基甲酸酯基形成氢键等。

无论是形成化学键还是氢键，都需要量子化学的条件，也就是需要轨道杂化及重合需要的空间方向性，在界面形成足够多的化学键和氢键作用的设想并不具有普遍性。

而在粘接界面分子间相互作用，则只与界面层分子的作用距离有关，与方向性关系不大，更具有普遍意义。也就是说，大部分粘接界面是通过分子间的相互作用力（也称范德华力）连接在一起的。

我们知道，目前构成所有物质的基本单位都是由原子通过化学键形成的分子。原子能够形成化学键的基础是参与成键的两原子分别贡献一个电子，这些电子大概率在两个原子之间运动，由于在微观领域，电子很难用确定的位置、动量来描述其状态，因此用"电子云"来形象地描述其统计位置。由于原子是由带正电的原子核和带等量负电的电子组成的中性微粒，当一个电子在其周围做不对称运动时，组成分子的原子位置稍带正电，微观上在原子核和中间的电子云之间形成电场。两个原子对电子的吸引能力是不一样的，这种能力也称为电负性。当电负性不同的原子形成化学键时，电子云就不会对称分布在两个原子之间，而是偏向电负性比较大的原子，因此成键分子的正负电核中心就不在一个点上，常用偶极矩来表示其程度，两个原子的电负性越大，其成键的分子偶极矩也越大。常见的构成胶黏剂原子的电负性如表 1-5 所示，常见的构成胶黏剂键和基团的偶极矩及方向见表 1-6，常见化合物分子的偶极矩（D）见表 1-7。

表 1-5　常见的构成胶黏剂原子的电负性

| 原子 | F | O | Cl | N | Br | C | S | I | H | Si | F |
|---|---|---|---|---|---|---|---|---|---|---|---|
| 电负性 | 4.0 | 3.5 | 3.0 | 3.0 | 2.8 | 2.5 | 2.5 | 2.4 | 2.1 | 1.8 | 4.0 |
| 与 C 原子的电性减值 | 1.5 | 1 | 0.5 | 0.5 | 0.3 | 0 | 0 | −0.1 | −0.4 | −0.7 | 1.5 |

表 1-6　常见的构成胶黏剂键和基团的偶极矩及方向

| 化合物类型 | 键或基团 | 偶极矩（D） | 方向 |
|---|---|---|---|
| 水、醇 | OH | 1.58 | O←H |
| 氨 | NH | 1.66 | N←H |
| 链化合物 | CH | 0.4 | C←H |
| $CH_4$ | CH | 0.4 | C←H |
| $H_2S$ | SH | 0.67 | S←H |
| 醚 | CO | 1.12 | O←C |
| 胺 | CN | 0.61 | N←C |
| 卤代物（直链） | CF | 1.83 | C→F |
| | CCl | 2.05 | C→Cl |
| | CBr | 2.04 | C→Br |
| | CI | 1.88 | C→I |
| 酮 | C═O | 2.70 | C→O |
| 硝基化合物 | $NO_2$ | 3.95 | N→$O_2$ |
| 腈 | C≡N | 3.94 | C→N |
| 苯的取代物 | CCl | 1.55 | C→Cl |
| | CBr | 1.52 | C→Br |

表 1-7　常见化合物分子的偶极矩　（D）

| 化合物 | 偶极矩 | 化合物 | 偶极矩 |
|---|---|---|---|
| 水 | 1.85 | 氯苯 | 1.6 |
| 乙醇 | 1.7 | 丙酮 | 2.85 |
| 苯酚 | 1.5 | 硝基甲烷 | 3.1 |
| 正己烷 | 0 | 乙腈 | 3.4 |
| 苯 | 0 | 甲酰胺 | 3.4 |
| 甲苯 | 0.4 | 乙酸乙酯 | 1.85 |

　　当许多极性分子堆积在一起时，这些偶极分子将会产生电的相互作用，这种极性分子间的作用力也称为取向力。如果两个电负性相同的原子组成分子时，电子云呈现对称分布，偶极矩为 0，则没有取向力。偶极矩为 0 的分子或极性小的分子在附近偶极矩分子形成的电场的作用下，其电子云也会产生移动，产生新偶极矩，称为诱导偶极矩。其间相互作用力也称为诱导力。不同分子产生诱导偶极矩的能力与分子诱导极化率成正比。当然两个极性分子之间可相互产生诱导极化，产生诱导力。无论是取向力还是诱导力，均与分子之间距离的六次方成反比，也就是与分子间距离有极大的关系，只有相邻的分子作用力才足够强。

　　分子之间的作用力包括取向力、诱导力和色散力。两个非偶极分子之间的作用力只有色散力；一个偶极分子和一个非偶极分子之间的作用力，不仅有诱导力，还有色散力；两个偶极分子之间的作用力就包括取向力、诱导力和色散力三者。分子间的相互作用与分子间距离的六次方成反比。

　　分子间相互作用能远低于化学键的能量，若分子的偶极矩不大，则色散力起主要作用。只有在极大的偶极矩情况下，相互的取向作用力才占优势。

　　固体与液体表面上的分子与内部的分子不同。表面分子存在着剩余作用力。当气体或液体与固体、液体接触时，这种剩余力使表面或界面上浓度增大的现象称为吸附。

　　根据计算，由于范德华力的作用，当两个理想的平面相距为 10Å 时，它们之间的吸引力可达 10～100MPa，当距离为 3～4Å 时，它们之间的吸引力可达 100～1000MPa。这个数值远远超过了现代最好的结构胶黏剂所能达到的强度。因此，有人认为只要两个物体接触很好时，仅靠色散力的作用就足以产生很高的粘接强度。可是，实际的粘接强度却与理论计算相差很大。这是因为固体的机械强度是一种力学性质，而不是分子性质，其大小取决于材料的每一个局部的性质，而不等于分子作用力的总和。上述的计算值是假定两个理想平面紧密接触，并保证界面层上各分子间的作用同时遭到破坏的条件下所得结果。实际上，由于存在缺陷，不可能有那么理想的平面，也不可能使这两个平面均匀受力，因此，就不可能保证各分子之间的作用同时遭到破坏。

### 1.3.1.2　粘接的扩散理论

实际上，在粘接高分子材料时，由于分子或链段的热运动，胶黏剂分子或链段与被粘物的分子或链段能够相互扩散，使黏附界面消失，形成一个过渡区，形成牢固的粘接。通过不同胶黏剂对聚酯薄膜进行的粘接试验发现，只有溶解度参数和聚酯接近的胶黏剂才能产生很高的粘接强度，使聚酯薄膜在受剥离力时本身破坏。这一事实可用粘接的扩散理论进行解释。

一种材料与另一种材料是否可以扩散由热力学和动力学所控制。所谓的热力学就是考虑热力学相容性问题，也就是从自由能的降低或升高来判断能否扩散。当胶黏剂与被粘物接触后，如果界面上相互溶解或链段扩散后体系自由能是降低的，则胶黏剂与被粘物是相容的，可以扩散，否则就不可以。热力学只是从热力学平衡角度给出了从一个平衡态到另一个平衡态发展的可能性，这是基础，但并不能判断具体的时间进程、扩散速度和需要的条件。自然界从一个平衡态达到另一个平衡态需要很长的时间，如在足够大的房屋内存放的红木家具，氧化成二氧化碳和水，从热力学上判断是能够自发进行的，但是具体需要多少时间，还需要考虑其他一些因素，如湿度、霉菌、温度、氧气含量、木材结构和其他环境等。在实际粘接过程中，受粘接工艺的限制，不可能给出很长的工艺时间和较高的温度。同理，两材料能否完成扩散也需要相关的动力学条件，这与被粘物和胶黏剂的化学结构、链的堆积结构、链的长短和柔顺性、结晶性、交联程度、温度及各自的热历史等因素有关。

除界面扩散要考虑相容性，由于胶黏剂本身都是多组分的，在配制以及固化过程中的微观相分离也都涉及高聚物的相容性问题。因此，高聚物的相容性是粘接的重要理论基础之一。从热力学上，可以通过两种材料的溶度参数来进行简单判断。当两种材料的溶度参数相近时，它们可以互相共混且具有良好的共容性。一种材料的溶度参数是内聚能密度的平方根，物质的内聚性质可由内聚能予以定量表征。液体的溶度参数可从它们的蒸发热得到，然而聚合物不能挥发，如果知道其精确的化学结构，可以直接查阅相关的溶度参数，也可以从高聚物的结构式作近似估算：

$$\delta = p \sum E / M_0$$

式中，$E$ 为高聚物分子的结构单元中不同基团或原子团的摩尔引力常数；$p$ 为高聚物的密度；$M_0$ 为结构单元的分子量。

如果是由相容的混合物构成，可根据两物质的溶度参数 $\delta_1$ 和 $\delta_2$ 与它的体积分数 $\varphi_1$ 和 $\varphi_2$ 之积的线性加和来计算。也就是通过配方可以调整材料的溶度参数。

$$\delta_m = \delta_1 \varphi_1 + \delta_2 \varphi_2$$

需要注意的是，在最初溶度参数（Hildebrand 参数）的推导过程中，假设两种不同分子间的相互作用能等于这两个分子本身相互作用能的几何平均值，这种假设对非极性体系适应性更强。后来 Hansen 基于分子间取向力、色散力和氢键三种相互作用，又提出了三维溶度参数的概念，也称 Hansen 溶度参数。

$$\delta = (\delta_d^2 + \delta_p^2 + \delta_h^2)^{1/2}$$

式中，$\delta_d$ 是色散力的溶度参数；$\delta_p$ 是分子间取向力的溶度参数；$\delta_h$ 是氢键的溶度参数。请参考本章参考文献［24］，在此不再赘述。

通过溶度参数来进行胶黏剂设计、选用和问题分析，在现实中具有重要的指导意义。在溶度参数相近的情况下，还要考虑一些动力学因素。从高聚物的结构形态来看，线型或支化的高聚物更容易扩散；对于体型高聚物，由于网络结点的束缚，只能部分溶胀。两种热力学相容性材料接触时，分子量小的物质优先向分子量大的物质中进行扩散；柔顺的高聚物分子链易于运动和扩散，有助于溶解。如聚乙烯醇和纤维素分子与水的亲和性差不多，但前者溶于水而后者不溶，其根源就在于前者是柔性链，而后者是刚性链。同样道理，由于分子受晶格束缚，结晶的高聚物也难溶解，在熔点以下一般是不溶的。强极性高聚物与强极性溶剂可能形成氢键，有热量放出，如果此热量能够满足破坏晶格能的需要，则可促进溶解。常温下聚酰胺可溶于甲酚或二甲基甲酰胺中，就是靠这种作用。非极性的聚乙烯无上述作用，故常温下不能溶于任何溶剂，只有在加热下（低密度聚乙烯约 60℃，高密度聚乙烯约 80～90℃）才能溶于苯或甲苯中。高聚物分子链的长短也影响其溶解性，链越长，分子量越大，聚合物分子间的内聚力越大，溶解性越差。

上文讨论的是两种材料的相容性，而扩散理论主要考虑的是表界面相与胶黏剂的互溶性。对于一些高分子被粘材料，还要考虑在材料成型过程中材料表面的富集效应，也就是由于非极性链段在表面的含量比在本体内部的含量高，这种差异也会影响粘接。如理论上尼龙属于强极性材料，但实际上尼龙表面主要排布了非极性的亚甲基链段，因此表面是非极性的，因此用本体的溶度参数来表征表面的溶度参数，往往会出现难于理解的现象。

扩散理论也有一定的局限性，对于致密的无机非金属和金属材料，只能用吸附理论和机械粘接理论来解释。

### 1.3.1.3　粘接的机械粘接理论

任何物体的表面都是凸凹不平的，有时还是多孔的，即使肉眼看来十分光滑的表面，经放大后也是十分粗糙的。如果把一个分子看成一个乒乓球，那么被粘表面就相当于地球了。当两个固体表面合拢时，只有个别的高点才能相互接触。

如果将一种能湿润固体表面的液体渗入两合拢的固体表面之间，形成液体薄层，再将液体固化成具有一定力学强度的固体，则两固体就被固化了的液体通过包接和锚钩作用连接起来，这就是所谓的机械粘接理论。如图 1-7 所示，可以把胶黏剂看成一种液体钉，在被粘物的内部通过固化变成了固体钉。这种微观的机械连接对于多孔材料如纸张、织物、皮革等的粘接强度确有显著贡献，但是对无孔表面的作用有限。

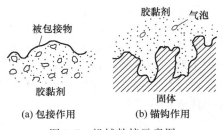

图 1-7　机械粘接示意图

### 1.3.1.4　粘接的表面热力学理论

尽管通过黏附界面的相互扩散现象、微观机械结合及分子间黏附可以解释粘接机理，但是目前还难于从分子层面进行估算。如何通过宏观的热力学参数对粘接界面的黏附功进行估算，就是黏附表面热力学理论所要解决的问题。

（1）接触角和杨氏方程　一个液滴在固体表面处于平衡状态时，其表面张力、界面张力和液体在固体表面接触角的相互关系遵循如下的杨氏方程：

$$\gamma_{LV}\cos\theta = \gamma_{SV} - \gamma_{SL}$$
$$\cos\theta = (\gamma_{SV} - \gamma_{SL})/\gamma_{LV}$$

方程中各参数的意义如图 1-8 所示。

（2）黏附功　一种液体胶黏剂在理想固体表面（绝对平整表面）润湿达到平衡时，符合杨氏方程。对于界面破坏时，若此过程进行很慢且是可逆的，此过程的黏附功称为可逆黏附功，也就是最大黏附功。为了破坏该黏附界面，需要对接头做功，这些功一部分转化成了被粘材料的塑性变形，另一部分功用于把一个粘接界面破坏成两个表面，这部分功就是破坏粘接界面需要的能量，粘接强度越大，需要的功越大。当过程是可逆状态时，由于体系的内能没有增加，因此这些功就转化成了表面自由能（见图1-9）。

黏附功的公式为：$W_a = \gamma_{SV} + \gamma_{LV} - \gamma_{SL}$

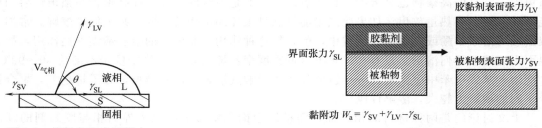

图1-8　接触角和表面张力　　　　　　图1-9　界面破坏时自由能的增加示意图

我们知道，任何界面和表面都有表面自由能。但是目前只能够测定液体的表面自由能，固体的界面自由能还没有办法测定，破坏后形成的胶层和被粘物都是固体，没有办法测定其表面自由能。表面热力学理论就是通过可测定的热力学参数来估算可逆破坏粘接界面时自由能的增加值，并以此来估算粘接强度。

假设胶黏剂固化前后表面自由能，以及黏附界面自由能变化不大，就能够以液体胶黏剂的黏附功估算固化后粘接面的黏附功。黏附功就是将单位面积的固液界面分离成相同面积的固体表面和液体表面所需要的功。由于固体表面自由能难于测定，当液体胶黏剂与固体进行接触润湿时，通过液体胶黏剂与固体的表面黏附功来推算粘接界面破坏需要的功。本节要讨论的黏附功如不另加说明，就是指液体胶黏剂可逆黏附功。

把杨氏方程代入黏附功公式中，可以得出：
$$W_a = \gamma_{SV} + \gamma_{LV} - \gamma_{SI} = \gamma_{SV} - \gamma_{SL} + \gamma_{LV} = \gamma_{LV}\cos\theta + \gamma_{LV} = \gamma_{LV}(1+\cos\theta)$$

式中，$\gamma_{LV}$ 是液体胶黏剂的表面张力，是可以测定的；$\theta$ 是接触角，也是可以测定的；但是固体表面张力 $\gamma_{SV}$ 和固液的界面张力 $\gamma_{SL}$ 是不能够测定的。因此三个变量通过接触角就变成了两个可检测的自由变量。

对于胶黏剂在固体表面的平衡润湿程度可以用接触角进行表征，如图1-8所示。接触角大小代表的含义如下所示。

$$\frac{\gamma_{SV}-\gamma_{SL}}{\gamma_{LV}} \begin{cases} <0 & \gamma_{SV}-\gamma_{SL}<0, \theta>90°, 只能部分润湿 \\ -1 & \gamma_{SL}-\gamma_{SV}=\gamma_{SL}, \theta=180°, 不能润湿, W_a=\gamma_{SV}+\gamma_{LV}-\gamma_{SL}=0, 没有黏附功 \\ >0 & \gamma_{SV}-\gamma_{SL}>0, \theta<90°, 呈浸没润湿, \theta越小润湿效果越好 \\ =1 & \gamma_{SV}-\gamma_{SL}=\gamma_{LV}, \theta=0°, 可在固体表面上展开, 呈扩展润湿 \\ >1 & 杨氏方程不适用 \end{cases}$$

对于特定的固体，其接触角会随着胶黏剂的表面张力而改变，黏附功也会改变。当 $\theta=0$ 时，完全润湿，黏附功为 $2\gamma_{LV}$，但黏附功是不是最大呢？

（3）胶黏剂黏附功与表面张力的关系　Zisman等为了解决 $\gamma_{SV}$ 测定的困难，提出了临界表面张力 $\gamma_C$ 的概念。固体的临界表面张力 $\gamma_C$ 就是接触角 $\theta=0$ 时的润湿液体的表面张力。Zisman等曾测定不同表面张力的液体对某一个固体表面的接触角 $\theta$，并用 $\cos\theta$ 对 $\gamma_{LV}$ 作图，得到一直线，外推到 $\cos\theta=1$ 时的 $\gamma_{LV}$ 即为该固体的临界表面张力 $\gamma_C$ 值。

通过试验发现，同一临界表面张力的固体与不同表面张力液体的接触角符合如下公式。

$$\cos\theta = 1 + b\,(\gamma_C - \gamma_{LV})$$

式中，$b$ 是常数，对于厘米-克-秒制单位，$b$ 约为 0.026。

把上式代入式

$$W_a = \gamma_{LV}(1 + \cos\theta)$$

得到：

$$W_a = \gamma_{LV}(1 + \cos\theta) = \gamma_{LV}[2 + b(\gamma_C - \gamma_{LV})] = (2 + b\gamma_C)\gamma_{LV} - b\gamma_{LV}^2$$

从以上公式可看出，对于表面张力为 $\gamma_C$ 的被粘材料，胶黏剂的表面张力和黏附功之间并不是线型关系。胶黏剂表面张力越小，润湿性越好，但黏附功不一定大。实际上，固体表面的黏附功 $W_a$ 是随胶黏剂表面张力的增加而呈抛物线变化的，有一极大值。

令 $\mathrm{d}W_a/\mathrm{d}\gamma_{LV} = 0$，则可得出：

$$2 + b\gamma_C - 2b\gamma_{LV} = 0$$
$$\gamma_{LV} = 1/b + \gamma_C/2$$

此时黏附功最大：$W_a(\max) = 1/b + \gamma_C + b\gamma_C^2/4$

当接触角为 0 时，也就是 $\gamma_C = \gamma_{LV}$ 时，黏附功为 $2\gamma_C$，因此确定小于最大黏附功 $W_a(\max)$。

以聚乙烯为例，$\gamma_C = 3.1 \times 10^{-4}\,\mathrm{N/cm}$，$\gamma_A(\max) = 5.4 \times 10^{-4}\,\mathrm{N/cm}$，$W_a(\max) = 7.6 \times 10^{-6}\,\mathrm{J/cm^2}$，相应的接触角为 63°，这并非理想的润湿条件，可见润湿性好不等于黏附功大。

# 1.3.2　胶黏剂固化机理

粘接的目的是要具有最基本的使用价值，也就是要具有一定的力学性能，能够传递应力。粘接接头的力学性能主要取决于固化后胶黏剂的力学性能。因为绝大多数胶黏剂以聚合物为主要原料，固化后胶黏剂的力学性能就是固态聚合物的力学性能。液态的聚合物表面自由能比较低，容易润湿被粘物表面，而且可以通过溶剂挥发、熔体冷却和聚合反应从液态变成固态，在通常的使用温度范围内具有满意的力学性能。

胶黏剂的固化机理一般分为以下几种。

（1）溶剂或分散剂的散逸　如溶剂型胶、水溶液胶、乳液胶等。

（2）熔体的冷却　如热熔胶等。

（3）原位的聚合反应

① 混合后反应固化。如双组分环氧胶、双组分聚氨酯胶、第二代丙烯酸酯胶等。

② 吸收潮气固化。如室温固化硅橡胶、单组分湿固化聚氨酯胶、氰基丙烯酸酯胶等。

③ 厌氧固化。如厌氧胶。

④ 辐射固化。如紫外线（UV）固化胶、电子束（EB）固化胶等。

⑤ 加热反应固化。如单组分环氧胶等。

另外，还有非固化型胶，如压敏胶等。

近年来还出现了多重固化方式：①热熔＋反应型；②溶剂＋反应型；③热熔＋压敏型；④溶剂＋压敏型；⑤热熔＋光固化＋压敏型；⑥光固化＋厌氧固化型。

常用胶黏剂基体聚合物类型和固化原理见表 1-8。

## 1.3.2.1　固化过程的科学描述

胶黏剂的固化（curing）是指胶黏剂在润湿被粘固体表面后，通过物理或化学变化，从能够流动状态转变为固体状态，获得并提高粘接强度、内聚强度等性能的过程。所有的胶黏

表 1-8　常用胶黏剂基体聚合物类型和固化原理

| 基体聚合物 | 举例 | 市场上胶黏剂名称 | 固化(硬化)原理 |
|---|---|---|---|
| 含双键的单体 | (甲基)丙烯酸甲(乙、丙、丁、异辛)酯、不饱和树脂、苯乙烯、α-氰基丙烯酸酯、双马树脂、端丙烯酸酯预聚物(如环氧丙烯酸酯、聚醚丙烯酸酯、聚氨酯丙烯酸酯) | 双包装的丙烯酸 AB 胶、蜜月胶、丙烯酸工程胶、不饱和聚酯胶、螺纹紧固胶等 | 将过氧化物和还原促进剂分开包装,混合后产生自由基引发其中的单体聚合 |
| | | 单包装的光固化胶、光刻胶、光阻胶、厌氧胶 | 由其中的光引发剂或过氧化物在光或变价过渡金属作用下产生自由基引发聚合 |
| | | 瞬干胶、α-氰基丙烯酸酯胶、502 胶等 | 由氢氧根或路易斯碱引发的 α-氰基丙烯酸酯阴离子聚合 |
| 环氧树脂(含环氧基低聚物) | 双酚 A 型、双酚 F 型、酚醛型和聚醚型等缩水甘油醚型环氧树脂、缩水甘油酯型环氧树脂、脂环型环氧树脂及混合型环氧树脂 | 有双包装的俗称环氧"万能胶"、环氧 AB 胶、环氧结构胶、自流平环氧地坪、透明 LED(发光二极管)封装胶、电子灌封胶、蜂窝结构胶、环氧建筑结构胶、环氧修补胶和补强胶、风力叶片合模胶 | 一般是环氧树脂及辅料混合物为一包装,含活性氢物质(如含氨基有机胺、含巯基聚醚)或含酸酐为一包装,使用时,进行混合后,环氧基团与活性氢或酸酐进行开环加成固化 |
| | | 单包装的结构芯片包封"黑胶"、汽车折边胶、焊缝胶、水下胶黏剂 | 通过潜伏性固化剂,在高温下与环氧基团开环反应聚合固化 |
| 含异氰酸酯预聚物 | 一般为端羟基聚醚与过量甲苯二异氰酸酯(TDI)、异佛尔酮二异氰酸酯(IPDI)等反应生成的氰酸酯封端的预聚物,也有多聚异氰酸酯 | 双包装聚氨酯灌封胶、密封胶、浇注胶、电子封装胶、铁路道砟胶 | 通过端异氰酸酯与多元醇或胺的反应形成交联体系而固化 |
| | | 反应型聚氨酯(PUR)胶、汽车挡风玻璃胶、PU 密封胶、单包装发泡胶 | 通过不同分子中的端异氰酸酯与空气中的水分反应形成脲而固化 |
| 含硅羟基、硅氢基、硅乙烯基、烷氧基聚硅氧烷 | 端羟基聚二甲基硅氧烷、含氢硅油和乙烯基硅油、硅烷化聚氨酯(SPU)、硅烷化聚醚(MS 树脂) | 单包装和双包装的玻璃胶、硅酮(聚硅氧烷)结构胶、有机硅密封胶、SPU 密封胶、MS 密封胶,电子灌封胶、有机硅导热灌封胶等 | 通过烷氧基硅烷水解和硅羟基缩合形成交联固化,或通过硅氢与乙烯基加成形成固化 |
| 巯基低聚物 | 聚硫橡胶 | 聚硫密封胶 | 通过巯基的氧化偶联而固化 |
| 含羟甲基预聚物 | 脲醛树脂、酚醛树脂和三聚氰胺甲醛树脂 | 胶合板用三醛胶、脲醛胶粉、刹车片胶、酚醛清漆 | 通过羟甲基间的脱水、脱甲醛和烷基化缩合反应而固化 |
| 热塑性弹性体 | EVA、SIS、SBS、无规聚丙烯、α-聚烯烃、TPU、多元聚酰胺 | 热熔胶棒、热封胶带和胶膜、编织袋封口胶、衬衣用热熔胶粉、热收缩管用胶、热封包装带 | 依靠加热熔化或软化,趁热压合粘接,冷却融体凝固而固化 |
| 橡胶 | 氯丁橡胶、丁苯橡胶(SBR)、丁腈橡胶、聚氨酯弹性体、天然橡胶等 | 主要为接触型胶黏剂:车带胶黏剂、装饰胶、SBS 万能胶、覆膜胶、搭口胶 | 通过溶剂溶解形成流动体,施工后溶剂挥发形成从液体到自粘至固体过程,形成固化粘接 |
| 乳胶 | EVA 乳胶、PVAc(聚醋酸乙烯酯)胶乳、丙烯酸酯乳胶、丁苯胶乳、天然胶乳 | 白乳胶、卷烟胶、乳胶漆、乳胶腻子 | 通过水的挥发和表面张力,乳胶粒子相互聚并自粘成膜而固化 |

剂,除压敏胶(俗称不干胶)之外,都有这个过程。固化在不同的应用领域,也叫硬化(setting、hardening)、干燥(drying)、固定(fixing)等。

　　从短时间尺度来看,固化是指胶黏剂在应力下不能流动变成固体,因此具有强度。从流变学和长时间尺度来看,所有的非晶态(无定形态)物体在压力下都具有流动性,只是速度比较慢而已，因此简单通过"固化"现象很难准确描述胶黏剂的固化过程。常用如下几种参数描述胶黏剂固化过程的变化。

（1）固化过程中的黏度变化　无论溶剂挥发引起的干燥，还是熔体冷却，还是由于化学反应引起的分子量增加，体系的黏度都是由低到高的过程。

（2）固化过程中的 $T_g$ 变化　当然固化过程也可以看作是胶黏剂层的玻璃化转变温度（$T_g$）升高的过程。体系的 $T_g$ 与观察温度（固化温度）差值小于 54℃ 时，体系才能达到"指干"效果，当小于 29℃ 时，才达到"不自粘"效果。当然，体系的 $T_g$ 高于使用温度时才具有较好的力学强度，才能用于结构件粘接。也就是体系的黏度与其 $T_g$ 有一个如下的对应关系：

$$\ln\eta = 27.6 - A(T - T_g)/(B + T - T_g)\ (\text{WLF 式})$$

（3）模量和硬度指标　在固化过程中，胶黏剂的模量和硬度也是一个上升的过程，也可以用来表征固化过程。

### 1.3.2.2　溶剂型胶黏剂固化原理

溶剂型胶黏剂是由线型高分子溶液加入其他助剂配制而成。其固化速度也就是溶剂的挥发速度。随着溶剂的挥发，浓度增加，体系的黏度和 $T_g$ 升高，最后高分子链聚并形成了固体胶膜。不同阶段的体系的黏度 $\eta_r$ 或不同阶段的 $T_g$ 可用下式进行表征，其中 $W_s$ 和 $W_r$ 为溶剂和树脂的质量分数，$T_{gs}$ 和 $T_{gr}$ 分别是纯溶剂和树脂的玻璃化转变温度，其他是常数。

$$\ln\eta_r = W_r/(k_1 - k_2 W_r + k_3 W_r^2)$$
$$1/T_g = W_s/T_{gs} + W_r/T_{gr} + kW_r W_s$$

（s：溶剂；r：树脂；$W$：质量分数）

从式中可以看出，固化过程可以看作是浓度增加的过程，也可以看成是体系的黏度和玻璃化转变温度提高的过程。固化速度与固化温度、溶剂蒸气压、表面与体积之比及流过表面的空气流速有关，对于水的挥发还受相对湿度的影响。同时还与溶剂的蒸发潜热有关，如苯的沸点是 80℃，乙醇的沸点是 78℃，它们的汽化热分别为 389kJ/kg 和 820kJ/kg，蒸气压各为 1.3kPa 和 0.79kPa，因而在此温度下，苯比乙醇挥发快。相似地，在 25℃ 下醋酸正丁酯（沸点为 126℃）挥发得比正丁醇（沸点为 118℃）要快。

各种溶剂的相对挥发速率 $E$ 的定义是，在标准条件下醋酸正丁酯挥发 90% 的时间与该溶剂挥发 90% 的时间的比值。

$$E = t_{90\%}(\text{醋酸正丁酯})/t_{90\%}(\text{溶剂})$$

醋酸正丁酯的相对挥发速度为 1。溶剂的挥发速度以醋酸正丁酯为参比，数值越大，挥发速率越快，可从有关书籍中查阅。

实际使用过程中一般都使用混合溶剂，混合溶剂的相对挥发速率可用下式计算：

$$E_T = (c\alpha E)_1 + (c\alpha E)_2 + \cdots + (c\alpha E)_n$$

式中，$c$ 为溶剂的体积分数；$\alpha$ 为活度系数；$E$ 为相对挥发速率。

胶黏剂中的溶剂挥发速率与纯溶剂的挥发速率是不一样的。在挥发的第一阶段（即湿阶段），挥发速率受控于那些与溶剂挥发相关的因素，即蒸气压、表面温度、表面气流和表面积-体积比，与湿膜厚度呈一次方关系。随后进入慢挥发的第二阶段（即干阶段），在该阶段挥发速率依赖于溶剂分子在膜中的扩散速率，扩散速率与膜厚呈二次方的关系。如图 1-10 所示，在干阶段由于黏度极高，扩散系数很小，因此挥发速率很慢，有时需要数年才能挥发完全，这是目前溶剂型胶黏剂存在最大污染的根源，但这也是接触型胶黏剂的基础。

对于干阶段，溶剂的分子结构也有重大影响。一般而言，小分子比大分子挥发速率快，线型的比支化的快。如甲苯与环己烷，纯溶剂挥发率与残留量相反，如醋酸正丁酯与醋酸异丁酯在湿阶段和干阶段挥发速率相反，见图1-11。

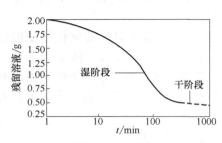

图1-10　溶剂型胶黏剂的挥发过程

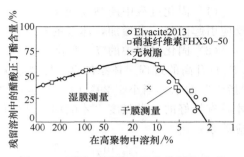

图1-11　醋酸正丁酯在干阶段挥发速率

### 1.3.2.3　乳胶型胶黏剂固化原理

可以认为，乳胶型胶黏剂是将固体胶黏剂做成很小的颗粒分散于水中形成的，像牛奶一样呈乳白色。也就是说胶黏剂本身并不能溶于水，只是水的乳状分散体。由于一般是由乳液聚合得到，有时也被误称为乳液，因为只有液体乳化形成的体系才称为乳液，固体乳化称为乳胶。

乳胶的固化同溶剂型胶相似。溶剂型胶是通过溶剂挥发使线型高分子聚并形成固体，而乳胶是通过分散介质（一般指液体水）的挥发使乳胶粒子聚并，也就是乳胶的自粘粘连成胶层。如图1-12所示。

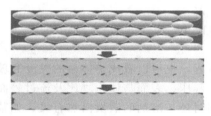

图1-12　乳胶的固化

可以看出，在没有固化之前，由于乳胶粒子与水有许多相界面，光线通过多个相界面的折射、反射，把白光又漫反射出来，所以呈乳白色。当固化后，乳胶粒子聚并，相界面消失或变薄，因此胶层会变得透明。乳胶体系是一种亚稳态体系，乳胶粒子必须通过乳化剂（表面活性剂）才能保持稳定分散状态。这些表面活性剂存在于乳胶粒子表面，当乳胶粒子聚并后，由于亲水基团的原因，乳化剂并不能以分子形式溶于胶层，而是规则地存在于体系之中。因此当固化后的透明胶层与水接触时，这些亲水基团还可以吸收水分，有时还会出现泛白现象。这是由乳胶合成原理和固化机理所决定的。

乳胶粒子在什么情况下才能聚并呢？前边已介绍，两物质如果能够自粘在一起，这两种物质的黏度必须小于$10^7$Pa·s。也就是所成胶膜的$T_g$必须低于粘接温度29℃，这时形成的胶层较软，内聚强度不高，影响粘接性能。而高强度胶层的$T_g$要求较高，但不易聚并成膜，这是相互矛盾的。目前常通过加入少量沸点较高的溶剂，成膜时充当增塑剂，降低体系的$T_g$，当成膜后，这些溶剂再缓慢挥发使强度进一步提高。常把这些溶剂称为"成膜助剂"。

### 1.3.2.4　热熔胶固化原理

热熔胶是指以热塑性聚合物为基体树脂，不使用溶剂或分散剂，通过加热熔融低温凝固实现粘接的一类胶黏剂。由于固化后的胶黏剂分子仍呈线型，或交联密度非常低，受热时可反复熔融/软化或溶于溶剂。

热熔胶属于无定形结构，没有明确的熔点，量化热熔胶熔化温度时常用软化点表示。目前常用环球法进行软化点的表征。在升温速率为5℃/min情况下测定能够流动一定程度的温度。也可以理解成体系的黏度随温度升高而降低，当黏度降到一定值时的温度。当然也通过流变仪测定流变学行为表征熔融特性。

对于熔化点测定或热熔胶涂布而言，其流动属于稳态流动。其流动是分子链质量重心沿流动方向发生位移和链间相互滑移的结果。分子量越大，一个分子链包含的链段数目就越多，为了实现重心的迁移，需要完成的链段协同作用的次数就越多，所以聚合物熔体的剪切黏度随分子量的增加而升高，分子量大的流动性就差，表观黏度就高，而且分子量的缓慢增加会引起表观黏度的急剧升高。因此热熔胶用聚合物基体树脂的分子量不会太高，一般不超过 $10^5$。遵循 Hagen-Poiseulle 规则，聚合物熔体黏度与温度之间符合 Arrhenius 方程。

$$\ln\eta = \ln A + E_v/RT \qquad \eta = A e^{\frac{E_v}{RT}}$$

式中，$A$ 是与材料结构有关、与温度无关的常数；$E_v$ 为流动活化能，或黏流活化能。

一般的热熔胶体系，可以看作是增塑的聚合物溶液体系。体系黏度与黏均分子量有关，由于一般增塑剂和增黏剂的分子量较小，因此熔体黏度与基体树脂的分子量及其分布有关。随着固化的进行，温度降低，黏度增加，当黏度大于 $10^3\,Pa \cdot s$ 时，胶黏剂达到"指干"，随着温度的进一步降低，黏度进一步升高，达到 $10^7\,Pa \cdot s$ 时，胶层失去自粘性。因此，如果两面热涂胶，然后靠合拢进行固定粘接，体系黏度应控制在 $10^3 \sim 10^7\,Pa \cdot s$ 之间，如果黏度太低，初粘力较低，黏度太高则失去自粘性。因此所谓的开放时间，就是体系黏度达到 $10^7\,Pa \cdot s$ 的时间。从以上分析可以看出，热熔胶的固化机制是温度降低，分子链相互聚并，黏度升高，从而把两个粘接面粘接在一起。因此其固化速度主要与施胶后的降温速度有关。而降温速度与胶层厚度、环境温度等因素有关。当然也与热熔胶及被粘物的比热容、热导率有关。

此外，热熔胶固化速度还与其结晶速度有关。我们知道，随着温度的降低，体系黏度增大，分子链运动困难，虽然温度降下来了，但是分子还没有达到该温度的平衡状态，分子还处于无规状态，像过冷液体，因此需要放置一段时间才能达到粘接要求。这种过程也是影响固化速度的一个因素。通过基体树脂的结构选择及配方调整，可调控热熔胶的固化速度。聚合物之所以具有这些特点，是由于聚合物是由长链分子所组成，分子运动具有明显的松弛特征的缘故。不同聚合物力学性能的差异，直接与各种结构因素有关，除化学组成外，这些结构因素还包括分子量及其分布、支化和交联、结晶度和结晶形态、共聚方式、分子取向、增塑以及填料等。只有了解和掌握聚合物结构与性能的关系，才能恰当地选择和应用胶黏剂。一般而言，结构对称性好的热熔胶固化速度快，如 PE、PA 热熔胶的固化速度较快，而热塑性弹性体的固化速度较慢，如 EVA、SBS 等体系。这些热熔胶在造粒和成膜过程中也会存在同样的问题。

热塑性胶黏剂使用温度通常不超过 60℃，只在某些用途中可达 90℃。这类胶黏剂耐蠕变性差，力学强度低。常用于粘接非金属材料，尤其是木材、皮革、软木和纸张。除了一些较新的反应型热熔胶黏剂外，热塑性胶黏剂一般不能用于高强结构件粘接。

### 1.3.2.5　反应型胶黏剂固化机理

无论溶剂型还是热熔型，许多性能对基体树脂的分子量的要求是相互矛盾的，如图 1-13 所示。分子量越小工艺性能越好。因为分子量小，对溶剂型而言，可配制成高固含量低黏度体系，溶剂用量少，固化时溶剂挥发时间较短。对于热熔胶而言，分子量低时容易熔化，熔融黏度低，易于润湿，操作工艺简单。但是分子量低时粘接强度也较低，易蠕变，耐高温性差。而只有化学反应型胶黏剂才能解决工艺与高性能对分子量的矛盾要求。

反应型胶黏剂可以使用分子量比较小的低聚物、单体或树脂，由于分子量比较小，不需

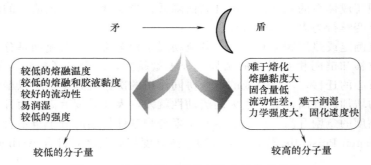

图 1-13　各项性能对基体树脂分子量的影响

要使用溶剂，在常温下就可以润湿被粘物表面，形成有效的分子接触，形成足够的黏附力。然后，通过润湿在被粘物表面沟壑之中的胶黏剂的聚合或交联，形成分子量比较大或三维网状的聚合物，从而达到较高的粘接性能，这种在粘接部位进行的聚合，称为原位聚合，也叫原位固化。

目前所有的聚合反应，只要能够在有氧有水环境下进行，在原位固化中都有应用。要使这些小分子量树脂、低聚物或单体形成高分子，必须含有可反应的基团。这些基团主要包括双键、环氧基、异氰酸酯基、硅羟基、硅氢和硅乙烯基、巯基、羟甲基、氰酸酯基等。

这些可聚合的基团在胶黏剂生产、贮运时希望能够稳定不发生反应，而一旦施胶后就需要快速反应，因此反应型胶黏剂的研制重点是如何解决贮存稳定和快速固化的矛盾。常用的方法是通过改变条件进行固化，根据这些条件对反应型胶黏剂进行分类，见表 1-9。

表 1-9　常用反应型胶黏剂的固化原理汇总表

| 类型 | 名称 | 固化条件 | 固化原理 |
|---|---|---|---|
| 双组分(能够反应的两物质分开包装,使用前混合均匀,开始聚合) | 原子灰 | 常温 | 马来酸酯中双键与苯乙烯双键自由基共聚 |
| | AB 胶 | 常温 | 丙烯酸酯双键的自由基聚合 |
| | 聚硫胶 | 常温 | 巯基氧化偶联,逐步缩聚 |
| | 聚氨酯胶 | 常温或加温 | 异氰酸酯基与羟基的逐步加成聚合 |
| | 环氧胶 | 常温或加温 | 环氧基与氨基、酸酐等的逐步加成聚合 |
| 单组分(所有组分混合在一起,不满足固化条件时反应速度很慢) | 热固化胶 | 升高温度 | 环氧基与双氰胺或催化自聚或加成聚合 |
| | 光固化胶 | 紫外光或可见光 | 双键在光引发下的自由基聚合,或光引发的阳离子聚合 |
| | 湿固化胶 | 施胶后空气中水分进入胶层 | 空气中的水分引起异氰酸酯基的加成聚合、硅羟基缩合及环氧与胺的加成聚合 |
| | 厌氧胶 | 隔绝氧气和接触过渡金属 | 过渡金属变价离子引起的过氧化物分解与氧阻聚的平衡破坏引起的自由基聚合 |
| | 喜氧胶 | 接触氧气 | 氧和变价金属双重作用下引起的烯丙基的氧化偶联反应 |
| | 瞬干胶 | 接触湿气或碱性 | 氢氧根引发的阴离子逐步聚合 |

纵观这几种固化形式，无论是双组分还是单组分，反应型胶黏剂的固化机理可以看成是聚合机理，包括逐步聚合和连锁聚合。

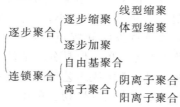

（1）自由基聚合的固化原理　该类胶黏剂没有固化前可以看成是一种溶剂型胶黏剂，其配方体系可以看成是以可自由基聚合的单体为溶剂的橡胶或树脂溶液，并在其中分散有填料。其固化过程是这些最初起到溶剂作用的单体的聚合、分子链的堆积、接枝和相分离，最后形成固体胶层的过程，属于本体自由基聚合。虽然同常规的自由基本体聚合稍有不同，一般本体聚合都是单体，形成均聚物或共聚物，该体系中还含有大量的树脂、橡胶或填料，但是其本质过程还是自由基聚合过程。

自由基聚合反应称为链式聚合（或连锁聚合）反应。从单个分子链形成过程来看，分为链引发、链增长和链终止三个基元反应。链引发反应分为初期自由基形成和单体自由基形成两个步骤。该类胶黏剂可根据初期自由基形成的方式分为三种形式：通过过氧化物的氧化还原反应形成自由基（双组分 AB 胶）；通过光引发剂光分解产生自由基（光固化胶）；引发剂热分解产生自由基（热硫化）。链增长是指单体自由基与单体加成形成链自由基并引起链增长的过程。然而链增长速度很快，几乎瞬间完成，这是由于链自由基很容易终止造成的。由于自由基很活泼，它不仅可以与单体进行链增长反应，也可以发生许多其他反应失活，形成稳定分子量的分子链，这个过程称为链终止。引起链终止的反应包括自由基间的偶合和歧化、自由基转移等反应。

链引发　　　　　　　　　$I \longrightarrow R^*$　　I：引发剂

　　　　　　　　　$R^* + M \longrightarrow RM^*$　　$R^*$：自由基或离子

链增长　　　　　　　　　$RM^* + M \longrightarrow RM_2^*$　　$RM^*$：活性种

　　　　　　　　　$RM_2^* + M \longrightarrow RM_3^*$　　$RM_x^*$：活性链

……

　　　　　　　　　$RM_n^* + M \longrightarrow RM_{n+1}^*$

链终止　　　　　　　　　$RM_n^* \longrightarrow$ 死聚合物

从整个固化过程来看，随着固化进行，可聚合的单体（溶剂）越来越少，黏度越来越大，最后不能再流动。固化过程是胶黏剂体系中的单体逐渐转化为聚合物的过程，也是通过链引发、链增长和链终止的反应，直至所有的引发剂消耗完毕的过程。从宏观来看，固化过程（或叫聚合过程）分为聚合诱导期、聚合初期、聚合中期、聚合后期，如图 1-14。

从单体转化率来看，诱导期主要是引发剂产生自由基，同时这些自由基都被体系中的阻聚剂消耗，这些阻聚剂可以是作为一种配料人为加入的，用来提

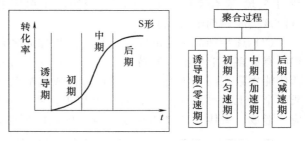

图 1-14　自由基聚合过程转化率与时间关系示意图

高贮存稳定性，也可能是其他物质引入的。在该阶段自由基几乎没有和单体反应，也就是单体转化率近似为零。当阻聚剂消耗完之后，引发剂产生的自由基开始引发单体的聚合，进入聚合初期阶段，由于该阶段黏度比较小，自由基双基偶合为主要的链终止反应，转化率与时间成线性关系，该段转化率大约在 20% 以内。之后进入聚合中期，这时体系黏度增大，链自由基的偶合终止概率降低，同时单体含量还比较高，因此单体转化率增大，出现自动加速现象，直到单体转化率达到约 70%～80%，在该阶段由于反应速率快，反应热产生速度也快，同时黏度不断增大，反应热难于散发，温度升高又引起聚合速度加快，因此极易产生爆聚，甚至因温度过高会造成粘接失效。随着反应的进行，引发剂和单体含量逐渐减少，反应速率逐渐降低，体系进入聚合后期阶段，直至单体消耗完毕或引发剂消耗完毕，整个固化停

止。显然，整个固化过程也是体系黏度增加的过程，自由基聚合胶黏剂各个阶段对应状态见表 1-10。

表 1-10 自由基聚合胶黏剂各个阶段对应状态

| 聚合过程名称 | 单体转化率 | 黏度及外观 | 工艺性 |
| --- | --- | --- | --- |
| 诱导期 | <5% | 可流动 | 需要夹具固定 |
| 聚合初期 | 5%～20% | 流动态到凝胶态 | 需要夹具固定 |
| 聚合中期 | 20%～80% | 凝胶至有初始强度 | 可转移至下道工序 |
| 聚合后期 | >80% | 达到粘接强度 | 后期存放 |

用于聚合物制备的自由基聚合一般在反应釜中进行，可以隔绝空气。但是胶黏剂粘接一般需要在原位进行，胶层较薄，难以完全隔绝空气。由于空气中的氧分子极易与单体自由基形成没有活性的过氧自由基，从而使聚合终止，如果体系中氧气含量过高，甚至会使固化终止。第二代丙烯酸酯胶、光固化胶、不饱和聚酯胶或原子灰等都存在氧阻聚的问题，如果胶层较薄同时还接触空气，固化效果会较差。而厌氧胶就是依靠氧的阻聚作用使贮运过程不聚合，保持液态，当隔绝氧气时就能够快速固化。

在粘接完成后，胶层中还有大量的未反应单体，这些单体起到了"溶剂"或"增塑剂"的作用，需要在后期慢慢反应。如果在没有完全固化时引发剂就已消耗殆尽，这些单体将会以溶剂的形式挥发掉，如果单体的沸点很高且难以挥发，它们就相当于增塑剂存在于胶层之中。所以，尽管该类型胶黏剂没有使用溶剂，但是还会有 VOC 和气味存在。这种现象是由该体系的固化原理所决定的。

完成聚合中期的时间根据胶种的不同有所不同，对于厌氧胶、AB 胶和不饱和聚酯胶，一般在 10min 左右；对于光固化胶，时间大约在数秒之内。为了加快反应速率，常用的方法是缩短诱导期和聚合初期的时间。缩短诱导期可以通过减少阻聚剂（抗氧剂、氧气等）来实现，但同时又会带来贮存稳定性差的问题，还需要通过其他方法解决。降低聚合初期阶段的时间，可以通过隔绝氧气和使用高分子树脂或橡胶的方法实现，如常将丁腈橡胶或丙烯腈-丁二烯-苯乙烯共聚物（ABS）树脂溶于单体之中，增加体系的初始黏度。正因为如此，目前该类胶黏剂配方比较复杂。

（2）逐步加成聚合的固化原理　逐步加成聚合同自由基聚合固化原理不一样，在固化过程中有许多反应中心，其特征是低分子转变成高分子是缓慢逐步进行的，每步的反应速率和活化能大致相同。该类胶黏剂的配方组成包括至少两种可以反应的单体，每种单体含有两个或两个以上的可反应基团。固化过程中，两单体分子反应，形成二聚体；二聚体与单体反应，形成三聚体；二聚体相互反应，形成四聚体；由于多聚体端基都是可以继续反应的基团，因此这些多聚体一直都是活性的分子链。聚合过程中分子量缓慢增加，达到较高时形成高分子，当达到临界分子量时，分子链互相作用形成空间网状结构，体系不能自然流动，也不能拉伸流动（拔丝）达到凝胶状态，此时称为凝胶时间。不同的体系达到凝胶状态的分子量不同，这与分子链间相互作用力及链刚度有关。聚合度和单体转化率与时间的关系见图 1-15。

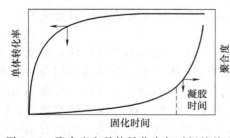

图 1-15　聚合度和单体转化率与时间的关系

在实际胶黏剂体系当中，所用单体（树脂或固化剂组分）的官能度一般都大于等于 2，对于同类型反应基团而言，官能度越大，固化速度越快，凝胶时间越短。最终的分子量及交联状态还与两单体官能团的比例有很大关系。由于是官能团等当量反应，因此配方设计一般按等当量配制。对于官能度为 2 的体系只能形成线型聚合物，对于官能度大于 2 的体系，可形成体型聚合物。不同类型的胶黏剂，其基元反应速率决定着不同的固化速度。

固化过程是体系黏度增大的过程，也可以看成是体系的 $T_g$ 不断升高的过程。因此，胶黏剂的固化动力学比普通的化学反应复杂得多，不能简单地用阿伦尼乌斯（Arrhenius）公式进行描述。在初期，未反应基团相互扩散速度比反应速率快，到后期，黏度增大，扩散速度比反应速率慢得多。在固化反应后期还要经历自由体积→扩散→碰撞→交联的阶段，因此固化过程分为动力学控制和扩散速度控制过程两个阶段。这也是为什么需要较长固化时间的原因。

动力学控制：扩散＞动态反应。

扩散速度控制：扩散＜动态反应。

由于固化工艺对胶黏剂的力学性能影响很大，通过固化动力学分析可以帮助我们了解固化过程，确定合理的固化工艺条件，从而获得固化物最佳的综合性能。因此对胶黏剂固化动力学的研究一直受到人们的重视。

如果能够准确测得不同固化温度下活性基浓度与时间的关系，就可以通过数值分析及拟合求得固化反应动力学方程，这也是动力学研究的常用方法。但是，对于胶黏剂的固化反应该方法没有可行性，这是因为固化过程很难取样并定量分析。目前主要是通过固化过程热效应间接推导的方法，差示量热扫描（DSC）法在这方面的应用较为广泛，与 FTIR 法和流变分析法等相比，DSC 法在信息的定量化方面具有明显的优势。

# 1.4　各类胶黏剂的特点及应用领域

## 1.4.1　反应型胶黏剂

反应型胶黏剂是一类重要的工程/结构胶黏剂，是目前种类最多、应用领域最广泛、综合性能优良的一类胶黏剂。反应型胶黏剂包括环氧型、聚氨酯型、丙烯酸酯型、有机硅型等几大类，产品要同时满足施胶和润湿要求的低黏度，固化后的高强度、耐蠕变和耐环境的需求。

反应型胶黏剂的最大特点是可以形成高度交联结构，因此具有良好的抗蠕变能力和较大的持久强度，能够用作结构胶黏剂。由于胶黏剂的网络结构是在固化过程中形成的，因此该类体系不仅与胶黏剂配方和组成有关，也与固化工艺有关。

### 1.4.1.1　反应型胶黏剂的种类、活性基团和用途

（1）含不饱和键的单体或预聚物　如 $\alpha$-氰基丙烯酸酯（如 502 胶）、丙烯酸酯、苯乙烯、不饱和聚酯、端丙烯酸酯预聚物（如环氧丙烯酸酯、聚醚丙烯酸酯、聚氨酯丙烯酸酯）、双马树脂等。其固化一般通过不饱和双键的自由基聚合或离子聚合来实现，常见的产品有单包装的光固化丙烯酸酯和厌氧胶，双包装的第二代丙烯酸酯工程胶黏剂、骨水泥、不饱和聚酯及瞬干胶等类型。这类主体树脂组成的胶黏剂产品主要特点是固化速度快，固化时间一般在几十分钟内，适合于流水线作业和快速维修，已经用于喇叭生产、螺纹紧固、微电子芯片、铸造件砂眼密封、汽车维修、家庭日常维修及医疗卫生等行业。

（2）环氧封端的化合物或低聚物（也称环氧树脂）　如双酚 A 型、双酚 F 型、酚醛型和聚醚型等缩水甘油醚型环氧树脂，缩水甘油酯型环氧树脂，脂环型环氧树脂和混合型环氧树脂。其固化过程是依靠环氧环的开环加成，环氧树脂与固化剂形成交联网络结构，实现从液

态到固态的固化过程，形成牢固的粘接。该体系最大特点是固化收缩率低，粘接范围广，可通过配方调整，性能从高强高模的结构粘接至弹性密封粘接，应用涉及许多高科技领域，如航天航空飞行器、电子电器装备、风力发电叶片和汽车制造，也包括普通民用领域，如普通桥梁和建筑的建造以及维修补强。

（3）含端异氰酸酯预聚物（包括聚氨酯胶黏剂体系和聚脲体系） 一般为双包装体系，其中的异氰酸酯组分一般是通过端羟基聚醚（PPO）、多羟基化合物（如三羟甲基丙烷）与过量甲苯二异氰酸酯（TDI）、异佛尔酮二异氰酸酯（IPDI）等异氰酸酯反应生成，有的也使用多聚异氰酸酯（如 TDI、HDI 等的三聚体）制成；另一组分则为多羟基低聚物或有机胺低聚物。常用的双包装体系有聚氨酯灌封胶、密封胶、浇注胶、电子封装胶、铁路道砟胶等聚氨酯或聚脲体系，主要是依靠端异氰酸酯基与多元醇或胺的反应形成交联体系而固化。也可通过异氰酸酯封端的预聚物配制成单包装的湿固化体系，依靠异氰酸酯与空气中的水分子发生系列反应而固化，如汽车风挡密封胶和建筑密封胶等。该类体系特点是可制成弹性密封胶，力学强度和伸长率高，粘接性能好。

（4）活性聚有机硅氧烷和硅烷化聚合物 如以端羟基聚二甲基聚硅氧烷（107 硅橡胶）、含氢硅油和乙烯基硅油、硅烷化聚氨酯（SPU）、硅烷化聚醚（MS 树脂）等为主体树脂，可制成单包装和双包装密封胶，用于玻璃、水泥、塑料和金属的粘接密封，如硅酮结构胶、有机硅密封胶、SPU 密封胶、MS 密封胶、电子灌封胶、有机硅导热灌封胶、有机硅发泡胶等。该类胶的固化原理是通过烷氧基硅烷水解和硅羟基缩合实现交联固化，或通过硅氢键与乙烯基加成形成固化。该类胶的特点是对玻璃、石材和水泥的粘接力强，耐老化性比聚氨酯密封胶好，耐温性优良。

（5）含巯基低聚物 一般配制成双包装或三包装体系。该类密封胶的特点是耐油和耐老化性良好。一般用于飞机油箱密封、建筑和下水管道密封。

（6）含羟甲基预聚物（主要是甲醛与胺或酚反应形成的预聚物为主） 该类胶历史比较久，主要有脲醛胶、酚醛胶和三聚氰胺甲醛树脂等。在高温和催化剂作用下通过羟甲基间的脱水、脱醛或烷基化形成缩合反应而固化，一般用于木材加工行业，如胶合板、中密度和高密度板的制造，也可用于耐高温漆和耐高温胶黏剂，如刹车片胶和摩擦片的制造。该类胶的特点是耐高温，但是性脆，固化过程需要高温，同时放出小分子气体，因此必须在高压下固化，否则胶层会出现气孔。

各类反应型胶黏剂的固化条件与使用性能见表 1-11。

表 1-11　各类反应型胶黏剂的固化条件与使用性能

| 项目 | | 环氧胶 | 聚氨酯胶 | 氰基丙烯酸酯胶 | 厌氧胶 | 第二代丙烯酸酯胶 | UV 胶 | RTV（室温硫化型）有机硅密封胶 |
|---|---|---|---|---|---|---|---|---|
| 固化条件 | 单组分 | 须加热 | 无须加热 | 无须加热 | 无须加热 | 须底剂 | 无须加热 | 无须加热 |
| | 双组分 | 无须加热 | 无须加热 | — | — | 无须加热 | — | 无须加热 |
| 初固时间 | | ≥5min | ≥5min | <1min | <20min | 2～5min | 2～60s | 20min 表干 |
| 固化时间 | | <168h | <24h | <2h | <12h | <12h | <2h | <336h |
| 使用性能（储存） | | 室温 | 室温 | 室温 | 室温 | 室温 | 室温 | 室温 |
| 使用期限 | | 6 个月～2 年 | 6 个月～1 年 | 6 个月～1 年 | 1 年 | 6 个月～1 年 | 6 个月～1 年 | 6 个月～1 年 |
| 气味 | | 微弱 | 微弱 | 刺鼻 | 微弱 | 强烈 | 微弱 | 微弱～刺鼻 |
| 可燃性 | | 低 | 低 | 低 | 低 | 中等至高 | 低 | 中 |
| 抗腐蚀性 | | 好 | 很好 | 差 | 好 | 好 | 中至高 | 很好 |
| 拉剪强度 | | 高 | 中至高 | 高 | 高 | 中至高 | 高 | 低 |
| 应用范围 | | 金属、玻璃、塑料、陶瓷等 | 金属、玻璃、塑料、橡胶等 | 金属、塑料、橡胶、木材等 | 金属 | 金属、玻璃、塑料、陶瓷、木材 | 金属、玻璃、塑料等 | 金属、玻璃、塑料、陶瓷、橡胶等 |

续表

| 项目 | 环氧胶 | 聚氨酯胶 | 氰基丙烯酸酯胶 | 厌氧胶 | 第二代丙烯酸酯胶 | UV 胶 | RTV(室温硫化型)有机硅密封胶 |
|---|---|---|---|---|---|---|---|
| 在涂有油的表面上的黏附性 | 差 | 差 | 中等 | 中等 | 好 | 中等 | 差 |
| 耐热性(最好) | 200 | 100 | 80 | 200 | 120 | 150 | 260 |
| 耐溶剂性 | 很好 | 好 | 中等 | 很好 | 好 | 好 | 中等 |
| 耐潮性能 | 很好 | 符合要求 | 符合要求 | 很好 | 好 | 符合要求 | 很好 |

### 1.4.1.2　环氧胶黏剂

环氧胶黏剂是一个配方比较复杂的体系，如表 1-12 所示。环氧结构胶黏剂基本都需要使用橡胶或热塑性树脂进行增韧。理想增韧体系的形成分为互溶和分相两个过程。配制好的胶黏剂中的增韧剂与环氧树脂体系是混溶的，随着环氧树脂的固化，增韧剂从树脂中完全析出，形成环氧树脂固化物为连续相、增韧剂为分散相的多相结构，又叫"海岛结构"。连续树脂相承受高温和高模，当受到外力冲击破坏时，连续相首先产生裂纹，当裂纹扩展到分散相时，方向发生偏转、胞壁塑性变形吸收能量，另外由于减弱了裂纹前端尖端效应，分散了应力集中点，因此体系能够在破坏时吸收更多的能量，表现出高韧的特点。当然，不同增韧剂用量、分散相形貌、固化剂结构、固化速度等都是相互影响的。

环氧胶黏剂同其他反应型结构胶黏剂相比，也存在一些"天生"的局限性。由于是逐步聚合过程，分子量增大得慢，因此固化速度慢，即使把凝胶时间调整到 5～10min，初始强度也很低。普通环氧树脂含氯比较高，目前发现对于一些钢结构及电子线路有影响，而低氯环氧树脂成本较高。

表 1-12　环氧胶黏剂的组成及性能

| 名称 | 成分或类型 | 作　用 |
|---|---|---|
| 树脂 | 缩水甘油醚(主要是双酚 A 型、双酚 F 型)、缩水甘油酯、缩水甘油胺和脂环族环氧树脂。如 E-51、E-44、E-20、F-44、酚醛-环氧等 | 分子中带有多个环氧基，可与氨基、羧基、酸酐、巯基等活性基团反应。也可由双氰胺、咪唑、叔胺、三氟化硼类物质引起催化聚合。可溶于酮、酯、卤代烃和芳香类溶剂 |
| 固化剂/促进剂 | 含活泼氢(氨基、羧基、巯基)物质 酸酐:迪克纳、四氢苯酐 催化型和促进型:双氰胺、咪唑、叔胺(DMP-30)、三氟化硼络合物 | 含有多反应基团的脂肪胺和巯基化合物可在室温下固化，其他一般加热固化，固化温度与固化剂和催化剂类型有关系。反应型固化剂用量须准确 |
| 稀释剂 | 增塑剂[DOP(邻苯二甲酸二辛酯)、DBP(邻苯二甲酸二丁酯)]或带环氧基团低黏度物质，如缩水甘油醚类单官能环氧和双官能环氧 | 增强胶黏剂浸润性、工艺性，增加固化胶层的柔性，但会降低耐热性和力学性能，用量不超过15% |
| 增韧剂 | 聚硫橡胶、端羧基丁腈橡胶、聚氨酯、尼龙、聚砜、纳米橡胶、聚酰胺 | 一般用量为20%～40%，对于高分子量增韧剂，可做成胶膜或溶剂型胶黏剂。端活性增韧剂有较好的效果，并已广泛采用 |
| 填料 | 金属粉、金属氧化物粉、无机盐粉、纳米材料(如纳米有机膨润土) | 可增加胶层导热性、耐热性、耐磨性和硬度，也可改变流淌性和收缩率 |
| 偶联剂 | 硅烷、钛酸酯、铝酸酯 | 增强与金属、玻璃、陶瓷等被粘物的粘接力和耐水性。用量约为1% |

单组分环氧胶黏剂可以是无溶剂液体、溶剂溶液、液体树脂糊、可熔胶粉、胶棒、胶片和膏状物、有载体或无载体胶膜，可以制成适宜特殊粘接的形状。双组分环氧胶黏剂一般由环氧树脂和固化剂组成，临用前混合均匀。胶黏剂状态可以是液体、腻子或粉末。环氧胶黏剂可含有增塑剂、活性稀释剂、填料和树脂改性剂。固化工艺条件由所用的固化剂决定。一

般双组分体系在所要求的适用期内（几分钟到几小时）混合、涂胶，并在室温固化 7 天以上，或于高温下缩短固化时间。环氧胶黏剂高温固化或室温固化体系在高温下固化对粘接强度有利。典型的室温固化胶黏剂在加热下快速固化的条件是 60℃、8h 或 100℃、20min。环氧树脂胶黏剂固化收缩率低，不释放小分子，内聚强度高，粘接强度高，耐化学性很好，综合性能优良，能够很好地粘接钢、铝、黄铜、铜及其他各种金属，对于热固性塑料、热塑性塑料和玻璃、木材、混凝土、纸品、织物和陶瓷等的粘接，都会得到同样的效果，是目前应用领域较广的一类粘接材料，已经在汽车、航空航天、电子电气、建筑桥梁、新能源等领域发挥着极其重要的作用。如在车辆和飞行器、轻量化的应用领域，蜂窝芯制造液体胶、蜂窝夹层结构用膜、加强板预涂胶，整车连接用的拆边胶、点焊胶等，导弹、火箭、卫星、壳体、风力叶片制造都是使用环氧树脂胶黏剂；芯片底部填充、电器件封装、低功率 LED 灌封、导电胶也都只能使用环氧树脂体系；甚至建筑补强、结构加固、钢桥面铺装、建筑植筋等也都是环氧树脂体系。

### 1.4.1.3　丙烯酸酯类胶黏剂

丙烯酸酯类胶黏剂包括第二代丙烯酸酯胶（SGA）、第三代丙烯酸酯胶黏剂（TGA）、厌氧胶黏剂（anaerobic adhesive）、紫外线固化胶（UV 胶）、氰基丙烯酸酯胶黏剂（cyano-acrylate adhesive）等。

第二代丙烯酸酯胶黏剂是市场上常见的一个结构胶黏剂品种，该类胶黏剂最大特点是固化速度较快，适用期短、开放时间和固化时间短、初始强度高，20min 就可以达到最终强度的 80%，这是环氧树脂胶不能比拟的。第二代丙烯酸酯胶黏剂根据施工要求可分为双主剂型和液固型。该类胶黏剂由于固化速度快，在汽车修补、建筑加强、设备维修等方面获得了应用。目前在医用方面使用的液固型丙烯酸酯胶黏剂，液体成分是单体和还原剂，固体成分为聚甲基丙烯酸甲酯（PMMA）粉和过氧化苯甲酰（BPO）粉的混合物，固液混合后形成糊状，可以和成面团手压，也可以灌注。固化过程包括 PMMA 粉被单体溶胀和单体聚合两个过程，固化速度很快，在医用行业叫"骨水泥"，主要用于假肢粘接和牙齿修复。

紫外线固化胶黏剂（UV 胶）被称为第三代丙烯酸酯胶黏剂（TGA），与一般胶黏剂相比，尽管 UV 胶黏剂的应用受到一定的限制，如需要 UV 固化设备、被粘物必须有一面透光等，但 UV 胶还是有着十分优越的特点，它完全符合"3E"原则，即 energy（节能）、ecology（环保）和 economy（高效、经济），广泛应用于玻璃与珠宝业、玻璃家具、医疗、电子、电器、光电子、光学仪器、汽车等领域。

厌氧胶黏剂是一种单组分液体或膏状胶黏剂，它能够在氧气存在时以液体状态长期贮存，隔绝空气后可在室温固化成为不熔、不溶的固体。厌氧胶用于机械制造业的装配、维修，用途相当广泛。它可以简化装配工艺，加快装配速度，减轻机械重量，提高产品质量，提高机械的可靠性和密封性。主要用途有螺纹锁固、平面与管路密封、圆柱零件固持、结构粘接、铸件微孔浸渗等。

反应型丙烯酸酯类胶黏剂的组成和性能特点如表 1-13 所示。

表 1-13　反应型丙烯酸酯类胶黏剂的组成和性能特点

| 名称 | 成分或类型 | 备　注 |
| --- | --- | --- |
| 单体 | 丙烯酸(酯)，甲基丙烯酸(酯)、丙烯酰胺和丙烯腈，聚氨酯、聚醚丙烯酸预聚物，环氧丙烯酸酯，丙烯酸双酯 | 单体可挥发，有气味，高级酯气味较小。用作第二代丙烯酸酯胶黏剂(也称为 AB 胶、蜜月胶)、厌氧胶、光固化胶单体 |
| 引发剂 | 过氧化物引发剂[BPO(过氧化苯甲酰)、异丙苯过氧化氢、过氧化甲乙酮等]，还原剂(叔胺、金属皂、钒络合物)，光敏剂(二苯甲酮、安息香醚) | 双组分丙烯酸和单组分厌氧胶一般用芳香过氧化物引发剂，光敏胶用光敏剂作引发剂。对光、热和过渡金属比较敏感 |

续表

| 名称 | 成分或类型 | 备　注 |
|---|---|---|
| 增韧剂 | ABS（丙烯腈-丁二烯-苯乙烯树脂）、氯磺化聚乙烯、SBS、TPU、CR（氯丁橡胶）、NR 等 | 增加黏度，加快反应速率，增加胶黏剂的强度和韧性。可与单体接枝共聚 |
| 稳定剂 | 草酸，酚类、醌类等 | 提高贮存稳定性 |
| 促进剂 | 硫脲类、磺酰胺类、过渡金属盐类 | 加快固化速度 |

$\alpha$-氰基丙烯酸酯胶黏剂是目前比较流行的一种"瞬干胶"，为单包装胶黏剂，固化速度极快，最少固化时间在数秒之内。该类胶黏剂主要成分是 $\alpha$-氰基丙烯酸酯，如耳熟能详的"502"胶，也俗称 $\alpha$ 胶，成分是 $\alpha$-氰基丙烯酸乙酯。其固化速度快的原因同丙烯酸酯一样，都属于链式聚合反应，但聚合机理则不同，$\alpha$ 胶是靠阴离子聚合固化的。链增长反应速率很大，20℃时可到 $3\times10^5$ L/（mol·s），分子量可达 $10^5\sim10^7$，链转移和链终止剂为强酸或弱酸。水本身并非引发剂，而是生成的氢氧根起到引发阴离子聚合的作用，氢离子在最后可参与转移反应。聚合过程是本体聚合，但又可把单体看成溶剂，当聚合到一定程度（80%）时，就会成为固体，之后速度将会下降，未反应的单体就是增塑剂。该类胶黏剂在固化时，应注意被粘表面的酸碱度，在酸性表面固化比较慢或不固化，可用胺类物质进行活化。$\alpha$-氰基丙烯酸酯胶黏剂黏度小，润湿性好，固化物透明，对许多塑料、橡胶、玻璃、陶瓷、金属等都有良好的粘接力，主要用于小部件的快速粘接，如装件、玩具、零件、箱包、线路板（连线定位）等，不需要夹具，工艺方便。另外其生物相容性较好，也可用于皮肤及器官组织的粘接和美容等领域，如用于战时急救、手术快速止血、皮肤渗血处置、输卵和输精管的堵塞、美甲、眼睫毛粘接等。该类胶黏剂也存在一些局限性，耐温性、耐水性、耐化学性较差，一般不用于结构件的粘接，只用于强度要求不高时或临时性粘接。如用于芯片加工时还需要临时固定和解胶。另外也不适用于多孔性被粘物，因为胶液易渗入孔内，形不成胶膜。

### 1.4.1.4　有机硅胶黏剂

有机硅胶黏剂可分为以硅树脂为基料的胶黏剂和以有机硅弹性体为基料的胶黏剂（包括密封胶）两类。二者的化学结构有所区别，硅树脂是由以硅-氧键为主链的三维结构组成，在高温下可进一步缩合成为高度交联的硬而脆的固体；而有机硅弹性体是以硅-氧键为主链的高分子量线型橡胶态物质。

有机硅弹性体的胶黏剂/密封胶应用最为广泛，硅橡胶的结构为—$R_2Si$—O—$SiRR'$—。

式中，R、$R'$ 为有机基团，可以相同也可以不同，可以是烷基、烯烃基、芳基或其他（氧、氯、氮、氟等）。室温硫化硅橡胶是以较低分子量的活性直链聚有机硅氧烷为基础胶料，加入交联剂、催化剂、填料等复合而成的液体橡胶，能在常温下交联成三维网状结构。根据商品包装形式，可分为单组分和双组分室温硫化硅橡胶。前者是将基础聚合物、填料、交联剂或催化剂在无水条件下混合均匀，密封包装，遇大气中湿气进行交联反应。后者是将基础胶料和交联剂或催化剂分开包装，使用时按一定配比混合后发生交联反应，与环境湿气无关。按硫化机理，室温硫化硅橡胶又可分为缩合型和加成型两大类。

室温硫化硅橡胶除了具有热硫化硅橡胶所具有的耐氧化、耐宽广的高低温交变、耐寒、耐臭氧、优异的电绝缘性、生理惰性、耐烧蚀、耐潮湿等优良性能外，还具有使用方便等特点，不需要专门的加热加压设备。利用空气中的湿气，就可进行室温硫化。在缩合型硅橡胶中，用于电子电气元件的多以脱醇和脱丙酮型为主。脱肟型由于在密封时对铜系金属有腐蚀性，所以使用时需十分注意。加成型产品由于固化时没有副产物，所以电气特性和固化特性稳定，然而有铂催化剂遇到有害物质（如硫、胺、磷化合物）易中毒的缺点。加成型虽然在室温下也能固化，但若加热则可迅速深度固化。

有机硅胶黏剂/密封胶有较好的耐高低温性、抗老化性和耐湿性，对玻璃、陶瓷等无机材料和金属材料均具有较好的粘接性能，已广泛用于建筑、机械、电子电器等领域的密封、粘接、灌封、覆膜等。由于有机硅胶黏剂可利用 Si—OH 进行固化，也可以利用 Si—H 键与双键进行加成固化，也可用其他物质进行改性，因此可配成热固化型、湿固化型、压敏型、单组分和双组分等类型。

目前有机硅密封胶使用最多的是湿固化型，固化机理是交联剂与水反应形成硅醇，然后与液体硅橡胶形成交联体。胶黏剂与液体有机硅的分子量、有机基团种类、交联剂的种类（腐蚀性）、催化剂的种类（反应速率）、填料的种类和用量及增塑剂等有关，包装质量对稳定性也有较大影响。一般来说，胶层厚度与固化深度有关。目前主要在玻璃幕墙、夹层窗户（中空玻璃）和卫生间密封行业大量使用。该类胶黏剂存在的问题是除玻璃、陶瓷、石材、水泥外，对其他基材粘接强度较差，容易被油等非极性物质溶胀，耐油性差，另外有机硅胶黏剂表面张力低，表面对涂料粘接力差，再涂性比较差。

### 1.4.1.5　反应型聚氨酯胶黏剂

聚氨酯胶黏剂（包括密封胶）是指主链上含有氨基甲酸酯的胶黏剂。由于结构中含有—NCO 极性基团，提高了对各种材料的粘接性，并具有很高的反应性，能常温固化。反应型聚氨酯胶黏剂主要由异氰酸酯、多元醇、含羟基的聚醚和聚酯、填料、催化剂等组成。其性能调整范围宽，可控制范围广，有较好的黏附性能，较高的韧性，较好的耐低温、耐油和耐磨性能，被广泛用于粘接金属、木材、塑料、皮革、陶瓷、玻璃等。其中，单组分湿固化聚氨酯结构胶和密封胶广泛应用于建筑及车辆密封和汽车挡风玻璃粘接等。

目前聚氨酯胶黏剂有溶剂型、热熔型、湿固化型和双组分型，是国内发展较快的一个胶黏剂品种。该胶黏剂也存在一定的局限性，就是—NCO 非常活泼，容易与水反应生成二氧化碳，产生气孔，同时影响比例，贮存稳定性差，因此对包装要求严格。但是还有一种依靠该反应的湿固化胶黏剂，室温接触水分即固化，在许多领域获得了应用。如手机屏幕粘接用的反应型热熔胶、汽车挡风玻璃粘接用的单组分结构胶、湿固化压敏胶、灌封胶等。聚氨酯胶黏剂固化时对湿度比较敏感，容易产生气泡，影响密封效果，且异氰酸酯组分容易自聚，难于贮存。另外聚氨酯胶黏剂中的氨基甲酸酯键耐温性较差，吸湿性较强，电性能差，耐水解和耐光老化性能差，应用受到极大限制。

### 1.4.1.6　MS（硅烷改性聚醚）胶和 SPUR（硅烷化聚氨酯）胶

MS（硅烷改性聚醚）胶和 SPUR（硅烷化聚氨酯）胶结合了聚氨酯（聚醚）和有机硅胶黏剂的优点，其反应基团和固化原理同湿气固化有机硅胶，其主链结构是聚醚和聚氨酯。MS 和 SPUR 密封胶具有室温下快速固化，良好的耐候、耐水、耐热和耐老化性，良好的粘接性、涂饰性、环境友好性，对基材适应性广及不含游离的异氰酸基等特点。它在不施用底胶时的粘接范围已从无孔材料（如玻璃、金属等基材）扩展到工程塑料（如 PVC、ABS、聚苯乙烯和聚丙烯酸酯等），从一般的基材表面扩展到各种漆面（如丙烯酸酯类、环氧类、聚氨酯类和瓷漆类等漆面）。如此广的粘接范围和对基材的适应性预示着这类密封胶适于在建筑、汽车制造、铁路运输、集装箱制造、金属和非金属加工、设备制造、空调和通风装置等领域中推广应用，具有较广阔的应用前景。

## 1.4.2　水基胶黏剂

水基胶黏剂是指以水作溶剂或分散介质的一类胶黏剂。水基胶黏剂一般不使用溶剂，没有污染和爆炸风险，黏度方便调控，操作期长，工艺简单，近年来备受重视，并得到了大力发展，目前已经在许多行业得到推广和应用。水溶液胶黏剂主要由水溶性高分子溶于水中制得，如淀粉及改性淀粉纤维素、皮胶、聚乙烯醇胶黏剂、聚氧乙烯醚胶黏剂、聚丙烯酰胺胶黏剂、聚乙烯吡咯烷酮胶黏剂等。这类胶黏剂主要用于纸张、木材和纤维粘接及临时粘接，用于纸箱、纺织、造纸、家具、内墙贴纸、文物修复和陶胚制造等行业。这类胶黏剂不耐水，只能用于非结构粘接和临时粘接。

在水基胶黏剂领域还有一类是乳胶系列，它是由不溶于水的胶体粒子，在表面活性剂作用下稳定分散在水中形成的。当光线经过乳胶分散液时，经过多次的乳胶粒子与水相界面的反射、折射，把入射的白光又漫反射出来，因此外观为像乳汁一样的白色。乳胶俗称"乳液"，但是叫法不科学，因为只有液体乳化形成的体系才叫乳液。乳胶体系的特点是黏度小，固含量高（有的体系固含量高达 70%），黏度不受聚合物分子量及交联结构的影响。其固化特点是依靠水的蒸发导致乳胶粒子相互聚并形成密积层，聚合物分子相互扩散跨越乳胶粒子边界并融合缠卷达到相互自粘，最终形成连续的透明薄膜。由于乳胶体系具有不含溶剂、耐水、固含量高、分子量可控性强等特点，已经发展了许多种乳胶型胶黏剂。目前主要分为天然系列、乳聚系列和乳化系列三大类：天然的主要指天然橡胶胶乳和杜仲橡胶胶乳，都是从橡胶树上收集的白色乳状液体。它们的主要成分是聚异戊二烯，但天然橡胶属于顺式结构，玻璃化转变温度低，常温下为橡胶态；而杜仲橡胶为反式结构，常温下易结晶，为硬质固体。乳聚系列是由乙烯基单体通过乳液聚合得到的，常见乳液聚合的单体包括醋酸乙烯、乙烯、（甲基）丙烯酸酯、苯乙烯、氯乙烯、丁二烯等，常见乳胶类型有醋酸乙烯乳胶（白乳胶）、VAE 乳胶、氯醋乳胶、纯丙乳胶、醋丙乳胶、乙丙乳胶、苯丙乳胶、硅丙乳胶、氯偏乳胶、丁苯乳胶等。乳化系列是后来发展起来的，包括水性聚氨酯、水性环氧、有机硅乳液和乳化沥青等。乳胶型胶黏剂应用领域非常宽广，诸如在木材加工、建筑防水、路面施工、服装印染、织物粘接、水泥添加、纸张加工、香烟制造、地毯背衬、室内装潢、包装搭扣、薄膜复合、压敏胶和涂料等行业发挥着重要作用。

但是该类胶黏剂也存在着许多问题，首先是固化过程中需要蒸发水分，因此受被粘材料透气性和环境的温湿度影响较大，在南方湿度大的自然环境下极难干燥。根据固化原理，固化温度必须在最低成膜温度以上才能自粘，也就是说在室温固化时，聚合物比较柔软，玻璃化转变温度较低，因此本身强度不高，不能用于结构粘接。其次，体系中含有表面活性剂，固化后还存在于体系之中，因此耐水性不好，在接触水时容易发白，强度降低，绝缘性能极差。另外，由于水在低于 0℃时结冰，低温时因水结冰容易引起破乳而报废，冬天还需要保温保存和运输，在天热时还容易产生霉菌。

针对这些问题也进行了深入研究，并开发出了不发白的耐水乳胶、抗冻融的乳胶、自交联的乳胶、不使用成膜助剂的核壳结构乳胶、光固化的乳胶、空芯的乳胶、阳离子乳胶等许多新品种，扩大了应用范围。但是还不能用于电子、结构粘接和一些高端领域。

## 1.4.3 热熔型胶黏剂

热熔胶也是目前发展最快的胶种之一，通过加温熔化后施胶润湿，降温后冷却凝固来实现粘接。因此热熔胶主要是以热塑性塑料或热塑性弹性体为主体树脂，再配合增黏剂、增塑性剂及其他助剂构成。常根据主体树脂结构类型对热熔胶进行分类，如常用的 EVA 热熔胶就是以 EVA 树脂为主，与石油树脂、萜烯树脂、石蜡、抗氧剂等热熔混合而成。除 EVA 外，几种热熔胶的主体树脂还有：

① 乙烯基类 EVA、APAO（$\alpha$-聚烯烃）、无规 PP（聚丙烯）、POE（聚辛烯）、PE（聚乙烯）、EEA（乙烯-丙烯酸乙酯）等。

②热塑弹性体　SBS、SIS、氢化SBS、三元乙丙弹性体等。

③其他杂原子类　共聚尼龙、聚酯、聚酰胺、TPU等。

EVA类热熔胶占热熔胶的60%以上，嵌段共聚物（SBS、SIS等）占四分之一以上，其他种类的热熔胶分割其余的份额。热熔胶的性能与主体树脂的结构密切相关，如含有双键的SBS和SIS类胶黏剂耐光氧和热氧老化性能差，不含双键的氢化SBS、PE、$\alpha$-聚烯烃等具有良好的耐氧化和耐臭氧能力。分子链中伴有极性基团的主体树脂的本体强度和粘接性能较好，如TPU、聚酯、EEA等对木材、皮革、金属有较高粘接力。主体树脂的支化度、结晶性、分子量、嵌段比等因素对强度、熔体黏度和力学强度有影响，如SBS具有低分子量、高强度和低黏度的特点。除主体树脂外，增黏剂主要起到调节黏度、湿润性和黏附力的重要作用，但会降低使用温度和耐蠕变性能；增塑剂主要是降低熔融黏度；抗氧剂决定熔体的热稳定性和使用寿命；成核剂可增加结晶速度，加快固化速度。

同其他类型胶黏剂相比，热熔胶具有许多特殊的性能，主要包括：①固化速度快，便于连续化、自动化高速作业，且成本较低；②生产和使用过程中没有溶剂污染和残留，贮存和运输方便；③不需要干燥通风设备，粘接工艺简单；④固体胶膜、胶棒、胶粒或胶粉，便于包装、运输、贮存，占地面积小，使用方便；⑤硬度、强度和柔韧性容易调控；⑥适用被粘物广，既可用于金属，也可用于聚乙烯、聚丙烯等难粘材料。热熔胶可根据需要加工成粉末型、胶带（膜、片）型、胶棒型等，广泛用于书籍无线装订、家具封边、鞋材固定、香烟包装和电子器件固定、日用品修补和固定、工艺品修补和手工制造等领域。由于热熔胶可以再熔化失粘，胶层或废胶可以再生和回收利用，也可以用于需要维修或拆卸的场合。如仪器盖的粘接密封、电线的临时固定、DIY（自己动手制作）产品的粘接、模型的构建与组装等，都需要在不破坏被粘物的情况下容易解胶。

热熔型胶黏剂在应用时还存在一些局限性：①主体树脂属于线型高分子，分子量大，强度高，但是却带来熔融黏度大、熔融温度高的问题；②因没有交联，使用时容易变形，尺寸稳定性差，粘接强度不高，耐温性低，耐溶剂性差，不能用于强结构件的粘接；③施胶时需要专用的设备，如需要热熔枪、热熔涂布机、点胶机或热风等加热装置进行熔胶和施胶，还容易烫伤，工艺较为复杂；④由于被粘材料温度较低，施胶后黏度很快增加，一般情况下，润湿性不好，不能形成薄胶层，不适于大面积粘接，受外界气温影响较大，粘接工艺适应性和稳定性不好；⑤在热熔胶制备和应用过程中，需要多次加热和较长时受热，能耗高，而且高温情况下，胶体材料容易分解和黄变，引起粘接性能的劣化，有时影响批次稳定性。提高热熔型胶黏剂的耐热性和强度是热熔胶最活跃的研究热点。在满足软化点、熔体黏度、固化速度、最高使用温度等基本要求的情况下，开发熔程窄、耐寒与耐热并举、强度和柔软性兼具、点胶时无拉丝等性能的热熔胶方面已经取得了一些进展。例如，为了平衡强度和耐热性，开发出了反应型热熔胶。另外，还发展了一系列新型热熔胶，包括水溶性热熔胶、再湿型热熔胶、热熔压敏胶、水敏性热熔胶、耐热热熔胶、溶剂型热熔胶、生物降解型热熔胶等，从各个角度改进了热熔胶的性能，拓宽了热熔胶的应用范围。

# 1.4.4　溶剂型胶黏剂

溶剂型胶黏剂是指将天然橡胶、合成橡胶、合成树脂等高分子化合物溶解于有机溶剂中并添加适量助剂而制成的胶黏剂，它靠溶剂的挥发而固化。溶剂型胶黏剂各组分通过溶解混合制备，配制工艺简单。使用时还可用稀释剂或分散剂进行稀释，现场调控黏度，施胶工艺方便，另外没有使用完的胶黏剂还可继续使用，因此在胶黏剂发展初期大量采用。该类型胶黏剂固化速度可以通过溶剂的沸点和蒸发热、环境温湿度、通风状况，以及胶层厚度进行调控。另外，溶剂型胶黏剂还具有一个无可比拟的特性，就是操作期长，开放时间长，固化时间短。也就是施胶之前的操作期很长，基本不受限制，施胶溶剂晾至表干后，可在较宽的时间范围内进行合拢压合，利用其自粘性实现接触粘接，马上达到较高的强度，工件即可进入下道工艺。由于初始强度高，不需要工装，特别适应于复杂构件、小型材料的手工粘接。这种特性只有溶剂型胶黏剂具备，也是很难被其他类型胶黏剂替代的原因。

溶剂型胶黏剂主要是一些橡胶型胶黏剂，如聚氨酯弹性体、氯丁橡胶、丁腈橡胶、SBS万能胶、氯磺化聚乙烯胶等，目前在家具木皮贴合、皮装粘接、制鞋和箱包、输送带和自行车内胎修补、纽扣电池密封等行业应用，另外在覆膜、压敏胶等领域也有应用。溶剂型胶黏剂存在主要问题是，只有分子量大才能使初始强度高，而分子量大，则溶液黏度高，就需要大量的溶剂。使用溶剂容易失火爆炸，还对健康和环境造成不利影响。由于溶剂挥发，体积大量收缩，有时会有内应力存在，胶层出现裂纹。粘接过程如果溶剂挥发完全，胶层将失去自粘性，无法实现接触粘接，因此实际粘接过程中，在合拢时溶剂并没有完全挥发完，在产品中的溶剂残留，需要很长时间才能挥发，造成产品使用过程中的环境污染和健康危害。对于多孔性被粘材料（如皮革、木材、纸张），后期能够挥发完全，但是对于粘接面积较大、比较致密的被粘物（如金属、玻璃），很长时间内也难于挥发，并不适用。另外胶层抗蠕变性差，常用于非结构件的粘接，应用范围也受到极大限制。

目前的发展趋势是把反应型和溶剂型相结合，这样既可以提高固含量，同时又能形成大分子或网状结构，甚至可以应用在高温和结构件粘接领域，如耐蒸煮的覆膜胶黏剂。当然，有些反应型胶黏剂，也可少量使用溶剂降低黏度，如反应型底胶。随着环保意识的加强和法律制度的健全，通过固化工艺和固化装置的改进，溶液型胶黏剂用量越来越少，逐步被水基胶、热熔型胶、反应型胶和压敏型胶所取代，但在有些领域还很难完全被取代。

## 1.4.5　压敏型胶黏剂

压敏胶黏剂是一种特殊类型的胶黏剂，是指能够长期处于黏弹状态的"半干性"特殊胶黏剂，具有永久黏性，不用固化，俗称不干胶。由于自粘性较强，压敏胶一般涂布在基材上，如塑料薄膜、纸张、织物、海绵、金属箔等，加工成带状或片状制品进行使用，用手轻轻压合即可粘接于各种不同的表面上。压敏胶黏剂的这种对压力敏感的粘接性能是它的最基本性能，也是区别于其他胶黏剂或胶黏制品的显著标志。

压敏胶制品按用途分主要有单面压敏胶带、双面压敏胶带以及压敏胶片材（包括压敏胶粘标签）三类。图 1-16 是普通压敏胶制品的构成示意图，主要包括基材、底胶、压敏胶和隔离纸，不同用途制品有所差异。

压敏胶黏剂及其制品品种繁多、成分复杂，已发展成为胶黏剂中一个独立的分支。由于压敏胶黏剂及制品（各种胶黏带、胶黏标签和胶黏片材等）具有粘接迅速、性能可调控、使用方便、可重复使用、不污染被粘物等优点，

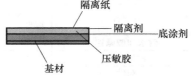

图 1-16　压敏胶制品构成示意图

在现代工业和日常生活中用途十分广泛。它大量应用于包装、标签、电气绝缘、医疗卫生、掩蔽、粘接固定、装饰片、保护膜、地板砖、地下管道的防腐保护等。

## 1.4.6　功能型胶黏剂

功能型胶黏剂是指除了粘接功能以外，还同时兼具密封、导电、导热、导磁、耐高温、耐低温、光学透明等功能的胶黏剂，有时也称特种胶黏剂。功能型胶黏剂种类繁多，其主要

类型和应用如表 1-14 所示。

表 1-14　功能型胶黏剂列表

| 名称 | 功能 | 应用举例 |
|---|---|---|
| 功能型胶黏剂 | 密封功能 | 发动机盖、油水管路、化工装备法兰、集成式建筑接缝、中空玻璃、屋顶和卫生间防水、桥梁接缝、门窗接缝、外墙填缝、水坝防渗等 |
| | 医疗功能 | 补牙、皮肤及组织缝合、经皮给药、止血、防止感染、细菌吸附、体内支架连接、神经导管连接、生物吸收等 |
| | 电气功能 | 绝缘、灌封、封装、固封、导电、导磁、芯片光刻、彩显光刻、防击穿、防污闪 |
| | 光学功能 | 光纤连接、透明光学玻璃粘接、光纤保偏、LED 封装和透镜、发光带贴合、光学变色 |
| | 减振降噪 | 表面波滤波器吸声、车辆阻尼、减振、降噪、仪器减振、建筑防震、防弹服用减振等 |
| | 热功能 | 导热、阻燃、超低温、高低温变配合、温变指示 |
| | 其他功能 | 防伪、密封、紧固、耐油、防潮、防蚀、防拆、防揭、指示等 |

# 1.4.7　无机胶黏剂

　　无机胶黏剂是以无机氧化物或无机盐为主要成分的一类粘接材料，早在数千年前，人类的祖先就已经开始使用。但真正主动进行无机胶黏剂研究和应用，则是 20 世纪受航空、航天技术对耐高温胶黏剂的迫切需求牵引才开始的。

## 1.4.7.1　无机胶黏剂的特点

　　与有机合成胶黏剂相比，无机胶黏剂具有成本低、耐氧和辐照老化性能好、使用温度范围广等优点，除航天航空领域外，也在机械、冶金、勘探、交通、国防等领域得到了广泛应用。但是无机胶黏剂也存在一些天然局限性，如在粘接、固化工艺、耐水性等方面与有机胶黏剂还存在较大的差距，具体见表 1-15。

表 1-15　无机胶黏剂与有机胶黏剂基本性能的比较

| 性能指标 | 无机胶黏剂 | 有机胶黏剂 |
|---|---|---|
| 结构组成 | 金属氧化物、多价无机盐和大量无机填料构成的糊状物 | 含有单体、预聚物及树脂，以 C—C 单键、双键、C—O、C—N、芳环和杂环构成链节结构 |
| 耐氧和光老化性 | 极好 | 差，易氧化和光分解 |
| 耐温性 | 500～1400℃ | <350℃ |
| 线胀系数及热匹配性 | 低，热匹配性好 | 高 |
| 耐油性 | 极好 | 与结构有关，一般不好 |
| 耐辐射 | 好 | 差 |
| 环保性 | 一般为水溶液，使用和老化时主要成分不挥发 | 含有挥发性有机物或可分解成挥发性有机物 |
| 耐水和酸碱性 | 差 | 好 |
| 粘接强度 | 适宜套接、槽接，剪切强度高 | 可适于许多受力形式 |
| 韧性 | 差，剥离强度极低 | 好，耐冲击性好 |
| 固化形式 | 单组分熔融反应型、吸水和吸二氧化碳及双组分反应型<br>固化条件要求高 | 挥发、光、热、湿、厌氧、吸氧单组分和双组分反应型<br>固化工艺简便，选择性高 |
| 胶液的酸碱性及腐蚀性 | 显酸性或碱性，有腐蚀性 | 一般呈中性，基本无腐蚀 |
| 润湿性及材料适应性 | 表面张力大，只适应于无机非金属材料粘接 | 润湿性好，可适用于所有材料粘接 |

　　从粘接原理可知，任何胶黏剂要形成粘接力，必须先由液体润湿后再固化才能形成。有机胶黏剂由于分子间作用力比较小，分子量小到一定程度就可以成为液体，然而无机胶黏剂都是由金属氧化物或无机盐等构成，一般都为固体，因此无机胶基本都是通过水来分散或溶

解无机物形成的流体或液体，因此其固化形式相对较少。另外，由于无机物或水的表面张力大，很难在低表面能物质上润湿铺展，因此无机胶对有机材料粘接力很小。由于无机胶黏剂的金属原子外层有许多空轨道，可以与氧的孤对电子形成配合键，因此交联密度大，模量高，膨胀系数小，脆性大。可根据扬长避短的原则，适当选用无机胶黏剂。当然无机胶黏剂也有许多类型，不同类型的性能也有所差别。

### 1.4.7.2　无机胶黏剂的类型、特点及应用

由于无机胶黏剂都会使用水，不同的无机胶黏剂中所用水的作用也不一样。如果水作为溶剂，其固化机理则是空气干燥型；如果水是分散剂，则需要通过水分挥发形成初级粘接，后期需要经过高温熔化粘接，如釉、低熔点玻璃粉等；当然也有无机热熔胶，如硫黄、焊锡等；如果是先通过水分散形成流动性，然后水再参与到反应当中，就是遇水固化型，如石膏和水泥等。这些都是常见的无机胶黏剂，真正具有耐高温的胶黏剂是反应型无机胶黏剂，如磷酸-氧化铜、硅酸钠-氧化铝等，强度高，耐温性好。具体的种类、结构、固化原理、性能特点和典型应用如表 1-16 所示。

表 1-16　常见无机胶黏剂种类、结构、固化原理、性能特点和典型应用

| 固化方式 | 主要组成 | 固化原理 | 特点和应用举例 |
|---|---|---|---|
| 空气干燥型 | 水玻璃<br>黏土 | 水分挥发或吸收二氧化碳固化 | 单组分，粘接强度低，耐水性差，耐温性不好。用于木材、纸张、砂芯等多孔性材料粘接，也可用于玻璃和金属贴片粘接 |
| 熔融固化型 | 釉（各种氧化细粉混合物）、低熔点玻璃、低熔点金属、硫黄 | 高温下不同氧化物熔化扩散发生反应 | 单组分，胶层致密，强度大，用于白炽灯、太阳能热水管、显像管等高温和高真空的粘接密封，低熔点金属用于钎焊等 |
| 遇水固化型 | 硫酸钙（石膏）<br>水泥 | 形成水合物吸收水分而固化 | 使用工艺方便，但粘接强度低，高温下会分解放出水，用于接缝密封、瓷砖贴片、石材粘接等建筑领域 |
| 反应固化型 | 磷酸盐：磷酸氢铝盐溶液-金属氧化物粉（氧化铜、氧化铬、氧化锌） | 三价磷酸与多价金属氧化物形成交联结构 | 双组分、强度大、线胀系数低、耐温高（<800℃），但是固化速度快操作困难，质脆。用于刀具固定、发动机密封、耐火材料粘接、龋齿修补、应变片粘接等 |
| | 硅酸盐：多聚硅酸盐（钠盐、钾盐和锂盐等）水溶液-高价金属氧化物粉（铝、钙、镁等） | 通过硅酸与多价金属氧化物反应，形成硅酸盐（铝、钙等）交联结构 | 双组分，耐温高（达 1300℃），线胀系数低，耐高低温冲击，对金属、陶瓷、石英及玻璃等有良好的粘接性。但是需要缓慢阶段升温固化。用于发动机、电热设备、炼油设备粘接。也可制成无机导电胶等 |
| | 镁水泥（氯化镁水溶液＋氧化镁粉体） | 通过氧化镁的水化及与氯化镁结合，形成氯氧镁结构无机凝胶 | 双组分，可室温固化，成本低，容重小，耐磨性能好。但耐水性差，易返碱 |

## 1.4.8　天然胶黏剂

天然胶黏剂是以天然有机物为主要原料，经过简单工艺制成的胶黏剂。天然有机物指在生物体内合成的有机化合物，分为天然有机小分子化合物和天然有机高分子化合物两类。其中油脂、单糖、双糖、氨基酸、松香酸、松节油、漆酚等属于天然有机小分子化合物，而多糖（淀粉、纤维素、甲壳素）、蛋白质、木质素、天然橡胶则属于天然有机高分子化合物。

天然胶黏剂与合成胶黏剂的主要差别在于原料来源不同，合成胶黏剂主要是以石油和煤为原料经过石油化工或煤化工、高分子化工等复杂的化学反应所制得；天然胶黏剂主要由植

物、种子、动物组织和细菌等成分经过简单分离和加工而得到。天然胶黏剂原料易得、可再生、安全、可降解、环保，不用担心资源枯竭问题，因此最近又重新获得了人们的重视，得到了快速发展。按原料来源，天然胶黏剂可分为动物胶和植物胶；按化学结构，可分为淀粉、动植物蛋白、纤维素和天然树脂等类型。

根据粘接机理，粘接需经液体润湿再到固化的过程，而大部分天然有机物没有溶解性和流动性，因此制备天然胶黏剂的主要问题是如何使天然有机物溶解。如淀粉的初始形态为几十微米大小的颗粒，由于分子量大，且以结晶形态紧密堆积，由于氢键的相互作用，常温下不溶于水和溶剂，因此需要通过各种改性和糊化降解才能用作胶黏剂。纤维素的化学结构与淀粉类似，因此也需要通过醚化、酯化等方法处理之后才能应用。胶原蛋白是由三条肽链组成的结构，分子量大，不溶于水，因此也需要水解或酶解成较小的分子才能使用。同理，像甲壳素、木质素等也都需要经过化学改性后才能溶解。

由于天然胶黏剂都是由强极性吸水链段组成，又经过了降解和结构重排，因此普遍存在耐水性差的问题。另外该类胶黏剂在自然界容易被霉菌分解，因此耐久性也存在问题，但这也是解决合成胶黏剂"白色污染"的关键。常用天然胶黏剂性能特点见表 1-17。

表 1-17　常用天然胶黏剂性能特点

| 名称 | 结构 | 固化原理 | 特点及应用举例 |
|---|---|---|---|
| 淀粉类胶 | 由糖苷键相结合的聚合糖高分子碳水化合物，可用通式 $(C_6H_{10}O_5)_n$ 表示。淀粉是由 $\alpha$-1,4-糖苷键连接组成的同多糖，有直链和支链淀粉。阿拉伯胶是由戊糖和半乳糖等组成的杂多糖。淀粉、瓜尔胶属于天然半乳甘露聚糖。常用于胶黏剂的是改性多糖，依靠其分子链中羟基反应性引入新的官能团进行改性，如氧化、醚化、酸化、羧甲基化等 | 水基胶黏剂或溶剂型胶黏剂的固化原理 | 成本低，对极性材料粘接性好，生物相容性好，但耐水性差，易霉变，耐久性差。用于纸张、木材、工艺品的黏接。主要品种有浆糊、上浆剂、型煤黏结剂、瓦楞纸胶、纸张复合胶、标签胶、纸箱快干胶、复混肥造粒黏结剂、壁纸胶黏结剂、铸造泥芯用黏结剂、饵料黏结剂、卷烟胶、再生烟叶黏结剂等 |
| 桃胶 | | | |
| 阿拉伯胶 | | | |
| 纤维素 | 由 D-吡喃葡萄糖酐以 $\beta$-1,4-糖苷键相互连接而成的线型高分子，不溶于水及一般有机溶剂。胶黏剂使用的纤维素衍生物是通过分子中羟基的酯化、羧甲基化、羟乙基化、羟丙基化、甲基化、乙基化及相互组合反应而形成具有不同取代度的产物。如醋酸纤维素是通过醋酸、硝酸进行酯化，可溶于丙酮制成胶黏剂 | 水基胶黏剂或溶剂型胶黏剂的固化原理 | 纤维素来源极其丰富，存在于植物茎、秆、树木及棉花当中，不被人体消化吸收，其他性能特点和用途与淀粉胶黏剂类似，但是比淀粉类胶黏剂强度大，成膜性好，耐水性好。醋酸纤维素和硝基纤维素透光性好，强度高，还可用于涂料和油墨的粘接料 |
| 甲壳素壳聚糖 | 甲壳素又称甲壳多糖，是由 N-乙酰-$\alpha$-氨基-D-葡萄糖胺以 $\beta$-1,4-糖苷键连接而成的含氮多糖聚合物。因不溶于水，与淀粉和纤维素一样，可以通过醚化和酯化进行改进 | 溶剂型胶黏剂固化原理 | 价格低廉、机械强度好，且具有生物降解性、生物相容性、无毒、抑菌、抗癌、降脂、增强免疫等多种生理功能，可用于食品黏结剂和医用胶黏剂，可加速人体伤口愈合 |
| 松香树脂 | 是松香酸的低聚物或改性物。如松香甘油酯、松香季戊四醇酯、歧化松香、氢化松香、松香改性酚醛等 | 溶剂法原理 | 不溶于水，溶于乙醇、苯、氯仿、乙醚、丙酮、二硫化碳以及稀氢氧化钠水溶液，用作热熔胶的增黏剂 |
| 萜烯树脂 | 天然松节油聚合而成的低聚物 | | 透明、无毒、中性、电绝缘性、疏水、耐稀酸稀碱、粘接力强等。常用作溶剂型胶黏剂和增黏剂 |
| 木质素 | 是交叉链接的酚类聚合物，是由三种醇单体（对香豆醇、松柏醇、芥子醇）形成的复杂聚合物。常代替苯酚用于酚醛胶黏剂中 | 可与甲醛进行缩合固化 | 产量大，来源丰富，固化物刚性大，耐高温，耐腐烂。可以用于木材粘接、矿粉黏结剂、型煤黏结剂、饲料黏结剂等 |

续表

| 名称 | 结　　构 | 固化原理 | 特点及应用举例 |
|---|---|---|---|
| 大漆 | 主要成分为漆酚,是邻苯二酚的带有不饱和支链衍生物的混合物,能溶于多种有机溶剂而不溶于水。可以用甲醛进行改性 | 漆酚的酶催化聚合,在空气中氧化聚合变稠变黑 | 强度和硬度高,但是易导致过敏,黏度大,不易施工,耐碱性能差等。传统天然涂料用粘接剂,利用甲醛改性后作为防腐漆用粘接剂,对金属和木材有良好的粘接力 |
| 油 | 是多种不饱和高级脂肪酸三甘油酯的混合物。不饱和脂肪酸主要有油酸、亚油酸、蓖麻酸、松油酸、桐酸等的混合物。依据不饱和程度可分为干性油、半干性油和非干性油。天然油脂可通过与合成多元酸或醇进行酯交换得到醇酸树脂 | 在空气氧和催化剂作用下,双键的 $\alpha$-H 的氧化偶联反应进行交联固化 | 来源丰富,可再生,环保,但耐温性和耐老化性不好。醇酸树脂的机械性能和耐老化性得到提高。主要用于涂料粘接剂,文物修复粘接剂,窗户玻璃腻子,细缝粘接密封等 |
| 皮胶、骨胶、鱼鳔胶、蛋清、明胶、干酪素 | 动物蛋白质,主要是胶原蛋白水解物。皮胶主要由牛皮熬制而成;骨胶主要由筋膜熬制而成;鱼鳔胶由鱼鳔熬解而成;干酪素主要由牛奶经脱脂而成 | 水挥发干燥固化 | 粘接力强、但不耐水和易霉变。皮胶主要用于榫接粘接加固,火柴药粘接,丝绸、棉纱、棉布、草帽等的上浆及铜版纸、蜡光纸等的上光;骨胶强度高、含水少、干燥快,特别适合粘接和糊制精装书壳;鱼鳔胶对木器的粘接特别好;干酪素可用于食品、胶合板和啤酒标签的粘接 |
| 豆胶 | 植物性蛋白质,由豆粕精制而成,其氨基酸组成与牛奶蛋白质相近。常与干酪素和其他合成胶黏剂复配使用 | 水分挥发 | 分子结构中含有氨基和羧基等极性基团,对木材、玻璃、金属等具有良好的粘接力,但耐水性不好。主要用于胶合板的粘接 |
| 天然橡胶 | 以顺-1,4-聚异戊二烯为主要成分的天然高分子化合物,还含有少量的蛋白质、脂肪酸、灰分、糖类等物质。天然胶乳可以直接使用,也可制成胶液使用 | 水分挥发或溶剂挥发 | 弹性好、非极性,玻璃化转变温度低,但耐老化性不好。主要用于橡胶的粘接(如补胎)及医用橡胶膏。胶乳可以通过环氧化进行改性 |
| 杜仲胶 | 以反-1,4-聚异戊二烯为主要成分的天然高分子化合物,还含有少量的蛋白质、脂肪酸、灰分 | | 常温下为坚韧的固态,加温时具有弹性,是一种具有橡塑二重性的优异高分子材料,耐水、耐酸碱腐蚀 |

# 1.5　影响胶黏剂成功应用的重要因素

## 1.5.1　粘接施工的基本过程

　　粘接技术是利用胶黏剂把被粘物连接成整体的技术,是现代制造业不可或缺的连接和密封方法。粘接施工的基本过程如下:

　　① 按使用性能要求正确选择胶黏剂;

　　② 正确设计和加工粘接接头;

　　③ 被粘接表面的处理;

　　④ 施胶和固化;

　　⑤ 固化后粘接接头的加工整理。

　　胶黏剂的应用过程是胶黏剂基本性能满足实际需要的过程。要解决现实的粘接难题,首先需要把实际需求按照胶黏剂特点进行归纳整理,然后根据人们现有的胶黏剂知识、经验、理论等情况,进行分析推论,形成具体的粘接实施方案,再按该方案实施和验证,不断迭代归纳改进,方案不断修正,最后形成一个完整的工艺流程,然后就可以在某一行业进行推广和应用，最终形成标准和规范。一般来说，工业领域粘接施工规范形成过程见图 1-17。

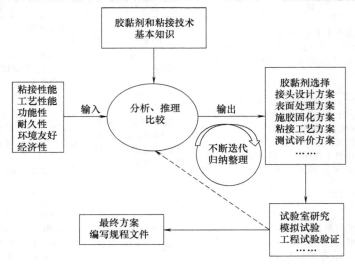

图 1-17    工业领域粘接施工规范形成过程示意图

经过多年的推广和应用，目前大多数行业，如交通运输、电子电器、建筑桥梁、航天航空、服装鞋帽、包装等，都已经形成了许多粘接的规范和标准，这是人们应用胶黏剂经验的结晶。随着科技的快速发展和人们生活水平的提高，工业领域对粘接材料也提出了更高要求，推动着粘接材料的发展。胶黏剂作为现代产业的辅助材料，新的需求就是行业发展的方向和动力，引领着胶黏剂研发者和应用者不断探索。

## 1.5.2    胶黏剂结构与性能的关系

在影响粘接施工质量的诸要素中，胶黏剂的选择至关重要。胶黏剂的性能多种多样，应用行业和部件不计其数。胶黏剂的结构决定了性能，其性能决定了应用，因此我们可以通过结构-性能关系，推断出其潜在的应用。

从本质上说，粘接工艺就是通过胶黏剂和固化工艺的设计，形成所期望的结构，达到所需要的性能。在长期实践中，人们总结出了许多构成、配方和应用性能之间的半定量或经验的关系规律，可以指导我们进行粘接方案的初步设计，再通过不断改进，最终形成可行的解决方案。下面主要按固化类型介绍各种胶黏剂的特点及应用。如图 1-18 所示，施胶后的流体可能是熔体、单体、溶液、悬浮分散物或预聚物等，通过外界条件变化，如温度变化，混合接触，湿度改变，接触或隔绝氧气、光，压力变化或溶剂挥发等，液体

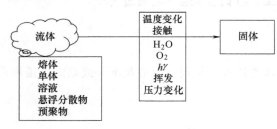

图 1-18    胶黏剂施工后的变化

胶层会逐渐变为固体。

合成胶黏剂固化后形成的这些固体主要是高分子材料，也都是由小分子的单体聚合形成的。根据这些聚合是否发生在粘接现场，分成反应型和非反应型两类。所谓的非反应型，是指这些聚合反应是在化工厂的反应釜完成，固化现场没有化学反应发生，只有一些物理过程。主要包括溶剂型、乳液型和热熔型，固化分别是通过溶剂挥发、水分挥发及温度降低来实现。非反应型胶黏剂的配制、施工、固化过程见图 1-19。

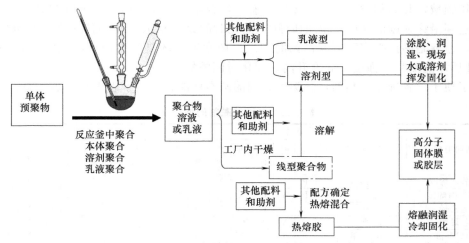

图 1-19 非反应型胶黏剂的配制、施工、固化过程

反应型胶黏剂是将单体、树脂或预聚物配制成单组分或多组分，通过现场条件的变化，引起聚合反应，在润湿了的被粘材料的表面进行聚合，如图 1-20 所示。

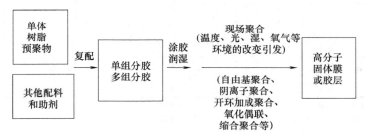

图 1-20 反应型胶黏剂的配制、施工、固化过程

根据反应基团的类型，胶黏剂分为环氧胶黏剂、酚醛胶黏剂、丙烯酸酯胶黏剂、聚氨酯胶黏剂、有机硅胶黏剂、不饱和聚酯胶黏剂、氰酸酯胶黏剂等，根据这些改变的外界条件分为热固化胶黏剂、湿固化胶黏剂、光固化胶黏剂、厌氧胶黏剂等类型。

反应型胶黏剂固化过程中有几个关键点，包括适用期、凝胶时间、开放时间、最小时间和固化时间。不同的反应型胶黏剂，这些固化特性是不一样的。

凝胶时间一般是指液态树脂或胶液在规定的温度下由流动的液态转变成固体凝胶所需的时间，与反应程度有关。

适用期是指双组分胶黏剂混合后，可用于施胶时间，也称为"可使用时间""可操作时间""适用时间"或"工作时间"，通常定义为75%的凝胶时间，有时规定黏度增加一倍的时间。

开放时间是指施胶后，在合拢粘接前可以放置的最长时间。一般而言，放置一定时间合拢与立即合拢相比，最终拉力在80%以内，可推算为开放时间。开放时间也受到温度的影响。适用期和开放时间两者最大的区别在于，适用期考量的是胶水涂覆到基材前，开放时间考量的是涂覆在基材后。当然溶剂型和热熔型胶黏剂也存在开放时间。

最少固化时间是指双组分胶黏剂混合后，接头达到"操作强度"的时间。这里"操作强度"是指在该强度下可以让接头移动而不会破坏粘接的结构，可以进入下一工序。该指标非常重要，因为过早移动会造成不良影响，无法弥补，过晚移动又会降低生产效率。不同的工件、应用领域，胶黏剂类型有较大差别，有些场合定义拉伸剪切强度达到1MPa的时间，也有定义达到最终强度的80％所需的时间。固化时间是指根据固化条件实现胶黏剂完全固化的时间，也就是粘接强度不再升高的时间。一般常温下环氧胶黏剂的固化时间是7d，也就是在7d后才能测粘接强度。温度升高，固化时间缩短。

为了便于读者选用胶黏剂，各类胶黏剂的基本性能特点列于表1-18、表1-19。

表1-18　各种胶黏剂的性能（1）

| 胶黏剂类型 | 外观 | 固化条件 | | | 强度 | | 耐环境性 | | | | | | | | | | | | |
| --- | --- | --- | --- | --- | --- | --- | --- | --- | --- | --- | --- | --- | --- | --- | --- | --- | --- | --- |
| | | 压力 | 加热 | 时间 | 剪切 | 剥离 | 高温 | 低温 | 热水 | 冷水 | 脂肪烃 | 氯代烃 | 芳烃 | 油脂 | 醇 | 酮 | 酯 | 酸 | 碱 |
| 聚醋酸乙烯酯 | 乳液、溶液 | Y | P | Y | G | X | X | X | X | O | G | X | X | G | O | X | X | O | O |
| 醋酸乙烯-丙烯酸酯 | 乳液 | Y | P | Y | G | X | X | G | M | G | X | X | X | M | O | X | X | O | X |
| 过氯乙烯 | 溶液 | Y | N | Y | G | X | O | X | O | G | G | G | G | G | G | G | G | G | G |
| 聚乙烯醇 | 溶液 | Y | N | Y | X | O | X | X | X | E | E | E | G | O | E | E | X | G |
| 聚丙烯酸酯 | 溶液、乳液 | P | P | Y | G | X | X | X | X | X | X | X | X | M | X | X | M | X | M |
| 尼龙 | 固体、胶膜 | Y | Y | N | G | G | X | G | G | X | G | X | G | G | X | G | G | X | G |
| 聚乙烯醇缩醛 | 溶液、乳液 | Y | Y | Y | G | X | X | G | G | X | X | X | X | M | X | X | X | M | X |
| 聚苯乙烯 | 溶液 | N | Y | Y | G | X | O | G | G | X | O | G | G | O | G | G | G | G | G |
| 聚酯 | 溶液、固体 | Y | P | Y | G | M | O | G | G | M | G | G | G | G | O | O | G | M | X |
| 聚氨酯 | 溶液、固体 | N | P | Y | G | O | X | G | G | X | G | G | G | G | M | X | M | X | M |
| 脲醛 | 溶液 | Y | Y | Y | G | X | G | G | G | X | X | G | G | G | G | G | G | G | G |
| 乙烯-醋酸乙烯 | 固体、热熔 | Y | P | N | M | G | X | G | G | G | G | G | G | G | G | G | G | G | O |
| 三聚氰胺 | 溶液 | Y | Y | Y | G | X | G | G | G | G | G | G | G | G | G | G | G | G | M |
| 酚醛 | 溶液 | Y | Y | Y | G | X | G | G | G | G | G | G | G | G | G | G | G | G | G |
| 间苯二酚-甲醛 | 固体 | Y | P | Y | G | X | G | G | G | G | G | G | G | G | G | G | G | G | G |
| 有机硅树脂 | 液体 | P | P | Y | O | O | M | G | O | M | M | X | M | G | M | M | M | G | G |
| 环氧 | 液体 | P | P | Y | G | X | E | X | G | G | G | G | G | X | G | O | O | G | G |

注：固化条件（压力、热和固化时间），Y—需要；N—不需要；P—也许。
　　性能，E—最好；G—好；M—适中；O—尚好；X—较差。

表1-19　各种胶黏剂的性能（2）

| 胶黏剂类型 | 外观 | 固化条件 | | | 强度 | | 耐环境性 | | | | | | | | | | | | |
| --- | --- | --- | --- | --- | --- | --- | --- | --- | --- | --- | --- | --- | --- | --- | --- | --- | --- | --- |
| | | 压力 | 加热 | 时间 | 剪切 | 剥离 | 高温 | 低温 | 热水 | 冷水 | 脂肪烃 | 氯代烃 | 芳烃 | 油脂 | 醇 | 酮 | 酯 | 酸 | 碱 |
| 环氧-尼龙 | 固体 | N | P | Y | G | E | G | E | M | M | G | X | X | G | O | X | X | G | X |
| 环氧-聚硫橡胶 | 液体 | N | P | Y | G | G | G | G | O | O | G | X | X | G | X | X | G | G |
| 环氧-聚氨酯 | 液体 | N | P | Y | G | G | G | G | G | G | G | G | G | G | X | X | X | G |
| 多异氰酸酯 | 液体 | Y | N | Y | X | X | X | X | G | X | G | G | G | G | G | G | M | G |
| 氰基丙烯酸酯 | 液体 | Y | N | Y | G | X | X | G | X | X | G | G | G | X | X | X | X | X |
| 酚醛-丁腈橡胶 | 溶液、胶膜 | Y | Y | Y | G | G | E | G | G | G | G | G | G | G | X | X | G | X |
| 酚醛-氯丁橡胶 | 溶液 | Y | Y | Y | G | G | O | G | G | G | G | G | G | G | X | G | G | X |
| 酚醛-缩醛 | 溶液、胶膜 | Y | Y | Y | G | G | E | G | G | G | G | G | G | G | X | X | G | M |
| 聚酰亚胺 | 溶液、胶膜 | Y | Y | Y | G | M | E | E | E | E | E | E | E | E | E | E | E | X |
| 聚苯并咪唑 | 溶液、胶膜 | Y | Y | Y | G | M | E | G | G | G | G | G | G | G | G | G | E | G |
| 丁基橡胶 | 溶液、乳液 | Y | N | Y | X | G | X | G | X | X | X | X | X | X | G | G | X | G |
| 聚异丁烯橡胶 | 溶液、固体 | Y | N | Y | X | G | X | G | X | X | X | X | X | X | G | G | G | G |
| 丁腈橡胶 | 溶液、乳液 | Y | P | N | O | M | M | G | X | X | G | X | G | X | X | X | X | X |
| 丁苯橡胶 | 溶液、乳液 | Y | P | Y | O | O | O | M | G | X | X | X | X | X | G | G | X | G |
| 氯丁橡胶 | 溶液、乳液 | Y | P | Y | G | G | O | G | G | G | G | G | G | G | G | G | X | G |
| 有机硅橡胶 | 液体 | P | P | Y | O | X | E | G | G | G | X | O | X | G | G | G | G | M | M |
| 天然橡胶（胶乳） | 乳液、溶液 | Y | Y | Y | G | O | G | M | O | G | X | X | X | G | X | O | O | O |
| 糊精 | 溶液、固体 | Y | N | Y | X | O | X | O | X | M | M | M | X | G | G | G | X | X |
| 无机胶黏剂 | 固体、液体 | Y | P | Y | G | E | O | G | G | G | G | G | G | G | G | X | X | X |

注：固化条件（压力、热和固化时间），Y—需要；N—不需要；P—也许。
　　性能，E—最好；G—好；M—适中；O—尚好；X—较差。

## 1.5.3  影响粘接性能的因素

### 1.5.3.1  粘接接头的受力类型、破坏形式及影响因素

粘接接头的基本要求是具有能够承受外界载荷的能力，胶黏剂的粘接能力常用粘接强度表示。粘接作为结构件的连接方式被广泛地采用，这就要求对粘接接头的力学性能有足够的认识。判断一个粘接接头是否结实、耐用，目前还是以破坏性强度测试的结果为主要依据。由于接头的实际使用情况比较复杂，受力形式也千变万化，为了比较不同胶黏剂的使用性能，要使用标准的方法进行评价。对于粘接强度影响因素的了解对胶黏剂的选用及研制非常重要，也是解决实际粘接问题的关键。

（1）粘接接头的受力类型　各种复杂粘接接头的胶层受力形式可以简化为拉伸、压缩、剥离、扭转四种基本受力类型，如图 1-21 所示。根据所承受外力与粘接界面是平行还是垂直，是动态还是静态，可分为：垂直＋静态、平行＋静态、垂直＋动态和平行＋动态四种形式。其对应的粘接强度名称如图 1-21 中所示。

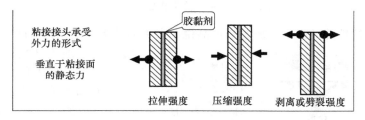

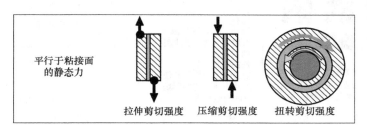

图 1-21　粘接接头受力类型

粘接接头除了受静态力的影响，还会受到温度、化学介质、辐射等环境影响，对粘接接头施加影响的类型见图 1-22。

（2）粘接接头的破坏形式　胶黏剂的性能指标就是标准化粘接接头的基本受力方式的测试结果。这些性能指标是胶黏剂能否应用于实际结构件的重要参考数据，但由于粘接接头的强度受各种因素的影响，所以不能单纯用这些指标来推测实际接头的承载能力。在粘接工艺应用到实际结构件之前，还必须进行模拟件的强度测试，必要时还要对实际粘接件直接进行破坏性强度测试。

根据破坏发生的部位可把破坏分为四种基本类型：①发生在胶黏剂内部的内聚破坏；②发生在胶黏剂与被粘材料界面处的黏附破坏；③发生在被粘材料内部的内聚破坏；④上述破坏同时发生的混合破坏。如果发生胶黏剂破坏，则需要增加胶黏剂本体强度，属于材料力学研究范围；如果发生被粘材料破坏或混合破坏，说明已经达到了结构破坏，则粘接的目的已经达到。如果发生界面破坏，则说明胶黏剂与被粘物的表面黏附力比较弱，需要增加界面相互作用。如何理解界面之间的微观相互作用，并考虑采用什么手段或方法增强这种相互作用，是胶黏剂研究和应用领域应该关注的问题。

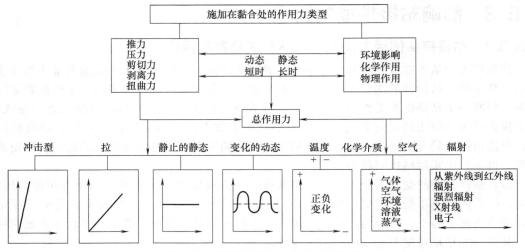

图 1-22　对粘接接头施加影响的类型

（3）影响粘接性能的因素　胶黏剂产品说明书中的粘接强度只是反映了标准粘接接头在特定条件下的测试数据，与产品的真实实用性能还有较大的差别，为了能够真正发挥胶黏剂的作用，必须了解影响粘接性能的因素。一个粘接接头的服役性能，不仅与胶黏剂结构有关，而且与粘接工艺（包括表面处理、施胶、固化、接头设计）有关，还与使用环境（高低温、应力水平、应力类型、光照、氧化、湿气、辐照）有关，见图 1-23。这几个因素不是简单的叠加，而是相互影响、相互制约的，情况很复杂。这里涉及化学结构、物理堆积结构、化学反应、物理运动、材料力学等方面的知识。

一级：
树脂、固化剂、偶联剂及助剂的官能团及化学结构类型
二级：
固化形成的链节序列、交联网络结构
三级：
形成胶层的相态堆积结构、填充体系结构及粘接相界面结构

被粘材料：
接头形式、表面处理及表面形貌
粘接工艺：
施胶工艺、胶层厚度及均匀性可控性、贴合压力等
固化工艺：
固化方式、固化温度及时间可控、固化热的积累
性能评价：
接头的性能检验和使用性能评价与实际场景的有效性等

高低温、应力水平、应力类型、光照、氧化、湿气、辐照

图 1-23　影响粘接性能的因素

## 1.5.3.2　影响粘接性能的物理因素

（1）温度的影响　粘接需要性能、工艺、条件和应用四者的统一匹配，其性能由高分子材料构成的胶层决定，而高分子胶层力学性能的最大特点是高弹性和黏弹性。高弹性是柔性聚合物分子链的构象熵的贡献，模量低，伸长率大，与起因于内能改变的普弹性有根本区别。黏弹性是聚合物材料同时具有弹性和黏性的综合特征。聚合物的应力松弛现象就是黏弹性的突出表现。因为高聚物具有黏弹性的特征，所以研究高聚物时必须同时考虑应力、应变、时间和温度四个参数。

聚合物的力学性能范围宽广，可变性强。同一种聚合物在不同的温度下，可由液体变成弹性体或是刚性体。在同一温度下，不同的聚合物也可能是液体、弹性体或刚体。液态的聚合物表面自由能比较低，容易润湿被粘物表面，而且可以通过溶剂挥发、熔体冷却和聚合反应从液态变成固态，在通常的使用温度范围内，有满意的力学性能，因此，聚合物被广泛地用来制作胶黏剂，而胶黏剂的温度特性决定了其基本的应用范围及性能特点。

任何一种非晶高聚物从低温到高温，将会经历从玻璃态到高弹态的变化，其模量、硬度、断裂伸长率、比热容、线膨胀系数、拉伸强度也会发生较大的改变，见图 1-24。

一般而言，结构胶黏剂的使用温度范围在 $T_g$ 以下，弹性胶黏剂在高弹态，也就是 $T_g$ 以上，阻尼胶黏剂在 $T_g$ 转变温度范围之内。由于温度范围的限制，其中胶黏剂的发展方向之一是宽温域化。例如耐高温结构胶黏剂，希望 $T_g$ 较高，弹性密封胶希望 $T_g$ 要低，对于阻尼胶黏剂，$T_g$ 变化温域越宽越好。一般的胶黏剂温度范围在 $-40 \sim 70$℃，

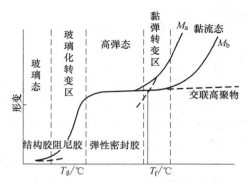

图 1-24　胶层在使用温度范围内状态及类型

也就是普通结构胶黏剂的 $T_g$ 高于 80℃，普通的密封胶和柔性胶黏剂的 $T_g < -40$℃ 就可以了。随着现代产业的迅速发展，胶黏剂应用领域越来越广，对胶黏剂的要求越来越高。如在航天航空、电子封装、发动机、超导仪器等极端领域，使用温度低至 $-269$℃（4K），高至 500℃，甚至超过 1000℃，已经接近材料的使用极限。

对于高强度结构胶黏剂，即使在使用温度范围内都保持在玻璃态，其剪切强度也会随温度变化而变化，一般从低温到高温，其强度先增大再减小。固化的胶黏剂本身模量和内聚强度都是随着温度升高而下降的（见图 1-25）。

随着温度升高，固化胶黏剂的内聚强度下降，造成剪切强度下降；同时，固化胶黏剂的模量也下降，使接头的应力集中系数下降，造成接头剪切强度增高。这两种因素共同作用的结果，使接头的剪切强度随温度的变化出现一个极大值。但因测试温度范围的局限性，有时这个极大

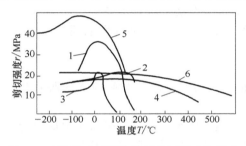

图 1-25　温度对不同胶黏剂剪切强度的影响
1—酚醛-聚乙烯醇缩甲醛胶；2—热固化环氧胶；3—室温固化环氧胶；4—环氧-酚醛胶；5—环氧-尼龙胶；6—聚苯并咪唑胶（除 6 的被粘材料为钢材之外，其余均为铝合金）

值并不一定显示出来。不同性能胶黏剂对温度的敏感性差别巨大，胶黏剂交联密度越高，敏感性越低，使用温度范围也越宽。拉伸强度随温度的变化规律与剪切强度基本相同，但目前很难通过定量的理论或经验公式进行描述。

剥离载荷属于"线受力"，剥离强度与界面黏附力、胶层模量和断裂伸长率有直接关系。在玻璃态时变形能力极差，因此剥离强度都是极低的。在 $T_g$ 转变区，既有一定的模量，也有一定的伸长率，剥离强度急剧增大，达到最高值。在高弹区，尽管伸长率较大，但是模量较低，因此剥离强度也没有 $T_g$ 转变区的高，见图 1-26。

从上述分析可以看出，剪切强度最高值是在玻璃态，而剥离强度最高值在 $T_g$ 转变区，因此对于结构胶黏剂，目前的难点和研究热点是同时保持较高的剪切强度和剥离强度。在实际使用过程中，可根

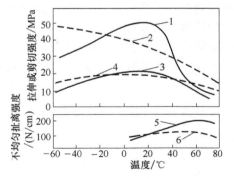

图 1-26　温度对不均匀扯离和剪切、拉伸强度的影响
（——为 Бф-2 胶；- - - -为 Пу-2 胶）
1—拉伸；2—拉伸；3—剪切；4—剪切；5—不均匀扯离；6—不均匀扯离

据实际需求进行分析取舍。

对于持久强度与温度的关系，可用下式描述：

$$1/T = C/K + \lg t/K$$

式中，$K = (\Delta H - B\tau)/(2.3R)$；$C$ 为常数。

也就是说在加载应力 $\tau$ 一定时，温度 $T$ 的倒数和持久寿命 $t$ 的对数呈直线关系。

"持久强度测试过程"是受应力作用下聚合物分子链段的滑移以及部分已伸长的分子链的切断速度支配的过程，因此持久强度可用时温等效原理进行描述。温度越高，持久强度越低。在一定的交变应力作用下，温度与疲劳寿命有下列关系：

$$\lg N = A + B/T$$

这和温度对持久寿命的影响相似，不同的是这里的 $T$ 不是测试环境的温度，而是接头中的胶黏剂层因内部摩擦而局部升高了的温度。在此，并没有考虑高温下的化学结构改变。如果在高温下胶黏剂发生老化，则关系式就不成立。

（2）温度交变的影响　由于粘接界面是两种不同材料依靠分子间相互作用黏附在一起，这两种材料的线膨胀系数不同，无论从高温固化后冷却至室温，还是使用过程中的温度变化，在界面都会存在热应力。由于界面应力的存在，承载外界载荷能力下降。如果温度不断地变化，相当于施加了疲劳载荷，因此温度交变对于胶黏剂使用性能的影响还是比较大的。其中的界面应力随温度变化可简单描述为：

$$\sigma = KE(\alpha_r - \alpha_a) \cdot \Delta T$$

式中，$\sigma$ 为热应力；$K$ 为常数；$E$ 为弹性模量；$\alpha_r$ 为固化后胶黏剂的线膨胀系数；$\alpha_a$ 为基材的线膨胀系数。

从公式中可以看出，降低胶层体系的弹性模量和热膨胀系数差异，是减少热应力的有效途径。该式是假设模量和线膨胀系数不随温度变化而变化，但是实际体系复杂得多，因为胶层和被粘材料的线膨胀系数和模量的温度依赖性不一样，另外，热应力还存在固化过程中引起的界面应力，因此难以用公式描述。无论如何，目前主要的方法是通过调节胶黏剂的线膨胀系数和降低胶黏剂的模量来改善，常通过加入大量无机填料来实现。

（3）被粘材料性质的影响　粘接接头的外界载荷通过被粘材料传递到粘接界面，然后再通过胶层传递到另一被粘材料上，由于存在应力集中，粘接界面上应力分布是不均匀的。对于单搭接接头，存在着剪切力、拉伸力和剥离力，这三种应力都在搭接端部有极大值。当这些应力超过接头所能承受的应力界限时，接头就会发生破坏。这里作如下定义：被粘物上最大的拉伸应力 $\sigma_{Tmax}$ 与平均拉伸应力 $\sigma_{T0}$ 之比为被粘物拉伸应力集中系数 $n_T$；搭接末端最大的剪切应力 $\tau_{Smax}$ 与平均剪切应力 $\tau_{S0}$ 之比为剪切应力集中系数 $n_S$；搭接末端最大的剥离应力 $\sigma_{Pmax}$ 与平均剥离应力 $\sigma_{P0}$ 之比为剥离应力集中系数 $n_P$。即：

$$n_T = \frac{\sigma_{Tmax}}{\sigma_{T0}}$$

$$n_S = \frac{\tau_{Smax}}{\tau_{S0}}$$

$$n_P = \frac{\sigma_{Pmax}}{\sigma_{P0}}$$

这些应力集中系数反映接头应力集中的程度和接头的承载能力。如果某一局部的应力大于其黏附力，将会产生脱附而使接头失效。因此应力集中系数越大，此时的平均应力越低，则总体粘接强度越小。因此降低应力集中的方法是使这两个平面均匀受力，尽量保证界面分子之间同时受力。

当外力 $P$ 作用于搭接宽度为 $B$、被粘物厚度为 $t$ 的搭接接头上时，被粘物搭接端部所受的拉伸应力应为 $P/(Bt)$，但由于力作用于不同轴线上，接头还有弯曲力矩 $M$ 作用。在接头未发生变形之前，力矩 $M_0=tP/2$，当负荷增加到一定程度时，由于接头的变形调整了力的作用轴线，使之成为一条直线。这种力矩的改变可用力矩系数 $K$ 来加以修正，即力矩 $M=KM_0$，其中 $K$ 与负荷、被粘物和胶黏剂弹性模量及厚度、搭接长度有关。

被粘物搭接端部的纵向应力应是拉伸应力和弯曲应力的叠加，在垂直 $Z$ 方向上的分布为：

$$\sigma=P/(Bt)+KM_0z/I=P/(Bt)+6KPz/(Bt^2)$$

式中，$P$ 为作用负荷；$B$ 为搭接宽度；$t$ 为被粘物厚度；$K$ 为力矩系数，$K=2M_0B/(Pt)$。

如果被粘物不发生任何变形时，$K=1$，则被粘物应力集中系数 $n_T=4$，最大应力达 $4P/(Bt)$。

胶黏剂层上的剪切应力集中系数 $n_S$ 公式为：

$$n_S=\beta L(1+3K)(\coth\beta L/2t)/(8t)+3(1-K)/4$$

胶黏剂层上的剥离应力集中系数 $n_P$ 公式为：

$$n_P=\lambda K\left(\sinh 2\lambda-\sin 2\lambda\right)/\left(\sinh 2\lambda+\sin 2\lambda\right)+2\lambda K\left(\cosh 2\lambda+\cos 2\lambda\right)/\left(\sinh 2\lambda+\sin 2\lambda\right)$$

$K=[KL/(2t)][3(1-\nu)P/(EBt)]$；$\beta=8Gat/(E\delta)$；$\lambda=[L/(2t)][6Eat/(E\delta)]$；$t$ 为胶层厚度；$E$ 为被粘物弹性模量；Ea 为胶黏剂弹性模量；Ga 为胶黏剂剪切模量；$\nu$ 为被粘材料的泊松比。

从公式可以看出，被粘物的刚度 $I$ 越大，也就是模量和厚度越大，应力集中系数 $n$ 越小，则粘接接头的剪切强度就越高。对高强度胶黏剂的粘接接头，剪切强度与被粘物性质的关系更加密切。被粘物的模量越高，剪切强度越高；粘接接头的剪切强度随被粘材料的屈服强度的增加而线性地增加；粘接接头的剪切强度与被粘物厚度的平方根成正比。

（4）接头结构的影响

① 搭接接头粘接长度的影响。接头受剪切力时，应力集中系数随着搭接长度的增加而增加，当搭接长度 $L$ 增加时，应力在搭接的两端更为集中，而在搭接的中央不断减少，直至为零。对某一特定的被粘物与胶黏剂都有一个特定的 $L_M$ 值。当 $L$ 等于 $L_M$ 时，搭接接头中央的应力为零；当 $L$ 大于 $L_M$ 时，$L$ 的增加仅增加搭接中央应力为零的部分，接头的破坏负荷维持不变，接头的剪切强度不断下降（见图1-27）。

接头受剥离力时，假定胶黏剂和被粘物都是理想弹性体，被粘物 A 发生弯曲变形所造成的应力应与胶黏剂相应的拉伸应力相平衡，见图1-28。

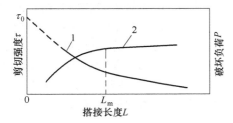

图1-27　搭接接头破坏负荷及剪切强
度与搭接长度的关系示意图
1—$\tau$-$L$ 曲线；2—$P$-$L$ 曲线

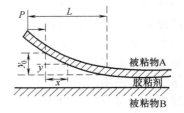

图1-28　理想化的线受力接头
$x$ 为未破坏的胶膜边缘沿胶线到任一点的距离；
$y$ 为胶层在 $x$ 点的应变；$y_0$ 为胶层发
生破坏时的最大应变；$P$ 为作用力；$L$ 为力臂

若接头破坏的最大负荷为 $P_0$，胶层厚度为 $t$，胶层最大伸长为 $y_0$，最大相对伸长为 $\varepsilon_0 = y_0/t$，则有图 1-29 及如下关系式：

$$y/y_0 = [\exp(-\beta x)/P_0][P\cos\beta x + M(\cos\beta x - \sin\beta x)]$$

当 $L=0$ 时，可化简为 $y/y_0 = \exp(-\beta x)\cos\beta x$

当 $L=\infty$ 时，可化简为 $y/y_0 = \exp(-\beta x)(\cos\beta x - \sin\beta x)$

胶层在 $x$ 点的拉伸形变为

$$y = [\exp(-\beta x)/(2\beta EI)][P\cos\beta x + M(\cos\beta x - \sin\beta x)]$$

式中，$E$ 为模量；$I$ 为转动惯量；$M$ 为力矩。

"线受力"接头的宽度对强度（包括剥离强度、劈裂强度和不均匀扯离强度）没有什么影响。粘接长度对破坏强度的影响可以忽略不计。

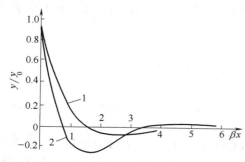

图 1-29 $L=0$ 和 $L=\infty$ 时"线受力"胶接接头的应力分布
1—$L=0$ 时；2—$L=\infty$ 时

② 胶层厚度的影响。从接头应力分析来看，胶黏剂模量越低，应力集中系数越小，受力越均匀，强度越高；但是模量低的胶层本身强度也会减小，综合考虑来看，对于特定的被粘材料，要有适中的胶黏剂模量。另外胶层厚度也有一定影响。根据理论分析，胶层越厚，粘接接头的应力集中系数越小，剪切强度越高。但大量实验表明，胶层越厚剪切强度越低。这是因为随着胶层厚度的增加，胶层内部的缺陷呈指数关系迅速增加之故。此外，胶层越厚，温度变化引起的热应力越大，因胶黏剂固化收缩而产生的收缩应力也越大。这些内应力都将造成接头强度的下降。胶层厚度不仅影响接头的剪切强度，也会引起破坏类型的改变。实验中经常可以看到，随着胶层厚度的增加，搭接接头剪切破坏时胶黏剂内聚破坏的成分增加。

应当指出，实际上并不是胶层越薄越好。胶层太薄容易造成缺胶现象，使接头强度降低。另外胶层越薄，应力集中系数越大，应力分布更不均匀。在实际应用中要综合考虑上述两方面的因素，为了获得一个均匀且厚度适宜的胶层，保证粘接接头具有较高的剪切强度，通常将胶层控制在 0.03～0.15mm。

胶层越厚，剥离强度越高；断裂伸长率越高，模量越大，剥离强度也越高。

③ 接头形式的影响。接头形式千变万化，总体可分为对接、角接、T 型接、套接几种简单形式。但是实际应用中很少采用这些简单的接头形式，这是因为大部分被粘材料的本体强度（如金属接头）远远大于胶黏剂材料，大约高一个数量级，因此采用这些形式难以发挥接头的作用。这可以通过粘接接头的巧妙设计来补救。例如，用环氧树脂胶黏剂粘接的铝合金搭接接头，虽然其剪切强度很高，但是其横向负载能力较差，因此不能用在弯曲负荷较大的构件上。对于玻璃钢层压板材，搭接的粘接接头也是不可取的，因为玻璃钢层压板的层间剥离和剪切强度都比较低，只能采用切口斜接的接头方式。若粘接受力较大的部件，如车刀、钻头等，采用简单平面对接的方式是不行的。但是，巧妙地选用接头形式（如采用套接、嵌接等）可以扬长避短，提高粘接性能。粘接接头设计是关系到粘接接头能否经受得住实用条件考验的重要问题。

粘接接头设计就是粘接接头尺寸大小和几何形状的考虑，其目的是使粘接接头的强度和被粘材料的强度具有相同的数量级。一般的粘接接头都是抗拉、抗压和抗剪强度比较高，抗劈、抗剥、抗弯强度比较低，所以粘接接头设计的基本原则应该是：a. 避免应力集中；

b. 尽量避免粘接面承受剥离、劈裂和弯曲力；c. 合理地增大粘接面积；d. 防止粘接层压制品的层间剥离。

可以采用粘接接头与其他接头形式混合连接，如结合铆接、点焊、螺接等工艺。因为铆接、点焊、螺接等连接方式应力集中很大，疲劳强度低，如果把这些连接方式与粘接结合起来使用，就可以取长补短，得到理想的连接形式。在航空工业中，采用粘接-点焊代替原来的铆接，取得了明显的效果。

### 1.5.3.3　使用环境对粘接强度的影响

（1）水的影响　在大气环境中，水以蒸汽的形式普遍存在，特别是在潮湿炎热地区，大气中水分含量很高。水分子体积小，极性强，能渗透到粘接接头的胶层和界面中去；水分子对金属、陶瓷、木材、石材、玻璃、水泥等强极性材料的高能表面有亲合性，很容易沿着这些被粘材料的粘接界面渗透。实验证明，水分子在玻璃钢中沿着玻璃纤维表面渗透速度要比通过树脂的渗透速度快 450 倍。水分子的渗透会直接影响粘接接头的耐老化性。

① 水与粘接界面的作用。根据大量铝合金粘接接头的湿热老化数据，其主要影响是水对金属粘接界面的解吸附作用。物理吸附起主要作用的粘接接头（环氧-尼龙胶粘接的铝合金接头），水对粘接接头的作用主要发生在粘接界面。大量水分子沿着亲水的被粘物表面渗透到整个粘接界面，取代了胶黏剂分子被吸附在被粘物表面上，使粘接强度大幅降低；水的这种解吸附作用主要是由于水分子在金属表面上的吸附功比胶黏剂分子的大。胺固化的环氧树脂粘接的铝合金粘接接头和它的浇铸体，在 90℃饱和水蒸气及饱和乙醇蒸气中的老化试验结果已经说明了这一点。在饱和水蒸气中，浇铸体的重量和抗拉强度变化都很小，可是，其粘接接头的剪切强度却大幅度下降，同时粘接接头的破坏形式由胶层的内聚破坏转变成了界面的黏附破坏。在饱和乙醇蒸气中，浇铸体的重量和抗拉强度变化很大，而粘接接头的剪切强度却变化不大，也没有发生破坏形式的转变。这说明水有解吸附作用，而极性小得多的乙醇分子虽能浸入浇铸体和胶层但无解吸附作用。

② 水与胶层的作用。水渗入胶层的本体，一方面，可以破坏聚合物分子间的氢键和其他次价键，使聚合物增塑，引起物理机械性能的下降；另一方面，可以使聚合物分子链断裂，产生化学降解（对聚酯、聚酰胺和聚氨酯的水解），导致粘接接头强度的下降。

（2）应力的影响　大量事实证明，应力的存在是引起粘接接头大气老化的另一个重要因素。粘接接头的应力，包括外应力（外界加于粘接接头的应力）和内应力。内应力是粘接接头固化和老化过程中产生的粘接接头内部的应力。它主要来自三方面，一是来自胶层的固化过程，由于气泡、杂质、胶黏剂的固化收缩和胶层与被粘物膨胀系数不同而产生的胶层或界面应力；二是在粘接接头的环境温度变化时，因胶层与被粘物的模量不同、膨胀系数不同而引起的热应力；三是在粘接接头的老化过程中，因胶层吸水溶胀而引起的粘接界面上的内应力。这些内应力和外应力可以在粘接界面或胶层中引起部分分子链和分子间键的断裂，使粘接接头中的固有缺陷发展成微小的裂缝，裂缝不断增长，最后造成接头的破坏。这就是粘接接头的蠕变破坏。在应力作用下老化时，应力造成的裂缝有利于介质（尤其是水）的进一步渗透；而水的侵入又能促进裂缝沿垂直于应力的方向进一步增长，以使应力释放到较低的水平。应力与环境介质的互相促进和互相影响，必然会大大地加速粘接接头的大气老化。这种老化现象称为应力腐蚀开裂。

有缺陷的材料受外力作用时，材料内部的应力分布很不均匀，缺陷附近局部范围内的应力远远超过平均应力。材料中的裂缝、空隙、缺口、银纹和杂质等缺陷就是应力集中点。应力集中点是材料破坏的薄弱环节，使材料的强度大大降低。各种缺陷在固化了的胶层中是普遍存在的。在粘接过程中，由于混料混合不均匀、含有气泡、固化收缩，以及胶黏剂与被粘材料膨胀系数的差异而产生的内应力，使胶层形成细小的银纹，甚至裂缝。尽管它们非常微小，但却是降低粘接强度的关键。缺陷的形状不同，应力集中系数（最大局部应力与平均应力之比）也不同。锐口缺陷具有的应力集中系数比钝口缺陷要大得多，因此锐口裂缝极其危险。

### 1.5.3.4 胶黏剂化学结构与固化工艺对粘接性能的影响

胶黏剂化学结构不仅影响胶层本体的力学性能，对表面的黏附性能也有较大的影响。其化学结构不仅与胶黏剂配方组成有关，也与固化条件及老化条件有关。因此必须考虑它们对粘接接头的强度的影响。

（1）胶黏剂化学链节结构的影响　聚合物的强度取决于聚合物主链的化学键力和分子间的作用力，所以组成胶黏剂分子的链节结构对胶黏剂性能有决定性的影响。对于极性单体或能产生氢键链节结构的体系可使强度提高。如低压聚乙烯的拉伸强度只有 15 MPa，含极性基团的聚氯乙烯的拉伸强度为 50 MPa，含有氢键的聚氨酯可以达到 50 MPa，尼龙-610 的拉伸强度为 60 MPa，极性基团和氢键密度更大的尼龙-66 的拉伸强度达到了 83 MPa。可是，极性基团过密或取代基团过大，会阻碍链段的运动，在外力作用下不能产生强迫高弹形变，而产生脆性断裂，材料的拉伸强度虽然很高，但是材料较脆。

主链上含有芳杂环等刚性结构的聚合物，其强度和模量比脂肪族主链聚合物的高，因此大多数高强度胶黏剂是主链含芳杂环的聚合物。例如，同样交联度的双酚 A 型环氧树脂的强度比脂肪族环氧树脂或聚醚型环氧树脂要高；MDI（二苯基甲烷-4,4'-二异氰酸酯）型聚氨酯比 HDI 的强度和模量要高；双酚 A 型聚碳酸酯的强度和模量比脂肪族聚碳酸酯的高。在侧基上引入芳杂环时，聚合物的强度和模量也要提高。例如，聚苯乙烯的强度和模量比聚乙烯的高。

分子链支化度的增加，会使分子间的距离加大，分子间作用力减小，导致聚合物材料的拉伸强度降低，但冲击强度提高。例如，高压聚乙烯的拉伸强度比低压聚乙烯的低，但冲击强度比低压聚乙烯的高。

交联可以有效地增加分子链间的化学键合，使分子链不易产生相对滑移。随着交联度的增加，形变率降低，强度提高。例如聚乙烯交联后，其拉伸强度可以提高一倍，冲击强度可以提高 3～4 倍。

聚合物分子量（聚合度）对材料的拉伸强度和冲击强度也有一定影响，分子量低，拉伸强度和冲击强度均较低；随着分子量的增加，拉伸强度和冲击强度都会提高。当分子量超过一定数值以后，拉伸强度的变化趋缓，但冲击强度会继续提高。超高分子量的聚乙烯的冲击强度比普通聚乙烯要高很多。

（2）结晶和取向的影响　提高聚合物的结晶度可以提高材料的拉伸强度和弹性模量，但结晶度太高，会使材料的冲击强度和断裂伸长率降低，材料变脆。对聚合物材料性能影响最大的是聚合物的球晶。为了避免生成较大的球晶，往往在结晶性聚合物的加工过程中加入成核剂，使聚合物生成微晶，以提高聚合物的冲击强度。

聚合物经取向后就成为各向异性的材料。取向可以使聚合物材料的强度在取向方向上提高几十倍。因为取向使聚合物分子沿取向方向平行地排列起来，沿取向方向拉伸断裂时，需要破坏的主价键（共价键）的比例大大增加，主价键的强度比范德华力高 20 倍，所以材料在取向方向的强度大大提高。另外，取向也可以阻碍裂纹的横向扩展。当带破口的橡胶条被拉伸时，破口很快向横向扩展，略施小力就可以把其拉断；如果先将一条光滑的橡胶条拉长，使其分子沿拉伸方向取向，然后再用刀子在拉伸的橡胶条上横向划一破口，这时破口不向横向扩展而沿取向方向扩展，用较大的力才能把橡胶条拉断。取向技术在合成纤维和塑料工业中广为应用，但在粘接接头的胶层中，则不希望聚合物分子沿粘接界面取向。目前已经发展起来的液晶环氧树脂，是在微观区域内进行取向，增强了模量和强度。

目前粘接工艺还没有办法让分子链取向，使其垂直于粘接面来提高粘接强度。但是在自然界存在这样的粘接界面，如骨头表面的蛋白质是取向排列。

（3）相态结构的影响　一般来讲，由柔性链节组成的分子链柔韧性比较好，常温下处于橡胶态，适应于弹性粘接，如用于服装、鞋材和密封。对于弹性胶黏剂，交联密度越低，断裂伸长率越高。也可通过加入增塑剂进行断裂伸长率的调节，如有机硅密封胶均大量使用增塑剂。对于结构胶黏剂，交联密度大，链节刚性大，断裂伸长率低，常温下一般处于玻璃态。该类胶黏剂面对的问题是如何既要保持高交联度的耐高温，又要保持较高的韧性。实现这种需求的方法是通过相态结构的控制，形成以热固性树脂为连续相，以柔性高分子材料为分散相的"海岛结构"。例如酚醛-丁腈胶黏剂，就是酚醛树脂为连续相，丁腈橡胶为分散相，具有很高的耐温性和剥离强度。类似的还有环氧-丁腈胶黏剂、酚醛-缩醛胶黏剂等。

（4）固化工艺的影响　如前所述，反应型胶黏剂的固化过程就是聚合反应过程。因此固化工艺对聚合反应程度、交联结构和聚集态结构都有显著影响。其中最大的影响是固化过程收缩对接头强度的影响。固化反应过程也可以看成是分子间距离变成化学键距离的过程，没固化前分子间的平衡距离一般在 0.35nm，如果这两个分子通过化学反应形成了化学键，其距离就是化学键长，一般在 0.15nm，因此必然引起体积收缩。在凝胶之前的固化收缩对接头影响较小，当凝胶之后，由于体系不能流动，固化收缩将会产生较大的内应力。体系的内应力会通过应力松弛逐渐降低，温度越高，模量越低，时间越长，越容易松弛。因此固化过程中，固化速度越慢，内应力越小，但生产效率也越低。温度越高，反应速率越快，固化越完全。为了保持较好的粘接强度，一般采用阶段升温的方法进行固化，最高固化温度高于固化物 $T_g$ 以上。各阶段收缩情况如图 1-30 所示。

由于各个阶段模量不一样，因此各阶段收缩产生的内应力也不一样。温度越高，温变产生的热收缩越大。不同胶黏剂体系各阶段的体积收缩率也不一样，甚至差别巨大。

充分固化胶黏剂的 $T_g$、模量、热变形温度是个稳定值，其高低取决于交联化学结构和交联密度。在室温条件下结构胶黏剂的固化程度是不完全的，因此热变形温度、胶黏强度和湿热老化性能检测结果是不真实和不

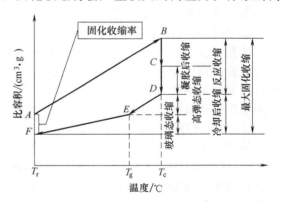

图 1-30　加温固化过程各阶段收缩示意图
（$T_r$ 为室温；$T_g$ 为固化物的玻璃化变温度；$T_c$ 为固化温度。$A$ 是固化前室温的比容积；$B$ 是固化温度下固化前的比容积；$C$ 是固化温度下凝胶时的比容积；$D$ 是固化温度下固化后的比容积；$E$ 是固化后在 $T_g$ 温度下的比容积）

稳定的，会随着后期固化程度的进一步加深而有所提高。另外，环氧树脂胶黏剂配比的变化对性能也会有影响。固化程度及配比的变化对其性能的影响比较复杂，这是由于它们会同时影响模量、断裂伸长率进而对应力集中系数产生影响，再结合本身强度变化，对胶黏剂剪切强度、剥离强度等都有不同的影响。

对于高温固化胶黏剂，固化过程中有时还会引起高分子链降解、氧化、变黄等化学结构的变化，对胶体的强度和韧性会产生较大的影响，因此每种胶黏剂的固化温度有一个上限。如一般的胶黏剂固化温度不能超过 200℃，耐高温胶黏剂固化温度一般不超过 250℃。

（5）胶黏剂老化的影响　粘接接头也与各种材料一样，在使用和存放过程中，由于受到热、水、光、氧等环境因素的作用，其性能会逐渐下降，以至不能使用，这就是粘接接头的老化现象。无论是选用还是研制胶黏剂，除了应对其力学性能进行一系列测试评价外，还要对它进行一系列老化试验（环境试验），才能最后确定粘接接头是否适用和可靠。

考察自然环境下的老化方法，一般采用非受力状态下大气曝晒试验法。将粘接接头直接暴露在大气环境下，定期观察和测定其性能，再通过所得数据综合分析粘接接头耐老化性能。这种方法比较接近实际情况，所得老化数据实用意义比较大。进行大气曝晒试验时，必须考虑的事项是：①选择合适的曝晒地点要尽可能与粘接接头实际使用和存放的环境条件相接近。对于广泛使用的胶黏剂品种，应选择几种典型的气候地区同时进行试验，如选择广州和海南岛的热而湿的亚热带气候、上海的温带沿海气候、兰州的干燥高原气候、北京和哈尔滨的北方寒冷气候等。②被曝晒的标准试件和粘接结构件应平行地摆放在特制的试验架上。试件面向正南，距离地面 1m 以上，曝晒角（试件的曝晒面与地平面的夹角）为 $0.96\varphi$（$\varphi$ 为试验点的地理纬度）。③试验应从春季开始，一般至少要经过一个气候周期（一年）。

因大气老化试验受多种因素的影响，试验结果的分析处理比较困难，通常是先将所得数据列成表格或绘成老化曲线，然后从中找出一些定性或半定量的规律。从大量的大气老化试验数据总结出的一般规律是：

① 老化试验地区不同，老化试验结果差别很大。大多数胶黏剂在炎热潮湿的多雨地区的老化要比寒冷干燥的少雨地区快得多。因此，一般将炎热潮湿地区的大气老化数据作为典型数据，其他地区的数据只作参考。

② 除胶黏剂自身以外，被粘物及其表面处理方法、偶联剂及底胶的使用、固化条件等都影响粘接接头的大气老化。因此，各种胶黏剂的大气老化性能，很难被定量比较。但从大量的试验数据可以看出，酚醛-丁腈胶黏剂、酚醛-缩醛胶黏剂、酚醛-环氧胶黏剂、有机硅和改性环氧胶黏剂的大气老化性能比较好，而聚酯胶黏剂、聚氨酯胶黏剂、$\alpha$-氰基丙烯酸酯胶黏剂等的金属接头，耐大气老化性能比较差。

③ 在各种环境因素中，水是引起粘接接头大气老化的最基本因素。水对金属粘接接头老化的影响远比氧气、温度等因素大得多。

④ 其他因素的影响与接头类型和具体条件有关。如：a. 太阳光中的紫外线能引起胶层老化，也能引起酚醛、脲醛和聚酯等交联聚合物的降解。但一般情况下，胶层都是处于被粘物的保护之下，所以阳光对粘接接头老化的影响要比对聚合物本体老化的影响小得多，除非被粘物是透明的。b. 空气中的氧，能使胶层氧化，但常温下氧化速度很慢，所以氧对粘接接头大气老化的影响可以忽略。c. 微生物（霉菌、细菌和放射菌）在潮湿的环境下生长迅速，对动植物胶黏剂有明显的破坏作用，但对大多数合成胶黏剂的影响很小。d. 腐蚀性气体（$N_2O_4$、$SO_2$ 等）能够显著加速水对胶层的老化作用，也能严重腐蚀金属被粘物。因此，在有腐蚀气体环境下使用的粘接接头，必须考虑腐蚀性气体对老化的影响。

改善粘接接头大气老化性能的途径：

① 改进胶黏剂的化学结构。耐大气老化粘接接头所用的胶黏剂应具备下列条件：胶黏剂本身耐水性好，不易被水解，吸水率低；与被粘物表面能产生尽可能多的化学键；有较好的抵抗裂缝增长的能力。

一般来说，具有酯键和酰胺键的聚合物比较容易被水所降解，但分子结构不同耐水性也不一样。增加胶黏剂本体的交联密度可以减少胶层的吸水率，从而使粘接接头的耐水性得到改善。但交联密度太大又会引起胶黏剂脆性增大，从而降低胶层抵抗裂缝增长的能力。有些胶黏剂可能与被粘物形成化学键（如酚醛胶黏剂、环氧胶黏剂和异氰酸酯胶黏剂等与金属的活性表面），固化温度升高有利于这种化学键的形成。用弹性体改性能提高胶黏剂的韧性，增加抵抗裂缝扩展的能力，从而提高粘接接头的耐大气老化性能。但是，弹性体的加入又会使交联密度降低，影响粘接接头的耐热和耐水性。

② 正确使用偶联剂。偶联剂是一种能在胶黏剂和被粘物之间形成化学键桥的化合物，如通式为 $RSiX_3$ 的有机硅氧烷。它作在为金属表面处理剂或胶黏剂的添加剂使用时，其中 X 基（硅烷氧基）能与被粘金属表面的氧化物反应，R 基（有机功能基）能与胶黏剂分子反应，使胶黏剂与被粘物通过化学键连接起来。这样，不仅可以增加粘接接头的强度，而且还大大提高了粘接接头的耐老化性能。

（6）力化学的影响　接头是在承载下使用的，因此前述通过静态的老化试验结果与实际有很大差别。这也是目前许多胶黏剂研发者和用户很少考虑的问题。关于在力的作用下胶黏剂分子链蠕变产生应力松弛引起的蠕变破坏，大家已经比较清楚，可以用时-温等效原理进行预测和快速评价。其实在外界应力作用下，会产生化学结构的变化，有时也称为"力化学老化"，关于这方面很少有胶黏剂应用者关注。力化学是一门新兴的交叉学科，已在固体材料的改性、新型无机-有机及高分子材料的合成、磁性材料的研制、冶金等领域得到广泛的应用。例如，利用搅拌等作用使改性剂在粉体材料颗粒表面均匀包覆并发生化学作用，达到改性目的；通过研磨使不同化学成分的粉体在固态下达到合金化；在矿物研磨中加入其他物质，使矿物中特定成分转化为易分离状态，便于分离和回收；利用在振动磨中产生的机械力引发丙烯腈、苯乙烯等烯类单体聚合成高聚物；利用机械力使橡胶由强韧的高弹性状态转变为柔软的塑性状态的过程等。

在应力作用下老化时，应力最终转化为内应力，微观上引起分子间距离、化学键长、键角等的改变，因此弱化了化学连接作用，此时更容易引起热降解、氧化和水解，使接头失效。对于交联密度小的体系，由于形变过程的熵弹性，键长和键角变化比较小；但是对于高度交联和刚性结构体系，由于这种作用产生的内应力分布不均匀，影响则比较严重，尤其是动态载荷下影响更大。在实际失效安全分析当中，应该考虑力化学的影响，尤其是在受力和环境其他因素共同作用时，这种协同作用不能忽视。

# 1.5.4　设计粘接方案应考虑的因素

为了实现连接密封的制造工艺，需要制定较为完整的粘接施工方案并进行验证考核。制定粘接工艺方案必须认真分析制造工艺的一些实际需求和限制，作为粘接方案的输入条件，再进行方案的输出。一般来说，粘接方案设计应该考虑的因素见图 1-31。

## 1.5.4.1　粘接力学性能需求分析

粘接的力学性能是基本要求，力学性能受许多因素影响。要从影响粘接强度的各个方面考虑在制造过程中是否可行。如哪些方面是可设计的，哪些方面是不可变的，也就是不可设计的。

（1）首先清楚被粘接对象的材质类型和自身性能特点　被粘材料根据模量分为刚性和柔性材料；根据化学组成分为无机非金属材料、金属材料、高分子材料和复合材料等类型；根据是否取向又分为各向同性和各向异性材料。根据构成材料化学键的偶极矩基本可以判断其极性。无机非金属材料都属于极性材料，适于选用强极性胶黏剂进行粘接，无机胶黏剂也有一定强度，但是在潮湿环境下易发生界面脱附。对于金属材料，除贵金属材料外，一般的结构胶黏剂和胶黏剂都有较高的强度。高分子材料也分为极性和非极性材料，对于极性高分子材料，由于在成型过程中非极性链段的表面富集效应，其表面张力不高，常温固化的粘接强度并不高，但是对于一些低分子单体型胶黏剂则具有较高的强度，对于一些高玻璃化转变温

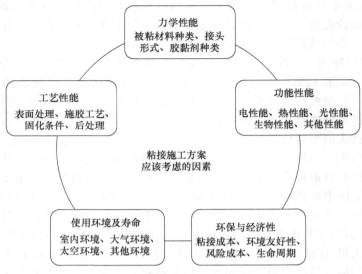

图 1-31　粘接方案设计应该考虑的因素

度的材料，高温粘接时可通过界面扩散提高强度。目前对于一些非极性高分子材料，还没有更多的胶黏剂可以选用。目前比较难粘的材料包括 PE、PP、天然橡胶、有机硅和含氟聚合物。由于这些材料表面没有活性基团，只能根据相似相容原理选用溶度参数相近的胶黏剂进行粘接，如 PE、PP 用 EVA 热熔胶，天然橡胶类用溶剂型橡胶胶黏剂，有机硅材料只能用有机硅胶黏剂进行粘接。最难粘材料是 PTFE（聚四氟乙烯），目前市场上还没有发现可以直接粘接的胶黏剂，一般都需要进行表面处理。因此，根据材料的类型，可以大概确定可用的胶黏剂范围。一般来说，被粘材料是客户选定的，是不能改变的，如飞机用的轻质铝合金不能改为密度大的不锈钢。因此不能因为有些材料难于粘接就放弃，要通过粘接方案设计来满足指定接头粘接性能的要求。

（2）考虑接头及受力形式　如上节所述，不同接头形式抗载荷能力不同，另外不同受力形式如静态还是动态、应力交变速率、应力加载速率等对胶黏剂的模量、强度和韧性要求也不同，因此所选用的胶黏剂也就有较大差别。理论上可用力学分析软件，通过有限元分析方法可以输入接头尺寸、接头形式、材料和胶黏剂的模量、泊松比等参数，再结合载荷的大小、粘接面积、应力频率参数对应力分布和粘接强度进行估算，然后再根据估算结果和胶黏剂特点进行选用或研制。如增韧的热固性胶黏剂具有三维网状结构，具有耐蠕变性和长的持久寿命，可以用于大载荷场合。柔性胶黏剂可以用于受冲击和大形变位移场合。

为了能够选用合适的胶黏剂，必须了解不同类型粘接材料的特点及适应性，才能更好地进行匹配。请参见本章其他部分对不同类型的胶黏剂特点的论述。当然有些应用领域，已经对接头进行了详细设计，已经给出了具体的胶黏剂基本性能要求，可根据要求直接进行对标选择。

## 1.5.4.2　粘接工艺性能分析

一般情况下，被粘物表面都是不能直接用来粘接的，需要进行表面处理，才能最大限度地发挥胶黏剂的作用。表面处理方法一般分为物理方法和化学方法两大类。常用的车铣刨磨机械加工以及溶剂刷洗、砂纸打磨、喷砂等都属于物理方法。酸碱腐蚀、表面氧化、表面接枝等属于化学方法。一般情况下是将化学方法和物理方法联合使用，以求更好的表面处理效果。不同的表面处理方法都有一些优势和劣势，因此了解这些特点对粘接方案的制订非常重要。选用表面处理方法应考虑的因素有：①污染物的种类和特性；②被粘材料的种类和特性；③要求表面的清洁度和制备出的新表面的特性；④危险性和成本等。

几种常用的表面处理方法特点如下：

（1）溶剂脱脂法　是用有机溶剂洗去被粘表面上油污的有效方法。该方法可根据表面油脂类型进行设计，工艺简单，但是有溶剂污染、损害健康和爆炸的风险，要考虑现实工况的可行性，如密闭的无尘车间则不易采用。

（2）碱液脱脂法　不使用溶剂，工业上广泛应用，但是此法对一些不能皂化的矿物油的清洗效果较差，另外还有一定的腐蚀性，受到一定限制，如不能用于电子产品表面的处理。

（3）机械加工、打磨和喷砂　是工业上常用的表面处理方法之一，可以除去表面弱边界层，制备出新的具有指定粗糙度的表面。喷砂方法方便高效，但不适用于高弹性材料、薄的板材，以及对表面有严格要求的场合，如光学器件、电子产品、艺术品的粘接等。

（4）化学法　是指被粘物表面在碱液、酸液及其他活性溶液中进行化学处理的方法。此法不仅可以除去表面的油污，而且能使表面活化或钝化，生成适于粘接的表面。如通过磷酸阳极化处理，使合金铝表面生成具有良好内聚强度的表面氧化层等；PTFE 通过萘钠处理可使表面脱氟，生成易于粘接的表面；非极性难粘表面也可以通过光接枝，改变表面化学结构来生成易于粘接的表面。但是工艺复杂，有些复杂表面和小型器件就不太适用。

（5）涂底胶法　是在处理好或没有处理的被粘材料表面上，先涂一层极薄的底胶，形成适于粘接的被粘表面。涂底胶可以保护处理过的表面不被污染，延长处理过的表面的存放时间，也可用具有偶联作用的底胶（如偶联剂），在被粘材料与胶黏剂之间形成化学键，从而提高粘接接头的强度和老化性能。一般底胶都含有溶剂，另外还难以控制厚度，且多了一道工序。

（6）等离子体处理法　是改性聚合物表面的一门技术。它是在用高电压将稀薄气体激发成等离子态的环境下进行化学反应，在表面引入极性基团或发生交联，从而提高表面能，有利于粘接。该方法具有处理厚度较薄、处理时间较短（几秒钟至数分钟）、易控制、操作安全、无公害等优点。缺点是需要设备投资和低压密封，对于一些复杂表面和大制件不太适用。

施胶工艺有刷涂、浸涂、喷涂、点涂渗入、胶模贴合、机器点胶等许多方法，这受制于接头尺寸、粘接面形貌、空间位置等实际条件，也会影响胶层厚度和均匀性，对胶黏剂的黏度和流变行为等也有不同的要求，因此也是影响粘接方案制定的一个很重要的因素。如喷涂、点胶及薄胶层要求较低黏度，厚胶层和大缝隙粘接则要求良好的触变性等。

固化条件也是粘接工艺的重要方面，主要包括固化温度、时间、压力、环境等。实际粘接时固化工艺是受限制的。如建筑物不可能加温，只能用室温固化工艺；不透明被粘材料不能用光固化工艺；高精度粘接需要定位装置，对空间位置有要求；粘接面积比较大的接头或比较深的灌封胶不易使用湿固化型和溶剂型胶黏剂；粘接面积比较大需要通过合拢贴合时不易选用热熔型胶黏剂；电子产品不能使用高温固化胶黏剂；生产线要求胶黏剂要快速固化；手工粘接工艺要求较长的开放期或操作期等。

后处理和粘接件的检验是粘接的最后一道工序，会对胶黏剂提出一些特殊要求。例如厌氧胶和第二代丙烯酸酯胶黏剂外溢的残胶容易清理，不含填料的胶黏剂容易通过磨削去除等。

### 1.5.4.3　功能性分析

随着胶黏剂应用领域的拓宽，粘接的功能化需求越来越多。

（1）电学性能　如通过粘接代替焊接进行线路连接的导电胶，就要求具有良好的导电性能，对电导率有严格的要求。而电子器件的封装胶和灌封胶则要求具有良好的绝缘性能和耐高温性能，对击穿电压和电阻率有严格的限制。在某些电子通信器件，如 5G 通信和微波通信则要求较低介电常数和介电损耗。不同胶黏剂类型和配方决定了其电学特性，这些性能是胶黏剂的选用依据之一。如吸湿率低的胶黏剂具有良好的绝缘性；非极性成分高和含有机氟胶黏剂的介电常数和介电损耗较低。

（2）热性能　在电子器件封装领域，电子器件产生的热必须通过灌封胶传导出来，因此要求具有良好的导热性能。有些应用要求具有良好的耐温性能，如发动机密封胶、LED 封装胶、导弹天线罩密封胶等，需要高温机械性能和高温稳定性，这就需要特定结构的胶黏剂类型。一般来说，含有环状结构的胶黏剂耐高温性较好，含有醚键的胶黏剂耐低温性好。

（3）光学性能　屏幕、玻璃、镜头、饰品、光纤等都要求胶黏剂具有良好的透光性能，且在使用过程中不黄变。如手机屏用的 OCA 光学胶黏剂、LED 用的封装胶等不仅对透光性要求严格，对不同频率的折射率也有严格要求，这些性能直接决定了使用性能。有些场合对透光波段还有严格要求，如红外窗口粘接、紫外 LED 灯封装等。关于胶黏剂的光学性能目前还研究得不够深入，没有系列化，还有很大的发展空间。如含有苯环、萘环、硫等基团的胶黏剂具有较高的折射率；含氨基、酚基、巯基、双键、苯环的胶黏剂易黄变，一般不用于光学粘接。

（4）生物相容性　随着粘接技术在医疗和生物领域应用的推广，胶黏剂的毒性、可降解性、过敏性、生理相容性已经成为重要的关注指标。如皮肤外用橡胶膏要求较高的载药量、缓释性及耐汗性；代替器官缝线用的粘接密封胶要求与血液和体液有良好的相容性；战时和灾难急救用的伤口止血胶，要求有良好的抗炎和可再去除性；医疗器械制造用的如一次性用品（如注射器针头粘接，导管连接，氧合器等）、可重复使用器械（如手术器械，诊断设备等）和植入器械（如起搏器等）用胶黏剂要求低溶出性；用于手术内止血的胶黏剂要求具有可降解和自吸收性；草籽播种、甜菜育苗和插枝用的胶黏剂要求不影响植物生长。这些特殊要求是决定胶黏剂能否应用的关键指标，目前这些特殊胶黏剂的研究还比较薄弱，可选择品种很少。一般来说，高分子是呈生理惰性的，但是其中的小分子杂质、固化剂、促进剂、增塑剂，以及分解生成的小分子产物会有较大的影响。在食品包装、服装和卫生材料方面用的胶黏剂要求低的水溶出率和迁移性，对重金属、致畸性物质等还有严格的限制。

（5）其他特殊功能　运输工具用的有些胶黏剂要求具有良好的吸声阻尼性能；防伪行业用的胶黏剂具有光致变色、热致变色等功能；缓释药用胶黏剂要具有良好 pH 敏感溶解功能；沙漠改造用胶黏剂要求具有保水功能；文物保护行业对胶黏剂也有特殊要求。不同的应用场合，要求的功能性千差万别，不再赘述，总之，这些功能要求都是胶黏剂选用必须要考虑的因素。

### 1.5.4.4　应用环境及寿命分析

粘接接头最终是要使用的，其耐久性决定了粘接件的使用寿命，而耐久性是与服役条件直接相关的。因此，根据设计寿命，必须对使用环境和条件进行认真分析，作为制定方案的输入，根据实际情况选用合适的胶黏剂，以满足设计寿命。

如在大气环境使用时，由于光降解、热氧老化、光氧老化、水的增塑和水解、盐雾对金属接头的腐蚀、霉菌对有机胶黏剂的酶解、高低温交变引起的交变应力等，会极大地影响使用寿命。不含双键的胶黏剂具有较好的抗氧化能力；主链含酯键的胶黏剂容易水解；含双键和含苯环的胶黏剂容易老化或光降解；离子含量低的胶黏剂具有较好的抗蚀能力。

太空环境属于极端环境，要求胶黏剂要耐高能射线和原子氧作用、耐超高低温冲击和机械冲击，由于密封和真空，要求低的挥发冷凝物等。一般含苯环和烃基的材料耐高能射线；有机硅材料耐原子氧；高度交联的杂环结构耐高低温。另外还有其他一些极端环境，如化工反应器内衬粘接、医用器件和食品领域高温和$^{60}$Co 射线消毒等环境，也影响胶黏剂的使用寿命，进而影响胶黏剂的选择。

关于粘接失效产生的损失以及是否可以维修也需要认真地分析，这会对胶黏剂选用及粘接工艺产生不同的要求。如卫星和空间站的粘接件，如果粘接失效是不可维修的，会造成很大的损失；如用于电力系统、通信和控制器，如果粘接失效，其损失也不可估量；如刹车盘粘接失效将会引起车毁人亡。因此，在某些情况下，对粘接的可靠性要求极其严格，因此对粘接方案也要求严格。

### 1.5.4.5　环境经济分析

粘接技术作为三大连接技术之一，能否在市场上获得应用关键在于其性价比，也是胶黏剂选用的一个很重要的制约因素。其中的性能是指满足粘接所需求的力学性能、功能性能和寿命等，价格包括所用的胶黏剂、实施粘接所用辅助材料，以及粘接工艺的直接成本，还包括胶黏剂从生产、使用到将来废弃造成的环境成本，以及所承担的风险成本等。这些指标是动态的，在不同的阶段所占比重也不一样，也与胶黏剂的特性有关，应结合不同时期进行深入分析。

直接制造成本中的胶黏剂成本包括购置、运输和储存成本。如有些类型的胶膜、单组分低温固化胶黏剂需要在低温条件下进行运输和保存，有时运输成本比胶黏剂成本还高，但是粘接工艺成本较低、效率和成品率比较高，所以综合成本比较低。粘接工艺成本包括施胶工艺和特殊环境需要的设施折旧费，需要的人力成本和能源费、废物处理费等。如有些胶黏剂需要加热固化，或隔绝空气和水分，或需要特殊工装，或使用过的包装还需要特殊处理等都应算作粘接的成本。

随着人们生活水平的提高和环保意识的增强，各行各业对环境友好性都提出了更高的要求，不仅要求在使用时对环境（空气、水源）和身体没有不良影响，还要求在将来产品废弃时也不能有影响，甚至还要求胶黏剂原材料在制造过程中也不能有大的影响。不同胶黏剂的情况差别较大，与胶黏剂类型和化工生产水平是相关的。同时为了降低粘接工艺的风险成本，还应考虑材料供应的竞争性，胶黏剂生产过程与现有相关政策符合性、伦理及安全性风险成本，以保证所用的胶黏剂能够稳定供应。因为如果由于外界因素造成工艺改变，则需要较大时间成本和工艺转换成本。从以上对粘接技术方案的分析可以看出，所谓的粘接技术方案推理过程，就是寻找这些性能有交集的胶黏剂的过程，因此，必须了解各类型胶黏剂特点，才能制定出粘接技术方案。

按以上方法进行胶黏剂的改进，围绕粘接材料关系研究、基础材料设计与制备、功能粘接材料复合三大科学问题，以分子设计技术、有机合成制备精制技术、多重固化技术作为功能粘接材料高性能化和低成本化技术的主要手段，通过系统性基础研究和技术创新，形成一系列的新概念、新理论、新方法、新技术和新材料。

## 1.5.5　导致粘接缺陷的原因和应对措施

通过对影响粘接性能因素的综合分析，我们总结出导致粘接缺陷的原因主要有胶黏剂、施工工艺、接头设计、制件材料方面、工作人员情况、不能预见的因素 6 个方面。

（1）胶黏剂导致的原因　a. 胶黏剂过期；b. 胶黏剂溶剂耗失；c. 胶黏剂冻坏；d. 胶黏剂界面层分离；e. 胶黏剂沉淀；f. 错用胶黏剂。

控制措施如下：a. 进货时检查；b. 中央库存；c. 备忘进货时间；d. 优化库存条件；e. 控制温度变化（保存和加工温度）；f. 防止吸潮；g. 测试胶层厚度；h. 控制凝固过程；i. 实施非破坏性测试；j. 检查尺寸和重量。

（2）施工导致的原因　a. 未遵守混合比例；b. 未按固化温度及时间实施；c. 晾置时间不够；d. 缺胶；e. 未进行压合。

控制措施：严格按可使用时间、施工时间、通风时间、压合时压力及胶黏剂涂覆施工。

（3）设计导致的原因　a. 在形状设计和计算中可找出的错误；b. 未考虑静态、动态、热和化学作用；c. 剥离作用力；d. 应力集中的产生；e. 缺乏选用制件材料和胶黏剂的知识；f. 设计不正确；g. 粘接件因素；h. 表面因素；i. 老化因素；j. 胶黏剂因素。

（4）制件材料导致的原因　a. 可直接归结到粘接零件中的缺陷（老化破坏也属于这类缺陷）；b. 内部收缩；c. 内部温度；d. 结构变化；e. 塑料材料的低表面能。

（5）人为因素导致的缺陷　这类缺陷纯粹是由工作人员的能力和体力状态引起的。

预防措施与建议：工作人员身体状况差时，就把工作交其他同事进行。

（6）不可预见的原因　a. 气候变化；b. 温度波动；c. 空气湿度变化。

## 参 考 文 献

[1] 陈道义，张军营. 胶接基本原理. 北京：科学出版社，1992.

[2] 张军营，展喜兵，程珏. 化工产品手册：胶黏剂. 6版. 北京：化学工业出版社，2016.

[3] 张军营. 丙烯酸酯胶黏剂. 北京：化学工业出版社，2006.

[4] 高杨，张军营. 胶黏剂选用手册. 北京：化学工业出版社，2012.

[5] 张军营. 高分子材料篇：8. 7胶黏剂//师昌绪，李恒德，周廉. 材料科学与工程手册. 北京：化学工业出版社，2004：229-271.

[6] 翟海潮. 工程胶黏剂及其应用. 北京：化学工业出版社，2017.

[7] 翟海潮. 胶黏剂行业那些事. 北京：化学工业出版社，2018.

[8] E ward M Petrie. 胶黏剂与密封胶工业手册. 孟声，等译. 北京：化学工业出版社，2005.

[9] 洪啸吟，冯汉保，申亮. 涂料化学. 3版. 北京：科学出版社，2019.

[10] 北京粘接学会. 无处不在的粘接现象. 北京：北京出版社，2016.

[11] 王孟钟，黄应昌. 胶粘剂应用技术手册. 北京：化学工业出版社，1987.

[12] Pocius A V. Adhesion and adhesives. Hanser-gardner Publications，2000.

[13] Hansen C M. Hansen solubility parameters：a user's handbook. 2nd Edition. CRC Press；2007.

[14] Wicks Z W，Jones F N. Organic Coatings Sciences and Technology. 2nd Editions. John Wiley & Sons Inc，1999. （有机涂料科学和技术. 北京：化学工业出版社，2002.）

[15] Lu D，Wong C P. Materials for advanced packaging. Springer-Science，2009.

[16] Chung D D L. Materials for electronic packaging. MA：Butterworth-Heinemann，1995.

[17] Brockmann W，Geis P L，Klingen J，et al. Adhesive bonding-materials，applications and technology. WILEY-VCH Verlag GmbH & Co. KGaA，2009.

[18] Kumar S，Mittal K L. Advances in modeling and design of adhesively bonded systems. Scrivener Publishing LLC，2013.

[19] Perrie E M. Handbook of adhesives and sealants. 2nd Edition. New York：McGraw-Hill，2007.

[20] Lucas F M，da Silva. Handbook of adhesion technology. Springer-Verlag Berlin Heidelberg，2011.

[21] Ebnesajjad S，Landrock A H. Adhesives technology handbook. 3rd Edition. London：William Andrew，2015.

[22] Pocius A V. Adhesion and adhesives technology. 3rd Edition. Ohi（USA）：Hanser Publications，2012.

[23] Pizzi A，Mittal K L. Handbook of adhesive technology（2nd Edition，revised and expanded）. New York：Marcel Dekker Inc.，2003.

[24] Hansen C M. Hansen solubility parameters：a user's handbook. 2nd Edition. CRC Press，2007.

（张军营 翟海潮 编写）

# 第2章

# 世界胶黏剂的历史、现状与发展趋势

## 2.1 世界胶黏剂发展简史

广义来说，黏土、石灰、沥青、水泥、糊精、大漆、动物胶都属于胶黏剂，从这个角度讲，人类应用胶黏剂已有数千年的历史。胶黏剂的发展历史可分为天然胶黏剂时代和合成胶黏剂时代，人类应用天然胶黏剂可以追溯到6000年前，而合成胶黏剂的应用则是近100多年的事。

### 2.1.1 天然胶黏剂时代

在人类历史上，胶黏剂的应用已有几千年的历史。早在6000年前，人类就用黏土等制成泥浆来建造土石房屋和其他建筑。在古埃及的假面、棺木等仪葬品与家具（公元前1500年），古希腊底比斯的雕刻（公元前1200年），古罗马拱形水泥输水道（公元前300年）等古迹或文物上都能看到胶黏剂的痕迹。从《旧约全书》可知，曾流传用沥青修补诺亚方舟的神话。世界最古老的胶黏剂或许要首推沥青，公元前2700年，在伊拉克南部城市乌拉的烛台就是用沥青将贝壳或宝石粘接在建筑物上筑成的。

古埃及以白土、颜料和骨胶混合物作棺木的密封剂。古埃及很早就开始使用阿拉伯树胶、蛋清、动物胶、松香等进行粘接。在考古中发现了用胶的遗址，埃及北部的古城特本（Theben）里有城主勒克汉娜拉（Rekhanara）的浮雕和一个雕塑粘接着，以及正在用胶制作家具的埃及人（见图2-1）。传说古希腊人戴达鲁斯（Daicdalus）和他的儿子伊卡洛斯（Ikaros）曾驾着自己粘接的"飞行器"（Fliigel）从一个岛上逃走。公元前9世纪，古罗马人已开始使用松木焦油和蜂蜡密封船缝，以鱼、奶酪、鹿角等制成胶黏剂用于粘接木制品。

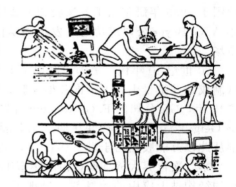

图 2-1　正在用胶制作家具的埃及人

中国是世界上应用胶黏剂最早的国家之一，4000多年前就开始烧制石灰，以此粘固土石、建造房舍与桥梁。1986年在四川广汉三星堆祭祀坑挖掘出的青铜人头像的金面罩，就是用枣红色的大漆调配石灰粘接而成的，将中国人应用胶黏剂的时间追溯到了夏商时期。在3500年前的商朝，我国开始使用植物胶黏剂原料——漆，用以粘接与装饰物件。在3000年前的周朝，我国已经开始使用动物胶作为木船的嵌缝密封剂。

公元前 200 年，我国用糯米浆糊制成的棺木密封剂，再配用防腐剂及其他措施，使 2000 多年后棺木出土时尸体不但不腐烂，而且肌肉和关节仍有弹性，从而轰动世界。我国远在秦朝时，人们就将以糯米、石灰混合制成的灰浆用于长城城墙砖的粘接，使得万里长城屹立于亚洲的东方，成为中华民族古老文化的象征。压敏胶带起源于中国公元前 160 年的西汉时期，在《草药补遗》《黄帝内经》等书籍中，均记载着治疗伤痛的膏药贴布之物，这应该是最早的压敏胶制品。中国在古代就使用骨胶粘接铠甲、弓、刀鞘等。在我国的一些古代书籍中，对胶黏剂的制造与使用有详细的记载，如东汉魏伯阳的《周易参同契》与东晋葛洪的《抱朴子·内篇》都涉及了胶黏剂的制造。北魏贾思勰的《齐民要术》虽是农书，但对制笔、保护书籍、修理房屋等使用胶黏剂的过程与煮制动物胶的方法作了专门的叙述。明朝宋应星的《天工开物》记述了我国农业与手工业的生产技术，其中包括胶黏剂的制造和大量的应用经验，如《弧矢》篇中介绍用鱼鳔胶制造弓箭，其强度非常高。

17 世纪之后，胶黏剂才得以工业化生产。1690 年，荷兰首先创建了生产天然高分子胶黏剂的工厂。英国在 1700 年建立了以生产骨胶为主的工厂。19 世纪初，瑞士和德国开始出售从牛乳中提炼出来的胶黏剂——酪朊。之后出现酪朊与生石灰生成的盐，制成固态胶黏剂。美国于 1808 年建成了第一家胶黏剂工厂，生产动物胶和大豆蛋白胶。19 世纪中期，人们开始用动物胶、淀粉胶、酪朊胶等天然胶黏剂制造胶合板。

## 2.1.2 合成胶黏剂时代

20 世纪以来，由于现代化工业的发展，天然胶黏剂无论产量还是性能都已经不能满足要求，合成胶黏剂工业也随着高分子材料的出现而迅速发展起来。合成树脂胶黏剂的生产是从 1909 年 L. H. Baekeland 发明酚醛树脂开始的。1909 年，Baekeland 发表了两篇酚醛树脂工业基础专利，并于 1910 年在美国创立 Bakelite 公司，成为酚醛树脂工业的奠基人。1912 年，出现了用酚醛胶黏剂粘接的胶合板，大大降低了生产成本，提高了胶合板的耐久性和强度。

美国于 1925 年试制出天然橡胶型压敏胶，1926 年醇酸树脂胶黏剂问世。20 世纪 30 年代，脲醛胶黏剂由英国的 British Cyanides 公司投入工业化生产；加拿大试制出可小批量生产的聚乙烯醇胶黏剂；苏联试制成功聚丁二烯橡胶；美国于 1931 年成功地开发出氯丁橡胶，德国于 1933 年研制出丁苯橡胶和丁腈橡胶，1935 年又开始试制生产聚异丁烯胶黏剂，1937 年 A. G. Bayer 公司成功地开发出聚氨酯胶黏剂，1939 年美国将聚醋酸乙烯酯胶黏剂推向市场。

20 世纪 40 年代，美国研制出了丁基橡胶，于 1941 年开发出三聚氰胺胶黏剂，1942 年试制成功并批量生产了不饱和聚酯胶；1943 年，Dow Corning 公司将有机硅树脂投入生产。1945 年，GE 公司的 E. G. Rochow 首先开发出硅橡胶。1946 年，全球首个环氧胶黏剂由 Ciba Geigy 公司投入生产并在瑞士工业展览会上展出，牌号为 Araldite（爱牢达），环氧胶黏剂从此以万能胶闻名于世。1949 年，英国研制成功丙烯酸酯系列压敏胶。

第二次世界大战期间，由于军事工业需要，胶黏剂也有了相应的变化和发展，尤其是飞机的结构件上应用的胶黏剂，出现了"结构胶黏剂"这一名称，主要是酚醛-缩醛胶黏剂、酚醛-丁腈胶黏剂、酚醛-氯丁胶黏剂。1941 年，由英国 Aero 公司发明的酚醛-聚乙烯醇缩醛树脂混合型结构胶黏剂，牌号为"Redux"，于 1944 年 7 月成功用于战斗机主翼的粘接。此后，该胶又用于另一架名为"彗星"的飞机上，但不久该飞机不幸坠落，引起轩然大波。然而在追查事故的原因时，发现引起飞机事故的原因是金属发生疲劳而断裂，粘接部分却完好无损。因此，胶黏剂在结构件上的应用更加广泛。1944 年，胶黏剂第一次成功粘接坦克上的离合器。

20 世纪 50 年代，美国在胶黏剂研制中独领风骚。1953 年，Loctite 成功研制出厌氧胶黏剂，Emhart 公司 Bostik 分部聚酰胺热熔胶用于鞋帮缝边挝边。1955 年，Du Pont 公司最先取得聚酰亚胺专利。1957 年，美国 Eastman Kodak 公司发明了氰基丙烯酸酯瞬间胶，开创了瞬间粘接的新时期，该胶几秒钟粘接定位并形成强有力的粘接。1959 年，Du Pont 公司的甲基丙烯酸环氧丙酯问世，翌年又使 EVA 聚合物投入生产。1959 年，美国 Eastman Kodak 公司批量生产 Eastman910 瞬间胶。之后，该类胶还用于粘接人体组织并进行了临床应用。

20 世纪 60 年代，开始出现 EVA 热熔胶黏剂，胶黏剂的研制达到了高峰，大大地丰富了胶黏剂品种，拓宽了胶黏剂市场。1961 年，美国的 Narmco 公司开发出高性能耐高温的聚苯并咪唑；同年，杜邦公司也研制出同类聚酰亚胺胶黏剂。1962 年，美国 Westing House 公司开发出聚二苯醚胶黏剂，同年 Dow Corning 公司也开发出无溶剂硅树脂胶黏剂。1963 年，SBS 由美国 Philips 石油公司首先工业化生产。1965 年，Shell 化学公司生产 SBS，并生产苯乙烯、异戊二烯的嵌段共聚物 SIS。1965 年，空气产品公司开发了 VAE 共聚物乳液。1969 年，英国的 Midland 公司试制成功聚酚醚胶黏剂。

20 世纪 70 年代，胶黏剂出现新品种的速度略有下降，但胶黏剂工业逐步转入系列化和完善化阶段。这一时期也出现了不少品种，如日本曹达公司于 1970 年实现了 1,2-聚丁二烯的产业化，英国的 ICI 有限公司开发出了聚苯醚砜，美国 1975 年试制了端烯型无溶剂硅树脂胶黏剂，同期 Du Pont 公司研制的液晶聚合物，以及瑞士 Ciba Geigy 公司的加聚型三嗪树脂胶黏剂等。1975 年，美国 Du Pont 公司用氯磺化聚乙烯橡胶对第一代丙烯酸酯胶进行了改性，开启了第二代丙烯酸酯胶黏剂（SGA）时代。

20 世纪 80 年代，胶黏剂的研制逐步向功能化、专用品级化和规模化发展。Rohm & Haas 公司开发了热熔压敏胶，Loctite 公司研发出了结构型厌氧胶、紫外线固化胶黏剂。1984 年，美国市场上首先出现反应性热熔型聚氨酯胶黏剂。

20 世纪 90 年代以来，出现了可拆卸胶黏剂、纳米粒子胶黏剂、封闭型聚氨酯胶黏剂、自修复聚合物等，标志着胶黏剂技术的新发展和新方向。

世界胶黏剂历史年表见表 2-1。

**表 2-1　世界胶黏剂历史年表**

| 年份 | 胶黏剂发明内容 | 国别 | 公司或发明人 |
| --- | --- | --- | --- |
| 公元前 2700 | 用沥青将贝壳或宝石粘接在建筑物上 | 美索不达米亚（伊拉克境内） | |
| 公元前 2000 | 用石灰粘固土石、建造房舍与桥梁 | 中国 | |
| 公元前 1500 | 用骨胶制作家具，用树胶、松香粘接器物 | 古埃及 | |
| | 用漆（植物胶）粘接与装饰物件 | 中国 | |
| 公元前 900 | 以鱼、奶酪、鹿角等制成胶，粘接木制品 | 古罗马 | |
| 公元前 200 | 糯米石灰浆，用于棺木密封、修建城墙 | 中国 | |
| | 用骨胶粘接铠甲、弓、刀鞘等 | 中国 | |
| 400 | 用中草药与松脂、动物胶熬制膏药 | 中国 | |
| 1690 | 天然高分子胶黏剂的工厂 | 荷兰 | |
| 1700 | 骨胶工业化生产 | 英国 | |
| 1800 | 酪朊工业化生产 | 瑞士、德国 | |
| 1808 | 动物胶和大豆蛋白胶工厂 | 美国 | |
| 1824 | 波特兰水泥 | 英国 | J. Aspdin |
| 1850 | 天然橡胶、树脂制成橡胶类压敏胶 | 美国 | Henry. Day |
| 1907 | 酚醛树脂 | 美国 | L. H. Backland |
| 1910 | 古马隆树脂 | 美国 | Allied Chem Co. |

续表

| 年份 | 胶黏剂发明内容 | 国别 | 公司或发明人 |
|---|---|---|---|
| 1912 | 酚醛树脂胶黏剂 | 美国 | L. H. Backland |
| 1925 | 天然橡胶压敏胶 | 美国 | |
| 1926 | 醇酸树脂胶黏剂 | 美国 | |
| 1930 | 脲醛胶黏剂 | 美国 | British Cyanides Co. |
| | 聚乙烯醇缩甲醛 | 加拿大 | Shawinigan Co. |
| | 聚丁二烯橡胶 | 苏联 | |
| 1931 | 氯丁橡胶 | 美国 | Du Pont |
| | 聚酰胺问世 | 美国 | |
| 1933 | 丁苯橡胶及丁腈橡胶问世 | 德国 | I. G. Farben |
| 1935 | 聚异丁烯 | 德国 | A. G. Bayer |
| 1937 | 聚氨酯 | 德国 | A. G. Bayer |
| | 聚醋酸乙烯酯乳液 | 德国 | H. Plauson |
| 1940 | 丁基橡胶 | 美国 | |
| 1941 | 三聚氰胺胶黏剂 | 美国 | |
| | 酚醛-聚乙烯醇缩醛结构胶 | 英国 | Aero Co. |
| 1942 | 不饱和树脂 | 美国 | U. S. Rubber Co. |
| 1943 | 有机硅树脂 | 美国 | Dow Corning Co. |
| 1944 | 聚酯树脂 | 英国 | Whinfield 和 Dixon |
| 1945 | 开发出硅橡胶 | 美国 | GE Co. E. G. Rochow |
| 1946 | 环氧树脂胶黏剂（Araldite） | 瑞士 | Ciba Geigy Co. |
| 1949 | 聚丙烯酸酯压敏胶 | 英国 | |
| 1953 | 厌氧胶黏剂 | 美国 | Loctite，Vernon Krieble |
| | 聚酰胺热熔胶 | 美国 | Bostik |
| 1954 | 双组分 RTV 硅橡胶 | 美国 | Dow Corning Co. Edwin. P. Plueddemann |
| 1957 | α-氰基丙烯酸酯胶黏剂 | 美国 | Eastman Kodak |
| 1958 | 酚醛环氧树脂 | 美国 | Dow Co. |
| 1959 | 甲基丙烯酸环氧丙酯 | 美国 | Du Pont |
| | 单组分 RTV 硅橡胶 | 美国 | Dow Corning Co. Edwin. P. Plueddemann |
| 1960 | EVA 聚合物 | 美国 | Du Pont |
| 1961 | 聚苯并咪唑 | 美国 | Narnco Co. |
| | 成功试制聚酰亚胺 | 美国 | Du Pont |
| 1962 | 聚二苯醚树脂 | 美国 | Westing House |
| | 无溶剂硅树脂 | 美国 | Dow Corning Co. |
| 1963 | SBS | 美国 | Phillips Co. |
| 1965 | 脂环族环氧树脂 | 美国 | Shell Co. |
| | SBS 和 SIS | 美国 | Shell Co. |
| | 水性氯丁橡胶胶乳 | 美国 | Du Pont |
| | EVA、VAE（醋酸乙烯-乙烯）共聚物乳液 | 美国 | Air Product Co. |
| 1966 | 聚苯硫醚 | 美国 | Phillips Co. |
| 1967 | 水性聚氨酯胶黏剂 | 美国 | |
| 1968 | 无溶剂型聚氨酯结构胶黏剂"Pliogrip" | 美国 | Goodyear Co. |
| 1969 | 聚酚醚树脂 | 英国 | Midland |
| 1970 | 1,2-聚丁二烯 | 日本 | 曹达公司 |
| 1972 | 聚苯醚砜 | 英国 | ICI |
| | 氢化 SBS | 美国 | |
| 1975 | 第二代丙烯酸酯胶黏剂 | 美国 | Du Pont |
| | 加聚型三嗪树脂 | 瑞士 | Ciba Geigy Co. |

续表

| 年份 | 胶黏剂发明内容 | 国别 | 公司或发明人 |
|---|---|---|---|
| 1977 | UV 固化丙烯酸酯胶黏剂 | 瑞士 | Ciba Geigy Co. |
| 1978 | 单组分湿固化型聚氨酯胶黏剂 | 美国 | Goodyear Co. |
| 1981 | 热塑性聚酰亚胺胶黏剂 | 美国 | NASA |
| 1982 | 热熔压敏胶 | 美国 | Rohm & Haas |
| 1984 | 反应性热熔型聚氨酯胶黏剂 | 美国 | |
| 20 世纪 90 年代 | 环氧改性聚氨酯、UV/可见光固化胶黏剂、双重固化胶黏剂、有机硅互穿网络聚氨酯 | | |
| 21 世纪初 | 可拆卸胶黏剂、纳米粒子胶黏剂、封闭性聚氨酯胶黏剂、自修复聚合物 | | |

# 2.2　世界胶黏剂市场格局

## 2.2.1　世界胶黏剂/密封剂分类和应用领域

胶黏剂和密封剂的组成相似，而且其生产工艺、施工工艺、应用领域、粘接与失效机理也相似。因此，胶黏剂和密封剂通常放在一起讨论。

目前，欧洲和美国都把胶黏剂市场细分为胶黏剂（adhesive）和密封剂（sealant，中国称密封胶）两个市场，行业协会的名称中也包括胶黏剂和密封剂，如欧洲胶黏剂和密封剂制造商协会（FEICA），美国胶黏剂与密封剂委员会（ASC，Adhesive and Sealant Council）。欧美胶黏剂和密封剂技术分类与应用领域分别见表 2-2 和表 2-3。

表 2-2　胶黏剂与密封剂技术分类

| 胶黏剂 | 密封剂 |
|---|---|
| （1）天然聚合物型（natural polymer based）<br>• 植物胶（vegetable）• 蛋白质（protein）<br>• 动物胶（animal）<br>（2）聚合物分散体/乳液<br>（polymer dispersion/emulsion）<br>• 聚醋酸乙烯酯（PVAc）• 乙烯-醋酸乙烯酯（EVA）<br>• 丙烯酸（acrylics）• 丁苯橡胶（SBR）<br>• 聚氨酯（polyurethane）• 天然乳胶（natural rubber latex）<br>（3）热熔型（包括湿固化）（hot melt）<br>• 聚烯烃（polyolefin）• 乙烯-醋酸乙烯（EVA）<br>• 聚酰胺（polyamide）• 饱和聚酯（saturated polyester）<br>• 苯乙烯嵌段共聚物（styrene block co-polymers）<br>• 聚氨酯（polyurethane）• 丙烯酸（acrylics）<br>（4）溶剂型（solvent based）<br>• 天然/合成橡胶（natural/synthetic rubber）<br>• 聚氯丁二烯（polychloroprene）• 聚氨酯（polyurethane）<br>• 丙烯酸（acrylics）<br>• 有机硅（silicone）<br>（5）反应型（UV/EB）<br>• 环氧型（epoxy）• 聚氨酯（polyurethane）<br>• 不饱和聚酯（polyester，unsaturated）<br>• 丙烯酸（acrylics）• 甲醛缩聚物（formaldehyde condensates）<br>（6）水基型（waterborne）<br>• 聚乙烯醇（polyvinyl alcohol）<br>• 乙基纤维素（cellulose ethers）<br>• 羧甲基纤维素（carboxymethylcelluose）<br>• 甲基纤维素（methylcellulose）<br>• 聚乙烯吡咯烷酮（polyvinylpyrrolidone）<br>• 其他如聚乙烯甲醚（polyvinylmethylether） | （1）油基填缝剂（oil-base caulks）<br>（2）丙烯酸酯胶乳密封剂（latex acrylic sealants）<br>（3）聚醋酸乙烯酯填缝剂（polyvinyl acetate caulks）<br>（4）溶剂型丙烯酸酯（solvent acrylics）<br>（5）丁基密封胶（butyls）<br>• 溶剂挥发 PIB（solvent-release PIB）<br>• 预成型聚异丁烯胶带（preformed PIB strips）<br>• 热应型聚异丁烯密封剂（hot applied PIB sealants）<br>• 枪式喷涂料、泵式喷涂料（gun dispensable, pumpable）<br>• 反应型聚异丁烯密封剂（reactive PIB sealants）<br>（6）聚硫化合物（polysulfides）<br>• 单组分和双组分系统（1-and 2-part systems）<br>（7）聚氨酯类（polyurethanes）<br>• 单组分和双组分（1-and 2-part systems）<br>（8）硅酮化合物类（silicones）<br>• 单组分和双组分系统（1-and 2-part systems）<br>• 液态密封剂和泡沫密封胶（liquid sealants and foams）<br>（9）硅烷改性聚合物（silane modified polymers）<br>• "SPUR"单组分和双组分系统（"SPUR"1-and 2-part systems）<br>• 反应型热熔胶、密封剂和泡沫密封胶（reactive hot melts,sealants and foams）<br>• "MS"聚合物（"MS"polymer based）<br>• "SiPiB"聚合物（"SiPiB"polymer based）<br>• 聚脲主链（polyurea backbone）<br>（10）其他<br>• 沥青（bitumen）<br>• PVC 糊树脂密封胶（PVC body sealants） |

表 2-3 胶黏剂与密封剂应用领域

| 胶黏剂的应用领域 | 密封剂的应用领域 |
| --- | --- |
| (1)纸、板及相关产品(paper,board,related products)<br>• 加工/包装(converting/packaging) • 干式 & 湿式复合材料(dry & wet lamination) • 高光装饰图案复合板(high-gloss laminating for graphic arts) • 装订、印刷行业(bookbinding,graphic art industry) • 无纺织物(nonwoven fabrics) • 压敏胶产品(pressure sensitive products)<br>(2)交通运输(transportation)<br>• 客车/轻型卡车(passenger cars/light trucks) • 修理和维护(MRO,aftermarket) • 卡车、汽车(trucks,buses) • 自行车、摩托、休闲车辆(bicycles,motorcycles,RVs) • 航空航天(aircraft/aerospace) • 铁路(railway) • 造船和海洋(shipbuilding and offshore)用<br>(3)制鞋与皮革(footwear and leather)<br>• 制鞋(footwear) • 皮革制品(leather goods)<br>(4)民用消费(零售)(consumer/DIY,retail)<br>(5)建筑/土建工程(building/construction/civil engineering)<br>• 现场应用(on-site applications) • 民用工程(civil engineering) • 工厂装配部件(factory assembled parts) • 装配式移动房(prefabricated houses) • 热绝缘材料、幕墙板(thermal insulation materials,curtain wall panels)等<br>(6)木工(woodworking and joinery)<br>• 家具制造(furniture manufacture) • 橱柜制造(cabinet making) • 窗框、门制造(window frames,door manufacture) • 室内装修(upholstery)<br>(7)装配作业(assembly operations)<br>• 夹芯板(sandwich panels) • 仪表和电器/电子(appliances and electrical/electronic) • 暖通空调(HVAC) • 织物/服装(fabric/apparel) • 医疗应用(medical applications) • 运动器械和玩具(sports equipment and toys) • 研磨材料、过滤设备(abrasives,filters) • 新能源装备(green energy) | (1)交通运输(transportation)<br>• 客车/轻型卡车(passenger cars/light trucks) • 卡车、巴士、拖车(trucks,buses,trailers) • 修理 & 维护(售后)(repair & maintenance,aftermarket) • 商用和休闲用船只(commercial,recreational watercraft) • 航空航天(aircraft/aerospace) • 铁路(railway) • 船舶(ships)<br>(2)消费/自用(零售)(consumer/DIY,retail)<br>• 家用(household)<br>(3)建筑行业(construction)<br>• 建筑/装修(construction/renovation) • 制造和养护(OEM,maintenance) • 隔热玻璃/玻璃制品(insulating glass/glazing) • 民用工程、基础设施(civil engineering,infrastructure)<br>(4)装配作业(assembly operations)<br>• 家用电器(appliances) • 电子设备(electronic equipment) • 金属机壳和外罩(metal cabinets and housing) |

## 2.2.2 世界胶黏剂市场格局

与世界经济的格局一样,目前世界胶黏剂行业格局也可划分为北美、西欧、亚太三大板块,其余地区可以划归其他地区。据不完全统计,2015 年全球胶黏剂、密封剂总销量约为 1780 万吨,其中北美洲 380 万吨,占比约 21%;西欧 342 万吨,占比约 19%;亚太 888 万吨,占比约 51%;其他地区 168 万吨,占比约 9%。2015 年全球胶黏剂、密封剂总销售额约为 480 亿美元,其中北美洲 135 亿美元,占比约 28%;西欧 125 亿美元,占比约 26%;亚太 187 亿美元,占比约 39%;其他 33 亿美元,占比约 7%。各地区胶黏剂、密封剂销售量和销售额占比分别见图 2-2 和图 2-3。

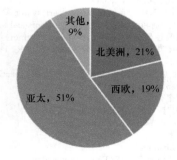

图 2-2 各地区胶黏剂、密封剂销售量占比

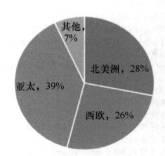

图 2-3 各地区胶黏剂、密封剂销售额占比

全球胶黏剂、密封剂用量最大的是水基胶黏剂，其次是热熔胶，各类胶黏剂、密封剂占比见图 2-4。全球胶黏剂、密封剂用量最大的行业是建筑业，其次是包装市场，各类胶黏剂、密封剂各应用领域占比见图 2-5。

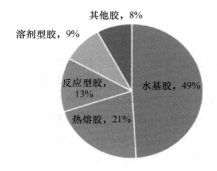

图 2-4　全球各类胶黏剂、密封剂占比

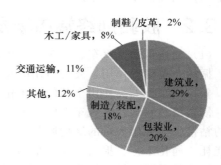

图 2-5　全球胶黏剂、密封剂应用领域占比

# 2.3　胶黏剂技术和市场发展趋势

未来胶黏剂技术和市场的发展主要受以下因素影响和拉动：①新的市场需求；②新工艺、新材料的应用；③客户的特殊要求；④环保要求及政府政策；⑤世界经济格局的变化。

## 2.3.1　胶黏剂技术发展趋势

（1）新合成方法与共混技术的应用　利用共聚、共混、接枝、交联、互穿网络、纳米技术、计算机辅助配方设计等技术，促进各类胶黏剂的改性和新产品的发展，开发出力学性能优良、耐水性、耐候性、耐高温、高强度、耐老化等高性能和高附加值的新型胶黏剂，以满足不同市场的需求。

（2）新固化技术的应用　热固化、UV 固化、电磁固化、微波固化、电子束固化等固化技术的应用将会越来越多，以满足工业生产线对胶黏剂快速固化的要求。例如传统的双组分丙烯酸酯结构胶通常是室温 5min 固化，为满足笔记本电脑生产线粘接需求，开发出了60℃、70s 固化的产品。

另外，为了提高固化速度，满足生产节奏，热熔-湿固化、UV 固化-厌氧固化、UV 固化-湿固化、热固化-湿固化等双重（多重）固化技术将大量采用，热空气和红外线辅助水基胶固化等也开始使用。例如，将 UV 固化技术和厌氧固化、热固化技术相结合制造出双重固化的产品，它不仅能对透光部分进行光固化，对非透光部分也可进行厌氧或热固化。

（3）粘接接头耐疲劳、抗老化性能的研究　为满足汽车、智能电子、高铁、航空航天等领域对粘接可靠性和耐久性的要求，对粘接接头耐疲劳、抗老化性能的研究将成为未来胶黏剂开发和应用的重点。胶黏剂供应商和应用研究部门需要研究粘接工艺、提高粘接质量，加强计算机在接头设计和粘接中的应用，开发具有高准确性的寿命预测方法。

（4）自动涂胶技术的发展　为了满足汽车、电子电器等工业生产线高效率的需求，施工工艺和施胶设备将会不断更新，这不仅给胶黏剂用户提供了更好的施工手段，也对胶黏剂供应商提出了更高的要求，特别是对胶黏剂的施工工艺性的要求会更高。

（5）节能与环保　随着世界各国环保法规的日趋严格和人们环保意识的逐渐增强，环保型胶黏剂将逐渐成为发展的主流。胶黏剂的高固含量、无溶剂、水性、光固化等环境友好特性将越来越受到重视，高性能环保型胶黏剂将成为市场新宠。

（6）胶黏剂清洁生产　胶黏剂的配制和生产过程中将不断采用清洁生产新工艺，加强生产过程中有毒有害物质的控制和排放，最大限度地减少有害原材料的使用，生产环境友好的胶黏剂，以确保胶黏剂生产人员和施工人员的健康。

## 2.3.2　胶黏剂终端市场发展趋势

（1）交通运输　汽车、火车、飞机、轮船等交通运输装备大都由金属零件制成，承受摩擦、振动、温度等作用，要求所用的胶黏剂和密封剂有一定的强度和耐久性。从未来趋势来看，新一代车型上会使用全新的一体化电动底盘、轻量化材料、智能化技术。例如，轻质金属、复合材料和塑料在汽车上的扩大应用使得胶黏剂和密封胶的用量持续增长，不同材料之间的粘接将会采用大量的结构胶黏剂来实现，利用粘接技术可以降噪、减振、减轻质量、降低能耗、简化工艺、提高产品质量和驾乘的舒适性，达到其他连接方法所难以达到的效果。汽车工业几乎涵盖并使用所有类型胶黏剂而且应用范围越来越广，整车用量比例也越来越高。另外，随着环保要求越来越高，内饰用的溶剂型胶黏剂将逐步被热熔胶黏剂、水基胶黏剂等环保型胶黏剂替代。

（2）电子电器　未来电子电器将不断向小型化、轻量化、智能化方向发展，特别是人工智能（AI）技术的快速发展，采用新型的粘接工艺和胶黏剂成了必然。胶黏剂除可满足不同材料之间的粘接性能，还要满足生产线涂胶工艺和快速固化要求，还有耐高温和超低温以及具有绝缘性、导电性、导磁性、导热性、阻尼性、吸收微波功能等性能的特殊要求。电子行业具有更新换代快、生产自动化程度高等特点，对胶黏剂企业的研发实力要求高，要求快速反应，几个月甚至几周就要拿出所需要的产品。

（3）土木建筑　土木建筑行业是胶黏剂密封剂用量比较大的行业之一，从一般的民用建筑到高耸入云的摩天大楼，从桥梁到隧道、大坝各类建筑工程都已离不开粘接和密封技术。建筑行业未来的发展要求胶黏剂使用方便，无须进行严格的表面处理，固化条件不太严格，能在生产和施工现场允许的条件下使用，还需要多种施胶工具配合使用，如挤胶枪、喷枪、恒压注射器等。另外，还要求胶黏剂无毒、无刺激性、价格低廉等。

（4）医疗卫生　随着医疗科学的进步，胶黏剂在医疗领域的应用愈来愈多，例如手术缝合、牙齿粘接与修补、血管及人造血管的粘接以及橡皮膏、创可贴、医用胶带等医疗消耗品。用于一次性注射器、血液氧合器、麻醉面罩制造及助听器、血压传感器、内窥镜和动脉过滤器等医疗器械的部件也采用胶黏剂粘接。医疗电子产品如起搏器、可植入式心律去颤器、神经刺激器、人工耳蜗、微流体药物分配器等医疗电子产品制造中的芯片底部填充胶、导电胶、绝缘胶、PCB印制线路板保护胶等，主要采用环氧胶黏剂、紫外线固化胶来粘接。

（5）绿色能源行业　进入21世纪，人们对能源和环保问题的关注程度日益加大，从而引领新能源产业的快速发展。光伏组件和风机的制造需要大量的胶黏剂，随着光伏发电、风力发电在能源消费结构中的比重进一步提高，相应产业对胶黏剂的需求将进一步增大。

（6）轻工行业　服装、鞋帽、玩具、家具、包装、印刷、卷烟、文体用品等轻工行业未来用胶量也非常大，轻工行业胶黏剂的发展主要趋势是环境友好、使用方便、成本低廉等。例如环保的标准升级，软包装用胶市场显现蓬勃商机，无溶剂胶成为升级方向。

### 参 考 文 献

［1］　翟海潮.胶黏剂行业那些事.北京：化学工业出版社，2018.

［2］　王致禄.合成胶粘剂概况及其新发展.北京：科学出版社，1994.

［3］　王孟钟，黄应昌.胶粘剂应用技术手册.北京：化学工业出版社，1987.

［4］　杨云昆，吕凤亭.压敏胶制品技术手册.2版.北京：化学工业出版社，2014.

［5］　Perrie E M. Handbook of adhesives and sealants. 2nd Edition. New York：McGraw-Hill，2007.

［6］　Mordor Intelligence. Global Adhesives & Sealants Market 2020～2025. Industry Report，2019.

［7］　Ebnesajjad S，Landrock A H. Adhesives technology handbook. 3rd Edition. London：William Andrew，2015.

［8］　Brockmann W，Geis P L，Klinger J. Adhesive bonding. Weinheim (Germany)：WILEY-CCH，2009.

［9］　Pocius A V，adhesion and adhesives technology. 3rd Esition. Ohio (USA)：Hanser Publications，2012.

［10］　Pizzi A，Mittal K L. Handbook of adhesive technology. 2nd Edition，revised and expanded）. New York：Marcel Dekker Inc.，2003.

（翟海潮　曲军　编写）

# 第 3 章

# 中国胶黏剂的历史、现状和发展趋势

## 3.1 中国胶黏剂发展简史

### 3.1.1 中国古代胶黏剂历史故事

胶，繁体字"膠"，字从肉从翏。"肉"意为"肉汁样的"，"翏"意为"合并""结合"。"肉"与"翏"联合起来表示"肉质样的胶黏剂"，可见，中国古代的胶黏剂是指用动物的皮、角制成的能粘接器物的东西。

古代人类还发现某些植物具有天然黏性，例如橡胶、树胶等，它们是天然的胶黏剂。早些年我们用的将淀粉加入水中煮熟或将米浆加热后熬制成的浆糊，也是最原始的胶水之一。

中国是世界上应用胶黏剂和粘接技术最早的国家之一。早在商代，人们就利用生漆的粘接特性，将金银珠玉镶嵌在漆器上，到战国时期发展到把金属构件和漆器粘接在一起，使漆器更加坚固耐用。后来还把金银薄片镂刻成各种图案，或者把贝壳磨制成人物花鸟等图案，用胶漆粘贴于胎体表面，再上漆若干道，然后打磨，使闪闪发光的金银贝壳等花纹在器物表面形成华美的装饰。

《帝王世纪》之"胶船"中记载了楚国人把不耐水的树胶制成的船只献给周王朝的军队从而获胜的故事："昭王南征济于汉，汉江人恶之，以胶船进王，王御船至中流，胶液船解，王及祭公俱没于水中。"周昭王十六年，约公元前980年，周昭王为了教训已经不再顺从自己的楚国，亲领大军讨伐，周军势如破竹，所向披靡。周王朝大获全胜，胜利班师还朝。三年之后，也就是公元前977年，即周昭王十九年，深受伐楚之战的鼓舞，周昭王为了彻底打垮楚国，将其消灭殆尽，再次率军南下。周昭王此次率六军伐楚，举全国之兵而为。周昭王踌躇满志，志在必得，结果却事与愿违。楚国已经从上次的惨败中吸取了教训。他们知道，面对强大的周王朝，硬拼是绝对不行的，要侥幸取胜，唯有智取。周昭王北兵南下，为汉水所阻，四处征调船只渡河，早已依计用事的楚人假装民夫，将大批用树胶粘接的船只献给了周军。周军用征调而来的船只渡河，船行进到了河的中间，树胶溶解，船板分散，许多兵士掉入水中，北方人大都不识水性，不会游泳，基本上都溺水而亡。周昭王虽贵为天子，身为统帅，也落入水中，魂丧汉水。

我国在4000年前就开始烧制石灰，以此粘固土石建造房舍与桥梁。举世闻名的万里长城也是用石灰、糯米糊等混合调配的胶黏剂把无数的石块粘接起来而建成的，这种无机-有机混合胶，强度高，防腐，经久不坏。以糯米灰浆为代表的传统灰浆是中国古代的重大发明之一。考古学的证据表明，西周（公元前1046～前771年）中晚期的建筑遗址中，发现石灰已经广泛应用于柱基处理、增强地基、屋顶面处理等方面。东周时期已经使用石灰修筑陵墓。据《左传》记载:"成公二年(公元前 635 年)八月宋文公卒始厚葬用蜃灰。"蜃灰就是用蛤壳烧制而成的石灰。秦汉以后,石灰材料的使用更为广泛。秦(公元前 221~前 206 年)咸阳宫殿遗址的地面是用猪血、石灰、料姜石灰拌合抹成,呈暗红色,表面光滑美观,具有防潮装饰作用。

汉代(公元前 206~公元 8 年)以后的墓葬中也多有石灰使用。石灰或用作壁画地仗层,或用作墓室四壁罩白,或用于墓门密封,或用作棺底的灰衬。值得一提的是,我国至少在西汉早期就已经使用类似于后世称为"三合土"(石灰、黄土和沙子)的石灰混合材料了。东晋十六国时期(公元 317~420 年),北燕用"三合土"构筑墓葬,大夏用"三合土"修筑其都城"统万城"。北宋科学家沈括在亲自踏勘"统万城"之后,在《梦溪笔谈》中写道:"赫连城紧密如石。"

至少不晚于南北朝时期(公元 386~589 年),以糯米灰浆为代表的中国传统灰浆已经成为比较成熟的技术。成书于明朝的《天工开物》对糯米灰浆的组成、制作方法和性能都有详细记载:"灰一分入河砂,黄土二分,用糯米、阳桃藤汁和匀,经筑坚固,永不隳坏,名曰三合土。"这种加入糯米汁的"三合土",即糯米灰浆,有强度高、韧性好、防渗性能好等优点,它的出现使建筑胶凝材料的粘接性有了质的飞跃,代表了我国古代石灰基胶黏剂的最高成就。后世对糯米灰浆的评价很高,宋代江修复在《邻几杂志》说它"其坚如石"。

糯米石灰浆的使用,使建筑的稳固性有了历史性的突破。经现代分析技术检测,糯米灰浆粘接性能优良,堪比现代水泥。除糯米浆外,植物汁液,如阳桃藤汁、蓼叶汁和白及浆等,蛋清和动物血等在建筑灰浆中也有使用;另外用桐油或鱼油拌合石灰制作的油灰在建筑物、木结构和船舶等方面也有十分广泛的应用,历史久远。

欧洲古代使用的建筑灰浆全是无机材料,而添加了糯米汁、杨桃藤汁或桐油的中国传统灰浆则明显是一种有机/无机复合材料。以糯米灰浆为代表的中国传统灰浆在粘接性、韧性和防渗性等方面明显好于纯无机灰浆。中国由于糯米灰浆等有机/无机复合胶凝材料的发明而比西方技高一筹。糯米灰浆强度高,韧性大,防渗性能好,且"其坚如石"。如南京明代徐埔夫妇墓系用糯米灰浆浇筑,异常坚固。1978 年发掘时推土机也无可奈何,还破坏了不少钢钎、铁锹。始建于隋开皇年间、重修于宋建炎二年的台州国清寺塔,使用糯米灰浆为砌筑沙浆,异常坚固。唐代开元寺石经幢的粘接材料也是糯米灰浆,建于唐宋的泉州古塔、寺、桥的抗震性能好,能抵御 1604 年的 7.5 级大地震,这和使用糯米灰浆作胶黏剂是分不开的。北宋嘉祐六年(公元 1061 年)铸造的湖北当阳玉泉铁塔,塔基底部青石板之间也是用糯米灰浆来封实。河南登封少林寺墓塔群中的几座宋塔、明塔,对其砌筑的胶泥标本通过"碘-淀粉"试验,也发现沉淀物中有糯米淀粉存在。始建于宋代开禧年间的上海嘉定法华塔,其地基砖用糯米浆白灰泥勾缝。最让人称奇的是重庆荣昌县包河镇的一座清代石塔,该塔已有 300 余年历史,高 10 米,倾斜度达 45°,却至今未倒塌。该塔也是采用了糯米灰浆为粘接材料,这种糯米灰浆粘接材料的韧性竟比现代水泥还要好。

古代真正被称为胶的应该是动物胶。早在三千多年前的中国,人们就开始用动物皮、角、骨来熬制骨胶、牛皮胶等,用来粘接各种物件。

有一个"煎胶续弦"的故事:汉朝东方朔所著的《海内十洲记》记载,天汉三年(公元前 97 年),汉武帝深山猎虎,由于力大如神,加之用力过猛,"嘣"的一声,居然将祖传宝弓的弓弦拉断,汉武帝看着断弦,心中不悦。方士李少君便献上了一种"神胶",将宝弓的断弦粘好,汉武帝将粘好的宝弓用力拉开,与原来的居然没有什么区别,特地重奖方士李少君。这种神胶因此名声大震,并得名"续弦胶",这种神胶其实就是动物胶。

在我国的一些古代书籍中，对胶黏剂的制造与使用有详细的记载。古代化学专著如东汉魏伯阳的《周易参同契》与东晋葛洪的《抱朴子·内篇》都涉及胶黏剂的制造。北魏贾思勰的《齐民要术》虽是农书，但对制笔、保护书籍、修理房屋等使用胶黏剂的过程与煮制动物胶的方法却做了专门的叙述。明朝宋应星的《天工开物》记述了我国农业与手工业的生产技术，其中包括胶黏剂的制造和大量的应用经验。《齐民要术》的"燔石"篇对石灰密封舟船做了介绍："凡灰用以固舟缝……"《天工开物》"燔石第十一"更详细介绍了石灰及其添加物在建筑、舟船中的应用："凡石灰经火焚炼为用。成质之后，入水永劫不坏。亿万舟楫，亿万垣墙，窒隙防淫，是必由之……凡灰用以固舟缝，则桐油、鱼油调，厚绢、细罗和油杵千下塞舱。用以砌墙、石，则筛去石块，水调黏合。甃墁则仍用油、灰。用以垩墙壁，则澄过，入纸筋涂墁……"

用松烟和胶黏剂制成墨块是我国独有的技术，大约在公元 3 世纪，我国以松烟和动物胶等为原料制成松烟墨，为书画所用的黑色颜料。《齐民要术》"笔墨第九十一"对墨块的制作有详细说明："墨屑一斤，以好胶五两，浸……皮汁中。"

压敏胶带起源于我国公元前 160 年的西汉时期，在《草药补遗》《黄帝内经》等书籍中，均记载着治疗伤痛的膏药贴布之物，这应该是最早的压敏胶制品。而用中药与松脂、动物胶熬制的药膏应该是压敏胶的雏形，膏药制品在中医界一直延续至今。

用胶黏剂粘接书刊本册的方法，在我国已有一千多年历史。早在公元 868 年，卷轴装《金刚经》就完全是用胶黏剂装订成卷册的，最初人们主要用鳔胶、淀粉浆糊、松香等作为胶黏剂。

《天工开物》"乃服第二"："凡糊用面觔内小粉为质。纱罗所必用，绫绸或用或不用。其染纱不存素质者，用牛胶水为之，名曰清胶纱。糊浆承于筘上，推移染透，推移就干。"说明了淀粉胶在服装上浆中的应用。

《天工开物》"舟车第九"："凡船板合隙缝，以白麻斫絮为筋，钝凿扱入，然后筛过细石灰，和桐油舂杵成团调舱。"说明桐油拌石灰制成的胶泥在舟船密封中的应用。

《天工开物》"佳兵第十五——弧矢"："凡胶乃鱼脬、杂肠所为，煎治多属宁国郡，其东海石首鱼，浙中以造白鲞者，取其脬为胶，坚固过于金铁。北边取海鱼脬煎成，坚固与中华无异，种性则别也。天生数物，缺一而良弓不成，非偶然也。"这里的"胶"指的是制造弓箭所用的鳔胶，看来当时胶的质量很好，强度竟然可以与金属相比，是造弓不可或缺的材料。

"凡箭笴，中国南方竹质，北方萑柳质，北边桦质，随方不一。竿长二尺，镞长一寸，其大端也。凡竹箭削竹四条或三条，以胶粘接，过刀光削而圆成之。"翻译成现代汉语是说："箭杆的用料各地不尽相同，我国南方用竹，北方使用薄柳木，北方少数民族则用桦木。箭杆长二尺，箭头长一寸，这是一般的规格。做竹箭时，削竹三四条并用胶粘接，再用刀削圆刮光。"看来胶也是制箭不可缺少的材料。

# 3.1.2　中国胶黏剂行业发展大事记

## 3.1.2.1　1958 年是中国合成胶黏剂工业元年

20 世纪 50 年代以前，中国使用的大都是天然胶黏剂。20 世纪 20 年代，上海建立了上海明胶厂，但只生产皮胶；同时，济南、青岛建立了骨粉厂，以后又从骨粉中提取骨胶。1932 年，济南建立了第一个骨胶厂。到 50 年代初，全国共有 7 家工厂生产动物胶，合计生产能力 2500t/a。

酚醛树脂在我国 20 世纪 30～40 年代就有生产，但主要用于塑料加工，产量也很低。1952 年，锦西化工厂磺化法生产苯酚生产装置建成；1956 年，吉林化学公司甲醛生产装置建成；1958 年，中国开始规模化生产酚醛树脂胶黏剂。

1948 年，上海扬子木材厂从美国进口脲醛树脂用于胶合板生产。1957 年，林业部森林工业科学研究所与化学工业部北京化工研究院、第一机械工业部庆阳化工厂、长春胶合板厂及哈尔滨香坊木材加工厂等单位协作，开始进行尿素-甲醛胶黏剂的研制，1958 年投入工业化生产，广泛用于木材加工。

1951 年，因朝鲜战争之需，重工业部北京化工试验所建立有机硅研究组，开展有机硅树脂的研制。1957 年，沈阳化工研究院建立我国第一个有机硅车间——硅树脂涂料中试车间，标志着中国有机硅工业的开端。1958 年，林一先生在中科院化学研究所建立了有机硅研究室。同年，中科院兰州化学物理研究所成立有机硅研究室。1957 年前后，苏联有机硅专家马丁洛夫来华讲学，南开大学周秀中、武汉大学卓仁禧、南京大学周庆立和山东大学杜作栋等人参加了学习，之后在各自的学校成立了研究室。1958 年 9 月 12 日，毛泽东主席视察武汉大学化工厂。

1954 年，沈阳化工综合研究院（沈阳化工研究院前身）首先从原料开始，进行了环氧树脂的研制，并于 1956 年研制成功；1958 年，环氧树脂在上海树脂厂、无锡树脂厂投入生产。1957 年，天津市合成材料工业研究所成立，1958 年开始进行环氧树脂胶黏剂的研究。

1958 年，国家科委和化工部在沈阳召开了"有机硅与环氧树脂现场推广会"，向全国多家树脂厂、油漆厂、绝缘材料厂推广有机硅和环氧树脂技术。

中国化学工业基础薄弱，由于当时西方国家对中国的技术封锁，向"苏联老大哥"学习就成了必然。1950 年，世界上只有美国、苏联、德国等为数不多的国家掌握合成橡胶生产技术。为了掌握这门技术，重工业部 1951 年派出武冠英、吴嘉祥、吴金城等技术人员赴苏联学习合成橡胶技术。1951 年，东北科学院（中科院长春应用化学研究所前身）在实验室制得以乙炔为原料的氯丁橡胶。1953 年，该院在日产 20kg 的 100L 聚合釜扩试装置上制得通用型和苯溶性两种氯丁橡胶。1955 年后，沈阳化工试验所（沈阳化工研究院的前身）继续进行氯丁橡胶和聚硫橡胶工业化开发研究。1957 年 7 月，氯丁橡胶生产装置由长春迁往四川长寿，同年 12 月落成投产。随后，经过不断改进，长寿化工厂于 1958 年 10 月建成年产 2000t 的氯丁橡胶车间，标志着中国合成橡胶工业的起步。

1953 年至 1959 年期间，苏联援助中国新建改建 156 个项目，有化工项目 14 项，其中包括兰州合成橡胶厂，1956 年兰州合成橡胶厂开始建设，设计年产丁苯橡胶 1.35 万吨，丁腈橡胶 0.15 万吨，聚苯乙烯 0.1 万吨。1958 年，聚氯乙烯在锦西化工厂投入生产，聚甲基丙烯酸甲酯树脂在上海珊瑚化工厂生产。

1958 年以后，中国合成胶黏剂进入了崭新的发展时期，不管是品种还是规模都大幅提高。种种事实表明，1958 年是中国合成胶黏剂工业元年。

### 3.1.2.2　20世纪60年代：艰难起步，众志成城

20 世纪 60 年代，黑龙江石油化学研究所王致禄、黄应昌等人研制成功耐高温有孔蜂窝结构胶 J-01，填补了我国航空结构胶黏剂的空白。山东化工厂为解决炮弹架橡胶与金属的粘接，刘慎和等人仿制苏联 88 号胶，研制出 FN-303 氯丁-酚醛胶黏剂。兵器部五三所吴崇光、孙维斤等人为解决部队野外武器装备修理问题，研制出室温固化环氧胶黏剂。中科院化学所卢凤才、杨玉昆、余云照等人研制成功航空用高温点焊胶黏剂。北京胶粘剂厂昌凤亭等人研制出打坦克的手执火箭炮炮弹中用来包裹柱形火药的亚麻布基材双面胶黏带。

20 世纪 60 年代，中国民用胶黏剂的研究也取得了重大进展。中科院化学所葛增蓓等人首先在实验室合成了 α-氰基丙烯酸乙酯，并以产品 KH-502 投放市场，502 胶从此诞生。哈尔滨军事工程学院贺孝先研制成功磷酸-氧化铜无机胶，成功用于陶瓷刀片和硬质合金刀头

的粘接。上海合成树脂研究所王澍、林国光等人研制出聚氨酯胶（又叫乌利当胶），后由上海新光化工厂朱世雄等人负责投入生产，产品命名为"铁锚"101聚氨酯胶黏剂。沈阳化工研究院黄文润、韩淑玉、孟繁国等人最早开发出室温硫化硅橡胶，后来研究室整体搬迁至晨光化工研究院，又研究出室温硫化硅橡胶系列产品。上海橡胶制品研究所周木英等人研制出JX系列橡胶树脂复合胶黏剂，廖明等人研制出系列有机硅胶黏剂和密封剂。天津市合成材料工业研究所研发成功低分子聚酰胺，用作环氧树脂固化剂；随后还研发成功不饱和聚酯胶黏剂，用于玻璃钢制造。中国林业科学研究院木材研究所吕时铎等人研制成功NQ64脲醛树脂胶，进一步提高了粘接质量及降低了游离甲醛含量。

我国醋酸乙烯和聚乙烯醇的生产始于20世纪60年代初期，最早由天津有机化工实验厂试产，1965年在吉林四平联合化工厂建成千吨级生产装置。1965年8月，北京有机化工厂引进日本的技术和装置建成万吨级生产装置。

### 3.1.2.3　20世纪70年代：自力更生，硕果累累

20世纪70年代，由于中苏关系恶化，加上西方对中国的技术封锁，中国胶黏剂的研究只能立足于自力更生。1970年，北京有机化工厂经过自行设计研究，建成投产了我国第一套聚乙烯醇1788生产装置。1972年，航空部621所郑瑞琪、赖士洪等人研制的"自力2号"无孔蜂窝结构胶黏剂通过技术鉴定，标志着我国自力更生研制胶黏剂取得了重大成果。

1972年，杨颖泰首先在中科院大连化学物理研究所研制成功我国第一个厌氧胶品种XQ-1及促进剂C-1，随后又研制成功用环氧树脂改性的厌氧胶Y-150和促进剂C-2，填补了我国厌氧胶的空白。之后杨颖泰转到中科院广州化学所工作，研制出GY系列厌氧胶产品。天津合成材料工业研究所研制出系列环氧胶黏剂（如HY-914室温快固环氧胶等），部分产品转入天津延安化工厂生产。中科院广州化学研究所研制出农机1号、2号胶和常温固化1号、2号、3号胶，后转入番禺农机二厂生产。晨光化工研究院孙韶瑜等人研制出室温快固环氧胶黏剂。

北京有机化工厂1975年6月自行设计研究，建成了聚醋酸乙烯酯乳液生产装置。1975年，中科院南京林业化学研究所吕时铎带领团队开始乳液胶黏剂研究，研制的乳液胶黏剂主要用于人造板表面装饰，也可用于纺织、造船、电子、轻工等行业。

20世纪70年代中期，河北工业大学王润珩、华南理工大学、浙江省化工研究所等开始热熔胶方面的研究，1979年连云港热熔胶黏剂厂销售的热熔胶已达200t。

20世纪70年代末期，上海橡胶所连振顺等人研制成功JY-4压敏胶、88-Ⅱ聚乙烯胶黏带、83-Ⅱ聚乙烯防腐胶黏带，后转入上海制笔零件三厂生产。上海合成树脂研究所研制出丙烯酸系列压敏胶PS-1、PS-2、PS-3等。天津合成材料研究所研制成功GM-924光敏胶，晨光化工研究院研制出光敏防龋胶。

### 3.1.2.4　20世纪80年代：改革开放迎来新契机

20世纪80年代初期，全国技术交流活跃。上海市粘接技术协会、西安粘接技术协会、武汉粘接学会、北京粘接学会相继成立，之后哈尔滨、大连、天津、昆明、长沙等全国30多个城市的粘接技术协会/学会相继成立。

20世纪80年代，黑龙江石油化学研究所陆企亭等人研制成功J-39丙烯酸酯结构胶；中科院大连化物所贺曼罗研制出JGN建筑结构胶；黎明化工研究院叶青萱等人研制出单组分聚氨酯胶黏剂；西安化工研究所研制出J-2节育粘堵剂等医用胶。1982年12月，化工部二局在北京举办了首次"全国胶粘剂新产品展览会"，来自全国100余家胶黏剂研究和生产单位参加了展会，展会共展出600多个胶黏剂产品。

　　1985 年 8 月，受北京粘接学会邀请，日本接着学会原会长佃敏雄先生率团来华交流，并举办了"中日粘接学术交流报告会"，从此开启了中外粘接学术交流的大门。

　　1987 年 9 月，中国胶粘剂工业协会成立。1987 年 9 月 8 日，中国胶粘剂工业协会举行了第一次全体会员大会，共有会员 178 个，其中科研院校 50 个，其余大部分为国有企业。

　　20 世纪 80 年代，一批胶黏剂和胶黏带乡镇、集体企业相继成立和发展起来。如郑州中原应用技术研究所、新宾满族自治县胶粘剂厂（哥俩好前身）、葛洲坝胶粘剂厂（璜时得前身）、黑松林胶粘剂厂、苏州胶粘剂厂（金枪新材前身）、上海康达化工实验厂、中山市永大胶粘制品厂、河北永乐胶带有限公司等。

　　20 世纪 80 年代，我国引进国外先进技术和设备，大大促进了胶黏剂行业的发展。1981 年，北京市化学工业研究院从德国汉高引进纸塑覆膜聚氨酯胶黏剂，促进了纸塑包装胶的发展。1984 年，我国第一套由日本引进的丙烯酸及其酯类装置在北京东方化工厂建成投产，大大促进了我国丙烯酸酯乳液和压敏胶带的发展。1987 年，北京有机化工厂从日本引进的 20 个品种聚醋酸乙烯酯乳液项目建成投产，极大地推动了国内白乳胶生产技术和市场应用的发展。1987 年，北京化工厂引进日本年产 50t 氰基丙烯酸酯瞬干胶先进生产线和工艺技术，应用多聚甲醛-甲醇溶剂法生产 ECA（氰基丙烯酸乙酯），大大提高了我国 502 瞬间胶的技术和生产水平。1987 年，连云港市热熔胶粘剂厂从日本引进我国第一条年产 1000t 的热熔胶生产线，用于生产 EVA 无线装订热熔胶和热熔胶棒。1988 年，北京有机化工厂引进美国技术建成投产了我国第一套醋酸乙烯-乙烯共聚乳液（VAE 乳液）生产装置，推动了我国 VAE 乳液产品从无到有、从应用单一到应用广泛的不断发展壮大。

### 3.1.2.5　20 世纪 90 年代："南方谈话"引来创业潮

　　我国许多知名的胶黏剂民营企业就是在 20 世纪 90 年代创立和发展起来的，如北京天山新材料技术有限公司、杭州之江有机硅化工有限公司、北京高盟新材料股份有限公司、成都硅宝科技股份有限公司、佛山裕田霸力化工制品有限公司、南海南光化工包装有限公司、广州宏昌胶粘带厂、福建友达胶粘制品有限公司、北京龙苑伟业新材料有限公司、三友（天津）高分子技术有限公司、辽宁昌氏化工（集团）有限公司、绵阳惠利电子材料有限公司、广东恒大新材料科技有限公司、无锡市万力粘接材料有限公司、广州市高士实业有限公司、江门市快事达胶粘实业有限公司、浙江顶立胶业有限公司、西安汉港化工有限公司、烟台德邦科技有限公司等。

　　随着改革的不断深入，一些胶黏剂地方国有企业、集体企业或乡镇企业改制成为员工持股的民营股份制企业。1993 年 8 月，上海康达化工实验厂改制为股份合作制企业，2002 年 7 月又改制为员工持股的民营企业——上海康达化工有限公司。1995 年，黄岩有机化工厂完成改制，成为一家员工持股的股份制企业，1996 年更名为浙江金鹏化工股份有限公司。1996 年，辽宁新宾满族自治县胶粘剂厂改制成为员工持股的抚顺合乐化学有限公司，后来更名为抚顺哥俩好化学有限公司。1997 年，襄樊市胶粘技术研究所改制成为员工持股的民营企业——襄樊回天胶粘有限责任公司，1998 年 7 月改名为湖北回天胶业股份有限公司。随着中国的进一步开放，20 世纪 90 年代美国富乐、德国汉高、美国 3M、法国波士胶芬得利、美国洛德、新加坡安特固、日本盛势达、日本三键、美国罗门哈斯、瑞士 SIKA、美国 ITW 等知名的胶黏剂跨国企业进入中国。20 世纪 90 年代，中国胶粘剂工业协会、化工部行业指导司、中国贸促会化工行业分会联合于 1995 年、1997 年、1999 年在无锡、北京、上海举办了三次胶粘剂及密封剂展览会。2000 年以后，"中国国际胶粘剂及密封剂展览会"每年举办一次，展会规模越来越大。20 世纪 90 年代，粘接技术研讨会也非常活跃，中国粘接学会（筹）（注：中国粘接学会后来没有成立起来，一直以筹委会的名义召开会议）、中国金属学会金属粘接学会、北京粘接学会举办了多次全国性的粘接技术交流会。特别是由中国金属学会金属粘接学会举办的'98 中国粘接技术学会研讨与展品展示会有 500 人参加，是当时粘接技术学术交流规模空前的一次盛会。

### 3.1.2.6　21 世纪以来：中国加入 WTO 促使行业快速发展

房地产产业异军突起，建筑用胶成倍增长。建筑用胶已发展成为我国胶黏剂应用领域的第一大行业。一大批建筑胶企业迅速成长起来，如郑州中原、广州白云、广州新展、杭州之江、成都硅宝、大连凯华、辽宁昌氏、上海保立佳、上海东和、天津东海、山东宇龙、湖南固特邦、西安汉港等。

交通运输业迅速崛起，工程用胶茁壮成长。我国交通运输行业的迅速崛起，带动了胶黏剂行业快速发展，一批企业发展起来，如北京天山、北京龙苑、天津三友、回天胶业、康达新材、重庆中科力泰、烟台德邦等。

电子电器成长迅速，电子用胶日新月异。电子电器行业的迅速发展，也带动一大批胶黏剂行业迅速成长起来。胶黏剂方面，汉高、道康宁、迈图、三键、北京天山、回天新材、康达新材、绵阳惠利等企业都在电子电器行业有很多应用。胶黏带方面，3M 公司、深圳美信的电子胶带，河北永乐（华夏）的电工胶带等都在电子电器行业取得了广泛应用。

轻纺出口增长迅速，胶黏剂用量猛增长。随着我国轻工行业的快速发展，我国一大批胶黏剂企业迅速成长起来。鞋用胶企业有南海南光、南海霸力、广东多正等；木工胶企业有浙江顶立、天津盛旺等；软包装用覆膜胶（也称复膜胶）企业有北京高盟、北京华腾、上海奇想青晨、临海东方等；包装热熔胶企业有佛山欣涛、广东荣嘉等；包装胶带企业有中山永大、广州宏昌等。

进入 21 世纪，人们对能源和环保问题的关注程度日益加大，从而引领新能源产业的快速发展。2000 年以来，随着我国风电、光伏行业的高速发展，北京天山新材料、康达新材、回天新材、上海天洋等迅速成长起来。

# 3.2　中国胶黏剂行业的现状

## 3.2.1　中国胶黏剂产量/销量行业分布

中国胶黏剂工业从 1958 年起步，当时在世界胶黏剂领域的份额几乎为零。经过 60 年的快速发展，中国已经发展成为世界最大的胶黏剂生产和消费国。图 3-1 是中国胶黏剂的产量增长曲线。

据中国胶粘剂和胶粘带工业协会统计，2015 年，中国胶黏剂、密封剂的销量为 687 万吨，约占世界胶黏剂、密封剂总销量的 39%。中国胶黏剂、密封剂的销售额为 844 亿元，约占世界胶黏剂、密封剂总销售额的 26%。可见，中国胶黏剂、密封剂与北美、西欧相比，附加值较低。中国胶黏剂、密封剂用量最大的是水基胶黏剂，其

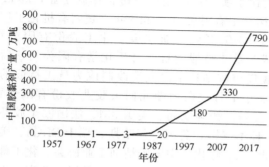

图 3-1　中国胶黏剂产量增长曲线

次是溶剂型胶黏剂，各类胶黏剂、密封剂占比见图 3-2。中国胶黏剂、密封剂用量最大的行

业是包装业，其次是建筑业，各类胶黏剂、密封剂各应用领域销量占比见图 3-3。

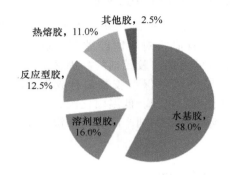

图 3-2　中国各类胶黏剂、密封剂销量占比

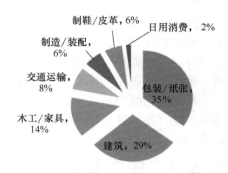

图 3-3　中国胶黏剂、密封剂各应用领域销量占比

## 3.2.2　中国胶黏剂生产厂家与行业集中度

据不完全统计，我国胶黏剂生产企业达 3000 多家，年销售收入达 5000 万元以上的企业不足百家，大多数为中小型企业，大约有一半企业为作坊式企业，分散在全国 28 个省、自治区、直辖市。而欧、美、日胶黏剂企业合计不超过 1500 家。

中国胶黏剂市场中，位于前三位的企业都是跨国企业，汉高稳居世界胶黏剂行业老大，同样也是中国市场的老大，2017 年中国市场胶黏剂销售额达 60 亿元；富乐通过并购中国工程胶黏剂行业龙头企业北京天山公司之后成为中国胶黏剂行业的第二，2017 年中国市场胶黏剂销售额在 18 亿元以上；陶氏杜邦合并，其子公司"材料科技"部门（道康宁、陶氏、杜邦）在中国的胶黏剂业务也应该有 15 亿以上，第四位是中国胶黏剂企业，如杭州之江、回天新材等。行业前四位销售额合计市场份额不足 15%，行业集中度低。

中国胶黏剂行业集中度低，主要有以下原因：①胶黏剂市场进入门槛相对较低，大量胶黏剂企业是在 20 世纪 90 年代成立起来的，历史短；②行业生命周期阶段差异的影响，中国胶黏剂行业还处于成长期；③胶黏剂市场整体规模小，还没有吸引大资金进入。

# 3.3　中国胶黏剂行业发展趋势

## 3.3.1　新型行业对胶黏剂的需求

我国胶黏剂发展十分迅速，其发展速度在各个行业中一直处于领先地位，特别是随着新能源汽车、智能电子电气、LED 灯具电源、高铁动车、航空航天等行业的蓬勃发展，对胶黏剂的需求量逐渐增大，对其使用性能的要求也越来越高。具有低成本、环保、高性能、多功能、高附加值等特点的胶黏剂新品种受到生产厂商和消费者更多的青睐。因此，未来胶黏剂的发展趋势将主要集中在环保型胶黏剂、高性能胶黏剂和特种功能胶黏剂三个领域。

## 3.3.2　依据客户特殊需求研制胶黏剂

由于客户所用材料以及生产工艺千差万别，通用胶黏剂配方将无法满足要求。特别是电子电器、汽车、新能源、高铁、航空航天等行业对胶黏剂的质量要求严格，施工条件要求苛刻，胶黏剂供应商必须根据客户具体工况研制胶黏剂，在满足力学性能和功能性的同时，还要满足生产线上所要求的工艺操作性。

### 3.3.3 环保法规和国家政策对胶黏剂行业的影响

2016 年 7 月，工信部、财政部联合发布《重点行业挥发性有机物削减行动计划》，要求低（无）VOC 胶黏剂产品比例到 2018 年达到 85％以上，这必将对中国胶黏剂行业产生巨大影响。一大批环保不过关的胶黏剂企业将面临淘汰出局的命运。胶黏剂的高固含量、无溶剂、水性、光固化等环境友好特性将越来越受到重视，高性能环保型胶黏剂将成为市场新宠，环保节能型产品（无溶剂胶、高固含量胶、水性胶、光固化胶、低温固化胶、热熔型及热熔压敏胶等）将成为市场主流。相信在不久的将来，环保型胶黏剂产品将迎来快速发展的春天。

### 3.3.4 中国胶黏剂行业集中度将逐步提高

从世界胶黏剂行业发展历史来看，未来若干年中国胶黏剂行业集中度会不断提高，向成熟期过渡。成熟行业的标志是行业的供给能力过剩，只有那些具备规模经济效应的企业和细分市场专业性强的小企业才能生存，由于使用的是相对成熟的技术，成本控制在企业竞争中具有决定意义，因此中小企业往往竞争不过大企业，这种状况导致行业的产量和市场份额进一步向大企业集中，从而使行业集中度进一步提高。目前，中国胶黏剂市场已经出现这样的苗头，产品的利润率呈下降趋势，行业内竞争激烈，大部分细分市场供给能力过剩。

最近几年，行业并购已经开始。2015 年 2 月 2 日，富乐公司宣布完成对北京天山公司的收购。2016 年 8 月 16 日，汉高公司收购金鹏公司完成了最终交接工作。参与并购的不仅是跨国公司，国内胶黏剂上市公司也开始了并购。2017 年 9 月 28 日，上海天洋收购信友新材 66％的股份。另外，一些产业基金公司也开始对胶黏剂企业产生兴趣。例如，2017 年国家集成电路产业基金控股烟台德邦公司。未来会有越来越多的基金公司加入胶黏剂企业的并购行列。

胶黏剂企业的兼并重组未来会成为常态，主要原因有：①行业日渐成熟，企业越做越困难，价格越来越低，赚不到钱，企业主可能选择卖掉企业；②很多胶黏剂企业管理层处于新老交替阶段，许多企业创始人找不到合适的接班人，很可能会选择出售；③大的上市公司、外企、产业基金以及专业性强的小公司有扩张的需求，会不断地寻找收购对象。相信行业的集中度会越来越高。

#### 参 考 文 献

[1] 翟海潮. 胶黏剂行业那些事. 北京：化学工业出版社，2018.
[2] 王致禄. 合成胶粘剂概况及其新发展. 北京：科学出版社，1994.
[3] 王孟钟，黄应昌. 胶粘剂应用技术手册. 北京：化学工业出版社，1987.
[4] 杨云昆，吕凤亭. 压敏胶制品技术手册. 2 版. 北京：化学工业出版社，2014.
[5] 杨栩. 中国胶粘剂和胶粘带发展报告//第十九届中国胶粘剂和胶粘带行业年会论文集. 广州：中国胶粘剂和胶粘带工业协会，2016.
[6] 傅积赉. 有机硅工业及其在中国的发展. 北京：化学工业出版社，2015.

（翟海潮 张军营 编写）

# 第2篇 胶黏剂在现代产业中的应用

# 第4章

# 胶黏剂在电子电器行业中的应用

## 4.1 电子电器制造业的特点及对胶黏剂的要求

### 4.1.1 电子电器制造业的特点

改革开放以来，我国电子产业实现了持续快速发展，特别是进入 21 世纪以来，产业规模、产业结构、技术水平得到大幅提升，推动了我国经济的增长。工信部发布的《中国电子信息产业综合发展指数研究报告》显示，2016 年我国电子信息产业主营业务收入达到 17 万亿元，已成为国民经济重要的支柱产业。

电子工业技术进步快，从 1916 年开始生产电子管起，无线电工业经历了晶体管、电子管、集成电路、大规模和超大规模集成电路阶段。英特尔（Intel）创始人之一戈登·摩尔（Gordon Moore）提出来的摩尔定律为：当价格不变时，集成电路上可容纳的元器件的数目，约每隔 18~24 个月便会增加一倍，性能也会提升一倍。这一规律揭示了信息技术进步的速度，也表明电子产品升级换代迅速，生命周期短，变更频繁。

电子产业是研制和生产电子设备及各种电子元件、器件、仪器、仪表的工业，由广播电视设备、通信导航设备、雷达设备、电子计算机、电子元器件、电子仪器仪表和其他电子专用设备等生产行业组成。按照终端的应用领域，又大体可以分为：半导体制造及封装产业、消费电子产业、通信产业、家用电器产业、光电显示产业、LED 照明产业等。

近年来，在世界经济深度调整和国内经济转型升级的背景下，我国电子信息产业的发展形势有了新的变化。云计算、大数据、物联网、移动互联网、人工智能等新一代信息技术快速发展，硬件、软件、服务等核心技术体系加速重构，正在引发电子信息产业新一轮变革。

单点技术和单一产品的创新正加速向多技术融合互动的系统化、集成化创新转变，创新周期大幅缩短。信息技术与制造、材料、能源、生物等技术的交叉渗透日益深化，智能控制、智能材料、生物芯片等交叉融合创新方兴未艾。

电子产品有围绕产品结构组织生产，也有按专业化特点组织生产，其生产形式既有装配生产、多品种小批量生产、批量生产，又有连续生产、混合式生产、大批量生产等。多数电子类生产企业按订单组织生产，临时插单现象多，通常需要进行新产品试制。生产订单分为两种类型：一种是小批量多品种，一种是大批量少品种。整个生产过程不是连续的，各阶段和各工序间存在明显的停顿和等待时间，产品的生产过程通常被分解成很多加工任务来完成，每项任务仅要求企业的一小部分能力和资源。生产的工艺路线和设备的使用非常灵活，在产品设计、处理需求和订货数量方面变动较多。

## 4.1.2 电子电器对胶黏剂的要求

胶黏剂是支撑电子工业的基本材料，在电子电器产业中应用非常广泛，从芯片制造到大型的终端电子电器产品，都需要使用胶黏剂。可以这样说，没有胶黏剂，电子电器产业将无法存在。电子电器产业涉及的面非常广，因而电子电器胶黏剂几乎包含了所有的胶黏剂门类，包括有机硅胶、聚氨酯胶、环氧胶、丙烯酸酯胶、溶剂型胶、改性醇酸树脂涂料等。基于电子电器产品的生产制造特点，要求胶黏剂的使用简单、高效、稳定、安全环保，因此各种固化方式均得到了应用，如湿气固化、热固化、紫外光固化、双组分化学反应型固化等。为提高生产效率和产品质量，各种点胶设备和固化设备得到了大规模的应用，从一定程度上又促进了电子电器胶黏剂的应用扩展。

胶黏剂在电子电器上的应用，除了用作粘接、密封和灌封保护外，逐步向功能性的方向发展，如导热、导电、导磁、光学、电磁屏蔽、共性覆膜涂料等。因为胶黏剂直接与电子元器件接触，一般要求必须是绝缘材料，部分还有介电常数和介电损耗性能的要求。电子产品多由高精密电子元器件组成，基材膨胀系数差异大，工作温度范围跨度大（$-40\sim250$℃），对胶黏剂的线性膨胀系数和内应力也有较高要求，否则会影响电子产品的稳定性。基于安规的要求，电子电器胶黏剂必须满足相关的阻燃等级要求，以防止电器短路或故障时出现严重火灾。欧盟 RoHS 和 REACH 法规对胶黏剂的有害物质管控提出了非常高的要求。厨房电器和家用电器使用的与食品直接接触的胶黏剂，必须满足美国 FDA 和德国 LFGB 等标准的要求。

## 4.1.3 电子电器常用胶黏剂

电子电器行业常用的胶黏剂有：单组分湿气固化有机硅胶、双组分缩合型有机硅胶、双组分加成型有机硅胶、导热硅脂及导热垫片、硅烷改性聚醚（MS）密封胶、厌氧胶、氰基丙烯酸酯瞬干胶、紫外光固化胶黏剂、双组分丙烯酸酯结构胶、双组分环氧结构胶、双组分聚氨酯胶、改性醇酸树脂涂料、反应型聚氨酯热熔胶等。表 4-1 列出了各胶种在电子电器行业的应用分类。

表 4-1 电子电器行业典型胶黏剂种类及应用

| 胶黏剂种类 | 典型应用点 |
| --- | --- |
| 单组分湿气固化有机硅胶 | 粘接密封、浅层灌封、元器件粘接固定、印刷线路板共性覆膜涂料 |
| 双组分缩合型有机硅胶 | 显示屏灌封、光伏组件接线盒灌封、车灯及家电面板的结构粘接与密封 |
| 双组分加成型有机硅胶 | 电源与光伏逆变器的导热灌封、传感器灌封、导热凝胶、热固化结构胶 |
| 导热硅脂及导热垫片 | 芯片及发热元件的传热介质 |
| 硅烷改性聚醚（MS）密封胶 | 粘接密封、焊点保护 |

续表

| 胶黏剂种类 | 典型应用点 |
|---|---|
| 厌氧胶 | 家电、动力电池等部件的螺纹锁固 |
| 氰基丙烯酸酯瞬干胶 | 临时定位粘接 |
| 紫外光固化胶黏剂 | 透明塑料、玻璃的粘接,功能性涂层,印刷线路板共性覆膜涂料,触摸屏、光学膜等光学产品的贴合与粘接 |
| 双组分丙烯酸酯结构胶 | 手机、平板、笔记本组装时的外壳及边框的粘接,动力电池电芯的粘接,焊点保护 |
| 双组分环氧结构胶 | 电子元器件灌封,以及金属、陶瓷、塑料、复合材料等多种元器件的结构性粘接 |
| 单组分环氧结构胶 | 电机及电感的磁钢粘接、芯片底部填充、SMT(表面贴装技术)贴片粘接、COB 板上芯片包封 |
| 改性醇酸树脂涂料 | 印刷线路板共性覆膜涂料 |
| 反应型聚氨酯热熔胶 | 家电面板的粘接,手机、平板、笔记本组装时的外壳及触摸屏的粘接 |

电子元器件封装及 PCB 板（印制电路板）保护、信息产品及家用电器装配可能用到的胶黏剂的用胶点和胶种见表 4-2、表 4-3。

表 4-2　电子元器件封装及 PCB 板保护中的用胶点和胶种

| 元器件封装及 PCB (印制线路板)保护 | 用胶点与胶种 |
|---|---|
| PCB 保护 | ①元器件固定:RTV 有机硅密封胶;②散热器连接:导热胶、导热硅脂;③共性覆膜:硅胶、UV 胶、丙烯酸酯、聚氨酯等(刷涂、浸涂、喷涂等);④跳线固定/线圈终端固定:瞬干胶、UV 胶 |
| COB 板上芯片包封 | 单组分中温固化环氧胶,手工点胶/自动点胶机,用于电子表、电动玩具、计算器、电话机、遥控器、PDA 等 PCB 上芯片包封 |
| SMT 贴片 | 单组分中温固化环氧胶,点胶(半自动/自动点胶机)或刮胶(移印) |
| 倒装芯片底部填充 | ①粘贴:单组分中温固化环氧胶,手工点胶/自动点胶机,用于各种倒装芯片、数据处理器、微处理器;②导电连接:单组分环氧导电银胶 |
| 裸芯片粘接 | ①粘贴:单组分中温固化环氧胶、瞬干胶;②导电连接:单组分环氧银胶 |
| 液晶显示屏 LCD 封装 | ①封口:UV 胶,有一定韧性,粘接力好,耐酒精和水;②接脚(封 PIN):UV 胶;③导电粘接:单组分环氧导电胶 |
| 发光二极管 LED 封装 | ①灌封:环氧胶、有机硅胶、UV 胶,要求透明,透光率≥98%;②导电连接:单组分环氧导电银胶,点胶/刮胶 |
| 继电器/开关封装 | ①封边:UV 胶;②灌封:单/双组分环氧胶 |
| DC/AC 电源模块封装 | 灌封:加成型 1∶1 中温固化硅橡胶 |
| 晶体谐振器 | 导电粘接:单组分环氧导电胶 |
| 电感器 SMD 封装 | ①线圈固定:瞬干胶、UV 胶;②磁芯粘接、接脚固定:单/双组分环氧胶 |
| 端脚板封装 | UV 胶、环氧胶 |
| 光盘/磁盘驱动器 | 光头固定:瞬干胶、UV 胶等 |
| 电子装置防电磁波辐射 | 导电硅橡胶 |
| 微电机(马达)装配 | ①磁钢粘接:厌氧结构胶、单/双组分环氧胶、AB 胶(第二代丙烯酸酯胶);②平衡:单/双组分环氧胶、MS 胶;③轴承固定:厌氧胶;④导线固定:单组分环氧胶、UV 胶;⑤端盖与外壳的密封:RTV 有机硅密封胶 |
| 扬声器(喇叭、耳机)传话器(麦克) | ①硬件粘接(磁钢等):AB 胶、厌氧胶;②软件粘接(纸盆等):氯丁胶、瞬干胶;③八字线固定:RTV 有机硅密封胶、UV 胶 |
| 整流器/蜂鸣器灌封 | 单/双组分环氧胶 |
| 汽车点火线圈灌封 | 单/双组分环氧胶 |
| 变压器、互感器等线圈的灌封,磁芯粘接,跳线固定 | 单/双组分环氧胶、UV 胶 |
| 电容器、传感器等封装 | 单/双组分环氧胶 |

表 4-3　信息产品及家用电器装配中的用胶点与胶种

| 信息产品及家用电器 | 用胶点与胶种 |
| --- | --- |
| DVD 机及光盘/数码音响系统 | ①DVD 激光头粘接(透镜的固定)、调节盘固定：UV 胶,透明环氧胶；②马达磁钢粘接：厌氧结构胶、单/双组分环氧胶、AB 胶(第二代丙烯酸酯胶)；③DVD 光盘粘接：UV 胶；④扬声器组装：双组分丙烯酸酯胶、厌氧胶、UV 胶、RTV 有机硅密封胶 |
| 电视机(显像管/液晶) | ①高压包灌封：环氧树脂；②引线固定：RTV 有机硅密封胶；③液晶显示屏 LCD 封口、接脚(封 PIN)、导电粘接：UV 胶、导电胶 |
| 数码相机/摄像机 DV | ①透镜的固定：UV 胶；②PCB 板上芯片包封：单组分环氧胶；③液晶显示屏 LCD 封口、接脚(封 PIN)、导电粘接：UV 胶、导电胶 |
| 移动电话/寻呼机 | ①液晶显示屏 LCD 封口、接脚(封 PIN)、导电粘接：UV 胶、导电胶；②蜂鸣器磁铁的粘接：单组分环氧胶；③各种芯片固定：导电胶、环氧胶 |
| 电话交换机 | ①散热器连接：导热胶、导热膏(非固化型)；②SMT 贴片胶 |
| 智能卡(IC 卡) | ①单组分环氧胶、UV 胶、热熔胶、瞬干胶；②导电胶(单组分环氧胶) |
| 电脑(台式/笔记本/PDA) | ①光盘/磁盘驱动器：瞬干胶、UV 胶；②散热片：导热胶、导热硅脂；③液晶显示屏 LCD 封口、接脚(封 PIN)：UV 胶、导电胶；④导电粘接：UV 胶、导电胶 |
| 计算器/游戏机 | ①PCB 上芯片包封：单组分环氧胶；②液晶显示屏 LCD 封口、接脚(封 PIN)：UV 胶、导电胶；③导电粘接：UV 胶、导电胶 |
| 汽车导航系统 | ①PCB 上芯片包封：单组分环氧胶；②SMT 贴片：单组分环氧胶；③晶体谐振器导电粘接：单组分环氧导电胶 |
| 电池/充电器 | ①PCB 上芯片包封：单组分环氧胶；②电池密封：厌氧胶 |
| 电动玩具 | ①芯片 COB 包封：单组分环氧胶；②零件粘接固定：瞬干胶、第二代丙烯酸酯胶、UV 胶等 |
| 电子表 | ①芯片 COB 包封：单组分环氧胶；②表盘粘接：UV 胶、第二代丙烯酸酯胶、透明环氧胶 |
| 电子秤 | 玻璃板与金属脚粘接：UV 胶 |
| 吸尘器 | ①底板密封：RTV 有机硅密封胶；②螺栓固定：厌氧胶；③标牌粘接：快固环氧胶、第二代丙烯酸酯胶、瞬干胶；④水箱粘接：UV 胶 |
| 洗衣机/干衣机 | ①变速器平面/法兰密封：有机硅密封胶,金属齿轮片与箱体密封：厌氧胶；②马达磁铁粘接、轴承固持、螺栓固定：厌氧胶；③泵/马达搅拌器螺栓固定：厌氧胶；④皮带轮固持：厌氧胶 |
| 冰箱/冷藏箱空调器 | ①拉门的平面密封：RTV 有机硅密封胶,螺栓固定：厌氧胶；②空压机/马达磁铁粘接、轴承固持、螺栓固定：厌氧胶 |
| 洗碗机 | ①变速器平面/法兰密封：RTV 有机硅密封胶；②泵/马达搅拌器螺栓固定：厌氧胶；③马达标牌粘接,轴承固持、螺栓固定：厌氧胶；④面板装配中面板粘接、平面密封：RTV 有机硅密封胶 |
| 热水器 | ①阀门密封：厌氧胶；②底盘密封：RTV 有机硅密封胶,桶底密封：RTV 有机硅密封胶 |
| 炉灶(燃气/电) | ①控制面板螺栓固定：厌氧胶；②烹调顶板密封：RTV 有机硅密封胶；③阀门密封：厌氧胶 |
| 电磁炉/微波炉 | 零件密封、粘接：RTV 有机硅密封胶 |

# 4.2　胶黏剂在智能手机与电脑中的应用

　　智能手机和电脑的发展方向是超薄、超轻、全屏幕、多点触控、多传感器等多样化需求，外壳采用合金与工程塑料结合的设计，生产和组装大范围使用胶黏剂代替传统的螺纹和卡扣设计，层与层之间采用贴合粘接，提高了可靠性和整体性。所有这些设计方向更趋向于使用胶黏剂解决问题。

　　如全面屏手机的结构日趋紧凑，原来的很多固定结构设计如螺钉、卡扣结构要占用一定的空间，并且受力点不均匀，对于超薄超窄边框的屏幕，以及更薄更大的芯片及其他相关元器件的定位、固定，都已经很难胜任了。胶黏剂可以不占用手机结构件的空间，并且其自流填充特性能适应任何结构面，无需精密的表面处理与加工，是目前全面屏手机最佳的定位、固定结构组装方案。

## 4.2.1　智能手机用胶点

　　智能手机的设计与制造越来越追求超薄超轻、立体美观。人脸识别、全面屏、折叠屏、5G 通信成为智能手机消费的新宠。为了实现无间隙、柔性化和扁平薄的外观，手机组装过程中越来越多采用胶黏剂来粘接、贴合组件。

　　手机主板用胶点包括：芯片粘接、元器件灌封、元器件散热、电池和元器件的粘接、主板上零部件的粘接等。主要用胶有：环氧胶黏剂、有机硅胶黏剂、UV 胶、双组分丙烯酸胶黏剂、导热导电胶、绝缘保护胶等。

　　智能手机壳体粘接主要包括：外壳粘接、边框粘接等。边框要求精度更高，点胶线就要求更细更窄，在手机屏幕及边框粘接过程中，要求宽度控制在 0.1mm 范围内，因此一般使用喷射阀，胶黏剂的黏度和触变性要求很好，同时要求贴合后能起到密封防水作用。常用壳体粘接胶包括 MS 胶、双组分丙烯酸结构胶、反应型聚氨酯热熔胶，其应用点如图 4-1 所示。

屏幕/窗口与框架的粘接

图 4-1　手机壳体粘接用胶应用点

　　智能手机的摄像头也使用大量胶黏剂。手机摄像头固定用胶包括镜头 Lens 固定胶、芯片贴 FPC 用的 DA 胶、支架粘接 IR 滤光片的 AA 胶、支架固定胶等。手机摄像头分解结构图如图 4-2 所示，图 4-3 是手机摄像头模组装配图，图 4-4～图 4-8 是手机摄像头各个用胶点。

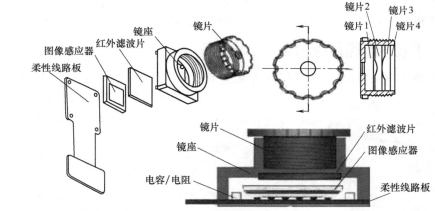

图 4-2　手机摄像头分解结构图

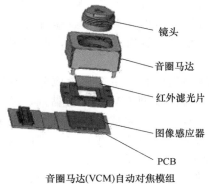

音圈马达(VCM)自动对焦模组

图 4-3　手机摄像头模组装配图

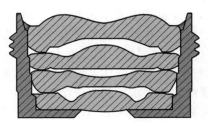

图 4-4　镜头固定

图 4-5 镜头焦距固定

图 4-6 镜头马达固定

图 4-7 支架粘接红外滤波片

图 4-8 底座粘接支架

智能手机其他用胶点及用胶种类：①手机侧按键粘接（音量键、开关机键）：UV 胶、瞬干胶；②FPC 天线与机壳粘接（手机天线与壳体的粘接）：瞬干胶、UV 胶、压敏胶；③音腔盒盖子（手机中音腔盒的盖子）：UV 胶、瞬干胶、环氧树脂胶、有机硅胶黏剂；④马达连线（手机扁平式马达连线固定）：丙烯酸树脂胶黏剂、环氧树脂胶黏剂。

## 4.2.2 平板电脑用胶点

触控模组是平板电脑的标配，图 4-9 是触控显示模组结构图，为获得优异的显示效果，行业普遍采用 LOCA（液态透明光学胶，俗称水胶）或者 OCA（固态透明光学胶）对三层材料进行贴合。OCA 简单的说就是具有高透光性的双面胶带，主要成分是丙烯酸酯压敏胶，具有高黏性、高透光性（＞90%）、耐候性佳（抗UV）等优点，在使用时通过模切的方式获得需求的尺寸进行贴合。OCA 胶带具有操作简单、无固化收缩等优点，适用于小尺寸触摸屏的贴合，但应用于大尺

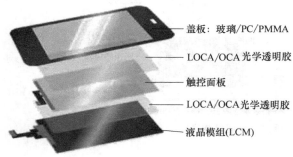

图 4-9 触摸显示模组结构图

盖板：玻璃/PC/PMMA
LOCA/OCA 光学透明胶
触控面板
LOCA/OCA 光学透明胶
液晶模组(LCM)

寸贴合时易产生气泡，生产效率低，人工成本高。

LOCA 是液态光学透明胶，可热固化或者紫外线照射固化，主要化学成分有改性丙烯酸酯、加成型有机硅胶等。改性丙烯酸酯型 LOCA 为自由基型 UV 固化胶黏剂，具有高折射率（1.51～1.52）、低收缩率（＜2%）、低硬度（＜Shore 00 80）、低黄变的性能特点。

但是，丙烯酸酯体系的 LOCA 在热稳定性、收缩率等方面仍存在缺陷，难以满足车载等场景的性能需求。瓦克化学推出了一系列光学贴合用新型有机硅产品。

瓦克的 LUMISIL® UV 系列产品基于瓦克独特的固化工艺，是一种双组分、紫外固化型有机硅胶黏剂，其固化机制是通过高能紫外光辐射而触发，无需使用光敏引发剂。LU-

MISIL® UV 系列产品具有优异的性能，例如高可靠性、低收缩、低弹性模量以及低介电常数。所有这些性能使得 LUMISIL® UV 系列产品适用于广泛的温度区间以及大尺寸显示器。图 4-10 是瓦克公司 LUMISIL 202 UV 施胶过程。

平板电脑的触摸屏与前框粘接，主要粘接材质有 ABS、PC（聚碳酸酯）、玻璃、UV 涂层、金属合金等，一般使用双组分丙烯酸酯或 PUR（聚氨酯）热熔胶。平板电脑后盖粘接，一般是镁铝合金、镀锌钢与 PC/ABS 粘接，也是使用双组分丙烯酸酯或 PUR 热熔胶。如图 4-11 所示，用双组分丙烯酸酯胶来粘接前盖、后盖、中框等部位。

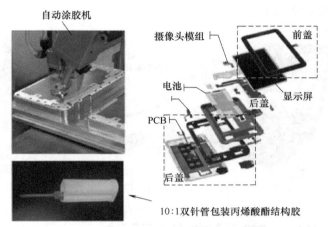

图 4-10　瓦克公司　　　　　图 4-11　双组分丙烯酸酯胶粘接平板电脑结构件
LUMISIL 202 UV 施胶图

## 4.2.3　笔记本电脑与台式电脑用胶点

相比于传统 PC 机，笔记本电脑更便携，随着技术的不断进步，笔记本电脑体积越来越小，质量越来越轻，而功能却越发强大。笔记本电脑在设计与制造的过程中，外壳采用合金与工程塑料结合的结构成为新的趋势，传统的螺纹和卡扣已很难满足超薄超轻、立体美观的特点，为了实现无间隙和扁平薄的特点，组装过程中越来越多采用胶黏剂来粘接、贴合组件。笔记本电脑用胶点如图 4-12 所示。

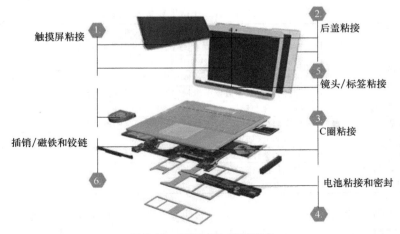

图 4-12　笔记本电脑用胶点

1—触摸屏粘接用胶；2—后盖粘接；3—子部件的粘接；4—电池粘接；5—镜头/标签粘接；6—插销/磁铁和铰链粘接

笔记本电脑外壳的用胶点和所用的胶种见图 4-13,主要有前盖、键盘和铝镁合金支撑件。采用的是双针管包装的丙烯酸酯结构胶,施工过程是设备自动点胶,然后热压固化。典型热压条件是 60℃时 70s,或 90℃时 30s。固化后,粘接性能要求拉拔力≥25kgf(1kgf＝9.80665N),凿刀测试≥10kgf,摇摆测试≥15000 次,高低温测试－20～60℃/7d,湿热测试 60℃/95％RH/21d。

台式电脑的组装过程中,很少用到胶,由于 CPU 和控制芯片的功率比较大,芯片和散热器之间会使用导热硅脂,提高传热速率。台式机的控制主板元器件固定也会使用硅胶或热熔胶,如图 4-14 所示。

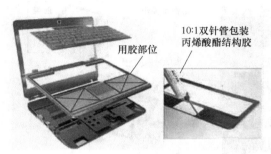

图 4-13　笔记本电脑外壳的粘接

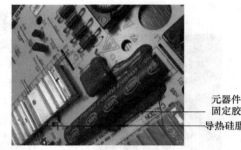

图 4-14　控制主板元器件固定用硅胶

# 4.3　家用电器用胶

胶黏剂作为家电领域不可或缺的辅助材料之一,越来越广泛地被应用到各种家电上,几乎每种家电产品的生产过程中都会用到胶黏剂。随着家电工业的不断发展,对家电外观和功能性的要求越来越高,胶黏剂的合理应用不仅可以满足产品设计的需求,同时对提高企业生产效率、降低综合成本都有明显作用。胶黏剂在家电生产中主要应用于粘接、平面密封、管路密封、螺纹锁固、轴孔固持、灌封、共性覆膜、导热和导电等。所涉及的胶黏剂种类也非常多,包括厌氧胶、丙烯酸酯结构胶、瞬干胶、UV 胶、环氧胶、硅烷改性聚合物胶等。

表 4-4 列举了常见的胶黏剂在家电领域的主要应用。

表 4-4　常见的胶黏剂在家电领域的主要应用

| 胶黏剂类别 | 主要应用 |
| --- | --- |
| 厌氧胶 | 螺纹锁固:如各种电机、压缩机、洗衣机的搅动器等 |
| | 管路密封:如冰箱、冷冻柜内制冷剂管路的密封 |
| | 平面密封:如洗衣机变速器壳体的密封 |
| | 固持:如家电中微型电机换向器轴承与轴的固持 |
| 丙烯酸酯结构胶 | 替代焊接和铆接:如小型电机磁钢和壳体的固定 |
| 瞬干胶 | 操作面板的粘接、标签粘接、制动衬片与闸皮的粘接 |
| UV 胶 | 容器部分(如水箱)的粘接和密封 |
| 环氧胶 | 电子元器件的灌封、导线固定等 |
| RTV 有机硅密封胶 | 常规粘接、密封 |
| 共性覆膜涂料 | 线路板的三防保护 |

随着家电产品设计生产中新结构和新材料的使用,对胶黏剂的需求也日渐多样化,而且在家电生产制造过程中选择哪种胶黏剂,需要考虑产品的使用工况、装配工况、生产成本等多重因素,这又对胶黏剂的种类和性能提出更高要求。除此之外,胶黏剂还必须更加安全环保,不

仅能保证终端消费者的安全使用，同时也能保证使用胶黏剂的装配工人的健康和安全。

家电领域一般把传统家电分为三类：黑色家电、白色家电和小家电。黑色家电主要包括电视机、录像机、音响、VCD（影碟）、DVD（数字碟）等娱乐电器；白色家电则以空调、电冰箱、洗衣机、热水器等生活电器为主；小家电指的是电磁炉、电热水壶、风扇等家电产品。厨房电器虽然在大类上属于白色家电，但随着消费升级和人们对美好生活的向往，已发展成一个独立的电器品类。下面针对四大类家用电器的用胶点进行详细的介绍。

## 4.3.1　电视机用胶

电视机产业是伴随着显示技术的发展而发展的，从显像管 CRT（cathode ray tube）、背投显示 PDP（plasma display panel）一直演变到目前占主导的液晶显示 LCD（liquid crystal display），而更先进的 OLED（organic light-emitting diode）显示技术也逐步实现了商业应用。胶黏剂在电视机上的应用也随着显示技术的演变而不断更新换代，如高压包灌封用的环氧树脂胶黏剂随着 CRT 显示器的消失而不复存在，一些新的需求不断涌现。电视机不再是一个单纯的卫星电视播放工具，而是与计算机技术结合起来，变成了一个家庭娱乐系统，越来越向智能化的方向发展，因此在电子计算机上应用的一些胶黏剂，如导热胶黏剂、线路板共性覆膜涂料、电子元器件固定的单组分脱醇型有机硅密封胶在电视机的生产上均得到了广泛的应用。

LED 背光源技术在 LCD 电视上已大规模替代了高能耗的 CCFL（cold cathode fluorescent lamp）背光源技术，单组分有机硅密封胶替代了传统的双面胶带应用于背光灯源灯条的粘接。而在灯条的制造中，单组分低温固化环氧胶黏剂和紫外光固化胶黏剂广泛应用于灯条透镜的粘接，该用胶点对胶黏剂的强度、耐高温高湿性能和高低温性能均有较高的要求。随着超薄电视的发展，泡棉胶带被广泛应用于电视机边框的减震，但胶带的贴合需要大量的人工操作，无法实现自动化，一种新型的紫外光固化减震密封胶被广泛应用于电视机的生产制造，可实现自动化点胶和固化，大幅降低了人工成本。在一些窄边框的电视机上，具有高遮光系数的黑色反应型热熔胶和 UV 胶也被应用于边框四周的密封和遮光。图 4-15 是紫外光固化胶用于电视机边框减震密封。

传统减震用泡棉胶条　　　　电视机边框减震UV胶　　　　自动化点胶产线(UV)

图 4-15　紫外光固化胶用于电视机边框减震密封

## 4.3.2　白色家电用胶

空调和洗衣机因为有马达和压缩机，均需要使用厌氧胶进行螺纹锁固。制冷或者与水体接触较多的空调、冰箱和洗衣机等，控制面板均需要灌封或者使用共性覆膜涂料进行防潮保护。空调和热水器使用大量的导热硅脂进行热量的传导。随着产品设计的提升，过去单调的金属或者塑料外壳，也逐步被喷有彩色油墨或图案的玻璃基板所代替，高强度的双组分有机硅结构胶和反应型聚氨酯热熔胶也得到了广泛应用。白色家电的主要用胶点及用胶种类如表4-5 所示。

表 4-5　白色家电的主要用胶点及用胶种类

| 家用电器 | 用胶点 | 用胶种类 |
|---|---|---|
| 空调 | 拉门的平面密封 | RTV 有机硅密封胶 |
| | 螺纹固定 | 厌氧胶 |
| | 空压机/马达的磁铁粘接、轴承固定 | 厌氧胶 |
| | 控制板 | 共性覆膜涂料 |
| | 发热元件的散热 | 导热硅脂 |
| | 玻璃面板粘接 | 反应型聚氨酯热熔胶、强力双面胶带 |
| | PTC 加热片粘接 | 单组分加成型有机硅胶 |
| 冰箱 | 螺纹固定 | 厌氧胶 |
| | 玻璃面板粘接 | 反应型聚氨酯热熔胶、强力双面胶带 |
| 热水器 | 阀门密封 | 厌氧胶 |
| | 底盘密封 | RTV 有机硅密封胶 |
| | 桶底密封 | RTV 有机硅密封胶 |
| | 发热管传热 | 导热硅脂 |
| 洗衣机/干衣机 | 变速器平面/法兰密封 | RTV 有机硅密封胶 |
| | 金属齿轮片与箱体密封 | 厌氧胶 |
| | 马达的磁铁粘接、轴承固持、螺栓固定 | 厌氧胶 |
| | 泵/马达搅拌器的螺栓固定 | 厌氧胶 |
| | 皮带轮的固持 | 厌氧胶 |
| | 控制面板的防水灌封 | 双组分聚氨酯胶 |

## 4.3.3　厨房电器用胶

　　厨房电器包括烟机灶、电磁炉、微波炉及电烤箱等产品，这一类家电产品有两个共同的特性，一是长期在高温条件下工作，二是要经常性接触油烟或者油脂，因此要求胶黏剂必须同时具备耐高温和耐油脂的要求，有机硅胶黏剂恰好满足上述两方面的要求，在厨房电器中大规模使用。对于微波炉而言，有机硅胶用于腔体内部微晶面板的粘接，可能直接与食品接触，因此微波炉上面使用的有机硅密封胶有食品认证的要求。厨房电器各部位的用胶点如表 4-6 所示。

表 4-6　厨房电器各部位用胶点

| 产品类型 | 用胶点 | 用胶种类 | 要求 |
|---|---|---|---|
| 烟机灶 | 油烟机控制面板粘接 | RTV 有机硅密封胶 | 耐油脂<br>耐高温高湿 |
| | 灶具面板与底板粘接 | | |
| | 挂件/主体支架的粘接 | | |
| 电磁炉 | 电磁线圈/云母片的粘接 | RTV 有机硅密封胶 | 快速固化、阻燃 |
| | 微晶面板/底座的粘接 | RTV 有机硅密封胶/热熔胶 | 耐油脂性、耐高温 |
| | 商用灶边框粘接 | RTV 有机硅密封胶 | — |
| 微波炉及电烤箱 | 微波炉底部面板与腔体的粘接 | RTV 有机硅密封胶 | 快速固化、耐高温、耐油脂、耐酸、耐洗涤剂 |
| | 微波炉/电烤箱门体与玻璃的粘接 | | 食品认证要求（FDA、GB 4806） |
| | 烤箱把手与门体的粘接 | | 快速固化、耐高温、耐油脂、耐酸、耐洗涤剂 |

## 4.3.4　小家电用胶

　　有机硅胶黏剂在热水壶和电熨斗上应用最广泛，一方面是因为有机硅胶具有较好的耐高温性能，长期最高耐温可达到 250℃。另一方面，有机硅胶安全环保，能满足 FDA、LFGB 等食品认证的要求。单组分缩合型有机硅密封胶具有较好的粘接性能，操作简单，成本低廉，应用最多。但随着工艺效率要求的提升及食品安全要求日益严格，热固化的加成型有机硅胶逐步替代了单组分缩合型有机硅胶。热水壶和电熨斗的用胶点如表 4-7 所示。

表 4-7　热水壶和电熨斗的用胶点

| 产品类型 | 用胶点 | 用胶种类 | 要求 |
|---|---|---|---|
| 热水壶 咖啡壶 养生壶 | 壶身与底盘/上盖的粘接 | RTV 有机硅密封胶、加成型有机硅密封胶 | 快速固化、耐高温、耐油脂、耐酸、耐洗涤剂 食品认证要求（FDA、LFGB、GB 4806） |
| | 把手与壶身的粘接 | | |
| | 发热盘粘接 | | |
| 电熨斗 | 底板粘接 | | 耐高温 250℃、耐蒸汽、耐干烧 |
| | 电气接头密封 | | |

图 4-16 是热水壶和电熨斗的用胶点。

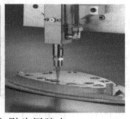

热水壶发热盘点胶、粘接、组装

图 4-16 热水壶和电熨斗用胶点

# 4.4　电子元器件和电源模块灌封胶

## 4.4.1　电源模块灌封胶的分类

灌封就是用人工或机械的方式将胶黏剂灌入带有电子线路和电子元器件的器件里，并在室温或者加热的条件下使其固化，最终成为性能优良的高分子绝缘材料，对电子线路和电子元器件起到保护作用。灌封的目的主要是为了强化电子器件的整体性，改善器件的防水防尘性能，同时提高器件对冲击和振动的抵抗力，同时也可以达到保密的目的。因此，所制备的灌封胶固化物必须具备低吸水率、高强度、高韧性、优异的绝缘性以及良好的散热性等特点。灌封胶性能的影响因素有很多，除了跟灌封胶本身的种类有关，还与加工成型过程有一定的关系。目前灌封行业使用比较多的材料主要有环氧树脂、聚氨酯和有机硅灌封胶。

环氧灌封胶按固化条件分为常温固化胶和加热固化胶两类，而按组分类型分为单组分胶和双组分胶。其中，加热固化双组分环氧灌封胶用量最大、用途最广，具有黏度小、工艺性好、适用期长、浸渗性好和固化物综合性能优异等特点，适用于高压电子器件的自动化生产。相对于其他种类的灌封胶来说，它具有高的粘接性、成型性、耐热性、抗老化性、良好的机械性能以及电气绝缘性等优异的性能，同时对很多金属或非金属基材具有粘接性，但是由于固化后的环氧树脂交联密度大、材料硬度过高、脆性大，导致耐高低温性能差，容易开裂，耐湿性差，返工困难，因此应用领域受限。

聚氨酯灌封胶具有较好的机械性能、良好的粘接性能、绝缘性能和耐候性能，并且可通过调整二异氰酸酯和聚醚多元醇的比例而改变硬度大小，耐低温性相对较好，具有耐水性优异、抗寒性、抗紫外线、耐酸碱性、耐高低温冲击性、防潮性、环保性且性价比高等特点。聚氨酯灌封胶的缺点是耐高温性能较差，容易在高温下出现粉化的现象，阻燃性能较差，燃烧后会产生有毒气体一氧化碳，同时气泡较多，灌装困难。以上缺陷导致聚氨酯灌封胶只能作为普通电器元件的灌封材料。

有机硅灌封胶具备良好的耐高低温性和优良的电学性能，可长期应用于$-60\sim200℃$的环境中；在电性能上，体积电阻率达到$10^{15}\,\Omega\cdot cm$，抗击穿电压可以达到$18kV/mm$以上；在耐水、耐臭氧、耐候性上显示出优异的化学稳定性能。综合对比，有机硅灌封材料表现出绝对的优势，被广泛地应用于电子灌封行业。

硅橡胶按分子结构和交联方法可分为缩合型室温固化硅橡胶和加成型硅橡胶两类。加成型硅橡胶灌封胶与缩合型硅橡胶灌封胶相比具有工艺简化、快捷及高效节能等优点：硫化过程没有小分子副产物生成，交联结构易控制，硫化产品收缩率小；产品工艺性能优越，可在常温或加热条件下硫化，并且可深层快速硫化。此外，应用加成型有机硅胶进行灌封时，无任何腐蚀，透明硅胶在硫化后成透明弹性体，胶层内所封装的元器件清晰可见（可用针刺法逐个测量元件参数，便于检测与返修），因而被公认为是极有发展前途的电子工业用新型灌封材料。

有机硅灌封材料满足欧盟危险物质限用指令（RoHS）的要求，固化后为弹性体，耐高低温性能佳（250℃以下可长期使用，加热固化型耐温性更高）、绝缘性能优异（耐压＞10kV）、价格适中，并可在较大的温度和湿度范围内消除冲击和震动所产生的应力。

## 4.4.2　电源模块灌封胶的主要应用

电源模块灌封胶主要应用于大功率 LED 驱动电源灌封、小功率 LED 照明灯具的电源灌封、电源适配器的灌封等。图 4-17 是电源模块灌封胶的应用实例。

图 4-17　电源模块灌封胶的应用实例

### 4.4.2.1　大功率 LED 驱动电源灌封

大功率 LED 驱动电源主要应用在天井灯、路灯等大功率的 LED 照明灯具上，因功率较大，在工作时会有大量的热能集聚在芯片处，导致 LED 的光输出效率降低、波长漂移、寿命缩短，特别对多芯片集成大功率 LED 模组的灯具影响更严重，因此需要使用双组分加成型有机硅导热灌封胶进行整体的散热方案设计。同时，像路灯这一类的大功率 LED 照明灯多在户外使用，对防水性能要求较高，大多需要达到 IP67 的防水等级，因此对灌封胶与基材的粘接性提出了很高的要求。缩合型有机硅和聚氨酯灌封胶与基材的粘接性优异，但前者在高温密闭条件下易还原，后者老化后应力较大，只在某些特定的场合使用。双组分加成型硅胶本身附着力较差，目前主要依靠底涂或者单组分缩合型硅胶配合来改善附着力，免底涂的加成型灌封胶因为成本和工艺原因，目前还没有大规模使用。加成型灌封胶存在铂金催化剂易中毒的缺点，因此使用时要求对线路板进行清洗，对所有与之接触的基材都要进行测试，确保不会出现中毒情况。

### 4.4.2.2　小功率 LED 照明灯具电源灌封

相对于大功率 LED 驱动电源的分体式设计，小功率 LED 照明灯具一般是将驱动电源集成在灯座上。为保证比较好的散热效果，也需要使用导热电源灌封胶进行灌封。图 4-18 是 LED 球泡灯用胶点示意图。

### 4.4.2.3　电源适配器上的导热灌封

电源适配器属功率性产品，工作过程中产生大量的热量，有研究表明电源中的电解电容，温度每升高 10℃ 寿命约缩短一半，所以必须尽快且尽量多地把热量传导出去。尤其是随着锂电池快充技术的发展，手机、平板等消费类电子产品的充电器功率日益增大，在快速充放电的过程中发热非常严重，需要有机硅导热灌封胶及时将热量传导出去。

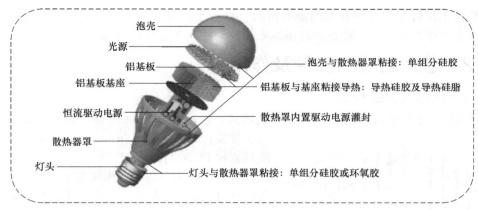

图 4-18　LED 球泡灯用胶点示意图

# 4.5　胶黏剂在芯片封装与包封中的应用

## 4.5.1　芯片封装的形式及发展方向

芯片产业是伴随着上一轮计算机与互联网技术革命迅速发展起来的，芯片（包括 CPU、显卡、存储器等）作为计算机的核心部件，占整个计算机成本的绝大部分，因而在随后数十年的时间里，芯片与计算机产业呈现相互促进、相互依赖的蓬勃发展态势。随着智能化的发展和普及，芯片产业也扩展到了各行各业如物联网、汽车电子、人工智能 AI 等市场的新应用，相应功能的芯片都呈现高速发展态势，集成电路器件规模的不断扩大和性能的持续提升给封装带来了前所未有的挑战和机遇。表 4-8 中给出了芯片分类及相应功能作用。

表 4-8　芯片分类及功能作用

| 分类方式 | 类别 | 功能或应用 |
|---|---|---|
| 晶体管工作方式 | 数字芯片 | 主要用于处理各种数字信号，用半导体来控制电压高低，用 1 和 0 来代表，并以此进行逻辑计算 |
| | 模拟芯片 | 主要用于模拟信号处理领域，比如处理声、光、无线信号等物理现象 |
| 芯片功能 | 处理器芯片 | 即 CPU，承担重要数据计算和处理，主要用于电脑、手机、平板、电视等 |
| | 记忆和存储芯片 | 主要负责数据的保存和管理，如 DRAM（动态随机存储器）、NAND（计算机闪存设备）等 |
| | 特定功能芯片 | 主要是为某些特定功能而开发的芯片，如 WIFI 芯片、蓝牙芯片、电源管理芯片等 |
| 芯片普遍应用端 | 通信类芯片 | 核心技术包括基带芯片及算法、滤波器、放大器 PA/LNA 等。如手机中的基带芯片、智能手表中的芯片 |
| | AI 芯片 | 提供用来加速深度神经网络、机器视觉及其他机器学习算法的微处理器。主要包括数据中心（云端）、设备端、物联网服务器端 |
| | 汽车类芯片 | 主要包括动力系统控制器、汽车操纵系统、行动系统芯片，电池智能管理保护、雨刷器、胎压、周边辅助芯片，以及其他服务功能芯片，如导航、联网通信、汽车内部数据通信等方面 |
| | 消费类芯片 | 如空调、冰箱、洗衣机或者 MP3 中使用的芯片 |
| | 工业控制芯片 | 如智能制造中使用的机器人或生产线中高端设备中的芯片等 |
| 生物芯片 | 基因芯片 | 即 DNA 芯片，与计算机芯片相似，由成千上万的网格状密集排列的基因探针组成，通过已知碱基顺序的 DNA 片段，结合碱基互补序列的单链 DNA，从而确定相应的序列，通过这种方式识别异常基因或其产物等 |
| | 蛋白质芯片 | 与基因芯片原理相似，不同之处在于，一是芯片上的固定分子是蛋白质如抗原或抗体等；二是检测的原理是依据蛋白分子之间、蛋白与核酸、蛋白与其他分子的相互作用 |

封装技术是指在半导体开发的最后阶段，将一小块材料（硅晶芯片、逻辑计算和存储器）包裹在支撑外壳中，以防止物理损坏和腐蚀，并允许芯片连接到电路板的工艺技术。

# 4.5.2　芯片封装的胶种及作用

## 4.5.2.1　直插式封装模式

20 世纪 80 年代前流行的是直插式封装模式，包括 DIP（dual inline-pin package）双排直插封装、SIP（single inline-pin package）单列直插封装和 PGA（pin grid array package）插针网格阵列封装。这类封装方式先将芯片封装在塑料或者陶瓷材料内，通过插针接入集成电路体系，操作方便，可靠性高，但封装面积大。最基本的陶瓷封装为三层陶瓷结构，使用材料为 $Al_2O_3$ 陶瓷、W 金属化膏、42 合金引线、42 合金盖板、AuSn 焊料、AgCu 焊料，未涉及传统意义上明显胶类产品。在发展出陶瓷-铜-聚酰亚胺结构的 PGA 之后，聚酰亚胺膜与铜膜之间如图 4-19 使用环氧树脂进行粘接。因聚酰亚胺的介电常数比 $Al_2O_3$ 陶瓷低，铜的电阻率比钨小，使得复合结构 PGA 特别适合于高速 ASIC 器件。

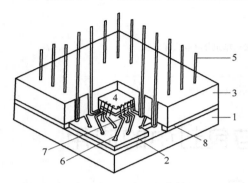

图 4-19　陶瓷-铜-聚酰亚胺结构的 PGA
1—陶瓷基体；2—聚酰亚胺与铜膜的复合膜；
3—陶瓷帽；4—芯片；5—引脚；6—铜导电通路；
7—引线键合区；8—胶黏剂（用于聚酰亚胺
与铜之间的粘接）

## 4.5.2.2　贴片式封装模式

随着引脚的不断增加，直插式的封装方式因为体积大、引脚数目受限等因素逐渐为贴片式封装取代。相对于直插式封装，贴片式封装将插针变成了更细更小的引脚如 QFP（quad flat package），或者直接变成球形焊点如 BGA（ball grid array），或者变成方形扁平无引脚封装 QFN（quad flat no-lead package）。

最为早期的贴片式封装，即小尺寸封装 SOP（small out-line package），传统的 LED 封装即是典型应用范例。其封装形式如图 4-20 所示，其中除芯片、金线和基板外，大部分都为高分子材料，可理解为广义范畴的胶。其中较为广泛接受的是固晶胶，用于将芯片固定在基板上，不需导电时多为

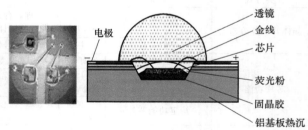

图 4-20　传统 LED 封装图

硅胶，需要导电时为导电银胶。LED 透镜发挥取光及保护功能，多为 PMMA、PC 或者硅树脂。与荧光粉混合的为荧光胶，在芯片功率低时为环氧灌封胶，在芯片功率高时为有机硅灌封胶，为了提升光的透过率，有机硅灌封胶还分低折和高折不同胶种。该领域中道康宁、信越和迈图占据高端市场 60% 以上的市场份额。

贴片式封装的优点除操作方便、可靠性高以外，主要是芯片面积与封装面积之间的比值较小。凡是符合内核面积与封装面积的比例约为 1:1.1 的封装形式都可以称为 CSP。CSP 只是一种封装标准类型，不涉及具体的封装技术。下面还是就 BGA 的不同形式进行描述：①塑料封装 BGA（PBGA）采用塑料材料和塑封工艺制作，是最常用的 BGA 封装形式。PBGA 采用的基板类型为 PCB 基板材料（BT 树脂/玻璃层压板），裸芯片经过粘接技术连接

到基板顶部及引脚框架后采用注塑成型（环氧模塑混合物）方法实现整体塑模。典型结构如图 4-21。其芯片粘接采用充银环氧树脂导电胶将 IC（集成电路）芯片粘接在镀有 Ni-Au 薄层的基板上，粘接固化后引线键合，模塑封装用填有石英粉的环氧树脂模塑料进行模塑包封，以保护芯片、焊接线和焊盘。②CBGA 是将裸芯片安装在陶瓷多层基板载体顶部表面形成的，金属盖板用密封焊料焊接在基板上，用以保护芯片、引线及焊盘，连接好的封装体经过气密性处理可提高其可靠性和物理保护性能（图 4-22）。在盖板和芯片之间通过导热性胶黏剂进行连接，将芯片的热量传递到盖板上以延长芯片寿命。市面上大量导热硅脂可以应用于此。③TBGA 又称阵列载带自动键合，是一种相对较新颖的 BGA 封装形式，采用的基板类型为 PI（聚酰亚胺）多层布线基板，焊料球材料为高熔点焊料合金，焊接时采用低熔点焊料合金。其结构如图 4-23。在 TBGA 中同样需要使用导热硅脂将热量传递到铜散热片上，需要丙烯酸酯胶黏剂将铜加固板粘接在 TAB 基板上，需要环氧树脂对无焊点部位进行封装保护。

另外在 BGA 封装中基板的选择也尤为关键，基板的热膨胀系数（CTE）、介电常数、介质损耗、电阻率和热导率等直接影响封装体的信号的完整性。有机物基板是以高密度多层布线和微通孔基板技术为基础制造的，其特点是低的互连电阻和低的介电常数。但在芯片与基板之间高的 CTE 差会产生大的热失配，另外易吸潮导致失效。因此有机基板制备中也需慎重选择原料和胶黏剂。

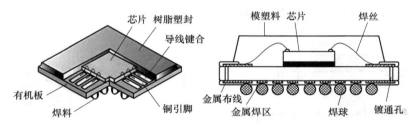

图 4-21　PBGA 的典型结构

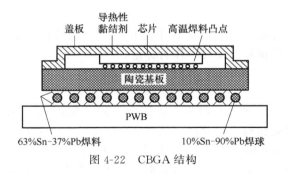

图 4-22　CBGA 结构　　　　　　　　图 4-23　TBGA 结构

# 4.6　胶黏剂在元器件贴装与芯片底部填充中的应用

## 4.6.1　元器件贴装

表面贴装元器件是外形为矩形的片状、圆柱形、立方体或者异形体，其焊端或引脚制作在同一平面内并适合于表面组装同工艺的电子元器件。

表面贴装元器件的特点：①尺寸小，质量轻，能进行高密度组装，使电子设备小型化、轻量化和薄型化；②无引线或者短引线，减少了寄生电感和电容，不但高频特性好，有利于提高使用频率和电路速度，而且贴装后几乎不需要调整；③形状简单，结构牢固，紧贴在SMB电路板上，不怕振动、冲击；④印刷板无需钻孔，组装的元件无引线打弯剪短工序；⑤尺寸和形状标准化，能够采取自动贴片机进行自动贴装，效率高，可靠性高，便于大批量生产，综合成本低。

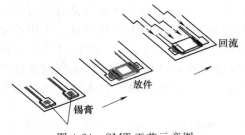

图 4-24　SMT 工艺示意图

SMT（surface mount technology）是表面组装技术（表面贴装技术），它是一种将无引脚或短引线表面组装元器件（简称 SMC/SMD）安装在印制电路板（printed circuit board，PCB）的表面或其他基板的表面上，通过回流焊或浸焊等方法加以焊接组装的电路装连技术，如图 4-24 所示。

贴片胶，也称为 SMT 胶，是一种单组分环氧树脂胶黏剂。它的红色膏体中均匀分布着环氧树脂、固化剂、颜料、溶剂等，主要用来将零件在焊接过程中暂时性地牢固粘贴于 PCB 表面，可以防止其掉落，无需去除，也不会对元器件或者线路板造成损坏。贴上元器件后放入烘箱或者回流焊机加热固化，也可以低温固化，同时超高速微、少量涂覆时仍可保持没有拉丝、溢胶、塌陷的稳定形状，其使用及工艺如图 4-25 和图 4-26 所示。

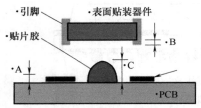

图 4-25　贴片胶使用示意图

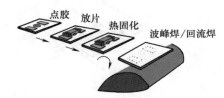

图 4-26　贴片工艺图

贴片胶具体用途有：①波峰焊中防止元器件脱落；②回流焊中防止另一面元器件脱落；③防止元器件位移或者立片；④印刷板和元器件批量改变时，作为标记。

## 4.6.2　芯片底部填充胶

在电子组件轻薄、短小及低成本的趋势下，半导体产业驱使线接合（wire bonding）技术向更高阶发展。产品成本、组件整体构装效能和构装尺寸决定选择 W/B 或 F/C（flipchip 覆晶）接合，然而在特定晶粒高 I/O、高时钟频率的要求下 flipchip 是唯一的选择。

电子元器件在工作时会产热，温度上升到一定值时，芯片与基板热膨胀系数不匹配产生的应力会导致产生裂纹甚至失效，成为产品安全的隐患。由于芯片基板材料为硅制材料，其膨胀系数一般为 $2.6 \times 10^{-6}/℃$ 左右，明显低于一般基板材料的热膨胀系数范围 $[(10 \times 10^{-6} \sim 26 \times 10^{-6})/℃]$。所以芯片与基板在受热之后，由于膨胀尺度不同，会产生变形，在热循环中，这种变形累积，会产生相对位移，导致机械疲劳从而引起不良焊接，最终引发裂纹。图 4-27 是 BGA 失效示意图。

芯片底部填充（underfill）就是为了解决这一问题而产生的新工艺，用单组分环氧胶对BGA 封装模式的芯片进行底部填充并加热固化，将 BGA 底部空隙大面积填满从而达到加固的目的，增强芯片和 PBA 之间的抗跌落性能。图 4-28 是芯片底部填充胶作用示意图。

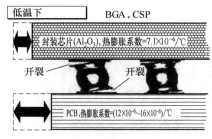

图 4-27　BGA 失效示意图

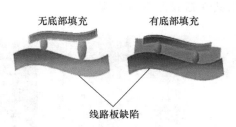

图 4-28　芯片底部填充胶作用示意图

芯片底部填充对胶黏剂的要求：
① 足够的流动性和最小的固化时间；
② 维持足够的连接可靠性，增强抵抗热效性和物理冲击；
③ 具有良好的电气特性（例如电绝缘性）；
④ 具有尽可能低的固化温度（保护电子元器件）；
⑤ 可修复性。

因为环氧树脂胶具有快速固化、强度高、绝缘性能优异等特点，目前市面上广泛应用环氧体系作为芯片底部填充的胶黏剂。图 4-29 是芯片底部填充点胶工艺示意图。

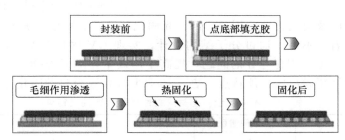

图 4-29　芯片底部填充点胶工艺示意图

# 4.7　PCB 共性覆膜与元器件固定用胶

## 4.7.1　共性覆膜胶（涂料）

共性覆膜胶（也称涂料）是一种特殊配方的胶，是涂覆于电路板表面的薄薄的一层合成树脂或聚合物，它是目前最常用的焊后表面涂覆方式，有时又称为表面涂覆。共性覆膜胶本身具有良好的耐高低温性能，以及优越的绝缘、防潮、防漏电、防震、防尘、防腐蚀、防老化和耐电晕等性能。共性覆膜胶涂覆于印制线路板及其相关分立器件、集成电路的表面，固化后成一层透明保护膜，将敏感的电子元器件与恶劣的环境隔离开，可保护电路、元器件免受诸如潮湿、污染物、腐蚀、应力、冲击、机械震动与热循环等环境因素的影响；它能防止印制导线间由于气温骤然变化产生"凝露"时出现漏电短路，甚至击穿现象。对于工作在高电压及低气压条件下的印制板可改善导线间电晕、飞弧，提高工作可靠性；还可改善产品的机械强度及绝缘特性，从而提高并延长它们的使用寿命，确保使用的安全性和可靠性。此外，共性覆膜还可以起到屏蔽和消除电磁干扰、防止线路短路的作用，提高线路板的绝缘性能，允许更高的功率和更近的印制板间距，从而达到满足元件小型化的目的。图 4-30 是未经保护的 PCB 板腐蚀和发霉现象，图 4-31 是 PCB 板用共性覆膜涂料进行保护。

图 4-30　未经保护的 PCB 板腐蚀和发霉现象

图 4-31　PCB 板用共性覆膜涂料保护

共性覆膜涂料按化学成分分为丙烯酸酯、聚氨酯、环氧树脂和有机硅等类型，按照固化方式又可分为气干型、湿气固化型和光固化型。随着电子产业的发展，单一类型的材料或固化方式，已经难以满足要求，很多新型的共性覆膜涂料获得了大范围的应用。如聚氨酯改性的醇酸树脂涂料，在综合性能上非常优异，在电源、家电及通信行业应用最广泛。光固化的共性覆膜涂料阴影部分难固化，固化收缩率大而导致附着力不好，通过分子结构设计，实现 UV 固化和湿气固化的双重固化方式，就能很好地解决 UV 固化存在的问题，提高生产效率，降低 VOC 的排放。表 4-9 是不同聚合物基材的共性覆膜材料性能特点，表 4-10 是共性覆膜材料的固化方式。

表 4-9　不同聚合物基材的共性覆膜材料性能特点

| 项目 | 丙烯酸酯系 | 聚氨酯系 | 环氧树脂系 | 有机硅系 |
|---|---|---|---|---|
| 耐湿性 | ++++ | ++++ | +++ | ++++ |
| 耐湿性（长期） | +++ | ++++ | — | +++ |
| 耐磨性 | ++ | +++ | ++++ | +++ |
| 机械强度 | ++ | ++++ | ++++ | +++ |
| 受温度变化引起的应力 | 高 | 高 | 高 | 低 |
| 耐温性 | +++ | ++ | ++ | ++++ |
| 耐酸性 | +++ | ++++ | ++++ | +++ |
| 耐碱性 | ++ | ++++ | ++++ | +++ |
| 耐有机溶剂 | — | ++++ | ++++ | +++ |
| 介电常数 | 2.2~2.3 | 4.2~5.2 | 3.3~4.0 | 2.6~2.7 |
| 修复性 | 困难 | 困难 | 困难 | 简单 |

表 4-10　共性覆膜材料的固化方式

| 项目 | 优点 | 缺点 |
|---|---|---|
| 气干型 | 加热快速固化 | 高 VOC |
| 湿气固化型 | 工艺简单 | 固化慢，效率低 |
| 光固化型 | 高效、环保 | 阴影部分难于固化，多采用 UV 固化加湿气固化的方式解决此问题 |

　　共性覆膜材料的使用工艺主要有浸涂、刷涂、喷涂、选择性涂布。图 4-32 是共性覆膜胶使用工艺。

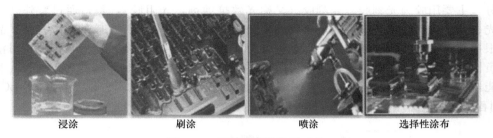

| 浸涂 | 刷涂 | 喷涂 | 选择性涂布 |

图 4-32　共性覆膜胶使用工艺

## 4.7.2　元器件固定胶

电子元器件组装是指通过焊锡焊接的方式，将电阻、电感、电容、变压器、二极管等元器件固定在印刷线路板上。元器件固定胶是电源类产品的一个重要的组成部分，主要起到稳固元件或 PCBA 的作用，以适合或满足运输时的震动或最终用户的跌落要求。尤其是一些较重、较易脱落、易摆动或本体较大且没有外部固定的元件或 PCBA。元器件固定胶主要为单组分脱醇型有机硅胶，为湿气固化型，固化后为弹性体，满足 UL 94 V0 级别的阻燃要求。因元器件排布方式的差异及工艺的差异，对元器件固定胶的要求也各有差异，综合来讲，主要有三个方面的要求：①与工艺相关，包括施工性、流动性、施胶方式、固化时间要求；②对性能要求，包括粘接强度、粘接基材、环保性要求、阻燃性要求；③长期使用可靠性要求，包括弹性要求（是否有震动工况，对断裂伸长率的特殊要求）、工作温度和耐温要求、小分子挥发性、黄变和基材腐蚀性等。图 4-33 是元器件固定胶应用示意图。

图 4-33　元器件固定胶应用示意图

# 4.8　胶黏剂在 LCD 与触摸屏的装配中的应用

LCD 是 liquid crystal display 的简称，LCD 是在两片平行的玻璃当中放置液态的晶体，两片玻璃中间有许多垂直和水平的细小电线，透过通电与否来控制杆状液晶分子改变方向，将光线折射出来产生画面。液晶显示器按照控制方式不同可分为被动矩阵式 LCD 及主动矩阵式 LCD 两种。被动矩阵式 LCD 又可分为 TN-LCD（twisted nematic-LCD，扭曲向列 LCD）和 STN-LCD（super TN-LCD，超扭曲向列 LCD）。主动矩阵式 LCD，也称 TFT-LCD（thin film transistor-LCD，薄膜晶体管 LCD）。

LCD 的制程包括 Array、Cell 和模组组装三段制程。Array 制程和半导体制程相似，不同的是将薄膜电晶体制作在玻璃之上，而不是矽晶圆上面。Cell 制程是以前段的 Array 玻璃作为基板，和彩色的滤光片玻璃基板相结合，并且在两片玻璃基板之间灌入液晶（LC）。模组的组装制程则是将 Cell 制程之后的玻璃和其他的如电路、外框、背光板等多种零组件组装生产的作业。每一段制程中，均有大量的胶黏剂的应用。

## 4.8.1　Array 制程及用胶点

Array 制程是液晶面板制造的前段，Array 制程主要是"薄膜、黄光、蚀刻、剥膜"四大部分，主要用胶为光刻胶。光刻胶（又称光致抗蚀剂，光阻胶），是指通过紫外光、准分子激光、电子束等光源照射，其溶解度发生变化的耐蚀刻材料。光刻胶的技术复杂，品种较多。根据其化学反应机理和显影原理，可分为负性胶和正性胶两类。光照后形成不可溶物质的是负性胶；反之，对某些溶剂是不可溶的，经光照后变成可溶物质的即为正性胶。利用这种性能，将光刻胶作涂层，就能在硅片表面刻蚀所需的电路图形。图 4-34 是 TFT-LCD Array 制程示意图。

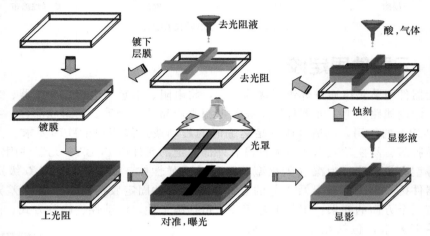

图 4-34　TFT-LCD Array 制程

基于感光树脂的化学结构，光刻胶可以分为三种类型：光聚合型采用烯类单体，在光作用下生成自由基，自由基再进一步引发单体聚合，最后生成聚合物，具有形成正像的特点；光分解型采用含有叠氮醌类化合物的材料，经光照后，会发生光分解反应，由油溶性变为水溶性，可以制成正性胶；光交联型采用聚乙烯醇月桂酸酯等作为光敏材料，在光的作用下，其分子中的双键被打开，并使链与链之间发生交联，形成一种不溶性的网状结构，而起到抗蚀作用，这是一种典型的负性光刻胶。

光刻胶专用化学品生产壁垒高、化学结构特殊、保密性强、用量少、纯度要求高、生产工艺复杂、品质要求苛刻，生产、检测、评价设备投资大，技术需要长期积累。至今光刻胶专用化学品仍主要被日本合成橡胶（JSR）、东京应化（TOK）、住友化学、美国杜邦、德国巴斯夫等化工寡头垄断。

## 4.8.2　Cell 制程及用胶点

Cell 制程一般分为前段、中段和后段制程。前段制程主要是进行 TFT 玻璃的制作，这与半导体制程非常相似；中段制程主要指将 TFT 玻璃与彩色滤光片贴合，并加上上下偏光板；后段制程指将驱动 IC 和印刷电路板压合至 TFT 玻璃，并完成我们所熟知的 Cell。Cell 制程主要用胶为导电银胶、ODF 封框胶、玻璃减薄 UV 胶和封口胶等。图 4-35 是 TFT-LCD Cell 制程示意图。

### 4.8.2.1　LCD 边框胶

LCD 边框胶主要用途是将 2 片玻璃基板结合在一起，避免注入面板内层的液晶材料流出，并阻止外部的空气、水雾等杂质进入而污染液晶。因此，边框胶必须具有良好的抗穿刺性能和对玻璃基板良好的粘接强度。抗穿刺性能就是阻止液晶分子泄漏或阻止外界的空气、水分通过边框胶进入液晶层，同时边框胶还应无小分子析出，以防止小分子进入液晶层而污

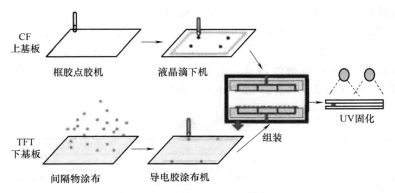

图 4-35　TFT-LCD Cell 制程

染液晶。

目前应用在液晶显示器上的边框胶主要有两大类。一类是真空液晶灌注工艺所采用的以日本三井公司 XN-5A 为主要代表的环氧树脂边框胶。该边框胶一般由环氧树脂、固化剂和溶剂组成。常温下，边框胶里的环氧树脂呈液态，而固化剂则溶解在溶剂里。溶剂在 80℃时开始挥发，但要挥发完全，则要在 105℃左右，在此温度下固化剂不会吸收水分。失去溶剂的固化剂会成为晶体，可以支撑起液晶盒的上下基板，减少后面加温时边框胶里的垫厚物承受的压力，不至于让空间阻隔物长时间受力而产生永久形变，并改变所设定的液晶盒参数。固化剂在 118℃左右熔化成液态，随着温度的升高，分散到环氧树脂分子基团内，升温到 142℃左右时，环氧树脂快速聚合形成玻璃态固体，从而把上下基板粘接在一起。

另一类是 ODF 边框胶。随着技术的进步和用户对液晶显示器要求的不断提高，液晶显示器尺寸不断增大，真空灌注工艺因灌注时间长、液晶利用率低等已不能满足生产需要。ODF 制程及与之相配的边框胶有效地解决了这一问题。所谓 ODF（one drop filling）制程，就是先将 ODF 边框胶在玻璃基板上涂布成一个密闭的图案，然后将液晶一次性滴注到封闭的边框胶内。

ODF 边框胶最早采用的是 UV 固化型边框胶，但由于 Array 基板的金属走线会将部分边框胶遮挡住，导致部分边框胶不能固化，后来又开发了 UV 固化和热固化混合型边框胶。ODF 边框胶采用 UV 和加热双重固化，这就要求制备边框胶的树脂必须既能光固化，又能加热固化。胶中一般包含环氧丙烯酸酯低聚物、活性稀释剂、光引发剂、填料和潜伏性固化剂及固化促进剂等。环氧丙烯酸酯低聚物是边框胶的主体，其性能决定了边框胶的粘接能力。由于边框胶主要用于粘接玻璃，所以要求低聚物必须对玻璃具有良好的粘接性能。采用 UV 和加热双重固化的边框胶在 UV 固化过程中以自由基方式固化，而自由基固化的低聚物主要有丙烯酸酯类、环氧丙烯酸酯、聚氨酯丙烯酸酯和聚酯丙烯酸酯等。由不饱和聚酯制得的胶黏剂固化收缩率大，粘接接头的内应力很大，胶层的内部易出现微裂纹而导致粘接力变小。环氧丙烯酸酯低聚物含有羟基、乙烯基、酯基和醚基，具有环氧树脂和不饱和双键的特性，边框胶经过紫外线照射后，其内的环氧丙烯酸酯形成三维网状聚合物，减小了小分子或外界空气对液晶的污染，同时环氧聚合物对玻璃的粘接强度高。活性稀释剂在体系中不仅起到降低体系黏度作用，还能参与反应，通过调节活性稀释剂的添加量和种类，能够控制边框胶的固化速度和固化后胶膜的硬度以及固化收缩率等。光引发剂在紫外光的照射下，能够产生自由基，并引发低聚物和活性稀释剂的反应，使胶固化。一般选择白炭黑作为边框胶的填料，起到调节黏度和触变性的作用。在边框胶的贮存和运输过程中，要求其质量稳定，这就使得所添加的固化剂必须具有室温稳定、加热固化的特点。另外，一般热固化剂需要较高的固化温度，而使用边框胶的工件又不能承受过高的温度，必须添加一定量的固化促进剂，保证胶黏剂在较低的温度下就可固化。ODF 边框胶与真空灌注边框胶相比黏度大幅度增加，达到 $300Pa \cdot s$，胶中含有的颗粒粒径小于 $3\mu m$，所有这些变化都与 ODF 制程的边框胶涂布方式、固化方式以及 LCD 面板的质量要求有关。目前 ODF 制程边框胶的研发和生产主要集中在日本，如 Three Bond、Mitsui Chemical、Sekisui Chemical 等，表 4-11 是 ODF 边框胶规格要求。

表 4-11　ODF 边框胶规格要求

| 测试项目 | 规格 | 试验方法 |
|---|---|---|
| 黏度/Pa·s | 300±50 | Cone/Plate Type Viscometer，2.5 r/min，(25±1)℃ |
| UV 固化性 | 1500mJ/cm² 以下 | Metal Halide Lamp(波长为 365nm) |
| 加热固化性/min | 60 以下 | DSC，120℃ |
| 硬度 | 80±5 | Shore D |
| 抽出水电导率/($\mu$s/cm) | 15 以下 | PCT(121℃，2×101325Pa)×20H |
| 加热减量/% | 0.5 以下 | TGA，120℃/60min |
| 颗粒粒径/$\mu$m | 3 以下 | Microscope |
| 离子含量 | $Na^+ < 50 \times 10^{-6}$ | ICP-MS |
| | $K^+ < 50 \times 10^{-6}$ | |
| | $Cl^- < 50 \times 10^{-6}$ | |
| 贮存条件 | 0~5℃，6 个月 | — |

#### 4.8.2.2　真空灌注封口胶

真空液晶灌注工艺的边框胶不是完全密闭的，一般会留 1~2 个小孔，在真空条件下利用毛细现象和内外压力差将液晶注入盒内，然后再用封口胶将留下的小孔密封住。为提高效率，封口胶一般采用以环氧丙烯酸酯为主体树脂的 UV 胶，要求与玻璃粘接性优异、耐水、耐清洗剂、不污染液晶、密封性能好等。图 4-36 是真空灌注封口胶的应用示意图。

#### 4.8.2.3　玻璃减薄 UV 胶

玻璃减薄的目的是通过化学腐蚀的方式，减少 LCD 玻璃的厚度，从而控制智能手机等产品的厚度。玻璃减薄胶是一种单组分 UV 固化胶黏剂，主要目的是防止强酸破坏 Cell 封框胶以及进入 Cell 内部，要求具有固化速度快，固化收缩率低，耐候性和抗老化化性优异，密封性能优异，耐酸碱性能超强，耐氢氟酸及多种清洗剂等特性。图 4-37 是玻璃减薄 UV 胶的使用工艺。

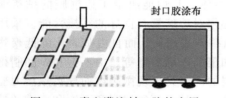

图 4-36　真空灌注封口胶的应用

图 4-37　玻璃减薄 UV 胶的使用工艺

## 4.8.3　模组组装制程及用胶点

#### 4.8.3.1　PIN 脚固定 UV 胶

PIN 脚是将液晶显示屏上的电极引脚与驱动电路的电极相连，使驱动电压信号加到液晶显示器上的金属引线，一般采用卡扣的方式初步固定在 LCD 玻璃基板上，需要在 PIN 脚和玻璃上点 UV 胶进行固定，防止 PIN 脚的脱落。PIN 脚固定 UV 胶要求跟金属和玻璃均有非常好的黏附力，收缩率低，固化速度快，耐高温高湿和耐水煮性能优异。同时，根据应用场景的差异，耐高低温性能要求各异，如户外的水表、气表等仪表显示用的 LCD，要求 PIN 脚固定胶耐低温性能优异；而电饭煲、电吹风等家用电器上使用的 PIN 脚固定胶，则要求耐高温性能相对较好。图 4-38 是 PIN 脚固定 UV 胶的应用点。

### 4.8.3.2 ACF 电极防湿绝缘涂料

LCD 模组需要通过 ACF（各相异性导电胶膜，anisotropic conductive film）实现 ITO（氧化铟锡）与 FPC 的连接，连接部分需要使用防湿绝缘涂料，如图 4-39 所示。

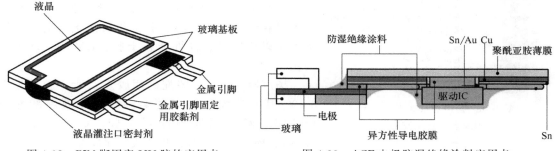

图 4-38　PIN 脚固定 UV 胶的应用点　　　　图 4-39　ACF 电极防湿绝缘涂料应用点

目前市场上比较主流的防湿绝缘涂料有单组分脱醇型有机硅胶、紫外光固化丙烯酸酯胶和溶剂型弹性体涂料等。要求透湿性低、离子异物少、耐腐蚀性提高、干燥时间短（固化时间短）、低照射量固化（UV 固化型）、可重工、厚度可控等。溶剂型防湿绝缘涂料的典型产品是日立的 TF-4200EB-452，俗称 Tuffy，是一款以 SBS 为主体树脂的溶剂型涂料。UV 固化防湿绝缘涂料则以日立的 TF-3348-19F 和汉高乐泰的 HYSOL 3318LV 为主要代表。表 4-12 是日立化成防湿绝缘涂料性能参数。单组分脱醇型有机硅胶在小尺寸 LCD 上应用较多，无溶剂产品，厚度控制和可重工性相对较差，固化速度也较慢，比较典型的产品有陶熙的 SE 9187L 和迈图的 TSE 399。

表 4-12　日立化成防湿绝缘涂料性能参数

| 项　目 | | TF-4200EB-452（速干性） | TF-3348-19F（低照射量固化） |
|---|---|---|---|
| 树脂系列 | | 溶剂型 | UV 固化型 |
| 黏度（25℃）/Pa·s | | 1.2 | 1.2 |
| 指触干燥（固化）条件 | | 室温 5min | 350mJ/cm$^2$ |
| 涂膜厚度/$\mu$m | | 50～200 | 300～700 |
| 拉伸强度/MPa | | 10 | 10 |
| 透湿度（40℃、90%RH、24h）（g/m$^2$） | | 50 | 25 |
| 离子异物浓度/（mg/kg） | Cl$^-$ | 1.2 | 1.3 |
| | Na$^+$ | 2.1 | <0.5 |

# 4.9　胶黏剂在扬声器装配中的应用

## 4.9.1　扬声器用胶种类

扬声器的种类非常多，如电视、电脑、汽车、音箱、电话、话筒等上的普通喇叭，也有微型扬声器，如手机、随身听、笔记本电脑、平板电脑等上的微型喇叭。中国作为世界的加工中心，近年来电声器件产量直线上升，在 20 世纪末，中国已经超过日本成为世界第一的电声器件生产国和世界第一的电声器件出口国。制作扬声器的材料非常多，有磁性材料（铁氧体、钕铁硼、铝镍钴等）、金属材料（镀金、精铜、铝、钛等）、高分子材料［PP（聚丙烯）、PEEK（聚醚醚酮）、聚酯、Kevlar、NOMEX 等］，为了把这些不同材质的零件结合在一起，胶黏剂必不可少。目前国内外扬声器胶黏剂主要生产商有：美国 Hernon、Dymax、Lord、Leepoxy Plastics、Cyberbond；德国 Henkel、DELO；日本 Cemedine、Nogawa、Denka；中国台湾立叁、德渊；中国大陆康达、恒大、回天。中国、日本以双组分丙烯酸酯胶和单组分溶剂胶为主；欧美国家以厌氧胶、高性能瞬干胶、UV 胶、环氧胶为主。

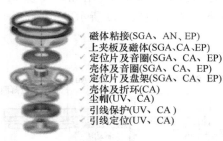

磁体粘接(SGA、AN、EP)
上夹板及磁体(SGA、CA、EP)
定位片及音圈(SGA、CA、EP)
壳体及音圈(SGA、CA、EP)
定位片及盘架(SGA、CA、EP)
壳体及折环(CA)
尘帽(UV、CA)
引线保护(UV、CA)
引线定位(UV、CA)

图 4-40　扬声器（喇叭）装配
用胶点及所用胶种

扬声器（喇叭）装配的用胶点及所用胶种见图 4-40。其中各胶种的缩写是：双组分丙烯酸酯胶（SGA）、氰基丙烯酸酯瞬干胶（CA）、厌氧胶（AN）、环氧胶（EP）、紫外线固化胶黏剂（UV）。

## 4.9.2　扬声器用胶性能要求

扬声器是一种把电信号转变为声信号的换能器件，一般扬声器是由磁铁、框架、定芯支片、振模折环、锥形纸盆、盲圈组成的，如图 4-41 所示。其中，铁氧体磁路的粘接使用我们常说的磁路胶，以双组分丙烯酸酯胶为主，也用环氧胶和厌氧胶，它是磁铁外圆和 T 铁外圆的粘接，要求胶黏剂的固化速度快，气味低，粘接强度高，最好室温固化，耐温 150℃ 以上。

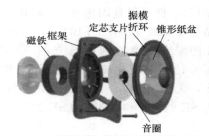

图 4-41　扬声器主要组成

中心三点胶用于扬声器的心脏部位，为保证声音精确复制和扩大，要求胶黏剂具有刚性，但作为反复振动传递的元件，胶黏剂又必须具有耐疲劳的韧性，中心三点胶用胶点见图 4-42 所示。扬声器功率的大小，决定于胶黏剂耐温要求，随着扬声器功率增大，胶黏剂的耐温性也要求越来越高，最高会达到 300℃ 高温。一般中心三点胶要求长期耐温 120℃，针对喇叭、大功率扬声器、汽车低音喇叭用中心三点胶，耐温要求 250℃ 以上。

弹波及音盆边缘和盆架之间的粘接是第三大粘接部位，要求承受较大的振动，对粘接的牢度和抗蠕变性要求较高，同时要求较高的玻璃化转变温度（$T_g$），一般剥离强度要求大于 120N/25mm，$T_g$ 高于 120℃。目前所有的扬声器胶种都要经过高温高湿老化（一般是双 85 测试一周）、冷热冲击老化（-40～85℃ 100 个循环以上）、烧机老化（以最高功率连续工作三天以上）。

由于 UV 胶的固化速度快，生产效率高，产品一致性好，粘接强度高及环境友好性，目前也逐渐被越来越多的扬声器生产厂家所看好，UV 胶可用于各种材质的音膜，如 PEN（聚萘二甲酸乙二醇酯）、PET（聚对苯二甲酸乙二醇酯）、PEI（聚醚酰亚胺）、PAR（聚芳酯）等材质的粘接，而且对各种膜的质量也不敏感，还不会腐蚀音膜。图 4-43 是 UV 胶粘接扬声器框架。

图 4-42  扬声器中心三点胶用胶点

图 4-43  UV 胶粘接扬声器框架

# 4.10  胶黏剂在微电机装配中的应用

## 4.10.1  微电机装配用胶种类

微型电机在通信、消费类电子产品、医疗保健器材等众多行业领域都有着非常广泛的应用。新能源汽车产业的飞速发展，也为微型电机在汽车领域的应用提供了广阔的发展空间。航空技术、武器装备自动化以及 3D 打印技术的发展将直接引领微型电机向高、精、尖方向发展。微电机的基本组成与普通电机相似，包括定子、转子、电枢绕组、电刷等部件，但结构格外紧凑。将微小的材料和性能各异的零件可靠地装配成完整的微电机产品，是微电机制造中重要的工艺过程。胶黏剂的粘接在其中发挥了重要的作用。

微电机装配用胶点及所用胶种主要有以下六个方面。

① 轴承固定：用厌氧胶或 UV 胶。

② 平衡调整：用单组分环氧胶或 UV 胶。

③ 铁氧体与外壳粘接：用 SGA（第二代丙烯酸酯胶）、单组分环氧胶或厌氧结构胶。

④ 电线的固定：用单组分环氧胶或 UV 胶。

⑤ 线圈防护涂层：用单组分环氧胶。

⑥ 马达端盖与外壳密封：用 RTV-1 硅橡胶。

微电机（马达）装配用胶点及所用胶种如图 4-44 所示。

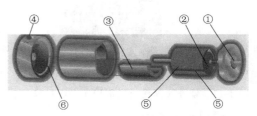

图 4-44  微电机装配用胶点及所用胶种

## 4.10.2  微电机装配推荐用胶

（1）磁钢磁瓦粘接用胶  可使用单组分厌氧结构胶，能提供环氧树脂的强度、瞬干胶的固化速度。配合厌氧促进剂使用，适用于刚性材料粘接，特别是磁钢磁瓦的粘接，耐冲击强度高，坚固柔韧，耐溶剂性能好，在几分钟内固化，操作方便，耐 150℃ 高温。也可使用双组分丙烯酸结构胶，室温快速固化对铁氧体与钢壳粘接效果好，作业性佳，胶膜韧性好，耐冲击强度高。还可使用单组分环氧胶，加热固化，高强度、抗震动、低膨胀系数，耐高温可达 200℃，如图 4-45 所示。

（2）电机轴承固定用胶  可使用圆柱型固持厌氧胶，在两个紧密配合的金属表面间，与空气隔绝时固化，并且可防止由于受到冲击和震动而导致的松动和泄漏。固化后机械强度高，永久锁固，适用于圆形零件的装配，如轴与孔、轴承、齿轮与轴、套筒等。能防止金属微振磨损及腐蚀。

（3）电机风扇和转轴粘接用胶  可使用双组分丙烯酸结构胶（10∶1），3～5min 初固，24h全固，高强度、快速固化，85℃ 热压可以在 60s 内初固，提高了工作效率，如图 4-46 所示。

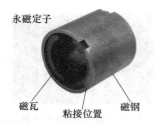

永磁定子

磁瓦　　粘接位置　　磁钢

图 4-45　单组分环氧胶用于磁钢和磁瓦的粘接

转子用胶

电枢与轴固持

轴承与轴、圆柱固持

图 4-46　双组分丙烯酸结构胶用于电机风扇和转轴粘接

（4）顶部线圈线端固定用胶　可使用双组分环氧胶（2∶1），不流淌，粘接强度高，耐老化，承受高温 240℃、低温－60℃，冷热冲击时可以保持出色的粘接强度。

（5）电机导线、线束固定用胶　可使用紫外光固化胶，其固化速度快，黏度适中，在紫外光的照射下，能迅速硬化并产生强韧的粘接特性，如图 4-47 所示。也可使用单组分有机硅胶，有一定的流动性，耐高低温、防水性能好、密封性能好。

（6）电机螺纹锁固用胶　螺纹锁固厌氧胶适用于锁固和密封需要正常拆卸的螺纹紧固件。涂在金属紧固件和密封件表面，在装配后与空气隔绝时完成固化，可防止紧固件和密封件因震动和冲击造成的松动和泄漏，如图 4-48 所示。

（7）外壳端盖密封用胶　可使用平面密封厌氧胶，胶层柔韧，用于密封接触面有伸缩或振动的结合面，填充间隙小于 0.25mm 的刚性法兰。也可使用单组分有机硅密封胶，其耐高低温、防水性能好、密封性能好、对各种基材的粘接力强，如图 4-48 所示。

图 4-47　紫外线固化胶黏剂用于微电机导线、线束固定

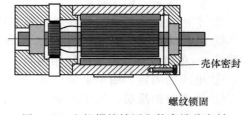

壳体密封

螺纹锁固

图 4-48　电机螺纹锁固和外壳端盖密封

（8）空心杯马达线圈含浸胶　可使用双组分环氧胶，黏度低、渗透性好、无气泡，固含量高、无溶剂，环保低气味，与线圈附着力强，耐高温。

# 4.11　导电、导热、导磁胶黏剂的应用

## 4.11.1　导电胶黏剂的应用

导电胶黏剂是一种新型导电连接材料，它通过基体树脂的粘接作用与导电材料紧密结合在一起，形成导电通路，实现被粘接材料的导电连接。导电粘接具有工艺简单、对环境友好、互连紧密、胶黏剂与基材匹配性佳等优点，已被广泛应用于电话和移动通信系统、广播、电视等行业，可用于电极片与磁体晶体的粘接，集成电路芯片、印刷电路板、液晶显示屏、发光二极管、微波芯片等电子元件的封装。这些电子产品普遍存在热量累积的问题，这就要求导电胶黏剂除具备良好的导电性和足够的粘接强度之外，还需具有良好的导热性。

已商品化的导电胶种主要有导电胶膏、导电胶浆、导电涂料、导电胶带等，组分有单组分、双组分。导电胶一般用于微电子封装、印刷电路板、导电线路粘接等各种电子领域中。目前国内高端领域使用的导电胶主要以进口为主，国内的导电胶无论从品种还是性能上都与国外产品有较大差距。导电胶主要用于微电子装配，包括细导线与印刷线路、电镀底板、陶瓷被粘物的金属层、金属底盘连接，粘接导线与管座，粘接元件与穿过印刷线路的平面孔，粘接波导调谐以及孔修补。

用于取代焊接温度超过因焊接形成氧化膜时耐受能力的点焊，导电胶黏剂作为锡铅焊料的替代品，其主要应用范围包括：电话和移动通信系统；广播、电视、计算机等行业；汽车工业；医用设备；解决电磁兼容（EMC）等方面。

导电胶黏剂的另一应用就是在铁电体装置中用于电极片与磁体晶体的粘接。导电胶黏剂可取代焊药和晶体用于因焊接温度趋于沉积的焊接。电池接线柱的粘接是导电胶黏剂的又一用途，可避免焊接温度过高造成的不利影响。导电胶黏剂能形成足够强度的接头，因此，可以用作结构胶黏剂。图 4-49 是导电胶用于微电子及印刷电路，图 4-50 是导电胶用于焊接及结构粘接。

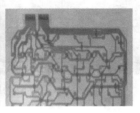

图 4-49　导电胶用于微电子及印刷电路

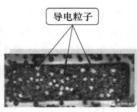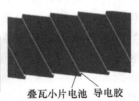

图 4-50　导电胶用于焊接及结构粘接

## 4.11.2　导热胶黏剂的应用

导热胶黏剂作为一类新型的具有良好综合性能的导热材料，在许多方面已经替代了传统的金属和陶瓷，广泛应用于微电子封装、电机、LED 照明、汽车、热工程测量技术、机械工程、化工设备、特种电缆、国防武器装备、航空航天等领域的散热和粘接。

### 4.11.2.1　微电子方面应用

随着电子集成技术、高速印刷技术和高密度组装技术的高速发展，电子仪器及设备日益朝着轻、薄、短、小方向发展。在高频工作频率下，电子元器件产生的热量迅速累积、增加，要使电子元器件仍能可靠地工作，及时高效的散热能力成为影响其使用寿命的关键限制因素。为保证元器件运行的可靠性，需使用具备高可靠性、高导热性能的综合性能优异的高分子材料来替代普通聚合物及部分陶瓷材料，迅速及时地将发热元件集聚的热量传递给散热设备，保障电子设备正常运行。如作为热界面材料使用的导热凝胶、导热垫片、导热硅脂满足质轻、易加工、高抗冲、表面韧性好，能适用不同界面导热需求，凭借其良好的可压缩变形特性填充于散热器和热源之间，在两金属界面形成良好紧密接触，驱除低热导率空气，提高散热功率。图 4-51 是散热器与发热元器件之间使用热界面材料图，图 4-52 是导热凝胶、垫片、硅脂应用于通信和 CPU 散热图。

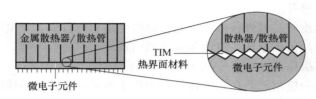

图 4-51　散热器与发热元器件之间使用热界面材料图

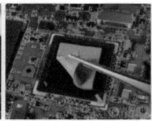

图 4-52　导热凝胶、垫片、硅脂应用于通信和 CPU 散热图

### 4.11.2.2　电机、电源及相关领域应用

导热高分子材料在电气、电力工业中具有重要用途。大中型高压发电机、电动机在运行过程中产生的损耗均将转变成热能，使电机温度升高，温度升高是影响绝缘性能、机械性能和寿命以及导致绝缘器件松动的重要原因，如果不及时导出，将直接影响其工作效率，缩短其寿命，降低其可靠性。电机传热已成为现代电机技术发展急需解决的问题之一，因此需研制高导热绝缘材料解决结构散热问题，提高电机中绝缘层的导热性是改进电机绝缘性及降低损耗的重要措施之一，这也是各国电气绝缘材料的研究热点之一。

此外，电器、电气材料领域急需导热绝缘高分子材料，像半导体陶瓷基片与铜座的粘接，管芯的保护，管壳的密封，整流器、热敏电阻器的导热绝缘等需要不同工艺性能的导热绝缘胶。双组分加成型有机硅导热灌封胶主要应用于电机、电源、逆变器等的灌封，单组分高温固化导热粘接胶主要应用在正温度系数热敏电阻（PTC）陶瓷片与散热铝条的粘接导热。图 4-53 是导热灌封胶在电机行业的应用，图 4-54 是电源的灌封应用，图 4-55 是逆变器的灌封应用，图 4-56 是 PTC 陶瓷片的导热粘接。

图 4-53　导热灌封胶在电机行业的应用

图 4-54　电源的灌封应用

图 4-55　逆变器的灌封应用

图 4-56　PTC 陶瓷片的导热粘接

### 4.11.2.3　LED 照明方面应用

近年来，发光二极管（LED）在照明领域得到了飞速的发展，与传统的光源相比，LED 具有体积小、寿命长、耗电量低、反应速度快、发光效率高、节能环保等优点，是业内公认的替代传统光源成为新一代光源的最具竞争力的产品。但在 LED 功率大型化的同时，其散热问题凸显了出来，由于其发光机理的不同，输入的电能大部分都转换为非辐射的热能，只有 15%～20% 的电能转化为光能。LED 在工作时会有大量的热能集聚在芯片处，导致 LED 的光输出效率降低、波长漂移、寿命缩短等问题。特别是对多芯片集成大功率 LED 模组的灯具影响更严重，由此可见散热设计在 LED 照明应用中的重要性。单组分有机硅导热粘接密封胶、双组分有机硅导热灌封胶和导热硅脂在 LED 照明产品的生产中得到广泛应用，图 4-57 是导热材料在 LED 照明行业应用原理及实例。

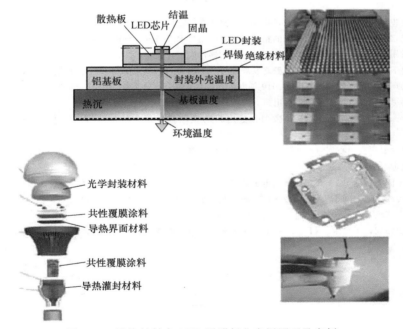

图 4-57　导热材料在 LED 照明行业应用原理及实例

### 4.11.2.4　航空、航天、军事领域的应用

应用于航空、航天、军事等领域的器件通常都需要在高频、高压、高功率以及高温等苛刻环境下运行，并要求具有可靠性，无故障工作时间长，对散热能力要求极高，因此对绝缘材料导热性、力学性能、耐热性能提出了更高的综合要求。

导热绝缘胶广泛应用于航空、航天领域某些需要高散热和导热及绝缘部位。美国 Berquist 公司研制的导热绝缘橡胶用于 SAMS 导弹中。目前使用和安装有高导热绝缘高分子材料的功率管、集成块、热管等广泛运用于宇宙飞船、人造卫星、火箭发动机、热核反应堆等上的高精尖电子设备中，在卫星内的热控制和管理方面需要大量高性能的导热聚合物材料。

# 4.11.3　导磁胶黏剂的应用

导磁胶黏剂是指具有一定粘接强度，并有良好导磁性能的胶黏剂。导磁胶黏剂一般以环氧树脂为主料，加入导磁铁粉和固化剂等配制而成。通常应用于无线电和仪器仪表行业，粘接导磁性元器件，以及粘接变压器铁芯等，也可用此胶黏剂提高元器件的导磁性能。

磁性元件是由磁性材料制成的。胶黏剂在磁性材料中主要作为磁介质中的介质材料，其作用有两点：粘接和绝缘。粘接是将粉状铁氧体粘接成型；绝缘是将羰基铁粉颗粒互相隔离，在交变磁场作用下，尤其是在高频磁场作用下，减少磁介质的涡流损耗，提高品质因数。通常在某些高分子材料中加入粉状铁氧体作为胶黏剂，高分子材料如聚苯乙烯、聚乙烯、聚丙烯和醇溶性酚醛树脂等。此外，铁氧体器件的粘接所用的磁性粘接胶液，则是在普通胶黏剂中加入磁性填料羰基铁粉，使固化胶层具有磁性，主要用于磁性元件的粘接密封，如变压器、线圈的铁芯、小型磁性天线以及数字磁带机。磁头（铁镍铌坡莫合金片）的制造是关键工艺之一，除要求精密加工、精密装配外，还必须采用导磁胶黏剂的粘接、密封工艺，磁头粘接要求牢固、耐磨、应力小、电阻率高，对温度变化不敏感。

## 参 考 文 献

[1]　翟海潮. 工程胶黏剂及其应用. 北京：化学工业出版社，2017.
[2]　徐世和，吴宗汉. 电声器件用胶粘剂的粘接原理及应用技术. 扬声器与传声器，2014，38（4）：21-28，36.
[3]　陆企亭. 适用于扬声器制造的新型胶粘剂. 电子元器件应用，2000，2（7）：53-54，56.
[4]　电声协会秘书处. 浅谈微型扬声器用胶之发展趋势. 2006 电声行业专家组会议论文集，2006.
[5]　侯一斌. 扬声器胶粘剂的发展概况. 2010 年电声行业专家组会议论文集，2010.
[6]　李宝库. 绝缘与粘接应用工艺. 微特电机，1991，19（5）：45.
[7]　马维民，Hesselbach J，郇极. 一种微型步进电机的微粘接装配方法的研究. 中国机械工程，2007，35（9）：1024-1027.
[8]　广东省政府发展研究中心创新产业研究处. 广东集成电路（芯片）产业发展研究报告，2017.
[9]　周晓阳. 先进封装技术综述. 集成电路应用，2018，35（06）：1-7.
[10]　付花亮. 不同结构的 PGA 介绍. 微纳电子技术，1992（06）：57-61＋50.
[11]　杨建生. 传统 PQFP 与 BGA 封装技术的比较及其发展趋势. 电子与封装，2002，4（16）：1681-1070.
[12]　杨建生. 系统级封装使用的硅基板. 今日电子，2005（10）：56，64.
[13]　宋继瑞，史伟同，张军营. TFT-LCD 液晶用边框胶的研究进展. 粘接，2013，34（12）：71-74.

（张银华 刘海涛 翟海潮 编写）

# 第5章

# 胶黏剂在汽车制造与维修中的应用

## 5.1 汽车工业的发展趋势及对胶黏剂的需求

至1992年底，中国汽车工业用了40年的时间实现了第一个汽车年产量100万辆的突破。而到2017年底，中国汽车工业年产量已达到2902万辆，虽然2018年受政策因素和宏观经济的影响，汽车年产量略有下降，但依然达到了2780.9万辆，连续十年位居世界汽车产量第一位。

### 5.1.1 中国汽车工业的发展趋势

#### 5.1.1.1 新能源汽车产销量持续增长

尽管2018年全年汽车产销量同比有所下降，但新能源汽车的产销量却逆势上扬，分别完成了127万辆和125.6万辆，同比增长59.9%和61.7%。其中纯电动汽车产销分别完成了98.6万辆和98.4万辆，增长47.9%和50.8%；插电式混合动力汽车产销分别完成了28.3万辆和27.1万辆，增长122%和118%；燃料电池汽车产销完成1527辆。

#### 5.1.1.2 车身轻量化助力节能、环保目标的实现

自汽车产业诞生以来，轻量化便成为汽车行业研究的恒久课题。近年来，随着人们环保、节能意识的加强，对汽车轻量化提出了进一步的要求，轻量化路径主要体现在如下几个方面。

（1）车身的轻量化 汽车车身由产业起点之全钢材料逐步转向钢和铝合金、铝镁合金、纤维增强复合材料、塑料等轻质材料的混合使用。据不完全统计，一台普通SUV车，经过车身材料的组合变化，仅车身质量可降低30～40kg。

（2）连接方式带来的轻量化 因为车身材料的变化，传统的焊接模式也部分被铆接和粘接所替代，进一步带来了整车轻量化的进步。据统计，仅连接方式的变化使一台小型乘用车的总质量可降低6～10kg左右。

（3）内饰材料结构轻量化 随着复合材料技术的发展，玻纤增强材料（FRP）、片状模塑复合材料（SMC）开始较为广泛地应用于顶棚、车门内侧板、后备厢等位置，碳纤增强材料（CFRP）也有少量应用，这些大大促进了汽车轻量化的发展。

#### 5.1.1.3 先进汽车电子和智能化

随着电子信息技术的快速发展和汽车制造业的不断变革，近年来，汽车产业与电子信息技术呈现不断融合的趋势。汽车电子技术的应用和创新极大地推动了汽车工业的进步与发展，对提高汽车的动力性、经济性、安全性，改善汽车行驶的稳定性、舒适性，降低汽车排

放污染、燃料消耗起到了非常关键的作用，也使汽车具备了娱乐、办公和通信等增值功能。自动驾驶技术的开发及大规模应用将使汽车工业迈上更高的台阶。

### 5.1.1.4　车内空气质量的显著改善

中国最早是在 2003 年开始关注汽车内 VOCs 含量对人体的影响，随后国家环境保护总局于 2007 年 12 月 7 日发布了 HJ/T 400—2007《车内挥发性有机物和醛酮类物质采样测定方法》，2008 年 3 月 1 日实施，2008 年 3 月 29 日制订限值标准组启动。目前大多数企业都在进行整车环境舱采样以及对材料零部件 VOCs 开始管控。

在 2011 年国家环保部与国家质检总局又联合推出 GB/T 27630—2011《乘用车内空气质量评价指南》，并于 2012 年 3 月 1 日起实施，此指南对整车 VOCs 检测值进行了限定，不具备车内空气质量控制的强制力。2016 年，强制性国家标准《乘用车内空气质量评价指南》开始征求意见。至此，我国汽车行业的绿色发展进入了新的发展阶段。

### 5.1.1.5　汽车制造工艺的革新、环保和低能耗

随着环境保护意识的加强，国家先后出台了一系列环保整治相关政策，并正在讨论进一步的实施方案，要求汽车厂家从生产制造到报废回收的整个环节考虑环境保护和人身健康。

顺应这一要求，汽车制造厂家开始在缩短工艺步骤、降低生产能耗（如降低烘房温度）及选用环保材料（如水基油漆）等方面加大投入，并已取得显著成效。

## 5.1.2　汽车行业对胶黏剂的要求

胶黏剂、密封胶及关联产品在汽车制造工业中扮演着十分重要和不可取代的角色，应用遍及动力总成、内外饰部件，以及包括焊装、涂装和总装在内的三大整车制造车间，起到零部件粘接密封、车体防腐、结构增强、隔热减振、改善乘坐舒适性和使车身美观的作用。

用于汽车工业的胶黏剂、密封胶有其自身的特殊性，一方面需要满足行业通用性发展的需求，在性能上达到汽车质量和使用寿命的要求；另一方面还必须满足汽车大批量、快节奏生产作业的需要，应有良好的施工工艺性及其与工艺材质广泛的相容性。

此外，许多汽车厂家拥有自主的胶黏剂产品及工艺要求的标准，胶黏剂的使用往往出现定制化的需求。

### 5.1.2.1　一般性能要求

① 使用寿命必须和汽车的平均预期使用寿命（10～15 年）保持一致。

② 使用温度范围在 −40～90℃，能保证汽车在寒带和热带地区的正常使用。特殊部件如刹车蹄片胶黏剂应有更高的耐温要求（能承受 250～300℃的短时间高温）。

③ 必须具有耐湿气、抗盐蚀及耐各种介质（如油、水、汽油、柴油、弱酸碱等）的性能。

④ 大多数胶黏剂必须具有一定程度的耐疲劳强度，始终保持一定的弹性和延伸性，抗老化性能好，并能承受汽车在运行中产生的各种应力和振动，粘接密封处不易损坏。

⑤ 某些粘接如纤维塑料制品粘接时，不会因胶黏剂的溶剂成分使增塑剂迁移，导致纤维品或塑料装饰件的变色或变形。

⑥ 用于粘接汽车零部件的结构型胶黏剂，其粘接强度能确保粘接的可靠性及汽车运行中的绝对安全性。

⑦ 根据应用领域不同，胶黏剂必须满足国家、行业和汽车厂家规定的环保和性能要求。

### 5.1.2.2　生产线上的使用要求

① 根据生产线使用点要求，能采用相应的刷涂、喷涂、浸涂或挤出等工艺施工方法。

② 胶黏剂必须适应生产线上的时间节拍，凝胶时间适中，能保证足够的起始粘接强度或一定的瞬时粘接效果。

③ 胶黏剂若需加温固化，温度控制需要同时考虑其他材料对温度的耐受性。

④ 对粘接件表面处理，如清洁度等要求有一定的容忍度，少量油污或表面轻微的缺陷现象的存在，其粘接强度不会受到大的影响。

⑤ 点焊工位使用的胶黏剂不能影响焊接强度，焊装车间使用的胶黏剂必须能经受清洗、磷化和电泳后道工序的处理过程，同时也不能影响磷化液、电泳漆的质量。

⑥ 需要考虑所使用胶黏剂的安全性，对使用者和环境无损害作用。

⑦ 需要手工完成贴合的领域，对工人操作熟练程度有一定的容忍度，基本保证熟练工和新手做出的产品无较大的品质差异。

⑧ 贮存期一般应在半年及以上。

# 5.1.3　汽车工业常用的胶黏剂、密封胶及关联材料

在汽车工业中，胶黏剂长期以来都是以辅助工艺材料的身份出现，由于这类材料的应用对汽车整体防腐、防锈、防振、隔热、隔声、减重和提高舒适性方面有着特殊的作用，正越来越成为必不可少的辅助材料。

汽车工业用胶黏剂根据其在应用部位所起到的作用可以分为胶黏剂（粘接用胶）、密封胶（密封用胶）及粘接关联材料（与基材有一定粘接功能的其他材料）三大类。

## 5.1.3.1　胶黏剂

粘接用胶可以根据对结构承重的贡献不同，分为结构粘接用胶（结构胶黏剂）和非结构粘接用胶（非结构型胶黏剂）。

（1）结构胶黏剂　一般为热固性材料，要求具备高粘接强度，在不同类型的结构粘接所处的特定环境条件下仍能保持相当高的强度。

（2）非结构型胶黏剂　有热固性也有热塑性，一般需要起到粘接或粘接兼密封的作用，通常应用于非承重结构，强度低于结构胶黏剂。

## 5.1.3.2　密封胶

密封胶用于各种缝隙和工艺孔的密封，起到预防动力总成工作介质渗漏，实现车身整体防水、防尘、防腐蚀介质，提高车身密封性能和使用寿命，降低风噪并改善乘员舒适性的作用。

## 5.1.3.3　关联材料

除了上述胶黏剂和密封胶外，还有一大类具有粘接性要求的功能性材料，如减振材料、降噪材料、增强材料、涂层等。它们既非材料之间的胶黏剂、也非部件密封胶，但使用时，必须与接触基材有良好的粘接性能，是特殊的与粘接相关联的功能性材料，在汽车工业中起着重要作用。

汽车制造过程中所使用的胶黏剂及其关联材料几乎涵盖了所有胶黏剂的大类，表 5-1 是各种胶黏剂在动力总成、整车装配、内外饰件生产及新能源汽车和汽车电子部件的应用。

表 5-1　各种胶黏剂在汽车工业中的主要应用

| 主要材料 | 动力总成 | 焊装车间 | 涂装车间 | 总装车间 | 内外饰件 | 新能源汽车/汽车电子部件 |
|---|---|---|---|---|---|---|
| 环氧胶 | | 折边/结构粘接、板材/空腔增强 | | 轻量化复合材料粘接 | 后视镜粘接、复材树脂、滤清器粘接 | 导热灌封、电池包粘接 |

续表

| 主要材料 | 动力总成 | 焊装车间 | 涂装车间 | 总装车间 | 内外饰件 | 新能源汽车/汽车电子部件 |
|---|---|---|---|---|---|---|
| 聚氨酯胶 | | | 密封修补 | 挡风玻璃/仪表板/顶棚/复材粘接，密封修补 | 内饰/植绒/车灯粘接、胶条涂层、滤清器粘接 | 导热灌封、电池包粘接 |
| 橡胶型胶 | | 点焊密封、钣金隔振、折边粘接、空腔密封 | 阻尼片、LASD（液态可喷涂阻尼材料） | 阻尼片、胶条密封 | 内饰粘接、车灯密封 | |
| 聚氯乙烯胶 | | | 焊缝密封、抗石击涂料、堵孔胶 | | | |
| 有机硅胶 | 平面密封 | | | | 车灯粘接 | 导热灌封、电池包粘接、LOCA |
| MS胶 | | | 密封修补 | 密封修补 | 车灯粘接 | 电池包粘接 |
| 厌氧胶 | 平面密封、螺纹锁固、圆柱固持 | | | | | |
| 丙烯酸酯胶 | 平面密封、铸件微孔密封 | 折边粘接、结构粘接 | 底部抗石击涂料、LASD | | 滤清器粘接 | 电池包粘接、LO-CA |
| 聚烯烃类胶 | | | 顶棚漏水槽密封 | | 内饰/滤清器粘接、车灯密封 | 极耳/极柱粘接 |
| EVA | | 空腔密封 | | | | 滤清器粘接 |
| 聚酰胺类胶 | | | | | 滤清器粘接 | 电子元件包封 |
| 酚醛类胶 | | | | | 刹车片粘接 | |
| 聚酯类胶 | | | | | 复材树脂 | |
| 压敏胶 | | | | 地毯粘接、密封条/饰条/线束固定/标签标识等 | 车标粘接、防擦条粘接等 | 极耳/板柱粘接 |

## 5.1.4　汽车工业胶黏剂、密封胶及关联材料的发展趋势

　　顺应汽车技术的发展及其性能要求的不断提高，作为汽车生产所必需的一大类重要辅助材料，胶黏剂、密封胶及其关联材料之开发日趋活跃、产品升级换代节奏加快、应用范围也越来越广。粘接密封技术在新能源汽车、车身轻量化、智能汽车，安全与舒适性、环保节能降耗、延长使用寿命、汽车制造工艺升级等方面正发挥着越来越重要的作用。

　　新能源汽车的发展，使传统汽车制造的核心技术——发动机技术变得不再成为入行的壁垒。这一变革催生了诸如动力电池及控制系统行业的发展，相应地需要开发满足电池模组、热能管理系统及电控系统的胶黏剂体系。

　　车身轻量化既可以满足节能和环保的要求，也可为新能源如动力电池组留出更多质量空间以保障足够的续航里程，满足轻量化材料粘接性能和工艺要求的新型胶黏剂的开发也为胶黏剂产业带来了更多的商机。

汽车智能化及乘坐体验要求的提升，也对新型汽车电子系统及娱乐系统提出了新要求，该过程会移植大量电子工业的成熟成果，开发能满足高于普通电子工业产品要求、能经受车内高温及车辆振动的胶黏剂体系成为必然。

《乘用车内空气质量评价指南》对汽车内饰用胶提出了严格的要求，内饰胶整体向水性化和热熔化的转变已经变得非常重要。

在汽车生产环节，环境保护意识的加强推动了生产厂家降低能耗、减少工序，这要求有满足新工艺要求的胶黏剂面世，同时在内外饰件生产中更多采用热熔性、水性和无溶剂体系胶黏剂，保障一线生产员工的健康。

# 5.2　胶黏剂在发动机、变速箱动力总成系统装配中的应用

汽车动力总成系统是汽车的心脏，由发动机、变速箱、车桥和集成这些动力组件的其他辅助零件组成，它们的质量水平是车企核心竞争力的关键，也是市场和消费者关注的热点。

动力总成系统需要在−40～150℃的高低温交变、不同频率振动冲击以及润滑油、燃油、冷却液等不同介质运动与变化的复杂条件下长期工作。胶黏剂和密封胶的广泛应用对保证动力总成系统在上述复杂工况条件下能够稳定、可靠地工作发挥着十分重要的作用。由于工况条件恶劣，动力总成系统的粘接和密封质量至关重要，是解决汽车漏气、漏油、漏水问题的关键，也是衡量汽车质量的一个重要指标。

## 5.2.1　胶黏剂在动力总成系统中的应用概况

### 5.2.1.1　动力总成系统胶黏剂及密封胶的主要种类

动力总成系统生产过程中所使用的胶黏剂主要包括厌氧胶、硅胶、丙烯酸胶等，它们分别应用于不同部件的螺纹锁固及密封、圆柱固持、法兰面密封及铸件浸渗密封等，见表 5-2。

表 5-2　动力总成系统中常用的胶黏剂种类及特性

| 应用 | 胶黏剂种类 | 特征及适用场合 |
| --- | --- | --- |
| 螺纹锁固 | 厌氧胶 | 动力总成系统螺栓锁固，现场涂胶；防松动可靠、耐久性高 |
| | 胶囊型预涂胶 | 动力总成系统螺栓锁固，适合生产线快节拍生产；防松可靠、耐久性高 |
| 管螺纹密封 | 厌氧胶 | 锥螺纹或直螺纹接头、丝堵密封；密封为主，兼顾防松 |
| | 非固化型预涂胶 | 锥螺纹或直螺纹接头、丝堵密封；密封功能，无锁固作用 |
| 法兰面密封 | 厌氧胶 | 刚性好、平整的机加工金属面密封，要求零件的面压力良好，耐动力总成介质性能优异 |
| | 单组分 RTV 硅胶 | 适合金属及非金属零件平面密封；适用性广，耐候、密封性能良好 |
| | 双组分硅胶 | 有快速固化工艺要求的零件密封；固化速度快，满足特殊工艺要求 |
| | 聚丙烯酸酯胶 | 耐热油性能好，无硅、油品无发泡，耐烃类气体穿透性强 |
| 圆柱固持 | 厌氧胶 | 圆柱形零件的固持和密封 |
| 铸件浸渗 | 甲基丙烯酸酯胶 | 铝铸件、粉末冶金件、电子元器件的微孔密封 |

### 5.2.1.2　动力总成系统胶黏剂在主要部件的应用点

胶黏剂在动力总成系统各主要部件的应用点见图 5-1～图 5-3。

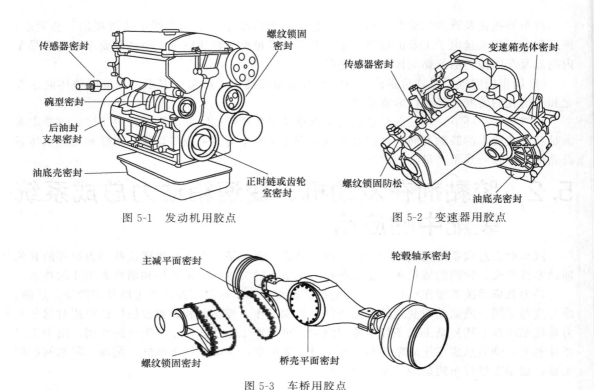

图 5-1　发动机用胶点

图 5-2　变速器用胶点

图 5-3　车桥用胶点

## 5.2.2　浸渗胶在动力总成系统铸件浸渗密封中的应用

### 5.2.2.1　铸件浸渗技术的作用及应用范围

　　有致密性要求的铸件如缸体、缸盖、壳体等在制造过程中会出现一些微孔、砂眼、细缝等缺陷，导致部件工作时的气/液渗漏、腐蚀和机加工工具的磨损等，不经密封处理，往往只能报废。

　　铸件浸渗技术是一种在常压或真空加压的作用下，使低黏度液态浸渗胶渗透填充到铸件微孔中并固化，达到有效密封微孔缺陷、消除铸件渗漏的修补密封技术。铸件浸渗密封还可以防止腐蚀性液体浸入微孔而引起内腐蚀。此外，铸件浸渗也可以为电镀、油漆等表面处理做准备，避免了这些空隙吸收电镀液后，造成气泡和不光洁表面。作为铸件、压铸件经常存在的疏松结构和微孔等缺陷的补救措施，浸渗密封也助力着铸件产品设计的薄壁化、轻型化，节省了材料的消耗。

　　目前，浸渗密封作为一道必不可少的工艺，已广泛应用于动力总成系统中各种金属铸件的密封，如发动机、变速箱、燃油泵、液压阀、化油器、压缩机和液压部件等。

### 5.2.2.2　浸渗胶的特性及选用

　　硅酸盐溶液曾用作铸件浸渗剂，现在已逐渐被黏度低、浸润性强、密封效果好的树脂型浸渗剂所替代，它们的对比见表 5-3。以甲基丙烯酸酯为主要成分的热固性有机浸渗剂，能在 90℃ 热水中，以自由基的聚合反应，固化成热固型塑料，有效地密封铸件的微孔，并且具有优异的耐高温性能（200℃ 以上）和耐化学介质性能，浸渗合格率高达 98% 以上。同时浸渗后铸件表面的残液可循环回收使用，是当今世界应用最广泛、最有效的浸渗剂。

表 5-3　浸渗胶种类及特性

| 项目 | 硅酸钠 | 甲基丙烯酸酯 |
| --- | --- | --- |
| 固化时间 | 24h | 10min |
| 黏度 | 高 | 低 |
| 浸渗后清洗 | 困难 | 容易 |
| 良品率/% | ≤80 | ≥98 |

### 5.2.2.3　浸渗工艺

在目前所开发和运行的浸渗技术中，最常用、最有效的工艺是真空压力浸渗工艺（图5-4）。为了达到有效的浸渗密封效果，需要保证真空阶段有足够的真空度，将微孔和裂缝中的气、水、油等抽出，并保证浸渗胶在后续工序中完全固化。

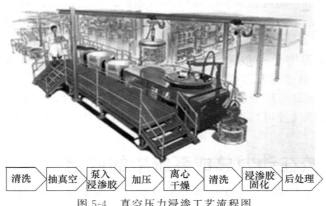

清洗 → 抽真空 → 泵入浸渗胶 → 加压 → 离心干燥 → 清洗 → 浸渗胶固化 → 后处理

图 5-4　真空压力浸渗工艺流程图

## 5.2.3　螺纹锁固胶在动力总成系统部件生产中的应用

螺纹紧固件起到承载和防止松动的作用。过去常用机械防松方式，例如使用止动垫圈、弹簧垫圈，开口销，变形螺纹等，这些机械方法都是以增加零件、提高加工精度为基础，势必增加成本，且无法从根本上制止松动，更无法避免动力总成系统工件螺纹处渗漏的问题。

在 1953 年，由当时的美国乐泰公司研发成功在缺氧状态下固化的液态单体-厌氧胶，并成功应用到螺纹锁固上。与机械锁固方式相比，它应用更简单，防松效果更可靠，还能防渗漏，防锈蚀，而且成本更低，在动力总成系统部件生产中得到普遍应用。

### 5.2.3.1　螺纹锁固胶的种类及作用

厌氧螺纹锁固胶是最早开发和商业化的螺纹锁固胶，在隔绝空气条件下与金属接触，聚合成坚韧的热固性塑料。将锁固胶涂覆在螺纹配合处（图5-5），装配后空气被排除，液态胶填满螺牙间隙进而发生固化，大大提高螺栓和螺母的连接强度，通常在装配前现场涂胶。

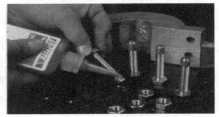

图 5-5　螺纹锁固胶现场涂胶方式

预涂型胶囊锁固胶在近些年的发展非常迅速，满足了汽车工业快节奏生产的需要，胶黏剂被预涂在螺纹表面，烘干后保存，需要装配时直接使用。

### 5.2.3.2　螺纹锁固胶的选择及应用

螺纹锁固胶在动力总成系统中的应用非常广泛，如发动机、变速箱、车桥等涉及螺纹连接的地方，特别是振动和冲击比较剧烈的部位。典型的应用包括汽车发动机的缸头螺栓、飞轮螺栓、正时罩盖螺栓、变速器壳体连接螺栓、后桥壳螺栓、汽车底盘车身的连接螺栓等。

针对螺纹锁固的应用特点，选择合适的螺纹胶时，除了关注厌氧及预涂型胶的一般性能外，还需要考虑以下几个因素：

（1）涂胶及施工工艺　根据生产场地、生产节拍及生产工艺的要求，可以选择现场涂胶或预涂胶方式。

（2）防松锁固强度　对于部分既有锁固，又有密封要求的零件，工况不同，需要有不同的防松锁固强度。譬如发动机连杆连接螺栓、缸头螺栓等很多部位的连接螺栓有很高的防松锁固要求，几乎达到永不拆卸的要求；而有的部位的螺栓连接就有可能经常拆卸，锁固强度不能太高。

（3）螺纹尺寸大小　动力总成系统常用的紧固件直径范围大约在 4～36mm，螺栓直径不同配合间隙也存在差异，需要选择不同黏度和强度的产品，通常螺纹尺寸大，选用的锁固胶胶黏度也大。

（4）部件的工况温度　一般厌氧胶的耐温不超过 150℃，但耐高温厌氧胶可以达到230℃，需要根据动力总成工况温度进行合理选择。

（5）环境温度　大部分厌氧胶在低于 10℃ 的环境下应用时，固化速度很慢，强度也低，有些个别设计的厌氧螺纹胶可以在 5～10℃ 环境下应用，但也要注意其固化速度和强度都与常温下有一定差异。

## 5.2.4　固持胶在动力总成系统中的应用

传统的机械固持方式局部应力集中易导致开裂，造成泄漏，加工精度要求高，不同材质的配合比较困难，需热处理，装配需要压力设备而且易出偏差不易调节，配合面易磨损等。

与传统固持技术相比，采用胶黏剂的化学固持技术优势明显。固持胶用于圆柱体金属的固持如压配合、单键和花键配合，固持胶可填充结合面之间的间隙，使结合面受力均匀，并能防止外界污染结合面而起到防护作用。由于固持胶在固化后起到强度补偿作用，所以在设计时可以减小原有的过盈量，甚至可以是间隙配合，这样装配更容易，加工精度也可以降低，总成本也相应降低，同时也可提高轴和孔之间的装配强度。

### 5.2.4.1　固持胶的种类及作用

固持胶主要是厌氧胶，轴孔装配后，空气被排出，单体发生聚合反应，生成高强度的聚合物，大大增强了轴孔的配合强度。

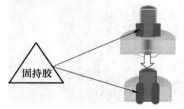

图 5-6　固持胶的应用

### 5.2.4.2　固持胶的选择及应用

固持胶被广泛应用在动力总成系统部件的轴孔配合，包括过盈、过渡和间隙配合。典型的应用如变速器传动轴和齿轮的配合，发动机凸轮轴衬套和机孔的配合，发动机缸套的固持密封，发动机各种工艺孔即碗型塞的密封，轴经过长期磨损后的修补等。图 5-6 是固持胶的应用示意图。

针对固持技术的特点，选择固持胶时，除了关注厌氧胶的一般特性外，还需要考虑以下几个因素：

（1）固持配合的间隙　过盈配合时通常选用低黏度胶，而间隙配合时多选用高黏度胶。

（2）所需的固持强度　根据要求的固持强度及拆卸难易程度，选择合适的固持胶。

（3）部件的工况温度　根据实际工作温度，选择匹配的耐温锁固胶至关重要。

## 5.2.5　密封胶在动力总成系统法兰密封中的应用

传统的法兰密封工艺采用预制式纸垫片、橡胶垫片或金属垫片，通过较高的夹紧负荷、垫片压缩形变实现密封；在实际生产过程中，铸造件法兰面采用机加工方式，法兰面有一定的粗糙度，微观上存在"波峰波谷"，即使在施加较高的夹紧负荷的条件下，固态预制式垫片也难以 100%填充法兰面表面微观缝隙，无法从根本上杜绝渗漏通道。

与传统技术相比，现场成型垫片（FIPG 或平面密封胶）具有明显优势。FIPG（formed-in-place gaskets）是一种不含溶剂的化学液态密封胶，通过对法兰面粘接的方式实现密封。在法兰装配前把密封胶涂在法兰的一个表面上，在法兰被装配之后密封胶固化。能够充满和补偿法兰表面的间隙、凹点、划痕和不规则结构，形成一个可靠耐久的 100%的密封。

### 5.2.5.1　平面密封胶（FIPG 或现场成型垫片）的种类及特性

平面密封胶主要包括厌氧胶和硅胶。除了固化机理不同外，它们的力学性能也有很大差异，表 5-4 是两种平面密封胶的特性。

表 5-4　平面密封胶的种类及特性

| 项目 | 平面密封硅胶 | 平面密封厌氧胶 |
|---|---|---|
| 固化机理 | 湿气固化 | 无氧、接触金属固化 |
| 操作时间 | 3～10min | 无限制 |
| 最大填充间隙/mm | 6.25 | 1.25 |
| 延伸率/% | 250～600 | 5～100 |
| 使用温度范围/℃ | −17～315 | −54～204 |
| 承压范围/MPa | ≤13 | ≤34 |

### 5.2.5.2　平面密封胶的选择

平面密封胶被广泛应用于发动机、变速箱、车桥等需要密封的平面部位。由于动力总成系统的工况条件比较复杂，在选择平面密封胶进行法兰密封时，需要考虑下列因素：

（1）需要密封的介质

① 发动机。发动机主要有机油和冷却液两种介质需要密封，密封不同介质的密封胶需要具有耐该类介质的性能。

② 变速箱。手动变速箱的主要介质是齿轮油，自动变速箱介质是 ATF（自动变速箱油）。用于变速器壳体的密封胶应该具有良好的耐齿轮油或耐 ATF 介质的能力。

③ 车桥。驱动桥内部介质是重负荷齿轮油，密封胶应该具有重负荷齿轮油的良好耐受性。通常情况下，厌氧胶比硅胶具有更好的耐动力总成介质能力。

（2）部件的工况温度　一般厌氧胶的耐温不超过 150℃，但耐高温厌氧胶可以达到230℃。硅胶的耐温性较好，通常可耐 260℃高温，部分产品可达 350℃，对于发动机排气管或增压器附近高温区域的密封，通常建议选择硅胶产品。

（3）零件的刚性及密封面结构　对于同时满足如下条件的平面密封，可优先选用平面密封厌氧胶：刚性强的金属铸件；金属法兰面直接接触，螺栓布局合理且面压力良好，法兰面宽度满足要求（通常＞5mm）；装配初始间隙小（＜0.25mm 时）；密封面上存在油道、水道设计。

柔性平面厌氧胶是近几年的技术革新，延伸率可达 200%，符合动力总成系统升级的动态密封要求，在动力行业内得到了迅速推广及使用。

对于冲压件油底壳或薄壁铝制件这些易发生挠性变形的柔性零件的密封平面，或者初始间隙较大、由于热变形或振动使密封面可能发生较大相对位移的密封平面，应首选断裂延伸率较高的平面密封硅胶。

（4）施工工艺节拍　平面密封硅胶的黏稠度不同，挤出性差异非常大，采用不同施胶设备时的涂胶节拍存在差别。使用涂胶设备和压胶泵的情况下，需要考虑泵的压缩比与硅胶黏度、挤出性的匹配，高压缩比泵可以更流畅地挤出高黏度硅胶。当压缩比达到 48：1 或更高时，基本可以保证各种黏度硅胶的流畅挤出。对于手动工具（手动施胶枪）施胶，则不适宜选用高黏度的硅胶，而应该选用黏度较低的硅胶，以保证施胶过程流畅，而又不至于让操作者疲劳。

对于一些生产批量大、生产节拍要求快且密封部位需要快速固化的零件，适合采用表干快的单组分硅胶产品或双组分硅胶产品。

### 5.2.5.3　平面密封胶的应用实例

（1）平面密封胶在发动机上的应用　发动机装配过程中，采用平面密封胶的典型位置有：上下缸体密封面、油底壳-下缸体密封面、正时罩盖密封面、后油封座、凸轮轴框架或凸轮轴瓦盖及油气分离器密封面。由于机型结构设计不同，应用点会有所差异。

上下缸体密封面、油底壳-下缸体密封面（油底壳密封见图 5-7）、正时罩盖密封面，后油封座及油气分离器密封面，通常采用单组分 RTV 硅胶密封，单组分硅胶适用于金属件（铸铁、铝/镁合金等）、塑料件、T 型区位置密封。

凸轮轴框架密封（如图 5-8 所示）或瓦盖密封，该位置为金属铸件，密封面上有冷却油道设计，通常采用平面厌氧胶密封。

图 5-7　油底壳密封　　　　　　　　　　图 5-8　凸轮轴框架密封

（2）平面密封胶在变速箱上的应用　变速箱装配过程中，采用平面密封的典型位置有：变速箱壳体-离合器壳体（图 5-9）、油底壳（图 5-10）、盖板等密封面。因机型结构设计不同，平面密封应用点会有差异。

图 5-9　变速箱壳体-离合器壳体（厌氧胶密封）　　　图 5-10　油底壳（硅胶密封）

根据零件结构设计、零件材质及刚性、螺栓布局等，预先选定密封胶种类，单组分硅胶及厌氧胶均广泛用于变速箱法兰面密封。

（3）平面密封胶在车桥等零部件上的应用　多级减速车桥如图 5-11 所示。采用平面密封胶的典型位置有后桥桥壳与主减结合面、主减箱与箱盖结合面、主减接油板连接面、主减轴承座与主减箱结合面、轮边端盖与轮边减壳结合面等。

卡车车桥壳体多为铸铁件，乘用车车桥多为铝铸

图 5-11　多级减速车桥

件，RTV 硅胶及平面厌氧胶均可用作车桥法兰面密封胶。

# 5.3　胶黏剂及关联材料在焊装工序中的应用

焊装车间是整车制造三大工序的关键一环，涉及钣金冲压、结构焊接及拼装等重要工艺过程，直接影响车身结构及车辆的安全性能。胶黏剂及关联材料在车身的广泛应用为车体增强和结构安全、车身密封和防腐以及助力车身减重、提升减振降噪性能等提供了有力保障。

## 5.3.1　焊装工序常用胶黏剂的应用概况及技术要求

### 5.3.1.1　焊装胶黏剂及关联产品的主要种类

在焊装工序中主要应用的胶黏剂及关联材料包括点焊密封胶、隔振胶黏剂、折边胶黏剂、结构胶黏剂以及外板增强材料、空腔阻隔件及包括空腔增强泡沫在内的 NVH 材料。它们的主要类型及应用点见表 5-5。

表 5-5　焊装车间胶黏剂及关联产品的主要类型及应用点

| 胶黏剂 | 主要材料 | 性状 | 组分 | 膨胀率 | 应用特征及适用场合 |
|---|---|---|---|---|---|
| 点焊密封胶 | 橡胶 | 糊状 | 单 | 无 | 主流产品，施工性能好，可机械手施工 |
| | | | | 低到高 | 适用于密封面凸凹不平的情况可在加热膨胀固化后填充满相应缝隙，但打胶量控制不当容易溢胶，污染工件 |
| | | 胶条 | 单 | 无 | 无需专用涂胶设备，操作方便，胶条预先成型，克服了膏状产品涂胶量过少密封失败，过多溢出污染工件，产生浪费的缺点，但成本高于糊状产品，施工效率不如糊状产品 |
| | | | | 低到高 | 预成型条，加热膨胀后填满相应缝隙 |
| | PVC | 糊状 | 单 | 无 | 适用于无电泳烘烤的低温固化体系，由于点焊时 PVC 分解，放出酸性气体，在湿热环境下点焊部位易产生浮锈而逐步被淘汰 |
| 隔振胶 | 橡胶 | 糊状 | 单 | 无 | 是汽车主机厂主要使用的产品，施工性能好，性价比高，粘接强度高 |
| | | | | 低到高 | 加热固化后可以向四周延伸，对粘接部位进行填充，可填补部分因挤压胶少造成的开裂，高膨胀型填补效果尤为明显 |
| | | 胶条 | 单 | 无 | 预成型条，避免膏状胶涂胶不当的工艺不良问题，但成本高于膏状减振胶，施工效率不如膏状减振胶；无需专用涂胶设备，操作方便，具有一定装配强度，可解决车身入水、烘烤过程开胶问题。初始装配强度高 |
| | | | | 低到高 | 加热固化后可以向四周延伸，对粘接部位进行填充，可填补部分因挤压胶少造成的开裂，高膨胀型填补效果尤为明显 |

续表

| 胶黏剂 | 主要材料 | 性状 | 组分 | 膨胀率 | 应用特征及适用场合 |
|---|---|---|---|---|---|
| 折边胶 | 环氧 | 糊状 | 单 | 无 | 主流产品,经电泳烘房固化 |
| | 环氧或丙烯酸酯 | 糊状 | 双 | 无 | 可室温初步固化定位,适用于无高温烘烤条件或需要达到较高装配强度的一些特殊工艺要求车型 |
| | 橡胶 | 糊状 | 单 | 无 | 高强度,具备一定韧性 |
| | 混合型 | 糊状 | 单 | 无 | 施胶后,可实现预凝,无后续位移之虑 |
| 结构胶 | 环氧 | 糊状 | 单 | 无 | 可高温固化,关键部位需要高抗冲性能 |
| | 环氧或丙烯酸酯 | 糊状 | 双 | 无 | 可室温初步固化定位,适用于无高温烘烤条件或需要达到较高装配强度的一些特殊工艺要求车型 |
| 空腔阻隔材料 | 橡胶/自粘 | 片状 | 单 | 高 | 无需支架,制造工艺简单 |
| | EVA/支架 | 3D件 | 单 | 高 | 需要支架,定位精确,主流产品,效果好 |
| 板材增强材料 | 环氧/约束层 | 2D件 | 单 | 无 | 应用于门、顶、盖等,玻纤、铝箔、钢片作为约束层强度高 |
| 空腔增强材料 | 环氧/支架 | 3D件 | 单 | 高 | 需要支架,定位精确,主流产品,空腔增强效果好 |

### 5.3.1.2　焊装胶黏剂及关联产品的主要作用

（1）点焊密封胶　主要应用于车身钣金冲压件的搭接焊缝部位,在焊点周围及焊点之间形成密实胶层,密封焊点以及缝隙,起到隔绝焊点与潮气和灰尘接触、提高车身结构件耐腐性能及使用寿命的作用。

（2）减振胶黏剂　主要应用于车身覆盖件或四门两盖（外板）与钣金加强梁之间的缝隙,降低或阻隔钣金件的相互碰撞及振动,消除或减少由此产生的振动噪声。

（3）折边胶黏剂　主要应用于车门、发动机盖及后备厢盖的边缘折边部位,起到减少或消除焊点、保证车身外观质量的作用。

（4）结构胶黏剂　指用于粘接车身受力部件、对机械强度和耐久性要求比较高的胶黏剂,高抗冲击型结构胶黏剂需要有很好的冲击能量吸收性能。对于轻量化车身所使用的轻金属合金、复合材料等,一般也采用结构胶黏剂进行粘接。

（5）空腔阻隔泡沫　主要应用于车架空腔中的关键部位,阻隔汽车行驶过程中气流在空腔中的传送,避免噪声的产生和传播。

（6）外板增强材料及空腔增强泡沫　它们在汽车轻量化中起着重要作用,将在汽车轻量化章节中介绍。

### 5.3.1.3　焊装工艺及对胶黏剂和关联材料的要求

焊装胶黏剂及关联材料从开始施胶到完全固化,需要跨越焊装和涂装两大车间,见图5-12。焊装胶黏剂、空腔阻隔材料和增强材料在钣金件焊接拼装前完成施工,并随焊接拼装完成的车身经油漆车间的前处理及电泳工序,在通过电泳烘房时实现完全固化。

图 5-12　焊装胶施工及固化流程图

由于焊装工艺及后续油漆车间前处理和电泳工艺的特殊性,除了需要具备汽车胶黏剂的一般性能外,焊装胶及关联材料还需要具备如下特性:

① 焊装过程中会产生大量火花,胶黏剂中不能含有易燃易爆组分。

② 焊装工序大量使用油面金属板材,需要胶黏剂及密封胶具备良好的油面粘接性能。

③ 焊装胶能经受金属前处理工艺的流体冲洗,并对前处理槽液及电泳槽液不形成污染。

④ 焊装胶大多为单组分，需要随车身在电泳烘房实现完全固化。传统的烘烤工艺是 180℃×30min，随着汽车厂家节能减排的要求，烘烤温度逐渐下降，焊装胶须适应这一趋势。

⑤ 材料及施工对后续的油漆涂装工艺无不良影响。

## 5.3.2　点焊密封胶在焊装工艺中的应用

汽车车身通常由多种冲压成型的金属板材通过多层次的搭接点焊方式拼装而成，因此，焊接质量及焊点耐久性是保障车辆安全的关键因素之一。点焊密封胶用于车身钣金冲压件的搭接焊点处，起到隔绝腐蚀介质侵入、保护焊点的作用。同时，点焊密封胶也应用于焊点之间缝隙处，起到密封缝隙的作用。焊点保护及缝隙密封性的好坏关系到车身耐腐蚀能力和质量。焊点保护及缝隙密封不充分，行驶中的汽车可能漏水、透风和有灰尘进入，引起焊点及金属板材的腐蚀，降低车辆的使用寿命，严重的可能会影响车辆的安全。

### 5.3.2.1　点焊密封胶的主要类别及性能

焊装车间普遍使用的点焊密封胶是橡胶基糊状点焊密封胶，其施工性能好，与电泳烘烤工艺相匹配。PVC 点焊密封胶虽可在无电泳烘烤条件下低温固化，但因点焊时 PVC 分解放出酸性气体、在湿热环境下点焊部位易产生浮锈而逐步被淘汰。根据工艺条件的不同，也有少量预成型点焊密封胶条的应用。表 5-6 是点焊密封胶的常见技术指标。

表 5-6　点焊密封胶的常见技术指标

| 试验项目 | 糊状点焊密封胶 | 预成型点焊密封胶带 |
| --- | --- | --- |
| 颜色 | 黑色 | 黑色 |
| 相对密度/(g/cm³) | 1.3～1.5 | 1.25～1.6 |
| 黏度 | 根据生产施工工艺确定 | — |
| 不挥发物含量/% | ≥95 | ≥98 |
| 剪切强度/MPa | ≥0.5 | ≥0.3 |
| 体积膨胀/% | 0～350(取决于应用) | 50～150(取决于应用) |
| 硬度(邵 A) | 5～45 | 5～45 |
| 施工温度/℃ | 室温、加温(冬季) | 室温 |

### 5.3.2.2　点焊密封胶的应用

点焊密封胶可用于所有的车身焊缝处，尤其适用于焊装之后被零件遮蔽或无法在涂装车间涂布焊缝密封胶的缝隙，它也可以同焊缝密封胶并用，以密封容易被锈蚀或密封质量要求高的缝隙部位。图 5-13 是点焊密封胶的应用示意图。

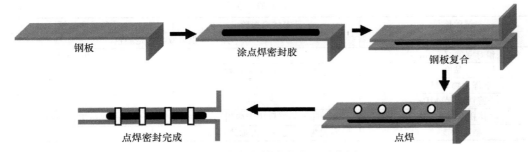

图 5-13　点焊密封胶的应用示意图

点焊密封胶在钣金件焊接前进行施工。糊状点焊密封胶通常采用高压缩比无气喷涂泵进行输送，在涂胶工位由人工或机械手进行涂胶，而预成型点焊密封胶带通常直接由人工施胶。

点焊过程中，瞬间高压迫使焊接部位的点焊密封胶外移并实现焊接部位的有效焊接，外移的密封胶在点焊完成后紧裹焊点而实现焊点的密封保护，同时焊点间的缝隙也在完成焊接后被密封胶密封。点焊密封胶在通过油漆车间的电泳烘房时实现完全固化。图 5-14 是点焊密封胶应用实例。

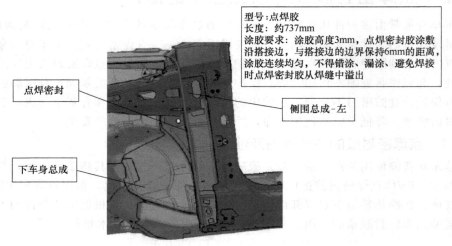

型号：点焊胶
长度：约737mm
涂胶要求：涂胶高度3mm，点焊密封胶涂敷沿搭接边，与搭接边的边界保持6mm的距离，涂胶连续均匀，不得错涂、漏涂、避免焊接时点焊密封胶从焊缝中溢出

点焊密封

侧围总成-左

下车身总成

图 5-14　点焊密封胶应用实例

## 5.3.3　隔振胶在焊装工艺中的应用

在汽车车身制造过程中，车身覆盖件的外板通常需要采用金属加强梁进行增强，而外板与加强梁间的结合通常采用边缘焊接或包边方法进行装配，如顶棚加强梁、引擎前盖加强梁、车门加强梁以及后备厢后盖加强梁等与相应外板的组合。由于外板中间部位与加强梁之间存在着一定的缝隙，如果不进行处理，行驶中会因外板颤动而碰撞加强梁，从而产生振动噪声。为了解决上述问题，汽车主机厂普遍采用焊装前在加强梁上涂覆减振胶的工艺方法。除上述部位外，与支撑车身内板易接触产生碰撞的部位，也广泛应用减振胶。

### 5.3.3.1　隔振胶的主要类别及性能

焊装车间大量采用的是橡胶基糊状隔振胶，也有一些预成型隔振胶条被采用，此外，还有少量的丙烯酸及 PVC 隔振胶。表 5-7 是隔振胶的常见技术指标。

表 5-7　隔振胶的常见技术指标

| 试验项目 | 糊状隔振胶 | 预成型隔振胶 |
| --- | --- | --- |
| 颜色 | 黑色或供需双方约定颜色 | |
| 相对密度/(g/cm³) | 1.3～1.5 | 1.25～1.6 |
| 黏度 | 根据生产施工工艺确定 | — |
| 不挥发物含量/% | ≥95 | ≥98 |
| 剪切强度/MPa | ≥0.5 | ≥0.3 |
| 体积变化率/% | 0～350(取决于应用) | 10～150(取决于应用) |
| 施工温度/℃ | 室温为主,高黏度需加热到60℃ | 室温 |

### 5.3.3.2　隔振胶的应用

隔振胶主要应用于加强筋与金属板材之间，起到阻隔钢板与加强筋之间可能的碰撞振动的作用，在某些应用中，也有采用点焊密封胶作为隔振胶应用的实例，根据施工的便利性，隔振胶可以施胶在加强筋上，也可以在钢板上。隔振胶的使用部位如图 5-15 所示。

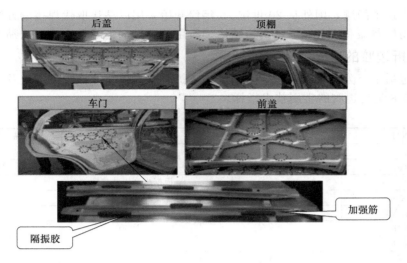

图 5-15  隔振胶的使用部位

隔振胶在钣金件焊接前进行施工。糊状或泵送型隔振胶通常采用高压缩比无气喷涂泵进行输送，在涂胶工位由人工或用机械手进行涂胶，而预成型隔振胶带通常直接由人工施胶。隔振胶在通过电泳烘房时实现完全固化。

长城汽车覆盖件为防腐效果比较好的镀锌板，其使用减振效果良好的膏状膨胀型减振胶，单车用量 1kg 左右。东风渝安使用的为高膨胀型减振胶，该减振胶膨胀率在 200%～250% 左右，抗冲刷性能好，固化后支撑强度好，减振效果好。主要用于在内外板扣合后钣金打磨修正的部位，通过烘烤后减振胶的膨胀，弥补前期修正时已经形成的缺陷。上汽通用车门使用膨胀率高达 500% 左右的高膨胀预成型阻尼材料，烘烤后材料发泡，形成约束阻尼系统，达到减振作用，改善了关门噪声。

对于客车、商务车等大型车辆来说，外板与（骨架）加强梁之间缝隙较大，一般在 8～15mm 左右，在该间隙下，糊状胶容易流淌、在槽液中被冲刷、涂布的有效粘接体积无法控制等各种工艺问题，因此一般如郑州宇通、金龙客车、华晨金杯、北汽福田等主机厂基本都采用预成型减振膨胀胶，通过该类材料，可有效避免相应工艺问题，将内外板有效连接，提升车身整体 NVH 性能。

随着汽车车身材料及工艺变化，对减振胶也提出了新的要求，譬如，为适应钣金变薄，需要研发高弹性、高强度防振胶，以避免拉坑问题；为适应车身轻量化和防腐而采用的轻金属板材，需研发在相应材料上粘接效果优良的产品；为满足车内空气质量要求，需研发低气味、低 VOC 产品；为满足国家对危险废弃物管控，需改善焊装胶的包装方式，譬如塑料管装产品改为软包装产品，以减少固体废弃物的产生，降低废弃物处理费用。

## 5.3.4  折边胶在焊装工艺中的应用

汽车的车门、发动机罩盖和后备厢盖板等部件通常由内板及外板组成，经折边后点焊连接。但是，这种工艺使车身表面增添了许多由焊接而造成的凹坑（焊点），严重影响车身的外观质量，尤其在使用带有镀层的钢板（如镀锌钢板）时，由于焊点可能破坏周围的镀层结构，导致车身耐腐蚀能力下降。早期的制造厂家不得不把凹坑处用腻子修补平整，这既增加了生产成本和工序时间，又影响整车外观及车辆寿命，不能满足汽车工业自动化生产的要求。

为了解决这个问题，国外从 20 世纪 70 年代开始采用以粘接取代焊接的方法来生产汽车的车门、发动机罩盖和后备厢盖的折边结构，所用的胶黏剂也统称为折边胶黏剂。

### 5.3.4.1　折边胶的主要类别及性能

折边胶包括单组分环氧折边胶、双组分环氧折边胶、单组分橡胶折边胶及混合型预凝胶折边胶，表 5-8 是折边胶的常用技术指标。

表 5-8　折边胶的常用技术指标

| 试验项目 | 环氧基折边胶 | 橡胶基折边胶 | 混合型折边胶 |
|---|---|---|---|
| 颜色 | 黄色或深色 | | |
| 相对密度/(g/cm³) | 约 1.4 | 约 1.5 | 约 1.45 |
| 黏度 | 根据生产工艺确定 | | |
| 不挥发物含量/% | ≥99 | ≥99 | ≥99 |
| 剪切强度/MPa | ≥15 | ≥8 | ≥8 |
| 玻璃微珠 | 无/有 | 无/有 | 无/有 |
| 施工温度 | 室温 | | |
| 预凝胶 | 无 | 无 | 有 |

为了实现不同的工艺目标，需要采用合适的折边胶黏剂。单组分环氧折边胶是目前汽车工业应用最为广泛的折边胶。

混合型折边胶能够在短时间内通过感应加热或远红外加热达到预凝胶状态，可以提高折边胶的抗槽液冲洗能力。

含有玻璃微珠的折边胶在包边压合前后及固化前的车身转运过程中，能有效防止钢板错动而导致溢胶，保证一定量的折边胶充盈在折边处，起到有效粘接作用，同时，玻璃微珠也具有一定的增强作用。

### 5.3.4.2　折边胶的应用

折边胶的种类、涂胶量，以及折边工艺对折边部件的品质及耐腐蚀性能起着十分重要的作用，它同时也影响油漆车间焊缝密封胶的施工及外观品质。折边胶通常涂胶于部件的盖板或外板卷边处（图 5-16），再与其他钣金件复合包边成为一个整体。

车身后盖卷边　　车门卷边　　前盖卷边

图 5-16　折边胶黏剂应用示意图

折边胶在内外板进行折边前涂胶完毕，采用高压缩比无气喷涂泵进行折边胶的输送，人工或用机械手进行涂胶，并在通过电泳烘房时实现完全固化。折边胶涂胶量及涂胶位置对四门两盖的总体质量起着重要作用。根据统计，目前折边胶出现的应用问题绝大多数与涂胶工艺有关。为保证涂胶工艺一致性，避免出现折边胶涂多、涂少、喷涂位置不当等各种工艺问题，采用机器人自动涂胶设备是未来折边胶施工的一个发展趋势，该工艺可大幅减少车门部位 A 级缺陷数量，减少返修等不良成本，提升车身外观质量。

为了适应汽车制造工业节能环保、安全舒适、低成本、长寿命发展趋势，折边胶在不断发展和创新。随着新型环氧增韧材料的应用，折边胶综合性能不断提高，高剪切（≥20MPa）、高韧性（T 型剥离≥100N/25mm）折边胶成本大幅降低，通过该类材料应用，可大幅增加连接部位的粘接强度和疲劳强度，增加车身整体强度和寿命，提高车身安全性能。

## 5.3.5　结构胶黏剂在焊装工艺中的应用

### 5.3.5.1　结构胶黏剂的主要类别及性能

结构胶黏剂简称结构胶，一般是指用于粘接车身受力部件，对机械强度（尤其是冲击剥离强度）和耐久性要求比较高的胶黏剂。一般用于具有张力、剪切、剥离、冲击及振动等受力状况部位的结构粘接。

结构胶根据材料可以分为改性环氧树脂型和丙烯酸酯型。改性环氧树脂型一般用于白车身的金属粘接，加热固化，针对轻量化车身的设计趋势；特制的改性环氧树脂型结构胶也适应不同种金属之间的粘接（如铝合金与钢板）以及金属与非金属材料之间的粘接（如钢板与碳纤维板）。丙烯酸酯型一般用于室温固化的轻金属材料的粘接，如铝合金、塑料件等。环氧结构胶的主要性能见表 5-9。

表 5-9　环氧结构胶的主要性能

| 试验项目 | 环氧结构胶性能 |
| --- | --- |
| 状态 | 糊状 |
| 相对密度/(g/cm³) | 1.0～1.2 |
| 黏度 | 根据生产工艺条件 |
| 不挥发物含量/% | ≥98 |
| 拉伸强度/MPa | ≥30 |
| 伸长率/% | ≥10 |
| 剥离强度/(N/mm) | ≥8 |
| 冲击剥离强度/(N/mm) | ≥25 |
| 剪切强度/MPa | ≥25 |
| 施工温度/℃ | 20～50 |

### 5.3.5.2　结构胶的应用

结构胶是近年应用快速增长的一个胶种，是随着汽车轻量化概念的提出以及实施而衍生的一类高强度胶黏剂。车身结构轻量化设计的目的是节能减排，以及提高整车安全性和操控性。减薄车身板料厚度和采用轻质材料是汽车轻量化的主要途径之一，采用高强度钢替代普通碳素钢而减小车身结构用钢材厚度；同时，采用粘接工艺替代焊接工艺，将结构胶用于车体立柱、底板、框架梁、顶盖、侧围等结构部位，可以达到轻量化同时保持车身性能，降低生产成本；采用轻质铝合金、钛合金、复合材料等不同材质，需要连接时，无法采用焊接工艺，也需要应用结构胶进行粘接。结构胶白车身的应用部位如图 5-17 所示。

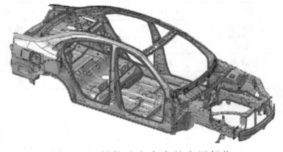

图 5-17　结构胶白车身的应用部位

长城汽车在某款中型运动型多功能汽车上应用结构胶，静扭转刚度提高了 11.3%，弯曲刚度提高了 5.1%，扭转刚度的提升使该车型的轻量化系数也相应提高 11%，节能效果显著。发动机舱盖锁钩处采用加强板焊接加上粘接的方式，23000 次反复开合焊点无开裂；后轮罩处应用结构胶，焊点由 15 个降低到 7 个，超过 $5×10^4$ km 的整车综合路况道路试验无开裂，疲劳效果良好。

对于结构胶，主机厂需要根据设计性能要求（模量、刚度、耐久性等）、工艺要求（烘烤条件、涂胶设备条件）、粘接材质（被粘材料、表面涂层）等各种因素对其进行选择、CAE模拟以及按照生产实际使用的材质进行相关剥离、冲击剥离强度测试，以获得准确的应用数据，确定最合适的结构胶产品类型。

单组分环氧类结构胶涂布工艺与折边胶基本相同，但由于结构胶增韧效果好，配方中增韧剂较多，黏度较折边胶大，因此涂胶受到冬季气温影响比较大，需要采用辅助加热措施，机械注胶设备需要考虑压缩比较大，压盘、管道、计量器、胶枪部位有加热配置的注胶泵，以保证冬夏季施工环境温度能够恒定一致，满足生产需要。此外，由于粘接件一般为不包合的冲压件，涂胶后不施加压力，结合面的间隙较大，因此要求结构胶工艺性好，在垂直面加热固化过程中不流淌，防止出现缺胶而导致的粘接不牢或应力分布不均匀。

双组分环氧类结构胶和双组分丙烯酸酯类结构胶的涂胶，需要按甲、乙组分配比的不同使用专门的涂胶设备。由于双组分结构胶在常温下经过较短时间就可固化或略微加温条件下即可达到搬移强度，所以双组分结构胶对一些需要移动的部件的粘接是非常方便的。

## 5.3.6　空腔阻隔材料在焊装工艺中的应用

车身横梁和立柱由金属板材冲压、搭接点焊而成，车辆在行驶过程中气流会在横梁和立柱的空腔内进行流动，产生噪声。空腔阻隔材料在现代汽车设计及生产中得到广泛应用，它们被应用于车身空腔内的特定位置，发泡后填满设定的空腔内腔，阻断气流的串流和噪声的产生。图5-18是空腔阻隔材料在车身上的常用部位。

图5-18　空腔阻隔材料在车身上的常用部位

### 5.3.6.1　空腔阻隔材料的主要特性

空腔阻隔材料主要为高温下可发泡材料，目前广泛采用的是自粘型2D件及支架复合型3D件，它们的类型及特性见表5-10。

表5-10　空腔阻隔材料的类型及特性

| 项目 | 2D空腔阻隔材料 | 3D预成型空腔阻隔材料 | 单组分糊状空腔阻隔材料 | 双组分空腔阻隔材料 |
|---|---|---|---|---|
| 发泡料基材 | 橡胶 | EVA、橡胶 | 橡胶 | 聚氨酯 |
| 支架 | 无 | 工程塑料、金属 | 无 | 无 |
| 发泡倍率/% | 300~1000 | 300~3000 | 500~1000 | 4000 |
| 发泡条件 | 高温 | | | 室温 |
| 施工工位 | 焊装车间 | | | 油漆完成后 |
| 应用特点 | 部分应用，自粘型，无需施工设备，贴合不佳可导致脱落 | 主流产品，计算机仿真设计，适用于复杂空腔，卡扣固定精确牢固，可部分控制发泡方向，阻隔效果理想，需要开模 | 无需开模，无尺寸形状要求，不适用于较大空腔，易流淌，密封不佳 | 无需开模，无尺寸形状要求，需要注胶孔和双组分注胶设备，工艺控制不好易流淌、密封不佳 |

2D空腔阻隔材料通常是带隔离纸的自粘型材料（图5-19），3D空腔阻隔材料由支架及发泡料组成（图5-20），图5-21是空腔阻隔材料发泡前后状况示意图。

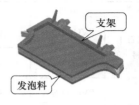

图 5-19　2D 自粘型空腔阻隔材料示意图　　　　图 5-20　3D 支架复合型空腔阻隔材料示意图

图 5-21　空腔阻隔材料发泡前后状况示意图

### 5.3.6.2　空腔阻隔材料的应用

空腔阻隔材料需要在空腔钣金焊接前安装完成。单组分糊状空腔阻隔材料如焊装胶施工方法是将材料打在需要部位；2D 发泡件需要在去除隔离纸后，将自粘面用力按压至指定的立柱钢板工件位置；3D 发泡件的施工则需要将零件上的卡扣插入预设的钣金工艺孔内。

上述空腔阻隔材料随焊接拼装完成的空腔被安装于车身，并在油漆车间的电泳烘房内完成发泡，填满设计部位的空腔横截面，完成气流的阻隔。

双组分空腔阻隔材料主要是双组分聚氨酯，需要在完成油漆工艺后施工，通过在立柱和横梁预设的工艺孔进行灌注，很少使用。

# 5.4　胶黏剂及关联材料在涂装工序中的应用

涂装工序是整车制造企业三大工序之一，是承接来自焊装车间已完成结构焊接及拼装的白车身，进入油漆车间进行车身防腐蚀处理和外观油漆装饰的重要工序。

涂装车间在前处理工段需要大量使用金属表面处理剂对车身进行防腐保护，并在后续的油漆工段使用各种油漆进行外观美化，胶黏剂及其关联材料的使用也对车身的防腐、外观及减振降噪起着重要作用。

## 5.4.1　涂装工序常用胶黏剂的应用概况及技术要求

### 5.4.1.1　涂装胶黏剂及关联材料的主要种类

涂装车间所使用的胶黏剂主要有焊缝密封胶、车底抗石击涂料、裙边胶及堵孔胶等，另有少量聚氨酯胶及改性硅烷胶作为修补胶。涂装车间使用到的其他关联材料还包括沥青阻尼垫、阻尼片及液态喷涂阻尼涂料等。表 5-11 是它们的种类、特性及应用领域。

表 5-11　涂装车间胶黏剂及关联材料的主要类型及应用领域

| 胶黏剂 | 胶种 | 性状 | 应用特征及适用场合 |
|---|---|---|---|
| 焊缝密封胶 | PVC 塑溶胶 | 糊状 | 主流产品，应用于车身各种焊缝的密封 |
| | 热熔树脂 | 预成型条 | 应用于车顶漏水槽密封 |

续表

| 胶黏剂 | 胶种 | 性状 | 应用特征及适用场合 |
|---|---|---|---|
| 车底抗石击涂料 | PVC塑溶胶 | 糊状 | 主流产品,应用于车身底部和轮罩,抵御和吸收车辆行驶中石子的冲击,某些情况下用作裙边胶 |
|  | 丙烯酸塑溶胶 | 糊状 | 与PVC塑溶胶类似,应用较少,车回收焚烧时不产生氯化氢等气体,环保 |
| 裙边胶 | PVC塑溶胶 | 糊状 | 主流产品,应用于车身裙边,抵御和吸收车辆行驶中石子的冲击,具有一定的外观装饰性 |
|  | 丙烯酸塑溶胶 | 糊状 | 与PVC塑溶胶类似,应用较少,车回收焚烧时不产生氯化氢等气体,环保 |
| 堵孔胶 | PVC塑溶胶、橡胶 | 腻子状 | 用于车身工艺孔的密封 |
| 阻尼材料 | 沥青垫 | 片状 | 应用于车身地板、门、侧围,存在环保、健康隐患 |
|  | 橡胶/铝箔 | 自粘胶片 | 应用于车门、侧围、车顶 |
|  | LASD | 糊状 | 相对沥青垫环保,应用于车身地板、门、侧围,自动操作,定位精准 |
| 修补胶 | 聚氨酯或硅烷 | 糊状 | 密封胶及底部涂料出现缺陷时进行修补 |

### 5.4.1.2　涂装胶黏剂及关联产品的主要作用

（1）焊缝密封胶　主要应用于车身各种焊接缝的密封。焊装车间所使用的密封胶主要在钢板搭接面之间,而焊缝密封胶主要在搭接缝的外侧,通过密封焊接缝避免水汽、灰尘及脏物的侵入而引起金属的局部腐蚀,影响金属连接件的使用寿命。同时,外观可见的细腻密封胶在油漆工序完成后,也赋予了焊接缝的美观性。

（2）车底抗石击涂料　主要应用于车身底盘及轮罩,通过抵御并吸收车辆行驶中来自路面硬质颗粒的冲击,避免前处理工序形成的防腐保护层遭到破坏,引起金属的局部腐蚀而影响车辆的使用寿命,它也同时起着降低噪声的功效。

（3）裙边胶　主要应用于车体的裙边处,起到抗石击、保护裙边防腐涂层免遭破坏的功能,它的外观要求比较高,在很多实际应用中,汽车厂家也将底部抗石击涂料作为裙边胶使用。

（4）堵孔胶　也称为拇指胶,主要应用于密封较大的结构工艺孔,由于应用范围有限,在此不作详细介绍。

（5）修补胶　常在密封胶和底部涂料产生缺陷时用其进行局部修补,除了在油漆车间使用外,它们也在总装车间使用,由于应用范围有限,在此不作详细介绍。

（6）减振降噪材料　在油漆车间应用的减振降噪材料主要为阻尼材料,包括沥青垫、橡胶基阻尼片及液态可喷涂阻尼材料,应用于车身底盘、车门、顶棚、引擎盖、后备厢及侧围,起到减振降噪作用。

### 5.4.1.3　涂装工艺的革新及对胶黏剂和关联产品的新要求

从20世纪80年代国内引入合资汽车生产线开始,从密封胶和底部涂料施工到完全固化,形成了如图5-22的标准工艺流程。

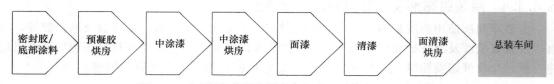

图5-22　密封胶/底部涂料在油漆车间的标准工艺流程

其中,各烘房的烘烤条件大致为:预凝胶烘房温度在120℃左右,升温—保温—降温整个过程的烘烤时间为10～15min;中涂漆烘房的烘烤条件约为150～170℃、30min;面清漆烘房的烘烤条件与中涂漆烘房类似。

随着节能降耗和环境保护要求的提高，国内外汽车厂家对涂装工艺进行了持续革新：烘房数量被减少、温度及烘烤时间被下调，油漆工序被简化。图 5-23 是密封胶/底部涂料在传统溶剂型油漆车间的各种工艺流程对比图。随着烘烤温度下降及时间减少，要求胶黏剂能够在较短时间内实现完全固化；在湿碰湿工艺中，由于预凝胶烘房的取消，中涂漆被直接覆盖于未凝胶的密封胶上，这对密封胶及油漆的相容性是一大挑战。

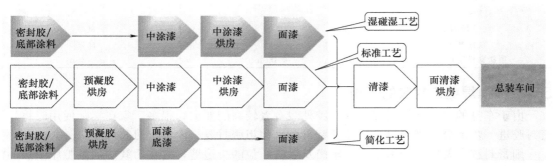

图 5-23　密封胶/底部涂料在传统溶剂型油漆车间的各种工艺流程对比图

由于环保要求的提高，近几年，水性油漆被导入并部分取代溶剂型油漆，涂装工艺也有相应的改变，呈现出目前的新老涂装工艺并存的局面。图 5-24 是密封胶/底部涂料在水性油漆体系的涂装工艺流程示意图。其中水性漆需要在闪干烘房中将水分除去，条件是 80℃、10min。采用了不同于溶剂型油漆的工艺体系后，满足该工艺要求的胶黏剂新品开发成了必然趋势。

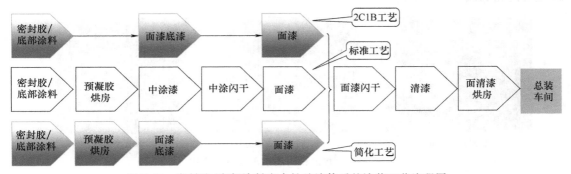

图 5-24　密封胶/底部涂料在水性油漆体系的涂装工艺流程图

涂装工艺的不断变革以及油漆的升级换代，对涂装工艺中所使用的胶黏剂及关联材料也提出了新的要求，它们的基本功能及作用并没有本质变化，但需要通过材料的重新设计达到既定的性能和使用要求。

## 5.4.2　焊缝密封胶和堵孔胶的性能及在涂装工艺中的应用

### 5.4.2.1　焊缝密封胶的主要性能

涂装车间所使用的焊缝密封胶主要分为塑溶胶及预成型胶条。常用的主要是 PVC 塑溶胶，在常温下呈糊状，因其具有良好的力学性能、防腐性及相对低廉的价格而得到广泛的应用，其独特的触变性及工艺灵活性也满足了涂装工艺的要求。预成型胶条的使用例子比较少，它由热熔型树脂组成，通过烘房时熔融填入缝隙实现焊缝密封。表 5-12 是焊缝密封胶的主要性能指标。

表 5-12 焊缝密封胶的主要性能指标

| 试验项目 | 焊缝密封胶(塑溶胶) | 焊缝密封胶(预成型胶条) |
|---|---|---|
| 颜色 | 根据用户要求 | — |
| 相对密度/(g/cm³) | ≤1.7 | ≤2.0 |
| 黏度 | 根据实际生产线要求 | 无流动性 |
| 不挥发物含量/% | ≥95 | ≥98 |
| 拉伸强度/MPa | ≥0.8 | ≥0.8 |
| 断裂伸长率/% | ≥80 | ≥100 |
| 剪切强度/MPa | ≥0.8 | ≥7 |
| 与基板附着力 | 良好 | 良好 |
| 油漆相容性 | 良好 | 良好 |
| 耐盐雾性能(无腐蚀) | ≥480h | ≥480h |

### 5.4.2.2 焊缝密封胶的应用

由于车身的可视区域对焊缝密封胶外观有着较高的要求，很多厂家在实际使用时将焊缝密封胶进一步区分为细密封胶（外板密封胶）和粗密封胶（内板密封胶）。

细密封胶主要应用于引擎盖、车门及后备厢盖的折边缝，它在后续的油漆工序中被油漆所覆盖。由于外观可见，因此要求细密封胶具有较好的流平性，凝胶后表面光滑，也需要与油漆有较强的兼容性，达到与油漆同等的美观要求。

粗密封胶应用于内外车身钢板拼接接缝处，起到密封作用。在很多场合，底部涂料也作为粗密封胶使用。车内的粗密封胶在完成固化后，通常会在总装车间被车内装饰件所覆盖，而车身底部的粗密封胶常被底部抗石击涂料所覆盖，它们的外观要求低于细密封胶。图 5-25 是焊缝密封胶在车身上的应用。

细密封胶(左前门)　　　　粗密封胶(右后尾灯)　　　　预成型密封条(车顶)

图 5-25　焊缝密封胶在车身上的应用

密封胶通常由高压无气喷涂泵集中输送和供胶，现在的新生产线已普遍采用带温控的供胶房，使密封胶的施工黏度控制在相对稳定区间。如果管路过长，途中需要采用增压泵，加大输送能力。

粗密封胶多采用宽幅喷涂工艺，而细密封胶通常采用挤涂的施工方法。随着自动化程度的提高，密封胶的许多工位已经逐渐采用机械手喷涂。在自动化涂胶情况下，温度及压力的设定是基本固定的，因此，密封胶黏度的稳定性对于正常施工非常关键。

## 5.4.3 车底抗石击涂料和裙边胶的性能及在涂装工艺中的应用

### 5.4.3.1 抗石击涂料及裙边胶的主要性能

常用的车底抗石击涂料主要为糊状 PVC 塑溶胶，它具备与 PVC 密封胶类似的功能及特性，但其黏度远低于 PVC 焊缝密封胶，以达到扇面喷涂施工的目的。它也需要优异的耐磨性和抗击硬质颗粒冲击的能力。

裙边胶与底部涂料类似，主要为 PVC 塑溶胶，除了拥有底部涂料的基本特性外，需要具备更好的流平性，以满足外观的要求。在很多场合，底部涂料也作为裙边胶使用。表 5-13 是底部抗石击涂料的技术指标。

表 5-13　PVC 底部抗石击涂料的技术指标

| 试验项目 | 抗石击涂料性能 | 试验项目 | 抗石击涂料性能 |
|---|---|---|---|
| 相对密度/(g/cm³) | ≤1.5 | 断裂伸长率/% | ≥100 |
| 黏度 | 根据实际生产线要求 | 剪切强度/MPa | ≥0.8 |
| 不挥发物含量/% | ≥90 | 与基板附着力 | 良好 |
| 硬度(邵氏 A) | 40~70 | 油漆相容性 | 良好 |
| 抗流挂性 | 用户要求范围内 | 抗石击性能 | 满足用户技术要求 |
| 拉伸强度/MPa | ≥0.8 | 盐雾性能(无腐蚀) | ≥480h |

### 5.4.3.2　抗石击涂料及裙边胶的应用

车底抗石击涂料及裙边胶的输送和供胶与密封胶类似。它们的涂胶主要采用高压无气喷涂工艺，机械手喷涂为主、人工喷涂为辅。材料的细度、均匀度、黏度及触变性对材料的施工应用起着重要的作用，在恒定的温度、压力及喷涂距离情况下，要求底部涂料的喷涂扇面比较稳定。材料黏度的明显偏差会导致扇面变窄或过宽，导致局部位置没有被涂料或裙边胶覆盖、胶膜偏低或过喷太厚，未被覆盖部位或偏低的涂层厚度会影响车身的抗石击性能。图 5-26 分别是车底抗石击涂料及裙边胶的应用部位。

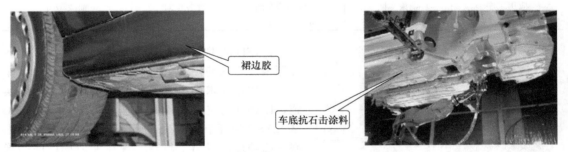

图 5-26　抗石击涂料及裙边胶的应用部位

## 5.4.4　阻尼材料的性能及在涂装工艺中的应用

车辆在行驶过程中，由于发动机及其他部件抖动、车身颠簸等造成的振动及噪声会传递并辐射至车内，使驾驶员及乘员的舒适感下降。阻尼材料可以将机械振动能转化为热能，是阻隔或降低振动及噪声通过车身结构传递及辐射的有效手段。油漆车间所使用的阻尼材料包括沥青垫、自粘型橡胶阻尼贴片及 LASD，它们的类型及性能见表 5-14。

表 5-14　油漆车间所使用的阻尼材料的类型及性能

| 项目 | 沥青垫 | LASD | 自粘型橡胶阻尼贴片 |
|---|---|---|---|
| 性状 | 热熔固体垫 | 糊状 | 黏性半固态 |
| 主要基材 | 沥青 | 橡胶、丙烯酸、环氧结构、PVC | 橡胶(铝箔约束层) |
| 干膜密度/(g/cm³) | ≥1.6 | ≤1.5 | 1.5~2.0 |
| 损耗因子 | 0.05~0.2 | ≥0.2 | ≥0.25 |
| 施工方法 | 垫子铺设,简便 | 程序控制、自动精准喷涂 | 垫子铺设,简便 |
| 物料管理 | 形状各异,管理烦琐 | 液料,管理方便 | 形状各异,管理烦琐 |
| 环保现状 | 存在环保隐患 | 无环保隐患 | 无环保隐患 |

### 5.4.4.1　沥青垫的应用

沥青垫是一种预成型件，根据施工部位要求被裁切预制成各种不同形状。通常在油漆车间密封胶工位后铺设，通过油漆烘房时熔化，冷却后与钢板起到粘接作用，其材料成本相对较低，操作简便，但由于材料不环保，沥青垫正逐渐退出在新车型中的应用。

### 5.4.4.2　LASD 的应用

LASD 不含沥青及溶剂，是一种可喷涂糊状高性能环保阻尼材料。与传统的沥青垫相比，LASD 具备众多优点：优良的声学阻尼性能；达到同样的阻尼效果，比沥青垫减重20%；优良的低温柔韧性；未固化状态下的低吸水性；优异的施工性能，降低了储运预成型零件的复杂度；满足气味及雾化技术要求；低 VOC。

除了环保及更好的阻尼效果外，可以根据计算机仿真计算并经过实车验证，设计出满足阻尼效果的 LASD 应用部位、形状及厚度，通过预设的施工程序、轨迹和机械手的操作，将 LASD 准确地喷涂到需要的部位，避免了材料的浪费，同时 LASD 的干膜相对密度远低于沥青垫，取代沥青垫可以降低车身的质量。表 5-15 是液态可喷涂阻尼材料的类型及性能。

表 5-15　液态可喷涂阻尼材料的类型及性能

| 技术指标 | 水基 LASD | 橡胶基 LASD | 环氧基 LASD | PVC 基 LASD |
|---|---|---|---|---|
| 主要材料 | 丙烯酸 | 丁基橡胶 | 环氧树脂 | PVC |
| 不挥发物含量/% | ≥78 | 约 100 | 约 100 | ≥95 |
| 干膜相对密度/(g/cm³) | 约 1.0 | 约 1.3 | 约 1.2 | 约 1.5 |
| 损耗因子 | 约 0.25 | 约 0.2 | 约 0.15 | 约 0.15 |
| 应用工序 | 油漆车间 | 焊装或油漆车间 | 焊装车间 | 油漆车间 |
| 施工温度/℃ | 常温 | 常温或加温 | 约 60 | 常温 |

图 5-27　LASD 在车内地板应用示意图

LASD 的发展经历了几十年的历程，由于各种原因，它的使用步伐比较缓慢。随着环保及车内空气质量要求的提高、车身轻量化的大规模实施，LASD 的应用得到了快速发展。早期的 PVC 基 LASD 和环氧基 LASD 由于各种技术和应用限制，已经逐渐退出了舞台，现在大力推广的是橡胶基 LASD 及水基 LASD，主要应用于车内地板（图 5-27）、门、侧围、顶棚等。

（1）橡胶基 LASD　是一种高黏度橡胶基糊状材料，根据汽车生产工艺及材料烘烤的要求，橡胶基 LASD 可以在焊装车间使用，也可以在油漆车间使用。在焊装车间使用时，需要与油面钢板具备良好的黏附性，在通过前处理工艺线时，需要具备良好的低压耐水冲洗性能，并在车身通过电泳烘房时固化。在油漆车间应用时，需要与钢板的电泳漆面有良好的粘接性，在通过密封胶烘房时固化。

（2）水基 LASD　主要由丙烯酸乳液组成，相比橡胶基 LASD，具备成本上的优势，它在油漆车间进行施工，需要与钢板的电泳涂层具有良好的粘接力，在通过密封胶烘房时实现固化。烘房温度、喷涂厚度等工艺条件对水基 LASD 的应用起着重要的作用。

LASD 采用无气喷涂工艺。浆料通过高压泵，经管道输送至喷嘴，由机械手按设定的程序轨迹在车内目标区域进行自动喷涂，定位精度高，厚度和形状可控，与预成型的沥青垫相比，不会产生余料的浪费。

由于橡胶基 LASD 黏度相对较高，在正常环境条件下，需要采用可加热的泵送设备及保温输送管道；水基 LASD 是水性聚合物分散体，必须采用不锈钢泵及输送系统进行施工。

### 5.4.4.3　自粘型阻尼贴片的应用

自粘型阻尼贴片是一种预成型件，由带自黏性的橡胶基阻尼材料及作为载体及约束层的铝箔、隔离纸组成（图 5-28），由于约束层的存在，赋予了阻尼材料一定的刚度，形成了钢板-橡胶阻尼材料-约束层的复合结构，进一步增强了阻尼片的减振效果。

图 5-28　自粘型橡胶阻尼贴片

橡胶阻尼贴片除了在油漆车间应用外，也有在总装车间应用的实例，图 5-29 是阻尼贴片的主要应用部位。

图 5-29　自粘型橡胶阻尼贴片的应用部位

使用橡胶阻尼贴片时，首先需要确认正确的施工部位，去除隔离纸，将带黏性一面贴到钢板上，用力压实。在贴片过程中，需要排除可能在钢板和阻尼贴片之间存在的空气泡，以免贴片掉落，影响阻尼效果。

# 5.5　胶黏剂及关联材料在总装工序中的应用

## 5.5.1　总装工序常用胶黏剂的应用概况

总装工序是整车制造企业三大工序的最后一环，来自油漆车间的车身将在该工序完成挡风玻璃及各相关子系统如动力总成系统、内饰系统及外饰系统等的安装。总装车间所使用的主要装配用胶黏剂种类及应用见表 5-16。用于安装挡风玻璃的玻璃胶是总装车间使用的主要胶黏剂，其他的胶黏剂还包括用于装配内饰件、外饰件等零配件的胶黏剂和压敏胶带，以及修补类胶黏剂及自粘型油漆表面临时保护膜等。内饰件和外饰件生产过程中所使用的胶黏剂及粘接工艺请参照 5.6 节及 5.7 节。

表 5-16　总装车间所使用的主要装配用胶黏剂种类及应用

| 序号 | 部件 | 功能 | 选用胶黏剂类型 |
|---|---|---|---|
| 1 | 挡风玻璃 | 粘接 | 聚氨酯胶，通常需要与玻璃及油漆底涂配套使用 |
| 2 | 防水膜 | 粘接 | 丁基胶、热熔胶、压敏胶等 |
| 3 | 后备厢密封条 | 密封 | 丁基胶（在配件厂预涂于密封条凹槽内） |
| 4 | 车门、框密封条 | 粘接 | 压敏胶 |
| 5 | 顶棚 | 粘接/密封 | 单组分聚氨酯胶、丁基胶 |
| 6 | 扰流板 | 粘接 | 改性硅烷、单组分聚氨酯胶等 |
| 7 | 防撞条 | 粘接 | 压敏胶（带），在配件厂预涂 |
| 8 | 后围板 | 粘接 | 环氧胶、丙烯酸结构胶 |
| 9 | 饰条、标牌、标签 | 粘接 | 压敏胶（带）、丙烯酸胶 |
| 10 | 线束 | 粘接/临时固定 | 压敏胶、不干胶 |
| 11 | 阻尼胶片 | 减振 | 与油漆车间阻尼胶片相同 |
| 12 | 油漆保护膜 | 漆面临时保护 | 压敏胶（预涂于保护膜） |

## 5.5.2　挡风玻璃胶黏剂的应用概况及技术要求

来自油漆车间的车身需要在总装车间进行汽车玻璃的安装，并在完成所有子系统部件安装后，通过雨淋试验进行汽车密封性的检验。玻璃安装工序的质量，会影响车身的密封性能，也在一定程度上影响汽车行驶的安全性。

原有的汽车玻璃安装主要采用橡胶条嵌入式工艺，随着车用玻璃胶的成功开发和工业化，旧工艺已经基本被淘汰，国内汽车厂家已开始大规模采用玻璃胶粘接工艺，相较于橡胶条嵌入式工艺，采用玻璃胶工艺的好处在于：

① 玻璃胶优异的粘接性能使玻璃与车身的结合更牢固。

② 容易对玻璃及车架之间的偏差进行修正。

③ 由于玻璃胶的高韧性，优化了事故发生时对乘客的辅助保护。

④ 改善空气动力学和声学品质，使车内人员的驾驶及乘坐感觉更舒适。

⑤ 玻璃胶的高强度和高模量也部分提高了车身的扭变刚度。

⑥ 良好的粘接和耐老化性能，赋予了更好的长期抗水渗漏的作用。

⑦ 适用于自动化施胶及安装工艺，为实现大规模生产、提高生产效率奠定了基础。

汽车玻璃胶主要应用于汽车玻璃与车架油漆面之间的粘接，包括前后挡风玻璃及三角窗玻璃，对客车而言，主要是前后挡风玻璃及侧窗玻璃。

玻璃胶的应用需要玻璃底涂、油漆底涂的配合，在某些情况下，还需要使用清洗剂及玻璃胶活化剂，图 5-30 是玻璃胶体系进行玻璃及车身粘接原理图。

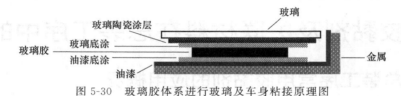

图 5-30　玻璃胶体系进行玻璃及车身粘接原理图

在新鲜或清洁的油漆面及玻璃陶瓷涂层表面，首先需要使用底涂，以提高玻璃胶与油漆面及玻璃胶与玻璃的粘接力。

玻璃胶的性能与汽车厂家的设计理念及技术要求直接相关，相应材料的力学性能及施工性能也会有很大的差异。下面列出了若干玻璃胶的技术要求。

① 优异的抗流挂性能，在泵送打胶完成后，胶条能保持应有形状不变形，实现有效粘接。

② 合适的表干时间，通常要求在标准条件下，30min 以内表干。

③ 较宽广的黏度范围，适用于不同的泵送设备及系统。

④ 在使用玻璃胶底涂的条件下，对玻璃及油漆面有良好的粘接性能。

⑤ 玻璃胶本体具备高强度和高弹性。

⑥ 良好的抗老化性能。

### 5.5.2.1　玻璃胶底涂（表面处理剂）、清洗剂及活化剂

采用玻璃胶对挡风玻璃与车体进行有效粘接所包含的配套助剂主要是玻璃胶底涂（或玻璃胶表面处理剂），它们对汽车玻璃的粘接质量及车辆的安全性起着重要作用，其品质、稳定性、储存条件、贮存期及正确使用必须引起高度重视。表 5-17 是它们常用的性能指标。

（1）玻璃胶底涂（或玻璃胶表面处理剂）　在挡风玻璃的粘接中起着至关重要的作用，根据被处理的基材不同，可以将玻璃胶底涂区分为玻璃表面底涂及油漆表面底涂。虽然都是玻璃胶底涂，但它们的功能及机理具有明显差异，误用底涂可能导致粘接失效、玻璃脱落等

严重后果，产生安全隐患。

表 5-17　玻璃胶底涂及清洗剂的性能指标

| 技术指标 | 清洗剂 | 油漆表面底涂 | 玻璃表面底涂 |
|---|---|---|---|
| 颜色 | 无色透明 | 黑色 | 黑色 |
| 不挥发物含量/% | 不适用 | ≥30 | ≥35 |
| 相对密度/(g/cm³) | 约0.8 | 约1.0 | 约1.0 |
| 干燥时间/min | ≤5 | ≤5 | ≤5 |

（2）清洗剂　通常由复合溶剂及助剂组成，用来清除表面脏污及油脂，保证被粘接表面的清洁，有效提高粘接效果。

### 5.5.2.2　挡风玻璃胶黏剂

挡风玻璃胶的主要成分是聚氨酯。由于施工的便利性和相对宽广的工艺容忍度，在汽车整车生产中，最常用的汽车玻璃胶是单组分湿气固化聚氨酯胶，除此以外，还有少部分其他组合的玻璃胶，如加速固化型单组分玻璃胶及双组分玻璃胶被应用于特定条件下的玻璃粘接，表 5-18 是常用单组分湿气固化玻璃胶的性能。

表 5-18　常用单组分湿气固化玻璃胶的性能

| 项目 | 单组分湿气固化玻璃胶 | 项目 | 单组分湿气固化玻璃胶 |
|---|---|---|---|
| 颜色 | 黑色 | 硬度（邵氏 A） | 45～80 |
| 相对密度/(g/cm³) | 1.2～1.4 | 拉伸强度/MPa | ≥7 |
| 黏度 | 根据施工现场工艺 | 断裂伸长率/% | ≥200 |
| 不挥发物含量/% | ≥95 | 剪切强度/MPa | ≥5 |
| 表干时间/min | 30 | 施工温度/℃ | 20～60（取决于黏度） |

（1）单组分玻璃胶　通过吸收空气中的水分，与活性基团进行反应，随着时间推移逐渐固化。固化速度与所处的环境温度及湿度有直接关系，在25℃、50%相对湿度的条件下，完全固化通常需要 7 天时间。在低温低湿度条件下，其固化速度比较缓慢，需要借助现场加湿或加温来改善固化速度。单组分玻璃胶的施胶设备相对双组分玻璃胶简单，无需混合单元。

（2）加速固化型单组分玻璃胶　是在单组分玻璃胶的基础上，采用特殊加速单元实现单组分玻璃胶的加速固化，在低湿度条件下特别有效，其优点是无需精准的混合比实现体系加速固化。

（3）双组分玻璃胶　由 A 组分及 B 组分组成，通过双组分输送泵及混合头充分混合，进行施胶。双组分玻璃胶的混合比例应较精确，否则易导致粘接失效，对施工设备有较高的要求。

### 5.5.2.3　玻璃胶底涂及挡风玻璃胶黏剂的应用

玻璃粘接的标准工艺包括玻璃底涂和油漆底涂的涂刷，晾干，在玻璃边框涂玻璃胶，玻璃安装于车架等，完整流程见图 5-31。

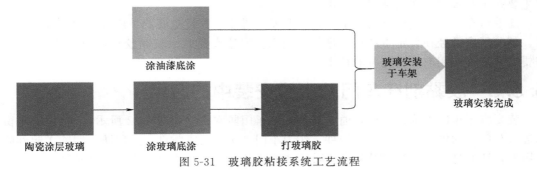

图 5-31　玻璃胶粘接系统工艺流程

（1）玻璃胶底涂及清洗剂的应用　玻璃胶施工前，首先需要在玻璃和车身的油漆面分别涂刷玻璃底涂及油漆底涂。目前所使用的汽车玻璃通常在边框经过陶瓷涂层处理，达到美观及抗紫外线照射以提高玻璃胶耐老化性的作用。

根据实际情况，在涂刷底涂前，需要检查是否需要用清洗剂对玻璃和油漆面进行预清洗，去除可能的污物及油脂。

底涂使用前需要将容器内的物料进行充分摇匀。底涂的涂刷可以采用手工刷涂，也可以采用机械手操作。从底涂涂覆完成到玻璃胶开始打胶，需要有足够的干燥时间，使底涂中的溶剂能够完全挥发，具体时间与环境条件有关，通常需要至少5min以上，以保证底涂完全干燥。开瓶后的底涂需要及时盖紧，以免吸收湿气影响底涂功效。

需要保证底涂被完整的涂覆在需要处理的表面，底涂涂覆不良或使用了失效底涂会使玻璃胶粘接失效，引起车辆行驶过程中的异响，严重的可导致玻璃脱落，危及车辆行驶安全。

① 油漆底涂涂覆于需要安装汽车玻璃的车身框架油漆表面，起到改善油漆与玻璃胶粘接强度的作用。由于汽车制造厂家所用油漆的不同，选用油漆底涂时需要进行匹配性试验，尤其在采用新型油漆的情况下，这类试验必不可少。

② 玻璃底涂涂覆于需要安装的汽车玻璃表面，能够有效提高玻璃胶与玻璃面的粘接强度。除了作为粘接促进剂外，它的另一功能是可以渗入并填充玻璃边角陶瓷涂层的微孔，使吸收紫外线的黑色涂层更加致密，有效阻挡紫外线对玻璃胶的侵蚀，提高玻璃胶的耐老化性能。

底涂涂刷完成并干燥后，需要在一定时间内完成玻璃胶涂胶。

（2）玻璃胶的应用　玻璃胶有低黏度、中黏度、高黏度及快速定位玻璃胶之分，产品包装规格也分单组分装、双组分装、310mL铝罐支装、600mL铝箔香肠包装及大桶装，因此，玻璃胶的施工需要根据车身设计要求、生产工艺条件及选用的玻璃胶来实施，所采用的施工设备和工艺也不尽相同。

支装和香肠包装的玻璃胶可以采用手动胶枪或气动胶枪进行人工打胶，高黏度的玻璃胶需要在打胶前进行预热，降低施胶阻力。

桶装玻璃胶通常采用自动化设备进行胶料的输送和打胶，整个系统由高压胶泵、输送管道、机械手及胶嘴组成，根据所设定的程序和轨迹由机械手控制胶嘴自动在玻璃上进行施胶。

对于高黏度玻璃胶、快速定位玻璃胶或在低环境温度下进行玻璃胶涂胶施工时，整个系统通常需要采用加热保温设施，如带加热系统的打胶泵及保温管道。快速定位玻璃胶在打胶后，需要迅速将玻璃安装到位，以免失去黏附性，降低粘接效果。

涂有玻璃胶的玻璃需要被快速安装于涂有油漆底涂的车身框架，按压以完成玻璃在车身上的安装。取决于生产线工艺条件，玻璃安装可以采用机械手，也有采用手动施工的例子，但主要在生产节拍不快的情况下采用。

随着汽车厂家工艺简化的要求及技术开发的进步，开发免底涂单组分玻璃胶成为一大趋势，部分厂家已经在特定生产线上进行了使用，但这类免底涂玻璃胶只适用于特定的油漆，需要在大规模应用前进行充分的技术验证。

## 5.5.3　胶黏剂在车门防水膜安装中的应用

装配汽车车门内饰板之前，通常需要安装车门防水膜（如图5-32所示），防止沿车窗玻璃进入车门内的雨水污染车门内饰件。作为车门系统重要密封件，车门防水膜除了起到防水作用外，还兼具一定的防尘及隔声降噪的功能。防水膜安装主要采用如下几种粘接方法：

（1）装配现场涂胶法　将胶黏剂涂刷在车门内板油漆钢板上，然后铺放防水薄膜，胶黏剂可根据防水膜材质选择，如聚乙烯或聚氯乙烯膜，一般选用溶剂型氯丁胶或聚氨酯胶。

（2）双面压敏胶带粘接法　施工时只需手持胶带卷轴心，沿车门内板四周滚动，使压敏胶带粘贴在车门上，再把防水膜贴在胶带上。此法的缺点是压敏胶粘接强度有限，且当被粘面有灰尘或油污时强度更低。

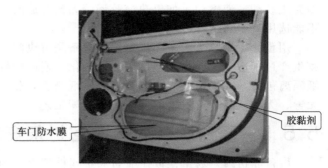

图 5-32　车门防水膜的安装部位

（3）丁基胶带（条）粘接法　丁基胶带属不干性压敏胶，其作用与双面压敏胶带相同，大多以圆盘状包装，中间有隔离纸，其长度可以任意切割。施工时胶带沿车门四周粘好，然后把防水薄膜的四周与胶带贴合，使两者之间实现粘接。

（4）压敏胶预涂粘接法　将压敏胶预涂在防水膜上，在总装车间安装，这对于形状复杂的防水薄膜尤其适用，比双面压敏胶带法更好。

（5）热熔胶黏剂粘接法　熔融胶黏剂涂胶于防水膜，然后将防水膜贴合至车门，它可以提高速度、高质量地完成车门防水隔板的粘接。

## 5.5.4　胶黏剂在车门密封条及车框密封条安装中的应用

汽车车门需要经常开和关，为了达到缓冲、减振和密封的目的，避免钢板的直接碰撞以及尘土、雨水的侵入，需要在车门周边及门框上安装橡胶密封条（图 5-33）。根据不同车型，有的采用胶黏剂把密封条粘接在车门框，有的采用粘接加机械卡扣的方法。以粘接方法装配车门密封条已有 50 多年的历史，如果因密封条粘接不牢造成脱落或开胶现象，不仅影响美观，而且会造成

图 5-33　车门/框密封条安装

雨水或尘土由此侵入车内，污染车内装饰件和车内空气，也使车门开关时触感不良。因此，用于密封条粘接的胶黏剂必须具有较高的强度和良好的粘接耐久性，能经受多次开、关的冲击和挤压。

国内许多汽车制造厂用氯丁型的溶剂型胶黏剂来粘接防雨密封条，这类胶黏剂初始粘接强度大，粘接牢固。为了进一步增加粘接强度，提高耐老化性能，可以在氯丁型的溶剂型胶黏剂中加入一定量的多异氰酸酯胶，使其发生交联。但该应用需在使用过程中对密封条或涂漆钢板进行仔细的表面处理。目前也有用双组分聚氨酯胶黏剂粘接车门防雨封条的，效果比较好，但由于在施工时要按比例预先称量、混合，而且凝胶速度比较快，配比不准可能出现固化不完全或不固化现象，如果没有专用的带有自动计量仪器的涂布设备，则很难选用。

使用热熔型胶黏剂粘接车门处的密封条是解决普通胶黏剂工艺复杂、粘接后容易开胶问题的方法之一。热熔胶黏剂初始粘接强度高，粘接速度快，运输、贮存、施工都十分方便，而且有足够的可施工时间，施工时，用涂胶枪将胶涂在涂漆钢板上，然后马上安装密封条，

即完成装配，速度快。如果热熔胶型胶黏剂开放时间短，涂胶后尚未安装密封条即干固，则不能选用。

用预涂压敏胶黏剂来装配防雨密封条是解决问题的另一种方法。即在防雨密封条制造厂家生产过程中，选择粘接强度高、耐老化、耐候性好的压敏胶预涂在密封条上，然后以隔离纸隔离包装，在汽车装配中只要将隔离纸撕去，就可以将密封条粘接在车门处，工艺简单，无毒、无味，是很有发展前途的一种装配工艺。

## 5.5.5 密封胶在后备厢密封条安装中的应用

后备厢密封条通常镶嵌于后备厢金属框架上，为了杜绝水从橡胶条及金属接触缝渗入后备厢，通常需要使用密封胶密封缝隙起到防水、防尘等密封作用（图 5-34）。在实际应用中，密封胶在配件厂被预涂于密封条沟槽内，密封条在总装车间安装到后备厢框架时，实现缝隙的密封。常用的密封胶是丁基橡胶压敏胶，属于永久不固化的中性密封胶。

## 5.5.6 胶黏剂在内饰顶棚安装中的应用

顶棚的安装通常采用卡扣固定，部分工艺同时采用丁基胶带进行辅助粘接和密封。但也有一些安装工艺采用直接粘接的方法。通常采用快速定位单组分反应型聚氨酯胶，在顶棚骨架面打若干长胶条（图 5-35），然后直接将顶棚按压于车顶，胶黏剂的瞬时强度保证顶棚的定位，并随着时间推移达到最终强度，实现顶棚的完全粘接。

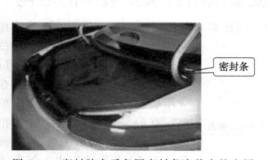

图 5-34　密封胶在后备厢密封条安装中的应用　　图 5-35　胶黏剂在内饰顶棚安装中的应用

## 5.5.7 胶黏剂及关联材料在其他内外饰件安装中的应用

胶黏剂在内外饰件的其他安装应用可见表 5-1。

### 5.5.7.1 汽车防撞条安装的应用

汽车防撞条一般是橡胶或天然橡胶材质，安装在车门和前保险杠及后围板的转角处，用来防止小擦挂对车身的损伤。防撞条基本上是装饰条，一般用压敏胶带预先粘贴，安装时揭去隔离纸直接粘接。

### 5.5.7.2 阻尼胶片的应用

总装车间使用的阻尼胶片与油漆车间使用的阻尼贴片相同，施工方法也一致，主要取决于施工现场的便利性，具体方法已在 5.4.4.3 节中描述。

### 5.5.7.3 油漆临时保护膜

油漆临时保护膜由塑料薄膜及压敏胶组成，薄膜通常为乳白色，贴在新车油漆表面起到运输临时保护作用，避免新油漆表面被刮伤，或由于酸雨、鸟粪及污物对新漆表面的腐蚀。这种保护膜通常在总装车间施工，车运输到目的地后，在出售前剥离。要求保护膜在新漆表面有轻微粘接力，而在需要去除时能容易剥离，漆面上无残胶。

# 5.6　胶黏剂在汽车内饰件生产中的应用

汽车内饰件是安装于汽车内部的功能性部件，除了实用性外，乘用者的舒适感及车内装饰的美观性也是重要的考量因素。内饰件通常由非金属材料组装而成，虽然部件不同，但组成内饰件的基材材质具有相对的统一性。内饰件生产过程中需要使用大量胶黏剂粘接内饰件基材，由于内饰件种类繁多，生产工艺不尽相同，因此，所使用的胶黏剂品种也比较多。图 5-36 是使用胶黏剂生产的主要内饰件在汽车上的应用部位。

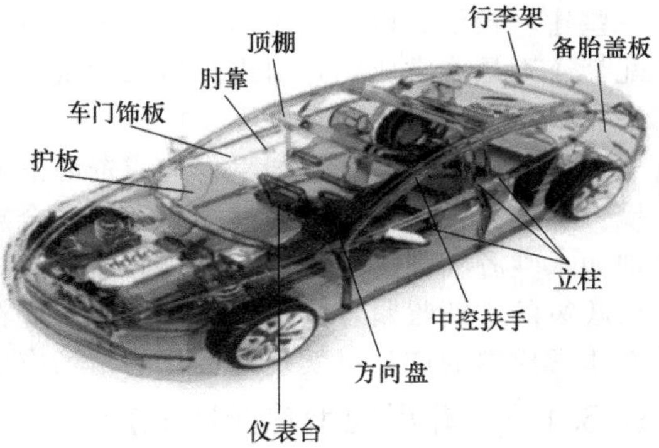

图 5-36　使用胶黏剂生产的主要内饰件在汽车上的应用部位

## 5.6.1　汽车内饰胶黏剂的概况及发展趋势

汽车内饰件通常指汽车仪表台、顶棚、护板、地垫、仪表板、门饰板、肘靠、方向盘、座椅、中控扶手、衣帽架、立柱及备胎盖板等车辆内部的装饰部件，在制造过程中通常由多层非金属材料（如人造革、聚氨酯泡沫塑料、乳胶海绵、纺织面料、无纺布、丝绒等面料和木材、ABS、PP、PC、纤维板、玻纤复合塑料及其他功能性塑料件）复合成型，其中的连接材料主要为各种胶黏剂。

### 5.6.1.1　内饰件胶黏剂的种类

内饰件形状多样、基材各异，生产厂家的技术条件及制造工艺也有较大差异，为了满足不同工艺条件的生产要求，需要选用合适的胶黏剂，可以概括地将内饰件生产用胶黏剂分为溶剂胶、水基胶、热熔胶及压敏胶等（表 5-19）。

表 5-19　内饰胶黏剂的类型

| 溶剂型胶黏剂 | 水基胶黏剂 | 非反应型热熔胶黏剂 | 反应型热熔胶黏剂 |
| --- | --- | --- | --- |
| 氯丁胶<br>单/双组分聚氨酯胶 | 单/双组分 PU 胶乳液<br>氯丁胶乳液<br>丙烯酸胶乳液<br>乙烯醋酸乙烯乳液 | 乙烯醋酸乙烯热熔胶<br>聚烯烃热熔胶<br>热塑性 PU 胶<br>热熔压敏胶<br>聚酯型热熔胶 | 反应型聚氨酯热熔胶<br>反应性聚烯烃热熔胶 |

### 5.6.1.2　溶剂型胶黏剂

内饰件粘接用溶剂胶主要包括氯丁型溶剂型胶黏剂和聚氨酯溶剂型胶黏剂，虽然环保原因导致溶剂胶在内饰胶中所占比重在逐渐下降，但若干原因导致溶剂胶在内饰件生产中仍有一定应用。

①　用溶剂胶或溶剂型底涂解决 PP 材料的粘接问题。为了省去 PP 材料的表面预处理工序，节约工艺时间，降低成本，在一些内饰件上往往采用对 PP 材料有一定粘接力的溶剂型

氯丁胶，或者采用溶剂型的表面处理剂，达到 PP 材料表面微蚀、便于粘接的目的。

② 量产经济型车的价格竞争导致溶剂型胶黏剂仍有需求。由于量产的经济型车售价相对固定以及面临市场的同质竞争，往往难以实现胶黏剂的环保型替代，仍然使用溶剂型胶黏剂，这部分应用除了粘接 PP 材料的氯丁胶外，通常使用双组分溶剂型聚氨酯胶。

③ 产业升级的经时性导致制造工厂难以满足使用环保胶黏剂的条件。水性胶黏剂的干燥相比溶剂型胶黏剂要长，因而生产环节必须借助烘房或者烘道加速胶黏剂中水分的挥发，一些建厂较早、设计紧凑的工厂，不具备增加烘干设备的场地；同时国内热熔胶机器设备的配套还不是非常成熟，引进热熔胶设备不但存在场地问题还存在增加投资的问题，因而也带来一批工厂在替换中态度不积极。

但是，溶剂型胶黏剂不仅造成资源浪费，对施工人员的健康造成威胁，而且严重污染环境。随着相关环保法规的健全和人们安全意识的不断增强，溶剂型胶黏剂逐渐被环保型胶黏剂如水性胶黏剂、无溶剂胶黏剂和热熔胶黏剂所取代已成为必然趋势。同时，随着国家对环保政策的不断收紧，大量胶黏剂生产企业在环保型胶黏剂领域技术上的不断进步，目前已经有非常成熟的产品可实现规模化的市场应用。

### 5.6.1.3　非反应型热熔胶黏剂

非反应型热熔胶黏剂主要包括 EVA 热熔胶、聚烯烃热熔胶、热塑性聚氨酯热熔胶及丙烯酸热熔压敏胶。

(1) EVA（乙烯-醋酸乙烯）热熔胶　是通过加热熔化后涂胶、冷却固化的形式来实现粘接的胶黏剂，被广泛应用于塑料粘接，对各种材料几乎都有热粘接力，但 EVA 热熔胶耐高低温性能有限，因而一般仅用于汽车地毯、后备厢盖板等对粘接力需求不高的领域。

(2) 聚烯烃（PO）热熔胶　主要以聚烯烃或乙烯共聚物等为基材制备而成，粘接强度较高、硬化速度快、对 PP 等非极性材料有较好的黏附力；但聚烯烃热熔胶加热时熔融黏度高、手工操作困难，在异形件上难以实施，胶体本身内聚力及耐候性有限，因而一般用于材料本体强度较低而容易被破坏的领域，如汽车顶棚、内嵌式包覆件中海绵和骨架之间的粘接。

(3) 热塑性聚氨酯热熔胶（TPU）　可以设计出一系列 TPU 产品，以满足不同环境条件的需求，但因为无交联结构的 TPU 在热熔涂布工艺性、产品内聚力以及耐温性方面存在不易平衡的矛盾，因而使用范围大大受限，目前仅用于地毯、顶棚、衣帽架、轮胎盖板等面积大且对制品最终耐温要求适中的部件。

(4) 丙烯酸热熔压敏胶　是典型的黏弹性材料，具有永久黏性，而且可在较短的接触时间内和轻微作用力下牢固黏附在基材表面。其优点是初粘力强、定位特别容易，缺点是耐高温性较差。丙烯酸热熔压敏胶目前以胶带形式应用居多，即将胶预涂于各种基材上制成各类胶带，用于初步固定或粘接保温、降噪材料。

### 5.6.1.4　反应型热熔胶黏剂

反应型热熔胶黏剂包括反应型聚氨酯热熔胶和反应型聚烯烃热熔胶，分子中的活性基团可以和空气中的水分反应，形成交联网状结构，提高材料的耐热、耐介质性能。

(1) 反应型聚氨酯热熔胶（PUR）　该类胶黏剂在后固化过程中发生一定的交联反应，材料本身具有可设计性，应用领域最为广泛，可用于汽车内饰（除直接贴合 PP 材料外）的任何部位。由于 PUR 热熔胶在使用过程中所需要的专用涂胶设备价格昂贵，且内饰中大量小型的异形件对涂胶设备以及胶黏剂本身的性能有特定要求，因而在内饰件的应用仅限于门板、顶棚、地毯等面积大且平面居多的部件。

(2) 反应型聚烯烃热熔胶（POR）　最大优势在于不用进行表面处理可以直接粘接 PP

或者其他低表面能材料，其固化后又能表现出比其他热塑性 PO 胶（聚烯烃热熔胶）更好的材料性能。它的施工设备和反应型聚氨酯热熔胶设备类似，价格相对昂贵。

### 5.6.1.5　水基胶黏剂

水基胶黏剂主要包括水性聚氨酯胶黏剂、水性氯丁胶黏剂和水性丙烯酸胶黏剂。

（1）水性丙烯酸胶　具备其他丙烯酸压敏胶相似的优点，但持黏力尤其是高温下的持黏力较低，耐水性较差，主要用于粘接泡棉类保温材料和制作泡棉胶带用于内饰件的固定及部分领域的密封。为了进一步提高水性丙烯酸胶的内聚力，某公司研制成功喷涂混合型双组分水基丙烯酸酯胶，喷涂时凝胶迅速，初粘强度高，但两组分配比要求严格，需要专用涂胶设备，目前未实现产业规模化使用。

（2）水性氯丁胶　为接触型胶黏剂，在使用过程中往往不需要加热，使用方便，施工速度较快、操作便利，但其耐水性较差，易冻结且干燥速度较慢，同时内聚强度较低。目前主要应用于汽车座椅中填充海绵的粘接以及座椅或者仪表台发泡缺陷的修补。

（3）水性聚氨酯胶（WPU）　具备聚氨酯分子可设计的诸多优点，目前用于汽车内饰领域的水性聚氨酯胶主要为双组分，主胶是含有活性基团的聚氨酯分散体，固化剂为异氰酸酯或碳化二亚胺类。使用前需要双组分充分混合，喷涂或刷涂于材料表面，经过烘箱或烘道干燥，并加热使得胶黏剂活化实现粘接。WPU 应用领域比较广泛，几乎汽车内饰的所有领域如顶棚、仪表台、方向盘、座椅、地毯、衣帽架、后备厢盖板、扶手、门饰板、立柱、储物箱盖等都可应用。

### 5.6.1.6　内饰胶黏剂的发展趋势

根据内饰件产业的特性、用户对性能的要求和胶黏剂自身的特点，内饰用胶黏剂的发展趋势将体现在以下几个方面：

① 水基胶黏剂由于其环保性、便利的工艺操作性及较低的设备投资成本，将长期占据重要地位。

a. 水基胶黏剂的开发及应用不断加强。由于环保性替代的需求以及实现产业升级的必要性，用水基胶黏剂替代溶剂型胶黏剂的工艺条件变更已经成为大趋势，可替换的概率较高。同时，汽车轻量化的持续推进使 PP 材料的应用更加广泛，也要求水基胶黏剂通过改性实现对 PP 等非极性材料的粘接。此外，新一代单组分水性聚氨酯产品部分取代双组分产品也已成为重要的研究课题，可以免除双组分体系的混合过程，提高效率。

b. 高不挥发物含量水基胶黏剂将成为持续研究的方向。水基胶黏剂存在低温冻结的风险，为节省远程运输费用以及长期储存所需的空间，同时降低使用过程中为了烘干水分使用的能量，减少污水排放，必然要求研究更高不挥发物含量的水性胶黏剂。

② 反应型聚氨酯热熔胶/反应型聚烯烃热熔胶的使用将更加广泛。反应型热熔胶因其本身性能以及使用效率的优势，将随着国内外胶黏剂技术和应用设备研究的逐步成熟而被广泛应用；同时由于 PP 材料的广泛应用，反应型聚烯烃热熔胶，或者对 PP 材料有较好粘接性同时与 PUR 又有一定相容性的共混或接枝改性的产品需求会大幅增长。

③ 胶粉、胶网、胶膜、胶带将被大量使用。生产和使用环节对设备的要求、制造空间的节约、工艺效率的提升，必然要求不带任何介质又能便利使用的胶黏剂形态出现，粉状、网状和膜状胶黏剂必将应运而生。同时随着胶黏剂涂布技术的提升，压敏胶技术的进步，胶带，尤其是双面胶带的性能提升将会带来该系列产品在内饰领域的更大范围使用。

④ 随着环保及车内空气质量要求的提高，低 VOC、低气味及低雾化要求将成为内饰胶的重要指标，成为内饰胶开发的关键考量因素。

## 5.6.2　内饰胶黏剂的应用概况及粘接工艺

### 5.6.2.1　内饰胶黏剂的作用及应用概况

　　胶黏剂在内饰件生产中的主要功能是将不同基材的骨架及面料粘接成为一个整体，形成能直接安装于车身内部的功能装饰件。它的粘接强度、耐温性及耐久性在很大程度上影响内饰件的品质。内饰胶黏剂的选择需要根据组成内饰件的基材材质、基材组合方式及生产线工艺条件来决定。表 5-20 是适用于各种内饰件的胶黏剂及粘接工艺。

表 5-20　适用于各种内饰件的胶黏剂及粘接工艺

| 内饰件 | 需要粘接材质 | 使用胶黏剂 | 使用工艺 |
|---|---|---|---|
| 车门、立柱 | PP/ABS 等骨架材料与真皮/人造革/织物 | 溶剂胶/水基胶/热熔胶 | 喷涂/辊涂，真空复合或加热模压 |
| 座椅 | 泡沫与泡沫/真皮/人造革/织物 | 溶剂胶/水基胶 | 喷涂，手工或模压 |
| 顶棚 | 泡沫/无纺布与织物 | 溶剂胶/水基胶 | 喷涂，加热模压 |
| 衣帽架 | 麻纤复合板与毛毡 | 溶剂胶/水基胶/热熔胶 | 喷涂，常温或加热模压 |
| 备胎盖板 | ABS/PP 板与毛毡 | 溶剂胶/水基胶/热熔胶 | 喷涂，常温或加热模压 |
| 护板 | ABS/PP 板与毛毡 | 溶剂胶/水基胶/热熔胶 | 喷涂，常温或加热模压，手工贴合 |
| 地毯 | PVC/毛毡与塑料 | 溶剂胶/水基胶/热熔胶 | 喷涂，常温或加热模压 |
| 汽车置物箱 | 盖：ABS/PP 与 PVC/无纺布（复合海绵）<br>内侧：塑料件植绒 | 溶剂胶/水基胶/热熔胶 | 喷涂，常温或加热贴合，手工贴合 |
| 汽车天窗内板 | 麻纤复合板/金属 | 溶剂胶/热熔胶 | 刷涂，喷涂，常温贴合 |
| 汽车仪表板 | 玻璃钢/ABS 与 PVC 单革/真皮 | 溶剂胶/水基胶/热熔胶 | 喷涂，真空吸塑或加热模压 |
| 方向盘 | ABS/TPU 与 PVC 单革/真皮 | 溶剂胶/水基胶 | 刷涂，加热贴合 |
| 遮阳板 | 麻纤复合板/ABS/PP，PVC/无纺布/TPO | 溶剂胶/水基胶/热熔胶 | 喷涂，常温或加热贴合 |
| 后视镜底座 | 金属与前挡风玻璃 | 环氧胶/聚氨酯（含胶带） | 自粘贴片，涂刷 |

### 5.6.2.2　内饰胶黏剂的粘接工艺

　　内饰件通常由骨架及面料组成，通过胶黏剂实现粘接。

　　根据内饰部件类型、骨架及面料的材质及所选用的胶黏剂，需要采用不同的粘接工艺。图 5-37 是各种内饰胶黏剂的常用粘接工艺。

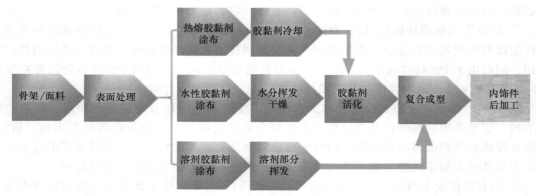

图 5-37　各种内饰胶黏剂的常用粘接工艺

### 5.6.3　内饰胶黏剂在座椅内饰件生产中的应用

完整的汽车座椅组件包括座椅、头靠及扶手。座椅由坐垫和金属支架组成，坐垫部分最常见的是聚氨酯高回弹模塑泡沫，再加上装饰面料。为防止装饰面料在乘客乘坐时的滑移，以及当汽车碰撞事故发生时，保护乘客安全，很多车型采用粘接工艺来固定座套。汽车座椅粘接部位如图 5-38。

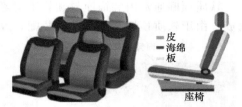

图 5-38　汽车座椅粘接部位

汽车座椅的坐垫和背垫（客车更为常见）里面一般都是软泡与海绵，或软泡-海绵-软泡做成的"三明治夹心"，这部分目前使用较多的仍然是溶剂型氯丁胶黏剂，其初粘力高、定位快、施工简便。随着环保要求的提高，在一些中高级车型中也逐渐开始使用水性氯丁胶，但应用还不十分普及。同时考虑到美观性，坐垫和背靠表面还会粘接一层皮革或纺织面料，这部分的粘接目前正逐步采用水性胶。

座椅坐垫和金属支架之间的粘接，目前使用的胶黏剂为溶剂型氯丁胶、双组分溶剂型聚氨酯胶、单组分湿气固化聚氨酯胶、双组分水性聚氨酯胶，且水性聚氨酯的应用比例正在不断增大，有研究显示，聚烯烃热熔胶、反应型聚氨酯热熔胶将会向此应用领域扩展。

此外，热熔压敏胶在座椅背板的粘接上也有较多的应用。

### 5.6.4　内饰胶黏剂在车门内饰件生产中的应用

车门内装饰板主要由骨架、表面缓冲材料和表面面料组成。

① 骨架材质有 ABS 塑料、ABS/TPV 复合改性塑料、改性 TPR 塑料、改性 PP 塑料等。

② 泡沫缓冲层有 PU 泡棉、PP 泡棉、PE 泡棉、PVC 泡棉。

③ 表层面料则有真皮、人造革、针织面料等。

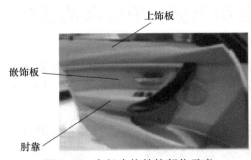

图 5-39　车门内饰粘接部位示意

车门内饰的成型工艺主要有真空吸塑、模塑热压、手工包覆等。主要使用到的胶黏剂种类有溶剂型氯丁胶、溶剂型双组分聚氨酯胶、溶剂型湿气固化型聚氨酯胶、水性聚氨酯（WPU）胶、聚烯烃热熔胶（PO）、反应型热熔胶（PUR/POR 胶黏剂）等。图 5-39 是车门内饰粘接部位示意车门的应用。

自 2018 年以来，WPU 胶黏剂在该领域的使用逐渐成为国内行业主流，技术层面有逐步实现全面覆盖的可能。

WPU 胶黏剂在该领域的使用有着特别的优势，可根据实际情况设计不同的体系黏度，实现喷涂或刷涂施工；适应不同车门内饰板形状和加工条件可形成不同活化温度的系列化产品，较为广泛地满足实际需求，同时因为车门内饰板成型制造领域机械化和标准化程度相对较高，给 WPU 胶黏剂的应用也带来了工艺适应性的便利。只是在 PP 材料的贴合上，用 WPU 胶黏剂前需要对骨架表面进行预处理，目前比较常见的处理方式为火焰处理、电晕处理、等离子处理、喷刷底涂处理等。

## 5.6.5　内饰胶黏剂在车顶内饰件生产中的应用

汽车顶棚可以区分为没有骨架的软质顶棚和拥有骨架的硬质顶棚。

软质顶棚通常由装饰面料和软质聚氨酯海绵（也有交联聚乙烯或 EVA 泡沫）通过复合而成。由于软质顶棚需现场粘接装配，效率低、隔声差，现已较少应用。

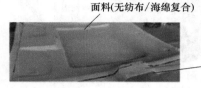

面料(无纺布/海绵复合)

骨架(玻纤复合板)

图 5-40　汽车顶棚粘接部位示意

硬质顶棚主要由装饰层（面料）和硬质骨架基材构成（图 5-40），通过热压方式复合成型。面向乘客的装饰层（面料）材料主要包括针织面料、无纺布、PVC 革等；硬质骨架主要为半硬质聚氨酯（PU）发泡板材、玻璃纤维增强聚丙烯复合板材、麻纤维板及塑料蜂窝板等，由于 PU 发泡板型顶棚结构简单、性能优异，在现有市场的主要车型中得到广泛应用。

低碳环保型汽车是汽车的发展趋势，人们对车厢空气质量的要求也越来越高，顶棚粘接已经逐渐淘汰了溶剂型胶黏剂，而水性聚氨酯胶、湿固化聚氨酯热熔胶、反应型无溶剂液体胶正被各汽车内饰顶棚厂家广泛使用。

汽车硬质顶棚生产以模压成型为主，分干法工艺和湿法工艺。干法成型工艺分为两步，首先在骨架板材表面涂布热熔胶粉，并熔化附着，冷却待用；然后，骨架板材加热后与面料压制成型。湿法工艺采用液态端 NCO 聚氨酯，同时需要以水为固化剂，再热压成型，因此得名"湿法"。湿法工艺又分为一步法和两步法，一步法是将多层复合材料与表层面料一起热压而制得顶棚；两步法则先将多层复合材料热压成顶棚骨架，然后再与表层面料贴合制得顶棚。湿法工艺用胶以端 NCO 聚氨酯胶黏剂为主，改性水性聚氨酯胶逐步应用于表层面料贴合。同时，在顶棚的附件装配中，可快速定位，粘接性好的湿固化聚氨酯热熔胶很受市场欢迎。

目前常用的湿气固化型顶棚胶黏剂，通过热熔涂胶机施工，具有 2～3min 的粘接开放时间，1h 可达到最终强度的 60%，24h 后达到最终粘接强度。该胶涂胶温度为 120℃，固化后耐温高，可短期承受 150℃的高温，适于顶棚等受热内饰材料的粘接。

## 5.6.6　内饰胶黏剂在衣帽架、备胎盖板、护板及地毯生产中的应用

汽车衣帽架、备胎盖板、护板、地毯对装饰性要求不高，一般由无纺毛毡与骨架复合成型。与此相关的部件面积相对较大（见图 5-41），需要复合的材料透气性均不强，生产施工要求的成型工艺时间短、温度相对低。

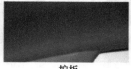

衣帽架　　　　　　备胎盖板　　　　　　护板　　　　　　地毯

图 5-41　内饰胶黏剂在衣帽架、备胎盖板、护板及地毯的应用

溶剂型湿气固化聚氨酯胶黏剂因施工气味和 VOC 排放问题，在上述复合件中正逐步被放弃使用。

但针对 PP 材质的基材，溶剂型改性氯丁橡胶胶黏剂（PP 胶）可以做到 PP 免处理粘接，因此仍有一定范围的使用。

WPU 胶黏剂的性能可以很好地满足这类材料复合的要求，但复合工艺对车间的存放空间、烘道建设、模压温度等会提出相应的要求，因而限制了部分应用。

湿气固化聚氨酯热熔胶（PUR）对 PHC 纸蜂窝板和木纤维板的粘接性良好，具备较好的耐高低温性、可喷可涂性以及良好的综合性能而得到实际应用。

## 5.6.7　内饰胶黏剂在汽车仪表板生产中的应用

汽车仪表板（图 5-42）采用整体注塑成型居多。随着对美观性的追求，中高级车型上也增加了全部包覆或部分嵌饰的做法。因为仪表板位置的特殊性，对胶黏剂的耐高温性能有着较高的要求；同时部分嵌饰材料包括铝合金条、各式木质装饰板、塑料件等，材料差异化较大，因而对胶黏剂的材料适应性也有特别的要求。WPU 胶黏剂对这些材料都有较强的粘

图 5-42　汽车仪表板

接性，已有应用成功的案例，但行业内在胶黏剂的选用上仍整体持保守态度，部分应用仍采用溶剂型胶黏剂。反应型热熔胶基于其优异的耐热性能和高效的施工效率，也占有不小的份额，阻碍其应用进一步扩大的是较高的材料和设备工艺成本。从制造工艺本身的便利性和工艺的成熟度来讲，WPU 胶黏剂将在国内市场的该类应用中占据主导地位。

## 5.6.8　内饰胶黏剂在汽车天窗内外板生产中的应用

图 5-43　汽车天窗内板

汽车天窗内板（图 5-43）、外板一般是将面料和泡沫层（软泡）通过层压法和火焰复合法粘接在一起。面料用机织布、编织布等织物或人造革、PVC 膜等材料制造。泡沫层采用聚氨酯或乙烯-醋酸乙烯共聚物泡沫。包边采用单组分湿气固化聚氨酯热熔胶。该胶黏剂具有定位速度快、强度高、适用粘接基材广、绿色环保等优点。

## 5.6.9　内饰胶黏剂在汽车置物箱生产中的应用

汽车置物箱盖（图 5-44）一般采用 ABS 和 PVC 包覆而成，主要使用 WPU 胶黏剂进行粘接。一般采用手工操作，希望开放时间长一点，同时要求初粘力好，手工包覆省力。置物箱内壁的植绒粘接正在逐步采用 WPU 胶黏剂，环保、耐摩擦、牢度好。

图 5-44　汽车置物箱盖

## 5.6.10　内饰胶黏剂在汽车方向盘生产中的应用

图 5-45　汽车方向盘

汽车方向盘（图 5-45）的面料通常是 PVC 革或真皮，虽然与骨架的粘接仍有部分使用溶剂胶，但双组分水性聚氨酯胶已经成为这一应用的主流胶黏剂。方向盘面料的粘接通常采用手工包覆。

## 5.6.11　内饰胶黏剂在车内后视镜底座中的应用

车内后视镜已普遍采用后视镜底座直接粘接于前挡玻璃，再将后视镜组件固定到底座的装配方法（图 5-46）。根据粘接工艺，可以选用聚氨酯胶黏剂或环氧胶黏剂。最新的方法是

使用环氧基半结构胶带，加热固化。该方法操作简便，占地面积小。

图 5-46　车内后视镜的粘接

# 5.7　胶黏剂及关联材料在汽车外饰件生产中的应用

汽车外饰件是安装于汽车外部的功能性部件，大多对外观有一定要求。绝大部分外饰件是塑料、橡胶等材料制作的汽车零部件。其中涉及胶黏剂及关联产品使用的主要外饰部件如图 5-47 所示，包括车灯、密封条、保险杠、散热器固定框、防撞条、饰条、尾翼、后围板、标牌等部件，这里将滤清器及刹车片列入其中。

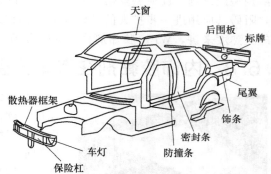

图 5-47　涉及胶黏剂及关联产品使用的主要外饰部件

## 5.7.1　汽车外饰胶黏剂的概况及发展趋势

不同汽车外饰件的功能及作用差异较大，有仅起装饰作用的纯外观件，也有对车辆安全行驶有一定影响的重要功能件，它们的生产工艺因部件有很大区别。除了需要满足特定的使用功能要求外，某些外饰件还需要在一定程度上体现美观性。

### 5.7.1.1　外饰胶黏剂及关联产品的种类

汽车外饰件生产时，需要使用的主要胶黏剂及关联产品类型见表 5-21。除了不同材料粘接所用的胶黏剂外，特种涂层也是其中一大类。

表 5-21　用于外饰件生产的主要胶黏剂及关联产品类型

| 溶剂基胶黏剂 | 水基胶黏剂 | 反应型胶黏剂 | 非反应型胶黏剂 |
| --- | --- | --- | --- |
| 聚氨酯<br>酚醛橡胶 | 酚醛橡胶<br>聚氨酯涂层<br>有机硅涂层 | 双组分环氧胶<br>双组分丙烯酸胶<br>单/双组分/热熔聚氨酯胶<br>单/双组分硅胶 | 丁基橡胶压敏胶<br>热熔压敏胶 |

（1）无溶剂双组分反应型聚氨酯胶黏剂　结构型聚氨酯胶黏剂可以代替螺栓、铆钉或焊接等形式用来粘接金属、塑料、玻璃、木材等结构部件，能承受较大动负荷、静负荷，并能长期使用。最初由固特异公司用于载重汽车的 5MC 型发动机罩的粘接，随后通用、福特等公司相继于大型载重卡车的 SMC（片状模塑料）部件上用其进行粘接，接着又推广到 FRP（玻璃纤维增强塑料）部件如保险杠的粘接。

（2）丁基橡胶压敏胶　因其突出的柔韧性和密封性，部分应用于需要集粘接与密封为一体的外饰件部位。

（3）单、双组分有机硅胶　其主要成分为氧基封端的聚硅氧烷。单组分硅胶施工方便，无需混合，常温直接涂胶即可；双组分硅胶则需要经静态混合器混合，以促进固化速度的大幅提升。硅胶的粘接性能较好，耐高低温性突出（－55～200℃），储存稳定性好且无毒无污染，其主体成分中的硅氧键键能较高，故耐紫外性能优异，在各类车灯粘接中占据一定地位。

（4）双组分丙烯酸酯/环氧树脂胶　可根据不同施工条件要求，以不同配比混合，具有非常高的粘接强度，同时固化速度非常快，利于施工，一般被用于保险杠、外饰金属条、标志标牌等的贴合。

（5）反应型聚氨酯热熔胶　主要用于汽车车灯中灯罩及灯座间的粘接。

### 5.7.1.2　外饰胶黏剂的发展趋势

（1）热塑性热熔胶　用于保险杠等的粘接，要求循环使用；热塑性可降解胶黏剂逐步得到发展。

（2）反应性热熔胶　随着生产效率提高的进一步要求，反应性可满足快速装配要求的热熔胶将有更多的应用需求。

（3）高性能硅胶　硅胶因其抗紫外线的突出性能，在外饰件尤其是直接暴露于空气中的部位的粘接上有着独特的耐候优势，但因其目前的性能限制了部分应用，未来特别在车身外部装饰如饰条、标牌、个性化的饰件等方面会有一定的发展。

（4）高性能丙烯酸胶　丙烯酸胶是汽车外饰的粘接方面使用最早也是应用最为广泛的胶黏剂品种之一，随着汽车产业的进一步发展，对其性能的提升也会提出新的要求。

## 5.7.2　胶黏剂在汽车外饰件生产中的应用概况

针对外饰件的功能特点、基材及生产工艺要求，选择合适的胶黏剂或关联产品。各类胶黏剂在不同外饰部件生产时的主要应用见表 5-22。

表 5-22　胶黏剂在外饰件生产时的主要应用

| 应用部位 | 涉及材料 | 连接方式 | 所用胶黏剂类型 |
| --- | --- | --- | --- |
| 车灯 | PP、ABS 与 PC、玻璃 | 粘接 | 单/双组分硅胶、PUR 热熔胶、双组分聚氨酯胶、丁基橡胶密封胶 |
| 密封条表面 | EPDM（三元乙丙橡胶）、TPE（热塑性弹性体）、TPV（热塑性硫化弹性体）、PVC | 涂层或植绒粘接 | 溶剂型/水性聚氨酯、有机硅涂料、溶剂型/水性聚氨酯植绒胶 |
| 保险杠 | 塑料、玻纤复合材料 | 粘接后装配 | 双组分环氧胶、丙烯酸结构胶、双组分聚氨酯胶 |
| 扰流板 | 玻纤复合材料、ABS、PC/ABS、PC/PET | 粘接 | 丙烯酸结构胶、PUR 热熔胶、单/双组分聚氨酯胶 |
| 后围板 | 塑料、玻纤复合材料 | 粘接后装配 | 双组分环氧胶、丙烯酸结构胶 |
| 滤清器 | 纸蜂窝 | 粘接 | EVA、PO、PA 热熔胶 |
| 刹车片 | 金属与摩擦材料 | 粘接 | 溶剂型/水性酚醛橡胶 |
| 散热器框架 | 金属、玻纤增强材料 | 粘接后装配 | 双组分环氧胶、丙烯酸结构胶、聚氨酯结构胶 |

## 5.7.3　胶黏剂在车灯组装工艺中的应用

汽车车灯主要包括前后灯、转向灯、示宽灯及雾灯。以往车灯的组装采用机械固定、橡胶密封的方式。由于包合过程中经常发生玻璃破碎现象，包合后密封不严或密封条老化，导致水汽侵入灯内等而逐渐被淘汰。现在的汽车车灯生产已基本采用胶黏剂和密封胶实现车灯支架与灯罩的粘接和密封。汽车灯具装配（通常为 PP 底座和 PC/PMMA/玻璃面罩）中常用的胶黏剂密封胶及它们的特性如表 5-23。

表 5-23　车灯胶的类别及应用特性

| 项目 | 反应型 | | | | 非反应型 |
| --- | --- | --- | --- | --- | --- |
| | PUR 热熔胶 | 双组分 PU 胶 | 单组分硅胶 | 双组分硅胶 | 热熔胶 |
| 材料功能 | 粘接 | 粘接 | 粘接 | 粘接 | 密封 |
| 卡扣辅助 | 少量,定位 | 少量,定位 | 少量,定位 | 少量,定位 | 需要,用于固定 |
| 粘接强度 | 高 | 高 | 中 | 中 | 较弱 |
| 适用范围 | 各种车灯 | 各种车灯 | 各种车灯,特别是雾灯 | 各种车灯特别是雾灯 | 前灯 |
| 施胶温度 | 加热 | 室温 | 室温 | 室温 | 加热 |

### 5.7.3.1　车灯胶黏剂的要求

汽车灯具所用胶黏剂长期处于颠簸、高低温冲击、水汽侵蚀等环境中，灯座及灯罩间粘接密封的微小破坏，都会导致水汽在车灯内的聚集，在灯罩内面形成雾膜，破坏车灯的照明效果。所以，车灯胶除了需要高粘接强度及优异的密封性能外，还需具备以下性能要求。

（1）耐高低温性能　在非使用状态下，车灯的温度可低于 0℃，而在长时间使用后，车灯温度升高，可达到 90℃甚至更高（雾灯内部可能达到 150℃）。因此，车灯胶需要满足在不同温度条件下长期使用的要求，保持低温柔顺性和高温强度。

（2）抗震耐疲劳性能　车辆行驶途中会发生振动，在路面不平整的情况下振动幅度和频率都会显著提高。车灯胶在长期振动作用下，易发生累积损伤，出现车灯损坏和漏水等严重问题。因此，车灯胶需要具备良好的抗震耐疲劳性能，以保证车灯使用的稳定性和安全性。

（3）低雾化值　雾化值用于表征凝结在车灯内表面挥发分的多少。车灯作为车辆的照明和信号指示元件，对车辆的驾驶安全性尤为重要。车灯起雾必然降低驾驶过程的安全性，并破坏美观性。车灯的雾化需要 3 个条件，分别是凝结核心、足够的水蒸气和低于水分凝结度的温度区域。车灯胶对雾化的主要影响是可形成凝结核心的热挥发成分，因此，车灯胶的热挥发分须较低。

（4）耐候性　汽车长期行驶在室外，一年四季经历不同的气候，需要面对并经得起紫外线、水汽、雨水等的长期考验。

### 5.7.3.2　车灯胶黏剂的应用工艺

车灯粘接工艺包括对支架沟槽进行表面处理（通常为等离子处理）、沟槽内涂胶、将灯罩压入支架沟槽内、密封测试及点灯测试等。图 5-48 是车灯及粘接和密封部位。

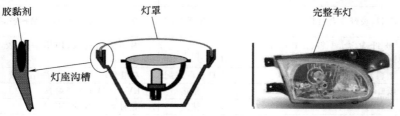

图 5-48　车灯及粘接和密封部位

## 5.7.4　胶黏剂及涂层在车身密封条安装中的应用

密封条是保障汽车密封性能的重要组件，安装于车门、车窗、玻璃、三角窗及前后盖等密封部件之间的间隙处，形状与断面需要适应不同的使用部位及不同的功能要求，保证车内避风雨、防尘、隔热、隔声，并在车身受到震动与扭曲时起到缓冲作用。密封条通常涂覆耐磨涂层或经过植绒处理，避免车门、可移动玻璃与其他接触部件之间因位移和摩擦而产生噪声。同时，植绒或涂层对汽车胶条也起到一定的保护及装饰作用。

根据安装部位不同，密封条可以分为玻璃导槽、内/外水切、门条、天窗及引擎盖密封条、后备厢盖密封条。它们在汽车的主要应用参见图 5-49。

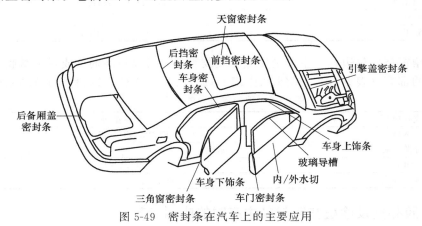

图 5-49　密封条在汽车上的主要应用

### 5.7.4.1　密封条生产时所用涂层及植绒胶黏剂的要求

组成汽车密封条的主要材料有三元乙丙橡胶（EPDM）、PVC、TPE 及 TPV，在密封条上使用的胶黏剂及涂层主要为密封条表面涂层、密封条用植绒胶黏剂及三角窗玻璃生产时的包边胶。

（1）密封条表面涂层　以有机硅体系和聚氨酯体系为主，有机硅体系的优势在于抗紫外线性能及噪声抑制性能好，聚氨酯体系的优势在于耐磨性更好。两种体系都有溶剂型产品和水性产品，未来会进一步向水性化方向发展。密封条表面涂层的类别及特性参见表 5-24。

表 5-24　密封条表面涂层的类别及特性

| 项目 | 溶剂型涂层 | 水基涂层 |
| --- | --- | --- |
| 主要材料 | 有机硅 | 聚氨酯 |
| 外观 | 色泽均匀、一致 | |
| 组分 | 单组分、双组分、多组分 | |
| 固化条件 | 热风、红外或紫外等 | |

（2）密封条用植绒胶黏剂　主要作用是将短纤维在静电作用下粘接于需要被植绒的密封条表面，利用植绒纤维的特性赋予被植绒基材高耐磨、高耐候性能，从而使密封条能够长久地给汽车提供密封、降噪等功能（如图 5-50 所示）。

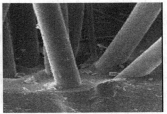

图 5-50　密封条植绒胶的应用

汽车密封条植绒用胶黏剂既有水性胶黏剂，也有溶剂型聚氨酯胶黏剂，但正朝着水性化方向发展。植绒胶的类别及特性参见表 5-25。

表 5-25　植绒胶的类别及特性

| 成膜树脂 | 聚氨酯类 | |
| --- | --- | --- |
| 分散介质 | 水性 | 溶剂型 |
| 组分 | 单组分、双组分 | |
| 固化条件 | 湿气固化、热固化等 | |
| 基材表面处理 | 打磨、等离子等 | |
| 施工方式 | 刷涂、滴涂、喷涂等 | |

（3）三角窗玻璃包边胶　主要是聚氨酯类胶黏剂，可以是溶剂型或者水基胶黏剂，单组分和双组分的都有（表 5-26），起到增强 EPDM、TPE、PVC 等密封条与玻璃粘接的作用。

表 5-26　玻璃包边胶的类别及特性

| 成膜树脂 | 聚氨酯等 | |
| --- | --- | --- |
| 基材 | EDPM、TPE、PVC 等 | |
| 分散介质 | 水性 | 溶剂型 |
| 组分 | 单组分、双组分 | |
| 施工方式 | 刷涂，有一步法、二步法 | |

### 5.7.4.2　胶黏剂及涂层在密封条生产时的应用工艺

一般的密封条植绒粘接和涂层工艺见图 5-51。涂层的施胶通常都采用喷涂法，对外观要求比较高，而植绒胶的施胶可以根据不同条件采用多种方法，植绒胶和涂层都需要通过加热烘道实现完全固化。

图 5-51　密封条植绒粘接和涂层工艺

## 5.7.5　胶黏剂在保险杠中的应用

汽车保险杠主要包括：汽车防护杠、汽车前保险杆、汽车后保险杠、汽车保险杠骨架、汽车防撞护杠、汽车侧杠、汽车新型带反光灯尾杠等。防护杠安装于车门两侧，保险杠安装于车前车后，碰撞时起到缓冲作用，可减少损伤，所用材料既具有刚性又具有弹性。早年设计的全热塑性保险杠，用增强的甲基丙烯酸酯胶黏剂将保险杠面板和增强梁进行粘接。近年来，开始出现采用微孔聚氨酯弹性体制作新型悬架结构保险杠。由于微孔弹性体硬度低，压缩率高，通过变形能够吸收 80% 的冲击能量，其余的冲击能量可转移到底架上，用其制作的保险杠具有质轻、安全、平稳、消声的功效。

随着保险杠新技术的应用，结构粘接应用领域又提出两种新的要求。第一是要求胶黏剂体系可以进行现场修补。由于使用了结构粘接的部件一般体积较大或价格较高，能进行现场修补的胶黏剂体系就非常有必要。第二是越来越多的制造商，尤其是汽车制造商，都倾向于选用可循环使用的胶黏剂体系。甲基丙烯酸酯胶黏剂体系可满足以上两个要求，成为目前行业内的首选。但同时越来越多的热塑性胶黏剂开始被采用，而越来越多的热固性胶黏剂被淘汰。可循环的胶黏剂就意味着它可以重新研磨并直接重铸而无需花费更多的财力、人力和时间来去除胶黏剂。

## 5.7.6　胶黏剂在尾翼中的应用

汽车尾翼是指汽车后备厢盖上，后端所装形似鸭尾的突出物，属于汽车空气动力套件中的一部分。主要作用是为了减少车辆尾部的升力。尾翼一般分单层和双层两种。单层板尾翼由尾翼主体、螺栓、胶条、缓冲胶垫、高位制动灯等组成。尾翼与尾门搭接的上下边缘，采用胶黏剂把胶条粘贴在尾翼主体上。这种胶条采用软质 PVC 进行挤出成型，它避免了尾翼直接与尾门接触，可有效地防止因接触摩擦而导致尾门的油漆层破坏并生锈的问题产生。同时，可避免汽车行驶振动而产生的异响。双层板尾翼一般由两面中空尾翼主体粘接成整体后再固定在尾门上，尾翼本身的粘接可用双组分或单组分结构类胶黏剂粘接，同时起到部分密封作用。

## 5.7.7　胶黏剂在后围板中的应用

汽车后围板就是后备厢的后挡板，是车身覆盖件。为降低汽车发动机罩、翼子板、车身底板等冲压金件在高速行驶过程中由于振动而产生的噪声，国外有专用于涂刷在上述零部件内表面的醇酸树酯类防振胶，也鲜见有用降噪胶条粘接的应用。后围板本身的装配有的用卡扣，也有用结构密封类胶黏剂粘接而成的例子。

## 5.7.8　胶黏剂在滤清器中的应用

汽车滤清器的粘接主要包括滤芯折纸粘接、滤纸首尾粘接、顶盖粘接和空调滤清器边框粘接等（图 5-52）。粘接所采用的胶黏剂主要是热熔胶（EVA、PO 及 PA），需要根据强度、温度及硬度选择合适的热熔胶。

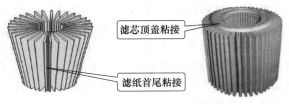

图 5-52　胶黏剂在汽车滤清器中的应用

## 5.7.9　胶黏剂在刹车片中的应用

汽车刹车片也称汽车刹车皮，是指固定在与车轮旋转的制动鼓或制动盘上的摩擦材料，

图 5-53　汽车刹车片

其中的摩擦衬片承受外来压力，产生摩擦作用从而达到车辆减速的目的。汽车刹车片一般由钢板、耐热粘接层和摩擦衬片构成（图 5-53）。传统的连接方式为铆接，随着技术的进步，连接方式已普遍采用强度高、不易断裂、噪声低、寿命长的粘接工艺。刹车片、离合器衬片用胶黏剂主要是酚醛胶黏剂或橡胶改性酚醛胶黏剂。这些胶黏剂在摩擦所产生的高温下仍能保持很高的粘接强度，而且耐热老化、耐汽车润滑油的侵蚀，并能经受相当强烈的冲击力和振动等。以往的刹车片用胶黏剂被溶剂型胶黏剂所垄断，近年来，水基胶黏剂已经开始大规模使用。

## 5.7.10　胶黏剂在散热器托架固定中的应用

散热器是汽车发动机冷却系统中必不可少的一部分，需要借助托架进一步固定在车身上，目前，多用具有高耐水性、耐腐蚀性、高剥离强度和低收缩率、热固化型的密封胶。

# 5.8 胶黏剂及关联材料在汽车轻量化方面的应用

车身轻量化是汽车工业发展的一大趋势，是未来应对减少燃油消耗，降低二氧化碳排放的重点发展方向。除了燃油节省、环境保护外，它也为更多电子及其他功能设备在车内的安装提供了空间。

新能源汽车所采用的动力电池单位比能量与传统汽车所使用的液体燃料单位比能量之间差距巨大，如动力电池系统通常占到整车总质量的30%～40%，这就决定了电动汽车与传统汽车在同等排放量的单位能耗（电耗量/100km）情况下，不能像传统汽车那样靠一次补充能量来实现长距离的行驶，因此，车身轻量化也是新能源汽车发展的关键。

汽车轻量化所带来的好处是显而易见的，各汽车制造厂家已将轻量化工作进行细化并引入到实际应用中。

## 5.8.1 胶黏剂及关联材料在车身轻量化方面的应用概况及前景

车身轻量化主要通过车身结构的优化、新型轻量化材料的应用、先进制造工艺的同步开发来实现。材料轻量化主要包括钢板厚度减薄、高强钢的采用；铝合金、镁合金等轻金属材料的使用；聚合物基复合材料的使用；多种材质材料的搭配使用等。

轻量化材料的导入和车身结构的轻量化设计给传统汽车制造工艺带来了新的挑战。板材厚度的减薄可能导致车身刚度及局部结构强度的下降，引发车身碰撞安全及产生结构振动噪声的担忧；与传统方法不同的轻量化材料拼接工艺；异质材料连接可能引起的原电池腐蚀；异质材料膨胀系数的差异导致的内应力等。针对轻量化方案导入过程中可能带来的问题，迫切需要找到有效的方法去应对，以达到汽车安全性的要求，并满足新制造工艺变革的需要。

采用粘接技术和局部增强技术是解决上述困惑的有效方法，为轻量化目标的实现提供了有力保障，也为胶黏剂工业的发展带来了新的机遇。在车身轻量化设计与轻量化汽车制造过程中可以采用的胶黏剂及关联材料包括：

① 车身粘接及密封的结构胶黏剂及密封胶。
② 板材局部增强及空腔结构增强的增强材料。
③ 聚合物基复合材料的基体树脂。
④ 轻量化胶黏剂。

## 5.8.2 增强材料在车身上的应用

汽车轻量化设计中普遍实施的一个方法就是降低钢板的厚度。为了达到车辆的安全要求，需要在实现车身减重的同时，通过CAE仿真模拟、结构设计优化及实车验证，在车身的关键部位实施局部增强。增强的主要方法包括金属板材的增强及空腔结构的增强。

### 5.8.2.1 金属板材增强材料

金属板材增强材料的主要应用点包括车门外板、顶棚、侧围、引擎盖及后备厢盖的薄弱部位。应用最为广泛的板材增强材料是自黏性热固型增强胶片，由环氧树脂和诸如玻纤布、不锈钢片或铝箔的约束层组成（见图5-54），它们的特性见表5-27。

使用板材增强胶片时，首先需要确认施工的部位。去除增强胶片上的隔离纸后，将带黏性面覆于钢板上，用力压实。在贴片过程中，需要排除可能存在于钢板和增强胶片之间的空气泡，以免粘接不良，导致在前处理和电泳工序中因槽液冲刷引起翘边或脱落。图 5-55 是增强胶片通常的应用位置。

表 5-27 金属板材增强胶片的特性

| 热固性增强胶片 | 焊装车间使用 | 油漆车间使用 |
| --- | --- | --- |
| 性状 | 预成型件 | |
| 增强主材 | 环氧体系 | |
| 约束层 | 玻纤 | 钢片 |
| 不挥发物含量/% | ≥97 | |
| 相对密度/(g/cm³) | ≤1.7 | |
| 剪切强度/MPa | ≥2 | ≥1.5 |
| 弯曲应力/N | ≥150 | ≥120 |
| 施工方法 | 手工贴合 | |

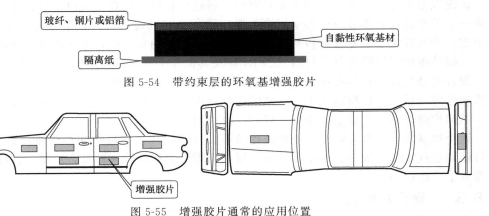

图 5-54 带约束层的环氧基增强胶片

图 5-55 增强胶片通常的应用位置

金属板材增强胶片主要在焊装车间使用，需要具备一定的油面粘接性和良好的抗前处理液冲击的能力，并在通过电泳烘房后完全固化。也有少量的增强胶片在油漆车间进行使用，通过油漆烘房实现完全固化。

### 5.8.2.2 空腔增强材料

空腔增强材料由热固性树脂及发泡体系组成。发泡后增强泡沫填满空腔预定部位，与空腔钣金形成复合整体，起到增强空腔结构、提高车身刚度的作用，能有效提高车身的抗撞击能力，大大提高汽车的安全性能。

目前在汽车制造厂家所使用的空腔结构增强材料主要为支架的 3D 可发泡预成型件，亦有少量发泡型浆料，它们的特点及应用见表 5-28。

表 5-28 空腔结构增强材料的特点及应用

| 特点 | 可发泡浆料 | 支架型可发泡预成型件 |
| --- | --- | --- |
| 主要材料 | 环氧树脂,少量结构聚氨酯 | 环氧树脂 |
| 支架材料 | 无需 | 钢、铝、尼龙 |
| 发泡倍率 | ≤100% | ≤150% |
| 施工方法 | 通过立柱工艺孔注入 | 立柱焊接拼装前插入设计孔位 |
| 固化条件 | 双组分室温固化 | 通过电泳烘房固化 |
| 应用工位 | 油漆车间或总装车间 | 焊装车间 |

空腔结构增强材料主要应用于车身的各立柱空腔、T 型结构空腔及车桥空腔（图 5-56）。在焊接前，将 3D 成型件插入钣金预留孔内，这些增强材料在通过电泳烘房时发泡并完全固化，与空腔钣金形成一体，实现空腔结构的增强。

空腔增强材料

图 5-56　空腔增强材料的应用

## 5.8.3　聚合物基复合材料在汽车轻量化方面的应用

传统汽车车身制造所采用的主要是钢材，通过板材搭接点焊组成白车身。实现汽车轻量化的一个重要途径是部分或全部采用诸如铝、镁合金等轻金属材料、聚合物基复合材料等，其中聚合物基纤维增强复合材料对车身的减重效果最为明显。综合考虑各种材料的质量、强度等，碳纤维增强树脂基复合材料（CFRP）及其他非金属材料应用比例会扩大。

聚合物基复合材料具有高比强度、高比模量以及良好的耐腐蚀性、化学稳定性、阻尼减振降噪性等一系列金属材料所无法比拟的优良特点，并具有可设计性强、可大规模整体成型等一系列优点，在汽车制造业中逐渐得到广泛应用 。

聚合物基复合材料由短切、长切或连续纤维与热固性树脂或热塑性树脂基体复合而成，是目前制造技术相对成熟、并正在持续发展且应用最为广泛的一种复合材料，在许多工业领域得到了广泛应用。

### 5.8.3.1　聚合物树脂

聚合物树脂在复合材料中起着十分重要的作用，它的主要功能是将增强纤维粘接成一个整体，并传递和分散载荷及应力，因此，树脂与增强纤维需要有很好的粘接力。聚合物树脂的特性在很大程度上决定了复合材料的性能，影响着复合材料的韧性、层间剪切强度、压缩强度、热稳定性、抗老化性及吸潮性等。汽车工艺常用的复合材料树脂种类包括：

（1）热塑性树脂　PP、PA6、PA66、PBT（聚对苯二甲酸丁二酯）。

（2）热固性树脂　聚氨酯树脂、环氧树脂、聚酯树脂。

通常热塑性复合材料应用于非承重结构件，如发动机护板、蓄电池托架、仪表板托架、后备厢盖板、保险杠、扰流板等。热固性复合材料特别是采用碳纤维增强的复合材料可以应用于车身承重结构件，如车架、车顶、底盘、门窗框架、板簧、发动机缸体和轮毂等。

### 5.8.3.2　聚合物基复合材料成型工艺

聚合物基复合材料的成型方法众多，但由于汽车行业的特殊性，除了需要满足技术要求及安全性能外，还需要确保部件的品质稳定性及较高的生产效率。表 5-29 是汽车工业中典型的复合材料用聚合物树脂及工艺。

表 5-29　汽车工业中典型的复合材料用聚合物树脂及工艺

| 复合材料成型工艺 | | | 主要树脂 | 特点 |
|---|---|---|---|---|
| 热塑性树脂成型工艺 | IMC | 注射模塑成型 | 可注射热塑性树脂 | 高效、机械性能各异 |
| | GMT | 玻纤毡增强热塑性树脂成型工艺 | PP 为主，少量 PA、PBT、TPO（热塑性聚烯烃） | 高效、机械性能优于 IMC |
| | LFT | 长纤维增强热塑性树脂成型工艺 | PP 为主，少量 PA、PBT、TPO | 连续生产、强度好 |

续表

| 复合材料成型工艺 | | | 主要树脂 | 特点 |
|---|---|---|---|---|
| 热固性树脂成型工艺 | SMC | 片状模压成型 | 聚酯树脂为主,少量为环氧树脂、酚醛树脂 | 高效、结构相对复杂 |
| | BMC | 块状模压成型 | 聚酯树脂为主,少量为环氧树脂、酚醛树脂 | 高效、结构相对复杂、力学强度低于 SMC |
| | RTM | 树脂转移模塑成型 | 聚氨酯树脂、环氧树脂、聚酯树脂 | 高效、容易填充入纤维布,适用于复杂结构,强度好 |

从近几年来车用复合材料部件的成型工艺看,长纤维增强热塑性材料在线生产工艺(LFT-D)和用于热固性树脂高压树脂转移模塑工艺(HP-RTM)的制造技术以及装备发展比较迅速。这些低成本、快速成型工艺降低了汽车复合材料的工艺及生产成本,可以满足汽车工业发展的要求,促进了汽车复合材料的发展和应用。图 5-57 是 HP-RTM 的工艺流程。

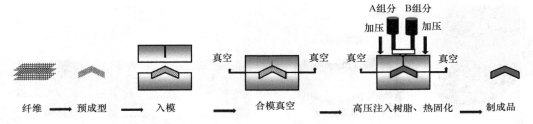

图 5-57　HP-RTM 的工艺流程

伴随碳纤维复合材料的发展及复合材料车身结构件的规模化生产,满足快速、稳定化生产工艺的热固性树脂的改性及开发已成为重要研究方向。最新商业化的耐高温聚氨酯树脂已成功应用于 HP-RTM 生产工艺。与环氧树脂相比,采用聚氨酯树脂作为基体树脂的最大好处在于:

① 优良的流动性可以保证树脂有效填充多层纤维布空穴、提高生产效率和缩短工艺时间。

② 相对低的放热量使得大工件生产容易控制。

③ 较高的断裂韧度使得复合材料出现局部内损时有较好的自我修复性。

## 5.8.4　胶黏剂在车身轻量化方面的应用

轻量化车身中会使用到轻质材料,如铝、镁合金、聚合物基复合材料及工程塑料等,这些异质基材的连接需要采用新工艺来实现。结构胶黏剂在轻量化车身生产过程中起到粘接异质材料、避免原电池腐蚀、平衡膨胀系数、分散内应力及吸收冲击能的重要作用。表 5-30 是轻量化材料粘接过程中使用的胶黏剂种类及特性。

表 5-30　轻量化材料粘接过程中使用的胶黏剂种类及特性

| 胶黏剂特性 | 环氧胶 | | 聚氨酯胶 | | 丙烯酸胶 | 改性聚硅氧烷胶 |
|---|---|---|---|---|---|---|
| 性状 | 糊状 | | 糊状 | | 糊状 | 糊状 |
| 组分 | 单组分 | 双组分 | 单组分 | 双组分 | 双组分 | 单/双组分 |
| 固化条件 | 高温 | 室温 | 室/中温 | 室温 | 室温 | 室温 |
| 功能 | 结构粘接 | | 结构粘接/弹性粘接 | | 结构粘接 | 弹性粘接/密封 |

采用不同材质材料设计轻量化车身时,需要充分考虑异质材料不同的热膨胀系数,以及拼接后可能产生的局部热应力。选择合适的胶黏剂、平衡刚度和模量的方法是解决内应力的

最佳途径。

粘接过程中，需要考虑对基材表面的清洁及预处理，确定粘接的最佳工艺条件。

### 5.8.4.1　尾门的粘接

复合材料尾门通常由高强度内板［聚合物基复合材料如 PP-LGF（长玻璃纤维）］与装饰外板（塑料）通过粘接复合而成（图 5-58）。采用的胶黏剂主要是双组分聚氨酯，室温固化，强度好，耐高温。

### 5.8.4.2　铝车身的粘接

全铝或钢铝混合车身已出现在轻量化汽车中，在新能源汽车上的应用尤其明显。这类车身的结构粘接主要采用环氧结构胶。全铝车身的捷豹 XFL 车型，车身铝合金应用比率高达 75%，车身铆接与结构粘接组合使用，结构胶使用长度达 98m，车身连接强度可增大至单纯铆接强度的 2～3 倍。结构胶在铝车身的应用部位如图 5-59。

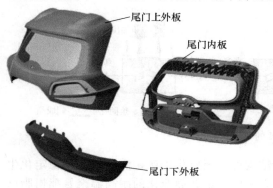

图 5-58　复合材料尾门的粘接

图 5-59　结构胶在铝车身的应用部位

## 5.8.5　其他轻质胶黏剂的开发及应用

除了车身材料的轻量化，开发低相对密度胶黏剂也是轻量化路径之一。油漆车间所使用的部分底部抗石击涂料的相对密度已经下降了 30%，焊缝密封胶及其他用量较大的胶黏剂的轻量化也是今后发展的一个方向。

# 5.9　胶黏剂及关联材料在新能源汽车中的应用

新能源汽车是指采用不同于传统动力系统驱动，完全或者主要依靠新型能源动力系统驱动的汽车，包括插电式混合动力（含增程式）汽车、纯电动汽车和燃料电池汽车等。2018年，中国新能源汽车发展数量和质量同步提升，产销量分别达到 127 万辆和 125.6 万辆。按照国家产业规划，中国特色的技术路线是燃料电池、动力电池和混合型动力系统。

现阶段新能源汽车的主要驱动方式是动力电池。如：特斯拉汽车的动力电池是来自松下的三元锂电池；雪佛兰 Bolt 的动力电池为 LG 化学提供的铝塑膜软包三元锂电池；宝马 i3 采用了三星 SDI 的三元锂电池；比亚迪采用了自研的磷酸铁锂电池及三元锂电池。

电动汽车市场的快速发展，也促进了与其密切相关的动力电池、驱动电机和控制系统以及充电设施产业的快速发展。

## 5.9.1　新能源汽车行业胶黏剂应用概况及技术要求

新能源汽车领域所应用的胶黏剂及关联材料主要包括动力系统胶黏剂、导热粘接/灌封胶、动力电池导电涂层及车身装配用胶黏剂等。车身轻量化用胶也是新能源汽车的重要一环，它们在新能源汽车体系中起着关键作用。表 5-31 是该领域常用的胶黏剂及关联材料的类别及特性。车身装配胶黏剂与传统汽车胶黏剂有许多类似之处，可以参照 5.3 节到 5.5 节的相关内容。车身轻量化用胶在 5.8 节已作介绍，这里不再赘述。

表 5-31　新能源汽车领域常用的胶黏剂及关联材料的类别及特性

| 项目 | 动力系统胶黏剂 | 导热粘接/灌封胶 | 导电涂层 |
|---|---|---|---|
| 主要成分 | 丙烯酸胶、环氧胶、压敏胶 | 有机硅胶、环氧胶、聚氨酯胶 | 热塑性弹性体 |
| 应用部位 | 电芯、极耳/柱、模组、电机 | 模组、电机 | 铝箔、铜箔、双极板 |
| 要求特性 | 阻燃 | 导热性、阻燃 | 导电性、防腐 |

（1）导电涂层　涂覆于电芯铝箔或铜箔上，提高锂离子涂层的导电性，并全部或部分屏蔽电解液对金属集流体（铝箔和铜箔）的腐蚀，可以保证电极形成有效的电子回路。

（2）动力系统胶黏剂　主要应用于电芯、极（耳）柱、模组、新能源汽车电机、电控系统和充电桩。

（3）导热粘接/灌封胶　主要应用于电池包、模组热能管理系统、电机等，起到防水、导热、阻燃以及防撞等作用。

## 5.9.2　导电涂层在动力电池中的应用

导电涂层在动力电池中起着不可或缺的作用，包括溶剂型和水性体系，它们的特性及应用见表 5-32。除了在锂电池电芯中得到普遍的商业化应用外，在氢能源电池中也逐步体现出其应用价值。

表 5-32　导电涂层的特性及应用

| 项目 | 水基导电涂层 | 溶剂型导电涂层 |
|---|---|---|
| 颜色 | 黑色 | 黑色 |
| 不挥发物含量/% | 20～40 | 30～40 |
| 表面电阻/($\Omega/m^2$) | ≤40 | ≤50 |
| 适用范围 | 锂离子电池、超级电容器 | 扣式锂电池、氢燃料电池 |
| 特性及应用 | 优异的耐电解液性能；可用于柔性基材的快速印刷，使生产效率最大化 | 出色的溶剂和化学耐受性；可用于金属基材的防腐保护，酸耐受性至少为 pH=2 |

### 5.9.2.1　在锂电池中的应用

① 新能源产业的发展迫切需要提高锂离子电池的能量相对密度，并解决其安全隐患和降低生产成本。正极材料、负极材料、隔膜和电解液是锂离子电池的关键组成部分。导电涂层的应用使电池的电性能和安全性能均得到显著地改善，图 5-60 是其工作原理图。

近年来，导电涂层在动力蓄电池中的应用得到了长足的发展，其重要性逐渐受到了各方的关注和重视。有文献表明，导电涂层可以完全或者部分屏蔽电解液对金属集流体（铝箔和铜箔）的腐蚀，并且可以保证电极形成有效的电子回路。这种涂碳（导电涂层）的箔材通过在适当温度下的高温处理，可以进一步加强其对电解液的耐受性能。表 5-33 概括了导电涂层的功能及特点。

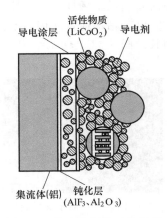

图 5-60　导电涂层的工作原理

表 5-33　导电涂层的功能及特点

| 功能 | 对锂电池的贡献 |
|---|---|
| 改善活性材料与集流体的电接触 | 延长电池寿命和放电截止时间 |
| 防止集流体的氧化和腐蚀保护 | 拓宽电解液耐腐蚀窗口 |
| 降低电芯内阻 | 提升倍率性能和延长循环寿命 |
| 促进活性材料与集流体的粘接 | 提升不同温度下的容量保持率 |

② 涂碳铝箔的生产工艺包括滚涂、刷涂、喷涂、印刷等。比较专业的是凹版印刷的技术，这种制造工艺精度高、效率快，可以实现连续和间歇涂覆，因此对技术和设备的要求门槛较高。根据电池的不同要求，导电涂料的干膜厚度一般控制在 $1\sim10\mu m$，但不同的干膜厚度可能对循环性能存在一定的影响。同时，电池 OEM 对箔材涂布的留白也有要求，目的是方便后续电池装配和极耳焊接。

#### 5.9.2.2　在质子交换膜燃料电池中的应用

质子交换膜燃料电池（PEMFC）（见图 5-61）的特点是无污染，放电产物为 $H_2O$，是真正的电化学发电装置。作为国家战略是未来车载动力最经济、最环保的解决方案。但是要实现商业化还有很多问题亟待解决，如价格昂贵、采用贵金属催化剂、氢的储存运输、电池寿命等。双极板是质子交换膜燃料电池的关键组件之一，不仅占据电堆质量的 $70\%\sim80\%$，而且在电堆的生产成本中也占相当大的比例。金属双极板因其先天的优势，比如坚固耐用、机械加工性能好、导电性好、导热性好、致密性好，作为燃料电池的主要方案。但双极板所处的环境中同时存在氧化和还原介质，因此金属双极板必须解决在电池阳极侧工作电势范围内的腐蚀问题和在阴极侧因氧化导致的接触电阻增加问题。因此，金属双极板的表面改性成为商业化的很重要的手段。导电涂料在这方面的应用具有相当潜力，在一些小型 PEMFC 中已有商业化的应用。

### 5.9.3　胶黏剂及密封胶在动力电池中的应用

胶黏剂及密封胶在动力电池行业的应用领域包括电芯、极耳/柱、模组、新能源汽车电机、电控系统和充电桩系统，主要产品有结构胶黏剂、UV-湿气固化披覆胶、阻燃导热灌封硅胶、壳体发泡密封材料、导热凝胶、螺纹锁固胶等。

除具备胶黏剂和密封胶的粘接和密封功能外，动力电池用胶黏剂和密封胶在某些应用点还需要满足阻燃性、导热性及特殊的应用工艺性能。

电芯粘接通常使用高本体强度和与电芯基材有高强度粘接性的丙烯酸酯结构胶或环氧结构胶。图 5-62 是使用结构胶粘接的电池组。

图 5-61　质子交换膜燃料电池

电池模组的粘接固定

图 5-62　结构胶粘接的电池组

丙烯酸酯胶是双组分结构胶黏剂，不含溶剂，使用时按照要求比例混合，具有非常高的粘接强度，可达 20MPa 以上，适用于大多数的金属、塑料等；具有非常快的固化速度，定位时间通常在 5～15min 之间，20min 时可以达到最终强度的 70%；而且相对密度较低，在 1g/cm³ 左右。丙烯酸酯结构胶还可以用于极柱的粘接固定。

环氧胶通常分为双组分和单组分两种结构胶黏剂，都不含溶剂。单组分环氧结构胶黏剂使用方便，但常温下固化较慢，需要达到一定的温度才能快速地固化；双组分环氧结构胶黏剂使用时需要按两个组分的配比进行混合，混合后在常温下可在几分钟之内实现快速固化。环氧结构胶黏剂的粘接强度很高，最高可达到 30MPa 以上，对大多数的基材（如陶瓷、金属、玻璃、塑料等）都能实现良好的粘接。

无论是丙烯酸酯结构胶还是环氧结构胶黏剂，都能实现电芯之间或电芯与基材之间的可靠粘接，缓解在汽车行驶过程中产生的震动。

## 5.9.4　导热灌封胶在动力电池中的应用

导热灌封胶主要应用于动力电池及电机的热能管理系统，起到防水、导热、阻燃以及防撞等作用。主要的灌封胶包括有机硅灌封胶、环氧结构灌封胶和聚氨酯灌封胶大类，一般是双组分包装，使用时需要按照设定比例进行配制，它们的黏度很低，通常在 2000～5000mPa·s 之间，流动性好，可快速填充电池包内部的空隙并固化。这类灌封胶的固化只与温度有关，可以实现内部与外部的同时固化。灌封胶的热导率通常不应低于 0.4W/(m·K)，最新的要求必须高于 1.0W/(m·K)，以便有利于散热，降低电池包热阻。阻燃等级要求达到 V-0 级别，当一颗电芯起火时，可以迅速阻隔火焰的传播，保护其他电芯不受损害。同时灌封胶还可以有效地防止水汽等的渗透，保护电芯。灌封胶的一个缺点是相对密度比较大，一般在 1.3～1.5g/cm³ 之间，通常一个电池包的灌胶量在 20～50kg 之间，会降低电池的能量转换效率，对电动车的续航能力有一定的影响。图 5-63 是有机硅灌封的电池组。

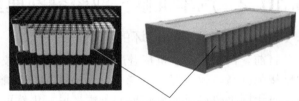

有机硅导热灌封胶的灌封，常规每个电池包灌满胶大概在20～50kg

图 5-63　有机硅灌封的电池组

## 5.9.5　胶黏剂在驱动电机中的应用

电动机的应用非常广泛，功率覆盖范围宽，种类也很多。但由于新能源汽车在功率、转矩、体积、质量、散热等方面对驱动电机有更高的要求，相比工业电机，新能源汽车驱动电机必须具备更优良的性能：小体积以适应车辆有限的内部空间；工作温度范围宽（-40～150℃），适应不稳定的工作环境；高可靠性以保证车辆和乘员的安全；高功率相对密度以提供良好的加速性能（1.0～1.5kW/kg）等。

目前，新能源汽车所使用的电机以交流感应电机和永磁同步电机为主。其中，中国及日韩车系目前多采用永磁电机，转速区间和效率相对都较高，但是需要使用昂贵的永磁材料钕铁硼；欧美车系则多采用交流感应电机，主要原因是稀土资源匮乏以及降低电机成本，其劣势则主要是转速区间小，效率低，需要性能更高的调速器以匹配性能。特斯拉公司在其 Model S 和 Model X 车型上均采用的是自行设计的交流感应电机。

胶黏剂在驱动电机上的典型应用包括：电机铝壳体浸渗，磁铁与硅钢片粘接，定子与壳体的粘接与固持，电机冷却水道及水管的密封以及电机端盖密封（图 5-64）。

磁铁粘接　　　　　　　　　水道丝堵密封　　　　　　　水道及端盖密封

图 5-64　胶黏剂在驱动电机部件的应用

# 5.10　胶黏剂在汽车维修中的应用

## 5.10.1　汽车维修行业常用胶黏剂的应用概况

汽车已经成为大众日常生活中不可缺少的一种重要交通工具。但在车辆使用过程中，随着行驶里程的增加，车辆会出现老化、故障以及各种事故等，需要经常进行维护和维修。

在车辆维护和维修中，采用胶黏剂粘接技术，对相关部位进行粘接、密封是重要的维修措施之一，其中使用最多的主要为有机硅类密封胶、厌氧胶、聚氨酯车窗密封胶等。

## 5.10.2　汽车维修行业胶黏剂典型应用介绍

### 5.10.2.1　车窗玻璃损坏的维修

目前，汽车行业主机厂普遍使用聚氨酯玻璃胶将车窗玻璃镶嵌于车身窗框上。这种胶黏剂粘接强度高、弹性好、耐老化、耐有机溶剂，能将车窗玻璃与车身牢固地粘接为一个整体。对于因事故造成车窗破损的车辆来说，仍然可以采用聚氨酯玻璃胶进行玻璃粘接。完成清理后残留在车框的玻璃胶需要用活化底涂进行活化，再涂玻璃胶进行粘接，使其达到与原来玻璃胶相同的强度与密封效果。

### 5.10.2.2　汽车动力总成系统跑冒滴漏维修

对于因车辆长期行驶后，汽车动力系统中螺栓、管路平面、接头等部位出现的跑冒滴漏等现象，可以采用各种类型的厌氧胶或硅烷密封胶进行维修。高强度的厌氧胶，可以用于发动机缸盖和变速箱双头螺栓，以及不常拆卸的螺栓、圆柱碗形堵头、驱动桥差速器壳连接螺栓、圆轴齿轮与差速器固定螺栓等的固持和密封，易于拆卸的部件则可以使用低强度厌氧胶。

### 5.10.2.3　汽车内饰翻新维修

家用汽车在使用过程中，部分内饰部件如顶棚、仪表台、座椅、遮阳板、地毯等经常会因为难以清洗的污物、局部破损，甚至使用人的审美变化和时尚需要而产生翻新维修需求。地毯的铺装仍以溶剂型氯丁胶或湿气固化聚氨酯胶为主。除地毯外的其他饰件的维修一般都需要将相关部件完全拆卸，修好后再整体装配。拆卸后骨架保留，将包覆的装饰面料拆除重新包覆，因施工效率的需要目前多采用溶剂型氯丁胶、双组分溶剂型聚氨酯胶，但随着人们对胶黏剂环保性能的认知加强，双组分水性聚氨酯胶也有开始应用的趋势，热熔胶因为使用设备的限制未来使用的选择性不高。

### 5.10.2.4　其他情况下的维修

汽车在使用过程中往往会出现这样那样的问题，特别是在野外不具备维修条件的情况下，可以采用应急修补措施。

当发动机缸体或水箱出现裂纹以及密封件开裂时，可以采用双组分快速固化丙烯酸胶黏剂、厌氧胶或耐久性能更好的快速固化环氧树脂胶黏剂进行暂时修理；如果内饰、侧边条等开裂，可以使用热熔胶进行粘接，以便暂时维持使用，等到达修理站后再进行彻底修理；如果车身局部密封不良，有漏风、漏水现象，可用聚氨酯密封胶或丁基胶带等对局部进行密封处理，避免水汽的进一步侵蚀。

#### 参 考 文 献

[1]　中国汽车工业协会汽车相关分会. 汽车胶粘剂密封胶实用手册. 北京：中国石化出版社，2017：1.
[2]　陆刚，李兴普. 现代车用材料应用手册. 北京：中国电力出版社，2007：254.
[3]　伍天海. 汽车电子技术的应用及发展趋势. 科技资讯，2018，16（03）：78-79.
[4]　高凯，王大鹏. 关于车门防水膜的设计研究. 汽车实用技术，2017（21）：19-21.
[5]　程时远，陈正国. 胶粘剂生产与应用手册. 北京：化学工业出版社，2003：433.
[6]　朱俊. 胶粘剂技术拓展汽车装配的新天地. 环球聚氨酯，2013（12）：70-77.
[7]　邹明晶，熊婷，车国勇. 车灯用胶粘剂的发展现状. 中国胶粘剂，2017，26（12）：47-49.
[8]　陈勇. 车身结构与附属设备. 北京：国防工业出版社，2015.
[9]　刘舒. 汽车工业中胶粘剂的应用——结构粘接应用. 中国胶粘剂，2004，13（5）：60-62.
[10]　周玉敬，杨涛，范广宏. 聚合物基复合材料在汽车工业中的应用. 材料科学，2016，6（6）：315-321.
[11]　邵萌，王燕文. 长玻纤增强材料在汽车塑料尾门中的应用. 汽车零部件，2016（05）：86-89.

（薛曙昌　雷文民　陈县萍　编写）

# 第6章

# 胶黏剂在轨道交通车辆中的应用

## 6.1 轨道交通车辆的特点及对胶黏剂的要求

### 6.1.1 轨道交通车辆制造业的特点

轨道交通是指运营车辆需要在特定轨道上行驶的一类交通工具或运输系统。最典型的轨道交通有传统铁路（国家铁路、城际铁路和市域铁路）、地铁、轻轨和有轨电车；新型轨道交通有磁悬浮轨道系统、跨座式轨道系统和悬挂式轨道系统。随着火车和铁路技术的多元化发展，轨道交通呈现出越来越多的类型，不仅遍布于长距离的陆地运输，也广泛运用于中短距离的城市公共交通中。

传统轨道交通是指各种由火车、铁路、车站和调度系统（包括调度设备和调度人员）所共同组成的路面交通运输工具，包括一切传统铁路系统和新型轨道系统，有高铁、动车组、城际动车组、普通铁路客车、机车、货车等。

动车组是由至少一节带驱动力的车厢（简称动车）和若干节不带牵引力的车厢（简称拖车）共同组成。动车组集成了交流传动技术、复合制动技术、高速转向架技术、高强度轻型材料和结构技术、减阻降噪技术、粘接密封技术、现代控制与诊断技术等一系列高新技术，具有高速、高效、灵活等特点，目前动车组主要分为"和谐号"动车组（CRH）和"复兴号"中国标准动车组（CR）两大系列，单组采用 8 节和 16 节两种编组模式，为满足大运量的要求，17 编的动车组也已上线。2006 年 7 月"和谐号"动车组竣工下线，2007 年开始正式上线运行；2017 年"复兴号"中国标准动车组正式上线运行。另外还有专为城际铁路服务的 CRH6 型动车组。

城市轨道交通是指具有固定线路，铺设固定轨道，配备运输车辆及服务设施等的公共交通设施。"城市轨道交通"是一个包含范围较大的概念，在国际上没有统一的定义，在中国国家标准《城市公共交通常用名词术语》中，将城市轨道交通定义为"通常以电能为动力，采取轮轨运转方式的快速大运量公共交通的总称"。一般而言，广义的城市轨道交通是指以轨道运输方式为主要技术特征，是城市公共客运交通系统中具有中等以上运量的轨道交通系统（有别于道路交通），主要为城市内（有别于城际铁路，但可涵盖郊区及城市圈范围）公共客运服务，是一种在城市公共客运交通中起骨干作用的现代化立体交通系统。一般包括地下铁路、轻轨铁路、单轨铁路、现代有轨电车、磁悬浮铁路等。地铁系统是城市轨道交通中运用最广泛的铁路系统种类，绝大多数城市的轨道交通主体也是地铁系统。从 20 世纪 90 年代建设的上海 1 号线和广州 1 号线地铁开始，我国城市轨道交通建设广泛采用各国最新技术装备，已经建成了具有世界一流技术水平的城市轨道交通系统。

高铁起源于日本，兴起于欧洲。在 2004 年之前，德国西门子交通、法国阿尔斯通、加拿大庞巴迪、日本高铁企业联合体占据全球较大市场份额，在很长一段时间也代表着轨道车辆的制造水平。中国高速列车大致经历了技术引进到消化吸收，到再创新，再到全面创新的路径。中国南车与中国北车 2014 年 12 月 30 日晚双双发布重组公告，合并后的新公司更名为"中国中车股份有限公司"（以下简称"中车"），中车成为世界轨交装备的最大制造企业。自从中车成立以来，国际轨道交通制造产业一超多强的局势促使西门子交通、阿尔斯通和庞巴迪这三大轨交制造商开始尝试联合。第一次具有重大意义的尝试发生在 2017 年，当时已经将轨交业务总部迁至柏林的庞巴迪尝试与西门子交通进行合并，但该计划最终因西门子方面的退出而宣告失败。2018 年，西门子与阿尔斯通已经敲定了所有合并细节并得到了德法两国政府的支持。与庞巴迪相比，强于信号控制的西门子和阿尔斯通业务更为互补，而且具有促进欧盟进一步整合的政治意义。遗憾的是，2019 年 2 月欧盟委员会以合并后的企业具有垄断地位为由否决了该计划。2021 年 1 月，法国阿尔斯通收购了加拿大庞巴迪的铁路业务。

轨道车辆制造工艺水平与高质量的生产产品密不可分，也代表着一个国家轨道车辆制造能力的高低。德国西门子交通、法国阿尔斯通、加拿大庞巴迪、日本高铁企业联合体这几家轨道车辆的制造商在制造过程中使用的胶黏剂的品种特点也影响全球轨道车辆的发展。近些年来我国从国外引进先进技术，并与国内的技术融合，使得轨道车辆组装工艺技术水平大幅提高。轨道车辆制造根据设计时速、运行地域、运行环境的不同，对胶黏剂的选择方面有一定差异。在满足车身设计功能、可靠性、安全性等要求的基础上，施胶的工艺性也有较高要求。从转向架制造、零部件制造到车体、涂装、总装、调试工序，轨道车辆制造过程使用的粘接产品包含了聚氨酯胶黏剂（单组分和双组分）、硅烷改性粘接密封胶、环氧结构胶、丙烯酸酯结构胶、厌氧胶（螺纹锁固胶、管螺纹密封胶等）、有机硅密封胶、氯丁胶、压敏胶等系列以及配套产品。

我国轨道车辆制造集中度高，轨道车辆的制造大部分集中在中国中车的六大主机厂进行，由于技术难度大，工艺复杂，又因为车型和使用地域的差异，选胶用胶方面也提出了较高要求。欧洲国家的轨道交通车辆的选胶及技术验证按照 DIN 6701-3 的要求进行，国内轨道交通行业学习欧洲的先进经验，选胶及技术验证也已按照 DIN 6701-3 的要求进行，同时根据项目的要求也参照国标中的胶黏剂标准和中国铁路总公司的胶黏剂标准进行选胶及技术验证。

# 6.1.2　轨道交通车辆对胶黏剂的要求

## 6.1.2.1　轨道交通车辆对胶黏剂的基本要求

轨道车辆运行环境复杂，有高温高湿的热带地区、高寒干燥的严寒地区、盐雾较大的沿海地区、城市地下、低压缺氧高原、穿梭不止的隧道，由于运行里程长短不定，长距离时甚至一天之内要穿越不同的运行环境。同时轨道车辆内部人员数量大、密度高，对安全、噪声、气味等级等均要求较高，火灾隐患也是轨道交通车辆重大的危险源，基于以上因素的考虑，轨道车辆在选用胶黏剂方面要考虑不同具体的技术参数和工艺要求，需要满足设计的粘接强度、阻燃性、耐候性、耐化学品、环保性等必要性能。

## 6.1.2.2　轨道交通车辆对胶黏剂的施工要求

根据生产制造过程的特点，要求胶黏剂满足下列施工要求：

① 需适应广泛的运用环境，适应范围宽，胶黏剂的生产商需要提供"温度-强度-时间"关系图。

② 施胶便捷，受施工环境影响较小，在车辆室内外都可以方便作业。

③ 胶黏剂环保性良好，对施胶人员和车辆室内空气的毒害尽可能小，对环境污染小，刺激性气味低。

④ 各种材料适用性优良，表面处理工艺简便易操作，如无须底涂或在不影响粘接质量的前提下允许轻微灰尘、脏污等（但对于高强度安全等级高的部件除外）。

⑤ 施胶操作工艺简单，避免复杂或昂贵操作设备。

⑥ 施胶后干燥时间要适中，要适合工件组装进度要求，初固太快时来不及粘接部件，初固太慢时又延长生产周期。

⑦ 部件粘接后达到最高粘接强度的时间要适中，以便于进行下道工序施工。

⑧ 胶黏剂使用及储存环境允许温湿度变化范围尽量大。

⑨ 胶黏剂的保质期长，在应用时最好还有三分之二的时间到保质期。

## 6.1.3　轨道交通车辆胶黏剂的选用原则

在选择轨道交通车辆用胶黏剂时，需要考虑性能、工艺和法规上的要求。

### 6.1.3.1　性能要求

在性能上满足轨道交通车辆组成部件的技术要求，同时在检修周期内保证性能的稳定性和可靠性。通常需要考虑的因素包括：

① 胶黏剂对车辆用基材的粘接性能指标；

② 胶黏剂对车辆用基材的表面状态和表面处理效果的适用性；

③ 胶黏剂耐温能力，玻璃化转变温度，在运行地区的温度的变化下胶层本体的拉伸强度和断裂延伸率的变化，包括在运行地区温度变化时粘接界面性能的变化；

④ 胶黏剂的耐腐蚀和大气老化能力，耐运行地区紫外线、高湿度、酸雨和盐雾，同时需要考虑耐洗车液腐蚀的能力；

⑤ 胶黏剂的耐疲劳性能，需要粘接接头承受拉伸、弯曲、剪切、压缩等疲劳载荷的能力；

⑥ 弹性体胶在车辆外表面使用时，需要特别考虑在运行风压、会车、穿越隧道时的抗位移能力；

⑦ 粘接位置的基材的特性，特别是惰性基材和难粘塑料基材的粘接性能；

⑧ 胶黏剂收缩率对粘接位置性能的影响；

⑨ 在不同涂层上粘接的性能；

⑩ 是否具有检修周期内的可拆卸措施。

### 6.1.3.2　工艺要求

胶黏剂必须满足轨道交通车辆的制造工艺条件。例如施工的空间条件、胶黏剂运输存储时环境的温湿度、操作环境的温湿度、表面处理工艺、胶黏剂固化时间和生产节拍的匹配性等。

### 6.1.3.3　环保防火要求

胶黏剂在使用过程中必须对施工人员及环境的污染影响小，符合国家环保法律法规和禁限用物质的要求，固化后不能产生对人体有害的成分，防火性能满足轨道交通车辆的要求。

## 6.1.4　轨道车辆常用胶黏剂

轨道车辆常用胶黏剂按用途主要可分为粘接、密封、锁固和防火等，常用胶黏剂如表 6-1 所示。

表 6-1　轨道车辆常用胶黏剂

| 用途 | 胶黏剂类别 | 固化方式 | 主要特点 | 适用粘接的位置 |
|---|---|---|---|---|
| 粘接 | 聚氨酯类 | 单组分湿气固化型 | 弹性粘接，对多数基材都有很好的附着力 | 车窗、弹性支撑座、地板、侧墙、车顶等 |
| | | 双组分化学反应型 | 耐增塑剂、耐油、耐药品性、耐热、耐寒性、初期粘接力强 | 适用于在不同基材上粘接橡胶地板布、装饰面板、铝蜂窝等 |
| | 硅烷改性聚合物 | 单组分湿气固化型 | 弹性粘接，对多数基材都有很好的附着力 | 车窗、弹性支撑座、地板、侧墙、车顶等 |
| | 氯丁橡胶类 | 溶剂挥发型或水基型 | 粘接胶层有弹性、初期粘接力强、粘接耐久性好、属于万能型 | 用于橡胶与橡胶，橡胶与金属高压板、金属等的粘接，防寒材，聚氨酯泡沫等 |
| | 丁腈橡胶类 | 溶剂挥发型 | 干膜柔软、耐增塑剂、耐油性、耐溶剂性良好 | 乙烯基泡沫等乙烯基材料、PVC 地板布 |
| | 醋酸乙烯类 | 水基型 | 即使基材表面凸凹不平，也可均匀涂布 | 适于高密度板的粘接等 |
| | 环氧类 | 双组分化学反应型 | 耐稀酸、耐碱、耐溶剂、耐油、耐脂、耐潮湿。可以提供最大的抗冲击强度和剥离强度 | 地板布、铝蜂窝等 |
| | 丙烯酸类 | 双组分化学反应型 | 快速干燥、较大的粘接强度 | 防寒钉、刚性支撑座等 |
| | | 双组分接触型 | 双组分非混合型（将 A/B 剂涂覆在两个被粘接基材上，然后粘接） | 金属粘接等 |
| | | 压敏型 | 使用简单方便，仅需要施压即可快速建立初黏强度，减震降噪，方便维修等 | 侧墙板、加强筋、数显座位号、LED 显示屏、广告装饰板、地板布、防寒材、腰线 |
| | 氰基丙烯酸酯类 | 瞬间粘接 | 快速粘接橡胶、金属及同类弹性材料 | 适合粘接面积小的物体、调整垫块、橡胶条等 |
| 密封 | 聚氨酯类 | 单组分湿气固化型 | 良好的填缝性、弹性表面可喷漆、无腐蚀、减震，适用于木材、金属，尤其是铝（包括阳极氧化的部件）、钢板（包括磷化过、镀铬和镀锌的部件）、金属底漆和漆面（双组分）、陶瓷材料及塑料 | 车窗密封、车体段焊密封，橡胶地板布接缝密封，车内墙板接缝密封，车体外部件密封，间壁顶板间隙发泡部位 |
| | | 双组分化学反应型 | 双组分混合聚氨酯密封胶 | 地板、车顶检查盖等的密封，贯通部位 |
| | 硅烷改性聚合物 | 单组分湿气固化型 | 良好的填缝性、弹性表面可喷漆、无腐蚀、减震，适用于木材、金属，尤其是铝（包括阳极氧化的部件）、钢板（包括磷化过、镀铬和镀锌的部件）、金属底漆和漆面（双组分）、陶瓷材料及塑料 | 车窗密封、车体段焊密封，橡胶地板布接缝密封，车内墙板接缝密封，车体外部件密封等 |
| | 有机硅类 | 单组分湿气固化型 | 耐候性、耐热性、耐寒性、耐药品、绝缘性良好（脱肟型）。适用于聚碳酸酯，对金属类无腐蚀性（脱乙醇型） | TEC 插接件、插管密封之外的气密等 |
| | | 双组分化学反应型 | 液体状填料（深部固化型），对金属类无腐蚀性 | 电器连接件，电线、管路等贯通部位的气密等 |

续表

| 用途 | 胶黏剂类别 | 固化方式 | 主要特点 | 适用粘接的位置 |
|---|---|---|---|---|
| 密封 | 聚硫胶类 | 单组分湿气固化型 | 可在涂装面上涂覆,耐候性优良,单组分氧气固化型中的快速固化型 | 车窗等外部的水密、气密 |
| | | 双组分化学反应型 | 能在涂装面上涂覆,耐候性优良,弹性密封性能的平衡性优良 | |
| | 环氧类 | 双组分化学反应型 | 填充一定的空隙,具有较高的强度 | 地板面找平、地板铺设物及地板的缝隙密封等 |
| | 丙烯酸酯类 | 压敏型 | 单面压敏胶带使用简单方便,仅需要施压即可快速建立初粘强度,可以减少因为密封胶施工及天气影响带来的缺陷,耐老化性能好,方便维修等 | 空调口外部密封、焊缝密封,门槛口密封及快速维修等 |
| 螺纹锁固 | 螺纹锁固用丙烯酸酯 | 厌氧型 | 根据紧固件规格大小,可选用不同锁固力矩的厌氧胶牌号 | 应用于各种装配过程中的螺纹紧固件的锁固和密封 |
| | 管接头锁固用丙烯酸酯 | 厌氧型 | 根据管螺纹间隙、应用环境的不同,可选用不同黏度和特点的规格牌号 | 应用于管接头装配过程中的锁固和密封 |
| 防火 | 橡胶类 | 水基型 | 受热后体积膨胀、填充贯穿孔烧掉电缆后留下的空隙部分 | 贯穿孔、车辆底架下平面等 |
| | 有机硅类 | 单组分湿气固化型 | 遇火后表面烧蚀炭化,阻止火焰继续向内传递 | 段焊区域或外部缝隙等 |
| | 聚氨酯类 | 双组分化学反应型 | 混合后即膨胀发泡,填充内部腔体;遇火后表面烧蚀炭化,阻止火焰继续向内传递 | 贯穿孔、防火砖之间的密封等 |

# 6.2 胶黏剂在轨道交通车辆装配中的应用

随着中国高速动车组技术和铁路运输工业的迅猛发展,粘接技术在轨道交通车辆制造过程中得到广泛应用。采用粘接技术进行连接装配,具有外观整齐、连接区域载荷分布(与焊接、铆接等相比)均匀、适用材料广泛、可实现异种材料连接、减轻结构质量及提高车辆密封性和乘坐舒适性等诸多优点。

## 6.2.1 车窗粘接及密封

轨道交通车辆前挡玻璃及侧窗目前采用两种连接方式,第一种采用弹性体胶直接把玻璃粘接在窗框上,该粘接方式因为弹性胶层形成的粘接界面的承载面积大,所以车辆运行加载时应力分布均匀,能在超过15%的变形下长期使用,且弹性体胶具有良好的密封性能,该方式不同于焊接、螺接或铆接那样存在局部应力集中,对车体钢结构的制造精度要求较低;第二种车窗采用螺纹连接和粘接配合使用的安装方式,虽然该方式存在点连接、局部应力集中、部件疲劳强度低、密封性差等缺陷,但有较大的运行安全可靠性,车窗更换作业周期较短。

### 6.2.1.1 车窗粘接密封设计

(1)粘接结构仿真计算　弹性粘接密封结构设计主要需要考虑接头形式、强度要求、胶层厚度、胶黏剂选择等。粘接接头以搭接、压肩接、单双面叠接等方式为佳。按照 DIN 6701 粘接技术体系要求,对于 A1 和 A2 等级粘接部件的设计需要进行粘接仿真计算。

(2)胶层厚度设计　由于不同材料的线膨胀系数不同,当温度变化时,胶层必须能承受两种基材的相对变形,经计算后,得到保证粘接强度的最低厚度要求。实际应用中,为了保证充足的安全余量，可以适当地增大胶层厚度，但是胶层厚度过大容易产生缺陷，所以厚度设计也不宜过大。

（3）粘接结构设计验证　新型粘接结构的设计与工艺必须要经过试验验证，验证内容主要包括常规性能、老化性能、基材匹配性、疲劳性能等。

① 常规性能试验验证需要测试的指标主要包括玻璃化转变温度、硬度等物理性质以及拉伸强度、剪切强度等力学性能。硅烷改性聚合物胶和单组分聚氨酯胶两种类型应能满足 Q/CR 491—2016 标准规定的相对应的各项指标。

② 人工气候老化试验包括紫外老化与高低温循环交变老化，按照 Q/CR 491—2016 标准，胶黏剂经人工气候老化后拉伸强度与剪切强度保持率应在 80%～120% 之间。

③ 粘接结构还应经过 DVS 1618《轨道机车车辆中的弹性厚胶层粘接》基材匹配性测试。每一步都要对胶条进行剥离测试，如果胶条剥离后其破坏模式为＞95%胶黏剂内聚破坏或基材破坏则视为合格，如果破坏发生在界面层，则视为试验未通过，需要对基材进行合适的表面处理或者更换胶黏剂。胶黏剂的疲劳性能也是验证内容之一。

④ 疲劳性能测试根据 GB/T 27595—2011《胶粘剂　结构胶粘剂拉伸剪切疲劳性能的试验方法》，试样施加循环的应力，根据施胶位置实际受力情况给定平均应力 $\tau_m$ 与应力幅 $\tau_a$，可以确定试样破坏的循环次数，用这些数据绘制 $S\text{-}N$ 曲线，从而评价粘接处耐疲劳性能的置信区间。

## 6.2.1.2　车窗粘接应用

（1）前窗粘接及密封　前窗用胶黏剂主要以单组分聚氨酯胶和硅烷改性聚合物胶为主，对车头前挡风玻璃与车体钢结构进行弹性结构粘接，如图 6-1 所示。在采用单组分聚氨酯胶粘接操作时，车身粘接面和玻璃粘接面先使用活化剂进行预活化，然后再涂覆专用的底涂剂提高界面性能和增加润湿和黏附效果。车头前窗在运行时承受风压、风沙和冷湿热交变载荷，所以选用的胶黏剂性能指标应满足 Q/CR 491《机车车辆用胶黏剂》标准要求，具备耐高低温冲击，在冷湿热变化下的拉伸和延伸率变化下的抗位移能力优异，且固化后的体积收缩率较小，胶层表面不容易产生拉伸载荷下的应力集中等特点。

图 6-1　轨道车辆前窗粘接及密封

四方机车平台的动车组和日本新干线动车组前挡玻璃均采用机械固定加双组分聚硫胶密封的结构，具有优良的耐候性能，操作时间可达 2h，根据环境温度配备不同固化速率的固化促进剂，能够满足各种环境的施工要求，不同的固化促进剂可保证胶黏剂在各种环境下均能实现 48h 内胶层完全固化，胶层厚度增加也可以实现充分固化。最初生产的 CRH2 型动车组部分前窗采用了聚碳酸酯材质的玻璃，为保证黏附效果和密封效果，使用底涂剂配合脱醇固化的有机硅密封胶一起使用，CRH2 型动车组的前窗粘接及密封应用如图 6-2 所示。

（2）侧窗粘接及密封　侧窗的胶黏剂主要以单组分聚氨酯胶和硅烷改性聚合物胶为主。粘接与传统胶条填

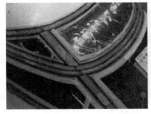

图 6-2　CRH2 型动车组的前窗粘接及密封

图 6-3　侧窗粘接及密封

缝安装或铆接相比外观美观大方，可视性强。当玻璃在受到外力的冲击和振动影响时，胶黏剂为弹性体，能够缓解这种压力。所以对胶黏剂的拉伸强度、剪切强度以及断裂伸长率要求较高，由于受太阳照射的影响，对防紫外线能力、耐湿热抗老化的能力有较高要求。采用聚氨酯胶进行玻璃粘接的胶层本体拉伸强度要求大于

7.0MPa，剪切强度要求大于 4.0MPa，胶层的断裂伸长率要求大于 400％。侧窗粘接及密封的应用如图 6-3 所示，如果选用硅烷改性聚合物胶，性能指标应满足 Q/CR 491《机车车辆用胶粘剂》标准要求。

（3）车窗玻璃填缝密封胶　轨道交通车辆侧窗玻璃与车体之间需要密封。考虑到车辆运行地区气候的影响，要求选择的胶黏剂具有较好的耐紫外线、耐酸碱能力，为保证美观，还需刮涂性好，固化后的胶层光滑平整。车窗玻璃的外密封如图 6-4 所示。

四方平台的"和谐号"动车组侧窗采用机械固定加双组分聚硫密封胶密封的结构方式，"复兴号"动车组使用硅烷改性聚合物密封胶。四方平台车窗玻璃的外密封如图 6-5 所示。

图 6-4　车窗玻璃外密封　　　　　　　　　图 6-5　四方平台车窗玻璃外密封

# 6.2.2　地板布粘接

铁路客车地板布的粘接在 DIN 6701-3 标准中属于低安全等级的 A3 级粘接接头。但是由于铁路客车载客量大，地板布时常被踩踏和磨损，造成地板布本身的破坏和粘接结构的破坏；地板布粘接面积大，属于全面积粘接，动车组的地板布粘接面积可达 70～90m²。一旦发生缺陷对整列车的美观影响明显，返工量大，周期长，成本高。因此地板布的粘接在铁路客车的整个粘接体系中占有重要地位。在设计过程中需要从地板、地板布和胶黏剂三个方面综合考虑才能实现牢固、可靠的粘接。

### 6.2.2.1　地板

地板通常有两种类型：金属地板和木地板。金属地板的表面一般有两种形态：一是铝合金型材，二是在蜂窝地板的金属表面进行拉毛处理。铝合金型材焊接完成后都有一定的变形，尤其是枕梁区域的变形量较大，通常通过刮油漆腻子、胶黏剂找平和加喷底漆等方式实现整车地板的平面度要求，腻子对地板布粘接胶层的黏附力比底漆要低很多，因此一般都采用加喷底漆的方式。蜂窝地板表面是粘接而成的，基本没有变形，所以可以在其金属表面直接进行拉毛处理，然后粘接地板布，不仅可以节约成本，还能得到更高的粘接强度。木地板一般是表面为 UV 涂层的胶合板。

## 6.2.2.2　地板布

目前我国铁路客车常用地板布有橡胶和 PVC 两种材质，一般为 2.0～4.0mm，在性能方面各有优势。实现地板布的良好铺装效果首先要保证地板布本身厚度均匀，无气泡和褶皱等缺陷。其次是地板布材质要易于粘接，地板布被粘接面的状态适合粘接，如打磨处理的橡胶地板布或者植绒处理的 PVC 地板布。需要注意的是地板布的打磨粗糙度不宜过大，粘接面植绒量不宜过多。打磨粗糙度过大时会导致胶层不能与基材表面完全粘接，如图 6-6 所示。粘接面植绒量过多时，植绒层会与未固化的胶黏剂形成毛细作用，导致实际粘接界面胶量不足。

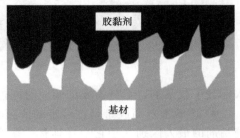

图 6-6　基材粗糙度过大时的粘接示意图

## 6.2.2.3　胶黏剂的选择

在任何一个粘接接头中胶黏剂都是重要的一个环节，选择一款合适的胶黏剂是实现良好粘接的前提。根据现场作业特点，所选胶黏剂必须能够常温固化，既具有良好成膜性，适合大面积作业，尽量少含水分，初粘力好，方便进行涂胶，又能抵受住地板布的内应力造成的变形，最终强度形成时间不能太长，以不影响生产周期为宜，粘接接头强度能够满足设计要求。

目前国内各铁路客车生产厂家和配套厂家在粘接地板布时主要采用双组分环氧胶黏剂、双组分聚氨酯胶黏剂、橡胶类溶剂胶黏剂和压敏型双面胶带。

① 环氧胶黏剂的基本组分是环氧树脂和固化剂，其中的环氧树脂是指一个分子中含有两个或两个以上环氧基，并在适当的固化剂存在下能够形成三维网格结构的低聚物，属于热固性树脂。环氧胶黏剂含有多种极性基团和活性很大的环氧基，因此与多数极性材料有很强的粘接力，同时环氧固化物的内聚强度很大，所以其粘接强度很高。环氧胶黏剂在固化过程中主要发生加成聚合反应，基本不产生小分子挥发物，胶层收缩小，不易蠕变。此外环氧胶黏剂的耐腐蚀性能和耐热性能优异。未增韧的环氧胶黏剂固化后一般偏脆，抗剥离、抗开裂和抗冲击性能较差。在选用该类型的胶黏剂粘接地板布时应选用经过增韧改性的产品。该类型胶黏剂对地板布的剥离强度通常大于 3N/mm，非常可靠，但后期车辆检修时地板布拆除困难。

② 聚氨酯胶黏剂是分子链中含有氨酯基（—NHCOO—）和/或异氰酸酯基（—NCO）类的胶黏剂。由于聚氨酯胶黏剂分子链中—NCO 可以和多种含活泼氢的官能团反应，形成界面化学键结合，因此对多种材料具有极强的黏附性能。使用不同原料配制的聚氨酯胶黏剂，由于其配比的不同，可以得到从柔性到坚硬的一系列不同硬度的胶黏剂，可以粘接不同的被粘物。聚氨酯胶黏剂基材适应性好，柔韧性可调，粘接强度高，固化后具有一定的耐热和耐水性。部分聚氨酯胶黏剂在固化反应过程中可能会有二氧化碳生成。在选用聚氨酯胶黏剂粘接地板布时应该选用具有一定柔性且固化过程中不放出二氧化碳的产品。该类型胶黏剂对地板布的剥离强度通常大于 3N/mm，非常可靠，但后期车辆检修时地板布拆除困难。

③ 橡胶类溶剂胶黏剂包括氯丁橡胶或丁腈橡胶类，工艺性能优秀，通常在两个被粘接面采用喷胶的施工工艺，经过干燥后分别形成两个聚合物胶膜，粘接是通过两个聚合物胶膜间的高压力实现，通常很快达到初始强度。溶剂胶的施工操作过程如图 6-7 所示。该类型胶黏剂对地板布的剥离强度大约在 1.5N/mm，强度适中，后期车辆检修时地板布拆除容易。如果使用丁腈橡胶类，在运行过程中出现的起泡问题还能够通过加热再次产生黏附解决。该

图 6-7　溶剂胶的施工操作过程

类型的胶黏剂需要双面施工，工作量相对较大；对溶剂和水敏感，当受到载荷时容易产生蠕变，因此在使用时需要特别注意地板布边缘的保护；含有大量溶剂，对施工人员和大气环境均会造成不良影响，尤其会影响车厢内的 VOC 问题。人们也考虑过对环境友好、安全和接触粘接性能良好的水性氯丁胶黏剂，但其需要的晾胶时间过长，存储稳定性较差且价格较高，没有得到推广。

④ 压敏型双面胶带是在特定的薄膜基材上涂覆压敏型胶黏剂（压敏胶），压敏胶与普通胶黏剂的最大区别在于它本身具有"黏弹性"，即在流动、浸润材质表面的同时，具有一定的内聚强度，也就是具有抗御外力而维持自身不被破坏的能力。这两种能力的结合使之能够将需要粘接的材质结合在一起。因此，压敏胶不需要经过物理或化学固化的过程，可直接使用，在操作上非常方便。通常的做法是首先在地板布厂家进行地板布背胶的复合，然后运输到主机厂或地板厂家，揭掉离型纸后进行铺装、辊压、排气泡的操作。工艺相对简单，基本不需要等待时间即可在上面行走，特别适合地板布边缘折弯上墙的设计。对地板布的剥离强度通常在 1～3N/mm 之间，后期车辆检修时地板布拆除容易。

### 6.2.2.4　铺装方式

由于成型幅宽的限制，地板布一般需要拼接。因为有沿车体纵向拼接及沿车体横向拼接两种方法，因此铺装方式也相应分为纵向铺设、横向铺设两种。拼接又可以分为有缝拼接和无缝拼接，有缝拼接就是在相邻两块地板布之间留下一定的间隙，用 PVC 焊条或胶黏剂填充间隙，而无缝拼接就是相邻两块地板布之间紧密贴合，不需填充其他材料。两种拼接方式各有优劣，有缝拼接会有多道接缝，因接缝材料的颜色与地板布材料颜色不完全一致，所以整体视觉效果不太好，但是接缝处的 PVC 焊条或胶黏剂可以有效保护地板布边缘。无缝拼接整体视觉效果理论上比有缝拼接的好，但是实际上由于底架地板不是十分平整，无缝拼接的地板布可能产生局部边缘凸起现象，且由于拼缝处不能完全密封，边缘缺少保护，车辆运行过程中容易产生翘边、起泡等缺陷。因此，目前地板布基本还是采用有缝拼接方式。

工作流程（以纵向铺装有缝拼接使用双组分胶黏剂为例）：

① 铺装中间地板布：表面处理→在地板布两侧划线→贴遮蔽胶带→混合双组分胶黏剂→刮胶→揭撕胶带→铺地板布→赶气泡→辊压地板布→赶气泡→局部加压→清除溢出的胶黏剂→贴警示标志。

② 铺装两侧地板布：基本流程同上。

③ 干燥 12h 后进行连缝（以用胶黏剂填缝为例）：开槽→清洁→贴遮蔽胶带→挤胶→刮胶→揭撕胶带→贴警示标志。

### 6.2.2.5　地板布粘接质量保证

铁路客车地板布在施工和运行过程中，往往从地板布的边缘和接缝处开始发生翘边、起泡等缺陷。这是因为地板布边缘和接缝区域的胶层容易形成应力集中，且这些区域的胶黏剂长期接触空气、水分和清洗剂等造成胶层老化。因此在布置地板布时应该尽量减少地板布接缝，并对接缝进行有效密封。对于地板布的边缘，可以通过地板压条、门槛、墙板等结构对其形成有效的压接并进行密封，也可将地板布边缘设计为折弯上墙的结构，如图 6-8 所示。通过这些手段可以避免边缘和接缝处的应力集中，减少外界环境对地板布粘接接头的侵蚀，同时提高车辆的美观效果。

地板布的粘接设计是一个系统性的课题。良好的地板布产品质量，适宜的粘接面状态和铺装方案，合理可靠的地板结构，选用合适的胶黏剂，这些方面综合实施才能保障良好的地板布粘接铺装效果。现今对地板布粘接胶又提出了更高的要求，要兼具可靠性、工艺性及后期的易拆卸性。

地板布边缘压接结构　　　地板布边缘折弯上墙结构

图 6-8　地板布边缘处理

## 6.2.3　车顶、地板、车外蒙皮粘接

低地板现代有轨电车地板距轨面仅 35cm，无需站台，最大运量是公交车的 6～8 倍。车辆可采用蓄电池和超级电容并联混合动力，爬坡能力强，最小转弯半径仅 19m，城市现有道路即可铺设线路，绿色环保，低噪声，是当今世界最先进的城市交通系统之一，在欧洲应用较多，国内目前在上海、佛山、青岛均有使用。车顶、地板和车外蒙皮均采用聚氨酯类或硅烷改性聚合物胶黏剂粘接。低地板车车顶、地板和车外蒙皮粘接如图 6-9 所示。

图 6-9　低地板车车顶、地板和车外蒙皮粘接

## 6.2.4　防寒保温材料的粘接

轨道交通车辆在运行的过程中，需要经历高温环境和低温环境，为了确保车辆内部相对稳定的温度，在车辆内部需要粘接上一层防寒保温材料，通常是碳纤维、三聚氰胺泡沫板、玻璃丝绵等材料。除了要满足良好的粘接性外，轨道交通对防寒材料的阻燃、烟毒方面都有严格的要求，因此防寒材料的粘接材料也必须具备优异的阻燃性、低烟毒要求。此外，车体内部材料与乘客存在直接或间接接触，因此对环保还有较高的要求，特别是挥发性有机物、三苯（苯、甲苯、二甲苯）、甲醛方面有着严格的限制。对于防寒材的粘接开始使用溶剂型氯丁橡胶胶黏剂，施工过程存在环保和职业健康问题，目前已开始使用水性胶黏剂进行粘接。水性胶黏剂以水作为介质，具有环境友好和固含量高等特点，但胶黏剂的施工性不如之前使用的氯丁胶，需进一步提高。比如一些水性胶需要 30min 以上晾干时间，特别在低温高湿度的情况下尤为明显；有的水性胶可以配合活化剂一起使用，这样就无须晾胶，大大提高了生产效率。水性胶粘接防寒材料的应用如图 6-10 所示。

目前一些国内的和出口的城铁车辆使用压敏胶带进行防寒材料的粘接，压敏胶带通常先复合在保温材料的背面，在现场揭去离型纸直接进行粘接。也有一些防寒钉采用压敏胶带粘接固定的方式。压敏胶施工工艺相对简单，可以马上建立初粘强度，无需等待，大大提高了生产效率。压敏胶带粘接防寒材料的应用如图 6-11 所示。

图 6-10　水性胶粘接防寒材料的应用

图 6-11　压敏胶带粘接防寒材料的应用

## 6.2.5　地板的弹性支撑粘接

地板的弹性支撑包括两种不同的形式，一种是带有硫化橡胶的金属支撑，之前在 CRH5 型车上采用，现在城铁项目也采用这种工艺；一种是木骨支撑，之前在 CRH3 型车上采用，CR400B"复兴号"上的地板采用木骨作为弹性支撑的工艺。金属支撑的上表面通常硫化

图 6-12　金属弹性支撑和木骨弹性支撑粘接的应用

3～5mm 厚的橡胶从而改善乘客的舒适性，考虑到承受压应力的状况，金属支撑的下表面一般采用高模量、高强度的结构胶黏剂粘接到底架上。木骨支撑用一种双组分聚氨酯粘接在车体的环氧底漆底板上，要求胶黏剂具有触变性好、适用期长、粘接强度高以及断裂伸长率高的特性，另外还要具有一定的阻尼等特性。金属弹性支撑和木骨弹性支撑粘接的应用如图 6-12 所示。

## 6.2.6　地板找平用胶

部分城轨车辆采用铝合金型材焊接作为地板，还有少量车辆采用陶粒砂地板，导致其底面平整度差异，不能直接粘接地板布，需要进行找平工艺处理。用于找平的产品需具有较好的流平性、可刮涂、24h 可打磨、硬度相对较高等特性，双组分环氧和双组分聚氨酯产品均适合用作找平，操作过程如图 6-13。

## 6.2.7　车体内外密封

为保证车辆的防水性、舒适性和气密性，轨道交通车辆在制造过程中大量使用弹性体胶进行车内外的密

图 6-13　采用胶黏剂在地面找平操作

封，使用较多的为聚氨酯和硅烷改性聚合物密封胶，局部也使用有机硅密封胶。例如基于车体内部使用的门槛的密封、座椅下部的密封，要求环保性好，通常采用聚氨酯胶黏剂；车体

其他部位的密封，例如焊缝的密封、塞拉门门框门脚的密封、司机室连挂处的密封，根据实际情况选用不同颜色的耐紫外线胶黏剂。车体内外的密封如图 6-14 所示。

图 6-14　车体内外密封

## 6.2.8　防火密封

安全、准时、舒适、节能是当今轨道交通的发展趋势。安全，特别是车辆的防火安全日益受到重视。轨道车辆电气火灾事故所占比例非常高，各种电气柜柜体、电缆贯穿底板、隔断部位，一旦发生火灾，若不能将起火位置的火源隔离或扑灭，火灾极易蔓延至其他部位，造成人员伤亡、设备烧毁的严重事故。

轨道列车与建筑物一样，整个消防系统包含两大系统——主动防火安全系统和被动防火安全系统。这两大系统在防火安全上彼此协同，互为补充，缺一不可。其中，防火封堵系统是整个被动防火中的关键部位，由于这些部位有贯穿物、结构缝隙的存在，通常是火灾蔓延的通道，所以该部位选用什么材料，用何种方式进行密封或填塞非常重要。根据 EN 45545-3 的要求，完整的系统在耐火时间内能够与防火分隔构件协同工作，并能阻止热量、火焰和烟气蔓延扩散，以达到防止火灾的串烧蔓延，保障设备完整性和保护乘客和列车工作人员安全的目的。

### 6.2.8.1　轨道车辆火灾特点

分析若干铁路火灾事故，总结出该类火灾的特点如下：

① 与电气相关，发生突然；

② 烟气容易在车厢之间缝隙蔓延；

③ 高速运动中，烟囱效应使火灾蔓延速度更快；

④ 火灾扑灭及人员逃离困难。

列车底板、隔断中电缆贯穿和结构缝隙部位通常是火灾蔓延的通道，如果在设计中未考虑应有的防火封堵措施，或在安装中未按规范要求进行施工，那么在发生火灾时，由于烟囱效应往往成为火灾扩散的主要途径。所以，轨道交通中被动防火系统的设计，与主动防火系统同样重要，是整个消防系统中不可或缺的部分。

### 6.2.8.2　防火封堵材料和不燃材料

防火封堵材料和不燃材料这两个概念容易混淆，即认为不燃材料就是防火封堵材料。国外先进国家的标准对防火封堵材料有明确的定义，即与防火构件共同作用，能够满足在火灾时，将火焰、烟雾及热量，在规定的防火时效内，控制在一定的防火分区之内。所以，防火封堵与不燃材料的概念有明显的区别，主要体现在以下几个方面。

① 不燃材料是针对材料本身的燃烧性能来定义的，而防火封堵材料其实是一个系统的概念，即与有一定耐火时效的防火构件，以及穿越该构件的贯穿物，共同形成一个系统，以满足设计要求的耐火时限。材料本身不燃，但无法堵绝贯穿物燃烧后形成的孔洞，同样不满足防火封堵材料的要求。

② 不燃材料不一定是防火封堵材料，如水泥、矿棉以及金属等材料，都被划分为不燃材料，但却不能叫作防火封堵材料。

③ 防火封堵材料，也不一定是不燃材料。现在很多高分子的防火封堵材料，采用烧蚀

技术，在火灾时自身短暂的燃烧，发生物理化学反应，体积发生膨胀，然后形成致密炭化层，才能充分发挥防火封堵材料的功能。

### 6.2.8.3　国外先进防火延烧材料的技术特点

国外从 20 世纪 80 年代开始不断研发防火封堵产品，发明了遇热膨胀防火技术（intumescent technology），并且将吸热、烧蚀以及绝热技术交叉结合，研发了具有高效膨胀阻燃性能、满足环保要求、施工更加方便的新型防火封堵系列产品。

目前，国际上比较先进的防火延烧材料主要有四个核心技术：

（1）遇热膨胀技术　防火封堵材料遇火时膨胀，对孔洞和缝隙进行密封，阻止火灾和火灾中产生的有毒烟气蔓延至邻近区域；

（2）吸热技术　燃烧时释放结晶水，对火灾现场降温；

（3）烧蚀技术　防火封堵材料经过灼烧后，形成致密炭化层，对火焰、烟气以及热量的冲击进行阻挡；

（4）隔热技术　利用材料热的不良导体的性质，阻止热量传递，防止背火面可燃物受热燃烧。

### 6.2.8.4　国内外轨道车辆的防火封堵应用

在发生火灾时，遇热膨胀的防火密封胶在温度超过 200℃时能够吸热膨胀，膨胀后的体积足以全部封堵管线设备穿孔周围的空隙部分，并且能够封闭各种塑料管、电缆绝缘层和管道保温层被烧毁所造成的空隙和孔洞，达到防火、防烟的效果；当燃烧温度继续升高时，膨胀后的材料能形成高强度的隔热炭化保护层，其耐火时间可达 EN 45545-3 的要求而不致被破坏，从而使各个防火分区之间互不影响，将火势控制在火源的防火分区之内，使火灾的损失降到最低。

目前在轨道交通行业主要使用膨胀型防火密封胶、防火发泡胶、膨胀型防火密封胶条、户外应用的防火密封胶，其应用主要包括端墙、车架底板电缆贯穿孔洞；门窗四周的防火保护；车体内外部缝隙的封堵。

通过采用防火封堵材料（如膨胀型防火密封胶、防火发泡胶等）封堵密封电缆或管道穿过端墙、隔墙、底板或电气柜时形成的孔洞，从而在一定程度上阻止火灾沿电缆蔓延至列车其他部位。使用遇热膨胀的防火密封胶封堵车架底板电缆贯穿孔洞如图 6-15 所示。

电气柜防火保护措施除了采用防火隔热材料，对柜体进行包覆，增加其耐火时效外，还在电气柜防火格栅部位和柜体门部位，采用膨胀型防火密封胶条，火灾发生时阻绝火焰、烟气及热量的传递。有一些火灾发生在车下的电气设备处，除了要保证贯穿孔的封堵，还要考虑到缝隙的防火效果。要求防火保护和封堵措施能在一定时间和空间上，阻止起火部位的火灾蔓延至车上部分，防止引发更大的火灾，隔绝烟气在车厢之间的缝隙蔓延。车体外部缝隙的封堵不但要求密封胶可以起到防火的功能，还需要具有户外耐久性，另外还要考虑到气密性和水密性的要求。日本新干线车体缝隙及底板电缆贯穿的应用如图 6-16 所示。

图 6-15　车架底板电缆贯穿孔洞封堵

图 6-16　日本新干线车体缝隙及底板电缆贯穿

### 6.2.8.5　铁路车辆防火密封胶的技术特点

根据欧标 EN 45545-2 的要求，轨道交通列车的材料需要通过烟、火、毒方面的标准，另外我国铁路标准 TB/T 3139，也规定了材料的有机挥发物（VOC）及甲醛等的限值。国内外先进科技的防火密封胶，具有下面的一些特点：

① 应用遇热膨胀技术制备的防火密封胶在燃烧过程中具有遇火会膨胀、发烟量少、无毒性、无腐蚀性气体产生、对长时间或重复暴露在火焰中有极好的抵抗性等优点。无卤膨胀有机防火堵料属于新型的有机防火堵料，在火焰的作用下其体积膨胀倍率大于 3，尤其适用于现有非膨胀型有机防火堵料难以保证防火封堵效果的密集分布电缆孔的防火封堵。

② 无卤膨胀防火密封胶由化学方法合成的弹性体制成，表干时间小于 30min，为单组分、即开即用型。适用于各种贯穿孔及接缝的防火封堵，尤其适用于灵敏度高、填充密度大的信号电缆的防火封堵。

③ 这些密封胶在国内外广泛使用，不仅是在轨道交通列车上，而且在建筑、电力、医疗以及食品等行业都有超过 30 年的使用经验，获得全球多个国家和地区的认证和测试，不仅满足防火性能方面的要求，并且在环保方面同样得到权威的认证。

轨道交通列车作为人类目前主要的交通工具之一，其防火封堵材料选用非常关键，直接影响整个线路的安全运营。所以，设计时选用正确的材料和系统，安装时按照合理的、经过检验的工法，以确保整体防火系统的安全可靠。

# 6.2.9　螺纹锁固胶的应用

### 6.2.9.1　螺纹锁固胶的用途

轨道车辆部件的连接除了焊接、粘接、铆接，还有一种连接方式就是螺栓连接。螺栓螺母通过螺纹之间的摩擦力实现部件的紧固。使螺纹松动的原因是加在螺栓上的外部径向力矩，大于自锁力矩。为了减少松脱，增加自锁力矩，通常在螺母和螺栓之间涂上螺纹锁固胶。螺纹锁固胶属于厌氧胶黏剂，是利用氧对自由基阻聚原理制成的单组分密封胶黏剂，只有在隔绝空气的情况下才能固化，最大填充间隙约为 0.3mm，一般 3～24h 后达到最终强度，既可用于粘接又可用于密封。当涂胶面与空气隔绝并在金属离子存在的情况下便能在室温快速聚合而固化。螺纹锁固实际上就是提供夹紧力，夹紧力的三要素为：大小——通过上紧力矩来获得，稳定的夹紧力转化；持久性——使用过程中夹紧力不变、不松动、不松脱；可拆卸——可多次使用。从根本上防止因振动、冲击或热膨胀等因素导致的螺栓螺母连接松脱、腐蚀、磨损等问题。厌氧螺纹锁固胶在隔绝空气条件下与金属接触，聚合成坚韧的热固性树脂。将锁固胶涂覆在螺纹，配合装配后空气被排除，液态胶填满螺牙间隙进而发生固化，大大提高螺栓和螺母的连接强度，通常在装配前现场涂胶，也可以通过预涂工艺涂覆在螺栓连接部位。

需要强调的是，厌氧胶的固化需要有金属离子，粘接不同种类金属时的反应固化速度呈现一定差异。一般情况下，厌氧胶对碳钢、铜等金属反应固化速度快，对铝、镀锌、不锈钢等反应固化速度较慢，对于固化较慢的材料，选择促进剂配合使用可达到较好效果。

### 6.2.9.2　螺纹锁固胶在轨道车辆上的应用

传统的螺纹紧固件（螺钉、螺栓、螺母）存在腐蚀、锈死的现象，当受到振动、侧向冲击时容易出现轴向-张力松弛和自传松动，两种夹紧力失效状况。

而使用厌氧胶黏剂进行部件固定具有以下优点：

① 螺纹的小间隙提供了厌氧胶固化的条件；

② 100％填满螺纹间隙，摩擦面积增加一倍以上，兼防渗漏和锈蚀功能；

③ 准确的力矩转化——液体润滑；

④ 防振松效果优于现有的机械方法；

⑤ 锁固强度可控。

在车辆的制造过程中，使用螺纹锁固胶的地方很多。动载荷工况的产品中采用 M6～M20 的螺纹连接处都涂有螺纹锁固胶。需要重复拆卸的地方采用中强度的螺纹锁固胶，不需要拆卸或要求较高的地方可选用高强度的螺纹锁固胶。

针对轨道交通车辆的管路连接部分有空气管路、水管等部件，为了防止因冲击或震动而导致松动和泄漏等问题，增加管接头的密封效果，采用适合管螺纹材质和工况的厌氧胶黏剂进行管螺纹锁固，应用如图 6-17。

图 6-17　轨道车辆螺纹锁固应用

# 6.3　配件制造装配用胶

## 6.3.1　车门粘接

车门作为轨道车辆的外部接口，运行的环境条件极其复杂，包含紫外线、盐雾、酸雨、臭氧等环境因素以及高低温循环老化对车门粘接结构的影响。一旦粘接结构失效，对运行安全和乘客安全产生严重影响，因此车门为最高安全等级的粘接产品之一。

车门粘接主要需要考虑 2 个部分：门板结构粘接与密封和门玻璃结构粘接与密封。

### 6.3.1.1　门板结构粘接与密封

在车门门板产品设计时应结合车辆运行时速对粘接结构的综合影响，考虑静态蠕变和静态松弛应力、振动应力、动态应力、介质应力、热应力和光化学应力以及这些应力的组合影响、长期疲劳载荷、风压或冲击载荷对产品粘接结构的影响。门板结构是一种复合结构，包括铝合金或不锈钢材质的骨架，外门板和内门板，中间的蜂窝或泡沫填充材料，门板的结构如图 6-18 所示。门板与骨架、蜂窝或泡沫芯粘接使用的是环氧胶膜或者双组分改性环氧胶黏剂，对胶黏剂强度指标、韧性、抗冲击指标要求很高。这样的结构使车门具有足够强度，并且能减轻实体门的质量，而且还可以达到隔声和隔热的要求。门板结构粘接和密封推荐使用高模量胶黏剂。高模量胶黏剂在准静态应力条件下表现为弹塑性，使用温度可以在玻璃化转变温度之下，有时也会超过玻璃化转变温度，适用于高负荷承载情况使用。

### 6.3.1.2　门玻璃结构粘接与密封

车门上的玻璃粘接和胶条密封推荐使用低模量胶。低模量胶黏剂在准静态应力条件下表现为超弹性，可承受较高的断裂延伸特性，使用温度可以在玻璃化转变温度之上，除了连接功能，还适用于补偿结构受力变形和大构件的极限偏差。玻璃粘接通常选用聚氨酯胶或硅烷改性聚合物胶，在对强度建立的速度有很大要求时，也可配合 Booster（固化促进剂）体系一起使用，门玻璃粘接结构如图 6-19 所示。

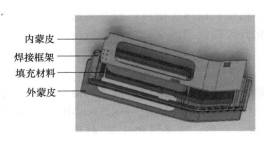

图 6-18　门板结构

内蒙皮
焊接框架
填充材料
外蒙皮

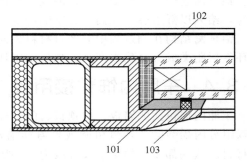

图 6-19　门玻璃粘接结构

101-结构粘接接头：铝窗框＋弹性体胶＋中空玻璃；
102-密封接头：铝窗框＋弹性体胶＋中空玻璃；
103-密封接头：铝窗框＋弹性体胶＋中空玻璃

## 6.3.2　车窗中空玻璃制造用胶

### 6.3.2.1　车玻璃的粘接用胶

车玻璃的粘接用胶一般为聚氨酯胶和硅烷改性等弹性胶，CRH2 型动车组使用的为双组分聚硫密封胶。实际应用时须根据列车不同的应用工况进行选择。尤其是高速列车前后窗，对胶黏剂强度要求较高，地铁等普通列车对车窗胶强度要求相对较低。

### 6.3.2.2　中空玻璃制造用胶

中空玻璃的一道密封胶使用丁基胶，以隔绝湿气，外部周边密封胶一般为聚硫胶、聚氨酯或硅烷改性等低模量弹性体胶，实际应用时须根据列车不同的应用工况及中空玻璃与窗框或车体粘接时所用胶黏剂种类进行选择。其余中空玻璃使用的胶黏剂需要根据车辆运行工况并结合 GB/T 11944 的要求进行选择和验证，中空玻璃粘接结构如图 6-20 所示。

中空玻璃与车体粘接时，一般选用单组分聚氨酯胶或硅烷改性胶，为满足生产节拍，也可采用 Booster 体系，粘接前表面处理时需配套相应的清洁剂、活化剂和底涂剂，对密封外观要求较高时，密封胶涂打完成后，需使用密封胶表面平滑

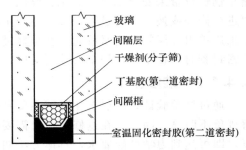

玻璃
间隔层
干燥剂(分子筛)
丁基胶(第一道密封)
间隔框
室温固化密封胶(第二道密封)

图 6-20　中空玻璃粘接结构图

修整剂。采用聚氨酯胶时要求粘接强度大于 4.0MPa 以上，耐高低温冷热冲击，耐久性可靠，耐疲劳震动。与门配套的门窗玻璃填缝密封胶主要以聚氨酯胶和硅烷改性胶为主，但由于硅烷改性胶对聚氨酯胶固化的影响以及两种材料的相容性，目前主流采用粘接密封一体化的单组分聚氨酯粘接密封胶，要求密封胶耐 UV，耐盐雾，耐酸碱性好，固化后收缩率低，避免形成应力或形变产生缺陷。

## 6.3.3　铝蜂窝结构粘接

随着轨道交通车辆的发展，为了减轻车体质量简化结构，降低自重，内部设备的轻型化日益受到重视，地板、端墙等采用铝蜂窝结构已取得明显效果。所谓铝蜂窝板复合板结构，是在两层铝板之间夹上铝蜂窝，这种新型结构，除质量轻外，还有较高的刚性和纵向稳定

性。铝蜂窝这一技术改变了制件的技术性能，延长了使用寿命，减少了车辆维护检修工作；同时，给人以舒适感，提高了客室的美观程度。

铝蜂窝结构在制过程中需经过材料表面处理、粘接、保压等阶段，胶黏剂通常使用双组分环氧树脂类或聚氨酯类产品，如果使用环氧固化胶膜还需要固化、冷却等阶段。

### 6.3.4　车厢内饰粘接用胶

车厢内饰包括侧墙板、中顶板、门立柱、侧顶板、间壁、车头罩、洗手间厨卫，主要使用双组分丙烯酸酯、环氧树脂或聚氨酯结构胶，材料分别为铝合金、FRP、SMC、碳纤维等材料。这些都属于粘接接头等级为 A2 级或 A3 级安全件，玻璃钢和 SMC 材质达到基材破坏要求大于 12MPa 以上，金属材质要求大于 16MPa 以上。

# 6.4　胶黏剂在轨道车辆维修中的应用

轨道车辆在行驶一定里程或年限时，需要对车体各个部件进行维修，在此过程中应用大量的胶黏剂材料。在选胶用胶过程中，维修厂一般与车辆制造厂选用同种类型的胶黏剂或相似胶黏剂来完成对应部位的维修，但由于维修期间工况的差异，施工方会对操作工艺进行调整，比如为加快时间，需要调整胶黏剂的固化速度等个性化要求。

## 6.4.1　聚氨酯胶及硅烷改性粘接密封胶

### 6.4.1.1　胶黏剂选择

由于车窗前挡风玻璃和侧挡风玻璃长期暴露在户外，在使用过程中受到温度、光照及应力等诸多外界因素的综合作用，胶黏剂会出现变色、龟裂或粉化等现象，缩短了使用寿命，给车辆运行带来安全隐患。老化、腐蚀、摩擦等外部因素造成密封胶局部衰减或损坏时，需要进行修补或换新。此过程一般使用与主机厂生产时相同类型的胶黏剂进行施工。如车窗原来采用单组分聚氨酯密封胶时，在维修过程中会采用相同型号的胶黏剂；若原车采用硅烷改性密封胶时，在维修过程中会采用对应胶黏剂产品。

### 6.4.1.2　维修操作

通过试验验证，胶层老化降解主要发生在外表层 1mm 以内的深度范围内，内部老化降解迹象不明显。因此，在返修时，只需要去除最外层约 3～5mm 深度范围的密封胶进行修复，即可达到力学性能要求，具体方法如下：

（1）密封胶的拆除　采用铲刀或者美工刀沿出现异常情况的密封胶部位的两边基材边缘呈 V 字形向中间切割，直至露出内部新鲜胶层，并修整平滑。

（2）表面处理　用无纺布蘸取活化剂沿一个方向擦拭新鲜的密封胶表面，晾置 10min～2h 不等。

（3）密封胶施工　根据接缝宽度切割胶嘴，切割角度约为 45°；采用胶带沿槽缝周围进行防护；打胶时，尽量将胶嘴伸到切割后的缝隙中，保证打出的胶能接触到内部胶层，并保持合适的打胶速度，打连续足够的密封胶条，打出的胶填满缝隙后冒出，以避免胶条下面有空腔；在操作时间内采用塑料或橡胶刮片将密封胶压实刮平；采用平滑剂修整胶面，保持最佳外观，玻璃维修打胶操作见图 6-21。

图 6-21　玻璃维修打胶操作

## 6.4.2　高性能丙烯酸酯粘接胶

高性能丙烯酸酯胶具有粘接材料广泛，工艺适应性强、粘接效果可靠等特点，在车辆制造和维修过程中大量应用。高性能丙烯酸酯胶适合金属与复合材料之间的粘接，无需表面处理就可达到最高强度，韧性好，抗冲击性好，耐疲劳。应用位置包括动车门立柱的结构粘接、动车侧墙板的结构粘接、动车风道的结构粘接、动车座椅的结构粘接。应用见图 6-22，高性能丙烯酸酯胶主要用于车体 FRP、SMC、酚醛轻芯钢、铝合金部件的粘接及后期维修，操作过程见图 6-23。但是通常的甲基丙烯酸甲酯类胶黏剂气味比较大，出于环保的考虑，很多胶黏剂企业都在开发低气味的丙烯酸酯粘接胶。

图 6-22　高性能丙烯酸酯胶的应用　　　　图 6-23　高性能丙烯酸酯胶的操作过程

## 6.4.3　螺纹锁固及管螺纹密封胶

与制造过程中相似，在车辆维修过程中，螺纹锁固和管螺纹密封胶得到大量应用。选用的胶黏剂几乎与制造过程保持一致。如需要重复拆卸的地方采用中强度的螺纹锁固剂。管螺纹在重新拆装时，可选用不同黏度、不同强度、不同定位时间、不同耐介质条件的规格牌号的管螺纹密封胶。

# 6.5　轨道车辆国内外轻量化的最新进展

"轻量化"是工业领域的一个永恒的话题，尤其在交通领域。轻量化技术包括"结构设计与优化"和"轻质材料与工艺"两条主要路线。在航空领域，为了使飞机飞得更快还省油，同时不断增加飞机的载质量，飞机的设计工程师更倾向于使用更轻的蜂窝材料、泡沫材料、碳纤维增强复合材料，比如现在最先进的宽体民航客机中复合材料占的质量分数已达50%。复合材料以其质量轻、强度高、加工成型方便、耐化学腐蚀等特点，已逐步取代木材及金属合金，广泛应用于航空航天、汽车领域并逐步开始在轨道车辆领域使用。

现今在中国除了大飞机项目，轨道交通行业也正在聚焦设备轻量化问题，轻量化对于车辆提速、降噪、降低能源消耗等方面意义重大。国家"十三五"规划中对轨道交通装备明确要求：减重 3%～5%，减阻 5%～8%，单位公里能耗低 10%。复合材料等新材料及相关粘接连接技术正是轨道交通设备轻量化的主要途径。轻量化是现代轨道车辆设计的重要目标。一方面，轻量化减轻了车辆自重、减少了车辆的牵引力和制动力，实现了节能降耗，使轨道车辆的进一步提速成为可能，此外，也会减少二氧化碳的排放，这样我们生活的环境就会更好。另一方面，车轻了以后，有效地减少了线路的负荷，对我们现有的路轨、桥梁还有隧道等基础设施的磨损就会小，维修成本就会降低，寿命就会延长。可见，轻量化具有重大而长远的经济效益。因此，在车辆设计和制造时多采用新材料、新工艺、新结构来降低车辆自重。在轨道车辆领域最先使用的是由纤维、碳碳、碳陶等制成的防寒材料、减振材料、受电弓滑板、制动盘等功能部件复合材料和由橡胶、纤维等制成的地板布、内饰板、座椅等装饰部件复合材料。现在碳纤维或玻璃纤维增强复合材料开始在车体、转向架、设备舱、司机室等主承力或次承力结构组装的部件应用。

复合材料作为新一代高速轨道列车车体选材的重点，可以满足轨道列车车体轻量化要求，但复合材料的连接技术难题也随之而来。粘接作为先进的连接工艺是轻质材料与工艺的一环。粘接技术是借助胶黏剂在固体表面上产生的粘接力，将同种或不同种材料牢固地连接在一起的方法。粘接技术相对于焊接、螺钉、卡扣等连接技术显示出更加优异的综合优势：可靠——不会破坏复合材料的长纤增强结构；减震——使应力分布均匀和减少震动；外观——提供更好的外观和允许独特的设计；减重——可使用更薄的金属基板；减少人工——免去钻孔和焊缝磨削等流程。以粘接替代焊接或部分替代焊接的制造工艺有着十分广泛的应用前景，与车体轻量化的目标十分契合，是轨道车辆制造工艺的发展方向之一。

国外的轻量化粘接项目如西门子轻量化项目，从原来的11t重铝合金焊接车体、无功能设计到经过轻量化设计后，采用复合材料粘接技术实现了轻量化三明治结构板材设计和功能集成设计，最终质量为8t，实现了30%的减重。通过静态载荷、动态扭转等测试，胶黏剂粘接效果完全满足不同载荷下的测试要求。国内的轻量化粘接项目有四方的下一代地铁轻量化项目、长客的武汉东湖项目、株机的磁悬浮项目以及600km高速磁悬浮项目等。

高铁作为我们国家的一张金色名片，对实现国家"一带一路"倡议构想有巨大促进作用。整个轨道交通产业正在安全、环保、智能的道路上前行。粘接作为特殊工艺过程，可以帮助提升品质、降低能耗、降低成本、实现轨道交通全寿命周期的技术创新，从而推动轨道交通的可持续发展。

## 参 考 文 献

[1] 赵民. 轨道车辆车窗弹性粘接密封技术研究. 粘接，2019，40（05）：172-176.
[2] 魏培欣，宗艳，常虹，等. 胶粘剂在轨道交通车辆上的应用. 粘接，2016，37（01）：79-81.
[3] 赵世红，薛海峰，魏培欣，等. 聚氨酯胶粘剂在地铁车辆侧窗粘接中的应用. 粘接，2017，38（06）：59-61.
[4] 陈小伟，王小杰，芦红霞. 铁路客车地板布粘接设计. 电力机车与城轨车辆，2015，38（6）：47-49.
[5] 郑晓倩，王世博. 轨道车辆地板布粘接工艺分析. 时代汽车，2019（10）：98-99.
[6] 沈裕文，孟庆利. 胶粘技术在城轨车辆内装中的应用. 技术与市场，2014，21（05）：31-32.
[7] 李唯，谢静思，秦园，等. 粘接技术在100%低地板地铁车辆项目制造中的应用. 轨道交通装备与技术，2014（04）：26-28.
[8] 汪丽君，涂锡光. 地铁车辆玻璃钢头罩与铝合金车体粘接工艺. 电力机车与城轨车辆，2008（05）：29-31.
[9] 汪丽君，涂锡光，成雷. 城轨车辆地板布粘接结构与工艺. 电力机车与城轨车辆，2010，33（06）：39-41.
[10] 刘金凤. 接触胶在铁路客车贴面板粘接上的应用. 北京粘接学会第二十四届学术年会暨胶粘剂、密封胶技术发展研讨会论文集，2015：120-123.
[11] 李唯，刘春宁，王元伍，等. 轨道客车车窗密封胶耐老化性及修补技术研究. 中国胶粘剂，2018，27（04）：11-14.
[12] 刘金凤，王元伍，孙宏海，等. 轻量化复合材料车体粘接接头设计及试验验证. 中国胶粘剂，2019，28（11）：39-43.
[13] Serge Métral：Benefits of standardisation in fire protection in rolling stock. Berlin：Third International Conference on Fire in Vehicles，2014.

（赵民 韩胜利 孙健 王新 编写）

# 第7章

# 胶黏剂在船舶制造中的应用

## 7.1 船舶制造装配的特点及对胶黏剂的要求

胶黏剂和密封胶的使用已成为船舶工业中一种必不可少的连接和密封解决方案。在船舶制造中应用粘接和密封技术，可以简化制造工艺，可以轻量化，提高美观度，减轻劳动强度，缩短制造及修理周期，提供可靠性及安全性等。

在传统船舶修造行业中，多采用铆接、螺接、焊接等固定方式，这些固定方式受到材料材质、形状、厚度、大小、硬度等因素的制约，易产生应力集中，造成船舶主体结构损坏，降低了船舶使用的可靠性，增加了船舶维护成本。随着胶黏剂技术的发展与成熟，粘接工艺正逐渐取代传统铆接、螺接、焊接等固定方式，成为船舶制造的主要连接工艺之一。

近三十年来，中国的船舶制造业在全球市场上所占的比重不断上升，中国已经成为全球最重要的造船中心之一，也为中国胶黏剂工业在船舶领域的应用和发展拓展了新的机遇。

### 7.1.1 船舶制造业的特点

船舶长年停靠或航行于海洋、河流、湖泊中，气候条件复杂多变，因此所用的胶黏剂和密封胶应能满足、耐海水、耐盐雾、耐气候老化、耐振动疲劳、阻燃等要求，有些部位使用的胶黏剂和密封胶还应该满足耐油、耐高低温等条件。一些舱内粘接要求胶黏剂无毒、无味、美观，船舶修造一般要求现场作业，工艺要求简单快捷。

#### 7.1.1.1 船舶的分类

通用的船舶分类方法有如下几种：

(1) 按用途分类　船舶按用途一般分为军用和民用船舶两大类。军用船舶通常称为舰艇或军舰，有战斗舰艇，如航空母舰、驱逐舰、护卫舰、导弹艇和潜艇，以及布雷、扫雷舰艇等；担负后勤保障者称为军用辅助舰艇。民用船舶一般又分为运输船、工程船、渔船、港务船等。

(2) 按船舶的航行状态分类　通常可分为排水型船舶、滑行艇、水翼艇和气垫船。不同航行状态的船舶都有轻量化的要求，非金属材料应用普遍，胶黏剂和密封胶的使用也越来越多。

(3) 按推进动力分类　有机动船和非机动船之分，而现代船舶以机动船为主，按推进主机的类型又分为蒸汽机船（现已淘汰）、汽轮机船、柴油机船、燃气轮机船、联合动力装置船、电力推进船、核动力船等。在各种推进动力装置的生产过程中，粘接和密封已经成为标配的工艺，因此对耐油、耐温型胶黏剂和密封胶的需求也越来越多。

（4）**按船舶推进器分类** 可分为螺旋桨船、喷水推进船、喷气推进船、明轮船、平旋轮船等，空气螺旋桨只用于少数气垫船。

（5）**按构造分类** 可分为单体船、多体船（双体船、三体船等）。一般常见的船只为单体船；双体船有两个瘦长的船体，使用涡轮喷气发动机，通过向后喷水获取反作用力向前推进，比普通螺旋桨推动更快速，船体更稳定，常被应用于渡轮及军事运输上。

船舶的分类众多，其制造过程具有定制化的特点；种类多、结构复杂且不一致、生产批量小；零部件通用性低；相比汽车工业，生产自动化程度低。这些特点决定了其对胶黏剂和密封胶的需求种类远比汽车用胶黏剂的种类更繁多，使用工况更复杂。船舶的制造一般都是现场作业，自动化程度低，为确保施工安全，减少环境污染，还应尽量选择低毒性、低排放、阻燃型的胶黏剂和密封胶。

### 7.1.1.2 不同类型船舶的制造特点

船舶结构复杂，基本上是一种定制化的产品。作为水上娱乐、观光、水务及渔政等的船舶，由于结构相对简单，可以实现批量化的工业化生产。此类船舶多采用玻璃钢船体，其不同部位的连接比较多地采用粘接工艺。

越是大型的船舶航程越长，满足其运载作用的同时，还要满足船上人员工作及生活起居要求，所以其结构会越复杂。一艘航空母舰要满足几千人在舰上长时间的工作和生活要求，是一个可移动的海上小镇，其结构复杂程度可想而知。

越是大型船舶的建造，越是兼具了机械设备装配和建筑建造及装修的特点。船舶作为交通运输工具，其动力驱动系统及其他功能系统是典型的机械设备装配，这些设备的制造一般都在专门的工厂完成，船舶制造时难进行现场装配。大型船体的制造属于现场施工，一般采用金属焊接方法进行连接，这些都是机械制造范畴；而船舶的一些功能设施以及生活起居场所的建造则具备建筑装配的特点，只是较少使用钢筋混凝土结构，多使用金属及复合材料进行搭建及装配。

### 7.1.1.3 船舶不同部位的特点

船舶的建造工艺被划分为船体建造、舾装和涂装三大部分，舾装工艺指除船体结构之外一切装置、设施、设备的安装工作，涵盖了船装、机装、电装、动力装置、控制装置、管路等。大型船体的材料以钢铁为主，建造过程中多采用焊接工艺为主要连接方式，除焊缝密封外，较少用到胶黏剂和密封胶；涂装部分以涂料为主，也较少用粘接胶黏剂和密封胶；所以船舶制造中使用胶黏剂和密封胶最集中的一段就是舾装段。

（1）**船舶舾装系统的特点** 舾装是船舶制造工艺里的一种，分为分段舾装、船坞舾装和码头舾装。舾装泛指在各个生产阶段的安装工程，涵盖设备、管系、通风、电气、铁舾、内舾、武器等各个方面，包括舵设备、锚设备、系泊设备、救生设备、关闭设备、拖带和顶推设备，还有梯子、栏杆、桅杆等。内部舾装又称居装，包括舱室的分隔与绝缘材料的安装，船用家具与卫生设施的制造安装，厨房冷库和空调系统的组成与安装，船用门窗的安装等。船舶作为可移动的水上建筑物，其内部舾装设备远比其外观看上去复杂得多，涉及结构、机械、电力、通信、水声等多个专业，这些技术复杂的系统支撑了整个船舶的正常运转，具体可由机舱舾装、住舱舾装、甲板舾装三大类组成。

船舶舾装工程量一般占到船舶建造总工程量的 60% 左右，对于复杂船舶而言所占比例更高。长期以来，舾装工序具有复杂、工种繁多、综合性强、品种多样、协作面广、作业周期长的特点。此外，舾装技术对船舶建造成本、建造质量、生产安全、建造周期都有很大影响，胶黏剂的使用为舾装技术提供了更丰富的连接和密封解决方案。

（2）船舶机械系统的特点　船舶机械系统是由大型设备组成的一个系统，其安装在船体上的过程是一个系统工程，一般叫机舱舾装。机舱舾装包括船舶机舱区域各类船舶设备的安装与调试，对应的舾装作业主要包含机舱设备安装调试以及相应舾装件的装配焊接。前者包括主机、轴系装置、锅炉、发电机等大型机械设备的安装，后者则涵盖了该区域各管系以及基座、箱柜等装配工作。机舱舾装过程中会用到大量的胶黏剂和密封胶，用于设备的定位和设备及管路的密封。

同时，船舶的动力设备以及各系统的设备的制造是在各设备制造商处完成，其制造过程中也使用大量胶黏剂和密封胶。

（3）船舶其他部位的特点　住舱舾装主要是上层建筑中船员旅客生活类舱室内的舾装工作，主要包括家具与卫生设施、舱室分隔、防火绝缘处理等，住舱舾装的作业方法随着舱室内材料的改变而有所不同。

甲板舾装遍布全船，涵盖了除机舱区域、住舱区域以外区域的舾装作业，且待装配的舾装件种类繁多，涉及了操舵设备、系泊设备、起货设备、通风设备的安装。针对不同类型的船舶甲板舾装也有着较大的差别。

（4）船舶维护和维修的特点　船舶维修和维护一般分为日常维护、紧急修补以及大修。

紧急修补一般发生在部件破损、管道泄漏等处，需要紧急修复，恢复其功能，对胶黏剂和密封胶的要求是快速固化并形成一定的强度，有时会有机械辅助固定以保障安全运行。

日常维护是预防性地定期进行部件修补或更换，避免紧急情况的发生。日常维护对胶黏剂的要求是足够的操作时间以及强度和可靠性能。

大修一般是船舶返厂进行系统的维护、易损件更换，其过程与新建船舶类似。

# 7.1.2　船舶制造对胶黏剂的要求

## 7.1.2.1　胶黏剂及密封胶在船舶制造中的应用部位分布

在船舶制造中，胶黏剂和密封胶应用在舾装系统装配、机械系统制造等工序，胶黏剂用于金属-金属、金属-塑料及复合材料、复合材料-复合材料的连接，同时密封胶的应用几乎遍布整个舾装过程，一般通用的要求是耐水、耐盐雾腐蚀，有一些部位还有耐油等要求。

## 7.1.2.2　船舶制造不同应用部位对胶黏剂及密封胶的要求

随着造船用材料以及装配工艺的发展，船舶制造中不同部位的连接方式也在悄悄发生改变，轻量化、美观、功能化的趋势要求下，非金属材料的使用日益广泛。适用于非金属材料的连接方式就是粘接，包括结构粘接和弹性粘接；同时随着工艺的发展和分工的不同，越来越多的粘接工艺由材料供应商在自动化的工厂完成，以简化装配现场的工艺。

随着胶黏剂及密封胶技术的发展，一些技术落后的胶黏剂品种逐渐被淘汰，不符合环保标准和健康要求的胶黏剂被限制使用，如今，船舶制造中的胶黏剂的种类和应用工艺不断变化和升级。

粘接效果好坏与选用胶黏剂有密切关系，粘接失败后首先要看胶黏剂是否选错。在选用胶黏剂以前，首先要考虑被粘物粘接特性（分子结构、极性、密实程度、物理性质、运行环境等），要预知被粘物体厚度、弹性模量、热膨胀系数。若为异种材料的粘接，选用胶黏剂的弹性模量应该是 $(E_1+E_2)/2$，断裂伸长率应该是 $(L_1+L_2)/2$，还需考虑胶黏剂及其对被粘物体的腐蚀情况，水性胶会使铁、铜生锈，多数溶剂会侵蚀聚苯乙烯泡沫塑料。其次，要考虑被连接件的使用情况，包括环境、外力、温度、化学试剂、湿度和室外暴露等。

（1）船舶舾装系统对胶黏剂及密封胶的要求　船舶舾装系统中，用于船舱内贴装隔热隔声材料以及地板的胶黏剂和密封胶，要求毒性低，味道小，初粘好，耐水、耐潮、耐振动，并可以常温固化、施工方便。船舶舾装系统常用胶黏剂的特性及应用见表7-1。

表 7-1 船舶舾装系统常用胶黏剂的特性及应用

| 应用部位/部件 | 粘接材料及用途 | 胶黏剂类型及要求 |
|---|---|---|
| 舱室地板 | PVC地板布与底漆钢板粘接<br>硬PVC地板与底漆钢板粘接<br>钢与橡胶粘接<br>铝与橡胶粘接 | 溶剂型氯丁胶<br>免钉胶：丙烯酸胶、聚氨酯胶、MS<br>双组分聚氨酯胶等 |
| 舱室隔声绝热材料 | 泡沫板与金属的贴合<br>帆布与氯丁橡胶的粘接<br>PP与PP的粘接 | 溶剂型氯丁胶、水性胶黏剂<br>双组分聚氨酯胶<br>双组分环氧胶 |
| 铭牌及管路附件识别板 | 铝及铝合金与各种塑料<br>铝合金与铝合金<br>不锈钢与聚酯<br>管螺纹密封 | 丙烯酸酯结构胶<br>MS粘接及密封胶 |
| 硬PVC管 | 硬PVC管和管件粘接 | 溶剂型胶、弹性胶黏剂 |
| 甲板敷料 | 涂于甲板的敷料在高低温下均具有良好的粘接性 | 水泥砂浆型胶、水泥纯浆型胶、氧镁水泥型胶、天然乳胶型胶、氯丁乳胶型胶、天然-丁苯混合乳胶型胶、环氧树脂型胶、聚氨酯树脂型胶、丁苯乳胶型胶 |
| 木甲板填缝 | 甲板缝隙密封,防止海水进入,提高木甲板使用寿命 | 聚氨酯密封胶<br>改性硅烷密封胶 |
| 墙布的粘贴 | 玻璃纤维布、无纺布 | 聚醋酸乙烯酯乳液 |
| 塑料贴面板的粘贴 | 船用家具贴面 | 聚醋酸乙烯酯乳液 |
| 塑料板与刨花板的粘贴 | 船舱装饰用 | 聚醋酸乙烯酯乳液 |
| 舷窗玻璃粘接及密封 | 玻璃/有机玻璃与玻璃钢粘接 | 单组分湿固化聚氨酯胶黏剂<br>单组分改性硅烷胶黏剂 |
| 船用雷达天线罩的防水密封 | 玻璃钢与玻璃钢弹性粘接及密封 | 单组分湿固化聚氨酯胶黏剂<br>单组分改性硅烷胶黏剂<br>单组分有机硅密封胶 |
| 船舶冷库镀锌板的拼缝粘接 | 镀锌板-镀锌板 | 胶膜 |
| 蒸汽管道耐高温密封 | 金属的粘接及密封 | 有机硅密封胶 |

（2）船舶机械系统对胶黏剂及密封胶的要求　船舶机械系统各部位常用胶黏剂的种类及应用见表7-2。

表 7-2 船舶机械系统各部位常用胶黏剂的种类及应用

| 应用部位/部件 | 粘接材料及用途 | 胶黏剂类型 |
|---|---|---|
| 动力机械系统舱室电缆贯穿绝缘密封 | 电缆穿舱壁采用防水防火密封 | 聚氨酯防火密封胶<br>聚硫密封胶<br>防火封堵密封胶 |
| 螺旋桨表面防腐涂层 | 涂于螺旋桨表面 | 环氧防腐蚀涂层<br>金属修补剂 |
| 柴油机隔套防腐 | 涂于柴油机以防腐蚀,具备良好的耐海水以及耐盐雾性能 | 双组分环氧乙烯基树脂 |
| 船舶机械零部件 | 适用于船舶机械零件及各种管路的裂纹以及松孔的修补 | 金属修补剂<br>热活化聚氨酯修补胶带 |
| 船舶各种管路 | 各种管路的管螺纹密封 | 魔绳 |
| 舵轴与螺旋桨结合部 | 钢与钢粘接,代替传统的键紧配连接方法 | 环氧结构胶 |

续表

| 应用部位/部件 | 粘接材料及用途 | 胶黏剂类型 |
|---|---|---|
| 主副机、齿轮箱垫片 | 钢与钢粘接，代替传统的主副机垫片，省力并减少刮研工时 | 灌封环氧垫片 |
| 主副机螺栓 | 钢与钢 | 环氧结构胶 |
| 艉轴与铜套结合部 | 钢与铜 | 环氧结构胶 |
| 耐油密封 | 钢与钢 | 聚硫密封胶<br>聚氨酯密封胶 |
| 耐水密封 | 钢与钢 | 聚氨酯密封胶、有机硅密封胶、改性硅烷密封胶 |

（3）特制船舶对胶黏剂及密封胶的要求　　在运输船舶中，LNG 运输船是国际公认的"三高"产品，高技术、高难度、高附加值。LNG 船是在 -163℃ 低温下运输液化气的专用船舶，是一种"海上超级冷冻车"，被喻为世界造船业"皇冠上的明珠"，现只有美国、中国、日本、韩国和欧洲的少数几个国家的 13 家船厂能够建造，其对胶黏剂的主要要求是耐低温、高强度、高韧性、高安全性等。

在军用舰艇方面，一些特种应用的船舶对胶黏剂有特殊需求。消声瓦是随现代吸声材料的发展而逐渐成熟起来的一种新型潜艇隐身装备。消声瓦技术作为一种有效的抑制振动噪声、降低艇声目标强度、提高潜艇隐蔽性的手段，已被世界各海军强国广泛采用。消声瓦一般是由合成橡胶等高分子聚合物组成，如丁苯橡胶材料、聚氨酯纤维材料及聚硫橡胶，各国核潜艇以及其他潜艇均出现大面积消声瓦脱落现象。需要胶黏剂具有粘接、强度高、抗冲击、耐久性好、耐盐雾、耐海水、耐振动，甚至需要具有一定的阻尼降噪性能。

一些特种功能船舶用胶黏剂种类及功能见表 7-3。

表 7-3　特种功能船舶用胶黏剂种类及功能

| 应用部位/部件 | 粘接材料及用途 | 胶黏剂类型 |
|---|---|---|
| LNG 运输船 | 液货围护系统 | 环氧树脂胶条 |
| LNG 运输船管道 | Foster 81-84NH 绝热材料粘接 | 聚氨酯胶 |
| LNG 运输船 | 保温球用，耐低温 | 聚氨酯胶 |
| LNG 运输船管道 | Foster 82-77 绝热材料粘接 | 多组分环氧胶 |
| 消声瓦粘接 | 丁苯橡胶、聚氨酯、聚硫橡胶等材料粘接 | 氯丁胶 |

# 7.1.3　船舶制造与维修常用胶黏剂

## 7.1.3.1　船舶制造常用胶黏剂类型和性能

船舶制造工程结合了机械工业装配和部分工业化建筑装配的特点，而胶黏剂和密封胶作为装配工艺中的重要连接与密封材料，其适合的类型大部分都是从机械工业组装和建筑装配中成熟应用的胶黏剂和密封胶借鉴或演变而来的。

热固性胶黏剂多作为结构胶使用，拉伸和剪切强度大。热塑性胶黏剂不宜作结构胶，在受力状态下会出现蠕变和冷流，但可经受长期振动应力。低温条件下使用的应选用富于挠性的热塑性胶黏剂或弹性胶黏剂。

为了便于了解，下面介绍几种主要胶黏剂的特点：

（1）环氧胶黏剂　　活性高，材料润湿性能好，粘接强度高，适宜多种材料的粘接，与金属附着力优异是其优势。该胶为热固性胶，固化后挥发小，收缩小，室温固化，接触压合即可。

（2）酚醛树脂胶黏剂　　具有耐水、耐湿、耐热、耐候等特点，耐化学介质性极好。缺点是脆且硬，适宜粘接胶合板、木材等，主要是作结构胶使用。

（3）聚氨酯胶　内聚强度高，性能可调节范围宽，可粘接金属、橡胶、塑料、玻璃、织物等多种材料。该胶的最大特点是高强度、高韧性，耐低温性好。

（4）氯丁橡胶型胶黏剂　主要是溶剂型胶，目前水性化趋势明显，是多种材料的通用胶黏剂。用于装饰用塑料层压板、天然与合成橡胶、人造革与金属、织物的贴合粘接。氯丁胶的最大特点是粘接速度快，初粘力大，胶层富有弹性，是一种极好的非结构胶黏剂。具有耐水、耐盐水喷雾和抗生物降解等优点。

（5）聚醋酸乙烯酯胶黏剂　热塑性胶黏剂，多为溶剂型和乳液型。软化温度约为60～70℃，该胶富于挠性，可粘接多种材料，价格便宜。缺点是高温下粘接强度急剧下降，大负荷下易蠕变。常用于木工、制袋、制本、包装等场所。可用于车船内壁、地板隔热材料与钢板的粘接。

（6）丙烯酸酯胶黏剂　有液体反应固化型和水基乳液型等。反应型丙烯酸酯胶黏剂的反应速度快，施工方便，10min达最高强度的80%，多采用双筒静态混合包装进行挤出施胶或用设备施胶，比较方便。该胶剥离强度高，抗冲击、耐热、耐油，适用于金属、热固性塑料、热塑性塑料、橡胶等材料的粘接。

### 7.1.3.2　船舶制造常用密封胶类型和性能

目前常用的密封胶有聚氨酯胶、有机硅胶、改性硅烷类胶，一般是单组分湿固化，使用方便，缺点是固化时间长，冬季固化慢。船用密封胶随着技术和应用的发展，也在不断升级。以下是几种常用密封胶及弹性胶黏剂：

（1）聚氨酯密封胶　一般弹性湿气固化聚氨酯粘接密封胶采用聚醚聚氨酯体系，弹性好，耐水解，抗撕裂，耐油。目前是交通运输设备的挡风玻璃粘接和密封的主要品种，使用过程中配以表面活化剂和底涂剂，可靠性高。

（2）改性硅烷密封胶黏剂　也叫杂化密封胶，硅烷封端聚醚的分子结构使该胶综合了聚氨酯和有机硅密封胶的优点，弹性好，免底涂粘接，表面可涂漆，耐老化性能优于聚氨酯，抗撕裂性能优于有机硅。

（3）有机硅密封胶黏剂　以聚二甲基硅氧烷为主链的聚合物为基础，该产品耐老化、耐高温性能优异，是建筑密封胶的主要品种，国内市场普及率高，性价比好。

（4）丁基密封胶　丁基密封胶多为不干型腻子状，超强的疏水性是其作为密封胶的最大特点，透湿率低，绝缘性能好，是中空玻璃制备的首选密封材料。

# 7.2　胶黏剂在船舶动力和机械系统以及装配中的应用

## 7.2.1　胶黏剂在船用发动机及机械系统制造中的应用概况

### 7.2.1.1　平面密封

船用发动机一般为大功率柴油发动机，扭矩大，经济性好。在柴油发动机的组装过程中，缸体间平面密封是最主要的用胶点，一般柴油机平面密封用胶点见图7-1。

平面密封胶的种类一般是有机硅密封胶，有时也会采用厌氧型密封胶。平面密封胶的要求是耐高温、耐发动机润滑油，弹性好，填充性好。用胶点一般包括：气缸体后端盖、齿轮室端盖和盖板、机油冷却器端盖、机体-油底壳密封、齿轮室机体平面密封等。另外，一些齿轮室盖板端面、气缸体后端面、飞轮壳盖板、机油收集器、水泵等也会使用平面密封胶。有机硅及厌氧平面密封胶用胶实例见图 7-2。

船用发动机缸体　　　　　发动机端面　　　　　有机硅平面密封胶　　　厌氧平面密封胶

图 7-1　柴油机平面密封用胶点　　　　图 7-2　有机硅及厌氧平面密封胶用胶实例

### 7.2.1.2　螺纹锁固密封

螺纹锁固胶是厌氧型胶黏剂，是适应工业化组装中防止螺栓锁固后松动而产生的一种原位自由基聚合胶黏剂，其固化过程需要隔绝氧气，并需要螺旋上紧过程研磨的金属离子参与。螺纹胶在螺纹幅小间隙的条件下固化生成具有一定强度和韧性的热固性塑料，100％填充螺纹啮合部位的间隙，消除了侧向（横向）运动的自由度，在内部将螺纹-螺牙固化连接在一起，从而有效防止螺栓松动和锈蚀，消除了传统机械锁固方法的根本缺陷。

螺纹锁固密封胶在船用柴油发动机的用胶点包括：柄轴瓦螺栓锁固、油泵机体连接双头螺栓锁固等。螺纹锁固胶的应用见图 7-3。

### 7.2.1.3　管螺纹密封

管螺纹密封胶用于船舶柴油发动机各种管路的密封，具体的用胶点包括：缸头碗形塞密封、增压器回油管-机体固持密封、油尺套管-机体固持密封、水道进出口管螺纹密封、空压泵管螺纹密封。管螺纹密封胶的应用见图 7-4。

图 7-3　螺纹锁固胶的应用　　　　图 7-4　管螺纹密封胶的应用（气路管接头预涂）

预涂微胶囊型厌氧胶被预先涂在螺纹表面上，烘干后形成一定附着力的胶膜。装配拧入时将胶膜和微胶囊挤碎，释放出引发剂和胶液，引发剂引发厌氧胶单体进行自由基聚合，形成有一定强度和韧性的热固性塑料，填满螺纹啮合部位的间隙，可靠地锁固和密封螺纹啮合部。独特的微胶囊裹敷技术，可以突破传统预涂胶制备上的瓶颈，更稳定可靠的微胶囊，使固化剂能被稳定包裹，调胶时不易破碎，螺纹装配时又能确保挤破释放。

### 7.2.1.4　套接粘接

厌氧型圆柱零件固持系列产品用于增加间隙配合、过渡配合、过盈配合的圆柱形非螺纹配合件的接合强度。可替代过盈、过渡配合，减小装配应力和变形。常见用胶部位为发动机及其他设备的加油杯-机体固持密封、机体碗形塞密封等。

厌氧型圆柱固持胶为单一组分，不含溶剂，室温厌氧固化，100％填满配合表面间隙。

品种多，可以满足间隙、过渡及过盈配合等要求，方便装配，耐冲击、耐介质、耐振动、耐老化。厌氧胶用于圆柱固持见图 7-5。

图 7-5　厌氧胶用于圆柱固持

## 7.2.2　胶黏剂在船舶发动机及机械系统安装中的应用概况

### 7.2.2.1　防水密封

机械设备的安装过程中，一些机械连接处、断续焊缝、燃油箱及水箱拼接处、电线电缆穿孔等位置，都需要进行防水密封，动力机械舱室线缆的穿孔还有防火的要求。一般用的密封胶包括常用的有机硅密封胶、改性硅烷密封胶以及聚氨酯密封胶等。

船舶雷达罩需要长期在室外耐受恶劣天气侵蚀，对密封性有很高要求。雷达罩一般选择使用寿命较长的弹性密封胶，如聚氨酯密封胶、聚硅氧烷密封胶，使用寿命普遍可以达到15 年以上。"船舶黑盒子"与"飞机黑匣子"类似，是记录船舶航行的装置，尤其在发生沉船事故时所记录的船体状况，对于事故分析有重要作用。

船舶中电缆穿过水密舱壁，常安装大口径的电缆护套，保护成束的电缆。护套必须采用填料函进行水密封。早期使用聚硫橡胶进行填料函密封，现在多使用阻燃性双组分聚氨酯进行填料函密封。

### 7.2.2.2　垫片的应用

船用柴油机、甲板机械以及对要求高的精密设备安装时，传统方法是用钢铁块作垫片，这需要专用机床来加工机座底面、基座面和垫片，同时还需要高级钳工对每块垫片进行拂括，整个过程不仅费工、费时，而且垫片的接触面仅能达到 70％左右。20 世纪 80 年代初期开始，世界各地的船东及船厂在主机、辅机、甲板机械轴系安装中大量采用了浇注型环氧机座垫片，大量船艇设备的使用经验证明，环氧垫片是用于各种动力机械设备安装的最佳材料。采用环氧垫片技术能提高工效 30 倍，降低生产成本 30％。

环氧垫片具有很高的摩擦系数，用环氧垫片安装各种机械设备时对基座的表面要求不高，无须加工并能在不规则的表面上进行垫片浇注工作。因浇注型环氧机座垫片的接触面为100％，基座与机座面之间极难发生滑动，理论上没有磨损现象，所以螺栓不易松动。

环氧垫片另一特性是热膨胀系数比钢铁垫片约大 2.5 倍，当主机工作时，环氧垫片的膨胀力被紧固螺栓限制，增加了螺栓的张力，并增进了垫片的稳定性。除此之外，环氧垫片还具有如下特点：①室温浇注、室温固化、工艺简单、黏度低，能填满基座面上的任何凹坑；②固化后性能稳定，耐油、耐海水、无腐蚀，具有自熄性能，浇注时无毒、无污染；③线收缩率极小；④密度低；⑤使用寿命长。

以上特性保证了主、辅机的安装位置准确，不易发生偏差，由于接触面积大，吸振降噪性能好，使机舱噪声降低，舒适性、安静性得到提高。环氧垫片适用于钢板基座、铝板基座，同时也适用于水泥基座上作为快速垫片来安装各种设备。

### 7.2.2.3 机械系统防腐

机械系统的防腐主要是指螺旋桨表面、柴油机隔套表面都需要进行防腐处理。机械系统防腐蚀的要求是附着力好，耐油，耐海水腐蚀，耐盐雾。一般使用环氧型防护涂层，基材表面按要求进行处理，然后按照底涂、中涂、面涂要求进行施工和固化。船舶制造技术含量高，加上长期航行在不同海域的海面上，因此对船舶的防腐要求也比较严格。图 7-6 是船舶罐体防腐涂层的应用。

图 7-6 船舶罐体防腐涂层的应用

# 7.3 胶黏剂在船舶舾装系统中的应用

## 7.3.1 胶黏剂在船舶舾装系统中的应用概况

船舶舾装系统中，胶黏剂主要用于船舱室隔热及隔声材料粘接、舱室地板粘接、内舾装密封，另外，涂覆型甲板敷粘接层也是主要应用之一。大型船舶用甲板敷层种类繁多，按材质可分为水泥砂浆型、水泥纯浆型、氧镁水泥型、天然乳胶型、氯丁乳胶型、天然-丁苯混合乳胶型、环氧树脂型、聚氨酯树脂型、丁苯乳胶型等类型。其中乳胶型是应用较多的一种甲板敷层，具有质量轻、挠曲度大和弹性好的特点。氯丁乳胶型敷层与钢板的粘接强度、本体强度、阻燃性能、耐老化性能都优于其他乳胶型敷层。环氧树脂、聚氨酯树脂这两种类型的敷层，主要用于甲板基层敷料的面层或作为露天型甲板敷层。甲板敷层施工时首先对被敷层钢板经过除锈去油处理后，保持其干燥，然后将已选定的敷料胶调和，用水泥刮板刮光、溜平，常温固化。

## 7.3.2 船舶内舾装粘接

### 7.3.2.1 船舱室隔热及隔声材料粘接

船舶内舾装中，主要用胶点是船舱室隔热及隔声材料粘接，船舶舱室的夹层结构一般使用蜂窝结构和泡沫材料填充，如聚氨酯泡沫塑料、酚醛泡沫塑料等。蜂窝结构和泡沫材料的使用一方面可以增强舱室的机械性能，如减轻结构质量，提高结构强度；另一方面泡沫材料具有良好的隔热、隔声、抗冲击性，并简化施工工艺。通常在选择胶黏剂时除了强度以外，还需要考虑使用温度、烟雾条件及其与芯材和面板材料的兼容性。如果选择与面板材料共固化，则胶黏剂或胶膜的固化条件需要与面板的共固化条件相一致。

用于船舱室隔热、隔声材料粘接的常用胶黏剂品种有氯丁-酚醛胶黏剂、丁腈-酚醛胶黏剂、环氧树脂胶黏剂、聚氨酯胶黏剂、聚醋酸乙烯酯乳液以及压敏胶带等，随着技术的发展和安全环保要求的提高，溶剂型胶黏剂已逐渐被淘汰，代之以符合要求的无溶剂胶黏剂或水基胶黏剂。粘接对象多为金属与多孔材料（泡沫塑料、海绵、木材），以及软木、聚氨酯泡沫塑料、酚醛泡沫塑料等。目前多采用具有阻燃性能的隔声隔热材料以满足船舶防火设计要求。

粘接工艺：将被粘舱壁的表面除油、除锈、干燥，一般情况下可不经表面处理将胶黏剂直接涂在防锈底漆上，在隔声隔热材料和被粘材料的被粘接面上涂胶，粘贴后需要采用必要的固定措施，防止隔声隔热材料与舱壁脱开。

#### 7.3.2.2　舱室地板粘接

舱室地板粘接常用胶黏剂有再生橡胶增黏树脂的双组分压敏胶、丙烯酸酯共聚乳液、氯丁-酚醛胶黏剂（单、双组分）、氯丁橡胶和多异氰酸酯的双组分室温固化胶。溶剂型氯丁胶黏剂因环保原因已比较少用。粘接对象有聚氯乙烯人造革地毯与涂红丹钢板的粘接，聚氯乙烯硬质地板与三夹板的粘接，聚氯乙烯硬质地板与涂红丹钢板的粘接，钢与橡胶的粘接，铝与橡胶的粘接等。

目前，无溶剂双组分聚氨酯胶黏剂以及单组分膏状弹性胶黏剂，比如单组分聚氨酯、改性硅烷等正在成为新一代的地板胶黏剂，产品环保，可靠性高，阻尼抗震性能好。

## 7.3.3　船舶内舾装密封

船舶内舾装用密封材料主要应用于地板、墙壁等处板材和地板布等的连接处，冷库、厨房及卫生间也是密封胶常用的地方。内舾装密封胶的作用主要是防水密封。对密封胶的要求是耐水、耐湿热、防霉、耐盐雾等。

### 7.3.3.1　船舶卫生单元密封

随着航运界的进步与发展，航运公司及船东、船员对船舶的内装工艺以及材料提出了更高的要求。伴随技术的发展，目前一些船员舱室已采用玻璃钢复合型卫生单元，四周用整体玻璃钢框架与之相接，密封性能好、质量轻、有足够的强度和刚度，管道畅通，美观舒适。气候变化、机械振动、风浪冲击等都不会产生影响。采用卫生单元给施工带来极大方便，是缩短造船周期、提高内装质量的典型产品。玻璃钢复合型卫生单元借鉴了列车玻璃钢卫生间和家用整体浴室的设计和安装经验，在制造和安装过程中比较普遍地采用结构胶黏剂，包括高强度的环氧胶和丙烯酸酯胶黏剂，另外连接处大量使用聚氨酯密封胶、改性硅烷密封胶以及有机硅密封胶和热熔胶带。

### 7.3.3.2　船舶冷库的铁皮搭接密封

船舶冷库白铁皮搭接密封的传统方法是采用焊接方法，生产效率低，环境条件差，焊锡产生的气体危害操作人员健康。现代工艺一般采用热熔胶带代替焊锡作为船舶冷库区铁皮搭接的密封材料。

（1）热熔胶胶带性能　胶带厚度为 1.20～1.80mm，使用温度为 −30～40℃。被粘接材料为船用冷库的白铁皮或青铝。胶带热熔后与白铁皮在 −30℃ 的剪切强度大于 2.5MPa，25℃ 时的剪切强度大于 1.5MPa，剥离强度大于 3.5N/mm。粘接件浸水 24h 后，剪切强度不得低于上述指标。

（2）施工工艺　用干净棉布将白铁皮被粘部位及周围擦净，除去油、水、污物，平整表面。

在白铁皮搭接中间衬垫热熔胶带，胶带与搭缝边缘齐平，白铁皮与胶带必须贴紧，接头处不能脱节；将衬垫胶带的白铁皮用钉子固定在内部木壁板上。

白铁皮全部钉好后，进行加热，熔化胶带，加热温度控制在 110～130℃，以胶带全部熔化为准。胶带熔化后，用锤头轻轻敲紧钉子及粘接部位，采用湿布冷却方法使白铁皮稍冷，增加热熔胶膜的，再用锤头敲紧，保证粘接密封质量。

## 7.3.4　特种船舶舾装

### 7.3.4.1　LNG 运输船舶内装

LNG 船的制造主要集中在韩国，而世界各国的 LNG 船订单大部分也集中于韩国造船厂，少部分在日本船厂，韩国造船企业在国际 LNG 船市场上处于绝对优势地位。中国自主LNG 船舶的设计和建造处于起步及快速发展阶段。LNG 船的使用寿命一般为 40～45 年。

大型 LNG 船的储罐系统有自撑式和薄膜式两种。自撑式有 A 型、B 型两种，A 型为菱形或称为 IHISPB，B 型为球形；薄膜式是大型船的首选。中小型 LNG 一般采用独立的罐体设计，简称独立 C 型罐 LNG。现在比较通用的是薄膜式大型 LNG 船，薄膜式有两种设计系统：96 设计系统和 Mark Ⅲ 设计系统。

LNG 船舶用胶主要是指内装用胶。LNG 船舱体积大，要求承压能力高，同时还要实现低温保冷。所使用的绝热保冷材料在装配时需要使用大量胶黏剂。液化天然气仓的内壁装配见图 7-7。

图 7-7　LNG 船的液化天然气仓内壁装配

### 7.3.4.2　LNG/LPG 罐体耐低温板材组装

要在常温常压下运输低温的 LNG 需要专用船舶，液货舱围护系统是 LNG 船与常规货船相比最为特殊的地方。根据国际气体运输规范要求，运输 LNG 的船舶液货舱围护系统必须有两层屏障。

LNG 船特别是薄膜式 LNG 船对液货舱的平整度要求很高。其液货舱围护系统主要由主、次层绝缘箱和主、次层殷瓦钢组成，能够隔绝液化天然气，避免其从货舱吸收热量，同时将液态天然气的压力传递到货舱，并确保液化天然气不会泄漏。

液态天然气压力的传递，主要通过次层绝缘箱上按设计轨迹和类型涂布的环氧树脂胶条来实现。以舱容为 $1.74 \times 10^5 \text{m}^3$ 的薄膜式 LNG 船为例，需要涂布环氧树脂的次层绝缘箱超过 30000 个，其中边角绝缘箱约占 20%。大尺寸的平面绝缘箱可以实现环氧树脂胶条的全自动涂布，涂布精度好、生产效率高；边角绝缘箱需要人工操作，工控机数据输入，人工搬出。环氧胶条宽度方向尺寸约为 10～30mm，主要承受次绝缘箱传递过来的垂向载荷并进一步传递给舱壁。

图 7-8 是 96 设计系统中舱壁结构以及环氧树脂条的位置。

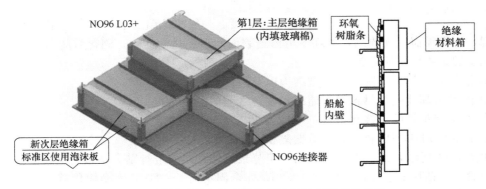

图 7-8　96 设计系统中舱壁结构以及环氧树脂条的位置

### 7.3.4.3　LNG/LPG 罐体板材密封

LNG 船液货舱的特点是耐低温、安全性要求高、材料特殊、保温措施严格等，要求在建造过程中使用的胶黏剂和密封胶具有极好的耐低温性能、高强度、高韧性以适应保冷性能需求。LNG 罐体板材复合过程中使用聚氨酯胶黏剂进行夹板和增强聚氨酯泡沫间的复合粘接和密封，具体应用见图 7-9。

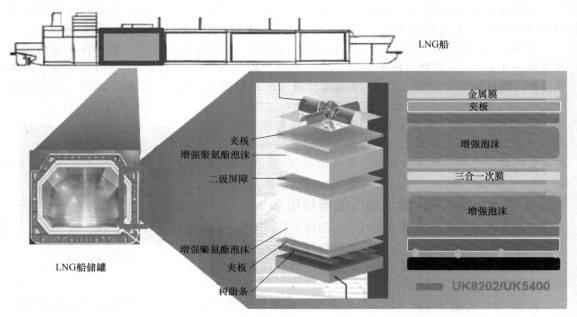

图 7-9　聚氨酯胶黏剂在夹板和增强聚氨酯泡沫间的复合粘接和密封

图 7-10　胶黏剂在 LNG
输送管道的应用

### 7.3.4.4　LNG/LPG 输送管道用耐低温结构粘接

天然气从气田输出、经液化并由 LNG 船舶运输后，通过管道输送到 LNG 储罐，再气化后从 LNG 储罐输送到用户。整个输送过程中，管道的保冷是非常重要的一环。在保冷材料的施工过程中，会用到胶黏剂、密封胶、胶泥以及涂层等。通过胶黏剂和密封胶，可以实现管道的无缝一体化保护、保温隔热、改善外观、提高寿命、增强柔韧性等。胶黏剂在 LNG 输送管道的应用见图 7-10。

（1）管道粘接　一般非低温要求的，多使用双组分聚氨酯胶黏剂，要求无卤、无收缩，能在不可渗透表面间形成化学连接，固化后能形成高强度高韧性的化学键。主要用胶点包括：

① 泡沫和海绵玻璃弯头、T 型结构以及附件；

② 附件与其他隔热材料或与储罐和设备之间的隔热粘接；

③ 对接接头处的粘接和密封；

④ HDPU/HDPIR 制造的管道支架和管鞋；

如图 7-11 所示，黑色部位为使用双组分聚氨酯密封胶进行贴合粘接的部位。

一般管道粘接要求操作时间为 1～2h，完全固定需 8～24h，完全固化需 7 天。

在低温工况下，多使用多组分环氧胶黏剂进行粘接，要求 100% 固含量、无收缩、非渗透型表面间的粘接，粘接强度高，工作温度为 -196～121℃。

（2）其他部位粘接　除上述粘接部位外，还有二次蒸汽屏障膜的密封粘接、表面隔热保温粘接，以及硬质基材与柔性蒸汽屏障层之间的粘接，使用不易燃溶剂型胶黏剂。

二次蒸汽屏障是一层铝-聚酯层膜，在保温层和第二层之间。这层膜的重叠圈以及接缝处必须粘接在一起，起密封作用。

连接处密封：LNG 输送管道中密封胶的使用包括保温材料对接间隙填缝、防水密封以

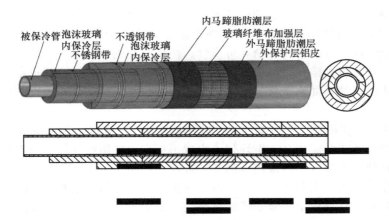

图 7-11　使用双组分聚氨酯密封胶进行管道贴合粘接

及蒸汽终端密封。具体应用见图 7-12。

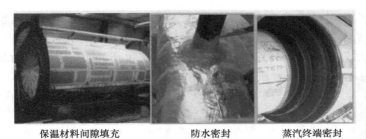

保温材料间隙填充　　　　防水密封　　　　蒸汽终端密封

图 7-12　密封胶在间隙填充、防水密封以及蒸汽终端密封中的应用

　　蒸汽屏障用胶泥和涂层：蒸汽屏障的作用是阻隔蒸汽，同时能防止液态水和蒸汽侵入，用于冷端隔热；用于阻隔水分时，允许水蒸气通过但液态水不能通过，用于热端设备隔热。

　　胶泥的特点是密实，通常需要纤维增强，应用于绝缘材料涂层。一般需要胶刀操作，应用于厚涂层（＞1mm），涂层比胶泥黏度更低，适用于刷涂或喷涂，胶泥在蒸汽屏障中的应用见图 7-13。

胶泥粘接层刮涂　　　　　　胶泥

图 7-13　胶泥在蒸汽屏障中的应用

# 7.4　胶黏剂在船舶维修中的应用

## 7.4.1　胶黏剂在船舶维修领域的应用概况及技术要求

　　船舶船体与螺旋桨长期与河水、海水接触，发生腐蚀后，表面出现裂纹、断裂、穿孔等

现象。船舶设备，如动力装置，长期受到振动、磨损、腐蚀等影响，导致零件产生裂纹，形状尺寸发生改变，影响使用。船舶机械零件在加工以后，会发现有砂眼、裂纹、气孔等缺陷，这些缺陷会影响零件的使用寿命和可靠性。使用胶黏剂修补各种腐蚀、磨损、老化产生的砂眼、气孔、裂纹等缺陷，可以提高工作效率、简化修复工艺、降低成本。特别是一些无法使用焊接技术的区域，如水下修补区、运输船的油仓、天然气仓，胶黏剂的使用显得更加必要。

采用粘接工艺，正确地选择胶黏剂，可以使工件的粘接强度与铆接或焊接相媲美。粘接工艺相比焊接和铆接工艺应力分布更均匀，表现出更高的使用可靠性。所以随着粘接技术的发展，胶黏剂在船舶维修方面的应用也越来越普遍。

由于粘接作业不需动用明火并且可在现场施工，因此在与载油和化学品类易燃易爆物质相关的船舶的各种部件修理上更显示了其优越性。由于不动明火，油船部件在修理前可以不必花费大量的时间和费用进行洗舱、挖舱，因此既缩短了修船的时间又节省了修船的费用。

## 7.4.2　船舶维修金属修补剂的应用

金属修补剂在船舶设备零件砂眼、裂纹、穿孔修复中的应用广泛。船舶许多大型机件，如主机机座、机架、气缸、汽缸盖、进气阀等，长期耐受巨大负荷，容易产生裂纹，并且多为铸铁材料，使用焊接技术进行修复难度较大，多使用环氧类修补、丙烯酸结构粘接-扣合法，既可以解决问题，保证机件的可靠性，又美观，且工艺简单，成本较低。金属修补剂在船舶维修中的应用见图7-14。

图7-14　金属修补剂在船舶维修中的应用

金属修补剂在国内的应用始于国外公司的推广，比如得复康、贝尔佐纳、乐泰等。从1994年起，北京天山公司将其命名为"冷焊"技术，为船舶客户解决了维修中的多种难题，金属修补剂在国内得到较为广泛的应用。

金属修补剂（钢质、铜质、铝质）为胶泥状，综合机械性能好，可用于各种类型的铸件缺陷及各类金属件破损修补，包括玻璃钢生产中模具的破损修补。

## 7.4.3　船舶维修结构胶黏剂及密封胶的应用实例

### 7.4.3.1　船舶动力传输装置修复

船舶动力传输装置的修复不同于其他设备的修复，对于强度要求特别高。焊接技术无法消除内应力，对机械的可靠性可能产生不良影响，而单纯的粘接技术无法承受长时间高负荷运作，因此多采用环氧修补粘接-扣合法进行修复。

### 7.4.3.2　蒸汽机舱堵漏实例

某油轮泵舱输油管裂缝，长约50mm，宽约2mm，造成原油外泄不能装卸。由于原油是易燃易爆危险品，不能在舱内进行明火作业。该管位处泵舱底板下第二排管路，拆下来进厂烧焊附加工程工作量极大，故采用粘接的办法进行堵漏。原油在装卸时温度可达80～90℃，泵舱内环境温度经常达50～60℃，该管装卸时压力达68kg/cm²。

胶黏剂的选用根据使用的条件可采用无机胶黏剂或有机胶黏剂。表面处理及粘接工艺：该管子裂缝位置很低，且由于周围构件的影响，施工条件很恶劣，泵舱内不允许动用电钻，因此只好用凿子将裂缝端各打一个3mm左右的孔（未打穿），沿裂缝开"V"形槽，然后用酒精清洗除油。采用的是无机胶黏剂（氧化铜＋磷酸铝溶液）或耐温型环氧胶进行粘接。

### 7.4.3.3　燃油料仓补漏

某柴油轮舱底部角上发现漏油现象，由于钢板的腐蚀，该处钢板厚度仅为 1mm 左右，几次电焊作业不但未能解决漏油问题，反而造成多处漏油，漏洞大小不等，大的约有 8mm，小的仅 1mm 左右，形状很不规则，故采用粘接方法。

胶黏剂选用：燃料油本身温度不高，压力不超过 1kg/cm$^2$，环境温度最高为 60℃。但附近有柴油机运行，有振动，故采用耐油、耐振动的有机胶黏剂，如环氧胶、聚硫胶或聚氨酯胶处理。

表面处理及粘接工艺：将油舱内的柴油全部转到另一个舱内。将腐蚀的地方用尖嘴锤敲去锈块、锈末，尽量将腐蚀处敲穿，找出真正漏洞的位置，用丙酮将漏洞处清洗干净并深入到破洞内部（有些小孔很难洗）使之露出金属光泽，然后调好胶液里外填补，再用碘钨灯烤照固化。

### 7.4.3.4　挖沙船泵壳修补

挖沙船用来挖河内的沙，其工作原理是泵的叶轮通过电机带动后高速旋转产生的离心力把河内的沙子抽起来，泵送到指定的位置。泵壳长期受到沙子的摩擦产生磨损，使用基于环氧体系的耐磨颗粒胶，可以修复泵壳，修复后的泵壳可以使用半年，颗粒胶磨损后可以再修复，极大地提高了泵的寿命，具有较高的经济效益。

### 7.4.3.5　密封胶在船舶修造中的应用

密封胶是一种可随密封面变化而变形的密封材料，不易流淌、浸润性良好，具有一定粘接强度，可防水、防尘、隔热，耐机械振动等。密封胶与一般胶黏剂相比，对粘接强度要求较低，而对浸润性、黏附性、介质稳定性以及对密封面无腐蚀等性能要求较高。船舶长期航行于江河湖海潮湿环境中，为了保护船舶船体和设备免受腐蚀，需大量使用聚硅氧烷类、改性硅烷类以及聚氨酯类密封胶，除此之外船舶内部有大量管路、电缆也需要进行密封。

# 7.5　胶黏剂在游艇制造装配中的应用

## 7.5.1　胶黏剂在游艇制造装配领域的应用概况及技术要求

游艇艇身材料通常采用不饱和聚酯树脂、环氧树脂和玻璃纤维复合制成的玻璃钢，具有耐海水腐蚀的良好特性，并能吸收撞击能量而达到减震的目的。通常游艇的整体或分体采用玻璃钢材料制备，所以连接方式多以胶黏剂粘接为主；游艇内部的装配也多采用胶黏剂进行定位和粘接，密封胶进行密封。此工艺对胶黏剂的要求是与玻璃钢的粘接性好，对粘接可靠性要求高的部位，可以采用表面打磨处理。同时对粘接后接头的耐水性要求高。

## 7.5.2　游艇玻璃钢结构粘接

船舷与船体粘接：对于玻璃钢材料制成的游艇，由于成型工艺的原因，不可能进行过度复杂结构的成型，所以依靠粘接技术，将简单形状的材料连接起来，成了游艇制造过程中通用的工艺。常用的丙烯酸酯胶黏剂是基于自由基聚合机理固化的胶黏剂，其中的丙烯酸酯类单体对玻璃钢材料有很好的相容性，使得粘接界面更可靠。

由于船体尺寸较大，所以要求胶黏剂的操作时间足够长，满足合拢和调整的要求。图 7-15 是丙烯酸酯胶黏剂在船舷、船体的粘接应用。

### 7.5.3 玻璃装配及密封

为了提高船舶的整体刚性和玻璃周围的密封性，游艇玻璃的装配借鉴了汽车玻璃装配的成功经验，采用湿气固化的弹性胶黏剂进行玻璃的装配，一般为单组分聚氨酯胶黏剂或硅烷改性聚醚胶黏剂。与传统的橡胶条密封工艺相比，可靠性大大提高，使用弹性胶黏剂后玻璃晃动、漏水问题彻底杜绝。另外粘接后玻璃与船体形成统一整体，整体刚性提高，船体运动中变形量减小，安全性和舒适性都得以改善。图 7-16 是胶黏剂在游艇玻璃粘接的应用。

**船舷粘接**　　　　　　　　**船体粘接**

图 7-15　丙烯酸酯胶黏剂在船舷、船体的粘接应用

图 7-16　胶黏剂在游艇玻璃粘接的应用

### 7.5.4 甲板粘接及密封

新造船舶和船舶维修过程中，一般使用弹性胶黏剂将甲板固定到船体上，如果对粘接强度有比较高的要求，也可以使用结构胶黏剂来粘接。对于甲板的粘接工艺，甲板的表面处理是比较关键的环节。

甲板一般采用柚木，柚木的主要优点是它非凡的耐气候性。在船艇行业已经应用了2000 多年，到现在依然无可替代。不论在干燥还是潮湿的环境下，柚木都能保持防滑的功能和保护底面甲板不受气候影响，因而能保证甲板的始终如一。

木质甲板需要填缝，过去采用麻丝、油灰作为填充材料，密封性差，容易渗漏，会造成木材腐烂，经常需要修理，影响使用周期。随着材料的发展，后来采用双组分聚氨酯灌封胶和氯丁橡胶密封条作为填充材料。

双组分聚氨酯胶弹性好，但使用比较麻烦，需要现场混合，操作时间有限，容易产生气泡，胶容易流进缝隙，用胶量难控制。为避免双组分聚氨酯胶的施工缺陷，人们开始尝试氯丁橡胶密封条。随着密封胶技术的发展和应用推广，单组分湿固化型弹性密封胶成为甲板填缝密封的主要填缝材料，单组分胶无需混合，常温固化。

施工时要完全去掉残留的胶和其他杂物，保证接缝处干净、干燥、无灰尘；用专用清洗剂清洗柚木板；涂专用底涂剂于接缝的两侧，底涂剂要形成连续薄层，干燥时间要符合规定要求。由于环境条件的变化，柚木板会收缩或膨胀，填缝胶会补偿这一变形而不降低附着力。在底涂干燥后，将胶带粘在接缝的底部，以防三面粘接。柚木地板接缝处的预处理见图 7-17。

填缝时避免直接的阳光照射或雨淋。将胶嘴剪至与同接缝的宽度一致。胶嘴要抵达接缝底部，沿着接缝匀速移动胶枪，并挤出约 $10\%\sim20\%$ 的余量。施胶后要立即用刮刀将胶压入接缝。多余的胶要去掉，以免影响打磨。根据温度和相对湿度变化固化规定天数后，甲板可打磨。

甲板的最终处理：去掉多余的胶，以免打磨时对接缝侧面形成高负荷。第一步用 80 目粗砂纸沿接缝方向打磨。第二步用至少 120 目细砂纸打磨。一般打磨后不再处理，但为了外观光亮，后处理的情况也越来越重要。一般光亮剂偏硬、脆，会影响接缝的伸缩。打磨工序及后处理完成后的外观效果图见图 7-18。

图 7-17　柚木地板接缝处的预处理　　　　图 7-18　柚木铺设完成后的打磨及后处理后效果图

## 7.5.5　内装粘接及密封

降低游艇的噪声是游艇内装需要解决的重要问题。由于游艇布置的紧凑性，通过在布置上使居住区远离噪声源是不现实的。通过粘接和密封技术的使用，能显著地降低船体的结构振动和舱室噪声。

有效方法是采用制振材料和防振材料相结合的综合措施。制振是加入外力用以制止振动机械能，而防振是减弱振动物的振动机械能。制振是将制振材料直接粘贴或涂覆在钢板或型材上，把振动能转变为热能等形式予以消耗，从而达到降低噪声的目的。聚氨酯类胶黏剂及丙烯酸黏弹体是常用的制振材料胶黏剂，它在较宽的使用温度范围内都具有良好的阻尼作用。

游艇的内装中，一些内饰塑料件的固定，通常都采用粘接的形式进行，类似我们家装在用的免钉胶，不但粘接强度高，施工时不破坏墙壁或基体材料，另外还可以均匀分布应力，保证了粘接的可靠性。另外，弹性的胶黏剂还有阻尼降噪作用。

游艇的内装更多地借鉴了列车、房车、家装等的经验，弹性密封胶成为必需品，常用的包括聚氨酯密封胶、改性硅烷密封胶以及有机硅密封胶，多为单组分，吸潮固化，使用方便。

## 7.5.6　船舶防火门板结构粘接

防火门板要求结构胶黏剂具有耐高温、不燃、无毒等特点，满足这些要求的一般就是反应型无机胶黏剂，应用比较多的是硅酸盐型或磷酸盐型。无机防火门板结构胶一般要求具有较好的粘接性，可耐 1100℃高温，材料燃烧性能达到 A1 级，材料产烟毒性达到安全级（ZA2）。

一般门板结构粘接为硅酸铝棉、岩棉、蛭石防火板、金属、陶瓷等材料与钢板的粘接。粘接完成后可以经受喷塑、喷漆过程的加热温度。

也有的使用双组分聚氨酯或环氧结构胶进行防火门板粘接，主要用于金属板材和内部填充材料之间的粘接，见图 7-19。

图 7-19　粘接成型的防火门板

## 7.5.7　船舶整体阻尼降噪

游艇是追求舒适性的，因此如何采用减振降噪措施，降低由振动源引起的艇体结构振动、降低由噪声源引起的空气噪声和结构噪声，就显得特别有意义。如果艇体材料是钢、铝等金属，内部阻力很小，所以结构噪声传播时能量损失非常小。玻璃钢艇体材料是一种很好的隔振材料，所以玻璃钢艇体产生的振动和噪声相对小得多。另外，胶黏剂在游艇整体阻尼降噪中也有应用。

### 7.5.7.1 采用浇注型环氧机座垫片

各类高速艇、穿浪艇、游艇的减振降噪一直是设计人员关注的问题。而引起振动、噪声的原因很多，通常高速艇的艇体及上层建筑大都采用薄板或铝合金，结构比较薄弱，直接的原因是主机、辅机、轴系。以往采用的方法大都是在机脚位置安装弹性减振器，但效果并不理想。从 20 世纪 90 年代开始各种高速船艇的设备定位采用浇注型环氧机座垫片来改善振动和噪声，取得了较好的效果。

近年来，中高档游艇采用浇注型环氧垫片来安装主、辅机，定位各种设备和轴系，在改善振动、降噪的同时，艇的安全性、舒适性、经济性均有所提高。浇注型环氧机座垫片在游艇上的应用及其施工工艺成为最佳解决方案。

在以往船艇用柴油机、甲板机械安装时，传统的方法是用钢铁块作机座垫片。与采用弹性支撑相反，精密安装的刚性垫片限制了机械振动的幅度，增加了机座的刚度，同样能起到减振的作用，且可以省去弹性联轴器。但这种方法施工工艺要求很高，对轴系中心线与机器中心线的重合度（俗称"校中"）要求很高，不适合小型游艇。浇注型环氧机座垫片，不仅大大简化了施工工艺，而且由于这种材料的黏弹性与钢铁不同，振动和噪声在两种介质中传播会受到干扰并损耗，因此减振和降噪效果显著。

### 7.5.7.2 敷设阻尼材料

在机舱的合适部位敷设阻尼材料，也可以阻尼降噪。利用阻尼材料在其内产生拉伸、弯曲、剪切等变形，吸收大量的入射能量。阻尼材料利用材料的黏弹性将部分振动机械能转变为摩擦热能而损耗掉，从而达到减振降噪的目的。除机舱外，在螺旋桨上方船底板处、主机座面板和腹板处、主机座前后艇体结构处、机舱前壁处，有时在与上甲板室邻接的机舱顶甲板处等位置进行敷设，都有利于降低振动和噪声。

船用阻尼材料目前主要分为片状粘贴材、阻尼钢板和涂料 3 种类型。

① 早期的片状材料以沥青系列制品为主，价格低廉，来源广泛，但阻尼性能较差。随后出现的橡胶型片材因其阻尼性能较沥青材料有较大的提高，在船上得到广泛应用。橡胶型垫片的粘接对底材的表面处理要求相当严格，施工时需用特殊的胶黏剂粘贴。对于复杂结构和曲率较大的施工部位，橡胶型片材的应用受到限制。

② 阻尼钢板或称约束阻尼结构，是近几年开发出来的新型阻尼材料。该材料是将一层黏弹材料复合在两层相同厚度的钢板之间，形成所谓夹心阻尼结构，具有阻尼效果好、外表美观的优点；缺点是材料密度较大，剪裁困难，尤其是焊接工艺复杂，焊接过程中黏弹材料易燃烧损坏，影响其阻尼性能，同时由于其成本较高，应用受到限制。

③ 阻尼涂料作为一种新型的阻尼材料，因其具有制造工艺简单、施工方便、性能优异等特点，发展极为迅速。初期的阻尼涂料为溶剂型，以沥青为主要成膜物，加入其他的树脂、助剂、填料及有机溶剂混合而成，不仅阻尼性能差，而且易燃易爆，使用不安全，污染环境，应用受到很大限制。20 世纪 80 年代中后期，国内外开始对水性阻尼涂料进行研究和应用开发，取得了较好的效果。水性阻尼涂料虽然解决了污染和易燃易爆问题，但存在干燥时间长、厚涂困难的缺点。在气温较低、湿度较大的情况下，该类涂料施工受到很大限制。目前已研制成功无溶剂阻燃型系列阻尼涂料，克服了以往船用阻尼涂料在阻尼性、工艺性、实用性等方面的诸多不足，成为综合性能较理想的阻尼材料之一。由于阻尼材料贴敷的成本较高，一般只在高档豪华游艇上使用。

# 参 考 文 献

[1]　王孟钟，黄应昌. 胶粘剂应用技术手册. 北京：化学工业出版社，1987.

[2]　曹明法. 玻璃钢/复合材料在舰船中的应用. 船舶，1998（3）：4-13.

[3]　张承濂. 船舶材料手册. 北京：国防工业出版社，1989.

[4]　程道周，刘文武，楼京俊. 消声瓦的吸声机理研究. 2007，36（3）：101-104.

[5]　张宏军，邱伯华，石磊，等. 消声瓦技术的现状与发展. 船舶科学技术，2011，4：6-14.

[6]　曹明法，胡培. 船用玻璃钢/复合材料夹层结构中的泡沫芯材. 江苏船舶，2004，21（2）：3-6.

[7]　东海船厂技术组. 船舶螺旋桨无键粘接. 造船技术，1973，4：20-24.

[8]　满一新. 船机维修技术. 大连：大连海事大学出版社，1999.

[9]　张洪胜. 尾轴超长铜套安装施工工艺简介. 天津航海，2007，2：25-26.

[10]　蒋爱珍. 用高分子材料修复舰艇大轴. 粘接，2005，26（5）：53-54.

[11]　李雨康. 密封材料在船舶上的应用. 中国胶粘剂，2004，13（4）：46-48.

[12]　陈新刚，马守军，冀路明. 船舶上的"黑匣子"——航行状态记录仪研究. 船舶科学技术，2002，24（3）：
53-56.

（曾照坤 薛曙昌 编写）

# 第8章

# 胶黏剂在新能源装备制造中的应用

新能源又称非常规能源，是指传统能源之外的各种能源形式，包括风能、太阳能、水能、地热能、海洋能、生物质能、氢能等，其主要特点是：资源丰富，具备可再生特性；能源密度低，开发利用需要较大空间；不含碳或含碳量很少，对环境影响小；分布广，有利于小规模分散利用；间断式供应，波动性大，对持续供能不利；除水电外，可再生能源的开发利用成本较化石能源高。

随着传统能源的日益枯竭，世界各国政府越来越重视新能源的开发利用，在新能源的开发利用中应用了大量新材料和新制造技术。这些新材料和新制造技术能够得以应用，先进的胶黏剂和粘接技术起到了非常关键的作用。与铆接、焊接、螺接、键接、榫接等连接方式相比，先进的胶黏剂和粘接技术更适宜新型材料，异形、异质、薄壁、复杂、微小、硬脆或热敏等制件的粘接，具有连接、绝缘、密封、防腐、防潮、减震、减重、隔热、消声、导电、导磁等多种功能，具有粘接强度高、密封效果好、应力分布均匀、耐疲劳和耐候性好等优点。

目前，开发利用比较成熟的新能源种类主要为风能、太阳能和氢能等。

## 8.1 新能源行业发展现状及趋势

### 8.1.1 风电行业发展现状及趋势

#### 8.1.1.1 风电行业发展现状

风能是一种清洁而稳定的新能源，在环境污染和温室气体排放日益严重的今天，风力发电（风电）作为全球公认的可以有效减缓气候变化、提高能源安全、促进低碳经济增长的方案，得到了各国政府、机构和企业的高度关注。此外，由于风电技术相对成熟，且具有更高的成本效益和资源有效性，因此，风电也成为近年来世界上增长最快的能源之一。

全球风能理事会（GWEC）发布的《2017年全球风电发展报告》显示，2017年全球风电市场新增装机容量达52.5GW，累计风电装机容量为539.1GW。中国、美国、德国、印度等五国合计占有七成以上份额，其中中国新增装机容量达19.7GW，累计风电装机容量达188.4GW，均位居全球第一。

我国风电场建设始于20世纪80年代，在其后的十余年中，经历了初期示范阶段和产业化建立阶段，装机容量平稳、缓慢增长。自2003年起，随着国家发改委首期风电特许权项目的招标，风电场建设进入规模化及国产化阶段，装机容量增长迅速。

经过多年发展，我国风电业已经培育出了一条完整的产业链，见图8-1，包括上游增强纤维、树脂、结构胶黏剂等原材料及叶片等零部件的生产，中游风电主机和输变电等辅助设备的制造，下游风电场的开发、运营。尤其是自 2012 年我国风电装机容量超过美国之后，我国的风电产业逐渐成长为全球风电的领跑者，研发和技术创新能力也走在世界前列。

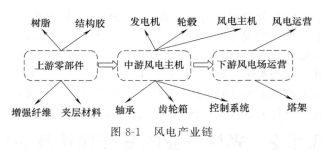

图 8-1　风电产业链

### 8.1.1.2　风电行业发展趋势

未来风电行业发展趋势有以下几个方面：

（1）风电设备日趋大型化，单机容量不断提高　由于企业越发重视全周期的采购、运维成本，追求更高的发电效率，因此各大厂商不断升级风电设备，大型化趋势日益显现。近年来，世界主要风电设备制造商如西门子歌美飒（Siemens Gamesa）、三菱重工-维斯塔斯（MHI-Vestas）、通用电气（GE）、金风科技等，在大型风电机组单机容量方面不断取得突破。2011 年，西门子首次推出 SWT-6.0-154 新型风电机组，单机容量达 6MW，叶片长75m，见图 8-2。2015 年，三菱重工-维斯塔斯成功制造出 V164-8.0MW 海上机组，为世界首台 8MW 风电机组，叶片长度超过 80m，见图 8-3。目前，10MW$^+$级风电设备正在加紧研制中，预计 2021 年实现商用。

图 8-2　Siemens SWT-6.0-154 新型风电机组　　　　图 8-3　Vestas V164-8.0MW 风电机组

（2）发电成本不断下移，风电市场化时代将至　目前，全球陆上风电每千瓦时电成本区间已经明显低于全球的化石能源，平均成本逐渐接近水电，达到 6 美分/（kW·h）。国际可再生能源署预测由于技术进步等原因，2020 年陆上风电的平均每千瓦时电成本或将下降至 5 美分/（kW·h）。随着每千瓦时电成本不断下降，风电市场化将成必然趋势。得益于市场机制的引入，欧洲风电发展进入新阶段，截至 2017 年底，英国、德国、丹麦等国已采取竞拍定价的模式决定风电上网电价，德国海上风电项目招标中甚至出现了全球首个"无需补贴"的海上风电项目。我国国家能源局也已经提出分类型、分领域、分区域逐步撤销补贴，在 2020～2022 年基本上实现风电不依赖补贴发展。

（3）海上风电发展迅猛，前景可期　海上风电具有发电效率高、不占土地面积、电网接入便利等优势。2017 年全球新增海上装机实现强劲增长，增速高达 87%，其中我国新增海上装机量达 1.2GW，同比实现翻番。丹麦风能研究和咨询机构 MAKE 发布的《全球海上风电市场报告》预计，2017～2026 年，欧洲与中国将继续引领海上风电项目发展，全球海上风电产业复合平均增长率将达到 16%。

（4）分散式风电开拓新的增长点　与集中式风电项目相比，分散式风电最大特点是规模小、可以实现并网消纳，无需大规模外送。目前，分散式风电在欧美等国家已具有一定的发展规模，其中以丹麦、德国为主。我国分散式风电并网量只占全国风电并网总量的1%，远低于欧洲水平。2017年6月国家能源局印发《关于加快推进分散式接入风电项目建设有关要求的通知》，明确支持分散式风电发展，且分散式风电项目不受年度指导规模限制。未来，我国农村、低风速等区域分散式风电将成为新的增长亮点，市场将更加多元化。

# 8.1.2　光伏行业的发展现状及趋势

## 8.1.2.1　光伏行业发展现状

光伏发电具有永久性、储量大、清洁无污染等特点，是目前应用技术比较成熟、资源分布较为广泛的可再生能源。光伏发电技术的开发始于20世纪50年代。随着全球能源形势趋紧，光伏发电作为一种可持续的能源替代方式，自20世纪90代后半期起，世界光伏行业进入了快速发展时期。2007年全球光伏装机总量达到6.66GW，比2006年的2.52GW增长了164.29%。此后，光伏装机总量一直稳步增长，直至2016年全球光伏新增装机70GW，全球光伏装机总量达到300GW。

近年来，中国光伏产业的发展全球瞩目。目前，我国已逐步建立了完善的太阳能产业体系，明确了价格、补贴、税收、并网等多个层面的框架，确立了行业标准和检测认证体系。太阳能制造产业化水平不断提高，发电技术快速进步，光电转化效率持续提升，太阳能发电规模显著扩大。特别是2017年，光伏产业呈现爆发式增长，中国累计光伏装机并网容量达到130.25GW，同比增长68%，其中，光伏电站累计装机容量100.59GW，分布式累计装机容量29.66GW。而新增光伏并网装机容量达到53.06GW，同比增长53.6%，分布式光伏的新增装机容量达到19.44GW，是2016年的近4.6倍。2017年全年中国累计装机容量和新增装机容量均位列全球第一。2018年上半年，中国光伏产业发展仍旧保持着强劲的势头，中国累计光伏装机并网容量达到154.51GW，新增光伏并网装机容量达到24.31GW，与上年同期增长持平。大规模的产业应用和不断加强的技术研发力度促成了大幅度的成本下降，2007年光伏组件价格为30元/W左右，2012年就下降至10元/W左右，2017年价格已经降至2元/W以下，大致相当于累计装机每翻一倍，产品成本降低35%。

## 8.1.2.2　光伏行业发展趋势

全球光伏新增装机维持稳步增长。目前光伏平价上网已加速到来，全球光伏市场装机有望继续保持稳定增长。根据预计，2025年全球光伏新增装机量将达到163GW，行业未来装机前景广阔。此外，随着印度、墨西哥、巴西、智利、澳大利亚、南美、中东等新兴市场国家和地区未来经济增长加速，其能源需求尤其是电力需求将急剧增加，各国为推动光伏发展制定了优厚和可持续的产业扶持政策，新增装机潜力巨大，未来将成为全球光伏新增需求的有力支撑。未来几年我国光伏行业发展呈以下趋势：

（1）市场结构由地面电站转向分布式　2016～2020年我国分布式光伏快速发展，其占比从13.33%增长至30.90%。"十四五"期间我国将坚持清洁低碳战略方向不动摇，大力推动能源绿色低碳转型，而分布式光伏发电作为绿色环保的发电方式，符合国家能源改革以质量效益为主的发展方向。未来，分布式光伏发电发展前景广阔。

（2）市场格局从西北部向中东部地区转移　根据国家能源局发布的数据，2016年全国新增光伏发电装机中，西北地区为9.74GW，占全国的28%；西北以外地区为24.8GW，占全国的72%。同时，分布式光伏电站建设的迅猛发展，带动了工商业屋顶资源丰富的经济发达地区——中东部地区新增装机总量的快速增加。

（3）市场驱动从政策驱动走向需求驱动和技术驱动　过去几年，技术驱动成本下降，产业链价格持续下行，进而带动系统成本及度电成本下降。2019 年、2020 年国家能源局已经批复了两批平价上网项目和一批竞转平项目，总规模为 5583 万千瓦，标志着光伏平价发展在我国已经成为现实。2025 年将实现与煤电在批发侧更优的成本竞争优势，光伏电站不仅可以通过售电收益，还可以参与碳交易获得收益，再加上不断深化推进的电力体制改革，这一切必将助推光伏产业更快走向用户驱动。

（4）光伏电整体价格向下，全产业链以量补价　从整个行业来看，产能呈现上升趋势，而价格则逐渐下降。以太阳能电池片为例，2015 年至 2017 年间，其价格下降了 0.15 美元/W，下降幅度达 50%。价格下降的动力主要来自技术进步和上游原材料价格的下降，因此从总体上来看毛利率将保持平稳。

## 8.1.3　氢能行业发展现状及趋势

### 8.1.3.1　氢能行业发展现状

氢能是指氢在物理与化学变化过程中释放的能量，是一种具有多种优势的二次能源：氢的来源多样，可利用化石燃料生产，也可利用可再生能源发电再电解水来生产；氢便于储运，适应大规模储能；氢的用途广泛，可用于储能、发电、交通工具用燃料、家用燃料等，使用过程不产生污染；氢的能量密度大，热值是汽油的 3 倍。

氢能技术可以推动动力产业转型和新能源汽车、分布式供能等新兴产业发展，具有改变能源结构的潜力，实现能源供给端到消费端的全产业链转变，促进人类生产、生活方式的变革。氢能被视为 21 世纪最具发展潜力的清洁能源，全球主要国家高度重视氢能与燃料电池的发展，美国、日本、德国等发达国家已经将氢能上升到国家能源战略高度，不断加大对氢能及燃料电池的研发和产业化扶持力度。

在氢能和燃料电池发展方面，我国一直紧随世界发达国家的脚步。2011 年以来，政府相继发布了《“十三五”战略性新兴产业发展规划》《能源技术革命创新行动计划（2016—2030 年）》《节能与新能源汽车产业发展规划》《中国制造 2025》等顶层规划，鼓励并引导氢能及燃料电池技术研发。我国与发达国家相比，在氢能自主技术研发、装备制造、基础设施建设等方面仍有一定差距，但产业化态势全球领先。2018 年 2 月，国家能源集团牵头成立了中国氢能源及燃料电池产业战略创新联盟，成员单位涵盖氢能制取、储运、加氢基础设施建设、燃料电池研发及整车制造等产业链各环节的龙头企业，标志着我国氢能大规模商业化应用已经开启。截至 2018 年底，我国有在营加氢站 23 座，燃料电池车保有量约为 3000 辆。

### 8.1.3.2　氢能行业发展趋势

壳牌 2013 年发布的《新视野——世界能源转型的视角》（New Lens Scenarios）指出，未来石油在乘用车领域的占比将逐年下降；电能和氢能则将快速增长，2030 年二者合计占比将达到 5%，2050 年和 2060 年将分别达到 40% 和 60%，到 2070 年乘用车市场将全面脱离对化石燃料的依赖，电动汽车和氢燃料汽车将得到全面普及。

未来几年，我国氢能行业发展将呈现以下显著特点：

（1）大型能源与制造企业加速布局　目前，我国氢能及燃料电池产业主要以中小企业、民营企业为主，大型能源与制造企业介入程度有限。随着中国氢能源及燃料电池产业创新战略联盟的成立，大型骨干企业加速布局氢能产业，如国家能源集团、国家电网、中国石化、中化集团、三峡集团、上汽、一汽、东风等。

（2）基础设施逐渐完善，规模快速增长　我国氢能源产业链企业主要分布在燃料电池零部件及应用环节，氢能储运及加氢基础设施发展薄弱。2017 年，中国汽车工程学会在《节能与新能源汽车技术路线图》中提出，中国将在 2025 年建成 300 座加氢站，2030 年建成 1000 座加氢站，整体规模将位居全球前列。

（3）关键技术有望集中突破，燃料电池性价比凸显　目前，国内燃料电池产业主要还是依靠国家高补贴生存，70％的燃料电池零部件需要进口，大部分技术掌握在国外。2019 年，国家科技部公布氢能与可再生能源重点专项，将聚焦氢燃料电池的膜电极、双极板、高压储氢瓶、增压机、制氢、储氢等核心关键技术研发。未来几年，通过关键技术的攻破以及自主配套能力的提升，燃料电池高性价比进一步凸显，助力燃料电池全面商业化。

（4）区域产业集聚效应显著，产业链加速完善　近年来，北京、上海、广东、江苏、山东、河北等地纷纷依托自身资源禀赋制定地方氢能发展规划，并先行先试推动氢能及燃料电池产业化进程。在各地政府的大力推动下，汽车企业、燃料电池供应企业以及投资机构热情高涨，多家企业积极进入制氢供氢及燃料电池产业链。目前，上述六省市产业链相关企业合计占全国半数以上。

# 8.2　胶黏剂在风电设备制造与安装中的应用

## 8.2.1　概述

风电设备是风电产业的重要组成部分，也是风电产业发展的基础和保障。风电设备由风电机组以及配套的输变电设施构成。风电机组结构示意图见图 8-4，其主要由叶片、齿轮箱、发电机、变桨系统、制动系统、塔筒等构件组成。风电机组工作原理是通过叶片将风能转变为机械转矩，通过主轴传动链，经过齿轮箱增速到发电机，再将发电机的定子电能并入电网，实现电力的输出。

随着风电设备制造技术的发展及其不断提高的性能要求，胶黏剂作为风电设备制造中所必需的重要原辅材料，品种日益齐全，应用也越来越广泛。粘接技术在风电设备制造中的应用，一方面能够代替某些部位的焊接、铆接、机械紧固等传统工艺方法，实现相同或不同材

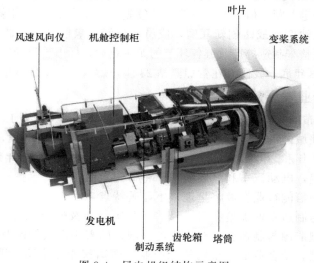

图 8-4　风电机组结构示意图

料之间的连接，达到简化生产工艺，优化产品结构的效果；另一方面还可以起到增强结构、减轻质量、紧固防锈和密封等作用。在风电设备轻量化、延长使用寿命和提高性能等方面，胶黏剂及其粘接密封技术发挥了越来越重要的作用。

## 8.2.2　风电叶片用胶黏剂

在风力发电早期发展历史中，风电叶片材料经历了木制、布蒙皮、铝合金等应用历史，近年来纤维增强树脂基复合材料以其高强、质轻、耐腐蚀、耐久性等优点，成为大型风电机组叶片材料的首选。作为风电机组最关键的组件之一，叶片制造成本约占风电设备总成本的15%～30%。在发电机功率确定的条件下，捕风能力的提高将直接提高发电效率，而捕风能力则与叶片的形状、长度和面积有着密切关系，叶片尺寸的大小则主要依赖于制造叶片的材料。当前，大型风电叶片大多是采用玻璃纤维增强环氧树脂基复合材料制成的空心体结构，如图 8-5 所示，其结构主要分为蒙皮（包括上、下壳体）、腹板、叶根、主梁。

叶片制造工艺流程包括预制件（大梁和腹板）制备、壳体制备、合模、后处理四个工序，其中，预制件和壳体制备采用真空灌注成型。从风电叶片制造过程所涉及的工作部位和功能这个角度出发，可将风电叶片用胶黏剂划分为风电叶片用真空灌注树脂、风电叶片用手糊树脂、风电叶片用密封胶带、风电叶片成型专用喷胶、风电叶片结构胶、风电叶片修形胶、风电叶片密封胶等类别。

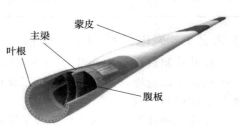

图 8-5　风电叶片结构示意图

### 8.2.2.1　风电叶片用真空灌注树脂

目前，风电叶片壳体及大梁和腹板预制件的成型工艺主要采用真空灌注成型，如图 8-6 所示，即在单面刚性模具上预铺设纤维增强材料、泡沫芯材等，再铺设真空辅材进行包覆及密封，真空负压下排除模腔中的气体，形成真空环境后，利用真空环境与大气之间的压力差，将需要灌注的树脂吸入其中，并浸润纤维增强材料、泡沫芯材等。待树脂浸透玻纤布且填满内部的空间后，封闭灌注树脂用的管道，持续抽真空，进一步固化成型以完成叶片部件的生产。

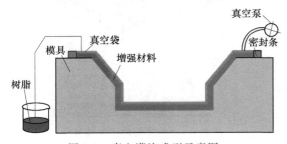

图 8-6　真空灌注成型示意图

在该成型工艺中，树脂在复合材料中起着粘接、支持、保护增强材料和传递应力的作用，其种类主要有环氧树脂、不饱和聚酯树脂、聚氨酯和乙烯基酯树脂，其中，环氧树脂具有黏度低、可操作时间长、固化收缩小和机械性能好等一系列优异的特点，是目前国内外风电叶片制造中最常用的灌注树脂。风电叶片用真空灌注环氧树脂主要性能指标见表 8-1，主要产品有瀚森 RIMR 135/RIMH 137、上纬 SWANCOR 2511-1A/BM、奥林 AIRSTONE 760E/766H、亨斯迈 ARALDITE LY 1572/ARADUR 3486、惠柏新材 LT-5078A/B、东树 DQ200E/DQ204H、广东博汇 Epotech 3321A1/B4、康达新材 WD0135/WD0137 等，这些产品具有低放热、浸润速度快、可操作时间长、固化后力学性能和抗冲击韧性优异等特性，均通过德国劳埃德船级社（GL）认证。

随着海上风电叶片日趋大型化和功能化，碳纤维风电叶片的优势将越发显著。在碳纤维风电叶片主梁灌注工艺中，其大厚度设计和灌注速度控制对灌注树脂的黏度、放热量、可操作时间及其与碳纤维表面的匹配性提出了更高要求。目前国内外生产厂家推出了一批碳纤维灌注用环氧树脂，主要产品有瀚森 RIMR 145 系列、惠柏新材 LTC-6010 系列、上纬 SWANCOR 2515 A/B、广东博汇 Epotech 4321A/B 等。

表 8-1　风电叶片用真空灌注环氧树脂主要性能指标

| 检测项目 | 指标 | 备注 |
|---|---|---|
| 混合黏度/mPa·s | 200～300 | 25℃ |
| 可操作时间/min | ≥150 | (23±2)℃ |
| 玻璃化转变温度 $T_g$/℃ | 70～85 | |
| 拉伸强度/MPa | 65～75 | |
| 拉伸模量/GPa | 2.7～3.8 | 70℃、7h 固化后浇铸体 |
| 断裂伸长率/% | 5～8 | |
| 弯曲强度/MPa | 100～130 | |
| 弯曲模量/GPa | 2.7～3.8 | |

### 8.2.2.2　风电叶片用手糊树脂

在叶片制造过程中，叶片上下壳体合模后，需要使用手糊工艺对合模缝（见图 8-7）、腹板粘接等部位进行内部补强。为了保证叶片整体质量，通常要求手糊树脂固化后的机械性能与灌注树脂一致。

叶片毛坯件脱模后进入后处理工序，包括切割处理、手糊制作、打磨型修、配件安装、油漆喷涂等工序。在后处理工序中，手糊树脂主要用于前后缘合模缝部位外补强（见图 8-8），根部增厚层以及叶根人孔盖板、防雨罩、配重块等配件的安装及补强，还可用于叶片表面缺陷修复及补强处理。

图 8-7　合模缝部位手糊内补强

图 8-8　合模缝部位手糊外补强

手糊树脂主要产品有瀚森 LR 135 和 LR 235 系列、上纬 SWANCOR 2513 系列、奥林 AIRSTONE 730E 系列、惠柏新材 LT-5089 系列、广东博汇 Epotech 3502 系列、康达新材 WD3415 和 WD3417 系列等。根据不同的操作要求，以上系列产品可选择合适的固化剂来满足其使用要求，具有不同黏度和可操作时间，且对纤维浸润效果良好，适用于风电叶片、机舱罩等类似大型复合材料结构件的加工应用。表 8-2 列出了康达新材 WD3415 系列手糊树脂主要性能指标。

### 8.2.2.3　风电叶片用密封胶带

风电叶片绝大部分部件如上下壳体、腹板、主梁等，都采用真空灌注成型工艺，该工艺特点是有一面是模具，用来塑造叶片部件的型面，另一面采用柔性真空袋膜辅助成型。真空袋膜与模具之间需要使用密封胶带粘接，以保证真空袋膜与模具之间形成密闭空间，以便在抽出空气之后形成真空环境，见图 8-6。

表 8-2　WD3415 系列手糊树脂主要性能指标

| 检测项目 | WD3415A | | |
| --- | --- | --- | --- |
| | WD3415BF | WD3415BZ | WD3415BS |
| 23℃凝胶时间/min | 20～30 | 60～70 | — |
| 35℃凝胶时间/h | — | — | 3～4 |
| $T_g$/℃ | 70～85 | | |
| 拉伸强度/MPa | 65～75 | | |
| 拉伸模量/GPa | 2.8～3.3 | | |
| 断裂伸长率/% | 5～9 | | |
| 弯曲强度/MPa | 100～125 | | |
| 弯曲模量/GPa | 2.7～3.8 | | |

注：WD3415BF 为快速固化剂，WD3415BZ 为中速固化剂，WD3415BS 为慢速固化剂。

　　真空环境的密封性直接影响叶片产品质量的好坏。因此要求密封胶带能够平整、无气泡地粘贴到模具表面上，牢固稳定，且容易扯离，不残留，便于施工。此外，由于真空灌注成型需要加热以及树脂放热等因素，还要求密封胶带具有一定的耐温性能。风电叶片用密封胶带主要制造商有埃尔泰克（Airtech）、康达新材、科建化工等，表 8-3 列出了风电叶片用密封胶带的主要性能指标。

表 8-3　风电叶片用密封胶带主要性能指标

| 检测项目 | 埃尔泰克 Airseal 1 | 康达新材 WD209S | 科建化工 TOP BEST-661 |
| --- | --- | --- | --- |
| 厚度/mm | 3 | 2.5 | 3 |
| 宽度/mm | 12 | 10 | 12 |
| 针入度/(1/10mm) | — | 50±10 | 75＋10 |
| 耐温性/℃ | 最高耐温 150 | ≥135 | ≥120 |

### 8.2.2.4　风电叶片成型专用喷胶

　　在真空灌注成型工艺中，玻纤布铺设过程中遇到玻纤布层数多而且模具曲率又较大时，需要使用喷胶对各层玻纤布进行临时固定（见图 8-9），再结合针线缝编和定位工装支撑等技术，从而在树脂真空灌注前实现对整体铺层的固定，防止出现滑落和褶皱等缺陷。喷胶喷出的雾状物洒落在玻纤布上，利用其高黏性和快干性实现快速固定。若喷胶用量过多，则会阻滞树脂渗透进玻纤束内，进而影响复合材料的剪切强度。

　　风电叶片成型专用喷胶产品主要制造商有康达新材、3M 等，表 8-4 列出了风电叶片成型专用喷胶的主要性能指标。该产品具有快速定位、黏性佳、无刺激性气味、使用快捷方便等特点。

图 8-9　玻纤布铺层的临时固定

表 8-4　风电叶片成型专用喷胶主要性能指标

| 检测项目 | 3M 77 | 康达新材 WD2078 |
| --- | --- | --- |
| 剥离强度（帆布/帆布）/(N/2.5cm) | 19.5 | ≥10 |
| 内压(55℃)/MPa | ≤0.96 | ≤1 |
| 喷出率/% | 93.8～98 | ≥95 |
| 喷胶流量/(g/min) | 62～92 | 62～92 |

　　2016 年，3M 公司推出了第二代风电叶片成型专用喷胶 W7900，该产品创新性地采用颜色可变和亲环氧树脂配方，可以通过颜色的深浅配合喷涂用量，实现可视化控制，并且环氧树脂灌注后喷胶会由绿色变为无色，对复合材料成型后的外观和机械性能无任何影响。此外，相比上一代产品，该产品还改进了喷嘴，不会产生堵塞，增强了适用性。

### 8.2.2.5　风电叶片结构胶

　　在叶片合模工艺中，首先在已成型的上下壳体和腹板的粘接面上涂覆结构胶黏剂（又称合模胶），再通过模具翻转设备将叶片上下壳体合模加压完成粘接过程，最终加热固化后制成完整的叶片，图 8-10 和图 8-11 分别为叶片涂胶现场、叶片合模粘接现场，图 8-12 为叶片成型截面图。

图 8-10　叶片涂胶现场

图 8-11　叶片合模粘接现场

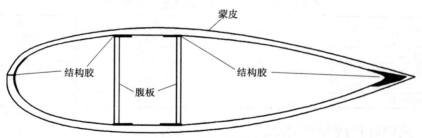
图 8-12　叶片成型截面图

　　在风电叶片制造中，由于结构胶黏剂直接参与主承力结构的构建，且现有叶片设计对合模粘接的技术要求极高，其产品性能特别是粘接固化后的性能会直接影响叶片的后期运行服役。考核结构胶黏剂产品性能的主要指标有拉伸强度、弯曲强度、剪切强度、剥离强度、冲击强度和疲劳性能。拉伸强度和弯曲强度为胶黏剂本体最基本的力学性能，若胶黏剂本体强度不足，则叶片在运行中可能出现胶层开裂问题；剥离强度反映了叶片结构抗剥离能力，在叶片粘接结构设计中，应尽最大可能避免剥离力矩或力；剪切强度反映了在叶片运行中胶体承受由叶片扭转或弯曲变形引起的剪切力的能力；冲击强度反映材料的韧性，体现在叶片瞬间受力时胶层所能吸收或抵抗外界作用力的程度；疲劳性能直接影响叶片安全服役的可靠性和寿命，结构胶需要保证叶片长达 20 年的服役期限。

　　基于叶片成型工艺，对结构胶的工艺性能要求包括堆积高度、可操作时间（或凝胶时间）、放热峰、固化时间、玻璃化转变温度等。在叶片粘接工艺中，尤其在倾斜面或垂直面施工时，要求结构胶不流淌，即具有优异的触变性，一般用堆积高度来衡量；结构胶还应具有足够的可操作时间，以适应叶片粘接工艺中长时间的刮涂；由于结构胶的固化为放热反应，如放热过多，则会加剧反应，导致爆聚，降低粘接质量；结构胶固化的进展程度，通常用玻璃化转变温度（$T_g$）来衡量。

　　风电叶片用结构胶类型主要有环氧胶黏剂、丙烯酸酯胶黏剂、聚氨酯胶黏剂。与其他类型胶黏剂相比，环氧结构胶具有高触变性、低放热性、固化后粘接强度高、耐疲劳等特性，因而成为大多数风电叶片制造厂商的首选。国家化工行业标准 HG/T 5248—2017《风力发电机组叶片用环氧结构胶粘剂》规定了风电叶片用环氧结构胶的理化性能技术要求（见表 8-5）和力学性能技术要求（见表 8-6）。

　　风电叶片用结构胶产品制造商主要有康达新材、瀚森、奥林、南京海拓，产品分别为WD3135/WD3137、BPR135/BPH137、AIRSTONE 770E/778H、Lica-600。

　　2015 年，康达新材推出了新一代风电叶片用结构胶 WD3135D/WD3137D，具有更长的可操作时间，且固化后具有更低密度、更高强度和更高韧性等优点，适用于超大型风电叶片、海上风电叶片及类似大型复合材料结构件的粘接。该产品已在中材科技、时代新材等多家叶片厂商生产的 60m 以上超长叶片中获得批量使用。

表 8-5　风电叶片用环氧结构胶理化性能技术要求

| 项目 | | 指标 | |
|---|---|---|---|
| | | 主剂 | 固化剂 |
| 黏度/Pa·s | | 商议 | 商议 |
| 密度/(g/cm³) | | 商议 | 商议 |
| 环氧当量/(g/mol) | | 商议 | — |
| 总胺值(以 KOH 计)/(mg/g) | | — | 商议 |
| 下垂度/mm | | ≤2.0 | |
| 23℃放热峰/℃ | | ≤100 | |
| 23℃可操作时间/min | | ≥120 | |
| 玻璃化转变温度/℃ | 起始值 | ≥65 | |
| | 中点值 | ≥70 | |
| 线性热膨胀系数/℃⁻¹ | | ≤7.0×10⁻⁵ | |
| 体积收缩率/% | | ≤4.0 | |

表 8-6　风电叶片用环氧结构胶力学性能技术要求

| 项目 | | | 指标 | | |
|---|---|---|---|---|---|
| | | | −40℃ | 23℃/50%RH | 50℃ |
| 拉伸剪切强度 (GFRP/GFRR) /MPa | 常温试验 | 0.5mm 胶层① | ≥20 | ≥20 | ≥15 |
| | | 3.0mm 胶层② | ≥15 | ≥15 | ≥12 |
| | 浸水试验 1000h | 0.5mm 胶层 | ≥20 | ≥20 | ≥15 |
| | | 3.0mm 胶层 | ≥15 | ≥15 | ≥12 |
| | 湿热试验 2000h | 0.5mm 胶层 | ≥20 | ≥20 | ≥15 |
| | | 3.0mm 胶层 | ≥15 | ≥15 | ≥12 |
| T 剥离强度(Al/Al)/(kN/m) | | 0.5mm 胶层 | ≥2.5 | | |
| | | 3.0mm 胶层 | ≥3.5 | | |
| 蠕变(GFRP/GFRP)/mm | | 0.5mm 胶层 | ≤0.12 | | |
| | | 3.0mm 胶层 | ≤0.30 | | |
| 疲劳性能 (GFRP/GFRP) | 静态拉伸剪切强度/MPa | 1.0m 胶层③ | ≥20 | | |
| | 疲劳耐久极限/MPa | | ≥3.5 | | |
| | m 值 | | ≥7.0 | | |
| 本体拉伸性能 | 拉伸强度/MPa | | ≥55 | ≥50 | ≥30 |
| | 拉伸弹性模量/MPa | | ≥4.0×10³ | ≥3.5×10³ | ≥2.0×10³ |
| | 断裂拉伸应变/% | | ≥1.3 | ≥1.8 | ≥3.0 |
| | 临界应变能释放率/(J/m²) | | — | ≥0.6 | — |

①胶层厚度为 0.5mm 时，厚度偏差为±0.1mm。
②胶层厚度为 3.0mm 时，厚度偏差为±0.3mm。
③胶层厚度为 1.0mm 时，厚度偏差为±0.1mm。

图 8-13　叶片根部挡雨环、人孔盖板的粘接

### 8.2.2.6　风电叶片修形胶

风电叶片用修形胶适用于风电叶片成型后的部件粘接（如人孔盖板、挡雨环、防雷系统、叶片根部螺母等，见图 8-13）、修形或缺陷处理以及后续运行维护中叶片损伤部位的修补，还可用于其他类似复合材料结构件的粘接和修形。该产品作为风电叶片用结构胶的补充品种，常温下可快速固化，既满足力学和工艺性能需求，又方便现场用户使用。目前，常用的风电叶片修形胶有康达新材 WD3135/WD3134、瀚森 BPR135/BPH134。

## 8.2.3　风电设备用密封胶

风电叶片挡雨环是一种环形盖体，主要用来防止雨水从导流罩与叶片根部之间的间隙流入机舱内部。通常采用粘接或螺栓连接的方式将挡雨环安装固定在叶片根部。在挡雨环与叶片根部的连接处需要涂有密封胶（见图 8-14），以保证其密封性和挡雨效果。

风电机组与叶片根部的连接处需要设置有金属法兰盘，以提升整个风电机组的可靠性。金属法兰盘与叶片根部采用螺栓紧固连接。在法兰盘与叶片根部端面连接处，需要涂覆密封胶（见图 8-14），以增强其密封性。

此外，在风电机组机舱罩、导流罩、轮毂罩等罩体接缝处，也需要涂抹密封胶进行粘接密封（见图 8-15），以增强罩体防水效果。

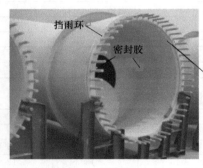

图 8-14　挡雨环、法兰盘与叶片根部的粘接密封

图 8-15　机舱罩罩体接缝处的粘接密封

风电设备用密封胶需要满足粘接强度高、弹性好、耐老化、耐震动疲劳、耐高低温、表面可涂覆、施工方便等要求，主要种类有聚氨酯密封胶、改性硅烷密封胶。风电设备用密封胶产品主要制造商有康达新材、回天新材、北京天山等，表 8-7 列出了风电设备用密封胶的主要性能指标，此类聚氨酯密封胶为单组分体系，通过与空气中的湿气反应而固化，固化后形成永久性弹性体。

表 8-7　风电设备用密封胶主要性能指标

| 检测项目 | 康达新材 WD8510 | 回天新材 8921 |
|---|---|---|
| 密度/(g/mL) | 1.2 | 1.3 |
| 表干时间(23℃,50%RH)/min | 50～60 | 50 |
| 撕裂强度/(N/mm) | ≥6 | 8 |
| 断裂伸长率/% | ≥600 | 500 |
| 耐温性/℃ | −30～90 | −40～90 |

## 8.2.4　风电设备用螺纹锁固胶

风电机组为了防止螺栓螺母松脱带来的安全隐患，需要涂抹螺纹锁固胶，如齿轮箱、轮毂、制动器、变桨系统、偏航系统、叶片根部等螺栓螺母锁固，使设备运行更安全可靠耐久。螺纹锁固剂产品主要制造商有汉高、北京天山、回天新材、康达新材等，表 8-8 列出了螺纹锁固剂的主要性能指标。该产品为中强度厌氧型螺纹锁固剂，具有锁固力矩稳定可靠、耐冲击振动等特性，适用于 M20 以下螺纹锁固与密封，可在轻微油质的工作表面上使用。

表 8-8　螺纹锁固剂的主要性能指标

| 检测项目 | 北京天山 1243 | 康达新材 WD243 | 汉高 Loctite 243 |
| --- | --- | --- | --- |
| 黏度/Pa·s | 触变性/2.8 | 2.25～12.0 | 1.3～3.0① |
| 初固时间/min | 10 | 20 | — |
| 全固时间/h | 24 | 24 | 24 |
| 破坏扭矩/N·m | 20.0 | ≥15.0 | 26② |
| 平均拆卸扭矩/N·m | 7.0 | 4.0～10.0 | 5② |
| 工作温度/℃ | −60～150 | −55～150 | ≤150 |

①采用布氏黏度计，25℃，3# 转子，转速为 20r/min；②采用 M10 钢制螺栓和螺母进行测试。

# 8.3　胶黏剂在光伏发电装备制造与安装中的应用

## 8.3.1　光伏发电系统组成及胶黏剂应用

光伏发电系统是利用太阳能电池直接将太阳能转换成电能的发电系统。一套基本的光伏发电系统由光伏组件、蓄电池组、充电控制器和逆变器等组成，见图 8-16。

光伏组件（也叫太阳能电池板）是光伏发电系统中的核心部分。由于单片太阳能电池输出电压较低，加之未封装的电池受环境的影响电极容易脱落，因此必须将一定数量的单片电池采用串、并联的方式密封成太阳能电池组件，以避免电池电极和互连线受到腐蚀。另外封装也避免了电池碎裂，方便户外安装，封装质量的好坏决定了太阳能电池组件的使用寿命及可靠性。胶黏剂在光伏组件的组装中起到了非常重要的作用，直接影响电池组件最终的性能。导电胶黏剂可以代替焊带用于新型叠瓦电池片的导电粘接。有机硅光学透明胶黏剂可以代替乙烯-醋酸乙烯共聚物（EVA）等封装胶膜用于电池片的封装，进而获得更高的转换效率和更长的使用寿命。电池组件的边框密封、接线盒和汇流条的粘接、接线盒灌封均采用具有优异耐老化性能的有机硅胶黏剂。太阳能电池接线盒是介于太阳能电池方阵和太阳能充电控制装置之间的连接装置，其主要作用是连接和保护太阳能光伏组件，将太阳能电池产生的电力与外部线路连接，传导光伏组件所产生的电流。接线盒一般由底座、上盖、导电块、二极管、线缆、连接器几大部分组成（见图 8-17）。

太阳能控制器（光伏控制器和风光互补控制器）对所发的电能进行调节和控制，一方面把调整后的能量送往直流负载或交流负载，另一方面把多余的能量送往蓄电池组储存，当所发的电能不能满足负载需要时，太阳能控制器又把蓄电池的电能送往负载。蓄电池充满电后，控制器要控制蓄电池不过充。当蓄电池所储存的电能放到一定程度时，太阳能控制器要控制蓄电池不被过度放电，保护蓄电池。若控制器的性能不好，对蓄电池的使用寿命影响很大，并最终影响系统的可靠性。

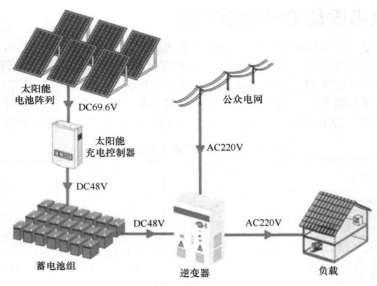

图 8-16　光伏发电系统组网示意图

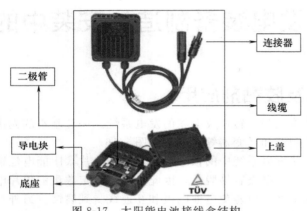

图 8-17　太阳能电池接线盒结构

太阳能蓄电池组的任务是储能，以便在夜间或阴雨天保证负载用电。基于环保的原因，传统的铅酸电池已逐步被淘汰，目前大规模使用锂离子电池作为储能电池。同动力电池一样，储能电池也是采用多个单体电芯串并联组装而成，因此在电芯的制作过程中，会使用大量的正负极材料胶黏剂。另外，部分锂离子电池组基于安全和平衡温场的考虑，也会采用有机硅阻燃导热灌封胶或者有机硅导热垫片进行灌封保护及导热。电池管理系统（BMS）一般也会采用共性覆膜涂料进行三防保护。

太阳能逆变器负责把直流电转换为交流电，供交流负荷使用。太阳能逆变器也是光伏发电系统的核心部件。由于使用地区相对落后、偏僻，维护困难，为了提高光伏发电系统的整体性能，保证电站的长期稳定运行，对逆变器的可靠性提出了很高的要求。另外由于新能源发电成本较高，太阳能逆变器的高效运行也显得非常重要。为保障光伏逆变器的稳定可靠运行，有机硅及环氧胶黏剂在光伏逆变器中得到大规模应用。

## 8.3.2　光伏组件制造用胶黏剂

光伏组件的制造简单可分为划片、电池片焊接、层压封装、装框四个工序，见图 8-18。在每一个工序，胶黏剂都发挥了非常重要的作用，而且随着光伏组件功率和效率的提升，胶黏剂的作用将越明显。光伏组件制造中主要使用的胶黏剂材料如图 8-19 所示。

### 8.3.2.1　电池片连接用导电胶黏剂

传统光伏组件电池片之间采用汇流条连接结构，大量汇流条的使用，增加了组件内部的

损耗，降低了组件转换效率，同时单片电
池片的差异在串联结构下，反向电流对组
件影响会增加，从而产生热斑效应而损坏
组件甚至影响整个光伏系统的运转。叠瓦
技术是美国 SunPower 公司的一项组件封
装专利技术，其核心之一在于独特的电池
片连接方式，取代了传统的焊带，能提升
电池片间的连接力，保障电池连接的可靠
性，同时充分利用组件内的间隙，在相同

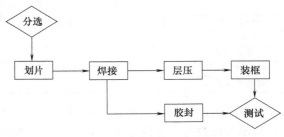

图 8-18　光伏组件的工序流程图

的面积下，可以放置多于常规组件 13% 以上的电池片，增加有效发电面积，并且由于此组
件结构的优化，采用无焊带设计，减少了组件的线损，大幅度提高了组件的输出功率。
叠瓦组件使用专用导电胶黏剂将电池连接成串，摒弃传统焊带，可有效消减隐裂、抵抗
腐蚀，可靠性更高，机械载荷能力高于常规组件，非常有利于电池片薄片化。同时，叠
瓦组件还具有遮挡效应影响小和热斑效应低等优点。基于以上优势，叠瓦组件正在成为
光伏组件技术的重要发展方向，光伏行业企业已在积极推进叠瓦组件的技术研发与大规
模制造。2018 年 SNEC 光伏展上，有超过 10 家企业展出了叠瓦组件产品。

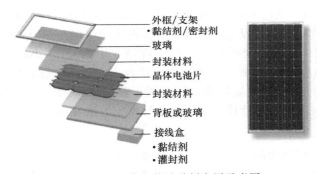

图 8-19　光伏组件胶黏剂应用示意图

叠瓦组件的生产工艺如图 8-20 所
示。导电胶是叠瓦组件最关键的材料
之一，单块 60 片版型叠瓦组件导电胶
用量在 3～7g 之间。导电胶由导电粒
子及聚合物基体两部分构成，前者决
定导电性，后者作为导电粒子的载体，
决定导电胶的固化速度、粘接力及耐
老化等性能。根据聚合物基体的不同，
导电胶可分为丙烯酸酯体系、环氧体
系、有机硅体系及聚氨酯体系等。导
电填料主要有银粉、铜粉、银包铜粉

等，导电填料的种类及添加比例直接决定了导电胶的单位成本。表 8-9 列出了不同聚合物基
体导电胶的性能比对。

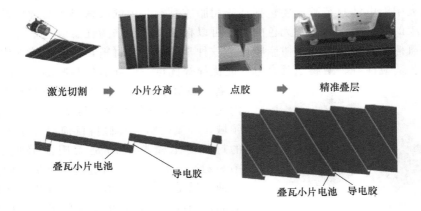

图 8-20　叠瓦组件生产工艺

表 8-9　不同聚合物基体导电胶的性能对比

| 材料体系 | 操作寿命 | 固化速度 | 返工性 | 粘接力 | 高温稳定性 | 导电稳定性 |
|---|---|---|---|---|---|---|
| 环氧体系 | +++ | — | — | +++ | +++ | +++ |
| 有机硅体系 | ++ | — | + | — | +++ | + |
| 丙烯酸酯体系 | + | +++ | — | ++ | ++ | +++ |
| 聚氨酯体系 | + | ++ | ++ | ++ | — | + |

　　导电胶的品质对叠瓦组件的可靠性起决定作用，因此对导电胶性能要求很高：工艺性上，要求操作性好，黏度适中，且有一定触变性，无残胶、断胶、溢胶等情况出现，导电胶的涂胶方式有螺杆点胶、喷射点胶、丝网印刷等；操作时间要求大于 24h，但同时又能满足在线快速固化（30～50s@150℃）；粘接力好，与 Al 层和 Ag 层具有很好的粘接力；电阻率 $<1\times10^{-3}$ Ω·cm，接触电阻小；硬度低，柔韧性好，可以吸收电池片组装过程中的应力，满足后续电池片组装过程中的可靠性要求。当然成本也是一个非常重要的参考指标，单个组件的用胶成本，以及测试良率及返工通过率都需要综合考虑。

　　德国汉高公司 2010 年推出的 ECCOBOND CA3556HF 是一款丙烯酸酯体系的银粉导电胶，可取代传统的太阳能电池组焊接剂，体积电阻率为 0.0025Ω·cm，玻璃化温度（$T_g$）为 -30℃，可在较低的温度下快速固化（120s@110℃）。120℃下固化 10min，Al/Al 的拉伸强度大于 10MPa。

　　2018 年 5 月，汉高推出乐泰（Loctite）ABLESTIK ICP 8000 系列新款导电胶黏剂产品，可兼容厚度 160μm 以下硅片，在每秒 200mm 以上的速度下可实现快速印刷与点胶，以及在 110～150℃ 的较低温度环境下实现 20s 内完全固化，从而实现最大 UPH（每小时产出），并改善在线检测、提高产量。2018 年 SNEC 展上，贺利氏光伏推出名为 Hecaro 的导电胶，含银量低于 50%，同时性能稳定可靠，可快速涂覆，还适用于丝网印刷工艺。国内回天新材、苏州贝特利、苏州瑞力博新材等公司也开展了叠瓦组件导电胶的研发与生产。

### 8.3.2.2　光伏电池封装用胶黏剂

　　封装材料在太阳能电池组件中具有不可替代的作用，随着太阳能电池市场的迅猛发展，对于高质量封装材料的需求日益增加，良好的透光率、耐候性、密封性已经成为封装材料制造商努力的方向。目前作为太阳能电池的封装材料主要有封装胶膜和封装胶两大类。封装胶膜目前已在太阳能电池组件中广泛使用，如 EVA、POE（聚烯烃弹性体）、PVB（聚乙烯醇缩丁醛）等。由于封装材料的成本与生产工艺的原因，EVA 封装材料仍然占市场的主要份额，但同时各种新型封装材料也在不断地开发过程中，其中就包括封装胶黏剂。

　　常见的太阳能电池封装胶主要包括环氧树脂胶黏剂、丙烯酸树脂胶黏剂以及有机硅胶黏剂等。封装胶的颜色可以是透明无色的，也可以根据需要几乎为任意颜色。

　　（1）环氧树脂封装胶　环氧树脂胶作为一种常见的封装材料，具有粘接性优异、固化收缩率低、工艺适应性好、耐腐蚀及介电性能优异等优点。但环氧树脂胶黏剂同时也存在一些缺陷，如阻水、阻氧性能差，吸收紫外线易黄变，内应力大，柔韧性差等。因此，在太阳能电池封装领域，环氧树脂封装材料目前只应用于小面积电池的封装，比较典型的是太阳能滴胶板电池（见图 8-21）的封装。太阳能滴胶板是太阳能电池板的一种，只是封装方式不同。通过激光切割把太阳能电池片切成小片，做出需求的电压与电流，再进行封装。因尺寸较小，一般不采用类似太阳能光伏组

图 8-21　太阳能滴胶板电池

件那样的封装方式，而是用环氧树脂覆盖太阳能电池片，与 PCB 线路板粘接而成，具有生产速度快、抗压耐腐蚀、外观晶莹漂亮、成本低等特点。太阳能滴胶板主要应用于太阳能充电器、太阳能灯、玩具等电子产品的蓄电池充电。

（2）丙烯酸树脂胶　丙烯酸树脂胶是由丙烯酸酯类和甲基丙烯酸酯类及其他烯烃单体共聚制成的树脂，通过选用不同的树脂结构，不同的配方、生产工艺及溶剂组成，可合成不同类型、不同性能和不同应用场合的丙烯酸树脂胶。丙烯酸树脂胶具有以下特点：①对光的主吸收峰处于太阳光谱范围之外，具有优异的耐光性及户外老化性能；②具有优异的成膜性和卓越的机械性能；③丙烯酸树脂胶分子多为线型结构，缺少交联点，因而耐水性、耐候性和抗热性较差。丙烯酸树脂胶在太阳能电池中的应用目前主要是两方面：①由于对光的主吸收峰处于太阳光谱范围之外，又具有良好的成膜性和机械性能，可涂覆于柔性太阳能电池面板表面起保护作用；②通过加入有机硅对其进行改性，提高耐水、耐气候老化性，用于太阳能电池组件边框及接线盒的粘接，如日本三菱化学公司申请的专利"特开平 2010-34489"，莫顿国际公司的"包装控制气体阻隔性能胶黏剂混合物"专利技术也介绍了丙烯酸树脂胶在封装方面的应用。

（3）有机硅胶　有机硅胶由于链上既含有"无机结构"，又含有"有机基团"，从而体现出特有的性能：①疏水性好。有机硅主链为 Si—O 键，侧基为甲基朝外排列，聚合物的分子链呈现螺旋状，这种特殊的杂链分子结构赋予有机硅低的表面能（21～22mN/m），具有良好的疏水性。②耐热性好、吸湿性低。硅原子的电子结构特殊，具有空的 d 轨道，决定了硅化合物与碳化合物具有不同的成键能力，即硅原子能与电子或孤对电子形成共轭体系，从而使有机硅中 Si—O 键具有很高的键能（444kJ/mol），相比环氧树脂中 C—C 键的键能（356kJ/mol）和 C—O 键的键能（340kJ/mol）要大得多，所以其耐热性比环氧树脂胶更优良。③耐热老化和耐紫外老化。由于有机硅树脂胶兼具有机性能和无机特性，如 Si—O 键键长为 0.193nm，比 C—C（0.154nm）的长，键对侧基转动的位阻小；Si—O—Si 键的键角（145°）比 C—C—H 及 H—C—H（109°）的大，使得 Si—O 容易转动，链段非常柔软，这些使得有机硅在低温下，也能保持良好的性能，决定了有机硅材料可以在一个很宽的温度范围（−50～250℃）内工作，且能耐紫外辐射，因此长时间工作不会出现黄变、粘接性下降、透过率降低等不良效果。④透过率高。有机硅树脂透过率可以大于 95%。

有机硅由于具有优异的热稳定性、耐候性、耐高低温性、高透光性、低吸湿性和绝缘性，已成为国内外公司关注和研究的热点。其中，在太阳能电池封装方面取得较大突破的公司主要有德国瓦克公司和美国道康宁公司。

瓦克公司针对太阳能发电工业的需求，2009 年 7 月初成功推出名为 ELASTOSIL Solar 的新型有机硅产品系列。此类产品具有良好的耐候、耐辐射和耐温度变化等特性，特别适用于粘接、密封、胶合和封装太阳能电池模块及其电子部件。新产品主要包括可紫外线活化的专用有机硅弹性体 ELASTOSIL Solar 2120 UV 以及新型高透明可浇注用硅橡胶。

2013 年 5 月 14～16 日，在上海举办的第七届国际太阳能及光伏工程展览会上，瓦克公司展出了可以避免太阳能组件发生电位诱发衰减（PID）的有机硅弹性 TECTOSIL® 封装胶膜。PID 是因为电池表面出现不必要的漏电而造成的。负电荷载流子在通常情况下会流入电池的背部电极，而漏电会使它们通过玻璃和组件框泄漏出来，造成浪费。潮气渗入和电池组件电压升高都会加快负电荷载流子的泄漏，导致明显的性能损失。不过，PID 效应是可逆的，并可通过技术手段进行有效控制。使用瓦克 TECTOSIL® 封装胶膜能够有效地控制，甚至杜绝 PID 效应的产生。为此，测试人员根据 IEC 60904-1-2006 产业标准在 1000V 系统电压下对采用 TECTOSIL® 封装的太阳能组件进行了测试。与其他同时接受测试、部分产生 PID 效应的太阳能组件不同，在 TECTOSIL® 封装的太阳能组件上没有发现因 PID 而引起的功率损失，无论是电压特性，还是在后续的电致发光（EL）分析过程中，采用瓦克封装胶膜的组件没有出现任何 PID 迹象。

TECTOSIL® 是一种用有机硅共聚物制成的柔性胶膜，具有极高的透明度和电绝缘性。瓦克生产的这种有机硅基胶膜因为具有热塑性，能以较低的成本完成快速加工，无需固化或其他化学反应。TECTOSIL® 可缩短太阳能组件的生产周期，并能很好地承受层压机内部的区域温差。

TECTOSIL® 能够将光伏电池的部件联合成一个稳定的层压制件，因此，封装后的太阳能电池能够获得防范机械和化学应力损害的最佳保护。此外，这种聚合物还具有化学稳定性优势，不会发生变暗、黄变等现象。胶膜不含任何催化剂或腐蚀性物质，可用于封装含有化合物半导体或其他高敏感化学物质（如透明的导电氧化物）薄层的太阳能电池。由于上述优异性能，用 TECTOSIL® 生产的太阳能组件不但质量高，而且使用寿命长。

道康宁公司于 2008 年推出了 PV-6100 系列的有机硅光伏组件封装硅胶，适用于晶体或薄膜电池中玻璃与电池片、背板与电池片的粘接，具体应用见图 8-22。道康宁公司 PV-6100 系列有机硅光伏组件封装胶的主要应用及特点见表 8-10，其中玻璃前板的封装硅胶透过率＞99.5％，具有非常优异的光学性能，可改善组件的效率。相对于 EVA 胶膜封装的组件，有机硅封装组件的最大输出功率高了 2.06％。同时，有机硅封装材料也是目前所有材料中耐候性最优异的材料，尤其在紫外线下具有良好的稳定性，可显著改善光伏组件的使用寿命。

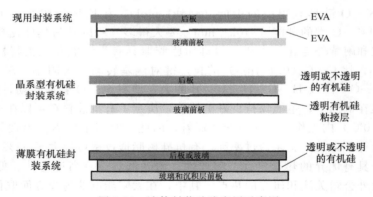

图 8-22  液体封装硅胶应用示意图

表 8-10  道康宁公司 PV-6100 系列有机硅光伏组件封装胶的主要应用及特点

| 序号 | 型号 | 主要应用 | 主要特点 |
|---|---|---|---|
| 1 | PV-6010 | 晶体或薄膜电池的封装 | 80℃固化的硅凝胶，自打底粘接，黏度为 925mPa·s，设备涂布 |
| 2 | PV-6100 | 晶体电池的封装，适用于玻璃和电池片的粘接 | 高透过率(99.5%)，黏度为 600mPa·s，100℃固化 |
| 3 | PV-6120 | 晶体或薄膜电池的封装，适用于背板和电池片的粘接 | 白色，自打底粘接，黏度为 5300mPa·s，100℃固化 |
| 4 | PV-6150 | 晶体或薄膜电池的封装，适用于背板和电池片的粘接 | 透明，自打底粘接，黏度为 280～400mPa·s，100℃固化 |
| 5 | PV-6212 | 晶硅模组的封装，对玻璃、PET 基的背板、电池片均有比较好的附着力 | 高透过率(99.5%)，黏度为 53000mPa·s，100℃固化，低吸水率 |

相对于 EVA 胶膜的一次层压成型工艺，液体硅橡胶封装胶需要有专门的混合及涂胶设备，而且根据工艺及选材的差异，前板和后板会分别进行涂胶及固化，工艺相对于 EVA 胶膜更复杂；但液体硅橡胶封装胶比较容易实现自动化生产，且烘烤固化的温度在 100～125℃，低于 EVA 胶膜层压的温度（150℃），能耗更低，效率更高。图 8-23 为道康宁公司的电池片封装生产线。

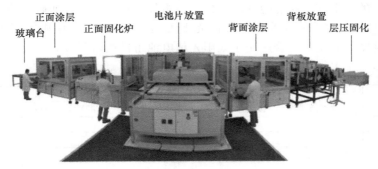

图 8-23　道康宁公司的电池片封装生产线

### 8.3.2.3　光伏组件装框用胶黏剂

光伏组件装框用胶黏剂主要分为三类：一是用于边框密封、汇流条粘接和接线盒粘接的密封胶，以单组分有机硅密封胶为主，但也有少量的使用双组分有机硅密封胶、双组分硅烷改性聚合物密封胶及单组分热熔型有机硅密封胶；二是双组分有机硅接线盒灌封胶；三是双玻组件支架粘接用胶，以双组分有机硅结构胶为主。

国家标准 GB/T 29595—2013《地面用光伏组件密封材料　硅橡胶密封胶》规定了适用于晶体硅光伏组件和薄膜光伏组件边框组装、接线盒与背板粘接、接线盒灌封、汇流条密封及薄膜电池支架粘接所使用的硅橡胶密封胶的技术要求，如表 8-11～表 8-14 所示。

表 8-11　各粘接密封胶应具备的性能

| 指标要求 | | 胶黏剂品种 | | | | |
| --- | --- | --- | --- | --- | --- | --- |
| | | 边框密封胶 | 接线盒胶黏剂 | 接线盒灌封胶 | 汇流条密封胶 | 薄膜组件支架胶黏剂 |
| 外观要求 | | 产品应为细腻、均匀膏状物或黏稠液体，无气泡、结块、凝胶、结皮 | | | | |
| 黏度/mPa·s | | — | — | 15000 | — | — |
| 固化后产品性能 | 拉伸强度/MPa | ≥1.5 | ≥1.5 | — | — | ≥1.5 |
| | 100%定伸强度/MPa | ≥0.6 | — | — | — | ≥0.6 |
| | 剪切强度/MPa(Al/Al) | ≥1.5 | — | — | — | ≥1.5 |
| | 体积电阻率/Ω·cm | ≥1.0×10¹⁴ | ≥1.0×10¹⁴ | ≥1.0×10¹⁴ | ≥1.0×10¹⁴ | — |
| | 击穿电压/(kV/mm) | ≥15 | ≥15 | ≥15 | ≥15 | — |
| | 相对热指数 RTI/℃ | ≥105 | ≥105 | ≥105 | ≥105 | ≥105 |
| | 热导率/[W/(m·K)] | — | — | ≥0.2 | — | — |
| | 定性粘接性能 | — | ≥C80 b | ≥C50 c | ≥C50 d | — |
| 环境试验后产品性能 | 拉伸强度/MPa | ≥1.0 | ≥1.0 | — | — | ≥1.0 |
| | 100%定伸强度/MPa | ≥0.3 | — | — | — | ≥0.3 |
| | 剪切强度/MPa(Al/Al) | ≥1.2 | — | — | — | ≥1.2 |
| | 体积电阻率/Ω·cm | ≥1.0×10¹⁴ | ≥1.0×10¹⁴ | ≥1.0×10¹⁴ | ≥1.0×10¹⁴ | — |
| | 击穿电压/(kV/mm) | — | — | 15 | 15 | — |
| | 定性粘接性能 | — | ≥C80 b | ≥C50 c | ≥C50 d | — |

（1）晶硅与薄膜组件边框密封及接线盒粘接用胶　为了防止空气中的水和氧气进入太阳能光伏电池组件，使组件中的硅电池片氧化，导致硅电池片转换率降低，必须对光伏电池组

件边框［即电池板向阳面玻璃板、反面 TPT（聚氟乙烯复合膜）板和铝框］的间隙采用粘接密封性和耐气候老化性能良好的密封胶进行密封；在接线盒壳体四周也必须采用密封胶进行粘接固定密封，保护线路板，延长使用寿命。与其他类型的密封胶相比，有机硅密封胶在恶劣条件下的耐久性特别突出，它具有卓越的耐紫外光和耐大气老化性能，在阳光、雨、雪和季节气候变换等恶劣环境中能保持 30 年以上不龟裂、不变脆、不变质，在很宽的温度范围内具有 ±50% 的抗形变位移能力等。光伏电池组件要在户外无任何防护的环境下使用，需耐冬季低温（-30℃）、耐夏季高温（在阳光下可达 80℃ 以上）、耐雨雪浸蚀、耐紫外线老化，因此有机硅密封胶是最适合应用于太阳光伏电池组件的密封胶。

表 8-12　环境测试项目

| 环境测试项目 | 胶黏剂品种 | | | | |
| --- | --- | --- | --- | --- | --- |
| | 边框密封胶 | 接线盒粘接剂 | 接线盒灌封剂 | 汇流条密封胶 | 薄膜组件粘接剂 |
| 湿-热试验 | √ | √ | √ | √ | √ |
| 热循环试验 | √ | √ | √ | √ | √ |
| 湿-冷试验 | √ | √ | √ | √ | √ |
| 紫外试验 | √ | × | × | × | × |

表 8-13　不同阻燃级别下 HAI 要求达到的最低次数

| 阻燃级别 | HAI/次 | 阻燃级别 | HAI/次 |
| --- | --- | --- | --- |
| HB | 60 | V-1 | 30 |
| V-2 | 30 | V-0 | 15 |

注：HAI 为高电流弧的发火性。

表 8-14　不同阻燃级别下 HAI、HWI 和 CTI 要求达到的最低级别

| 阻燃等级 | HAI/次 | HWI/s | CTI/V |
| --- | --- | --- | --- |
| HB | 60 | | |
| V-2 | 30 | 30 | 250 |
| V-1 | 30 | | |
| V-0 | 15 | | |

注：HWI 为热金属丝的发火性；CTI 为相比耐漏电起痕指数。

　　光伏组件密封胶有如下要求：①室温固化，固化速度快，易于使用，生产效率高；②独特的流变体系，胶体的工艺性优良，良好的耐形变能力；③密封性好，对铝材、玻璃、TPT/TPE 背材、接线盒塑料 PPO/PA 有良好的黏附性，与各类 EVA 有良好的相容性；④优异的耐候性、耐黄变性，经 85℃、85% 湿度老化测试及紫外老化测试，胶体表面未见明显黄变，能在户外使用 25 年以上；⑤对所涂基材无腐蚀性，具有极好的防水防潮性和电气绝缘性；⑥完全符合欧盟 RoHS 环保指令要求。

　　目前用于组件边框密封的粘接胶有单组分缩合型有机硅密封胶（脱醇型、脱酮肟型）、双组分缩合型有机硅密封胶（脱醇型、脱酮肟型）、双组分硅烷改性聚合物密封胶、单组分热熔型湿气固化有机硅密封胶、丁基密封胶等。

　　单组分脱醇型和脱酮肟型有机硅密封胶在成本和性能方面的优势，使其成为目前市面上最常见的光伏组件密封胶。单组分脱醇型有机硅密封胶硫化时放出低分子醇类物质，基本没有腐蚀性，广泛用于电子电器密封、封装、涂覆、元件固定等，对于光伏电池组件上使用的材料（如 EVA 胶膜、钢化玻璃、TPE 背膜、防腐铝合金边框、接线盒）有很好的相容性，不会产生腐蚀、溶胀、变色等不良作用。单组分脱酮肟型有机硅密封胶呈弱碱性，硫化时放出的小分子为丁酮肟，丁酮肟对铜、铅、锌等金属有腐蚀作用，所以在电子工业中受到限制，在太阳能组件中使用时会对镀锡铜条产生腐蚀，所以这种密封胶不能用于粘接接线盒及

接线盒内的灌封。另外，丁酮肟对聚碳酸酯（PC）有腐蚀作用，使材料出现裂纹，所以不能用于 PC 材质接线盒的粘接。

脱醇型 RTV 有机硅密封胶硫化过程中释放出的小分子醇类物质较少，约 1%，醇类物质气味相对小，毒性低；脱酮肟型 RTV 有机硅密封胶硫化过程中释放出的丁酮肟大于 3%，气味大。酮肟类有机硅密封胶在美国很早就限制使用，原因是丁酮肟是一种可疑致癌物质，2008 年被确认为致癌物质。2010 年 5 月 3 日，加拿大政府在毒性化学品物质清单中增加了3 种新的化学物质，其中包含丁酮肟。另外由于脱酮肟型 RTV 有机硅密封胶采用有机锡类催化剂，不符合"欧盟禁止使用某些有机锡化合物"中的规定。根据欧盟委员会在欧盟官方杂志上公布的决议，在 2010 年 7 月 1 日后，三取代的有机锡化合物，如三丁基锡化合物和三苯基锡化合物在物品中或物品某部分中的使用浓度，按锡的质量计算不能≥0.1%。不符合禁令的物品在规定的日期后不能投放市场，除非是在截止日期前已经在欧盟使用的物品。对混合物和物品中的二丁基锡化合物（如二醋酸二丁基锡 SD-80，二丁基二月桂酸锡 SD-101），以及某些特定物品中的辛基锡化合物也出台了类似禁令。对于光伏电池组件厂来说，生产车间是密闭防尘的空间，丁酮肟会富积在生产环境中，对生产及管理人员健康的影响必须引起重视。

表 8-15 是回天新材、北京天山和美国道康宁公司的光伏组件边框密封和接线盒粘接用单组分有机硅密封胶的主要性能指标。

表 8-15　单组分光伏组件密封胶性能参数表

| 测试项目 | 回天 9661 | 道康宁 7091 | 回天 906Z | 天山 1527 |
|---|---|---|---|---|
| 固化类型 | 脱醇型 | | 脱酮肟型 | |
| 外观 | 白色膏状 | 白色膏状 | 白色膏状 | 白色膏状 |
| 表干时间/min | 9 | 15 | 8 | 12 |
| 固化深度/(mm/24h) | 3.14 | 3.05 | 3.05 | 2.98 |
| 硬度 Shore A | 45 | 37 | 54 | 52 |
| 挤出速率/(g/min) | 50 | 70 | 32 | 35 |
| 密度/(g/cm$^3$) | 1.43 | 1.4 | 1.43 | 1.40 |
| 拉伸强度/MPa | 2.6 | 2.5 | 2.88 | 2.56 |
| 断裂伸长率/% | 380 | 680 | 370 | 380 |
| 撕裂强度/(kN/m) | 18.4 | 15 | 14 | 12 |
| 剪切强度/MPa | 1.67 | 1.63 | 1.82 | 1.78 |
| 体积电阻率/Ω·cm | $6.7×10^{14}$ | $7.3×10^{14}$ | $1.1×10^{15}$ | $1.1×10^{15}$ |
| 介电强度/(kV/mm) | 20.4 | 20.1 | 20.2 | 19.8 |

因单组分有机硅密封胶依靠空气中的湿气固化，固化速度慢，各光伏组件厂均建有专门的固化房，通过控制温度和湿度来加快密封胶的固化速度。为进一步提高固化速度，部分厂家也尝试过采用双组分有机硅密封胶和双组分硅烷改性聚合物密封胶。双组分缩合型有机硅密封胶产品在配方设计时，端羟基聚二甲基硅氧烷（107 胶）所在组分可通过某些技术手段添加少量水分，从而可以实现 A、B 两组分混合后快速整体固化，一般在 2h 左右即可形成较好的初始强度。回天新材公司推出了 4061 双组分 1∶1 脱醇型有机硅密封胶，30min 内可实现快速固化，完全固化后拉伸强度大于 2MPa，Al/Al 剪切强度大于 1.5MPa，对各种基材有非常优异的粘接性。双组分 1∶1 的配比，改善了 A、B 两组分比例差异大而导致的点胶设备匹配性差及混合不均的问题，可显著降低点胶设备成本。德国汉高公司推出的 TEROSON® MS 9399 是一种双组分硅烷改性聚合物密封胶，A、B 两组分按 1∶1 比例混合后，可不依赖空气中的水分而实现快速固化，23℃下在 1.5～3h 内能形成一定的初始强度，便于进行下一步的操作。双组分密封胶虽然有固化快的优势，但需要集供料、计量和混

合为一体的点胶设备，成本较高，应用受到限制。

道康宁公司于2009年针对光伏组件领域推出了一种太阳能光伏瞬时密封胶，是一种透明的单组分100%有机硅中性固化密封胶，为机械设备快速涂布而设计，属于一种可湿气固化的有机硅反应性热熔胶。这款胶典型的涂布温度为120℃，当达到熔融温度时，即可开始用自动或手动辅助点胶设备进行涂布。在涂布到光伏组件边框或槽中之后，玻璃或组件层压片应当在15min内定位。一旦涂布之后，该密封胶即会与空气中的水分发生反应，形成一种耐候的、柔韧的有机硅密封材料。

结合接线盒的使用环境和要求，对接线盒灌封胶有如下要求：①室温固化，固化速度快，生产效率高，易于使用；②低黏度、流动性好、自排泡性好，可以浇注到细微之处，能方便地灌封复杂的电子部件；③在很宽温度范围内（−40～200℃）保持橡胶弹性，电性能优异，导热性能较好；④防水防潮，具有阻燃性，耐化学介质，耐黄变，耐气候老化25年以上；⑤与大部分塑料、橡胶、尼龙及聚苯醚等材料黏附性良好。

目前使用最广泛的接线盒灌封胶为双组分有机硅灌封胶。双组分加成型灌封胶因其优异的电气性能及导热特性，早期曾在接线盒灌封上有过应用。但加成型灌封胶对基材基本没有黏附力，且线路板上的助焊剂等材料容易导致加成型灌封胶中的铂催化剂"中毒"，出现胶黏剂不固化的问题，目前应用较少。目前绝大部分接线盒厂家使用的灌封胶为双组分缩合型有机硅灌封胶。

双组分缩合型灌封胶的A组分一般为聚二甲基硅氧烷和阻燃填料，B组分主要成分为硅烷交联剂、硅烷偶联剂和有机锡催化剂，A、B两组分按照10:1或者4:1的体积比混合均匀后会释放出醇类小分子并逐步固化。双组分缩合型有机硅灌封胶因含有一定量的氨基硅烷，对各种基材有非常好的附着力，可以满足接线盒防水的要求。但缩合型灌封胶也存在一定的缺陷，如高温密闭条件下会出现"返原"现象，对配方的设计提出了很高的要求。同时，氨基硅烷容易导致胶体老化后出现黄变现象。

表8-16是回天新材和北京天山的接线盒灌封胶的主要性能指标。

表8-16 回天新材和北京天山接线盒灌封胶主要性能指标

| 品名 | 天山1521 | | 回天5299W-S | |
|---|---|---|---|---|
| 组分 | A组分 | B组分 | A组分 | B组分 |
| 外观 | — | — | 白色流体 | 无色或浅黄色透明液体 |
| 黏度/mPa·s | 7000 | 25 | 4200 | 90 |
| 混合后黏度/mPa·s | — | | 3000 | |
| 密度/(g/cm³) | 1.47 | 0.99 | 1.28 | 0.96 |
| 混合后密度/(g/cm³) | 1.40 | | 1.23 | |
| 配比 | A:B(质量比)=6:1 A:B(体积比)=4:1 | | A:B(质量比)=5:1 A:B(体积比)=4:1 | |
| 操作时间/min | 8 | | 17 | |
| 初固时间/min | 60 | | 50 | |
| 硬度(Shore A) | 40 | | 43 | |
| 拉伸强度/MPa | 1.2 | | 1.28 | |
| 断裂伸长率/% | 110 | | 90 | |
| 热导率/[W/(m·K)] | ≥0.3 | | ≥0.3 | |
| 体积电阻率/Ω·cm | $1.0×10^{15}$ | | $3.0×10^{15}$ | |
| 介电常数(1.2MHz) | — | | 3.3 | |
| 击穿电压/(kV/mm) | 23 | | ≥18 | |

（2）双玻组件支架粘接用胶　2013 年以来，随着国内外前期投资的光伏电站的陆续并网运行，一段时间后，国内外电站的质量问题大规模出现。许多电站出现了蜗牛纹、PID 衰减等品质问题。常规组件正面是玻璃，背面是背板，由于有机材料的寿命短、耐候性差，水汽往往容易穿透背板导致 EVA 树脂快速降解生成醋酸，腐蚀光伏电池上的银栅线、汇流带等，使组件的发电效率逐年下降。一些离水近的光伏发电项目，比如渔光互补、滩涂电站、农业温室以及早晚露水大的地区的光伏项目很快就成了高危项目。双玻组件用玻璃取代了背板，即两面都使用玻璃，其构造示意图见图 8-24。双玻组件的透水率非常低，大大降低了 PID 衰减和蜗牛纹发生的概率，延长了光伏组件的使用寿命，为高品质光伏电站提供了最好的解决方案。由于双玻组件没有铝边框，如何将其更高效、更可靠、更低成本地安装一直是人们关心的问题。背面挂钩式安装方案具有易安装、高可靠性和高兼容性的优势。挂钩与双玻组件之间通过结构胶粘接，结构胶具有优良的机械强度和抗老化性能，而挂钩采用铝合金材料，有很好的截面设计和加工性能，可以保证双玻组件抗风载荷能力。

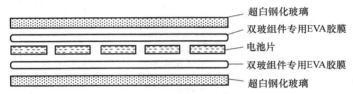

图 8-24　双玻组件构造示意图

双玻组件结构胶在应用过程中除了要长期承受组件自重、风荷载、雪载等带来的剪切、拉伸、压缩等作用外，还需要经受长期的风吹日晒、雨雪侵蚀、酸碱及盐雾、高低温、湿热等严苛环境的考验，要求结构密封胶除具有较高强度以及对玻璃和铝材粘接良好外，还需要具备优异的耐老化、耐水、耐酸碱、耐盐雾侵蚀、耐疲劳等性能。双玻组件结构胶应用环境如图 8-25 所示。因此，结构密封胶在双玻组件中虽然成本占比不大，但其性能的优劣将直接影响组件的使用寿命及发电效率，甚至是整个光伏发电系统的正常运营，它的正确选用对挂钩式双玻组件十分重要。

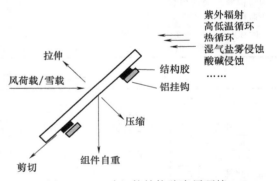

图 8-25　双玻组件结构胶应用环境

有机硅材料由于特殊的化学结构，具有突出的耐老化性能，能在户外环境下长期使用，是目前已知的耐老化性最好的一类高分子材料。除耐老化性外，聚硅氧烷类结构胶还具有优异的耐高低温、耐水、耐疲劳、耐盐雾腐蚀等特点，在预期寿命内（30 年以上）性能稳定，能承受较大荷载，适用于金属、陶瓷、塑料、玻璃等同种材料或异种材料之间的粘接，是双玻组件结构胶的最佳选择。

市面上聚硅氧烷结构密封胶常用于建筑幕墙的粘接，符合我国国标 GB 16776—2005《建筑用硅酮结构密封胶》或美标 ASTM C1184—2005《硅酮结构密封胶》的要求（国标和美标测试项目基本一致，国标主要在拉伸粘接性方面强度绝对值要高于美标），但是多数无法经受更加苛刻的长期高温高湿、高低温、酸碱腐蚀、盐雾侵蚀等光伏应用环境考验。除 GB 16776 和 ASTM C1184 两个聚硅氧烷结构密封胶标准外，业内还比较推崇结构胶"欧标"，一般指的是 ETAG 002（European Technical Approval Guideline 002——Structural Sealant Glazing Systems）《欧洲结构玻璃装配系统技术认证指南》。该标准对结构胶的要求比国标 GB 16776—2005《建筑用硅酮结构密封胶》中要求的项目要多，比如剪切强度、高低温时的剪切强度、浸水-紫外光照后拉伸强度（1008h，国标是 300h）、清洁剂浸泡后拉伸强度、盐雾环境后的拉伸强度、酸雾环境后的拉伸强度、撕裂强度、机械疲劳后的拉伸强度、弹性恢复率等。表 8-17 列出了四个国内外双玻组件结构胶标准的对比，总体来说，国标、美标和欧标侧重点不一样，国标与美标倾向于结构胶本身的强度及耐候性、适用性，欧标更侧重于结构胶性能的稳定性，对胶的最小强度值没有明确要求。双玻组件结构胶要求有优异的耐高低温、耐紫外、耐酸碱、耐盐雾、耐疲劳等性能，应用环境与欧标 ETAG 002 检测项目比较类似，建议选用双玻组件结构胶时以 ETAG 002 的要求为标准，如果产品同时能够符合 GB 16776—2005 的要求则更好，安全系数更高。

表 8-18 是白云化工公司、瑞士西卡公司和回天新材双玻组件结构胶的性能指标。

**表 8-17 双玻组件结构胶的四个标准对比**

| GB 16776—2005《建筑用硅酮结构密封胶》 | ASTM C1184—2005《建筑结构密封胶》 | ETAG 002—2012《欧洲结构玻璃装配系统技术认证指南》 | IEC 61215—2016《地面用晶体硅光伏组件设计鉴定与定型》 |
|---|---|---|---|
| 拉伸强度、粘接性、弹性 | | | |
| 浸水 7d 和水-紫外老化 300h 后的拉伸粘接强度要求 | 浸水 7d 和水-紫外老化 5000h 后的拉伸粘接强度要求 | 在水-紫外 1008h、盐雾、酸雾、清洁剂、机械循环等老化试验后，强度保持率≥75%<br>还包括了工字件的剪切强度、撕裂强度保持率，及收缩率、蠕变测试要求 | UV/DH/TC/HF 等 |
| 在经过 5 种条件处理的试件拉伸粘接性试验后结构密封胶的内聚破坏面积必须大于 95% | — | 试件在经过各种处理后，再进行拉伸或剪切实验，结构密封胶的内聚破坏面积都必须大于 90% | |
| 欧标对结构胶强度保持率的规定更能全面评估结构胶耐久性；<br>为确保服役更长时间，宜选用 ETAG 002&IEC 61215 相结合的严苛的测试标准筛选结构胶 | | | |

**表 8-18 双玻组件结构胶性能指标**

| 项目 | 白云 SS622E | | 西卡 AS-785 | | 回天 4061 | |
|---|---|---|---|---|---|---|
| 组分 | A 组分 | B 组分 | A 组分 | B 组分 | A 组分 | B 组分 |
| 外观 | 白色膏状 | 黑色膏状 | 白色膏状 | 黑色膏状 | 白色膏状 | 黑色膏状 |
| 黏度/Pa·s | 250～300 | 45～55 | 1200① | 400① | 200～600 | 10～50 |
| 密度/(g/cm³) | 1.40 | | 1.40 | 1.05 | 1.37 | 1.05 |
| 混合比例（体积比） | 10:1 | | 10:1 | | 10:1 | |
| 混合比例（质量比） | (12～14):1 | | 13:1 | | 13:1 | |
| 混合后外观 | 黑色 | | 黑灰色 | | 黑色膏状 | |
| 操作时间/min(25℃) | 15～20 | | 12 | | 15 | |
| 表干时间/min(25℃) | 40±2 | | 40 | | 20 | |
| 硬度（HsA） | 40±2 | | 40 | | 42 | |
| 拉伸强度/MPa | ≥2.0 | | 2.0 | | 2.6 | |
| 断裂伸长率/% | ≥220 | | 250 | | ≥350 | |
| 剪切强度/MPa | ≥1.0 | | — | | 1.3 | |
| 最大强度伸长率/% | ≥100 | | — | | — | |
| 100% 定伸模量 | | | 1.2 | | — | |

① 剪切速率为 0.89s⁻¹ 时的黏度值（CQP 029-6）。

（3）光伏逆变器灌封硅胶  逆变器是一种由半导体器件组成的电力调整装置，主要用于把直流电力转换成交流电力，一般由升压回路和逆变桥式回路构成。升压回路把太阳能电池的直流电压升压到逆变器输出控制所需的直流电压；逆变桥式回路则把升压后的直流电压等价地转换成常用频率的交流电压。

光伏逆变器作为光伏电站的转换设备，其功能与作用在整个电站起着重要作用，是光伏系统的核心器件。光伏逆变器除具有直交流变换功能外，还具有最大限度地发挥太阳能电池性能和系统故障保护功能，因此光伏逆变器要求具有高效率、长寿命、高可靠性和宽的直流电压工作范围等特点，能高效稳定运行于高温、高湿、高海拔、风沙、盐雾等各种自然环境中，有机硅胶黏剂因其卓越的耐候性及导热、阻燃性能，已成为光伏逆变器组成中的一种主要材料。

逆变器中的元器件都有额定的工作温度，如果逆变器散热性能比较差，当逆变器持续工作时，元器件的热量一直在腔体内部汇集，其温度会越来越高。温度过高会降低元器件性能和寿命，逆变器容易出现故障。逆变器工作时发热，产生功率损耗是无法避免的，例如 5kW 的逆变器，其系统热损耗约为 $75 \sim 125W$，影响发电量。通过优化的散热设计，可以降低散热损耗。双组分加成型有机硅阻燃导热灌封胶因具有优异的电气性能，RTI（relative thermal index，相对热指数）值达到 $150℃$，能满足功率日益增加及结构小型化带来的发热量增加的需求。通过有机硅灌封胶中添加二氧化硅、氧化铝等无机导热填料，可能制备出热导率在 $0.5 \sim 4W/m \cdot K$ 范围内具有很好流动性的导热灌封胶。

双组分加成型导热灌封胶主要应用于光伏逆变器的电感元件灌封，灌胶后的电感作为一个整体安装在逆变器后面。虽然电感灌胶会增加约 30% 的材料成本和 50% 的人工成本，但和把电感安装在逆变器内部相比，灌胶电感有三大优势：

① 空气的热导率为 $0.023W/m \cdot K$，铝热导率为 $160 W/m \cdot K$，硅胶热导率约为 $1.5W/m \cdot K$，采用灌胶工艺的电感，相当于散热面积扩大了 $3 \sim 4$ 倍，散热速度提高了 10 多倍，因此可以降低电感温度，减少温度升高时发生老化开裂、容量下降等现象；

② 由于电感是逆变器第二发热元器件，电感和 PCBA 板分开安装，热量直接向外散发，不会提升逆变器内部温度，避免逆变器其他元器件如电容、芯片、传感器温度升高而性能受到影响，降低寿命；

③ 经过硅胶和铝壳双层密封，可以降低电感的噪声。电感整体固定在逆变器框架上，可以减少逆变器在运输和安装过程中的振动，牢靠不易松动。

双组分加成型灌封胶对各种基材的附着力较差，各光伏逆变器在使用加成型灌封胶灌封电感时，一般都会采用加成型有机硅胶专用的底涂剂，在阳极氧化铝外壳内部涂上底涂剂，常温或者加热放置 30min 以上，再灌封双组分硅胶，固化后可以获得较好的附着力。为进一步提高效率，各大光伏逆变器生产商纷纷提出了免底涂双组分加成型灌封胶的需求。同时，随着功率的增加，导热要求越来越高。传统的电感灌封胶热导率约为 $0.7 W/m \cdot K$，新一代的光伏逆变器对热导率的要求已经提高到 $2.5 W/m \cdot K$，但黏度仍希望控制在 $6000mPa \cdot s$ 以内，对导热粉体的搭配选择及表面处理都提出了更高的要求。

表 8-19 是回天公司和美国 LORD 公司光伏逆变器灌封胶的性能指标。

表 8-19　光伏逆变器灌封胶性能指标

| 项目 | LORD SC305 | 回天 5299 | 回天 5297 |
|---|---|---|---|
| 外观 | A：白色液体<br>B：深灰色液体<br>混合后：灰色液体 | A：深灰色液体<br>B：白色液体<br>混合后：灰色液体 | A：深灰色液体<br>B：白色液体<br>混合后：灰色液体 |
| 黏度（25℃）/mPa·s | A：3500<br>B：3500<br>混合后：3500 | A：3500<br>B：2500<br>混合后：3000 | A：4000<br>B：3500<br>混合后：3600 |

续表

| 项目 | LORD SC305 | 回天 5299 | 回天 5297 |
|---|---|---|---|
| 相对密度 | 1.5 | 1.58 | 2.55 |
| 凝胶时间(60℃)/min | 10 | 15 | 15 |
| 操作时间(25℃)/min | 30 | 8 | 60 |
| 体积电阻率/Ω·cm | $3.3\times10^{14}$ | $1.5\times10^{14}$ | $>1.0\times10^{14}$ |
| 热导率/[W/(m·K)] | 0.7 | 0.7 | 1.5 |
| 线性热膨胀系数/℃$^{-1}$ | $200\times10^{-6}$ | $220\times10^{-6}$ | $165\times10^{-6}$ |
| 硬度(Shore A) | 60 | 45 | 45 |
| 拉伸强度/MPa | 1.5 | 1.0 | 0.92 |
| 断裂伸长率/% | 50 | 80 | 50 |
| 介电强度/(kV/mm) | 19.5 | ≥20 | ≥20 |
| 吸水率/% | <0.1 | <0.1 | <0.1 |
| 介电常数(25℃,1MHz) | 3.2 | 3.0 | 3.2 |
| 阻燃等级(UL94) | V0 | V0 | V0 |

　　光伏优化器通过和光伏组件的串接，采取预测电流与电压技术保障了组件始终处于最优工作状态，用以解决光伏电站由于阴影遮挡、朝向不一致或组件电气规格差异对发电量的影响，实现组件的最大功率输出，提升系统发电量。光伏优化器采用硬度较低的双组分加成型导热硅凝胶进行灌封保护。

　　(4) 聚光太阳能电池用胶　聚光光伏电池 (concentration photovoltaic，CPV) 是利用光学系统将太阳光通过光学透镜汇聚到太阳能电池芯片上，利用光生伏打效应将光能转换为电能。CPV 发电系统主要由聚光型太阳能电池芯片、光学聚焦模组、太阳追踪器和冷却装置组成，其基本构造见图 8-26。光学聚焦模组又可分为透射式和反射式两种，透射式聚光模组主要采用菲涅尔透镜聚焦方式，而反射式模组主要采用回转二次反射曲面聚焦方式。CPV 技术通过透镜或镜面光学元件将一定面积接收到的太阳能聚焦于一个狭小的区域（焦斑），在此区域内光伏电池将太阳能转换为电能。在这一过程中，该技术有效地减少了光电池中半导体材料的用量，与此同时还提高了能量转化效率。应用菲涅尔透镜能够将太阳光聚焦到入光面 1/10 至 1/1000 甚至更小的接收面（高性能电池片）上，比传统平板光伏 (FPV) 发电效率提高 30% 以上，满足 CPV 和聚热系统 (TPV) 中高能量、高温需求。

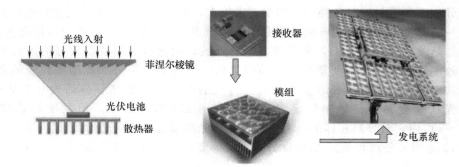

图 8-26　CPV 构造示意图

　　以亚克力 (PMMA) 为原材料的透镜，首先被运用于 CPV 太阳能发电。但随着时间的推移，PMMA 的自身缺陷也就暴露无遗：①抗黄变耐候性差；②温度稳定性差；③在工作环境中的热膨胀性强；④PMMA 镜片生产环节多，成本高，且废品率相对高。因此，各大研究机构开始寻找替代 PMMA 的材料，在不断地摸索后最终确定以硅胶作为替代材料。

德国瓦克公司针对高聚光太阳能电池发电系统，推出了 ELASTOSIL® Solar 3210 双组分加成型液体硅橡胶，主要技术参数见表 8-20。这一双组分硅橡胶可以用于浇注，具有很高的透光性（transmission）。所以它是生产光学透镜和模制件，例如菲涅尔透镜（Fresnel lens）的理想材料。ELASTOSIL® Solar 3210 的硬化速度快，无收缩，容易从模具中取出，并且形状稳定性高，硬度大约为 Shore A 45。如同所有其他类型的 ELASTOSIL® Solar 材料一样，ELASTOSIL® Solar 3210 抗老化、抗紫外线辐射、电绝缘性能优异。

（5）薄膜电池用丁基密封胶　太阳能薄膜电池主要有非晶硅薄膜电池、铜铟镓硒（CIGS）薄膜电池、碲化镉（CdTe）薄膜电池、钙钛矿薄膜电池和燃料敏化薄膜电池等种类。薄膜电池因其工作原理而对水汽极为敏感，因此对密封胶的水汽阻隔性能要求很高。目前，薄膜电池光伏组件的封装由边缘丁基密封胶和内部透明共聚烯烃胶膜组成，因共聚烯烃胶膜材料特性所限，其水汽阻隔及耐老化性能远不如丁基密封材料，因此优异水汽阻隔性能的丁基密封胶对保证薄膜电池光伏组件长久有效工作起到至关重要的作用。此外，由于薄膜电池组件是在长时间阳光直射甚至高温环境下工作，并且需要保证光伏组件在发电过程中不发生漏电导电的危险，这对丁基密封胶的散热性能、耐紫外性能、绝缘性能和机械补强性能提出了更高要求。

表 8-20　瓦克公司 ELASTOSIL® Solar 3210 主要技术参数表

| 特性 | A 组分 | B 组分 |
| --- | --- | --- |
| 混合前性能 | | |
| 颜色 | 无色透明 | 无色透明 |
| 黏度(20℃)/mPa·s | $4000 \sim 7000$ | |
| 密度(20℃)/(g/cm³) | 1.03 | |
| 混合后性能 | | |
| 混合比例 | A:B=9:1 | |
| 混合后黏度/mPa·s | 3500 | |
| 操作时间(23℃)/min | 100 | |
| 固化时间(23℃)/h | 24 | |
| 固化时间(70℃)/min | 20 | |
| 固化时间(100℃)/min | 10 | |
| 固化后性能(150℃固化 30min) | | |
| 颜色 | 无色透明 | |
| 密度(23℃)/(g/cm³) | 1.02 | |
| 硬度(Shore A) | 45 | |
| 拉伸强度/(N/mm²) | 7.0 | |
| 断裂伸长率 | 100% | |
| 撕裂强度/(N/mm) | 3.0 | |
| 透过率 380~1100nm（膜厚 10mm） | >90% | |

目前，薄膜电池用丁基密封胶产品主要有爱多克柯美林 HelioSeal PVS 101、康达新材 WD216H 等，主要性能指标见表 8-21。

表 8-21　丁基密封胶主要性能指标

| 检测项目 | 柯美林 PVS 101 | 康达新材 WD216H |
| --- | --- | --- |
| 密度/(g/cm³) | 1.35 | 1.40 |
| 体积电阻率/Ω·cm | $>10^{10}$ | $>10^{10}$ |
| 介电强度/(kV/mm) | >9 | >9 |
| 耐温性/℃ | $-40 \sim 105$ | — |
| 泊松比 | 0.499996 | — |
| 热膨胀系数(-50 ~ 60℃)/℃⁻¹ | $240 \times 10^{-6}$ | — |
| 熔体体积指数(130℃)/(cm³/10min) | 15 | 10~30 |
| 水蒸气透过率/g/(m²·24h) | — | <0.6 |

# 8.4　胶黏剂在氢燃料电池及高压储氢气瓶中的应用

## 8.4.1　氢燃料电池组成及胶黏剂应用

　　燃料电池电堆是由多个单节电池以串联方式层叠组合构成（见图8-27）。单节电池又包括双极板、密封圈、膜电极组件（membrane electrode assembly，MEA），其中MEA包括质子交换膜、催化剂层和气体扩散层。燃料电池电堆是发生电化学反应的场所，是燃料电池动力系统的核心部分。电堆工作时，氢气和氧气分别由进口引入，经电堆气体主通道分配至各单电池的双极板，经双极板导流均匀分配至电极，通过电极支撑体与催化剂接触进行电化学反应。

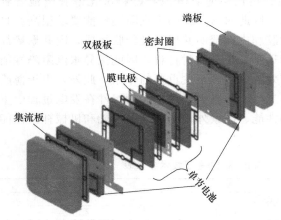

图 8-27　燃料电池电堆内部结构组成

　　电极板的组装采用胶黏剂进行密封，防止氧气、氢气泄漏。燃料电池对密封胶的要求如下：

　　①高气密性：为了密封氢气和氧气；②低透湿性：为了让质子交换膜在饱和水蒸气条件下工作并保持电池内部的酸性；③耐酸性：电池发电时，通常处于低pH值环境；④耐湿性：因为质子交换膜在工作时电池内部处于饱和水蒸气中；⑤耐热性：由燃料电池的工作环境决定的；⑥低离子溶出量：为了保持质子交换膜的质子传导率并保持膜上的铂金催化剂的活性；⑦绝缘性：为了防止电池之间的短路；⑧橡胶弹性：为了吸振抗冲击。

　　2002年日本三键公司开发出了燃料电池密封用单组分加热硬化烯烃类胶黏剂 TB 1152 和 TB 1153，前者适用于现场成型垫圈工艺（formed-in-place gasket，FIPG），后者适用于现场固化垫圈工艺（cured-in-place gasket，CIPG）。TB 1152 和 TB 1153 的氢气透气率只相当于硅类密封胶的1/20，透湿率只相当于聚硅氧烷类密封胶黏剂的1/100，具有良好的阻气性能。另外，在对各种环境的适应性方面，根据哑铃状试样得出拉伸强度、耐酸、耐湿、耐热、耐冷热等性能都较好，而且证实该产品能长期保持稳定的橡胶物理性质。同时，也没有发现离子溶解析出（特别是重金属类）现象，因此，该产品不会对燃料电池的核心部位电解质薄膜的功能造成破坏。表 8-22 列出了 TB 1152 和 TB 1153 的性能参数。

表 8-22　TB 1152 和 TB 1153 的性能参数

| 性能 | TB 1152 | TB 1153 | 测试方法 |
|---|---|---|---|
| 外观 | 乳白色 | 灰色 | 3TS-201-01 |
| 黏度/Pa·s | 828 | 1110 | 3TS-210-03 |
| 密度/(g/cm³) | 0.93 | 1.00 | 3TS-213-02 |
| 玻璃化转变温度/℃ | −67.2 | −67.4 | 3TS-501-04 |
| 硬度(Shore A) | 35 | 54 | 3TS-215-01 |
| 拉伸强度/MPa | 3.0 | 4.1 | 3TS-320-01 |
| 伸长率/% | 315 | 140 | 3TS-320-01 |
| 体积电阻/Ω·m | $2.6 \times 10^{14}$ | $3.7 \times 10^{14}$ | 3TS-401-01 |
| 氢气透过系数/[mol·m/(m²·s·Pa)] | $7.2 \times 10^{-15}$ | $9.6 \times 10^{-15}$ | JIS K 7126 |
| 透湿度(40℃、95% RH)/[g/(m²·24h)] | 3.5 | 0.21 | JIS Z 0208 |
| 25%压缩形变(120℃、100h)/% | 35 | 19 | JIS K 6262 |

目前，国内康达新材、惠州杜科开发出了单组分环氧胶黏剂产品，应用于燃料电池的电极板密封组装，其主要性能指标见表 8-23。

**表 8-23　燃料电池密封胶主要性能指标**

| 检测项目 | 康达新材 | 惠州杜科 |
|---|---|---|
| 黏度/Pa·s | 35～40 | 44～56 |
| 固化方式 | 120℃、8min | 150℃、5min |
| 剪切强度(铝)/MPa | ≥12 | ≥12 |
| 玻璃化转变温度/℃ | 124 | — |

## 8.4.2　高压储氢气瓶组成及胶黏剂应用

基于氢燃料电池车必需满足高效、安全、低成本等要求，车载储氢技术的改进是氢燃料电池车发展的重中之重。目前，氢燃料电池车车载储氢技术主要包括高压气态储氢、低温液态储氢、高压低温液态储氢、金属氢化物（固态）储氢及有机液体储氢等。在车载高压气态储氢中，增加内压、减小罐体质量、提高储氢容量是储氢容器的发展方向。高压气态储氢是一种最常见、最广泛应用的储氢方式——利用气瓶作为储存容器，通过高压压缩方式储存气态氢。图 8-28 列出了高压气态储氢容器主要类型，分别为纯钢制金属瓶（Ⅰ型）、钢制内胆纤维缠绕瓶（Ⅱ型）、铝内胆纤维缠绕瓶（Ⅲ型）及塑料内胆纤维缠绕瓶（Ⅳ型）。

纯钢制金属瓶(Ⅰ型)　钢制内胆纤维缠绕瓶(Ⅱ型)　铝内胆纤维缠绕瓶(Ⅲ型)　塑料内胆纤维缠绕瓶(Ⅳ型)

图 8-28　高压气态储氢容器主要类型

由于高压气态储氢容器Ⅰ型、Ⅱ型储氢密度低、氢脆问题严重，无法对容器安全状态进行实时在线监测，难以满足车载储氢密度要求，仅适用于固定式、小储量的氢气储存；而Ⅲ型、Ⅳ型瓶由内胆、碳纤维强化树脂层及玻璃纤维强化树脂层组成，Ⅲ型瓶以锻压铝合金为内胆，Ⅳ型瓶以高密度聚合物（塑料）为内胆，均明显减少了气瓶质量，提高了单位质量储氢密度，其全缠绕多层结构的采用不仅可防止内胆层受侵蚀，还可在各层间形成密闭空间，以实现对储罐安全状态的在线监控。因此，车载储氢瓶大多使用Ⅲ型、Ⅳ型两种容器。Ⅲ型瓶一般用于公交客车、物流车等，多数是用 3～10 个储氢气瓶横向布置在车厢顶部，气瓶通过筒身段的两个抱箍和储氢装置的支架连接，储氢气瓶以 35MPa 铝内胆碳纤维全缠绕复合气瓶为主，容积多数在 60～145L，长度在 2m 以内；Ⅳ型瓶多用于乘用车，一般为 2～3 个容量大小不同的气瓶，根据车内空间需要布置，主要使用压力为 70MPa。

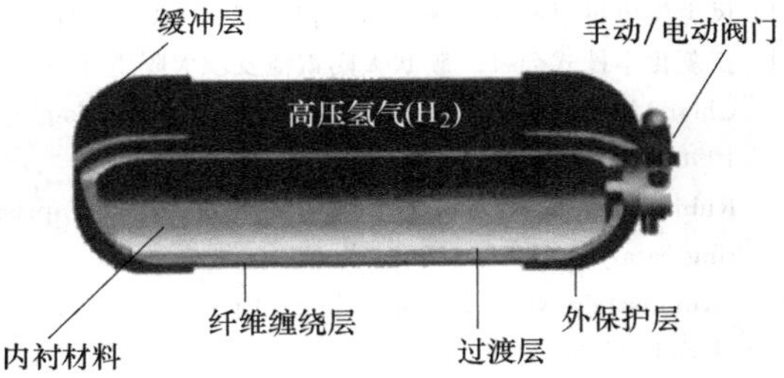

复合材料储氢气瓶的结构如图 8-29 所示，主体为铝合金内衬材料以及碳纤维增强层结构。图 8-30 为复合材料储氢气瓶生产流程图，包含了内胆制备过程、碳纤维缠绕过程以及相关检测过程。

图 8-29　复合材料储氢气瓶的结构

复合材料储氢气瓶通常采用纤维缠绕成型工艺制成，该工艺是将浸过树脂胶液的连续纤维（或纤维布带、预浸纱）按照一定规律缠绕到芯模上，然后经固化、脱模，获得制品。缠绕成型所用的树脂体系不仅需要满足气瓶对力学强度和韧性的要求，同时由于在长期充气放气的使用环境中，树脂基体容易发生疲劳损伤，因此需要高强韧、耐疲劳树脂体系以保障气瓶的使用寿命。除了要满足上述性能外，还要求其在工作温度下具有较低的初始黏度以及在该温度下具有较长的适用期。环氧树脂具有优异的力学性能、耐热性能，固化工艺简单多样，具有很大的改性空间，并且其来源广泛、价格合理，适用于缠绕工艺体系。国内对环氧树脂的研究已相当成熟，能够生产适用于不同纤维界面并满足相应使用条件的树脂体系。通过复合材料 NOL 环（ASTMD 2344 和 GB/T 1458 标准中所采用的环形试样称为复合材料 NOL 环）测试判断树脂基体与纤维的界面粘接性、应力传递能力等。

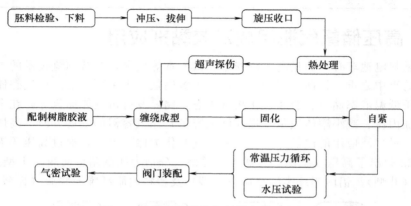

图 8-30　复合材料储氢气瓶生产流程图

目前，复合材料储氢气瓶用缠绕树脂体系大都采用经济性好的双酚 A 环氧树脂和酸酐固化剂组合物，且需要促进剂调节固化速度，在胶液配制过程中需要对环氧树脂进行预热降低黏度，缠绕过程采用张力递减制度，固化过程采用中高温分层阶梯固化工艺。主要制造商有瀚森、康达新材、南通星辰、巴陵石化等。

## 参 考 文 献

[1] Global Wind Energy Council（GWEC）. Global Wind Report 2017. http：//www. gwec. net/.
[2] 陈宗来，陈余岳. 大型风力机复合材料叶片技术及进展. 玻璃钢/复合材料，2005（3）：53-56.
[3] 陈硕翼，朱卫东，张丽，等. 氢能燃料电池技术发展现状与趋势. 科技中国，2018（5）：17-19.
[4] 高慧，杨艳，赵旭，等. 国内外氢能产业发展现状与思考. 国际石油经济，2019（4）：9-17.
[5] 严科飞，任伟华. 一种大型复合材料风电叶片成型工艺：CN 102825797A. 2012-12-19.
[6] 风力发电机组叶片用环氧结构胶粘剂：HG/T 5248—2017.
[7] 三菱化学株式会社. 膜状太陽電池及び太陽電池パネル：JP2010-34489. 2010-2-12.
[8] Chen M, Deitch J H, Kenion G B, et al. Packaging adhesive having low oxygen barrier properties：US5763527. 1998-6-9.
[9] Rubinsztajn M I，Rubinsztajn S. Composition comprising silicone epoxy resin，hydroxyl compound，anhydride and curing catalyst：US6632892. 2003-10-14.
[10] Rubinsztajn M I，Rubinsztajn S. Epoxy resin compositions，solid state devices encapsulated therewith and method：US7144763. 2006-12-5.
[11] Rubinsztajn M I，Rubinsztajn S . Epoxy resin compositions，solid state devices encapsulated therewith and method：US6916889. 2005-7-12.
[12] 郑文耀，张继伟，刘贤豪，等. 太阳能电池封装材料及技术研究进展. 信息记录材料，2011，12（02）：28-33.
[13] 地面用光伏组件密封材料 硅橡胶密封胶：GB/T 29595—2013.
[14] 侯明，衣宝廉. 燃料电池技术发展现状与展望. 电化学，2016，18（1）：1-13.

（姚其胜 张银华 侯一斌 编写）

# 第9章
# 胶黏剂在医疗与美容行业中的应用

## 9.1 医疗与美容行业用胶黏剂概述

### 9.1.1 医疗美容业胶黏剂的特点以及对于胶黏剂的特殊要求

胶黏剂在医疗卫生及美容领域中的应用其实由来已久，例如在我国数千年前就有了用于跌打损伤和内病外治的膏药（俗称狗皮膏药）。随着医药科学的进步，胶黏剂在医疗领域的应用愈来愈多：在外科手术中，医用胶黏剂用于某些器官和组织的局部粘接和修补；手术后缝合处微血管渗血的制止；骨科手术中骨骼、关节的结合与定位；齿科手术中用于牙齿的修补。在计划生育领域中，医用胶黏剂更有其他物质无可比拟的优越性：用胶黏剂粘堵输精管或输卵管，既简便无痛苦，又无副作用，必要时还可以很方便地重新疏通。

医用美容业胶黏剂最主要的优点有：

① 可以快速止血，且粘接过程没有痛苦；

② 不需要缝针缝线，可以减少异物对皮肤的刺激，达到良好的美容效果；

③ 不需要拆线，避免术后可能出现的并发症。

医用胶除了具有通常的粘接功能和力学性能外，还应具有生物医学功能。不管哪一种胶黏剂，理想的医用胶黏剂应满足：

① 无毒无害：无毒性、不致癌、不致畸，不引起人体细胞的突变和组织细胞的反应；

② 粘接强度好，后胶层的机械性能与所粘接的组织相适应；

③ 常温常压下能与组织快速粘接，固化的速度应可调节；

④ 生物相容性好：不引起中毒、溶血凝血、发热和过敏现象；

⑤ 稳定性好，化学性质稳定，抗体液、血液及酶的作用；

⑥ 本身无菌且能抑菌；

⑦ 固化时发热量少，以免烫伤组织；

⑧ 不影响细胞组织愈合，不易形成血栓；

⑨ 适应性强：在组织内可逐渐降解、吸收、排泄等；

⑩ 使用方便，便于操作；

### 9.1.2 医疗美容业常用胶黏剂分类

医疗美容业涉及的用胶点如下：

（1）外科手术　氰基丙烯酸酯胶粘接代替缝合；出血、渗出液的封闭，血管的吻合；欠损组织的修补；瘘孔的封闭；骨的修复、人工髋关节和骨的胶黏。

（2）牙科 牙科义齿软衬材料与义齿基托树脂 PMMA 的粘接；龋齿填充治疗用，粘接牙质；把治疗牙齿的材料直接粘接在牙的表面，涂布在龋蚀的易发部位。

（3）整形外科 甲基丙烯酸酯胶。

（4）计划生育 氰基丙烯酸酯进行软组织的粘接。

（5）医疗器械 UV 胶、环氧胶、SGA 用于一次性针头、氧气面罩、导尿管等的粘接。

医疗行业应用的胶黏剂主要有以下几类。常用医用胶黏剂种类及应用范围见表 9-1。

**表 9-1 常用医用胶黏剂种类及应用范围**

| 医用胶黏剂种类 | 应用范围 |
| --- | --- |
| 氰基丙烯酸酯胶 | 代替缝合、结扎进行软组织的粘接；出血、渗出液的封闭，血管的吻合，欠损组织的修补，瘘孔的封闭；眼科手术 |
| 改性丙烯酸酯胶 | 骨的修复、人工髋关节和骨的修复 |
| UV 胶 | 牙科义齿软衬材料与义齿基托树脂 PMMA 的粘接；龋齿填充治疗用，粘接牙质；把治疗牙齿的材料直接粘接在牙的表面，涂布在龋蚀的易发部位；医疗器械的粘接；甲油胶 |
| 热熔压敏胶 | 输液贴、医用橡皮膏、创可贴、医用胶带、医用胶巾及各种医用敷料、医药制剂类产品；卫生巾、尿不湿等一次性卫生用品和医用耗材类产品 |

## 9.1.3 医疗美容业胶黏剂的发展现状与未来发展趋势

### 9.1.3.1 医疗美容业胶黏剂的发展现状

随着医用高分子材料和临床技术的发展，医用胶黏剂已由一种发展到几十种类型，由氰基丙烯酸酯胶扩大到其他高分子化合物和天然高分子胶如血纤蛋白胶、聚氨酸胶、丙烯酸酯胶等，它们在医学上作为皮肤、血管、脏器和止血粘接材料而得到广泛应用。

目前医用胶黏剂种类繁多，用途广泛，具有广阔的前景，但是各类胶黏剂总有不尽人意的地方，仍有很多问题需要解决，需要进一步的探索和开发。例如 α-氰基丙烯酸酯类胶作为医用胶黏剂使用时具有其独特的优点，比如粘接时间短，但也仍然存在着一些不可忽视的问题，比如胶层脆性大，粘接强度不高，分解时产生甲醛；血纤蛋白类天然高分子胶的粘接强度低；牙齿用胶黏剂易受温度、湿度、生理环境因素影响而导致粘接不牢等。

一种理想的医用胶黏剂在潮湿的环境中和浓的类脂中存在时，粘接能力要高，胶黏剂及其降解产物应无毒、不致癌、不致畸、不致突变，不具免原性。对于软组织胶黏剂，最好能完全生物降解，并被吸收、代谢出体外，同时还要有抑菌和灭菌能力。能达到以上要求并广泛使用的胶黏剂很少，大部分还处于研究开发阶段，还需要人们进一步的努力，用改性手段最大限度地降低其副作用是目前医用胶研究的热点。

### 9.1.3.2 医疗美容业胶黏剂的发展趋势

医用胶的开发应用随着技术手段的进步也在迅速发展，品种越来越多，性能也越来越好，在进一步的研究中尽量兼顾其使用性能、物理机械强度和生物相容性。医用胶的优势更多体现在吸收生物体组织的水分、快速固化，增强与组织间的密合，固化后粘接部位具有一定的柔韧性，缓解软组织吻合部位的应力集中，具有良好的生物相容性和生物可降解性等。

今后医用胶黏剂的发展趋势应该是加强对生物体特别是内脏器官等可生物降解手术胶黏剂的研制和开发，不能局限于只对原有类型胶黏剂材料的改良，研制过程中需要考虑到生物、化学、临床和物理等诸多因素，着眼于合成新型的理想化的可生物降解的生物用胶黏剂。

# 9.2 胶黏剂在外科手术中的应用

## 9.2.1 胶黏剂在外科手术中的常见粘接基底

在外科手术中，医用胶黏剂可用于某些器官和组织的局部粘接和修补；手术后缝合处微血管渗血的制止；骨科手术中骨骼、关节的结合与定位。

### 9.2.1.1　骨骼

（1）骨骼的结构　骨骼的化学结构与牙骨质类似，即以羟基磷灰石为主的无机盐和以胶原蛋白纤维为主的有机质以及水分。骨骼中胶原的成分、结构和性质基本上与牙本质和牙骨质中的相同。骨组织由骨膜、皮质骨、松质骨和骨髓组成，与牙体硬组织的构成不同，骨组织当中既有骨细胞、成骨细胞和破骨细胞的存在，也有微血管分布，其新陈代谢活动显著高于牙体硬组织，这使得对骨骼的粘接更加困难。

正常的骨骼表面被含有纤维和毛细血管的骨膜所包裹，此层与下层骨的结构不紧密，易于剥离。当需要获得较高的粘接强度时，粘接面往往涉及皮质骨的外层，即由骨板组成的第五层。骨发生断裂或损伤时，需要粘接的表层涉及骨骼结构的所有分层。在新鲜断裂的骨骼以及缺损区中，各层断面呈凹凸不平的锯齿状粗糙结构，并且伴随有血液、体液以及骨质本身水分的大量渗出。如果放置 12h 以上，断面还会出现炎症产物。以上的复杂成分将对粘接结构的建立极为不利，应当及时清除。当粘接需要在骨髓当中进行时，骨粘接面将涉及松质骨表面。

（2）骨头的表面处理　当骨粘接面没有长时间暴露于外部环境时，其表面吸附的外部污物不多而且骨表面本身存在孔隙，有利于胶黏剂的渗入，所以骨表面不必进行脱钙清洁处理。若是开放性骨面，其处理同样按照清创、消毒、干燥和脱脂处理，然后对粘接部位进行最后干燥，即可进行粘接。

### 9.2.1.2　软组织

（1）软组织的组成　人体由有机质和无机质构成细胞，由细胞与细胞间质组成组织，由组织构成器官，功能相似的器官组成系统，由八大系统组成一个人体。而其中，人体四大组织分别是：上皮组织、结缔组织、肌肉组织、神经组织。

① 上皮组织。上皮组织是人体最大的组织，具有保护、吸收、分泌、排泄的功能，可以防止外物损伤和病菌侵入。上皮组织可分成被覆上皮和腺上皮两大类。其中腺上皮具有分泌功能，以腺上皮为主要组成成分的器官为腺体，腺体分为外分泌腺和内分泌腺。

黏膜指的是鼻腔、口腔、胃、肠道等器官与外界相通的体腔潮湿衬里。以口腔黏膜为例，其覆盖在口腔表面，前部与唇部相连，后部与咽部黏膜相连。口腔黏膜上皮和固有组织，两者间有基膜相隔，借助于疏松的黏膜下层与深部组织相连接。口腔黏膜表面潮湿，吸附有大量唾液，并且存在大量的微生物群体。与皮肤相比，口腔黏膜较为光滑，褶皱较少，其色泽在正常时呈粉红色，发炎时为鲜红色。其他器官表面的黏膜均比较潮湿，和深层组织结合不牢固。因此，有观点认为应该将局部黏膜去除一部分以提高粘接强度。

② 结缔组织。结缔组织在体内广泛分布，具有连接、支持、营养、保护等多种功能。种类多，包括固有结缔组织（疏松结缔组织、致密结缔组织、网状组织、脂肪组织）、血液、淋巴、软骨和骨组织。

血管是典型的结缔组织，血管分为动脉、静脉和毛细血管三大类。动脉血管壁厚且富有弹性，静脉血管壁较薄，而毛细血管壁最薄。此外，血管还受到压力作用，动脉压力最高，一般在 13kPa 左右，毛细血管约为 2kPa，静脉血管则低于 2kPa。血管生理结构见图 9-1。

③ 肌肉组织。分为骨骼肌、心肌与平滑肌，骨骼肌一般通过肌腱附于骨骼上，心肌分布于心脏，平滑肌分布于内脏和血管壁。肌肉组织具有收缩特性，是躯体和四肢运动以及体内消化、呼吸、循环和排泄等生理过程的动力来源。

④ 神经组织。神经组织是神经系统的主要组成成分，由神经细胞和神经胶质组成。神经细胞是神经系统的结构和功能单位，又称神经元。具有接受刺激、传导冲动和整合信息的

功能。神经的粘接目前极少有报道，然而却是未来生物粘接的重要发展领域。当神经纤维受到损伤或者断裂时，可用胶黏剂进行固定，助其进行再生恢复。神经和血管类似，表面也有一层疏松的外膜，但是神经为实心结构，自身断裂后回缩的程度远小于血管，不承受内压，不搏动。用于神经粘接的胶黏剂需要具有优良的生物相容性以及安全性，并且能够在短时间内完成胶化。需要注意的是，胶黏剂不能够溶解出小分子物质，避免对神经传输产生不良影响。理想情况下，胶黏剂需要在神经自我修复后完全降解，并且被基体吸收。目前用于临床神经粘接的胶黏剂多基于聚乙二醇结构。

　　人体四种软组织结构见图 9-2。

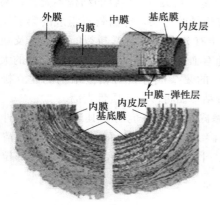

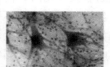

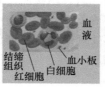

图 9-1　血管生理结构　　　　　　　　图 9-2　人体四种软组织结构

　　胶黏剂在外科的应用粘接对象主要是由细胞及结缔组织所构成的软组织，它的主成分是胶原纤维等蛋白质，含有许多体液，并且不断地进行新陈代谢活动。

　　到目前为止，组织的重建仍然是以缝合为主要的连接操作方法，但是有些部位是难以缝合的，再加上传统的外科手术缝合和器官组织的止血，不仅存在操作费时、需替代材料修复、增加手术和组织修补的困难等不利因素，而且会引起组织的不同程度的炎性异物反应、感染、增生、破裂，甚至导致组织器官的损伤等严重后果。如果能以粘接技术代替传统的缝合，将是外科手术的一次革命。这一美好的前景促使众多基础与临床学者致力于探索和研制一种理想的伤口快速胶黏剂来代替缝合。对氰基丙烯酸酯胶组织粘接性能的发现及其对手术的可用性，为外科新的操作方式提供了可能。虽然这些胶黏剂在手术中应用的毒性作用目前认识尚不统一，但动物和临床实验证明，大多数手术如果使用氰基丙烯酸高烷基酯（如异丁酯、正辛酯），是可以被组织很好耐受的。

　　（2）软组织的表面处理　　软组织粘接面多数为外伤或手术创口以及体内的器官和组织，表面有血液和组织液存在，如果不是新鲜创面表面可能存在炎症水肿，创口可能发生感染。因此，软组织的表面处理应按照清创、消毒、干燥等步骤进行。一般情况下，首先对创口或创面进行常规清创和消毒，去除组织表面的炎症坏死组织，暴露一个比较新鲜的、由正常组织构成的创面，最后用干燥棉球除去创口及周围的渗出液，要尽可能保证粘接面在粘接前和粘接过程中的相对干燥。对于表面出血的血管以及其他有液体渗出的肉眼可见的生理管道应该尽量结扎，小的渗血或渗液可以借助压迫获得暂时的干燥，并且由于软组织的耐受能力差，应该对周围的正常组织进行充分保护，防止误伤。

# 9.2.2　外科手术用胶黏剂的种类与粘接机理

### 9.2.2.1　骨骼用胶黏剂

　　（1）骨水泥的组成　　骨水泥主要应用在骨头填缝中，见图 9-3。目前国内外使用的各种型号的骨水泥，均以甲基丙烯酸甲酯为主体，只是附加成分各有不同。添加成分有促进剂、阻抑剂、显影剂、抗生素、抗癌药、骨粉、透明质酸（HA）等。不同商标的骨水泥，它的机械性能、物理化学特性也是不一样的，尤其是固化与放热反应不同。

骨水泥由聚合物粉剂和单体液体两部分组成。粉剂主要成分为甲基丙烯酸甲酯-苯乙烯共聚物（MMA/S）及适量的引发剂过氧化二苯甲酰（BPO）组成。粉末为 $5\sim130\mu m$ 直径的小球，无气味，性能稳定。液体为甲基丙烯酸甲酯单体（MMA），加入适量的促进剂 $N$，$N$-二甲基对甲苯胺（DMPT）。MMA 为无色液体，有刺鼻的气味，具有易挥发性、易燃性、亲脂性，并有细胞毒性，在一定条件下能自行聚合固化成聚合体（PMMA）。

（2）骨水泥的聚化过程　骨水泥聚化过程是一种室温下自凝聚合过程，此过程可发生一系列化学-物理变化，主要是引发剂引发单体进行链式聚合反应，这种聚合过程可分为四期：

① 粥状期。粉剂与液剂混合反应呈稀粥状，无明显的温度和黏度变化。

② 黏糊期。混合物变稠，牵拉能出丝。

③ 面团期。混合物开始不粘手套，聚合反应速度加快，温度增高，是将骨水泥放置在人骨面与人工假体之间进行粘接的时期。

④ 固化期。温度激剧升高，单体 MMA 消耗完毕，温度逐渐下降，骨水泥已经固化成形，使人工假体与骨水泥坚实固定。

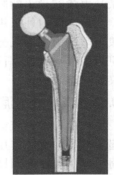

图 9-3　骨水泥的应用部位

骨水泥的聚化过程会产生大量的热量，热能的产生来自单体。产热量决定于单体被聚合的数量。聚合散热在固化期达到高峰，这一热能主要积聚在骨水泥内部，使其中心温度瞬间可高达 $100\sim110℃$。最高温度受下列因素的影响：

① 室温每升高 1℃，聚化的最高温度约升高 2.5℃。

② 单体比例愈大，聚合时间愈长，聚化温度愈高。

③ 聚合的骨水泥愈厚，产生的聚化温度愈高。

④ 用手揉捏使骨水泥表面更新，加速聚合温度升高。

⑤ 散热速度与骨组织结构和人工关节的材料有关。

⑥ 骨与骨水泥界面的温度要低很多，一般在 $45\sim50℃$，且 $3\sim5$ min 后即可降低。

### 9.2.2.2　软组织用胶黏剂

胶黏剂在外科的应用粘接对象主要是由细胞及结缔组织所构成的软组织，它的主成分是胶原纤维等蛋白质，含有许多体液，并且不断地进行新陈代谢活动。对于这种极为特别的被粘接表面，采用的几乎都是 $\alpha$-氰基丙烯酸酯胶黏剂。也曾试用过异氰酸酯胶及环氧树脂胶等反应型的胶黏剂，但尚未获得满意的结果。

在外科领域用到胶黏剂的例子很多，譬如食道、胃、肠、胆道等的吻合；胃肠穿孔部位的封闭；动脉、静脉的吻合；人工血管移植；皮肤、腹膜、筋膜等的粘接；皮肤移植；神经的粘接与移植；输尿管、膀胱、尿道的粘接；气管、支气管的吻合；气管、支气管穿孔部位的封闭；自发性气胸的肺粘接；肝、肾、胰等切离片的再吻合；瘘孔的闭锁；防止脑脊髓液漏出；痔疮手术；移动肾固定；中耳膜再造；角膜穿孔封闭；实质性脏器止血；后腹膜及骨盘止血；消化道溃疡出血等。上述的许多应用根据其使用目的大致分为代替缝合、止血、管组织吻合、补修物的固定等四个方面。

医用胶黏剂在创面血液和组织液中阴离子的作用下，能快速聚合固化成膜并与创面镶嵌紧密，可牢固地保持伤口的对合状态；而且胶膜可以阻止血球、血小板通过，在凝血酶和纤维蛋白原的共同作用下，封闭创面断裂的小血管，可以有效止血；同时胶膜将组织和细菌隔离，还具有抗感染和保护创面的作用。

# 9.2.3 胶黏剂在外科手术中的应用实例

外科用胶黏剂经过 50 多年的发展至今已有几十种，但根据临床使用的要求，目前仍以较早开发的 α-氰基丙烯酸酯胶最为适用。我国自 20 世纪 60 年代开始研究应用 α-氰基丙烯酸酯胶，70 年代以后相继开发出了性能优异的同系列产品，如 α-氰基丙烯酸正丁酯胶、α-氰基丙烯酸异丁酯胶、α-氰基丙烯酸正辛酯胶及改性的各类医用胶黏剂。

目前国内外医用胶产品主要采用 α-氰基丙烯酸乙酯、α-氰基丙烯酸正丁酯、α-氰基丙烯酸正辛酯为主要成分。其中 α-氰基丙烯酸正丁酯胶是美国 FDA 和欧洲各国批准用于人体组织内的唯一 α-氰基丙烯酸系列医用胶产品，而 α-氰基丙烯酸正辛酯胶、α-氰基丙烯酸乙酯胶仅限于体表应用。

## 9.2.3.1 骨水泥的主要作用和技术发展

从最初的口腔科齿托，到人工股骨头，再到全髋关节的固定，骨水泥在人工关节外科中起了举足轻重的作用。骨水泥位于骨与假体之间，既没有粘接作用，也不发生化学反应，其固定作用仅靠面团期的塑形特点，将骨水泥压入骨与假体之间固化后镶嵌。因而骨水泥的粘接机制主要为机械镶嵌作用。影响骨水泥镶嵌的坚固性因素有：在混合过程中不能沾染水；骨与骨水泥之间不能夹杂血液；骨粘接面要富有网孔；应一次填充足量的骨水泥；充填时要施加适当的压力直到固化；固化期要保持骨和植入体稳定。在制作骨水泥时需要用到如图 9-4 的工具。

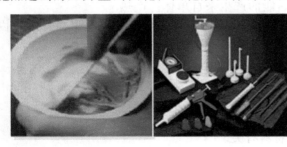

图 9-4 骨水泥工具

由于骨水泥向骨小梁中渗透，松质骨得到加固后可以承受形变力量，同时骨水泥可以使假体与骨之间的应力分布均匀，加大假体应力传导范围，减小不良应力，避免应力集中。此外，骨水泥对医生技术和骨质允许有一定的偏差容限。根据对固化后骨水泥的抗压强度、抗拉强度、抗剪切强度及弹性模量的测定，骨水泥低于成人皮质骨和人工假体，高于松质骨。固化后的骨水泥，抗压强度为 420kg/cm$^2$，抗弯曲与抗拉强度也有相应减低，弹性模量相当于皮质骨的 1/8、松质骨的 3 倍。

骨水泥调制和填充方法对骨水泥的物理机械会产生较大影响。数十年来，骨水泥本身的组分、理化性能等没有根本性的变化，但是骨水泥调制和填充技术则经过了三代的发展。第一代骨水泥技术是手工搅拌后进行指压填充；第二代骨水泥技术主要是填充技术的进步，先用髓腔刷和脉冲冲洗来清理骨髓腔，然后用骨水泥枪由远至近填充骨水泥；第三代骨水泥充填技术在第二代技术的基础上，发展了真空、离心骨水泥搅拌技术、中置定位技术及假体预涂骨水泥技术，优越性突出，更为合理、完善，固定的假体更为坚固，进一步提高了机械性能和抗疲劳性能，延长了人工关节的寿命。骨水泥的填充方法见图 9-5。

## 9.2.3.2 粘接代替缝合

（1）粘接代替缝合的优点 过去，对于切开软组织的再吻合几乎都是采用缝合法。其缺点是操作烦琐并易留下瘢痕。采用胶黏剂粘接代替缝合，操作简单、迅速、可靠，而且只要伤口两边整齐对合就不会形成瘢痕。因不必拆线，不必换药，缩短了病人住院的时间，特别适用于儿童及大量出血的伤员。实验表明，若发生个别病例的感染，往往是疮口消毒不彻底造成的。应该注意，对于口腔、舌等有较多分泌液的部位，不宜采用粘接方法。对于脂肪层较厚的部位，或有内腹膜的部位，其脂肪层、内腹膜的接合仍应采用逢合法，粘接法只用于皮肤的接合。对于一般性疮面浅且不大的伤口，其中最常见的胶黏剂是 α-氰基丙烯酸酯医用胶黏剂。

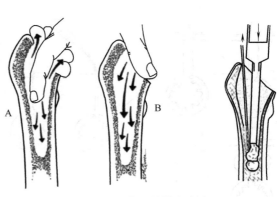

图 9-5　骨水泥的填充方法

近年来，剖宫产患者对手术切口的外观提出了更高的要求，使得各种皮肤粘接医用胶应运而生。组织反应小、创口闭合佳的医用胶的临床使用无疑为减少术后切口瘢痕的产生开辟了一条新的途径。医用胶胶膜与创面紧密镶嵌，能粘接闭合创口，利于其愈合，操作简便易行，手术时间短，不需换药和拆线，无痛苦，减小瘢痕，愈后美观，无蟹足。医用胶粘接剖宫产刀口方便、省时，无需拆线，降低术后感染发生率，减少患者的痛苦和恐惧。

（2）α-氰基丙烯酸酯医用胶黏剂代替缝合的使用方法　在用胶黏剂粘接伤口法代替缝合法临床实践中，采用 α-氰基丙烯酸酯胶黏剂对皮肤等组织进行粘接时，并不使用将胶黏剂涂于伤口接合面的直接粘接法，因为这种方法中胶黏剂会妨碍胶层两面受伤组织的愈合，造成伤口开裂的可能性很大。一般采用的是间接粘接法，即在清疮消毒后，使疮面两端靠拢在一起，然后薄薄地涂上一层胶黏剂，再覆上一块比伤口稍大一点的消毒涤纶布片，进行常规包扎，若伤口长度在 3～4cm 以下，则不必用涤纶布片。

关于直接粘接法、间接粘接法的效果与时间的关系，国内的研究结果表明：直接法虽初粘与后粘强度都很好，但伤口愈合得不好，间接法虽初粘强度不如直接法，但五天后的拉伸强度则逐渐与直接法和缝合法相接近，且伤口愈合得很好。

（3）灭菌手术胶黏膜粘接法　成都有机硅研究中心研制的 BC-1 型医用压敏胶黏膜，以可透气的特制塑料薄膜为基材，用 $^{60}$Co 照射消毒后，用作皮肤切口的粘接带，180°剥离强度≥30N/25mm，避免了缝合手术。

### 9.2.3.3　血液及其他体液渗漏的封闭

医用胶黏剂的一个用途是血液及其他体液渗漏的封闭。某些实质性脏器如肝、胰、脾、肾因肿瘤或其他病变而部分切除或因外伤而发生出血的时候，仅采用缝合法要完全阻止出血或阻止体液的渗漏流出是不可能的，用胶黏剂则可以比较顺利地解决这个问题。对于小面积的出血可以采用涂布法，大面积出血则用以气雾剂进行喷雾的方法效果更佳。在肝脏外伤及胰腺癌和血吸虫病胰部分切除的手术中获得了比较多的应用。把 α-氰基丙烯酸正丁酯医用胶黏剂用于肿瘤剥离面和切除面，肝、肾、胆及肺切除术，扁桃体摘除术，子宫切除术，甲状腺切除术的渗血止血等，止血效果按病例计，完全止血的达 90% 以上。

医用胶黏剂用于瘘管的封闭获得了比较满意的效果，瘘孔的粘接见图 9-6。在消化道发生瘘孔时，消化液从孔中流出，周围的皮肤发生糜烂、被污染，这对患者及医生都是令人讨厌的合并症。消化道的瘘管有在瘘孔的皮肤开口部位为黏膜所覆盖的黏膜瘘及为肉芽组织所覆盖的肉芽瘘，胶黏剂能发挥封闭作用的是后一种瘘。治疗时首先从皮肤开口部位插入导管进行瘘孔造影及消化道透视以证实瘘孔是否与消化道连通，并检查瘘孔至肛门一段的消化道是否有狭窄部位，以排除盲管及肠管狭窄。

细瘘孔，可在胶黏剂容器连接一支聚四氟乙烯细管，插入瘘孔中，插入深度为 5～

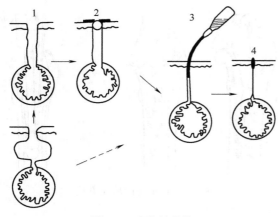

图 9-6 瘘孔的粘接
1—粗瘘孔；2—覆盖粘接等待瘘孔变小；
3—注入胶黏剂；4—治愈

10mm 左右。然后边注入胶黏剂边抽出聚四氟乙烯细管。大多数细瘘孔经过一次治疗就闭塞而治愈。对于 5mm 以上的粗瘘孔，可以在表面皮肤用胶黏剂粘上致密的布片、橡胶片，以防止内容物的漏出。如此反复进行，瘘孔逐渐缩小，最后就可以借滴入胶黏剂使之发生闭锁。对于其他类型的瘘孔，例如高位肠瘘及回肠部位的粪瘘，其疗效基本相同。

### 9.2.3.4 管状组织的吻合

（1）血管的吻合 用于血管吻合（包括人造血管的移植）的胶黏剂，除了满足一般医用胶黏剂的要求外，还必须具备难以漏入血管内腔形成血栓、有良好的耐组织液等性能。曾在狗的腹部大动脉进行试验，结果无论是形成血栓还是耐组织液性能，烷基链长的氰基丙烯酸酯胶都比烷基链短的为优。

在进行血管粘接吻合的时候，必须注意保持血管有足够大的管腔，其强度必须能耐受 27～33 kPa 的压力。为此，可以插入支持管以保持一定的管腔；或与数针缝合结合使用，缝合固定法提高耐压性能；或采用翻转血管法使内膜紧密接触再进行粘接以防止产生血栓。具体操作时可采用如下四种方法，见图 9-7。

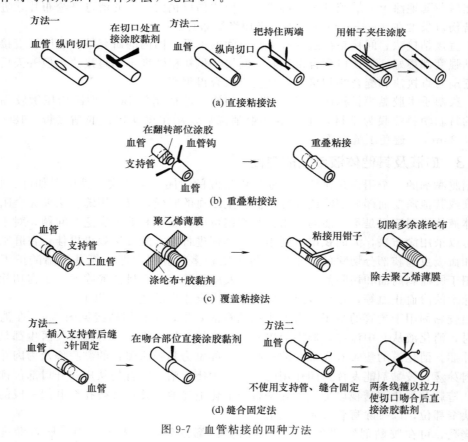

图 9-7 血管粘接的四种方法

① 直接粘接法。可以分为只在表面上涂布胶黏剂的最简单的方法一和用钳子夹住血管壁再对准切口涂胶黏剂的方法二。此法耐压及抗张力，仅适用于静脉及间隙小于 5～10mm 左右的动脉纵向切口的粘接，其余的情况就不大适用。

② 重叠粘接法。这是在直接粘接基础上进行的改良，以期能紧密地粘接内膜并增大粘接面。具体操作是先在血管的一端插入一支持管，或把血管插入支持管的内腔，然后进行血管端的翻转，涂上胶黏剂，最后把另一血管与它重叠粘接。此法粘接强度尚低，操作也比较复杂，尤其是对病变严重的血管施行的难度更大，只能用于小动脉及静脉末端的吻合。

③ 覆盖粘接法（间接粘接法）。先在血管或人造血管的内腔插入支持管，使切断的末端紧密接触，在它上面覆盖上涂有胶黏剂的涤纶布片。此法的优点是粘接面积大，并且不会妨碍端部组织的愈合，强度也比直接法高。但由于需要插入支持管，相比直接法又显得不方便，而且对于小血管，由于内膜与外膜的错动、内膜间的粘接不十分牢固以致容易发生血栓。本法适用于大血管的修复及吻合、人造血管的移植等。

④ 缝合固定法。这种方法可采用也可不采用支持管。方法一是在插入支持管后在末端处缝合 3～4 针使之固定，再在吻合部涂以胶黏剂。方法二不插入支持管，只是先用缝合法使切口紧密接触，再在吻合部直接涂上胶黏剂。这实际上是用缝合线补强的直接粘接法，可以在所有的血管手术中应用。

采用上述几种方法用外径为 3～5mm 的狗颈动脉进行试验，结果列于表 9-2。

**表 9-2　各种粘接法的动物试验效果**

| 粘接方法 | 血管总数 | 通畅血管数 | 狭窄血管数 | 闭塞血管数 | 出血血管数 | 假动脉瘤血管数 | 感染血管数 | 通畅率 /% |
|---|---|---|---|---|---|---|---|---|
| 覆盖粘接法 | 26 | 4 | 0 | 22 | 0 | 0 | 5 | 15.4 |
| 重叠粘接法 | 28 | 12 | 4 | 12 | 4 | 1 | 5 | 57.1 |
| 缝合固定法一 | 26 | 15 | 3 | 8 | 0 | 0 | 2 | 69.2 |
| 缝合固定法二 | 68 | 53 | 7 | 8 | 0 | 0 | 3 | 88.2 |
| 普通缝合法 | 38 | 29 | 4 | 5 | 0 | 0 | 1 | 86.8 |

通畅率（通畅与狭窄的血管数与手术血管总数之比）以不使用支持管的缝合固定法为最好，可达到 88.2%，覆盖粘接法的效果最差，仅 15.4%。重叠粘接法虽然较直接粘接法有一些优点，但由于需要翻转而引起血管收缩，操作也比较复杂，往往失败。例如涂胶黏剂后，往往来不及重叠就已经发生固化，吻合效果较差。缝合固定法手术比较简单，血管发生变窄的情况也比较少，是一种比较好的方法，适用于所有可以进行缝合的血管（包括有病变的）。

在血管外科，吻合部位的出血、血栓的形成都会直接危及患者的生命，对此必须十分慎重。传统的血管缝合法需要的时间较长，在缝合部位往往因有间隙及针眼而发生出血。这时为抑制血栓形成而使用肝素抗凝剂压迫止血已不可能实现，若在吻合部位涂以胶黏剂就可以迅速止血。临床应用于右大腿动脉、右膝动脉、胸部大动脉、中指桡骨动脉、脾前动脉、断指后吻合桡侧指动脉、肱动脉、股动脉等，可以减少缝合针数，缩短止血时间，减少出血数量。此外，胶黏剂还可用于动脉瘤部位的补强，以增大变薄而脆弱的血管壁强度。

（2）消化道的吻合　消化道的粘接吻合常见的有直接粘接法、覆盖粘接法及缝合粘接法。在狗的食道及肠进行吻合试验发现，直接粘接法愈合不良，往往引发腹膜炎而死亡。用切好的片材在吻合部位进行覆盖粘接，疗效较好。也有把肠管稍加以内翻，缝合数针，之后把两端的浆膜面密合，再用胶黏剂粘接。Matsumoto 等人采用的是套叠法，即先除去近肛门一端肠子的黏膜及近口腔一端肠子的浆膜，两边各缝合数针加以固定，最后使用胶黏剂进行粘接密封。关于食道的吻合，用心膜或筋膜进行覆盖粘接比单纯缝合的效果要好，但效果最好的还是在缝合的基础上再涂以胶黏剂进行粘接密封。

　　由于采用缝合法已经可以比较安全顺利地进行消化道的修复及吻合，在临床上实际采用胶黏剂的还不多。对于食道与胃的吻合及胆囊与空肠的吻合，在进行两层缝合之后再用胶黏剂密封，疗效比较好，并能有效地防止内容物的漏出。

　　在消化道吻合中所用的胶黏剂并不一定必须具有良好的耐组织液性能。一般能在两星期内保持其粘接力就可以了。应当注意不要在一个部位用太多的胶黏剂，以免坚硬的聚合体妨碍传递蠕动，导致食物可能发生积滞而难以通过。用胶黏剂经内窥镜滴到胃的溃疡部位已取得良好的治疗效果。

　　（3）气管的吻合与封闭　在肺切除或切开、切除气管时，仅采用缝合法难以阻止发生空气泄漏。若采用胶黏剂粘接，不仅手术简单，还能有效地阻止空气漏出。例如对狗进行肺切除时，用胶黏剂进行支气管断端的封闭及气管的吻合效果很好。用胶黏剂封闭的支气管断端可耐受 9～11kPa 的压力，术后 3～7 天可耐受 16kPa 的压力，术后 2 个月可耐受 40kPa 的压力。若与缝合法结合使用，效果更佳。临床上已用于肺癌切除时封闭支气管断端，也用于单纯缝合法所难以治愈的支气管皮肤瘘。

　　（4）补修物的固定　由于外伤、畸形、癌切除往往会造成人体的组织缺损。用胶黏剂可以把人工材料补修物粘接在这些部位的适当位置上，加以填补修复，以期再建。

　　缺损部位有很大一部分是软组织，软组织的修复原则是自然治愈。因此，胶黏剂并不必在软组织内永久地存在下去，只在自然治愈之前起到粘接固定的作用就可以了。所以，胶黏剂最好在一定的时间之后，能完全代谢排出体外。

　　有的补修物本身就是一种胶黏剂，使用就更为方便。例如，皮肤因外伤、热伤受到损害，就可以采用一种人造皮肤，它能与软组织发生牢固地粘接并与机体组织生长在一起，水分能透过它的表面进行蒸发，还能防御外界细菌的感染。这种人造皮肤的主成分是聚甲基丙烯酸羟乙酯与黏稠状聚醚化合物。

# 9.3　胶黏剂在牙科中的应用

## 9.3.1　牙齿的生理构造与粘接前的表面处理

### 9.3.1.1　牙齿的生理构造

　　牙齿是人类身体最坚硬的器官。牙齿从外观看有牙冠、牙颈和牙根等三个部分。牙冠暴露于口腔中，主要发挥咀嚼功能；牙根包埋于牙槽骨中，是牙齿的支持部分；牙冠与牙根的交界处为牙颈（也叫"牙干"）。在牙根的尖端部有一个通过牙神经和血管的小孔，称为根尖孔。牙齿的生理构造见图 9-8。

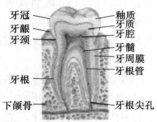

图 9-8　牙齿的生理构造

　　牙齿从剖面来看，由外至内由牙釉质、牙本质、牙骨质和牙髓 4 部分组成。牙釉质在牙冠的最外层，厚度在 2～2.5mm 之间，牙釉质中无机物占 96%，其余为有机物和水。无机物主要成分为磷酸钙，以羟基磷灰石结晶的形式存在，牙釉质由平均直径为 4～6 μm 细长的釉柱呈放射性排布形成的扇形致密堆积结构组成，其间没有神经，代谢唾液，速度特别缓慢；牙本质位于牙釉质的内层，构成牙齿的主体，牙本质内有很多含神经末梢的小管，最内层有一个用来容纳牙髓的空腔，称为牙髓腔；牙骨质为牙根的表层。

牙釉质、牙本质、牙骨质中无机物的主要成分都为磷酸钙，无机物的含量依次减少，硬度依次降低；牙髓位于牙齿中心部位，周围被牙本质包围。牙髓是充满髓腔的蜂窝状结缔组织，内含血管、神经和淋巴管，能营养牙体组织并形成牙本质。牙髓中的血管、神经和淋巴管都通过根尖孔与外界相连。

### 9.3.1.2　牙齿粘接前的表面处理

对于牙体组织的表面处理，目前主要有两种基本方法，一种是采用酸蚀剂或清洁剂对牙面进行处理，以除去表面杂质，暴露出清洁的新鲜牙质；另一种是采用改性剂对牙面进行改性，它不仅可起到清洁牙面的作用，而且改性剂中的某些成分还可与牙质发生作用而被吸附于牙面，从而改变牙体组织的表面化学结构和形态，增强胶黏剂的润湿渗透和进一步反应结合的效果。

## 9.3.2　齿科用胶黏剂类型和工艺

### 9.3.2.1　齿科粘接材料主要作用和使用要求

齿科粘接材料主要用于三个方面：将修复体或者是矫治器粘着于牙齿内或牙齿表面；洞衬剂保护牙髓；同时可兼作牙体修复材料。为达到粘接和修复目的，选用的胶黏剂在口腔内必须具有这些性能：抗溶解能力；适当的通过机械锁结及吸附所形成的粘接力；较强的抗张强度、抗剪切强度及抗压强度；良好的操作性能，适宜的工作与凝固时间；良好的生物学性能；在修复体与牙体间具有较好的韧性。

### 9.3.2.2　齿科用胶黏剂工艺

由于牙齿处于口腔这一复杂环境中，受唾液、菌斑、软垢、牙石等表面环境的影响，在齿科粘接过程中除了用到口腔胶黏剂，还需要用到表面处理剂、酸蚀剂和表面保护剂等辅助试剂。

### 9.3.2.3　齿科用胶黏剂的种类及组成

(1) 齿科胶黏剂的种类　齿科胶黏剂种类繁多，按主要成分可分为如下几类：
① 磷酸盐类胶黏剂。主要包括磷酸锌胶黏剂、改良磷酸锌（含银、氟、铜）胶黏剂。
② 硅酸盐类胶黏剂。主要有硅酸锌胶黏剂、改良硅酸锌胶黏剂。
③ 酚盐类胶黏剂。主要有氧化锌丁香酚胶黏剂、乙氧苯甲酸胶黏剂。
④ 聚羧酸盐类胶黏剂。主要有聚羧酸锌胶黏剂、玻璃离子胶黏剂。
⑤ 树脂类胶黏剂。主要为聚丙烯酸酯胶黏剂。
⑥ 树脂强化玻璃离子类胶黏剂。主要为离子复合体胶黏剂。

根据齿科粘接不同的应用，选用的粘接材料类型也不一样。一般来讲，脱落义齿的重新粘固一般选用玻璃离子、复合体玻璃离子、树脂类；垫底、洞衬、充填一般选用聚羧酸锌、氧化锌丁香酚类；垫底、洞衬、充填多数会选用玻璃离子、离子体树脂、聚羧酸锌、磷酸锌类；盖髓会选用氢氧化钙和氧化锌类。目前还没有发现一种粘接材料可以同时满足多种要求。

(2) 齿科胶黏剂的组成　从基本组成来看，齿科胶黏剂可分为树脂基（resin-based）胶黏剂和水基（water-based）胶黏剂，这两类胶黏剂的组成差异很大。
① 树脂基胶黏剂。树脂基胶黏剂包括复合树脂、偶联剂、窝沟封闭剂、复合水门汀以及部分有机水门汀，它们均含有甲基丙烯酸酯类单体和引发体系，通过单体的聚合反应而固化。树脂基胶黏剂一般由基质、粘接性单体、稀释剂、填料、引发体系和其他添加剂组成。

一般说来，复合树脂均含有上述各成分，而多数偶联剂和部分窝沟封闭剂则不含无机填料。光固化材料由上述成分配制成单组分使用，而化学固化材料则将上述组分配制成双组分，分别加入引发剂和促进剂，有些化学固化材料则将促进剂溶解在溶剂中作为另一组分。

② 水基胶黏剂。水基胶黏剂由粉和酸溶液两组分构成，通过碱性的粉剂与酸性的液剂发生中和反应，形成不溶于水的物质和结构而固化。主要包括无机水门汀和大部分有机水门汀，均含有金属氧化物或盐以及低分子酸或大分子酸。常用的粉剂有两种，一种是氧化锌或二氧化硅粉，并加入少量氧化镁、氧化铝等；另一种是可析出离子的玻璃粉，通常将二氧化硅、氧化铝、氟化钠、氟化钙等成分混合后，经烧结冷却再粉碎而制成。常用的液剂也有两种，一种是 50% 左右的正磷酸水溶液，并加入少量氧化锌和氧化铝；另一种是 50% 左右的聚丙烯酸水溶液，或丙烯酸与衣康酸或马来酸的共聚物水溶液。

## 9.3.3　胶黏剂在牙科手术中的应用实例

### 9.3.3.1　龋蚀治疗

用合金、陶瓷、高分子材料等来修复牙质的缺损部分以治疗龋齿的时候，必须进行上述材料与牙质的粘接。曾经采用以正磷酸溶液和氧化锌为主成分的磷酸锌水门汀来进行粘接，但耐唾液性能差，往往因溶解而使修复物离脱，引发了二次龋蚀。

作为一种牙用的胶黏剂，除满足一般医用胶黏剂的要求外，还必须具备下面列出的性能：能耐受 6 MPa 以上的咬合压力；能耐受唾液的侵袭；能耐受因吃冷热食物、饮料所引起的温度变化 [(4～60)℃]；能经受长期使用不脱落。

1955 年，Buomocore 用磷酸腐蚀牙釉质表面，水洗干燥后使用常温固化的甲基丙烯酸甲酯糊状物就更能发挥机械镶嵌作用而牢固地进行粘接。20 世纪 60 年代初期，增原等人把常温聚合引发剂三正基硼（TBB）加到甲基丙烯酸甲酯单体中，发现它对象牙质有特异的粘接力，这可能是由于甲基丙烯酸甲酯单体在象牙质胶原进行浸透并与之发生接枝共聚合。应用时，先用 60% 正磷酸水溶液腐蚀牙釉质，水洗干燥之后再进行粘接，这样可增加其机械镶嵌作用。为提高粘接部位的耐水性，在甲基丙烯酸甲酯单体中加入 5% 甲基丙烯酸羟基萘丙基酯，效果比较明显。竹山中林等人将偏苯三酸与生成甲基丙烯酸羟乙酯的反应物（甲基丙烯酸、偏苯三酸乙二醇酯）溶解在甲基丙烯酸甲酯中并加入 TBB 引发剂而制得的混合物，对釉质及象牙质均有很高的粘接力，平均达 10 MPa。用三亚乙基甘油二甲基丙烯酸酯稀释的双 A-双甘油丙烯酸酯（bis-GMA），因具有亲水基及疏水基，故对用磷酸表面处理形成的齿面细微结构能良好地浸润，产生较高的粘接力。

上面所介绍的牙用胶黏剂在结构上的共同点是分子内具有亲水基及疏水基。亲水基比例增大可增加釉质的浸润性，但只有亲水基时，胶层易吸引水分反而易发生脱落，所以应当存在一定量的疏水基，例如导入苯基、联苯基、萘基等以提高其耐水性。总之，亲水基及疏水基二者必须满足一定的比例。

用氰基丙烯酸酯胶黏剂预防臼齿的小裂缝龋蚀，取得了比涂氟化物或镀银等传统方法更好的效果。具体操作时应先将齿面清洁干燥，以 50% 的磷酸处理小裂缝部位，水洗、干燥，最后以 α-丙烯酸甲酯与有机玻璃粉混合物填入裂缝内达到封闭的目的。对龋蚀的抑制率可达到 77%，通过病理组织学检查没有发现问题，但 α-氰基丙烯酸甲酯不耐水，经过半年左右就会脱落，故应当采用 α-氰基丙烯酸高级烷基酯进一步试验。

### 9.3.3.2　充填龋齿窝洞

义齿软衬材料又称弹性义齿衬扩建材料，用于牙科义齿基托组织面的粘接，它可以缓冲咬合力，使咬合力均匀地传递到牙槽嵴上，从而减轻或消除牙痛。义齿基托树脂为 PMMA，是刚性的有机树脂。采用端羟基丁二烯聚氨酯的甲基丙烯酸甲酯溶液加入引发体系和光敏引发剂制成的可见光固化胶黏剂可在涂胶后用可见光固化机照射约 90 s，即可使软衬材料和胶黏剂固化，使之粘牢。

充填龋齿窝洞的甲基丙烯酸系充填材料近些年有较快的发展，出现了许多新的性能更好的品种。这一类充填胶黏剂的特点是固化物与齿面的色调一致，压缩强度高（约 200～300MPa），不溶于唾液，和牙质有较大粘接强度等。缺点是抗磨性能差，因有残余单体而对牙髓有一定的危害作用。此外，往往因加入常温聚合引发剂而引起颜色变化也是存在的一个问题。

充填用的医用胶黏剂有两类。其一是甲基丙烯酸甲酯系的复合树脂，系由甲基丙烯酸酯单体及其聚合物与细玻璃粉所组成，用三正丁基硼及氧化还原体系常温聚合引发剂使之固化。其二是双酚 A 和甲基丙烯酸缩水甘油酯的缩合物，于其中加入 70%～80% 质量份的石英粉末或特殊玻璃粉，调成高黏度的糊状物，用过氧化苯甲酰或叔胺氧化还原体系常温聚合引发剂使之固化。由于黏度很高，故其使用方法为事先用磷酸处理并经水洗干燥的齿面上涂以低黏度的预处理剂，形成一个薄的涂层，再涂上双酚 A 和甲基丙烯酸缩水甘油酯的缩合物。

牙齿窝沟封闭技术（ART）防龋齿的效果已得到大家公认，尤其对磨合面窝沟龋有显著的预防作用，且弥补了氟化物对窝沟龋作用的不足，两种共同作用效果更加显著。具体的操作过程如下：洗净窝沟中残渣，用清洁液涂洗，再用清水擦洗，干棉球擦干，按 1：1 比例调拌玻璃离子粘固粉（Katac-motar，ESPE），充分搅匀后用手指压入合面点隙和裂沟内，用手持器械除去多余的玻璃离子材料。

### 9.3.3.3　矫正治疗中的应用

在齿牙排列不齐、进行矫正治疗使之恢复到正常位置的过程中，过去都是在牙的周围装上环形金属带进行矫正治疗的。装这种环形金属带时，要采用磷酸水门汀固定。但该水门汀会发生部分溶解、沉积、龋蚀，而环形金属带还有损于口腔的舒适及美观。现已研究出在牙的表面直接粘上透明塑料制的托架以进行矫正治疗的新技术，就能克服上述的缺点。所采用的胶黏剂有甲基丙烯酸甲酯-三正丁基硼系胶黏剂和双甲基丙烯酸乙二醇酯系胶黏剂。

### 9.3.3.4　粘接修复治疗

在口腔缺损牙齿时，传统的治疗方法是把两相邻的牙齿进行磨削，再套上金属冠以镶套固定人造假牙。最近国内外都在大力研究用胶黏剂把人造假牙与两个相邻的真牙进行粘接固定，则无疑将会简化医疗操作，并具有迅速、美观等优点。但在臼齿部位应考虑粘接处将受到往复作用的强大嚼合力，而高分子胶黏剂的机械强度目前还暂时达不到耐受这么高的压力，所以有发展与金属加固并用的趋势。

# 9.4　胶黏剂在眼科中的应用

## 9.4.1　眼部的生理构造与粘接基底

眼睛是人体中最重要的器官之一，人们天天都在使用眼睛，借助它来直观地认识、了解整个世界。人的眼睛是一个近似球状体，位于眼眶内，前后直径约为 23～24mm，横向直径约为 20mm，通常称为眼球。眼球由屈光系统和感光系统两部分构成，包括眼球壁、眼内腔和内容物、神经、血管等组织。眼球壁主要分为外、中、内三层。眼球结构见图9-9。

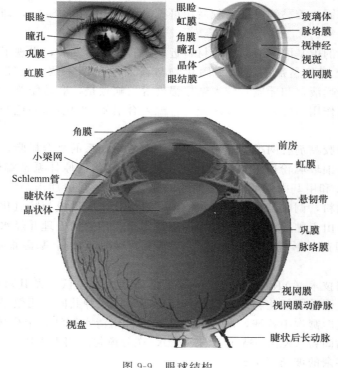

图 9-9    眼球结构

（1）外层结构    外层由角膜、巩膜组成。前1/6为透明的角膜，其余5/6为白色的巩膜，俗称"眼白"。眼球外层起维持眼球形状和保护眼内组织的作用。角膜是眼球前部的透明部分，光线经此射入眼球。巩膜不透明，呈乳白色，质地坚韧。

（2）中层结构    中层具有丰富的色素和血管，包括虹膜、睫状体和脉络膜三部分。虹膜呈环圆形，位于晶状体前。不同种族人的虹膜颜色不同。中央有一2.5～4mm的圆孔，称瞳孔。睫状体前接虹膜根部，后接脉络膜，外侧为巩膜，内侧则通过悬韧带与晶状体相连。脉络膜位于巩膜和视网膜之间。脉络膜的血循环营养视网膜外层，其含有的丰富色素起遮光暗房作用。

（3）内层结构    内层为视网膜，是一层透明的膜，也是视觉形成的神经信息传递的最敏锐区域。视网膜所得到的视觉信息，经视神经传送到大脑。眼内容物包括房水、晶状体和玻璃体。房水由睫状突产生，有营养角膜、晶体及玻璃体，维持眼压的作用。晶状体为富有弹性的透明体，形如双凸透镜，位于虹膜、瞳孔之后，玻璃体之前。玻璃体为透明的胶质体，充满眼球后4/5的空腔内，主要成分为水。玻璃体有屈光作用，也起支撑视网膜的作用。

# 9.4.2    眼科用胶黏剂种类与粘接机理

眼睛是人体中一个比较娇嫩的组织器官，所采用的胶黏剂必须是刺激性最小、固化后聚合体又比较柔软的胶黏剂。良好的眼科胶黏剂需要具备以下特性：凝固前有充足的时间供术者操作；凝固后能产生足够的粘接力，使伤口密闭；胶体透明，减少对视力的影响；炎症反应较轻；允许液体和代谢物渗透，避免组织坏死；最终在粘接口消失以利于愈合。通常用于眼科的胶黏剂有氰基丙烯酸酯类胶黏剂、纤维蛋白胶和贻贝蛋白胶。

### 9.4.2.1　氰基丙烯酸酯类胶黏剂（cyanoacrylates，CA）

氰基丙烯酸酯是一种人工合成的有机材料。它无色透明，在组织液、血液等含有阴离子的物质中可迅速固化。作为最早用于临床的组织胶黏剂，主要特点是单组分、液态，室温快速固化，使用方便，粘接力强，使用量少，有良好的生物相容性，有止血作用，本身无菌，对金黄色和白色葡萄球菌、四联球菌、枯草杆菌均有高度抑菌作用。氰基丙烯酸酯具备稳定的物理和化学性能、良好的生物相容性，在各种手术中表现出了较强的组织粘接作用。

氰基丙烯酸酯类胶黏剂的粘接机理是氰基丙烯酸酯在弱盐基性物质如水、醇等存在下，迅速发生阴离子聚合，能在瞬间发挥其强粘接作用。因为 CA 的 $\alpha$-位碳原子上含有电负性极强的基团如—CN 和—COOR，产生诱导效应，$\beta$-位的碳原子有很强的吸电性，在微量阴离子存在下就能产生瞬间聚合反应，同时使聚合体形成多极性中心，为与粘接对象产生界面粘接力提供了条件。CA 在生物体组织上聚合最快，因为蛋白质是生物体中各种细胞的基础物质，是氨基酸的线型聚合物，这类有机胺是 CA 单体聚合的催化剂，在常温下即可快速固化，而且体内的水分可加速这种固化反应。因此，CA 具备了迅速粘接生物组织的特殊结构。

氰基丙烯酸类胶黏剂存在具有微弱的毒性作用、产生聚合热、凝固后柔软性差的问题。它的毒性作用与其降解速度和聚合热有很大关系，降解速度和聚合热随着酯基大小呈现规律性变化：R 基大，聚合热小、降解慢、毒性小；R 基小，聚合热大、降解快、毒性大。因而烷基大的胶黏剂能较好地被活组织耐受。眼科常用的氰基丙烯酸正辛酯胶黏剂、氰基丙烯酸正丁酯胶黏剂及氰基丙烯酸异丁酯胶黏剂是组织耐受性最好的氰基丙烯酸酯类胶黏剂，只有微弱的毒性作用。高级烷基类胶黏剂是惰性的，比丝线和肠线引起的反应要小得多。$\alpha$-氰基丙烯酸甲酯、$\alpha$-氰基丙烯酸乙酯等低烷基酯因刺激性大，固化后聚合体较硬不能用于眼科。但随着改性技术的进步，不产生聚合热、毒性低且柔软性好的衍生物会产生。

### 9.4.2.2　纤维蛋白胶（fibrinsealant，FS）

纤维蛋白胶，是一种从人血浆中提取的生物制品，主要由凝血酶/$CaCl_2$ 和纤维蛋白原/ⅩⅢ因子等组成。它模仿血液凝固的最后阶段，即在凝血酶和钙离子的作用下，纤维蛋白原分子激活，裂解出纤维蛋白肽 A 和肽 B，形成纤维蛋白单体，同时激活因子参与纤维蛋白的交叉联结，形成纤维蛋白固化物。它是利用二次止血原理的止血剂，特点是：粘接效果不受血小板减少等血液凝固障碍的影响；液体状态适用于凹凸不平的或部位较深的伤口；能促进创伤部位愈合；组织亲和性好；无毒、无"三致"危险。

FS 存在粘接强度较低和传播病毒的问题。目前解决 FS 传播病毒的方法，一是用自体血浆制备 FS，但制备过程复杂；二是对其进行病毒灭活处理，这些技术能有效灭活人血浆携带的病毒，以确保制品的安全性。提高 FS 的粘接强度，常用的方法是与传统的缝合法并用。

## 9.4.3　胶黏剂在眼科手术中的应用实例

为把胶黏剂安全而有效地用于眼科临床，必须满足下面几点要求：在使用前必须除去眼球表面的上皮层及疏松组织，以免胶黏剂只粘住易于与其下边组织分离的上皮细胞，导致粘接失败；粘接部位必须预先干燥，以免聚合太快，粘接强度降低；在保证足够粘接强度的前提下，胶黏剂的用量应尽量少，胶层应尽量薄，以减少刺激反应，并避免流散到不必要的部位；操作要准确、迅速，必要时可采用特殊器械。

在眼科手术中可采用胶黏剂粘接的有：眼睑手术、角膜手术、角膜感染和溃疡穿孔、角膜移植及其他手术引起的角膜切口。

### 9.4.3.1　眼睑手术

眼睑手术，即把眼睑与下眼睑粘接以达眼睑闭合目的。在眼睑成形手术中使用胶黏剂，可减少缝线带来的粟粒疹、肉芽肿和缝线囊肿等并发症，对伤口还有粘接、止血作用，避免了因儿童不配合而引起的术者操作困难以及全身麻醉。使用氰基丙烯酸酯组织胶黏剂可简便有效地粘接伤口，且不会引起感染发生率的升高。使用 α-氰基丙烯酸烷酯胶黏剂给予粘接治疗，术后随访 1～6 个月，所有患者全部治愈，无伤口裂开，无伤口感染，皮肤伤口愈合美观，无缝线痕迹或瘢痕。应用聚甲基异丁烯酸胶黏剂治疗，术后随访 4～12 个月，所有患者术后伤口无裂开、渗血及感染，术后 2～3 周自然脱落，所有患者疤痕形成均不明显。

### 9.4.3.2　角膜手术

角膜手术是对于不整齐的伤口在缝合后再用胶黏剂进行封闭，以防水漏出。许多眼表手术后都需要结膜的重新封闭，但常规的结膜缝合较费时，并会产生患者术后的异物感，医用胶的使用可解决此问题。使用 α-氰基丙烯酸正辛酯胶黏剂在翼状胬肉切除联合羊膜移植术中应用的随机对照临床试验发现，使用组织胶黏剂代替缝线可明显缩短手术时间，改善术后症状，方法简便、安全、有效。在人斜视手术中对纤维蛋白胶和可吸收缝线对结膜的关闭作用进行了对比，发现使用纤维蛋白胶的患者，结膜粘接良好，术后早期症状较轻。

取一大小能盖住角膜空孔部位的聚乙烯小片作为对胶黏剂施加轻微压力的媒介物。选用坚固耐用的聚乙烯片，为了在胶黏剂聚合之后，它很容易由粘接表面分离。使用时，用涂眼膏的玻璃棒顶端将聚乙烯片粘住，而聚乙烯片的另一面涂有一层胶黏剂。先使角膜干燥，然后把涂有胶黏剂的聚乙烯片迅速而轻巧地与角膜伤口直接接触，角膜表面若有多余的胶黏剂，可以用丙酮擦去，此时应严防丙酮进入眼内前房以免并发角膜浑浊、虹膜睫状体发炎、角膜坏死以及青光眼等。

### 9.4.3.3　角膜感染和溃疡穿孔

氰基丙烯酸酯胶黏剂和纤维蛋白胶治疗角膜溃疡及穿孔均有较好疗效。将氰基丙烯酸异丁酯胶黏剂应用于组织胶黏剂治疗。结果约一半的角膜穿孔愈合，其中大部分视力得到了提高。对纤维蛋白胶和氰基丙烯酸异丁烯酯胶黏剂对治疗角膜穿孔中的作用进行了比较，发现纤维蛋白胶和氰基丙烯酸酯组织胶黏剂在封闭直径小于 3mm 的角膜穿孔中均有效，但纤维蛋白胶的愈合时间更短，新生血管生成较少。角膜移植术前患者的角膜有新生血管，是造成术后角膜植片发生排异的重要原因。纤维蛋白胶能减轻角膜新生血管形成，对于提高二期角膜移植手术的成功率具有特殊意义。而氰基丙烯酸酯胶黏剂在活体外有拟菌和杀菌的作用，尤其是对革兰阳性菌敏感，因此对由敏感菌引起的角膜溃疡和穿孔可能具有更佳的效果。

# 9.5　胶黏剂在医药制剂中的应用

## 9.5.1　医药制剂的发展以及对胶黏剂的需求

医药制剂按给药途径分为经胃肠道给药的剂型和不经胃肠道给药的剂型，不经胃肠道给药的剂型主要有：

（1）注射给药　如静脉注射、肌内注射、皮下注射和皮内注射等。

（2）呼吸道给药　如吸入剂、喷雾剂、气雾剂等。

（3）皮肤给药　如外用溶液剂、洗剂、搽剂、软膏剂、糊剂、贴剂等。

（4）黏膜给药　如滴眼剂、滴鼻剂、含漱剂、舌下片剂、栓剂、膜剂等。一般把直肠给药也归于黏膜给药一类，如灌肠剂、栓剂、直肠用胶囊栓等。

目前中国市场大部分的药品都是制剂方法相对简单的片剂和胶囊等，在缓释、控释以及智能制剂技术这些高要求的制剂技术上很少涉及。研制新药过程非常困难，不仅成本高、周期长，且成功率小、风险大。现有药物的功能并未被充分挖掘，而且很多老药存在这样那样的问题，这为老药新用提供了很好的机会，同时也是新剂型与新释药技术发展的良好机遇。很多已有的化学药和生物药由于溶解度低、稳定性差、毒性大、递送困难等缺点，在临床上未能发挥最佳疗效，价值没有被充分利用，因此可以通过药剂学手段，按照治疗目的制备适宜的药物递送系统（drug delivery system，DDS），提高内在质量，增效减毒，满足临床治疗需求。缓控释给药系统、透皮给药系统、靶向给药系统、大分子药物给药系统及基因转导系统已逐渐成为发展主流。DDS 不仅能够减少药品不良反应、增加适应证、改善药物疗效、增强用药安全性、提高患者用药的顺应性等，还可以在相当大的程度上改善药物的理化性质和体内外行为，极大地提高药物的内在品质，延长新的分子式的全新药物 NME 的生命周期。重要的释药系统实际上不亚于产生一个新的药物，并且具有投入少、时间短、成功率高、附加值高、更环保，可延长生命周期等优点。

我国在追踪性研究的基础上，完善了普通制剂的制备技术，并逐步建立了一些新制剂技术，新释药系统的开发也获得了长足进展。目前，除了批准生产的口服自微乳化给药系统、多种口服缓控释药系统（包括渗透泵制剂）、多种口服速释片剂、多种黏膜给药系统和多种透皮给药系统之外，国内已批准生产多种脂质体注射剂、多种注射用微球制剂、多种注射用载药乳剂等，但是我们缺少自有的新释药技术。另外，DDS 对制备工艺、制药设备、给药装置、药用辅料、包装材料、检测设备等都有很高的要求，未来将在安全、有效、质量可控和改善顺应性方面发展。尤其是安全的、无损伤性的口服给药途径和经皮给药途径剂型的研究是发展的重要方向。由于不同医用制药系统作用的人体部位不一样，对胶黏剂的应用要求差别也很大。

# 9.5.2　胶黏剂在医药制剂中的应用实例

## 9.5.2.1　经皮给药系统（transdermal drug delivery systems，TDDS）

经皮给药系统是区别于传统给药方式的一种新型给药系统，药物以可控制的速率通过皮肤进入人体循环以达到治疗的目的。经皮给药系统有多种剂型，如浴剂、洗剂、搽剂、糊剂、膏剂等。而随着合成材料的发展，特别是高分子材料的发展，更多的高分子材料应用于医药领域，其代表就是压敏胶，也由此衍生了一些新的剂型，比如涂膜剂、膜剂、凝胶剂、巴布剂等等。经皮给药系统具有优于传统给药方式的几大特点：药物由于通过皮肤进入人体，因此避免了对肝脏和胃肠道的"首过效应"，减小了对脏器的伤害，并且也可以减少药物在胃肠道内失活的可能；药物以可控制的速率进入体内，治疗效果波动较小，持续时间较长，降低了给药次数；药物可撤性良好，对于出现不良反应的患者可及时中止给药，避免危险；对不能口服或注射药物的患者提供治疗可能，使用方便；以"看得见"的方式给药治疗，可改善患者服从性。

经皮给药贴对机体无损害，给药方便，患者可以随时撤销或中断治疗。通气鼻贴、月经贴、退烧贴、护眼贴等膏药贴都是不同功能的经皮给药贴，通过粘贴在皮肤上，药物经皮肤吸收产生全身或局部治疗作用。常见的经皮给药贴见图 9-10。

（1）经皮给药机理　在经皮给药系统中，药物主要通过表皮的扩散作用进入体内，然后通过渗透由表皮进入真皮，再经过毛细血管循环入人体。角质层是药物渗透表皮途径中的主

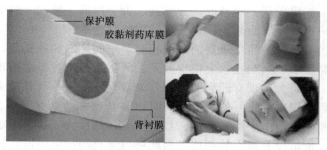

图 9-10　常见的经皮给药贴

要阻力，这是因为角质层细胞非常致密，扩散阻力极大，导致药物很难通过角质层细胞，因此药物多从角质层细胞间通过，角质层细胞间由亲水区和疏水区组成，亲水性强的极性药物就从亲水区通过，而疏水性强的非极性药物则从疏水区通过。药物经皮肤渗透过程如图 9-11 所示。

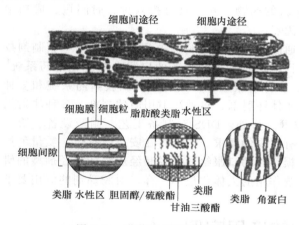

图 9-11　药物经皮肤渗透过程

（2）经皮给药系统的类型　一般可将经皮给药系统分为两种类型，储库型和聚合物骨架型。

经皮给药系统储库型一般由药物储库、背衬膜、控释膜、胶黏剂层和保护膜组成。在这种类型的经皮给药系统中，药物储存在高分子材料的储库中，由控释膜来控制药物的释放速率，因此控释膜是这种类型中最为关键的材料，对于控释膜的选择极其重要，目前采用较多的膜材料为聚乙烯、乙烯-醋酸乙烯共聚物等。

经皮给药聚合物骨架型的结构一般分为三个部分，分别是背衬膜、胶黏剂和保护膜，与皮肤的接触方式不同又分为边缘胶黏剂骨架和单层胶黏剂骨架结构。其中边缘胶黏剂骨架是由经皮给药系统的边缘与皮肤接触，在这种情况下，要求胶黏剂的粘接力较高，才不会引起粘接脱附；而单层胶黏剂骨架结构是体系中均含有胶黏剂，与皮肤接触面积较大。不论是哪种类型，聚合物骨架型的经皮给药系统均是将药物溶解或分散在胶黏剂基质中，胶黏剂基质既起到与皮肤的粘接作用，又担负着控制药物释放的功能，因此在这种类型中，胶黏剂基质是最为关键的材料。

经皮给药系统储库型和边缘胶黏剂型透皮吸收系统见图 9-12。

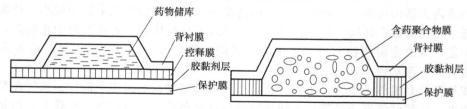

图 9-12　经皮给药系统储库型和边缘胶黏剂型透皮吸收系统

（3）经皮给药用压敏胶基质材料　基质材料作为经皮给药系统的承载体，在整个系统中起到十分关键的作用，许多类型的胶黏剂均可作为经皮给药系统的基质材料，而在众多类型当中，压敏胶是性能最为理想的一种。压敏胶通常定义为以很轻微的压力对被粘物粘接即可产生粘接作用，而在被粘物表面剥离时，无残留物留在被粘物表面的一种胶黏剂。压敏胶以其独特的特点已经应用于许多领域，而对于医用领域而言，除了要求压敏胶的基本性能外，还有着一些特殊的要求：适宜的粘接性能，粘接时能够较好地与皮肤形成黏附力，而又能够较容易去除，不产生疼痛感和拔毛现象；良好的生物相容性，无刺激，无毒；良好的处方相容性，最大程度的载药，并且对药物向皮肤的渗透有良好的促进作用；优良的稳定性，在基质材料的制备和使用过程中不发生结构变化；较好的吸湿性和良好的透气性，使患者在使用时较为舒适，同时也可降低过敏率。

（4）压敏胶基质材料分类　传统的压敏胶基质材料主要有橡胶类、有机硅类、丙烯酸酯类、嵌段共聚物和热熔压敏胶。压敏胶基质虽然在分子结构和化学性质方面各有不同，但是均具备经皮给药系统基质的基本要求，因此各自占据着一定的市场。

① 橡胶类压敏胶。橡胶类压敏胶包括天然橡胶类和聚异丁烯类。橡胶类压敏胶基质是应用最为广泛的一类材料，其中天然橡胶生产工艺成熟，使用方便，因此用量较大；但是天然橡胶含有异性蛋白质，是主要的过敏源；另外天然橡胶类基质的生产方法为溶剂法，能量消耗较大，使用大量的汽油作为溶剂，不但污染环境，而且残留的溶剂还会对皮肤有一定的刺激性，同时也影响药物的释放、与皮肤的粘接性能和相容性。聚异丁烯是由异丁烯均聚而得到的，主链结构为碳氢饱和结构，只有端基不是饱和的，这就意味着该种聚合物具有较好的耐老化性和耐介质性能。由聚异丁烯制备的压敏胶一般使用不同分子量的材料进行搭配，以制得不同性能的压敏胶，其中高分子量的材料主要贡献压敏胶的内聚力和剥离强度，而低分子量的材料则对压敏胶的柔韧性作出贡献，不同性能的压敏胶使其能够适用于不同的系统。但是在经皮给药系统中聚异丁烯基质材料最大的缺点是其材料为非极性，一方面导致与极性材料的粘接力较弱，而皮肤表面极性成分较多，造成粘接强度不足；另一方面与极性药物相容性较差，造成载药量较低，释放性能也较差；另外规整紧密排列的分子结构造成材料具有较低的透气性能和吸湿性能，同样容易引起过敏反应。

② 有机硅类压敏胶。有机硅压敏胶是一种长链聚合物（聚二甲基硅氧烷）和硅树脂的缩聚物，由于其聚合物主链—Si—O—Si 具有良好的柔顺性，所以玻璃化温度较低，表面能也较低，另外硅橡胶压敏胶还具有良好的生物相容性。聚二甲基硅氧烷与硅树脂的比例可较大地影响有机硅压敏胶的性能，其中聚二甲基硅氧烷的含量可调。为了更好地达到治疗目的，人们还研发出多种类型的经皮给药系统，如多储库型、多层胶黏剂型等，目的都是通过不同的给药类型使药物更好地进入人体达到良好的治疗效果。单层聚合物骨架类型由于其结构简单、外观美观和制备方便的特点，是目前人们研究较多的类型。有机硅类压敏胶应用于经皮给药系统的缺陷在于分子间较弱的作用力和低极性导致了较低的载药量，另外价格较高也是其不能大规模使用的主要影响因素。

③ 丙烯酸酯类压敏胶。丙烯酸酯类压敏胶是应用于经皮给药系统中最为广泛和成功的一种压敏胶。它一般是由不同的丙烯酸酯单体经自由基聚合而得，其中硬单体如甲基丙烯酸甲酯提供聚合物的内聚力，软单体如丙烯酸丁酯提供聚合物的柔韧性，功能单体如丙烯酸提供聚合物的粘接力。聚合方法一般为溶液法和乳液法，其中乳液法应用较多，不同的单体类型和侧基结构可合成出多种不同结构与性能的聚合物，进一步制备成压敏胶，因此在很大程度上可对压敏胶的粘接性能、与皮肤和药物的相容性、药物的释放性能等进行调节，已大规模地运用在化学药物的经皮给药系统中。此类压敏胶基质材料虽然已成功应用，但是同样存在一些问题，主要表现为透气性不佳，聚合残留的单体和助剂（引发剂、乳化剂等）有可能对皮肤造成刺激和过敏。

④ 嵌段共聚物类压敏胶。嵌段共聚物类主要指苯乙烯-二烯烃-苯乙烯的 SDS 型嵌段共聚物，代表品种为 SIS（苯乙烯-异戊二烯-苯乙烯）、SBS（苯乙烯-丁二烯-苯乙烯）。这种嵌段共聚物的两端为坚硬的塑料相，中间为柔软的橡胶相，而塑料相和橡胶相在热力学上是不相容的，这也造就了此类嵌段共聚物独特的微观相分离结构。

⑤ 热熔压敏胶。热熔压敏胶是一种兼具热熔胶与压敏胶特点的胶黏剂。随着人类环境保护意识的加强，越来越多的溶剂型胶黏剂被逐渐取代；相比于溶剂型压敏胶，热熔压敏胶生产过程无溶剂参与，自动化程度较高且能耗较低。热熔压敏胶中除了基体树脂外，尚需要加入一定含量的添加剂才能制备出性能良好的压敏胶基质材料。其中基体树脂为热塑性弹性体，是压敏胶的主要组成部分，主要赋予压敏胶的内聚强度、成膜性、耐老化性等，但其本身并无黏性；增黏树脂赋予压敏胶初黏性，可提高压敏胶的粘接强度；增塑剂可改善树脂的塑性和加工性能。

热熔压敏胶的特点使其越来越广泛地应用于国民经济的各个领域，应用范围不断扩大。除了在包装、书本、标签等行业的迅速发展，在医用卫生领域更是取得了日新月异的进展，

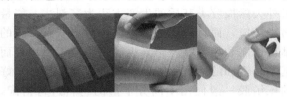

图 9-13　常见的医用压敏胶带

常见的医用压敏胶带见图 9-13。我们在医院打针时护士为了固定输液管和针头，都会用几道输液贴贴在手背，这再自然不过的流程，却聚集了人类智慧的结晶。在过去我们为了固定针具使用的是橡皮膏，在撕下时由于剥离剧烈会产生刺激的疼痛，同时对皮肤造成伤害。取而代之的输液贴则免去了这一痛苦，它是将压敏胶涂在 PVC、PE 膜或医用 PU 膜的基材上，使其具备一定的粘贴力，使用时粘接性好，固定后不松、不脱、不移位，去除时剥离柔和，无揭除疼痛。小小的输液贴就这样轻松解决了剥离疼痛的问题。其实输液贴只是医用压敏胶的一个代表，将压敏胶涂在无纺布、防粘纸、PE 膜、棉布等各类基材上的时候就可以满足各种医用场合的粘接需求。如在骨折后用于包扎固定的自粘绷带，是在棉纱、棉氨纶包芯纱等材料表面涂上自粘胶后制成的；日常生活中接触较多的用于粘接切口的创可贴，是由一条长形的胶布，中间附以一小块浸过药物的纱条构成。它们都来自医用压敏胶带的大家庭。医用压敏胶带卫生无菌，黏附力强，撕揭方便，具有良好的透气性、低致敏性，在消除对皮肤伤害的同时保证胶带粘贴牢固，广泛用于各种外科手术切口与外创伤口的覆盖、保护和抗感染。

### 9.5.2.2　黏膜给药制剂用胶黏剂

黏膜给药具有优于常规给药的特点：延长了药物在给药部位的滞留时间，使制剂与黏膜密切接触，并能控制药物的释放；给药局部化，通过改变局部黏膜的性质，促进药物的吸收，提高生物利用度。给药部位有口腔黏膜、鼻腔黏膜、眼黏膜、直肠黏膜以及阴道黏膜等。黏膜制剂种类很多，用途和给药部位各不相同，很难规定统一的质量标准。根据黏膜不同部位特点制备的各种药物制剂，应符合《中华人民共和国药典》制剂通则的有关规定。由于黏膜给药制剂直接用于人体各腔道黏膜部位，要求各种黏膜制剂必须对黏膜具有良好的相容性、无刺激性和稳定性。

口腔黏膜给药系统是黏膜给药系统较成熟的一类，是一条既方便又能起到缓释作用的给药途径。除了具有黏膜给药的一般特点，还具有的优点有：用药方便，去除容易，病人更易接受；能防止胃肠液对药物的降解作用，避免肝脏的"首过效应"，可用于多肽、蛋白质类药物的给药；抗机械刺激性强，更新修复快，适用于片剂、贴剂、软膏等多种剂型的应用；既可以局部用药，也可以发挥全身给药作用；透过性比皮肤好；等等。

（1）口腔黏膜的结构及分类　口腔黏膜由上皮和结缔组织组成，其结缔组织称为固有层，上皮和固有层之间为基膜。口腔黏膜主要分为两类：齿龈、硬腭等部位的黏膜称作咀嚼黏膜，为角化上皮组织；口颊、软腭、舌下和口腔底部等部位的黏膜称作衬覆黏膜，为非角化上皮组织。其中齿龈、舌下和口颊的黏膜是最常用的3个给药部位，而口颊黏膜给药后受口腔运动影响小，适用于黏附缓释给药。口腔的生理结构见图9-14。

（2）黏膜黏附机制及影响因素　一般认为黏附的形成由两个步骤构成：首先是黏附材料与黏膜表面黏液密切接触，聚合物润湿后膨胀，通过界面两相分子链之间相互扩散或穿插，在界面之间形成次级化学键，主要为范德华力、疏水键、氢键等，使两者紧密粘接在一起。黏附材料与黏液/上皮细胞间紧密粘接在一起的状态，就称为黏膜黏附，也称生物黏附。解释黏附机制的理论主要有5种：润湿理论、扩散理论、电性作用理论、断离理论、吸附理论。一般把润湿理论、扩散理论和电性作用理论结合起来可以比较好地阐明黏附的形成过程。在黏附的形成过程中，黏液起到连接黏附材料与黏膜的

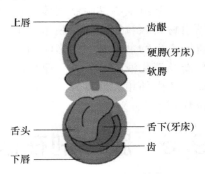

图9-14　口腔的生理结构

作用，其主要组分为糖蛋白。凡是能使糖蛋白的结构、电荷等发生改变的因素，都会对黏附性产生影响。另外黏性的强弱与黏附材料的理化性质包括分子量和分子构象、交联度、电荷、用量以及pH等密切相关。

（3）黏附聚合物的选择　常用的黏附聚合物按结构分为以下几类：聚丙烯酸类，包括聚丙烯酸（PAA）、卡波姆（carbopol）、聚卡波非（polycarbophil）等；纤维素类，包括羟丙纤维素（HPC）、羟丙甲纤维素、羧甲纤维素钠、羟乙纤维素等；胶类，包括瓜耳胶、苍耳胶等；其他类，如聚乙烯吡咯烷酮（PVP）、聚乙烯醇（PVA）、脱乙酰壳多糖、藻酸盐等。在处方中往往是几种黏性材料联合使用，可以优势互补，获得最佳的黏性效果。

（4）黏膜制剂的质量评价　外部评价指生物黏附强度测定和药物的黏膜透过性评价。还要经过体内研究，主要是将口腔局部释药的制剂粘贴于口腔黏膜上，在预定的时间内测定口腔唾液的药物浓度，来研究药物的释放规律。对于起全身作用的制剂，可采用以下的方法：直接测定体液的药物浓度；测定体液中药物代谢产物的浓度；剩余量法；生理效应法等。

未来口腔黏膜给药的发展趋势是：寻找黏附性强、刺激性小、物美价廉的黏附材料；延长药物在口腔的滞留时间；提高黏膜对药物的通透性；口腔黏膜长期用药的安全性。常见的口腔黏膜贴剂见图9-15。

图9-15　常见的口腔黏膜贴剂

### 9.5.2.3　胃肠道给药体系用胶黏剂

胃肠道生物黏附制剂有很多优点：口服给药后，它可黏附在消化道黏膜表面，从而延长制剂在胃肠道的停留时间，延长药物的作用，为开发长效制剂尤其是每日给药一次或几日给药一次的长效制剂创造了条件；对在胃肠道中溶解度较小或具有特定吸收部位的药物，延缓制剂在胃肠道的停留时间能增加药物的吸收，提高生物利用度；生物黏附制剂与胃肠道黏膜紧密接触，不仅增加药物吸收总量，而且能提高药物的吸收速率；可定位于胃肠道病变部位，发挥局部治疗作用。

胃肠道生物黏附制剂在体内的停留时间长，所选用的高分子辅料应具有以下特点：无毒；在胃肠道不被吸收；易黏附于湿润组织表面；与黏蛋白/上皮细胞最好以较强而非共价

键方式结合；易与药物配伍；廉价易得等。可作黏附材料的有天然或合成的聚合物：卡波姆（carbolpol，CP）、聚乙烯醇（PVA）、羧甲基纤维素（CMC）、乙基纤维素（EC）、羟丙基纤维素（HPC）、羟丙基甲基纤维素（HPMC）、海藻酸钠、聚乙二醇（PEG）等。其中 CP 是黏附力最强、最常用的生物黏附剂。它是一种白色细粉状、有浮动性和吸湿性的人工合成聚合物。为了得到合适的生物黏附剂，常混合使用不同的聚合物。

　　胃肠道生物黏附制剂体外评价方法有最大黏附力的测定，荧光探针技术，流变学实验，黏附材料颗粒在生物黏膜组织上的滞留量的测定。体内评价方法有 γ-闪烁显影法和灌肠法。胃肠道生物黏附制剂的影响因素很多，如饮食、个体差异、胃肠道的蠕动、消化道黏膜层的更新及消化液的 pH 等。理想的胃肠道生物黏附制剂应具有黏附性适宜，与胃肠道黏附迅速，体内外相关性良好，个体差异小，释药性能良好的特点，有些还要求在体内能准确地定位释药。

# 9.6　胶黏剂在医疗器械中的应用

## 9.6.1　胶黏剂在医疗器械制造中常见的粘接基底

　　医疗水平的提高离不开医疗器械的发展，医疗器械在一些疾病的诊断和治疗中具有重要的作用。医疗器械的组装是医疗器械正常使用的关键一步。医疗设备制造的组装方法包括溶剂焊接、超声波焊接、振动焊接、粘接。相对于传统的超声焊接和振动焊接，胶黏剂作为医疗器械组装的手段具有以下几个优点。首先，医疗器械胶黏剂无溶剂，没有溶剂挥发带来的污染问题，不会对人们的健康造成危害。其次，使用胶黏剂的成本低，不需要投入高额的设备费。再次，胶黏剂可以应用于各种基材之间的粘接，粘接性能优异，满足了医疗器械对不同材质组合的要求。并且在生产过程中满足低能耗要求，能准确对齐组件，生产速度快，易于自动化。医疗胶黏剂的具体属性如下：

　　① 具有良好的空隙填充特性；

　　② 可用于热固性和热塑性塑料基板、非聚合物基板以及其他不同基材；

　　③ 柔性或刚性可调，粘接处的应力分布均匀；

　　④ 在两个基板之间可以形成密闭密封。

　　在近 20 年来，胶黏剂一直是用于各种一次性或非一次性医疗设备的组装、密封和涂层的首选方法。基本上所有的医疗器械或诊断设备都可能会使用医疗级胶黏剂，如图 9-16。最常见的医疗胶黏剂主要应用于一次性用品，如注射器、导管、氧合器等；还会应用于可重复使用器械，如手术器械、诊断设备等；还有一些植入器械，如起搏器也会应用胶黏剂。近年来，医疗胶黏剂又扩展至两个新领域：可重复消毒使用器械（如内窥镜、腹腔镜等）、可重复使用器械（原本作为一次性设备，但现在考虑重复使用）。

　　医疗器械的用胶点主要有：一次性注射器，氧气面罩，麻醉面罩，导尿管，导液管，静脉输液管，内窥镜，血液氧合器，助听器，探测、监控以及图像器械，生物芯片。

　　普遍常见的医疗器械组装粘接产品：聚氯乙烯（PVC）和 PC（麻醉呼吸面罩组装粘接的主要材质）；不锈钢、PC 和 ABS（针头和底座粘接的主要材质）；软 PVC（喉罩、导管粘接的主要材质）。

　　医疗器械材料中的注射器和外科器械大多由玻璃、橡胶和金属等制成，固定、制造和模塑成合适的结构和形态。多样的基材和组装方法满足了医疗器械便于消毒、复杂化设计的要求。常见的粘接基底如下：

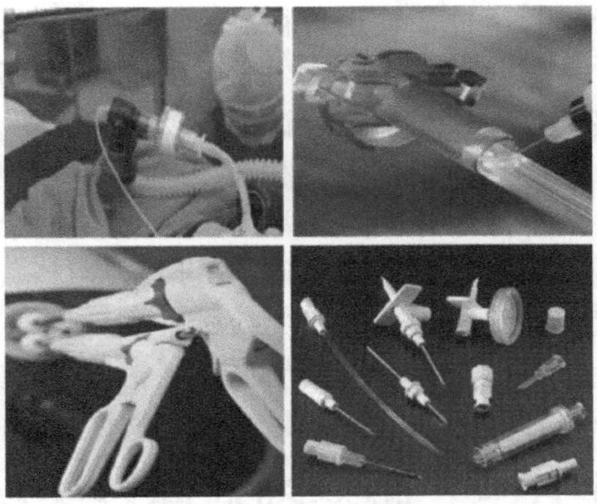

（1）聚氯乙烯（PVC）　聚氯乙烯材料在医疗器械行业中用途十分广泛，使用增塑聚氯乙烯所制成的医疗产品最初是用来替代天然橡胶和玻璃在医疗设备中的使用。替代的原因在于：增塑聚氯乙烯类材料具有更易杀菌、更加透明的特点，并且具有更好的化学稳定性和经济有效性，与静脉注射液和血液之间有良好的相容性。增塑聚氯乙烯类产品使用方便，并且由于其自身具有柔软性和弹性，因而可以避免对病人敏感的组织造成损伤并避免使病人产生不舒适感。PVC 也是一次性无菌医疗器械使用量最大的材料。

图 9-16　使用胶黏剂的医疗器械

（2）聚碳酸酯（PC）　聚碳酸酯是最受欢迎的医疗器械塑料之一。该材料可抵抗冲击、紫外线和高温，且透明、尺寸稳定、具有阻燃性。它可以承受伽马射线或环氧乙烷的灭菌，并且可以通过超声波焊接进行组装。典型应用包括高压注射器、动脉插管、旋塞阀、离心力分离器、血液过滤器外壳和透析器外壳。

（3）ABS　ABS 是由丙烯腈、丁二烯和苯乙烯三种化学单体合成，这三种组分各自的特性使得 ABS 具有良好的综合力学性能。尤其是耐冲击、耐化学性能、耐辐射、耐环氧乙烷消毒。医疗器械通常有移动需求，它一般体积比较庞大，也比较重。而 ABS 树脂质量轻便，用它制作的医疗设备外壳能够极大地降低物体质量，使医疗设备更轻巧，方便使用。ABS 树脂绝电抗损，可以解决通电静电问题，可以让人安全接触电器，更能够防止使用过程中不经意的磕碰损伤，保护电器内部机芯，让医疗器械使用更精准。

（4）不锈钢　不锈钢器械耐蚀、容易制造和消毒，不锈钢提供出一系列具有成本效益的工程材料，它们具有良好的耐蚀性和一系列机械和物理性能，从而适合各种医疗设备用。不锈钢被用于所有种类的医用家具，如桌子、各种推车、柜子、输液架、床等，以及诸如水槽、淋浴喷头和床上便盆等普通组件。还可用作外科植入物，如髋、膝、指和肩关节，以及板、钉、丝和其他固定装置。

## 9.6.2　医疗器械用胶黏剂的分类与粘接机理

医疗胶黏剂是指用于医疗器械粘接的胶黏剂。医疗用品粘接主要是塑料和金属、塑料与塑料的粘接，要求粘接强度高。

对于会接触到血液或体液的医疗器械，使用前必须灭菌消毒，通常要求此应用的医疗胶黏剂可以耐受各种灭菌消毒方法（比如 ETO、伽马射线和蒸汽消毒）。而在不需消毒的医疗设备（例如诊断设备、医疗电子）中，医疗胶黏剂也有广泛的应用，这些设备一般不直接与病人接触。医疗应用胶黏剂的选择也遵循其他应用的相同过程。医疗胶黏剂材料应用不仅需要通过其他工业领域要求的行业共同标准，包括特殊粘接基材确定、强度要求、负载类型、耐冲击、耐高温、耐流体阻力小以及加工制程要求，还需要通过毒性试验或抗杀菌测试。

市场上用于医疗器械的胶黏剂种类繁多，最常用的包括氰基丙烯酸酯胶黏剂、环氧胶黏剂、聚氨酯胶黏剂、有机硅胶黏剂、可见光固化丙烯酸酯胶黏剂、紫外线固化丙烯酸树脂胶黏剂以及紫外线固化氰基丙烯酸胶黏剂，这些胶黏剂都有其各自的优点，在各种基材的粘接时，可以根据要求进行选择。

常用的医疗胶黏剂特点及适用性分别如下：

（1）氰基丙烯酸酯胶黏剂　适用粘接材料范围广，固化迅速，与塑料粘接良好。主要用于导管组件、输送管粘接、聚烯烃粘接。

（2）可见光固化丙烯酸酯胶黏剂 适用粘接材料范围广，抗化学品性好，可根据要求调整固化。常用于注射针组装、麻醉面罩、热交换器、氧合器、输送管粘接。

（3）环氧树脂胶黏剂 适用粘接材料范围广，卓越的热性能和耐化学性，收缩率低，良好的空隙填补能力。常用于深度空间灌封、注射针组装、一般组装。

（4）聚氨酯胶黏剂 适用粘接材料范围广，抗剥离及物理冲击，抗环境影响。常用于深度空间灌封、器件针尖粘接。

（5）有机硅胶黏剂 适用粘接材料范围广，剥离强度高，耐热性好，伸长率良好。常用于硅衬底的粘接和密封、极度柔性基板的表面涂覆。

### 9.6.3 胶黏剂在医疗器械中的应用实例

#### 9.6.3.1 溶剂型 ABS 胶黏剂

准备好 ABS 胶黏剂、医疗器械 ABS 材质，将粘接物表面清洗干净，保持整洁。然后把溶剂型 ABS 胶黏剂涂在粘接物双面，根据材质的不同，使用不同的涂胶工具。由于胶黏剂比较稀，且固化比较快，用毛刷涂刷胶黏剂不均匀，可用注射器打胶。涂完胶后粘接压紧，5min 常温固化，即可定位。粘接物在 2～3h 就有相当强度，24h 后达到高强度。此胶快速定位，可以跟 ABS 塑料粘为一体，达到撕裂程度，医疗器械被粘接后，防水、耐腐蚀性与医疗设备 ABS 材质一样。

#### 9.6.3.2 氰基丙烯酸酯胶黏剂

Henkel 公司的 Loctite 4902 和 Loctite 4903 两种柔韧快干胶，分别提供了 155% 和 86% 的伸长率，他们可以在几秒钟内提供高强度的粘接。如同丙烯酸和尿烷胶黏剂那样灵活，这两种氰基丙烯酸酯胶黏剂能粘接塑料、橡胶、金属和其他材料，并提供符合 ISO 10993 标准的生物相容性。它们适合一次性医疗器械的组装。低黏度的胶黏剂容易流动到任何基质上，通常 5s 内就能固定好组件。这两种胶黏剂都是用于贴身固定柔韧部件，并且可以容易地粘接不同的基底，包括塑料和弹性体。

#### 9.6.3.3 光固化丙烯酸胶黏剂

Loctite 3211 是光固化型丙烯酸胶黏剂，它能以最小的开裂应力迅速形成柔性接头。它适用于玻璃、金属、聚碳酸酯、热塑性塑料。Loctite 3211 的灵活性加强了粘接区域的承载和减震特性，而不会造成应力开裂。当暴露于足够强度的紫外光或可见光时，Loctite 3211 迅速固化形成柔韧透明的粘接。

## 9.7 胶黏剂在美容美发中的应用

### 9.7.1 胶黏剂在美容美发中常见的粘接基底

近年来人们生活水平的提高，大大刺激了美容美发的消费需求。胶黏剂作为一种实用性强、适用性广、应用简便的介质，逐渐渗透到美容美发行业的方方面面。目前，美发、美睫、美甲及面部护理中胶黏剂的应用已屡见不鲜，甚至可以说胶黏剂及粘接技术的发展带动了该行业的转型升级。

美容美发中常见的粘接基底主要为指甲、毛发和皮肤这类人体的表皮及附生结构。

### 9.7.1.1　指甲

指甲作为皮肤的附件之一，有着其特定的功能。首先它有"盾牌"作用，能保护末节指腹免受损伤，维护其稳定性，增强手指触觉的敏感性，协助手抓、挟、捏、挤等。甲床供血丰富，有调节末梢血供、体温的作用。指甲的基本结构见图9-17。

（1）甲基　甲基位于指甲根部，其作用是产生组成指甲的角蛋白细胞。甲基含有毛细血管、淋巴管和神经，因此极为敏感。甲基是指甲生长的源泉，甲基受损就意味着指甲停止生长或畸形生长。做指甲时应极为小心，避免伤及甲基。

（2）指甲根　指甲根位于皮肤下面，较为薄软。其作用是产生新的指甲细胞，推动老细胞向外生长，促进指甲的更新。

（3）指皮和指甲后缘　指皮是覆盖在甲根上的一层皮肤，它也覆盖着指甲后缘。指甲后缘是指甲深入皮肤的边缘地带。

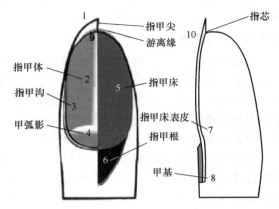

图 9-17　指甲的基本结构

（4）甲弧　甲弧位于指甲根与指甲床的连接处，呈白色，半月形。需要注意的是，甲盖并不是坚固地附着在甲基上，只是通过甲弧与之相连。

（5）甲盖　指甲盖位于指皮与指甲前缘之间，附着在甲床上。甲盖由3～4层坚硬的角蛋白细胞组成，白色半透明状，本身不含有神经和毛细血管，是坚硬的角质细胞。

（6）指甲床　指甲床位于指甲的下面，含有大量的毛细血管和神经。由于含有毛细血管，所以指甲床呈粉红色。

（7）指甲前缘和指芯　指甲前缘是指甲顶部延伸出指甲床的部分，指甲前缘下的薄层皮肤叫指芯。打磨指甲时应注意从两边向中间打磨，切勿从中间向两边来回打磨，否则有可能使指甲破裂。

（8）指甲沟和指墙　指甲沟是指沿指甲周围的皮肤凹陷之处，指墙则是指甲沟处的皮肤。脚指甲的结构大致与手指甲相同。

### 9.7.1.2　毛发

毛发80%约由角朊蛋白质组成。构成人体的成分，水约占70%，蛋白质约占15%，核酸（遗传因子）约占7%，碳水化合物约占3%，类脂质蛋白质约占2%，其余为微量元素。构成人体蛋白质的成分为氨基酸。由外至内由"毛表皮"（毛鳞片）、"毛皮质"和"毛髓质"三个部分组成，见图9-18。

（1）表皮层　由角质结构的鱼鳞状细胞顺向发尾排列而成，一般毛发的表皮层由6～12层毛鳞片所包围，保护头发抵抗外来的伤害，如机构式的破坏。在头发湿润时，表皮鳞片膨胀而易受到伤害，通常头发在碱性状况下，鳞片打开，能吸水和排水，有扩张和收缩功能。

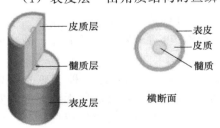

图 9-18　毛发的生理构造

（2）皮质层　由蛋白细胞和色素细胞所组成，占头发的80%，是头发的主体，它含有以下连接物：盐串、硫串纤维状的皮质细胞扭绕如麻花状，从而给予其弹性、张力和韧性，头发的物理性和化学性归因于这种纤维结构。头发的天然色素即（麦拉宁色素）它存在于皮质内，是两种色素构成，即黑色素、红黄色素，而红黄色束缚电荷是由红至黄排列，它们决定头发的颜色。

（3）髓质层  在毛发的最内层，被皮质层细胞所包围，成熟的头发里有的结构呈连续或断续状，并且有一种特殊的物理结构，对化学反应的抵抗力特别强。

### 9.7.1.3  皮肤

皮肤由表皮、真皮和皮下组织构成。皮肤内还有汗腺、毛发、毛囊和皮脂腺等附属器官。皮肤表面有毛发伸出，并且存在大量的汗液、皮屑和皮脂。汗液中水分占到了总质量的99%～99.5%，其余为无机盐（包括氯化钠、氯化钾等）和有机质（包括尿素、乳酸等）。皮脂含有脂类、游离脂肪酸和胆固醇等成分。皮脂和汗液均呈酸性。皮肤能够吸收一些脂类、挥发性液体（如苯、醚、乙醇和油脂）。

粘接的一般是皮肤的表层，皮肤的最外层是表皮，可以不断新生，表皮又分为五层：角质层、透明层、颗粒层、有棘层和基底层。最外层的皮肤细胞是死细胞，其他的是活细胞。表皮起到保护、保湿、新生的作用。第一层表皮是角质层，是角化细胞，又称为死皮细胞，有6～10层。有保护作用，既防止水分流失，同时又防止细菌和有害物质入侵。第二层是透明层，控制皮肤水分，防止水分流失和过量的进入。脸部没有，只在手掌和脚掌中存在。第三层是颗粒层，防止异物侵入，过滤紫外线。第四层是有棘层，富含大量水分、营养成分，具有细胞分裂增殖能力，维持表皮层皮肤弹性。第五次是基底层，由角质层线细胞和黑色素线细胞组成。角质母细胞，能不断分裂产生新生细胞，把原有细胞往上推移，维持表皮层的新陈代谢。含黑色素生长细胞，能产生黑色素，保护真皮层。皮肤生理构造见图9-19。

因此，皮肤的表面形态不利于粘接，必须进行清洁处理，除去汗液和皮脂等污染物质。

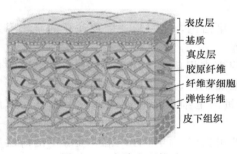

图9-19  皮肤生理构造

表皮层
基质
真皮层
胶原纤维
纤维芽细胞
弹性纤维
皮下组织

## 9.7.2  美容用胶黏剂的分类与粘接机理

### 9.7.2.1  美甲用胶黏剂

过去美甲主要使用指甲油，又名指甲漆，是一种油漆，主要成分为70%～80%的挥发性溶剂，15%左右的硝化纤维素，少量的油性溶剂、樟脑、钛白粉以及油溶颜料等，直接涂抹在指甲上，溶剂挥发形成有色的薄膜，这层薄膜附着在指甲上后则可呈现色彩，起到美化的作用。指甲油操作简便，但是涂抹指甲油时很难涂抹平整均匀，易结块，在溶剂挥发时味道刺激，并且干燥速度慢，存在维持时间短等困扰。

指甲胶对皮肤粘接性良好，干燥迅速，能够把装饰美容斑点粘贴在皮肤上，此外，很容易用温肥皂水把胶黏剂除去。主要用于人类皮肤或指甲化妆，可将美容类型的贴片、圆片或斑点、假睫毛和假指甲粘贴固定。

近几年美甲行业出现的甲油胶，是实现"光疗美甲"的物质基础，是一种UV光固化凝胶材料，应用比较广泛，由于甲油胶本身特点，和一般甲油相比，具有环保无毒、健康安全的特征，且兼容胶类和甲油的共同优点，色泽饱满剔透，涂抹方便，光泽保持更持久，深受美甲人士的青睐。因此甲油胶逐渐替代了指甲油。指甲用胶黏剂见图9-20。

甲油胶组成包括基础树脂（主要为丙烯酸酯类）、光引发剂，以及各种助剂（如颜料和染料、流变改性剂、附着力促进剂、增韧剂、单体稀释剂、交联剂、溶剂等）。基础树脂及前述的预聚体，其作用是保证配方产品的润湿性和流变性，同时影响涂层"可卸除性"。UV 甲油胶配方中的

图 9-20　指甲用胶黏剂

光引发剂可在紫外光作用下转换为自由基，从而引发单体、树脂进行聚合固化。光引发剂添加量占整个配方的 3%～5%。

根据美甲时的功效将甲油胶分为三层：

（1）底胶　该部分属于黏性树脂基础胶，依附于自然甲，其作用在于可以为自然甲与光凝材料结合提供基体。涂完底胶再涂甲油胶会更牢固，使甲油胶不易从指甲上脱落，可起到保护指甲、固定甲油胶的目的。

（2）中层胶（色胶）　该部分在甲油胶中承担着指甲形状塑造任务，即塑形，塑形是中层胶的重点功能。通常其表现为透粉色与透明色两种。在涂刷时，需要仔细涂刷，确保涂刷作业的均匀性。如涂刷不均匀，则会引起指甲表面出现凹凸问题，对后续的打磨塑形、美甲等带来不利影响。

（3）封层胶　该层属于美甲作业的最后一层，其作用为密封指甲胶，赋予甲面充分的光亮。封层胶又分为免洗封层和擦洗封层两个大类，前者要求表面干净、爽滑；后者在完成固化后，表面有一定的浮油，可以通过酒精来擦拭，光泽度相对较好。不管是哪种封层胶，都要求光泽持久、不变色，丰满度较高，且应具备抗划伤与耐温性。在完成一层涂层作业后，需在紫外线光照下进行固化，固化后方可进行下一层处理。

甲油胶几乎不挥发气体，基本无味，甲油胶的黏稠度和流动性适合做美甲，刷的时候会比指甲油均匀许多。涂了甲油胶之后只需照灯 1min 左右就能完全干透，不必像涂了指甲油后要很长时间小心翼翼地呵护。指甲油大都只能做简单的纯色，而甲油胶可塑性比较强，做出的指甲图案多样、款式丰富。它的分类很多，有纯色甲油胶、亮片甲油胶、3D 幻影甲油胶等。甲胶油需要底胶和封层胶的使用，光泽度、耐磨度和牢固度更高，附着力强，具有较好的韧性，不缩胶，不开裂，保持时间更长，持久性更强。由于甲油胶含有光敏感成分，需放置于不透光的瓶子中，避光保存。

### 9.7.2.2　假睫毛胶黏剂

常用的假睫毛胶黏剂是 502 胶。502 胶是以 $\alpha$-氰基丙烯酸乙酯为主，加入增黏剂、稳定剂、增韧剂、阻聚剂等合成的单组分瞬间固化胶黏剂。粘接原理主要是在空气中微量水催化下发生加聚反应，迅速固化而将被粘物粘住，有瞬间胶黏剂之称，固化速度快，使用方便，粘接力强，粘接材料广泛，广泛用于钢铁、有色金属、非金属陶瓷、玻璃、木材及柔性材料橡胶制品、皮鞋、软、硬塑胶等自身或相互间的粘接。

### 9.7.2.3　水凝胶面膜

水凝胶本身是由两种不同的聚合物混合而成的，其中一种是用于增稠食物的海藻提取物，被称为海藻酸盐，另一种则是用于制备软性隐形眼镜的主要材料——聚丙烯酰胺。当这些柔性聚合物相互缠绕时，它们就形成了一个分子网络，即水凝胶。水凝胶面膜是以亲水性凝胶作为面膜基质，以水为分散介质，当把凝胶贴到皮肤上时，受到体温的影响，凝胶内部的物理结构从固态变成液态，通过汗腺、皮脂腺、角质层等系统的细胞间隙向皮肤内渗透。因此，在以水凝胶为基地材质的面膜内注入胶原蛋白、透明质酸、熊果苷、烟酰胺等有效成

分，可制成多种功能的面膜。相较于传统材质面膜，水溶性水凝胶面膜的果冻状精华成分不易蒸发、干燥，其退热舒缓的效果对急性皮肤损伤（如过敏、长痘、擦伤）有良好效果。

除了水凝胶面膜，目前国内外水凝胶贴剂的应用主要集中于外科疾病。水凝胶贴剂即现代巴布剂，属于经皮给药系统，是以水溶性高分子材料为主要基质，加入药物，涂布于无纺布上制成的外用制剂。水凝胶是具有三维立体网络结构的化合物体系，在水中不溶解但可以溶胀，并能保持一定的力学性能，有很高的含水量，柔顺性和生物相容性良好。水凝胶贴剂具有载药量高，剂量准确，贴敷性和保湿性好，无致敏性与刺激性，使用方便、舒适，不污染衣物，不会发生铅中毒等不良反应等优点。因此，水凝胶贴剂被认为是一种极具市场潜力的新型制剂类产品。

水凝胶基质层是药物的储库，对贴剂的粘接性能、含水量、药物释放度和透气性等起主导作用，因此是水凝胶贴剂的关键部分。水凝胶基质层应具备以下条件：对主药的稳定性无影响，不与其他附加剂相互作用，无不良反应；有适当的黏性、弹性和保湿性；对皮肤无刺激性，不产生过敏反应；不在皮肤上残存，能保持水凝胶贴剂的形状；不因汗水作用而软化；具有适宜的pH。保湿剂可延缓水凝胶贴剂的失水，促进皮肤水合作用，有利于药物透皮吸收，并且有一定的溶解药物及分散高分子材料的作用。

水凝胶贴剂中常用的保湿剂有甘油、丙二醇、山梨醇、聚乙二醇，以及它们的混合物。在水凝胶基质中添加适量的表面活性剂，如聚氧乙烯脱水山梨醇单硬脂酸酯，可使药物均匀分散与混合。添加适量的精制油、蓖麻油等辅料，可使水凝胶贴剂的柔软性和耐寒性进一步增强。

水凝胶贴剂主要由背衬层、凝胶层、防黏层三部分组成：

① 背衬层，又称支持层或底材，是膏体的载体，一般选用人造布或无纺布等；

② 凝胶层，在贴敷中产生适度的黏附性，使水凝胶贴剂与皮肤密切接触；

③ 保护层或防黏层，即基质表面的覆盖物，一般选用聚丙烯或聚乙烯薄膜、玻璃纸、聚酯等。

水凝胶贴剂的质量和质量评价包括两个方面：一方面是水凝胶贴剂本身的物理化学性质，另一方面是粘接性。由于粘接性能更直观、更集中地反映水凝胶贴剂的质量，因此对于影响水凝胶贴剂质量和质量评价的探讨主要围绕水凝胶贴剂的粘接性进行。反映水凝胶贴剂粘接性的三个主要指标为初黏力、剥离强度和内聚力。水凝胶面膜见图9-21。

# 9.7.3　胶黏剂在美容中的应用实例

## 9.7.3.1　美发用胶黏剂实例

美发的概念很广，这里主要指补发接发。补发，别名为织发、增发，是由工人将真人发在专用的网底料上手工一根一根地钩织而成，成品又被称作高档假发，是假发类别中的顶级品，一般为真人发。其原理是遮盖住局部或全头的白发，以及发量稀少、秃顶的地方，以实现视觉上的告别局部缺发、形象提升之目的。

接发，顾名思义，就是把头发接到自己的真头发上，瞬间达到从短发到长发的转变，接发用的头发可以是假发（纤维丝），也可以是真发。真发可进行烫发、染发及营养护理，并且容易梳理，因此现在更为普遍使用。纤维丝虽色彩艳丽但不易梳理。接发方式有粘接、扣合、编织三种，每种方式的接发都能保持3～6个月。其中，编织技术较新，也更自然。但现在发廊里流行的接发方法主要有两种：粘接接发和扣合接发。粘接接发是先将接发使用的头发分成很多缕，每缕大约10～20根头发，然后使用富含角蛋白的胶，抹在一小缕头发的发根处，在适当位置取同样发量的真发，迅速将头发接在真发的发根处，距离发根要1cm

左右。粘接胶黏剂会迅速凝固，这样一缕长发就接好了。如果将来不需要时，要到发廊让美发师加热把胶熔化，或者用特殊的洗水抹在连接处，将头发一缕一缕取下，图 9-22 为头发粘接的示例。

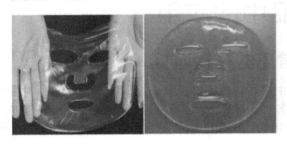

图 9-21　水凝胶面膜

图 9-22　头发的粘接

### 9.7.3.2　美睫用胶黏剂实例

假睫毛由睫毛梗和假睫毛毛发组成，假睫毛毛发是打结在根部的一条梗上的，这个梗一般分为透明梗、棉线梗、塑料梗三种材质。透明梗比较像鱼线材质，隐形度、支撑力度较好；棉线梗质地柔软，佩戴舒适感高；塑料梗最黑最硬，舒适度也是最低的。假睫毛的毛发分为天然毛发和人造纤维两种。天然毛发的假睫毛只有塑料梗的，优点是毛发逼真、柔软，但是贵且不能重复利用。人造纤维假睫毛性价比高、可重复使用，是我们最为常见的假睫毛。

假睫毛胶黏剂用来粘接假睫毛于眼睫毛根部，以美化眼睛，可以用来制造各种夸张的舞台效果。主要成分为丙烯树脂、水等。涂胶后直接上眼即可。假睫毛胶黏剂快干强力，环保无毒，低过敏，不损伤眼部敏感肌肤。使用假睫毛胶黏剂的假睫毛可重复粘贴，在卸妆时将假睫毛上的胶黏剂去除即可。假睫毛的粘接见图 9-23。

图 9-23　假睫毛的粘接

### 9.7.3.3　美甲用胶黏剂实例

甲油胶和指甲油的作用一样，但是成分是完全不同的。操作方式与指甲油完全不同，需先涂底胶，然后涂彩色甲油胶和封层剂，每涂一层需要使用紫外线灯照射硬化，才可以涂下一层。甲油胶的一般使用步骤具体如下：

首先，处理好指甲表面的死皮以及灰尘，进行薄底胶涂膜，并进行光照，光照时间应不低于 30s；其次，进行彩色甲油胶涂膜，在灯照 1min 后进行第二层甲油胶涂膜，并灯照 1min；最后，封层涂抹，完成后灯照 2min，应用酒精来擦拭指甲表面。在固化处理上，甲油胶多以 UV 或 LED 等为准。LED 灯的优势在于其不发热，对皮肤不会产生损伤，且固化程度相对较快，但其成本较高。而一般的 UV 发射光谱是部分无法被吸收，其对皮肤有着一定的损伤，且固化时间较长，然而其成本相对偏低。常用普通 UV 灯功率为

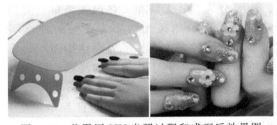

图 9-24　美甲用 UV 光照过程和成型后效果图

36W，常用 LED 灯功率为 12W。随着美甲市场的发展，目前使用最普及的是 UV 及 LED

灯混合排布的美甲灯，常用功率为 36W，结合了 UV 及 LED 灯两者的优势，就是常说的双光源灯。美甲用 UV 光照过程和成型后效果图如图 9-24。

# 9.8　胶黏剂在卫生用品中的应用

## 9.8.1　胶黏剂在卫生用品中常见的粘接基底

卫生用品中用到胶黏剂的主要是一次性卫生用品，也称为吸收性用即弃产品，包括卫生巾、护垫、纸尿裤、纸尿片、床垫、宠物垫和各种无纺布卫生保健用品。胶黏剂用于纤维基材的贴合粘接，是生产中用到的基本材料。其中卫生巾和纸尿裤的胶黏剂用量较大。

### 9.8.1.1　卫生巾和纸尿裤的构造

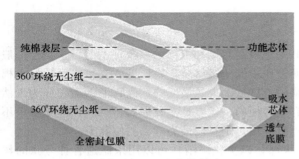

图 9-25　卫生巾的构造

卫生巾的构造可分为面层、吸收芯、底层，见图 9-25。表层是直接与肌肤接触的部分，最常用的是 PE 打孔膜和棉质两种材质，材质柔软；内层主要是棉、织布、纸浆或以上材质复合物所形成的高分子聚合物和高分子聚合物复合纸，用来吸收流出的经血。底层一般是 PE 膜和离型纸组成，起到防水、透气、隔离的作用。

纸尿裤一般由表面包覆层、吸收芯层和底布三个部分组成，见图 9-26。表面包覆层紧贴婴儿身体，能促使尿液快速渗透并有效阻止回渗，保持尿裤表层干爽。吸收芯层主要由纯木浆（绒毛浆）和高吸水树脂（SAP）构成层状结构。底布主要由 PE 膜构成。纸尿裤和卫生巾一样，各层材料之间用热熔胶粘接。

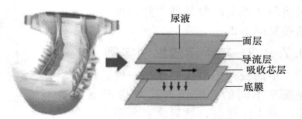

图 9-26　纸尿裤的构造

### 9.8.1.2　卫生用品主要的粘接基材

卫生巾和纸尿裤各层材料之间用胶黏剂相粘接。需要粘接的基材主要包括无纺布、塑料 PE 膜、卫生纸和氨纶丝（橡筋）。

（1）无纺布　无纺布是一种多孔性材料，用作卫生巾或纸尿裤的面层或包裹层材料、导流层材料、用于底膜复合或防漏隔边阻隔尿液。主要分为热轧无纺布、热风无纺布、纺粘无纺布、纺粘-熔喷-纺粘（SMS）无纺布、化学粘接无纺布。热风无纺布为蓬松的纤维网结构，利于热熔胶的润湿、渗透；同时热风无纺布表面纤维较多，增加了界面粘接面积，易于粘接。短纤梳理的热轧无纺布表面较为光滑、纤维网致密，不利于热熔胶的浸润、渗透，因此相对热风无纺布难粘。

（2）塑料 PE 膜　塑料 PE 膜是一种表面张力较低的材料，通常需要对薄膜电晕处理，提高薄膜的表面张力，改善热熔胶对基材的润湿性，从而实现更好的粘接。一般有透气膜和非透气膜之分。非透气膜是 PE 塑料粒子经挤出流延而成，具有透明度高、厚度均匀等优点，主要作用是防止卫生用品吸收的体液底渗，保持卫生用品的整体性。透气膜是在原料中加入无机填料（如碳酸钙）生成亚纳米级的微孔，实现薄膜透气不透水。由于透气底膜的多孔隙和 $CaCO_3$ 填料的影响，卫生巾用透气膜普通背胶中的矿物油、软化剂、增塑剂等小分子会向透气膜渗透引起背胶黏流性变差而失粘，因此必须使用透气膜专用背胶。

（3）卫生纸　卫生纸是由浆板或湿浆经解纤、打浆、湿部成网、烘干、分切等工序加工而成，主要是用来运载或包裹吸收芯体（木浆混合高分子），在生产及使用过程中保持吸收芯的整体性，防止吸收芯体断裂、结团，同时也具有一定的加快体液吸收及扩散功能。由于纸纤维是一种多羟基的纤维素纤维，与水的亲和力较大，水会破坏热熔胶与卫生纸的结合界面，导致粘接力直线下降。湿态下卫生纸与卫生纸之间、卫生纸与无纺布之间的粘接效果较差。一次性卫生用品大多采用湿强度高的湿强纸，要求具有良好的吸收、扩散性能及一定的湿强度。因此，卫生纸与卫生纸、卫生纸与导流层无纺布的粘接必须使用胶线较粗的喷胶方式，或者使用高湿强度的热熔胶，能减少尿液或经血对粘接界面的破坏。

（4）氨纶丝（橡筋）　氨纶丝（橡筋）用于腿部收缩构件、防漏隔边无纺布左右端的弹性构件。腿围收缩构件保证纸尿裤与人体具有良好贴合性能；防漏隔边无纺布自由端的弹性构件，使防漏隔边无纺布呈立起状态，达到更好地贴合人体、限制体液从产品侧向渗漏的目的。氨纶丝是一种聚氨酯圆形弹性纤维卷状包装材料。橡筋是一种天然橡胶/合成橡胶的扁形弹性箱式包装材料。橡胶的空间交联结构为永久性的硫桥网络结构，因此相比氨纶丝具有回缩力维持能力强、弹性能量损耗率低、压迫性小等优点。同时为改善氨纶丝的加工性能和避免卷内材料张力大或老化发黏导致的开卷断丝现象，通常在氨纶丝卷绕前添加硅氧烷、矿物油等滑润剂。为改善橡筋的加工性能和避免箱内材料互相缠结，通常在橡筋的加工过程中添加 1.5%～2.5% 的滑石粉。滑石粉、硅氧烷、矿物油都会影响热熔胶的粘接效果。

## 9.8.2　卫生用品用胶黏剂的分类及组成

### 9.8.2.1　卫生用品用胶黏剂的种类和使用要求

根据卫生用品不同的粘接位置，卫生用品用胶分为背胶、结构胶、橡筋胶、独立包装袋封口胶和左右腰贴专用胶。卫生用品用胶黏剂需要满足施胶工艺的机械性能，以及流动性、粘接性、剪切强度和剥离强度等物理性能；同时应满足卫生用品在强度、弹性、耐热、耐溶剂和耐老化等方面的要求，最重要的是满足卫生产品的安全、卫生和环保要求。

卫生用品用胶大部分是热熔压敏胶，它结合了热熔胶和压敏胶各自的特点，是以热塑性树脂为基体含多种成分的聚合物，在熔融状态下涂布，润湿被粘物，冷却硬化后施加轻压便能快速粘接，同时又容易剥离，不会在粘接后产生质量损耗，不污染被粘表面。具有无溶剂、粘接速度快、无毒害、可反复熔化使用的特点；不仅满足一定的强度、弹性、耐热、耐老化、耐溶剂等要求，并且有良好的浸润性、粘接力，可用于非光滑表面的粘接。此外，此种压敏胶在常温下是固体，便于运输和储存，对难粘接的聚乙烯、聚丙烯等非极性材料也具有良好的粘接效果，方便快捷。最重要的是无气味、无毒，满足一次性产品的安全、卫生和环保要求，目前广泛应用在卫生用品行业。

由于卫生用品用胶位置较多，且各类胶的作用不同，对热熔压敏胶的要求也有差异。

（1）背胶　背胶用于卫生巾的背层，其作用是将卫生巾贴在内裤上，使其不会移动。要求具有适中的剥离力；良好的抗转移性能，内聚强度大；对季节地域的适应性广，在低温环境下，仍有良好的初黏性；剥离力对涂胶厚度的变化不是很敏感；常温老化性能好，卫生巾经过长时间储存后，背胶的剥离力与色泽变化不大；对基材适应性好，对各种内裤布料都有适中的剥离力；热稳定性好，在胶缸中色泽与物理性能变化小；颜色浅，气味淡，对紫外光不能太敏感；操作性能良好，使用温度适中，易于涂布，安全无毒，不会导致过敏。背胶有透气膜专用背胶和非透气膜普通背胶之分。透气膜专用背胶要求热熔压敏胶有良好的抗渗油性。

（2）结构胶　结构胶用于粘接无纺布/打孔膜与 PE 背膜，粘接吸水纸与无纺布、PE 或绒毛浆；粘接弹性腰围与 PE 背膜；粘接立体防漏成型；粘接形成牢固的四周密封，使芯体材料稳固并紧密接触。要求具有良好的热稳定性，合适的开放时间，对 PE 膜及无纺布粘接优良，对无纺布/打孔膜不反渗，不烫伤 PE 膜，不迁移，具有良好的上机性能。结构胶一般有低温和高温之分。低温结构胶的应用温度为 110～130 ℃，能直接涂布在塑料 PE 膜而不会出现烫伤或变形现象，从而增加涂布基材的选择性和操作性。

（3）橡筋胶　用于固定松紧材料，使松紧材料更好地粘接在无纺布与底膜上面，给予卫生用品更好的贴身舒适感，更好的防漏性能。要求橡筋胶具有高的抗蠕变性、良好的热稳定性、合适的开放时间、对弹性材料与 PE 背材或无纺布粘接良好、对无纺布不反渗、柔软富有弹性。

（4）尿显胶　尿显胶是一种含 pH 显色剂的热熔胶，遇尿由黄色变为绿色。在实际的使用过程中必须严格控制涂布量，过低会导致颜色变化浅，过高变色慢。无纺布包裹产品，弱酸性的高吸水性树脂会透过无纺布使尿显胶变色。同时，在实际的使用过程中必须严格控制胶温及尿显胶在胶机内的停放时间，防止过度老化使尿显胶失去尿显功能。

（5）独立包装袋封口胶　封口胶用于卫生巾或护垫独立包装袋的封口，要求对 PE 具有适中的粘接力，剥开时不能撕破包装膜；低的操作温度，不烫伤包装膜，剥离力保持稳定。根据独立包装袋的材质，它可分为低压敏性封口胶和压敏性封口胶。低压敏性封口胶适用于非离型材质的包装袋，因为压敏性太好的封口胶，随着储存时间的延长，封口胶对基材的润湿性变大，粘接力大幅提升，剥开时容易撕破包装膜。压敏性封口胶适用于经涂硅处理的离型膜或离型布的独立包装袋，因为硅油是一种低表面张力的材料，压敏性封口胶对其润湿性受老化、气候影响不大，因此剥离力适中、稳定。普通背胶或开放时间介于背胶与结构胶之间的热熔胶都可用于离型膜或离型布的封口。

（6）左右腰贴专用热熔胶　左右腰贴专用热熔胶用于粘接不带胶的魔术扣与底膜无纺布、防漏隔边无纺布。要求热熔胶具有高的粘接力、高的内聚强度、良好的热稳定性、适当的开放时间、色泽较浅、柔软富有弹性、耐候性强。

### 9.8.2.2　卫生用品用胶黏剂组成

热熔胶的主要成分包括高聚物、增黏树脂、软化剂和抗氧化剂等，各组分对热熔胶的性能均有不同程度的影响。

（1）高聚物　热塑性弹性体是赋予热熔胶内聚力和胶黏性的根本成分。一次性卫生用品用热塑性弹性体一般为苯乙烯-丁二烯-苯乙烯嵌段共聚物（SBS）、苯乙烯-异戊二烯-苯乙烯嵌段共聚物（SIS）等。SBS 流动性佳、硬度范围宽；SIS 流动性佳，低硬度，具有柔性、拉伸性高；SBS 和 SIS 共聚物可分为线型嵌段共聚物和星型嵌段共聚物，其中星型结构相对于线型结构具有耐热性良好、黏度低等特点。

（2）增黏树脂　增黏树脂赋予热熔胶黏性和接着性。增黏树脂有松香树脂、萜烯树脂、氢化石油树脂等。松香树脂有普通松香、氢化松香、聚合松香、改性松香之分；萜烯树脂以 $\alpha$-萜烯聚合的萜烯树脂为主。松香树脂和萜烯树脂具有价格低、货源足、粘接力强，但气味重、颜色深、热稳定性差等特点。氢化石油树脂为石油深加工产品，主要有 $C_5$ 氢化石油树脂、$C_9$ 氢化石油树脂、$C_5/C_9$ 共聚氢化石油树脂。氢化石油树脂具有气味轻、颜色浅、热稳定性好、价格高等特点。

（3）软化剂　软化剂主要作用是降低热熔胶的熔融黏度，改善胶液对被粘物的润湿性和涂布性，增加热熔胶的初黏性，降低胶黏剂的成本。另外，软化剂还可适当增强胶的柔韧性和耐寒性。常见的软化剂有环烷油、白油、邻苯二甲酸酯类、低分子量聚丁二烯等，其中以环烷油效果最好。

（4）抗氧化剂 抗氧化剂主要作用为防止高聚物和增黏树脂在高温下氧化变质。常见的抗氧化剂为四［甲基-$\beta$-（3,5-二叔丁基-4-羟基苯基）丙酸酯］季戊四醇酯，是一种高效的受阻酚型抗氧剂。

防老剂和抗氧剂主要是为了压敏胶在制备和储存过程中防止压敏胶老化而造成性能下降。热熔压敏胶的各个组成部分共同作用可制备性能优良的压敏胶产品。

## 9.8.3 胶黏剂在卫生用品中的应用实例

### 9.8.3.1 卫生用品中热熔胶施工工艺及影响因素

热熔胶涂布设备由胶缸、胶泵、胶枪、喉管、电控部件、喷胶控制装置、选配件等组成。通常胶缸、胶泵、电控部件、喷胶控制装置等组装成胶机。热熔胶涂布方式分接触式及非接触式。接触式涂布只限于接触式刮涂；非接触式涂布有：非接触式刮涂、Omega CF、Sum-mit 纤维喷、Surewarp 条状喷胶等。卫生用品热熔胶在应用时易出现背胶不粘、背胶太粘、胶颜色变化、结构胶与卫生巾内部各种材料不能完全结合等问题。在出现问题时要综合考虑各个施胶过程。热熔胶的粘接效果主要受机器开放时间、上胶温度、上胶量、复合压力等工艺参数的影响。

（1）机器的开放时间 指热熔胶从胶头到复合区域的时间，一般以秒计。它能影响热熔胶的温度和对第二种基材的润湿。热熔胶的开放时间指热熔胶在涂布后保持初黏性的时间。机器的开放时间必须远远低于热熔胶的开放时间，否则热熔胶未复合前已冷却固化使粘接效果变差。

（2）上胶温度 指胶头里热熔胶的温度，温度影响热熔胶对基材的润湿。要考虑热熔胶的热稳定性、基材的耐热能力和渗胶等其他因素。

（3）上胶量 它会影响热熔胶的冷却速度，从而影响对第二基材的润湿。涂胶量要考虑最终粘接力要求、开放时间等。一般来说，机器的开放时间较长时，涂胶量要大些。

（4）复合压力 是两层基材复合粘接时机器所给予的压力。复合压力会影响热熔胶对基材的润湿能力，使热熔胶分别渗入两种基材，决定粘接区域的表面形态，应尽快使热熔胶进入复合滚轮。

### 9.8.3.2 卫生用品中热熔胶的应用实例

背胶有波士胶芬得利 TEP 860，经 70℃高温老化一个月，抗渗油性好，黏性适中，对棉布剥离力稳定。常温结构胶有波士胶芬得利 TEP 960 系列结构胶，因其良好的粘接力、高性价比被广泛应用于一次性卫生用品行业。汉高 DM 5363 的操作温度相对较低，属于中温型橡筋胶。波士胶芬得利 H 9325 具有操作温度低（75～85℃）、不易烫破底膜、遇湿迅速变色、常温储存不变色、低气味、对皮肤无致敏性等优点，被广泛应用于纸尿裤的尿湿显示。常见的左右腰贴胶有波士胶 TEP 4190、汉高 DM 5302 与 DM 5350。

**参 考 文 献**

[1] 杨宝武. 医用胶粘剂进展. 精细化工信息，1991（9）：11.
[2] 杨盛兵，王靖，刘昌胜. 磷酸钙骨胶粘剂的研究. 无机材料学报，2013，28（1）：85.
[3] 刘子胜，刘昌胜. 无机骨粘固剂——磷酸镁骨水泥的研究进展. 材料导报，2000，14（5）：29.
[4] 王艳红，顾汉卿. 医用胶粘剂的发展及临床应用进展. 透析与人工器官，2008（03）：27.

[5]　北京粘接学会. 无处不在的粘接现象. 北京：北京出版社，2016.

[6]　翟海潮. 工程胶黏剂及其应用. 北京：化学工业出版社，2017.

[7]　邓晖. 牙科胶粘剂的湿性粘接. 医学研究通讯，1999（12）：20.

[8]　赵信义. 牙齿粘接基础理论与技术. 中国实用口腔科杂志，2012（1）：4.

[9]　崔春，陈智. 牙本质粘接剂的研究进展. 口腔材料器械杂志，2004，13（1）：38.

[10]　周鼎，于永斌. 医用胶粘剂在眼科手术中的应用. 哈尔滨医科大学学报，2008，42（1）：97.

[11]　秦应祥，赵敏. 组织胶粘剂在眼科中的应用. 国际眼科杂志，2004，8（4）：690.

[12]　秦应祥. 组织胶粘剂用于眼表疾病治疗的实验研究. 重庆：重庆医科大学，2005.

[13]　窦鹏. 中药经皮给药系统新型基质材料的合成、制备与性能研究. 北京：北京化工大学，2013.

[14]　郑玲利，高峰. 胃肠道生物黏附制剂的研究进展. 乐山师范学院学报，2007，22（12）：38.

[15]　李晓芳，金描真. 胃肠道黏膜给药系统及其质量评价. 广东药学院学报，2000，16（1）：51.

[16]　王军红. 药物释放系统（DDS）的应用现状及发展对策. 北京：中国人民解放军军事医学科学院，2005.

[17]　李子东，于敏，李广宇. SBS在胶粘剂中的应用. 化学与黏合，1997，3：159.

[18]　周丕严. 基材及其特性对热熔压敏胶粘接性能的影响. 中国胶粘剂，2012，21（8）：15.

[19]　杨倩. 紫外光固化甲油胶免洗封层的配方研究. 上海：华南理工大学，2017.

[20]　侯雪梅，丁宝月，张纬，等. 水凝胶贴剂的研究进展及目前存在的问题. 药学服务与研究，2012，12（6）：442.

[21]　连伟光，肖方兴，谢锡佳. 热熔胶在一次性卫生用品行业的应用. 广州化工，2011，39（1）：20.

[22]　沈裕棠. 热熔胶应用于一次性卫生用品的技术发展趋势. 生活用纸，2007（17）：25.

[23]　王宇. 卫生用品用热熔压敏胶的研制及影响因素探讨. 南京林业大学，2009：1.

（刘鑫 高峰 甘禄铜 张军营 编写）

# 第10章

# 胶黏剂在文化体育用品行业中的应用

## 10.1 文化体育用品行业的发展趋势及对胶黏剂的需求

### 10.1.1 文化体育用品行业的发展趋势

　　文化体育用品行业随着人们对体育文化活动及消费的追求不断升级，呈现快速发展的态势，越来越多的文化体育活动由高端化向普及化发展，由此带动了文化用品、体育器材等的快速发展。

　　胶黏剂在文化体育用品行业已经有了极其广泛的应用。乐器、文物、工艺美术品、体育器材等方面应用粘接技术制造产品均有较长的历史，新兴的玩具市场也是胶黏剂的使用大户。

### 10.1.2 文化体育用品行业对胶黏剂的要求

　　文体用品行业对胶黏剂的要求越来越高，首先是粘接可靠性，要求胶黏剂不仅要满足常规粘接性能的要求，还要具备适应不同环境使用要求的严格的可靠性测试性能，以保证粘接件在使用中的安全可靠性。其次，胶黏剂要满足不同用品、器材等对声学、力学、电学、光学等性能的要求。另外，作为与消费者直接接触的用品或器材，其安全环保性能也越来越受到关注，胶黏剂必须满足各种安全及健康认证的要求。

### 10.1.3 文化体育用品行业常用胶黏剂

　　文化体育用品行业常用胶黏剂见表 10-1。

表 10-1　文化体育用品行业常用胶黏剂

| 用胶点 | 类型 | 应用和性能 |
|---|---|---|
| 木、纸、皮革等贴合 | 氯丁胶黏剂 | 多种材料粘接，定位速度快，逐渐淡出市场 |
| 乐器、家具等粘接 | 黄鱼胶、骨胶 | 木材等材料粘接 |
| 书籍装订 | EVA 热熔胶 | 定位速度快，工艺性能好 |
| 书籍装订 | PUR 热熔胶 | 定位速度快，湿固化后高韧性、高弹性 |
| 报事贴便条纸 | PSA（压敏胶） | 办公及日常应用 |
| 木材、复合材料粘接 | 聚氨酯胶黏剂 | 木材等多孔类材料粘接性能好，强度高 |
| 金属、复合材料粘接 | 环氧结构胶黏剂 | 碳纤维复合材料、金属粘接，强度高 |
| 金属、复合材料粘接 | 丙烯酸酯胶黏剂 | 材料适应性广泛，强度高 |

# 10.2　胶黏剂在书籍装订中的应用

在书籍装订中，将单张书页连接成书刊的重要方法之一就是粘接，所以，粘接材料是书刊装订生产中的重要材料。

## 10.2.1　书籍装订对胶黏剂的要求

（1）书刊粘接的形式　在书刊装订中，粘接的形式有：端面粘接和平面粘接两种。衬页、插页、表格等与书帖的连接，包衬条，包封面，精装书芯的贴背，书壳的制作及上书壳等都属于平面粘接。无线胶粘装订和热熔线烫订属于端面粘接。平面粘接是搭接，接触面积相对比较大，所以比较牢固。端面粘接是靠胶黏剂渗入书页中，使纸张的端面相互粘接。根据胶黏剂在纸张之间渗入的深度及所形成胶膜的厚度不同，其粘接的效果也不相同。图 10-1 是我们常见的书籍端面粘接效果。

装订效果

图 10-1　书籍端面粘接效果

（2）对装订用胶黏剂的要求　在书籍装订中，被粘接的物体主要是纤维材料（纸、纸板、布等）；如果书刊覆膜，则被粘接的物体是纤维材料和部分塑料膜层。粘接牢固度直接影响书刊的装订质量，它不仅取决于胶黏剂和被粘物体表面的结构和性质，而且同粘接工艺和操作条件有密切的关系。因此，胶黏剂的选用，除应考虑被粘物体表面的性质之外，还应当根据装订工艺及使用过程中的要求来选配。

（3）装订工艺对胶黏剂的要求

① 流动性。书籍装订所用胶黏剂必须具有良好的流动性，才能使胶液浸入被粘物体表面的微孔，在粘接时才能与被粘物体凹凸不平的表面达到全面的接触。

② 润湿性。为了达到理想的粘接效果，胶黏剂应能很好地在被粘物体表面涂布，应与被粘物体表面有尽可能大的接触面积。也就是说，只有当胶黏剂充分润湿被粘物体表面后，才有可能产生完好的粘接效果，所以，润湿是粘接的先决条件。只有当液体的表面张力小于或等于固体表面张力时，才是液体在固体表面完全润湿的条件。因此，胶黏剂的表面张力应尽量小，在这种情况下，液体胶黏剂对被粘物体表面的接触角都是小于 90°，这样才能对被粘物体表面润湿。

③ 黏度。要获得完好的粘接效果，除了胶黏剂在被粘物体表面能充分润湿和渗透外，还必须有一定的粘接强度。粘接强度是由胶黏剂本身的内聚力和胶黏剂与被粘物体之间的黏附力所决定。胶黏剂的黏度，除了直接影响胶黏剂在被粘物体表面的润湿和渗透速度之外，也是影响粘接强度的主要因素。黏度大的胶黏剂，其固体含量高，挥发分少，内聚力大，粘接强度也大。但胶黏剂的流动性小，不易渗透，所以多用于粘接面积比较小的被粘物体，如粘单页、插图，包封面等。黏度小的胶黏剂流动性好，涂刷时容易充满被粘物体表面的所有微孔，增加粘接的表面积，但其固体含量少，内聚力小，粘接强度也小，涂刷的胶液大部分被被粘物吸收，余下的胶黏剂在被粘物体表面不足以形成强有力的粘接膜层。

④ 涂胶时限和凝固时间。装订用胶黏剂应有一定的涂胶时限和凝固时间。涂胶时限是指胶黏剂在涂刷到被粘物体表面后，不丧失其黏性所能持续的时间。这一持续时间应当是完成某一装订工作所必需的最长时间，只有这样才能保证在胶黏剂凝固之前，两个被粘接的物

体在要求的位置粘牢。

⑤ 在被粘物体粘接的过程中，胶黏剂的性能必须稳定。

（4）对胶黏剂的使用要求

① 胶黏剂的使用寿命应当高于所设计的书籍的使用期限，以保证书籍的正常使用。

② 为了使含纤维素的被粘物体不受损坏，不变色，不使印刷图文褪色，胶黏剂应为中性或弱酸性。

③ 胶黏剂应无色透明。

④ 胶黏剂应有较强的粘接力，要能粘牢被粘物体。

⑤ 胶层应有一定的柔韧性和回弹性，以保证在半成品的进一步加工过程中和书籍的翻阅、保存、运输过程中，胶膜不被破坏。

⑥ 胶黏剂应无味、无毒、防霉，防虫蛀、不怕鼠咬，不易燃且价格便宜。

以上是对胶黏剂的共同要求，当完成某一具体工艺过程时，还要根据工艺的特点选择合适的胶黏剂。例如：①粘接环衬、插页、表格等单张的纸页，由于粘接的面积较小，又要粘接牢固，因此需要黏度大的胶黏剂。②粘接书背所使用的胶液，应能保证书帖折缝处粘接牢固，使粘接处的胶膜具有一定的柔弹性，并能保持打开书籍后书背呈拱形。因此，应根据印刷用纸的种类，选择性能合适的胶黏剂。③使用无线胶粘装订时，胶黏剂应具有适当的黏度。当胶黏剂黏度太高时，其流动性变差，渗透性能不好，胶液不易充满被粘接表面的微孔，书页的粘接就不牢固；当胶液黏度太低时，粘接时又不能得到足够厚的粘接膜层。④在包封面和上书壳工序中，因刷胶和包封面或上书壳不是一道工序，为了赶上联动生产线的节拍，同时也为了方便矫正，能使封面材料或书壳和书背之间相对滑动，应使用凝固时间较长、黏性较大的胶黏剂。

## 10.2.2　书籍装订常用胶黏剂种类及特点

书籍书刊装订常用的胶黏剂分为两类，一类是合成树脂类胶黏剂，一类是天然胶黏剂。

### 10.2.2.1　合成树脂类胶黏剂

合成树脂类胶黏剂是使用广泛、方便、品种繁多的粘接材料。在书刊装订中常用的有以下几种。

（1）EVA 热熔胶　EVA 热熔胶是一种不需溶剂和水分的固体可熔聚合物，其主要成分是以乙烯和醋酸乙烯在高温高压下共聚而成的 EVA 树脂，它决定了热熔胶的基本性能。EVA 热熔胶对人体无害，在常温下为固体，加热到一定温度后熔化而变为浅棕色半透明有一定黏性的流动液体。EVA 中加入提高粘接强度的增黏剂（如松香）、胶液黏度及凝固速度调节剂（如石蜡）和少量抗氧化剂（以减缓热熔胶的老化速度），经高温熔融后，冷却固化成块状的固体胶。EVA 不耐热，软化点低。当加热至 80～100℃时胶体缓动，随着温度的升高流动逐渐加快。EVA 胶体固化过程全靠冷却完成，是一种固化性能极好（凝固速度快，离开胶锅后 7～30s 即可凝固）的粘接材料，并且无需烘干或加其他固化剂，能完全适应高速自动化的要求，因此成为平装无线胶订联动线的最佳胶粘材料之一。固化后的胶膜柔韧性好，EVA 热熔胶可以重新加热再使用。

EVA 热熔胶对多孔和非多孔材料都能进行粘接，尤其是多孔性同质材料之间的粘接力更强，可用于高速生产的无线胶订联动线，但不能用于手工装订操作。此外，EVA 热熔胶受溶剂、寒冷、高温等条件的影响，存在耐久性差、涂抹量大、不易开合、粘接强度不高、适应的材料较少、装订适应性不好等缺点。

（2）反应型聚氨酯（PUR）热熔胶　聚氨酯是带有氨酯键（—NH—CO—O—）的高分

子化合物，反应型 PUR 热熔胶是湿固化热熔胶，它在 90℃ 下便开始熔化，遇冷便固化形成初粘力，后吸收水分固化，形成高强度、高韧性的弹性胶膜。

PUR 热熔胶从 20 世纪 80 年代末开始推出。早期只应用于一般的平装书籍，随着产品性能和技术的发展，如今 PUR 热熔胶已在精装书、年度报表、目录、黄页和杂志等多个领域中普及应用。

PUR 热熔胶克服了 EVA 热熔胶存在的缺点，成为替代 EVA 的标准热熔胶。与 EVA 热熔胶相比，PUR 热熔胶装订的书刊外观平整，便于打开，即可以将书刊摊得很平，具有翻阅使用方便等多种优点。

PUR 热熔胶可以满足无线胶订、线装书、侧涂胶、背衬涂胶的所有需求。新一代 PUR 不但改善了固化速度和胶黏性，也提高了热熔胶的流动性，延长了 PUR 在胶锅中的可停留时间，可以达到预期的初粘强度，并且性能稳定、固化速度快，提高了书刊的生产效率和生产灵活性。PUR 热熔胶是目前标准的热熔胶，它的粘接强度比普通的 EVA 胶黏剂高约 40%～60%，这也是 PUR 热熔胶的主要特点。

PUR 热熔胶适用性强，能牢固地粘接涂料纸及其他多种材料，包括清漆涂层、UV 固化层、塑胶薄膜等，非常适合于精装书和特殊要求书刊的装订。传统的装订方法会因为油墨进入纸张中而影响装订质量，而 PUR 胶则不会对油墨的转移造成任何的影响。用 PUR 热熔胶装订的书刊能抵抗 −40～94℃ 的恶劣环境，这是 EVA 热熔胶无法达到的。PUR 热熔胶的涂胶厚度只有 EVA 热熔胶涂胶厚度的一半，裁切时切口光滑无梯形，书封边缘也很光滑。

PUR 胶订的书刊在较长时间内保持初始的胶粘强度，而 EVA 热熔胶置于传统印刷业使用的溶剂中，就会彻底软化，甚至溶解。

（3）PVA 聚乙烯醇胶黏剂　此种胶黏剂是一种白色絮状或粉末状的高分子聚合物，能溶于水，不溶于一般有机溶剂。在热水中溶解后为无色透明的黏稠液体，无毒无味，粘接力强，稳定性好，并有一定的防腐性。聚乙烯醇可单独使用，也可与浆糊等混合使用，在浆糊中加入 10%～30% 的 PVA 聚乙烯醇胶黏剂就能提高浆糊的粘接力和耐水性。在 PVA 聚乙烯醇胶黏剂中加入硫酸钠、钾明矾等，可提高 PVA 胶膜的柔韧性和耐水性能等。

PVA 聚乙烯醇胶黏剂也是书刊装订中常用的加热型胶黏剂，水不易渗透，干燥较慢，粘接纸板、纸张、织品等均可用，可用于平装书刊包封面、精装书芯加工、粘卡纸、堵头布和纱布等，精装书壳也可用此胶。PVA 聚乙烯醇胶黏剂的粘接强度高于浆糊而不及 PVAc 聚醋酸乙烯酯胶黏剂，但其生产材料较便宜，粘接性较好，是一种使用极为普遍的胶黏剂。

聚合度高的 PVA 聚乙烯醇胶黏剂分子量大，成膜性好，黏度高，黏性强但水溶性差。PVA 聚乙烯醇胶黏剂聚合度分为高（1500～2000）、中（700～1500）、低（500～700）三类。装订用 PVA 胶黏剂，在使用时要加水热熔成黏稠液体，既要考虑其聚合度，又要考虑水溶性。

（4）PVAc 聚醋酸乙烯酯胶黏剂　俗称白胶或乳胶，它是由醋酸乙烯酯单体聚合而成。适于装订的聚醋酸乙烯酯胶黏剂是一种乳白色的黏稠液体，具有微酸性。常温下乳胶液的粘接强度较高，固化后胶膜无色透明，有韧性。乳胶液无毒无味，不易发生霉变，不刺激皮肤，不怕虫蛀。能溶于多种有机溶剂并能耐稀酸、稀碱，对人体无害。

PVAc 胶层干燥后韧性好，裁切不损刀片，是一种使用时间最长、最普遍并受欢迎的合成树脂粘接材料。PVAc 胶固化后的胶层为无色透明体，不会给纸张等带来污染，且是水溶液，因此易洗涤。可随意调整其黏度，使用方便。PVAc 胶的不足之处是耐水性和耐热性都较差，但只要保存良好，其性能不会受任何影响。

如果将其用于联动生产线，则需考虑增添烘干设备，如远红外线加热设备、高频介质加热设备等，以加快干燥速度，但烘干温度不能过高。

（5）纸塑复合胶黏剂　为丙烯酸酯和苯乙烯的共聚物，外观呈乳白色液体。该胶有良好的粘接性能和所需要的黏度和膜弹性。纸塑复合胶黏剂以水为分散介质，不易燃、无毒无害、无刺激气味，是一种使用方便、粘接能力很强的水溶性粘接材料，主要用于纸塑粘接。

随着装帧材料的变革，封面材料中的 PVC 涂料纸、覆膜纸、塑料封面等的大量使用，纸塑复合胶黏剂应用更广泛。在塑料与纸张连接时，必须使用这种胶黏剂，特别是上类材料封面的精装书壳与环衬的粘接。若出现三边粘不牢现象，用此胶便可解决。纸塑复合胶黏剂可用于手工装订和机器装订，操作方便，黏度高，粘接牢固。这种胶黏剂于 20 世纪 80 年代中期批量生产，效果良好、普及快，解决了环衬三边粘不牢的质量问题。

（6）VAE 醋酸乙烯-乙烯乳液胶黏剂　VAE 乳液胶黏剂是醋酸乙烯和乙烯共聚物的水分散体系，是一种乳白色液体。这种胶黏剂在我国使用的时间不长，主要用于聚氯乙烯涂布加工纸类封面与环衬粘接。

## 10.2.2.2　天然胶黏剂

（1）动物类胶黏剂　动物类粘接材料的使用，在我国历史悠久。早在 2000 多年前，人们就将动物皮革加水用火熬成皮鳔，用于各种物体的粘接。这种胶是从热水或石灰浆处理的动物的皮、肌内组织和骨骼中获得的一种粘接材料。动物类粘接材料的种类有骨胶、明胶、鱼胶几种。装订常用的是骨胶。

① 骨胶。骨胶是一种使用最为广泛的动物类粘接材料，其主要成分是明胶原蛋白质，但纯度较低。骨胶在常温下是固体脆性硬块，在冷水中不能溶化，但它能吸水而膨胀，经加热等处理后，变成蛋白质的另一形式——胶原，能溶于热水并具有粘接性能。骨胶是以动物的骨、皮、角为原料，从中提取具有胶黏性的胶原蛋白而制成。其特点是：粘接性能好、强度高、水分少、干燥速度快、粘接定型好、价格低廉且使用方便，特别适合于精装书壳及书背布、书背纸、墙头布的粘接，效果良好。

骨胶的胶膜形成后很坚固，富有弹性，但骨胶不耐水，遇水胶层会膨胀而失去粘接性能；其耐腐蚀性也较差，温度过高、湿度过大都会引起变化。骨胶，如果含水超过 20% 就会腐烂变质。

使用骨胶时，最好用热水将骨胶浸泡 10～11h 左右，使胶块变软，然后加热至 70～75℃，使其成为胶液，流动正常后即可使用。配制时要注意胶与水的比例，如水多黏度就低，水少黏度就高。热胶时胶温不宜超过 100℃，否则会使分子链断裂而使黏度下降，使胶液老化变质。骨胶在使用中有微量沉淀，所以要边用边加水进行必要的搅拌，以调节黏度和流动性。热胶时必须采用浴热方法，不能用储存胶的容器直接加热。骨胶要保持在一定温度条件下才可使用，因此当使用中需加水时，加入的水与胶体温度应基本相同，不可加入冷水，因为骨胶要保持（75±10）℃的温度，加入冷水后温度骤降会使胶黏剂出现块状凝条而影响粘接效果。使用骨胶时，涂胶速度要快、均匀，不要一次蘸胶过多，造成胶层不平、渗透联粘、漏胶等。

② 明胶。明胶其实也是一种骨胶，但纯度较高，胶体透明。制作明胶的原料为优质新鲜的动物皮、下脚料及骨等。明胶的熔融温度和凝结温度与骨胶有所不同，明胶的纯度虽高但仍含有一些增塑剂，这些增塑剂可以从空气中吸取水分，以阻止粘接层干燥过分而变脆。

明胶在使用前可加入一定量的水，在 50℃ 左右时就能完全熔融成所需要的胶液，常用的胶温为 40～70℃，不低于 30℃ 仍可使用。明胶比骨胶更好使用，与骨胶有同样的特点，是动物胶中一种优质的粘接材料，但价格较高。

（2）植物类胶黏剂

① 淀粉糊胶黏剂。书刊装订用淀粉糊（也称浆糊）主要原料是从小麦、玉米、马铃薯、

大米中提取的淀粉，将淀粉（5%～12%）与水加热至80℃以上而制成。掌握正确的调制温度，浆糊会具有较强的胶接力。当温度过低时，淀粉还不能完全糊化，粘接力弱且不易使用；当温度较高时，浆糊会逐渐变成玻璃状的透明体，继续升温则会很快降低浆糊的粘接力。浆糊是装订常用的胶粘材料，广泛用于粘接纸张、织物与纸的裱糊、粘封面、环衬、浆背等加工，不宜粘接强度要求高的加工部位；浆糊原料来源广，制作简单，无毒无味，成本低，使用方便。浆糊虽有一定的粘接牢度，但易吸水潮解而使被粘物脱落；浆糊易发酵、发霉以致腐烂，为防止腐烂，常加入少量甲醛，所以最好是现制现用。

②糊精。糊精的原料仍以淀粉为主，与浆糊相比，其黏性强，干燥速度快，透明度好，可以长时间放置，不易变质，使用较广。糊精不仅可溶于热水，而且还可溶于冷水，配成各种浓度的胶黏剂。一般用浓度为45%～50%的糊精水溶液作纸张、织品等的胶黏剂。糊精干燥后膜层比较脆，附着力不强，如用糊精粘漆木和纸张，干燥后很容易从糊精层剥开，为此可加入1%～2%的甘油以提高胶膜的弹性；加入0.65%～1%的硼砂，可提高糊精的粘接牢度。

③纤维素胶黏剂。纤维素胶黏剂又称纸毛浆糊、无粮浆糊。书刊装订中使用的纤维素胶黏剂是羧甲基纤维素胶黏剂。纸毛浆糊无商品出售，多是印刷厂用裁切的纸边自己加工。一般是将纸毛粉碎后，通过化学方法处理，再经中和处理加水而制成。由于其原料来源广，因此在印刷业得到了应用。纸毛浆糊干燥后的粘接性能好，胶膜弹性好，保存性能稳定，不易发霉变质，不怕鼠咬虫蛀，是淀粉浆糊的替代品。纸毛浆糊可用于粘接插页、衬页，包封面等，干燥速度比淀粉浆糊慢，如与聚乙烯醇混合使用，效果较好。

# 10.2.3　书籍装订工艺

在装订生产中，使用水溶性胶黏剂，随着水分的不断挥发，胶黏剂的黏度也在不断升高。对热熔型胶黏剂来说，温度的改变，也导致胶黏剂黏度的改变，这样大大影响胶黏剂的粘接性能。在使用过程中，为了保证粘接的牢度，应根据被粘物体和胶黏剂的种类、性能，在配制和使用胶黏剂时，一定要对其黏度进行控制。

## 10.2.3.1　EVA热熔胶使用工艺

EVA热熔胶使用中应注意以下事项：因为EVA胶开放时间最多只有十几秒，着胶面不宜过大，否则会无法粘接。使用时要提前将胶量储够，并要提前2h以上进行加热，使其逐渐变成所需流体。胶体的流动性可通过温度控制，温度高则黏度低，温度低则黏度高。为保证无线胶订的质量，要注意严格控制热熔胶加工使用的温度。实践证明，在胶订机上第一次涂胶时最佳粘接温度约为180℃，但预热温度通常要低于工作温度约20℃；第二次（有粘书背纸的要求）涂胶的温度要比第一次涂胶胶温高30℃左右，即第二次涂胶时绝不能将第一次所粘书背纸拉下。根据书芯的厚度和纸张的质量不同，上胶温度也不同。书芯厚、纸质好的，胶液的工作温度可以提高到175～185℃。胶液温度越高流动越快，当温度超过200℃时，胶液便开始变色、老化，使凝固的时间变长，降低了无线胶订的粘接质量。当温度升高到250℃时，胶体老化，颜色变深，黏度严重下降。热熔胶固化时间一般为7～13s，冷却时间一般为30s左右。在一定时间内，应保证胶体有冷却干燥的良好条件，才能保证书籍粘接牢固、美观平整。此外，适宜的环境温度才可以保证胶黏剂正常使用，温度过低，胶黏剂会因过早干燥，被粘物粘接不牢（或粘不上）而脱落。

## 10.2.3.2　PUR热熔胶使用工艺

PUR热熔胶近年来得到广泛应用，在使用中要严格遵守使用工艺和对环境条件的要求，以保证发挥其良好的优势。PUR热熔胶配合自动化的装订设备使用，胶黏剂与设备的匹配工艺尤为重要。

　　PUR 热熔胶书刊装订在常见的单机或联动机出现掉页的故障，原因主要是书贴没有整理整齐，折页时折缝跑空，纸毛或纸屑没去掉，纸张不稳定或没有区别胶版纸与铜版纸；用胶的不同，用胶不当，如流体、温度的掌握或胶的质量不佳等；工作室内温度、湿度误差过大；铣槽过浅而窄小，胶液没渗透等。因此，出现这种故障时，可检查这些影响因素，分析排除。而胶层上出现气泡的原因主要是胶辊或均胶辊高度调整不当；托书台高度不当；温度过高或胶质不佳；粘封面时间略晚，没在开放时间内完成，造成涂胶后下垂，出现胶液的钟乳状；等等。

　　在使用 PUR 热熔胶时，为防止 PUR 热熔胶交联不充分，导致胶层容易脱落，以及流动性不易控制，还必须采取一些相应的预防措施。遇到较厚书册的装订时，为了防止书脊变形和避免胶黏剂黏附在裁刀刃上，需要配置足够长的传送带。

　　此外，PUR 热熔胶遇到高温（一般 140℃ 以上）会释放出游离 MDI 单体，对人体的健康产生一定的影响。这种气体会刺激眼、鼻、喉的黏膜；当吸入较大量烟气时会引起头痛等症状。从环保安全方面考虑，对 PUR 热熔胶的加热，最好设置温度控制和通风装置，促进挥发气体的扩散。另外，可使用环保型的低游离 MDI 单体的 PUR 热熔胶，这种产品熔化后可比传统 PUR 热熔胶放出的异氰酸气体减少 90%，因此比较利于环保和保障生产人员的健康。

### 10.2.3.3　PVA 胶黏剂使用工艺

　　PVA 胶黏剂使用时根据所需黏度在胶内加入适量水，并在容器内加热成均匀黏状液体，加热时要用蒸或水浴的方法，不可直接与加热器接触。胶内加热温度不得超过 100℃，以防老化变质。PVA 使用温度为（45±10）℃，在温度适当的条件下可与面粉樱糊混合使用。

### 10.2.3.4　明胶使用工艺

　　明胶使用的要点是：为了防止动物胶粘接层干燥后变脆，可加入适量的甘油，使胶膜具有一定的柔韧性；为了防止胶液发霉变质，特别是夏天温度高时，可在胶内加入适量的防腐剂，如石炭酸等；为了防止胶色加重，可适量掺入些增白剂，如钛白粉等；为提高胶膜在室温下的干燥速度，可加入少量尿素；用机器糊壳时，胶液容易出现气泡，造成涂胶不匀，为此可加入少量有机硅液体、磷酸三丁酯等。明胶在书刊装订中很少使用，因其价格较高，一般用在高档画册或特殊加工时使用。

# 10.3　胶黏剂在体育器材行业的应用

## 10.3.1　胶黏剂在球杆及球拍类器材中的应用

　　球拍及球杆用胶黏剂见表 10-2。

表 10-2　球拍及球杆用胶黏剂

| 品种 | 部件及应用材料 | 胶黏剂类型 |
|---|---|---|
| 乒乓球拍 | 木-海绵 | 天然胶胶黏剂，氯丁胶 |
| | 海绵-橡胶 | 天然胶胶黏剂，氯丁胶 |
| 羽毛球拍 | 杆-套管 | 聚氨酯胶、环氧胶、丙烯酸酯胶 |
| 高尔夫球杆 | 球杆 | 环氧树脂胶 |
| | 球头-球杆套接 | 环氧胶、丙烯酸酯胶 |
| 网球拍 | 碳纤维及其他纤维 | 环氧树脂胶 |
| 曲棍球棍 | 碳纤维球杆 | 环氧树脂胶 |
| | 击球板-球杆 | 环氧胶、丙烯酸酯胶 |
| 冰球杆 | 碳纤维杆柄 | 环氧树脂胶 |
| | 杆柄-杆刃 | 环氧胶、丙烯酸酯胶 |

近些年来，碳纤维复合材料的发展，为提高球杆球拍类体育装备的性能提供了可能。碳纤维复合材料质量轻、强度高、弹性好，所以在球杆球拍的制备中，碳纤维复合材料已成为高性能体育装备普遍采用的材料。

### 10.3.1.1　乒乓球拍

乒乓球拍粘接分四部分，即乒乓球拍木板以及碳纤层的层间粘接，木柄的粘接，天然胶海绵和球拍的贴合，海绵和胶皮的贴合。

木柄和板的粘接采用骨胶，骨胶用法与黄鱼胶相似。

海绵与球拍的粘接采用氯丁胶黏剂，在海绵和木板上分别涂胶一次，晾干后贴合。溶剂为甲苯、乙酸乙酯、汽油等，溶剂对海绵有一定的溶胀作用，使击球的弹性更强。随着国际乒联对有机胶黏剂的限制，现一般采用无机胶黏剂替代。无机胶黏剂是指水溶性胶黏剂，主要配方由聚乙烯醇和白乳胶组成。图 10-2 是目前常见的将复合好的海绵胶皮贴在乒乓球板上。

图 10-2　将海绵胶皮贴在乒乓球板上

### 10.3.1.2　羽毛球拍、网球拍

羽毛球拍和网球拍的球杆和拍面目前多采用碳纤维增强的工艺制备，采用的浸润树脂多为环氧树脂。手柄与球杆的连接处会使用胶黏剂进行粘接。

### 10.3.1.3　高尔夫球杆、冰球杆、曲棍球棍

高尔夫球杆、冰球杆、曲棍球棍的球杆目前多采用碳纤维增强的工艺制备，强度高，质量轻，弹性好。球头、击球板和杆刃等与碳纤维球杆的粘接多采用高强度、高韧性的结构胶进行粘接，以保证粘接的可靠性。粘接后的检测都要通过炮击测试以确认粘接的质量。

高尔夫球杆是高尔夫球运动中的基本装备，由球头、杆身、握把组成。球杆采用的材料包括：碳纤维复合材料、钛合金、不锈钢等多种，其中推杆材料还有不锈钢、黄铜、青铜、铜、铝、聚氨酯等。球头与杆身连接处的组杆用胶多为高强高韧环氧结构胶或丙烯酸酯结构胶，一些铭牌的粘接也用到结构胶。

组杆工艺：球头管柄有一个 10mm 直径的孔，一般深度在 30mm 左右。先将球杆前端粗化（喷砂），然后将管柄孔与球杆端部进行相互接触面的匹配，确认匹配后进行表面清洁，然后均匀施胶，再在恒定压力下夹持固定直至固化。结构胶中通常会加入一定粒径的玻璃微球，以控制结构胶的厚度，避免胶层过薄。另外夹持固定后就可以立即去除溢胶，清洁球杆。图 10-3 是粘接完成的高尔夫球杆头部。

图 10-3　粘接完成的高尔夫球杆头部

## 10.3.2　胶黏剂在面板类器材中的应用

面板类器材用胶黏剂见表 10-3。

表 10-3　面板类器材用胶黏剂

| 品种 | 部件及应用材料 | 胶黏剂类型 |
| --- | --- | --- |
| 乒乓球板 | 木-木 | 白胶、骨胶 |
| | 木-碳粉、短纤维 | 环氧胶 |
| | 木-编织碳纤维或其他纤维 | 环氧胶 |

续表

| 品种 | 部件及应用材料 | 胶黏剂类型 |
| --- | --- | --- |
| 滑雪板 | 木-木 | 聚氨酯胶、环氧胶 |
| | 木-玻璃纤维复合材料 | 环氧胶 |
| | 木-橡胶 | 丙烯酸酯胶 |
| 运动滑板 | 木-木 | 聚氨酯胶、环氧胶 |
| | 木-碳纤维复合材料 | 环氧胶 |
| 冲浪板 | 发泡板-玻璃纤维复合材料 | 环氧胶 |

① 乒乓球板由多层（如五层）木板和碳纤维加强层经粘接而成一体。采用的胶黏剂为环氧胶、白胶（即聚醋酸乙烯酯乳液）或骨胶，涂过后层压而成。

② 滑雪板、冲浪板等板类运动材料，传统上都基于木板制造，密度低，强度高，易加工。运动板类材料不仅需要轴向的强度和弹性，还需要很高的抗扭转刚度，这样才能保证运动中的稳定性。随着复合材料技术和胶黏剂技术的发展，目前在这些板类材料的层间粘接方面，普遍应用三类结构胶：环氧胶、聚氨酯胶、丙烯酸酯胶。

滑雪板一般由面板（topsheet），上、中、下复合材料层（composite layers），层压木芯（laminated wood core），底板等复合而成。根据板子特性，需要增加端墙（tip wall）、侧墙（side wall）、羊毛粘、橡胶阻尼补强带（聚氨酯材料）等。滑雪板组成结构如图 10-4 所示。

滑雪板材料选材非常复杂，既要讲究附着力也要讲究材料的韧性和硬度。

a. 面板 PE 材料。这种材料和市面上的普通 PE 材料不同，主要是分子结构不一样。

b. 底板。采用高分子烧结材料，多为进口。

c. 木材。部分选用爱沙尼亚材质。白杨木以其稳定性和适中的硬度一直是滑雪板的首选材料，但是有的时候滑雪爱好者会要求板子弹性够高，质量减轻，所以会在白杨木基础上拼接泡桐、枫木或者蜂窝板等。

d. 复合材料层。这种材料的密度直接影响板子的硬度和弹性。

e. 边墙。大部分滑雪板都用 ABS 材质的边墙，可以防水、防撞击，保护面板和边刃。

f. 其他材料。螺母、钢边等。

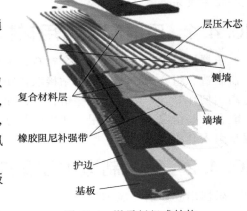

图 10-4　滑雪板组成结构

滑雪板的制备工艺主要分为压机制板、锯边、打磨、刨边、去毛刺、表面丝印、过 UV 油、打蜡、涂防锈油等。胶黏剂的使用主要是在压机制板的工序，每层之间需要胶黏剂进行贴合粘接。

## 10.3.3　胶黏剂在球类制造中的应用

球类用胶黏剂见表 10-4。

表 10-4　球类用胶黏剂

| 品种 | 部件及应用材料 | 胶黏剂类型 |
| --- | --- | --- |
| 篮球 | 皮革 | 氯丁胶黏剂 |
| 足球 | 皮革 | 氯丁胶黏剂 |
| 排球 | 皮革 | 氯丁胶黏剂 |
| 网球 | 中空橡胶球-毛毡 | 氯丁胶黏剂 |

　　球类所用材料多为牛皮、猪皮、羊皮等动物皮革，近些年来，人们对球类的消费量迅速增加，人造皮革和橡胶的用量也越来越多。制造球时若采用传统的缝线工艺，费时费工，性能得不到提高；采用天然橡胶胶浆，粘接力差；采用氯丁胶黏剂贴合外皮，可提高质量。一般氯丁胶的固含量在 20％左右，使用固化剂可进一步提高可靠性，进行粘接时两面涂胶，贴合后固化 3 天可达到使用强度要求。

## 10.3.4　胶黏剂在运动型自行车中的应用

　　近些年来，自行车运动蓬勃发展，对自行车性能的要求越来越高，这就要求自行车向轻量化发展。现在在运动型自行车的生产中，碳纤维增强的复合材料已经成为主要材料。碳纤维复合材料异型件之间的连接、碳纤复合材料和金属件的连接都要采用粘接的方式完成。与环氧树脂基的弹性复合材料相适应，高强度、高韧性的环氧结构胶，包括单组分和双组分反应型，是目前采用最多的胶黏剂品种。一部分高强高韧的丙烯酸酯胶黏剂也可以满足要求。一般对结构胶的强度要求要大于 30MPa，同时要求胶黏剂具有良好的耐疲劳稳定性。

# 10.4　胶黏剂在乐器制造中的应用

　　乐器制造业是应用胶黏剂的传统领域，且已有悠久的历史。竹笛、二胡、提琴、钢琴等几乎每一种乐器都离不开胶黏剂。

## 10.4.1　乐器制造常用材料

　　乐器的材料多为木材及复合材料，本体强度不高。为尽量避免应力集中造成的损坏，在乐器制造、组合中，大多采用粘接取代铆接，并且要求胶黏剂室温固化，干燥速度快，粘接力高，韧性好，耐潮湿。有些组合件在加工和装配时由于装配不当尚需重新粘接，要求胶黏剂能在某些情况下重复使用。使用的胶黏剂多为水基胶黏剂，动物胶应用也较多，近年来已逐步引入合成胶黏剂。

## 10.4.2　乐器制造用胶黏剂类型

　　乐器用胶黏剂见表 10-5。

表 10-5　乐器用胶黏剂

| 品种 | 部件及应用材料 | 胶黏剂类型 |
| --- | --- | --- |
| 二胡 | 红木琴筒拼接 | 黄鱼胶 |
| | 红木琴筒-蛇皮 | 双组分聚氨酯胶 |
| | 骨质装饰-红木 | 黄鱼胶 |
| | 龟头(红木-红木) | 黄鱼胶 |
| 琵琶 | 面板(梧桐木拼接) | 黄鱼胶 |
| | 面板-背(红木) | 黄鱼胶 |
| | 装饰塑料-木 | 黄鱼胶 |
| 月琴 | 面板 | 黄鱼胶、白胶 |
| | 琴鼓圈 | 黄鱼胶 |
| 三弦 | 琴箱(木-木)拼接 | 黄鱼胶 |
| | 琴箱(木-蛇皮) | 双组分聚氨酯胶 |
| 扬琴 | 琴箱(色木) | 黄鱼胶 |
| | 琴马(色木-竹) | 白胶 |
| 笛子 | 嵌头(牛骨) | 黄鱼胶 |

| 品种 | 部件及应用材料 | 胶黏剂类型 |
| --- | --- | --- |
| 京班鼓 | 鼓圆(榉木)拼接 | 黄鱼胶/牛皮胶 |
| | 鼓皮(牛皮)-木 | 黄鱼胶/牛皮胶 |
| 红木班鼓 | 红木拼接 | 黄鱼胶 |
| 大鼓 | 鼓圆(木)拼接 | 黄鱼胶 |
| | 牛皮-木 | 黄鱼胶 |
| 花盆鼓 | 鼓圆(木)拼接 | 黄鱼胶 |
| | 牛皮-鼓圆 | 水性胶 |
| 钢琴 | 立式钢琴头子 | 黄鱼胶/聚氨酯胶 |
| 小提琴 | 木-木 | 环氧胶 |
| 吉他 | 木-复合材料 | 丙烯酸酯胶/聚氨酯胶 |

用于乐器粘接的胶黏剂种类很多，主要有天然蛋白胶（包括有鱼鳔胶、骨胶、皮胶等）和合成胶黏剂（包括环氧胶、聚氨酯胶、丙烯酸酯胶以及瞬干胶等）两大类，但是最好的还是鱼鳔胶。

鱼鳔胶是多年生成年大黄鱼鳔通过加工处理后制得的胶料，因此也俗称黄鱼胶。其主要成分为生胶质、胶原蛋白和凝胶，黏度很高，胶凝强度超过一般动物胶，对木器的粘接作用特别好。鱼鳔胶在冷水中能吸水膨胀，在热水中能受热溶化，其凝固速度快，粘接强度高（强度约为原木材本体强度的 12～18 倍），被认为是粘接力最强、最快速、最节省且环保的天然木器胶。

由于鱼鳔胶有易溶于热水的特性，所以它的最大特点就是可逆性和可重复使用性，它能在保证性能的基础上重复使用，对器物无丝毫损坏，这是其他所有化学胶黏剂所不具备的。

鱼鳔胶独特的可逆性使它在模型、乐器及所有高档木器的粘接地位无可替代。广泛用于高档家具、古建筑、古家具及仿古家具的粘接和修补。

## 10.4.3　胶黏剂应用部位

使用胶黏剂的乐器种类较多，如二胡、竹笛、琵琶、月琴、三弦、扬琴及各类班鼓（如京班鼓、民族鼓、定音鼓、古缸鼓、太鼓、剧团鼓、花铃鼓、钢琴、提琴、手风琴、吉他等）。下面举例说明：

（1）专业京班鼓　京班鼓在制作中有两个部分应用胶黏剂，一是榉木拼接，二是粘贴鼓皮。榉木拼接采用黄鱼胶。黄鱼胶是黄鱼肚晒干而成，使用时将黄鱼胶加水烘煮，烘煮温度为 80～100℃，按 1L 黄鱼胶加水 2～3L 的比例，烧 10min 左右，黄鱼胶呈熔融状。此时在榉木上涂胶，涂胶后即进行粘接，鼓圆拼成后，用铁圈紧固。

粘贴鼓皮时，鼓皮经水浸湿再预拉伸，涂水基胶后贴合在鼓圆上，再用铁圈箍紧。一般固化后鼓皮无翘开为粘接良好。

（2）二胡　二胡使用胶黏剂较多。由 6 块红木拼接而成的琴箱均由黄鱼胶粘成一体；骨质装饰件与琴身红木的粘接可采用黄鱼胶；二胡龟头部位红木和红木的粘接也采用黄鱼胶。

二胡琴箱粘接蛇皮，采用双组分聚氨酯胶。双组分聚氨酯胶是双组分室温固化的胶黏剂，A、B 两组分按配比混合均匀，在被粘面上用毛刷刷胶，刷胶两遍，第一遍涂胶后晾置 5～10min，第二遍涂胶后再

图 10-5　小提琴组装

晾置 10~20min 后贴合。室温固化 3 天即可。

（3）琵琶  红木琵琶以红木为琴身，以发声良好的优质桐木为面板。面板拼接、面板与琴身粘接、牛角装饰与琴身的结合均采用黄鱼胶。

（4）小提琴  小提琴在我国普及时间不长，与传统民乐乐器不同，其制作工艺多为近些年从国外引进。组装过程中多用白乳胶等合成胶黏剂，另外，其中的一些板材也有的是树脂基复合材料，其组装中使用环氧结构胶或丙烯酸结构胶进行连接。图 10-5 是小提琴的组装图。

# 10.5  胶黏剂在工艺美术品中的应用

## 10.5.1  工艺美术品制造常用材料

对于艺术雕刻、雕塑、书画、镶嵌、红木、家具、台灯、仿真花等工艺美术品，胶黏剂有着不可替代的作用，它可以简化制作工艺，促进了工艺美术品款式和设计的更新换代，常用的材料包括了木材、玻璃、塑料、皮革、复合材料、金属、纸张等。

## 10.5.2  工艺美术品制造用胶黏剂类型

工艺美术品花色品种数以万计，其中仿真花、彩灯、镜框、红木家具、首饰箱、贝雕、漆雕、牙雕、木雕等美术品使用胶黏剂较多，胶黏剂在工艺美术品制造中的应用如表 10-6 所示。

表 10-6  工艺美术品用胶黏剂

| 品种 | 被粘材料 | 胶黏剂类型 |
|---|---|---|
| 仿真花 | ABS、PS、PU 皮、PVC、珍珠棉等 | 特殊接技共聚物、橡胶型胶黏剂 |
| 透明玻璃工艺品 | 玻璃、PMMA、PC 透明材料 | UV 胶 |
| 宫灯 | 鱼木、花板 | 黄鱼胶 |
| 镜木框 | 木 | 骨胶 |
| 红木家具 | 红木 | 白胶、聚氨酯胶、黄鱼胶 |
| 首饰箱 | 红木、松木、杂木 | 黄鱼胶、聚醋酸乙烯酯胶、脲醛树脂胶、氯丁胶 |
| 贝雕 | 贝壳、珊瑚 | 环氧胶、氯丁胶、瞬干胶 |
| 漆雕 | 漆料-云母、珊瑚、象牙等 | 环氧胶、氯丁胶、瞬干胶 |
| 牙雕 | 象牙 | 瞬干胶 |
| 木雕 | 白木、红木、黄杨木 | 聚氨酯胶、氯丁胶、黄鱼胶、白胶、聚乙烯醇缩甲醛胶、聚醋酸乙烯酯乳液 |
| 书画裱糊 | 纸 | 淀粉胶等 |

## 10.5.3  胶黏剂应用部位

工艺美术品涵盖的范围很广，包括仿真花、红木家具、木雕、相框、透明玻璃制品粘接以及书画裱糊等。工艺美术品用胶黏剂一般要求：粘接力高，干燥速度快，初黏性好，韧性强，能室温固化，浸水不脱胶，耐潮耐水，易受色上漆，耐寒性好、不变脆，操作简便，耐老化久用不泛色。

### 10.5.3.1  仿真花制作

仿真花是我们最常见的工艺美术品，其定型过程就是依靠胶黏剂完成的。常见的仿真花包括珍珠棉材质的仿真花及硫化橡胶工艺制备的仿真花。

（1）珍珠棉仿真花定型工艺

第一步：定花型，采用珍珠棉作原料，厚度控制在 0.5～1.0mm 之间，将珍珠棉置于压力机的模型内冲压成仿真花的布基。

第二步：上胶，将布基浸入硫化橡胶溶液，然后提出冷却，硫化橡胶在其上固化，从而完成毛坯制作。

第三步：上色，可以有两种方法，一是套挂胶，将毛坯浸入其他颜色的硫化橡胶溶液中；二是彩喷，利用喷刷在毛坯上喷涂出所需的颜色即可。

第四步：热合成型，将上色后的毛坯置于热合机中，控制加热温度在 60℃ 左右，加热温度较低是为了避免作为布基的珍珠棉在高温下熔化，利用模具将毛坯压花后形成成品。

第五步：组装造型，将热合后的成品花、叶固定于由手工缠绕或机制的塑料胶杆上。

（2）硫化橡胶仿真花制备工序

第一步：制花型，首先将硫化橡胶溶液注入模具中，然后冷却出模制成花或叶的毛坯。

第二步：上色，将由第一步所得毛坯上色，可以通过两种方法实现上色，①套挂胶，将由第一步所得的毛坯浸入其他颜色的硫化橡胶溶液中，然后提出冷却；②彩喷，利用喷枪在由第一步所得的毛坯上喷绘出所需的颜色。

第三步：热合成型，将经第二步上色后的毛坯置于热合机中，控制加热温度在 200～300℃ 左右，利用模具将毛坯压花后形成成品。

第四步：组装定型，将热合后的成品花、叶固定于由手工缠绕或机制的塑料胶杆上。

一些精致的红木家具以及镜框、灯箱框、首饰箱也可以算是工艺美术品。家具既是日用生活品，又是工艺美术品。家具等木质材料的粘接采用的胶黏剂品种较多，如白乳胶、黄鱼胶、双组分聚氨酯胶、氯丁胶等，此外脲醛树脂也可被用来粘接木材。

粘接的部位是榫头处和其他非受力处。氯丁胶对木材粘接力强，干燥速度快，初黏性好。

漆雕系将玉石、云母、水晶等，加以精工雕刻，然后镶嵌在各种漆器上，有的直接嵌入，有的则需涂少量胶黏剂固定。使用的胶黏剂有环氧结构胶、聚氨酯胶、氯丁胶等。环氧类胶的固化剂多采用聚酰胺类以降低脆性。

木雕采用黄杨木、红木、白木等，其中某些部位使用胶黏剂。使用的胶黏剂品种有环氧胶、氯丁胶、黄鱼胶、聚乙烯醇缩甲醛胶、聚醋酸乙烯酯乳液等。

## 10.5.3.2　书画裱糊

中国书画的装裱艺术最关键的技术就是胶黏剂的制备应用，自唐代张彦远的《历代名画记》开始，历代有关书画装裱的著述中都有专门章节论述如何"制糊"，今天的书画装裱仍然采用的是传统制糊工艺，并没有因为自然科学的进步和对物质世界认识的深入而发展。图 10-6 是原始的书画装裱操作图。

传统书画装裱用糨糊的制备分为粉浆法和面浆法两种，面浆法是将面粉直接冲制成糊，是原始的制糊方法；粉浆法比面浆法复杂一些，它是提取小麦面粉的麸皮、面筋后保留其中的淀粉并在水中浸泡发酵后加热制糊，这种自然发酵法实质上就是原始的淀粉变性处理。淀粉经发酵后，淀粉的大分子链结构被降解成为较短的小分子，使难溶的原淀粉分子具有了有限的溶解性，经发酵的小分子也更容易在水中润胀、分

图 10-6　原始的书画装裱操作

散，但这种变性处理终点难以量化控制，变性效果十分有限，发酵时间也较长。

结合对书画装裱的现代认识和粘接理论，利用化学科学对淀粉各种性能和应用研究的成果，制备开发出了适合于书画装裱、修复的新型变性淀粉胶黏剂和表面施胶剂，提高了书画装裱、修复的质量，同时改善了书画收藏保存性能。中国传统书画装裱始于晋以前，其工艺水平发展到唐代就已经非常完整了，至宋代时达到了顶峰。现今的中国书画装裱仍旧沿袭了唐宋时期的主要工艺和形制。

原淀粉虽然具有一定的粘接性能，但是其粘接力很弱，自身的缺点更限制了其性能的进一步提高，其缺点主要表现在：

冷水中不膨胀、不溶解、无黏性——因此传统的淀粉胶黏剂的制备中要进行加热糊化处理，而糊化终点又难以量化控制，给使用带来不便；

淀粉颗粒的流动性和排水性——这是导致胶黏剂不能与基材良好浸润和均匀涂布的主要原因，在粘接完成后裱件易出现剥离、粘接不牢固的现象；

玉米、小麦淀粉糊透明性差、易凝沉、冷却形成凝胶——这种凝胶体的形成要求必须粉碎分散后方可使用，给应用带来不便；

淀粉糊达到糊化温度以后黏度急增——在传统制糊工艺中都有这样的体会，在糊化将近完成时，淀粉糊的高黏度使操作极为困难；

糊化淀粉在高温长时间剪切、蒸煮或酸性条件下易发生降解，强度不稳定——这是传统制糊工艺中被称为"燥性"产生的原因。

因此要采用物理、化学、酶法等手段改变淀粉分子结构或大小，使淀粉性质发生变化（即淀粉的变性处理，传统装裱用淀粉胶黏剂的发酵处理也是较原始的变性方法之一）。变性淀粉除保持原淀粉的特性外，还有比原淀粉更优异的性能（如糊化和蒸煮特性，减轻直链淀粉的凝沉和胶凝倾向，降低淀粉的糊化温度，增强了糊液的成膜型、粘接强度等）。

### 10.5.3.3 邮票、信封粘贴再湿性胶黏剂

再湿性胶黏剂，是指将胶黏剂涂布在基体上，干燥条件下没有黏附性，水润湿后便重新产生粘接力的胶黏剂。再湿性胶黏剂，不仅可以用于粘贴壁纸，邮票标签，信封封口，还广泛用于纸盒封边，纸箱的封装，胶合板制造时对单板的封边和拼接等领域。再湿性信封和邮票见图 10-7。

图 10-7　再湿性信封和邮票

再湿性胶黏剂过去经常使用动物胶作为主体原料，由于动物胶初粘力低、润湿速度慢、易于发霉发臭等缺点，限制了它的推广应用。现代的再湿性胶黏剂可以使用阿拉伯树胶、酪蛋白、聚乙烯醇、聚乙烯吡咯烷酮、聚乙烯醚、聚丙烯酸盐等水溶性高分子材料作为主体原料。

# 10.6　胶黏剂在玩具制造中的应用

## 10.6.1　玩具常用材料

玩具不仅是孩子的亲密伙伴，也是儿童智力和知识增长过程中不可或缺的良师益友，又是家庭陈设的观赏品。玩具材料有金属、磁铁、塑料、橡胶、木材、布料、纸张等，品种数

以千计，其中有相当数量的品种采用粘接技术。

## 10.6.2 玩具制造中常用胶黏剂

因为玩具材料较多，生产工艺也不尽相同，所以对胶黏剂的需求多种多样，需要选择多种胶黏剂。玩具用胶黏剂如表 10-7 所示。

表 10-7 玩具用胶黏剂

| 玩具品种 | 被粘材料 | 胶黏剂类型 |
| --- | --- | --- |
| 嵌图 | 木-聚苯乙烯 | 溶剂型聚苯乙烯胶黏剂 |
| 魔方 | ABS 塑料 | 溶剂型聚苯乙烯胶黏剂 |
| 积木 | 木 | 白乳胶、脲醛树脂 |
| 六面画积木 | 木-纸 | 麦淀粉浆糊 |
| 双面弹子棋盘 | 木-木 | 聚醋酸乙烯酯乳液 |
| 摆件玩具 | 木-木 | 聚醋酸乙烯酯乳液 |
| 棋类 | 木-纸 | 羧甲基纤维素 |
| 木盒子 | 木 | 骨胶、黄鱼胶 |
| 毛绒玩具 | 织物 | 热熔胶 |
| 车模 | 塑料 | 瞬干胶、丙烯酸酯结构胶 |
| 玩具枪 | 塑料 | 瞬干胶 |
| 遥控玩具 | 电线固定 | 有机硅胶 |

## 10.6.3 典型玩具粘接应用

（1）玩具磁铁和塑料之间的粘接 现在儿童磁性玩具越来越多，磁铁会用塑料包裹或固定，一般会用胶黏剂进行粘接，最常用的是瞬干胶，固化速度快，效率高。

（2）六面画积木粘接 粘接材料为木材和纸张，采用的胶黏剂为麦淀粉浆糊，也可使用羧甲基纤维素。粘接方法是将胶液分别涂在被粘材料表面，然后贴合，施加压力即可。

（3）遥控玩具粘接 遥控玩具的控制系统为电子电路，其电线及线路板的固定会用到环氧胶、瞬干胶以及丙烯酸酯结构胶等。

## 参 考 文 献

[1] 王孟钟，黄应昌. 胶粘剂应用技术手册. 北京：化学工业出版社，1987.
[2] 齐成. 书刊装订中常见胶粘剂使用方法. 今日印刷，2008（03）：37-40.
[3] 常玉芳. 乐器用乳液型胶粘剂略谈. 乐器，2002（07）：28-29.
[4] UV 胶主要应用领域. 粘接，2016，37（04）：43＋70.
[5] 黄进华. 台湾碳纤维高尔夫球杆市场概况. 高科技纤维与应用，1996（Z2）：34-40.
[6] 平海凤. 高尔夫球杆材料的演变. 材料工程，1998（05）：1.
[7] 袁淑宁. 植物压花艺术中常见的各种胶及其使用方法. 农业科技与信息，2019（13）：44-45.

（曾照坤 王新 编写）

# 第11章

# 胶黏剂在土木与建筑行业中的应用

## 11.1 土木与建筑工程的特点及对胶黏剂的需求

胶黏剂在土木与建筑工程中的应用非常广泛，涉及施工过程中的大部分工序。土木与建筑工程用胶黏剂主要包括建筑结构胶和建筑密封胶两大类。建筑结构胶用于结构受力构件的粘接，需长期承受设计应力和环境作用，一般要求粘接接头所能承受的应力和被粘物本身的强度相当；建筑密封胶一般应用于建筑构件之间的接缝密封，主要功能包括防水、隔声、节能、防腐蚀、防污染、结构弹性连接等。此外，土木与建筑行业还涉及道路接缝、道路标志、装饰、桥梁架设等用途的功能性胶黏剂。

### 11.1.1 土木建筑用胶黏剂的发展历史

(1) 建筑结构胶 20世纪50～60年代初，环氧树脂结构胶在国外已被应用于公路、桥梁、机场跑道等工程中。70年代，丙烯酸胶、聚氨酯胶等各类性能优良的建筑结构胶黏剂相继出现并进入市场。80年代以来，建筑结构胶的各种应用更加普遍。1983年英国成功使用建筑结构胶将6.3mm厚的钢板粘贴于公路桥面与侧面，使此座原来限载量110t的桥梁通过了500t的载重卡车。90年代，随着相关研究的深入，建筑结构胶的胶种日益丰富，发展出了粘接用胶、锚固用胶、灌注用胶和堵漏用胶等，各类胶的用量也有了明显增长。进入21世纪后，各国在建筑结构胶的应用与发展上更进了一步。建筑结构胶在各类基础设施的建设和维护中显示出更加重要的作用。

我国建筑结构胶黏剂的应用始于20世纪70年代末。1977年，日本产环氧建筑结构胶被应用在武汉钢铁公司的4号高炉扩产改造中的梁柱的补强。此后，武汉钢铁公司、武汉重型机床厂、武汉锅炉厂、武汉长江大桥等也相继使用了从美国、瑞士、日本等国家进口的建筑结构胶黏剂。1980年，为了打破国外产品的垄断，原建设部下达了"建筑结构胶研制及应用技术推广"课题，1983年，中科院大连化物所联合辽宁建科院共同研制出了我国第一个达到了进口胶黏剂水平的环氧建筑结构胶产品。

随后，我国建筑结构胶黏剂的品种和技术得到了不断的发展和完善。改性脂肪胺/脂环族固化剂、室温固化环氧树脂、低黏度环氧树脂、高性能增韧剂等技术的研发和应用，特别是纳米材料的引入，使结构胶黏剂性能有了很大改进。建筑结构胶黏剂的应用领域从建筑物加固逐步发展到桥梁、飞机跑道、公路修造、隧道、水利工程、地下工程加固及港口码头加固等方面。同时，以北京天山新材料、回天胶业、康达新材、杭州之江、成都硅宝等为代表的标杆企业也在逐渐发展壮大，目前，我国上规模的建筑结构胶黏剂生产单位已达百余家。

（2）建筑密封胶　我国从古代就开始使用桐油油灰作为建筑密封材料。国外 20 世纪 20 年代初出现了聚异丁烯密封胶、橡胶沥青密封胶。40 年代时，Thiokol 化学公司成功地开发了聚硫密封胶，这也是最早开发、生产的现代弹性密封胶。双组分有机硅密封胶产品出现于 50 年代初，很快被应用于建筑行业。60 年代，单组分室温硫化有机硅密封胶、丁基密封胶和聚丙烯酸酯密封胶相继问世。聚氨酯密封胶出现于 70 年代，具有高伸长率、高抗撕裂、耐磨及耐油等性能。有机硅密封胶于 70 年代首次用于全隐框玻璃幕墙的结构粘接装配工程，也成为目前玻璃幕墙中唯一使用的结构、耐候密封胶品种。1979 年日本率先开发了硅烷改性聚醚密封胶，此后流行于欧美地区。在欧美地区，使用最多的密封胶是有机硅密封胶，然后依次是聚氨酯密封胶、改性聚醚类密封胶、丙烯酸密封胶、聚硫密封胶，沥青基密封胶使用很少。

在我国，密封胶起始发展于 20 世纪 60 年代的国防工业。为了满足航空航天工业的需要，我国在"六五"至"八五"期间，将弹性密封胶、弹塑性密封胶列为重点攻关项目，使密封胶得到了迅速发展。在此期间，我国先后研制了建筑用丙烯酸密封胶（冶金研究院）、建筑用聚硫密封胶、中空玻璃弹性密封胶、热熔丁基密封胶（621 研究所），高、中、低模量的建筑用有机硅密封胶（晨光化工研究院），双组分聚氨酯密封胶（黎明化工研究院）等各类产品。进入 90 年代，随着我国建筑工程的快速发展，特别是幕墙建筑的大量涌现，密封胶成为幕墙结构粘接装配用结构材料，国家在"七五""八五"和"九五"攻关计划中，相继列入中空玻璃密封胶、建筑用中高低模量有机硅密封胶、密封胶生产专用设备和产品标准化等项目，国家和企业逐渐加大此方面投入，形成以有机硅、聚氨酯、环氧、聚硫、改性聚醚、丙烯酸等聚合物为主体的密封胶新兴产业。近年，建筑业对开发综合功能性的密封胶提出了更多需求，针对有机硅改性胶黏剂的研究开发十分活跃，有机硅改性密封胶已成为建筑密封胶发展的重要方向。

## 11.1.2　土木建筑行业用胶需求

土木建筑行业使用的主要材料包括混凝土、石材、玻璃、木材、塑料以及钢材、铝材等金属材料。上述各类材料均涉及粘接应用场景，有着广泛的用胶需求。

混凝土是土木建筑行业中应用体量最大的材料。对混凝土基体进行粘接时，胶黏剂一般需要具有长期防水、耐碱、耐候和耐温变的功能。以混凝土为基材的结构胶多选用环氧树脂类胶黏剂。粘接前，一般要求先进行混凝土表面处理，除掉表面污染物。

石材粘接时，可采用不饱和聚酯树脂类或环氧树脂类胶黏剂。不饱和聚酯树脂类胶黏剂可用于石材的定位、修补等非结构承载粘接。用于石材粘接的干挂胶起结构固定与支撑作用，对粘接强度要求较高，一般为环氧树脂类胶黏剂。不饱和聚酯树脂类胶黏剂存在耐紫外线老化性、耐碱耐水性差，遇光遇水易出现变色、开裂、翘起等问题，目前已逐渐被环氧树脂类或改性环氧树脂类的胶黏剂所取代。

玻璃粘接时，一般要求所使用的胶黏剂应具有足够的弹性变形能力，断裂伸长率一般可达 200% 以上的有机硅胶黏剂往往是首选。此外，适合粘接玻璃的胶黏剂还有环氧树脂胶、聚氨酯胶等。粘接前，玻璃表面必须严格清洁，有时需要使用硅烷底涂层。

木材在干燥和吸湿时会收缩和膨胀，所使用的胶黏剂也必须具有柔韧性，一般可以使用环氧树脂胶、聚氨酯胶、氰基丙烯酸酯胶或丙烯酸酯类胶黏剂进行粘接。

塑料等高分子材料一般可以用聚氨酯胶、聚丙烯酸酯类胶黏剂粘接。碳纤维增强材料的粘接一般采用环氧树脂结构胶。

金属基材最佳的粘接胶黏剂同样是环氧树脂胶，在粘接前必须对待粘表面进行处理，处理时可结合酸洗等表面化学处理方法。

## 11.1.3　土木与建筑行业常用胶黏剂

　　胶黏剂在建筑领域应用广泛，在一般建筑物中主要应用于室内外装饰装修，如外墙锦砖粘贴，玻璃幕墙安装，室内吊顶粘接，墙纸墙布粘贴，地板装修，地砖粘接铺装，卫生间防水密封，以及建筑门窗、伸缩缝、接缝密封等。最常用胶黏剂类型包括环氧树脂类、聚丙烯酸酯类、聚氨酯类、有机硅类和聚硫类胶黏剂。

　　环氧树脂胶黏剂一般作为结构胶使用，其主体树脂多采用双酚 A 型环氧树脂，具有优良的粘接性能、机械性能和化学稳定性，且性价比较高。环氧树脂胶黏剂可实现室温固化，固化后不仅能够承受高应力水平的作用，还具有润滑、填充、密封、抗渗、防止接头腐蚀等功能，在混凝土结构拼接、修补、粘钢及粘贴碳纤维布加固等领域得到了广泛的应用。双酚 A 型环氧树脂固化体的脆性较大，实际使用中多以添加增韧剂或增韧树脂的方式提高其韧性。

　　聚丙烯酸酯类结构胶是由丙烯酸酯类单体和其他功能单体共聚而成，粘接性能良好，黏附力强，耐水性优，耐候性佳，保色性好，使用方便。目前主要用于各种小型混凝土板缝、石膏板缝以及门窗框接缝和家用装修工程缝隙的密封。

　　聚氨酯是由硬、软段组成的嵌段共聚物。硬段分子提供剪切、剥离强度和耐热性能，软段分子提供耐冲击、耐疲劳等特性。调节硬、软段的比例，组成或结构，可制得一系列强度符合不同要求的结构用聚氨酯胶黏剂。聚氨酯胶一般也分为单组分和双组分两种。单组分为湿气固化型，双组分为反应固化型。单组分使用方便，但固化时间较长；双组分固化快、性能好，但配制较麻烦，工艺较复杂。聚氨酯密封胶具有良好的粘接力、较高的弹性、较高的拉伸强度，较好的耐磨、耐寒、耐油性，较长的使用寿命。聚氨酯密封胶用途广泛，用于土木建筑的聚氨酯密封胶，以密封为主、粘接为辅，大多以高弹性、低模量为特点，以适应动态接缝。具体应用包括：混凝土预制件等建材的粘接及施工缝的填充密封，门窗框与混凝土墙的密封嵌缝，玻璃幕墙嵌缝粘接密封，轻质建筑材料（如保温板、铝塑装饰板、吸声天花板）的粘贴嵌缝，阳台、水箱、蓄水池、污水池、竖井、卫浴设施的防水嵌缝密封，空调及其他体系连接处的密封，隔热双层玻璃制造，墙体和楼板的管线贯穿孔洞密封，混凝土和块石地面接缝密封，踢脚线及门槛粘接，屋面和排水沟接缝密封，高等级道路、桥梁、飞机跑道伸缩缝的嵌缝密封，高架道路防撞墙伸缩缝嵌缝，各种材质下水道、地下煤气管道、电线电路管道等管道接头处的连接密封，地铁隧道及其他地下地道连接处的密封等。

　　聚二甲基硅氧烷为基础的有机硅胶黏剂俗称硅酮胶，分为单组分和双组分两种类型。单组分有机硅胶黏剂依靠空气中的水分实现湿气固化，双组分有机硅胶黏剂需采用钛酸酯等固化剂实现固化交联。在建筑行业中，人们一般又将其分为有机硅结构密封胶和有机硅耐候密封胶。有机硅结构密封胶，粘接力强，拉伸强度大，同时又具有耐候性优异、防潮、抗臭气及适应冷热变化大、抗震性好等特点，能实现与大多数建材产品之间的粘接，适用于高层及超高层玻璃幕墙、大尺寸玻璃幕墙和复杂结构玻璃幕墙等高安全性结构的粘接。有机硅耐候密封胶主要用于各种幕墙面板之间的接缝，也用于幕墙面板与装饰面、结构面及金属框架之间的密封。耐候密封胶与结构密封胶的许多性能要求有相似之处，相比较而言，前者的耐大气变化、耐紫外线、耐老化性能较强，断裂伸长率大，而后者则具有较高的强度和粘接性能。

　　聚硫胶黏剂是以液体聚硫橡胶为主剂，混合多种添加剂制备而成，主要用于密封。此类密封胶拥有良好的粘接性、耐水性、耐酸碱性和耐热老化性等特性。聚硫密封胶是最早应用于建筑的弹性密封材料，广泛用于各种建筑接缝。与有机硅胶黏剂相比，聚硫胶黏剂具有优异的耐油性能和较低的水蒸气通过率，是理想的建筑伸缩缝用防水密封材料。但聚硫密封胶存在黏附性差、强度低、弹性恢复率低、固化慢、低温硫化时间长等缺陷，目前在土木建筑行业已逐渐被有机硅胶黏剂所替代。

# 11.2　胶黏剂在幕墙工程中的应用

## 11.2.1　幕墙工程概述

我国建筑幕墙行业从 1983 年开始起步，30 余年来，伴随着国民经济的持续快速发展和城市化进程的加快，建筑幕墙行业实现了从无到有、从外资一统天下到国内企业主导，从模仿引进到自主创新的跨越式发展。我国已经发展成为幕墙行业世界第一生产和使用大国，幕墙相关的建筑材料及加工工艺迅速发展，如各种密封胶的发明及其他隔声、防火填充材料的出现，很好地解决了建筑外围对幕墙的指标要求，幕墙已逐渐成为当代外墙建筑装饰的新潮流。

今天，幕墙不仅广泛用于各种建筑物的外墙，还应用于各种功能建筑的内墙，如通信机房、电视演播室、航空港（机场）、大车站、体育馆、博物馆、文化中心、大酒店、大型商场等的内墙。

2017 年，我国建筑门窗幕墙的市场总值达到 6000 亿元，不论是从市场体量还是从竣工面积来看，我国已经成为全球最大的幕墙门窗市场，建筑幕墙门窗的需求量占全球需求总量 2/3 以上，其中玻璃幕墙占到全部幕墙的 60% 以上。2017 年全球竣工的 200m 以上的超高层幕墙建筑共有 144 座，总量再创新高，而中国占据了 53%，超过一半，仅深圳一个城市，就超过美国全国的竣工量。今后全球的超高层幕墙建筑竣工数量还会大幅提升，中国仍将是占比最多的国家。

按建筑幕墙行业应用情况来看，幕墙结构主要分为玻璃幕墙、石材幕墙、金属幕墙和非金属幕墙四大类。

（1）玻璃幕墙　是以粘接玻璃单元组件为基础装配组合的结构外墙，其分类如图 11-1 所示。与窗墙不同，玻璃是靠胶黏剂粘在金属框架外，玻璃之间靠嵌缝密封胶粘接，构成连续的全透明的玻璃墙体。这种结构特点决定了粘接密封材料和胶粘技术的重要性，胶粘可靠性直接关系到幕墙玻璃悬挂固定的耐久和安全。

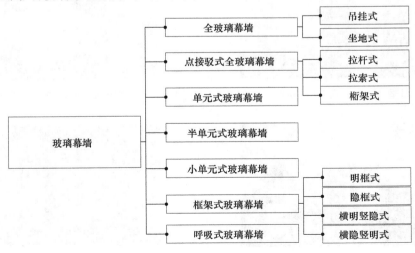

图 11-1　玻璃幕墙分类

全玻璃幕墙是一种全透明、全视野的玻璃幕墙，主要有吊挂式玻璃幕墙和坐地式玻璃幕墙两种。坐地式全玻璃幕墙的玻璃质量由底部玻璃槽承担，坐地式与吊挂式的全玻璃幕墙完成后外观上没有区别。

点接驳式全玻璃幕墙主要有拉杆式、拉索式、桁架式三类，其每一分格玻璃用点接驳钢件以点连接形式固定。

单元式玻璃幕墙是由许多独立的单元组合而成，每个独立单元组件内部所有板块安装、板块间接缝密封均在工厂内加工组装完成，分类编号按工程安装顺序运往工地吊装、安装。

半单元式玻璃幕墙是先在主体结构上安装竖框或竖框与横梁组成的框架，竖框和相邻竖框对插，通过对插形成组合杆，单元组件（装饰面板）再固定在竖框或横梁上。在接缝处需使用密封胶进行接缝处理，形成整片幕墙，如图11-2所示。

框架式（元件式）玻璃幕墙主要可分为明框式、隐框式、横明竖隐式、横隐竖明式这几种类型。该结构较常见的形式是：竖框和横梁现场安装形成框格后将面板材料单元组件固定于骨架上，面板材料单元组件竖向接缝在立柱上，横向接缝在横梁上，并进行接缝密封处理，防雨水、空气渗透。

呼吸式玻璃幕墙（如图11-3）的功能要点是智能化和节能。双层幕墙的导热、遮阳特性，可以明显减少楼宇内的能量消耗。呼吸式玻璃幕墙通常是自然通风，即使天气恶劣，也一样可以开窗换气；而且即使窗户打开，双层幕墙仍可达到单层幕墙窗户关闭时的隔声效果。

（2）石材幕墙　通常由石材面板和支撑结构（横梁立柱、钢结构、连接件等）组成，是不承担主体结构荷载与作用的建筑围护结构。花岗岩石材幕墙如图11-4所示。主要类型有背栓式石材幕墙、托板式石材幕墙和通长槽式石材幕墙。

（3）金属幕墙　由金属板作装饰性面板，通过面板背后的金属框架、转接件等与建筑物主体相连接。一般还包括防火、避雷、保温、隔声、通风、遮阳等所需功能构造。金属幕墙主要分为铝板幕墙和钢板幕墙，铝板幕墙主要有铝单板、复合铝板和蜂窝铝板这几类。铝单板幕墙如图11-5所示。

图11-2　半单元式玻璃幕墙

图11-3　呼吸式玻璃幕墙（北京新源大厦）

图11-4　花岗岩石材幕墙（中国美术馆）

图11-5　铝单板幕墙（长远天地）

（4）非金属幕墙 非金属幕墙主要有千思板幕墙、陶瓷板幕墙，目前还不断有新的非金属建筑材料开发用于建筑幕墙行业。千思板是一种建筑幕墙用高压热固化木纤维板，由普通型或阻燃型高压热固化木纤维（HPL）芯板与一或两个装饰面层在高温高压条件下固化粘接形成的板材。陶瓷板是一种由高岭土黏土和其他无机非金属材料，经成形及 1200℃高温煅烧等生产工艺制成的板状陶瓷制品。

（5）幕墙新品种 近十年来，幕墙新技术、新材料、新工艺的结合不断加深。幕墙行业全力响应全球节能减排的号召，开发了智能型幕墙，如太阳能光伏幕墙、通风道呼吸幕墙、风雨感应幕墙等，展示出了建筑的独特魅力。其中，太阳能光电幕墙采用光电池、光电板技术，利用光电效应把太阳光转化为电能，可供楼宇使用。保定英利建设的光谷幕墙、浙江中南幕墙和正泰光伏合作的双玻组件幕墙等都是此类技术的典型应用。

## 11.2.2 幕墙结构用胶

幕墙用有机硅结构密封胶的性能应符合现行国家标准 GB 16776—2005《建筑用硅酮结构密封胶》、JGJ/T 413—2019《玻璃幕墙粘结可靠性检测评估技术标准》和 JGJ 102—2003《玻璃幕墙工程技术规范》的规定。

### 11.2.2.1 有机硅结构密封胶

建筑幕墙采用有机硅结构密封粘接缝的部位都是受力结构，是关系幕墙安全的关键部位，也是幕墙接缝中最重要的一类胶缝，如图 11-6 所示。这类胶缝主要使用部位有：隐框玻璃幕墙、半隐框玻璃幕墙和明框玻璃幕墙隐框开启窗的玻璃与铝合金框的连接部位；全玻幕墙玻璃面板与玻璃肋的连接部位；倒挂玻璃顶的玻璃与框架的连接部位。

上述部位的连接胶缝，不仅要承受正负风荷载、地震作用，还要长期承受玻璃板块的自重，而有机硅结构密封胶承受永久荷载的能力较低。在选用有机硅结构密封胶前应进行承载力极限状态验算，其中，隐框中空玻璃、半隐框中空玻璃的二道密封结构密封胶应能承受外侧面板传递的

图 11-6 铝单板幕墙（长远天地）

荷载作用。规范规定，有机硅结构密封胶在风荷载或水平地震作用下的强度设计值取 0.2N/mm²，而在永久荷载作用下的强度设计值仅取 0.01N/mm²，只相当于前者的 1/20。而且在永久荷载作用下，胶缝还会有很大的变形。所以，对承受永久荷载部位的胶缝，如隐框玻璃幕墙或横向半隐框玻璃幕墙的玻璃下端和倒挂玻璃顶应设支托或金属安全件，以确保安全。隐框玻璃幕墙、半隐框玻璃幕墙的有机硅结构密封胶粘接宽度和厚度应根据计算确定：厚度不应小于 6mm，且不应大于 12mm；宽度不应小于 7mm，且不宜大于厚度的 2 倍。

全玻幕墙的面板与玻璃肋之间的传力胶缝，必须采用有机硅结构密封胶，不能混同于一般玻璃面板之间的接缝。传力胶缝的尺寸必须经过计算确定。由于构造要求，全玻璃墙面板与面板、面板与玻璃肋之间的空隙一般较大，有时接缝的厚度可能大于宽度。当满足结构计算要求时，允许在全玻幕墙的板缝中填入合格的发泡垫等材料后再进行两面打胶，但胶缝厚度不应小于 6mm。

### 11.2.2.2 有机硅耐候密封胶

有机硅耐候密封胶的胶缝有两种主要功能：一是适应温度伸缩和构件变形的需要，使接

缝两侧的面板不产生互相挤压而开裂；二是防止雨水渗透进入室内。因功能需求不同，其与有机硅结构密封胶不得相互代用。需注意的是，用于石材幕墙面板接缝的有机硅耐候密封胶要求有耐污染性试验的合格证明。这是因为石材有孔隙，密封胶中的某些物质会渗透到石材内部，产生污染，影响外观。

### 11.2.2.3 其他密封胶

防火密封胶可用于楼面和墙面防火隔离层的接缝密封，也可用于有防火要求的玻璃幕墙的玻璃接缝密封。

明框幕墙、建筑门窗用中空玻璃的第一道密封胶应采用丁基热熔密封胶；不需承担荷载的第二道密封胶宜采用聚硫类中空玻璃密封胶，也可采用聚硅氧烷密封胶。

有些轻型雨篷的钢梁直接穿过幕墙与主体结构连接，其与幕墙面板的接缝应进行密封处理。

目前，硅烷改性聚醚型密封胶也开始在幕墙结构进行应用。在用胶前必须进行胶与接触材料的相容性试验，性能检测合格方可使用。

# 11.3 胶黏剂在中空玻璃及门窗制造中的应用

## 11.3.1 胶黏剂在中空玻璃制造中的应用

### 11.3.1.1 中空玻璃概述

中空玻璃由美国人 T. D. Stefson 于 1865 年 8 月 1 日最早获得发明专利，具有良好的隔热、隔声、美观适用、节能、安全舒适、防凝霜、防灰尘污染等性能，并可降低建筑物自重。它使用高强度高气密性复合胶黏剂，将两片或三片玻璃与内含干燥剂的铝合金框架粘接，并在玻璃片间充入干燥气体，框内充以干燥剂，最终得到具有高效能隔声隔热的中空结构。中空玻璃的多方面性能较普通双层玻璃更优越，也因此得到了世界各国的认可。人们为了寻求节能效果的提升，又开发出了多层中空玻璃、Low-E 中空玻璃和腔体里充入惰性气体的中空玻璃等产品。这些新技术、新材料的运用，使中空玻璃具有了更明显的节能效果，有效改善了室内环境，并起到丰富建筑物色调和艺术性的作用，成为当之无愧的绿色、节能、环保型建材产品，广泛应用于建筑、交通、冷藏等行业。

20 世纪 80 年代中期从国外引进首条全自动化中空玻璃生产线后，我国中空玻璃制造步入了新阶段。近几年我国新建楼房使用最广的就是中空玻璃。目前我国生产中空玻璃的企业达千余家，产量也从 1997 年的 $3.5 \times 10^6 \text{m}^2$，上升至 2018 年的接近 $10^8 \text{m}^2$。可以说近年来，中空玻璃行业得到了快速的发展，由以往只用于高档建筑，迅速向普通建筑等领域普及，特别是随着塑钢窗的推广应用，中空玻璃更是深入普通居民家中。

中空玻璃虽然由于用途不同，使用的原材料也不尽相同，但基本组成是相同的。中空玻璃主要组成部分及功用如表 11-1 所示。

表 11-1 中空玻璃主要组成部分及功用

| 材料 | 功用 |
| --- | --- |
| 玻璃 | 所有的平板玻璃及其深加工产品,是构成中空玻璃的基本成分 |
| 密封胶 | 对中空玻璃边部进行密封,确保尽可能少的水蒸气进入中空玻璃内部,延长失效时间 |
| 干燥剂 | 保证将密封在中空玻璃内部的所有水蒸气吸附干净,并吸附服役过程中进入中空玻璃内部的水蒸气,保证中空玻璃的寿命 |
| 间隔条 | 控制中空玻璃内、外两片玻璃的间距,并控制外部水蒸气在这一部分被完全隔绝,保证中空玻璃具有合理的空间层厚度和使用寿命 |

中空玻璃的早期生产工艺方法有 4 种：焊接法、熔接法、粘接法和胶条法。焊接法和熔接法工艺是 20 世纪中期出现的，工艺复杂、成本较高，但可以实现大规模机械化生产，产品质量较好。粘接法工艺是比较早期开始使用的生产工艺，随着粘接胶质量的逐步改进，产品质量寿命都比以前有很大提高，并且其需要的设备和技术比较简单，制造成本稍低，目前这种生产工艺已被广泛采用。胶条法生产工艺是在粘接法基础上发展起来的，目前在汽车玻璃行业中的应用较多。各类生产工艺方法相关内容如表 11-2 所示。

表 11-2　中空玻璃的生产工艺相关内容

| 工艺方法 | 密封原理 | 间隔框材料 | 特点 |
|---|---|---|---|
| 焊接法 | 采用类似于金属钎焊的方法把 2 片玻璃焊接在一起 | 用于钎焊的金属一般采用铜、铅等，也可以使用铁、锡、铬、镍等材料 | 工艺较为复杂，但产品使用寿命长 |
| 熔接法 | 对两块材质相同玻璃的边部进行加热，使其熔化而直接熔合在一起 | 不需要间隔框 | 生产效率偏低，但使用寿命很长 |
| 粘接法 | 用耐候密封胶通过间隔框把 2 片或多片玻璃粘接起来 | 框架材料一般为铝条和不锈钢，也可以使用塑料、橡胶、木材等轻质材料 | 操作较焊接法、熔接法简单，生产效率高；但比胶条法复杂，产品质量好 |
| 胶条法 | 用复合胶条把 2 片或多片玻璃粘接起来 | 集支撑骨架（波浪形铝带）、密封（丁基胶）、干燥（干燥剂）于一体的复合密制材料 | 操作工艺简单，管理成本低。缺点是胶条吸潮慢，必须有专用设备。胶条产量受限 |

我国的中空玻璃生产始于 20 世纪 60 年代，首先采用的是手工制作单道密封工艺。20世纪 80 年代初期，从奥地利、美国等国家引进了中空玻璃生产设备，采用机械加工双道密封工艺。目前国内中空玻璃的制作方式有两种：双道密封槽铝式粘接法和复合胶条式，其中双道密封槽铝式制作工艺占 80%，胶条式制作工艺占 20% 左右。槽铝式中空玻璃由 20 世纪 80 年代引入，工艺相对成熟，但是流程较复杂。胶条式中空玻璃在国内起步较晚，但是制造工艺简单，因此推广很快。槽铝式中空玻璃的制作工艺流程和复合胶条式中空玻璃的制作工艺流程分别如图 11-7 和图 11-8 所示。

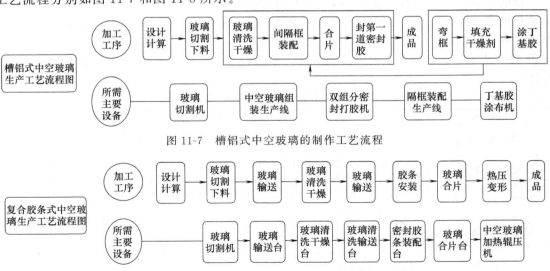

图 11-7　槽铝式中空玻璃的制作工艺流程

图 11-8　复合胶条式中空玻璃的制作工艺流程

## 11.3.1.2　中空玻璃用密封胶相关标准

中空玻璃用密封胶的应用目前主要涉及四个相关标准，分别是 JG/T 471—2015《建筑门窗幕墙用中空玻璃弹性密封胶》，GB/T 29755—2013《中空玻璃用弹性密封胶》，GB 24266—2009《中空玻璃用硅酮结构密封胶》，JC/T 914—2014《中空玻璃用丁基热熔密封胶》。

标准中按密封胶在中空玻璃安装典型应用中的承载方式，规定了中空玻璃用密封胶的分类及标记，如图11-9所示。其中，W表示承受阵风和/或气压水平荷载用密封胶；H表示承受玻璃永久荷载用密封胶；P表示承受永久荷载的密封胶。

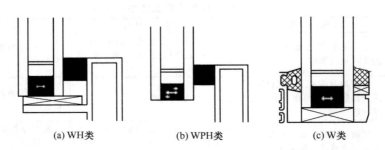

|(a) WH类　　　　　　(b) WPH类　　　　　　(c) W类|

图 11-9　典型安装中空玻璃密封胶承载形式图例

### 11.3.1.3　中空玻璃用密封胶的分类与特点

中空玻璃用密封胶种类主要有丁基胶、聚硫胶、有机硅胶和聚氨酯密封胶。目前，中空玻璃生产工艺主要以双道密封为主，在双道密封的工艺中，第一道密封胶用丁基胶，丁基胶的气体渗透性最好和水汽渗透率最小，主要起到防止水汽透过作用；第二道密封用聚硫密封胶、有机硅封胶或聚氨酯密封胶。聚硫密封胶或有机硅密封胶粘接性能较好，主要作用是粘接性能，同时也起到辅助密封的作用，但近年来聚硫胶由于味道等环保方面问题用量萎缩，有机硅胶成为二道密封主要用胶品种。聚氨酯胶也作为二道密封胶使用，在欧美用量较大，主要用于充气式中空玻璃，国内用量较小。

目前，中空玻璃用第一道密封胶丁基密封胶的产品形式主要有以下5类：①中空玻璃用丁基热熔密封胶；②中空玻璃用复合密封胶条；③结构型丁基热熔密封胶；④反应型丁基热熔密封胶；⑤双面丁基胶条。丁基胶的产品形式不同，其在中空玻璃中所起的作用也不同，如表11-3所示。但无论采用何种产品形式，丁基胶必须满足气密性和耐老化性这两种基本特性。

表 11-3　五种丁基密封胶

| 产品形式 | 主要作用 |
|---|---|
| 丁基热熔密封胶 | 预固定金属间隔框和玻璃;保持中空玻璃的气密性,起密封作用;保证与中空玻璃使用寿命相当的耐老化性 |
| 复合密封胶条 | 保持中空玻璃的气密性,起密封作用;去除中空腔内的水分,保持中空玻璃内部干燥;如果是单道密封,还起稳定中空玻璃结构的作用;保证与中空玻璃使用寿命相当的耐老化性 |
| 结构型丁基热熔密封胶 | 保持中空玻璃的气密性,起密封作用;起中空玻璃结构稳定作用;保证与中空玻璃使用寿命相当的耐老化性 |
| 反应型丁基热熔密封胶 | 保持中空玻璃的气密性,起密封作用;起中空玻璃结构稳定作用;保证与中空玻璃使用寿命相当的耐老化性 |
| 双面丁基胶条 | 预固定金属间隔框和玻璃;保持中空玻璃的气密性,起密封作用;保证与中空玻璃使用寿命相当的耐老化性 |

（1）丁基热熔密封胶　热熔密封胶是国内丁基密封胶的主要产品形式，属于非反应单组分热熔胶。产品由聚异丁烯或部分丁基橡胶、填料及其他助剂经密闭混合高温脱气后出料包装生产而成，适用于中空玻璃的内道密封，常温下为固态，必须使用专用的丁基胶涂布机加

热熔化后，在一定压力下挤出涂布于金属间隔条两侧。其与中空玻璃外道密封配合使用，完成中空玻璃双道密封。产品执行标准为 JC/T 914—2014《中空玻璃用丁基热熔密封胶》。同时，GB/T 11944—2012《中空玻璃》和 JC/T 2071—2011《中空玻璃生产技术规程》标准中也对该类产品形式的丁基胶进行了规定。产品适用于任何场合下使用的中空玻璃，但制作双道密封中空玻璃之前，必须对内外两道密封胶进行相容性试验，以防两种密封胶不相容。

（2）复合密封胶条　复合密封胶条按结构和形状分为矩形复合密封胶条和凹形复合密封胶条，如图 11-10 所示。其以丁基胶为主要原料，嵌入波浪形支撑带（铝带或不锈钢带）并挤压成一定形状，内部含有干燥剂。该产品形式集丁基胶、波浪形支撑带和干燥剂于一身的一体化工艺，可免除干燥剂、间隔条连接件或外道密封胶的安装和使用。

用于中空玻璃边部密封时，复合密封胶条的胶层宽度应符合 GB/T 11944—2012 标准中 6.1.5 的要求，即为（8±2）mm。产品执行标准为 JC/T 1022—2007《中空玻璃用复合密封胶条》。同时，GB/T 11944—2012 和 JC/T 2071—2011 标准中也对该类产品形式的丁基胶进行了规定。复合密封胶条吸潮慢，采用复合密封胶条制备中空玻璃的要求高，在实际生产过程中会出现很多问题，如中空玻璃错位、胶条不直等，会影响中空玻璃的密封性和耐久性。所以，复合密封胶条中空玻璃可根据设计要求进行二道封胶，通过外道密封胶提高复合胶条中空玻璃的结构稳定性。采用二道密封时，复合密封胶条应与所选用的外道密封胶相容。

（3）结构型丁基热熔密封胶　该产品形式在国内应用较少，由丁基橡胶、聚异丁烯、合成树脂、弹性体、增黏剂、填料、增熔剂等制成，用于中空玻璃单道密封，起密封、结构双重作用。目前，国内还没有该类产品形式的丁基胶相关标准。

采用这类丁基胶的中空玻璃，主

矩形复合密封胶条

凹形复合密封胶条

图 11-10　复合密封胶条

要依靠丁基胶的自身粘接、物理吸附、密封作用来实现边部密封，粘接力低，结构稳定性差；同时，由于丁基胶配方中加入大量的增熔剂，产品玻璃化温度高，冬季硬度急剧上升，易丧失与玻璃之间的粘接性，从而导致中空玻璃密封失效。因而，同样不宜用于制作大板块中空玻璃、结构性的幕墙中空玻璃、高层建筑和风荷载大的建筑中空玻璃等。

（4）反应型丁基热熔密封胶　该产品形式主要在国外应用。反应型热熔胶（简称 DSE）按照所使用原料的不同可分为 3 类，即反应型热熔聚氨酯胶（聚氨酯胶和丁基胶的化合物）、反应型热熔丁基胶（100%的丁基胶）和反应型热熔改性有机硅胶（改性聚硅氧烷和丁基胶的化合物）。反应型丁基热熔密封胶是指其中的第二类，一般为单组分、化学固化（多为湿气固化）。常温下为固态、略带黏性的弹性体，加热至一定温度后熔化，挤出涂布于中空玻璃的涂胶部位，冷却后变为固态的密封胶。用于中空玻璃单道密封（一般用于超级间隔条的中空玻璃），起密封和结构双重作用。打胶工艺、设备与常规丁基胶相同。与非反应型丁基热熔胶相比，反应型丁基热熔密封胶耐热、耐溶剂、抗蠕变性能更优。

（5）双面丁基胶条　是以饱和聚异丁烯橡胶、丁基橡胶、卤化丁基橡胶等为主要原料，添加适量的补强剂和增黏剂制成的，具有粘接密封功能的弹塑性双面胶条。双面丁基胶条及打胶设备如图 11-11 所示。

该产品执行标准为 JC/T 942—2004《丁基橡胶防水密封胶粘带》。因为适用对象不同，该标准没有涉及气密性的控制指标，也没有考虑紫外线对丁基胶老化的影响，应慎重选用。同时，GB/T 11944—2012 和 JC/T 2071—2011 标准中并未涉及对该类产品形式丁基胶的规定，胶条宽度≥4mm、厚度≥0.5mm，中空玻璃合片后方能满足 GB/T 11944—2012 标准对丁基胶宽度的要求。中空玻璃二道密封用胶主要为聚硫胶、有机硅胶和聚氨酯胶，用胶点如图 11-12 所示。

聚硫胶具有较好的耐油性、耐溶性及密封性，稳定性较好，它不易和玻璃、丁基胶、干燥剂及铝条发生不相容的情况，是比较理想的中空玻璃密封材料，有利于中空玻璃质量保证。但聚硫密封胶最大的缺点就是耐紫外辐照性较差，如长期在户外暴露、阳光直射下容易老化，密封胶逐渐变硬、失去弹性，表面出现龟裂，耐候性和耐紫外线性能急剧下降，同时聚硫橡胶的生产工艺烦琐，污染比较严重，价格较高，这些因素都制约着聚硫中空玻璃密封胶的发展。

图 11-11　双面丁基胶条及打胶设备

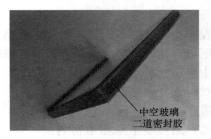

中空玻璃二道密封胶

图 11-12　中空玻璃二道密封胶用胶点

有机硅胶与聚硫胶相比，更容易和其他材料发生反应而影响中空玻璃的产品质量和使用寿命，但有机硅胶以其优异的粘接性、耐老化及抗紫外线性能而成为中空玻璃密封的主要材料，特别是针对隐框、半隐框的幕墙玻璃更是具有其他胶不能比拟的优越性。

目前中空玻璃聚氨酯密封胶一般为双组分产品。聚氨酯密封胶的化学特性使其具有良好的粘接性，可用于各种材料接缝的密封；同时聚氨酯密封胶弹性好、具有优良的复原性，适合于动态接缝，可以承受中空玻璃使用过程中的风压变形。但聚氨酯密封胶对存储环境和施工环境要求较高，如在高温或高湿度情况下，其会发生化学反应释放二氧化碳气体，从而影响其性能。

目前市场上使用的第二道密封胶主要以有机硅胶和聚硫胶为主，由于聚氨酯胶的施工工艺复杂，对施工的温湿度要求较高，所以目前其应用较少，而聚硫胶在使用中有强烈的刺激性气味，很多生产操作人员难以接受而不愿意使用，结合成本因素，目前有机硅胶的使用已明显占据了主导地位。对于一些有特殊要求的中空玻璃，需要对有机硅胶、聚硫胶和聚氨酯胶进行改性处理方可满足使用要求，此方面的研究已较广泛。但由于成本高且用途特殊，改性产品的实际用量还较少。

## 11.3.2　胶黏剂在门窗制造中的应用

### 11.3.2.1　门窗用弹性胶

GB/T 14683—2017《硅酮和改性硅酮建筑密封胶》根据位移能力分为 50 级、35 级、25 级、20 级，根据拉伸模量分别对低模和高模进行了区分。JC/T 485—2007《建筑窗用弹性密封胶》将密封胶根据物理力学性能要求分为 1 级、2 级、3 级，适用产品类型包括聚硅氧烷和除聚硅氧烷以外的以合成高分子材料为主要成分的弹性密封胶。该标准只适用于门窗接缝密封和玻璃镶嵌，不适用于建筑幕墙和中空玻璃。JG/T 471—2015《建筑门窗幕墙用中空玻璃弹性密封胶》借鉴国际先进标准编制，检验项目涉及密封胶产品质量控制、一致性鉴定、力学性能、环境老化的影响以及密封性能等方面，以寿命 25 年为目标，严格控制产品的质量稳定性，同时对其耐久性和粘接可靠性提出了严格要求。该标准针对中空玻璃单元在门窗幕墙上安装使用状态的不同设置了相应的检测项目，对中空玻璃弹性密封胶的质量控制更加有针对性，能更好地满足门窗幕墙中空玻璃粘接设计选材和合理应用的要求。它与建筑门窗幕墙工程技术规范相协调，能够有效地控制中空玻璃密封胶的产品质量，避免中空玻璃因密封胶失效导致的结露、渗水，甚至玻璃脱粘等现象的发生，保证建筑中空玻璃密封粘接可靠性和节能密封耐久性。

　　门窗密封胶如图 11-13 所示，门窗打胶安装的程序一般如下：窗框就位→框固定→填塞缝隙→安五金配件→安玻璃→打胶、清理。窗框与墙体固定时，先固定上框，后固定边框，采用塑料膨胀螺栓固定。各楼层窗框安装时均应横向、竖向拉通线，各层水平一致，上下顺直。框与洞口之间的伸缩缝内腔均采用闭孔泡沫塑料、发泡剂等弹性材料填塞，表面用密封胶密封。

普通密封胶

图 11-13　门窗密封胶

### 11.3.2.2　门窗组角密封胶

　　门窗作为建筑围护结构中不可缺少的重要组成部分，可保证建筑的采光和通风，提高建筑物的美观性和居住舒适度，但同时，也是建筑围护结构中耗能最大的因素。在建筑能耗中，通过玻璃门窗造成的能耗占到了建筑总能耗的 50%左右；门窗散热约占建筑总散热的三分之一以上。因此，提高门窗的节能性能已经成为实现建筑节能的关键所在。采用新型节能材料，高效的保温系统和采光、遮阳设计等节能技术的节能门窗能够将整个建筑物的能源损耗降低将近 40%。隔热断桥铝门窗更因为其优异的节能、隔声、防噪、防尘、防水等功能受到广大业主的青睐。而此类门窗在生产过程中，简单地依靠精密的切割设备、适当的角码连接以及组角机组角固定生产的门窗角部，很容易在生产、运输、安装和长期的使用过程中受各种力的作用而破坏。

　　为了解决铝门窗的角部问题，生产出符合节能性能要求的铝门窗，一类较有效的做法是使用专为门窗设计的组角密封胶，将角码或插件和型材腔壁进行粘接，避免门窗框架因温差和外力形变造成错位变形，从而提高铝门窗隔热性、气密性、水密性、隔声性等性能。组角密封胶的性能需要满足：①硬度高、强度大、韧性好，可以使角码与型材腔壁之间形成结构性连接的同时也具有极好的防水性能；②可略微发泡膨胀，形成金属与金属连接之间的弹性垫，以减弱各种力的传导，起到避震、缓冲的作用；③耐老化性要好，可耐－40～80℃的温度变化。

　　目前组角密封胶多为聚氨酯类胶黏剂。聚氨酯胶中的异氰酸酯基团和氨基甲酸酯基团化学活性较高，对金属、玻璃、塑料等表面光洁的材料都有优良的化学粘接力，通过配方和工艺设计可以满足组角密封胶的性能需求。其中，单组分组角胶操作简单，施工方便，一般在七天之后才可完全固化，剪切强度可以达到 6MPa 以上，固化之后可发泡膨胀；而双组分组角胶需要专用的打胶设备，可以快速固化，施工时间短，固化后硬度可达 Shore D 70～80，剪切强度可以达到 10MPa 以上，固化之后可略有膨胀但不发泡。

# 11.4 胶黏剂在装配式建筑中的应用

## 11.4.1 装配式建筑概述

房屋预制构件预先在工厂制成，供施工现场装配使用，是建筑工业化的物质基础。预制构件多以混凝土为基本材料，常称之为 PC 构件（precast concrete，混凝土预制件）。常见的 PC 构件包括预制混凝土楼盖板、桥梁用混凝土箱梁、工业厂房用预制混凝土屋架梁、涵洞框构和地基处理用预制混凝土桩等。装配式建筑由预制构件在现场装配而成，按预制构件的形式和施工方法分为砌块建筑、板材建筑、盒式建筑、骨架板材建筑及升板升层建筑等五种类型，具有施工过程环保、施工效率高等特点。

同时，装配式建筑会因拼装留下大量的外墙接缝，并且基于柔性抗震的设计理念，装配式建筑的外墙一般被设计为可在一定范围内进行活动，这使得墙板接缝的防水难度较大。装配式建筑外墙接缝的防水一般采用构造防水和材料防水相结合的双重防水措施，密封胶作为外墙板接缝防水的第一道防线，直接影响装配式结构的防水性能。目前市面上装配式建筑用胶的主要品种是有机硅胶、聚氨酯胶和硅烷改性聚醚胶。

常用的装配式建筑密封胶，按组分分为单组分（Ⅰ）和多组分（Ⅱ）；按流动性分为非下垂型（N）和自流平型（L）；按位移能力分为 50、35、25、20 等 4 个级别；按照成分主要分为有机硅密封胶（SR）、聚氨酯密封胶（PU）、聚硫密封胶（PS）、硅烷改性聚醚类密封胶（MS）等几类。有机硅密封胶具有耐紫外线、耐老化、耐高温等优点，但具有表面不能涂装、低模量产品遇水易污染石材、对多孔材料接缝追从性差、易剥离等缺点；聚氨酯类密封胶具有强度高、价格低等优点，但具有耐紫外性能较差、高温高湿施工容易产生气泡（$CO_2$）等缺点；聚硫类密封胶具有耐化学性好、密封性能高、水汽渗透性低等优点，但具有回弹性差等缺点；改性聚硅氧烷类密封胶具有施工性能好、可涂装、耐老化等优点，但目前成本相对较高。

## 11.4.2 装配式建筑用胶关键指标

对于装配式建筑中应用的密封胶，人们主要关注力学性能、耐久性能、耐污性和相容性等关键性能。

（1）力学性能 由于外墙板接缝会因温湿度变化、混凝土板收缩、建筑物的轻微震荡等产生伸缩变形和位移移动，所以装配式建筑密封胶必须具备一定的弹性，且能随着接缝的变形而自由伸缩以保持密封，经反复循环变形后还能保持并恢复原有性能和形状，其主要的力学性能包括位移能力、弹性恢复率及拉伸模量等。

（2）耐久性能 我国建筑物的结构设计使用年限为 50 年，而装配式建筑密封胶用于装配式建筑外墙板，长期暴露于室外，因此对其耐久耐候性能就必须格外关注，相关技术指标主要包括定伸粘接性、浸水后定伸粘接性和冷拉热压后定伸粘接性。北京市地方标准 DB11/T 1447—2017《建筑预制构件接缝防水施工技术规程》在参考 ISO 19862《加速老化条件下密封胶拉伸-压缩循环耐久性试验方法》的基础上，给出了密封胶耐久性的试验方法。

（3）耐污性 传统有机硅胶中的硅油会渗透到墙体表面，并在外界的水和表面张力的作用下，在墙体上扩散，空气中的污染物质由于静电作用而吸附在硅油上，就会产生接缝周围的污染。对有美观要求的建筑外立面，密封胶的耐污性应满足目标要求。

（4）相容性等其他要求 预制外墙板是混凝土材质，在其外表面还可能铺设保温材料、涂刷涂料及粘贴面砖等，装配式建筑密封胶与这几种材料的相容性必须提前考虑。

## 11.4.3　装配式建筑用胶方式

装配式建筑用胶工艺流程和应用如图 11-14 和图 11-15 所示。其施工要点主要包括：确定接缝状态、填充背衬材料/防粘材料、涂覆底胶、施胶。

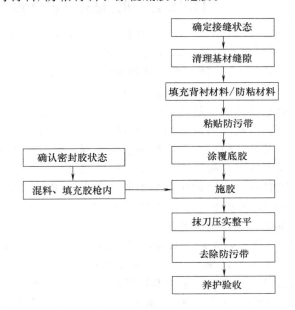

图 11-14　装配式建筑用胶工艺流程

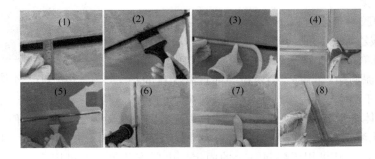

图 11-15　装配式建筑用胶的应用图示

(1) 确认接缝状态；(2) 清扫施工面；(3) 填入衬垫材料；(4) 粘贴美纹纸；(5) 涂覆底胶；
(6) 填充密封胶；(7) 修饰接缝；(8) 后处理

# 11.5　胶黏剂在一般建筑物建造中的其他应用

## 11.5.1　胶黏剂在内外墙面上的应用

淀粉、聚醋酸乙烯酯和丙烯酸乳液可以被用来把墙纸粘在建筑物的内墙上。一些国家也常用橡胶类胶黏剂粘接塑料地板、壁纸和墙壁，如日本用丁基橡胶等原材料制作而成的胶黏剂填补建筑缝隙，起到很好的封堵粘接效果。广泛使用的还有瓷砖胶黏剂，又称瓷砖胶、瓷

图 11-16　墙面瓷砖用胶

砖黏胶泥，可分为普通型、聚合物型、重砖型等，主要用于粘贴瓷砖、面砖、地砖等装饰材料，广泛适用于内外墙面、地面、浴室、厨房等建筑的饰面装饰场所。墙面瓷砖用胶见图 11-16。

## 11.5.2　胶黏剂在瓷砖地板上的应用

根据我国建材标准 JC/T 547—2017《陶瓷砖胶粘剂》的规定，可将标准瓷砖胶的种类大致分为以下几种：水泥基胶黏剂（C）、膏状乳液胶黏剂（D）、反应型树脂胶黏剂（R）。

水泥基胶黏剂，是由水硬性胶凝材料、矿物集料、有机外加剂组成的粉状混合物，使用时需与水或其他液体拌合。膏状乳液胶黏剂，为水性聚合物分散液、有机外加剂和矿物填料等组成的膏糊状混合物，可直接使用。反应型树脂胶黏剂，是由合成树脂、矿物填料和有机外加剂组成的单组分或双组分混合物，通过化学反应使其硬化。

近年来，环氧树脂胶黏剂也广泛用于地面装饰与铺设，其粘接对象包括陶瓷或花岗石-混凝土、金属-混凝土、砂石-混凝土、聚氯乙烯-橡胶-混凝土等，常用于耐腐蚀地坪中的勾缝、地面的防滑及美化净化、地板铺设等。

木地板用胶如图 11-17 所示，是以合成树脂为黏料，加入添加剂而制得的。其主要用于木地板与混凝土、水泥砂浆基材的粘贴，可分为以下几类：聚乙烯醇系，乙酸乙烯系，乙烯共聚系和丙烯酸系。

胶合板地板一般采用 SBR、天然橡胶或氯丁橡胶胶黏剂粘接；PVC 塑料地砖一般采用丙烯酸酯和非硫化天然橡胶胶黏剂粘接。

图 11-17　木地板用胶

地面专用的胶黏剂还有以下几种：

① 以聚醋酸乙烯酯乳液为基料，配以无机填料经机械作用而制成的单组分胶黏剂，一般对多种微孔建筑材料，如木材、水泥制品、陶瓷、钙塑板等都具有优良的粘接性，可广泛用于会堂、商店、工厂、学校、民宅的装修中。其特点是固体含量高、早期强度高、粘接力强、防水、无污染、施工方便、价格合理。

② 双组分无溶剂环氧型胶黏剂，具有粘接力强、不流淌、粘接面广、使用简便、安全和清洗方便等优点。其可用于建筑五金的固定、电器安装等，亦可用于家庭用具的密封、粘接与修补，尤其适用于不适合打钉的水泥墙面。

图 11-18　天花板用胶

③ 以氯丁乳胶为基料，加入增稠剂、填料等配制而成的聚氯乙烯地板胶，适用于硬木拼花地板与水泥地面的粘贴。其特点是无毒，无味，施工方便，防水性能好。

## 11.5.3　胶黏剂在天花板装饰中的应用

根据建材行业标准 JC/T 549—1994《天花板胶黏剂》，天花板胶黏剂可分为四种：乙酸乙烯系、乙烯共聚系、合成胶乳系、环氧树脂系，见表 11-4。天花板用胶见图 11-18。

其中，氯丁胶乳（CRL）系聚氯丁二烯通过乳化剂在水中形成一种相对稳定的胶体分散体系，其粘接力来源于聚氯丁二烯分子脱离乳化剂和缔合的水分子破乳、游离结晶、凝聚成膜。氯丁胶乳胶黏剂的性能与聚合物结构、胶乳中乳化剂种类及数量、胶粒内的氯丁橡胶结晶特性等密切相关。建筑业中，聚氯乙烯地板与水泥板、木板与装饰板或天花板、墙壁与护墙镶板的粘接，均可用氯丁胶乳胶黏剂。国外高度发达的建筑业已采用机械涂布等自动化装置进行氯丁胶乳粘接作业。未来，氯丁胶乳胶黏剂预计在建筑业的应用将会逐步增多。

表 11- 4　天花板胶黏剂的基材和材料代号

| 胶黏剂 | 代号 | 材料 | 代号 | | | | | |
|---|---|---|---|---|---|---|---|---|
| 乙酸乙烯系 | VA | 基材 | 石膏板 | | 石棉水泥板 | | 木板 | |
| 乙烯共聚系 | EC | | GY | | AS | | WO | |
| 合成胶乳系 | SL | 天花板 | 胶合板 | 纤维板 | 石膏板 | 石棉水泥板 | 硅酸钙板 | 矿棉板 |
| 环氧树脂系 | ER | 材料 | GL | FI | GY | AS | SI | MI |

# 11.6　胶黏剂在建筑物结构加固与修复中的应用

由于使用年限的延长或自然灾害等多种原因，钢筋混凝土建筑构件强度、刚度不足引起的开裂、破损等情况频繁出现。在我国，许多新中国成立后建成的建筑物经过 50 年左右的使用已到了维修加固的高峰期，如何保证建筑物继续正常、安全地使用，是建筑行业经常碰到的问题。另一方面，近年来因用途变更而对建筑物原有结构、构件进行改造、加固补强的工程也日益增多。经过工程技术人员长时期的努力，逐渐形成了一套较为完善的切实可行的工程加固与修复方法。利用建筑结构胶黏剂对有需要的建筑物进行加固和修复，就是近来应用比较广泛的一类处理方法。相比传统方法，应用建筑结构胶黏剂对各类建筑物结构进行加固与修复的方法有很多突出的优点。

首先，用胶黏剂来连接、加固构件，比一般的铆接、焊接法受力均匀，材料不会产生应力集中现象（如焊接时的热应力等），使之更耐疲劳，尤其能更好地保证构件的整体性和提高抗裂性，而整体性在基本程度上关系着构件的承载能力和稳定。

其次，使用结构胶黏剂可以将不同性质的材料牢固地连接起来，这对建材多样化的今天，也是传统方法无法比拟的优点。

而且，使用结构胶黏剂进行施工，工艺简便，可大大缩短工期，尤其在各类构件的加固方面更是如此，可使一些传统方法无法加固修复的构件得以修复加固。

胶黏剂在建筑物结构加固与修复中的应用主要分为裂缝修复和加固补强两大类。

## 11.6.1　裂缝修复胶

裂缝是混凝土结构物（或制品）常见的工程病害。铁路混凝土桥梁、轨枕和接触网支柱的裂缝相当严重，隧道、涵洞混凝土的裂缝更是屡见不鲜。混凝土出现裂缝，降低了结构物的防水性和耐久性甚至承载能力，给整体性和外观也造成不利影响。混凝土的裂缝又难以完全避免，因此，裂缝的修补技术显得更加重要。在发达国家，混凝土裂缝修补已成为一门独立的行业，许多裂缝修补机具和材料不断面世，修补的工法也逐渐完善。专用的混凝土裂缝修补胶，能够达到很好的韧性，且具有黏度低、固化快、修补后强度高、硬度大等多项优点，可实现裂缝修补功能。实践证明，大部分混凝土的裂缝如能及时进行修补，可以不影响结构物原有功能，结构物可照常使用，甚至不降低使用寿命。可见，混凝土裂缝修补技术是一项经济效益和社会效益都很显著的实用技术。

### 11.6.1.1  用弹力式补缝器修补裂缝

压力注浆法是裂缝修补效果最好的工法。以往我国许多施工单位多采用钢质压力罐配以空压机压注环氧树脂浆液的做法，由于机具笨重、操作麻烦、安全性差等原因，实际效果不

图 11-19  弹力式补缝器修补裂缝

好，很难全面推广应用。后来研究人员开发了活塞式弹力补缝器和胶管式弹力补缝器，均属于低压型袖珍式补缝器具，具有结构简单轻巧、使用方便安全、无需动力电源、修补费用低廉等特点，配合使用注缝胶，可以较好较便捷地修补宽度为 0.2~0.3mm 的混凝土裂缝。弹力式补缝器修补裂缝如图 11-19 所示。

### 11.6.1.2  用涂膜封闭法修补裂缝

混凝土表面的微细裂缝（小于 0.2mm），可以采用涂刷混凝土涂料形成防水膜的方法来封闭裂缝。这种方法施工简单，成本较低，而且还有装饰效果，适合于宽度小于 0.2mm 的微细裂缝。此类以修补胶和粉料为主要原料调配的混凝土水性涂料具有良好的防水性、耐碱性和耐候性，而且颜色可调配至与混凝土接近，可起到修旧如旧的效果，如图 11-20 所示。

图 11-20  涂膜封闭法修补裂缝

## 11.6.2  结构加固补强胶

以钢筋混凝土桥梁为例，目前国内外比较常使用的上部结构加固方法有：①压力灌浆法；②喷射砂浆法；③桥面补强层加固法；④梁下部截面增强法；⑤钢板粘贴法；⑥增设纵梁法；⑦改变结构体系加固法；⑧预应力加固法；⑨更换部分或全部主梁法；⑩填缝法。

桥梁下部结构加固方法有：①扩大基础加固法；②加桩法；③减轻荷载法；④纽顶升法；⑤支撑梁或加宽加厚法；⑥用钢筋混凝土套箍加固墩台；⑦抛石法；⑧其他加固法（如旋喷法、砂桩法等）。

图 11-21  粘钢加固用建筑结构胶

其中，钢板粘贴补强法即粘钢加固法，是采用环氧树脂胶黏剂将钢板粘在钢筋混凝土结构物的受拉缘或薄弱部位，使之与结构物形成整体，用以替代需增设的补强钢筋，提高梁的承载能力，达到补强效果。粘钢加固用建筑结构胶（图 11-21）要求：通过工程结构材料安全性鉴定和无毒检测；高触变、施工不流淌；固化后材料具有优良的机械性能，良好的韧性和抗震、抗冲击能力。

　　粘钢加固用建筑结构胶的施工方法如下：混凝土和钢件表面处理→固定构件的选择及制作→配制建筑结构胶→涂覆胶黏剂及粘贴钢板→固定、加压、固化→拆除固定加压构件→质量检验→表面防护、防腐处理→交工验收。

# 11.7　胶黏剂在防水工程中的应用

　　防水工程是指为防止雨水、地表水、地下水等渗入工程结构或工程内部，或在蓄水、排水工程中向外渗漏所采取的一系列结构、构造和建筑的措施。防水工程的应用部位、使用材料和施工工艺均具有广泛多样的特点。根据所处结构部位不同，防水工程可分为屋面防水工程、墙面防水工程、室内防水工程、地下防水工程等；按所用材料的不同，防水工程可分为防水混凝土工程、卷材涂料防水工程、堵漏注浆工程；按施工工艺划分，防水工程可分为防水混凝土浇筑工程，防水砂浆抹压工程，防水卷材冷铺贴、热熔、机械固定施工工程，防水涂料涂刷、喷涂施工工程等。

　　在建筑防水工程领域，其技术进步首先基于防水材料的不断发展，而实际工程质量更以防水材料为基础。因此，防水材料在防水系统中有着举足轻重的作用。随着建筑防水材料工业的迅速发展，防水材料种类越来越多，性能各异。按材料性质进行分类，可将防水材料分为三大类，即刚性防水材料、柔性防水材料和粉状防水材料，见表 11-5。

**表 11-5　防水材料分类**

| 名称 | 特点 | 举例 |
|---|---|---|
| 刚性防水材料 | 强度高、延伸率低、模量高、密度高、耐高低温、耐穿刺、耐久性好,改性后材料具有韧性 | 防水混凝土、防水砂浆、水泥瓦、聚合物防水砂浆 |
| 柔性防水材料 | 延伸率高、弹性好、抗裂性好、密度低、耐久性一般、耐穿刺性差 | 卷材、涂料、密封胶、金属板材 |
| 粉状防水材料 | 粉状,需借助其他材料复合成防水材料 | 膨润土毯、拒水粉 |

　　根据不同防水层结构、防水等级、施工环境、服役环境和使用寿命等要求，防水层一般由多种防水材料共同组成。其中胶黏剂是制作防水层的关键材料，对于预制成一定规格尺寸的防水材料，如防水卷材、防水板材、水泥瓦等，需要通过胶黏剂将其连接成一个整体才能形成完整的、与基础结构结合良好的防水层。对于构筑物的变形缝、接缝、裂缝、施工缝、门缝、窗缝、框缝及管道接头等连接处，需要使用胶黏剂进行填充和粘接以达到密封防水的效果。对于不同的应用环境，所使用的胶黏剂种类、产品形式也不同。

## 11.7.1　胶黏剂在屋面防水层中的应用

　　屋盖系统处于建筑物最高处，完全暴露于大气中，覆盖整个建筑物，要防止冰霜雨雪侵入，保护建筑物结构及内部设施、财产的安全。所以防水层是屋面结构必有的组成部分。屋面的使用功能不同，防水层的构造和选材亦不同。大跨度非使用屋面，要求质量轻，一般采用柔性防水材料。而利用屋面作为运动场、停车场、种植绿化等，屋面则须采用刚性防水材料，目前常采用刚性防水材料和柔性防水材料共用的防水措施。采用柔性防水材料的屋面防水层往往接近屋面结构表层，而屋面结构服役环境复杂多变，其构成材料受紫外线、高温、低温、干燥、潮湿、酸雨、冰冻、风沙等环境因素影响较大。因此防水层常采用各种拉伸强度高、抗撕裂强度好、延伸率高、耐候性好、耐温变性优良的弹性或弹塑性防水材料，主要包括高分子防水卷材、沥青防水卷材、密封胶、高分子防水涂料等。

　　对于由柔性防水材料组成的屋面防水层，胶黏剂主要用于卷材和卷材之间和卷材和基底之间的粘接。而对于由刚性材料组成的屋面防水层，胶黏剂主要用于伸缩缝、施工缝以及结构缝等缝隙的密封。

对于防水卷材用胶黏剂，需要根据卷材材质进行选择，见表 11-6 所示。

表 11-6　防水卷材用胶黏剂

| 序号 | 卷材类型 | 卷材与基层胶黏剂 | 卷材与卷材胶黏剂 |
| --- | --- | --- | --- |
| 1 | 石油沥青防水卷材 | 石油沥青胶/冷底子油 | 石油沥青胶 |
| 2 | 煤沥青防水卷材 | 煤沥青胶/冷底子油 | 煤沥青胶 |
| 3 | 三元乙丙橡胶防水卷材 | CX-404 胶黏剂 | 丁基胶黏剂 |
| 4 | 氯丁橡胶防水卷材 | 氯丁胶黏剂 | 氯丁胶黏剂 |
| 5 | LYX-603 氯化聚乙烯防水材料 | LYX-603-3(3 号胶) | LYX-603-2(2 号胶) |
| 6 | 氯化聚乙烯-橡胶共混防水卷材 | CX-404 或 409 胶 | 氯丁胶黏剂 |
| 7 | 聚氯乙烯防水卷材 | FL 型胶黏剂 | — |
| 8 | 复合增强 PVC 防水卷材 | GY-88 型乙烯共聚物改性胶 | PA-2 型胶黏剂 |
| 9 | TGPVC 防水卷材 | 1b-1 型胶黏剂 | TG-II 型胶黏剂 |
| 10 | 三元丁橡胶防水卷材 | CH-1 型胶黏剂 | CH-1 型胶黏剂 |
| 11 | 丁基橡胶防水卷材 | 氯丁胶黏剂 | 氯丁胶黏剂 |
| 12 | 硫化橡胶防水卷材 | 氯丁胶黏剂 | 封口胶 |
| 13 | 高分子橡塑防水卷材 | R-1 基层胶黏剂 | R-1 卷材胶黏剂 |

JC/T 863—2011《高分子防水卷材胶粘剂》规定了高分子卷材胶黏剂的物理力学性能；JC/T 942—2004《丁基橡胶防水密封胶粘带》规定了适用于高分子防水卷材、金属板屋面等建筑防水工程中接缝密封用卷状丁基橡胶胶粘带的理化性能。对于刚性防水材料构成的防水层所用的密封材料主要有聚硅氧烷密封胶、沥青嵌缝油膏、聚氨酯密封胶、聚硫密封胶等胶黏剂。GB 50207—2012《屋面工程质量验收规范》提出了对密封材料的质量要求。

## 11.7.2　胶黏剂在隧道防水中的应用

隧道是指一种修建在山体或底层中的地下工程构筑物，根据用途分类可分为交通隧道、水工隧道、市政隧道、矿山隧道。按施工方法可分为矿山法、明挖法、盾构法、沉埋法、掘进机法等。

隧道防水工程（如图 11-22 所示）以构筑混凝土衬砌作为防水的基本措施，以"放、排、截、堵"的综合治理原则避免和减少水的危害。

在隧道结构中，一般将柔性防水层设置在初衬混凝土与二衬混凝土之间，胶黏剂主要用途有：防水卷材和防水卷材以及防水卷材和基层间的粘接；混凝土衬砌的施工缝、伸缩缝、管片嵌缝等部位的粘接与填充；用作堵漏材料。

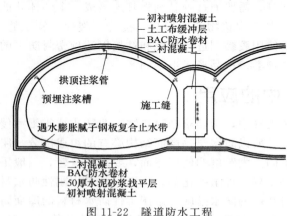

图 11-22　隧道防水工程

（图中标注：初衬喷射混凝土、土工布缓冲层、BAC防水卷材、二衬混凝土、拱顶注浆管、预埋注浆槽、施工缝、遇水膨胀腻子钢板复合止水带、二衬混凝土、BAC防水卷材、50厚水泥砂浆找平层、初衬喷射混凝土）

## 11.7.3　胶黏剂在地下防水中的应用

地下工程长期埋置于地下土壤中，受水或潮湿土壤长期浸泡或包围，有些地下水还有一定的压力和介质侵蚀性及放射性氡的侵害。所以，地下工程不但要防止水渗漏到室内，也要防止水侵入结构，避免损害结构的耐久性。

地下防水工程示意图见图 11-23。

防水混凝土和防水层同是地下防水工程的主体材料。防水层设置在结构防水混凝土的迎水面，它应具有很强的耐水性和抗地下水的侵蚀性，还应有一定的强度和延展性，以及很强的粘接力，黏附于防水混凝土的迎水面而不会造成防水层下蹿水。这就要求所使用的胶黏剂应具有粘接力良好、耐水浸泡、耐介质侵蚀等性能。

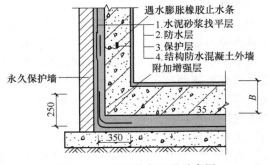

图 11-23　地下防水工程示意图

# 11.8　胶黏剂在交通土建工程中的应用

## 11.8.1　主体结构建造通用胶种

### 11.8.1.1　预制节段拼缝胶

预制节段拼装技术是工业化的建筑生产方式。二战结束后，预制拼装技术首先在西欧发展起来，然后推广到美国、加拿大、日本、澳大利亚等国。预制节段拼装桥梁自 20 世纪 50 年代开始得到认识和运用。随着预应力技术的发展以及大型施工机械设备的技术进步，预制节段式桥梁已基本形成从设计到施工的完整体系，并包含了桥梁设计个性化、结构设计体系化、各部尺寸模数化、构件标准化、安装装配化等集成技术。到 20 世纪末，预制拼装技术已经应用于工业与民用建筑、桥梁、道路、地下结构和市政基础等工程结构领域。其中，预制拼装技术在城市高架、轨道交通桥梁或跨海桥梁以及交通环境限制（跨越交通繁忙道路等）、特殊环境条件（寒冷、自然保护区等）和有安全要求的新建桥梁等桥梁建造工程中的应用最为广泛。

预制节段拼装桥梁中节段的拼装靠预应力和剪力键相互成为整体。节段相互之间的接缝形式包括水泥砂浆接缝、混凝土现浇湿接缝、粘接缝和干接缝。粘接缝即在连接面上涂覆预制节段拼缝胶的接缝形式，它对预制节段拼缝胶及其施工工艺有较高要求，但适用的范围最为广泛，预制节段拼缝目前大多采用此种方式；干接缝是指在施工的连接面上不使用拼缝胶直接进行拼接的接缝形式，一般在预应力全部使用体外索的情况下才使用，而且在使用时有一定的环境限制。

预制节段拼缝胶，通常由 A 组分（环氧树脂）和 B 组分（固化剂）按一定比例混合拌制而成，其主要作用包括：

（1）润滑作用　拼缝胶未固化前为具有触变性的膏体状态，预制节段进行拼接时如剪力键位置稍有偏差，可在胶黏剂润滑作用下滑进定位，便于拼装时的节段梁定位。

（2）铆栓作用　通过预应力使拼缝胶填充镶合浇筑混凝土表面的气孔，同时，拼缝胶固化后有很高的强度，可形成铆栓作用，有利于应力的传递，参与桥梁结构的抗力作用。

（3）密封防水　填充拼接缝，防潮密封以防止预应力索的锈蚀，保证梁体在服役过程中具有良好的防渗水性能。

（4）快速拼装　拼缝胶由足够快的强度发展速度，使节段拼装作业可以持续进行。

目前，国外专门针对拼缝胶在节段构造中应用的标准是 FIP/9/2/1978（环氧胶黏剂在节段建筑构造中使用的检验标准建议），但其中所含的多个拼缝胶指标项目的测试方法无法与国内标准体系中的测试方法并轨。国内涉及的预制节段拼缝胶相关规范有 CJJ/T 111—2006《预应力混凝土桥梁预制节段逐跨拼装施工技术规程》和 CJJ/T 293—2019《城市轨道交通预应力混凝土节段预制桥梁技术标准》，前者仅对预应力混凝土桥梁预制节段逐跨拼装的施工做出规定，没有节段拼装胶的胶体、粘接、耐久等性能指标要求；后者则主要是对城市轨道交通预制节段拼装桥梁的设计与施工做出规定，对拼缝胶的性能指标要求尚不完善。刚颁布不久的团体标准 T/CECS 10080—2020《预制节段拼装用环氧胶粘剂》由中国建筑科学研究院和中国铁道科学研究院等有关单位负责制定，在该标准中，结合预制节段拼缝胶在实际工程中使用时不同工况、不同环境条件下的施工工艺特性，依据已有的对拼缝胶物理性能、力学性能及长期服役过程中关键耐久性能研究积累的实验数据，综合选定适用的检验项目和技术指标，统一明确了测试方法和测试条件，对规范我国工程建设行业中预制节段拼装结构拼缝胶产品质量，改进和提高其安全性和可靠性是一大利好。

### 11.8.1.2 植筋锚固胶

通过采用高强度的化学胶黏剂，使钢筋、螺杆等与混凝土产生较强的握裹力，从而起到加固作用的混凝土结构加固技术称为植筋技术。采用植筋施工后可产生较高的承载力，且钢筋、螺杆等不易被拔出或移位。此外，该方法具有较好的密实性，不需要进行额外的防水处理。由于是通过化学胶黏剂对构件进行固定，因此基材不会因膨胀而受到破坏，反而会对结构具有一定的补强作用，其施工过程较为简便，且安全又环保。因此，在对钢筋混凝土结构进行变更或加固时，该方法是最为有效的方法。

此技术可用于各类建筑结构变更、增建以及对剪力墙柱头、楼板及横梁等的加固中，甚至还可用于各类机械设备等钢结构的螺杆锚定中。其在交通领域中目前正大量应用于轨道板层状结构的预加固中（见图 11-24），其施工流程一般包括：①孔位标记；②钻孔；③清孔；④注胶；⑤植入销钉；⑥表面刮平，等待强度发展。其中，清孔是确保胶体与孔壁良好粘接的关键工序，应采用"洗孔—刷孔—吸尘—吹干"的清洁方式进行清孔，且应反复多次进行，以确保清孔效果。注胶时，保证加长管头部插入植筋孔底注胶，并缓慢提升胶枪，确保孔内无气泡或空隙，注胶高度约填满孔深的 2/3。植入销钉时，需将销钉控制在植筋孔中

图 11-24 轨道板预加固植筋

间位置，保证销钉四周植筋胶厚度基本一致。最后，采用铲刀对顶部植筋胶进行来回按压，确保密实。

### 11.8.1.3 伸缩缝嵌缝胶

在无砟轨道结构中，底座板、道床板等为长线连续浇筑结构，为了保证结构的平顺性和稳定性，往往需要隔一段距离设置伸缩缝，以适应不同温度下混凝土结构的变形。同时在轨道结构与线下基础、线间封闭层的接口处，往往需要采用弹性的嵌缝胶进行防水密封。伸缩缝的嵌缝密封处理是高速铁路无砟轨道综合防水系统的重要环节。

在早期高速铁路建设过程中，多采用沥青作为嵌缝密封材料。工程实践表明，沥青嵌缝密封材料虽价格低廉，但耐老化性较差，往往使用不到一年后便老化失效。因嵌缝材料失效

引起翻浆冒泥、路基冻胀等问题，不仅影响无砟轨道结构的耐久性，甚至对行车安全性造成影响。近年来，高速铁路无砟轨道建设中逐渐淘汰了沥青材料，改用性能更好的聚氨酯嵌缝密封材料或有机硅嵌缝密封材料。然而，各条线采用的嵌缝材料标准不统一，造成嵌缝材料质量参差不齐。为规范嵌缝材料在高速铁路无砟轨道结构中的应用，确保嵌缝材料质量，中国铁路总公司组织铁科院、铁三院、铁四院等单位编写了《高速铁路无砟轨道嵌缝材料暂行技术条件》（TJ/GW 119—2013），以规范嵌缝材料的生产与应用。《高速铁路无砟轨道嵌缝材料暂行技术条件》颁布实施以后得到了较好的应用效果，有效提高了高速铁路无砟轨道嵌缝材料的质量。

### 11.8.1.4　隧道爆破孔封堵胶

在工程爆破中，炮孔封堵发挥着重要的作用，其能保证炮孔内炸药充分反应，延长爆生气体作用时间，降低单位体积岩石炸药的消耗量，消除空气冲击波和预防引发瓦斯爆炸，从而有效地提高了爆破施工质量和效率。与不填塞相比，填塞能延长爆生气体对岩石的作用时间（达 3~5 倍），降低炸药消耗量 10% 以上，提高爆破效果 10%~50%。我国《爆破安全规程》以及铁路、公路、煤矿、水利水电等领域钻爆施工技术规范都明确要求炮孔均应进行良好填塞。炮孔封堵物质种类繁多，诸如沙子、岩石粉、黏土、速干水泥等，但均存在不足之处，如不便获取、操作烦琐、劳动量大、成本高等，直接影响爆破填塞实施情况。目前一些隧道掘进爆破仍然采用不堵塞爆破，靠增加炸药量来代替堵塞材料，这不仅影响爆破效果、增加爆破成本，而且爆破有害效应严重。炮孔填塞物在炮孔中的运动可以分为两个过程，一是冲击波压缩填塞物的过程，即填塞物开始移动之前的阶段；二是填塞物受爆生气体作用向外移动的过程。爆生气体泄出必须克服填塞物的惯性阻力以及与炮孔岩壁之间的粘接力和摩擦阻力。这就说明，炮孔填塞效果好坏与填塞材料本身的物理力学性质有很大关系，填塞材料的密度、强度、弹塑性、摩擦阻力或粘接力等特性对填塞效果都有很大影响。

聚氨酯泡沫胶是一种重要的高分子材料，具有比强度高、粘接力强、缓冲吸能、制备方便、性能稳定等特点，是炮孔填塞材料理想的选择。聚氨酯泡沫胶分为单组分和双组分两种。传统单组分聚氨酯泡沫胶被喷出后，与环境中的水缓慢反应，反应放热少，温度比较低，一般表干需要 4~5h，完全固化需要 24h 以上，强度上升缓慢，无法满足炮孔填塞的需要。双组分聚氨酯泡沫胶可以实现快速表干和固化，完全固化只需要 20~30min，但反应温度过高，往往材料中心温度达 100℃ 以上。现场试验表明，由于双组分聚氨酯泡沫胶的发热和膨胀挤压作用，将塑料导爆管软化压扁，致使导爆管无法传爆。

常规的单组分聚氨酯泡沫胶固化时间长，主要是材料被喷出后与环境中的水分反应比较缓慢，受环境的湿度影响，要想加快其反应速率，需在材料中添加催化剂，但加入催化剂后，材料会在存放罐体内发生反应，以致材料提前失效，缩短材料的保质期。针对单组分聚氨酯泡沫胶固化慢的特点，铁科院研究提出微胶囊包覆催化剂技术，解决了普通单组分聚氨酯泡沫胶固化时间长、使用效率低的问题。

## 11.8.2　轨道交通土建工程专用胶种

### 11.8.2.1　无砟轨道凸形挡台周围填充

我国高速铁路 CRTS Ⅰ 型板式无砟轨道结构中的凸形挡台是轨道板的限位装置（见图 11-25），直接承受线路的纵向力和横向力。凸形挡台高度一般为 250mm，凸形挡台与轨道板半圆缺口间填充树脂的设计厚度为 40mm。

早期试验中，用于凸台灌注现场施工的树脂填充材料包括聚氨酯、环氧树脂、不饱和聚

图 11-25　CRTS Ⅰ型板式无砟轨道
结构中的凸形挡台

酯树脂三类。其中，环氧树脂室温固化慢，弹性可调整范围小，硬而脆，弹性差；不饱和聚酯树脂室温固化快，黏度低，硬而脆，可通过不同配比来调整其交联密度和韧性；聚氨酯树脂固化速度较快，弹性易于调整且可调整范围宽。由于凸台周围填充时需要合适弹性与模量，且价格低廉，并有较好的施工性能的胶黏剂。综合比选后，选择了聚氨酯树脂作为凸台周围填充胶黏剂。

## 11.8.2.2　有砟道床固化

　　有砟道床即利用碎石道砟铺设的道床。对有砟道床进行固化处理有两个目的，一是维持有砟道床的稳定性，减少由于相互碰撞、摩擦引起的道砟破损，进而大幅削弱普通有砟轨道结构中常见的道床沉降现象；二是防止列车通过时由于列车风引起的道砟飞溅，规避破碎道砟的"打车"风险。有砟道床固化目前主要采取两种形式，一是利用道砟胶进行道砟之间的"点连接"或"边连接"，二是使用聚氨酯固化道床，即利用聚氨酯发泡胶完全填充道砟之间的空隙，对道砟进行"体连接"。

　　道砟胶主要应用于基础沉降稳定的有砟-无砟过渡段。有砟段和无砟段的道床刚度、道床沉降规律和扣件刚度均存在较大差异，这对行车安全和乘车舒适性会产生显著影响。其中，道床沉降规律的差异性是最主要影响因素。此外，有砟段一侧不易进行大型机械捣固作业，难以保证有砟道床铺设密实度。这种情况下的有砟道床受列车运行影响易形成暗坑，易发展成为一个永久性病害而需要频繁维修。采用道砟胶将散粒体道砟粘接成整体，一方面可以对过渡段的有砟道床进行加强，减少道床受列车运行的影响，另一方面，通过限制道砟的移位和分段提高道床的支承（撑）刚度，也可以减小无砟道床与有砟道床的沉降差异性，提升行车安全性和乘车舒适性。道砟胶应用实例如图 11-26 所示。

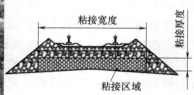

图 11-26　道砟胶应用示例

　　聚氨酯固化道床是在已经达到稳定的新铺碎石道床内，使用高压或低压发泡机灌注聚氨酯发泡材料而形成的道床结构。灌注的聚氨酯发泡材料经道砟间的孔隙流入道床底部，材料发泡后填充道砟间孔隙并将道砟柔性粘接在一起，使道床成为一个整体。聚氨酯固化道床既具有碎石道床良好的弹性和可维修性，又兼备整体道床稳定性好、使用寿命长、道床维修作业少等特点，它不仅适合于高速、重载铁路有砟轨道桥隧段，也适用于我国西部人烟稀少、受风沙侵害的线路。

　　聚氨酯固化道床结构设计原则：①利于轨枕、道床及路基面的承载条件及荷载的传递和分布；②利于道床自身的排水、施工及养护维修；③利于减少聚氨酯固化道床材料用量，从而降低工程造价。采取以上设计原则的原因如下：首先道床的轨下断面区段是承受和传递轨枕荷载的重要区段，道床捣固作业都只捣固轨下断面区段。因此，聚氨酯固化道床仅灌注轨下断面一定范围内轨枕区段，这对轨枕、道床和路基面的承载条件和荷载的传递及分布都是有利的；聚氨酯固化道床材料本身是不吸水、不渗水的，如果在施工时道床表面留有空注，这些空注就会积水，出现低温冻融；如果对道床全断面进行灌注，聚氨酯用量很大，增加工程投资。根据以上原则及理论计算，聚氨酯固化道床结构设计断面见图 11-27 所示。

图 11-27　聚氨酯固化道床结构设计断面

### 11.8.2.3　轨道嵌缝胶

高铁轨道嵌缝密封胶，目前用量逐渐加大，涉及新建工程和维修工程，一般用有机硅胶、改性聚醚胶、聚氨酯胶等作为密封填缝用，起到弹性粘接、吸收轨道应力的作用。该方面铁科院等单位已经有成熟的标准和规范出台，Q/CR 601—2017《铁路无砟轨道嵌缝材料》，主要适用于铁路无砟轨道底座伸缩缝及底座/支撑层与线下结构间接缝用嵌缝，其他结构用嵌缝也可参照执行。

# 11.9　胶黏剂在道路标志线制作中的应用

1974 年美国在部分高速公路上首先采用了道路标志胶。实践表明，这种非溶剂型的热塑性合成物质是理想的道路表面标志材料，它具有耐气候、耐摩擦、快速固化以及标志性强等一系列优点，从而被欧美国家及日本等国先后规定为城市道路和高速公路的标志用胶，基本上逐步取代了各类溶剂型油漆（涂料）。主要由合成胶黏剂、增塑剂、耐磨填料、特种助剂以及发光物质等原料组成，胶膜具有可塑性、耐冲击，施工后 5min 便固化成型并可通车；不论在混凝土还是沥青路面上，其附着性及耐磨性都比溶剂型的氯化橡胶类、环氧类、丙烯酸酯类的油漆强，且使用期限平均为溶剂型油漆的 3～6 倍。由于这类标志胶采用现场热熔涂布的机械施工方法，工程进度快，除划线外，还可以做出各种交通符号、图形及美术字，施工成型后美观整齐，如图 11-28 所示。如现场施工分段进行时，可以做到边施工边通车，不会因施工造成交通阻塞现象。在主要交通设施及通道上施工时，如有必要，可以现场加上发光物质，成型后胶膜在晚上有很高的可见度，对防止在黑夜中出现交通事故起一定的作用。

图 11-28　道路标志线

# 参 考 文 献

[1]　马启元. 硅酮结构胶粘/密封剂技术要求和技术标准分析. 新型建筑材料，1996（12）：38-40.

[2]　李化建，易忠来，温浩，等. 混凝土接缝用聚硅氧烷嵌缝密封材料研究进展. 混凝土，2015（3）：156-160.

[3]　岳森，李文霞. 国内建筑用密封胶现状. 居业，2012（8）：82-84.

[4]　黄应昌，吕正芸. 弹性密封胶与胶粘剂. 北京：化学工业出版社，2003.

[5]　刘益军，何凤，卢安琪. 土木建筑用聚氨酯密封胶的现状和发展动向. 新型建筑材料，2005（8）：6-9.

[6]　汪建国. 建筑胶粘剂的应用及研发进展. 化学与黏合，2016（5）：382-384.

[7]　钟兰兰，袁泽辉. 建筑中瓷砖胶应用发展浅析. 技术与部品，2011000（002）：60-63.

[8]　郭济中. 建筑业用氯丁胶乳胶粘剂. 安徽化工，1996（1）：47-48.

[9]　王涵，毕治功，宋延安，等. 环氧树脂在建筑胶粘剂领域中的应用. 弹性体，2019（2）.

[10]　项桦太，等. 防水工程概论. 北京：中国建筑工业出版社，2009.

[11]　李伟，等. 防水工程. 北京：中国铁道出版社，2012.

[12]　张凡，刘超英，付静，等. 中空玻璃密封胶性能对比及选用. 门窗，2014（9）：33-35.

[13]　孙明雁. 浅议中空玻璃向民用住宅领域发展的趋势. 玻璃，2011，38（11）：39-44.

[14]　钟志红，邢增明，等. 丁基胶在中空玻璃上的应用. 中国建筑防水，2015（21）：10-18.

[15]　孟兴蛟. 中空玻璃用聚硅氧烷密封胶质量现状及选用控制探讨. 建材发展导向，2019（4）：2-4.

（程冠之 陶小乐 董全霄 编写）

# 第12章
# 胶黏剂在飞机制造中的应用

　　飞机上应用的胶黏剂种类很多，按使用目的和粘接强度不同主要划分为结构胶黏剂和以密封胶黏剂为主体的非结构胶黏剂。结构胶黏剂是一种能够承受较大载荷的胶黏剂，用于承力结构的粘接，其粘接后结构件接近或达到本体的结构强度。飞机上的结构材料大量采用轻质金属合金和先进的复合材料以减轻结构质量，这些轻质结构材料采用粘接的连接方式，相比于传统的机械连接，除了减轻结构质量、受力均匀、避免应力集中外，还能改善结构的抗疲劳性能，具有阻裂、减震、隔热、隔声等作用，并且有利于飞机的气动外形和提高装配连接效率。飞机用密封胶黏剂主要用于飞机表面密封、填充和预埋密封、紧固和边缘密封等，用于密封、减震、表面保护、改善疲劳性能和表面气动性能等。粘接密封技术对于飞机疲劳寿命、使用寿命、经济修理和安全性具有重要的影响。目前世界上飞机中采用粘接结构的有100多种机型，几乎所有的军用、民航飞机都不同程度地使用了各种胶黏剂，甚至粘接在有的飞机上已成为整个飞机的设计基础。尤其是先进复合材料和新型工程材料的发展，使得结构粘接和密封粘接在飞机制造过程中成为不可或缺的连接装配方式，扮演越来越重要的角色。由于结构胶黏剂主体材料为热固性树脂，密封胶黏剂主体材料为橡胶，所以本章以树脂型胶黏剂和橡胶型密封胶为主介绍其在飞机制造中的应用。

## 12.1　树脂型结构胶黏剂在飞机制造中的应用

　　航空工业在20世纪初期就将天然胶黏剂用于木质机身的粘接。随着金属材料和机械工业的发展，从20世纪30年代末起，飞机逐渐采用以铝合金为主的金属结构机身，实现批量工业化生产装配。20世纪40年代起，开始使用酚醛胶黏剂粘接金属结构件，如英国的"三叉戟"民用客机应用Redux 775粘接飞机结构。50年代前后Namco公司开发出酚醛丁腈胶黏剂Meltbond4021和环氧胶黏剂，在F-102、F-106、B-58、F-4飞机上大面积应用。由于酚醛胶黏剂和有孔蜂窝以及金属的表面处理等存在不够完善之处，在60年代飞机金属粘接结构在实际飞行中暴露出耐久性等方面问题。航空公司和胶黏剂业界开始重视胶黏剂界面、粘接破坏机理和胶黏剂耐久性方面的研究，在此基础上改进了粘接工艺，在提高粘接结构耐久性及可靠性方面取得了重大突破。70年代，美国空军组织航空公司实施了PABST（主承力粘接结构技术）计划，建立了高强度耐久性的先进粘接体系：采用磷酸阳极化处理铝合金表面提高粘接强度和耐环境性能，应用抑制腐蚀底胶保护金属表面并增加界面结合力，采用高韧性环氧结构胶黏剂提高粘接接头的断裂韧性和疲劳寿命，采用阻蚀性胶缝外密封提高耐老化性，应用磷酸阳极化铝蜂窝芯提高耐久性等，从结构整体上提高了力学性能和耐久可靠性。该体系建立后，粘接技术在飞机中的应用迅速扩大。

20 世纪 80 年代起美国为实现制造过程自动化和提高粘接构件的可靠性，又进行了计算机辅助固化过程控制、自动化涂胶和检测等关键技术的研究，建立了粘接结构寿命预测的方法，粘接技术更加完善。钛合金的粘接也获得了实际应用，例如美国洛克希德飞机公司的 L-1011 客机采用 FM-137 中温固化胶粘接钛合金止裂带与铝蒙皮，其阻止裂纹扩展能力提高了 1 倍以上。C-5A 飞机的钛蒙皮与玻璃布蜂窝的粘接也取得了较好的效果。在大型运输机上，单个粘接件尺寸大至 $20m^2$ 左右，粘接结构面积占全机总面积的 70% 以上。胶黏剂品种丰富且配套齐全，粘接技术日益完善，粘接结构无论在军机或民机上都得到了广泛应用。

航空用结构胶黏剂除要求较高的剪切和剥离强度外，还要求具有耐蠕变和耐疲劳性能。耐蠕变性要求胶黏剂在规定的持久载荷下产生的蠕变量不能超过规定的最大限度。如美国联邦规范 MMM-A-132 规定在室温、11.2MPa 应力下，经 192h 搭接剪切蠕变，形变量不应超过 0.38mm。美国军用规范 MIL-A-25463 规定了粘接夹层结构在持久载荷下的蠕变挠度。耐疲劳性能要求胶黏剂粘接的剪切试片在一定载荷下经过多次循环后，试片保持不开裂。美国联邦规范 MMM-A-132 规定在室温 4.1MPa 应力下，经过 30Hz 和 $10^7$ 循环剪切试件不开裂。耐蠕变性能和耐疲劳性能要求胶黏剂兼具适宜的刚性和韧性，所以在飞机结构中一般采用具有良好韧性的热固性胶黏剂。此外，航空胶黏剂还要求胶黏剂具有耐湿热，耐盐雾，耐燃油、润滑油、烃类混合物等耐老化性能。

飞机用结构胶黏剂在形态上主要包括胶膜、底胶、发泡胶（胶膜状或粉状）和糊状胶等，其中胶膜由于质量均一，施工简便，是飞机用结构胶的主要胶种，用于面板、加强筋肋以及金属蜂窝粘接。底胶通常是溶剂型胶液，用以保护处理过的金属表面并提高粘接的耐久性，通常和胶膜配合使用。发泡胶用于金属结构腔体填充、蜂窝结构的填充、拼接、补强和预埋。糊状胶用于钣金粘接、机械连接和复合粘接、填充等。飞机用结构胶黏剂，在化学结构上可分为环氧类、双马来酰亚胺类、氰酸酯类和聚酰亚胺类。其中环氧类耐热一般在 150℃ 以下，所以耐高温的应用时需采用双马来酰亚胺类、氰酸酯类和聚酰亚胺类胶黏剂。由于多数民用飞机粘接部位使用温度都在 150℃ 以下，环氧类胶黏剂应用目前占主体，其用量占 60% 以上。飞机用的树脂型胶黏剂从其应用的粘接材料上，可分为金属结构粘接和复合材料粘接，下面按金属结构粘接和复合材料结构粘接进行介绍。

## 12.1.1 金属结构粘接

为减轻飞机结构质量，增加结构强度，金属结构的飞机机身、机翼等多采用铝合金板材。铝合金板材大多厚度在 1.5mm 以下，下面用加强筋肋提高结构强度，更薄的如 0.3mm 的铝合金薄板则采用蜂窝夹层形式提高结构强度和刚度。飞机金属结构粘接按粘接形式，可分为钣金粘接和蜂窝粘接。钣金粘接部位用于前缘搭接，蒙皮加强，机翼、尾翼壁板与桁条连接、止裂带等。蜂窝粘接部位用于消声蜂窝、方向舵、操纵面、襟翼、整流罩、前翼等粘接，典型民用飞机粘接部位和目前国外典型的航空结构胶性能和应用部位分别如表 12-1、表 12-2 所示。

表 12-1 典型民用飞机粘接部位

| 机种 | 钣金粘接部位 | 蜂窝粘接部位 |
| --- | --- | --- |
| 麦道 DC-10 | — | 进气管内壁、消声蜂窝壁板 |
| 洛克希德 L-1011 | 蒙皮加强板、蒙皮壁板（最大尺寸为 4.88m×11.6m），钛止裂带等 | 前缘检查口盖、消声壁板、扰流片、方向舵等 |
| 伊尔-86 | 蒙皮壁板、止裂带 | 操纵面、消声蜂窝 |
| 波音 BAE146 | 机翼壁板与桁条连接 | 操纵面 |
| 波音 747 | 机翼、尾翼壁板 | 襟翼、升降舵、方向舵、消声蜂窝 |

续表

| 机种 | 钣金粘接部位 | 蜂窝粘接部位 |
| --- | --- | --- |
| 波音 757、波音 767 | 蒙皮壁板、止裂带 | 机翼整流罩面板、机翼前缘消声蜂窝 |
| 波音 777 | 蒙皮壁板 | 操纵面 |
| 庞巴迪 DASH7、庞巴迪 DASH8 | 蒙皮与长桁连接、操纵面 | ATR42/72 内外蒙皮连接、整体油箱、操纵面 |
| 空客 A300 | 蒙皮与长桁粘接 | 操纵面、消声蜂窝 |
| 空客 A320、空客 A330、空客 A340 | 蒙皮与长桁连接（典型尺寸为 8m×2m） | 操纵面、消声蜂窝 |
| 萨博 Saab2000 | 加强板、窗框、纵向加强肋 | 襟翼、前翼、方向舵 |

表 12-2　几种国外典型的航空结构胶性能和应用部位

| 公司 | 牌号 | 固化温度/℃ | 室温剪切强度/MPa | 剥离强度/(N/25.4mm) | 应用部位 |
| --- | --- | --- | --- | --- | --- |
| Hexcel 公司 | Redux312 | 121 | 42 | 245 | 金属钣金、蜂窝、复合材料粘接 |
| Cytec 公司 | FM1000 | 177 | 34 | — | 金属钣金、蜂窝、复合材料粘接 |
| | FM73 | 121 | 45 | 289 | 金属钣金、蜂窝、复合材料粘接 |
| 3M 公司 | AF163-2 | 107 | 35 | 240 | 蜂窝粘接 |
| | AF126 | 82 | 31.9 | 55.6mN/m | |
| Henkel 公司 | EA9330.1 | 室温 | 34.5 | 156 | 金属钣金、复合材料粘接修补 |
| | EA9396 | 室温 | 24.1 | 111 | 金属钣金、复合材料粘接修补 |
| | EA9696 | 107~129 | 43.4 | 179 | 金属钣金、蜂窝粘接 |

### 12.1.1.1　金属钣金结构粘接

飞机上的金属钣金结构粘接部位主要有机身蒙皮、垂直安定面、襟翼、梁、肋、腹板等。以 Boeing 737-300 飞机为例，全机采用磷酸阳极化进行了表面处理的金属粘接 217 件，其中金属板-板粘接 151 件，粘接形式主要为层板粘接，其中，机身蒙皮采取的是双层板粘接，最大零件长为 4623mm，组合直径为 1880mm，垂直安定面前缘蒙皮粘接件尺寸达 5970mm×700mm。选用的胶黏剂为符合 BMS5-51 及 BMS5-80 的中温（120℃）固化结构胶黏剂。形式主要有金属面板之间的搭接和面板与加强筋、桁梁的粘接。

飞机金属钣金结构粘接形式，可分为面板搭接和蒙皮粘接。典型的面板搭接形式如飞机机翼前缘搭接粘接和平尾、副翼和方向舵等舵面后缘搭接粘接，见图 12-1。在受力部位为减少损伤，如其中前缘部位，根据设计计算，常在空腔内填充发泡胶，以提高抗压强度。典型的蒙皮粘接形式如机翼蒙皮与桁条粘接、面板波纹夹层板粘接、面板与加强筋粘接（见图 12-2）等。其中 T 型粘接、变截面 T 型粘接，可减少边缘应力集中和剥离载荷，有利于增强结构强度。

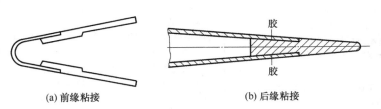

(a) 前缘粘接　　　　　　　　(b) 后缘粘接

图 12-1　面板搭接形式

钣金结构粘接可采用胶液或胶膜粘接，因为胶膜施胶时能准确控制用胶量和用胶均匀性，而且通常具有适宜的黏性，方便定位铺贴，所以钣金结构通常采用结构胶膜进行粘接。

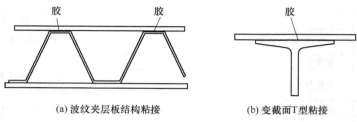

图 12-2　面板与加强筋粘接

结构胶膜分为无载体胶膜和载体胶膜，其中载体通常为尼龙织物、石英纤维织物、聚酯纤维无纺布等。载体胶膜有利于控制胶黏剂的流动性和胶层厚度，有利于胶膜尤其是薄胶膜的操作施工，而且在冷冻储存和取用时不易碎裂。飞机钣金结构粘接采用的胶膜，按固化温度可分为中温（120～130℃）和高温（170～180℃）固化，中温固化结构胶膜一般耐温−55～82℃，耐温高的可达到120℃，高温固化胶膜耐温通常在−55～150℃。钣金粘接结构件位于主承力或次承力部位，要求胶膜具有较高的剪切强度和剥离强度。美国联邦规范 MMM-A-132 和中国航空工业标准 HB 5398 规定了金属钣金结构粘接用胶黏剂的性能要求。钣金结构粘接时，需对金属表面磷酸阳极化处理，并通常需要底胶，以保护处理过的金属表面和改善耐久性。底胶的形态通常是液态，采用喷涂或刷涂方式涂布在处理过的金属表面，胶层厚度一般在 0.001～0.03mm。抑制腐蚀底胶中加有抑制腐蚀剂，其主要作用是：保护表面处理后的活性表面，防止污染及金属氧化层水解，改善胶黏剂与金属粘接界面的水解稳定性，提高粘接接头的耐久性。经表面处理的金属粘接表面，一般要求在 8h 内施加底胶。已涂覆底胶和预固化的被粘制件可较长期储存，不影响粘接性能。涂覆的底胶可以预固化或与胶膜一起固化。国内外主要航空结构胶膜及底胶列于表 12-3。

表 12-3　国内外主要航空结构胶膜及底胶

| 类别 | 国内 | 国外 |
|---|---|---|
| 中温固化胶膜 | 黑龙江省科学院石油化学研究院 J-47A、J-95、J-159、J-272、<br>北京航空材料研究院 SY-24 系列<br>北京航天材料及工艺研究所 NHJ-44 | Narmco 公司 Meltbond1113<br>3M 公司 AF126、AF163、AF3109-2、AF500、AF563、AF3185<br>Henkel 公司 EA9628（中/高温）、EA9696、EA9690、PL795（中高温）、PL696、EA9681<br>Cytec 公司 FM73、FM94、FM209-1（非热压罐固化）<br>Hexcel 公司 Redux312 系列 |
| 中温固化配套底胶 | 黑龙江省科学院石油化学研究院 J-47B、J-96、J-274<br>北京航空材料研究院 SY-D9 | Narmco 公司 6726<br>Cytec 公司 BR-127、BR6747-1<br>3M 公司 EC2320、EC3980、EC3901<br>Henkel 公司 EA9896、EA9257、EC3924（中/高温）<br>Hexcel 公司 Redux112 |
| 高温固化胶膜 | 黑龙江省科学院石油化学研究院 J-98、J-99、J-116B、J-271、SJ-2B<br>北京航空材料研究院 SY-14 系列<br>上海橡胶制品研究所 JX-9 | Narmco 公司 Meltbond1113<br>3M 公司 AF191、AF555、AF3109-2<br>Henkel 公司 EA9658、EA9689、EA9695、PL737<br>Cytec 公司 FM96、FM300、 FM309、FM355、FM377、FM385<br>Hexcel 公司 Redux319 |
| 高温固化配套底胶 | 黑龙江省科学院石油化学研究院 J-100、J-117、SJ-2C<br>北京航空材料研究院 SY-D4、SY-D8 | 3M 公司 EC1945、EC1660、EC3917、EC3960<br>Henkel 公司 EA9895、EA9257、EA9258<br>Hexcel 公司 Redux119<br>Cytec 公司 BR-127、BR-154 |

国内航空用结构胶主要由北京航空材料研究院、黑龙江省科学院石油化学研究院、北京航天材料及工艺研究所等单位研制和生产，分别为 SY 系列、J 系列和 NHJ 系列等。代表性

的中温固化胶黏剂有黑龙江省科学院石油化学研究院生产的 J-47A、J-95、J-272 结构胶膜，和配套的抑制腐蚀底胶 J-47B、J-96、J-274 等，北京航空材料研究院生产的 SY-24 系列胶膜和 SY-D8、SY-D9 抑制腐蚀底胶。代表性的高温固化胶黏剂有黑龙江省科学院石油化学研究院研制生产的 J-99、J-116B、J-271、SJ-2B 胶膜和配套的抑制腐蚀底胶 J-100、J-117、SJ-2C 和北京航空材料研究院生产的 SY-14 系列胶膜和 SY-D4 抑制腐蚀底胶，见表 12-3。

　　国外主要的著名航空胶黏剂研究与生产企业有 Cytec 公司、Henkel 公司、3M 公司、Hexcel 公司等，他们生产的中温和高温固化的改性环氧树脂胶膜以及相配套的抑制腐蚀底胶，具有良好的性能稳定性和可靠性。代表性的如 Cytec 公司的 FM73 中温固化系列胶膜、3M 公司的 AF163 中温固化系列胶膜、Henkel 公司的 EA9696 中温固化系列胶膜和 Cytec 公司的 FM300 高温固化系列胶膜、FM-300-2 中温/高温固化系列胶膜，Hexcel 公司的 Redux319 高温固化系列胶膜等，这些胶膜可以和对应的底胶如 EC2320、EA9896、BR127、Redux119 等配合使用。这些胶黏剂粘接性能和耐环境性能都符合耐久性粘接体系的要求，在大型运输机和客机上获得了广泛应用。

　　随着航空工业的发展，尤其是军用飞机在高速飞行过程中，飞机外表面局部温度可达 150℃以上，有的甚至达到 220℃以上，所以高马赫数飞机需采用耐热等级更高的结构胶膜，如双马来酰亚胺胶膜、氰酸酯胶膜和聚酰亚胺胶膜，见表 12-4。

表 12-4　耐高温胶膜

| 类别 | 国内 | 国外 |
| --- | --- | --- |
| 双马来酰亚胺胶膜 | 黑龙江省科学院石油化学研究院 J-188、J-299、J-345 北京航空材料研究院双马胶膜 | Henkel 公司 EA9673 Cytec 公司 FM450-1、Meltbond2550 Hexcel 公司 Redux HP665、Redux326 Dexter 公司 LF8707 |
| 氰酸酯胶膜 | 黑龙江省科学院石油化学研究院 J-245C、J-245CQ、J-284 系列 北京航空材料研究院 SY-CN | Cytec 公司 FM2555 Tencate 公司 EX-1516、EX-1543、RS-4A |
| 聚酰亚胺胶膜 | 黑龙江省科学院石油化学研究院 J-257，中科院化学所聚酰亚胺胶膜等 | Cytec 公司 FM57、FM680-1 NASA Langley 研究中心 LARC-13、PEPI-5、LARC-TPI、PISO$_2$ NSC 公司 Thermid600、THermid600、Thermid PI-600 |

　　国内已经开发出很多改性的双马树脂胶膜，如黑龙江省科学院石油化学研究院研制生产的 J-188、J-299 改性双马胶膜、J-345 耐高温双马胶膜，J-245C、J-245CQ 高温固化氰酸酯胶膜、J-284 中温固化改性氰酸酯胶膜等，在耐高温粘接领域和透波天线罩领域取得了广泛应用。国外相关的耐高温胶黏剂开发较早，有着丰富的品种和良好的性能，如美国 Dexter 公司的 LF8707 双马胶膜、瑞士 Hexcel 公司的 Redux HP665 双马胶膜都具有良好的粘接性能和耐热性，使用温度都在 200℃以上。美国 Cytec 公司的 FM2555 氰酸酯胶膜和 Tencate 公司的 EX-1516、EX-1543 氰酸酯胶膜广泛用于飞机雷达天线罩等透波材料领域，见表 12-4。聚酰亚胺胶膜由于固化工艺较为苛刻，在飞机发动机等高温部位有部分应用，尚无大规模使用。

### 12.1.1.2　金属蜂窝结构粘接

　　蜂窝芯材与较薄的面板粘接成为蜂窝夹层结构（图 12-3），具有很高的几何稳定性，很高的比强度和比模量，可有效地减轻飞机的结构质量。蜂窝粘接结构用于外翼、翼根整流罩、襟翼、前缘缝翼、发动机段舱整流罩、反推板等，金属蜂窝粘接包括蜂窝与面板粘接以

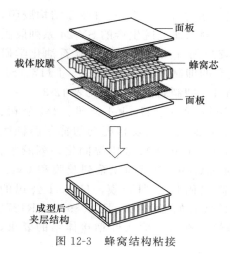

面板

载体胶膜

蜂窝芯

面板

成型后
夹层结构

图 12-3　蜂窝结构粘接

及蜂窝的拼接和补强。

蜂窝结构粘接在飞机中广泛应用，如波音 737-300 飞机粘接金属蜂窝夹层结构 66 件，蜂窝为符合 BMS4-4W、MIL-C-7438G 的六角芯及符合 BMS4-6 的柔性蜂窝芯，共计 13 种类型的芯子，与不同厚度、不同型面的铝合金面板粘接成蜂窝夹层结构件。发动机短舱整流罩上采用了粘接蜂窝消声结构，整流罩和反推板蜂窝结构面板采用了粘接层板结构，以提高抗声振疲劳和破损-安全性能。所采用的蜂窝与面板胶黏剂，为符合 MIL-A-25463B、BMS5-101M 的中温固化胶和符合 BMS 5-154E 的高温固化结构胶。

（1）蜂窝与面板粘接　用于金属蜂窝与面板粘接的结构胶膜对面板具有良好的浸润性，同时具有一定的蜂窝爬升性能，能在蜂窝端形成圆角，增强蜂窝与面板的粘接强度。蜂窝与面板粘接性能，主要包括蜂窝滚筒剥离强度、平面拉伸强度、弯曲强度等，美国军用规范 MIL-A-25463B 和我国航标 HB 5399—1988 都规定了关于金属蜂窝夹层结构粘接用胶黏剂的粘接性能指标。国内 20 世纪 90 年代研制生产的蜂窝粘接胶膜如黑龙江省科学院石油化学研究院生产的 J-47C 和 J-116A 蜂窝结构胶膜具有良好的蜂窝粘接性能，配套的抑制腐蚀底胶为 J-47B 和 J-100。这些蜂窝粘接胶膜与对应的钣金结构胶膜 J-47A 和 J-116B 在组成和性能上与钣金胶膜有所不同，主要差异在于这些蜂窝粘接胶膜在固化温度下黏度低于钣金胶膜，因而具有良好的蜂窝浸润和爬升性能，而钣金胶膜因大分子增韧成分更多、黏度更高，更有利于保持适宜的胶层厚度和增强剥离韧性。北京航空材料研究院生产的 SY-14、SY-24 胶膜和配套的 SY-D8、SY-D9 抑制腐蚀底胶，用于蜂窝粘接时都具有良好的粘接性能和耐久性。国外的结构胶膜如 AF163、FM73、EA9658、Redux312、Redux319 等都适用于蜂窝和钣金粘接。随着国内航空工业的发展，ARJ21 和 C919 民用客机等对胶黏剂的要求与国外产品接轨，国内研制的 J-271、J-272、SY-14M、SY-24M 等胶膜都兼顾蜂窝和钣金粘接应用，综合性能与国外同类产品基本相同。

（2）蜂窝芯拼接、补强与封边　蜂窝粘接时，局部空间需要填充发泡胶加强蜂窝的刚度和强度，增大抗压强度、减少损伤。利用发泡胶固化时在原位发泡膨胀，把蜂窝芯块拼接在一起（或把蜂窝夹层结构中的封边零件与蜂窝芯块连接在一起）。低密度的发泡胶适用于轻负载的结构，密度为 $0.48 \sim 0.64 \mathrm{g/cm}^3$ 的低膨胀发泡胶适用于重负载的结构。发泡胶以带状或粉状供应，用于蜂窝拼接、工件预埋、边框补强等，见图 12-4。蜂窝芯补强与封边用胶除发泡胶外，还有一种复合泡沫胶，一般为单组分包装加热固化或双组分包装室温固化，以糊状供应。这些泡沫胶通常含有空心玻璃微球，一般密度在 $0.5 \sim 0.7 \mathrm{g/cm}^3$，这些糊状复合泡沫胶主要用于蜂窝区内紧固件如螺栓等的局部增强和蜂窝板材的封边。

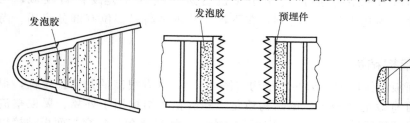

发泡胶　　　　发泡胶　　　预埋件　　　　　　　发泡胶

图 12-4　蜂窝芯补强、镶嵌与封边示意图

国内常用的航空发泡胶分为中温和高温固化发泡胶，如黑龙江省科学院石油化学研究院的中温固化发泡胶 J-47D、J-97、J-275 和高温固化发泡胶 J-29、J-94、J-118 等，北京航空材料研究院的中温固化发泡胶 SY-P2、SY-P3、SY-P9 和高温固化发泡胶 SY-P1A、SY-P3A 等。这些发泡胶分别对应国外的发泡胶。国外的发泡胶大多兼顾中高温固化，其中 Henkel 公司的 EF9899、EF557、EF560、EF562 和 Cytec 公司的 FM410 均为中高温固化胶，详见表 12-5。

表 12-5　发泡胶

| 类别 | 国内 | 国外 |
| --- | --- | --- |
| 中温固化发泡胶 | 黑龙江省科学院石油化学研究院 J-47D、J-97、J-275<br>北京航空材料研究院 SY-P2、SY-P3、SY-P9 | 3M 公司 AF 3024<br>Henkel 公司 EF9890、EF9899、EF557、EF560、EF562（中高温固化）<br>Cytec 公司 FM 410（中高温固化）<br>Hexcel 公司 Redux212 |
| 高温固化发泡胶 | 黑龙江省科学院石油化学研究院 J-29、J-60、J-94、J-118<br>北京航空材料研究院 SY-P1A、SY-P3A | Henkel 公司 EF557、EF560、EF562<br>Hexcel 公司 Redux219<br>Cytec 公司 FM490A、FM490B、FM410-1 |

### 12.1.1.3　金属复合结构粘接

（1）金属复合结构粘接类型　金属复合结构粘接主要包括胶铆（螺）连接和胶焊连接，这种复合结构粘接的方式可以充分发挥粘接和机械连接各自的优点，能减震、密封、防磨损、防接触腐蚀，提高了结构的连接强度和使用寿命，常用于受震动、易疲劳、承载较大或要求密封的部位。胶铆工艺常用于飞机的襟翼壁板、折流板、发动机短舱及直升机旋翼梁等部位。胶螺连接常用于旋翼大量接头和蜂窝结构后段镶嵌件连接，以传递集中载荷，提高结构强度。根据连接顺序分为先粘（螺）接后粘接和先粘接后铆（螺）接。如先粘接后铆接，将零件经预装备、钻孔、施胶、组装后，然后铆接。先粘接涂装及铆接后固化，将零件经预装配、钻孔、施胶、组装、铆接后不加压固化。不论粘接固化是在铆接（螺接）之前或之后进行，所有有关粘接的工序内容，从预装配直至涂胶装配，都是在铆接（螺接）之前完成。胶铆和胶螺结构所用的胶黏剂与一般结构粘接所用胶黏剂相同。但对先铆（螺）接后固化的结构应选用固化压力较低的胶黏剂。

胶焊连接可以保持粘接和电焊两者的优点，又可补偿各自的不足，已经获得了较广泛的应用。如苏联"安-24"飞机的机身、尾翼、短舱等部位胶焊壁板达 80 余件。美国的"S-67"型直升机、"C-130"飞机，我国的多种教练机、强击机上也都也采用了胶焊结构。胶焊工艺偏重于先焊后胶。采用的胶黏剂除对力学性能有较高要求外，对工艺性也有较高要求。通常采用胶液注胶。上述机械连接和粘接相结合的连接方法，可以采用膜状和糊状胶，但对于加压受限的复合粘接，一般是糊状胶黏剂。

（2）铝合金复合层板粘接　铝合金粘接复合层板是由若干层铝合金薄板经粘接固化后形成的层压材料，可经过常规的加工（如机加、冲压、焊接、表面涂装等）将层板制成所需的结构零件。铝合金复合层板接是金属粘接结构，具有常规金属粘接结构的基本属性。等厚度的粘接复合层板与整体厚板相比，既具有厚板的承载能力，又具有薄板的韧性；胶黏剂的黏弹性还可使层压板的应力得以松弛或分散，具有很高的抗裂纹扩展能力。复合层板对损伤及缺陷具有较大的容限，为此特别适合于制作飞机的结构零件。

铝合金复合层板可用作飞机的结构零件，有利于减轻结构质量，降低油耗，并提高疲劳性能（包括抗声疲劳性能），在客机的各种梁间肋、隔板、机尾翼、机身的蒙皮类零件、垂尾、平尾和蒙皮上广泛应用。铝合金复合层板胶黏剂可采用钣金结构胶，如高温固化的钣金用结构胶 AF30 胶膜配合使用 EC1593 或 PL693-10 抑制腐蚀底胶，可制备出具有良好力学性能的复合层板。国内也采用 J-125 胶膜，配合 J-117 抑制腐蚀底胶，制备出铝合金复合层板，具有良好的力学性能。

（3）纤维增强铝合金粘接复合层板粘接　利用粘接技术将各向同性的铝合金与各向异性的纤维粘接在一起，可制成一种兼具两者优点的新型结构材料，成为纤维增强铝合金粘接层板，其典型产品是基于芳纶纤维的 ARALL 层板（aramid aluminum laminate）和基于玻璃纤维的 Glare 层板。ARALL 层板是用一层或多层单向芳纶纤维-胶黏剂预浸带与铝合金薄板交替铺层热压而成的。通常 ARALL 内层薄板用裸铝合金，外层用包铝合金。Glare 层板是用玻璃纤维代替 ARALL 中的芳纶纤维所制成，其中胶黏剂采用符合 MMM-A-132 的金属结构胶黏剂，纤维体积分数以占纤维-胶黏剂总量的 45%～55% 为佳。纤维增强铝合金粘接层板的典型结构示意图见图 12-5。此外还有碳纤维增强铝合金粘接层板（CALL），但由于碳纤维与铝合金接触会引起电化学腐蚀，比强度和极限应变量均低于芳纶纤维，所以一般不用于粘接层板。

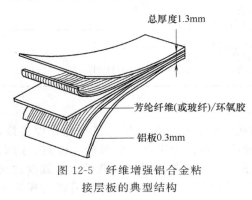

图 12-5　纤维增强铝合金粘接层板的典型结构

耐高温的纤维增强金属粘接层板，参照 ARALL 的形式，由高温轻质合金（如钛合金）及耐高温纤维（如氮化硅纤维）和高温胶黏剂层压制成。纤维增强铝合金粘接层板使用的胶黏剂和钣金粘接的要求相似，要求对铝合金和增强纤维应有良好的浸润粘接性能、良好的韧性和耐久性，满足 MMM-A-132B（Ⅰ）"飞机结构用金属-金属耐热胶黏剂"的要求。常用的胶膜如 AF126、AF163-2、AF-191，底胶采用 EC-3924 等。

（4）热破结构胶膜用于消声蜂窝的粘接　消声蜂窝壁板由带孔铝面板与蜂窝芯材和铝（或复合材料）背板粘接而成，见图 12-6。消声蜂窝与面板粘接后，胶膜加热破裂，通过蜂窝面板上的小孔形成蜂窝格孔单个谐振腔，从而降低噪声。消声壁板的蜂窝芯材与面板和背板粘接时所用的胶黏剂一般为改性环氧胶膜。如国外飞机消声蜂窝采用 EA9689、FM350、AF-191，用于发动机短舱进气道和风扇涵道。国内同类热破胶膜产品有黑龙江省科学院石油化学研究院的 J-154 环氧胶膜等。

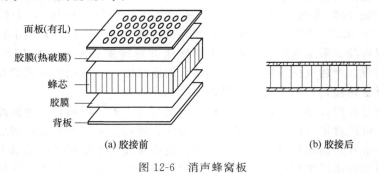

面板(有孔)
胶膜(热破膜)
蜂芯
胶膜
背板

(a) 胶接前　　　　　　　　　　(b) 胶接后

图 12-6　消声蜂窝板

## 12.1.2　复合材料结构粘接

### 12.1.2.1　复合材料板结构粘接

近年来随着复合材料在飞机结构中的大量应用和发展，粘接技术作为复合材料制造的重要配套技术，也得到快速发展。现代复合材料结构飞机，采用粘接代替铆接可使飞机质量减轻 20%，强度提高 30%，对提高飞机性能和有效载荷具有重要意义。除减重外，粘接作为飞机复合材料连接的方法，还能分散应力、减震、密封、改善疲劳性能和获得良好的气动外形。此外，复合材料粘接时，胶黏剂与树脂基体通常是同一种材料体系以保证材料相容性，如果采用共固化工艺更有利于一体化成型，提高构件整体结构强度以及装配和连接效率。

复合材料粘接连接一般适合于传递均匀分布的载荷或承受剪切载荷的部位，如波音 737-300 飞机将复合材料用于机身蒙皮加强板、垂直安定面、后缘襟翼、梁、肋、腹板等板板结构，用复合材料在方向舵、升降舵和副翼等部分取代铝蜂窝结构。新型的波音 787 飞机上更多地采用了纤维复合材料构件来替代传统的金属构件以减轻结构质量。

复合材料板板粘接和金属连接相似，也可分为板板粘接和板筋正交连接。但由于复合材料各向异性的特点，不能完全按照金属连接的方法进行接头设计和粘接。复合材料板板粘接时，由于粘接连接剪切能力很强，但抗剥离能力很差，不像金属连接在胶层产生内聚破坏，而易在连接端部层压板的层间产生剥离破坏，因此，对较厚的被粘接件，宜采用斜削或阶梯搭接形式。板筋正交连接用于板类构件与梁、筋、桁条的连接，包括 π 型件粘接（图 12-7）、T 型板粘接、L 型板粘接等。复合材料粘接连接设计时应尽量避开与金属件，尤其是铝合金粘接，必要时可采用热膨胀系数小的钛合金零件。

复合材料中温胶黏剂需要满足 BMS5-129，高温粘接需满足 BMS5-245A 对碳纤维复材和玻纤复材的粘接性能要求，并通过耐湿热、耐燃油、耐标准烃类混合物等试验。复合材料粘接用胶和金属结构胶相似，金属用结构胶大多可用于复合材料粘接，如 J-95、J-272、J-116、J-271、Redux312、AF163、FM73 等都可用于复合材料粘接。

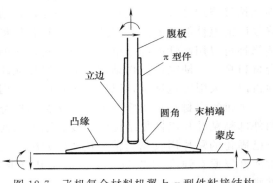

图 12-7　飞机复合材料机翼上 π 型件粘接结构

复合材料粘接时需注意胶黏剂与复合材料匹配性问题，尤其是胶黏剂和复合材料共固化时，预浸料经历低粘阶段，容易造成胶膜流动和胶层分布变化，降低粘接强度，需要注意二者固化工艺匹配性。国产胶膜 J-272、SY-24M 中温固化结构胶膜和 J-271、SY-14C 高温固化结构胶膜通过了相关 BMS 标准的测试检验，具有良好的工艺适应性，在多种飞机复合材料结构上大量使用。国外牌号的复合材料用胶黏剂有的兼有中温和高温双固化工艺的特点，如 3M 公司的 AF163-2 可以按 121℃ 或 177℃ 的工艺进行固化，Cytec 公司的 FM300 系列中也包含 121℃ 和 177℃ 固化的细分牌号，其中温固化的胶黏剂（FM300-2 系列）的耐温性明显优于其他传统的中温固化胶膜，而接近高温固化体系的性能。

复合材料粘接一般不用底胶，目前大多采用砂纸打磨和溶剂清洗的表面处理方法。但适当结构的表面处理剂对剪切强度和剥离强度有一定提高。如北京航空材料研究院研制出的 SY-D15 表面处理剂，能显著提高复合材料的粘接强度和粘接结构耐久性。配合高温固化体系 SY-14A-5405/HT 3 或者中温固化体系 SY-24C-3218/SW-280A 使用时，显示出良好的粘接性能，粘接强度提高 30% 以上，粘接接头具有优异的耐介质、耐热和耐湿热老化等耐久性。

## 12.1.2.2　复合材料蜂窝结构粘接

复合材料蜂窝粘接和铝蜂窝粘接相似，也分为蜂窝与面板粘接和蜂窝补强粘接。复合材料面板和蜂窝之间的粘接，一般采用板芯结构胶。蜂窝拼接补强和预埋，一般采用发泡胶进行。

复合材料蜂窝通常是芳纶纸蜂窝（Nomex 蜂窝），相比于铝蜂窝，Nomex 蜂窝具有质量轻、比强度高、耐腐蚀、易加工成形、电性能好等优点，在航空领域广泛应用。蜂窝与复合材料粘接时，需将纤维基材的织物纬向平行于蜂窝芯长度方向。

在复合材料构件的生产中，复合材料粘接可进行共固化、二次粘接，或多次固化粘接。例如，制造以复合材料为面板的夹层结构时，在蜂窝芯和复合材料预浸料之间铺贴结构胶膜并采用共固化工艺来成形；复杂的复合材料构件一般采用分件制造，然后用结构胶黏剂来粘接成所需的构件形式。如 AF163 胶膜、FM73 胶膜、FM377 胶膜、FM490 发泡胶等在欧美复合材料飞机上广泛应用。

### 12.1.2.3　复合材料结构修补

飞机复合材料结构在飞行过程中，鸟撞、雷击、弹伤以及维护或操作不当等情况下，非常容易发生冲击损伤和结构破坏，如分层、裂纹、缺口、破孔和断裂等。这些损伤会显著降低复合材料的承载性能，严重时会威胁飞机的飞行安全。复合材料的修理方法可分为机械修理和粘接修理 2 大类。机械修理方法存在着结构增重较多、修理区应力较大、修理补片影响修复区的电性能等缺点，因此，目前复合材料结构损伤主要采用粘接修理方法。复合材料粘接修补可以用高性能纤维增强复合材料，如硼纤维/环氧树脂复合材料或碳纤维/环氧树脂复合材料粘接于缺陷或损伤结构表面，以加强缺陷区域，或使受损伤构件的功能和传递载荷特性得以最大限度地恢复，以达到延长结构使用寿命的目的。

飞机复合材料粘接修理可分为贴补和挖补 2 种基本的修理方法。贴补修理是在损伤结构的外部粘贴补片以恢复结构的强度、刚度及使用性能，又分为预浸贴片与胶黏剂共同固化和将已固化的贴片用胶黏剂粘贴这 2 种方法，见图 12-8。贴补修理操作简单，施工效率高，通常能恢复原有强度的 70%～80%，适用于损伤较轻和对气动外形要求不严的飞机结构的维修。

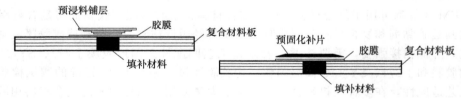

图 12-8　复合材料贴补修理

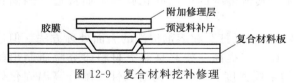

图 12-9　复合材料挖补修理

挖补修理是采用铣切等方式将损伤结构挖除，并形成斜接式或阶梯式的粘接面，然后采用预浸料或其他填充物填充挖补区，最后经固化得到平整修理表面，见图 12-9。这种修理方式能获得良好的气动外形，粘接面上的剪切应力分布比较均匀，此外，由于不存在偏心载荷，补强板的剥离应力比较小。

但是挖补修理比贴补修理工艺复杂，对操作的要求比较高，修理周期也比较长。因此，不太适合外场维修。相比于复合材料其他的修理形式，挖补修理可在增加最少结构质量的同时获得最优的强度恢复并得到平齐的结构表面，以降低对气动外形的影响。挖补修补按照打磨方式的不同可分为斜接式和阶梯式。斜接式挖补因为工艺要求比阶梯式挖补低，所以应用更加广泛。

用于复合材料部件修补的胶黏剂通常应使用与原结构相同的胶黏剂进行，但在实际情况下，通常难于按原始固化温度条件修补。采用原始固化温度需要更多的工装工具，如热补仪、加热带、真空袋、工装夹具等，如有必要还应按其精确可控的温度进行。实际修补中常使用固化温度低于原始零件制造温度的胶黏剂，例如 180℃ 固化的部件可以使用 120℃ 固化的胶黏剂进行修补。用于复合材料修补的胶黏剂特性及选用原则，需要考虑：拉伸强度和模量、压缩强度和模量、剪切强度和模量、断裂伸长率、蠕变疲劳特性以及不同温度和固化时间固化后的玻璃化转变温度、浸水后的玻璃化转变温度、热膨胀系数等。

目前，波音公司已经建立了相当完善的用于复合材料修补的胶黏剂规范，这些规范中包含较多胶黏剂类型，且可以在多个固化温度下固化。如 BMS5-28 规定蜂窝边缘填充密封胶可以在室温至 177℃ 的温度范围内固化。BMS5-109 规定的室温固化双组分环氧胶可以在室温至 66℃ 的温度范围内固化，其中 Ⅰ 型胶黏剂最高使用温度为 82℃，为高剥离强度类型（T 型剥离强度指标为 6.2kN/m）；Ⅱ 型胶黏剂的最高使用温度为 149℃，为低剥离强度类型（T 型剥离强度指标为 2.7kN/m）。BMS 5-92 规定的通用型环氧胶黏剂在室温至 82℃ 的温度范围内固化，室温剪切强度较高，但不要求很高的耐温性能，其中韧性最高的胶黏剂要求剥离强度高达 15.8kN/m。

复合材料修补用胶黏剂可采用胶膜或室温固化糊状胶黏剂，如采用 EA9696 胶膜和预浸料补片，利用热补仪将铺放补片后的试样固化。修补后的拉伸和压缩强度恢复率达 87% 以上。复合材料修补也可采用糊状胶黏剂进行，由于胶膜固化通常需要更大的压力和更高的固化温度，复合材料修补尤其是外场环境、工装条件受限，很多采用糊状胶进行修补，如 J-133、J-135、J-241 和 Redux87、EC2615、EA9394 等与纤维或填料复合对表面进行修补。由于糊状胶黏度大时不便于施胶，黏度低时容易流淌，所以通常调节成具有一定的触变性，用于不易于施加压力的连接处，或作为高密度的复合发泡胶使用（强度高于一般的复合发泡胶），比如机翼-发动机吊挂连接处修补。糊状胶也可以作为整形化合物以提供气动光滑表面，从而减少飞行阻力。如在对 F/A-18E/F 飞机的复合材料进行修补时，将 EA9394 糊状胶黏剂和预固化的 6 层准各向同性 IM7/977-3 修补片用于平面区域；将 EA9394 和 W133/EA9394 热压实的湿铺层修补片用于曲面修补；将 121℃ 固化的 FM300-2 胶膜和预浸料用于修补质量和剪切强度要求较高的区域。常用的国内外环氧糊状胶如表 12-6 所示。

表 12-6　几种常用的环氧糊状胶

| 类别 | 国内 | 国外 |
|---|---|---|
| 双组分室温固化糊状胶 | 黑龙江省科学院石油化学研究院：J-101、J-133、J-135、J-164、J-302、J-333、J-168、J-183、J-197、J-229-1、J-241、J-323、J-324、J-337<br>北京航空材料研究院：SY-13-2 等<br>晨光院：DG-2、DG-3 | 3M 公司：EC2615、A-661<br>Henkel 公司：EA9380 系列、EA9390、EA934、EA956、EA9392、EA9394 系列、EA9395、EA9396 系列、EA9380、EA9309.3、EA960、EA9313、EA9330、EA9359<br>Hexcel 公司：Redux870 等 |
| 单组分热固化糊状胶 | 北京航空材料研究院：SY-16（单组分、140℃ 固化）、SY-18（单组分、125℃ 固化） | Henkel 公司：EA9820、EA9825 |

## 12.1.3　树脂型结构胶黏剂的发展趋势

树脂型结构胶黏剂用于飞机的结构粘接能提高机体的结构效率和结构破损安全性能。欧美的飞机生产大国建立了先进的粘接体系，把胶黏剂体系的匹配和性能优化、粘接工艺控制和粘接界面的耐环境防护作为整体考虑，开发出系列化的结构胶系列，制定了相关的材料和工艺规范，大幅度地提高了粘接件的安全性、可靠性和耐久性，粘接工艺日趋成熟。我国从20世纪80年代开始研制直升机用胶黏剂，研制开发出飞机用环氧胶膜、底胶、发泡胶等结构胶黏剂，建立了先进的粘接体系，用于金属和复合材料的粘接，随后又开发出双马来酰亚胺胶黏剂、氰酸酯系列胶黏剂，用于耐高温和透波结构粘接。随着支线客机 ARJ21 和大型客机 C919 的研制，国内研究单位对标欧美相应的结构胶产品和工艺规范，对飞机用结构胶组成和工艺进行改进，在结构胶黏剂的系列化、粘接性能、材料匹配性、工艺适应性等方面基本达到国外同类产品水平，但在结构胶黏剂生产自动化程度、产品精度和稳定性控制、粘接接头模拟仿真设计计算等方面离国外产品和设计使用尚有一定差距。而且由于国内飞机用结构材料起步较晚，结构胶相关原材料和产品刚刚开始适航认证，结构胶在民用客机上批量应用还有一段距离。未来树脂型结构胶黏剂的发展趋势是在研制生产方面提高生产的自动化、连续化程度和产品的精度和稳定性，提高胶黏剂耐温性、功能性、与复合材料粘接的工艺适应性，开拓复合粘接层板结构技术，在应用方面简化固化工艺、降低生产成本，提高粘接工艺的自动化程度，发展计算机技术辅助粘接工艺技术。

# 12.2　橡胶型密封胶在飞机制造中的应用

橡胶型密封胶主要是以解决飞机的防腐，防气体、液体渗入或渗漏为主要目的，而军用飞机用密封胶也越来越多带有导电、导热、电磁屏蔽、吸雷达波、减振等功能性作用。随着航空技术的发展，飞机对气密、售后维护和维修成本的要求越来越高，粘接密封技术正逐渐在飞机制造过程中扮演越来越重要的角色。胶黏密封失效而产生的腐蚀会降低飞机结构的刚度、强度以及使用寿命，增加维修费用，甚至会危及飞机使用的安全性与可靠性。据国外相关部门统计，飞机系统中因胶黏密封失效造成的故障占整机故障的 40%，可见，胶黏密封优劣是影响飞机疲劳寿命、使用寿命、经济修理和安全性的一个关键因素。

世界上飞机用密封胶材料体系主要有欧美体系和苏俄体系，随着俄罗斯航空工业的日渐衰弱，世界上飞机用密封胶材料体系完全走向欧美密封胶材料体系，以满足欧美的相关适航标准要求。如：俄罗斯的最新一代支线客机 SSJ-100 和干线客机 MS-21、我国的支线客机 ARJ21 和干线客机 C919 均参照或部分采用了欧美密封胶材料体系（即 AMS 密封胶材料体系和美军标 MIL 密封胶材料体系）。

按生胶类别，飞机用密封胶主要有聚硫密封胶和有机硅密封胶两大类。聚硫密封胶具有优异的耐燃油性能、优异的粘接性能，但耐高温性能较差，主要用在对温度要求不高的油箱区域；有机硅密封胶具有优异的耐高低温性能和耐候性能，但耐燃油性能差，主要用于电气系统、发动机及辅助动力装置等区域。

## 12.2.1　飞机用密封胶的使用环境区域类型

飞机用密封胶依据使用环境和发挥的主要作用可以大致分为 7 个区域：增压区域、燃油区域、机身外区域、振动区域、易发生腐蚀区域、防火墙区域、电气区域。其中，①增压区域：飞机的增压舱通过密封维持舱内压力，防止气体泄漏。②燃油区域：在飞机燃油箱中，主要是靠安装密封紧固件使金属面紧密配合，同时施涂密封胶来密封，在整体结构油箱中所使用的密封胶必须能够承受各种温度、压力和结构施加的载荷。③机身外区域：密封用在飞机外侧表面可以防止水或其他流体进入内部，并可形成气动的平滑表面。这样的密封也会在整流区及接近盖板处形成良好的气动平滑表面。密封胶要填充在盖板及飞机整流表面的缺口处。④振动区域：防止由于振动而造成的特定零件损伤。⑤易发生腐蚀区域：用来防止腐蚀介质对飞机结构件造成腐蚀，防止腐蚀性液体或气体渗入结构内部。⑥防火墙区域：发动机区域防火墙处的密封可以阻止或延缓火势蔓延，降低火险等级。⑦电气区域：密封用来保护电子电器设备。

## 12.2.2　飞机用密封胶的分类

按 HB/Z 106—2011 标准，我国的飞机用密封胶分为 A、B、C、D、E 共 5 个类别，见表 12-7。

表 12-7　我国飞机用密封胶的分类和要求

| 类别 | 用途 | 主要工艺性能 |
|---|---|---|
| A 类 | 刷涂型密封胶，用于表面密封 | 不挥发分含量不小于 84%<br>基膏黏度为 10~50Pa·s |
| B 类 | 挤注型密封胶，用于缝外密封及紧固件的湿装配 | 不挥发分含量不小于 90%<br>基膏黏度为 900~1400Pa·s<br>流淌性为 2.5~19mm |
| C 类 | 贴合面密封胶，用于装配面之间 | 不挥发分含量不小于 90%<br>基膏黏度为 100~400Pa·s<br>流动性密封胶层厚度不小于 0.25mm |
| D 类 | 高堆砌型密封胶，用于填充空穴 | 非常稠膏状密封胶<br>流淌性不大于 5mm |
| E 类 | 喷涂或灌涂型密封胶，用作表面涂层 | 基膏黏度为 5~15Pa·s |

美国波音公司的波音 BMS5 系列密封胶材料标准的相关规定更加详细和具体，将飞机用密封胶更细分为 A、B、C、D、E、F、G 类共 7 个类别。其中，E 类密封胶黏度低，常作为结合面涂层喷洒使用；F 类密封胶黏度低，常作为一种底漆喷洒使用；G 类密封胶主要用于需要较长挤出时间且黏性要求比较低的结合面的喷洒、刷涂或者滚涂。HB/Z 106—2011 标准中的 A、B、C、D 类与波音 BMS5 密封胶材料标准 A、B、C、D 类相当，HB/Z 106—2011 标准中的 E 类涵盖了波音 BMS5 密封胶材料标准的 E、F、G 类共 3 个类别。

## 12.2.3　飞机密封形式的分类

按 HB/Z 106—2011 标准，将飞机密封形式分为 9 个大类，见表 12-8。

表 12-8　飞机密封标志图例

| 序号 | 密封形式 | 标志图例 |
|---|---|---|
| 1 | 填隙密封/嵌缝密封(caulking seal/seal of joints) | |
| 2 | 贴合面密封(faying surface seal) | |
| 3 | 填角密封(fillet seal)(缝外密封的一种) | |

| 序号 | 密封形式 | 标志图例 |
|---|---|---|
| 4 | 注射密封(injection seal)(指对暗沟暗槽的注射密封) | 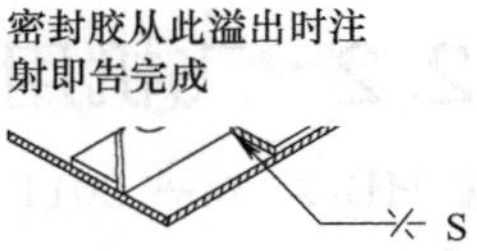 密封胶从此溢出时注射即告完成 |
| 5 | 预填密封(prepack seal)(用于装配间隙特别大的结构,相当于厚度很大的贴合面的间隙,须预先填入密封胶) | 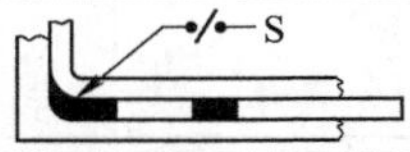 |
| 6 | 紧固件头部密封(fasten head seal)(缝外密封的一种,平面结构上的铆钉排或螺栓排钉头的密封) | 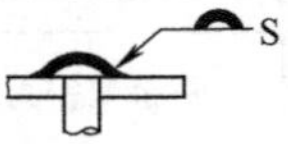 |
| 7 | 法兰及桁条边缘密封(edgeflange seal)(缝外密封的一种) |  |
| 8 | 孔-缝堵塞密封(plugforholl-slot seal) | 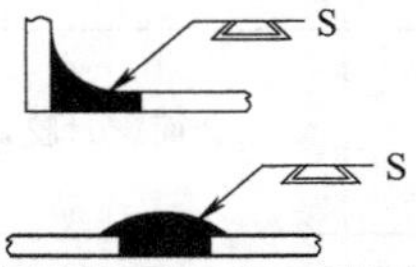 |
| 9 | 填孔密封(hole filling seal) | 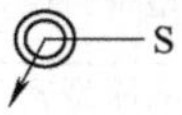 注:圆圈标志表示周边全部密封 |

美国波音公司的 BMS5 密封胶材料标准除对密封形式进行分类外,还对飞机的密封区域(因为所处环境不同)进行了等级划分,以利于飞机设计人员的选材。飞机密封等级分为绝对密封、完全密封、中等密封和限制密封四种。①绝对密封要求所有的孔、缝隙、下陷、接合处以及紧固件都必须涂胶密封,不允许有任何泄漏。②完全密封要求所有的孔、缝隙、下陷和接合处都应当涂胶密封,除二级配合的螺栓、螺丝或者较大的孔外,其他紧固件不需要密封。另外,自带封圈的托板螺母不需要涂胶密封。③中等密封要求所有的孔、缝隙、下陷和接合处都要涂胶密封,紧固件不需要。④限制密封要求所有的孔、缝隙和下陷要涂胶密封,但飞机的接合处、紧固件等不需要涂胶密封。

## 12.2.4 飞机用密封胶的胶种和发展现状

飞机用密封胶主要有聚硫密封胶和有机硅密封胶两大类,下面将分别介绍飞机用聚硫密封胶和有机硅密封胶的发展现状。

### 12.2.4.1 航空聚硫密封胶的发展现状

聚硫密封胶是以液体聚硫橡胶为基材,可在室温条件下通过化学交联,硫化成为具有良好粘接性能的弹性密封材料。聚硫密封胶对燃料、燃料蒸气、水汽、非极性液体介质以及大气环境良好的耐受能力,以及对铝合金、结构钢、钛合金、有机涂料、玻璃等多种材料表面具有可靠的粘接性能等。因此,聚硫密封胶广泛用于飞机整体油箱、座舱、风挡和机身机翼结构的密封,并占据航空密封胶主体地位,一架大型运输机的聚硫密封胶用量达 1.0t 以上。

(1) 国外航空聚硫密封胶的发展现状 欧美航空工业强国的航空聚硫密封胶已经形成了品种丰富、功能完整、规格齐全的材料体系,其航空聚硫密封胶主要分为五大类:通用型、低密度型、无铬缓蚀型、高强度型和低黏附力型。相应的材料特点和应用方向如下:

① 通用型聚硫密封胶。该类密封胶满足 AMS 3276E 规范要求，其特点是综合性能优异，兼具优良的耐油、耐高低温性能，工艺性能、力学性能和粘接性能等。长期使用温度为－54～121℃、短期可以在182℃使用。主要用于飞机整体油箱、燃油舱以及机身气动表面密封，贴合面密封、湿装配、罩封、密封连接以及非结构粘接。代表产品为 PR1422、PR1750（美国 PPG）；AC-350、AC-360［美国 AC Tech（3M）］；MC-238、MC-630（德国 Chemetall）。

② 低密度型聚硫密封胶。该类密封胶满足 AMS 3281E 规范要求，其特点是低密度，密度指标比其他类别的聚硫密封胶下调了 18%～27%，同时也具备优良的耐油、耐高温、粘接等综合性能。长期使用温度为－54～121℃、短期可以在182℃使用，是一种综合性能非常优异的密封材料。作为飞机整体油箱和机体密封胶材料，可有效降低飞机质量，目前应用最为广泛。代表产品有：PR1776M、PR1782、PR2007（美国 PPG）；AC-370［美国 AC Tech（3M）］；MC-780（德国 Chemetall）。

③ 无铬缓蚀型聚硫密封胶。该类密封胶满足 AMS 3265D 规范要求，其特点是突出了无铬防腐蚀性能，即不添加铬酸盐和重铬酸盐，即可保证铝合金-钛合金双金属、铝合金-包铝铝合金双金属以及铝合金-环氧复合材料配合件在盐雾环境中不腐蚀，是一种防腐蚀效果良好的环境友好型密封材料。长期使用温度为－54～121℃、短期可以在182℃使用。主要用于飞机机身气动结构、压力舱的两种金属之间的密封装配或金属与复合材料的连接件的密封装配。代表产品为：P/S870、PR1432、PR1775（美国 PPG）；AC-730［美国 AC Tech（3M）］。

④ 高强度型聚硫密封胶。该类密封胶满足 AMS 3269C 规范要求，其特点是高强度，具备优良的长期耐油性能，长期使用温度为－54～121℃，短期可以在182℃使用，适合用在对密封胶强度有较高要求的飞机整体油箱、燃油舱和气密舱的结构和贴合面部位。代表产品为：PR1770、PR1422、P/S890（美国 PPG）；AC-236、AC-240［美国 AC Tech（3M）］；WS-8020（英国 Royal）。

⑤ 低黏附力型聚硫密封胶。该类密封胶满足 AMS 3284B 规范要求，其特点是低黏附力，与铝合金、钛合金、不锈钢等材料的粘接剥离强度小于 0.7kN/m，长期使用温度为－54～121℃，短期可以在182℃使用；适合用在飞机易拆卸部位的密封需求。代表产品为：CS3330（美国 Flamemaster）、PR1773（美国 PPG）、WS-8010（英国 Royal）。

（2）国内航空聚硫密封胶的发展现状　国内航空聚硫密封胶的研制起始于 20 世纪 50 年代，早期的聚硫密封胶多为仿俄材料，追求高力学性能而对工艺性能关注较少。80 年代后，我国开始逐渐参照欧美材料体系将工艺性能列入聚硫密封胶的重要考核指标，构建了国内航空聚硫密封胶体系的框架；到 21 世纪初，国内航空聚硫密封胶在液体改性聚硫橡胶的改性技术、低密度技术、无铬缓蚀技术、低黏附力技术等众多技术领域取得突破，为国内未来航空聚硫密封胶的发展奠定了良好的基础。

国内航空聚硫密封胶体系可分为三代，目前正处于新老更替阶段。

第一代，以 XM15、XM22 和 XM28 等为代表的国内第一代航空聚硫密封胶，它们的突出特点是力学性能优异，但工艺性能较差，多为三组分、四组分，而且密封胶的组分无明显色差，长期使用温度为－55～110℃，短期最高为 130℃。一般作为通用型航空密封胶材料使用，处于淘汰过程中，部分牌号如 XM22 和 XM28 等还在沿用。

第二代，在改性聚硫橡胶的基础上，参照俄罗斯聚硫密封胶相关材料体系，发展起来的 HM10X 系列双组分聚硫密封胶，长期使用温度为－55～120℃，短期最高为 150℃，但密封胶整体黏度仍较大，适于刮涂施工，如需刷涂施工时，需要用溶剂稀释。

第三代，以改性液体聚硫橡胶为基体，参照欧美 AMS 相关材料标准，开发出多种功能型 HM11X 系列聚硫密封胶，包括低密度型、高黏附力型、无铬缓蚀型、低黏附力型等，长期使用温度为 -55～120℃，短期最高为 180℃，涵盖 A、B、C 三类，是目前国内最新型的航空聚硫密封胶产品，性能可达到相关美国 AMS 标准要求，该类聚硫密封胶已在我国新一代机型得到应用，并正在与我国干线客机 C919 同步进行相关适航认证。

国内航空聚硫密封胶的行业规范有 HB 5483—1991《飞机整体油箱及燃油箱用聚硫密封胶通用规范》和 HB 7752—2004《航空用室温硫化聚硫密封胶规范》，但上述行业标准已不能覆盖国内第三代航空聚硫密封胶材料，需要建立新的材料规范。

### 12.2.4.2　航空有机硅密封胶的发展现状

有机硅密封胶以液体硅橡胶为基体，由于液体硅橡胶以硅氧硅—Si—O—Si—为主链，有较高的键能 (441kJ/mol) 和柔顺性，使得有机硅密封胶具有优异的耐高低温、耐氧、耐光和气候老化等性能，在航空工业占有重要的地位，获得了广泛的应用。在民用飞机中，有机硅密封胶主要被用作密封、绝缘、防腐蚀等一般功能材料；在军用飞机中，有机硅密封胶越来越多被用作减震、导电、导磁、吸波、防火等特殊功能材料。

(1) 国外航空有机硅密封胶的发展现状　欧美航空工业强国的有机硅密封胶已经形成了品种丰富、功能完整、规格齐全的材料体系。我们从波音公司的 Ufile（化工品）手册和空客公司的 CML（消耗材料清单）可以获得较为完整的欧美民用飞机用有机硅密封胶牌号或其遵循的相应标准体系，但对于国外特种功能有机硅密封胶在军用飞机上的应用由于保密原因，无法通过相关文献或报道获得。因此，本书将主要介绍欧美民用飞机用有机硅密封胶及标准体系。

欧美民用飞机用有机硅密封材料分为单组分有机硅密封胶、通用双组分有机硅密封胶、绝缘双组分有机硅密封胶、功能有机硅密封胶。

① 单组分有机硅密封胶。欧美民用飞机用有机硅密封胶依据是否对金属腐蚀分为两类。对金属有腐蚀的单组分室温固化缩合型有机硅密封胶分为一般用途有机硅密封胶、高强度有机硅密封胶和耐高温有机硅密封胶，从工艺性能上分为触变性有机硅密封胶和自流平有机硅密封胶，共有 6 种规格的单组分室温固化缩合型有机硅密封胶；从美国迈图公司（原 GE 公司）和美国道康宁公司产品来看，高强度和耐高温型单组分室温固化缩合型有机硅密封胶主要是脱乙酸固化型，一般用途单组分室温固化缩合型有机硅密封胶包括脱乙酸固化型和脱酮肟固化型两类。无腐蚀型单组分室温固化缩合型有机硅密封胶也分为一般用途有机硅密封胶、高强度有机硅密封胶和耐高温有机硅密封胶，从工艺性能上也分为触变性有机硅密封胶和自流平有机硅密封胶，共有 5 种规格的单组分室温固化缩合型有机硅密封胶；从美国迈图公司（原 GE 公司）和美国道康宁公司产品来看，该类单组分室温固化缩合型有机硅密封胶均是脱醇固化型。

② 通用双组分有机硅密封胶。通用双组分密封胶主要按黏度和硬度范围划分为 AMS3368、AMS3358、AMS3359、AMS3361 共 4 个标准，分别是 4～7Pa·s 黏度、8～18Pa·s 黏度、20～40Pa·s 黏度、15～40Pa·s 黏度；可满足现场不同工况的选用和使用。通用双组分密封胶主要用于飞机的防腐蚀密封，美国迈图公司（原 GE 公司）和美国道康宁公司均有满足以上标准的产品系列。

③ 绝缘双组分有机硅密封胶。AMS 3373 规定了在宽硬度范围 (Shore A 35～55) 的绝缘密封硅橡胶，它将绝缘密封硅橡胶的黏度分为两类：第一类，低黏度 (50～200Pa·s) 密封胶；第二类，中等黏度 (200～800Pa·s) 密封胶。绝缘双组分有机硅密封胶主要用于电子电器的绝缘密封，美国迈图公司（原 GE 公司）和美国道康宁公司均有满足以上标准的产

品系列。

　　④ 功能有机硅密封胶。国外功能有机硅密封胶有导电有机硅密封胶、防火有机硅密封胶、导热有机硅密封胶、吸雷达波有机硅密封胶、耐燃油有机硅密封胶、有机硅泡沫密封胶等。国外研制的功能有机硅密封胶的品种齐全、规格繁多。如在导电有机硅密封胶方面，美国 TECKNIT 公司和 MMS-EC 公司的导电有机硅密封胶有镀银玻璃、镀镍石墨、镀银铝粉、镀银铜粉、镀银镍粉、镀镍铝粉和银粉等系列牌号不同密度和导电等级的系列导电有机硅密封胶；在防火密封胶方面，美国 KTA 公司的 FASTBLOCK 系列防火有机硅密封胶，涵盖单组分和双组分、缩合型和加成型固化、高密度和低密度的系列化产品；这些功能有机硅密封胶均在国外的军用飞机得到应用，但其在飞机上的具体应用无法通过公开的文献或报道获得。

　　（2）国内航空有机硅密封胶的发展现状　根据在航空工业上的用途可分为单组分有机硅密封胶、通用双组分有机硅密封胶、耐高温（抗密闭降解）有机硅密封胶、功能有机硅密封胶。国内航空有机硅密封胶的规范有：GJB 8609—2015《室温硫化单组份有机硅密封剂规范》和 HB 20077—2011《航空用氟硅类密封剂规范》，但上述行业标准已远不能覆盖国内航空有机硅密封胶材料，我国航空有机硅密封胶的国内规范体系尚未健全，与西方发达国家有较大的差距。

　　① 单组分有机硅密封胶。GJB 8609—2015 规定了 GD803、GD808、GD818、GD862 和 HM304 共 5 个牌号的单组分有机硅密封胶，这 5 个牌号的密封胶在我国各型飞机上得到了广泛应用，此外，GD931、GD406 等单组分有机硅密封胶在飞机上也有较多的应用，但以上单组分有机硅密封胶的耐高温性能不足，不能满足飞机发动机高温部位的使用需求。

　　② 通用双组分有机硅密封胶。通用双组分有机硅密封胶广泛地用于飞机电子电器设备和飞机机身的密封、防腐蚀，在空气介质中工作温度为 −60～250℃。目前广泛应用的牌号有 HM305、HM307、HM321 和 HM325B 等双组分缩合型有机硅密封胶，这些密封胶配合 NJD-6 或 NJD-9 配套粘接底涂，对钢、钛合金和铝合金等金属材料、锌黄底漆、聚氨酯面漆和陶瓷材料等具有良好的粘接性能。其中，HM321 高强度双组分缩合型有机硅密封胶的拉伸强度达 6.0MPa 以上，拉断伸长率达 450% 以上。

　　③ 耐高温（抗密闭降解）有机硅密封胶。飞机发动机与后机身的高温区及其环控系统需要耐温达 300℃ 的耐高温有机硅密封胶，使用的有 HM301、HM306 和 XY-602S 耐高温有机硅密封胶。其中，HM306 双组分有机硅密封胶和 XY-602S 胶黏剂的耐温达到 350℃，并具有优异的抗密闭降解性能，无需粘接底涂，即可对金属材料有良好的粘接性能。

　　④ 功能有机硅密封胶。国内飞机应用的功能有机硅密封胶有：导电有机硅密封胶、防火有机硅密封胶、导热有机硅密封胶、耐高温硅树脂密封胶、耐燃油有机硅密封胶、有机硅泡沫密封胶等。

　　高导电有机硅密封胶：主要是体积电阻率小于 0.1Ω·cm 的高导电密封胶，尤其是体积电阻率小于 0.01Ω·cm 的超高导电密封胶。目前广泛应用的 HM332 单组分导电有机硅密封胶和 HM315A 双组分缩合型导电有机硅密封胶，其体积电阻率均小于 0.005Ω·cm，在宽频范围内具有优异的电磁屏蔽性能。

　　防火有机硅密封胶：应用的阻燃防火有机硅密封胶主要有 HM317 防火阻燃有机硅密封胶和 HM320 低密度防火隔热有机硅密封胶。其中，HM317 防火阻燃有机硅密封胶工作温度为 −55～204℃，阻燃性能达到 FV-0 级，3.2mm 厚的密封胶经过 1050～1150℃ 火焰燃烧 15min，火焰不会穿透。在高温火焰的作用下，密封胶生成了坚固紧实的炭层，正是这一炭层有效阻止了高温火焰的穿透。HM320 低密度防火隔热有机硅密封胶的工作温度为 −60～

204℃，密度为 0.8g/cm³，3.2mm 厚的密封胶经过 1050～1150℃火焰燃烧 15min，火焰不会穿透，并有良好的隔热性能。

耐燃油有机硅密封胶：我国的 HM804 双组分氟硅密封胶的使用温度范围为－55～230℃，具有较好的耐降解性能和优良的电绝缘性能，被广泛应用于飞机燃油系统中工作的电气元件的灌封，用于粘接氟硅橡胶制品和飞机整体油箱特殊高温部位密封，它是目前航空工业中应用最广、用量最大、技术成熟度最高的氟硅密封胶。

耐高温硅树脂密封胶：我国应用的耐高温硅树脂密封胶有耐 500℃的 HM310 硅树脂密封胶和耐 800℃的 HM311 耐高温硅树脂密封胶。

### 12.2.4.3　航空不硫化密封胶的发展现状

不硫化密封胶一般仅用于结构的装配，即贴合面密封（即缝内密封）、沟槽密封和一些需要拆卸的结构密封，在飞机座舱结构的骨架与蒙皮之间贴合面密封中，长达十几米的密封装配线上，可以不受室温硫化密封胶使用活性期和施工期的限制，从容地铺贴，从容地铆装结构件，这对于保证结构的密封性和装配质量十分有利。

我国老一代飞机机身和座舱缝内密封大量采用了 XM-48（丁基橡胶）不硫化密封腻子及腻子布、XM-17（顺丁橡胶）不硫化密封腻子及腻子布、1601（聚异丁烯）不硫化密封腻子及腻子布、102（聚硫橡胶）不硫化密封腻子及腻子布等，但以上不硫化密封腻子及腻子布在新一代飞机上已基本不再使用。新一代飞机应用较多的仅有 HMB802 和 HMB802A 氟硅不硫化密封腻子，该不硫化密封腻子用于整体油箱沟槽注射密封，可满足美国 MIL-S-85334 标准要求，长期使用温度为－54～180℃，使用时被预先装在高压注射枪内，将枪嘴插入蒙皮上预留的注射孔，腻子进入沟槽，然后拧紧注射孔螺钉即可完成密封施工。修补也十分方便，打开渗漏区沟槽两侧的注射孔螺钉，采用高压注射枪注入新密封腻子，替换出旧腻子，即可重新密封完成修复。国外不硫化密封胶的应用也较少，根据国外的相关报道，美国 Dow Corning 公司的 DC94-031 氟硅不硫化密封腻子（满足美国 MIL-S-85334 标准要求）主要在 F-16 战斗机等机型上应用。

## 12.2.5　飞机用密封胶供应商

### 12.2.5.1　飞机用密封胶国外供应商

国外航空聚硫密封胶供应商主要有美国的 PPG Aerospace、德国的 Chemetall、美国的 AC Tech（3M）、美国的 Flamemaster。目前，美国 PPG 公司的聚硫密封胶产量和技术水平处于行业内的领先地位，其 PR 系列聚硫密封胶几乎涵盖了各型飞机对该种材料的所有需求。

国外通用航空有机硅密封胶供应商主要有美国迈图公司（原 GE 公司）、美国道康宁公司。功能有机硅密封胶的供应商较多，有美国 TECKNIT 公司、美国 MMS-EC 公司、美国 KTA 公司、美国 Dapco 公司、美国 Nusil 公司等，这些公司的产品各具特色，当然其产品的应用也基本不是以面向飞机为主。总的来说，美国迈图公司和美国道康宁公司的有机硅密封胶在航空工业的应用范围最广、用量最大、产品规格相对齐全。

### 12.2.5.2　飞机用密封胶国内供应商

国内从事航空聚硫密封胶研制和生产的单位主要是北京航空材料研究院，航空聚硫密封胶技术水平处于国内先进水平，其产品基本覆盖国内航空聚硫密封胶市场。此外，西飞晨光公司有个别牌号密封胶的生产。

国内航空有机硅密封胶供应商主要有北京航空材料研究院、中蓝晨光研究院和中科院化学所。北京航空材料研究院已应用的 HM 系列有机硅密封胶，包括单组分和多组分有机硅密封胶，有耐极低温型、耐高温型、高强度和高抗撕型，这些有机硅密封胶基本涵盖我国军用航空领域对有机硅密封胶材料的需求。

## 12.2.6　航空密封胶使用环境区域的典型应用

### 12.2.6.1　飞机机体的密封

（1）飞机整体油箱的密封　飞机整体油箱是将部分机身和机翼的承力结构设计为可储存燃油的结构油箱，既可以充分利用结构空间来多装燃油，增加飞机的航程和续航时间，又可以减少飞机质量，已成为现代飞机设计优先采用的结构方案。

飞机整体油箱密封由高黏附力贴合面密封胶、低密度填角密封胶、低黏附力密封胶三种材料组成一个完整的密封体系。高黏附力贴合面密封胶粘接稳定、密封可靠，成本相对较低，适用于整体油箱的贴合面装配密封；低密度填角密封胶以耐老化性能提高的液体改性聚硫橡胶 Permapol P-5 为原料，寿命长、质量轻，适用于整体油箱壁板装配后夹角的填角密封和紧固螺栓的表面密封；低黏附力密封胶则主要用于油箱可拆卸口盖的密封。上述三种密封胶材料满足了包括波音、空客在内的当代飞机整体油箱密封的标准要求。

飞机整体油箱是飞机承力结构的一部分，且要求与飞机同寿命、不可拆卸，因此，要求密封胶具有寿命长、粘接稳定、密封可靠等性能特点，同时，根据不同的密封部位的特点，选择相应的密封胶，达到减重、易维护等要求，提高整体油箱的密封性能。整体油箱用聚硫密封胶具有可靠稳定的粘接强度、长寿命、不透气性及优良的低温挠曲性等特点，对各种金属及复合材料均有极好的粘接力，使用温度范围为 $-55 \sim 110℃$，已广泛应用于大飞机机翼、机身整体油箱的密封等。

飞机整体油箱用密封胶的最大环境特点是耐航空煤油，并且对整体油箱的结构材料（铝合金、钛合金或复合材料等）均不产生腐蚀现象。通过各项试验验证考核，密封胶还具备优异的耐高温（200℃、120h）、耐湿热（80℃、24d，90%RH）、耐介质性（RP-3 燃油）、耐寒性（−55℃、24h）、耐紫外线（高原环境密封盒段考核）、耐自然老化（海洋环境平台大气暴晒密封盒段考核）等特点，满足整体油箱的气密、水密和油密等要求。

飞机的整体油箱通常包括机翼和机身整体油箱两个部分。整体油箱的形状各不相同，结构包括梁、壁板、纵墙、隔板、框、肋、桁条和口盖等部位，密封形式包括贴合面密封、填角密封、填隙密封及紧固件密封、口盖密封等。

① 整体油箱的贴合面密封。在整体油箱中，肋缘条与壁板贴合面、密封角盒与肋腹板、长桁及壁板贴合面等部位需进行贴合面密封。整体油箱壁密封示意图如图 12-10 所示。该结构件之间的贴合面密封是整体油箱中关键的密封形式，要求密封胶涂覆均匀、粘接持久稳定。飞机整体油箱壁板尺寸大、所需的装配时间长，需选用长活性期的高黏附力贴合面密封胶。

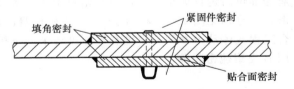

图 12-10　整体油箱壁密封示意图

② 油箱的填角、填隙密封。油箱的填角、填隙密封是确保油箱持久密封的两种重要密封形式。油箱结构的孔道、内腔、缝隙、结构下陷等处均需用填角密封胶，并沿着安装零件贴合面边缘或缝隙施加密封胶，形成一个连续的波纹状涂层的密封环境，完成填角密封。在飞机整体油箱中，盖板与梁缘条和壁板连接、盖板与对接长桁和壁板连接的紧固件安装时，

螺母用密封胶湿安装封包；同时，梁缘条与对接长桁之间的间隙在盖板长度范围内用密封胶进行填隙密封，外表面壁板与相近壁板弦向及展向的缝隙均用密封胶进行整形密封。油箱壁板盖板密封示意图见图 12-11。

③ 油箱的口盖密封。飞机整体油箱区壁板上方的维护口盖是重要的密封部位。为了便于飞机整体油箱的维护，要求口盖具有可拆卸功能，典型的连接口盖的紧固件密封示意图见图 12-12。为了满足油箱口盖需经常拆卸的使用要求，油箱口盖一般选用 A 类或 B 类低黏附力密封胶。

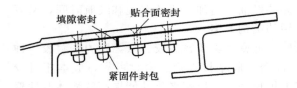

图 12-11　油箱壁板盖板密封示意图

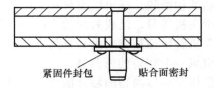

图 12-12　典型的连接口盖的紧固件密封示意图

（2）飞机机身及蒙皮缝隙的密封　飞机机身密封采用合理的密封结构和密封材料堵塞机身上的孔或缝等渗漏区域，以阻止压力的泄漏以及水汽或腐蚀介质的渗入，达到机身气密和防腐蚀的目的。飞机机身密封涵盖贴合面密封、填角密封、注射密封、紧固件密封等多种形式，主要应用的是室温硫化聚硫密封胶。

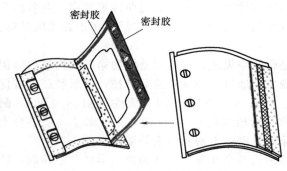

图 12-13　快卸卡销缩紧的常开常卸
铰链式口盖贴合面密封示意图

① 飞机机身贴合面密封。与机身蒙皮连接的长桁和框、蒙皮搭接和对接点、连接片、临近门窗的加强件、压力隔框、机身口盖等部位均需进行贴合面密封。典型的快卸卡销缩紧的常开常卸铰链式口盖贴合面密封示意图见图 12-13。由于机身的尺寸大，装配时间较长，通常均采用具有足够活性期、高黏附力的 B 类或 C 类聚硫密封胶，其硫化速度应适度缓慢，以保证在施工期内完成所有的紧固件安装。

② 飞机机身的填角密封。飞机外部蒙皮对接与搭接、蒙皮与长桁连接时及压力舱等部位需进行填角密封，填胶密封主要有矮夹角边填角密封和高夹角边填角密封两种结构形式，分别见图 12-14 和图 12-15。飞机机身的填角密封除应表面平滑和无气泡外，还应符合工程气体动力学的齐平度和平面度要求。飞机机身的填角密封的密封胶用量较大，通常采用 B 类聚硫密封胶。

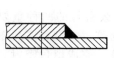
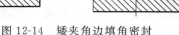

图 12-14　矮夹角边填角密封

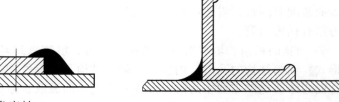

图 12-15　高夹角边填角密封

③ 机身紧固件密封。紧固件密封是为了防止气体和液体通过紧固件泄漏造成安全隐患而用密封胶涂覆紧固件或安装孔的密封方法，其主要目的是保压和防腐。紧固件密封的主要方法包括紧固件湿安装和紧固件的刷涂密封。①紧固件的湿安装主要包括紧固件头下或孔口端面或埋头窝中涂密封胶和在紧固件杆上涂密封胶两种类型。②紧固件的刷涂密封主要应用于穿过气密或液密结构的紧固件，刷涂密封胶完全覆于紧固件的头部或末端。紧固件密封通常采用低密度的 B 类聚硫密封胶。紧固件上的密封常采用两种形式，紧固件上的密封示意图见图 12-16。

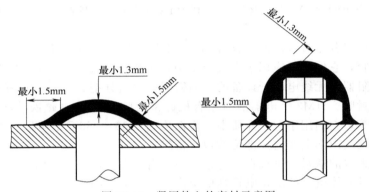

图 12-16　紧固件上的密封示意图

④ 机身外部蒙皮缝隙密封。高隐身成为四代先进战机的主要标志之一，飞机的口盖、蒙皮对接缝等部位存在大量的缝隙，如美国 B2 隐身轰炸机飞机口盖、蒙皮对接缝等部位的缝隙长度达到 942m，为了实现整机的电磁连续，采用吸雷达波有机硅密封胶或高导电有机硅密封胶对这些缝隙进行处理是提高飞机隐身性能的主要途径，典型的对接缝密封形状示意图见图 12-17。我国也研制和应用了系列吸雷达波有机硅密封胶或高导电有机硅密封胶，如：HM323 室温硫化吸波有机硅密封胶、HM332 单组分导电有机硅密封胶和 HM315A 双组分缩合型导电有机硅密封胶。

（3）飞机座舱的密封　飞机座舱的密封主要是要满足飞机气密性的要求，保证飞机乘员有良好的生活环境。飞机座舱的密封往往是复合密封，空客 A319、A320 和 A321 等单通道飞机座舱的内密封采用聚氨酯密封胶，外密封采用聚硫密封胶；我国歼-7 和歼-8 座舱采用丙烯酸粘接涤纶、外密封采用 XM-16 聚硫密封胶。飞机座舱的软式固定密封结构示意图见图 12-18。战斗机速度的增加导致气动加热加剧以及长寿命要求，国内外苏-27、歼-11 等二

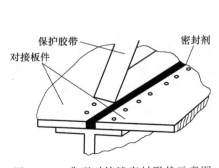

图 12-17　典型对接缝密封形状示意图

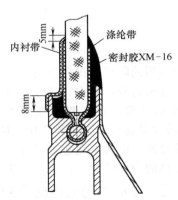

图 12-18　飞机座舱的软式固定密封结构示意图

代战斗机采用了耐老化性能更好的有机硅密封胶，如 HM301 耐高温有机硅密封胶；为了进一步提高飞机座舱密封的可靠性，我国的新一代飞机已经采用高强度的有机硅密封胶，如 HM321 耐高温有机硅密封胶。

（4）飞机电子电器的密封　飞机电子电器的密封主要起到绝缘、导热、减振等作用，以保证满足电子电器的正常工作。用于飞机电子电器密封的基本是有机硅密封胶，涉及单组分型和双组分型。波音和空客飞机的电子电器所用有机硅密封胶材料，单组分有机硅密封胶符合 MIL-A-46146B 的规定，双组分有机硅密封胶符合 AMS 3373、AMS 3262A 等的规定。其中，美国迈图公司的 RTV160、RTV162 和 RTV167 单组分脱醇型有机硅密封胶应用较为广泛。

国内应用的单组分型有机硅密封胶有 HM304 单组分脱醇型有机硅密封胶和 GD 系列单组分有机硅密封胶，它们广泛应用于空气介质中，工作温度为 −60～200℃ 下的螺接、铆接接头和仪表、电阻器、无线电电子设备的表面密封；双组分型有机硅密封胶有 HM307 电器灌封用有机硅密封胶、HM305 电器灌封用有机硅密封胶、XZ-1 电磁铁灌注料、HM302 泡沫有机硅密封胶等，它们用于空气介质中工作温度为 −60～250℃ 下电器、电源、仪表和插头的灌封，仪器仪表内部电线连接部位的包覆密封。

（5）飞机防火墙的密封　飞机在飞行过程中，由于发动机引擎、辅助动力系统长期工作且温度较高，而且机体机载的电线电缆纵横交错，一旦潜在的起火区引发火灾，极易蔓延至整个飞机，后果不堪设想。飞机防火墙是一种将飞机潜在的起火区（主要是发动机附近）与临近的舱隔离的金属板结构，起到阻止火势蔓延、保护机体结构的作用。飞机发动机舱的防火墙结构见图 12-19。波音和空客公司指定的防火有机硅密封胶是 Dapco18-4、Dapco2100（短施工期）和 Dapco2200（长施工期）防火有机硅密封胶，与金属粘接时，Dapco18-4 配套 Dapco1-400 底涂，而 Dapco2100 和 Dapco2200 无需底涂即可与金属实现良好粘接。

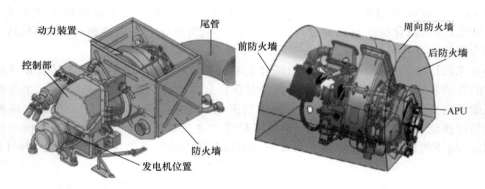

图 12-19　飞机发动机舱的防火墙结构

国内应用的防火有机硅密封胶是 HM317 防火阻燃有机硅密封胶和 HM320 低密度防火隔热有机硅密封胶，其中，HM320 低密度防火隔热有机硅密封胶用于飞机发动机短舱的防火墙大面积涂覆，在飞机正常工作状态下，密封胶可以对防火墙结构起到隔热作用。HM317 防火阻燃有机硅密封胶用于防火墙结构、机舱结构壁板的缝隙、管路上的孔洞、槽孔、橡胶管道、电线电缆包覆及穿入处、检查口盖、操作台连接处及其他洞口结构密封，起到防止飞机的内部结构、机载设备等敏感结构免受热损坏和其他有害物质的侵入的作用。

## 12.2.6.2　飞机发动机用粘接密封

相比飞机机体，飞机发动机部位的工作温度更高、振动剧烈。因此，新一代飞机发动机使用的基本是有机硅密封胶，在可能接触到燃油的部位使用的是氟硅密封胶。根据密封胶在飞机发动机的使用部位和作用，可分为飞机发动机进气道部位的粘接密封、飞机发动机高温部位的粘接密封、飞机发动机附件系统的粘接密封以及飞机发动机与飞机连接部位的粘接密封。

（1）飞机发动机进气道部位的粘接密封　美国、欧洲目前研制的 CFM56、V2500、PW4000、GE90 系列发动机和我国的先进涡扇发动机的低压低温增压级静子内环采用的高温硅橡胶或双组分加成型有机硅密封胶易磨环，当采用高温硅橡胶时，高温硅橡胶易磨环与风扇金属机匣之间采用加成型有机硅密封胶进行粘接，起到减小风扇叶片的磨损和封严作用，从而提高发动机的推力和效率，发动机的风扇进气匣和密封胶层部位截面图见图 12-20。

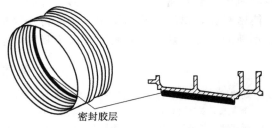

图 12-20　发动机的风扇进气匣（左图）和密封胶层部位截面图（右图）

发动机压气机叶片榫头采用密封胶层起到密封、减磨与减振作用。国外先进发动机采用 RTV106 耐高温单组分有机硅密封胶，该密封胶具有优异的耐高温性能和施工便利性。国内发动机采用 HM109 聚硫密封胶、XJ-51 单组分有机硅密封胶等，新型的发动机也采用了性能与 RTV106 耐高温单组分有机硅密封胶相当的 HM396 单组分耐高温有机硅密封胶。

（2）飞机发动机高温部位的粘接密封　飞机发动机空-空换热器和气压作动筒等零组件的长时间工作温度达 500℃，其应用的 HM310 硅树脂密封胶在经耐热 500℃、36h 后，不起皮、不鼓泡、不开裂、不脱落，附着力达到 1 级，经 1.0MPa 打压试验不漏气，具有良好的耐高温密封性能。飞机发动机或燃气轮机的燃烧室与整流器安装边和调节环等处工作温度可达 800℃，其应用的 HM311 耐高温硅树脂密封胶在经 800℃、36h 后，经 2.5MPa 打压试验不漏气。

（3）飞机发动机附件系统的粘接密封　飞机发动机附件系统包括滑油系统和燃油系统。发动机附件的滑油系统中的齿轮箱结合面、螺栓连接和铆接处、钉头等部位密封采用的是有机硅密封胶，如 XJ-55 耐高温有机硅密封胶、HM301 耐高温有机硅密封胶、HM306 耐高温有机硅密封胶、HM321 耐高温有机硅密封胶、HM333 单组分耐高温有机硅密封胶和 HM373 单组分有机硅密封胶等；在附件系统中能接触燃油的电子电路、螺栓连接和铆接处等部位密封使用的是 HM109 聚硫密封胶、HM804 双组分氟硅密封胶和 XJ-56 双组分氟硅密封胶等。

（4）飞机发动机与飞机连接部位的粘接密封　CFM56 系列发动机的前吊点组合件位于发动机中介机匣后部、高压压气机上部。发动机的前吊点组合件与后支点组合件组合使用，主要用于发动机与飞机连接，保证发动机在飞机上稳固连接，起到减震、固定及密封作用。RTV88 密封胶在前吊点组合件的使用位置，见图 12-21。

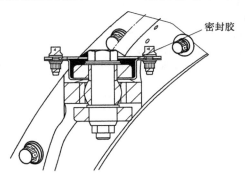

图 12-21　RTV88 密封胶在前吊点组合件的使用位置

## 12.2.7　橡胶型密封胶发展趋势

我国研制和生产的航空密封胶基本满足了国内不同阶段航空工业的需求，航空密封胶尤其是航空聚硫密封胶已经建立起较为完整的材料体系，部分航空聚硫密封胶品种可满足欧美标准和民航领域的适航要求。但总体上，与欧美航空工业强国相比，密封胶材料体系的完整性还有一定的差距，航空密封胶的原材料、生产、包装、检验及现场施工工艺等整个生产和应用的全过程管理与控制也离满足民航领域的适航要求有一定的距离。

　　未来我国的航空密封胶需要从两个方面取得突破和发展，一方面，建立起满足民用飞机适航认证要求的航空密封胶材料体系，以满足我国民用 ARJ21 支线客机、C919 和 C929 干线客机等对航空密封胶的需求；另一方面，发展吸雷达波、低密度、防火、导电、减振等高性能密封胶，以满足我国军用飞机的特殊要求。通过我国从事航空密封胶科技工作者共同持续不断的努力，航空密封胶能够成为我国航空工业技术进步的助推器。

## 参 考 文 献

[1]　胡建国．金属结构件粘接//航空制造工程手册．北京：航空工业出版社，1995．
[2]　李春威．复合材料粘接技术的发展与应用．航空制造技术．2011（20）：88-91．
[3]　张建新，吴洪亮，陈洁．民用飞机粘接技术应用分析．航空制造技术，2014（17）：46-49．
[4]　曲春艳，王德志，冯浩，等．J-188 双马来酰亚胺复合材料交接用结构胶膜．材料工程，2007，S（1）：15-19．
[5]　乔海涛，邹贤武．复合材料粘接技术的研究进展．宇航材料工艺，2010（2）：11-14．
[6]　谢鸣九．复合材料连接．上海：上海交通大学出版社，2011．
[7]　邹贤武，乔海涛．SY-D15 表面处理剂的性能研究．粘接，2007（2）：10-12．
[8]　郑立胜，李远才，董玉祥．飞机复合材料粘接修理技术及应用．粘接，2006，27（2）：51-52．
[9]　苏建，田鹏飞，徐恒源，等．中温固化复合材料层压板分层缺陷挖补修补工艺研究．纤维复合材料，2017，9（3）：3-7．
[10]　王哲．飞机结构密封与实效修理．民用飞机设计与研究，2014，112（3）：73-76．
[11]　徐丽娜，李灵子，李子菲．民用飞机机身密封技术浅析．航空工程进展，2016，7（3）：382-386．
[12]　周广洲．密封胶在波音民用飞机上的应用．民用飞机设计与研究，2013，111（4）：75-78．
[13]　曹寿德．航空密封胶发展现状及趋势．材料工程，1997，5（1）：46-48．
[14]　宋英红，杨亚飞，吴松华．航空聚硫密封胶的发展现状分析．中国胶粘剂，2013，22（2）：49-52．
[15]　林松．某型飞机机翼整体油箱工艺研究．洪都科技，2010（3）：19-23．
[16]　刘嘉，苏正涛，栗付平．航空橡胶与密封材料．北京：国防工业出版社，2011：77-194．
[17]　范召东，孙全吉，黄艳华，等．有机硅材料在航空工业的应用．有机硅材料，2015，29（6）：491-498．
[18]　巴秀娟．选择快速拆装油箱口盖密封材料的研究．飞机设计，1997（2）：32-38．
[19]　胡琳．飞机整体油箱密封胶分析．民用飞机设计与研究，2001（2）：20-31．
[20]　王向明，毕世权．飞机口盖复合垫片密封结构设计研究．飞机设计，2007，27（4）：13-16．
[21]　李绪忠，李素琴．大飞机整体油箱用密封胶性能分析及应用．航空工程进展，2015，6（3）：372-376．
[22]　姜永强，沈尔明，王志宏．非金属封严材料在民用发动机上的应用．航空发动机，2010，36（6）：46-49．
[23]　王岩，程世远，师俊芳，等．一种易磨硅橡胶环与金属粘接件制造方法：CN104441631，2015-03-25．
[24]　郝兵，李成刚．表面涂层技术在航空发动机上的应用．航空发动机，2004，30（4）：38-40．

（范召东 吴健伟 孙全吉 梁滨 编写）

# 第13章

# 胶黏剂在航天工业领域的应用

## 13.1 航天产品的特点及对胶黏剂的基本要求

运载火箭、卫星、飞船等航天器的各种结构广泛采用轻合金、蜂窝结构和复合材料，因此胶黏剂及粘接技术在航天产品上扮演着十分重要的角色。胶黏剂及粘接技术在发展的同时也在向其他连接技术渗透，形成了形式多样优势互补的混合连接，如粘接与铆接复合、粘接与螺纹连接复合等，以实现连接的多种功能。此外，采用粘接方式对金属结构件进行局部补强也日益受到重视。如笔者及同事们就曾将直径约 2m 的环状金属结构件通过采用粘接方式进行局部补强而满足了使用要求。

由于航天行业的特殊性，有关胶黏剂在国内外航天产品中实际应用的公开文献报道比较少。中国航天工业建立六十多年来取得了巨大进步，围绕不同时期航天装备的各类需求，研制了各类不同的胶黏剂及其粘接技术，满足了航天技术发展的需要。作为我国航天用胶黏剂的主要研制及应用研究单位，航天材料及工艺研究所在高性能树脂、特种胶黏剂及粘接技术领域开展了大量研究工作，研制了百余种特种胶黏剂，主要有聚氨酯类、酚醛树脂类、环氧树脂类、有机硅类、丙烯酸酯类、有机硼类等，其中绝大多数已应用于我国运载火箭、卫星及飞船等航天产品。同时也与国内胶黏剂专业研制单位合作，将许多高性能胶黏剂应用于我国的航天工业，胶黏剂及粘接技术已广泛应用于我国的各类航天产品。

运载火箭、卫星、飞船等航天器上使用的胶黏剂与一般工业领域不同，行业标准高、要求严、使用环境苛刻，要经历发射环境、空间轨道环境、再入环境等，承受高温、烧蚀、空间温度的急剧变化、高真空、超低温、热循环、紫外线、带电粒子、原子氧等特殊环境的考验。因此往往对胶黏剂等有一些特殊的要求，主要可归纳为：

（1）瞬时耐高温及耐烧蚀　飞行器再入大气层的环境特点是瞬时高焓、高热流、高温，胶黏剂要以满足耐高温烧蚀性能为主。对长时间、高焓、低热流的情况，则以满足高温绝热性能为主。

（2）耐超低温、耐特种介质　液氢液氧是目前常用的火箭推进剂，与其相关部位的粘接密封用材料必须满足 −253℃ 下的使用要求，与其接触的部位还要满足与推进剂的相容性要求。

（3）耐空间环境　主要包括空间温度的交变、高真空、紫外线、带电粒子、原子氧等对胶黏剂密封胶的影响。

（4）多功能化　随着对航天产品要求的不断提高，航天产品对胶黏剂的多功能要求愈来愈高，如在满足粘接密封性能的同时，要具有导电、绝缘、导热、阻尼、电磁屏蔽、高介电性能等功能。

（5）良好的密封性能、工艺性能和高可靠性。

# 13.2　航天行业应用的主要胶黏剂

航天行业使用的特种胶黏剂主要有聚氨酯类胶黏剂（无溶剂 Shore A 30～Shore D 80）、酚醛树脂胶黏剂、环氧树脂胶黏剂、有机硅胶黏剂、丙烯酸酯胶黏剂、有机硼胶黏剂及无机胶黏剂等，已广泛应用于导弹、火箭、卫星和飞船的结构件和非结构件的制造、安装和密封等。如研制的超低温结构胶 NHJ-44 胶的全部性能与美国联邦规范 MMM-A-132Al 型一类结构胶的性能指标一致；HYJ-51 胶黏剂具有优良的导热绝缘性能，用于解决传感器与测温部件内壁之间的粘接。表 13-1 列举了部分航天特种胶黏剂及其性能和用途。

表 13-1　航天行业应用的部分胶黏剂及其性能和用途

| 胶黏剂牌号及类型 | 胶黏剂性能 | | 胶黏剂特点 | 备注 |
| --- | --- | --- | --- | --- |
| | 剪切强度/MPa | 拉离强度/MPa | | |
| HXJ-14（环氧胶黏剂） | 铝-铝粘接：<br>≥19.0(−40℃)；<br>≥19.0(室温)；<br>≥3.0(100℃)；<br>≥2.0(150℃)<br>钢-钢粘接：<br>≥25.0(室温)；<br>≥3.5(100℃)；<br>≥2.0(150℃) | 铝-铝粘接：<br>≥23.0(室温)；<br>≥4.0(100℃)；<br>≥3.0(150℃)<br>钢-钢粘接：<br>≥35.0(室温)；<br>≥4.0(100℃) | 可室温或中温固化,有较高的粘接强度及冲击韧性。适用于航天产品金属-金属、金属与非金属等的粘接密封 | 铝-铝粘接不均匀扯离强度(N/cm)：≥19.0(室温) |
| HYJ-4（环氧胶黏剂） | 铝-铝粘接：<br>≥11.0(−40℃)；<br>≥20.0(室温)；<br>≥4.4(100℃) | — | 可室温或中温固化,适用于航天产品防热层的大面积粘接 | — |
| HYJ-16（环氧胶黏剂） | 铝-铝粘接：<br>≥13.0(−40℃)；<br>≥23.0(室温)；<br>≥4.6(100℃)<br>钢-钢粘接：<br>≥30.0(室温)<br>玻璃纤维-酚醛树脂复合材料-玻璃纤维-酚醛树脂复合材料粘接：≥25.0(室温)<br>钢-玻璃纤维-酚醛树脂复合材料粘接：≥10.0(室温)<br>铝-玻璃-酚醛粘接：≥16.0(室温) | 铝-铝粘接：<br>≥45.0(室温)<br>钢-钢粘接：<br>≥33.0(室温)<br>玻璃纤维-酚醛树脂复合材料-玻璃纤维-酚醛树脂复合材料粘接：≥32.0(室温) | 可室温或中温固化,用于航天产品防热层的大面积粘接 | — |
| HYJ-29（环氧胶黏剂） | 铝-铝粘接：<br>≥10.0(−196℃)；<br>≥12.0(−50℃)；<br>≥15.0(室温)；<br>≥13.0(110℃)；<br>≥9.0(150℃)；<br>≥1.5(200℃)<br>铝-高硅氧纤维/酚醛树脂复合材料粘接：<br>≥19.0(室温)；<br>≥11.0(110℃)；<br>≥1.5(150℃)；<br>≥0.5(200℃)<br>玻璃纤维-酚醛树脂复合材料-玻璃纤维/酚醛树脂复合材料粘接：≥25.0(室温)<br>钢-玻璃纤维-酚醛树脂复合材料粘接：≥10.0(室温)<br>铝-玻璃纤维-酚醛树脂复合材料粘接：≥16.0(室温) | 铝-铝粘接：<br>≥45.0(室温)；≥15.0(110℃) | 中温固化,综合性能优异。适用于航天产品大面积防热层的粘接,多种金属与金属、金属与非金属、非金属与非金属等的粘接密封 | 线膨胀系数(1/℃)：<br>$61.2\times10^{-6}$～$63.4\times10^{-6}$(15～50℃)；<br>$75.6\times10^{-6}$～$76.5\times10^{-6}$(15～90℃)；<br>热导率[W/(m·K)]：<br>0.368(15～72.5℃)<br>比热容[J/(g·K)]：<br>1.24(室温～99℃)<br>胶黏剂机械性能(室温)：<br>拉伸强度≥50 MPa<br>拉伸模量≥2.7 GPa<br>压缩强度≥190 MPa<br>泊松比:0.34～0.39 |

续表

| 胶黏剂牌号及类型 | 胶黏剂性能 | | 胶黏剂特点 | 备注 |
|---|---|---|---|---|
| | 剪切强度/MPa | 拉离强度/MPa | | |
| HYJ-40<br>（环氧<br>胶黏剂） | 铝-铝粘接：<br>≥15.0（室温）；<br>≥3.0（200℃） | — | 中温固化,导电性能优异。适用于有导电要求的结构粘接密封 | 电阻值（Ω）：$4\times10^{-4}\sim$ $9\times10^{-4}$<br>铝-铝粘接试样经200℃、5h后的剪切强度（MPa）：≥10.0（室温）；≥1.5（200℃）<br>铝-铝粘接试样经$-40℃$、24h后的剪切强度（MPa）：≥15.0（室温）<br>铝-铝粘接试样水中浸泡24h后的剪切强度（MPa）：≥15.0（室温） |
| HYJ-42<br>（环氧<br>胶黏剂） | 铝-铝粘接：<br>≥14.3（$-40℃$）；<br>≥23.9（室温）；<br>≥4.2（100℃） | — | 可室温或中温固化,适用于航天产品防热层等的大面积粘接 | — |
| HYJ-47<br>（环氧<br>胶黏剂） | 铝-铝粘接：<br>≥16.0（$-40℃$）；<br>≥22.0（室温）；<br>≥2.5（135℃） | — | 可在液压油中长期使用。用于航天产品伺服系统的耐油密封粘接 | |
| HYJ-51<br>（环氧<br>胶黏剂） | 铝-铝粘接：<br>≥10.0（$-40℃$）；<br>≥12.0（室温）；<br>≥5.0（150℃）；<br>≥2.0（200℃） | — | 室温或中温固化,导热绝缘。适于航天产品有一定导热要求的结构粘接 | 热导率[W/(m・K)]：≥0.418<br>表面电阻（Ω）：≥$1.2\times10^{16}$<br>体积电阻（Ω・cm）：≥$5.0\times10^{14}$<br>击穿电压（kV/mm）：≥20 |
| Dq441-101<br>（硅橡胶<br>胶黏剂） | 铝-铝粘接：<br>≥3.0（室温）<br>铜-铜粘接：<br>≥3.0（室温）<br>不锈钢-不锈钢粘接：<br>≥4.0（室温）<br>复合材料-复合材料粘接：≥4.0（室温） | 铝-铝粘接：<br>≥4.0（室温）<br>铜-铜粘接：<br>≥2.5（室温）<br>不锈钢-不锈钢粘接：<br>≥4.0（室温） | 室温固化,粘接性能优异,导电性良好。适用于航天产品有导电或电磁屏蔽要求的开口密封粘接 | 体积电阻（Ω・cm）：≤$3.0\times10^{-4}$ |
| GXJ-24<br>（硅橡胶<br>胶黏剂） | 铝-铝粘接：<br>≥2.0（室温）；<br>≥1.0（100℃） | | 室温固化,热烧蚀性能好。适用于航天产品的防热密封 | 烧蚀性能：气流温度为1500～1700℃,燃气速度$M=2$,烧蚀时间为10s,小平板烧蚀试样胶缝无烧穿和开裂现象 |
| GXJ-34<br>（硅橡胶<br>胶黏剂） | 铝-铝粘接：<br>≥3.0（室温）；<br>≥20.0（$-150℃$） | 铝-铝粘接：<br>≥2.5（室温）；≥30.0（$-150℃$） | 室温固化,防热烧蚀性能好,适用于航天产品防热密封 | — |
| GXJ-38<br>（硅橡胶<br>胶黏剂） | 铝-铝粘接：<br>≥1.0（室温） | — | 室温固化,防热烧蚀性能优异。适用于航天产品防热密封 | — |
| GXJ-39<br>（硅橡胶<br>胶黏剂） | 铝-铝粘接：<br>≥1.0（室温） | — | 室温固化,防热性能优异,导电。用于有导电要求的窗口等的防热密封粘接 | 电阻（Ω）≤$10^{-2}$ |
| GXJ-63<br>（硅橡胶<br>胶黏剂） | 铝-铝粘接：<br>≥15.0（$-190℃$）；<br>≥1.0（210℃） | 铝-铝粘接：<br>3.0～5.0（室温） | 室温固化,防热烧蚀性能优异。适于防热粘接密封 | 铝-铝粘接不均匀扯离强度（N/cm）：≥19.0（室温）<br>体积电阻（Ω・cm）：≥$2.0\times10^{14}$ |

续表

| 胶黏剂牌号及类型 | 胶黏剂性能 | | 胶黏剂特点 | 备注 |
| --- | --- | --- | --- | --- |
| | 剪切强度/MPa | 拉离强度/MPa | | |
| NHJ-44（环氧-尼龙胶黏剂） | 铝-铝粘接（试样经硫酸阳极化处理）：≥10.0（−253℃）；≥25.0（−196℃）；≥45.0（室温）；≥30.0（80℃）；≥25.0（120℃） | — | 耐低温性能优异。适用于运载火箭液氢液氧贮箱共底蜂窝夹层结构等复合密封结构的粘接 | |

# 13.3　胶黏剂在航天工业领域的应用

根据胶黏剂在航天工业领域的使用部位和发挥的主要作用，胶黏剂在航天工业领域的应用情况可主要分为以下几个方面。

## 13.3.1　复合材料结构粘接

由于其突出的性能，复合材料蜂窝夹层结构及泡沫夹层结构在火箭及卫星等航天产品上的应用愈来愈广泛，与其配套使用的胶黏剂产品也大量使用。如在运载火箭整流罩、卫星支架、仪器舱段等部件的制造中，大量使用了板-板结构胶膜、板-芯结构胶膜、糊状结构胶黏剂、发泡胶、蜂窝夹芯节点胶、芯材拼接胶、修补胶等。在卫星天线、星体结构、支撑杆系以及太阳能电池板结构中也大量使用了板-板结构胶膜、板-芯结构胶膜、糊状结构胶黏剂等。

### 13.3.1.1　结构胶黏剂

结构胶膜是无溶剂的膜状胶黏剂，具有较高的韧性和抗疲劳性，力学强度和耐久性能优良，工艺简单，操作方便，胶量和厚度可控，粘接性能稳定，使用安全可靠性高。主要用于主、次承力结构金属、非金属及复合材料蜂窝夹层结构的板-板结构及板-芯结构的粘接，在航天复合材料产品中使用的部位最多、用量最大，是结构胶黏剂中最重要的品种。早期使用酚醛-丁腈类结构胶黏剂，如 JX-9、JX-10 等；目前广泛使用的结构胶黏剂主要为增韧改性的环氧胶膜配套发泡胶、拼接胶，中温固化胶膜如 SY-24 系列、J-47 等；高温固化胶膜如 SY-14 系列、J-99 等；J-2 高温固化胶黏剂、LWF 系改性环氧型胶膜及改性氰酸酯系列膜状胶黏剂等，使用的糊状结构胶黏剂主要有 J-22、J-133、J-153 和 J-164 等。

J-188 胶膜以双马来酰亚胺树脂为主体树脂，以双酚 A 型环氧树脂为改性剂，以聚芳醚砜为增韧剂，以二氨基二苯砜（DDS）为固化剂。具有良好的耐介质、耐湿热、耐老化性能，铝-铝粘接剪切强度室温下为 25.0MPa，200℃时达到 20.0MPa 以上；铝蜂窝滚筒剥离强度室温达到 35.0N·mm/mm 以上，200℃时达到 47.0N·mm/mm。可以满足双马来酰亚胺树脂基碳纤维复合材料预浸料共固化的粘接工艺，可用于双马来酰亚胺树脂基复合材料、聚酰亚胺树脂基复合材料、铝合金、钛合金等材料的粘接。

### 13.3.1.2　发泡胶

发泡胶亦称泡沫胶，分为带状、粉状等形式，主要用于金属或复合材料构成的蜂窝夹芯结构件中，对蜂窝零件的周边、侧面和与之相连接的梁、肋、腹板间不平整、不规则表面的结构粘接、填充或密封，以及蜂窝夹芯局部填充补强。目前使用的主要有 J-47D、J-60 和 J-145 等牌号。J-47D 发泡胶是配合 J-47 结构胶膜使用的中温固化发泡胶，有粉状和带状两种形式，主要用于蜂窝夹层结构的填充和端框补强。J-145 是中温固化的发泡胶，其特点是膨胀比较高（≥4），对蜂窝夹层结构的减重效果显著。J-60 发泡胶适用于铝蜂窝及芳纶纸蜂窝夹层结构件的局部填充与补强。

### 13.3.1.3　蜂窝芯条胶或节点胶

蜂窝夹芯胶也称芯条胶或节点胶，是用于制造蜂窝芯材的液体胶黏剂。主要是指用于制造铝蜂窝芯材和纸蜂窝芯材的一类胶黏剂，具有节点强度高，耐湿热性、耐介质性优异等特点。

### 13.3.1.4　芯材拼接胶

芯材拼接胶用于夹层结构芯材拼接，主要包括蜂窝芯材拼接胶膜及泡沫芯材拼接胶两类。J-177 用来拼接铝蜂窝芯材，其特点是固化前初始粘接力强，拼接后（不需要固化）的铝蜂窝芯材与结构件一同固化成型即可。

J-249 低密度糊状结构胶黏剂以低黏度环氧树脂为主体树脂，以核壳橡胶为增韧剂，以高强玻璃微珠为填充料，用于 PMI 泡沫夹层结构的拼接和补强。该胶黏剂在密度、耐热性、力学性能和工艺性能上获得了较好的平衡；其密度达到了 $0.50g/cm^3$，对铝合金粘接常温剪切强度达到了 15.0MPa 以上，常温本体压缩强度达到了 40.0MPa 以上，PMI 泡沫拼接平面拉伸强度达到了 3.0MPa 以上；满足常温可凝胶拼接定型，中温及高温条件下均可以固化成型的工艺特性；目前已在环氧预浸料 PMI 泡沫夹层结构件热压罐成型工艺中获得了成功应用。

### 13.3.1.5　复合材料结构修补胶

修补胶用于复合材料构件局部修补，可以避免复合材料构件报废，提高复合材料构件的合格率，降低复合材料制造成本。修补胶适用于各种金属、非金属材料之间的结构性粘接密封及缝隙填充。修补胶固化时不需要加热、加压，当胶层厚度达到 1.6mm 时，仍具有较高强度，可在 -55~80℃ 长期使用。

## 13.3.2　热防护层粘接

航天飞行器在高速飞行过程中与空气摩擦产生高温，因此航天飞行器的结构壳体表面通常带有非金属防热层。由于防热材料与结构材料线膨胀系数的差异，不允许在高温高压条件下防热层在结构壳体表面成型，必须采用胶黏剂粘接的方式连接结构壳体与防热层。同时，再入飞行器需要承受一系列特殊的环境条件，因此要考虑粘接体系的应变能力，结构壳体与防热层的连接通常采用三种连接结构，即刚性、半刚性和柔性的连接结构，以适应不同的需要。如卫星回收舱防热层与壳体的粘接，一般采用柔性粘接。返回式卫星要经受"轨道运行段"高真空及高低温交变等轨道环境的考验和"再入段"长时间的低热流冲击，要求胶黏剂不仅具有一定的粘接强度和室温固化的特性，而且还必须具有低的弹性模量、良好的柔性和在高低温范围内足够的伸长率，以便调节结构层和防热层之间由于线膨胀系数不同而引起的应力，常用的胶黏剂有室温固化硅橡胶类胶黏剂、聚氨酯类胶黏剂等。如室温固化硅橡胶胶黏剂 GXJ-34，室温剪切强度为 4.8MPa，不均匀扯离强度为 22.4kN/m，-150℃ 下剪切强度为 29.8MPa。

防热层的刚性、半刚性粘接通常采用环氧树脂类胶黏剂。早期研制了具有触变性能，适于大部件之间套装粘接的 HYJ-16 环氧树脂胶黏剂，其可室温固化，具有三防性能，贮存寿命达 10 年以上。HYJ-29 橡胶改性环氧胶黏剂，中温固化，在 110℃ 下可安全使用，耐老化性能优异。环氧聚酰胺型胶黏剂，室温固化，在 120℃ 下可安全使用。研制的柔性多功能胶黏剂，具有隔热、粘接、低密度等多重功能，很好地满足了产品的需求。应用于热防护层粘接的胶黏剂及其性能如表 13-2 所示。

表 13-2 应用于热防护层粘接的胶黏剂及其性能

| 胶黏剂牌号 | 胶黏剂性能 | | 胶黏剂特点 | 备注 |
|---|---|---|---|---|
| | 剪切强度/MPa | 拉离强度/MPa | | |
| HYJ-16 (环氧胶黏剂) | 铝-铝粘接：13.2（-40℃）；23.6（室温）；4.6（100℃）<br>钢-钢粘接：30.3（室温）<br>玻璃纤维/酚醛树脂复合材料-玻璃纤维/酚醛树脂复合材料粘接：25.8（室温）<br>钢-玻璃纤维/酚醛树脂复合材料粘接：10.3（室温）<br>铝-玻璃纤维/酚醛树脂复合材料粘接：11.6（室温） | 铝-铝粘接：5.2（室温）<br>钢-钢粘接：33.3（室温）<br>玻璃纤维/酚醛树脂复合材料-玻璃纤维/酚醛树脂复合材料粘接：32.8（室温） | 可室温或中温固化，适用于大面积粘接 | 开始质量损失的温度大于160℃，耐老化、耐湿热、耐盐雾、耐霉菌性能良好 |
| HYJ-29 (环氧胶黏剂) | 铝-铝粘接：10.6（-196℃）；12.5（-50℃）；15.3（室温）；13.1（110℃）；9.9（150℃）；1.8（200℃）<br>铝-高硅氧纤维/酚醛树脂复合材料粘接：19.4（室温）；11.9（110℃）；1.7（150℃）；0.7（200℃） | 铝-铝粘接：53.5（室温）；20.0（110℃）；14.7（150℃）；1.3（200℃）<br>铝-高硅氧纤维/酚醛树脂复合材料粘接：32.9（室温）；19.4（110℃）；1.4（150℃）；0.3（200℃） | 中温固化，综合性能优异，测试数据覆盖全面 | 线膨胀系数(1/℃)：15～50℃时：$61.2\times10^{-6}$～$63.4\times10^{-6}$；15～98℃时：$75.6\times10^{-6}$～$76.5\times10^{-6}$<br>热导率[W/(m·℃)]：15～72.5℃时：0.368<br>比热容[J/(g·℃)]：室温～99℃时：1.24 |
| GXJ-34 (硅橡胶胶黏剂) | 铝-铝粘接：4.8（室温）；29.8（-150℃） | 铝-铝粘接：≥2.5MPa（室温）；≥30MPa（-150℃） | 防热烧蚀性能好，适用于防热密封 | |

## 13.3.3 防热粘接密封

航天飞行器各部件的连接处以及部件上的窗口等经常需解决局部防热和密封粘接问题。

针对某飞行器密封粘接需求，研制了中温固化 FHJ-5 胶黏剂。FHJ-5 胶黏剂具有良好的耐热性能和优异的综合性能，使用它粘接玻璃纤维/酚醛树脂复合材料时，300℃的剪切强度≥20MPa，短期耐温可达 500℃；粘接 45 号钢的最高使用温度为 230℃；通过氧乙炔焰静态烧蚀和其他动态烧蚀模拟试验，胶缝不裂不凹，并与壳体烧蚀同步；在水中煮沸 2h 或在水中浸泡 2～5 昼夜，其室温及 150℃剪切强度均未降低，并具有优异的热老化性能。

某些航天产品局部区域的防热密封粘接涉及铝合金、玻璃纤维增强酚醛树脂复合材料、高硅氧纤维增强酚醛树脂复合材料、碳纤维增强酚醛树脂复合材料、石英玻璃等材料，其线膨胀系数相差达 40 倍。因此，要求胶黏剂必须具有足够的弹性，可以室温固化，且必须具有良好的耐烧蚀性能。对于这类特殊的粘接系统，应采用耐烧蚀性能良好的 GXJ 系列硅橡胶胶黏剂。如 GXJ-24、GXJ-33、GXJ-34、GXJ-38、GXJ-39、GXJ-62、GXJ-69 等。GXJ-38 胶黏剂就是其中综合性能优异的防热胶黏剂，现已广泛应用于多种产品的防热密封粘接。硅橡胶胶黏剂大多与表面处理剂配合使用以提高粘接强度。如，南大-42、南大-73、GPJ-43、KH-550 等，其中 GPJ-43 效果最佳。

有机硅胶黏剂耐高低温，使用温度可达 300℃；耐紫外辐照性能好，卫星飞船上使用较多。单组分有机硅胶黏剂使用方便，对很多基材都有 2～3MPa 的拉剪粘接强度（如 Dq441-101）。有机硅胶黏剂很柔软，韧性好，适合于高低温交变、膨胀系数不同材料粘接。有机硅可添加各种功能填料、纤维，提高强度和功能，如耐烧蚀性。

GXJ-38 等胶黏剂兼有密封性和短时耐烧蚀性能。在中焓中热流条件下的质量烧蚀率为

0.09g/s，在高焓高热流条件下的质量烧蚀率为 0.12g/s。耐烧蚀有机硅胶黏剂设计时应综合考虑硅橡胶分子结构、耐热填料、增强材料、热流、加热时间、最高温度、马赫数、基材表面处理和适用期等因素。有机硅胶黏剂粘接强度低，不适合用于冲刷气流较大部位。

密封胶往往不可能事先按形状和尺寸预制，因此其使用工艺性尤为重要。有机硅密封胶在航天领域广泛应用，许多航天产品需要长期耐 300℃ 密封、短期耐 400℃ 以上密封或瞬间耐 1000℃ 以上的密封等，其他部位使用的 RTV 硅橡胶胶黏剂密封胶还有 GD401、GD414、GD442、HZ-706B、南大-704、HM301 等。

俄罗斯研制的 BK-13 耐高温胶黏剂以碳硼烷改性酚醛树脂为主体，其室温剪切强度为 7.0MPa，在 1000℃ 时剪切强度仍然有 1.7MPa，已经用于其航天产品防隔热部件的粘接。

Dq441-101 胶黏剂用于导电粘接。GXJ-67 胶黏剂用于绝缘导热粘接和密封。GXJ-63 胶黏剂用于金属-硅橡胶、金属-金属、金属-陶瓷之间的粘接，粘接金属拉剪强度高达 3～6MPa。典型的硅橡胶胶黏剂性能见表 13-3。

表 13-3　典型航天产品有机硅防热胶黏剂密封胶主要性能

| 牌号 | 拉剪强度(MPa)和其他性能 | 用途 |
|---|---|---|
| Dq441-101 | 体积电阻(Ω·cm)：≤3.0×10$^{-4}$<br>复合材料-复合材料粘接：≥4.0(室温)；铜-铜粘接：≥3.0(室温)；铝-铝粘接：≥3.0(室温)；不锈钢-不锈钢粘接：≥4.0(室温) | 粘接，导电 |
| GXJ-24 | 烧蚀性能：气流温度为 1500～1700℃，燃气速度 $M=2$，烧蚀时间为 10s，小平板烧蚀试样胶缝无烧穿和开裂现象；<br>铝-铝粘接：≥2.0(室温)；≥1.0(100℃) | 粘接，耐烧蚀 |
| GXJ-34 | 铝-铝粘接：≥3.0(室温)；≥20(-150℃)<br>不均匀扯离强度(kN/m)：22.4(室温) | 粘接，耐烧蚀 |
| GXJ-38 | 铝-铝粘接：≥1.0(室温)；<br>中焓中热流条件下的质量烧蚀率：0.09g/s，在高焓高热流条件下的质量烧蚀率：0.12g/s；<br>低焓低热流(管式风洞)：热焓(kW/kg)为 3349，热流(kW/m$^2$)为 418，时间(s)为 50，总加热量(kJ)为 209×10$^2$，胶缝完好 | 粘接，耐烧蚀 |
| GXJ-39 | 铝-铝粘接：≥1.0(室温)；电阻≤10$^{-2}$Ω | 导电密封，粘接 |
| GXJ-63 | 铝-铝粘接不均匀扯离强度(N/cm)：≥19(室温)；<br>体积电阻(Ω·cm)：≥2.0×10$^{14}$；<br>铝-铝粘接：≥15(-190℃)；≥2.0(室温)；≥1.0(210℃) | 粘接，密封 |
| GXJ-67 | 密度(g/cm$^3$)：≥1.2；使用温度范围(℃)：-60～150；<br>热导率[W/(m·K)]：0.8～1.0；适用期(h)：≥1.0；<br>体积电阻率(20℃，Ω·cm)：>1×10$^{12}$；<br>拉剪强度(对金属，MPa)：≥1.0(室温)；<br>拉伸强度(MPa)：≥1.0(室温) | 粘接，密封，导热绝缘 |

## 13.3.4　耐低温粘接密封

当前的大多数现役大型运载火箭均以液氢及液氧为推进剂，而大型运载火箭液氢液氧贮箱金属结构外表面均粘接有复杂的绝热结构。绝热结构中的泡沫绝热层与箱体、泡沫绝热层与表面密封加固层之间的粘接及液氢液氧贮箱发动机输送管道外绝热层的粘接均需要在室温～-253℃ 温度范围内具有 7MPa 以上粘接强度的低温结构胶黏剂。

为保持运载火箭液氢液氧贮箱共底的真空度，在其上下底与叉形环连接处必须进行粘接密封，此处工作环境温度是 -253℃（液氢温度）及 -183℃（液氧温度），且需密封面积很大，要采用 DW-3 胶黏剂与镀铝薄膜多层交替粘接工艺。粘接密封后的共底经多次抽真空和加注液氢液氧等试验，共底腔内漏率基本没有变化，也没有产生液氧冻结和液氢沸腾等现象，满足使用要求。

DW-1 和 DW-4 具有较好的低温性能，但贮存期和使用期均较短，工艺性能较差，不适宜于大面积使用。与聚氨酯胶相比，尼龙环氧胶 NHJ-44 不仅在超低温下具有较高的剪切强度和剥离强度，而且工艺性好，容易成膜，耐老化性能好，适于超低温钣金粘接、蜂窝夹层结构面板与芯子之间的粘接、金属与非金属之间的粘接等。

目前国内用于航天产品且可在 −253℃ 下使用的低温胶黏剂主要有航天材料及工艺研究所研制的用于运载火箭液氢液氧贮箱共底和绝热层粘接的 NHJ-44 胶、聚氨酯改性环氧胶、与聚酰亚胺和铝贮箱膨胀系数相匹配的 DWJ-46 胶等，其中 NHJ-44 胶与美国联邦规范 MMM-A-132Al 型结构胶的性能指标一致，其工作温度范围为 −253～82℃，工艺性好，可制成薄膜。该胶黏剂室温下剪切强度达 40MPa 以上，−196℃ 下剪切强度还有 20MPa 以上。还有用于氢氧发动机表面温度传感器粘接的低温导热绝缘胶，其热导率为 0.63～0.7W/(m·K)。航天产品用主要耐低温胶黏剂密封胶及其性能见表 13-4。

采用 DWJ-46 胶黏剂，并对其粘接系统和粘接工艺进行适当的调整和改进后，在 −253～−196℃ 温度下的粘接强度明显提高，其破坏模式从黏附破坏变为内聚破坏，粘接的试件经过了一系列地面试验的考核，粘接的产品则通过了一系列地面试验和大量飞行试验的考核。

航天材料及工艺研究所研制的低温改性环氧胶黏剂在室温、液氮温度及液氢温度下的剪切强度均超过 17MPa，室温下断裂伸长率大于 16%，液氢温度、液氮温度下的断裂伸长率大于 8.2%，具有良好的韧性。经历 10 个室温至液氮温度的循环试验，不开裂、不脱粘，可以在液氢温度、液氧温度下使用。此外，上海华谊树脂有限公司的 DW-1 聚醚聚氨酯胶、DW-3 四氢呋喃聚醚环氧胶及 DW-4 胶黏剂也有应用。

由于粘接体系中各种材料的线膨胀系数不匹配，粘接接头经历超低温环境时会产生较大的内应力，导致粘接强度明显下降或脱粘。典型的实例是铝合金箱体与聚酰亚胺模压支座的粘接，如采用低温胶 DW-3 粘接，由于三者的线膨胀系数差别较大，低温下粘接强度为零，支座经液氮冲击试验后脱落。解决支座低温脱粘问题的技术措施就是调整粘接体系中各种材料的线膨胀系数，使其尽量一致。通过加入适当填料的方式降低 DW-3 胶和聚酰亚胺支座的线膨胀系数，使其尽量接近铝合金箱体的线膨胀系数，达到互相匹配，从而降低粘接接头内应力，提高粘接性能。实验证明这是解决低温粘接性能的有效措施。

低温电机转子密封粘接特点：定子中装有线圈，密封材料多，密封空间拥挤；材料有铝合金、聚四氟乙烯外皮电线、聚酰亚胺复合材料、聚酰亚胺漆包线涂层、无碱玻璃纤维带、硅钢片、陶瓷；有的缝隙很小，小于 1mm，胶黏剂稍稠就流不进去；定子内壁粘接的聚酰亚胺套筒，如使用金属套筒，电机使用时会产生涡流，损坏电机。技术要求：低温液体从转子和定子间的缝隙流过，不会从定子中漏出去。胶黏剂设计考虑：环氧树脂分子结构中引进柔性链段，使胶黏剂可耐液氢低温不损坏；转子腔体材料种类多，采用热膨胀系数匹配调节的方法不可行；电机要经历室温至液氢温度的交变，胶黏剂要有足够的韧性；定子需要预热，以排除定子铝壳体吸附的气体；定子腔体使用 Dq621J-104 环氧树脂胶黏剂灌封，60℃抽真空排泡，不抽真空泡排不干净；多次灌封，后面灌封可以填补前次灌封收缩产生的微缝隙；与其他密封手段相结合，提高可靠性。密封试验：采用定子加热除气、胶黏剂抽真空除泡、低温多次密封工艺方法，定子腔体使用 Dq621J-104 胶黏剂密封，经低温试验，低温液体由转子和定子间流过，漏率满足要求。

卫星在轨道运行期间舱内必须保持一定的压力，以保证各种仪器仪表正常工作。单纯采用橡胶"O"形圈进行密封，有时会出现微少泄漏，而 GXJ-33 胶黏剂与上述"O"形密封圈结合使用后，低温下密封性能良好，甚至在"O"形密封圈受损被压断及挤出的情况下，仍可保证密封性能良好。

表 13-4　航天产品用主要耐低温胶黏剂密封胶及其性能

| 项　　　目 | DW-1（化学氧化处理） | DW-3（硫酸阳极化处理） | DW-4（化学氧化处理） | NHJ-44（硫酸阳极化处理） |
|---|---|---|---|---|
| 剪切强度/MPa(−253℃) | 20.0 | 17.6 | | 10.3 |
| 剪切强度/MPa(−196℃) | 20.0 | 20.0(−183℃) | 20.0 | 26.1 |
| 剪切强度/MPa(室温) | 7.0 | 19.2 | 15.0 | 45.7 |
| 剪切强度/MPa(80℃) | | | | 33.3 |
| 剪切强度/MPa(120℃) | | | | 25.9 |
| 90°板-板剥离强度/(kN/m) | | | | 10.3 |
| T-剥离强度/(kN/m) | | | | 4.0 |

Dq621J-104 低温环氧树脂胶黏剂应用实例：

（1）微小缝隙密封　密封结构钢制锥形件，外套酚醛玻璃钢复合材料，固化时界面处局部脱粘，不能通过振动试验。技术要求：使用胶黏剂密封微小缝隙，消除脱粘，满足振动试验要求。密封设计考虑：Dq621J-104 胶黏剂黏度为 100mP·s 左右，可以流到很小的缝隙中，韧性和耐低温性能好，经受高低温交变不会造成脱粘，有一定的耐温性，150℃粘接铝合金拉剪强度大于 1MPa，可以 150℃加热固化。试验结果：把产品一端密封好，100℃预热，使达到热平衡，以排除气泡；配制密封胶，抽真空除泡；从另一端界面缝隙倒入 Dq621J-104 胶黏剂；加热固化。结果满足振动试验技术要求。

（2）聚氨酯胶黏剂底涂　铝合金、钢等金属表面容易吸附杂质和水，用聚氨酯胶黏剂粘接金属，强度时高时低，受天气和表面状态影响很大。粘接考虑：用 Dq621J-104 胶黏剂作为底涂，环氧胶黏剂不易吸水，使用方便，金属打环氧树脂胶黏剂底涂后，再用聚氨酯胶黏剂粘接，粘接强度高而稳定。应用情况：金属表面处理，涂 Dq621J-104 胶黏剂底涂，固化；再用聚氨酯胶黏剂粘接，铝合金拉剪强度粘接件，由不打底涂的 3～9MPa 提高到 18MPa 左右，拉剪强度大幅提高。

（3）电缆密封　电缆结构电缆接头处，聚乙烯热缩管和不锈钢管间有约 2mm 间隙，原先使用 HXJ-14 胶黏剂密封，因 HXJ-14 较硬较脆，温度循环试验后漏气。技术要求：温度循环（每个温循点 2h）等试验后，气泡法检漏，不漏气。密封设计考虑：Dq621J-104 胶黏剂黏度很低，可以流到很小的缝隙中，韧性好，经受高低温交变不会造成脱粘。密封试验：使用低温环氧胶 Dq621J-104 密封，经−20～50℃、23 轮温度循环试验后，再做加速度试验、正扫描振动试验、随机试验、冲击试验；0.6MPa、1min 气泡法检漏，不泄漏。

## 13.3.5　空间环境粘接

国外从 20 世纪 60 年代末就已开始使用加成型硅橡胶作为卫星太阳能电池的胶黏剂，并已逐渐代替缩合型硅橡胶。其中最有代表性的产品有美国的 DC93-500 和德国的 RTV-S691 与 RTV-S695，其最大特点是热真空失重低，其中 DC93-500 为 0.22%，RTV-S695 为 0.23%，RTV-S691 为 1%。中国科学院化学研究所较系统地开展了这方面的研究工作，现已研制出 6 种具有低热真空失重的加成型和缩合型空间级硅橡胶（其真空热失重为 0.1%～0.3%），并已得到应用。空间级加成型室温硫化硅橡胶 KH-SP-B 具有低的热真空失重，在 125℃、24h、$1×10^{-10}$MPa 下的热真空失重可小于 0.3%；高的粘接强度，与金属及聚酰亚胺等的粘接强度可达到 2MPa 以上；高的热稳定性能，分解温度可达 524℃；优异的低温性能，脆性温度为−114℃；良好的电性能，体积电阻率可达 $1.3×10^{16}$Ω·cm。

## 13.3.6 电缆及插头座等的灌封

运载火箭等航天产品有许多需防水的电器连接件、电缆端部和插头、线路板和其他电器组件等需要使用胶黏剂灌封。密封的插头座可以在 -50～120℃ 环境下使用,要求对铝、不锈钢、氟塑料、PVC、聚氨酯、铜、复合材料、泡沫塑料等有良好的粘接性能,具有较低的黏度、良好的耐溶剂性能、耐水性、韧性和耐冲击性能,起到粘接、密封、阻尼减振等功能。

无溶剂 Shore A 30～Shore D 80 聚氨酯胶黏剂室温或低温固化,有聚酯型和聚醚型等,用作粘接、密封、涂料黏料及浇注件制备。DqGYJ638 可用于阻尼减振结构件粘接和密封;Dq551J-91A 用于防水耐压粘接和密封;Dq661J-109 用于耐压、高低温交变粘接和密封;Dq522J-113 黏度低,用于微小缝隙密封;9101 用于电器粘接和密封;9108 用于粘接和结构件制备;Dq622J-79 用于粘接,阻尼减振。一些航天产品常用的聚氨酯胶黏剂性能见表 13-5。

表 13-5 航天用主要聚氨酯胶黏剂及其性能

| 牌号 | 性能 | 用途 |
|---|---|---|
| DqGYJ638 | 损耗角正切:$tg\delta \geqslant 0.2$(-20～60℃),$tg\delta \geqslant 0.7$(10℃),$tg\delta \geqslant 1.1$(玻璃化转变温度) | 用于阻尼减振结构件粘接和密封 |
| Dq551J-91A | 密封性:密封件在水中绝缘电阻无穷大,拉剪强度:铝-铝粘接(MPa):>15.0(室温);铝-铝粘接:(MPa):>15.0(-196℃);不锈钢-不锈钢粘接(MPa):>15.0(室温);酚醛玻璃钢-酚醛玻璃钢粘接(MPa):>13.0(室温);粘接 PVC,聚氨酯,PVC,聚氨酯破坏 | 粘接,耐水耐压密封,耐温度交变 |
| Dq661J-109 | 拉伸强度(MPa):>4.0;断裂伸长率(%):>400 | 粘接,耐压密封,高强高韧,耐温度交变 |
| Dq522J-113 | 黏度:<100mPa·s | 低黏度,密封 |
| 9101 | Shore A 硬度:50～55;表面电阻率(Ω):>2.0×10^{16};体积电阻率(Ω·cm):>3.0×10^{14};吸水率:<1%;燃烧性:FV-2 级;拉伸强度(MPa):>0.9;断裂伸长率(%):≥70;击穿电压(kV/mm):17.2;防霉,对水不敏感 | 用于粘接、防水防霉密封等 |
| 9108 | 拉伸强度(MPa,Al-45#钢):>7.0;压缩永久变形(%):≤10(-40℃、室温、60℃);Shore A 硬度:75±5(室温) | 粘接,结构件制备 |
| Dq622J-79 | 拉伸强度(MPa,Al-45#钢):>5.0 | 粘接,对水不敏感,具有阻尼减振功能 |

(1) Dq661J-109 聚氨酯胶黏剂插头座耐压密封

① 插头座结构。插头座金属插针插在酚醛玻璃钢圆板上。圆板和插头座壳体内壁紧配合。装有插针的酚醛玻璃钢板装配好后,灌封一层约 4mm 厚的聚氨酯胶黏剂密封。原来使用的聚氨酯胶黏剂,主要成分为 TDI 的聚醚预聚体,固化剂为 MOCA,胶黏剂固化物强度和韧性不够,加压检漏时漏气。

② 技术要求。密封的插头座经 -50～120℃,每个温循点 2h,共 10 轮温度循环,然后室温、2MPa 下检漏,插头座一端密封打压通气,另一端放入水中,10min 无气泡产生。

③ 粘接密封设计。a. 底涂。插头座金属壳体涂环氧底涂,排除水的影响。金属表面容易吸水,尤其雨天,直接聚氨酯胶黏剂密封容易在界面处产生气泡,造成部分脱粘。环氧和金属粘接不受天气影响,先涂环氧底涂再用聚氨酯胶黏剂密封就不会在界面产生气泡。b. 韧性。胶黏剂硬度大,脆性大,温度循环试验通不过,温度循环后开裂,选伸长率高、

韧性好的胶黏剂。c. 强度。插头座要在 2MPa 压力下检漏，胶黏剂强度低了，耐不了压，所以既要有韧性又要耐压。d. 选胶。使用 Dq661J-109 高强高韧聚氨酯密封胶黏剂。

④ 密封工艺。a. 插头座表面处理：铝、钢壳体涂环氧底涂，固化。b. 密封胶多元醇组分加热抽真空进行无水处理。c. 所有工具除水。d. 插头座 80℃ 预热，使达热平衡，排除金属吸附的气泡。e. 配胶温度：(80±5)℃。按比例混合，抽真空除泡，密封。f. 固化。性能测试。

(2) 9101 聚氨酯胶黏剂电路板防霉防水密封

① 技术要求。电路板上有很多元器件，在潮湿、振动环境中长期使用，进行防水、防霉、减振密封。

② 粘接密封设计。电路板长期使用，密封胶黏剂要有耐久性；电路板使用过程中可能会溅射上水，胶黏剂具有防水性；长期使用过程中冬夏温差几十度，密封胶黏剂耐 -20～40℃；工艺性能好，下雨天也能密封。选用 9101 聚氨酯胶黏剂，它耐久性好、具有防水防霉功能，对水不敏感。耐久性好是由聚氨酯的分子结构决定的，在胶黏剂中加了防霉剂，在原料分子链中引入了疏水链段，即使在雨天粘接、密封也不易产生气泡。

③ 密封工艺。

a. 除水。多元醇加热抽真空除水，电路板本身不易吸水，60℃、10min 抽真空除水即可；多异氰酸酯组分直接使用。

b. 密封。使用 RTM 机；多元醇和多异氰酸酯配比由计量泵按比例计量；二组分混合温度可以设定；机头转速为 4000～5000r/min，瞬间就可把胶黏剂混匀；7s 就可密封 1 块电路板。

# 13.3.7　导热胶黏剂

随着电子器件的集成化程度愈来愈高，体积愈来愈小，电子元器件的散热问题日益突出，航天产品也不例外。运载火箭箭体结构表面热敏电阻温度传感器需要用导热绝缘胶黏剂将其粘接于被测温部件内壁，要求胶黏剂有较好的导热绝缘性能，可以室温固化，并在 200℃ 下使用。研制并实际应用的导热胶黏剂 HYJ-51 具有优良的导热绝缘性能，热导率 $\geq 0.84W/m \cdot K$，体积电阻 $\geq 5 \times 10^{14} \Omega \cdot cm$，室温剪切强度为 14.8MPa，-40℃ 剪切强度为 13.4MPa，150℃ 剪切强度为 9.8MPa，200℃ 剪切强度为 4.9MPa，250℃ 剪切强度为 2.8MPa。

导热绝缘胶黏剂也应用于较大功率的插头座和电路板的粘接和密封，导热的同时还要绝缘。实际应用的 GXJ-67 胶黏剂的热导率 $\geq 0.8W/m \cdot K$，体积电阻 $\geq 1 \times 10^{12} \Omega \cdot cm$。

# 13.3.8　导电胶黏剂

运载火箭的振动传感器和噪声传感器采用导电胶将陶瓷晶体片及铜元件粘接组装而成，应用于该部位的 HYJ-13 导电胶及 FHJ-23 胶黏剂可在 -40～150℃ 下使用。

运载火箭瞄准窗玻璃需要一直保持清晰透明状态，瞄准窗光学玻璃上镀一层导电膜，玻璃两侧则用 HYJ-40 导电胶粘接金属箔条作为电极形成通路，这样可以既保持玻璃的透光性，又能在通电加热的情况下使玻璃上的冰霜融化。导电胶 HYJ-40 室温下剪切强度 $\geq 15MPa$，电阻为 $4～9 \times 10^{-4} \Omega$，200℃ 下剪切强度 $\geq 3.0MPa$。

为保证运载火箭透波天线窗的粘接防热密封及引信天线的正常工作，使用了柔性的导电硅橡胶胶黏剂 GXJ-39，以保证引信天线至透波玻璃窗形成封闭的导电通路。GXJ-39 胶黏剂的铝-铝剪切强度（室温）$\geq 1.0MPa$，电阻 $\leq 10^{-2} \Omega$。

为保证运载火箭各舱段的窗口及各级间对接面的电磁兼容性能满足要求，这些部位普遍应用了导电橡胶密封圈，同时也采用了硅橡胶导电胶黏剂对其进行了固定和密封。

## 13.3.9　耐油胶黏剂

某产品伺服机构油滤器要求胶黏剂耐－40～135℃航空液压油，具有高的粘接强度、气密性和耐冲击振动等性能，为此研制了 HYJ-47 环氧-聚硫胶黏剂及直接在液压油中固化的粘接工艺，HYJ-47 胶黏剂－40℃下剪切强度为 21MPa，室温剪切强度为 28MPa，135℃下剪切强度为 3.4MPa，在液压油中粘接强度不降低，满足了使用要求。

伺服机构转速传感器组件金属转盘与磁芯的粘接装配，要求使用的胶黏剂可以在 200℃的航空液压油中长期工作。研制的高温耐油胶黏剂对铝合金、黄铜、紫铜及不锈钢等材料有良好的粘接性能。室温下铝-铝粘接剪切强度为 16.8MPa，150℃下剪切强度为 18.4MPa，200℃下剪切强度为 15.5MPa，250℃下剪切强度为 8.5MPa，270℃下剪切强度为 3.8MPa。该胶黏剂具有较长的适用期及优异的高温耐油性能，25℃时的适用期为 5 天，经 200℃高温耐油试验后，胶黏剂的剪切强度保持率基本在 100％左右。通过该胶黏剂粘接的传感器成功通过了耐高低温航空液压油、耐冲击、耐湿热、振动等一系列考核。

## 13.3.10　耐高温无机胶黏剂的应用

无机胶黏剂耐温达 1500℃左右，但脆性较大。MR-4 硅酸盐无机胶黏剂，单压剪强度：铝-铝≥6.0MPa，不锈钢-不锈钢≥5.0MPa，Cu-Cu≥5.5MPa，石墨-石墨≥4.5MPa，玻璃钢-玻璃钢≥2.0MPa，表面电阻≥100MΩ，用于火箭箭体结构耐高温部位传感器粘接。GR-3 磷酸盐无机胶黏剂，单压剪强度（Nb、Cu、石英、不锈钢）≥6.5MPa，短时耐温 1800℃，用于火箭箭体结构耐高温部位传感器等的粘接。

## 13.3.11　其他类型的粘接

（1）光学器件粘接

某航天产品的低膨胀合金与光学玻璃粘接过去一直采用国外进口胶，后因国产化需要，改用国内生产的胶黏剂，在试验过程中出现批次性质量波动，光学玻璃开裂。在分析国外进口胶性能的基础上，选用 HYJ-29 胶黏剂，通过工艺调整满足了用户的使用要求。

（2）电子元器件粘接

某类电子器件在存放过程和例行的高低温循环试验中出现随机性的"零点"漂移，无法解决。在分析电子器件制备工序后，提出采用与其结构材料线膨胀系数匹配的胶黏剂进行连接的技术方案，通过胶黏剂性能试验研究和电子器件粘接件高低温循环试验，采用 HYJ-29 胶黏剂满足了设计使用要求。

新材料是航天技术发展的重要物质基础，一代新型航天产品的诞生往往建立在一大批先进新型材料研制成功的基础上，同时也可以带动许多新材料项目的快速启动和应用。随着我国国民经济的迅速发展和经济实力的增强，载人航天、探月工程等重点工程的开展需要众多新材料的支撑。胶黏剂密封胶及粘接技术在结构轻质化的过程中显示出独特的优势，工艺性好，可功能化，适合于制备结构复杂的零部件，尤其适合批量生产，加工成本低，节能降耗，已经开始在航天工业领域得到愈来愈广泛的应用，且应用于许多主承力结构件。随着对航天飞行器轻质、高强、多功能、低成本化的不断需求，高性能胶黏剂密封胶在航天工业中的应用必将更加广泛和深入。

# 参 考 文 献

[1] 赵云峰. 橡胶增韧环氧树脂研究进展. 宇航材料工艺, 1990, 20 (3): 37-46.

[2] 赵云峰, 聂嘉阳, 杨建生, 等. CTBN 改性 TDE-85 环氧树脂体系固化行为的研究. 宇航材料工艺, 1991, 21 (1): 26-31.

[3] 赵云峰. 航天特种高分子材料研究与应用进展. 中国材料进展, 2013, (4): 217-228.

[4] 赵云峰. 表面处理对硅橡胶胶粘剂粘接性能的影响. 化学与粘合, 2001, 23 (2): 49-51.

[5] 陈焕春, 赵云峰, 吴金林. 偶联剂对耐热隔热硅橡胶胶粘剂粘接性能的影响. 化学与粘合, 2000, 22 (5): 222-225.

[6] 赵云峰. 有机硅材料在航天工业领域的应用. 有机硅材料, 2013; 27 (6): 451-456.

[7] 华宝家. 超低温结构胶. 宇航材料工艺, 1989, 19 (3): 35-39.

[8] 吴金林. 低温导热绝缘胶粘剂研究. 低温工程, 1998, (3): 51-54.

[9] 华宝家. 超低温粘接技术. 宇航材料工艺, 1988, 18 (6): 17-21.

[10] 李协平, 王洪奎. 超低温胶粘剂及其在航天运载器上的应用. 粘接, 1989, 10 (2): 1-5.

[11] 邸明伟, 张丽新, 何世禹, 等. 室温硫化硅橡胶及其在航天器上的应用. 宇航材料工艺, 2005, 35 (4): 7-11.

[12] 杨始燕, 王倩, 谢择民, 等, 空间级加成型室温硫化硅橡胶胶结剂的研究. 宇航材料工艺, 2000, 30 (1): 42-45.

[13] 王泽华, 梁剑峰. 复合材料舱体软木粘贴. 宇航材料工艺, 2001, 31 (5): 49-54.

[14] 王德志, 曲春艳, 张杨. 三元乙丙橡胶粘接用胶粘剂的研制. 化学与粘合, 2006, 28 (3): 153-156.

[15] 赵飞明, 王帮武. 电子工业用聚氨酯浇注胶研制. 粘接, 2004, 25 (6): 7-9.

[16] 王冠, 付刚, 吴建伟, 等. 氰酸酯基耐高温低介电载体胶膜的制备与性能. 宇航材料工艺, 2008, 38 (2): 12-16.

[17] 王德志, 宿凯, 宁庆华, 等. 改性氰酸酯载体胶膜的研究. 化学与黏合, 2013, 35 (3): 21-24.

[18] 付刚, 匡弘, 付春明, 等. J-133 室温固化耐 100℃胶粘剂. 中国胶粘剂, 1997, 7 (3): 15-17.

[19] 付刚, 吴建伟, 赵汉清, 等. J-164 室温固化低密度蜂芯拼接胶黏剂的研制. 化学与黏合, 2006, 28 (5): 314-316.

[20] 曲春艳, 王德志, 冯浩. J-188 双马来酰亚胺基复合材料用结构胶膜. 材料工程, 2007 (增刊 1): 15-19.

[21] 王德志, 曲春艳, 张杨. PMI 泡沫材料拼接用低密度糊状胶粘剂的研制. 中国胶粘剂, 2012, 22 (12): 46-49.

[22] 赵飞明. 高硬度高韧性聚氨酯浇注胶及其应用: CN 101550327. 2008.

[23] QJ 1245—87 HYJ-4、HYJ-16、HYJ-42 室温固化环氧胶粘剂技术条件.

[24] 郭忠信, 等. 铝合金结构胶接. 北京: 国防工业出版社, 1993: 111-149.

[25] NHJ-44 结构胶技术条件: QJ1068A-2001.

[26] GR-3 无机高温胶粘剂规范: QJ2806-96.

[27] MR-4 耐高温密封、填充、粘接材料技术条件: QJ975-86.

[28] 吴金林. 室温固化高温导热胶. 北京粘接学会二届年会报告, 1985.

(赵云峰 梁滨 编写)

# 第14章

# 胶黏剂在木工、家具行业中的应用

## 14.1 木材加工、家具行业的特点及对胶黏剂的要求

胶黏剂在木材加工、家具行业中占有举足轻重的作用，胶黏剂用量、品种、生产使用方法已成为衡量一个国家或地区木材工业技术水平的重要标志。随着木材加工、家具行业的迅速发展，木材加工、家具用胶黏剂向着绿色化、高效化方向发展。

木材具有多孔性和各向异性的结构特点，在木材加工及家具生产中，胶黏剂的主要作用为：

① 胶黏剂可以实现小料、薄板等类材料的结合，有利于更合理、更大限度地利用木材资源。

② 胶黏剂能够装饰木材表面，有利于木材表面光滑化、均一、美观、耐磨。

③ 胶黏剂能够实现木材与装饰纸、金属、塑料和混凝土等不同基材之间的良好粘接，简化生产工艺，降低施工难度，拓展了木材的应用领域。

### 14.1.1 木材加工、家具行业的特点

#### 14.1.1.1 木材加工行业

木材加工业以木材为原料，主要采用机械或化学方法进行加工，产品仍然保持木材的基本特性。木材加工目前已形成独立的工业体系，具有资源可再生、环境友好等特点，产品主要有胶合板、纤维板、刨花板、细木工板等，一些常见产品的特性简要如下：

(1) 胶合板　胶合板的物理力学综合性能优异。胶合板既有天然木材的优点，如容重轻、强度高、纹理美观、绝缘等，又可弥补天然木材自然产生的缺陷，如节子、幅面小，易变形，纵横力学差异性大等缺点。胶合板的握螺钉力大，在垂直于板面方向的握螺钉力较高。

(2) 纤维板　纤维板物理性能好，材质均匀，易进行涂饰加工，是油漆涂装的首选基材。纤维板易于进行贴面加工，各种木皮、胶纸、薄膜、饰面板、轻金属薄板、三聚氰胺板等材料均可胶贴在纤维板表面。纤维板可以作为基材开发功能性材料，如硬质纤维板经冲制、钻孔等处理还可制成吸声板等特殊产品，应用于建筑装饰工程。

(3) 刨花板　刨花板由于刨花排列均匀且纵横交错，因此产品的纵向和横向强度差别很小，没有节、疤等天然缺陷，且表面平整。刨花板可以制成幅面很大的板材，同时，其厚度和密度都可以根据产品用途进行调控；刨花板在纵、横方向上的膨胀率、干缩率小且均匀，在外界温度和湿度变化时，表现出良好的尺寸稳定性。刨花板还具有良好的加工性能，可进

行钻孔、开棒、钉着、镂刨、模压造型等机械加工，并可进行粘接、涂饰以及各种贴面装饰。此外，在刨花板制造过程中，可以引入不同功能的添加剂，使产品在保持原有性能的基础上具有一些特种性能，如防潮、防腐、防霉、阻燃、抗静电等。

（4）细木工板　细木工板握螺钉力好，强度高，具有质坚、吸声、绝热等特点。细木工板比实木板材尺寸稳定性强，承重力均匀，长期使用结构紧凑不易变形，但当水分蒸发后，板材易干裂变形。

（5）地板　使用胶黏剂加工制得的地板主要包括实木复合地板和强化地板等。

① 实木复合地板。实木复合地板是对天然木材进行重组而产生的一种装饰材料，在尺寸稳定、耐开裂等性能方面优于实木地板，地板规格也更加多样，尤其是可以用较大尺寸的复合板材进行成型加工，性能和规格更加符合使用要求，且具有一定的木材天然属性。

实木复合地板既有实木地板自然美观、脚感舒适、保温性能好的长处，又克服了实木地板因木材收缩，容易引起翘曲变形、开裂、尺寸不稳定等不足；与实木地板相比能够节省珍贵木材资源。实木复合地板具有一定的环境调节作用和触觉特性，表面采用了较薄的高档木材单板或拼接薄木，节省了优质木材的用量；对表层单板或薄木的材质进行了优化选择，既节省了优质木材资源，又达到了高档自然、不易变形、安装简单等目的。

② 强化地板。强化地板具有科学、优化的实体结构，自然美观，阻燃，抗冲击，抗静电等特点。强化地板具有耐磨损、易于清洁等优点及较好的综合使用性能与适中的价格；节约珍贵木材，符合环境保护和生态保护要求；制备工艺简单且成熟，性能优良且符合人们追求时尚的要求；安装快捷简易，保养方便。

（6）装饰板　装饰板可以仿制各种人造材料和天然材料的花纹、图案，或者人为设计出各种优美的花纹、图案，使装饰板具有良好的装饰性。装饰板色泽光亮、耐磨、耐热、耐水，并具有质轻高强的特点，同时还具有柔韧性好的特点，可以弯曲成一定的弧度用于曲面装饰，与其他材料也具有良好的粘贴性能。

（7）其他

① 集成材。集成材由实体木材的短小材加工成要求的规格尺寸和形状，与实体木材相比，开裂变形小，极大提高了木材的利用率；集成材在抗拉和抗压等物理性能方面和材料质量均匀化方面优于实体木材，并且可以按层板的强弱配置提高其强度性能；集成材可以制造成通直形状和弯曲形状，按强度的要求，可以制造成沿长度方向截面渐变结构，也可以制造成工字形和空心方形等截面型集成材料。

② 重组材。重组材由于采用了碾搓工艺，出材率高，木材最终利用率可达 85% 以上。作为一种新型建筑结构用材，具有许多显著特点：a. 保留了天然木材的优良性能，其中各组分就如同天然木材的一部分；b. 加工过程中人为将天然木材的大部分缺陷剔除，从而达到优良的性能。重组材产品方向性强，可获得均质高强、长度可任意选择的大截面方材，提高了木材的综合利用率和经济效益。

## 14.1.1.2　家具行业的特点

家具生产过程中主要涉及木材干燥、配料、毛料加工、胶合、净料加工、部件装配、总装配和涂饰等工艺，胶合、装配和涂饰等工序需要不同种类胶黏剂的配合使用。

根据家具的用途和功能性主要可分为储存类家具，如橱柜、架等物品储存用家具；支撑类家具，如椅子、凳子、沙发和床等日常生活中起到支撑作用的家具；凭倚类家具，如桌子、茶几、台和案等。此外，还包括门、窗以及个性化定制家具等其他类型家具。家具生产正在由手工作业向着工业化、自动化、数字化和个性定制化发展，胶黏剂在此发展过程中起到了越来越重要的作用。

## 14.1.2 木材加工、家具行业对胶黏剂的要求

一种比较理想的木材用胶黏剂必须尽可能满足粘接性能、粘接操作和成本等方面的要求。胶黏剂主要应具有：①合适的黏度、良好的润湿性与流动性、方便操作；②粘接强度高，固化后胶层有一定弹性；③耐水、耐热、耐老化性能好；④能够在较温和的条件下短时间内固化，没有毒性及强烈的刺激性；⑤价格便宜，原料来源丰富。

此外，木材胶黏剂还应满足如下基本要求：胶黏剂的酸碱度对胶合强度有很大影响，所以木材胶黏剂应有适当的酸碱度。强酸性和强碱性胶黏剂都会降低木材的力学性能，尤以强酸影响大。酸对木材有水解作用，木材胶黏剂的 pH 值不应小于 3.5。

木材胶黏剂应有适当的分子量，胶黏剂的分子量与胶黏剂的黏度、润湿性、流动性、渗透性等工艺性能有关。

木材加工主要包括各种木制板材制备以及木制品与其他材质物体的胶合。木制品胶合强度主要受到胶黏剂自身的强度、木材分子与胶黏剂分子间作用力以及材料极性的影响，但通常要求胶黏剂本身的强度不低于木材的强度。

### 14.1.2.1 木材加工行业对胶黏剂的要求

（1）粘接性能　木材加工行业根据产品用途的不同，选择的胶种各不相同，对胶黏剂粘接性能要求也不一样，但通常要求胶黏剂本身的强度和耐久性要高，至少等于木材的强度。

（2）耐水性能　胶黏剂类型的选择直接影响其木制品的耐水性，酚醛树脂加工的木制品具有高的耐水性，可用于室外；脲醛树脂、蛋白胶、淀粉胶等加工的木制品只能用于室内。

（3）环保性能　随着人民环保意识的增强，木制品的环保性越来越受到关注，对木材加工用胶黏剂的环保性能要求也越来越高，制备低毒、无毒的胶黏剂是胶黏剂发展的方向。

（4）涂布性能　用于木材加工行业胶黏剂要有良好的涂布性能，要求胶黏剂的黏度要适中，黏度过高，难以涂布均匀；黏度过低，易出现渗胶、局部缺胶等缺陷。

（5）其他性能　除了以上要求外，特殊用途的木制品对胶黏剂也有一些特殊要求，如阻燃、抗菌、防霉等，此类要求可根据具体用途，选择合适的胶种或者对胶黏剂进行相应改性以满足相应的要求。

### 14.1.2.2 家具行业对胶黏剂的要求

在家具生产过程中，根据生产工艺选择合适的胶黏剂是提升产品质量和降低生产成本的必要条件。一般说来，家具行业对胶黏剂的要求有以下几点：

① 家具生产工艺可能无法实现升温处理，则需要选用可室温固化的胶黏剂。此外，操作工艺的简便性也是合理选择胶黏剂种类的重要依据。

② 家具的使用环境条件，如温度、湿度和光照等不断变化，所以选择胶黏剂时，应注意胶黏剂的耐久性和稳定性。例如家具表面装饰用胶应选择在光照条件下，颜色外观稳定、不易发生老化黄变的胶黏剂。此外，家具的使用周期比较长，所以胶黏剂需要具有良好的耐久性和稳定性。

③ 家具和人们的生活有着非常紧密的联系，家具中的主要污染源即来自胶黏剂和涂料的使用，所以家具对胶黏剂的环保性要求十分严格。

④ 为适应不同的生产工艺、用途和使用环境，家具对胶黏剂的形态、黏度、适用期、固化条件、固化收缩率、抗菌防霉等也有着不同的要求。此外，随着高层建筑的日益增多，高层建筑的防火功能要求越来越高，阻燃性能逐渐成为家具和室内装饰行业基本要求。

## 14.1.3　木材加工、家具行业常用胶黏剂

常用的木材胶黏剂主要包括甲醛基胶黏剂、乳液型胶黏剂、热熔树脂胶黏剂、水性大分子类胶黏剂、异氰酸酯类胶黏剂、聚氨酯类胶黏剂、热塑性大分子类胶黏剂、生物基胶黏剂和其他类型胶黏剂。具体胶黏剂类型与特点如表 14-1 所示。

表 14-1　常用木材胶黏剂分类及特点汇总表

| 种类 | 示例 | 特点 |
|---|---|---|
| 甲醛基胶黏剂 | 脲醛树脂胶黏剂 | 制造简单、使用方便,成本低廉、性能良好,具有较高的粘接强度,较好的耐水性、耐热性、耐腐蚀性,常用于室内级人造板 |
| | 酚醛树脂胶黏剂 | 优异的粘接强度、耐水、耐热、耐气候等优点,适用于室外级人造板 |
| | 三聚氰胺甲醛树脂胶黏剂 | 粘接强度、耐水性、耐热性、耐老化性良好,胶层无色透明,有较强的保持色泽的能力和耐化学药剂能力,但价格较贵,硬度和脆性高,主要应用于浸渍装饰纸等 |
| | 三聚氰胺改性脲醛树脂胶黏剂 | 粘接强度、耐水性、耐热性、耐老化性良好,且成本较低,主要用于室内级人造板和浸渍装饰纸等 |
| | 间苯二酚甲醛树脂胶黏剂 | 具有耐水、耐候、耐腐、耐久等特点,可用于热固化和常温冷固化。主要用于特种木质板材、建筑木结构、粘接弯曲构件、指接材或集成材等木制品的粘接 |
| 乳液型胶黏剂 | 聚醋酸乙烯酯树脂胶黏剂 | 通常称白乳胶,广泛应用于榫接、细木工板的胶拼、单板的修补、装饰贴面等,可用于热固化和常温冷固化 |
| | 乙烯-醋酸乙烯共聚乳液胶黏剂 | 胶膜具有较好的耐水、耐酸碱性,主要用于木材、皮革、水泥、金属、塑料等的粘接 |
| | 醋酸乙烯-N-羟甲基丙烯酰胺胶黏剂 | 胶层的耐水性、耐热性、耐化学药品性明显改善,强度也有所增加,粘接工艺简便,可冷压或热压,适用于连续化生产 |
| | 三元共聚改性醋酸乙烯酯胶黏剂 | 有醋酸乙烯-丙烯酸丁酯-羟甲基丙烯酰胺共聚乳液、醋酸乙烯-丙烯酸丁酯-氯乙烯共聚乳液、乙烯-醋酸乙烯-丙烯酸酯共聚乳液 |
| 热熔树脂胶黏剂 | 乙烯-醋酸乙烯酯共聚热熔胶 | 常温下为固体,加热熔融到一定程度下能够流动的液体胶黏剂 |
| | 聚酰胺热熔胶 | 具有软化点范围窄、耐油和耐水等突出优点,与许多材料都有很好的亲和性,而且其极性强,能产生很大的分子间力,具有优异的热熔粘接性 |
| 水性大分子类胶黏剂 | 水性聚合物-异氰酸酯胶黏剂 | 以水溶性高分子和乳液为主料,多官能团的异氰酸酯化合物为交联剂构成三维网状交联结构,可以常温或加热固化 |
| 异氰酸酯类胶黏剂 | 多异氰酸酯胶黏剂 | 常用的有六亚甲基二异氰酸酯(HDI)、多亚甲基多苯基多异氰酸酯(PAPI)等。可以用于纤维板、刨花板、秸秆板的生产,也可以将它们混入橡胶类胶黏剂、淀粉胶、聚乙烯醇溶液、乳液胶黏剂、豆胶,作为固化和改性剂使用 |
| | 封闭型异氰酸酯胶黏剂 | 以单官能的活泼羟基化合物(如酚类、醇类等)将异氰酸酯基(—NCO)暂时封闭起来,使之失去原有的化学活性,在加温或催化剂作用下可解离释放出异氰酸酯基(—NCO)而起粘接作用。可配制成水溶液胶黏剂或水乳液(水分散型)胶黏剂 |
| 聚氨酯类胶黏剂 | 预聚体型聚氨酯胶黏剂 | 由多异氰酸酯与聚酯、聚醚等多羟基化合物反应生成端异氰酸酯基(—NCO)聚氨酯预聚体。该预聚体能与含有活泼氢的化合物反应,对多种材料具有极高的黏附性能。既可室温单组分湿气固化,也可制成双组分反应型胶黏剂 |
| 热塑性大分子类胶黏剂 | 热塑性聚氨酯胶黏剂 | 高分子聚氨酯弹性体或异氰酸酯改性聚合物,胶层柔软、易弯曲和耐冲击,有较好的初黏附力,但粘接强度低、耐热性较差。热塑性聚氨酯胶黏剂多为溶剂型,使用过程中会释放有机溶剂 |
| 生物基胶黏剂 | 豆胶 | 豆胶具有调制及使用方便,胶合强度较高,无毒、无臭、适用期长、无甲醛释放等优点 |
| | 淀粉胶 | 使用方便、干强度高、价格低廉、无毒环保,是一种环境友好型胶黏剂。但淀粉胶黏剂存在初黏性差、易霉变、耐水性能差、粘接强度低等问题 |

| 种类 | 示例 | 特点 |
|------|------|------|
| 生物基胶黏剂 | 木质素基胶黏剂 | 木质素是自然界中含量最高的芳香族天然高分子,其结构中存在较多的醛基和羟基,在树脂合成过程中,可部分替代苯酚,也可作为胶黏剂的改性剂 |
| | 单宁类胶黏剂 | 单宁主要以凝缩类单宁为主,其来源于黑荆树皮、坚木、云杉及落叶松树皮等的抽出物,分子结构中含有酚羟基及苯环上未反应的活性位点,其胶黏剂的反应原理类似于酚醛树脂胶黏剂 |
| 其他类胶黏剂 | 聚苯乙烯及其共聚物胶黏剂 | 存在与极性被粘物的粘接能力差,胶层脆而硬等不足。可通过引入含极性基团的物质改善聚苯乙烯胶黏剂的粘接强度和柔性,也可在溶剂中加入交联剂、增黏剂等改善胶黏剂的性能,以适应多种被粘物的粘接需要 |
| | 氯丁橡胶胶黏剂 | 具有优良的自粘力和综合抗耐性能,胶层弹性好,涂覆方便,广泛用于木材及人造板的装饰贴面和封边粘接,也用于木材与沙发布或皮革等的柔性粘接和压敏粘接 |

# 14.2　胶黏剂在木材加工中的应用

近年来我国木材加工工业的发展迅速,使木材胶黏剂用量大幅提升。据统计,2017年我国人造板产量达到 $2.95 \times 10^8 \mathrm{m}^3$,人造板工业用胶黏剂的消耗量达到 $1.796 \times 10^7 \mathrm{t}$(固体含量为100%)。胶黏剂在木材加工领域中主要用来制造胶合板、刨花板、纤维板、细木工板、装饰板和地板等。

## 14.2.1　胶合板中的应用

### 14.2.1.1　胶合板结构特点

胶合板是将木段旋切成单板或木方刨切成薄木后,由若干奇数的木片按相邻层纤维纹理互成一定角度(普通胶合板互相垂直)排列,经热压固化而粘接成型的板材,胶合板的结构示意图如图14-1所示。

### 14.2.1.2　加工过程

胶合板的生产工艺流程如图14-2所示。胶合板生产过程中最重要的是单板的粘接,其中包括涂胶、组坯、预压和热压胶合4个重要工序。

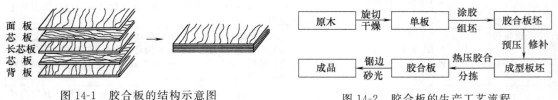

图14-1　胶合板的结构示意图

图14-2　胶合板的生产工艺流程

(1)涂胶　即将胶黏剂均匀地涂布在单板表面的工序,胶合板用胶点如图14-3所示。涂胶方法有辊筒法、胶膜法、淋胶法、喷胶法等。

图14-3　胶合板用胶点示意图

（2）组坯　单板涂胶后，将中板和面板、背板（五层以上还有长中板），按相邻层单板纤维方向互相垂直的原则叠合组成板坯。

（3）预压　对板坯进行预压，使之在进入热压机之前粘接成型，预压工艺的主要优点是减少热压辅助时间，从而提高热压机生产率及节约热量，预压可提高胶合板一次合格率。为满足预压工艺的要求，胶黏剂应具有短时间粘接的性能。其具体要求是：胶黏剂活性期应长一些，一般不低于 3～5h。应具有适当的黏度和涂布性能，可在胶料中添加适量（15%～25%）填充剂（面粉或豆粉等），以调节黏度，提高黏附性能，防止胶黏剂过多地渗透到单板中。

（4）热压胶合　通过机械压力及热的作用使胶黏剂发生交联固化，把单板牢固地胶合起来。机械压力使胶合面紧密相贴，尽量排除单板之间的空气，热可以促进水分的蒸发，同时使胶黏剂渗入木纤维间发生交联固化作用。

### 14.2.1.3　主要胶种

根据应用领域不同，胶合板可以分室内级胶合板和室外级胶合板。每种胶合板对应不同的胶黏剂种类以及热压温度和压力等，详见表 14-2。

表 14-2　不同胶合板常用的胶黏剂选择和热压条件参考表

| 板材种类 | 主要胶黏剂 | 热压温度/℃ | 热压压力/MPa | 特点 |
| --- | --- | --- | --- | --- |
| 室内级胶合板 | 脲醛胶、豆胶、淀粉胶、多异氰酸酯胶 | 105～120 | 0.8～1.5 | 适用于室内装修和家具 |
| 室外级胶合板 | 酚醛胶、改性酚醛树脂胶 | 130～150 | 1.0～4.0 | 耐水、耐候、抗菌、材质均匀，机械强度高 |

## 14.2.2　刨花板中的应用

### 14.2.2.1　刨花板结构特点

通过施加胶黏剂，将木材、竹材和农作物秸秆等刨花和切削物经过铺装、热压所制成的一种人造板称刨花板。刨花板是目前世界上年产量、消耗量最大的人造板产品，2017 年我国刨花板产量约为 $2.778 \times 10^7 \mathrm{m}^3$，仍具有较大的发展潜力。刨花板种类繁多，市场上占主导地位的是用平压法生产的木质普通刨花板、定向刨花板、薄型刨花板和泡沫刨花板等。

① 普通刨花板一般是以脲醛树脂等为胶黏剂，刨花各个方向均匀分布，各向机械物理性质接近的材料；而特种刨花板则采用特殊胶黏剂和特殊的生产方法或改变产品的结构，使之具有普通刨花板所不具有的特殊性能。

② 定向刨花板是一种新型结构的刨花板。通过机械或静电作用，使刨花按一定方向排列经热压而成定向刨花板。

定向刨花板一般可分为单层定向板和三层直交定向板，也可以生产更多层次和相邻层成不同角度的定向刨花板。定向刨花板基本保留了木材的天然特性，具有良好的物理力学性能，主要特点是纵向抗弯强度比横向抗弯强度高得多，故适宜于作结构材料。

③ 薄型刨花板是用形态细小的刨花，经连续辊压而生产的。薄型刨花板的厚度一般为 1.6～6.0mm，最薄 1.0mm，最厚 6.4mm，其密度一般为 0.55～0.65g/cm³，静曲强度为 24.5～29.4MPa，抗拉强度为 0.59～0.98MPa，含胶量为 10%～12%，2h 吸水膨胀率约为 6%，24h 吸水膨胀率约为 15%。

④ 泡沫刨花板是用刨花为原料，聚氨酯泡沫塑料作胶黏剂压制而成的一种密度小、强

度高和尺寸稳定的特种刨花板。

泡沫刨花板由 2/3 的木质刨花和 1/3 的聚氨酯（按质量计）压制而成，其密度比普通刨花板小，并有较高的内结合强度和一定的静曲强度。泡沫刨花板用单板饰面后，静曲强度可以显著提高，此外，握钉力和握螺钉力都比普通刨花板好得多。

### 14.2.2.2　加工过程

刨花板生产的主要工序有原料准备、刨花制备、刨花干燥、刨花分选、施胶、板坯铺装、热压、后期处理等。不同生产方法、不同产品结构的刨花板，其生产工艺流程各有不同。刨花板生产工艺流程如图 14-4 所示。

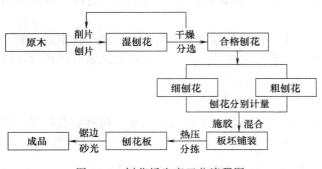

图 14-4　刨花板生产工艺流程图

施胶是刨花板生产中的关键工序之一，它直接影响刨花板的质量和生产成本。合理的选择拌胶设备和施胶工艺，对提高刨花板产品质量和降低生产成本都具有重要意义。此外胶黏剂的种类和施胶量对刨花板的性能起着决定性的作用。

根据应用领域不同，刨花板可分为室内刨花板、室外型和结构型刨花板。不同类型刨花板用胶黏剂见表 14-3。

表 14-3　刨花板用胶黏剂选择参考表

| 胶黏剂种类 | 刨花板类型 | 性能要求 |
| --- | --- | --- |
| 改性脲醛树脂胶、豆胶 | 室内型刨花板 | 黏度为 200～400 mPa·s；活性期为 4～7h |
| 三聚氰胺树脂胶 | 各种装饰纸 | |
| 酚醛树脂胶 | 室外型和结构型刨花板 | |
| 多异氰酸酯胶 | | |

施胶量的大小直接影响刨花板的质量。在相同工艺条件下，施胶量增加，刨花板的密度、静曲强度、内结合强度均提高，吸湿性、吸水性、厚度膨胀率均下降。

施胶量的确定主要考虑以下因素：

（1）原料种类　主要和木材树种及密度有关，因为树种密度决定了一定厚度刨花的比表面积（单位质量固体物质的表面积）大小，在厚度相同的情况下，用密度较低的木材制造的刨花要比用密度较高的木材制造的刨花比表面积大。因此，要保证刨花板的物理力学性能不变，就要适当增加施胶量。

（2）刨花形态和尺寸　相同材种的刨花的比表面积随刨花厚度的减小而增大，因此，薄刨花需要适当增加施胶量。

（3）树脂种类　树脂种类不同，则施胶量不同；相同种类的树脂其质量（如固体含量）不同，施加量也不同。如果树脂的质量较差，则应相应地提高施胶量，以保证产品质量。

（4）刨花板物理力学性能要求　一般地说，施胶量增加，可以提高刨花板的各项性能。但单独使用这种方法来提高产品质量，会导致生产成本大幅度上升，使经济效益下降。

（5）施胶工艺和设备　选用先进的拌胶方法和设备，提高拌胶效率及施胶的均匀性，可以减少施胶量。

　　生产中应在确定产品用途的前提下，充分考虑上述因素，确定胶黏剂类型及合理的施胶量大小。施胶后的刨花进行板坯铺装，铺装质量直接关系到刨花板产品的质量。常见的板坯铺装结构类型有单层结构、三层结构、五层结构和渐变结构（如图 14-5）。

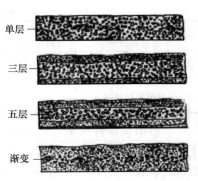

图 14-5　刨花板板坯铺装结构示意图

　　单层结构板坯是将施胶刨花随机铺成均匀的板坯；三层结构板坯有两个细刨花表层和一个粗刨花芯层；五层结构板坯有两个细刨花表层，紧靠表层的是两个对称的由较粗刨花组成的芯层，中间的芯层由粗刨花组成；渐变结构板坯的中心层由粗刨花组成，由中心渐变至表面的刨花逐渐变细小，表层由最细小的刨花组成。

## 14.2.3　纤维板中的应用

### 14.2.3.1　纤维板结构特点

　　纤维板是以木材或其他植物纤维为原料，施加或不加胶黏剂，经过施胶、干燥、成型和热压等工序而制成的一种人造板。

　　纤维板生产使用的木材原料包括枝丫、树梢、树根、灌木等采伐剩余物，造材截头、枝条等造材剩余物，板皮、板条、锯末、碎单板、木芯、刨花、边角余料等加工剩余物和劣等原木、小径材等次加工材，其他植物纤维原料主要有竹材、农作物秸秆、蔗渣和农作物加工剩余物等。

### 14.2.3.2　加工过程

　　纤维板生产包括湿法和干法。湿法生产工艺：以水作为纤维运输的载体，通过纤维制备、湿法成型、脱水、干燥或热压等工序以自身含有的木质素作为胶黏剂制造出纤维板。干法生产工艺：以空气为纤维运输载体，通过纤维制备、施胶、干燥、铺装、预压、热压等工序制造出纤维板。由于湿法生产存在废水和成本高等问题，因此目前纤维板生产多采用干法生产，具体流程如图 14-6 所示。

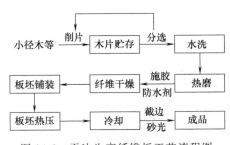

图 14-6　干法生产纤维板工艺流程图

　　纤维不同于单板刨花，比表面积大，为使板制品有足够的强度，胶液必须充分覆盖纤维表面，用于纤维板制造的胶黏剂，首先应与纤维有良好的结合性能。因此，纤维板用胶黏剂的主要技术要求是：

　　① 树脂为水性热固性树脂；

　　② 树脂黏度不宜太高，并能保证施胶后纤维上的树脂在高温气流干燥和热压时有良好的流动性；

　　③ 树脂应具备一定的固化速度，如在温度 170℃ 或更高时，固化时间不超过 1min；

　　④ 树脂的酸碱性可随纤维的酸度加以调整，因为热压时，pH 对树脂的固化速度具有较大的影响；

　　⑤ 对于采用先施胶后干燥工艺的胶黏剂，在纤维干燥时，胶液不会产生提前固化；

　　⑥ 胶黏剂与其他添加剂如防水剂、阻燃剂、防腐剂等有较好的混溶性。

　　纤维板生产中常用胶黏剂见表 14-4。

表 14-4　纤维板生产中常用胶黏剂

| 胶黏剂种类 | 树脂类型 | 特点 |
|---|---|---|
| 甲醛基胶黏剂 | 脲醛树脂、酚醛树脂、改性脲醛树脂 | 国内干法生产纤维板 |
| 生物基胶黏剂 | 豆胶 | 新型无醛生物基胶黏剂 |
| 大分子胶黏剂 | 聚乙烯醇树脂 | 无醛、成本较高 |
| 异氰酸酯胶黏剂 | PAPI | 用胶量少、强度高，但板材较硬，不利于镂铣、贴面装饰等的二次加工 |

　　一般中密度纤维板的施胶量为 8％～12％（按固体树脂相对绝干纤维质量而言）；硬质纤维板的纤维施胶量以 3％～5％为宜；生产多层结构板时，表层纤维施胶量略高于芯层，比如通常表层为 10％～12％，芯层可为 8％～10％；纤维形态好、均匀，则施胶量可适当降低。

　　施胶后的纤维经气流干燥、分级、板坯铺装、预压、热压（一般采用脲醛树脂胶黏剂时，热压温度可以在 160～190℃之间调整）和后期处理（包括冷却、调湿、锯裁、砂光和降醛处理等）即得到所需的纤维板制品。

# 14.2.4　细木工板中的应用

## 14.2.4.1　细木工板结构特点

　　细木工板是厚度相同的木条顺着一个方向平行排列拼合成芯板，两面各胶贴上一层或多层单板制成的板材，其结构如图 14-7 所示。此种胶合的细木工板在家具制造及建筑物内部装修中用途较广。

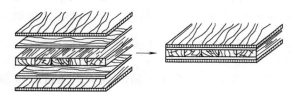

图 14-7　细木工板的结构示意图

## 14.2.4.2　加工过程

　　细木工板是在木条所组成的芯板两面覆以单板制成的，所以它的生产工艺过程可以分为单板制造、芯板制造以及细木工板的胶合与加工三大部分，细木工板的制备工艺详见图 14-8。

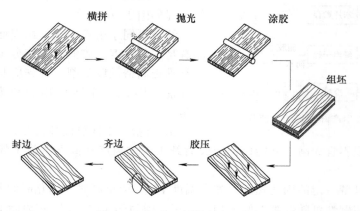

图 14-8　细木工板的制备工艺

　　细木工板的芯板一般选用边材小料来制造。芯板木条可以采用手工作业或用机床横向胶拼。胶合方式有热压胶合和冷压胶合。常用的胶黏剂为脲醛树脂胶，也可以用聚醋酸乙烯酯树脂胶。施胶量不宜过大，以粘住为准，越少越好，免得胶液挤到芯板表面，容易使表面加工时的刀具变钝。使用聚醋酸乙烯酯树脂胶时，可以加入 1/3 的水稀释，以便于操作。将组好的板坯夹紧，待胶液固化后卸压。转送入 40～50℃ 的干燥室中干燥，以除去胶拼时带来的水分，使芯板含水率均匀。最后按厚度要求将芯板两面刨平。

芯板、单板胶合前需先在中板上涂胶，常用的胶黏剂有脲醛树脂胶黏剂和酚醛树脂胶黏剂。其中以脲醛树脂胶使用最广，具有较高的粘接强度，耐腐蚀，有较好的耐水性和耐热性，无色透明，不污染木材；缺点是含有游离甲醛，有刺激臭味，胶层易于老化。酚醛树脂胶耐水、耐热、耐老化，制成的细木工板能在室外使用，这些都是酚醛树脂胶优越之点，但成本较高，颜色也较深，应用受到限制。

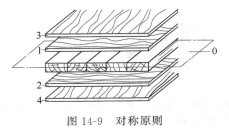

图 14-9　对称原则

为了减少板子的翘曲变形，确定细木工板的结构时，一定要严格遵守对称原则（图 14-9）。图中 0 为对称中心平面，1 板与 2 板、3 板与 4 板互为对称层，根据对称原则要求，在板子厚度方向上的中心平面两边，单板层数要完全相等，并且相互对称，对称层在树种、厚度、纤维方向、含水率、单板制造方法等方面也都要完全一致。

# 14.2.5　装饰板中的应用

## 14.2.5.1　装饰板结构特点

装饰板是在合成树脂中加入某些添加剂，制成浸渍纸，并经过高温高压得到的一种具有高度交联的材料，一般是由数层或十几层三聚氰胺树脂浸渍纸和酚醛树脂浸渍纸叠加压制而成。装饰板可以仿制各种人造材料和天然材料的花纹、图案，或者人为设计出各种优美的花纹、图案，使装饰板具有良好的装饰性。装饰板色泽光亮、耐磨、耐热、耐水，并具有轻质高强的特点，静曲强度可超过 80MPa，同时还具有柔韧性好的特点，可以弯曲成一定的弧度用于曲面装饰，与其他材料也具有良好的粘贴性能。装饰板主要用于家具制造、建筑的室内装修、车辆船舶的内部装修等。

各种类型装饰板的结构示意如图 14-10 所示。

## 14.2.5.2　加工过程

装饰板的生产工艺流程如图 14-11 所示。

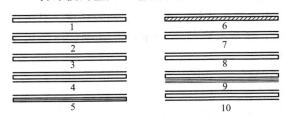

图 14-10　各种类型装饰板的结构示意图
1—单面装饰板；2—双面装饰板；3—单面浮雕装饰板；
4—双面浮雕装饰板；5—强化装饰板；6—纤维增强装饰板；
7—铝板基材装饰板；8—铝箔装饰板；9—单板混合
结构装饰板；10—人造板装饰板

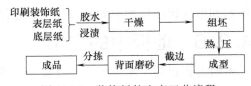

图 14-11　装饰板的生产工艺流程

（1）三聚氰胺树脂装饰板　浸渍纸是生产装饰板的原料，浸渍纸包括：表层浸渍纸、装饰浸渍纸、底层浸渍纸、覆盖浸渍纸、隔离浸渍纸、脱膜浸渍纸等。三聚氰胺树脂是浸渍纸

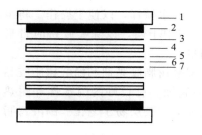

图 14-12　装饰板的组坯方式
1—热压板；2—缓冲材料；3—铝垫板；
4—表层纸；5—装饰纸；
6—底层纸；7—抛光垫板

生产最常用的胶黏剂，但因其固化后脆性较大，须经过改性后才能使用。可在树脂调制时加入溶剂、添加剂等物质，使其原有的性能得到改善并具有某些新的性能。干燥后浸渍纸按一定配置方式组成板坯，板坯可以是单面装饰结构，也可以是双面装饰结构。板坯通常由表层纸、装饰纸、覆盖纸、底层纸、脱膜纸等浸渍纸组成，装饰板的组坯方式如图 14-12 所示。

组坯后的装饰板进入热压工序，为了保证装饰板成品的尺寸、形状稳定，减少和消除翘曲变形并使板面光亮，装饰板的热压工艺采用"冷进冷出"工艺。不同种类的胶黏剂要求的热压温度不同，如酚醛树脂胶黏剂一般为 130～150℃，三聚氰胺树脂为 135～155℃，脲醛树脂为 120～130℃，生产装饰板的热压温度一般为 140～150℃。热压完成后，先对热压板进行冷却，当热压板温度降低到室温时再卸压出板。

（2）聚氯乙烯薄膜贴面　这种贴面色泽鲜艳、花纹漂亮、价廉易得，且耐燃，故是一种良好的人造板贴面材料，但存在软化温度低、耐热性差、表面硬度不够等缺点。聚氯乙烯薄膜可采用醋酸乙烯-丙烯酸共聚物胶黏剂、聚醋酸乙烯酯与丙烯酸酯树脂混合物胶黏剂、乙烯-醋酸乙烯共聚物胶黏剂、氯乙烯-醋酸乙烯共聚物胶黏剂、丁腈橡胶胶黏剂、氯丁橡胶胶黏剂、聚氨酯胶黏剂、丙烯酸酯胶黏剂等胶黏剂进行粘接。

粘接时的涂胶量为 120～170g/m²。涂胶后把聚氯乙烯薄膜铺在上面，辊压赶走气泡，用加压装置常温加压 4～12 h。

（3）不饱和聚酯树脂装饰贴面　这种贴面有优良的透明性和光泽度，可常温常压成型，设备要求低，缺点是收缩率大、硬度和耐磨性稍低。与上述两种装饰贴面板不同，这种贴面板不是预先制好再粘接，而是在基材人造板上成型的。即在基材人造板上面预先进行表面处理，然后用喷涂或辊涂方法把胶黏剂涂在表面上，再将装饰纸贴上，最后涂上不饱和聚酯。所采用的胶黏剂有脲醛树脂胶黏剂、聚醋酸乙烯胶黏剂，涂布量为 100～150g/m²，可冷压固化。

值得注意的是贴面装饰板中比较特殊的是金属贴面装饰板，由于金属（铁、铝等）与木材的热膨胀系数及吸水率都不同，所以不能用传统的木材胶黏剂一次粘接在一起，否则就会翘曲变形。为此需分两步粘接，首先对金属进行表面处理，然后涂上一层金属结构胶黏剂作底胶，底胶固化后再用间苯二酚甲醛树脂胶黏剂、水基聚合物-异氰酸酯胶黏剂、脲醛树脂胶黏剂和酚醛树脂胶黏剂等与各种板材进行粘接。

# 14.2.6　地板中的应用

木质地板包括实木地板、强化地板、实木复合地板以及竹木复合地板等。除实木地板外，其他木地板对胶黏剂具有较大的依赖性。

木地板生产中常用胶黏剂有脲醛树脂胶，聚醋酸乙烯酯乳液胶黏剂、酚醛树脂胶黏剂、异氰酸酯胶黏剂、聚氨酯胶黏剂、三聚氰胺-甲醛树脂胶黏剂、尿素-三聚氰胺-甲醛树脂胶黏剂、豆粕胶黏剂和淀粉胶黏剂等。其中脲醛树脂使用最广、用量最大，在木地板生产中约占用胶量的 90%。

## 14.2.6.1　强化地板

强化地板是一种以人造板为基材，经贴面、裁截和槽榫企口加工而制成的木质复合地板。

强化地板的品种不同，结构也不同。目前市场上销售的强化地板一般都是由 4 层材料复合而成，即耐磨层（表层）、装饰层、芯层（基材层）、底层（平衡层），其结构示意如图 14-13 所示。

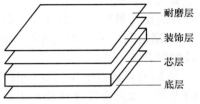

图 14-13　强化地板结构示意

强化地板使用的一些材料如下。

（1）表层纸　表层纸是覆盖在装饰纸上面，用以保护装饰纸上的印刷木纹，并使强化地板表面具有优良的物理性能的纸张。表层纸要求原纸完全透明，并能被树脂完全渗透。MF 和 MUF 树脂含量要求达到 130%～145%，故其渗透性能应比装饰纸原纸更好。要求表层纸原纸有一定厚度，厚度大，保护装饰纸的能力强，但透明度会有所下降。因此一般厚度控制在 0.05～0.15mm 范围内。另外要求表层纸原纸具有一定的湿润拉伸强度。鉴于以上要求，表层纸原纸一般用纤维素含量很高的纤维素纸浆来抄纸。

（2）底层纸　底层纸用来作强化地板的基材，使强化地板具有一定的厚度和力学强度。底层纸浸渍色深的酚醛树脂，浸渍纸的树脂含量一般为 30%～45%。因此要求原纸具有一定的渗透性，常用不加防火剂的牛皮纸作底层纸的原纸。

（3）覆盖纸　覆盖纸夹在装饰纸与底层纸之间，用以遮盖深色的底层纸并防止酚醛树脂胶透过装饰纸。如装饰纸有足够的遮盖性，亦可不用覆盖纸。覆盖纸原纸与装饰纸同样都是钛白纸。

（4）脱膜纸　脱膜纸原纸与底层纸相同。浸渍油酸胶配置在底层纸的下面。其作用是防止酚醛树脂在热压过程中粘在垫板上，目前使用聚丙烯薄膜包覆铅垫板，可以省去脱膜纸。脱膜纸的贮存期通常为 3 个月，贮存温度为 18～22℃，空气相对湿度为 55%～65%，因此室内应有换气、调温、调湿装置。

目前我国生产的浸渍纸的技术性能指标见表 14-5。

表 14-5　浸渍纸技术性能指标

| 指标 | 浸渍量/(g/m²) | 挥发物/% |
| --- | --- | --- |
| 表层纸 | 200～260 | 5.5～6.5 |
| 装饰纸 | 95～105 | 6.0～7.0 |
| 平衡纸 | 150～170 | 7.0～8.2 |

生产浸渍纸常用的合成树脂主要包括脲醛树脂、酚醛树脂、三聚氰胺甲醛树脂以及以它们为基体的改性树脂。树脂浸渍要使原纸充分均匀地浸渍树脂液，达到所要求的树脂含量，浸渍胶液后经干燥装置除去溶剂及一些挥发物，使树脂的缩聚进行到某种程度，并滞留一部分挥发分，以保证浸渍纸在热压过程中，树脂呈熔融状态时有足够的流动性。

浸渍纸的树脂含量随其用途不同而不同。表层纸及装饰纸主要从制品所要求的表面物理性能及强度来考虑，树脂含量较高则制品的表面硬度高、耐磨、有光泽、耐水性及耐热性都好；树脂含量不足则制品无光、不耐磨，耐水性、耐热性也差。

一般用作强化地板的表层纸的树脂含量为 120%～150%，装饰纸为 40%～60%，底层纸为 30%～45%，而浸渍贴面用的装饰纸为 100%～150%。为了达到所要求的树脂含量，首先应根据所要求的树脂含量、浸渍纸的用途、树脂性质、原纸渗透性能，选用合理的浸渍干燥工艺。

强化地板的成板过程主要由组坯、热压、锯边、砂光及贴面处理等工序组成。

① 组坯按产品规格要求的厚度，将各种浸渍纸组成坯。一般板坯的配置是表层纸、装

饰纸、覆盖纸、脱膜纸各一张，底层纸的层数可根据装饰板的厚度要求适当增减。

② 热压是强化地板制造的关键工序之一，在热压过程中浸渍纸被加热，其含浸的树脂呈熔融状态，在压力下各层浸渍纸紧密接触，树脂充分流动、渗透、均匀流展，最后树脂固化将各层浸渍纸牢固地胶合在一起成为树脂装饰。

③ 锯边及砂毛装饰板可在纵横裁边机上进行裁边，裁边后装饰板背面要拉毛，以利于基材的胶合。

④ 贴面处理以上工艺制得的装饰板可以用来装饰中密度纤维板、高密度纤维板、刨花板的表面，以复合成强化地板用的复合材料。复贴后的大板经开板、成形、养生、铣榫槽就可以得到强化地板产品。

## 14.2.6.2 实木复合地板

实木复合地板是以高档树种实木拼板或单板为面层、低档树种实木条为芯层和低档树种单板为底层制成的企口地板，或以高档树种单板为面层、低

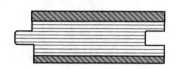

档树种胶合板为基材制成的企口地板，如图 14-14 所示。主要以面层树种或结构来确定地板的名称。实木复合地板选用木材优劣交错搭配，力学性能均匀、物理性能稳定，既能有效地避免因环境温度或湿度的变化而引起的地板变形和开裂的

图 14-14　实木复合地板示意图

缺点，又保持了实木华贵、独特、清晰的自然纹理等优点，还节约了高档、珍贵木材。

实木复合地板按结构分为三层结构实木复合地板和以胶合板为基材的多层结构实木复合地板。

（1）三层结构实木复合地板　三层结构实木复合地板从结构上分为表层、芯层和底层。三层实木复合地板生产工艺流程如图 14-15 所示。

表层起着装饰和保护作用，一般选用质地坚硬、纹理美观树种的木材，并且按一定的方向制成单板或薄本以保留美观的自然纹理，厚度一般在 2～4mm。表层通常用优质阔叶材中的硬木规格板条拼制而成，树种多为红橡、山核桃、柞木、水曲柳、山毛榉、枫木和花梨木等。

芯层和底层起着平衡、增强和缓冲层的作用，一般选用材质较软、弹性好的树种。芯层多为杨木、桉木、杉木、桐木和松木等软杂木板条，厚度一般为 9mm 左右；底层多为旋切单板排列呈纵横交错状，通常为杨木、松木树种，厚度一般为 2mm 左右。

将芯板通过胶辊双面涂胶（施胶量为 $280～320g/m^2$）后，覆于底板上，再将表板覆于芯板上，然后进行热压。之后进行养生、开榫及油漆工艺等后续工艺。

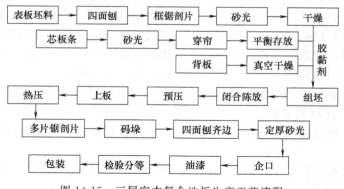

图 14-15　三层实木复合地板生产工艺流程

（2）多层结构实木复合地板　多层结构实木复合地板是以多层胶合板为基材，表层以规格硬木片镶拼板或刨切薄木，通过脲醛树脂胶压制而成。其镶拼面板采用优质硬木，厚度常为 1.2～4.0mm，刨切薄木的厚度通常为 0.5～0.8mm；其基材是多层胶合板，是由木段旋切成单板再用胶黏剂胶合而成的层状材料，常用树种有杨木、桉木、松木、泡桐、杉木、桦木、椴木等。

多层实木复合地板加工分为：多层胶合板基材生产、面板生产和地板加工［包括胶压复合、地板生产（即开榫、槽）和表面涂饰］。多层实木复合地板具体生产工艺流程如图 14-16。

（1）面板加工技术　多层实木地板的面板生产工艺主要有 3 种，旋切加工、刨切加工和锯切加工，旋切加工和刨切加工工艺比较适合加工厚度比较薄的面板或材质比较软的面板，对于材质硬的面板则采用锯切加工的方式来加工，但是锯切加工有锯路损失，木材的出材率低，旋切和刨切则不会，旋切还会在面板上出现弦向花纹，刨切和锯切面板以径向花纹为主。

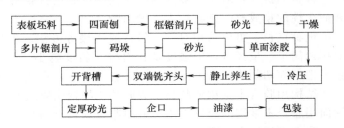

图 14-16　多层实木复合地板具体生产工艺流程

（2）地板成品加工技术　通过地板基材和面板的生产后，进入地板的成品加工生产阶段，成品加工主要包括面板与基材的胶合、开槽和油漆加工等主要工段。

地板生产中面板与基材的胶合压贴可采用热压和冷压进行。热压工艺常用的胶黏剂有脲醛树脂胶、酚醛树脂胶和三聚氰胺改性胶等；冷压工艺常用的胶黏剂包括聚氨酯树脂胶和水基型聚氨酯胶。涂胶量为 250～300g/m² （双面）。如采用热压工艺时，在热压前也可先进行预压后再热压，热压的温度、时间和压力根据胶种和面板的厚度来确定，以采用脲醛树脂胶热压为例，热压的温度在 105～120℃，压力不宜过大，能保证面板和基材紧密接触就好，压力为 0.7～1.2MPa，热压时间可以不考虑基材的受热情况，只考虑胶层能达到温度即可，所以热压的时间比基材热压的时间短。

### 14.2.6.3　竹木复合地板

竹木复合地板的胶合工艺可以采用一次胶合工艺，也可以采用竹单板贴面的二次加工工艺。一次胶合工艺较为简单，但由于竹单板较薄，易产生表面透胶和复合地板厚度偏差较大的缺陷。竹单板贴面工艺是先加工出基材板（胶合板、细木工板、中密度纤维板和竹地板等人造板材），基材等砂光后，再涂胶和贴面热压。这种工艺虽然工序较多，但避免了一次饰面工艺所带来的缺陷，应用较多，其生产工艺流程如图 14-17 所示。

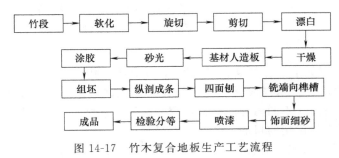

图 14-17　竹木复合地板生产工艺流程

竹和木复合连接常用的胶黏剂为脲醛树脂与聚醋酸乙烯酯乳液的混合胶。涂胶量控制在 300～320 g/m² （双面涂胶），将竹片面层、芯材薄板、木质单板背板纵横交错组坯，送入单层双向热压机进行热压。热压温度：上热压板 100～120℃，下热压板 90～92℃；热压压力：1～2MPa；时间：10～15min。热压后的复合地板冷却定型。之后进行齐边、剖分、定厚砂光、铣榫槽、油漆涂饰等加工工序。

## 14.2.7　其他木材加工中的应用

### 14.2.7.1　胶合木

胶合木是将长度较短、宽度较小、厚度较薄的锯制板、方材等相互沿纤维方向，用胶黏剂沿其长度、宽度和厚度方向胶合成的具有规定形状和尺寸的制品。

板材的拼宽：对于一般室内用集成材不必进行侧面胶合，但对于要求具有较高胶合强度和耐久性的集成材，则必须进行侧面胶合。

板材接长：可以采用对接、斜接或指接等方法。板材接长的接头类型如图 14-18 所示。对接最简单、最经济，但强度低；斜接时斜度越小，胶合强度越大，常用斜率为 1/10；指接是把端面切削成锯齿形面而进行胶合的方法，可达完整木材强度的 60%～80%。

结构用胶合木常用的胶黏剂为间苯二酚树脂胶或性能比它好的胶黏剂，室内装修及装饰贴面用胶合木常用的胶黏剂为脲醛树脂胶或具有与脲醛树脂胶同等或以上性能的胶黏剂。

胶合木的特点及应用如下：

① 不受原木尺寸的限制，可用短而薄的板材拼接成任意大小的方材和各种截面形状的构件。如拼接成横截面为工字型及箱型的材料，也可以胶合成变截面构件和弯曲成所需曲率的弧形构件（见图 14-19）。

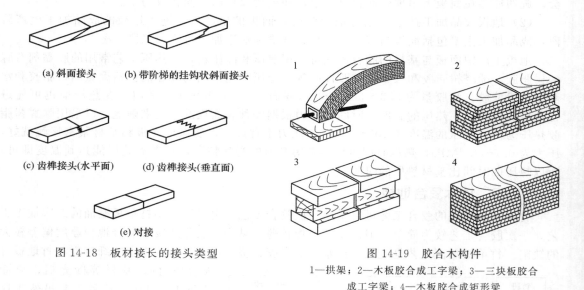

| (a) 斜面接头 | (b) 带阶梯的挂钩状斜面接头 |
| (c) 齿榫接头(水平面) | (d) 齿榫接头(垂直面) |
| (e) 对接 |

图 14-18　板材接长的接头类型

图 14-19　胶合木构件

1—拱架；2—木板胶合成工字梁；3—三块板胶合成工字梁；4—木板胶合成矩形梁

② 可以剔除和分散木材中的缺陷（如节子、裂纹、腐朽等），仅利用其优良部分，或把上述缺陷适当分散后加以使用。因此，胶合木与成材相比，强度大，允许弯曲应力可提高50%，而且结构均匀。还可以将不同材质、不同树种的薄板，合理匹配，量材使用。例如将劣材配置在应力不大的区段，以达到劣材优用的目的。

③ 胶合木的含水率比具有相同断面的成材的含水率均匀，故内应力小，不易开裂和翘曲变形。

④ 胶合木可以扩大结构用材树种，大断面的胶合木具有较高的耐火极限，由于胶合木的上述优点，可广泛用于拱形建筑、梁、木制船的龙骨、构架、车辆构件、地板、铁道枕木、电柱托架等等。此外，胶合滑雪板等体育用品也可以说是小型的胶合木。

## 14.2.7.2　集成材

集成材可由短小料制造成要求的尺寸、形状，可以实现小材大用，劣材优用。集成材胶合前，剔除节子、腐朽等木材缺陷，也可以将缺陷分散，从而制造出性能优良的材料。集成材原料经过充分干燥，即使是大截面、长尺寸材，稳定性也良好，而且保留了天然木材的纹理、色泽。按照需要，集成材可以进行防火、防腐预处理，加工成通直或弯曲形状。与实体木材相比，集成材出材率低，产品的成本高。

集成材广泛用于拱形建筑、梁、木制品的龙骨、构架、车辆构件、地板等处。它在结构用材中应用越来越广泛，是木结构用材的发展方向。

## 14.2.7.3　单板层积材（LVL）

单板层积材是把木材制成较厚的单板，并把数层单板按纤维方向大体平行地组坯、低压胶合而成的一种结构材料。

单板层积材的树种主要是松属、杉属等针叶树材。木段经水热处理软化后旋切成厚单板，干燥后含水率为 2%～3%，采用淋胶方式，一般使用改性脲醛树脂胶、酚醛树脂胶或间苯二酚与苯酚的共聚树脂胶。顺纹组坯时，可将节疤多、材质差的单板配置在中间，表层用优质单板，然后加压胶合成板，最后锯成方材，并对其边缘刨削加工。对于高性能的单板层积材一般用多层较薄的单板加较高压力来生产。

单板层积材强度均匀、材质稳定，它不受原木径级、长度和等级影响，利用径级较小、长度短不能加工、缺陷多但可以旋切的原木，通过剪切和接长的方法生产出任意长度和大小的材料。不仅如此，单板层积材的出材率比集成材出材率高出 50%，并且由于具有裂隙，单板易于进行防腐、防虫、防火等处理。此外，生产单板层积材比生产胶合板消耗能量小，比集成材干燥时间短，生产易于实现自动化。尽管它的成本比成材高 22%，但利用其尺寸大和强度高的特点，可以补偿较贵的成本而获得广泛应用，如制作屋顶和支架材料，可变换形式设计制造出各种风格的建筑物，还可制作地板托架、公路和铁路桥梁的圆拱等。

## 14.2.7.4　复合人造板材

不同品种人造板之间复合、人造板与其他材料（金属或非金属）之间复合等，这样形成的新板材称为复合人造板材。例如以薄定向刨花板为芯板、单板（或合板）为表板胶合形成的复合胶合板；在胶合板坯中放置一层或几层金属网（金属板），一次胶压而成的强化胶合板；以刨花板、定向刨花板和单板结合生产的复合木结构框架、桁构梁。

其他复合产品也逐步出现，包括由长条单板平行制造的平行木片胶合木（PSL）、由大刨花制造的层叠木片胶合木（LSL）、由类似定向刨花板长条刨花定向制造的定向刨花板（OSL）、由小圆木段挤压和拌胶制造的重组木等。复合人造板是木材利用更合理、更高级、更多样化的形式。

复合板材最大的优点在于可以使用小木段生产出规格较大的材料，而且原料的利用率很高，通常可以达到 70%。尽管制造成本较高，但复合人造板材无论强度还是均匀性和平直性均可与实木锯割的板方材媲美。实木锯割板方材的质量很大程度上是由原料质量决定的，而复合人造板材质量取决于材料加工工艺。

## 14.2.7.5　重组木

重组木是小径级劣质木材、间伐材和枝丫材经碾搓设备加工成纵向不断裂、横向松散而又交错相连的大束木材，再经干燥、铺装、施胶和热压（或模压）制成的。该产品机械加工性能良好，与天然木相比，几乎不弯曲、不开裂、不扭曲，其密度可人为控制，产品稳定性好。在加工过程中，它不存在天然木加工时的浪费和价值损失，可使木材综合利用率提高到85%以上。所用材料的成本低，且可做到小材大用、短材长用、劣材优用等。

（1）生产工艺流程 小径原木→剥皮→碾搓→干燥→施胶→干燥→成型→热压→锯截→精加工→表面装饰→成品。

重组木加工工艺的突出特点在于木材原料仅仅部分离解为相互不脱离的保持原有纤维排列方向的网状木束，每卷网状木束仍系由许多小纤维束组成。产品既保留了天然木材固有的结构特性，又免除了将大量杂乱无章的小单元重新排列固结的麻烦，使得干燥、施胶和铺装都简便。若干卷网状木束组合起来可获得大截面成材。

① 备料。可以采用成年材和制材边角料，但从加工方便以及经济效益和社会效益的角度看，速生丰产小径材更好，其中，直径在8～16cm的细长小径材最佳。

② 碾搓。碾搓的方式有碾压、锤打、冲轧等，其中，辊压法较为简单实用。碾搓工艺即将原料反复碾展开成帘片状的网状木束，并同时将节子等剔除，无切削运动。在组成网状木束的纤维束中观察不到木材的细胞结构有何损失或永久性压缩变形。

③ 干燥与施胶。木束干燥比成材干燥简单。施胶前浸泡石蜡乳化剂，以石蜡封闭网状木束中各纤维束的外表面，达到减少施胶量和提高产品耐潮性能的效果。木束施加石蜡乳化剂后再进行干燥。胶种的选择由胶黏剂的成本和产品要求具有的性能而定，普通耐水胶均可，施胶量为5%～12%，施胶量低的原因在于同样质量木束的表面积比刨花的表面积小。浸胶后的木束再进行干燥。

④ 成型和热压成型的方式。有连续成型和模压成型。热压可采用连续式压机或间歇式压机，采用高频加热的压机更好。若产品用作建筑结构材料，则采用高压；如用作吸声材料，则采用低压。根据产品用途的不同热压板可以是平板，亦可以设置各种凸缘，从而在产品上形成相应的凹坑，呈现不同模式的宏观蜂窝结构，凹空处纤维不是被割断而是被挤开，实体处得到加强，产品的比强度提高，在交变载荷作用下稳定性增强，热压工艺上的传热距离缩短，产品质量的均匀性可进一步提高。对于连续式压机，流水线上的导向板采用各种导向型模，则可生产出不同截面形状的产品。

⑤ 后期加工。包括裁截、精加工、涂饰、表面装饰等。由于采用碾搓工艺，出材率高，木材最终利用率可高达85%以上。

（2）重组木特性 重组木为结构用型材，产品比强度大。密度为0.65g/cm³的辐射松重组木的抗弯强度为同树种优质无缺陷成年材的60%～70%，密度加大，则强度提高，二者呈线性关系。若幼龄材原材料本身的强度为同树种成年材的50%～70%，只要加大重组木密度，其强度就可达到优质无缺陷成年材的100%或更高。

重组木的刚性和抗压性能以及粘接强度均高于建筑标准中规定的要求值，受拉和受压时木束破坏而粘接处不破坏，受剪切时无分层现象。经12个月以上的长期连续负载试验表明，其蠕变量及强度与天然优质木材相同。重组木露天暴露18个月后无受损迹象。重组木也和天然木材一样，其含水率要与周围环境保持平衡。温湿度条件改变时，其含水率的变异速度与天然木材相似，经长时间的浸泡或干燥，也会膨胀或收缩，膨胀率在5%～20%的范围内。与天然木材不同的是，重组木几乎不弯曲、不开裂、不扭曲，材质均匀、截面积大，其长度可按任意需要生产。

### 14.2.7.6 人造板二次加工

人造板二次加工是指对人造板的表面进行装饰加工处理的过程。加工处理后的产品称为人造板二次加工产品或饰面人造板。人造板二次加工中常用的胶黏剂为改性白乳胶、改性脲醛树脂胶、改性EVA乳液等。

人造板二次加工的方法归纳起来主要有三种：①贴面法：贴面材料主要有装饰单板（薄木）、高压三聚氰胺树脂装饰层积板（防火板）、低压三聚氰胺浸渍胶膜纸、预油漆纸、薄页纸、PVC 薄膜、软木、金属箔、纺织品等；②涂饰法：有涂饰、直接印刷、转移印刷等；③机械加工法：有模压、镂铣、激光雕刻、手工雕刻、打洞、开槽、刮刷等。以上三种加工方法可单独使用也可同时使用。通常人造板需先进行二次加工后再加工成各种下游产品，如家具、地板、木门等；也有一部分人造板直接加工成产品后，才进行油漆等二次加工。人造板经二次加工后，可提高表面装饰性；防止水分渗入板内引起变形、防止紫外线造成的老化；使表面具有耐磨、耐热、耐烫、耐划、耐污染等理化性能。

# 14.3　胶黏剂在家具制造中的应用

家具生产制造工艺较为繁杂，主要包括备料、机械加工、砂磨、贴面、组装、封边、扪布和涂装等工序（实木家具生产工艺流程图如图 14-20，贴面家具生产工艺流程图如图 14-21，沙发生产工艺流程图如图 14-22）。其中，备料、贴面、组装、封边、扪布和涂装工艺过程均涉及不同种类的胶黏剂的使用，并且不同用途的家具对胶黏剂的要求各不相同。

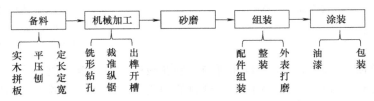

图 14-20　实木家具生产工艺流程图

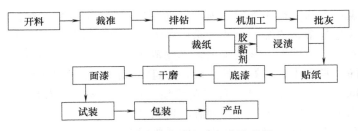

图 14-21　贴面家具生产工艺流程图

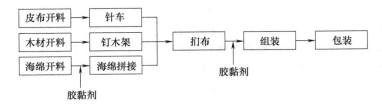

图 14-22　沙发生产工艺流程图

（1）方木胶合拼板　方木胶合拼板是家具生产制造的备料工艺中重要的用胶环节，可以充分提高木材的利用率，同时可降低家具制品的变形量，提高家具制品表面的平整度。方木胶合主要包括长度方向、宽度方向、厚度与长度方向的胶合和异型胶合等工艺。胶合方式如图 14-23。

（2）木制品贴面　木制品贴面是指通过胶黏剂的粘接作用将具有装饰作用的贴面材料连接在一起，如图14-24，不仅可以遮蔽基材表面的缺陷，改变材料表面的性能，而且可以使木制品具有耐磨、耐热、耐水、耐腐蚀和阻燃等特点。贴面工艺有助于提升木制品的质量和使用范围。根据贴面材料的不同，贴面装饰可以分为木-木复合（薄木贴面）、木-塑贴面（PVC薄膜贴面）和浸渍装饰纸贴面等。此外，家具封边也是木制品贴面工艺的一类。

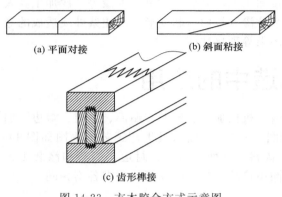

图 14-23　方木胶合方式示意图

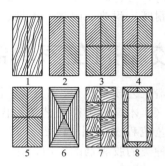

图 14-24　贴面拼花示意图

1—顺纹拼花；2—人字形拼花；3,4—菱形拼花；5—辐射拼花；
6—盒状拼花；7—席形拼花；8—框架拼花；9—圆形拼花

在普通胶合板、纤维板、指接板和可饰面刨花板的表面贴合一层由珍贵木材旋切而成的薄木，有效地提升了普通速生材和树木枝桠材的利用率，促进了资源综合利用，同时提升了木制品的品质。在薄木贴面工艺中最为常用的胶黏剂为脲醛树脂胶、聚醋酸乙烯酯胶以及二者的复配混合物。

随着家具外观设计的个性化程度加强，家具外观异型化要求越来越高，这使得家具表面涂饰覆膜工艺越来越复杂，传统的涂装技术已经无法满足个性化需要。近些年来出现的家具真空覆面装饰技术很好地满足了该项需求。真空覆面技术不需模具即可实现芯板表面特殊结构的成型，使饰面极具立体感，如浮雕一般，而且可以同时完成覆面和封边工艺，简化了家具加工工艺，降低了生产成本。家具真空覆膜使用的胶黏剂主要有聚氨酯胶黏剂、醋酸乙烯-丙烯酸共聚树脂胶、改性EVA乳液和脲醛树脂胶。

与实木相比较，刨花板、胶合板和中密度纤维板等人造板具有易于加工和使用率高等特点，所以人造板成了板式家具的主要原料。但是由于人造板自身结构特点决定了其切割后的侧面较为疏松，暴露在空气中，容易吸收空气中的水分，导致形变。解决这一问题的方法主要有涂饰、镶边、包边和封边等，其中以胶黏剂为纽带的封边法在现代板式家具中较为常见。目前，家具封边用胶主要包括聚酰胺热熔胶、EVA热熔胶、聚烯烃热熔胶和PUR热熔胶等，其中EVA热熔胶和PUR热熔胶最为普遍。

家具制造过程中拼板、组装、涂饰、包装等过程主要用胶列于表14-6中。

表 14-6　家具制造过程常用胶黏剂

| 应用类型 | 胶黏剂种类 |
| --- | --- |
| 实木拼板/指接 | 水性高分子-异氰酸酯胶黏剂、聚醋酸乙烯酯胶、醋酸乙烯-乙烯共聚乳液、热熔胶、粉状脲醛树脂胶、丙烯酸酯乳液、苯丙乳液、醋丙乳液、脲醛树脂胶、酚醛树脂胶 |
| 榫接加固 | 水性高分子-异氰酸酯胶黏剂、聚醋酸乙烯酯胶、醋酸乙烯-乙烯共聚乳液、热熔胶 |
| 封边、贴面 | 聚醋酸乙烯酯胶、醋酸乙烯-乙烯共聚乳液、热熔胶、三聚氰胺甲醛树脂胶、脲醛树脂胶 |
| 海绵复合/皮革包覆 | 醋酸乙烯-乙烯共聚乳液、氯丁胶 |

| 应用类型 | 胶黏剂种类 |
|---|---|
| 覆膜 | 脲醛树脂胶、聚醋酸乙烯酯乳液、丙烯酸酯乳液、蛋白质胶 |
| 真空吸塑 | 聚氨酯树脂胶、醋酸乙烯-乙烯共聚树脂胶 |
| 弯曲木 | 水性高分子-异氰酸酯胶黏剂、氯丁胶、酚醛树脂胶、聚醋酸乙烯酯胶、醋酸乙烯-乙烯共聚乳液 |
| 模压 | 脲醛树脂胶、酚醛树脂胶、三聚氰胺甲醛树脂胶 |
| 雕刻拼贴/压贴 | 压敏胶带、热熔胶、醋酸乙烯-乙烯共聚乳液 |

# 14.3.1　储存类家具中的应用

### 14.3.1.1　储存类家具结构特点

储存类家具又称作储藏类家具，是用于储存和整理存放生活所需器具、衣物、食物和书籍等物品的家具。根据结构不同可以分为柜、橱和架等。柜类主要包括衣柜、床头柜、壁柜、酒柜、菜柜、陈列柜和货柜等，如图 14-25 所示。橱类主要包括衣橱、壁橱、书橱、物品橱等。架类主要包括衣帽架、厨具架、陈列架、装饰架和屏风架等，如图 14-26 所示。

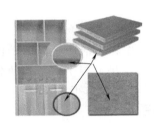

图 14-25　储柜类结构示意图

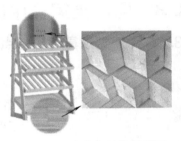

图 14-26　存货架结构示意图

### 14.3.1.2　加工过程

储存类家具是人们日常生活频繁接触的家具，所以设计加工过程除了要求储存空间合理分配、外形美观外，还必须注意人们的使用操作的舒适性。储存类家具的加工过程主要包括备料、成型加工、总装、涂饰和包装等。备料过程主要包括剖、刨、抛光和拼板等，其中拼板工艺中需要使用胶黏剂粘接技术；成型加工工艺包括曲面加工、镂雕加工、钻铣加工、封边加工等，其中曲面成型和封边加工需要使用到曲面胶和封边胶；总装工艺中胶黏剂在不拆卸和不常拆卸的部件之间使用，起到固定作用，赋予家具更高的尺寸稳定性。

### 14.3.1.3　主要胶种

储存类家具主要使用的胶黏剂种类包括白乳胶、乙烯-醋酸乙烯酯共聚乳液、热熔胶、脲醛树脂胶和大豆蛋白胶等。

# 14.3.2　支撑类家具中的应用

### 14.3.2.1　支撑类家具结构特点

支撑类家具主要是指支撑人体，为人们提供放松休息的家具，可分为坐具类家具和卧具类家具，如椅子、凳子、沙发、床和榻等，如图 14-27、图 14-28 所示。

### 14.3.2.2　加工过程

支撑类家具是人们日常生活中接触时间最长的家具，可以为人们工作和休息提供方便，所以支撑类家具的设计和加工过程必须考虑到人们使用过程的舒适性和安全性。支撑类家具

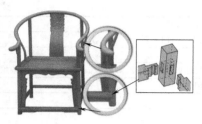

图 14-27　圈椅结构示意图

图 14-28　沙发结构示意图

的加工过程包括剖、刨、拼板、抛光、曲面加工、镂雕加工、钻铣加工和封边加工等。

### 14.3.2.3　主要胶种

支撑类家具主要使用的胶黏剂种类包括白乳胶、乙烯-醋酸乙烯酯共聚乳液、热熔胶、脲醛树脂胶、大豆蛋白胶和聚氨酯热熔胶等。

## 14.3.3　凭倚类家具中的应用

### 14.3.3.1　凭倚类家具结构特点

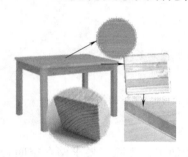

图 14-29　木桌结构示意图

凭倚类家具是人们工作和生活所必需的辅助性家具。根据用途不同，可以分为餐桌、写字台、梳妆台、茶几、售货台和操作台等，如图 14-29 所示。

### 14.3.3.2　加工过程

凭倚类家具是适应人们在坐、立状态下，进行各种操作活动时，获得相应的舒适性的辅助工具，因此凭倚类家具设计加工过程应该充分考虑人们坐、立时的高度及工作所需台面幅度。

### 14.3.3.3　主要胶种

凭倚类家具主要使用的胶黏剂种类包括白乳胶、乙烯-醋酸乙烯酯共聚乳液、热熔胶、脲醛树脂胶、大豆蛋白胶和聚氨酯热熔胶等。

## 14.3.4　其他类家具中的应用

### 14.3.4.1　其他类家具结构特点

门是指建筑物的出入口或安装在出入口能开关的装置，门是分割有限空间的一种实体，门可以分为实木板门、镶边板加饰条及饰板门、中纤板贴面芯板门等。

通常窗类由窗框、玻璃和活动构件（铰链、执手、滑轮等）三部分组成。窗框是提供支撑的主结构，可以是木材、金属、陶瓷或塑料材料；透光部分目前主要以玻璃材料作为基体加工；活动构件主要以金属或塑料为材料加工而成。

### 14.3.4.2　加工过程

门窗的主要加工过程包括配料、锯料、刨料、划线、裁板、打眼开榫、开槽起线、砂光、组装、白坯检查、刷底漆、打磨、喷面漆、油漆检查、安装和密封等。

### 14.3.4.3　主要胶种

门窗生产过程中主要使用的胶黏剂种类包括白乳胶、乙烯-醋酸乙烯酯共聚乳液、热熔胶、脲醛树脂胶、异氰酸酯胶和聚氨酯热熔胶等。此外，聚硅氧烷密封胶在门窗的安装和密封过程中起到关键作用。木门用胶点示意图如图 14-30 所示。

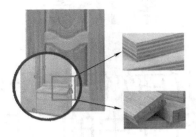

图 14-30　木门用胶点示意图

## 参 考 文 献

[1]　余先纯，孙德林，李湘苏．木材胶黏剂与胶合技术．北京：中国轻工业出版社，2011.
[2]　贾娜．木材制品加工技术．北京：化学工业出版社，2015.
[3]　梅长彤．刨花板制造学．北京：中国林业出版社，2012.
[4]　高振忠．木质地板生产与使用．北京：化学工业出版社，2004.
[5]　韩健．人造板表面装饰工艺学．北京：中国林业出版社，2014.
[6]　张洋．纤维板制造学．北京：中国林业出版社，2012.
[7]　唐星华．木材用胶黏剂．北京：化学工业出版社，2002.
[8]　李晓平．木材胶黏剂实用技术．哈尔滨：东北林业大学出版社，2003.
[9]　储富祥，王春鹏．新型木材胶黏剂．北京：化学工业出版社，2017.
[10]　王春鹏，储富祥，陈家宝，等．CN 201711094395. 6. 2017-11-03.
[11]　范铂．耐水性大豆蛋白木材胶黏剂用功能改性剂的制备与表征．哈尔滨：东北林业大学，2016.
[12]　中国林产工业协会，国家林业局林产工业规划设计院．中国人造板产业报告，2018.
[13]　张於倩．新编林业概论．北京：中国林业出版社，2015.
[14]　周晓燕．胶合板制造学．北京：中国林业出版社，2012.
[15]　赵仁杰，喻云水．木质材料学．北京：中国林业出版社，2003.
[16]　中国林学会．细木工板．北京：中国林业出版社，1984.
[17]　周定国．人造板工艺学．北京：中国林业出版社，2011.
[18]　周麒，朱力，邓晓姣．家具设计．武汉：华中科技大学出版社，2016.
[19]　吕军，王秀林．家具制作．郑州：大象出版社，2010.
[20]　吴智慧．木质家具制造工艺学．北京：中国林业出版社，2004.
[21]　吴智慧，徐伟编著．软体家具制造工艺．北京：中国林业出版社，2008.
[22]　刘晓红．家具涂料与实用涂装技术．北京：中国轻工业出版社，2013.
[23]　张屹．家具制造业工艺技术实务大全．北京：经济管理出版社，2005.
[24]　邓背阶，陶涛，王双科．家具制造工艺．北京：化学工业出版社，2006.
[25]　谭健民，张亚池．家具制造实用手册：工艺技术．北京：人民邮电出版社，2006.
[26]　赵临五，王春鹏．脲醛树脂胶黏剂 制备、配方、分析与应用．北京：化学工业出版社，2005.
[27]　王永广．软体家具制造技术及应用．北京：高等教育出版社，2010.
[28]　朱毅．家具表面装饰．北京：中国林业出版社，2012.
[29]　朱毅，孙建平．木质家具贴面与特种装饰技术．北京：化学工业出版社，2011.

（王春鹏 高士帅 马玉峰 韩雁明 编写）

# 第15章

# 胶黏剂在软包装及纸制品行业中的应用

## 15.1 胶黏剂在软包装行业中的应用

### 15.1.1 软包装的概念及分类

包装从广义上讲是指一切进入流通领域的拥有商业价值的产品的外部形式。从狭义上讲，按照标准 GB/T 4122.1—2008 中规定，包装的定义是："为在流通过程中保护产品、方便贮运、促进销售，按一定技术方法而采用的容器、材料及辅助物等的总体名称。也指为了达到上述目的而采用容器、材料和辅助物的过程中施加一定技术方法等的操作活动。"包装功能和作用为其核心内容，一般有两重含义：一是关于盛装商品的容器、材料及辅助物品，即包装物；二是关于实施盛装和封缄、包扎等的技术活动。包装是现代社会的特征之一，当今社会中任何产品、任何商品都需要经过包装后才能实现流通，可以说没有包装就没有现代的生活方式。几乎所有的行业，比如食品、工业、化工、电子、军工、医药、机器人、VR（虚拟现实）等涉及人类生活的方方面面，包装都是不可或缺的重要的组成部分。

距离人们日常生活最近的一类包装就是软包装，所谓软包装是指在充填或取出内装物后，容器形状可发生变化的包装。用纸、铝箔、纤维、塑料薄膜以及它们的复合物所制成的各种袋、盒、套、包封等。复合软包装材料，就是把两种以上不同性质的材料，采用涂覆、热压、粘接等方式复合形成能充分发挥各组分材优的新型高性能包装材料。

软包装在某些领域可代替传统的玻璃瓶和金属罐包装。目前主要包括食品、饮料、医药、化妆品等产品包装，如方便面、饮料、香肠等的包装。与其他包装材料相比，复合软包装特点有：①保护功能强；②质量轻，柔软；③包装中空余容积少；④外形多样；⑤有良好的尺寸稳定性，适用商品范围大；⑥材料来源广；⑦使用方便；⑧流通运输成本低；⑨适合机械加工等。

复合制成的包装材料按照不同的复合工艺、所用的材料、需要实现的不同需求等方面分类如下：

（1）按复合工艺分类 ①干式涂布有机溶剂胶黏剂复合软包材；②湿式涂布无机胶黏剂复合软包材；③挤出膜积层复合软包材；④多层共挤（经两台以上挤出头）复合软包材；⑤热熔剂涂布复合软包材；⑥无溶剂（即固体胶黏剂）复合软包材等。

（2）按复合功用分类 ①增强型复合包装；②高阻渗型（阻气、阻水、阻油）复合包装；③防腐型（防蚀防锈）复合包装；④防电磁场干扰复合包装；⑤抗静电复合包装；⑥生物复合包装（果品催熟、鱼类保活、防虫、防霉）；⑦保鲜复合包装（果蔬和肉制品）；⑧烹调用复合包装（如蒸煮、微波烘烤等）。

（3）按复合材质分类　用作软包装复合的基材主要是塑料薄膜，其次是纸、金属箔材和复合材料。用它们可制造下列各类复合包装材料：①纸与纸；②纸与金属箔；③纸与塑料膜；④塑料膜与塑料膜；⑤塑料膜与金属箔；⑥塑料膜与金属膜；⑦塑料膜与基体材料等。

国内软包装行业的进步极大地促进了食品、日化等行业的发展，这些行业的发展反过来又进一步拉动了对软包装市场的需求，使软包装行业获得了巨大的市场动力。随着功能性软包装材料的发展和加工技术的不断提高，软包装在许多领域正扮演着越来越重要的角色。

## 15.1.2　软包装行业发展及对胶黏剂的要求

包装的历史非常悠久，我们的祖先很早就会利用自然界的树叶、竹筒、动物皮毛等来包装食品或其他物品。软包装是包装史上的一朵璀璨的花朵，具有明显的经济优势、绚丽的外观，并能显著延长食品的保质期。在 20 世纪 50 年代，各种薄膜基材被不断地开发出来，随着塑料加工技术的不断进步，各种蒸镀、涂布技术的发展，使得薄膜的功能性更丰富，外观可以随心所欲地调换。另外，干式复合、挤出复合、无溶剂复合、湿式复合、涂布复合等新工艺不断呈现，使得软包装制品功能更强，能满足各个领域的使用需求。据包装行业数据统计，我国自 20 世纪 70 年代后，软包装行业的年复合增长速度达到 15％以上，居包装印刷业之首。

据统计，截至 2018 年，全国约有 8000 家软包装企业，印刷机、干式复合机各 10000 多台，无溶剂复合机超过 2000 台，每年使用油墨、复膜胶、溶剂等原材总量超过百万吨。从地域分布来看，呈现南强北弱的态势，其中南方软包装基地主要包括以下三个地域：广东潮汕地区、江苏苏南地区、浙江温州苍南县；北方主要的软包装基地集中在河北的沧州、雄县等地，随着雄安新区的规划，雄县软包企业大部分要么倒闭，要么转移到沧州、内蒙古等地。

目前，软包装行业复合用胶黏剂主要有无溶剂型胶黏剂、水性胶黏剂和溶剂型胶黏剂 3 大类。水性胶黏剂主要成分是聚丙烯酸及其酯类，无溶剂和溶剂型复膜胶主要成分是聚氨酯，其中溶剂型聚氨酯复膜胶主要溶剂为乙酸乙酯。

欧美发达国家非常注重环保，软包装复合生产中使用的主要是无溶剂型胶黏剂和水性胶黏剂。亚非大多数国家的软包装生产企业仍以溶剂型胶黏剂为主，如软包装行业比较发达的日本，溶剂型胶黏剂占有 90％以上的市场份额。随着环保压力的增大，目前我国软包装市场中无溶剂型胶黏剂的使用比例越来越大，国内包装龙头，比如阿姆科、黄山永新、顶正集团、箭牌等均有多台无溶剂复合设备，另外有条件的个体彩印企业也都在近 5 年内相继采购了一台或多台无溶剂复合设备。在不久的将来，无溶剂胶黏剂替代溶剂型胶黏剂将会是一个不可更改的趋势。

## 15.1.3　软包装常用结构及使用的胶黏剂种类

### 15.1.3.1　塑-塑结构

塑-塑结构是软包装普通包装用到的最多的结构，日常生活中常见的软包装用塑料薄膜主要有以下品种：聚乙烯薄膜 PE、只可用于内层作为热封层的流延型聚丙烯薄膜 CPP、双向拉伸聚丙烯 BOPP、聚对苯二甲酸乙二醇酯薄膜 PET、可作为外层印刷层和耐热层的聚酰胺薄膜 PA。图 15-1 是 PET 复合 CPP 的简单塑-塑结构复合薄膜。

除了上述常见的塑料薄膜外，以下薄膜也可用于特殊用途的包装，比如聚氯乙烯薄膜、聚苯乙烯薄膜、纤维素薄膜；高性能的薄膜如聚酰亚胺薄膜、聚碳酸酯薄膜、聚氨酯薄膜、甲基丙烯酸甲酯薄膜、聚乙烯醇缩丁醛薄膜、聚对苯二甲酸丁二醇酯薄膜、聚丙烯腈薄膜；高阻隔薄膜比如聚偏二氯乙烯薄膜、乙烯-乙烯醇薄膜、尼龙 MXD6 薄膜等。

### 15.1.3.2 铝-塑结构

铝-塑复合膜，顾名思义就是将塑料膜和铝箔（常见厚度 $6\sim7\mu m$）用胶黏剂粘贴到一起形成的具有高阻隔性能的复合膜，参考图 15-2。铝箔是用高纯度的铝经过多次压延后形成的极薄形式的薄片，是优良的导热体和遮光体，包装用铝箔的纯度在 99.5% 以上。

图 15-1  PET 复合 CPP 的简单塑-
塑结构复合薄膜

图 15-2  铝-塑复合袋 PET/AL/RCPP

铝-塑复合膜具有机械强度好、质量轻、无热粘接性、具有金属光泽、遮光性好、对光有较强的反射能力、不易被腐蚀、阻隔性好、防潮防水、气密性强、具有保香性等优点，多用于药用包装基材、高温蒸煮食品包装、阻隔性包装（香精、香料）和电磁屏蔽包装等。

下面重点介绍一类技术含量较高的软包装电池用的铝-塑复合膜。液态软包装锂离子电池采用同聚合物锂离子电池相类似的铝塑复合膜作为电池的外壳。这种铝-塑复合膜大致可以分为三层：内层为粘接层，多采用聚乙烯或聚丙烯材料，起封口粘接作用；中间层为铝箔，能够防止电池外部水汽的渗入，同时防止内部电解液的渗出；外层为保护层，多采用高熔点的聚酯或尼龙材料，有很强的机械性能，起保护电池的作用。

液态软包装锂离子电池对铝-塑复合膜的一般要求有以下几点：

① 复合膜内层热封性能良好，有足够的剥离强度，而且热封接缝处耐电解液的浸泡能力良好。一般要求封口强度大于 40N/15mm，热封温度应不高于 150℃。

② 铝-塑复合膜的内层材料既不能被电解液所溶解，又不能与电解液起溶胀作用。

③ 具有极高的阻水阻氧性能，液态软包装锂离子电池要求铝-塑复合膜的阻隔性（如水分、氧气）比普通铝-塑复合膜的阻隔性高 10000 倍。

④ 具有高的柔韧性、机械强度及延展性，方便液态软包装锂离子电池的生产和装配。

### 15.1.3.3 塑-镀铝结构

镀铝膜是通过真空镀铝工艺将高纯度的铝丝在高温（1100～1200℃）下蒸发成气态，之后塑料薄膜经过真空蒸发室时，气态的铝分子沉淀到塑料薄膜表面而形成的具有光亮金属色彩的薄膜，镀铝层的厚度一般为 350～400nm。

目前应用最多的镀铝薄膜主要有聚酯镀铝膜（VMPET）和 CPP 镀铝膜（VMCPP）。薄膜表面镀铝的作用是遮光、防紫外线照射，既延长了内容物的保质期，又提高了薄膜的亮度，从一定程度上代替了铝箔，也具有价廉、美观及较好的阻隔性能，因此，镀铝膜在复合包装中的应用十分广泛，目前主要应用于饼干等干燥、膨化食品包装以及一些医药、化妆品的外包装上。

与铝箔相比，镀铝膜（见图15-3）大大降低了复合膜的成本，镀铝膜具有以下优势：

① 大大减少了用铝量，节省了能源和材料，降低了成本，复合用铝箔厚度多为 $6\sim7\mu m$，而镀铝薄膜的铝层厚度约为 $0.35\sim0.40\mu m$，其耗铝量约为铝箔的 $1/140\sim1/180$，且生产速度可高达 $450m/min$。

② 具有优良的耐折性和良好的韧性，很少出现针孔和裂口，无揉曲龟裂现象，因此对气体、水蒸气、气味、光线等的阻隔性提高。

③ 具有极佳的金属光泽，光反射率可达 97%，且可以通过涂料处理形成彩色膜，其装潢效果是铝箔所不及的。

④ 可采用遮蔽式工艺进行部分镀铝，以获得任意图案或透明窗口，能看到内装物。

⑤ 镀铝层导电性能好，能消除静电效应。

⑥ 封口性能好，尤其包装粉末状产品时，不会污染封口部分，保证了包装的密封性能。

图 15-3　铝-塑复合袋
OPP/VMPET/PE
（OPP—邻苯基苯酚）

⑦ 对印刷、复合等后加工具有良好的适应性。

由于以上特点，使镀铝薄膜成为一种性能优良、经济美观的新型复合薄膜，在许多方面已取代了铝箔复合材料。主要用于风味食品、农产品的真空包装，以及药品、化妆品、香烟的包装。另外，镀铝薄膜也大量用作印刷中的烫金材料和商标标签材料等。

### 15.1.3.4　多层共挤结构

共挤膜的所有层都是在同一时间一齐挤出成型的，因此不会有铝箔、纸等其他非塑料材料。其产品材料的组合形式相对较少，适用范围也较小，但由于层与层之间是靠热熔结合而无需胶黏剂，因此食品包装共挤膜的卫生安全性要相对可靠。软包装应用的材料中，常有三层、五层、七层、九层、十一层的共挤薄膜。

七层共挤薄膜比较常见，例如 EVOH/PA/PE（PP）高阻隔七层共挤膜，对于高阻隔性薄膜来说，EVOH（乙烯/乙烯醇共聚物）经常被用来作为阻隔层，以取代尼龙。尽管 EVOH 在干燥时有着优良的氧阻隔性能，由于 EVOH 树脂的分子结构中存在着羟基，具有亲水性和吸湿性，当吸附湿气后，气体的阻隔性能会受到影响。在相对湿度小于 20% 时，水分子难以与 EVOH 中的羟基发生作用，吸湿量较小；但在相对湿度大于 30% 时，水分子与 EVOH 中的羟基发生作用，吸湿量加大。为防止这一点，可采用多层结构，如将 EVOH 共挤吹塑夹在五层结构中的两个 PE 层间来防潮是常见的。如图15-4，在七层结构中，聚烯烃等耐湿性树脂把 EVOH 树脂层包在中间，即可得到理想的包装材料，这大大改善了整体的阻氧性，并使七层结构不易受潮湿所影响。

图 15-4　多层共挤薄膜

一般应用于真空食品包装：如大米、肉类制品、鱼干、水产品制品、腊味、烤鸭、烧鸡、烤猪、速冻食品、火腿、腌肉制品、香肠、熟肉制品、酱菜、豆沙、调料等的保香、保质、保味、保色；工业产品：如焊接材料、电子产品、电路板、精密机械配件等的防氧化、防腐蚀。

电子产品包装的十一层共挤流延膜结构为 PA/TIE/PP/TIE/PA/EVOH/PA/TIE/PE/PE/PE，具有高度的氧气阻隔性、优异的热封性能、良好的水蒸气阻隔性能、高光泽、透明、可印刷性等优点。

### 15.1.3.5　纸-塑结构

所谓纸-塑复合就是将纸张与塑料薄膜粘贴在一起，形成有质感、美观实用的包装，见图 15-5。纸-塑复合以其包装的完美度、视觉冲击感及绿色环保等特点，近几年发展迅猛。某些干果、速食、药品等的包装都含有纸结构。这些包装设计独特新颖，也为品牌商带来了不凡的业绩成果。

图 15-5　纸-塑复合制品

目前市场上纸-塑结构产品形式多样，一般分为：OPP/PAP、PET/PAP、PAP/CPP（氯化聚丙烯）(PE)、PAP/Al 等；从纸品类分，有铜版纸（单铜、双铜）、白色牛皮纸、黄色牛皮纸、双胶纸、书写纸、轻涂纸、珠光纸等。塑-塑复合和纸-塑复合有以下区别，见表 15-1。

表 15-1　塑-塑与纸-塑复合主要差异

| 特征项目 | 塑-塑复合 | 纸-塑复合 |
|---|---|---|
| 胶黏剂类型 | 双组分胶黏剂 | 多数情况,单组分胶黏剂<br>少数情况,双组分胶黏剂 |
| 涂布辊和复合辊温度/℃ | 35～50 | 70～100 |
| 喷雾装置 | 无 | 有喷雾,或者整体车间加湿 |
| 冷却钢辊 | 可有可无 | 有 |
| 二放张力控制方式 | 浮动辊式 | 微位移式(load-cell) |
| 最大张力/kg | 30～40 | 40～100 |
| 最大卷径/mm | 800～1000 | 1000～1500 |
| 上胶量/(g/m²) | 1.0～2.0 | 2.0～5.0 |
| 运行速度/(m/min) | 250～600 | 150～300 |
| 混胶机/供胶机 | 混胶机 | 供胶机或混胶机 |
| 胶雾状况和处理 | 相对胶少,处理简单 | 比较严重,处理较难 |
| 对环境的要求 | 对湿度不敏感 | 对湿度敏感 |

### 15.1.3.6　纸-塑-铝结构

纸-塑-铝复合包装材料是以食品专用纸板作为基料的包装系统，是由聚乙烯、纸、铝箔等复合而成的纸质包装。是一种高技术的食品保存方法，被包装的液体食品在包装前经过短时间的灭菌，然后在无菌条件下对内容物、包装物、包装辅助器材等，在无菌的环境中进行充填和封合。

市场上常见的纸-塑-铝复合无菌包装材料主要有 4 种原材料：纸板、聚乙烯（外层用聚酯或尼龙薄膜）、铝箔和油墨。纸板不直接接触包装内容物，但其是包装的重要构成部分，占整个包装质量的 75% 左右，主要作用是加强包装成型后的挺度和硬度；聚乙烯无菌包装中食品级的聚乙烯，质量占整个包装的 20% 左右，主要作用是阻隔液体渗漏和微生物侵袭；铝箔无菌包装中铝箔的质量只占整个包装的 5% 左右，主要作用是避光和阻气，保持内容物不被氧化，减少营养损失，保持口味新鲜；油墨在无菌包装中的质量微乎其微，但是对卫生安全却非常重要，市场上乳品和饮料包装（见图 15-6）印刷用油墨主要是溶剂性油墨和水性油墨。

图 15-6 纸-塑-铝复合制品

## 15.1.4 软包装行业用胶黏剂典型指标及作用机理

### 15.1.4.1 溶剂型胶黏剂

溶剂型软包装用胶黏剂主要有双组分聚酯型、双组分聚醚型、双组分聚氨酯等。其中酯溶性双组分聚氨酯胶黏剂由于性能优异、使用方便、安全环保等因素，占复合软包装胶黏剂的 80% 以上。

溶剂型双组分聚氨酯胶黏剂是指在分子链中含有氨酯键（—NHCOO—）和异氰酸酯基（—NCO）的胶黏剂，由含活泼氢的多元醇和异氰酸酯经过加成聚合反应得到。

多元醇和异氰酸酯反应得到的含有端羟基的预聚体，一般称为 A 组分或主剂；得到的含有端异氰酸酯基的预聚体，一般称为 B 组分或固化剂。当主剂与固化剂混合时，发生交联反应形成网状结构。—NCO 有很高的化学反应活泼性，与多种基材都能形成良好的粘接。

软包装用聚氨酯胶黏剂常用的多元醇有聚酯、聚醚、聚烯烃等多元醇；常用的二异氰酸酯有芳香族和脂肪族等类型。一般说来，聚酯型聚氨酯胶黏剂比聚醚型产品具有更高的机械强度和性能。原因是酯基（—COO—）极性大，内聚能是醚基（—C—O—C—）的三倍，分子间作用力大，内聚强度大，表现为机械强度高。由于酯键的极性大，聚酯型胶黏剂与极性基材的粘接性比聚醚型胶黏剂要好，耐热性也好；聚醚型胶黏剂则由于醚键易旋转，固化物更柔软，有优良的耐低温性和耐水解性。聚烯烃型聚氨酯胶黏剂具有耐低温、耐水解、耐紫外线老化和对非极性材料粘接效果好等优点。此外根据用途不同，聚氨酯胶黏剂中还可以加入其他树脂进行掺混，同时具备多种胶黏剂的优点。

溶剂型聚氨酯胶黏剂根据所用胶黏剂分子是否含有苯环结构，还分为脂肪族聚氨酯胶黏剂和芳香族聚氨酯胶黏剂；根据黏度的不同分为高黏度聚氨酯胶黏剂和低黏度聚氨酯胶黏剂；根据固化速度的不同分为快速固化聚氨酯胶黏剂和正常固化聚氨酯胶黏剂，等等。

溶剂型聚氨酯胶黏剂根据包装用途不同，可分为不蒸不煮胶黏剂、干轻包装用胶黏剂、水煮包装胶黏剂、高温蒸煮胶黏剂和特种包装胶黏剂。

干轻包装用胶黏剂是指不需要经过高温杀菌的软包装制品所用的胶黏剂，比如用于方便面、饼干、膨化食品、干果、面包等食品的包装所用的胶黏剂；另外一些没有腐蚀性的日常生活用品，比如洗衣粉、服装包装、日常用品包装等所用的胶黏剂均使用普通干轻包装用胶黏剂。水煮包装用胶黏剂，顾名思义是能够耐 100℃ 水煮或巴氏杀菌的胶黏剂。高温蒸煮胶黏剂可分为耐 110℃、60min 高温蒸煮、耐 121℃、40min 高温蒸煮和耐 135℃、30min 高温蒸煮。不同种类的食品包装，或者保质期要求不用的食品的包装所采用的高温灭菌方式都会有差异。比如大家常吃的榨菜，就需要 100℃、60min 水煮杀菌；超市中常见的肉类比如无穷辣小翅、鸡腿、鸭脖等食品包装的杀菌，一般采用 121℃、40min 蒸煮杀菌；熟板栗、东南亚等国的盒饭包装一般采用 135℃ 高温蒸煮杀菌。

特种包装胶黏剂由于其在耐温性、耐介质性、特殊使用环境等方面的差异，具有较高的技术壁垒。功能型复膜胶指具有特殊功能（耐高温、耐介质、特殊内容物、耐特殊膜材等）的复膜胶，市场上现有的功能胶包括以下几类：①铝箔专用复膜胶；②铝-塑型半高温蒸煮复膜胶，可以满足铝箔-塑料复合 121℃、40min 的杀菌要求；③铝-塑型高温蒸煮复膜胶，可以满足塑-塑及铝箔-塑料复合 135℃、40min 的杀菌要求；④抗介质复膜胶，可以满足内容物含有辣椒油、呋喃酮、乙基麦芽酚等腐蚀性物质的食品包装要求，还包括满足甲苯、甲醇、DMF 等溶剂的农药包装要求；⑤耐酸碱复膜胶，可以满足一些具有有机酸碱内容物的包装，包括一些工业品、化妆品、果汁饮料等的包装要求；⑥镀铝膜专用复膜胶，镀铝膜复合后易发生转移，造成无粘接强度，镀铝膜专用复膜胶可以部分地解决镀铝转移问题；⑦镀铝膜水煮专用复膜胶，使用通用型复膜胶复合带有底涂处理的镀铝膜不能满足水煮要求，镀铝膜水煮专用复膜胶可以满足水煮要求。下面重点介绍三类功能胶：

（1）耐高温蒸煮复膜胶　高温蒸煮是指在 121～145℃高温和 0.18～0.40MPa 蒸汽压力下进行食品杀菌的加工工艺。它由美国陆军 Natick 研究所最先开发成功，1969 年成功应用于阿波罗宇航工程，同年日本东洋制罐公司也将其投放市场。

蒸煮袋按消毒等级分成三档：①121℃、30min 中温蒸煮袋；②135℃、30min 高温蒸煮包装；③145℃超高温蒸煮，一般 2～3min，最多 3～5min，就足以把最耐热的有害菌种消灭干净。

（2）耐蒸煮、耐辛辣双重需求复膜胶　耐高温蒸煮袋除了复膜胶要耐高温外，随着食品工业的发展，特殊内容物对复膜胶的要求越来越高。辣榨菜、辣鸭头、辣鸡翅、辣鱿鱼丝等辛辣食品包装或含有乙基麦芽酚等增香剂的食品包装在高温杀菌放置一段时间后就会分层破坏，故同时具有耐介质和耐蒸煮的复膜胶需求越来越多。目前对于该类胶黏剂的需求主要集中在广东、湖南、四川、华中等地，尤其以广东和湖南较为集中。

（3）耐溶剂（农药）型复膜胶　随着复合软包装材料应用范围的日益扩大，它不仅用在食品药品的包装方面，还用在日用品、化妆品、洗涤用品、卫生用品、农药和某些化学药品的包装方面，所以对功能性的要求更迫切了。

是否具备开发具有抗酸、碱、辣、咸、油的功能，以及具备抗苯、甲苯、二甲苯、酯、烃、酒、表面活性剂、含量小于 15% 的 DMF（N,N-二甲基甲酰胺）有机溶剂混合液、乳油型农药等腐蚀功能的胶黏剂的能力，是目前国内复膜胶企业体现技术实力的标志。尤其是乳油型液体农药因含有毒性较大且腐蚀性较强的甲苯、二甲苯等有机溶剂，其软包装材料应具备较强的耐腐蚀性能和阻隔性能。目前国内市场上液体农药软包装常用的材料主要有 PET/Al/CPP（或 PE）复合膜，PET/VMPET/CPP（或 PE）复合膜，含 PA 或 EVOH 的 PP、PE 多层共挤膜，PET/PVDC（聚偏氯乙烯）（或 EVOH）/CPP（或 PE）透明复合膜等。

农药本身分子量较大，渗透性和腐蚀性不强，主要是甲苯、甲醇、DMF 等溶剂的溶解、穿透及强腐蚀性造成胶层破坏，从而导致包装破裂。DMF 是最具破坏性的溶剂，其次是甲醇、甲苯、环己酮等。一般农药袋包装农药中 DMF 含量最高为 15%，行业最高为 20%，高甲醇含量的农药也较多，因为甲醇的价格低、溶解性强。

乳油农药包装对复合胶的要求高，满足要求的有上海烈银的产品 LY50A/B 和 LY65A/B、汉高的 UK3640/6800 及三井产品 PP5430/I3000。虽然烈银产品性能要差一些，但由于汉高和三井的产品售价太高（70 元/kg 以上）而转用烈银的产品 LY50A/B（售价在 40 元/kg 左右）。目前万华开发的耐溶剂型功能胶经过多家客户评测后，性能与三井产品性能基本相当。

目前发达国家的人均软包装需求量大约为中国的 4 倍，说明中国的软包装需求量还有很大的发展空间，尤其随着中国网购消费的指数型快速发展，对于各类包装的需求越来越大。随着国内生活水平日益提高、城市化进程的加速，对辛辣的蒸煮型肉类食品包装袋的需求有较大的提升，故耐辛辣蒸煮型复膜胶需求会迅速提升；乳油型农药胶黏剂的需求随着环保要求的日趋严格，可能会越来越少；但是在工业包装领域，比如耐酒精、耐弱酸弱碱、耐锂电池电解液等的包装需求则会越来越多。

### 15.1.4.2　水性胶黏剂

软包装方面使用的水性胶黏剂，则主要是以聚氨酯和聚丙烯酸酯为主要成分的、以水为分散介质的胶黏剂，即水性聚氨酯胶和水性聚丙烯酸酯乳液，它们具有良好的耐热、耐介质性能，与绝大多数复合基材有良好的亲和力，粘接力强，适应面广，是性能比较优良的水性胶黏剂。复合软包装用聚氨酯类水性胶和聚丙烯酸酯类水性胶，均属于精细化工产品，生产工艺复杂，技术含量高，不同厂商的产品性能往往差异较大，因此在选用这类胶黏剂时，一定要根据复合产品的具体要求，通过与胶黏剂供应商的沟通、对相关资料进行认真的分析研究，筛选出适合自己的品种。

水性聚氨酯复合薄膜用胶黏剂是以水代替了醋酸乙酯或乙醇作为介质。水性聚氨酯胶黏剂表现出许多明显的优势：首先，水性聚氨酯胶黏剂乳液体系，其黏度不随聚合物分子量改变而有明显的差异，可使高聚物高分子量化、高固含量化以提高其内聚强度；其次，水性聚氨酯胶黏剂不易燃、环保适应性好，使用过程中，设备容易清洗，但考虑到完全环保的要求，需要对该胶生产中添加的封端剂、乳化剂、稳定剂、pH调节剂和抗寒防冻剂等进行筛选与控制，避免这些助剂带来弊端。同时，水性胶黏剂也存在一些其他比较明显的不足之处，如水的挥发较慢，烘干需要提高烘道温度、加长烘道，耗能较大；初黏性较溶剂型胶黏剂差；价格相对较高；对塑料薄膜的润湿性差；会使铁质设备部件造成锈蚀等。

另外从化学反应机理和物性指标上，水性聚氨酯胶黏剂有如下特点：

① 大多数水性聚氨酯胶黏剂中不含—NCO基团，主要是靠分子内极性基团产生内聚力和黏附力进行固化。而溶剂型或无溶剂单组分及双组分聚氨酯胶黏剂则是利用—NCO与羟基的反应增强粘接性能。

② 黏度是胶黏剂使用性能的一个重要参数。水性聚氨酯的黏度一般通过水溶性增稠剂来调整。而溶剂型胶黏剂可通过提高固含量、聚氨酯的分子量或选择适宜溶剂来调整。

③ 由于水的挥发性比有机溶剂差，故水性聚氨酯胶黏剂干燥较慢，并且由于水的表面张力大，对疏水性基材表面的润湿能力差。另外胶膜干燥后交联程度差，因此耐水性尤其是耐高温水煮性能不佳。

④ 水性聚氨酯气味小，操作方便，残胶易清理，而溶剂型聚氨酯使用中还需耗用大量溶剂，清理也不及水性胶方便。

⑤ 水性聚氨酯的改性方法主要分为交联改性、共混改性、共聚改性和助剂改性。目前应用最多的是聚氨酯/聚丙烯酸酯（PUA）改性复合乳液的研究。丙烯酸酯具有优异的耐光性、户外暴晒耐久性，即耐紫外光照射，不易分解变黄，能持久保持原有的色泽和光泽，有较好的耐酸碱盐腐蚀性、极好的柔韧性。但存在硬度大、不耐溶剂等缺点。若用丙烯酸酯对水性聚氨酯改性，既能把二者的优点结合起来，又能克服彼此的缺点，从而制备出高性能的水性聚氨酯胶黏剂，可大大拓宽其应用范围。

近年来国内，高盟新材、欧美化学、隆宏、德仓化工等公司已先后开发了干法复合用水性胶黏剂并投放市场，包括水性聚氨酯类、改性丙烯酯类复合胶黏剂两大类。改性丙烯酯类复合产品的层间剥离强度较低，主要用于轻包装用软包装材料的生产；水性聚氨酯类复合产品的层间剥离强度较高，可用于要求粘接牢度高的复合软包装材料的生产。

水性复合胶黏剂主要是靠分子内极性基团产生内聚力进行固化的，而酯溶剂型双组分聚氨酯胶黏剂则用—NCO的反应在固化过程中增强粘接性能，因此水性复合软包装材料用胶黏剂，复合后有较高的初始剥离强度，不需熟化即可分切制袋。

水性复合胶黏剂使用过程中需要注意的若干问题具有一定的普遍性，简介如下。

(1) 上胶辊（网线辊）与上胶量　水性胶上胶量小，选择合适的上胶辊很重要。对于水性胶来说，上胶辊的网坑要浅、开口要大，使胶黏剂以最大的表面积接触基材，这样才能涂布均匀、干燥速度快、复合外观好、剥离强度高。合适的网线辊是保证上胶量以及剥离强度的前提，用户应该根据设备条件和复合速度来调整。建议使用 $180\sim200$ 线/英寸（1 英寸$=$ $0.0254\mathrm{m}$）的电雕辊，网坑相通，网坑深 $32\sim35\mu\mathrm{m}$。在使用过程中要经常清理上胶辊，防止堵塞，并且使用一段时间后要重新镀铬或雕刻新的网线辊。合适的上胶量为 $1.6\sim2.4\mathrm{~g}/$ $\mathrm{m}^2$，不能低于 $1.6\mathrm{~g}/\mathrm{m}^2$，否则剥离强度无法保证。上胶量过高，会影响胶黏剂的干燥，影响胶黏剂在塑料膜表面的流平，从而影响复合外观和剥离强度。

(2) 高速复合时产品的气泡及其解决方法　为了赶生产进度、降低成本，复合机的速度一般都很快，有的达到 $160\mathrm{m}/\mathrm{min}$ 以上。对于这种复合速度，水性胶在胶槽中容易起较多泡沫，如果连续生产几天不停，泡沫会越积越多，甚至往胶槽外溢。此时若不采取一定措施，可能导致上胶量偏小、强度偏低、外观出现白点等问题。最好的解决办法是在胶槽中放一根匀墨棒，起到消泡作用。同时，采用循环打胶的方式，保证胶槽中胶液不要太少。循环胶桶要备一个，长时间运转时胶桶中的泡沫若无法消去，可以采用备用胶桶来打胶，待原胶桶中泡沫消去后再替换使用。

(3) 水性胶可以用水稀释的问题　目前市场上的水性胶多为乳液型的，其原理是高分子聚合物依赖乳化剂在水中稳定存在，它实际是一种亚稳定状态，许多外作用力会导致胶液破乳分层，失去作用。除生产厂商特别推荐外，不推荐用水稀释胶黏剂，因为用水稀释会增加胶液的表面张力，破坏胶液的稳定性，导致分层。另外，稀释会改变产品的表面性能，导致润湿性变差，影响复合外观。

(4) 复合产品出现白点的原因及其避免的办法　水性胶一般含有 $50\%$ 多的水分，在短时间内要完全挥发干净，需要足够的温度和风速。复合产品外观出现白点，其原因有两种，一是上胶量不足，二是干燥不彻底。白点能够经过短时间的熟化而消失，说明是干燥不彻底，因为熟化可以进一步帮助水分挥发；反之则说明是上胶量不足。要避免出现干燥不彻底的情况，需要调整烘道温度和风速。烘道温度可以依次设定为 $70℃-80℃-90℃$，但笔者发现许多复合设备的实际温度要比设定温度低很多，所以有条件的一定要进行校正，避免误差太大。风速的大小对水性胶的干燥尤为重要，务必要保证风速达到 $6\mathrm{m}/\mathrm{s}$ 以上，并经常对设备出风和进风口进行清理，防止堵塞。另外，复合辊的温度也会影响复合外观，还影响初粘力，要保证复合辊的实际温度达到 $50℃$ 以上。

(5) 熟化问题　单组分的丙烯酸酯类水性胶复合膜一般来说不需要熟化，下机就可以分切。适当熟化一段时间，可以提高剥离强度，因为水性胶的分子量很高，需要一定时间流平达到更好的强度，所以，有条件时将复合膜放在 $50℃$ 熟化室熟化 $1\sim4\mathrm{h}$ 较好。长时间较高温度（$80℃$ 以上）熟化对复合膜的强度有一定影响，因为水性胶聚合物不能耐长时间的高温。双组分的水性胶，复合后应进行熟化处理，以便两组分间发生化学反应，提高剥离强度。

(6) 水性胶与油墨的匹配问题　水性胶会不会影响油墨在薄膜上的附着力？为什么使用不同油墨印刷的膜复合后的外观有很大差别？水性胶对水性油墨和溶剂型油墨均有较好的适应性，发生油墨转移一般与油墨的质量有关。如果油墨与薄膜的亲和力差，胶黏剂就可能把油墨从薄膜上拉下来，使用质量好的油墨就不存在这个问题。油墨里含有不同的蜡、滑爽剂、消泡剂、增塑剂等，这些成分对胶黏剂会产生不利的影响，进而影响复合外观，所以更换油墨后应该对胶黏剂做实验，避免出现损失。

（7）复合基材的表面张力　复合膜的表面张力低于 $3.8×10^{-4}N$ 时，水性胶难以润湿，复合后剥离强度会偏低很多，所以一般要求复合膜的表面张力不得低于 $3.8×10^{-4}N$，但塑料膜和镀铝膜在放置过程中表面张力都会慢慢下降，所以上卷前应检测膜的表面张力。发现下降较多时，应该先进行小批量实验，检验复合后的强度是否达标，才可以进行正常的复合。

（8）低温环境下使用水性胶需要注意的问题　首先，水性胶应该贮存于 5~35℃ 的环境中，冬季一定要防冻。在使用之前，将胶放置在有暖气的小房间里加热 4~6h，房间温度为15~25℃ 比较适宜，这样保证胶黏剂本身的温度不至于太低。其次，车间温度较低时，烘道温度适当提高 2~5℃。再次，提高复合辊的温度。复合辊的温度会因外界温度太低而提不上去，需要采取措施保证复合辊温度不低于 50℃，机器开动时复合辊温度不低于 40℃。最后，将复合好的膜放置在 40~50℃ 环境中进一步提高强度。

### 15.1.4.3　无溶剂复合胶黏剂

无溶剂聚氨酯复膜胶始于德国（1974 年），由于其在经济性、安全性及在环境保护上的优势，从 20 世纪 80 年代起，无溶剂复膜胶黏剂开始在美国、欧洲多国、日本等大量使用。在国外，无溶剂聚氨酯复膜胶到目前为止已经经历了 5 代产品的更迭，表 15-2 为 5 代产品的特点的对比。目前，在欧美国家，无溶剂聚氨酯复膜胶已占市场份额的 50% 以上。

表 15-2　国外无溶剂聚氨酯复膜胶的发展与特点

| 项目 | 类型 | 特点 |
|---|---|---|
| 第 1 代 | 单组分湿固化体系 | 利用空气中的湿气对聚酯或聚醚型预聚体进行固化;操作温度较高;产品固化质量受空气湿度影响较大,需加装加湿装置;反应过程中有 $CO_2$ 产生,操作不当易鼓泡;水分不足易出现固化不良;预聚体游离异氰酸酯单体含量高,有很大食品安全卫生隐患 |
| 第 2 代 | 双组分无溶剂体系 | 双组分均匀混合后相互反应,形成交联,最终固化;与第 1 代产品相比,降低了操作温度,避免了空气湿度的控制;游离异氰酸酯单体含量高,影响热封强度,具有食品安全卫生隐患;EVA(乙烯-醋酸乙烯共聚物)膜和铝箔材料不适用 |
| 第 3 代 | 双组分无溶剂体系 | 针对第 2 代产品进行了改进;降低了游离异氰酸酯含量;改善了单体迁移和阻封现象;体系黏度降低,从而提高了涂布分散性能;适用于 EVA(乙烯-醋酸乙烯共聚物)膜和铝箔材料 |
| 第 4 代 | 双组分低温固化体系 | 操作温度低于 50℃;固化速率快、适用期较长,且固化完成度高;浸润性优良,几乎可以复合所有膜及金属箔 |
| 第 5 代 | 脂肪族体系 | 耐黄变,外观透明;初粘强度高;适用绝大部分塑料薄膜和金属箔之间的复合;适用高温蒸煮场合 |

我国市场上主流产品仍然是溶剂型聚氨酯复膜胶。无溶剂聚氨酯复膜胶起步于 1995 年，刚开始发展缓慢。但从 2009 年起，随着国家对环保要求的提高，以及国内技术工艺水平的日趋成熟，无溶剂聚氨酯复膜胶进入快速发展阶段。尤其是 2013 年 9 月《大气污染防治行动计划》（简称"大气十条"）对包装行业的挥发性有机物提出了明确的治理要求，更是加速了无溶剂复膜胶的认可及推广程度。

无溶剂聚氨酯复膜胶的优点及劣势：无溶剂聚氨酯复膜胶与水性聚氨酯复膜胶同属于安全环保型产品，但它们有各自的使用特点。水性聚氨酯复膜胶主要是指单组分复膜胶，它采用的是干式复合技术，溶剂型聚氨酯复膜胶生产厂家可以在不更新设备的情况下生产水性复膜胶。但其干燥性能差，剥离强度低，生产和人工成本较无溶剂型高，产品适用性也较无溶剂聚氨酯复膜胶窄。

（1）无溶剂聚氨酯复膜胶优点

① 安全环保不含溶剂，固体质量分数为 100%，因此从源头上控制了挥发性有机物的污

染，并避免了有机溶剂带来的安全隐患。

② 生产能耗低，该产品在生产过程中避免了通过干燥除去水和溶剂的步骤，降低了生产能耗。

③ 生产线速度高，典型的无溶剂型复膜胶生产线速度可达 500～600 m/min，远远高于溶剂型与水性复膜胶，提高了生产效率。

④ 产品质量高，操作温度比溶剂型复膜胶低，避免了高温下薄膜变形的风险。

（2）无溶剂聚氨酯复膜胶缺点

① 初粘力低，混合后适用期短，粘接强度形成缓慢。无溶剂复膜胶为保证操作黏度，相比于溶剂型复膜胶，选择了分子量较小的聚酯多元醇或聚醚多元醇为原料，制成的胶黏剂黏度较低，因此在完全固化前不能承受任何载荷。

② 产品适用范围较溶剂型复膜胶窄。虽然无溶剂型复膜胶的适用范围较水性复膜胶的适用范围广，但在某些特殊用途上，其性能及工艺远不及溶剂型复膜胶。目前无溶剂复合难于应用的结构包括：PET/Al、PET/VMPET、PA/Al、PET/PA 等高阻隔的结构，以及对温度要求高的结构以及某些具有高渗透内容物要求的结构等。

③ 高温处理后粘接强度下降明显。较低的分子量也造成无溶剂型复膜胶在高温杀菌处理后粘接强度的显著下降。无溶剂聚氨酯复膜胶的使用需要配套新的生产设备，不适合某些经济条件差的厂家。

（3）无溶剂聚氨酯复膜胶的研究进展

① 改善无溶剂聚氨酯复膜胶初粘力及适用性。无溶剂聚氨酯复膜胶与溶剂型聚氨酯复膜胶相比，最大的劣势就是初粘力低，粘接反应发生速度慢，胶黏剂混合后适用期短。为了解决这个问题，某些学者在 B 组分中引入植物油多元醇和增黏树脂，在降低胶黏剂黏度的同时，又保证了一定的初粘性。植物油多元醇由于其来源绿色可再生，其相关聚氨酯胶黏剂的研发也深受重视。与传统的聚氨酯胶黏剂相比，该聚氨酯胶黏剂原料绿色可再生，制备方法安全环保，交联密度大，并具有良好的耐水性能。

紫外光固化技术在无溶剂聚氨酯复膜胶中的应用，目前看来是解决熟化速度慢问题的最佳方案。这种方法是在配方中加入光固化剂，之后在复合材料的生产中分阶段固化。第一阶段将在射线的作用下使易反应的复膜胶在几分钟到 1h 内快速固化。在首次固化反应后，使材料达到一定的强度，满足进行下一步工艺的条件。在二次固化阶段，复膜胶继续固化直到达到所需的最终强度。

② 改善无溶剂聚氨酯复膜胶耐蒸煮性能。通过对多元醇改性，来增进其耐热性、耐水性、耐油性等。多官能度物质的引入，可以增加聚氨酯复膜胶的交联密度，从而提高耐热性。利用三羟甲基丙烷、乙二醇、己二醇和间苯二酸、对苯二酸合成带有多官能度的聚酯多元醇，提高复膜胶的耐热性。

疏水性酸类的加入，如引入二聚酸，使得酯键处于憎水环境中，提高了酯键的稳定性，增加了复合薄膜的耐水性及耐热性。多元胺的引入增加了酰氨基，提高了凝聚力，从而加强了产品的耐油性。苯环、环氧树脂、有机硅分子的引入为多元醇提供更多的刚性结构，从而改善复膜胶的耐水性和耐热性。将羧酸或酸酐与环氧树脂联合使用，该复膜胶粘接强度高，耐热性好，适用于金属铝箔与塑料膜之间的粘接。耐 120～130℃ 的无溶剂复膜胶已经商品化，但是耐 145℃ 超高温的无溶剂聚氨酯复膜胶未见报道。

③ 增进无溶剂聚氨酯复膜胶环保性。溶剂型聚氨酯复膜胶本身是环保安全的产品，但为了让它在生产与使用的过程中更加安全环保，也有学者开展了研究工作。G. 科尔巴赫指出在 100℃ 条件下使用的无溶剂聚氨酯复膜胶的主体材料中含有芳香族异氰酸酯，它与包装

食品内水分反应生成的芳香胺具有致癌风险，文章中提到的聚氨酯复膜胶，即使以另一组分过量 25％（质量分数）的比例混合，也不与包装内产品反应生成伯芳香胺。

无溶剂聚氨酯复膜胶在某些特殊领域中仍无法替代溶剂型复膜胶。在蒸煮袋应用中，虽然无溶剂聚氨酯复膜胶在中、高温蒸煮应用中取得突破，但其在工艺性能及使用性能方面与溶剂型聚氨酯复膜胶仍有一定差距，且无溶剂复膜胶在 145℃ 超高温蒸煮方面仍未见报道。在耐介质方面，经改性，无溶剂聚氨酯复膜胶可以实现耐酸、耐水、耐油等，但在耐农药方面远不及溶剂型复膜胶，这些均是无溶剂聚氨酯复膜胶将来待解决的问题。无溶剂复膜胶国外主要生产商有汉高、陶氏、波士胶，其他国外公司所占份额较小；国内供应商有上海康达、新东方油墨、欧美化学、万华北京、高盟新材、北京华腾、金坛力合、莱州玉立等诸多公司，现在稍大一点的溶剂型复膜胶公司几乎都有无溶剂产品，但形成较大市场规模的只有汉高、陶氏、波士胶、上海康达、新东方油墨、欧美化学、万华北京、高盟新材等。

## 15.1.5　软包装复合膜复合工艺

软包装复合膜常见的复合工艺有四种：无溶剂复合、干式复合、湿法复合、挤出复合。每个国家或地区由于化学工艺、经济发展、食品安全等方面的要求不同，四种复合工艺所占的比重也不同。

目前中国市场主要以干式复合为主，能占到所有复合膜复合工艺的 70％ 以上。无溶剂复合从 2006 年引入中国以来，前 5 年都发展非常缓慢，主要原因是设备、胶黏剂价格昂贵，缺少专业的会开机器的复合机长。自从 2012 年以后，无溶剂设备所占的市场份额逐年扩大，尤其是 2015 年后，出现了井喷式增长，截止到 2018 年，无溶剂设备基本占到了整个复合设备的 25％，无溶剂胶黏剂在中国每年的使用量达到了 $5 \times 10^4$ t 左右。湿法复合和挤出复合所占比重较少，在此不做介绍。下面重点介绍干式复合机和无溶剂复合机。

图 15-7 是干式复合机，干式复合工艺就是把胶黏剂涂布到一层薄膜上，经过烘箱干燥，再与另一层薄膜热压贴合成复合薄膜的工艺。它适用于各种基材薄膜，基材选择自由度高，可生产出各种优异性能的复合膜，如耐热、耐油、高阻隔、耐化学性薄膜等。在干式复合中，胶黏剂涂布量的控制十分重要，它在很大程度上影响着复合材料的质量。涂布量过少、胶黏剂不能连续成膜、出现斑点等，影响复合材料的外观质量，且粘接力差，降低复合材料的耐蒸煮性和热封强度等；涂布量过多，不但浪费胶黏剂，还会使薄膜发皱变硬，出现隧道现象，开口性变差，同时溶剂难以挥发，胶层中残存溶剂过多，会产生异味。胶黏剂的涂布量应根据基材的品种、复合材料的用途和印刷情况等决定。通常未经印刷或印刷面积小的基材，涂布量在 $1.5 \sim 2.5 \mathrm{g/m}^2$，纸张等基材或印刷面积较大的基材，涂布量在 $2.5 \sim 3.5 \mathrm{g/m}^2$，耐蒸煮的基材涂布量在 $2.5 \sim 4 \mathrm{g/m}^2$，铝箔蒸煮用的基材，涂布量在 $4 \mathrm{g/m}^2$ 以上。

图 15-8 是广州通泽的 SLF-1300A 型无溶剂复合机，所谓无溶剂复合，是采用 100％ 固

图 15-7　干式复合机

图 15-8　无溶剂复合机

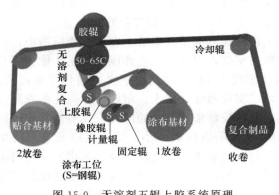

图 15-9　无溶剂五辊上胶系统原理

体的无溶剂胶黏剂，在无溶剂复合机上将两种基材复合在一起的一种方法，又称反应型复合。1974 年，德国的 Herberts 公司将单组分无溶剂胶黏剂投入工业化生产，标志着无溶剂复合开始正式推广。如今，此种工艺在复合材料的软包装中应用越来越多，并很有可能成为今后主导的复合方式。

无溶剂复合设备最关键的技术就是其精准的上胶系统，目前中国最常见的是五辊上胶系统原理如图 15-9。

# 15.2　胶黏剂在纸制品及纸制品包装行业中的应用

## 15.2.1　纸制品与包装行业的特点

纸是文明传递的重要媒介，造纸术也是中国的四大发明之一，纸的发明归功于汉朝的太监蔡伦。当时的纸是以竹子根、碎布、大麻等为原料制造的，制造过程是把这些东西捣碎、煮熬、过滤，将残渣铺开晒干而成。纸的制造和使用渐渐随着丝绸之路的商贸活动向西北传播开去，公元 793 年在波斯的巴格达建成了一座造纸厂。造纸术从这里传到了阿拉伯诸国，首先传到了大马士革，然后是埃及和摩洛哥，最后到了西班牙的爱克塞洛维亚。19 世纪，以碎布和植物为原料的纸基本上被以植物浆为原料的纸所替代。

按照纸的用途可分为：包装用纸、印刷用纸、工业用纸、办公文化用纸、生活用纸和特种纸。此处详细介绍包装用纸种类，包装用纸大致分为以下四类：

（1）通用包装纸　比如纸袋纸、牛皮纸、鸡蛋纸、铝箔衬纸、包针纸、半透明纸、胶卷保护原纸、火柴纸、条纹包装纸、农用包装纸、皱纹轮胎包装纸、铝器包装纸、再生牛皮纸、再生水泥袋纸、真空镀铝纸等；

（2）特殊包装纸　有工业羊皮纸、特细羊皮纸、中性石蜡纸、中性石蜡原纸、玻璃纸、沥青防潮原纸、气相防锈原纸等；

（3）食品包装纸　有食品羊皮纸、糖果包装原纸、冰棍包装纸、防油纸、液体食品包装用复合材料、挤塑糖果包装纸、糕点保鲜用除氧剂袋纸等；

（4）包装用纸板　有单面白纸板、厚纸板、黄纸板、中性纸板、箱纸板、牛皮箱纸板、瓦楞原纸、火柴外盒纸板、火柴内盒纸板、双面灰纸板等。

纸制品用作包装材料具有很多优势，如价格低廉、纸张可裁剪和折叠，易粘、易装订，易于造型和装潢，安全无毒无味，可回收循环利用等。

从总体看，纸包装的绿色性能是好的，是一种对环境友好的包装，是可持续发展的产业。在世界日益重视环境保护和资源循环再利用的今天，纸包装由于其易降解、易回收和易再生的优点，更显示其生命力，以纸代木、以纸代塑的包装产品不断涌现，纸在包装上的用量也越来越大。

## 15.2.2　纸制品与包装行业对胶黏剂的要求

纸制品及纸包装行业用胶黏剂主要分两大类：一是造纸过程中用的化学品，主要指增强木塑纤维粘接牢度的胶黏剂;二是纸张或纸板后期加工复合过程中用的胶黏剂。

纸的生产包括制浆、造纸和纸加工三个步骤。我国主要采用化学法制浆,在制浆过程中会用到部分化学品,但不涉及胶黏剂,其基本工艺分为原料储存、蒸煮、洗涤、筛选和漂白五个步骤。

在第二步造纸工艺过程中,造纸主要分为打浆、抄纸和生产纸板三个步骤。使用胶黏剂的工艺主要发生在造纸工艺的打浆过程中。大多数的纸和纸板,都需要施胶,根据施胶阶段方式的不同可以分为浆内施胶和表面施胶。常用的浆内施胶剂有松香皂、强化松香胶、乳液型松香胶、阳离子松香胶等;中性的施胶剂,有阳离子施胶剂、反应型施胶剂等。施浆过程中用到的其他胶黏剂,主要有淀粉及各种改性淀粉、聚丙烯酰胺胶、羟乙基皂荚豆胶、聚丙烯酰胺接枝淀粉等。

造纸的第三个工序纸的加工是指在抄纸工序之后二次加工,主要包括涂布颜料以及用各种化学品对第二步的半成品进行表面处理,最终做成涂布加工纸、变性加工纸、浸渍加工纸、复合加工纸等。该工序中主要用到的涂布胶黏剂,主要种类有天然高分子胶,如阿拉伯胶、骨胶、树胶、淀粉等;人工合成高分子胶,如聚乙烯胶、聚乙烯醇胶、聚醋酸乙烯酯胶、改性醇酸树脂胶、改性有机硅高分子胶、聚氨酯胶等。复合加工纸制品会用到各类溶剂型、水性或无溶剂型胶黏剂,后续会详细介绍。

# 15.2.3 纸制品与包装行业常用胶黏剂

## 15.2.3.1 瓦楞纸箱用淀粉胶黏剂

纸箱包装是指产品在流通过程中,为保护产品、方便储运、促进销售,采用纸质箱体对产品所进行的包装。按用料不同,有瓦楞纸箱、单层纸板箱等。常用的有三层、五层纸箱,七层纸箱使用较少,各层分为里纸、瓦楞纸、芯纸、面纸等。里纸、面纸有茶板纸、牛皮纸、芯纸用瓦楞纸,各种纸的颜色和手感都不一样,不同厂家生产的纸(颜色、手感)也不一样。

纸箱又称为瓦楞纸箱,主要原材料就是纸板组合而成,纸板由一层层瓦楞纸通过坑纸机胶合而成。单层瓦楞纸结构如图 15-10 所示。最外面的那层纸称为表纸,最里面的纸称为里纸,中间凹凸不平的纸称为坑纸(也叫瓦楞纸),两坑纸之间的纸称为芯纸。瓦楞纸生产制造过程中,尤其是最后的粘接过程中会用到胶黏剂,最常用的瓦楞纸胶黏剂就是淀粉类胶黏剂。早期的瓦楞纸板胶黏剂,是由天然的原淀粉和水混合加热升温直接熬制而成的。这种胶黏剂的固含量只能达到 6% 左右,因此干燥时间长,对瓦楞纸箱的形状影响非常大。

随着改性淀粉的发展,瓦楞纸箱胶黏剂的性能得到很大的改善,目前国内外瓦楞纸箱生产用的瓦楞纸板胶黏剂,多用两步法配制,首先将载糊部分与改性淀粉一起与氢氧化钠糊化作为载体,使淀粉链释放出来并均匀分散在水中;第二步是将未糊化的淀粉作为主体,与载体混合,上浆后依靠高温将生淀粉糊化,产生贴合效果。这种工艺可以使胶黏剂的固含量提

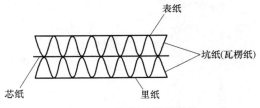

图 15-10 单层瓦楞纸结构

高到 30% 以上,生产的瓦楞纸板质量提高,并可高速连续生产。

衡量瓦楞纸箱质量有一系列重要的指标,其中抗压强度、戳穿强度和耐破强度尤为重要。其中最重要的抗压强度,与胶黏剂的种类和贴合效果关系重大。淀粉和纸张纤维的主要组成单元基本相同,只是链接结构不同,因此淀粉和纸纤维能够形成氢键,从而使纸与纸之

间通过淀粉胶很好地贴合在一起。

我国从 20 世纪 60 年代开始研究淀粉胶黏剂，由于技术工艺落后，无法大面积推广使用。1984 年国家包装进出口公司决定将淀粉胶黏剂作为全国纸箱行业的重点推广项目，随后短短十年时间我国相继研制出糊化淀粉胶、氧化淀粉胶、复合淀粉胶等多种淀粉胶黏剂，使淀粉胶黏剂的研究和推广有了快速发展。

淀粉胶黏剂的制备方法，主要有简单糊化法、氧化法、复合法等三种。简单糊化法：将水、淀粉、碱液混合，持续升温搅拌制成胶黏剂。氧化淀粉制备的方法，即利用氧化剂使淀粉的葡萄糖链段发生氧化反应，引起淀粉大分子链段的降解，从而改变原来淀粉的理化性质。氧化淀粉胶黏剂一般由淀粉、氧化剂、活化剂、还原剂、催化剂等组成。典型的制备工艺：将淀粉、水、催化剂混合后，搅拌溶解，随后加入氧化剂，如四氯酸钠、双氧水等，制得氧化淀粉；然后加入氢氧化钠，使其糊化，随后加入硼砂产生络合效应，制得糊化淀粉中间体，随后加入还原剂，如过硫酸钠、碳酸钠等还原上述络合物，最后经过稀释陈化以后制得氧化淀粉胶黏剂。为了提高氧化淀粉胶黏剂的性能，在氧化淀粉的基础上加入人工合成的高分子材料，如聚烯醇、脲醛树脂、尿素等材料，就得到复合改性淀粉胶黏剂。复合改性淀粉胶黏剂，具有较高的耐水性、粘接强度和干燥速度。

淀粉胶黏剂的生产设备简单，投产快，周期短，生产成本仅是泡花碱的 60% 左右，并且是国内外接受的无毒、低污染的产品，因此淀粉胶黏剂全面代替泡花碱是纸箱用胶黏剂发展的必然趋势。淀粉胶黏剂的今后发展方向可参考以下三方面，一是改进和提高现有产品的性能，持续稳定生产；二是根据国内纸箱生产分散设备落后、纸材档次低的实际情况，应重点发展初粘力高、生产速度快、干燥时间短的产品；三是重点发展高附加值的产品，拓宽淀粉胶黏剂的应用范围，增强这类产品的市场竞争力。

### 15.2.3.2　包装盒用果冻胶

果冻胶是一种新型的环保胶黏剂，因为外观类似果冻，在印刷包装行业称为果冻胶。取材天然，主要成分是工业明胶（一种动物胶）。使用时以水作为溶剂，无毒无害。黏性好，气味清香，加工的产品不会出现发脆、变形、发霉、起泡等现象。按干燥速度分为：高速果冻胶、中速果冻胶、低速果冻胶。

果冻胶见图 15-11，主要用于礼品盒、纸盒、酒盒、化妆品盒、茶叶盒、精装书壳、相册、集邮册、文件夹、字典词典等封面制作以及高档礼盒的制作。

图 15-11　果冻胶

由于果冻胶的主要成分是动物的蛋白质，不含有苯类、甲醛类的溶剂，所以无毒，真正环保。不会对食品和被包装的物品产生污染。使用果冻胶生产的产品，不变形，不容易发霉并可以增强纸品的挺度。

根据生产工艺和设备不同，果冻胶大致分类如下：

（1）低速半自动设备用啫喱胶　手工或半自动机器用胶，这类胶黏剂的干燥速度慢，面纸过胶后，胶黏剂在 120s 内才有黏性，不凝固。这样可以留出足够的时间来通过手工完成其余的制作，适合半自动的皮壳机、上糊机、过胶机及手工裱糊使用。

（2）中速皮壳机用啫喱胶　用于各种礼品盒的制作，固化速度快，干燥时间在 60s 左右，为常见的中低速果冻胶。胶黏剂可加强纸板硬度，具有较强的柔软性，适用于有加热设备的半自动皮壳机、裱糊机及上糊机使用。

（3）高速皮壳机用啫喱胶　适用于精装书的书壳制作，具有固化速度快而韧度高、折叠性强的特点，最高速度可以跟上 60～80/s 个的机器，适用于全自动高速皮壳机的使用。

### 15.2.3.3　纸-塑复膜胶

纸-塑复合制品是现代包装行业应用广泛的一种复合材料，主要是指塑料薄膜经过印刷后再进行复合加工和包装的材料。纸-塑复合制品，可以应用于书刊封面、精美画册、地图、年画、礼品袋、高级包装盒等主体材料。纸-塑复合制品不但外观光亮、色彩鲜艳，而且可以防潮、防污、耐折、耐磨，装饰性和实用性都很高。另外牛皮纸与塑料的复合，可以用于包装水泥、煤粉和无机矿物质等工业原料，可以充分利用纸张的吸湿性和塑料薄膜的延伸性，集防潮性和抗震强度于一体，具有广泛的应用性能。图 15-12 是食品和工业品用纸-塑复合制品实例图，纸-塑复膜及所用胶黏剂上节已经详细介绍，这里不再赘述。

图 15-12　纸-塑复合制品——方便面碗盖和编织袋

## 15.2.4　纸箱和纸-塑复合膜生产过程简介

### 15.2.4.1　纸箱加工工艺及设备

纸箱的生产流程见图 15-13，主要包括：分纸压线、开槽、印刷及接合等工序。

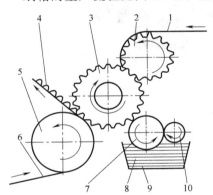

图 15-13　纸箱的生产流程

1—瓦楞原纸；2—上瓦楞辊；3—下瓦楞辊；
4—单面瓦楞纸板；5—压力辊；6—里纸；
7—上胶辊；8—淀粉胶黏剂；
9—胶黏剂槽；10—调量辊

（1）分纸压线　制作瓦楞纸箱的第一道工序是分纸压线。但是对于连续的机械化生产过程中，这道工序可以在瓦楞纸板生产线上进行。分纸是指将瓦楞纸板按照纸箱所需规格加以分切，由数对纵向圆切刀完成。压线一般有横向压线和纵向压线之分，横向压线是与瓦楞成直角的压线，纵向压线是与瓦楞平行的压线，在瓦楞纸板生产线上进行的压线是横压线，纵向压线多数采用开槽机、印刷开槽机或者折叠胶黏剂来完成。

（2）开槽　是指在瓦楞纸板上切出使上下摇盖得以顺利折拢的缝槽，开槽一般紧随压线之后进行，而且使用同一台机器，即切断压线机，也称冲切机。

（3）印刷　印刷是指使用油墨在瓦楞纸的表面注明文字、图案等容易辨识或增加广告效应的标记。瓦楞纸的印刷通常采用凸版印刷、凹版印刷、胶印印刷或网版印刷，其中应用最广泛的是凸版印刷和胶印印刷。

（4）接合　纸箱制作最后的环节是把已经成型的纸箱按照客户要求设计的箱型，将箱板结合起来制成容器，常用的接合方式有钉接、粘接和胶带粘接三种。

### 15.2.4.2　纸-塑复合工艺及设备

此处纸-塑复合主要介绍用于卷膜的软包装用纸-塑复合，目前常用的生产设备有干式复合机和无溶剂复合机。干式复合机用于纸-塑复合和塑-塑复合的差异不大，但是纸-塑复合如果用无溶剂复合机来生产的话现在主要采用高黏性的单组分反应型聚氨酯胶黏剂。

最近几年发展速度越来越快的无溶剂复合机，所采用的的纸-塑复合用单组分胶黏剂与塑-塑复合用双组分胶黏剂在使用过程中最主要的区别是，两种类型的胶黏剂混胶系统的差异，双组分混胶系统是由两个能够独立加热的加热桶、保温胶管、螺旋式混胶头三部分组成；而单组分的混胶系统主要由能够高温加热的化胶盘、保温胶管、自动喷胶系统三部分组成。

无溶剂双组分胶黏剂的使用温度一般是 35～55℃，而无溶剂单组分胶黏剂的使用温度一般为 80～100℃，无溶剂单组分纸-塑复合胶黏剂在高温下具有较低的黏度，可以保证胶黏剂在塑料薄膜上的流平性，在常温下具有很高的黏度，可以保证胶黏剂与纸张复合后，不会发生胶黏剂向纸张层的渗透，从而可以实现用较少的涂布上胶量实现高强度粘接的需求。无溶剂纸-塑复合工艺流程见图 15-14。

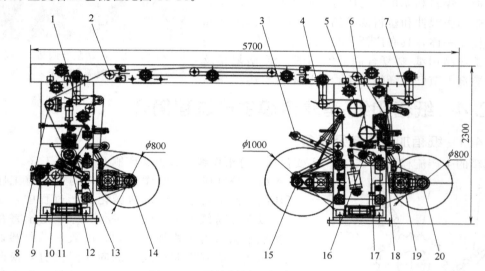

图 15-14　无溶剂纸-塑复合工艺流程

1，4，7—张力摆辊；2—走料导辊；3—收料压辊；5—冷却辊；6—复合辊；8—张力传感辊；
9—刮刀辊；10—计量辊；11—匀胶辊；12—涂布辊；13—涂布胶压辊；14—第一放卷；15—收卷；
16—复合压辊；17—复合背压辊；18—可调导向辊；19—移动导向辊；20—第二放卷

# 15.3　胶黏剂在标签行业中的应用

## 15.3.1　标签胶概述

标签起初是指具有信息表示作用和功能的可视以及可触的实物性载体，现在有了更广的含义。标签胶又称商标胶，是指用来粘贴标签的胶黏剂。

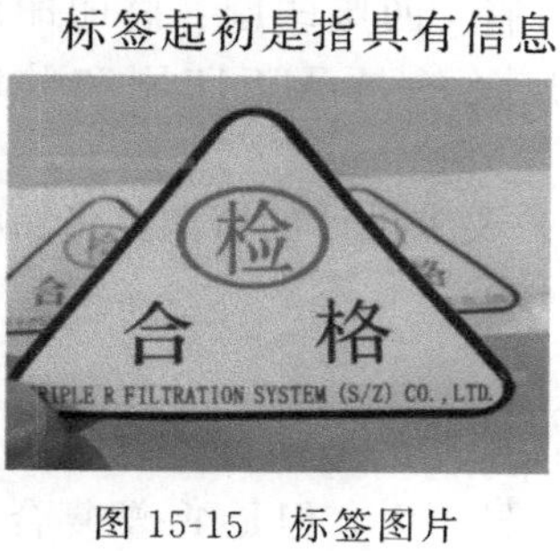

印刷业所称的标签，大部分是用来标识自己产品的相关说明的印刷品，如图 15-15 所示，并且大部分是自带背胶的；但也有一些是不带胶的，比如大部分的啤酒标签，印刷时都是无胶的，是厂商通过刷标签胶方式贴上去的，而这也叫标签，所以说，标签不一定是有胶的，有胶的标签就是俗称的"不干胶标签"。本书主要讨论的就是不干胶标签。

图 15-15　标签图片

　　不干胶标签也叫自粘标签、及时贴、即时贴、压敏纸等，是以纸张、薄膜或特种材料为面料，背面涂有胶黏剂，以涂硅保护纸为底纸的一种复合材料，并经印刷、模切等加工后成为成品标签。应用时只需从底纸上剥离，轻轻一按，即可贴到各种基材的表面，也可使用贴标机在生产线上自动贴标。不干胶标签同传统的标签相比，不用刷胶，不用浆糊，不必蘸水，毫无污染，节省贴标时间，可以方便、快捷地应用在各种场合。采用不同的面料、胶黏剂和底纸制成的各种不同的标签，可以应用到一般纸张标签所不能胜任的材料上。

　　最初的贴标是手工完成的，因而对标签胶的要求并不高，一般是以天然胶，动物胶及其改性品种为主，其缺点是干燥慢、初粘力差、耐水性差、运输和贮存过程中标签易脱落。随着科学的发展，很多产品的包装是在自动线上完成的，标签粘贴也是自动化的一部分，因而对标签胶提出了更高的要求。这些要求包括：①初粘力好，标签瞬间施压后不脱落，不滑移，不翘曲。②干燥速度快。适合高速自动化贴标。③牢度大，韧性好，胶层不发脆，不脱落。④无毒，无污染。⑤有利于包装的回收。

　　由于压敏胶标签的用途多种多样，对压敏胶黏剂的性能要求也有差异，因此，选择标签胶时必须考虑被粘材料的性能及用途。用于汽车或其他与介质相接触的用途时，压敏标签胶必须具有一定的耐介质性；有些用途则要求压敏标签胶具有耐水性；当用于冷冻食品时，压敏标签胶必须具有耐低温及潮湿性；有时则要求压敏标签胶在商品用完之后能用水洗掉；将压敏标签直接粘贴在产品及水果上时，压敏标签胶必须无毒。

## 15.3.2　标签胶黏剂的种类

　　标签胶种类很多，根据使用特点、功能特性、使用方式、使用对象等有多种分类方法，简单介绍如下：

　　(1) 按使用特点分类　　压敏标签胶有永久型、可移动型、耐低温型及热活化型四种：①大多数压敏标签涂布的是永久型标签胶，一旦粘贴在物体表面后，这种标签就不能再移动，否则标签会发生破坏。②可移动型压敏标签胶有三种：第一种是轻度增黏的天然橡胶系压敏胶；第二种是高度增塑型压敏胶；第三种可移动型压敏胶是在胶中加入玻璃微球、大聚合物颗粒及其他类似的材料，防止压敏标签与被粘表面形成完全接触。③耐低温型压敏标签必须涂布耐低温压敏胶，耐低温压敏胶具有较低的玻璃化温度，因而在低温下仍具有黏性，这种压敏标签适于粘贴在冷冻物品上。④热活化型压敏标签胶，其在加热活化前没有黏性，当加热后胶黏剂就会具有黏性，其黏性能保持几天甚至几个月。

　　(2) 按使用功能分类　　①普通压敏标签；②防伪标签胶：如果将其再剥离时，基材会发生破坏，一般是印刷图案与基材发生分离，从而达到防伪的目的；③热活化型压敏标签胶。

　　(3) 按使用方式分类　　常见压敏标签的粘贴方式有手工粘贴、手持式贴标器粘贴及采用全自动贴标机粘贴三种。

　　(4) 按使用对象分类　　有印刷包装装潢行业类标签胶、食品包装标签胶、服装纤维标签胶、价格标签胶、汽车用标签胶、办公用品类标签胶、铭牌类标签胶、医药类标签胶、化妆品类标签胶等。

　　(5) 按标签基材分类　　有压光书写纸标签胶、胶版纸标签胶、铜版纸不干胶用标签胶、镜面铜版纸不干胶用标签胶、铝箔纸不干胶用标签胶、激光镭射膜不干胶用标签胶、易碎纸不干胶用标签胶、热敏纸不干胶用标签胶、热转移纸不干胶用标签胶、可移除胶不干胶用标签胶、可水洗胶不干胶用标签胶、PE（聚乙烯）不干胶用标签胶、PP（聚丙烯）不干胶用标签胶、PET（聚丙烯）不干胶用标签胶、PVC 不干胶用标签胶、PVC 收缩膜不干胶用标签胶。

根据目前市场上出现的品种来分，用于标签粘贴的胶黏剂可分为压敏胶、水性胶和水再湿性胶三类。

一般压敏胶都具有初粘力高、持粘力好、对绝大多数包装材料都有良好的粘接性能等特点，使用起来也方便，因此在标签胶中，其用量是最大的，用作标签胶的压敏胶一般有丙烯酸酯乳液、橡胶乳液改性产品等。

水性标签胶以水为溶剂，使用时以现涂现粘为主，比较适应高速自动生产线贴标，这种用途的胶主要有聚乙烯醇改性胶、干酪素改性胶和其他一些高分子的乳液。

水再湿性标签胶主要用于邮票、信封封口等小型包装的贴标或粘接上，前面已经提到过。

由于压敏标签胶的用量最大，接下来重点讨论压敏标签胶。根据化学组成分类，压敏标签胶主要分为：溶剂型压敏胶、热熔型压敏胶、水性压敏胶三个主要类型，具体介绍如下。

### 15.3.2.1　溶剂型压敏胶

溶剂型压敏胶以橡胶型和聚丙烯酸酯型两类为主：

（1）橡胶型　由橡胶弹性体和增黏树脂、防老剂、软化剂、填充剂等添加剂组成的溶剂型压敏胶（尤其是天然橡胶压敏胶）是最古老的一类压敏胶黏剂。它们虽然没有交联，但其性能也可以满足许多常用的非特殊的标签性能指标要求。与丙烯酸酯系压敏胶相比，橡胶系压敏胶对聚烯烃塑料表面的粘接强度高，但橡胶系压敏胶的耐溶剂性、耐老化性及模切加工性能却不及丙烯酸酯系压敏胶。

（2）聚丙烯酸酯型　非交联的溶剂型聚丙烯酸酯压敏胶黏剂配方简单、制造容易、贮存稳定性好、胶层无色透明，对各种塑料膜基材的涂布性能优良，剥离强度和初黏性能很好，适于制造各种一般性的压敏标签。为了提高标签胶的持黏力，可采用接枝共聚和交联的方法，交联则是最常用、也是最有效的途径。

### 15.3.2.2　热熔型压敏胶

用于标签的热熔胶一般属于热熔型压敏胶。热熔型压敏胶是一种可塑性的胶黏剂，在一定温度范围内其物理状态随温度改变而改变，而化学特性不变，无毒无味，属环保型化学品。热熔型压敏胶熔化后成为一种液体，通过热熔胶机的热熔胶管和热熔胶枪，送到被粘接物表面，热熔型压敏胶冷却后即完成了粘接。

热熔型压敏胶具有零污染、安全健康、节省存储与运输空间、可自动化高速加工和初黏性好的特色与优势，在欧美国家和地区已经被成功地应用在标签领域超过 35 年的时间，而中国在最近 15 年间才开始尝试将热熔型压敏胶应用到标签市场。由于热熔型压敏胶具有其他标签胶无可比拟的优势，其应用前景毋庸置疑。热熔型压敏胶具备优异粘接性能的主要原因包括以下方面：①物理性吸附；②机械着锚；③高分子内部穿透；④化学架桥；⑤静电吸引。

热熔型压敏胶的上胶方式有很多种，但不论以哪一种方式上胶，热熔型压敏胶都必须在熔胶槽内预先加热成熔融的流动状态，再使用适当的上胶设备将其直接喷涂或转印于面材或被贴物上。最常用的标签上胶装置有辊轮和口模两种。一般而言，黏度较低的热熔型压敏胶较容易涂布，加工温度也可以适度降低，适用于不耐热的面材，如 PE 膜、PP 膜和热敏感纸等。

过去 30 年来，许多特性不同的热熔型压敏胶已经成功地应用于各种自黏胶带与标签市场中。在热熔型压敏胶标签的实际应用市场中，大致有下列 5 大类产品：一般用途产品；高初黏性产品；高耐寒性产品；高耐热性产品；可重复粘贴（可移除）产品。

### 15.3.2.3　水性压敏胶

水性压敏胶是以水作为溶剂将丙烯酸酯或聚氨酯树脂通过专门的乳化设备，乳化而成。其最大的优点是品种多、环保、价格低廉；缺点是成膜性差、水洗牢度差等。现在越来越多的标签使用水性胶，例如一般的水性丙烯酸酯胶、水性 PU 等。水性压敏胶因其功能性、环保性和价格低廉优势，将是今后标签胶的发展方向。

# 15.4　胶黏剂在卷烟行业中的应用

## 15.4.1　卷烟用胶黏剂概念及分类

中国是卷烟生产消费大国，产销量均居世界首位，卷烟系列胶耗用量也同时位居世界第一。近年来，烟草行业发展的趋势逐渐向精品化、高档化和名牌化转变，为此不断出现各种新的技术改造以及产品创新，对于卷烟材料的研究也更加深入细致。对于 1 支卷烟而言，除了研究其主要原料（如卷烟纸、接装纸和滤嘴等），更需要细致研究其所使用的胶黏剂。卷烟工业所用的胶黏剂是随着卷烟机器的发展而发展的，卷烟机器生产速度从 1000～2000 支/min，提高到现在的 20000 支/min，经历了淀粉胶、糊精胶、羧甲基纤维素（CMC）、乙酸乙烯酯均聚乳液调配的水基胶，到现在乙酸乙烯酯-乙烯共聚乳液（简称 VAE 乳液或 EVA 乳液）调配的胶黏剂的过程。

目前提到的卷烟胶通常是指高速卷烟胶，具体见图 15-16，即满足各种机型的高速卷烟（>8000 支/min）生产需要的胶黏剂。卷烟胶是一种特殊产品，不仅要求在经过燃烧后仍然保持无毒、无害，而且要求固化后不能影响卷烟的外观（如烟支粘接处的平整度、圆度）。卷烟胶理化性能的共同点是：不含有机溶剂、无毒、无味、无污染，具有合适的黏度及稳定性。最主要特征：粘接速度要快。

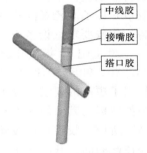

图 15-16　卷烟用胶
黏剂示意图

香烟通常由烟棒和过滤嘴组成。烟棒由卷在纸管里的烟丝构成，而纸管则用搭口胶进行贴合。过滤嘴通常由经过增韧的醋酸纤维构成，并由纸筒卷成圆柱形，纸和纤维之间也是用胶黏剂贴合，卷烟中的胶黏剂主要有以下三类：

（1）中线胶　香烟滤嘴棒的外部包裹着一层"成型纸"，为了使嘴棒更好地成型，在白纸中间通过胶枪涂上一道宽度为 1.2mm，厚度在一丝（$10\mu m$）的中线胶，用来粘接丝束在白纸上，防止丝束从成型的卷筒中抽出。

（2）搭口胶　搭口胶主要用于卷烟的侧面搭口粘接，滤嘴棒的侧面搭口粘接。搭口胶是采用共聚乳液添加快干环保原料改性而成的一种乳化高分子聚合物。具有干燥速度快、流动性好、粘接强度大、施胶稳定、不爆口、不起泡、不翘边等特性，无毒、无味、无腐蚀、无污染，不含重金属铅、砷、邻苯二甲酸酯类等有害物质，适用于 6000～10000 支/min 的卷烟搭口。

（3）接嘴胶　接嘴胶是采用先进生产工艺和优等原料生产而成的一种乳化高分子聚合物。具有快干、快粘、流动性好、粘接强度大、施胶稳定、不开包、不起泡等特性，无毒、无味、无腐蚀、无污染，不含邻苯二甲酸酯类增塑剂。主要用于中高速卷烟接嘴，车速可达6000～10000 支/min。

卷烟胶的黏度是卷烟胶的一项重要技术指标，但黏度不是越高越好。若黏度太大，卷烟胶不能渗入被粘物空隙中，粘接效果不好；若黏度太小，卷烟胶会大量地渗入被粘物的毛细孔道内，而使留在被粘物之间的粘接层太薄，这也显著地降低粘接强度。只有卷烟胶的黏度适当时，卷烟胶向孔隙中有一定程度的渗透，而大部分卷烟胶滞留在粘接面之间形成粘接层，才能达到最好的粘接效果。

通常的卷烟胶多指搭口胶和接嘴胶，用量比例大概是：9：6。一个产能为 20 万箱的卷烟厂每年用胶量为 140～150t，卷烟胶中搭口胶的产量直接影响整个香烟行业，并且对我国国民经济的发展有重要的意义。

其他和卷烟相关的胶黏剂有：

（1）包装胶　主要用于硬壳烟盒及金卡纸烟盒、银卡纸烟盒的粘接。

（2）金卡胶　金卡胶是采用共聚乳液添加快干、增黏材料改性而成的一种乳化高分子聚合物。具有干燥速度快、粘接强度大、施胶稳定等特性，具有极强的初粘力和持粘力，对非极性材料的光滑表面有独特的优良粘接性能。无毒、无味、无腐蚀、无污染，不含甲醛、苯、甲苯、二甲苯等有害物质。主要用于金卡纸烟盒、银卡纸烟盒的包装以及食品、茶叶、玩具、电子等彩印包装行业的粘接。

## 15.4.2　卷烟用胶黏剂的发展及应用现状

自 20 世纪 80 年代起，卷接速度快的卷烟机组纷纷引入国内，在引进卷烟机组初期，不得不配套引进卷烟用的系列胶黏剂，当时引进的卷烟胶大部分为聚乙酸乙烯酯均聚乳液类胶（俗称白胶）。进口卷烟胶满足了当时新引进设备的运行要求，且质量较好，但价格相对昂贵。当时国内有些胶黏剂生产厂家看到了卷烟行业对胶黏剂的要求，开始研发生产专用于卷烟行业的胶黏剂，由此国内才形成了卷烟胶这一专用胶黏剂品种。当时国内开发生产的卷烟胶也是以乙酸乙烯酯均聚乳液为基体的烟用胶黏剂。该烟用胶黏剂较好地解决了当时卷烟设备的用胶要求，设备可以达到较高的运行速度，也对包装材料有较好的适应性。

20 世纪 90 年代开始，我国引进更高机速的卷接及包装设备，包括 PROTOS70、PROTOS80、90E、ASSIM7000 和 ASSIM8000 等机型。卷接和包装速度进一步提升，对卷烟胶提出了更高的要求。卷烟机组车速的提高，要求胶黏剂具有优异的初黏性、干燥速度快，其中如何提高其干燥速度和初黏性是卷烟胶的技术难题。由于乙酸乙烯酯均聚乳液成膜温度较高，所成的胶膜也比较硬且脆，对复杂印刷的包装材料粘接能力较差。为解决这些问题，国外在此期间已开始使用以 VAE 乳液为基础的卷烟胶。我国是在 20 世纪 80 年代末期开始生产 VAE 乳液的，这为生产更高粘接速度和安全的烟用胶黏剂奠定了原料基础。其中，北京有机化工厂和四川维尼纶厂先后从美国公司引进的 $1.5 \times 10^4 t/a$ 的 VAE 乳液生产装置，为国内卷烟系列胶的生产提供了急需的新原料。VAE 乳液是在其分子内部引入了乙烯基，使其本身具有了永久的内增塑性能，降低了成膜温度，且所成的胶膜韧性较好。VAE 乳液避免了均聚乳液的短处，以它为原料的胶黏剂特别适合用于高速卷烟的生产。目前国内外用于高速卷烟机器的胶黏剂大多数是以 VAE 乳液为基础进行调配或改性的胶黏剂。

2000 年以后，部分高速卷烟机器开始国产化，以 VAE 乳液为基础的卷烟胶所使用的范围越来越广。随着近几年国内开始引进安装 HAUNI 公司的 M5、M8 卷烟机器，该设备运行速度更快，运行速度达到 12000 支/min 和 20000 支/min，M5 和 M8 设备在接装的涂布上进行了革新，不同于常规的辊涂上胶方式，该设备为喷涂上胶方式。此种上胶方式对接嘴胶的流变性能、初黏性和材料适应性等性能提出了更高的要求。与 M5 和 M8 配套的包装设备，其涂布方式也进行了变革，设备同时具备辊涂和喷涂两种上胶方式。应用于此系列设备的卷烟胶国外企业研制开发较早，目前已有相对成熟的产品，而在国内掌握相关配方技术的企业还较少。

　　卷烟胶在卷烟辅料中所占的比重很小，以前往往不被卷烟企业重视。随着烟草行业近些年来对卷烟辅料安全性的重视和逐渐的规范，卷烟胶的生产也从原来的粗放管理到现在的逐步规范。经过多方面的调研，国家烟草专卖局 2004 年发布了第一个卷烟胶行业标准 YC/T 188—2004《高速卷烟胶》，对卷烟胶的常规指标进行了规范，同时该标准对乙酸乙烯酯、重金属和砷也进行了限量。2008 年发布了卷烟胶中残存单体-乙酸乙烯酯的检测方法——YC/T 267—2008《烟用白乳胶中乙酸乙烯酯的测定 顶空-气相色谱法》。

　　从 2007 年开始，郑州烟草研究院标准化中心对卷烟胶中的可挥发性与半挥发性成分进行了调研，包括甲醛、苯及苯系物和邻苯二甲酸酯类，这三类物质是公认的能对人的健康及环境带来危害的物质，并与 2010 年发布了对以上三类物质的检测方法和内控限量标准。根据对挥发性与半挥发性成分的调研，2011 年中国烟草总公司发布了 YQ 5—2011《烟用水基胶挥发性与半挥发性成分限量》，包括对乙酸乙烯酯、甲醛、苯、甲苯、二甲苯和邻苯二甲酸酯类进行限量。其中卷烟胶中残存单体乙酸乙烯酯的限量为 $400\mu g/g$。残余单体含量从 2004 年至 2011 年七年间，由 $5000\mu g/g$ 降至 $400\mu g/g$，目前，大部分中烟公司对卷烟胶中残存单体乙酸乙烯酯含量限制为 $300\mu g/g$ 以下，甚至个别中烟公司要求残存单体为 $100\mu g/g$ 以下，可见要求越来越严格。

　　2012 年中国烟草总公司发布了 YQ 15—2012《卷烟材料许可使用物质名录》，对卷烟用材料生产过程中所使用的材料进行了规范，其中卷烟胶部分是 YQ 15.5—2012，该标准规定了卷烟胶的生产中可以使用的物质及用量要求，此标准之外的物质不允许添加。该标准中最大的亮点是不允许卷烟胶生产过程中使用硼酸，该标准对卷烟胶的生产企业影响较大。去掉硼酸后，卷烟胶生产企业只能通过调整配方，使性能接近有硼酸胶的性能，但不能完全达到。起初，在一些高速机器、难粘接材料的粘接和机器清洁运行方面，无硼酸卷烟胶遇到了一些挑战。但是通过近两年卷烟胶生产企业的研发，无硼酸胶已经能够适应烟草行业的粘接要求。

　　卷烟用热熔胶在烟草行业的应用包含两个方面：一是滤棒成型过程中热熔胶封边的应用；随着滤棒成型机的发展，滤棒生产速度越来越快，同时随着复合滤棒以及高透气度滤棒的大量使用，也对滤棒热熔胶的要求越来越高。二是在包装方面的应用，以往卷烟盒、条包装使用普通的烟用水性胶就可以满足包装的粘接要求，而如今随着高速包装机的应用，加上新型包装材料的不断引入，就需要粘接更快速、粘接力更强的包装胶，而热熔胶相对于水性胶来说，因为其粘接速度快，又适应不易渗透的材质粘接，对一些高速包装机和一些较难粘接的材质，热熔胶成了首选。

　　热熔型胶黏剂最大的优点在于：其粘接力建立速度非常快，适用于需要在很短时间内达到充分粘接效果的生产工艺；不论多孔性或无孔性的材料皆可用热熔胶粘接；在适当的贮存条件下，保质期较长。缺点是需高温应用，不适用于粘接不耐高温的材料。

　　目前水性卷烟胶绝大部分为 VAE 乳液和乙酸乙烯酯均聚乳液为基体的材料，两种乳液都为化工合成产品。卷烟胶的成分除以上两种乳液外，还有一些其他材料，卷烟胶里的各种成分，除自身含有的微量 VOC 外，搭口胶还参与燃烧，燃烧时释放出气体，直接影响人们的身体健康。随着人们对环保意识的提高及对卷烟胶安全性标准的要求越来越高，卷烟生产用胶正逐步向更安全、更环保和更高性能的方向发展。

　　淀粉胶安全性较高，在烟草行业有较长的应用历史。传统的淀粉胶由于粘接速度不够、粘接强度低、干燥时间长，不能满足高速卷烟机的要求。随着技术革新，通过对淀粉糊化后进行物理化学改性，使淀粉胶黏剂干燥速度和初黏性都得到提高，满足高速卷接机器的使用要求。现在很多卷烟胶生产厂家都在进行这方面的研究，有些厂家取得了不错的成果。

## 15.4.3 卷烟生产过程简介

现代意义的卷烟产品，其详细的制作过程大致要经过烟叶初烤、打叶复烤、烟叶发酵、卷烟配方、卷烟制丝、烟支制卷、卷烟包装七个大项的生产工艺流程，其中主要包括制丝（原料加工）、卷接（卷制成型）、包装（包装成品）三个主要过程。制丝工艺是将各种烟叶制成配比均匀、纯净无杂质，宽度、水分、温度均符合各等级卷烟工艺要求的烟丝。涉及卷烟胶的工艺主要指卷接工艺，包括喂丝、烟支卷制、滤嘴接装等工序。其工艺任务是充分发挥设备效率，将合格的烟丝按照制造规格及质量标准，卷制成合格的烟支，接装成滤嘴烟支。卷烟卷制的整个工艺流程分为卷制和接装两部分。卷制部分由烟丝进料、钢印供纸、卷制成型和烟支切割 4 个系统构成；接装部分由烟支供给、滤嘴供给、接装纸供给 3 个系统构成。在卷烟厂的卷制生产车间，有许多台卷接机组，可以同时完成相同或不同牌号与规格的卷烟卷制生产任务。卷烟包装工艺是指采用多种包装材料和包装机械，将经烘焙后水分合格的烟支，包装成符合产品质量标准、便于贮运和销售的成品。

### 参 考 文 献

[1] 梁文波，郑军．复合软包装的应用、制造工艺和发展趋势．化工科技市场，2008（12）：14-16.
[2] 韩锦平．复合软包装的发展新动向．中国包装工业，2002，2：25-26.
[3] 沈峰．水性聚氨酯粘合剂的特性．印刷技术，2006，10：31-32.
[4] 沈峰，邓煜东．水性聚氨酯粘合剂应用研究．印刷技术，2006，1：20-21.
[5] 李付亚．水性聚氨酯粘合剂水性聚氨酯粘合剂改性研究进展．中国胶粘剂，2007，2：45.
[6] 蔡小燕，杜郢，任筱芳．无溶剂双组分聚氨酯胶黏剂的研究进展．粘接，2012，3：81-83.
[7] 左光申．三类胶粘剂的优劣势及发展前景．印刷技术，2014，18：46-48.
[8] 科尔巴赫 G，拉玛林加姆 B．用于层压软包装材料的耐用粘合剂：CN 103180403A．2013-06-26.
[9] 曹贵昌，刘文富．卷烟胶的发展概况．轻工科技，2019，35：18-19.
[10] 罗恒，田井速．水基烟用搭口胶的发展与展望．中国胶粘剂，2018，4：43.

（杜海 沈峰 李盛彪 编写）

# 第16章

# 胶黏剂在纺织与服装行业中的应用

## 16.1 纺织与服装行业的特点及对胶黏剂的要求

随着高分子工业和纺织工业的发展，愈来愈多的高分子材料用到纺织品的加工中。20世纪40年代以后纺织工业中就开始使用胶黏剂，所用的胶黏剂大都为溶剂型热塑性胶黏剂，随着纺织品加工的发展，热固性胶黏剂、热熔胶黏剂已逐渐增多。为减少成本、改善环境，溶剂型胶黏剂逐渐被乳液型胶黏剂所取代。目前织物用胶黏剂主要应用在经纱上浆、织物涂料印花和染色、无纺织物加工、静电植绒、织物涂层整理、纺织品粘接及服装加工等方面。织物制造中使用胶黏剂后不但改变了操作工艺，减轻了劳动强度，降低了织物成本，而且大大提高了织物的外观质量和使用性能，如硬挺度、耐摩擦性、耐水洗性、防皱防缩性、防水性、抗静电性及阻燃性等。

### 16.1.1 纺织服装行业的特点

自从人类学会制作织物以来就开始使用胶黏剂来改性与制作特殊织物。我国在两千年前就会将生漆、桐油等涂布于织物上以达到防水、耐久的目的；唐朝以前就有人用动物胶将毛发粘成网，用来制造蚊帐。由于这些天然胶黏剂产量有限，只能用于一些特殊产品，在合成高分子化合物出现之前，织物用胶发展缓慢。上述一些特殊领域及处理后的织物用胶主要是利用淀粉等胶浆进行纺前上浆或纺后挺拔处理。大量的热固性树脂、热塑性树脂以及一些改性天然聚合物的问世为织物的生产提供了大量的胶黏剂，形成各种类型的织物。胶黏剂可以改善纱线或织物的表面性能和质量，使其易于加工；也可将颜料黏附于纤维织物表面，给予其鲜艳的色彩和耐久的牢度；或涂布于织物表面，赋予其防水透气、阻燃防火、卫生保健等多功能性；同时也能将不同种类的纤维或织物粘接在一起，制成非织造布或各种复合材料。

在日常服装种类中，正装西服、各种晚会用的礼服，以及冬天穿的较为厚重的呢子大衣等衣物常需要采用硬挺整理；一些纺织品需要将树脂引入棉线中间来实现防皱的目的，同时也利用胶黏剂的低表面能性质，将其沉积在纤维的表面，使织物不会被水和油类润湿；在涂料印花的过程中颜料可以通过胶黏剂固着在纤维的表面；对一些有特殊要求的纺织品，如消防员的防护服、室内装饰用纺织品等通常都需要进行阻燃整理，胶黏剂可以使阻燃剂固着在纤维或织物上，从而使织物获得阻燃性能。

## 16.1.2　纤维及纺织品的粘接特性

### 16.1.2.1　纤维物理性能对粘接的影响

（1）表面粗糙度　根据粘接的吸附理论，如胶黏剂能充分润湿纤维表面，则表面粗糙有利于粘接。反之如润湿性较差，则表面粗糙会减少接触界面，形成气孔，产生应力集中点，使粘接性能变坏。对同一种纤维而言，成纤工艺不同会产生不同粗糙度的表面，如一般用溶液法制成的聚丙烯腈纤维就比用熔纺法制成的纤维具有更大粗糙度的表面，当纤维构成织物时，织物表面很粗糙。因此，织物与胶黏剂的结合中，机械嵌入粘接起到很大作用。

（2）纤维横截面形状　纤维是横截面小、长径比大、柔软性好、宏观上均匀的一大类材料的总称。同样截面积的纤维，圆形截面周长最短，而截面为多边形时，周长随边数减少而增大，纤维表面积亦随之增大。对一定质量长度的纤维，纤维细度愈细，表面积愈大，纤维或其织物与胶黏剂结合时，粘接强度愈大。

（3）结晶度　聚合物形成纤维的特征之一是增大了结晶度，结晶度愈高，纤维的强度愈高；但作为被粘物，结晶度愈高，与常用胶黏剂的润湿性和相容性愈差，粘接强度愈低。

（4）纤维股线　连续长纤维股线的粘接效果不如短纤维股线，这是由于短纤维单丝端会伸入胶黏剂或聚合物中，提高粘接效果。

### 16.1.2.2　纤维表面的物理化学性质对粘接的影响

（1）表面极性　表面极性越强的纤维材料，与胶黏剂形成氢键的能力越强。表面极性的强弱可由对纤维表面完全浸润的液体的表面张力得到反映。

（2）表面反应性　含活性基团的纤维表面反应性较强，粘接效果也较好。高活性高表面能的棉纤维与橡胶的粘接性能较好，低活性低表面能的合成纤维则粘接效果较差，故常需用各种方法提高纤维表面的反应活性，改善粘接效果。

（3）表面污染物及异物情况　被粘物体表面异物是一种经常导致粘接不良的因素。纤维表面最常见的污染物是纤维制造过程中加入的抗静电剂及润滑剂，通常为油状液体的混合物。在大多数情况下，这些抗静电剂及润滑剂会降低粘接效果。

## 16.1.3　纺织与服装行业对胶黏剂的要求

织物用胶主要分为粘接和上浆涂布两大类，其基本性能要求可简单归结为足够的柔韧性、高的耐洗涤性（干洗与湿洗）和耐候性/耐久性，不影响或较小影响织物的外观与各种基本性能。对于织物粘接与涂料印花胶，多选用丙烯酸酯乳液共聚物，要求其具有较高的柔韧性、较高的粘接强度，能耐气候的变化。对于浆料则主要要求上浆、退浆容易。对于织物的各种涂层整理胶，要求易于与织物反应或黏附，能长期稳定存在，并较小影响织物的原有性能。由于织物多与人体直接接触，因此织物用胶的毒性及其在织物使用过程中产生的降解产物的毒性应是极低的。同其他胶黏剂一样，织物用胶也要求价廉易得。

对服装用胶黏剂的要求一般为：

① 无论面料是哪类纤维，均要求用极少量的胶黏剂而达到较强的粘接强度。

② 应避免对纤维（特别是化纤）造成损伤。根据不同纤维材料，制定加热加压条件，如用热熔胶时，一般要求压烫温度在 90～150℃，时间在 20s 左右。

③ 粘接时不能渗透到面料内部，但要有一定的浸润性。

④ 在日光照射下不发黄、不变色，耐日光老化。

⑤ 具有耐干洗性（如耐三氯乙烯等的干洗条件）。

⑥ 要求柔软而硬挺，并具有良好的手感。

# 16.2　无纺织物的历史、特点和用途及胶黏剂在无纺织物加工中的应用

无纺织物也称无纺布，是由纤维网或毡片用胶黏剂直接粘接而成的织物材料。同纺织织物生产过程相比，无纺织物生产工艺过程简单、劳动生产率高、工艺变化多、产品用途广，可应用的纤维原料范围广，几乎每种已知的纺织纤维原料都可应用于无纺织物生产。无论是天然纤维、化学纤维及它们的下脚料都可应用，对纤维长度与纤度的要求远没有纺织物生产那么高，许多无法纺纱的纤维，例如粗而硬的椰壳纤维、细而软的棉短绒等，都可以作为无纺织物的原料。许多难以用传统手段加工的无机纤维、金属纤维，如玻璃短纤维、碳纤维、石墨纤维、不锈钢纤维等，也都可用非织造方法生产，以制得一些性能优异而对于现代工业发展必不可少的特殊工业用布或毡。为了发展纺织新产品，合成纤维制造部门开发了一些特殊的合成纤维，例如耐高温的芳香族聚酰胺纤维、涂硅中空聚酯纤维、超细纤维、异型截面纤维等。它们难以采用传统的纺纱、织造工艺加工，但采用无纺织物加工技术可生产出耐高温的绝热材料、轻而暖的人造羽绒、高质量的人造毛皮等新材料。

## 16.2.1　无纺织物的历史、特点和用途

无纺织物的制造原理与造纸相似。早在 17 世纪，我国的西藏人民用牛毛直接压成毛毯，可以说这是无纺织物的起始。直至 1952 年，美国的 Pellon 公司生产出了服装用的内衬无纺布，才开始了无纺织物的商品化生产，当时把无纺织物称为"第三种织物"，或"20 世纪的布"。1957 年日本试制成了以合成树脂乳液胶黏剂浸渍纤维网制造的无纺织物。因为无纺织物与纺织物比具有制造工艺简单、可综合利用纺织废料或不适宜纺织的合成短纤维、织物弹性回复率好和成本低等特点，此后，无纺织物的生产便得到了快速发展。

无纺织物的性能与所用纤维原料有关。一般来说，棉纤维制成的无纺织物具有柔软、疏松、粘接性好等优点，常与其他纤维掺混使用；尼龙纤维无纺布柔韧性好，耐皱缩，可用作衣服里芯的无纺织物；聚酯及聚丙烯腈纤维常用于制造具有良好电绝缘性和耐化学品性的无纺布；醋酸纤维素纤维用于低密度网片、空气过滤及服装内衬的无纺布制造；人造丝、聚丙烯纤维则常作为针刺地毯背衬。某些综合性能较好的无纺织物由几种纤维掺混在一起制得。

无纺织物具有质量轻、弹性好、手感柔软、绝缘、隔声、耐酸碱、抗撕裂等优点，广泛用于医疗卫生、家庭装饰、服装、工程材料等领域中，如过滤材料、土建布、涂层织物基布、绝缘材料、耐热材料、隔声材料、防震垫料、合成革材料、病号衣、口罩、揩手巾、绷带、贴墙布、沙发布、床罩、农作物防护布、防寒保暖帐篷服装里芯和内衬、鞋帮和鞋衬、纱布、打字带、地毯背衬、包装袋、餐巾、手帕、尿布、医院及医疗用手术室用布、手术衣、毛巾、床单、旅馆及饭店中一次性用品（枕套、桌布、装饰及墙纸）、工业用布等。

## 16.2.2　胶黏剂在无纺织物加工中的应用

无纺织物的制造方法主要有粘接法、针织法和缝编法。其中用粘接法和针织法制造高强度无纺织物时会用到胶黏剂。

在采用粘接法制造无纺织物时，将原料先做成棉网或是纤维网，再把棉网和胶黏剂混合在一起，经过压烘制成布。粘接制造无纺织物，实际上就是胶黏剂与纤维二者的结合过程。粘接法制造无纺织物有干法及湿法两种。湿法类似于造纸工艺，目前生产大部分采用干法。

干法通常是将各种天然或合成纤维经清花、混棉、梳棉、气流成型等工序制成均匀的纤维堆积层，称为纤维网或毡片，然后采用浸渍或喷雾方法将胶黏剂涂布于网片表面，经烘焙干燥、固化即得到无纺织物。

针织法制造高强度无纺织布也是先把纤维做成棉网，用纱线把棉网缝合起来，再将做好的棉网缝合制成结实的无纺织物，然后使用胶黏剂进行表面喷涂或浸渍。

### 16.2.2.1　无纺织物用胶黏剂基本要求

无纺织物产品的强度、耐洗牢度、耐磨牢度、手感等指标均取决于胶黏剂的种类及用量。胶黏剂是无纺织物加工的重要材料，其基本要求是：

① 对特定的一种或几种纤维具有良好的粘接性，一定的手感柔软性。

② 根据无纺织物品种的最终用途，满足一定的强度、弹性、耐溶剂、耐热、耐洗，耐老化性等要求。

③ 良好的操作工艺性。

### 16.2.2.2　无纺织物制造中使用胶黏剂工艺简述

胶黏剂用于无纺织物制造的工艺方法主要有：

（1）印涂法　即利用印刷滚筒将胶液涂于纤维网片上。

（2）喷涂法　以喷雾方式将胶液喷撒于网片表面。

（3）浸渍法　网片直接浸于胶液中。

（4）发泡法　将胶液和发泡剂混合，网片浸渍且基本干燥后经加热胶膜发泡的同时形成粘接。

国内主要采用喷涂法及浸渍法。胶黏剂涂布后的网片，经 70～80℃ 或 100～130℃ 干燥炉烘干，然后根据胶黏剂及纤维品种的不同再通过 130～180℃ 加热炉加热，一般几分钟即可使胶黏剂充分交联固化，而完成整个制造流程。

### 16.2.2.3　无纺织物制造中常用的胶黏剂

无纺织物用胶黏剂，早期有水分散性酚醛树脂类、水溶性脲醛树脂类和淀粉类。20 世纪 50 年代初期，服装用无纺织物采用天然及合成橡胶胶乳，也有用热塑性树脂的有机溶液。后来大量采用的是合成树脂乳液胶黏剂，它约占全部无纺织物用胶量的 90%。使用的主要胶种有聚醋酸乙烯酯类、聚氯乙烯类、聚丙烯酸酯类及合成橡胶胶乳。其中聚丙烯酸酯类为最多，约占 85%。

无纺织物用胶黏剂按其外观状态可分为纤维状、粉末状、溶液状和乳液状四大类。纤维状胶是一种低熔点的热塑性合成纤维，如聚丙烯胶、EVA 胶、聚氯乙烯胶等；粉末状胶主要是聚乙烯胶、聚酰胺胶、EVA 类热塑性树脂粉末胶；溶液状胶主要是甲壳质乙酸溶液胶、纤维素黄原酸钠盐溶液胶、聚乙烯醇溶液胶、淀粉溶液胶等；在无纺织物加工中用得最多的是乳液状胶，如天然橡胶、丁苯胶乳、丁腈胶乳、聚丙烯酸酯乳液。按使用目的可分为空气过滤用胶，人造革基布用胶，尿布、手帕用胶，汽车室内装潢用胶，墙布胶，服装内衬用胶，医用一次性使用胶，聚酯纤维窗帘胶，纤维素纤维布胶和绝缘布胶等。

用于纺织行业的胶黏剂主要是合成胶黏剂，目前主要有以下几类：聚丙烯酸类、聚氨酯类、聚酰胺类、聚丁二烯类和聚醋酸乙烯酯（PVAc）类。其中聚丙烯酸酯类胶黏剂是应用最普遍的一类胶黏剂。聚丙烯酸酯胶黏剂是无纺布和植绒、植毛产品的优良胶黏剂，可用于浆纱、印花和后整理，用它整理过的纺织品挺括美观、手感好。聚氨酯胶黏剂具有卓越的耐酶菌性能、较高的粘接强度、优良的柔韧性、耐水和防水透湿等性能，在服装面料方面的应用越来越广泛，如面料复合、点缀饰品的粘接、印花等。在服装行业，传统方法是手工缝制，不但费时而且需要经验和技巧，若用热熔胶粘接，不仅降低成本，而且大大提高工作效率。用热熔胶粘接锁边、花边、装饰品等，不仅能与服装面料永久粘接，而且使服装耐穿、挺拔、圆润。热熔胶应用与织物粘接遇到的最大障碍是织物的清洗，即耐干、湿洗性，耐水洗细腻感，由于聚酰胺热熔胶具有优异的耐水洗性和耐干洗性，因此聚酰胺热熔胶占领了服装行业热熔胶的主要市场。

# 16.3　胶黏剂在黏合衬布加工中的应用

服装黏合衬布是指在基布或者无纺布上采用喷熔法、粉点法或糊点法等方法涂覆胶黏剂来获得相应性能的服装辅料。它的使用一方面能使服装更加挺括、轻盈、柔软、舒适、透气性好，另一方面也能大大简化服装加工工艺，适宜于服装的工业化生产。

## 16.3.1　黏合衬布的历史、特点和用途

1930 年德国库夫纳公司开始研制黏合衬布；1954 年英国人研制出了局部黏合衬布，这可以看作黏合衬布行业的起步；1958 年首批热熔黏合衬布问世，并逐步实现了工业化大生产。热熔性服装黏合衬布是 20 世纪 60 年代发展起来的新材料，英国最早将聚乙烯粉末撒在衬布上，热定型后，制成热熔黏合衬布，用于风衣压领，随后又使用了聚氯乙烯热熔衬、乙烯-醋酸乙烯共聚物热熔衬、聚酰胺热熔衬等。进入 20 世纪 70 年代，热熔黏合衬布在德、日、美等国广泛应用，达到了高速发展阶段，并带来了服装工业划时代的变革，以日本为例，1981 年服装黏合衬布消耗的热熔胶黏剂就有 5000t 之多。

我国黏合衬布研制起步较晚，而且由于当时生产技术差、热熔胶品种少、机械设备相对落后等因素的影响，导致生产的黏合衬布质量较差，透气性、回弹性差，手感硬，热熔胶涂覆不均匀，极大地限制了黏合衬布的使用范围。20 世纪 80 年代，我国的黏合衬布生产得到了快速发展，引进了近 60 条生产线，建立了 160 余家专业衬布工厂，形成了具有一定规模的衬布生产体系，并逐步向高档化、系列化方向发展。20 世纪 90 年代，我国黏合衬布质量逐步提高，品种不断增加，涂层工艺及设备也日趋齐全。而进入 21 世纪后，我国的黏合衬布行业得到了飞速发展，不仅质量更进一步，而且品种、性能也出现多样化，已出口到世界 40 多个国家和地区，产品质量达到国际先进水平，从而实现了我国黏合衬布工业从无到有、从小到大的目标，已形成从原材料到涂层生产线、前处理、后整理，以及测试方法与标准、服务贸易等较为完整的生产体系。

## 16.3.2　黏合衬布的分类、粘接特点及制造方法

### 16.3.2.1　黏合衬布的分类与粘接特点

黏合衬布涂覆的热熔胶都具有热塑性，可以在加热条件下起到胶黏剂的作用，使用时只要将黏合衬布裁成需要的形状，然后将涂有热熔胶的一面与面料的背面相贴，经压烫，热熔胶即熔化成为一定黏度的黏流体而浸润于面料背面，使衬布与面料成为一体。

黏合衬布可按涂层方法、涂布形状、底布种类、热熔胶种类、使用部位和作用进行分类。

（1）按涂层方法分　有热熔转移衬布、撒粉黏合衬布、粉点黏合衬布，还有喷射法和熔融法生产的衬布。

（2）按涂布形状分　有规则点状粘接衬布、无规则点状粘接衬布、断线状粘接衬布、计算机网状粘接衬布（胶粒间距相等但排列无规则）、网状粘接衬布、裂纹薄膜状粘接衬布

（在热熔胶薄膜上有六角形裂纹）等。

（3）按底布种类分　有机织黏合衬布、针织黏合衬布、非织造黏合衬布。机织黏合衬布是指基布为纯棉或棉与化纤混纺的平纹机织物的黏合衬布。其经纬密度接近，各方向受力稳定性和抗皱性能较好。针织黏合衬布的底布大多采用涤纶或锦纶长丝经编针织物和衬纬经编针织物，使其既保持了针织物的弹性，又具有较好的尺寸稳定性，特别是衬纬起毛针织底布，不仅改善了衬的手感，还可避免热熔胶的渗透。非织造黏合衬布使用的原料可以是一种纤维，也可以用几种纤维混合而成。常用的有黏胶纤维、涤纶、锦纶、腈纶和丙纶等。

（4）按热熔胶种类分　有聚乙烯黏合衬布、聚酰胺黏合衬布、聚酯黏合衬布、聚氯乙烯黏合衬布，乙烯-醋酸乙烯共聚物（EVA）黏合衬布、聚氨酯黏合衬布等。聚乙烯黏合衬布，用聚乙烯（PE）作热熔胶，使用时需用高温高压粘接，要严格控制温度、压力、时间等工艺条件进行压烫加工，可用于永久高温水洗而不进行干洗的服装；聚酰胺黏合衬布，用聚酰胺（PA）作热熔胶，可用熨斗或其他压烫方式，因此应用广泛；聚酯黏合衬布，用聚酯（PET）作热熔胶，有较好的耐洗涤性能，熔点在 PE 和 PA 之间，其压烫粘接的温度亦需适当控制。另外，聚氯乙烯黏合衬布、乙烯-醋酸乙烯共聚物黏合衬布、聚氨酯黏合衬布也都有不同的工艺条件要求和适用范围。

（5）按衬布使用部位和作用分　可分成定型衬、补强衬、硬挺衬和填充衬。定型衬可以使服装具有弹性、成型性、保暖性等性能，主要使用在服装前身、胸襟、衬领、驳领、挂面肩部等；补强衬可以防止布料伸缩、固定扣眼等，用于袖窿、领衬、纽门、袋盖、袋口；硬挺衬使服装挺括、平整，用于领尖、袖口、门襟、腰带、下领；填充衬是填充衣服的某一部分，使其丰满，主要用于肩袖的支撑部分。

黏合衬布最大的特点是"以粘代缝"效果显著，大大简化了传统的手工复衬工艺，使服装加工逐渐从原来的劳动密集型产业向技术密集型和高效益型产业发展，适合现代工业化生产的需要；依托先进的材料和加工设备，使生产的产品达到标准化、高速化、现代化的要求。黏合衬布另一个显著的特点就是品种非常丰富，可以适应各种不同服装、不同部位、不同用途的要求。有各种底布的黏合衬布、采用各种热熔胶的黏合衬布、使用各种涂布方法的黏合衬布，因此，可以有不同的厚度，不同的弹性、缩率，不同的软、硬手感和不同的耐水洗或耐干洗的性能，适应各种服装的需要。

## 16.3.2.2　黏合衬布的制造方法

目前，黏合衬布主要由衬布在热熔胶黏剂辅助下制成。工艺过程涉及涂布方式、压烫机械、压烫条件，现分述如下：

（1）涂布方式　热熔胶黏剂涂布在基布上，采用的方式和工艺决定于衬布的性能和应用范围，涂布方式主要有撒粉、粉末印点、热熔印点和筛网浆点等四种。

① 撒粉。将粉体装入贮粉漏斗，经过两片刮粉刀，将粉体在给粉辊表面刮清并填满给粉辊上雕刻的孔坑。毛刷辊与给粉辊平行，它的旋转方向与给粉辊同向，线速度为其 4～7 倍。毛刷辊转动时将粉体从给粉辊坑内刷出，形成雾状，散落在两层由电磁铁吸动的相向运动的振动网上，对粉体再行分配，使之均匀。基布经展平被撒粉后，进行烘焙熔于基布上，趁热将热熔胶从点状轧平成片状，经冷却卷取，制得无规片状黏合衬布。

② 粉末印点。这种方法是利用有一定坑点的雕刻辊，将热熔胶粉体转移到织物上，可按衬布不同用途设计不同密度的点子排列，调换各种雕刻辊可生产各种衬布。

③ 热熔印点。应用此法时，系将颗粒状热熔胶黏剂通过熔融挤出填充在雕刻辊孔点坑内，趁热转印在基布上，经轧扁冷却后收卷，中间无需烘道再加热。热熔胶状态不受粉体的限制，颗粒状也适用，并且经过捏合熔融造粒可以调配多种性能的热熔胶黏剂，在目前缺乏

深度冷冻造粉设备的情况下，是较为可行的涂布生产方式。

④ 筛网浆点。本法是根据印染厂筛网印染法的原理制成的。系将粉状热熔胶黏剂制备成浆料，然后通过机械手段印染到基布上。

（2）压烫机械　压烫设备一般有热定位机、上下压式压烫机、连续滚压式压烫机和熨斗等。热定位机作用是将黏合衬布与面料做一初步相对定位，以便正式定型整烫，并避免在整烫中工件的错位；黏合衬布与面料经上下压式压烫机热合定型，以达到粘接牢固、保型持久的性能；采用滚动式压轮连续压烫，可提高工作效率；手工压烫采用熨斗熨烫。

（3）压烫条件　黏合衬布粘接加工工艺参数主要有三个：温度、压力和时间。衬布与面料的热熔胶粘接通常是在压烫机上进行的，压烫工艺参数主要决定于衬布上热熔胶的种类和性能，面料及压烫设备对其也有一定的影响。

## 16.3.3　衬布黏合用的胶黏剂种类

### 16.3.3.1　胶黏剂的基本要求

最早市场上的粘接黏合衬布主要是使用脲醛树脂制备，其硬挺度、折皱弹性较好，制备容易，成本低，所以使用广泛，但其容易产生甲醛，对消费者健康产生影响。我国从 2003 年 1 月起，对纺织品的甲醛含量做了限定（GB 18401—2001《纺织品甲醛含量的限定》），并强制执行。后来由于热熔胶具有粘接速度快、无毒、粘接工艺简单、较好的粘接强度与柔韧性等优点，开始逐步应用，尤其是在衬布业界，热熔胶的使用，极大地促进了衬布业的发展。目前，衬布上应用的热熔胶主要有改性聚丙烯酸酯、乙烯-醋酸乙烯共聚物、聚酯、聚酰胺、聚乙烯等为原料的热熔性品种。其中改性聚丙烯酸酯热熔胶由丙烯酸酯、苯乙烯和丙烯腈共聚而成，熔点范围为 60～150℃，制得的热熔黏合衬布具有较高的粘接强度、优良的耐干洗性和耐水洗性。

近年来，热熔胶在衬布领域应用也有一些其他进展，如用丙烯酰胺并辅以三聚氰胺和乙二醛合成的无甲醛衬布树脂，高性能聚酯、热塑性聚氨酯、湿固化反应型聚氨酯等。

### 16.3.3.2　胶黏剂几种主要类型及特点

粘接黏合衬布中用到的胶黏剂按照树脂体系的存在状态可分为如下三类：

（1）溶剂型胶黏剂　溶剂型胶黏剂是产量较大的一类胶黏剂，它是以橡胶、塑料为主体材料，将配合剂溶解到溶剂中而制成，其特点是靠溶剂挥发而固化，初粘力高、弹性大、剥离强度高等。由于织物通常与人体直接接触，因此衬布中胶黏剂的毒性、挥发性及其在使用过程中产生的降解产物的毒性应限制在极低值；而且胶黏剂在生产加工中对人体和环境的污染、毒性正越来越受到人们的关注，因此溶剂型胶黏剂在织物中的使用越来越受到限制。

（2）热熔胶　热熔胶是黏合衬布加工中用得最多的一类胶黏剂，热熔胶性能主要包括两个方面：一是热性能，即熔融温度和黏度，这决定黏合衬布的压烫条件；二是粘接牢度和耐洗性能，即耐水洗和干洗的性能。常用的五大类热熔胶如下：

① 聚酰胺（PA）热熔胶。聚酰胺俗称尼龙，用其制成的胶黏剂有较强的粘接力和较好的耐干洗性能，手感柔软，弹性好，耐水洗性能稍差，多用于耐干洗的外衣黏合衬布上。

② 聚乙烯（PE）热熔胶。聚乙烯热熔胶有高密度聚乙烯（HDPE）热熔胶和低密度聚乙烯（LDPE）热熔胶之分。高密度聚乙烯热熔胶有很好的耐水洗性能，粘接牢度高，手感硬挺，弹性好，但不耐干洗，粘接温度较高，常用于衬衫黏合衬布等；低密度聚乙烯热熔胶耐干洗和耐水洗性能较差，但它有较低的粘接温度，常用作各类不耐热的服装如皮革、裘皮服装的黏合衬布。

③ 聚酯热熔胶。聚酯热熔胶有较好的耐水洗和耐干洗性能，粘接度高，手感柔软，弹性好，对涤纶纤维面料的粘接力特强。常用于外衣衬布等、衬衫衬布等。

④ 聚氨酯热熔胶。聚氨酯热熔胶可分为两类：一类是热塑性聚氨酯弹性体热熔胶，另一类是反应型聚氨酯热熔胶。后者又分封闭型和湿固化热熔型。

⑤ 乙烯-醋酸乙烯（EVA）热熔胶。乙烯-醋酸乙烯热熔胶具有粘接牢度高、熔点低的特点，但耐水洗和干洗性能差，经过改性后的乙烯-醋酸乙烯热熔胶（EVAL）耐水洗性能有所提高，可用于外衣衬布、衬衫衬布等。

（3）水性胶　水性胶黏剂用水作为分散介质，不会带来环境问题，其黏度与固含量很容易被控制，可制得低黏度高固含量或低固含量高黏度的组合，同时水为介质，对基布的渗透力与润湿程度也容易控制，因而也有较高程度的应用。因黏合衬布在后续使用中需要起到粘接作用，所选用的胶黏剂树脂在常温下不能反粘，在一定温度压力条件下能产生黏性，因而选择较多的是水性聚氨酯胶黏剂（PUD）和乙烯-醋酸乙烯共聚物（EVA）胶黏剂。

## 16.3.4　黏合衬布的质量要求

黏合衬布虽然用作服装衬里，但其质量要求在某些方面要严于面料。其道理很简单，因为一小块衬布的质量问题可以影响一件服装的使用价值。黏合衬布作为纺织品，除要做一般的外观质量检查外，特别着重于对其内在质量和使用性能的要求，以保证制成服装的使用价值。根据服装行业的热熔胶黏剂实用手册，服装领域黏合衬布的质量应满足下述要求：

① 衬布与不同面料粘接均能达到一定的剥离强度，在使用期限内不脱胶。

② 外衣黏合衬布要手感柔软、耐化学药剂干洗，40℃以下温水洗涤时，不脱胶、不起泡。

③ 衬衫黏合衬布有适当的硬挺度，弹性好，90℃以下热水洗涤，不脱胶、不起泡。

④ 衬布能在较低的温度下与面料压烫粘接，压烫时不会损伤面料和影响织物的手感；衬布的热压收缩与面料相一致，压烫粘接后，具有较好的保型性。

⑤ 在压烫和去污时，能耐蒸气加工，压烫粘接无透胶现象。

⑥ 有较好的透气性，良好的可剪切性，剪裁时不沾刀片，衬布切边也不相互粘连。

⑦ 有良好的缝纫性，在缝纫机上滑动自如，不会沾污针眼。

对于皮革、裘皮、鞋帽、地毯、贴墙布等用衬布，其质量要求会较服装衬布低。

# 16.4　胶黏剂在静电植绒织物中的应用

用胶黏剂将短的单丝纤维在织物、无纺织物等基材表面垂直固定，使其具有天鹅绒、丝绒、羊绒等的外观和手感，称为植绒织物加工。植绒一般有机械植绒和静电植绒两种，目前以静电植绒为主。静电植绒是利用电荷同性相斥、异性相吸的物理特性，使绒毛带上负电荷，把需要植绒的物体放在零电位或接地条件下，绒毛受到异电位被植物体的吸引，呈垂直状加速飞升到需要植绒的物体表面上，由于被植物体涂有胶黏剂，绒毛就垂直粘在被植物体上了，因此静电植绒是利用电荷的自然特性产生的一种生产新工艺。

## 16.4.1　静电植绒织物的性能、用途和加工方法

### 16.4.1.1　静电植绒织物的用途和性能特点

20 世纪 30 年代初砂纸采用静电法生产后，静电植绒工艺才趋于完善。60 年代中期，由

于丙烯酸酯共聚乳液，特别是交联型乳液胶黏剂的应用，提高了静电植绒制品的性能，使之数量得到大幅度地增长。目前，静电植绒因其绒面、刺绣感的独特装饰效果以及工艺简单、成本低、适应性强的特点，应用领域非常广阔。

### 16.4.1.2　静电植绒织物的基材种类及粘接特点

可作为静电植绒织物的基材有黏胶、棉、尼龙、聚酯等的编织物和无纺布。绒毛一般用黏胶、棉、尼龙、聚丙烯、聚酯等纤维。

纺织品要求洗涤牢度和干洗牢度，因此必须用耐水洗、耐溶剂性特别好的胶黏剂进行静电植绒加工。当使用伸缩性特别大的针织品等植绒时，需注意防止胶黏剂层出现裂纹；为防止手感变硬，需辅助添加柔软剂；为提高干燥效率，必须尽可能使用高含固量的胶黏剂。

不同纤维品种制成的植绒织物性能不同，如棉纤维植绒织物可得到柔软的表面，但耐摩擦性差；人造丝植绒容易加工，质量近于棉，耐摩擦性稍高，但受压易倒毛；聚纤维植绒价格较高，耐湿性、耐摩擦性均较好；绒毛长度对植绒的外观、手感有重要影响，$0.05\sim0.2cm$ 长的绒毛可制得天鹅绒或山羊皮状织物，而长度在 $0.6cm$ 时常用作地毯织物植绒。

### 16.4.1.3　静电植绒织物生产方法

植绒加工有机械加工、静电植绒、手工植绒及高频法等多种方法，静电植绒工艺根据绒毛飞扬方向的不同，植绒加工可分为下降法、上升法、横向飞跃法和向上向下飞跃法。国内植绒加工设备中 80％以上采用下降法，它的上极板是一块板型金属网框，下极板是一块金属平板托架，上面铺有网印有胶黏剂的待植绒基布，上、下两块极板分别用导线连接在高压静电发生器上的正、负输出端。料斗中的绒毛，由于供毛轴的旋转，落到金属网负极上。因绒毛在降落过程中与负极接触而带电，导致部分地按电场方向排列。同时绒毛在电场中发生极化，与负极极性相同的电荷集中在远离负极的一端，而正电荷却集中在靠近负极的一端。当绒毛与负极接触时，由于电极的电导率比绒毛高，会在纤维中产生导电电流，绒毛会产生负电荷，使绒毛在电场中具有很大的伸直度和飞翔性，以较高的速度垂直下落到网印有胶黏剂图案的基布上，形成精美的绒面图文。在静电植绒加工中，绒毛除了因接触而带电外，又因进入电场受到极化作用而带电，保证了绒毛向正极板方向运动，促使绒毛在均匀电场中不停地转动，使得绒毛直立于基布表面而不会平躺在上面。

静电植绒工艺示意图见图 16-1。

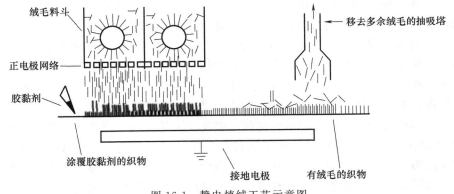

图 16-1　静电植绒工艺示意图

植绒工艺流程简单表示如下：

绒毛制备：丝束浸润→切割→染色→水洗→电着处理→水洗→烘干→过筛；

静电植绒：进料→上浆→植绒→预烘→焙烘→刷毛→后整理→成品。

# 16.4.2　静电植绒用胶黏剂

胶黏剂在基材上起着固定绒毛的作用。使用的植绒胶黏剂将决定植绒制品质量的优劣，所以胶黏剂在整个植绒加工中所起的作用是举足轻重的。根据不同的基材和绒毛可选用不同的胶黏剂。植绒胶黏剂有水性胶黏剂、溶剂型胶黏剂、热熔型胶黏剂三种。

### 16.4.2.1　静电植绒织物中胶黏剂的选用

静电植绒织物的牢度、手感等主要指标主要依赖于所用的胶黏剂，它对胶黏剂的基本要求是：

① 对基材及绒毛有良好的润湿性和高的粘接力；

② 与染料及其他树脂、添加剂混溶性好；

③ 胶液有较低表面张力，绒毛易植入；

④ 有足够的有效粘接期，在绒毛植入前不会成膜；

⑤ 在适当温度下干燥后不产生明显收缩，胶膜柔软而坚韧；

⑥ 胶膜稳定性好，耐温、耐干洗、耐老化、耐水。

根据上述基本要求，静电植绒适用的胶黏剂与无纺织物用胶黏剂相似。主要有丙烯酸酯共聚物胶黏剂、醋酸乙烯共聚物胶黏剂、聚氯乙烯类乳液胶黏剂、合成橡胶胶乳胶黏剂以及供改性掺混用的聚氨酯胶黏剂、三聚氰胺胶黏剂、脲醛树脂胶黏剂、酚醛树脂胶黏剂、环氧树脂胶黏剂等。

由于交联型丙烯酸酯共聚乳液胶黏剂（可组成千百种性能各异的品种），除具有黏度易调节、胶膜柔韧、无色、无毒、不燃烧、操作卫生安全等特性外，还具有对各种基材及绒毛有良好的粘接力、绒毛直立性好、耐气候、耐干洗等综合性能，所以用量最大，应用面最广。丙烯酸酯类乳液胶黏剂耐水性、耐洗涤性好。丙烯酸酯类乳液胶黏剂和交联型丙共聚乳液胶黏剂占静电植绒用胶黏剂总量的 $80\%\sim85\%$。

### 16.4.2.2　静电植绒胶黏剂产品形式及施胶工艺

（1）溶剂型植绒胶　溶剂型植绒胶黏剂有环氧树脂胶黏剂、聚氨酯胶黏剂、醇酸树脂胶黏剂等，靠溶剂挥发而固化，具有初粘力高、弹性大、剥离强度高的特点，但因胶黏剂在生产加工中对人体和环境的污染，植绒产品使用过程中残留挥发物的毒性、挥发性对使用者和环境造成危害，溶剂型胶黏剂在织物中的使用越来越受到限制。

（2）热熔型植绒胶　热熔型植绒胶主要有 EVA 胶黏剂、聚酰胺胶黏剂、聚酯胶黏剂、SBS 胶黏剂、聚氨酯胶黏剂等种类，100%固含量，无毒无味，无溶剂公害，不燃烧；不需要干燥工艺，粘接工艺简单；产品本身是固体，便于包装、运输、储存，占地面积小；有较好的粘接强度，有柔韧性。但需配备专门的热熔设备来施工。

（3）乳液型植绒胶　乳液型植绒胶树脂一般使用丙烯酸酯、醋酸乙烯酯、丙烯酸酯共聚树脂、EVA 共聚树脂、合成橡胶（如丁腈橡胶、丁苯橡胶）等。乳液型植绒胶适用期长，胶黏剂容易涂布，不会因溶剂而产生易燃性和毒性，可用水稀释、便于操作，使用量大，占90%以上。乳液型植绒胶耐水性、耐洗涤性以丙烯酸树脂乳液胶黏剂为佳，它能形成无色透明的皮膜，皮膜硬度可调，对许多纤维都能产生较高的粘接力，有抗紫外线、热、臭氧的能力，而且经时变化较小。

# 16.5 胶黏剂及助剂在织物印染、上浆和整理过程中的应用

## 16.5.1 织物印染及整理的历史和工艺

印染又称为染整，是一种加工方式，也是前处理（染色、印花）和后整理（洗水等）的总称。通过使染料和纤维物之间发生物理或化学变化，使纺织物具有一定色泽、光泽度。根据印染对象的不同，可以将印染过程分为棉纺织印染、麻纺织印染、毛纺织染整、丝绸印染等。

我国古代劳动人民很早就利用植物对纺织品进行染色。使用染料的历史可以追溯到旧石器时代的山顶洞人时期，据考证那时人们已会在装饰品的石珠上染色。早在新石器时代晚期，我们的祖先就开始使用天然色素进行染色和装饰，例如用赤铁矿粉末将麻布染成红色。据记载，在夏代，我国就已使用蓝草进行染色。商周以后，已经掌握了利用多种矿物、植物染料染色的技术。西周时期已经有采用锦鸡羽毛作为染色色标等技术管理的方法和负责染、织、服的分工、管理官员的情况。当时所采用的植物染料主要有：茜草、蓝草、栀子、黄栌、橡斗、紫草、荩草等。茜草是当时染红色的主要染料，以明矾为媒染剂即能得到鲜艳的红色。到了春秋战国时期，设"染人"掌染丝帛，并且已经广泛采用含有单宁酸的植物染料，用媒染法染黑，媒染剂为青矾（盐铁类化合物）。到了明清时期，染织品当中以药斑布最为发达，其用涂柿浆的油纸作镂空花版，用豆粉和石灰防染剂，与现存民间蓝印花布工艺基本相同。但现在手工印染仅在某些落后偏远的村寨地区得以保存，比如贵州的蜡染、南通的蓝花布、云南和湘阳的扎染等。

国外的手工印染技术也经历了漫长的发展，拥有悠久的历史。例如印度也有扎染、蜡染的技术，还有一种凸版印花的技术，有着属于印度的独特风格，更偏向于民族装饰，其中更为著名的一种印染技术就是"萨拉萨"。受唐代文化的影响，日本将扎染刺绣、手绘、型印等结合，形成了一种新式印本工艺"友禅染"。东非的"康茄图案"与"树皮布"也十分著名，并出现晕染、拖杂、型染、泡蜡等新式印染方法，风格粗犷。欧洲的印染技术开创了近现代印花图案设计与印花工艺革命的先河，其印花布风格脱离东方的影响，以写实的手法绘制法国田园风景为主的"朱依图案"，印花工艺上用铜版印花代替了木版印花，从古典的写实到现代的抽象是欧洲图案设计的总体风格趋势。

草木染料见图 16-2。

染整方法是对纤维、纱线、织物等纺织材料进行练漂、染色、印花、整理的综合工艺方法。通常的印染流程为：配坯→缝头→退浆→煮练→漂白→浸轧染液→汽蒸固化→热熔固化→调浆→制版→辊筒印花→高温蒸化→退浆→浸轧树脂→焙烘→定型。

图 16-2 草木染料

## 16.5.2 胶黏剂在织物印染加工过程中的应用

传统方法进行的纺织品染色后染色牢度往往达不到预期要求，造成染色织物牢度差的原因：一是染料和纤维之间的结合力较小；二是大量染料分子结构中存在亲水性基团如磺酸

基、羧基等,这样织物在洗涤过程中,容易溶于水而脱落,造成湿摩擦牢度降低。为提高染色牢度,往往需要引入胶黏剂。印染加工过程包括前处理、染色、印花和后整理,其中每一个环节都会涉及胶黏剂的使用。

(1) 印染前处理过程中所涉及胶黏剂及助剂类型　印染前处理包括准备、烧毛、退浆、煮练、漂白、丝光等工序,应用化学和物理机械作用,除去纤维上所含有的天然杂质以及在纺织加工过程中施加的浆料和沾上的油污等,使纤维充分发挥其优良的品质,是织物具有洁白的外观、柔软的手感和良好的渗透性,以满足生产的要求,为染色、印花等下一步工序提供合格的胚布。主要涉及助剂如表面活性剂、渗透剂和乳化剂。

表面活性剂使用较多的是阴离子表面活性剂、非离子表面活性剂,此外尚有少量两性型表面活性剂。其中阴离子表面活性剂使用较多的是:烷基磺酸钠、烷基苯磺酸钠、丁基萘磺酸钠、十二烷基硫酸钠、烷基硫酸酯钠、硫酸化蓖麻油等。非离子表面活性剂使用较多的是:脂肪醇聚氧乙烯醚、烷基酚聚氧乙烯醚、椰子油聚氧乙烯醚、烷基醇酰胺、环氧乙烷-环氧丙烷共聚物等。前处理助剂多数是非离子表面活性剂与阴离子表面活性剂的复配物。

渗透剂全称是脂肪醇聚氧乙烯醚,属非离子表面活性剂。在前处理过程有退浆用渗透剂、煮练用渗透剂、漂白用渗透剂、丝光用渗透剂等,常用的渗透剂有蓖麻油酸丁酯的硫酸酯、丁基萘磺酸钠盐等。在中性溶液中,琥珀酸二辛酯磺酸钠的渗透能力特别强;在酸性溶液中除了上述品种外,常用脂肪醇聚氧乙烯醚或烷基酚聚氧乙烯醚;而在强碱性溶液中,如丝光过程则要用较短碳链的硫酸酯(如辛醇硫酸酯)。

乳化剂是指能够使乳浊液稳定的表面活性剂,纺织过程中由于要改进丝、纱的润滑性能,往往要上油。但在印染加工前要去掉油,以免影响染色,所以在这些纺织油剂中就要事先加入乳化剂,或者在清洗浴中添加乳化剂来保证清除油斑,一般是用非离子表面活性剂。纤维或织物上的油剂、油污及为了上浆和织造高速化而加的乳化石蜡及良好的平滑剂的去除需采用表面活性剂(主要是阴离子型和非离子型)。

图 16-3　染色布料

(2) 染色过程中涉及胶黏剂及助剂类型　染色是借助染料与纤维的物理或化学的结合影响物质本身而使其着色。天然染色有时需要用媒染剂,合成染色也需要使用一些助剂。通过染色可以使织物呈现出人们所需要的各种颜色。

染色布料见图 16-3。

染色涉及的胶黏剂及助剂见表 16-1。

表 16-1　染色涉及的胶黏剂及助剂

| 项　目 | 作　用 | 常用胶黏剂 |
|---|---|---|
| 胶黏剂 | 外观为带荧光的白色乳液,非离子/阴离子型。pH 6.5。含固量为(25±1)%。为核壳结构型胶黏剂 | 涂料染色胶黏剂 MCH-204、胶黏剂 LY-1810、大米淀粉 |
| 匀染剂 | 能使纤维纱、线或织物在染色过程中染色均匀,不产生色条、色斑等疵点的添加剂。包括亲纤维型和亲染料型添加剂 | 棉用匀染剂、羊毛匀染剂、涤纶高温分散匀染剂、腈纶阳离子匀染剂、锦纶匀染剂等 |
| 乳化剂 | 能够改善乳浊液中各种构成相之间的表面张力,使之形成均匀稳定的分散体系或乳浊液的物质 | 乳化剂 OP 系列、乳化剂 LAE-9、乳化剂 TX-7、乳化剂 SE-10、乳化剂司盘、乳化剂吐温、乳化剂 OS、乳化剂 FM 等 |

续表

| 项　目 | 作　用 | 常用胶黏剂 |
| --- | --- | --- |
| 分散剂 | 是一种在分子内同时具有亲油性和亲水性两种相反性质的界面活性剂。可均一分散那些难以溶解于液体的无机、有机颜料的固体及液体颗粒,同时也能防止颗粒的沉降和凝聚,形成安定悬浮液所需的两亲性试剂 | 分散剂 BZS、扩散剂 C1、分散剂 CNF、分散剂 CS、分散剂 DAS、分散剂 DDA881、分散剂 HN、分散剂 MF、分散剂 IW、分散剂 S、分散剂 WA、分散剂 CMN 等 |
| 防泳移剂 | 染料与防泳移剂吸附后形成较松散的凝聚体,当凝聚体的颗粒大于纤维之间的毛细管直径时,染料凝聚体就会滞留在纤维的毛细管中,不会随着水分子的挥发产生泳移现象,从而避免产生染色疵点 | 一类是天然高分子物质,如海藻酸钠、工业明胶等;另一类是丙烯酸、丙烯酰胺等的共聚体 |
| 消泡剂 | 纺织品在加工过程中,容易产生泡沫。在印染各工序中要迅速消除泡沫或避免泡沫产生,就必须添加纺织印染用消泡剂 | 聚醚类消泡剂、有机硅类消泡剂、聚醚改性聚硅氧烷类消泡剂等 |

（3）印花过程中涉及胶黏剂及助剂类型　印花使染料或涂料在织物上形成图案的过程为织物印花,在印花过程中需要加入凝胶,使染料牢固附着在面料上。印花工艺流程框图见图 16-4。

图 16-4　印花工艺流程框图

图 16-5 为印花布料和印花衣物。

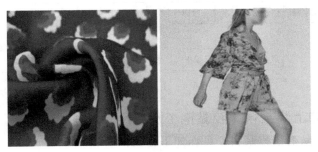

图 16-5　印花布料和印花衣物

印花过程涉及胶黏剂及助剂见表 16-2。

表 16-2　印花过程涉及胶黏剂及助剂

| 项目 | 作　用 | 常用胶黏剂 |
| --- | --- | --- |
| 胶黏剂 | 胶黏剂,俗称"胶"。它是将两种材料通过界面的黏附和内聚强度连接在一起的物质,对被粘接物的结构不会有显著的变化,并赋予胶接面以足够的强度 | 涂料印花胶黏剂 SHW-T、印花胶黏剂 AH-101、胶黏剂 LY-1810、低温胶黏剂,水性胶黏剂等 |
| 助溶剂 | 难溶性药物与加入的第三种物质在溶剂中形成可溶性分子间的络合物、缔合物或复盐等,以增加药物在溶剂中的溶解度,这第三种物质称为助溶剂 | 硫代双乙醇、苄氨基苯磺酸钠、酞菁溶剂等 |
| 乳化剂 | 是能够改善乳浊液中各种构成相之间的表面张力,使之形成均匀稳定的分散体系或乳浊液的物质 | 乳化浆 A、乳化剂 O、乳化剂 OS、乳化剂 FM、乳化剂 BD-50X、乳化剂 aeo-7、乳化剂 M 等 |

续表

| 项目 | 作 用 | 常用胶黏剂 |
|---|---|---|
| 分散剂 | 是一种在分子内同时具有亲油性和亲水性两种相反性质的界面活性剂。可均一分散那些难以溶解于液体的无机、有机颜料的固体及液体颗粒,同时也能防止颗粒的沉降和凝聚,形成安定悬浮液所需两亲性试剂 | 扩散剂 NNO、分散剂 FM、扩散剂 M-9、分散剂 S、分散剂 MF、分散剂 HN、分散剂 DAS、分散剂 CS 等 |
| 交联剂 | 又称作架桥剂,是聚烃类光致抗蚀剂的重要组成部分,这种光致抗蚀剂的光化学固化作用,依赖于带有双感光性官能团的交联剂参加反应,交联剂曝光后产生双自由基,它和聚烃类树脂作用,在聚合物分子链之间形成桥键,变为三维结构的不溶性物质 | 活泼多官能团化合物类交联剂、热固性树脂类交联剂,例如交联剂 FH、交联剂 EH 等 |
| 增稠剂 | 是一种流变助剂,不仅可以使涂料增稠,防止施工中出现流挂现象,而且能赋予涂料优良的机械性能和贮存稳定性。对于黏度较低的水性涂料来说,是非常重要的一类助剂 | 非离子型的乳化增稠剂,以聚氧乙烯醚的衍生物为主;阴离子型合成增稠剂 |
| 消泡剂 | 纺织品在加工过程中,容易产生泡沫。在印染各工序中要迅速消除泡沫或避免泡沫产生,就必须添加纺织印染用消泡剂 | 聚醚类消泡剂、有机硅类消泡剂、聚醚改性聚硅氧烷类消泡剂等 |
| 印花增深剂 | 是提高分散染料在聚酯纤维织物上染色深度所用的一种助剂 | 增深剂 HDF、增深剂 CH 等 |

# 16.5.3 胶黏剂在织物上浆过程中的应用

## 16.5.3.1 织物上浆的作用

织物主要由经纱和纬纱构成,织物上浆一般是单纱的经纱上浆,纬纱不上浆,经纱上浆提高了纱的可织性,使纱在织布过程中不起毛、少断头,降低纱线毛羽,降低纱线和织机的摩擦力,可以提高纱线的强力,增强纱线耐磨性、尽量保持原有纱线伸长。织物上浆利于织造,使织物获得手感厚实和硬挺效果从而生产出优质的织物,上浆流程框图见图 16-6。

图 16-6 上浆流程框图

## 16.5.3.2 常见的上浆浆料(胶黏剂)及应用

织物上浆用的胶黏剂俗称浆料,可作如下分类:

(1)天然胶黏剂

① 植物性胶黏剂。各种淀粉:小麦淀粉、玉米淀粉、甘薯淀粉、马铃薯淀粉、木薯淀粉;海藻类:褐藻酸钠;植物性胶:阿拉伯树胶、白及粉、田仁粉、槐豆粉。

② 动物性胶黏剂。动物性胶:鱼胶、明胶、骨胶、皮胶;甲壳质:蟹壳、虾壳等变形胶黏剂。

(2)化学胶黏剂

① 纤维素衍生物。羧甲基纤维素(CMC)、甲基纤维素(MC)、乙基纤维素(EC)、羧乙基纤维素(HEC)。

② 变性淀粉。转化淀粉:羧化淀粉、氧化淀粉、可溶性淀粉、糊精;淀粉衍生物:变联淀粉、酯化淀粉、醚化淀粉、阳离子淀粉;接枝淀粉:淀粉的丙烯腈接枝共聚物、淀粉的水溶性接枝共聚物、淀粉的其他接枝共聚物。

(3)合成胶黏剂

① 乙烯类。聚乙烯醇（PVA）胶黏剂；乙烯类共聚物胶黏剂：醋酸乙烯胶黏剂、丁烯酸共聚物胶黏剂、乙烯酸-马来酸共聚物胶黏剂。

② 丙烯酸类。聚丙烯酸胶黏剂、聚丙烯酸酯胶黏剂、聚丙烯酰胺胶黏剂、丙烯酸酯类共聚物胶黏剂。

目前应用最多的是淀粉、PVA 和聚丙烯酸类浆料，称三大浆料。此外，纤维素衍生物、海藻酸钠和动植物胶类等也用得较多。

表 16-3 为各种纱线常用浆料。

### 表 16-3　各种纱线常用浆料

| 纱线种类 | 常用浆料 | 备注 |
| --- | --- | --- |
| 棉纱 | 各种淀粉与变性淀粉、褐藻酸钠，CMC | 高持、中特、中密度 |
| 棉纱 | 变性淀粉、玉米淀粉、PVA | 低特、高紧密织物 |
| 苎麻纱 | 玉米淀粉或小麦淀粉、变性淀粉 | |
| 亚麻纱 | 各种淀粉与变性淀粉 | |
| 毛纱 | 可低温上浆的变性淀粉、PVA、聚丙烯酰胺 | |
| 黏胶丝、铜氨丝 | 动物胶、PVA、聚丙烯酰胺、丙烯酸盐类 | |
| 醋脂丝 | 动物胶、PH-PVA、共聚浆料、丙烯酸酯类 | |
| 聚酰胺纱 | 聚丙烯酸、聚丙烯酸酯与 PVA | |
| 聚酰胺丝 | 聚丙烯酸、PVA | |
| 聚酯纱 | 接枝淀粉与 PVA、聚丙烯酸酯与 PVA | |
| 聚丙烯纱 | 淀粉醋酸酯、部分醇解 PVA、聚丙烯酸酯 | |
| 聚酯丝 | 部分醇解 PVA、聚丙烯酸酯、水分散性聚酯酰胺 | |

织物上浆时应注意上浆量的大小。上浆量过大，容易造成织造过程中纱线的脆断，造成浆料的浪费，生产的布手感也差，织物粗糙，纹路不清晰，织造过程落灰多。上浆量过小，织造起来难度就大，纱线毛羽束缚不好，就容易起棉球，纱线强力达不到，纱线就容易断。

## 16.5.4　胶黏剂在织物的其他整理过程中的应用

### 16.5.4.1　防皱整理

防皱整理，是指利用整理剂对织物进行处理，改善织物的物理性质和化学性质，使其具有耐折皱性、洗可穿性、免烫性等特性，织物洗涤后只需稍加熨烫或不需熨烫，在穿着过程中具有防皱性。用到的胶黏剂及相关助剂如下：

① 树脂整理剂。树脂整理是利用树脂来改变纤维及织物的物理和化学性能，提高织物防缩、防皱性能的加工过程。树脂整理主要以防皱为目的，故也称为防皱整理或抗皱整理。常见树脂整理剂：2D 树脂、醚化 2D 树脂、无醛树脂。

② 柔软整理剂。利用柔软剂的作用来降低纤维间的摩擦系数以获得柔软的效果。常见柔软整理剂：非硅类柔软剂（阴离子型柔软剂、两性类柔软剂、阳离子型柔软剂）、有机硅类柔软剂（非活性有机硅柔软剂、活性有机硅柔软剂、反应性基团改性有机硅柔软剂）。

③ 硬挺整理剂。利用一种能成膜的高分子物质制成整理浆液浸轧在织物上，使之附着于织物表面。这类高分子物质经干燥后变成薄膜，包覆在织物或纤维表面上，从而赋予织物以平滑、硬挺、厚实、丰满的手感。常见硬挺整理剂：天然浆料类（主要是淀粉或改性淀粉）、化学浆料类（醇解度高、聚合度为 1700 左右的聚乙烯醇，三聚氰胺树脂，聚丙烯酸酯乳液，聚醋酸乙烯酯乳液，白乳胶，聚氨酯类硬挺树脂）。

### 16.5.4.2　防水透气整理

不透气性防水整理，是在织物表面使用疏水性物质形成连续的薄膜，能防止水的浸透，并可经受长时间的雨淋和一定的水压。不透气性的防水加工织物，常用于防水帆布、帐篷及包装，不用于衣料的织物加工。作为防水剂的材料有沥青、干性油、纤维素衍生物、各种乙烯系树脂、各类橡胶、聚氨酯树脂等。

透气性防水整理，是将疏水性物质固着于织物的表面或内部，从而增强织物或纤维表面的拒水性，由于不是形成连续的薄膜，所以对织物的透气性没有影响，因此防水能力一般，较前者差，经长期的淋雨，水能渗透到织物内部，这里使用的防水剂为了与不透气性防水剂相区别，又称拒水剂。常见的有：棉纤维（主要是聚醚改性聚硅氧烷类高分子聚合物）、合成纤维（嵌段聚醚酯类、聚氨酯改性聚醚酯类、磺化聚酯、混合型聚酯、吸湿性蛋白质改性物等，其中由聚乙二醇和聚苯二甲酸乙二醇酯的嵌段共聚物应用最多）。

# 16.6　胶黏剂在织物涂层中的应用

织物涂层广泛应用于运动服、羽绒服、防雨夹克、外套、帐篷、鞋袜、窗帘、箱包以及高级防水透湿功能的滑雪衫、登山服、风衣等；还可应用于国防、航海、捕鱼、海上油井、运输等领域。

涂层织物是一种纺织品，涂层粘接材料在织物一面或正、反两面原位形成单层或多层涂层。涂层织物由两层或两层以上的材料组成，其中至少有一层是纺织品，而另一层是完全连续的聚合物涂层。近几年来，涂层技术的开发和应用发展很快，因为涂层整理方法不但具有一般树脂整理赋予织物的防缩、防皱的优点，而且具有以往树脂整理所不能达到的多元化效果。

## 16.6.1　织物涂层的功能和加工方法

### 16.6.1.1　织物涂层赋予织物的功能性

织物涂层整理加工是将涂层剂通过涂层设备均匀地涂刮在织物表面，并形成一层或多层薄而均匀的高分子膜，从而改变织物的外观，使产品具有功能性、风格性、服用性，使产品高档化。涂层整理是纺织品后整理发展较快的一种高新技术，它要求先进的织造技术，先进的涂层设备，高质量、性能优异的涂层剂。这三者有机的结合才能生产出高品质的涂层织物，其中涂层剂是关键。

涂层的后整理大致分为：浸扎、干法涂层（包括发泡涂层）、湿法涂层、复合（PTFE、TPU、PU）、PVC压延，其中干法涂层的种类最多，不易区分。具体涂层种类有：

（1）PA涂层　PA涂层又分为水性丙烯酸涂层和溶剂性丙烯酸涂层。AC胶涂层，即水性丙烯酸涂层，是目前最普通最常见的一种涂层，涂后可增加手感，防风，有垂感，常用于防绒、增加手感、固色固沙等。还有亚克力、小马胶，即溶剂性丙烯酸涂层，适宜做耐水压涂层，价格较AC胶涂层略高。

（2）PU涂层　即聚氨酯涂层，也分水性涂层、溶剂性涂层，涂后织物手感丰满，有弹性，表面有膜感。

（3）PA白胶涂层　即在织物表面涂一层白色的丙烯酸树脂，能增加布面的遮盖率，不透色，并使布面颜色更鲜艳。

（4）PU白胶涂层　即在织物表面涂一层白色聚氨酯树脂，作用基本同PA白胶，但是PU白胶涂后手感更丰满，织物更有弹性，牢度更好。

（5）PA银胶涂层　即在织物表面涂一层银白色胶，使织物具有遮光、防辐射的功能，一般多用于窗帘、帐篷、服装。

（6）PU 银胶涂层　基本功能同 PA 银胶涂层。但 PU 涂银织物具有更好的弹性、更好的牢度，对于帐篷等要求高水压的面料，PU 涂银相对 PA 涂银更好。

（7）珠光涂层　通过对织物表面珠光涂层，使织物表面具有珍珠般光泽，有银白色和彩色的。做成服装非常漂亮。也有 PA 珠光和 PU 珠光之分，PU 珠光比 PA 珠光更加平整光亮，膜感更好，更有"珍珠皮膜"的美称。

（8）PVC 涂层　涂后表面光滑油亮，一般适用做台布桌布等。

（9）有机硅高弹涂层（又叫纸感涂层）　对于薄型棉布很适合做衬衣面料，手感丰满，很脆又富有弹性，具有很强的回弹性，抗皱。对于厚型的面料，弹性好，牢度好。

（10）皮膜涂层　通过对织物表面进行压光和多道涂层，使织物表面形成皮膜，完全改变织物的风格。一般皮膜面做成服装的正面，有皮衣的风格。有亚光涂层和有光涂层两种，并可在涂层中添加各种颜色做成彩色皮膜，非常漂亮。

（11）阻燃涂层　通过对织物浸轧或涂层处理，使织物具有阻燃效果，并可在织物表面涂上颜色。一般用作窗帘、帐篷、服装等。

（12）特氟龙三防处理　通过对织物用杜邦特氟龙处理，使织物具有防水、防油和防污的功能。

（13）抗紫外线涂层　通过对织物进行抗紫外线处理，使织物具有抗紫外线的功能，即阻止紫外线穿透的能力。一般浅色较难做，深色比较容易达标。

（14）还有专门针对棉布的涂层　如：棉布刮色涂层、纸感涂层、洗旧涂层、隐纹涂层、油感腊感涂层、彩色皮膜涂层等。

（15）发泡涂层　需要单独的发泡机来预制浆料，常用于窗帘布，有手感柔软、厚实、遮光等特色。

## 16.6.1.2　涂层工艺（涂布设备、干燥工艺等）

织物涂层整理，从狭义来讲是将涂层材料涂刮到织物表面的加工过程。织物涂层的涂布方式则要根据产品要求、所用涂层剂的特性来选择。一般分为直接涂布法和间接涂布法两类。直接涂布法是将涂层剂用物理机械方法直接均匀地涂布到织物表面；间接涂布法又称转移涂层，是先将涂层剂用刮刀方法涂布于特制的防粘转移纸（又称离型纸）上，再与织物压合，使涂层物与织物粘接起来，再将转移纸与织物分离。

涂层加工工艺流程为：

底布 ⇒ [涂敷 ⇒ / 浸渍 ⇒] ⇒ 固化 ⇒ 水洗 ⇒ 干燥 ⇒ 干成品 ⇒ [⇒ 磨削 ⇒ 绒面成品 / ⇒ 转移涂层 ⇒ 平面或花纹成品 / ⇒ 轧纹 ⇒ 凹凸花纹成品 / ⇒ 印花 ⇒ 印花成品]

（固化 ⇩ 回收溶剂）

织物涂层的涂布在实际生产过程中可通过下面四种具体工艺实施：

（1）干法　此法为传统工艺，方法比较简单，将涂层剂用溶剂或水按需要浓度稀释，并添加必要的药剂和着色剂配成涂层浆，用涂布器均匀地涂布在基布上，再经烘干、焙烘，使溶剂或水分蒸发，在基布上形成一层坚韧的薄膜。其工艺流程为：基布上卷→涂布→烘干→轧压（或拷花）→冷却→成品上卷。

（2）湿法　以二甲基甲酰胺（DMF）溶解涂层剂（如聚氨酯），制成涂层浆，涂布后，浸入水中成凝固膜。由于 DMF 能和水无限混溶，DMF 在水中溶解，而聚氨酯不溶于水，浓度迅速增大，最后沉积在基布上面。在涂层凝固过程中，由于半透膜的作用，DMF 从聚氨酯中急剧渗出，造成垂直于薄膜表面的通道微孔。因此，这种高聚物膜的表面呈多孔状，如果把这些微孔的直径控制在 $0.5\sim5\mu m$ 以内，则可制成既透气又能防水、透湿的防雨布。湿法涂层的工艺流程为：基布上卷→涂布→浸渍在水溶液中凝固→烘干→冷却→成品上卷。

(3) **熔融法** 将热塑性树脂作为涂层剂加热涂布于基布上，待用时，用热压辊或熨斗热压，使原来涂布在基布上的点状、线状或网状的树脂再次熔化，粘接在被加工的面料上，常用于粘接领衬。其工艺流程视涂布方法而异，常见的有以下两种：

a. 撒粉法。是将粉末树脂用电磁振动装置均匀撒于基布面上，然后用不接触烘箱（或红外管）进行固着。此法常用乙烯-醋酸乙烯涂层剂，简称 EVA 衬布加工。

b. 粉点法。在两只热辊和一只雕刻辊组合设备上进行涂布。雕刻辊上部有涂层剂和刮刀，树脂落入雕刻辊的阴纹槽内，经辊加热后的织物，布面温度可达 $160\sim180℃$，在与雕刻辊接触的瞬间完成树脂的转移。热辊温度控制在 $160\sim240℃$，尼龙粉末转移温度在 $55℃$ 左右，聚乙烯粉末在 $95℃$ 左右。

(4) **转移成膜法** 它是先将涂层浆涂在经有机硅预处理过的转移纸或金属带上，然后将基布与转移纸面对面叠合经轧压辊转移到基布上，冷却后，将转移纸和加工织物分离即成。该法主要用于轻薄疏松组织且对张力较敏感的一类织物，如纱罗、针织物、非织造布等，全机运行烘干装置都采用网带输送。

涂层加工设备有很多类型，国外常用的一些设备有浮动刮刀涂布机、刀辊涂布机、逆辊涂布机、刮辊涂布机、圆网涂布机、间接涂布机（又称转移涂层机）。涂层加工设备由下面部分组成：

(1) **张力控制系统** 张力控制系统由多电机传动、变频器控制调速，同步分配器协调各单元之间的同步。各单元之间设气动张力架以维持各主动单元之间的速度，织物张力的大小可由气动系统来控制，直观的反映在气压表上，并可以根据所生产织物要求的张力进行无级调节，织物张力变化由探测部分即时反馈到同步分配器，再经同步分配器控制变频器调节相应单元的速度变化，从而很好控制织物所需张力，达到进行正常生产的目的。

(2) **预热装置** 织物的荷叶边存在，压光前处理冷却太慢表层起皱，这时需要预热轮将基布平整度提升，确保涂布品质及左中右均衡性。

(3) **烘燥装置** 织物涂层的烘燥有别于定型烘燥，它需要更大的风量，但并不需要很高的风压，这是因为涂层织物烘燥中不强调热风对织物整体的穿透性，但需要有大量的热能迅速将溶剂蒸发掉。现烘箱一般采用分段式温度设定控制，可使工艺的调整范围更宽更合理。

(4) **涂刀刀头** 通过改变刀的形状和位置，可以改变相关的渗透，具体取决于刀的类型（有效半径）、刀的角度、刀与罗拉的不同位置、辊上刀涂或浮刀。

(5) **冷却装置** 主要以冷冻水使之降温处理，冷却织物获得稳定的手感。

(6) **卷绕装置** 将涂层产品卷绕成卷，以保持平整和便于运输。

# 16.6.2 织物涂层胶产品形式及施胶工艺

纺织品涂层整理剂又叫涂层胶，也叫涂层剂，是一种均匀涂布于织物表面的高分子类化合物，它通过粘接作用，在织物表面形成一层或多层薄膜，改善织物外观和风格，增加附加功能，使其具有防水、透湿、阻燃、防污以及遮光反射等特殊功能。涂层剂通常以溶液、水分散体或在溶剂中未交联状态涂在织物上。聚合物沉积在织物上后进行交联，以提高涂层耐磨性、耐水性及耐溶剂性。但交联又会影响织物的手感。能够用作涂层剂的聚合物主要有聚丙烯酸酯类、聚氨酯、有机硅类、聚氯乙烯、聚偏氯乙烯、聚四氟乙烯、丁苯橡胶、丁腈橡胶、氯丁橡胶等（表 16-4）。聚合物的性能、交联剂的类型和浓度、催化剂的类型和浓度、交联温度和时间等都会影响交联的效果，从而影响涂层织物的使用性能。

表 16-4　织物涂层常用聚合物

| 聚合物种类 | 性能与优点 | 缺点 | 主要用途 |
|---|---|---|---|
| 聚氯乙烯（PVC） | 阻燃性能好，耐磨、耐油、耐溶剂性好，通过加热或射频焊接可以使接缝获得良好的防水效果 | 低温下龟裂、增塑剂迁移、耐热及抗老化性能一般 | 防水油布、覆盖物、大型帐篷及建筑、座椅装饰、人造革、防护服装、输送带、休闲产品、旗布 |
| 聚偏氯乙烯（PVDC） | 阻燃性非常好，透气性非常低，可热焊接，透明，光泽度高 | 硬而易裂 | 与丙烯酸树脂混合以提高阻燃性，用于卷帘或百叶窗 |
| 聚氨酯（PU） | 韧性和延伸性好，耐候性和耐磨性好，可制成薄膜用于层压，可提供多种溶剂型或胶乳型 | 价格高，阻燃性一般，有些易褪色，耐水解性差 | 防水透湿防护服、飞行救生衣、PVC防水油布或人造革的涂漆 |
| 丙烯酸树脂（PA） | 可与其他胶乳混合使用，价格低，抗紫外性能好，光学透明性好 | 阻燃性差，需与具有阻燃性的物质混合 | 胶黏剂、防水油布涂漆、座椅背面涂层 |
| 聚四氟乙烯（PTFE） | 对酸、碱、溶剂等化学物质具有非常好的抵抗性，抗氧化性、耐候性非常好，不发黏，电性能突出，使用温度范围宽 | 价格昂贵 | 防护服装、建筑用、轧光机带、垫圈、密封圈、食品包装及医用 |
| 天然橡胶（NR） | 拉伸性、弹性非常好，可以通过混合获得不同种类不同性能的天然橡胶 | 抗光性、抗氧化、抗溶剂、抗油脂性一般，可燃，未经改性可生物降解 | 地毯背面上胶、轮胎、救生筏、传送带、防护服、救生降落伞 |
| 丁苯橡胶（SBR） | 与天然橡胶相似，耐磨性、耐屈挠性及抗微生物性能更好 | 基本同天然橡胶 | 基本同天然橡胶 |
| 丁腈橡胶（NBR） | 耐油性非常好，耐热性及耐日照性优于天然橡胶 | 阻燃性差 | 抗油服装、耐油密封圈、用于处理油质产品的传送带或其他物品 |
| 丁基橡胶（BR） | 非常低的气体穿透性，比天然橡胶更好的耐热性、耐氧化性、耐化学性 | 抗溶解性差，阻燃性差，不易接缝 | 救生筏、轻量救生衣、化学和酸防护服、气垫风箱 |
| 氯丁橡胶（CR） | 耐油性、耐化学性及抗氧化性优异，工作温度可达120℃，价格低，阻燃性好，功能多样 | 难以着色，通常只有黑色 | 防护服、三角带、气囊、气垫、救生衣、救生筏、天线屏蔽器罩 |

目前主要应用的是聚丙烯酸酯类和聚氨酯类。聚丙烯酸酯是将不同的丙烯酸酯单体共聚而成，由于所用原料单体不同从而赋予其不同的物理机械性能；聚氨酯是以含双异氰酸酯基的化合物与多元醇或其他含活泼氢的化合物进行加聚而成，反应中没有副产物。前几年，国内织物涂层加工所使用的涂层剂大多数都是靠进口，近几年，国内已有几个化工厂和科研单位试制生产出高层次的涂层剂，这就为我国的织物涂层技术的发展创造了有利的条件。

作为织物涂层加工的涂层剂通常应满足下列要求：

① 涂层剂成膜速度较慢，能适应涂层工艺要求，并有良好的成膜效果；

② 涂层剂成膜后具有良好的透明度，不影响织物色泽，与印染助剂相容性好，可同浴进行整理；

③ 对织物的黏附性好，经长时间浸泡和皂液刷洗，薄膜不脱落、不破坏；

④ 成膜后有柔软的手感，耐候性好；

⑤ 涂层剂在涂层加工时，使用方便，开车顺利，环境污染小，适合多种涂层机使用；

⑥ 涂层织物防水、透湿、透气性能好。

根据在使用上采用的介质不同，涂层胶分为溶剂型胶黏剂、热熔胶、水性胶三种：

（1）溶剂型胶黏剂　溶剂型涂层成膜性好、耐水压高、烘燥速度快、含固量低，但需使用大量有机溶剂，如二甲基甲酰胺，在织物上渗透性强、手感粗硬，毒性大、易着火，需要溶剂回收装置且回收费用高，同时在运输与储存当中会遇到较多的实际问题，限制了其使用。我国目前生产的聚氨酯涂层剂以溶剂型为主，多用于大型转移涂层生产线和湿法涂层。

（2）热熔胶　热熔直接涂层是利用固态热塑性高分子聚合物加热后熔融的特性，将固态热塑性高聚物颗粒或切片放入热熔装置，高聚物加热成熔体后被挤出至涂层装置，使熔体涂于基布表面，冷却结晶后，即牢固地附在基布表面。由于热熔直接涂层使用固态热塑性高聚物作为涂层剂，与传统的采用化学涂层剂的涂层方法比较，生产过程中不产生废气、废水等，符合当今世界环保要求，所以近年来，热熔直接涂层发展非常迅速，应用范围越来越广，是涂层技术的一个发展趋势。

热塑体在熔融系统中熔融到指定温度和黏度，然后被泵送至涂层设备。根据热塑体的类型，工业上主要应用的三种基本熔融体系是：封闭体系、挤出型体系及热料斗体系。热熔性热塑体分为三大类，并决定了所应用的熔融体系的类型。这三大类热塑体是：交联型、挤出分级型和低黏度型。交联热熔体是根据聚氨酯技术而产生的一族新产品，能被空气中的湿空气催化，因此这些聚氨酯型热熔体要求密闭以防止暴露于湿气中，造成早期交联。这类交联型热熔体可以用于纺织物间的粘接，尤其当这些粘接需要抗溶剂、抗湿气和耐高温时；挤出分级型热熔体是基于高熔点聚酯、聚酰胺、交联聚氨酯、高密度聚乙烯、填充型乙烯、醋酸乙烯酯共聚物和橡胶等物质发展而来的。真正的热塑体具有这样的特性：加热至熔点时会重新软化。但它的高黏度和低熔融指数性不能使其靠自身重力进入泵送系统，需要带套的钻或螺杆对熔体提供剪切力，不仅使热塑体熔融，而且使之输送到工作系统。不同的涂层工艺采用不同的熔融方法，一般可分为两大类：连续式涂层和开放式涂层。连续式涂层（膜）又可应用滚筒式和喷头挤出式完成。这种涂层可以应用于地毯背面的涂膜、压力感应层和黏附流件隔板层开放式涂层，通过喷撒、凹板、旋转网版或者疏松式喷涂技术成形。

（3）水性胶　水性胶分为水溶型胶黏剂、水分散型胶黏剂和水乳型胶黏剂，主要有聚氨酯胶、聚丙烯酸酯胶、环氧胶、有机硅胶、聚醋酸乙烯酯胶、氯丁乳胶等。水基型涂层耐水压低，烘燥慢，在长丝织物上粘着较难，但无毒不燃、安全，制造成本低、无需回收，对环境基本无污染，可制造厚涂产品，对有色涂层产品的生产有利，涂层亲水性好，得到很广泛的接受与应用，无论是厂家还是国家都倾向于此类涂层制品的生产。

# 16.7　胶黏剂在服装加工中的应用

随着社会生活水平的提高，服装在满足日常生活的基本需求之外，也正向着功能化、美观化和智能化方向发展，胶黏剂在此行业发展趋势中起着至关重要的作用。

## 16.7.1　胶黏剂在传统服装加工过程中的应用

### 16.7.1.1　成衣加工对胶黏剂性能的要求

胶黏剂的种类不同，胶黏剂中黏料的化学成分及分子结构一般也不相同。这种改变显然会影响胶黏剂的极性、结晶性、玻璃化温度、液体的表面张力及黏度等，因而会导致润湿、铺展、分子间作用、扩散运动、胶层特性和粘接破坏形式的变化。由此可见，胶黏剂的种类对衣物加工后的性能具有重大影响，胶黏剂的选择往往是决定成衣质量的关键。

（1）丙烯酸酯类乳液　丙烯酸酯类乳液中的黏料是丙烯酸酯共聚物。这种共聚物通常以（甲基）丙烯酸酯、（甲基）丙烯酸、醋酸乙烯、丙烯腈、丙烯酰胺等作为单体，经自由基共聚合而合成。丙烯酸酯类单体易于乳液共聚，因而可以根据成衣的要求来决定共聚单体的种类及配比，以合成出满足使用要求的乳液。常用共聚单体对衣物所赋予的特性见表16-5。

表 16-5　常用共聚单体对衣物所赋予的特性

| 共聚单体 | 衣物特性 |
| --- | --- |
| 甲基丙烯酸甲酯、苯乙烯、丙烯酸 | 硬度、内聚力 |
| 丙烯腈、丙烯酰胺、丙烯酸 | 耐溶剂性、耐油性 |
| 丙烯酸乙酯、丙烯酸丁酯、丙烯酸高级酯 | 柔韧性 |
| 丙烯酸高级酯、苯乙烯 | 耐水性 |
| 丙烯酰胺、丙烯腈 | 耐磨性、抗折皱性 |
| 甲基丙烯酸酯 | 耐候性、耐久性 |
| 丙烯酸低酯、甲基丙烯酸酯、苯乙烯 | 抗沾污性 |

　　（2）乙烯类乳液　目前，工业上主要采用乳液和溶液聚合来生产成衣胶黏剂。乙烯类乳液中的醋酸乙烯均聚物乳液的初期粘接强度高，黏度容易控制，但是这种乳液制成的胶黏剂粘接的衣物耐水性差，织物对湿空气和水蒸气较为敏感，且弹性差，薄膜较硬，但其反应活性很强，因此能用加入其他单体进行共聚的方式加以改性。

　　醋酸乙烯酯乳液的共聚改性方式主要有：

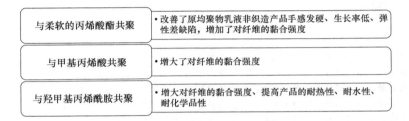

### 16.7.1.2　成衣加工中常用胶黏剂的类型

　　不同衣物有其不同的特性，成衣加工中被粘物种类很多，性质各异，必须根据材料的具体特点选用合适的胶黏剂，见表 16-6。

表 16-6　不同衣物材料及其适用的胶黏剂

| 被胶粘物材料 | 胶黏剂名称 |
| --- | --- |
| 尼龙 | 环氧-聚酰胺胶、环氧-尼龙胶、聚氨酯胶 |
| 涤纶 | 氯丁-酚醛胶、聚酯胶 |
| 木（竹）材 | 白乳胶、脲醛胶、酚醛胶、环氧胶、丙烯酸酯乳液胶 |
| 棉织物 | 天然乳胶、氯丁胶、白乳胶 |
| 尼龙织物 | 氯丁乳胶、接枝氯丁胶、热熔胶 |
| 涤纶织物 | 氯丁-酚醛胶、氯丁乳胶、热熔胶 |
| 皮革 | 氯丁胶、聚氨酯胶、热熔胶 |
| 人造皮革 | 接枝氯丁胶、聚氨酯胶 |
| 合成皮革 | 接枝氯丁胶、聚氨酯胶 |
| 仿牛皮革 | 接枝氯丁胶、聚氨酯胶、热熔胶 |
| 橡塑材料 | 接枝氯丁胶、聚氨酯胶、热熔胶 |

## 16.7.2　胶黏剂在功能性服装加工过程中的应用

　　传统纺织面料结合缝纫手段已经不能满足人类对于服装美观、舒适和功能化需求，功能性服装加工的发展提出了更高的要求。其中具有代表性的有如下几类：

　　（1）无缝内衣　即在整件内衣中，见不到缝线的缝隙。制作过程中用胶黏剂粘接代替了传统的缝线，成品集舒适、体贴、时尚、变化于一身。无缝内衣中常用的胶黏剂为水性聚氨酯（PUD）、反应型聚氨酯（PUR）和胶膜（TPU 居多）、胶网（PA \ PES \ TPU \ EVA 体系）。

（2）特种防护服装　户外运动服装需要在表面做防晒、防水、耐磨涂层；消防服饰需要对纺织纤维进行阻燃处理或在服装外涂覆阻燃涂层。

（3）可穿戴智能服装　将可穿戴设备完美植入纺织服装中需要应用到粘接技术，首先要确保智能设备从服装表面不易脱落，因而对粘接处需要相当好的牢度，目前用 PUR 粘接居多；可穿戴智能服装因内部含有电子设备，不便拆卸，因此水洗次数尽量少，防止衣服溅上污渍显得尤为重要。采用浸渍、浸轧或涂覆的方式，在织物上施加一种具有特殊分子结构的整理剂（胶黏剂），改变纤维表面层组成，使织物的临界表面张力降低至不能被水或常用油类润湿。目前常采用氟碳聚合物和三聚氰胺类树脂作胶黏剂 。

（4）医用防护服装　医用防护服装在传统的抗静电、抗细菌的基础上，为避免病毒的入侵，尽量避免缝线结合（会出现针孔），现在已经有了使用热熔胶（一般是 PUR）进行衣物粘接加工的成功应用。

## 参考文献


[1] 程时远，陈正国．胶粘剂生产与应用手册．北京：化学工业出版社，2003.

[2] 曹继鹏，孙鹏子．静电技术在纺织领域的应用．北京：中国纺织出版社，2013.

[3] 王月圆，辛勇，戴俊萍．浅谈静电植绒技术．印刷质量与标准化，2013（3）：51-53.

[4] 周颖，潘小丹，胡国樑．静电植绒技术及其在我国的发展．现代纺织技术，2005（6）：52-54.

[5] 李盛彪，黄世强，王石泉．胶粘剂选用与粘接技术．北京：化学工业出版社，2002.

[6] 罗栋．防水透湿涂层织物发展及应用．合成材料老化与应用，2015（5）：129-133.

[7] 杨友红，陈小莉．基于涂层织物的涂层定性与去除方法探讨．轻纺工业与技术，2018，47（03）：66-67＋72.

[8] 乐莹．PVC（聚氯乙烯）涂层织物的代替材料研究．广西纺织科技，2009，38（2）：9-10.

[9] 朱瑞锋，王娟，夏诗志，等．聚氨酯树脂涂层剂在玻璃纤维织物上的应用．玻璃纤维，2010（5）.

[10] 王新．低表面能材料的创新粘接技术．北京粘接学会第二十四届学术年会暨粘接剂、密封剂技术发展研讨会论文集．北京粘接学会，2015：128-132.

[11] 张元平．反应性聚氨酯的合成与精纺纯毛面料易护理整理工艺的研究．上海：东华大学，2007.

[12] 宴雄．产业用纤维制品学．北京：中国纺织出版社，2010.

[13] 马建伟，陈韶娟．非织造布技术概论．北京：中国纺织出版社，2008.

[14] 祝志峰．纺织工程化学．上海：东华大学出版社，2010.

[15] 陈文峰，温李懿贞，赵慧臣．可穿戴技术的特点及教育应用．数字教育，2015（2）：40-45.

[16] 朱祥成，刘亚侠，刘华新．基于可穿戴技术的智能服装平台探究．纺织科技进展，2019（08）：60-64.

[17] 冯翼．服装技术手册．上海：上海科学技术文献出版社，2005.

[18] 徐祖顺，易昌凤，肖卫东．织物用胶粘剂及粘接技术．北京：化学工业出版社，2004.

[19] 王孟钟，黄应昌．胶粘剂应用手册．北京：化学工业出版社，1987.

[20] 胡企贤．折绉成网工艺——一种新型无纺织布生产技术．产业用纺织品，1985（5）：4-7.

[21] 孙晓婷，陈韶娟，张雪，等．粘合衬的发展及其思考．产业用纺织品，2014，32（12）：29-34.

[22] 石军，李建颖．热熔胶粘剂实用手册．北京：化学工业出版社，2004.

[23] 蒋惠钧，杨旭红，李选刚．衣用纺织品学．北京：中国纺织出版社，2006.

[24] 朱松文．服装材料学．2 版．北京：中国纺织出版社，1994.

[25] 侯东昱，仇满亮，任红霞．女装成衣工艺．上海：东华大学出版社，2013.

[26] 肖虎鹏．一种纺织品复合用湿固化聚氨酯热熔胶的制备方法：CN 104804697 A. 2015-04-13.

[27] 黄世强，孙争光，吴军．胶粘剂及其应用．北京：机械工业出版社，2012.


（龚奕 高庆 陈县萍 编写）

# 第17章

# 胶黏剂在制鞋与箱包行业中的应用

## 17.1 制鞋行业的特点及对胶黏剂的要求

### 17.1.1 制鞋行业的特点

2017 年，全球共生产了 235 亿双鞋，比 2016 年增加了 2%，这意味着该年度世界上平均每个人可拥有 3 双新鞋子。受世界人口增长的推动，全球鞋类市场整体预计在未来 9 年将继续呈上升趋势。

我国是世界上最大的鞋子生产国及消费国，不仅满足国内巨大的需求，而且在国际鞋类出口中占有最大份额，继续在全球出口方面处于领先地位。2017 年，我国共生产 135.23 亿双鞋，占全球总量的 57.5%，其中国内消费 39.85 亿双，出口 92.93 亿双，占全球出口份额的 67.5%。印度在 2017 年生产了 24.09 亿双，占比达到了 10.2%，排世界第二位。越南与印度尼西亚产量接近，分别居于第三位、第四位。亚洲其他鞋子生产国还包括孟加拉国、柬埔寨和泰国。

亚洲以外，巴西是全球最大的非亚洲鞋类生产国，排名第五。墨西哥是另一个进入前十位的非亚洲国家，2017 年生产 2.59 亿双，占全球总量的 1.1%。

制鞋业的发展和转移受到劳动力成本、土地资源、原材料供应及销售市场等多方面因素的制约和影响，其行业特点如下。

(1) 制鞋业属于劳动密集型产业　鞋子的装配过程包含多个工序，一条生产线的工人往往达到几十人。全球现有各种制鞋企业 3 万～4 万家，制鞋业、鞋材及鞋机等相关行业的从业人员接近 1000 万。

(2) 全球化分工协作　制鞋业发展到今天，已经形成了全球化的分工合作，特别是对于世界上知名品牌的鞋子如耐克、阿迪达斯等，其设计开发主要在欧美国家完成，而生产制造则主要在中国，东南亚的越南、印尼、柬埔寨及南亚的孟加拉国、印度等国完成。

(3) 产业不断转移　随着工业化革命从欧美向亚洲转移，以及随着工业化程度不断提高而带来的劳动力及土地成本的不断上升，制鞋业也于 20 世纪六七十年代从欧洲逐步向亚洲的日本、韩国及中国台湾地区转移。随后于 20 世纪 80 年代伴随着中国的改革开放而转移到中国大陆来。近年来，由于中国大陆的迅猛发展，劳动力和土地成本也快速上涨，迫使制鞋业向东南亚及南亚的国家如越南、印尼、柬埔寨、孟加拉国、印度等国家转移，并且有可能在不久的将来向劳动力成本更低的非洲国家转移。

(4) 产业集中度将不断提高　最初我国制鞋业的集中度非常低，大大小小的鞋厂星罗棋布地分布在全国各地，经过二三十年优胜劣汰的市场竞争，很大一部分的鞋厂已经被淘汰出局，同时也使一些鞋企获得了迅速发展的机会，如浙江温州的大东鞋业，福建的鸿星尔克、安踏等。随着市场竞争的不断加剧以及国家供给侧的不断推进，大多数的鞋企将被迫关闭，产业的集中度将进一步提高。

## 17.1.2　制鞋行业对胶黏剂的要求

20世纪80年代以前，以普通氯丁胶黏剂为代表的第一代鞋用胶黏剂，基本上满足了当时制鞋生产的要求，为制鞋工业化做出了巨大的贡献。随着聚氯乙烯（PVC）人造革、聚氨酯（PU）合成革在制鞋业中大量使用，由于普通氯丁胶黏剂对于这些合成材料的胶接效果差，以甲基丙烯酸甲酯（MMA）接枝的氯丁胶黏剂和溶剂型聚氨酯胶黏剂为代表的第二代鞋用胶黏剂出现，并因其对合成材料粘接性能优良，成为制鞋行业所使用胶黏剂的主要品种。以上三类胶黏剂长期占据着制鞋业所用胶黏剂的大部分市场，而这三类胶黏剂使用的苯系溶剂对全球环境造成了巨大的污染，其毒性造成大量制鞋工人职业病多发，这一问题随着环保意识和安全意识的加强，日益引起人们的重视。由于环保法规对苯系物使用的规定越来越严格，第三代不含苯系物溶剂的普通氯丁胶黏剂、接枝氯丁胶黏剂和聚氨酯胶黏剂成为传统胶黏剂的换代产品，尽管第三代鞋用胶黏剂解决了苯系物的污染和毒害问题，却无法从根本解决胶黏剂使用有机溶剂造成的挥发性有机物（VOC）问题。进入20世纪90年代，欧美各国制订了严格的有机物挥发标准，促使第四代彻底环保型鞋用胶黏剂出现，主要为无溶剂型和水基型胶黏剂。

制鞋业对胶黏剂的物理性能、化学性能都有较高的要求。这些性能主要包括初黏性（初期粘接力）、剥离强度、抗蠕变性、耐热性、耐寒性、开放时间（黏性维持时间）、触黏性、耐疲劳性、耐水解性、适用期、耐黄变性和耐老化性等。

（1）初黏性　多数鞋材属于弹性材料，在加工成型的过程中会产生一定的张力。因此，鞋用胶黏剂需有很好的初黏性，以确保在鞋子加工成型过程的初期被粘材料能粘接在一块而不会弹开。

（2）剥离强度　鞋子在穿着的过程中，要承受住整个人体的质量以及走路运动过程中鞋子的形变。因此，所用的胶黏剂也必须具有较高的粘接强度。

（3）抗蠕变性、耐热性及耐寒性　鞋子在生产、储运和使用过程中，经常会遇到不同的温度环境，比如对用于组合底的胶黏剂就需要有很好的抗蠕变性，否则在进行二次加工时就会造成脱胶。另外，在运输过程中，集装箱的温度有可能达到70℃以上，如果胶黏剂的耐热性不好，也会造成鞋子的脱胶。鞋子穿着过程中胶层的耐热性也很重要，对于在北方的冬天穿着的鞋子，还要经受住零下30℃以下的严寒，因此，鞋用胶黏剂还需具有很好的耐寒性。

（4）开放时间　胶黏剂中的分散介质基本蒸发完全和/或胶黏剂经热活化以后，在一段时间内，胶层还具有一定的触黏性，在正常工艺条件的压强下（如5MPa），被粘材料能够被很好地粘接在一起，这段时间就是开放时间。对于不同应用部位的鞋用胶黏剂，对开放时间有不同的要求。一般情况下，对于鞋面加工使用的胶黏剂，其开放时间比较长，通常要达到30 min甚至更长。而对于组合鞋底及底与面成型粘接使用的胶黏剂，其开放时间比较短，通常在几分钟之内。

（5）触黏性　触黏性即胶黏剂中的分散介质基本蒸发完全和/或胶黏剂经热活化以后，在较小的压强下（如1 MPa以内），涂刷有胶黏剂的两个粘接面还能够较好地粘接在一起。鞋用胶黏剂要具有很好的触黏性，才能保证鞋子粘接的质量。

（6）耐疲劳性　鞋子在穿着的过程中，在承受一定质量的条件下，要经过万次以上的弯折变形。因此，鞋用胶黏剂必须具有很好的耐疲劳性，通常需要通过几万次甚至十几万次的耐折试验。

（7）耐水解性　鞋子要在雨天室外的环境穿着，对胶黏剂的耐水性也有较高的要求，特别是对于水性胶黏剂，由于这类胶黏剂分子中含有一定量的亲水基团，所以一定要进行耐水性测试。

（8）适用期（potlife）　鞋用胶黏剂一般是双组分的，在使用时要加入 3%～5%（水性聚氨酯胶黏剂一般要加 5%）的多异氰酸酯固化剂，固化剂与胶黏剂的反应速率决定了适用期的长短，通常情况下，适用期不能小于 4h。

（9）耐黄变性　要避免因胶黏剂外溢到非粘接外露部位而产生黄变。对于浅色鞋材，粘接大底用的胶黏剂的耐黄变性能显得尤其重要，一般要达到 3.5 级以上。

（10）耐老化性　鞋子的耐用性要求所有鞋材包括胶黏剂具有一定的耐老化性能。鞋子在出厂以后，可能会由于滞销等原因而留库保存，如果胶黏剂的耐老化性能达不到要求，鞋子在运输储存及以后的穿着过程中会因胶黏剂的老化而脱胶。因此，胶黏剂的耐湿热老化性能（75℃/95% 相对湿度）最好要达到 72h 以上。

# 17.2　制鞋行业常用的胶黏剂

鞋子的部件很多，对胶种的要求各异，可用的胶种也很多，制鞋用胶黏剂可按不同的方式来划分。

（1）按照化学成分来划分　有聚氨酯胶、氯丁胶、热塑性丁苯橡胶（SBS）胶、天然胶、乙烯-醋酸乙烯共聚物（EVA）胶等胶黏剂。

（2）按照被粘对象来划分　有粘底胶、绷帮胶、抿边胶、衬里胶、合布胶等。

（3）按照是否含溶剂来划分　有溶剂型胶、水性胶、热熔胶、无溶剂胶等。

（4）按照固化方式来划分　有常温固化胶（冷黏胶）、加热固化胶、反应固化胶等。

不同用途的鞋用胶黏剂又有其特殊的要求，制鞋工业中要求最高的胶黏剂是粘底胶，目前粘底胶主要为溶剂型聚氨酯胶和氯丁胶。本章主要按照是否含溶剂和化学成分划分来描述，并说明其主要的被粘对象。

## 17.2.1　溶剂型胶黏剂

鞋用溶剂型胶黏剂是将高分子聚合物溶解在有机溶剂中，配以各种助剂而成。鞋用溶剂型胶黏剂使用的溶剂主要有酯类［乙酸乙酯（醋酸乙酯）、碳酸二甲酯等］、酮类（丙酮、丁酮等）、甲苯、汽油等，溶剂含量通常达到 75% 以上。这些溶剂的沸点一般在 50～120℃，并且干燥速度快，能够满足制鞋业快速生产的要求。

### 17.2.1.1　溶剂型氯丁橡胶胶黏剂

氯丁橡胶胶黏剂主要有溶剂型和乳液型，溶剂型氯丁橡胶胶黏剂又分为普通型和接枝型，是制鞋行业用量较大的胶种，而普通型和接枝型氯丁橡胶胶黏剂在制鞋业中又有不同的应用，接枝型氯丁橡胶胶黏剂主要用作大底胶，普通型氯丁橡胶胶黏剂则应用在其他方面。另外，普通型和接枝型氯丁橡胶胶黏剂在配方中所用的氯丁橡胶型号也不一样，接枝型的氯丁橡胶胶黏剂可用于与甲基丙烯酸甲酯等进行接枝改性反应。制造鞋用胶的氯丁橡胶常见型号见表 17-1。

表 17-1　制造鞋用胶的氯丁橡胶常见型号

| 供应商 | 接枝型 | 非接枝型 | 供应商 | 接枝型 | 非接枝型 |
|---|---|---|---|---|---|
| 日本电化 | A-90、A-30 | M-130H | 山西山纳 | SN244、SN244A | SN239 |
| 日本东曹 | G-40S | Y30S、Y30H、B30 | 四川长寿 | | CR2442 |
| 德国拜耳 | 320 | | 美国杜邦 | | WHV |

（1）普通型氯丁橡胶胶黏剂　普通型氯丁橡胶胶黏剂在制鞋业俗称为万能胶或黄胶，由氯丁橡胶、增黏树脂、金属氧化物、溶剂、防老剂、填充剂、促进剂、交联剂等组成。溶剂型氯丁橡胶胶黏剂是使用溶剂溶解氯丁橡胶和树脂等组分制成的，胶液涂布溶剂挥发后借助氯丁橡胶的快速结晶性而产生粘接力。胶黏剂的黏度、干燥速度、初粘力、黏性保持时间、防冻性、工艺性、粘接强度、阻燃性、毒害性、污染性、安全性、储存稳定性、经济性等都与溶剂的性质密切相关。因此，溶剂的选择对氯丁胶黏剂的性能有着决定性的影响。并不是每一具体配方都包括上述各组分，因用途不同而有所差异。鞋用普通型氯丁橡胶胶黏剂所用的氯丁橡胶一般以中速结晶的非接枝型氯丁橡胶为主，有时也加入部分结晶快的接枝型氯丁橡胶混合使用，所用的溶剂一般为乙酸乙酯、甲苯、汽油等。在鞋用普通型氯丁橡胶胶黏剂中通常要加入酚醛树脂与氧化镁的反应物以增加产品的耐热性能，同时还要加入其他增黏树脂如松香树脂和石油树脂等。为了提高普通型氯丁橡胶胶黏剂对某些合成材料如 PVC、PU 等的粘接强度，有时也会加入接枝型氯丁橡胶胶黏剂复配使用。另外，鞋用普通型氯丁橡胶胶黏剂在使用时可根据实际情况加入多异氰酸酯固化剂。鞋用普通型氯丁橡胶胶黏剂一般作为绷帮胶、扺边胶、衬里胶、合布胶使用。

（2）接枝型氯丁橡胶胶黏剂　在 20 世纪 70 年代以前，我国胶黏皮鞋所用的粘底胶为普通型氯丁橡胶胶黏剂，但随着合成材料如 PVC 人造革、聚氨酯合成革及 PU 鞋底、SBS 鞋底（用 SBS 装配的大底在制鞋业被称为 TPR 底）等进入制鞋领域，普通型氯丁胶在性能上已不能满足粘接要求，接枝改性氯丁胶黏剂应运而生。氯丁橡胶与甲基丙烯酸甲酯等单体进行接枝聚合生成的胶液对聚氯乙烯等材料的粘接强度比普通胶黏剂或酚醛树脂胶黏剂、氯化橡胶胶黏剂、多异氰酸酯等改性的氯丁胶黏剂高得多，完全能够满足上述合成材料粘接的要求，其中甲基丙烯酸甲酯是最为常用的接枝单体。为了进一步改善粘接性能，提高粘接强度，后来对于接枝氯丁胶黏剂进行了多方面的改进，如引入其他丙烯酸类单体和聚合物进行多元接枝共聚。

鞋用接枝型氯丁橡胶胶黏剂以前以甲苯为主要溶剂，随着强制性国家标准的实施，甲苯等毒性比较大的溶剂的用量已逐步减少，甚至有部分厂家推出了无三苯（苯、甲苯和二甲苯）产品。鞋用接枝型氯丁橡胶胶黏剂一般用作粘底胶，这时候添加的树脂（松香树脂、石油树脂等）量比较少；鞋用接枝型氯丁橡胶胶黏剂也可以代替普通型氯丁橡胶胶黏剂作为绷帮胶、扺边胶、衬里胶、合布胶使用，但这时候添加的树脂量往往就比较多。鞋用接枝型氯丁橡胶胶黏剂在使用时一般需要加入多异氰酸酯固化剂。

## 17.2.1.2　溶剂型聚氨酯胶黏剂

鞋用溶剂型聚氨酯胶黏剂使用的溶剂主要有酯类（乙酸乙酯、碳酸二甲酯等）、酮类（丙酮、丁酮等）、甲苯等，无三苯的鞋用溶剂型聚氨酯胶黏剂则用甲基环己烷等取代甲苯。鞋用溶剂型聚氨酯胶黏剂溶剂的含量通常都很高，往往达到 85% 左右。

在 20 世纪 90 年代以前，国内基本上采用进口的热塑性聚氨酯（TPU）胶粒经溶剂直接溶解来生产鞋用溶剂型聚氨酯胶黏剂。用该法生产鞋用溶剂型聚氨酯胶黏剂的工艺非常简单，设备投资成本也低，但也存在一些缺点，主要表现在：胶黏剂的性能基本由 TPU 本身的性能决定，缺乏可调性；当时的大多数 TPU 胶粒是用芳香族二异氰酸酯为原料合成的，容易产生黄变；进口的 TPU 价格贵，产品的成本较高。

在 20 世纪 90 年代中后期，国内逐渐采用溶液聚合法直接合成聚氨酯来取代 TPU 的溶解法来生产鞋用溶剂型聚氨酯胶黏剂。聚氨酯的溶液聚合法即以聚酯二醇和二异氰酸酯为主要原料，通过加聚反应首先合成端异氰酸酯基预聚体，再进行扩链反应制备聚氨酯树脂，溶剂则在反应的过程中根据物料的黏度增长情况逐步添加。使用的聚酯二醇原料主要是聚己二酸丁二醇酯二醇，而二异氰酸酯原料主要是 4，4'-二苯甲烷二异氰酸酯（MDI）。溶液法还可用 1,6-己二异氰酸酯（HDI）等脂肪族（含脂环族）二异氰酸酯为原料合成溶剂型聚氨酯，用此法生产的鞋用聚氨酯胶黏剂，产品性能较容易调节、不黄变。在 20 世纪 90 年代中后期以后，国内部分鞋用胶厂家用溶液聚合法取代 TPU 溶解法来生产鞋用聚氨酯胶黏剂。

鞋用溶剂型聚氨酯胶黏剂基本上用作粘底胶，在使用时一般需要加入 3%～5% 的多异氰酸酯固化剂。

### 17.2.1.3　SBS 胶黏剂

SBS 胶黏剂主要由 SBS/SIS（SBS 是苯乙烯-丁二烯-苯乙烯嵌段共聚物的简称，SIS 是苯乙烯-异戊二烯-苯乙烯嵌段共聚物的简称，它们都是热塑性合成橡胶）、增黏树脂、溶剂、防老剂、增塑剂、填料等经溶解复配、熔融混合、接枝共聚等工艺制成，SBS 胶黏剂在非交联的情况下仍具有很好的粘接强度。

SBS 主要有星型和线型两种分子构型，星型分子量较大，通常在 15 万～30 万范围内，溶解后黏度大；线型 SBS 分子量小，一般在 8 万～12 万范围内，溶解后黏度低。SBS 分子量大小及其分布对黏度、粘接强度都有一定影响，分子量小、分子的活动能力强、胶液对被粘材料的润湿能力强；但分子量太低又会使 SBS 缺乏足够的内聚强度，而降低粘接强度。因此，在制备胶黏剂时，根据需要可选择分子量适中的线型或星型 SBS、S/B 值（苯乙烯/丁二烯单体质量比）合适的 SBS 树脂基料。

鞋用 SBS 胶黏剂使用的溶剂包括甲苯、溶剂油等，增黏树脂有松香及松香树脂、萜烯树脂等。鞋用 SBS 胶黏剂主要用作绷帮胶、抿边胶、衬里胶。

### 17.2.1.4　溶剂型天然橡胶胶黏剂

鞋用溶剂型天然橡胶胶黏剂是将天然橡胶胶片溶解在汽油等溶剂中，加入增黏树脂（如松香等）复配而成。天然橡胶一般要经过混炼，混炼时可以加入氧化镁、氧化锌、防老剂等助剂。鞋用溶剂型天然橡胶胶黏剂一般用作合布胶。

### 17.2.1.5　溶剂型鞋材表面处理剂

制鞋材料品种多样，鞋底材料主要包括橡胶（天然橡胶和合成橡胶）、塑料（PVC、EVA 等），鞋面材料主要包括真皮、PU 革、PVC 革、各种布料等，大多数的鞋材在制鞋的过程中需要进行表面处理才能获得比较好的粘接效果。鞋材表面处理剂一般按被处理的材料进行分类，主要包括：①橡胶处理剂；②TPR 处理剂；③PU/PVC 处理剂；④EVA 处理剂；⑤尼龙处理剂；⑥油皮（真皮）处理剂。

多数的鞋材表面处理剂为聚合物的稀溶液，其主要作用有：清洁鞋材表面；对鞋材表面进行物理或化学改性，使具有不同表面性质的鞋材均可以进行粘接。

## 17.2.2　水性胶黏剂

### 17.2.2.1　水性氯丁橡胶胶黏剂

水性氯丁橡胶胶黏剂因其不含有机溶剂，是溶剂型氯丁橡胶胶黏剂的环保型替代品。但目前水性氯丁橡胶胶黏剂的初黏性、防冻性、耐水性和稳定性还远不如溶剂型氯丁橡胶胶黏剂，应用领域受到一定限制。鞋用水性氯丁橡胶胶黏剂一般以氯丁胶乳加入经水乳化的增黏树脂复配而成。

水性氯丁橡胶胶黏剂的优缺点：

（1）优点　a. 几乎不含有机溶剂，气味小，对产业工人的身体健康无负面影响，属于环境友好型产品；b. 不会燃爆，运输、储存和使用过程中非常安全；c. 黏度和浓度的调整范围宽，粘接操作性能好；d. 与溶剂型氯丁橡胶胶黏剂相比，容易产生拉丝现象，适用于辊涂、喷涂、刷涂等多种涂胶操作工艺；e. 适用于易受溶剂腐蚀的材料如泡沫聚苯乙烯、聚氨酯软泡等鞋材的粘接。

（2）缺点　a. 由于水的蒸发吸热量大，水性氯丁橡胶胶黏剂的干燥速度慢；b. 初期粘接力比溶剂型氯丁橡胶胶黏剂小；c. 低温储存稳定性差；d. 胶层耐水、耐热、耐化学药品性能较差。

鞋用水性氯丁橡胶胶黏剂一般用作合布胶。

### 17.2.2.2　水性聚氨酯胶黏剂

水性聚氨酯是指聚氨酯溶解于水或分散于水而形成的一种聚氨酯溶液。根据其外观和粒径，可分为聚氨酯水溶液（外观透明，粒径＜1nm）、水分散液（外观为半透明，粒径为1～100nm）和水乳液（外观白浊，粒径＞100nm）3种。习惯上后两类可分别称为聚氨酯乳液或聚氨酯分散液，三者之间并无严格分别。水性聚氨酯以水为分散剂，基本不含挥发性有机物（VOC），因而具有经济（成本低廉，节省资源）、安全（不燃不爆）、无毒、无污染、气味小、用后残留物易清理等优点，是一种环境友好型产品。

水性聚氨酯的研究可追溯到20世纪40年代，P. Shlack等于1942年成功研制了阳离子型水性聚氨酯，D. Dieterich等人随后在此方面也开展了大量的研究工作，并开发了自乳化型水性聚氨酯。由于性能欠佳，价格较高，其应用开发进展缓慢。直到1972年拜尔公司成功将水性聚氨酯应用于皮革涂饰剂并正式实现工业化生产，聚氨酯乳液才在美国市场问世并在随后的十几年中取得了快速发展。我国于20世纪70年代逐步开始对水性聚氨酯进行了相关研究，但进展较缓慢，直到20世纪80年代，随着对水性聚氨酯研制的活跃，研发了大量产品，主要集中在皮革涂饰剂领域，其他方面如涂料、胶黏剂、织物涂层及整理也有少量开发。

水性聚氨酯目前在我国的最大应用领域是涂料及胶黏剂市场。由于水的蒸发潜热远比常用的有机溶剂高，所以，在相同固含量下，水性聚氨酯比溶剂型聚氨酯的挥发速度慢，干燥时间长。而在制鞋等应用领域，生产节奏非常快，所用水性聚氨酯要接近传统溶剂型胶黏剂的干燥速度才能满足流水线的生产要求。为解决此问题，国内外研究的重点大都集中于提高水性聚氨酯的固含量以降低水分挥发负荷、缩短成膜和干燥时间，只有这样才有可能促使水性聚氨酯产品全面取代相应的有机溶剂型涂料及胶黏剂。同时，高固含量的乳液还具有设备利用率高、运输成本和单位产品能量消耗低等优点，因此，生产高固含量产品（固体质量分数在45%以上），是水性聚氨酯乳液的发展方向之一。

除了需要很高的固含量外，由于鞋用水性聚氨酯胶黏剂中含有一定量的亲水基团，因此，对其耐水性能也提出了较高的要求。另外，鞋用水性聚氨酯胶黏剂还必须有很好的涂刷性及抗结刷性能。

鞋用水性聚氨酯胶黏剂基本上用作粘底胶，在使用时需要加入5%左右的亲水性多异氰酸酯固化剂。

水性聚氨酯胶黏剂的缺点是：因水的挥发性差，胶干燥慢；初粘力不如溶剂型胶黏剂；

即使是双组分胶，胶层的耐水性也不如溶剂型胶黏剂；水性聚氨酯胶黏剂树脂一般用高结晶性的聚酯原料，中低成本的聚酯型聚氨酯胶黏剂长期耐水解性能不如溶剂型胶黏剂，可能会在胶黏剂储存过程中因水解、霉菌等原因发生变质。

### 17.2.2.3　水性天然橡胶胶黏剂

水性天然橡胶胶黏剂是由天然胶乳与增黏树脂等助剂复配而成。天然胶乳固含量高、成膜性好、自黏性高，可以随意调节其黏度，很久以前就被用作胶黏剂。但是其耐老化性、耐油性、耐化学药品性、抗冻性差。

水性天然橡胶胶黏剂由于其大分子链极性小，故与被粘物，尤其是极性大的被粘物黏着性差，但是加入一定的增黏剂，如植物油、矿物油、松香酯、糊精、淀粉、酪素等，即可显著提高天然胶乳胶黏剂的极性，并使之变软，因而提高了其黏性和对被粘物的黏着性。利用甲基丙烯酸等对天然乳胶进行枝接改性，也可增大分子链的极性和提高胶黏剂的黏着性。

水性天然橡胶胶黏剂在制鞋工业中主要用作合布胶等。

### 17.2.2.4　水性鞋材表面处理剂

近年来，随着环保意识的提高，制鞋业除了逐步转用水性胶黏剂外，也开始使用部分水性鞋材表面处理剂。目前比较成熟的水性鞋材表面处理剂主要有双组分橡胶和TPR处理剂、PU/PVC处理剂等，由于纯水性的鞋材表面处理剂有时很难达到好的处理效果，所以也会加入部分亲水性溶剂配制成半水性鞋材表面处理剂。

## 17.2.3　热熔胶

鞋用热熔胶主要由热塑性树脂、改性剂和加工助剂等组成，按照热塑性树脂的化学结构，鞋用热熔胶主要包括乙烯-醋酸乙烯（EVA）热熔胶、非晶态α-烯烃共聚物（APAO）热熔胶、共聚酯（PES）热熔胶、聚酰胺（PA）热熔胶、聚氨酯（PU）热熔胶等。

### 17.2.3.1　EVA热熔胶

乙烯-醋酸乙烯（EVA）树脂中，乙烯和醋酸乙烯的比例不同，其性能也有较大的差异。EVA热熔胶所用的树脂，其醋酸乙烯的含量大于28%，除了EVA树脂外，鞋用EVA热熔胶还含有增黏树脂、黏度和表面张力调节剂、抗氧剂和填料等。增黏树脂主要包括萜烯树脂、石油树脂、松香及改性松香树脂、古马隆树脂等；黏度和表面张力调节剂有石蜡、微晶石蜡和聚乙烯蜡；抗氧剂主要为受阻酚类，而填料主要有碳酸钙、黏土、滑石粉等。

根据用户的要求，鞋用EVA热熔胶产品可以做成颗粒状、条状或片状的形式，鞋用EVA热熔胶主要用于鞋面材料的定位及复合。

### 17.2.3.2　APAO热熔胶

APAO是一系列分子量较低的非晶型聚α-烯烃的总称，其数均分子量一般为0.7万～2.0万，目前，工业上大多采用非均相钛系催化剂合成。这样合成的APAO实际上是无规结构和等规结构的混合物，其不溶于沸腾正己烷或沸腾正庚烷的部分在总聚合物中的质量分数（即正己烷或正庚烷系数）一般小于30%，而且在常温下具有柔软性。根据其用途及聚合工艺不同，主要有下列几种产品类型：PP均聚物、丙烯-乙烯共聚物、丙烯-1-丁烯共聚物、丙烯-1-己烯共聚物、乙烯-丙烯-1-丁烯三元共聚物。

鞋用APAO热熔胶主要成分包括：非晶态α-烯烃共聚物、增黏树脂（石油树脂、松香树脂等）、填料等。

鞋用APAO热熔胶主要用于鞋面衬里的粘接。

### 17.2.3.3　PES 热熔胶

共聚酯（PES）是由芳香族二元酸、脂肪族二元酸和二元醇经缩聚而成，鞋用 PES 热熔胶主要由 PES 树脂及添加剂构成，聚酯热熔胶的基体与其他添加剂的配比一般并不十分严格。添加剂的加入主要为了改善聚酯树脂的熔融黏度。经常用的稀释剂有齐聚苯乙烯树脂和石油树脂，增黏剂有二甲苯树脂、苯酚树脂，填料有滑石粉和碳酸钙。有时，为了适应不同的工作条件，还需加入玻璃纤维和碳纤维等补强剂、溴化芳香族化合物和磷化合物等阻燃剂、二苯基甲酮系化合物等紫外线吸收剂等。

鞋用 PES 热熔胶有条状、粒状、片状、薄膜状等形式，主要用于鞋面前衬部分的加固粘接。

### 17.2.3.4　PA 热熔胶

鞋用聚酰胺热熔胶为低分子量聚酰胺热熔胶，其分子量一般在 3000～6500，具有良好的强度和韧性。鞋用聚酰胺热熔胶可以通过加入环氧树脂进行改性，产品一般做成胶条并收卷。鞋用聚酰胺热熔胶可应用于绷帮、皮革折边等。

### 17.2.3.5　PU 热熔胶

聚氨酯热熔胶分为热塑性聚氨酯（TPU）热熔胶和反应型湿固化聚氨酯（PUR）热熔胶两种。

（1）热塑性聚氨酯（TPU）热熔胶　TPU 热熔胶是由线型的或带有少量支链的低聚物二元醇、低分子量扩链剂与异氰酸酯反应，生成直链状的高分子量聚氨酯，然后再加上其他增黏树脂等改性而成。TPU 热熔胶可以做成粒状、粉状或薄膜状，使用时加热至一定温度熔化于基材表面，经冷却而固化，固化过程主要利用组成中的氢键作用而发生物理交联，具有粘接强度较高、耐低温、耐磨等优点。在粉末状的 TPU 热熔胶中加入封闭型异氰酸酯固化剂或在制备 TPU 热熔胶粉末过程中将部分异氰酸酯基团进行封闭，在使用温度下解封并进行交联反应，可以提高 TPU 热熔胶的耐热和耐溶剂等性能。

（2）反应型湿固化聚氨酯（PUR）热熔胶　PUR 热熔胶的合成主要是先由聚醚或聚酯多元醇与二异氰酸酯反应，生成端异氰酸酯基预聚体，当—NCO 含量达到设定值时，加入适量的增黏树脂、填料等添加剂而成。使用时，加热熔融成流体涂覆于材料表面，两种被粘基材贴合、冷却后，胶层凝固起到粘接作用；之后借助存在于空气中或被粘体表面附着的湿气与异氰酸酯基反应，从而生成脲键而部分交联固化，形成了网状结构且具有高内聚力的高分子聚合体。固化后的胶层具有较高的耐高低温性、耐溶剂性和粘接强度，同时具有无溶剂、无毒等特点。聚氨酯热熔胶在制鞋业中可用于鞋材面料复合、鞋子组合底以及大底与帮面或鞋垫的粘接。

# 17.3　鞋子分类、基本结构和装配流程

## 17.3.1　鞋子分类

一般鞋类产品分为皮鞋、布鞋、胶鞋、塑料鞋，又可分为生活用鞋、劳动保护鞋、运动鞋、文艺演出鞋、医疗保健鞋、军警靴鞋、民族靴鞋。按制鞋的主要工艺进行分类，可分为胶黏鞋、硫化鞋、注塑鞋、缝制鞋、模压鞋五大类。由于目前 80% 以上的鞋子采用胶黏工艺生产，而且胶黏鞋所用的胶黏剂几乎囊括了所有的鞋用胶品种，因此，本章只介绍鞋用胶黏剂在胶黏鞋生产中的应用。

## 17.3.2　鞋子基本结构

普通鞋子的基本结构见图 17-1。

对于多数鞋子来说，其基本结构包括鞋帮、内包头、主跟、内底、外底、鞋跟、鞋垫等。鞋帮又称鞋面、鞋脸，由帮面、帮里、衬料等构成，而鞋底则包括内底、半内底、中底和外底等。

## 17.3.3　鞋子装配流程

鞋子的装配流程包括基础装配、结构装配和外观整饰三个阶段的工艺过程。

鞋子的基础装配阶段也称为绷帮段，其工艺流程为：将内底固定在鞋楦上（钉内底），装上后帮，把鞋帮、内包头、主跟绷紧在鞋楦上，再粘接在内底上，使鞋帮、内包头、主跟、内底等零部件组合成一个整体。

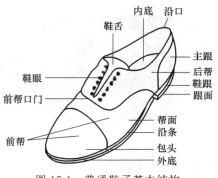

图 17-1　普通鞋子基本结构

鞋子的结构装配阶段也称为配底段，结构装配工艺过程就是将基础装配好的鞋帮和内底部件与外底结合在一起，结构装配可以通过胶黏、硫化、注塑、缝制和模压这五种工艺实现。

外观整饰阶段主要包括成型整饰、清洁整饰和抛光整饰等，其目的是通过修补鞋子的缺陷和进行表面修饰使其外观更加美观。

下面是两种胶黏鞋的典型装配流程：

（1）胶黏皮鞋装配流程　钉内底→后帮预成型→前帮加湿加热→绷前帮→绷中后帮→起内底钉→湿热定型→后踵按摩整型→热风去皱→帮脚打平→帮脚修整→帮脚粗化→底心填平→（帮脚划线）→帮脚和外底粗化或刷处理剂→干燥→刷帮脚胶和外底胶→烘干活化→刷第二遍帮脚胶和外底胶→烘干活化→扣外底→外底胶黏压合→冷冻定型→脱楦→钉后跟→修剪帮口衬里→帮口敲平→粘鞋垫→鞋面去污→整饰→后帮口整型→外观整饰→产品检验→装鞋盒→装箱。

（2）胶黏运动鞋装配流程　钉内底→系鞋带→刷胶装主跟→后帮预成型→刷胶装内包头→刷帮脚胶和内底胶→烘干活化→前帮预热→绷前帮→绷中帮→绷后帮→热定型→帮脚划线→帮脚和外底粗化或刷处理剂→干燥→刷帮脚胶和外底胶→烘干活化→刷第二遍帮脚胶和外底胶→烘干活化→扣外底→墙式胶黏压合→冷定型→脱楦→（侧缝）→外观整饰→检验→装鞋盒→装箱。

# 17.4　鞋用胶黏剂及粘接工艺

粘鞋的装配工艺也叫冷粘工艺，是利用胶黏剂将内底、外底、鞋帮等部件粘接在一起制造鞋子的工艺方法。该装配工艺具有流程简单、生产周期短、生产效率高、花色品种变化快、易于扩大再生产等优点。

## 17.4.1　基础装配用胶黏剂及粘接工艺

基础装配所用胶黏剂主要包括：氯丁橡胶胶黏剂、天然橡胶胶黏剂、SBS 胶黏剂以及各类热熔胶等。

### 17.4.1.1 港宝片及衬里粘接用胶黏剂

港宝片及衬里用胶黏剂有氯丁橡胶胶黏剂、天然橡胶胶黏剂、SBS 胶黏剂和各类热熔胶。港宝片及衬里粘接用胶点及胶种见图 17-2 所示。

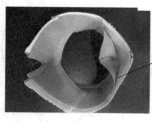

氯丁橡胶胶黏剂、SBS 胶黏剂、天然橡胶胶黏剂、各类热熔胶

图 17-2 港宝片及衬里粘接用胶点及胶种

### 17.4.1.2 包跟用胶黏剂

包跟用胶黏剂主要有氯丁橡胶胶黏剂。鞋的包跟用胶的位置见图 17-3。

### 17.4.1.3 鞋帮与内底粘接用胶黏剂

鞋帮与内底粘接用胶黏剂主要有氯丁橡胶胶黏剂和 SBS 胶黏剂（见图 17-4）。

氯丁橡胶胶黏剂

图 17-3 包跟用胶点及胶种

氯丁橡胶胶黏剂
SBS胶黏剂

图 17-4 鞋帮与内底粘接用胶点及胶种

### 17.4.1.4 基础装配粘接工艺

基础装配的粘接工艺非常简单，如用的是热熔胶，把热熔胶加热熔融并涂覆在被粘材料上，趁热贴合，等热熔胶冷却固化即可。如用的是溶剂型或水基型胶黏剂，把胶黏剂涂刷在被粘材料上，室温或加热干燥，然后把被粘物粘接在一块并加外力固定即可。

## 17.4.2 结构装配用胶黏剂及粘接工艺

粘鞋用的结构装配就是用胶黏剂把帮面和外底粘接在一起，由于可以受力的粘接面积非常有限，仅在鞋子的周边范围，所以，结构装配对胶黏剂的质量和胶黏工艺要求非常高。

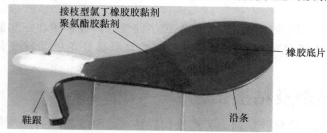

接枝型氯丁橡胶胶黏剂
聚氨酯胶黏剂
橡胶底片
鞋跟
沿条

图 17-5 女鞋组合底用胶点及胶种

### 17.4.2.1 组合底用胶黏剂

有些皮鞋及女鞋鞋底是由橡胶底片加上塑料或橡胶沿条和鞋跟组合而成（图 17-5），很多运动鞋底和部分皮鞋底都是由几个不同的部件组合而成的，如很多运动鞋底由橡胶外底和 EVA 中底组合而成

（图 17-6），目前，组合底用胶黏剂主要有接枝型氯丁橡胶胶黏剂（沙滩鞋底 EVA 片之间的粘接也用普通型氯丁橡胶胶黏剂）和聚氨酯胶黏剂。

图 17-6　运动鞋组合底用胶点及胶种

### 17.4.2.2　结构装配用胶黏剂

图 17-7 为结构装配用胶点及胶种。结构装配用胶黏剂主要有接枝型氯丁橡胶胶黏剂、溶剂型和水性聚氨酯胶黏剂，反应型聚氨酯（PUR）热熔胶和聚氨酯热熔胶粉末也在自动化的生产线进行测试（图 17-8），目前还没有大面积推广，但有可能成为未来制鞋业的发展趋势。

### 17.4.2.3　结构装配粘接工艺

结构装配粘接工艺一般包括材料表面处理、选胶及调胶、涂胶、干燥、贴合及压合等过程，结构装配粘接工艺要应用多种制鞋机器来完成，粘接过程并不复杂，但粘接是否有效，对成品鞋的质量起着至关重要的作用。

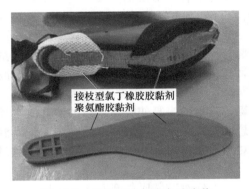

图 17-7　结构装配用胶点及胶种

图 17-8　用 PUR 热熔胶和聚氨酯热熔胶粉末胶制鞋自动化生产线

（1）材料表面处理　鞋材的品种繁多，常见的鞋底材料有丁苯橡胶、天然橡胶、TPR 底、EVA 和 PU 等，常见的帮面材料有纤维板、PU 革、PVC 革、真皮和布料等。由于在鞋材加工过程中可能要使用脱模剂，同时在加工储运过程中还会有油污、灰尘等附在材料表面上，根据粘接理论，这些因素都会使材料表面上形成弱界面层导致粘接不良。另外，不同的材料与胶黏剂表面性质不一样，有时不能相容，也需要对鞋材进行改性。

鞋材的表面处理一般有机械打磨、清洗和底涂处理三种方式，根据实际情况，有时只使用一种处理方式，有时还需要 2～3 种处理方式结合，方能获得理想的粘接效果。

① 机械打磨。通过机械打磨，除去材料表面的脱模剂、油污等，同时增大了粘接面积，通常橡胶底、EVA 片和真皮等都要进行打磨处理。

② 清洗。通过使用酸、碱、溶剂等对材料表面进行清洗，可有效除去鞋材表面的油污、灰尘等。橡胶、EVA 底可以用酸、碱水溶液进行清洗，而 PU、PVC 革等可以用酮类溶剂进行清洗。

③ 底涂处理。通过底涂处理剂对鞋材进行表面改性是鞋材表面处理应用得最多的一种方式。

鞋材表面处理剂主要有 4 种类型：a. 使用三氯异氰尿酸（俗称 B 粉）的有机溶液或二

氯异氰尿酸钠的水溶液对材料表面进行氧化，增大鞋材表面的极性，从而更好地与胶黏剂相容，这种处理剂是双组分包装的，在使用时混合溶解，主要用于橡胶（一般需要先打磨）和TPR底的处理；b. 将聚氨酯树脂溶解在有机溶剂中再稀释成稀溶液，用于 PU 底、PU 革、PVC 革等的表面处理，具有清洁材料表面和增加材料表面湿润性的作用；c. 用（甲基）丙烯酸单体对氯丁橡胶、SBS 热塑性弹性体等进行接枝反应，再稀释成稀溶液后用于橡胶（一般需要先打磨）、TPR 和 EVA 底的处理，这种表面处理剂具有高分子表面活性剂的作用，是目前制鞋业应用得最广泛的一类处理剂；d. 用于 MODEL EVA 表面处理的 UV 光照处理剂，这种处理剂主要由树脂、多功能基（甲基）丙烯酸酯单体、光敏引发剂等组成，使用时，先将处理剂涂覆在材料表面上，然后经过 UV 光照处理，对材料表面进行光照接枝，从而改善材料与胶黏剂的相容性。

（2）选胶及调胶　对于不同的材料，选用不同的胶黏剂。对真皮、布料、泡沫等多孔性材料，选用黏度高的胶黏剂。对耐黄变等级要求高的白色鞋材，选用耐黄变等级高的胶黏剂如脂肪族聚氨酯胶黏剂。

液体胶黏剂在使用时一般要加入多异氰酸酯固化剂，由于多异氰酸酯固化剂的密度比胶黏剂的大，容易沉淀到胶黏剂的底部，使用时需充分搅拌混合。对溶剂型胶黏剂，多异氰酸酯固化剂的加入量一般为 3%～5%，对水性聚氨酯胶黏剂，多异氰酸酯固化剂的加入量一般为 5%。

（3）涂胶　目前多数鞋厂采用人工涂胶，也有部分厂家采用机器上胶。涂胶时，要尽量做到涂覆均匀，不缺胶，不堆胶。为了保证不缺胶，往往采用两遍涂胶的方式，刷完一遍胶后烘干，再进行第二次涂胶。

（4）干燥　胶黏剂在涂覆完成后，需要进行干燥，其目的一是使胶黏剂中的溶剂或水挥发形成胶膜；二是使胶膜热活化，这样才能获得理想的粘接效果。对溶剂型胶黏剂，干燥温度一般为 55℃±5℃，干燥时间一般为 5～8 min。对水性胶黏剂，其干燥温度和时间应适当延长，并且胶膜要保持透明或半透明才可以进行下一步操作。

（5）贴合及压合　待胶膜充分干燥及活化后，依次准确对准鞋底与帮面的前、后、中三个部位，稍用力按住将鞋底与帮面贴合好。贴合好的鞋子马上放入已调整好的压机进行压合，一般压力要大于 0.5 MPa，加压时间在 7 s 以上。

# 17.5　胶黏剂在箱包行业中的应用

## 17.5.1　箱包行业的特点

我国是箱包生产及消费大国，产量已占全球 70% 以上的份额，无论是从产业规模，还是生产总量，或者是出口总量等，都位列世界首位。

中国拥有 2 万多家箱包生产企业，目前主要集中在沿海的广东、福建、浙江、山东、上海、江苏内陆的河北、湖南八个省份，占据了全国 80% 以上的市场份额。主要生产基地包括：广东广州花都区狮岭镇、浙江平湖、浙江瑞安、浙江东阳、浙江义乌、福建泉州、河北白沟等。

基于箱包产品及生产工艺特征，箱包行业具有如下特点：

（1）产品技术含量低，生产工艺比较简单，设备投入不大　箱包制造流程基本上由设计、裁剪、缝制等几道工序组成，生产工艺相对于其他制造业而言比较简单，产品技术含量不高，所需的设备投入较小，即使家庭作坊也可以生产。

（2）箱包行业属劳动密集型产业　箱包生产工艺比较简单，大多数箱包产品和原料、配件等生产企业的现代机械化程度较低，但材料的裁剪、箱包的装配等都需要较多的人工，是一个典型的劳动密集型产业。

（3）行业内企业规模小　从企业规模角度来看，箱包行业的企业规模多为几百人以下的中小或小微企业。

（4）市场竞争程度较高　我国箱包业的入行门槛低，产品同质化程度高，市场又相当分散，因此在市场性质方面接近于"充分竞争型"市场。

（5）时尚化发展趋势明显　国内市场箱包产品已由早期的功能性为主，逐渐演变成时尚类产品，加之生产箱包技术含量低的特点，箱包产品的高附加值主要来自"设计差异"和"材料差异"。

## 17.5.2　箱包行业对胶黏剂的要求

根据国际协调制度编码（HS）归类标准，箱包产品主要对应"衣箱、手提包及类似容器"（HS 编码为 4202），其下包括三大类，共 14 个子类目：

（1）塑纺面制箱包　①塑料或纺织材料作面的衣箱（HS 编码 42021210）；②塑料或纺织材料作面的提箱、小手袋等（HS 编码 42021290）；③塑料或纺织材料作面的手提包（HS 编码 42022200）；④塑料或纺织材料作面的置于口袋或手提包内的物品（HS 编码 42023200）；⑤塑料片或纺织材料作面的其他类似容器（HS 编码 42029200）。

（2）皮革制箱包　①皮革、再生皮革或漆皮作面的衣箱（HS 编码 42021110）；②皮革、再生皮革或漆皮作面的提箱、小手袋等（HS 编码 42021190）；③皮革、再生皮革或漆皮作面的手提包（HS 编码 42022100）；④皮革面的通常置于口袋或手提包内的物品（HS 编码 42023100）；⑤皮革、再生皮革或漆皮作面的其他类似容器（HS 编码 42029100）。

（3）其他面料制箱包　①其他材料作面的衣箱、提箱、小手袋等（HS 编码 42021900）；②其他材料作面的手提包（HS 编码 42022900）；③其他材料作面的通常置于口袋或手提包内的物品（HS 编码 42023900）；④其他材料作面的其他类似容器（HS 编码 42029900）。

装配箱包的材料主要包括骨架材料和面料，骨架材料包括塑料、木材、金属等，面料包括真皮、PVC/PU 革、尼龙/牛津布、无纺布、牛仔布/帆布等。

根据箱包的工艺要求及材料选用不同的胶黏剂，按照用途的不同，箱包胶黏剂可以分为：①用于皮革折边固定的折边胶黏剂；②用于箱包面料和骨架材料粘接的结构装配胶黏剂。

箱包用胶黏剂应符合如下性能要求：

① 对箱包革的收缩性小，不影响粘接部位的平整度和外观质量；

② 粘接强度需符合产品设计和工艺要求；

③ 对真皮、合成革等的粘接部位，其柔软度要基本与被粘基材保持一致；

④ 毒性和刺激性气味要小；

⑤ 干燥速度快，不影响操作工序的进程。

## 17.5.3　箱包装配工艺及常用胶黏剂、粘接工艺

### 17.5.3.1　箱包装配工艺

箱包装配工艺主要包括：片（披）削工艺、部件边缘的修饰工艺、部件边缘的镶接工艺、胶黏工艺、辅助工艺等。

片（披）削工艺就是把产品的零部件按工艺要求将边缘披削成一定的规格以满足下一道

加工工序的要求；部件边缘的修饰工艺通常包括折边（挹边）、镶边、滚边、撩边等；部件边缘的镶接工艺主要包括平镶、压茬镶接、对接、压缝镶接等；胶黏工艺是通过使用胶黏剂把面料与箱体或衬料粘接在一起的过程，可分为平面（件）粘接和立体（件）粘接两种基本类型；辅助工艺主要有上漆、刺绣、烫印、熨烫等。

### 17.5.3.2　箱包装配常用胶黏剂及粘接工艺

按化学成分分类，目前用于箱包装配的胶黏剂主要为天然橡胶胶黏剂和氯丁橡胶胶黏剂。用于箱包装配的天然橡胶胶黏剂主要由经过混炼的天然橡胶片用汽油溶解后再加入树脂（如松香）等而制成，由于天然橡胶胶黏剂的粘力小，只能用于临时性的粘接，如用作折边胶，然后通过缝线固定。用于箱包装配的氯丁橡胶胶黏剂可以是接枝型或普通型的，其组成与上述的鞋用氯丁橡胶胶黏剂基本一致。

按用途分类，用于箱包装配的胶黏剂主要可以分为折边胶黏剂与结构装配胶黏剂。

（1）折边胶黏剂及折边粘接工艺　折边胶黏剂主要在箱包部件边缘修饰工艺的折边（挹边）、滚边等过程中使用，天然橡胶胶黏剂和氯丁橡胶胶黏剂都可以用作折边胶，但以溶剂型天然橡胶胶黏剂为主。

折边粘接工艺非常简单，将胶黏剂涂在皮革的边缘上，待胶黏剂干燥后（一般是在室温下让溶剂挥发干燥），把皮革折挹后粘牢，既有皮革之间的挹粘接，也有的将皮革挹折在上了胶的纸板筋上并粘牢，粘接后还需用平底锤子敲平，再通过缝线彻底固定。如遇到质地较硬的皮革，会产生较大张力，天然橡胶胶黏剂无法粘牢时，则可以采用氯丁橡胶胶黏剂。皮包折边用胶点和胶种见图17-9。

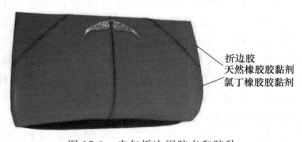

图17-9　皮包折边用胶点和胶种

折边胶
天然橡胶胶黏剂
氯丁橡胶胶黏剂

（2）箱包结构装配胶黏剂及胶黏工艺　箱包结构装配胶黏剂主要用于骨架材料和面料的粘接，通过胶黏工艺，把骨架材料（箱体或衬料）和面料粘接在一起，箱包结构装配胶黏剂主要为氯丁橡胶胶黏剂（图17-10）。

箱包产品按其工艺需要可分为面层部件粘接完成后再装配成型和装配成型后再进行面层部件的粘接两种方式，前者称为平面（件）粘接，后者属于立体（件）粘接。根据产品的不同类型及结构，选用不同的粘接方式。

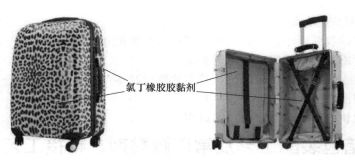

氯丁橡胶胶黏剂

图17-10　箱包结构装配用胶点和胶种

① 平面（件）粘接工艺。平面（件）粘接工艺是面料先粘接后成型的工艺过程，是箱包装配中最常见的一种粘接方式。

a. 常见箱包材料的粘接。常见箱包材料包括真皮、人造革、纤维织物、海绵、布料、纸板胶合板、木材等，其粘接工艺也很简单，先将材料按要求裁剪好，涂上氯丁橡胶胶黏剂，待胶黏剂干燥后，将两种材料的涂胶面对齐贴合，稍用力压平并固定，粘接工艺即完成。

　　b. 箱包部件的粘接。箱包部件的粘接主要包括部件的对合拼缝、拉链粘接等，其工艺过程基本与上述一致。

　　② 立体（件）粘接。立体（件）粘接就是先用骨架材料（胶合板、木材等）制成箱体，在箱体及面料上均涂刷氯丁橡胶胶黏剂，待胶黏剂干燥后，将箱体和面料粘接在一块。

## 参 考 文 献

[1]　于大江. 2017 年世界鞋业概况. 中外鞋业，2018（9）：30-32.
[2]　白佳，弓太生，金鑫. 我国鞋用胶粘剂的现状及发展趋势. 中国皮革，2012（17）：111-113.
[3]　阎春绵，张忠厚. 制鞋与皮革胶黏剂. 北京：化学工业出版社，2009.
[4]　Dieterich D，Keberle W，Witt H. Polyurethane ionomers：a new class of block polymers. Angew Chem Int Ed，1970，9（1）：40-50.
[5]　孔丽芬，林华玉，梁晖，等. 高固含量水性聚氨酯合成进展. 化学与黏合，2007，29（6）：423-427.
[6]　李盛彪，等. 热熔胶黏剂：制备·配方·应用. 北京：化学工业出版社，2009.
[7]　王润珩，孙华莉. 鞋用热熔胶. 粘接，1988，9（6）：16-18.
[8]　宋国星. 鞋用热熔胶的制备及其应用. 中国胶粘剂，1993，2（3）：25-28，61.
[9]　Dieterich D. Nevere wäBrige PUR-systeme. Angew Makromal Chem，1981，98：133-165.
[10]　傅玉英，陈庆勇，崔应强，等. 鞋用单组分湿固化聚氨酯反应型热熔胶的研制. 中国胶粘剂，1992，1（4）：7-10.
[11]　鞋类　术语：GB/T 2703—2017.
[12]　全岳. 机器制鞋工艺学. 北京：中国轻工业出版社，2006.
[13]　王立新. 箱包制作技术与生产经营管理. 北京：化学工业出版社，2008.

（林华玉 刘益军 编写）

# 第18章

# 胶黏剂在机械设备制造与维修中的应用

## 18.1 机械制造与维修行业的特点及对胶黏剂的要求

### 18.1.1 机械制造与维修行业的特点

随着我国机械制造工业的发展，胶黏剂在机械产品中的应用越来越广，尤其在机床、工程机械、工具、模具、量具的粘接密封及浸渗和修复工艺中得到了大量的应用。

机械制造业生产过程以离散工艺为主、流程工艺为辅、装配工艺为重点。离散型工艺是指将一个个单独的零部件组装成最终产品的方式；流程型工艺是指通过对原材料的加工，使其形状或化学属性发生变化并形成最终产品的方式。根据机械制造业的特点，装配过程中大概率会用到胶黏剂。而维修过程中，需要对工件进行表面处理，并进入组装等工序，也要用到胶黏剂。美、德、日等国家机械工业用胶量与我国大致相似，约占胶黏剂总消耗量的5%～10%。机械制造行业用胶量虽少但要求高，机械设备制造与维修的使用工况不同，对所用胶黏剂的要求也不相同。粘接工艺具有操作简便、效率高、成本低和能耗少等优越性，与焊接、铆接以及其他机械连接工艺并列为装配系统工艺之一。

### 18.1.2 机械制造与维修行业对胶黏剂的要求

机械制造与维修行业的设备大都由金属零件组成，承受摩擦、震动、温度、湿度、气压等作用，因此对胶黏剂和密封胶有一些特殊的要求，主要体现在：①粘接工艺简单，尽量少用设备来固化；②易实现机械化、自动化，提高生产效率；③可以减轻结构件质量，节约材料；④粘接部位表面光滑、平整、美观，能提高空气动力学特性和美观性；⑤粘接的密封性能好，并且具有耐水、防腐和电绝缘等性能，可防止金属的电化学腐蚀；⑥粘接速度快，粘接修补、密封堵漏快速高效；⑦粘接强度高，耐振动性好；⑧粘接可靠性高，耐老化性能优异；⑨粘接的使用温度范围广；⑩胶黏剂的贮存期长。

### 18.1.3 机械制造与维修行业常用胶黏剂

机械制造与维修行业常用胶黏剂有：有机硅密封胶、湿气固化聚氨酯胶、硅烷改性聚醚（MS）密封胶、厌氧胶、氰基丙烯酸瞬干胶、双组分丙烯酸酯结构胶、双组分环氧结构胶、双组分聚氨酯结构胶等，表 18-1 列出了机械制造与维修行业典型胶种及其应用点。

**表 18-1　机械制造与维修行业典型胶种及其应用点**

| 胶黏剂种类 | 典型应用点 |
| --- | --- |
| 有机硅密封胶 | 平面密封、管阀密封、金属粘接密封 |
| 湿气固化聚氨酯胶 | 挡风玻璃粘接密封、侧窗玻璃粘接密封、结构粘接、焊缝密封 |
| MS 密封胶 | 结构粘接、侧窗玻璃粘接密封、焊缝密封 |
| 厌氧胶 | 螺纹锁固、管螺纹密封、法兰、端盖、箱体结合面密封，键轴、转子固持、微电机、铁芯粘接、浸渗修补 |
| 氰基丙烯酸瞬干胶 | 铭牌粘接、橡胶粘接、工艺暂时性定位、粘接装饰条 |
| 双组分丙烯酸酯结构胶 | 结构粘接、带油堵漏 |
| 双组分环氧结构胶 | 结构粘接、金属修补，磨损、研伤零件的尺寸恢复，折边粘接 |
| 双组分聚氨酯结构胶 | 结构粘接、传送带破损修补、水泵和螺旋桨的耐蚀涂层、制造橡胶衬里、修补胶辊、制造橡胶叶轮 |

# 18.2　胶黏剂在机床工业中的应用

机床工业早期全部采用机械连接和机械密封，很少用到胶黏剂和密封胶，由于机械连接和机械密封的方法很复杂，容易发生较严重的"三漏"问题，随着胶黏剂和密封胶行业的不断发展，机床工业逐步采用和推广粘接密封技术。

## 18.2.1　机床工业常用胶黏剂的应用概况及技术要求

机床工业常用胶黏剂以密封胶为主。密封胶是一种高分子密封材料，它的起始形态一般呈液体，具有流动性，在涂覆装配过程中能容易地填满金属两个结合面之间的缝隙，形成均匀、连续、稳定的密封体系。密封胶常用于机械产品结合面间的密封，也可用于防止结合面较复杂的螺纹等部位泄漏。

密封胶的应用范围很广，主要用于机床、压缩机、泵、阀、液压系统、阀门等的箱盖、油标和油窗、各种法兰结合面等。对密封胶的要求是：具备良好的耐热、耐压、耐油、耐化学试剂等特性，对金属无腐蚀，还需兼顾使用方便，有较高的性价比。

当液态密封胶涂覆在结合面，在溶剂挥发后或湿气固化后或厌氧反应后，即成为牢固地附着于结合面上的干性或半干性薄层或弹性固体薄膜，具备类似于固体垫圈的密封功能，但又有区别。液态密封胶具有下列作用效果：

（1）表面填充效果　固体垫片压紧后，在界面上部会有间隙，不能完全填满金属表面上凹凸不平的部位；而液态密封胶能够充填到密封面上全部凹凸不平处，在螺纹紧固后，取得良好的填隙密封效果。

（2）黏附效果　液态密封胶是一种高分子化合物，对金属有良好的黏附力，从而有利于密封。

（3）薄胶效果　液体层的相互移动就是流动，当结合面被螺钉紧固后，处于结合面间的液态密封胶形成的膜几乎与间隙一样薄，并且处处吻合。根据单分子膜理论，越薄的膜自然恢复倾向越大，因而密封性能越好。

（4）流动性　根据伯斯原理，在液体一端施加作用力，整个液体各个方面都会受到相同的压力。处于结合面间的液态密封胶受到内压作用后，会产生不可逆的牛顿型黏弹性流动。当间隙很小时，很难发生流动，间隙大时才会流动而发生泄漏。

（5）耐久性能　固体垫片的防泄漏作用是靠垫片的压缩而产生的弹性变形。而液态密封胶不存在固体垫片的压缩变形，因而也就没有压缩疲劳、弹性破坏、应力松弛等现象，所以具有更佳的耐久密封性能。

机床工业常用胶黏剂用胶点、胶种、作用如表18-2所示。

表 18-2　机床工业常用胶黏剂用胶点、胶种、作用

| 用胶点 | 胶种 | 作用 |
| --- | --- | --- |
| 机床床身裂纹等处 | 环氧金属修补剂 | 磨损、研伤、缺陷修补、尺寸恢复 |
| 箱体结合面、端盖、法兰盘 | 平面密封胶(有机硅密封胶、厌氧密封胶、高分子液态密封胶) | 平面密封、耐油密封等静密封 |
| 机床各种箱盖法兰的螺纹锁固，各种螺栓、螺母、螺钉的机械固定 | 螺纹锁固厌氧胶 | 防止金属螺纹紧固件松动及脱落 |
| 机床导轨粘接 | 双组分聚氨酯胶 | 聚四氟乙烯导轨软带与金属导轨粘接 |
| 机床导轨制造和修复 | 减摩双组分环氧胶 | 机床导轨的涂层 |
| 液压系统、阀密封 | 平面密封胶(有机硅密封胶、厌氧密封胶、高分子液态密封胶) | 油液密封 |
| 轴、轴承座、键槽磨损修复 | 环氧金属修补剂 | 磨损、研伤、缺陷修补、尺寸恢复 |
| 刀具粘接 | 双组分环氧胶、双组分丙烯酸酯胶 | 刀具的结构粘接 |

## 18.2.2　机床平面密封

车床的平面密封应用广泛，例如车床的主轴变速箱、溜板箱、进给箱、挂轮箱、齿轮变速箱、双向摩擦式离合器等的箱体结合面、端盖、法兰盘耐油密封等。如车床的主轴变速箱可使用有机硅平面密封胶，也可使用厌氧平面密封胶，还可以使用高分子液态密封胶。具体应用部位如磨床的磨头架前后盖、砂轮架前后端盖、顶盖，磨头主轴盖，修正器前后轴承盖，机床的各种端面罩壳，机床齿轮箱、油箱、油池的端面，图18-1显示车床主轴用到密

图 18-1　车床主轴用到密封胶的法兰端面

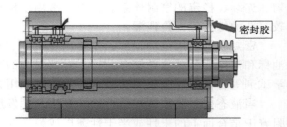

图 18-2　机床主轴外形图

封胶的法兰端面，图18-2是机床主轴外形图，图18-3是用到平面密封胶的平面磨床的磨头架前后盖端面。

这些密封部位的工作条件：静态密封一般温升小于20℃，油压压力一般为0.7～0.9MPa，水压压力一般为0.1～0.5MPa，介质油为机械油、主轴油、切削液等；液压部件的压力一般为8～10MPa，一般温升小于40℃，介质油为机械油、液压油、导轨油等。

## 18.2.3　机床螺纹锁固

螺纹锁固厌氧胶主要解决紧固件在周期性负荷力作用下，防止金属螺纹紧固件的松动及脱落。例如机床各种箱盖法兰的螺纹锁固，各种螺栓、螺母、螺钉的机械固定。

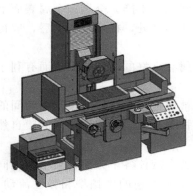

图 18-3　用到平面密封胶的平面磨床的磨头架前后盖端面

图 18-4 是螺纹厌氧胶在车床锁固中的应用，图 18-5 是螺纹厌氧胶在铣床螺母锁固中的应用，图 18-6 是螺纹厌氧胶在铣床主轴油箱端面锁固中的应用，图 18-7 是螺纹厌氧胶在刨床刨头螺母锁固中的应用，图 18-8 是螺纹厌氧胶在磨床磨头固定中的应用。

图 18-4　螺纹厌氧胶在车床锁固中的应用

图 18-5　螺纹厌氧胶在铣床螺母锁固中的应用

图 18-6　螺纹厌氧胶在铣床主
轴油箱端面锁固中的应用

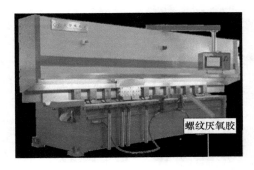

图 18-7　螺纹厌氧胶在刨床
刨头螺母锁固中的应用

## 18.2.4　机床导轨粘接及耐磨涂层应用

### 18.2.4.1　机床导轨粘接

机床导轨的功能是导向和承载，传统机床滑动导轨是粘接聚四氟乙烯导轨软带，这种软带工作稳定性好，无论重载或轻载都能保持稳定的摩擦系数。聚四氟乙烯导轨软带一般粘接在短的动导轨上，形成塑料-金属导轨。

此种工艺方法要求软带导轨的压强小于 1MPa，局部压强小于 12MPa，粘接前导轨的表面粗糙度为 $1.6\sim6.3\mu m$，相配导轨的表面粗糙度为

图 18-8　螺纹厌氧胶在磨床磨头固定中的应用

$0.4\sim0.8\mu m$，聚四氟乙烯软带采用钠-萘离子混合物活化，铸铁导轨表面采用碘化钾-磷酸水溶液活化，粘接前将粘接面清洗干净、表面干燥，将导轨胶 A、B 两组分混合均匀，胶层涂布均匀，粘接后均匀加压，待胶固化后清除外溢的余胶，切去软带的工艺余量并倒角。图 18-9 是聚四氟乙烯机床导轨粘接。

### 18.2.4.2　耐磨涂层应用

金属导轨摩擦系数比较高，摩擦特性曲线呈负斜率，当推动力聚积至超过静摩擦力时，导轨面之间开始滑动，随着滑动速度加快，摩擦阻力迅速下降，导致滑动突然加速，形成周期性的"粘-滑"运动状态，很容易发生"咬合"或"粘着"，导致机床导轨面研伤。将导轨耐磨涂层涂装在其中一个摩擦面，使摩擦特性曲线的负斜率减少，甚至转为正斜率，提高防爬行能力，克服摩擦力所损耗的功率较小。

可采用压配复印法制作或修复机床导轨，首先将导轨耐磨涂层的双组分混合，然后涂胶，将已涂覆好的导轨起吊翻转并迅速平稳地扣合在复印导轨面原预定位置上，起吊、翻转时不得碰撞或接触涂层面，扣合后立即检查定位。当涂层已靠近复印导轨面时，必须缓慢平稳下落。涂层与复印面接触后任何情况下均不得重新掀涂层面，避免形成空洞和夹层。涂层固化24h后可起模，起模时用千斤顶使工件脱模，先顶起工件一端，然后再顶起另一端，待复印面完全脱离后再用吊机起吊，翻转过程中保护涂层不受碰撞。图18-10是导轨耐磨涂层用于超重型龙门铣床。

图 18-9　聚四氟乙烯机床导轨粘接

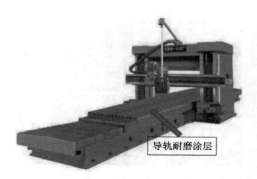

图 18-10　导轨耐磨涂层用于超重型龙门铣床

## 18.2.5　液压系统、阀密封

液压系统如果密封不良，可能出现油液外漏，污染环境；也可能使空气进入吸油腔，影响液压泵的工作性能和液压执行元件的平稳性。应用于液压系统密封胶的主要要求是：在一定的工作压力和温度范围内，具有良好的密封性能；抗腐蚀能力强，不易老化；使用方便。车床液压系统的固定密封处可使用高分子液态密封胶、有机硅平面密封胶和平面密封厌氧胶进行密封，它们均具有良好的耐介质性，耐压和耐温性能。固定密封处包括液压缸缸盖与缸筒的减磨摩擦结合处。图18-11和图18-12均是机床液压元件平面密封部位。

各种阀与阀板的平面结合处可使用厌氧胶进行密封，温升小于38℃，工作压力一般小

图 18-11　机床液压元件平面密封部位（1）

图 18-12　机床液压元件平面密封部位（2）

于 2MPa。阀门的管接头可使用管螺纹厌氧胶进行密封，温升小于 60℃，工作压力一般小于2MPa。图 18-13 和图 18-14 是阀与阀板平面结合处实物图及示意图。

图 18-13　阀与阀板平面结合处实物图

图 18-14　阀与阀板平面结合处示意图

# 18.3　胶黏剂在工程机械中的应用

工程机械领域设备涉及范围比较广，包括机床、矿山机械、起重机械、化工机械、农业机械、冶金机械、纺织机械、印刷机械、建筑机械、电力机械、交通运输机械等，一般工程机械设备大都由以下六部分组成。

（1）动力部分　如发动机、电动机等。

（2）传动及轴系部分　如带传动部分、链传动部分、螺旋转动部分、齿轮转动部分等。

（3）连接部分　如螺纹连接部分、键部分、花键部分、销钉连接部分、铆接部分、焊接部分等。

（4）控制部分　如电器控制部分、油压与气压控制部分、温度控制部分、速度控制部分等。

（5）行动部分　如车床的车刀、挖掘机的挖掘铲、输送机的传送带等。

（6）辅助部分　如供水油气的泵、风机、压缩机、管路及润滑系统等。

## 18.3.1　工程机械领域常用胶黏剂的应用概况及技术要求

工程机械常用胶黏剂用胶点、胶种、作用如表 18-3 所示。

表 18-3　工程机械常用胶黏剂用胶点、胶种、作用

| 用胶点 | 胶种 | 作用 |
| --- | --- | --- |
| 油液汽管路接头 | 管螺纹厌氧胶 | 管螺纹密封 |
| 轴、轴承座、键槽磨损修复 | 环氧金属修补剂 | 磨损、研伤的修补，尺寸恢复，缺陷修补 |
| 箱体结合面、端盖、法兰盘 | 平面密封胶（有机硅密封胶、厌氧密封胶、高分子液态密封胶） | 平面密封、耐油密封等静密封 |
| 各种螺栓、螺母、螺钉的机械固定 | 螺纹锁固厌氧胶 | 防止螺纹紧固件的松动及脱落 |
| 车体、焊缝密封 | 单组分聚氨酯胶 | 车体密封、焊缝密封 |
| 风挡玻璃 | 单组分聚氨酯胶 | 挡风玻璃的粘接与密封 |
| 轴承、活塞柱销 | 圆柱形固持厌氧胶 | 固持粘接 |
| 金属结构粘接 | 环氧胶 | 结构粘接固定 |
| 微电机铁氧体、变压器铁芯粘接 | 环氧胶或厌氧胶 | 结构粘接 |
| 设备铭牌粘接 | 氰基丙烯酸酯胶 | 粘接固定 |
| 制作橡胶衬里、橡胶叶轮 | 双组分聚氨酯胶 | 制作工件 |

在工程机械设备的制造、装配与使用过程中，一般都会用到密封胶和胶黏剂，其应用具

有如下特点：

① 节省能源，减少设备投入。

② 以胶代垫，避免三漏，提高设备的产品质量和可靠性。

③ 可以实现难以焊接材料的连接，如铸铁、特种难焊金属、金属与塑料橡胶的连接。

④ 可以现场施工，解决大型设备拆卸困难的问题。

⑤ 可以通过金属零件修复，实现零件再生。

工程机械设备零件大都由各种金属制成，承受摩擦、振动、磨耗、温度、湿度等各种条件作用，因此需要密封胶和胶黏剂具有一定的强度和耐久性，可靠性高，方便使用，易于修复与更换。

### 18.3.1.1　螺纹锁固用厌氧胶

在各种不同条件下使用的工程机械、设备和车辆，用螺纹紧固连接时，它的松动一般是由于震动或机械磨损产生的。通常的弹簧垫圈、止动垫圈、锁固螺母等螺纹锁固方法，只能保证螺纹与螺纹之间的接触面积在25％以下。使用螺纹锁固厌氧胶后，可以保证达到100％的啮合接触，使锁固效果大大提高，在强烈的震动下也不会松脱，还可以省去使用双螺母或弹簧垫圈等锁固件。

螺纹锁固厌氧胶与传统技术比较，如表18-4所示。

表 18-4　螺纹锁固厌氧胶与传统技术比较

| 项目 | 传统方式 | 螺纹锁固厌氧胶 |
|---|---|---|
| 防松螺帽 | 双倍成本 | 固定单一螺母即可 |
|  | 占用空间大 | 使用标准零件 |
|  | 不能防止腐蚀 | 完全密封，防止腐蚀 |
|  | 装配费时 | 装配快速 |
| 弹簧垫圈 | 无法有效固定 | 耐震动不松脱 |
|  | 接触面易损坏 | 不损坏，不腐蚀 |
|  | 须大量储备不同尺寸的垫圈 | 一瓶胶黏剂适用于各种尺寸的螺丝 |
|  | 装配费时 | 装配快速 |

螺纹锁固厌氧胶典型用途包括机床零件螺丝固定、平衡器螺钉紧固、喷油泵螺钉紧固、曲轴螺栓螺母固定等。图18-15是转向器螺纹锁固，图18-16是工程车辆踏板螺纹锁固。

图 18-15　转向器螺纹锁固

图 18-16　工程车辆踏板螺纹锁固

### 18.3.1.2　圆柱形固持厌氧胶

圆柱形固持厌氧胶用于轴承、轴套、套管、转子等的装配固定，它大大简化和降低了加工、装配的工艺要求,并可实现自动化。可应用于间隙配合、过渡配合、压配合圆柱形非螺纹配合件,增加它们的结合强度,它能替代过盈、过渡配合,减少装配应力和变形。应用于磨损的轴承件重新装配时,可免去滚花或镀铬加工等烦琐、复杂工艺。且有固化速度快、强度高、耐磨损、防渗漏、耐高温、安全性好等优点。

圆柱形固持厌氧胶与传统技术比较,如表 18-5 所示。

**表 18-5　圆柱形固持厌氧胶与传统技术比较**

| 项目 | 传统方式 | 圆柱形固持厌氧胶 |
|---|---|---|
| 压配 | 导致高压力产生,可能产生磨损 | 压力分布均匀,不会磨损 |
| | 需有装配的设备 | 可用手工装配,可放宽公差要求 |
| 键 | 易产生磨损 | 不会产生位移,防止磨损 |
| | 加工成本高 | 一种胶黏剂适合于多种尺寸 |
| | 加工精密度高 | 允许公差较大 |
| 齿轮轴 | 加工成本高 | 基本加工即可 |
| | 须特别设计 | 零件不需特别设计 |
| | 易磨损 | 不会产生位移,防止磨损 |
| 插销 | 应力集中 | 应力分布均匀 |
| | 易产生磨损 | 不会产生位移,无磨损 |
| | 加工成本高 | 不需要特殊加工 |

圆柱形固持厌氧胶的典型用途包括:机床螺栓固定、轴承固持、曲轴半圆键固持、活塞销固持、平衡器轴套固持等。图 18-17 是圆柱形固持厌氧胶的应用。

### 18.3.1.3　金属管道螺纹密封用厌氧胶

管螺纹密封厌氧胶用于密封并固定金属管路及管件,填充金属零件螺纹之间的空隙,并在固化后防止泄漏。用于高低压力环境中的密封,对大多数的管路系统能密封至爆裂强度。使用管路螺纹密封厌氧胶对管路螺纹密封时,其密封效果优于聚四氟乙烯胶带,在装配时还可以对管路的角度做精确的调整。

图 18-17　圆柱形固持厌氧胶的应用

管螺纹密封厌氧胶与传统技术比较的优势如表 18-6 所示。

**表 18-6　管螺纹密封厌氧胶与传统技术比较**

| 项目 | 传统技术 | 管螺纹密封厌氧胶 |
|---|---|---|
| 止漏胶带 | 碎片易堵塞管路 | 管外的溢胶可用水冲洗 |
| | 必须手工作业 | 可自动化涂胶 |
| | 弯管调整后易渗透,旋过紧时管牙易损坏 | 在任何角度都可密封或固定 |
| | 耐震性差 | 耐震性佳 |
| 止漏油膏 | 会产生老化或收缩 | 密封寿命长 |
| | 耐化学溶剂性差 | 耐大多数工业用溶剂 |
| | 耐震性差 | 耐震性佳 |

管螺纹密封厌氧胶的典型用途包括:密封制冷设备管螺纹、丝堵、管式散热器扩管、液压系统管螺纹、气动系统管螺纹、油气介质管路螺纹、锥螺纹等。图 18-18 是管螺纹密封厌氧胶的应用。

### 18.3.1.4　法兰面密封用厌氧胶和聚硅氧烷密封胶

平面密封厌氧胶的使用,不但密封性好,具有优异的耐压、耐热、耐腐蚀性能,还可以

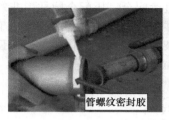

图 18-18　管螺纹密封厌氧胶的应用

省去不同规格的密封垫片，并大大降低接合面的加工要求。例如，平面耐压密封一般要求结合面具有较小数值的表面粗糙度，采用厌氧胶密封，接合面的表面粗糙度 $Ra$ 值只需要达到 $12.5\sim6.3\mu m$ 就可满足要求。胶体固化后能保持 100% 填充状态，不会疲软和收缩，而且不会因受热受压和腐蚀作用而破裂。图 18-19 是平面密封厌氧胶的应用。

有机硅平面密封胶是由羟基封端的聚二甲基硅氧烷（PDMS）、交联剂、催化剂及填料等成分所组成，室温下吸收潮气固化后成低模量、高弹性特性的高分子密封材料。聚硅氧烷密封胶使用方便，无需加热，涂胶后放置 24h 就可以完全固化，产品用于大间隙及挠性连接件的平面密封。

聚硅氧烷密封胶的主链主要由硅-氧-硅键组成，与其他有机密封胶（如：聚氨酯密封胶、丙烯酸类密封胶、聚硫密封胶等）相比，最显著的特点就是优异的耐高低温性能和耐候性能。

平面密封厌氧胶特点：①密封间隙小（≤0.25mm）的机加工面；②密封面宽（≥5mm），窄了不可；③可密封结构刚性好的铸件；④密封能力高，可密封液压装置、密封润滑油等；⑤拆卸难，清除难。

聚硅氧烷密封胶特点：①密封间隙大（≥2.5mm）的机加工面、非机加工面；②密封面窄（≤5mm）、宽均可；③可密封结构刚性差的铸件或冲压件；④密封能力低，一般只密封润滑油等，高压装置不适合；⑤拆卸难，清除容易。图 18-20 是聚硅氧烷密封胶密封油箱油底壳法兰面。

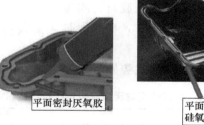
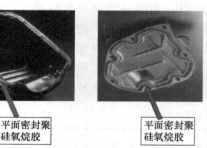

图 18-19　平面密封厌氧胶的应用　　　　图 18-20　聚硅氧烷密封胶密封油箱油底壳法兰面

### 18.3.1.5　金属铭牌和橡胶材料粘接用氰基丙烯酸瞬干胶

瞬干胶的主要成分是 $\alpha$-氰基丙烯酸酯，它是一种单组分、低黏度、透明、常温快速固化胶黏剂，对绝大多数材料都有良好的粘接能力，是重要的室温固化胶种之一。不足之处是反应速率过快，耐水性较差，脆性大，耐温低（<120℃），保存期短，耐久性不好。

铭牌胶黏剂的分类和特点：

① 低白化快干胶（通常用于精确的仪器仪表粘接，固化后不会产生白化现象）。

② 耐高温快干胶（通常用于粘接基材工作温度高于 120℃ 以上的产品）。

③ 橡胶增韧快干胶（通常用于橡胶类基材粘接，可提高粘接后的抗冲击性能）。

④ 通用型快干胶（适用范围广，粘接材料多样化）。

铭牌胶黏剂常温下可快速粘接各种材料，如：钢铁、铜铝、橡胶、硬质塑料、陶瓷、玻璃等。使用过程中，先清洁接着表面，除去接着面之灰尘、油污、锈等，对金属接着时，最好先行磨粗，对 PE、PP 或 PTEE 等塑胶，应先使表面活化。在被接着面滴一小滴铭牌胶黏剂，即刻进行粘接，并保持至硬化为止，粘接面积不宜太大，粘接层厚度不宜超过 0.2mm。接合时，先将铭牌胶黏剂涂布于其中一面，再将另一面贴合。图 18-21 是设备铭牌粘接。

图 18-21　设备铭牌粘接

## 18.3.2　胶黏剂在挖掘机中的应用

常见的挖掘机结构包括：动力装置、工作装置、回转机构、操纵机构、传动机构、行走机构和辅助设施等。

上述装置及机构各个用胶点如表 18-7 所示。

表 18-7　挖掘机常用胶黏剂用胶点

| 挖掘机部位 | 用胶点和胶种 |
| --- | --- |
| 发动机 | 凸轮轴轴承盖用厌氧胶密封，气缸用单组分有机硅密封胶密封，活塞柱销及缸体与缸筒用厌氧胶固持，基体碗形塞及锥销用厌氧胶固持，铸件缺陷用金属修补剂修复 |
| 动臂、斗杆、铲斗 | 用金属修补剂修补缺陷，用聚氨酯胶或 MS 胶修补焊缝，箱体结合面用厌氧胶密封。各种螺栓、螺母、螺钉用厌氧胶机械固定，液压缸用有机硅胶平面密封 |
| 挡风玻璃 | 用聚氨酯胶粘接密封挡风玻璃 |
| 车体、底盘 | 管路接头用厌氧胶螺纹密封，螺栓、螺钉用厌氧胶防松，车体焊缝用聚氨酯胶或 MS 胶焊缝密封 |
| 液压马达、液压缸 | 用厌氧胶密封法兰盘及端盖，用厌氧胶锁固螺栓，用金属修补剂修补液压活塞划痕 |
| 传动系统 | 用金属修补剂修补轴的磨损，修补松动的键槽、轴承座，轴承用厌氧胶固持，用厌氧胶进行螺纹锁固 |

# 18.4　胶黏剂在刀具、量具制造中的应用

刀具的结构型式是影响刀具切削性能与加工质量的重要因素之一。目前常用的刀具结构型式主要有整体式、焊接式、机械夹固式、切削力夹固式等。随着材料科学的发展，各种高性能、高硬度、难加工材料不断应用于机械零件，对加工这些零件的刀片材料及刀具结构也提出了新的要求。粘接式刀具作为传统刀具结构型式的一种重要补充也得到了发展与应用。

硬质合金、陶瓷、合金钢刀片大都采用焊接或机械夹固，存在焊接变形、微裂、夹固不便等问题，影响刀具使用寿命。采用粘接方式可大大节省材料，刀具的主体可多次使用，以粘接取代焊接，可降低高速钢消耗量 60%～85%，硬质合金消耗量可降低 30%～40%，由于消除了钎焊时经常引起刀片的微小开裂，增加了刀片连接的刚性，刀具的寿命可提高 1.5～4 倍。

## 18.4.1　刀具、量具领域常用胶黏剂的应用概况及技术要求

粘接式结构除可应用于发热少、冷却条件好的刀具（如拉刀、铰刀、钻头、插齿刀等）外，还可应用于切削速度高、发热量大的车刀等刀具品种。

粘接刀具具有以下特点：

① 制造工艺简单，制造成本较低。

② 粘接工艺固化温度较低（＜250℃），不会降低刀具材料的原有机械性能。

③ 刀具工作寿命可提高 1.5～3 倍。

④ 可应用于一些焊接性能差的工具材料（如立方氮化硼、金刚石、陶瓷等）。

⑤ 胶黏剂的品种和粘接工艺方法直接影响粘接刀具的工作性能。

刀具胶黏剂可分为有机胶黏剂和无机胶黏剂两大类。有机胶黏剂具有良好的粘接强度和抗冲击韧性，但耐热性较差，易老化，当工作温度超过临界温度时会出现碳化现象，一般可用于冷却条件较好的加工场合。无机胶黏剂的粘接强度低于有机胶黏剂，但抗冲击韧性和耐热性较好。选用刀具胶黏剂时，应综合考虑以下因素：

① 较高的抗压强度。

② 较好的抗冲击韧性。

③ 较高的耐热温度。

④ 对刀片和刀体具有较好亲和力。

⑤ 较低的成本。

刀具、量具常用胶黏剂用胶点、胶种、作用如表 18-8 所示。

表 18-8　刀具、量具常用胶黏剂用胶点、胶种、作用

| 用胶点 | 胶种 | 作用 |
|---|---|---|
| 刀具的粘接 | 双组分环氧胶，双组分丙烯酸酯胶，无机胶 | 刀具的组装，刀具与刀杆的粘接 |
| 钻头加长粘接 | 单组分环氧胶 | 钻头加长 |
| 无芯磨床镶嵌硬质合金刀板的粘接 | 单组分环氧胶 | 刀刃与刀体的结构粘接 |
| 麻花钻头刀杆与刀刃的套接 | 高强度厌氧胶 | 刀刃与刀杆结构粘接 |
| 90°劈刀平面粘接 | 耐高温结构胶片 | 钨钢的结构粘接 |
| 模具车刀粘接 | 磷酸氧化铜胶（无机胶） | 硬质合金刀片和刀杆的结构粘接 |
| 千分卡标与头子的粘接、角尺的粘接 | 双组分环氧胶 | 粘接固定 |
| 外径千分尺测砧的粘接 | 双组分环氧胶 | 粘接固定 |

## 18.4.2　胶黏剂在刀具制造中的应用实例

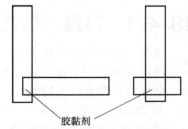

**刀具的粘接**：一种 90°外圆车刀如图 18-22 所示，刀片为硬质合金，刀杆为 45$^{\#}$ 钢，用磷酸氧化铜无机胶粘接，在 $n=300$r/min、$S=0.4$mm/r、$t=4$mm 条件下车削直径 65mm、长 220mm 的 40$^{\#}$ 钢轴，连车 4 根未损坏，而原来铜焊未车完 1 根刀口就已损坏。

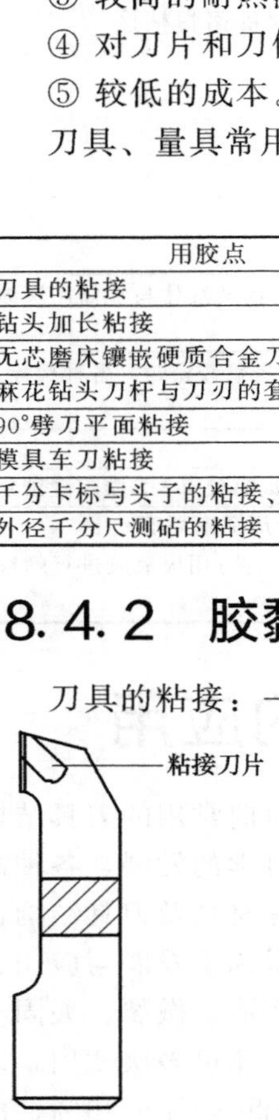

**钻头的加长粘接**：要求钻头加长粘接后，能耐 150℃高温，长期使用不脱胶，抗冲击性好，粘接面积为 1cm$^2$ 的抗转力矩大于 9.907N·m。使用单组分环氧胶 1253 粘接后，170℃、1h 固化，刀杆孔底部打 $\phi$1mm 小孔，以便出气，配合间隙为 0.04～0.08mm。

## 18.4.3　胶黏剂在量具制造中的应用实例

### 18.4.3.1　量具千分卡标与头子的粘接、角尺的粘接

采用双组分环氧胶进行粘接，以代替铜焊，简化工序，节省铜材，提高合格率。角尺粘接示意图如图 18-23 所示。

### 18.4.3.2　粘接外径千分尺测砧

通过研磨修理，使外径千分尺的微分测杆和测砧的测量面之平面性和光洁度符合要求。

首先清洗干净弓架装测砧孔，使用双组分环氧胶，将 A、B 两组分混合均匀，在粘接部位涂上胶黏剂，将测砧插

图 18-22　一种
90°外圆车刀

胶黏剂
图 18-23　角尺粘接示意图

入弓架孔内，稍加旋转。对于 0～25mm 千分尺，可旋转微分测杆使两测量面紧紧贴合，再往弓架装测砧尾孔内注入胶黏剂至平。对于 25～3000mm 千分尺，则应在涂上胶黏剂后在两测量面之间加上平行性工具，以使两测量面保持平行，装上夹具使之位置固定，放置 24h 固化完成。外径千分尺粘接后便可进行平面平行精度的测定。

# 18.5　胶黏剂在运输带的粘接与维修中的应用

带式运输机具有运输距离长、运量大、连续运输、运行可靠等优点，被广泛应用于现代化的各种工业企业中，是矿山最理想的高效连续运输设备。运输带作为运输机的主要构件，不但受力大，工作条件恶劣，而且容易遭到损坏，因此其维护和粘接技术在胶带运输机中占有重要的作用。目前运输带接头的粘接方式主要有三种：机械连接法、冷粘连接法（冷粘法）、热粘连接法（热硫化法）。由于机械连接法存在强度低（仅能达到原带 30%～60% 的强度）、接头处挠性差，易损伤滚筒等其他部位，还存在噪声大等缺陷，故在生产运输中已逐渐被淘汰，只在紧急情况下使用，而冷粘连接法和热粘连接法则经常运用。冷粘连接法工艺简单，操作时间短，劳动强度低，粘接质量容易控制，接头抗屈挠性好，无需特殊设备和工具，对环境无特殊要求，粘接后可在短时间内投入使用，适用于各种环境下的芯层运输带接头的粘接。热粘连接法连接质量高，接头寿命长，但需要设备加温、加压、固化，工艺麻烦，接头操作时间长，一般在重负荷运输中使用。

## 18.5.1　运输带领域常用胶黏剂应用概况

运输带常用胶黏剂用胶点、胶种、作用如表 18-9 所示。

表 18-9　运输带常用胶黏剂用胶点、胶种、作用

| 用胶点 | 胶种 | 作用 |
| --- | --- | --- |
| 运输带接头的冷粘接 | 双组分聚氨酯或改性氯丁胶 | 运输带的制造与修复 |
| 运输带接头的热粘接 | 开姆洛克热硫化胶 | 运输带的制造与修复 |

## 18.5.2　运输带接头连接工艺

运输带接头的冷粘连接工艺：

聚氨酯胶、改性氯丁胶都是柔性胶黏剂，抗冲击强度好，剥离强度高，可用于运输带及橡胶制品的冷粘接与修补。

（1）制作接头　接头制作的优劣直接影响着胶带粘接的质量。首先选择干净、干燥、无粉尘、平整的场地制作接头，为了提高胶带接头的抗弯曲、抗剪切强度和承载能力，接头应采取分层、斜口、阶梯式搭接的形式，同时为避免胶带运行时清扫装置将粘好的接头边缘刮起来，接头的搭接必须要考虑到胶带的运行方向的影响，切不可反向设计。

（2）安放新胶带　安放新胶带前，需确定好新胶带的工作面和非工作面以及绕入方向，调整输送带，使其中心与辊架中心一致。

（3）进行表面处理　需要打磨、干燥。

（4）在接头处涂胶　采用双组分聚氨酯胶或改性氯丁胶，A、B 两组分充分混合、搅拌均匀，然后用短而硬的毛刷蘸上胶黏剂在粘贴面上分三次沿一个方向均匀地涂刷胶液，胶层以薄为佳，胶层越厚则接头承受的剪切强度越低。

（5）贴合　待第三次涂胶后自然晾干或烘烤至不黏附手指时，就可将两个台阶式搭接面

对准贴合，贴合时胶带两边松紧程度应一致，胶带两端中心线对齐，从胶带中间向两侧贴合，并用手捶从中间向两侧密实、均匀地敲打 2～3 遍，以赶出空气，保证贴合面紧密、牢固。

（6）固化　接头粘接后，不能马上进行开机运输，而应在常温下静置固化一段时间，一般适当延长固化时间会使粘接效果更好，通常应固化 24h 以上方可张紧运输胶带，载荷运行生产。图 18-24 是运输带的粘接与维修。

运输带粘接用胶

图 18-24　运输带的粘接与维修

运输带接头的热粘连接工艺：即热硫化法，接头可以在任何一种类型的带芯补强材料上进行，使用平板硫化机进行固化，提供硫化时所需压力和温度。接头的构造形式有多种，取决于胶带的结构是多层的、双层的、单层的、PVC 整芯的，还是钢丝绳芯的。热粘连接法工艺过程如下，首先将胶带平整放置在工作平台上，接头部位擦拭干净，划线，按照尺寸线裁剥，打毛，将两头相叠，接头阶梯配合，涂两遍开姆洛克热硫化胶黏剂，待溶剂挥发后，彻底干透后，将两头贴合。用夹板固定夹住胶带接头部位，放入硫化机中，盖上硫化机的上电加热板、隔热板、上下机架，接通电源开始硫化。硫化完成后，将胶带接头上的溢胶和毛边清除，修整干净。

# 18.6　胶黏剂在机械零件磨损修复中的应用

金属修补剂指将添加特定金属填料的胶黏剂涂覆于待修复金属零件表面，以修复金属或赋予金属表面特殊功能的胶黏剂。用金属修复剂进行设备维修，方法非常简便，基本工艺步骤为：表面处理，配制修复剂，涂抹，固化，机加工。金属修补剂可分为铸铁修补剂、钢质修补剂、铝质修补剂、铜质修补剂、耐磨减磨修补剂和耐腐蚀修补剂等，主要修复各种磨损的轴类、轴衬、轴承座、键槽、螺纹；也可以用于液压臂和道轨面的局部划伤修复。利用材料的抗高温腐蚀性能，可以修复和保护各种搪瓷罐体、金属罐体、管道、阀门等。

## 18.6.1　机械零件磨损修复常用修补剂及功能

机械零件磨损修复常用胶黏剂用胶点、胶种、作用如表 18-10 所示。

表 18-10　机械零件磨损修复常用胶黏剂用胶点、胶种、作用

| 用胶点 | 胶种 | 作用 |
| --- | --- | --- |
| 轴类、轴衬、轴承座的修复 | 双组分环氧修补胶 | 修复各种磨损部件，恢复尺寸 |
| 液压臂和道轨面的局部划伤修复 | 双组分环氧修补胶 | 划伤修复，恢复尺寸 |
| 搪瓷罐体、金属罐体、管道、阀门磨损修复，耐磨防腐保护 | 双组分聚氨酯胶或双组分环氧耐磨防腐修补胶 | 磨损修复，耐磨防腐保护 |

## 18.6.2　金属修补剂的技术要求及应用

金属修补剂一般需要具有如下的特点：
① 与金属具有较高的结合强度，颜色可保持与被修基体一致。
② 施工工艺性好、固化低收缩。

③ 固化后有较高的强度，可进行各类机械加工。

④ 耐磨抗蚀与耐老化。

### 18.6.2.1　金属修补剂的应用范围

（1）修补设备裂纹

① 可采用镶嵌及金属加强键胶粘方案。例如机床车身、箱体、暖气片裂纹，应将裂纹拓宽 2mm 以上，深 1.5mm 以上的 V 形坡口两端打截止裂孔，进行清洗，涂覆钢质修补剂，底部浸润胶，填满压实。24h 固化完成即可。

② 可用于轴座、箱体裂纹。根据裂纹长度，分段做出一个 5mm×20mm×20mm 槽坑，做出略小周边尺寸 0.4mm 合适的钢板并在钢板两边打孔与箱体连通做销钉孔为 3mm 销钉，比孔要小 0.2mm，将整个区域打毛、清洗，再将钢板、销钉、V 槽（裂纹加工后的形状）、正孔全部采用 HN112 钢修补剂一次压入，上面涂胶加盖增强带再涂上胶压实，固化后结合强度基本符合要求。

（2）修补气孔、砂眼　将气孔、砂眼里面用锉刀将疏松的材质除去，用丙酮清洗，涂胶底层要充分浸润，填满压实，如果虚填气孔，极易短期内脱落，待金属修补剂固化后进行各种机加工。

（3）修补导轨划伤、油缸拉毛　导轨划伤修复尺寸，深度为 2mm 以上，宽度应在 2mm 以上，底部应粗略清洗后，用汽油喷灯过火 2～3s 清除渗在毛细孔内的油迹，再进行精细清洗，再涂覆减摩修补剂，底层充分浸润填满压实，略高于台面 0.3～0.4mm 以备加工，固化后用油石细研，严禁用刮刀刮研。

（4）修补轴、轴键、轴座　应用车床将轴车出螺纹状，轴径应大于 13mm 以上可视修复。螺纹距 50mm 以下为 0.66mm，深度为 0.33mm；50mm 以上为 1.30mm，深度为 1.80mm，反复清洗干净后，将搅拌好的耐磨修补剂涂覆表面与底部反复浸润填满，用手沾丙酮快速压实，排出气孔，留出加工量，厚度 1～2mm，8h 以后上车床切削加工，切削速度不宜快于 0.3mm/s，进给量为 0.05～0.2mm，切削厚度粗切为 0.5～1mm，精切为 0.1～0.2mm。

### 18.6.2.2　金属修补剂的施工方法

用修补剂进行设备维修，方法非常简便，基本工艺步骤为：表面处理→配制修补剂→涂覆→固化→机加工。每一步都有一些需特别注意的要点，掌握这些要点是取得成功的关键。

图 18-25 是钢质修补剂修复钢管，图 18-26 是钢质修补剂修复齿轮轴。

图 18-25　钢质修补剂修复钢管

图 18-26　钢质修补剂修复齿轮轴

## 18.6.3　耐磨防腐修补剂的应用

海洋经济产业普遍会面临海洋环境中的腐蚀和磨损问题，这严重制约了海洋设施和装备的工作效率和机械耐久性。类似情况也存在于电力、冶金、石化等行业，对遭受腐蚀的泵、阀、管道、热交换器端板、贮槽、油罐、反应釜的修复及其表面防腐涂层的制备，可采用大面积预保护涂层。

　　耐磨防腐修补剂耐化学介质广泛，耐化学腐蚀性能优良；抗冲击性能好，与金属结合强度高；长期浸泡不脱落，抗冲蚀、抗气蚀性能好，固化后无收缩；用于修复遭受腐蚀机件，可做大面积预保护涂层。是由各类高性能耐磨、抗蚀材料（如陶瓷、碳化硅、金刚砂、钛合金）与改性增韧耐热树脂进行复合得到的高性能耐磨抗蚀聚合陶瓷材料；与各类金属基材有很高的结合强度；施工工艺性好、固化无收缩；固化后的材料有很高强度，可进行各类机械加工。

　　石油钻杆在日常使用过程中经常受到扭、拉、弯曲等交变应力的作用，导致钻杆的疲劳损坏；同时，钻井泥浆中含有的硫化氢、溶解氧、二氧化碳等腐蚀介质对钻杆内壁的腐蚀作用以及地层中含有的氯化物、碳酸盐及泥浆填料对钻杆产生冲击磨损作用，会造成钻杆发生严重的腐蚀破坏。目前，在钻杆内壁涂覆防腐耐磨涂层是国内外普遍采用的防止钻杆腐蚀和损坏的最有效的方法，经过涂覆的钻杆，使用寿命可提高两倍以上。环氧酚醛胶具有优良的耐热性、耐药品性、耐盐雾性、耐磨耗性，在航空部件、石油化工设施等上得到了广泛的应用，更是目前防止钻杆腐蚀和损坏的较好涂层，中国石油集团工程设计有限责任公司研制的SN222钻杆内防腐涂层采用酚醛改性环氧树脂胶，是利用环氧树脂的环氧基与酚醛树脂的羟甲基和酚基在高温下发生交联反应，制得的性能稳定的单组分胶。

　　耐磨修补剂可精确修复摩擦磨损失效的轴径、轴孔、轴承座等零件；修复后的涂层耐磨性是中碳钢表面淬火的2～3倍。

　　我国海军现役飞机的机场大都分布在沿海地区，机场地面高温高湿，飞机构件长时间暴露在盐雾环境中，其中还有沿海城市工业废气的作用，飞机停放环境十分恶劣，导致海军大多数飞机结构件表面防护涂层老化、剥落，基体材料腐蚀严重，飞行性能下降。TC18钛合金广泛应用于海军舰载机起落架、机身等重要构件，结构件的腐蚀使飞机飞行性能下降，安全使用寿命缩短，严重影响了飞机飞行安全和战斗出勤率。可采用环氧树脂作为主要成膜物质，氧化铝、WC-Co陶瓷粉作为主要填料，制备一种涂层用于钛合金表面防护。采用喷涂的方法将胶涂覆于合金表面，施工工艺简单，结合力较好，且具有优异的耐腐蚀、耐磨损性能。

　　防腐蚀修补胶可用于船舶的冷凝器、螺旋桨、螺旋桨导流罩、海水泵阀、海水管线、轴套等防护，还可用于桥梁、铁路、发电设备、输配电铁塔、储罐和管道的防护中。

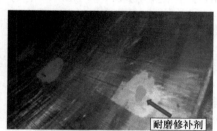

图18-27　耐磨修补剂修复往复机气缸磨损

　　图18-27是耐磨修补剂修复往复机气缸磨损。

# 18.7　胶黏剂在铸件缺陷修补与零部件浸渗中的应用

　　机械设备和机械零件在制造和使用过程中会出现断裂、磨损、尺寸超差等，液压设备和机床导轨在使用中经常会遇到划伤，铸件制造中会出现缺陷（如气孔、砂眼、缩孔等），化工管道、储罐，船舶壳体及螺旋桨，水库闸门等也会在使用中面临损坏和维修的难题，这些问题均可采用胶黏剂修补的方法予以解决。

　　浸渗是指低黏度胶黏剂液体通过浸润或加压工艺填充到铸件微孔中，然后固化形成坚硬的聚合物，达到有效密封微孔缺陷，解决铸件泄漏的目的。浸渗技术的发展、推广对铸造行业起着至关重要的作用。经过浸渗处理，存在气孔、针孔、缩孔等缺陷的铸件可继续使用，无需报废，成本降低。

铸件缺陷修补与零部件浸渗常用胶黏剂用胶点、胶种、作用如下表 18-11 所示。

**表 18-11 铸件缺陷修补与零部件浸渗常用胶黏剂用胶点、胶种、作用**

| 用胶点 | 胶种 | 作用 |
|---|---|---|
| 液压缸、导轨面、箱体轴承座孔、轴类零件配合面的缺陷或磨损修补 | 双组分环氧修补胶 | 缺陷修复或磨损修补 |
| 铸件微孔浸渗 | 无机浸渗剂或浸渗厌氧胶 | 铸件微孔堵漏封闭，本体强度提高 |

# 18.7.1 胶黏剂在铸件修补领域的应用概况

机械设备的零件由于在使用中所承受的载荷超过设计指标或由于制造及使用不当，出现断裂或裂纹是比较常见的，可采用修补剂进行修补。如液压缸、导轨面、箱体轴承座孔、轴类零件配合面的磨损，各种轴孔零件加工时的尺寸超差等，均可采用修补剂恢复，简单易行，既无热影响，胶层厚度又不受限制。各种液压设备的液压缸及柱塞、机床导轨的划伤，也可采用修补剂进行修补。铸造缺陷，如气孔、砂眼、缩孔等，可采用修补剂进行修补，目前液压泵、水泵、发动机缸体、变速箱体、机床床身等铸件广泛使用铸造缺陷修补胶黏剂对气孔、砂眼进行填补。化工管道、储罐、船舶壳体及螺旋桨，水库闸门等均可采用涂修补胶黏剂的方法予以保护。图 18-28 是铸件缺陷修补。

图 18-28 铸件缺陷修补

# 18.7.2 浸渗技术

## 18.7.2.1 无机浸渗胶的应用技术

第一代浸渗剂为硅酸盐类，始于 20 世纪 30 年代，俗称水玻璃，属于无机浸渗剂，价格便宜，具有优异的耐高温性能（260℃以上）。主要缺点是浸渗过程长、零件难清洗、固化速度慢、渗漏率高和需要多次重复浸渗等。由于无机浸渗剂里面含有 60% 以上的水，加热脱水固化后，靠剩余物硅酸钠来密封微孔，需要反复浸渗；无机浸渗的固化过程属于可逆反应，因此在潮湿环境下，容易吸湿还原，造成外溢和渗漏。

## 18.7.2.2 厌氧型浸渗胶的应用技术

厌氧胶浸渗剂能渗透到微漏孔中，达到长期密封作用，可用于补漏或防漏处理，以提高铸件产品的成品率和使用寿命。它对金属、陶瓷表面具有很好的浸润性，绝缘性好，腐蚀性小，并可在 -60～350℃ 范围内使用，是一种适用于高真空系统中铸件微漏孔密封的耐高温密封材料。

厌氧胶浸渗工艺如下：零件放入真空浸渗罐后，首先抽真空排除罐内的空气、微尘。这一步称为干真空，通常压力低于 80mbar（1bar=$10^5$Pa），保持 5～10min。干真空结束后，浸渗液进入真空浸渗罐。继续抽真空 5～10min，称为湿真空。继续抽真空的目的是排除浸渗剂中的空气，防止溶有气体的浸渗剂渗入工件微孔缺陷中，避免固化时气孔的产生影响密封性能。湿真空结束后，通大气加压，利用压差使浸渗剂进入孔隙。通常加压到 0.5MPa，保持 5～10min；也可不加压，在常压下保持 5～10 min。浸渗完成后，离心甩出零件表面、孔洞中的残留浸渗剂。清洗零件，去除零件表面、孔洞中的残留浸渗剂。最后在 90℃ 的热水中固化 10～20min，孔隙中的浸渗剂固化形成坚硬的固体。图 18-29 是厌氧胶浸渗生产线，图 18-30 是厌氧胶浸渗发动机缸体。

图 18-29　厌氧胶浸渗生产线

图 18-30　厌氧胶浸渗发动机缸体

厌氧胶浸渗剂可使 95％ 以上因铸造微观缺陷造成泄漏的铸件变成合格品，如发动机的缸头、气缸体、变速箱体、活塞、阀门、泵体、压缩机缸体、气动与液压件、热交换器、管路、容器壳体等铸件、焊接件和粉末冶金件。还可作为一种设计手段，有助于零部件的设计改进与产品创新。

### 18.7.2.3　厌氧胶局部浸渗的应用技术

厌氧胶局部浸渗技术起源于 20 世纪 60 年代的美国，并大量用于机械产品，如水泵、柴油机、阀门、变速箱、压缩机、橡胶模和冻胶机轧辊等。厌氧胶局部浸渗是在工件上有微气孔渗漏的部位涂刷厌氧胶，利用浸渗专用厌氧胶的优异渗透性，依靠毛细现象渗入微孔，排出空气，绝氧固化，从而堵住微孔。厌氧胶的浸渗速度取决于厌氧胶的黏度和表面张力、微孔半径、厌氧胶的浸润性。对厌氧胶而言，其黏度随温度变化而变化，因此浸渗速度实际上取决于涂胶温度、微孔尺寸和工件的材质等因素。

厌氧胶局部浸渗的工艺是：首先用试压方法查出泄漏部位，并做好标记；然后采用烘烤法，除去微孔内的油水，冷至室温后，在渗漏部位反复刷涂厌氧胶数次，涂胶后放置 24h 固化，或加热至 80℃，保温 2h 固化。如果微孔直径大于 0.2mm 或微孔内部疏松呈蜂窝状，或多孔相互串通，需要采用封口固化技术加以解决。

## 18.7.3　铸件缺陷修补

气孔、缩孔、砂眼、粘砂和裂纹等铸件缺陷一直是铸造行业无法避免和难以解决的问题。传统的焊补修复方法需要熟练工人进行操作，且耗时长，材料消耗大。有时受部件材质的影响，焊接还会导致损坏加剧，直接造成部件报废。专门针对铜、铁、钢、铝等不同材质的金属修补剂，可以替代焊补工艺，避免应力损坏，为企业挽回巨大经济损失。

### 18.7.3.1　铸件缺陷修补用修补剂的种类及性能

铸件缺陷修补剂种类和性能要求同 18.6.2 节所述金属修补剂。

铁质修补剂是由多种合金材料和改性增韧耐热树脂进行复合得到的高性能聚合金属材料，适用于灰铁、球铁等铸造缺陷的修复及零件磨损、腐蚀、缩孔、气孔、砂眼、裂纹的修复与粘接。钢质修补剂是由多种合金材料和改性增韧耐热树脂进行复合得到的高性能聚合金属材料，适用于各种碳钢、合金钢、不锈钢的修补，如铸造缺陷的填补及零件磨损、划伤、腐蚀、破裂的修复。铝质修补剂是由铝和改性增韧耐热树脂进行复合得到的高性能聚合金属材料，适用于各种铸铝件缺陷的修补及铝质零件磨损、划伤、腐蚀、破裂的修复。铜质修补剂是由铜和改性增韧耐热树脂进行复合得到的高性能聚合金属材料，适用于黄铜、青铜铸件和工艺铸造件磨损、腐蚀、破裂及缺陷的修补与再生。

### 18.7.3.2　铸件缺陷修补剂的技术要求

铸件缺陷修补剂一般需要具有如下特点：

① 与金属具有较高的结合强度，颜色可保持与被修基体一致。

② 施工工艺性好、固化无收缩。

③ 固化后的材料具有较高的强度，可进行各类机械加工。

④ 具有耐磨抗蚀与耐老化的特性。

### 18.7.3.3　铸件缺陷修补的施工方法

铸件缺陷修补的施工方法有喷胶法、镶塞法、填补法和加压法。

喷胶法适用于铸件表面有微小缩孔等对铸件强度影响不大的缺陷，即用喷枪在铸件缺陷表面喷涂一层胶黏剂，将缺陷覆盖起来，从而达到修复的目的。

镶塞法适合于修复铸件小的空穴，如气孔、砂眼等，将铸件上的孔穴加工成相应大小的塞孔，配制金属塞头用胶黏剂胶合。

填补法适用于修复铸件不重要部位的孔类缺陷，根据铸件的颜色，用胶黏剂加不同填料，配制成腻子填补铸件的缺陷。图 18-31 是填补法修复铸件。

图 18-31　填补法修复铸件

加压法适合修复铸件组织疏松、发生渗漏，但铸件承受的压力不高的情况，根据铸件的结构尺寸及批量可用加压或抽真空的办法，将胶黏剂强迫注入铸件的多孔区域，固化后达到修复目的。

# 18.8　胶黏剂在离心泵、泥浆泵的保护与修复中的应用

离心泵和泥浆泵常用胶黏剂用胶点、胶种、作用如表 18-12 所示。

表 18-12　离心泵和泥浆泵常用胶黏剂用胶点、胶种、作用

| 用胶点 | 胶种 | 作用 |
| --- | --- | --- |
| 泵体部分结合面密封、轴承压盖与轴承箱体的结合面密封 | 有机硅平面密封胶、厌氧平面密封胶或高分子液态密封胶 | 平面密封，防止泄漏 |
| 润滑系统接头密封、进出口管螺纹密封 | 管螺纹厌氧胶 | 管道密封，防止泄漏 |
| 叶轮、泵壳、泵轴、轴套磨损修补 | 环氧耐磨陶瓷修补剂 | 尺寸恢复，对抗冲蚀、气蚀等 |

## 18.8.1　离心泵、泥浆泵胶黏剂及密封胶的应用概况

离心泵、泥浆泵的泵体部分结合面、轴承压盖与轴承箱体的结合面、润滑油系统的接头、进出口管的法兰等部位，可以使用有机硅密封胶进行密封。以陶瓷圆珠或纤维为骨材增强相、以环氧胶为粘接相所制备的环氧耐磨陶瓷修补剂，可抗冲蚀，抗气蚀，防止磨耗和侵蚀，可用于离心泵、泥浆泵的叶轮、泵壳、泵轴、轴套磨损的修补。

## 18.8.2　离心泵制造及修补实例

九江石化总厂一台离心泵涡形体，泵盖内壁严重冲蚀磨损，深度为 1～20mm 不等，1994 年 6 月使用北京天山新材料科技有限公司 TS218 聚合陶瓷耐磨修补剂来修复，1996 年 8 月拆卸检查，胶层仅磨损 0.5mm，大大延长了该泵的使用寿命。

离心泵的泵壳采用环氧金刚砂修补剂进行修复：由环氧树脂 E44、聚酰胺树脂 601、固化剂 T31、抗磨填料金刚砂 F60 搅拌成修补剂，涂抹在泵壳过流表面上形成抗磨涂层，该方法施工工艺简单，操作方便，成本低，抗磨蚀和汽蚀效果是泵体母材的 2 倍以上。涂装工艺流程为：喷砂除锈，清洗，加温，涂抹环氧金刚砂修补剂，涂抹环氧树脂，然后完全固化。面层环氧树脂的作用是使过流表面更加密实光滑，减小水力损失。

## 18.8.3　泥浆泵制造及修补实例

泥船泥浆泵护套护板和叶轮修复：挖泥船泥浆泵工况比较复杂，使用一段时间后，其护套护板和叶轮磨损都会变得比较严重，可选取北京耐默公司 KN17 矿用泥浆泵修复材料来修复，完全固化后其使用寿命可达到甚至超过新泵使用寿命。修复工艺如下：

（1）表面处理　对需处理的工件进行补焊，脱脂、除潮处理，喷砂除锈。

① 补焊。对过量冲蚀、不足以支撑胶黏剂强度的部位需要进行补焊。

② 脱脂、除潮处理。去除工件表面的油脂，以棉纱擦拭工件表面，棉纱无油渍、水渍。用氧气乙炔将火焰调整到 10cm 长，以 5cm/min 的速度，使火焰反复均匀烘烤工件表面，去除工件表面的油脂和潮气。

③ 喷砂除锈。去除工件表面的氧化层，目视检查，喷砂面可见均匀的金属本色。喷砂处理完的工件不允许用带油脂手套直接接触喷砂面，喷砂处理后工件要注意防潮。

（2）制作模具、工具准备　将工件预热，胶黏剂预热，严格按照 KN17 高分子陶瓷聚合物材料配比进行混合搅拌，将搅拌完成后的 KN17 盛在料盘中，对预热完成的工件进行施胶，混合后的 KN17 在料盘中停留时间不能超过 10min，以保证对工件的充分粘接。施工完成后，对检查出的缺陷进行及时修补。

（3）加温固化　上述施工完成后停放 6h，进行加温固化。

（4）研磨　固化后的工件严格按照工件的尺寸进行研磨处理，密封相配面应试配合格。

（5）喷漆　经检验合格后，对工件进行喷漆，要求喷漆表面均匀，不允许有流挂现象。

## 参 考 文 献

[1]　翟海潮. 工程胶黏剂及其应用. 北京：化学工业出版社，2017.

[2]　吴民达，等. 机械产品胶接密封技术实用手册. 沈阳：辽宁科学技术出版社，1995.

[3]　周一兵，等. 汽车胶粘剂密封胶应用手册. 北京：中国石化出版社，2003.

[4]　黄世强. 胶粘剂及其工程应用. 北京：机械工业出版社，2006.

[5]　北京粘接学会. 胶粘剂技术与应用手册. 北京：宇航出版社，1991.

[6]　刘献. 机床平面端盖之间的密封. 粘接，1986，7（2）：39-40.

[7]　翟海潮，李印柏，林新松. 胶粘剂、密封剂在机械设备制造与维修中的应用. 粘接，2002，23（1）：36-40.

[8]　罗蕊. 普通机床的泄漏防治. 自动化应用，2015，18（9）：37-38.

[9]　彭致隆. 刀具粘接试验. 粘合剂，1991，6（2）：38-39.

[10]　李志刚，罗佑新. 粘接刀具在机械加工中的应用. 工具技术，2003，6（2）：40-42.

[11]　汪冰峰，王斯琰，唐治，等. 粘结剂钴对于聚晶金刚石复合片热稳定性的作用机制. 矿冶工程，2009，29（5）：90-93.

[12]　刘始华. 环氧胶粘剂在量具维修中的应用. 粘接，1982，3（3）：45-46.

［13］　成都科技大学高分子研究所. PA-1 铭牌用胶粘剂的性能和粘接工艺的研究. 粘接，1985，6（3）：9-14.

［14］　段宝章. TC18 合金表面防腐耐磨涂层制备与性能研究. 南京：南京航空航天大学，2015.

［15］　方坤. 酚醛环氧防腐涂料的制备与性能研究. 北京：北京化工大学，2013.

［16］　莫梦婷. 聚氨酯/石墨烯复合涂层的制备及其防腐耐磨性能. 宁波：中国科学院宁波材料技术与工程研究所，2016.

［17］　睢文杰，赵文杰，秦立光，等. 铜合金表面防腐涂层研究进展. 腐蚀科学与防护技术，2016，28（1）：88-94.

［18］　程官正，费晓芳，吴建军. 乐泰胶在 $10m^3$ 电动挖掘机维修中的应用. 矿山机械，2008，36（22）：85.

［19］　纪艳秋. 采用室温固化改性胶粘剂粘接运输带接头. 当代化工，2003，32（2）：92-93.

［20］　刘振武. 冷粘法在运输带粘接中的应用实践. 机械工程师，2013，45（12）：216-217.

［21］　彭兴玖. 机床铸件缺陷修复技术的分析。金属铸锻焊技术，2008，36（9）：1.

［22］　傅骏. 铸件缺陷的胶粘修复. 设备管理与维修，1992，13（4）：11-12.

［23］　胡建新. 特种修复技术在轴承座再制造中的应用研究. 北京：北方工业大学，2017.

［24］　陈春花. 机械设备胶粘修复技术应用. 科技创业家，2014，5（3）：80.

（刘海涛　薛曙昌　编写）

# 第19章

# 胶黏剂在其他领域的应用

## 19.1　胶黏剂在农业生产中的应用

### 19.1.1　水稻播种用生物胶黏剂

#### 19.1.1.1　概述

水稻直播种纸（见图 19-1）是指按一定的粒间及行距以胶合或包覆等方式将植物种子固定而用于铺播的原生态纸。农业推广价值的必备条件是：种子有足够高的发芽率，种纸能在预定的时间内完全降解作为有机肥，成本足够低，纸张强度应符合机械化生产及铺播的要求，且种纸的生产及使用对环境无累积性污染。

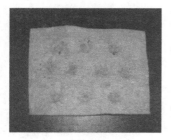

图 19-1　水稻直播种纸

水稻直播种纸是以稻草和生物质胶黏剂等天然高分子材料制备而成。传统氧化淀粉初粘力低、黏度低、固含量低，不能满足使用要求。改性淀粉类生物质胶黏剂具有可降解、无毒害等特点，可用于制备水稻直播种纸。采用糊化、氧化、交联等方法对玉米淀粉进行改性，并以稻草胶质纤维为添加剂，得到生物质胶黏剂。通过育种试验发现合成的生物质胶黏剂对种子无毒害作用，种子可以正常发芽。

#### 19.1.1.2　制备工艺与配方

生物质胶黏剂的制备方法：按一定比例将工业一级的淀粉与水充分混匀，加入碱性稻草浆液（即稻草碱法蒸煮浆）在 80℃下进行预糊化，然后加入 6％质量分数的过氧化氢氧化剂在 50℃温度下氧化反应 2h 后，加入 1g 硫代硫酸钠终止反应。反应中间产物在分散剂 PVA 作用下与四硼酸钠进行交联反应，交联剂与淀粉质量比为 2∶5，冷却后即得到胶黏剂产物。

### 19.1.2　粘虫用胶黏剂

#### 19.1.2.1　概述

现代绿色农业的蔬菜果园中害虫防治是果园循环生态系统的重要影响因素。目前防治害虫多采用化学药物喷剂的方法，不仅给周围环境带来了很大的污染，而且对人畜、昆虫没有选择性，会误杀害虫天敌破坏生态平衡，同时使害虫产生抗药性，还会在农产品中造成农药残留，严重危害人类健康。生物制剂具有安全、无污染等优点，但是用量大、成本高。采用物理方法防治害虫现在较普遍。它主要是通过物理方法杀死、驱避或隔离害虫。在各种物理防治方法中，用粘虫胶防治害虫是一种常见且行之有效的方法，图 19-2 为粘虫板。粘虫板色板上涂有均匀的高分子黏胶，具有无刺激气味、无腐蚀性、抗老化、黏性强而持久的特点。粘虫板粘虫是一种无公害、易操作的物理方法，是生产无公害蔬菜果品的害虫防治的有效途径之一。粘虫板在温室应用非常广泛，蔬菜、花卉、部分经济作物的一些飞行昆虫个体小，防治起来困难，且化学防治易产生抗药性，使用粘虫板防治起来方便，效果明显。对于具有上下迁移习性的林木、果树害虫，以及一些具有飞行习性的小型害虫，可以在树干上涂上粘虫胶，可以有效地防治松毛虫、草履蚧、红蜘蛛、绿盲椿象、枣粉蚧、枣尺蠖、象甲等虫害，是林业害虫防治中一种实用的方法。目前世界上已经有许多国家（包括中国）使用粘虫胶板来防治害虫。根据害虫生物学特性和生态学特性，应用粘虫胶或与引诱剂相结合防治虫害，能够避免使用化学农药，降低防治成本，提高防治效果、对环境和人畜友好、安全，达到人与自然和谐发展的目的。此外粘蝇胶、蟑螂胶也是同样的作用原理，在基材板或者基材纸上涂上胶黏剂，添加部分引诱剂，诱使飞虫触碰，进而粘住飞虫。

传统的粘虫胶是采用松香为增黏剂的压敏型胶黏剂，存在黏性差、使用期短和使用温度范围窄等缺点。聚异丁烯粘虫胶是一种新型环保的粘虫胶，主要是由不同分子量的聚异丁烯混合而成，无毒，分子主链不含双键，耐光老化性优。其黏度可通过分子量进行调整。此外，聚异丁烯还具有自黏性优异、附着力高、持粘时间长、化学稳定性好、耐水、耐寒、耐老化

图 19-2　粘虫板

和耐紫外线等优点。有些还可以根据昆虫的趋性加入蜂蜜、香油、性诱剂等，提高灭虫效率。

## 19.1.2.2　制备工艺与配方

粘虫胶配方见表 19-1。制备工艺为：将部分矿物油加热到 160℃，按质量比 2∶1 加入高分子量聚异丁烯，按比例加入石蜡和抗氧剂，待其熔解后，加入改性矿物油，控制加入速度，保证体系温度≥130℃，按比例加入剩余的低分子量聚异丁烯，控制加入速度，保证体系温度≥120℃，待其熔解后，加萜烯树脂和氢化 C5 石油树脂；降温到 110℃，搅拌，待其熔解后，加入紫外吸收剂，搅拌 30min，110℃出料，得到无公害蔬菜果园高效粘虫胶。以上步骤皆在真空度为 0.5MPa 下搅拌进行。粘虫胶板的制造是通过热熔胶涂布机，在熔体温度为 120～140℃条件下，涂布在黄色塑料板上得到的，控制涂层厚度为 0.5～1.0mm。

表 19-1　粘虫胶配方

| 材　　料 | 特　　性 | 来　　源 |
| --- | --- | --- |
| 石蜡 | 熔点 58 ℃ | 中国石油天然气股份有限公司 |
| 聚异丁烯 PB2400 | 黏均分子量 2400 | 韩国大林 |
| 聚异丁烯 B12 | 黏均分子量 55000 | 德国巴斯夫有限公司 |
| 聚异丁烯 B100 | 黏均分子量 1110 000 | 德国巴斯夫有限公司 |
| 矿物油 | | 中国石油化工集团公司 |
| 改性萜烯树脂 | 软化点＞95 ℃，色号＜1 | 美国亚利桑那 |
| 抗氧剂、紫外线吸收剂 | | 德国巴斯夫有限公司 |
| C5 加氢石油树脂 | | 南京扬子伊士曼化工有限公司 |
| 黄色塑料板 | | 自制 |

### 19.1.3　大棚膜用胶黏剂

#### 19.1.3.1　概述

温室大棚是由大棚膜粘接而成的，大棚膜是指用于农业生产设施建设的专用塑料薄膜，其透光率、保温、抗拉及耐老化方面的性能均优于普通农膜。对大棚农作物的生长、增产及增收具有重要意义。我国常用的大棚膜主要有四种：聚氯乙烯（PVC）棚膜、聚乙烯（PE）棚膜、乙烯-醋酸乙烯共聚物棚膜和调光性农膜。这几种棚膜在性质上有相同之处，也有不同之处，因而使用效果也有差异。其中聚乙烯膜是我国主要的农膜品种。塑料大棚膜的粘接方法主要有三种：

（1）剂粘法　主要是用过氯乙烯树脂塑料胶粘接修补聚氯乙烯薄膜，聚乙烯薄膜可用聚氨酯胶黏剂修补，有时也可用烧热的小钢锯条烫粘。

（2）泥浆粘补法　大棚膜在使用的过程中，如出现刮坏、吹皱等小破损，可剪取一块塑料，粘上泥浆水贴在破损处即可。

（3）热粘法　先准备一根平直光滑木条作为垫板，钉上细铁窗纱，并将其固定在长板凳上，为防止烙合时伤及塑料，要用刨子将木条的侧楞削平呈较圆滑的平面。把要粘接的两薄膜的边缘对合在木条上，相互重叠 4～5cm。所用的压力和电熨斗的移动速度要与温度配合好，温度高时用的压力要小，移动速度要快，温度低时用的压力大，移动速度减慢。当所垫的纸条上出现油渍状斑痕时，说明温度过高，塑料已熔化，此时不能马上将纸条取下，应冷却一会儿，当纸条不烫手时再取，这样可以更好地保证粘接质量。烙合旧的薄膜时，应将接合部的薄膜擦干净，而且应以报纸轻度地与薄膜粘连在一起为粘接适度的标准，否则接缝易开裂。

粘接大棚用塑料膜时，通过将带胶黏剂层的塑胶与硅胶油压成型后，塑胶与硅胶之间有很好的粘接效果。除了有些大棚生产厂家专门配备成块大棚膜外，从市场上买的塑料薄膜一般直径为 1～5m 不等，大棚覆盖一般都需要把几幅较窄的薄膜粘接成三四块或一整块然后再覆盖到骨架上，粘接方法多采用电熨斗、电烙铁等加温烙合，以电熨斗粘接薄膜的方法最为常用，还可以采用剂粘法等，见图 19-3。

图 19-3　大棚膜粘接实例

#### 19.1.3.2　大棚膜用胶黏剂配方与制备工艺

（1）配方　一种塑胶与硅胶粘接用的胶黏剂，其特征在于它由以下质量分数的组分组成：正丁醇（30%～35%）、乙酸乙酯（15%～20%）、白电油（45%～50%）、硅烷偶联剂（0.5%～1.5%）、铂金水（0.5%～1.5%）。

（2）制备工艺　步骤一，清洗塑胶；步骤二，烘烤；步骤三，冷却；步骤四，涂上胶黏剂；步骤五，固化；步骤六，油压成型。该接着剂使得塑胶与硅胶之间的附着力好，不易剥离。

# 19.2　胶黏剂在防伪中的应用

## 19.2.1　防伪的定义、现状以及对胶黏剂的特殊需求

现代科技的高速发展和假冒伪造活动的日益猖獗，促进了各种防伪技术的发展。为了达

到防伪目的，在一定范围内能准确鉴别真伪，并不易被仿制和复制的技术称为防伪技术。防伪技术的应用原来仅局限于货币、各种有价证券及可能危及社会公共安全的特种行业，现在出于防范的需要，也不断地向民用行业延伸。防伪技术涉及的学科范围广，包括印刷技术、造纸技术、包装技术、机械加工技术、设备制造技术等。防伪技术的发展是与其他相关学科和技术的发展紧密相连、密切相关的，在其融入了先进技术成果的同时，也成为多学科科技成果的组合和综合应用的结晶。

随着中国防伪行业的迅速发展，尤其是防伪技术与各行各业"嫁接"后，形成了防伪油墨、电码电话防伪、重粒子防伪、指纹防伪、DNA 防伪、自动识别等一系列高新防伪技术和手段。整个防伪产业链覆盖印刷包装、信息、生物、自动控制、化工、物流、知识产权保护等诸多领域。防伪行业的技术含量越来越高，防伪手段表现出多重性和交叉运用性，向更加全面和有深度的方向发展，逐渐变为综合防伪技术应用，有效周期越来越短。防伪技术的研究开发已经步入多媒体共融、多媒体共同发展的阶段。数码防伪，这风靡一时的防伪手段开始加入各种学科的防伪技术。如信息防伪技术，尤其是以加密技术、数据库技术、现代通信技术为主的编码防伪技术将走入寻常商家，实现消费者与制造商之间的产品信息反馈零距离。电子技术、自动识别技术等将和防伪技术更加紧密地结合并付诸应用，如 IC 卡技术、条形码技术、自动售检票系统等。生物特征信息防伪技术将得到更广泛应用。化学防伪、激光防伪、版纹设计防伪、条码防伪、DNA 元素防伪，这些曾经各占一席之地的竞争对手，已经开始互相融合、渗透，整合力量共同发展。

以防伪为目的，采用防伪技术制成的、具有防伪功能的产品称为防伪技术产品，它不直接作用于消费，而是为商品流通提供保护和鉴别的一种标识。防伪产品有八个通用技术要求：

（1）防伪力度　指识别真伪、防止假冒伪造功能的可靠程度与持久性，是评价和衡量防伪技术产品防伪性能的重要指标，由防伪技术独占性、防伪识别特征的数量、仿制难度的大小、仿制成本的高低等因素决定。

（2）身份唯一性　指防伪技术产品防伪识别特征的唯一性和不可转移性，对于不同类型的产品，其内涵不同。身份唯一性共分 A、B、C、D 四个等级，A 级最高，D 级最低。

（3）稳定期　在正常使用条件下，防伪技术产品的防伪识别特征可持续保持的最短时间。例如荧光油墨和温变油墨，有衰减期。

（4）识别性能　是反映鉴别防伪识别特征的准确、难易和快慢程度的指标。

（5）使用适应性　防伪识别特征能与标的物或服务对象使用要求相适应的能力。

（6）使用环境要求　防伪技术产品的防伪性能应能满足标的物的正常使用环境要求。

（7）技术安全保密性　设计、制作防伪技术产品的技术应具有安全保密性。除此之外还应考虑经济成本适应性，即在满足防伪技术要求同时应尽可能降低使用成本。

（8）安全期　在正常使用条件下，防伪技术产品防伪识别特征被成功仿制的最短时间。

防伪技术的主要存在形式及应用领域如下：

（1）安全印刷　钞票（含纪念币）、支票、汇票、存折（单）、邮票、税票、保险单、发票、各类有价证券（如股票、礼券、债券、彩票、车船票、机票等）、各种证明证件（如护照、身份证、通行证、签证、信用证、毕业证、许可证、资格证、所有权证书等）等。这一领域由于其传统性和高安全性，往往由政府部门控制或管理，并且形成了一个庞大的产业群和产业供应链，例如安全设计、安全纸张、安全油墨、安全印刷、安全装订、安全发行、安全塑封、安全控制等。

（2）防伪包装　如烟酒包装、药品包装、化妆品包装、食品包装、软件包装、产品软包装、包装内容物、透视激光全息塑封薄膜等。

（3）防伪商标和标识　酒类、服装衣标、鞋标、计算机软硬件、化妆品、保健品、食品、体育用品、汽车零部件、农用物资、玩具等的商标和标识。

（4）安全识别　信用卡、身份证、驾照、社会保险卡等使用的磁信息技术、IC 卡技术、射频卡技术和生物信息特征识别技术等。各类防伪产品见图 19-4。

图 19-4　各类防伪产品

现在应用较成熟的防伪技术主要是激光全息模压技术以及印刷技术、油墨技术等。激光全息模压技术主要通过不干胶标签形式以及转移法防伪纸的产品呈现，根据应用场景主要使用压敏胶及快干胶。印刷技术的冷烫印流程会用到 UV 胶，与全息技术结合的全息烫印需要用到热熔胶。此外射频防伪技术应用在电子标签上也需要使用压敏胶。

# 19.2.2　防伪产业中胶黏剂应用实例

### 19.2.2.1　标识粘接中的胶黏剂

激光全息模压技术通过全息照相术在光刻胶版上制作含有全息信息的母版，表面布满干涉条纹，为了保证亮度和硬度，需要经过电铸工艺在母版表面电键上一定厚度的金属银，即可得到全息金属银版，再经过拼版和电铸复制放大，得到符合尺寸要求、适于制作模压全息图的金属版，把金属版安装到模压机上，通过模压机给涂有高分子涂层的聚酯膜加温，金属母版同时以一定的压力压在聚酯膜的高分子涂层上，金属母版上的全息图就完成了向高分子涂层转移的过程。这种激光全息图的复制方法具有大批量、高速度的特点。

常见防伪标识采用的是激光全息防伪不干胶标识。不干胶防伪标识（其结构如图 19-5）通常使用在纸盒、金属、玻璃等物上，使用方便，价格低廉。普通镀铝膜或塑料膜防伪标识有 3 层，一般把信息模压在镀铝层上，再涂不干胶层，或者在塑料膜上模压信息，然后镀铝，再涂胶。为了满足不可转移特性，通常在塑料膜与镀铝膜之间加入 $2\sim10\mu m$ 的离型层，使得这一层的粘贴强度远小于不干胶的粘贴强度。当标识贴再次揭起时，就会把塑料层揭起来，镀铝层和信息层留在了标的物上，整个标识被破坏不能复原。

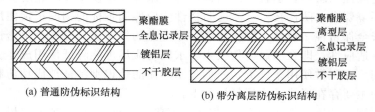

图 19-5　不干胶防伪标识结构

不干胶层是用来将标识粘贴在商品物面上，常用的胶黏剂为压敏胶黏剂，使用方便，适用于多种粘接物件。压敏胶可以采用橡胶型、丙烯酸酯型溶剂类胶，也可以采用乳液型丙烯酸酯类胶，其选择范围很广，所选用的压敏胶一般都是中低粘接力的。粘接对象绝大多数为纸张、纸盒或聚酯薄膜，也可粘接玻璃、瓷质器件、聚乙烯瓶或袋。若是后者则应重视压敏胶的选择，以防粘接不良。溶剂类压敏胶采用刮刀或网纹辊涂布于防粘纸上，经烘道干燥后与模压全息图膜复合在一起，再经裁切、模切成为最终产品。使用时多半为人工从防粘纸上剥下标识贴在物件上，为此要求压敏胶与防粘纸能轻易分离，而对粘接对象的初粘力强。乳液型的压敏胶可以涂在经模压的激光全息图膜面上，然后烘干，与防粘纸复合，经模切成为产品。

不论是何种压敏胶，其对被粘物的粘接力应稍大于成型层树脂对基材的附着力，使得粘贴于物件上的标识不能被重新剥落下来，一旦剥落，会使激光全息图膜破碎，标识不能再使用。

### 19.2.2.2　防伪纸中的胶黏剂

全息防伪纸是全息防伪技术在纸张上的一种应用，可分为膜贴纸和纯纸两种。膜贴纸是以全息薄膜贴在不同类型的纸张表面复合而成的防伪纸，经薄膜贴合后的纸，不仅挺度更好、不易撕裂，且纸表面有防水功能。纯纸则是通过先进的压印技术直接将全息图案压印在纸张表面，可分为转移型和非转移型两种。非转移型是通过直压方式，在我国普及性不强。转移型全息防伪纸是利用转移法把模压全息防伪信息的镀金属膜与纸复合，把带有全息防伪信息的镀金属层转移到纸上，并把塑料膜剥离，制成全息防伪纸。转移型产品结构中会用到胶黏剂，按塑料膜种类分为 BOPP 转移法产品和 PET 转移法产品，其结构见图 19-6。

（1）BOPP 转移法产品结构

① BOPP 塑料膜层。温度达到90℃就会软化变形，剥离后的 BOPP 塑料膜一般难以回收再利用。

② 热封层。既是模压层又是剥离层，热封层预涂不均匀会影响模压信息的衍射效率。

③ 镀铝层。

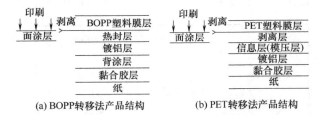

图 19-6　转移法制作的全息防伪纸

④ 背涂层。将镀铝层与粘接胶层隔开，起保护镀铝层的作用，使镀铝层在具有一定成膜性能的背涂作用下更易被粘接胶层全面转移，要求既要有很好的附着性还要有很好的成膜性。

⑤ 黏合胶层。一般要求初黏性、持黏性较好，还有一定的硬度和柔韧性。可采用双组分聚氨酯粘接胶，需要 1～2d 的熟化时间。对于大批量连续生产，一般选用快干胶 α-氰基丙烯酸类胶黏剂，烘干后即剥离。

⑥ 纸。一般用低定量纸。

（2）PET 转移法产品结构

① PET 塑料膜层。PET 耐热性好，软化温度为 220℃，在图形定位精度高时也可使用，剥离后的 PET 塑料膜可以回收再利用。

② 剥离层。转移膜的质量决定着在剥离机上能否把塑料层剥离得干干净净，使剥离层具有镜面光泽。

③ 信息层或模压层。PET 模压效果比 BOPP 好。

④ 镀铝层。PET 镀铝效果比 BOPP 好，因为 BOPP 热封层表面张力小，铝层附着力差。

⑤ 黏合胶层。一般要求初黏性、持黏性较好，还有一定的硬度和柔韧性。一般选用快干胶，烘干后即剥离。

⑥ 纸。对纸张定量无限制，PET 转移法产品纸张适用范围很宽，可使用于铜版纸、胶版纸、邮票纸、水印纸等。

由于 PET 膜平整度好，转移后的纸表面平整光亮，色泽均匀，预涂层保证印刷适应性稳定，适用于凹印、胶印、UV 印刷等多种印刷方式，可生产任意图案、文字的激光全息防伪纸或金银纸卡。

### 19.2.2.3　印刷防伪中的胶黏剂

印刷是指使用印刷或其他方式将原稿上的图文信息转移到承印物上的工艺技术。借助一定压力，将金属箔或颜料箔烫印到纸类、塑料印刷品或其他承印物表面的工艺，称为烫印工艺，目的是为了提高产品包装的整饰效果，提高产品的附加值，并更有效地进行防伪。其中冷烫印和全息烫印都会用到胶黏剂。

（1）冷烫印　传统烫印工艺使用的电化铝背面预涂有热熔胶，烫印时，依靠热滚筒的压力使粘接胶熔化而实现铝箔转移。冷烫印技术采用冷压技术转移电化箔，冷烫印所用的电化铝是一种特殊的电化铝，背面不涂胶。印刷时，胶黏剂直接涂在需要整饰的位置上，电化铝在胶黏剂的作用下，转移到印刷品表面。冷烫印技术不仅节省能源，还避免了环境污染。冷烫工艺分为湿冷法和干法，都是在不干胶标签表面需要烫印的部位印刷 UV 固化胶黏剂，通过 UV 干燥装置，形成一层高黏度、非常薄的压敏胶，然后进行冷烫印。在一对金属滚筒的作用下，使铝箔同胶黏剂接触并压合为一体，留在印刷品表面，从而完成冷烫印工艺。冷烫印工艺的技术关键是 UV 胶黏剂和特种电化铝金属箔。冷烫印工艺流程见图 19-7。

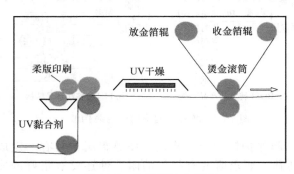

图 19-7　冷烫印工艺流程

（2）全息烫印　全息烫印的机理是在烫印设备上通过加热的烫印模头将全息烫印材料上的热熔胶层和分离层加热熔化，在一定的压力作用下，将烫印材料的信息层全息光栅条纹和 PET 基材分离，使铝箔信息层与承烫面粘接，融为一体，达到完美结合。全息烫印材料的结构由五层组成（图 19-8），第一层为塑料载体薄膜（聚酯膜），第二层为离型层，第三层为激光全息记录层，第四层为镀层，第五层为热熔胶层。其中激光全息记录层承载着记录激光全息防伪信息的功能，经模压工艺可将全息银版上精细的干涉条纹转移到信息记录屋上，在其表面形成具有浮雕结构的激光全息图。全息图是由相干激光光源在材料表面形成的极其精细的干涉条纹组成，全息图的衍射效率极高，图案绚丽多彩。粘接胶层在常温下无黏性，能使全息烫印箔成卷出厂，只有在烫印时才有极强的黏性，并且由于烫印速度很快，粘接胶层必须有很强的使用适用性。

热熔性胶黏剂多半如虫胶液、甲基丙烯酸酯共聚物胶、丙烯酸酯共聚物胶、聚酰胺树脂胶、聚氨酯树脂胶等。对于不同的粘接对象（纸张、纸盒、钙塑纸、涂塑纸、聚氯乙烯、聚乙烯、聚酯薄膜等），选用不同的热熔胶，可以获得良好的结果。热熔胶的使用有两种方法，一是熔化以后涂抹粘接，二是事先将胶涂在粘接物表面，冷却固化，待需要粘接时再加热粘接。无论哪一种方法，都要保证熔化时的合适温度。使用热熔胶涂布后可以用各种烫印机（手动的、半自动的或全自动的）直接把标识烫印在粘接物件上，大大提高了生产效率。

### 19.2.2.4　射频防伪中的胶黏剂

RFID（radio frequency identification）射频识别是一种非接触式自动识别技术，通过射频信号自动识别对象并获取相关数据。射频识别标签是应用射频识别技术的防伪产品，也称电子标签（见图 19-9），通常复合在不干胶或包装物的表面或内层，通过读写器、数据交换和管理系统，实现信息的采集、识别、跟踪，是商品管理、防伪、防盗的有效手段。RFID系统由标签、阅读器、天线组成，具有可读写、反复使用和耐高温、不怕污染等优势，处理数据过程无需人工干预。RFID 的芯片层可以用纸、PE、PET 甚至纺织品等材料封装并进行印刷，制成不干胶贴纸、纸卡、吊标或其他类型的标签。

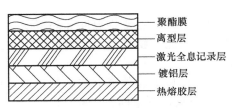

图 19-8　全息烫印材料结构

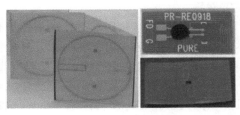

图 19-9　射频识别标签

# 19.3　胶黏剂在文物保护和修复中的应用

## 19.3.1　文物修复的特点以及对胶黏剂的特殊需求

### 19.3.1.1　文物保护和修复的基本原则

我国是一个文明古国，文物是文明的见证，在历史的长河中，承载灿烂文明，传承历史文化，维系民族精神，是古代先民在社会活动中给我们留下的极为珍贵的文化宝藏。加之文物的唯一性、不可再生性等特点，这就要求我们在具体的文物保护修复工作中严格遵守文物保护的基本原则。

文物保护修复是一门专业性强、文理交叉的多学科专业。根据法律法规以及实践操作，文物保护修复的原则可归纳为：最少干预原则、可逆性原则、兼容性原则。

（1）最少干预原则　要求文物修复时，尽可能地保留原貌，尽可能地按原件的艺术风格、形式进行"连接"，尽可能地保持文物古迹的真实性，使其历史、文化和科学信息能够完整、真实地展示出来，并传递给后人。

（2）可逆性原则　由于文物修复具有时代的局限性，不可能完全恢复文物的历史真实性与原始风貌，随着认识、技术的发展，将来会有更理想的方法和材料对文物进行更科学的修复。因此，所施加的修复材料和手段都应该是可逆的。同时，可逆性也会对现在的修复提供弥补、改善的空间。

（3）兼容性原则　在选择修复材料时，必须考虑原有材料及添加材料的力学强度、视觉效果等物理特征，力求做到使用与文物本体相似相容的材料。

文物保护原则为文保工作者提供了一种科学、规范的保护准则，为具体的修复实践工作提供了理论上的指导。我们应严格遵守文物保护原则，将其运用于具体的文物修复工作中，最大限度地延长文物的寿命，更好地展现其价值。

### 19.3.1.2　文物保护修复对胶黏剂的特殊需求

在文物的补配修复中，对于矿化严重的青铜器，也称为脱胎器，仅能以粘接修复。糠酥的全脱胎器，用手一掰即碎，此时便不能以焊接修复处理，只能使用胶粘修复，胶粘修复在具体的文物修复中要针对文物特点及状态制订不同的方案。各类质地破损文物的粘接修复，采用适用的胶黏剂来粘接很重要。文物修复质量的好坏，一半取决于用胶的恰当性，另一半取决于合适的粘接工艺。

文物保护修复的基本原则对文物修复中使用的胶黏剂的选择与使用提出了特殊要求，针对具体文物材质和表面色泽及破损情况，文物修复所选择的胶黏剂，应具有以下特性：

① 粘接力强　有长期的稳定性。

② 不会发生持续化学作用　胶黏剂对文物的任何化学影响只能限制在使用的时候并不损害文物。

③ 不会发生结构影响　胶黏剂在固化过程中的收缩率，以及在使用温度和环境变化时本体的线胀系数应尽可能小，不引起文物本身发生破坏。因此，胶黏剂不能过硬，模量适中，应有适当的塑性和弹性，能长期吸收文物内部的应力。

④ 有相容性　应不污染甚至改变文物的外观。不但在质地上和外观上与文物相似，而且应该同文物相容，使粘接缝不明显。胶黏剂受到外界影响后的反应同文物的反应一致，不会因外界条件的变化而产生应变。

⑤ 可去除　在需要去除的时候胶黏剂应可以去除，去除时不会损坏文物。

## 19.3.2　文物保护和修复中常用胶黏剂的种类

在文物修复中，目前大多用环氧胶，近年来由于胶黏剂的发展，可供选择的品种也较多。适用于残损文物修复的用胶有数十种，按胶体状态分为腻子型、双组分膏体型、单组分膏体型、快凝液体型，以及借助溶剂溶解与加温熔化的线型聚合物固体材料等五大类用胶。哪种胶适合于哪类质地文物的粘接，一要考虑胶黏剂的强度，二要考虑被粘接器物主体与胶体的亲和性（兼容性）、耐久性与可再处理性。文物修复用胶如表 19-2。

表 19-2　文物修复用胶

| 文物品种 | 被粘材料 | 胶黏剂类型 |
| --- | --- | --- |
| 青铜器、石雕文物、矿化金属文物、陶瓷器、铁器、石材、陶器 | 青铜、瓷、铁器、石材、陶片 | 不饱和聚酯胶黏剂（腻子型）<br>环氧金属修补剂（腻子型） |
| 石雕文物、矿化金属文物、陶瓷器 | 石材、陶片、青铜 | 双组分环氧胶黏剂（双组分膏体型） |
| 漆器、木器、陶器、竹雕、玉器等 | 漆、竹、木、陶、石质 | 聚乙烯醇缩甲醛胶黏剂（单组分膏体型）<br>白乳胶（单组分膏体型）<br>有机硅密封胶（单组分膏体型） |
| 陶器、玻璃器皿、青铜器 | 陶片、玻璃、青铜、金银器皿 | 氰基丙烯酸酯胶（液体快凝型） |
| 表面涂层保护 | 竹、木、纸张、植绒 | 三甲树脂胶、聚乙烯醇缩丁醛胶、醋酸纤维素胶、虫胶漆片、热熔胶、松香胶、蛋黄胶、淀粉胶黏剂（固体型） |

文物修复主要使用的胶黏剂按形态分种类如下：

（1）腻子型胶　此种胶适用于残损器物的补配修复，如青铜器补配、焊接缝的填补、铜佛像的残冠断指配作、铁器的缺损补配、陶瓷器的缺损补配等。

（2）双组分膏状胶　适用于可移动石雕文物、矿化金属文物、陶瓷器类文物等的修复。早期使用 E44 环氧树脂或聚酰胺树脂与乙二胺、二乙烯三胺等固化剂自制胶黏剂，用来粘接文物，黏度大，混合难度大，施胶困难，现在专业的胶黏剂供应商可提供丰富多样的环氧胶黏剂及混合设备，满足各种工况的需求。对于粘接面用胶量大的文物，如修复大型石雕、石碑、石构件文物，需要有足够的操作时间和良好的工艺性能。

（3）单组分膏状胶　适用于非金属文物中漆、竹、木、陶、石质类文物的修复，如佛像漆金卷脱修复、木胎漆绘文物的修复、破损陶质文物的修复，竹木雕裂残的修复，分体玉石摆件、分体寿山石雕件的粘接复原、佛法器嵌松石、宝石脱落的粘接修复等。

（4）快固液状型胶　主要是指氰基丙烯酸酯类，俗称瞬干胶、快干胶、502。适合于破碎陶片的渗透加固、玻璃器皿的修复、破碎成多块青铜器的拼对定位、金银器的内壁贴薄定位等。

（5）固体型胶　适用于各类小件破碎文物的粘接，如壁画加固修复等。这类固体材料在文物保护中多作为封护剂使用，呈颗粒状或粉末状，用溶剂浸泡溶化稀释后使用。

根据胶黏剂的主要化学成分，可将其简要划分为：

（1）丙烯酸酯类胶黏剂　主要有溶剂型丙烯酸酯胶黏剂、$\alpha$-氰基丙烯酸酯胶黏剂。

丙烯酸酯类胶黏剂代表品牌有 Paraloid B72、Primal AC33 和 Primal SF-016 等。三甲树脂是甲基丙烯酸甲酯、甲基丙烯酸丁酯和甲基丙烯酸的三元共聚物，其性能可以通过调整聚合过程中的软硬单体比例来调节，有柔性胶、硬质胶和改性胶三种。三甲树脂无色透明，比较耐老化、耐水、耐生物侵蚀，并有较高的强度，所以自 20 世纪 60 年代以来就用于陶、瓷器文物的粘接，以及石、骨、牙、彩绘、彩陶的加固，还有壁画的加固封护涂层。Paraloid B72 是由 66% 甲基丙烯酸乙酯和 34% 丙烯酸甲酯合成的一种聚合物，可溶于丙酮、四氯化碳等有机溶剂，不具水溶性，其化学性质稳定，且具有可逆性，在文物保护领域主要用于渗透加固木器、漆器、石器、陶器等质地文物，或作为金属、壁画彩绘类文物的表面封护材料，是目前文物保护中使用得最多的一种丙烯酸树脂。Primal SF-016 是一种纯丙烯酸树脂分散体，具有优良的耐候性和耐粉化、与色素结合能力。Primal AC33 是甲基丙烯酸甲酯与丙烯酸乙酯的共聚物，具有水溶性、极少产生眩光、再处理简单的特点。

溶剂型丙烯酸酯胶黏剂的特点是固化速度较快，工艺简便，容易用溶剂进行溶解去除，且本身耐紫外光性能比较好，透明性好，对石材、木材、金属文物有较好的粘接力，但局限性是收缩率较大，耐湿热、耐酸碱和耐温性不足。

$\alpha$-氰基丙烯酸酯胶黏剂由于其瞬间粘接的特点，往往配合其他胶黏剂避免被粘接文物在固化中错位。但其稳定性不好，耐热、耐碱、耐久性均差，不适合单独用于粘接文物。

（2）环氧树脂胶黏剂　环氧树脂胶黏剂综合性能优良，是由环氧树脂和和固化剂等助剂配制而成的单组分或双组分胶黏剂。在室温、加热或光照等适宜的条件下，胶黏剂中的环氧基团与固化剂（脂肪胺、聚酰胺、多硫醇、酸酐）中的氨基、巯基或酸酐基等基团物质进行开环加成反应，形成一种三维网状结构固态物质。胶黏剂分子结构中有羟基、醚基和活泼的环氧基，羟基和醚基具有高的极性，使胶黏剂分子与极性粘接界面产生较强的分子间作用力，另外环氧基团也可与粘接界面形成化学键，从而产生很高的粘接强度。固化后的附着力几乎超过其他所有胶黏剂，同时又是交联结构，故难溶解去除。粘接时一定要对好断面，固定放置防止错位，挤出的余胶要及时剔去；内聚力较大，应力断裂常常发生在被粘物上，对于薄胎、损坏较严重的金属文物、一级金属文物应该慎用。国内使用较多的胶黏剂有凤凰 WSR6101、AAA 胶等，国外使用的环氧树脂胶有 CDK-520、Araldite Ay-103-1/hardener-Hy-991 和 Epo-tek301。

（3）有机硅胶黏剂　主要有硅橡胶胶黏剂和硅树脂胶黏剂两种类型，硅橡胶胶黏剂是由端羟基聚二甲基硅氧烷与正硅酸乙酯、聚硅酸乙酯、甲基三乙氧基硅烷等交联剂复配而成，硅树脂胶黏剂主要是由正硅酸乙酯、聚硅酸乙酯、甲基三乙氧基硅烷及其改性物复配而成，它们共同的特点是其大分子链中都含有硅氧键和烷基的链结构，在粘接时胶黏剂不仅可以与陶瓷表面进行物理结合，而且还可能会与其形成新的化学键，提高胶黏剂的加固性能。主要用于室外石质文物（石碑、石刻、造像及建筑物）的表面防风化涂层以及潮湿环境土遗址加固保护，具有憎水、透气、无色、涂后不改变文物外观等特点。

（4）聚醋酸乙烯酯乳液胶黏剂　该类胶黏剂是由醋酸乙烯单体在乳化剂的作用下分散于水中并引发聚合得到的乳液，不经改性可直接作为胶黏剂使用，俗称"白胶"或"白乳胶"，特点有：水剂胶，无毒、无味、无色透明、室温干燥、操作方便，但强度低，耐水性差，蠕变较大，可酌情使用于一般陶、骨、木器，不适用于有文字的甲骨。

（5）聚氨酯胶黏剂　是由多羟基化合物与多异氰酸酯发生聚合反应而形成的聚氨酯类胶黏剂。对纸张、皮革、木材、石器、玻璃、陶瓷、金属等材料的文物都具有好的粘接性能。具有耐油性、耐低温的优点，但对温湿敏感、异氰酸酯毒性大。主要胶种有 101 胶、84 胶、404 胶、AZ-1 胶、AZ-25 胶等。

# 19.3.3　胶黏剂在文物保护和修复中的应用实例

### 19.3.3.1　胶黏剂在陶瓷类文物修补中的应用实例

用胶黏剂来粘接修复陶瓷文物是一项古老而实用的技术。早在四五千年前，粘接陶瓷用的虫胶、鱼胶、生漆等天然胶黏剂就已在人们生活中开始应用，而合成高分子胶黏剂的出现为陶瓷文物的修复带来了更多的选择。

采用环氧树脂胶黏剂粘接修复古代青花瓷器，其粘接强度高、耐老化，尤其是固化条件适于室内温度，便于操作。上海博物馆文物修复研究室的卜卫民对安徽凤阳汤和墓出土的一件元代青花瓷，进行"可鉴别修复"，见图 19-10。通过立档、拆分、清洗、粘接、补缺、作色、作釉等修复步骤，使用抗老化性好的 AAA 全透明环氧树脂超能胶，将清洗后的碎片与原器物进行对比、粘接；使用双组分环氧树脂胶拌入纳米级硅粉、颜色粉等来补缺器物的口沿与兽耳等部位。修复技术使青花瓷重现文物完整的风貌，保存了文物历史痕迹。

戚军超等人对河南博物院所藏的汉代陶百花灯盆进行再修复，如图 19-11，过程包括清理、加固、粘接、补配、随形、批缝、打磨、着色等步骤。其中粘接所用的胶黏剂为环氧树脂 E44 和聚酰胺 650 固化剂，二者按 1：1 的体积比调兑好后，加入了相应的矿物颜料并调均匀。再修复使器物得以稳定地保存且满足陈列展览的需求。该团队使用同样方法与胶黏剂，对一件西晋灰陶兽也完成了再修复。

图 19-10　使用环氧胶粘接修复陶瓷文物　　　　　图 19-11　使用环氧胶补全陶瓷文物残缺部位

在对吴六奇墓出土陶俑的二次保护修复中（图 19-12），表面加固过程使用了 1%～3% 的 Paraloid B72 丙酮溶液或乙酸乙酯溶液进行喷涂、滴注、涂刷，浓度由低到高逐渐渗透加固，粘接材料选用环氧树脂胶黏剂。为了保证加固材料与胶黏剂的结合以及保证粘接的可逆性，选用 Paraloid B72 对粘接面进行渗透加固后再增加其可逆层。

吴启昌使用 AAA 全透明环氧树脂超能胶混合滑石粉，再添加微量与胎体颜色接近的矿物颜料，混合均匀调制成泥状补全材料，恢复了南海Ⅰ号发现的宋景德镇窑青白釉婴戏纹碗和宋慈灶窑青釉小碗两件瓷器的原貌。

钟安永等研制了陶瓷文物修复专用胶黏剂，该胶黏剂是由醋酸乙烯酯和丙烯酸酯等单体合成的共聚树脂为主体，加填料配制而成。粘接修复了秦汉以来各个时期的 90 多件文物，满足了文物修复的需求。

惠娜在秦俑博物馆开馆三十周年国际学术研讨会上详细介绍了出土残缺陶质彩绘文物的粘接工艺。主要分为三步，第一步是被粘物的表面处理，用 5%～10% 的 Paraloid B72 乙酸乙酯溶液对残断面进行处理；第二步是配胶涂胶，严格按照产品说明书的配比要求使用双组分环氧胶粘接，采用涂抹的方式，将胶充分均匀分布在粘接面；第三步是拼合、加压、固化，拼合采用沙箱包埋、绑扎、机械固定等方法，对粘接部件的位置进行固定，直至胶黏剂固化。使用环氧胶对陶质文物断裂部位进行粘接如图 19-13 所示。

图 19-12　使用 3%B72 乙酸乙酯溶涂刷加固陶俑

图 19-13　使用环氧胶对陶质文物断裂部位进行粘接

### 19.3.3.2　胶黏剂在金属类文物修补中的应用实例

我国历史上有用白及、漆片（虫胶）汁粘接金属类器物的方法。现代文物修复多采用环氧树脂胶，如 914 室温快速胶黏剂等。

济南魏家庄出土铁釜的保护修复实例中，由于铁釜腐蚀矿化且破碎极其严重，首先选用三甲树脂滴注来预加固；除锈和脱氯处理后选用 914 环氧树脂胶，对拼缝较小的缝隙进行粘接；铁釜粘接成型后，对于存在的一些空隙和孔洞，使用速成铜胶棒补全，即使用时切下相应的胶体，揉捏混合均匀，填在需要补配的地方，待其固化即可。采用 2%BTA 乙醇溶液和 2% Paraloid B72 丙酮溶液对铁釜进行缓蚀与封护，使铁釜得以更长久地保存，最终使铁釜达到了理想的陈列展示效果。

甘肃礼县大堡子战国匕首为战国时期的青铜兵器，出土于甘肃礼县大堡子山墓，在对匕首粘接面用丙酮进行清洗去除残胶后，使用双组分环氧树脂胶调和涂在断面上，拼合粘接 5min 后将其粘牢，见图 19-14。经检验，粘接修复后的匕首强度较好，满足文物修复的要求。

浙江省博物馆藏汉神人画像镜破损严重，镜面锈层酥粉，局部已丧失金属核心。选择环氧树脂 QF-888 超强胶作为画像镜的胶黏剂对其断裂部位进行粘接，见图 19-15。经检验，其粘接强度较好，修复后的汉神人画像镜镜体完整。镜面纹饰、图案清晰流畅，达到了复原目的，满足文物修复要求。

图 19-14　使用环氧胶对青铜兵器断裂部位粘接

图 19-15　使用环氧胶对画像镜断裂部位粘接

湖北省赤壁市博物馆神兽纹铜镜修复时，由于铜镜断面较薄，粘接面较小，其修复工艺要求更高，采用下芯法与粘接相结合的修复技术，用金刚切片在铜镜侧面的拼接缝上切一条缝嵌入薄黄铜片，用锡焊在接缝处采用点焊，点焊以外的接缝内用环氧树脂 AB 胶液涂入，使其更加牢固，将丙酮稀释过的 B72 溶液均匀地涂刷到器物表面进行封护，达到隔离空气、保护铜镜的目的。

三星堆青铜器的修复是三星堆两个祭祀坑出土文物修复的重点。出土青铜器约占出土文物总数的 40％左右，其中的 70％需要修复。其中金面罩铜头像由于氧化锈蚀严重，不能进行焊接修复，只能采用环氧树脂胶粘接修复。最后又用 α-氰基丙烯酸酯胶将金面粘贴在铜头上。

山西省博物馆的两件汉代青铜器博山炉和铜釜，在修复时由于粘接面小，环氧树脂胶的固化需要一定的时间，所以在断片对好茬口位置后，先使用 α-氰基丙烯酸酯胶（快速胶）在断片两端和中央作了 3 个点粘接。再用配好的 UHU Plus 环氧树脂胶进行渗透粘接。文物修复后达到要求，基本恢复了原貌。

江苏省东海县博物馆青铜甬钟在修复前已部分破裂成多个碎块且锈迹斑斑，用环氧树脂类胶黏剂和丙烯酸酯类胶黏剂对碎片重复做了多次试验，最终选用了新型的粘接材料安特固双组分环氧树脂胶黏剂（3 TON QUICK 型）对其修复。经检验，胶黏剂固化后的厚度与粘接前几乎没有变化，粘接后的碎片粘接强度较好，满足文物修复的要求。

陶静姝在对一件青铜镜的保护与修复过程中，将安特固双组分环氧树脂胶（1∶1）调好后点涂于断开处进行粘接。待胶固化后，用刻刀把缝隙中多余的胶剔除，使之平整后开始使用矿物颜料进行着色作旧处理，使之与原器物和谐统一。在随后的封护步骤中，使用 1％的 Paraloid B72 丙酮溶液整体涂刷于铜镜表面，待晾干后再涂刷一遍，从而使青铜器与外界有效隔离，使有害锈不易生长，起到保护器物的作用。

### 19.3.3.3　胶黏剂在壁画、彩绘加固与修复中的应用实例

随着环境的变迁，壁画、彩绘文物发生了多种病害，给其艺术、考古价值带来不可估量的损失，自古人们就使用明胶、骨胶、桃胶等天然胶对其进行修复。在现代的保护修复中，以丙烯酸酯胶黏剂、有机硅胶黏剂为代表的合成高分子胶黏剂已经成主要的修复粘接材料，广泛地应用于对壁画、彩绘表面的清洗、回贴加固、渗透加固、局部补全表面封护等一系列措施中。

在邯郸湾漳北朝墓壁画的初次保护与修复研究中，使用了浓度为 3％～5％的三甲树脂丙酮溶液对壁画表面进行预加固处理，然后贴附使用 5％～10％的三甲树脂丙酮溶液粘接的纱布进行壁画揭取；使用 10％的三甲树脂丙酮溶液对白灰地仗层进行了加固。

郭宏等在广西富川百柱庙建筑彩绘的保护修复研究中，通过现场实验确定用 3％的 Paraloid B72 丙酮溶液对彩绘的渗透性、均匀性、加固强度都达到了对彩绘文物的修复要求，加固后彩绘的颜色较之前鲜艳、明亮，阳光能直接辐射，部分彩绘表面封护选用 1％的 Paraloid B72 丙酮溶液以喷雾法保护。

齐扬等人在天水伏羲庙先天殿外檐古建油饰彩画保护修复工作中，地仗和彩绘层的渗透加固选用 Paraloid B72 丙酮溶液作为加固剂；在全部清洗加固完之后，采用 2％的 Paraloid B72 丙酮溶液整体喷涂封护。

马楠等人在曲阜孔庙启圣祠彩画的保护修复实验中，对空鼓部位的回贴，采用了借助热蒸气导入化学试剂的方法，使用 70％的 AC33 溶液粘接，较好地完成了空鼓部位的回贴。

在南京堂子街太平天国壁画再保护工作中，严静等人使用 Paraloid B72 和 Primal AC33 对壁画进行加固回贴。选用 4％～8％的 Paraloid B72 乙酸乙酯溶液对起甲、开裂部位进行

了回帖，选用 50% Primal AC33 水溶液对一般性空鼓进行了回贴，对较大的空鼓采用 Primal AC33＋石粉混合物进行了灌浆处理，选用 50% Primal AC33、沙子＋石灰膏制作的填补材料对画面缺失部位进行了再处理，选用 2.5% Paraloid B-72 以及 3% Primal AC33 对画面进行了表面封护。

王丽琴等人采用 Remmers300 对重庆大足北山 136 窟的五百罗汉进行了加固处理，效果良好。杨隽永等在印山越国王陵墓坑边坡化学加固试验研究中，采用正硅酸乙酯原液与无水乙醇体积比为 1∶1 的稀释液，选择局部岩壁进行化学加固试验。室内实验结果显示：经过正硅酸乙酯加固的岩石试块其外观状态改变最小，而且单轴抗压强度和耐水性能有所提高，此外正硅酸乙酯的渗透性能也优于其他材料。

### 19.3.3.4　胶黏剂在其他（石质、木质、织物、珠宝、饰品类）文物粘接与修复中的应用

承德溥仁寺石质文物的保护与修复实践中，选择使用 3% 浓度的高模数硅酸钾溶液（PS）和岩石加固正硅酸乙酯改性材料（ZB-WB-S）。利用这两种材料的特点复合进行表面防风化加固，提高已风化的凝灰岩及砂岩表面强度，增加岩石本身加固之后的渗透性、水稳定性和耐老化性能。

卢燕玲报道了对甘肃武威磨嘴子汉墓出土的木质文物的抢救性保护与修复，出土的木雕大多为组合而成，出土时均为散件，修复时使用 2% 的 Paraloid B72 乙酸丁酯溶液进行滴渗加固，在随后的粘接复原步骤中，选用白乳胶作为粘接材料，保护修复后的木质文物适于陈展。

周旸等人利用丙烯酸树脂 Paraloid B72 作为加固剂对脆弱丝绸文物模拟样品进行加固研究，并优化加固，工艺条件为：加固剂 Paraloid B72 的质量浓度为 7.50g/L，浸渍时间为 20min。应用该加固剂及其优化的工艺条件加固处理脆弱丝绸文物样品，获得了良好的加固效果，在不改变丝绸文物纤维结构与材料手感的基础上，大幅提升了丝绸文物的整体断裂强度和断裂伸长率。

明荆敬王墓金银玉器的清洗及修复实践中，对金簪顶部花饰已脱落的金花簪的补配修复，选用粗、细的黄铜丝打磨成缺损的簪柄，再用焊锡法焊接上。簪柄补配好后，可用环氧树脂 AB 胶将金花粘接上，使其恢复原貌。

秋枫报道了对在苏北新沂县（现为新沂市）花厅新石器时代遗址考古发掘中的一对玉镯的修复。玉镯出土时已呈裂碎状态，选用 502 快速胶对玉镯碎片进行粘接，将小片拼成大片，再将大片逐块拼对成完整器形，最后残缺部分使用石膏补全，晾干后使用三甲树脂稀释液渗透加固，恢复了玉镯原来的风貌形状。

徐方圆等以 HDI 三聚体和双羟基四配位硅化合物为主要原料合成了一系列含硅聚氨酯树脂以加固保护纸质文物。通过测试表明，加固后断裂的纸纤维以化学交联的方式连接起来，纸张的物理强度明显提高。同时，在 HDI 三聚体中引入有机硅链段，提高了体系的耐光老化和耐热老化性能，降低了纸样的收缩率和吸水性，从而保护纸质文物免受外界因素的影响。

### 参 考 文 献

[1]　余强，罗逸，袁振宏，等. 水稻播种用生物质胶粘剂的研究. 生物质化学工程，2008，42（6）：19.
[2]　余强，杜文鹤，凌志创，等. 水稻直播种用生物质胶粘剂的研究. 中国胶粘剂，2008. 10：27.
[3]　苗力，吴继文，唐菁菁，等. 林业用粘虫胶的防治原理. 吉林农业，2014（9）：86.
[4]　林玲玲，韩其飞. 无公害粘虫胶在林业害虫防治中的应用. 河南农业，2016（8）：42.
[5]　严万秀. 无公害粘虫胶在林业害虫防治中的应用. 植物保护，2016（8）：103.
[6]　李增利，李军，任光宇，等. 粘虫胶的应用范围和使用方法. 河北林业科技，2012（3）：100.
[7]　陈慧娟，李光鹏，杨敏，等. 新型蔬菜果园粘虫胶的制备和性能研究. 粘接，2014（4）：73.

[8]　王迪轩. 怎样粘接塑料大棚塑料膜. 农技服务，2005（7）：57.

[9]　王迪轩，何永梅. 怎样粘接塑料大棚膜. 湖南农业，2010，12：20.

[10]　徐文才. 现代防伪技术与应用. 北京：中国质检出版社，2014.

[11]　马金涛. 激光全息防伪技术及其应用. 中国防伪报道，2007（11）：31.

[12]　蔡武峰. 粘接技术在激光全息防伪技术上的应用. 粘接，1998（2）：27.

[13]　郑成赋. 防伪用模压全息记录材料的改性，结构与性能. 武汉：华中科技大学，2013.

[14]　宋迪生. 文物与化学. 成都：四川教育出版社，1992.

[15]　张在新. 环氧树脂胶粘剂近展. 中国胶粘剂，2003，12（6）：56.

[16]　陈为国，严梦寅. 粘接技术在模具中的应用现状及发展方向. 模具制造，2002（1）：34.

[17]　胡渐宜. 关于古代青花瓷器的修复. 考古，1990（5）：471.

[18]　卜卫民. 安徽凤阳汤和墓出土一件元青花瓷的修复. 文物保护与考古科学，2014（3）：99.

[19]　戚军超. 一件汉代陶百花灯盆的再修复. 文物鉴定与鉴赏，2017（7）：48.

[20]　戚军超，马侠. 一件西晋灰陶兽的再修复. 文物鉴定与鉴赏，2018（9）：114.

[21]　习阿磊. 吴六奇墓出土陶器的二次保护修复研究. 客家文博，2017（4）：16.

[22]　吴启昌. "南海Ⅰ号"两件出水瓷器文物的保护与修复. 文物保护与考古科学，2016（1）：93.

[23]　钟永安，周宗华，陈德本，等. 陶瓷文物专用修复胶粘剂的研制. 四川大学学报（自然科学版），1995，32（2）：213.

[24]　杨晓邬. 文物修复中的粘接技术. 四川文物，2006（5）：94.

[25]　王浩天，张红燕，梁宏刚，等. 高度腐蚀矿化出土铁器的保护修复——以济南魏家庄出土铁釜的保护修复为例. 江汉考古，2017（5）：011.

[26]　苗红，马菁毓，张月玲. 铜合金艺术品的保护处理. 北京：科学出版社，2005：91.

[27]　刘莺. 富锡层严重氧化青铜镜的修复技术研究——浙江省博物馆藏汉神人画像镜的修复保护. 东方博物，2004（03）：42.

[28]　郭长江，胡涛. 浅谈赤壁市博物馆几件青铜器的修复. 江汉考古，2015（5）：126.

[29]　陈德安，陈显丹，杨晓邬，等. 纪念三星堆遗址祭祀坑发现二十周年专栏——回顾与感言. 四川文物，2006（3）：011.

[30]　宋艳. 两件汉代青铜器的分析研究与保护修复. 文物保护与考古科学，2009（1）：63-70.

[31]　刘彦琪. 江苏省东海县博物馆青铜甬钟的修复——兼论现代修复理念与中国青铜器传统修复的契合. 中国科技史杂志，2010（03）：309.

[32]　陶静姝. 一面汉博局铜镜的保护与修复. 美术教育研究，2012（17）：49.

[33]　马洪星，吴晓静. 湾漳北朝墓壁画的二次修复. 文物春秋，2008（3）：58.

[34]　郭宏，黄槐武，谢日万，等. 广西富川百柱庙建筑彩绘的保护修复研究. 文物保护与考古科学，2003. 15（4）：31.

[35]　李宁民，马宏林，周萍，等. 天水伏羲庙先天殿外檐古建油饰彩画保护修复. 文博，2005. 5：108.

[36]　马楠. 曲阜孔庙启圣祠彩画的保护修复实验. 文物春秋，2012（2）：57.

[37]　严静，王啸啸，杨军昌，等. 南京堂子街太平天国壁画再保护. 文物保护与考古科学，2015（2）：94.

[38]　Wang L Q，Dang G C，Wang X Q，et al. Analysis and protection of one thousand hand Buddha in Dazu stone sculptures. Chinese Journal of Chemistry，2004. 22（2）：172.

[39]　杨隽永，万俐，陈步荣，等. 印山越国王陵墓坑边坡化学加固试验研究. 岩石力学与工程学报，2010，29（11）：2370.

[40]　刘慧轩. 承德溥仁寺石质文物的保护与修复. 石材，2016（1）：58.

[41]　卢燕玲. 武威磨嘴子汉墓新近出土木质文物的抢救保护与修复. 文物保护与考古科学，2010（4）：97.

[42]　周旸，张秉坚. 丙烯酸树脂 Paraloid B72 用于脆弱丝绸文物加固保护的工艺条件和加固效果评价. 蚕业科学，2012. 38（5）：879.

[43]　胡涛. 明荆敬王墓金银玉器的清洗及修复. 文物修复与研究，2014：106.

[44]　秋枫. 一件疏松玉器出土后之现场修复. 东南文化，1988（2）：101.

[45]　徐方圆，邱建辉，孙振乾，等. 含硅聚氨酯加固保护纸质文物的可行性. 中国造纸，2005，24（4）：26.

（刘鑫 韩雁明 马菁毓 甘禄铜 张军营 编写）

# 第3篇 胶黏剂配方与生产技术

# 第20章

# 反应型环氧树脂胶黏剂

## 20.1 环氧树脂胶黏剂的特点与发展历史

### 20.1.1 环氧树脂胶黏剂的特点与分类

环氧树脂胶黏剂是以环氧树脂为基料的胶黏剂的总称，简称环氧胶，它对多种材料具有良好的粘接力，具有收缩率低、粘接强度高、尺寸稳定、电性能优良、耐化学介质性优良等优点，广泛应用于建筑、机械、汽车、船舶、轨道交通、电子电器、风能发电等领域。

环氧树脂胶黏剂的品种很多，其分类方法和分类的依据尚未统一。通常按下列方法分类（见表 20-1）。

**表 20-1　环氧胶黏剂主要类别**

| 分类方法 | 胶黏剂主要类别 |
|---|---|
| 包装形态 | 单组分胶黏剂、双组分或多组分胶黏剂 |
| 分散介质 | 无溶剂型、含溶剂型、乳液型胶黏剂 |
| 胶体形态 | 膏状胶黏剂、粉末状胶黏剂、薄膜状胶黏剂（环氧胶膜）等 |
| 固化工艺 | ①低温固化胶：固化温度<15℃；室温固化胶：固化温度 15～40℃。<br>②中温固化胶：固化温度约 40～120℃。<br>③高温固化胶：固化温度>120℃。<br>④其他方式固化胶：如光固化胶、湿气固化胶、微波固化胶等 |
| 粘接强度 | ①结构胶：抗剪及抗拉强度大，较高的不均匀扯离强度，粘接接头在长时间内能承受震动、疲劳及冲击等载荷，同时还应具有较高的耐热性和耐候性。通常钢-钢室温抗剪强度≥25MPa，抗拉强度≥40MPa，不均匀扯离强度>40kN/m。<br>②次结构胶：能承受中等载荷。通常抗剪强度 17～25MPa，不均匀扯离强度 20～50kN/m。<br>③非结构胶：即通用型胶黏剂。其室温强度还比较高，但随温度的升高，粘接强度下降较快，只能用于受力不大的部位 |

| 分类方法 | 胶黏剂主要类别 |
| --- | --- |
| 专业用途 | ①通用型胶黏剂：如建筑用环氧胶、机械用环氧胶、交通用环氧胶、修补用环氧胶等。<br>②特种胶黏剂：如耐高温胶（使用温度≥150℃）、耐低温胶（可耐－50℃或更低的温度）、应变胶（粘贴应变片用）、导电胶（体积电阻率 $10^{-4}\sim10^{-1}\Omega\cdot cm$）、导热胶[热导率≥0.4W/(m·K)]、密封胶（真空密封、机械密封用）、阻燃胶（UL-V2 级以上）、光学胶（无色透明、耐光老化、折射率与光学零件相匹配）、耐腐蚀胶、结构胶等 |

## 20.1.2　环氧树脂胶黏剂发展历史

　　1933 年，德国的 Schlack 首创了由双酚 A 合成的环氧树脂，并由 I. G. 染料公司作为德国的专利发表。1940 年瑞士报道了二缩水甘油醚类和酯类的制造方法，Ciba 公司在此基础上进行开发。1946 年，全球首个环氧胶黏剂由 Ciba 公司开发出来并在瑞士工业展览会上展出。

　　环氧树脂的第一次具有工业价值的制造是在 1947 年由美国 Devoe & Raynolds 公司完成的，它开辟了环氧氯丙烷-双酚 A 树脂技术的历史，环氧树脂开始工业化生产。不久，瑞士 Ciba 和美国 Shell 以及 Dow 公司开始环氧树脂的工业化生产和应用开发。20 世纪 50 年代，环氧树脂应用于涂料，并且在开发出了聚酰胺等系列固化剂和固化工艺之后，环氧树脂胶黏剂才开始大量应用。1950 年，环氧树脂已经商品化，并且在美国海军战斗机的铝蒙皮-轻木芯夹层结构中应用。20 世纪 60 年代初，建筑工程中的修补与加固房屋及水利设施中也开始用到环氧树脂胶黏剂。1963 年，美国的 B-727 飞机使用了环氧胶黏剂粘接结构。20 世纪 70 年代，出现了多种多样的改性环氧胶黏剂，比如环氧-有机硅胶黏剂、环氧-酚醛胶黏剂等。20 世纪 80 年代，随着各种新型固化剂的开发，环氧胶黏剂迎来了新的发展时期，开发出专用化、功能化和高性能的环氧胶黏剂，广泛应用于航空、建筑、电子等众多领域。目前国外的环氧树脂胶黏剂已经实现了多品种、耐高温、高强度、高耐久以及功能化和快速固化等，能满足各个领域的需求。

　　中国研制环氧树脂始于 1956 年，在沈阳、上海两地首先获得了成功，主要用于制造业和航空。1958 年上海开始了环氧树脂工业化生产，上海树脂厂生产的环氧树脂品种编号颇近于 Shell 公司产品。1965 年开始，中国研制和生产了多种环氧胶黏剂，相关资料表明，20 世纪 60、70 年代，环氧胶黏剂在我国农机维修、机床维修、电器灌注和密封、扬声器粘接领域取得了很好的应用。20 世纪 70 年代末，我国已经形成了从单体、树脂到辅助材料，从科研、生产到应用的完整工业体系。如今，国内环氧树脂胶黏剂主要是朝着结构胶的增韧改性、低温固化、耐高温性能和多功能化等方向发展。目前，国内胶黏剂行业低端胶黏剂多，处于向高端发展阶段。随着国内汽车、电子、建筑等行业的不断发展，高端胶黏剂的需求量越来越大，我国胶黏剂的产品结构还需进一步调整和优化。

# 20.2　反应型环氧树脂胶黏剂的配方组成及其作用

## 20.2.1　环氧树脂

　　环氧树脂属于热固性树脂，其主要官能团是环氧基，其含量有如下几种表示方法：①环氧值（K），指 100g 环氧树脂中所含的环氧基当量数；②环氧基含量，指 100g 环氧树脂中所含的环氧基质量；③环氧当量（EEW），相当于 1 个当量环氧基树脂的质量。

如不特殊说明，环氧树脂一般是指双酚 A 型二缩水甘油醚树脂。除双酚 A 型外，经历 70 多年的研制与发展，已经开发了许多其他品种的环氧树脂，可按照其性能特点和物理化学性质进行分类。按照化学结构，分为缩水甘油醚型、缩水甘油胺型、缩水甘油酯型、脂环族环氧树脂等。按照室温下状态分为液体型和固体型。按照其母体原料可以分为双酚 A 型、双酚 F 型、双酚 S 型、氢化双酚 A 型、酚醛型、脂环族型、缩水甘油胺型，及一些特殊原料合成的环氧树脂，如溴化双酚 A 型、海因型、酰亚胺型环氧树脂等。

（1）双酚 A 型环氧树脂　结构如下。

双酚 A 型环氧树脂原料来源丰富、成本较低、综合性能优良，因此其产量最大，约占环氧树脂总产量的 75%～80%，被称为通用环氧树脂，可以满足大部分应用需求。

（2）双酚 F 型环氧树脂　结构如下。

双酚 F 型环氧树脂黏度远低于双酚 A 型环氧树脂，具有浸润性好、工艺性优异等特点，适用于低黏度需求领域。

（3）双酚 S 型环氧树脂　结构如下。

双酚 S 型环氧树脂通常为固体，其经过固化后软化点高，具有优异的耐热性和力学强度，可作为制造碳纤维复合材料和其他高性能环氧复合材料用的基体树脂，适用于耐温要求高的领域。

（4）氢化双酚 A 型环氧树脂　结构如下。

氢化双酚 A 型环氧树脂，由于分子中不具有不饱和基团，其固化物耐候性更加优良，而且具有突出的耐紫外、抗黄变性能以及高透光率。

（5）酚醛型环氧树脂　结构如下。

酚醛型环氧树脂交联密度高且刚性基团含量高，其表现出优异的热稳定性、电气绝缘性、耐化学药品性和较高的玻璃化转变温度，常用于制造层压电路板的浸渍料和电子元器件的封装料，适用于电子封装领域。

（6）脂环族型环氧树脂　结构如下。

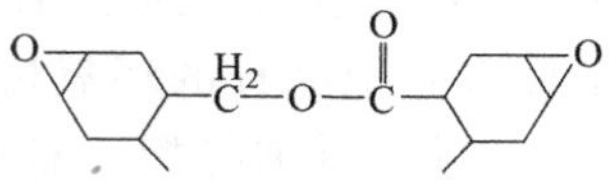

脂环族型环氧树脂，具有比双酚 A 型环氧树脂更低的黏度和更高的玻璃化转变温度，适用于紫外光固化体系和对透光性要求较高的领域。

（7）缩水甘油胺型环氧树脂　结构如下。

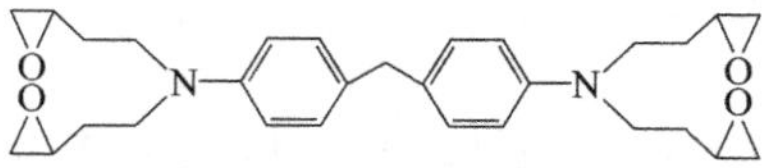

缩水甘油胺型环氧树脂，环氧值高，固化后的环氧树脂具有较高的耐热性能，适用于高温胶黏剂领域，但贮存稳定性不好。

（8）溴化双酚 A 型环氧树脂　结构如下。

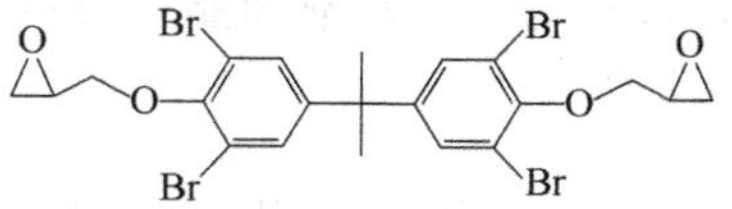

溴化双酚 A 型环氧树脂，其固化物具有良好的阻燃和耐热性能，常用于电子元件封装、微电子工业和运载工具等对材料阻燃性能要求高的领域，但是由于环保问题使用受限。

## 20.2.2　固化剂

固化剂是环氧树脂胶黏剂中不可缺少的重要组分，环氧树脂在固化剂的作用下固化，转化成具有体型交联结构的大分子，进而影响环氧固化物的力学性能、热稳定性和化学稳定性。因此，环氧树脂固化物性能在很大程度上取决于固化剂。

（1）按化学结构分为碱性和酸性两类

① 碱性固化剂。脂肪二胺、多胺、芳香族多胺、双氰胺、咪唑类、改性胺类。

② 酸性固化剂。有机酸酐、三氟化硼及络合物。

（2）按固化机理分为加成型和催化型

① 加成型固化剂。脂肪胺类、芳香族胺类、脂环胺类、改性胺类、酸酐类、低分子聚酰胺和部分潜伏型胺。

② 催化型固化剂。三级胺类和咪唑类、部分潜伏型胺、三氟化硼及络合物。

（3）按固化类型可分为显在型和潜伏型　显在型固化剂为普通使用的固化剂，而潜伏型固化剂与环氧树脂混合后，在一般储存条件下（室温或冷藏）相对长期稳定（一般要求在 3 个月以上，最理想的则要求半年或者 1 年以上），而在热、光、湿气等条件下，即开始固化反应。

（4）按固化剂物理状态可分为液体型和固体型。

（5）按固化条件可分为室温固化剂、加热固化剂、光固化剂、湿气固化剂等。

（6）按固化温度可分为低温固化剂、室温固化剂、中温固化剂和高温固化剂。

环氧树脂固化反应受固化温度影响很大，温度增高，反应速率加快，凝胶时间变短。但固化温度过高，常使固化物性能下降，所以存在固化温度的上限，必须选择使固化速度和固化物性能平衡的温度固化。低温固化剂固化温度一般<15℃；室温固化剂固化温度为 15～40℃；中温固化剂固化温度为 40～120℃；高温固化剂固化温度在 120℃以上。低温固化型固化剂品种很少，有聚硫醇型、多异氰酸酯型等；室温固化型固化剂种类很多，有脂肪族多胺、脂环族多胺、低分子聚酰胺以及改性芳胺等；中温固化型固化剂有脂环族多胺、叔胺、

咪唑类以及三氟化硼络合物等；高温型固化剂有芳香族多胺、酸酐、甲阶酚醛树脂、氨基树脂、双氰胺以及酰肼等。

## 20.2.2.1　胺类固化剂

胺类固化剂价格低廉，反应活性较高，因而其用量最大。根据氮原子上取代基的数目，可以分为一级胺、二级胺和三级胺（伯胺、仲胺和叔胺）；根据一个分子中氮原子的数目可以分为单胺、二胺和多胺；根据结构又可以分为脂肪胺、脂环胺和芳香族胺类。伯胺或仲胺与环氧树脂反应，是按照亲核加成机理进行的。伯胺的 N—H 与一个环氧基反应后生成仲胺，仲胺中的 N—H 再进一步与环氧基反应生成叔胺，最后形成交联网络。

多胺类固化剂化学结构不同，其性质及环氧固化物特性也不同。

（1）脂肪胺固化剂　脂肪胺固化剂与环氧树脂反应迅速，在室温下可快速固化。但是其最大的缺点是毒性大、刺激性强、反应速率太快以及放热集中，使用时要注意通风。脂肪胺固化产物具有优异的粘接性能，耐强碱腐蚀，但是耐热性和耐酸性较差，产品光泽性不佳。脂肪胺类固化剂有多种结构，如脂肪族多元胺（多乙烯多胺）、脂肪族二胺（聚亚甲基二胺）、含芳香环的脂肪胺及其各种改性物等。常用脂肪胺固化剂见表 20-2。

表 20-2　常用脂肪胺固化剂

| 名称 | 简称 | 胺当量 | 用量/% | 适用期/min[①] | 性能 |
|------|------|--------|--------|-------------|------|
| 二乙烯三胺 | DETA | 20.6 | 11 | 20~25 | 黏度低,气味重,室温快速固化,体系发热量大,适用期短。固化物机械性能比较均衡 |
| 三乙烯四胺 | TETA | 24.4 | 13 | 20~30 | |
| 四乙烯五胺 | TEPA | 27.1 | 14 | 20~40 | 室温固化、适用期较长,低温性能和电性能较好,耐热性、耐药品性不佳 |
| N,N-二乙氨基丙胺 | DEPA | 65 | 8 | 120~200 | 室温下为液体,毒性大。中温固化,电性能好,但耐热性、耐药品性差 |

① 50g 双酚 A 型环氧树脂，环氧当量为 185~192；室温。

（2）脂环胺固化剂　脂环胺固化剂是分子结构中含有脂环的胺类化合物，一般为低黏度液体。和脂肪胺固化剂相比，其固化过程和固化产物的性能区别很大，脂环胺固化剂与环氧树脂的反应活性比脂肪胺低，固化放热量小，常需升温后固化，适用期较长。但是脂环胺固化产物具有更好的耐热性和力学性能，光泽性较好，产物颜色较浅，耐紫外线性能优异。

1,4-环己烷二甲胺是一种常用的脂环胺固化剂，常温下为无色透明液体，沸点为244℃。固化产物透明性好，热变形温度为 119℃，耐热性和耐化学溶剂性能优良。

常用脂环胺固化剂见表 20-3。

表 20-3　常用脂环胺固化剂

| 名称 | 简称 | 胺当量 | 用量/% | 适用期/min[①] | 热变形温度/℃ | 性能 |
|------|------|--------|--------|-------------|-------------|------|
| 1,4-环己烷二甲胺 | MDA | 42.5 | 22 | 480 | 158 | 液体,适用期长,耐热性好 |
| 4,4′-二氨基双环己基甲烷 | DDCM | 52.5 | 30 | — | 150 | 室温或加热固化,适用期合适;耐热性、电气性能较好 |
| N-(β-氨基乙基)哌嗪 | N-AEP | 43 | 20~22 | 20~30 | 110 | 加热固化,抗冲击性能与DETA、TETA相近 |
| 异佛尔酮二胺 | IPDA | 41 | 24 | 60 | 149 | 液体,适用期较长,加热后固化,热变形温度高 |

① 50g 双酚 A 型环氧树脂，环氧当量为 185~192；室温。

（3）芳香胺固化剂　芳香胺固化剂的氨基直接与芳香环相连，较弱的碱性和芳香环的位阻影响导致其与环氧树脂的反应活性较低，需要加热才能反应完全（需高温后固化），熔点较高，固化产物色泽不佳，但与此同时，也带来了无刺激性和挥发性的优点。芳香胺固化的环氧树脂综合性能优异，尤其是在耐热性、耐化学溶剂性能和力学性能方面。

间苯二胺（$m$-PDA）：白色晶体，熔点为 63℃，用量为 14%～15%，可使用期在 25℃ 为 8h。固化条件：85℃、2h；175℃、1h。热变形温度（HDT）为 150℃。

间苯二甲胺（$m$-XDA）：无色透明液体，凝固点为 12℃，使用方便，用量为 16%～20%，可室温固化。

4,4′-二氨基二苯砜（DDS）：浅黄色粉末，熔点为 176℃。其活性在芳香胺中最低。三氟化硼络合物（甲乙酮）可促进 DDS 固化，可使用期 75℃ 时为 3h。固化条件：125℃、2h；200℃、2h。热变形温度为 175℃。

4,4′-二氨基二苯甲烷（DDM）：白色结晶，熔点为 89℃。用量为 27%～30%，可使用期 25℃ 时为 8h。固化条件：80℃、2h；150℃、2h。热变形温度为 148℃。

（4）改性多元胺固化剂　目的是改善单独使用多元胺固化剂存在的一些不足之处，例如胺类固化剂的毒性较大、对皮肤和黏膜有较强的刺激性、容易吸附环境中的二氧化碳生成盐、配比要求严格，且固化物较脆。常见的改性方法有：

a. 环氧化合物加成多元胺。过量的多元胺和单环氧化合物或者多环氧化合物反应得到改性多元胺。由于改性后的胺分子链变长，分子量变大，沸点和黏度都升高，因此对皮肤和黏膜的刺激性显著减小。

b. 迈克尔加成多元胺。不饱和双键能与胺上的氢在碱性条件下发生加成反应，称为迈克尔加成反应，可以用于改善多元胺的刺激性。常用丙烯腈作为改性剂，经过改性后的产物（国产 591 固化剂）固化环氧树脂的速度较慢、适用期较长、放热平缓，与环氧树脂相容性好，且具有耐溶剂性能优良等优点，因此常用来制造大型环氧树脂浇注体。

c. 曼尼希加成多元胺。曼尼希反应是胺、甲醛与苯酚脱水缩合的反应。此类固化剂与环氧树脂在较低温度下即可发生固化反应，耐化学药品性好，主要用于土木建设、涂料和胶黏剂等领域。

d. 硫脲加成多元胺。采用硫脲加成可以大幅度地改善多胺的低温固化性，有利于寒冬季节室外施工。

e. 有机硅改性多元胺。采用多元脂肪胺与氯硅烷反应，得到含硅氧烷多元胺，具有气味小、黏结强度高和耐水性好等优点。

改性胺固化剂见表 20-4。

表 20-4　改性胺固化剂

| 类型 | 俗称 | 基本组成 | 基本特点 |
|---|---|---|---|
| 改性脂肪胺 | 120# 固化剂 | β-羟乙基乙二胺 | 乙二胺、二乙烯三胺在少量水存在下与环氧乙烷反应。黏性液体，其挥发性和毒性比乙二胺低许多。在室温快速固化环氧树脂时，用量为 16%～18% |
| | 593# 固化剂 | 二乙烯三胺与丁基缩水甘油醚的加成物 | 25℃黏度为 0.2Pa·s，活性大，毒性低，室温快速固化环氧树脂，固化物柔韧性好。用量为 23%～25%，与环氧树脂反应放热缓和，适用期约 1h |
| | 591# 固化剂 | N-氰乙基二亚乙基三胺 | 浅黄色液体，毒性低，放热量小，使用寿命长。固化条件：室温/4d 或 80℃/3h 或 100℃/2h 或 30℃/24h＋100℃/2h；用量为 20%～25% |
| | GY-051 缩胺固化剂 | 由间苯二甲胺自缩合反应而成 | 淡黄色黏性液体，氨味很小，吸湿性低。黏度（25℃）为 450～1000mPa·s，胺值（以 KOH 计）为 500～600mg/g。固化条件：室温，24h；80℃，3h。用量为 25～30 份 |
| 改性芳香胺 | 590# 固化剂 | 间苯二胺与苯基缩水甘油醚缩合物 | 室温为棕红色黏稠液体，参考用量 25～30 份，固化条件：室温/7d 或 80℃/2h+150℃/2h |

续表

| 类型 | 俗称 | 基本组成 | 基本特点 |
|---|---|---|---|
| 改性咪唑类固化剂 | 704# 固化剂 | α-甲基咪唑与环氧丙烷丁基醚加成物 | 室温为棕红色黏稠液体,在 80~120℃快速固化环氧树脂,用量为 10%;可作为中温固化剂(70~80℃,4~6h),常用于电子元器件封装 |
| | 705# 固化剂 | α-甲基咪唑与环氧丙烷异辛基醚加成物 | 室温为棕红色黏稠液体,在 80~120℃快速固化环氧树脂,用量为 15%;可作为中温固化剂(70~80℃,4~6h),常用于电子元器件封装 |
| 改性多元胺 | 701# 固化剂 | 苯酚甲醛己二胺缩合物 | 用量为 25%~35%,室温固化 4~8h |
| | 702# 固化剂 | 苯酚甲醛间苯二胺缩合物 | 用量为 23%~35%,室温固化 4~8h |
| | 703# 固化剂 | 苯酚甲醛乙二胺缩合物 | 苯酚甲醛乙二胺缩合物,用量为 36%~42%,室温固化 4~8h |
| | 706# 固化剂 | 钛酸三异丙醇叔胺酯 | 棕黄色液体,用量为 20%~30%,固化条件:100℃,1h;142℃,2h |

（5）聚酰胺类固化剂　作为另一种重要的固化剂品种，聚酰胺固化剂占环氧树脂固化剂总量的 30%以上，其主要由二聚的植物油或者不饱和脂肪酸与脂肪多元胺缩聚而成，用量较多的是由二聚酸制成的聚酰胺。

聚酰胺挥发性小，几乎无毒，对皮肤刺激性很小，聚酰胺固化剂的用量范围较宽，不会明显影响固化物的性能。除此之外，聚酰胺固化剂具有价格低廉、毒性低、刺激性小等优点，其分子量相对较高，链段柔顺性好，赋予了固化环氧树脂优良的韧性，然而其缺点在于颜色较深，耐热性和耐溶剂性都较差。这类固化剂主要应用于环氧涂料、胶黏剂和浇注料等领域。

（6）叔胺类固化剂　叔胺类固化剂属于碱性化合物，通常，叔胺类固化剂分子中的氮原子空间位阻越大，则对应固化剂的反应活性越弱。叔胺固化机理是阴离子开环聚合，这使得环氧树脂形成主要是由醚键所构成的交联网络，赋予其较好的链段柔顺性和抗冲击性能。

（7）咪唑类固化剂　咪唑类固化剂是指含有咪唑类五元环的化合物及其取代后的产物。从其结构可以看出，咪唑结构中有两个氮原子，分别是仲胺和叔胺氮原子，它们都能参与环氧树脂的固化反应。因此其可以在较低的温度下快速固化环氧树脂，既保持了环氧树脂较好的热性能，又赋予了其较高的机械强度等性能。然而，未改性的咪唑固化剂仍然存在一些不足，例如易挥发、吸湿性强、相容性差和固化环氧体系的储存稳定性不佳，因此，有时需要对其进行改性。

## 20.2.2.2　酸酐类固化剂

作为仅次于胺类的另一大类环氧树脂固化剂，有机酸酐固化剂的特征在于每个分子中至少含有一个酸酐基团。酸酐固化剂主要包括脂肪酸酐、脂环酸酐、芳香酸酐、含有不饱和键的酸酐和混合酸酐等。与胺类固化剂相比，酸酐固化剂的反应热较小、适用期较长、耐热性更好、电气绝缘性能更加优异。但是，其易吸湿水解，也易生成多聚体，导致黏度增大，工艺性能变差。由于酸酐固化剂与环氧树脂的反应活性较弱，因此需要在较高的温度条件下固化，这样环氧树脂的羟基和环氧基可能与酸酐发生酯化反应。加入少量的叔胺、酚类等在环氧-酸酐体系中，则可缩短固化时间、降低反应温度。

酸酐固化剂的种类众多，其中，邻苯二甲酸酐的价格低廉，固化环氧树脂的放热峰较低，耐热性适中，因此多用在成本低且性能要求不太高的场合，例如环氧浇注料、层压材料和灌封料等方面。甲基四氢邻苯二甲酸酐常温黏度低、挥发性小、与环氧树脂很容易混合均匀，还能起到稀释环氧树脂的作用，被广泛用作环氧浇注料的固化剂。甲基纳迪克酸酐经由甲基环戊二烯与顺丁烯二酸酐以等物质的量合成，常温下为液体，固化收缩率小，具有色浅、热变形温度高等优点，常用于层压电路板和变压器绕线的绝缘漆等领域。

### 20.2.2.3　其他类型固化剂

凡是分子结构中有—NH、—OH、—SH、—COOH 等基团的低分子线型聚合物均可以作为环氧树脂的固化剂。一般而言，它们还可以改善环氧树脂的机械性能、耐化学药品性能、介电性能等。这类固化剂主要包括线型酚醛树脂、硫醇、聚酯树脂、硼胺络合物等。

（1）酚醛树脂固化剂　酚醛树脂分子骨架中的刚性苯环含量高，并且分子结构中含有大量的酚羟基，因此可以形成高度交联的三维网状结构，从而赋予了环氧固化物较高的玻璃化转变温度、优异的耐热性、很低的热膨胀系数和良好的阻燃性能。因此，酚醛树脂固化剂已被广泛应用于电子元件封装和层压电路板等。

（2）硫醇固化剂　硫醇固化剂是指分子中含有多个硫醇基团的低聚物，其最突出的优点是可在−20℃甚至更低温度下固化环氧树脂。硫醇固化剂主要用于快速固化环氧体系，例如高速公路修补、结构制件的粘接和修补等。此外，硫醇基团易与金属表面形成化学键，这使得固化环氧体系粘接金属表面的剥离强度很高。但是其缺点在于硫醇固化的环氧树脂很脆，常需要添加适当的增韧改性剂，且硫醇固化剂的气味难闻。

（3）聚酯树脂固化剂　聚酯树脂是饱和的二元醇和二元酸，或者不饱和的二元醇、二元酸缩合反应的产物，可以根据原料配比的不同，制备端基含羟基或者羧基的产物，当端基为羧基时，称为酸性聚酯，可以固化环氧树脂，这和有机酸酐固化环氧树脂的机理基本上相同，一般被用于粉末涂料领域。

（4）硼胺络合物固化剂　三氟化硼-乙醚在常温下能迅速与环氧树脂发生反应，但反应异常激烈，直接使用极不安全。因此，三氟化硼-乙醚常需与胺类化合物络合，形成相应的硼-胺络合物，从而大大降低了反应活性。硼-胺络合物可单独作为环氧固化剂，并得到了一定的实际应用。

（5）金属配合物固化剂　20 世纪 70 年代，人们尝试把过渡金属配合物引入环氧树脂固化体系中，发现金属配合物对环氧树脂的固化性能以及固化体的力学性能有重要的改性作用。在这之后，有关金属盐以及金属配合物在环氧树脂中的应用研究在国内外受到关注，其潜在应用主要表现在两个方面：一是可显著提高环氧树脂体系的适用期及储存稳定性，有利于研制开发具有广泛应用前景的单组分环氧树脂；二是可改善树脂固化物的物理化学性能，如附着力、抗弯强度、断裂韧度、耐水性、耐热性等。但研究发现，部分金属离子的引入同时会引起树脂黏度的增大，并对树脂固化物的绝缘性有负面影响。因此，研究不同金属配合物的潜伏固化特性，筛选出对环氧树脂的施工和绝缘性能有较小影响的潜伏型固化剂成为金属配合物型固化剂技术应用的主要研究方向。目前国内外研究的金属配合物型环氧树脂固化剂主要有有机胺类、咪唑类、丙烯酸类、乙酰丙酮类、酞菁类、席夫碱（Schiff 碱）类等几种。

## 20.2.3　增韧剂

环氧树脂虽然具有优良的物理机械性能、电绝缘性能、耐酸碱化学性能和粘接性能，可以作为涂料、浇注料、胶黏剂、层压材料，被广泛应用于从日常生活用品到高新技术领域的各个方面，然而由于固化后的环氧树脂交联密度高，内应力大，因而存在质脆、耐疲劳性、耐热性、抗冲击韧性差等缺点，这是环氧树脂胶存在的主要问题，难以满足工程技术的要求，制约了环氧树脂作为结构材料的前景。

目前，环氧树脂的增韧途径可分为 3 类：①利用橡胶弹性体、热塑性树脂、刚性无机填料、热致性液晶聚合物等形成两相结构进行增韧改性；②利用热塑性塑料连续贯穿于环氧树脂网络中形成半互穿网络型聚合物来增韧；③改变交联网络的化学结构组成提高交联网络的活动能力，从而实现增韧。

### 20.2.3.1　热塑性树脂增韧

用于环氧树脂增韧的热塑性树脂主要有：聚砜（PSF）、聚醚砜（PES）、聚醚酮（PEK）、聚苯醚（PPO）、聚醚醚酮（PEEK）、聚醚酰亚胺（PEI）、聚甲基丙烯酸甲酯（PMMA）和聚碳酸酯（PC）等。

热塑性树脂与环氧树脂形成双连续相结构时，其增韧机理是高韧性的热塑性树脂连续相在受到外力作用时产生屈服形变，形成屈服带终止裂纹，在屈服带和裂纹的形成过程中都吸收大量的能量。热塑性树脂增韧环氧树脂，不仅可以显著提高韧性，而且不降低其模量和耐热性。但是热塑性树脂用量较大，溶解性和流动性较差，工艺性不好，且固化后的热塑性树脂和环氧树脂的两相相容性不佳，界面作用力较弱。因此，为提高两相的相容性和界面间作用力，采用带有活性官能团的反应型热塑性树脂对环氧树脂进行增韧研究成了目前的研究热点。

### 20.2.3.2　无机纳米粒子增韧

纳米粒子是指粒度在 $1 \sim 100nm$ 的粒子，它具有比表面积大、表面能高等特点，赋予其独特的体积效应、表面效应、量子尺寸效应和宏观量子隧道效应等特性。无机纳米粒子的增韧机理主要分为 3 个方面：①无机粒子作为变形中的应力集中中心，引发周围的树脂基体屈服，吸收大量能量；②在材料受到冲击时，刚性无机粒子与基体的界面部分脱离形成空穴，可钝化裂纹，防止破坏性裂纹的产生；③纳米粒子表面存在大量的不饱和残键及活性基团，增大了树脂基体与粒子的接触面积，在外力作用下，可产生较多的微裂纹，吸收大量冲击能。常用的无机纳米粒子有 $SiO_2$、$CaCO_3$、$SiC$、$BaSO_4$、滑石、硅灰石、蒙脱土及煤灰等。

### 20.2.3.3　液体橡胶增韧

用于环氧树脂增韧改性的液体橡胶品种主要有：端氨基液体丁腈橡胶（ATBN）、端羧基液体丁腈橡胶（CTBN）、端羟基液体丁腈橡胶（HTBN）、端环氧基液体丁腈橡胶（ETBN）和端羟基聚丁二烯（HTPB）等。

橡胶弹性体的增韧机理中主要存在三种作用机制：银纹、剪切带和橡胶粒子的弹性变形。因为环氧树脂与橡胶弹性体具有不同的模量，外力的冲击下会引发分布不均匀的应力场，橡胶粒子能够起到应力集中的作用，当应力达到引发银纹的临界值时，诱发大量的银纹。在三向应力场的作用下，橡胶粒子与基体间发生界面破裂而产生空穴，并且诱发橡胶粒子间树脂基体的局部剪切屈服，形成剪切带。银纹、空穴和剪切带的形成能够吸收大量的能量，最终起到了提升环氧树脂韧性的作用。

### 20.2.3.4　热致液晶聚合物增韧

热致液晶聚合物中含有大量的刚性介晶单元和相对应的柔性间隔基，具有高模量、高强度和高自增强作用等优异性能。将其加入环氧树脂体系用于增韧时，有利于在应力作用下产生剪切滑移带和微裂纹，松弛裂纹端应力集中，阻碍裂纹扩展。与橡胶弹性体和热塑性增韧环氧树脂相比，热致液晶聚合物增韧环氧树脂的用量较少，既能显著提高环氧树脂的韧性，又能确保不降低其力学性能和耐热性。但这种增韧方法也存在着加工困难、成本较高等不足。

### 20.2.3.5 互穿网络聚合物增韧

互穿网络聚合物是由两种或两种以上的交联聚合物相互聚合、缠结形成永久性物理互锁连环体的新颖高聚物合金，其特点是一种材料无规则地贯穿到另一种材料中去，起到"强迫包容"和"协同效应"的作用。

在互穿网络聚合物增韧体系中，随着固化反应的进行，相分离逐渐产生，但互穿网络聚合物互相贯穿、缠结的结构特点又限制了这种相分离，从而起到"强迫包容"的作用。互穿网络聚合物增韧环氧树脂，不仅提高材料的冲击强度和韧性，而且使其拉伸强度和耐热性不降低或略有提高。目前，国内外用于互穿网络聚合物增韧环氧树脂的体系主要有：环氧树脂-不饱和聚酯体系、环氧树脂-聚氨酯体系、环氧树脂-酚醛树脂体系和环氧树脂-丙烯酸酯体系等。

## 20.2.4 填料

填料对于环氧树脂不仅可以降低制造成本，还可以改善力学性能、热性能和电气性能，尤其是降低材料的收缩率。填料的加入可降低材料的内应力，提高尺寸稳定性，提高环氧树脂的阻燃性、耐热性、介电性能和导热性。填料的选择不仅取决于填料的化学组成，还与其形状及颗粒的粒径有关。填料的种类非常多，其中在环氧树脂中常用的填料见表20-5。

表 20-5　环氧树脂常用填料

| 填料 | 相对密度 | 颗粒尺寸/μm | 粒子形状 |
| --- | --- | --- | --- |
| 氧化铝 | 3.7～3.9 | 30～150 | 板状 |
| 硅微粉 | 2.3 | 0.015 | 球状 |
| 氮化硼 | 2.3 | 1～5 | 板状 |
| 氧化镁 | 3.4 | 40～80 | — |
| 二氧化钛 | 4.3 | 0.2～50 | 球状 |
| 氢氧化铝 | 2.4 | 0.5～60 | 板状 |

常用填料的主要作用见表20-6。

表 20-6　常用填料的主要作用

| 填料 | 作用 |
| --- | --- |
| 铝粉(325目) | 耐高温、导电、导热 |
| 铜粉 | 导热、导电 |
| 银粉 | 导电 |
| 硅粉 | 导热和绝缘 |
| 滑石粉 | 提高胶的延展性 |
| 氧化铝 | 提高粘接力、导电性、耐热性 |
| 硅酸铝 | 增加吸湿热稳定性 |
| 三氧化二锑 | 提高耐燃性(耐200～250℃) |
| 二硫化钼 | 提高耐磨性、润滑 |
| 石英粉 | 提高耐烧蚀性、绝缘 |
| $TiO_2$ | 增白、提高胶的延展性能 |
| 气相 $SiO_2$ | 增强触变性 |

### 20.2.4.1 硅微粉

硅微粉是环氧树脂中最常用的填料之一，其具有的硬度高、线膨胀系数低和绝缘性能好等特点，能够提高环氧树脂的硬度、耐热性和机械强度，降低固化物的内应力，防止产品的开裂现象，其缺点在于冲击性能的损失。

在实际应用中，为了提高硅微粉与环氧树脂的相容性，必须对硅微粉进行表面改性，将表面原来的极性改为非极性，使之具有亲有机溶剂的性质，从而增强填料与环氧树脂基体界面之间的结合力，提高复合材料的机械性能、粘接性能。其中最常用的方法是采用偶联剂对硅微粉进行改性。

### 20.2.4.2　氧化铝

作为一种高硬度，并且耐化学腐蚀的优质无机材料，氧化铝可以降低环氧树脂固化反应放热引起的温升和固化收缩率，降低固化物线膨胀系数，提高环氧树脂的弯曲强度、拉伸强度和冲击强度等性能。

氧化铝有多种结晶形态，常见的有 $\alpha$、$\beta$、$\gamma$ 三种，其中 $\alpha$-氧化铝是最稳定的形态。随着氧化铝加入量的增加，氧化铝填料与环氧树脂界面接触增多，填料颗粒间环氧层变薄，氧化铝填料颗粒所承担的外加载荷增大，填料颗粒对环氧树脂基体变形的约束增强，这在宏观上表现为环氧树脂固化产物的弯曲、拉伸及冲击强度随填料量增加而增加。但填料的加入量也不宜过大，随着加入量的逐渐增大，氧化铝填料颗粒与环氧树脂之间变得难以充分浸润，颗粒间易团聚，在固化过程中，这些团聚体将成为应力集中点，从而导致固化物冲击强度降低。

### 20.2.4.3　氮化硼

氮化硼的强度较高，导热性好，热膨胀系数小，是良好的耐热冲击材料。除此之外，氮化硼介电性能良好。这些优点使其很适合用于环氧树脂封装材料中，因为电子产品需要在较宽的温度区间内稳定工作，封装材料需要有好的热稳定性，同时要求封装材料有好的导热性，这样有助于电器元件的散热，提高寿命和工作稳定性。

六方氮化硼是极佳的导热胶填料。用该填料填充环氧树脂后，热传导依赖于聚合物集体的分子链振动、晶格声子与填料晶格声子共同相互作用来实现。随着填料用量的增加，填料在基体中逐渐形成稳定的导热网络，此时热导率迅速增加，使得胶黏剂或封装材料表现出良好的导热性。

## 20.2.5　阻燃剂

随着环氧树脂越来越广泛地进入生产和生活的各个领域，由于环氧树脂的可燃性而造成的火灾也带来了严重的人员伤亡和经济损失。阻燃剂是一类能阻止聚合物材料燃烧或抑制火焰传播的添加剂，其重要性不言而喻。面对越来越严格的环保、安全要求，在应用更趋广泛的树脂领域，新型阻燃剂异军突起，低烟、低毒和高效已成为其发展方向。

### 20.2.5.1　卤系阻燃剂

卤系阻燃剂作为最早使用的一类阻燃剂，凭借其价格低廉、稳定性好、添加量少、与合成树脂材料的相容性好，而且能保持阻燃剂制品原有的产品性能，成为目前世界上产量和使用量最大的有机阻燃剂。

卤系阻燃剂的阻燃机理大致分为以下两个方面：①卤系阻燃剂的受热分解能够吸收一部分热量，与此同时，其分解会生成难燃的卤化氢气体，其密度大于空气，可以覆盖在材料的表面，起到阻隔表面的作用；②分解时其可以捕捉高分子材料降解反应生成的自由基，延缓或终止燃烧的链反应。

卤系阻燃剂同时也存在很多缺点。首先，卤系阻燃剂分解生成大量有毒的卤化氢气体，会对人体和环境造成严重的伤害；其次，很多卤系阻燃剂是环境持久性有机化合物，难以降解，会在环境里蓄积造成持续污染。

### 20.2.5.2 含磷阻燃剂

与卤系阻燃剂相比，含磷阻燃剂具有更好的阻燃性能、更少的添加量、燃烧过程中生成有毒和腐蚀性气体也相对较少等特点。

有机磷系阻燃剂主要产品有磷酸三苯酚、磷酸二甲苯酯、丁苯系磷酸酯、三（2,3-二氯丙基）磷酸酯和氯烷基膦酸缩水甘油酯等。磷酸酯类阻燃剂遇到火焰时会分解，依次生成磷酸、偏磷酸、聚偏磷酸。聚偏磷酸是不易挥发的稳定化合物，促使聚合物表面迅速脱水而炭化，形成的炭化层能够起到阻燃作用。在分解过程中会产生磷酸层，形成不挥发性保护层覆盖于燃烧面，隔绝了氧气的供给，促使燃烧停止。

含磷无机阻燃剂主要产品有红磷阻燃剂、磷酸铵盐、聚磷酸铵等，其中红磷的阻燃效果比磷酸酯类的阻燃效果更好。因其热稳定性好、效果持久、不挥发、不产生腐蚀性气体、毒性低等优点，含磷无机阻燃剂获得了广泛的应用。

### 20.2.5.3 含氮阻燃剂

目前被广泛应用的含氮阻燃剂主要是三嗪类化合物，即三聚氰胺及其盐（氰脲酸盐、胍盐及双氰胺盐）。它们可单独使用，也可作为混合膨胀型阻燃剂的组分。三嗪类阻燃剂主要是通过分解吸热及生成不可燃气体覆盖可燃物而发挥作用。其优点是无色、低毒、低烟、不产生腐蚀性气体等。但是其阻燃效率较低，与热塑性高聚物的相容性不好，不利于在阻燃基材中分散。

### 20.2.5.4 含硅阻燃剂

含硅阻燃剂作为一种研究和发展比较晚的阻燃剂，近些年应用增长非常迅速。研究表明添加少量的含硅化合物可提高材料的阻燃性，其机理被认为是在固相中促进燃烧成炭，并且可在气相状态捕获活性自由基。含硅阻燃剂是环境友好型添加剂，这也是其突出的优势，阻燃材料的循环使用效果较好，能满足人们对阻燃剂的严格要求。含硅阻燃剂主要包括硅酸盐、滑石粉和聚合物纳米层状硅酸盐等无机硅及线性硅烷、硅氧烷、硅树脂等有机硅阻燃剂。

有机硅阻燃剂用量较低，并且可与其他阻燃剂并用以提高环氧树脂的阻燃性能，降低燃烧的热释放速率，阻止烟的生成和火焰的传播。与常规炭层相比，有机硅阻燃剂所形成的阻隔层结构更加致密稳定，所以具有更好的隔热效果、阻断氧的供应、阻止高聚物热降解挥发物的逸出和防止熔滴滴落等作用，阻燃效率更高。

无机硅阻燃剂在阻燃材料燃烧时，会生成大量二氧化硅，继而在体系表面形成无定型硅保护层，起到阻燃的效果。但是其与环氧树脂基材相容性差，导致基材的力学性能、加工性能下降，因此如何提高它与基材的相容性成为无机硅系阻燃剂研究的关键。目前业界主要通过微颗粒化和表面处理来解决这一问题。

### 20.2.5.5 其他无机阻燃剂

① 氢氧化铝具有阻燃、消烟、填充三大功能，并且不产生二次污染，能与多种物质产生协同作用，除此之外不挥发、无毒、腐蚀性小、价格低廉。主要缺点是其添加量大，会造成其他机械性能的损失。

② 氢氧化镁属于添加型无机阻燃剂，与同类无机阻燃剂相比，具有更好的抑烟效果。氢氧化镁能中和燃烧过程中产生的酸性与腐蚀性物质，也是一种环保型绿色阻燃剂。

③ 硼酸盐系列产品也是一种常用的无机阻燃剂，有偏硼酸铵、五硼酸铵、偏硼酸钠、氟硼酸铵、偏硼酸钡、硼酸锌。硼酸盐阻燃剂具有安全无毒、价格低廉、性能良好、原料易得等优点。

④ 氧化锑本身单独使用时阻燃作用有限，但是与卤系阻燃剂并用时可以显著提高卤系阻燃剂的效能，因此它是几乎所有卤系阻燃剂中不可或缺的助阻燃剂。

⑤ 层状双金属氢氧化物（layered double hydroxide，LDH），是指一类由两种或两种以上金属元素组成的具有水滑石层状晶体结构的氢氧化物。层状氢氧化物因为在受热分解时吸热并释放出水、$CO_2$ 等不燃物，并促使可燃材料炭化，近年来被用作阻燃剂。

## 20.2.6　偶联剂

环氧树脂中加入偶联剂不仅可以提高其与基材之间的粘接力，还可以提高填料等在环氧树脂中的分散和改性效果。常用的偶联剂主要包括两种：硅烷偶联剂和钛酸酯偶联剂。适合用于环氧树脂中的偶联剂，有机官能团能参与环氧树脂固化反应的效果更佳。另外，对于填料表面和基材表面有大量羟基的材料如玻璃、金属等偶联剂改性效果良好，而对表面为惰性的材料如碳酸钙、石墨等几乎没有效果。常用偶联剂类型见表 20-7。

表 20-7　常用偶联剂类型

| 全　　　称 | 牌号 | 结　构　式 |
|---|---|---|
| γ-氨丙基三乙氧基硅烷 | KH-550 | $H_2N(CH_2)_3Si(OC_2H_5)_3$ |
| γ-缩水甘油醚氧丙基三甲氧基硅烷 | KH-560 | |
| γ-甲基丙烯酰氧基丙基三甲氧基硅烷 | KH-570 | |
| γ-巯丙基三乙氧基硅烷 | KH-580 | $HS(CH_2)_3Si(OCH_3)_3$ |
| γ-二乙烯三氨基丙基三乙氧基硅烷 | B-201 | $H_2N(CH_2)_2NH(CH_2)_2NH(CH_2)_3Si(OC_2H_5)_3$ |

# 20.3　反应型环氧胶黏剂的固化机理

## 20.3.1　胺类固化剂固化机理

通常，环氧树脂与脂肪胺、脂环胺和芳香胺等固化剂的反应都是按亲核加成机理进行的。以伯胺与环氧基团的反应为例，伯胺进攻环氧基使之开环，形成仲羟基和仲氨基；随后，仲氨基进一步与环氧基反应，形成一个叔氨基和另一个仲羟基。按照上述历程不断地反应，进而发生交联，最终形成比较完善的交联网络。需要注意的是，环氧-胺体系的反应还将被能提供质子的某些化合物所催化。例如水、醇和酚类等质子给予化合物都能明显地催化环氧-胺的开环反应。脂肪胺、脂环胺和芳香胺等氮原子上含有活泼氢的胺类固化剂，都具有较强的亲核性，主要用于固化缩水甘油醚型环氧树脂。

环氧树脂多元胺固化机理：

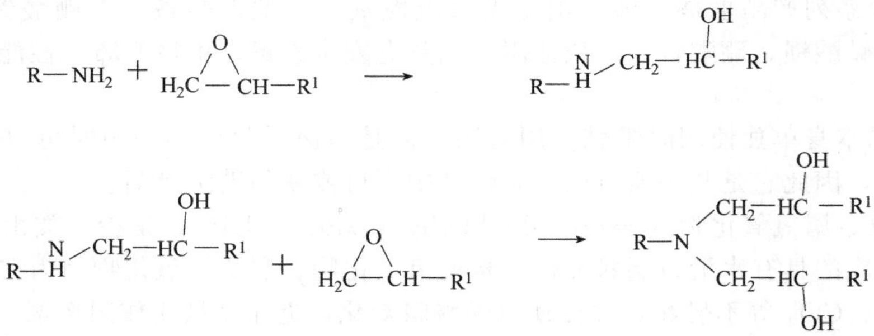

如果固化剂含有多个氨基，环氧树脂含有两个以上的环氧基，固化完全后形成交联结构。

## 20.3.2　酸酐固化剂固化机理

由于酸酐固化剂与环氧树脂的反应活性较弱，因此，酸酐在较高的温度下方能较好地固化环氧树脂，这样环氧树脂中的羟基和环氧基可能与酸酐发生酯化反应。加入少量的叔胺、酚类等则可缩短固化时间、降低反应温度。叔胺催化酸酐固化环氧树脂的反应机理如下：首先，叔胺与酸酐形成一个两性离子对，其中羧基的氧阴离子去进攻环氧基，生成酯键和一个新的烷氧基阴离子，而它又能与酸酐分子结合，形成一个新离子对，继续使环氧基开环。交替不断地按照上述历程反应、扩链、支化和交联，最终能形成较完善的环氧-酸酐交联网络。酸酐固化环氧树脂的反应机理：

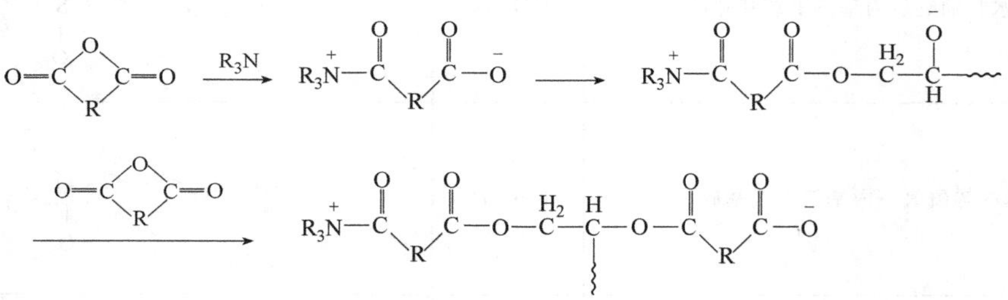

## 20.3.3　酚类固化剂固化机理

酚类固化剂分子骨架中的刚性苯环多，从而赋予了环氧固化物较高的玻璃化转变温度、耐热性、耐湿热性、很低的热膨胀系数和良好的阻燃性能。因此，酚类固化剂已成为电子元件封装和电路板层压等用环氧树脂的一类最重要、用量最大的固化剂。

在无催化剂的条件下，环氧树脂和酚类固化剂的反应速率非常慢。为了加快固化速度，降低反应温度，常用三苯基膦和咪唑等化合物来催化环氧-酚固化交联反应，这样还能抑制其他一些副反应。三苯基膦催化环氧树脂与酚固化剂的反应机理如下。

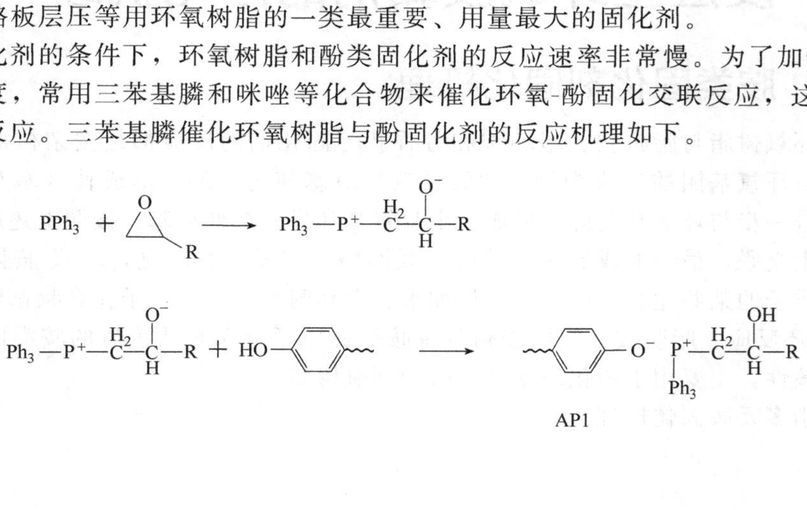

AP1

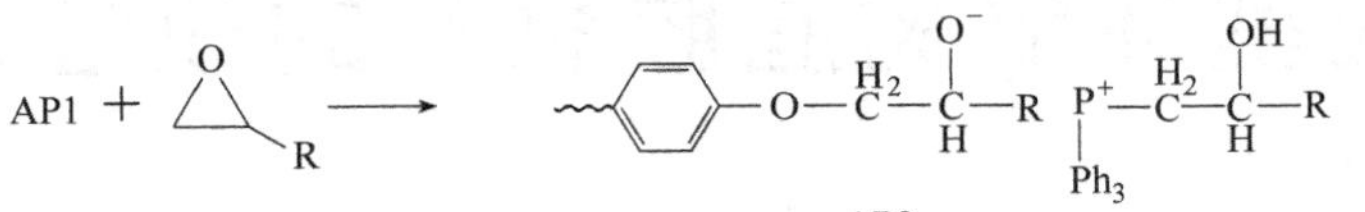

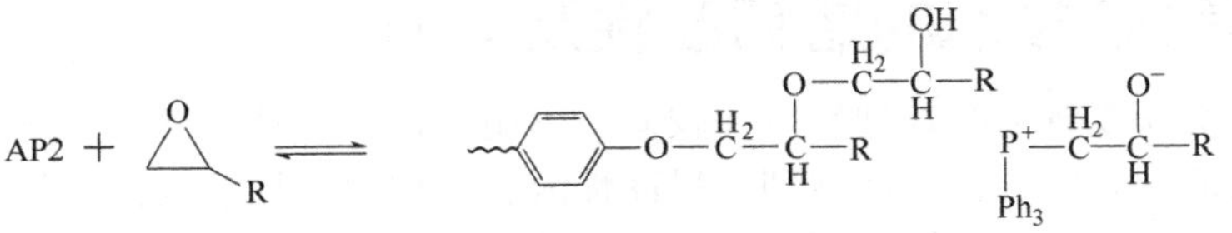

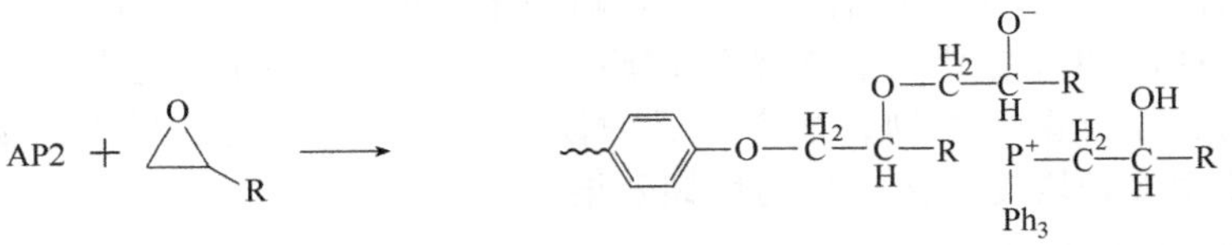

三苯基膦先去进攻环氧基，形成一个两性离子对，然后它再去夺取酚羟基上的活泼氢，从而产生一个新的离子对；随即，AP1 进攻环氧基，形成 AP2，再与环氧基反应；同时，AP2 也能与环氧基反应，这样便形成了以支化方式进行的链增长。按照以上反应历程，最终将形成环氧-酚固化交联网络。

## 20.3.4　硫醇固化剂固化机理

叔胺催化硫醇固化环氧树脂的机理如下所示：首先，硫醇与叔胺形成 R′S⁻ 阴离子，然后再去进攻环氧基团，形成一个烷氧负离子。接下来，所生成的烷氧负离子再与硫醇结合，生成一个新的 R′S⁻ 离子而又去进攻环氧基。按照上述机理交替不断地进行反应，最终将形成环氧-硫醇交联网络。

$$R'{-}SH+R_3N \rightleftharpoons R'S^- +R_3N^+H$$
$$R'S^- +环氧树脂 \longrightarrow R'SCH_2CH(O^-)CH_2OR'' \quad (1)$$
$$(1)+R'{-}SH \longrightarrow R'SCH_2CH(OH)CH_2OR''+R'S^-$$

## 20.3.5　硼胺络合物固化剂固化机理

三氟化硼-胺络合物是一种路易斯酸，是一种环氧树脂潜伏型固化剂。在室温下，它们与环氧树脂反应速率很慢，而当升高到一定温度时，便能够快速固化环氧树脂。三氟化硼-胺络合物通过阳离子机理引发环氧树脂开环聚合，最终形成固化交联网络。三氟化硼-胺络合物作为环氧固化剂使用时，通常其用量只有环氧树脂质量的 5% 以下，固化反应机理如下所示。首先，三氟化硼-胺络合物与环氧基结合，形成正负离子对，然后，引发环氧基开环，反应实际上是以阳离子聚合的方式进行，即环氧基团不断地插入该离子对中，从而实现链增长、支化、交联，最终形成比较完善的网络。

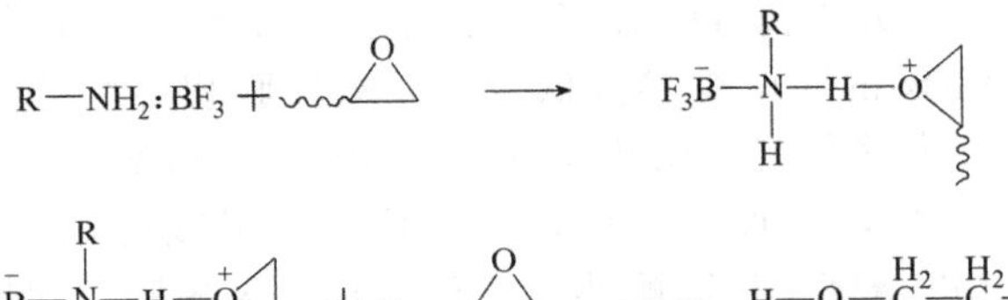

# 20.4　反应型环氧树脂胶黏剂的改性及典型配方

## 20.4.1　环氧胶黏剂的增韧改性及配方

当环氧树脂的交联度较大时，韧性往往较差，不耐冲击和振动，严重影响了其应用。作为结构粘接用胶黏剂，必须进行改性增韧，提高性能。所谓"增韧"是指在保持环氧树脂基体刚性和耐温性的同时，使环氧树脂韧性增加，耐冲击性能和剥离强度提高。环氧胶黏剂的增韧途径很多，如橡胶弹性体增韧、热塑性树脂增韧、互穿网络结构增韧、引入柔性链增韧、无机晶须增韧、原位聚合增韧、纳米粒子增韧等。单一的增韧手段无法满足性能要求时，还可以同时使用多种增韧方法，提高增韧效果。

### 20.4.1.1　橡胶弹性体增韧

传统的增韧改性是以橡胶弹性体作为增韧剂。由于在固化前，橡胶和环氧树脂具有很好的相容性，而在固化时橡胶又能顺利析出，分散于基体树脂中，形成微粒杂化的"海岛结构"，在树脂固化物断裂时橡胶相可以大幅度吸收断裂所消耗的能量；同时，橡胶分子结构中含有能与环氧树脂发生反应的活性基团，反应后生成牢固的化学交联点，提高增韧效果。

用于增韧环氧胶黏剂的橡胶弹性体主要有丁腈橡胶、聚丁二烯橡胶、硅橡胶、聚硫橡胶、丙烯酸酯橡胶等。橡胶形态也分为固体橡胶和液体橡胶，其中活性端基液体橡胶的增韧效果明显优于一般橡胶。

活性端基液体丁腈橡胶增韧环氧树脂是研究环氧增韧的热点，根据端基团种类的不同活性端基液体丁腈橡胶可分为端羧基液体丁腈橡胶、端羟基液体丁腈橡胶和端氨基液体丁腈橡胶。液体丁腈橡胶分子量在 10000 以内，它比较容易与环氧树脂混合，其加工性能良好，可配制成无溶剂或流动性好的低黏度胶黏剂。

### 20.4.1.2　热塑性树脂增韧

橡胶弹性体在对环氧树脂增韧的同时，往往会伴随其他性能的下降。为了在增韧的同时能保持其耐热性和模量，采用高强、高韧、高模量、高耐热的热塑性树脂，如聚砜（PSF）、聚醚酰亚胺（PEI）、聚苯醚（PPO）、聚醚砜（PES）、聚醚酮（PEK）等对环氧树脂进行增韧的方法应运而生。在环氧树脂固化时，热塑性树脂连续贯穿于热固性树脂网络中，形成互穿网络聚合物。要想形成有效的互穿网络结构，需要满足以下条件：热塑性树脂应该具有足够的流动性以填充到初始网络的缝隙中，形成较好的相畴尺寸。改性后的环氧树脂不仅具有较好的韧性，同时还具有该种热塑性树脂的优良性能。

其不足之处为不易溶于普通溶剂（乙醇、丙酮等），且加工和固化条件要求较高。PES由于与环氧树脂有很好的相容性，是最早被用于研究环氧树脂增韧改性的热塑性树脂。PES改性的 E-51/DDS 体系中，PES 大分子长链中贯穿着环氧微区结构，两者形成半互穿网络，大大增加了环氧树脂的韧性。PEK 的溶解度参数低，与环氧树脂相容性差，因此只能用溶剂法与环氧树脂共混。以芳香胺为固化剂，用热塑性树脂 PEK 增韧 E-51 时，形成了 PEK包裹 EP 球形颗粒的网络-球粒结构，这种结构可以分散应力、吸收能量、产生塑性变形、抑制裂纹的扩展，实现了对 EP 的增韧。用高耐热性 PEI 改性环氧树脂，同样可提高固化物的韧性。

### 20.4.1.3　柔性链段固化剂增韧

虽然上述两种增韧手段都非常有效，但都必须将环氧树脂与改性剂混合均匀，这无疑给成型加工带来了一些麻烦与不便。运用分子设计手段，将柔性链段直接引入固化网络中，是环氧树脂增韧改性的一条行之有效的途径。其基本方法有 2 种：①在固化剂中引入柔性链段，制备柔韧性环氧树脂固化剂；②在环氧树脂分子结构上直接引入部分柔性链段。

含有柔性链段的固化剂使柔性链段能键合到致密的环氧树脂交联网络中，并在固化过程中产生微观相分离，形成致密、疏松相间的网络结构，从而破坏固化网络的均匀，有利于应力均匀分散。

在环氧树脂柔性固化剂中，聚醚胺类最引人关注。端氨基聚醚是一类由伯氨基或仲氨基封端的聚氧化烯烃化合物，具有黏度低、蒸气压低和伯氨基含量高等优点，适宜浇注和灌封应用，同时还具有良好的耐碱性、耐水性、耐酸性等，它涉及大多数环氧树脂的应用领域，如涂料、灌封材料、建筑材料、复合材料和胶黏剂等。与其他胺类固化剂相比，端氨基聚醚黏度低、颜色适中、相容性优异和反应活性适中，可以满足各种应用领域的实际要求。

### 20.4.1.4　纳米粒子增韧

纳米材料是指只要在一维方向上尺寸为 100 nm 以下的材料。纳米材料由于比表面积大、表面能高，具有独特的表面效应、小尺寸效应和宏观量子隧道效应等特性。一般认为纳米粒子增韧 EP 的机理是：纳米粒子在界面上与环氧基团形成远大于范德华力的作用力，形成非常理想的界面，从而起到引发微裂纹、吸收能量的作用。纳米无机刚性粒子吸收 EP 一定的形变功，银纹在 EP 中扩展时受到刚性纳米粒子的阻碍和钝化，破坏性开裂被制止，实现了增韧。但是纳米粒子比表面能较大、凝聚力较强，在聚合物基体内十分容易团聚，因此，目前的研究主要集中于纳米材料的表面改性或纳米材料在环氧树脂固化物中的分散情况及其对树脂性能的影响。常用的改性环氧胶黏剂的纳米粒子有纳米 $SiO_2$、纳米 $CaCO_3$、纳米 $TiO_2$、纳米 $Al_2O_3$、纳米 ZnO、纳米 $BaSO_4$、纳米 $ZrO_2$、纳米蒙脱土、纳米碳化硅等。

用纳米 $SiO_2$ 对环氧树脂体系进行改性时，通过分散剂实现了纳米粒子与环氧树脂的均匀混合。结果表明，EP/纳米 $SiO_2$ 体系界面处存在着较强的分子间作用力，因此具有较好的相容性。二者粘接性能好，因而在材料受到冲击时能起到吸收冲击能量的作用，从而达到增韧的目的。用有机纳米蒙脱土改性 EP，利用插层复合技术制备出 EP/纳米蒙脱土复合材料，结果表明，该纳米复合材料的冲击强度提高了 60.67%，拉伸强度提高了 11.78%，热变形温度也提高了 8.7℃。用纳米蒙脱土 K-10 来改性 SC-15 双酚 A-二缩水甘油醚（DGE-BA）环氧树脂基复合材料，当 K-10 加入量为 2% 时，其储存模量比纯体系提高了 50%，弯曲强度提高了 27%，弯曲模量提高了 31.6%，对热分解温度没有影响。

### 20.4.1.5　热致型液晶聚合物增韧

20 世纪 90 年代，国外兴起用热致型液晶聚合物来增韧环氧树脂，所用的热致型液晶分为主链型和侧链型。然而无论哪种类型的热致型液晶聚合物，在结构上都含有大部分介晶刚性单元和一部分柔性链段。它的增韧机理是热致液晶微纤在树脂基体中像宏观纤维一样，起到分枝裂纹、终止裂纹、增强增韧的作用。质量分数只相当于热塑性塑料 25% ~ 30% 的液晶聚合物就可以得到同样的增韧效果。与传统的增韧方法相比，最大的特点是在韧性大幅度提高的同时，玻璃化转变温度和模量不但不下降，还略有升高。

将聚对苯二甲酸乙二醇酯（PET）/聚羟基脂肪酸酯（PHA）与可溶于环氧树脂（EP）中的芳香聚酯（PAr）或聚碳酸酯（PC）共混，纺成细丝，将这些细丝添加到 EP 中，固化时，起载体作用的 PAr 或 PC 溶解到 EP 中，剩下的液晶聚合物（LCP）则保持在细丝中，呈微纤形态，起到增强增韧作用。在聚对苯二甲酰对苯二胺（PPTA）的氮原子上接枝环氧侧链，用三乙烯四胺（TETA）将该接枝聚合物与 EP 溶解到一起并固化，发现 PPTA 质量分数为 0.5% 时，复合体系弯曲模量与弯曲强度分别提高 66% 与 36%。

### 20.4.1.6　环氧胶黏剂的增韧改性配方实例

（1）CTBN 橡胶增韧环氧胶黏剂配方（见表 20-8）

表 20-8　原材料和配方（单位：质量份）

| A组分 | 环氧树脂 | 100 | CTBN 增韧树脂（40%） | 50 |
|---|---|---|---|---|
| | 填料 | 100 | 偶联剂 | 2 |
| B组分 | 脂肪胺 | 50 | | |
| | 填料 | 30 | 偶联剂 | 1 |

性能特点：该胶黏剂的剪切强度和剥离强度都得到较大提高，并且 $T_g$ 降低较小。

（2）聚硫橡胶改性环氧胶黏剂配方

① 双组分改性环氧胶黏剂配方 1（见表 20-9）。

表 20-9　原材料和配方 1（单位：质量份）

| A组分 | 环氧树脂（E-44） | 100 | 磷酸三甲酯 | 10~15 |
|---|---|---|---|---|
| | 聚硫橡胶 | 20~30 | 其他助剂 | 适量 |
| | 三氧化二铝粉（300 目） | 50~60 | | |
| B组分 | 四乙烯五胺-硫脲缩合物 | 15~25 | | |

② 双组分改性环氧胶黏剂配方 2（见表 20-10）。

表 20-10　原材料和配方 2（单位：质量份）

| A组分 | 环氧树脂（E-44） | 100 | 聚硫橡胶 | 30~40 |
|---|---|---|---|---|
| B组分 | 二乙烯三胺 | 10 | 硫脲 | 1~3 |
| | 促进剂 | 5.0 | 其他助剂 | 适量 |

（3）聚氨酯增韧环氧胶黏剂配方（见表 20-11、表 20-12）

表 20-11　通用型聚氨酯增韧环氧胶黏剂配方 1（单位：质量份）

| A组分 | 环氧树脂（E-51） | 100 | 邻苯二甲酸二丁酯 | 5~10 |
|---|---|---|---|---|
| | 聚氨酯预聚物 | 40~60 | 滑石粉（200 目） | 20~40 |
| B组分 | 二乙烯三胺 | 10~15 | 其他助剂 | 适量 |

表 20-12　通用型聚氨酯增韧环氧胶黏剂配方 2（单位：质量份）

| A组分 | 环氧树脂（E-51） | 100 | 填料 | 40~80 |
|---|---|---|---|---|
| | 聚氨酯增韧剂 | 30 | 助剂 | 适量 |
| B组分 | 改性胺固化剂 | 20~25 | 偶联剂 | 3 |

## 20.4.2　环氧胶黏剂的增强改性及配方

一般环氧胶黏剂都具有较好的机械性能，特别是粘接性和力学性能，但在实际应用中还需要进一步提升各项性能，就要对胶黏剂进行增强改性。

### 20.4.2.1　特种环氧树脂增强

特种环氧树脂，如 AG-80、AFG-90、酚醛环氧树脂、双酚 F 环氧树脂、双酚 S 环氧树脂、液晶环氧树脂、TDE-85、731 等。这些树脂单独使用或者与其他环氧树脂复配使用，能获得较好的增强效果。如液晶环氧树脂，它是一种分子结构中含有易取向的介晶单元和可反应的环氧基团的热固性液晶高分子。它融合了液晶有序和网络交联的特点，其固化物具有优异的机械性能，在航空航天、军事国防等领域具有重要的潜在应用前景。

### 20.4.2.2　增韧增强

环氧胶黏剂的增韧方式很多，如橡胶弹性体增韧、热塑性树脂增韧、互穿网络结构增韧、引入柔性链增韧、纳米粒子增韧等，提高胶黏剂韧性的同时提升胶黏剂的粘接强度。

### 20.4.2.3　纤维增强

晶须是由高纯度单晶生长而成的微纳米级的短纤维，其机械强度等于邻接原子间力产生的强度。晶须的高度取向结构使其具有高强度、高模量和高伸长率，可用于环氧树脂的增强。晶须可分为有机晶须和无机晶须两大类。其中有机晶须主要有纤维素晶须、聚（丙烯酸丁酯-苯乙烯）晶须、聚（4-羟基苯甲酯）晶须（PHB 晶须）等几种类型，在聚合物中应用较多。无机晶须主要包括陶瓷质晶须（SiC、钛酸钾、硼酸铝等）、无机盐晶须（硫酸钙、碳酸钙等）和金属晶须（氧化铝、氧化锌等）等。

此外，玻璃纤维、碳纤维、芳香族聚酰胺纤维、不锈钢纤维、玄武岩纤维、莫来石纤维等纤维的短切和纤维浆粕都可以用于环氧胶黏剂增强。

### 20.4.2.4　硅烷偶联剂增强

加入适当的硅烷偶联剂，能提高胶黏剂树脂与被粘接表面的亲和性，有效地提高环氧胶黏剂的粘接强度和耐湿热老化性能，用量为 $1\% \sim 5\%$，大多为有机硅偶联剂，在环氧胶配方中常用的硅烷偶联剂有 KH 系列硅烷偶联剂如 KH-550 和 KH-560、南大系列硅烷偶联剂、A-186、A-160 等。硅烷偶联剂分子含有的一部分基团 X 与无机物表面较好地亲和；另一部分基团 R 能与有机树脂结合，可用于处理织物、作涂层或被粘物表面处理剂，有效地提高粘接强度。

### 20.4.2.5　填料增强

填料可以降低胶层的收缩率和提高尺寸稳定性，可提高粘接的抗剪、抗压、抗弯等力学强度，改善产品的操作性，降低成本，以及提升产品的特殊性能（如耐高温、导电、导热、介电性、绝缘性、阻燃性等）。常用填料有滑石粉、碳酸钙、硅微粉、石英粉等，带有功能性的填料，如导电的金属粉、导热的金属粉或氮化硼、电气性的云母粉、阻燃的氢氧化铝等。

### 20.4.2.6　环氧胶黏剂的增强改性配方实例

（1）纳米填料改性环氧胶黏剂配方（见表 20-13）

**表 20-13　原材料和配方**（单位：质量份）

| 组分 | 原材料 | 配方 1 | 配方 2 |
|---|---|---|---|
| A 组分 | 环氧树脂(E-44 或 E-51) | 100 | 100 |
| | 纳米 $SiO_2$ 粉末 | 7.0 | — |
| | 纳米 SiC 纤维 | — | 10 |
| B 组分 | 增韧剂 CBP | $10\sim20$ | $10\sim20$ |
| | 固化剂 T-31 | $10\sim30$ | $10\sim30$ |
| | 其他助剂 | 适量 | 适量 |

性能特点：加入纳米 $SiO_2$ 和一维 SiC 晶须对环氧树脂胶黏剂的强度有较大程度提高，但是单纯地添加其中一种填料对强度的提高比较接近。在环氧胶黏剂涂层中加入 $7\%$ 的纳米 $SiO_2$ 和 $10\%$ 的一维纳米 SiC 晶须纤维复合填料，可产生协同效应，胶黏剂的拉伸强度、剪切强度、冲击强度，优于单一填料。

（2）纳米橡胶粉改性环氧胶黏剂配方（见表 20-14）

表 20-14  原材料和配方 （单位：质量份）

| A 组分 | 双酚 A 环氧树脂 | 60～85 |
| --- | --- | --- |
| | 纳米交联橡胶微粉 | 10～30 |
| | 稀释剂 | 1～10 |
| B 组分 | 改性胺固化剂 | 92～95 |
| | 固化促进剂 | 2～5 |
| | 偶联剂 | 1～3 |

性能及应用：纳米交联橡胶微粉的粒子尺寸小，能均匀地分散在连续相的环氧树脂中。粒子巨大的表面能，增强了环氧胶黏剂分子间的结合力和环氧胶黏剂与基材表面之间的粘接力，大幅度提高了胶黏剂的粘接强度和耐热性能。加入纳米交联橡胶微粉后，拉伸剪切强度由 15.6MPa 提高到 28.0～35.4MPa；冲击强度由 15.0 kJ/m$^2$ 提高到 22.0～26.0 kJ/m$^2$；剥离强度由 1.5kN/m 提高到 3.0～3.4kN/m；高温拉伸剪切强度由 10.8MPa 提高到 26.4～33.2MPa。该胶黏剂可用于金属与金属、金属与其他材料的粘接，主要用作结构胶黏剂。

## 20.4.3  环氧胶黏剂的耐热性能改善及配方

一般的环氧胶使用温度为 $-60$～150℃，长期可靠工作温度低于 100℃。近年来，随着科学技术的发展，对环氧胶黏剂的耐热性提出了更高的要求：长时间耐热须超 250℃，短期耐热 500℃。影响环氧胶黏剂耐高温性的因素有两方面：一是固化物的热变形温度，二是固化物的热氧化稳定性。固化物的交联密度越大，含有芳环等耐热性基团越多，耐热性能越优异，这是由环氧树脂及固化剂的分子结构决定的，同时，也可通过添加改性剂进行调控。

### 20.4.3.1  耐高温环氧树脂

增加交联密度是提高环氧树脂胶黏剂耐热性的重要手段之一。通过提升环氧树脂的官能度，可以提高热变形温度从而提高胶黏剂的耐高温性能。环氧树脂官能团越多，2 个环氧基之间的距离就越短，固化后树脂交联密度越大，热变形温度越高，耐热性就越好。高官能度环氧树脂主要有酚醛型、二苯甲酮型、萘型、苯三酚型、间苯二酚型、二苯胺型等。实验表明，多官能度的环氧树脂如 AFG-90、AG-80、A95、F-76、四酚基乙烷等固化后具有较高的交联密度，耐热性也较好。

酚醛环氧胶黏剂既有多官能度，又含苯酚环骨架，是环氧基耐热胶的主体树脂，可以在 260℃长期使用，最高使用温度可达 315℃。利用环氧树脂、碱法酚醛树脂及聚砜制得的环氧胶黏剂，具有较高的剪切强度和耐热性，可以在 260℃下长期使用，适用于金属、玻璃、陶瓷和塑料等材料的粘接。将促进剂咪唑与熔融酚醛树脂混合、冷却、研磨，然后与环氧树脂粉末混合，可用于制作耐热和耐机械应力的热熔胶黏剂。

### 20.4.3.2  引入刚性基团

具有萘骨架、芴骨架、联苯骨架、联苯醚骨架、稠环骨架等的环氧树脂耐热性很高。将萘环结构引入环氧树脂分子骨架中，树脂用 DDS 固化后，$T_g$ 为 236.2℃。用含萘结构环氧树脂、聚酰胺醇和二氨基二苯甲烷合成含萘环氧胶，提高了胶的剥离强度、耐热老化性能，耐焊温度可达 350℃。

### 20.4.3.3  有机硅改性环氧树脂

用甲基苯基硅树脂改性后的酚醛环氧树脂，配以硼酚醛树脂和固化促进剂，并以纳米蒙脱土为填料，可制备出在 300℃下剪切强度达 12.3MPa 的环氧胶黏剂。采用接枝共聚的方法制备出的有机硅改性环氧树脂胶，具有较高的耐热性能和粘接性能，可以作为灌封胶应用于飞机的电源组装上。将含硅氧烷的环氧树脂和含气相白炭黑组成混合物，与固化剂配制成密封剂，用以封装发光二极管管壳，其发光保持率为 93%，是一种力学强度高、耐湿性及耐热性好的硅氧烷改性环氧树脂密封胶。

### 20.4.3.4 耐热固化剂

这类固化剂分为两类：一类是芳香胺及改性胺，另一类是芳香族多官能度酸酐。常见的耐热固化剂有 MPDA、DDM、DDE（4,4'-二氨基二苯醚）、DDS、甲基环己胺、酰亚胺固化剂（BDPIS）、二氮杂萘酮（DHPZ）、芴二胺固化剂、偏苯三甲酸酐、苯酮四羧酸二酐、甲基纳迪克酸酐、甲基六氢苯酐、二苯砜四羧酸二酐（DSDA）、苯胺二甲醚树脂（AND-PO）等。

芳香族多官能度酸酐因含有 2 个以上的官能团，固化物结构紧密、耐热性良好。将二苯甲酮四酸二酐（BTDA）通过高速剪切混合到三缩水甘油胺中，酸酐与环氧树脂当量比为 0.6∶1，在室温下固化，150℃的剪切强度高达 18.06MPa。芳香胺比脂肪胺固化剂固化的环氧树脂耐热性高，但热稳定性较差，将芳香胺改性成酰亚胺以提高耐热性已是近年来开发高性能固化剂的方向之一。以 N-对羟基苯基马来酰亚胺（HPM）作为邻甲酚醛环氧树脂固化剂，能显著提高聚合物的 $T_g$ 和热分解温度，热分解温度接近 400℃。

### 20.4.3.5 无机填充剂

在环氧树脂中添加无机颗粒如陶瓷粉末、$SiO_2$、$TiO_2$ 或 $Al_2O_3$ 以及碳纳米管等，也是提高环氧树脂胶黏剂耐热性的一种有效途径。但是对于一些纳米填料，一般需要经过表面改性才能够较大幅度提高复合材料的热分解温度。如对碳纳米管进行表面化学处理，在其表面引入活性基团，如羧基、氨基等，以减少其团聚，改善其与基体的界面结合，提高材料的性能。在环氧树脂和玻璃纤维体系中加入碳纳米管和纳米蒙脱土填料，提高了环氧树脂的耐热性能，其 5% 热失重温度达到 455℃。

### 20.4.3.6 热稳定剂

为提高环氧胶黏剂的耐高温性能，可加入不同的稳定剂，如抗氧化剂、热稳定剂、金属离子螯合剂，如 8-羟基喹啉、没食子酸丙酯、邻苯二酚、乙酰丙酮金属盐、五氧化二砷等。

### 20.4.3.7 环氧胶黏剂的耐热性能改善配方实例

（1）耐高温环氧密封胶黏剂配方（见表 20-15）

表 20-15 原材料和配方（单位：质量份）

| 多官能度环氧树脂 | 100 | ATBN | 20 |
|---|---|---|---|
| 混合溶剂 | 40～80 | 助剂 | 适量 |
| 混合酸酐固化剂 | 70～80 | 偶联剂 | 3 |

性能及应用：该胶耐气、耐水、耐油性均好。

（2）酚醛改性环氧胶黏剂配方（见表 20-16）

表 20-16 原材料和配方（单位：质量份）

| 环氧树脂 | 100 | 乙二胺 | 5 |
|---|---|---|---|
| 酚醛树脂 | 45 | 六亚甲基四胺 | 1 |
| 聚砜树脂粉 | 10 | 其他助剂 | 适量 |

性能及应用：该胶是一种耐高温的胶黏剂，适用于金属、玻璃、陶瓷和塑料等的粘接。

（3）耐高温环氧密封胶配方（见表 20-17）

表 20-17　原材料和配方（单位：质量份）

| 双酚 A 环氧树脂 | 100 | 多官能度环氧树脂 | 40 |
| 填料 | 40～80 | 活性稀释剂 | 10 |
| 助剂 | 适量 | 偶联剂 | 3 |
| DICY 固化剂 | 10 | 促进剂（有机脲） | 2～4 |

固化条件：130℃/3h。

性能及应用：有较好的耐热性和粘接力。主要用于金属、玻璃钢、陶瓷等材料的粘接和用于高温条件下的密封粘接。

（4）耐高温环氧胶黏剂配方（见表 20-18）

表 20-18　原材料和配方（单位：质量份）

| 环氧树脂(690) | 100 | 2,6-二氨基蒽醌 | 30 |
| 双马来酰亚胺 | 50 | 其他助剂 | 适量 |
| 4,4'-二氨基二苯砜 | 30 | | |

固化条件：200℃/2h。

性能及应用：此胶黏剂在 250℃ 下 1000h 后剪切强度为 10.4MPa，湿热 250℃ 条件下 3000h 后剪切强度为 10.2MPa，满足 −55～200℃ 剪切强度 20MPa、250℃ 剪切强度 10MPa 的技术要求。

（5）航天用环氧耐高温胶黏剂配方（见表 20-19）

表 20-19　原材料和配方（单位：质量份）

| 四官能团环氧树脂(TGDDM) | 100 | 固化剂(DDS) | 10～20 |
| 聚醚酰亚胺 | 25 | 其他助剂 | 适量 |

固化条件：150℃/2h＋180℃/2h＋200℃/10h。

性能及应用：该胶黏剂不同温度下的剪切强度分别为 20.9MPa（25℃）、19.3MPa（150℃）、18.1MPa（200℃），有望应用于航空航天及微电子等高科技领域。

## 20.4.4　环氧胶黏剂的功能改性及配方

### 20.4.4.1　导电型环氧胶黏剂及配方

随着微电子技术的飞速发展和应用前景的日益广阔，电子元器件的尺寸与间距也不断缩小，对封装技术的要求不断提升，推动了环氧导电胶的迅速发展。环氧导电胶由环氧树脂基体、导电填料、固化剂和其他助剂组成。导电填料又分为金属填料、镀银填料、无机填料和混合填料。

（1）金属填料导电胶　可用于制备导电胶的金属填料有金粉、银粉、铜粉、镍粉、羰基镍钯粉、钼粉、锆粉、钴粉等。其中金属银具有高的导电性，且性能稳定，所以应用最广泛。铜粉的导电能力虽然低于银粉，但由于其价格低廉，是比较理想的工业导电填料。铜粉的最大问题在于表面容易氧化，可选用氨丙基甲基二乙氧基硅烷（KH-902）对铜粉进行改性，改善分散性和增加电导率，使电导率达到 $1.31 \times 10^{-2}\Omega \cdot cm$。用硅烷偶联剂 KH-560 改性的纳米银用作导电填料在 180℃ 的环氧树脂基体中制备导电胶，加入质量分数为 5.5% 的银纳米粒子电阻率可达到最小值即 $2.5 \times 10^{-3}\Omega \cdot cm$。改性后体积电阻率是改性前的 1/5～1/2。

（2）镀银导电胶　金属银价格昂贵，可利用化学镀的方法大大降低生产成本。

（3）碳填料导电胶　石墨烯和碳纳米管代替金属，用量少。如通过化学插层热剥离石墨制备出的氮掺杂石墨烯纳米片（N-GNS），只需要 1％（质量分数）就能够达到渗流阈值。并且用 N-GNS 作为导电填料所制备的导电胶性能优于使用炭黑或多壁碳纳米管所制备的导电胶。

（4）环氧导电胶配方实例

① 环氧导电胶黏剂配方（见表 20-20、表 20-21）。

表 20-20　环氧导电胶原材料和配方（单位：质量份）

| 环氧树脂(E-51) | 70 | 600 环氧稀释剂 | 10 |
| --- | --- | --- | --- |
| W-95 环氧树脂 | 30 | 2-乙基-4-甲基咪唑 | 1.5 |
| 聚乙烯醇缩丁醛 | 7 | 间苯二胺 | 20 |
| 羧基丁腈橡胶 | 10 | 银粉 | 250～300 |

固化条件：80℃/1h＋150℃/2～3h。

性能：电阻率为 $10^{-4}$～$10^{-3}\Omega\cdot cm$；剪切强度，黄铜 25～27MPa，铝合金 27～30MPa。

表 20-21　原材料和配方（单位：质量份）

| EPU-17T-6 环氧树脂 | 24 | 2-羟基-4-甲氧基二苯甲酮 | 0.3 |
| --- | --- | --- | --- |
| EPU-16B 环氧树脂 | 51 | 双氰胺 | 2 |
| 包覆银玻璃微球 | 10 | 气相二氧化硅 | 4 |
| 咪唑 | 2 | 氧化铁红 | 0.0003 |
| 氟碳表面活性剂 | 0.2 | 环氧丙烷丁基醚 | 6.5 |

性能及应用：本环氧树脂各向异性导电胶粘接牢固，剥离强度大，封装层隙绝缘电阻高，可以满足电子产品组装工艺的特殊要求。

② 改性环氧导电胶黏剂配方（见表 20-22）。

表 20-22　原材料和配方（单位：质量份）

| 改性环氧树脂(E-51) | 100 | 偶联剂(KH-550) | 1～2 |
| --- | --- | --- | --- |
| 片状银粉 | 200～300 | 其他助剂 | 适量 |
| 内增韧固化剂/第二固化剂 | 10～20 | | |

性能及用途：该导电胶黏剂具有较好的粘接性能和较低的电阻值，是结构型导电胶。主要用于铜、铝、镀金、镀银等微波元器件、受力结构件的粘接，亦可用于其他导电器件的密封、修复等。

③ 导电导热环氧胶黏剂配方（见表 20-23）。

表 20-23　原材料和配方（单位:％）

| 双酚 A 环氧树脂 | 44.83 | 改性的导热填料 BN | 24.13 |
| --- | --- | --- | --- |
| 改性的导热填料 $Al_2O_3$ | 6.90 | 溶剂丙酮及固化剂、助剂 | 24.14 |

固化条件：120℃/2h＋150℃/2h＋180℃/2h。

性能及应用：该胶黏剂黏度低、热导率高，可用于电子电器元器件的粘接和封装。

## 20.4.4.2　环氧胶黏剂的阻燃性能改善及配方

环氧树脂的氧指数（LOI）在 19.8 左右，阻燃性能较差，难以满足特殊工程技术的要求。目前的阻燃改性方法主要分为添加型阻燃和反应型阻燃两种。添加型阻燃通过共混来实现，工艺简单，可选择种类多，但是添加量大，性能下降严重；反应型阻燃是通过化学反应引入环氧树脂或固化剂的链段上，性能也不会受到太大影响。

（1）添加型阻燃剂

① 卤系和磷系阻燃剂。卤系阻燃剂因其用量少、阻燃效率高且应用范围广，成为市场

的主流，但也产生大量的腐蚀性和有毒气体，国家明确规定在很多领域禁止使用卤系阻燃剂。磷系阻燃剂毒性低、用量少、效率高，备受关注。红磷与氢氧化铝、膨胀性石墨等复配制成的复合型非卤阻燃剂，用量大幅降低，从而改善了加工性能和物理机械性能。但普通红磷在空气中易氧化、吸湿、粉尘爆炸，且运输困难，与高分子材料相溶性差，常用微胶囊化红磷阻燃剂，高效、低烟，其分散性、物理机械性能、热稳定性及阻燃性能均有提高和改善。

② 无机镁-铝系阻燃剂。镁-铝系阻燃剂是集阻燃、抑烟、填充三大功能于一身的阻燃剂，因其无毒、无腐蚀、稳定性好、高温下不产生有毒气体，又可与多种物质产生协同阻燃作用，且来源广泛，被认为最具有发展前途的。其中，以氢氧化镁、氢氧化铝及层状双氢氧化镁铝最具代表性，但用量很大，流动性变差，使材料的加工性能和力学性能降低。

③ 硅系阻燃剂。硅系阻燃剂以其优异的阻燃性、良好的加工性及力学性能，特别是其环保性能优越而备受人们重视。且原理是燃烧时在表面形成炭层保护层，并生成游离基捕获活性中间体，达到阻燃目的。按照其组分和结构，硅系阻燃剂可分为无机硅系阻燃剂、有机硅系阻燃剂。无机硅阻燃剂主要为 $SiO_2$，兼有补强和阻燃作用；有机硅阻燃剂主要包括硅油、硅树脂、硅橡胶及含有多种官能团的多面体低聚倍半硅氧烷（POSS）化合物等。同时该类阻燃剂还可增加电气强度、体积电阻率、表面电阻率及耐热性和弯曲强度、冲击强度。硅烷化合物与磷有相当高的协同效应。但是，现阶段由于受有机硅阻燃高聚物价格昂贵、制造工艺复杂等因素限制，大部分仍处于实验室应用阶段，能应用于工业化生产的硅系阻燃剂品种少，产量也很小。

④ 氮（磷）系阻燃剂。含氮阻燃剂主要是三聚氰胺及其衍生物和相关的杂环化合物，三聚氰胺本身就能使尼龙的混合物达到 V-O 级，含氮阻燃剂受热时发生分解反应，比含卤阻燃剂和红磷更优越。有机氮系阻燃剂如三嗪及其衍生物、三聚氰胺等单独使用时效果不理想，但与磷系阻燃剂配合使用时，可起协同效果。如三聚氰胺磷酸盐，尿素、双氰胺与磷酸酯复配物；如季戊四醇磷酸酯的三聚氰胺盐、环磷酰胺聚合物等。

（2）反应型阻燃剂　添加阻燃剂可能会导致环氧树脂固化后的力学性能下降。而反应型阻燃剂，则是将具有阻燃性能的高分子结构单元引入聚合物的主链或侧链中，达到阻燃效果。

① 阻燃性环氧树脂。阻燃性环氧树脂有溴化双酚 A 型环氧树脂、溴化酚醛环氧树脂、三聚氰酸环氧树脂、海因环氧树脂、含磷环氧树脂、有机硼环氧树脂等，可以单独或与双酚 A 型环氧树脂复配制成阻燃型环氧树脂胶黏剂。

② 阻燃性固化剂。阻燃性固化剂有二氯代顺酐、六氯内次甲基四氢苯酐、四溴苯酐、四氯苯酐、F 系列固化剂、含有氨基的磷酸及磷酸的酰胺、含磷酚醛树脂、含磷多胺、羟基磷酸酯、双氰胺等。

（3）阻燃剂的复配　通过各类阻燃剂的复配使用，满足各项阻燃要求。

（4）环氧胶黏剂的阻燃性能改善配方实例

① 阻燃环氧建筑胶黏剂配方（见表 20-24）。

表 20-24　原材料和配方（单位：质量份）

| | | | | |
|---|---|---|---|---|
| A组分 | 环氧树脂(E-44) | 100 | 聚磷酸铵(APP) | 10 |
| | 聚氨酯预聚体 | 20~30 | 其他助剂 | 适量 |
| | 可膨胀石墨(EG) | 30 | | |
| B组分 | 低分子聚酰胺(651) | 5.0 | DMP-30 促进剂 | 1~2 |
| | T31 | 1.2 | 纳米 $SiO_2$ | 3~4 |

性能及应用：EG 与 APP 具有良好的协同阻燃作用。此胶黏剂的氧指数达到 28%，为难燃材料。冲击强度为 10.29kJ/m²，剪切强度为 24.9MPa，具有较好的力学性能，工艺简单、无毒、环保，可作建筑结构胶使用。

② 阻燃改性环氧胶黏剂配方（见表 20-25、表 20-26）。

**表 20-25　阻燃聚氨酯改性环氧胶黏剂原材料与配方**（单位：质量份）

| A 组分 | 环氧树脂(E-44) | 100 | 三聚氰胺聚磷酸酯 | 30 |
| | 聚氨酯预聚体 | 20～30 | 纳米 SiO₂ | 1～3 |
| B 组分 | 低分子聚酰胺(651)/T31 | 40 | 成核剂 | 2.0 |
| | DMP-30 促进剂 | 1.5 | 其他助剂 | 适量 |

性能及应用：三聚氰胺聚磷酸酯在燃烧时，会使聚合物表面形成泡沫状碳，阻止了热和氧向火焰传递。经测试，此胶黏剂的氧指数达到 29.6%，达到难燃材料（27%）的标准。

**表 20-26　复合型阻燃环氧胶黏剂配方**（单位：质量份）

| 环氧树脂 128 | 80 | 促进剂 | 1 |
| 含磷环氧树脂 | 10 | 氮磷阻燃剂 | 15 |
| 助剂 | 5 | 超细氢氧化铝 | 40 |
| 双氰胺 | 10 | | |

性能及应用：环氧胶黏剂用于复合材料浸渍胶黏剂，粘接强度高，力学性能优异，阻燃等级为 UL V-0，氧指数为 41%。

③ 阻燃低温低毒环氧胶黏剂配方（见表 20-27）。

**表 20-27　原材料和配方**（单位：质量份）

| 环氧树脂 | 100 | 超细化 Al(OH)₃ 粉 | 240 |
| 203 低分子量聚酰胺 | 40 | 662 稀释剂（甘油环氧） | 25 |
| 硅烷偶联剂 KH-580 | 2.5 | 间甲酚固化促进剂 | 5 |
| 硅烷偶联剂 KH-590 | 1.2 | 其他助剂 | 适量 |

性能及应用：本胶黏剂黏度低、施工性能好、挥发性低、毒性极低。固化后剪切强度达 20MPa 以上，极限氧指数达 65.4%，耐热、水、油、酸碱性能均较好，是一种高效阻燃、低烟低毒的高性能胶黏剂，可用于金属与金属或其他材料的粘接。

## 20.4.5　环氧胶黏剂的固化性能改善及配方

### 20.4.5.1　快速固化环氧体系及配方

快速固化能提高施工效率，改善环境，节省能源，简化施工环节和工作设备。属于低温固化型的固化剂品种很少，有聚硫醇型、多异氰酸酯型等；近年来国内研制投产的 T-31 改性胺、YH-82 改性胺均可在 0℃ 以下固化。属于室温固化型的种类很多：脂肪族多胺、脂环族多胺、低分子聚酰胺以及改性芳胺等。属于中温固化型的有一部分脂环族多胺、叔胺、咪唑类以及三氟化硼络合物等。属于高温热固化型的固化剂有芳香族多胺、酸酐、甲阶酚醛树脂、氨基树脂、双氰胺以及酰肼等。

提高环氧树脂固化速度的主要方法有：选择合适的树脂体系和固化剂；对固化剂进行改性；加入适当促进剂。如室温胺类固化剂可进行环氧化合物加成、曼尼斯加成、迈克尔加成、硫脲加成等改性，也可以加入酚类、羟基化合物等适合的促进剂；中高温固化体系较多是采用不同固化剂的协同匹配和加入适宜的促进剂，如叔胺、有机脲、咪唑、金属化合物、络合盐、酰肼等。

（1）室温固化高强度高剥离环氧胶黏剂配方（见表 20-28）

表 20-28　原材料和配方（单位：质量份）

| A 组分 | E-44 双酚 A 环氧树脂 | 100 | 其他助剂 | 适量 |
|---|---|---|---|---|
| | 液体聚硫橡胶 | 60 | | |
| B 组分 | 200# 聚酰胺 | 100 | 活性增黏树脂 | 适量 |
| | 间苯二甲胺 | 20～30 | 其他助剂 | 适量 |
| | 液体聚硫橡胶 | 适量 | | |

性能及应用：该胶黏剂具有较高的剪切强度（20℃，32.9MPa）和剥离强度（20℃，6.1kN/m），对水、油、有机溶剂等耐受性较强。

（2）J-182 室温快固高强度环氧胶黏剂配方（见表 20-29）

表 20-29　原材料和配方（单位：质量份）

| A 组分 | E-51 环氧树脂 | 100 | 偶联剂 KH-550 | 2.0 |
|---|---|---|---|---|
| | E-44 环氧树脂 | 10 | 其他助剂 | 适量 |
| B 组分 | 增黏剂 | 10 | 叔胺催化剂 | 适量 |
| | 固化硫醚产物 | 100 | | |

性能及应用：J-182 是一种室温下可快速固化的环氧型胶黏剂，具有高强度、使用方便等特点，适用于钢与聚甲醛及其他硬塑料之间的粘接。

（3）室温固化超低温应用的环氧胶黏剂配方（见表 20-30）

表 20-30　原材料和配方（单位：质量份）

| 四氢呋喃聚醚环氧树脂 | 50 | 590 固化剂 | 10 |
|---|---|---|---|
| KH-550 | 2 | | |

性能及应用：该胶其使用温度为 −196～150℃，可粘接各种金属，在室温固化 24h 或在 60℃固化 4h。

（4）室温固化环氧胶配方（见表 20-31）

表 20-31　原材料和配方（单位：质量份）

| 环氧树脂 E-44 | 70 | 滑石粉 | 50 |
|---|---|---|---|
| 环氧树脂 E-51 | 30 | 促进剂 | 适量 |
| 改性胺与聚酰胺混合体 | 30 | 偶联剂 | 适量 |

性能及应用：该胶可用于金属及一些非金属材料的粘接。用于粘接铝-铝时剪切强度≥19.6MPa，冲击强度≥50J/m²，不均匀扯离强度≥290N/m。

（5）中温固化单组分环氧胶黏剂配方（见表 20-32）

表 20-32　原材料和配方（单位：质量份）

| 环氧树脂 E-51 | 100 | 双氰胺 | 8.0 |
|---|---|---|---|
| 端羧基丁腈橡胶 | 20 | 炭黑 | 10 |
| 有机脲 | 5.0 | 消光粉（OK-40） | 适量 |

性能及应用：该胶凝胶速率快，固化胶膜无光，多用于电子行业印刷线路的封装。

（6）快固化环氧密封胶配方（见表 20-33）

表 20-33　原材料和配方（单位：质量份）

| 环氧树脂 E-44 | 100 | 二乙烯三胺 | 10 |
|---|---|---|---|
| 生石灰(160 目) | 50 | 石油磺酸 | 4 |
| 702 聚酯树脂 | 18 | | |

性能及应用：该胶初粘接力好，具有水下常温固化快的性能，是水下建筑工程堵漏嵌缝密封的优良材料。

（7）快速固化片式元器件贴装胶配方（见表 20-34）

表 20-34　原材料与配方（单位：质量份）

| 环氧树脂 E-51 | 60 | 稀释剂 | 5 |
| 潜伏型固化剂 | 20 | 潜伏型促进剂 | 2 |
| 增塑剂 | 5 | 触变剂 | 4 |
| 无机填料 | 4 | | |

性能及应用：该胶黏剂适用于电子元器件的粘接，固化条件为 120℃、80s 或 100℃、180s，粘接强度为 20MPa，绝缘电阻率＞1013Ω·cm，吸水率＜0.5%。

# 20.5　反应型环氧胶黏剂的生产工艺

## 20.5.1　单组分反应型环氧胶黏剂生产工艺

单组分环氧胶黏剂由于其组成物、物理特性、反应特性、物料状态等不同，生产工艺、生产条件和生产设备也各不相同。一般配方型胶黏剂生产工艺主要为准备、配料、初混、处理、计量分装、质检等工艺。

例如，某单组分高温固化环氧灌封胶黏剂生产工艺如下。

（1）配方　环氧树脂 1#，环氧树脂 2#、增韧剂、稀释剂、偶联剂、双氰胺、促进剂、填料 1#、填料 2#，阻燃粉、颜料等。

（2）生产设备及工艺

① 物料准备。将双氰胺、促进剂、颜料分别用环氧树脂或稀释剂预先做成母液或母膏备用。填料 1#、填料 2# 摊薄经烘箱 2h，120℃ 干燥处理，密封备用。

② 配料。将环氧树脂 1#、环氧树脂 2#（需要提前预热至流动态）、增韧剂、稀释剂、偶联剂依次加入反应釜中，升温至 50～60℃ 搅拌 30min。

③ 初混。将配好的物料加入捏合机中搅拌，按照计量依次加入双氰胺母膏、触变剂、填料 1#、填料 2#、阻燃粉、颜料母膏，合盖捏合 30min；再加入促进剂，合盖捏合 30min。

④ 细混研磨。将混合料投入规定辊距的三辊研磨机中研磨 2 遍后投入行星式搅拌器中。

⑤ 后处理。在行星式搅拌器搅拌下抽真空，真空度在 −0.9 以上，保持 2h。

⑥ 分装。通过压盘式压机压料出料，计量、分装、保存。

注意事项：

① 根据单组分环氧树脂胶黏剂组成要求进行必要的物理隔离，如氮气等惰性保护隔离、水汽隔离、氧气隔离等。

② 高温固化型单组分环氧胶黏剂一般需要在混合或处理时（高黏度产品混合温度会升高）避免高温引起环氧树脂增稠凝胶，需要通过降温手段控制温度。

③ 三辊研磨机的辊距直接影响研磨效果。

④ 高速行星式搅拌机可以一次性处理黏度较低的环氧胶。

⑤ 对单组分环氧胶而言，不同胶种包装形式和存储条件是不一样的。中高温固化胶一般需要在低温、干燥等条件下存储。

## 20.5.2　双组分反应型环氧胶黏剂生产工艺

双组分环氧胶黏剂是以两种组分形式分别包装存储，使用时将两组分按照一定比例混合即可。一般是以环氧树脂和改性添加剂等作为一种组分，固化剂、促进剂和添加剂作为另一组分。其生产工艺同单组分相近，只是固化剂组分和环氧树脂组分需要使用不同生产装置。

例如，某双组分室温固化环氧胶黏剂生产工艺如下。

（1）配方

① 甲组分。双酚 A 环氧树脂、酚醛环氧树脂、CTBN 增韧剂、活性稀释剂、填料 1#、填料 2#、颜料。

② 乙组分。改性脂肪胺固化剂、偶联剂、促进剂。

（2）生产设备及工艺

① 物料准备。将颜料用环氧树脂预先做成母膏备用。填料 1#、填料 2# 摊薄经烘箱 2h、120℃ 干燥处理，密封备用。

② 配料。甲组分：将双酚 A 环氧树脂、酚醛环氧树脂（需要提前预热至流动态）、CTBN 增韧剂、活性稀释剂依次加入反应釜中，升温至 50～60℃ 搅拌 60min。乙组分：将改性脂肪胺固化剂、偶联剂、促进剂依次加入反应釜中，升温至 50～60℃ 搅拌 60min。

③ 初混。将配好的甲组分物料加入捏合机中搅拌，按照计量依次加入填料 1#、填料 2#、颜料母膏，合盖捏合 60min。

④ 细混研磨。将甲组分混合料投入规定辊距的三辊研磨机中研磨 2 遍后加入行星式搅拌器中，在搅拌下抽真空，真空度在 -0.9 以上，保持 2h。

⑤ 分装。通过压盘式压机压料过滤出料，计量、分装、检验、保存。

## 20.5.3 环氧胶膜生产工艺

环氧胶黏剂以膜状形式使用，可以精确地控制胶层厚度，在加热加压条件下固化，能获得最佳的粘接强度。环氧胶膜可通过溶剂法和辊压法制得带载体和不带载体胶膜两种类型。溶剂法就是按配方利用溶剂将各组分配成胶液，再将其涂布在涂有脱模剂的玻璃板或聚丙烯及聚酯薄膜上，待溶剂挥发后干燥成膜。该方法污染环境、有害健康、能耗较大而且效率较低，已逐渐被淘汰。辊压法则是各组分经熔融、混合、混炼后压成膜，安全环保，被广泛采用。现就一种改性环氧胶膜的制备方法介绍如下。

（1）配方（见表 20-35）

表 20-35　环氧胶膜基本配方（单位：质量份）

| E-51 环氧树脂 | 100 |
| --- | --- |
| AG-80 环氧树脂 | 10 |
| 酚醛树脂 | 10 |
| 丁腈橡胶（NBR3604）与端羧基丁腈橡胶 | 75 |
| 双氰胺与改性芳香胺 | 23 |
| KH-560 | 2 |

（2）工艺方法

① 将 E-51 环氧树脂加热，按配方加入酚醛树脂，搅拌令其高温混合，得到混合树脂。

② 将双氰胺与改性芳香胺按照质量比 1:1 混合得到混合胺固化剂。

③ 在炼胶机上将丁腈橡胶（NBR3604）与端羧基丁腈橡胶按照质量比 2:1 进行塑炼，再按照配方加入混合树脂、AG-80、混合胺、KH-560，并混炼均匀。

④ 将混炼好的胶在无溶剂连续化的胶膜生产线上压成膜，胶膜厚度约为 0.13～0.17mm。

胶膜于压力 0.3MPa、温度 175℃ 下固化 3h，粘接表面为经磷酸阳极化处理的 LY12CZ 铝合金，板/板 90°室温剥离强度为 1.25kN/m；该胶膜室温下的剪切强度为 29.6MPa，

100℃时为 17.5MPa，150℃时为 8.9MPa。

## 参 考 文 献

[1] 李广宇，李子东，吉利，等. 环氧胶黏剂与应用技术. 北京：化学工业出版社，2007.

[2] 张玉龙，唐磊. 环氧胶黏剂. 北京：化学工业出版社，2016.

[3] 张玉龙. 环氧胶黏剂. 北京：化学工业出版社，2017.

[4] 陈平，刘胜平，王德中. 环氧树脂及其应用. 北京：化学工业出版社，2018.

[5] 向明，蔡燎原，张季冰. 胶黏剂基础与配方设计. 北京：化学工业出版社，2002.

[6] 韩孝族，王莲芝，赵国琴，等. 端羟基丁腈橡胶增韧环氧树脂研究. 高分子学报，1989（02）：225-229.

[7] 王伟. 环氧树脂固化技术及其固化剂研究进展. 热固性树脂，2001（03）：29-33＋37.

[8] 张绪刚，张斌，王超，等. 室温固化耐高温环氧树脂胶粘剂的研究. 中国胶粘剂，2003（02）：19-22.

[9] 吴育良，王长安，许凯，等. 无卤磷系阻燃聚合物研究进展. 高分子通报，2005（06）：37-42＋83.

[10] 周继亮，涂伟萍. 室温固化柔韧性水性环氧固化剂的合成与性能. 高分子材料科学与工程，2006（01）：52-55.

[11] 曹骏，李诚，范宏. 新型有机硅多元胺环氧树脂固化剂结构与性能. 粘接，2014，6：33.

[12] 司小燕，郑水蓉，王熙. 环氧树脂胶粘剂增韧改性的研究进展. 粘接，2007，28（03）：41-44.

[13] 殷锦捷，李宁，张树. 阻燃环氧树脂胶黏剂的研制. 化学与黏合，2008，30（02）：24-26.

[14] 刘润山，张雪平，周宏福. 环氧树脂胶粘剂的耐热改性研究进展. 粘接，2008，29（12）：30-35.

[15] 杨莎，齐暑华，程博，等. 导电胶的研究进展. 粘接，2014，35（08）：66-70.

[16] 党婧，王汝敏，程雷. 反应型阻燃环氧树脂的研究进展. 绝缘材料，2009，42（05）：17-23.

[17] 任杰，范晓东. 室温固化高温使用环氧树脂胶粘剂的研究进展. 中国胶粘剂，2009，18（12）：44-47.

[18] 徐亚新，虞鑫海，李四新，等. 无卤阻燃剂在胶粘剂领域的应用现状. 粘接，2010，31（09）：83-85.

[19] 孟珍珍，郭金彦，曾照坤. CTBN 与 ATBN 改性环氧胶粘剂的研究. 粘接，2012，33（02）：67-69.

[20] 赵颖，黄倪丽，王刚，等. 端胺基液体丁腈橡胶增韧环氧胶黏剂的研究概况. 化学与黏合，2013，35（02）：49-52.

[21] 娄春华，张霄，刘喜军. 环氧树脂胶黏剂功能性固化剂的研制. 化学与黏合，2015，37（02）：100-102＋110.

[22] 陈西宏，孔磊，雷定锋，等. 环氧树脂增韧改性研究进展. 中国胶粘剂，2015，24（09）：45-48＋59.

[23] 孙曼灵. 环氧树脂应用原理与技术. 北京：机械工业出版社，2002.

[24] 胡玉明. 环氧固化剂及添加剂. 北京：化学工业出版计，2011.

[25] 雷家珩，赵嘉锡，杜小弟，等. 金属配合物型环氧树脂固化剂的研究进展. 第 13 届全国环氧树脂应用技术学术交流会论文集，2009.

（范宏 王洪 张孝阿 编写）

# 第21章

# 反应型聚氨酯胶黏剂（含密封胶）

## 21.1 聚氨酯胶黏剂的特点与发展历史

### 21.1.1 聚氨酯胶黏剂的特点

由分子主链上含有多个氨基甲酸酯基团（简称氨酯基，—NHCOO—）的聚合物（polyurethane，PU）或含有异氰酸酯基团的低聚物为主要成分的胶黏剂，称为聚氨酯胶黏剂。聚氨酯胶黏剂虽然是聚氨酯产品中的一个小分类，但也分很多种类，如单组分胶/双组分胶、无溶剂胶/热熔胶/溶剂型胶/水性胶，以及以原料特征分类的芳香族聚氨酯胶/脂肪族聚氨酯胶等。聚氨酯胶黏剂对许多基材包括刚性材料金属、玻璃、石材、混凝土，柔性材料皮革、织物、纸张、塑料膜、橡胶等都有良好的粘接力。大多数聚氨酯胶黏剂的胶层具有优异的柔韧性、抗冲击性能，耐疲劳、耐低温性能，缺点是不耐高温，普通聚氨酯胶的使用温度一般在 100℃ 以下。一般来说，温度越低聚氨酯本身的强度越高。聚氨酯胶黏剂在较低温度下仍有良好的柔韧性和粘接强度，所以，聚氨酯胶黏剂是一种适合于低温使用的胶黏剂。

### 21.1.2 聚氨酯胶黏剂的发展历史

聚氨酯胶黏剂伴随着多异氰酸酯及多元醇的发展而产生。1940 年德国研究人员发现三苯基甲烷-4,4′-三异氰酸酯可粘接金属与橡胶，在第二次世界大战中使用到坦克履带上。20世纪 50 年代以后，Bayer 公司研制了聚酯型聚氨酯胶黏剂，为日后聚氨酯胶黏剂的发展奠定了基础。日本于 1954 年引进德国和美国技术，1966 年开始生产聚氨酯胶黏剂。

我国大连染料厂于 1956 年研制并生产三苯基甲烷三异氰酸酯胶（列克纳胶），很快又研发成功了甲苯二异氰酸酯（TDI）胶。上海合成树脂研究所率先开发成功通用型双组分溶剂型聚氨酯胶黏剂 PU-101，1966 年在上海新光化工厂投入生产。20 世纪 80 年代以来陆续从国外引进许多先进的生产设备和产品，促进了国内聚氨酯胶黏剂的开发，随着我国基础原材料的国产化和规模化，聚氨酯胶黏剂和其他聚氨酯产品一样进入快速发展时期。2000 年之后，聚氨酯胶黏剂的应用领域更是不断扩大，从包装、皮革、纺织、制鞋、家具等传统应用领域，推广到家用电器、建筑材料、交通运输、新能源、安全防护、烟包用镀铝膜等新兴应用领域。

## 21.2 聚氨酯胶黏剂的分类及应用领域

### 21.2.1 聚氨酯胶黏剂的分类

按包装方式可分为单组分和双组分聚氨酯胶黏剂。如果某种原料影响双组分聚氨酯胶的贮存稳定性，还可以在使用时添加，组成了三组分胶。

按是否含（有机）溶剂，可分为溶剂型聚氨酯胶黏剂、无溶剂液体聚氨酯胶黏剂、聚氨酯热熔胶、水性聚氨酯胶。

按照聚氨酯胶黏剂的固化机理对其分类，可将其分为反应型和非反应型。单组分溶剂挥发型、热塑性聚氨酯热熔胶型属于非反应型胶黏剂，而湿固化型、单组分热固化型、双组分型、紫外光/电子辐射固化型等聚氨酯胶属于反应型胶黏剂。反应型聚氨酯胶黏剂优于非反应型单组分聚氨酯胶黏剂，其特点是固化过程分子链增长或者产生化学交联，胶层的耐热性得到提高。本章主要介绍反应型聚氨酯胶，热熔型聚氨酯胶、压敏型聚氨酯胶、水基聚氨酯胶、溶剂型聚氨酯胶将在本书其他相关章节介绍。

从原料及化学结构来分，可以分为多异氰酸酯胶黏剂（单组分）、聚氨酯胶黏剂（含聚氨酯脲胶黏剂）；从异氰酸酯品种区分，有 MDI 型、TDI 型、脂肪族型（如 HDI 型、IPDI 型）等聚氨酯胶黏剂；从低聚物多元醇结构区别可分为聚酯型、聚醚型（含 PTMG 型、PPG 型等）、聚烯烃型（HTPB 型等）等类型；还可分为脂肪族聚氨酯胶黏剂和芳香族聚氨酯胶黏剂两大类。

广义的聚氨酯胶黏剂从应用方式等差异来分，可细分为聚氨酯胶黏剂和聚氨酯密封胶（含灌封胶）。

## 21.2.2 聚氨酯胶黏剂的应用领域

聚氨酯胶黏剂因其性能范围广，品种多样，在工业、民用、航天、国防、医疗健康等许多领域得到了广泛应用。主要的应用领域有：

（1）复合薄膜用 聚氨酯胶层柔韧性好，可将不同性质的薄膜材料如聚丙烯薄膜、聚酯薄膜、聚酰胺薄膜、铝箔、镀铝塑料膜等通过层压复合工艺粘接在一起得到具有耐寒、耐油、耐药品、透明、耐蒸煮等性能的软包装用复合薄膜，用作耐蒸煮灭菌软罐头包装袋、方便小包装食品袋（如榨菜袋、各种小包装卤荤菜零食袋），以及医疗器具和药品、农药、单组分聚氨酯密封胶等的包装、电缆胶保护膜等。

（2）鞋用 一般是结晶性较好的聚氨酯胶，以适应制鞋生产线的要求。目前除了用传统的溶剂型胶，水性胶也在逐步应用。

（3）交通工具用 主要有：装配挡风玻璃用单组分湿固化聚氨酯密封胶，粘接玻璃纤维增强塑料（FRP）和片状模塑复合材料（SMC）的聚氨酯结构胶（含反应型热熔胶）、汽车内饰件用双组分聚氨酯胶及水性聚氨酯胶等。

（4）木材加工和粘接用 单组分湿气固化聚氨酯胶可用作木工胶黏剂；以 PAPI 为交联剂的水性乙烯基-多异氰酸酯胶及 PAPI 改性乳化后可用于刨花板、秸秆板等的制造。这些胶黏剂替代"三醛"木材胶黏剂，耐水性好，是重要的环保胶黏剂。木板之间、木板/金属板、木板/混凝土等之间还可以用单组分发泡聚氨酯胶粘接。

（5）服装行业 可用于各种服装的制造、植绒，还可用作涂层胶和压花涂层。

（6）建筑及体育场地用 有塑胶跑道用胶，建筑行业的钢板、塑料板用弹性结构胶，筑物填缝处理用单组分泡沫填缝胶，发泡聚苯乙烯保温板与彩钢板、彩钢板与岩棉之间填缝及夹芯板用双组分聚氨酯发泡胶。

（7）聚氨酯胶黏剂在其他领域的应用 在其他领域的应用，包括毛刷制造、扬声器喇叭、机器人某些部件粘接、LED 灯具、风电叶片制造。聚氨酯热熔胶还用于书籍无线装订等。

# 21.3　反应型聚氨酯胶黏剂的组成及配方设计

## 21.3.1　主原料

低聚物多元醇（聚酯二醇、聚醚多元醇等）和多异氰酸酯（含二异氰酸酯）是聚氨酯的两大类主原料。

### 21.3.1.1　聚酯多元醇

聚酯多元醇（以聚酯二醇为主）是聚氨酯胶黏剂的重要原料，包括常规聚酯多元醇以及特种聚酯（聚己内酯多元醇和聚碳酸酯二醇）等。

（1）常规聚酯多元醇　常规聚酯多元醇是指以二元醇（包括少量三元醇）和二元酸（包括其酸酐和酯）通过缩聚或酯交换反应制备的聚酯多元醇，实际上以己二酸系聚酯二醇居多，一般是由己二酸（少量产品采用癸二酸、邻苯二甲酸酐、对苯二甲酸、丁二酸等，或两种并用），与乙二醇（EG）、1,2-丙二醇（PG）、1,4-丁二醇（BDO）、一缩二乙二醇（二甘醇、DEG）、新戊二醇（NPG）、2-甲基丙二醇（MPD）、1,6-己二醇（HDO）等二元醇中的一种或两种（以上）缩聚而成。三羟甲基丙烷（TMP）、丙三醇（甘油）也可少量用于聚酯多元醇的合成，起调节支化度的作用。聚酯多元醇的官能度一般不超过 3，部分高官能度聚酯多元醇的平均官能度在 2.5～2.6。

偶数碳原子的二元醇（如 1,4-丁二醇、1,6-己二醇）与己二酸制得的聚酯二醇结晶性较高，多用于要求有高初粘强度的聚氨酯胶黏剂的生产。带侧基的二醇如新戊二醇等制备的聚酯二醇具有较好的柔韧性和耐水解性。

芳香族聚酯二醇多为淡黄色至棕红色透明黏稠液体。其制造方法与脂肪族聚酯多元醇相似，常用的芳香族聚酯采用苯酐或对苯二甲酸为主要二元酸原料，以一缩二乙二醇为二元醇原料。大部分芳香族聚酯二醇高羟值、稍低分子量。芳香族聚酯二醇含苯环，黏度较大。

（2）聚己内酯多元醇　聚 ε-己内酯（PCL）多元醇是由单体 ε-己内酯和起始剂（二醇、三醇或醇胺）在催化剂（钛酸四丁酯、辛酸亚锡等）存在下经开环聚合而成。聚己内酯多元醇官能度取决于所用多元醇起始剂的官能度，具有低色度（无色透明）、高纯度（分子量分布窄）等特点，黏度（包括熔融黏度）比一般聚酯二醇的低。工业化产品以聚己内酯二醇和聚己内酯三醇居多。其分子量范围通常在 300～4000。

聚己内酯二醇的结构式如下：

$$H \pm O-CH_2CH_2CH_2CH_2-\overset{\overset{O}{\|}}{C}-O-R-O-\overset{\overset{O}{\|}}{C}-CH_2CH_2CH_2CH_2CH_2-O \pm H$$

聚 ε-内酯二醇制成的聚氨酯材料具有良好的结晶性，它们的水解稳定性也比己二酸系聚酯二醇的好。低酸值聚己内酯二醇制得的聚氨酯，耐水解性能更优异。

PCL 一般用于特殊聚氨酯弹性体、胶黏剂、涂料等，聚氨酯具有较高的拉伸强度和优良耐烃类溶剂和耐化学品性能。通常，PCL 型聚氨酯有一定的生物降解性能，建议避免接触细菌。

（3）聚碳酸酯二醇　聚碳酸酯二醇（PCDL）有两类，一种是传统的高结晶性高性能聚碳酸酯二醇，另一种是近年来开发的低结晶性聚醚碳酸酯二醇。前者应用较后者多，后者还在推广应用中。

聚碳酸酯二醇一般是以小分子二醇为起始剂，与碳酸二甲酯或二苯基碳酸酯进行酯交换反应制得。起始剂对 PCDL 的外观、物性有较大的影响。

典型 PCDL 产品是以 1,6-己二醇为起始剂，实际上是聚碳酸-1,6-己二醇酯二醇（聚六亚甲基碳酸酯二醇、PHCDL），其结构式如下：

$$\text{HO}-(\text{CH}_2)_6-\text{O}-\overset{\overset{\displaystyle O}{\|}}{\text{C}}-\text{O}-(\text{CH}_2)_6-\text{O}\overset{}{\underset{}{\big]}}_n\text{H}$$

PHCDL 常温下为白色蜡状固体，它用于热塑性聚氨酯弹性体、胶黏剂、PU 革、水性聚氨酯等产品，制得的聚氨酯具有优良的强度、耐候性、耐水解特性和耐磨性。常见聚碳酸酯二醇（PHCDL 型）产品的分子量为 2000 和 1000。少量用某些起始剂合成的 PCDL 产品常温下为液体。

近 20 年来，一种由二氧化碳和环氧丙烷、环氧乙烷、二醇起始剂为原料制脂肪族聚醚碳酸酯二醇的工业化技术被开发并逐渐成熟。制得的聚碳酸亚丙酯二醇（或聚碳酸亚乙酯二醇）为无色透明或乳白色黏稠液体，其特点是分子结构中聚碳酸亚丙酯二醇（PPC）含部分醚基，成本相对较低。

### 21.3.1.2 聚醚多元醇

分子主链中重复烃基单元由醚键（—O—）连接而成的低聚物多元醇称为聚醚多元醇。聚醚多元醇通常以多羟基、多氨基的化合物或醇胺为起始剂，以氧化丙烯（即环氧丙烷，PO）、氧化乙烯（EO）、四氢呋喃等环氧化合物为聚合单体，在氢氧化钾或双金属络合物催化剂存在下开环均聚或共聚而成。

（1）聚氧化丙烯及共聚醚多元醇（普通聚醚多元醇）　普通聚醚多元醇指聚氧化丙烯多元醇及聚氧化丙烯-氧化乙烯共聚醚多元醇，这类聚醚多元醇在聚氨酯行业消耗量很大，主要用于生产聚氨酯泡沫塑料，其官能度在 2～8，分子量在 200～8000。普通的聚醚多元醇还可细分为高活性聚醚多元醇、分子量分布极窄的低不饱和度高分子量聚醚多元醇等。另外还有含有 P、N 等元素或芳环、杂环结构的特种功能性聚醚多元醇。一般聚醚多元醇为清澈无色或浅黄色透明油状液体。

在聚醚多元醇分子结构中，醚键内聚能较低，并易于旋转，故由它制备的聚氨酯胶黏剂（固化物）低温柔顺性能好，耐水解性能优良，虽然机械性能不如聚酯型聚氨酯，但聚醚黏度低，易与多异氰酸酯、助剂等组分混合，可以直接配制无溶剂胶黏剂，可制造较低黏度的聚醚型聚氨酯预聚体，用作胶黏剂组分。

聚氨酯密封胶等在外露或者潮湿场合使用的胶黏剂基本上使用聚醚多元醇作原料。

用于制备聚氨酯预聚体的聚醚多元醇，一般要求其金属离子杂质含量极低（金属离子含量一般 ≤10mg/kg，甚至 ≤5mg/kg），否则可能在制备预聚体过程发生胶凝。目前用于聚氨酯弹性体类（CASE 材料）聚醚多元醇的钠、钾、钴或锌等金属离子含量一般都低于 0.001%。

聚氨酯胶黏剂所用聚醚多元醇，以分子量在 1000～3000 范围的聚醚二醇和聚醚三醇最常用，常用的聚氧化丙烯二醇是 210 聚醚（N-210，分子量约为 1000）和 220 聚醚（分子量约为 2000），聚醚三醇有分子量约为 3000 的聚氧化丙烯三醇（N-330）、聚氧化丙烯-氧化乙烯三醇（如 3050 等牌号），以及分子量约为 5000 的高活性聚醚（EO 封端的共聚醚三醇）。

（2）聚四氢呋喃二醇　聚四氢呋喃二醇（PTMEG，聚四亚甲基醚二醇）的结构式是 $\text{HO}[(\text{CH}_2)_4\text{O}]_n\text{H}$，是一种特殊的聚醚二醇，广泛用于高性能聚氨酯弹性体、聚氨酯纤维（氨纶）、PU 革和特殊胶黏剂。少量四氢呋喃与环氧丙烷或环氧乙烷的共聚醚用于特殊聚氨酯弹性体、胶黏剂。

常见的 PTMEG 产品分子量范围为 650～2900，熔点/凝固点范围为 11～38℃。

聚四氢呋喃二醇价格昂贵，含高活性的端伯羟基，是聚氨酯的高档原料。PTMEG 型聚氨酯弹性体具有较高模量和强度，耐水解、耐磨、耐霉菌、耐油性能优异，具有动态性能、电绝缘性能和低温柔性等。

### 21.3.1.3　其他低聚物多元醇

（1）聚烯烃多元醇　常见的聚烯烃多元醇主要是聚丁二烯多元醇（端羟基聚丁二烯液体橡胶、HTPB），还有端羟基聚丁二烯-丙烯腈（HTBN）、端羟基丁苯液体橡胶、氢化端羟基聚丁二烯等，除用于生产密封弹性体材料等，可用于配制无溶剂聚氨酯胶和军工用胶黏剂。这些多元醇的特点是链段具有疏水性，制得的聚氨酯胶黏剂等材料耐水解性能优异，还有优良的电绝缘性、耐酸碱性、低温柔顺性，对低极性材料的黏附性较好，气密性优良，湿气透过率非常低。特别适合用于耐水性、气密性等要求很高的聚氨酯弹性类材料，如水下密封胶、胶黏剂、密封件等。

由于 HTBN 分子链中含有极性氰基，除具有端羟基聚丁二烯的一般特性外，还具有良好的粘接性、耐油性、耐老化性、耐低温和电绝缘等性能。

（2）植物油多元醇　植物油多元醇是生物基多元醇的一种，来源于天然农副产品，是可再生资源。

蓖麻油是常见的天然植物油多元醇，为浅黄色液体，有轻微的特殊气味。蓖麻油是脂肪酸的甘油酯，其中约含 70％的甘油三蓖麻油酸酯和 30％甘油二蓖麻油酸酯单亚油酸酯等，含不饱和双键。蓖麻油的当量（分子量与官能度之比）约为 345，羟基平均官能度约为 2.7，典型酸值（以 KOH 计）为 163mg/g。精制后的精漂蓖麻油酸值（以 KOH 计）降到 1～2mg/g。

蓖麻油制得的聚氨酯制品具有良好的耐水（解）性、柔韧性、低温性能和电绝缘性。

蓖麻油可直接用于制造溶剂型及无溶剂聚氨酯胶黏剂、涂料、泡沫塑料等，也可改性后使用。

另外还可以由含不饱和脂肪酸的植物油通过双键的羟基化反应制备植物油多元醇，合适官能度和羟值的植物油多元醇可用于配制无溶剂聚氨酯胶黏剂。

（3）聚醚酯二醇　其中一种是聚酯醚二醇，是以短链聚酯为起始剂以聚醚制备工艺用环氧丙烷（也有四氢呋喃、环氧乙烷）开环制备的低聚物二醇；另一种是聚醚酯二醇，是以短链聚醚和其他多元醇与二酸为原料按聚酯合成方法制备的。聚醚酯二醇具有聚酯和聚醚的综合优点，取长补短。

### 21.3.1.4　多异氰酸酯

多异氰酸酯（含二异氰酸酯）是聚氨酯的主要原料之一，能与水、含羟基和其他活泼氢基团的化合物反应。

（1）甲苯二异氰酸酯　甲苯二异氰酸酯（TDI）有 2,4-TDI 和 2,6-TDI 两种异构体，结构式为：

甲苯二异氰酸酯分子量为 174.15，—NCO 质量分数约为 48.2％。

工业品以 2,4-异构件和 2,6-异构体 80：20 质量比或摩尔比的混合物（TDI-80、TDI-80/20）为主，还有纯 2,4-TDI（又称 TDI-100）和 TDI-65 产品。用于聚氨酯胶黏剂的多是 TDI-80 和 TDI-100，其中 TDI-100 结构规整，多用于合成结构规整的聚氨酯预聚体。

常温下 TDI 为无色或微黄色有特殊刺激性气味的低黏度透明液体，黏度（20℃）为 3.2mPa·s。TDI 不溶于水，溶于有机溶剂等。TDI 在 10℃ 以下放置会产生白色结晶，使用前需熔化均匀。

与纯 MDI 相比，TDI 熔点低，常温液态使用方便，但蒸气压相对较高，蒸汽有刺激性气味和毒性。

TDI 工业品的纯度（TDI 异构体的总量）一般都在 99.5% 以上，酸度和水解氯等指标会影响 TDI 与多元醇的反应活性。

（2）二苯基甲烷二异氰酸酯及液化 MDI　二苯基甲烷二异氰酸酯（MDI）一般有 4,4'-MDI、2,4'-MDI 和 2,2'-MDI 三种异构体，工业品以 4,4'-MDI 以及 4,4'-MDI/2,4'-MDI 的混合物为主。MDI 的蒸气压比 TDI 的低得多，常温下挥发性极低，几乎无气味。

MDI 的分子量为 250.2，—NCO 质量分数为 33.5%。结构式为：

4,4'-二苯基甲烷二异氰酸酯　　　2,4'-二苯基甲烷二异氰酸酯
（4,4'-MDI）　　　　　　　　　　（2,4'-MDI）

常用的纯 MDI 主要是指含 4,4'-MDI99.5% 以上的 MDI，又称 MDI-100，常温下是白色至微黄色固体，熔点为 39～43℃。MDI 可溶于大部分有机溶剂。纯 MDI 即使在低温贮存，贮存过程中也会缓慢形成不熔、不溶的二聚体，但低水平的二聚体（0.6%～0.8%）不影响 MDI 的外观及性能。如果短期内经常使用，建议不要反复冷却-熔化，可在 45℃ 左右的中低温干燥箱中存放，无需冷却，以免产生更多的二聚体。

高 2,4'-MDI 含量的 MDI 产品具有比 4,4'-MDI 低的反应活性和熔点。有的 MDI 厂家如万华化学公司有 MDI-50（两种异构体各一半）等不同 4,4'-MDI/2,4'-MDI 配比的混合物产品，一般当 MDI 中 2,4'-异构体含量大于 25%（质量分数）时，在常温下是液态，稍低温度仍会结晶，最佳贮存温度是 25～35℃。由较高 2,4'-异构体含量 MDI 制备的预聚体，其黏度比由 4,4'-MDI 制备的相同—NCO 含量预聚体的低。

与 TDI 相比，MDI 的主要优点包括有利于健康的低蒸气压（极低挥发）、分子结构对称使得聚氨酯强度好，缺点是固态纯 4,4'-MDI 操作不便、贮存过程中有不溶物产生、预聚体黏度偏大。

为了使 MDI 方便易用，除了掺混液态的 2,4'-MDI，还有对 MDI 进行化学改性而得到的液态产品，即液化 MDI（L-MDI）。最常用的 MDI 液化技术其一是通过在 4,4'-MDI 中加入少量二元醇改性（产生少量氨酯基，此方法即氨酯改性），其二通过催化自聚引入碳化二亚胺基团，得到液态的 MDI 改性物，即碳化二亚胺改性 MDI（C-MDI）。

C-MDI 是常见的 L-MDI，黏度低，为淡黄色液体，—NCO 质量分数一般在 28%～30%，平均官能度略大于 2.0。液化 MDI 在常温贮存比较稳定。

（3）异佛尔酮二异氰酸酯　异佛尔酮二异氰酸酯（IPDI）工业产品是含 75% 顺式异构体和 25% 反式异构体的混合物。

IPDI 的分子式为 $C_{12}H_{18}N_2O_2$，分子量为 222.3，—NCO 质量分数为 37.5%～37.8%。

IPDI 结构式为：

IPDI 常温下为无色或浅黄色液体，与有机溶剂完全混溶。IPDI 的蒸气压很低，常温下气味很小。它是使用较多的一种脂肪族二异氰酸酯单体。反应型比 TDI 和 MDI 等芳香族异氰酸酯低，一般可在 80～90℃进行预聚体合成反应，制备的聚氨酯胶黏剂无色或浅色，胶层的长期耐黄变性能好。

（4）多亚甲基多苯基异氰酸酯　多亚甲基多苯基异氰酸酯别名为多芳基多异氰酸酯、多亚甲基多苯基多异氰酸酯等，简称 PAPI、粗 MDI、聚合 MDI、PMDI，实际上它是一种含有不同官能度的多亚甲基多苯基多异氰酸酯的混合物，结构式如下。

$n=0,1,2,3,\cdots$

通常单体 MDI（结构式中 $n=0$ 的二异氰酸酯）占混合物总量的 50%左右，其余均是 3～6 官能度的低聚异氰酸酯。PAPI 常温下为褐色至深棕色中低黏度液体，不同的产品黏度范围在 100～2000mPa·s，相对密度（20℃）约为 1.238。凝固点约为 5℃。PAPI 的产品牌号较多。各种 PAPI 产品的区别主要在于所含的 4,4'-MDI 和 2,4'-MDI 以及各种官能度的多亚甲基多苯基多异氰酸酯的比例不同，因而平均官能度、反应活性不同。多数 PAPI 产品的官能度在 2.2～3.0。标准级聚合 MDI 的平均官能度约为 2.7，黏度为 100～300mPa·s，约含 50%的 MDI，—NCO 质量分数约为 31%～32%。其他 PAPI 和改性聚合 MDI 的平均官能度一般在 2.3～2.6，用于高密度软泡、胶黏剂等领域。

PAPI 可用于生产无溶剂聚氨酯胶黏剂、发泡型聚氨酯胶黏剂、木材胶黏剂、碎木胶黏剂等。PAPI 分子中含有多个刚性苯环，并且具有较高的平均官能度，制得的聚氨酯制品较硬且耐溶剂。

（5）其他二异氰酸酯　六亚甲基二异氰酸酯（HDI）的结构式为 $OCN(CH_2)_6NCO$，分子量为 168.2，常态下为无色或浅黄色低黏度液体，有轻微的刺激性气味。

4,4'-二环己基甲烷二异氰酸酯（HMDI、$H_{12}MDI$、氢化 MDI），在室温下为无色至浅黄色液体，有刺激性气味，在温度低于 25℃时可能会结晶。它是结构对称的脂肪族二异氰酸酯，制备的聚氨酯强度较高。

二异氰酸酯单体品种较多，其他的如间苯二亚甲基二异氰酸酯（$m$-XDI）、3,3'-二甲基-4,4'-联苯二异氰酸酯（TODI）、氢化 XDI、三甲基-1,6-六亚甲基二异氰酸酯（TMHDI）、四甲基间苯二亚甲基二异氰酸酯（$m$-TMXDI）、1,4-苯二异氰酸酯（PPDI）、1,5-萘二异氰酸酯（NDI）1,4-环己烷二异氰酸酯（CHDI）等，因价高量少，较少用于聚氨酯胶黏剂。

脂肪族二异氰酸酯的反应活性比 TDI、MDI 等芳香族二异氰酸酯的低，制备的聚氨酯耐黄变。

## 21.3.2　助剂

（1）扩链剂和交联剂　虽然单用低聚物多元醇和多异氰酸酯可以合成聚氨酯，但如果需得到良好的力学性能和耐久性能，扩链剂、交联剂不可或缺。二醇扩链剂可以用于合成预聚体，二元醇、二元胺和交联剂可配入固化剂组分。二醇类扩链剂及固化剂主要有 1,4-丁二醇、乙二醇、一缩二乙二醇、1,6-己二醇等，二元胺扩链剂（固化剂）有 3,3'-二氯-4,4'-二苯基甲烷二胺（MOCA）、3,5-二甲硫基甲苯二胺（DMTDA）、1,4-双仲丁氨基苯、4,4'-双仲丁氨基二苯基甲烷及脂肪族二仲胺等。交联剂有甘油、三羟甲基丙烷、三乙醇胺、低分子量聚醚多元醇、二乙醇胺、$N,N$-双（2-羟丙基）苯胺等。用于制备水性聚氨酯胶的亲水性扩链剂有二羟甲基丙酸、二羟甲基丁酸、乙二胺基乙磺酸钠等。

（2）催化剂　催化剂的功能主要是选择性加速反应，缩短反应时间。在胶黏剂的制备反应过程中，及配制双组分胶时，均可加入催化剂。聚氨酯胶黏剂常用催化剂主要有有机金属化合物和叔胺催化剂两大类。如果要求固化过程不要有气泡产生，一般采用有机金属催化剂如有机锡（辛酸亚锡、二月桂酸二丁基锡）化合物、有机锌化合物、有机铋化合物。叔胺催化剂对促进异氰酸酯与水的反应特别有效，在聚氨酯胶黏剂中较少采用，特殊的发泡型聚氨酯胶会用到叔胺催化剂。

（3）溶剂及增塑剂　溶剂的作用主要是作为介质、降低黏度、改善操作性。溶剂型聚氨酯胶组分合成过程一般需用基本上不含水、醇等杂质的高纯度"氨酯级溶剂"。溶剂的种类和纯度对合成反应速率、产物黏度等有影响。溶剂型聚氨酯胶黏剂常用的有机溶剂有醋酸乙酯、醋酸丁酯、甲乙酮、丙酮、甲苯等。

增塑剂可以用于降低黏度、降低硬度，有磷酸酯类和芳香族酯类等。在密封胶等配方中可以少量用到。

（4）填料和颜料　填料用于降低生产成本。填料用量需适当，过量使用填料会明显降低强度、弹性等性能。固体填料的粒径以纳米级和微米级的最好。常用的无机填料有碳酸钙、高岭土（陶土、瓷土）、分子筛粉末、滑石粉、硅灰石粉、钛白粉、水泥、粉煤灰、炭黑、金属粉等。一般在混入填料的同时需添加填料分散剂，可降低填料的用量或降低体系黏度。无机填料可改善胶层硬度或其他性能（阻燃、补强、耐热、降低收缩应力和热应力）。

颜料有无机颜料和有机颜料之分。有些有机颜料可溶于有机溶剂。某些无机填料同时又是体质颜料。也可以在双组分胶黏剂的羟基组分中配入色浆，色浆使用方便。

（5）触变剂　触变剂可以使聚氨酯密封胶、胶黏剂在垂直面、顶面施工时不流淌，胶条不下垂，还可以改善填料的沉降性能。触变剂有气相二氧化硅、纤维状滑石粉、水合硅酸铝、表面处理碳酸钙、乙炔炭黑、有机膨润土、脲类衍生物、氢化蓖麻油衍生物等。

气相二氧化硅触变剂辅以触变助剂，效果更好。

（6）抑泡剂和除水剂　聚氨酯胶中的—NCO与水反应会产生二氧化碳，而在胶层中产生气泡，影响粘接性能。要消除发泡的隐患，对原料和助剂除水是常用方法，除了对液体原料抽真空脱水、对无机填料烘干处理，还可以用化学除水剂除去羟基组分、溶剂中的水分，化学除水剂可在常温下与水反应，化学除水剂有对甲苯磺酰异氰酸酯（简称 TI，与水反应生成二氧化碳和甲苯磺酰胺，用量为所含水分的 10 倍）、原甲酸三乙酯、噁唑烷等。另外，可以用分子筛粉末之类的物理性吸附剂吸附水分，用氧化钙微粒或氧化钙增塑剂糊与水反应，同时氧化钙水化物也与二氧化碳反应，抑制气泡。

（7）阻燃剂　阻燃剂用于有阻燃要求的领域，如电器灌封胶、某些汽车胶等领域。液态添加型阻燃剂有三(2-氯丙基)磷酸酯（TCPP）、三(二氯丙基)磷酸酯（TDCPP）等卤代磷酸酯，三乙基磷酸酯、甲基磷酸二甲酯（DMMP）等磷酸酯，需注意液态阻燃剂有增塑效应，可降低胶膜的强度和硬度。固态添加型阻燃剂有三聚氰胺（密胺）及其衍生物、膨胀性石墨粉末、聚磷酸铵及其复合物（微胶囊包覆聚磷酸铵）、氢氧化铝粉末等，需注意无机阻燃剂类似于填料，容易沉淀，可在调配胶黏剂时作为第三组分加入。另外还可以在制备胶黏剂时采用含磷、氮或（和）卤素的阻燃多元醇等反应性阻燃剂，如三(一缩二丙二醇)亚磷酸酯、三(聚氧化烯烃)磷酸酯、三(聚氧化烯烃)亚磷酸酯、$N,N$-二(2-羟乙基)氨基甲基膦酸二甲酯等。

（8）稳定剂及耐久性助剂　稳定性助剂改善胶的耐久性、耐黄变或耐水解性。例如在有颜色要求的场合可添加苯并三唑类紫外光吸收剂、受阻胺类光稳定剂。在有耐温耐候要求的聚氨酯胶黏剂的配方中可配入少量抗氧剂，主要用于防止聚氨酯热氧降解，主要有自由基链封闭剂（受阻酚和芳香族仲胺）、过氧化物分解剂（硫酯和亚磷酸酯）。在聚酯型聚氨酯胶黏剂中可添加水解稳定剂，如碳化二亚胺及其衍生物和环氧化合物。涉水场合还可以添加微量的杀菌/防霉剂，如异噻唑啉酮衍生物等。

为了改善预聚体的贮存稳定性，可以添加微量苯甲酰氯或类似物或无水磷酸。

（9）偶联剂　硅烷类和钛酸酯类偶联剂可直接使用，也可先处理填料，用于提高无机材料（含金属）与聚氨酯等聚合物树脂的结合力，偶联剂还可以用作底涂剂改善界面粘接性能。常见有机硅偶联剂有 $\gamma$-氨丙基三乙氧基硅烷（KH-550 或 A-1100）、$N$-$\beta$-（氨乙基）-$\gamma$-氨丙基三甲氧基硅烷（A-1120）、$\gamma$-缩水甘油氧丙基三甲氧基硅烷（KH-560 或 A-187）等。

## 21.3.3　反应型聚氨酯胶的配方设计

胶黏剂的设计是以获得最终使用性能为目的，对聚氨酯胶黏剂进行配方设计，要考虑到所制成的胶黏剂的施工性（可操作性）、固化条件及粘接强度、耐热性、耐化学品性、耐久性等性能要求。这些性能主要取决于原料及聚氨酯固化物的化学结构。

### 21.3.3.1　从原料角度对聚氨酯胶黏剂制备进行设计

从原料的角度对聚氨酯胶黏剂进行配方设计，其方法有两种：

（1）由原料直接配制　最简单的聚氨酯胶黏剂配制法是—OH 类原料和—NCO 类原料（或及添加剂）简单地混合、直接使用。这种方法在聚氨酯胶黏剂配方设计中不常采用，原因是大多数低聚物多元醇分子量较低（通常聚醚 $M_n<6000$，聚酯 $M_n<3000$），因而所配制的胶黏剂组合物初粘力小。

有几种情况可用上述方法配成聚氨酯胶黏剂。①由高分子量聚酯（$M_n=5000\sim50000$）的有机溶液与 TDI-TMP 加成物多异氰酸酯溶液组成的双组分聚氨酯胶黏剂，可用于复合层压薄膜等用途，性能较好。这是因为其主成分高分子量聚酯本身就有较高的初始粘接力，组成的胶黏剂内聚强度大。②由组合聚醚（含聚醚多元醇或聚酯、催化剂等）与 PAPI 等配成的发泡型聚氨酯胶黏剂，用于保温材料等的粘接、制造等用途，有一定的实用价值。

（2）用聚氨酯预聚体进行配制　为了提高胶黏剂的初始黏度，通常把聚醚或聚酯多元醇与 TDI 或 MDI 单体反应，制成端—NCO 或—OH 的聚氨酯预聚体，作为异氰酸酯组分或羟基组分使用。

### 21.3.3.2　从使用形态的要求对聚氨酯胶进行设计

从聚氨酯胶黏剂的使用形态来分，主要有单组分和双组分。

（1）单组分聚氨酯胶黏剂　单组分聚氨酯胶黏剂的优点是可直接使用，不像双组分胶黏剂在使用前需调胶。单组分聚氨酯胶黏剂主要有两种类型：

a. 单组分湿固化聚氨酯胶黏剂。这种聚氨酯胶黏剂主要成分是端—NCO 预聚体，它利用空气中微量水分及基材表面微量吸附水而固化，还可与基材表面活性氢基团反应形成牢固的化学键。这种类型的聚氨酯胶一般为无溶剂聚醚型，另外有三异氰酸酯的溶液如列克纳胶也可用作单组分湿固化聚氨酯胶黏剂。此类胶中游离—NCO 含量究竟以多少为宜，应根据胶的黏度（影响可操作性）、涂胶方式、涂胶厚度及被粘物类型等而定，并要考虑胶的储存稳定性。

b. 单组分溶剂型聚氨酯胶黏剂。主成分为高分子量端羟基线型聚氨酯，常态是固体，需溶解在有机溶剂中形成液态胶黏剂，溶剂挥发，胶的黏度迅速增加，产生初粘力。常温放置后该类型聚氨酯弹性体中链段结晶，可进一步提高粘接强度。这种类型的单组分聚氨酯胶一般以结晶性聚酯作为聚氨酯的主要原料。

（2）双组分聚氨酯胶黏剂　双组分聚氨酯胶黏剂由含端羟基的主剂（聚氨酯多元醇或高分子聚酯多元醇）和含端—NCO 基团的固化剂组成，与单组分胶相比，双组分胶性能好，粘接强度高，且同一种双组分聚氨酯胶黏剂，两组分配比可允许一定的范围（配制宽容度好），可以此调节固化物的性能。两组分的配比以固化剂稍过量，即有微量—NCO 基团过剩为宜，如此可保证胶黏剂产生足够的交联。

### 21.3.3.3　根据性能要求设计聚氨酯胶

若对聚氨酯胶黏剂有特殊的性能要求，应根据聚氨酯结构与性能的关系进行配方设计。

不同基材，不同应用领域，操作和使用环境的差异，往往对聚氨酯胶有一些特殊要求，如在工业化生产线上使用的聚氨酯胶，要求快速固化；复合软包装薄膜用的聚氨酯胶黏剂，要求耐酸耐水解，其中耐蒸煮软包装用胶黏剂还要求有一定程度的高温粘接力等。

（1）耐高温　聚氨酯胶黏剂普遍耐高温性能不足。若要在特殊耐温场合使用，有几种方法可提高聚氨酯胶的耐热性，如：采用含苯环或杂环（甚至含异氰脲酸酯环）的主原料；提高异氰酸酯及扩链剂（它们组成硬段）含量；提高固化剂用量；固化时产生三聚反应；用比较耐温的环氧树脂或聚砜酰胺等树脂与聚氨酯共混改性，而采用 IPN 技术是提高聚合物相溶性的有效途径。

（2）耐水解性　普通聚酯型聚氨酯胶黏剂的耐水解性较差，可添加水解稳定剂进行改善。为了提高聚酯本身的耐水解性，可采用长链二元酸及二元醇原料（如癸二酸、1,6-己二醇等）以及含侧链的二元醇合成。聚醚的耐水解性较好，有时可与聚酯并用制备聚氨酯胶黏剂。在胶黏剂配方中添加少量有机硅偶联剂，也能提高胶黏层的耐水解性。

（3）快速固化　添加催化剂或提高固化温度是加快固化的主要方法。提高主剂的分子量、使用可产生结晶性聚氨酯的原料，也是提高初粘力和固化速度的有效方法。有时加入少量三乙醇胺这类有催化性的交联剂，有助于提高初粘力。对于无溶剂结构胶，可使用芳香族二胺类扩链剂，既提高强度又加快固化。

# 21.4　聚氨酯的常见化学反应及化学结构与性能的关系

## 21.4.1　聚氨酯的常见化学反应

（1）异氰酸酯与羟基化合物的反应　这类反应是聚氨酯合成中最常见的反应，也是聚氨酯胶黏剂制备和固化过程最基本的反应，反应式如下：

$$R—NCO + R'—OH \longrightarrow RNHCOOR'（氨基甲酸酯）$$

多元醇与多异氰酸酯生成聚氨基甲酸酯（简称聚氨酯、PU）。

（2）异氰酸酯与水的反应　异氰酸酯（R—NCO）与水反应，首先生成不稳定的氨基甲酸（R—NHCOOH），很快分解成二氧化碳及胺（R—NH$_2$）；在过量的异氰酸酯存在下，所生成的胺与异氰酸酯继续反应生成取代脲（RNHCONHR）。

$$2R—NCO + H_2O \longrightarrow RNHCONHR + CO_2$$

多异氰酸酯型胶黏剂以及湿固化胶黏剂的固化反应基于该反应式。

（3）异氰酸酯与氨基化合物的反应

$$R—NCO + R'R''NH \longrightarrow R—NH—\overset{\displaystyle O}{\overset{\|}{C}}—NR'R''$$

$$R-NCO + R'NH_2 \longrightarrow R-NH-\overset{\overset{\displaystyle O}{\|}}{C}-NHR'$$

因伯胺活性太大，一般应在室温反应，常用的二元胺是活性较为缓和的位阻型胺，如芳香族二胺（MOCA 等）、二元仲胺等。

（4）异氰酸酯与脲的反应

$$R-NCO + R'-NH-\overset{\overset{\displaystyle O}{\|}}{C}-NH-R'' \longrightarrow R-NH-\overset{\overset{\displaystyle O}{\|}}{C}-\underset{\underset{\displaystyle R'}{|}}{N}-\overset{\overset{\displaystyle O}{\|}}{C}-NH-R''$$

缩二脲

（5）异氰酸酯与氨基甲酸酯的反应

$$R-NCO + R'-NH-\overset{\overset{\displaystyle O}{\|}}{C}-R'' \longrightarrow R-NH-\overset{\overset{\displaystyle O}{\|}}{C}-\underset{\underset{\displaystyle R'}{|}}{N}-\overset{\overset{\displaystyle O}{\|}}{C}-R''$$

脲基甲酸酯

（4）、（5）两个反应为体系中过量的或尚未参加扩链反应的异氰酸酯基与脲基或氨基甲酸酯基在较高温度（120℃以上）或某些催化剂存在下进行的支化和交联反应，可提高胶粘接头的粘接强度，提升耐热性。

几种基团与异氰酸酯的反应速率大小顺序为：氨基＞伯羟基＞仲羟基≈水＞羧基＞脲基＞氨基甲酸酯基。

（6）异氰酸酯与某些化合物合成封闭异氰酸酯的反应　异氰酸酯也可与酚类化合物、己内酰胺、丁酮肟、丙二酸二甲酯、亚硫酸氢钠等发生反应。由于这类反应是可逆反应，在较高温度下可解离，在有羟基加催化剂、伯氨基的存在下可降低解封闭温度，生成更加稳定的氨基甲酸酯或脲。因此，这种反应也称为异氰酸酯的封闭反应，其逆反应称解封闭反应。

（7）异氰酸酯的自聚反应　MDI、TDI 等芳香族异氰酸酯在室温下可缓慢产生二聚体，但无催化剂时此过程很慢。可用膦、吡啶、叔胺等催化剂催化。这是一个可逆反应，二聚体在高温下可解离成原来的异氰酸酯单体，也可在碱性催化剂存在下直接与醇或胺反应。特殊情况下利用这个反应制备室温稳定的高温固化聚氨酯胶黏剂。一般脂肪族的异氰酸酯不能生成二聚体。

$$2\ ArNCO \ \rightleftharpoons \ Ar-\underset{\underset{\displaystyle O}{\|}}{N}\overset{\overset{\displaystyle O}{\|}}{\underset{}{}}N-Ar$$

脂肪族或芳香族异氰酸酯在催化剂如膦、叔胺或有机金属化合物存在下可发生三聚反应。三聚反应是不可逆反应。可利用这个反应引入支化交联和耐热的异氰脲酸酯六元杂环，提高聚氨酯胶层的耐热性。

$$3\ R-NCO \ \longrightarrow$$

异氰脲酸酯

在氧化膦催化及加热条件下，异氰酸酯可自聚生成碳化二亚胺。碳化二亚胺也可以用于塑料及胶黏剂等的除水剂。

$$2R—NCO \longrightarrow R—N=C=N—R+CO_2$$

异氰酸酯还可以与巯基、羧基等基团反应，比较少见。

## 21.4.2　聚氨酯化学结构与性能的关系

作为胶黏剂的主体树脂，聚氨酯的结构与性能对粘接性能有着举足轻重的影响。

聚氨酯是一种含软链段和硬链段的嵌段共聚物。软段来源于低聚物多元醇（通常是聚醚或聚酯二醇），硬段由多异氰酸酯或其与扩链剂/交联剂构成。

～软段～ 硬段 ～软段～ 硬段 ～软段～

由于软段和硬段的热力学不相容性，会产生微观相分离，形成微相区。氨酯基和脲基形成的氢键对硬段相区的形成有较大的贡献，软段相极性相对较弱且相区体积大。聚氨酯的独特的柔韧性和宽范围的优良物性可用两相形态学来解释，这是产生适度相分离的结果。聚氨酯的硬段相区起增强作用，提供物理交联，软段基体被硬段相区交联（见图 21-1）。

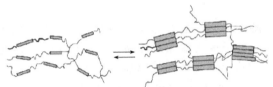

图 21-1　聚氨酯分子结构软硬段模型

### 21.4.2.1　软段对性能的影响

低聚物多元醇（软段）的分子量通常在 600～3000。一般来说，软段在 PU 中占大部分，不同的低聚物多元醇与二异氰酸酯制备的 PU 性能各不相同。表 21-1 列出了低聚物多元醇的种类与所制 PU 性能的关系。

表 21-1　低聚物多元醇的种类与所制 PU 性能的关系

| 低聚物 | 结晶性 | 耐寒性 | 耐水性 | 耐热性 | 耐油性 | 强度 |
|---|---|---|---|---|---|---|
| 聚氧化丙烯二醇（PPG） | × | ◎ | ◎ | △ | △ | △ |
| 聚氧化乙烯二醇（PEG） | ○ | ◎ | × | ○ | △ | ○ |
| 聚四氢呋喃醚二醇（PTMG） | ○ | ◎ | ◎ | ○ | △ | ○ |
| 共聚醚二醇 P(EO/PO) | × | ◎ | ○ | △ | △ | ○ |
| 共聚醚二醇 P(THF/EO) | × | ◎ | ◎ | ○ | △ | ○ |
| 共聚醚二醇 P(THF/PO) | × | ◎ | ◎ | △ | △ | ○ |
| 聚己二酸乙二醇酯二醇（PEA） | ○ | △ | △ | ◎ | ◎ | ◎ |
| 聚己二酸一缩二乙二醇酯二醇（PDEA） | × | △ | × | ◎ | ◎ | ◎ |
| 聚己二酸-1,2-丙二醇酯二醇（PPA） | × | △ | △ | ◎ | ◎ | ◎ |
| 聚己二酸-1,4-丁二醇酯二醇（PBA） | ◎ | △ | ○ | ◎ | ◎ | ○ |
| 聚己二酸-1,6-己二醇酯二醇（PHA） | ◎ | △ | ○ | ◎ | ◎ | △ |
| 聚（己二酸新戊二醇酯）二醇（PNA） | × | △ | ◎ | ◎ | ◎ | ○ |
| P(E/DE)A 无规共聚酯二醇 | △ | △ | × | ◎ | ◎ | ◎ |
| P(E/P)A 无规共聚酯二醇 | △ | △ | △ | ◎ | ◎ | ◎ |
| P(E/B)A 无规共聚酯二醇 | △ | △ | ○ | ◎ | ◎ | ○ |
| P(H/N)A　无规共聚酯二醇 | △ | △ | ◎ | ◎ | ◎ | △ |
| 聚 ε-己内酯二醇（PCL） | ◎ | △ | ○ | ◎ | ◎ | ◎ |
| 聚六亚甲基碳酸酯二醇（PHCDL） | ◎ | △ | ◎ | ◎ | ◎ | ◎ |
| 聚硅氧烷多元醇 | × | ◎ | ◎ | ○ | × | × |

注：1. A 己二酸，E 乙二醇，B 丁二醇，P 丙二醇，H 己二醇，DE 一缩二乙二醇，N 新戊二醇，首写 P 表示"聚"，THF 四氢呋喃，PO 氧化丙烯，EO 氧化乙烯。

2. ×：差；△：一般；○：良好；◎：优。

聚酯型 PU 比聚醚型 PU 具有较高的强度和硬度，主要归因于酯基（—COO—）的极性大，酯键的内聚能（12.2kJ/mol）比醚键（—C—O—C—）的内聚能（4.2kJ/mol）高，软链段分子间作用力大，内聚强度较大，机械强度就高。并且由于酯键的极性作用，聚酯型 PU 与极性基材的黏附力比聚醚型的优良，抗热氧化性也比聚醚型好，但多数聚酯型 PU 不耐水解。由于醚键较易旋转，具有较好的柔顺性，聚醚型 PU 有优越的低温性能，并且耐水解性好。

软段的结晶性对聚氨酯的强度有较大的影响。特别在受到拉伸时，由于应力而产生的结晶化（链段规整化）程度越大，拉伸强度越大。聚醚或聚酯链段结构单元的规整性影响着 PU 的结晶性。聚四氢呋喃型聚氨酯比聚氧化丙烯型聚氨酯具有较高的机械强度和粘接强度。

结晶作用能成倍地增加粘接层的内聚力和粘接力。例如以高结晶性的聚己二酸丁二醇酯二醇为软段的高分子量线型 PU 制成的胶黏剂，初黏性好，即使不用固化剂也能得到高强度的粘接物。而含侧基的聚酯结晶性差，但侧基对酯键起保护作用，能改善 PU 的抗热氧化、耐水和抗霉菌性能。用长链二元羧酸或芳族二元羧酸等制得的聚酯型 PU 耐水解、耐热性均有提高。

软段的分子量对聚氨酯的力学性能有影响，一般来说，假定制得的 PU 分子量相同，聚酯型 PU 的强度随聚酯二醇分子量的增加而提高，聚醚型 PU 的强度随聚醚二醇分子量的增加而下降。这是因为聚酯型软段本身极性就较强，分子量大则结构规整性高，对改善强度有利；而聚醚软段极性较弱，若聚醚分子量增大，则 PU 中硬段的相对含量就减小，强度下降。

### 21.4.2.2 硬段对性能的影响

硬段由多异氰酸酯或多异氰酸酯与扩链剂组成。异氰酸酯的结构对 PU 材料的性能有很大影响。与不对称二异氰酸酯（如 TDI）相比，对称性环状结构二异氰酸酯（如 MDI）制备的 PU 具有较高的模量和撕裂强度，这归因于产生结构规整有序的相区结构，能促进聚合物链段结晶。芳香族异氰酸酯制备的 PU 由于具有刚性芳环，其硬段内聚强度增大，PU 强度一般比脂肪族异氰酸酯型 PU 的大，但芳香族聚氨酯抗 UV 降解性能较差，易泛黄，不能作浅色涂层胶或透明印刷品复合用胶黏剂。脂肪族 PU 则不会泛黄。芳香族 PU 比脂肪族 PU 的抗热氧化性能好。

扩链剂对 PU 性能也有影响。芳香族扩链剂比脂肪族扩链剂赋予 PU 更好的强度。二元胺扩链剂能形成脲键，脲键的极性比氨酯键强，因而二元胺扩链的 PU 比二元醇扩链的 PU 具有较高的强度和黏附性。

硬段中可能出现由异氰酸酯反应形成的几种基团，其热稳定性顺序如下：

异氰脲酸酯＞脲＞氨基甲酸酯＞缩二脲＞脲基甲酸酯

其中最稳定的异氰脲酸酯在 270℃ 左右才开始分解。氨酯键的热稳定性随着邻近氧原子碳原子上取代基的增加及异氰酸酯反应型的增加或立体位阻的增加而降低。

因为硬段部分对 PU 的性能贡献较大，所以这些因素影响胶层的热稳定性。

硬段含量增加通常使硬度增加、弹性降低，且一般来说，聚氨酯的内聚力和粘接力也得到提高。

### 21.4.2.3 分子量、交联度对性能的影响

对于热塑性（线型）聚氨酯（TPU）来讲，分子量大则强度高，TPU 作为胶黏剂的主成分，胶层耐热性好，但加工性能/流动性差。但对于大多数反应型 PU 胶黏剂体系来说，

PU 分子量对胶黏剂粘接强度的影响，主要应从固化前的分子扩散能力、官能度及固化产物的韧性、交联密度等综合因素来看。分子量小则分子活动能力和胶液的润湿能力强，是形成良好粘接的一个条件，倘若固化时分子量增长不够，则粘接强度仍较差。

胶黏剂中预聚体（常规的端异氰酸酯基预聚体及端羟基的聚氨酯主剂）的分子量大则初始粘接强度好，分子量小则初粘力小。

一定程度的交联，可提高胶黏剂的粘接强度和胶层的耐热性、耐水解性、耐介质性。过分的交联影响聚氨酯的结晶和微观相分离，可能会损害胶层的内聚强度。

### 21.4.2.4　添加剂对性能的影响

除了上述通过改变聚氨酯的化学结构来提高粘接强度及耐热、耐水等性能外，还可以采用添加剂改善粘接性能。

偶联剂的加入有利于提高 PU 胶黏剂的粘接强度、耐湿热性能。

通常无机填料能提高剪切强度，提高胶黏层的耐热性，降低膨胀率及收缩率，多数情况会降低剥离强度。并且填料的添加需适量，用量过大可使胶层的强度降低。

加各种稳定剂（如抗氧剂、水解稳定剂）可防止因氧化、水解、热解等引起的粘接强度降低，提高粘接耐久性。如碳化二亚胺水解稳定剂，可与聚酯型聚氨酯水解产物之一的羧酸反应，生成相对稳定的酰基脲，这样就抑制由于羧酸的作用对聚酯骨架的进一步的水解。

$$R-N=C=N-R' + R''-\overset{O}{\overset{\|}{C}}-OH \longrightarrow R-\overset{H}{\overset{\|}{N}}-\overset{O}{\overset{\|}{C}}-\underset{R'}{N}-\overset{O}{\overset{\|}{C}}-R''$$

# 21.5　单组分反应型聚氨酯胶黏剂

## 21.5.1　常规湿固化聚氨酯胶黏剂

湿固化聚氨酯胶黏剂，也称作潮气固化型聚氨酯胶黏剂，它通过空气中的水分或被粘物表面吸附的潮气进行固化。最常见的湿固化聚氨酯胶黏剂是以端异氰酸酯基（—NCO）预聚体为主要成分，端—NCO 是主要反应基团。预聚体的分子量一般在一千到几千，黏度不是很高，所以大多数情况下可以配制成无溶剂胶黏剂。湿固化聚氨酯胶黏剂对水比较敏感，需隔绝空气密闭保存。

（1）固化机理及配方设计原则　在湿固化聚氨酯胶固化过程中，水与异氰酸酯基（—NCO）反应产生二氧化碳气体和胺。胺再与另一分子中的—NCO 反应形成脲，并引起分子链增长，最终形成固态的高分子量聚氨酯-脲。如果胶黏剂中—NCO 含量较高，并且因环境湿度大且温度高而固化较快，则因为产生二氧化碳较快且多、来不及扩散就残留在固化的胶黏剂中，形成发泡的胶层，应避免这种情况。

该类胶黏剂产品种类较多，但缺点是固化太慢，$CO_2$ 气体的放出造成胶层有微量气泡存在，可能降低粘接强度。近来已出现许多改进方法，除了降低—NCO 含量，还可配入二氧化碳吸附剂或中和剂，以及配入噁唑烷潜固化剂等。

考虑到胶黏剂的黏度、固化速度等参数，湿固化胶所用的预聚体—NCO 含量不宜过高，一般在 2%～8%，也有些密封胶产品的—NCO 含量低于 2%。如果—NCO 含量高，则因为固化时水分不足，黏度增加缓慢，完全固化时间长，不实用。虽可以通过加湿加热以及添加催化剂的方法促进固化，但可能造成产生的二氧化碳气体来不及逸出，使胶层发泡，降低粘接强度。如果—NCO 含量低，则黏度高，胶黏剂固化快，对获得较高的初始强度有利，但可能导致在生产和贮存过程中不稳定。

催化剂对预聚体的贮存稳定性可能有不利影响，所以应考虑选用合适的催化剂及用量。

计算—NCO 的方法比较简单，预聚体的—NCO 质量分数 $w$（—NCO）可由下式来计算：

$$w(—NCO)=100\% \times (n_{—NCO}-n_{—OH}) \times 42/m$$

式中，$n_{—NCO}$ 是异氰酸酯原料中的—NCO 总量，mol；$n_{—OH}$ 是低聚物多元醇中的—OH 总量，mol；$m$ 是预聚体总量，g。

端—NCO 聚氨酯预聚体是由低聚物多元醇与过量多异氰酸酯反应而制得的。羟基原料通常采用聚醚二醇、聚醚三醇（偶有用聚酯二醇），也有采用蓖麻油的；湿固化胶一般用芳香族异氰酸酯，除了操作方便的 TDI，近年来蒸气压更小的 MDI（含液化 MDI、PAPI）被用于合成预聚体。如果部分其至全部采用聚醚三醇，或者蓖麻油，就需考虑合成过程产生凝胶的可能性，需通过试验来找到预聚体稳定性与—NCO 含量的平衡。

（2）预聚体及湿固化聚氨酯胶黏剂的用途 有如下几个主要应用领域：

粘接木材、皮革、玻璃、钢铁、泡沫塑料等物品。用作胶黏剂，把碎木、碎橡胶等粘接在一起，制造塑胶跑道、PU 橡胶砖、软木塞、刨花板等。例如，单组分湿固化聚氨酯可用于田径运动场地用聚氨酯橡胶跑道（塑胶跑道）的橡胶颗粒弹性层和胶面层的胶黏剂和胶料。

除了用于胶黏剂，湿固化的单组分聚氨酯预聚体，还用于单组分防水涂料、其他湿固化涂层和密封胶等。

（3）预聚体及湿固化聚氨酯胶黏剂配方实例 为了说明预聚体及其湿固化胶黏剂的组成和类型，介绍几个预聚体的合成配方实例。

【实例 1】湿固化胶黏剂用聚醚型预聚体的合成配方

配方 1：

| | |
|---|---|
| N-220（聚氧化丙烯二醇，$M=2000$） | 140kg |
| TDI（80/20） | 30kg |

配方 2：

| | |
|---|---|
| N-220（聚氧化丙烯二醇，$M=2000$） | 140kg |
| N-330（聚氧化丙烯三醇，$M=3000$） | 60kg |
| TDI（80/20） | 72kg |

【实例 2】含很少溶剂的一种湿固化胶黏剂配方

| | |
|---|---|
| 聚氧化丙烯多元醇（$M=3000$） | 51 份 |
| MDI | 26 份 |
| TDI（80/20） | 8.7 份 |
| 1,4-丁二醇 | 4.1 份 |
| 溶剂（醋酸乙酯） | 10 份 |

将上述四种原料混合，在 80℃反应 3h 后，降温，用 10 份溶剂稀释，制得—NCO 质量分数约为 7.3% 的预聚体。该预聚体可作为弹性基材的胶黏剂，具有耐水、柔韧性好、强度高等优点。

【实例 3】

| | |
|---|---|
| 配方：聚醚多元醇（$M=2800$） | 200 份 |
| TDI（80/20） | 50 份 |
| MDI | 50 份 |

| 辛酸亚锡 | 0.4 份 |
| 二月桂酸二丁基锡 | 0.2 份 |
| 萜烯酚醛树脂 | 20 份 |
| 烃类溶剂 | 10 份 |
| 碳酸钙微粉（填料） | 50 份 |

将 TDI、MDI、辛酸亚锡、填料以及烃类溶剂混合搅拌 45～65min，再加入聚醚多元醇、萜烯酚醛树脂以及二月桂酸二丁基锡，混合均匀后制得单组分湿固型聚氨酯胶黏剂。该胶黏剂贮存期大于 6 个月，在空气中固化时间约为 4～5h。

（4）影响湿固化型聚氨酯胶黏剂性能的因素

① 聚醚型聚氨酯预聚体黏度小、成本低，胶黏剂固化后耐水性好。聚酯型聚氨酯预聚体黏度较大，但制成胶的粘接强度比聚醚型的胶黏剂要好，聚醚酯多元醇制备的预聚体兼有聚醚型和聚酯型的性能。

② 大多数单组分湿固化型胶黏剂的适用期较长，可在室温下固化，温度和湿度是固化速度的主要影响因素，需考虑固化速度和性能的平衡。

③ 湿固化聚氨酯胶黏剂中—NCO 含量对胶的性能有较大的影响。一般—NCO 含量低，预聚体分子量较高，则胶的黏度大，胶的贮存期、适用期和固化时间较短。—NCO 含量高，则胶的黏度小，可制得无溶剂单组分胶黏剂，贮存期和固化时间相对较长。

④ 胶层的涂胶量要影响固化时间。涂胶层薄，则固化时间短。在粘接非常干燥的材料、大面积金属的玻璃，或用于涂胶量多的场合时，潮气不易渗透到胶层内部，容易导致固化不完全。

## 21.5.2　发泡型单组分聚氨酯胶黏剂

发泡型单组分聚氨酯胶黏剂/填缝胶主要有两类：一种是液态的无溶剂或者高固含量的胶黏剂，另一种是气溶胶形式的压力释放膨胀型填缝胶。发泡填缝胶将在下一节介绍。

发泡型单组分聚氨酯胶黏剂主要有下列几个特点：

① 主成分是端—NCO 聚氨酯预聚体，或低聚物多元醇改性的多异氰酸酯。—NCO 含量较高，可达 6%～15%。

② 胶黏剂制备一般多使用芳香族液态多异氰酸酯（TDI、PAPI 常用，MDI-50、液化 MDI 等改性 MDI 也可用）。采用 PAPI 和聚醚二醇作原料合成的聚氨酯发泡胶，固化物具有一定程度的交联度，胶黏层的硬度、粘接强度和耐热性都优于 TDI-聚醚合成的发泡胶。

③ 可以制成无溶剂胶。为了降低黏度，改善涂胶操作性，制备时也可添加少量（0～20%）溶剂，如丙酮、乙酸乙酯、二氯甲烷等中低沸点溶剂，也可加入少量增塑剂。

④ 含叔胺催化剂。为了促进水分有效地参与固化反应，胶的配方中一般采用对催化异氰酸酯与水反应敏感的特殊叔胺催化剂。

⑤ 因为不考虑发泡产生的影响，所以短至数分钟，长至半小时就开始发泡固化，1～2h 可基本上固化。

⑥ 固化时发泡倍率较低，否则粘接强度较低。因此配方设计时需考虑到固化速度、发泡倍率和粘接强度等方面的平衡。

⑦ 在固化过程发泡膨胀，有利于使胶黏剂充满被粘物之间的孔隙，改善粘接性能。

应注意密封保存，在贮运和使用过程中应注意避免接触潮气和水分。从胶黏剂包装桶倒出的胶黏剂应尽快使用，按需取量。还有未用完胶黏剂的包装桶，有条件的话可充满干燥气体，密闭保存。

发泡型单组分聚氨酯胶黏剂使用工艺简单，贮存、运输方便，粘接强度高，固化后既有类似橡胶的韧性，又有较高的强度，同时也具有良好的耐低温性能，具有耐油、耐水、耐化学腐蚀、耐冲击、耐臭氧、耐振动、电绝缘性好等特点。一般可用于粘接金属板（钢板、铁、铝合金等）与岩棉板、陶瓷棉板、超细玻璃棉板、聚苯乙烯泡沫塑料、聚氨酯泡沫塑料，还可用于纸质和铝质蜂窝板、木材等防火、保温、隔热材料的粘接。它广泛应用于轮船、防火门、防盗门、制刷、轻钢结构、中央空调、保温管道、木材制品、机械、汽车、仪表、化工等制造行业。

## 21.5.3　单组分聚氨酯泡沫填缝胶

单组分聚氨酯泡沫填缝胶（简称 OCF）通常是用气雾剂罐装或金属罐装，含专业上称作"抛射剂"的低沸点溶剂兼发泡剂。其主要成分是端—NCO 预聚体，常用的低沸点溶剂兼发泡剂有丙丁烷、二甲醚，以及卤代烃如 HCFC-22 和 HFC-134a。

单组分聚氨酯泡沫填缝胶的固化原理：高黏度预聚体用低沸点溶剂溶解形成溶液，贮存在耐压罐内，使用时打开罐咀，由于罐内的高压力，预聚体溶液自然喷出，聚氨酯预聚体中的低沸点溶剂很快气化使得预聚体膨胀，形成高黏度的膨胀泡沫状胶条。将它填嵌于窗框和墙壁间的缝隙以及其他建筑缝隙中，然后这种高黏度的预聚体遇空气和基材表面的水分而很快固化，形成有一定韧性的半硬质泡沫体嵌缝材料。

一种聚氨酯泡沫填缝胶的制备方法如下：

首先将除水的聚醚与适量的助剂混合，得到组合聚醚。一般采用一种或两种以上分子量在 500～3000 的聚醚二醇或聚醚三醇。助剂包括阻燃剂、匀泡剂、特殊叔胺催化剂等。异氰酸酯组分多使用 PAPI 或液化 MDI。将组合聚醚和多异氰酸酯按一定比例灌入马口铁气雾罐，用封口机封口，再定量压入二甲醚、丙丁烷气后在振摇机上振动 10min，在室温下放置24h 即得成品。例如在 750mL 耐压马口铁罐中，用气雾剂灌装机准确灌入组合聚醚 260g、异氰酸酯（M20S）350g、丙丁烷和二甲醚共 135g，然后振摇 10min。因为 PAPI 活性高，在室温下就能与聚醚多元醇反应，自生热，得到预聚体。

还可将聚醚分批加入多异氰酸酯中，在反应釜中进行预聚反应，加入阻燃剂、匀泡剂搅拌均匀，然后将预聚体称入罐中，封好盖后，压入低沸点发泡剂。

催化剂品种和用量的选择很重要，既要保证胶的贮存期，又要能获得较快的固化速度，一般以表干时间在 7～15min 为佳。

单组分聚氨酯泡沫填缝胶既起填嵌作用，同时把物体连接在一起，经过修饰后看起来可成为一体。单组分聚氨酯泡沫填缝胶的性能特点：

① 使用方便。使用时，一打开容器的旋塞，原料即从喷嘴射出，非常方便。

② 固化快速，10min 左右基本上成形。固化速度和发光倍率与环境温度有关。体积一般可膨胀 50～60 倍。

③ 固化后容易整修，固化 1h 后可切割、整饰，例如在上面刷油漆。

④ 黏着力强，能牢固地黏附于塑料、铝、钢、木材、水泥等基材。

⑤ 具有隔热性能。

⑥ 一般具有阻燃性。

⑦ 具有弹性，可有效缓冲、分散撞击作用。

单组分聚氨酯泡沫填缝胶的用途：①固定与粘接，如突出来的阁楼楼梯的固定与粘接，人造板的固定与粘接，分割缝之间的粘接；②用于填充、如墙洞的填充、窗框周围缝隙的填充、门框周围缝隙的填充、输送管道竖井通道的填充、一般空洞的填充等；③用于保温、隔冷、隔声，如浴橱与固定物之间的隔热保温、管道的隔热保温、阁楼护墙板的隔热保温、空调和风机的隔热隔声等；④用于密封，如灌封电缆沟、电线沟、地下埋管等。

## 21.5.4　多异氰酸酯胶黏剂

多异氰酸酯胶黏剂是一种多异氰酸酯单体或者其低分子衍生物的单组分湿固化聚氨酯胶黏剂，也可用作双组分聚氨酯胶黏剂的固化剂。已成功地将橡胶与金属粘接起来，并应用于坦克车的履带、救生筏、充气防护衣等。

主要有下述几点特性：

① 具有较高的反应活性，与被粘基材之间产生较高的粘接强度。

② 多异氰酸酯分子量小，能够溶于大多数有机溶剂，黏度低，因此易于扩散和渗透。

③ 可常温固化，也可加热固化，一般产生交联结构，耐热、耐溶剂性能好。

④ 由于多异氰酸酯—NCO 基团含量高，固化后的胶层较硬，可能有脆性。因此常用橡胶溶液、聚醚/聚酯等低聚物进行改性或用作聚氨酯胶黏剂或其他类型胶黏剂的交联固化剂。

常用的多异氰酸酯胶黏剂品种简介如下：

（1）三苯基甲烷三异氰酸酯　三苯基甲烷-4,4′,4″-三异氰酸酯，简称 TTI。商品牌号有 JQ-1 胶、列克纳胶、Desmodur R、Desmodur RE 等。TTI 结构式如下，其分子量约为 367。

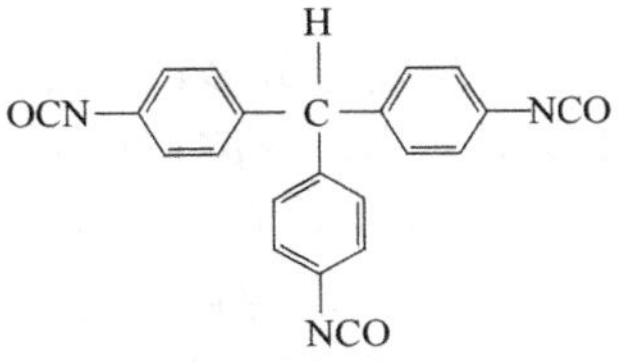

纯的 TTI 是固体，熔点为 89～90℃。TTI 易溶于甲苯、氯苯、氯代烃、醋酸乙酯等有机溶剂。TTI 商业化产品一般是配成溶液出售，产品外观为低黏度棕黄色、褐色至紫红色液体，随着贮存时间的延长，颜色逐渐变深。这不影响产品粘接性能。

（2）硫代磷酸三(4-苯基异氰酸酯)　化学名为 4,4′,4″-硫代磷酸三苯基三异氰酸酯，简称 TPTI。商品牌号有 JQ-4 胶、Desmodur RF、Desmodur RFE。

结构式如下，分子量为 465.4。

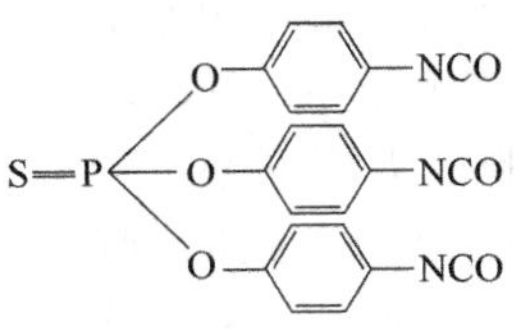

常温下纯 TPTI 为固体，熔点为 84～86℃。TPTI 比 TTI 更易溶于极性溶剂。一般配成溶液出售和使用，外观为无色至浅黄色至浅棕色透明液体。

硫代磷酸三(4-苯基异氰酸酯)颜色浅，遇光几乎不变色。其溶液与三苯基甲烷三异氰酸酯溶液一样，可单独用作橡胶与金属的胶黏剂，以及用作橡胶溶液胶黏剂和溶剂型聚氨酯胶黏剂的交联固化剂。特别用于无色或浅色制品的粘接。

（3）二甲基三苯基甲烷四异氰酸酯（"7900"胶）　这种四异氰酸酯胶黏剂化学名称为 2,2′-二甲基-3,3′,5,5′三苯基甲烷四异氰酸酯，简称 TPMMTI。其纯品是固体，分子结构式为：

二甲基三苯基甲烷四异氰酸酯产品有固体粉末型和氯苯溶液型，产品牌号为"7900"胶，产品技术指标见表 21-4。粉末产品呈浅黄或棕黄色，不挥发分约为 $90\%$，—NCO 质量分数≥34.6%。

二甲基三苯基甲烷四异氰酸酯胶黏剂适用于橡胶、皮革、塑料、金属、织物的粘接，目前其主要用途是作氯丁胶黏剂和聚氨酯胶黏剂的交联剂，用于制鞋等行业。"7900"胶黏剂粘接强度比列克纳胶高，而且胶层颜色浅，不产生变色现象。

（4）其他多异氰酸酯胶黏剂　多亚甲基多苯基异氰酸酯（PAPI、粗 MDI）也是一种多异氰酸酯胶黏剂，可单独用作硬质物品的粘接。PAPI 及其改性产品还是刨花板等的无醛胶黏剂，用量较低，拌合后热压成型。多异氰酸酯胶黏剂由于—NCO 含量较高，胶黏层不宜厚，特别对于 PAPI 这种高—NCO 含量的液态多异氰酸酯来说，如果基材不够湿润，常常固化缓慢。

# 21.5.5　其他单组分反应型聚氨酯胶黏剂

## 21.5.5.1　热固化型单组分聚氨酯胶黏剂

这种聚氨酯胶黏剂的活性氢或异氰酸酯成分多以钝化形式存在，通过加热而激活。胶黏剂稳定性好，粘接强度较好，并且胶层耐热、耐溶剂性能优良。

一种热固化聚氨酯胶的主要成分是端—NCO 预聚体和分散在其中的固态多元醇颗粒。室温时固态羟基组分与异氰酸酯不发生反应，使用时加热，则多元醇颗粒熔化并与—NCO 基团反应，得以固化。以前的 AccuthaneUR-1100 就是这样的热固化单组分聚氨酯胶黏剂。

另一种单组分聚氨酯体系是多异氰酸酯固体微粒分散于多元醇中。多异氰酸酯组分可以是 TDI 二聚体的微粒，预先用胺或水进行表面失活，这种单组分聚氨酯胶黏剂室温可有 3 个月以上的贮存期，在 70~180℃加热固化。

## 21.5.5.2　封闭型聚氨酯胶黏剂

封闭型聚氨酯胶黏剂是一类特殊的热固化型单组分聚氨酯胶黏剂，主要由封闭的多异氰酸酯和活性氢化合物组成。封闭端异氰酸酯基团常温稳定，当加热到一定温度发生解封闭，又生成活性的—NCO 基团，与活性氢化合物（如多元醇、多元胺或水等）反应而固化。该类胶黏剂还可加入填料等添加剂配制成无溶剂型、溶液型和水性单组分体系。常用封闭剂及其解封温度见表 21-2。封闭剂的封闭效果与封闭剂的碱性有关，几种封闭剂与异氰酸酯基团反应活性依次应为：己内酰胺＞丙二酸二乙酯＞苯酚。解封温度与封闭剂和异氰酸酯结构有关，在 60~200℃。加入叔胺类或有机锡类催化剂可降低解封温度。

表 21-2　常用封闭剂及其解封温度

| 封闭剂 | 解封温度/℃ | | 封闭剂 | 解封温度/℃ | |
| --- | --- | --- | --- | --- | --- |
| | 无催化剂 | 有催化剂 | | 无催化剂 | 有催化剂 |
| 乙醇 | 180~185 | 150~155 | 甲基乙基酮肟 | 130~135 | 125~130 |
| 苯酚 | 140~145 | 105~110 | 乙酰丙酮 | 140~150 | — |
| 己内酰胺 | 160 | — | 咪唑类 | 130~140 | — |
| 丙二酸二乙酯 | 130~140 | — | 亚硫酸氢钠 | 60 | 60 |
| 乙酰乙酸乙酯 | 125~150 | 125~130 | | | |

由于大多封闭型聚氨酯解封温度较高，并且产生小分子封闭剂，所以封闭型聚氨酯（封闭型多异氰酸酯）在涂料领域的应用相对比胶黏剂多。封闭型聚氨酯胶黏剂在胶黏剂领域只是一个很小的品种。

另外，热熔型聚氨酯胶黏剂、压敏型聚氨酯胶黏剂、辐射固化型聚氨酯胶黏剂、端硅烷基湿固化胶黏剂、乳液型聚氨酯胶黏剂将在本书相关章节介绍，这里不再讲述。

# 21.6　双组分反应型聚氨酯胶黏剂

## 21.6.1　双组分聚氨酯胶黏剂的特性

双组分聚氨酯胶黏剂通常甲组分一般是羟基组分（多元醇、多元胺或它们与填料等的混合物），乙组分（固化剂）为含—NCO 的组分，它可以是异氰酸酯单体或端—NCO 聚氨酯预聚体。

双组分聚氨酯胶黏剂具有以下特点：

① 属反应型胶黏剂，具有良好弹性、韧性、耐热性、耐低温性能和耐介质性能。
② 制备时，可以调节原料组成和分子量，使两个组分在室温下有合适的黏度。
③ 通常可室温固化，可加热加速固化。
④ 两个组分的用量可在一定范围内调节，一般存在着一定宽容度。

双组分聚氨酯胶黏剂包括溶剂型双组分聚氨酯胶黏剂、无溶剂聚氨酯胶黏剂以及水性双组分聚氨酯胶黏剂。从应用方面分，品种也很多，例如通用型聚氨酯胶黏剂、复合薄膜用双组分聚氨酯胶黏剂、双组分鞋用聚氨酯胶黏剂、双组分聚氨酯密封胶、聚氨酯灌封胶、聚氨酯结构胶等。

## 21.6.2　含溶剂双组分聚氨酯胶黏剂

含溶剂聚氨酯胶黏剂具有初黏性好、操作方便、粘接强度高、柔韧性好等特点，为提高性能可通过双组分进行反应进一步提高粘接强度和耐温性。溶剂型双组分胶的配比可在较大范围内调节。固化剂过量时，—NCO 基团可通过后期缓慢与潮气反应，或者高温处理时产生交联键而消耗掉，形成坚韧的胶层；固化剂用量少则胶层柔软，可用于皮革、织物等软材料的粘接。

### 21.6.2.1　通用型双组分聚氨酯胶黏剂

习惯上将早期开发应用的以聚酯二醇和 TDI 为主要原料制得的端羟基聚氨酯有机溶液作为主剂，以甲苯二异氰酸酯-三羟甲基丙烷（TMP）加成物的有机溶液作为固化剂的胶黏剂，称为通用型双组分聚氨酯胶黏剂。配方例子如下：

主剂（固含量 30%）：聚己二酸乙二醇酯二醇（PEA）（$M_n = 2000$）100 份，TDI-80 8.7 份，二月桂酸二丁基锡 0.06 份，乙酸丁酯 20 份，丙酮 234 份。

固化剂（固含量 60%）：TDI 31.5 份，TMP 7.7 份，醋酸乙酯 26.5 份。

通用型聚氨酯胶黏剂一般采用溶液聚合法制备。对于没有条件生产聚酯多元醇的厂家来说，可以购买聚酯多元醇来生产聚氨酯胶黏剂。通用型聚氨酯胶黏剂一般室温固化，溶剂挥发后可获得一定的初始粘接强度，放置固化数天后可达最高粘接性能。

一般通用型双组分聚氨酯胶膜强韧、耐冲击、耐振动，有优异的耐油和耐低温性能，并能耐水、油、稀酸等介质。但由于聚酯的长期耐水解性不佳，特别不耐碱水，特别是低乙组分配比的胶黏剂，因胶层交联度不高，不宜长期用于较高温度的潮湿环境中。

通用型双组分聚氨酯胶黏剂可应用于粘接金属（如铝、铁、钢等）、非金属（如陶瓷、木材、皮革、塑料等）以及不同材料之间的粘接，如绝缘纸（聚酯薄膜-青壳纸复合）、纸塑复合（彩印纸-聚丙烯薄膜）、铁板-聚氨酯泡沫体复合以及鬃刷的制造。

### 21.6.2.2　复合薄膜用双组分聚氨酯胶黏剂

国内外复膜胶用双组分聚氨酯胶黏剂品种多，有低固含量、高固含量和无溶剂型的；有普通型的，有功能型的（如镀铝膜专用、耐介质专用、高透明、耐135℃高温蒸煮、耐煮沸等）；既有酯溶性的（乙酸乙酯作溶剂），也有醇溶性的（乙醇作溶剂）；从异氰酸酯原料看，既有芳香族的，也有脂肪族的。

复合薄膜用双组分溶剂型聚氨酯胶黏剂的主剂（甲组分）是聚氨酯多元醇或高分子量聚酯多元醇，前者一般是通过溶液法聚合，由聚酯（或聚醚）多元醇经芳香族二异氰酸酯改性后得到，后者直接采用高真空缩聚工艺生产。固化剂（乙组分）一般是二异氰酸酯与三羟甲基丙烷的加成物。使用时甲组分与乙组分按一定比例混合，再用溶剂稀释到一定浓度，在生产线上用施胶胶辊进行施胶涂布。

复合薄膜用溶剂型聚氨酯胶黏剂主剂的固含量（不挥发分）从最初的35％固含量、黏度1000～3000mPa·s，发展到固含量有50％、60％、75％、80％甚至更高。固化剂固含量多为75％或80％。溶剂一般用醋酸乙酯，气味芳香，毒性较低，卫生性较好。主剂成分为己二酸类聚酯聚氨酯多元醇时，强度高，以聚醚型聚氨酯多元醇作为主剂成分时，其成本相对较低，粘接强度通常不高但可以用于生产干燥食品或其他物品等包装复合膜。

耐蒸煮型聚氨酯胶黏剂的主剂树脂成分大多是芳香族聚酯多元醇，或者异氰酸酯改性的芳香族聚酯多元醇，不仅对塑料薄膜、铝箔的粘接强度要高，而且胶黏剂层的耐温性要高，在高温时还具有较高的粘接强度。

聚氨酯复膜胶的配方实例：

【实例1】

主剂（甲组分）成分：

| | |
|---|---|
| 聚己二酸二甘醇酯二醇（PDA，$M_n=2000$） | 130kg |
| TDI-80 | 28.3kg |
| 1,4-丁二醇（BDO） | 8.8kg |
| 醋酸乙酯（工业一级品） | 167kg |

可制得固含量为50％、黏度为1200～1500mPa·s的浅黄色黏稠液。

固化剂（乙组分）成分：

| | |
|---|---|
| TDI | 43.5kg |
| 醋酸乙酯 | 18.3kg |
| 三羟甲基丙烷 | 11.2kg |

制得固含量为75％、—NCO质量分数为13％～14％、黏度为1500～2500mPa·s的浅黄色透明黏稠液体。

胶黏剂建议按甲组分、乙组分质量比＝10/1配制。

【实例2】（主剂成分：芳香族聚酯多元醇）

共聚酯二醇（由己二酸/间苯二甲酸/乙二醇/新戊二醇缩聚得到，羟值（以KOH计）为23mg/g、$M_n$约为5000）作为主剂，固含量为50％；以TMP-TDI加成物为固化剂。主剂100份，固化剂25份，加醋酸乙酯30份稀释和调节黏度，加γ-异氰酸酯基丙基三甲氧基硅烷2份，配制得复膜胶。将该胶以3g/m²干胶涂布量涂于聚酯薄膜，在50℃、0.07MPa下与尼龙薄膜进行复合，熟化3d后，其复合薄膜剥离强度可达8.8N/15mm。

【实例 3】（主剂成分：MDI 改性特殊聚酯制得的聚氨酯多元醇）

1.0mol 共聚酯二醇（己二酸与 3-甲基-1，5-戊二醇、己二醇缩聚得到，$M_n = 2000$）和 1.05mol 1,4-丁二醇混合均匀，与 2mol MDI 在 50～110℃反应，制得含羟基的聚氨酯，用醋酸乙酯配制成固含量为 40％的主剂。固化剂是 TMP-TDI 加成物（75％醋酸乙酯溶液）。

按主剂、固化剂质量比 100/（5～7.5）配胶，用醋酸乙酯稀释成 20％溶液作为复合薄膜用胶黏剂。涂布量为 3.0g/m²，用于聚酯薄膜与聚丙烯（CPP）薄膜层压复合，于 40℃熟化 3d 制成复合薄膜。将复合膜浸泡在 100℃热水中 20d，其薄膜仍透明，无收缩，粘接良好。

表 21-3 是几种复合薄膜聚氨酯胶黏剂 50℃反应程度随熟化时间的变化，从表中数据可见，后期固化过程比较缓慢。

表 21-3　复合薄膜聚氨酯胶黏剂 50℃反应程度随熟化时间的变化

| 熟化时间/h | 0 | 12 | 24 | 36 | 48 |
|---|---|---|---|---|---|
| YH501SL/VM10 | 0 | 52％ | 70％ | 78％ | 82％ |
| YH2501/VM20 | 0 | 45％ | 66％ | 76％ | 88％ |
| YH501S/YH10S | 0 | 56％ | 75％ | 82％ | 85％ |
| YH2985/YH15 | 0 | 42％ | 65％ | 76％ | 84％ |
| YH2000S/YH10 | 0 | 58％ | 67％ | 75％ | 83％ |

常用醋酸乙酯为溶剂和稀释剂。最近还有一类醇溶型复膜胶，毒性低，成本也低，可以说属于一种准环保型胶黏剂。一般的醇溶型聚氨酯胶黏剂主剂和固化剂分别含环氧基和氨基。醇溶型聚氨酯胶黏剂对于潮湿度不敏感，比普通酯溶型聚氨酯胶黏剂更适宜与醇溶型油墨匹配，对于镀铝塑料薄膜进行复合也不易产生白斑。如国内 2001 年左右报道的 ECO 系列（包括 ECO 501 和 ECO 701）醇溶型聚氨酯胶黏剂，主剂固含量为 50％，固化剂固含量为 90％，干胶涂布量为 1.5～2g/m²，常温熟化 1～2d 或 45～50℃熟化 8～12h。近年来国内多家公司宣布开发了醇溶型聚氨酯复合薄膜胶黏剂。

复合薄膜用的主要是溶剂型双组分聚氨酯胶黏剂，目前无溶剂双组分聚氨酯胶黏剂、湿固化单组分热熔胶型等不使用溶剂的品种发展速度也很快。

### 21.6.2.3　双组分含溶剂聚氨酯鞋用胶

（1）鞋用聚氨酯胶黏剂的特点　溶剂型氯丁胶和溶剂型聚氨酯胶黏剂是主流产品，部分胶种已经有水性胶、无溶剂胶和热熔胶等环保型胶种。氯丁橡胶（CR）胶黏剂因增塑剂敏感，颜色深，粘接力欠佳，且使用甲苯类溶剂，毒性大，已经逐渐被 PU 胶取代。

双组分鞋用聚氨酯胶黏剂特点是高黏度、低固含量，溶剂挥发后很快结晶固化，用于鞋材冷粘工艺，与单组分的溶剂挥发型单组分聚氨酯胶相比，都具有工艺简单的特点，但耐久性和强度更好。

（2）鞋用聚氨酯胶黏剂的主剂　鞋用聚氨酯胶主剂（甲组分）的主要成分是高分子量结晶性较好的端羟基热塑性聚酯型聚氨酯和溶剂形成的胶液，可用本体法和溶液法合成。

本体法：本体法合成有间歇法和双螺杆连续法生产方法。间歇法可适用于小批量生产，连续法生产效率高、质量稳定。形成的 TPU 胶粒溶于溶剂就能形成胶液。

溶液法：溶液法是指在溶剂中直接通过二元醇和 MDI 聚合成聚氨酯胶液，对溶剂和原料中的含水量有严格要求，合成的聚氨酯分子量没有本体法的高，胶的初粘力偏低，也不太稳定，目前基本被淘汰。

用胶粒配制成的 15％固含量胶液（溶剂甲乙酮）23℃黏度在 1000～2000mPa·s，活化温度一般在 75～90℃。不同的胶粒热塑性和结晶性有高低之分。主剂成膜拉伸强度一般在

40MPa 以上，伸长率在 400％以上。耐黄变的脂肪族聚氨酯胶膜强度会低一点。

关于胶液中的固含量，我国生产鞋用聚氨酯胶黏剂的厂家，一般控制在 15％左右，国外厂家一般控制在 18％左右。胶液的不挥发成分主要是聚氨酯弹性体，此外也可有其他助剂。如德国 Bayer 公司推荐的配方：热塑性聚氨酯 Desmocoll 540$^\#$ 胶粒 17 份、气相白炭黑 1 份、丙酮 65 份和醋酸乙酯 17 份组成的混合溶剂。

（3）鞋用聚氨酯胶黏剂的固化剂　鞋用聚氨酯胶黏剂的固化剂可使用多异氰酸酯交联剂如 JQ-1 胶、JQ-4 胶、7900 胶等。

几种鞋用胶的多异氰酸酯固化剂的技术指标见表 21-4。

表 21-4　几种鞋用胶的多异氰酸酯固化剂的技术指标

| 多异氰酸酯牌号 | 外观 | 黏度/mPa·s | —NCO 含量/% | 固含量/% | 相对密度 |
|---|---|---|---|---|---|
| JQ-1 胶 Desmodur R | 棕黄至紫红色液体 | 3±1 | 7.0±0.2 | 20±1 | 1.32 |
| JQ-1E,Desmodur RE | 棕黄至紫红色液体 | 3 | 9.3±0.2 | 27±1 | 1.0 |
| JQ-4 胶 Desmodur RF | 浅黄色至浅棕色 | 3±1 | 5.4±0.2 | 20±1 | 1.32 |
| JQ-4E,Desmodur RFE | 透明液体 | 3 | 7.2±0.2 | 27±1 | 1.0 |
| 液体型"7900"胶 | 浅棕至棕色液体 | 不详 | ≥7.7 | 20±1 | 不详 |
| JM-60 | 浅黄色至无色液体 | 100～300 | 6～9 | 60±2 | 不详 |

多异氰酸酯交联剂的介绍详见 21.5.4 小节"多异氰酸酯胶黏剂"。

固化剂的用量，通常为主剂的 3％～10％，例如 100 份主剂聚氨酯胶液，交联剂用量为 3～10 份。双组分胶液配制需做固化剂用量及配胶后适用期试验，以确定合适的固化剂添加量。

（4）聚氨酯鞋用胶的配方实例

【实例 1】

主剂（本体法合成胶粒，再用溶剂溶解成 15％固含量）：

| | |
|---|---|
| 聚己二酸-1,4-丁二醇酯二醇（$M_n$=2515） | 100 份 |
| 4,4′-二苯基甲烷二异氰酸酯 | 9.77 份 |
| 甲乙酮 | 622 份 |
| 固化剂（JQ-4） | 22 份 |

【实例 2】

主剂（溶液法合成，16％固含量，加二氧化硅）：

| | |
|---|---|
| 聚酯二醇 PBA〔羟值（以 KOH 计）为 37.9mg/g〕 | 100 份 |
| 4,4′-二苯基甲烷二异氰酸酯 | 11.83 份 |
| 1,4-丁二醇 | 1.22 份 |
| 气相二氧化硅 | 7 份 |
| 甲乙酮/乙酸乙酯 | 586 份 |
| 固化剂（JQ-1） | 35 份 |

市场上出售的鞋用聚氨酯胶黏剂，主剂一般是由芳香族二异氰酸酯 MDI 制得的，大部分胶层长时间后存在泛黄问题，污染鞋面，影响美观。对于旅游鞋、运动鞋这类白色或浅色鞋种来说，问题更显突出。采用耐黄变的双组分鞋用胶可解决这个问题，实例 3 就是脂肪族二异氰酸酯配合浅色多异氰酸酯交联剂得到的不黄变聚氨酯鞋用胶的配方实例。

【实例 3】

主剂（本体合成，再溶解为 15％固含量）：

| | |
|---|---|
| 聚酯二醇 PBA〔羟值（以 KOH 计）为 55.1mg/g〕 | 100 份 |
| 1,4-丁二醇 | 2.20 份 |

| 六亚甲基二异氰酸酯 | 12.38 份 |
| 二月桂酸二丁基锡 | 0.23 份 |
| 甲乙酮 | 650 份 |
| 固化剂（JQ-4） | 38 份 |

溶剂型聚氨酯鞋用胶的发展趋势是水性双组分聚氨酯鞋用胶，和溶剂型相似之处是主链含结晶性链段，如此可使得水分挥发后胶膜有较好的初粘力，而交联剂可使得胶层有较好的耐水性、耐热性和耐久性。

## 21.6.3　无溶剂双组分聚氨酯胶黏剂

### 21.6.3.1　无溶剂双组分聚氨酯胶黏剂概述

无溶剂双组分 PU 胶主要成分同前述的溶剂型双组分 PU 胶，主要区别如下：

① 多元醇与固化剂配比更为接近，配胶计量方便，一般把胶黏剂两个组分的配比设计成 1/1 或者其他整数倍。

② 无论是多元醇还是固化剂，分子量低。

③ 两组分配比要求严格，设计两个组分配制的异氰酸酯指数一般在 1.0～1.1。

### 21.6.3.2　原料及配方体系

（1）多元醇组分　无溶剂双组分聚氨酯胶黏剂所用的低聚物多元醇原料有聚醚多元醇、聚酯多元醇、聚烯烃多元醇、蓖麻油等。其中聚氧化丙烯多元醇因黏度低，制备的胶黏剂具有适合于施工的黏度，是室外、地下等用途双组分聚氨酯胶优选的低聚物多元醇原料。聚酯二醇一般用于高强度结构胶用途。

（2）异氰酸酯组分　可以是端—NCO 的聚氨酯预聚体，也可以是多异氰酸酯如 PAPI，或者几种预聚体或（及）多异氰酸酯的混合物。HDI、IPDI 等脂肪族二异氰酸酯则用于要求透明、不黄变的特殊无溶剂聚氨酯胶黏剂，如标牌灌注胶、安全玻璃胶等。

（3）扩链剂和交联剂　交联/扩链剂也是无溶剂聚氨酯胶黏剂常用的助剂，特别是室温固化胶黏剂，MOCA 等芳香族二胺可以用于活泼氢组分（多元醇组分）。

（4）其他助剂　在无溶剂胶黏剂制备或者使用时，有时需使用填料，填料不仅降低胶黏剂的成本，而且改善胶黏剂的初黏性，增加胶的硬度和耐热性。填料有碳酸钙、钛白粉、炭黑、滑石粉、高岭土（瓷土）、黏土、云母粉、硅藻土、氧化铝等，通过填料的组合有时可将密封胶调配成适于基材的颜色。有时加适量的颜料，如铁锈红、酞青绿等。

对于要求固化后无气泡产生的胶黏剂，建议添加除水剂和抑泡剂。

触变剂是用于在垂直面使用的密封胶和无溶剂胶黏剂的助剂，一般用气相二氧化硅（白炭黑），另外，经表面处理的超微细碳酸钙、乙炔炭黑、有机膨润土等填料也具有触变性。

催化剂是常用的助剂。一般是有机金属催化剂如二月桂酸二丁基锡、异辛酸铋、异辛酸锌，也使用一些特殊的催化剂，以加速制备或者固化过程。

### 21.6.3.3　无溶剂双组分聚氨酯胶的配方和性能

一般把填料、扩链剂、抑泡剂、催化剂与多元醇混合成一组分，另一组分为多异氰酸酯组分。

【实例 1】

低分子量聚酯二醇混合物和 1,4-丁二醇按一定比例配成甲组分，PAPI 作为乙组分。异氰酸酯指数可在 1.1 左右。

该耐温聚氨酯胶黏剂用于滤清器胶黏剂等，也是一种聚氨酯结构胶。

这种胶黏剂的特点是交联度高，胶黏剂的耐热性较好。

【实例 2】（聚酯型）

甲组分：芳香族共聚酯二醇（$M_n$＝1500）95 份、1,4-丁二醇 2.8 份、有机硅偶联剂 1 份、聚碳化二亚胺水解稳定剂 1 份、抗氧剂 0.2 份混合均匀。

乙组分：PAPI　　　25 份

【实例 3】（聚醚型）

甲组分：19.2 份聚醚三醇 N-330［羟值（以 KOH 计）为 56mg/g］、57.6 份聚醚二醇 N-220［羟值（以 KOH 计）为 112mg/g］与 23.2 份 TDI-80 制备的聚氨酯预聚体（—NCO 质量分数约 5.5％）。

乙组分：28.0 份聚醚二醇 N-206、4.8 份芳香族二胺 MOCA、二月桂酸二丁基锡 0.2 份、异辛酸锌 0.3 份的混合物。

配胶时甲/乙组分质量比为 3/1。

【实例 4】

经脱水的聚醚多元醇、多异氰酸酯合成预聚体，—NCO 质量分数在 9％～13％，作为甲组分。

经脱水干燥处理的多元醇、多种填料及催化剂，研磨均匀，形成均匀稳定的膏状体，作为乙组分。

两个组分按一定的配比混合，室温固化 5h 可达较高强度。

### 21.6.3.4　无溶剂双组分聚氨酯胶的主要种类及应用

（1）结构型双组分聚氨酯胶黏剂　结构型聚氨酯胶黏剂最初用于汽车行业的 FRP（纤维增强塑料），还用于机械部件、水上运载工具（FRP 甲板与船壳的粘接以及粘接 SMC 复合材料塔架、SMC 水闸等）、电梯（电梯间的门、壁镶板的粘接）、净化槽（FRP 凸缘、隔板的粘接）、浴池（SMC/瓷砖、天花板/瓷砖的粘接），以及住宅（外装饰材料水泥预制件之间的粘接）等许多领域。

双组分聚氨酯结构胶可以是透明的，也可以在活性氢组分中配入填料，还可以把一部分微细填料作为第三组分在配制过程添加。

（2）复膜用无溶剂双组分聚氨酯胶黏剂　欧美发达国家从 20 世纪 80 年代起，在复合薄膜领域开始使用无溶剂双组分聚氨酯胶，到 2005 年左右，无溶剂双组分聚氨酯胶黏剂在欧洲主要国家的使用量已占复膜胶总用量的 70％～90％。

最初的无溶剂聚氨酯复膜胶是热熔胶型的单组分湿固化预聚体，但因为这种胶是潮气固化，若涂布量大于 2g/m² 则固化速度慢，还需加湿，易产生二氧化碳气泡，且涂布温度较高（90～100℃），会影响涂布和涂布胶辊寿命。

复合薄膜用无溶剂双组分聚氨酯胶黏剂的主剂和固化剂常温下为高黏度半固态状态，需采用专门的无溶剂复合设备和工艺。当要进行复合时，先将每个组分加热以降低黏度，主剂和固化剂按比例混合，放到具有加热保温功能的 50～60℃ 胶盘里，黏度降低到 1Pa·s 左右（不超过 3Pa·s），再输送到有加热保温功能的施胶辊涂布到薄膜基材上。因为这种胶黏剂不含任何溶剂，涂胶后无需再经鼓风烘道加热干燥来去除溶剂，并且胶黏剂具有一定的初黏性，直接就可与另一基材进行复合。复合后收卷，如常规工艺熟化即可。

使用无溶剂聚氨酯胶制造复合薄膜安全环保，无需加热烘干，复合工艺简单，生产效率高（可以 400m/min 以上速率高速复合），所以效益显著。无溶剂胶黏剂复合除保持使用溶剂型胶黏剂干式复合的优点外，复合膜制品没有残留溶剂和迁移损害问题，并消除了溶剂对印刷油墨的侵袭。

无溶剂复膜胶存在的主要问题是初粘力低、最终成品的层间剥离力太小，生产过程中废品率高、成品率低，时有设备故障。如果这些问题得到普遍解决，我国的复膜胶可望由溶剂型向无溶剂型大规模转变。

（3）双组分聚氨酯发泡胶黏剂　发泡的双组分聚氨酯胶比无气泡的双组分胶容易配制，可通过在羟基组分中使用少量水分或使用物理发泡剂实现。

一种研制较成熟的发泡型低温聚氨酯胶黏剂简单介绍如下：

真空脱水的聚醚多元醇 N-330 与 TDI 和亚磷酸三苯酯在 80～90℃搅拌反应 2h，制得—NCO 含量为 3.5%～6% 的预聚体（主剂），冷却出料。将聚醚多元醇 N-330 和 N-210 的混合物（质量比为 1:10）、泡沫稳定剂和催化剂混合 30min 后出料，得到固化剂组分。将主剂/固化剂按质量比 5/1 混合均匀，配制胶黏剂混合料。胶的自发泡时间为 15min，胶液黏度增大时间约为 28min。粘接铝合金-铝合金试片的剪切强度为：室温下 1.3MPa、—19℃下 33.7MPa。一般聚氨酯胶黏剂在低温下的粘接强度都比室温下的高。

另一种双组分发泡聚氨酯胶黏剂，主要用于轻质隔热用的夹心板的彩钢板与聚苯乙烯泡沫塑料之间的粘接，以及部分防盗门制造中的粘接。这种聚氨酯胶黏剂的羟基组分是由聚醚多元醇、泡沫稳定剂、催化剂等助剂组成；另一个组分是多异氰酸酯，一般是聚合 MDI，也可以是 TDI-聚醚多元醇制得的预聚体。为了方便应用，两个组分的配比可设计为 1:1，胶黏剂固化很快，一般在几分钟就基本上完全固化。在夹心板生产设备中采用特殊的施胶工艺。这种胶黏剂的剪切强度大于 200kPa（聚苯乙烯泡沫塑料破裂）。

# 21.7　聚氨酯密封胶

弹性密封胶（密封剂）是起密封和粘接作用的一类特殊胶黏剂，可以承受接头接缝处的伸缩和振动而不会脱离。常见的弹性密封胶有有机硅密封胶、聚氨酯密封胶和聚硫密封胶三大类，另外硅烷基聚醚密封胶也是一种弹性密封胶。聚氨酯密封胶对多种基材有粘接性，价格较有机硅密封胶和聚硫密封胶低，性价比较高，应用越来越广。如用于建筑物构件之间缝隙、空洞的填缝和密封，交通工具部件装配密封，道路/码头/广场/机场路面预留伸缩缝的嵌缝，电子元件密封处理等。例如，用于电子元件密封的灌封胶，要求有一定的电绝缘性，有的要求透明；用于土木建筑的聚氨酯密封胶，以密封为主、粘接为辅，大多以高弹性、低模量为特点，可以适应周期性较大幅度的热胀冷缩；用于车辆部件如挡风玻璃装配等用途则要求粘接为主、密封为辅。

聚氨酯密封胶具有如下优点：具有优良复原性，可适用于动态接缝；粘接性好；耐紫外光、耐微生物，耐久性和耐候性好，使用寿命可长达 15～20 年；耐油、耐水性优良；隔声效果良好；对基材无污染性；表面着色性比有机硅密封胶好得多；耐磨、抗撕裂；对金属材料、石材及混凝土无腐蚀；大部分产品对饮用水安全；长期使用温度一般在—40～80℃，低温保持柔软弹性；价格适中。

## 21.7.1　单组分聚氨酯密封胶

单组分聚氨酯密封胶是潮气固化型聚氨酯密封胶，一般采用硬铝管或铝塑复合软管包装，可用密封胶枪施工。其优点是无需调配、使用方便，但缺点是由表层到内部固化缓慢，特别是在干燥环境下。

单组分聚氨酯密封胶由端—NCO 聚氨酯预聚体、填料（如碳酸钙）、触变剂（如乙炔炭黑）、催化剂（如二月桂酸二丁基锡）、除水剂（如对甲苯磺酰异氰酸酯，0.4%～0.6%）等助剂配合而制得。为了使密封胶固化速度不至于太慢，同时黏度不太高，单组分密封胶的—NCO 含量一般较低，多在 1%～3%。

大多数单组分聚氨酯密封胶是不下垂型密封胶，具有良好的触变性。固化后密封胶的邵A 硬度多在 25～50，拉伸强度多在 1.0～3.0MPa，伸长率在 400% 以上。

高模量单组分聚氨酯密封胶同时具有密封嵌缝和粘接的双重功效，多用于汽车和集装箱装配工业，除了用于填充缝隙，还需要对两面基材有良好的粘接能力，抗剪切和拉伸性能良好。例如在汽车玻璃装配中，将单组分聚氨酯弹性结构密封胶用于玻璃在骨架上的粘接，在具有较高弹性的同时能适应玻璃自重以及风压、玻璃撞击和惯性脱离时等应力所引起的应变。

低模量单组分聚氨酯密封胶多用于土木建筑等领域，国内产品不多。低模量胶固化胶软，强度不高，但拉伸伸长率高，可以经受建筑物混凝土等构件接头处预留伸缩缝或者破坏裂缝因构件热胀冷缩引起的较大位移的拉伸和收缩。并且低强度的密封胶也不会对强度较差的混凝土弱界面层造成破坏。低模量单组分聚氨酯密封胶在混凝土和其他建材如石材、矿棉板、保温板、石膏板、铝板等的接缝密封上也具有良好的应用前景。

单组分聚氨酯密封胶因为是湿固化，如果温度偏高、湿度大，固化太快，可能导致固化反应产生的二氧化碳来不及逸散，在胶层中形成较多的气泡，而采用硅氧烷基湿固化可以避免泡孔问题。这种单组分硅烷改性聚氨酯密封胶的主体湿固化聚氨酯树脂可通过硅烷偶联剂作为封端剂与端—NCO 聚氨酯预聚体反应得到，密封胶配方组分还包括填料、催化剂、促粘剂、增塑剂等。由于制备工艺要求严格，湿固化单组分聚氨酯密封胶的发展较慢。

## 21.7.2　双组分聚氨酯密封胶

与单组分聚氨酯密封胶相比，双组分聚氨酯密封胶制造中对填料中的水分要求不是十分严格，并且双组分聚氨酯密封胶的固化速度比单组分湿固化聚氨酯密封胶快，耐化学品性能和耐热性较单组分密封胶好，并且可以采用大包装，成本较低，因此国内建筑、道路等土木工程领域使用的以双组分聚氨酯密封胶为主。双组分聚氨酯密封胶的优点还包括储存稳定性好。但双组分产品需在现场细心调配胶液，比较麻烦。

双组分聚氨酯密封胶的一个组分是端—NCO 的聚醚型聚氨酯预聚体，—NCO 含量可以稍高，例如 3%～8%；另一个组分一般是聚醚多元醇与填料和助剂的混合物，助剂包括催化剂、二氧化碳吸附剂或除水剂、抗沉降剂或触变剂、抗氧剂、增塑剂等。

用于双层中空玻璃的密封胶是用于建筑领域聚氨酯密封胶的一种特殊产品。法国乐杰福公司的 Totalseal TS3185 是用于双层中空玻璃的双组分聚氨酯密封胶/胶黏剂，该胶的 A 组分为乳黄色，密度约为 $1.72g/cm^3$，B 组分为黑色或灰色、密度为 $1.13g/cm^3$，两组分体积混合比为 100：10 或质量比为 100：6.5，可操作时间约为 30min，有触变性，最大下垂度为 2.5mm，表干时间为 2～4h，固化时间为 4～6h，邵 A 硬度≥40，水汽渗透率≤$6g/(24h \cdot m^2)$。

聚氨酯灌封胶是一种特殊的双组分密封胶，也是无溶剂胶黏剂。大多数环氧树脂灌封胶存在硬度大、不易修补等问题，有机硅灌封胶强度和透明性方面存在不足且价格昂贵。聚氨酯灌封胶可形成较低模量高透明性的弹性体，修补也方便。聚氨酯弹性体具有软硬度可设计调节性能好、低温柔韧性好、耐震动疲劳性能好、电绝缘性能优良等优点，可以用于电子元器件（如集成电路块、电器功能模块、电缆接头盒等）和其他领域的灌封胶，起到防尘、隔绝空气、防水等作用。

考虑到要求胶料黏度低、电绝缘性、耐水解性等因素，聚氨酯灌封胶一般采用聚醚多元醇作为低聚物多元醇原料。在要求高绝缘性、高耐水性的水下海底灌封/密封场合，可以用聚烯烃多元醇。其中一个组分为聚醚型聚氨酯预聚体，另一个组分为小分子含羟基、氨基的固化交联剂，在某些场合可加入填料以改善耐热性。

# 21.8　反应型聚氨酯胶黏剂和密封胶的生产工艺

## 21.8.1　聚酯二醇的生产及原料的脱水预处理

### 21.8.1.1　聚酯二醇的生产

与聚醚多元醇的生产过程相比，聚酯二醇的制备过程中不会产生正压，安全性好。通常因为有少量二元醇随水带出体系造成损失，二元醇用量比理论计算值要高一点，具体情况需要根据使用设备和实际经验而定。

当中试生产放大时，注意相同的原料配比（醇比），由于填料塔规格不一样，反应釜供热能量不一样，聚酯分子量与反应时间关系也不一样，需要试验摸索。

聚酯二醇生产后期的除水主要有真空熔融法、载气熔融法和共沸蒸馏法 3 种工艺。胶黏剂用的分子量大多在 1000～10000 的聚酯二醇工业化生产通常多采用真空法。

真空熔融法生产聚酯二醇分两个主要阶段。第一阶段是二元羧酸和二元醇（及微量催化剂）在 140～220℃进行酯化和缩聚反应，控制填料塔（实验室一般用玻璃分馏柱）塔顶温度在 100～105℃，常压蒸除生成绝大部分的副产物水后（这个过程需数小时），再在 200～230℃保温反应 1～2h，此时酸值（以 KOH 计）一般已降低到 20～30mg/g。第二阶段抽真空（减压除水），并阶梯式逐步提高真空度，减压除去微量水和多余的二醇化合物，使反应向生成低酸值聚酯多元醇的方向进行，得到所需分子量的聚酯二醇产物。这个过程也需数小时甚至 10h 以上。

也可不用真空脱水反应，而是以正压方式持续通入氮气等惰性气体以带出水，称为"载气熔融法"；还可以在反应体系中加入甲苯等共沸溶剂，回流时用分水器将生成的水缓慢带出，此法称为"共沸蒸馏法"。

聚醚多元醇的合成体系一般带正压，多数常用聚醚多元醇工业化生产常用大规模生产装置，聚氨酯胶黏剂所用的聚醚多元醇品种和用量不多，这里不做介绍。

### 21.8.1.2　低聚物多元醇的脱水及其他原料的干燥处理

多元醇的水分一般应该在 0.1% 以下，最好在 0.05% 以下。新买的铁桶装的聚酯多元醇、聚醚多元醇经进厂检验水分合格可无需脱水。

通常采用加热减压的方法脱水。低聚物多元醇真空脱水工艺如下：将聚醚多元醇加入可密封严实的脱水釜中，开动搅拌器，并加热，使液温达 50～60℃，启动真空泵，使其釜内真空度逐渐缓慢增加，至表压 −0.100～−0.098MPa，继续加热，控制釜内物料温度为 110～120℃，高真空度下脱水 1～3h，分析水分含量至合格后，隔绝空气冷却、出料，置于密闭贮槽中备用。

胶黏剂中所用到的填料需烘干，某些助剂也需要尽可能用分子筛或者化学除水剂等方法除水。

另外，低聚物多元醇羟值和水分，以及预聚体—NCO 含量，是设计配方、控制产品质量的重要指标，胶黏剂研发机构和生产厂家应具有化学分析和物化指标测定条件。

## 21.8.2　聚氨酯预聚体的生产工艺

生产预聚体的过程比较简单，将低聚物多元醇和芳香族二异氰酸酯（可加 0.05% 左右的有机锡催化剂）在反应釜中 50～85℃ 反应数小时，检测—NCO 含量达到要求后，停止加热，继续搅拌降温即得预聚体。用脂肪族二异氰酸酯合成预聚体的反应温度可控制在 90～100℃。如果温度低则所需时间延长。

预聚体的合成是放热反应，特别是在加料初期，自升温明显，需控制反应温度平稳。若温度超过 110℃ 则可能发生副反应，生成少量脲基甲酸酯交联键，使得—NCO 含量下降、颜色变深、黏度增加甚至凝胶。一般可通过减慢加料速度以及用合适循环冷却水流速降低反应釜温等办法来控制反应温度。

生产聚醚-TDI 预聚体的加料方式有 3 种：

① 把量少的 TDI 慢慢加入已经预热的聚醚多元醇中，这种方式合成的预聚体分子均匀性较差，要求加料时间相对稳定，并且在控制温度的前提下尽快把 TDI 加完。

② 量多的聚醚多元醇从高位槽分批加料到已经预热的 TDI 底料中，这种加料方式自始至终二异氰酸酯是过量的，预聚体均匀性好，质量比较稳定。这种方式的主要缺点是初期液面可能够不着搅拌桨，需加料的量太多。

③ 聚醚和 TDI 一起投料，这种加料方式自始至终物料最均匀，但只适合于用低羟值（较高分子量）聚醚与 TDI 反应制备预聚体，这样的情况放热较少，反应容易控制。可以在室温下称量、混合，边搅拌边加热到 50～55℃ 即停止加热，控制自升温的节奏，必要时可适当采取降温措施。

## 21.8.3 反应型聚氨酯胶黏剂的生产工艺

湿固化型单组分聚氨酯胶的主要成分是预聚体，预聚体的生产工艺上一小节已介绍。部分湿固化单组分胶可能配有少量助剂或添加部分填料，在预聚体中加填料要求较高，可参见 21.8.4.1 小节"单组分聚氨酯密封胶的生产工艺"。无溶剂双组分胶的羟基组分胶料中加填料一般需要用三辊研磨机把填料与聚醚多元醇、扩链剂等混合均匀，异氰酸酯组分预聚体的制备工艺见 21.8.2 小节，如果异氰酸酯组分用 PAPI 则无需制备。水性胶在其他章节有专门介绍，这里不再赘述。本节主要介绍溶剂型双组分胶的生产工艺。

### 21.8.3.1 溶剂型双组分聚氨酯胶主剂的生产

制造主剂的设备为带夹套的不锈钢反应釜（也可用搪瓷釜）、回流冷凝器、搅拌器（框式或其他形式，转速为 80r/min）。

在反应釜中加入聚酯二醇和少量无水的无活性氢溶剂，开动搅拌，加热至 50～60℃，加入计量的二异氰酸酯（TDI 或 MDI、IPDI 等），加热到 70～120℃（根据黏度要求而定），黏度逐步增加，当黏度增加到一定程度，逐步加入部分溶剂降低黏度，2～3h 后加入最后一批溶剂调节到所需的固含量，搅拌均匀冷却后出料，即得主剂（甲组分）。

如要生产高分子量聚氨酯（表现为低固含量高黏度）的主剂，刚开始不要加溶剂，并且反应温度可高一点（例如 100～110℃），到黏度较大时（可通过搅拌电机电流表监测判断），再分批地加少量稍高沸点的溶剂，可加扩链剂和溶剂的混合物，直到 3h 后加剩余的溶剂，冷却，出料。

鞋用胶主剂一般需采用结晶性聚酯二醇和 MDI 为原料生产，生产工艺同上，建议先不加溶剂，等到黏度增加后再加。

某通用型聚氨酯胶黏剂的甲组分生产工艺如下：向反应釜中投入 60kg 聚己二酸乙二醇酯二醇和 5kg 醋酸丁酯，开动搅拌，加热至 60℃，加入 4～6kg 甲苯二异氰酸酯（TDI-80，根据聚酯羟值与酸值决定添加量），升温至 110～120℃，黏度逐步增加，当黏度增加到一定程度，打开计量槽加入 5kg 醋酸乙酯溶解，再加 10kg 醋酸乙酯溶解，最后加入 134～139kg

丙酮溶解，制得浅黄色或黄色透明黏稠液（甲组分）。

某复膜胶的主剂：将 130kg 聚己二酸二甘醇酯二醇 [分子量为 2000，酸值（以 KOH 计）小于 0.5mg/g，水分约为 0.06%] 加入反应釜，开动搅拌机，加热至 45～50℃之后开始加入 28.3kg TDI-80，反应温度控制在 70～80℃，反应 2h，然后加 8.8kg 1,4-丁二醇进行扩链反应，反应时间为 1h，再加入 167kg 醋酸乙酯工业一级品，搅拌 20min，冷却出料。可制得固含量为 50%、黏度为 1200～1500mPa·s 的浅黄色黏稠主剂。

### 21.8.3.2　溶剂型双组分聚氨酯胶固化剂的生产

大多数溶剂型胶黏剂的固化剂组分是三羟甲基丙烷（TMP）-甲苯二异氰酸酯（TDI-80）加成物，固含量为 60%～75%。

通常 TDI 与 TMP 的摩尔比约为 3:1，为抵消溶剂中的微量水分，TDI 可稍过量。

反应釜内加入计量的 TDI 和醋酸乙酯（一级品），开动搅拌器，滴加预先熔融的 TMP，反应明显放热导致自升温，控制滴加速度，使反应温度维持在 65～70℃，2h 滴完，并在 70～75℃保温反应 1h。冷却到 35～45℃出料，得到浅黄色的黏稠液。

## 21.8.4　聚氨酯密封胶的生产工艺

### 21.8.4.1　单组分聚氨酯密封胶的生产工艺

因为密封胶中的树脂成分——聚氨酯预聚体对水分敏感，单组分聚氨酯密封胶生产工艺要求较高：①所有原料包括填料必须无水，胶中的填料和催化剂不应影响预聚体的贮存期，同时要求密封胶在遇潮气时能尽快固化；②填料与树脂的混合需采用特殊的混合设备如真空行星式搅拌机或罐式生产装置，避免与空气接触；③对包装的要求较高，一般要求在隔绝空气下包装。

生产过程中需要合成反应釜，要求反应釜具有自动真空系统和惰性气体保护系统、自动加料系统、自动升温系统和自动降温系统、自动检测系统。

在聚氨酯预聚体的合成过程以及产品制造过程中，有人将填充物及各种功能性助剂加入其中，直接制成密封胶（膏）。此工艺称为一步法，生产效率很低，能耗高，成品品率也较低。

较先进的生产工艺是将反应釜中的预聚物输入真空高速行星搅拌机中，并加入相应的催化剂、增塑剂、填充剂、偶联剂、触变剂等功能性助剂。物料搅拌过程需要在真空状态并充入惰性保护气体的环境下进行。物料混合均匀、经检测合格后，压入料桶，或者直接分装。国外许多工厂采用全自动连续法生产，真空搅拌器采用卧式捏合式推进搅拌，也有立式搅拌器，但其与有机硅真空行星搅拌机有所不同。

### 21.8.4.2　双组分聚氨酯密封胶的生产工艺

双组分聚氨酯密封胶的一个组分是聚氨酯预聚体，不含填料，且—NCO 含量可以比单组分预聚体树脂高，所以贮存稳定性较好；另一个组分是含填料和助剂的羟基组分，一般含聚醚多元醇，也可以含扩链剂，可用三辊研磨机把填料与聚醚多元醇、扩链剂等混合均匀，这与含填料的无溶剂聚氨酯胶黏剂的制备方法相似。

**参 考 文 献**

[1] 刘益军，何凤，卢安琪. 土木建筑用聚氨酯密封胶的现状和发展动向. 新型建筑材料，2005（8）：6-9.
[2] 余建平. 单组分聚氨酯密封胶及其应用. 中国建筑防水，2018（9）：19-22.
[3] 李绍雄，刘益军. 聚氨酯胶粘剂. 北京：化学工业出版社，1998.
[4] 刘益军. 聚氨酯树脂及其应用. 北京：化学工业出版社，2011.

（刘益军 高庆 编写）

# 第22章

# 有机硅胶黏剂（含密封胶）

## 22.1 有机硅胶黏剂的特点和发展历史

### 22.1.1 有机硅胶黏剂的特点与应用领域

有机硅胶黏剂是以聚有机硅氧烷及其改性物为主要原料，添加某些助剂而制备的胶黏剂，具有独特的物理和化学性能，其突出的特点是工作温度范围宽（−80～300℃），耐冷热性能、耐腐蚀性、耐候性好，介电损耗低，目前已经广泛应用于建筑、交通运输、机械制造、电子电气、纺织、医疗、航空航天等领域。

（1）耐温特性　硅油的使用温度可超过 200℃，硅橡胶和硅树脂的使用温度则可达到 250℃以上。有机硅胶黏剂既耐高温也耐低温，可在一个较宽的温度范围内使用。此外，温度变化对其化学性能和物理机械性能的影响较小，这与有机硅分子易挠曲的螺旋状结构有关。例如，当温度升高时，一方面是随着温度升高增加了分子间的平均距离，另一方面是随着温度升高易挠曲螺旋伸展而降低分子间的距离。螺旋伸展在一定程度上抵消了分子间距离增加的影响，结果是温度对分子间的平均距离有轻微影响，而其他一些物理和化学性能受温度变化的影响很小。

（2）耐候性　有机硅产品不易被紫外光和臭氧所分解，具有较好的耐辐照和耐候能力。有机硅产品在自然环境下使用寿命可达几十年，实际使用寿命超二十多年的实例很多。

（3）电气绝缘性能　硅橡胶的体积电阻率一般在 $10^{14}$～$10^{16}\Omega\cdot cm$，表面电阻率在 $10^{12}$～$10^{13}\Omega$，且在很宽的温度和频率范围内都很稳定。硅橡胶的这种电绝缘性能几乎不受潮气影响，甚至在水中浸渍后也不会降低。由于硅橡胶常用二氧化硅作填充材料，它燃烧后的残渣是绝缘的二氧化硅，其耐电弧性能和耐漏电性能也很优越，因而被广泛用作电绝缘材料。

（4）生理惰性　从生理学的观点来看，有机硅类化合物是已知最无生物活性化合物中的一种。它们十分耐生物老化，与动物机体无排异反应，目前所知道的一切微生物或生物学过程都不能新陈代谢有机硅类化合物，有机硅类化合物还具有较好的抗凝血性能。

（5）低表面张力和低表面能　聚二甲基硅氧烷（PDMS）的表面能为 21～22mN/m，是除聚四氟乙烯外所有高分子化合物中表面能最低的一种，远小于水的表面能（72.8mN/m），具有显著的疏水性。

（6）其他性能　硅橡胶是压缩永久变形性最好的一类橡胶，而且在很宽的范围内保持良好的压缩永久变形性；由于硅橡胶的分子链间作用力低，硅氧键内旋转阻力比较小，使得分子链的活动性高，自由体积大，故具有优异的透气性；硅橡胶对很多化学试剂具有很好的抵抗能力，但是在低分子烃类化合物、醚、酯、卤代烃等溶剂中可以溶胀，并且溶剂挥发后仍可恢复原状。

在建筑方面，有机硅建筑密封胶具有卓越的抗紫外线和抗气候老化性能，能在阳光、臭氧、雨、雪和恶劣的气候环境中保持 30 年不撕裂、不龟裂、不变脆，不仅具有极宽的使用温度（−64～205℃），而且在很宽的温度范围内具有百分之百的抗变形能力，因而在建筑工业得到了广泛应用，可作为嵌缝密封材料、防水堵漏材料、金属窗框中镶嵌玻璃的密封材料以及中空玻璃构件的密封材料等。

在汽车等运输工具制造方面，有机硅胶黏剂主要用于现场成型密封垫圈和汽车发动机、挡风玻璃、门窗、反光镜、排气管、车灯、仪表及其他易受水淋设备的粘接密封。同时，有机硅胶黏剂具有优异的耐水性和耐润滑油性，可用于水泵、水箱等以水为介质的体系和发动机、齿轮箱、凸轮箱、变压器、液压系统等以润滑油为介质的体系。

在电力方面，有机硅胶黏剂具有优异的绝缘保温性能，因而热膨胀系数较低；防水性能使其固化后的胶体能有效阻止冷凝水进入；耐腐蚀性可保证其在酸、盐环境下长期工作；卓越的耐老化性令其使用寿命可长达 50 年。因此，有机硅胶黏剂主要被用于绝缘防潮密封、环保防腐，电缆附件制品的包封、粘接等方面。

在电子工业方面，有机硅胶黏剂被广泛用于该领域的包封、灌注、粘接、浸渍和涂覆等。同时，使用有机硅胶黏剂对集成电路、厚膜元件、电子组合件或整机进行灌封，胶层内元件清晰可见，可准确侦探元件参数；使用有机硅胶黏剂作粘接、固定、填缝、密封，绝缘、防漏、防震性好，并可在苛刻条件下长期使用。

在航空航天方面，使用有机硅室温胶黏剂作为密封胶，能够经受航空航天中剧烈的冷热冲击、烧蚀、辐射等苛刻的条件。以有机硅胶黏剂为基础的耐烧蚀隔热涂层的热导率小、施工方便，可用于火箭的尾喷管及返回式航天运载器免受烧蚀的绝热材料，也是制作宇宙飞行器部件的重要材料。

在医学上，有机硅胶黏剂由于具有优良的综合性能，特别是无毒、无味、生理惰性、对杀菌剂稳定等性能，被广泛地用于整形、齿科印模材料、栓塞通往患有肿瘤的器官或组织的血管的材料，用于制造人工角膜等方面。

此外，有机硅胶黏剂可以配成乳液处理纸张，作为具有防粘性能的纸张隔离剂，作为生产泡沫塑料、人造革时的衬垫纸使用，也可以用于包装黏性物料和作为自黏性商标及标签的背衬纸、压敏胶的背衬纸等；还可用于人造革成型的印模材料，花纹细致、仿真性好；也可用于工艺美术品、古文物等复制原型的软模材料。

## 22.1.2　有机硅胶黏剂的发展历史

20 世纪 40 年代，美国通用电气公司的罗乔（E. G. Rochow）博士发明了直接法合成有机氯硅烷，紧接着德国米勒（R. Müller）博士也申请了直接法专利。20 世纪 40～60 年代是有机硅的发展期，各种性能优异的硅油、硅橡胶、硅树脂、偶联剂相继出现，大大加快了有机硅的发展，并被广泛应用于人类生产和生活的方方面面。20 世纪 50 年代初，欧美发达国家首先开发了双组分有机硅密封胶（俗称硅酮胶）用于建筑业，60 年代初又出现了高性能单组分有机硅建筑密封胶，70 年代有机硅结构密封胶首次应用于全隐框玻璃幕墙的结构粘接装配工程，至今已实际投入使用超过 40 年，使用效果很好。有机硅密封胶是液体硅橡胶最主要的用途，占硅橡胶消费量的 65% 左右，2015 年全球有机硅密封胶消费量约为 125 万吨，其应用已逐步从建筑领域拓展到汽车、电子电气、航空、航天和海洋工程等领域，例如太阳能领域光伏电池玻璃面板密封、电子电气行业的元器件灌封、汽车行业重要零部件密封等。

　　我国有机硅胶黏剂的开发工作始于 20 世纪 50 年代，北京化工试验所、中科院化学所、沈阳化工研究院等单位开始氯硅烷、有机硅聚合物方向的研究，开发了有机硅涂料、绝缘漆、硅橡胶等产品，最初主要用于国防工业。1970 年原化工部晨光化工研究院为我国人造卫星太阳能电池板开发了高性能的有机硅胶黏剂，80 年代开始转向民用有机硅密封胶产品开发。但在 1997 年以前，我国建筑用有机硅胶黏剂主要依靠进口，国内生产企业不足 10家，年总产量不足万吨，美国 Dow Corning 的 DC-795（单组分）、DC-983（双组分），GE公司的 SSG4000（单组分）、SSG4400（双组分）曾长期占据国内玻璃幕墙用有机硅结构胶市场的主要份额。1998 年国内星火有机硅化工厂万吨级有机硅单体生产装置的成功扩建，实现了我国有机硅生产经济规模的突破。2018 年我国有机硅单体产能达到 300 万吨/年，占全球产能的 60%，初级形式环硅氧烷实际产量超过 100 万吨，苯基硅烷、甲基/苯基硅烷、乙烯基硅烷和含氢硅烷等特种有机硅单体的生产技术逐渐成熟和品种不断增加，为有机硅下游产品的开发和应用奠定了坚实基础。进入 21 世纪初期，国内单组分室温硫化硅橡胶产品的质量已基本上达到国际同类产品的水平，产量也逐步扩大。2015 年我国有机硅密封胶的产量约为 76 万吨，其中建筑用有机硅密封胶消费量约为 44 万吨，生产企业超过 200 家，国产产品占据了中国有机硅建筑密封胶 80% 以上的市场份额，出现了杭州之江有机硅、广州白云、山东永安、郑州中原、成都硅宝等一批颇具实力和规模的有机硅建筑密封胶生产企业，彻底扭转了国内有机硅密封胶完全依赖进口的局面，部分企业的产品成功走出国门。目前，有机硅胶黏剂已从单一的建筑用向多领域、多用途扩展，在电力防腐、汽车、轨道交通、电子电器、新能源等领域得到广泛运用，非建筑用有机硅胶黏剂市场消费量占比已超过 40%。

　　有机硅及有机硅改性胶黏剂通过产品结构设计与合成工艺优化，复合新型功能添加剂，并通过改变交联方式、共聚、共混等改性技术，进一步提高热、机械等性能和功能性以及施工应用可操作性。

# 22.2　有机硅胶黏剂的分类与固化机理

　　从结构和性质上看，有机硅胶黏剂可分为两大类，分别为以硅树脂为基料的胶黏剂（包括涂料）和以有机硅弹性体（即硅橡胶）为基料的胶黏剂（包括密封剂）两大类。其中，硅树脂是以硅-氧键为主链的立体结构组成，在高温下可进一步缩合成为高度交联的硬而脆的树脂；而硅橡胶则是一种线型的以硅-氧键为主链的高分子量弹性体，分子量从几万到几十万不等。

## 22.2.1　硅树脂型胶黏剂

　　硅树脂的分子结构为：

（R：Me、Ph、Et、Pr、H、OH 或其他有机基因）

　　根据硅原子上可反应官能团的数目，把有机硅单体种类进行了分类，如表 22-1 所示。官能度链节 T（三官能度）或 Q（四官能度）是硅树脂的必备组分，M（单官能度）和 D（二官能主）链节的引入可调整硅树脂的结构和分子量，调节刚柔性和固化特性。从产品形态上看，硅树脂可呈不同硬度固体，易流动或黏稠液体，也可溶解在惰性溶剂（如甲苯或二甲苯）中制成溶液，以便贮存和使用。

表 22-1　常用纯硅树脂合成单体种类

| 链节单元 | 结构类型 | 常用实例 |
|---|---|---|
| M | $R_3SiX$ | $O(SiMe_3)_2$，$(HMe_2Si)_2O$，$NH(SiMe_3)_2$，$O(SiViMe_2)_2$ $Me_3SiX$，$Ph_3SiX$，$Me_2ViX$，$Me_2PhSiX$，$MePh_2SiX$， |
| D | $R_2SiX_2$ | $Me_2SiX_2$，$Ph_2SiX_2$，$MePhSiX_2$，$MeViSiX_2$，$CF_3(CH_2)_2MeSiX_2$ |
| T | $RSiX_3$ | $MeSiX_3$，$PhSiX_3$，$EtSiX_3$，$HSiX_3$，$PrSiX_3$，$CF_3(CH_2)_2SiX_3$，$CH_2=CHCH_2SiX_3$，$Cl(CH_2)_3SiX_3$，$CH_2=C(CH_3)COO(CH_2)_3SiX_3$ |
| Q | $SiX_4$ | $SiX_4$ |

注：R 为烷基，X 为 Cl 或烷氧基（甲氧基、乙氧基等）

　　T 和 Q 链节含量、有机基团 R 的种类、烃基取代程度（R/Si 值）以及反应型官能团的种类是影响硅树脂形态和性能的几个重要因素。R/Si 值可以用来估计硅树脂的线型结构程度、固化速度、柔韧性、硬度、耐热性和耐热开裂性以及耐药品性等性能。一般硅树脂的 R/Si 值在 1.0～1.8（特别是 1.2～1.6），此时 M 和 D 链节能够有效调节树脂的柔弹性和固化特性，产品也最具应用价值。当 R/Si≤1 时，树脂主要由 T 或 Q 链节组成，交联程度高，形态上通常为硬脆固体，难溶于有机溶剂，加热也不易软化，可作为胶黏剂填料使用。R/Si 值与硅树脂性能密切相关，通常 R/Si 值越小，硅树脂的固化温度越低，干燥性越好，硬度越大，热失重越小，同时柔软性和热弹性也会变差。

　　不同单元链节，有机基团的种类及比例对硅树脂的性能也有着重要的影响。二官能度链节的引入可提高树脂的柔软性和韧性，改善粘接性能，但固化速度会降低；其中，$Ph_2SiO$ 因空间位阻较大而不宜大量引入，$MePhSiO$ 则是较理想的二官能度链段。三官能度和四官能度链节提供了硅树脂的交联点，固化速度相对较快，树脂趋于硬、脆。另外，单官能度链节主要起封端调节的作用。

　　（1）纯硅树脂为基料的有机硅胶黏剂　此类胶黏剂以硅树脂为基料，加入某些无机填料和有机溶剂混合而成，用以粘接金属、玻璃钢等。有机硅树脂加热到 270℃ 以上，可进一步缩聚固化，固化物交联密度高，性质硬脆。工业上的应用是以有机硅树脂二甲苯溶液作为黏料，添加无机填料，然后在夹持压 490kPa、270℃ 下固化 3h。形成的接头可耐高温，能在 400℃ 下长期使用，可用于高温环境下非结构部件的粘接和密封。

　　（2）有机聚合物改性硅树脂胶黏剂　以硅树脂为主体的胶黏剂，由于固化温度偏高，使用受到限制，为了降低其固化温度，同时提高粘接强度，可用环氧、聚酯、酚醛等有机物进行改性，典型的纯有机硅树脂胶黏剂和聚合物改性硅树脂胶黏剂的性能如表 22-2 所示。

表 22-2　典型的硅树脂胶黏剂性能

| 胶黏剂类型 | 固化条件 | 铝-铝剪切强度/MPa | 耐热性（长期使用）/℃ |
|---|---|---|---|
| 纯有机硅树脂 | 压力 490kPa，270℃，3h | 7.9～8.7 | 400 |
| 环氧改性硅树脂 | 常温或加热固化 | 14.0 | 300 |
| 聚酯改性硅树脂 | 压力 98～196kPa，120℃，1.5h；120～200℃，1h | 19.8 | 200 |
| 酚醛改性硅树脂 | 压力 490kPa，200℃，3h | 12.0 | 350 |

## 22.2.2　硅橡胶型胶黏剂

　　硅橡胶是一种线型的、以硅-氧键为主链的聚硅氧烷高分子量弹性体，通式为：

$$\left[\begin{array}{c} R' \\ | \\ Si-O \\ | \\ R \end{array}\right]_n$$

式中，R、R'为有机基团，如烷基、烯烃基、芳基、苯基等。硅橡胶有如下优良性能：

（1）良好的热稳定性　经实验证明在 180～250℃经 2～4 年，以及在 300℃下经几天后硅橡胶仍保持足够的抗张强度和伸长率（100%～1000%）。

（2）具有很宽的使用温度（—64～250℃），以及在很宽的温度范围内具有 100% 的抗形变能力。

（3）耐气候性优异　由于硅橡胶没有双键，臭氧、紫外线对其无影响。在室温下，臭氧浓度为 $150\times10^{-6}\,g/m^3$，大多数橡胶在 7h～8d 内先后被破坏，而硅橡胶没有变化，并经十几年的大气老化试验，仍未发生龟裂或发粘现象；有良好的耐寒性能、耐湿热性能。

（4）具有良好的电性能　硅橡胶按其固化方式分为高温硫化（HTV）硅橡胶和室温硫化（RTV）硅橡胶。由于高温硫化硅橡胶胶黏剂的粘接强度低，加工设备复杂，极大地限制了它的应用。自 20 世纪 60 年代初室温硫化硅橡胶出现以来，发展越来越快。室温硫化硅橡胶除具有耐氧化、耐高低温交变、耐寒、耐臭氧、优异的电绝缘性、耐潮湿等优良性能外，最大特点是使用方便。目前大多数有机硅室温硫化硅橡胶的基础胶料仍是以羟基封端的聚二甲基硅氧烷（PDMS），俗称 107 胶，分子结构式为：

$$HO-\underset{\underset{CH_3}{|}}{\overset{\overset{CH_3}{|}}{Si}}-O-\left[\underset{\underset{CH_3}{|}}{\overset{\overset{CH_3}{|}}{Si}}-O\right]_n-\underset{\underset{CH_3}{|}}{\overset{\overset{CH_3}{|}}{Si}}-OH$$

室温硫化硅橡胶（RTV-SR）通常为羟基或乙烯基封端的、分子量在 1 万～8 万的直链聚硅氧烷，又称为液体硅橡胶，这种橡胶的最显著特点是在室温下无需加热即可就地硫化，使用极其方便。现在室温硫化硅橡胶已广泛用作胶黏剂、密封剂、防护涂料、灌封和制模材料，在航空航天、机械制造、化工、电子、科研等领域都有应用。

室温硫化硅橡胶一般包括加成型和缩合型两大类。

（1）加成型硅橡胶　加成型室温胶是以具有乙烯基的线性聚硅氧烷为基础胶料，以含氢硅氧烷为交联剂，在催化剂存在下于室温至中温下发生交联反应而成为弹性体。加成型室温硫化硅胶所用的铂或铑等催化剂用量只要万分之几甚至百万分之几就可有效，但其成本较高。

（2）缩合型硅橡胶　缩合型硅橡胶是以端羟基聚二甲基硅氧烷 $[HO(R_2SiO)_nH]$（式中 R 为 Me、Ph 等）或端烷氧基聚二甲基硅氧烷 $[(RO)_{3-a}Me_aSiO(Me_2SiO)_nSiMe_a(OR)_{3-a}]$（式中 R 为 Me、Et 等）为基础胶料，以多官能团硅烷或硅氧烷为固化剂，在催化剂存在下与空气中湿气接触或双组分混匀，于室温下即可发生交联硫化反应，形成弹性体。按其商品包装形式和产品形态，可分为单组分和双组分 RTV 硅橡胶。

根据固化时生成的小分子类型，有脱酸型、脱肟型、脱醇型、脱胺型、脱酮型、脱酰胺型等。

脱醋酸型的固化反应机理为：

脱酮肟型反应机理为：

$$\equiv Si{-}OH + X{-}N{-}O{-}Si\equiv \longrightarrow \equiv Si{-}O{-}Si\equiv + X{=}N{-}OH\uparrow$$

其中 X 为 CMeEt。

脱醇型反应机理为：

$$\equiv Si{-}OH + ROSi\equiv \longrightarrow \equiv SiOSi\equiv + ROH\uparrow$$

其中 R 为 $CH_3$、$C_2H_5$ 等。

脱酰胺型反应机理为：

其中 R 为 $CH_3$、$C_2H_5$ 等。

交联剂是每个分子具有 2 个以上官能团的硅烷。常用的催化剂是锡、钛、铂等有机化合物，还有有机铅、锌、锆、铁、镉、钡、锰的羧酸盐等。通过调节催化剂种类和用量可控制硫化时间，辛酸亚锡可在几分钟内使密封胶凝固，二月桂酸二丁基锡则可在几小时内凝胶。锡类常规催化剂由于其环保性局限，目前在不断改性提升。单组分室温硫化硅橡胶的交联反应首先由胶料吸收大气中的水分而开始硫化，再进一步向内扩散，因此胶层厚度有限。

双组分有机硅胶黏剂常用有机锡类化合物为催化剂，由有机硅聚合物末端的羟基与交联型中可水解基团进行缩合反应。主要分为脱醇型和脱氢型两大类：

脱醇型：交联剂为烷氧基硅烷或其部分水解物。

脱氢型：交联剂为甲基氢聚硅氧烷，反应机理为

$$\equiv Si{-}OH + \equiv SiH \xrightarrow{Sn} \equiv SiOSi\equiv + H_2\uparrow$$

双组分有机硅胶黏剂商品以脱醇型为主，其粘接性能好，无毒无味，无腐蚀性，而且成本较单组分要低，但操作稍麻烦，要将两个组分按比例混匀使用。双组分硅橡胶胶黏剂的最大优点是可深度硫化，但粘接性能差，常用硅烷偶联剂作底胶或用增黏剂来提高粘接强度。

# 22.3　有机硅胶黏剂配方组成及其作用

（1）基胶　主要包括硅氧烷聚合物、甲基硅橡胶、甲基乙烯基硅橡胶、苯基硅橡胶、对亚苯基硅橡胶、苯醚硅橡胶、腈硅橡胶以及氟硅橡胶。对于硅羟基封端的线性聚硅氧烷，最常用的是 $\alpha,\omega$-二羟基聚二甲基硅氧烷（107 胶）。甲基嵌段室温硫化硅橡胶（103 胶）是甲基室温硫化硅橡胶的改性品种，是 107 胶与甲基三乙氧基硅烷低聚物（聚合度为 3～5）的共聚体。在二月桂酸二丁基锡的催化下，107 胶中的端硅羟基（Si—OH）与聚甲基三乙氧基硅烷中的硅乙氧基（Si—$OC_2H_5$）进行缩聚反应，形成三维结构的弹性体；硫化后的弹性体具有比甲基室温硫化硅橡胶更高的机械强度和粘接力，可以在 $-70$～200℃ 的范围内长期使用。也有采用仲胺盐催化剂、107 胶为基础制备的三甲氧基和乙烯基二甲氧基两种端基

结构的聚二甲基硅氧烷（PDMS），分别作为基胶，配制成单组分脱醇型 RTV 硅酮胶，前者储存稳定性非常好，而后者产品具有高触变性。聚二甲基硅氧烷（PDMS）基胶分子主链中引入适量均匀分布的甲基苯基硅氧烷链节，则可明显改善后续配制有机硅胶黏剂的耐热性。

硅树脂作为基料的胶黏剂主要用于粘接金属和耐热的非金属材料。改变硅树脂中官能团的数目、取代基结构或树脂的聚合度、支化度和交联度等结构特性，配制而成的胶黏剂产品性能不同，能适应不同的用途。不同有机硅单体水解缩聚而成的硅树脂或硅橡胶，反应性能不同，固化性能也存在差异。如用于防水密封材料场合，要选分子量大的硅橡胶，同时控制硅橡胶的交联密度。

（2）填料　添加填料，不仅可以降低成本，而且能提高胶黏剂的抗撕裂能力。这是因为填料粒子能起到阻止裂纹扩展、产生剪切带、吸收能量等作用。另外添加填料还会对密封胶的密度、耐热性、渗透性、黏附力、光学性能、流变性能、电磁性、力学性能等性能产生很大的影响。在有机硅胶黏剂中加入的填料主要有纳米碳酸钙、轻质碳酸钙、重质碳酸钙、白炭黑、阻燃剂、钛白粉、滑石粉、石英砂等，其中白炭黑最常用，用量为基胶的 5％～45％，最多可达 200％。填料因种类、成分、粒径、吸油值、水分含量、表面处理方式（硬脂酸或偶联剂）等不同，使得有机硅胶黏剂的拉伸强度、拉断伸长率、弹性恢复率等力学性能差异很大。在实际使用过程中，胶黏剂中添加合适的填料，会使密封胶的耐高低温性、耐酸碱性、耐油性、耐水性、阻燃性等某一性能显著提高。另外，一些导电性、导热性等特殊填料（包括纳米填料）如碳纳米管、石墨烯、纳米氧化铝、六方氮化硼等的引入，可赋予胶黏密封胶导电、导热，或导热绝缘等功能。

（3）固化剂（交联剂）　单双组分体系的固化剂主要采用硅烷交联剂，如带易水解基团的三乙酰氧基硅烷、三/四甲氧或乙氧基硅烷、三/四丁酮肟基硅烷等，需要在无水的条件下把胶黏剂封装在密闭的容器中保存，当胶料与空气中的水分接触就会很快固化。

（4）增黏剂　用于处理填料的表面，随填料一起加入有机硅胶黏剂中，有助于提高粘接性能。常用的增黏剂有硅烷偶联剂、硅树脂、钛酸酯、硼酸或含硼化合物等，用量为基胶的 2％～10％。

（5）催化剂　常用金属有机酸盐类，如二月桂酸二丁基锡、二醋酸二丁基锡、异辛酸亚锡、有机钛类螯合剂等。用量为基胶的 0.1％～5％。对于双组分室温硫化硅橡胶胶黏剂，硫化速率受空气中湿度和环境温度的影响，但主要影响因素是催化剂的性质和用量。

（6）其他的添加剂　如抗氧剂、热稳定剂、着色剂等，可视具体应用场合添加。

纯有机硅树脂胶黏剂通常以硅树脂为基料，添加无机填料、固化剂和有机溶剂混合而成，具有很高的耐热性和良好粘接性、电绝缘性能，但韧性较差，主要用于粘接金属、合金、陶瓷及复合材料等。改性有机硅树脂胶黏剂则以环氧、聚酯、酚醛树脂、聚酰亚胺等有机树脂改性的硅树脂为基料，添加固化剂、填料和稀释剂等组分混合得到。

# 22.4　有机硅胶黏剂/密封胶的典型配方

（1）脱醇型有机硅胶黏剂　该胶黏剂具有良好的储存稳定性，为湿气固化型。暴露于含水分的空气中，得到有优良黏合力的弹性体（硅橡胶）。引自日本公开特许 JP07-33986。

配方（质量份）：

| | |
|---|---|
| 聚硅氧烷 | 100 |
| 甲基三甲氧基硅烷 | 5 |
| 二月桂酸二丁基锡 | 0.5 |

干燥二氧化硅（用二甲基二氯硅烷处理） 5

生产方法：聚硅氧烷是由 100 份端基为硅醇的聚二甲基硅氧烷和 15 份 3-氨基丙基三甲氧基硅烷在 100℃下搅拌反应 6h，除去甲醇和单体制得的。将上述制得的黏度为 8Pa·s 的聚硅氧烷（含有氨基的甲氧基硅烷基的聚二甲基硅氧烷油）与其余物料按配方比混合均匀，即得胶黏剂。

质量指标（日本工业标准 JISA）：

| | |
|---|---|
| 抗张强度（kPa） | 549 |
| 硬度 | 20 |
| 伸长率（%） | 170 |
| 铁-铁抗剪强度（kPa） | 519 |
| 铝-铝抗剪强度（kPa） | 461 |

（2）脱酮肟型有机硅密封胶 如 JS 2000、TS 1527、JS 606。

该胶黏剂具有良好的储存稳定性，为室温硫化 RTV 型。暴露于含水分的空气中，得到有优良黏合力的弹性体（硅橡胶）。

配方（质量份）：

| | |
|---|---|
| 羟基封端聚二甲基硅氧烷 | 100 |
| 碳酸钙填料 | 70～100 |
| 甲基三丁酮肟基硅烷 | 5～10 |
| 环氧基或氨基改性硅烷 | 3～5 |
| 二月桂酸二丁基锡 | 0.5 |

生产方法：硅氧烷聚合物与填料碳酸钙在密闭条件下进行高强搅拌和脱除水分，后加入交联剂甲基三丁酮肟基硅烷、环氧基或氨基改性硅烷偶联剂进行混合，最后与其余催化剂等物料按配方比混合均匀，即得脱酮肟型胶黏剂。

质量指标：

| | |
|---|---|
| 抗张强度（MPa） | 1.8～2.5 |
| 硬度 | 30～60 |
| 伸长率（%） | 250～550 |

（3）GPS-4-20 胶黏剂配方（质量份）

甲组分：

| | |
|---|---|
| 107 有机硅橡胶 | 100 |
| 947 有机硅树脂 | 20 |
| 硼酐 | 0.4 |
| 白炭黑 | 20 |

乙组分：

| | |
|---|---|
| 正硅酸乙酯 | 100 |
| 钛酸正丁酯 | 40 |
| 硼酸正丁酯 | 60 |
| 560 有机硅树脂 | 60 |
| 二月桂酸二丁基锡 | 36 |

制备工艺：将甲、乙组分分别混合或研磨均匀，分别包装。使用时以甲：乙＝9：1 混合均匀。被粘表面用 $NO_2$ 处理剂处理，接触压，室温下固化 3～7d，或室温 1d 后 80～90℃ 固化 4～6h。

（4）有机硅压敏胶黏剂配方（质量份）

| | |
|---|---|
| 107 有机硅树脂 | 100 |
| MQ 有机硅树脂 | 180 |
| 催化剂 | 2.8 |
| BPO | 0.84 |

制备工艺：

① MQ 有机硅树脂的合成。将六甲基二硅氧烷和水玻璃加入浓盐酸中水解 15min，加入二甲苯溶解硅树脂，继续缩合反应 2h。然后去除酸水、水洗至中性，蒸馏即得所需 MQ 有机硅树脂。

② 有机硅压敏胶黏剂的合成。按配比加入 MQ 有机硅树脂和 107 有机硅树脂，滴加催化剂，高温反应一定时间得所需胶液。

③ 有机硅压敏胶带的制备。将所制胶液调配 BPO 溶液后涂布在经表面处理的 PET 薄膜上，烘干、分切即制得胶带。

（5）KH-505 有机硅树脂胶黏剂配方（质量份）

| | |
|---|---|
| 甲基苯基硅树脂（固含量为 60％） | 100 |
| 钛白粉 | 70 |
| 氧化锌 | 10 |
| 云母粉 | 5 |
| 石棉 | 15 |

制备工艺：在甲基苯基硅树脂（浓缩硅醇溶液）中加入配方中的其余填料，混匀即成，必要时可加入适量溶剂甲苯。

室温下涂胶，于 80～120℃烘干，溶剂挥发后搭接，加压至 0.5MPa，270℃下固化 3h；可于 425℃下 3h 进一步固化，以提高胶黏强度。

（6）505 胶黏剂配方（质量份）

| | |
|---|---|
| 8308-18 有机硅树脂 | 100 |
| 氧化锌 | 10 |
| 石棉 | 35 |
| 二氧化钛 | 70 |
| 云母粉 | 5 |
| 混合溶剂 | 40 |

制备工艺：将 8308-18 有机硅树脂溶于甲苯：丙酮＝1∶1 的混合溶剂中溶胀，然后加入其他固体料，搅匀即可。

（7）室温固化双组分有机硅树脂胶黏剂（质量份）

甲组分：

| | |
|---|---|
| 聚二甲基硅氧烷 | 100 |
| 苯乙烯 | 87.5 |
| 丙烯酸丁酯 | 75 |

乙组分：

| | |
|---|---|
| 高分子混合物基料 | 100 |
| 双酚 A 环氧树脂 | 25 |
| γ-氨基丙基三乙氧基硅烷 | 2.5 |
| 二甲氧基二丁基锡 | 0.25 |

制备工艺：将端部为乙烯基二异丙氧基硅烷基的二甲基硅氧烷与苯乙烯、丙烯酸丁酯在160℃共聚反应 6h，制得高分子混合基料；将制得的高分子混合物与乙组分的其他物料混合，搅拌均匀后即得室温固化的有机硅树脂胶黏剂。

（8）单组分车灯用有机硅树脂胶黏剂（质量份）

| | |
|---|---|
| 107 硅橡胶（黏度为 8000mPa·s） | 100 |
| 纳米碳酸钙 | 60 |
| 气相法二氧化硅 | 5 |
| 二乙氨基甲基三乙氧基硅烷（ND-22） | 4.5 |
| 二甲基硅油 | 5 |
| 增黏剂 | 2～5 |
| 二月桂酸二丁基锡 | 0.05～0.2 |

制备工艺：将 107 硅橡胶、填料、增塑剂等投入真空压力桶内，减压（-0.095MPa）并在加热平台上加热（150℃）搅拌分散脱水 2～3h 制得基料；待基料降温至 50℃ 以下添加交联剂，搅拌均匀分散后，加入增黏剂搅拌 20min，再加入 0.05～0.2 份催化剂搅拌混匀，密封出胶。制得的车灯用单组分硅胶黏剂表干时间为 13min，拉伸强度为 1.48MPa，拉断伸长率为 256%，剪切强度为 3.04MPa。

（9）双组分车灯用有机硅树脂胶黏剂（质量份）

| | |
|---|---|
| 甲组分： | |
| 107 硅橡胶 | 100 |
| 纳米碳酸钙 | 95 |
| 二甲基硅油 | 20 |
| 乙组分： | |
| 炭黑色浆 | 45 |
| 甲基三甲氧基硅烷 | 16 |
| KH-550 | 8 |
| 二月硅酸二丁基锡 | 2 |

制备工艺：将 107 硅橡胶、纳米碳酸钙、二甲基硅油加入行星高速分散搅拌机中，搅拌混合均匀，于 120℃、≤0.098MPa 条件下脱水 30min 制得甲组分。在氮气保护下冷却至室温备用。将炭黑色浆、甲基三甲氧基硅烷加入行星高速分散搅拌机，真空搅拌均匀后，加入 KH-550、二月硅酸二丁基锡催化剂，在≤0.098MPa 条件下搅拌 45min 出料，即得乙组分。A、B 两组分质量比为 10：1。以此配方制得的密封胶表干时间为 16min，拉伸强度为 2.45MPa，拉断伸长率为 215%，对 PC-PC 基材的剪切强度为 1.96MPa。紫外光老化 21d 后，双组分车灯胶的拉伸强度仍然达到 2.4MPa，拉断伸长率则在 220% 左右，且耐候性能及车灯起雾性良好。

（10）室温固化长期耐 300℃ 的高强度硅橡胶型胶黏剂（质量份）

| | |
|---|---|
| 甲组分： | |
| 甲基乙烯基硅橡胶（110-2）及适量乙烯基硅油 | 50 |
| 含苯基马来酰亚胺基硅树脂 | 12 |
| 白炭黑 | 15 |
| 氯铂酸-二乙烯基四甲基二硅氧烷 | 0.015% |
| 乙组分： | |
| 甲基乙烯基硅橡胶（110-2）及适量乙烯基硅油 | 50 |

| | |
|---|---|
| 含苯基马来酰亚胺基硅树脂 | 5 |
| 白炭黑 | 15 |
| 含氢硅油氢含量:乙烯基 | 1.3:1 |
| 含氢量为1.5%的含氢硅油 | 4 |
| 二氧化钛 | 0.5 |

制备工艺:甲组分:乙组分=1:1。该胶黏剂室温剪切强度达7.8MPa,经300℃、24h老化后,剪切强度达到3.0MPa,拉伸强度为4.3MPa,断裂伸长率为128%,剥离强度为16N/cm,邵氏硬度45。

# 22.5 有机硅胶黏剂/密封胶的生产工艺

## 22.5.1 有机硅胶黏剂基料的合成

有机硅胶黏剂中常用的MQ硅树脂的合成原料有两种:正硅酸乙酯或水玻璃(硅酸钠水溶液),采用正硅酸乙酯制备MQ硅树脂原材料较贵,但效率高,M/Q值容易控制,不宜发生凝胶,流程较为简单。而水玻璃便宜易得,但反应时间较长,流程较复杂,生产效率低,M/Q<0.5时易发生凝胶现象。

高温硫化硅橡胶通常以高纯度八甲基环四硅氧烷和带有—$C_6H_5$、—CH=$CH_2$等官能团的环四硅氧烷为原料,用酸碱催化剂开环共聚,经脱除催化剂和低挥发分即得硅生胶。端羟基聚二甲基硅氧烷(107硅橡胶)是制备有机硅胶黏剂常用的基料。国内传统的107胶生产工艺是以甲基环硅氧烷(DMC)为原料的聚合体系,在碱催化剂[如KOH、$(CH_3)_4NOH$等]存在下,进行开环聚合,经过降解、脱低沸等一系列工艺流程得到羟基封端聚二甲基硅氧烷。近年来,有机硅单体企业采用环线分离工艺,以线性体(小分子羟基硅油)为原料,通过线性体之间的催化缩聚反应,得到了更为经济和质量与性能稳定的107液体硅橡胶。室温硫化硅橡胶原料中的羟基封端低分子聚硅氧烷要专门制备,通常以聚硅氧烷环体与水开环制成,分子量的大小以水的加入量控制。

## 22.5.2 有机硅胶黏剂/密封胶的生产工艺

### 22.5.2.1 有机硅胶黏剂的生产流程

有机硅胶黏剂的生产工艺因单组分和双组分的差异而有所区别。单组分有机硅胶黏剂的典型生产流程见图22-1。

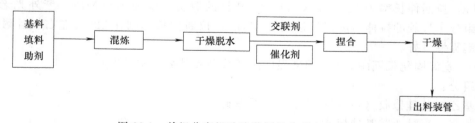

图22-1 单组分有机硅胶黏剂的典型生产流程

双组分有机硅胶黏剂的典型生产流程见图22-2。

耐热室温固化有机硅胶黏剂的制备步骤见图22-3。本胶黏剂的耐热性能关键取决于得到分子链中苯基均匀分布的甲基苯基乙烯基硅胶,再配合苯基乙烯基硅树脂、硅硼改性苯基

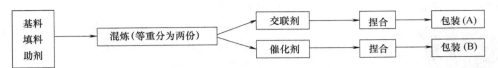

图 22-2　双组分有机硅胶黏剂的典型生产流程

增黏剂、含氢硅树脂和催化剂等组分。如此得到的有机硅胶黏剂与普通胶黏剂相比耐热温度更高（失重 5％时的温度为 459.5℃）、力学性能更好和黏度更低。在配胶过程中，若将交联剂与催化剂分开混合及包装，可形成双组分胶黏剂。

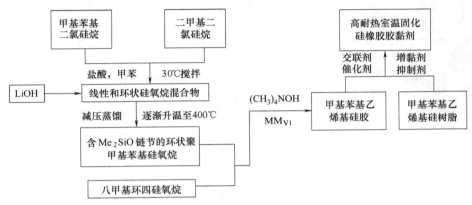

图 22-3　耐热室温固化有机硅胶黏剂的制备步骤

## 22.5.2.2　室温硫化有机硅密封胶生产工艺

室温硫化有机硅密封胶一般生产过程见图 22-4 所示，中小批量生产一般采用行星搅拌机、灌装机即可生产，连续化大批量生产要采用双螺杆捏合机。下面以脱酮肟型硅胶为例来介绍。

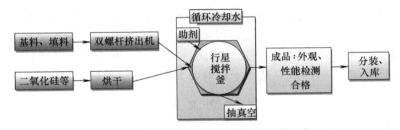

图 22-4　室温硫化有机硅密封胶生产工艺

（1）配方组成及原材料消耗定额　见表 22-3。

表 22-3　配方组成及原材料消耗定额

| 原　料 | 规　格 | 消耗定额/kg |
| --- | --- | --- |
| 107 硅橡胶 | 工业 | 400 |
| 二甲基硅油 | 工业 | 200 |
| 甲基三丁酮肟基硅烷 | 工业 | 30 |
| 乙烯基三丁酮肟基硅烷 | 工业 | 10 |
| 气相白炭黑 | 工业 | 6 |
| 超细碳酸钙 | 工业 | 300 |
| KH-550 | 工业 | 5 |
| 二月桂酸二丁基锡 | 工业 | 0.5 |
| 色浆（颜料与二甲基硅油 1:1 混合物） | 工业 | 6 |

（2）工艺流程　生产用的行星搅拌釜如图 22-5 所示。

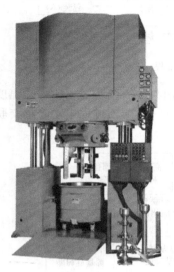

① 首先将超细碳酸钙、气相白炭黑置于干燥机中，于110℃干燥 4h，干燥后的粉料尽量在干燥机中密闭冷却。若生产周期不允许，也应在干燥机中冷却至 100℃ 以下再放料，放出的粉料应密闭贮存，贮存时间越短越好，特别在夏季。混合填料的挥发分应保持在 0.15 % 以下。

② 将 107 硅橡胶、二甲基硅油加入搅拌釜中，开动搅拌，再把超细碳酸钙分 1～2 次均匀加入釜内，每次先抽真空再加料，真空度维持在 −0.095～−0.09MPa，关闭真空阀门保压搅拌，粉料和基料完全混合后再进行下次投料，每次投料运行时间为 10min。清釜壁及搅拌齿后，继续按上述真空要求搅拌 10min。

③ 停止搅拌，真空条件加入甲基三丁酮肟基硅烷和乙烯基三丁酮肟基硅烷；开启搅拌，真空度维持在 −0.095～−0.09MPa，搅拌 15min，至均匀无气泡。

图 22-5　生产用的行星搅拌釜

④ 分 3 次均匀加入气相白炭黑，每次先抽真空，真空度维持在 −0.095～−0.09MPa，关闭真空阀门保压搅拌，粉料和基料完全混合后再进行下次投料，每次投料运行时间为 10~15min。清釜壁及搅拌齿后，继续按上述真空要求搅拌 10min。停止搅拌，放空打开釜盖，自查产品外观，若不均匀，继续按上述真空要求进行搅拌。

⑤ 外观合格后，简单快速清釜，加入 KH-550 与二月桂酸二丁基锡的混合物，盖上釜盖，先抽真空，再进行搅拌，真空度维持在 −0.095～−0.09MPa，搅拌 15min 至均匀无气泡；

⑥ 最后加入色浆，开启搅拌，真空度维持在 −0.095～−0.09MPa，搅拌 15min 至均匀无气泡；搅拌完毕，将釜内胶体快速抹平铺 PE 膜，再用手将胶压实压平放上压圈进入灌装机。

（3）产品性能指标及用途　本品表干时间（25℃，湿度 50%）为 10～15min，断裂伸长率＞300%，拉伸强度＞1MPa，适用于玻璃及大理石嵌缝密封。

## 参 考 文 献

[1]　黄月文. 有机硅胶粘剂. 化学与粘合，2001（1）：25-28.

[2]　Butyl F D. Silicone sealants and structural adhesives. International Journal of Adhesion & Adhesives，2001，21（5）：411-422.

[3]　姚慧琴. 有机硅胶粘剂的发展与应用. 江西科学，2005，23（3）：294-298.

[4]　马仁杰，王自新，魏克超，等. 有机硅改性密封剂研究进展. 化学推进剂与高分子材料，2005，3（1）：22-27.

[5]　向明，蔡燎原，张季冰. 胶黏剂基础与配方设计. 北京：化学工业出版社，2002.

[6]　冯圣玉，张洁，李美江，等. 有机硅高分子及其应用. 北京：化学工业出版社，2004.

[7]　赵陈超，章基凯. 有机硅树脂及其应用. 北京：化学工业出版社，2011：43-47.

[8]　彭华龙，尤小姿，徐晓明，等. 甲基苯基硅树脂的合成工艺研究. 绝缘材料，2011，44（4）：16-19.

[9]　孙德林，余先纯. 胶黏剂与胶合技术基础. 北京：化学工业出版社，2014.

[10]　周宁琳. 有机硅聚合物导论. 北京：科学出版社，2000.

[11]　黄文润. 缩合型室温硫化硅橡胶的配合剂（一）. 有机硅材料，2002，16（1）：37-43.

[12]　黄应昌，吕正芸. 弹性密封胶与胶黏剂. 北京：化学工业出版社，2003：372.

[13]　史小萌，戴海林. 填料对硅酮改性聚氨酯密封胶性能影响的研究. 石油化工，2003，32（4）：294-296.

[14]　Geogre W. 填料手册. 程斌，于运花，黄玉强，译. 北京：中国石化出版社，2003：1-6.

[15]　张燕红，张燕玲，杨秀丽，等. 填料对双组分有机硅密封胶性能的影响. 有机硅材料，2015，29（2）：112-115.

[16]　爱德华 M 皮特里. 胶黏剂与密封胶工业手册. 孟声，等译. 北京：化学工业出版社，2005.

[17]　余先纯，孙德林. 胶黏剂基础. 北京：化学工业出版社，2010.

[18]　宋小平，韩长日. 胶粘剂实用配方与生产工艺. 北京：中国纺织出版社，2010.

[19]　曹云来. 胶黏剂配方精选与解析. 北京：化学工业出版社，2016.

[20]　冯光烒. 胶粘剂配方设计与生产技术. 北京：中国纺织出版社，2009.

[21]　夏毅然. 有机硅密封胶. 化工新型材料，1998，（2）：21-23.

[22]　黄文迎. 有机硅胶粘剂的市场与应用前景. 新材料产业，2010，（12）：37-40.

[23]　张银华，曾戎，徐珊. 以 107 胶为基础制备烷氧基封端聚二甲基硅氧烷的研究. 粘接，2017，（4）：19-24.

[24]　黄斌. 车灯用硅胶胶粘剂的研究. 广东化工，2020，47（3）：27-35.

[25]　李鹏洲，陶小乐，郑苏秦，等. 双组分有机硅密封胶的研制及其在车灯行业的应用. 有机硅材料，2017，31（增刊）：124-126.

[26]　吕虎，孙东洲，孔宪志，等. 室温固化长期耐 300℃ 的高强度硅橡胶型胶黏剂的研制. 化学与黏合，2017，39（3）：180-184.

（范宏 陶小乐 张孝阿 编写）

# 第23章

# 硅烷化改性胶黏剂（含密封胶）

## 23.1 硅烷化改性胶黏剂的发展及应用概况

### 23.1.1 硅烷化改性胶黏剂发展概况

早期开发并在各工业领域中得到广泛应用的三类高档弹性密封胶（聚硫型、聚氨酯型和有机硅型）对促进各领域的发展起了重要作用，但是它们自身存在某些弱点，这些弱点都不同程度地使它们在扩大应用中受到一定的影响。近年来，继聚硫型、聚氨酯型和有机硅型密封胶之后，出现了硅烷化改性密封胶这一新品种，它继承了弹性有机硅密封胶和弹性聚氨酯密封胶的优点和长处。这四类密封胶的特点如表 23-1 所示。

表 23-1　目前市场上主流密封胶

| 密封胶种类 | 优越性 | 局限性 |
|---|---|---|
| 聚硫密封胶 | 耐化学性好（耐溶剂、耐油）；耐疲劳、抗震动；密封性能好（极低的水汽透过性） | 耐候性能差；耐温低；回弹性差；操作工艺复杂（双组分） |
| 聚氨酯密封胶 | 强度高，适用范围广；配方设计灵活，满足不同需求 | 施工性能差；不耐高温；固化产生气泡；储存稳定性差 |
| 有机硅密封胶 | 耐候性、耐温性好；回弹性好 | 粘接强度差；易污染基材；表面不可上色 |
| 硅烷化改性密封胶 | 优良的耐候性、耐久性；高的抗变形位移能力；优异的粘接性；可涂饰性；低沾污性；低黏度和优良的作业性 | |

硅烷化改性密封胶分为硅烷改性聚醚密封胶和硅烷改性聚氨酯密封胶。

硅烷改性聚醚密封胶又称有机硅改性聚醚密封胶和端硅烷基聚醚密封胶，它是一种以端硅烷基聚醚（以聚醚为主链，两端用硅氧烷封端）为基础聚合物制备的高性能环保密封胶。作为硅烷改性聚醚密封胶的基础聚合物（端硅烷基聚氧化丙烯，又名 MS 聚合物）于 1978 年首先由日本钟化（Kaneka）公司开发上市，该公司相继研制开发出硅烷改性聚醚密封胶。1980 年获日本高分子学会科技奖，1981 年开始在大型建筑和高层建筑中推广应用，并取得了良好的应用效果。2011 年德国瓦克（Wacker）的硅烷改性聚醚树脂 GENIOSIL® α-STP-E 在欧洲获建筑奖，标志 STP-E 树脂的诞生，该树脂于 2013 年进入中国，2014 年开始销售，也称"杂化"MS 树脂。

硅烷改性聚氨酯是端异氰酸酯（—NCO）聚氨酯和活性有机硅氧烷通过—NCO 基团和活性氢反应制得的一种新型材料。它同时具有聚氨酯和有机硅材料的优点，近些年广泛应用于制备高性能室温固化密封胶。与传统聚氨酯密封胶利用异氰酸酯反应固化的机理不同，硅烷改性聚氨酯是硅氧烷水解的固化机理，与有机硅湿固化胶黏剂相同，但是不需要底涂就能与无孔材料表面牢固粘接。在美国，早在 1968 年通用公司就有人提出将含有可水解的烷氧基硅烷基以氨酯键封端聚醚制得室温可固化化合物，可用作密封胶和填缝胶。1971 年美国联碳公司开发了以异氰酸酯基封端聚醚，再与功能性硅基相连制备硅改性聚醚的技术。在德国，德固赛公司开发了硅改性密封胶并通过向其中添加各种合适的粘接促进剂来改善其粘接性能和力学性能。

在硅烷改性聚氨酯树脂方面，各大公司近年来也有了长足的进步，如拜耳和迈图等。超强型、超硬性硅烷改性聚氨酯树脂层出不穷。在这些大型聚氨酯/硅烷供应商中，赢创的硅烷改性聚氨酯树脂显得尤为突出，赢创的高强度树脂有两款，Polymer ST80 和 Polymer ST81。用这两款原材料复配的胶黏剂强度超过 10MPa，仍然有超过 70％的延伸率。其中，用 Polymer ST80 复配的地板涂料，邵氏 A 硬度能达到 90，其耐磨性超过聚氨酯，能与环氧树脂媲美，而韧性远远优于环氧树脂。

由于硅烷化改性胶黏剂具有优良的综合性能和广阔的市场前景，我国的科研和生产单位一直关注和跟踪它的发展方向。目前国内已有多家化工研究院、研究所、大学和相关化工生产厂正开展硅烷改性聚醚弹性密封胶的研究开发工作。2014 年瑞洋立泰开工新建了年产万吨的新的现代化生产基地，随着新厂建立，瑞洋立泰将会给全球胶厂提供更多高品质、高科技、高效率的硅烷改性聚醚树脂产品。同时，浙江皇马、上海东大也相继开发出硅烷改性树脂。当然，按日本 Kaneka 公司的资料来看，改性聚醚胶在太阳直射情况下用于玻璃面的粘接需要小心，有可能对粘接产生不良影响，需谨慎挑选。

# 23.1.2　硅烷化改性胶黏剂应用概况

### 23.1.2.1　硅烷化改性胶黏剂的应用

（1）装配式建筑领域　随着现代工业技术的发展，房屋制造可以先在工厂内成批成套地制造，房屋建设时，只要把预制好的房屋构件，运到工地装配起来就完成了。硅烷改性密封胶触变性和挤出性佳，适应室外、室内、潮湿、低温等多种作业环境。其作为填缝密封胶和防水材料，对各种基材具有良好的粘接性，包括金属、混凝土墙面/平面屋顶，可直接在胶体表面进行涂饰作业，实现外墙颜色的统一。并且无需底涂，从而能够简化操作过程、缩短工期和提高生产效率。长期暴露在户外依然可以保持良好的弹性和粘接强度。

（2）工业领域　具体应用如下：

① 公共汽车、火车、卡车及工业车辆组件结构性的粘接；

② 电梯轿厢、集装箱的粘接密封；

③ 客车、卡车、船舶的天窗等的粘接密封；

④ 客车、卡车、火车、集装箱接缝处等顶部、前、后、侧围等部位的粘接密封；

⑤ 焊缝处等部位的密封；

⑥ 客车、火车等车辆车厢地板及金属与高分子材料的结构性粘接。

（3）建筑及家装领域　对各种家用装饰板材具有良好的粘接性，有更广泛的粘接范围、更强的粘接强度，很适合新房装修和二手房改造。具体应用如下：

① 建筑装饰。室内室外的砂岩板、玻璃/玻璃钢与金属的粘接密封；地板砖和窗台大理石四周的粘接密封。

② 家居行业。卫浴、家用电器、鱼缸、电梯、太阳能热水器水箱、水管等组件四周的粘接密封及补漏。

③ 家具厨具。高档的家具厨具所用的夹板、拼板、复活板等的粘接密封。

装修领域具体产品种类有：免钉胶、防霉胶、地板胶、美缝胶、封边胶、嵌缝胶、透明胶、瓷砖胶等。

（4）土木工程领域　具体应用如下：

① 水下工程和海洋工程防水用品密封、船舱密封、甲板填缝、船体装修等。

② 地铁隧道及其他地下隧道连接处的密封等。高等级道路、桥梁、飞机跑道等有伸缩性接缝的嵌缝密封。

③ 混凝土、陶质材质的下水道、地下煤气管道、电线电路管道等管道接头处的连接密封。

### 23.1.2.2　硅烷化改性胶黏剂的市场

（1）国际市场　日本钟化公司在1978年就成功推出了MS胶产品，日本市场的硅烷改性密封胶市场占有率目前是世界上最高的，大约占到市场份额的55%以上，美国占到了市场份额的20%左右。欧洲市场份额上升到40%左右。

（2）国内市场　仅占不到5%，主要被有机硅胶占有（70%左右），市场潜力巨大。如在工业应用领域，比如汽车、船舶、高铁、太阳能等行业，因有机硅胶黏接力存在一定问题，以及聚氨酯胶易水解、耐热耐化学性差、有毒性等缺点，将会成为硅烷化改性胶黏剂的巨大潜在市场。

# 23.2　硅烷化改性胶黏剂的分类及特性

## 23.2.1　硅烷化改性胶黏剂的分类

硅烷化改性胶黏剂根据聚合物主链组成不同，可分为硅烷改性聚醚（MS）胶、硅烷改性聚氨酯（SPUR）胶和硅烷改性带聚氨酯基团的聚醚（STP）胶。

硅烷封端聚醚树脂的主链为聚醚。聚醚具有较高的柔顺性和耐低温性，可与多种添加剂相容（如向硅烷封端聚醚树脂中加入氨基硅烷，可在多种基质上发挥优良的粘接作用）。硅烷封端后的聚醚具有良好的湿气固化性、粘接性和耐候性，可应用于涂料、胶黏剂和密封胶等方向。硅烷封端聚氨酯树脂因其结构中存在酯基、氨酯基等强极性基团，所以分子间作用力较强，与相同分子量的硅烷封端聚醚相比，机械性能较高，但黏度较大，从而伸长率下降。

## 23.2.2　聚合物结构与性能的关系

端硅烷改性聚合物，主链为聚醚或者聚氨酯结构，端基为 Si—OR，固化方式为室温固化，Si—OR 水解缩合形成弹性体。硅烷改性聚合物结构封端类型有二烷氧基和三烷氧基两种。以三烷氧基为例，其结构式如下（其中 R=$CH_3$ 或者 $C_2H_5$）：

$$R(O)—Si—H_2C—H_2C—H_2C \sim\sim\sim CH_2—CH_2—CH_2—Si—(O)R$$

（端基为 OR/OR）

硅烷改性聚合物的结构主要包括聚合物主链结构和交联结构，决定了基本理化性能、模量、硬度、拉伸强度、撕裂强度、耐热性、氧化性和耐老化性等。

MS 密封胶和 SPUR 密封胶的主链由两种不同化学结构的键与链所组成，因此，这两种键和链的结构因素对密封胶的综合性能将产生决定性的影响。MS 密封胶和 SPUR 密封胶体系中的 Si—O—Si 键具有优良的耐候、耐老化和耐化学介质的特性。这些特点已明显地反映到 MS 密封胶和 SPUR 密封胶的综合性能上。总之，这两种不同链与键在结构上的相连预示了 MS 密封胶和 SPUR 密封胶在物理力学性能、黏附性能、耐候耐老化性能和室温快固化性能、贮存稳定性能等多方面性能间的良好的平衡关系。MS 密封胶和 SPUR 密封胶结合了 PU 胶和有机硅胶优点。相同主链结构情况下，端二烷氧基硅烷的 MS 树脂或 SPUR 预聚体的柔曲性好、伸长率高，适于制造低模量、高伸长率的密封胶产品。端三烷氧基硅烷的 MS 树脂或 SPUR 预聚体的室温固化速率快、交联密度高、固化体系的刚性大，适于制造中、高模量的弹性密封胶。这样，可对聚醚或聚氨酯主链结构、分子量以及硅烷封端剂类型进行选择和调节，可制造出高、中、低不同模量的 MS 密封胶和 SPUR 密封胶，以满足各应用领域中各构件间不同形变位移伸缩量和其他接缝的密封要求。另外，线型链结构的 MS 聚合物适用于配制柔性好、低模量、工艺操作性能和黏附性能优良的弹性密封胶。而含支链的 MS 聚合物适用于配制比较坚固、高模量并可快速固化的弹性密封胶。将线型和含支链的两种聚合物以合适比例混合的混合端硅烷基聚醚可配制具有适中模量、中等拉伸强度易于适应各种应用要求的弹性密封胶。

## 23.2.3　硅烷化改性胶黏剂的特性

① 相对于聚氨酯（PU）和有机硅密封胶，粘接适应性广。MS 密封胶和 SPUR 密封胶在不施用底胶的情况下，其粘接范围已从对常用建筑材料（如金属、玻璃、砖石等）的粘接扩展到对 PVC、ABS、聚苯乙烯、聚丙烯酸酯等基材以及对各种漆面的粘接，并取得了良好的粘接效果。

② MS 密封胶和 SPUR 密封胶中的 MS 树脂或 SPUR 预聚体，由于其端硅烷基中含有硅烷氧基（Si—OR），它经水解后生成的硅醇基（Si—OH）可直接与玻璃表面的羟基或与金属表面的金属氧化物、羟基形成化学键或氢键，有助于对未经表面处理的玻璃、金属和水泥石材等表面形成有效的粘接、密封。例如对汽车挡风玻璃或车窗玻璃与金属框架的粘接、密封，效果良好。

# 23.3　MS 和 SPUR 密封胶的固化机理

MS 和 SPUR 密封胶的固化机理与单组分 RTV 硅酮密封胶一样属湿固化，催化剂组成及固化原理相同，参见有机硅胶部分。其交联反应如下。

固化交联形成的网络中，网络的交联点是由 Si—O—Si 键构成的，而网络交联点与交联点之间为聚氨酯或聚醚的柔链结构，亦即整个交联网络是由上述两种不同的化学键和化学链所组成的，所以它不仅给基础聚合物带来良好的柔曲性、高延伸性和耐水解性能，而且，端硅烷基聚醚的端基一般为含有≥2个烷氧基的甲硅烷基团，它与空气中的湿气接触后，在催化剂存在下通过水解-缩合反应形成 Si—O—Si 键。给体系带来耐候、耐水、耐老化和耐久等优良性能。

# 23.4　硅烷化改性胶黏剂的配方组成及其作用

## 23.4.1　MS 密封胶和 SPUR 密封胶的组成及关键技术

（1）基础聚合物（MS 树脂或 SPUR 树脂）　是硅烷化改性体系密封胶的基本构成，其结构类型、结构及配方中用量等对成品性能都有重要的影响。MS 树脂、SPUR 树脂的种类、分子量及黏度决定固化物的主要性能。应根据不同的性能要求选择或合成合适的 MS 树脂或 SPUR 树脂。在合成端硅烷基聚醚预聚体（MS 树脂）、端硅烷基聚氨酯预聚体（SPUR 预聚体）时，聚醚的类型和分子量、硅烷封端剂都对密封胶的性能产生很大影响。

（2）增塑剂　常用的增塑剂有邻苯二甲酸二辛酯（简称 DOP）、邻苯二甲酸二异壬酯（简称 DINP）、邻苯二甲酸二异癸酯（简称 DIDP）、聚醚多元醇等。增塑剂的主要作用是削弱聚合物分子间的范德华力，从而增加聚合物分子链的移动性，降低聚合物分子链的结晶性，即增加了聚合物的塑形，表现为聚合物的硬度、模量、软化温度和脆化温度下降，而伸长率、曲挠性和柔韧性提高。密封胶中加入增塑剂，能够起到增加流动性、降低硬度、调整模量的作用，但是如果加入过量不仅会造成增塑剂的迁移和渗出，还会影响密封胶的下垂度和力学性能。

（3）填料　MS 树脂本身强度不高，若采用其制备密封胶，必须添加能起到一定补强作用的填料。填料的种类和用量显著影响密封胶的力学性能和流变性能。填料分为活性填料、半活性填料和惰性填料。活性填料一般为气相二氧化硅，可调节流变、增黏、增加触变性并补强力学性能；半活性填料一般为纳米沉淀法碳酸钙，有一定的增稠、增加触变性、补强力学性能的作用，能够降低成本；惰性填料一般为重质碳酸钙，包括改性重钙和未改性重钙。另外，还有功能性填料，如阻燃性填料、耐温性填料等。常用的填料有碳酸钙（经表面处理）、二氧化钛、超细石英粉和云母粉、炭黑等。

（4）触变剂　主要用来改进密封胶的触变性（抗下垂度）和提高胶层强度。常用的触变剂有氢化蓖麻油、气相法白炭黑等。

（5）除水剂　单组分 MS 密封胶的湿气固化机理决定了其体系中水分越少越好，保证其在贮存期内（360d）性能基本没有变化。常被用作密封胶除水剂的是乙烯基三甲氧基硅烷（A171）或乙烯基三乙氧基硅烷（A151），因其烷氧基硅烷与水反应的活性较高，可以快速地消耗掉体系中的水分而提高密封胶的贮存稳定性。除水剂除了能清除填料和增塑剂中残留的水分，还能够参与网络交联，一般选用乙烯基三甲氧基硅烷。

（6）黏附促进剂（偶联剂）　硅烷化基体树脂本身含有烷基结构，可以起到偶联剂作用。但是在一些特殊情况下，可能还需要一些偶联剂增加界面粘接强度，如 γ-氨丙基三甲氧基硅烷、N-苯基-γ-氨丙基三甲氧基硅烷、γ-脲基丙基三甲氧基硅烷等。同时，硅烷偶联剂还能作为聚合物固化反应的交联剂，提高最终 MS 胶产品的交联密度。

黏附促进剂（偶联剂）的种类和用量对密封剂的粘接强度有很大影响，端硅烷基聚醚密封胶、端硅烷基聚氨酯密封胶由于都含有硅烷基团，加上密封胶的配方组分中含有黏附促进剂（偶联剂），上述这两种因素的结合，使该类密封胶在不施用底涂剂的情况下可以对不同材料形成良好的粘接。

（7）催化剂　催化剂主要作用是提高室温下交联固化速度，缩短固化时间。MS 胶催化剂主要有辛酸亚锡、丁酸锡、二乙酸二丁基锡、二辛酸二丁基锡、螯合锡、二月桂酸二丁基锡、三烷基胺等。其中最常见的催化剂是二月桂酸二丁基锡。有些催化剂在长期贮存后表现出催化剂失活现象。

（8）其他添加剂　MS 聚合物分子链主要由 C—C 及 C—O 构成，其键能相对 Si—O 较低，在紫外光照射下更容易断开，会影响 MS 胶的耐老化性能，因而需要在配方体系中加入耐老化助剂，提升其耐老化性能。根据需要还可以加入多种助剂增加成品的特殊性能，如色浆、抗氧剂、阻燃剂、抗菌防霉剂等。

## 23.4.2　硅烷改性聚合物制备

### 23.4.2.1　端硅烷基聚醚基础聚合物及其制备

端硅烷基聚醚是有机硅改性聚醚弹性体密封胶的基础聚合物。

① MS 聚合物及其合成。一般为具有硅烷基团的有机聚合物，在多数情况下是指日本钟化公司的"钟化 MS 聚合物"。MS 聚合物是以烯丙基聚醚醇、端羟基聚醚等为原料，按下面的反应式引入甲基二甲氧基甲硅烷基而制得。

第一步：以烯丙基聚醚醇、端羟基聚醚等为原料，以二卤甲烷（$H_2CX_2$）为扩链剂，在苛性碱催化剂存在下通过扩链反应制得烯丙基封端的聚醚中间体，其合成反应见式（23-1）所示。

$$H_2C=CHCH_2O\text{\textasciitilde}OH + HO\text{\textasciitilde}OH \xrightarrow[H_2CX_2]{\text{苛性碱}}$$

$$H_2C=CHCH_2O\left[\text{\textasciitilde}CH_2O\right]_{1\sim2}\text{\textasciitilde}OH \xrightarrow{H_2C=CHCH_2X} \tag{23-1}$$

$$H_2C=CHCH_2O\left[\text{\textasciitilde}CH_2O\right]_{1\sim2}\text{\textasciitilde}OCH_2CH=CH_2 \xrightarrow[\text{精制}]{\text{脱盐}} \text{精制的中间体}$$

第二步：将精制的中间体进行端硅烷基化反应，制得端硅烷基聚醚产物，亦即在铂系催化剂存在下，使精制的中间体与甲基二甲氧基硅烷进行硅氢加成反应制得 MS 聚合物，其合成反应见式（23-2）所示。

$$H_2C=CHCH_2O\left[\text{\textasciitilde}CH_2O\right]_{1\sim2}\text{\textasciitilde}OCH_2CH=CH_2 + \overset{CH_3}{\overset{|}{H}}Si(OCH_3)_2 \xrightarrow{\text{铂系催化剂}} \tag{23-2}$$

$$(CH_3O)_2\overset{CH_3}{\underset{|}{Si}}-\overset{H_2}{C}CH_2CH_2O\left[\text{\textasciitilde}CH_2O\right]_{1\sim2}\text{\textasciitilde}OCH_2\overset{H_2}{C}CH_2-\overset{CH_3}{\underset{|}{C}}Si(OCH_3)_2$$

**MS 聚合物(\text{\textasciitilde} 代表聚醚键)**

MS 聚合物的品种较多，应用范围较广。该合成工艺可以合成线型链结构和含支链的 MS 聚合物。

MS 聚合物的分子链中不像聚氨酯分子那样含有强极性基团，所以它们的分子量虽然高达 10000，但其黏度都比较低，一般为 8～12Pa·s，而且其黏度随温度的变化小，这也是这些端硅烷基聚醚的重要特点之一。

② Excestar 聚合物及其合成。硅烷改性聚醚产品 Excestar 是日本旭硝子 AGC 独有的高分子化学技术研发的，以超高分子量聚醚为主链、甲氧硅基封端的新型高分子液态聚合物，作为一种用于生产密封胶、胶黏剂等产品的树脂原料，在多样化的领域被广泛应用。端硅烷基聚醚的合成一般是先将 $\overline{M}_n=3000\sim4000$、分子一端为烯丙基、另一端为羟基的聚氧化丙烯醚通过二氯甲烷扩链后，再经端硅烷基化被实现的。而 Excestar 聚合物是直接采用一种以复合金属氰

化物配位体作催化剂制得的高分子量端羟基聚氧化丙烯醚，经端烯丙基化后再与甲基二甲氧基硅烷，在铂系催化剂存在下通过硅氢加成反应制得。其合成反应见式（23-3）。

第一步：

$$HO \xleftarrow{}{C_3H_6O}\xrightarrow{}_n H + CH_2 = CHCH_2 - X \xrightarrow{NaOCH_3} CH_2 = CH - CH_2 - O\xleftarrow{}{C_3H_6O}\xrightarrow{}_n CH_2 - CH = CH_2$$

$\overline{M}_n = 10000$ 以上

第二步：

$$CH_2 = CH - CH_2 - O\xleftarrow{}{C_3H_6O}\xrightarrow{}_n CH_2 - CH = CH_2 + H - \overset{CH_3}{\underset{CH_3}{Si}}(OCH_3)_2 \xrightarrow{铂系催化剂}$$

$$(CH_3O)_2 - \overset{CH_3}{Si} - CH_2CH_2CH_2O\xleftarrow{}{C_3H_6O}\xrightarrow{}_n CH_2CH_2CH_2 \quad \overset{CH_3}{Si}(OCH_3)_2$$

$$(23-3)$$

Excestar 聚合物

Excestar 聚合物与以往由扩链法合成的端硅烷基聚氧化丙烯醚相比，具有以下优越性。

a. 在合成 Excestar 端烷氧基聚氧化丙烯醚的过程中，可省去扩链反应程序，简化合成工艺。

b. 由于 Excestar 聚合物是直接以一种在复合金属氰化物配位体的催化下制得的高分子量端羟基聚氧化丙烯为原料制得的端硅烷基聚氧化丙烯醚，致使其分子量分布要比经扩链法制得的端硅烷基聚氧化丙烯醚的窄得多。

c. 以高分子量三官能度的端羟基聚氧化丙烯醚为原料可直接制得高分子量三官能度的 Excestar 聚合物。三官能度 Excestar 聚合物比二官能度聚合物具有更好的耐热性。

适用于作为建筑弹性密封胶和弹性胶黏剂基础聚合物的 Excestar 聚合物有 ES-S2410 和 ES-S3430 两种型号产品。二者外观均为淡黄色液态，前者的黏度（25℃）为 16Pa·s，后者为 10Pa·s。

ES-S2410 是二官能度的端硅烷基聚氧化丙烯醚，具有良好的柔软性、伸长率和贮存稳定性，适用于配制单组分建筑弹性密封胶。Excestar ES-S3430 是三官能度的端硅烷基聚氧化丙烯醚，具有良好的耐热性、耐久性、优良的强度性能和工艺性能，适于制作弹性胶黏剂。

③ STP-E 聚合物及其合成。Wacker 杂化 STP-E（silane-terminated polyethers）基础聚合物是一类以功能性硅烷与端异氰酸酯预聚体反应制得的硅烷改性聚醚，其分子主链结构是低表面能的聚醚链，这一分子结构赋予杂化 STP-E 密封胶优异的涂刷性能。分子链的末端为甲氧基硅烷，类似于硅烷偶联剂的结构，使得杂化 STP-E 密封胶对基材的黏附力更佳。

$$\sim\sim OH + O = C = N \underset{n}{\wedge\wedge\wedge} Si\overset{OR}{\underset{(O)R}{\big\langle}}OR \longrightarrow \sim\sim O \overset{O}{\underset{\underset{H}{N}}{\overset{\|}{C}}} \underset{n}{\wedge\wedge\wedge} Si\overset{OR}{\underset{OR}{\big\langle}}(O)R$$

异氰酸根烷基-烷氧基硅烷　　　　　　　　氨酯键

在湿气条件下，硅烷结构能够发生脱醇反应而交联固化，因此末端硅烷结构的反应活性决定了密封胶的固化速率。例如，瓦克 GENIOSIL® STP-E30（$\alpha$-二甲氧基硅烷）、GENIO-SIL® STP-E35（$\gamma$-三甲氧基硅烷）有着不同的末端结构。$\alpha$-二甲氧基硅烷的氨基甲酸酯结构与硅原子上面相连的甲氧基间隔一个亚甲基，具有推电子结构氨基甲酸酯的诱导作用会导致甲氧基被活化而具有较大的反应活性。$\gamma$-三甲氧基硅烷分子中二者的间隔为三个碳原子，诱导作用减弱，湿固化活性远低于 $\alpha$-二甲氧基硅烷。基于此 $\alpha$ 诱导作用，瓦克 GENIOSIL® STP-E30 在不添加有机锡催化剂的条件下，具有快速固化的特点，可以用于高环保要求密封胶的制备。

STP-E30 和 STP-E35 是两种分子量相同的大分子聚合物，二者黏度相当，但是 STP-E30

固化速度更快。在相同的条件下，随着 STP-E30 添加比例的增大，固化速度变快，弹性模量降低，强度降低，弹性回复率降低，硬度降低，断裂伸长率则表现为先增加后降低的趋势。力学性能的变化主要取决于交联密度的变化，STP-E30 为含有 α-二甲氧基硅烷结构，一个大分子交联反应的官能度为 4，而 STP-E35 交联反应的官能度为 6，STP-E30 添加比例的增加将导致产品交联密度的降低。聚合物配比主要取决于产品性能的要求，高弹性低模量产品可以适当地加大 STP-E30 的用量，但是过高的 STP-E30 用量会降低产品的弹性回复率。

$$CH_2$$
$$X \cdots Si - OR \cdots$$

$$X = -OR, -NH_2, -NR_2$$

### 23. 4. 2. 2　端硅烷基聚氨酯基础聚合物及其制备

官能基硅烷与通常的端—NCO 聚氨酯预聚体反应，使聚氨酯预聚体的端—NCO 被官能基硅烷基团取代，变成一种端硅烷基聚氨酯预聚体。也可通过含异氰酸酯基的官能基硅烷与端羟基聚氨酯预聚体进行加成反应，使之成为端硅烷基聚氨酯预聚体。

SPUR 合成方法一：端异氰酯预聚物方法

通过含氨基的二官能或三官能基的硅烷与端—NCO 的聚氨酯预聚体反应制备。例如采用 N-苯基-γ-氨丙基三甲氧基硅烷（Silquest Y-9669）与端—NCO 聚氨酯预聚体反应。其反应见式（23-4）所示。

$$OCN \sim O-\overset{O}{C}HN-R-NH\overset{O}{C}-O \sim NCO \xrightarrow{\quad HN-(CH_2)_3Si(OCH_3)_3 \quad}$$

端异氰酸酯基聚氨酯预聚体

（23-4）

$$(CH_3O)_3Si-(CH_2)_3-\overset{}{N}-\overset{O}{C}NH \sim O-\overset{O}{C}HN-R-NH\overset{O}{C}-O \sim NH\overset{O}{C}-\overset{}{N}-(CH_2)_3-Si(OCH_3)_3$$

端硅烷基聚氨酯预聚体

SPUR 合成方法二：异氰酸酯基硅烷法

通过含异氰酸酯基的二官能或三官能基硅烷与端羟基聚氨酯预聚体反应制备。例如采用 γ-异氰酸酯基丙基三甲氧基硅烷（Silquest Y-5187）与端羟基聚氨酯预聚体反应。其反应见式（23-5）所示。

$$HO \sim O-\overset{O}{C}HN-R-NH\overset{O}{C}-O \sim OH \xrightarrow{\quad OCN(CH_2)_3-Si(OCH_3)_3 \quad}$$

端羟基聚氨酯预聚体

（23-5）

$$(CH_3O)_3Si-(CH_2)_3-NH\overset{O}{C}-O \sim O-\overset{O}{C}HN-R-NH\overset{O}{C}-O \sim O-\overset{O}{C}NH-(CH_2)_3-Si(OCH_3)_3$$

端硅烷基聚氨酯预聚体

# 23.5 端硅烷基聚醚型胶黏剂的种类及典型配方

## 23.5.1 端硅烷基聚醚型密封胶的种类及典型配方

### 23.5.1.1 快固端硅烷基聚醚密封胶

一般的端硅烷基聚醚密封胶在室温下需经历 1～2 周才能达到良好的固化状态，而该密封胶在室温下只需放置 6h，即可达到基本完全固化。此外，胶料在 50℃ 下密封存放 14h，其基本性能不发生变化，呈现出良好的贮存稳定性。

密封胶的配制方法如下。

先将环氧丙烷在六氰钴酸锌（Zn hexacyano-cobaltate）的存在下，以甘油为起始剂进行开环聚合反应，制得高分子量、低不饱和度的聚氧化丙烯多元醇。再使之以合适的摩尔比，与 γ-NCO 丙基三甲氧基硅烷进行加成反应，制得高分子量端硅烷基聚醚。

将上述端硅烷基聚醚 100 份、$CaCO_3$ 填料 100 份、$CH_3OH$ 1 份、由二月桂酸二丁基锡：十二烷基胺＝3：1 组成的复合催化剂 2 份，以及适量的邻苯二甲酸二辛酯、触变剂和氨基硅烷黏附促进剂在无湿条件下捏混均匀，并经减压脱气，制得室温快固化端硅烷基聚醚密封胶。密封胶试件在 20℃ 和 65％ RH 的条件下放置 6h 后，即可达到良好的固化状态。

### 23.5.1.2 低温固化端硅烷基聚醚密封胶

一般含锡系催化剂的端硅烷基聚醚密封胶多数在 23～30℃ 下固化。而该端硅烷基聚醚密封胶由于配方中采用了一种由四价有机锡化合物与官能基硅烷反应制得的高效固化催化剂，使其在 5℃ 低温环境下能顺利地进行固化。固化后的密封胶试件具有良好的耐候性能和优良的物理力学性能。密封胶的主要组分包括：端基为 $(CH_3O)_2CH_3Si(CH_2)_3O—$ 的聚氧化丙烯基体聚合物；由四价有机锡化合物与官能基硅烷反应制得的高效固化催化剂；氢化蓖麻油触变剂；碳酸钙填料。

密封胶的配制方法如下。

先将二丁基锡氧化物 0.1mol、γ-缩水甘油氧丙基三甲氧基硅烷 0.2mol 和甲基三甲氧基硅烷 0.05mol 进行反应，制得高效的固化催化剂。将该固化催化剂 1 份、端基为 $(CH_3O)_2CH_3Si(CH_2)_3O—$ 的聚氧化丙烯基础聚合物 100 份、微细碳酸钙填料 150 份、二氧化钛 20 份、邻苯二甲酸二辛酯 30 份、氢化蓖麻油触变剂 5 份和酚类抗氧剂 1 份在无湿条件下捏混均匀，制得低温固化端硅烷基聚醚密封胶。密封胶试件可在 5℃ 的低温环境中顺利地完成固化，固化产物具有优良的物理力学性能和耐候性能。

### 23.5.1.3 对丙烯酸类漆面黏附性好的密封胶

此端硅烷基聚醚密封胶由于配方中含有一种适合于丙烯酸类漆面的高效黏附促进剂，致使其对难粘的丙烯酸类漆面如丙烯酸酯漆、丙烯酸瓷漆等具有良好的黏附性能。此外，密封胶还具有贮存稳定、耐候性优良和光泽保持率高等特点。其主要组分包括：一种高分子量、端基为 $(CH_3O)_2CH_3SiCH_2CH_2CH_2—$ 的聚氧化丙烯基础聚合物；有机锡系化合物固化催化剂（硅醇缩合催化剂）；一种适合于丙烯酸类漆面的高效黏附促进剂如 N-(1,3-二甲基亚丁基)-3-(三乙氧基甲硅烷基)-1-丙胺，其分子结构式如下。

$$(EtO)_3SiCH_2CH_2CH_2—N \!\!=\!\! \overset{\overset{\displaystyle CH_3}{|}}{C}—CH_2—\overset{\overset{\displaystyle CH_3}{|}}{C}H—CH_3$$

密封胶的配制方法如下。

将 $\overline{M}_n = 17000$、端基为 $(CH_3O)_2CH_3SiCH_2CH_2CH_2$— 的聚氧化丙烯基础聚合物 100 份、邻苯二甲酸二异癸酯 55 份、脂肪酰胺蜡 2 份、二氧化钛 20 份、胶质碳酸钙 100 份、紫外线吸收剂 1 份和光稳定剂 1 份的混合物在真空、120℃的条件下搅拌混合脱水 2h，冷却至室温。接着，向上述混合物中添加乙烯基三甲氧基硅烷 2 份、固化催化剂（U-220）2 份、N-(1，3-二甲基亚丁基)-3-(三乙氧基甲硅烷基)-1-丙胺 4 份，搅拌混合均匀后，制得端硅烷基聚醚密封胶。密封胶在不施用底胶的情况下对各种难粘的丙烯酸类漆面均具有优良的黏附性能。

### 23.5.1.4　长贮存期的 MS 密封胶

此端硅烷基聚醚密封胶在密闭容器中具有长期贮存稳定的主要原因是在配方中引入一种与水反应活性很高的对甲基苯磺酸异氰酸酯化合物。此化合物能快速地与密封胶中的微量水分反应，保证胶料黏度长期不产生增值或无明显增值，使其保持长久的贮存稳定性。密封胶的主要组分为：$\overline{M}_n \geqslant 8000$、端基为 $(CH_3O)_2CH_3SiCH_2CH_2CH_2O$— 的聚氧化丙烯基础聚合物；有机锡系化合物固化催化剂；对甲苯磺酸异氰酸酯化合物除水剂；碳酸钙、微细二氧化硅等无机填料。

密封胶的配制方法如下。

将 $\overline{M}_n \geqslant 8000$、端基为 $(CH_3O)_2CH_3SiCH_2CH_2CH_2O$— 的聚氧化丙烯基础聚合物 32 份、邻苯二甲酸二辛酯 28.5 份、硅烷偶联剂（黏附促进剂）1.9 份、微细二氧化硅粉 4.5 份、碳酸钙填料 24.52 份、一种由邻苯二甲酸二辛酯：氧化铁 $= 43.5：56.5$ 所组成的均匀混合物 6.75 份、一种由邻苯二甲酸二辛酯：$Bu_2Sn(OBu)_2$：对甲苯磺酸异氰酸酯 $= 34.5：58.3：6.9$ 所组成的混合物 1.2 份在无水的状态下捏混均匀，制得端硅烷基聚醚密封胶。密封胶于密闭的容器中长期贮存稳定，当将胶料或其试件置于室温的环境中其失黏时间短，且能快速固化成弹性体。如果上述配方中不含对甲苯磺酸异氰酸酯，密封胶贮存期变得非常短、贮存稳定性差。

### 23.5.1.5　单组分硅烷改性聚醚密封胶

此硅烷改性聚醚密封胶提供一种快速固化、强度高的弹性密封胶及制备方法，填补了国内市场的空白。其主要组分包括：MS 树脂（Kaneka S303H）、增塑剂（邻苯二甲酸二辛酯）、碳酸钙、二氧化钛、气相二氧化硅、改性有机锡固化剂等，所述成分的质量份数如下：38.5 份 MS 树脂、13.3 份邻苯二甲酸二辛酯、40.2 份碳酸钙、4.1 份二氧化钛、0.5 份聚酰胺触变剂、0.15 份紫外线吸收剂、0.15 份紫外线稳定剂、2.2 份气相二氧化硅、0.3 份乙烯基三甲氧硅烷、0.5 份 N-(β-氨乙基)-γ-氨丙基三甲氧基硅烷和 0.1 份改性有机锡。

密封胶的配制方法如下。

制备时，在室温下向双轴行星搅拌釜中按顺序加入 MS 树脂、邻苯二甲酸二辛酯、二氧化钛、紫外线吸收剂和稳定剂后，在真空保护下共混 10~15min，再加入碳酸钙及聚酰胺触变剂，在 60~90℃下真空保护共混 1h。降温到 50℃后加入乙烯基三甲氧基硅烷、N-(β-氨乙基)-γ-氨丙基三甲氧基硅烷、改性有机锡，真空搅拌 30min 后，得到分散均匀具有触变性的单组分硅烷改性聚醚密封胶。该密封胶的拉伸强度为 3.16MPa，断裂伸长率为 263.55%，撕裂强度为 16.51N/mm，耐候性试验结果为 3000h 无裂缝。

### 23.5.1.6　高强度 MS 密封胶

该密封胶以 MS 预聚物为基础，加入了纳米碳酸钙和炭黑作为补强材料，再配合助剂获得了一种高强度 MS 密封胶。其可替代聚氨酯密封胶应用于挡风玻璃粘接行业，解决了使用聚氨酯密封胶时环保性和耐紫外线辐射性较差等问题。密封胶的主要组分为：日本 Kaneka 公司 MS 预聚物、邻苯二甲酸二异癸酯（DIDP）、紫外线吸收剂（Tinuvin 326）、光稳定剂（Tinuvin 770DF）、纳米碳酸钙、炭黑（卡博特 M580）、乙烯基三甲氧基硅烷（WD-21）、N-(β-氨乙基)-γ-氨丙基三甲氧基硅烷（WD-51）、二月桂酸二丁基锡（DBTDL）等。

密封胶的配制方法如下。

预混料的制备：将一定量的 MS 预聚体、DIDP、纳米碳酸钙、炭黑、Tinuvin 326 和 Tinuvin 770DF 加入动混机中，搅拌 0.5h 后抽真空搅拌并升温至 100℃脱水 2h。

MS 胶的制备：将釜内温度降至 50℃以下，冲入氮气，逐步加入 WD-21、WD-51 和 DBTDL 等助剂，抽真空条件下混合均匀；最后充氮气解除真空至常压，迅速把物料压入 310mL 塑料包装管中制得成品。该密封胶制备过程中，表面改性纳米碳酸钙配合质量分数为 6%的炭黑作为补强填料，并加入 1%的除水剂可以得到贮存稳定性较好的高强度 MS 密封胶，其室温拉伸强度在 4MPa 以上，剪切强度可达 3MPa 且低温剪切强度比室温稍低，基本可以满足寒冷冬季施工对其性能的要求。

### 23.5.1.7　高效阻燃耐热型硅烷改性聚醚密封胶

密封胶的配制方法如下。

按质量份数，将 100 份补强填料气相法白炭黑、40 份阻燃填料氢氧化镁、5 份增黏剂乙烯基三乙氧基硅烷、1 份苯并三唑类（作为紫外线吸收剂）、1 份气相法二氧化钛（作为热稳定剂）、0.1 份钛白粉放入双行星搅拌机中，加热到 110℃，在 25～50r/min 的转速下缓慢搅拌 120min，而后加入 100 份的硅烷封端的聚醚和 60 份氢化矿物油作为增塑剂，抽真空并加热到 110℃，高速搅拌 120min，然后降温到 40℃，加入 2 份乙烯基三乙氧基硅烷作为水分清除剂在 250r/min 的转速下缓慢搅拌 30min，后加入 0.5 份 γ-氨丙基三乙氧基硅烷作为附着力促进剂，还是在 250r/min 的转速下缓慢搅拌 30min，最后加入 0.1 份二月桂酸二丁基锡作为催化剂在 250r/min 的转速下缓慢搅拌 30min 后，出料。产品的拉伸强度能达到 5MPa 以上，可以取代钉子用于木板与地板、木板与木板之间的装配粘接；固化后表面可直接涂刷涂料；对多种材料具有良好的粘接性。

### 23.5.1.8　透明型 MS 胶

该端硅烷基聚醚密封胶可用于对透光率有要求的各种应用领域，如玻璃幕墙耐候密封、大平板玻璃、玻璃采光顶等的粘接与密封，有机玻璃、聚碳酸酯等材质光棚接缝密封以及电子电器、机械设备及医疗设备粘接、防水及防尘以及家装等领域的密封。密封胶的主要组分为：端硅烷基聚醚（MS 预聚体），如日本 Kaneka 公司 S303H；邻苯二甲酸二辛酯（DOP）；抗下垂剂；催化剂二月桂酸二丁基锡；疏水性气相法白炭黑等。

密封胶的配制方法如下。

将端硅烷基聚醚预聚体 100 份、气相法白炭黑 17 份和邻苯二甲酸二辛酯（DOP）25 份，加入行星双轴搅拌混合釜中，开启高速分散机和低速搅拌，并加热，在 90℃下脱水 3h，冷却至室温后，加入抗下垂剂 3 份、助剂适量、催化剂 0.5～1 份，制得胶料，包装。该方法制备的单组分 MS 胶具有优异的耐候性、高抗形变位移能力及良好的粘接性、涂饰性、低沾污性、环境友好性等特点，且透明性良好，2mm 厚胶片透光率达到 86%。

### 23.5.1.9　防霉型硅烷改性聚醚密封胶

防霉密封胶通常是在制备的过程中加入抑制霉菌生长的防霉剂来达到防霉效果。一般情况下，防霉效果跟防霉剂的添加量成正比。但是防霉剂具有一定的生理毒性，并不是越多越好。密封胶的主要组分为：硅烷改性聚醚树脂，如日本 Kaneka 公司 MS 树脂；聚氧化丙烯二醇（PPG）；疏水性气相二氧化硅（H-18）；氨基硅烷偶联剂；二月桂酸二丁基锡；防霉剂等。

密封胶的配制方法如下。

根据配方将 MS 树脂、PPG、轻质碳酸钙、重质碳酸钙投入行星式捏合机中，真空搅拌均匀后 120℃脱水 2h。冷却后分两次投入气相二氧化硅，真空混合均匀后，按配比加入乙烯基三甲氧基硅烷、氨基硅烷偶联剂、二月桂酸二丁基锡和防霉剂，真空搅拌混合均匀，出料包装待用。

防霉剂能明显提高硅烷改性聚醚密封胶的防霉性能，异噻唑啉酮类防霉剂适合 MS 体系密封胶；随着防霉剂用量的增加，密封胶的防霉性逐渐提高。防霉剂质量分数为 1.0%时，密封胶的综合性能优异，防霉等级达到 0 级。

### 23.5.1.10　双组分硅烷改性聚醚密封胶

此双组分硅烷改性聚醚密封胶使用钛催化剂部分替代有机锡，有机锡含量低，可以减少有机锡的危害；生产工艺简单，不需要高温脱水，成本低；固化时利用自身的水分，胶层外部和内部同时固化，克服了单组分硅烷改性聚醚密封胶依靠湿气固化、深层固化慢（由表及里）的缺陷，固化速率随外界环境变化小，具有良好的施工稳定性，大大提高生产效率，可广泛应用于建筑、汽车、机车、电子电器等领域。双组分硅烷改性聚醚密封胶按质量份数计，其原料组成为：

A 组分：硅烷改性聚醚（日本 Kaneka 公司的 S303H 30 份、S203H 10 份）40 份，增塑剂（PPG）20 份，增量填料 A（包括重质碳酸钙 10 份以及纳米活性碳酸钙 30 份）40 份，补强填料（炭黑）2 份，色粉（炭黑）5 份，触变剂（聚酰胺蜡）2 份，光稳定剂（包括巴斯夫的 326 0.02 份以及 531 0.01 份）0.03 份，中空玻璃微球（粒径为 10～30μm）3 份，偶联剂（N-氨乙基-γ-氨丙基三甲氧基硅烷）2 份；B 组分：增塑剂（PPG）30 份，增量填料 B（包括纳米活性碳酸钙 30 份以及高岭土 10 份）40 份，有机锡催化剂（辛酸亚锡）0.06 份，钛催化剂（钛酸四异丙酯）7 份。

密封胶的配制方法如下。

A 组分：将上述硅烷改性聚醚、PPG、炭黑、聚酰胺蜡、光稳定剂 326、531 添加到行星机料缸中，搅拌 10min；接着添加重质碳酸钙、纳米活性碳酸钙，在真空度 0.08～0.1MPa 下、分散搅拌 40min；卸真空，将中空玻璃微球添加到上述行星机料缸中，在真空度 0.08～0.1MPa 下搅拌 15min；行星机料缸通冷却水降温，物料温度降至 50℃以下后添加 N-氨乙基-γ-氨丙基三甲氧基硅烷，在真空度 0.08～0.1MPa 下搅拌 15min，卸真空、出料，制得 A 组分。

B 组分：先将 PPG、纳米活性碳酸钙、高岭土添加到另一行星机料缸中，在真空度 0.08～0.1MPa 下搅拌 50min；卸真空，添加辛酸亚锡、钛酸四异丙酯，在真空度 0.08～0.1MPa 下搅拌 15min，卸真空、出料，制得 B 组分。

制备的双组分硅烷改性聚醚密封胶的表干时间为 60min，24h 固化厚度为 10mm，拉伸强度为 1.5MPa，断裂伸长率为 600%，粘接破坏率为 0%。

## 23.5.2　端硅烷基聚醚型弹性胶黏剂的种类及典型配方

日本钟化公司于 20 世纪 90 年代初期开发了聚丙烯酸酯改性的聚合物，被称为 MA 聚合物（MS 聚合物＋丙烯酸酯类聚合物），通过添加高内聚能的丙烯酸酯类聚合物来提高 MS 聚合物的极性从而极大地提高粘接强度和对难粘接材料的黏附性。另外一个方法是利用环氧树脂对 MS 聚合物进行改性。

### 23.5.2.1 聚丙烯酸酯改性的 MS 聚合物弹性胶黏剂

MA 聚合物为基础树脂的胶黏剂，粘接强度、耐热性、耐候性均有大幅提高。20 世纪 90 年代初开发上市后被许多专业胶黏剂公司采用，开发出了很多极具特色的弹性胶黏剂，在各行业得到了广泛应用。

许多专利对其合成方法和应用作了介绍，综合各种资料可以了解到，MA 聚合物是由 MS 聚合物和含有可水解的甲氧基硅烷基丙烯酸酯共聚物共混而成，其关键技术是丙烯酸酯共聚物的组成。一般的丙烯酸酯聚合物与非极性的 MS 聚合物相容性不良，难以形成均匀透明的混合物。MA 聚合物中的丙烯酸酯共聚物据推测是由（甲基）丙烯酸甲酯、（甲基）丙烯酸丁酯或（甲基）丙烯酸异辛酯、（甲基）丙烯酸十二烷酯、（甲基）丙烯酸二甲氧基硅丙基酯等单体在溶剂中经自由基聚合而成。由于 MS 聚合物和由此形成的丙烯酸酯共聚物均含有可水解的甲氧基硅烷基，在催化剂的存在下与空气中的湿气反应形成交联网络结构。弹性胶黏剂的基本组成见表 23-2。

表 23-2　弹性胶黏剂的基本组成

| 成分 | 配方（质量份） |
|---|---|
| 基础 MA 聚合物 | 100 |
| 无机填料 | 50～70 |
| 增塑剂 | 10～15 |
| 触变剂 | 1～10 |
| 催化剂 | 1～5 |
| 助催化剂 | 1～5 |
| 脱水剂 | 1～5 |

下面以日本三键的产品为例介绍弹性胶黏剂的物理化学性能及机械性能。

TB1530 系列产品是以 MA 聚合物为基础树脂而开发的单组分湿气固化型弹性胶黏剂，除具有 MS 聚合物的优点外，还具有固化速度快，适合材质范围广（可粘接大部分工程塑料、金属、陶瓷、橡胶等），是无溶剂增塑剂，不含国际禁止的化学物质（如欧盟的 RoHS 六项指令、特定偶氮染料、石棉、破坏臭氧层物质）等特点。

另外 TB1530 具有非常好的保存稳定性，在铝管（类似牙膏管）中于 25℃保存 3 年其固化性（表干时间）基本不变，黏度仅增加了 30%。

值得关注的是 TB1530 不仅对一般工业材料具有很好的粘接力，而且对比较难粘接的材料如 EPDM 和有机硅橡胶也具有良好的粘接强度，具体见表 23-3 和表 23-4。而且湿气固化时强度增长快，长期耐热温度可达 120℃，耐水、耐湿、耐化学品、耐冷热循环良好，显示出优良的综合性能。

表 23-3　TB1530 各种材料的剪断接着强度（25℃、55%RH、7 日固化）

| 项目（同种试验片） | 剪断强度/MPa(kgf/cm²) | 破坏模式 |
|---|---|---|
| 铝 | 6.6(67) | 内聚破坏(CF) |
| 铁(SPCC-SB) | 5.4(55) | 内聚破坏(CF) |
| 不锈钢 | 4.4(45) | 内聚破坏(CF) |
| 铜 | 4.5(46) | 内聚破坏(CF) |
| 丙烯酸酯板 | 4.7(48) | 内聚破坏(CF) |
| 聚苯醚(PPO) | 5.0(51) | 内聚破坏(CF) |
| ABS | 2.9(30) | 内聚破坏(CF) |
| 尼龙 66 | 5.1(52) | 内聚破坏(CF) |
| 聚碳酸酯(PC) | 5.6(57) | 内聚破坏(CF) |
| 聚苯乙烯 | 3.5(36) | 界面破坏(AF) |
| 硬质聚氯乙烯 | 3.3(34) | 内聚破坏(CF) |
| 聚酯玻璃钢 | 4.8(49) | 内聚破坏(CF) |
| 聚酯(PET) | 2.1(21) | 界面破坏(AF) |
| 酚醛树脂 | 5.3(54) | 内聚破坏(CF) |
| 聚苯硫醚(PPS) | 1.5(15) | 界面破坏(AF) |
| PBT | 1.4(14) | 界面破坏(AF) |
| 三合板 | 4.4(45) | 内聚破坏(CF) |
| 玻璃 | 5.7(58) | 内聚破坏(CF) |

表 23-4　TB1530 各种材料的剥离强度（25℃、55％RH、7d 固化）

| 项目 | T 型剥离强度/kN/m(kgf/25mm) | 破坏模式 |
|---|---|---|
| 铝 | 2.5(6.5) | 内聚破坏(CF) |
| 帆布 | 1.8(4.5) | 内聚破坏(CF) |
| NBR | 1.6(4.0) | 材料破坏(MF) |
| 氯丁橡胶 | 1.4(3.4) | 界面破坏(AF) |
| SBR | 1.4(3.6) | 材料破坏(MF) |
| NR | 1.8(4.5) | 材料破坏(MF) |
| EPDM | 0.83(2.1) | 界面破坏(AF) |
| 硅橡胶 | 0.30(0.77) | 材料破坏(MF) |

除了 TB1530（白色）之外，还开发了黑色品 TB1530B、透明品 TB1530C、低黏度品 TB1530D 等产品可供用户选择。这些产品可用于各种塑料、橡胶、金属、玻璃、陶瓷等的粘接密封，尤其适用于热膨胀系数不同的硬质材料和要求耐冲击抗震的部件。

### 23.5.2.2　端硅烷基聚醚-环氧型胶黏剂

利用环氧树脂对 MS 聚合物改性，其原理是利用环氧树脂的强极性来弥补 MS 聚合物内聚能的不足。固化时存在两种反应机理，即环氧树脂的开环固化和 MS 聚合物的水分固化，固化后能够形成海岛分相结构，具有优良的物理机械性能。方法是将环氧树脂主剂和 MS 聚合物的湿气固化催化剂混合形成 A 组分，将环氧树脂的固化剂及促进剂和 MS 聚合物混合形成 B 组分。使用时将 A、B 两组分混合，室温固化从而得到高强度的弹性体。

（1）端硅烷基聚醚-环氧型胶黏剂的主要特性

① 硬化成膜的弹性体呈橡胶态，具有优异的冲击强度和剥离强度。体系的 T 型剥离强度一般情况下可在 $100\sim150N/25mm$ 的范围内，有的特用配方可高达 $200N/25mm$ 以上。此外，体系的耐振动疲劳性能优良。

② 在 $-30\sim120℃$ 的温度范围内，具有良好的强度保持性，即使在 $120℃$ 时，其 T 型剥离强度仍保持 $20N/25mm$，拉伸剪切强度仍为 $4MPa$。

③ 强度性能对测试速度的依赖性小，或者说强度性能的变化受测试速度的影响不敏感。

④ 胶黏剂对从金属到塑料等广阔被粘基材，即使不经特殊的表面处理也能获得良好的黏附性能。呈现出对基材良好的适应性。

（2）端硅烷基聚醚-环氧型胶黏剂的组分及作用

① 端硅烷基聚醚型液体橡胶。目前已开发出分子中含有—$NH_2$ 的 Silyl 型端硅烷基聚氧化丙烯产品，如 Silyl 5B25 和 5B30 等是适用于胶黏剂的新品种。

② 液体双酚 A 二缩水甘油醚。在端硅烷基聚醚-环氧型胶黏剂体系中，液体双酚 A 二缩水甘油醚（液体双酚 A 环氧树脂）主要是对端硅烷基聚醚橡胶母体起补强作用，同时提高耐热、耐湿热和综合性能。这种补强作用是通过以下途径实现的。

a. 环氧树脂的微粒子分散于 MS 聚合物母体中，对 MS 胶体进行补强。

b. 含有—$NH_2$ 的端硅烷基聚氧化丙烯，可与环氧树脂反应交联成为一个三维网络整体。

c. 也可使用单氨基或双氨基烷氧基硅烷偶联剂（如 $N$-$\beta$-氨乙基-$\gamma$-氨丙基三甲氧基硅烷或 $\gamma$-氨丙基三乙氧基硅烷等），通过 Si—O—Si 键与环氧树脂相连接在一起。

③ 催化剂。有机锡系催化剂、非锡系金属化合物催化剂、非金属系酸-盐基复合催化剂等，分别用于环氧树脂和硅烷的固化。催化剂主要作用是促进室温或低温下快速固化，另外也能有效地调节和控制胶黏剂的使用期。

④ 填料。常用碳酸钙为填料赋予胶黏剂良好的触变性和可降低产品成本，然而体系的拉伸强度、伸长率和粘接强度均随碳酸钙填料含量的增加而下降。另外因为大多数 $CaCO_3$ 填

料均含有水分，通过加热的方法也难以使之除尽，因此，为了提高配方的贮存稳定性，需加入一些有效的化学吸水剂。例如加入 2～3 份的乙烯基三甲氧基硅烷就可使胶黏剂达到延长贮存期的目的。同时还应考虑沉降问题，表面处理、降低粒径则可解决产品贮存时的沉淀问题。

（3）端硅烷基聚醚-环氧型胶黏剂的配方举例

① 高强度端硅烷基聚醚-环氧型胶黏剂的制备。此端硅烷基聚醚-环氧型胶黏剂不仅具有高达 10.5MPa 的拉伸强度，而且对金属基材还具有高的剪切强度和剥离强度等。胶黏剂的主要组分包括：中等分子量、端基为 $(CH_3O)_2CH_3SiCH_2CH_2CH_2O$— 的聚氧化四亚甲基醚基础聚合物；双酚 A 二缩水甘油醚（液态双酚 A 型环氧树脂）；2,4,6-三（二甲氨基甲基）苯酚（DMP-30）；由有机锡系化合物和烷基胺类化合物组成的复合固化催化剂。

具体配制方法如下：将分子结构式为 $(CH_3O)_2CH_3Si(CH_2)_3O(C_4H_8O)_n$ $(CH_2)_3SiCH_3(CH_3O)_2$、$\overline{M}_n=400$ 的端硅烷基聚氧化四亚甲基醚 100 份，液态双酚 A 环氧树脂（Epikote 828）10 份，DMP-30 1 份，辛酸亚锡 3 份和月桂胺 0.75 份混合均匀，制得一种端硅烷基聚醚-环氧型胶黏剂。它的试验件经室温固化后，其拉伸剪切强度为 9.1MPa，T 型剥离强度为 44N/25mm，拉伸强度为 10.5MPa，伸长率为 145%。

② 端硅烷基聚醚/环氧双组分胶黏剂的制备。此双组分胶黏剂是由端硅烷基聚醚与双酚 A 二缩水甘油醚在添加其他填料的基础上共混制得的，胶黏剂的主要组分包括：SAX350（MS 聚合物，钟化）、DER 331（环氧树脂，道康宁）、Tib KAT 318（MS 聚合物催化剂，Tib 化学）、Baxxodur EC 130（环氧固化剂，巴斯夫）、Irganox 245（抗氧化剂，巴斯夫）、Tinuvin 328（光稳定剂，巴斯夫）、Omyacarb 1T VA（粗填料，欧米亚）、Hakuenka CCR-S10（细填料，白石-欧米亚）、Cabosil TS-720（触变剂，卡博特）、AMMO（增容剂，赢创）。端硅烷基聚醚/环氧双组分胶黏剂的 A、B 两组分比例为 2∶1，利用高速混合机混合来得到各组分的均匀混合物，具体配方见表 23-5。

表 23-5　双组分 MS 聚合物/环氧胶黏剂配方表

| A 组分组成 | A 组分质量份 | B 组分组成 | B 组分质量份 |
| --- | --- | --- | --- |
| SAX350 | 30.00 | DER 331 | 15.00 |
| Baxxodur EC 130 | 4.50 | Tib KAT 318 | 1.00 |
| Irganox 245 | 0.30 | Irganox 245 | 0.15 |
| Tinuvin 328 | 0.30 | Tinuvin 328 | 0.15 |
| Omyacarb 1T VA | 19.30 | Omyacarb 1T VA | 14.70 |
| Hakuenka CCR-S10 | 9.50 | Hakuenka CCR-S10 | 2.00 |
| Cabosil TS-720 | 1.50 | $H_2O$ | 0.30 |
| AMMO | 1.30 | | |

将该端硅烷基聚醚/环氧双组分胶黏剂的 A 和 B 组分混合后，在温度 23℃±2℃，相对湿度 50%±5% 的条件下放置 21d，固化后胶黏剂的拉伸强度为 2.59MPa，断裂伸长率为 48%，邵氏 A 硬度为 79，MS 聚合物相的玻璃化转变温度 $T_g$ 为 −47℃，环氧树脂相的玻璃化转变温度为 63℃，理论使用温度区间为 −30～45℃。

# 23.6　端硅烷基聚氨酯型胶黏剂的种类及典型配方

## 23.6.1　粘接（无底胶）玻璃的部分硅烷基聚氨酯密封胶

本密封胶属部分硅烷化的聚氨酯密封胶，所需原料如下：

2,4-甲苯二异氰酸酯（TDI）：沸点为251℃，纯度不小于99.5%。$\gamma$-氨丙基三乙氧基硅烷。三羟甲基丙烷：熔点为51℃。聚醚二醇（210）：平均分子量为1000，羟值为170。聚己二酸乙二醇酯：平均分子量为1900，羟值为90。

密封胶的制备经三步完成。其中包括合成部分硅烷基化预聚体；制备部分硅烷基化的聚氨酯预聚体；以该聚氨酯预聚体为主体聚合物加入相关助剂配制成部分硅烷基化聚氨酯密封胶。

（1）部分硅烷基化预聚体的合成　先以设定的摩尔比，使二异氰酸酯与三羟甲基丙烷进行加成反应，制得三异氰酸酯化合物。其反应如下：

$$3OCN-R-NCO + CH_3CH_2C\begin{matrix} CH_2OH \\ CH_2OH \\ CH_2OH \end{matrix} \longrightarrow CH_3CH_2C\begin{matrix} CH_2O-\overset{O}{\overset{\|}{C}}-NH-R-NCO \\ CH_2O-\overset{O}{\overset{\|}{C}}-NH-R-NCO \\ CH_2O-\overset{O}{\overset{\|}{C}}-NH-R-NCO \end{matrix}$$

式中，R为甲苯基。

三异氰酸酯化合物再与$\gamma$-氨丙基三乙氧基硅烷反应，生成部分硅烷基化预聚体。

（2）部分硅烷基化聚氨酯预聚体的合成　用部分硅烷基化预聚体与聚醚多元醇、聚酯多元醇或配合适量的二异氰酸酯进行加聚反应制得部分硅烷基化聚氨酯预聚体。

（3）部分硅烷基化聚氨酯密封胶的配制　以部分硅烷基化聚氨酯预聚体为基础聚合物，按比例量与增塑剂、添加剂和相关助剂混合均匀，在无水条件下减压脱气，制得上述部分硅烷基化聚氨酯密封胶。

部分硅烷基化聚氨酯密封胶属单组分、室温湿固化体系，在室温条件下经48h固化后达到最高强度。但在125℃下固化45min，即可达到室温固化48h的强度水平。该密封胶可配制成聚醚型和聚酯型两类产品。聚酯型密封胶的粘接强度稍高于聚醚型的，但聚醚型密封胶的耐水性明显比聚酯型的高，见表23-6。

表 23-6　部分硅烷基化聚氨酯密封胶耐水性能

| 密封胶类型 | 剪切强度/MPa | | 强度下降率/% |
|---|---|---|---|
| | 室温水浸前 | 室温水浸24h后 | |
| 聚醚型密封胶 | 1.4 | 1.3 | 7.2 |
| 聚酯型密封胶 | 1.6 | 0.92 | 43 |

许多类型的全硅烷基化聚氨酯密封胶或部分硅烷基化聚氨酯密封胶，其特点之一是不施用底胶的情况下对大多数基材具有良好的黏附性能，尤其对不涂底胶的玻璃基材更是如此。该密封胶对不涂底胶基材的粘接性能与普通聚氨酯密封胶的对比情况列于表23-7。

表 23-7　两种类型聚氨酯密封胶对无底胶基材的粘接性能

| 密封胶类型 | 剪切强度/MPa | | |
|---|---|---|---|
| | 玻璃-玻璃 | 玻璃-铁 | 铁-铁 |
| 部分硅烷基化聚氨酯密封胶 | 1.4 | 1.3 | 0.98 |
| 普通聚氨酯密封胶 | 0.89 | 0.84 | 0.80 |

上表数据表明，部分硅烷基化聚氨酯密封胶对未涂底胶玻璃基材的粘接强度为普通聚氨酯密封胶粘接强度的1.5倍以上。

## 23.6.2　室温快固性能良好的 SPUR 密封胶

密封胶试件在室温下湿固化2.7h后其粘接强度已达到定位的技术要求，因此它适于在生产流水线上对组装构件进行粘接密封。密封胶的配制方法如下。

先将 $\overline{M}_n = 2000$ 的聚氧化丙烯二醇 343.5 份、甲苯二异氰酸酯 36 份、二月桂酸二丁基锡 0.02 份在 75℃下搅拌反应 3h，再使其与 14.1 份 $\gamma$-NCO 丙基三乙氧基硅烷在 75℃下进行封端反应 3h，制得端硅烷基聚氨酯预聚体 SPUR。

将 SPUR 预聚体 62.26 份、二甲苯 2.93 份、甲醇 1.57 份、含水量小于 0.05% 的炭黑 14.72 份、黏土 14.72 份、$N$-$\beta$-氨乙基-$\gamma$-氨丙基三甲氧基硅烷 2.83 份、二乙酸二丁基锡 0.34 份和三（二甲氨甲基）苯酚 0.63 份在无水条件下捏混均匀，制得端硅烷基聚氨酯密封胶。密封胶试件在室温下湿固化 2.7h 后，其粘接强度已达 0.63MPa。

## 23.6.3 贮存稳定综合性能好的 SPUR 密封胶

已经发现采用一些具有特殊分子结构的取代哌嗪化合物作 SPUR 密封胶的潜伏催化剂时，不仅能有效地加快体系室温下的湿固化速度而且不损体系的贮存稳定性。其组成特征是一种以端基为 $(CH_3O)_3Si$—$(CH_2)_3$—$NH$— 的聚氨酯预聚体为基础聚合物和以 1-{2-[3-(三甲氧基甲硅烷基）丙基氨基] 乙基} 哌嗪为潜伏催化剂的 SPUR 密封胶。

密封胶的配制方法如下：先将聚氧化丙烯二醇（Niax PPG 2025 ONE）和甲苯二异氰酸酯反应制得端—NCO 的聚氨酯预聚体；再将此聚氨酯预聚体与 $\gamma$-氨丙基三甲氧基硅烷化 SPU 预聚体；再将 SPUR 预聚体 113 份、甲醇 13.6 份、$N$-$\beta$-氨乙基-$\gamma$-氨丙基三甲氧基硅烷 0.64 份、增稠剂 0.77 份、酚类抗氧剂 0.64 份、二乙酸二丁基锡 0.1 份、1-{2-[3-(三甲氧基甲硅烷基）丙基氨基] 乙基} 哌嗪 0.75 份和水分含量小于 0.05% 的炭黑 45.4 份在无湿条件下捏混均匀，再经减压脱气，制得一种贮存稳定、室温下快速固化的 SPUR 密封胶。

## 23.6.4 采用仲氨基 $\alpha$-硅烷生产硅烷改性聚氨酯密封胶

该硅烷改性聚氨酯密封胶固化速度快，密封胶的配制方法如下。

将 1500kg 分子量为 8000 的聚氧化丙烯二醇放入 2000kg 脱水釜中，在 115℃的温度、负压为 -0.08MPa 条件下脱水 120min，检测聚氧化丙烯二醇内的水分为 150mg/kg。将脱水后的聚氧化丙烯二醇打入反应釜中冷却至 60℃，在反应釜中加入 41kg 1,6 六亚甲基二异氰酸酯、1kg 二月桂酸二丁基锡催化剂，在压力为 -0.09~-0.08MPa、温度为 60℃的条件下，将聚氧化丙烯二醇、1,6 六亚甲基二异氰酸酯和二月桂酸二丁基锡混合搅拌 120min，形成聚氨酯预聚体，采用—NCO 值的化学滴定法得到聚氨酯预聚体的—NCO 值为 1.2。将 35kg 的苯胺甲基三乙氧基硅烷加入反应釜，在压力为 -0.09~-0.08MPa、温度为 80℃的条件下，将反应釜中的苯胺甲基三乙氧基硅烷和聚氨酯预聚体反应 120min，形成硅烷封端聚氨酯预聚体，采用—NCO 值的化学滴定法得到硅烷封端聚氨酯预聚体的—NCO 值为 0；将硅烷封端聚氨酯预聚体冷却至 30℃。

将 100kg 冷却好的硅烷封端聚氨酯预聚体、20kg 邻苯二甲酸二辛酯、4kg 乙烯基三甲氧基硅烷、0.4kg $N$-($\beta$-氨乙基)-$\gamma$-氨丙基三甲氧基硅烷、0.5kg 聚酰胺蜡、0.5kg 钛酸四叔丁酯和 0.5kg 炭黑、100kg 经过干燥处理的纳米活性碳酸钙填料加入高速分散机，在压力为 -0.09~0MPa 的条件下，搅拌 115min，得到改性聚氨酯密封胶产品。该产品的表干时间为 60min，挤出性为 123mL/min，伸长率为 175%，23℃拉伸模量为 0.84，邵氏硬度为 45，储存 1 年后表干时间为 65min。

## 23.6.5 单组分硅烷改性聚氨酯密封胶

该密封胶制备过程简单，选择了辛酸亚锡作为催化剂，再通过改变聚醚多元醇和异氰酸酯的比例调节黏度。同时催化剂量的增加缩短了胶表干时间，填料的比例对胶的剪切强度和硬度等性能影响很大。

密封胶的配制方法如下。

准确称取如下各种原料：100g 聚醚多元醇、20.04g 异佛尔酮二异氰酸酯、1.2g 辛酸亚锡、8.85g γ-氨丙基三乙氧基硅烷、20g 预聚体。

先于 120℃下真空脱水，降温，然后将 100g 已经脱水的聚醚多元醇、20.04g 异佛尔酮二异氰酸酯和 1.2g 辛酸亚锡加入带有电动搅拌机和温度计的 500mL 四口烧瓶中，通入氮气于 60～65℃下反应 1.5h，取样测—NCO 含量，合格后加入 8.85g γ-氨丙基三乙氧基硅烷于 55℃下反应，取样测试其—NCO 含量，直到游离的—NCO 消失，合格后得到端—NCO 已封端的预聚体，然后取 20g 预聚体加入处理好的纳米碳酸钙、炭黑和辛酸亚锡，真空下混合均匀出料，制得密封胶产品，密封保存。

## 23.6.6　汽车用硅烷改性聚氨酯密封胶

该汽车用硅烷改性聚氨酯密封胶力学性能选择范围广，用于不同部件的密封粘接。

密封胶的配制方法如下：将三乙氧基硅烷封端的硅烷改性聚氨酯 100 份（质量份）、邻苯二甲酸二异癸酯 15 份、邻苯二甲酸二辛酯 5 份加入搅拌机中，在温度 80℃，真空度 0.09MPa 下搅拌混合 15min；降温至 60℃以下，停止抽真空和搅拌，加入碳酸钙 40 份、钛白粉 40 份、炭黑 10 份、气相白炭黑 10 份，搅拌混合 40min；加入液体丁基橡胶 80 份、液体异戊二烯橡胶 20 份、四亚甲基 β-(3，5-二叔丁基-4-羟基苯基) 丙酸季戊四醇酯 0.5 份，在温度 120℃、真空度 0.07MPa 下脱水共混 100min；降温至 50℃以下，停止抽真空和搅拌，加入乙烯基三甲氧基硅烷 12 份、乙烯基三乙氧基硅烷 3 份、脲基丙基三甲氧基硅烷 1 份、二月桂酸二丁基锡 0.8 份、辛酸亚锡 0.2 份，在真空度 0.085MPa 下搅拌混合 20min，得到汽车用硅烷改性聚氨酯密封胶。产品性能的测试结果如下：表干时间为 16min，拉伸强度为 6.8MPa，断裂伸长率为 395%，剪切强度为 4.3MPa，抗渗性为 2.5MPa，拉伸强度 (120℃、24h) 为 6.7MPa，断裂伸长率 (120℃、24h) 为 397%，拉伸强度 (UV300、24h) 为 6.9MPa，断裂伸长率 (UV300、24h) 为 391%。

## 23.6.7　透明硅烷改性聚氨酯密封胶

该密封胶具有更高的透光率和更优的力学性能，能够满足中高端建筑领域对密封材料较高的性能需求。密封胶的主要组分为：美国迈图 SPUR 树脂 SPUR1015；邻苯二甲酸二辛酯 (DOP)；六甲基二硅氮烷处理疏水性气相白炭黑 HB-612；γ-氨丙基三乙氧基硅烷 (KH550)；有机锡复合催化剂等。

密封胶的配制方法如下：将 100 份 SPUR1015 树脂、0.01 份透明助剂、50 份 DOP、10 份气相白炭黑 HB-612，在 120℃下真空捏合脱水 2h，冷却后投入双行星搅拌机真空搅拌均匀；加入 1 份氨基硅烷和 0.1～0.5 份有机锡复合催化剂，继续真空搅拌 30min 至混合均匀；出料包装。制备的透明 SPUR 密封胶下垂度为 0mm，表干时间为 20min，拉伸强度为 0.85MPa，断裂伸长率为 250%，硬度为 38A，定伸粘接性能无破坏，贮存期为 9 个月，透光率 (2mm 厚) 可达 92.6%，综合性能优于传统透明硅酮密封胶和聚氨酯密封胶。

## 23.6.8　高强度硅烷改性聚氨酯密封胶

密封胶的原料：美国迈图硅烷改性聚氨酯预聚体 SPUR 1050 和 SPUR19140、纳米活性碳酸钙、卡博特炭黑、乙烯基三甲氧硅烷 (A-171)、N-(β-氨乙基)-γ-氨丙基三甲氧基硅烷

（A-1120）、γ-氨丙基三乙氧基硅烷（A-1110）、3-(2,3-环氧丙氧）丙基三甲氧基硅烷（KH-560）、有机锡催化剂、邻苯二甲酸二辛酯（DOP）、抗氧剂、紫外线吸收剂等。

密封胶的配制方法如下：将一定配比的 SPUR 预聚体、纳米活性碳酸钙、DOP、炭黑在 120℃下真空脱水 2h；冷却后投入双行星搅拌机真空搅拌，加入偶联剂和有机锡复合催化剂，真空搅拌 30min 混合均匀后，出料包装。当 SPUR1050 和 SPUR19140 两种预聚体按 1∶3 比例配制时，可得到伸长率合适的高强度密封胶。当 A-1110、A-1120、KH-560 按 1∶1∶1 复配时，制得的密封胶具有较好的黏附性和抗老化性。炭黑与纳米活性碳酸钙质量比为 100∶450 时，有机硅改性密封胶综合性能最佳，拉伸强度大于 6MPa、剪切强度大于 4MPa、剥离强度大于 6kN/m。

## 23.6.9　快速固化型高强度有机硅改性聚氨酯密封胶

该密封胶通过挥发性稀释剂保证了 SPUR 密封胶较优的施工性能，稀释剂快速挥发，使得密封胶具有较高的强度。主要原料：美国迈图硅烷改性聚氨酯预聚体 SPUR1050、纳米活性碳酸钙、卡博特白炭黑、乙烯基三甲氧基硅烷（A-171）、N-(β-氨乙基)-γ-氨丙基三甲氧基硅烷（A-1120）、γ-氨丙基三乙氧基硅烷（A-1110）、3-(2,3-环氧丙氧）丙基三甲氧基硅烷（KH-560）、二醋酸二丁基锡、聚丙二醇 PPG2000、甲缩醛、无水乙醇、邻苯二甲酸二辛酯（DOP）、抗氧剂、紫外线吸收剂等。

密封胶的配制方法如下：将 100 份有机硅改性聚氨酯预聚物、15～25 份气相白炭黑、155～265 份纳米碳酸钙、55～65 份 PPG2000、15～50 份稀释剂、0.2～1 份抗氧化剂 245 加入行星搅拌釜中，105℃真空分散 2h；待预混料降温至 40℃以下，加入 2～6 份除水剂 A-171、3～6 份硅烷偶联剂 A-1120 及 0.1～2 份催化剂，搅拌 0.5h；降温至 25℃以下，通过静态混合器加入稀释剂；出料，密封包装备用。当增塑剂采用 PPG2000，用量为 50 份，稀释剂由无水乙醇与甲缩醛复配而成，总用量为 30 份，复配比为 15∶15 时，制得的湿气固化与溶剂固化相结合的快固型高强度弹性 SPUR 密封胶综合性能最优。该密封胶在温度为 25℃、相对湿度为 50% 条件下固化 7d 后，拉伸强度为 3.1MPa，伸长率为 223%，固化深度为 5.1mm。

# 23.7　硅烷化改性胶黏剂的生产工艺

## 23.7.1　端硅烷基聚醚型胶黏剂的生产工艺

端硅烷基聚醚密封胶的生产是采用两步法完成的：

(1) 端硅烷基聚醚预聚体的合成　具体见上文 23.4.2.1 节。

(2) 端硅烷基聚醚密封胶的配制　以端硅烷基聚醚预聚体为基础聚合物、再与交联反应催化剂、补强或增量填料以及其他添加剂（如增塑剂、流变改性剂、除湿剂、黏附促进剂、抗热氧老化剂、UV 吸收剂、阻燃剂和着色剂等）相配合，在真空干燥条件下充分混合均匀，制得端硅烷基聚醚密封胶。工艺流程如下：

① 把超细碳酸钙、$TiO_2$、气相法 $SiO_2$ 放入干燥箱或干燥机中烘干，使之水分含量降到 2g/kg 以下。

② 将 100 份 MS 树脂、55 份邻苯二甲酸二辛酯、2 份气相法 $SiO_2$、1 份抗氧剂、1 份紫外线吸收剂放入行星搅拌釜，搅拌 30min 使 MS 树脂和其他物料混合均匀。搅拌的同时抽真空至大约 400Pa，加热使釜内温度达到 120℃，然后慢速搅拌使釜内物料水分含量在 800mg/kg 以

下，通常在 110℃、约 400Pa 真空下 2～3h 即可使物料水分含量在 800mg/kg 以下。

③ 将 3 份 $N$-($\beta$-氨乙基)-$\gamma$-氨丙基三甲氧基硅烷、2 份乙烯基三甲氧基硅烷（A-171）、2 份单官能团异氰酸酯加入行星搅拌釜中，在氮气保护下搅拌 30min 使之混合均匀。

④ 将适量二月桂酸二丁基锡（固体催化剂）、120 份超细碳酸钙、20 份钛白粉加入行星搅拌釜中，在氮气保护下搅拌 30min 使之混合均匀。再在约 400Pa 真空下脱气泡 5min。

⑤ 密封移至灌装机灌装。

## 23.7.2　端硅烷基聚氨酯型胶黏剂的生产工艺

端硅烷基聚氨酯密封胶的制备是采用两步法完成的：

① 先合成端—NCO 或端羟基聚氨酯预聚体，然后通过含氨基的二烷氧基硅烷或三烷氧基硅烷对端—NCO 聚氨酯预聚体进行封端反应，或者通过含异氰酸酯基的二烷氧基硅烷或三烷氧基硅烷对端羟基聚氨酯预聚体进行封端反应，制得端硅烷基聚氨酯预聚体。

② 以端硅烷基聚氨酯预聚体为基础聚合物，再与交联反应催化剂、补强或增量填料以及其他添加剂（如增塑剂、流变改性剂、除湿剂、黏附促进剂、抗热氧老化剂、UV 吸收剂、阻燃剂和着色剂等）相配合，在真空干燥条件下充分混合均匀，制得端硅烷基聚氨酯密封胶。

下面以 Witco 公司的 SPUR 合成工艺为基础，简述 SPUR 密封胶的生产工艺。

（1）物料计算

① 合成聚氨酯预聚体时反应物料的计算

a. —NCO/—OH 的值是合成人员预先选定的，在合成端硅烷基聚氨酯预聚体时一般采用—NCO/—OH＝1.5 左右。

b. 聚醚多元醇的羟值，在每批原料的技术指标中均有记载。

c. 官能度。对聚醚二醇和聚酯二醇而言都是等于 2；对三醇、二醇的混合体系，合成前需预先确定。

d. MDI 的质量是根据完成此合成所需聚氨酯预聚体的量来确定的。MDI 的分子量为 250。

e. MDI 的物质的量。

$$MDI\ 的物质的量 = \frac{MDI\ 的质量}{MDI\ 的分子量}$$

f. 聚醚多元醇的分子量。

$$聚醚多元醇的分子量 = \frac{56100 \times 官能度}{羟值}$$

g. 聚醚多元醇所需质量。

$$聚醚多元醇所需质量 = \frac{MDI\ 物质的量 \times 聚醚多元醇的分子量}{—NCO/—OH\ 的值}$$

② PU 预聚体中—NCO 百分含量的确定。这里是用化学滴定法对聚氨酯预聚体中的—NCO 百分含量进行测定。其程序如下：

先从聚氨酯预聚体中取出 0.3～0.5g 样品，放入一个已准确称量的广口瓶中，并准确称量其质量。将 25mL 由 8.3g 二丁胺（DBA）和 500mL 甲乙酮所组成的溶液添加到上述样品中，搅拌几分钟直至样品溶解。然后滴入几滴溴甲酚绿指示剂溶液（该溶液由 0.1g 溴甲酚绿与 1L 甲醇混合均匀制得）。接着用 0.1mol/L HCl 溶液滴定 PU 预聚体样品，直到黄色终点出现，记录其滴定度（所用 HCl 滴定液的体积，mL）。

同时进行用 0.1mol/L HCl 溶液滴定 25mL 二丁胺和甲乙酮所组成的溶液的空白实验，直到黄色终点出现，并记录其滴定度（所用 HCl 滴定液的体积，mL）。

$$—NCO 百分含量 = \frac{（空白滴定度-样品滴定度）\times 0.1 \times 42}{1000 \times 样品质量} \times 100\% \qquad (23-6)$$

③ 与 PU 预聚体反应的硅烷用量的确定。

a. 硅烷封端剂的种类由合成人员选定。

b. 硅烷的分子量根据分子式计算而得。

c. 聚氨酯预聚体的质量依据配方的要求来确定。

d. —NCO 百分含量（%）根据式（23-6）计算而得。

e. 硅烷封端剂与 PU 预聚体进行封端反应时的用量可依据式（23-7）计算来确定。

$$硅烷用量(g) = \left(\frac{—NCO 百分含量}{100} \times PU 预聚体质量 \times 1.05 \times 硅烷分子量\right) \div 42 \qquad (23-7)$$

式中，1.05 表示用此式计算得到的硅烷用量为过量 5%。

④ 计算实例。

a. 有关的几个设定。

Ⅰ设定 1　聚醚多元醇，羟基为 27.6，官能度为 2。

$$聚醚二醇分子量 = \frac{56100 \times 2}{27.6} = 4065.2$$

Ⅱ设定 2　MDI 的质量为 28g，MDI 的分子量为 250。

$$MDI 的物质的量 = \frac{28}{250} = 0.112(mol)$$

Ⅲ设定 3　合成中采用—NCO/—OH＝1.5。

Ⅳ设定 4　对聚氨酯预聚体的—NCO 百分含量（%）的滴定分析中，空白滴定度为 38.4mL，样品滴定度为 37.7mL，样品质量为 0.4g。

b. 有关各量的计算。

Ⅰ —NCO 百分含量 $= \dfrac{0.7 \times 0.1 \times 42 \times 100\%}{1000 \times 0.4} = 0.74\%$

Ⅱ 聚醚二元醇所需质量 $= \dfrac{0.112 \times 4065.2}{1.5} = 303.5$ （g）

Ⅲ硅烷封端剂用量的计算。

ⅰ采用的硅烷封端剂为 N-苯基-γ-氨丙基三甲氧基硅烷（Y-9669），其分子量为 225。

ⅱ聚氨酯预聚体的总质量为 331g。

ⅲ硅烷封端剂所需的质量可按式（23-7）计算确定。具体计算如下。

$$硅烷所需质量 = \left(\frac{0.74}{100} \times 331 \times 1.05 \times 255\right) \div 42 = 15.6(g)$$

（2）端—NCO 和端硅烷基 PU 预聚体的合成

① 端—NCO 聚氨酯预聚体的合成。端—NCO 聚氨酯预聚体的合成是按照通常的方法，以二苯甲烷二异氰酸酯（由 2,4′-和 4,4′-异构体组成的混合物）和 $\overline{M}_n = 4000$ 的聚氧化丙烯二醇为原料，采用—NCO/—OH ＝1.4～1.6（摩尔比），在二月桂酸二丁基锡催化下进行热加聚反应制得的。其合成工艺如下。

将二苯甲烷二异氰酸酯和聚氧化丙烯二醇（经脱水干燥）放入含有一个配有搅拌器和干燥管的冷凝器、氮气导入管和温度计的反应器中，在通 $N_2$ 条件下搅拌并加热到 50℃，一直到 MDI 溶解于聚氧化丙烯二醇中。在这一过程中一般有 10℃ 左右的放热出现。用注射器注入适量的二月桂酸二丁基锡，将反应物料的温度升到 70℃，通 $N_2$ 冒泡比较明显，反应后开始用滴定法测定其游离—NCO 百分含量。随着反应进行，通 $N_2$ 冒泡也逐渐减弱。一直到—NCO 百分含量达到预定的范围时即可停止反应。

② 端硅烷基 PU 预聚体的合成。根据合成中聚氨酯预聚体的质量和其—NCO 的百分含量，按照式（23-7）计算出所需的硅烷用量。然后使之与聚氨酯预聚体进行封端反应，制备 SPUR 预聚体。其合成工艺如下：将聚氨酯预聚体加入反应器中，加热到 50℃，再将所需用量的硅烷封端剂添加到聚氨酯预聚体中，在搅拌的情况下将反应物料慢慢升温到 70℃，反应 1h 出现适度冒泡和轻度放热的现象。此时开始对体系的—NCO 进行滴定，一直反应到滴定显示不存在游离—NCO 为止。然后降温，出料，完成合成。在上述硅烷对聚氨酯预聚体的封端反应中，硅烷为过量 5%，这样可确保体系中不存在游离的—NCO。

（3）SPUR 密封胶的配制

① 单组分湿固化 SPUR 密封胶组成。端硅烷基 PU 预聚体是 SPUR 密封胶中的基础聚合物，为此，SPUR 密封胶的性能如何，SPUR 预聚体起着决定性的作用。本配方所用的 SPUR 预聚体是由 N-苯基-γ-氨丙基三甲氧基硅烷对端—NCO 聚氨酯预聚体进行封端反应制得的。二月桂酸二丁基锡属固化交联催化剂，它对 SPUR 预聚体端硅烷基中的硅氧基水解成硅醇基以及对硅醇基脱水缩合的固化交联反应起催化和加速作用。乙烯基三甲氧基硅烷属吸水剂，它的存在有效地改善了体系的贮存稳定性。此外配方中还含有碳酸钙填料、$SiO_2$ 触变剂、A-1120 黏附促进剂等组分。它们的配比见表 23-8。

表 23-8 SPUR 密封胶配方

| 密封胶组分 | 用量（质量份） | 质量/g | 密封胶组分 | 用量（质量份） | 质量/g |
|---|---|---|---|---|---|
| 端硅烷基聚氨酯预聚体 | 100 | 300 | $SiO_2$（触变剂） | 6 | 18 |
| 邻苯二甲酸二异癸酯（DIDP） | 40 | 120 | $TiO_2$（增白剂） | 5 | 15 |
| 碳酸钙 | 适量 | 适量 | N-(β-氨乙基)-γ-氨丙基三甲基硅烷（A-1120） | 2 | 6 |
| Super-Pflex（0.7μm） | 60 | 180 | 乙烯基三甲氧基硅烷（A-171） | 1 | 3 |
| Hi-Pflex（0.35μm） | 40 | 120 | 二月桂酸二丁基锡（固化催化剂） | 0.25 | 0.75 |

② SPUR 密封胶的配制工艺。在密封胶的配制过程中，首先按各组分的配比将各物料准确地传入混合器中。然后在物料混合、成品传送和成品分装的整个工艺操作过程中要在干燥、密封的条件下进行。本密封胶是以普通方法在一个装有水夹套的行星式混合器中制得的。为了确保密封胶的贮存稳定性，所有的填料要在 120℃下干燥 24h。典型的配制方法是将端硅烷基聚氨酯预聚体、增塑剂、碳酸钙、二氧化硅、二氧化钛、抗氧剂和光稳定剂加入行星式混合器中，在温度为 80℃、搅拌速度为 40r/min 和真空条件下混合 1～2h 组成混合物料。将混合物料冷却至 50℃，再将黏附促进剂、脱水剂和锡系催化剂加入混合器中，在通 $N_2$ 条件下搅拌混合 30min 得到含水量小于 200mg/kg 的密封胶产品。然后在密封条件下对产品进行分装。

## 参 考 文 献

[1] Hashimoto K，Imaya K. Silyl-terminated polyethers for sealant use：performance updates. Adhesives Age，1998，41 (8)：18-22.

[2] 赵苗，吴玉昆，高之香，等. 粘接硅烷改性聚醚密封胶的研究进展，粘接，2016，37（12）：59.

[3] 张军营，姚晓宁. 硅烷化聚氨酯（SPU）的研究现状及发展趋势//第九届胶粘剂技术和信息交流会论文集. 广州：胶黏剂技术和信息交流会，2006.

[4] 蒋海成，张文龙，于昊宇，等，硅烷封端聚合物树脂研究进展，化工新型材料，2016，44（3）：7-9.

[5]　黄应昌，吕正芸，弹性密封胶与胶黏剂，北京：化学工业出版社，2003.

[6]　李和平. 胶黏剂生产原理与技术. 北京：化学工业出版社，2009.

[7]　娄从江，韩颖娟，陈磊，等，硅烷封端聚醚（STP-E）杂化体系密封胶与粘合剂的配方与性能研究. 中国建筑防水，2014（6）：28.

[8]　李义博，陈中华，林坤华. 新型杂化 STP-E 密封胶的制备及研究. 中国建筑防水，2014（24）：29-31＋36.

[9]　Doi T，et al. Room temperature curable composition：JPH 11124509. 1999-5-11.

[10]　Sonoda，Yusuke. Room temperature hardening composition：JPH 11100507. 1999-04-13.

[11]　Hirose，Toshifumi，et al. Painting method：JPH 09299874. 1997-11-25.

[12]　Bride G，et al. Form-und Dichtungsmasse：DE 3816808. 1989-10-26.

[13]　师力，等. 一种单组分硅烷改性聚醚密封胶及其制备方法：CN 100509955C. 2009-07-08.

[14]　蔡海涛，赵瑞，王翠花，等. 高强度硅烷改性聚醚密封胶的制备及性能研究，粘接，2016，37（08）：43-45＋38.

[15]　陈春浩. 一种高效阻燃耐热型硅烷改性聚醚密封胶：CN103756619B. 2016-03-02.

[16]　杨静，毛旭华，陈世龙，等. 单组分透明型有机硅改性聚醚密封胶的制备，中国建筑防水，2011（10）：18-21.

[17]　陈权，潘守伟，石正金，等. 硅烷改性聚醚型防霉密封胶的制备与研究. 广东化工，2018，45（04）：56-57.

[18]　龙飞，等. 双组份硅烷改性聚醚密封材料及其制备方法：CN105219337B. 2018-08-14.

[19]　郝建强. 弹性胶粘剂//第九届胶粘剂技术和信息交流会. 广州：中国胶粘剂工业协会，2006.

[20]　Hashimoto K，et al. Elastic Adhesive：JPH0433981. 1992-2-5.

[21]　Bitenieks J，Meri R M，Zicans J，et al. Modified silyl-terminated polyether polymer blends with bisphenol A diglycidyl ether epoxy for adhesive applications. IOP Conference Series：Materials Science and Engineering，2016，111（1）：12-17.

[22]　陈尔凡，徐军，刘志玲，等. 水敏性硅烷改性聚氨酯粘合剂. 中国胶粘剂，1996（01）：1-4.

[23]　Rizk Sidky D，et al. Silicon-terminated polyurethane polymer：US4345053. 1982-08-17.

[24]　Podola T，et al. Feuchtigkeitshärtende，alkoxysilanterminierte polyrethane：DE4029505. 1992-03-19.

[25]　Baghdachi，Jamil M，Keith H. Fast-cure polyurethane sealant composition containing silyl-substituted piperazine accelerators：US4894426. 1990-01-16.

[26]　高建秋，等. 采用仲氨基 α-硅烷生产硅烷改性聚氨酯密封胶的方法：CN103694946B. 2015-06-17.

[27]　王博，等. 一种单组份硅烷改性聚氨酯密封胶的制备方法：CN 103897649B. 2015-11-11.

[28]　毛俊轩，等. 汽车用硅烷改性聚氨酯密封胶及其制备方法：CN104694065B. 2016-08-31.

[29]　黄活阳，刘同科，方铭中. 透明硅烷改性聚氨酯密封胶的研制. 中国建筑防水，2014，（18）：29

[30]　黄活阳，张剑，刘同科，等. 一种高强度有机硅改性聚氨酯密封胶的研制. 粘接，2015，36（10）：64-67.

[31]　马营，张剑，陈家荣. 一种快速固化型高强度有机硅改性聚氨酯密封胶的制备，中国建筑防水，2017（06）：12-14＋33.

（赵苗　陶小乐　郝建强 编写）

# 第24章

# 第二代丙烯酸酯胶黏剂

## 24.1 第二代丙烯酸酯胶黏剂的特点与发展历史

### 24.1.1 第二代丙烯酸酯胶黏剂的特点

第二代丙烯酸酯胶黏剂（second generation acrylics，SGA）又称改性丙烯酸酯胶黏剂、反应型丙烯酸酯胶黏剂，是由丙烯酸酯类单体或预聚物、聚合物弹性体等配以引发剂、稳定剂等组成的双组分胶黏剂。SGA 与第一代丙烯酸酯胶黏剂（first generation acrylics，FGA）组成基本相同，区别之处在于 SGA 中的单体在聚合过程中会与弹性体发生化学反应。

SGA 具有以下特点：①室温快速固化，一般几十秒或十几分钟便可固化；②使用方便，双组分，不需精确计量，可混合后使用，也可将两组分单独涂布，然后叠合粘接；③表面处理简单，不需要严格的表面处理，可用于油面粘接，即使附着薄油层，仍有较高的强度；④粘接强度高，韧性好，剥离强度和冲击强度均高；⑤收缩性小，百分之百的反应型聚合固化；⑥耐温性好，低温、高温性能良好，可在 $-40\sim150\,{}^{\circ}\!C$ 使用；⑦耐久性好，耐湿热和耐大气老化性好；⑧耐介质性好，耐油性甚佳，耐水性较好；⑨用途广泛，对许多材料都有较好的粘接性能，可进行同种和异种材料的粘接；⑩缺点是气味较大，贮存期较短，耐水性差，不适合大面积粘接等。

### 24.1.2 第二代丙烯酸酯胶黏剂的发展历史

FGA 是美国 EASTMAN 公司在 1955 年发明的，因力学强度和固化速度原因，并没有得到广泛应用。1975 年，美国 DuPont 公司发明了 SGA，并于次年正式投入市场。该胶黏剂引入新的氧化-还原体系，以过氧化氢型的过氧化物为引发剂，DuPont 808 醛胺缩合物为促进剂，固化速度大大加快，此外，单体与弹性体之间发生接枝反应，形成韧性固化物，剥离强度和冲击强度都有明显提高。紧接着德国 Henkel、日本 Denka 和英国 Bostic 等都争先研制和改进 SGA，并推出了不少品牌，使 SGA 得到快速发展。

20 世纪 80 年代，黑龙江石油化学研究院率先在国内研制出 SGA，如 J-39 胶系等，随后国内也有许多厂家生产，SGA 已成功应用于各个领域，并成为国内胶黏剂的重要品种之一。

### 24.1.3 第二代丙烯酸酯胶黏剂发展方向和进展

（1）低气味环保　SGA 以甲基丙烯酸甲酯为主要单体，沸点低，气味大，对施胶人员和环境产生严重危害。为了降低气味，可以选用高沸点丙烯酸酯类单体、丙烯酸类高级烷基酯或（甲基）丙烯酸酯类低聚物作为胶黏剂基料的主体，少加或不加高挥发性的丙烯酸酯单体。除低气味外，无卤化阻燃也已经成了环保 SGA 开发的热点。

(2) 高储存稳定性　提高储存稳定性是 SGA 一直受到关注的问题。通过在过氧化物组分中加入螯合剂，可延迟单体聚合，从而提高 SGA 的储存稳定性。此外，将过氧化物与可聚合单体分别包装，以体积比 10∶1 使用的 SGA，相比于常规 1∶1 的 SGA 具有更好的储存稳定性。

(3) 高性能化　固化体系的组合使用是 SGA 高性能化的方法之一。如在配方中引入环氧固化催化体系，在丙烯酸体系固化时，环氧树脂与（甲基）丙烯酸交联固化，提高了 SGA 的粘接强度和耐高温性。随着现代工业组装越来越趋向自动化、快速化，光固化胶黏剂得到了越来越广泛的应用，所以光照射不到的阴影部位的固化就显得越来越重要。光/湿气双固化胶黏剂、光/热双固化胶黏剂成为开发热点。在 SGA 配方中加入一些光引发剂构成氧化-还原和光双固化体系，通过活化自由基聚合交联反应，可以在室温条件下，确保阴影部位胶黏剂完全固化。

# 24.2　第二代丙烯酸酯胶黏剂的配方组成及其作用

## 24.2.1　第二代丙烯酸酯胶黏剂的配方组成

SGA 分为底涂型和双主剂型两大类。底涂型有主剂和底剂两部分，主剂中包含丙烯酸酯单体或预聚物、聚合物弹性体、引发剂（氧化剂）、稳定剂（助促进剂）等；底剂中包含促进剂（还原剂）、稳定剂、溶剂等。双主剂型不用底剂，两个组分均为主剂，其中一个主剂中含有引发剂，另一个主剂中含有促进剂及助促进剂。使用的氧化-还原反应体系必须匹配且高效，才能在室温条件下快速固化，并达到完全固化的目的。

## 24.2.2　第二代丙烯酸酯胶黏剂各组分作用

(1) 丙烯酸酯单体或预聚物　丙烯酸酯单体有单官能单体、多官能单体。即甲基丙烯酸甲酯、甲基丙烯酸丁酯、甲基丙烯酸羟乙酯、甲基丙烯酸羟丙酯、甲基丙烯酸等为单官能团的活性稀释单体；二苯氧基甲基丙烯酸双酯、三缩四乙二醇二甲基丙烯酸酯、三羟甲基丙烷三甲基丙烯酸酯等多官能团单体。常用的单体主要是甲基丙烯酸甲酯。极个别情况下，还可加入其他单体，如苯乙烯、乙酸乙烯、丙烯酰胺、乙烯基甲苯等。丙烯酸预聚物也是一类活性预聚物，最常用的预聚物有四类：环氧（甲基）丙烯酸酯、聚氨酯（甲基）丙烯酸酯、聚酯丙烯酸酯和纯丙烯酸酯。

(2) 聚合物弹性体　常用的弹性体可分为三种：一种是橡胶类，如氯磺化聚乙烯、氯丁橡胶、丁腈橡胶、丁苯橡胶、聚醚橡胶等；一种为工程塑料类，如 ABS（丙烯腈、丁二烯和苯乙烯的三元共聚物）、SBS（苯乙烯和丁二烯的嵌段共聚物）、MBS（甲基丙烯酸甲酯、丁二烯和苯乙烯的三元共聚物）等；另一类为预聚物类，如丁二烯-丙烯腈弹性体预聚物、聚氨酯弹性体等。弹性体引入可提高韧性、耐冲击性、耐疲劳性、耐久性和粘接强度，还可调节黏度，降低固化收缩率，选择与单体相适应的弹性体非常重要。

(3) 引发剂　引发剂一般选用过氧化物，也俗称氧化剂。如 BPO（过氧化苯甲酰）、LPO（过氧化月桂酰）、TBHP（叔丁基过氧化氢）、TAHP（叔戊基过氧化氢）、CHPO

（异丙苯过氧化氢）、DCP（过氧化二异丙苯）、MEKP（过氧化甲乙酮）等。CHPO 在反应性、安全性和贮存稳定性方面都优于其他过氧化物，尤其是室温下为液体，处理容易，使用方便，价格便宜，所以常作为引发剂。

（4）促进剂　促进剂就是能与有机过氧化物反应在室温下产生活性自由基的物质，俗称还原剂，可与上述引发剂组成氧化-还原引发体系。一般选用胺类（如 $N,N$-二甲基苯胺、乙二胺、三乙胺等）、硫酰胺类（如乙烯基硫脲、二苯基硫脲、四甲基硫脲、吡啶基硫脲、硫醇苯并咪唑等）及醛-胺缩合物等。

（5）稳定剂　需要加入稳定剂或阻聚剂，如对苯二酚、对苯酚、对苯醌、对甲氧基苯酚、BHT（2,6-二叔丁基-4-甲基苯酚）及硝基化合物等增加贮存稳定性。一些有机酸和无机酸的碱金属盐、锌盐、铜盐、镍盐和胺盐等，也可以提高贮存稳定性。一般几种稳定剂复合使用的阻聚效果要好于使用单一稳定剂。

（6）其他助剂　根据需要可以加入增稠剂、触变剂、填充剂、颜料等。如使用气相二氧化硅，可增加体系触变性。加入少量石蜡可减少空气的阻聚作用和单体的挥发。加入粒度为 0.1mm 的聚乙烯粉末可提高剥离强度。加入硅烷偶联剂，如乙烯基三乙氧基硅烷（WD-20、A-151）、甲基丙烯酰氧基丙基三甲氧基硅烷（KH-570）、3-氨基丙基三乙氧基硅烷（KH-550）等，可提高耐水性和粘接强度，其中 WD-20 还能抑制胶液中甲基丙烯酸、磷酸酯等酸性物质对金属的腐蚀作用。加入适量不饱和聚酯、磺酰氯和甲基丙烯酸双酯，可加快固化速度。在胶液中加入碳酸钙晶须，可以提高体系的耐热性能和粘接强度。加入少量颜料，是为了区分 A、B 两组分，便于混胶操作。

# 24.3　第二代丙烯酸酯胶黏剂的固化机理

SGA 的固化反应是由氧化-还原体系引发的丙烯酸酯自由基聚合过程，聚合过程可分为三个阶段。

（1）引发阶段　当 A、B 两组分混合后，在促进剂的作用下，过氧化物发生分解，产生自由基，再与单体产生单体自由基。

$$ROOH + M^{2+} \longrightarrow RO\cdot + M^{3+} + OH^-$$
$$ROOH + M^{3+} \longrightarrow ROO\cdot + M^{2+} + H^+$$

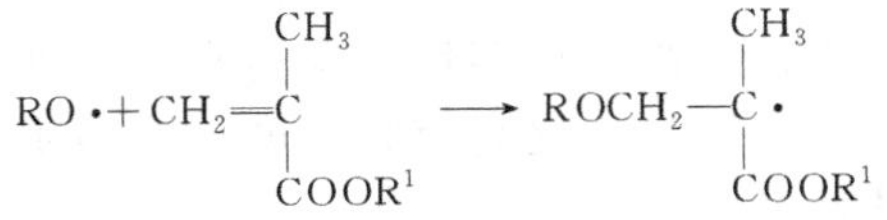

（2）聚合阶段　单体自由基与丙烯酸酯单体发生链式自由基聚合反应，生成丙烯酸酯共聚物，同时自由基还可以与聚合物弹性体发生链转移反应形成接枝聚合物。

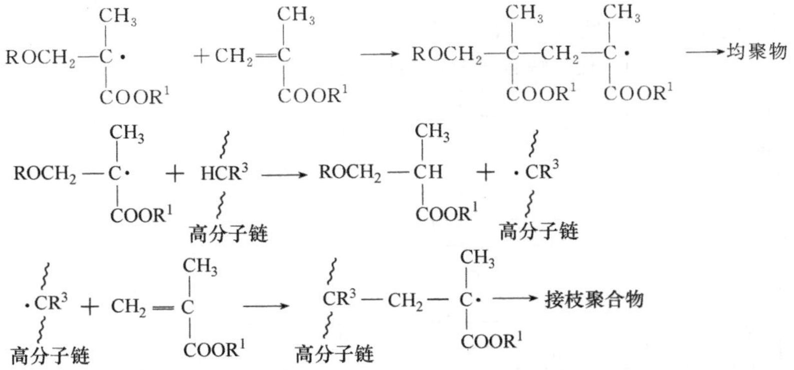

（3）链终止阶段　聚合反应中链增长到一定程度，就会发生链终止反应，例如自由基的重新结合、自由基的歧化反应、氧气和某些杂质的存在都可以引发链终止反应。

$$\sim\sim R\cdot + \cdot R \sim\sim \longrightarrow \sim\sim R{-}R \sim\sim$$
自由基的重新结合

自由基歧化反应

$$\sim\sim R\cdot + HS \longrightarrow \sim\sim RH + S\cdot$$
杂质　　　　　　　　稳定自由基

$$\sim\sim R\cdot + O_2 \longrightarrow \sim\sim ROO\cdot \xrightarrow{R\cdot} \sim\sim ROOR$$

由于空气中的 $O_2$ 能够与自由基 $R\cdot$ 反应生成非常稳定的过氧化自由基 $ROO\cdot$，其反应速率常数比与单体分子的聚合速率常数大 $10^4 \sim 10^5$ 倍，而且 $ROO\cdot$ 自由基没有引发聚合反应的能力，即使反应体系中存在微量的氧也会大量消耗活性自由基 $R\cdot$，因此该体系具有厌氧性。

# 24.4　第二代丙烯酸酯胶黏剂的种类及典型配方

## 24.4.1　第二代丙烯酸酯胶黏剂的种类

SGA 应用广泛，其品种也繁多，主要类型有以下几种：

（1）通用快固型　通用快固型 SGA 可用于金属、塑料、玻璃、木材、纸张等材料的粘接，能够适应对施工效率和粘接强度均有较高要求的场合，是目前该类胶黏剂的主要品种。

（2）低气味型　通用快固型的单体是易挥发的甲基丙烯酸甲酯，挥发性较强、刺激性较大。使用沸点高的丙烯酸高级酯作为单体可以得到改善，但是对其他性能有一定的影响。

（3）坚韧型　通用快固型韧性不是特别理想，伸长率普遍较低，耐冲击性差。通过添加增韧树脂、核壳结构树脂可以得到改善。

（4）耐高温型　提高 SGA 耐温性能的主要方法有：①选取高 $T_g$ 的丙烯酸单体和改性丙烯酸树脂或树脂分子链段中含有苯环、杂环或带有庞大侧基基团的物质，都可以提高胶黏剂的耐热性能；②添加耐温性填料及树脂，如添加无机盐、惰性可溶性耐温树脂等也可以提高胶黏剂的耐热性能；③添加适量的交联剂，增加反应交联点，提高交联密度，能够使整个分子网络结构更加紧密、结实，从而提高胶黏剂耐热性能。

## 24.4.2　第二代丙烯酸酯胶黏剂的典型配方

（1）通用快固型 SGA 典型配方　见表 24-1。

表 24-1　通用快固型 SGA 典型配方

| 原材料名称 | 作用分析 | 质量份 | | 固化性能 |
| --- | --- | --- | --- | --- |
| | | A 组分 | B 组分 | |
| 甲基丙烯酸甲酯 | 单体 | 90 | 90 | |
| 甲基丙烯酸 | 单体,提高固化速度 | 10 | 10 | |
| 异丙苯过氧化氢 | 引发剂 | 5 | — | A、B 两组分 1∶1 配比，初固时间 3～5min,剪切强度(钢-钢)>15MPa |
| 丁腈橡胶 | 弹性体,增韧 | — | 25 | |
| ABS | 弹性体,增韧 | 25 | — | |
| 硫脲衍生物 | 促进剂 | — | 3 | |
| 胺类促进剂 | 促进剂 | — | 4 | |
| 钒促进剂 | 促进剂 | — | 0.01 | |
| 对苯二酚 | 稳定剂 | 0.01 | 0.01 | |

（2）低气味型 SGA 典型配方　见表 24-2。

表 24-2　低气味型 SGA 典型配方

| 原材料名称 | 作用分析 | 质量份 | | 固化性能 |
| --- | --- | --- | --- | --- |
| | | A 组分 | B 组分 | |
| 甲基丙烯酸羟乙酯 | 单体,低气味 | 60 | 60 | A、B 两组分 1：1 配比,剪切强度(钢-钢)>20MPa |
| 甲基丙烯酸甲酯 | 单体 | 10 | 10 | |
| 甲基丙烯酸 | 单体,提高固化速度 | 6 | 6 | |
| 异丙苯过氧化氢 | 引发剂 | 4.9 | — | |
| 丁腈橡胶 | 弹性体,增韧 | 12 | 12 | |
| ABS | 弹性体,增韧 | 6 | 6 | |
| 硫脲衍生物 | 促进剂 | — | 3 | |
| 胺类 | 促进剂 | — | 1.9 | |
| 对苯二酚 | 稳定剂 | 0.1 | 0.1 | |

（3）坚韧型 SGA 典型配方　见表 24-3。

表 24-3　坚韧型 SGA 典型配方

| 原材料名称 | 作用分析 | 质量份 | | 固化性能 |
| --- | --- | --- | --- | --- |
| | | A 组分 | B 组分 | |
| 甲基丙烯酸甲酯 | 单体 | 47.6 | — | A、B 两组分 10：1 配比,冲击强度>30kJ/m²,断裂伸长率>250% |
| 三甲基环己烷丙烯酸酯 | 单体 | 15 | — | |
| 聚醚型丙烯酸酯 | 预聚物,提高抗冲击性 | 20 | — | |
| 甲基丙烯酸磷酸酯 | 助剂,提高附着力 | 1 | — | |
| MBS | 弹性体,增韧 | 15 | — | |
| 三乙胺 | 促进剂 | 0.3 | — | |
| N,N-二甲基对甲苯胺 | 促进剂 | 1 | — | |
| 对苯醌 | 稳定剂 | 0.1 | — | |
| 过氧化苯甲酰 | 引发剂 | — | 30 | |
| 双酚 F 环氧 | 单体 | — | 18 | |
| 邻苯二甲酸二丁酯 | 增塑剂,改善柔韧性 | — | 36 | |
| 聚氧乙烯蜡 | 增稠剂 | — | 16 | |

（4）耐高温型 SGA 典型配方　见表 24-4。

表 24-4　耐高温型 SGA 典型配方

| 原材料名称 | 作用分析 | 质量份 | | 固化性能 |
| --- | --- | --- | --- | --- |
| | | A 组分 | B 组分 | |
| 甲基丙烯酸羟乙酯 | 单体,低气味 | 15 | — | A、B 两组分 1：1 配比,剪切强度(钢-钢)>20MPa,150℃、30min 后剪切强度>15MPa |
| 甲基丙烯酸甲酯 | 单体 | 55 | 52 | |
| 甲基丙烯酸 | 单体,提高固化速度 | 5 | 20 | |
| 异丙苯过氧化氢 | 引发剂 | 4.9 | — | |
| 丁腈橡胶 | 弹性体,增韧 | — | 13 | |
| ABS | 弹性体,增韧 | 10 | — | |
| 硫脲衍生物 | 促进剂 | — | 3 | |
| 胺类 | 促进剂 | — | 1.9 | |
| 对苯二酚 | 稳定剂 | 0.1 | 0.1 | |
| N-苯基马来酰亚胺 | 改性剂,提高耐热性 | 10 | 10 | |

# 24.5  第二代丙烯酸酯胶黏剂的生产工艺及包装

## 24.5.1  第二代丙烯酸酯胶黏剂的生产工艺

（1）配方组成及原材料消耗定额  见表24-5。

表 24-5  配方组成及原材料消耗定额

| 原料 | 消耗定额/kg | | 规格 |
|---|---|---|---|
| | A 组分 | B 组分 | |
| 甲基丙烯酸甲酯 | 75 | 30 | 工业 |
| 甲基丙烯酸 | — | 20 | 工业 |
| 异丙苯过氧化氢 | 10 | 20 | 工业 |
| 丁腈橡胶 | 15 | — | 工业 |
| ABS（固体） | — | 25 | 工业 |
| 硫脲衍生物 | — | 3 | 工业 |
| 胺类 | — | 2 | 工业 |
| 对苯二酚 | 0.3 | — | 工业 |

（2）工艺流程  SGA 生产工艺比较简单，主要是溶解、混合过程。因此，生产设备也相对简单，只需要有搅拌和冷却功能的普通搪瓷反应釜即可。如果使用丁腈橡胶需要事先通炼橡胶，切割成小块备用，通炼橡胶需要专用的炼胶设备。SGA 的生产工艺流程见图 24-1。

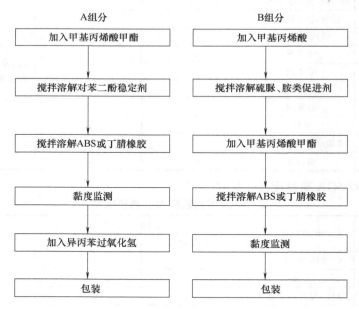

图 24-1  SGA 生产工艺流程

由于 SGA 使用了丁腈橡胶等弹性体，不同批次的弹性体甚至相同批次的弹性体生产出来的 SGA 会出现批次间黏度不稳定的情况。所以，需要对 SGA 进行黏度的过程检验，若黏度不符合要求可在包装前及时进行调整，尤其是 A 组分可以在加入过氧化物前进行调整，可避免因加入过氧化物后黏度调整周期长，导致胶黏剂的储存稳定性变差。

此外，SGA 的生产也有采用高速搅拌机进行的，优点是弹性体溶解快、促进剂等分散均匀，缺点是不适合大吨位生产。目前，鲜有企业采用高速搅拌法来生产 SGA。

（3）产品性能指标及用途　该产品 A 和 B 两组分 1∶1 混合成胶，黏度为 5Pa·s 左右，定位时间为 4～6min，固化强度 3h 达 80%，24h 达 90%。粘接钢剪切强度＞20MPa。两组分贮存期均为 1 年。SGA 广泛应用于金属、塑料、橡胶、玻璃、木材等材质的粘接。

## 24.5.2　第二代丙烯酸酯胶黏剂的包装及贮存

SGA 虽然在室温下活性较低，但由于其中含有易聚合的丙烯酸酯单体，再加上引发剂释放的活性自由基、金属离子以及环境中热、光、辐射等因素，导致聚合反应不断进行，一般难于在 20℃下保存半年。通过选用适宜的包装材质、降低贮存温度、避光贮存、胶液中容留部分氧气、调整复合引发剂和阻聚剂的比例等措施，可明显延长其贮存期。一般推荐在 25℃以下阴凉干燥处保存。

### 参 考 文 献

[1]　陆企亭. 快固型胶粘剂. 北京：科学出版社，1994：95.
[2]　魏云斌，樊利东，李厚堂，等. 一种金属板材粘接用低气味丙烯酸酯结构胶的研制. 粘接，2018（9）：35-38＋47.
[3]　王亚妮，张瑞，李峰，等. 改性丙烯酸酯胶粘剂的研制. 粘接，2011（9）：68-70.
[4]　何瑞红，胡孝勇. 第二代丙烯酸酯胶粘剂的研究进展. 中国胶粘剂，2012（11）：52-55.
[5]　李守平，何广洲，李建华，等. 丙烯酸酯结构胶粘剂改性研究进展. 粘接，2015（10）：86-89.
[6]　Petrie Edward M. Handbook of Adhesives and Sealants. 2nd ed. New York：The McGraw-Hill Companies，2007.
[7]　通用型双组分丙烯酸酯胶黏剂：HG/T 3827—2006.

（王志政　姚其胜　侯一斌　编写）

# 第25章

# α-氰基丙烯酸酯胶黏剂

## 25.1　α-氰基丙烯酸酯胶黏剂的特点和发展历史

### 25.1.1　α-氰基丙烯酸酯胶黏剂的发展概述

α-氰基丙烯酸酯胶黏剂简称 α-胶，是以氰基丙烯酸酯单体为主体成分，添加各种改性助剂配制成的一类性能特殊的胶黏剂。在中国，更为人们熟知的商品名称是 502 胶或瞬间胶（瞬干胶）。

1947 年，由美国 B. F. Goodrich 公司的 Alan Ardis 首先合成了 α-氰基丙烯酸酯类化合物。1958 年，Eastman Kodak 公司推出了世界上第一个以 α-氰基丙烯酸甲酯为主成分的商品瞬间胶 Eastman 910。随后，Eastman 公司继续开发了 910FS、910FM、910HMT 等系列产品。该胶黏剂一经问世，它独特的性能立即引起业界的重视，并有许多知名公司开始研究生产，如美国的 Loctite Corporation，德国的 Henkel AKG，日本的东亚合成（株）、住友化学、三键化工和田岗化学等。目前，美国的产量约为 2000t，欧盟和日本的产销量也在 2000t 左右。

中国在 20 世纪 60 年代初期，由中国科学院北京化学所首先在实验室合成了 α-氰基丙烯酸甲酯和乙酯，并于 1965 年开始少量生产，以 KH501、KH502 商品投放市场。20 世纪 70 年代，研发了甲醛水溶液-二氯乙烷法生产工艺，在国内获得了普遍推广。20 世纪 80 年代以前，中国仅有北京化工厂和上海珊瑚化工厂等数家工厂和科研单位生产瞬间胶，品种单一，全国产量不足 10t。2015 年国内达到 2.5 万吨，位列世界首位。产品已逐步形成系列化，可满足各种工业用途和民用需求。主要生产厂家有浙江金鹏化工公司、北京化工厂、山东禹王公司、浙江久而久化学公司和湖南衡阳浩森胶业等几十家内资公司和汉高乐泰、安特固等外资、合资企业。瞬间胶的分装厂遍布全国各地，知名厂商有广东爱必达、宝立固公司和台州恒固胶业等；在全球最大的浙江义乌商城，有十多家瞬间胶分装厂，生产大量小包装 SUPER 胶，产品销往世界各国。

近年，中国两家瞬间胶的主要原料氰基乙酸酯生产供应商河北诚信化工和山东天德化学公司，均建成万吨级产能的高纯度 α-氰基丙烯酸酯单体生产线，为下游厂家提供配制瞬间胶的优质原料，为资源集约化创造条件。

### 25.1.2　α-氰基丙烯酸酯胶黏剂的特点和种类

目前，α-氰基丙烯酸乙酯瞬间胶的比例占 95% 左右。不同 α-氰基丙烯酸酯单体酯基的结构，会影响配制成的瞬间胶的固化速度、强度、气味和耐热性等物理性能。经过改性的高性能的新型 α-氰基丙烯酸酯胶黏剂不仅在各个工业领域和民用方面得到了广泛应用，而且成为重要的医用胶黏剂之一。重要的 α-氰基丙烯酸酯单体及其聚合物的性质见表 25-1。α-氰基丙烯酸酯胶黏剂随着酯链的增长，固化速度、拉伸强度、剪切强度、耐热性均呈下降趋势，刺激性气味呈减弱趋势。

表 25-1 重要的 α-氰基丙烯酸酯单体及其聚合物的性质

| | 物性 | 甲基酯 | 乙基酯 | 丙烯基酯 | 丁基酯 | 辛基酯 | 甲氧基乙基酯 | 乙氧基乙基酯 |
|---|---|---|---|---|---|---|---|---|
| 单体性质 | 碳数 | 5 | 6 | 7 | 8 | 12 | 7 | 8 |
| | 分子量 | 111 | 125 | 137 | 153 | 209 | 155 | 169 |
| | 外观 | ←----------无色透明液体----------→ | | | | | | |
| | 气味 | ←---强刺激性催泪---→ | | | ←----弱刺激性催泪----→ | | | 基本无味 |
| | 黏度/mPa·s | 2.2 | 1.9 | 2.0 | 2.1 | 2.1 | 2.6 | 5.0 |
| | 密度/(g/cm³) | 1.0930 | 1.0545 | 1.0500 | 0.9955 | 0.9380 | 1.0955 | 1.0673 |
| | 沸点/(℃/mmHg) | 58~60/1.0 | 60~62/1.0 | 78~82/6.0 | 83~84/3.0 | 118~120/1.5 | 88~92/1.0 | 92~96/1.1 |
| | 折射率 $n_D^{25}$ | 1.4356 | 1.43 | 1.4565 | 1.4330 | 1.4399 | 1.4300 | 1.4320 |
| | 表面张力/(mN/m) | 41.50 | 40.5 | — | 34.50 | 31.50 | 38.00 | 37.75 |
| | 聚合热/(kcal/mol) | 13.8 | 13.9 | 15±1 | 15±1 | | | |
| | 闪点/℃ | 82.8 | 82.8 | 82.2 | 85 | | | 129.4 |
| 聚合物性质 | 玻璃化温度/℃ | 165 | 126 | 115 | 85 | | | 52 |
| | 折射率 $n_D^{25}$ | 1.45 | 1.45 | 1.45 | — | — | 1.4 | 1.48 |
| | 溶解度参数 | 11.8 | 11.4 | 11.5 | 10.8 | | | 11.1 |
| | 介电常数 | 3.34 | 3.98 | — | 3.88 | | | 3.5 |
| | 溶解性 | ←----------溶于丙酮、DMF 和 CH₃NO₂----------→ | | | | | | |

注：1cal=4.1840J。

## 25.1.3　α-氰基丙烯酸酯胶黏剂的优缺点

α-氰基丙烯酸酯胶黏剂性能优点如下：

① 单组分、无溶剂，低毒害、环保；

② 粘接强度高，粘接材料广泛；

③ 室温下快速固化，无需加催化剂和固化剂，无需加热加压，使用很方便；

④ 胶膜电气性能良好；

⑤ 粘接胶膜无色透明，可着色、外观美；

⑥ 耐溶剂、耐药品，耐油性、耐候性好；

⑦ 被粘材料一般无需表面处理，工效高；

⑧ 黏度低、易涂布，单位面积用胶量少，适于机械施胶，适用于生产流水线。

早期未经改性的 α-氰基丙烯酸酯胶黏剂有如下缺点：

① 柔软性、抗冲击性较差；

② 耐热性较低，普通产品仅能在 80℃ 以下使用；

③ 普通产品有刺激性气味，会产生"白化现象"；

④ 未改性品黏度低、易流淌，充填性低；

⑤ 冷藏贮存，长时间存放后强度会下降；

⑥ 耐水性、耐碱性差；

⑦ 固速过快，难以大面积涂布施工；

⑧ 价格较高。

几十年来，随着合成技术和改性技术的不断发展，世界各国知名瞬间胶生产企业，相继推出高性能的新型瞬间胶系列产品，应用领域进一步拓宽。

# 25.2　α-氰基丙烯酸酯胶黏剂的配方组成及其作用

## 25.2.1　α-氰基丙烯酸酯胶黏剂的基本配方

α-氰基丙烯酸酯胶黏剂的基本配方，由 α-氰基丙烯酸酯单体、阻聚稳定剂、增稠剂、增塑剂、固化促进剂等组成。如世界上第一款瞬间胶 Eastman 910 是由 90.7% α-氰基丙烯酸甲酯、6% 聚甲基丙烯酸甲酯、3.3% 癸二酸二甲酯及少量的对苯二酚和二氧化硫组成。

中国科学院北京化学所研制的瞬间胶 KH-501 和 KH-502 的基本配方见表 25-2。

表 25-2　KH-501 和 KH-502 配方组成

| 型号 | 配方组成 | 质量份 | 作用 |
| --- | --- | --- | --- |
| KH-501 | α-氰基丙烯酸甲酯 | 100 | 主成分 |
| | α-氰基丙烯酸酯聚合物 | 3 | 增稠剂 |
| | 邻苯二甲酸二丁酯 | 3 | 增塑剂 |
| | 对苯二酚 | 1 | 稳定剂1 |
| | 二氧化硫 | 0.1 | 稳定剂2 |
| | KH-550 | 0.5 | 偶联剂 |
| KH-502 | α-氰基丙烯酸乙酯 | 100 | 主成分 |
| | 聚甲基丙烯酸甲酯共聚物 | 3 | 增稠剂 |
| | 磷酸三甲酚酯 | 15 | 增塑剂 |
| | 对苯二酚 | 1 | 稳定剂1 |
| | 二氧化硫 | 0.1 | 稳定剂2 |

## 25.2.2　α-氰基丙烯酸酯胶黏剂的配方组成和作用

（1）主成分　α-氰基丙烯酸酯单体是瞬间胶的主体组分。如表 25-2 中所示，单体的碳数和结构，对配制成的瞬间胶性能有重大影响，如乙基酯和甲基酯生产工艺较简易、成本低，配制的瞬间胶综合性能良好，成为工业和民用胶的主流；丁基酯和辛基酯有较好的成膜柔软性和较低的聚合热，适用于配制医用胶；而烷氧基酯有低气味和低"白化"的优点，用于高精产品的组装和生产流水线，越来越受到重视和欢迎。烯丙基酯可用作交联剂，加至氰基丙烯酸乙酯中，可在常温或加热下发生交联反应，使瞬间胶的耐温性从 80℃ 提高到 120～150℃，具有优良的耐热性。

（2）稳定剂　由于单体可以发生阴离子聚合和自由基聚合，在配制瞬间胶时，必须加入适量的阴离子阻聚剂和自由基阻聚剂为稳定剂，才有较长的贮存期。常用的阴离子阻聚剂有二氧化硫、对甲基苯磺酸和氟硼酸等。自由基阻聚剂有对苯二酚、对羟基苯甲醚。

（3）增稠剂　由于 α-氰基丙烯酸酯单体黏度低（约 2mPa·s），可添加适量增稠剂提高至适用的范围（低、中、高各种黏度），适用于多孔性材料粘接和充填性粘接。常用的增稠剂有聚甲基丙烯酸甲酯及其共聚树脂、聚 α-氰基丙烯酸酯树脂及纤维素衍生物等。由于微量的水分、羟基都会影响稳定性，因此该类胶的增稠剂要求较高。

（4）增塑剂　为了改善瞬间胶的胶膜脆性，提高胶的抗冲击强度和柔性，在胶的配方中加入适量的邻苯二甲酸酯、偏苯三酸三辛酯等。

随着瞬间胶改性技术的发展，在基本配方的基础上，各种改性技术新配方、专利不断推出，性能各异的新型瞬间胶可满足各种粘接技术的需要。

# 25.3　α-氰基丙烯酸酯胶黏剂的固化机理

由于双键一侧同时连接有强吸电子基团氰基和酯基，α-氰基丙烯酸酯能快速发生阴离子聚合，因此该类胶黏剂的固化原理是阴离子聚合机理。由于 α-氰基丙烯酸酯单体含量占 95％左右，固化可以看成是本体聚合过程。一些添加了其他丙烯酸酯或活性单体改性的配方中，α-氰基丙烯酸酯单体在聚合时也会和这些单体发生共聚或接枝反应。

（1）引发和增长阶段　α-氰基丙烯酸酯的分子 β-位很易受亲核试剂攻击，空气和材料表面都会有水分或胺类等碱性物质的存在，它们是很好的亲核试剂，在亲核反应初期的引发阶段，产生稳定的碳负离子或两性离子。

引发反应后就会立即发生链增长反应，负离子单体攻击另一个单体生成二元体，再进一步和更多的单体连续反应，直至有效单体全部消耗殆尽。生成的高分子聚合物分子量约为 $10^5 \sim 10^7$。链增长反应速度极快，瞬间胶由液态单体迅速转变为固态聚合物，并产生强大的粘接力。其溶液聚合速率在 20℃时为 $3 \times 10^5$ mol/(L·s)。聚合为放热反应，如 α-氰基丙烯酸乙酯的聚合反应热约为 50kJ/mol。

（2）链转移和终止阶段　增长中的碳负离子若和其他物质（链转移剂）反应，将产生一个惰性的高分子和新的负离子或一个中性物，则可能会发生链转移；在聚合反应过程中，可能遇到水、醇、酸和惰性的高分子链，使负离子质子化而起链终止剂的作用，阻止了聚合反应的继续进行。

链转移和链终止是两个和链增长相竞争的过程，它们影响着氰基丙烯酸酯聚合体的最终分子量。

在瞬间胶的聚合固化过程中，活性增长链可能遇到胶液中单体之外的其他物质，包括水、醇、酸和惰性的高分子链等改性材料。强酸由于能使负离子质子化而起链终止剂的作用，会很快阻止聚合进行。弱酸会减慢聚合速率。水以及醇的作用尚不太清楚，但以往的研究表明，中性水本身并非引发剂，而氢氧根离子（OH⁻）则易于引发单体的聚合。这些都是在研究瞬间胶的配方时必须考虑的因素。

（3）自由基聚合反应　氰基丙烯酸酯很容易发生阴离子聚合，也可进行自由基聚合反应。

$$R^{\cdot} + CH_2 = \underset{\underset{COOR}{|}}{\overset{\overset{CN}{|}}{C}} \longrightarrow R - CH_2 - \underset{\underset{COOR}{|}}{\overset{\overset{CN}{|}}{C}}^{\cdot} + nCH_2 = \underset{\underset{COOR}{|}}{\overset{\overset{CN}{|}}{C}} \longrightarrow$$

$$R \left[ CH_2 - \underset{\underset{COOR}{|}}{\overset{\overset{CN}{|}}{C}} \right]_{n+1}^{\cdot} + R' \longrightarrow R \left[ CH_2 - \underset{\underset{COOR}{|}}{\overset{\overset{CN}{|}}{C}} \right]_{n} R'$$

在室温条件下，会有少部分的单体因后期链增长受阻难以继续聚合，分散在聚合物中起了增塑剂的作用。它会使固化后聚合物的玻璃化转变温度明显降低，如 α-氰基丙烯酸乙酯固化产物的玻璃化转变温度从约 130℃降低至 60℃左右。为使聚合反应完全，必需加热到 95℃以上。随着残留单体的消失，胶层会变脆而失去粘接强度，这也是瞬间胶的基础配方中必须有适量增塑剂的原因。

# 25.4　α-氰基丙烯酸酯胶黏剂的种类及典型配方

## 25.4.1　α-氰基丙烯酸酯胶黏剂的种类和典型配方组成

### 25.4.1.1　α-氰基丙烯酸酯胶黏剂的种类

瞬间胶的种类按照其用途可分为工业用瞬间胶、民用瞬间胶和医用瞬间胶及特殊用途瞬间胶。有些公司则按用途直观命名。如瞬干木工胶、瞬干导电胶、瞬干指甲胶、瞬干修鞋胶等。在我国和日本，按瞬间胶的基本性能制订分类质量标准，包括速固型、通用型、增韧型、触变型、低气味型、低白化型等。通用型产品又包含了低黏度（≤70mPa·s）、中黏度（71~400mPa·s）和高黏度（≥401mPa·s）各种类型。

### 25.4.1.2　α-氰基丙烯酸酯胶黏剂的典型配方

α-氰基丙烯酸酯胶黏剂典型配方见表 25-3。

表 25-3　α-氰基丙烯酸酯胶黏剂典型配方

| 配方组成 | 质量份 | 各组分功能 |
| --- | --- | --- |
| α-氰基丙烯酸乙酯 | 100 | 主成分单体 |
| 聚甲基丙烯酸甲酯树脂 | 5~10 | 增稠剂，调节胶液黏度 |
| 癸二酸二丁酯 | 5 | 增塑剂，改善剥离抗冲击性 |
| 对苯二酚 | 0.05~0.1 | 稳定剂1，自由基阻聚剂 |
| 三氟化硼络合物 | 0.001~0.01 | 稳定剂2，阴离子阻聚剂 |
| 皇冠醚 | 0.02~0.2 | 促进剂，提高固化速度 |
| 疏水性气相二氧化硅 | 5~10 | 触变剂，防胶液流淌 |

## 25.4.2　α-氰基丙烯酸酯胶黏剂的改性和新配方

α-氰基丙烯酸酯胶黏剂的改性主要集中在如下几方面：

（1）改善稳定性，延长保质期　主要通过单体纯度和采用新型稳定剂实现。通过改进单体制造工艺技术，降低杂质含量，将单体纯度提高到 99.5%以上，努力降低精单体中残留的微量杂质，如水、醇、醛、丙烯腈和游离酸等，也是必须考虑的因素。北京科化新材公司采用特殊的工艺方法制备高纯度的氰基丙烯酸酯，使单体中的醇杂质含量低于 50mg/kg，有利于提高瞬间胶的稳定性。

二氧化硫和对苯二酚配合使用作为稳定剂，在合适的配方和贮存条件下，胶的保质期在 6～12 个月。由于气体二氧化硫及后来报道的 HF、SO 和 $NO_2$ 等酸性气体都有难以精准计量控制浓度和存在易挥发问题，同时还有一定腐蚀性和毒性，会污染环境和影响人的健康。选用液态或固态的酸来取代挥发性酸酐，如磷酸、硫酸、氟硼酸、甲烷磺酸、三氟化硼络合物、对甲苯磺酸等。另有资料介绍，为避免使用强酸类阴离子阻聚剂，采用 $SO_2$ 和咪唑络合物、硼酸和多羟基化合物的螯合物及膦嗪类化合物类新型稳定剂。它的优点是可以防止单体在强酸存在下发生水解而引起瞬间胶品质的下降。日本田岗化学介绍，胶中添加 0.05%～0.1% 聚氧乙烯醚的磷酸酯，有良好的储存稳定性。

德国汉高公司研发了二噁硫醇烷类化合物和 2-氧代-1,3,2-二氧硫戊烷等性能良好的稳定剂，用量少、贮存期长而不会影响固化速度。2000 年前后，开始使用新型阴离子阻聚剂三氟化硼络合物及组合稳定剂，在不影响瞬间胶快速固化和性能的前提下，明显提高了胶的稳定性。这些新型阻聚剂对于稳定瞬间胶功能各有特色，优选配方组合和添加量是许多公司的专利技术核心。这些新型稳定剂组合配方的应用，使通用型瞬间胶保质期延长了一倍，达到 18～24 个月或更长。

选用自由基阻聚剂的研究工作相对简单，传统的对苯二酚阻聚剂至今仍在沿用，添加量一般在 0.1%～1.0%，因为氢醌见光易变色，引起瞬间胶的着色，还存在环境影响问题，所以，有些新配方已改用对甲氧基酚及受阻酚类自由基阻聚剂替代对苯二酚。

（2）提高固化速度，使其适用于多孔性和难黏材料的快速粘接　在粘接木材时，为了防止胶液渗入木材中，通过在表面预涂乙醇胺、仲胺、叔胺、环氧化物、碱金属氢氧化物和咖啡碱等物质，让瞬干胶在几秒钟内迅速固化粘接。这种粘接方法，会增加操作工序。1995 年后，市面上开始出现一种俗称"3 秒胶"的液体速固型瞬间胶，它是配方中添加了少量冠醚等促进剂的速固瞬间胶，能够牢固粘接木材、纸张和许多不敏感的难粘塑料。它在木材加工和家具生产中，除了可以很方便地应用于工件的快速组装粘接，还可以在工序间即时修补比较贵重的木材洞孔和裂缝等工件缺陷。在制鞋行业，成为各种难粘橡塑材料定位粘接的好助手。目前，这类速固型瞬间胶在中国市场占有率迅速升至 25% 以上。

长期研究发现了许多可以明显提高瞬间胶固化速度而不会影响其稳定性的促进剂，研发了一类快固型瞬间胶。这些改性瞬间胶包括在基胶中添加了 0.01%～1.0% 的乙酰丙酮、苯甲酰丙酮等二酮类化合物；添加 0.05%～0.5% 烷基胺硫酸盐、有机聚硫醚的环状化合物和聚乙二醇类及二羟基苯甲酸酯类化学品组合物；添加 0.05～0.1% 叔胺的 $SO_3$ 络合物和四氟化硼鎓盐。近年来，性能优良的速固型瞬间胶一般采用下列三类化学品为固化促进剂：①聚乙二醇、聚醚多元醇类和甲基丙烯酸聚乙二醇酯类化合物；②皇冠醚类；③杯芳烃大环结构类化合物。

（3）增稠和触变性改性，提高黏度和强度　未经增稠改性的瞬间胶是一个黏度低于 5mPa·s 的液体。因为黏度低，难以粘接间隙稍大的工件。未加改性的瞬间胶胶膜很脆，添加增塑剂后有所改善，但抗冲击强度仍低。添加增稠剂和触变剂改性，调节添加量，既可将胶液调制成黏度为 10～100000mPa·s 的低、中、高各种黏度瞬间胶，又能提高胶的粘接强度和抗冲击强度。

瞬间胶的增稠方法有：①将单体用可控阴离子聚合方法本体聚合到所需黏度，可以制备高黏度的瞬间胶，可避免因添加增稠剂不慎而造成胶的固化。②在胶液中添加计量的增稠剂，在特定的温度下搅拌溶解制备所需黏度的瞬间胶产品。这是目前最常用的增稠技术。

至今，可选用的增稠剂有许多门类，这些增稠剂均为高分子聚合物树脂和弹性体橡胶。如聚甲基丙烯酸酯、聚丙烯酸酯、聚氰基丙烯酸烷基酯、甲基丙烯酸甲酯和其他活性单体（丙烯酸酯、丙烯腈、苯乙烯、丁二烯、氯乙烯等）共聚物、氯醋树脂、PVC树脂、MBS树脂、纤维素醚、丙烯酸酯橡胶、聚氨酯橡胶、羧基丁腈橡胶等。加入兼具增稠和触变功能的疏水气相二氧化硅和改性有机硅，可以制备凝胶状触变型瞬间胶。

由于瞬间胶的活性大，选用增稠剂时应十分谨慎，防止引发胶的聚合报废和稳定性下降。高聚物中残留的微量引发剂、碱性物质和水分都必须避免，高聚物的分子量直接影响其添加量，一般应选分子量大、用量少、增稠效果好的增稠剂。几种增稠剂配合使用会获得更好的增稠效果。常用的增稠剂为聚甲基丙烯酸甲酯及其共聚树脂，重均分子量在15万～30万。疏水性气相二氧化硅的比表面积，对改性瞬间胶的稳定性、初期黏度和固化速度等性能均会产生较大的影响。

典型的配方如下：

| | |
|---|---|
| α-氰基丙烯酸酯 | 100份 |
| 甲基丙烯酸酯均聚（或共聚）体 | 12～17份 |
| 疏水性气相二氧化硅 | 4～10份 |
| 固化促进剂（冠醚等） | 0.005～1份 |

目前，增稠/触变型瞬间胶系列产品已经在各个工业领域和民用方面获得了广泛应用，成为瞬间胶的主力军。

（4）改善耐湿热性　改善耐湿热性的工作包括提高耐热性和改进耐水性。

① 提高耐热性。一是加入交联剂，使聚合时产生的线型高分子适当交联，具有一定程度的热固性；二是加入耐热黏附促进剂，以改善胶和粘接材料（主要指金属）之间的界面状态。

a. 加入交联剂。一类交联剂是氰基丙烯酸烯丙基酯，可在室温下与氰基丙烯酸酯共聚成线型聚合物，侧链上的烯丙基能在150℃以上热交联或加入有机过氧化物促进引发自由基交联；另一类交联剂是氰基戊二烯酸的单酯或双酯，加入量为5%～10%的双酯即可获得很好的耐热性。另有报道，加入氰基戊二烯酸的单酯既能提高瞬间胶耐热性，也可改善它的耐水性。在瞬间胶中引入可以接枝聚合交联的丙烯酸酯单体和马来酰亚胺，在120℃热老化28d后，仍有室温时粘接强度的1/2，是在热老化时发生了接枝交联反应的结果。

后来的研究发现，有更多提高瞬间胶耐热性的改性剂和方法。如美国乐泰报道了在α-氰基丙烯酸乙酯瞬间胶的配方中添加0.75%～5%的亚砜、亚磺酸酯、亚硫酸酯、含甲硅烷基的磺酸酯和硝基磺内酯等含硫化合物，可明显提高胶的耐热性；在α-氰基丙烯酸乙酯瞬间胶中添加适量β-乙烯基-α-氰基丙烯酸酯及氰基山梨酸酯衍生物等不饱和化合物，固化时能与氰基丙烯酸酯形成共聚物，耐温达150℃，耐水性也大为提高；在α-氰基丙烯酸乙酯中添加丙烯酸酯共聚弹性体和一定比例的含过氧化物的多官能团丙烯酸酯，也能得到耐热性超过150℃的瞬间胶。

b. 加入耐热黏附促进剂。在瞬间胶中添加某些弱酸性物质如单元或多元羧酸、酸酐及酚类化合物等，能提高对金属粘接的耐热性、耐水性和粘接强度，这些物质称为黏附促进剂。这些物质和金属表面产生络合作用，同时和氰基丙烯酸酯聚合物有较大的亲和力。日本阿尔发（株）技研的专利报告，二苯甲酮四酸及其酸酐、1,2,4,5-苯四酸及其酸酐是氰基丙烯酸酯很好的耐热增强剂，添加0.1%～0.5%即可明显提高瞬间胶耐热性。表25-4列出了这些黏附促进剂的添加量和效果。

表 25-4　瞬间胶黏附促进剂的添加量和效果

| 黏附促进剂 | 添加量/% | 对钢试片剪切强度的提高率/% |
| --- | --- | --- |
| 依康酸酐 | 0.5~2 | 35 |
| 没食子酸 | 0.02~0.2 | 39 |
| 多羧酸、多羧酸酐 | 0.1 | 300 |
| 多羟基苯甲酸 | 0.02~0.05 | ≥1000 |
| 多元醇、聚醚 | 0.05~20 | 500[①] |

①：粘接后 5min 测。

② 改进耐水性。和改进耐热性的方法类同，在瞬间胶中引入多官能团丙烯酸酯交联单体（或共聚单体）及过氧化物引发剂会改善胶的耐水性；交联剂使线型聚合物变成网状聚合物，会改善胶的耐水性；在瞬间胶中添加少量（0.1%~10%）多官能团环氧树脂或硅烷系异氰酸酯，可以提高耐湿热性和粘接强度；如使用双马、甲基丙烯酸环氧丙酯、酸酐或羧酸类物质、KH-570 硅烷偶联剂、氰基戊二烯酸酯等化合物，可提高胶的耐水性，并保持好的贮存稳定性和固化速度。

（5）提高抗冲击及剥离强度　改性的方法主要有三种：①引入可共聚的内增塑单体，如在氰基丙烯酸乙酯中加入一定比例的氰基丙烯酸高烷基酯；引入氰基戊二烯酸酯，既可提高耐水性，又能提高抗冲击性能。②添加外增塑剂，如邻苯二甲酸酯、偏苯三酸三辛酯、脂肪多元醇、聚醚及其衍生物等，添加的增塑剂须和瞬间胶相溶性好。上述两种方法对于改善胶的抗冲性、剥离性均有一定的效果，但并不很理想。③加入和瞬间胶相溶性好的高分子弹性体，如聚氨酯橡胶、羧基丁腈橡胶、丙烯酸酯橡胶、嵌段或接枝共聚物等，增韧抗冲击改性效果很好。为了不影响固化速度和贮存稳定性，所选用的弹性体必须是充分干燥的，并且不含有酸碱性物质和其他杂质。如乐泰公司报道的，在高纯度的 α-氰基丙烯酸乙酯中溶入 10% 的杜邦公司产品 Vamac 橡胶（乙烯-丙烯酸甲酯共聚物）配制成瞬间胶，剥离强度达到 58N/cm，剪切强度为 21.6~23.7MPa。后来乐泰专利又介绍，在 α-氰基丙烯酸乙酯的配方中加入 8% 己烯-丙烯酸甲酯共聚体，并添加少量二茂铁，可以得到光固化柔韧性良好的改性瞬间胶。在单体中加入 5%~10% 聚偏二氯乙烯-丙烯腈共聚物和 2%~5% 气相二氧化硅后，配制的改性瞬间胶的剥离强度可从 0.4N/mm 提高到 5N/mm 以上。日本合成橡胶和三键公司的研究报道，在氰基丙烯酸酯单体中加入 5% 丁腈（NBR）或羧基丁腈橡胶（XNBR）配制的瞬间胶，剥离强度明显提高了。日本田岗公司介绍，在氰基丙烯酸酯单体中同时加入 25% 苯二甲酸酯和 5%~10% 聚氨酯弹性体或丙烯酸酯共聚体和多羟基化合物改性后，得到耐冲击、高剥离强度、耐热耐水性良好的瞬间胶；也可加入 5%~20% 的乙烯-醋酸乙烯（VAC）共聚树脂或各种橡塑材料，得到耐冲击的增稠瞬间胶。2010 年前后，日本东亚合成公司的专利介绍了在瞬间胶的配方中加入 3%~10% 多种共聚弹性体及 0.01%~1.0% 的多元羧酸衍生物，不仅提高了剥离、冲击强度，而且在异种材料粘接时的冷热交变冲击强度性能优良。乐泰公司的专利介绍，应用乙烯-丙烯酸酯共聚体橡胶或聚乙烯-聚醋酸乙烯共聚体弹性体，并添加柠檬酸和苯酐等改性剂后，瞬间胶有优良的柔韧性和抗冲击及剥离强度。日本高压瓦斯公司也有类似的研究报道，配方中加入聚氨酯橡胶和苯三酚后得到综合性能优良的改性瞬间胶。

（6）粘接聚烯烃等难粘材料的瞬间胶　聚乙烯、聚丙烯和聚四氟乙烯属于难粘材料，需要经过复杂的电晕、低温等离子体法处理或化学氧化法、辐射法等处理才能用一般的胶黏剂粘接。采用底涂剂处理表面，再用改性瞬间胶粘接，能很方便地牢固粘接各种聚烯烃材料，而且粘接件的耐湿热和耐候性明显提高了。底涂胶的粘接效果见表 25-5。

表 25-5 底涂胶的粘接效果

| 聚烯烃材料 | 涂底胶 | | 不涂底胶 | |
|---|---|---|---|---|
| | 固定时间/s | 剪切强度/MPa | 固定时间/s | 剪切强度/MPa |
| 聚丙烯 | 20 | 材料破坏 | >300 | 0.3 |
| 高密度聚乙烯 | 20 | 35 | >300 | 0.3 |
| 聚烯烃橡胶 | 2 | 材料破坏 | 7 | 0.5 |

如日本东亚合成公司以有机锆化合物配制的底涂剂，底涂 PP 试片后，用合适的瞬间胶粘接，可快速固化并达到材料破坏强度。这些底涂剂还有咪唑环化合物、有机脒类化合物、有机金属类化合物、胺及季铵盐有机氮化合物、烷基取代氨基酚类化合物、硅油加三烷基胺、三苯基膦和受阻酚类化合物的组合物等。一般以溶剂形式使用，浓度在 0.05%～5%，用量仅需 0.005～0.025g/m² ，即可获得满意的效果。

据日本高压瓦斯公司报道，在瞬间胶中添加极少量（0.0001%～0.05%）的有机硅烷化合物，对烯烃类热塑性弹性体（TPO）有良好的粘接强度，而不会影响胶的贮存稳定性，省去预涂底涂剂的工序，使用更方便。在国内也有相关报道，如黎明化工院张秀珍提出了多种解决方案，介绍应用各种金属乙酰丙酮盐配制的底涂剂与瞬间胶配合使用，武汉材保所王灿等采用三苯基膦和添加剂 N99 配制的底涂胶与改性瞬间胶粘接低表面能材料获得良好结果。

浙江金鹏化工公司研发的聚烯烃难粘材料胶黏剂，由 OP-10 系列底涂剂与改性瞬间胶 S506 和 T530 组合而成，用于各种聚烯烃制品的自粘及与其他金属、非金属材料的互粘速度快、强度高，已在许多行业获得广泛应用。具体可参考由王北海编译的氰基丙烯酸酯胶黏剂用底胶专利（上、下），该专利系统地介绍了各国的底涂剂研究技术成果。

（7）特殊用途的改性瞬间胶 改良的氰基丙烯酸酯医用胶柔软性好、细胞毒性低，生物降解较快，可安全应用于外科吻合手术和内脏的修复；在化妆品方面，改性瞬间胶已广泛用于人造指甲的粘接和美容。如稳定性好、遮盖力强的各种色彩的瞬间胶，固化时颜色发生变化的瞬间胶，导电胶等都获得了许多新用途。

## 25.4.3 新型 α-氰基丙烯酸酯胶黏剂的性能和应用

全世界的瞬间胶产销量在 3 万吨左右，产品包括固化速度可调系列（数秒钟至几分钟）；黏度可调系列，从低黏度（2～5mPa·s）至高黏度（2 万～10 万 mPa·s）的系列；耐热、耐水性和抗湿热性系列，耐温从 80℃ 提高到 150℃，经 150℃、24h 热老化试验后的钢试片拉剪强度仍保持在 5.1MPa，东亚合成公司的 601 耐水型瞬间胶在 70℃ 热水中泡浸 12d 后拉伸强度仍有 9.0MPa，在 50℃、95%RH、6 月、湿热老化后，拉伸强度为 20MPa，保持率在 87%。且储存稳定性好（2 年）。另外也有抗冲击性能、剥离强度高的系列产品，甚至聚烯烃难粘材料粘接用的系列产品。这些不同产品满足了许多领域的应用要求，已在国民经济各个领域获得了广泛应用。随着改性技术的持续发展，高性能的瞬间胶新产品会继续展示许多独特的工程胶黏剂的各种优良特性，不断拓展新的应用领域。

# 25.5 α-氰基丙烯酸酯胶黏剂生产工艺及包装

## 25.5.1 α-氰基丙烯酸酯单体的合成原理

（1）合成路线 α-氰基丙烯酸酯的合成路线有氰基乙酸酯-甲醛法、氰基乙炔加成法、双烯加成法、丙烯腈和氯甲酸酯法、丙烯酸酯直接合成法等。

目前实现工业化生产 α-氰基丙烯酸酯单体的合成工艺主要是由氰基乙酸酯类在碱性催化剂条件下与聚甲醛或甲醛水溶液缩聚反应得到的低聚物，再经裂解、精制而得。氰乙酸乙酯与甲醛反应化学式如下：

$$CH_2(CN)(COOC_2H_5) + CH_2O \xrightarrow[\triangle]{\text{碱}} \left[CH_2-C(CN)(COOC_2H_5)\right]_n \xrightarrow[\triangle]{P_2O_5} CH_2=C(CN)(COOC_2H_5)$$

（2）氰基乙酸酯-甲醛法合成原理 缩合生成预聚物化学反应过程为：

$$CNCH_2COOR + HCHO \longrightarrow H-C(CN)(COOR)-CH_2OH$$

$$H-C(CN)(COOR)-CH_2OH + CNCH_2COOR \longrightarrow H-C(CN)(COOR)-CH_2-C(CN)(COOR)-H + H_2O$$

$$H-C(CN)(COOR)-CH_2-C(CN)(COOR)-H + HCHO \longrightarrow H-C(CN)(COOR)-CH_2-C(CN)(COOR)-CH_2OH \cdots$$

$$\longrightarrow H-C(CN)(COOR)-CH_2-C(CN)(COOR)-CH_2-C(CN)(COOR)-H \quad (A)$$

$$\longrightarrow H-C(CN)(COOR)-CH_2-C(CN)(COOR)-CH_2-C(CN)(COOR)-CH_2OH \quad (B)$$

氰基丙烯酸酯预聚物经脱水、解聚得到氰基丙烯酸酯粗单体，再精馏得纯 α-氰基丙烯酸酯单体。预聚物高温解聚反应过程：

$$A \xrightarrow{\text{加热}} (n+1)CH_2=CCOOR(CN) + CNCH_2COOR$$

$$B \xrightarrow{\text{加热}} (n-1)CH_2=CCOOR(CN) + H_2O$$

以 H 封端预聚物（结构式 A）解聚的副产物是氰基乙酸酯，羟甲基封端预聚物（结构式 B）解聚副产物是水。因此制得的单体纯度既与聚合度 $n$ 有关，又与封端的结构有关。聚合度 $n$ 越大，副产物所占比例越小，但是聚合度 $n$ 过大，裂解的温度也随着提高，副反应也会增多。

（3）技术进展 自 1947 年美国 Alan Ardis 首先合成了 α-氰基丙烯酸酯化合物，并由 Eastman Kodak 公司的 Harry Coover 博士发现它具有神奇的粘接特性和市场价值后，于 1958 年开始以 Eastman910 商品投产应用至今，已有 60 年历史。目前生产装备从间歇向连续化和规模化方向发展，生产工艺向环保方向发展，应用领域从粘接向功能化方向发展。

① 用低毒、安全性较好的溶剂替代此前应用的甲醇和甲苯等溶剂；

② 对主要原料多聚甲醛的聚合度和颗粒度进行优选，有利于聚合反应和提高产率；

③ 在一个或几个串联的精密刮膜式分子蒸馏系统中将合成聚合物、聚合物分离、热裂解、粗单体蒸馏、单体精馏纯化各个工序高效率连续完成，制造高质量的 α-氰基丙烯酸酯。这项新技术的研究报道有许多。

如美国专利 US3,728,373 介绍的方法，利用刮板式薄膜裂解器连续解聚，经冷凝并收集在接收器中，再用填充 Woods 金属的容器收集未完全裂解的聚氰基丙烯酸酯和其他组分，并在180～240℃的 Woods 金属表面上再裂解。二次蒸馏氰基丙烯酸酯单体的蒸气在冷却的接收器中冷凝收集。美国专利 US4,986,884 介绍的方法，采用蒸馏在逆流装置中减压下进行，采取多个分离阶段。美国专利 US5,436,363 报道了薄膜蒸发器中的解聚。美国专利 US6,420,590 报道了连续合成氰基乙酸酯和氰基丙烯酸酯的工艺方法和设备，包括从反应聚合物中回收溶剂，反应聚合物裂解，氰基丙烯酸酯单体和残余物质分离，粗氰基丙烯酸酯单体的纯化。改革纯化生产工艺，可以在工艺流程中免用对苯二酚、五氧化二磷阻聚剂和流动剂等，使纯化残液中的杂质和酸值明显减少，可直接回收利用，减少固废排放量。

至今，应用刮膜式短程蒸馏技术连续生产 α-氰基丙烯酸酯单体工艺工业化研究取得了一定的进展，但还有一些技术难题尚待突破，大部分企业仍然采用间歇式流水线生产方式。但是，通过不断的技术创新，规模化连续化生产 α-氰基丙烯酸酯的工业化技术一定会实现。

## 25.5.2 α-氰基丙烯酸酯单体（CAE）生产工艺流程

α-氰基丙烯酸酯单体生产工艺，在国外普遍采用多聚甲醛-溶剂法，在国内大多采用甲醛水溶液-溶剂法。

生产设备主要由缩合反应釜、酸化分层釜、脱水釜、解聚釜、精制釜和真空系统及三废处理系统组成。α-氰基丙烯酸酯单体生产工艺流程见图 25-1。

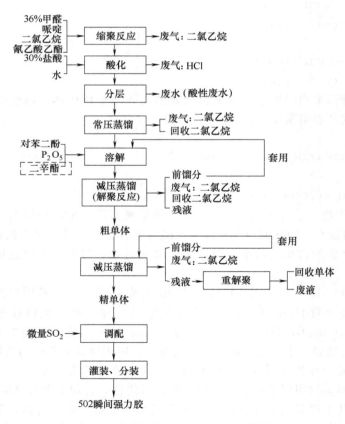

图 25-1　α-氰基丙烯酸酯单体生产工艺流程

## 25.5.3　α-氰基丙烯酸酯单体清洁生产工艺探讨

下面介绍国内 α-氰基丙烯酸酯单体的清洁生产工艺研究工作进展情况。

（1）水相加成聚合新工艺研究　该工艺除了二氯乙烷溶剂的使用，将单体收率从 40％提高至 75％，明显减轻了三废排放，节能减排，提升了清洁生产和安全管理水平。三层次干燥—填充蒸馏生产 α-氰基丙烯酸酯单体新工艺专利技术曾在山东禹王实业公司获得生产应用。但是，该工艺难以除去缩聚物中残留的水分，生产时给后续解聚带来了一定的困难，造成收率和质量的波动。

（2）无溶剂法缩聚反应研究　在特定的真空度和催化剂存在下，直接进行氰基乙酸酯和多聚甲醛的缩聚和脱水，再将缩聚物在真空和无流动剂条件下裂解蒸馏制备 α-氰基丙烯酸酯单体。新工艺方法用真空脱水法除去反应产生的水，免用脱水溶剂和增塑剂，大大简化了生产工艺。无溶剂法合成 α-氰基丙烯酸丁酯缩聚反应使用混合催化剂，使预聚体中水分减少，无需溶剂脱水、脱溶，从而减少了废水废气污染。

（3）无催化剂的缩聚反应研究　使用氰基乙酸乙酯与多聚甲醛，在合适的溶剂和反应温度条件下，不使用哌啶等催化剂直接发生缩合反应，经解聚、精制得到质量分数≥99％的 α-氰基丙烯酸乙酯单体的方法可以明显减少废水的产生，但文章报道合成收率仅为 58.2％，存在固废量大及成本高的缺点，仅适用于小批量制备高质量医用胶单体。

（4）无流动剂解聚　虽然在解聚时避免使用邻苯二甲酸酯，可节能、减少固废排放量和环境风险，但使用多种有机溶剂，必须回收利用，工艺较繁杂，存在安全隐患。

（5）优化工艺条件，采用先进的生产设备　采用大功率真空机组保证了系统的稳定真空度。螺杆式真空泵的应用为回收溶剂、提高清洁生产水平创造了条件。

（6）合成新工艺研究　有专利报道用丙烯腈和氯甲酸酯，通过相转移催化反应合成氰基丙烯酸酯单体的合成新工艺，既简化了工艺路线，又避免了使用由剧毒化学品氰化钠生产的氰乙酸乙酯原料，可以大大减轻三废污染。但因为该技术成熟度和可靠性等原因，至今未见工业化的报道。

先进生产工艺和设备的采用是清洁生产的关键，科技创新是实现清洁生产新目标的核心。改进氰基丙烯酸酯单体生产工艺，减少或淘汰有毒有害物质的使用及原材料循环利用方面的研究成果，无疑会对于减少污染、提高清洁生产水平产生积极的作用。

## 25.5.4　α-氰基丙烯酸酯胶黏剂包装及贮存

因为瞬间胶的高化学活性，良好的贮存条件是延长胶的保质期的重要因素。

瞬间胶在贮存时要避免光、热、湿气和接触碱性物质。仓库应干燥通风、避光低温，最好存放在 5℃以下的冷藏仓库中。包装容器的选用对延长保质期至关重要。目前，大包装容器一般使用特定型号的高密度聚乙烯树脂制造的 1000kg 和 25kg 容量的塑料桶，用于工厂生产中单体的周转和瞬间胶的贮运，有良好的阻隔性和安全性。商品小包装有精度和密封性良好的各种容量的高密度聚乙烯瓶和牙膏状铝管。工业用的有 10～500g 各种规格；民用品一般少于 10g 容量，最少的量仅 0.5g，属一次性用品。为了防止湿气的侵入和胶液单体汽化后通过瓶体的外渗，也有采用高阻隔复合树脂制造的包装瓶，但因为制造工艺复杂、成本高、价格贵，很少使用。由于铝管的包装气密性高又方便施胶，外壳可以彩印，外观美观，便于使用贮存，特别受欢迎。

# 参 考 文 献

[1] 李金林. 胶粘剂技术与应用手册. 北京：北京粘接学会，1991.

[2] 陆企亭. 快固型胶粘剂. 北京：科学出版社，1992.

[3] 李和平. 胶黏剂生产原理与技术. 北京：化学工业出版社，2009.

[4] 翟海潮. 工程胶黏剂. 北京：化学工业出版社，2005.

[5] 中安達也，大橋吉春. 接着，2002，46（10）：19.

[6] 刘万章，张在新. 氰基丙烯酸酯胶粘剂的现状和发展动态. 中国胶粘剂，2004（02）：40-45.

[7] Kawamura S，Kondo K，Ito K，et al. Stabilized alpha-cyanoacrylate adhesive compositions：US3652635. 1972-3-28.

[8] 米西亚克 H R，德恩 D. 稳定化的氰基丙烯酸酯粘合剂：CN1279703. 2001-01-10.

[9] Nishino Y，Yamamoto H. 2-Cyanoacrylate adhesive composition：JP2010174149. 2010-08-12.

[10] 袁有学，任惠敏，李琦，等. 提高 α-氰基丙烯酸酯胶粘剂储存稳定性的方法：CN101096580，2008-01-02.

[11] Wakatsuki K，Nishino Y，Kajigaki E. α-Cyanoacrylate adhesive systems：WO02/055621A2. 2002-07-18.

[12] Tajima S，Sato M. Cyclic compound，curing accelerator for 2-cyanoacrylate comprising the compound and 2-cyanoacrylate-based composition：JP2000191600，2000-7-11.

[13] 日本东亚合成（株）. 工业材料，1991，39（9）：70.

[14] Attarwala S. Cyanoacrylate adhesive compositions with improved cured thermal properties：US6093780，2000-7-25.

[15] Kojima K，Elgrabli S，Motoki S. Cyanoacrylate-based adhesive composition：EP2154214. 2010-02-17.

[16] 倉持智宏. 日接着学会誌，1994，30（1）：7.

[17] 聂聪，刘洁，黄海江. α-氰基丙烯酸酯胶黏剂的耐湿热老化性能研究. 中国胶黏剂，2013，22（01）：9-11.

[18] 李 L，舒尔茨 JB，陆征，等. 氰基丙烯酸酯组合物：CN104204121A. 2014-12-10.

[19] Hanns R M. Toughened cyanoacrylate compositions：WO2004061030. 2004-07-22

[20] Nishino Y，Murakami A，Namita C. 2-cyanoacrylate-based adhesive composition：JP2004059759. 2004-2-26.

[21] Barnes R，Hersee R. toughened cyanoacrylate compositions：WO2010029134. 2010-03-18.

[22] 木村馨. 日本工业材料，1986，34（4）：74.

[23] 刘万章，潘卫春. 难粘材料胶粘剂及粘接技术研究. 中国胶粘剂，2003（04）：15-17.

[24] 王北海. 氰基丙烯酸酯胶粘剂用底胶专利（上）. 粘接，2007（05）：56-58.

[25] 黄世强. 特种胶黏剂. 北京：化学工业出版社，2002.

[26] 葛增蓓，林传玲，李永锋. α-氰基丙烯酸乙酯合成的研究（甲醛水溶液--二氯乙烷法）. 粘接，1983，4（06）：7-10.

[27] 田霞，卢永顺. 高纯度 α-氰基丙烯酸高碳烷基酯的制备方法：CN87103468. 1988-11-30.

[28] 张仁宅，李德臣，刘锡潜. α-氰基丙烯酸乙酯齐聚物工业化生产方法：CN1043321. 1990-06-27.

[29] 袁有学，任惠敏，李琦，等. α-氰基丙烯酸酯的制备方法：CN101096350. 2008-01-02.

[30] 刘万章，陈吉伟. α-氰基丙烯酸酯胶粘剂的现状及技术进展. 青岛：工程胶粘剂专委会二届技术交流会，2010.

（刘万章　陈吉伟　编写）

# 第26章

# 厌氧型胶黏剂

## 26.1 厌氧型胶黏剂的特点与发展历史

### 26.1.1 厌氧型胶黏剂的特点

厌氧型胶黏剂简称厌氧胶，它与氧气或空气接触时不会固化，一旦隔绝空气之后，能在金属表面或在催化剂的作用下，室温即可快速聚合固化，与基材形成良好的粘接和密封效果。

厌氧胶具有以下特点：①具有厌氧性；②大多数厌氧胶为单组分，黏度、强度和初固时间可根据需要调节；③性能优异，耐候性、耐介质性好；④固化过程收缩小，几乎 100％ 成分参与反应固化，密封性能好；⑤贮存稳定，一般可存贮 1 年以上；⑥用途广泛，可应用于锁固、密封、粘接、固持、填充等领域。

### 26.1.2 厌氧型胶黏剂的发展历史

20 世纪 40 年代末，GE 公司研究人员首先发现了厌氧型胶黏剂，R. E. Burnett 发表了厌氧固化机理并获得专利。1953 年 V. K. Krieble 制得可供使用的厌氧胶，并创办 Loctite 公司把厌氧型胶黏剂投入规模化生产，1956～1970 年间 Loctite 产品从 A 级到 C 级（低强度）再到 D 级（高黏度）。20 世纪 60 年代，日本 Three Bond 及欧洲一些厂家开始生产厌氧型胶黏剂；20 世纪 80 年代，Loctite 研制出预涂型厌氧胶、浸渗胶。

20 世纪 70 年代，中国开始研制厌氧型胶黏剂，参与研制的单位有中科院大连化学物理研究所、中科院广州化学研究所、北京大学、中国兵器工业集团第五三研究所、天津合成材料研究所等，杨颖泰等人做出了突出贡献。20 世纪 80 年代，大连第二有机化工厂、上海新光化工厂、广州坚红化工厂等单位生产厌氧型胶黏剂。20 世纪 90 年代，北京天山新材料技术有限公司、湖北回天新材料股份有限公司、烟台德邦科技有限公司、上海康达新材料有限公司等十几家单位开始规模化生产厌氧胶。

### 26.1.3 厌氧胶发展方向和进展

#### 26.1.3.1 厌氧胶的微胶囊化

单组分液态厌氧胶必须现涂现用，不利于流水线作业，且人工涂胶容易漏涂或者少涂，另外还存在易流淌、污染零件、胶料浪费等问题。20 世纪 80 年代后出现的微胶囊化厌氧胶解决了以上问题。尤其是最近十多年发展非常迅猛，大有取代单组分螺纹锁固厌氧胶的势头。微胶囊化的厌氧胶业内也称预涂型厌氧胶，国内外相继有专门针对微胶囊螺纹锁固胶的标准和规范出台，如英国标准 BS 7795、德国标准 DIN 267-27、中国标准 GB/T 35480、化工行业标准 HG/T 3737、机械行业标准 JB/T 7311、汽车行业标准 QC/T 597.1 等。

用于螺纹锁固的微胶囊厌氧胶要控制在紧固件上胶膜的厚度，一般采取的是常温和高温可挥发性物质进行实现，可挥发性物质一般采用水和其他有机溶剂（如甲苯、二甲苯、丙酮、乙醇等），因此目前市面上常见的微胶囊化厌氧胶分为水基型和溶剂型两种类型。水基型是一种水性的胶囊化的双组分厌氧胶，其 A 组分为含丙烯酸酯单体、黏附剂、促进剂和水的分散体，B 组分为微胶囊化的引发剂。水基型产品主要有汉高乐泰 20X 系列、天山120X 系列、回天 720X 系列等。溶剂型一般也是双组分的，A 组分为含丙烯酸酯单体、黏附剂、促进剂和挥发性溶剂的分散体，B 组分为微胶囊化的引发剂。也有更为复杂的产品，采取的是将 A 组分的丙烯酸酯单体也微胶囊化，形成所谓的双微胶囊化螺纹锁固厌氧胶。溶剂型产品主要有德国 Precote 公司的 P 系列。无论是水基型产品还是溶剂型产品，他们的使用方法和固化机理都是十分相似的。都是将几个组分混合均匀后涂布在螺纹表面上，烘干除去水分或溶剂后在螺栓上形成一层有一定附着力的干胶膜。使用时随着螺母拧入，胶膜中微胶囊被挤碎，释放出引发剂（以及单体），促使单体聚合，形成有一定强度和韧性的热固性塑料，可靠地锁固和密封螺纹旋合部位，起到防松的目的。

### 26.1.3.2 可控摩擦系数的厌氧胶

摩擦系数是紧固件安装过程中的一个重要参数，它直接关系到紧固件安装过程中夹紧力的精准度，而厌氧胶的使用可能对紧固件摩擦系数产生极大的影响，因此对厌氧胶的配方进行改进，控制其对紧固件摩擦系数的影响是十分有必要的。近年来随着汽车、风电、桥梁等行业对设备安装可靠性要求的不断提升，不少行业（如汽车、风电、电力、桥梁）对用于连接装配关键部位的螺纹紧固件的摩擦系数提出了严格的要求，其范围一般为 0.08～0.18。但常规加工出来未经润滑处理的紧固件的摩擦系数一般远高于这一范围，一般紧固件制造商会采取浸涂润滑层（如水性蜡等）降低摩擦系数至规定范围，但使用这种工艺的紧固件表面会形成弱边界层，在后期装配时不能选择厌氧胶这种防松方式，因为弱边界层会严重影响厌氧胶的固化。另外常规的厌氧胶大多数情况下会导致螺纹紧固件的摩擦系数大幅上升，因此即使制造商控制好紧固件摩擦系数的标准范围，使用传统厌氧胶后，紧固件的摩擦系数可能会再次超出要求范围，从而出现螺栓在上紧时最终的夹紧力，进而影响设备设施的运行可靠性。

# 26.2 厌氧型胶黏剂的配方组成及其作用

## 26.2.1 厌氧型胶黏剂的配方组成

厌氧型胶黏剂是一种引发和阻聚共存的平衡体系，目前行业中有三种类型的方式存在。第一种类型为通用型厌氧型胶黏剂，一般配方由单体、引发剂、促进剂、阻聚剂、增稠剂、染料等组成；第二种类型为预涂型厌氧胶，配方分为 A 组分和 B 组分，其中 A 组分主剂由甲基丙烯酸双酯、丙烯酸乳液、促进剂、阻聚剂等组成，B 组分微胶囊为脲醛树脂包囊的过氧化二苯甲酰引发剂；第三种类型为浸渗胶，其配方由甲基丙烯酸双酯、引发剂、促进剂、阻聚剂等组成。

## 26.2.2　厌氧型胶黏剂各组分的作用

### 26.2.2.1　单体

常用的单体有各种分子量的多缩乙二醇二甲基丙烯酸酯、甲基丙烯酸乙酯或羟丙酯、环氧树脂甲基丙烯酸酯、多元醇甲基丙烯酸酯及聚氨酯丙烯酸酯。由于这些单体中含有的两个以上的双键能参与聚合反应，因此，可作为厌氧胶主体成分。为了改进厌氧胶的性能，还可加入一些增加粘接强度的预聚物和改变黏度的增稠剂。常用的厌氧胶单体见表 26-1。

表 26-1　常用的厌氧胶单体

| 名称 | 结构式 | 特点 |
|---|---|---|
| 甲基丙烯酸羟乙酯 | 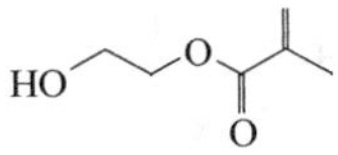 | 低黏度,稀释能力强,亲水性 |
| 甲基丙烯酸羟丙酯 | 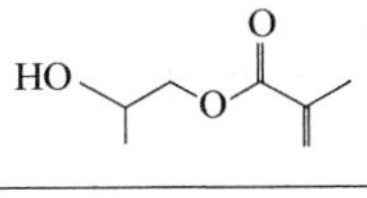 | 低黏度,稀释能力强,亲水性,高硬度 |
| 二缩三乙二醇二甲基丙烯酸酯 | 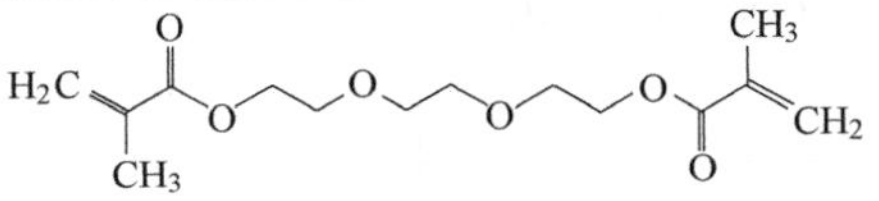 | 耐化学性能佳,柔韧性佳,皮肤刺激性低 |
| 三缩四乙二醇二甲基丙烯酸酯 | 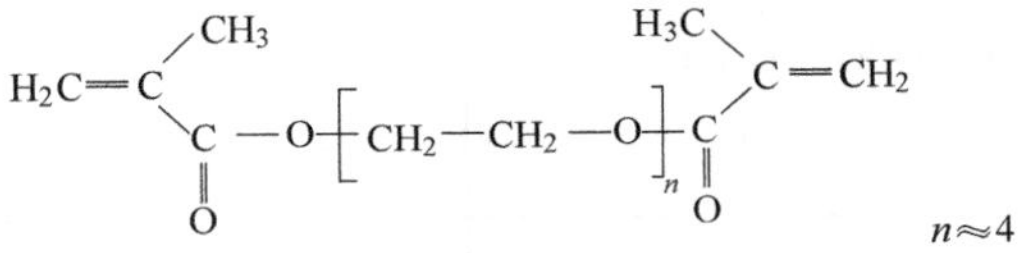 | 耐化学性能佳,柔韧性佳,皮肤刺激性低 |
| 甲基丙烯酸异冰片酯 | 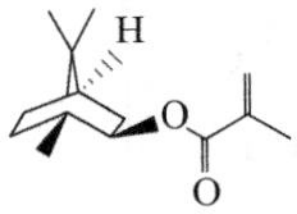 | 耐热性佳,耐水性佳,附着力佳,耐磨性优 |
| 1,4-丁二醇二甲基丙烯酸酯 | 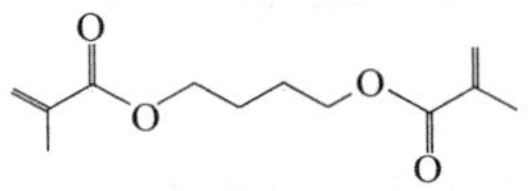 | 容油性佳 |
| 乙氧化双酚 A 二甲基丙烯酸酯 | 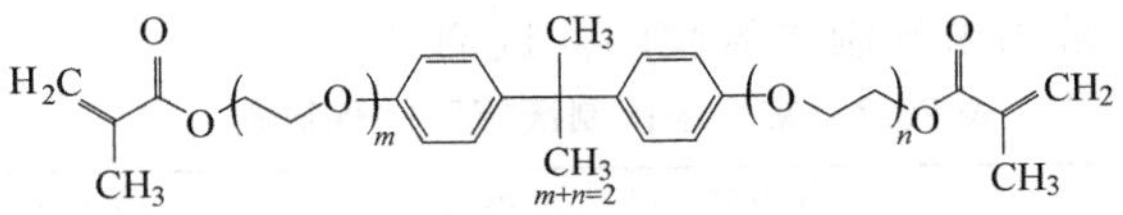 | 高硬度,耐高温,耐化学性佳,耐磨性佳 |

### 26.2.2.2　引发剂

厌氧型胶黏剂固化反应是自由基聚合反应，大多数使用过氧化羟基异丙苯作为引发剂，引发剂用量约为 $1\% \sim 5\%$。常用的引发剂见表 26-2。

表 26-2　常用来配制厌氧胶的过氧化物引发剂

| 过氧化物名称 | 结构式 | 半衰期为 10h 的温度/℃ | 半衰期为 1min 的温度/℃ |
|---|---|---|---|
| 异丙苯过氧化氢 | 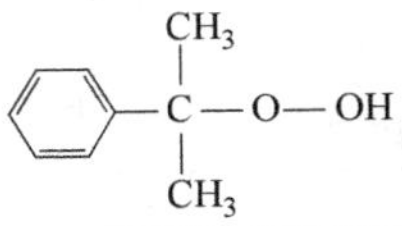 | 158 | |

续表

| 过氧化物名称 | 结构式 | 半衰期为10h的温度/℃ | 半衰期为1min的温度/℃ |
|---|---|---|---|
| 端丁基过氧化氢 | $\begin{array}{c}CH_3\\H_3C-C-O-OH\\CH_3\end{array}$ | 167 | 179 |
| 端丁基过氧化物 | $\begin{array}{c}CH_3\quad CH_3\\H_3C-C-O-O-C-CH_3\\CH_3\quad CH_3\end{array}$ | 124 | 193 |
| 过氧化异丙苯 | $\begin{array}{c}CH_3\quad CH_3\\C_6H_5-C-O-O-C-C_6H_5\\CH_3\quad CH_3\end{array}$ | 115 | |
| 苯甲酸过氧化叔丁酯 | $\begin{array}{c}CH_3\\C_6H_5-COOO-C-CH_3\\CH_3\end{array}$ | 104 | 166 |
| 乙酸过氧化叔丁酯 | $\begin{array}{c}CH_3\\H_3COOO-C-CH_3\\CH_3\end{array}$ | | 160 |
| 2,5-二甲基-2,5-二过氧化氢己烷 | $\begin{array}{c}CH_3\quad\quad CH_3\\H_3C-C-CH_2CH_2-C-CH_3\\OOH\quad\quad OOH\end{array}$ | 154 | |
| 过氧化甲乙酮 | | | 171 |

## 26.2.2.3　促进剂

厌氧型胶黏剂固化反应配以适量的糖精、叔胺等作为还原剂以促进过氧化物的分解，促进剂用量在0.5%～3%。常用来配制厌氧胶的促进剂见表26-3。

表26-3　常用来配制厌氧胶的促进剂

| 促进剂名称 | 结构式 | 参考用量/% | 促进剂名称 | 结构式 | 参考用量/% |
|---|---|---|---|---|---|
| N,N-二甲基苯胺 | $\begin{array}{c}CH_3\\C_6H_5-N\\CH_3\end{array}$ | 0.5～1.0 | 三乙醇胺 | $N(CH_2CH_2OH)_3$ | 0.5～3.0 |
| | | | 苯肼 | $C_6H_5-NH-NH_2$ | 约1 |
| 二甲基对甲苯胺 | $\begin{array}{c}CH_3\\H_3C-C_6H_4-N\\CH_3\end{array}$ | 0.1～1.0 | 对甲苯腙 | $H_3C-C_6H_4-CH=N-NH_2$ | 约1 |
| 三乙胺 | $N(CH_2CH_3)_3$ | 0.5～3.0 | 四甲基硫脲 | $\begin{array}{c}H_3C\quad\quad CH_3\\N-C-N\\H_3C\quad S\quad CH_3\end{array}$ | 0.5～1.5 |
| α-氨基吡啶 | $\begin{array}{c}\\N\quad NH_2\end{array}$ | 0.5～2.0 | 十二烷基硫醇 | $H_3C(CH_2)_{11}SH$ | 约0.5 |

### 26.2.2.4　增塑剂

并非所有的厌氧胶都需要很高的强度，为调整厌氧胶固化后的强度，易于后期拆卸维修，一般会通过添加一定比例的增塑剂对厌氧胶固化后的强度进行调节，另外对于一些起密封作用的厌氧胶而言，添加增塑剂也可以提升固化后胶层的柔韧性，提升密封效果。增塑剂的使用应重点考虑与主体材料（如单体）的相容性，遵循"相似相溶"原理，以避免厌氧胶在贮存期间出现分层以及固化后出现增塑剂迁移。常用厌氧胶增塑剂见表 26-4。

表 26-4　常用厌氧胶增塑剂

| 增塑剂 | 结构式 | 特性 |
|---|---|---|
| 聚乙二醇 | 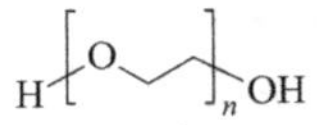 | 与多缩乙二醇丙烯酸酯单体相容性好，亲水性好 |
| 三乙二醇单甲醚 | 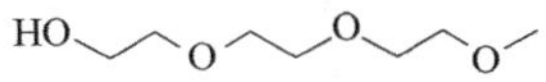 | 与多缩乙二醇丙烯酸酯单体相容性好，亲水性好 |
| 聚乙二醇单油酸酯 | 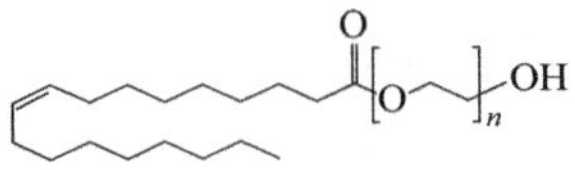 | 与多缩乙二醇丙烯酸酯单体相容性好，容油性好 |
| 聚乙二醇单月桂酸酯 | 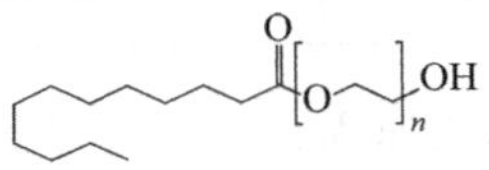 | 与多缩乙二醇丙烯酸酯单体相容性好，容油性好 |
| 邻苯二甲酸二异癸酯 | 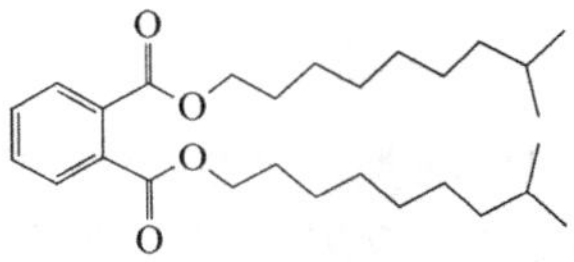 | 与芳香型丙烯酸酯单体相容性好，耐温性好 |
| 邻苯二甲酸二异壬酯 | 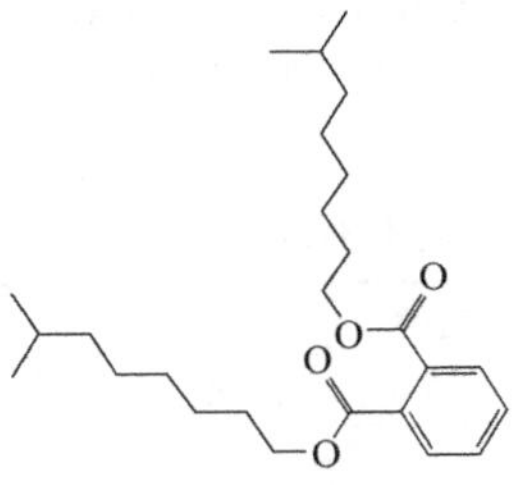 | 与芳香型丙烯酸酯单体相容性好，耐温性好 |
| 癸二酸二辛酯 | 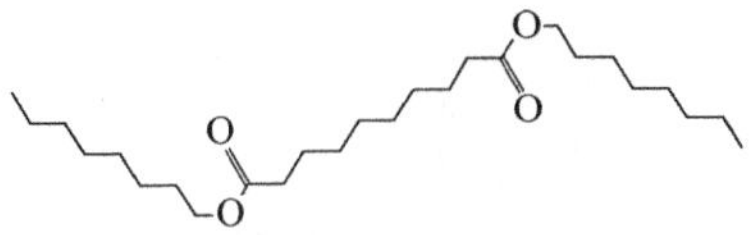 | 疏水性好，容油性好，耐寒性好 |

### 26.2.2.5　阻聚剂

为了提高厌氧胶的贮存稳定性，加入一定的阻聚剂如对苯二酚、对苯醌等是必要的，表 26-5 列出了部分阻聚剂对厌氧胶固化时间与稳定性的影响。

表 26-5　部分阻聚剂对厌氧胶固化时间与稳定性的影响

| 稳定剂 | 用量/% | 60℃凝胶时间/d | 固化时间/min | 松动扭矩/(N·cm) | 牵出扭矩/(N·cm) |
|---|---|---|---|---|---|
| 无 | 无 | 0～1h | 10 | 3138.1 | 4314.9 |
| EDTA-2Na | 0.05 | 2～3 | 10 | 2991.0 | 4462.3 |
| 氢醌/EDTA-2Na | 0.01/0.05 | 7～10 | 20 | 3334.3 | 4118.8 |

续表

| 稳定剂 | 用量 /% | 60℃凝胶时间 /d | 固化时间 /min | 松动扭矩 /(N·cm) | 牵出扭矩 /(N·cm) |
|---|---|---|---|---|---|
| 草酸 | 0.005 | 1~2 | 15 | 2745.9 | 4020.7 |
| 氢醌/草酸 | 0.01/0.005 | 7~9 | 20 | 2942.0 | 4167.8 |
| 氢醌 | 0.01 | 0~1h | 10 | 3138.1 | 4413.0 |
| 2,4,6-三硝基苯甲酸 | 0.1 | 5~7 | 15 | 2991.0 | 4314.0 |
| 2,4,6-三硝基甲苯 | 0.1 | 6~7 | 25 | 2745.0 | 3922.7 |
| 邻二硝基苯 | 0.1 | 4~5 | 10 | 3236.2 | 4265.7 |
| 对硝基苯甲醛 | 0.1 | 5~6 | 10 | 3334.2 | 4413.0 |
| 硝基苯 | 0.1 | 5~6 | 15 | 3236.2 | 3922.7 |
| 邻硝基苯甲醚 | 0.1 | 4~5 | 20 | 3334.3 | 4265.9 |
| 苦味酸 | 0.1 | 5~6 | 10 | 3236.2 | 3383.3 |
| 氢醌/2,4,6-三硝基苯甲酸 | 0.01/0.1 | 5~7 | 20 | 3187.2 | 4314.9 |
| EDTA-2Na/2,4,6-三硝基苯甲酸 | 0.005/0.1 | >10 | 15 | 3285.2 | 4511.1 |
| 草酸/2,4,6-三硝基苯甲酸 | 0.005/0.1 | >10 | 20 | 2942.0 | 4413.0 |
| 草酸/对硝基苯甲醛 | 0.005/0.1 | >10 | 20 | 3138.1 | 4265.9 |

　　对于厌氧胶的配方组成来说，要获得既快速固化，又高度稳定的体系，除精选单体和低聚物外，引发和阻聚平衡更为重要。

### 26.2.2.6　其他助剂

　　(1) 助促进剂　助促进剂一般是亚胺和羧酸类，如邻苯磺酰亚胺（俗称糖精）、邻苯二酰亚胺、三苯基膦、抗坏血酸、甲基丙烯酸等。应用最多、效果最好的是邻苯磺酰亚胺，其次是抗坏血酸。助促进剂用量一般为0.01%~5%，助促进效果随品种而变化。特别要说明的是同一促进剂与助进剂对不同的单体、引发剂，促进效果是不一样的。表26-6列出了一些助促进剂的促进效果。

表26-6　一些助促进剂的促进效果

| 助促进剂名称 | 使用量/g | 储存稳定性 (82℃)/min | 牵出扭矩/(N·cm) | | |
|---|---|---|---|---|---|
| | | | 固化10min后 | 固化15min后 | 固化30min后 |
| 无 | — | >30 | 0 | 0 | 0 |
| 邻苯磺酰亚胺 | 0.1 | >30 | 949.2 | 1491.6 | 2034.0 |
| 丁二酰亚胺 | 0.1 | >30 | 0 | 0 | 0 |
| N-乙基乙酰亚胺 | 0.1cm³ | >30 | 0 | 0 | 0 |
| 抗坏血酸 | 0.1 | 3 | 339.0 | 542.4 | 1084.8 |

　　(2) 填料　调整厌氧胶的黏度、触变性或强度，在配方设计时会加入不同比例的填料作为调节剂。单组分厌氧胶的填料一般是为了调节触变性，常用填料为气相二氧化硅、有机膨润土、丙烯酰胺蜡、氢化蓖麻油等。双组分微胶囊厌氧胶填料主要是为了填充和补强，常见填料有纳米碳酸钙、重质碳酸钙、硅微粉、沉淀二氧化硅、高岭土、滑石粉等。

　　(3) 调色剂　为达到一定的外观设计需求，在配方设计时加入不同比例的颜料或染料，达到对厌氧胶成品的外观区分，有的制造商也会加入少量的荧光剂达到产品的特殊光学特性，如油溶黄、油溶蓝、油溶红、荧光增白剂、钛白粉等，不同的其他颜色可以通过三原色进行调制。

# 26.3 厌氧型胶黏剂的固化机理

## 26.3.1 单体的自由基聚合机理

厌氧胶的固化过程通过链引发、链增长、链终止阶段，通过自由基聚合，固化成不溶、不熔的固体。

（1）链引发与链增长

（过氧化羟基异丙苯）

（用M表示）

（用M′表示）

$$M + M' \cdot \longrightarrow M'M \cdot$$

$$\cdots\cdots$$

$$n M + M' \cdot \longrightarrow M'(M)_n M \cdot \quad （用 M_n \cdot 表示）$$

（2）链终止

$$M_n' + \cdot M_n \longrightarrow M_n M_n$$

## 26.3.2 氧阻聚作用机理

厌氧胶在氧气存在时可以长期贮存，主要是氧的阻聚作用，其原理如下。

$$O_2 \longrightarrow \cdot O\!-\!O \cdot$$

$$M \cdot + \cdot O\!-\!O \cdot \longrightarrow M\!-\!O\!-\!O \cdot$$

$$M\!-\!O\!-\!O \cdot + M \cdot \longrightarrow M\!-\!O\!-\!O\!-\!M$$

氧气可以消灭已经产生的自由基，从而阻止聚合。

## 26.3.3 过渡金属离子催化机理

金属离子对厌氧胶的聚合起促进作用，主要原因是金属能促使引发剂分解成带有活性的自由基，从而加速厌氧胶聚合。

# 26.4 厌氧型胶黏剂的种类及典型配方

## 26.4.1 厌氧型胶黏剂种类

根据用途，厌氧胶可分为螺纹锁固胶、管螺纹密封胶、平面密封胶、圆柱件固持胶、结构粘接胶及浸渗胶等，每种类型的厌氧胶根据初固速度、黏度、固化的力学性能设计成不同牌号的胶黏剂，并采用不同的颜料加以区分，以下从各种类型厌氧胶的主要配方组成进行介绍。

## 26.4.2 厌氧型胶黏剂典型配方介绍

### 26.4.2.1 螺纹锁固型厌氧胶典型配方

（1）单组分螺纹锁固型厌氧胶典型配方 螺纹锁固型厌氧胶典型配方分析见表 26-7。

表 26-7 螺纹锁固型厌氧胶典型配方分析

| 配方组成 | 质量份 | 各组分作用分析 |
|---|---|---|
| 三缩四乙二醇二甲基丙烯酸酯 | 62 | 单体，双酯 |
| 富马酸聚酯 | 30 | 改性树脂，低聚物 |
| 过氧化羟基异丙苯 | 3 | 引发剂 |
| 苯胺类促进剂 | 1 | 促进剂，加速固化反应 |
| 糖精 | 2 | 促进剂，加速固化反应 |
| 气相白炭黑 | 2 | 触变剂，改善胶液流淌性 |
| 苯醌 | 0.01 | 稳定剂，提高胶液的贮存稳定性 |
| 染料 | 0.1 | 染料，染色 |
| 固化性能 | M10 螺栓，25℃定位时间为 10～20min，破坏扭矩为 25～30N·m | |

（2）微胶囊螺纹锁固型厌氧胶典型配方 A 组分主剂由甲基丙烯酸双酯、丙烯酸乳液、促进剂、阻聚剂等组成，B 组分微胶囊为脲醛树脂包囊的过氧化二苯甲酰引发剂。微胶囊螺纹锁固密封厌氧胶典型配方分析见表 26-8。

表 26-8 微胶囊螺纹锁固密封厌氧胶典型配方分析

| | 配方组成 | 质量份 | 各组分作用分析 |
|---|---|---|---|
| A 组分 | 水 | 50 | 分散质，调节涂胶后胶膜厚度 |
| | 聚乙烯-马来酸钠溶液 | 10 | 黏附剂，兼具乳化分散作用 |
| | 乙氧化双酚 A 二甲基丙烯酸酯 | 35 | 反应单体 |
| | 油溶红 | 0.2 | 染料 |
| | 重质碳酸钙 | 5 | 填料，补强 |
| | 二茂铁 | 0.1 | 催化剂 |
| B 组分 | 以过氧化二苯甲酰为芯材，脲醛树脂为壁材的微胶囊 | 3.5 | 引发剂 |
| 固化性能 | M10 螺栓，25℃定位时间约为 1min，破坏扭矩为 15N·m | | |

### 26.4.2.2 管螺纹密封厌氧胶典型配方

管螺纹密封型厌氧胶典型配方分析见表 26-9。

表 26-9 管螺纹密封型厌氧胶典型配方分析

| 配方组成 | 质量份 | 各组分作用分析 |
|---|---|---|
| 聚乙二醇二甲基丙烯酸酯 | 20 | 单体，双酯 |
| 聚乙二醇月桂酸酯 | 22 | 树脂，降低粘接强度 |
| 富马酸聚酯 | 32 | 改性树脂，低聚物，增加胶液黏度 |
| 过氧化羟基异丙苯 | 2 | 引发剂 |

| 配方组成 | 质量份 | 各组分作用分析 |
|---|---|---|
| 钛白粉 | 3 | 颜料，染色 |
| 聚四氟乙烯粉 | 15 | 填料，提高密封和耐介质性 |
| 糖精 | 2 | 促进剂，提高固化速度 |
| 苯胺类促进剂 | 1 | 促进剂，加速固化反应 |
| 气相白炭黑 | 3 | 触变剂，改善胶液流淌性 |
| 苯醌 | 0.01 | 稳定剂，提高胶液的贮存稳定性 |
| 固化性能 | M10 螺栓，25℃定位时间为 10～20min，破坏扭矩为 1～5N·m | |

### 26.4.2.3 固持型厌氧胶典型配方

圆柱件固持型厌氧胶典型配方分析见表 26-10。

表 26-10　圆柱件固持型厌氧胶典型配方分析

| 配方组成 | 质量份 | 各组分作用分析 |
|---|---|---|
| 乙氧化双酚 A 二甲基丙烯酸酯 | 40 | 单体，双酯 |
| 甲基丙烯酸羟丙酯 | 32 | 单体，提高结合强度 |
| 富马酸聚酯 | 20 | 改性树脂，低聚物 |
| 过氧化羟基异丙苯 | 3 | 引发剂 |
| 马来酸 | 1 | 增强剂，提高结合强度 |
| 乙酰苯肼 | 0.5 | 促进剂，加速固化反应 |
| 糖精 | 0.5 | 促进剂，提高固化速度 |
| 苯胺类促进剂 | 1 | 促进剂，加速固化反应 |
| 气相白炭黑 | 2 | 触变剂，改善胶液流淌性 |
| 苯醌 | 0.01 | 稳定剂，提高胶液的贮存稳定性 |
| 染料 | 0.1 | 染料，染色 |
| 固化性能 | 25℃定位时间为 10～20min，压剪强度为 20～25MPa | |

### 26.4.2.4 结构粘接厌氧胶典型配方

结构粘接厌氧胶典型配方见表 26-11。

表 26-11　结构粘接厌氧胶典型配方

| 配方组成 | 质量份 | 各组分作用分析 |
|---|---|---|
| 甲基丙烯酸异冰片酯 | 15 | 稀释单体，改善耐温性 |
| 碳酸酯醚二醇氨基甲酸基二甲基丙烯酸酯 | 70 | 主单体，提供高粘接强度和高韧性 |
| 糖精 | 1 | 促进剂，提高固化速度 |
| 乙酰苯肼 | 0.3 | 促进剂，加速固化反应 |
| 苯醌 | 0.02 | 稳定剂，提高胶液的贮存稳定性 |
| EDTA-4Na | 0.05 | 金属离子螯合剂，提高胶液的贮存稳定性 |
| 过氧化羟基异丙苯 | 1 | 引发剂 |
| 固化性能 | 25℃定位时间为 2～10min，拉伸剪切强度为 15MPa（碳钢片） | |

### 26.4.2.5 平面密封型厌氧胶典型配方

平面密封型厌氧胶典型配方分析见表 26-12。

表 26-12　平面密封型厌氧胶典型配方分析

| 配方组成 | 质量份 | 各组分作用分析 |
|---|---|---|
| 聚乙二醇二甲基丙烯酸酯 | 15 | 单体，双酯 |
| 氨基甲酸基二甲基丙烯酸酯 | 75 | 聚氨酯甲基丙烯酸双酯，提供韧性和密封性 |
| 过氧化羟基异丙苯 | 3.4 | 引发剂 |
| 乙酰苯肼 | 0.5 | 促进剂，加速固化反应 |
| 糖精 | 1 | 促进剂，提高固化速度 |

续表

| 配方组成 | 质量份 | 各组分作用分析 |
|---|---|---|
| 气相白炭黑 | 5 | 触变剂,改善胶液流淌性 |
| 苯醌 | 0.01 | 稳定剂,提高胶液的贮存稳定性 |
| 染料 | 0.1 | 染料,染色 |
| 固化性能 | | 25℃定位时间为 10～20min,M10 螺栓破坏扭矩为 5～10N·m |

### 26.4.2.6　浸渗型厌氧胶典型配方

浸渗型厌氧胶典型配方分析见表 26-13。

**表 26-13　浸渗型厌氧胶典型配方分析**

| 配方组成 | 质量份 | 各组分作用分析 |
|---|---|---|
| 二缩三乙二醇二甲基丙烯酸酯 | 75 | 单体,双酯 |
| 甲基丙烯酸月桂酸酯 | 15 | 单体 |
| 甲基丙烯酸羟丙酯 | 5 | 单体 |
| 表面活性剂 | 5 | 表面活性剂,提高胶液的渗透性 |
| 对苯二酚 | 0.05 | 稳定剂,提高胶液的贮存稳定性 |
| 偶氮二异丁腈 | 0.5 | 引发剂 |
| 双磷酸类促进剂 | 0.1 | 促进剂,加速固化反应 |
| 染料 | 0.01 | 染料,染色 |
| 固化性能 | | 工件在浸渗设备中加压浸渗后,放入 90℃水中固化。一般能密封的最大微气孔直径为 0.1～0.3mm,耐压最高可以达到 20MPa 以上 |

# 26.5　厌氧型胶黏剂的生产工艺及包装

## 26.5.1　厌氧型胶黏剂生产工艺

20 世纪 90 年代以前,国内生产厌氧胶所用的(甲基)丙烯酸双酯包括单体和低聚体等主要原材料,主要靠胶黏剂企业自己合成,目前这些原材料大多都可以在市场上采购,有专业的制造商生产,厌氧胶生产过程分单体或低聚物的合成、成品胶的制备和分装等工序,其中低聚物的合成需要具备控温、控压力、密闭加料、真空搅拌等功能的反应装置。

### 26.5.1.1　甲基丙烯酸双酯的合成

(1) 二缩三乙二醇二甲基丙烯酸酯合成　在装有搅拌器、温度计和分水器的三颈烧瓶(2000mL)中加入二缩三乙二醇 300g (2mol)、甲基丙烯酸 362g (2×2.2mol)、浓硫酸 14g、对苯二酚 1.8g、甲苯约 700g,加热回流,酯化脱水,至脱水基本完全(出水 36mL),用 10%碳酸钠溶液洗涤(约 2～3 次)至 pH 值为 10,用 10%NaCl 溶液洗涤 3～4 次,用无水硫酸镁干燥过夜,加入称量的对苯二酚(约 50mg),减压(2.67～5.33kPa,内温 130℃),蒸出全部甲苯,补加对苯二酚至 200mg/L,待用。

工业化生产使用相应酯化、洗涤及蒸馏装置。

(2) 双酚 A 环氧二甲基丙烯酸酯的合成　原料为 E-44 环氧 465.9g (1.25mol) (如环氧值为 0.45,用 455.5g)、甲基丙烯酸 172g (2.0mol)、对苯二酚 127.6mg (200mg/L)、三正丁胺 1.92g (0.3%)。在反应开始升温时再加入三丁胺。反应在 110～115℃待发热不厉害时升至 118～120℃进行,至酸价(以 KOH 计)≤10mg/g 样品为完成(一般 3～3.5h,时间不要过长),稍冷出料。注意环氧树脂的环氧值不能低于 0.42。

（3）聚氨酯二甲基丙烯酸酯的合成

① 需要甲基丙烯酸 271g（3.15mol），二缩三乙二醇 450g（3.0mol），对苯二酚 2.7g，浓硫酸 15g，甲苯 720g。合成方法同（1），但 Na₃CO₃ 溶液在 10%～15%，NaCl 溶液要≥25%，合成后要注意无水和不吸水，得到二缩三乙二醇甲基丙烯酸酯。

② 原料组成：N220 聚醚 2000g（1mol）、TDI 365.4g（2.1mol）、浓硫酸 0.6g、丙烯酸 33.2g、马来酸 33.2g、对苯二酚 1.33g（400mg/L）、二缩三乙二醇甲基丙烯酸酯 959.2g（4.4mol）、EDTA-2Na0.2%。在搅拌下，向反应器中滴加浓硫酸于 N220 中（如 N220 质量好可不加硫酸），再加 TDI，90～95℃下反应 2.5h，加入二缩三乙二醇甲基丙烯酸酯及丙烯酸，110～115℃反应 2.5h，加入对苯二酚及马来酸，再反应 0.5h，此时马来酸全部溶解，加入 EDTA-2Na，10min 后停止反应，搅拌冷却至 70℃放料，沉降 1d 后可使用。

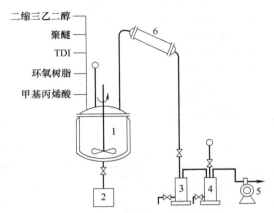

图 26-1　甲基丙烯酸双酯单体和低聚物工业生产装置
1—反应釜；2—成品贮槽；3—水贮槽；
4—缓冲罐；5—真空泵；6—冷凝器

以上介绍了甲基丙烯酸双酯单体和低聚物的实验室制备过程，工业生产采用相应的反应釜进行，生产装置见图 26-1。

### 26.5.1.2　叔丁基过氧化氢-取代肼-糖精体系厌氧胶生产工艺

（1）配方组成及原材料消耗定额　见表 26-14。

表 26-14　配方组成及原材料消耗定额

| 原料 | 规格 | 消耗定额/kg |
| --- | --- | --- |
| 二缩三乙二醇双甲基丙烯酸酯 | 工业 | 93.00 |
| 对苯二酚 | 工业 | 0.01 |
| EDTA | 工业 | 0.40 |
| 糖精 | 工业 | 1.50 |
| 乙酰苯肼 | 工业 | 1.50 |
| 亚甲兰 | 工业 | 0.05 |
| 香草醇 | 工业 | 1.00 |
| 三正丁胺 | 工业 | 5.00 |
| 叔丁基过氧化氢 | 工业 | 2.50 |

（2）工艺流程　先将二缩三乙二醇双甲基丙烯酸酯加入反应釜加温至 60～90℃，逐步加入 EDTA，高速搅拌处理 2h 使树脂中的金属离子络合，放入贮槽静置 15h 后再吸入反应釜以去掉树脂中的 EDTA 和金属离子，再升温至 40～50℃，加入除叔丁基过氧化氢外的其余材料，混合搅拌 2h 以上至全部溶解，冷却至常温，最后加入叔丁基过氧化氢，搅拌 1h 以上至均匀即可灌装。

（3）产品性能指标及用途　该产品黏度低，约为 15～20mPa·s，M10 螺栓定位时间为 5～10min，破坏扭矩为 20N·m，广泛用于螺纹锁固密封，也可当渗透剂用。

### 26.5.1.3　异丙苯过氧化氢-取代胺-糖精体系厌氧胶的制备

（1）配方组成及原材料消耗定额　见表 26-15。

表 26-15　配方组成及原材料消耗定额

| 编号 | 原　料 | 规格 | 消耗定额/kg |
|---|---|---|---|
| 1 | 三缩四乙二醇二甲基丙烯酸酯 | 工业 | 63.80 |
| 2 | 聚乙二醇-200 油酸盐 | 工业 | 25.30 |
| 3 | 萘醌 | 工业 | 0.05 |
| 4 | 3%的 EDTA-4Na 甲醇溶解液 | 自制 | 1.50 |
| 5 | 邻苯磺酰亚胺(不溶糖精) | 工业 | 3.80 |
| 6 | 钛白粉 | 工业 | 0.20 |
| 7 | 透明蓝(染料) | 工业 | 0.01 |
| 8 | 荧光剂 | 工业 | 0.01 |
| 9 | $N,N$-二乙基对甲苯胺 | 工业 | 1.03 |
| 10 | 过氧化羟基异丙苯 | 工业 | 2.30 |
| 11 | 气相白炭黑 | 工业 | 2.00 |

图 26-2　异丙苯过氧化氢-取代胺-糖精体系厌氧胶生产装置
1—刮壁装置；2—高速分散轴

（2）工艺流程　异丙苯过氧化氢-取代胺-糖精体系厌氧胶生产装置如图 26-2 所示。采用带有刮壁和高速分散的双轴搅拌机，搅拌釜采用具有加温和降温功能的加层不锈钢釜，所有与胶液接触的部位采用不锈钢制成。

先将编号为 1~6 的原材料依次加入搅拌釜，开动搅拌，以（40r/min）/（600 r/min）转速启动搅拌，需要时进行加温，使液温保持在 25~45℃。边搅拌边加入编号为 7~10 的原材料，调整转速到（50r/min）/（900r/min），搅拌 45min，使液温保持在 25~45℃。再加入编号为 11 的原材料，分 3~5 次加入，以（50r/min）/（900r/min）搅拌 45min，使液温保持在 25~45℃。自检工艺过程中产品的外观和黏度，记录检验结果。通过 60 目过滤网出料，灌装即可。

（3）产品性能指标及用途　该产品为中强度螺纹锁固胶，M10 螺栓定位时间为 10~15min，破坏扭矩为 12~15N·m，平均拆卸力矩为 4~8N·m，用于 M20 以下螺纹锁固密封。

## 26.5.2　厌氧型胶黏剂包装及贮存

厌氧胶由于其特殊的厌氧性特点，一般选用有一定透气率的材料作为包装材料，如低密度聚乙烯等。同时为了提高贮存周期，对于流动性厌氧胶包装过程中预留一定的空气空间，对于膏状厌氧胶包装时不宜密封过严，确保不泄漏为宜。

由于厌氧胶组成是由氧化剂和还原剂物质共存的化学平衡态，存储的温度对保质期至关重要，一般推荐在 5~28℃温度下避光保存。

**参 考 文 献**

[1] 翟海潮. 工程胶黏剂及其应用. 北京：化学工业出版社，2017.
[2] 张振英，张玉龙，李长德，等. 厌氧胶黏剂. 北京：化学工业出版社，2003.
[3] 杨颖泰. 厌氧胶的发展动态. 粘接，2001（04）：22-23.
[4] 杨颖泰. 国内厌氧胶技术发展的一些动态. 化学与黏合，1998（03）：40-42.
[5] 杨颖泰. 国内厌氧胶的技术发展. 粘接，1998（04）：24-27＋43.
[6] 杨颖泰. 厌氧胶发展回顾. 粘接，1999（S1）：88-91.
[7] 陈行琦. 厌氧胶的化学. 粘接，1982（04）：8-12.

［8］　Murokh A F，Aronovich D A，Sineokov A P．Study of Transition Metal Complexes as Curing Accelerators for Anaerobic Adhesives．Polymer Science Ser C，2007，49（3）：284－287．

［9］　Aronovich D A，Murokh A F，Khamidulova Z S，et al．Curing of acrylic anaerobic adhesives in the presence of activators．Polymer Science Series D，2009，2（2）：82－87．

［10］　Murokh A F，Aronovich D A，Sineokov A P．Study of transition metal complexes as curing accelerators for anaerobic adhesives．Polymer Science Ser C，2007，49（3）：284－287．

［11］　George B，Touyeras F，Grohens Y，et al．Spectroscopic and mechanical evidence of the influence of the substrate on an anaerobic adhesive cure．Int J Adhesion and Adhesives，1997，17：121-126．

［12］　艾少华，赵景左，韩胜利．糖精-乙酰苯肼和糖精-$N,N$-二乙基对甲苯胺还原剂体系厌氧胶性能对比研究．粘接，2016（11）：53-55．

［13］　王云．厌氧胶的组成、结构和固化引发机理研究进展．功能高分子学报，2005，18（12）：709-714．

［14］　杨晓娜，林新松，等．一种超高强度的低温快速固化的厌氧胶及其制备方法：CN 200910082206．2．2009-09-16．

［15］　曹芳维，李建华．高强度厌氧结构胶的研制及其影响因素研究．粘接，2016（11）：34-36．

［16］　艾少华，赵景左，韩胜利．厌氧胶贮存稳定性快速测试和评估方法的研究．粘接，2016（10）：36-38．

［17］　赵景左，艾少华，韩胜利．对厌氧胶促进剂选用的探讨．中国胶粘剂，2019（2）：37-39＋43．

［18］　欧静，薛纪东，钟汉荣．快速固化高稳定性厌氧胶的制备．粘接，2012，33（03）：57-59．

［19］　Frauenglass，Elliott，Werber，et al．Highly stable anaerobic composition：US4038475．1977-07-26．

［20］　黄燕滨，翟海潮．多功能厌氧胶在工程装备中的研究及应用．新技术新工艺，2005（9）：49-51．

［21］　翟海潮，黄燕滨．可油面使用的厌氧胶的研究．2004北京国际粘接技术研讨会论文集，2004（10）：670-676．

［22］　翟海潮．厌氧胶固化速度与贮存稳定性影响因素的研究．粘接，2000（5）：13-15．

［23］　艾少华，张挺，刘鹏，等．新一代螺纹锁固厌氧胶防松性能研究．粘接，2018（6）：33-36＋24．

［24］　厌氧胶黏剂：HG/T 3737—2018．

［25］　王正平，陈兴娟．一种低温可拆卸厌氧胶及其制备方法：CN200510127334．6．2006-07-19．

［26］　翟海潮，武奕立，等．一种厌氧胶的制备方法：CN96120495．8．1997-09-17．

［27］　梁义勋，贾缉熙．单组分螺纹锁固和平面密封厌氧胶的制备方法：CN98111857．7．1999-08-25．

［28］　陈耀，胡孝勇，张银钟．可预涂微胶囊厌氧胶的研究进展．中国胶粘剂，2010（6）：54-57．

［29］　曹芳维，黄海江．高性能预涂型厌氧胶的研制．中国胶粘剂，2015（11）：44-46．

［30］　杨颖泰，匡志祥，杨锦新，等．高强度可预涂微胶囊型厌氧胶 GY-560．粘接，1995（04）：9-11．

［31］　林春霞．过氧化苯甲酰微胶囊的制备与应用．化学与黏合，2019（02）：58-60．

［32］　杨颖泰，刘伟塘．可预涂微胶囊型厌氧胶的性能．化学与黏合，2001（3）：117-119．

［33］　李伟红，韩胜利，艾少华．填料对预涂型厌氧胶性能的影响．粘接，2009（5）：47-49．

［34］　艾少华，韩胜利，赵景左．冻融稳定性优异的双组分预涂型厌氧胶的研制．粘接，2011，32（12）：44-47．

［35］　艾少华，赵景左，韩胜利．螺纹锁固厌氧胶对紧固件螺纹摩擦系数和扭矩系数的影响．粘接，2016，37（01）：45-47＋5．

［36］　艾少华，赵景左，韩胜利．一种润滑型螺纹锁固密封厌氧胶及其制备方法：CN201510793392．6．2016-02-03．

（韩胜利　翟海潮　编写）

# 第27章

# 辐射固化型胶黏剂

## 27.1 辐射固化型胶黏剂的特点与发展历史

辐射固化技术是指以紫外光（UV）、可见光（VL）、红外线（IR）、电子束（EB）、γ-射线、中子束、粒子束、微波等为能量源，辐照高分子或低聚物，使其快速发生化学交联固化反应的技术。目前在胶黏剂领域，应用比较多的是紫外光、可见光、电子束三种，以紫外光和可见光为能量源时统称为光固化技术，以电子束为能量源时称为 EB 固化技术。

### 27.1.1 辐射固化胶黏剂的特点

胶黏剂在整个辐射固化配方产品规模中的占比还非常低，属于一个仍在快速发展的新兴产品。与涂料和油墨相似，辐射固化胶黏剂也具有"5E"的特征，环境友好（environmental friendly）、节能（energy saving）、经济（economical）、适用性广（enabling）、高效（efficient）。高效主要体现在辐射固化胶黏剂的固化速率快，一般在 3～10s 的时间内即可固化，可根据实际需要调整固化时间，还可以满足装配中对粘接工序快速定位的需求，大大提高了生产效率；适应性广主要体现在辐射固化胶黏剂适用的粘接基材范围广，尤其是对热敏性基材粘接更具有优越性；经济主要体现在其生产效率高、能耗低，设备占地空间小，易实现自动化流水线生产；节能主要体现在其常温即可固化，能耗只有热固化产品的 1/10～1/5；环境友好主要体现在其基本不含挥发性溶剂，可显著降低产品的 VOC 含量。

但是辐射固化胶黏剂也有一些缺点，需要在产品开发时特别注意。例如，UV 固化体系通常都要求粘接基材至少有一面是透明的，以保证胶黏层都能被 UV 光照射到，但现在已有报道可通过二次固化或延时固化等技术，实现复杂形状或不透明基材的 UV 固化粘接；自由基型的 UV 光固化体系会受到氧阻聚的影响，可以通过增加氮气保护或阳离子环氧体系等多种手段解决这个问题；此外，EB 固化可用于多层不透明材料的粘接，可是它受氧阻聚影响较大，通常需要在氮气保护下固化，或者通过添加干性油来吸氧固化减少氧气的阻聚作用，另外设备投资也较大。但总体上而言，辐射固化技术正处于日新月异的发展阶段，新产品、新技术、新思路层出不穷，推动了辐射固化胶黏剂产品和市场的快速发展。

### 27.1.2 辐射固化胶黏剂的发展历史

#### 27.1.2.1 光固化胶黏剂的发展历史

UV 固化技术最早可追溯到 1826 年法国约瑟夫的一次照相发明，他将低黏度的优质沥青涂层感光后逐步交联固化，再经过清洗定像，形成了最早的沥青成像技术。1943 年，美国 DuPont 公司提交了世界上第一份有关光引发剂的发明专利，尽管这种二硫代氨基甲酸酯化合物的光活性很低，后来也未能实用化，但确实开启了一种全新的聚合物材料加工技术。1948 年，美国专利中出现了第一个光固化油墨配方和实施技术的专利，这为 40 年后兴起的 UV 固化油墨技术和产业应用提供了重要启示。

1954 年，Eastman-Kodak 公司研发推出了第一个基于光固化技术的光刻胶（基于光敏剂增感的聚乙烯醇肉桂酸酯），并成功应用于当时刚刚萌芽的集成电路（即后来的微电子芯片）规模化制造上。可以说，如果没有当时柯达公司研制的微电子光刻胶技术，微电子时代的来临可能还要延迟很多年。

光固化技术真正实现产业化大规模发展是在 1963 年，当时由德国 Bayer 公司率先开发出第一代紫外光固化涂料，应用在木器家具和木器零件的涂装方面，首次实现了无溶剂快速、环保涂装，并获得了很好的固化涂层效果，在国际上名噪一时。这也是光固化技术在工业上大规模成功应用的最早范例，被视为正式开启了光固化技术的新时代。

20 世纪 70～90 年代，是光固化技术发展的第一个高峰期。随着光固化技术应用面不断扩大，市场体量逐步增加，越来越多的科研机构和知名公司加入光固化新型材料的研发中。很多目前仍在使用的高性能光引发剂就是在这一时期出现的，包括美国 Merck 公司推出的光引发剂 Darocur 1173，以及原瑞士 Ciba 公司推出的 Irgacure 184、Irgacure 907、Irgacure 369、Darocur TPO、Irgacure 819 等热稳定性好、引发效率高的光引发剂。同时，光固化树脂和单体方面也发生了巨大变革，基本淘汰了低活性的不饱和聚酯体系和挥发性较强的苯乙烯单体，研发出了光固化速率更快、固化性能更加优异的丙烯酸酯化低聚物和丙烯酸酯多官能团活性稀释单体，基本形成了当今光固化原材料的主体结构。例如：1963 年德国 Bayer 推出的第一代 UV 光固化涂料采用的是不饱和聚酯-苯乙烯体系，光引发剂为苯偶姻醚类，价格低廉，但固化速率较慢；后来又开发出的第二代 UV 固化涂料，已经开始采用目前主流的丙烯酸酯体系。

20 世纪 80 年代末至 90 年代中期，ITX、TPO、819 等长波长吸收高效光引发剂逐步问世，使得光固化油墨得到实质性的应用发展。日本东洋油墨公司等开发出非常适合高密度印刷电路板（PCB）光刻制造的感光线路油墨和感光显影阻焊油墨，对 PCB 产品精度、质量提升和制造效率提高产生了巨大的推动作用。PCB 油墨是最早期工业应用成功的光固化油墨产品。当时，日本企业将 UV 固化 PCB 油墨技术带入了中国，并带动国内的研发和产业化，催生出了广东地区的佛山化工实验厂、番禺环球化工等，以及后来成长起来的中国光固化 PCB 油墨代表性企业——广信材料、深圳容大、佛山三求等公司。同时代的欧美、日本多家企业还推出了 UV 固化丝印油墨，2000 年后研发成功 UV 胶印油墨、UV 柔印油墨，广泛应用于包装印刷领域。之后，在国外还出现了在中高端市场替代溶剂型喷墨和水性喷墨的 UV 喷墨印刷技术，但因为需用到超低黏度的特种活性稀释剂，这方面的核心技术和关键原材料基本都为国外少数公司垄断。

20 世纪 90 年代初，国外 UV 材料供应商 Sartomer（沙多玛）、比利时 UCB（后来的氰特 Cytec 和现在的湛新 Allnex）等开始在中国市场推广光固化技术。同时，在国内多个科研院所 UV 领域前辈专家的合力推动下，首次在湖南株洲成立了华兴 UV 材料研发基地。1991 年，在长沙诞生了湖南亚大公司，实现了部分 UV 材料的自主合成，完成了多个 UV 固化涂料产品的研发，后续几年很快实现了年销售额 6000 万元以上的规模。1996 年，长沙新宇化工紧随其后成立，是国内最早从事光引发剂生产的企业。

光固化胶黏剂在光固化产品家族中所占的市场规模很小，但对电子、医疗、汽车、家具、建筑等行业依然有很重要的作用。有关光固化胶黏剂市场应用的起源已很难考证。除了

1954 年出现的光刻胶以外，20 世纪 70 年代开始出现其他种类的 UV 固化胶黏剂产品，而20 世纪 80 年代中后期 UV 光固化丙烯酸胶黏剂的商业化应用已经比较多，特别是应用在诸如注射器和外科手术器械之类的一次性医疗器械的组装中，用于粘接医疗器械中日益增多的塑料基材。

20 世纪 90 年代，国内外已经出现规模化的 UV 固化胶黏剂产品。2000 年以后，更多新型的 UV 光固化胶黏剂陆续涌现，例如生物相容性的光固化环氧树脂、氰基丙烯酸酯和有机硅等胶黏剂被引入医疗设备的制造中以提升其组装过程，而利用纯可见光固化的丙烯酸胶黏剂技术也已经实现。

今天，UV 光固化胶黏剂已经广泛应用在玻璃家具粘接、电子元件组装、牙科修复材料、汽车部件组装、一次性注射器装配、光纤接驳、触摸屏光学填充（LOCA）、3D 打印等诸多领域。最近十年，在欧洲发展起来的城市下水管道在线 UV 固化修复技术中，就使用大量 UV 胶与玻纤软管复合，这一领域目前处于市场成长期。

### 27.1.2.2　电子束固化胶黏剂的发展历史

电子束固化即采用电子加速器作为能量源，辐照有机材料使其产生自由基、活性阳离子或阴离子等活性种，导致材料迅速聚合交联固化的过程。电子束设备按照其加速电场强弱，即加速获得的射出电子能量大小，分为低能电子束（80～300keV）、中能电子束（300keV～5MeV）和高能电子束（5～10MeV）。EB 固化胶黏剂所用的电子束固化技术发端于欧美20 世纪 50 年代的高能电子束加工技术，后来逐步演化为适用于薄层有机材料的低能电子束固化技术。EB 固化技术的发展，实际上就是一个 EB 设备逐步小型化和电子束能量逐步低能化的发展过程。

20 世纪 50～70 年代，早期出现的 EB 加工装置，大多为斑点扫描方式作用于待处理材料，因能量较高（500keV～10MeV），需要外周的安全屏蔽、建立水泥防护墙，设备庞大。由于射出的电子能量太高，并不能用于胶黏剂、涂层及油墨的 EB 固化。

20 世纪 70～80 年代，能量为 150～300keV 的低能电子束装置（即自屏蔽电子帘加速器）取得技术突破，开始用于热收缩包装聚乙烯薄膜交联、压敏胶、硅酮离型剂等许多领域。20 世纪 80 年代，EB 固化技术在欧洲、美国、日本市场取得了迅速增长，但第一次的高速发展期并没有持续太久。

到了 20 世纪 90 年代，EB 固化只限于欧美特大型加工开发商的小众市场。当时，自屏蔽 EB 装置市场甚至出现过零增长和负增长，主要原因还是 EB 设备太过庞大，而且价格高昂，使应用企业望而生畏。另外，当时的低能 EB 装置产生的电子束穿透性还是太强，可能会损伤胶层或涂层下方的基材，例如使 PVC 塑料基材褪色，使纤维材料和纸质材料因分子链断裂而损失物理性能，使某些聚烯烃材料产生异味等。这就需要胶黏剂或涂料及原材料供应商针对 EB 固化开发针对性的原材料或配方，但这些厂商又缺乏或买不起 EB 设备，从而阻碍了这一技术的进一步市场化推广。实际上，直到今天，以上两个因素依然是制约 EB 固化技术在中国快速发展的主要原因。

20 世纪 90 年代初期，市场上出现了新一代的能量为 80～125keV 的小型低能 EB 装置（真空电子束灯丝），非常适合于胶黏剂、涂层、油墨的薄层固化。20 世纪 90 年代后期至 21世纪初，市场上又出现了另一种类型的 EB 装置——电子束发射灯管，例如日本产品的能量为 30～70keV、欧洲产品的能量为 80～200keV，可以进行模块式的组装，为 EB 固化的市场开辟了新的应用机会。

目前为止，适用于薄层材料的 EB 固化交联用低能 EB 加速器设备，只有少数企业可以生产，先进可靠的低能 EB 设备制造基本由几家国外公司垄断。另外，由于 EB 固化加速器成本太高，EB 固化的胶黏剂/胶黏带产品性能独特和优异，国内外实际进行 EB 固化产品加工的企业可能出于自我市场保护，避免潜在恶意竞争风险，对外信息极为封闭。值得肯定的是，近几年来，EB 设备的国产化进程正在加快，设备价格正合理下降，使我们重新开始对这一技术在国内胶黏剂与胶黏带领域的应用充满了期待。

### 27.1.2.3 发展趋势

自 20 世纪 90 年代以来，全球辐射固化产业的市场规模多以 10％～25％的速度增长，自 2008 年左右开始，增长有所放缓，但也保持接近 10％的增长率。我国的辐射固化市场增长总体略高于世界其他地区。随着近几年由政府主导的大规模工业环境治理整顿和严格环保法规的出台，预计我国的辐射固化产品市场将重新出现一个快速增长期，年增长率有望从 10％左右提升至 15％～20％，辐射固化原材料及配方产品的价格也已开始下降，并将继续缓慢下行至合理区间。

对于辐射固化产品的市场规模，根据中国感光学会辐射固化专业委员会的逐年调查统计，2013 年至 2018 年国内辐射固化产业的规模分别为 128 亿元、138 亿元、144 亿元、149 亿元、175 亿元和 180 亿元。以 2018 年的数据为例，我国辐射固化产品的总产量约为 51.5 万吨（包括涂料/油墨/胶黏剂等配方产品和树脂/活性稀释剂/单体/光引发剂等原材料），总产值约为 180 亿元。其中，光固化涂料规模最大，2018 年产销量为 10.8 万吨，同比增长 16.5％；光固化油墨规模次之，年产销量为 7 万吨，同比增长 18.5％；光固化胶黏剂的规模最小，年产销量仅为约 2550t，同比增长 15.7％。光固化胶黏剂主要应用在医疗、玻璃粘接以及电子产业中，根据国际市场研究机构 Research and Markets 的最新报告，预计到 2021 年，全球 UV 固化胶黏剂市场将达到 12 亿美元（约 85 亿人民币），2017 年至 2021 年间的复合年增长率（CAGR）为 9.15％。而国内 EB 固化产品市场的数据尚无法统计公开。

我国在该辐射固化技术领域从事基础及技术研究的机构主要包括：清华大学、中国科学技术大学、北京师范大学、中山大学、四川大学、北京化工大学、同济大学、江南大学、广东工业大学和武汉大学等。

在辐射固化技术的产业发展方面，我们认为其将在某些行业和领域成为无可替代的核心技术（如光纤、LCD、汽车灯杯制造等），且在越来越多领域将成为核心技术。目前欧美和日本的技术、产业规模、大领域占比等均领先于中国，国内还处于追赶阶段。我国的辐射固化行业，仍存在市场创新不足、小圈子恶性竞争等问题，而原材料和配方工艺创新也落后于国外，制约了新应用的发展。但是，机遇往往与挑战并行，国内市场的高增长空间是国外市场无法媲美的，这也为国内企业带来了很多机会。在辐射固化技术的开发中，需要企业和高校诚心合作，借助国家政策的导向作用，解决一些顶层技术方面的瓶颈问题，例如：UV 固化产品的耐老化问题、遮光深层光固化问题、UV 固化残留和微毒性问题、超低黏度高活性树脂单体、EB 固化胶黏剂的关键技术工艺问题、UV LED 光固化技术替代汞灯光源的问题、新应用对光引发剂/树脂/单体的需求综合创新问题等。

# 27.2 光固化胶黏剂的配方组成及其作用

在光固化过程中，要将 100％的液体材料很快地转化为交联固体，而不释放出任何溶剂或小分子以保持环境的清洁，必须满足下列两个最基本的条件：采用强的光源，以及用多官能团的单体或低聚物作为基本组成材料。当然，光引发剂体系的加入也是必不可少的。通常的光固化胶黏剂配方，主要由光引发剂、低聚物树脂、活性稀释剂及各种添加剂组成。

## 27.2.1 光固化机理

光聚合反应的系统研究是从 20 世纪 40 年代开始的，Melville 等为测定自由基寿命采用了光聚合方法。光固化是光聚合中应用最广泛的一类光化学反应，是由光引起的高分子或高分子-单体混合物发生的交联反应。在光固化胶黏剂中，固化反应机理主要包括光引发自由基聚合、光引发阳离子聚合两种，其中自由基光固化占大多数。

### 27.2.1.1 自由基光固化

光引发剂吸收紫外光或可见光能量，获得激发态，再经化学键裂解或分子间夺氢产生高活性自由基，引发树脂及单体上的丙烯酸酯双键聚合，进而交联为固化网络。

自由基光固化过程存在"氧阻聚"现象，导致整体聚合速率有所下降，甚至表面固化不彻底而表现为黏性或表面硬度太低。叔胺结构的活性胺可以大幅缓解这种氧阻聚。自由基 UV 固化过程不受潮气和水分干扰，因而可以拓展形成水性 UV 固化技术应用。相对来说，自由基机理的 UV 固化研究较为透彻，原材料开发较为完善，应用也比较宽泛而成熟。

### 27.2.1.2 阳离子光固化

阳离子光引发剂包括二芳基碘锡盐、三芳基硫锡盐、烷基硫锡盐、铁芳烃盐、磺酰氧基酮及三芳基硅氧醚等，但以碘锡盐和硫锡盐为主，其他阳离子光引发剂研究虽多，应用太少。其基本作用特点是光活化到激发态，分子发生系列分解反应，最终产生超强质子酸（也叫布朗斯特酸，Bronsted acid）或路易斯酸（Lewis acid），作为引发阳离子聚合的活性种。适用于阳离子光聚合的单体主要有环氧化合物、乙烯基醚，其次还有内酯、缩醛、环醚等。

阳离子光聚合具有如下特点：①假如体系中没有胺、硫醇等亲核性较强的物质，质子酸或路易斯酸活性种在化学上是稳定的，不会像自由基那样偶合消失，只能加到单体上引发聚合，并保持这种离子活性。②反之，阳离子光聚合过程中如将光源突然切断，聚合速率并没有迅速降低，而是继续以较快速率增长，通过后期暗反应最终也能达到较为完全的聚合转化率，换句话说，阳离子光聚合是"不死"聚合，只要初期接受光辐照，后期暗聚合照样顺利进行。③自由基光聚合对氧分子特别敏感，容易发生氧阻聚，对水汽、胺碱等亲核试剂不敏感；阳离子光聚合刚好相反，虽然不存在氧阻聚问题，但水汽、胺碱等亲核物质将会与阳离子活性中心稳定结合，导致阻聚。④阳离子光聚合完成后，涂层中仍可能残存有质子酸，这对涂层本身和底材可能有长期危害。⑤阳离子光固化体系具有收缩率较低、收缩应力小的特点，相比于自由基光固化，能够获得更好的界面黏附性和长期力学强度，比较适合于光固化胶黏剂。

## 27.2.2 光引发剂

光引发剂是光固化胶黏剂里必不可少的重要组分。在设计胶黏剂配方时，对光引发剂的选择要特别注意几点：①光引发剂种类与树脂体系固化机理匹配；②光引发剂吸收波长与光源辐射波长匹配；③光引发剂在树脂和稀释剂体系中的分散溶解性；④光引发剂对配方产品耐黄变性的影响；⑤光引发剂的迁移或析出对配方产品应用安全性的影响等。

一般情况下，光引发剂的使用量在光固化胶黏剂中占比为 3%～5%。但由于光引发剂价格相对昂贵，其成本一般占到光固化产品整体成本的 10%～15%。

### 27.2.2.1 自由基光引发剂

按结构特点，自由基光引发剂可大致分为羰基化合物类、染料类、金属有机物类、含卤化合物、偶氮化合物及过氧化合物。按光引发剂产生活性自由基的作用机制的不同，自由基光引发剂又可分为裂解型自由基光引发剂和夺氢型自由基光引发剂两种。

（1）裂解型自由基光引发剂　基于"苯酮"结构的各类化合物，包括苯偶姻及其衍生物、苯偶酰衍生物、二烷氧基苯乙酮、α-羟烷基苯酮、α-胺烷基苯酮、酰基膦氧化物等。

① 苯偶姻及其衍生物。苯偶姻（benroin）俗名安息香，曾作为最早商品化的光引发剂广泛使用。苯偶姻醚光引发剂又称安息香醚光引发剂，引发速率快，易于合成，成本较低，但因热稳定性差，易发生暗聚合，易黄变，目前已较少使用。该类引发剂在 300～400nm 有较强吸收，最大吸收波长在 320nm 处。苯偶姻（R＝H）及其衍生物的结构式如下：

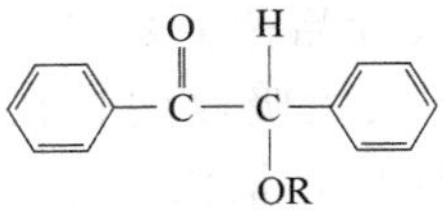

R=H，　CH₃，　C₂H₅，　CH(CH₃)₂，　CH₂CH(CH₃)₂，　C₄H₉

② 苯偶酰衍生物。苯偶酰（benzi）又称联苯甲酰、二苯基乙二酮，光解可产生两个苯甲酰自由基，但效率太低，溶解性不好，一般不作光引发剂使用。在其结构上开发的衍生物 α，α'-二甲氧基-α-苯基苯乙酮（α，α'-二甲氧基苯偶酰缩酮）是一种常见的光引发剂 Irgacure 651（或称 1065、BDK），具有很高的光引发活性，热稳定性优良，合成容易，但易黄变。Irgacure 651 的最大吸收波长在 254nm 和 337nm 处，吸收波长可达 390 nm，其结构式如下：

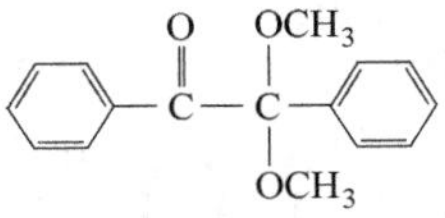

③ 二烷氧基苯乙酮。作为光引发剂的主要是 α，α'-二乙氧基苯乙酮（DEAP），活性高，不易黄变，但热稳定性差，价格相对较高，在国内较少使用。DEAP 的最大吸收波长在 242nm 和 325nm 处。二烷氧基苯乙酮的结构式如下：

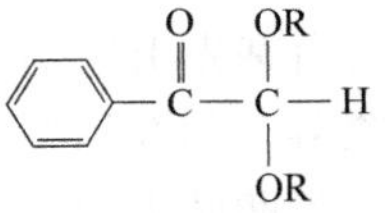

R=C₂H₅，　　CH(CH₃)₂，　　CH(CH₃)CH₂CH₃，　　CH₂CH(CH₃)₂

④ α-羟烷基苯酮。这是目前应用开发最成功和最常用的一类光引发剂，热稳定性非常优良，有良好的耐黄变性，可用于耐黄变要求高的产品中，也可与其他光引发剂配合使用。其缺点是光解产物中有苯甲醛，有不良气味。商品化的代表性品种主要有 Darocur 1173、Darocur 2959、Irgacure 184。其中，Darocur 1173 为无色或微黄色透明液体，与低聚物和活性稀释剂能良好溶解，最大吸收波长在 245nm、280nm 和 331nm 处；Irgacure 184 为白色结晶粉末，在活性稀释剂中溶解性良好，最大吸收波长在 246nm、280nm 和 333nm 处；Darocur 2959 为白色晶体，最大吸收波长在 276nm 和 331nm 处。以上光引发剂的结构式如下：

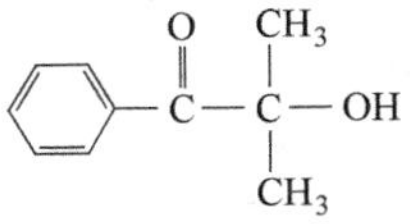

Darocur 1173(HMPP) 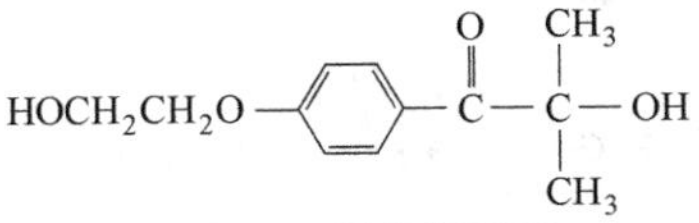　　　　　Darocur 2959(HHMP) 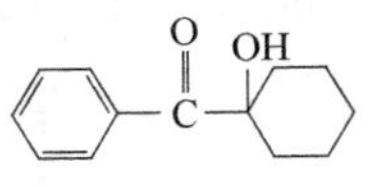　　　　　Irgacure 184(HCPK)

⑤ α-氨烷基苯酮。这是一类反应活性很高的光引发剂，常与硫杂蒽酮类光引发剂配合，应用于有色体系的光固化，表现出优秀的光引发性能，但耐黄变性差。已商品化的主要有 Irgacure 369、Irgacure 907，其中 Irgacure 369 是微黄色粉末，最大吸收波长在 233nm 和 324nm 处；Irgacure 907 为白色或浅褐色粉末，在活性稀释剂中有较好的溶解度，最大吸收波长在 232nm 和 307nm 处，其结构式如下：

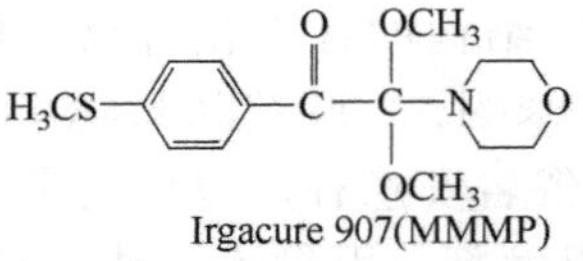

Irgacure 907(MMMP) 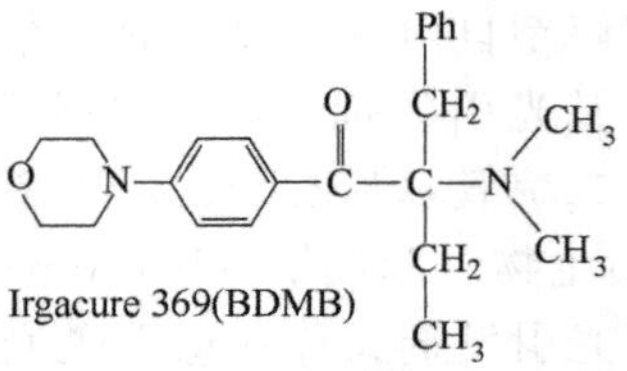　　Irgacure 369(BDMB)

⑥ 酰基膦氧化物。这是一类引发活性较高、综合性能较好的光引发剂，热稳定性优良，贮存稳定性好，适用于厚涂层的光固化。这类光引发剂对日光或其他短波可见光敏感，调制配方或贮运时应注意避光。商品化的代表性品种主要有 TPO-L、TPO、Irgacure 819，其中 TPO-L 为浅黄色透明液体，溶解性好，最大吸收波长在 380nm 处，吸收波长可达 430nm 可见光区；TPO 为浅黄色粉末，溶解性好，最大吸收波长在 269nm、298nm、379nm 和 393nm 处，吸收波长可达 430nm 可见光区；Irgacure 819 为浅黄色粉末，最大吸收波长在 370nm 和 405nm 处，吸收波长可达 450nm 可见光区。这类光引发剂最大吸收均在 370～380nm，且在可见光区还有吸收，因此特别适合于有色体系的光固化，其结构式如下：

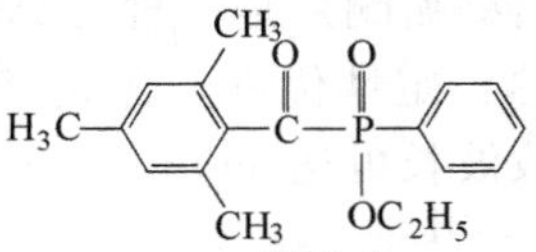

TPO-L 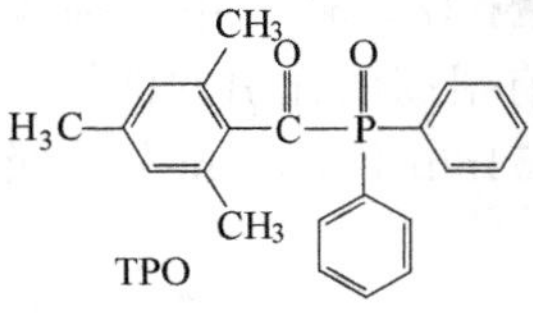　　　　　　　TPO

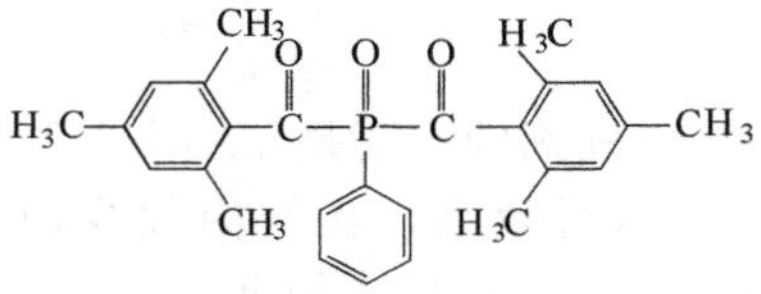

Irgacure 819(BAPO)

　　（2）夺氢型自由基光引发剂　夺氢型自由基光引发剂都是苯酮或杂环芳酮类化合物，主要有二苯甲酮及其衍生物、硫杂蒽酮类、蒽醌类等。与夺氢型自由基光引发剂配合的助引发剂——氢供体主要为叔胺类化合物，如脂肪族叔胺、乙醇胺类叔胺、叔胺型苯甲酸酯、活性胺等。

　　① 二苯甲酮（BP）结构简单，容易合成，价格便宜，但光引发活性低，且固化涂层易泛黄。将 BP 的两种衍生物 2,4,6-三甲基二苯甲酮和 4-甲基二苯甲酮组成混合物即光引发剂 Esacure TZT，为无色液体，与低聚物和活性稀释剂相容性好，与叔胺类助引发剂配合使用有很好的光引发效果，最大吸收波长在 250nm 和 340nm 处，吸收波长可达 400nm。另一类代表性的衍生物是四烷基米蚩酮（MK），在 365nm 处有很强的吸收，本身有叔胺结构，单独使用就是很好的光引发剂，若与 BP 配合使用，用于丙烯酸酯的光聚合，引发活性远远高于 MK/叔胺体系和 BP/叔胺体系。但可惜的是，MK 被确定为致癌物，使用时要引起注意。二苯甲酮及其常见衍生物的结构式如下：

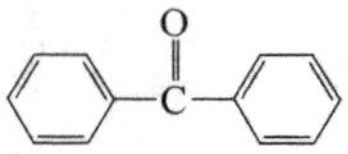

BP 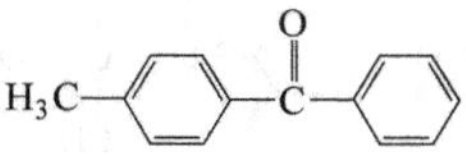　　　　　MBP 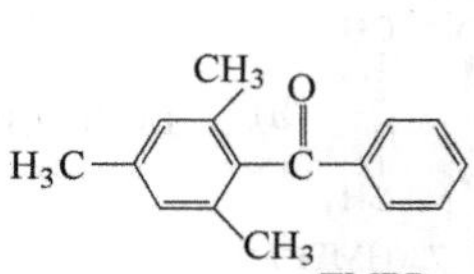　　　　　TMBP

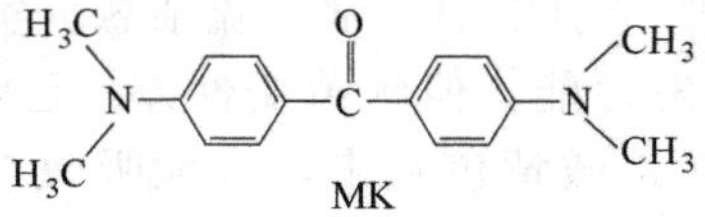

MK 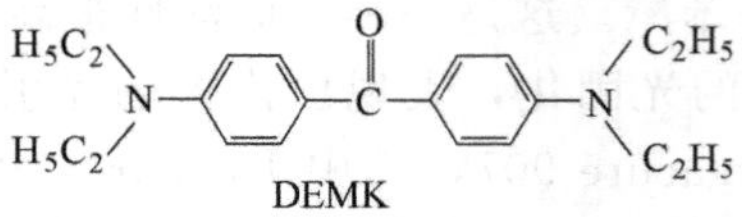　　　　　　DEMK

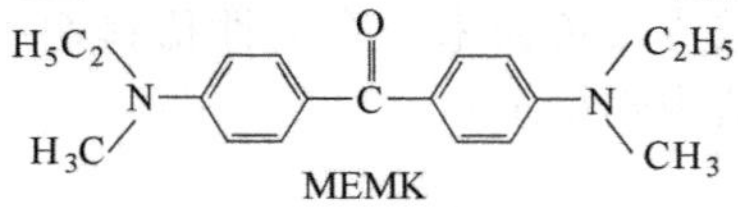

MEMK

② 硫杂蒽酮（TX）类光引发剂必须与适量活性胺配伍才能发挥高效光引发活性，4-二甲氨基苯甲酸乙酯（EDAB）是迄今最适合与硫杂蒽酮配合使用的活性胺助引发剂，它不仅活性高，而且黄变不严重。硫杂蒽酮类引发剂中应用最广、用量最大的是 ITX，最大吸收波长在 257nm 和 382nm 处，吸收波长可达 430nm 的可见光区域，它在活性稀释剂和低聚物中溶解性较好，也常与阳离子光引发剂二芳基碘鎓盐配合使用。常见的硫杂蒽酮类光引发剂的结构式如下：

ITX　　　　　　　　　　　　DETX C$_2$H$_5$

CTX　　　　　　　　　　　　CPTX OCH(CH$_3$)$_2$

③ 蒽醌类光引发剂溶解性很差，难以在低聚物和活性稀释剂中分散，故多用溶解性好的 2-乙基蒽醌（2-EA）作为光引发剂。其最大吸收波长在 256nm、275nm 和 325nm 处，吸收波长可达 430nm 的可见光区域。蒽醌对氧阻聚的敏感度比较低，但其光引发活性并不高，多用于阻焊剂。

与夺氢型光引发剂配合的助引发剂叔胺类化合物分子中至少要有一个 $\alpha$-H 原子，如脂肪族叔胺、乙醇胺类叔胺、叔胺型苯甲酸酯、活性胺等。第一类，脂肪族叔胺中最早使用的三乙胺，其价格低，相容性好，但挥发性太大，异味太重，现已不再使用。第二类，乙醇胺类叔胺主要有三乙醇胺、N-甲基乙醇胺、$N,N'$-二甲基乙醇胺及 $N,N'$-二乙基乙醇胺等。三乙醇胺成本低，活性高，但亲水性太大，影响涂层性能，黄变严重，故不能使用。第三类，叔胺型苯甲酸酯助引发剂活性高，溶解性好，黄变性低，主要有 EDAB、ODAB 和 DMB 等。EDAB 性能好，但价格较贵，主要用在高端产品中。第四类，活性胺助引发剂主要是叔胺丙烯酸酯类化合物，是由二乙胺或二乙醇胺等与多官能团的丙烯酸酯经迈克尔加成反应直接制得，这类助引发剂相容性好，气味低，刺激性小，效率高，且不会发生迁移。

## 27.2.2.2　阳离子光引发剂

阳离子光引发利可分为鎓盐类、金属有机物类、有机硅烷类，其中以二芳基碘鎓盐、三芳基硫鎓盐和芳基茂铁盐最具有代表性。

① 二芳基碘鎓盐合成方便，热稳定性好，光引发活性高，是一类重要的阳离子光引发剂。碘鎓盐中的阴离子种类对其吸光性没有影响，但对聚合活性有较大影响，活性依次为：$SbF_6^- > AsF_6^- > PF_6^- > BF_4^-$。阴离子为 $SbF_6^-$ 时引发活性最高，因为 $SbF_6^-$ 亲核性最弱，对增长链碳正离子中心的阻聚作用最小。阴离子为 $BF_4^-$ 时，碘鎓盐引发活性最弱，因为 $BF_4^-$ 离子易释放出亲核性较强的 $F^-$，导致碳正离子活性中心与 $F^-$ 结合，聚合终止。二芳基碘鎓盐吸收光能后，可同时发生均裂和异裂，既产生超强酸，又产生自由基，因此碘鎓盐除可引发阳离子光聚合外，还可同时引发自由基聚合。这是碘鎓盐和硫鎓盐的共同特点。部分已商品化的二芳基碘鎓盐光引发剂结构式如下：

$X^- = SbF_6^-, AsF_6^-, PF_6^-, BF_4^-$

芴酮基苯基碘鎓盐　　　　　　　　咕吨酮基苯基碘鎓盐

② 三芳基硫鎓盐比二芳基碘鎓盐热稳定性更好，与活性稀释剂混合加热也不会引发聚合，故体系的贮存稳定性极好，光引发活性高。但结构简单的三苯基硫鎓盐吸光波长太短，无法利用中压汞灯的几个主要发射谱线。对三苯基硫鎓盐的苯环进行适当取代改进，可显著增加其吸收波长。三苯基硫鎓盐在活性稀释剂中溶解性不太好。在硫鎓盐阳离子光引发剂的商品化推进方面，扬帆新材与同济大学合作，共同设计并开发了适合 UV LED 光源的多个系列硫鎓盐光产酸剂，光引发剂性能优良，产业化工作正有序推进。部分已商品化的三芳基硫鎓盐结构式如下：

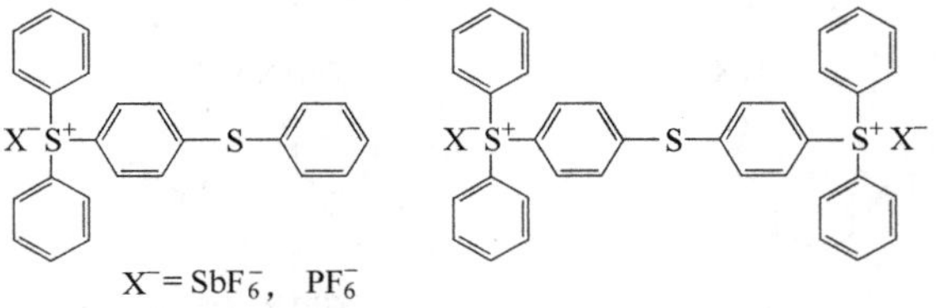

X⁻ = SbF₆⁻，PF₆⁻

苯硫基苯基二苯基硫鎓盐          双(4,4′-硫醚三苯基硫鎓)盐

③ 芳基茂铁盐阳离子光引发剂中最具代表性的是 6-异丙苯茂铁（Ⅱ）六氟磷酸盐，商品名为 Irgacure 261，为黄色粉末，熔点为 85～88℃，它在远紫外（240～250nm）和近紫外区（390～400nm）都有较强吸收，在可见光 530～540nm 也有吸收，因此是紫外/可见光双重光引发剂。Irgacure 261 吸光分解后，产生异丙苯和茂铁路易斯酸，引发阳离子聚合。Irgacure 261 的结构式如下：

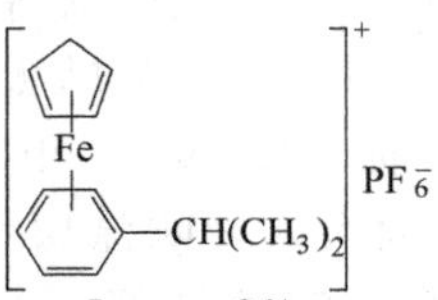

Irgacure 261

### 27.2.2.3  光引发剂的现状与发展趋势

不同型号的光引发剂，其性能特点有所不同，比如 Irgacure 184 由于其较短的吸收波长对表面固化非常有效，但深层固化效果不佳；TPO 具有较长的吸收波长，有利于深层固化，但表面固化效果较差；ITX 吸收波长较长，单独使用效果有限，如与 Irgacure 907 搭配应用则效果显著改善。基于上述原因，在设计 UV 光固化材料配方时，通常会对多种型号光引发剂产品进行混合复配使用，以满足具体应用领域的个性化需求。

光引发剂的发展趋势与光固化胶黏剂的产品创新息息相关。目前及未来几年，相对热点技术和产品研发方向主要包括：

① UV LED 技术。UV LED 技术是指用 LED 发出的光使 UV 胶黏剂等液体转变为交联固体的技术，与传统的汞灯相比，UV LED 光源更加节能，使用寿命更长，且 UV LED 光源无需预热，可以根据需要随时开启或关闭，使用更为灵活。

② 水性 UV 固化材料。水性 UV 固化材料是以水性树脂为基础、用水作为稀释剂、采用光照方式进行固化的材料，同时具备 UV 光固化技术和水基胶黏剂技术的优点，用水来代替活性稀释剂稀释低聚物，可实现低黏度，特别适用于全自动化喷涂，VOCs 含量更低。

③ 大分子光引发剂。随着大众安全意识的提高，对食品、药品等包装的安全性越来越重视，如欧洲对食品、药品包装制订了严格的标准，禁止使用迁移性大的材料，主要采用低迁移性的大分子光引发剂。在全球范围内，大分子光引发剂由于其低毒性和低迁移性的优点，会被越来越多应用到包装领域中，因此开发更多类型的大分子光引发剂是行业产品的发展趋势。

④ 阳离子光引发剂。由阳离子光引发剂和配套树脂、单体构成的配方产品，具有抗氧阻聚、体系收缩低的优点，可与自由基固化体系互补。阳离子引发剂产量虽然不高，但呈现逐年增长的趋势。未来阳离子固化产品应用或与自由基固化产品混合使用具备发展前景，因此阳离子光引发剂也是产品和技术的发展方向之一。

## 27.2.3 光固化树脂

光固化胶黏剂使用的树脂主要是低聚物（oligomer），它是一类分子量相对较低（分子量为几百至数万，但通常在 500～2000）的聚合物，它和活性稀释剂一起往往占到整个配方质量的 90% 以上，它决定了最终性能（包括固化程度、交联密度、粘接强度、附着力、柔韧性、收缩率、光学性能、耐老化性等）。光固化速率也与低聚物的分子量、黏度和官能团等有关，表 27-1 列出了树脂官能度和分子量对胶黏剂光固化性能和产品性能的影响趋势。

表 27-1 树脂官能度和分子量对胶黏剂光固化性能和产品性能的影响趋势

| 固化性能 | 固化速率 | 交联度 | 伸长率 | 硬度 | 柔韧性 | 耐磨性 | 耐冲击性 | 热稳定性 | 耐化学性 | 收缩率 |
|---|---|---|---|---|---|---|---|---|---|---|
| 官能度提高 | 慢↓快 | 低↓高 | 高↓低 | 软↓硬 | 柔↓脆 | 差↓好 | 好↓差 | 差↓好 | 差↓好 | 低↓高 |
| 分子量增加 | 快↓慢 | 高↓低 | 低↓高 | 硬↓软 | 脆↓柔 | 好↓差 | 差↓好 | 好↓差 | 好↓差 | 高↓低 |

光固化树脂根据所含的可反应基团，分为自由基固化型和阳离子固化型两大类。光固化树脂的主要供应商有：Sartomer（沙多玛）、Allnex（湛新树脂）、长兴化学、江苏三木、利田科技、润奥化工等企业。据统计，2018 年我国 UV 低聚物树脂的总产量约为 13 万吨（同比增长 13.9%），总产值为 32.6 亿元人民币（同比增长 13.0%）。目前，光固化低聚物树脂正朝着高活性、高性能、低黏度、低价格的方向发展。

### 27.2.3.1 自由基光固化体系

各种基团按照自由基聚合反应速率快慢排序为：丙烯酸酯类＞甲基丙烯酸酯类＞乙烯基类＞烯丙基类等，其结构式如下：

丙烯酸酯类　　　甲基丙烯酸酯类　　　乙烯基　　　烯丙基

因此，丙烯酸酯类（含甲基丙烯酸酯类）是目前光固化领域内用量最大的一类低聚物，约占整个光固化市场的 82%，主链包含环氧树脂、聚氨酯、聚酯、聚醚等多种不同结构的（甲基）丙烯酸酯体系，其中，用量最大的两类是环氧类丙烯酸酯树脂（用量占比为48.5%）和聚氨酯类丙烯酸酯树脂（占比为 24.2%）。各类丙烯酸酯性能对照如表 27-2 所示，其结构式示意如下：

R＝H,CH₃

环氧树脂、聚氨酯、聚酯、聚醚等为基本骨架丙烯酸酯体系低聚物，主要通过环氧树脂、聚醚、聚酯等具有适当端基（如—OH、—NH$_2$、—NCO、环氧基等）的预聚体，与丙烯酸试剂 X—R—COO—CH ═CH$_2$ 或甲基丙烯酸试剂 X—R—COO—C(CH$_3$)═CH$_2$ 通过直接酯化、酯交换、酰氯酯化、相转移催化、加成酯化等反应进行官能化，以满足 UV 固化市场的要求，具体制备路线如下所示：

常用自由基型光固化树脂的性能对比见表 27-2。

表 27-2　常用自由基型光固化树脂的性能对比

| 低聚物树脂 | 固化速率 | 拉伸强度 | 柔韧性 | 硬度 | 耐化学性 | 耐黄变性 |
|---|---|---|---|---|---|---|
| 环氧丙烯酸酯（EA） | 高 | 高 | 不好 | 高 | 极好 | 中 |
| 聚氨酯丙烯酸酯（PUA） | 可调 | 可调 | 好 | 可调 | 好 | 可调 |
| 聚酯丙烯酸酯（PEA） | 可调 | 中 | 可调 | 中 | 好 | 不好 |
| 聚醚丙烯酸酯 | 可调 | 低 | 好 | 低 | 不好 | 好 |
| 纯丙烯酸酯 | 慢 | 低 | 好 | 低 | 好 | 极好 |
| 乙烯基树脂 | 慢 | 高 | 不好 | 高 | 不好 | 不好 |

（1）环氧丙烯酸酯　环氧丙烯酸酯（epoxy acrylate，简称 EA）是由商品环氧树脂的环氧基和（甲基）丙烯酸或含有—OH 的丙烯酸酯化而得到的，是目前国内光固化产业内消耗量最大的一类光固化低聚物，具有抗化学腐蚀性好、附着力强、硬度高和价格便宜等优点。根据结构类型，环氧丙烯酸酯可以分为双酚 A 型环氧丙烯酸酯、酚醛环氧丙烯酸酯、环氧化油丙烯酸酯和酸酐改性环氧丙烯酸酯，其中又以双酚 A 型环氧丙烯酸酯用量最大。

双酚 A 型环氧丙烯酸酯，由于体系中存在大量刚性的苯环结构，并且光固化的反应温度较低，导致体系迅速凝胶，使得大量未反应的双键基团被刚硬的交联网络包覆，降低了双键转化率，而残留的未反应基团对胶黏剂的耐老化、抗黄变等性能不利，因此，双酚 A 型环氧丙烯酸酯常常需要大量活性稀释剂调低黏度，并且尽量减少高官能度活性稀释剂的用量。另外，在合成环氧丙烯酸酯时，以柔性长链脂肪二酸（如壬二酸）或一元羧酸（如油酸、蓖麻油酸等）部分替代丙烯酸，在环氧丙烯酸酯链上引入柔性长链烃基，可改善其柔韧性。也可以配合聚氨酯丙烯酸酯低聚物使用，以增加体系的整体柔韧性。具有较好柔韧性的改性环氧丙烯酸酯应用也日趋广泛。

（2）聚氨酯丙烯酸酯（PUA）　通常由二元醇（或多元醇）等端羟基的大分子与二异氰酸酯反应得到—NCO 封端的预聚体，再由此预聚体与丙烯酸酯类单体反应制得，其性能特点如表 27-2 所示。PUA 的光聚合反应活性不如环氧丙烯酸酯，底层固化后，表层通常呈黏液状。常通过引入环氧丙烯酸酯或增加官能度的方法进行改进，还要注意光引发剂和活性稀释剂等的选择。鉴于 PUA 固化慢、价格相对较高，在常规光固化配方中较少以 PUA 为主体低聚物，往往作为辅助性功能树脂使用，大多数情况下，配方中使用 PUA 的主要意图是为了增加固化涂层的柔顺性，降低应力收缩，改善附着力。特别是在纸张、软质塑料、皮革、织物、易拉罐等软性底材的光固化涂装和粘接方面，PUA 发挥着至关重要的作用。目前常用的为脂肪族聚氨酯丙烯酸酯树脂，包括脂肪族聚氨酯二丙烯酸酯、脂肪族聚氨酯三丙烯酸酯和脂肪族聚氨酯六丙烯酸酯等。

（3）聚酯丙烯酸酯　聚酯丙烯酸酯（polyester acrylate，简称 PEA）是由含有羟基的低分子量聚酯与丙烯酸进行反应制得的。一般来说，聚酯丙烯酸酯的价格低廉、黏度低，与其他树脂相容性好，所以有时也将聚酯丙烯酸酯作为活性稀释剂使用，具有良好的柔韧性和颜料浸润性。但是，由于其固化收缩率比较高，定型过程中尺寸不稳定，易出现应力问题，而且光固化速率较慢，表面氧阻聚较明显，化学稳定性较差等缺点，也使它在某些应用领域受到了限制。目前通过支化的多官能化、氨基改性及主链上引入醚键，或引入芳环作为侧链等方法进行调节。聚酯丙烯酸酯低聚物近几年的成长非常迅速，功能性越来越强，在胶黏剂领域的应用也越来越重要。

（4）聚醚丙烯酸酯　聚醚丙烯酸酯（polyether acrylate）是由聚醚上的端羟基与丙烯酸酯化制得的。醚链较短时，固化胶层硬而脆；醚链较长时，固化胶层机械强度低，硬度和柔性都难以达到使用要求。因此，聚醚丙烯酸酯很少作为主体树脂使用，主要作为活性稀释剂，而且稀释效果优异。目前常用的产品为氨基改性的聚醚丙烯酸酯，其特点为柔韧性佳、耐化学性好、颜料浸润性好和反应活性高。但是大分子聚醚丙烯酸酯可以作为光固化水凝胶的制备原料，例如，多乙氧基化三羟甲基丙烷三丙烯酸酯，其中的乙氧基重复单元数至少为 5，单体才表现出足够的水溶性，尤其和丙烯酰胺、N-丙基丙烯酰胺光共聚，形成性能可调节的水凝胶。

（5）有机硅低聚物　固化有机硅低聚物是以聚硅氧烷中重复的 Si—O 键为主链结构的预聚体，并具有可进行光聚合、交联的反应基团，如丙烯酸酯基、乙烯基或环氧基等。有机硅丙烯酸酯是一种有特殊性能的低聚物，它具有较低的表面张力，极好的柔韧性、耐高低温性、耐湿性、耐候性等，例如可用于玻璃和石英材质光学器件用胶黏剂的制备等。

（6）不饱和聚酯　不饱和聚酯是由含双键的不饱和二元酸（或酸酐）混以部分饱和二元酸（或酸酐）与二元醇，在催化剂的作用下反应聚合而成的线型或支链型聚酯。可与活泼的乙烯基单体进行共聚交联固化形成体型结构。苯乙烯是常用的共聚单体，兼作活性稀释剂，其具有廉价、反应活性较高等特点，但苯乙烯是挥发性易燃液体，施工时挥发更快，工作现场火灾隐患大，人身健康亦受威胁。不饱和聚酯体系主要用在木器涂装方面，但我国基本不在光固化产品中使用这种体系。

（7）乙烯基醚类　乙烯基醚也是比较适合不饱和聚酯的活性稀释剂，其 C =C 直接与氧原子连接，双键电子云密度较高，属于富电子单体，发生自由基均聚倾向较小，正好可与缺电子的不饱和聚酯配对，作为高效稀释剂的同时，又能和马来酸酐单元进行交替共聚交联。由于低毒、低气味、高稀释性，多官能度乙烯基醚是苯乙烯活性稀释剂的理想替代品，但可能因为价格因素，乙烯基醚作为光固化产品的活性稀释剂还未大规模应用。

## 27.2.3.2　阳离子光固化体系

阳离子光固化所用的低聚物树脂，通常具有环氧基团或乙烯基醚基团，结构式如下：

环氧树脂

脂环族环氧树脂(氧化环己烯)

$$H_2C =CH-O-\boxed{\phantom{xx}}-O-CH =CH_2$$

乙烯基醚树脂

（1）环氧基树脂　阳离子开环聚合时，聚合速度比丙烯酸酯自由基聚合慢得多（低一个数量级），但是可以实现"暗固化"，最终也能达到较为完全的聚合转化。

缩水甘油醚（或酯）类环氧树脂，如双酚 A 型、酚醛型、聚醚二醇型和邻苯二甲酸二缩水甘油酯等，黏度大，溶解困难，施工不便，光聚合活性较低。也有些反应活性较高的缩水甘油醚型环氧树脂，例如：间苯二酚型环氧树脂、羟甲基双酚 A 型环氧树脂等。

适合于阳离子光聚合的是脂环族环氧树脂，主要包括氧化环己烯衍生物，较高的反应活性、低黏度、低气味、低毒性、低收缩率和耐候性好等优势，成为阳离子光固化领域最受青睐的主体树脂，但其价格比双酚 A 型环氧树脂要高一些。

（2）乙烯基醚类树脂　乙烯基醚类树脂是另一大类可用于阳离子光固化的低聚物或活性稀释剂，它们具有固化速率快、黏度低、毒性低、相容性好等优点，它们还可以与丙烯酸酯体系树脂或脂环族环氧树脂配合使用。详见活性稀释剂部分的介绍。

## 27.2.4　活性稀释剂/单体

活性稀释剂（reactive diluent）也称为单体或功能性单体，它是含有一个或多个可聚合官能团的有机小分子，也参与光固化过程，因而也会影响产品的光固化速率和固化后的各种性能。活性稀释剂中官能团越多，官能度越大，活性越高，固化速率越快。据统计，2018年我国光固化行业活性稀释剂/单体的总产量约为 16.6 万吨（同比增长 9.0%），总产值约为 37 亿元人民币（同比增长 13.8%）。其中，用量较大的活性稀释剂/单体主要包括：三羟甲基丙烷三丙烯酸酯（TMPTA）（用量占比为 31.2%）、二缩三丙二醇二丙烯酸酯（TPGDA）（占比为 24.0%）、二丙二醇二丙烯酸酯（DPGDA）（占比为 10.6%）、1,6-己二醇二丙烯酸酯（HDDA）（占比为 8.0%）。而 DPGDA 属于近三年来增长速度最快的活性稀释剂/单体产品。

活性稀释剂不仅能降低黏度，还能调节光固化体系的各种性能，如增加交联度、提升粘接性、改善柔韧性等。

（1）单官能团活性稀释剂　具有如下特点：①黏度低，稀释能力强。②由于可反应基团含量低，光固化速率低。③交联密度低。④体积收缩较低。⑤转化率高。⑥挥发性较大，气味、皮肤刺激性、毒性也相对较大。不过现在已经开发出不少低挥发性、低毒性的单官能团活性稀释剂，应用范围更广泛。

（2）双官能团活性稀释剂　具有以下特点：①固化时交联密度增加，有利于胶层物化性能的提升。②黏度也相应增加。③挥发性较小，气味较低。④中等的固化速率。

（3）多官能团活性稀释剂　具有以下特点：①光固化速度快。②交联密度大，硬度高，脆性大，收缩率大，耐抗性优异。③分子量大，挥发性低，沸点高。④黏度高，稀释性较差。其中 TMPTA 是所有活性稀释剂/单体中用量最大的单一产品。

（4）烷氧基化丙烯酸酯活性稀释剂　这是第二代丙烯酸酯活性稀释剂，由乙氧基（—$CH_2CH_2O$—）化或丙氧基（—$CH_2CH_2CH_2O$—）化的醇类丙烯酸酯构成，刺激性和毒性小，固化收缩率低，同时保持其较快的光固化速率。例如，乙氧基化改进 TMPTA，结构式为 $TMP(EO)_n TA$，在黏度增加有限的情况下，玻璃化转变温度逐步下降，亲水性也增加了，$TMP(EO)_{15}TA$ 即可溶于水。此外类似的还有烷氧基化双酚 A 丙烯酸酯（简称 BPA 活性稀释剂），长兴化学就有这类产品，黏度大幅降低，$T_g$ 下降，柔韧性增加，耐冲击性能提高，亲水性增加（分子量为 1680 的 BPA 可溶于水），同时具有较高的折射率。

（5）含甲氧端基的丙烯酸酯类活性稀释剂　第三代活性稀释剂是分子链一端为甲氧基、另一端为丙烯酸酯单官能团的活性稀释剂。它们除了具有单官能团活性稀释剂特有的低收缩性和高转化率外，还具有高反应活性。目前已商品化和使用较多的有沙多玛公司的甲氧基聚乙二醇（350）单甲基丙烯酸酯（牌号为 CD550）、甲氧基聚乙二醇（350）单丙烯酸酯（牌号为 CD551）、甲氧基聚乙二醇（550）单甲基丙烯酸酯（牌号为 CD552）、甲氧基聚乙二醇（550）单丙烯酸酯（牌号为 CD553），以及德国科宁公司的甲氧基三丙二醇单丙烯酸酯（牌号为 Photomer8061）、甲氧基丙氧基新戊二醇单丙烯酸酯（牌号为 Photomer8127）等，也有含两个双键官能团的产品，如甲氧基乙氧基三羟甲基丙烷二丙烯酸酯（牌号为 Photomer8149）等。

（6）乙烯基醚类活性稀释剂　含有乙烯基醚（$H_2C = CH-O-$）或丙烯基醚（$H_2C = CH-CH_2-O-$）结构的活性稀释剂，反应活性高，能进行自由基聚合、阳离子聚合和电荷转移复合物交替共聚，因此，乙烯基醚可在多种辐射固化体系中应用。另外，如与马来酰亚胺类缺电子双键配合，双方可形成强烈的电荷转移复合物（CTC），经光照后，可在没有光引发剂存在下发生聚合，即无光引发剂的光固化体系。乙烯基醚与丙烯酸酯类活性稀释剂相比，具有黏度低、稀释能力强、沸点高、气味小、毒性小、皮肤刺激性低、反应活性优良等特点，但价格较高，影响了它们在光固化产品中的应用。

（7）其他活性稀释剂　除了以上常规的活性稀释剂以外，还有些特殊功能和用途的活性稀释剂产品已经商品化。①阳离子聚合用活性稀释剂，包括环氧类、乙烯基醚类、丙烯基醚类、丁烯基醚类、戊烯基醚类、乙烯酮缩二乙醇类、氧杂环丁烷类。②杂化型活性稀释剂，分子内同时含有丙烯酸酯双键和环氧基团，使其能用于自由基型和阳离子型杂化光固化体系中，例如日本大阪有机化学公司开发的 OXE 系列就属于这类稀释剂。③含磷的阻燃型丙烯酸酯稀释剂具有较好的无卤阻燃效果。④提高金属附着力的活性稀释剂，在稀释剂结构中引入磷酸基团，可以有效提高胶黏剂对金属基材的粘接力，例如沙多玛公司的 SR9008、SR9009、SR9011、SR9012、SR9016 和科宁公司的 4703、4846、4173 等都属于这类活性稀释剂。

## 27.2.5　其他助剂

实际应用中，除了上述组分外，光固化胶黏剂还需要加入各种添加剂，以达到使用要求。虽然它们不是光固化胶黏剂的主要成分，在产品中占的比例很小，但它们对完善产品的各种性能起着重要作用。

（1）阻聚剂　主要是增加贮存稳定性，常用的有对苯二酚、对甲氧基苯酚等。

（2）增塑剂　主要是增加胶层的韧性、延伸率和耐寒性，但是会降低内聚强度和弹性模量。常用的增塑剂有邻苯二甲酸酯类、磷酸酯类、乙二酸酯类和癸二酸酯类等，邻苯二甲酸酯类由于毒性大，已逐渐不再使用。

（3）偶联剂　增加主体树脂与被粘物之间的化学结合力，起到一定的"架桥"作用，提高胶黏剂的粘接性能。常用的偶联剂为硅烷偶联剂。

（4）填料　主要是降低成本和收缩率。常用的有无机填料，如瓷粉、高岭土粉、氧化铝粉、玻璃粉、玻璃纤维等可改善耐热性、降低固化收缩、增加耐磨性和强度等。常用的有机填料，如尼龙的塑料粉、植物纤维等，可改善胶层脆性、增加抗冲击韧性、减小固化收缩等。填料通常会影响光的透过，不利于光固化，因此在配方中尽量少加。

# 27.3　光源与光固化设备

光源按照其波长范围不同，可划分为 UVC（$200 \sim 280nm$）、UVB（$280 \sim 315nm$）、UVA（$315 \sim 400nm$）、可见光区（$400 \sim 700nm$）。UV LED 光源与汞灯的对比如图 27-1 所

示。UVC 波段为短波紫外光，也称为远紫外光、深紫外光，因波长短而能量较高，易引起分子的激发，其至引发光化学副反应，小于 240nm 时会将空气中氧分子（$O_2$）激发生成强烈气味的臭氧（$O_3$），一般不常采用。

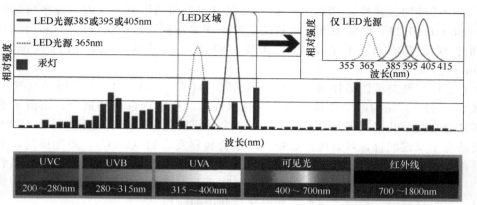

图 27-1　UV LED 光源与汞灯的对比

　　光源的主要影响要从光强和辐照能量两方面考虑。光强是指光固化材料单位面积内获得的紫外光能量，单位为 $mW/cm^2$，可用紫外光强度计（照度计）测得。光化学反应必须在高于某一特定光强下才能进行。在光强不随时间变化的情况下，光强乘以时间即为样本在设定时间内所接收到的紫外光辐照能量，单位为 $mJ/cm^2$。使用较高光强的设备可以缩短固化时间，同时高光强可以降低氧阻聚的影响。但是高功率光源也会导致灯管和反射罩过热，缩短设备寿命。过多的辐照不仅会造成能量浪费，且会导致固化胶层的老化。生产中一般通过实验确定最佳的辐照能量。选择一套合适的紫外光测量仪器，对光固化胶黏剂的质量控制可以带来很大的帮助。

　　目前可选用的紫外光辐照光源有多种，例如：汞蒸气弧光灯（低压、中压、高压、超高压）、UV LED 光源、无极灯、UV 等离子体灯、金属卤素灯、氙灯、准分子紫外灯等，工业上常用的是前三种光源。

## 27.3.1　汞灯光源设备

　　工业生产上采用的中压汞灯，单支灯管功率可从几百瓦至数千瓦不等，可使多支并排安装调节光辐照强度，可产生 UVA 至 UVB 波段的光强可达每平方厘米数十至数千毫瓦。中压汞灯输出紫外光的波长呈带状分布，但几个较强的输出波长比较固定，最强紫外输出位于长波 UV 段的 365nm 处，其次在中波 UV 段和短波 UV 段的 313nm、303nm、280nm、254nm 附近也有较强紫外输出。在可见光波段的 405nm、436nm、546nm 附近也有较强输出，使得中压汞灯肉眼视觉发黄绿光。其输入能量有近 60% 转变为红外辐射，灯管壁温度可高达 500℃ 左右，被固化物体表面温度升高 60～90℃，会对一些对热敏感的基材（纸、木器、塑料、纺织品、皮革和电子器件等）产生不利影响，因此通常装有冷却系统。中压汞灯光源需要在点灯后预热 20min 左右以获得稳定工作状态，灯管工作寿命大多为 1000～3000h 左右。

　　无极灯是一种相对先进的紫外光源，即采用中间细长的无电极石英灯管，灯管本身不接触电源，内充汞蒸气和氩气，灯管在装置微波共振激发下发射紫外光。根据灯管尺寸、汞蒸气压等参数设计差异，可调整灯管发射紫外光谱带的分布和强度，以适应不同 UV 固化场合。无极灯具有即开即用、无需预热、工作寿命长、光强输出稳定的特点。

　　汞灯光源的缺点：①灯泡需要经常更换会产生大量含汞的有害废品；②辐照中夹杂大

量红外光等杂波产生大量的辐射热，致使制品表面升温，并且浪费了大量能量；③预热时也会造成能量的浪费。因而，传统的 UV 汞灯将来被 UV LED 光源取代是必然趋势。

## 27.3.2　UV LED 光源设备

UV LED 光源是以半导体芯片发射紫外光，主要为 UVA 波段的光源。依据芯片带隙宽度不同，可发射中心波长分别位于 365nm、375nm、385nm、395nm、405nm 等处的窄带光，其输出光强已经超过 20000 mW/cm$^2$，但 365nm 输出的 UV LED 光源其辐照光强还较低。当前 UVB 和 UVC 波段的半导体光源由于制造技术难度太大、成本极高、输出光强太弱，预计短时间内难以获得规模化市场应用。

UV LED 光源与汞灯的输出波长和光强对比如图 27-1 所示，UV LED 光源的优势：①只在需要紫外线时瞬间点亮，无需待机和预热，且使用寿命是汞灯的 30～40 倍，有效发光效率是汞灯的 10 倍以上，大幅度提升了效率，同时也非常节能；②不会产生热辐射，被照射的产品表面温升 5℃ 以下，从而提升了产品的合格率，适合塑料基材、透镜及电子产品、光纤光缆等对热敏感和高精度的粘接工艺要求；③属于特定波长下的高精度、高强度、均匀性照射，缩短了 UV 胶黏剂的固化时间，提高了生产效率；④没有汞污染，更加环保。

# 27.4　光固化型胶黏剂的种类、配方设计及应用

光固化胶黏剂的基本成分一般包括低聚物树脂、活性稀释剂、光引发剂等，再根据所需要的性能加入流平剂、增塑剂和稳定剂等各种助剂。一般情况下，低聚物的比例为 20%～50%，单体为 5%～60%，光引发剂为 3%～5%，助剂为 1%～10%，根据胶黏剂种类和用途的不同，配方比例也有所不同。

## 27.4.1　UV 结构胶

UV 丙烯酸酯结构胶黏剂用的低聚物主要为环氧（甲基）丙烯酸酯、聚氨酯（甲基）丙烯酸酯、聚酯（甲基）丙烯酸酯等；活性稀释剂为（甲基）丙烯酸单酯、（甲基）丙烯酸双酯等。为了提高韧性、耐冲击性、耐疲劳性、耐久性和粘接强度，往往需加入一些弹性体作增韧树脂。加入的弹性体，有的参与反应，产生接枝共聚物，有的会形成"海岛"结构，提高粘接性能，同时还可调节黏度，降低固化收缩率。常用的弹性体有丙烯酸酯橡胶、丁腈橡胶、SBS 等。光引发剂也由最早的安息香醚类改用目前主流的 1173、184、651 等高效光引发剂，并配以叔胺类助引发剂，以减少氧阻聚的影响。助剂上，用酚类阻聚剂以提高贮存稳定性；加入气相二氧化硅，以提高触变性；加入硅烷偶联剂，以提高耐水性和粘接强度等。

经过配方设计，光固化结构胶可以达到具有传统结构胶的各种性能，而且在更短时间内达到最高强度。比如在 UV 光照下的初固时间可缩短到 1～5s，并且在 1h 内达到最高强度，可以满足自动化生产线的使用要求。UV 结构胶的参考配方见表 27-3。

表 27-3　UV 结构胶的参考配方（质量份）

| | | | |
|---|---|---|---|
| 甲基丙烯酸四氢呋喃酯 | 200 | 引发剂 AIBN | 50 |
| 甲基丙烯酸异冰片酯 | 400 | 引发剂 184 | 50 |
| 聚氨酯丙烯酸酯树脂 | 100 | 引发助剂三苯基膦 | 50 |
| SBS 树脂 | 100 | 气相二氧化硅 R202 | 5 |
| 稳定剂对苯二酚 | 3 | | |

## 27.4.2　UV 光学胶

　　UV 光学胶主要是用于粘接光学透明元件的特种胶黏剂，它必须符合如下要求：①在指定的光波波段内光透过率＞97%，并且固化后胶黏剂的折射率与被粘光学元件的折射率相近；②粘接强度良好；③胶黏剂的模量低，固化收缩率小，固化后延伸率大；④吸湿性小；⑤耐冷热冲击、耐振动、耐油、耐溶剂等；⑥操作性能好，在维修时，可用简单的方法分离；⑦对人体无害或低毒性。

　　触摸屏是 UV 光学胶的最大单一应用。触摸屏中的 UV 光学胶有 3 个功能：粘接、增加透光性和提高抗冲能力。需要满足严格的性能要求，包括颜色、耐候和环境稳定性、电器性能、光学性能等。触摸屏贴合涉及的粘接材质主要有：玻璃、ITO 导电层、PET、PMMA、PC 等。当触摸屏采用蓝宝石后，为提高透光性将需要更高折射率的 UV 胶。目前用于触摸屏的有固态光学胶（OCA）和液态光学胶（LOCA），前者是无基材的双面压敏胶，上下都是离型膜，使用时先去除轻离型膜进行贴合，然后去除重离型膜再与另一粘接面贴合；LOCA 是汉高后来开发的胶种，可以用程序控制点胶机点胶，盖上玻璃盖板、流平和充满后透过盖板固化，具有填充性好、施胶方便的优点，但需要做溢胶清理。早先的触摸屏采用的液态胶是热固化胶，需要经过涂布、干燥、热交联工艺生产，烘道长、灰尘等引起的瑕疵多，生产过程长，效率低，现在已经全部转变为 UV 固化胶，大大提高了生产效率。

　　无影胶其实也是一种 UV 光学胶黏剂，主要用于玻璃与玻璃、金属、塑料之间的粘接，还广泛应用在玻璃、钟表、工艺装饰工艺品等的粘接和制造，使这些产品的生产过程大为简化，其对于光学性能和固化收缩要求较低，但是对玻璃的粘接性能要求较高。由于光学玻璃和玻璃是一种典型的脆性材料，十分易碎，同时又是热膨胀系数较小的材料，因此这种胶黏剂必须考虑其自身和材料之间由于温度变化可能造成玻璃产生自然破裂或胶黏剂开裂的情况。UV 玻璃胶的主体树脂，以环氧（甲基）丙烯酸酯最为理想，它的折射率和透光率优异，有较低的热膨胀系数，耐热性和耐寒性也良好，而且固化速率也快，但固化体积收缩稍大。另外也可选用聚氨酯（甲基）丙烯酸酯、有机硅（甲基）丙烯酸酯。适量地添加有机硅偶联剂如 KH570 等，有利于提高 UV 玻璃胶的粘接力。

　　高折射率的 UV 固化胶是大功率 LED 的封装、蓝宝石光学器件粘接的关键材料。通常有机材料的折射率在 1.6 以下，而且高折射率材料通常带颜色，耐热性不好；需要采用有机-无机纳米复合才可能得到颜色浅、折射率高于 1.7、耐热性较好的材料。

　　随着电子产品的薄层化以及有机光电子器件、柔性可弯曲显示器件的出现，适应卷对卷工艺的 UV 胶黏剂有巨大的需求。UV 固化的高效、快速、及时、可控制性的特点将充分显现。柔性、可卷曲光电子器件都需要 UV 胶进行粘接和封装，高透明、高阻隔性封装胶是关键材料。以性能要求最高的有机发光器件（OLED）为例，封装材料对氧气和水的渗透率分别为：$H_2O < 5 \times 10^{-6} g/(m^2 \cdot d)$，$O_2 < 10^{-5} cm^3/(m^2 \cdot d)$。比现有有机材料的氧气、水的渗透率低了 4~5 个数量级，需要与最近刚出现的厚度仅几十微米的可卷曲的玻璃复合，才有望达到阻隔性能的要求。UV 胶参考配方见表 27-4~表 27-6。

表 27-4　UV 光学胶参考配方（质量份）

| EA(CYD128) | 100 | 偶联剂钛酸酯 | 1 |
|---|---|---|---|
| 邻苯二甲酸二烯丙基酯 | 35 | 邻苯二甲酸二丁酯 | 5 |
| BEE 光引发剂 | 4 | HQ | 0.15 |

表 27-5 UV 玻璃胶黏剂参考配方（质量份）

| | | | |
|---|---|---|---|
| 聚酯芳香族 PUA | 20.0 | 1173 | 1.5 |
| PEA(EB524) | 5.0 | 184 | 1.0 |
| TPGDA | 12.0 | 大分子表面活性剂 | 0.5 |
| TMPTA | 3.0 | KH570 | 0.6 |
| HEA | 4.0 | | |

表 27-6 UV 液晶显示器封口胶黏剂参考配方（质量份）

| | | | |
|---|---|---|---|
| 酚醛环氧丙烯酸酯 F-44 | 50.0 | 双官能度反应型引发剂 | 3.0 |
| 双酚 A 聚醚聚氨酯改性环氧丙烯酸酯 | 30.0 | 氢键型硅烷偶联剂 | 2.0 |
| EM2308 | 7.5 | 球形气硅 S22LS0 | 适量 |
| HEMA | 12.5 | | |

## 27.4.3 UV 压敏胶

UV 固化型丙烯酸酯压敏胶是一类新的无溶剂型压敏胶，它们在高温下处于黏稠液体状态，使用时涂布于基材上，经紫外光照射后固化成具有实用性能的压敏胶黏制品。它对环境无污染，能快速固化，可降低能耗，各项物理性能均优于其他类型的压敏胶。制备光固化压敏胶的原料单体的设计原理同传统的压敏胶相似，不同的是 UV 压敏胶是先涂布再聚合，因此所用的单体一般沸点比较高。UV 压敏胶参考配方见表 27-7～表 27-11。

表 27-7 UV 压敏胶参考配方（质量份）

| | | | |
|---|---|---|---|
| 聚酯型 PUA | 34.0 | 阻聚剂 HEMQ | 0.1 |
| 四乙氧基壬基苯酚丙烯酸酯 | 28.9 | 抗氧剂 | 1.0 |
| $C_5$～$C_9$ 碳氢树脂 | 20.0 | 光引发剂 1173 | 10.0 |
| 酸改性甲基丙烯酸烷基酯 6.0 | | | |

表 27-8 高剪切强度的 UV 压敏胶参考配方（质量份）

| | | | |
|---|---|---|---|
| 脂肪族 PUA | 52.0 | IDA | 14.0 |
| PUA | 22.0 | Oligoamine | 4.0 |
| 三官能 PEA | 4.0 | 光引发剂 1173 | 4.0 |

表 27-9 高剥离强度的 UV 压敏胶参考配方（质量份）

| | | | |
|---|---|---|---|
| 脂肪族 PUA | 53.0 | Oligoamine | 4.0 |
| 惰性增黏树脂($T_g$=−12℃) | 25.0 | 光引发剂 1173 | 4.0 |
| IDA | 14.0 | | |

表 27-10 高黏度 UV 压敏胶参考配方（质量份）

| | | | |
|---|---|---|---|
| 单官能 PUA | 18.0 | EOEOEA | 22.0 |
| 增黏树脂($T_g$=−18℃) | 56.0 | 光引发剂 1173 | 4.0 |

表 27-11 低气味 UV 压敏胶参考配方（质量份）

| | | | |
|---|---|---|---|
| 脂肪族 PUA(CN966) | 50.0 | 二乙醇胺 | 3.0 |
| 四乙氧基壬基酚丙烯酸酯(CD504) | 40.0 | KIP100F | 3.0 |
| BP | 4.0 | | |

## 27.4.4  UV 医用胶

### 27.4.4.1  UV 医用导电压敏胶

医用导电压敏胶是 UV 固化胶在医疗器械行业中一种新型的应用。要求同时具有压敏粘接性和导电性。按国家标准规定，医用导电压敏胶还必须满足以下生物学性能要求：①细胞毒性≤1 级；②原发性皮肤刺激无或轻微；③致敏≤1 级。同时，国家标准还规定了卫生指标：要求产品的污染菌数≤100 cfu/g。采用 UV 固化技术生产医用导电压敏胶，用于制备各种医用电极、理疗电极、一次性使用心电电极、高频电刀用板电极等。

### 27.4.4.2  UV 医用胶黏剂

随着聚碳酸酯（PC）和柔性聚氯乙烯（PVC）在医药工业中的广泛应用，对穿透能力强的长波长 UV 胶黏剂的需求越来越强烈，导致了可见光固化光引发剂的发展。随着在 405nm 处强吸收光引发剂的出现，固化胶黏剂可在 400~420nm 处固化，从而克服了短波长吸收的问题，这种胶黏剂也被认为是 UV/可见光固化的。如新一代的光固化胶黏剂仅用 425nm 波长以上的可见光辐照即可发生光化学反应，在不到 10s 的时间内固化，并且可以粘接金属、玻璃和许多塑料等基材。它们可用于对紫外线具有阻隔作用的基材上，并且可以用于带颜色的材料，特别是适用于半透明等级的紫色、蓝色、灰色和白色基材。目前的可见光固化胶黏剂能够满足严格的 ISO 10993 生物相容性要求，并且固化深度可以超过 1cm，使其甚至可以满足灌封应用的要求。

目前已开发出的光固化和光/湿气双重固化有机硅胶，均保持了对有机硅基材的高粘接力，并提供了显著的柔韧性，同时固化时间约为 60s。由于两种技术都不含腐蚀性副产品，不需要通风即可消散残留物或强烈的气味。经过测试，光固化有机硅符合严格的 ISO 10993 生物相容性要求。光/湿气固化有机硅技术可在暴露于中等强度到高强度的光线下进行固化，并且包括类似于传统 RTV 有机硅的二次湿固化。对于光不能到达的阴影区域，二次湿固化可以使这部分胶黏剂固化完全。光/湿气固化的有机硅胶黏剂在外观上是半透明的，并具有高伸长率和耐撕裂性。

除了在医疗器械组装中的应用，光固化胶黏剂还应用在医疗的很多方面。例如，软组织用光固化医用胶黏剂在创伤修复、紧急止血和脉管黏合等方面的应用，用来代替传统的 α-氰基丙烯酸酯胶黏剂。由于临床上人们逐渐认识到紫外线对组织的伤害，现在较多使用可见光固化的胶黏剂用于人体软组织粘接。

在齿科修复手术方面，最早使用的是聚甲基丙烯酸甲酯材料，但其硬度与粘接力均不够高。后来发展成以多官能度甲基丙烯酸酯为基料，无机粉末为填料的复合胶黏剂，性能有了极大的提高，其致命的缺点是固化后的胶黏剂会缓慢溶解于唾液及水中，影响寿命。人们逐渐发现光固化胶黏剂快速简便的优点，在齿科手术这种特殊环境下有较好的表现。目前的趋势是采用结合光固化和化学固化优点的光化学固化胶黏剂体系。例如在可见光齿科修复胶黏剂材料中，采用双酚 A 甲基丙烯酸缩水甘油酯（Bis-GMA）为光固化树脂，但由于其单体分子之间的氢键作用，Bis-GMA 黏度较大，往往需要加入一定量的稀释单体。可见光固化补牙用充填复合材料胶黏剂的参考配方见表 27-12。

表 27-12  可见光固化补牙用充填复合材料胶黏剂的参考配方（质量份）

| | | | |
|---|---|---|---|
| 双酚 A 缩水甘油双甲基丙烯酸酯 | 50.0 | 醋酸-3,4-亚甲基二氧基苯甲酯 | 1.5 |
| 1,6-己二醇双甲基丙烯酸酯 | 50.0 | 气硅 $SiO_2$ AEROSIL OX50 | 7.2 |
| 樟脑醌 | 5.0 | 铝硅酸盐玻璃陶瓷 | 201.4 |

## 27.4.5　UV 密封胶

光固化密封胶是新发展起来的一种密封胶，它的主体树脂为环氧（甲基）丙烯酸酯、聚氨酯（甲基）丙烯酸酯或聚酯（甲基）丙烯酸酯，用量可占到胶黏剂的 50%～90%，配以适当的活性稀释剂和光引发剂，另外根据需要还要选用一些相应的填料。UV 能否穿透基材是至关重要的，因为 UV 必须到达粘接面才能实现胶黏剂的完全固化，达到相应的性能。UV 密封胶必须要 UV 光照射才能固化，所以必须要在一面能透过 UV 的器件上才能应用。在灌封或填充应用中，使用胶黏剂的体积比较大，这时厚层的胶黏剂也会限制 UV 的穿透，导致固化深度比较浅，这是它的最大弱点。光固化密封胶参考配方见表 27-13、表 27-14。

表 27-13　UV 密封胶参考配方（质量份）

| EA | 70 | 三苯基膦 | 4 |
| --- | --- | --- | --- |
| TMPTA | 20 | 叔胺 | 4 |
| 651 | 2 | 正丁胺 | 2 |
| 伯胺 | 2 | | |

表 27-14　阳离子 UV 密封胶参考配方（质量份）

| 硅氧烷改性四官脂环族环氧树脂 | 80 | 十二烷基苯碘鎓六氟磷酸盐（含 ITX） | 2 |
| --- | --- | --- | --- |
| 环己烷二乙烯基醚 | 20 | 滑石粉 | 67 |

## 27.4.6　UV/厌氧双重固化胶

UV/厌氧双重固化胶典型配方分析见表 27-15。

表 27-15　UV/厌氧双重固化胶典型配方分析

| 配方组成 | 质量份 | 各组分作用分析 |
| --- | --- | --- |
| 聚氨酯甲基丙烯酸酯 | 33 | 低聚物，主要黏料 |
| 丙烯酸异冰片酯 | 31 | 单体，黏料 |
| 甲基丙烯酸羟丙酯 | 25 | 单体，黏料 |
| 丙烯酸 | 5 | 促进剂，加速固化反应 |
| 蒽醌 | 0.1 | 稳定剂 |
| 糖精 | 0.5 | 厌氧促进剂 |
| 乙酰苯肼 | 0.5 | 厌氧促进剂 |
| 过氧化羟基异丙苯 | 1 | 引发剂（引发厌氧固化） |
| 联苯甲酰二甲基缩酮 | 2.5 | 光引发剂（引发光固化） |
| 固化性能 | 用 300W 高压汞灯，照射距离为 20cm，照射时间为 10min，剪切强度≥15MPa | |

## 27.4.7　光刻胶

光刻胶是芯片制造工艺中的关键材料，其技术水平决定了半导体产品的技术规格和能力，是国际上技术门槛最高的微电子化学品之一。光刻技术是集成电路制作过程中完成图形转移必不可少的关键工艺，其技术原理为：首先将光刻胶涂覆在半导体、导体和绝缘体上，经曝光显影后留下的部分对底层起保护作用，然后采用超净高纯试剂进行蚀刻，从而完成了将掩膜版图形转移到底层上的图形转移过程。一个集成电路的制造一般需要经过十多次图形转移过程才能完成。

光刻胶根据曝光和显影后的溶解度变化可以分为负型光刻胶和正型光刻胶。

① 负型光刻胶。负胶在经过曝光后，受到光照的部分变得不易溶解，留下光照部分形成图形。但是负胶在吸收显影液后会膨胀，这会导致其分辨率不如正胶。因此负胶经常会被

用于分立器件和中小规模集成电路等分辨率不太高电路的制作中。

②　正型光刻胶。正胶在经过曝光后，受到光照的部分将会变得容易溶解，只留下未受到光照的部分形成图形；大规模集成电路、超大规模集成电路以及对感光灵敏度要求更高的集成电路（亚微米甚至更小尺寸的加工技术）的制作，通常会选用正胶来完成图形的转移。

自20世纪50年代开始到现在，光刻技术经历了紫外全谱（300～450nm）、G线（436nm）、I线（365nm）、深紫外（DUV，248nm和193nm），以及下一代光刻技术中最引人注目的极紫外（EUV，13.5nm）光刻技术、电子束光刻等6个阶段，对应于各曝光波长的光刻胶组分（成膜树脂、感光剂和添加剂等）也随着光刻技术的发展而变化，主要光刻胶体系如表27-16所示。

表 27-16　主要的光刻胶体系

| 光刻胶体系 | 成膜树脂 | 感光剂 | 光刻波长 | 技术节点及用途 |
|---|---|---|---|---|
| 聚乙烯醇肉桂酸酯系负性光刻胶 | 聚乙烯醇肉桂酸酯 | 成膜树脂本身 | 紫外全谱(300～450nm) | 3$\mu$m以上集成电路和半导体器件 |
| 环化橡胶-双叠氮负胶 | 环化橡胶 | 芳香族双叠氮化合物 | 紫外全谱(300～450nm) | 2$\mu$m以上集成电路和半导体器件 |
| 酚醛树脂-重氮萘醌正胶 | 酚醛树脂 | 重氮萘醌化合物 | G线(436nm)<br>I线(365nm) | 0.5$\mu$m以上集成电路<br>0.35～0.5$\mu$m集成电路 |
| 248nm光刻胶 | 聚对羟基苯乙烯及其衍生物 | 光致产酸剂 | KrF(248nm) | 0.15～0.25$\mu$m集成电路 |
| 193nm光刻胶 | 聚酯环族丙烯酸酯及其共聚物 | 光致产酸剂 | ArF(193nm 干法)<br>ArF(193nm 浸没法) | 65～130nm集成电路<br>32nm、45nm集成电路 |
| EUV光刻胶 | 聚酯衍生物分子玻璃单组分材料 | 光致产酸剂 | 极紫外(EUV 13.5nm) | 22nm、32nm及以下集成电路 |
| 电子束光刻胶体系 | 甲基丙烯酸酯及其共聚物 | 光致产酸剂 | 电子束 | 掩膜版制备 |

到目前为止，193nm浸液式光刻是最成熟的技术，它在精确度和成本上达到了一个近乎完美的平衡。极紫外光刻（EUV）是传统光刻技术向更短波长的合理延伸，虽然还有很多环节和技术等待突破，但作为下一代的主流光刻技术，EUV光刻已经开始显示出强大的生命力。

光刻胶经过几十年不断的发展和进步，应用领域不断扩大，衍生出非常多的种类，按照应用领域，光刻胶可以划分为以下主要类型和品种，如表27-17所示。

表 27-17　光刻胶的主要类型和品种

| 主要类型 | 主要品种 |
|---|---|
| 半导体用光刻胶 | G线光刻胶、I线光刻胶、KrF光刻胶、ArF光刻胶、EUV光刻胶等 |
| 平板显示用光刻胶 | 彩色滤光片用彩色光刻胶及黑色光刻胶、LCD/TP衬垫料光刻胶、TFT-LCD中Array用光刻胶等 |
| PCB光刻胶 | 干膜光刻胶、湿膜光刻胶、光成像阻焊油墨等 |

据美国电子材料市场调查公司TECHCET调查显示，受到半导体市场低迷的影响，2019光刻胶、辅助材料的全球市场出现了负增长。根据法国知名调研机构Reportlinker公布的数据显示：2019年，全球光刻胶整体市场规模约为82亿美元，面板显示仍是全球光刻胶产品中占比最大的应用领域，约为27.8%；而在PCB和半导体领域的应用比例分别为23%和21.9%。据Reportlinker机构的预测，2019～2026年全球光刻胶消费量的复合年增长率可达6.3%，至2026年，全球光刻胶行业市场规模将突破120亿美元。另一方面，EUV光刻胶的市场规模在2020年超过1000万美元（约人民币7000万元），到2023年年平

均增长率预计达到 50% 以上，但是从当前的 EUV 光蚀刻胶的整体市场来看，EUV 光刻胶的占比不足 1%。高端光刻胶的研发和生产主要由日系 JSR、信越化学、东京应化等少数公司所垄断。中国半导体光刻胶市场规模全球占比最大，高达 32%，市场需求旺盛。高端光刻胶市场需求显著，国产化程度较低。目前在光刻胶国产化方面取得进展的公司主要包括：

晶瑞股份的子公司苏州瑞红，自 1993 年开始光刻胶研发和生产，产品主要应用于半导体及平板显示领域，技术水平和销售额处于国内领先地位。负胶、宽谱正胶、G 线胶产品已规模销售多年，I 线光刻胶近年已供应国内知名大尺寸半导体厂，而 248nm 的 KrF 光刻胶也处于中试阶段，每年的光刻胶销售额为 8000 万元左右。

容大感光也研发了水显影负性光刻胶、3D 曲面玻璃用彩色光刻胶和平板显示高分辨率正性光刻胶等产品，在大亚湾石化区新建成年产 1000t 光刻胶及配套化学品生产线。光刻胶年销售额在 2000 万元左右。

南大光电专门成立全资子公司——宁波南大光电材料公司，推进光刻胶项目的研发和落地，建设有 1500m² 的研发中心和百升级光刻胶中试生产线。目前，研发的 248nm 光刻胶已通过中芯国际等公司认证，并承担了国家 02 重大专项开展 193nm 光刻胶及配套材料关键技术的研发，目前研发完成，正推进产业化，此外 ArF 光刻胶也正处于研发中。

此外，还有飞凯材料开发成功用于平板显示屏电路制作的 TFT-LCD 正性光刻胶，并实现了 5000t 生产线顺利试生产；广信材料研发的正性光刻胶也在客户公司完成小试，尚未批量供货；恒坤股份推出的 KrF 光刻胶（Photoresist）也获得了国内知名存储器 IC 大厂的小额订单，并计划在漳州设立光刻胶生产基地等。

另外，国内的强力新材是全球 PCB 光刻胶用原材料（光引发剂和树脂）的主要供应商，占据市场主导地位；并且在 LCD 光刻胶专用光引发剂系列产品方面打破了 BASF 等跨国企业的垄断；还可以生产和销售半导体 KrF 光刻胶用光酸、光酸中间体及聚合物用单体。

微电子化学品行业作为集成电路制造的重要配套行业，自主可控战略意义明显，也将随着集成电路制造国产化的政策和资金支持，获得新的发展机遇。国内内资晶圆代工厂商也将不断提升对于国产光刻胶的接受程度，给予国内优质的光刻胶厂商快速成长的机会。

# 27.5　电子束固化胶黏剂

EB 固化与 UV 固化相比不使用光引发剂及光敏剂，保证了涂装层的卫生清洁性，也大大提高了涂层户外使用耐候性，具有更加可靠的使用性能。近十多年里，在卫生用品压敏胶与离型纸制造、卫生安全油墨印刷、清洁安全涂装（如室内装修墙纸涂装）、车内仿皮涂层固化、室内装修墙布涂层、医疗用品涂层等方面获得了高附加值的应用市场。但是 EB 固化装置制造成本依然太高，下游产业介入门槛较高，限制了快速发展，国内市场公开的 EB 固化加工企业信息极少。目前为止，适用于薄层材料 EB 固化交联的低能 EB 加速器只有少数几家企业能够生产，先进可靠的低能电子束设备制造基本还是由国外几家公司垄断，我国少数企业和机构近几年才开始研制。

## 27.5.1　电子束固化胶黏剂的配方组成及作用

尽管传统的 UV 树脂加上活性稀释剂的简单组合物在电子束轰击下，即可产生活性自由基、阳离子，引发聚合固化。即使是低能 EB 辐射，在穿透有机物胶层时很容易损伤基材，也会引起不含聚合基团的惰性聚合物参与 EB 交联固化。如 PE、PP、PS、PVC、

PVA、EVA、聚偏氟乙烯（PVDF）、聚乙烯基甲醚、聚丁二烯、苯乙烯-丙烯腈共聚物、天然橡胶、聚酰胺、聚酯、聚氨酯、聚丙烯酸酯、聚丙烯酰胺、聚二甲基硅氧烷、乙烯-四氟乙烯共聚物、酚醛树脂、脲醛树脂、密胺-甲醛树脂等。还有些聚合物主链含有较多叔碳结构、偕碳二取代结构、高极性取代结构，在电子束作用下容易发生主链裂解，一般不适合于EB固化配方应用。所以，在设计开发EB固化胶黏剂配方时，依然需要系统研究不同加速电压下的电子辐射对胶黏剂主体树脂、稀释剂及胶层下基材的辐射化学反应，从而选择合适的辐照电子能量、辐照时间、树脂和基材种类、胶层厚度等，保证胶层获得需要的固化交联度的同时，使得胶黏剂树脂和基材均不会受到太大的损伤。

EB固化技术特别适合对压敏胶、离型膜和涂层材料进行辐射固化，最典型的应用就是EB固化压敏胶。压敏胶涂布之后，再经过EB辐照适当交联固化，可以显著提升其综合性能，这种技术在国外公司已经应用多年。

EB固化压敏胶和橡胶基胶黏剂相比具有优异的剥离性能和剪切性能，同时具有杰出的耐候性和耐老化性，耐热性、耐溶剂性也有一定的提高。EB固化中的交联可以减少增塑剂和增黏剂的迁移，且制备过程能耗低，不需要溶剂。总体来说，EB压敏胶提升了剪切性能、耐热性、耐溶剂性等一系列性能，主要原因是交联使得以上性能得以提升，而且去除了引发剂碎片对性能的影响。

某专利中公开的一种EB固化压敏胶制备方法：在将质量分数为76％的丙烯酸正丁酯、20％丙烯酸甲酯、3％丙烯酸和1％丙烯酸-2-羟基丙酯溶于乙酸乙酯溶剂中。衍生试剂有1mol的3-异佛尔酮二异氰酸酯（IPDI）和1.35mol的丙烯酸羟乙酯（HEA），在75℃下加热。采用直接施加或者转移的方法，在PET表面加两层干燥的膜，实际运用中用标准挂图设备将聚合物涂覆在基层上，然后通过空气和烘箱进行烘干。将胶黏剂的表层用电子束进行照射，可采用电压为125kV，剂量为30kGy。

## 27.5.2　电子束固化设备

在EB固化胶黏剂的研发和生产中，电子加速器设备是必不可少的，同时也是限制该种胶黏剂推广应用的一个重要原因。EB固化通常采用低能电子束装置，其加速电压（或称电子能量）多为150～500keV。结合电子束中电子束流密度，低能EB的功率为数十至数百千瓦。更多厂商划定的低能EB设备电子能量范围为80～300keV，功率可达10～600kW。小型低能EB设备为密封装置，加速电子通过极薄的金属铁膜窗口射出，打到待加工材料中，引起固化交联。EB功率一般为0.5～4kW，适用于EB固化胶黏剂、涂料和油墨加工。依据电子束输出时所展现的形态，低能EB设备的工作方式有几种，包括斑点输出扫描式、幕帘式和多阴极式。

低能EB固化设备的生产企业，国际上有COMET ebeam公司，国内的无锡爱邦、智研科技和中广核达胜等都推出了性价比很高的EB设备。

## 27.5.3　电子束固化胶黏剂的生产工艺

对于EB固化胶黏剂的生产工艺过程，这里举以下两种类型的EB压敏胶为例进行介绍，分别是通过EB辐照交联的溶剂/水基压敏胶和通过EB辐照交联的热熔压敏胶。

### 27.5.3.1　通过EB辐照交联的溶剂/水基压敏胶

如图27-2所示，基材放卷后，先经过涂布机，直接用辊筒将压敏胶的溶剂或水分散液均匀涂覆到基材上；然后通过常规的热干燥工序，蒸发掉溶剂或水；干燥后的胶层粘接在基材上，被送入EB辐照通道；经电子束辐照固化交联后，可以选择用两个相向旋转的辊筒，将离型纸或离型膜贴合到胶层上；最后绕辊筒收卷。该方法与传统的化学交联相比，改善了工艺控制和适用期，改善了压敏胶的使用温度范围，甚至能够将部分胶层大分子接枝到基材上。

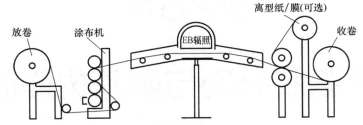

图 27-2　电子束 EB 辐照固化溶剂/水基压敏胶的施工工艺

### 27.5.3.2　通过 EB 辐照交联的热熔压敏胶

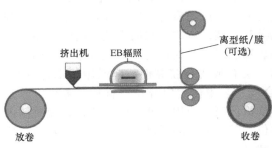

图 27-3　电子束 EB 辐照固化热熔压敏胶的施工工艺

如图 27-3 所示，基材放卷后，先经过挤出机，直接用挤出机将熔融的热熔型压敏胶趁热均匀涂覆到基材上；然后无需干燥工序，即可将贴合胶层的基材送入 EB 辐照通道；经电子束辐照固化交联后，可以选择用两个相向旋转的辊筒，将离型纸或离型膜贴合到胶层上；最后绕辊筒收卷。该方法改善了压敏胶的剪切性能、耐热和耐溶剂性能，而且可以在加热下直接加工。

### 参 考 文 献

[1]　Vitale A，Trusiano G，Bongiovanni R．UV-curing of adhesives：a critical review．Reviews of Adhesion and Adhesives，2017，5（2）：105-161.

[2]　Zhou J Y，Allonas X，Ibrahim A，et al．Progress in the development of polymeric and multifunctional photoinitiators．Progress in Polymer Science，2019，99：101165.

[3]　Sangermano M，Razza N，Crivello J V．Cationic UV-curing：technology and applications．Macromolecular Materials and Engineering，2014，299（7）：775-793.

[4]　Marotta C S．Advancements in light-cure adhesive technology．Adhesives & Sealants Industry，2009，16（9）：31-33.

[5]　刘晓暄，廖正福，崔艳艳，等．高分子光化学原理与光固化技术．北京：科学出版社，2019.

[6]　中国感光学会．2016—2017 感光影像学学科发展报告．北京：中国科学技术出版社，2018.

[7]　曾晓鹰，詹建波，余振华．电子束固化涂料及应用．天津：天津大学出版社，2014.

[8]　魏杰，金养智．光固化涂料．北京：化学工业出版社，2013.

[9]　金养智．光固化材料性能及应用手册．北京：化学工业出版社，2010.

[10]　杨建文，曾兆华，陈用烈．光固化涂料及应用．北京：化学工业出版社，2005.

[11]　陈用烈，曾兆华，杨建文．辐射固化材料及其应用．北京：化学工业出版社，2003.

[12]　王德海，江棂．紫外光固化材料：理论与应用．北京：科学出版社，2001.

[13]　陈康，李亚儒．紫外光固化胶粘剂研究进展．山东化工，2018，47（13）：46-49.

[14]　罗青宏，崔艳艳，刘晓暄．紫外光固化胶粘剂的研究进展．中国胶粘剂，2013，22（5）：39-60.

[15]　师瑞峰，朱光明．光固化医用胶粘剂研究进展．中国胶粘剂，2011，20（4）：48-52.

[16]　齐海元，齐暑华，安群力，等．光固化胶粘剂的研究进展．中国胶粘剂，2009，18（11）：43-46.

[17]　张辉，傅和青，陈焕钦．UV 固化胶粘剂的研究进展．粘接，2008，29（8）：33-37.

（李建波 任天斌 编写）

# 第28章

# 酚醛树脂胶黏剂与氨基树脂胶黏剂

　　酚类化合物与醛类化合物通过缩聚反应得到的产物被称为酚醛树脂（PF）。氨基树脂是指带有氨基（—NH$_2$ 或—NH）的化合物与醛类反应而生成的聚合产物，固化与未固化的脲醛树脂（UF）及三聚氰胺甲醛树脂（MF）的化学和物理性质均有共同之处，所以在使用中将这一类树脂统称为氨基树脂。酚醛树脂胶黏剂、脲醛树脂胶黏剂与三聚氰胺甲醛树脂胶黏剂（简称"三醛胶"）是使用较早、用量较大的一类合成树脂胶黏剂，广泛用于木材行业，尤其在人造板制造中有大量应用。"三醛胶"的合成工艺中使用甲醛作原材料，游离甲醛是导致"装修病"的主要原因。但由于"三醛胶"价格低廉、使用方便、性能优良，短时间内还无法完全被代替，在木材胶黏剂中仍占主体地位。随着社会环保呼声越来越高，对"三醛胶"进行改性势在必行，以便将甲醛的释放量减到最低。

# 28.1　酚醛树脂胶黏剂

## 28.1.1　酚醛树脂胶黏剂的特点和发展历史

　　酚醛树脂胶黏剂通常分为酚醛树脂胶黏剂（分可溶性和热塑性两种）和改性酚醛树脂胶黏剂，改性酚醛树脂胶是用丁腈橡胶、氯丁橡胶、硅橡胶、缩醛等改性的酚醛胶黏剂。

　　未改性的酚醛树脂胶黏剂主要用于粘接木材、泡沫塑料和其他多孔材料，也可以用来制造胶合板。改性酚醛树脂胶可用于各种金属、陶瓷、玻璃、塑料和纤维的粘接，如用作航空工业结构胶，也可用于汽车、摩托车刹车片摩擦材料的粘接。

　　酚醛树脂发展历史悠久。早在1872年，德国化学家拜耳（A. Baeyer）首先发现酚与醛的酸催化缩合反应和产物，但其用途不清。随后，化学家克莱堡（Kleeberg，1891年）和史密斯（Smith，1899年）再次对苯酚与甲醛的缩合反应进行了研究，提出了酚醛树脂产品的第一个专利，将酚醛树脂作为硬橡胶的代用品，并于1910年创办了Gemerol Bakelite公司，酚醛树脂生产实现了工业化。20世纪50年代开始，酚醛树脂在胶黏剂、涂料、油漆、铸造和航空航天等领域取得了广泛的应用。

## 28.1.2　酚醛树脂的合成及原理

### 28.1.2.1　热固性酚醛树脂的合成反应

　　在酸或碱性催化剂存在下，苯酚首先与甲醛发生加成反应生成羟甲基酚。由于酚羟基的影响，酚核上的邻位和对位被活化，这些活性位置上的氢与甲醛反应，生成邻位或对位的羟甲基酚。

在碱性条件下，苯酚与甲醛反应先生成羟甲基酚。

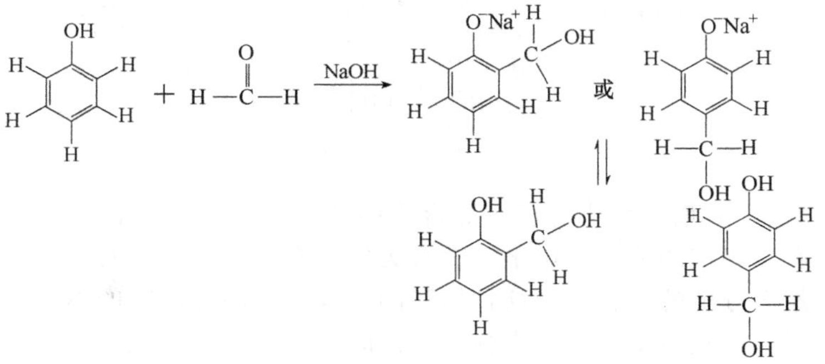

羟甲基酚还可继续与甲醛发生加成反应而生成二羟甲基酚及三羟甲基酚。以邻羟甲基酚为例，示意如下。

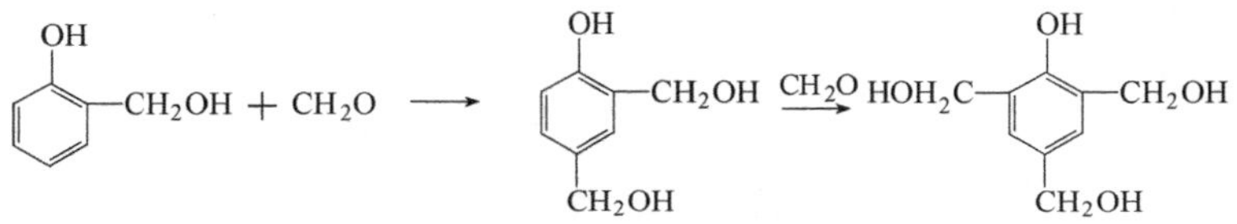

羟甲基酚还可以相互缩合生成缩合产物。

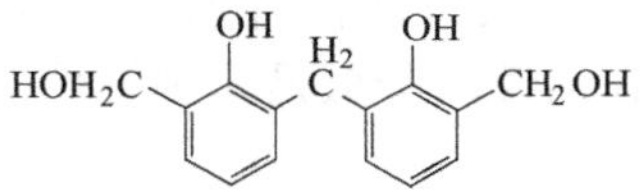

上述三种反应都可发生，缩聚体之间主要是以次甲基键连接起来，反应初期，反应产物为线型结构，少量为支链结构；随着反应的进行，反应形成的一羟甲基酚、多羟甲基酚及二聚体等在反应过程中不断地进行缩聚反应，树脂的分子量不断增大，支化程度加深。若反应不加控制，最终生成不溶、不熔的体型产物。羟甲基的缩聚反应若在凝胶点之前停下来，可得到各种用途的可溶性酚醛树脂，即甲阶酚醛树脂，也称 Resol 型酚醛。碱性的甲阶酚醛树脂亦称为水溶性酚醛树脂；乙醇溶液中的甲阶酚醛树脂称为醇溶性酚醛树脂；甲阶酚醛树脂经低温真空干燥，可制成粉状的酚醛树脂，此种酚醛树脂在使用时用水、乙醇或其他溶剂溶解即可。通常甲阶酚醛树脂分子量较低，具有可溶、可熔性，并具有较好的流动性和湿润性，能满足粘接和浸渍工艺的要求，因此一般合成的酚醛树脂均为此阶段的树脂。

## 28.1.2.2　热塑性酚醛树脂的合成原理

热塑性酚醛树脂是在酸性介质中，由甲醛与三官能度的酚或二官能度酚缩聚而成。采用三官能度的酚，则酚必须过量，若酚量较少，会生成热固性树脂，酚量增加则会使树脂的分子量较低，形成热塑性树脂，也称 Novolac 树脂。

在酸性介质中，羟甲基之间或羟甲基与苯环的反应速率，都比醛与酚的加成反应速率快，热塑性酚醛树脂的生成过程是通过羟甲基衍生物阶段而进行的，同时羟甲基彼此间的反应速率总小于羟甲基与苯酚邻位或对位上氢原子的反应速率。故此热塑性酚醛树脂主要是按下列反应生成：

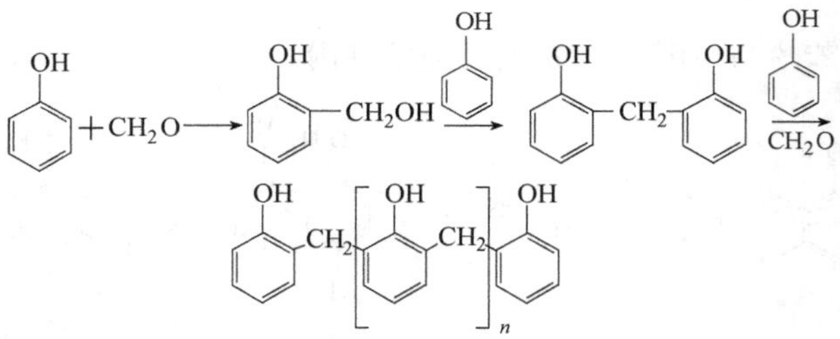

$n$ 一般为 $4 \sim 12$，其值的大小与反应混合物中苯酚过量的程度有关。通常，其数均分子量一般在 500 左右，相应的低聚物中平均含有大约 5 个苯酚单元，所得到的树脂是各种组分同时存在、分子量多分散的混合物。这种树脂的结构和热固性树脂的不同点是：在树脂低聚物中不存在没有反应的羟甲基，所以当树脂加热时，仅熔化而不发生继续缩聚反应。但是这种树脂由于酚基中尚存在有未反应的活性位点，可与甲醛给予体进行反应形成不熔的体型产物，因此可作为热固性酚醛树脂的原料。

热塑性酚醛树脂的合成反应是酸催化反应，在酸发条件下，羟甲基及苯环均易被质子化。

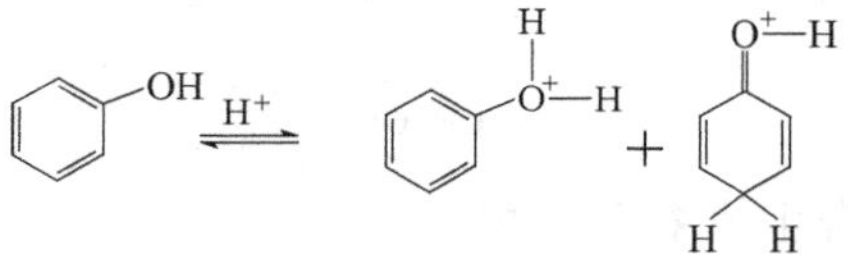

作为亲核中心的苯环，质子化后反应活性特别低。然而，甲醛却因质子化作用而被活化，形成正碳离子，这对酚环潜在活性的降低是一种补偿。质子化了的甲醛具有较强的亲电子反应活性，是一种亲电子剂。

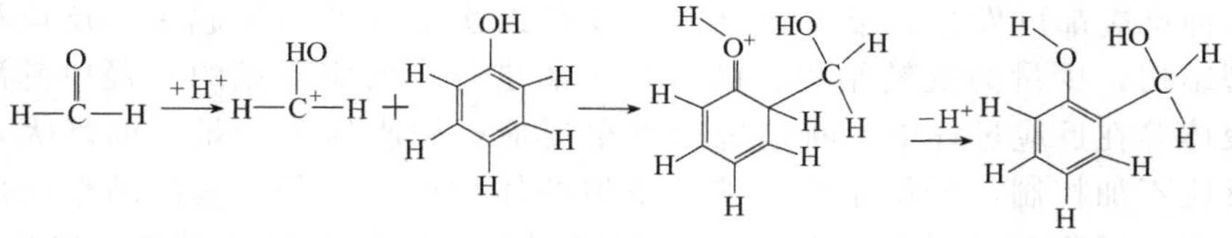

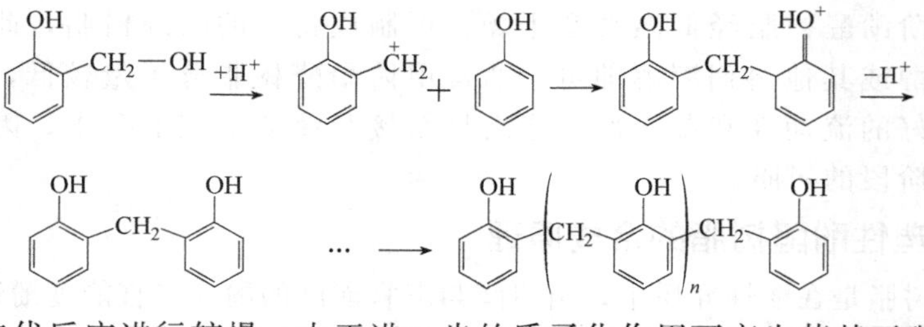

第一步的取代反应进行较慢，由于进一步的质子化作用而产生苄基正碳离子，所以，随之即发生缩聚反应，缩聚反应的速度较快。

该反应不断进行，分子量逐步增大。由于在缩聚过程中甲醛量不足，树脂分子量增长到一定程度停止，形成了线型热塑性酚醛树脂。

# 28.1.3　酚醛树脂的固化反应

酚醛树脂的固化过程如同其合成反应一样极其复杂，有关酚醛树脂的固化反应机理仍是目前研究的热点问题。线型酚醛树脂在碱性介质下，加入甲醛给予体（如六次甲基四胺、聚甲醛等）并加热，甲醛即与苯环上未反应的邻位氢、对位氢反应，脱水缩聚形成次甲基键桥，缩聚反应不断进行，最终得到不溶、不熔的体型结构固化产物。

甲阶酚醛树脂在粘接木材时，多采用加热固化，其固化反应机理十分复杂，一般认为固化反应分三步进行。

首先，由室温缓慢加热至110～120℃，树脂的分子量进一步增长，相邻近的羟甲基失水缩聚形成次甲基醚键。同时，羟甲基也可以与苯环上未反应活性点的氢原子失水缩合，形成次甲基键桥。这时树脂从低分子的流动态变为半固态，胶层具有了一定的初粘力。但此时的树脂仍是可溶、可熔的甲阶酚醛树脂。

其次，当树脂由120℃升高到140℃或更高温度时，伴随着羟甲基与苯环上活泼氢的缩合，醚键大量裂解失去甲醛而变成次甲基键。这时树脂是游离苯酚及各种羟甲基同系物与不溶、不熔高分子的混合物。这种树脂的平均分子量为400～500，聚合度为6～7。此时树脂为乙阶树脂。它与甲阶树脂有根本区别，在丙酮及乙醇等溶液中只能部分溶解，大部分不能溶解而仅溶胀。加热时可软化，在110～120℃下具有黏弹性，可拉成长丝，冷却后变成硬脆物质，呈半固化状态。

在固化的第二阶段，醚键裂解脱出的甲醛只有理论值的一半溢出，这是由于脱出的甲醛立即与树脂分子中苯环上未反应的活泼氢失水缩合。如果苯环上已不存在活性点，则在此高温下甲醛可与次甲基及酚羟基反应。在固化的第二阶段，酚羟基是至关重要的，若酚羟基被醚化或酰化，则会极大地降低固化速度。

最后，在更高的温度（170～200℃）下进一步固化时，树脂中的次甲基含量进一步上升，最后形成高度交联结构（即丙阶酚醛树脂）。在更高温度情况下，树脂发生一些热解反应，同时也产生少量的二甲基酚及单、双酚醛等低分子裂解产物。这些反应副产物的存在，经实验分析均已得到证实。

## 28.1.4　酚醛树脂胶黏剂的典型配方及制备工艺

（1）可溶性酚醛树脂胶黏剂　主要指甲阶酚醛树脂，常配成固含量为50%～60%的乙醇溶液使用。固化方式有加热固化和酸固化。加热固化型，是将胶液涂于被粘材料，待溶剂挥发后黏合，在130～150℃加热固化0.5～1h，用于金属纱布等的粘接。酸固化型，是在100份胶液中加入甲苯磺酸5～10份，混合均匀后，室温固化，用于木材粘接。

（2）线性酚醛树脂胶黏剂　苯酚与甲醛以摩尔比1:（0.6～1）在酸性催化剂存在下缩聚而成。粘接时加入约10%六亚甲基四胺，在160℃固化成不溶、不熔的胶层。用于木材、层压材料、制动闸瓦、砂轮、灯泡灯头、硬质纤维板等的粘接。

（3）砂轮酚醛树脂胶黏剂配方实例及工艺　粉状酚醛树脂和液体酚醛树脂都可以用作砂轮结合剂，但其作用不同。液体酚醛树脂是磨料的湿润剂，而粉状酚醛树脂是主结合剂。粉状酚醛树脂在常温下是白色或淡黄色的半透明固体粉末。在砂轮中总的树脂加入量范围在15%～18%。树脂磨具除结合剂外，还需要加入填料。填料可以改变结合剂的性质，提高砂轮性能，同时降低成本。常用的填料有半水石膏粉、细粒度的刚玉或碳化硅粉、冰晶石、黄铁矿、硫化铁等。

酚醛树脂在摩擦材料中应用的配方实例见表 28-1。

表 28-1　酚醛树脂在摩擦材料中应用的配方实例

| 原料 | 纯度 | 摩尔比 | 质量分数 |
| --- | --- | --- | --- |
| 苯酚 | AR | 1 | |
| 甲醛 | 37% | 0.85 | |
| 硫酸钙晶须 | 工业级 | | 9% |
| 矿物复合纤维 | 工业级 | | 8% |
| 硅酸铝纤维 | 工业级 | | 6% |
| 芳纶纤维 | 工业级 | | 8% |
| 钢纤维 | 工业级 | | 3% |
| 长石 | 工业级 | | 4% |
| 蛭石 | 工业级 | | 4% |
| 碳酸钙 | 工业级 | | 3% |
| 氧化铝 | 工业级 | | 3% |
| 石墨 | 工业级 | | 5% |
| 硫酸钡 | 工业级 | | 6% |
| 铬铁矿 | 工业级 | | 5% |
| 萤石 | 工业级 | | 3% |
| 石油焦 | 工业级 | | 7% |
| 云母粉 | 工业级 | | 1% |
| 海泡石纤维 | AR | | 适量 |

将各种原料投入混料机内，混料 3min，使原料分散均匀，外观无白点，无结团现象。将混匀的原料按投料量要求加入模具中热压成型，成型温度为 170℃，压力为 10MPa，保压 10min。

树脂砂轮的生产工艺主要有冷压工艺和热压工艺两种。冷压工艺最基本的混料原则是：先用树脂液把磨料浸润涂覆，再加入树脂粉、添加剂和其他材料。树脂液将磨料表面浸润，形成了一个薄的树脂膜，这样当这种表面被浸润的磨料与树脂粉、填充料混合时，粉状物质就会有效地黏结在已浸润树脂的磨料表面。通常粉液的重量比为（2∶1）～（4∶1）。高密度热压砂轮的生产技术要求很高，其混料要求与冷压工艺不同。一般采用干混法，或者用小于磨料重量 1% 的糠醛作润湿剂润湿磨料，再与树脂粉混合均匀，树脂粉一般选用流动度在 15～20mm 的甚至更小的，不能使用液体酚醛树脂和流动度大的粉状树脂。

（4）在木制品材料中应用的酚醛树脂胶黏剂配方实例及工艺　酚醛树脂在木制品材料中应用的配方实例见表 28-2。

表 28-2　酚醛树脂在木制品材料中应用的配方实例

| 原料 | 纯度 | 摩尔比 | 质量比 |
| --- | --- | --- | --- |
| 苯酚 | AR | 1 | 100 |
| 甲醛 | 37% | 1.5 | 129.48 |
| 氢氧化钠 | AR | 0.25～0.3 | 26.5～31.9 |
| 水 | AR | 7.5～8.5 | |

合成工艺：将苯酚、氢氧化钠和水依次加入反应釜中，开动搅拌器。往夹套内通入冷水使反应釜内液体温度保持在 40～45℃，缓慢加入甲醛溶液（总量的 80％）。然后在 50～60min 内使反应混合液均匀升温至 92℃±2℃，并在此温度下保持 15min。降温至 40℃，然后加入剩下的甲醛溶液（20％）。加完后再使反应混合液的温度缓慢升至 92℃±2℃，并在此温度下保持 30min 后开始取样测定黏度。当黏度达到要求时迅速降温冷却至 40℃ 以下出料。

（5）酚醛-丁腈橡胶胶黏剂　典型配方见表 28-3。将酚醛以丁腈橡胶改性，可以制得兼具二者优点的胶黏剂，韧性好、耐高温、粘接强度高、耐气候、耐水、耐溶剂等化学介质。广泛用于各种金属、陶瓷、玻璃、塑料和纤维的粘接，可用于航空工业结构胶，也可用于汽车、摩托车刹车片摩擦材料的粘接。

**表 28-3　酚醛-丁腈橡胶胶黏剂典型配方**

| 配方组成 | 质量份 | 各组分作用 |
|---|---|---|
| 丁腈混炼胶 | 100 | 丁腈橡胶组分,韧性好 |
| 酚醛树脂 | 150 | 酚醛树脂组分,耐高温 |
| 氯化亚锡 | 0.7 | 催化剂,加速固化反应,降低固化温度 |
| 没食子酸丙酯 | 2 | 防老剂,抗氧化 |
| 乙酸乙酯 | 500 | 溶剂,溶解树脂和橡胶,降低黏度 |
| 石棉粉 | 50 | 填料,降低膨胀系数,提高耐热性 |

（6）酚醛-缩醛胶黏剂　酚醛-缩醛胶黏剂主要组成为酚醛树脂、聚乙烯醇缩醛以及适量的溶剂、防老剂、偶联剂。酚醛-缩醛胶综合了酚醛和缩醛二者的优点，形成的韧性结构胶，具有优良的抗冲击强度及耐高温老化性能，耐油、耐芳烃、耐盐雾及耐候性也好。广泛用于航空航天工业。

（7）酚醛-缩醛-有机硅胶黏剂　典型配方见表 28-4，该胶黏剂耐温性好，可长期在 −60～200℃ 下工作，短期耐温可达 300℃。

**表 28-4　酚醛-缩醛-有机硅胶黏剂典型配方**

| 配方组成 | 质量份 | 各组分作用 |
|---|---|---|
| 酚糖醛树脂 | 100 | 酚醛树脂组分,耐高温 |
| 聚乙烯醇缩丁醛 | 15 | 缩醛组分,提高韧性 |
| 聚有机硅氧烷 | 20 | 有机硅组分,耐温性好 |
| 防老剂 4010 | 3 | 防老剂,抗氧化 |
| 没食子酸丙酯 | 3 | 防老剂,抗氧化 |
| 六亚甲基四胺 | 5 | 促进剂,加速固化反应 |
| 苯和乙醇 | 适量 | 溶剂,溶解树脂和橡胶,降低黏度 |

# 28.2　脲醛树脂胶黏剂

## 28.2.1　脲醛树脂胶黏剂的特点、发展历史及应用

（1）脲醛树脂胶的基本性能和特点　脲醛树脂胶除原料便宜易得、制备方便且时间短、

使用方便之外，还有颜色较浅、固化时间短、粘接强度较好等特点，是目前市场上其他的木材胶黏剂，如三聚氰胺胶、白乳胶、酚醛树脂胶等，都无法取代的。但是，脲醛树脂的制备和使用过程中有甲醛释放，甲醛已经被世界卫生组织确认为可致癌物，脲醛树脂的游离甲醛释放问题严重威胁着人们的身体健康。为了保障人们身体健康，我国政府制定了《室内装饰装修材料人造板及其制品中甲醛释放量》标准，对我国人造板及其制品中游离甲醛释放量进行了限定。

（2）脲醛树脂胶的发展历史　脲醛树脂（UF）于 1844 年由 B. Tollens 首次合成，1896 年前后在 C. Goldschmidit 等的研究后首次使用，1929 年德国染料公司（IG 公司）开发了常温固化缩合中间体，取名为 Kanritleim 树脂，可应用于木材。其后，被广泛地应用于木材粘接、胶合板和刨花板制造，是目前胶黏剂中产量最大的品种，占木材胶黏剂总产量的 80% 以上，具有其他胶种难以取代的价格竞争力。

我国 1957 年开始工业化生产脲醛树脂胶。到 1962 年，脲醛树脂胶成为胶合板生产的主要胶黏剂，基本上取代了血胶和豆粕胶。进入 20 世纪 90 年代后，由于环保意识的提高，关于甲醛的影响受到重视，低游离甲醛含量、性能优良的环保型胶黏剂成为发展方向。据报道，日本 80% 的胶合板、几乎 100% 的刨花板，德国 75% 的刨花板，英国几乎 100% 的刨花板和我国人造板的 80% 以上都使用低甲醛的脲醛树脂胶黏剂。

（3）脲醛树脂胶的应用　脲醛树脂胶广泛应用于木器加工、胶合板、刨花板、中密度纤维板、人造板材的生产及室内装修等行业。

脲醛树脂胶在其他行业也有应用。用于磨料与布、纸等可挠性材料粘接制成磨削、抛光材料。与传统的动物胶、醇酸树脂胶、酚醛树脂胶黏剂相比，脲醛树脂胶的最大优点就是成本低，此外还具有较高的强度和较好的耐水性。粉状脲醛树脂有 80% 左右用于胶黏剂，如与砂、木屑、滑石、氧化铁红等配合用于粘接建筑材料，填补混凝土裂缝或作为密封材料。如美国用脲醛树脂粘接短玻璃纤维制成纤维板，用作屋面修缮用的覆盖材料。在造纸方面，脲醛树脂胶作为纸张湿强剂，保持了纸张的湿强度，提高了撕裂强度，特别是纸湿后撕裂强度。另外也可用于布料抗皱、汽车轮胎中橡胶与帘子线间的粘接、醇酸树脂和丙烯酸树脂固化速度改性剂。脲醛树脂也可用作模塑料，制成马桶盖、电气装置、罐盖、纽扣和餐具等。也可以用作微胶囊壁材，提高包封率高和胶囊稳定性，如用于预涂型厌氧胶；另外，在相变储能材料自修复材料、显示器介质材料等领域也获得了应用。脲醛树脂在科研领域也体现了出了极高的应用价值，如离子交换树脂、$CO_2$ 吸附剂、抗菌材料、自修复材料、显示器介质材料等方面，以及作为模板用于有机或无机微球的合成并应用于超级电容器领域。

# 28.2.2　脲醛树脂的合成及原理

脲醛树脂（UF 树脂）的合成分为两个阶段。第一阶段在中性或弱碱性（pH＝7～8）介质中，尿素与甲醛进行羟甲基化反应即加成反应，可生成一羟甲基脲、二羟甲基脲、三羟甲基脲。第二阶段在酸性条件下进行缩聚反应，当分子量达到一定程度时，将反应液的 pH 值调至 8～9，并降温至常温，得到脲醛树脂的初期缩合液。

## 28.2.2.1　羟甲基脲的形成

尿素与甲醛水溶液在中性或弱碱性介质中，首先进行羟甲基化反应（加成反应），生成一羟甲基脲、二羟甲基脲、三羟甲基脲同系物。

（1）加成反应　当 $U/F>1$ 时，尿素与甲醛的反应如下：

当 $U/F<1$ 时，尿素与甲醛的反应如下：

$$H_2N-\overset{O}{\overset{||}{C}}-NH_2 + HCHO \longrightarrow H_2N-\overset{O}{\overset{||}{C}}-NHCH_2OH + H_2O$$

一羟甲基脲

白色固体，熔点为 111～113℃

$$O=C\overset{NH_2 + HCHO}{\underset{NH_2 + HCHO}{\Big\langle}} \longrightarrow O=C\overset{\overset{H}{N}-CH_2OH}{\underset{\underset{H}{N}-CH_2OH}{\Big\langle}}$$

二羟甲基脲

**白色微晶体，熔点为121～126℃**

$$\overset{HCHO}{\longrightarrow} O=C\overset{\overset{H}{N}-CH_2OH}{\underset{\underset{CH_2OH}{N}-CH_2OH}{\Big\langle}}$$

**三羟甲基脲**

（2）加成反应的特点　生成一羟甲基脲、二羟甲基脲和三羟甲基脲的反应速率比为 9：3：1。加成反应机理：在酸性和碱性条件下，其加成反应可通过不同的反应机理进行，其反应历程和产物也有所不同。在碱性条件下，碱性催化剂从尿素分子中吸引了一个质子，生成带负电荷的尿素负离子，尿素负离子再与甲醛反应。

$$H_2N-\overset{O}{\overset{||}{C}}-NH_2 + OH^- \longrightarrow H_2N-\overset{O}{\overset{||}{C}}-NH^- + H_2O$$

$$H_2N-\overset{O}{\overset{||}{C}}-NH^- + H-\overset{O}{\overset{||}{C}}-H \longrightarrow H_2N-\overset{O}{\overset{||}{C}}-NHCH_2O^-$$

$$H_2N-\overset{O}{\overset{||}{C}}-NHCH_2O^- + H_2O \longrightarrow H_2N-\overset{O}{\overset{||}{C}}-NHCH_2OH + OH^-$$

在酸性条件下，甲醛受氢离子作用，首先生成带正电荷的亚甲醇。

$$CH_2O + H_2O \rightleftharpoons HO-\overset{H_2}{\overset{|}{C}}-OH$$

$$HO-\overset{H_2}{\overset{|}{C}}-OH + H^+ \rightleftharpoons \overset{+}{C}H_2OH + H_2O$$

带正电荷的亚甲醇再与尿素反应，生成不稳定的羟甲基脲正离子，进而脱水缩聚，生成以亚甲基键连接的低分子缩聚物或亚甲基脲。

$$H_2N-\overset{O}{\overset{||}{C}}-NH_2 + \overset{+}{C}H_2OH \longrightarrow H_2N-\overset{O}{\overset{||}{C}}-\overset{+}{N}H_2CH_2OH$$

$$N_2H-\overset{O}{\overset{||}{C}}-\overset{+}{N}HCH_3OH \longrightarrow H_2N-\overset{O}{\overset{||}{C}}-NHCH_2OH + H^+ \longrightarrow$$

$$\longrightarrow H_2N-\overset{O}{\overset{||}{C}}-\overset{H}{N}-\overset{H_2}{\overset{|}{C}}-\overset{H}{N}-\overset{O}{\overset{||}{C}}-NHCH_2OH$$

$$\overset{pH<3}{\longrightarrow} H_2N-\overset{O}{\overset{||}{C}}-N=CH_2 + H_2O$$

## 28.2.2.2　缩聚反应

① 羟甲脲中的羟基与尿素中的氨基或一羟甲基脲氮上氢原子进行缩聚反应。

$$—N—CH_2OH+H_2N—\overset{\overset{O}{\|}}{C}—NH—CH_2OH \longrightarrow —N—CH_2—HN—\overset{\overset{O}{\|}}{C}—NH—CH_2OH+H_2O$$

② 羟甲脲中的羟基与另一个羟甲脲中的羟基进行缩聚反应形成醚键。

$$—N—CH_2OH + HOCH_2—N \longrightarrow —N—C—O—C—N—+H_2O$$

③ 羟甲脲中的羟基与另一个羟甲脲中的羟基进行缩聚反应形亚甲基键。

$$—N—CH_2OH + HOCH_2—N \longrightarrow —N—\overset{\overset{H_2}{}}{C}—N—+H_2O+CH_2O$$

在特殊条件下也发生分子内缩合,当缩聚反应在较低的 pH 值下进行,生成环状化合物。二羟甲基脲的两个端羟基还可以反应生成环状的产物,该产物被称为 "Uron"。

$$HOCH_2—N—\overset{\overset{O}{\|}}{C}—N—CH_2OH \rightleftharpoons \quad + \quad H_2O$$

## 28.2.3　脲醛树脂的固化反应

未固化的脲醛树脂在主要是由取代脲和亚甲基链节或少量二亚甲基链节交替重复生成的多分散性聚合物。固化时树脂中活性基团之间或与甲醛之间反应形成不溶、不熔的三维网状结构,树脂的固化过程是连续的,且粘接强度随着固化时间的延长而增加。在碱性催化反应过程中,反应停止在羟甲基脲阶段。如果在酸性的条件下,羟甲基脲中的羟甲基可以进一步发生缩聚反应。在 pH<7 时,羟甲基之间以及羟甲基与脲之间可能会发生一系列反应。羟甲基与氨基之间脱去一分子水,发生缩合而形成亚甲基,使分子链增长而形成聚合物。

$$H_2N—\overset{\overset{O}{\|}}{C}—\overset{\overset{H}{|}}{N}—CH_2OH+H_2N—\overset{\overset{O}{\|}}{C}—\overset{\overset{H}{|}}{N}—CH_2OH \longrightarrow$$

$$H_2N—\overset{\overset{O}{\|}}{C}—\overset{\overset{H}{|}}{N}—\overset{\overset{H_2}{}}{C}—\overset{\overset{H}{|}}{N}—\overset{\overset{O}{\|}}{C}—\overset{\overset{H}{|}}{N}—CH_2OH$$

$$H_2N—\overset{\overset{O}{\|}}{C}—\overset{\overset{H}{|}}{N}—\overset{\overset{H_2}{}}{C}—\overset{\overset{H}{|}}{N}—\overset{\overset{O}{\|}}{C}—\overset{\overset{H}{|}}{N}—CH_2OH+H_2N—\overset{\overset{O}{\|}}{C}—\overset{\overset{H}{|}}{N}—CH_2OH \longrightarrow$$

$$H_2N—\overset{\overset{O}{\|}}{C}—\overset{\overset{H}{|}}{N}—\overset{\overset{H}{\underset{H_2}{}}}{C}—\overset{\overset{H}{|}}{N}—\overset{\overset{O}{\|}}{C}—\overset{\overset{H}{|}}{N}—\overset{\overset{H}{}}{C}—\overset{\overset{H}{|}}{N}—CH_2OH+H_2O$$

同样,一羟甲基脲的羟甲基与尿素中的氨基也可以发生如此的反应,生成亚甲基键并放出一分子水。

$$NH_2—\overset{\overset{O}{\|}}{C}—\overset{\overset{H}{|}}{N}—CH_2OH+NH_2—\overset{\overset{O}{\|}}{C}—NH_2 \longrightarrow H_2N—\overset{\overset{O}{\|}}{C}—\overset{\overset{H}{|}}{N}—\overset{\overset{H_2}{}}{C}—\overset{\overset{H}{|}}{N}—\overset{\overset{O}{\|}}{C}—NH_2+H_2O$$

$$NH_2—\overset{\overset{O}{\|}}{C}—\overset{\overset{H}{|}}{N}—CH_2OH+H_2N—\overset{\overset{O}{\|}}{C}—\overset{\overset{H}{\underset{H_2}{}}}{C}—\overset{\overset{H}{|}}{N}—\overset{\overset{O}{\|}}{C}—NH_2 \longrightarrow$$

$$NH_2—\overset{\overset{O}{\|}}{C}—\overset{\overset{H}{|}}{N}—CH_2NH—\overset{\overset{O}{\|}}{C}—\overset{\overset{H}{|}}{N}—CH_2NH—\overset{\overset{O}{\|}}{C}—NH_2+H_2O$$

另外,二羟甲基脲缩聚成二甲基醚键,并生成水与甲醛。

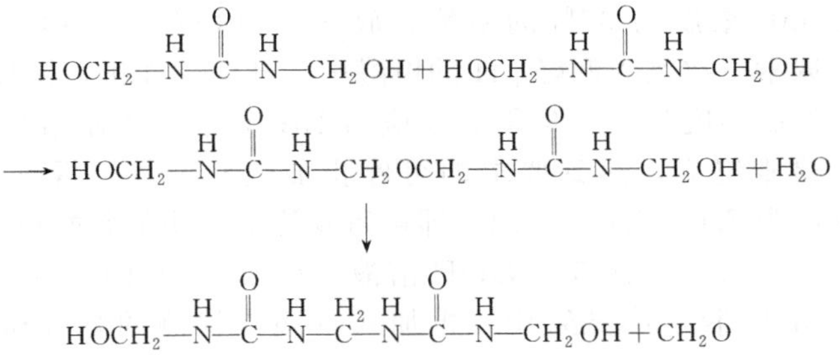

也有可能形成环状结构。

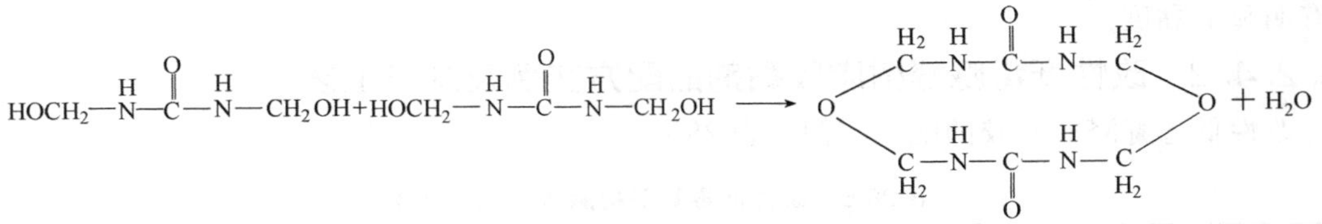

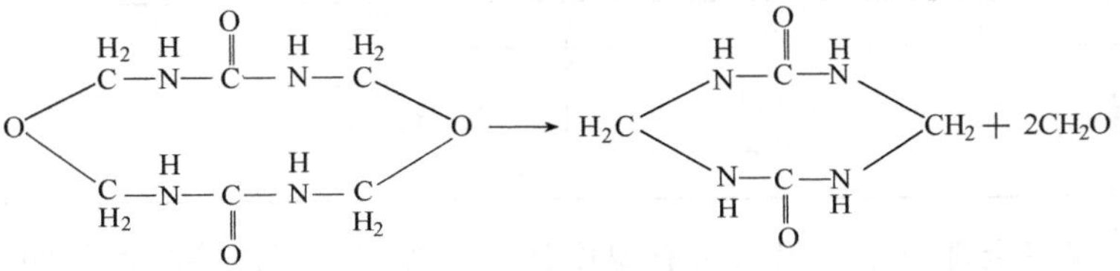

一羟甲基脲与二羟甲基脲之间也可以进行缩聚反应形成复杂的分子结构：

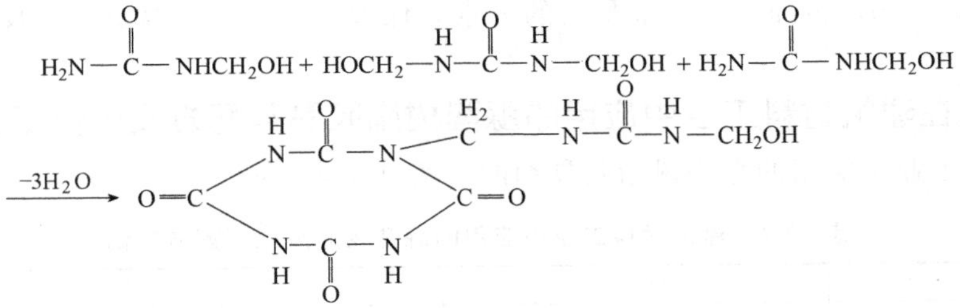

实际上的反应比这个要复杂得多。总的来说，体系中既存在着羟甲基基团，还有亚胺基及大量羰基的存在，对体系的各种性能，如黏度、水溶性等有很大的影响。脲醛树脂的固化只有在体系中存在游离羟甲基的情况下才能进行，而转变为不溶、不熔状态，这种转化是分子间交联的结果，引起这种结果的原因是羟甲基之间以及羟甲基与亚胺基的相互作用。

# 28.2.4 脲醛树脂胶黏剂的典型配方与制备工艺

## 28.2.4.1 传统脲醛树脂胶黏剂的配方及制备工艺

传统脲醛树脂胶黏剂的配方实例见表 28-5。

表 28-5 传统脲醛树脂胶黏剂的配方实例

| 配方 | 质量 | 配方 | 质量 |
| --- | --- | --- | --- |
| 甲醛（37%） | 30mL | 氢氧化钠 | 适量 |
| 尿素 | 12g | $CuSO_4$ 溶液（10%） | 适量 |
| 浓氨水 | 适量 | | |

制备工艺：取 30mL 浓度为 37% 的甲醛，放入三口烧瓶中，用浓氨水调节 pH 值为 7.5～8.0，称取 12g 尿素一次倒入调好 pH 的甲醛中，开动搅拌机，搅拌至完全溶解。开启磁力搅拌机并加热，控制温度为 90～95℃，反应约 1h；然后拆去水浴直接加热，回流 0.5h（控温小回流即可），检查终点，达到要求即可停止加热和搅拌。拆下三口烧瓶，用 10% NaOH 溶液调节 pH 值为 7.0～8.0，冷却，即可得到澄清透明的脲醛树脂胶黏剂。

反应终点与控制：量取 6.0mL 5%NaOH 溶液，滴入 10 滴 10%$CuSO_4$ 溶液，搅拌，成细粒 Cu（OH）$_2$。取出 20 滴于小试管中，再加入一滴待检测的脲醛树脂胶，摇动。如在 10s 内有明显紫蓝色产生，证明脲醛树脂的缩聚已在线型缩聚阶段，应停止加热以防缩合交联。此阶段树脂胶的 pH 值为 5.0～5.5，取少量树脂胶于手上，两手指不断张合，约 1min 能有明显的黏度。

### 28.2.4.2　改性低毒脲醛树脂胶黏剂的配方实例及制备工艺

改性低毒脲醛树脂胶的配方实例见表 28-6。

表 28-6　改性低毒脲醛树脂胶的配方实例

| 配方 | 量 | 配方 | 量 |
|---|---|---|---|
| 甲醛（37%）<br>尿素 | 163mL<br>100g | 盐酸<br>氢氧化钠（30%）<br>催化剂（三乙醇胺） | 适量<br>适量<br>适量 |

制备工艺：先将全部量甲醛投入装有温度计、搅拌器、回流冷凝器的四口烧瓶中，加入第一批尿素 77 份和催化剂，在弱碱性（pH＝7.5）或强酸性（pH＝2.0）条件下加成反应，15～30min 后，调节 pH 值，加入第二份尿素 14 份，进行缩合反应至终点；加氢氧化钠中和至 pH＝7.5～8.0，再加入第三批剩余的尿素，保温 30min，降温出料。反应终点以混点法控制。

### 28.2.4.3　在建筑材料工业中应用的脲醛树脂胶黏剂配方及制备工艺

建筑材料工业中应用的脲醛树脂胶黏剂配方实例见表 28-7。

表 28-7　建筑材料工业中应用的脲醛树脂胶黏剂配方实例

| 配方 | 量 | 配方 | 量 |
|---|---|---|---|
| 甲醛（37%） | 185～212mL | 三聚氰胺 | 5～10g |
| 尿素 1 | 75g | 氢氧化钠溶液（30%） | 适量 |
| 尿素 2 | 25g | 氯化铵 | 适量 |

制备工艺：将甲醛加入反应釜中，用氢氧化钠溶液调 pH 值至 7.5～8.5。加入第一批尿素和三聚氰胺，在 40～50min 内升温至 90℃±1℃，保持 30min。用氯化铵溶液调节 pH 值至 4.8～5.0，保持 1h。用氢氧化钠溶液调节 pH 值至 7.0～7.5，并通水冷却，同时加入第二批尿素。内温降至 40℃放料。

### 28.2.4.4　在包装材料中应用的脲醛树脂胶黏剂配方及工艺

在包装材料中应用的脲醛树脂胶黏剂配方见表 28-8。

表 28-8　在包装材料中应用的脲醛树脂胶黏剂配方

| 配方 | 质量/g | 配方 | 质量/g |
|---|---|---|---|
| 泡沫脲醛树脂 | 200 | 氯化铵 | 0.4～1.0 |
| 豆粉 | 1.0 | 血粉 | 1.0 |

① 泡沫脲醛树脂尿素与甲醛的摩尔比为 1∶1.8，用于该配方的树脂含量为

$44\% \sim 46\%$。

② 血粉是由动物血液制成的黑褐色粉末。制备工艺：将泡沫脲醛树脂与其他物料混合均匀即可。

# 28.3 三聚氰胺树脂胶黏剂

## 28.3.1 三聚氰胺树脂胶黏剂的特点、发展历史及应用

三聚氰胺树脂胶黏剂是三聚氰胺甲醛树脂胶黏剂的简称，又称蜜胺树脂胶黏剂，是氨基类树脂胶黏剂的一种。三聚氰胺树脂胶黏剂是由三聚氰胺与甲醛在催化剂作用下缩聚而成的无色甲醛树脂水溶液。三聚氰胺甲醛树脂是工业化生产的聚合物中较早的化工产物之一，1935 年德国 Henkel 获得了三聚氰胺树脂首份专利。1938 年，由瑞士 CIBA 公司研制成功，成为其工业生产的开端，到目前为止已有 80 多年的历史。浸渍溶液是其最早的应用产品，逐渐被用于胶黏剂。而早在 20 世纪 50 年代，日本将三聚氰胺、尿素、甲醛共聚合成树脂（MUF），该产品稳定性好、成本低，一般用于室外胶合板产品。70 年代中期，日本研究成功了一种苯酚-三聚氰胺-甲醛共聚树脂（PMF），质量接近酚醛树脂，一般用于生产要求高的结构胶合板。

传统三聚氰胺甲醛树脂的耐热性与耐水性高于酚醛树脂与脲醛树脂，其优点主要表现在：①硬度大，粘接强度高，耐磨性好；②耐水性能优异，耐沸水性好；③耐热性、耐老化性好；④耐化学药品和电绝缘性好；⑤活性大；⑥固化后胶层无色透明，富有光泽，不易燃烧。三聚氰胺甲醛树脂因其显著优点被广泛应用于人造板、木材、建筑、纸包装等领域。

三聚氰胺树脂的交联度很高，树脂内部的可变形能力小，这使得其固化后变脆，耐冲击和耐应力开裂性能、稳定性能较差，从而限制了它们在众多领域的推广和应用。此外，树脂在固化过程中会残留一些未参加交联反应的羟甲基，这些羟甲基在大气中会与水亲和，从而使树脂在一定程度上具有吸湿性，当自然环境变化时，树脂会进行吸湿、解吸循环，逐渐产生应力，这就会使固化后的树脂产生裂纹，严重影响其应用。因此需要对三聚氰胺树脂进行改性，使三聚氰胺甲醛树脂不仅具有良好的流动性，而且具有较高的韧性和储存稳定性。

## 28.3.2 三聚氰胺树脂的合成及原理

三聚氰胺与甲醛缩聚形成树脂的基本原理和尿素与甲醛缩聚形成树脂的基本原理相似，虽反应过程较尿素的反应复杂，但却更容易进行，也更容易反应完全。首先进行加成反应，形成羟甲基三聚氰胺，然后再逐步进行缩聚，最后形成不溶、不熔的体型热固性树脂。

### 28.3.2.1 三聚氰胺与甲醛的加成反应

在中性或弱碱性介质中，三聚氰胺与甲醛进行加成反应，形成羟甲基三聚氰胺。三聚氰胺分子中存在 6 个活泼氢原子，在一定情况下，能够直接与甲醛分子进行加成反应，形成 1~6 个羟甲基的三聚氰胺。如果在三聚氰胺分子中结合的羟甲基越多，则形成的树脂稳定性越高。

1mol 的三聚氰胺与 3mol 的甲醛反应，反应介质为中性或弱碱性（pH=7~9），反应温度为 70~80℃时，可形成三羟基三聚氰胺。

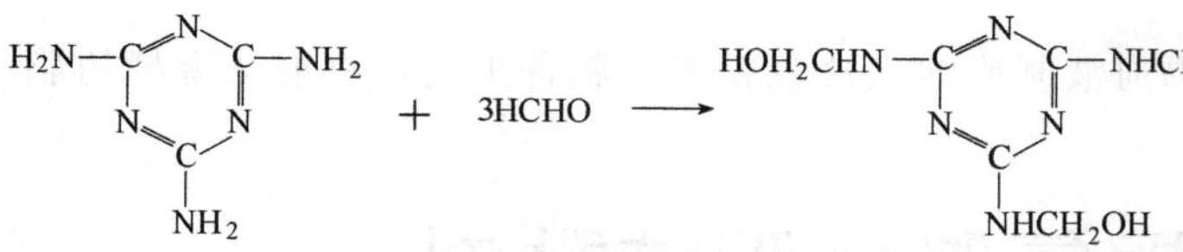

在甲醛过量达到 6mol，介质为中性或弱碱性及温度为 80℃时，能形成六羟甲基三聚氰胺。

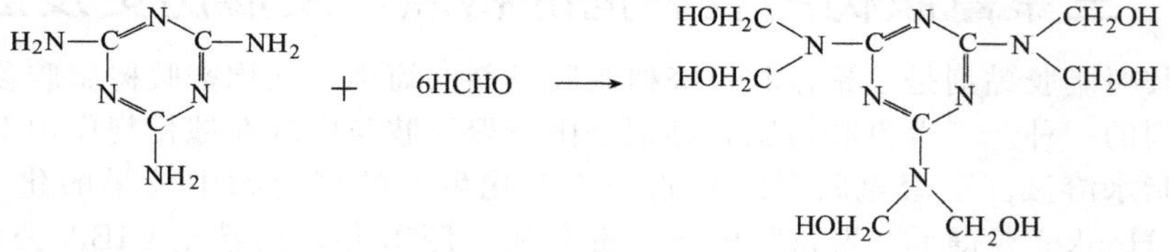

与尿素不同，三聚氰胺在水中的溶解度较低，只溶于热水而不溶于冷水。但由于三聚氰胺官能度高，羟甲基化反应速率较快，反应产物很快即变为水溶性产物，其变为憎水产物的速度也极快。羟甲基三聚氰胺是合成三聚氰胺树脂的单体，由羟甲基三聚氰胺单体相互缩聚即可得到三聚氰胺树脂。由于单体上所结合的甲醛数量不同，生成的树脂固化速度、对酒精的溶解度以及树脂的适用期均不同。

### 28.3.2.2　三聚氰胺与甲醛的缩聚反应

羟甲基三聚氰胺树脂的固化历程与脲醛树脂相同，同样是分子间或分子内失水或脱出甲醛形成亚甲基键或醚键的过程，同时低聚物的分子量迅速上升并形成树脂。羟甲基三聚氰胺在缩聚反应中，三氮杂环仍保留。与脲醛树脂缩聚反应不同的是三聚氰胺树脂缩聚及固化反应不仅在酸性条件下可以进行，而且在中性甚至弱碱性条件下也能进行。由第一阶段制得的羟甲基三聚氰胺在中性、80～85℃条件下进行树脂化反应，其反应可按下述几种方式进行。

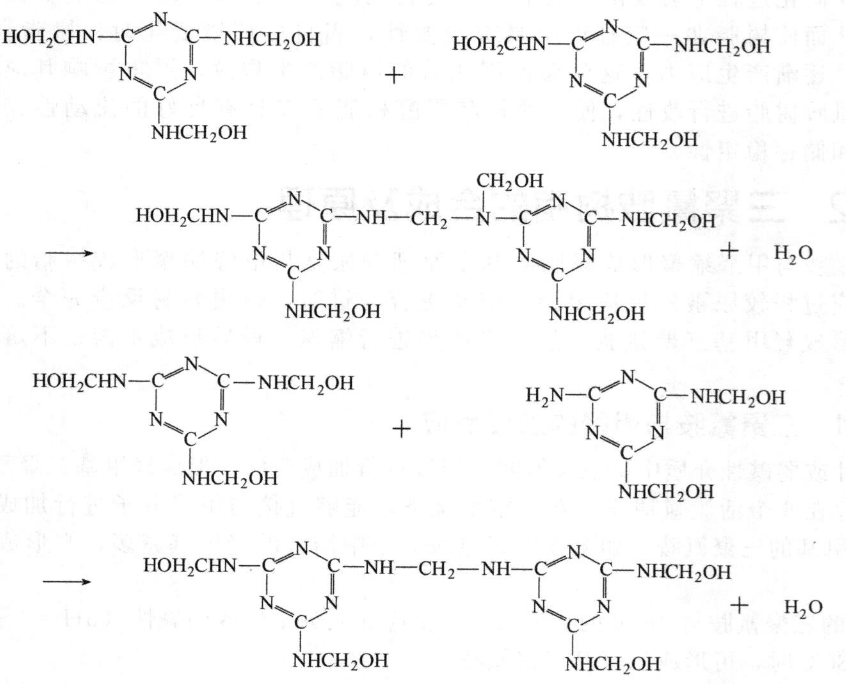

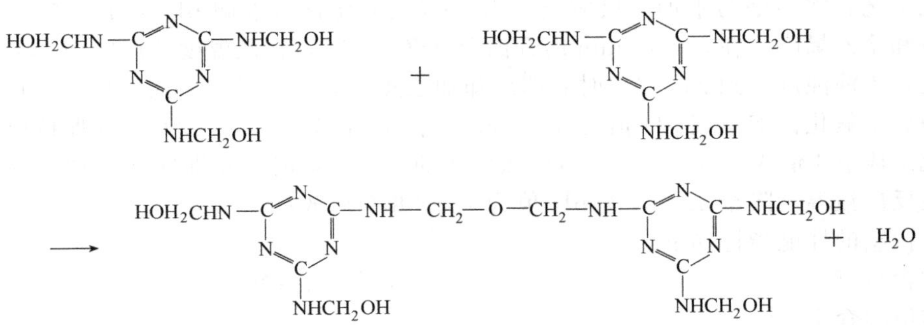

在上述反应中，反应分子之间是靠羟甲基连接的，反应时有水分子脱出。由于羟甲基三聚氰胺在缩聚反应过程中可同时形成亚甲基键和醚键，当三聚氰胺与甲醛的摩尔比为 1：2 时，形成的亚甲基键占优势；若三聚氰胺与甲醛的摩尔比为 1：6 时，树脂几乎全部是醚键连接。三聚氰胺具有较多的官能度，这就决定它能产生较多交联，同时三聚氰胺本身又是环状结构，所以与脲醛树脂相比，三聚氰胺树脂具有良好的耐水性、耐热性及较高的硬度，其光泽和抗压强度等也较好。

## 28.3.3　三聚氰胺树脂的固化反应

在形成上述初期聚合物中，三聚氰胺三氮杂环结构保持完整的独立，经加热继续进行交联反应，形成不溶、不熔的树脂，即固化成网状结构的体型聚合物，结构式如下：

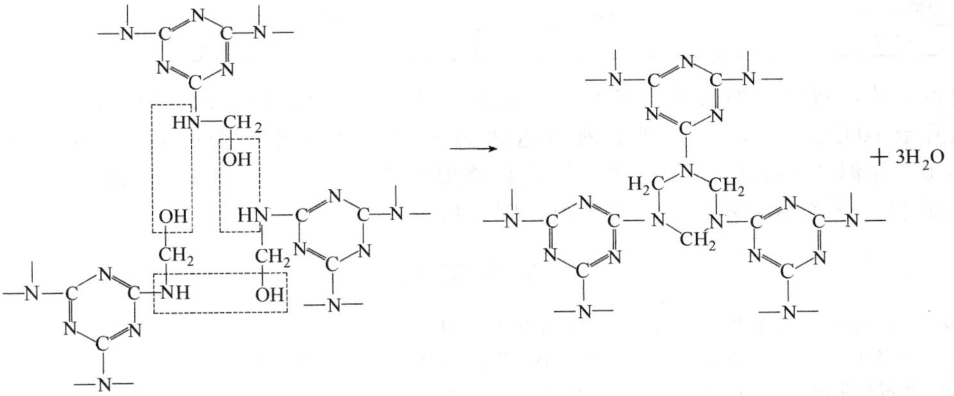

## 28.3.4　三聚氰胺树脂胶黏剂典型配方及制备工艺

### 28.3.4.1　表面装饰纸中应用的三聚氰胺树脂胶黏剂配方实例及工艺

在表面装饰纸中应用的三聚氰胺树脂胶黏剂配方实例见表 28-9。

表 28-9　在表面装饰纸中应用的三聚氰胺树脂胶黏剂配方实例

| 原料 | 纯度/% | 摩尔比 | 质量/g |
|---|---|---|---|
| 三聚氰胺 | 工业 | 1 | 100 |
| 甲醛 | 37 | 2.8 | 180 |
| 乙醇 | 95 | | 12.5(稀释至 75.0%后用) |
| 聚乙烯醇 | 工业 | | 2.5 |
| 水 | | | 32 |
| 氢氧化钠溶液 | 30 | | 适量 |

合成工艺：将甲醛与水加入反应釜，用30％氢氧化钠溶液调pH值至8.5～9.0。加入三聚氰胺和聚乙烯醇。在30～40min内升温至92℃±2℃，在此温度下反应30min后取样测定浑浊度，当浑浊度达到24°～25°时立即冷却加乙醇（此阶段反应时间一般为60～90min）。加完乙醇后氢氧化钠溶液调pH值为8.0～8.5，然后升温至80℃±2℃，并保持取样再测浑浊度（此阶段pH值为7.5～8.0）。当浑浊度达到23°～24°时，立即冷却并加入稀释用乙醇和水。在反应液温度降至40℃，调pH值为7.5～8.0后放料。

合成树脂的性能指标如下：

| | |
|---|---|
| 固体含量/％ | 31～36 |
| 游离甲醛含量/％ | ≤0.5 |
| 黏度/mPa·s | 16～23 |
| pH值 | 7.5～8.0 |
| 外观 | 透明液体 |

此树脂主要用于刨花板贴面用装饰纸的浸渍。由于加入稀释剂，使树脂的稳定性显著提高，便于贮存。

### 28.3.4.2　在建筑材料中应用的三聚氰胺树脂胶黏剂配方实例及制备工艺

在建筑材料中应用的三聚氰胺树脂胶黏剂配方实例见表28-10。

表28-10　在建筑材料中应用的三聚氰胺树脂胶黏剂配方实例

| 原料 | 质量 | 原料 | 质量 |
|---|---|---|---|
| 三聚氰胺 | 36.6g | 水 | 适量 |
| 甲醛（37％） | 277g | 乙醇 | 120g |
| 尿素 | 100g | 六亚甲基四胺 | 14g |

制备工艺：将甲醛加入反应釜中，依次加入尿素、三聚氰胺、六亚甲基四胺，30min内将内温升至70℃±1℃，注意观察内温达到60℃时反应液开始变透明，此时pH值应为7.7～8.0。保温30min后加入乙醇，然后再降温至70℃±1℃，保温1.5h，冷却，内温降至40℃放料。该胶黏剂外观为透明黏液，固含量为44％～48％。

## 参 考 文 献

[1] 黄发荣，焦杨声. 酚醛树脂及其应用. 北京：化学业出版社，2003.
[2] 薛斌，张兴林. 酚醛树脂的现代应用及发展趋势. 热固性树脂，2007，22（4）：47-50.
[3] 李静. 酚醛树脂的应用现状及发展趋势. 塑料制造，2014（6）：71-74.
[4] 熊伟. 酚醛树脂的增韧及其泡沫性能. 西安：陕西科技大学，2014.
[5] 方伟，赵雷，于晓燕，等. 酚醛树脂在耐火材料中的应用及其研究现状. 耐火材料. 2013（4）：303-306.
[6] 李茂彦，徐亮，周小梅，等. 国内外酚醛树脂应用新进展. 国外塑料. 2013（8）：34-37.
[7] 周文瑞，李建章，李文军，等. 脲醛树脂胶黏剂及其制品低毒化研究新进展. 中国胶黏剂，2003，13（1）：54-58.
[8] 胡庆堂. E1级三聚氰胺改性脲醛树脂的研制. 人造板通讯，2005，9（2）：1-5.
[9] 汪多仁. 粉末脲醛树脂的生产、应用及市场展望（Ⅱ）. 林产化工通讯，2003，37（5）：38-41.
[10] 赵临五，王春鹏. 脲醛树脂胶黏剂：制备、配方、分析与应用. 2版. 北京：化学工业出版社，2009.
[11] 李东光. 脲醛树脂胶黏剂. 北京：化学工业出版社，2002.
[12] 顾继友. 胶粘剂与涂料. 北京：中国林业出版社，2012.
[13] 高伟，李建章，雷得定，等. 脲醛树脂胶黏剂低毒化改性剂研究进展. 化学与黏合，2006，28（6）：424-428.
[14] 鄢胜云，李子成，周颖，等. 脲醛树脂高技术应用研究进展. 材料导报，2016，30（3）：70-75
[15] 王蕾，苗宗成，陈德凤. 苯酚改性脲醛树脂在造纸工业中的应用前景. 湖南造纸，2006（4）：23-24＋28.
[16] 王恺. 木材工业实用大全（人造板表面装饰卷）. 北京：中国林业出版社，2002.
[17] 李和平. 木材胶黏剂. 北京：化学工业出版社，2009.

［18］ 朱小兰，吴问陶，黄刚堂. 三聚氰胺甲醛树脂的改性及应用. 川化，2010（4）：28-30.

［19］ 单承刚. 三聚氰胺产需现状及市场分析（二）. 精细与专用化学品，2001（20）：5-8.

［20］ 时君友，韩忠军. 尿素改性酚醛树脂胶黏剂的研究. 粘接，2006，27（1）：15-17.

［21］ 何乃叶，顾继友，朱丽滨. 等. 改性剂对低压短周期三聚氰胺甲醛树脂性能的影响. 中国胶黏剂，2009，18（5）：21-24.

［22］ 杨惊，李小瑞. 改性三聚氰胺甲醛树脂提高纸张湿强度的研究. 中国造纸，2005，24（9）：10-13.

［23］ 韩冰冰，宋文生，李雪娟. 三聚氰胺及其衍生物的应用. 化学推进剂与高分子材料，2007，5（6）：26-30.

［24］ 牛广轶，刘康. 涂料用氨基树脂的进展——甲醚化氨基树脂. 现代涂料与涂装，2000（6）：38-40.

［25］ 杭祖圣，居法银，应三九，等. 三聚氰胺纤维的制备、改性及应用研究进展. 材料导报，2009，23（19）：37-40.

［26］ 吴伟剑，顾继友，田锋，等. 三聚氰胺甲醛树脂改性聚醋酸乙烯酯共聚乳液的研究. 中国胶黏剂，2006，15（9）：35-37.

［27］ 相益信，冯绍华，王伟. 三聚氰胺甲醛树脂泡沫制备的研究. 现代塑料加工应用，2011，23（5）：16-19.

（时君友 温明宇 程珏 编写）

# 第29章

# 聚硫密封胶和丁基密封胶

## 29.1 聚硫密封胶

### 29.1.1 聚硫密封胶的特点与发展历史

#### 29.1.1.1 聚硫密封胶的特点

聚硫密封胶是以巯基封端的液体聚硫橡胶作为基体材料，再配合固化剂、添加剂和填料等制成，使用时通过液体聚硫橡胶与硫化剂的反应形成交联网络。聚硫密封胶对空气、喷气燃料、燃油蒸气、水汽、非极性液体介质以及大气环境有良好的耐受能力，能始终保持对铝合金、结构钢、钛合金、聚氨酯底漆、环氧底漆、树脂基复合材料、水泥、玻璃等多种材料表面的可靠粘接和一定的拉伸力学性能，可以在−55℃条件下挠曲而不开裂，能在动态条件下保证结构密封和120℃条件下长期保持结构密封。聚硫密封胶的最大特点是分子链上具备双硫键，具有优异的耐燃油等非极性介质油的能力，而且透气率低，其主要应用在建筑工业中各类构件的粘接密封，中空玻璃的制造和飞机整体油箱、燃油舱、机体防腐蚀密封等特殊的军事用途。

#### 29.1.1.2 聚硫密封胶的发展历史

早在1943年美国Thiokol公司就开发了世界上第一种弹性聚硫密封胶，可以在室温下完全固化。20世纪80年代，美国PRC公司采用低分子二硫醇改性，以单硫键部分取代了分子链中的双硫键，增加了耐温性（聚硫密封胶最高耐温130℃，改性聚硫密封胶最高耐温180℃），而且黏度显著下降，工艺性能也有了明显改善。

国内航空聚硫密封胶的研制始于20世纪50年代，多为仿苏材料，以高性能为主，代表性牌号为XM-15。20世纪80年代以后，也把工艺性能列入重要考核指标，构建了国内聚硫密封胶的框架；到21世纪初，在改性技术、耐高温技术、低密度技术、无铬缓蚀技术和低黏附力技术等方面都有突破，后续开发的HM系列聚硫密封胶基本与国外水平相当。

#### 29.1.1.3 行业最新发展方向和进展

低密度化是军用聚硫密封胶发展的一个重要方向，国外制定了相应的标准AMS 3281，基本涵盖了从$1.65g/cm^3$级别到$1.05g/cm^3$范围，目前国外更是已经研制出了$0.75g/cm^3$级别的密封胶。

功能化是其另一个重要的发展方向，具备特殊功能如导电、吸波、导热等特殊功能的密封胶是未来重要的发展方向。

低成本化和应用工艺简便化是民用领域的发展方向。

## 29.1.2　聚硫密封胶的配方组成及其作用

聚硫密封胶主要由液体聚硫橡胶主体树脂、硫化体系以及其他配合剂等组成。

（1）液体聚硫橡胶　巯基封端液体聚硫聚合物（俗称液体聚硫橡胶）是聚硫密封胶的最重要成分，是密封胶弹性体的主体，用量一般为 40%～70%，当不强调某些力学性能时，其含量可降至 30%。其数均摩尔质量不大于 6000g/mol，具体参数见表 29-1。

表 29-1　液体聚硫橡胶物理及化学性能参数范围

| 项目 | 单位 | 数据范围 |
|---|---|---|
| 外观 | — | 淡黄到赤褐色透明黏稠液体 |
| 密度 | $g/cm^3$ | 1.12～1.31 |
| 水分 | % | 0.1～0.2 |
| pH 值 | — | 6～8 |
| 杂质 | % | 0.2～0.3 |
| 结合硫 | — | 37～40 |
| 游离硫含量 | % | 0.1～0.2 |
| 黏度（25℃） | Pa·s | 0.25～200 |
| 摩尔质量 | g/mol | 600～7500 |
| 硫醇基含量 | % | 0.8～7.7 |
| 交联剂含量（摩尔分数） | % | 0.05～2.5 |
| 折射率 | — | 1.557～1.570 |
| 着火点 | ℃ | 182～235 |
| 燃点 | ℃ | 240～335 |
| 玻璃化转变温度 | ℃ | 接近－60 |
| 比热容 | kJ/(kg·K) | 约 1.26 |
| 闪点 | ℃ | ＞230 |
| 燃烧热 | kJ/(kg·K) | ＞24.075 |

目前世界上生产液体聚硫橡胶的国家主要有 4 个，其中日本东丽聚硫株式会社生产的 LP 系列和德国阿克苏·诺贝尔公司生产的 G 系列产量较大，俄罗斯喀山合成橡胶厂和国内锦西化工研究院有限公司生产的液体聚硫橡胶产量不大。

液体聚硫橡胶的双官能团分子化学结构如下式所示：

$$HS—(R—SS)_n—R—SH \tag{29-1}$$

液体聚硫橡胶三官能团分子化学结构为：

$$HS—(R—SS)_a—CH_2—CH—CH_2—(SS—R)_b—SH$$
$$| \atop CH_2(SS—R)_c—SH \tag{29-2}$$

聚合度 $n$（或 $a+b+c$）一般从 5 到几十不等，R 的结构有很多种，见表 29-2。

表 29-2　液体聚硫橡胶分子中 R 的特性

| 序号 | R 的名称 | R 的化学结构式 | 玻璃化转变温度/℃ |
|---|---|---|---|
| 1 | 聚乙烯基二硫化物 | $\{S—CH_2—CH_2—S\}_n$ | －27 |
| 2 | 聚乙烯基四硫化物 | $\{SS—CH_2—CH_2—SS\}_n$ | －24 |
| 3 | 聚乙烯基醚四硫化物 | $\{SS—CH_2—O—CH_2—SS\}_n$ | －40 |
| 4 | 聚乙烯基醚二硫化物 | $\{S—CH_2—O—CH_2—S\}_n$ | －53 |
| 5 | 聚乙烯基缩甲醛二硫化物 | $\{S—CH_2—CH_2—O—CH_2—O—CH_2—CH_2—S\}_n$ | －59 |
| 6 | 聚戊亚甲基二硫化物 | $\{S—(CH_2)_5—S\}_n$ | －72 |
| 7 | 聚己亚甲基二硫化物 | $\{S—(CH_2)_6—S\}_n$ | －74 |
| 8 | 聚丁基缩甲醛二硫化物 | $\{S—(CH_2)_4—O—CH_2—O—(CH_2)_4—S\}_n$ | －76 |
| 9 | 聚丁基醚二硫化物 | $[S—(CH_2)_4—O—(CH_2)_4—S]_n$ | －76 |
| 10 | 聚 12 亚甲基二硫化物 | $\{S—(CH_2)_{12}—S\}_n$ | －82 |

用于制备聚硫密封胶常用的液体聚硫橡胶是二氯乙基缩甲醛、多硫化钠或二硫化钠、三氯丙烷三种主要单体经缩聚而成，其分子化学结构中 R 为 $(CH_2)_2$—O—$CH_2$O—$(CH_2)_2$。其中日本东丽和德国诺贝尔的合成工艺采用二硫化钠，相应制备的液体聚硫橡胶颜色为棕色，俄罗斯和国内锦西化工研究院合成工艺则采用多硫化钠，相应制备的液体聚硫橡胶颜色为黑褐色。

（2）**硫化体系**　聚硫密封胶的硫化体系由硫化剂和催化剂组成，常规上硫化剂在较低的温度下如0℃以上由于催化剂的作用可向液体聚硫橡胶提供极为活泼的氧原子，与其分子巯端基的活泼氢反应，每两个巯端基形成一个交联点并释放一个水分子，平均每个聚硫分子有两个以上的巯端基，进一步交联就变成了弹性体。

（3）**其他配合剂**

① 补强剂。为提高硫化后密封胶弹性体的拉伸力学性能，如拉伸强度、撕裂强度、拉伸粘接强度和伸长率，常将一些无机粉料与液体聚硫橡胶混合在一起经过研磨充分混合，如炭黑、碳酸钙、硫化锌、高岭土、二氧化硅等，他们有巨大的比表面积，不仅提高了密封胶的力学性能，也明显地降低了密封胶的成本。

② 流变性助剂。改性脲、气相二氧化硅、硬脂酸盐等是常用的触变剂，可以增加黏度和触变性。磷酸三丁酯、邻苯二甲酸二丁酯、邻苯二甲酸丁苄酯是聚硫密封胶常用流平性助剂，通过破坏密封胶物料分子间的氢键起到降黏、增加流动性作用。

③ 增黏剂。酚醛树脂、氧化乙烯基树脂、烷氧基硅烷化合物、钛酸酯类和异氰酸酯类等含有羟基或室温硫化过程中可产生羟基的物质，可以增加与金属、碳纤维复合材料、有机涂层面及旧有的密封胶层的粘接力，是常用的增黏剂。增黏剂中的活性端基容易与其他组分发生化学反应，一般不直接加入液体聚硫橡胶中，作为一个单组组分使用时再加入应用。增黏剂用量不大，现场使用时加大了施工难度，目前已经用粘接底涂（主要有效成分为偶联剂）代替了增黏剂，同样可以起到提高界面粘接效果的作用。

④ 阻蚀剂。配方中加入阻蚀剂可以提高密封胶的防腐蚀作用。重铬酸盐通过其强氧化作用在金属表面形成致密的氧化膜，保护金属不被腐蚀，同时还可起到硫化剂作用。但是近年来随着环保要求越来越严，重铬酸盐遇水流黄汤的问题限制了其应用，新型的环保型钼酸盐等逐渐代替了重铬酸盐作为聚硫密封胶的阻蚀剂。

⑤ 阻硫剂。聚硫密封胶一般是双组分胶黏剂。硫化剂与催化剂常在一起成为一个组分，另一个组分基膏含有液体聚硫橡胶。基膏是一个很不稳定的组分，随着存放时间的延长，黏度会渐渐变大使使用工艺性变坏，加入少量酸性物质即可防止黏度增大，如硬脂酸、油酸等。

⑥ 防霉剂。聚硫密封胶本身不具备防霉能力，一般耐霉菌性能在 2 级到 3 级之间，为了提高聚硫密封胶的耐霉菌性能，需要在聚硫密封胶中加入防霉剂，氯化物是一类良好的防霉剂。

⑦ 耐热剂。为提高聚硫密封胶的热稳定性，一般在密封胶中加入稀土化合物和三氧化二铁等，也可以使用胺类抗氧剂提高其耐热性。

⑧ 着色剂。为使聚硫密封胶有所希望的颜色，可用各种颜料进行调色，如钛白粉、炭黑、三氧化二铁、酞青绿等。

## 29.1.3　聚硫密封胶的硫化机理

硫化机理有氧化型和非氧化型两种。氧化型硫化剂一般采用金属过氧化物或变价金属氧化物如二氧化锰、二氧化铅、过氧化钙、高锰酸钾、含氧强酸等，其用量与聚硫橡胶的分子量和聚硫橡胶在聚硫密封胶中的用量有直接的确定的当量关系。非氧化型硫化剂是含有环氧基、异氰酸根的有机低聚物，他们与聚硫橡胶的巯端基发生加成反应，形成硫化弹性体，由于没有低分子物产生，弹性体体积不收缩，并可制成浅色或无色密封胶。

### 29.1.3.1　氧化反应的硫化机理

其原理是两个硫醇基氧化偶联成二硫化物，使聚硫橡胶分子连接在一起。

（1）以二氧化铅（$PbO_2$）的硫化为例，反应用下式表示：

$$2RSH + PbO_2 \longrightarrow \text{—RSSR—} + PbO + H_2O \tag{29-3}$$

$$2RSH + PbO \longrightarrow \text{—RSPbSR—} + H_2O \tag{29-4}$$

$$\text{—RSPbSR—} + PbO_2 \longrightarrow \text{—RSSR—} + 2PbO \tag{29-5}$$

如上述反应所示，大部分液体聚合物几乎都变成二硫化物，但少量的硫醇铅盐的存在是降低过氧化铅硫化物耐油性和耐热性的原因。减少硫醇铅盐的一个方法是在少量硫黄的存在下通过下列反应使之变成二硫化物：

$$\text{—RSPbSR—} + S \longrightarrow \text{—RSSR—} + PbS \tag{29-6}$$

因为过氧化铅的反应是放热反应，所以无须特别加热，虽然加热可以促进反应，但急剧加热（60℃以上）将使硫化反应激烈进行，从而导致硫化物成为海绵状。过氧化铅硫化的特征是硫化胶的耐油性低，耐热性最高是 120℃，与玻璃的粘接性有因受紫外线照射而下降的缺点，但硫化速度的调节与一般硫化剂比相对比较平衡。

硫化剂见表 29-3。

**表 29-3　硫化剂**

| 无机氧化物 | | 无机过氧化物 | | 无机过氧化剂 | |
| --- | --- | --- | --- | --- | --- |
| ZnO | 白 | $ZnO_2$ | 白 | $NaBO_2 \cdot H_2O_2$ | 白 |
| PbO | 黄 | $PbO_2$ | 褐 | $2Na_2CO_3 \cdot 3H_2O_2$ | 白 |
| MgO | 白 | $MgO_2$ | 灰 | $(NH_4)_2S_2O_8$ | 白 |
| CaO | 白 | $CaO_2$ | 白 | $Na_2S_2O_8$ | 白 |
| BaO | 白 | $BaO_2$ | 白 | $NaIO_4$ | 白 |
| FeO | 黑 | $FeO_2$ | 黑 | | |
| $Fe_2O_3$ | 赤褐色 | $MnO_2$ | 灰黑 | | |
| CoO | 黄褐色 | $TeO_2$ | 白 | | |
| CuO | 黑 | $SeO_2$ | 白 | | |
| | | $Sb_2O_3$ | 白 | | |
| | | $Sb_2O_5$ | 淡黄 | | |
| | | $SnO_2$ | 白 | | |
| | | $Pb_3O_4$ | 红 | | |

室温硫化剂的性能见表 29-4。

**表 29-4　室温硫化剂的性能**

| 硫化剂名称 | 化学式 | 拉伸力 | 耐热性 | 耐油性 | 抗凝性 | 耐湿性 |
| --- | --- | --- | --- | --- | --- | --- |
| 二氧化铅 | $PbO_2$ | 良 | 良 | 良 | 良 | 优 |
| 过氧化碲 | $TeO_2$ | 优 | 良 | 优 | 良 | 良 |
| 铬酸盐 | — | 良+ | 良 | 优 | 良 | 中 |
| 二氧化锰 | $MnO_2$ | 良+ | 良+ | 优 | 良 | 中 |
| 过氧化物 | ROOH | 中 | 中 | 良 | 中 | 良 |

（2）二氧化锰（$MnO_2$）硫化　二氧化锰的反应与过氧化铅一样，但它不生成类似过氧化铅那样的硫醇盐，因此其硫化物与过氧化铅的硫化物相比，在耐油性、耐热性方面要优良得多，而且与玻璃的粘接性（经紫外线照射）的下降也要小得多。在实际的应用中，二氧化

锰作为硫化剂是最广泛的。

当使用二氧化锰硫化时，大多采用碱性化合物为促进剂，以无水碳酸钠为例，具体反应过程如下：

① $Na_2CO_3$ 遇水水解，产生电离平衡，生成 $OH^-$。

$$NaO\!-\!\overset{O}{\underset{\|}{C}}\!-\!ONa + H_2O \rightleftharpoons NaO\!-\!\overset{O}{\underset{\|}{C}}\!-\!O\!-\!H + Na^+ + OH^- \tag{29-7}$$

② $OH^-$ 与 $MnO_2$ 作用，生成游离态的氧。

$$OH^- + O\!=\!Mn\!=\!O \longleftrightarrow OH\!-\!\overset{O^-}{\underset{\|}{Mn}}\!=\!O \longrightarrow OH\cdots Mn^-\!=\!O + [O] \longrightarrow MnO + [O] + OH^- \tag{29-8}$$

③ 生胶大分子与氧作用，发生交联。

$$2R\!-\!SH + [O] \longrightarrow R\!-\!S\!-\!S\!-\!R + H_2O \tag{29-9}$$

（3）过氧化碲（$TeO_2$）硫化　过氧化碲与二氧化锰一样也不会生成硫醇盐，所以能大大改善其耐热性与耐油性，但因为有毒，目前已不大使用。

（4）铬酸和重铬酸盐硫化　铬酸虽然是公害材料，但对液体聚硫橡胶却是极好的硫化剂，由于其硫化物的特异性能，直到现在仍有很多用作航空发动机系统密封胶的硫化剂。重铬酸盐的反应式如下：

$$2RSH + [O] \longrightarrow RSSR\!-\! + H_2O \tag{29-10}$$

由于这是利用盐类水解产生铬酸盐氧化作用的反应，反应很剧烈。连交联密度低的聚合物也能进行完全的交联。它的硫化物具有优良的耐油性和耐热性，但伸长率低，拉伸力和定伸强度高，经紫外线照射所引起的与玻璃的粘接力下降也较小。

（5）过氧化钙（$CaO_2$）硫化　作为白色或浅色密封胶的硫化剂，还有过氧化钡、过氧化锌等，但过氧化钙使用最广。其反应式如下：

$$CaO_2 + H_2O \longrightarrow Ca(OH)_2 + [O] \tag{29-11}$$

$$2RSH + [O] \longrightarrow RSSR\!-\! + H_2O（碱性条件下） \tag{29-12}$$

上式中作为促进剂的碱性物质有 $BaO_2$、$SbCl_2$、$NaOH$、$ZnCl_2$ 等。如反应式所示，该类硫化剂必须有水分存在。因而在用于双组分的同时，作为单组分型密封胶的硫化剂，硫化胶也具有良好的性质。单组分型聚硫密封胶不大使用，但作为硫化剂，也有在过氧化钙里添加潮解性促进剂使用的。

过氧化钙的硫化胶与通常过氧化铅的硫化胶相比，其拉伸力与定伸强度高、伸长率低、硬度高。

（6）空气中的氧　利用空气中的氧使厚度为 5～50 密耳［1 密耳（mil）= 25.4 × $10^{-6}$ m］的薄层液体聚硫橡胶发生反应时，油漆（涂料）用的催干剂是有效的。最常用的是钴、锰和铁的衍生物，钴衍生物在 25～65℃ 时有效，而锰、铁的衍生物则需要加热。钴衍生物的浓度相对于聚硫橡胶是 0.25%～0.5%，其代表物有三亚甲基三硝基钴胺、三亚甲基三硝基锰胺和甘油三油酸铅，它们的反应式如下：

$$2RSH + [O] \longrightarrow RSSR\!-\! + H_2O \tag{29-13}$$

### 29.1.3.2　非氧化反应的硫化机理

同密封胶有关的这一类硫化剂有环氧树脂，它在芳香族胺的存在下与液体聚硫橡胶发生如下反应：

$$2R\!-\!SH + \underset{O}{CH_2}\!-\!CH\!-\!R'\!-\!CH\!-\!\underset{O}{CH_2} \longrightarrow R\!-\!S\!-\!CH_2\!-\!\underset{OH}{CH}\!-\!R'\!-\!\underset{OH}{CH}\!-\!CH_2\!-\!S\!-\!R \tag{29-14}$$

环氧树脂硫化的密封胶，常温性能较好，但在高温环境中使用后，伸长率大幅下降，甚至丧失高弹性，其原因如下：环氧树脂硫化则是一个逐步加成聚合反应，随着反应的进行，大分子链上的活性基团始终保持不变，但活性降低，当反应在常温下达到一个动态平衡时，也能表现出良好的力学性能。但当体系中环氧树脂过量时，在高温下会与羟基进一步反应：

$$\tag{29-15}$$

在这两类硫化方式中，二氧化锰氧化型硫化剂比非氧化型环氧树脂硫化剂的用量大。为了降低固化温度，空气中水分也是有效的助催化剂，又称为促进剂或硫化促进剂。另外有机碱类如胍类、二硫代氨基甲酸盐类以及秋兰姆类等也可以作为有效的促进剂。水分的助催化作用与环境相对湿度的大小有关。在二氧化锰-二苯胍体系中，环境相对湿度小于 30％时，硫化速度明显变慢，高于 75％时硫化速度明显变快，经长时间的探讨，水分子助催化作用的机理可考虑为：二苯胍分子中的═NH 是一个亲核基团，当其接触水分子时，水分子中的一个氢原子被电负性很强的氮原子吸引形成氢键，这个氢原子变成了丢掉外层价电子的质子，它就是一个原子核，为亲核基团═NH 所结合，结果出现了氢氧根，使密封胶本体呈现碱性，在碱性环境中，二氧化锰分子中的锰原子被氢氧根中的氧原子吸引，氢氧根氧原子上的电子云向锰原子靠拢，随机地削弱了二氧化锰分子中锰原子与两个氧原子中任意一个的结合力，导致二氧化锰分子释放出一个氧化能力很强的初生态氧原子 [O]，便发生了聚硫聚合物的硫化。这种认识很好地指导了人们对聚硫密封胶的正常使用。总之，水分能大大地缩短硫化反应的诱导期。当采用氧化性更强的硫化剂时，可不采用促进剂，如二氧化铅为硫化剂时，室温下即可使聚硫密封胶硫化成弹性体，环境温度的变化对硫化速度的影响远大于相对湿度的影响，硫化温度升高 10℃，硫化速度约提高一倍，反之约降低为原来的 $\frac{1}{2}$（密封胶的硫化速度可用活性期表征）。

## 29.1.4 聚硫密封胶的种类及典型配方

聚硫密封胶按照包装形式可以分为单组分聚硫密封胶、双组分聚硫密封胶和多组分聚硫密封胶等；按照封端的不同又分为巯基封端聚硫密封胶、环氧封端聚硫密封胶以及硅烷封端聚硫密封胶等。本节以包装形式分类介绍聚硫密封胶的种类和典型配方。

（1）单组分聚硫密封胶　单组分聚硫密封胶一般依靠空气中水分作为硫化促进剂，但目前为止国内尚无实际应用产品，国外学术研究典型配方见表 29-5。

（2）双组分聚硫密封胶　双组分聚硫密封剂一般由基膏和硫化膏两个组分组成，基膏包含液体聚硫橡胶、补强剂、增黏剂、增塑剂等，硫化膏包含硫化剂、增塑剂、促进剂、硫化抑制剂等，典型配方见表 29-6。

表 29-5 单组分聚硫密封胶典型配方

| 配方号 | 成分名称 | 质量份 |
|---|---|---|
| 1 | 由 LP2 与 $(CH_3)_3SiCl$ 反应得到的硅烷-硫基基团封端聚硫聚合物 | 100 |
| | 二氧化铅 | 7 |
| | 碳酸钙 | 120 |
| | 氯化石蜡 | 97 |
| 2 | 由 LP2 与 $(CH_3)_3SiCl$ 反应得到的硅烷-硫基基团封端聚硫聚合物 | 100 |
| | 二氧化锰 | 15 |
| | 碳酸钙 | 120 |
| | 氯化石蜡 | 45 |
| | 邻苯二甲酸二丁酯 | 45 |

表 29-6 双组分聚硫密封胶典型配方

| 配方号 | 成分名称 | 质量份 |
|---|---|---|
| 基膏 | G1 液体聚硫橡胶 | 50 |
| | G131 液体聚硫橡胶 | 50 |
| | 炭黑 | 30 |
| | 碳酸钙 | 10 |
| | 二氧化钛 | 10 |
| | 硅烷偶联剂 | 1 |
| | 硬脂酸 | 1 |
| 硫化膏 | 二氧化锰 | 100 |
| | 邻苯二甲酸二丁酯 | 120 |
| | 碳酸钙 | 20 |
| | 二苯胍 | 8 |
| | 硬脂酸 | 1 |

（3）多组分聚硫密封胶　为了提高聚硫密封胶的贮存性能，多组分聚硫密封胶与双组分聚硫密封胶相比增黏剂和促进剂分别单独作为一个组分，即将基膏中的增黏剂和硫化膏中的促进剂分别作为一个组分，使用时再混合均匀。双组分聚硫密封胶的贮存期一般为6个月，多组分聚硫密封胶的贮存期则一般在9个月以上。由于多组分聚硫密封胶的组分众多，尤其是促进剂配比较小，不适合外场手工混合使用，一般必须配合三辊研磨机使用。其典型配方见表 29-7。

表 29-7 多组分聚硫密封胶的典型配方

| 组分名称 | 成分名称 | 质量份 |
|---|---|---|
| 基膏 | 液体聚硫橡胶 | 100 |
| | 炭黑 | 50 |
| | 碳酸钙 | 10 |
| 硫化膏 | 二氧化锰 | 100 |
| | 邻苯二甲酸二丁酯 | 120 |
| 增黏剂 | 环氧树脂 | 100 |
| 促进剂 | 二苯胍 | 100 |
| | 磷酸三苯酯 | 50 |

# 29.1.5　聚硫密封胶的生产工艺及包装

## 29.1.5.1　聚硫密封胶的生产工艺

（1）单组分聚硫密封胶制备工艺　所有原材料需要充分脱水或脱游离氧，另外需要在与空气隔离的条件下充分粉碎和混合，并在隔绝空气情况下进行密闭包装。制备工艺主要装备是三辊研磨机和具备抽真空功能的多轴高速立式混合搅拌釜。

（2）双组分聚硫密封胶制备工艺　关键工艺是细化和均匀分散，基膏还要脱水。关键设备与单组分聚硫密封胶的基本相同。基膏一般采用真空多轴高速立式混合搅拌釜和三辊研磨机联机制备，硫化剂则采用三辊研磨机研磨即可。

（3）多组分聚硫密封胶制备工艺　多组分聚硫密封胶是把双组分中的个别关键并且敏感的成分取出单独作为一个或几个成分，如促化剂可单独包装作为一个组分，又如增黏剂可单独包装作为一个组分，这样的组分不须再制备仅仅分装即可，其他组分制备与双组分聚硫密封胶相同。

### 29.1.5.2　聚硫密封胶包装

由于液体聚硫橡胶会与空气中的游离氧发生缓慢的交联反应，从而导致密封胶的基膏发生表面结皮，从而影响后续使用，因此聚硫密封胶一般采用密闭塑料桶或金属桶包装的方式。有时为了进一步提高其贮存性能，在塑料桶或金属桶封盖前还要充入氮气加以保护。

聚硫密封胶的贮存时间与温度有很大关系，因此一般要求贮存在 30℃ 以下的库房中，避免阳光直射。

# 29.2　丁基密封胶

## 29.2.1　丁基密封胶的特点与发展历史

### 29.2.1.1　丁基密封胶的特点

丁基密封胶是指以异丁烯类聚合物为主体材料的密封胶，为世界耗量最大的几种密封胶之一。由于其饱和度极高，具有优异的耐候、耐老化、耐热、耐酸碱性能；同时由于分子链中侧甲基排列密集，限制了聚合物分子的热运动，因此透气率低，气密性好；也因为分子结构中缺少双键，且侧链甲基分布密度较大，使其具有良好的吸收振动和冲击能量的特性；另外该类型密封胶还具有良好的阻尼特性、低温柔性和电绝缘性。因而广泛用于各种机械、管道、玻璃、电缆接头等密封及建筑物、水利工程。

### 29.2.1.2　丁基密封胶的发展历史

丁基密封胶可分硫化型、非硫化型两种。非硫化型又可分为溶剂挥发型、热熔型，都是以聚异丁烯和/或丁基橡胶和/或卤化丁基橡胶为基础树脂，添加适量补强剂和增黏剂或溶剂，经过混炼，最终产品具有永久可塑性；硫化型则需配合合适硫化剂、硫化促进剂等硫化体系，在特定条件下，硫化成弹性体。

早期的硫化丁基密封胶硫化速度慢，导致与其他聚二烯烃并用存在极大限制；同时由于缺少极性基团，与金属或橡胶的粘接性能差。目前有衍生丁基橡胶、卤化改性丁基橡胶、热塑性弹性体、热塑性硫化胶等品种。硫化体系一般为硫黄、醌肟、树脂体系三种，不同硫化体系有各自的特点，并且根据基础树脂的差异、应用领域的要求，硫化体系主剂及硫化促进剂等也各不相同。

### 29.2.1.3　行业最新发展方向和进展

硫化丁基密封胶，随着应用领域的扩展、应用环境的变化，对其性能需求也日益提升，因此基础树脂和硫化体系也在不断地改进和发展。

（1）基础树脂　由于丁基橡胶自身的高饱和度，对其应用和性能有一定的限制，对其做一些合成改性，以改善诸如硫化特性、粘接性能、特种性能等。主要发展方向：

卤化改性（氯化/溴化丁基橡胶），此类改性可以提高硫化速度、改善与天然橡胶等的相容性、粘接性、耐热性等。

支化丁基橡胶，包括支化的卤化丁基橡胶、长链支化轻度交联丁基橡胶，使密封胶具有更高的强度、硬度和更好的加工性。

其他如磺化丁基橡胶、马来酸酐改性丁基橡胶、三元丁基橡胶、高阻尼丁基橡胶、极高门尼黏度丁基橡胶等，可以用来制备特殊性能的密封胶。

通过聚合法或丁基橡胶降解法合成的液体丁基橡胶，可用来降低密封胶黏度、增加工艺性，同时又不失硫化特性。

此外，接枝型热塑性弹性体（如丁基橡胶与高/低密度聚乙烯接枝）、丁基橡胶系热塑性硫化胶、共混型热塑性硫化胶等，也扩展了在军工和民用方面的应用，如扩充了丁基橡胶密封胶的功能性。

（2）硫化体系 硫化体系主要发展方向为如何消除可能产生亚硝胺的促进剂（如二硫化四苄基秋兰姆/二苄基二硫代氨基甲酸锌）、赋予配方更好的焦烧性能的促进剂的开发、适用于高温硫化的硫化体系的开发、改善硫化返原性〔如1,3-双（柠康酰亚胺甲基）苯、六亚甲基-1,6-双硫代硫酸钠二水合物〕、改善产品的综合性能等。

由于非硫化型丁基密封胶在本书有专门章节涉及，在本节以下内容中涉及的丁基密封胶都是指硫化型丁基密封胶。

## 29.2.2 丁基密封胶的配方组成及其作用

丁基密封胶，目前一般以单组分为主，双组分或多组分为辅。一般包括树脂体系、硫化体系、填料、增塑剂、增黏剂、抗老化剂等组分。

（1）树脂 丁基橡胶和卤化丁基橡胶，都含有少量不饱和双键（一般含有摩尔分数为$0.8\%\sim2.5\%$的聚异戊二烯），可以通过硫化剂硫化形成交联网络，增加密封胶的强度，并可以防止未硫化密封胶冷流。由于卤化丁基橡胶中卤素的引入，不但增加了硫化反应活性，同时也增加了体系极性，使其与其他橡胶的相容性更好，能与其他橡胶共聚。聚异丁烯除了分子链末端有双键外，为全饱和分子链，几乎不参与硫化反应，与丁基橡胶互配，具有更好的加工性，可增加丁基橡胶与其他合成橡胶的相容性，同时增加体系的初黏性和对基材的黏附性。

硅烷改性的丁基树脂，通过硅烷水解硫化，形成以硅-氧-硅为交联点，交联点之间是饱和的碳氢长链的三维网络结构，可进一步提高密封胶的耐温性、耐光性。

目前最常见也是应用最广泛的三类树脂，即异丁烯和少量异戊二烯共聚的丁基橡胶（简称IIR）、卤化丁基橡胶和纯聚异丁烯橡胶，结构式分别为：

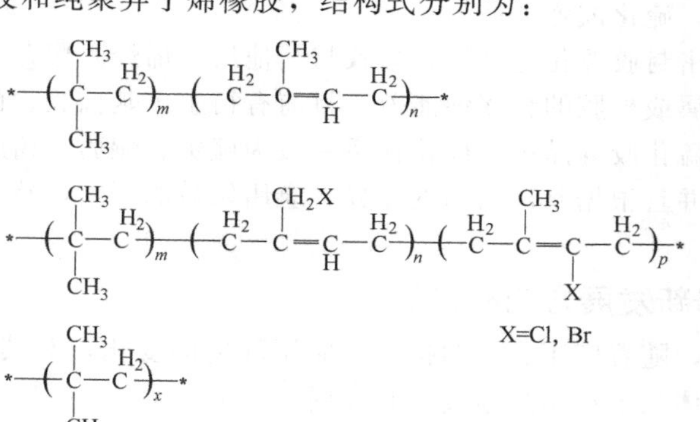

X=Cl, Br

（2）硫化体系　主要作用是促进基础树脂之间的聚合，形成不可再塑的体型化合物，以实现密封胶的特定性能。根据应用领域、应用环境等，选择不同的硫化体系。

硅烷改性聚异丁烯或聚 α-烯烃，硫化体系比较简单，主要包含有机金属催化剂（如二月桂酸二丁基锡、钛酸酯等）、胺类促进剂（如氨基硅烷偶联剂、长链烷基胺等）或完全无催化剂。

以丁基橡胶或卤化丁基橡胶为基础树脂的硫化体系，主要有四种类型：

① 硫黄体系。包括主硫化剂硫黄或硫给体、活化剂氧化锌（可复合氧化镁、氧化钙、硬脂酸等）；因硫黄促进丁基橡胶硫化速度慢，需辅助以如秋兰姆类、氨基甲酸盐类、噻唑类硫化促进剂。一般此类硫化体系需要较高的硫化温度。

② 醌肟类硫化体系。包括二肟类硫化剂、活化剂氧化锌，并以起到氧化剂作用的金属氧化物作为促进剂。此类硫化体系硫化速度快，甚至可快速促进丁基橡胶在室温硫化，但不太适合制备浅色产品。

③ 树脂类硫化体系。常用酚醛树脂、溴化酚醛树脂作为树脂硫化剂。为提高硫化速度，可添加金属氯化物、含卤聚合物作为促进剂；此类硫化体系适合制备浅色或白色产品，且此硫化体系的丁基密封胶耐热性能明显优于前两种硫化体系。

④ 以卤化丁基橡胶为基础树脂的硫化体系。除了上述三种与丁基橡胶相同的硫化体系外，以卤化丁基橡胶为基础的硫化体系由于卤素的引入，一方面活化了不饱和双键，另一方面碳-卤键能低，更容易硫化。因此如氧化锌等金属氧化物可作为卤化丁基橡胶的硫化剂。

（3）填料　丁基密封胶常用填料包括炭黑、白炭黑、陶土等补强填料；以及云母粉、石墨粉、滑石粉、氧化镁、氧化锌等半补强或增容填料，此类填料还能改善丁基密封胶的某些特性，如耐化学品腐蚀、定伸应力等特性；此外还包括其他功能性填料，如氢氧化铝、氢氧化镁、三氧化二锑等阻燃填料。

（4）增塑剂　丁基密封胶中增塑剂主要作用是改善工艺性能、拓宽密封胶的黏度范围。为了防止对丁基橡胶硫化的影响、并与丁基橡胶有良好相容性，增塑剂宜选择低极性、高不饱和度的化合物。常用增塑剂有石蜡油、烷烃类、苯二酸二烷基酯类、低分子量液体聚烯烃等。

（5）增黏剂　有助于改善初黏性以及对基材的黏附性。可适用于丁基密封胶的增黏剂有萜烯树脂、萜烯酚醛树脂、石油树脂、松香或改性松香树脂、烃类树脂、低分子量聚异丁烯等。

（6）抗老化剂　可进一步提高丁基密封剂的耐热氧化、耐紫外光、耐臭氧等性能。常用的有胺类、酚类、杂环类等防老剂。

# 29.2.3　丁基密封胶的硫化（固化）机理

## 29.2.3.1　硫黄体系

硫黄体系依靠其中少量的双键，固化原理同普通的硫黄硫化天然橡胶原理相同。但是容易造成"喷硫"现象，一般加入量不超过 1.5 份；硫化橡胶机理是高温下 $S_8$ 开环裂解多硫双基，然后再与双键发生反应，既有加成，也可能有自由基转移，反应比较复杂，最终可形成多硫键或双硫键（—C—$S_x$—C—）、单硫键（—C—S—C）的混合而复杂的交联网络。单纯用硫黄，硫化温度高，交联效率低，会产生硫化氢而破坏硫化网络中的双硫键和多硫键，使硫化胶性能变差，因而硫黄体系必须配合硫化促进剂、活性剂等配合剂，常见种类参考29.2.2 节。

### 29.2.3.2 醌肟类硫化体系

该类体系是最早被采用的丁基橡胶硫化体系。相比硫黄体系，醌肟类硫化体系硫化速度更快，可在室温下硫化；硫化胶耐热性和绝缘性更好，但通常压缩永久变形性稍差，焦烧性也不好。

常用的醌肟类硫化剂有对醌二肟、对二苯甲酰醌二肟。此类硫化剂，实际硫化过程中，需要使用氧化物，如二氧化锰、二氧化铅、四氧化三铅等金属氧化物，使醌肟类化合物氧化形成活性交联剂对二亚硝基苯。以对醌二肟为例，该类硫化反应如下：

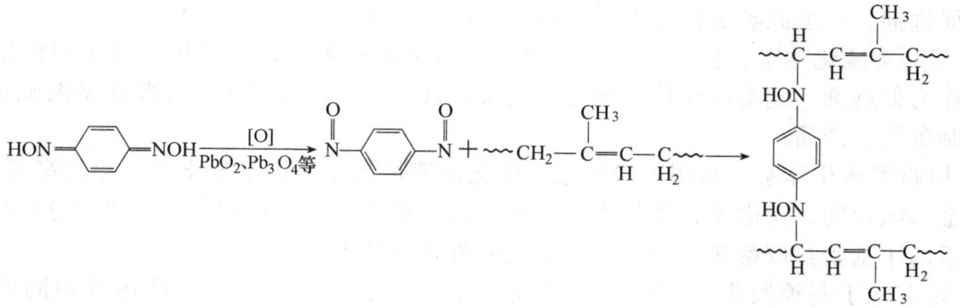
[O]
PbO2、Pb3O4等

从以上反应可看出，实际起到硫化作用的物质是对二亚硝基苯，因此如以黏土为载体的对二亚硝基苯也可以作为硫化剂。

### 29.2.3.3 树脂类硫化体系

树脂类硫化剂，常用的为羟甲基酚醛树脂，其活性取决于苯酚羟甲基基团的活性。为了提高酚醛树脂硫化剂的活性，一般需要加入含卤聚合物或金属氯化物。而如果在酚醛树脂中引入卤素，如溴化酚醛树脂，则可不需要加入其他活性剂。酚醛树脂的一般结构式为：

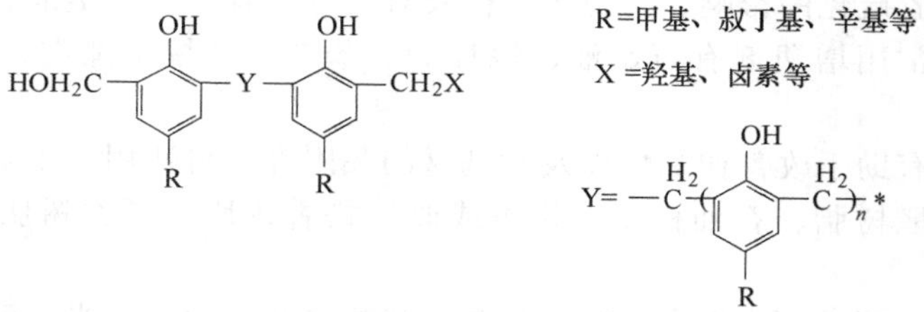
R=甲基、叔丁基、辛基等
X =羟基、卤素等

在硫化过程中，酚醛树脂与丁基橡胶中的异戊二烯链节反应，同时脱去水，最终生成以碳-碳键为交联点的交联网络。该类硫化反应如下：

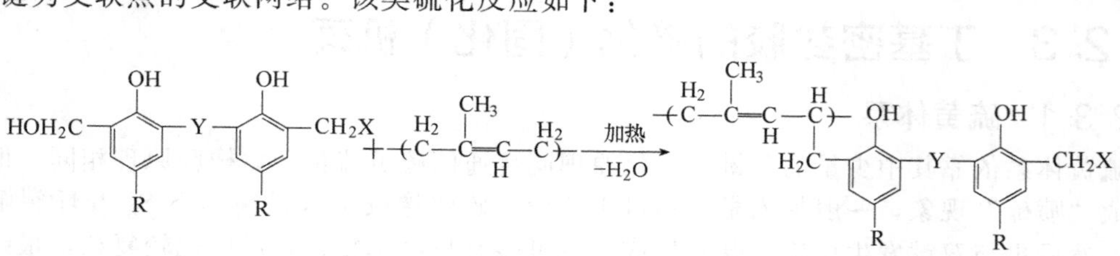
加热
-H2O

### 29.2.3.4 其他硫化体系

含有卤化丁基橡胶的体系，除上述三种硫化体系外，最常用的还有金属氧化物硫化。以下以氧化锌为例，其硫化反应如下：

## 29.2.4 丁基密封胶的种类及典型配方

丁基密封胶按照硫化温度，可分为室温硫化型和高温硫化型；按照包装形式可分为单组分和双组分；根据硫化体系又可分为硫黄体系、醌肟类体系、树脂类体系等。

本节中，以树脂的种类为基础，分别介绍丁基密封胶的种类和典型配方。

（1）丁基橡胶为主体树脂的密封胶　丁基橡胶，由于其具有高饱和度和自身分子结构，具有很多宝贵性能，非常适合于制轮胎和其他气密性的密封胶、防水密封材料。不同应用领域的典型配方如下：

① 用于轮胎行业的丁基密封胶。典型的配方见表 29-8。

表 29-8　用于轮胎行业的丁基密封胶典型配方（质量份）

| 配方 | 普通内胎 | 水胎 | 配方 | 普通内胎 | 水胎 |
|---|---|---|---|---|---|
| 丁基橡胶 268 | 100 | 100 | 硫黄 | 2 | 1.5 |
| 炭黑 GPF | 70 | — | 促进剂 M | 0.5 | — |
| 炉黑 | — | 30 | 促进剂 TMTD | 1 | — |
| 槽黑 | — | 30 | 氯化亚锡 | — | 4 |
| 环烷油 | 25 | — | 酚醛树脂 | — | 10 |
| 硬脂酸 | 1 | 2 | | | |
| 氧化锌 | 5 | 25 | | | |

② 工业制品丁基密封胶。典型配方见表 29-9。

表 29-9　工业制品丁基密封胶典型配方（质量份）

| 配方 | 耐热垫片 | 密封垫片 | 电容器密封 |
|---|---|---|---|
| 丁基橡胶 400 | 100 | — | — |
| 丁基橡胶 301 | — | 100 | — |
| 丁基橡胶 268 | — | — | 100 |
| 白炭黑 | — | 66 | — |
| 滑石粉 | — | — | 80 |
| 炉黑 | 65 | — | — |
| 炭黑 HAF-LS | — | — | 30 |
| 凡士林 | 17.5 | 1.5 | — |
| 二甘醇 | — | 2 | — |
| 硬脂酸 | 1 | 3 | 1 |
| 氧化锌 | 5 | 5 | 3 |
| 硫黄 | 2 | 1 | — |
| 促进剂 DTDM | 2 | — | — |
| 促进剂 TMTD | 3 | 2 | — |
| 促进剂 DM | — | — | 4 |
| N-甲基-N,4-二亚硝基苯胺 | 1 | — | 10 |
| 聚对二亚硝基苯 | — | — | 0.5 |
| 对醌二肟 | — | — | 1.4 |
| 四氧化三铅 | — | — | 7.5 |

③ 防水和防化学品丁基密封胶。典型配方见表 29-10。

表 29-10　防水和防化学品丁基密封胶典型配方（质量份）

| 配方 | 防水卷材 | 防酸密封 | 配方 | 防水卷材 | 防酸密封 |
|---|---|---|---|---|---|
| 丁基橡胶 301 | 100 | 100 | 硬脂酸 | 1 | 2.5 |
| 炭黑 N550 | 75 | — | 氧化锌 | 5 | 5 |
| 炭黑 N770 | — | 70 | 硫黄 | 1.5 | 2 |
| 石墨 | — | 30 | 防老剂 4010 | 1.5 | — |
| 中热裂炭黑 | — | 25 | 促进剂 TeEDC | 3 | — |
| 凡士林 | 5 | — | 促进剂 M | — | 0.5 |
| 石蜡 | 6 | — | 促进剂 TMTD | — | 3 |

④ 双组分室温固化密封胶。可用于窗户密封的双组分丁基密封胶典型配方见表 29-11。

表 29-11　窗户密封用双组分丁基密封胶典型配方（质量份）

| 配方 | A 组分 | B 组分 | 配方 | A 组分 | B 组分 |
|---|---|---|---|---|---|
| 丁基橡胶 | 60 | 40 | 对苯醌二肟 | 3.5 | — |
| 碳酸钙 | 75 | — | Thixseal 436 | 6 | — |
| 环氧基硅烷 | 4 | — | 二氧化铅 | — | 7.5 |
| 聚丁烯 | 10 | — | 白炭黑 | — | 10 |
| 防老剂 | 1.5 | — | 甲苯 | 46 | 30.5 |

⑤ 使用矿物油或其他如聚丁烯、低分子聚异丁烯作为增塑剂，不含溶剂的双组分室温硫化丁基橡胶密封剂，典型配方见表 29-12。

表 29-12　防水和防化学品典型配方（质量份）

| 配方 | A 组分 | B 组分 | 配方 | A 组分 | B 组分 |
|---|---|---|---|---|---|
| 丁基橡胶 | 15 | — | 硅藻土 | 37 | — |
| 矿物油 | 15 | — | 对苯醌二肟 | — | 4.16 |
| 聚丁烯 | 15 | 40 | 二氧化铅 | — | 1.7 |
| 立德粉 | 18 | — | 滑石粉 | — | 30 |
| 炭黑 | 0.09 | — | 三乙醇胺 | — | 2.5 |

（2）卤化丁基橡胶为主体树脂的密封胶　卤化丁基橡胶，其基本结构与丁基橡胶相同，但由于引入卤素，使得其硫化速度更快，可实现硫化的硫化体系更多，形成的交联网络耐热性更好，且更容易与其他橡胶共混、共硫化。根据应用领域，其典型配方如下：

① 用于轮胎行业的密封胶。典型配方见表 29-13。

表 29-13　用于轮胎行业的密封胶典型配方（质量份）

| 配方 | 轮胎胎面 | 内胎 | 配方 | 轮胎胎面 | 内胎 |
|---|---|---|---|---|---|
| 氯化丁基橡胶 1066 | 100 | — | 硬脂酸 | 2 | 1～2 |
| 溴化丁基橡胶 2255 | 20 | — | 氧化锌 | 3 | 5 |
| 丁苯橡胶 1712 | 110 | — | 硫黄 | 2.25 | 0.5 |
| 溴化丁基橡胶 | — | 100 | 促进剂 DM | — | 1.25 |
| 炭黑 N110 | 85 | — | 促进剂 DTDM | 1.8 | — |
| 炭黑 N770 | — | 62.5 | 树脂 ST-19 | — | 4 |
| 芳香油 | 25 | — | 防老剂 4020 | 2.0 | — |
| 石蜡油 | — | 14 | | | |

② 粘接密封型卤化丁基橡胶胶黏剂。典型配方见表 29-14。

**表 29-14　粘接密封型卤化丁基橡胶胶黏剂典型配方**（质量份）

| 配方 | 粘接三聚橡胶 | 汽车挡风密封粘接 | 窗户密封 |
|---|---|---|---|
| 氯化丁基橡胶 | 100 | 40 | 40 |
| 丁基橡胶 | — | 60 | 40 |
| 补强炭黑 | 25 | — | — |
| 炭黑 N327 | — | 100 | — |
| 炭黑 HAF-LS | — | — | 100 |
| 碳酸钙 | — | 50 | 50 |
| 石蜡油 | 10 | — | — |
| 聚丁烯 | 10 | 115 | 1.5 |
| 树脂增黏剂 Escorez | 22.5 | — | — |
| 树脂增黏剂 Wingtack | 60 | — | — |
| 硬脂酸 | — | 0.4 | 0.4 |
| 氧化锌 | — | 2 | 2 |
| 氧化镁 | — | 0.4 | 0.4 |
| 亚甲基-双(环己基异氰酸酯) | 10 | — | — |
| 对二亚硝基苯 | 0.5 | — | — |

③ 食品级、医药级丁基密封胶。卤化丁基橡胶由于高硫化活性、高气密性等特性，可通过无硫硫化或无锌硫化，而可用于医药和食品行业，如瓶塞等，典型配方见表 29-15。

**表 29-15　食品级、医药级卤化丁基橡胶密封胶典型配方**（质量份）

| 配方 | 无硫/无锌 | 无硫 | 配方 | 无硫/无锌 | 无硫 |
|---|---|---|---|---|---|
| 氯化丁基橡胶 1066 | — | 100 | 硬脂酸 | 1 | 1 |
| 溴化丁基橡胶 2244 | 100 | — | 氧化锌 | — | 3 |
| 低分子量聚乙烯 | 3 | 5 | 氧化镁 | — | 0.25 |
| 改性陶土 Whitetex | 30 | 90 | 六亚甲基二胺脲酸酯 | 1 | — |
| 白油 | 5 | — | 硫化树脂 SP1045 | — | 2 |
| 石蜡油 | 2 | — | | | |

（3）含硅烷改性树脂的密封胶　硅烷改性聚异丁烯和硅烷改性聚 α-烯烃，其硫化方式是通过与湿气反应，形成硅-氧-硅为交联点的橡胶体系，具有更好的耐热性、耐光性。

① 硅烷改性聚异丁烯树脂密封胶典型配方，见表 29-16。

**表 29-16　硅烷改性聚异丁烯树脂密封胶典型配方**（质量份）

| 配方 | 电子元器件灌封密封 | 密封粘接 | 配方 | 电子元器件灌封密封 | 密封粘接 |
|---|---|---|---|---|---|
| 硅烷改性聚异丁烯 | 100 | 100 | 钛白 | — | 4 |
| 六甲基二硅氮烷 | — | 3 | 十水合硫酸钠 | — | 5 |
| 碳酸钙 | — | 120 | 辛酸亚锡 | 3 | 3 |
| 作业油 | — | 90 | 十二烷基胺 | 0.75 | 0.75 |
| 抗氧剂 | — | 2 | | | |

② 硅烷改性聚 α-烯烃树脂密封胶典型配方，见表 29-17。

**表 29-17　硅烷改性聚 α-烯烃树脂密封胶典型配方**（质量份）

| 配方 | 中空玻璃密封 | 太阳能组件粘接 | 低透湿率 | 太阳能电池边缘密封 |
|---|---|---|---|---|
| 赢创 Vestplast 206 | 250 | 65 | 34 | 10 |
| 丁基橡胶 | 160 | — | 16 | — |
| Vestplast 508 | — | 15 | — | — |
| Insite 9807-15 | — | 15 | — | — |
| 聚异丁烯 B12 | 80 | — | 6 | 40 |

续表

| 配方 | 中空玻璃密封 | 太阳能组件粘接 | 低透湿率 | 太阳能电池边缘密封 |
|---|---|---|---|---|
| 乙烯-醋酸乙烯酯 | 160 | — | — | — |
| 石油树脂 | 176 | 4.5 | 10 | — |
| 颜料分散液 | 16 | — | — | — |
| 二月桂酸二丁基锡 | 0.16 | 0.02 | 0.05 | — |
| 碳酸钙 | — | — | 34 | 20 |
| 特种炭黑 | — | — | — | 17 |
| 3A 分子筛 | — | — | — | 12 |
| 受阻酚抗氧剂 | — | — | — | 1 |
| 偶联剂 Alink 597 | — | 0.58 | — | — |
| 氨基硅烷偶联剂 | — | — | 0.2 | — |

## 29.2.5　丁基密封胶的生产工艺及包装

### 29.2.5.1　丁基密封胶的生产工艺

丁基密封胶的生产工艺，依据 29.2.4 节中分类，生产工艺有所差别。

（1）丁基橡胶密封胶生产工艺　丁基橡胶具有优异的低透气性，生产过程中排气比较困难，因此生产过程中要严格注意空气的混入。生产工艺主要包括如下几个阶段：

① 丁基橡胶塑炼。物理塑炼是指通过机械力、热、氧等方式，降低橡胶分子量和黏度，以提高其可塑性，为满足后续加工步骤。由于丁基橡胶饱和度极高、分子量相对较低，塑炼对其门尼黏度影响较小。因此实际生产中，塑炼一般是与下一步即混炼是同时进行的。

② 丁基橡胶密封胶混炼。丁基橡胶混炼，就是将各种配合剂借助炼胶机的机械力作用，均匀地分散于丁基橡胶中的工艺过程，是制备丁基密封胶的关键步骤。主要采用开炼机和密炼机两种炼胶机。

a. 开炼机的混炼。此方式的混炼，主要包括包辊、吃粉、翻炼三个阶段。胶料顺序是提高开炼机混炼质量的重要因素，加料顺序不当，可能会导致分散不均匀、脱辊、过炼，甚至焦烧（即早期硫化）。

b. 密炼机的混炼。密炼机，相比开炼机，具有混炼容量大、混炼时间短、易于实现自动化生产、对环境污染小的优点。但其混炼温度容易过高，造成焦烧，因此需要严格控制生产工艺温度。常用的密炼机混炼方法有如下几种：

Ⅰ. 一段混炼法。该法是指密炼机和压片机一次混炼制成密封胶的方法。此方法缺点是胶料在密炼机中加工时间长，容易引起焦烧。

Ⅱ. 二段混炼法。此法与一段混炼法相比，只是将硫化剂与高活性促进剂在胶料冷却后再次混炼加工。其优点是可以提高混匀度和防止焦烧，但加工工艺时间长。

Ⅲ. 引料法。此法是用于类似丁基橡胶与配合剂浸润性差的体系，即在投入丁基橡胶同时，投入已经混炼好但不含有硫化剂的基料，可以提高浸润性，提升密炼效率。

Ⅳ 逆混法。此法与上述三种方法相比，加料顺序相反，即先将炭黑等粉料与增塑剂等配合剂混炼后，再加入丁基橡胶，此法适用于补强剂如炭黑含量高的配方。

③ 丁基橡胶密封胶压出和压延。密封胶胶料，混炼完成后，通过压出机和不同尺寸模型的出胶口压成各种不同需求的形状，该工艺即为压出。压出有冷喂料压出和热喂料压出两种，而后者为最广泛使用的。为了使压出的密封胶尺寸稳定，目前多采用双头螺纹螺杆压出机制备丁基密封胶，要求螺杆长径比高于 5 为佳。丁基密封剂的压延，是指将混炼好的胶料，在压延机上制成胶片或与骨架材料制成胶布半成品的工艺过程，包括压片、贴合、压型

和织物挂胶等工序。常用压延机有三辊或四辊压延机。

④ 丁基橡胶密封胶硫化。此步是丁基密封胶生产的最后一步。而某些在使用前，才需要硫化的密封胶，此步骤在实际应用场地进行。丁基密封胶的硫化是获得良好弹性和机械性能的关键步骤。除室温硫化配方外，高温硫化工艺主要有压力机硫化、硫化罐硫化、热介质（液体、固体、气体）硫化、微波硫化等。

（2）卤化丁基橡胶密封胶生产工艺　卤化丁基橡胶密封胶生产工艺与丁基橡胶密封胶基本相同。包括混炼、压出和压延、硫化等工艺，但由于氯化丁基橡胶反应活性高，可在金属氧化物如氧化锌作用下硫化，因此相比丁基橡胶，氧化锌是在混炼最后一步加入，因活性高，比较容易发生焦烧，要严格注意生产过程中的温度。

（3）硅烷改性聚异丁烯或聚 α-烯烃密封胶生产工艺　此类产品，根据产品黏稠度的高低，可选择带挤出机的捏合机作为生产设备。一般工艺如下：

① 基础树脂混合。一般设定温度不超过 130℃，将基础树脂包括部分硅烷改性聚异丁烯或聚 α-烯烃、丁基橡胶、部分聚异丁烯、抗老化剂等混合。此步骤主要是将基础树脂软化，不要求树脂混匀。

② 粉料分散。根据粉料种类和配方，分批次加入。为了使粉料分散均匀，期间可以适当添加剩余的基础树脂和增塑剂等，以调整体系稠度，便于混合和分散。

③ 加入其余物料。将剩余基础树脂、增塑剂、催化剂等配合剂全部加入，捏合搅拌均匀。

④ 挤出。通过捏合挤出机，将密封胶挤到合适的包装容器中，因密封胶可湿气硫化，要求密封包装。

⑤ 成型。通过加热设备和挤出设备、模具，按照应用要求，将密封胶就地挤出在被密封材料表面成型；对室温下稠度特别高、无冷流性的产品，可通过双螺杆挤出机加工成特定尺寸的胶条使用。

### 29.2.5.2　丁基密封胶的包装及储存

（1）丁基橡胶/卤化丁基橡胶密封胶

① 硫化成型产品。直接通过挤出成特定形状，如轮胎、水壶、卷材、片材等，然后在一定条件下硫化。此类产品已经硫化，对包装和储存没有特别要求，但一般建议通风、清洁、干燥冷却和无光条件下保存，并主要不要使产品经受外力，以防止变形。

② 未硫化成型产品。如若产品需要高温硫化，可以挤出成特定形状，如密封带、密封条，也可以挤到密封的容器如铁桶中，密封、避热、避光储存。

如若产品是室温硫化，则一般采用双组分方式储存，即树脂体系和硫化体系分别包装在不同的容器中，密封、避热、避光储存，在使用时将两个组分按照一定的比例混合均匀后，根据应用要求再处理成特定的形状。

（2）硅烷改性聚异丁烯或聚 α-烯烃密封胶　此类产品可采用单/双组分包装，密封、避热、避光、干燥环境中储存。

### 参 考 文 献

[1]　北京粘接学会. 胶粘剂技术与应用手册. 北京：宇航出版社，1991：310.

[2]　曹寿德. 分子量分布及分子量对硫醇端基液体聚硫橡胶密封胶性能的影响. 橡胶工业，1993，40（2）：77-81.

[3]　江镇海. 丁基橡胶发展和应用. 现代橡胶技术，2012，38（6）：6-8.

[4]　Waddell W H，Tsou A H. Butyl Rubber. Rubber Compounding：Chemistry and Applications. New York：Marcel Dekker，Inc，2004.

[5] Okamoto T，Hagiwara K，Chinami M，et al. Curable composition：JP10316811. 1998-12-02.

[6] 黄应昌，吕正芸. 弹性密封胶与胶黏剂. 北京：化学工业出版社，2003：594-605.

[7] 李子东，李广宇，于敏. 现代胶粘技术手册. 北京：新时代出版社，2002：418.

[8] 梁星宇. 丁基橡胶应用技术. 北京：化学工业出版社，2004：44-334.

[9] Kuntz I，Zapp R L，Panchrov R J. The chemistry of the zinc oxide cure of halobutyl. Rubber Chemistry and Technol，1984，57（4）：813-825.

[10] Maurice M. Rubber technology. Berlin：Springer Netherlands，1999.

[11] 王 B，格里茨威格 J E. 单部分可湿固化的带有硅烷官能团的聚-α-烯烃单成份热熔密封组合物：CN100549120C. 2009-10-14.

[12] Hoglund H，Reid K，Malcolm D. Thermally resistant reactive silane functional poly-alphaolefin hot melt adhesive composition，methods of using the same，and solar panel assembly including the same：TW201144394，2011-12-16.

[13] Louis A F，Steven M M. Solar panel including a low moisture vapor transmission rate adhesive composition：US 2007/0062573 A1. 2007-03-22.

[14] 贝克 H，布吕赫 H，肖特 N. 炭黑在太阳能模块应用中用于氧化和热稳定性的用途：CN102695769A. 2012-09-26.

[15] 王冠中，吕柏源. 橡胶塑炼机理及方法. 特种橡胶制品，2007，28（6）：47-49.

[16] 翁国文. 橡胶硫化. 北京：化学工业出版社，2005：38-120.

[17] 张洪雁，曹寿德，王景鹤. 高性能橡胶密封材料. 北京：化学工业出版社，2007：237.

（秦蓬波 肖明 编写）

# 第30章

# 单组分溶剂型胶黏剂

溶剂型胶黏剂是指将天然橡胶、合成橡胶、合成树脂等线型高分子化合物溶于有机溶剂并添加适量的改性剂而制成的胶黏剂。从包装应用方式分可分为有单组分溶剂型胶黏剂和双组分溶剂型胶黏剂。本章主要介绍单组分溶剂型胶黏剂，它是指通过溶剂挥发固化形成粘接力的一类胶黏剂，由橡胶、热塑性塑料经改性溶解到溶剂中制成等。

## 30.1　溶剂型胶黏剂的特点与发展历史

溶剂型胶黏剂依靠溶剂挥发固化，室温即可进行，具有使用方便、强度形成速度快、适用范围广的特点，并且溶剂型胶有一定的渗透性，用于粘多孔性材料相当合适。

溶剂型胶黏剂有氯丁橡胶胶黏剂、氯丁-酚醛胶黏剂、丁腈-酚醛胶黏剂、SBS 胶黏剂、苯乙烯-异戊二烯-苯乙烯嵌段共聚物（SIS）胶黏剂、单组分溶剂型聚氨酯胶黏剂、天然橡胶胶黏剂、氯磺化聚乙烯胶黏剂等胶黏剂品种，下面分别介绍。

早在 1791 年，人们就认识到天然橡胶具有粘接性，当时人们把天然树胶溶解在石脑油或汽油中制成胶浆，再用胶浆制造层压板和防水织物产品。1925 年，开始使用环化橡胶，出现了环化橡胶制成的胶黏剂。德国 1937 年试制成功溶剂型聚氨酯胶黏剂。从 1939 年起，合成橡胶快速发展，这期间出现了丁苯橡胶胶黏剂、丁基橡胶胶黏剂、丁腈橡胶胶黏剂、氯丁橡胶胶黏剂。第二次世界大战期间，由于天然橡胶短缺，合成橡胶作为替代品发挥了关键的作用，例如美国有几家政府控制的工厂生产丁苯橡胶，产品被称作 GR-S（政府橡胶-苯乙烯）。从 1942 年起，出现了树脂改性橡胶胶黏剂，如氯丁-酚醛胶黏剂等改性胶黏剂，20 世纪 50 年代之后，出现了接枝型橡胶胶黏剂。后来开发了苯乙烯-丁二烯-苯乙烯嵌段共聚物（SBS）橡胶，并用于压敏胶和溶剂型橡胶胶黏剂。目前，主要的溶剂型胶黏剂主要有氯丁-酚醛胶黏剂、SBS 胶黏剂、聚氨酯胶黏剂、酚醛-丁腈橡胶胶黏剂。

## 30.2　氯丁橡胶胶黏剂和改性氯丁橡胶胶黏剂

### 30.2.1　氯丁橡胶胶黏剂的特点

溶剂型氯丁橡胶胶黏剂是氯丁橡胶经混炼或直接溶解于混合溶剂，再加入增黏树脂、防老剂和其他助剂制成，具有以下特点。

（1）初粘力大　氯丁橡胶具有很好的结晶性，胶黏剂涂覆于被粘接表面上，溶剂挥发后氯丁橡胶即可结晶，结晶速度快，靠氯丁橡胶自身的结晶，再配合增黏树脂，即能快速形成较大的初始粘接力。

（2）粘接强度高　氯丁橡胶分子量大，结晶度高，因此自身内聚强度大，制成的氯丁橡胶胶黏剂粘接强度高。

（3）完全固化后，耐水、耐热、耐油、耐酸碱性能优良，耐老化性能好。

（4）适用范围广　对金属、非金属、软质材料、硬质材料等都具有良好的粘接性能，适用于同种材料或不同种材料之间的相互粘接。

（5）使用方便　大多为单组分胶黏剂，可室温固化，初黏性好，是传统的溶剂型鞋用胶黏剂的主要胶种，并且接枝改性氯丁橡胶胶黏剂具有更好的性能。

为了提高耐久性和耐热性，可以用多异氰酸酯如三苯基甲烷三异氰酸酯胶（JQ-1 胶）作为单组分氯丁橡胶胶黏剂的交联剂，组成双组分胶黏剂体系。

## 30.2.2　氯丁橡胶胶黏剂的原料及其作用

### 30.2.2.1　氯丁橡胶

粘接用氯丁橡胶为白色或浅黄色片状或块状弹性体，对粘接强度、固化速度和耐环境性能起决定性的作用，其品种和牌号可按以下几种情况进行划分。

① 按产品用途可分为通用型和粘接型。

② 按分子量调节方式可分为硫黄调节型、非硫黄调节型和混合调节型。

③ 按结晶速度和程度大小可分为快速结晶型、中等结晶型和慢结晶型。

④ 按门尼黏度高低可分为高门尼型、中门尼型和低门尼型。

### 30.2.2.2　增黏树脂

增黏树脂是提高胶黏剂的初粘力、粘接强度、内聚强度、耐热性、耐水性和耐老化性等性能的另一关键组分。常用的有 2402 酚醛树脂、萜烯树脂、石油树脂、松香改性酚醛树脂、萜烯酚醛树脂等，其中以 2402 酚醛树脂使用量最大，使用效果最好。

2402 酚醛树脂化学名称为对叔丁酚甲醛树脂，为浅黄色片状或块状固体，软化点一般选择在 85～110℃。2402 酚醛树脂溶于甲苯、醋酸乙酯、醋酸甲酯、溶剂油等溶剂中，不溶于水。

### 30.2.2.3　金属氧化物

金属氧化物是酸吸收剂、防焦剂、硫化剂和树脂反应剂，常用的主要有氧化镁（MgO）和氧化锌（ZnO）。在胶黏剂的贮存过程中，氯丁橡胶会释放出微量的氯化氢，会促进聚合物的分解，对金属包装物造成腐蚀，加入金属氧化物能吸收氯化氢，减缓降解的进程。另外氧化镁还可与增黏树脂反应，可以提高胶黏剂的耐高温性，并防止沉淀分层。氧化镁的用量增大，胶黏剂的高温强度增加，但胶液稳定性降低。氧化镁的使用，能有效地加快胶膜变干，大大提高初始粘接强度。氧化锌在氯丁橡胶胶黏剂中能起到酸吸收剂的作用，同时，氧化锌能使胶膜发黏。

### 30.2.2.4　溶剂

溶剂对干燥速度、黏度、黏性保持时间、流动性、涂刷性等都有重要影响。可以分为良溶剂和不良溶剂（非良溶剂）。不良溶剂不能单独使用，但是通过按适当比例混合或与良溶剂混合后，调节溶度参数，也能溶解氯丁橡胶。

### 30.2.2.5　功能助剂

（1）交联剂　交联剂又称固化剂，可加速氯丁橡胶胶黏剂的固化速度，提高粘接强度、耐热性、耐水性等性能。常用的交联剂有多异氰酸酯，如 JQ-1、JQ-6 等，反应活性高，可组成双组分胶黏剂，在使用前调配，配好后立即使用。

（2）接枝单体　除了采用增黏树脂如酚醛树脂改性，还可以通过自由基接枝聚合的方法进行改性，得到接枝改性氯丁橡胶胶黏剂，常用的接枝单体有甲基丙烯酸甲酯等。

## 30.2.3　氯丁橡胶胶黏剂配方设计原则及典型配方

### 30.2.3.1　配方设计的基本要求

配方研究是制备性能不同、质优价廉的氯丁橡胶胶黏剂的技术关键。配方设计需要一定的理论依据，但在很大程度上依赖于经验的积累，需要理论与实践相互结合，综合运用。配方设计可以适用于原材料的变化和用户的不同粘接要求，使产品能够满足不同用户的需要。

（1）氯丁橡胶　氯丁橡胶胶黏剂属室温固化型胶黏剂，其初粘强度和内聚强度靠氯丁橡胶的结晶性，其结晶速度对性能和耐温性有很大的影响，同时也会影响粘接范围。一般来说，粘接型氯丁橡胶多选用结晶度高的类型。为了延长开放时间，可掺混使用 20%～30% 的中结晶度的氯丁橡胶。而低结晶度的橡胶对氯丁橡胶胶黏剂的耐低温性能有良好的改善，所以，可以适量地添加使用，提高胶黏剂的耐低温性能。因此可以通过不同类型氯丁橡胶的并用调节综合性能。氯丁橡胶也可与其他橡胶或树脂并用，以改善胶黏剂的某些性能，但要考虑相容性。例如，氯丁橡胶复配少量丁腈橡胶可以改善耐油性；复配少量天然橡胶可提高胶液黏度和低温性能；加入氯化橡胶能提高初粘强度，但氯化橡胶更易放出氯化氢，必须适当增加吸酸剂的用量。

氯丁橡胶胶黏剂的稳定性与氯丁橡胶分子量及分子量分布有关，一般来说，分子量过高或过低对稳定性均不利，分子量分布宽的氯丁橡胶制备的胶黏剂稳定性较差。硫黄调节的通用型氯丁橡胶的贮存期为 1 年，粘接型氯丁橡胶在正常储存条件下长达 3 年后仍可使用。

（2）增黏树脂　增黏树脂的用量对氯丁橡胶胶黏剂的性能有很大影响。随着用量增大，剥离强度增加，但当达到极限值后，剥离强度再下降，而且易引起胶液分层，这是因为过量的增黏树脂使胶膜呈现脆性所致。

另外增黏树脂的用量与用途有关，一般来说，用于非金属材料与金属的粘接、金属本身的粘接，增黏树脂用量要多些，增黏树脂用量可为 50～100 份；而用于非金属材料的粘接，增黏树脂用量应少些，可为 30～50 份；粘接刚性材料时增加增黏树脂的用量可提高胶黏剂的拉伸强度；粘接软质材料则不宜多加增黏树脂。普通的氯丁橡胶胶黏剂中 2402 树脂的最佳用量为 40～45 份，用于金属粘接的胶黏剂，2402 树脂用量在 80～90 份效果较好，其粘接强度和耐热性会有一个良好的平衡。

2402 树脂的数均分子量一般为 900～1200，其中可能有质量分数为 10%～15%、分子量低于 500 的树脂吸附于金属氧化物表面，不足以防止颗粒的相互作用和凝聚，使金属氧化物没有足够的稳定性，从而产生分层现象。因此，氯丁橡胶胶黏剂所用的 2402 树脂以高软化点（100～110℃）的为宜，可提高胶黏剂的贮存稳定性、粘接强度和耐热性。

（3）氧化镁　氯丁橡胶胶黏剂所用的氧化镁要求粒子小，活性高，即轻质氧化镁或活性氧化镁。氧化镁的用量对氯丁橡胶胶黏剂的性能也有很大的影响，随着氧化镁用量的增加，胶黏剂的粘接强度提高，但若超过一定的限度，性能反而下降。氧化镁的用量一般以 8～10 份为宜。

（4）溶剂　胶黏剂的黏度、干燥速度、初粘力、黏性保持时间、施工工艺性、粘接强度、安全性等都与溶剂的性质密切相关。因此，溶剂选择合适与否，对氯丁胶黏剂有着决定性的影响。

　　① 溶剂对氯丁橡胶胶黏剂溶解性的影响。溶剂溶解能力的大小取决于溶解度参数和氢键指数及两者的配合。溶解度参数越相近，则相容性越好。氢键指数是表示分子间氢键结合的强弱，常以 $\gamma$ 表示，分子间氢键结合力对溶解性能影响很大，故考察溶剂的溶解性，必须同时考虑溶解度参数和氢键指数。酯类、酮类溶剂的氢键指数较大，芳香族、脂肪族溶剂的氢键指数较小。

　　根据对氯丁橡胶的溶解能力，溶剂可分为良溶剂、不良溶剂和非溶剂。氯丁橡胶的良溶剂有苯、甲苯、二甲苯、二氯甲烷、二氯乙烷等；不良溶剂有乙酸乙酯、丁酮等；非溶剂有正己烷、丙酮、溶剂油等。常用的溶剂性质见表 30-1。

表 30-1　氯丁橡胶常用溶剂的性质

| 溶剂 | 相对密度 | 沸点/℃ | 溶解度参数 | 氢键指数 |
| --- | --- | --- | --- | --- |
| 苯 | 0.876 | 80.2 | 9.2 | 3.1 |
| 甲苯 | 0.866 | 110.6 | 8.9 | 3.3 |
| 二甲苯 | 0.859 | 140 | 8.8 | 3.5 |
| 丙酮 | 0.79 | 56.5 | 10.0 | 5.9 |
| 甲乙酮 | 0.81 | 79.6 | 9.3 | 5.4 |
| 醋酸甲酯 | 0.92 | 57.7 | 9.6 | 5.4 |
| 醋酸乙酯 | 0.91 | 77.1 | 9.1 | 5.2 |
| 正己烷 | 0.66 | 98.6 | 7.3 | 2.1 |
| 环己烷 | 0.79 | 80.6 | 8.2 | 2.2 |
| 120 号溶剂油 | 0.76 | 80~120 | 7.4 | 2.2 |
| 6 号溶剂油 | 0.668 | 60~90 | 7.2 | 2.1 |
| 二氯甲烷 | 1.33 | 40.1 | 9.8 | 3.5 |
| 二氯乙烯 | 1.282 | 60.5 | 8.8 | 2.5 |
| 三氯乙烯 | 1.466 | 87.3 | 9.3 | 2.5 |
| 四氯化碳 | 1.61 | 76.9 | 8.6 | 3.4 |

　　单一溶剂即使溶解能力好，但配制出的氯丁橡胶胶黏剂一般很难满足胶黏剂的多种应用要求，因此，氯丁橡胶胶黏剂都要采用混合溶剂体系，以满足良好的溶解能力、干燥速度、可调的胶液黏度和适宜的开放时间等多方面的要求。1964 年，美国杜邦公司发表了各类溶剂 $\delta$ 和 $\gamma$ 的 "腰形图"，对计算混合溶剂体系的 $\delta$ 和 $\gamma$ 有可靠的指导作用。

　　② 溶剂对氯丁胶黏剂黏度和工艺性的影响。不同性质的溶剂溶解氯丁橡胶后制得胶黏剂的黏度不同，芳香族溶剂和氯化溶剂溶解氯丁橡胶形成较高的黏度，在同样条件下，四氯化碳、二氯乙烯等溶剂溶解氯丁橡胶比甲苯的黏度大 2~3 倍，良溶剂中加入含氧溶剂如乙酸乙酯、丙酮等则使胶液黏度降低，加入溶剂汽油、正己烷等脂肪族溶剂，则完全起稀释作用，黏度会降得更低。良溶剂与不良溶剂混合成的混合溶剂一般比单独的良溶剂制得的胶液黏度低。

　　氯丁橡胶胶黏剂的黏度是影响其各项性能指标的重要的工艺参数。高黏度体系，不宜涂刷，胶膜厚度不均；低黏度的胶液容易涂刷，容易实现喷涂，操作方便、效率高，但黏度太低，施工后胶膜太薄，也会影响胶黏剂的粘接强度。甲苯和氯化溶剂等良溶剂制得胶液黏度较大，喷涂胶液时会产生拉丝和蜘蛛网，无法施工喷涂，而混合溶剂体系的合理混配，既可以降低胶液黏度，又可以改善喷涂状态。

　　③ 溶剂对氯丁胶黏剂干燥速度的影响。在一般情况下，氯丁橡胶胶黏剂的干燥速度受溶剂挥发速度的影响。如使用甲苯与溶剂油、正己烷、乙酸乙酯、丙酮、二氯甲烷等挥发速度快的溶剂混合溶剂，可以调整溶剂的挥发速度，达到良好的施工性和性能。

④ 溶剂对氯丁橡胶胶黏剂开放时间的影响。溶剂是影响氯丁橡胶胶黏剂开放时间的重要因素。在使用混合溶剂体系中，良溶剂的挥发速度慢，黏性保持期长，开放时间长。氯丁橡胶胶黏剂开放时间的调整，也可以通过添加增黏树脂来实现。

⑤ 溶剂对氯丁橡胶胶黏剂粘接强度的影响。溶剂的性质对胶黏剂的粘接强度的影响很大，单独使用甲苯等芳香族溶剂时，胶黏剂的初期粘接力较低；而乙酸乙酯、丁酮等含氧溶剂量的增加，可以使初始剥离强度增大。另外溶剂的挥发速度对粘接强度的影响很大，挥发速度快，初粘力大，初始粘接强度高，相反，挥发速度慢，粘接时晾置时间需相对延长，初始粘接强度低。

⑥ 溶剂对氯丁橡胶胶黏剂低温储存性的影响。氯丁橡胶的结晶性会造成氯丁橡胶胶黏剂在低温状态下的凝胶，即通常所说的"冻胶"，虽然在温度回升后，不影响胶黏剂的性能，但却给使用过程带来很大的不便，且在低温状态下，胶黏剂的粘接力相对降低。

在不同类的溶剂中，以甲苯为溶剂的氯丁橡胶胶黏剂的耐低温性最好，而不含甲苯的氯丁橡胶胶黏剂出现凝胶的可能性很大，所以，为改善氯丁橡胶胶黏剂的耐低温储存性，需要添加适量的甲苯。

（5）其他组分　在氯丁橡胶胶黏剂配比中，加入适量的萜烯树脂，可延长胶黏剂的黏性保持时间。以 $C_9$ 石油树脂代替部分 2402 树脂，在保证其性能不降低的前提下，可以降低氯丁橡胶胶黏剂的成本，但添加量不能过大，否则会使胶黏剂产生压敏性。

在氯丁橡胶胶黏剂中，加入 1~3 份的硅烷偶联剂，如 KH-550、KH-560 等，可以提高氯丁橡胶胶黏剂的耐水性、耐高温性，提高粘接强度。

以多异氰酸酯（如 JQ-1、JQ-6）为固化剂，配制双组分氯丁橡胶胶黏剂，可以提高胶黏剂的初期粘接力和耐温性。

### 30.2.3.2　氯丁橡胶胶黏剂的典型配方

典型配方 1：氯丁橡胶（快速结晶型）100 份，氧化镁 5 份，氧化锌 4 份，酚醛树脂 30 份，甲苯 100 份，醋酸乙酯 206 份，溶剂油 192 份。

配方 1 的氯丁橡胶胶黏剂具有粘接强度高、耐温性能好、抗老化性能好、适用范围广等特点，可用于橡胶、金属、木材等材料单独或相互粘接。

典型配方 2：氯丁橡胶（快速结晶型）100 份，氧化镁 6 份，酚醛树脂 40 份，$C_9$ 树脂 5 份，甲苯 112 份，丙酮 165 份，醋酸乙酯 185 份，溶剂油 182 份。

配方 2 的氯丁橡胶胶黏剂与配方 1 性能类似。

典型配方 3：氯丁橡胶（快速结晶型）70 份，氯丁橡胶（中等结晶型）30 份，氧化镁 5 份，氧化锌 4 份，酚醛树脂 40 份，甲苯 12 份，醋酸乙酯 245 份，溶剂油 195 份。

配方 3 的氯丁橡胶胶黏剂具有胶液黏度适中的特点，在低温状态下具有较好的施工性能。

典型配方 4：氯丁橡胶（中等结晶型）100 份，氧化镁 6 份，氧化锌 5 份，酚醛树脂 60 份，甲苯 75 份，醋酸乙酯 242 份，溶剂油 163 份。

配方 4 的氯丁橡胶胶黏剂胶液黏度低，可喷涂使用，适用于金属、防火板、铝塑板等致密性材料的粘接。

## 30.2.4　氯丁橡胶胶黏剂的生产工艺

溶剂型氯丁橡胶胶黏剂的生产工艺主要有直接溶解法、混炼胶溶解法和混合溶解法。

直接溶解法是将氯丁橡胶、增黏树脂及其他组分直接加入溶胶槽，溶解完全即可，生产工艺比较简单。其胶液的特点是黏度较大、初粘力低，涂刷性不好。

　　混炼胶溶解法是将氯丁橡胶与 MgO、ZnO 等配合剂一起混炼后，再加入溶胶槽，直至溶解完全。其胶液的特点是黏度低、初粘力大、渗透性好、涂刷性能好。

　　混合溶解法是将部分氯丁橡胶直接加入溶胶槽，部分进行混炼后再加入溶胶槽，此方法兼具直接溶解法和混炼胶溶解法之长，制得的胶黏剂具有适当的黏度、较高的初粘力、较好的涂刷性，是比较适宜的加工方法。

　　氯丁橡胶胶黏剂的生产设备主要为溶胶槽、开放式炼胶机，溶胶槽需配备冷凝器。溶胶槽一般转速为 65～85r/min，搅拌形式为框式或锚式。氯丁橡胶胶黏剂生产的过程为：加液体料→混炼胶→加混炼胶、树脂等固体材料→溶胶→包装。对于直接溶解法则无混炼胶过程。

　　(1) 混炼　混炼是对氯丁橡胶进行机械处理，并与配合剂各组分混合均匀的过程，其目的是降低氯丁橡胶的分子量，而使胶黏剂的黏度均匀性得以改良。混炼胶对于混炼溶胶法生产氯丁橡胶胶黏剂是重要的过程，对产品质量影响较大。混炼胶包括塑炼和混炼两个过程，一般是在开放式炼胶机上进行，也有的生产工艺只塑炼不进行混炼。

　　塑炼或混炼时，炼胶机滚筒中都有通入冷却水进行降温，连续炼胶时，每块混炼胶应间隔约 10 min 进行凉辊。进行橡胶混炼时，混炼时间、辊距调节、配合剂添加顺序都是影响混炼胶性能的因素。

　　(2) 溶胶　溶胶是胶黏剂的制造的最重要的过程。首先把溶剂加入溶胶槽，开动搅拌后，再加入树脂，溶解 30 min 左右，再加入橡胶或混炼胶，加料完毕后，密闭加料口，进行溶解，溶解完全后即可放料包装。溶解过程中，一般保持溶解温度在 10～40℃，有利于橡胶溶解完成，使胶液能保持稳定状态。

　　(3) 包装　氯丁橡胶胶黏剂带有一定的酸性，须贮存在镀锌铁皮桶内，有的塑料容器透气性强，长期贮存会使胶液出现胶皮现象。

　　(4) 注意事项　氯丁橡胶胶黏剂使用的溶剂都是易燃易爆的危险化学品，具有一定的毒性和污染性，在生产过程中，需注意以下事项：①工房内严禁烟火。②操作人员须佩戴防静电的劳动防护用品。③电器设施、开关等必须为防爆型产品。④使用设备设施必须有静电接地装置。⑤加料前要开启通风装置。⑥生产时严格遵守安全技术操作规程。

# 30.3　酚醛-丁腈胶黏剂

　　丁腈橡胶是丁二烯与丙烯腈的共聚物，具有优异的耐油性、耐热性、气密性、耐热、耐磨、耐老化性、耐化学介质性能，可用于改性环氧树脂、酚醛树脂、聚酰亚胺等，能制成强度高、韧性大、耐热好的结构胶黏剂。但是，初粘力不够大，单组分胶要加压加温固化，耐寒性、耐臭氧性、电绝缘性差，在光和热的长期作用下容易变色。

## 30.3.1　酚醛-丁腈胶黏剂基本组成

　　酚醛丁腈胶黏剂的组成包括甲阶酚醛树脂、丁腈橡胶、催化剂、硫化剂、填充剂、增塑剂、防老剂、偶联剂、溶剂等。

### 30.3.1.1　酚醛树脂

　　酚醛树脂对丁腈橡胶的硫化作用弱于常用的硫化剂，而酚醛树脂的固化速度又大于它对丁腈橡胶的硫化速度。因此，要达到良好的改性效果，必须使酚醛树脂的固化速度与对丁腈橡胶的硫化速度相适应，不能相差太大。采用的方法之一是降低酚醛树脂的固化速度，或者是提高对丁腈橡胶的硫化速度，控制二者的速度一致性是非常重要的，否则会降低强度和热稳定性，影响酚醛-丁腈胶黏剂的性能。

常用的酚醛树脂为甲阶酚醛树脂，改变酚/醛的摩尔比、催化剂的类型和缩合反应程度等因素可以获得不同固化速度的酚醛树脂。由于强碱催化合成的酚醛树脂与丁腈橡胶的混溶性不好，故具体选用的酚醛树脂为弱碱催化的氨酚醛树脂、钡酚醛树脂、锌酚醛树脂等。

热塑性酚醛树脂也可以用于配制酚醛-丁腈胶黏剂，由于其不含羟甲基，所以固化时需要外加固化剂（如六次甲基四胺）。热塑性聚甲醛具有较快的凝胶化速度，非常适合配制固化速度较快的胶黏剂。同时，游离的酚含量低，刺激性气味较小，且胶液干燥后胶膜呈干性，表面不容易被污染，固化前方便储存。以热固性酚醛树脂和热塑性酚醛树脂配制的酚醛-丁腈胶黏剂性能比较见表 30-2。

表 30-2　不同类型酚醛-丁腈胶黏剂的性能比较

| 固化条件 | | 室温剪切强度/MPa | | |
| --- | --- | --- | --- | --- |
| | | 钡酚醛-丁腈胶黏剂 | 锌酚醛-丁腈胶黏剂 | 热塑性酚醛-丁腈胶黏剂 |
| 160℃、3h | | 20.8 | 23.5 | 28.1 |
| 180℃、30min | | 4.7 | 4.0 | 22.2 |
| 200℃、30min | | 10.3 | 8.8 | 25.4 |
| 200℃、40min | | — | 19.2 | 27.2 |
| 200℃、40min 固化后的高温剪切强度/MPa | | | | |
| 测试温度 | 250℃ | 1.9 | 6.0 | 8.0 |
| | 300℃ | — | 4.6 | 6.0 |

酚醛树脂的用量对酚醛-丁腈型胶黏剂的性能影响很大。酚醛树脂用量大，耐热性提高，但胶层的脆性大，不耐冲击；酚醛树脂用量过少，粘接强度和耐热性较差。只有当酚醛树脂与丁腈橡胶的用量接近等比例才能获得力学和耐热性能最佳的胶黏剂，这从表 30-3、表 30-4 的实验数据可以明显看出。

表 30-3　甲阶酚醛树脂与丁腈橡胶配比对剪切强度的影响

| 酚醛树脂与丁腈橡胶质量比 | 剪切强度/MPa | | 200℃剪切强度保留率/% |
| --- | --- | --- | --- |
| | 20℃ | 200℃ | |
| 0.6：1 | 29.9 | 6.6 | 31.4 |
| 1.2：1 | 17.9 | 6.6 | 36.6 |
| 1.8：1 | 13.5 | 5.5 | 40.6 |
| 3.6：1 | 11.4 | 6.1 | 53.4 |

表 30-4　热塑性酚醛树脂与丁腈橡胶配比对剪切强度的影响

| 酚醛树脂与丁腈橡胶质量比 | 剪切强度/MPa | | 250℃剪切强度保留率/% |
| --- | --- | --- | --- |
| | 20℃ | 250℃ | |
| 1：1 | 30.8 | 8.4 | 27.3 |
| 2：1 | 27.3 | 8.3 | 30.4 |
| 3：1 | 25.4 | 8.0 | 37.5 |
| 4：1 | 20.1 | 3.7 | 18.4 |
| 5：1 | 20.1 | 4.3 | 21.4 |

酚醛树脂的软化点反映了分子量的大小，也是影响胶黏剂性能的重要因素，树脂软化点高，剪切强度大，尤其是对高温时剪切强度的影响特别显著。对胶黏剂耐热性要求较高的场合，应当选用高软化点的酚醛树脂。酚醛树脂软化点对剪切强度的影响见表 30-5。

表 30-5  酚醛树脂软化点对剪切强度的影响

| 软化点/℃ | 剪切强度/MPa | | 凝胶时间/s |
| --- | --- | --- | --- |
| | 室温 | 250℃ | |
| 56 | 23.2 | 3.9 | 90 |
| 65 | 21.2 | 4.7 | 87 |
| 98 | 25.4 | 8.0 | 83 |

除了苯酚甲醛树脂以外，也可以采用烷基苯酚甲醛树脂配制酚醛-丁腈胶黏剂。

### 30.3.1.2  丁腈橡胶

丁腈橡胶是丁二烯和丙烯腈的共聚物。丙烯腈含量对酚醛-丁腈胶黏剂的性能影响很大。随着丙烯腈含量的增加，剪切强度提高，耐热性和耐油性变好，一般选用丙烯腈含量为25%～40%的丁腈橡胶。丙烯腈含量为40%的丁腈橡胶有更好的耐油性，制备金属用结构胶黏剂多选用高丙烯腈含量的丁腈橡胶。

丁腈橡胶的分子量也很重要，过高则粘接性不好，过低则内聚力不够。通常选用门尼黏度为70～80的丁腈橡胶。

### 30.3.1.3  催化剂

为了加速酚醛树脂对丁腈橡胶的硫化速度，需要加入催化剂，如金属卤化物、五氧化二磷和对氯苯甲酸等。加入酸性物质起催化作用的原因是促进了次甲基醌式结构的形成和丁基橡胶中的双键极化，使交联反应易于发生，从而达到加速酚醛树脂对丁腈橡胶的硫化。金属卤化物品种与用量不同，催化剂作用效果也有差异，几种常用的金属卤化物的催化活性顺序为：$SnCl_2 \cdot 2H_2O > FeCl_3 \cdot 6H_2O > ZnCl_3 \cdot 15H_2O > SrCl_3 \cdot 6H_2O$。催化剂用量一般为0.5～2.0份。

除了加入催化剂外，有时候还需要加入橡胶硫化剂和硫化促进剂，如硫黄、氧化锌、促进剂M、过氧化二异丙苯等，通常用量为0.5～5份。

### 30.3.1.4  偶联剂

硅烷偶联剂如$\gamma$-氨丙基三乙氧基硅烷能够提高粘接强度，尤其是对高温长期使用更为显著。可以直接将质量分数为0.1%～0.2%的硅烷偶联剂加入胶黏剂中，或者将硅烷偶联剂配制成0.5%的乙醇溶液，涂于被粘物表面，晾干5 min，再于70～80℃干燥20～30 min。这种表面处理法效果优于直接加入法。

### 30.3.1.5  填充剂

加入适当和适量的填充剂能够降低酚醛-丁腈橡胶的膨胀系数、收缩率、内应力，提高粘接强度、弹性模量、耐冲击性、耐热性等，同时也可以调节黏度，降低成本。可用的填充剂有炭黑、石墨、金属粉、石棉粉、石英粉、金属氧化物、玻璃纤维和晶须等。在酚醛丁腈胶黏剂常加入铝粉、炭黑、石英粉、晶须等明显提高粘接强度和耐热性。填充剂的加入量一般为10～100份。

### 30.3.1.6  溶剂

溶剂对于酚醛-丁腈胶黏剂是一个重要组分。选择溶剂必须考虑它的溶解性、挥发性、稳定性、易燃性、毒害性、经济性、来源性等。常用的溶剂有醋酸乙酯、甲乙酮、醋酸丁酯、甲基异丁酮、二氯乙烷等。采用混合溶剂效果更好。

## 30.3.2  酚醛树脂与丁腈橡胶的反应

丁腈橡胶只有与酚醛树脂发生化学反应才能起到改性作用。主要是酚醛树脂的中的羟甲

基与丁腈橡胶的双键、氰基及羧基丁腈橡胶的羧基进行的反应。酚醛橡胶中的羟甲基酚基能
与烯类反应机理是首先生成次甲基醌，再通过 D-A 反应生成氧杂萘满结构，又称为色满
结构。

## 30.3.3　酚醛-丁腈胶黏剂的生产工艺

先将丁腈橡胶塑炼，再加入配合剂进行混炼，切成胶条，投入加有混合溶剂的反应釜
内，搅拌溶解一定时间，最后加入一定数量的酚醛树脂，混合均匀，即得均匀黏稠的胶液。

胶膜有带载体或者不带载体之分。无载体胶膜是用稀释到一定黏度的胶液，均匀地倾倒
在涂有涂膜剂的玻璃或其他平板上，干燥之后揭下制得。对于热塑性酚醛树脂，可以与丁腈
橡胶混炼压延制成胶膜。将胶液均匀地涂在玻璃纤维或尼龙织物上，干燥之后即可制得带载
体的胶膜。

# 30.4　SBS 胶黏剂

## 30.4.1　SBS 胶黏剂的特点

SBS 胶具有强度高、韧性好、固化快和耐低温等优点，用途日益广泛，品种不断增加。
① 胶液固体含量高，黏度低。
② 初粘力大，可室温快速固化。
③ 胶膜柔韧，耐受冲击振动，电性能优良。
④ 胶液防冻，耐低温性能好。
⑤ 对多种材料有良好的粘接性，包括难粘的聚烯烃塑料。
⑥ 制造工艺简单，使用方便，储存稳定性好。
⑦ 耐高温性和耐老化性较差。

## 30.4.2　SBS 胶黏剂的原料及其作用

SBS 胶黏剂由苯乙烯-丁二烯-苯乙烯嵌段共聚物（SBS）树脂、增黏树脂、溶剂为主要材
料，再根据不同性能需求加以增强剂、增稠剂、增塑剂、防老剂、渗透剂和填充剂等经溶解混
配、熔融配合、接枝共聚、极性化处理等方法制成，各组分对胶黏剂的性能有不同影响。

### 30.4.2.1　SBS 热塑性弹性体

（1）SBS 的性质　SBS 既有聚苯乙烯（PS）的溶解性和热塑性，又有顺丁橡胶（聚丁
二烯，PB）的柔韧性和回弹性，常温下具有硫化橡胶的高弹性。SBS 树脂容易溶解在多种
烃类溶剂中，与多种聚合物相容，适合制备多种胶黏剂和密封剂。

（2）SBS 的分子及形态结构　SBS 是苯乙烯与丁二烯通过阴离子聚合而制得的三嵌段共
聚物，两端为硬段 PS，中间为软段 PB，具有由硬段微区分散在软链段基体中的微相分离结
构，即两相不相容结构。中间软段链段为连续的橡胶相，两个末端硬链段聚集而成为不连续
的塑料相。PS 链段趋于缔合在一起，形成所谓的"缔合区"或"聚集区"。在正常温度下，
"聚集区"呈硬质球状，约束橡胶段，使之固定下来，对橡胶段既起物理交联作用，又像活
性填料一样具有补强效果，如图 30-1 所示。在较高的温度下，PS 聚集区软化，交联被破
坏，可使 SBS 树脂显现塑性或得以流动。

根据合成方法不同，SBS 有线型结构和星型结构。线型 SBS 分子量低，溶解性好，黏
度小，内聚强度较低。星型 SBS 又称辐射型或分枝型 SBS，分子量高，内聚强度大，物理

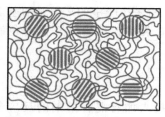

图 30-1　SBS 两相结构示意图

交联密度大，耐热性和弹性模量比线型 SBS 高。

（3）苯乙烯含量　苯乙烯含量增大，黏度变小，粘接强度提高，但弹性和耐溶剂性变弱；丁二烯含量高时，黏度增大，韧性增加，但粘接强度低，耐热性差。

（4）SBS 分子量　SBS 分子量大小对胶液性能也有较大影响，一般分子量高，胶液黏度大；SBS 的分子量低，则配制得到的胶液黏度小。

（5）SBS 的品种　SBS 有线型、星型，有充油型、饱和型、透明型、轻质型等品种。线型、星型和充油型 SBS 树脂为白色或微黄色多孔柱状或粒物，分子量为 8 万～30 万，相对密度为 0.92～0.95。SBS 为两相结构，故有两个玻璃化转变温度 $T_{g1}$（橡胶相）和 $T_{g2}$（塑料相），见表 30-6。

表 30-6　SBS 的玻璃化转变温度

| SBS 型号 | 1301 | 1401 | 4303 | 4402 | 1551 | 4452 |
|---|---|---|---|---|---|---|
| $T_{g1}$/℃ | −90 | −90 | −90 | −90 | −90 | −90 |
| $T_{g2}$/℃ | 84 | 82 | 94 | 92 | | 77 |
| 分子量/×10⁴ | 8～12 | 8～12 | 26～30 | 14～18 | 8～12 | 21～25 |
| 原牌号 | YH791 | YH792 | YH801 | YH802 | YH795 | YH805 |
| 相当于国外品牌 | Kraton D 1101 | Tufprene A | Solprene 411 | Solprene 414 | Kraton D 4122 | Solprene 475 |

透明型 SBS 树脂的牌号有日本 Asahi 公司的 Tufprene 6300、Shell 公司的 KratonD-KX155、Fina 公司的 Finaclear 520 和 Finaclear 530，中国台湾合成橡胶公司的 Tapol 4201 和 Tapol 4202、台湾奇美实业公司的 PB5302、台湾英全化学公司的 1650、岳阳石化公司的 788 等。轻质型 SBS 有中国台湾英全公司的 Euprene2020 和台湾奇美实业公司的 PB5302。

### 30.4.2.2　增黏树脂

SBS 弹性体溶液并无粘接力，必须配合适当增黏树脂，以提高湿润性、初黏性、内聚力、剥离强度和剪切强度等。增黏树脂有两种类型，一类是与 PS 嵌段相容，另一类是与 PB 嵌段相容。只与聚苯乙烯相容的有芳烃石油树脂、古马隆树脂、高软化点的萜烯树脂，可提高胶黏剂的弹性模量和内聚强度，缩短胶黏剂干燥时间。只与 PB 段相容的有萜烯树脂、松香、氢化松香、松香酯、C₅ 石油树脂，能够降低胶黏剂的弹性模量和内聚力，赋予初粘力和剥离力，产生压敏性。软化点较低的芳香烃石油树脂可与两相相容。

（1）萜烯树脂　萜烯树脂的分子式为 $(C_{10}H_{16})_n$，分子量为 650～1259，外观为淡黄色片状或块状脆性固体，也有黏稠液体状态的，相对密度为 0.96～1.0，软化点为 80～130℃，玻璃化转变温度为 73～94℃。易溶于苯、甲苯、松节油、脂肪烃、氯代烃，不溶于甲醇、乙醇、丙酮、乙酸乙酯。稳定性好，遇光和热不变色，低温性和耐候性好，无毒。

萜烯树脂按色泽分为特级、一级、二级，每级又按软化点分为 T-80、Y-90、Y-100、T-110 和 T-120 几个等级。

（2）松香　松香主要成分是树脂酸，有代表性的松香酸是不饱和酸，含有共轭双键。相对密度为 1.05～1.10，软化点为 70～80℃，玻璃化转变温度为 30～80℃。松香溶于甲醇、乙醇、乙醚、丙酮、苯、甲苯、二氯甲烷、二氯乙烷、油类和碱溶液，在汽油中溶解度降低。不溶于水，微溶于热水。

松香增黏性很好，价格便宜，但因含有双键和羧基，容易氧化变色，耐老化性较差，还会腐蚀铁制包装容器，使胶液颜色变深，影响外观，所以应控制松香的用量。应选择使用特级脂松香，松香一般采用镀锌铁桶包装，现用现砸，以防其氧化而影响胶的性能。

松香有结晶性，松香中的异构体在某些溶剂中溶解度不同，引起松香溶剂中结晶析出的现象。松香的结晶性可按下法检定：取 10 g 松香碎块及 10 mL 丙酮置于试管中，塞紧瓶塞使之溶解，静置。如果在 15 min 内有结晶析出，则说明此松香易结晶；若在 2 h 后析出，则说明此松香不易结晶，可以使用。根据国家标准 GB/T 8145—2003《脂松香》，松香分为特级、一级、二级、三级、四级、五级共六级。

（3）氢化松香 氢化松香是把松香中的双键部分或全部氢化，使颜色变浅，不易氧化和光变色，减少了脆性，增加了溶解性，提高了初黏性、粘接性和耐老化性。氢化松香相对密度为 1.045，软化点为 72～77℃。松香氢化后，改善了与 SBS 的相容性，能提高 SBS 的内聚强度。

（4）聚合松香 聚合松香是松香的双键在催化剂存在下进行聚合反应的产物，主要是二聚体。由于分子量的增加和双键的部分消除，酸值减少，致使软化点、溶液黏度、耐久性都比原来的松香有所提高。色泽浅，不结晶，有优异的抗氧性。

（5）松香甘油酯 松香甘油酯是松香与甘油酯化而得，又称酯胶，它是透明块状固体，不结晶，相对密度为 1.06～1.09。松香酯化后酸值显著降低，耐候性得以改善。

（6）氢化松香甘油酯 氢化松香甘油酯与松香相比既减少了双键，又降低了酸值，耐老化性和耐腐蚀性提高。氢化松香甘油酯外观为浅黄色至浅棕色透明块状固体，无异味，相对密度为 1.060～1.070，色泽（铁-钴法）≤8，软化点（环球法）为 78～88℃，酸值（以 KOH 计）为 3.0～9.0mg/g，灰分≤0.1%。

（7）$C_9$ 石油树脂 $C_9$ 石油树脂又称芳烃石油树脂，淡黄色至浅棕色片状或块状固体，平均分子量为 500～1000，相对密度为 0.97～1.04，软化点为 80～140℃。酸值（以 KOH 计）≤1.0mg/g，溴值为 7～50mg（Br）/100g，碘值为 40～80mg（I）/100g。$C_9$ 石油树脂与萜烯树脂、古马隆树脂、SBS 相容性好。溶于丙酮、丁酮、环己烷、醋酸乙酯、二氯乙烷、苯、甲苯、溶剂汽油等，不溶于乙醇和水。$C_9$ 石油树脂主要用于配制溶剂型 SBS 快速强力胶黏剂，有无 $C_9$ 石油树脂的 SBS 胶黏剂，胶黏性能差别较大。

（8）$C_5$ 石油树脂 $C_5$ 石油树脂又称碳五树脂，淡黄色或浅棕色片状或块状固体，平均分子量为 400～2000，相对密度为 0.97～1.07，软化点为 70～140℃。酸值（以 KOH 计）为 1.0mg/g，溴值为 10～30mg（Br）/100g，碘值为 80～120mg（I）/100g。$C_5$ 石油树脂与萜烯树脂、古马隆树脂、合成橡胶等相容性好。溶于丙酮、丁酮、醋酸乙酯、二氯乙烷、环己烷、苯、甲苯、溶剂汽油等有机溶剂。$C_5$ 石油树脂主要用于配制 SBS 压敏胶黏剂、热熔压敏胶黏剂、热熔胶。

（9）$C_5$/$C_9$ 共聚石油树脂 $C_5$ 与 $C_9$ 共聚型石油树脂又称 $C_5$/$C_9$ 复合石油树脂，兼具 $C_5$ 石油树脂和 $C_9$ 石油树脂的优良性能，综合性能较好。$C_5$ 与 $C_9$ 共聚石油树脂外观为淡黄色片状或粒状固体，软化点（环球法）为 90～120℃，酸值（以 KOH 计）≤1.0mg/g，溴值为 20～40mg（Br）/100g。可用作多种 SBS 胶黏剂的增黏树脂。

（10）古马隆树脂 古马隆树脂又称古马隆-茚树脂、香豆酮-茚树脂、石脑油聚合酯，为浅黄色至深褐色黏稠状半流动体或固体。固体树脂的相对密度为 1.07～1.14，软化点（环球法）为 80～100℃，玻璃化转变温度为 56℃。溶于氯代烃、酯类、酮类、醚类、硝基苯等有机溶剂，不溶于水及低级醇，浅色古马隆树脂对提高 SBS 胶黏剂粘接强度的效果明显。

## 30.4.2.3 功能助剂

（1）增强剂/交联剂 为了提高 SBS 溶剂型胶黏剂的粘接强度，可加入增强剂/交联剂，如多异氰酸酯、对叔丁酚醛树脂（2402 树脂）、聚 $\alpha$-甲基苯乙烯、硅烷偶联剂等。交联剂多异氰酸酯的品种有 JQ-6、多亚甲基多苯基多异氰酸酯（PAPI）、三羟甲基丙烷与甲苯二异氰酸酯（TDI）的加成物等，加入多异氰酸酯交联剂之后，胶液变为淡黄色不透明，剥离强度超过氯丁-酚醛型 801 强力胶。如果配制得当，加多异氰酸酯的 SBS 能储存 3 年不分层。

2402 酚醛树脂可以直接加入溶解，加量为胶液的 3%～5%，超过之后粘接强度反而下降。2402 树脂最好用软化点为 90～100℃ 的品种。2402 树脂也可先与轻质氧化镁预反应之后再混入，胶液为淡黄色不透明，储存稳定不分层，粘接强度和耐热性明显提高。

（2）增塑剂　制备 SBS 压敏胶、热熔胶和复膜胶黏剂通常都要加入增塑剂（也称软化剂），可改善润湿性，增加初黏性，降低熔体黏度，但会降低硬度和内聚强度。增塑剂一般为高沸点液体或低熔点固体，比较理想的增塑剂应与 PS 嵌段相容，且要挥发性小、黏度低、耐老化性好，其中以环烷油（操作油）最佳，其他可用的增塑剂有白油（液体石蜡）、真空泵油、机油、邻苯二甲酸二丁酯、邻苯二甲酸二辛酯、氯化石蜡、聚乙二醇、低分子量聚丁二烯等。

（3）防老剂　SBS 热塑性弹性体中 PB 嵌段含有不饱和键，受到氧、臭氧、光和热等作用易氧化、降解或交联，致使耐老化性差，因此，需要加入防老剂（又称抗氧剂、稳定剂），如 264（BHT）、$N,N$-二丁基二硫代氨基甲酸锌（BZ）、4,4-疏基双（6-叔丁基双甲酚）（RC）、乙基苯基二硫代氨基甲酸锌（PX）、二烷基二硫代磷酸锌、多烷基亚磷酸酯、硫代二丙酸酯、抗氧剂 SP、抗氧剂 1010、紫外线吸收剂 UV326、UV327 等，防老剂参考用量为质量分数 0.2%～0.5%。

（4）增稠剂　SBS 溶剂型胶黏剂固含量高，黏度很低，如果再增加固含量来提高黏度，可加入增稠剂，如天然橡胶、丁苯橡胶（1502）、顺丁橡胶、聚异戊二烯、聚异丁烯等，只要加入少量，便能明显地增大黏度，也可配合适量 SBS 1201 和 LG 411 起到增稠作用。

（5）填充剂　SBS 胶黏剂中加入的填充剂有白炭黑、轻质碳酸钙、超细硅酸铝、超细滑石粉、超细陶土等，可增加硬度、模量、密度和耐磨性，有时加入钛白粉、氧化锌和炭黑，能改善耐紫外线辐射性能。

（6）表面活性剂　为了增加 SBS 胶黏剂的渗透性和分散性，可加入少量的表面活性剂，如斯盘-80（Span-80），化学名称为山梨糖醇酐甘油酸酯，它溶于有机溶剂，不溶于水。加入胶液量 0.3%～0.5% 的 Span-80，可以提高胶黏剂的粘接强度，并使胶液透明。

### 30.4.2.4　溶剂

溶剂是 SBS 溶剂型胶黏剂的重要成分，不同溶剂影响 SBS 中 PS 和 PB 嵌段链段的形态，直接影响粘接强度。

## 30.4.3　SBS 胶黏剂配方设计原则和典型配方

### 30.4.3.1　SBS 胶黏剂配方设计原则

（1）不同品种 SBS 树脂混合使用　要求粘接强度高的胶黏剂，应选用苯乙烯含量高的 SBS 树脂，如 SBS 1401 和 SBS 4402，并且线型结构与星型结构搭配使用，具有协同效应，一般 SBS 1401/SBS 4402（或 SBS 4303）质量比为 9:1 或 8:2。希望压敏性强的胶黏剂，应以苯乙烯含量低的线型 SBS 树脂为主体，并配以少量的苯乙烯/丁二烯（S/B）比例高的 SBS 树脂，如 SBS 1301/SBS 1401 质量比为 7:3。制备 SBS 热熔压敏胶，若配入少量的 SIS 效果更佳。制备喷涂施工型 SBS 胶黏剂配合一定量的 SBS 188。

（2）多种增黏树脂的混合配用　SBS 为两相结构，应选用不同品种的增黏树脂与之相容。以萜烯树脂为主，必须配以石油树脂（粘接胶用芳烃石油树脂作增黏树脂，而压敏胶要用 $C_5$ 石油树脂作增黏树脂）。松香初黏性好，价格又便宜，但含有不饱和双键，酸值较高，不耐老化，且对金属铁有腐蚀性。如果用马口铁桶包装 SBS 胶黏剂，松香用量应严格控制，否则会使胶液变黑，松香的安全用量为每吨胶液 20～30kg。如果用聚酯塑料和玻璃瓶包装，松香的用量不受限制。若采用松香甘油酯（如 138 树脂），则对包装桶无腐蚀问题。

用于粘接胶的增黏树脂以高软化点（100～110℃）的为好，而压敏胶所用的增黏树脂则以低软化点（80～90℃）的为宜。

（3）选择混合溶剂　单一溶剂很难满足多方面的要求，尽量使用两种以上的溶剂，考虑胶黏剂的溶剂挥发速度，胶膜的硬度、柔韧度要求，加入 SBS 胶黏剂量 2％的丙酮或者醋酸乙酯，可以使胶液变得透明。同时着重考虑国家标准对胶黏剂方面的环保要求，使产品符合环保标准。如用对 PS 是良溶剂而对 PB 是不良溶剂的溶剂溶解 SBS，则 SBS 中的 PS 为连续相，PB 是分散相，所得胶膜硬而韧，则粘接强度高；若用对 PB 是良溶剂，而对 PS 是不良溶剂的溶剂，则得到的胶膜柔软，强度不高，伸长率较大。溶剂的选择建议考虑其溶解度参数介于 PS 和 PB 之间，可通过两种溶剂的混合来调节溶解度参数和胶液的黏度，同时考虑溶剂的成本、气味、环保和挥发速度。溶剂的挥发速度对 SBS 胶膜的形态结构有影响，若挥发速度慢，PS 链段可能形成球状。要求溶剂挥发速度适当，毒害性小，对环境友好，廉价易得。单一溶剂难以满足综合要求，一般采用由良溶剂与不良溶剂组成的混合溶剂，如甲苯/丙酮（质量比为 1∶1）、甲苯/溶剂汽油（质量比为 1∶3）、溶剂汽油/醋酸乙酯/丙酮（质量比为 7∶2∶1）、环己烷/醋酸乙酯/6# 溶剂油（质量比为 3∶1∶6）等混合溶剂等都可溶解 SBS。混合溶剂中的不良溶剂挥发速度一定要快于良溶剂，否则，胶膜表面粗糙，粘接强度降低，120# 溶剂汽油应先于甲苯挥发完毕才能使用，最好改用 6# 抽提溶剂油，胶液干燥速度还快。冬季低温季节，为使胶液干燥更快，还可加入适量的 30# 石油醚（沸程为 30～60℃）。

（4）采用多元接枝单体　为使 SBS 接枝型胶黏剂性能更优异，应当使用两种或更多接枝单体，进行多元接枝共聚反应。一般用于底涂剂，目前不常用。

（5）增黏树脂用量　对于粘接型 SBS 胶黏剂，如强力胶、万能胶等配方，增黏树脂/SBS 树脂质量比值高一些（1.8～2.0）为佳；对于 SBS 复膜胶、SBS 压敏胶，增黏树脂/SBS 树脂质量比值应该低一些（1.0～1.2）；对于沙发软泡用 SBS 喷胶，增黏树脂/SBS 树脂质量比值可高达 2.5～3.0。

（6）加入防老剂　抗氧剂用量一般在 0.2％～0.5％。热熔型 SBS 胶黏剂应加入两种以上的复合型抗氧剂，以防制备时高温氧化降解，提高使用耐久性。

（7）固含量　溶剂型 SBS 胶黏剂的特点是固含量高、黏度低，不同用途胶黏剂，固含量相差较大，固含量一般控制在 35％～40％，有的低达 30％，特殊用途高达 45％。

## 30.4.3.2　SBS 胶黏剂的典型配方

典型配方 1：

溶剂型快速强力 SBS 胶黏剂配方：SBS 1401 12 份，松香 2 份，SBS 4402 2 份，防老剂 264 0.5 份，萜烯树脂 14 份，甲苯 16 份，$C_9$ 石油树脂 10 份，6# 溶剂油 45 份。

制备工艺：按配方比例将溶剂加入反应釜中，搅拌下将 SBS 按配比量加入其中，再加入增黏树脂，最后加入防老剂、配合剂，溶解成均一胶液即可出料，为快干型胶黏剂。

典型配方 2：

环保型强力万能 SBS 胶黏剂配方：SBS 1401 10～15 份，防老剂 264 0.8 份，SBS 1201

1～5份，环己烷22份，萜烯树脂10～15份，6#溶剂油35份，石油树脂10份，助溶剂2～5份，松香2份。

制备工艺：按配方比例将溶剂加入反应釜中，搅拌下将SBS树脂按配比量加入其中，加入溶解后，再加入增黏树脂和防老剂，最后用溶剂或增黏树脂调节胶黏剂到合适黏度后出料，为环保型强力万能胶黏剂。

典型配方3：

建筑用SBS万能胶黏剂配方：SBS树脂100份，乙酸乙酯36份，石油树脂80份，溶剂油270份，萜烯树脂40～50份，丁苯橡胶 适量，甲苯54份，黏度高，主要用于建筑行业。

典型配方4：

环保型强力覆膜胶黏剂配方：SBS树脂25～50份，抗氧剂BHT 0.2份，增强树脂10～20份，乙酸乙酯45份，萜烯树脂10～15份，102#汽油80份，改性松香20～30份，为环保型强力覆膜胶黏剂。

典型配方5：

溶剂型SBS纸塑复合胶配方：SBS树脂16～20份，防老剂0.05份，萜烯树脂5～8份，分散剂0.5，松香5～8份，甲苯25～35份，石油树脂5～8份，乙酸乙酯25～30份，用于纸塑复合。

典型配方6：

SBS快速强力胶配方：SBS树脂（YH 4303）85～95份，120#溶剂油45～155份，SBS树脂（YH 1201）5～15份，三氯乙烷45～55份，萜烯树脂45～55份，增强剂25～35份，石油树脂120份，氯化石蜡4～8份，环己烷300份，防老剂264 0.5份。

增强剂为甲苯二异氰酸酯（TDI）与三羟甲基甲烷（TMP）加成物的20%的乙酸乙酯溶液，为快速强力胶，用于对粘接强度较高的要求。

典型配方7：

SBS沙发海绵喷胶配方：SBS树脂90～110份，二氯甲烷25～30份，松香250份，乙酸甲酯25～35份，防老剂264 3份，6#溶剂油560～600份，为沙发海绵喷涂型胶黏剂。

典型配方8：

SBS汽车内饰喷胶配方：SBS树脂（LG 411）25～32份，甲苯50份，SBS树脂（YH 188）100份，乙酸甲酯180～200份，松香120份，6#溶剂油450～500份，石油树脂95份，防老剂264 3份，为汽车内饰喷胶，黏度低，喷涂雾化效果好。

# 30.4.4　SBS胶黏剂生产工艺

（1）加料方法　先在配胶反应釜中加入适量溶剂和增黏树脂，先使增黏树脂完全溶解，再加入SBS树脂进行溶解，这样可使胶液的透明性变好。易挥发的溶剂如6#溶剂汽油、丙酮等，应该在SBS基本溶解之后加入剩余部分或者全部，混合20～30min后即可出料，这样能加速溶解，缩短生产时间，减少挥发，提高收得率。

（2）防止暴聚凝胶　SBS树脂与丙烯酸酯或者乙烯基单体接枝或者高温熔融时，如果没有氮气保护，很容易发生暴聚或者被氧化而产生凝胶。另外，引发剂用量不能太多，反应温度不可过高，必须严格控制。

（3）预先混合溶胀　制备SBS热熔胶或者热熔压敏胶时，可以将SBS树脂与软化剂混合，令其溶胀，然后升温熔融，可降低混合温度，缩短加热时间。

（4）防止氧化降解　在制备热熔胶和热熔压敏胶时都要充氮气或者二氧化碳，再结合防老剂的使用，可以有效防止氧化降解。高速搅拌可以缩短混合时间，减少氧化分解。

（5）工房内严禁烟火　电器设施、开关等必须为防爆型产品。加料前要开启通风装置。生产时严格遵守安全技术操作规程。

（6）防止静电危险　胶黏剂生产时工房保持通风，工房内保持一定湿度，不要太干燥。制胶设备和加料设备一定要静电接地。操作人员须佩戴防静电的劳动防护用品。SBS 颗粒比较小，且有电绝缘性，直接加料时相互之间或与编织袋摩擦易产生静电火花而点燃易燃溶剂蒸气，必须采取有效措施防止静电打火的可能性，用铝制容器或纯棉布袋装 SBS 缓慢加料。

# 30.5　单组分溶剂型聚氨酯胶黏剂

单组分溶剂型聚氨酯胶黏剂是由热塑性聚氨酯弹性体溶解于溶剂得到，也有少量单组分异氰酸酯湿固化胶黏剂是溶剂型的。

## 30.5.1　单组分溶剂型聚氨酯胶黏剂的原料及其作用

单组分溶剂型聚氨酯胶黏剂的原料主要有二异氰酸酯、聚酯二醇、溶剂、催化剂等助剂。主体聚氨酯一般为结晶性热塑性聚氨酯。

二异氰酸酯或其与小分子扩链剂组成聚氨酯胶黏剂分子中的硬段结构。

二异氰酸酯是聚氨酯胶黏剂的主要原料之一。常用的二异氰酸酯如表 30-7 所示。

表 30-7　常用的二异氰酸酯

| 品种 | 分子量 | 熔点/℃ | 沸点/℃ |
| --- | --- | --- | --- |
| 2,4-甲苯二异氰酸酯（TDI） | 174 | 22 | 106～107(666.6Pa) |
| 4,4'-二苯甲烷二异氰酸酯（MDI） | 250 | 37 | 190(666.6Pa) |
| 苯二亚甲基二异氰酸酯（XDI） | 187 | — | 151(799.9Pa) |
| 二环己基甲烷二异氰酸酯（HMDI） | 258 | — | 160～165(106.7Pa) |
| 己二异氰酸酯（HDI） | 168 | — | 112(666.6Pa) |

异氰酸酯的结构对 PU 材料的性能有很大的影响。如对称性二异氰酸酯制备的 PU 具有较高的模量和撕裂强度，芳香族异氰酸酯制备的 PU 由于具有刚性芳环，强度一般比脂肪族异氰酸酯型 PU 的大，抗热氧化性能好，但抗紫外降解性能较差，容易泛黄。

扩链剂对 PU 性能也有影响。如含芳环二元醇扩链的聚氨酯与脂肪族二元醇扩链的 PU 相比具有较好的强度。增加扩链剂用量，能提高硬段含量，从而提高硬度、内聚力和粘接力。但若硬段含量太高，由于极性基团太多，会约束聚合物链段的活动和降低扩散能力，会降低弹性，有可能降低粘接力。

低聚物二醇构成聚氨酯胶黏剂分子中的软段，在 PU 中占大部分，对性能影响较大。聚酯型 PU 比聚醚型 PU 具有更高的强度和硬度，对极性材料粘接力大，内聚能（12.2 kJ/mol）比醚基（4.2 kJ/mol）高，内聚强度较大，机械强度就高，抗热氧化性也比聚醚型的好。软段为聚醚的 PU，由于醚基较易旋转，具有较好的柔顺性，有优越的低温性能，并且聚醚中不存在相对较易水解的酯基，其 PU 比聚酯型耐水解性好，但聚醚型聚氨酯结晶性弱，很少用于制造溶剂型单组分胶黏剂。

低聚物二醇的分子量通常在 600～3000。相同分子量 PU 的强度，随聚酯二醇分子量的增加而提高。对于线型热塑性 PU 来讲，分子量大则强度高，耐热性好。采用高结晶性的聚己二酸丁二醇酯二醇为软段的高分子量线型 PU 制成的胶黏剂，即使不用固化剂也能得到高强度的粘接，并且初黏性好。而用含侧基的新戊二醇等制得的聚酯，结晶性差，但侧基对酯键起保护作用，能改善 PU 的抗热氧化、抗水和抗霉菌性能。用长链芳族二元羧酸等制得的聚酯型 PU 耐水解性、耐热性均有所提高。常用低聚物二醇的种类与所制得的 PU 性能的关系如表 30-8 所示。

表 30-8　低聚物多元醇的种类与所制 PU 性能的关系

| 多元醇 | 结晶性 | 耐寒性 | 耐水性 | 耐热性 | 耐油性 | 力学性能 |
| --- | --- | --- | --- | --- | --- | --- |
| 聚四氢呋喃二醇（PTMG） | 良好 | 优 | 优 | 良好 | 一般 | 良好 |
| 聚己二酸乙二醇酯二醇（PEA） | 良好 | 一般 | 一般 | 优 | 优 | 优 |
| 聚己二酸一缩二乙二醇酯二醇（PDEA） | 差 | 一般 | 差 | 良好 | 优 | 优 |
| 聚己二酸-1,2-丙二醇酯二醇（PPA） | 差 | 一般 | 一般 | 优 | 优 | 优 |
| 聚己二酸-1,4-丁二醇酯二醇（PBA） | 优 | 优 | 良好 | 优 | 优 | 良好 |
| 聚己二酸-1,6-己二醇酯二醇（PHA） | 优 | 一般 | 良好 | 优 | 优 | 一般 |
| 聚 $\varepsilon$-己内酯二醇（PCL） | 良好 | 优 | 良好 | 优 | 优 | 优 |
| 聚-1,6-亚基碳酸己酯二醇（PHC） | 优 | 一般 | 优 | 优 | 优 | 优 |

单组分聚氨酯胶黏剂制备过程中使用的溶剂，除了应具备溶解作用好和挥发性适宜的特征外，还要求不能与异氰酸酯基反应，对异氰酸酯基与羟基反应活性的影响尽可能低，因此常见溶剂水、醇等均不能使用。常用的溶剂类型有酮、酯和芳烃等。由于酮、酯能与多羟基化合物中的羟基缔合而降低反应活性，使用甲苯等非极性溶剂时反应速率比使用酮、酯等溶剂时要快些。另外还要考虑毒性、挥发性、易燃易爆性。溶剂对苯异氰酸酯-羟基化合物反应速率常数的影响见表 30-9。

表 30-9　溶剂对苯异氰酸酯-羟基化合物反应速率常数的影响

| 羟基化合物 | 溶剂 | $K/(10^4 \text{mol}^{-1} \cdot \text{s}^{-1})$ | 羟基化合物 | 溶剂 | $K/(10^4 \text{mol}^{-1} \cdot \text{s}^{-1})$ |
| --- | --- | --- | --- | --- | --- |
| 甲醇 | 甲苯 | 1.2 | 甲醇 | 二氧六环 | 0.03 |
| 甲醇 | 乙酸乙酯 | 0.45 | 丁醇 | 甲苯 | 1.4 |
| 甲醇 | 甲乙酮 | 0.05 | 丁醇 | 甲乙酮 | 0.05 |

催化剂在单组分溶剂型聚氨酯胶黏剂中用量虽少，但能够缩短反应时间，促进反应，提高生产效率，是聚氨酯合成的常用助剂。聚氨酯胶黏剂合成常用催化剂主要有二月桂酸二丁基锡、辛酸亚锡、异辛酸铋等。扩链剂是指含有两个官能团的化合物，通常是小分子二元醇、二元胺、乙醇胺等，在聚氨酯合成中，在满足异氰酸酯指数为1的前提下，扩链剂用量越多，相应二异氰酸酯用量越多，聚氨酯的硬段含量越高，由此可得到高黏度、较高硬度的材料。合成溶剂型单组分聚氨酯胶所用的热塑性聚氨酯，常用二醇类扩链剂主要有1,4-丁二醇、乙二醇、1,6-己二醇。

# 30.5.2　单组分溶剂型聚氨酯胶黏剂配方设计原则和典型配方

设计单组分溶剂型聚氨酯胶黏剂配方要考虑到所制成的胶黏剂的施工性（可操作性）、固化条件及粘接强度、耐热性、耐化学品性、耐久性等性能要求。在制备单组分溶剂型聚氨酯胶黏剂时，选用原料不同，制得的聚氨酯胶黏剂性能也不相同，如不同官能度的原料，可制成线型或交联型的聚氨酯胶黏剂。要求不高可由原料直接配制，要求性能优良稳定，常将原料进行预改性处理，如在高温、低温、高湿等条件下使用，则应选用相应结构的原材料。总的来说单组分溶剂型聚氨酯胶黏剂配方设计原则为根据聚氨酯胶黏剂的本体性质进行分子设计和根据聚氨酯胶黏剂的使用性质进行分子设计。

### 30.5.2.1　根据聚氨酯胶黏剂的本体性质进行分子设计

胶黏剂的本体性质取决于胶黏剂的化学结构和物理结构。聚氨酯胶黏剂可看作是一种含软链段和硬链段的嵌段共聚物。由于两链段的热力学不相容，产生相分离，在聚合物基体内部形成相区和微相区。聚氨酯中存在的氨酯基和脲键产生的氢键对硬段相区的形成有较大的贡献，硬段相区产生增强作用，而软段基体被硬段相区交联，所以聚氨酯具有柔韧性和宽范围的物理性能。因此可以通过改变软硬链段的结构大幅度地改变其各种性能，从而满足不同材料之间的粘接。

聚氨酯胶黏剂的初粘力主要与聚氨酯自身的结晶能力有关。软段对聚氨酯结晶性的影响较大。聚氨酯胶黏剂的软段结构是由低聚物多元醇构成，多数为聚酯或聚醚多元醇。用不同的低聚物多元醇或酯制得的聚氨酯胶黏剂性能各不相同。一般来说，结晶能力强的聚酯或聚醚合成的聚氨酯胶黏剂，相应的初始粘接强度也高一些。聚酯型聚氨酯胶黏剂一般比聚醚型聚氨酯胶黏剂具有较高的强度和硬度，且耐热性和抗氧化性较优。这是因为酯基的极性大，内聚能比醚基的内聚能高，但是聚酯型聚氨酯胶黏剂易水解，且原料来源不如聚醚多元醇的原料易得、价廉。在聚醚的分子结构中，含有醚键，能轻易旋转，链的柔顺性比酯键好，因此聚醚型聚氨酯胶黏剂软化温度低，耐低温性能好，有较好的韧性和延伸性。无论是聚酯型还是聚醚型的聚氨酯胶黏剂，其软段的结晶性对聚氨酯胶黏剂的最终机械强度和模量都有较大的影响。对于单组分溶剂挥发型聚氨酯胶黏剂，基本上使用结晶性聚酯二醇，聚醚的结晶性差，即使是结晶性的聚四氢呋喃醚二醇，也很少用于制备单组分溶剂型聚氨酯胶黏剂。对于聚酯型聚氨酯来说，虽然含适度侧基可对酯键起保护作用，能改善聚氨酯胶黏剂的抗热氧化、抗水解和抗霉菌性能，但侧基的存在影响结晶性，一般不能含侧基。

一般来说聚氨酯的结晶性与聚酯的结晶性存在正相关关系。PHA、PBA 和 PEA 这 3 种聚酯结晶度的大小顺序为 PHA＞PBA＞PEA。对硬段相同的聚氨酯，基于以上 3 种聚酯的聚氨酯结晶度的大小顺序为 PHA 型＞PBA 型＞PEA 型，这是因为软段结构单元的规整性影响着聚氨酯的结晶性。结晶性软段分子量越高，聚氨酯的结晶性越高。结晶作用能成倍地增加粘接层的内聚力和粘接力，并且初黏性好。

在聚氨酯胶黏剂的分子结构设计过程中，多异氰酸酯形成的硬段结构对聚氨酯胶黏剂的刚性和强度也有很大的影响，MDI 比 TDI 制备的聚氨酯具有较高的模量和撕裂强度。

### 30.5.2.2　根据聚氨酯胶黏剂的使用性质进行分子设计

聚氨酯胶黏剂在根据其本体性质进行设计之外，我们也要根据其使用性质进行分子设计。聚氨酯胶黏剂的使用性质主要是指胶黏剂对不同基材的粘接及接头强度和耐久性。聚氨酯胶黏剂对不同基材的粘接有不同的机理，因而要根据对不同基材的粘接进行分子设计。如聚氯乙烯、PET 等塑料表面的极性基团能与胶黏剂中的氨酯键、酯键、醚键等基团形成氢键，形成有一定强度的粘接接头。而对非极性塑料，如聚乙烯、聚丙烯，一般溶剂很难使它们溶胀，并且表面能很低，用极性的聚氨酯粘接会遇到困难，可用异氰酸酯作增黏剂或通过物理或化学的方法改变烯烃材料的界面性质，再进行粘接。这些特殊性能，除了上面论述的从聚氨酯的本体性质进行设计以外，还可以考虑采用共混改性、加入添加剂、接枝、嵌段共聚、IPN 技术等手段来进行设计，以满足这些特殊的粘接性能。

聚酯型聚氨酯胶黏剂耐水解性能较差，可通过添加碳化二亚胺之类的耐水解稳定剂加以改善。

典型配方 1：

SBG-3 聚酯树脂 55 份，1,4-丁二醇 15 份，氯醋树脂 15 份，MDI 5 份，乙酸丁酯 10 份，乙酸乙酯 10 份，环己酮 5 份，辛酸亚锡 适量。

制备工艺：

在装有回流冷凝管、搅拌器、温度计的三口烧瓶中按配比加入 3 种溶剂，然后加入定量的 SBG-3 聚酯树脂、1,4-丁二醇，升温并开动搅拌，至聚酯树脂全溶。在 40～50℃下缓慢加入 MDI，反应 30 min。待放热反应结束，升温至 65～75℃，反应 1～2h。滴加 0.1%的辛酸亚锡，再反应 2h。取样测黏度至规定范围后，降温至 50～60℃，加入配方量的氯醋树脂，搅拌 20 min，使氯醋树脂充分溶解，混合均匀。降温至 40℃以下，用 85μm（180 目）铜网过滤，出料。

典型配方 2：

甲苯二异氰酸酯 226 份，乙酸乙酯 1700 份，聚己二酸丁二醇酯 200 份。

制备工艺：

将各物料室温下混合，搅拌均匀，配制成 20%的乙酸乙酯溶液，用于皮鞋的粘接。

典型配方 3：

NA-3-Ⅱ胶黏剂配方：聚酯 1 mol，二苯甲烷二异氰酸酯（MDI）0.2775mol，甲苯二异氰酸酯（TDI）0.8325mol，用乙酸乙酯调节固含量为 20%～25%。

制备工艺：

(1) 聚酯二醇的合成　将己二酸、丁二醇和苯酐（物质的量比为 0.900：1.105：0.100）投入装有搅拌器、回流冷凝器、蒸汽冷凝器、温度计和抽真空装置的三口瓶中，按常规方法制得聚酯二醇。

(2) NA-3-Ⅱ单组分聚氨酯胶黏剂的制备　按配比将聚酯加入配有搅拌器、温度计和套式电炉的三口瓶中，加热至 80～100℃，再将 TDI 和 MDI（预热至发烟）注入上述聚酯中，快速搅拌均匀，出料，在 120℃下硫化 6～8h，破碎成小块后入溶胶釜，加乙酸乙酯（调节固含量为 20%～25%），在 65℃±5℃下充分溶解，即为成品。

# 30.5.3　单组分溶剂型聚氨酯胶黏剂生产工艺

单组分溶剂型聚氨酯胶黏剂生产工艺主要分为两种，一种是先通过本体聚合一步法制备，将低聚物二醇、二异氰酸酯和二醇类扩链剂同时混合反应合成端羟基含量很低的热塑性聚氨酯弹性体（TPU）胶粒，再加入溶剂进行溶解制成胶黏剂；另一种方法是直接在溶剂中进行反应，制成溶剂型胶黏剂。

本体聚合制备聚氨酯胶粒，有间歇法和双螺杆连续法。间歇法有一步法和预聚体法，可适用于实验室制备及小批量生产；连续一步法生产效率高，质量稳定。一般用粘接型聚氨酯胶黏剂胶粒外观为白色至微黄色珠状颗粒，相对密度为 1.2 左右。软化点一般在 70～130℃范围。

例如，在实验室本体一步法合成聚酯型热塑性聚氨酯弹性体，首先在反应容器中称取配方量的聚酯二醇和扩链剂 1,4-丁二醇，升温至 120℃真空脱水。迅速加入已预热的二异氰酸酯，快速搅拌均匀，倒入已预热的带含氟不粘涂料的扁平容器中，于 120℃真空焙烘，再降温至 100℃烘若干小时，冷却后，得浅黄色半透明聚氨酯产物，之后在平板压机上压制成试片，制备的 TPU 具有较高的力学性能。

预聚体法（二步法）是指在少量催化剂条件下将低聚物二醇和二异氰酸酯先反应，再加入干燥的扩链剂进一步反应，合成聚氨酯。预聚体法在制作工艺过程较复杂，耗能高，制成的预聚体黏度大，增加了工艺操作难度，但预聚体副反应少，制成的产品优于一步法。

本体法生产单组分溶剂型聚氨酯胶黏剂所用生产设备主要有原料贮罐、反应釜、真空系统、浇注机、平行双螺杆挤出机、水下切粒机、分离干燥设备和封装设备。生产过程为：

① 聚酯二醇脱水。在 80℃下负压表压为 -0.1～-0.08MPa 脱水 1.5～2h 之后，测定水分含量，合格后可投料。

② 高黏度羟基聚氨酯树脂制备。称量脱水后的聚酯二醇，开动搅拌，加热至 60～65℃，加入计量好的二异氰酸酯，快速搅拌物料，待反应物料的黏度明显变高时，立即放料。

③ 聚氨酯弹性体的熟化。将上述制备的羟基聚氨酯树脂物料放入喷涂聚四氟乙烯的盆内，于 130℃烘箱熟化 5 h，冷却后，从盆中取出块状聚氨酯弹性体。

④ 聚氨酯胶黏剂胶料制备。将块状聚氨酯弹性体用剪板机裁成条状，加入塑料破碎机中粉碎成聚氨酯胶黏剂胶粒。

⑤ 胶粒溶解。将制得的聚氨酯胶黏剂胶粒与适量的有机溶剂配制成一定固含量的聚氨酯胶黏剂。

胶黏剂厂家也可以不自己生产胶粒，而是向别的聚氨酯胶粒生产商采购，用现成的胶粒加混合溶剂，按上述第⑤步骤生产单组分溶剂型聚氨酯胶黏剂。

溶液聚合法是在溶剂存在下进行聚合的，溶剂的存在，使物料黏度不致太高，有利于物料的流动与传热，也能以溶剂的汽化潜热形式将热量带出反应区，经回流冷凝后回到反应区。当然也有不利的一面，如反应器体积相应增大，可能引起活性链向溶剂转移，使产品的平均分子量降低及分布变得较窄等。

溶剂法合成，即直接在溶剂中进行合成反应制备聚氨酯胶黏剂，生产过程为：①对聚酯多元醇进行真空脱水；②按照计算好的配比加入聚酯多元醇、扩链剂等，进行搅拌混合均匀，加热升温至 60～65℃；③加入计算好的异氰酸酯和催化剂进行反应，快速搅拌，随着黏度增加，加入有利于反应进行的非极性溶剂，加热，保持温度在 75～80℃反应 3h；④反应完毕，降温，加入溶剂调整到合适的黏度，出料。

单组分溶剂型聚氨酯胶黏剂在生产过程中，不像无溶剂湿固化聚氨酯胶黏剂、密封胶那样对生产环境、设备要求较高，在生产过程中为保证产品质量，需要注意以下几点要求：①聚酯二醇必须进行脱水，脱水合格后方可进入下一道工序，因为若水分含量偏高会消耗二异氰酸酯，影响聚酯与二异氰酸酯反应的化学配比，影响胶黏剂产品的性能如黏度、粘接强度。②生产过程中，注意工艺配比的精确度，若加料误差较大，使得异氰酸酯指数发生变化，影响最终产品分子结构。③反应温度、熟化温度的控制，温度过低造成产品分子量较低，影响粘接强度，温度过高、时间过长造成过度交联、扩链，降低产品的渗透性，影响产品使用。

# 30.6 其他溶剂型胶黏剂配方组成及生产工艺

## 30.6.1 氯磺化聚乙烯胶黏剂的配方组成及生产工艺

氯磺化聚乙烯胶黏剂是由氯磺化聚乙烯、硫化剂、促进剂、填充剂、增塑剂、溶剂等组成的双组分或者单组分胶液。氯磺化聚乙烯简称 CSM 或者 CSPE，是由高密度聚乙烯或低密度聚乙烯溶解于氯苯或四氯化碳中，在引发剂的存在下，通入氯气和二氧化硫，进行氯化和磺化反应制得的特种合成橡胶，平均分子量为 3 万～12 万。氯磺化聚乙烯为白色或者淡黄色粒状或者片状弹性体，部分国产氯磺化聚乙烯性能指标见表 30-10。

表 30-10 国产氯磺化聚乙烯性能指标

| 项目 | CSM2300 | CSM2910 | CSM3304 | CSM3305 | CSM3308 | CSM4010 | CSM4008 |
|---|---|---|---|---|---|---|---|
| 颜色 | 淡白色 | 淡白色 | 淡白色 | 淡白色 | 淡白色 | 淡白色 | 淡白色 |
| 氯含量/% | 23～27 | 29～33 | 33～37 | 33～37 | 33～37 | 40～45 | 40～45 |
| 硫含量/% | — | 1.3～1.7 | 0.8～1.2 | 0.8～1.2 | 0.8～1.2 | 0.8～1.2 | 0.8～1.2 |

续表

| 项目 | CSM2300 | CSM2910 | CSM3304 | CSM3305 | CSM3308 | CSM4010 | CSM4008 |
|---|---|---|---|---|---|---|---|
| 铁含量/% | ≤0.01 | ≤0.01 | ≤0.01 | ≤0.01 | ≤0.01 | ≤0.01 | ≤0.01 |
| 挥发分含量/% | ≤1.0 | ≤1.0 | ≤1.0 | ≤1.0 | ≤1.0 | ≤1.0 | ≤1.0 |
| 门尼黏度 | 40~50 | 30~45 | 40~50 | 50~60 | 80~90 | 50~70 | 80~90 |
| 拉伸强度/MPa | ≥25.0 | ≥18.0 | ≥25.0 | ≥25.0 | ≥25.0 | ≥26.0 | ≥25.0 |
| 扯断伸长率/% | ≥500 | ≥310 | ≥500 | ≥500 | ≥500 | ≥500 | ≥500 |
| 拉伸永久变形/% | ≤25 | ≤25 | ≤25 | ≤25 | ≤25 | ≤25 | ≤25 |
| 邵A硬度 | 70~75 | 64~66 | 69~72 | 69~72 | 69~72 | 84~94 | 70~75 |
| 特点 | 热塑性大 | 易溶于有机溶剂 | 黏度低 | 机械性能好 | 机械性能优异 | 易溶于有机溶剂 | 耐油、耐溶剂 |

氯磺化聚乙烯的化学结构是完全饱和的，具有优异的耐臭氧性、耐候性和耐化学药品性，以及优良的耐热性、耐油性、耐水性、介电性、难燃性、耐磨性。在160℃以上分解，放出氯化氢和二氧化硫。能在120℃长期使用，间断使用温度为140~160℃。氯磺化聚乙烯硫化后刚性大，伸长率较小，永久变形性较大。脆性温度为−60~40℃，低温时弹性较差。

氯磺化聚乙烯胶黏剂硫化剂大多数采用金属氧化物、环氧树脂、有机酸盐类。金属氧化物有氧化铅、氧化锌、氧化镁等，氧化铅的用量为20~40份，氧化镁为20份。如果氧化镁与氧化铅并用，则胶黏剂的耐热性会更好。环氧树脂是氯磺化聚乙烯胶黏剂的有效硫化剂，E-51和E-44环氧树脂都可用，一般的用量为10~20份。金属氧化物可与环氧树脂组成混合硫化体系。有机酸对氯磺化聚乙烯有促进作用，能够提高粘接强度，常用的有机酸为歧化松香、氢化松香，用量为2~5份，其次是硬脂酸，用量为10份。

常用促进剂有促进剂M、促进剂DM、促进剂D、促进剂TMTD、促进剂DOTG、促进剂NA-22等，用量为1~3份。NA-22是室温硫化双组分胶黏剂的第二促进剂。有时吡啶和醋酸钠也能促进硫化。氯磺化聚乙烯所用的填充剂有喷雾炭黑、白炭黑、沉淀硫酸钡、陶土、钛白粉等，有一定的补强作用，一般用量为20~60份。加入炭黑、钛白粉、氧化铁红、铬黄等可遮蔽紫外线，提高胶黏剂的耐大气老化性。加入一些增塑剂如邻苯二甲酸二辛酯可提高湿润性和粘接性。

氯磺化聚乙烯的溶解度参数$\delta=8.9$，溶于芳香烃和卤代烃，在酮、酯、醚溶剂中仅溶胀而不溶解，不溶于脂肪烃和醇类溶剂。常用的溶剂为甲苯及其与丁酮、环己烷组成的混合溶剂。氯磺化聚乙烯胶液常用配方见表30-11。

**表30-11　氯磺化聚乙烯胶液常用配方**

| 组分 | 用量(质量份) | 组分 | 用量(质量份) |
|---|---|---|---|
| 氯磺化聚乙烯 | 100 | 歧化松香 | 5 |
| 四硫化二戊次甲基秋兰姆 | 1 | 环氧树脂E-44 | 10 |
| NA-22 | 1 | 甲苯 | 534 |
| 二邻甲苯胍 | 1 | | |

注：涂胶4次，每次晾置15~20min，叠合后于100℃辊压5min，室温固化7d。粘接氯磺化聚乙烯的剪切强度>5MPa，T型剥离强度>kN/m，用于氯磺化聚乙烯及金属粘接。

# 30.6.2　天然橡胶胶黏剂

## 30.6.2.1　硫化体系

天然橡胶一般都采用硫黄硫化，标准用量为2.75份，硒碲也有硫化作用，但是效果不如硫黄，只能用于不能使用硫黄硫化的特殊场合；与硫黄并用可显著提高耐热性。

硫黄硫化需要用促进剂加以活化，常用的金属氧化物为促进剂，例如氧化镁、氧化锌、氧化铅、氧化钙等，但是作用缓慢，性能不佳。常用的有机促进剂有促进剂 M、促进剂 DM、促进剂 D 和促进剂 TMTD 四种，可单独使用或者并用。

天然橡胶溶于适当的溶剂便成为生橡胶胶黏剂，其初粘强度高，但只是起暂时固定作用，不能作为永久粘接，因此能满足制帮操作要求，是制帮过程中使用范围最广泛的一种胶黏剂。汽油浆可以分为汽油清胶浆、黑色天然胶浆、白色天然胶浆等类型。

为了使胶黏剂干燥表面有永久黏性或者在溶剂挥发后至少保持黏性的时间较长，常使用增黏树脂。一些天然树脂及其衍生物如松香、萜烯树脂、古马隆树脂等都被用作胶黏剂的增黏树脂。合成树脂如石油树脂和酚醛树脂也广泛使用，但通常石油来源树脂与生物资源的树脂配合使用。

## 30.6.2.2　生产工艺

以液体天然橡胶（用量为 10~80 份）和天然橡胶（用量为 20~90 份）的总和为 100 份质量计，每 100 份加入如下配比的配合剂：促进剂 DM 0.5~1.0 份，促进剂 T 0.4~0.7 份，促进剂 TMTD 0~2.0 份，促进剂 M 0~1.0 份，促进剂 CZ 0~1.0 份，促进剂 ZDC 0~1.0 份，硫黄 2.5 份，防老剂 D 或 4010 或 SP-C 1.0 份，氧化锌 5.0 份，硬脂酸 1~2 份，碳酸钙 0~15 份，钛白粉 0~15 份，环氧树脂 0~10 份，萜烯树脂 0~10 份，50% 的叔丁基酚醛甲苯 0~10 份。

天然橡胶溶液胶黏剂的生产工艺如下：

（1）液体天然橡胶的制备　将 100 份天然橡胶和 3.0 份自由基接受体（防老剂或促进剂或能形成自由基的其他化合物）同时放入炼胶机，在温度 130~180℃下捏炼。自由基接受体形成的自由基与天然橡胶在捏炼的过程中，在热氧化和机械作用下，断裂的橡胶分子与自由基结合，使天然橡胶的分子量控制在 2000~10000 的范围内，产品不仅在室温下有良好的流动性，而且有一些极性基团，增加了胶黏剂与布等被粘基材的结合力。

（2）液体天然橡胶胶黏剂的制备　首先按照上述配方投料混炼均匀、切片。再将混炼胶和液体天然橡胶溶入 250~350 份汽油中，配制成天然橡胶胶黏剂溶液。

天然橡胶白胶浆的生产工艺如下：

天然橡胶经过三段塑炼，然后将天然橡胶与促进剂、氧化锌，硬脂酸等物料混炼，混炼胶用 120# 汽油溶剂制成胶浆，打浆的过程中要分批加入溶剂，并要注意胶浆的温度不得超过 45℃，否则必须停机回冷，防止因为胶浆温度过高导致自硫化。胶浆在搅拌中打浆时间不少于 10 h。如果时间不足，胶料溶解不充分，则胶浆存放会出现胶浆分层或者稀稠不一的现象，影响涂胶操作和产品质量。

胶浆从搅拌机排料后，停放时间不少于 8 h，以便使打浆过程中混入的空气排出，以及胶料充分溶解，使胶浆均匀。为了防止加有硫黄的天然橡胶胶浆在放置过程中黏度变大甚至凝胶，可以先不加硫化剂，胶黏剂使用前再加入硫黄粉并搅拌均匀。

### 参 考 文 献

[1]　李子东，李广宇，于敏. 现代胶粘剂技术手册. 北京：新时代出版社，2001.
[2]　李子东，李广宇，宋颖韬，等. 胶黏剂助剂. 2 版. 北京：化学工业出版社，2009.
[3]　王孟钟，黄应昌，等. 胶黏剂应用手册. 北京：化学工业出版社，1987.
[4]　夏文干，蔡武峰，林德宽. 粘接手册. 北京：国防工业出版社，1989.
[5]　殷立新，徐修成. 胶粘基础与胶粘剂. 北京：航空工业出版社，1988.
[6]　曹惟成，龚云表. 粘接技术手册. 上海：上海科学技术出版社，1988.
[7]　王致禄，等. 合成胶粘剂概况及其新发展. 北京：科学出版社，1991.
[8]　李绍雄，刘益军. 聚氨酯胶粘剂. 北京：化学工业出版社，1998.

[9]　张在新. 化工产品手册——胶黏剂. 3 版. 北京：化学工业出版社，1999.

[10]　陈平，刘胜平. 环氧树脂. 北京：化学工业出版社，1999.

[11]　山下晋三，等. 交联剂手册. 纪奎江，等译. 北京：化学工业出版社，1990.

[12]　杨玉崑，廖增坤，余云照，等. 合成胶粘剂. 北京：科学出版社，1983.

[13]　金士九，金晟娟. 合成胶粘剂的性质和性能测试. 北京：科学出版社，1994.

[14]　陈祥宝，等. 高性能树脂基体. 北京：化学工业出版社，1999.

[15]　李绍雄，朱吕民. 聚氨酯树脂. 江苏：科学技术出版社，1992.

（蔡玉海 刘益军 编写）

# 第31章

# 水基型胶黏剂

## 31.1 水基型胶黏剂的种类、特点与发展历史

### 31.1.1 水基型胶黏剂的种类和特点

水基型胶黏剂（water-based adhesives）是指以水为分散介质的胶黏剂，也称为水性胶黏剂、水基胶黏剂，是我国近年来发展最快的胶黏剂品种，2018年产量超过了500万吨，约占胶黏剂总产量的85.5%。水基胶黏剂具有环保、成本低、不易燃易爆、生产和使用安全、黏度易调控等优点；但是体系中的水分会使被粘织物收缩或使纸张卷曲和起皱，也会导致金属被粘物产生腐蚀和生锈问题。由于水的表面张力大、极性高，水基胶黏剂对于非极性或弱极性材料的润湿性差，从而粘接性能较差。此外，水的比热容较大，挥发速度慢，因此在形成粘接层前多使用加热干燥设备。目前，水基胶黏剂的固含量一般在40%~80%，通过提高体系的固含量，可以在一定程度上提高胶层的固化速度。按照体系中主体材料分散状态的不同，水基胶黏剂主要分为水溶型、水分散型和水乳液型三类。本章主要介绍聚醋酸乙烯酯及共聚物（EVA）类乳液胶黏剂、聚丙烯酸酯类乳液胶黏剂、聚氨酯类水性胶黏剂、氯丁橡胶类乳液胶黏剂、聚乙烯醇类水性胶黏剂以及环氧树脂类乳液胶黏剂。

### 31.1.2 水基型胶黏剂的发展历史

聚醋酸乙烯酯乳胶俗称白乳胶，是合成水性胶黏剂应用最早的品种之一。在20世纪50年代就开始应用于木材加工、建筑和包装领域，在纺织、纸巾、卷烟、涂料等领域应用也较广。为适应市场需求，现已开发出很多耐水性能更好、初黏性更好、低温快干、抗冻、高固含量而低黏度的改性共聚型乳液产品。2016年聚醋酸乙烯酯乳液及其共聚改性乳液的产量达到136万吨。用乙烯共聚改性的EVA乳液胶黏剂较聚醋酸乙烯酯乳胶具有更好的柔性、耐水性及对非极性表面的张力，主要用于粘接塑料、木材、纸制品和织物及印刷包装等领域。EVA乳液的商品化始于20世纪60年代中后期，生产厂家有美国的雷华德公司、美国的塞拉尼斯公司、德国的瓦克公司。国内于20世纪90年代初引进美国的雷华德技术并开始工业化生产（1989年北京有机化工厂，1990年四川维尼纶厂），由单一品种发展到目前十几种产品。

1984年第一套丙烯酸及其酯装置的成功引进和投产是我国丙烯酸酯及共聚乳液得到发展的里程碑。乳液型丙烯酸胶黏剂包括纺织定型胶黏剂、封装胶带压敏胶黏剂、建筑密封胶黏剂及建筑涂料的成膜物（建筑涂料乳液也可认为是颜料胶黏剂）、建筑水泥砂浆改性剂等

系列产品。1990 年国内生产厂多达 3000 家，年产能超过 50 万吨。到 2019 年，丙烯酸酯共聚物乳液胶黏剂产能超过了 300 万吨。产品应用扩大至医用胶带、保护膜胶带、纸-塑复膜胶、塑-塑复膜胶、合布胶等领域而替代了传统的溶剂型胶黏剂。

水性聚氨酯分散体（PUD）近年来正处在不断地研制和开发中，目前，已有不少工业化产品走向市场，主要用于纺织整理与复合、造纸、包装等行业。

水性氯丁胶黏剂是粘接行业的另一种重要品种，因其具有优良的粘接强度、黏附强度、耐蠕变、耐水、耐老化、耐油、耐溶剂和耐酸碱等一系列优良性能，广泛应用于皮革粘接、家具制造、建筑密封、装饰粘接等领域。聚乙烯醇胶黏剂凭借优良的性能和低廉的价格，得到了广泛的使用，我国是聚乙烯醇生产和消费最大的国家，年产量超过 50 万吨，占世界总量的一半。水性环氧树脂胶黏剂自 1950 年开始研究，至今已有很多工业化产品，性能与溶剂型环氧树脂胶黏剂具有可比性，主要用于工程建筑领域。

# 31.2 聚醋酸乙烯酯及共聚物类水基胶黏剂

## 31.2.1 聚醋酸乙烯酯及共聚物类水基胶黏剂的组成

聚醋酸乙烯酯及共聚物类水基胶黏剂用的多为聚醋酸乙烯酯的均聚物乳液，反应式如下：

$$n\,H_2C=CH \quad \xrightarrow[\text{引发剂}]{PVA} \quad \unitlength{ \left[ CH_2-CH \right]_n }$$
$$\quad\quad | \quad\quad\quad\quad\quad\quad\quad\quad\quad\quad |$$
$$O-COCH_3 \quad\quad\quad\quad\quad\quad OCOCH_3$$

一般利用水解度为 80% 左右的聚乙烯醇为保护胶体，以过氧化物为引发剂，固含量为 50% 左右，乳胶粒直径一般为 $0.5\sim2\mu m$，黏度一般为 $3\sim20Pa\cdot s$。聚醋酸乙烯酯水基胶黏剂的主要合成原料包括单体、分散介质、引发剂、乳化剂、保护胶体、增塑剂、调节剂、填料、消泡剂、冻融稳定剂等。

（1）醋酸乙烯酯单体 简称 VAc，化学结构式为 $CH_3COOCH=CH_2$，分子量为 86.1，沸点为 73℃，与水的共沸点为 $64\sim66℃$，VAc 微溶于水（20℃时在水中的溶解度为 2.5g），易水解，水解产物乙酸会干扰聚合反应，同时 VAc 也是亲水性较大的单体，进行乳液共聚合如何控制回流非常关键。在贮存过程中，VAc 容易发生自聚，因此需加入二苯胺、乙酸铜、对苯二酚等阻聚剂。现在，醋酸乙烯酯工业品中多加入 $5\sim15mg/kg$ 的对苯二酚单甲基醚阻聚剂（MEHG），这种阻聚剂无需脱除，可直接使用，不影响聚合行为。为改善聚醋酸乙烯酯乳液的力学性能，通常可在均聚体系中适当加入一些其他共聚改性单体，最简单就是加入 $0.1\%\sim0.5\%$ 丙烯酸，为改善耐热性则加甲基丙烯酸甲酯，改善低温性能则加丙烯酸丁酯，改善耐水性则加 N-羟甲基丙烯酰胺等。

（2）分散介质 主要是经过脱盐脱氯处理后的纯水，一般电导率应小于 $10\mu S/cm$（10 万欧姆）。水作分散介质无污染、成本低、易于调控温度。

（3）引发剂 制备聚醋酸乙烯酯乳液所用引发剂体系有热引发体系和氧化-还原体系两大类。热引发体系适合的聚合温度在 $75\sim85℃$，多采用过硫酸铵。有时为提高聚合物的分子量进而提高胶膜的耐水性和耐低温性能，也可采用氧化-还原体系，可采用的氧化-还原体系有：① 双氧水/甲醛合亚硫酸锌（雷华德 VAE 乳液生产技术）；② 叔丁基过氧化氢（TB-HP）/甲醛亚硫酸氢钠（SFS）体系（美国联合碳化公司，UCCR-351）；③双氧水（$H_2O_2$）/酒石酸（TA）氧化-还原体系。热引发体系引发剂用量一般占总单体质量的 $0.1\%\sim0.8\%$，氧化-还原体系的氧化剂部分用量占单体质量的 $0.1\%\sim0.6\%$，还原剂部分占氧化剂质量的 $60\%\sim90\%$。采用改性 PVA RS-2117 制备耐水性能优良的聚醋酸乙烯酯乳液，结果如

表 31-1 所示。

表 31-1 不同氧化-还原引发体系制备 PVAc 乳液基本性能

| 氧化-还原体系 | 转化率/% | 黏度(25℃)/mPa·s | 冻融稳定性 | pH 值 |
|---|---|---|---|---|
| TBHP/SFS | 98.8 | 5900 | 2 | 4.5 |
| $NaS_2O_8$/ $NaHSO_3$ | 99.2 | 2400 | 5 | 3.5 |
| $H_2O_2$/TA | 99.0 | 1630 | 5 | 3.4 |

（4）乳化剂　在选择乳化剂时，要考虑其临界胶束浓度（CMC）、亲水亲油平衡值（HLB）以及离子类型。常用的有烷基酚聚氧乙烯醚（OP-10、NP-10、TX100）非离子乳化剂及烷基硫酸钠、烷基苯磺酸钠（0.01%～5%）等阴离子型乳化剂。

（5）保护胶体　主要作用是在乳胶粒表面形成具有空间位阻效应的水化保护层，防止乳胶粒子凝聚。常用的保护胶体有聚乙烯醇、动物胶、明胶、甲基纤维素、羧甲基纤维素、阿拉伯胶、聚丙烯酸钠等。PVAc 乳液常采用 PVA 作为保护胶体，用量为 1%～4%。将保护胶体和乳化剂并用，可以控制乳胶粒的粒径大小及其分布，提高反应稳定性和贮存稳定性。

（6）缓冲剂　作用是调节聚合体系的 pH 值，控制引发剂分解速度，有时为控制引发剂分解速度，乳液聚合体系还需加适量的螯合剂（EDTA）。pH 值过高、过低均会导致引发剂分解速度加快，形成的活性中心多，聚合反应速率快。正相乳液聚合多采用过硫酸铵作引发剂，随着引发剂的分解，体系中的氢离子浓度逐渐增大而使体系 pH 值降低。但如果 pH 值太低，往往会导致阴离子型乳化剂保护能力降低，聚合体系的稳定性下降，聚合反应速率降低。常用的 pH 缓冲剂有碳酸盐、磷酸盐、醋酸盐等，用量为单体质量的 0.2%～1.0%。

（7）增塑剂　作用是赋予 PVAc 乳液胶黏剂在较低温度下良好的成膜性和粘接力。常用的增塑剂为邻苯二甲酸烷基酯和芳香族磷酸酯，如邻苯二甲酸二丁酯（DBP）、邻苯二甲酸二辛酯（DOP）、磷酸三甲苯酯（TCP）等。增塑剂用量为单体质量的 2%～10% 时就可明显提高 PVAc 的低温成膜性和粘接力。随着环保要求越来越严苛，外加小分子增塑剂逐渐向环保型增塑剂发展，如伊士曼公司的 TXIB 和 L705，当 PVAc 用于软粘接时，也可采用共聚方式进行内增塑，或者与 EVA 共混，提升低温成膜性能。

（8）分子量调节剂　又称链转移剂，其作用是控制聚合物链的分子量。常用的有四氯化碳、硫醇、多硫化物等，因四氯化碳不环保，目前使用最多的仍是强疏水性的烷基巯基化合物，前者不仅不环保，而且降低乳液聚合稳定性，后者对乳液聚合稳定性无影响，多硫化物使用场合很少，更多见于氯丁橡胶胶乳的合成中。

（9）填料　在体系中加入填料，可以降低成本，提高固含量和增大黏度，降低渗透率，改善填充性能。填料分为有机填料和无机填料两种。有机填料用量一般为 5%～10%，无机填料可高至 50%。几种常用填料的物理性质见表 31-2。

表 31-2　几种常用填料的物理性质

| 填料名称 | 相对密度 | 使用效果 |
|---|---|---|
| 木粉 | 0.8～1.2 | 增稠明显，机械加工性能良好 |
| 淀粉 | 1.0～1.2 | 增稠明显，机械加工性能良好 |
| 普通碳酸钙 | 2.7 | 机械加工性能尚好，稍有增稠作用 |
| 轻质碳酸钙 | 2.7 | 机械加工性能好，增稠效果好 |
| 滑石粉 | 2.8 | 机械加工性能好，增稠效果一般 |
| 工业白炭黑 | 2.65 | 机械加工性能差 |

（10）其他助剂　乳液在低温下易冻结，加入占乳液质量 2%～10% 的甲醇、乙二醇、甘油、尿素等作为冻融稳定剂，可以防止其在低温下冻结或者消融后稳定性受到破坏。

PVAc 乳液不易发霉，但在添加淀粉或纤维素后，一定要加入 0.2%～0.3% 的防腐剂。有时还需要加入 0.2%～0.3% 的硅油或高级醇类作为消泡剂。

## 31.2.2　聚醋酸乙烯酯及共聚物类水基胶黏剂的改性

以 PVA 为保护胶体制取的 PVAc 均聚乳液存在着一些不足之处：①耐寒性差，在低温季节乳液黏度增大，冻融稳定性差，甚至产品报废；②在高固体含量情况下，黏度也增大，使乳液难于生产和应用；③在低固体含量情况下，乳液不稳定，会发生分层、沉淀现象，从而缩短了保存期；④耐水性差，固化胶膜在遇水或处于湿度大的环境时易失去粘接性；⑤耐热性差，软化点约为 45～90℃，在较高温度下，胶层会出现蠕变，从而降低粘接强度；⑥因 PVAc 的玻璃化转变温度（$T_g=28℃$）较高，使被粘接物的表面手感发硬。对 PVAc 乳液胶黏剂进行改性的方法主要有共聚改性、共混改性及添加剂改性等，以克服 PVAc 均聚乳液固有的缺点。

### 31.2.2.1　共聚改性聚醋酸乙烯酯乳液

醋酸乙烯酯（VAc）单体能够同另一种或多种单体进行二元或多元共聚，可改善其耐水性和抗蠕变性能。如 EVA 乳液是通过乙烯的引入产生"内增塑"的作用，具有较低的成膜温度、优异的力学性能及优异的储存稳定性等特点；另外，也提高了耐水、耐酸碱性能，对氧、臭氧、紫外线都很稳定。因此，其广泛应用于建筑涂料，建筑防水涂料，建筑密封剂，纺织品贴合，包装行业的复膜及贴合、封口等。

如采用 1.5% 的乙烯基三甲氧基硅烷（A-171）共聚改性聚醋酸乙烯酯乳液胶黏剂，其吸水率小于 5.0%；采用 1% 的 N-羟甲基丙烯酰胺共聚改性聚醋酸乙烯酯乳液胶黏剂，粘接强度和耐水性得到很大提升；醋酸乙烯酯与疏水性单体［如乙烯、反丁烯二酸二异丁酯、叔碳酸乙烯酯、丙烯酸缩水甘油酯（GA）、丙烯酸丁酯、丙烯酸 2-乙基己酯等］进行共聚，也可以提高其耐水性。

### 31.2.2.2　共混改性聚醋酸乙烯酯乳液

聚醋酸乙烯酯乳液共混改性就是将其与其他乳液进行复配，或在乳液中添加其他组分以改善其性能。在聚醋酸乙烯酯乳液中混配天然橡胶胶乳、丁苯胶乳、氯丁胶乳、玉米淀粉、硅胶等，共混改性后所得的聚醋酸乙烯酯乳液胶黏剂的粘接强度、柔韧性、耐水性等性能会有一定程度的提高。例如，将聚醋酸乙烯酯乳液与苯丙乳液和丁苯胶乳复配，可制成一种地毯用胶黏剂，其粘接力强，防水性好，毯背硬挺性好，成本较低。

### 31.2.2.3　保护胶体改性聚醋酸乙烯酯乳液

为改善乳液耐水性能，通常对保护胶体聚乙烯醇进行缩醛化、醚化、酯化、磺化、酰胺化处理，减少聚乙烯醇分子中的亲水基团数量，达到改善耐水性的目的，结果在 PVAc 乳液中产生疏水部分，从而提高了薄膜的耐水性。这种乳液可用作胶黏剂、涂料、纸张和织物的处理剂等。

### 31.2.2.4　添加剂改性

在聚醋酸乙烯酯乳液胶黏剂中加入增塑剂、电解质、抗冻剂、固化剂等添加剂，也会在一定程度上改善其某方面的使用性能。例如，在 PVAc 乳液胶黏剂中，加入邻苯二甲酸二丁酯、磷酸酯等增塑剂可明显降低最低成膜温度，改善成膜性、粘接性、柔软性和耐寒性；加入电解质可使乳胶粒子周围带电，防止凝聚，增强冻融稳定性；加入与水混溶性好的醇类抗冻剂（如甲醇、乙醇、乙二醇、丙三醇、苯甲醇等），可以降低水的冰点，提高乳液的抗冻性。加入酸性金属盐三氯化铝作为交联剂，不仅能加速固化，而且还能提高胶膜的耐水性。在 PVAc 乳液中，如果采用 PVA 为保护胶体，将有大量亲水性的羟基产生，会形成很强的氢键，随时间延长或温度降低，分子链互相缠绕，易使乳液凝胶。在体系中加入甲醛，则可与 PVA 进行缩醛化反应，使羟基缩合成疏水的缩醛基，形成空间障碍，破坏对称性，阻碍 PVA 之间的相互作用，从而提高乳液的耐水性和抗冻性。缩醛度越高，黏性越高。但当缩醛度＞50％时，产物不溶于水。在缩醛化后，需要加碱调 pH，还要加入定量的尿素溶液，进行脲醛化处理，以降低甲醛含量。

## 31.2.3　聚醋酸乙烯酯及共聚物类水基胶黏剂的应用

### 31.2.3.1　聚醋酸乙烯酯乳液胶黏剂的应用

聚醋酸乙烯酯乳液胶黏剂具有生产工艺简单、价格低廉、粘接强度高、无毒等优点，已被广泛用于木材加工及木制品（装饰木材、木器加工、人造板等）、家具组装、包装与装潢材料制作、纸品加工、织物粘接、标签固定、铅笔生产、汽车内饰、烟草加工、瓷砖粘贴等领域。

### 31.2.3.2　EVA 乳液在胶黏剂方面的应用

（1）包装及箱用粘接　各种类型包装薄膜层复合用 EVA 乳液作为胶黏剂的用量是非常大的，加之各类纸箱要求能满足其加工快的固化速度及合适晾置时间，EVA 乳液使用量相当可观。

（2）PVC 薄膜与木材基质粘接　由于世界各国在木工装饰复合面产品方面迅速发展，EVA 乳液提供了优越的粘接条件，其粘接性和耐蠕变性能均较丙烯酸乳液性能更好。PVC 薄膜材料与人造丝、棉布、尼龙布、聚酯布等粘接，在服装、家具、制鞋、手提包等行业广泛使用。目前已用无毒 EVA 乳液替代了溶剂型胶黏剂，其剥离强度与溶剂型几乎相同。

（3）用于组合嵌板　组合嵌板是将聚苯乙烯（PS）发泡体或聚氨酯 PU 发泡体粘接到混凝土板、木板、石棉板上作为绝热或隔声材料而用于制造壁板或天花板。

除与发泡体粘接外，还能与金属（铝板、箔）/木料、棉布、纸等或钢/木材、纸张等粘接，EVA 乳液适合这方面的粘接。

（4）用作压敏胶黏剂　EVA 乳液与丙烯酸乳液有极好的相容性，当混合使用时能改进对聚烯烃基材的粘接性，适宜制造压敏胶黏剂。

（5）热封用胶黏剂　乳液型胶黏剂通过蒸发水分形成薄膜而提供粘接强度，因此易于粘接多孔材料，而当粘接无孔材料时，水分蒸发后需要进行热密封，当与各种塑料薄膜进行层合时，一般使用干层压法，所用配方取决于热封温度。

## 31.2.4　聚醋酸乙烯酯及共聚物类水基胶黏剂的配方和生产工艺

### 31.2.4.1　典型配方

PVAc 乳液胶黏剂生产配方见表 31-3。

**表 31-3　聚醋酸乙烯酯乳液胶黏剂生产配方**

| 原料名称 | 配方（质量份） | | | 原料名称 | 配方（质量份） | | |
| --- | --- | --- | --- | --- | --- | --- | --- |
| | 配方 1 | 配方 2 | 配方 3 | | 配方 1 | 配方 2 | 配方 3 |
| 醋酸乙烯酯 | 100 | 46 | 160 | 正辛醇 | 0.3~0.6 | | |
| 聚乙烯醇 | 9~11 | 2.5 | | 碳酸氢钠（乙酸钠） | | 0.15 | 0.6 |
| 乳化剂 OP-10 | | 0.5 | 2 | 改性剂 | 8~12 | 5 | 20 |
| 过硫酸铵 | 0.1~0.3 | | | 水 | 125 | 45.76 | 30 |
| 过硫酸钾 | | 0.09 | 0.4 | 聚乙烯醇缩醛（10%） | | | 180 |

### 31.2.4.2 生产工艺

(1) 配方 1 的生产

① 将水加入反应釜中，然后加入聚乙烯醇，升温至（90±2）℃，保持至全部溶解。

② 降温至 50～75℃，加入正辛醇和过硫酸铵（总量的 2/3，用 5 倍水溶解）。

③ 缓慢加入醋酸乙烯酯，依回流速度和起泡情况调节加料速度，在 4～5h 内加完，反应温度保持在 78～82℃。

④ 醋酸乙烯酯加完后，保持 10～30min，然后升温聚合，同时缓慢加入余下的过硫酸铵，使内温升至 90～95℃，保持 10min 后降温。

⑤ 内温降至 70℃，加入改性剂，搅拌均匀。

⑥ 冷却至 40℃放料。

(2) 配方 2 的生产

① 将聚乙烯醇与蒸馏水加热至 90℃搅拌，使其经 4～6h 完全溶解。

② 将溶解好的聚乙烯醇溶液过滤加入搪瓷反应釜内，加入乳化剂 OP-10 搅拌溶解均匀。

③ 加入醋酸乙烯酯单体总量的 15% 与过硫酸钾用量的 40%（过硫酸钾先配成 10% 水溶液，下同）加热升温。

④ 升温至 60～65℃时停止加热，一般在 66℃开始共沸回流，待温度自升至 80～83℃时回流减少，开始以每小时加入总量 10% 左右的速度连续滴加醋酸乙烯酯单体。

⑤ 控制反应温度在 78～82℃，每小时加入过硫酸钾用量的 4%～5%，一般将单体在 8h 左右加完。

⑥ 加完单体后，再加入剩余的过硫酸钾，温度自升至 90～95℃，保温 30min。

⑦ 冷却至 50℃，加入预先溶成 10% 的碳酸氢钠水溶液和改性剂，搅拌均匀。

⑧ 冷至室温放料，入桶包装。

(3) 配方 3 的生产 此配方中用聚乙烯醇缩醛（10%）代替聚乙烯醇，使乳液抗冻性明显提高，其凝胶温度可达 2℃以下。

① 将聚乙烯醇缩醛（10%）加入配有回流冷凝器、搅拌器的反应釜中，再加入乳化剂 OP-10 和水，开动搅拌，使之混合均匀。

② 加入醋酸乙烯酯单体总量的 15% 和过硫酸钾总量的 40%（过硫酸钾配成 10% 的溶液）。

③ 加热升温，当温度升至 66℃时，出现回流。

④ 用温度控制回流速度，待回流基本消失后，升温至 80℃左右，以每小时加入醋酸乙烯酯单体总量 10% 的速度连续滴加醋酸乙烯酯，同时以每小时加入过硫酸钾总量 4%～5% 的速度加入过硫酸钾溶液。

⑤ 控制在 8h 左右加完醋酸乙烯酯，然后加入余下的过硫酸钾，升温至 90～95℃，保温 0.5h。

⑥ 冷却至 50℃以下，加入预先配好的 10% 碳酸氢钠溶液及改性剂，搅拌均匀之后放料。

(4) 生产工艺对 PVAc 乳液质量的影响 在按上述配方操作时，开始反应时加入过硫酸盐作引发剂，由于聚合反应过程中回流和连续缓慢加入单体，温度可在一段时间内无需加热或冷却而保持在 80℃左右。随着反应继续进行，需补加少量过硫酸盐以维持反应，温度不会下降，经过反复试验就能在不同的设备条件下摸索出最适宜的加单体的速度、回流大小、每小时补加过硫酸盐的量等操作控制条件，使反应能稳定在 78～82℃，使聚合反应能平稳地进行。所以在实际操作过程中需要很好控制热量平衡。操作时如果反应剧烈，温度上升很快，则应少加或不加过硫酸盐，并适当减小单体加入速度；如果温度有些偏低，则就要稍多加些过硫酸盐，并适当提高单体加入速度。反应时如果回流很小，可以加快醋酸乙烯酯的加入。反之就要适当减慢加入单体的速度，甚至暂时停止片刻，待回流正常后再继续加入单体。

单体加完后加入较大量的引发剂使温度升至 90～95℃并保温 0.5h，目的是要尽可能减少最后未反应的剩余单体量。这对乳液的稳定性有利，因为游离单体在存放中会水解而产生乙酸和乙醛，使乳液的 pH 值降低，影响乳液的稳定性。

将乳化剂水溶液先和单体一起搅拌乳化，再加引发剂引发聚合的工艺在诱导期过后反应十分激烈，要制成质量好的乳液是十分困难的。因此可以先将乳化好的乳液放一部分在反应釜内，加入部分引发剂引发聚合，然后慢慢连续加入乳化好的乳化液，并定时补加一定量的引发剂。这样要增加一道乳化工序。但这种工艺可以用于连续聚合，在特殊的设备中连续进料，连续聚合，用一定的方法除去游离单体后即可连续出料。

# 31.3　丙烯酸酯类水基胶黏剂

聚丙烯酸酯乳液胶黏剂是我国 20 世纪 80 年代以来发展最快的一种聚合物乳液型胶黏剂。此类胶黏剂具有原料来源广泛、制备工艺简单、产品质量稳定、粘接性能优良、粘接面广等特点，广泛应用于包装、涂料、建筑密封与防水、纺织与皮革印染、整理等各行业。据统计，2017 年聚丙烯酸酯乳液胶黏剂的产量达到 330 万吨，约占水基胶黏剂的 71.4%。

## 31.3.1　丙烯酸酯类水基胶黏剂的组成

聚丙烯酸酯乳液胶黏剂的聚合体系主要由分散介质、乳化剂、单体和引发剂构成。此外，在某些体系中还常加入缓冲剂、pH 调节剂、保护胶体、链转移剂、增黏树脂等。

### 31.3.1.1　分散介质

用于乳液聚合的水多为去离子水（DW），电导率一般小于 $5\mu S/cm$，相当于电阻 $\geqslant 20$ 万欧姆。不合格的水会导致体系聚合加速或延缓，甚至导致乳化剂乳化作用降低，产生大量絮凝物或使产品变色、乳液储存也发生絮凝等问题。

### 31.3.1.2　乳化剂

乳化剂的正确选择对乳液聚合至关重要，不仅直接影响聚合速度、聚合物分子量、聚合温度和乳液产品的应用性能。按照分子结构中亲水基团性质的不同，可将乳化剂分为阴离子型、阳离子型、非离子型和两性乳化剂。

（1）阴离子型乳化剂　表 31-4 列出了常用的阴离子型乳化剂。

表 31-4　常用的阴离子型乳化剂

| 类型 | 通式 | 特点 |
|---|---|---|
| 羧酸盐类 | RCOONa | R 为烷基，碳原子数为 7～21。在碱性介质中的应用效果更好，适用于大部分单体的乳液聚合，生成的乳液粒径小，机械稳定性好。缺点是化学稳定性差，易起泡，通常需要与非离子型乳化剂复配使用 |
| 硫酸酯盐类 | $ROSO_3Na$ | |
| 磺酸盐类 | $RSO_3Na$ | |
| 磷酸酯盐类 | $ROPO(OM)_2$ | |

（2）阳离子型乳化剂　表 31-5 列出了常用的阳离子型乳化剂。

表 31-5　常用的阳离子型乳化剂

| 类型 | 通式 | 特点 |
|---|---|---|
| 季铵盐类 | $RN^+(CH_3)_3Cl^-$，$RN^+(CH_3)_2CH_2C_6H_5Cl^-$ | |
| | $R-\!\!\bigcirc\!\!-O-C_2H_4OC_2H_4N^+(CH_3)_2C_2H_5Cl^-$ | |
| | $RCONHC_3H_6N^+(CH_3)_2CH_2C_6H_5Cl^-$ | |
| | $R-^+N\!\!\bigcirc\!\!-Cl$ | |
| 其他胺的盐类 | $RNH_2 \cdot HCl$ | 适合在酸性介质中使用,但由于所制备乳液的稳定性差而较少使用 |
| | $R-\overset{CH_3}{\underset{}{NH}} \cdot HCl$ | |
| | $R-\overset{CH_3}{\underset{CH_3}{N}} \cdot HCl$ | |
| | $RCOOC_2H_4N(CH_2CH_2OH)_2 \cdot HCl$ | |
| | $RCONHC_2H_4N(C_2H_5)_2 \cdot HCl$ | |
| | $RNHC(NH)NHC(NH)NH_2 \cdot HCl$ | |

（3）非离子型乳化剂　表 31-6 列出了常用的非离子型乳化剂。

表 31-6　常用的非离子型乳化剂

| 类型 | 通式 | 特点 |
|---|---|---|
| 酯类 | $RCOO(CH_2CH_2O)_mH$ | |
| | $HO-CH-CH-OH$ <br> $H_2C\ \underset{O}{\diagdown}\ CH-CH-CH_2-OCOR$ <br> $OH$ | |
| | $H(OCH_2CH_2)_{n_1}O-\!\!\bigcirc\!\!\begin{smallmatrix}O-(CH_2CH_2O)_{n_2}H\\O-(CH_2CH_2O)_{n_2}H\\CH_2OCOR\end{smallmatrix}$ <br> $O-(CH_2CH_2O)_{n_2}H$ | 该类型乳化剂在水相中不会离解出离子,其乳化效果与介质 pH 无关,比较稳定,但聚合速度较慢,需要与阴离子型乳化剂复配使用 |
| 醚类 | $RO(CH_2CH_2O)_mH$ | |
| | $R-\!\!\bigcirc\!\!-O(CH_2CH_2O)_nH$ | |
| 胺类 | $RN\overset{(CH_2CH_2O)_nH}{\underset{(CH_2CHO)_mH}{}}$ | |
| 酰胺类 | $RCON(CH_2CH_2OH)_2$ | |
| | $RCON\overset{(CH_2CH_2O)_nH}{\underset{(CH_2CHO)_mH}{}}$ | |

（4）两性乳化剂　表 31-7 列出了常用的两性乳化剂。

表 31-7　常用的两性乳化剂

| 类型 | 通式 | 特点 |
|---|---|---|
| 羧酸类 | $RNHCH_2CH_2COOH$ | R 代表烷基。两性乳化剂分子中同时含有碱性基团和酸性基团，在酸性介质中离解成阳离子，在碱性介质中离解成阴离子，因此在任何 pH 环境中都有效 |
| 硫酸酯类 | $RCONHC_2H_4NHCH_2OSO_3H$ | |
| 磷酸酯类 | $ROONHC_2H_4NHC_2H_4OPO(OH)_2$ | |
| 磺酸盐类 | $RNHC_2H_4NH—\text{〈苯环〉}—SO_3H$ | |

目前，使用的乳化剂多为阴离子型乳化剂和非离子型乳化剂的复配体系。常用的阴离子型乳化剂有十二烷基磺酸钠、十二烷基苯磺酸钠、二烷基-2-磺基琥珀酸钠等；非离子型乳化剂有壬基酚聚氧乙烯醚、辛基酚聚氧乙烯醚等。近年来，为平衡聚合速度和乳液的耐盐稳定性、润湿性及耐水性，开发出了很多阴非离子混合型乳化剂，即这类乳化剂的结构上既含有阴离子基团又含非离子聚醚链段，这类乳化剂有：MS-1、CO436（罗地亚）、A102（氰特），AES-25（科宁）、OPS-25（BASF）等，这类乳化剂的优点是：聚合速度和阴离子乳化剂相当，耐盐稳定性优，耐水性能也优于复配法。

反应型乳化剂也逐渐在水性胶黏剂中开始使用。具有代表性的产品为烯丙基聚氧乙烯醚：

$$CH_2\!=\!CH\!-\!CH_2\!-\!O\!-\!CH_2$$
$$R\!-\!O\!-\!CH_2\!-\!CH(CH_2CH_2O)_nX$$

X：H
$SO_3NH_4$

代表的产品型号有 ER-10、ER-20 和 SR-10、SR-20。

亲水亲油平衡值（HLB 值）是乳化剂选择的重要参数之一。HLB 值越大则亲水性越好，反之亲油性越好。通常作为乳液聚合乳化剂的 HLB 值在 8～18，过小与乳胶粒子的亲和能力大，阻碍单体和水相初级自由基向乳胶粒里扩散，导致聚合稳定性下降，过高则易向水相扩散，导致稀释稳定性差和机械稳定性下降，这对于涂布胶黏剂非常主要。例如烷基芳基磺酸盐的 HLB 值为 12，油酸钾的为 20。当乳化剂的 HLB 值偏低时，链增长速度快，乳胶粒粒径大，单体转化率低，容易凝胶甚至破乳；反之，链增长速度慢，单体转化率同样偏低。此外，还要考虑乳化剂与单体的亲和力，通常两者的分子结构相似，则亲和力好。乳化剂的用量一般为单体质量的 0.2%～5.0%。

### 31.3.1.3　单体

聚丙烯酸酯乳液胶黏剂是以丙烯酸酯类单体作为主要原料，配合甲基丙烯酸酯类、苯乙烯、醋酸乙烯酯、丙烯腈、乙烯、氯乙烯、丁二烯、顺丁烯二酸二丁酯及偏二氯乙烯等通过乳液聚合来制备的。

（1）软单体　软单体又称黏性单体，是制备聚丙烯酸酯乳液胶黏剂的最主要单体，其作用是为胶黏剂提供黏附性能，增加胶层的弹性和柔韧性。常用的软单体为碳原子数目为 4～8 的丙烯酸烷基酯，如丙烯酸甲酯、丙烯酸乙酯、丙烯酸丁酯、丙烯酸异辛酯等。

（2）硬单体　硬单体又称为内聚单体，其作用是赋予聚丙烯酸酯乳液胶黏剂较好的内聚强度和较高的使用温度，改善胶层的耐水性、粘接强度、透明性等。常用的硬单体有甲基丙烯酸甲酯、醋酸乙烯酯、苯乙烯、丙烯腈、甲基丙烯酸乙酯和偏氯乙烯等。例如，丙烯腈的引入可以增加胶黏剂的粘接强度、硬度和耐油性；苯乙烯的引入则可以提高硬度和耐水性。

硬单体的用量应小于单体总量的 40％，否则会使胶黏剂在成膜后胶层发脆，失去粘接性能。

（3）功能单体    除了不饱和双键外，在功能单体分子结构上通常还有羟基、羧基、酰胺基等基团，极性较高，能使胶黏剂的内聚强度、粘接性能、耐热性和耐老化性得到显著提高。此外，有些功能单体还能为后续反应提供活性点，通过在固化时与外加交联剂反应，形成交联网络结构，进一步提高胶层的综合使用性能。常用的功能单体有（甲基）丙烯酸、马来酸和马来酸酐、衣康酸、富马酸、丁烯酸、（甲基）丙烯酰胺、（甲基）丙烯酸羟乙酯、（甲基）丙烯酸羟丙酯、（甲基）丙烯酸缩水甘油酯、N-羟甲基丙烯酰胺等，以及（甲基）丙烯酸（聚）乙二醇酯、三羟甲基丙烷三丙烯酸酯、二乙烯基苯等含多个不饱和乙烯基的单体。例如，在合成聚丙烯酸酯乳液时，加入 1.5％～5.0％的丙烯酸和甲基丙烯酸可显著提高胶黏剂的耐油性、耐溶剂性和粘接强度，并可改善乳液的冻融稳定性和对颜填料的润湿性，还可赋予乳液碱增稠特性。

上述这些单体绝大多数在常温常压下为液体，多为疏水性单体，在水中的溶解度较小。丙烯酸及其酯类的均聚物玻璃化转变温度（$T_g$）及在水中的溶解度见表 31-8。

表 31-8    丙烯酸及其酯类的均聚物玻璃化转变温度（$T_g$）及在水中的溶解度

| 单体名称 | 缩写 | 分子量 | 沸点/℃ | 聚合物 $T_g$/℃ | 水中的溶解度/(g/100g) |
|---|---|---|---|---|---|
| 丙烯酸甲酯 | MA | 86 | 80 | 6 | 4.94(25℃) |
| 丙烯酸乙酯 | EA | 100 | 100 | −24 | 1.50(20℃) |
| 丙烯酸正丁酯 | n-BA | 128 | 148 | −55 | 0.32(20℃) |
| 丙烯酸-2-乙基己酯 | 2-EHA | 184 | 125 | −70 | 0.01 |
| 丙烯酸月桂酯 | LA | 240 | 306 | −17 | |
| 甲基丙烯酸甲酯 | MMA | 100 | 100 | 105 | 1.59 |
| 甲基丙烯酸乙酯 | EMA | 114 | 117 | 65 | |
| 甲基丙烯酸正丁酯 | n-BMA | 142 | 160 | 27 | |
| 甲基丙烯酸异丁酯 | i-BMA | 142 | 155 | 53 | |
| 甲基丙烯酸-2-乙基己酯 | 2-EHMA | 198 | 247 | −10 | |
| 甲基丙烯酸月桂酯 | LMA | 254 | 142 | −62 | |
| 丙烯酸 | AA | 72 | 141 | 106 | ∞ |
| 甲基丙烯酸 | MAA | 86 | 163 | 163 | ∞ |
| 甲基丙烯酸二甲基氨基乙酯 | DMAEMA | 177 | 182 | 18 | |
| 丙烯酸-2-羟乙酯 | 2-HEA | 116 | 210 | −15 | |
| 丙烯酸-2-羟丙酯 | 2-HPA | 130 | 175 | −7 | |
| 甲基丙烯酸-2-羟乙酯 | 2-HEMA | 130 | 95 | 26 | |
| 甲基丙烯酸-2-羟丙酯 | 2-HPMA | 144 | 96 | 26 | |
| 丙烯酰胺 | AAM | 71 | 125 | 153 | |
| 丙烯酸缩水甘油酯 | GA | 128 | 57(2) | | |
| 甲基丙烯酸缩水甘油酯 | GMA | 142 | 189 | 46 | |

此外，为了获得分布均匀、转化率高的聚丙烯酸酯乳液共聚物，还必须考虑单体的竞聚率。竞聚率是指自聚速率常数与共聚速率常数之比，反映了单体自聚与共聚的竞争能力；Q 值代表共轭效应，表示单体转变成自由基的难易程度，Q 值越大，单体越易转变；e 值代表极性，正值表示取代基是吸电子基，负值表示取代基是推电子基，绝对值越大，表示极性越大。表 31-9 中列出了几种常用共聚单体的 Q 值和 e 值。

表 31-9　几种常用共聚单体的 Q 值和 e 值

| 单体名称 | Q 值 | e 值 | 单体名称 | Q 值 | e 值 |
|---|---|---|---|---|---|
| 甲基丙烯酸甲酯 | 0.74 | 0.40 | 甲基丙烯酸羟乙酯 | 0.80 | 0.20 |
| 丙烯酸甲酯 | 0.42 | 0.22 | 丙烯酸乙酯 | 0.52 | 0.22 |
| 丙烯酸丁酯 | 0.40 | 0.53 | 苯乙烯 | 1.00 | −0.80 |
| 醋酸乙烯酯 | 0.026 | −0.22 | 丙烯腈 | 1.78 | 1.20 |
| 丙烯酸 | 1.27 | 0.77 | N-甲基丙烯酰胺 | 0.31 | 0.30 |
| 丙烯酸辛酯 | 0.41 | 0.94 | | | |

### 31.3.1.4　引发剂

聚丙烯酸酯乳液常用的引发剂为水溶性引发剂，如过硫酸钾（KPS）、过硫酸铵（APS）、过硫酸钠、过硫酸盐-氯化亚铁、过硫酸盐-亚硫酸氢盐等。适宜的引发剂用量为单体质量的 0.2%～0.8%。引发剂用量太少，难以引发聚合或反应速率较慢，所得聚合物的分子量大且分布窄，游离单体含量高，转化率低；引发剂用量太多，则聚合不平衡，反应速率过快，单体转化率高，所得聚合物的分子量小，内聚力、剥离强度、稳定性和耐水性下降。表 31-10 为常用的引发剂。

表 31-10　常用引发剂

| 引发体系 | 反应方程 | 活化能/(kJ/mol) |
|---|---|---|
| 过硫酸钾 | $S_2O_8^{2-} \longrightarrow 2SO_2^- \cdot (2SO_4^- \cdot)$ | 140.2 |
| 过硫酸铵 | | |
| 过氧化氢 | $HOOH \longrightarrow 2HO \cdot$ | 217.7 |
| 异丙苯过氧化氢 | | 125.6 |
| 过氧化氢-氯化亚铁 | $HOOH + Fe^{2+} \longrightarrow HO \cdot + Fe^{3+} + OH^-$ | 39.4 |
| 过硫酸钾-氯化亚铁 | $S_2O_8^{2-} + Fe^{2+} \longrightarrow HO \cdot + Fe^{3+} + OH^-$ | 50.7 |
| 过氧化钾-亚硫酸氢钠 | $S_2O_8^{2-} \longrightarrow 2SO_4^- \cdot$ | 41.87 |
| 异丙苯过氧化氢-硫酸亚铁 | | 50.7 |

### 31.3.1.5　缓冲剂和 pH 调节剂

在碱性和高温条件下，丙烯酸酯类单体容易水解，因此在聚合时要将 pH 值调至 3～5 范围内，通常可添加缓冲盐（如碳酸氢钠）。聚合完成后，为使乳液具有良好的储存稳定性，避免其对容器的腐蚀，要在降温后用氨水把 pH 调回中性。

### 31.3.1.6　保护胶体

保护胶体是用于防止聚合物乳胶粒子因颜料粒子或油性大的有机添加剂的加入发生竞争吸附导致聚合物粒子表面乳化剂迁移而发生凝聚或破乳。但这种保护胶体会增加聚合物的亲水性，因此应尽可能降低其使用量。常用的保护胶体有羟乙基纤维素、明胶、淀粉、聚乙烯醇、甲基纤维素、聚丙烯酸钠、阿拉伯胶等。保护胶体的作用机理与表面活性剂有类似之处，可在聚合开始前或聚合结束后加入。保护胶体用量和种类的选择，取决于表面活性剂的种类，关键是要保持两者之间的平衡。

### 31.3.1.7　链转移剂

在主要单体配比一定的情况下，当共聚物的分子量较小时，乳液胶黏剂的流动性大，对基材的润湿性和浸透性好，表现出良好的初黏性，但内聚强度较小。一般地，当分子量分布范围较宽时，胶黏剂会同时具有良好的初黏性和内聚强度。通常由乳液聚合制备的聚丙烯酸酯分子量达数百万，初粘力和剥离强度较低，需要加入占单体用量 0.075％～0.125％ 的链转移剂（如十二烷基硫醇）以控制聚合物的分子量，使其保持在 30 万～100 万，从而保证聚丙烯酸酯乳液胶黏剂具有适当的黏度和良好的初黏性、剥离强度及持粘性。

### 31.3.1.8　增黏树脂

在制备聚丙烯酸酯乳液胶黏剂时，将适量的增黏树脂（如松香及其改性产品，$C_5/C_9$ 石油树脂）溶解于单体后进行聚合，既可提高胶黏剂的粘接性能，在聚合过程中加入也可起到一定的链转移作用，使得聚合物的分子量降低，从而提高聚丙烯酸酯乳液的初黏性。

## 31.3.2　聚丙烯酸酯乳液胶黏剂的改性和交联

### 31.3.2.1　聚丙烯酸酯乳液胶黏剂的改性

（1）增黏树脂改性　增黏树脂主要起到四个方面的作用：①降低胶黏剂的表面张力，改善对被粘物的润湿能力；②增加胶黏剂的流动性和黏性，通过表面扩散和内部渗透产生黏附力，提高粘接性能；③延长胶黏剂的黏性保持期，增加开放时间；④降低胶黏剂的黏度，增加渗透性，改善工艺性。增黏树脂可以分为天然树脂和合成树脂两大类，前者包括松香和萜烯树脂系列，后者主要为石油树脂系列。

（2）有机硅改性　有机硅改性丙烯酸酯乳液胶黏剂的粘接强度、硬度、拉伸强度、耐溶剂性、耐擦洗性和耐水性均有明显提高。制备方法有两种：共混和共聚。共混改性工艺简单，但是易发生相分离，使用性能的提高有限；共聚则是通过化学作用结合到网络中，随着有机硅单体用量的增加，共聚乳液胶黏剂的耐水性、耐溶剂性、耐化学药品性、耐热性、耐寒性等性能得到明显提高，粘接性能也会得到一定程度的改善。

（3）环氧改性　在制备环氧改性丙烯酸酯乳液胶黏剂时，一般是先将环氧树脂溶解在丙烯酸酯单体中，经过高速搅拌和乳化后，再进行乳液聚合，使环氧树脂均匀地分散于聚丙烯酸酯中，然后在体系中加入固化剂后使环氧基团发生交联，形成以环氧树脂交联网络为骨架、聚丙烯酸酯贯穿其中的互穿网络结构。这样制备的改性乳液兼具环氧树脂强度高、黏附性好和聚丙烯酸酯耐候性优、柔韧性好的优点。

（4）聚氨酯改性　聚氨酯具有良好的力学性能和耐水性、优异的耐寒性及软硬度随温度变化小等优点。采用聚氨酯（PU）对聚丙烯酸酯（PA）乳液胶黏剂进行改性，可以制备具有良好综合性能的乳液胶黏剂。改性方法主要有：聚氨酯乳液与聚丙烯酸酯乳液物理共混；用聚氨酯乳液作为种子，合成丙烯酸酯复合乳液；先制得溶剂型 PA/PU 共聚物，再蒸除溶剂、中和并乳化，得到复合乳液；先合成带有碳碳双键的不饱和氨基甲酸酯单体，再与丙烯酸酯单体进行乳液共聚。

（5）有机氟改性　由于氟原子的电负性高，原子半径小（0.135nm），C—F 键能高（466kJ/mol）、键短（0.111nm），因此含氟聚合物具有优异的耐候性、耐水性、耐油性和耐化学腐蚀性。含氟丙烯酸酯乳液是将含氟单体与丙烯酸酯类单体或其他乙烯类单体通过乳液共聚而制得。氟原子的电子云可以把 C—C 主链很好地屏蔽起来，保证了聚合物分子链的稳定性。但由于含氟单体价格较高，所以通常是将其作为乳胶粒外层单体组分进行聚合，可以充分发挥其作用。为了保证聚合反应的稳定性，还可以采用含氟乳化剂与阴离子型乳化剂配合使用。含氟丙烯酸酯乳液胶黏剂具有优良的耐水性、耐油性和耐化学药品性，且胶膜的折射率极低，因此适合用于高级光学镜的粘接和制造。

### 31.3.2.2　聚丙烯酸酯乳液胶黏剂的交联

为增强胶膜的耐水性、耐溶剂性，提高胶膜的力学性能，扩大其应用范围，常用的交联方法如下。

（1）引入 N-羟甲基丙烯酰胺（NMA）的自交联体系　其交联反应过程如下。

（2）引入酮羰基和酰肼基团的交联体系　酮羰基和酰肼基团的反应被认为是一种酸催化反应，在水性丙烯酸酯干燥过程中，随着碱性中和剂的不断挥发，体系逐步酸化，酮羰基和酰肼基团在酸催化作用下发生不可逆的脱水反应，形成交联结构。其反应过程如下。

对于此种应用，多采用在自由基聚合过程中引入含活性酮羰基的单体［如双丙酮丙烯酰胺（DAAM）］，然后外加交联剂［己二酰肼（ADH）］的方式交联成网络聚合物。

（3）氮丙啶类化合物和羧基的交联体系　羧基/氮丙啶交联体系是研究得比较成熟和有效的室温交联体系。氮丙啶化合物中的三元环常温时能与水性丙烯酸酯中的羧基反应，生成不溶性的网状结构交联产物，如下式所示。

由于羧基/氮丙啶交联体系具有反应温度要求低、可室温反应且反应速率较快等特点，故其多用于制备双组分水性丙烯酸酯。

（4）硅氧烷基团的水解缩聚交联体系　其反应过程如下。

另外由于硅烷氧基与无机基材反应可形成紧密的化学结合，故当树脂在无机基材上涂布时，可不必对无机基材进行表面处理，直接涂布即可得到粘接紧密的胶层。

（5）环氧基交联体系　环氧基交联体系一般以羧基与环氧基的交联反应为主，以脂环族环氧化物和水性丙烯酸酯共聚物的交联反应研究得较为深入，如下式所示。

反应活性稍低、交联速率较慢、温度要求稍高、常温时交联反应一般需 3～5 d 才能完成且交联效果也不及氮丙啶类交联体系。

(6) 聚碳化二亚胺和羧基的交联体系　聚碳化二亚胺是通过双官能团异氰酸酯在催化剂作用下缩聚而成的，可使用少量的醇、胺类物质调节其分子量，并通过引入亲水基团得到聚碳化二亚胺的水分散液。该交联体系的特点是能快速与含羧基的树脂交联（85℃时 30min 即可固化），其反应过程如下式所示。

$$\overset{O}{\underset{O^-NH_4^+}{\{-C}} + R-N=C=N-R \longrightarrow R-\underset{H}{N}-\overset{O}{C}-\underset{R}{N}-\overset{O}{\underset{C-\}}{C} + NH_3\uparrow$$

(7) 异氰酸酯类交联体系　异氰酸酯类化合物中含有反应活性很高的异氰酸基（—NCO），其能与氨基、羟基、羧基、脲基及氨基甲酸酯基等含活性氢化合物反应，从而制得交联结构的聚合物。一般采取水性丙烯酸酯中引入羟基的方法与—NCO 组成交联体系，其反应过程如下。

$$2P\sim OH + O=C=N-R-N=C=O \longrightarrow P\sim O-\overset{O}{C}-NH-R-NH-\overset{O}{C}-O\sim P$$

此反应生成含氨基甲酸酯基团的聚丙烯酸酯，也是 PU 与丙烯酸酯的共聚物，其膜性能综合了两者的优点。

常使用的是经封端保护和经过亲水改性的异氰酸酯。利用位阻效应将—NCO 封闭起来，以降低其与水的反应活性；随着水分的挥发、分子结构的变形，—NCO 才释放出来与涂膜中的活性基团发生交联反应。经过封端的异氰酸酯用于水性树脂中，其与水的反应速率大大降低了，甚至可以形成稳定的单组分体系。

# 31.3.3　聚丙烯酸酯乳液胶黏剂的种类和典型配方

(1) 压敏胶用聚丙烯酸酯胶黏剂　典型配方分析见表 31-11。

表 31-11　压敏胶用聚丙烯酸酯胶黏剂典型配方分析

| 配方组成 | 质量份 | 各组分作用分析 |
|---|---|---|
| 丙烯酸丁酯 | 60 | 主单体 |
| 甲基丙烯酸甲酯 | 7 | 主单体 |
| 丙烯酸 | 3 | 主单体 |
| 富马海松酸酯 | 6 | 改性单体 |
| 壬基酚聚氧乙烯醚硫酸钠 | 0.5 | 乳化剂 |
| 过硫酸铵 | 0.2 | 引发剂 |
| 水 | 24 | 分散介质 |
| 性能 | 初粘力为 18# 钢球、180°剥离强度为 7.21N/25mm，持粘力大于 100 | |

(2) 纸塑复合用聚丙烯酸酯胶黏剂　典型配方分析见表 31-12。

表 31-12　纸塑复合用聚丙烯酸酯胶黏剂典型配方分析

| 配方组成 | 质量份 | 各组分作用分析 |
|---|---|---|
| 丙烯酸丁酯 | 80 | 主单体 |
| 甲基丙烯酸甲酯 | 19 | 主单体 |
| 邻苯二甲酸烯丙酯 | 1.0 | 交联单体 |
| 丙烯酸 | 1 | 主单体 |

| 配方组成 | 质量份 | 各组分作用分析 |
|---|---|---|
| 十二烷基硫酸钠 | 1 | 改性单体 |
| 壬基酚聚氧乙烯醚 | 2.5 | 乳化剂 |
| 过硫酸铵 | 0.7 | 引发剂 |
| 水 | 适量 | 分散介质 |
| 性能 | 剥离强度可达 40.4 kN/m，耐模切、耐一般压纹 | |

（3）织物印花用聚丙烯酸酯胶黏剂 典型配方分析见表 31-13。

表 31-13 织物印花用聚丙烯酸酯胶黏剂典型配方分析

| 配方组成 | 质量份 | 各组分作用分析 |
|---|---|---|
| 丙烯酸丁酯 | 18.7 | 主单体 |
| 丙烯腈 | 4 | 主单体 |
| 丙烯酸 | 0.9 | 主单体 |
| N-羟甲基丙烯酰胺(50%) | 1.8 | 功能单体 |
| 十六烷基聚环氧乙烷醚 | 0.2 | 乳化剂 |
| 十二烷基苯磺酸钠 | 0.1 | 乳化剂 |
| 氢氧化钠 | 1.1 | 中和剂 |
| 过硫酸钾 | 0.2 | 引发剂 |
| 水 | 73 | 分散介质 |
| 性能 | 粘接力强，富有弹性 | |

（4）柔性印刷电路用聚丙烯酸酯胶黏剂 典型配方分析见表 31-14。

表 31-14 柔性印刷电路用聚丙烯酸酯胶黏剂典型配方分析

| 配方组成 | 质量份 | 各组分作用分析 |
|---|---|---|
| 甲基丙烯酸甲酯 | | 主单体 |
| 丙烯腈 | 70 | 主单体 |
| 苯乙烯 | | 主单体 |
| 丙烯酸乙酯 | | 主单体 |
| 丙烯酸丁酯 | 30 | 主单体 |
| 丙烯酸异辛酯 | | 主单体 |
| 交联剂 G | 7 | 交联作用 |
| 交联剂 A | 6 | 交联作用 |
| 乳化剂 | 4%～5% | 乳化作用 |
| 性能 | 剥离强度高(18～25N/cm)，耐锡焊性能好(316℃锡浴后，剥离强度为 14～25N/cm) | |

（5）建筑工业用聚丙烯酸酯胶黏剂 典型配方分析见表 31-15。

表 31-15 建筑工业用聚丙烯酸酯胶黏剂典型配方分析

| 配方组成 | 质量份 | 各组分作用分析 |
|---|---|---|
| 丙烯酸甲酯 | 2.45 | 主单体 |
| 丙烯酸丁酯 | 88 | 主单体 |
| 丙烯酸 | 3 | 主单体 |
| 丙烯酸羟乙酯 | 4.5 | 功能单体 |
| 丙烯酸乙酯 | 2.05 | 乳化剂 |
| 过硫酸铵 | 0.5 | 引发剂 |
| 松香树脂 | 2 | 改性剂 |
| 水 | 适量 | 分散介质 |
| 性能 | 储存稳定，对 PVC 地板粘接强度可达 0.32MPa | |

## 31.3.4　丙烯酸酯类水基胶黏剂的生产工艺

### 31.3.4.1　传统乳液聚合工艺

聚合方法可大致分为间歇法和半连续间歇法。工业生产主要采用半连续间歇法，半连续间歇法又分为双相滴加法和全乳化半连续滴加法。具体工艺一般由混合单体的亲水亲油性大小所决定。

(1) 间歇法　将去离子水、乳化剂、单体、引发剂和其他助剂一次性投入反应器，升温至反应温度后聚合，当单体转化率达到要求时，降温、过滤，即得聚丙烯酸酯乳液。

(2) 双相滴加半连续法　将部分单体、引发剂、乳化剂和去离子水先投入反应器并聚合到一定程度，再把剩余的单体（油相）、剩余的引发剂和乳化剂（水相）在一定的时间间隔内连续加入聚合反应器中进行聚合反应，最终达到符合要求的单体转化率。当剩余单体滴加速度大于聚合速度时，体系为充溢态；反之，为饥饿态。如果将一种（或某几种）单体先全部加入体系中，然后再按一定程序滴加另一种（或另几种）单体，且滴加速度小于其聚合速度，则为半饥饿态。由半连续法合成的聚丙烯酸酯分子量比间歇法的小，且分布偏宽。

(3) 全乳化半连续法　将部分水、部分乳化剂及全部单体加入特定的乳化釜中进行乳化形成稳定的乳化液；将部分水、乳化剂、部分乳化液（0~20%）及引发剂加入聚合釜，当垫底乳化液全部聚合后，再开始滴加乳化液和引发剂水溶液，继续进行聚合反应，最终达到符合要求的单体转化率。

(4) 种子乳液聚合法　先制备粒径足够小、数目足够多的种子乳液，然后加入去离子水、乳化剂、引发剂和单体，以种子乳液的乳胶粒子为核心，进行聚合反应，使乳胶粒不断长大。种子乳液聚合法可以有效控制乳胶粒子的粒径及其分布，还可以制备具有异形结构乳胶粒的聚合物乳液。

(5) 预乳化法　将去离子水加入反应器中，然后加入乳化剂搅拌溶解，再将单体缓缓加入，高速搅拌分散，使单体以单体珠滴的形式分散在水中，形成单体的乳状液。在乳液聚合过程中，单体是以其乳状液形式加入的。当直接加入单体时，单体液滴会夺取聚合体系中乳胶粒子表面上吸附的乳化剂，造成乳液体系的失稳、凝胶、破乳等。而预乳化可以有效避免这些不良现象的发生。

聚丙烯酸酯乳液胶黏剂的合成工艺流程如图31-1所示。

### 31.3.4.2　新型乳液聚合工艺

在传统聚合工艺的基础上，发展了核-壳乳液聚合、互穿网络聚合、无皂乳液聚合、细乳液聚合、微乳液聚合等新型聚合工艺。

(1) 核-壳乳液聚合　核-壳乳液聚合是于20世纪80年代发展起来的一种乳胶粒设计技术，核壳乳液聚合是将软硬、亲水与疏水、交联聚合物与热塑性聚合物乳胶粒内外层分布进行设计。该聚合工艺就是首先制备种子（核）乳液，然后加入与核单体性质不同或完全不同的单体继续聚合，形成的壳层聚合物与核心聚合物完全不同，最终形成聚合物组成不同的核-壳结构的非均相粒子。利用软壳硬核可实现成膜温度低，抗回粘、抗污性能优异的涂料乳液，利用壳层亲水性大可实现厚质涂料（真石漆）的实干速度和程度、缩短硬度建立时间，利用硬壳软核可提高胶黏剂的强伸性能。

(2) 互穿网络聚合　乳聚互穿聚合物网络（LIPN），属于异步IPN，是通过化学反应来实现两种结构和性质完全不同的聚合物分子级物理共混的一种新技术。由于各聚合物网络之间相互交叉渗透、机械缠结，可以起到"强迫互容"和"协同效应"作用，为改善乳液聚合

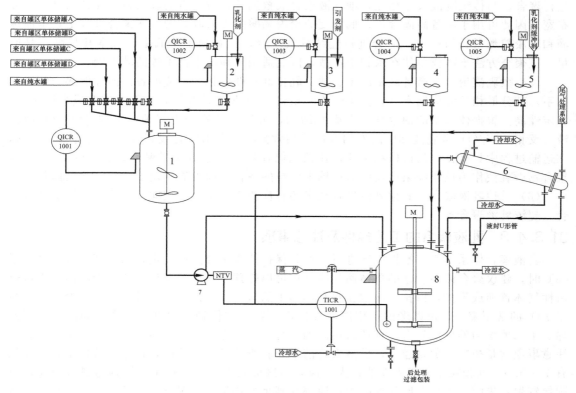

图 31-1 聚丙烯酸酯乳液胶黏剂的合成工艺流程

1—带称重模块的预乳化釜（双相滴加法用作单体混合罐）；2—预乳化釜乳化剂配制罐（带称重计量）；
3—引发剂配制滴加罐（带称重模块和自控）；4—聚合釜底水计量罐（带称重计量，双相滴加法作为水相罐）；
5—聚合釜皂化液配制计量罐（带称重模块）；6—斜卧式回流冷凝器；7—乳化液（或混合单体）
滴加泵（带变频和自控）；8—聚合釜（四叶折叶桨，带温度自控系统）

物的综合性能提供了一种新的简便方法。在造纸行业，将互穿网络（IPN）结构的聚有机硅氧烷/聚（苯乙烯-丙烯酸丁酯）用作纸张涂层剂中的胶黏剂，可大大提高涂层纸张的印刷性能、光泽度、耐水性、耐甲苯性能等。

（3）无皂乳液聚合 无皂乳液聚合（soap free emulsion polymerization）是指在乳聚体系中完全不加乳化剂或乳化剂用量低于乳化剂的临界胶束浓度（CMC）的乳液聚合，现在将加入反应型乳化剂的乳液聚合也归属到无皂乳液聚合的范畴。无皂乳液聚合可消除游离乳化剂带来的许多负面影响，如可减小游离乳化剂对胶黏剂的内增塑作用，降低胶层内聚破坏，可提高胶层的耐水性、初期耐水白能力。实现无皂乳液聚合的主要方法有：引发剂碎片法、水溶性单体共聚法、离子型单体共聚法等。例如，利用引发剂分解产生的自由基引发聚合从而在聚合物链端引入亲水的离子基团，引发剂碎片法可应用的体系较少，混合单体中必须有大量的亲水性单体和水溶性单体，美国联合碳化公司的 UCCR-154 和 UCCR-163 就是采用碎片法制得的，固含量高达 63%，用于水性建筑密封剂。在乳液聚合体系中加入反应型乳化剂时，乳化剂分子以共价键结合在乳胶粒子表面，所制备的乳液在成膜后具有更好的耐水性和电解质稳定性，产品中几乎无游离的乳化剂。

（4）细乳液聚合 细乳液聚合是在一定量的乳化剂和助乳化剂以及超声分散的作用下，将单体和油溶性引发剂分散在水中，形成粒径为 50～500 nm 且包含单体和引发剂的胶束后进行聚合。与传统乳液聚合相比，细乳液聚合成核期长，所制得的乳胶粒子粒径大且粒径分布宽，因此可用于制备高固含量、低黏度的聚丙烯酸酯乳液胶黏剂。在聚合过程中，单体珠滴和乳胶粒数目较为稳定，适合进行连续乳液聚合，且有利于降低生产成本和提高产品质量。该聚合方法不需要单体在水相中扩散，因此适用于高疏水性单体的乳液聚合。

（5）微乳液聚合　微乳液是由水、油、乳化剂和助乳化剂组成的各向同性的热力学稳定体系，其分散相尺寸为纳米级，为 10～100 nm，比可见光波长短，一般呈透明或半透明状，稳定性高。根据体系中的油水比例及微观结构，可将微乳液分为三种：正相（O/W）微乳液、反相（W/O）微乳液和中间态的双连续相微乳液。利用微乳液聚合方法制备的胶黏剂，在运输过程中具有良好的机械稳定性，在长期储存后也不会引起凝聚、破乳和变质。此外，聚合物微乳液作为反相胶束微反应器在纳米微粒的制备方面也展现出了广阔的应用前景。

（6）其他乳液聚合　其他乳液聚合技术还有反相乳液聚合、定向乳液聚合、辐射乳液聚合、超浓乳液聚合等。

### 31.3.4.3　乳液聚合的工艺条件及注意事项

乳液聚合体系是否用惰性气体进行置换和保护依据聚合温度确定，当乳液聚合温度低于68℃时，建议聚合体系所涉的单体滴加罐（也可以是预乳化釜）及聚合釜和冷凝器均需进行惰性气体置换或保护，以排除溶解在水和单体中的氧气，保证聚合正常进行，但聚合温度高于70℃的常压聚合，可以考虑不用惰性气体进行置换和保护，但高压聚合，如乙烯、氯乙烯、丁二烯参与的乳液聚合，即使采用高温聚合，也需进行惰性气体置换。乳液聚合的另一注意事项就是搅拌的剪切速率，乳液聚合前期是乳胶粒子形成阶段，在这个阶段中，粒径只有 1～5nm，乳胶粒子的吸附功非常大，极易团聚形成大的复合粒子，轻则造成分布宽，重则导致聚合失败，因此此时的搅拌剪切速率在满足循环量的情况下，越低越好，一般建议剪切线速度为 2～4m/s，搅拌速度太快会延长聚合诱导期，使生产周期变长、生产效率降低。此外，剧烈的搅拌还会使乳胶粒表面的部分乳化剂分子脱附，导致乳胶粒黏附于搅拌桨上，造成乳液失稳，发生凝聚。在实验室中，搅拌速度以 100～400r/min 较为适宜。在工业规模生产中，下压推进式搅拌比门式或锚式搅拌的效果要好。除氧化-还原引发体系外，乳液聚合大多是在回流温度下进行。为了使反应快速开始，起初需要加热，促使引发剂分解产生自由基并引发自由基聚合。在聚合反应开始后，由于反应放热，即使不再继续加热，仍然可以维持反应单体的回流温度，此时应严格控制反应温度，避免升温过高。当接近聚合终点时，回流单体减少，温度一般要升到 80～95℃，使未反应的残留单体参加聚合。

对于氧化-还原引发体系，反应温度应控制在 50～60℃，反应接近终点时可升至 90～95℃。对非氧化-还原引发体系，当有交联单体和反应单体时，温度应控制在 75～85℃。在反应过程中，需要注意加料和升温速度，避免温度波动。如果加料和升温速度过快，可能会造成乳液体系局部浓度过大，反应剧烈放热，引起爆聚，形成大量凝胶或冲料。温度过高也会使乳胶粒表面吸附的乳化剂分子脱附，造成凝聚。而如果温度太低，则引发剂的引发效率会下降，致使单体残留量增多，影响单体转化率。

在氧化-还原引发体系中，少量金属盐可以加快聚合反应速率。但如果其用量过大，则会对聚合起阻碍作用。因此，反应器宜用不锈钢釜或搪瓷釜，避免使用铁、铜等材质的装置。

# 31.4　聚氨酯水基胶黏剂

聚氨酯水基胶黏剂是指以水性聚氨酯为基料而制得的胶黏剂。依照其外观和粒径，可将水性聚氨酯分为三类，即聚氨酯水溶液（粒径＜0.001μm，外观透明）、聚氨酯分散液（粒径 0.001～0.1μm，外观半透明），聚氨酯乳液（粒径＞0.1μm，外观白浊）。但习惯上后两类在有关文献资料中又统称为聚氨酯乳液或聚氨酯分散液，区分并不严格。实际应用中，水性聚氨酯以聚氨酯乳液或分散液居多，水溶液少。

与溶剂型聚氨酯胶黏剂相比，水性聚氨酯胶黏剂除具有无溶剂、无臭味、无污染等优点外，还具有下述特点：

（1）粘接力强　大多数水性聚氨酯胶黏剂中不含—NCO 基团，但存在氨酯键、脲键、醚键、离子键等，主要是靠分子内极性基团产生的内聚力进行固化。对多种基材粘接力较强，亲和性好。由于水性聚氨酯中含有羧基、羟基等活性基团，在适当条件下也可形成交联，提高粘接力。

（2）黏度小　聚合物分子上的离子和反离子（指溶液中与聚氨酯主链、侧链中所含的离子基团极性相反的自由离子）越多，黏度越大，而固体含量（浓度）、聚氨酯树脂的分子量、交联剂等因素对水性聚氨酯黏度的影响并不明显，这有利于提高聚氨酯的分子量，以提高胶黏剂的内聚强度。

（3）干燥速度慢　由于水的挥发性比有机溶剂差，故水性聚氨酯胶黏剂干燥较慢，并且由于水的表面张力大，对表面疏水性基材的润湿能力差。若大部分水分还未从粘接层、涂层挥发到空气中，或者未被多孔性基材吸收就骤然加热干燥，则不易得到连续性的胶层。由于大多数水性聚氨酯胶黏剂是由含亲水性的聚氨酯为主要固体成分，且有时还含水溶性高分子增稠剂，胶膜干燥后若不形成一定程度的交联，则耐水性不佳。

（4）其他特点　水性聚氨酯胶黏剂可与多种水性树脂混合，以改进性能或降低成本。此时应注意离子型水性胶黏剂的离子性质和酸碱性，否则可能引起凝聚。因受到聚合物间的相容性或在某些溶剂中的溶解性的影响，溶剂型聚氨酯胶黏剂只能与为数有限的其他树脂胶黏剂共混。

另外，水性聚氨酯胶黏剂气味小，操作方便，残胶易清理。

## 31.4.1　聚氨酯水基胶黏剂的分类

（1）按亲水基团的性质分　根据聚氨酯分子侧链或者主链上是否含有离子基团及其种类，水性聚氨酯胶黏剂可分为阴离子型、阳离子型、非离子型。

（2）按产品外观分　水性聚氨酯胶黏剂可分为聚氨酯乳液、聚氨酯分散液、聚氨酯水溶液。而实际应用最广的是聚氨酯乳液及聚氨酯分散液。

（3）按使用形式分　水性聚氨酯胶黏剂按使用形式可分为单组分及双组分两类。

（4）按聚氨酯原料分　按主要低聚物多元醇类型可分为聚醚型、聚酯型及聚烯烃型等。按聚氨酯的异氰酸酯原料分，可分为芳香族异氰酸酯型、脂肪族异氰酸酯型、脂环族异氰酸酯型。按具体原料可细分，如甲苯二异氰酸酯型（TDI 型）、六亚甲基二异氰酸酯型（HDI型）、二苯基甲烷二异氰酸酯型（MDI 型）等。

## 31.4.2　聚氨酯水基胶黏剂的配方组成

（1）低聚物多元醇　其影响规律同溶剂型聚氨酯胶黏剂类似，在此不再展开。

常见低聚物多元醇见表 31-16。

（2）二异氰酸酯　同溶剂型，见 30.5.2 节。

常用的二异氰酸酯单体见表 31-17。

表 31-16  常见低聚物多元醇

| 名称 | 缩写 | 结构 |
|------|------|------|
| 聚(己二酸丁二醇酯)二醇 | PBA | 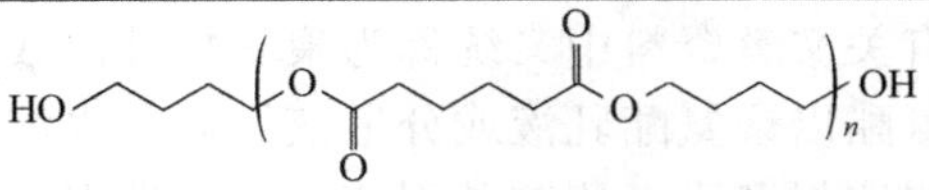 |
| 聚(己二酸新戊二醇酯)二醇 | PNA | 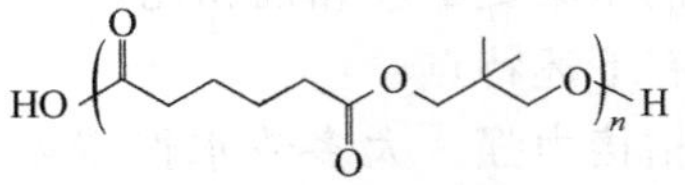 |
| 聚己内酯二醇 | PCDL |  |
| 聚碳酸酯二醇 | PCG | 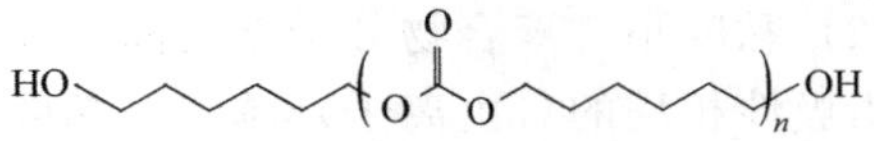 |
| 聚环氧丙烷二醇 | PPG | 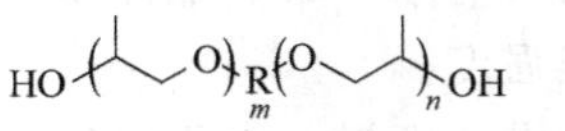 |
| 聚四氢呋喃醚二醇 | PTMG | 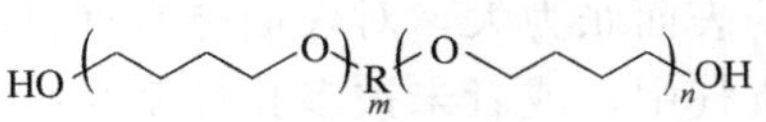 |

表 31-17  常用的二异氰酸酯单体

| 名称 | 缩写 | 结构 | 特点 |
|------|------|------|------|
| 甲苯二异氰酸酯 | TDI | 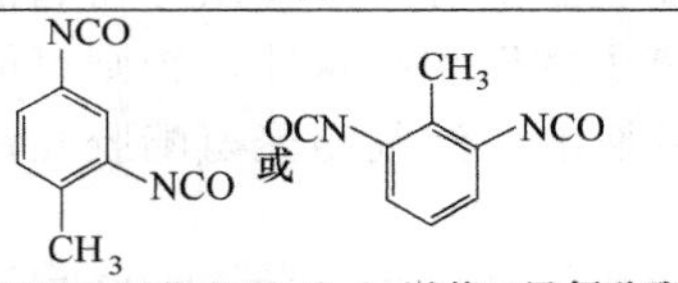 <br>2,4-甲苯二异氰酸酯  2,6-甲苯二异氰酸酯 | 内聚力强 |
| 二苯基甲烷二异氰酸酯 | MDI | 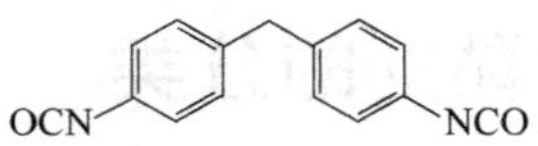 | 抗撕裂强度高,耐低温柔顺性好 |
| 氢化二苯基甲烷二异氰酸酯 | $H_{12}MDI$ | 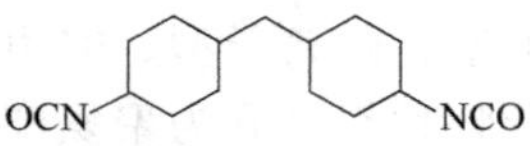 | 耐黄变 |
| 异佛尔酮二异氰酸酯 | IPDI | 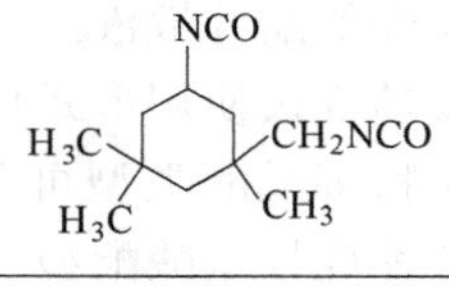 | 提供优秀的耐光学稳定性和耐化学药品性 |
| 六亚甲基二异氰酸酯 | HDI | 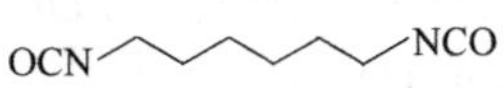 | 耐黄变性能好,柔顺性较好 |
| 四甲基间苯二亚甲基二异氰酸酯 | TMXDI | 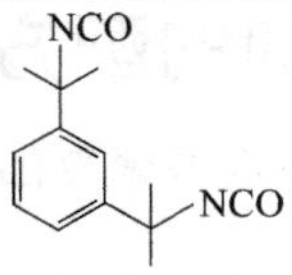 | 活性低,常温下几乎不与水反应,具有优异的耐黄变性能 |

（3）扩链剂  水性聚氨酯胶黏剂制备中常常使用扩链剂,其中可引入离子基团的亲水扩

链剂有多种，除了这类特种扩链剂外，经常还使用 1,4-丁二醇、乙二醇、一缩二乙二醇、己二醇、乙二胺、二亚乙基三胺等扩链剂。由于胺与异氰酸酯的反应活性比水高，可将二胺扩链剂混合于水中或制成酮亚胺在乳化分散的同时进行扩链反应。常用水性聚氨酯胶黏剂扩链剂见表 31-18。

**表 31-18　常用水性聚氨酯胶黏剂扩链剂**

| 名称 | 缩写 | 结构 |
|---|---|---|
| 1,4-丁二醇 | BDO | 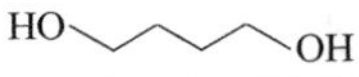 HO〜〜OH |
| 乙二醇 | EG | 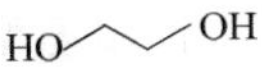 HO〜OH |
| 一缩二乙二醇 | DEG | 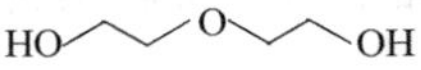 HO〜O〜OH |
| 己二醇 | HDO | 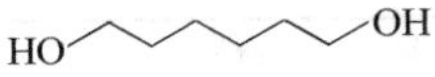 HO〜〜〜OH |
| 甲基丙二醇 | MPD | 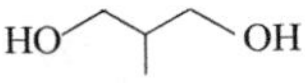 HO〜〜OH |
| 新戊二醇 | NPG | 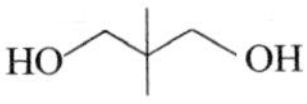 HO〜〜OH |
| 环己基二甲醇 | CHDM | 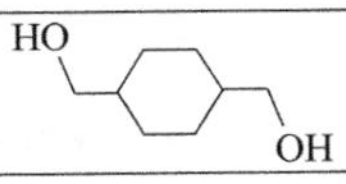 HO〜环〜OH |
| 三羟甲基丙烷 | TMP | 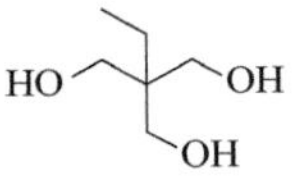 HO〜C(OH)〜OH |
| 季戊四醇 | THME | 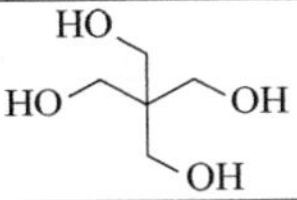 HO〜C(OH)〜OH |
| 乙二胺 | EDA | 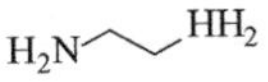 H₂N〜NH₂ |
| 二亚乙基三胺 | EDTA | 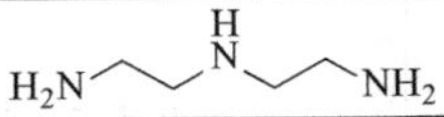 H₂N〜NH〜NH₂ |

（4）离子化试剂　离子化试剂是使水基聚氨酯胶黏剂具有良好的水分散性或自乳化性的关键原料，用于减少或消除外加表面活性剂。常见离子化试剂见表 31-19。

**表 31-19　常见离子化试剂**

| 种类 | 名称 | 缩写 | 结构 |
|---|---|---|---|
| 羧酸型阴离子 | 二羟甲基丙酸 | DMPA | 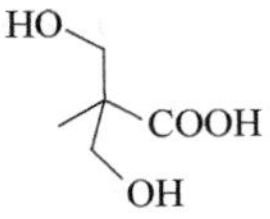 HO〜C(CH₃)(COOH)〜OH |
| | 二羟甲基丁酸 | DMBA | 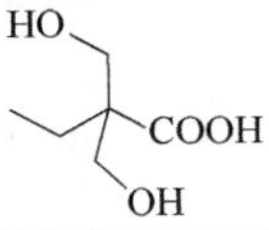 HO〜C(C₂H₅)(COOH)〜OH |
| 磺酸型阴离子 | $N$-(磺酸钠基乙基)乙二胺 | AAS 钠盐 | 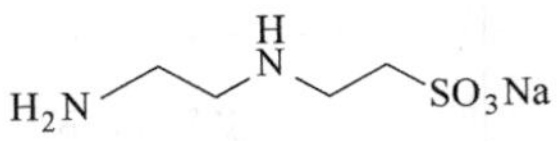 H₂N〜NH〜SO₃Na |

| 种类 | 名称 | 缩写 | 结构 |
|---|---|---|---|
| 磺酸型阴离子 | 聚醚二胺丙基磺酸钠 | Poly-EPS | 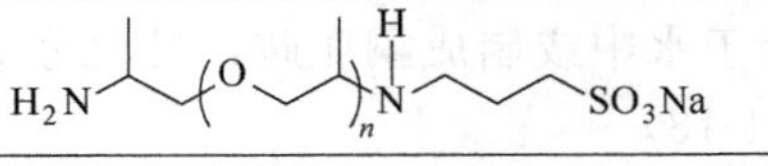 $n=5$、6 |
| | 聚醚改性二元醇磺酸钠 | DSL-117 | 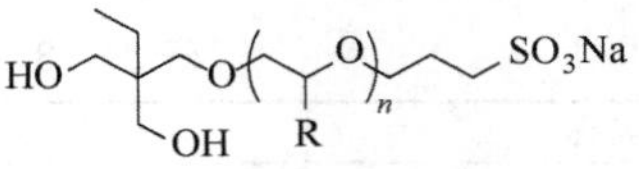 R=65%H/35%CH$_3$  $n=23$、24 |

（5）交联剂　水性聚氨酯胶黏剂存在耐水性和耐热性较差的缺点，目前较为有效的方法是在水性聚氨酯中引入交联结构。交联分为内交联和外交联，常见交联剂见表 31-20。

表 31-20　常见交联剂

| | 名称 | 缩写 | 结构 |
|---|---|---|---|
| 内交联剂 | 三羟甲基丙烷 | TMP | 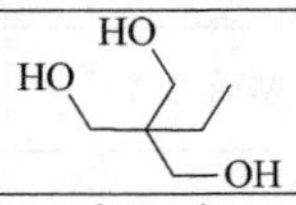 |
| | 甘油 | GL | 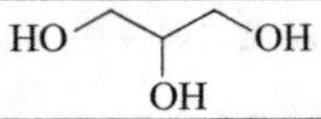 |
| | 聚醚多胺 | | 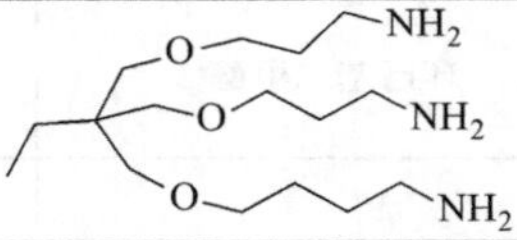 |
| | 多 $\alpha$-活性氢化合物 | | 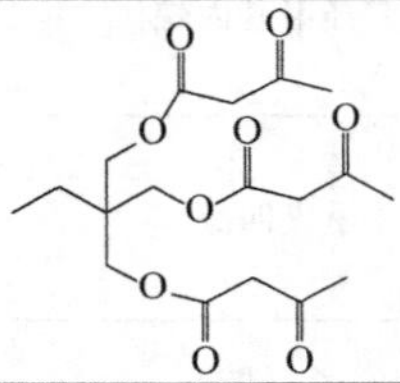 |
| | $\gamma$-氨丙基三乙氧基硅烷 | KH-550 | 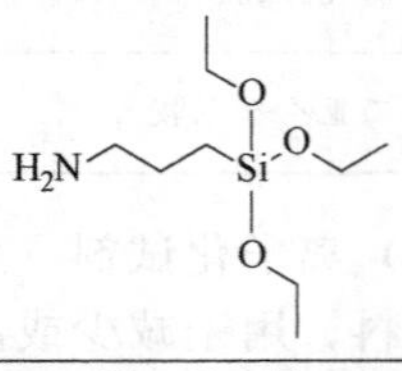 |
| 外交联剂 | 碳化二亚胺 | | —N=C=N— |
| | 环氧-硅氧烷 | | 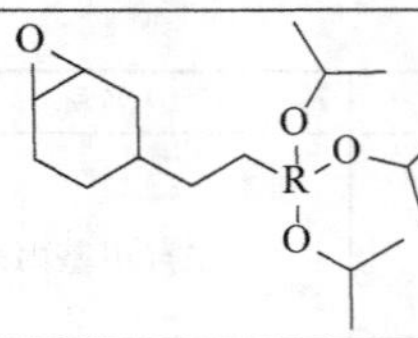 |
| | 聚氮丙啶 | | 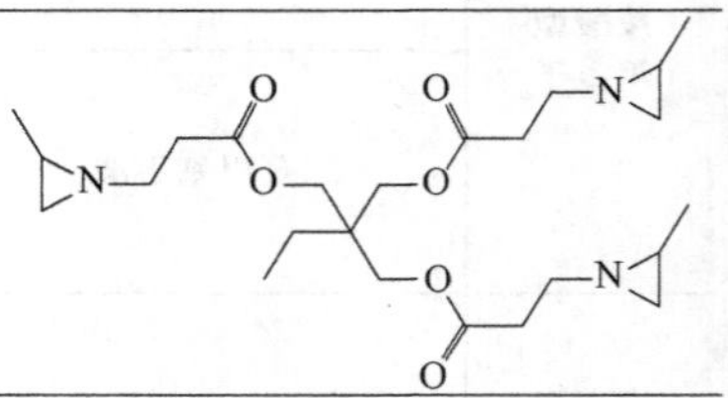 |
| | 多异氰酸酯 | | 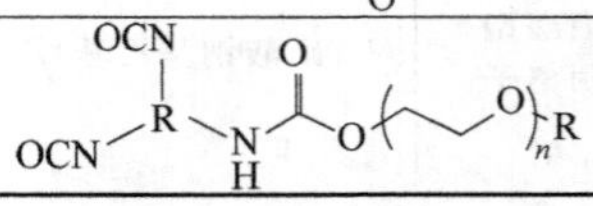 |

（6）溶剂　为了降低聚氨酯预聚体的黏度，利于其在水中的分散，通常加入适量的有机溶剂。可采用的溶剂有丙酮、甲乙酮、二氧六环、$N,N$-二甲基甲酰胺、$N$-甲基吡咯烷酮等。

（7）催化剂　常用的催化剂是脂肪族、脂环族的叔胺和有机锡类。常用的叔胺催化剂有三亚乙基二胺、$N$-烷基二胺、$N$-烷基吗啡啉。有机锡类有二月桂酸二丁基锡、辛酸亚锡等。

## 31.4.3　影响聚氨酯水基胶黏剂性能的因素

在制备水性聚氨酯胶黏剂时，特别是采用引入离子基团进行水性化的方法时，聚氨酯树脂中羧基或氨基的含量、基团成盐的比例、乳化前预聚体—NCO 质量分数、聚氨酯分子中硬段含量、交联程度等因素，对乳液的稳定性及物理性能都有较大的影响。

（1）低聚物多元醇及异氰酸酯种类　低聚物聚醚多元醇的分子量越大，软段含量越高，所制成的水性聚氨酯膜越软；反之，聚醚分子量越小或者三官能团聚醚量越多，则胶膜越硬，耐水性也较好。另外，聚酯型聚氨酯强度一般比聚醚型（聚氧化丙烯型）聚氨酯的强度高，但需要耐水解的聚酯多元醇。

（2）亲水基团的含量　随着亲水基团含量的增加，乳液的平均粒径变小，电位增加，黏度增大，乳液稳定性增加，成膜后的耐水性降低，甚至能溶于水。反之，若在聚氨酯分子链中引入的离子基团不足，则乳化困难，乳化所得的颗粒粒径较大，容易沉淀，贮存稳定性差。

在能乳化成粒径微细而均匀的稳定乳液的前提下，应控制亲水基团的含量尽可能低。对于不同的原料体系、不同的乳化设备等，应需控制不同的亲水基团的含量。

（3）中和程度　对于阴离子型或阳离子型水性聚氨酯胶黏剂，一般采用羧酸二羟基化合物、$N$-甲基二乙醇胺等亲水性扩链剂制备预聚体。使用这些扩链剂制得的预聚体因含有未被中和成盐的基团故亲水性较弱，且预聚体不易分散。聚氨酯分子链上的羧基在碱的中和下，才能变成亲水性良好的羧酸盐基团；叔氨基在被酸中和（或与硫酸二甲酯、卤代烃等反应）成季铵盐离子后才具有较强的亲水性。

若引入的羧基较多，则碱可中和部分羧基。若中和度过高，亲水性过大，并且乳液黏度增大。特别是用氢氧化钠中和羧基，由于成膜时钠离子残留，对膜的性能不利。中和度可控制在 $60\%\sim100\%$。若加入过量的中和剂，则有一定程度的增稠效应。

（4）三官能度原料的用量　为了改善水性聚氨酯胶黏剂成膜后的耐水性，在聚氨酯预聚体的合成中可采用少量低聚物三醇或其他三官能度交联剂原料，制得低度交联水性聚氨酯。如果低聚物三元醇或交联剂的用量太大，则导致预聚体体系黏度过高，在水中分散困难，粒径粗大，甚至乳化时引起凝胶。

三官能度原料对水性聚氨酯胶膜物理性能的影响，与一般聚氨酯材料一样，交联度的增加，在一定限度内可使得胶膜硬度、拉伸强度和撕裂强度增加，伸长率下降。

（5）预聚体合成时的异氰酸酯指数（$R$ 值）　异氰酸酯与多元醇的配比是影响水性聚氨酯胶黏剂性能的重要因素之一。采用预聚体分散法制备乳液时，在相同的亲水基团设计量时，随着异氰酸酯指数（二异氰酸酯的异氰酸酯基团的摩尔数与含羟基原料的羟基的摩尔数之比，即 $n_{NCO}/n_{OH}$）的增大，即预聚体—NCO 质量分数的增加，可导致体系自升温明显增加，颗粒黏性增加，碰撞时易发生粘连，不易被剪切力分散，乳胶粒子的粒径变大，贮存稳定期缩短。所以—NCO 质量分数不能太高。不同的体系、不同的离子基团含量对乳化前预聚体—NCO 含量的要求不同。

和其他类型的聚氨酯一样，随着预聚体—NCO 含量的增加，聚氨酯的硬段含量增加，胶膜的硬度和强度增加，伸长率降低。

（6）扩链反应温度及水分散温度　在一步法制备羧酸型预聚体反应中，或两步预聚反应中加含羧基扩链剂进行扩链反应阶段，含羧基二醇扩链剂上的—OH 及—COOH 都可与—NCO 反应，但—COOH 的活性及反应速率比—OH 弱得多，在较低温度（70～80℃）下进行扩链反应既能保证—OH 与—NCO 的反应，又能抑制副反应的发生。在同样条件下，控制反应体系在较低温度下剪切分散，一般有利于制得粒径细小的稳定乳液。当温度升高时，经乳化的粒子表面较黏，容易在碰撞中粘连，导致粒径粗大，容易沉淀。

（7）搅拌速率或剪切力　乳化时搅拌速率或剪切力大小对于乳液的稳定性有一定的影响。乳化前的预聚体黏度较大，应利用高功率搅拌的机械力将其充分"切碎"，成微细颗粒。实验证明，加快搅拌速率，并维持混合体系受到合理的剪切力，有利于得到微细乳液。

（8）热处理对性能的影响　虽然大多数水性聚氨酯产品可室温干燥固化，但通过适当的热处理，能使基团之间发生化学反应，形成交联结构，可提高胶膜的强度和耐水性。同时，热处理能促使成盐剂挥发，可使热塑性聚氨酯的分子链段排列紧密，冷却后再放置一段时间有利于形成更多的氢键，从而提高内聚力和粘接强度。

# 31.4.4　聚氨酯水基胶黏剂的制备及改性

## 31.4.4.1　聚氨酯水基胶黏剂的制备

聚氨酯水基胶黏剂的制备一般包括两个步骤：一是先由低聚物二元醇与二异氰酸酯反应制备高分子量或中高分子量的 PU 预聚体；二是在剪切力作用下将熔融的 PU 预聚体分散于水中。一般可通过外乳化法或内乳化法制得。

（1）外乳化法　外乳化法又称强制乳化法，即在分子链中引入含有少量不足以自乳化的亲水性链段或基团，或完全不引入亲水性成分，需添加乳化剂才能得到乳液。首先制成适当分子量的 PU 预聚体或溶液，然后加入乳化剂，在强烈搅拌下强制性地将其分散于水中，制成 PU 乳液或分散体。预聚体的黏度越低，越易分散乳化。加入少量水溶性有机溶剂也有益于快速乳化。其中最好的方法是在乳化剂的存在下，将预聚体和水混合，冷却至5℃左右，然后在均化器中使之分散成乳液。由于此法制得的 PU 乳液中的大部分—NCO 端基在相当长的时间内保持稳定，且氨基与—NCO 端基的反应比水快一个数量级，所以，外乳化法在多数情况下可在水中进行扩链（常用二胺），以生产高分子量聚氨酯-聚脲乳液。但由此法制得的乳液中有乳化剂残留，影响固化后胶膜的性能，且分散体的粒径相对较糙，分散体稳定性差。

强制乳化法主要是利用聚氨酯本身的疏水性，首先在非极性或弱极性溶剂中制得含1%～3%游离—NCO 的低分子量聚合物，然后通过强力机械搅拌，将聚合物乳化在含乳化剂的水溶液中，再加入扩链剂进行扩链，得到含乳化剂的高浓度聚氨酯乳液。该方法采用的乳化剂一般为烷基硫酸钠或烷基苯磺酸钠与聚氧乙烯醚类非离子乳化剂复合使用。杜邦公司就曾采用此法生产 PU 乳液，其合成工艺是先将聚醚二元醇与二异氰酸酯合成 PU 预聚体，再用小分子的二元醇或二胺扩链，得到 PU 的有机溶液，然后于强烈搅拌下，逐渐加入乳化剂的水溶液，形成一种粗粒乳液，最后送入均化器，形成颗粒适当的乳液。该法反应时间长，乳化剂用量大，乳液储存稳定性差。

外乳化型聚氨酯乳液的制备关键是选择合适的乳化剂，常用的有：①阴离子型表面活性剂，如烷基硫酸钠、磺丙酯、烷基磺酸钠等；②阳离子型表面活性剂，如季铵盐类等；③非离子型表面活性剂，如烷基酚聚氧乙烯醚、脂肪醇聚氧乙烯醚等。

此外，还可以使用明胶、琼脂、聚乙烯醇、羧甲基纤维素等增稠剂来增加体系的黏度，有利于形成颗粒较小的聚氨酯乳液。因为这种乳化方法存在乳化剂用量大、反应时间长、乳液颗粒较粗、机械稳定性差、成膜性及膜性能常常不能满足应用要求等缺点，目前已基本淘汰，而逐渐由内乳化法代替。

（2）内乳化法　内乳化法又称自乳化法。20 世纪 60 年代开始发展的自乳化工艺可用于制备稳定的、成膜性好的 WPU，经多年改进，已成为现今工业生产的主要方法。

该方法是在聚氨酯分子中引入亲水基团或带有亲水基团的扩链剂（称为内乳化剂），然后中和成盐，直接将其分散于水介质中而无需乳化剂即可形成稳定的乳液。合成中应该注意聚氨酯分子中不应含有游离—NCO，以免它与水分子发生反应而降低乳液稳定性。用自乳化法制备离子型水性聚氨酯，可通过扩链剂类型、结构及用量、制备方法和聚合物分子量的不同来改变聚氨酯分子的骨架结构，可制得从乳液到水溶液的多种水性聚氨酯产品。自乳化法的优点是分散不需强力搅拌，有较好的颗粒均匀度、比较好的分散稳定性，在水被蒸发后膜对水的敏感性下降。往聚氨酯树脂的骨架中接枝亲水性基团时所用到的单体，除了含亲水基团外，还必须含有能与异氰酸酯反应的基团，一般为羟基及氨基。

引入亲水性成分的方法很多，包括：①使用亲水性低聚物二醇；②使用可形成亲水性基团或链结的扩链剂；③制备聚氨酯-脲-多胺，利用氨基的反应使聚氨酯分子链上带上亲水的阴离子基团、阳离子基团或羟甲基等。其中，亲水单体扩链法具有简便、应用范围广等优点，是目前制备水性 PU 采用的主要方法。而将亲水基团直接引入聚醚或聚酯多元醇中，是国外工业化生产中常采用的方法，具有较高的应用价值。

自乳化法可分为预聚体法、丙酮法、熔融分散法、酮亚胺-酮连氮法和端基保护法，其中丙酮法和预聚体法较为成熟。

① 预聚体法。预聚体法即用含端—NCO 的预聚体在不加或少加溶剂的情况下，导入亲水成分，得到一定黏度范围的预聚体，直接在水中乳化，同时进行链增长以制得稳定的水性聚氨酯（水性聚氨酯-脲）。所用的亲水组分可以是含羧基或氨基的化合物，最常用的是二羟甲基丙酸。在这一过程，预聚体的黏度是关键，如果控制不好则很难进行分散，这一过程适合于低黏度预聚体，有时为了降低黏度而加入少量溶剂，而且为了降低—NCO 与—NH 之间的反应，一般在较低温度下进行，同时采用活性低的脂肪族二异氰酸酯。这种方法得到的产品性能大多数情况下比丙酮法差。预聚体的分子量不能太高，过高导致乳液黏度过大，分散乳化越困难；若预聚体中—NCO 含量过高，则乳化后形成的脲键多、胶膜硬，此法优点是不需回收大量溶剂，适用于一些特殊的—NCO 预聚物。其生产工艺流程如图 31-2 所示。

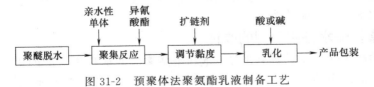

图 31-2　预聚体法聚氨酯乳液制备工艺

例如，用聚醚多元醇 400g、TDI 104.4g 和 0.1g 辛酸亚锡在 80～90℃下反应 4h 制成端—NCO 预聚物；然后加入少量甲苯，用 15.8g N-甲基二乙醇胺部分扩链，在 60～70℃下反应 2h；将该产物在激烈搅拌下加入 550mL 3%的乙酸水溶液中，立即加入适量的二胺水溶液进行扩链，制得固含量为 45％的白色奶油状乳液，该聚氨酯分散体作为胶黏剂具有较高的粘接强度。

② 丙酮法。先将多异氰酸酯与聚醚或聚酯多元醇在丙酮溶液（也可用其他酮，不过最常用的是丙酮）中制成端异氰酸酯的预聚物，再与亲水性扩链剂磺酸盐取代二胺（如乙二胺乙磺酸钠）等物质进行扩链反应，先形成油包水型的乳液；然后再加入大量的水，发生相反转，形成水包油型聚氨酯乳液，最后减压脱溶剂得到高分子量的聚氨酯-脲分散液。此法工艺简单，可重复性高，可以制备出高分子量的线性 WPU，同时其粒径可以控制在 10～5000nm。该方法是目前制备水性聚氨酯胶黏剂的主要方法。

③ 熔融分散法。熔融分散法又称为熔体分散法或预聚体分散甲醛扩链法，这一方法中不采用二胺扩链，而预先合成含叔氨基或离子基团的端—NCO 基团预聚体，然后用氨气或者尿素与离子体封端的异氰酸酯预聚体反应生成端氨基或端缩二脲聚氨酯预聚体，这种预聚体无须加有机溶剂就很容易形成水性分散体。预聚体与尿素的反应一般在 130℃以上进行。在一定外加剪切力的作用下，将与尿素反应的预聚体分散到水中，然后加入甲醛溶液，在一定的条件下使脲基或氨基与甲醛发生羟甲基化反应，生成大分子聚氨酯水乳液。

④ 酮亚胺-酮连氮法。该法既有丙酮法工艺的特点，又兼有预聚体分散方法不用溶剂、经济性好等优点。它是指在乳化前，将潜伏型胺加入离子型聚氨酯预聚物中，然后将预聚体与被酮保护的二元胺或肼混合物分散到水中形成乳液。在进行乳化时，酮亚胺、酮连氮遇水分解，生成游离的二胺或肼，同时借助氨基与分散的聚合物微粒反应进行链增长。在此工艺过程中需要借助强力乳化分散设备。

⑤ 端基保护法。该方法又被称为低温封闭法或热反应法，该方法可减少乳化剂的用量，且可制得稳定性好的乳液。早在 20 世纪 40 年代末就已经有了封端—NCO 的报道。例如，将端—NCO 预聚体用肟、内酰胺、$NaHSO_3$、乙酰乙酸酯等封端剂封端后，与多元胺一起分散于含乳化剂的水溶液中，即可形成一种稳定的聚氨酯乳液。这种方法的关键是选择一种合适的封闭剂，首先把对水敏感的异氰酸根保护起来，制备出一种封端的聚氨酯预聚物，然后将其乳化在水中，在进行应用时，通过加热使—NCO 解封，与聚氨酯本身及基材上的活泼氢反应，产生交联。

通过对聚氨酯分子链本身的设计与控制，分别可以使聚氨酯分子链中带有阴离子、阳离子、两性离子或者非离子的亲水基团，从而达到聚氨酯自乳化的目的。其中阴离子基团主要通过磺酸基团或羧酸基团引入，例如采用 2,2′-二羟甲基丙酸、二氨基烷基磺酸盐等为扩链剂，就可以引入磺酸基或者羧基，再用三乙胺中和即得到带阴离子的聚氨酯。阳离子型聚氨酯主要是通过带氨基的扩链剂将氨基引入分子结构，然后采用羧酸、无机酸或烷基化试剂使氨基季铵化，即得到阳离子型聚氨酯。如果向聚氨酯分子链中引入羟基、醚键、羟甲基等非离子基团，尤其是聚氧乙烯醚链段，可得到非离子型自乳聚氨酯。上述各种含亲水基团的聚氨酯可在无外加乳化剂或少量外加乳化剂的条件下实现聚氨酯的水性化。自乳化聚氨酯的性能优于外加乳化剂的聚氨酯乳液。

## 31.4.4.2 聚氨酯水基胶黏剂的改性

（1）丙烯酸酯改性　在骨架中含有不饱和聚酯多元醇或聚丙二醇的阴/阳离子型聚氨酯分散体，可在它们的主链上接枝丙烯酸酯链段，或与聚丙烯酸链段形成嵌段共聚物。经过丙烯酸酯改性的水性聚氨酯兼有聚氨酯和聚丙烯酸酯两者的优点，被誉为"第三代水性聚氨酯"。

制备丙烯酸酯改性水性聚氨酯（APU）的方法有多种。第 1 种较为传统的方法是共混交联反应法，其工艺为乳液共混，或溶液共混反应后再乳化，二者均工艺复杂；第 2 种方法是乳液共聚法；第 3 种方法是复合乳液聚合法，工艺有两种，其一是溶剂法制聚氨酯，直接将丙烯酸酯单体作溶剂制备聚氨酯；其二是在水相扩链制聚氨酯。溶剂法工艺灵活，性能优良，丙烯酸酯单体中可引入（甲基）丙烯酸，也可引入羟甲基丙烯酰胺，使乳液具有自增稠性和自交联性。当含丙烯酸羟丙酯或二乙烯基苯交联剂时，还可制得 IPN 型胶乳。但本法制备过程较麻烦，需要加溶剂和脱溶剂的步骤；无溶剂法虽工艺简单，但需要毒性较大的联氮，故有必要进一步改进。

还有一种与复合乳液聚合法相类似的方法是通过加聚反应，将含有潜在离子基团的端异氰酸酯基聚氨酯预聚体首先用反应型稀释剂如丙烯酸-2-羟乙基酯（HEA）封端，然后中和潜在离子基团，并经过自由基聚合使丙烯酸酯单体与 HEA 进行聚合，在搅拌下加水分散，最后得到聚氨酯离子聚合物和聚丙烯酸酯的嵌段共聚物。此外还有可辐射交联的丙烯酸改性聚氨酯和同时用硅氧烷改性的聚氨酯。聚氨酯离子聚合物也能在紫外光处理下用类似的方法进行改性。

（2）外加交联剂　虽然利用多元醇或多异氰酸酯可以制备轻度交联的聚氨酯，但此法两个交联点间的分子量不宜大于 4000，否则体系黏度太大，成膜性也会下降。水性聚氨酯分散体也能用与其他水基聚合物相同的方法进行交联，并且在阴离子型水性聚氨酯中交联反应大都集中在羧酸中。使用的交联剂主要有氮丙啶（特别是三官能团氮丙啶）、蜜胺-甲醛树脂等。氮丙啶必须在使用前加入，因为它在水中或室温下贮存 3 天后便丧失活性，其优点是在低温下即可交联，但这种类型的产品具有一定毒性。而蜜胺-甲醛树脂用作交联剂，特别是在丙烯酸类聚合物中工艺已较成熟。还可采用封端异氰酸酯进行交联。封端异氰酸酯就是将异氰酸酯基保护起来，使其在室温下失去反应活性，在升温时封端剂解封，从而恢复其反应活性。封端异氰酸酯被广泛用作通用水性聚氨酯的交联剂，此类聚氨酯分散体既可用作单组分涂料又可制备各种交联度的产品，但在成膜时需要烘干。最近，水基材料辐射交联固化已成为一个新发展方向。因此，作为反应型稀释剂的丙烯酸类单体的用量能够减少甚至不用，固化产物还可具有更好的物理性能。

可作为外加交联剂的还有：烷氧化三聚氰胺-甲醛、巴西棕榈钠、多官能团氰基酰胺、三缩水甘油醚、环氧交联剂等。

此外，还有很多种不同的化学改性方法，其中一个较好的途径是合成带有潜伏型固化剂的单组分聚氨酯体系。有效的潜伏型固化剂能与聚合物中亲水的离子基团反应，而且能够控制固化反应只在使用状态下进行，而不会影响分散体的稳定性。氮丙啶就是一个理想的化合物。它不仅能和含羧基或羟基的化合物反应，在常温和酸性条件下还能自我反应生成均聚物；而在碱性溶液体系中它能保持稳定。因此，其固化反应可通过调节pH 进行引发。

# 31.4.5　聚氨酯水基胶黏剂应用、配方实例及生产工艺

## 31.4.5.1　聚氨酯水基胶黏剂应用

① 多种层压制品制造，包括胶合板、食品包装复合塑料薄膜、织物层压制品、各种薄层材料的层压制品，如软质 PVC 塑料薄膜或塑料片与其他材料（如木材、织物、纸、皮革、金属）的层压制品。

② 用作植绒胶黏剂、人造革胶黏剂、玻璃纤维及其他纤维集束胶黏剂、油墨胶黏剂。

③ 普通材料的粘接，如汽车内装饰材料的粘接。

表 31-21 为水性聚氨酯胶黏剂的一些应用举例，表 31-22 为国外厂家产品举例。

表 31-21　水性聚氨酯胶黏剂应用举例

| 亲水化基团 | 单/双组分 | 水性聚氨酯胶黏剂类型 | 用途 | 特性 |
|---|---|---|---|---|
| 阴离子型 | 单组分 | PU/PA 或 PE 胶乳型互穿网络的核壳结构 | 皮革涂饰剂、胶黏剂、涂料 | 耐沸水、遮盖力好、耐溶剂,弹性模量、拉伸强度高 |
| | | POE/POP 共聚物,离子交换型 PU 胶黏剂 | 金属冷凝管 | 良好的热传导、非温敏性,使用温度范围宽 |
| | | 聚醚型聚氨酯 | PP 等塑料薄膜可用于食品包装 | 无毒无味、柔性好 |
| | | 烷醇酰胺改性聚氨酯 | 皮革涂饰剂 | 涂层柔软、黏黏附力强、乳液稳定 |
| | | 酚醛树脂/苯氧树脂的聚氨酯胶黏剂 | 聚氨酯与金属或其他基材的粘接 | 良好的柔韧性、金属粘接性、优异的耐候性 |
| | | 聚酯型、阴离子脂肪族聚氨酯 | 皮革、塑料、橡胶、增强 PVC 的胶黏剂 | 具有水溶性、乳液低活性温度 |
| | | —NCO 二聚体封端或低活性氢化物封端聚氨酯与固化剂共存 | 在汽车、航空中的板材、塑料,如 ABS、PVC | 高强、耐热、耐水、耐溶剂、常温固化 |
| | | 苯乙烯接枝聚氨酯 | 非极性基材胶黏剂 | 提高粘接性和耐水性 |
| | 双组分 | 羧酸、磺酸型聚氨酯;碳化二亚胺、氮丙啶交联剂 | 韧性片材如聚酯、聚烯烃、纸、包装纸粘接 | 耐沸水、耐溶剂、黏附性强、耐湿 |
| | | 聚醚、聚酯多元醇聚氨酯;聚异氰酸酯聚合物固化剂 | 各种地板的附面材、贴塑等 | 黏附力强、柔韧性好、耐水、耐湿、耐溶剂 |
| | | 多元醇聚氨酯交联型 | 皮革涂饰剂 | 黏性好,耐湿擦性、耐曲绕性好 |
| | | 聚醚、聚酯线性聚氨酯型 | 皮革、塑料、橡胶、食品包装 | 柔性好,乳液低活性温度 |
| | | 聚烯烃型聚氨酯 | PVC/格布等的粘接 | 耐热水,对烯烃聚合物黏性好 |
| 非离子型 | | 蓖麻油聚氨酯中溶入聚乙烯胶黏剂 | PE 薄膜之间、PE 与纸之间的粘接 | 黏附力强,用于低表面张力的塑料 |
| | | 端—NCO 聚氨酯在 PVA 或 EVA 水系乳液 | 木材胶黏剂,复合层压板、颗粒板的压制等木材成型胶黏剂 | 粘接力好,粘接面光滑 |
| | | 有机功能硅氧烷作为交联剂和促进剂水性聚氨酯 | 用作玻璃、混凝土、金属表面的粘接,密封胶 | 极佳的湿态固化,高拉伸强度、抗撕裂强度 |
| | | 乙烯基聚氨酯乳液 | 木材加工、纸、纤维、金属箔的粘接 | 耐水性、初粘强度高 |
| | | 聚醚聚氨酯与丙烯酸异辛酯乳液共聚 | 塑料、金属、片材粘接 | 兼具聚氨酯与聚丙烯酸酯类优良性能 |

表 31-22　国外水性聚氨酯产品

| 牌号 | 固含量 | 使用 | 厂家 | 备注 |
|---|---|---|---|---|
| Desmodur AD Desmodur DN | 100% | 作为交联剂在水性聚氨酯、PVC,PA 分散液中使用 | Bayer | 聚异氰酸酯类 |
| Dispercoll U42 | 50%±2% | 木材、汽车、制鞋,特别适用于织物的粘接、PVC 基材粘接 | | 聚酯聚氨酯、阴离子 |
| Dispercoll U53 | 40%±1% | | | |
| Dispercoll U54 | 50%±1% | | | |
| Macekote 2641 | 35% | 皮革、纸张、织物 | Mace(U.S.) | 脂肪族聚醚聚氨酯、阴离子 |
| Macekote 5574 Macekote 7223 Macekote 8539 | 50% | | | |
| | 35% | 乙烯类橡胶、塑料 | | 脂肪族聚酯聚氨酯、阴离子 |
| | 35% | 木材、纸张、乙烯基塑料、金属或者其他基材 | | |
| Protak W617 | 50%~55% | 食品包装、纸张、PVC、织物等 | Protak(UK) | PVAc 共聚聚氨酯 |

### 31.4.5.2　聚氨酯水基胶黏剂配方实例及生产工艺

下面介绍几种典型的水性聚氨酯胶黏剂配方及工艺。

（1）耐水耐热的聚氨酯水基胶黏剂　配方见表 31-23。

表 31-23　耐水耐热的聚氨酯水基胶黏剂配方

| 组分 | 质量份 | 组分 | 质量份 |
|---|---|---|---|
| 烯丙醇-乙烯醇共聚物 | 5 | 水 | 95 |
| 丁二烯-苯乙烯共聚胶乳(固含量 45%) | 50 | 邻苯二甲酸二丁酯 | 2 |
| MDI | 14 | | |

制备工艺：将 5 份烯丙醇-乙烯醇共聚物与 95 份水混合，再与丁二烯-苯乙烯共聚胶乳混合，然后与 MDI、邻苯二甲酸二丁酯混合制得耐水、耐热的水基胶。

（2）聚氨酯乳液胶黏剂　配方见表 31-24。

表 31-24　聚氨酯乳液胶黏剂配方

| 组分 | 质量份 | 组分 | 质量份 |
|---|---|---|---|
| 蓖麻油 | 100 | 1,4-丁二醇(扩链剂) | 适量 |
| TDI | 25.3～33.0 | 三乙基胺水溶液 | 520～700 |
| 酒石酸 | 4.2～5.2 | 丁酮 | 适量 |
| 一缩二乙二醇 | 9.7 | | |

制备工艺：将蓖麻油加入带有温度计、搅拌装置与导气管的反应器中，通入氮气细流（至反应结束），于 80℃ 减压下脱水 1h。冷却至室温，先后加入 TDI、一缩二乙二醇、扩链剂及经过干燥处理的酒石酸与少量丁酮，升温至 55℃ 左右，保温反应 3h；反应中如体系过于黏稠，可加适量丁酮调节降低黏度；冷却至室温，滴加配好的三乙基胺水溶液（1∶100），剧烈搅拌下同时再加少量丁酮，溶液由浅黄透明变成乳白色；当溶液的 pH 值达到 7～8 时，停止滴加三乙基胺水溶液，继续剧烈搅拌 10min 左右，得到均匀分散的白色乳液。

（3）自乳化聚氨酯乳液胶黏剂　配方见表 31-25。

表 31-25　自乳化聚氨酯乳液胶黏剂配方

| 组分 | 质量份 | 组分 | 质量份 |
|---|---|---|---|
| 聚醚 | 95 | 1,4-丁二醇(扩链剂) | 适量 |
| 二羟甲基丙烷 | 10 | 水 | 20 |
| TDI | 15 | | |

制备工艺：在装有温度计和搅拌器的三口烧瓶中，先将聚醚于 100～110℃ 温度下脱水 2h；冷至 40℃ 以下，滴加 TDI，80～85℃ 保温反应 3h；再冷至 40℃ 以下，加入二羟甲基丙烷，50～60℃ 保温反应 2h；反应结束后，冷却反应产物，在剧烈搅拌下，往碱溶液中加入反应产物；添加扩链剂后，继续搅拌 5min，加水，高速分散得自乳化聚氨酯乳液胶黏剂。

（4）丙烯酸改性水性聚氨酯乳液胶黏剂　配方见表 31-26。

表 31-26　丙烯酸改性水性聚氨酯乳液胶黏剂配方

| 组分 | 质量份 | 组分 | 质量份 |
|---|---|---|---|
| 水性聚氨酯乳液 | 60～80 | 十二烷基硫酸钠(乳化剂) | 1.0～1.2 |
| 混合液 | 34～40 | 过硫酸钾 | 适量 |
| 丙烯酰胺 | 2.5～4.0 | | |

制备工艺：在四口烧瓶中加入水性聚氨酯乳液和十二烷基硫酸钠，快速搅拌乳化 0.5h。

在 80℃下滴加甲基丙烯酸甲酯、丙烯酸丁酯、丙烯酸组成的混合液及丙烯酰胺，并滴加过硫酸钾，3h 内滴加完毕；在 80℃下保温反应 2h 后，冷却出料。

# 31.5  氯丁橡胶类水基胶黏剂

水性氯丁胶乳是以水为分散介质，是由单体氯丁二烯在乳化剂、引发剂过硫酸盐和/或含硫化合物存在下经乳液聚合直接制得，同时具有氯丁橡胶（见溶剂型氯丁胶）和水性胶的优点。

## 31.5.1  氯丁橡胶类水基胶黏剂的组成及特点

氯丁橡胶类水基胶主要包括氯丁胶乳、金属氧化物（硫化剂）、防老剂、稳定剂、填充剂、增黏剂、硫化促进剂以及增稠剂等。因乳化剂、引发剂、调节剂（含硫化合物）、终止剂、辅助单体和聚合条件不同，可获得特性和用途不同的品种。

### 31.5.1.1  乳化剂

常用的乳化剂是阴离子乳化剂，由歧化松香酸钠作乳化体系，需用强碱将 pH 值控制在 11.5 左右，从而降低过硫酸钾的分解温度，同时高的 pH 值环境更有助于歧化松香酸钠的稳定，该类胶乳粒子带负电荷，有利于和带正电荷的被粘物粘接。水泥、玻璃及具有多价金属离子的材料，因表面带负电荷，与阴离子胶乳粒子电荷相同，定向吸附性差。使用阳离子乳化剂时，胶乳粒子带正电荷，与上述被粘物体表面电荷相反，可改善粘接性能。含适量凝胶的阳离子氯丁胶乳具有较好的初粘力，与金属粘接强度和耐热性也较理想。

羧基氯丁胶乳属非离子胶乳。由氯丁二烯与丙烯酸或其衍生物共聚而得，聚合时用非离子表面活性剂和聚乙烯醇形成稳定的胶乳。胶乳粒子表面被聚乙烯醇分子所包围，机械性、化学性、热稳定性得到改善，也改善了对被粘物体的润湿性和胶膜的耐水性。

为改善胶乳化学稳定性，在阳离子或阴离子乳化体系中，可并用非离子表面活性剂，这时非离子表面活性剂应在聚合后加入。

### 31.5.1.2  配合剂

水基氯丁胶乳型胶黏剂基本原理同溶剂型氯丁胶。如使用氧化锌作为硫化剂，氧化铅是吸酸剂。一般氧化铅用量为 5 份，氧化锌用量为 10～15 份。氧化铅的重要作用是中和胶乳中产生的盐酸，也起硫化剂作用，使粘接胶膜在室温下产生缓慢交联作用。

防老剂可用防老剂 D，考虑污染时，可用防老剂 264 或防老剂 2246 等，用量 1～2 份，添加稳定剂的目的是保证各种配合材料在胶乳中呈稳定分散状态，在阴离子胶乳中，可使用阴离子、非离子或两性稳定剂，用量 1～3 份。

常用的填充剂为陶土和碳酸钙。填充剂能提高胶乳胶黏剂固体含量，调整流动性，使胶黏剂便于涂刷，提高胶膜定伸应力，改善耐溶剂性，降低胶黏剂价格。

增黏剂是指增加胶黏剂涂膜黏性的各种树脂，应根据用途选定，如需考虑胶黏剂的颜色、柔软性、黏性保持时间、粘接力及成本诸因素，可单用或用两种以上树脂配合使用。常用的树脂有萜烯树脂、萜烯酚醛树脂、酚醛树脂、古马隆树脂、间苯二酚-甲醛树脂。

促进剂能使粘接胶膜在室温或干燥温度下硫化。在含 10～15 份氧化锌的氯丁胶乳中，可用如下促进剂：促进剂 CA 1～2 份；硫黄 1～2 份；促进剂 CA 2 份；促进剂 D 1 份；促进剂 TP 2 份、促进剂 EDTA 2 份。

增稠剂的作用是使黏度低的胶乳易操作，防止涂胶后胶乳流淌，可加少量羟甲基纤维素、聚丙烯酸、酪素、聚乙烯醇、聚乙烯醇缩甲醛等进行增稠。

另外，为了赋予胶黏剂某些特殊性能，满足特殊要求，还可在胶黏剂的配制中加入某些特殊的配合材料。如要求粘接胶膜在低温下具有柔软性，可加入酯类增塑剂，用量不得超过 20 份；使用硅系消泡剂、磷酸三丁酯 3 份与松花油 1 份的混合物或普通生奶油，能消除机械方法制备胶黏剂时产生的泡沫；配入 5 份氧化锑或 20 份氯化石蜡提高胶黏剂难燃性；以五氯苯酚钠作防霉剂，减缓因酪素等蛋白质及某些树脂而引起的霉菌侵蚀；使用铝酸钠溶液抑制胶黏剂对金属被粘材料表面引起的生锈；用渗透剂 JFC、拉开粉、分散剂等提高胶黏剂对被粘物的浸润性，使胶乳能迅速渗透到纤维材料内部，增加对纸、布等被粘材料的黏附性能。

### 31.5.1.3　特点

水基氯丁胶乳型胶黏剂兼有溶剂型氯丁胶的性能，又具有溶剂型氯丁胶不具有的优点，其优缺点如下：①成膜性好，胶膜柔韧，耐冲击震动；②内聚强度大，对极性材料粘接强度较高；③耐臭氧性、耐氧化性、耐油性、耐燃性、耐候性良好；④使用方便、安全，可以湿法粘接，价格低廉；⑤无毒、不污染环境、不危害健康；⑥不燃，无火灾隐患、无爆炸危险；⑦干燥速度慢，初黏性差，持粘期短；⑧容易冻结，防冻性不佳；⑨储存稳定性差，容易变色，长期储存会放出氯化氢。由于其分子结构规整，分子链上又有极性大的氯原子，故活性大，这使其在室温下也具有较高的内聚强度和耐燃性，耐老化性能较好。水基胶还有一个缺点是水的存在会使粘织物收缩或使纸张发生卷曲和起皱等现象。

## 31.5.2　氯丁橡胶类水基胶黏剂的改性

（1）共聚改性　用十二碳硫醇作调节剂，以聚乙烯醇为分散剂，使氯丁二烯与 3～5 份 MAA 在 45℃下共聚合，得到羧基化氯丁胶乳。同时，通过与 15～200 份 2,3-二氯丁二烯共聚合来增强氯丁二烯-MAA 共聚物的结晶性，得到结晶型羧基化氯丁胶乳。由于结晶性强，由这种胶乳胶黏剂粘接时，粘接件的剪切强度比慢结晶型羧基氯丁胶乳胶黏剂高出 2 倍以上。在保护胶体 PVA 存在下，以过硫酸钾和蒽醌-$\alpha$-磺酸钠为引发剂，在一定温度下使氯丁二烯和其他的共聚单体（如 2,3-二氯丁二烯）进行聚合。聚合反应结束后加入 ZnO、$\beta$-萘磺酸-甲醛缩聚物和丙烯酸钠等（其中 $\beta$-萘磺酸-甲醛缩聚物作为增黏树脂），所制备的胶黏剂比不加 2,3-二氯丁二烯的胶乳胶黏剂粘接强度高。

（2）接枝改性　通过接枝共聚制备接枝型氯丁胶黏剂的反应属于自由基型溶液聚合反应，改性单体在自由基（由引发剂过氧化苯甲酰断裂产生）的作用下产生单体自由基，通过链转移而得到接枝共聚物。甲基丙烯酸甲酯接枝氯丁胶是目前最通用氯丁胶改性方法。PMMA 与 PVC 的溶解度参数 $\delta$ 相近，且 PMMA 含酯基呈碱性，而 PVC 则因为氯原子的存在而呈酸性也促进了改性氯丁胶对 PVC 材料的亲和性，因此，接枝改性后的氯丁胶对 PVC 的粘接性能明显优于普通氯丁橡胶。然而，MMA 改性的氯丁胶比较硬、脆，为克服此缺点，可以用其他丙烯酸酯替代 MMA。

（3）共混改性　在硼酸存在的条件下，用苯乙烯-丙烯酸酯乳液与氯丁胶乳共混，该共混胶呈"海-岛"结构，具有良好的贮存稳定性，对 PVC 人造革、SBS 橡胶、帆布、海绵具有良好的粘接性能。在氯丁胶乳中掺入氯丁二烯的共聚物（如氯丁二烯和丙烯酸或甲基丙烯酸酯）乳液，得到的混合乳液固含量可达 40%～60%，可以用作 SBR、PVC 等材料的胶黏剂。

用分散在水中的环氧树脂乳液与氯丁胶乳共混制备得到双组分水性胶黏剂，固化剂为聚酰胺。经过环氧树脂改性的胶黏剂具有更好的耐热、耐水性及对金属的粘接性能。

### 31.5.3  氯丁橡胶类水基胶黏剂应用和配方实例

氯丁胶乳胶黏剂主要适用于制鞋业，特别是制备皮鞋前帮胶，可粘接鞋底、鞋尖、帆布和其他纤维。具体配方举例如下（配方中数字按干样计）。

（1）鞋底、帆布及各种织物的粘接用胶黏剂  配方分析见表 31-27。

表 31-27  鞋底、帆布及各种织物的粘接用胶黏剂配方分析

| 配方组成 | 质量份 | 各组分作用 |
| --- | --- | --- |
| 氯丁乳胶 | 100 | 基体树脂 |
| 氧化锌 | 5 | 调料 |
| 增稠剂 | 25～100 | 助剂 |
| 增黏剂 | 1～2 | 助剂 |
| 稳定剂 | 1 | 助剂 |
| 防老剂 D | 2 | 助剂 |

此配方中,增黏剂可采用丙烯酸树脂、古马隆树脂、沥青、聚乙烯醇、淀粉等。增稠剂可采用甲基纤维素、天然胶乳、聚丙烯酸酯等,粘接性强

（2）各种纤维（植物纤维、动物纤维、合成纤维等）的粘接用胶黏剂  配方分析见表 31-28。

表 31-28  各种纤维（植物纤维、动物纤维、合成纤维等）的粘接用胶黏剂配方分析

| 配方组成 | 质量份 | 各组分作用 |
| --- | --- | --- |
| 氯丁乳胶 | 100 | 基体树脂 |
| 氧化锌 | 15 | 填料 |
| 防老剂 D | 2 | 助剂 |
| 滑石粉 | 20 | 填料 |
| 稳定剂 | 0.5 | 助剂 |
| 硫黄 | 1 | 助剂 |
| 促进剂 NA-22 | 2 | 助剂 |

此配方为填料型氯丁胶乳胶黏剂。稳定剂可采用阴离子型或非离子型表面活性剂。无溶剂,结晶性强,极性大,有阻燃性

（3）皮革及橡胶等的粘接用胶黏剂  配方分析见表 31-29。

表 31-29  皮革及橡胶等的粘接用胶黏剂配方分析

| 配方组成 | 质量份 | 各组分作用 |
| --- | --- | --- |
| 氯丁乳胶 | 30～32 | 基体树脂 |
| 二萘甲烷 | 5 | 助剂 |
| 6,6-二磺酸钠 | 1～2 | 助剂 |
| 分散剂(高级醇) | 适量 | 助剂 |
| 引发剂 | 适量 | 引发剂 |

这种乳液对皮革及橡胶都有很强的粘接力。将胶浆涂于被粘物,待水分挥发完后,再于 40～75℃ 使胶膜解除强结晶后趁热粘接,用于粘接棉布、纤维、纸张、木材等

### 31.5.4  氯丁橡胶类水基胶黏剂生产工艺

凡溶于水的材料可直接加入胶乳中，但所用配合剂几乎全部不溶于水，无法直接混入胶乳中，为此常把各种配合材料预先制备成分散液、乳化液、浆状液或溶液，然后再分散在胶乳中。

（1）原料的准备  粉末状配合材料，如金属氧化物、填料、防老剂、促进剂，须预先球

磨，制成分散液加入，下面列举两个分散液制备方法。

a. 防老剂 D 50％分散液组成见表 31-30。

**表 31-30 防老剂 D 50％分散液组成**

| 组分 | 用量 | 组分 | 用量 |
|---|---|---|---|
| 防老剂 | 100g | 10％氨性酪素溶液 | 30g |
| 10％分散剂溶液 | 30mL | 水 | 40mL |

将各材料放入球磨机内球磨均匀。

b. 50％氧化锌分散液组成见表 31-31。

**表 31-31 50％氧化锌分散液组成分析**

| 组分 | 用量 | 组分 | 用量 |
|---|---|---|---|
| 氧化锌 | 100g | 10％氨性酪素溶液 | 6g |
| 拉开粉 | 0.5g | 软水 | 93.5mL |

各材料在球磨机内一起球磨 120h。

其他如陶土、碳酸钙等可先配成泥浆，用水玻璃调 pH 值至 10 左右，再与胶乳混合。水不溶性树脂，通常首先将树脂溶于溶剂中，之后或将溶液直接加入胶乳中乳化，或依靠适当的表面活性剂制成乳化液后加入胶乳，下面列举两个实例。

a. 萜烯树脂 30％乳化液的配方组成见表 31-32。

**表 31-32 萜烯树脂 30％乳化液的配方组成**

| 组分 | 用量 | 组分 | 用量 |
|---|---|---|---|
| A 液：树脂 | 100g | B 液：三乙醇胺 | 5g |
| 甲苯 | 75mL | 10％氨性酪素溶液 | 50mL |
| 油酸 | 5mL | 水 | 98.3mL |

搅拌下将 A 液倒入 B 液，至搅拌均匀。

b. 50％树脂分散液的配方组成见表 31-33。

**表 31-33 50％树脂分散液的配方组成**

| 组分 | 用量 | 组分 | 用量 |
|---|---|---|---|
| 树脂 | 100g | 10％氨性酪素溶液 | 20mL |
| 28％氨水 | 1mL | 软水 | 79mL |

球磨 20h 左右即可。

当固体树脂与液体树脂一起时，将固体树脂分散在液体树脂内，使之溶解，再制成乳化液配入胶乳，能制成黏着性、稳定性良好的胶黏剂。

（2）胶乳 pH 的调节　为使胶乳胶黏剂具有最佳的加工及使用的稳定性，制备时应保持胶乳的 pH 值为 10.5～11。偏低，应补加 3％～5％的氢氧化钠水溶液来调节；过高，可用弱酸或 15％～20％氨基乙醇水溶液来调节。

（3）胶黏剂配制　氯丁胶乳及各种配合材料经上述处理后，即可配制胶黏剂。考虑到氯丁胶乳的总固含量低、黏度小，为在配制过程中各种配合材料能处于稳定状态，应首先加入稳定剂、润湿剂。增加胶乳黏度的配合剂应放在后面加入。一般可按下列顺序添加：氯丁胶乳（pH＝10.5～11），稳定剂和润湿剂，氧化锌、防老剂、着色剂，填充剂，增黏剂及软化剂，硫化促进剂，消泡剂、增稠剂。各种配合剂随加随搅拌，最后达到搅拌均匀为止。

# 31.6　聚乙烯醇及聚乙烯醇缩醛类水基胶黏剂

聚乙烯醇（polyvinyl alcohol，PVA）是人工合成的一类重要的水溶性树脂，通常以水溶液的形式使用，粘接性能良好，胶膜强度高、坚韧透明、耐腐蚀性好。聚乙烯醇胶膜对氧的阻隔特性也是在现有聚合物中最为突出的，但空气中的湿气会大幅提高其气体渗透性。聚乙烯醇胶黏剂主要用于建筑、木材加工、包装业、生活用品等领域。此外，在有些胶黏剂配方中，聚乙烯醇还可作为改性组分，起到保护胶体、乳化剂、增稠剂、成膜剂等作用，能够促进非水溶性溶剂、增塑剂、石蜡及油类的混合均匀，有利于粘接性能的提高。

## 31.6.1　聚乙烯醇及聚乙烯醇缩醛类水基胶黏剂的制备和特点

### 31.6.1.1　聚乙烯醇水基胶黏剂的制备和特点

聚乙烯醇采用间接法来制备，主要有两种方法：水解法和醇解法。水解法又称皂化法，是指在水的存在下，聚乙酸乙烯酯（PVAc）与等物质的量的 NaOH 进行反应，生成聚乙烯醇，副产物为乙酸钠，反应式如下：

$$\sim CH_2-\underset{\underset{OCOCH_3}{|}}{CH}\sim \xrightarrow[NaOH]{H_2O} \sim CH_2-\underset{\underset{OH}{|}}{CH}\sim + CH_3COONa$$

醇解法又称酯交换法，是指在催化剂（酸或碱）的存在下，聚乙酸乙烯酯与甲醇的酯交换反应，副产物为乙酸甲酯，反应式如下：

$$\sim CH_2-\underset{\underset{OCOCH_3}{|}}{CH}\sim \xrightarrow[NaOH]{CH_3OH} \sim CH_2-\underset{\underset{OH}{|}}{CH}\sim + CH_3COOCH_3$$

$$CH_3COOCH_3+NaOH \longrightarrow CH_3OH+CH_3COONa$$

醇解过程的具体步骤：一般是将聚乙酸乙烯酯的甲醇溶液滴加到一定浓度的 NaOH 甲醇溶液中。当 60% 左右的乙酰氧基转化成羟基后，聚乙烯醇开始大量析出，继续搅拌，醇解反应在两相中进行。当反应完成后，经过滤、洗涤和干燥，即得聚乙烯醇。

不同牌号的聚乙烯醇，其粒径、密度、色泽、溶解性、发泡倾向、稳定性能等也不相同。典型 PVA 的物理性能见表 31-34。

表 31-34　典型 PVA 的物理性能

| 性能 | 指标 |
| --- | --- |
| 外观 | 白色或淡黄色粒状或絮状固体 |
| 相对密度（$D_4^{25}$） | 1.27～1.31 |
| 折射率 | 1.49～1.51 |
| 热导率/[W/(m·K)] | 0.2 |
| 比热容/[J/(kg·K)] | 1～5 |
| 电阻率/×$10^7$Ω·cm | 31～38 |
| 玻璃化转变温度/℃ | 75～85 |
| 熔点/℃ | 230（完全水解型）；180～190（部分水解型） |
| 拉伸强度（相对湿度 50%）/MPa | 151.7 |
| 伸长率（相对湿度 50%） | 未增塑 300%；增塑 600% |
| 线性热膨胀系数/℃$^{-1}$ | $1\times10^{-4}$（0～50℃，增塑型） |

| 性能 | 指标 |
| --- | --- |
| 热封温度/℃ | 110～150 |
| 热稳定性 | 在空气中加热到100℃,慢速变色,脆化;加热到160～170℃,脱水醚化,失去溶解性;<br>加热到200℃,开始分解;超过250℃,变成带有共轭双键的聚合物 |
| 燃烧速率 | 慢 |
| 透气性 | 低 |
| 耐霉菌性 | 良好 |
| 有机溶剂溶解性 | 一般不溶 |

生产厂家会在包装上说明该型号树脂的溶液黏度、pH、黏度稳定性、表面活性等。表 31-35 列出了一些具有不同分子量和水解度的商品聚乙烯醇的物理性质。低水解度（70%～80%）、低分子量型 PVA（即 LL 型）在室温下可快速溶于水中;中等水解度（80%～95%）、中等分子量型 PVA（即 MM 型）需在搅拌下缓慢加入冷水中进行溶解或分散,升温至 60～80℃可加快溶解过程;高水解度（95%～100%）、高分子量型 PVA（即 HH 型）需先分散在冷水中,然后升温至 80～90℃,搅拌溶解。此外,还有中等水解度、高分子量型 PVA（即 MH 型）和高水解度、中等分子量型 PVA（即 HM 型）。通常作为胶黏剂使用时,采用的聚乙烯醇水解度在 86%～90%。聚乙烯醇在聚合度为 500～2400 范围内有多种型号,一般采用较高的聚合度为宜。在配制胶黏剂时,一般是将 5～10 份聚乙烯醇与 90～95 份水混合,在搅拌下加热到 80～90℃,直至呈黄白色的透明液体。

表 31-35　不同商品 PVA 的特性

| 类型 | LL 型 | HH 型 | MM 型 | MH 型 | HM 型 |
| --- | --- | --- | --- | --- | --- |
| $M_n(\times 10^3)$ | 1.9～3.1 | 86～115 | 9.8 | 96～125 | 8.6 |
| 水解度/% | 73～77 | 99～100 | 87～89 | 87～89 | 98～100 |
| 黏度/(mPa·s) | 1.1～3 | 28～65 | 4～6 | 21～35 | 4～6 |
| 拉伸强度/MPa | 6.89～12.1 | 82.7～100 | 64.1 | 64.1～65.5 | 66.9 |
| 断裂伸长率/% | 5 | 175 | 225 | 250 | 170 |
| 玻璃化转变温度/℃ | 约10 | 约86 | 约46 | 约73 | 约54 |
| 表面张力/($\times 10^3$N/m) | 46 | 69 | 49 | 52 | 62 |
| 耐磨性 | 129 | 约15 | — | 约24 | — |
| 10Pa·s 溶液质量分数/% | 46～57 | 11～15 | 35 | 13～17 | 29 |

## 31.6.1.2　聚乙烯醇缩醛类水基胶黏剂的制备和特点

聚乙烯醇缩醛由聚乙醇在酸性催化剂存在下与不同醛类进行缩醛化反应制得。

$$\left[CH_2-CH\right]_n + RCHO \longrightarrow \left[CH_2-CH-CH_2-CH\right]_m$$

式中,R 为 H 或 $C_3H_7$。

缩醛的性质决定于原料聚乙烯醇的结构、醇解程度、醛类的化学结构和缩醛化程度等。一般地讲,所用醛类的碳链越长,树脂的玻璃化转变温度越低,耐热性越差,但韧性和弹性提高,在有机溶剂中的溶解度也相应增加。溶解性能也决定于结构中羟基的含量,缩醛度为 50% 时可溶于水配制成水溶性胶黏剂,缩醛度很高时不溶于水而溶于有机溶剂中。聚乙烯醇缩甲醛能溶于乙醇和甲苯的混合溶剂中,缩丁醛能溶于乙醇中。

低缩醛度的聚乙烯醇缩甲醛在水中的溶解度很高,掺入水泥砂浆中能增进黏附力,并已成为建筑装修工程中的主要胶黏剂之一。

聚乙烯醇缩丁醛有较好的韧性，耐光耐湿性优良，主要用于无机玻璃粘接，以制造工业上常用的多层安全玻璃。使用的聚乙烯醇缩丁醛具有高分子量，缩醛度 70%～80%，游离羟基占 17%～18%，加入邻苯二甲酸酯及癸二酸酯增塑剂后，可制成无色透明的胶膜。

## 31.6.2 聚乙烯醇及聚乙烯醇缩醛类水基胶黏剂的改性

聚乙烯醇的改性主要包括共聚改性、共混改性、聚合物的后反应改性（涉及醚化、缩醛化、交联、降解及表面改性等）三大类。

### 31.6.2.1 共聚改性

共聚改性是通过选择可共聚单体与 VAC 单体进行溶液共聚，制得醋酸乙烯酯共聚物，再通过在甲醇中进行醇解、干燥，再将改性后的聚乙烯醇溶解于水中，制成水性 PVA 胶黏剂。可供共聚的单体主要有乙烯、丙烯、7-辛烯-1-醇、丙烯酸甲酯、甲基丙烯酸甲酯、马来酸二甲酯、丙烯酰胺、丙烯腈、烯丙基氯、乙烯基二甲氧基硅烷等非离子单体；衣康酸、马来酸、巴豆酸、富马酸、丙烯酸、甲基丙烯酸、马来酸酐等不同的共聚单体。

### 31.6.2.2 共混改性

PVA 的共混改性，即为使 PVA 与其他高分子物质相溶混，以改变其原有的性能。如用淀粉改性，分子间羟基相互作用破坏了淀粉分子内的氢键结合，可以改善胶膜性能。具有初黏性强、耐水性好、储存稳定、制备和使用简便等优点。

### 31.6.2.3 聚合物的后反应改性

（1）酯化改性　酯化反应是研究人员都熟知的基础反应，通过羟基与羧基的相互作用形成了酯键。对于聚乙烯醇的酯化改性不单单局限于无机酸或有机酸对聚乙烯醇材料的改性，还包含酸酐、酰氯衍生物等一系列改性剂所发生的改性反应。同样，通过改性得到的酯化聚乙烯醇抗水性强，热稳定性得到了大幅度提高。

（2）醚化改性　聚乙烯醇的醚化改性原理是利用聚乙烯醇羟基的化学活泼性，引入相应单体对羟基进行醚化，从而得到醚化改性的聚乙烯醇。国外曾有报道，用脂肪族、环脂肪族或芳香族的环氧化合物，在无水熔融状态下进行醚化改性，以此改善了聚乙烯醇的透气性、热稳定性和加工性能等。

## 31.6.3 聚乙烯醇胶黏剂的制备实例及生产工艺

聚乙烯醇水溶液对多孔性和吸水性表面有较强的粘接性，是淀粉的 2～3 倍。一般地，将聚乙烯醇溶于水后，根据需要加入熟化剂（如硫酸钠、硫酸锌、硫酸铵、无机酸、多元有机酸等）、增稠剂（如聚醋酸乙烯酯乳液、纤维素等）、填料（如淀粉、松香、明胶、高岭土、黏土、钛白粉等）、增塑剂（如甘油、聚乙二醇、山梨醇、聚酰胺、尿素衍生物等）、乳化剂、交联剂等，即可制得不同用途的聚乙烯醇胶黏剂。

聚乙烯醇的水解度不同，则其性能和用途相差较大。完全水解型聚乙烯醇对于提高耐水性是十分有益的。由于完全水解，其分子量较高，因此溶液黏度大，仅可用于制备低固含量的胶黏剂，体系的机械稳定性良好；中等水解型聚乙烯醇用于制备胶黏剂，在粘接性、黏度控制和保护胶体方面起着重要的作用，尤其是较多地用于乙酸乙烯酯的乳液聚合中；低水解型聚乙烯醇的低温水溶性良好，胶膜具有润湿性和良好的光泽，且不会导致纸张翘曲。通常将 PVA 与淀粉、糊精及黏土复配，可制备低成本的纸层压用胶黏剂。对于食品包装而言，聚乙烯醇一般被认为是安全可靠的。

为了提高聚乙烯醇的耐水性，通常在酸性催化剂的存在下，将聚乙烯醇与不同醛类化合物进行缩醛化反应，制得聚乙烯醇缩醛。如果醛类的碳链越长，树脂的玻璃化转变温度越低，则耐热性就越低，但韧性和弹性提高，在有机溶剂中的溶解度也会增加。低缩醛度（如 50%）的聚乙烯醇缩甲醛可溶于水，用于制备水溶性胶黏剂。而缩醛度高的聚乙烯醇缩甲醛难溶于水，但可溶于醇类等有机溶剂。目前，商品化的聚乙烯醇缩醛主要有聚乙烯醇缩甲醛（俗称 107 胶）、聚乙烯醇缩丁醛等，它们的软化点范围很宽，前者的软化点在 200℃ 以上，而后者的软化点可以低到 100℃ 以下。聚乙烯醇缩甲醛能溶于乙醇和甲苯的混合溶剂，聚乙烯醇缩丁醛能溶于乙醇。目前，工业上采用的聚乙烯醇缩丁醛的缩醛度是 70%～85%（摩尔分数），主要用于安全玻璃胶黏剂。

下面以具体实例介绍以聚乙烯醇为原料制备聚乙烯醇缩甲醛类胶黏剂实际生产工艺。

（1）配方（见表 31-36）

表 31-36　聚乙烯醇缩甲醛类胶黏剂配方

| 原料名称 | 纯度/% | 用量/g |
|---|---|---|
| 聚乙烯醇 | 100 | 100 |
| 甲醛 | 36 | 45 |
| 水 | — | 一次 600 |
| | | 二次 800 |
| 盐酸 | 30 | 适量 |
| 氢氧化钠 | 40 | 适量 |

（2）生产工艺

a. 将 600 份水加入反应釜中，再加入 100 份聚乙烯醇。

b. 在 30～40min 内使内温均匀升至 90℃±2℃，保持至聚乙烯醇完全溶解。

c. 用真空泵吸入甲醛。

d. 加入盐酸调节 pH 值至 2.0～2.5。

e. 在 90℃±2℃ 进行缩聚反应至终点。立即加入 800 份水稀释，然后用氢氧化钠调节 pH 值至 7.0～7.5，冷却至 40℃放料。

# 31.7　环氧树脂类水基胶黏剂

水性环氧树脂通常是指普通的环氧树脂以颗粒或胶体形式分散于水相中所形成的乳液、水分散体或水溶液，三者之间的区别在于环氧树脂分散相的粒径大小范围不同。

这三种类型环氧树脂的物理性质区别如表 31-37 所示。

表 31-37　不同水性环氧树脂的物理性质区别

| 性能 | 乳液 | 水分散体 | 水溶液 |
|---|---|---|---|
| 外观 | 不透明，呈现光散射 | 半透明，呈现光散射 | 透明，无光散射 |
| 微观粒径/μm | ＞0.1 | 约 20～100 | ＜0.005 |
| 自聚集常数/K | 约 1.9 | 0～100 | 0 |
| 分子量 | $10^6$ | $2\times10^4\sim5\times10^4$ | $2\times10^4\sim5\times10^4$ |
| 黏度 | 低，与聚合物分子量无关 | 较黏，部分取决于聚合物分子量 | 完全取决于聚合物分子量 |

## 31.7.1　环氧树脂类水基胶黏剂的分类

### 31.7.1.1　双组分水基环氧胶黏剂

一般来说，水基环氧树脂乳液可以用很多常用的环氧树脂固化剂来固化，但是应采用在水介质中水溶性稳定的或能在水中分散的固化剂，通常使用的是胺类固化剂、取代咪唑、双氰双胺等。近几年还发展了本身能在水中固化的固化剂，专用于环氧树脂乳液的固化。这里所说的双组分水基环氧胶黏剂就是指环氧树脂乳液供应商配套提供或用户自己选用的固化剂，在使用前现场配制。

针对汽车制造中的应用，双组分水基环氧树脂胶黏剂的配方和粘接性能见表31-38。

表 31-38　双组分水基环氧树脂胶黏剂的配方和粘接性能

| 组分（质量份） | 配方 A | 配方 B | 配方 C | 备注 |
|---|---|---|---|---|
| EPI-Rez W55-503 | 100.0 | | 100.0 | |
| EPI-Rez W60-3513 | | 100.0 | | 固化剂 |
| EPI-CURE 3046 | 24.1 | 21.6 | 50.0 | |
| 水 | 50.0 | 60.0 | 50.0 | （BOS） |
| 环氧基硅烷/% | | | 1 | |
| 固含量/% | 45 | 45 | 45 | |
| 剪切强度/MPa | | | | 破坏类型 |
| Al-Al | 15.2 | 7.4 | | 内聚 |
| CRS-CRS | 10.2 | 5.4 | 9.9 | 内聚 |
| SMC-SMC | 3.5 | 4.7 | 4.6 | 内聚 |
| Nylon-Nylon | 1.5 | 1.3 | | 粘接 |
| TPO-TPO | 0.4 | 0 | | 粘接 |
| RIM-RIM | 1.9 | 1.7 | | 内聚 |
| SMC-CRS | 8.4 | 11.0 | | 内聚 |

注：Al—铝 2043-T3；CRS—冷轧钢板；SMC—片状模塑材料；Nylon—尼龙（DuPont）；RIM—反应注射成型材料（Mobay BAFLEX 110-35）。与下表代号共用。

这种双组分胶黏剂现场混配后，使用期为数小时，在测定粘接强度时，先将胶黏剂涂于两个被粘基材的表面，放在 65.5℃ 热风烘箱中去除水分，再将两片对粘，进行固化。尽管这类胶黏剂可以基本达到汽车制造的性能要求，但未见在汽车工业中大量应用的报道，这可能有汽车生产线改造难、使用习惯等多方面的原因。

### 31.7.1.2　单组分水基环氧胶黏剂

单组分水基环氧胶黏剂出售前已放入潜伏性固化剂，可以通过加热或改变介质 pH 使固化剂活化，实现环氧树脂的固化。

（1）加热固化型　环氧树脂常用的潜伏性固化剂大多可以用于水基环氧胶黏剂。针对汽车工业使用的材料，以双氰双胺为固化剂的试验结果列于表 31-39。所用配方使用期至少数天。固化条件为 65.5℃、3min，177℃、10min。固化物的耐水性优良。例如，这种单组分水基环氧胶黏剂粘接铝片，在 177℃ 固化 10min 后，室温条件下浸泡在水中 20d，其剪切强度由 20MPa 下降到 15MPa。

用潜伏性固化剂双氰双胺固化的同一种环氧树脂乳液（EPLRe2 W60-3515）较双组分产品有更高的粘接强度。

表 31-39　双氰双胺固化的环氧树脂乳液

| 组成（质量份） | 配方 A | 配方 B | 配方 C |
|---|---|---|---|
| EPI-Rezr（CMD）W60-3515 | 100.0 | | |
| EPI-Rez W60-3522 | | 100.0 | |
| EPI-Rez W60-3520 | | | 100.0 |
| 双氰双胺 | 3.50 | 2.25 | 2.25 |
| 2-甲基吡唑 | 0.15 | 0.20 | 0.20 |
| 水 | 20.0 | 20.0 | 20.0 |

续表

| 组成（质量份） | | 配方 A | 配方 B | 配方 C |
|---|---|---|---|---|
| 固含量/% | | 50.0 | 50.0 | 50.0 |
| 剪切强度/MPa | Al-Al | 22.7 | 24.5 | 19.7 |
| | 65.5℃测试 | 19.7 | 8.7 | 20.0 |
| | SMC-SMC | 4.4 | 3.3 | |
| | SMC-CRS | 2.3 | 4.2 | |
| 铅笔硬度/H | | 4 | 4 | 4 |
| 反向冲击强度/J | | >18 | >18 | >18 |

（2）改变介质 pH 固化型　可使用环氧树脂-二胺盐乳液进行单组分水基环氧胶黏剂的设计。其中二胺盐作为潜伏性固化剂，还起乳化剂的作用。当把这种乳液同水泥、石灰等碱性物质混合时，二胺便释放出来，同环氧基团反应使其固化。这种类型的水基环氧胶黏剂在建筑方面有较高的使用价值。从 20 世纪 80 年代中期到 90 年代初期不少公司有多项专利公布。Huels 公司的专利系统地说明了环氧树脂-二胺盐乳液配方，列于表 31-40，配方量为质量份。

表 31-40　环氧树脂-二胺盐乳液配方

| 组分 | 例 1 | 例 13 | 例 14 | 例 15 | 例 16 | 例 18 |
|---|---|---|---|---|---|---|
| 水 | 104 | 50 | 40 | 100 | 50 | 104 |
| 乳化剂及用量 | PVA 44 | PVA 100 | PVA 100 | PVA 120 | 聚噁唑啉 70 | PVA 44 |
| 清泡剂 | 45 | 5 | 10 | 5 | 5 | 0 |
| 酸或铵盐及用量 | 草酸 30.3 | 草酸 35 | 草酸/富马酸 13～17.5 | 酒石酸/草酸 10/31 | IPD/草酸盐 82 | 草酸 30.3 |
| 二胺及用量 | IPD 40.6 | TMD 43.17 | IPD 47 | IPD 47 | | IPD 40.6 |
| 环氧树脂及用量 | PUTAPOX 173 | PUTAPOX 200 | PUTAPOX 200 | PUTAPOX 200 | PUTAPOX 200 | PUTAPOX 173 |

这种环氧树脂-二胺盐乳液可以作为胶黏剂配制水泥砂浆。一般采用水/灰比值为 0.35～0.65，乳液固体分对水泥的比例为 0.035～0.15。同一般水泥砂浆相比，不仅提高了弯曲强度和粘接性能，更重要的是具有较高的抗渗水性和耐化学腐蚀性。适合用作旧建筑物的修复，制造污水管道，作为地板胶料等。表 31-41 清楚说明了环氧乳液配制的水泥砂浆的性能。

表 31-41　环氧乳液配制的水泥砂浆的性能

| 项目 | 1 | 2 | 3 | 4 | 5 | 6 |
|---|---|---|---|---|---|---|
| 波特兰水泥 | 100 | 100 | 100 | 100 | 100 | 100 |
| 0/1mm 砂 | 200 | 200 | 200 | 200 | 200 | 200 |
| 1/2mm 砂 | 100 | 100 | 100 | 100 | 100 | 100 |
| 水 | 42.5 | 58 | 38.4 | 53.9 | 37.1 | 52.6 |
| 环氧乳液 | | | 12.5 | 12.5 | 16.6 | 16.6 |
| 弯曲强度/MPa | 9.4 | 6.3 | 11.7 | 11.1 | 11.8 | 10.4 |
| 亚索强度/MPa | 59.5 | 38.7 | 56.6 | 44.8 | 57.0 | 46.7 |

使用这种乳液同水泥混合便可配制成胶黏剂。例如，用乳液 58 份同 100 份水泥混合配制成胶黏剂，用于钢的粘接，拉剪强度为 1.6MPa；对混凝土的粘接强度为 3.1MPa。制成试块，在潮湿环境下贮存 3 天后，再在室温条件下存放 4 天，测试弯曲强度为 11.5MPa，压缩强度为 71.6MPa。

# 31.7.2　环氧树脂类水基胶黏剂的制备和固化影响因素

## 31.7.2.1　环氧树脂类水基胶黏剂的制备

制备环氧树脂乳液现在有两种基本方法：外加乳化剂法和化学改性法。

（1）外加乳化剂法　选择现有的环氧树脂加入一种或多种适当的乳化剂进行乳化，是现在通常采用的方法。除原有的乳化剂外，不断合成出一些新的表面活性剂用于环氧树脂乳化，以提高乳液的稳定性、耐冻融性及固化物的耐水性。如近几年来推出的聚亚乙氧基烷基酚基醚硫酸钠、聚（N-酰基亚乙基亚胺）等。外加乳化剂法具体分为直接乳化法、相反转法、固化剂乳化法和聚合型乳化剂乳化法，下面进行详细的介绍：

① 直接乳化法。直接乳化法即机械法，可用球磨机、胶体磨、均化器等将环氧树脂磨碎，然后加入乳化剂水溶液，再通过机械搅拌将粒子分散于水中；或将环氧树脂和乳化剂混合，加热到适当的温度，在剧烈的搅拌下逐渐加入水而形成乳液。可采用的乳化剂有聚氧乙烯烷芳基醚（HLB＝10.9～19.5）、聚氧乙烯烷基醚（HLB＝10.8～16.5）、聚氧乙烯烷基酯（HLB＝9.0～16.5），另外也可自制活性乳化剂。环氧树脂水分散体系的机械制备工艺见图31-3。

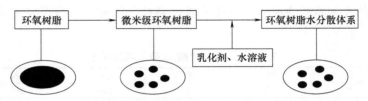

图 31-3　环氧树脂水分散体系的机械制备工艺

② 相反转法。相反转是高分子树脂借助于外乳化剂的作用并通过物理乳化的方法制得相应的乳液。该乳化过程可在室温环境下进行，对于固体环氧树脂，则需要借助于少量有机溶剂或进行加热来降低环氧树脂本体的黏度，然后再进行乳化。

图 31-4 说明了以相反转技术乳化高分子树脂的过程。体系中除了树脂、乳化剂和水三组分外，不含任何有机溶剂。这种方法称为"干法乳化"，它适用于在水沸点以下具有较适中黏度的高分子树脂。

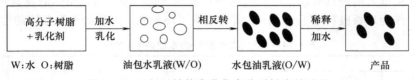

图 31-4　以相反转技术乳化高分子树脂的过程

③ 固化剂乳化法。将多元胺固化剂进行扩链、接枝、成盐，使其成为具有亲环氧树脂分子结构的水分散型固化剂，同时它作为阳离子型乳化剂对环氧树脂进行乳化，两组分混合后可制成稳定的乳液。

双酚 A 型环氧树脂和过量的二乙烯三胺反应，形成胺封端的环氧树脂加成物，真空蒸馏除去多余的二乙烯三胺，再加入单环氧基化合物将氨基上的伯氢反应掉，最后加入乙酸中和，制成酸中和的环氧树脂固化剂。此固化剂可分散于水中，向其水溶液中直接加入环氧树脂或环氧树脂乳液，均可形成稳定的水乳化环氧-胺组合物。

④ 聚合型乳化剂乳化法。聚合型乳化剂既可在乳液聚合中起着普通乳化剂的作用，又能参与聚合反应过程，且在反应前后和反应过程中，其乳化性能并不降低。这种乳化剂近年来引起了国内外同行的极大兴趣。

常用的聚合型乳化剂主要有阳离子型（如十八烷基二甲基乙烯苯基氯化铵）、阴离子型（如对苯乙烯磺酸钠、丙烯酰胺硬脂酸钠盐）、非离子型（如聚氧化乙烯壬酚醚丙烯酸酯）和两性型（如甲基丙烯酸-2-磺酸基丙酯基三甲基氯化铵）。

利用环氧树脂和聚合型乳化剂反应，无疑可以生成一种新型的水性环氧树脂，克服了以往简单将环氧树脂和乳化剂通过激烈搅拌机械乳化而造成的乳液不稳定等一系列缺点。如用分子量为 4000～20000 的双环氧端基乳化剂与环氧当量为 190 的双酚 A 型环氧树脂和双酚 A 混合，以三苯基膦化氢为催化剂进行反应，可制得含亲水性聚氧乙烯、聚氧丙烯链端的环氧树脂，该树脂不用外加乳化剂便可溶于水，且耐水性增强。

（2）化学改性法 通过对环氧树脂分子进行改性，将离子基团或极性基团引入环氧树脂分子的非极性链上，使它成为亲水亲油的两亲性聚合物，从而具有表面活性剂的作用，这类改性后的高聚物又称离聚体。当这种改性聚合物加水进行乳化时，疏水性高聚物分子链就会聚集成微粒，离子基团或极性基团分布在这些微粒的表面，由于带有同种电荷而相互排斥，只要满足一定的动力学条件，就可形成稳定的水性环氧树脂乳液。用化学改性的方法制备的水性环氧树脂乳液中分散相粒子的尺寸很小，约为几十到几百纳米，但化学改性法的制备步骤不易控制，产品的成本也较高。

① 醚化反应型。最常用的是双酚 A 型环氧树脂同聚氧化乙烯（或聚乙二醇）进行醚化反应，近几年来不断有改进的方案提出。现举出日本油墨化学工业公司提出的一例。

自乳化环氧树脂配方（质量份）：聚氧化乙烯 1mol、马来酸酐 2mol、双酚 A 2.6mol 和适量聚酯组成的混合物 32 份，双酚 A 环氧树脂（环氧当量 475）400 份，丁醇 20 份，甲苯 75 份。

工艺流程：

自乳化环氧树脂 ⟹ 加水100份 ⟹ 加水810份 ⟹ 脱甲苯 ⟹ 环氧树脂乳液

所得环氧树脂乳液外观为乳白色，固含量为 50%，黏度为 40mPa·s，粒径为 0.7μm，乳液稳定，12 个月不沉降。

② 酯化反应型。酯化反应型与醚化反应型不同的是氢离子先将环氧环极化，酸根离子再进攻环氧环，使其开环。现有的方法如下所述。

a. 用不饱和脂肪酸酯化环氧树脂，再将所得产物与马来酸酐反应，引入极性基结构如下：

$$\underset{\underset{OA}{|}}{H_2C}-\underset{\underset{OA}{|}}{CH}-CH_2-O-C_6H_4-\underset{\underset{CH_3}{|}}{\overset{\overset{CH_3}{|}}{C}}-CH_2-\underset{\underset{OA}{|}}{CH}-CH_2\Big]_n$$

当所用脂肪酸为亚麻油酸时，则 A 为

$$-\underset{O}{\overset{\|}{C}}-RCH-\underset{\underset{\underset{O}{\|}}{\underset{O}{\overset{CH}{|}}}}{CH}-\underset{\underset{\underset{O}{\|}}{\underset{O}{\overset{CH_2}{|}}}}{CHR'}$$

或者将不饱和脂肪酸先与马来酸酐反应，所得中间产物与环氧树脂发生酯化反应，然后中和产物上未反应的羧基。

b. 在较激烈反应条件下，环氧树脂可以和羧酸发生酯化反应，按化学计量加入二酸，可得到含游离羧基的环氧酯，用有机胺中和即得稳定分散体。

c. 磷酸与环氧树脂反应成环氧磷酸酯，由于溶液有利于放热反应进行，用环氧树脂溶液反应可得最好结果，磷酸最好与水和醇一起逐步加入溶液中，反应极易得二磷脂，二磷脂在水或醇作用下易解离成单磷脂，用胺中和，可得不易水解的较稳定水分散体。

d. 环氧树脂与丙烯酸树脂发生酯基转移反应，或环氧树脂与丙烯酸单体溶液反应，丙烯酸通过酯键接枝于环氧树脂上。

e. 低分子量的含环氧基有机物，在亚硫酸氢钠作用下可以磺化，通过这种方法有可能将低分子量环氧树脂进行磺化改性，使其水性化。

酯化法的缺点是酯化产物的酯键会随时间增加而水解，导致体系不稳定。为避免这一缺点，可将含羧基单体通过形成碳碳键接枝于高分子量的环氧树脂上。

③ 接枝反应型。将丙烯酸单体接枝到环氧分子骨架上，制得不易水解的水性环氧树脂。反应为自由基聚合机理，接枝位置为环氧分子链上的脂肪碳原子，接枝率低于100%。最终产物为未接枝的环氧树脂、接枝的环氧树脂和聚丙烯酸的混合物，由于无酯键的存在，用碱中和可得稳定的水基乳液。这种方法一般是将环氧树脂溶于溶剂中，再投入丙烯酸单体（如甲基丙烯酸、丙烯酸等）及引发剂，加热使环氧树脂分子中的亚甲基—$CH_2$—或—CH—成为活性点而引发丙烯酸单体聚合，生成含富酸基团的改性环氧树脂，加氨水中和，再加入水后即可制得环氧丙烯酸。

### 31.7.2.2 环氧树脂类水基胶黏剂的固化影响因素

水性环氧胶黏剂为多相体系，环氧树脂为分散相，胺固化剂为连续相，首先在界面上发生固化反应，同时固化剂逐渐扩散到环氧树脂中，进一步使环氧树脂固化，所以水性环氧体系的固化是由扩散过程控制的。是否固化完全取决于以下几个因素。

（1）分散相的粒径　粒径越小，固化越易趋于完全。

（2）分散相环氧颗粒的黏度和玻璃化转变温度　Ⅰ型水性环氧体系中分散相环氧树脂处于液态，但随着固化反应的进行，环氧颗粒表面层的黏度不断增大，甚至成为固体，其玻璃化转变温度也会逐渐上升，使固化剂的扩散越来越困难。Ⅱ型水性环氧体系中，环氧颗粒为含溶剂的高黏度溶液，随着固化反应的进行也会形成扩散的壁垒。

（3）胺固化剂与环氧树脂的相容性　两者的相容性越好，固化剂越容易向环氧树脂内扩散，有利于固化。环氧树脂是亲油的，其亲水亲油平衡值（HLB）为3左右。而多胺固化剂则是亲水的，具有水溶性。因此，为改善两者的相容性，通常胺固化剂为环氧多胺加成物。

在成膜过程中，随着水分的蒸发，环氧颗粒与胺固化剂形成紧密堆积。如果这时环氧颗粒仍是液态或其玻璃化转变温度仍低于室温，环氧树脂与固化剂的相容性良好，则可形成均相透明和有光泽的膜。反之，如放置时间太长，环氧颗粒的玻璃化转变温度升高，就可能形成不完全均相的膜，透明性和光泽度低，甚至不能成膜。成膜后固化反应继续进行，完全固化可能要10～15d。

水性环氧胶黏剂的固化和成膜性直接影响其粘接性能，如强度、耐水性和耐溶剂性等。要保证胶膜固化完全，首先是使分散相的粒径尽可能小，其次少量的溶剂可起到成膜助剂的作用，有利于提高胶膜的质量。同时应提高胺固化剂与环氧树脂的相容性。

固化剂是决定环氧固化产物性能的一个关键组分。作为水性环氧树脂的固化剂，应能够较好溶解或分散于水中，并与水性环氧树脂组成相对比较稳定的均匀体系，同时混合体系的流变性能、施工期限、固化时间、固化条件及固化产物性能等应能满足使用的要求。

水性环氧树脂胶黏剂一般采用多乙烯多胺类环氧固化剂（如二乙烯三胺、三乙烯四胺及间苯二胺），实际上大多为它们的改性产物，包括酰胺化的多胺、聚酰胺和环氧-多胺加成物。

# 31.7.3　环氧树脂类水基胶黏剂的应用和配方实例

## 31.7.3.1　环氧树脂类水基胶黏剂的应用

水性环氧胶黏剂经过几十年的研究开发，配方和制造技术不断改进，品种不断增多，应用领域不断扩大。但是，至今为止以环氧树脂乳液为原料的胶黏剂远不如涂料应用那么广泛，水基环氧胶黏剂成功的应用主要在建筑领域。因此，以下重点叙述在建筑方面的应用，仅简略介绍在其他领域的应用。表 31-42 列出了 CE-1 胶黏剂的粘接强度。

表 31-42　CE-1 胶黏剂的粘接强度

| 胶黏剂配方 | 质量比 | 被粘材料 | 固化温度与时间 | 剪切强度/MPa |
|---|---|---|---|---|
| CE-1 乳胶/水泥 | 1/1.67 | 钢-钢 | 25～30℃、1d | 4.85 |
| | | 钢-钢 | 25～30℃、7d | 5.10 |
| CE-1 乳胶/石灰 | 1/1 | 钢-钢 | 25～30℃、1d | 3.94 |
| | | 钢-钢 | 25～30℃、7d | 5.07 |
| CE-1 乳胶/水泥 | 1/2 | 黄铜-黄铜 | 22～26℃、1d | 3.04 |
| | | 黄铜-黄铜 | 22～26℃、7d | 4.40 |
| CE-1 乳胶/石灰 | 1/1.67 | 黄铜-黄铜 | 22～26℃、1d | 2.70 |
| | | 黄铜-黄铜 | 22～26℃、7d | 3.85 |
| CE-1 乳胶/水泥 | 1/1.67 | 混凝土-混凝土 | 28～32℃、1d | >2.98 |
| | | 混凝土-混凝土 | 28～32℃、7d | >2.68 |

注：混凝土本身破坏。

这种单组分水基环氧胶黏剂广泛应用于建筑领域，具体如下。

（1）混凝土的粘接　特别适宜对旧建筑物进行修缮、加固。如用于修补卫生间地面裂缝，6h 后可不漏水。

（2）水泥预制品的修补　现代建筑工程大量使用水泥预制品，如梁、柱、地板、大直径管道等。在制造过程中，水泥预制品往往会出现缺陷、裂缝等；在搬运过程中也会因碰撞而损伤。这些缺陷和损伤用前必须进行修补。这种水基环氧胶黏剂很适合这种用途。据报道，该胶黏剂用于修补水泥制品厂直径为 2m 的钢筋混凝土自来水管道时，修补 6h 后管道可耐水压 0.6MPa。

（3）粘贴装饰材料　可以在建筑物的混凝土、水泥砂浆等基材表面粘贴铜、不锈钢、花岗石、大理石等装饰材料。

（4）作为固定金属锚杆的锚固剂　在隧道和地下工程施工中采用锚喷支护法，在厂房地面安装大型设备，都需要固定金属锚杆。现在多数使用的不饱和聚酯锚固剂都是双组分的，包装和使用都比较复杂，使用时也难以保证混合均匀，强度会受到不同程度的影响。采用单组分水基环氧胶黏剂可以克服上述缺点，很有推广价值。

（5）用作工业厂房的防腐耐磨地坪材料　单组分环氧树脂乳液可同一定比例的水泥、砂石混合，用作地坪材料，具有很好的强韧性、耐磨性及防腐性能。

除在建筑领域的应用之外，报道的用途还有如下两种。

（1）无纺布制造　用水基环氧乳液作为胶黏剂，或用它对现用无纺布胶乳进行改性，可提高无纺布的粘接强度、力学性能和耐化学腐蚀性。

（2）复合材料的制造　用水基环氧胶黏剂浸渍玻璃布、无纺布、碳纤维织物等，先使水蒸发，再压成复合材料。可制作印刷线路板并与铜箔粘接，可提高粘接强度，消除溶剂污染。

总之，随着人们环保意识的加强，环保法规日趋严格，近年来水性环氧胶黏剂备受重视，研究开发活跃，应引起我国胶黏剂业界的注意。单组分水性环氧胶黏剂在建筑领域应用有其突出优点，值得大力开发和推广应用。还应针对该领域实际应用中不断提出的新要求，开发系列化新产品。

另外，水性环氧乳化技术、环氧树脂改性、配方选择等方面研究较多，相比之下在胶黏剂应用市场的开发方面还显不够。如在汽车制造、复合材料、无纺布等领域都显示出较好的市场前景，应加大推广应用的力度。

### 31.7.3.2 环氧树脂类水基胶黏剂的配方实例

（1）直接喷射制版用水性紫外光感光环氧胶黏剂

① 原料与配方。见表31-43。

表 31-43 原料与配方分析

| 原料 | 规格 | 质量份 |
|---|---|---|
| 丙烯酸改性环氧预聚物 | 工业 | 100 |
| 缩三丙二醇二丙烯酸酯（TPGDA）活性单体 | 工业 | 120 |
| 4-氯二苯甲酮光引发剂 | 工业 | 16 |
| 流平剂 | 工业 | 16 |
| 稳定剂 | 工业 | 4 |
| 消泡剂 | 工业 | 8 |
| 表面活性剂 | 工业 | 36 |
| 稀释剂 | 工业 | 100 |
| 去离子水 | 工业 | 适量 |
| 其他助剂 | 工业 | 适量 |

② 制备方法。称取各组分物质，50～70℃恒温加热、在500～700r/min的条件下搅拌，将光引发剂缓慢并均匀地加入活性单体中，待光引发剂完全溶解后，缓慢且均匀地加入水性低聚物充分混合，最后加入添加剂和稀释剂，搅拌至充分混合，继续搅拌一段时间后收料。其中光引发剂和水性低聚物的加入时间控制在25～40min。

③ 性能。感光胶的主要性能测试结果见表31-44。

表 31-44 感光胶的主要性能测试结果

| 性能参数 | 测试结果 | 性能参数 | 测试结果 |
|---|---|---|---|
| 外观 | 微黄透明液体 | 耐磨性/g | 0.007 |
| 光固化时间/s | 2 | 附着力 | 0 |
| pH | 8～9 | 硬度 | 2 |
| 黏度/mPa·s | 58 | | |

（2）改性环氧树脂水性胶黏剂

① 原料与配方。见表31-45。

表 31-45 改性环氧树脂水性胶黏剂原料与配方分析

| A 组分 | 规格 | 质量份 |
|---|---|---|
| 环氧树脂（EP） | 工业 | 100 |
| 液体端羧基丁腈橡胶（CTBN） | 工业 | 10 |
| 柔性聚醚胺（D400） | 工业 | 30 |
| 二乙基甲苯二胺（DETDA） | 工业 | 25 |
| 消泡剂 | 工业 | 1～2 |
| 润湿剂 | 工业 | 1～2 |
| 其他助剂 | 工业 | 适量 |

B 组分

柔性聚醚胺（D400）：二乙基甲苯二胺＝1∶1

② 制备方法。

a. EP胶黏剂的制备。

Ⅰ. A组分（CTBN改性EP）的制备。按配比将CTBN、EP加入带有温度计的三口烧瓶中，120℃搅拌反应2h，冷却至室温即可。

Ⅱ. B组分的制备。按配比将D400和DETDA充分搅拌均匀即可。

b. 粘接件的制备。

Ⅰ. 基材表面处理。先用1#砂纸粗磨基材，后用2#砂纸细磨基材，以除去基材表面的锈迹、污渍，使基材表面平整光亮；然后用丙酮和乙醇清洗基材表面，室温晾干即可。

Ⅱ. 粘接件的制备。按比例将A、B两组分混合均匀，采用刮涂法将胶黏剂涂覆在被粘基材表面，复合后充分固化即可。

③ 性能。改性前后EP胶黏剂的强度和韧性见表31-46。

表 31-46　改性前后 EP 胶黏剂的强度和韧性

| $m_{CTBN} : m_{D400}$ | 拉伸剪切强度/MPa | 拉伸强度/MPa | 冲击强度/(kJ·m²) |
|---|---|---|---|
| 0 : 0 | 32.3 | 18.4 | 8.3 |
| 10 : 0 | 35.5 | 27.1 | 11.2 |
| 0 : 30 | 39.2 | 22.6 | 13.8 |
| 10 : 30 | 43.4 | 34.2 | 16.4 |

由表31-46可知：只添加一种改性剂时，对于拉伸剪切强度和冲击强度而言，30%D400的改性效果优于10%CTBN；对于拉伸强度而言，10%CTBN的改性效果优于30%D400。同时添加两种改性剂的改性效果优于添加一种改性剂的改性效果，即10%CTBN/30%DA00改性体系的强度和韧性相对最好（其拉伸剪切强度、拉伸强度和冲击强度比未加改性剂体系分别提高了34.4%、85.9%和97.6%）。

（3）水性环氧乳液胶黏剂

① 原料与配方。见表31-47。

表 31-47　水性环氧乳液胶黏剂原料与配方

| 原料 | 规格 | 质量份 |
|---|---|---|
| 环氧树脂 CYD-014u | 工业 | 100 |
| 主单体(BA/St) | 工业 | 53/45(质量比) |
| 功能单体(MAA) | 工业 | 23 |
| 溶剂($C_4H_{10}O$,PM) | 工业 | 60 |
| 引发剂(BPO) | 工业 | 4.67~7.33 |
| 中和剂($C_6H_{15}N$) | 工业 | 23.23 |
| 分散剂(去离子水) | 工业 | 适量 |

② 制备方法。向四口烧瓶中按比例加入溶剂丙二醇单甲醚和正丁醇，再加入环氧树脂CYD-014u，搅拌升温到110℃使其溶解。向反应瓶中滴加预先按配方混合均匀的含有溶剂、单体、引发剂的混合溶液，约45min滴完。之后于110℃恒温反应3h，降温至60℃，加入适量三乙胺，调节pH值至7，反应10~15min。降温到45℃后向体系中滴加适量的去离子水，高速搅拌1h，降到室温，出料。

③ 性能。不同烘干温度下胶膜的性能见表31-48。

表 31-48　不同烘干温度下膜胶的性能

| 烘干温度/℃ | 胶膜外观 | 附着力/级 | 耐冲击性/cm |
|---|---|---|---|
| 室温 | 有细小裂纹 | 7 | 10 |
| 60 | 有极少气泡 | 5 | 20 |
| 80 | 平整、透明、光泽度好 | 4 | 25 |
| 100 | 有少许气泡 | 6 | 25 |
| 120 | 光泽度差有细小裂纹 | 6 | 10 |

当烘干温度为60℃时，胶膜出现小裂纹和气泡。因温度较低时，环氧树脂的交联度低，胶膜固化不完全，韧性差，导致胶膜不平整。随着烘干温度的提高，胶膜的固化趋于完全，柔韧性变好。当烘干温度为80℃时，附着力可达到4级，耐冲击性为25cm。而烘干温度为120℃时，胶膜连续，但其他性能较差。综上考虑，选择烘干温度为80℃较合适。

（4）水性环氧胶黏剂

① 乳液配方（质量份）见表31-49。

表 31-49  水性环氧胶黏剂乳液配方

| 原料 | 规格 | 质量份 |
|------|------|--------|
| 环氧树脂（E-44） | 工业 | 100.0 |
| 甲基丙烯酸（MAA） | 工业 | 10.0 |
| 苯乙烯（ST） | 工业 | 10.0 |
| 丙烯酸丁酯（BA） | 工业 | 30.0 |
| 乙二醇单丁醚 | 工业 | 2.0～3.0 |
| 正丁醇 | 工业 | 1.0～2.0 |
| 过氧化苯甲酰 | 工业 | 0.5 |
| 三乙醇胺 | 工业 | 1.0～3.0 |
| 水 | 工业 | 适量 |
| 其他助剂 | 工业 | 适量 |

② 胶黏剂配方（质量份）见表31-50。

表 31-50  水性环氧胶黏剂配方

| 原料 | 规格 | 质量份 |
|------|------|--------|
| 环氧乳液 | 工业 | 100.0 |
| 填料 | 工业 | 10.0～15.0 |
| 分散剂 | 工业 | 2.0～5.0 |
| 润湿剂 | 工业 | 1.0～2.0 |
| 增黏剂 | 工业 | 3.0～4.0 |
| 中和剂 | 工业 | 适量 |
| 其他助剂 | 工业 | 适量 |

③ 制备方法。

a. 水性环氧树脂的合成方法。向250mL三口烧瓶中加入约20g的环氧树脂，加入一定量的正丁醇和乙二醇单丁醚，加热升温至100℃，搅拌使环氧树脂完全溶解。向溶解后的溶液中缓慢滴加已经过预处理的甲基丙烯酸、丙烯酸丁酯、苯乙烯以及引发剂BPO的混合溶液。将滴加完毕后的溶液加热至110℃继续搅拌反应约6h。反应完毕后将温度降至60℃，加入15mL 20%三乙醇胺将乳液调节至中性。继续搅拌30min。加水高速分散制成固含量约为30%的乳液。

b. 胶黏剂的制备。称料—配料—混料—反应—卸料—备用。

④ 性能与效果。采用化学改性法以甲基丙烯酸、苯乙烯、丙烯酸丁酯为单体改性环氧树脂。所得改性环氧树脂用胺中和成盐，以水高速分散制成乳液，乳液固含量为33.6%，黏度为320mPa·S。

所制备胶黏剂稀释稳定性优良，粘接强度高，应用范围广。

## 参 考 文 献

[1] 周盾白，贾德民，黄险波. 水性胶黏剂的应用及研究进展. 化学与黏合，2006，28（4）：248-253.

[2] 程时远，陈正国. 胶黏剂生产与应用手册. 北京：化学工业出版社，2003.

［3］　黄世强. 环保胶黏剂. 北京：化学工业出版社，2003：24-46.

［4］　李红强. 胶粘原理、技术及应用. 广州：华南理工大学出版社，2014.

［5］　宋小平. 胶黏剂实用生产技术 500 例. 北京：中国纺织出版社，2011.

［6］　宋羽，郭青，吴秦. 水性丙烯酸酯树脂交联体系的研究进展. 中国胶粘剂，2003（5）：50-55.

［7］　王虹，王慎敏，秦梅. 胶黏剂合成、配方设计与配方实例. 北京：化学工业出版社，2003.

［8］　曹同玉，刘庆普，胡金生. 聚合物乳液合成原理性能及应用. 北京：化学工业出版社，1999.

［9］　李和平. 胶黏剂生产原理与技术. 北京：化学工业出版社，2009.

［10］　柴坤刚，徐志君，纪红兵. 松香基丙烯酸酯乳液压敏胶的制备. 精细化工，2018，35（01）：163-169.

［11］　徐学峰，张卫英，李晓，等. 水性丙烯酸酯纸塑复膜胶的制备及性能. 塑料工业，2014，42（12）：13-16.

［12］　范念念，王晓莉，熊晓，等. 丙烯酸酯乳液胶黏剂配方和工艺研究进展. 粘接，2014（3）：41-46.

［13］　李桢林，杨志兰，范和. 柔性印制电路板及其基材用胶粘剂的研究进展. 绝缘材料，2005（3）：52-54＋59.

［14］　高尚. PVC 地板用丙烯酸酯乳液的合成及应用. 广州：华南理工大学，2012.

［15］　刘益军. 聚氨酯树脂及其应用. 北京：化学工业出版社，2012.

［16］　刘益军. 聚氨酯原材料及助剂手册. 北京：化学工业出版社，2005.

［17］　许戈文. 水性聚氨酯及应用. 北京：化学工业出版社，2015.

［18］　闫福安. 水性聚氨酯的合成及应用. 胶体与聚合物，2003（02）：30-32.

［19］　杜明，赵毅磊，徐鑫. 水性聚氨酯的交联改性研究. 化学与黏合，2007（1）：49-51.

［20］　彭晓萌. 对不同乳化方法合成的水性聚氨酯后扩链的研究. 合肥：安徽大学，2016.

［21］　陈飞，王武生，戴家兵，等. 水性聚氨酯端基的测定与预聚体分散扩链反应研究. 涂料工业，2013（12）：10-13，24.

［22］　邓威，黄洪，傅和青. 改性水性聚氨酯胶黏剂研究进展. 化工进展，2011（6）：1341-1346.

［23］　Harjunalanen T，Lahtinen M. The effects of altered reaction conditions on the properties of anionic poly（urethane-urea）dispersions and films cast from the dispersions. European Polymer Journal，2003（39）：817-824.

［24］　方继敏，袁绪华. 铸造用 MgO-磷酸盐胶粘剂耐潮湿性能的研究. 化学与粘合，1998（3）：4-6.

［25］　张凯. 氯丁胶乳胶粘剂研究进展. 粘接，2016（10）：28-30.

［26］　彭军，杨育农，谢宇芳. 水性氯丁橡胶胶黏剂性能改进的研究进展. 化学与黏合，2018（1）：61-63.

［27］　燕丰. 我国聚乙烯醇生产技术研究新进展. 乙醛醋酸化工，2017（10）：15-18.

［28］　崔小明. 聚乙烯醇生产技术进展及国内外市场分析. 精细与专用化学品，2001，19（9）：9-11.

［29］　侯少武，滕朝晖，杨俊生. 聚乙烯醇市场 生产技术 应用. 北京：北京燕山出版社，2017.

［30］　韩长日，宋小平，瞿平. 胶粘剂生产工艺与技术. 北京：科学技术文献出版社，2018.

［31］　袁才登. 乳液胶黏剂. 北京：化学工业出版社，2004.

［32］　翟海潮. 实用胶黏剂配方及生产技术. 北京：化学工业出版社，2000.

［33］　张玉龙，唐磊. 环氧胶黏剂. 北京：化学工业出版社，2001.

［34］　李子东. 实用粘接手册. 上海：上海科学技术文献出版社，1987.

［35］　汪锡安，胡宁先. 胶粘剂及其应用. 上海：上海科学技术文献出版社，1981.

［36］　饶厚曾，黄智敏，唐星华. 建筑用胶黏剂. 北京：化学工业出版社，2002.

（王春鹏　汪宏生　夏宇正 编写）

# 第32章

# 热熔型胶黏剂

## 32.1 热熔型胶黏剂的种类、特点与发展历史

### 32.1.1 热熔型胶黏剂的种类、特点

热熔胶（hot melt adhesive，HMA）是指在室温下呈固态，加热熔融后成黏稠流体，涂布、润湿被粘物后，经压合、冷却后完成粘接的一类胶黏剂。它是以热塑性材料为基料，并添加少量增黏剂、增塑剂、填充剂、防老剂等经熔融混合而制成，有粉状、粒状、棒状、块状等形态，具有固化迅速、无污染、无公害等特点，所以热熔胶黏剂享有"绿色胶黏剂"的美称。

#### 32.1.1.1 热熔胶胶黏剂分类

（1）**按形态分类** 按热熔胶施胶机的需求，其常用的外观形态可以分为块状、粒状、棒状、粉状、线状、网状和膜状（片状）等类型。其中以块状热熔胶与粒状热熔胶需求量最大，块状热熔胶主要以方块、圆柱块和长方块居多；粒状热熔胶主要为菱形、梭形、球形等，以球形居多，色泽具有多样性，而外观又可区分成透明、半透明及不透明等，使用时要将其熔融再刮涂、喷涂，且需要熔胶罐；棒状热熔胶需用热熔胶枪施胶，常用直径规格为11mm，长约为 $150\sim300$ mm，颜色以黄和透明居多，主要用于手工作业，应用于粘接金属、电子产品、塑料零部件及玩具等；粉状热熔胶粒径通常在 $80\sim250~\mu$ m，以白色粉末状为主，采用热压烫的方式进行材料粘接，应用于纺织、汽车内饰、粉末涂料等；网状热熔胶也称为双面粘接衬，主要用于薄型服装的粘接，也可用于制帽制鞋、电子零件以及汽车制造中的粘接；膜状（片状）热熔胶厚度通常在 $0.35\sim0.76$ mm，应用于玻璃胶合、太阳能电池、汽车玻璃、飞机板材等的粘接。

（2）**按基本树脂分类** 热熔胶按基本树脂的不同可分为乙烯-醋酸乙烯酯共聚物（EVA）类热熔胶、苯乙烯嵌段共聚物（SBC）类热熔胶、聚酯（PES）类热熔胶、聚酰胺（PA）类热熔胶、聚氨酯（PU）类热熔胶、聚烯烃（PO）类热熔胶等。

① 乙烯-醋酸乙烯酯共聚物（EVA）类热熔胶。简称 EVA 热熔胶，是由 EVA 共聚物、增黏树脂、蜡、增塑剂、抗氧剂、填料等配制而成，如图 32-1 所示。EVA 热熔胶应用范围广、用量大，是热熔胶黏剂最重要的品种之一。EVA 热熔胶广泛应用于书籍的装订、食品的包装、塑料等的粘接、陶瓷等的修复、装裱服装及鞋帽的成型、汽车以及建材等领域。EVA 与马来酸酐接枝共聚对极性材料的粘接强度有大幅的提高。

EVA 树脂是一种热塑性树脂，耐高温低温性能有限，软化点低，且增黏剂大多数都是

分子量小的聚合物，只是起到降低熔融黏度、提高润湿能力和粘接性能的作用，其本身不耐高温，造成 EVA 热熔胶不耐高温、低温的缺点；同时 EVA 热熔胶还存在粘接性能较低、不耐脂肪油、容易产生结皮以及不太适合大面积涂布粘接等缺点。

② 聚酯（PES）类热熔胶（图 32-2）。热熔胶用 PES 是指由两种或两种以上二元酸和二元醇通过缩聚反应而得到的共聚酯。由于世界经济不断发展，聚酯热熔胶按社会要求可大致分为环保型、反应交联型、耐高温型、多功能型。PES 热熔胶在制鞋业中是使用最广泛的一类热熔胶，其具有粘接强度高、硬化速度快和韧性大等优点，在制鞋的过程中几乎可用于所有需要粘接的工序。PES 热熔胶也经常用在粘接服装或鞋帽的标志上。聚酯和多元羧酸及伯二胺共聚，可得嵌段共聚物的聚酯酰胺热熔胶，由于其大分子链上既有酯键又有酰胺键，其具有聚酯热熔胶和聚酰胺热熔胶的公共特点，被广泛应用于织物的粘接，且耐干洗和水洗。另外聚酯热熔胶还具有热稳定性良好、耐寒耐热绝缘性能好、耐化学腐蚀、无公害等优点，在包装、装订、塑料、陶瓷、汽车、建材等行业均具有广泛的应用。

图 32-1　EVA 颗粒

图 32-2　PES 颗粒

③ 聚酰胺（PA）类热熔胶。热熔胶用的 PA 是主链上含有酰胺基—CONH—重复结构单元的线型热塑性聚合物。通常是由聚合的多烯脂肪族化合物（如乙二胺、二亚乙基三胺等）反应而制得。实际运用的 PA 热熔胶大多采用共聚酰胺树脂以满足不同使用要求。通过共聚，打乱分子链规整性，氢链遭到一定的破坏，使之结晶性下降，熔点降低。采用不同的摩尔配比，可制得高（180～190℃）、中（140～150℃）、低（105～110℃）环球软化点的 PA 热熔胶。聚酰胺类热熔胶有优良的耐热性、耐油性、耐寒性、电性能、耐化学和耐介质性能，无味，无色污，能快速固化。聚酰胺与多种金属和非金属材料均有很好的亲和力，黏附性优良，与其他树脂的相容性良好，因此可掺混以改善其性能。

④ 聚氨酯（PU）类热熔胶。热熔型聚氨酯胶黏剂以氨基甲酸酯为重复结构单元连接的线性聚合物为基体树脂制备而成。具有优良的强度和弹性、高粘接强度，耐磨、耐溶剂，从而应用于各种材料的粘接，在书籍无线装订和制鞋行业方面有着可观的发展前景。PU 热熔胶通常分为热塑性弹性体型和湿固化反应型两大类。PU 热塑性弹性体型热熔胶通常是由端羟基聚氨酯弹性体为主要树脂构成，而湿固化 PU 热熔胶主要由端异氰酸酯聚氨酯聚合物为主要成分构成。湿固化 PU 热熔胶具有固化快、无溶剂、耗能少、无污染、施工方便等优点，但由于其组分中有活跃的游离—NCO，造成胶的贮存稳定性差，且在胶层固化的过程中会产生 $CO_2$，其产生的气泡则会对热熔胶的性能有影响。PU 热熔胶具有胶膜坚韧、耐冲击性好、剥离强度高、耐超低温性好、耐油和耐磨性优良等特点。其缺点是成品的气泡多、操作复杂、需要真空浇铸等。

⑤ 聚烯烃（PO）类热熔胶。该类型包括聚乙烯（PE）、聚丙烯（PP）、聚辛烯烃（POE）及其他 $\alpha$-聚烯烃等。PE 属于表面能较低的材料，因而粘接强度也较低，但是价格

低廉、来源较广，因而在一些行业中仍有使用。无规 PP 类热熔胶由于聚合物中杂质的存在，常常使胶的质量受到影响，并且该类胶的固化速度较慢，耐热性不好，因而目前单独使用的不多，聚烯烃类热熔胶主要是以烯烃共聚物或改性聚烯烃为主。另外市场上还有湿固化型 $\alpha$-聚烯烃类热熔胶，目前用量不大。

另外，还有以橡胶、丙烯酸酯等为基料的热熔胶。

（3）按主要用途分类　目前国内胶黏剂的使用市场主要体现在 5 个部分。

① 建筑用热熔胶黏剂。建筑用胶是我国胶黏剂市场最大消费领域，主要分为装饰胶、密封胶和结构胶 3 类。

② 包装型热熔胶黏剂。包装（纸制品）已成为我国胶黏剂市场第二大消费领域。包装工业中的粘接技术主要包括：纸品包装中的粘接技术、塑料包装中的粘接技术、标签及保护胶带制造中的粘接技术。包装用热熔胶黏剂以 EVA 热熔胶、聚酯热熔胶、聚酰胺热熔胶、聚烯烃热熔胶、苯乙烯类嵌段共聚物热熔胶等为主要品种，其中 EVA 热熔胶的用量最大。

③ 木材加工用热熔胶黏剂。历史上仅用牛皮胶作为木材胶黏剂，而近几年热熔胶的发展很快，木材加工企业中能自制热熔胶，快速固化热熔胶膜，热熔胶的适用范围已扩大到单板膜拼、家具连接、木单板胶压、塑料与人造板粘接、木制品及包装物封边等方面，主要使用 EVA 类热熔胶黏剂和 PUR 类热熔胶黏剂。

④ 制鞋用热熔胶黏剂。目前我国制鞋和箱包业产量分别达到 70 亿双/年、60 亿个/年，占全球总产量一半以上，全行业消耗各类胶黏剂 34 万吨/年左右，其中天然橡胶胶黏剂 9 万吨/年、淀粉胶黏剂 5 万吨/年、氯丁橡胶胶黏剂 9 万吨/年、聚氨酯胶黏剂 7 万吨/年、热熔胶 3.7 万吨/年。热熔胶应用于制鞋工业已有 40 年历史，技术成熟，适用面广，其数量和品种不断增加。鞋用热熔胶的基本要求是：初粘强度高且持久、固化时间短、胶质柔韧性好、耐挠曲、耐油、耐热、耐水、耐寒，耐化学介质。在制鞋工业中，制鞋帮、绷鞋帮、粘大底、制勾心、制作主跟、包头等制鞋各工序中及制作鞋用材料中都在应用热熔胶。制鞋用热熔胶主要为乙烯-醋酸乙烯酯共聚物类、聚酯类、聚酰胺类、聚乙烯类和聚氨酯类等热熔胶黏剂，其中前三种使用量较多。

⑤ 汽车用热熔胶黏剂。主要用于汽车顶棚的粘接（包括聚氯乙烯顶棚接缝、顶棚衬里、顶棚隔声衬垫粘接、顶棚拱形加固梁与顶棚的粘接等）、汽车内外装饰物的粘接、汽车车身覆盖件的焊接密封等，以聚酯热熔胶、聚酰胺热熔胶为主。

## 32.1.1.2　热熔型胶黏剂的特点

热熔胶的优点主要表现在如下几方面：

① 在室温下通常为固体，便于包装和贮运。

② 不含溶剂，依靠冷却固化，因此工艺简单、环保、固化速度快，适应于连续化生产线及手工粘接。

③ 受工作环境中温度及湿度变化的影响小，受胶层影响小，粘接范围广，对许多材料甚至对一些公认的难粘材料（如聚烯烃、蜡纸、复写纸等）也可以进行粘接，粘接能力很稳定。

④ 热熔胶黏剂不放出有毒有害的烟雾，不易燃烧、爆炸，具有一定的安全性，也不对环境造成二次污染和危害健康。另外，多余的胶黏剂还可以再生利用和反复加热，多次粘接，故适用于一些特殊工艺要求构建的粘接，而且光泽和光泽保持性良好，屏蔽性卓越。

热熔胶也存在一些缺点，主要表现在以下几个方面：

① 在性能上有局限，耐热性不够，粘接强度有限，耐药品性差。因此需要对热熔胶基体聚合物进行改性，在一定程度上提高热熔胶黏剂的耐热性和强度。

② 用手工涂覆，效果不好，浪费胶料又难以控制，因此，需配备专门的设备来熔融、施胶，如热熔枪等，在使用上不方便，因此在某种程度上限制了它的应用。

③ 气候和季节有时会影响粘接效果，一般冬季润湿性较差，夏季固化变慢，风大熔融时间缩短等。

## 32.1.2　热熔型胶黏剂的发展简史

热熔胶有着十分悠久的历史，最早人们使用沥青、石蜡、松香等天然材料熔化后粘接器物，这些材料可以称为天然热熔胶。由于这些材料存在强度低等缺点，并没有得到广泛应用，直到高分子合成材料的出现才使热熔胶有了广泛的发展前景。最早研究应用的合成热熔胶为热塑性的聚乙烯树脂热熔胶，尽管聚乙烯是非极性聚合物，黏合性差，但由于嵌入、铆钉等机械作用，用它粘接多孔材料如木材、纸张、布类时也有一定的粘接力，加上聚乙烯价格便宜，因此在某些领域得到了应用。随着对热熔胶性能要求的不断提高，聚酯（PES）热熔胶、聚酰胺（PA）热熔胶、苯乙烯-丁二烯-苯乙烯嵌段共聚物（SBS）热熔胶、乙烯-醋酸乙烯共聚物（EVA）热熔胶、聚氨酯（PU）热熔胶等热熔胶相继被开发出来。

20 世纪 50 年代末，合成热熔胶开始应用于包装行业。20 世纪 60 年代，热熔胶在瓦楞纸板制造、瓦楞纸箱成型、纸袋制造等方面得到了广泛应用。20 世纪 70 年，欧美国家环境污染日趋严重，对胶黏剂的环保要求越来越严，热熔胶开始风行欧美，深受印刷（书籍装订等）、服装、制鞋、装饰、家具等行业的欢迎。20 世纪 70 年代热塑性橡胶的出现使得热熔压敏胶在胶带、标签上的应用得到了发展；20 世纪 80 年代中期又出现了反应型热熔胶。由于热熔胶本身特有的优点，与其他胶黏剂品种相比有着不可比拟的优势，成为胶黏剂中发展最快的品种之一。

20 世纪 90 年代以来，热熔胶黏剂的性能通过接枝改性、共混改性和反应固化等技术在逐步地完善和提高，热熔胶的新品种和新工艺也在不断发展。开发了一系列新型热熔胶，包括水溶性热熔胶、再湿型热熔胶、热熔压敏胶、水敏性热熔胶、耐热热熔胶、溶剂型热熔胶、生物降解型热熔胶等。从各个角度改进了热熔胶的性能，极大地拓宽了热熔胶的应用范围。

欧美国家经过多年的市场整合，热熔胶市场向少数大企业集中。一些跨国公司如汉高、富乐等已成为世界热熔胶行业的领导者，这些企业已经占领了全球热熔胶市场份额的一半以上。这些大公司因其巨大的规模、资金与人才的丰富资源，在研发、采购、制造、销售和品牌建设等环节具有明显的优势。随着全球化趋势的进一步深入，预计大公司的市场份额还将继续增加。当然，由于热熔胶行业存在着很大的差异化和个性化需求，以及中小企业的创新能力和组织活力，中小热熔胶企业仍在全球范围内大量存在。

我国热熔胶的研究开始于 20 世纪 70 年代中期，当时一些科研院所开始热熔胶方面的研究。1977 年，中国青年出版社印刷厂应用进口的 EVA 热熔胶技术装订《毛泽东选集》第五卷。1987 年以前，我国热熔胶的生产尚处于起始阶段，一批热熔胶先驱者开始生产热熔胶，如无锡的书本无线装订胶、温州的标签胶、顺德的胶棒、恒安的卫生巾胶、天津盛鑫旺的木工胶等，当时热熔胶的生产规模小、发展慢，但基本的品种都已经研发出来。

1987 年以后，中国热熔胶工业迎来了快速发展阶段。1987 年，连云港市热熔黏合剂厂从日本引进我国第一条年产 1000t 的热熔胶生产线，用于生产 EVA 无线装订热熔胶和热熔胶棒。之后，我国民营企业如雨后春笋般出现，全球黏合剂的巨头德国汉高、美国富乐等跨国公司都已在中国建立了合资或独资企业，带动了中国热熔胶品种的增加和应用范围的扩大，以及技术水平与质量的提高。1990 年 4 月，中国胶黏剂工业协会在江苏连云港成立热熔胶专业组，组长单位是连云港市热熔黏合剂厂，这标志着中国热熔胶行业已经形成。1993年中国大陆的热熔胶销售量达到了1万吨，1997年销售量达到了2万多吨。其中一次性卫生制品和标签、胶带用的热熔压敏胶发展最快，其次是用于书本装订、服装及鞋类热熔胶。

1997年以后，我国热熔胶发展进入了高速发展阶段，特别是我国加入WTO以后，热熔胶原料逐步国产化，热熔胶技术的不断创新提高、施胶设备的不断完善、应用领域的不断扩大，极大地促进了热熔胶的发展。2003年，中国大陆热熔胶的年销售量达到了10万吨，首次超过日本，成为亚洲最大的热熔胶市场。2007年中国大陆热熔胶的年销售量达到了21.75万吨，是1997年销售量的10倍。10年间各种热熔胶生产大小厂家数量大约发展到300家以上，规模在2000t/a以上的企业有20家以上。

2007年以来，我国热熔胶的发展开始进入成熟期，随着技术人才和经营人才的加盟，一些国内厂家异军突起，技术水平、产品质量大幅提高。由于热熔胶固化快，特别适用于在连续化生产线上使用，使热熔胶应用面不断扩大。目前。我国热熔胶的应用范围已从传统的卫生制品、服装、包装、书籍装订等领域扩展到制鞋乃至木工、建筑、电子、家电、汽车等行业。2012年，中国热熔胶年销售量达到了51.08万吨，超过了北美地区的50.3万吨，成为全球最大的热熔胶市场国家。2016年中国热熔胶市场年销售量更是达到了83.35万吨。

进入21世纪，全球环保意识日渐加强，绿色环保的胶黏剂越来越受到青睐。热熔胶是我国大力推广的环保产品，2011年2月16日国家发展改革委21号令公布《国家发展改革委关于修改"产业结构调整指导目录（2011年本）"有关条款的决定》明确将热熔胶列为国家鼓励类项目。又由于热熔胶固化快，特别适合机械化、连续化生产线上使用。热熔胶应用面不断扩大，是当今世界胶黏剂的发展方向之一。大力发展热熔胶等环保型胶黏剂，符合胶黏剂产业结构调整方向，顺应时代潮流。目前发达国家热熔胶已占合成胶黏剂市场的20%以上，而我国还不到10%。随着我国对环保要求的不断提升，热熔胶产品将成为我国胶黏剂市场的发展方向。

# 32.2　聚醋酸乙烯酯及共聚物（EVA）类热熔胶黏剂

EVA热熔胶是热熔胶黏剂最重要的品种之一，约占热熔胶总量的80%。其具有粘接性能优异、对各种材料几乎都有热粘接力、电气性能优良、熔融黏度低、施胶方便、和其他配合剂相容性好等特点。

## 32.2.1　EVA热熔胶黏剂的组成及典型配方

（1）EVA热熔胶组成　EVA热熔胶呈现半透明到不透明白色蜡状，密度比水稍轻，柔软而且有橡胶弹性、无毒、无味。EVA树脂是由非极性的乙烯单体与强极性的乙酸乙烯单体共聚而成的热塑性树脂，由于引入第二单体醋酸乙烯酯基团（VA），使其显示出不同于聚乙烯的各种性能。通常情况下，热熔型的胶黏剂组成不仅包括基础树脂（EVA），还包括增塑剂、填充剂、增黏剂、触变剂、着色剂及其他助剂。

① 基础树脂EVA。醋酸乙烯基单体（VA）比例越高，其透明度、柔软度及坚韧度会相对提高。VA的含量一般在28%～40%。另外EVA的熔融指数（MI）对热熔胶的熔融黏度和强度也有重要的影响。

② 增黏剂（增黏树脂）。能够提高产品的初黏力的一种物质，一般加入20～200份。同时也可改善产品的流动性和扩散性，提高交接面的润湿性、初黏性。增黏剂的软化点的选择

要和基料树脂的软化点同步，这样制得的热熔密封胶熔化点范围窄、性能好。选择的增黏剂与树脂基料要有良好的相容性，且在熔融温度下要有良好的稳定性。增黏剂的品种很多，最常用的是萜烯树脂、$C_5$ 和 $C_9$ 石油树脂、古马隆树脂以及松香、改性松香等。

③ 黏度调节剂。黏度调节剂主要是可降低聚合物的黏度、增加流动性，还可改善产品的润湿性。但是，用量过大，流动性太强又会加大粘接的困难。因此，黏度调节剂用量要合适，一般为 30% 以下。常用的黏度剂有石蜡、环己醇、聚乙烯蜡等。在使用时，可根据需要选择合适的黏度调节剂。

④ 塑化剂。又名增塑剂，是一种被广泛使用的高分子助剂。塑化剂可以添加在塑料、热熔胶等中。增塑剂可提高胶黏剂的流动性，改善其柔韧性。增塑剂的用量一般不超过聚合物的 10%。如果用量过多会使胶层的内聚强度、耐热性和剪切强度等性能降低。

⑤ 热稳定剂。防止处于高的密炼温度下的热熔胶氧化分解的一类物质。热稳定剂与基料要有较好的相容性。相容性好，则形不成两相，即无界面或界面不明显，折射光就会少，进而产品的透明度高。热稳定剂通常是无机物或有机金属化合物，用量应控制在热熔胶总量的 0.5%。

⑥ 填充剂。又称填料，是一种常用的改性剂。一方面可降低成本，另一方面可提高材料的韧性、硬度及强度。此外，填料还降低热熔胶的固化收缩率，阻止主料对多孔性表面的过度渗透，改善热熔胶的热容量及耐热性。但是，加入过量的填料，会使得粒子团聚，不能很好地分散到聚合物基体中。目前可用作填料的有炭黑、白炭黑、碳酸钙、$SiO_2$、改性 $SiO_2$、滑石粉和高岭土等。在热熔胶中使用最普遍的是碳酸钙，尤其是纳米碳酸钙。除此外，改性 $SiO_2$ 的应用也很多。

（2）EVA 类热熔胶的改性　虽然 EVA 类热熔胶已经是世界上热熔胶工业大量使用的基础聚合物，但单独使用 EVA 树脂作为基础聚合物已适应不了工业发展的要求。对 EVA 接枝改性或共混改性等已经是明显发展的方向，各国的研究也相当活跃，已探索研制出具有良好综合性能的热熔胶。改性方法大致归类如下：

① 对 EVA 基础聚合物的接枝改性。通过化学方法让 EVA 主链上的官能团与一些活性分子进行反应，生成一种具有特殊性能的改性 EVA 树脂。然后再用这种改性 EVA 树脂与其他助剂共混，就会得到改性 EVA 热熔胶。它与没有改性的胶种相比较，具有一些特殊的性能，如具有更高的耐热性能、对极性材料的粘接强度更大等。

② 其他聚合物的多元共混改性。目前改性 EVA 热熔胶最常用、最有效的方法之一就是将 EVA 树脂与其他一种甚至几种相容性较好的热塑性树脂（如热塑性聚氨酯、聚乙烯、丁基橡胶、SIS 弹性体、聚酰胺等）共混，这样就可以得到同时具有这几种树脂优异性能的高分子材料。如果进一步优化配方，便可得到性能优良且成本相对低廉的热熔胶。

通过将 EVA 树脂与一种或几种热塑性树脂，如 PE（聚乙烯）、SIS（苯乙烯-异戊二烯-苯乙烯三嵌段共聚物）、丁基橡胶、聚酰胺和热塑性 PU 等进行共混，可明显提高热熔胶的使用性能（如耐热性、稳定性、耐磨性和耐溶剂性等），具有优良的综合性能和相对较低的成本。

③ 与无机填料的共混改性。聚合物与无机填料的多元共混改性是提高综合性能、降低成本的有效方法。通过插层复合共混等方法将无机填料以纳米尺度分散在聚合物中，就可将无机物的刚性、尺寸稳定性和热稳定性与多元聚合物的韧性、优异的粘接性以及良好的加工性能很好结合起来得到具有优异性能的纳米级复合热熔胶。

（3）典型配方

配方 1：人造木板封边用胶黏剂配方，如表 32-1 所示。

表 32-1　人造木板封边用胶黏剂配方

| 原料 | 质量份 | 原料 | 质量份 |
|------|-------|------|-------|
| 乙烯-醋酸乙烯共聚体 | 100 | 硫酸钡 | 75 |
| 松香脂 | 75 | 抗氧剂 | 1.25 |

此配方中基体是熔融指数为 24、醋酸乙烯含量为 32% 的乙烯-醋酸乙烯共聚体。主要用于木材工业中的人造板的封边加工。

配方 2：地毯衬背粘接预涂胶黏剂配方，如表 32-2 所示。

表 32-2　地毯衬背粘接预涂胶黏剂配方

| 原料 | 质量份 | 原料 | 质量份 |
|------|-------|------|-------|
| 乙烯-醋酸乙烯-丙烯酸酯共聚体 | 50 | 乙烯-氯乙烯共聚体 | 50 |
| 聚乙烯粉末 | 100 | 氢氧化铝 | 300 |

此配方主要用于地毯衬背粘接，涂布量为 350 g/m²，剥离强度达 5.5 N/cm，具有优良的耐热性和阻燃性。

配方 3：多孔性材料粘接用水溶性热熔胶配方，如表 32-3 所示。

表 32-3　多孔性材料粘接用水溶性热熔胶配方

| 原料 | 质量份 | 原料 | 质量份 |
|------|-------|------|-------|
| 乙烯基吡咯烷酮-醋酸乙烯共聚体 | 100 | 环氧树脂 | 1.6 |
| 蓖麻油加氢化合物 | 4 | 2,6-二叔丁基对甲酚 | 1.4 |
| 水溶性聚乙烯乙二醇酯 | 2.5 | | |

此配方为水溶性热熔胶。基体是经过吡咯烷酮改性的乙烯-醋酸乙烯共聚体。分子量较大，粘接强度较高。加入了水容性聚乙烯乙二醇酯，大大改善了与一般蜡类化合物的相容性。主要用于木材、陶瓷、混凝土构件、织物、纸张等多孔性材料的粘接，也可用作其他胶黏剂的底胶。

配方 4：塑料粘接用胶黏剂配方，如表 32-4 所示。

表 32-4　塑料粘接用胶黏剂配方

| 原料 | 质量份 | 原料 | 质量份 |
|------|-------|------|-------|
| 乙烯-醋酸乙烯共聚体 | 100 | 滑石粉 | 20 |
| 香豆酮-茚树脂 | 25 | 2,6-二叔丁基对甲酚 | 1 |
| 合成石蜡树脂 | 7 | | |

此配方为通用型品种，软化温度 72～80℃，脆化温度在 -40℃ 以下，可在 -40～60℃ 内长期使用。可粘接聚乙烯、聚丙烯、聚四氟乙烯、聚苯乙烯等塑料，应用于聚丙烯管、聚乙烯钙塑管、聚丙烯编织覆膜带、聚丙烯洗衣桶与 ABS 排水阀粘接、冷藏食品包装、电线捆束、塑料名牌粘接、无线绝缘固定等。

配方 5：低熔融黏度胶黏剂配方，如表 32-5 所示。

表 32-5　低熔融黏度胶黏剂配方

| 原料 | 质量份 | 原料 | 质量份 |
|------|-------|------|-------|
| 乙烯-醋酸乙烯共聚体 | 70 | 抗氧剂 | 0.25 |
| 丁基橡胶 | 30 | | |

该产品在 200℃ 时的熔融黏度为 40 Pa·s，伸长率为 30%。具有优良的涂布性和黏弹性。

配方 6：纸用 EVA 型胶黏剂配方，如表 32-6 所示。

表 32-6    纸用 EVA 型胶黏剂配方

| 原料 | 质量份 | 原料 | 质量份 |
| --- | --- | --- | --- |
| EVA（VA＝28％，熔融指数 MI＝150） | 20 | DBP | 9 |
| 热塑性酚醛树脂 | 15 | 碳酸钙 | 5 |

此配方配制的热熔胶剥离强度大，低温柔韧性好，可用于书籍的无线装订。

## 32.2.2  EVA 的生产工艺

目前，乙烯-醋酸乙烯酯共聚物类热熔胶仍是世界上热熔胶工业大量使用的基础聚合物。

（1）EVA 原料制备方法

① 高压法制备 EVA。生产设备主要为高压釜式反应器或管式反应器。两种工艺的主要区别在于采用了不同种类的反应器。高压反应釜式共聚工艺和管式反应器共聚工艺一般都由引发剂的制备、原料的单体制备、共聚反应、产品回收和控制五个部分组成。高压反应釜共聚工艺比管式反应器共聚工艺生产的 EVA 中 VA 含量高，而管式反应器共聚工艺生产的 EVA 密度比较大。高压釜式法工艺的产品相对有比较宽的分子量分布、比较窄的支化度分布、较高的长链支化度、较复杂的长链支化结构、较差的透明度和薄膜加工性。

② 溶液法制备 EVA。中等 VA 含量的 EVA 树脂大多是用溶液聚合法制得，只有很少部分是用上述的高压法生产。溶液法是以不产生链转移的叔丁醇、脂肪族烃类和苯作为溶剂，以过氧化物、偶氮化合物作为引发剂，将乙烯和醋酸乙烯酯在 5～7MPa、30～150℃下进行溶液聚合。用这种方法生产的 EVA 中 VA 的含量一般在 35％以上，而且可以在较大的范围内变动。

③ 乳液法制备 EVA。乳液法是在高压反应釜中，将乙酸乙烯酯及其引发剂 $K_2S_2O_8$ 或 $(NH_4)_2S_2O_8$ 加入配制好的乳液反应介质中，通入乙烯，在小于 95℃、1～10MPa 下聚合。用这种方法生产 EVA 乳胶 VA 含量一般比较高，可达 70％～90％。

（2）EVA 热熔胶的生产

① 熔融混合釜间歇式生产。

工艺顺序：称料→按顺序加入混合釜→混合釜熔融混炼→胶料成型→冷却→分切包装。

配方：EVA 树脂 100 份；松香聚酯 25～125 份（以 60～90 份为宜）；石油衍生的微晶蜡或石蜡 40～120 份（以 70～80 份为宜）。

操作步骤：称取一定质量的松香聚酯和石蜡，放入备有搅拌器的不锈钢釜中，搅拌下通过油浴将反应物加热到 275～285℃；将反应物熔化并使其成为均匀的混合物（约需 1～1.5 h）；加入 EVA 树脂，搅拌混合，使反应物重新成为均匀的熔融体，不含任何块状物；冷却、分切即得 EVA 热熔胶。

应用：适用使用温度 150℃。

② 挤出成型生产法。

生产工艺：原料→混合→造粒→挤条→切割→包装；

主要设备：混合机、造粒机、切割机、挤条机等；

主要工艺参数：螺杆挤出机的温度控制、螺杆转速、牵引和切割速度控制、冷却水温等。

# 32.3  聚酯（PES）类热熔胶黏剂

聚酯热熔胶由多元聚酯共聚物及增黏剂、稀释剂、抗氧剂和填料等组成，具有优异的电绝缘性、耐冲击性，耐水性、耐热性、耐候性、耐介质性及弹性都较好，但热熔胶黏度大，手工操作麻烦，可用于金属、纺织、薄膜、塑料的粘接。使用结晶倾向小的或无结晶倾向的共聚酯树脂作为热熔胶的主体材料，对各种基材的表面都具有优异的粘接性能。由于世界经济不断发展，聚酯热熔胶按社会要求可大致分为环保型、反应交联型、耐高温型、多功能型。

PES 热熔胶在制鞋业中是使用最广泛的一类热熔胶。其具有粘接强度高、硬化速度快和韧性大等优点，在制鞋的过程中几乎可用于所有需要粘接的工序。将聚酯和多元羧酸及伯二胺共聚，可得嵌段共聚物的聚酯酰胺热熔胶，由于其大分子链上既有酯键又有酰胺键，其具有聚酯热熔胶和聚酰胺热熔胶的特性，被广泛应用于织物的粘接，且耐干洗和水洗。另外聚酯热熔胶还具有热稳定性良好、耐寒耐热绝缘性能好、耐化学腐蚀、无公害等优点，在包装、装订、塑料、陶瓷、汽车、建材等行业均具有广泛的应用。

## 32.3.1 聚酯（PES）类热熔胶黏剂组成、改性及典型配方

（1）聚酯热熔胶组成 聚酯（polyester，PET）是主链中含有酯基（—COO—）聚合物的总称，有不饱和聚酯和线型饱和聚酯（热可塑性聚酯）两类。聚酯型热熔胶主要采用热塑性聚酯，即线型饱和聚酯作为基体树脂。合成聚酯的原料单体结构对聚酯热熔胶的性能有重要的影响。主要原料是二元羧酸和二元醇，一般比较理想的是选用含 8～16 个碳原子的芳香二元羧基，低分子量的二醇是含 2～8 个碳原子的脂肪族二醇。常用的二元酸和二元醇如：对苯二甲酸、间苯二甲酸、癸二酸、六氢化间苯二甲酸、1，4-丁二醇、乙二醇、1，6-己二醇、四亚甲基二醇等。制备聚酯型热熔胶所用的聚酯是介于低熔点的脂肪族聚酯和高熔点的芳香型聚酯之间的一类聚酯。聚酯型热熔胶通常只由一种树脂组成，一般不会添加增黏剂、增塑剂等其他配合成分。因此，合成型聚酯的原料单体的选择直接影响聚酯型热熔胶的基本性能，特殊情况也可以加入少量的增黏剂、稀释剂、抗氧剂和填料等改性助剂。

（2）聚酯热熔胶的改性 改性通常有三种方法：共聚、共混、添加和增强改性。

① 共聚改性（化学改性）。化学改性主要包括共聚、接枝、嵌段、交联等，是一种通过化学作用来改变聚合物相关性能的常见方法。通过添加改性单体进行共缩聚反应，从而实现聚酯产品的多样化。为了削弱其结晶性能或者加快其结晶速率，可以通过引入第三组分甚至第四组分与原均聚物进行共聚，来破坏原来分子结构的对称性和有序性从而生成无定型的共聚物。所谓的第三组分或者第四组分可选用几种二元酸或几种二元醇，可根据改性产品的不同要求，采用相应的添加方法和种类。

② 共混改性（物理改性）。共混改性是最简便且卓有成效的方法，可以将不同性能的聚合物通过简单的物理共混大幅度提高聚合物的性能。共混改性通常选择聚酯均聚物作为基体，根据生产的需求，与适量的其他高聚物进行机械共混处理，可以获得较好的改性效果。

③ 添加和增强改性。以聚酯作为改性基体，向其中加入不同填料，制成各种改性聚酯。这些添加剂多数是无机物的颗粒（如碳酸钙滑石粉等），可以实现有机聚合物和无机填充剂在材料性能上的补充，为添加改性提供了宽广的研究空间和应用领域。

（3）典型配方 板材类聚酯弹性体热熔胶配方如表 32-7 所示。

表 32-7 板材类聚酯弹性体热熔胶配方

| 原料 | 质量份 | 原料 | 质量份 |
|---|---|---|---|
| 对苯二甲酸二甲酯 | 80 | 1,4-丁二醇 | 200 |
| 间苯二甲酸二甲酯 | 20 | 钛酸正四丁酯（催化剂） | 0.03 |
| 二聚酸(含 36 个碳原子的脂肪二元酸) | 30 | 氢化液体聚丁二烯二元醇 | 15 |

将对苯二甲酸二甲酯、间苯二甲酸二甲酯、二聚酸和 1,4-丁二醇混合后，加催化剂钛酸正四丁酯 0.01 份，在氮气保护下 200℃加热 1h 进行酯交换；然后添加氢化液体聚丁二烯二元醇和钛酸正四丁酯 0.02 份，在真空下 240℃加热 4h 进行缩聚；得到的聚酯弹性体共聚物于 180℃热压成约 75μm 的薄膜，用于粘接铝板和聚丙烯板，但此共聚物熔融黏度过高，难于涂布，所以再加入定量 1,4-丁二醇，在氮气保护下于 240℃解聚 1.5h，所得的聚酯弹性体共聚物很容易使用热熔涂布机进行涂布，制成薄膜。

## 32.3.2 聚酯（PES）类热熔胶黏剂生产工艺

PES 热熔胶制备方法有直接酯化缩聚法和酯交换缩聚法。根据原料和生产要求的不同，分别采用相应的合成路线来进行合成。

（1）直接酯化缩聚法 将对苯二甲酸和乙二醇（直接在反应烧瓶里）进行酯化反应，通过这一步反应制得相应的二元醇酯混合物，然后再进行缩聚反应得到相应分子量的产品。这种方法主要的优点在于其产量高、成本低、有利于节能减排和节省投资。然而，直接酯化反应作为异相反应，由于反应不均匀的限制，并且反应有时要带压进行，对原料的纯度等方面的要求比较高，这就是该方法的缺点所在。

（2）酯交换缩聚法 通过对苯二甲酸二甲酯和乙二醇先进行酯交换反应，得到二元醇酯混合物，然后再进行缩聚制得产品。这种方法的发展历史比较久远，工艺也相应地比较纯熟，另一方面酯交换反应属于均相反应，副产物会比较少。这种方法合成过程中，生成的低分子物质甲醇会对环境造成污染，处理起来成本也相应较高，另外酯交换时由于原料等升华的原因易堵塞分离柱，会影响反应的正常进行。

# 32.4 聚酰胺（PA）热熔胶黏剂

聚酰胺是由羧酸与胺类反应，生成的主链上含有酰胺基（—CONH—）重复结构单元的线型热塑性聚合物，它的化学结构式可表示为 $\pm CO-R-CO-NH-R-NH \pm$。聚酰胺因规整、对称、空间位阻小以及酰胺基的极性，故具有易结晶、熔点高、溶解性差的特点，聚酰胺热熔胶的优点在于软化点范围窄，温度稍低于熔点就立刻固化，耐油性和耐药性好。又由于分子中含有酰胺基和少量的未反应的氨基、羧基等极性基团，对极性材料具有很好的粘接强度，因此在工业领域应用广泛。

## 32.4.1 聚酰胺（PA）热熔胶黏剂组成及典型配方

PA 热熔胶分为两类：一类是高分子聚酰胺热熔胶（尼龙型），主要用于服装、纺丝等行业；另一类是低分子聚酰胺热熔胶（二聚酸型），由二聚酸与二元胺或多元胺缩合而成。聚酰胺热熔胶的配制一般不加增黏树脂，可加少量增塑剂和石蜡以改善熔融流动性。近年来，为提高二聚酸型聚酰胺热熔胶的性能和拓宽其应用领域，国内外研究者采用各种物理方法和化学方法对其进行改性研究。共聚单体的选择也更加多样化，酸的选择包括二聚酸、癸二酸和己二酸等，胺的选择包括乙二胺、己二胺、二聚胺、哌嗪和多胺等，在共聚反应基础上再与丙烯酸酯类橡胶、聚乙烯（PE）蜡和增黏树脂等组分进行共混改性，可进一步提高热熔胶的柔韧性和粘接性能。典型的配方可参考以下实例。

（1）配方 1 服装用聚酰胺热熔胶配方，如表 32-8 所示。

表 32-8　服装用聚酰胺热熔胶配方

| 原料 | 质量份 | 原料 | 质量份 |
|---|---|---|---|
| 尼龙-6 盐（己内酰胺） | 100 | 尼龙-1010 盐（癸二酸癸二胺盐） | 150 |
| 尼龙-66 盐（己二酸己二胺盐） | 85 | | |

① 主要组成见表 32-8。此外，还含有适量的分子封端剂、抗氧剂、抗老化剂、荧光增白剂、促凝剂和水。

② 工艺流程为：投料→封盖→前抽真空及充氮气→升温升压→保压→放压→保持常压→抽真空及充氮气→出料切粒、烘干包装。

③ 应用：服装用聚酰胺热熔胶是生产服装粘接衬布的主要原料，现已成为服装粘接衬布用的重要的胶种之一。服装用聚酰胺热熔胶都是多元共聚尼龙，通过共聚使大分子的规整性下降，分子间排列的无序性增加，从而降低聚合物的熔点，熔融指数也可有所提高。

（2）配方 2

① 主要组成：二聚脂肪酸聚酰胺。

② 特点及用途：胶片对火焰处理或非火焰处理聚乙烯剥离强度高，对钢、铝等金属无腐蚀，在 $-40 \sim 60℃$ 交变过程中对通信电缆保持良好的粘接，保气性良好。可反复多次加热熔化使用，满足强力纤维气压维护型热收缩套管包覆通信电缆接头的需要。

③ 施工工艺：二聚脂肪酸聚酰胺 100 份、聚乙烯的酸性改性物 30 份、萜烯 10 份、乙丙弹性体 1 份、抗氧剂 1010 1 份在混料机中混匀，反应釜中油浴 200℃搅拌，经压延机制成各种规格胶片。

（3）配方 3　四元尼龙热熔胶。

① 主要组成：尼龙 1010 盐、尼龙 610 盐、尼龙 66 盐和己内酸胺共缩聚反应物。

② 特点及用途：此种热熔胶粘接力强，耐水洗，耐干洗，涂胶量低，柔软，挺括，故广泛用于加工服装腰衬、领衬等，可用于中、高档服装粘接衬，价格较低。

③ 施工工艺：在不锈钢高压釜内投入四元尼龙单体、调节剂癸二酸或冰醋酸、抗氧剂 1010、稳定剂亚磷酸及消光剂等混合料，充 $N_2$ 或 $CO_2$，15MPa、230℃下保持 2 h，常压脱水 1h，放料，经冷水槽，切粒，冷冻（$-196℃$）粉碎，筛选，包装。

（4）配方 4　尼龙热熔胶粉末。

① 主要组成：尼龙 6、尼龙 66 和尼龙 MXD10 等

② 特点及用途：

a. 使用温度范围在 $-20 \sim 60℃$。

b. 无污染，粘接快，柔韧，强力高。

c. 主要用于粘接各种衬里、领衬（包括无纺布）、塑料、纸张、金属及书籍，也用于制鞋工业和罐头工业。

③ 施工工艺：将粉末胶熔融刮涂，或用撒粉机撒布后贴合，140℃压烫 20 s 即成。

（5）配方 5　CP 型聚酰胺热熔胶。

① 特点及用途：软化点高，熔融范围窄，黏度适中，电性能优，韧性好，耐热，难燃。用于彩电偏转线圈的粘接和固定。

② 施工工艺：由二聚亚油酸和乙二胺反应得到聚酰胺（011 树脂），与 $C_{13}$ 二元酸接枝，再与改性剂进一步反应交联得到聚酰胺。

（6）配方 6　HA-1 聚酰胺热熔胶。

① 主要组成：二聚酸聚酰胺等。

② 特点及用途：

a. 使用温度范围在－20～80℃。

b. 固化快速。

c. 主要用于皮革折边粘接，亦可用于扬声器的音圈引线与纸盆的粘接。

③ 施工工艺：加热熔化后涂胶（也可配成溶液涂胶）粘接。接触压力下冷却，快速固化。

（7）配方 7　T115 尼龙热熔胶。

① 主要组成：尼龙 MM 为主的三元共聚物等。

② 特点及用途：

a. 使用温度为常温范围。

b. 耐干洗和水洗，手感柔软，挺括平滑，无走胶、渗胶现象。

c. 主要用于制造以各种织物为基材的热熔粘接衬，也可作为机械化制鞋行业的胶黏剂。

③ 施工工艺：胶粉采用撒粉法粘接。在织物上撒上粉末，贴合，0.1～0.2MPa、150～165℃下以电熨斗压烫或风压机压烫 15～20s 即可。胶粒可用熔融法先行熔融，涂覆于各种织物上制成各种热熔衬。

## 32.4.2　聚酰胺（PA）热熔胶黏剂生产工艺

### 32.4.2.1　尼龙 6/66/510 共聚酰胺热熔胶的制备

（1）生产原料　己内酰胺、尼龙 66 盐、1,5-戊二胺和癸二酸为原料，以硬脂酸为封端剂，通过高温高压熔融缩聚的方法制备了尼龙 6/66/510 共聚酰胺热熔胶。

（2）生产原理　本实验的缩聚反应主要有两个：

① 己内酰胺先与水发生开环反应，然后再发生缩聚反应。

② 尼龙 510 盐与尼龙 66 盐在高温高压的作用下发生熔融缩聚反应。

（3）生产设备　主要采用高压釜进行缩聚反应，实验装置简图如图 32-3 所示。

（4）生产过程　本实验以尼龙 66 盐、尼龙 510 盐、己内酰胺为原料，以硬脂酸为封端剂，在高压釜中进行熔融缩聚反应，控制反应温度和压力，合成含有不同浓度尼龙 510 的共聚酰胺样品，具体实验操作步骤如下：

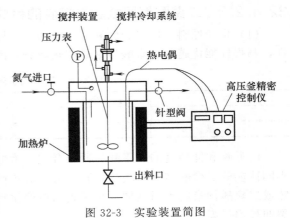

图 32-3　实验装置简图

① 将一定量的尼龙 66 盐（0.769mol）、己内酰胺（1.929mol）以及一定量的尼龙 510 盐（尼龙 510 占总原料的摩尔分数分别为 0%、5%，10%，15%，20%）加入带有精密控制器的高压釜中，同时加入约 200g 水（开环与提高反应釜内压力），反复开关 N₂ 三次以上，排除高压釜内的空气，在高压釜内充满 N₂ 时密封高压釜。

② 打开控制器，加热高压釜，至 240℃、1.6MPa 左右，此过程需要通过针型阀不断放压，使高压釜内压力维持在 1.6MPa 左右，反应 2h。

③ 反应结束后，在 1.0～1.5h 内逐渐将高压釜内的压力通过针型阀放至常压，反应釜内的温度保持不变，常压反应 1h 左右。

④ 通 N₂ 增加高压釜内的压力，出料，得到所需的目标产物。

### 32.4.2.2　二聚酸聚酰胺热熔胶的合成

（1）生产原料　二聚酸、乙二胺、磷酸。

（2）生产原理　根据合成二聚酸聚酰胺热熔胶的反应方程式，反应可分为两个阶段，前一阶段是酰胺的成盐阶段，此阶段的反应速率比较快；后一阶段则是酰胺盐聚合成为二聚酸聚酰胺热熔胶，后一阶段的反应速率比较慢，所以在后一阶段必须提高体系温度并维持一定的反应时间。想要生成高质量的二聚酸聚酰胺热熔胶，除了遵守严格的工艺配方外，关键是控制反应的条件，尤其是反应温度的控制。其中，成盐阶段的反应完全与否，对所合成产品的最终质量非常重要。

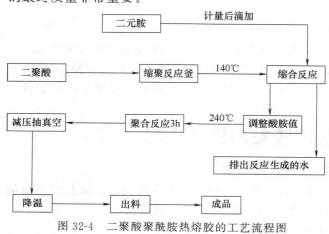

图 32-4　二聚酸聚酰胺热熔胶的工艺流程图

（3）生产工艺流程　二聚酸聚酰胺热熔胶的工艺流程如图 32-4 所示。

（4）生产过程　将二聚酸加入装有搅拌装置、$N_2$ 保护装置、温度计、分水器的四口烧瓶中，并滴加 1～2 滴磷酸催化剂，升温至 140℃，0.5h 内滴加乙二胺。恒温预缩聚 1h，搅拌，升温至 200～260℃，反应 3h，恒温，抽真空减压缩聚 0.5h，冷却至 160℃，放料，制得基本型二聚酸聚酰胺热熔胶，反应过程中氨基和羧基当量比为 1：1。

### 32.4.2.3　二聚酸型聚酰胺热熔胶的合成

（1）生产原料　以二聚酸和乙二胺为主要原料，用癸二酸和哌嗪对所得产品进行接枝改性，制得性能优越的二聚酸型聚酰胺热熔胶，配方如表 32-9 所示。

表 32-9　二聚酸型聚酰胺热熔胶配方

| 原料 | 质量份 | 原料 | 质量份 |
| --- | --- | --- | --- |
| 二聚酸 | 20.00 | 癸二酸 | 3.05 |
| 乙二胺 | 1.84 | 哌嗪 | 1.84 |

以哌嗪和低纯度的二聚酸为原料合成了聚酰胺热熔胶，通过不同的物料配比，可以获得不同性能的二聚酸型聚酰胺热熔胶。通过对热性能、拉伸强度和断裂伸长率的测定，随着哌嗪或二聚酸掺量的不断增加，热熔胶的玻璃化转化温度和软化点降低、拉伸强度下降，但断裂伸长率提高。

（2）生产过程　在装有搅拌装置、$N_2$ 装置、冷凝器装置和温度控制装置的四口烧瓶中，依次加入二聚酸、癸二酸、哌嗪和乙二胺，开始反应；成盐阶段 140℃ 反应 40min，再 240℃ 反应 3～4h；反应最后阶段减压缩聚 30min，以除去水和游离态胺，冷却至 170℃ 放料，即制得二聚酸型聚酰胺热熔胶。

# 32.5　聚氨酯（PU）类热熔胶黏剂

聚氨酯热熔胶，即以聚氨酯树脂或预聚物为主体材料，并以各种助剂（如增黏剂、催化剂、抗氧剂及填料等）为配料而制得的一类热熔胶，经过密炼、注射成型等加工手段，常温下可以以条状、颗粒状、粉末状、薄膜状等形式存在。聚氨酯热熔胶具有优异的弹性和高粘接强度，以及耐溶剂、耐高温、耐老化、耐磨的特点，适用于很多材料的粘接，特别适合于粘接鞋类和织物。聚氨酯热熔胶大量用于纺织、制鞋、书籍无线装订、食品包装、木业组装、工业组装、建筑、汽车构件粘接等领域，应用前景广阔。

# 32.5.1　聚氨酯（PU）类热熔胶黏剂组成及典型配方

聚氨酯类热熔胶可分为两类：一类是热塑性聚氨酯弹性体（TPU）热熔胶，又可称为热熔型聚氨酯热熔胶；另一类是反应型聚氨酯热熔胶。按照反应机理的不同，反应型聚氨酯热熔胶又可分为湿固化型和封闭型。

## 32.5.1.1　TPU 热熔胶组成及典型配方

TPU 是由二元醇、二异氰酸酯及扩链剂等聚合生成的线型嵌段共聚物，TPU 与着色剂、增塑剂、稳定剂等添加剂掺混后制成胶膜、胶带或胶粉末等形貌的热熔胶。合成方法有本体法及溶液法。典型的配方可参考以下实例。

（1）配方 1　聚己二酸乙二醇-1,4-丁二醇-MDI 热熔胶膜。

① 胶膜制备。聚己二酸乙二醇（分子量为 2000 左右）、1,4-丁二醇、MDI，加料比为 1:2:3（摩尔比）。将聚酯与 1,4-丁二醇置于三口瓶中，经 120℃、1.33kPa 真空下脱水 2h 后，趁热快速倒入聚四氟乙烯杯里已预热至 100~110℃ 的 MDI 中，快速搅拌 1min 后升温至 160℃ 左右，搅拌 30min，待反应物变稠、发亮、可拉成丝状时停止反应。快速取出后置于聚四氟乙烯板上，放入 100℃ 烘箱中热熟化 2h，制得块状弹性体。这种弹性体溶于 DMF 中时的特性黏度为 0.95 dL/g 左右。再将弹性体置于 120℃ 左右橡胶混炼机的辊筒上混炼 15min，当胶料不粘辊并且柔软时即可调节辊距，压出薄膜。在 DMF 中测黏度，这时的特性黏度为 0.65 dL/g。

② 原料配比与预热温度对胶膜性能的影响。

a. 原料配比。反应时保证投料量的准确性是极重要的，为此，聚酯多元醇分子量必须测定准确。若聚酯过量则胶的软化点变低，不易成膜；若 MDI 过量，胶膜则易发生交联。原料配比对胶膜的影响如表 32-10 所示。

表 32-10　原料配比对胶膜的影响

| 编号 | 聚酯:1,4-丁二醇:MDI（摩尔比） | 炼胶温度/℃ | 成膜情况 |
| --- | --- | --- | --- |
| 1 | 0.96:2:3 | 125 | 交联,不成膜 |
| 2 | 1.035:2:3 | 85 | 软化点低,不成膜 |
| 3 | 1.0:2:3 | 120 | 120℃压延,成膜 |

b. 预热温度。原料预热温度要适宜，聚酯多元醇用量比其他组分多，它的预热温度对整个反应影响最大，起决定性作用。由表 32-11 可看出，聚酯多元醇预热温度从 100℃ 到 120℃ 时，反应最高升温值自 158℃ 依次递增至 170℃，以 105℃ 为最佳。

表 32-11　聚酯多元醇预热温度对反应的影响

| 编号 | 聚酯预热温度/℃ | 反应时间/s | 反应温度/℃ | 炼胶温度/℃ | 胶膜拉伸强度/MPa |
| --- | --- | --- | --- | --- | --- |
| 1 | 100 | 105 | 158 | 125 | 27 |
| 2 | 104 | 90 | 164 | 126 | 33 |
| 3 | 105 | 90 | 166 | 126 | 33 |
| 4 | 120 | 90 | 170 | 125 | 交联 |

注：MDI 预热至 100℃，1,4-丁二醇与聚酯多元醇共热。

③ 胶膜性能。

a. 拉伸强度：（32±2）MPa。

b. 伸长率：600%。

c. 剥离强度：棉布-棉布（7±1）kN/m，涤纶-涤纶 5kN/m。

d. 耐溶剂性能：不溶于一般有机溶剂中，微溶于环己酮，能溶于 DMF 中。

e. 特性黏度：0.65dL/g。

f. 贮存期：1 年以上。

④ 胶膜用途。此热熔胶膜可用于粘接多种材料，包括表面光洁及表面粗糙的材料，如玻璃、织物、金属等，还可用于电子仪器指示部分液晶盒的粘接以及织物的无线粘接。

（2）配方 2　聚己二酸己二醇-新戊二醇-HDI 热熔胶。

① 胶粒制备。该聚氨酯热熔胶是由 39.3 份 HDI、13.2 份 1,6-己二醇、7.8 份新戊二醇及 39.7 份聚酯多元醇混合制备而成的。聚酯多元醇与 1,6-己二醇于真空下经 120℃脱水 30min，然后与 HDI 于 120℃反应 2h 制得。将制成的这种预聚体于 80℃下溶解于甲苯中，并在该温度下加入上述重量的 1,6-己二醇与新戊二醇，反应后析出固体。将溶剂除去，经干燥、磨碎筛分后制得熔融温度为 120～126℃的聚氨酯胶粒。

② 织物粘接的应用。

a. 涂胶。所制得的聚氨酯胶粒大小为 0.3～0.5mm，通过分析筛分散到未染色的具有交叉斜纹的棉织物上。棉织物重量为 200g/m² 时，所用聚氨酯胶粒为 28g/m²。棉织物被胶粒覆盖后，用一台 1500 W 的红外散热器加热 20s，该胶粒即可均匀涂覆于织物上（红外散热器的加热面积为 300cm²，离织物距离为 10cm）。冷却后就可用于粘接。

b. 粘接。将一块棉针织物放在经过以上处理的热熔织物上，在一台铁制的压机上，以 64kPa 的压力、160℃经 120s 后即可烫平，并将两块织物牢固地粘接在一起。

c. 性能。以上述方法粘接的织物撕裂强度为 0.57～0.69kN/m，经 60℃洗衣机洗涤后撕裂强度为 0.57～0.67kN/m，经沸水洗涤后其撕裂强度为 0.55～0.65kN/m，如用全氯乙烯干洗则撕裂强度仍达 0.55～0.65kN/m。说明聚氨酯热熔胶粒用于粘接织物是成功的。

在制备热熔胶的过程中，原料的预热温度对热熔胶的性能有很大的影响。在聚酯多元醇过量的配方中，它的预热温度对整个反应影响最大，起决定作用。严格控制原料的预热温度可以使热熔胶具有很好的使用性能。

## 32.5.1.2　反应型聚氨酯热熔胶组成及典型配方

反应型聚氨酯热熔胶黏剂的主要成分是聚酯或聚醚多元醇与多异氰酸酯合成的端异氰酸酯基聚氨酯预聚体。预聚体熔融施胶后快速固化并具有一定的初始粘接强度，再进一步吸收水分，端异氰酸酯基发生反应形成脲、缩二脲和脲基甲酸酯，形成交联的大分子网状结构，从而表现出理想的耐热和耐溶剂性能。反应型聚氨酯热熔胶黏剂以端异氰酸酯预聚体作基料，配以与异氰酸酯基不反应的热塑性树脂、增黏树脂、抗氧剂、催化剂、填料等。

封闭型聚氨酯热熔胶黏剂是把—NCO 端基预聚体或多异氰酸酯中的异氰酸酯基团在一定条件下用封闭剂封闭起来，在常温下没有反应活性，变成稳定的"基团"，增加了胶的贮存稳定性；当加热到一定温度时，封闭剂发生解离，活性的—NCO 基团再生，可与含活性氢的化合物如多元醇、胺、水等发生化学反应而交联固化，已经在热反应型热熔胶膜上获得应用，用于电子行业。由于封闭型热熔胶中封闭剂解离温度高达 100℃以上，会引起胶层产生气泡，且使用前加热解封闭增加了工艺的复杂性和能耗，还可能会存在封闭剂挥发造成环境污染等问题，这都使其应用受到限制。

而湿固化聚氨酯热熔胶系单组分、无溶剂型，符合环境保护法规，使用方便，性能又可与溶剂型-反应型媲美，所以其发展前景较好。典型的配方可参考以下实例。

（1）配方 1　尼龙织物和聚酯薄膜用聚氨酯热熔胶。

聚四氢呋喃（分子量 1000）100g、MDI（二异氰酸酯）45g 加入反应器中，搅拌加热至 80℃，反应数小时后制得预聚体（该预聚体 25℃时黏度为 5000mPa·s）。将此预聚体与聚苯乙烯低聚物混合即制得湿固化反应型聚氨酯热熔胶。

（2）配方 2　木材用聚氨酯热熔胶。

聚氧化丙烯多元醇（分子量 400）与 MDI 制得室温下为液态的端异氰酸酯预聚体，将此预聚体 850g 与聚氧化丙烯（分子量 4000）和 MDI 制成的预聚体 94g，在 120℃左右均匀混合，制得湿固化反应型聚氨酯热熔胶。该热熔胶可用于粘接木材，130℃时，热熔胶的黏度为 1200mPa·s。

# 32.5.2　聚氨酯（PU）类热熔胶黏剂生产工艺

## 32.5.2.1　热塑性聚氨酯弹性体热熔胶黏剂生产工艺

（1）生产实例 1

① 生产原料。聚酯多元醇、甲苯二异氰酸酯、二苯基甲烷二异氰酸酯、1,4-丁二醇、乙二醇、一缩二乙二醇。

② 生产过程。将聚酯多元醇加入反应器中，加热至一定温度减压脱水，然后与二异氰酸酯反应生成预聚体，再与扩链剂反应生成聚氨酯。

此生产工艺是以己二酸系聚酯二醇为软段，二异氰酸酯与扩链剂生成的链段为硬段，制备了热塑性聚氨酯热熔胶；可研究软硬段组成、结构、分子量、扩链剂、异氰酸酯指数等对聚氨酯热熔胶的力学性能、结晶性能、粘接性能及耐热性能的影响，从而揭示出热塑性聚氨酯弹性体结构与性能之间的关系。

（2）生产实例 2

① 生产原料。MDI、聚己二酸-1,4-丁二醇酯（PBA）、1,4-丁二醇（BDO）、二月桂酸二丁基锡（DBT）、二正丁胺、丙酮、三亚乙基二胺、溴甲酚绿、浓盐酸。

② 生产过程。

a. 原料的预处理。聚酯多元醇在 0.1 个大气压和 100~110℃条件下减压抽真空，在真空度＞0.09MPa 时减压蒸馏脱水 3h 以上。将一定量的 1,4-丁二醇放在 100~110℃的真空干燥箱中进行真空干燥 3h 以上。

b. 聚氨酯热熔胶的制备。将经过脱水处理的聚酯多元醇加入反应容器中，连接对应的搅拌装置和加热装置，在氮气的保护下，缓慢升温到 70℃；加入已经预热熔融（70~75℃）的异氰酸酯 MDI，保温反应 2h；然后升温至 80~85℃，加入扩链剂，保温反应 30min；再加入消泡剂（0.05%）、抗氧化剂（0.01%）、抗水解剂（0.01%）、热稳定剂（0.02%）等助剂，搅拌均匀，出料。在 100~110℃熟化 2h，得到聚氨酯热熔胶，密封保存，待测其性能。

此生产工艺以聚酯多元醇聚己二酸-1,4-丁二醇酯为软段，二苯基甲烷二异氰酸酯（MDI）和扩链剂 1,4-丁二醇为硬段，二月桂酸二丁基锡和三亚乙基二胺为催化剂合成了分子量分布合理、软化点高、粘接强度大、热稳定性好的热塑性聚氨酯热熔胶。

## 32.5.2.2　湿固化型聚氨酯热熔胶黏剂生产工艺

（1）湿固化聚氨酯热熔胶生产方法

① 两步法。将多元醇分别与多异氰酸酯反应，生成端异氰酸酯预聚体。然后加入增黏树脂和添加剂并混合均匀。因热塑性树脂的黏度往往较大，需先用惰性溶剂将其溶解，待胶

黏剂制成后脱除溶剂。此法工艺烦琐，涉及溶剂的使用与回收。随着设备更新如双行星混合器的出现，两步法已经不再有优势。

② 一步法。将含羟基的热塑性树脂和低聚物多元醇混合均匀，加入多异氰酸酯反应，最后加入增黏剂和添加剂。也可以使用不带羟基的热塑性树脂，与其他添加剂一起加入预聚体中。例如：在80℃左右，将预聚体熔融，将偶联剂、热塑性树脂、消泡剂等助剂加入反应瓶，搅拌均匀，真空度＞0.09MPa下脱泡。待脱泡结束，解除真空，用铝箔包装。

③ 先将含羟基的热塑性树脂与一小部分低聚物多元醇混合，然后加入多异氰酸酯与其反应，再加入剩余的低聚物多元醇继续反应，最后加入增黏剂和添加剂。此法的优点是物料的黏度始终低于前两种方法，无需溶剂，无需剧烈搅拌。此法制得的胶黏剂凝胶程度很低，是一种优选的方法。

严格除水对成功制备湿固化聚氨酯热熔胶非常关键，低聚物多元醇应在高真空、120～130℃下除水，然后适当降温，加入融化好的MDI，在惰性气体保护下反应，反应温度为80～120℃左右，滴定—NCO含量跟踪反应进程。

(2) 湿固化聚氨酯热熔胶生产设备　湿固化聚氨酯热熔胶的制备需用大功率混合装置和防止湿气进入的密闭设备。高功率、自清洗、密闭性优良的行星式搅拌设备适用于该制备工艺。

湿固化聚氨酯热熔胶的热熔设备包括辊涂设备、喷涂设备、熔融转印设备等标准热熔设备。热熔胶机械设备的工作原理主要是通过气泵和齿轮泵等方式将胶桶里面融化的热熔胶液体通过控制器设定的方式喷出不同形状的胶。熔胶机械用于熔化热熔胶，使固态的热熔胶变成液态胶，并可以点状、条状、雾状等不同形状喷射在皮革、纸张、鞋材等需要粘接的产品上。该设备多用于汽车、包装、工艺品等需要规模化使用热熔粘接技术的行业。

适用湿固化聚氨酯热熔胶的涂布设备有多种类型，但不同的设备有不同的适性，在实际生产前，应根据湿固化聚氨酯热熔胶的性能、形状、使用量进行充分的研究。

(3) 湿固化聚氨酯热熔胶生产注意事项

① 因—NCO的存在，在制造、储存、处理和使用反应型聚氨酯热熔胶的每一个环节都应该避免与湿气接触。原料（特别是聚醚、聚酯多元醇）中存在的碱性催化剂能催化—NCO基团的湿气反应而产生凝胶现象，更加缩短了保质期。为避免湿固化聚氨酯热熔胶储存时提前凝胶，可以采取以下方案。首先，包装材料必须干燥并保证包装完好；其次，在聚氨酯预聚物合成的初始阶段加入酸性缓凝剂，如磷酸或苯甲酰氯等以减少凝胶机会，同时缓凝剂的加入也能使热熔胶的储存稳定性明显增加，一般添加量在0.1%～1.0%之间；再次，在聚氨酯预聚物中加入—NCO基团封闭剂将端—NCO基团封闭起来，避免储存过程中的凝胶现象。

② 热熔胶使用温度较高，要防止预聚体中残留异氰酸酯单体的挥发。虽然MDI的蒸气压较低，但加热到100℃以上还是会有微量MDI挥发。所以最大限度地降低单体MDI的含量是努力的方向。一般工业标准规定单体的含量在百分之几，但是实际在市场上的产品单体的含量可能会达到10%。汉高公司开发的Purmelt Microemission游离单体的含量在1%以下，释放出的异氰酸酯单体比原来减少90%。此外，胶黏剂的粘接效果在很大程度上取决于MDI单体的存在。

③ 在配方和使用中还需注意的关键问题包括对基质的黏结性问题、可操作时间与组装时间的配套问题、初始粘接强度与基底初始应力、黏度与机械强度、固化速率与稳定性的问题。另外，制备工艺和涂胶设备等目前还相当缺乏和不完善，成本太高，这些都限制了湿固化聚氨酯热熔胶的应用。

（4）生产实例 1

① 生产原料。4,4′-二苯基甲烷二异氰酸酯（MDI）、聚四氢呋喃醚二元醇（PTMG），$M_n=2000g/mol$ 的 1,4-丁二醇（1,4-BDO）。

② 生产过程。

a. 预聚体的合成。反应型聚氨酯热熔胶由 MDI、PTMG 和 1,4-BDO 三组分组成，摩尔比为 MDI：PTMG：1,4-BDO＝2：1：1。将 PTMG 于 110℃ 真空脱水 2h，冷却至 50～60℃，取适量加入备有搅拌桨和适量 MDI 的三口烧瓶中，升温至 85℃，在真空下搅拌 1h 得到预聚体。

b. 反应型聚氨酯热熔胶的制备。向预聚体中加入适量的 1,4-BDO，在真空下搅拌均匀后制得热熔胶。

此生产工艺以 4,4′-二苯基甲烷二异氰酸酯、聚四氢呋喃醚二元醇和 1,4-丁二醇为基本原料，采用两步本体聚合方法制备了一种耐热性能好、粘接强度高的反应型聚氨酯热熔胶黏合剂。该热熔胶粘接强度不仅随着扩链反应时间的延长而变大，还随着温度的升高而升高，并且，反应温度越高，对接粘接强度增大的幅度越明显。同时，还研究热熔胶在盐酸溶液、碱溶液、80℃ 的热水以及 −20℃ 的低温下处理 10h 后粘接性能的变化，研究表明，这种热熔胶粘接性能没有发生明显的变化，表现出良好的耐化学性能。此工艺简单、成本低廉、粘接强度高、开放时间长、适合大面积操作。

（5）生产实例 2

① 生产原料。1,4-丁二醇、聚己二酸、二氧化碳基聚碳酸酯多元醇、MDI。

② 生产过程。基于化学计量计算，聚氨酯反应型异氰酸酯指数（—NCO/—OH）为 1.5，反应物在 90℃ 下进行，连续机械搅拌并通入氮气，转速设定为 250r/min。运用二丁胺滴定法测定游离异氰酸酯基百分比，当达到所需数值时，反应停止。

（6）生产实例 3

① 生产原料。聚醚二醇、2,4-甲苯二异氰酸酯、异佛尔酮二异氰酸酯（IPDI）、MDI、乙二胺、聚己二酸乙二醇酯。

② 生产过程。聚醚二醇在 110～120℃ 的温度下，抽真空 0.5h，除去多元醇中的微量水。撤去抽真空装置，加入多异氰酸酯和催化剂在 90℃ 下反应 3h 得到预聚物。生成预聚物后再抽真空 0.5h，加入扩链剂在 130℃ 以下反应 0.5h 得到聚氨酯。控制温度在 140℃ 左右，将聚氨酯再抽真空 0.5h。

此生产工艺以聚醚 210、IPDI 为原料，在催化剂条件下，以 1,4-丁二醇、水和乙二胺为扩链剂，采用预聚法制备以—NCO 封端的反应型聚氨酯热熔胶。预聚反应的温度为 80～85℃，反应 3h 后脱泡，—NCO/—OH＝4、$w$（—NCO）＝4％ 时制得的热熔胶具有较高的软化点和固化速度。

# 32.6　聚烯烃（PO）类热熔胶黏剂

## 32.6.1　聚烯烃（PO）类热熔胶黏剂组成及典型配方

### 32.6.1.1　聚烯烃（PO）类热熔胶黏剂组成

该类热熔胶的主要组成包括聚烯烃、增黏剂、微晶蜡、抗氧剂、填料等。其中的聚烯烃包括聚乙烯（PE）、聚丙烯（PP）和茂金属区聚物。其他的助剂主要有：

（1）增黏剂　松香、氢化松香酯、松香脂、石油树脂、萜烯树脂。

（2）蜡类　微晶蜡、石蜡、脂肪族石油树脂等。

（3）抗氧剂　2,2'-次甲基双（4-甲基-6-叔丁酚）、丁基化羟基甲苯（BHT），用量为0.1%～1.0%。

（4）填料　碳酸钙、滑石粉等。

### 32.6.1.2　聚烯烃（PO）类热熔胶黏剂典型配方

（1）配方1　马来酸酐熔融法接枝改性聚乙烯热熔胶黏剂配方如表32-12所示。

表 32-12　马来酸酐熔融法接枝改性聚乙烯热熔胶黏剂配方

| 原料 | 质量份 | 原料 | 质量份 |
| --- | --- | --- | --- |
| 低密度聚乙烯蜡（LDPE，MI=7g/10min） | 100 | 引发剂（DCP） | 0.2 |
| 马来酸酐（MAH） | 2.5 | | |

聚乙烯蜡通过熔融法可以与马来酸酐发生接枝反应，选择适当的引发剂、反应温度和反应时间及马来酸酐用量，可得到较高的接枝率。用该法改性聚乙烯蜡能改变蜡的物理性能，提高用接枝蜡配制的热熔胶黏剂的粘接强度。另外，该法制备的接枝聚乙烯蜡不经过处理即可作为胶黏剂原料使用，且工艺简单，有较高的推广价值。

（2）配方2　马来酸酐溶液法接枝改性线性低密度聚乙烯热熔胶配方如表32-13所示。

表 32-13　马来酸酐溶液法接枝改性线性低密度聚乙烯热熔胶配方

| 原料 | 质量份 | 原料 | 质量份 |
| --- | --- | --- | --- |
| 线性低密度聚乙烯（LLDPE，MI=2g/10min） | 50 | 引发剂（DCP） | 0.5 |
| MAH | 8 | 二甲苯 | $1200mL^{-1}$ |

在120℃下反应3h，产物接枝率为1.3%，熔体指数为0.45g/10min。

马来酸酐接枝相溶剂通过引进强极性反应型基团，使材料具有高的极性和反应性，是一种高分子界面偶联剂、相溶剂、分散促进剂。主要用于无卤阻燃、填充、玻纤增强、增韧、金属黏结、合金相容等。能大大促进复合材料的相容性和填料的分散性，提高产品性能。

## 32.6.2　聚烯烃（PO）类热熔胶黏剂生产工艺

（1）氯化聚丙烯改性胶黏剂的生产工艺　在工业生产中，经常选用氯化聚丙烯（CPP）胶黏剂粘接聚烯烃。该类胶黏剂的粘接强度较弱，可通过对其进行改性来提高其粘接性能，比如可采用马来酸酐（MAH）接枝CPP制得性能优异的CPP-g-MAH共聚胶黏剂。

通过自制氯化聚丙烯接枝甲基丙烯酸缩水甘油酯（CPP-g-GMA）对PP的粘接效果进行研究，且以双组分丙烯酸为面漆、CPP-g-GMA为底漆涂装PP及其复合材料，讨论其对涂层附着力的影响和其与接枝率之间的关系。研究表明，接枝的甲基丙烯酸缩水甘油酯（GMA）可以提高PP与CPP的粘接作用，自制的CPP-g-GMA对PP的粘接强度随着GMA接枝率的增加而有所提高，当接枝率达2.03%时，粘接强度可达3.13MPa；当接枝率达2.46%时，粘接强度达到最高值3.18MPa。还得出作为底漆的CPP-g-GMA可有效增强丙烯酸漆与PP及其复合材料的附着能力。

（2）医用聚烯烃热熔胶的生产工艺

① 生产原料。无规共聚聚丙烯（PPR）100份、改性蒙脱土（MMT）1份、聚乙二醇1份、抗氧剂1010。

② 生产过程。

a. 混炼胶工艺。首先开启哈克流变仪，设定温度，待温度达到预设值后，将物料混合均匀后加入料斗，设定转速，开始混炼，混炼5～10min出料，剪切成粒料，冷却备用。

b. 模压工艺。开启模压机，设定温度为 135℃，在此期间，将模具放置在上下模压板之间进行预热。温度达到 135℃ 并稳定后，将混炼好的胶料裹附一层铝箔，上下表面用聚四氟乙烯膜覆盖，置于模具中间，然后开始模压，在模压前期要每隔两分钟放气一次，连续放气三次。模压 15min 后，冷却脱模，得到热熔胶膜，备用。

c. 粘接样条的制备。参照 GB/T 2790—1995 中，胶黏剂 180°剥离强度的试验方法，按照国标剪取聚丙烯薄膜与热熔胶膜，即：样条长 20cm、宽 2.5cm，粘接有效长度为 15cm。两层聚丙烯薄膜中间为热熔胶薄膜，厚度约为 250μm，于 130℃ 热压 10min，每种样品做 5 组样条进行剥离强度测试。

（3）聚丙烯基热熔胶的生产工艺

① 生产原料。聚丙烯 K8303、PP-G-MAH｛接枝率 0.84%，熔融指数 52g/10min（230℃，2.16kg）｝、SEBS G1726、PA6 1020C。

② 生产过程。将 PP-G-MAH 和共混树脂在高速分散机中分散均匀，然后把混合好的物料加入双螺杆挤出机中挤出，经水冷切粒后即得聚丙烯基热熔胶。将制备出的热熔胶按照 GB/T 2790—1995《胶黏剂 180°剥离强度试验方法　挠性材料对刚性材料》制备样品，并进行剥离性能测试。

此生产工艺以聚丙烯（PP）为基础树脂，通过与功能性树脂共混制备了与铝板具有优异剥离性能的热熔胶。当热熔胶中含有 20% PP-G-MAH 时剥离强度达到最大值，苯乙烯弹性体对提高热熔胶的剥离强度有所帮助，PA6 对保持热熔胶高温剥离强度有促进作用。

# 32.7　热熔压敏胶黏剂

## 32.7.1　热熔压敏胶的特性与定义

热熔压敏胶黏剂（hot-melt pressure-sensitive adhesive，HMPSA，热熔压敏胶），是以热塑性弹性体为基础树脂制备的压敏胶黏剂，它综合了热熔胶和压敏胶的特点，即在室温下为固态，加热熔融成液态，经涂布、润湿被粘物，冷却后即成压敏胶膜。因此 HMPSA 具有以下特性：

① 同热熔胶特点一样，固含量为 100%，无溶剂，不存在有机溶剂的公害问题，有利于环保和安全生产。在制品生产过程中无须干燥工艺，涂布机小型化，节能省地方，生产线简洁紧凑，能高速生产，生产能力提高。

② 可快速涂布厚的胶层，自动化程度高，制品成本低。其价格为溶剂型压敏胶的 50%～70%，且无残留溶剂水问题。

③ 适应多品种、少批量生产。

④ 压敏胶性能优良，能粘接聚乙烯、聚丙烯等难粘材料。

⑤ 包装运输及使用都极为方便。

目前世界各国已经开发了许多 HMPSA 产品，现已在双面胶带、医疗卫生、妇女用品、标签和制鞋等方面得到广泛应用。

## 32.7.2　热熔压敏胶的组成与典型配方

### 32.7.2.1　热熔压敏胶的组成

热熔压敏胶的主要成分包括热塑性弹性体、增黏剂（天然树脂和石油树脂）、增塑剂（各类矿物、液体聚异丁烯等）、填充剂和抗氧化剂等。

（1）热塑性弹性体　热熔压敏胶常用的热塑性弹性体包括 SBS、SIS、SEBS、聚氨酯、EVA、丙烯酸酯等。热塑性弹性体的最大特点是常温下显示出普通硫化橡胶的力学性能，而在高温下又具有热塑性塑料的加工工艺特点。

① 乙烯-醋酸乙烯共聚树脂（EVA）系。EVA 系热熔压敏胶中，以 EVA 为主体，添加两种以上增黏树脂及抗氧剂配制而成。EVA 共聚体中 VA 的含量一般为 40%～60%，不低于 20%。VA 含量高可提高剥离强度、初黏性和熔融黏度，但热稳定性差；VA 含量低则相反。这类压敏胶有良好的涂布性能，常用于纸箱的捆包、封箱、包装袋及制作标签等。

② 苯乙烯-二烯烃嵌段共聚物。主要是苯乙烯-丁二烯嵌段共聚物（SBS）、苯乙烯-异戊二烯嵌段共聚物（SIS），共聚物的性能可通过链段中刚性链苯乙烯和柔性链烯烃加以调节，在高温时有一定的热塑性，而在室温下具有橡胶的弹性，蠕变性优良，此类压敏胶的黏性及成膜性比 EVA 系优良，现在 HMPSA 大半是 SIS 体系。

③ 丙烯酸系。丙烯酸系热熔压敏胶的粘接性、耐久性与溶剂型丙烯酸系压敏胶相似，耐热性、耐候性和热稳定性均比 EVA 系和二烯系更优越。但在不用交联剂进行交联情况下，它的内聚力和低温黏性较低，使其应用范围受到限制，一般用于要求较高的场合。为了改善这一性能，出现了热熔光固化型丙烯酸酯压敏胶，目前逐渐获得了应用。

④ 丁基橡胶压敏胶。该类胶黏剂是以丁基橡胶、增黏剂、增塑剂等制成的一类压敏胶，耐老化性能和耐高低温性能好。一般可通过加热挤出制成压敏性密封胶条或胶带，用于门窗密封、复合材料真空注塑成型的密封及防水卷材的接缝粘接密封等。

（2）增黏剂　增黏树脂主要作用是提高润湿性、内聚力、剥离强度和剪切强度等。由于苯乙烯类热塑性弹性体存在独特的两相结构，故在选择树脂时必须考虑在两相中的相容性。只与 PS 相容的有芳烃石油树脂、古马隆树脂、高软化点萜烯树脂等，可提高热熔压敏胶的弹性模量和内聚强度，但不产生初黏力和剥离强度。只与 PB、PI 相容的有萜烯树脂、松香、氢化松香、树香脂、C₅ 石油树脂等，会降低热熔压敏胶的弹性模量和内聚强度，但赋予初黏力和剥离力。软化点较低的芳烃石油树脂可与两相相容。只有与苯乙烯类热塑性弹性体中两相都相容的树脂才具有良好的性能，实际上往往同时将不同类型的树脂混合使用，以获得满意的效果。

增黏树脂的品种有萜烯树脂、聚合松香、松香甘油酯、210 树脂、422 树脂、240 树脂、古马隆树脂、QMS 改性松香等，其中萜烯树脂最为常见，以 α-蒎烯聚合的萜烯树脂性能最好。国产萜烯树脂是以 α-蒎烯低聚合物为主，不同厂家的萜烯树脂，性能差别较大，萜烯树脂受光、氧、热等作用会发生化学变化生成氧化物，影响热熔压敏胶的性能，宜用片状或块状物，贮存期不要过长。松香增黏性很好，价格便宜，但含有双键和羧基，容易氧化变色，还会腐蚀铁制包装。浅色古马隆树脂对提高粘接强度效果明显。通常，随增黏树脂的用量增加，热熔压敏胶的剥离强度提高，但如果用量过多，剥离强度反而会下降。

（3）增塑剂　增塑剂或是矿物油可以有效地大幅度降低胶黏剂的硬度和熔融黏度，改善热熔压敏胶的耐低温性能，同时还可以降低胶黏剂的配方成本。SBC 基热熔压敏胶配方中常用的增塑剂有两种类型：矿物油与聚丁烯油（polybutene oil）。每一种矿物油是含有不同比例链烷基（$C_p$）、环烷基（$C_n$）和芳香基（$C_a$）组分的混合物。具有不同比例碳型类别或溶解度参数的矿物油与所选用 SBC 有不同程度的兼容性，因此会对胶黏性造成不同程度的影响，特别是耐低温和耐高温的性能。通常含有 $C_a$ 的矿物油，芳香烃会与苯乙烯互溶，明显地降低了胶黏剂的耐热性，不建议用于 SBC 基胶黏剂中。另外，每种矿物油的玻璃化转变温度不同（这部分可以从各矿物油流变性的结果获得），通常 $C_p$ 值越高或 $C_n$ 值越低，玻璃化转变温度越低。不同来源的矿物油和相同比例的 SBS 混合后的胶黏剂玻璃化转变温度会改变，也因此得不到相同的胶黏物性。建议在使用所选择的矿物油之前先了解每种矿物油的特性，流变数据是最好的依据。

（4）抗氧化剂　在化学品市场中有很多不同类型的抗氧化剂，如胺与酚类，和二次抗氧化剂，如硫醇与亚磷酸酯类。一般来说，适当的抗氧化剂应该能够有效地终结在混合中的热老化、机械剪切和长期储存时环境所产生的反应型自由基，以防止或减少热熔压敏胶的裂解。

### 32.7.2.2　热熔压敏胶的典型配方

（1）配方 1　金属管道的保护胶带配方如表 32-14 所示。

表 32-14　金属管道的保护胶带配方

| 原料 | 质量份 | 原料 | 质量份 |
|------|--------|------|--------|
| SIS | 100 | $N,N$-二丁基氨基二硫代甲酸锌 | 5.0 |
| 脂肪族石油树脂 | 140 | 矿物油 | 10 |
| 二氧化钛 | 5.0 | | |

（2）配方 2　通用型压敏胶带配方如表 32-15 所示。

表 32-15　通用型压敏胶带配方

| 原料 | 质量份 | 原料 | 质量份 |
|------|--------|------|--------|
| SIS | 100 | $N,N$-二丁基氨基二硫代甲酸锌 | 5.0 |
| 脂肪族石油树脂 | 140 | 矿物油 | 10 |
| 矿物油 | 10 | | |

（3）配方 3　压敏胶标签配方如表 32-16 所示。

表 32-16　压敏胶标签配方

| 原料 | 质量份 | 原料 | 质量份 |
|------|--------|------|--------|
| SIS | 100 | $N,N$-二丁基氨基二硫代甲酸锌 | 5.0 |
| 脂肪族石油树脂 | 150 | 矿物油 | 10 |
| 二氧化钛 | 5.0 | | |

（4）配方 4　如表 32-17 所示。

表 32-17　配方 4

| 原料 | 质量份 | 原料 | 质量份 |
|------|--------|------|--------|
| SIS | 100 | $N,N$-二丁基氨基二硫代甲酸锌 | 1 |
| $C_5$ 石油树脂 | 80 | 三羟甲基丙烷三丙烯酸酯 | 25 |
| 苯乙酮(UV 引发剂) | 6 | | |

（5）配方 5　如表 32-18 所示。

表 32-18　配方 5

| 原料 | 质量份 | 原料 | 质量份 |
|------|--------|------|--------|
| SIS | 100 | 三羟甲基丙烷三丙烯酸酯 | 25 |
| $C_5$ 石油树脂 | 100 | $N,N$-二丁基氨基二硫代甲酸锌 | 2 |
| 矿物油 | 25 | | |

配方 4 和配方 5 是两个交联型热熔压敏胶，在氮气保护下按配方涂布于基材后经电子束照射便可化学交联，耐热性能优异。

## 32.7.3　热熔压敏胶的生产工艺

### 32.7.3.1　热熔压敏胶生产方法

工业上制备热熔压敏胶的方法有连续法和间歇法两种。连续法是将配方中各固体组分经粉碎和初步混合后，连续地送进被加热到一定温度的密闭双螺杆混合挤出机中，在那里熔融并搅拌混合均匀，然后连续地被螺杆挤出。最好是把涂布装置与双螺杆混合挤出机连接在一起，将熔融状态的胶黏剂直接涂布成最终的压敏胶产品。间歇法是将一定量的胶黏剂各组分粉碎后加入带有搅拌的混合器内，加热熔融并搅拌均匀后出料，然后再制第二批。根据搅拌机不同有各种类型的混合器，如叶片式混合器、双混合柱式混合器等。

采用各种热熔混合设备制备热熔压敏胶时，胶黏剂受热降解的程度与它的热历史（受热温度、受热时间）之间的关系甚大。显然，连续式双螺杆混合器最好，其次是高速搅拌的间歇式混合器。用低速搅拌的间歇式混合器制造时，只有在通氮气流的情况下才可能得到合格产品。

### 32.7.3.2　热熔压敏胶生产过程

（1）SBC 热熔压敏胶

① 生产原料。苯乙烯-异戊二烯-苯乙烯共聚物（SIS）60 份（以下均为质量份）、苯乙烯-丁二烯-苯乙烯共聚物（SBS）40 份、萜烯树脂 90 份、$C_5$ 石油树脂 10 份、环烷油 40 份、液体石蜡 5 份、$N,N$-二丁基氨基二硫代甲酸锌（BZ）3.5 份、抗氧剂 264 1.5 份。

② 工艺流程。按配方比例于三口烧瓶内加入 SIS、SBS、环烷油和液体石蜡，浸泡 8～12h，再加入萜烯树脂、$C_5$ 石油树脂、BZ 和抗氧剂 264。装上搅拌器、温度计、氮气导管，加热并通 $N_2$，保持温度 120℃左右，当增黏树脂基本熔化时，开动搅拌，使增黏树脂完全熔化。升温至 160～170℃，快速搅拌 0.5～1.0h，直至全熔变成透明、均匀的黏稠液体为止，停止搅拌，趁热出料。

本热熔压敏胶可用于制造一般的压敏胶制品，也可用于生产清洁工具、儿童玩具、工艺品、PVC 地砖等，还可修补丁基橡胶防化服，其综合性能优异，用途广泛，对非极性难粘材料粘接效果良好。

（2）SIS 热熔压敏胶

① 生产原料。SIS 100 份（质量份）、环烷油 40～60 份、萜烯树脂 100～120 份、邻苯二甲酸二辛酯 0～10 份、防老剂 1 份。

② 工艺流程。首先按比例在三口烧瓶内将 SIS 与增塑剂混合，浸泡进行充油，然后加入一定量的增黏树脂及防老剂，充氮气，加热保持温度在 120℃左右，当增黏树脂熔化时开始搅拌，升温至 170℃，直至全熔变成均匀的黏稠液体为止。停止搅拌，趁热出料，涂布于聚酯膜上，备用。

（3）SBS 热熔压敏胶

① 生产原料。SBS 100 份（质量份）、增黏剂 100～200 份、软化剂 20～40 份、增塑剂 15～20 份、抗氧剂 0.5～1.0 份。

② 工艺流程。配胶釜中先加入增黏剂、防老剂和软化剂，加热并通 $N_2$，保持在 120℃左右，待釜内物料基本熔融时，开动搅拌，全部熔融后，分批投入 SBS，并升温至 160～180℃，直至全部溶解，停止搅拌，趁热出料、包装。生产流程见图 32-5。

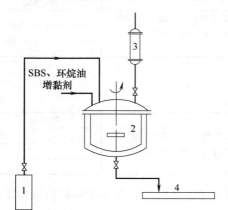

图 32-5　SBS 热熔压敏胶生产流程
1—$N_2$ 钢瓶；2—配胶釜；3—冷凝器；4—成品盘

### 32.7.3.3　热熔压敏胶生产注意事项

按照配方将热塑弹性体、增黏树脂、软化剂以及其他添加剂的混合物加热到熔融状态并充分搅拌均匀，就得到热熔压敏胶黏剂。由于 SBS 热塑弹性体和 SIS 热塑弹性体中含有不饱和链段，在高温熔融状态下会引起严重的氧化交联（对 SBS 来说）或氧化降解（对 SIS 来说），使胶黏剂的性能发生变化（老化）。所以，如何在不产生或尽可能少产生老化的情况下保证将各种成分混合均匀，就是热熔压敏胶制造技术的关键。生产中要注意的问题主要有如下几方面：

（1）混炼速度　混炼的速度决定着混炼时间和剪切应力。速度快，则所需时间就短，但剪切应力大。对于不饱和键少、受热氧降解不明显的丁基橡胶来说，剪切造成大分子断链现象，为保证胶黏剂具有较高的内聚强度，通过比较实验，确定丁基压敏胶的最佳混炼速度为 40～60r/min。

（2）混炼温度　只有在主体聚合物的软化温度之上混炼，才可能使胶中的增黏剂、增塑剂、稳定剂等成分均匀地分散到其中，形成稳定相结构，达到良好的使用性能。热熔压敏胶的熔融黏度与混合温度密切相关。温度过低，物料分散不均，而且胶的熔融黏度太高；而温度太高，尽管物料分散均匀，熔融黏度下降，但这样又同时浪费能源，导致成本升高，并且容易使胶在熔融的高温下热氧老化速度也越快，极大地影响了胶的使用性能，因此，混炼温度必须保持在一定的范围内。通过比较实验，确定丁基橡胶的混炼温度在 110～130℃。对于 SBS 热熔压敏胶和 SIS 热熔压敏胶来说，采用 135～160℃的混合温度以及较快的搅拌速度（$10^2 \sim 10^3 \, s^{-1}$）为最好。对饱和的 SEBS 热熔压敏胶和 SEPS 热熔压敏胶来说，混合温度可以更高一些。

（3）混炼时间　选择适当的混炼时间有利于在消耗能量尽可能小的情况下，获得最佳的混合效果。在保证混合均匀的前提下，尽可能缩短加热时间以使热老化减到最低程度。为此，必须使熔体的黏度尽可能的小。配方中采用各种增黏树脂和软化剂可使熔体的黏度显著减小，对热熔压敏胶的制造工艺是非常有利的。此外，融体的黏度还随温度的升高和切变速度（即搅拌速度）的增加而降低。在同样的黏度下，加快搅拌速度也有利于混合得更充分。所以，高速搅拌总比低速搅拌好。

（4）排除氧气　在熔融混合时排除或减少与氧气的接触是防止或减少制造过程中热老化的最直接、最有效的方法，密闭的混合器比敞开的好，采用连续的氮气或二氧化碳气流将空气排除就更好。

## 参 考 文 献

[1]　宫子晶，陶厚建，陈恒，等. 热熔胶的研究进展. 黑龙江科技信息，2014（32）：172-173.

[2]　Viljanmaa M，Södergård A，Mattila R，et al. Hydrolytic and environmental degradation of lactic acid basedhot melt adhesives. Polymer Degradation and Stability，2002，78（2）：269-278.

[3]　李佩瑾，杨秀春，胡小珑，等. 书刊装订用 EVA 热熔胶的研制. 化学工程师，2004（12）：53-54.

[4]　殷锦捷. 马来酸酐接枝改性 EVA 热熔胶的研究. 中国胶粘剂，2005（05）：18-21.

[5]　高升平，朱兰保. EVA 热熔胶的改性研究. 科技信息，2010（14）：401.

[6]　陶国良，贾广成，何乾湖，等. EVA 热压粘接 PP/m-LLDPE 的性能研究. 粘接，2013，34（03）：30-34.

[7]　伍金奎，唐舫成，汪加胜，等. 聚酯型 HMA 胶膜 AS615 的性能研究. 中国胶黏剂，2013，22（02）：27-30.

[8]　高建舟，汪存东，王海霞. 二聚酸型聚酰胺热熔胶的合成及性能研究. 中国胶黏剂，2015，24（11）：40-43.

[9]　杜郢，陈俊玲. 反应型聚氨酯装订热熔胶的研究. 粘接，2005，26（05）：26-28.

[10]　詹中贤，朱长春. 影响热塑性聚氨酯弹性体力学性能的因素. 聚氨酯工业，2005，20（01）：17-20.

[11]　殷锦捷. 马来酸酐接枝改性 EVA 热熔胶的研究. 中国胶黏剂，2005（05）：18-21.

[12]　付宏业，任天斌，任杰. 马来酸酐接枝共聚物增容聚乳酸/改性淀粉复合材料的制备与性能研究. 工程塑料应用，2008，36（11）：11.

[13]　张万喜，张长春，李笑明，等. 耐高温热熔胶：CN 1401724A. 2008-03-12.

[14] 陈小青. 改性 EVA 热熔密封胶的制备与性能探究. 武汉：华中师范大学，2015.

[15] Huang G F，Li Z L，Zhu W Y，et al. A method for preparing sample used in evaluating adhesion performance of hot melt adhesives in textiles. Advanced Materials Research，2015，1096：356-359.

[16] 司江菊，张琦，田赫，等. 用酯化改性的歧化松香作增黏剂制备 EVA 热熔胶的初步研究. 中国胶粘剂，2007，16 (06)：1-4.

[17] 何显儒，张睿，谌辉，等. 无机粒子改性 EVA 的粘接和流变性能研究. 塑料工业，2013，41 (01)：49-53.

[18] Zhang M M，Du J X，Hao J W. Preparation and flame retardant performance of intumescent flamex retardant PES hot melt adhesive. Polymer Materials Science & Engineering，2012，30 (12)：118-122.

[19] 赵萍. 二甘醇对改性 PET 共聚酯热熔胶熔融及结晶行为影响的研究. 上海：华东理工大学，2014.

[20] Sudha J D，Pillai C K S. Hydrogen-bonded thermotropic liquid-crystalline polyester-amides from bis (hydroxy alkamido) aranes：Synthesis and properties. Journal of Polymer Science Part A：Polymer Chemistry，2003，41 (2)：335-346.

[21] 金旭东，杨云峰，胡国胜，等. 聚酰胺热熔胶性能研究及其应用. 中国胶黏剂，2007，16 (11)：49-52.

[22] 高建舟，汪存东，王海霞. 二聚酸型聚酰胺热熔胶的合成及性能研究. 中国胶黏剂，2015，24 (11)：40-43.

[23] 周磊. 尼龙 6/66/510 共聚酰胺热熔胶的制备及其性能研究. 上海：华东理工大学，2016.

[24] 高建舟. 二聚酸聚酰胺热熔胶的合成与改性. 太原：中北大学，2016.

[25] 付绪兵，杨桂生，赵兴科，等. 我国湿固化聚氨酯热熔胶的研究现状和趋势. 化学与粘合，2014，36 (03)：207-210.

[26] 潘庆华，叶胜荣. 热塑性聚氨酯热熔胶的合成与性能研究. 粘接，2014，35 (08)：35-39.

[27] 李会录，张挺，邵康宸，等. 热塑性聚氨酯热熔胶的制备及性能. 高分子材料科学与工程，2016，32 (01)：36-40.

[28] 唐启恒，何吉宇，艾青松，等. 反应型聚氨酯热熔胶的制备及其粘接性能的研究. 材料工程，2013 (08)：55-59.

[29] Orgilés-Calpena E，Arán-Aís F，Torró-Palau A M，et al. Effect of annealing on properties of waterborne polyurethane adhesive containing urethane-based thickener International Journal of Adhesion & Adhesives，2009，29 (8)：774-780.

[30] 刘尚莲. 反应型热熔聚氨酯的合成. 山东化工，2012，41 (10)：15-17.

[31] 李俊妮. 聚烯烃用胶黏剂研究进展. 精细与专用化学品，2012，20 (08)：44-48.

[32] 郑萌. 医用聚烯烃热熔胶配方的研究. 北京：北京化工大学，2016.

[33] 仇磊，丁武斌，常媛玲，等. 聚丙烯基热熔胶的制备以及对铝板剥离性能的研究. 粘接，2016，37 (02)：59-61.

[34] 庞艳梅，龙莹春，李庆彪，等. 热熔压敏胶的研究进展. 中国胶粘剂，2018，27 (5)：55-58.

[35] 曹君，左洪运，王双闪. 热熔压敏胶的研究进展. 粘接，2018，(5)：53-57.

(李盛彪 赵庆芳 林政铼 董辉 编写)

# 第33章

# 压敏型胶黏剂

压敏型胶黏剂（pressure sensitive adhesive，PSA）是指对压力敏感、无需加热或溶剂软化，仅需适当施加压力，甚至是指压就能实现快速粘接的一类胶黏剂。这类材料具有特殊流变学特性，可保持永久的黏性和干黏性，类似溶剂型胶黏剂没有干燥的状态，故习惯上也将压敏型胶黏剂称为不干胶。压敏胶一般以压敏胶制品形式进行应用，如不干胶标签、不干胶胶黏带及双面胶等。

压敏胶黏剂的雏形始于医药行业的膏药制剂。早在古中国、古埃及、古印度就出现了由松脂、动物胶及蜜蜡等材料熬制成医药膏贴和捕捉虫鸟粘网的胶黏剂制品。当时的承载基材多为易得的兽皮或狗皮，因此戏称为"狗皮膏药"。1845 年出现了第一个用天然橡胶制造医用橡皮膏的专利。医用橡皮膏的工业开发首先是美国的 Johnson 兄弟公司在 1870 年开始的，经过长期研究，他们在 1890 年发明了具有长时间黏性的医用橡皮膏。20 世纪 50 年代，丙烯酸酯系聚合物才被广泛用作压敏胶黏剂。压敏胶黏剂的发展首先得益于医用胶布和电工胶带，早在 20 世纪 20 年代，以天然橡胶为主剂的电器绝缘用压敏胶黏带就开始进入工业应用领域，从 20 世纪 60 年代以来，特别是各种丙烯酸酯压敏胶黏剂的相继开发，压敏胶黏剂合成技术及其制品的工业化就一直处于高速发展中，压敏胶制品已被广泛应用于工业、日用、医用、IT 等诸多领域。

1984 年我国第一套丙烯酸及其酯装置在北京东方化工厂正式投产，各类丙烯酸酯共聚物乳液全面展开，自此开始了水乳型丙烯酸系压敏胶黏剂、溶剂型丙烯酸系压敏胶黏剂的全面发展，广东的永大、宏昌，河北的华夏集团均开始了丙烯酸系压敏胶黏剂及其制品的生产，经过 40 多年的发展，我国已是丙烯酸及其酯制造大国，年产耗量达 325 万吨，位居世界第一，相应的各类压敏胶黏剂年产耗量也超过 150 万吨。尽管产耗量非常之大，但与国外先进公司比，在光学膜用压敏胶黏剂、耐高温压敏胶黏剂、高速涂布用压敏胶黏剂、转移涂布用水性压敏胶黏剂及遮阳膜制品等领域仍处于追赶阶段，甚至是空白，多为国外公司所垄断。

# 33.1 压敏型胶黏剂的组成、分类与应用领域

## 33.1.1 压敏胶黏剂的组成

压敏型胶黏剂的组成如下。

（1）黏料 黏料又称基料、主剂，是决定压敏胶黏剂持粘和剥离强度等性能的主要组分。作为黏料的物质可以是天然聚合物、合成树脂及合成橡胶。天然聚合物有胶原蛋白质、

虫胶及天然橡胶等，有时为改善压敏胶黏剂的初粘力、持粘力及 $180°$ 剥离力三者的平衡，以满足特定的粘接目的，可用不同聚合物黏料进行配合，黏料可以是一种也可以是多种聚合物的组合。黏料的选择需考虑聚合物的特性和被粘物的特性。

根据"结构相似相容"的原则，极性被粘物应选择极性聚合物作黏料，而非极性被粘物不能使用强极性黏料。聚合物表面张力和溶解度参数与被粘物材料接近，有利于扩散黏附，可获得良好粘接效果。嵌段共聚物或接枝共聚物可以综合塑料和橡胶的特点，还可以在同一分子链上同时具有极性和非极性链段，这两类聚合物常用来改善粘接性能。

（2）交联剂和促进剂　为提高压敏胶黏剂的内聚强度和耐热蠕变性能，往往将黏料聚合物进行适度交联。固化促进剂是加速交联反应、缩短固化时间或降低固化温度的组分。

（3）增黏树脂　增黏树脂是压敏胶黏剂的另一重要组分，其作用是赋予压敏胶黏剂必要的初黏性和粘接力，尤其在橡胶型压敏胶黏剂及热熔型压敏胶黏剂中不可或缺。增黏树脂超过一定量时，则与橡胶形成两相分散体系，橡胶为连续相，赋予压敏胶足够的内聚强度。增黏树脂和少量低分子橡胶为分散相，在胶黏界面形成一个很薄的黏性层，在外力作用下只能够发生黏性流动，润湿被粘表面从而提高初粘力。当增黏树脂与橡胶的比例适当时，增黏树脂能很好地分散于橡胶相中，这时初粘力达到最大值，性能最佳。

（4）增塑剂　通常制备橡胶型压敏胶黏剂时，因所使用的橡胶分子量极大，如天然橡胶，润湿性差，故为提高压敏型胶黏剂的初粘力，往往需加入增塑剂，也称为软化剂，有时树脂型压敏胶黏剂也需加入适量的增塑剂，这类助剂的加入往往导致胶层强度和耐热性有所降低，甚至导致胶层内聚破坏，因此实际使用时需谨慎控制添加量，对于橡胶类高分子量的黏料，其用量应少于橡胶质量份的 $20\%$，增塑剂应与黏料有很好的相容性，不参与交联反应的增塑剂尽可能使用分子量大的，如有可能尽量选用反应型增塑剂或增韧剂。

（5）稀释剂　在压敏胶涂布时，为了降低胶黏剂黏度和增加润湿能力，增加胶黏剂的表面均匀度，常使用稀释剂。有些稀释剂还能降低胶黏剂的活性，延长胶黏剂的适用期。稀释剂大多是惰性溶剂，不参与反应，涂胶后挥发掉，如乙醇、丙酮、甲苯。稀释剂的选择主要考虑挥发速度和溶解性。挥发太快，胶层表面易结膜，妨碍胶层内部溶剂溢出，导致胶层中产生气泡；挥发太慢，则在胶层内留有溶剂，会影响粘接强度，甚至胶层发生内聚破坏，不发生内聚破坏是保护膜及易剥离标签使用的压敏胶黏剂的必要技术要求。通常采用几种不同沸点的溶剂相混杂来调节挥发速度。

（6）填料　填料多用于改善粘接性能和降低胶黏剂的成本，如添加阻燃填料可以赋予压敏胶黏剂制品阻燃功能，添加镍粉可用于制作电子行业的全反光膜类压敏胶黏剂制品，添加炭黑可制得导电型压敏胶黏剂制品，但填料的加入往往会导致压敏胶黏剂制品的初粘力和 $180°$ 剥离力的降低，因此主体聚合物的合成、交联程度与填料之间有一定的协同或平衡，控制填料非常关键。

（7）其他　水乳型压敏胶黏剂因存在表面张力高、高速涂布易起泡等问题，在压敏胶黏剂制品制造过程中，往往还需加入基材润湿剂和消泡剂，这两类助剂也会导致胶层破坏。有时压敏胶黏剂还需加入防老剂，尤其是以二烯烃为基础的橡胶型压敏胶黏剂，因橡胶型聚合物主链极活泼 $\alpha$-H 的存在，导致压敏胶黏剂制品在储存、运输及使用过程中发生深度交联，进而打破三力的平衡而失去粘接作用。

# 33.1.2　压敏胶黏剂的分类

压敏型胶黏剂的种类繁多，分类方式也各不相同。可按主体黏料聚合物类型，压敏胶黏剂的形态、涂布方式及用途领域等进行分类。

（1）按其主体聚合物的化学结构分类　压敏型胶黏剂按组成黏料的主体聚合物的化学结构主要分为橡胶型压敏胶黏剂和树脂型压敏胶黏剂两大类。

① 橡胶型压敏胶黏剂。橡胶型压敏胶黏剂也称为弹性体型压敏胶黏剂，组成橡胶型压敏胶黏剂黏料的弹性聚合物主要有：天然橡胶（电工胶带）、天然胶乳（卫生敷料、创口贴）、合成橡胶及热塑性橡胶。合成橡胶则主要有溶聚丁苯橡胶（S-SBR）、溶聚丁基橡胶（IBR）、溶聚溴化丁基橡胶（Br-IBR），乳聚硫调节型氯丁橡胶（CR），热塑性橡胶主要是苯乙烯-丁二烯-苯乙烯三嵌段共聚物（SBS）、苯乙烯-异戊二烯-苯乙烯三嵌段共聚物（SIS）、氢化 SBS（SEBS）等。

② 树脂型压敏胶黏剂。组成树脂型压敏胶黏剂的聚合物或主剂主要有丙烯酸系共聚物、聚氨酯、有机硅及聚烷基乙烯基醚等。

a. 丙烯酸系压敏胶黏剂。丙烯酸系共聚物类压敏胶黏剂是使用最多的树脂型压敏胶黏剂，其特点是耐久性好，另一方面，丙烯酸系压敏胶黏剂可以和很多其他单体共聚，如醋酸乙烯、苯乙烯、甲基丙烯酸酯等，制备可满足各种需求的特种压敏胶黏剂，同时丙烯酸酯可以进行溶液聚合、本体聚合及乳液聚合，制备溶剂型压敏胶黏剂、热熔型丙烯酸系压敏胶黏剂和水乳型压敏胶黏剂。正因丙烯酸系压敏胶黏剂具有合成方法多样、制品性能耐久及不黄变等特性，已成为压敏胶黏剂的主流产品。

b. 聚氨酯系压敏胶黏剂。聚氨酯因其结晶程度可控，分子量可控，且聚氨酯大分子有很多可打开的外氢键，不仅是制备压敏胶黏剂的优选材料，而且也是很多难粘材料表面的首选基体聚合物，聚氨酯系压敏胶黏剂特别适合无处理的低表面张力材料的粘接。另一方面，聚氨酯可采用溶液聚合、本体聚合及本体聚合再分散等生产工艺，故聚氨酯系压敏胶黏剂可以制成相应的溶剂型压敏胶黏剂、热熔型压敏胶黏剂、反应型热熔压敏胶黏剂及水乳型压敏胶黏剂。

c. 有机硅型压敏胶黏剂。有机硅型压敏胶黏剂的主剂是可硫化的聚有机硅氧烷（硅橡胶）和具有团簇状形状的甲基硅树脂或苯基硅树脂按一定比例加入适当溶剂混合制得。其中硅树脂均是 MQ 结构（M—mono，Q—quaternary）的硅树脂，是由单烷氧基硅化合物与四烷氧基化合物缩聚成的低分子量的体型或笼状聚硅氧烷缩聚物。

d. 聚烷基乙烯基醚型压敏胶黏剂。很多专著均提及了聚乙烯基醚型压敏胶黏剂，但聚乙烯基醚聚合物往往与其他单体共聚才可获得较好的初粘力、持粘力及 180°剥离力，乙烯基醚型单体有羟丁基乙烯基醚、异辛基乙烯基醚，丁基乙烯基醚等单体。因烷基乙烯基醚单体种类少，价格昂贵，这类压敏胶黏剂在市场上并不盛行。

（2）按主体聚合物交联与否分类　压敏胶黏剂按主体聚合物在加工压敏制品过程中是否发生交联反应形成交联结构，又可分为热固型和热塑型两类。

（3）按主体聚合物的形态分类　压敏胶黏剂按聚合物的形态可分为溶剂型压敏胶黏剂、乳液型压敏胶黏剂、热熔型压敏胶黏剂、反应型热熔压敏胶黏剂、压延型压敏胶黏剂及水溶液型压敏胶黏剂六大类。

① 溶剂型压敏胶黏剂。溶剂型压敏胶黏剂可以是橡胶型，也可以是树脂型，均是由线型聚合物经溶解及与其他助剂混配所得，然后再通过涂布和溶剂挥发而形成压敏胶制品。溶剂型压敏胶黏剂的优点是耐水性好，涂布时对基材润湿能力强，无需加入基材润湿剂。溶剂型压敏胶黏剂的优点还包括胶层的透明度高，初粘力高，剥离强度既可以很高，也可以很低，故溶剂型压敏胶黏剂虽不环保、存在大量溶剂排放，但在特殊应用领域仍是水乳型压敏胶黏剂不可替代的，如 PVC 制品的保护膜、汽车遮阳膜、IT 领域的各类光学膜。

② 乳液型压敏胶黏剂。乳液型压敏胶黏剂首先起源于丙烯酸系压敏胶黏剂，丙烯酸系

压敏胶黏剂是将丙烯酸酯单体、辅助功能单体经全乳法半连续乳液聚合工艺制得。因以水为分散介质、具有安全环保等特点，故在很多应用领域以乳液型丙烯酸系压敏胶黏剂为主，仅国内耗量就达 100 多万吨，如 BOPP 封箱胶带、家用电器保护膜、高档型材保护膜、文具胶带等压敏胶黏剂制品。近年来，因环保压力的加大，新《环境保护法》的实施，很多传统溶剂型橡胶基压敏胶黏剂也向乳液型方向发展，如乳化 SBS、乳化 SIS 等乳液型压敏胶黏剂已进入市场。

③ 热熔型压敏胶黏剂，见 32.7 节。热熔型压敏胶黏剂（HMPSA）是以热塑性弹性体（TPE）为主剂制成的一类压敏胶黏剂。HMPSA 集无环境公害和压敏胶黏剂粘接特性于一体，是现代胶黏剂快速发展的一类新品种。

与液态压敏胶黏剂相比，热熔型压敏胶黏剂有如下优点：

a. 不需干燥、涂布速度快，适于高速生产的要求；

b. 能涂布较厚的胶层且胶层中无溶剂残留，如食品、化妆品包装的标识标签；

c. 最适合难黏结的低表面张力或难以润湿的聚烯烃材料制品，如聚丙烯和聚乙烯包装桶用不干胶标签；

d. 生产和使用过程中无三废排放；

e. 储存方面，只需避光密封保存即可，不需特定的环境温度；

f. 优异的耐水耐吸潮性。

热熔型压敏胶黏剂也有它固有的缺点，用热熔型压敏胶黏剂制得制品在使用过程中的耐热温度均偏低，用于标签制作模切时易粘刀。因此近年来，反应型热熔压敏胶黏剂开始问世并投放市场。

④ 压延型压敏胶黏剂。为了少用或不用溶剂，把难以通过滚涂或刮涂涂布的黏度极大的压敏胶，以压延方式形成压敏胶制品。目前这类压延型压敏胶黏剂很少使用。现在的压延型压敏胶黏带也指那些以纸、布、薄膜为基材，再把压敏胶黏剂均匀涂布在上述基材上制成纸质胶黏带、布质胶黏带或薄膜胶黏带，再把弹性体型压敏胶或树脂型压敏胶均匀涂布在上述基材上制成的卷状胶黏带，是由基材、胶黏剂、隔离纸（膜）三部分组成。如门窗密封条、吸水膨胀止水条等产品。这类胶黏带产品广泛用于皮革、铭板、文具、电子、汽车边饰固定、鞋业、制纸、手工艺品粘贴定位等用途。

⑤ 水溶液型压敏胶黏剂。多数水溶性聚合物 $T_g$ 较高、干燥后几乎无压敏性。故这类压敏胶黏剂实际是一类再湿型胶黏剂，只能用于一次性不可剥离的黏结，作为水溶液型压敏胶黏剂的主剂很多，目前常用的有可溶性淀粉、聚乙烯醇、聚乙烯吡咯烷酮、聚醚等。

（4）按照压敏胶黏剂涂布后的制品的形态和用途分类    压敏胶黏剂因使用时常常依托在另一基材上，有的是单面涂布，有的则是双面涂布，单面和双面涂布的用途不一样，故压敏胶黏剂有时也按最终制品分为单面压敏胶黏剂和双面压敏胶黏剂，以及胶层厚度较大的压敏胶片。双面压敏胶黏剂制品用途也较广，除作双面粘接外，还用于指示与标识。

（5）按压敏胶黏剂的使用功能分类    压敏胶黏剂按其使用功能或本身的功能可分为阻燃压敏胶黏剂、导电压敏胶黏剂、标牌压敏胶黏剂、耐高温压敏胶黏剂、喷涂屏蔽压敏胶黏剂等。

# 33.1.3    压敏胶黏剂的应用领域

压敏胶黏剂的应用领域非常广泛，耗量最大的就是包装用胶黏带，其次是各类保护膜及各类不干胶标签。具体应用涉及国民生活的方方面面。

（1）印刷包装领域中的包装胶黏带    包装、办公用胶黏带是压敏胶制品中产量最大的品种。基材有布、纸、玻璃纸、塑料薄膜（如聚氯乙烯、聚丙烯、聚乙烯、聚酯等）等，使用最多的基材是双向拉伸聚丙烯薄膜（BOPP 膜）。还有纸基胶黏带、布基胶黏带、BOPP 胶黏带、聚氯乙烯胶黏带等。纸基胶黏带用途主要以封箱为主，要求低温时的快粘力和高温下的内聚力。布基压敏胶黏带主要用在重包装和捆扎方面，所用压敏胶黏剂是以橡胶或再生橡胶为主的橡胶型压敏胶黏剂。聚丙烯胶黏带用压敏胶黏剂多为丙烯酸系和橡胶系。用橡胶系压敏胶时，薄膜需用底涂剂处理，用丙烯酸系压敏胶黏剂时，不涂底涂剂就可获得与薄膜良好的粘接。丙烯酸系压敏胶黏剂的缺点是低温特性较差；聚氯乙烯胶黏带的基材是单轴拉伸半硬质聚氯乙烯薄膜，所用压敏胶黏剂多为橡胶型压敏胶黏剂，电绝缘用聚氯乙烯胶黏带也以橡胶型胶黏剂为主。

（2）文化办公用胶黏带　在文化及办公用领域用的压敏胶黏剂制品主要有荧光胶黏带、可重复使用的随身帖、双面胶黏带等。荧光胶黏带具有色彩醒目且不影响透明度特性，常用于书面上的重点标识，加强视觉效果，特别适合办公人士及学生使用，还可用于有创意的装饰。可重复粘贴的压敏胶制品主要是随身帖，可重复粘贴而不破坏基材。双面胶黏带是在基材的两面涂布压敏胶制成，用于物品的固定，可以起到类似胶黏剂的粘接作用。双面胶黏带的基材一般用无纺布、薄纸、玻璃纸、聚酯、聚丙烯薄膜、布、聚氨酯泡沫塑料、聚乙烯泡沫塑料、聚苯乙烯泡沫塑料等。

（3）医疗用胶黏带和卫生敷料　医疗用胶黏制品是压敏胶黏剂的应用要求较高的领域。因与人体皮肤相接触，必须考虑胶黏剂引起的过敏、药效等问题。按照基材的不同可制成各种医疗用胶黏带。橡皮膏的基材用棉布或人造纤维布，纸橡皮膏的基材用薄纸，无纺布橡皮膏的基材用无纺布，薄膜胶黏贴膏、辣椒贴膏的基材用人造纤维布，愈创膏主要采用聚氯乙烯薄膜。橡皮膏是采用精选的橡胶、树脂、氧化锌和其他物质，经混炼而成的压敏性胶黏物质，在布上经压延法涂布制成。现在布基橡皮膏只限于外科的骨折修复固定等使用，生产量已经逐渐减少。

卫生敷料是近年来发展起来的一种伤口治愈及内病外治的压敏胶黏剂新产品，如家庭常备的创口贴、各类膏药等，它是将粘接与治疗集于一体的新型药剂。目前使用的压敏胶黏剂有水乳型丙烯酸系压敏胶黏剂、溶剂型丙烯酸系压敏胶黏剂、橡胶型压敏胶黏剂。

（4）电器绝缘用胶黏带　电器绝缘用胶黏带常用于电器配线，因此要求压敏胶黏剂层的介电常数大、耐热温度高、阻燃，故这类胶黏带多用聚氯乙烯为基材，除此之外也采用聚乙烯、橡胶等。当要求耐热温度更高时，基材多以聚酯为主，或用牛皮纸、醋酸纤维素、玻璃布等。

电器绝缘特种胶黏带是以 Q 薄膜为基材，涂以 H 级硅化合物系压敏胶的电绝缘胶黏带和以尼龙无纺布为基材，涂布耐热性好的压敏胶制成的胶黏带。这类特种电器绝缘胶黏带具有耐热性好、电气特性高、机械强度高、耐湿性优良等特点，是高压电器、弱电通信、电子机器方面必须使用的胶黏带。

（5）涂装用胶黏带　涂装用胶黏带也称遮蔽胶黏带，用于汽车制造及喷涂、建筑内外墙多色喷涂或网格突出喷涂的遮蔽。迄今，已成为飞机、车辆、轮船、家具、建筑等行业涂装的必需品。遮蔽胶黏带用皱纹纸、薄纸、布等作基材。遮蔽胶黏带的性能要求如下：

① 容易解卷，作业性良好；

② 遇湿或溶剂胶层及基材无尺寸误差、黏结力不降低；

③ 被粘物上不能有残胶或配合剂的影子；

④ 不污染环境，发展可降解的基材是这一应用领域的方向；

⑤ 与涂层自身的强度比，要小，不能有涂料剥落；

⑥ 在保证以上性能的基础上，仍需胶黏带有良好的耐久性。

（6）不干胶标签　压敏胶黏剂的另一较大的应用领域。内包装物不同，对压敏胶黏剂的要求也不相同。对食品和化妆品的标识标签则要求压敏胶黏剂无有机溶剂释放，不能有任何溶剂污染内包装物；对于行李托运及对纤维纸的标识则要求压敏胶黏剂的剥离强度必须低，甚至低于 2N/25cm，对于难粘接的聚丙烯包装桶的标识则需高的剥离强度、优异的耐水性及耐候性。不干胶标签制作大多数采用转移涂布方式。所用压敏胶黏剂有丙烯酸系、橡胶系、热熔系等，热熔型压敏胶黏剂在不干胶标签制作中的应用越来越多，但是其缺点是标签在模切时易粘刀。

（7）双面胶黏带　双面胶黏带主要用于物品的固定与黏结，起到普通的粘接作用。用途有固定印刷版，造纸厂中制纸工序的纸接头，电器工业用的铭牌、标示物、零件的粘接、办公用品，广告的固定，家庭中代替糨糊等，应用非常广泛。

（8）保护膜　很多型材，如装饰板、塑料板、涂装板、高级不锈钢板、铝板等在运输时会受到磕碰，导致后续加工目标制品的合格率降低，我们日常生活中的家电、灶具及门窗、家具很多已经在生产线上连续生产，因此这些制备仍需进行保护，以确保在运输、安装时避免因磕碰导致的纠纷。作为保护膜用压敏胶黏剂，必须解决如下技术难题：

① 胶层必须有足够的抗热蠕变、抗潮蠕变能力，只有这样才能在揭开保护膜时没有残胶留在被粘物表面；

② 胶层中的添加剂及聚合物对被粘基材无溶解性、腐蚀性；

③ 胶层聚合物必有足够的耐老化能力。

（9）不干胶密封条　密封条有泡沫型、橡胶型、遇水膨胀橡胶型等多种形式，广泛用于运载工具的车门、车窗密封，建筑门窗密封的保温隔热与隔声降噪，以及水利工程、桥梁、隧道的止水堵漏（吸水膨胀止水条）；为了便于更换和固定，上述不干胶密封条多是在离型纸上涂布压敏胶黏剂，然后与密封材料在线复合、转移、分切制得。

（10）金属箔胶黏带　以金属箔为基材的胶黏带。大致分为铜、铝、铅等箔带。用导电性压敏胶可制成导电性胶黏带。铝箔和玻璃纤维复合箔片作基材制成的胶黏带，经常用于保温。一般的金属箔胶黏带，多用于电镀时的遮蔽、放射线的遮蔽（铜）、防潮封缄、飞机轮船的涂装遮蔽、防热辐射（铝）、防震、隔声（铅、铝）等。

（11）耐磨性胶黏带　耐磨性胶黏带，也属于保护膜的一种，但比保护膜要求更高，主要用于玻璃包装的磨砂、碑文的刻字。基材可以是橡胶也可是塑料膜，磨砂或雕刻前，事先在这种胶带上刻好文字，然后去掉隔离纸，再把橡胶黏带贴在物件上，用喷砂的方法雕刻文字或磨砂。主要应用于纪念物、建筑装饰物、墓碑加工。

（12）反射胶黏片及蓄光性胶黏带　它是将玻璃细珠和荧光粉散布在胶黏带基材上制成胶黏片，光照射时具有反射作用，用于道路标识，楼道应急通道的标识等。

（13）广告贴及不干胶标牌　这类应用是在铭牌上涂布压敏胶制成。用于粘贴广告招贴画、选举招贴画、相片等，用途广泛。

（14）防腐蚀性胶黏带　为了防止石油管道等的腐蚀，采用此种胶黏带包覆。它是在黑色聚乙烯薄膜上，涂布耐候性优良的压敏胶制成，西伯利亚的石油管道就采用这类胶带进行防腐处理。

（15）防水性胶黏片　农业用水池、工业排水处理池、游泳池、大厦屋顶等，均利用防水胶黏片制作防水层。它以耐水、耐候性好的橡胶片为主体，涂以压敏胶制成。对这种胶黏片的要求是湿黏性能好、耐候性好等。

（16）不干胶壁纸　在壁纸上进行压敏胶黏剂涂布后，可以随时使用。

（17）道路标识和划线用胶黏带　道路标识胶黏带用于街道、马路、站台、厂区通道的区分等。由聚氯乙烯、合成橡胶等材料涂布压敏胶制成。用于室内体育馆地板上划制白线。用薄纸、塑料等材料涂布胶黏剂加工制成。

（18）管路识别用胶黏带　利用各种颜色的胶黏带缠绕水管、煤气管等埋于地下，便于以后区分。基材使用聚氯乙烯、聚丙烯等。

（19）防虫胶黏片　它是新研制的捕捉蟑螂等昆虫的胶黏带，粘接性强。其形式有在硬纸板上涂布压敏胶之后，再附隔离纸制成的胶黏制品；也有将压敏胶装入软管中使用的。同样应用还有捕捉老鼠的压敏胶，或装于软管里应用，或涂于纸上使用。

（20）防伪不干胶商标纸　与普通不干胶标签不同的是防伪不干胶标签贴在商品上或包装物的封口处，用于确认包装物是否开封过，这类标签的基材基本以易碎纸为主，揭开商标膜时，被贴物会自动转印上特定的商标或文字，原完整的商标膜表面呈现商标文字的透空，商标被完全破坏，从而真正实现防伪功能。

（21）导热胶黏带　具有极佳的导势、导电性能，适用于电子、制冷等行业。

（22）光学膜　目前，IT 行业用光学膜种类很多，有全反射膜、显示面板的保护膜，目前这类光学膜制品均是用溶剂型压敏胶黏剂制得。

（23）其他　压敏胶黏剂的应用还有很多，如中央空调管道保温隔热的铝箔胶带、汽车制造过程中阻尼减振片（热熔型 SBS 橡胶片）的临时固定、挂钩、妇女卫生巾、衣服除尘辊、湿纸巾的天窗等。

# 33.2　丙烯酸酯类压敏胶黏剂

丙烯酸酯共聚物因主链为饱和结构、侧基为极性大小不等的酯侧基，故以丙烯酸酯共聚物为黏料的胶黏剂具有优异的耐户外老化性、耐热空气老化性，对多种基材的黏附能力优异，这是作为压敏胶黏剂主剂的先决条件。另外，丙烯酸酯单体种类繁多，价格低廉，来源广泛。丙烯酸酯结构的特殊性，使其在较温和的条件下就可进行自由基溶液聚合、自由基本体聚合、自由基乳液聚合，这是其他烯类单体无法可比的优势，因此丙烯酸酯及其聚合物已成为胶黏剂行业、涂料行业的第一大聚合物。正因丙烯酸系共聚物有上述的独有的优点，丙烯酸系压敏胶黏剂可以以溶剂型、热熔型、水乳型及辐射交联型四种形式广泛用于国民经济的各个方面。

溶剂型丙烯酸系压敏胶黏剂虽不环保，但因溶剂型丙烯酸压敏胶黏剂无需加入消泡剂、基材润湿剂好、胶层透明度高，故高剥离强度的压敏胶黏剂制品、光学膜用压敏胶黏剂等仍以溶剂型为主。在对剥离强度要求不高、对耐水及透明度要求不高的领域已开始大量使用更环保的水乳型丙烯酸压敏胶黏剂，如封箱胶带、部分保护膜。到 20 世纪 70 年代水乳型丙烯酸压敏胶黏剂已日臻成熟，达到普及水平。对于耐水性要求高的领域，则使用热熔型丙烯酸系压敏胶黏剂或溶剂型丙烯酸系压敏胶黏剂，热熔型丙烯酸系压敏胶黏剂现在国内已开始应用，主要采用自由基本体法合成；辐射固化型丙烯酸系压敏胶黏剂主要用于电子封装，用量虽少、但技术要求高。

## 33.2.1　丙烯酸酯类压敏胶的组成与典型配方

按丙烯酸酯类压敏胶使用形式可分为溶剂型丙烯酸酯系压敏胶黏剂、水乳型丙烯酸酯系压敏胶黏剂、热熔型丙烯酸酯系压敏胶黏剂、水溶型丙烯酸酯系压敏胶黏剂以及辐射固化型丙烯酸酯系压敏胶黏剂 5 大类。其中溶剂型丙烯酸酯系压敏胶黏剂和水乳型丙烯酸酯系胶黏剂使用易控制的涂布工艺，综合性能易于保证，因而发展速度最快，且技术日臻成熟。本章主要介绍溶剂型丙烯酸酯系压敏胶黏剂和水乳型丙烯酸酯系压敏胶黏剂的组成和配方。

### 33.2.1.1 丙烯酸酯类压敏胶的组成

（1）单体　目前，制取溶剂型丙烯酸酯系压敏胶黏剂和水乳型丙烯酸酯系压敏胶黏剂的最简便、最经济的方法主要是，将丙烯酸酯单体与其他乙烯基不饱和单体直接进行溶液自由基聚合或进行乳液自由基聚合。不管是溶液自由基聚合还是乳液自由基聚合，使用的主单体、功能性单体基本相同。所用的单体主要分为三类：

① 黏性单体。它们是碳原子数为 4～12 的（甲基）丙烯酸烷基酯，具有黏性作用，单体均聚物的玻璃化转变温度（$T_g$）较低，一般在 $-70 \sim -20$℃。常用的有丙烯酸乙酯（EA）、丙烯酸正丁酯（BA）、丙烯酸-2-乙基己酯（2-EHA）、丙烯酸月桂酯（LA）以及甲基丙烯酸-2-乙基己酯（2-EHMA）等。

② 内聚单体。内聚单体均聚物的玻璃化转变温度一般较高，它不仅能提高胶层的内聚强度，有时还可提高胶层的耐水性、剥离强度、透明性等。这部分单体有甲基丙烯酸甲酯、甲基丙烯酸乙酯、甲基丙烯酸异丁酯、苯乙烯、氯乙烯等。

③ 功能性单体。功能性单体的外延很宽，所谓的功能性单体有：

a. 可提供交联点的单体。主要是一些带有反应型官能团的含有双键的单体，如（甲基）丙烯酸、富马酸、衣康酸、（甲基）丙烯酸羟乙酯、N-羟甲基丙烯酰胺、乙烯基三甲氧基硅烷（A-171）、乙烯基三乙氧基硅烷（A-151）。

b. 附着力促进单体。这部分单体主要是含磷酸酯单体及含脲基单体。有时乙烯、氯乙烯也可被认为是改善对低表面能基材的黏结强度的单体，如 PE 膜和 PP 膜。

由于组成压敏胶黏剂的聚合物玻璃化转变温度较低（通常为 $-70 \sim -35$℃），且酯侧基碳链都较长，胶层的热敏蠕变性大，胶层易发生内聚破坏，高温下（大于 120℃）三力急剧下降，交联不仅可提高内聚，还可提高胶层的使用温度以及胶层的耐溶剂及耐油（燃油、润滑油及润滑油脂）性能。因此功能性单体的选择是制备丙烯酸酯系压敏胶黏剂的关键之一。

（2）乳化剂　乳化剂是分子结构中一端亲水（水溶性结构）、另一端亲油（不溶于水但容易溶于油相）的化学物质。如正相乳液聚合所用的主单体均是不溶于水的油类物质，只有少量的辅助单体（小量）可以是水溶性单体，乳化剂是表面活性剂中的一种，分子示意如图 33-1 所示。

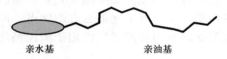

亲水基　　　　　亲油基

图 33-1　乳化剂分子示意图

乳化剂的选择在制备水乳型压敏胶黏剂中非常重要。尽量选择增溶效果好（临界胶束浓度低即 CMC 小）的乳化剂，或选择反应型乳化剂，避免游离乳化剂对胶层增塑导致胶层的内聚破坏。可用于水乳型丙烯酸系压敏胶黏剂的乳化剂很少，目前常用的有：

① 阴离子型乳化剂。

a. 十二烷基联苯醚二磺酸钠。

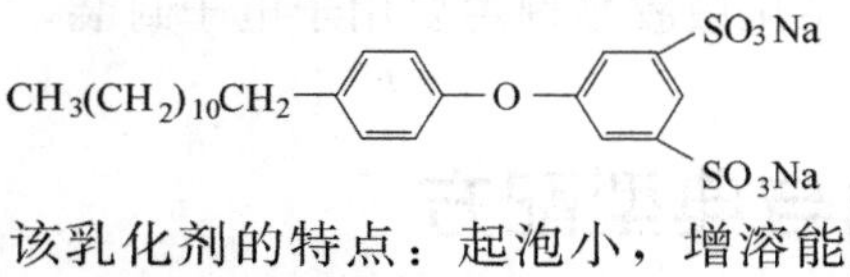

$$CH_3(CH_2)_{10}CH_2 \underset{\text{}}{\longrightarrow} O \underset{SO_3Na}{\overset{SO_3Na}{\longrightarrow}}$$

该乳化剂的特点：起泡小，增溶能力高，用量仅为单体量的 0.4%～0.6%（质量分数）即可。在制备水乳型胶黏剂时，在聚合过程中添加少量低表面张力的乳化剂往往可提高乳液胶黏剂本身对基材的润湿效果，达到相同的润湿效果，比在制作后期添加至少可节省一半的用量，从而减少后添加润湿剂量大引起胶层发生内聚破坏的概率。

b. 琥珀酸单酯磺酸二钠混合物（A501，美国氰特公司，表面张力 $2.8 \times 10^{-4} \text{N}$）。

c. 脂肪醇琥珀酸钠（SB-10，德国克莱恩公司，表面张力 $2.5 \times 10^{-4} \text{N}$）。

② 混合型乳化剂。

a. 壬基酚聚氧乙烯醚硫酸铵（CO-436）。

$$CH_3(CH_2)_6CH_2 \text{—} \bigcirc \text{—} O \text{—} (CH_2CH_2O)_4 \text{—} SO_4NH_4$$

该乳化剂的特点：起泡小，增溶能力高，用量仅为单体量的 0.4%～0.6% 即可（质量分数）。但最终乳液的 pH 值必须高于 7 才可得到机械稳定性优异的乳液。

b. 壬基酚聚氧乙烯醚琥珀酸钠（CO-442）。

$$CH_3(CH_2)_7CH_2 \text{—} \bigcirc \text{—} O \text{—} (CH_2CH_2O)_4 \text{—} \overset{O}{\overset{\|}{C}} \text{—} CH \text{—} CH_2 \text{—} \overset{O}{\overset{\|}{C}} \text{—} ONa$$
$$\underset{SO_3Na}{|}$$

该乳化剂的特点：起泡小，增溶能力高，胶层耐水性好，用量仅为单体量的 0.4%～0.6%（质量分数）即可。

c. 壬基酚聚氧乙烯基醚琥珀酸钠（MS-1）。

$$CH_3(CH_2)_6CH_2 \text{—} \bigcirc \text{—} O \text{—} (CH_2CH_2O)_{10} \text{—} \overset{O}{\overset{\|}{C}} \text{—} CH \text{—} CH_2 \text{—} \overset{O}{\overset{\|}{C}} \text{—} ONa$$
$$\underset{SO_3Na}{|}$$

该乳化剂的特点：润湿能力较好，但增溶能力差，用量为单体量的 1% 以上才能达到优异的聚合稳定性。

③ 可聚合型乳化剂。可聚合型乳化剂是为提高涂料乳液对颜料的承载能力、提高乳液聚合物对颜料的分散能力及涂层的耐水性而设计的，但这类乳化剂用于压敏胶黏剂的制备时显示了更突出的特点，既减小了游离乳化剂对胶层的内聚破坏，又降低了乳化剂分子对胶层与被粘基材黏结强度的影响。

（3）引发剂　引发剂是一类可生成能引起单体打开、双键形成单键并可使单体继续增长物质的化学物质。用于正相乳液聚合的引发剂多为过硫酸盐和烷基过氧化氢。引发剂按其形成的活性种的电性可分为阴离子型引发剂、阳离子型引发剂及自由基型引发剂。用于溶液自由基聚合的引发剂主要有过氧化异丙苯（DCP）、过氧化苯甲酰（BPO）、过氧化叔丁酯（TBPB）、偶氮二异丁腈（AIBN）、偶氮二异庚腈（CNP）等。水溶性引发剂本身能溶于水，分解后的初级自由基也能溶于水，这类引发剂也有两类：无机水溶性类和有机水溶性过氧化氢类。

无机水溶性引发剂常用的也仅有的有三种：

① 过硫酸铵 [APS，分子式 $(NH_4)_2S_2O_8$]，使用温度 70～93℃，最佳使用温度 80～88℃。

② 过硫酸钠 [SPS，分子式 $Na_2S_2O_8$]，使用温度 70～93℃，最佳使用温度 80～95℃。

③ 过硫酸钾 [PPS，分子式 $K_2S_2O_8$]，使用温度 60～95℃，最佳使用温度 80～95℃。

有机水溶性过氧化氢类：

① 双氧水（$H_2O_2$）。很少单独使用，常与刁白块（甲醛次亚硫酸钠）、甲醛次亚硫酸锌组成氧化-还原体系。在 75～80℃应用，如 EVA 乳液就是采用这种引发体系。

② 叔丁基过氧化氢（$t$-BH）。叔丁基过氧化氢也很少单独使用，常与刁白块（甲醛次亚硫酸钠）组成氧化-还原体系。使用温度最好在 63～71℃，用于含低沸点单体（如丙烯酸乙酯，醋酸乙烯酯，丙烯腈）的乳液共聚合，更多用于丙烯酸酯共聚物乳液聚合后期的单体后消除工序。

（4）pH 缓冲剂　pH 缓冲剂主要是对乳液聚合而言，在丙烯酸酯乳液聚合中应用最广泛的引发剂是过硫酸盐，在无缓冲剂的反应体系中，过硫酸盐的分解作用可视为自动催化作用，所以为了使反应顺利进行，有时需要使用缓冲剂。pH 缓冲剂用量多少也会影响聚合稳定性及产品的分子量。正相乳液聚合所用 pH 缓冲剂主要有：乙酸钠、碳酸氢钠、碳酸氢铵及磷酸氢钠、磷酸二氢钠等。

一般情况下，pH 缓冲剂用量越大，生成的水溶性低聚物越多，水相成核的概率增加，聚合物的分子量偏低。聚合体系不同，加入 pH 缓冲剂的量和加入方式也不一样，这些大多需要进行实验来确定其最佳用量，对于耐水性能要求较高的产品，建议使用碳酸氢铵。

（5）分子量调节剂　顾名思义，分子量调节剂就是可改变或控制分子量大小的化学物质。含有活泼氢或活泼卤的化合物对自由基聚合具有链转移作用，转移的结果是最终聚合物的分子量降低，因此分子量调节剂就是链转移剂，也称为分子量降低剂。

聚合方式及聚合机理不同，采用的链转移剂的种类也不同。对于自由基聚合常采用的链转移剂多为巯基化合物。对于乳液聚合更倾向于使用亲油性较大的十二烷基硫醇或巯基丙酸异辛酯作分子量降低剂。对于自由基溶液聚合的分子量调节，一般不使用分子量调节剂，多使用链转移常数较大的有机溶剂进行分子量的控制，如乙酸乙酯、二甲苯、甲苯、二氯甲烷等，因甲苯、二甲苯、二氯乙烷均有毒性，后者还破坏大气层中的臭氧层，因此，现已规避使用。

不管是溶剂型丙烯酸酯系压敏胶黏剂还是水乳型压敏胶黏剂的制备，不管它们后续用于制备何种压敏胶制品，都不希望体系残留分子量调节剂，因为残留的链转移剂仍会降低胶层的内聚强度，导致胶层内聚破坏。特别是在制备水乳型高固含量（≥60%）丙烯酸酯系压敏胶黏剂时，分子量调节剂的选择难度极高，目前市售的分子量调节剂主要为正（叔）十二烷基硫醇、巯基乙醇、巯基丙酸、巯基丁酸、巯基丙酸异辛酯，这些都是高沸点化合物，在胶液涂布干燥过程中不可能完全挥发走，势必残留在胶层中。因此制备可挥发性且亲油性较大的巯基化合物是当今压敏胶黏剂行业中所急需的。

（6）润湿剂　润湿剂一般均是 HLB 值在 8～12 的表面活性剂，多用于降低乳液的表面张力，赋予水性涂料或水性胶黏剂在基材上的涂布流平性，这在塑料涂料、木器涂料、塑-塑复合材料制备上尤为重要。

① 润湿剂的加入方式。润湿剂在乳液聚合过程加入比后添加效果更好。但往往破坏聚合稳定性。

② 润湿剂种类。

a. 阴离子型润湿剂。烷基萘磺酸盐、二辛基磺酸盐（OT 75）。

缺点：起泡性大，动态降表能力差，容易富集发花发雾。

b. 非离子型润湿剂。

Ⅰ. 烷基酚聚氧乙烯醚型。NP-7、NP-9、OP-7、OP-9。

Ⅱ. 烷基聚氧乙烯醚。TO8（异构十三醇聚氧乙烯醚 8）等。

Ⅲ. 烷基苯醚（CF10）。

Ⅳ. 炔醇类。Superwet 320、superwet360、PSA、surfynol 2502、surfynol 440。

Ⅴ. 环氧乙烷/环氧丙烷共聚物醚。CO336、LF-20、L-45。

③ 润湿剂应用注意事项。

a. 用于高速涂布胶黏剂必须使用动态表面张力较低的润湿剂，OT75 类仅适合低速涂布的水性胶黏剂体系。

b. 静态表面张力也不是越低越好，低于 $2.5 \times 10^{-4}$N 后润湿能力虽好，但乳胶粒间的黏弹性变差，反而有"空胶"现象。

　　c. 非离子型润湿剂都有一浊点，浊点越低，表面张力越低，但干燥后胶层发生富集，胶层透明度下降，建议使用浊点在 40～50℃的非离子型润湿剂。

　　选择润湿剂时应兼顾抑泡能力，炔醇类润湿剂就具有该特点。

　　(7) 消泡剂　水乳型丙烯酸酯系压敏胶黏剂必须适当加入适宜的消泡剂方可进行涂布施工。消泡剂的种类繁多，一般规律是消泡好则相容性不好，胶液会析油，涂布后也会出现鱼眼、空胶现象，消泡剂的另一特点是最终富集在胶层表面，影响胶层与被粘基材的黏结强度。目前在水乳型丙烯酸酯系压敏胶黏剂中使用最多的消泡剂是矿物油型消泡剂，如美国科宁产的 WBA，德国明凌公司生产的 A201、A202、A203E 等，国内消泡剂生产厂家众多，也有和上述产品结构相当的产品可供选择。

　　(8) 交联剂　直接涂布用溶剂型丙烯酸酯系压敏胶黏剂的交联剂使用较多的是油溶性氨基树脂，转移涂布用溶剂型丙烯酸酯压敏胶黏剂使用的交联剂则较多的是多价金属盐，这类交联具有热可逆性。

　　(9) 增黏树脂　在很多情况下，压敏胶黏剂聚合物本身的初粘性很差，这就需加入具有润湿作用的树脂。溶剂型和橡胶溶解型压敏胶黏剂则加入未改性的增黏树脂，如液体松香树脂、固体水性树脂、萜烯树脂乃至酚醛树脂等；而水乳型丙烯酸酯系压敏胶黏剂则加入乳化了的萜烯树脂、松香树脂等。

## 33.2.1.2　丙烯酸酯类压敏胶的改性及应用

　　(1) 提高耐水性

　　① 水溶胶的利用。水溶胶是非常微小粒子的高分子聚合分散体，它兼有乳液系和溶液系两者的特性，能够有效地提高耐水性。

　　② 减少乳化剂的用量。虽然乳化剂对聚合中胶束的形成和聚合后乳液的稳定性起着重要的作用，但也是造成耐水性和黏着性下降的重要原因。采用特殊的乳化剂或减少乳化剂的用量，均对提高乳液的耐水性有所帮助。

　　(2) 提高粘接强度

　　① 增黏树脂。增黏树脂的加入，可以明显提高压敏胶黏剂的 180°剥离强度和初粘力。其加入方式有两种。一是共混，作为一个有效的增黏树脂它必须满足三个基本要求：

　　a. 它的分子量必须低于胶黏剂聚合物的分子量；

　　b. 增黏树脂的玻璃化转变温度必须高于聚合物的玻璃化转变温度；

　　c. 增黏树脂与胶黏剂聚合物的混溶性要好。

　　二是在进行乳液聚合之前，事先把增黏树脂溶解于丙烯酸酯单体中，然后再进行乳液聚合，也可以制得综合性能良好的胶黏剂。

　　② 选择不同的聚合工艺。如采用核-壳聚合，其中聚合物的核使用较硬的如苯乙烯、丙烯腈、甲基丙烯酸酯等单体，而聚合物的壳使用较软的丙烯酸烷基酯单体，这样结构的聚合物乳液可以大大提高胶黏剂的内聚强度。

　　③ 采用特殊的单体。如使用适量的丙烯酸异壬基酯（$T_g = 82$℃）与丙烯酸酯单体进行共聚合，可以进一步提高其综合性能。作为改良对链烷烃粘接的方法，可以使用安息香酸乙烯酸、甲基丙烯酸四氢化糠基酯、丙烯酸环己酯、2-苯氧基乙基丙烯酸酯等单体与丙烯酸烷基酯共聚合，改善对非极性被粘体的润湿性，有效提高粘接力。

　　(3) 在使用丙烯酸酯乳液压敏胶的过程中遇到的问题　如非极性基材的润湿性不好，纸、布及无纺布等透气性基材的渗透问题，PE、PVC 等不耐温基材的烘烤问题等。下面就针对几种基材的胶黏带的制备做简单的介绍。

① 对于纸基材胶黏制品。该类制品主要用作标签、商标、标贴等。通常的丙烯酸酯压敏胶乳液黏度较低，若将其直接涂布于纸上，乳液很容易渗透，造成纸张起皱，从而影响胶黏制品的质量。因此，可以采用转移涂布的方式进行涂布。首先将压敏胶乳液涂布在防粘纸（即硅油纸）上，烘干后再压合到纸基材上，这样起皱的问题就解决了。但是又会有一个新的问题出现了，即如何将普通的乳液压敏胶直接均匀地涂布在防粘纸上。可以采用添加增稠剂的办法提高压敏胶乳液的黏度，使其成为触变性流体，这样就很容易地将胶黏剂均匀涂布于防粘纸上了。

② 对于布基、无纺布等透气性好的基材和 PE、PVC 等不能耐温烘烤的基材，同样可以采用转移涂布的方法生产其胶黏制品。

③ 对于 OPP 胶黏带在涂布中可能会遇到润湿性不好的问题。这一点可以通过选择并加入适量的润湿剂得以改善。目前国内有些 OPP 生产线的涂布速率较高，丙烯酸酯压敏胶黏剂乳液在快速的涂布过程中很容易起泡沫，这是由于乳液中存在的表面活性剂所致，这不仅严重影响了胶黏制品的质量，还会造成很大的浪费。可以通过添加消泡剂来解决。消泡剂的种类很多，最好使用非硅型消泡剂。

④ 需要制备有色胶带时，可使用适宜的分散剂将无机颜料、填料或有机颜料、分散介质等制成浆料，而后按所需比例加入乳液中，搅拌均匀后涂于基材上。

### 33.2.1.3　丙烯酸酯类压敏胶的典型配方

（1）溶剂型丙烯酸酯系压敏胶黏剂的生产实例

实例 1：保护膜用溶剂型压敏胶黏剂。

基本配方（质量份）：丙烯酸丁酯（BA，聚合级）24.9～60.1、丙烯酸-2-乙基乙酯（2-EHA，工业级）12.5～29.5、丙烯酸乙酯（EA，聚合级）2.5～6.0、丙烯酸（AA，TG）0.8～3.4、羟甲基化三聚氰胺交联剂（工业级）0.6～2.7、过氧化苯甲酸（BPO，CP）0.5～1.3、混合溶剂（乙酸乙酯与甲苯）150～200。

实例 2：双面胶带用高剥离强度溶剂型丙烯酸酯系压敏胶黏剂，配方如表 33-1。

**表 33-1　双面胶带用高剥离强度溶剂型丙烯酸酯系压敏胶黏剂配方**

| 组分名称 | | 原料名称 | 投料量/kg | |
|---|---|---|---|---|
| | | | 树脂 A | 树脂 B |
| 组分一 | | 丙烯酸（AA） | 4.5 | 4.5 |
| | | 丙烯酸丁酯（BA） | 35.5 | 35.0 |
| | | 丙烯酸-2-乙基己酯（2-HEA） | 50.0 | 50.0 |
| | | 醋酸乙烯酯（VAC） | 10.0 | 15.0 |
| | | 乙酸乙酯（EtAC） | 89.0 | 90.0 |
| | | 二甲苯（XYL） | 6.0 | 8.0 |
| 组分二（引发剂） | Ⅰ | EtAC | 11.0 | 11.0 |
| | | 工业化苯甲酰（BPO） | 0.25 | 0.25 |
| | Ⅱ | EtAC | 5.0 | 5.0 |
| | | BPO | 0.125 | 0.125 |
| | Ⅲ | EtAC | 5.0 | 5.0 |
| | | BPO | 0.125 | 0.125 |
| 组分三 | | EtAC | 5.2 | 5.0 |
| 组分四：交联剂 | | 油性氨基树脂 | 2.0 | 2.0 |
| 固含量/% | | | 45.13 | 45.17 |
| 黏度/mPa·s | | | 12000 | 3000 |

试样制备：

① 合成部分。按配方称取组分一，全部加入反应釜中，搅拌升温，通氮气；按比例配制引发剂溶液，加入滴加釜中；釜温升至 80～82℃并稳定后，开始滴加组分二中的Ⅰ，在 30～60min 内匀速滴加完毕（注意：滴加一半或 1/3 时，回流和温度可能出现高峰，注意控制温度不超过 88℃）；Ⅰ滴加完毕后 20min，可停止通氮气，保持回流，反应在 83～88℃持续 2h 后加入引发剂Ⅱ；在Ⅱ加入前 15min 开始通氮气，并在 15～20min 加完，加完后 15min 停氮气，仍在回流状态下持续 2h；Ⅲ的加入同Ⅱ，仍需保温 2h，便可降温，同时加入组分三，以降低浓度。

② 调胶部分。按配比称取各组分，一并加入调胶釜中，开启搅拌，加入 0.50%～1.00%油性氨基树脂，搅拌约 2～3h，便可混合均匀，出料前控制黏度在 2500～5000mPa·s，固含量控制在 34%～40%。

实例 3：不干胶标签用丙烯酸系压敏胶黏剂，配方如表 33-2 所示。

表 33-2　不干胶标签用丙烯酸系压敏胶黏剂配方

| 组分名称 | | 原料名称 | 投料量/kg |
|---|---|---|---|
| 组分一 | | 丙烯酸(AA) | 2.24 |
| | | 丙烯酸丁酯(BA) | 224.00 |
| | | 丙烯酸-2-乙基己酯(2-HEA) | 224.00 |
| | | 甲基丙烯酸羟乙酯(HEMA) | 13.44 |
| | | 乙酸乙酯(EtAC) | 360.50 |
| | | 正己烷 | 44.80 |
| 组分二<br>(引发剂) | Ⅰ | EtAC | 11.0 |
| | | 工业化苯甲酰(BPO) | 0.882 |
| | Ⅱ | EtAC | 5.0 |
| | | 过氧化十二酰(LPO) | 0.441 |
| | Ⅲ | EtAC | 5.0 |
| | | LPO | 0.441 |
| 组分三 | | EtAC | 5.2 |
| 组分四：交联剂 | | 乙酰丙酮铝 | 3.50 |
| 固含量 | | | 45.13 |
| 黏度/mPa·s | | | 3000～3500 |

试样制备：

① 合成部分。按配方称取组分一，全部加入反应釜中，搅拌升温，通氮气；按比例配制引发剂溶液，加入滴加釜中；釜温升至 80～82℃并稳定后，开始滴加组分二中的Ⅰ，在 30～60min 内匀速滴加完毕（注意：滴加一半或 1/3 时，回流和温度可能出现高峰，注意控制温度不超过 88℃）；Ⅰ滴加完毕后 20min，可停止通氮气，保持回流，反应在 83～88℃持续 2h 后加入引发剂Ⅱ；在Ⅱ加入前 15min 开始通氮气，并在 15～20min 加完，加完后 15min 停氮气，仍在回流状态下持续 2h；Ⅲ的加入同Ⅱ，仍需保温 2h，便可降温，同时加入组分三，以降低浓度。

② 调胶部分。按配比称取各组分，一并加入调胶釜中，开启搅拌，加入 0.50%～1.00%油性氨基树脂，搅拌约 2～3h，便可混合均匀，出料前控制黏度在 2500～4000mPa·s，固含量控制在 43%～45%。

（2）水乳型丙烯酸酯系压敏胶黏剂

实例 1：封箱胶带及文具胶带用水乳型丙烯酸酯系压敏胶黏剂，配方如表 33-3。

表 33-3　封箱胶带及文具胶带用水乳型丙烯酸酯系压敏胶黏剂配方

| 组分名称 | 原料名称 | 投料量/g |
|---|---|---|
| 组分一:滴加预乳化液 | 去离子水(DW) | 298.0 |
| | Dowfax 2A1 | 9.45 |
| | 丙烯酸丁酯 | 400.0 |
| | t-DM(叔十二烷基硫醇) | 0.21 |
| | 丙烯酸羟乙酯 | 16.8 |
| | 丙烯酸 | 8.4 |
| 组分二:垫底引发剂 | DW | 18.0 |
| | 过硫酸铵 APS | 2.72 |
| 组分三:滴加引发剂 | DW | 53.0 |
| | APS | 1.10 |
| 组分四:反应釜投料 | DW | 80.0 |
| | 碳酸氢钠 | 1.06 |
| | 乳化剂 A501 | 0.54 |
| | 组分一 | 56.5 |
| 组分五:中和剂 | 氨水(28%) | 7.0 |
| | DW | 7.0 |
| 组分六:消泡剂 | CO834,上海科宁 | 2.5 |
| | DW | 2.5 |
| 组分七:润湿剂 | Surfynol 440 | 2.50 |
| 组分八:防腐剂 | BIT | 1.00 |

试样制备:

① 预乳化。向滴加釜加水,开启搅拌,按组分一的比例加乳化剂,10min 后开始加入单体和硫醇,加料完毕,继续搅拌乳化 20min。

② 向聚合釜加水,开启搅拌升温至 82～84℃,加乳化剂 A501、碳酸氢钠水溶液,5min 后加预乳化液,再过 5min 后加垫底引发剂,初引发开始,待温度不再升高且稳定 2min 后开始同时滴加预乳化液和引发剂,滴加时间为 240～255min,滴加温度控制在 80～83℃,滴加完毕后保温 30min。

③ 保温完毕后降温至 65～67℃,进行后消除;后消除完毕后降温至 40℃ 以下,依次加入氨水、润湿剂、消泡剂、防腐剂,搅拌 60min 后过滤包装。

实例 2:保护膜用水乳型丙烯酸酯系压敏胶黏剂,配方如表 33-4 所示。

表 33-4　保护膜用水乳型丙烯酸酯系压敏胶黏剂配方

| 组分名称 | 原料名称 | 投料量(g) | 备注 |
|---|---|---|---|
| 组分一:滴加预乳化液 | DW | 531.0 | 在预乳化罐中进行预乳化 |
| | 乳化剂 CO436 | 15.7 | |
| | 丙烯酸丁酯 | 1245.1 | |
| | t-DM(叔十二烷基硫醇) | 0.39 | |
| | TEGDA | 19.5 | |
| | 丙烯酸异辛酯(EHA) | 390.0 | |
| | 丙烯酸羟乙酯(HEA) | 58.5 | |
| | 醋酸乙烯酯(VAC) | 207.7 | |
| | 丙烯酸(AA) | 39.0 | |
| | 冲洗水 DW | 20.0 | |
| 组分二:垫底引发剂 | DW | 20.0 | |
| | APS | 3.9 | |
| 组分三:滴加引发剂 | DW | 100.0 | |
| | APS | 7.8 | |

续表

| 组分名称 | 原料名称 | 投料量(g) | 备注 |
|---|---|---|---|
| 组分四：皂化液 | DW | 20.0 | 在 100L 塑料桶中配制好，打入聚合釜中 |
| | 碳酸氢钠 | 3.0 | |
| | 乳化剂 CO436 | 1.5 | |
| 组分五：反应釜投料 | DW | 808.0 | |
| | 组分一 | 5% | |
| | 组分四 | 全部 | |
| | 组分二 | 全部 | |
| 组分六：后消除引发剂 A | 叔丁基过氧化氢 | 3.0 | 提前配制好备用 |
| | DW | 5.0 | |
| 组分七：滴加引发剂 B | 吊白块 | 2.4 | |
| | DW | 20.0 | |
| 组分八：中和剂 | 氨水（28%） | 39.0 | |
| | DW | 39.0 | |
| 组分九：消泡剂 | CO834（WBA） | 3.0 | 提前配制好备用 |
| | DW | 3.0 | |
| 合计 | | 3595 | |

技术指标：

外观：　　　　　　　　　　　　　乳白色微蓝

pH 值：　　　　　　　　　　　　7～9

固含量：　　　　　　　　　　　　55%±1%

黏度：　　　　　　　　　　　　　80～200mPa·s（NDJ-2，3$^\#$转子 30 转，25℃）

玻璃化转变温度（$T_g$）：　　　　　－45℃

耐盐稳定性：　　　　　　　　　　优

机械稳定性：　　　　　　　　　　通过

稀释稳定性：　　　　　　　　　　优

储存期（5～35℃）：　　　　　　　一年

试样制备：

① 预乳化：向预乳化釜加水，开启搅拌，加乳化剂，10～15min 后开始加入单体和硫醇，搅拌乳化 40～60min。

② 向聚合釜加水，开启搅拌升温至 82～84℃，加垫底乳化剂、碳酸氢钠水溶液，5min后加预乳化液，再过 5min 后加垫底引发剂，初引发开始，待温度不再升高且稳定 2min 后开始同时滴加预乳化液和滴加引发剂溶液，滴加时间为 240～255min，滴加温度控制在80～83℃，滴加完毕后保温 30min。

③ 保温完毕后降温至 65～67℃，进行后消除；后消除完毕后降温至 40℃ 以下，依次加氨水、润湿剂消泡剂、防腐剂，搅拌 60min 后过滤包装。后消除的目的是减少残留单体导致的缩孔和气味。

## 33.2.2　丙烯酸酯类压敏胶黏剂的生产工艺

通用乳液型丙烯酸酯压敏胶黏剂的生产，常使用带有桨式搅拌器的搪瓷或不锈钢反应釜，蒸汽夹套加热，投料系数 0.7～0.8，桨径 $d_J=0.5～0.6$，釜内径 D，搅拌速度 20～50r/min，反应温度 80～85℃，滴料时间 3～4h，保温时间 0.5～1.0h。

丙烯酸酯类压敏胶黏剂生产工艺依据聚合机理不同而不同。乳液型压敏胶黏剂的生产又包括全乳法半连续滴加工艺和双相半连续滴加工艺，表 33-3 和表 33-4 两个配方就是按全乳法半连续工艺进行，全乳法半连续工艺是使用最多的生产工艺，优点是聚合稳定性好，滴加过程易控制，粒径重复性好。乳液型压敏胶黏剂有时也采用双相半连续滴加法，这适用于那些亲水性单体用量比较大但乳化剂用量必须少的、不易形成稳定的预乳化液的体系。

溶剂型丙烯酸酯系压敏胶黏剂多按釜式间歇聚合工艺生产，即将所有单体和大部分聚合溶剂投入聚合釜中，油溶性引发剂用部分溶剂溶解，分多步加入聚合釜，聚合热的控制是通过控制引发剂浓度和加入时间间隔来实现，表 33-1、表 33-2 就是常用溶剂型丙烯酸系压敏胶黏剂的生产配方和相应操作工艺。

# 33.3　橡胶类压敏胶黏剂

橡胶型压敏胶是以天然橡胶或合成橡胶为主剂配以适当的增黏树脂、软化剂、防老剂、填料、交联剂、溶剂等制成。橡胶是主体成分，它赋予压敏胶足够的内聚强度，增黏树脂赋予压敏胶黏剂一定的粘接性，软化剂用于降低压敏胶的本体黏度，提高低温下的初黏性。橡胶型压敏胶黏剂可以制成溶剂型、水乳型和无溶剂型（主要是压延型）等不同形式，其中溶剂型橡胶压敏胶黏剂目前仍然使用较多，也是较为重要的产品。橡胶型压敏胶黏剂的组成成分如下：

（1）橡胶弹性体　实际用作橡胶弹性体的有天然橡胶和部分合成橡胶，如天然橡胶、丁苯橡胶、聚异丁烯、丁基橡胶、顺式 1,4-聚异戊二烯橡胶、顺丁橡胶等以及它们的再生胶，还有天然橡胶胶乳、丁苯胶乳等。天然橡胶玻璃化转变温度低，在宽广的温度范围（－70～130℃）内有很好的弹性，因此制成的压敏胶柔软、弹性好、低温性能也好，天然橡胶极性小，易与非极性增黏树脂混溶，制成的压敏胶表面能较低，易湿润固体表面，因而初黏性和粘接性都比较好，是橡胶中最适宜制作压敏胶黏剂的比较理想的弹性体。丁苯橡胶与增黏树脂相容性不如天然橡胶，粘接性能也不及天然橡胶，但丁苯橡胶压敏胶黏剂的耐老化性能优于天然橡胶，且吸水性低、耐油、耐增塑剂、价格低廉，因此常与天然橡胶混合使用或单独使用以配制耐水性、耐老化性、耐油性较好的压敏胶黏剂。丁基橡胶保留了聚异丁烯耐户外老化性优的特点，分子中增加的少量双键供加硫硫化。此外，卤化丁基橡胶、部分硫化丁基橡胶也可用于配制压敏胶黏剂，但因其三大压敏胶性能（初粘力、粘接力、内聚力）难以达到较高水平的平衡，故仍然不能作通用压敏胶使用，只能用以制造金属保护和防腐用的压敏胶制品。

（2）增黏树脂　增黏树脂是橡胶型压敏胶黏剂的另一重要组分，其作用是赋予橡胶型压敏胶黏剂必要的初黏性和粘接力；增黏树脂和少量低分子橡胶为分散相，在粘接界面形成一个很薄的黏性层，在外力作用下只能够发生黏性流动，湿润被粘表面从而使初粘力增大。随着树脂用量的增加，体系的表观黏度降低，初粘力增大。树脂的软化点越低，所达到的最低黏度值越小，而最高的初粘力则越大，达到这一黏度最低值所需的树脂量也最大。增黏效果主要是指加入的增黏树脂对胶黏剂压敏粘接性能即初粘力、180°剥离强度和持粘力以及它们之间平衡关系的影响。三种性能平衡得越好，增黏效果就越佳。

（3）软化剂　软化剂又称增塑剂或黏度调节剂，用以降低压敏胶黏剂本体黏度，改善对被粘表面的湿润性，提高初粘力，尤其是低温下的初粘力。随着软化剂用量的增加，初粘力先增大后减小，使持粘力显著下降，180°剥离强度也要降低。常用的软化剂有油脂类，包括矿物油和植物油，如变压器油、凡士林、环烷油、羊毛脂、硬脂酸、麻油、甘油、液体石蜡等。矿物油软化效果好、价格便宜，环烷油综合性能较好，用得较多，还有液体橡胶和树脂，如低分子量聚异丁烯、聚丁烯、液态聚异戊二烯、解聚橡胶、液体萜烯树脂、液态古马隆树脂等。由于分子量比油脂类大，其软化效果比较小，但却有一定的增黏作用。合成增塑剂，如邻苯二甲酸二丁酯、邻苯二甲酸二辛酯、磷酸三甲酚酯等，与橡胶相容性好，软化效果明显，且无色透明，尤其适于制造浅色透明的压敏胶黏剂制品。

（4）防老剂　橡胶型压敏胶黏剂中的天然橡胶、丁苯橡胶、松香、萜烯树脂等都含有双键，在光、热、氧等作用下会降解或交联，发生明显的老化现象，使压敏胶层变脆，失去原有的弹性和黏性，性能下降，甚至无法使用。因此必须加入适当的防老剂。常用的防老剂有264、防老剂 D、防老剂 MB 及紫外线吸收剂等。必须注意有的防老剂有污染性（如防老剂D），有的防老剂有硫化促进作用（如防老剂 MB），防老剂的用量一般为 0.5～2.0 质量份。

（5）颜填料　为了降低成本、改善性能和着色等目的，有时要加入一定的颜填料，常用的有某些无机盐类和金属氧化物或氢氧化物，如碳酸钙、硅酸盐、滑石粉、硫酸钡、立德粉、氧化锌、钛白粉、氢氧化铝、淀粉等。一般颜填料的使用能或多或少地增加压敏胶的内聚力，但同时会降低初粘力和剥离力，选用颜填料必须注意粒径、形状、水含量、酸碱性及比表面对压敏胶黏剂的影响。

## 33.3.1　天然橡胶类压敏胶黏剂的典型配方

天然橡胶类压敏胶黏剂具体典型配方如下：

（1）薄荷胶粘贴膏的专用压敏胶配方（质量份）

基本配方：天然橡胶 80～90、聚异丁烯 2～5、聚丁烯 5～10、薄荷脑 2～5、樟脑 5～15、抗组织胺剂 1～3 和黏度调节剂 8～12；所述的天然橡胶由 30～40 水杨酸甲酯和 40～50 环烷基天然橡胶组成。

本配方通过助剂的配合添加，能有效治疗肩膀痛、神经痛等疾病，该压敏胶的制备方法步骤简单环保、易于实施。

（2）医用氧化锌橡皮膏带压敏胶配方（质量份）

基本配方：天然橡胶 100、古马隆树脂 30～150、氧化锌 30～150、防老剂 D1、汽油-甲苯混合溶剂适量。

（3）电工、包装印刷线路用压敏胶配方（质量份）

基本配方：天然橡胶 100、丁苯橡胶 64、萜烯树脂 150、防老剂 D3、松香脂适量、甘油适量、汽油-甲苯混合溶剂适量。

（4）通用型压敏胶配方（质量份）

基本配方：天然橡胶 70、丁苯橡胶 30、聚异丁烯 5、氯磺化聚乙烯 4、萜烯树脂 90、叔丁基酚醛树脂 2、促进剂 M0.5、氧化锌 5、硬脂酸 1、防老剂 4010 1、防老剂 DNP 0.5、防老剂 MB 1、甲苯适量。

此配方适用于铝箔、铜箔、真空镀铝涤纶薄膜铭牌、标牌等的粘接。涂布时，先涂胶数次，再在 60℃烘干 10min，最后来回施压即可。固含量约 23％，剥离强度为 150～300N/cm。是一种用途很广的通用型压敏胶。

（5）薄荷胶粘贴膏压敏胶配方（质量份）

基本配方：

甲组分：天然橡胶 100、聚异丁烯 20、聚丁烯 20、氢化松香 100、羊毛脂 10、氧化锌100、抗氧剂 1.5；乙组分：薄荷脑 100、水杨酸甲酯 62.5、樟脑 75、抗组织胺剂 6.5。

此配方为薄荷胶粘贴膏专用压敏胶。它是在橡皮膏基体中加入薄荷、水杨酸甲酯等药物制成的医药压敏剂。用于治疗肩膀痛、神经痛等疾病。配制比例为甲组分：乙组分＝80：20。

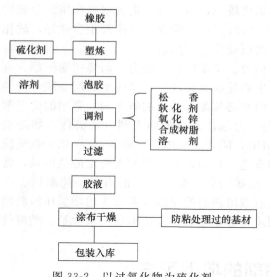

图 33-2 以过氧化物为硫化剂
制备压敏胶的工艺流程

## 33.3.2 天然橡胶类压敏胶黏剂的生产工艺

天然橡胶类压敏胶黏剂一般经切片、塑炼、溶解、与松香等混合、过滤等工序配制而成。以过氧化物为硫化剂制备压敏胶的工艺流程示意图如图 33-2 所示。

生产工艺操作步骤：

（1）橡胶处理 将橡胶切成长条送炼胶机塑炼，同时加入硫化剂混炼至一定程度。

（2）胶料的调制 取经塑炼的橡胶，以一定量的溶剂浸泡至糊状，移入搅拌反应罐中，在一定温度下硫化交联，再加入其他原材料配制成一定浓度的胶液，过滤备用。

（3）胶料的涂布 将胶料以滚涂法涂在基材上，烘干收卷，分切包装。

## 33.3.3 合成橡胶类压敏胶黏剂的典型配方

（1）丁基橡胶压敏胶配方

基本配方（质量份）：丁基橡胶 100，$CaCO_3$ 50～500，萜烯树脂 40～90，聚异丁烯-1/聚异丁烯 2120，乙烯乙酸乙烯共聚物 15，炭黑 N3302，白炭黑 3，石蜡油 60。

制备方法：将丁基橡胶/胶囊再生胶/水胎再生胶置于转矩流变仪中混炼粉碎均匀，然后加入其他小料及石蜡油，在 140℃下混炼 20min，取出冷却到常温，即制得压敏胶。

（2）丁基橡胶基压敏保护胶带配方

基本配方（质量份）：基体树脂 30～55、增黏树脂 15～40、增塑剂 10～20 和无机填料 5～15。

制备方法：

① 将基体树脂按比例投入开放式塑炼机中，薄通数次；再投入真空捏合机中，140～150℃时依次加入增黏树脂、增塑剂和无机填料，在真空捏合机中捏合均匀，出料，得到压敏胶。

② 将制备得到的压敏胶每 100 份用 200～300 份溶剂溶解，得到压敏胶溶液；将压敏胶溶液用涂布法均匀涂覆在基材层表面形成压敏胶层，烘干、收卷、分切即得丁基橡胶基压敏保护胶带。

（3）结扎型压敏胶带配方

基本配方（质量份）：丁基橡胶 100、聚异丁烯 50、聚丁二烯 20、萜烯树脂 10、松香树脂 10。

此配方主要用于制备结扎型压敏胶带，如用于蔬菜等易损物品的直接结扎等。粘接强度对基材为 480～500N/cm，对被结扎材料为 2.1～2.5N/cm。

## 33.3.4　合成橡胶类压敏胶黏剂的生产工艺

　　塑炼是配制均匀压敏胶溶液非常重要的过程，橡胶经过塑炼后，分子链发生断裂，橡胶的分子量降低，从而可塑性增加、被溶解能力提高。橡胶在塑炼时，受到氧、热、机械力和增塑剂等因素的作用，所以塑炼的机理与这些因素密切相关，上述因素中起重要作用的是氧和机械力。塑炼通常可分为低温塑炼和高温塑炼，前者以机械降解为主，后者以自动氧化降解为主。经过塑炼的橡胶，分子量很高的大分子以及少量的凝胶成分消失，因而可溶解为均匀的、黏度适于涂布操作的压敏胶溶液。按塑炼使用设备的类型，塑炼可分为三种类型：开炼机塑炼、密炼机塑炼和螺杆机塑炼。

　　开炼机塑炼是使用最早的塑炼方法，其优点是塑炼胶料质量好、收缩小，但生产效率低，劳动强度大，此法适合于胶料变化多和耗胶量少的工厂。开炼机塑炼属于低温塑炼，因此，降低橡胶温度以增大作用力是开炼机塑炼的关键。与温度和机械作用力有关的设备特性和工艺条件都是影响塑炼效果的重要因素，为了降低胶料温度，开炼机的辊筒需进行有效的冷却，因此辊筒内设有带孔眼的水管，直接向辊筒内表面喷水冷却以降低辊筒的温度。另外，采用冷却胶片的方法也是有效的。例如，使塑炼形成的胶片通过一较长的运输带（或各种橡胶常用的塑炼辊温范围导辊）自然冷却后再返回辊上。另外也可采用分段塑炼来降低胶料温度，就是将塑炼过程分成若干段来完成，每段塑炼后保证胶料充分冷却。一般分为 2～3 段，每段停放冷却 4～8h，可以通过调节两个辊筒的速度比来增大机械作用力，两个辊筒的速度比愈大则剪切作用愈强，因而塑炼效果愈好，但是随着速度比的增大，生胶温升加速，电力消耗增加，所以速度比一般为（1:1.25）～（1:1.27）。缩小辊间距离也可增大机械作用力，提高塑炼效果。生胶通过辊筒后的厚度 $b$ 总是大于辊距 $e$，其比值 $b/e$ 称为超前系数。超前系数愈大，说明生胶在两个辊筒间所受的剪切应力愈大，橡胶可塑性增大也愈大。对于开放式炼胶机，超前系数多在 2～4。密炼机塑炼的生产能力大、劳动强度较低、电力消耗少，但由于是密闭系统，所以清理较难，适用于胶种变化少的场合。

　　密炼机的结构较复杂，生胶在密炼室内一方面在转子和空壁之间受到剪切应力和摩擦力的作用，另一方面还受到上顶栓的外压。密炼时生热量极大，物料来不及冷却，所以属于高温塑炼，温度通常高于 120℃，甚至处于 160～180℃。生胶在密炼机中主要是借助于高温下的强烈氧化断链来提高橡胶的可塑性，因而，温度选择是密炼的关键。塑炼效果随温度的升高而增大，但温度过高也会导致橡胶的物理机械性能下降。密炼时，装胶容量和上顶栓压力也影响塑炼效果，装胶过少或过多都不能使生胶得到充分辗扎。由于塑炼效果在一定范围内随压力增加而增大，上顶栓压力一般在 49 kPa 以上，甚至更高。螺杆机塑炼的特点是在高温下进行连续塑炼，生产效率比密炼机塑炼高，并能连续生产，但在操作运行中产生大量的热，对生胶的物理机械性能破坏较大。螺杆机塑炼时生胶一方面受到强烈的搅拌作用，另一方面由于生胶受螺杆与机筒内壁的摩擦产生大量的热，加速了氧化裂解。

　　用螺杆机塑炼时，温度的选择非常重要，生产中，机筒温度以 95～110℃为宜，机头温度以 80～90℃为宜。因为机筒温度高于 110℃，生胶的可塑性没有大的变化，超过 120℃则排胶温度太高而使胶片发黏，黏辊；低于 90℃时，设备负荷增大，常出现夹生现象。

　　薄膜或薄片状压敏胶生产实例：先将橡胶进行塑炼，塑炼后的橡胶控制在 0.55～0.7 威氏可塑度，并停放 4h 以上待用，塑炼后的橡胶，按质量分数取 32%～39%、取氧化锌11.8%～13%、邻苯二甲酸二辛酯 8.5%～9.4%、无规聚丙烯 3.1%～3.9%、防老剂0.67%～0.73%，其余为增黏剂配成压敏胶成分，将配成的压敏胶成分，在炼胶机上混炼成压敏胶，混炼成的压敏胶在螺旋挤出机内进行塑化、过滤，塑化、过滤后的压敏胶直接涂布在压敏胶带基材上，压敏胶塑化，涂布温度为 120～160℃。

# 33.4　其他类压敏胶黏剂

## 33.4.1　有机硅压敏胶黏剂

有机硅压敏胶一般是指以有机硅聚合物为主体的压敏胶，或由有机硅聚合物改性的丙烯酸酯压敏胶和有机硅改性橡胶型压敏胶。与传统的丙烯酸酯压敏胶、橡胶型压敏胶相比，有机硅压敏胶具有优异的特性：

① 对高表面能和低表面能材料都具有良好的黏附性，因此它对未处理的难黏附材料，如聚四氟乙烯、聚酰亚胺、聚碳酸酯等都有较好的粘接性能。

② 具有突出的耐高低温性能，可在 -73～296℃ 长期使用，且在高温和低温下仍然保持其粘接强度和柔韧性。

③ 具有良好的化学惰性，使用寿命长，同时具有突出的耐湿性和电性能，因此可用来制作电机绝缘胶带，用于飞机、船舶电动机的电器绝缘，提高其在严峻条件下使用的可靠性。

④ 具有一定的液体可渗透性和生物惰性，可用于治疗药物与人的皮肤的粘接。其应用领域非常广泛，如变压器浸油玻纤胶带、线路板冲切保护、烤漆保护压敏胶纸、手机线路板粘接、手机按键粘接、高温绝缘胶带、云母压敏胶片、手机电视机屏幕保护膜、耐高温聚酰亚胺胶带等，涉及航空航天、机械、电子、船舶和生物医疗等多个领域。

### 33.4.1.1　有机硅压敏胶黏剂的组成

有机硅压敏胶又称硅酮压敏胶，是由硅橡胶、有机硅树脂（MQ 树脂）、催化剂、交联剂及助剂等组成。

（1）硅橡胶　硅橡胶包括一种或几种聚二甲基硅氧烷，基本是由羟基或乙烯基封端的 $R^1R^2SiO$ 链节组成，通常含有的是 $Me_2SiO$ 单元、PhMeSiO 单元和 $Ph_2SiO$ 单元，或者兼有这两种单元。硅橡胶分子中的硅氧键很容易自由旋转，分子链易弯曲，形成 6～8 个硅氧键为重复单元的螺旋型结构。硅树脂为分散相，用来改善胶的黏性，作为增黏剂并起调节压敏胶物理性能的作用。在常温下，硅橡胶是无色透明的极黏稠液体或半固体，平均分子量在 $1.5\times10^5\sim5\times10^5$，本体黏度约为 $10^4\sim10^5$ Pa·s，玻璃化转变温度 $T_g$ 约为 -120℃ 左右。硅橡胶的结构如下：

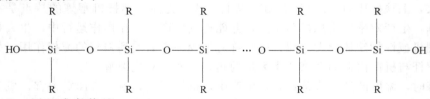

R＝甲基或者苯基。

（2）MQ 树脂　MQ 树脂是结构高度支化的低分子量硅树脂，是由单官能链节 $R_3SiO_{0.5}$（即 M 链节）和四官能链节 $SiO_2$（即 Q 链节）组成。因 M/Q 比值不同，使 MQ 树脂具有不同的分子量，呈现从黏性流体到粉末状固体的形态。其硬而脆，在室温以上具有很宽的玻璃化温度（$T_g$）转变区域。MQ 树脂对硅橡胶具有增黏补强作用，可使压敏胶的低温黏附性变好，并提供耐高温蠕变性。

MQ 树脂的生产方法主要有两种：

① 水玻璃法。用水玻璃作 Q 链节，在低温和酸性条件下，与单官能团的六甲基二硅氧烷发生水解缩合，然后水洗、分离、提纯。这种方法工艺简单，原料成本低，产品分子量分布较宽。

② 硅酸乙酯法。用正硅酸乙酯作 Q 基团。先将六甲基二硅氧烷在酸性条件下水解，然后 70℃滴入正硅酸乙酯水解缩合，最后水洗、提纯。其产品分子量分布窄，但水洗复杂，成本较高。

### 33.4.1.2　有机硅压敏胶黏剂的典型配方

（1）高固含量耐高温有机硅压敏胶配方

① 基本配方（质量分数）：有机硅橡胶 25.0%～40.0%、MQ 有机硅树脂 25.0%～40.0%、催化剂 0.05%～5.00%、溶剂 30%～40%。

其中 MQ 有机硅树脂由以下组分反应制备：水玻璃 15.0%～30.0%、六甲基二硅氧烷 10.0%～25.0%、二甲基苯基氯硅烷 1.00%～10.0%、浓盐酸 0.2%～3.0%、混合醇 30.0%～50.0%、去离子水 10.0%～25.0%。

② 制备方法：在反应釜中加入溶剂、MQ 有机硅树脂和有机硅橡胶，升温至 130～135℃后缓慢滴加催化剂，于 1～3h 滴加完毕，然后在 130～150℃下继续反应 1～2h，冷却后即得到所述的有机硅压敏胶。

（2）无溶剂室温交联有机硅压敏胶配方

① 基本配方（质量份）：端基为羟基的聚二甲基硅氧烷 100、硼硅树脂 50～150、稀释剂 10～150、室温交联剂 1～20、催化剂 0.01～5。

② 制备方法：按质量份数将 100 份端基为羟基的聚二甲基硅氧烷、50～150 份硼硅树脂和 10～150 份稀释剂进行混合，搅拌均匀，在 60～100℃烘箱中放置 2～6h 后，冷却至室温，得到基胶；将制得的基胶分成甲和乙两等分，甲中加入 1～20 份室温交联剂并混合均匀，乙中加入 0.01～5 份催化剂并混合均匀，然后将甲和乙混合均匀，用刮刀在聚酰亚胺薄膜上刮平，胶层厚度为 30～120μm，在室温下放置 3～14d，得到无溶剂室温交联有机硅压敏胶。

（3）环保型有机硅压敏胶配方

① 基本配方（质量份）：乙烯基 MQ 树脂 0.5～2.5、有机硅橡胶 1、混合环保溶剂 1～2.5、催化剂 0.01～0.5、附着力增进剂 0.001～0.1。

② 制备方法：将乙烯基树脂和有机硅橡胶投入反应釜中，加入溶剂，使乙烯基 MQ 树脂和有机硅橡胶充分溶解，在 40～70℃保温 0.5～2h；加入催化剂，搅拌均匀，升温到 90～120℃，减压回流反应 2～5h；降温到 60～90℃，加入附着力增进剂，维持反应 0.5～2h，得到最终产品。

### 33.4.1.3　有机硅压敏胶黏剂的生产工艺

现有一种有机硅压敏胶制备工艺，其包含以下步骤：

（1）正硅酸乙酯和三甲基-氯硅烷混合物的制备　将有机硅共沸物中的四氯化硅按质量份 60～70，三甲基一氯硅烷 30～40，加入酯化反应釜中，在常压下搅拌混合，温度控制在 20～130℃，连续滴加无水乙醇，无水乙醇加入量与四氯化硅量的摩尔比为 4∶1，反应时间为 4～6h。

（2）MQ 树脂的制备　将步骤（1）中得到的正硅酸乙酯和三甲基一氯硅烷混合物加入 MQ 树脂合成釜中，在温度 20～130℃搅拌情况下，再按正硅酸乙酯和三甲基一氯硅烷混合物总质量的 2%加入水，进行水解、缩聚反应，反应 4h 后升温至 120～140℃保持

2h，除去 HCl、乙醇和水，得到 MQ 树脂，MQ 树脂的三甲基一氯硅烷与四氯化硅的摩尔比为 1∶1.2。

(3) 羟基封端的聚硅氧烷的制备　将八甲基环四硅氧烷加入羟基封端的聚硅氧烷合成反应釜中，加入 20％的氢氧化钾水溶液，加入量是八甲基环四硅氧烷的 2/10000～5/10000，开启搅拌升温至 110～120℃进行聚合反应。当聚合反应产物分子量达到 $1.5×10^5～2×10^5$ 时，加入水进行降解，水用量为八甲基环四硅氧烷重量的 0.58％～1.2％，将 $1.5×10^5～2×10^5$ 分子量的聚合物降解至 $5×10^4～7×10^4$ 分子量聚合物，再加入 1％的气相二氧化硅，将聚合物中的氢氧化钾中和掉，反应釜升温至 150～170℃吹氮条件下保持 2～3h，脱去聚合物中低分子物质，然后反应釜降温至常温，将制备的羟基封端的聚硅氧烷放至储罐中备用。

(4) 有机硅压敏胶的制备　依次将按 MQ 树脂和羟基封端的聚硅氧烷总质量 40％～50％的溶剂、MQ 树脂、羟基封端的聚硅氧烷和催化剂分别加入压敏胶合成反应釜中，MQ 树脂与羟基封端的聚硅氧烷的质量比为 1∶1，催化剂的加入量为 MQ 树脂和羟基封端的聚硅氧烷总质量的 1％～3％，在搅拌下加温至 100℃条件下缩聚 3h，然后将釜温升至 170℃保持 2h，脱去低沸物，之后用挤出机将反应产物挤出包装得到有机硅压敏胶成品。

## 33.4.2　聚氨酯压敏胶黏剂

### 33.4.2.1　聚氨酯压敏胶黏剂的组成

聚氨酯压敏胶黏剂具有很好的粘接性和耐热性，广泛应用于织物整理、胶黏剂、涂料和皮革涂饰等行业，并且已成为人们研究和关注的焦点。另外，聚氨酯压敏胶黏剂具有良好的物理机械性能、耐磨性和耐有机溶剂等特点，是具有较好发展前途的绿色环保型材料。

### 33.4.2.2　聚氨酯压敏胶黏剂的典型配方

(1) 一种双组分聚氨酯保护膜压敏胶配方

① 基本配方（质量份）：双组分聚氨酯保护膜压敏胶是由质量配比为 100∶(5～15) 的 A 组分和 B 组分为原料制成，其中，A 组分由占压敏胶百分含量如下的原料组成，即聚醚多元醇或聚酯多元醇：40％～70％；催化剂：0.05％～3％；溶剂：30％～50％；改性聚硅氧烷：0.05％～2％。B 组分为聚六亚甲基二异氰酸酯。

② 制备方法：将 A 组分与 B 组分按比例在常温干燥条件下混合搅拌均匀，过滤后静置 10min，再通过涂布机将混合物涂布在 PET 膜上，表干收卷，待常温熟化 5d 即可。该种双组分压敏胶在密闭干燥条件下分开保存，保存期可超过 6 个月，且该种双组分压敏胶涂布的 PET 保护膜，在高温下无白雾和残胶现象。

(2) 一种水性聚氨酯压敏胶配方

① 基本配方（质量份）：聚醚多元醇 80～100 份、4，4-二苯基甲烷二异氰酸酯 80～100 份、三羟甲基丙烷 30～50 份、二羟甲基丙酸 10～15 份、二月桂酸二丁基锡 1～2 份、环氧树脂 10～30 份、N-甲基吡咯烷酮 1.5～4.5 份、水性多异氰酸酯交联剂 20～30 份。

② 制备方法：在装有电动搅拌器、回流冷凝器、温度计和恒压滴液漏斗的四口烧瓶中，加入聚醚多元醇、水性多异氰酸醋交联剂、二月桂酸二丁基锡，升温后，进行保温反应；再向四口烧瓶中加入三羟甲基丙烷、二羟甲基丙酸、4，4-二苯基甲烷二异氰酸酯、环氧树脂、N-甲基吡咯烷酮和丙酮，进行回流反应；然后降温，用 pH 调节剂中和至 pH=6.5～7.5，最后用含 1％己二酸二酰肼的去离子水进行剪切乳化，快速搅拌；用旋转蒸发仪脱出丙酮，即得到乳白色聚氨酯水分散胶黏剂；干燥之后得水性聚氨酯压敏胶。

（3）阻燃聚氨酯压敏胶配方

① 基本配方（质量份）：酒石酸氢钾 3.6 份、磷酸三（2-氯乙基）酯 1 份、次磷酸三聚氰胺盐 5.6 份、氢氧化镁 2 份、二环己基甲烷二异氰酸酯 52～68 份、四氢呋喃-氧化丙烯 7.4 份。

② 制备方法：将酒石酸氢钾、磷酸三（2-氯乙基）酯、次磷酸三聚氰胺盐、氢氧化镁与二环己基甲烷二异氰酸酯按照 3.6∶1∶5.6∶2∶（52～68）的质量比在加热条件下混合，制得阻燃改性的二环己基甲烷二异氰酸酯；将制得的阻燃改性的二环己基甲烷二异氰酸酯与四氢呋喃-氧化丙烯共聚二醇按照（3.7～4.0）∶7.4 的质量比混合均匀后，加入一缩二乙二醇，使得一缩二乙二醇加入后质量分数为 2%～4%，在加热条件下混合 1h；在体系中加入 1,2,4-丁三醇-2-磺酸钠，使得 1,2,4-丁三醇-2-磺酸钠加入后质量分数为 1%～3%，在加热条件下混合 0.5～1h；最后在制得的混合物中加入等质量的水，快速搅拌 3～4h，制得阻燃聚氨酯压敏胶乳液。

（4）一种聚氨酯压敏胶复合型单组分助粘剂配方

① 基本配方（质量份）：聚氨酯热熔胶 5%～60%，压敏型热熔胶 40%～95%；所述压敏型热熔胶含有 A-B-A 型嵌段共聚物。

② 制备方法：将多元醇在 60～70℃条件下真空脱水 24h，然后冷却至室温待用。将 32.4 份 SIS-1105（分子量 $1.3 \times 10^5$，苯乙烯含量 15%）、48.8 份增黏剂（C-100w）、8.8 份塑化油（4010）加入圆底烧瓶中，通氮气保护，加热至 180℃并搅拌 2h，使混合物完全熔化。关闭加热源，继续向圆底烧瓶中加入 7.2 份聚四氢呋喃醚多元醇（PTMEG2000）、0.6 份 1,4-丁二醇和 2.2 份二苯甲烷二异氰酸酯（MDI），进行聚合反应。然后持续搅拌 1h 使聚氨酯反应完全。最后将混合物倒入玻璃容器中，90℃条件下熟化 3h，冷却后得到固体状聚氨酯-压敏胶复合型单组分助粘剂。

# 33.5　压敏胶制品的涂布工艺

压敏胶黏剂的涂布按涂布方式可分为直接涂布和转移涂布两种。直接涂布法是将胶黏剂直接涂布在基材上。这种涂布方式的优点是涂胶厚度大、适用胶水黏度范围广。缺点是速度受限易发生线状缺陷。转移涂布法是将胶黏剂施涂在防粘纸上并干燥，然后在涂布纸末端将它与贴面基材复合。这种涂布方式的优点是易获取低涂布量、快速度。缺点是表面平整光亮度差、适用胶水黏度范围小。按涂布机涂头的形式又可分为网纹涂布、线棒涂布、挤出喷涂、刮刀涂布、三辊和多辊涂布、帘式涂布等。

辊涂是以转辊作为压敏胶黏剂的载体，胶黏剂在转辊表面形成一定厚度的湿膜，然后借助转辊在转动过程中与被涂物接触，将胶黏剂涂覆在被涂物的表面。辊涂适用于平面状的被涂物，广泛应用于胶合板、膜、布与纸的施涂。

网纹辊涂布设备主要采用网纹（凹眼）涂布辊来进行上胶涂布，胶液注满凹版辊的网点之中，网点离开胶液液面后，其表面平滑处的胶液由刮刀刮去，而凹版网点中保留着刮不去的胶液，此胶液再与被涂胶的基材表面接触，在橡胶压辊的弹性作用下实现黏合剂的部分转移。由于胶液具有流动性，它会慢慢地自动铺开流平，使"网点"中不连续的、一点一点的胶液变成连续的、均匀的液层，而完成整个上胶过程。

常见涂布方法及所适合的压敏胶黏剂、基材、黏度列于表 33-5 中。

表 33-5　常见涂布方式及所适合的胶黏剂、基材、黏度

| 涂布方式 | 适合的胶种、基材、黏度 | 示意图 |
|---|---|---|
| 转移涂布法 | 适应胶种:水性胶<br>适应基材:薄膜/纸<br>适应黏度:50～500mPa·s | 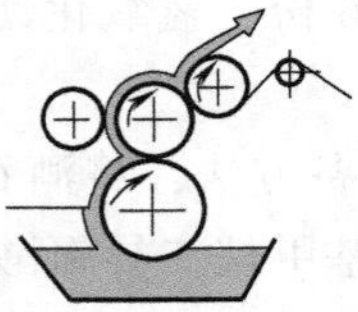 |
| 三辊涂布法 | 适应胶种:水性胶、溶剂型胶<br>适应基材:薄膜/纸<br>适应黏度:100～5000mPa·s | 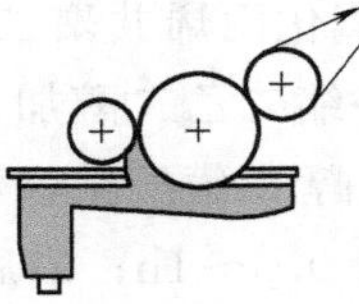 |
| 直刮涂布法 | 适应胶种:水性胶、溶剂型胶<br>适应基材:薄膜/纸<br>适应黏度:500～15000mPa·s | 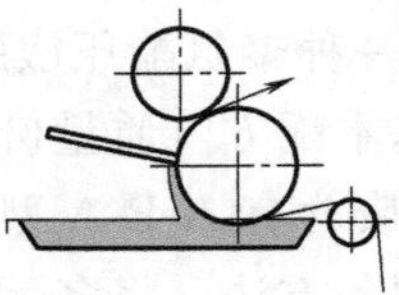 |
| 唇式涂布法 | 适应胶种:水性胶、溶剂型胶<br>适应基材:薄膜/纸<br>适应黏度:100～1000mPa·s | 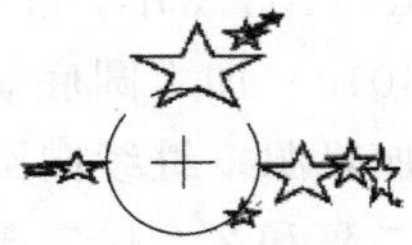 |
| 网纹涂布法 | 适应胶种:水性胶、溶剂型胶<br>适应基材:薄膜/纸(低涂布量)<br>适应黏度:50～500mPa·s | 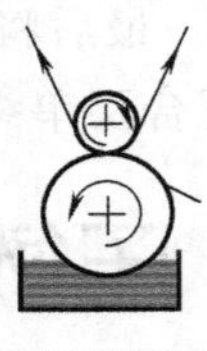 |
| 线棒涂布法 | 适应胶种:水性胶<br>黏度范围:50～150mPa·s<br>适应产品:BOPP(低涂布量) | 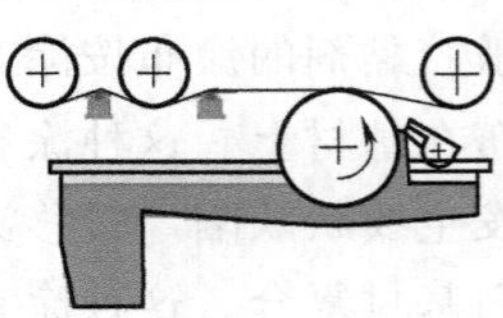 |
| 微网纹涂布法 | 适应胶种:水性胶、溶剂型胶<br>黏度范围:50～200mPa·s<br>适应产品:薄膜(低涂布量)<br>特点:均匀稳定性好,速度慢 | 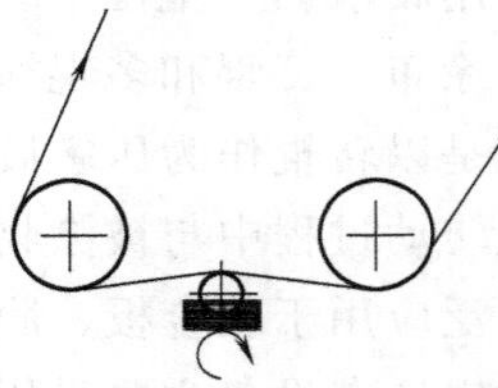 |
| 多辊涂布法 | 适应胶种:溶剂型胶<br>黏度范围:100～1000mPa·s<br>适应产品:薄膜/纸(低涂布量)<br>特点:速度快,不易发生线性缺陷 | 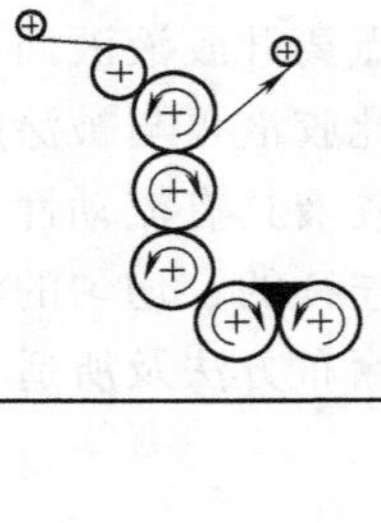 |

# 参 考 文 献

[1]　李茹，张保坦，陈修宁，等. MQ硅树脂合成及应用研究进展. 有机硅材料，2010，24（2）：107-112.

[2]　夏宇正，陈晓农. 精细高分子化工及应用. 北京：化学工业出版社，2000.

[3]　Peckmann H V，Rohm O. Ueber α-Methylenglutarsäure, ein polymerisationsproduct der Säuren. Berichte der Deutschen Chemis Chen Gesellschaft. 1901，34：429.

[4]　贾桂花. 薄荷胶粘贴膏的专用压敏胶及其制备方法. CN108795330A. 2018-11-13.

[5]　武文斌，孟唯，张舒雅，等. 再生丁基橡胶/丁基橡胶防水卷材压敏胶的制备及性能. 合成橡胶工业，2018，41（03）：218-223.

[6]　方振华，周敏，张应科. 一种丁基橡胶基压敏保护胶带及其制备方法. CN106554728A. 2017-04-05.

[7]　陈鑫. 一种氯丁橡胶基压敏胶粘带及其制备方法. CN104109484A. 2014-10-22.

[8]　高群，王国建，安普杰. 有机硅压敏胶的研究进展. 中国胶粘剂，2003（01）：59-63.

[9]　李国荣，王洪，张刚. 一种高固含量耐高温有机硅压敏胶及其制备方法. CN102127389A. 2011-07-20.

[10]　李坚辉，刘彩召，张绪刚，等. 一种无溶剂室温交联有机硅压敏胶及其制备方法. CN105038689A. 2015-11-11.

[11]　胡文斌，谢慧琳，朱贵有. 高性能有机硅压敏胶的合成与应用. CN106147697A. 2016-11-23.

[12]　龚家全，陈华玲，杨开柱. 环保型有机硅压敏胶及其制备方法. CN106398636A. 2017-02-15.

[13]　郭毅荣，黄建枞. 一种美纹纸胶带及其制备方法. CN108676508A. 2018-10-19.

[14]　陈延录，王令湖，李波，等. 有机硅压敏胶制备工艺. CN102061142A. 2011-05-18.

[15]　张翼，齐署华，段国晨，等. 压敏胶研究进展. 中国胶粘剂，2010，19（08）：49-53.

[16]　马仁杰，李伟，王自新. 聚氨酯压敏胶的研究进展. 化学推进剂与高分子材料，2012，10（03）：26-31.

[17]　李彪，蔡秀，潘斌俊，等. 一种双组分聚氨酯保护膜压敏胶及其合成工艺. CN106318254A. 2017-01-11.

[18]　齐登武，吴卫均. 一种水性聚氨酯压敏胶及其制备方法与应用. CN108977115A. 2018-12-11.

[19]　邢益辉，吴一鸣，李时浩，等. 一种聚氨酯-压敏胶复合型单组分助粘剂. CN109575856A. 2019-04-05.

[20]　樊勤海，樊秋实，刘洪权. 一种聚氨酯泡棉压敏胶的辅料添加装置. CN209050888U. 2019-07-02.

（夏宇正　张子文　韩艳茹　编写）

# 第34章

# 无机胶黏剂

## 34.1 无机胶黏剂的特点与发展历史

### 34.1.1 无机胶黏剂的发展历史

无机胶黏剂是由无机盐、无机酸、无机碱和金属氧化物、氢氧化物等组成的一类范围相当广泛的胶黏剂。广义地讲，石灰、矿渣水泥、硫黄、石膏等古老的无机粘接材料也属于无机胶黏剂范畴；狭义地讲，无机胶黏剂是指磷酸盐、硅酸盐、氧化铜-磷酸、耐热硅酸盐等反应型无机胶。

用黏土和石灰作为胶黏剂建造房屋应该是最早的无机胶黏剂的应用。古埃及人采用尼罗河的泥浆砌筑未经煅烧的土砖。我国在公元前16世纪的商代，开始采用黄泥浆砌筑土坯墙。古埃及人采用煅烧石膏作建筑胶凝材料，埃及古金字塔的建造中就使用了石膏。古希腊人也将石灰石经煅烧后制得的石灰作为胶凝材料。我国周朝出现石灰，周朝的石灰是用大蛤的外壳烧制而成。到秦汉时代，石灰的使用方法是先将石灰与水混合制成石灰浆体，然后用浆体砌筑条石、砖墙和砖石拱券，以及粉刷墙面。古罗马人对石灰使用工艺进行改进，在石灰中不仅掺砂子，还掺磨细的火山灰。这种砂浆在强度和耐水性方面较"石灰-砂子"的二组分砂浆都有很大改善，用其砌筑的普通建筑和水中建筑都较耐久。有人将"石灰-火山灰-砂子"三组分砂浆称为"罗马砂浆"。我国秦、汉、明三个朝代修筑的万里长城，均采用黏米加石灰制成的灰浆进行粘接。

1756年被尊称为英国土木之父的工程师史密顿（J.Smeaton）在建造灯塔的过程中，发现含有黏土的石灰石，经煅烧和细磨处理后，加水制成的砂浆能慢慢硬化，在海水中的强度较"罗马砂浆"高得多，并且能耐海水的冲刷。史密顿使用新发现的砂浆建造了举世闻名的普利茅斯塔的漩岩（Eddystone）大灯塔。1796年，英国人派克（J.Parker）将黏土质石灰岩磨细后制成料球，在高于烧石灰的温度下煅烧，然后进行细磨制成水泥。派克称这种水泥为"罗马水泥"（Roman Cement），并取得了该水泥的专利权。"罗马水泥"凝结较快，可用于与水接触的工程，在英国曾得到广泛应用，一直沿用到被"波特兰水泥"所取代。1824年10月21日，英国泥水匠阿斯普丁（J.Aspdin）获得了英国第5022号的"波特兰水泥"专利证书，从而一举成为流芳百世的现代水泥的发明人。"波特兰水泥"制造方法是：把石灰石捣成细粉，配合一定量黏土，掺水后以人工或机械搅和均匀成泥浆。置泥浆于盘上，加热干燥。将干料打击成块，然后装入石灰窑煅烧，烧至石灰石内碳酸气全部逸出。再将煅烧后的烧块冷却和打碎磨细，制成水泥。使用水泥时加入少量水分，拌和成适当稠度的砂浆，可应用于各种不同的工作场合。该水泥水化硬化后的颜色类似英国波特兰地区建筑用石料的颜色，所以被称为"波特兰水泥"。如今水泥已广泛用于建筑中，是用量最大的胶黏剂，尽管没人说水泥为胶黏剂，但从胶黏剂的定义来讲，水泥无疑就是无机胶黏剂。

我国无机胶粘接技术的研究和开发始于 1962 年，最早解决的是陶瓷车刀刀片的粘接问题。

## 34.1.2　无机胶黏剂的特点、分类和发展

（1）无机胶黏剂的特点　无机胶黏剂的突出特点是耐高温性能极为优异，而且又能耐低温，可在 $-183 \sim 2900 ℃$ 广泛的温度范围内使用。另外，其耐油性优良，在套接、槽接时有很高的粘接强度，而且原料易得，价格适中，使用方便，可以室温固化。无机胶主要用于金属、玻璃、陶瓷等无机材料的粘接。采用套接和嵌接接头可以克服无机胶性脆及平面粘接强度低的缺点。如氧化铜-磷酸无机胶用于钢质的轴与孔的套接时，压缩剪切强度达 100MPa。无机胶已成功地用于火箭、导弹以及常用的燃烧器耐热部件的粘接；用于加热设备的陶瓷和金属部件的装配固定；也广泛用于各种刀具、量具、管轴等零部件的粘接与修复。

无机胶的耐热性、不燃性、耐久性及耐油性比有机胶好得多。其缺点是耐酸碱性能和耐水性较差，脆性大，不耐冲击，平接接头粘接强度低，耐老化性能不够理想。

（2）无机胶黏剂的分类　无机胶黏剂可以按以下方法分类。

① 按基料的主要化学组分可分为硅酸盐、磷酸盐、硼酸盐、硫酸盐等；

② 按固化机理（方法）可分为气干型、水硬型、反应型及热熔型，也可按室温或加温固化分；

③ 其他可按粘接强度、用途及包装形式等分类。

（3）无机胶黏剂的改性　为了充分发挥低成本和耐高温的优势，无机胶黏剂的发展方向是针对目前存在的问题进行改性研究。主要集中在如下几方面：

① 提高耐水性。通过改变所用金属离子改变耐水性。如硅酸盐中锂盐和钾盐比钠盐的耐水性好，硅酸盐耐水性按金属类型的顺序为 $Al > Mg > Ca > Cu > Zn$。另外，通过使用特殊添加剂也可提高耐水性。

② 提高耐温性。主要是通过使用耐高温填料来实现，如使用氧化锆、氧化铝、石墨等可以提高耐温性能。

③ 实现功能性。如磷酸盐-氧化铬体系具有较低的介电常数，可以用于透波粘接，硅铝酸盐体系中加入导电银粉可以制成耐高温导电胶，电阻率随温度的影响比有机导电胶低。

④ 有机-无机杂化。为了解决无机胶黏剂的腐蚀性和工艺性，目前通过有机-无机杂化，开发兼具有机和无机胶黏剂特性的胶黏剂。该类胶黏剂在低温时具有有机胶黏剂特性，当高温时，通过陶瓷化，形成无机网络结构，具有良好的耐温性，且耐水性比传统的无机胶黏剂更好。

（4）无机胶黏剂的发展与应用

① 用于材料的粘接，特别是高温环境中材料的粘接，如刀具、高温炉内部零件及附件、石英器皿、陶瓷耐火材料、绝缘材料、高温电器元件、石墨材料、灯头、火箭、导弹、飞机、原子能反应堆等中的耐热部件。无机胶黏剂用于金属材料和无机材料的粘接，可以达到节材、节能、简化工艺等目的。

② 密封与充填，如加热管管头、电阻线埋设、热电偶封端、电器元件的绝缘密封、石英炉与反射炉端部密封、高温炉中管道密封等。

③ 浸渗堵漏，如充填受压铝合金、铜合金、铸铁及其他有色合金铸件中的微气孔，提

高铸件质量。

# 34.2 气干型无机胶黏剂

## 34.2.1 气干型无机胶黏剂配方组成及其作用

气干型胶黏剂是指胶黏剂中的水分或其他溶剂在空气中自然挥发，或同时与空气中的 $CO_2$ 等气体反应，从而固化形成粘接的一类胶黏剂。气干型无机胶黏剂最具代表性的当属俗称水玻璃的硅酸钠。硅酸钠是由纯净的石英砂与纯碱或硫化钠加热熔融来制备，主要单元组成是正硅酸钠 $Na_2O \cdot SiO_2$ 和胶体 $SiO_2$，一般表示为 $Na_2O \cdot nSiO_2$。

商品化的水玻璃是无色无臭的黏稠液体，pH 值在 11～13，能与水互溶，不同 $SiO_2$/$Na_2O$ 比值的水玻璃，其物理性质有差异。

胶液的黏度与固含量、$SiO_2$/$Na_2O$ 比值、温度、添加剂有关，黏度随着固含量的增大而增大，随着 $SiO_2$/$Na_2O$ 比值的增大而增大，随着温度的提高而降低。对于不同应用的硅石与纯碱的比例如表 34-1 所示。

表 34-1  水玻璃胶黏剂的配比和用途

| $Na_2O$/% | $SiO_2$/% | $SiO_2$/$Na_2O$（质量比） | 黏度(20℃)/mPa·s | 用途 |
|---|---|---|---|---|
| 11.1 | 31.9 | 2.9 | 960 | 金属箔、壁板、地坪、包装粘接 |
| 8.9 | 28.7 | 3.2 | 180 | 纸盒、纸管、地坪粘接 |
| 9.2 | 29.5 | 3.2 | 400 | 纸盒、胶合板粘接 |
| 8.3 | 28.2 | 3.4 | 330 | 纸盒粘接 |
| 6.7 | 25.3 | 3.8 | 220 | 特殊粘接用 |

## 34.2.2 气干型无机胶黏剂固化机理

硅酸钠溶液，其分子结构为：

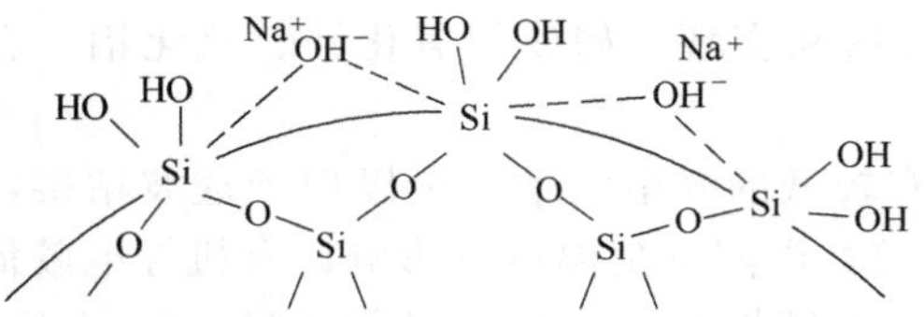

分子中也含有许多支链，但大量的是—OH 或 O⁻，所以它对木材等的粘接主要是—OH 起作用，而对金属粘接 O⁻ 也可能起一定作用。

水玻璃的粘接作用，实际上是二氧化硅溶胶变成二氧化硅凝胶的过程，硅酸在水中的溶解度很小，但水玻璃中的 $nSiO_2$ 是硅酸多分子聚合体构成的胶态微粒。由于水合作用，胶体带有相当量的负电荷，而周围是等量的氢离子（$H^+$）和碱金属离子，从而能够形成稳定的溶液。当水玻璃固化时，由于水挥发和吸收空气中的 $CO_2$，$Na^+$ 形成碳酸钠，硅酸逐步脱水缩合形成 $SiO_2$ 胶体从溶液中析出，新生成的 $SiO_2$ 具有极大的活性，将被粘基材粘接起来，形成 $SiO_2$ 凝胶的粘接接头。

氟硅酸钠可作为水玻璃的促凝剂，添加量大约为 10%～20%，其原因是氟硅酸钠的水解增大了 $SiO_2$ 胶体的浓度，同时中和了水玻璃水解生成的 NaOH，减弱了对 $SiO_2$ 溶胶的作用。

$$Na_2SiF_6 + nH_2O \Longrightarrow 2NaF + 4HF + SiO_2 \cdot (n-2)H_2O$$
$$Na_2O \cdot nSiO_2 + nH_2O \Longrightarrow 2NaOH + nSiO_2 \cdot (n-1)H_2O$$
$$NaOH + HF \Longrightarrow NaF + H_2O$$

## 34.2.3　气干型无机胶黏剂种类及典型配方

气干型无机胶黏剂配方举例如下：

典型密封配方（质量份）：

| | | | |
|---|---|---|---|
| 硅酸钠 | 58 | 硼酸 | 2.4 |
| 水 | 6~8 | $Al_2O_3$ | 15 |
| ZnO | 3.3 | MgO | 3.3 |
| 苦土 | 10 | 石棉 | 2.5 |
| $TiO_2$ | 2.5 | $Al(OH)_3$ | 0.125 |

将上述各组分混匀，然后在200℃下脱水固化。在200℃下粘接强度为2MPa，最高使用温度为700℃，耐酸、耐热、耐溶剂、密封性能好，主要用于高低温密封。

以硅酸钠作结合剂，以金属氧化物或氢氧化物作固化剂，以氧化硅或氧化铝为骨架材料，既可以室温固化又可以加热固化（110~130℃）。室温固化物具有很强的耐水性。

耐酸水泥配方（质量份）：

| | | | |
|---|---|---|---|
| 石棉水泥 | 2.27 | 硅酸钠 | 3.38 |
| 氧化亚铅 | 0.23 | 松香 | 0.11 |
| 甘油 | 0.11 | | |

上述配方中增加硅石（硅酸钠制备所需原料）的摩尔比，可以提高耐酸性，但耐水性变差，可以加入氟硅化钠，以维持耐水性能，但强度会略下降。

耐热水泥配方：在硅酸钠溶液中加入烧结黏土、石英粉、沙子、石墨或矿粉等以提高耐热性。例如如下配方（质量份），固化后可耐1750℃：

| | |
|---|---|
| 硅酸钠溶液（$SiO_2/Na_2O=3$，密度 1.2g/cm$^3$） | 45 |
| 明矾矿粉（已取明矾） | 100 |

又如如下配方（质量份），既可耐热又耐酸：

| | |
|---|---|
| 硅酸钠溶液（密度 1.38g/cm$^3$） | 20 |
| 粗石英粉 | 100 |

锰胶泥配方（质量份）：

| | | | |
|---|---|---|---|
| 软锰矿 | 100 | 氧化锌 | 49 |
| 硼砂 | 10 | | |

此配方配制时将上述组分与水玻璃搅拌成均匀的糊状。适用于玻璃、陶瓷、金属等材料的粘接。

硅酸钾胶黏剂（质量份）：

| | | | |
|---|---|---|---|
| 硅酸钾 | 2 | 石墨粉 | 1 |
| 石英粉 | 1 | | |

将上述各组分混合后，用水调成膏状即可使用，粘接件室温下固化。该胶具有耐热、耐酸和耐碱性能，可用来粘接玻璃、陶瓷等。

## 34.2.4　气干型无机胶黏剂生产工艺

水玻璃包括钠水玻璃和钾水玻璃，分别用 $Na_2O \cdot nSiO_2$ 和 $K_2O \cdot nSiO_2$ 表示，其中的

$n$ 称为水玻璃的模数，代表 $SiO_2$ 与 $Na_2O$ 或 $KO_2$ 的分子数比，是非常重要的参数。$n$ 值越大，表示其中的 $SiO_2$ 含量越高，水玻璃的黏性和强度越高，但在水中的溶解能力下降。当 $n$ 大于 3.0 时，只能溶于热水中，给使用带来麻烦。$n$ 值越小，水玻璃的黏性和强度越低，越易溶于水。故土木工程中常用模数 $n$ 为 2.6～2.8 的水玻璃，既易溶于水又有较高的强度。

中国生产的水玻璃模数一般在 2.4～3.3。水玻璃在水溶液中的含量（或称浓度）常用密度或者波美度表示。土木工程中常用水玻璃的密度一般为 1.36～1.50g/cm³，相当于波美度 38.4～48.3。密度越大，水玻璃含量越高，黏度越大。

水玻璃通常采用石英粉（$SiO_2$）加上纯碱（$Na_2CO_3$），在 1300～1400℃ 的高温下煅烧生成固体，再在高温或高温高压水中溶解，制得溶液状水玻璃产品。

# 34.3 水固型无机胶黏剂

## 34.3.1 水固型无机胶黏剂配方组成及其作用

水固型无机胶黏剂，是指遇水就可以化合而固化的物质，属于这类的有硅酸盐水泥、铝酸盐水泥、镁水泥、石膏等，广泛用于建筑行业。

（1）硅酸盐水泥 硅酸盐水泥又称波特兰水泥，由石灰岩和黏土以 4∶1 质量比在回转窑中煅烧，并加入少量石膏磨碎制得。其中含 $CaO$ 约 62%～69%、$SiO_2$ 约 20%～24%、$Al_2O_3$ 约 4%～7%、$Fe_2O_3$ 约 2%～5%，一般称为硅酸盐水泥熟料。

上述是普通水泥组成，另外还有几种特种水泥如下：

快干水泥：组成与普通水泥相同，但对原料、煅烧条件等控制严格，细度较高，所以干燥速度比较快。

白水泥：由含氧化铁极少的原料煅烧而成，具有白色的外观，粗糙度较好，容易着色。

矿渣水泥：以高炉矿渣和水泥熔块混合粉碎制得。固化初期强度低，长时间完全固化后可达普通水泥强度水平，而且耐海水性能较好。

氧化铝水泥：以含氧化铝较多的黏土和石灰岩一起制得，具有良好的初期强度。

（2）铝酸盐水泥 铝酸盐水泥分为矾土铝酸盐水泥和低钙铝酸盐水泥两种，性质见表 34-2。

表 34-2 铝酸盐水泥的性质

| 名称 | 原料 | 化学组成 | 耐火温度/℃ | 特征 |
| --- | --- | --- | --- | --- |
| 矾土铝酸盐水泥 | 石灰石、铝矾土 | $CaO \cdot Al_2O_3$ | 1420～1500 | 硬化快，强度高 |
| 低钙铝酸盐水泥 | 纯净石灰石、片状氧化铝 | $CaO \cdot 2Al_2O_3$ | 1650～1700 | 硬化慢，初期强度低 |

（3）镁水泥 镁氧氯水泥的简称，主要是以 $MgCl_2$ 为液体组分、$MgO$ 粉末为固体组分形成的 $3MgO \cdot MgCl_2 \cdot 11H_2O$ 凝胶材料。工业用的氧化镁称菱苦土，以天然菱镁矿为原料，在 800～850℃ 温度下煅烧而成，是一种细粉状材料。$MgCl_2$ 水溶液俗称卤水。另外镁水泥还可掺杂铜粉、石英粉、白陶土、木屑等填料。镁水泥硬化快，2～3h 可初步硬化，最终强度可达 70～90MPa。用途广泛，可粘接木、竹、玻璃、石材等，在我国南方农村苦菱土竹筋混凝土方面的应用较广泛。镁水泥属于气硬性胶凝材料. 但是其水化产物在水中的溶解度大，导致镁水泥制品在潮湿环境中使用易返卤、翘曲、变形。因此它的使用范围仅限于非永久性、非承重建筑结构件内。为了提高镁水泥的抗水性，可以掺入适量磷酸、铁矾、铜粉或气相二氧化硅等外加剂。

如在 MgO 中加入 8%～10% 的铜粉或氧化亚铜粉，与 $MgCl_2$ 形成的水泥强度很高，室外暴露的耐温性好，而且有蓝色或绿色外观。以 MgO 与 20% 的气相二氧化硅混合，性能有很大提高，见表 34-3。

表 34-3　氧镁水泥配比与强度

| 配比/质量份 | | | | | 压缩强度/MPa | |
|---|---|---|---|---|---|---|
| MgO | 气相 $SiO_2$ (20%) | 石英粉 | 沙子 | $MgCl_2$ (密度 1.21g/$cm^3$) | 空气中 6 天 | 空气中 6 天＋水中 4 天 |
| 227 | — | 453 | 1135 | 250 | 36.3 | 7.6 |
| 227 | 227 | 227 | 1135 | 175 | 79.6 | 59.5 |
| 227 | 113 | 340 | 1135 | 225 | 58.0 | 49.7 |

（4）石膏　将生石膏（$CaSO_4 \cdot 2H_2O$）在 110℃ 以上加热，可制得熟石膏（$2CaSO_4 \cdot H_2O$），进一步在 400～500℃ 下煅烧，得到无水石膏。

熟石膏粉末与水拌合，还原成石膏而固化，因此可用作胶黏剂，虽然固化物强度不高，但固化速度很快又无毒，使用方便，因此有一定范围的应用。如果使用无水石膏，固化凝结速度慢，但是强度、耐磨性和耐水性均较熟石膏大。

在熟石膏粉末中加入水的比例必须恰当，过多水分不仅会延迟凝结时间，而且影响粘接强度，见表 34-4。

表 34-4　水含量对石膏性能的影响

| 石膏中水含量/(mL/g) | 凝结时间/min | 凝结时的膨胀率/% | 固化后的强度/MPa |
|---|---|---|---|
| 0.45 | 3.75 | 0.51 | 27.1 |
| 0.60 | 7.25 | 0.29 | 18.6 |
| 0.80 | 10.5 | 0.24 | 11.4 |

（5）铁胶泥　铁胶泥是铁粉、氯化铵、氯化钠等盐类组成的凝胶，铁粉形成的氢氧化铁是进一步反应的催化剂，在粘接过程中随结晶的生成而固化。必要时还可加入石灰、砂子、石英粉或煤渣等填充物，其配方如下：

配方一（质量份）：

| | | | |
|---|---|---|---|
| 铁粉 | 62% | 水 | 37% |
| 氯化铵 | 1% | | |

配方二（质量份）：

| | | | |
|---|---|---|---|
| 铁粉 | 21% | 砂子 | 21% |
| 生石灰 | 16% | 氯化镁 | 5% |
| 煤渣 | 37% | | |

（6）氧化铅泥　氧化铅在甘油中混炼制得的胶泥称为氧化铅胶泥。例如，以 2～3 份氧化铅浸润在少量水中再与 1 份甘油混合，经过 24h 即可固化。如需耐酸可加少量硅砂。

## 34.3.2　水固型无机胶黏剂固化机理

水固型无机胶黏剂应用广泛的是硅酸盐水泥，水泥的硬固化机理分为三个阶段：

第一阶段为溶解期或准备期，从水泥调水后水泥料起水化作用开始。水泥和水的化学反应在颗粒表面进行，生成的极少量反应物立即溶于水中，而将水泥颗粒新的表面暴露出来，使得水作用得以继续进行，直到水泥颗粒周围的液体变成反应产物的饱和溶液为止。

第二阶段为胶化期或凝结期，因为此时溶液已经饱和，继续水化的产物不再能溶解，就析出成为胶体状，并逐渐开始凝结。在这一阶段，水泥颗粒就开始了吸附分散和化学分散，而水泥颗粒的各组分对水有强烈亲和力。同时这些颗粒结构中又有各种各样的缺陷，水分子极易进入这种缺陷，产生类似尖劈作用的应力，使之成为纳米级别（$10^{-7}$m）的小块剥落，进入液相构成胶体，这就是吸附分散作用。水化作用的继续进行，使矿物晶格重新排列，固相体积增加，引起内部应力，而使之开裂分散，成为胶体，这就是化学分散作用。这两种分散都使水泥颗粒破坏，同时剥落出胶体大小的质点，水泥的大颗粒从表面一层层剥落，小颗粒则可能直接分散，总之使比表面积很快增加，加速和深化水化作用，形成凝胶。

第三阶段为结晶期或硬化期，此时凝胶逐渐变为晶体，紧密交错的结构使得水泥具有很高的强度。凝胶之所以转变成晶体，是因为胶体质点较小，表面能较大，溶解度也较大。对于细小的胶体质点是饱和溶液，对晶体来说就是过饱和溶液了，因而胶体细小质点不断溶解的同时晶体就不断长大了。

事实上，所有三个阶段是互相交错的。当全部液相尚未饱和时，颗粒表面就开始析出胶体，并随即进行结晶作用。此外，当较小的水泥颗粒已经完全水化时，而较大的颗粒还有很多部分保持无水状态。所以硬化水泥中常常是包含着水化结晶体、胶体、未水化的颗粒料、空气和水。为了使水泥硬化完全，应注意加水后的充分搅拌和开始硬化后相当一段时间的淋水养护。

## 34.3.3 水固型无机胶黏剂种类及典型配方

(1) 硅酸盐水泥 一般普通硅酸盐水泥的熟料主要组成如下：

| | | |
|---|---|---|
| 硅酸三钙 | $3CaO \cdot SiO_2$ | 37.5%～60% |
| 硅酸二钙 | $2CaO \cdot SiO_2$ | 15%～37.5% |
| 铝酸三钙 | $3CaO \cdot Al_2O_3$ | 7%～15% |
| 铁铝酸四钙 | $4CaO \cdot Al_2O_3 \cdot Fe_2O_3$ | 0～18% |

这四种熟料矿物决定着硅酸盐水泥的主要性能，一般硅酸盐水泥熟料中，这四种矿物组成占95%以上。其中硅酸三钙和硅酸二钙约占75%，铝酸三钙和铁铝酸四钙约占22%。

(2) CPQ-90 建筑胶粉

主要组成：硫铝酸盐早强水泥、超细加工粉煤灰、高分子聚合物及少量助剂。

施工工艺：在容器内按粉体：水＝3：1比例加入，搅拌7～10min，成黏糊膏状胶体，即可在基层上粘接。

性能特点：粘贴花岗岩、大理石板、瓷片、釉面砖、马赛克、地砖等，屋面防水、混凝土裂缝修补等。

氧镁胶泥（质量份）：

| | | | |
|---|---|---|---|
| 硼砂 | 500 | 石英粉 | 150 |
| 气相二氧化硅 | 50 | 氯化镁 | 100 |
| 氧化镁 | 100 | | |

氧镁胶泥适用于竹、木、玻璃、石材、陶瓷等材料的粘接。固化条件为室温、10d（基本固化），30d可达最高强度。拉伸强度为70～90MPa。

铁胶泥（质量份）：

| | | | |
|---|---|---|---|
| 铁粉 | 100 | 煤渣粉 | 100 |
| 生石灰 | 75 | 氯化镁 | 25 |
| 硼砂 | 175 | | |

铁胶泥适用于汽车散热器箱盖和铁管等的粘接。固化条件为室温、7d（可达最高强

度），弯曲强度为 7.7MPa，压缩强度为 32.5MPa。

# 34.4　热熔型无机胶黏剂

## 34.4.1　热熔型无机胶黏剂配方组成及其作用

这类胶黏剂是指胶黏剂本身受热一定程度后开始熔融，然后润湿被粘接材料，冷却后重新固化达到粘接目的的一类胶黏剂。其主要特点是除具有一定的粘接强度外，还具有较好的密封效果。其中应用较普遍的是焊锡、银焊料等低熔点金属。

（1）熔接玻璃　熔接玻璃是以硼酸盐为基础的金属氧化物，分为 $PbO-B_2O_3$ 系列玻璃及无铅低温玻璃。$PbO-B_2O_3$ 系玻璃除铅、硼外，还要添加 $SiO_2$、$ZnO$ 等氧化物以提高耐水性，主要有 $PbO-B_2O_3-ZnO$、$PbO-B_2O_3-ZnO-SiO_2$、$PbO-B_2O_3-SiO_2-Al_2O_3$ 等。

（2）熔接金属　熔接金属可分为 Pb-Sn 系列的软合金和 Ag-Cu-Zn-Cd-Sn 系列硬合金。Pb-Sn 系列的软合金熔点在 450℃ 以下，可用于玻璃和陶瓷的粘接。Ag-Cu-Zn-Cd-Sn 系列硬合金的熔点在 450℃ 以上，可用于金属与金属的粘接。

（3）熔接陶瓷　熔接无机胶黏剂是单组分的金属氧化物组成的，用于粘接陶瓷及金属。$ZrO_2-SiO_2$ 胶黏剂，使用温度为 1300～1400℃。

（4）熔接玻璃陶瓷　熔接玻璃陶瓷是将熔接玻璃熔融后进一步加热，使之具有晶体结构，其性能比熔接玻璃更好。强度大，可适用于热膨胀系数不同的材料的粘接；抗蠕变性能好；使用温度比熔接玻璃高 150℃ 左右。这种胶黏剂是将玻璃陶瓷微粉悬浮在 1% 的硝酸纤维素的醋酸戊酯溶液中。

（5）硫胶泥　硫黄熔融后具有很好的粘接性，实际上就是一种热熔性胶黏剂，加入炭黑、硅砂粉等可减少热膨胀性，加入聚硫橡胶等多硫化物可提高耐冲击性，几种硫胶泥配方比较见表 34-5。

表 34-5　几种硫胶泥配方比较

| 项目 | A | B | C | D | E |
|---|---|---|---|---|---|
| 硫黄/质量份 | 58.5 | 59.5 | 58.8 | 99.5 | 58.8 |
| 硅砂粉/质量份 | 30.5 | 29 | 39.8 | 0 | 290 |
| 皂石/质量份 | 10 | 10 | — | 0 | — |
| 炭黑/质量份 | 1.0 | 3.0 | 1.0 | 0 | 20.0 |
| 聚硫橡胶/质量份 | 0 | 0.5 | 1.2 | 0 | 1.2 |
| 膨胀系数/$\times 10^{-5}$℃ | 3.6 | 3.8 | 4.3 | 7.7 | 4.5 |
| 抗压强度/MPa | 70 | — | 45 | — | 44 |
| 拉伸强度/MPa | 6.3 | 5.0 | 4.6 | 1.8 | 5.9 |

硫胶泥的使用温度不超过 130℃，否则冷却时晶格由斜方晶变为单斜晶，造成热膨胀系数增大，粘接力下降。

## 34.4.2　热熔型无机胶黏剂固化机理

热熔型无机胶黏剂的固化机理比较简单，胶黏剂在高温状态下呈现出较低黏度的液态，对被粘接物体表面浸润性好，可以充分深入基材表面的微观凹槽，当冷却时，固化结晶重新变为固态，起到胶黏剂的作用。

### 34.4.3 热熔型无机胶黏剂种类及典型配方

琅粉胶黏剂（质量份）：

| | | | |
|---|---|---|---|
| 硼砂 | 100 | 碳酸钾 | 60 |
| 氧化铝 | 8 | 红铅粉 | 24 |
| 氧化镍 | 20 | 石英粉 | 120 |
| 氧化钛 | 20 | 氟化钠 | 20 |
| 硝酸钾 | 28 | | |

此配方适用于陶瓷和金属的粘接。配制时，先将上述组分混合均匀，然后低温烘干除去水分，再在900℃高温下灼烧1～2h。

硫胶泥（质量份）：

| | | | |
|---|---|---|---|
| 硫黄 | 100 | 炭黑 | 1.7 |
| 硅砂 | 51 | 聚硫橡胶 | 0.85 |
| 皂石 | 17 | | |

硫胶泥在90℃以下使用时，具有良好的耐水性和耐酸性。最高使用温度不得超过130℃，具有优良的粘接性能，压缩强度可达70MPa，拉伸强度为6.3MPa。适用于盐酸及氢氟酸中浸泡的陶瓷、金属，尤其是铜合金的粘接。用70℃水浸泡2年，用70℃的硝酸浸泡硫酸浸泡8个月，粘接强度无明显下降。

硫黄胶黏剂（质量份）：

| | | | |
|---|---|---|---|
| 硫黄粉 | 60 | 辉绿岩粉（140目） | 35 |
| 聚硫橡胶 | 5 | | |

先将硫黄粉加热至130～150℃，使之熔化，然后加入辉绿岩粉、聚硫橡胶，混匀即可。粘接陶瓷拉伸强度为4MPa。耐热90℃，耐稀硝酸、硫酸、盐酸及氢氟酸，不耐铬酸、浓硝酸和强碱，主要用于耐酸地面、耐酸瓷砖的粘接。

# 34.5 反应型无机胶黏剂

## 34.5.1 反应型无机胶黏剂配方组成及其作用

反应型无机胶黏剂是指由胶料和水以外的物质发生化学反应固化形成粘接的一类胶黏剂。该类胶黏剂属于无机胶黏剂中品种最多、成分最复杂的一类，主要包括硅酸盐类、磷酸盐类、胶体二氧化硅、胶体氧化铝、硅酸烷酸、齿科类胶泥、碱性盐类、密陀僧胶泥等。

反应型无机胶黏剂主要由三个部分组成，即结合剂、固化剂和骨架材料，还常常添加一些补助成分，如固化促进剂、分散剂和无机颜料。这里主要介绍硅酸盐类和磷酸盐类这两类典型的反应型无机胶黏剂。

（1）硅酸盐类无机胶黏剂 这类胶黏剂是以碱金属以及季铵、叔胺和胍等的硅酸盐基体，按实际情况需要适当加入固化剂和骨架材料等调和而成，可耐1200℃以上高温。碳钢套接时的压剪强度可达60MPa，拉伸强度可大于30MPa。可用于金属、陶瓷、玻璃、石材等的粘接，具有良好的耐油性、耐有机溶剂、耐碱性，但耐酸性较差。

配方基体：基体一般由硅酸盐与有机胺配制成水溶液。可采用的硅酸盐有硅酸钠、硅酸钾、硅酸锂等，其中以硅酸钠最为常用，粘接强度最高，但耐水性较差。

固化剂：种类较多，大致包括2～4价的金属氧化物、1～3价的金属磷酸盐或聚磷酸盐、1~2 价的金属氟化物或氟硅酸盐等。主要有碱土金属的氧化物或氢氧化物、硅氟化物、磷酸盐及硼酸盐等。采用不同的固化剂可获得不同的性能，例如采用磷酸盐可提高耐水性；采用聚磷酸盐可使固化均匀；采用氟硅酸盐可快速固化等。

表 34-6 列出了基体和固化剂的配合。

**表 34-6 硅酸盐基体和固化剂的配合**

| 基体 | 固化剂 |
|---|---|
| 硅酸锂　$Li_2O \cdot nSiO_2$ | 金属粉末：锌粉<br>金属氧化物：$ZnO$、$MgO$、$CaO$、$SrO$、$Al_2O_3$<br>金属氢氧化物：$Zn(OH)_2$、$Mg(OH)_2$、$Ca(OH)_2$、$Al(OH)_3$ |
| 硅酸钠　$Na_2O \cdot nSiO_2$ | 硅氟化物：$Na_2SiF_6$、$K_2SiF_6$<br>硅化物：$Al_2O_3 \cdot SiO_2$ |
| 硅酸钾　$K_2O \cdot nSiO_2$ | 磷酸盐：$AlPO_4$、$Al(PO_3)_3$、$ZnO \cdot P_2O_5$<br>无机酸：$H_3PO_4$、$H_3BO_3$<br>硼酸盐：$KBO_2$、$CaB_4O_7$ |
| 硅酸季铵盐　$(R_4N)_2O \cdot nSiO_2$ | 有机化合物：乙二醛、碳酸乙二醇酯 |

骨架材料：可根据不同的应用，选用天然的或合成的粒状、鳞片状、纤维状材料，如石英砂、氧化铝、碳化钛、氮化硼、锆石、氧化锆等。例如，为加入黏性可加入高岭土、蛇纹石等硅酸盐矿石粉末；为增加内聚强度可加入经煅烧的氧化物及陶瓷纤维、碳纤维、石棉纤维等各种纤维；为进一步提高耐热性可加入高熔点的氧化物或氮化物。

（2）磷酸盐类无机胶黏剂　磷酸盐类胶黏剂是以浓缩磷酸为黏料的一类胶黏剂。主要是硅酸盐-磷酸、酸式磷酸盐、氧化物-磷酸盐等众多的品种。可用于粘接金属、陶瓷、玻璃等众多材质。与硅酸盐类胶黏剂相比，磷酸盐类胶黏剂耐水性好、固化收缩率更小、高温强度较大以及可在较低温度下固化等。其中氧化铜-磷酸盐型无机胶黏剂的开发应用历史最长，最早可追溯到秦代秦俑的烧制。现代的氧化铜-磷酸盐型无机胶黏剂应用最广泛的领域是耐高温材料的粘接，其中添加一些高熔点的氧化物，如氧化铝和氧化锆等，可耐 1300~1400℃高温。

氧化铜-磷酸盐胶黏剂是由特制氧化铜粉和特殊处理的磷酸铝溶液配制而成，但为了某些特种需要还可加入一些特殊物质，如促凝剂。通常为双组分，现用现配。

氧化铜-磷酸无机胶的配制和使用方法是：在磷酸溶液（加有氢氧化铝）中，按比例加入特制的氧化铜粉，混合均匀，涂刷在经粗化的粘接面上，胶层由于氧化铜、磷酸、磷酸铝之间的化学反应而固化，形成牢固的粘接接头。

## 34.5.2　反应型无机胶黏剂固化机理

（1）硅酸盐无机胶黏剂　硅酸盐无机胶固化过程是化学作用和物理作用共同作用的结果。水玻璃凝胶在干燥环境不断脱水，硅酸盐之间发生硅烷醇缩合，以及硅烷醇与高岭石晶体上和铝相连接的羟基之间的缩合而固化，并构成了牢固的硅、氧、铝三维结构。固化过程 $SiO_2$ 胶体不断地从溶液中析出，具有极高活性的新生态 $SiO_2$ 会沿着被粘基材表面以及向胶层内部做类似分形学模型的扩散运动，一旦运动到被粘基材表面的活性点位置，便以化学键的形式结合起来，形成粘接。

（2）磷酸盐无机胶黏剂　磷酸盐无机胶黏剂对单纯平面的粘接强度低，因为其较脆，与被粘接物相的热膨胀系数差异较大，承受冲击载荷的性能较差，但对套接、槽接结构可达到很高的粘接强度。之所以能获得高强度，是由于机械、化学、物理三方面综合作用的结果，但这三种力各自贡献的大小尚不清楚。

　　使用氧化铜-磷酸盐胶黏剂时，在相同的条件下，采用套接的强度比对接或其他搭接的强度要高几倍。主要是 $CuO$ 与 $H_3PO_4$ 作用生成 $CuHPO_4 \cdot 3/2H_2O$ 微晶，然后通过氢键及离子键把 $Cu^{2+}$ 与 $H_2O$ 结合在一起，形成穿插连续分布的物相，再与未作用的 $CuO$ 物结合在一起而产生牢固地结合。在胶黏剂固化过程中，产生体积膨胀。正因为这样，在套接中，由于间隙较小，胶黏剂由糊状转变为固体过程又较迅速，因而外溢机会少，胶层膨胀就起了与机械配合中的过盈配合一样的作用，产生胀紧感，从而使被粘接件更牢固地结合在一起。另一种情况就是粘接前除了对被粘接件的粘接面进行清洁处理外，往往还需要将粘接面再进行粗化。这种粗化的目的，一方面是增加粘接面积，也就是增强其粘接力，另一方面就是增大胶黏剂与被粘接件表面的机械嵌合作用，形成无数个相嵌结合点，从而大大提高粘接强度。

　　无机胶黏剂中的磷酸组分和氧化铜组分部分地起反应，生成含有 $Cu^{2+}$、$PO_4^{3-}$、$H_2PO_4^-$、$HPO_4^{2-}$ 等离子的浆状液体。在粘接层靠近金属一侧，剥掉胶层后，常可发现一层明显含有铜的薄层附在金属表面，这是因为无机胶液涂于被粘金属表面上，等于把金属工件浸于含有 $Cu^{2+}$ 的磷酸水溶液中。若金属工件（如铁、铝等）的电位较高，胶黏剂固化初期，则在金属表面发生离子的取代反应：

$$3Cu^{2+} + 2Al \longrightarrow 2Al^{3+} + 3Cu \downarrow$$
$$2Cu^{2+} + 2Fe \longrightarrow 2Fe^{2+} + 2Cu \downarrow$$

　　随着胶黏剂的固化，反应逐渐减慢，当胶层完全固化后，反应停止。反应的结果是金属表面部分溶解，同时产生金属铜的沉积，在金属表面形成相互渗透的过渡层，使金属和胶黏剂在金属表面紧密结合，从而使粘接强度增大。当经过高温处理后，表面产生氧化铜层，黏结剂和金属有氧化铜作"桥梁"，两者便能紧密结合起来，同样提高了工件的粘接强度。在黏结剂内部，$CuO$ 则是分立分布的物相，作为磷酸氢盐生长的基础，形成一个呈星芒状的集合体，互相穿插。

　　磷酸铝盐胶黏剂是由磷酸二氢铝 $[Al(H_2PO_4)_3]$、水和磷酸组成的酸性混合液。磷酸铝盐胶黏剂是一种热硬（固）性的胶黏剂，它能与氧化物形成很强的结合力，如果胶黏剂中加入适量的固化剂，如 $CuO$、$MgO$ 等，可以使缩合反应更加剧烈，在反应过程中，长链靠离子键结合起来的，因而内聚力不断增大，粘接强度逐渐提高。

## 34.5.3　反应型无机胶黏剂种类及典型配方

通用型氧化铜-磷酸胶黏剂（质量份）：

| | | | |
| --- | --- | --- | --- |
| 氧化铜（325目） | 100 | 氢氧化铝 | 2～2.8 |
| 磷酸 | 37.7～56.6 | | |

此配方为通用型无机胶黏剂配方。磷酸和氢氧化铝的添加量应视环境温度而定，添加量越小，强度越高，固化速度越快，但胶液活性期则越短（25℃，添加量37.7，活性期仅10min左右），不能满足施工要求。通常，冬季一般采用磷酸、氢氧化铝添加量小的配比，夏季则采用添加量大的配比。固化条件为室温、2～3h；80℃、2～4h；或室温2～3d。一次配胶量为10～15g为宜。最高使用温度为600℃。广泛用于钢、铝、铁、铜、硬质合金、陶瓷、胶木等材料的粘接。

耐热型氧化铜-磷酸胶黏剂（质量份）：

| | | | |
| --- | --- | --- | --- |
| 氧化铜（325目） | 36～60 | 钨酸钠 | 1.7～3 |
| 磷酸 | 17 | 氧化锆 | 0.3～0.6 |
| 氢氧化铝 | 1 | | |

此配方为改进型无机胶黏剂配方，用氧化锆提高胶液的耐热性，最高使用温度可达
1000℃，粘接强度也有明显提高。剪切强度：钢与钢搭接为 10～15MPa、套接为 40～
100MPa。拉伸强度：钢与钢为 8～15MPa。抗扭强度：钢与钢为 40MPa。适用于封闭、半
封闭式车刀，模具及金属材料的粘接。

通用型硅酸盐胶黏剂（质量份）：

| 硅酸钠（35％～45％） | 75～85 | 硫酸镁 | 1～4 |
| 尿素 | 2～10 | 白土 | 0～8 |
| 糖 | 0.5～3 | 水 | 100 |
| 重铬酸钠 | 0.1～1 | | |

此配方为通用型硅酸盐胶黏剂配方。上述组分的配比应视不同要求而调整。耐热和阻燃
性优良，但耐水性较差。适用于金属箔、壁板、纸盒、纸管、胶合板及包装材料的粘接。

耐水型硅酸盐胶黏剂（质量份）：

| 硅酸钠 | 100 | 甘油 | 2.6 |
| 石棉水泥 | 59 | 松香 | 2.6 |
| 氧化亚铅 | 5.2 | | |

此配方为改进型硅酸盐胶黏剂配方。改进型硅酸盐胶黏剂具有较好的耐水性。适用于多
种多孔材料的粘接。

磷酸-硅酸盐胶黏剂（质量份）：

| 磷酸铝 | 100 | 磷酸 | 100 |
| 硅酸铝 | 200 | 水 | 150 |

此胶黏剂能承受 1200～1300℃的高温和－70℃的低温，并具有良好的耐水、耐湿及电
气绝缘性能，但耐酸碱性能较差，适用于金属套接粘接。配制时，将磷酸铝和硅酸铝混合均
匀，在 1100～1150℃高温下灼烧 1h，然后经研磨、过筛（325 目），施工时与磷酸和水混合
均匀。固化条件为室温、2h；40～60℃、3h；80～100℃、2h；120～150℃、2h；160～
200℃、2h；200～220℃、1h。

耐热型磷酸-硅酸盐胶黏剂（质量份）：

| 磷酸铝 | 50 | 磷酸 | 3 |
| 硅酸铝 | 100 | 水 | 4.5 |
| 氧化锆 | 45 | 三氧化二铝 | 100 |

此配方为改进型磷酸-硅酸盐胶黏剂配方。该胶黏剂能承受 1400～1500℃的高温和
－70℃的低温，具有良好的耐水、耐油及电气绝缘性能。配制时，将磷酸铝和硅酸铝混合均
匀，在 1100～1150℃高温下灼烧 1h，然后过筛（325 目），将三氧化二铝在 1100～1300℃高
温下灼烧 1～2h，过筛（325 目），再将三者混合均匀。固化条件为室温、2h；40～60℃、
3h；80～100℃、3h；100～150℃、2h；160～200℃、2h；200～250℃、2h；250～
300℃、1h。

## 34.5.4　反应型无机胶黏剂生产工艺

磷酸盐无机胶黏剂的生产工艺中，对关键原料氧化铜的纯度和磷酸铝溶液的制备有特殊
的要求。

氧化铜制备：配制该胶所用的氧化铜要有一定的纯度，氧化铜含量应大于 95％。一般
的氧化铜粉活性大，反应太快，不能用于配制胶黏剂，需要进行特殊处理。由制取氧化铜中
间体 890℃煅烧 4h，经机械球磨，多次筛分的氧化铜称为特制氧化铜粉，假密度大于 3.2g/

cm³。由制取氧化铜中间体 890℃煅烧 4h，不经球磨粉碎，全部能通过 320 目筛，假密度为 0.8～1.2g/cm³ 的氧化铜粉称为轻质氧化铜粉。处理后的氧化铜粉表面活性显著减小，延长了适用期，提高了粘接强度。氧化铜粉应放置在干燥容器内密封保存，隔绝湿气，吸水后粘接强度会降低，适用期缩短。

磷酸铝溶液制备：使用化学纯或分析纯的磷酸，密度大于 1.7g/cm³。100mL 磷酸中加入 5g 化学纯或分析纯的氢氧化铝，边搅拌边加热到 150～200℃，大约 5min 氢氧化铝溶解成甘油状液体，保持 1～2h 后待用。加入氢氧化铝不仅可延长适用期，而且可以提高粘接强度。若是冬季出现结晶，可 50～60℃ 加热溶解后继续使用。为防止冬季结晶，上述配方中加入 0.5g 左右的三氧化铬，加热至 260℃ 反应，溶液由红棕色变为草绿色后，再反应 5min 后停止加热，待用。

## 参 考 文 献

[1]　贺孝先，晏成栋. 无机粘接技术. 北京：国防工业出版社，1978：1-7.
[2]　贺孝先. 无机胶粘剂及应用. 北京：国防工业出版社，1993：1-8.
[3]　贺孝先，晏成栋，孙争光. 无机胶黏剂. 北京：化学工业出版社，2003：1-30
[4]　陈孜，张雷，周科朝，等. 磷酸盐基耐高温无机胶黏剂的研究进展. 粉末冶金材料科学与工程，2009，14（2）：74-81.
[5]　张新荔，吴义强，李贤军. 硅酸盐胶黏剂的研究与应用. 化工新型材料，2014，42：（10）233-235.
[6]　胡文垒，聂法玉. 硅酸盐基耐高温胶黏剂的研究现状及应用. 化学与黏合，2012，34：（1）59-63.

（曾照坤　翟海潮 编写）

# 第35章

# 耐高温有机胶黏剂

耐高温胶黏剂目前并无严格统一定义，一般来说是指在较高温度下应用时，其物理性质和力学性能能满足应用要求的一类胶黏剂。胶黏剂的耐温性能以时间-温度的关系来表示。一般情况下，认为符合下列情况的胶黏剂均可称为耐高温胶黏剂（表35-1）。

表 35-1　耐高温胶黏剂时间-使用温度关系

| 使用温度/℃ | 能够使用期限 | 使用温度/℃ | 能够使用期限 |
| --- | --- | --- | --- |
| 121～176 | 1～5 年 | 371～427 | 24～200h |
| 204～232 | 20000～40000h | 536～816 | 2～10min |
| 260～371 | 200～1000h | | |

一种有使用价值的耐高温胶黏剂，不仅要具备良好的耐热性能和粘接性能，还要具有良好的使用工艺性能，以及耐环境性能和耐疲劳、抗蠕变、耐冷热冲击或高低温交变等性能。

耐热胶黏剂是随着近代科学技术的进步，尤其是航空航天工业而产生和发展的。例如，现代超音速飞机（马赫数 $M=3.0\sim3.5$）在飞行时，飞机头部和机翼前缘蜂窝结构件的外表面局部温度可以达到 260～316℃，内表面温度也可达到 200～260℃，需选用钛合金或碳纤维复合材料来制造蜂窝结构件，并采用耐高温胶黏剂进行蜂窝粘接。在航天方面，导弹和宇宙飞船从发射到重返大气层的几个阶段会经受外层空间各种环境的考验，如高低温、高真空和高辐射等作用，其中特别以温度条件最为苛刻。发射阶段弹头顶部温度可以达到 450～550℃，重返大气层时弹头顶部外表面温度更是高达 2600℃，须在航天飞机外表面上安装陶瓷防热瓦或耐烧蚀隔热层才能保证安全，陶瓷、耐烧蚀层与金属的连接必须用耐高温胶黏剂。在电子方面，电子零件的密集安装使印刷电路控制板发热量增大，因此也要求使用耐高温胶黏剂。近年来，有机胶黏剂有了越来越广泛的应用，粘接工艺已日益成熟，并成为现代三大连接技术（粘接、焊接、机械连接）之一。而且，耐高温胶黏剂也是制备某些航天器的零部件，汽车、坦克和装甲车的密封圈及耐磨件必要的原材料之一。

美国、日本、西欧与苏联对耐高温胶黏剂都进行了研究，其中美国国家航空航天局（NASA）的 Langley 研究中心、杜邦公司、氰胺公司、休斯飞机公司（Hughes Aircraft Company）等对高温胶开展了大量的研究工作，形成了系列化产品。我国从 20 世纪 60 年代后期开始高温胶的研制，中科院化学研究所、原化工部有机硅研究中心、上海合成树脂研究所、黑龙江省石油化学研究院、西北工业大学、北京航空材料研究院都从事过高温胶的研究和开发工作。

耐高温有机胶黏剂从结构上可分为酚醛类、有机硅类、聚酰亚胺类、双马来酰亚胺类、氰酸酯类，以及其他含氮杂环化合物类胶黏剂。本章将对聚酰亚胺胶黏剂、双马来酰亚胺胶黏剂、氰酸酯胶黏剂、聚苯并咪唑胶黏剂和聚苯基喹噁啉胶黏剂进行介绍。

# 35.1 聚酰亚胺胶黏剂

## 35.1.1 聚酰亚胺胶黏剂的特点与发展

聚酰亚胺（PI）由于分子中的亚胺环和苯环结构而具有非常优异的耐高低温性，在 $-200 \sim 260℃$ 保持优良的力学性能、电绝缘性能和低热膨胀系数，被广泛地应用于电子和微电子领域的 FPC 或 PCB 的基体材料、先进复合材料、纤维、泡沫塑料、光刻胶、胶黏剂等。

随着航天事业的发展，自 20 世纪 70 年代起，以美国国家航空航天局（NASA）Langley 研究中心、美国休斯飞机公司（Hughes Aircraft Company）以及杜邦公司为首的多家企业和研究机构对耐温优良的聚酰亚胺（PI）胶黏剂进行了研究，先后开发了 Thermid 600、$NR-150B_2$、PEPI-5、LARC-13、LARC-TPI、$PISO_2$、FM-57 等一系列综合性能优异的耐高温聚酰亚胺胶黏剂，并且已经在多种航天航空飞行器和微电子领域中得到广泛应用。

但由于聚酰亚胺通常分子结构规整且刚性较大，缩合闭环后黏度很高甚至难于熔融和溶解，所以聚酰亚胺胶黏剂通常固化工艺较为苛刻，需要较高的固化温度和压力，而且缩合型和溶剂型聚酰亚胺胶黏剂会释放小分子和溶剂，容易产生气泡缺陷，限制了其应用范围。所以聚酰亚胺胶黏剂的酸酐和芳香胺的结构设计、选择和改性，主要都是围绕着熔融加工性、降低固化温度、提高耐热性进行。

## 35.1.2 聚酰亚胺胶黏剂的改性方法及配方组成

### 35.1.2.1 缩聚型聚酰亚胺胶黏剂

缩聚型聚酰亚胺用作胶黏剂时，一般是由芳香酸酐和芳香二胺缩聚生成可溶的聚酰亚胺酸，然后用物理或化学方法脱水闭环生成聚酰亚胺。由于缩聚环化后的聚酰亚胺一般难溶于有机溶剂，所以用作胶黏剂时，通常将聚酰亚胺酸（PAA）溶于高沸点极性溶剂中，如 $N,N$-二甲基乙酰胺（DMF）、二甲基亚砜（DMSO）或 $N$-甲基吡咯烷酮（NMP）中，以聚酰亚胺酸胶液的形式贮存使用。缩聚固化过程中产生的小分子，会引起胶层气孔缺陷，通常在固化时要加压除去气泡，所以缩合型聚酰亚胺胶黏剂不适合于大面积粘接。

典型缩聚型聚酰亚胺胶黏剂如美国 Cyanamid 公司的 FM-34，是采用 3,3′-二苯酮四酸二酐和芳香二胺聚合而成。FM-34 聚酰亚胺胶黏剂具有优异的耐热性能和耐老化性，其玻璃化转变温度约为 270℃，不锈钢粘接时室温剪切强度为 29MPa，260℃ 剪切强度为 16MPa，在 316℃ 老化 1000h 后仍具有较高的粘接强度保持率（表 35-2）。该胶黏剂在 $-200 \sim 260℃$ 的温度范围内具有良好的力学性能、电学性能及耐辐射性能。

表 35-2 FM-34 聚酰亚胺胶黏剂性能

| 项目 | 老化条件 | 剪切强度/MPa | |
| --- | --- | --- | --- |
| | | 25℃ | 260℃ |
| 不锈钢 | 未老化 | 29 | 16 |
| | 316℃、500h | 18 | 15 |
| | 316℃、1000h | 14 | 12 |
| 钛合金 | 未老化 | 26 | 13 |
| | 316℃、500h | 14 | 16 |

缩聚型聚酰亚胺胶黏剂可采用多种芳香二酐如酮酐、醚酐、均苯酐等与不同芳香胺组合以提高粘接性和耐热性。通过不同酸酐和芳香胺的组合，可设计出引入嵌段、引入非对称结

构、引入含氟基团或柔性链等方法改善缩聚型聚酰亚胺胶黏剂的粘接工艺性和耐热性。也可在聚酰亚胺分子侧面引入酚羟基、羧基等以改善聚酰亚胺胶黏剂与不同材料的相容性，引入马来酰亚胺侧基以提高耐热性和粘接性能。

### 35.1.2.2　热塑性聚酰亚胺胶黏剂

热塑性聚酰亚胺在粘接前实现预聚和完全亚胺化闭环，去除水和溶剂，施胶和固化过程无挥发性副产物产生，可制成聚酰亚胺膜状胶黏剂。这类聚酰亚胺具有良好的成膜性和柔韧性，剥离性能高，大幅提高制件工艺性和产品质量，可适用于大面积粘接。但由于热塑性聚合物分子量较高，熔融流动性受到影响，粘接时需要较高的固化压力。

热塑性聚酰亚胺胶黏剂的原理是降低缩合型聚酰亚胺分子的刚性，增加柔性，同时尽量保持缩合型聚酰亚胺优异的力学性能和热氧化稳定性和耐溶剂性。制备改性方法主要有主链上引入柔性或含氟结构、合成共聚性聚酰亚胺和引入侧基、破坏分子的对称性等方法。典型的热塑型聚酰亚胺胶黏剂包括 LARC-TPI、PISO$_2$ 和 NR-150B2 等，其结构如下。

LARC-TPI 热塑性聚酰亚胺胶黏剂是 NASA Langley 研究中心研制的，由 3,3′,4,4′-二苯甲酮四羧酸二酐（BTDA）与 3,3′-二氨基二苯酮（3,3′-DABP）在二甘醇二甲醚中反应得到聚酰亚胺酸溶液，涂覆到玻璃布上加热制得的载体胶膜。其 $T_g$ 约为 260℃，在空气中经 300℃ 处理后 400℃ 之前无失重现象，具有良好的耐热氧化稳定性。经 325℃、1.38MPa 下固化后，室温下粘接钛合金的剪切强度为 36.5MPa，232℃ 下剪切强度为 13.1MPa，经 232℃ 老化 3000h 后剪切强度为 20.7MPa（表 35-3）。LARC-TPI 胶膜已应用于 NASA 超声速巡航计划中石墨纤维复合材料机翼板的大面积粘接。虽然 LARC-TPI 胶膜具有优异的综合性能，但其合成所需的二胺单体 3,3′-DABP 成本较高，为了降低原料成本，Langley 研究中心发展了一系列具有不同结构的热塑性聚酰亚胺胶膜。此外，在 LARC-TPI 的基础上，热塑性聚酰亚胺胶膜的研究方工作主要集中在进一步提升胶膜的耐热性和高温粘接性能，以及进一步改善其工艺性能，如降低熔融黏度、固化温度及固化压力等。

表 35-3　几种典型热塑性 PI 胶黏剂粘接性能（钛合金）　　　　单位：MPa

| 项目 | 室温 | 177℃ | 204℃ | 232℃ | 260℃ | 316℃ |
|---|---|---|---|---|---|---|
| LARC-TPI 胶黏剂 | 36.5 |  | 22.9 | 20.7 |  |  |
| PISO$_2$ 胶黏剂 | 32.1 | 22.1 | 20.1 | 18.1 |  |  |
| NR-150A2 胶黏剂 | 34 |  |  |  | 21 |  |
| NR-150B2 胶黏剂 | 26 |  |  |  |  | 10 |

PISO$_2$ 热塑性聚酰亚胺胶黏剂是由醚酐和二氨基二苯砜制备的，由于—SO$_2$—结构有利于切断共轭体系，降低了主链刚性，赋予聚合后的亚胺以热塑性，同时保持较高的热氧稳定性，其室温和 232℃下剪切强度分别为 32.1MPa 和 18.1MPa，显示出良好粘接性和耐热性。

NR-150 系列热塑性聚酰亚胺胶黏剂是由 Dubont 公司开发、采用六氟酸酐与二胺反应制备的，是已经商品化的全氟代脂肪基聚酰亚胺。采用热氧化稳定性高的 4,4′-（2,2-六氟代异丙基）二邻苯二甲酸酐（6FDA）与 95% 的对苯二胺（p-PDA）和 5% 的间苯二胺（m-PDA）共聚制备了高耐热性的热塑性聚酰亚胺 NR-150B2，其 $T_g$ 为 340℃，粘接碳纤维/PMR-15 复合材料的室温和 316℃下的剪切强度分别为 15.3 MPa 和 12.9 MPa，具有较好的高温粘接性能。

以邻苯二甲酸酐（PA 酸酐）为封端剂，调整聚酰亚胺的分子量，中科院化学所制备出 KHPIA-T 系列热塑性聚酰亚胺胶黏剂。该系列聚酰亚胺胶膜具有良好的成膜性和溶体流动性，可以对粘接表面形成良好的浸润，主要性能见表 35-4。胶黏剂的 $T_g$ 在 260℃以上，其中 KHHA-T250 胶膜，对不锈钢粘接的室温和 250℃下剪切强度为 21.0MPa 和 19.4MPa，粘接铝合金的剥离强度高达 2.14kN/m，表现出良好的韧性。

表 35-4　KHPIA-T 聚酰亚胺胶膜的性能

| PI 胶黏剂 | $T_g$/℃ | $T_{5\%}$/℃ | 剥离强度（铝合金）/(kN/m) | 剪切强度（不锈钢）/MPa | | |
| --- | --- | --- | --- | --- | --- | --- |
| | | | | 室温 | 250℃ | 280℃ |
| KHPIA-T250 | ＞260 | ＞560 | 2.14 | 21.0 | 19.4 | |
| KHPIA-T280 | ＞280 | ＞580 | 1.07 | 12.3 | 10.8 | 9.2 |

### 35.1.2.3　加成型聚酰亚胺胶黏剂

加成型聚酰亚胺胶黏剂一般是由反应型基团封端聚酰亚胺预聚物为主要组分构成，以胶液或载体胶膜的形式使用。在升温过程中封端基团发生固化交联反应形成高度交联的体型结构。因此，这类胶黏剂具有优异的高温粘接性能，可在 300℃以上高温作为结构胶黏剂使用。目前常见的加成型聚酰亚胺胶黏剂为降冰片烯（NA）酸酐封端聚酰亚胺胶黏剂（如 LARC-13）和炔基封端聚酰亚胺胶黏剂（如乙炔基封端的 Thermid 600 和苯炔基封端的 PE-TI-5）及聚酰亚胺硅氧烷嵌段共聚物胶黏剂等几种代表类型。

（1）降冰片烯（NA）酸酐封端聚酰亚胺胶黏剂　NA 酸酐封端聚酰亚胺具有较低熔点与低黏度，前聚体聚酰胺酸为低分子（分子量为 1300），解决了在固化过程中由聚酰胺酸转变为聚酰亚胺时，生成低分子挥发物等问题。LARC-13 为典型的 NA 酸酐封端的 PI 胶黏剂，具有优良的粘接性能，但由于高度交联，韧性较差，因此剥离强度较低（表 35-5）。此外，NA 酸酐封端的聚酰亚胺胶黏剂由于降冰片烯基的脂肪族结构，长期热氧化稳定性稍低，高温下易分解，而且固化过程中 NA 部分发生 Diels-Alder 的逆反应，产生挥发性的环戊二烯，所以固化过程需要施加较大的压力。LARC-13 胶黏剂的结构如下。

表 35-5　LARC-13 胶黏剂的性能

| 测试项目 | 被粘材料 | 室温 | 260℃ |
| --- | --- | --- | --- |
| 剪切强度/MPa | Ti/Ti | 20～35 | 14～20 |
| | PI 碳纤复材/PI 碳纤复材 | 17～35 | 14～20 |
| 平拉强度/MPa | PI 碳纤复材/PI 碳纤复材 | 2.8～3.5 | — |
| T 型剥离强度/(kN/m) | Ti/Ti | 0.18-0.70 | — |

通过设计双键型的封端剂，可以有效地抑制封端剂的热氧化分解，又保留了降冰片烯酸酐封端树脂的力学性能与玻璃化转变温度，有望代替降冰片烯酸酐用作耐高温 PMR 聚酰亚胺的封端剂。采用甲酯基取代降冰片烯酸酐用作封端剂合成聚酰亚胺树脂，甲酯基团在固化过程中发生重排反应，烯键的聚合率增加，固化温度降低了 25℃ 左右，树脂的热氧化稳定性能和 PMR-15 相当，并且抗微裂纹性能有所提升。其结构为：

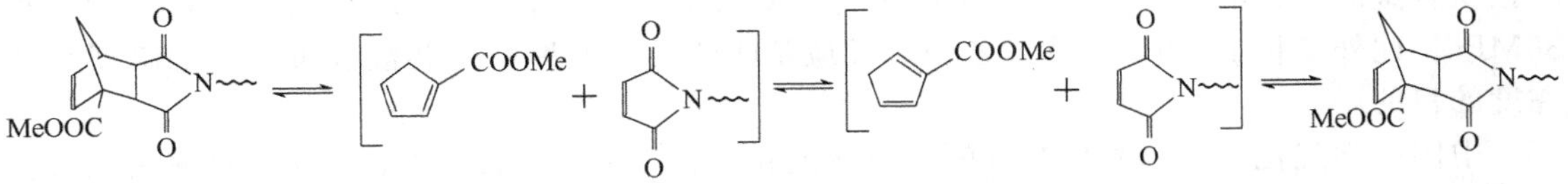

（2）炔基封端聚酰亚胺胶黏剂　炔基封端聚酰亚胺胶黏剂是指以含有炔基（乙炔基、苯乙炔基等）的苯胺或苯酐作为封端基团的聚酰亚胺胶黏剂。与 NA 酸酐封端的聚酰亚胺胶黏剂相比，炔基封端聚酰亚胺胶黏剂固化时发生三聚反应，交联密度更高，长期热氧化稳定性优异，同时也需要更高的固化温度。美国国民淀粉公司的乙炔基封端的 Thermid 600（其结构如下），是以 3-乙炔基苯胺为封端剂与 3,3′,4,4′-二苯甲酮四羧酸二酐（BTDA）和 1,3-双（3-氨基酚氧基）苯（1,3,3-APB）反应制得的热固性聚酰亚胺胶黏剂。

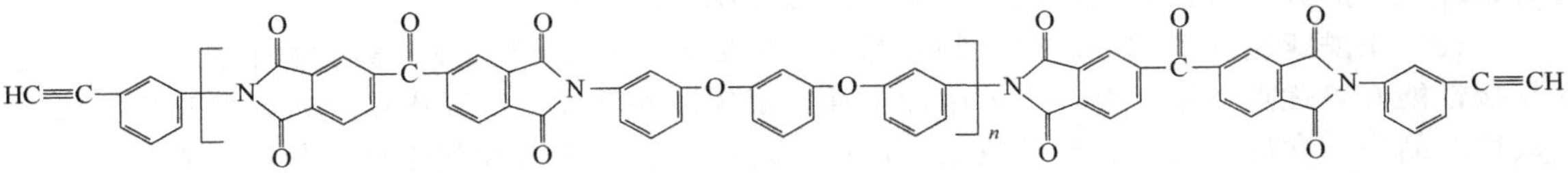

Thermid 600 具有突出的热氧化稳定性和优异的高温耐湿性，树脂固化温度为 340～350℃，固化压力为 0.3MPa，固化物的 $T_g$ 高达 350℃，热分解温度超过 500℃。Thermid 600 粘接钛合金室温剪切强度为 26.2MPa，288℃ 下为 14.4MPa，具有长期耐热氧老化性能，260℃ 下老化 1000h 后该温度下的剪切强度为 8.3MPa。由于分子中大量醚键结构，该胶黏剂的韧性较好，T 型剥离强度在 0.5～0.8kN/m。然而由于乙炔基封端聚酰亚胺胶黏剂熔点高，而且在熔融后立即开始聚合，乙炔基封端聚酰亚胺胶黏剂存在固化工艺窗口偏窄的问题。

相对于乙炔基封端的聚酰亚胺，苯乙炔基封端的 PI 预聚物起始反应温度与预聚物的熔融温度之间至少相差 80℃，因此苯乙炔基封端的聚酰亚胺预聚物工艺窗口更宽，且固化产物具有优异的耐热性。典型的如 PETI-5 苯炔基封端聚酰亚胺胶黏剂，是由 BPDA、15% 的 1,3,3′-APB 和 85% 的 3,4′-ODA，以及苯乙炔基苯酐（4-PEPA）封端剂制备的聚酰亚胺预聚物（其结构如下），分子量为 5000g/mol，PETI-5 的熔融温度为 357℃，在 371℃ 下固化 1h 后 $T_g$ 为 270℃。制成玻璃布载体胶膜粘接钛合金，以 350℃，0.34MPa 的条件固化后，室温和 177℃ 下剪切强度分别为 48.3MPa 和 37.9MPa，粘接钛合金蜂窝结构的室温和 177℃ 下平拉强度分别为 5.2MPa 和 3.3MPa。

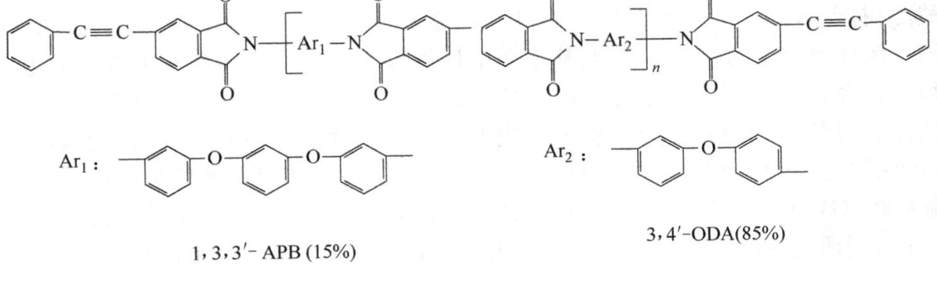

$Ar_1$ :

$Ar_2$ :

1,3,3′-APB (15%)

3,4′-ODA(85%)

对于 PETI-5 类聚酰亚胺胶黏剂的改性工作主要是提升其加工性能，改性方法和热塑性聚酰亚胺胶黏剂相似，可以采用降低酰亚胺预聚体分子量、引入支化结构或非对称结构等改善加成型热固性胶黏剂的熔融黏度。低分子量的 PETI 在 316℃下，以 0.17MPa 压力固化，就可以获得良好的粘接性能。将三胺单体引入 PEPI-5 结构中以增加支化程度，可使最低熔体黏度由 1000Pa·s 降至 0.6Pa·s，达到最低熔体黏度时的温度也由 371℃降至 335℃，在粘接钛合金时，只需 0.10MPa 的固化压力，室温和 177℃下的剪切强度就可达 42MPa 和 36MPa。此外，将 PEPI-5 与含苯乙炔基反应基团的低黏度稀释剂共混也可以达到降低熔体黏度的目的。

中国科学院化学所以苯炔基苯酐为封端剂和芳香二酐、二胺共聚，在热固性聚酰亚胺胶黏剂的研究方面发展了 KHPIA-S 系列胶黏剂。该胶黏剂固化后的玻璃化转变温度超过 310℃，起始热分解温度大于 550℃。将该胶液以 350℃/2h/1MPa 的条件粘接铝合金的室温剥离强度达到了 0.67kN/m；不锈钢试片剪切强度在室温下为 13MPa，在 316℃下超过 10MPa，在该温度下经过热氧老化后仍表现出良好的高温粘接性能。KHPIA-S 胶黏剂对石英纤维增强树脂基复合材料的粘接性能优异，对玻璃布蜂窝夹层结构粘接的室温和 320℃平拉强度分别为 3MPa 和 2.7MPa。将该聚酰亚胺溶液涂覆于玻璃纤维布上可制成载体胶膜，有望在航空航天飞行器制造中用于大面积蜂窝夹层结构的粘接。

（3）聚酰亚胺硅氧烷嵌段共聚物胶黏剂　聚酰亚胺硅氧烷嵌段共聚物具有固化温度低、粘接性能好等优点，还具有优良的耐冲击性、耐候性和低吸湿性等优点。在聚酰亚胺的众多改性产品中，含硅聚酰亚胺是较成功改性产品之一。这类化合物热学性能较好，在 150℃下物理性能保持不变，在 200℃下可连续使用 10000 h 以上，但是在 350℃下只能短时间使用。

因为 PI 与聚硅氧烷之间的优化结合，可很大程度上提高聚酰亚胺硅氧烷共聚物对金属或含硅无机材料（如硅片）的黏合性、抗原子氧化性，降低制品的热膨胀系数和介电常数，且可提升其阻燃性、光敏性等。在 N-甲基吡咯烷酮中联苯二酐与氧化苯二甲酸二酐的混合二酐与含硅氧烷的二胺的混合二胺反应，制备出具有高玻璃化转变温度与相对低黏合温度的聚酰亚胺硅氧烷胶黏剂。以这种胶黏剂制备的胶带因为分子中的酰亚胺硅氧烷结构，其粘接温度明显降低，并且剥离强度很高，可应用于电子工业各种组件的粘接。

日本相模中央化学所用带有两个氨基的硅氧烷与芳香族四羧酸二酐反应制得硅氧烷接枝的聚酸，再经过 100～400℃下加热脱水亚胺化得到含硅氧烷侧基的 PI。硅氧烷侧基的引入提高了胶膜的韧性与黏附性，在高温下具有适宜黏性，当其暴露在氧气中时分解变成一保护性涂层保证下面的材料不受破坏，适用于微电子工业层间绝缘材料等的黏合。

# 35.2　氰酸酯胶黏剂

## 35.2.1　氰酸酯胶黏剂的特点与发展

氰酸酯树脂（CE）由于聚合后形成具有高度对称性的稳定的三嗪环结构，具有良好的介电性能、耐热性和尺寸稳定性。尤其是介电性能方面，氰酸酯树脂在微波段介电常数和介电损耗很低，并且在很宽的频率范围内保持稳定，适合透波结构材料（如天线罩）和高性能电路板粘接和封装。氰酸酯聚合过程为加成聚合，固化过程无小分子放出，所以氰酸酯树脂胶黏剂的使用工艺与环氧树脂相当，具有良好的工艺适应性和固化物质量，成为继聚酰亚胺、双马来酰亚胺（BMI）、环氧树脂（EP）后又一高性能有机材料。氰酸酯树脂在 20 世纪 70 年代由 Bayer 公司研发成功且商品化，90 年代开始取得了迅速发展。氰酸酯自聚反应为：

国外已开发出系列化的氰酸酯树脂胶黏剂，按使用形态可分为膜状胶黏剂和液体胶黏剂。膜状胶黏剂已经在高性能天线雷达产品中广泛用于蜂窝夹层和 PMI 夹层结构粘接等的大面积粘接。如美国 Cytec 公司的 177℃ 固化的 FM2555 氰酸酯胶膜、Tencate 公司的 177℃固化的 EX-1543 和 121℃ 固化的 EX-1516 胶膜，都具有较高的介电性能，高频下介电损耗可达 0.003（表 35-6）。BASF 公司以 CE/石英纤维预浸料作蒙皮，以 X6555 泡沫为芯层，以FM2555（CE 型胶黏剂）为胶黏剂做成的雷达罩，比 EP 树脂和 BMI 树脂做的雷达罩介电损耗减小 3 倍，介电常数降低 10%，吸湿率更小，湿态介电性能更优。液体氰酸酯胶黏剂适合于小面积粘接，主要用于电子器件粘接和雷达天线罩的装配修理，如 Tencate 公司的EX-1537 胶黏剂为需 177℃ 固化，再 250℃ 后固化，固化后 $T_g$ 达到 254℃，177℃ 剪切强度20.7MPa，246℃ 剪切强度 8.3MPa，10GHz 下介电损耗大 0.004。

表 35-6　几种国内外氰酸酯胶膜主要性能

| 型号 | | FM2555 胶膜 | EX-1543 胶膜 | EX-1516 胶膜 | 国产氰酸酯胶膜 |
|---|---|---|---|---|---|
| 固化工艺 | | 177℃/4h+227℃/2h | 177℃/2h+232℃/2h | 121℃/5h | 135℃/4h |
| $T_g$/℃ | | 232 | | 121 | 207 |
| 使用温度范围/℃ | | −55～232 | −55～218 | −55～121 | −55～180 |
| 剪切强度/MPa | | 18.6(25℃) | 28.25(25℃) | 29.70(25℃) | 31.3(25℃) |
| | | 20.7(232℃) | 13.1(204℃) | | 22.6(180℃) |
| 储存期 | 25℃ | 30 | 30 | 7 天 | 20 天 |
| | −18℃ | | | 6 个月 | 6 个月 |
| 10GHz | 介电常数 ε | 2.80 | 2.75 | 2.8 | 3.0 |
| | 介电损耗 tanδ | 0.002 | 0.003 | 0.003 | 0.009 |

目前黑龙江省石油化学研究院和北京航空材料研究院也研制出氰酸酯胶黏剂系列化产品，如高温固化（170～180℃）J-261 和 J-245 系列、135℃ 固化的 J-284 系列等，这些胶黏剂与国外产品相比，在力学性能和介电性能方面接近或达到国外产品水平，已经在耐高温和天线罩透波材料上广泛使用。

# 35.2.2　氰酸酯胶黏剂的改性及配方组成

氰酸酯胶黏剂增韧改性方法和环氧树脂胶黏剂相似，主要用橡胶弹性体（如端羧基丁腈橡胶、核壳橡胶粒子）、热塑性树脂（如聚砜、聚醚砜、聚醚酰亚胺等）、热固性树脂（如环氧树脂、双马来酰亚胺树脂、不饱和聚酯等）等以共混合共聚的方式来实现对氰酸酯树脂的增韧改性。但橡胶类弹性体容易降低氰酸酯的耐热性并且增加介电损耗，所以多采用热塑性树脂或热固性树脂对氰酸酯胶黏剂改性。氰酸酯的固化促进主要通过加入固化促进剂或共固化树脂提高反应活性，降低固化温度。

## 35.2.2.1　氰酸酯胶黏剂的固化促进

由于纯氰酸酯单体的固化温度较高，完全固化需要 250℃ 以上，所以氰酸酯胶黏剂改性的一个主要方面是通过固化促进降低固化反应温度。氰酸酯的固化促进主要方法有含有活泼氢化合物如壬基酚、有机锡、环烷酸钴和乙酰丙酮金属盐等固化促进方法。过渡金属盐具有很高的催化活性，但在氰酸酯单体中溶解性很差，加入壬基酚可提高其溶解性。但有机锡和

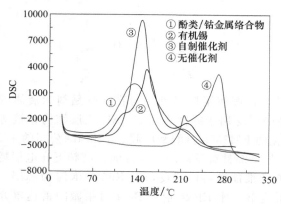

图 35-1　促进剂/氰酸酯树脂的 DSC 曲线

金属络合物盐的加入通常导致氰酸酯胶黏剂室温下缓慢反应，对于单组分氰酸酯胶黏剂会导致室温贮存期变短。所以需要对现有催化剂进行化学钝化或者开发新的潜伏性高效固化促进剂，才能更有效地降低氰酸酯胶黏剂的固化反应温度。朱金华等自制了一种高效固化促进剂，通过凝胶化时间、DSC 等表征方法研究了自制的促进剂对氰酸酯树脂反应活性的影响，与一般的钴金属络合物与有机锡两种催化剂相比，自制促进剂催化氰酸酯/环氧树脂体系的固化放热峰

值温度为 147℃，且只有一个固化反应放热峰，制备的促进剂具备较高的低温固化反应程度、较高的低温催化反应活性（图 35-1）。以此促进剂配制的胶黏剂低温固化后具有优良的电学性能和黏结性能。

### 35.2.2.2　热固性树脂改性氰酸酯胶黏剂

环氧树脂和双马来酰亚胺树脂作为热固性树脂，与氰酸酯具有良好的相容性，在加热固化条件上也具有相似性，所以常用来改善氰酸酯胶黏剂的固化反应活性、提高韧性和改善工艺性。环氧树脂加入氰酸酯树脂中，在固化过程中除自聚反应外，环氧基和氰酸酯基之间还反应形成噁唑烷酮结构。

$$CH_2-CH-CH_2-O-R^2 \;+\; -R^1-O-C≡N \;\xrightarrow{加热}\; -R^1-O-C \begin{smallmatrix} N \\ \end{smallmatrix} CH_2 \\ O-CH-CH_2-O-R^2-$$

环氧树脂不但可以改善氰酸酯的韧性，而且还能提高其反应活性，降低固化温度（图 35-2）。在双酚 A 型氰酸酯树脂中加入 10％ E-51 环氧树脂，可降低固化温度 20℃以上。

环氧树脂改性氰酸酯胶黏剂，可以显著提高力学性能，但使得胶黏剂耐热性有所下降。双马来酰亚胺树脂具有和氰酸酯相似的耐热性、耐湿热性和低吸湿性，和氰酸酯树脂共聚可提高固化物韧性，同时可获得良好的介电性能和耐热耐湿特性。如采用二氨基二苯甲烷双马树脂、工程塑料改性双酚 A 型氰酸酯制备 190℃固化氰酸酯胶黏剂，室

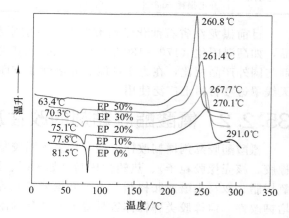

图 35-2　环氧改性双酚 A 型氰酸酯的 DSC 曲线

温和 200℃剪切强度分别达 25.2MPa 和 22.3MPa，室温和 200℃剥离强度分别达 36.6kN/m 和 24.0kN/m，具有良好的韧性和高温下粘接强度保持率。

### 35.2.2.3　热塑性树脂和弹性体改性氰酸酯胶黏剂

热塑性工程塑料改性氰酸酯树脂，有利于提高胶黏剂的韧性和成膜性，可制备膜状氰酸酯胶黏剂，用于低介电损耗材料和透波材料的粘接，如电子材料粘接和复合材料天线罩粘接。

采用聚醚砜（PES）和双酚 A 型环氧改性氰酸酯树脂，其中环氧树脂加入量为氰酸酯树脂的 50％，制备出改性氰酸酯胶膜 SY-CN。改性氰酸酯胶黏剂的性能见表 35-7。数据表明 E-51 或者 E-20 与 E-51 的组合能够提高胶黏剂的剪切强度，但单独使用 E-20 会降低胶黏剂的高温强度，E-20 与 E-51 的组合显著提高了测试温度范围内的剪切强度，但相比于单纯 PES 增韧，环氧树脂的加入降低了剥离强度。制备的 SY-CN 氰酸酯胶膜 180℃ 固化，室温和 200℃ 剪切强度达到 31.7MPa 和 17.4MPa，室温和 175℃ 剥离强度分别为 40.5N/cm 和 55.1N/cm，滚筒剥离强度达 35.8N·mm/mm，在 200℃ 热老化后显示出较高的粘接强度保持率，具有较低的介电常数和介电损耗，适用于雷达天线蜂窝夹层结构的制造。

**表 35-7　改性氰酸酯胶黏剂的性能**

| | 测试温度/℃ | CE+PES | CE+50％E-20+PES | CE+25％E-20+25％ E-51+PES |
|---|---|---|---|---|
| 剪切强度/MPa | 室温 | 31.7 | 31.0 | 37.8 |
| | 150 | 29.0 | 29.8 | 38.2 |
| | 175 | 27.1 | 23.9 | 34.6 |
| 90°剥离强度/（N/cm） | 室温 | 40.5 | 38.1 | 27.8 |
| | 150 | 50.7 | 38.1 | 34.1 |
| | 175 | 55.1 | | 47.3 |

采用热塑性工程塑料和环氧树脂改性氰酸酯，制备出 180℃ 固化的改性氰酸酯胶膜。环氧树脂的加入提高了固化反应活性和固化反应中—CON 的转化率，制备的改性氰酸酯胶膜，室温储存期为 20 天，180℃ 固化后，室温剪切强度大于 30MPa，200℃ 剪切强度大于 10MPa，滚筒剥离强度大于 30N/mm，9.375GHz 下胶膜介电常数为 3.09，介电损耗为 0.014。该胶膜具有优异的粘接性能和与氰酸酯复合材料的固化工艺匹配性，适用于雷达天线蜂窝夹层结构的制造。

以聚芳醚砜（PES-C）和双酚 F 环氧改性制备的氰酸酯胶膜具有良好的粘接性能、耐热性和介电性能。PES-C 能显著提高粘接强度并有利于介电性能，随着 PES-C 用量的增加，胶黏剂固化转化率逐渐升高，PES-C 用量在 25％时胶黏剂经 177℃/4h 和 200℃/2h 固化后转化率达 95.8％，$T_g$ 达 227.6℃，胶黏剂室温下剪切强度达 33MPa，剥离强度达 40N/cm，10GHz 下介电损耗在 0.0075，研制的氰酸酯胶膜可用于复合材料天线罩的粘接。

工程塑料改性的氰酸酯树脂中加入发泡胶和导热填料，可制成膜状氰酸酯发泡胶黏剂。这种膜状发泡胶具有较低的密度（根据膨胀比不同，一般密度低于 0.7g/cm³），可有效减轻粘接结构重量，用于蜂芯拼接、填充、封边、补强以及各种镶嵌件固定。根据固化促进剂的不同，氰酸酯发泡胶可制成 180℃ 和 135℃ 固化发泡胶膜，如黑龙江省石化院研制的 180℃ 固化的 J-262、J-245D、J-284D 发泡胶既具有传统环氧树脂型高温发泡胶黏剂的粘接性能、耐水煮、耐盐雾和湿热老化性能，又具有优良的介电性能。工程塑料改性的氰酸酯发泡胶，通过加入高效潜伏性固化促进剂，可制备出 135℃ 固化改性氰酸酯发泡胶，其 DSC 曲线放热起始温度在 116℃，峰值在 157.3℃。中温固化氰酸酯发泡胶黏剂力学性能列于表 35-8。氰酸酯发泡胶和胶膜相似，通常也采用热塑性树脂或橡胶、环氧树脂改性，再配合无机填料和发泡剂进行制备。将氰酸酯、改性组分固化促进剂按一定比例制备的中温固化发泡胶膜，具有良好的耐高低温力学性能和较好的热稳定性，室温管剪强度均大于 8MPa，200℃ 管剪强度均大于 4MPa，高温老化 2000h 后力学性能变化不大。

表 35-8　中温固化氰酸酯发泡胶黏剂的力学性能

| 膨胀比 | 密度/(g/cm³) | 管剪切强度/MPa | | | | 压缩强度/MPa | |
|---|---|---|---|---|---|---|---|
| | | −55℃ | 室温 | 150℃ | 180℃ | 室温 | 150℃ |
| 3.2 | 0.38 | 10.3 | 10.5 | 9.5 | 5.9 | 12.8 | 8.27 |

　　工程塑料用于氰酸酯胶黏剂改性时，由于黏度增大，适合于制备膜状胶黏剂。液体橡胶或弹性体核壳增韧材料用于改性氰酸酯胶黏剂时，黏度适应性更宽，操作工艺性更易控制，可用于制备氰酸酯液体胶黏剂。由于液体橡胶的 $T_g$ 较低，这种改性方法通常会在一定程度上降低氰酸酯胶黏剂的耐热性，核壳弹性体增韧材料由于芯材结构极小并与氰酸酯呈两相状态，所以核壳改性对胶黏剂耐热性和黏度影响较小。改性的单组分或双组分液体氰酸酯胶黏剂可以用于宽频电子器件粘接、灌封等。以液体端羧基丁腈（CTBN）和环氧树脂改性双酚 A 型氰酸酯，配合二月硅酸二丁基锡催化剂，制备的胶黏剂 140℃下固化度为 88.7%，固化物 $T_g$ 达到 199.4℃，室温、150℃、200℃剪切强度分别为 29.4MPa、27.7MPa 和 20.0MPa，该胶室温贮存期可达 50 天。

### 35.2.2.4　多官能氰酸酯耐热型胶黏剂

　　目前常用的双酚 A 型氰酸酯玻璃化转变温度在 289℃，经过环氧树脂、工程塑料等改性后其 $T_g$ 一般降到 250℃以下，难以满足更高的耐热性粘接要求。酚醛型氰酸酯主体结构为线性酚醛，多官能的氰酸酯基提供了更高的交联密度，其均聚物 $T_g$ 达 350℃，可适应更高的耐热粘接要求。

　　以酚醛型氰酸酯为主体树脂，以烯丙基化酚醛/双马树脂改性，制备出可 200℃固化的氰酸酯胶膜。胶膜在室温、250℃和 380℃下的铝合金粘接剪切强度分别为 12.9MPa、11.1MPa 和 7.5MPa，在 9.375MHz 下，胶膜在 380℃下的介电常数变化率小于 5%。胶膜具有良好的耐湿热老化和耐化学环境性能，在液压油、标准烃类化合物浸泡试验后仍具有较高的强度保持率，可用于耐高温透波结构粘接。

　　以酚醛型氰酸酯作为主体树脂，用双酚 E 型氰酸酯和端羟基聚醚砜共改性酚醛型氰酸酯，将其与石英布复合制备出耐 400℃、低损耗的改性氰酸酯胶膜。适量的双酚 E 型氰酸酯和聚醚砜热混合改善了 Novolac-CE 的浸润性和韧性，其与石英纤维的接触角降至 72.8°，冲击韧性提高到 13kJ/m²。相比于未经处理的石英布，经过 0.5% KH550/乙醇溶液处理的石英布与 Novolac-CE 树脂间的粘接强度最大提高 70%。胶膜经 200℃/4h 固化后，400℃时剪切强度大于 5MPa，且连续使用 60min 后强度保持率大于 80%，介电损耗为 0.014。胶膜具有良好的自黏性并且室温适用期大于 15 天，可作为耐高温（400℃）透波粘接材料应用。

# 35.3　双马来酰亚胺胶黏剂

## 35.3.1　双马来酰亚胺胶黏剂的特点与发展

　　双马来酰亚胺（BMI）是聚酰亚胺树脂体系派生出来的、含亚胺结构的以双马来酸酐端基为活性基团的双官能团化合物。BMI 由于含有苯环、酰亚胺杂环及交联密度较高而使其固化物具有优良的耐热性，其 $T_g$ 一般大于 250℃。BMI 分子内具有 C=C 双键，受邻位羰基的影响具有较高的反应活性，可与含活泼氢化合物加成或与含烯烃化合物、环氧树脂进行共聚。双马来酰亚胺固化过程无小分子放出，所以相比于普通聚酰亚胺具有更好的加工成型性能。BMI 树脂相比环氧树脂具有优异的耐湿热、耐高温和耐辐射性能，并且吸水率较低，所以双马来酰亚胺树脂及其胶黏剂在材料工业中取得了广泛应用。

双马来酰亚胺早在 1948 年在美国取得合成专利，并发展出不同结构的 BMI 单体。20世纪 60 年代末在法国 Rhone-Poulence 公司开发出系列化的 Kerimid 商业化产品，使得 BMI型耐热胶黏剂进入了实用化阶段。目前商品化的应用最多的 BMI 树脂是二氨基二苯甲烷双马来酰亚胺树脂，其结构为：

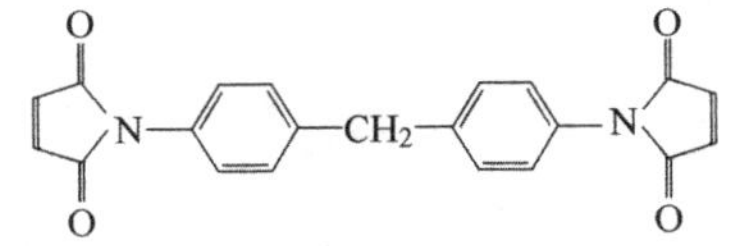

国外公司开发了许多 BMI 胶黏剂产品以满足结构粘接的需求，树脂胶黏剂如美国 Loc-tite 公司的 EA9655、EA9355、EA9367 等，膜状胶黏剂如美国 Cytec 公司的 FM 450-1、Metlbond 2550，Dexter 公司的 LF8707，Hexcel 公司的 Redux HP655 BMI 胶膜，Loctite公司的 Hysol EA9673 BMI 胶膜等，都具有良好的粘接性能和介电性能。Redux HP655BMI 胶膜 190℃/4h 固化、230℃/16h 后固化，长期耐热 200℃，短期耐热 230℃，对铝、钛、BMI 碳纤维复合材料具有良好的粘接性能，并与 BMI 预浸料具有良好的共固化特性。粘接双马复合材料面板以及 2024-T3 铝合金面板制备的蜂窝夹层结构滚筒剥离强度可达到40N/mm 左右，湿态（71℃，100％RH 老化 24d）的 177℃ 滚筒剥离强度达到 31N/mm，显示出优异的耐湿热及耐热性能。Hysol EA9673 BMI 胶膜，177℃/2h 固化、245℃/2h 后固化，在 288℃ 仍具有较高的拉剪强度（13.1 MPa）。F-22 等国外军机使用了 BMI 树脂基碳纤维复合材料和 BMI 树脂基结构胶膜。随着我国航空工业的发展，研制成功了 5405、QY8911、QY9511 等改性 BMI 树脂基碳纤维复合材料，和配套的共固化粘接用的 J-188 和J-299 BMI 树脂基胶膜。

# 35.3.2　双马来酰亚胺胶黏剂的改性方法及配方组成

BMI 胶黏剂的改性主要集中在改善溶解性、降低熔点、降低成型温度和改善韧性，而增韧改性是 BMI 胶黏剂改性技术的重点和难点。具体的 BMI 胶黏剂改性方法主要有二元芳胺预聚、环氧和氰酸酯改性、烯丙基化合物预聚、热塑性树脂和纳米材料改性等。作为胶黏剂需要兼顾粘接性能、耐环境性能和使用工艺性，所以这几种改性方法通常根据胶黏剂形态和使用工艺综合使用。

### 35.3.2.1　二元胺/环氧树脂改性双马来酰亚胺胶黏剂

二元胺改性 BMI 是利用二元胺上的氨基与 BMI 的双键进行 Michael 加成反应生成预反应物，以改善 BMI 脆性，是 BMI 最常用的改性方法。但二元胺 BMI 预反应物工艺性差，几乎无粘性。为改善 BMI 胶黏剂的工艺性，通常引入环氧树脂，以提高 BMI 树脂体系的黏性，同时环氧基团可与—NH—键发生反应，形成交联固化网络。固化反应过程中 BMI 自聚和与环氧树脂的共聚反应如下。

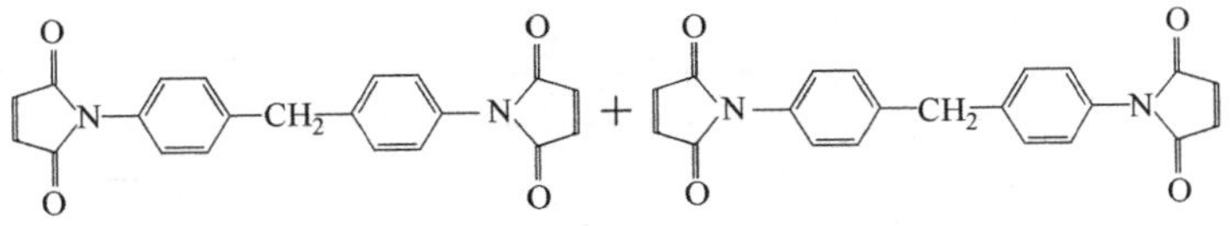

环氧树脂　交联聚合物

BMI 胶黏剂的主要应用之一是与 BMI 复合材料层压板或蜂窝夹层结构进行粘接，以满足复合材料粘接结构的树脂相容性和耐热匹配性的要求。为适应 BMI 复合材料构件成型和制造的工艺状态，BMI 胶黏剂多以胶膜状使用，以满足预浸料共固化和固化的复合材料二次粘接的使用工艺。

采用 BMI/二元胺/环氧树脂与热塑性工程塑料如聚砜、聚醚砜（PES）共混，可大幅度提高胶黏剂的韧性，同时热塑性工程塑料由于分子量较大，还有利于 BMI 胶黏剂的成膜性。北京航材院采用 PES 增韧改性 5429 双马树脂，对比了 PES 的两种增韧方法对胶黏剂性能的影响，一种是 PES 与双马树脂直接共混，另一种方法是在第一种方法的基础上加入环氧树脂（环氧/BMI/PES）。在 200℃ 固化 2h 后，改性双马树脂和未改性 5429 双马树脂的剪切强度和 90°剥离强度见表 35-9。两种改性配方的剪切强度和剥离强度都有显著的增加，环氧/BMI/PES 配方的剪切强度显著高于 BMI/PES 配方。代表韧性的 90°剥离强度和铝蜂窝夹层结构的滚筒剥离强度较高，改性胶黏剂体系的 150℃ 和 175℃时的 90°剥离强度已经达到高韧性环氧胶膜的水平。

表 35-9　PES 改性 BMI 胶黏剂的粘接强度

| 项目 | 测试温度/℃ | 未改性 BMI | BMI/PES | 环氧/BMI/PES |
|---|---|---|---|---|
| 剪切强度/MPa | 室温 | 13.5 | 20.6 | 27.5 |
| | 150 | 15.3 | 21.1 | 34.0 |
| | 175 | 12.7 | 19.3 | 33.2 |
| 90°剥离强度/(N/cm) | 室温 | 约 0.5 | 22~45 | 30~40 |

将芳香二胺与 BMI 树脂在加热条件下预反应制备出预聚体，然后与环氧树脂和聚砜（聚醚砜）的共混树脂混炼，制备出胶料，然后经压膜机研制成 BMI 胶膜，具有良好的粘接性能（表 35-10）和耐介质性能。

表 35-10　3 种 BMI 胶黏剂粘接性能

| 项目 | 测试温度/℃ | 黑石化院 J-188 | DexterLF 8707-2 | 航材院双马胶膜 |
|---|---|---|---|---|
| 剪切强度/MPa | −55 | 27.4 | 31.0 | |
| | 23 | 29.8 | 31.7 | 37.2 |
| | 150 | 30.8 | | 25.4 |
| | 175 | | | 18.5 |
| | 200 | 24.5 | 23.8 | |
| | 230 | 13.6 | 14.8 | |

| 项目 | 测试温度/℃ | 黑石化院 J-188 | DexterLF 8707-2 | 航材院双马胶膜 |
|---|---|---|---|---|
| 90°剥离/(N/cm) | -55 | 20.1 | | |
| | 23 | 26.4 | 26.5 | 34.8 |
| | 175 | | | 61.1 |
| | 200 | 35.4 | | |
| | 230 | 17.1 | | |

### 35.3.2.2 二烯丙基双酚 A 改性双马来酰亚胺胶黏剂

烯丙基苯基化合物改性 BMI 是利用 BMI 的双键和烯丙基进行双烯加成反应生成预聚物，然后在较高温度下酰亚胺环中双键与预聚物反应，是双马改性的很重要和成熟的一种方法。反应生成的预聚物稳定、易溶、黏附性好，并具有良好的韧性和电性能。目前工业上最常用的烯丙基化合物是二烯丙基双酚 A，其与二氨基二苯甲烷型 BMI 的反应如下。

> 200℃,Diels-Alder 反应

采用等摩尔比的 BMI 和二烯丙基双酚 A 加热预反应，再用环氧树脂与丙烯酸酯嵌段共聚物共混增韧，然后将预溶于环己酮的二氨基二苯砜 DDS 与 BMI 预反应物和共混增韧树脂在丙酮中溶解混合，加入偶联剂和抑制腐蚀剂，制备成 BMI 抑制腐蚀底胶。该底胶可喷涂或刷涂于金属表面，与 BMI 胶膜配合使用，以保持粘接结构良好的粘接强度和耐湿热性能。改性 BMI 底胶 200℃ 固化后玻璃化转变温度为 238℃，230℃ 热处理后玻璃化转变温度达 268℃。表 35-11 为 BIM 胶膜配合 BIM 底胶的粘接性能，采用 J-188 双马胶膜配合双马底胶使用后，90°板/板剥离强度从 20.3N/cm 增加到 42.0N/cm。J-299 为高韧性双马胶膜，基础强度高，配合双马底胶使用后剥离强度略有提高。胶黏剂粘接强度提高是因为双马胶膜固化温度下黏度仍然较高，使用双马底胶后，底胶在金属表面具有良好的浸润性，形成金属与胶膜的过渡层，有效增强了胶膜与金属基材的附着力，提高了粘接强度。

表 35-11 BMI 胶膜配合 BMI 底胶的粘接性能

| BMI 胶膜 | 测试温度 | 剪切强度/MPa | | 剥离强度/(N/cm) | |
|---|---|---|---|---|---|
| | | 无底胶 | BMI 底胶 | 无底胶 | BMI 底胶 |
| J-188 | 23℃ | 25.4 | 28.8 | 20.3 | 42.0 |
| | 200℃ | 15.2 | 18.8 | | |
| J-299 | 23℃ | 32.4 | 33.0 | 40.2 | 44.3 |
| | 150℃ | 25.6 | 26.0 | | |

### 35.3.2.3　其他改性方法

采用液体端羧基丁腈橡胶（CTBN）改性双马来酰亚胺胶黏剂时，随着 CTBN 用量的增加，室温剪切强度尤其是剥离强度大幅度提高，但耐温性有所下降。采用 CTBN 和 4,4'-双（对氨基苯甲酰基）二苯醚（DACPE）改性 BMI 制备的胶黏剂，在 CTBN 含量为 30 份（质量份）时，室温剪切强度为 23.1MPa，200℃ 剪切强度为 12.6MPa，300℃ 剪切强度为 4.7MPa，室温剥离强度为 33N/cm。

采用双酚 A 型氰酸酯和 BMI 预聚，再加入聚醚砜酮（PPESK）、E-51 环氧和 N-甲基吡咯烷酮制成溶剂型胶黏剂。这种氰酸酯改性双马来酰亚胺的溶剂型液体耐高温胶黏剂，工艺性良好，对钢、铝等材料具有良好的粘接性能，耐高温老化性能优良。热失重起始温度为 356℃，可在 230℃ 长期工作。

BMI 胶黏剂的韧性和工艺性改善，除共混合共聚改性外，合成新型的含柔性链或非对称结构的 BMI 树脂，也是改善溶解性、提高胶黏剂韧性的有效方法。这方面国内外有大量实验研究，但新型结构的 BMI 树脂胶黏剂一般也需要结合上述共聚或共混的方法进行改性。

# 35.4　其他杂环类有机胶黏剂

## 35.4.1　聚苯并咪唑胶黏剂

聚苯并咪唑（polybenzimidazole，PBI）是由 3,3'-二氨基联苯胺（DAB）和间苯二甲酸二苯酯进行熔融缩聚反应制备，是杂环高分子中第一个被考虑作为耐高温结构胶黏剂的树脂材料。聚苯并咪唑胶黏剂可作为铝合金、不锈钢等金属材料、金属蜂窝材料、聚酰亚胺薄膜、硅片等材料的胶黏剂，具有极高的耐热性，可耐 500℃ 高温（表 35-12、表 35-13），是 400℃ 以上高温复合材料和胶黏剂最为理想的基体树脂之一。

国外商品化聚苯并咪唑胶黏剂产品有 Imidite 850 和 Imidite 1850、AF-R-100、AF-R-121-1、AF-R-121-2 等。其中 Imidite 850 是含有 35% 聚苯并咪唑吡啶溶液的耐高温胶黏剂。AF-R-100 胶黏剂是由 3,3'-二氨基联苯胺和间苯二甲酸二苯酯缩聚而成，AF-R-121 胶黏剂是 3,3'-二氨基联苯胺和间苯二甲酸二苯酯和对苯二甲酸二苯酯的共聚物。为提高其耐热性，通常加入抗氧剂——砷化物。除特殊情况外，所有胶黏剂都添加了铝粉（100phr）和 $As_2S_4$（20phr）。

表 35-12　聚苯并咪唑胶黏剂的粘接强度

| 温度/℃ | 时间 | 剪切强度/MPa | 温度/℃ | 时间 | 剪切强度/MPa |
|---|---|---|---|---|---|
| 室温 | 0 | 29.4 | 500 | 30min | 9.8 |
| 300 | 100h | 19.8 | 550 | 10min | 2.9 |

表 35-13　聚苯并咪唑胶黏剂的性能

| 测试性能 | 数值 | 测试性能 | 数值 |
|---|---|---|---|
| 弯曲强度 | 220MPa | 玻璃化温度 $T_g$ | 400℃ |
| 极限位伸强度 | 160MPa | 相对介电常数 | 3.2 |
| 压缩强度 | 350MPa | | |

## 35.4.2　聚苯基喹噁啉胶黏剂

聚苯基喹噁啉（PPQ）于 20 世纪 60 年代问世，其典型结构特征在于分子结构中含有苯基取代喹噁啉环：

这种苯基取代喹噁啉环结构具有较高的键能、庞大的摩尔体积以及较弱的极性，因此赋予了 PPQ 优良的耐环境稳定性、低介电损耗及介电常数、耐热及热氧化稳定性、在有机溶剂中有优异的溶解性以及良好的力学加工性能。这些优异特性使其在电工电子、航空航天等高技术领域中受到广泛关注。

四酮［或双（α-二酮）］与四胺单体的商业化品种非常有限，并且合成工艺非常复杂，所以导致了 PPQ 相对较高的生产成本。目前唯一商业化的 PPQ 为 Cemote 公司开发的 IP 200R，虽然如此，但是 PPQ 在一些性能方面的独特之处仍然吸引着人们不断地对其进行研发改性。聚苯基喹噁啉是目前唯一一种可在常温下制得并且环化的芳杂环聚合物，例如 IP 200RPPQ 树脂可由 1,4-双（苯乙二酰基）苯与 3,3′,4,4′-四氨基联苯在间甲酚-二甲苯混合溶剂中（1∶1，体积比）于室温下反应制备，其特性黏度高达 2.7dL/g，数均分子量为 $3.4 \times 10^4$。PPQ 在室温下可以完全环化的形式溶解于酚类或氯仿等溶剂中，所以避免了固化过程中因为生成小分子而导致的一系列加工问题，这是 PI、PBI 等其他材料所无法比拟的。

加之近年来 PPQ 材料的低介电常数、高电子传输等优点不断地被发现，其能够应用的领域更是拓展到集成电路以及有机发光显示器件（OLED）等高科技领域。功能化 PPQ 材料的分子设计、合成与性能研究已经成为芳杂环聚合物材料研究领域内的热点话题之一。

## 参 考 文 献

[1] 崔宝军，陈维君，宋军军，等. 环氧-酮酐耐高温胶黏剂的制备与研究. 化学与黏合，2017，39（05）：321-324.

[2] 董柳杉，罗瑞盈. 耐高温胶粘剂的研究进展. 炭素技术，2013，32（03）：52-56.

[3] 虞鑫海，许梅芳，祖热古丽·买买提，等. 含羧基聚酰亚胺薄膜的制备与性能研究. 绝缘材料，2011，44（05）：1-4.

[4] 虞鑫海. 含酚羟基聚酰亚胺薄膜的研制. 绝缘材料，2009，42（05）：1-6＋10.

[5] 龚帅. 耐高温聚酰亚胺胶粘剂的制备及其性能研究. 上海：华东理工大学，2016.

[6] 虞鑫海. 1,4-双（2,4-二硝基苯氧基）苯的制备方法：CN 101219956A. 2008-07-16；1,4-双（2,4-二氨基苯氧基）苯的制备方法：CN 101215241A. 2008-07-09；4,4′-双（2,4-二硝基苯氧基）联苯的制备方法：CN 101245011B. 2011-06-08；4,4′-双（2,4-二氨基苯氧基）联苯的制备方法：CN 101293842B. 2011-04-27.

[7] Wu F，Zhou X P，Yu X H. Synthesis and characterization of novel starbranched polyimides derived from 2,2-bis［4-(2,4-diaminophenoxy) phenyl］hexafluoropropane. RSC Adv，2017，7（57）：35786-35794.

[8] 虞鑫海，徐永芬，赵炯心，等. 1,4-双（4-氨基苯氧基）苯及其聚酰亚胺树脂的合成. 绝缘材料，2007（03）：11-14.

[9] 贾月荣. 无机填料改性聚酰亚胺胶黏剂的制备及其性能研究. 北京：北京化工大学，2016.

[10] 张亚飞，庆健，王海风. 共聚聚酰亚胺胶粘剂的制备与性能研究. 化工新型材料，2018，46（03）：168-171＋174.

[11] 虞鑫海，周志伟. 一种耐高温 BAHPFP 型胶粘剂及其制备方法：CN 105112002A. 2015-12-02.

[12] 徐永芬，虞鑫海，赵炯心，等. 含羟基聚酰亚胺改性环氧胶的制备及性能研究. 热固性树脂，2013，28（02）：26-29.

[13] 虞鑫海，等. 一种有机硅-环氧-聚酰亚胺胶粘剂及其制备方法：CN 102618200A. 2012-08-01；耐高温复合材料基体树脂及其制备方法：CN 101619123. 2010-01-06；一种有机硅聚酰亚胺苯并咪唑光导纤维涂料层及其制备方法：CN 102942310A. 2013-02-27.

[14] 李恩，虞鑫海，徐永芬，等. 含羧基聚酰亚胺改性胶粘剂的制备. 绝缘材料，2012，45（03）：13-15＋21.

[15] 费斐，虞鑫海，刘万章. 耐高温单组分环氧胶粘剂的制备. 粘接，2009，30（12）：34-37.

［16］　陈波，Machanje I D，虞敷扬，等. 聚酰亚胺齐聚物改性胶粘剂的制备及性能研究. 粘接，2013，34（04）：36-40.

［17］　Meador M A B，Johnston J C，Frimer A A，et al. On theoxidative degradation of nadic end-capped polyimides. 3. Synthesis and characterization of model compounds for end-cap degradation products. Macromolecules，1999，32（17）：5532-5538.

［18］　Meador M A B，Frimer A A. Substituted cyclohexene endcaps for polymers with thermaloxidative stability：US 6979721. 2005-12-27.

［19］　Waters J F，Sukenik CN，Kennedy V O，et al. Lower tem-perature curing thermoset polyimides utilizing a substituted norbornene end-cap. Macromolecules，1992，25（15）：3868-3873.

［20］　Gong C，Yang H，Wang X，et al. Characterization and ther-mal stability of PMR polyimides using 7-oxa-bicyclo［2,2,1］hept-5-ene-2, 3-dicarboxylic anhydride as end caps. Chinese Journal of Polymer Science，2011，29（6）：741-749.

［21］　叶雅仪. 基于聚酰亚胺-b-聚硅氧烷嵌段共聚物构筑纳米结构的高性能氰酸酯树脂的研究. 苏州：苏州大学，2016.

［22］　虞鑫海. 聚酰亚胺硅氧烷共聚物的合成. 化工新型材料，2002（09）：1-5.

［23］　虞鑫海. 含硅聚酰亚胺及其单体. 化工新型材料，1999（11）：31-36.

［24］　Rosenfeld J C，Neff J L. Low temperature bonding adhesive composition：US 6632523（B1）. 2003-10-14.

［25］　赵颖，朱金华，刘晓辉，等. 改性氰酸酯胶黏剂的研究. 黑龙江科学，2011，2（06）：17-19.

［26］　Wang G，Fu G，T Gao T L，et al. Preparation and characterization of novel film adhesives based on cyanate ester resin for bonding advanced radome. International Journal of Adhesion and Adhesives，2016，68：80-86.

［27］　赵玉宇，吴健伟，赵汗青，等. 中温固化氰酸酯树脂发泡胶膜研制. 化学与黏合，2015，37（2）：111-113.

［28］　高欣，虞鑫海，徐永芬. 双马来酰亚胺树脂改性研究进展. 粘接，2008（07）：37-40.

［29］　陈旭，虞鑫海，徐永芬. 聚苯并咪唑的研究进展. 绝缘材料，2008，41（06）：30-33.

［30］　徐俊，虞鑫海，张誉川，等. 3,3′,4,4′-四氨基二苯醚的合成及其聚苯并咪唑树脂的制备. 绝缘材料，2009，42（03）：31-35.

（虞鑫海 吴健伟 编写）

# 第36章

# 天然胶黏剂

## 36.1 天然胶黏剂的种类与特点、发展及改性

### 36.1.1 天然胶黏剂的种类与特点

天然胶黏剂是由天然有机化合物为黏料配制而成的胶黏剂，它是人类最早使用的胶黏剂，至今已有数千年的历史，如糨糊、骨胶、生漆等，现在仍应用于日常生活、家具生产、工艺美术、文教用品等领域。

天然胶黏剂按其化学组成分为以植物大豆蛋白、动物血清蛋白、动物明胶蛋白等蛋白质为主要成分的蛋白胶，以淀粉、纤维素等碳水化合物为主要成分的碳水化合物胶，以及木质素、单宁、松香等其他天然树脂为主要成分的天然树脂胶三大类。

其特点主要包括：①原料易得，可以直接取自于大自然；②价格低廉；③生产工艺简单；④使用方便；⑤大多为低毒或无毒，对人或牲畜无毒害作用；⑥能够降解，不产生公害。

由于上述特点，天然胶黏剂在金属、皮革、木材、纸张、布匹、胶合板等材料粘接上有着极其重要的使用价值。

### 36.1.2 天然胶黏剂的发展历史

天然胶黏剂使用的历史十分悠久，我国是胶黏剂应用文明古国。

我国是四大文明古国之一，成书于西周初期的《诗经》中出现了动物胶。据考证，"胶"字的出现，在我国已有 3000 年左右，那么动物胶的历史就至少有 3000 余年。此外，还有许多古典名著中有关动物胶的记载。例如：《左传》之"尔雅·释诂"中将《胶》释为"固"，《史记》之"廉颇蔺相如列传"中有"王以名使括，若胶柱而鼓瑟耳"一语。现在，动物胶作为胶黏剂，它对金属、皮革、木材、纸张、布匹等都有很强的粘接力，可用于胶合板、木材、木器家具、体育用品及乐器等的粘接；制造胶黏带，密封纸箱、纸盒，粘接金刚砂用以制造砂轮、砂布；雨衣的防雨浆及丝绸、草织品的上光；用于制造铜版纸、蜡光纸、印刷辊、书籍装订等。

在国外，远在哥伦布发现美洲以前，中美洲和南美洲的人们就开始了利用天然橡胶制雨斗篷、胶鞋、瓶子和其他用品。1892 年英国取得用天然橡胶的苯溶液制造雨衣的专利权并设厂生产雨衣。随后，天然橡胶用于制造胶管、人造革、轮胎等。由于天然橡胶有很好的粘接性能和内聚性能，也广泛用来制备胶黏剂。

## 36.1.3　天然胶黏剂的改性

天然胶黏剂的改性主要是针对其胶黏剂自身存在的特点或缺点进行改性，改性方法包括物理改性、化学改性、共混改性、酶改性以及基因工程改性等。

### 36.1.3.1　天然胶黏剂的物理改性

（1）天然高分子溶解

① 天然橡胶胶黏剂。天然橡胶胶黏剂又称为汽油胶，是将天然橡胶溶解于 120 号汽油或稀释剂中制成的，因此而得名。天然橡胶与溶剂的比例为 5∶95。汽油胶具有初期粘接强度高的特点，是制鞋时制帮过程中使用范围最广的一种胶黏剂。

将天然橡胶进行塑炼，再加橡胶辅料进行混炼，混炼胶加溶剂配制成胶液。这种胶液按用途不同可配制成黑色的（称作黑胶浆）和本色的（称作白胶浆）。黑胶浆主要用于硫化皮鞋、模压皮鞋及胶鞋生产中，用作粘中底胶、刷边胶、粘外围条及外底胶。

天然橡胶溶液胶黏剂制备的配方见表 36-1。

表 36-1　天然橡胶溶液胶黏剂制备的配方（质量份）

| 名　　称 | 用　　量 | 名　　称 | 用　　量 |
|---|---|---|---|
| 天然橡胶 | 100.00 | 氧化锌 | 5.00 |
| 硫黄 | 2.30 | 松香 | 2.00 |
| 促进剂 M | 0.90 | 硬脂酸 | 1.00 |
| 促进剂 D | 0.45 | 碳酸钙 | 20.98 |
| 促进剂 DM | 0.20 | 色料 | 0.5～1 |

② 生漆胶黏剂。生漆是从漆树割取的乳白色液体，除去水、橡胶质和含氮化合物后成为高黏度黏稠体，主要成分（含量 40%～70%）为漆酚，结构式如下：

$$HO\text{—}\overset{\displaystyle HO}{\underset{}{\bigcirc}}\text{—}C_{15}H_{17}$$

漆酚呈棕黄色，在空气中氧化易变成深棕色至黑色，溶于乙醇、二甲苯等，稍溶于水。漆酚耐腐蚀，对皮肤有刺激作用。将生漆与淀粉（如小麦粉、米粉）或无机填料混合即成胶黏剂，适用于胶合红木家具、美术工艺品、陶瓷等。生漆胶黏剂配方见表 36-2。

表 36-2　生漆胶黏剂配方（质量份）

| 组分 | 粘接木材、陶器 | 粘接木材、布 | 粘接木材、纸 |
|---|---|---|---|
| 生漆 | 7～10 | 7～8 | 5 |
| 淀粉糊 | 10 | 10 | 10 |
| 小麦粉 | 3～4 | — | — |

（2）天然高分子熔融　热塑性的木质素胶黏剂在热压过程中，开始逐渐熔融流动，并随着热压时间的增加，在熔融流动时木质素结构中的 $\beta$-O-4 醚键发生少量断裂，进而减小了木质素胶黏剂的分子结构，促进木质素胶黏剂在热压压力作用下进入木材表面的多孔性结构中，当热压温度降低后在木材表面多孔性结构中冷却固化，形成紧密连接，从而达到胶合的目的。

（3）天然高分子物理共混　物理共混是开发高分子新材料的简便而重要的途径之一，它比化学改性容易操作、污染小，且易实现工业化。骨胶与小分子共混，如骨胶和低分子增塑剂甘油共混，将骨胶按一定水胶比加水浸泡若干时间后，加热溶解得液胶；在一定温度与一定时间下，将定量的甘油逐步加入液胶中，经过处理得到一定含水量的骨胶，即改性骨胶。经过这种方法改性的骨胶，其胶膜更加柔软有弹性、性能更加稳定，并且改性骨胶的抗静电行为、吸收放湿性能、弹性及衰变性能更加良好。这种改性方法简单、操作方便且生产工艺成熟，是骨胶共混改性的典型代表，具有重要的借鉴意义，未来可与骨胶的其他改性相结合，制备出性能更加优良的骨胶。

### 36.1.3.2　天然胶黏剂的化学改性

（1）蛋白质胶黏剂的改性　蛋白质胶黏剂主要包括动物胶（皮胶、骨胶和鱼胶）、酪素胶、血胶及植物蛋白胶（如豆胶）等几种。蛋白质胶黏剂除了皮胶、骨胶可不加成胶剂直接使用外，其他均需要在蛋白质原料中加入成胶剂，经调制后才能使用。蛋白质胶黏剂的改性包括酯化改性、酶修饰改性和醛修饰改性、共混改性、互穿聚合物网络改性和接枝改性等。

（2）碳水化合物胶黏剂的改性

① 淀粉胶黏剂。淀粉分子中存在糖苷键和活性羟基等亲水性基团，可以加入各种交联剂、氧化剂、增塑剂等通过化学改性方法激活淀粉的活性，从而对其性能进行改进。在淀粉胶黏剂中加入接枝单体如丙烯酸、丙烯酸乙酯、丙烯酸丁酯、丙烯酰胺等，能有效改善淀粉木材胶黏剂的耐水性、胶合强度、耐溶性等性能。

② 纤维素胶黏剂。纤维素与淀粉不同，完全为直链结构，结晶部分多，不溶解于水，经过酯化可形成酯类衍生物，经醚化可形成醚类衍生物。可作胶黏剂的纤维素醚类衍生物主要有甲基纤维素、乙基纤维素、羟甲基纤维素和羟乙基纤维素等。

（3）生物质树脂胶黏剂的改性

① 木质素基胶黏剂。改性木质素胶黏剂有两种，一种是木质素本身作为主要原料通过改性制备胶黏剂，另一种是将木质素和酚醛树脂或脲醛树脂进行共混改性。可利用木质素部分代替苯酚，与酚醛树脂发生共缩聚反应生成木质素酚醛树脂或将其作为填料加入酚醛树脂中使用。也可将木质素加入脲醛树脂中制备胶黏剂，其目的是在保证耐水胶合强度的同时降低甲醛释放量。

② 单宁胶黏剂。单宁是天然多酚类物质，具有类似于酚醛树脂胶黏剂的胶合性能和耐老化性能。单宁在碱性条件下与醛基胶黏剂（甲醛）的羰基发生加成反应，生成羟甲基酚，多聚甲醛、乙二醛也能作为固化剂改性制备单宁胶黏剂，通过测定凝胶时间确定单宁与多聚甲醛的反应活性，还有很多其他的固化剂也能用于改性单宁制备胶黏剂。改性单宁胶黏剂主要优点为胶黏剂的反应活性高、固化速度快、价格低、毒害小，同时是天然可再生资源。

# 36.2　植物胶黏剂及其生产与制备

## 36.2.1　淀粉胶黏剂

### 36.2.1.1　概述

淀粉胶黏剂作为纯天然胶黏剂，符合可持续发展的要求，具有使用方便、价格低廉以及在自然环境中可降解等优点；然而，其仍存在着粘接力小、耐水性差、流动性欠佳和储存时间短等缺点。

### 36.2.1.2　淀粉组成

淀粉是由许多葡萄糖结构单元（$C_6H_{10}O_5$）互相连接而成的多糖类聚合物。原淀粉形态为粒状（类似子弹头），在冷水中膨胀或溶胀，干燥后又收缩为粒状，工业上利用这一性质来分离淀粉，谷物中淀粉含量在 75% 以上。淀粉分子含有大量羟基，而羟基之间可形成氢键，从而形成粘接力，但羟基的亲水性决定了其易溶于水，故普通淀粉胶黏剂的耐水性较差。淀粉经糊化后变成不易溶于冷水的直链淀粉，降温冷却过程中直链淀粉分子之间由于氢键的作用，易形成不溶于水的半透明状胶体，从而降低了其流动性。

当淀然在水中加热到一定温度范围时，淀粉粒子开始发生溶胀和破裂——常称为"糊化"，进而产生淀粉粒子相互作用，冷却后恢复不到原来淀粉粒子形态。糊化温度范围视淀粉种类不同而不同。不同淀粉水溶液的清亮度和黏度或流变性也不同。

### 36.2.1.3 淀粉变性

(1) 淀粉变性的目的　淀粉变性的目的主要是使淀粉具有更优良的性质，应用更方便，适合新技术操作要求，提高应用效果，并开辟新用途。例如，新的糊化淀粉乳技术采用高温喷射器，蒸汽直接喷向淀粉乳，糊化快而均匀，节省设备费用，成本低，但是高温蒸汽使黏度降低，用作增稠剂或稳定剂是不利的，通过交联变性能提高黏度热稳定性，避免此缺点。高温蒸汽喷射也产生剪切力，使黏度降低，交联处理同样能提高抗剪切力稳定性，避免黏度降低。高速搅拌或泵经管道输送淀粉糊都会产生相似的剪切力影响。

(2) 变性方法　变性淀粉的制造方法有物理法、酶法和化学法三种方法，化学方法是最主要的，应用最广泛。预糊化淀粉的生产工艺是用辊、喷雾或挤压法，加热淀粉乳，使其糊化，属于物理变性方法。有的造纸工厂用淀粉酶处理原淀粉乳，通过适度水解，降低黏度，用于施胶。化学变性是利用淀粉分子中的醇羟基进行化学反应，主要有醚化、酯化、氧化、交联等反应。组成淀粉的脱水葡萄糖单位具三个醇羟基，$C_6$ 为伯醇羟基，$C_2$ 和 $C_3$ 为仲醇羟基。淀粉分子含有数目众多的羟基，其中只要少数发生化学反应便能改变淀粉的糊化难易、黏度高低、稳定性、成膜性、凝沉性和其他性质，达到应用要求，还能使淀粉具有新的功能团，如带阴电荷或阳电荷。化学变性还有糖苷键水解，热解和接枝共聚等方法。

(3) 变性淀粉

① 羟烷基淀粉。淀粉与环氧烷化合物起反应生成羟烷基淀粉醚衍生物，工业上生产的羟乙基淀粉和羟丙基淀粉，应用于食品、造纸、纺织和其他工业。

② 羟乙基淀粉。羟乙基淀粉在羟乙基化反应中，环氧乙烷能与脱水葡萄糖单位中的三个羟基的任何一个起反应，还能与已取代的羟乙基起反应生成多氧乙基侧链。羟乙基的存在提高了亲水性，破坏了淀粉分子间氢键的结合，较低的能量就能使淀粉颗粒膨胀、糊化，生成胶体糊，随取代度的增高，糊化温度降低增大。

③ 羟丙基淀粉。环氧丙烷在碱性条件下易与淀粉起醚化反应得羟丙基淀粉，羟丙基具有亲水性，能减弱淀粉颗粒结构的内部氢键强度，使其易于膨胀和糊化，取代度增高，糊化温度降低，最后能在冷水中膨胀。羟丙基淀粉糊化容易，所得糊透明度高，流动性高，凝沉性弱，稳定性高。

④ 酯化淀粉。

a. 醋酸酯淀粉。制备醋酸酯淀粉的酯化剂主要有醋酸酐、醋酸乙烯、醋酸、氯化乙烯、烯酮等。醋酸酯淀粉易糊化，糊化温度降低，黏度、性质稳定，溶液呈中性，即使冷却也不形成凝胶，凝沉性减弱，不易老化，成膜性能好，膜的柔软性和延伸性也较好，糊的透明度得到改善，热稳定性和冷融稳定性有较大提高，可用作食品的增稠和保型剂。

b. 磷酸酯淀粉。淀粉磷酸酯有单酯类型和双酯类型，一般采用正磷酸盐、三聚磷酸盐和偏磷酸盐等来制备淀粉磷酸酯。磷酸酯淀粉具有广泛的用途，在造纸工业中，磷酸酯淀粉可用作湿部添加剂，起到改善填料留着作用。另外，磷酸酯淀粉还可用作食品工业中增稠剂和稳定剂，可赋予食品一定形状，并提高产品的低温贮藏稳定性。在纺织工业中，磷酸酯淀粉可作为纱线和织物的上浆剂和处理剂。

⑤ 醚化淀粉。不同的醚化剂可得到不同的淀粉醚产品，各自的功能与性质也不相同。羟烷基淀粉醚类是非离子型，即其糊的性质不受电解质或水硬度影响。非离子淀粉醚品种繁多，主要采用的醚化剂有环氧丙烷、环氧乙烷、甲基氯、乙基氯、丙烯氯、苄基氯、二甲基硫酸及部分碘和溴的烃类。离子淀粉醚又分阳离子淀粉醚和阴离子淀粉醚。阳离子淀粉醚主要以含氮的醚衍生物为主。如叔胺烷基淀粉醚和季铵烷基淀粉醚，分子中的氮原子带正电荷，称为阳离子淀粉醚。阴离子淀粉醚是以羧甲基淀粉钠为主要一类物质，在水溶液中以淀粉—O—CH$_2$COO—电离状态存在，带负电，称为阴离子淀粉醚。

⑥ 交联淀粉。为了获得高凝胶强度的改性淀粉，通常采用交联处理方法。由于淀粉葡萄糖单位上的 C$_2$ 和 C$_3$ 上的 OH 游离状态，并且 C$_2$ 上的 OH 基团比 C$_3$ 上的 OH 基团更活泼，使得淀粉分子上的 C$_2$ 上的羟基与多官能团的试剂起反应，生成新的化学键，将不同淀粉分子交叉联结起来。经常用的交联剂有三氯氧磷、偏磷酸三钠、丙烯醛、环氧氯丙烷等。几种普通淀粉的糊化特性见表 36-3。

表 36-3　几种普通淀粉的糊化特性

| 糊化特性 | 玉米淀粉 | 马铃薯淀粉 | 小麦淀粉 | 木薯淀粉 | 蜡质玉米淀粉 |
|---|---|---|---|---|---|
| 糊化温度/℃ | 62～72 | 56～66 | 58～64 | 59～69 | 62～72 |
| 黏度(5%浓度)峰值范围(BU 单位) | 300～1000 | 1000～5000 | 200～500 | 500～1500 | 600～1000 |
| 黏度平均值(BU 单位) | 600 | 3000 | 300 | 1000 | 800 |

交联淀粉糊化后成膜性能良好，并且强度较高。

⑦ 接枝淀粉。接枝淀粉是现有变性淀粉中最新的一种（第三代变性淀粉），它是近年来发展较快的技术含量高、性能优异的变性淀粉，它是用化学方法首先在淀粉的大分子上产生游离基（自由基），然后在高分子聚合物的链接上形成支链，因淀粉分子上接入了大分子支链，如乙烯或丙烯类单体，改善了淀粉的粘接能力，而且接枝淀粉中的淀粉在接枝前后依然可以进行某些变性，其性能取决于接枝单体的性能和接枝率等。在造纸工业上，接枝淀粉能被用作絮凝剂，对造纸白水等废水具有较好的絮凝效果。此外，接枝淀粉在石油、电池工业，以及胶黏剂方面也有着广泛的用途。

## 36.2.1.4　典型应用和配方实例

【实例 1】　糊化淀粉胶黏剂配方见表 36-4，可用于纸制品、标签和服装制作。

表 36-4　糊化淀粉胶黏剂配方

| 组分 | 淀粉 | 淀粉磷酸酯(1%) | 氯化镁 | 水 |
|---|---|---|---|---|
| 质量份 | 150 | 15mL | 5 | 850 |

【实例 2】　膨化淀粉胶黏剂配方见表 36-5，广泛应用于瓦楞纸箱生产、壁纸黏贴、纺织品上浆、油田助剂等领域。

表 36-5　膨化淀粉胶黏剂配方

| 组分 | 玉米淀粉 | 硼砂 | 明矾 | 其他助剂 |
|---|---|---|---|---|
| 质量份 | 0.8～0.95 | 0.01～0.05 | 0.01～0.01 | 适量 |

【实例 3】　氧化淀粉胶黏剂配方见表 36-6～表 36-8，应用于快干型淀粉胶黏剂，如用于瓦楞纸箱、抗氧化铝箔衬纸、高速标志和卷烟等。

【实例 4】　复合淀粉胶黏剂配方见表 36-9。

表 36-6　次氯酸氧化淀粉胶黏剂配方

| 组分 | 玉米淀粉 | 固体 NaOH | 次氯酸钠 | 硼砂 | 硫酸镍 | 硫化硫酸钠 | 水 |
|---|---|---|---|---|---|---|---|
| 质量份 | 80 | 5.1 | 19.8 | 1.7 | 0.05 | 0.5 | 400 |

表 36-7　双氧水氧化淀粉胶黏剂配方

| 组分 | 玉米淀粉 | 双氧水(30%) | 固体 NaOH | 硼砂 | 水 |
|---|---|---|---|---|---|
| 质量份 | 100 | 1.5 | 3.8 | 1.5 | 240 |

表 36-8　高锰酸钾氧化淀粉胶黏剂配方

| 组分 | 玉米淀粉 | 固体 NaOH | 高锰酸钾 | 硼砂 | 水 |
|---|---|---|---|---|---|
| 质量份 | 110 | 12 | 2.3 | 2.4 | 870 |

表 36-9　复合淀粉胶黏剂配方

| 淀粉类型 | 温度/℃ | pH 值 | 反应时间/h | 交联剂及添加比例 | 胶黏剂效果 |
|---|---|---|---|---|---|
| 氧化淀粉 | 40 | 10 | 4 | 环氧氯丙烷(4%) | 耐水性能提升 1100% |
| 氧化淀粉 | 55 | — | 3.5 | TDI(10%) | 强度由 1.53MPa 提升到 6.16MPa |

### 36.2.1.5　生产工艺

淀粉胶黏剂的制备方法主要有简单糊化法、氧化法、复合法等。

(1) 简单糊化法　把水、淀粉、稀碱混合，升温连续搅拌，制得胶黏剂。

糊化淀粉胶黏剂生产工艺：将淀粉加入 70℃水中膨胀，再加入淀粉磷酸酯 (1%) 和氯化镁，混合搅拌 45min 即成胶黏剂。

膨化淀粉胶黏剂生产工艺：取洁净的玉米经剥皮、破渣、提取玉米胚芽，制成玉米碎粒，质量要达到无皮无脐。将玉米碎粒用明矾和硼砂水溶液处理后放入膨化机内膨化，膨化后随时粉碎，过筛，收集 200 目细粉，即得到膨化玉米淀粉。

(2) 氧化法　利用氧化剂，使淀粉在葡萄糖单元上发生氧化反应，并引起淀粉分子的降解，从而改变原淀粉的理化性质。氧化淀粉胶黏剂一般由淀粉、氧化剂、糊化剂、还原剂、催化剂等组成。

次氯酸氧化淀粉胶黏剂生产工艺：在 3.5kg 水中，搅拌下依次加入次氯酸钠、玉米淀粉和预先溶解好的 0.5%硫酸镍，再搅拌 5min，使其分散均匀。然后加入 8%固体氢氧化钠溶液，再搅拌 45min 测其黏度为 30s 左右（涂 4 杯测量法所得），即达到所需氧化深度。再加入 10%硫化钠溶液，终止反应，最后加入 10%硼砂溶液，测其黏度达到 50s 左右（涂 4 杯测量法所得），即可卸料出锅。

双氧水氧化淀粉胶黏剂生产工艺：在夹层锅中，加入 40℃水 180kg，开启搅拌并加入玉米淀粉，配成均匀糊状液。用 20%氢氧化钠溶液调节 pH＝10，升温到 45℃，边搅拌边滴加双氧水，反应 1.5h 内结束。测得反应黏度为 60s 时，加入 10%氢氧化钠溶液 38kg，搅拌糊化 20min。最后加入 5%硼砂溶液，搅拌均匀，即可卸料出锅。

高锰酸钾氧化淀粉胶黏剂生产工艺：搅拌下将玉米淀粉加入 4 倍量水中，再分批加入 8%NaOH 溶液 64kg，在 20min 内加完。测黏度为 25s 左右即可。加入 4%高锰酸钾溶液 56kg，再搅拌反应 20min，加入水 110kg 和 NaOH 溶液 77kg，再搅拌 10min 后，加入 2%硼砂溶液 61kg，搅拌均匀即可出料。

(3) 复合法　为了提高氧化淀粉胶黏剂的性能，可加入高分子材料如聚乙烯醇、脲醛树脂、尿素等材料，制得复合淀粉胶黏剂。复合淀粉胶黏剂具有较高的耐水性、粘接强度和干燥速度。

## 36.2.2  松香胶黏剂

### 36.2.2.1  概述

松香胶黏剂是由松香为黏料配制而成的胶黏剂。松香含易化学改性的共轭双键和羧基活性官能团，可通过酯化、加成和胺化等反应，合成氢化松香、马来海松酸和丙烯海松酸等松香衍生物。以其为原料还可以制备松香基环氧树脂、松香基聚氨酯和松香基聚酯等高分子材料，已在电子电器、医疗卫生和汽车等行业获得应用。

松香的黏性甚佳，还可作为增黏剂制备压敏胶，其压敏性、快黏性、低温黏性很好，但内聚力较差，耐老化性不好，耐候性不佳，容易产生粉化和变色现象。

### 36.2.2.2  组成

松香，又称为松脂、松膏、松肪等，是松树的分泌物蒸馏出的天然树脂，透明的微黄色或红棕色固体，与松节油的气味类似。松香的成分比较复杂，主要成分是多种同分异构的树脂酸，其分子式为 $C_{20}H_{30}O_2$，树脂酸属于一元羧酸，其含有两个双键的三环菲骨架结构。根据其碳碳双键和烷基的位置将常见的树脂酸主要分为以下三种：枞酸型树脂酸、海松酸型树脂酸和二环型（劳丹型）树脂酸，常见的树脂酸结构如下。另外，松香的成分中还含有少部分脂肪酸及极少量呈中性的化学物质。

松香胶黏剂内聚力差，对光、热、氧较不稳定，表现出耐老化性不好、耐候性不佳，容易产生粉化和变色现象。松香分为特级、一级、二级、三级、四级、五级共六级。

### 36.2.2.3  改性

松香及其改性产品在很多行业都有应用，对松香进行改性主要是通过两个反应基团——双键和羧基，通过改性，可以使其更加充分地被利用。

（1）基于双键活性中心的改性

① 氢化松香。部分双键被加氢后，称作二氢松香（氢化松香）；全部被氢气饱和后，称作四氢松香（全氢松香）。氢化后的松香双键结构被改变，环状结构更加稳定，消除了双键的负面效果，同时扩大了松香的应用。氢化松香在胶黏剂、涂料以及食品行业均有广泛的应用。氢化松香为无定形透明树脂，抗氧化性能好，脆性小，热稳定性高。

② 歧化松香。歧化松香实质是一种混合物，包括脱氢松香、二氢松香和四氢松香，其中主要成分是脱氢松香。歧化松香具有诸多优点，比如抗氧化性良好、脆性弱以及热稳定性高等，可以用来制作钾皂，而且在表面活性剂、涂料等领域都有应用。

③ 马来松香。普通松香在一定条件下与马来酸酐（顺酐）进行 Diels－Alder 反应的产物称马来松香。从结构上比较，马来松香比普通松香多了 2 个羧基；反应活性、稳定性均有所提高；在造纸、油墨、油漆等工业上都有广泛应用，尤其在造纸工业上不仅能够提高造纸施胶的质量，还能降低成本。

④ 聚合松香。聚合松香是在一定条件下发生聚合而得。工业上聚合松香中二聚体含量一般在 20%～60%，与松香相比，二聚松香较稳定，不易氧化，油墨、油漆、胶黏剂等是其主要应用的领域。

（2）基于羧基活性中心的改性

① 酯化反应。经过酯化，松香酸值可以大幅度降低，同时稳定性增强，可以进一步反应，有利于其深层次的开发利用。松香与一元醇、多元醇进行酯化反应。与石油树脂相比，松香酯的显著优势为"天然、无毒、多功能"，在很多领域都有应用。一元醇酯化中，甲醇、乙醇研究较多；多元醇酯化中，乙二醇、丙三醇等较为常见。

② 乙烯酯化。使用自由基引发的方式，可合成分子量较小的聚合松香乙烯酯，但受条件所限，未能发挥其价值。在催化剂作用下歧化松香（松香或马来海松酸）和醋酸乙烯酯反应可得到松香树脂酸乙烯酯，反应时间短，对环境无污染。

③ 聚酯化。利用酯化反应把松香树脂酸分子引入高分子链中制成聚酯。对松香改性后，与乙二醇反应制得线性松香聚酯。

④ 皂化反应。松香树脂酸具有的羧基结构使其显弱酸性，氢原子被金属原子取代后即得其盐，即松香盐，又称皂化松香。常见的松香盐多是松香与碱金属、碱土金属、重金属粉末以及其氧化物反应所得。碱金属盐可以作为造纸及洗涤肥皂原料，橡胶工业中可以作为乳化剂；碱土金属盐在制漆工业上应用广泛；重金属盐在油墨，防腐剂，杀虫剂上均有应用。

### 36.2.2.4　应用和配方实例

【实例 1】　松香配制的植绒胶黏剂配方见表 36-10。

表 36-10　松香配制的植绒胶黏剂配方

| 组分 | 乙烯-醋酸乙烯共聚物 | 石蜡 | 松香 |
| --- | --- | --- | --- |
| 质量份 | 45 | 25 | 30 |

【实例 2】　用松香配制的导电性热熔胶配方见表 36-11，可用以粘接电子工业元件以便在支架上进行机械加工制成一种能在 150℃ 下应用的导电性胶黏剂。

表 36-11　松香配制的导电性热熔胶配方

| 组分 | 蜡 | Ag(3.5$\mu$m) | 松香 | Ni(3.5$\mu$m) |
| --- | --- | --- | --- | --- |
| 质量份 | 8 | 1 | 2 | 3 |

可用松香石蜡混合胶来代替石蜡乳化液作为纤维板生产工艺中施加的防水剂。松香还可以作为高强度胶黏剂，如罗马尼亚研制了专用于封闭金属或混凝土结构的水平或垂直接头的胶黏剂，其成分中含有松香。

水基型松香胶黏剂能增加纸张强度，对纸有一定粘接力，可用于纸制品加工和造纸工业。

【实例 3】　碱化松香树脂胶黏剂配方见表 36-12。

### 36.2.2.5　生产工艺

（1）溶剂型松香胶黏剂的生产工艺　将松香溶于有机溶剂，加热，搅拌，即成胶液。用沸点低的乙醚、丙酮和苯作溶剂，胶液持黏性短；用高沸点蓖麻油等作溶剂，胶液持黏性长。

表 36-12　碱化松香树脂胶黏剂配方

| 组分 | 单组分 | 双组分 | 多组分 |
|------|--------|--------|--------|
| 松香树脂 | 100 | 100 | 100 |
| 水 | 80 | 80 | 80 |
| 苏打灰 | 15 | 13.7 | — |
| 苛性钠 | — | 1 | 11.25 |

（2）水基型松香胶黏剂的生产工艺　将松香加水、碱化、加热搅拌，即成水基胶液。碱化时，将适量碱液加热至 130～140℃，慢慢加入松香粉；或加热树脂至 120～135℃，慢慢加入适量碱液。采用过量碱液时，应保温搅拌 5～6h，再连续加热 1～2h，至游离碱消失，呈乳状，冷却后得透明物。

# 36.2.3　木质素胶黏剂

## 36.2.3.1　木质素的结构与性能

木质素又称木素，是一类广泛存在于植物体内的复杂高分子化合物，是构筑植物骨架的主要成分之一。在植物界中，木质素的含量仅次于纤维素，是世界上第二丰富的有机高分子聚合物，其结构如下：

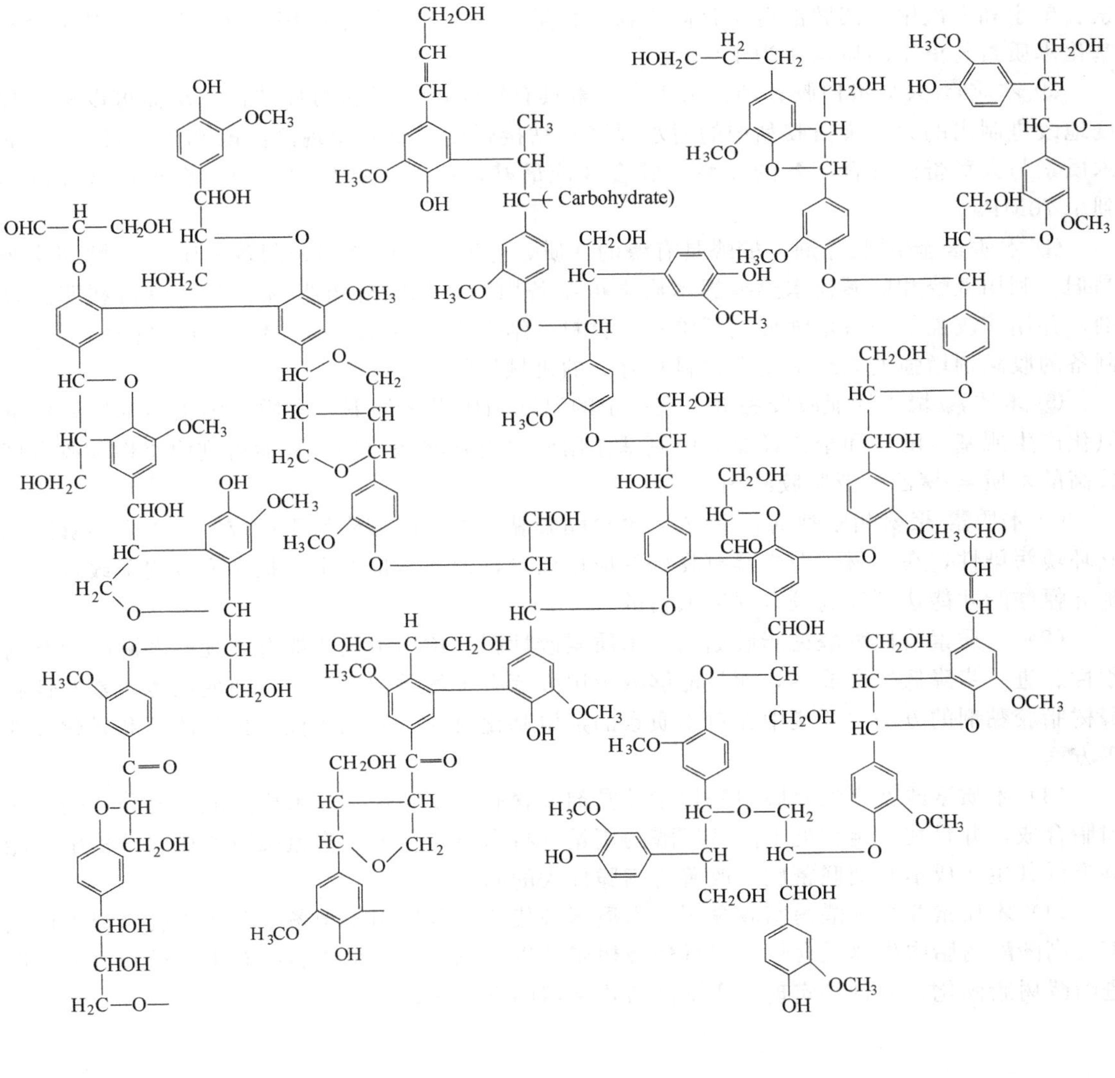

　　木质素的结构复杂，目前研究普遍认为木质素是一种三维网状的多酚类聚合物，最近也有研究表明原木质素是一种相对线型的分子，而并非是复杂的高度支化聚合物。木质素结构中含有酚羟基、芳香基、甲氧基、共轭双键和醇羟基等基团，所以木质素可以进行大多数的化学反应，如不同条件下的分解作用，氧化还原反应，酰化、硝化、磺化以及缩聚、共聚反应等。这些反应对木质素的研究及扩大木质素的应用方面具有重要意义。

### 36.2.3.2　木质素在木材胶黏剂中的应用

　　（1）木质素在非醛类胶黏剂中的应用　木质素作为一类天然可再生的芳香型高分子化合物，本身可以用作木材胶黏剂，同时也可以与单宁、蛋白质、糠醛、聚乙烯亚胺、聚氨酯等结合用于制备环保型非醛类胶黏剂。

　　① 木质素胶黏剂。木质素在植物细胞中的存在就类似于黏着剂，它能够附着在纤维的周围，使植物屹立不倒。木质素本身就有黏性，可以用作胶黏剂。多酚氧化酶中有一种漆酶，其能促进木质素的氧化还原作用，进而改善木质素活性。将木质素与漆酶一起发酵处理，然后与改性剂混合制备环保木质素胶黏剂。

　　② 木质素-单宁胶黏剂。单宁和木质素都是植物中较为常见的酚类物质，其结构类似于苯酚，根据其这方面特性可以用单宁和木质素制备胶黏剂。可将高反应活性的羟乙基化木质素、单宁和六次甲基四胺混合制备高生物质含量（99.5％）的室内用木材胶黏剂，其中羟乙基化木质素与单宁的质量比为1∶1。

　　③ 木质素-大豆蛋白胶黏剂。由于木质素具有独特的交联和酚环结构，从而可以极大程度地改进制出的大豆蛋白胶黏剂的耐水程度和粘接强度。研究发现经漆酶和 $NaBH_4$ 处理的木质素与大豆蛋白混合制备的胶黏剂胶合性能最好，用该胶黏剂制备的胶合板胶合强度达到 1.70MPa。

　　④ 木质素-糠醛胶黏剂。糠醛具有醛的性质，能够代替甲醛用来制备木质素-糠醛树脂胶黏剂。利用糠醛和糖槭树水热抽提木质素可制备用于替代酚醛树脂的木质素-糠醛树脂胶黏剂，并用该胶黏剂制备增强玻璃纤维复合材料。结果表明当 pH＝1、糠醛加入量为 16％时，制备的胶黏剂增强玻璃纤维复合材料具有好的机械性能。

　　⑤ 木质素-聚乙烯亚胺胶黏剂。在一定的温度和压强条件下，木质素中很多酚羟基能够氧化产生醌基，随后和聚乙烯亚胺中氨基作用产生交联网络结构，从而得到耐水性和胶合度较高的木质素-聚乙烯亚胺胶黏剂。

　　⑥ 木质素-聚氨酯胶黏剂。木质素-聚氨酯胶黏剂不仅能够降低生产成本，而且能够降低其环境污染性，在木材工业中具有良好的应用前景，但通常情况下需把木质素提前改性或添加异氰酸酯才能达到提高胶合强度的目的。

　　（2）木质素改性脲醛树脂胶黏剂　木质素改性脲醛树脂不仅能够有效地改善脲醛树脂耐水性、进一步降低生产成本，而且能够减少甲醛等有害物质的释放。目前使用木质素改性脲醛树脂胶黏剂的方法主要集中在对木质素的羟甲基化改性、氧化改性、接枝改性和磺化改性等方面。

　　（3）木质素改性三聚氰胺甲醛树脂胶黏剂　含有醛基和羟基的木质素能够参与三聚氰胺树脂合成，并且在一定程度上降低甲醛的用量；将木质素引入三聚氰胺甲醛树脂结构中还能够降低其生产成本和交联密度，改善树脂脆性大的问题。

　　（4）木质素改性酚醛树脂胶黏剂　木质素替代部分苯酚用于制备酚醛树脂胶黏剂不仅能够提高酚醛树脂中生物质含量、降低酚醛树脂的生产成本、减少树脂中有害物质释放量、促进酚醛树脂固化，而且是实现木质素高值化利用的有效途径。

### 36.2.3.3　木质素活化改性制备酚醛树脂木材胶黏剂

木质素分子量大，空间位阻大，$C5$ 活性位点少，反应活性低，限制了木质素在酚醛树脂木材胶黏剂的高值化利用。因此需要对木质素进行活化处理以增强其反应活性。利用一些非化学作用分解木质素，选用微生物对木质素特定官能团进行降解改性，增加木质素中酚羟基含量、$C5$ 活性位点含量，降低木质素反应活性位阻，在木质素中接枝高活性的酚羟基、羟甲基、氨基等均能对木质素起到活化作用，增强木质素参与木质素基酚醛树脂聚合反应的活性。主要方法有：

（1）木质素羟甲基化改性　在碱性条件下，木质素与甲醛可能发生羟甲基化反应。羟甲基化作用无法提高木质素的活性位点数量，对木质素活性的提高贡献较小。

（2）木质素酚化改性　木质素酚化改性是指木质素与苯酚发生化学反应，该方法工艺简单，能提高木质素反应活性及其反应活性位点的数量，是比较有前景的木质素改性方法。但是该改性方法对木质素种类具有一定的选择性。在碱性条件下，木质素苯丙烷结构单元的 $\alpha$ 位上的各种功能基团发生断裂能够生成亚甲基醌结构，进而和苯酚上活性位点发生取代作用，通常情况下发生的是邻位或对位取代；在酸性条件下，木质素苯丙烷结构单元 $\alpha$ 位羟基、醚键容易发生断裂，表现为正电性的碳原子会分离出来，进而在苯酚邻对位上发挥取代作用。

（3）木质素脱甲氧基改性　此类处理方式可以有效提高木质素活性，并一定程度上增多相应的反应活性位点量。木质素脱甲氧基需要在特定的条件和催化剂下进行，目前已经报道的脱甲氧基试剂有硫醇、路易斯酸等。

通过脱甲氧基得到的木质素甚至能够取代超过半数的苯酚原料，所制得的胶合板强度能满足国家Ⅰ类板要求。脱甲氧基木质素基酚醛树脂比未脱甲氧基木质素基酚醛树脂具有较低的甲醛释放量、短的凝胶时间和高的胶合强度。

（4）木质素降解改性　木质素降解的方法主要有化学降解法如氧化还原、水热降解等，生物降解法如真菌降解、酶降解等，物理降解法如超滤分级法、微波降解法等，木质素新型改性技术如离子液体降解法等。

① 化学降解法。结果表明化学降解法制备的木质素基酚醛树脂的胶合强度均高于纯酚醛树脂，且降解木质素基酚醛树脂具有低的游离醛含量和快的固化速度。研究发现降解木质素基酚醛树脂的胶合强度优于未降解木质素基酚醛树脂和纯酚醛树脂，且游离甲醛含量满足国家标准要求。

② 离子液体降解法。离子液体，是一种新型的绿色溶液，其所有组分都是带电离子，在通常温度（这里指室温附近）下呈液态。近年来离子液体被逐渐用于溶解和降解木质素，并用于木质素基酚醛树脂胶黏剂的制备。经以氯化胆碱和氯化锌为原料合成低共熔离子液体改性后，木质素的反应活性得到提高，用其制备的酚醛树脂各项性能均高于未改性木质素制备的酚醛树脂。

③ 生物降解法。用于木质素降解的酶类主要有真菌漆酶、木质素过氧化物酶和锰过氧化物酶，其中研究最多的是真菌漆酶。采用生物法分解木质素进而有效减小木质素分子量，且可以对其特定官能团如甲氧基等进行降解反应，从而提高木质素与酚醛树脂体系的反应活性。活化工艺为：漆酶用量 25U/g，活化时间 24h，活化温度 45℃。漆酶活化木质素代替 50% 苯酚时，制备的酚醛树脂黏度为 100～200mPa·s，胶合强度为 1.15MPa。

④ 物理降解法。通过微波处理、超声波处理及超滤分级等物理途径可以有效地分解木质素，并进一步改造木质素，进而实现增强木质素与酚醛树脂体系反应活性的目的。通过超滤作用分解木质素，再把超滤后的木质素作为制备改性酚醛树脂的原料。研究显示当高分子

量的超滤木质素占 18.8%、苯酚占 22.9%、甲醛占 58.3%时，合成木质素基酚醛树脂的胶合性能与市售酚醛树脂相似，而且超滤木质素的加入降低了酚醛树脂的生产成本。通过超声波作用得到的木质素，其结构中的酚羟基量增加了 38.6%，活化木质素替代 60%苯酚制备的酚醛树脂胶合强度仍能达到国家标准要求。

（5）应用和配方实例　用木质素-酚醛树脂制备固含量为 50%的胶黏剂，将苯酚、木质素溶液和催化剂投入反应器中，在搅拌中升温到 50℃，并恒温 0.5h，加入 80%量的甲醛，继续在 50℃反应 0.5h。然后在 1.5h 内由 50℃慢慢升温到 87℃，再在 30min 内升到 94℃，然后在 20min 内将反应温度降至 82℃，此时再加入剩余量的甲醛，再在 0.5h 内升温到 92℃，恒温一定时间，达到所需的黏度，冷却到 40℃以下出料。这种胶黏剂与聚乙烯醇缩甲醛复合后可用作外墙涂料的基料。

【实例 1】　木质素-酚醛胶黏剂配方实例见表 36-13。

表 36-13　木质素-酚醛胶黏剂配方实例（质量份）

| 名称 | 配比 | 名称 | 配比 |
|---|---|---|---|
| 木质素-酚醛胶黏剂 | 30～120 | 颜料 | 2～10 |
| 6%聚乙烯醇缩甲醛 | 180～270 | 助剂 | 1～2 |
| 填料 | 120 | | |

【实例 2】　木质素-环氧树脂胶黏剂配方见表 36-14～表 36-18。

表 36-14　木质素-环氧树脂胶黏剂配方 1（质量份）

| 材料 | 配比 | 材料 | 配比 |
|---|---|---|---|
| 木质素 | 17.3 | 苯酐 | 32.7 |
| 环氧树脂 | 49.5 | 其他助剂 | 适量 |

表 36-15　木质素-环氧树脂胶黏剂配方 2（质量份）

| 材料 | 配比 | 材料 | 配比 |
|---|---|---|---|
| 木质素 | 22.4 | 苯酐 | 30.6 |
| 环氧树脂 | 46.3 | 其他助剂 | 适量 |

表 36-16　木质素-环氧树脂胶黏剂配方 3（质量份）

| 材料 | 配比 | 材料 | 配比 |
|---|---|---|---|
| 木质素 | 23.4 | 苯酐 | 30.6 |
| 环氧树脂 | 46.3 | 其他助剂 | 适量 |

表 36-17　木质素-环氧树脂胶黏剂配方 4（质量份）

| 材料 | 配比 | 材料 | 配比 |
|---|---|---|---|
| 木质素 | 23.4 | 苯酐 | 10 |
| 环氧树脂 | 66.7 | 其他助剂 | 适量 |

表 36-18　木质素-环氧树脂胶黏剂配方 5（质量份）

| 材料 | 配比 | 材料 | 配比 |
|---|---|---|---|
| 木质素 | 25.8 | 苯酐 | 10 |
| 环氧树脂 | 34.5 | 其他助剂 | 适量 |

## 36.2.4　大豆蛋白胶黏剂

### 36.2.4.1　概述

大豆蛋白是从脱脂豆粕中分离提取出的大豆分离蛋白、大豆组织蛋白等。早在 1930 年，美国杜邦公司将大豆蛋白改性脲醛树脂胶首次用于木材的粘接。20 世纪初美国西海岸大豆蛋白胶黏剂的生产量占胶黏剂总产量的 85% 以上。植物蛋白质在胶黏剂的制备方面得到了广泛应用。到了 1930 年才产生了脲醛树脂等化学合成树脂胶黏剂，并逐步占据了主流。但随着环保意识的提高，大豆蛋白黏剂又重新成为研究和应用的热点。

### 36.2.4.2　大豆蛋白组成

大豆蛋白主要成分为大豆球蛋白和大豆乳清蛋白。这些蛋白呈球形分散在水中，将其疏水基团包裹起来，而暴露出亲水基团，同时蛋白质的活性基团也被包裹其中，使得蛋白质的粘接强度和交联度降低。如何将球状蛋白的活性基团暴露出来而又不至过度水解降低粘接强度，是大豆蛋白胶的研究重点之一。人们在描述蛋白质结构时，一般从不同的结构水平上对其描述。主要分为一级结构、二级结构、三级结构和四级结构。

根据加工过程和蛋白质组分含量的不同，可以将大豆蛋白分为大豆粉（SF）、大豆浓缩蛋白（SPC）、大豆分离蛋白（SPI）和大豆渣（SD）。其中蛋白质含量由高到低的排列顺序是 SPI＞SPC＞SF＞SD。由大豆蛋白制备的胶黏剂胶合强度低，耐水性差。因此，大量国内外学者通过物理化学等方法改性大豆蛋白胶黏剂，来提高其耐水性和胶合强度。要变成可用于胶黏剂的一种主剂，必须先将整个豆子裂开、去壳、干燥、剥离切片、溶剂抽提、再干燥，然后磨成豆粉。在所有的这些加工过程中，最高温度不得超过 70℃，以维持豆蛋白的溶解度不变，经过溶剂抽提而未烘烤的粗豆粉的组成分析结果见表 36-19。

表 36-19　经过溶剂抽提而未烘烤的粗豆粉的组成分析结果

| 项目 | 指标(质量分数)/% | 项目 | 指标(质量分数)/% |
|---|---|---|---|
| 蛋白质 | 54.0 | 灰分 | 6.0 |
| 碳水化合物 | 29.7 | 水 | 7.0 |
| 半纤维素与纤维素 | 2.6 | 合计 | 100.0 |
| 脂肪 | 0.7 | | |

### 36.2.4.3　改性

大豆蛋白胶黏剂存在力学性能和耐水性差以及流动性差的缺陷，需要对其进行改性。

（1）物理改性　大豆蛋白胶黏剂物理改性是利用机械剪切作用、辐射作用、电场作用、高频声波作用等物理相关作用形式，改变蛋白质高级结构及其分子之间聚集连接方式的改性方法。在一般情况下，不会涉及蛋白质的一级结构。但事实上，物理改性所指的是，在可控制条件下对蛋白质进行定向变性，以提高大豆蛋白分子伸展的能力。物理改性有经济性高、价格较低、作用时间相对较短等优点。

（2）化学改性　化学改性可以主要分为两种，一种可以泛指为利用化学手段对蛋白质结构进行一定程度修饰；另一种是指，使用某种特定化学相关试剂与蛋白质分子上反应活性基团发生反应，将蛋白质进行化学衍生化。还有具有分子极性水分子可以通过氢键吸附在大豆蛋白分子主链上分布亲水性基团，例如—NH₂、—COOH、—COO—等。

① 酸改性。在酸诱导作用下，大豆蛋白结构发生了较明显改变，它们多肽链会展开或者解离成为亚基，这样会使大豆蛋白分子变小，增强了蛋白质表面疏水性。酸处理条件受到大豆分离蛋白本身溶解度的影响相对较小。

② 碱改性。在碱性条件下，大豆球蛋白则会发生解聚反应，从而使蛋白质溶解度增大，大豆蛋白会发生解聚，极性和非极性功能性基团则会暴露在外面，这些暴露出来的基团可与木材发生进一步反应，增强蛋白质相关黏附性能以及疏水性能，但同时适用期也会相对缩短。

　　③ 脲改性。使用不同梯度浓度脲，对大豆分离蛋白胶黏剂进行改性，对大豆蛋白质结构展开有很大影响，粘接性能得到显著提高。

　　④ 表面活性剂改性。十二烷基硫酸钠以及十二烷基磺酸钠，分别对大豆分离蛋白胶黏剂进行相关改性，耐水性能有显著提高，加入量达到3%时，胶合强度可以达到最大值。

　　⑤ 交联改性及其接枝改性。大豆蛋白胶黏剂常见有效交联剂有黄原酸钾、二硫化碳、二硫代碳酸乙烯酯及其硫脲等硫化物。经过有效交联剂改性后，耐水性提高，适用期在一定程度上得到延长，并且胶黏剂黏度降低。此外，如含有可溶性铜、铬、锌等元素交联剂，以及环氧化物，可用作活性固化剂，在碱性条件下改性大豆蛋白胶黏剂，改性后胶黏剂产品具有较高胶合强度以及较优耐久性能，但与此同时改性成本比较高。

　　⑥ 磷酸化改性。利用蛋白质侧链活性基团，如丝氨酸、苏氨酸的—OH，赖氨酸的—NH₂，引入磷酸根、二聚磷酸根和三聚磷酸根，与水分子形成大量氢键，使整个蛋白质分子负电荷增加，增加蛋白质分子间作用力，提高粘接性能。另一方面磷酸化使蛋白质变性，部分大豆蛋白质的二级结构发生变化，未磷酸化的大豆分离蛋白无规则卷曲部分含量为28.6%，磷酸化后，其无规则卷曲部分含量升高，大豆蛋白有序的二级结构向无序方向转变，暴露蛋白质分子内部的疏水基团，提高粘接性能。

　　⑦ 接枝改性。与水性树脂共混这一重要的研究方法近年来受到人们的重视。这种方法可以综合大豆蛋白与水溶性树脂的优点，有重要的应用前景。如引入聚酰胺多胺环氧氯丙烷（PAE）提高大豆蛋白的耐水性和工艺性能。实验结果表明：大豆分离蛋白与PAE以1.33∶1的比例制得的胶黏剂有良好的粘接强度和耐水性。此外还有采用端异氰酸酯基聚酸酯与大豆蛋白基乳液共聚、聚乙烯亚胺和马来酸酐与大豆分离蛋白共聚等方式，制得耐水性强度与粘接性能比脲醛树脂改性更为优异的刨花板。

　　⑧ 酰化改性。包括大豆蛋白乙酰化、琥珀酰化和磷酸化等。随酰化程度的增大，大豆蛋白质表面疏水性、分子柔性、水溶性与黏度不断增大，在高于或等于原大豆蛋白等电点的pH范围内，酰化可显著提高大豆蛋白的水溶性、乳化活性和乳化稳定性，提高了耐水性。一方面引入的新功能基团使蛋白质部分发生变性，暴露分子内部疏水基团，提高大豆蛋白基胶黏剂耐水性；另一方面引入的乙酰基官能团是极性基团，可与水相溶，引入乙酰基因越多，耐水性越差。因此，对耐水性影响取决于它们共同作用结果。

　　（3）生物改性　通过蛋白酶在一定条件下、一定限度内水解肽键或者酰胺键，或者两者同时水解引起大豆蛋白发生部分降解，使蛋白质分子内或者分子间交联增加，从而使蛋白质功能和性质得到增强。如用胰蛋白酶对大豆蛋白基胶黏剂进行改性，在使用冷压固化情况下，比未改性胶合强度可以高出一倍。但与此同时，使用碱改性大豆蛋白胶黏剂，胶合强度以及耐水性在一定程度上都相对较低。

### 36.2.4.4　应用和配方实例

　　【实例1】　胶合板用大豆蛋白胶黏剂（配方见表36-20）。

表36-20　胶合板用大豆蛋白胶黏剂配方（质量份）

| 名称 | 配比 | 名称 | 配比 |
| --- | --- | --- | --- |
| 改性豆粕粉 | 20～50 | 改性胶液 | 30～100 |
| 增黏剂 | 12～30 | 固化剂 | 2～5 |
| 水 | 20～60 | | |

　　将20～50g改性豆粕粉、12～30g增黏剂和20～60g水加入装有30～100g改性胶液的容器中，于常温条件下搅拌30min后，再将4～20g面粉加入豆粕胶黏剂体系中，继续搅拌

至无明显颗粒物；最后加入占体系 2%（质量分数）的固化剂搅拌均匀后放置 10min 即可应用于胶合板制备。胶合板制备工艺参数：施胶量 300～340g/m²（双面）、预压时间 30～60min、预压压力 0.8～1.0MPa、热压因子 80～100s/mm、热压压力 1.2～1.4MPa、热压温度 125℃±5℃。使用该配方制备的胶合板性能满足国家Ⅱ类胶合板要求。

【实例 2】　纤维板用大豆蛋白胶黏剂。

将 100～180g 改性胶液均匀加入不断搅拌的装有一定量木质纤维板的搅拌器中，用风机干燥约 10～15min 至体系含水率为 5%～10%，加入 2～15g 固化剂和 40～80g 改性豆粕粉，持续搅拌约 5～10min 后即可按照纤维板制备工艺进行操作。纤维板制备工艺参数：热压温度 180～200℃、热压因子 20～30s/mm。使用该配方制备的纤维板物理力学性能满足国家标准要求，甲醛释放量达到无醛级别。

# 36.3　动物胶黏剂及其生产与制备

## 36.3.1　动物胶黏剂的组成与性质

动物胶黏剂的主要化学成分是胶原。胶原是存在于动物组织器官中的一类具有生物活性的三股螺旋结构的天然大分子蛋白，主要作用是支撑器官、保护机体。胶原成膜性好，具有优良的柔韧性和机械强度。明胶同样具有良好的生物相容性，但明胶丧失了生物活性，能被蛋白酶所酶解。

胶原含有 18 种氨基酸，其氨基酸组成特点如下：①胶原中缺少胱氨酸和色氨酸，但另有一些文献中列出的胶原氨基酸组成并不缺少这两种氨基酸，只是量少而已。②甘氨酸含量几乎占了 1/3。③胶原中存在羟赖氨酸和羟脯氨酸，其他蛋白质中不存在羟赖氨酸，也很少有羟脯氨酸。④绝大多数蛋白质中脯氨酸含量很少，而胶原中脯氨酸和羟脯氨酸的含量在各种蛋白质中最高，这两种氨基酸都是环状氨基酸，锁住了整个胶原分子，使之很难拉开，故胶原具有微弹性和很强的拉伸强度。⑤胶原 $\alpha$-链 $N$ 端氨基酸是焦谷氨酸，它是谷氨酰胺脱去一分子氨而闭环产生的吡咯烷酮羧酸，它在一般蛋白质中是少见的。明胶是具有特性的蛋白质。明胶的蛋白质是由 20 种不同的氨基酸组成的多肽链构成的。

几种明胶中氨基酸的含量见表 36-21。

表 36-21　几种明胶中氨基酸的含量/%

| 氨基酸名称 | 牛皮胶 | 骨胶 | 猪皮胶 | 氨基酸名称 | 牛皮胶 | 骨胶 | 猪皮胶 |
| --- | --- | --- | --- | --- | --- | --- | --- |
| 赖氨酸 | 24.8 | 27.6 | 26.2 | 苏氨酸 | 16.6 | 18.8 | 17.1 |
| 羟基赖氨酸 | 5.2 | 4.3 | 5.9 | 甘氨酸 | 336.5 | 335.0 | 326.0 |
| 组氨酸 | 4.8 | 4.2 | 6.0 | 丙氨酸 | 106.6 | 116.6 | 110.8 |
| 精氨酸 | 47.9 | 48.0 | 48.2 | 缬氨酸 | 19.5 | 21.9 | 21.9 |
| 天门冬氨酸 | 47.8 | 46.7 | 46.8 | 蛋氨酸 | 3.9 | 3.9 | 5.4 |
| 谷氨酸 | 72.1 | 72.6 | 72.0 | 亮氨酸 | 24.0 | 24.3 | 23.7 |
| 脯氨酸 | 129.0 | 124.2 | 130.4 | 异亮氨酸 | 11.3 | 10.8 | 9.6 |
| 羟脯氨酸 | 94.1 | 93.3 | 95.5 | 酪氨酸 | 4.6 | 1.2 | 3.2 |
| 丝氨酸 | 39.2 | 32.8 | 36.5 | 苯丙氨酸 | 12.6 | 14.0 | 14.4 |

明胶除了含有氨基酸外，还含有水，约为总量的 9%～15%。还含少量的碳水化合物、核酸碱基、醛类以及其量为 2% 以下的一些无机盐类。

胶原的物理性质如下。

（1）两性电解质性质　胶原与其他蛋白质一样，也是一种聚两性电解质。胶原每条肽链具有许多酸性或碱性的侧基，胶原每条肽链的两端有 $\alpha$-羧基和 $\alpha$-氨基。这些基团都具有接受或给予质子的能力，表 36-22 列出了侧基和端基的 p$K$ 值。

表 36-22　侧基和端基的 p$K$ 值

| 基团 | p$K$（25℃） | 基团 | p$K$（25℃） |
|---|---|---|---|
| $\alpha$-羧基 | 3.0～3.2 | $\varepsilon$-氨基（赖氨酰） | 9.4～10.6 |
| $\beta$-羧基（天冬氨酰） | 3.0～4.7 | 巯基（半胱氨酰） | 9.1～10.8 |
| $\gamma$-羧基（谷氨酰） | 约 4.4 | 酚羟基（酪氨酰） | 9.8～10.4 |
| 咪唑基（组氨酰） | 5.6～7.0 | 胍基（精氨酰） | 11.6～12.6 |
| $\alpha$-氨基 | 7.6～8.4 | | |

这些可解离的基团，在特定的 pH 范围内，解离产生正电荷或负电荷。换句话说，在溶液中，随着介质的 pH 不同，胶原即成为带有许多正电荷或负电荷的离子：

$$HOOC\sim P\sim NH_3^+ \underset{H^+}{\overset{OH^-}{\rightleftharpoons}} {}^-OOC\sim P\sim NH_3^+ \underset{H^+}{\overset{OH^-}{\longrightarrow}} {}^-OOC\sim P\sim NH_2$$

（2）分子量及其分布　胶原是高分子化合物，其分子量一般是 300000，而胶原蛋白的分子量则由制备方式决定。水解胶原蛋白分子量分布在 75～6500，以 1000～2000 的为多。蛋白酶水解产物比碱水解产物的分子量分布窄得多，分子量分布窄的胶原蛋白，将能制备出生物力学性能好的材料。

（3）水溶液聚集状态　胶原蛋白在水溶液中的聚集状态与其物理化学性质具有相关性，其实质是与两个因素有关：一是疏水性氨基酸之间的作用；二是肽链之间的氢键作用。溶解在水中的胶原蛋白，实际上是游离的肽链，而不是三联螺旋链。在水溶液中，溶液的浓度及 pH 均会影响胶原蛋白肽链的聚集状态。

（4）水合性质与黏度　蛋白质与水结合的性质，主要是蛋白质分子中极性基团的含量及极性的强弱决定的，影响蛋白质与水结合的因素包括蛋白质的氨基酸组成、构象特征、表面性质、pH、温度、离子的种类和浓度。

## 36.3.2　动物胶黏剂应用与配方实例

骨胶是骨胶朊衍生蛋白质的总称，属硬蛋白，一般呈浅棕色，溶于热水、甘油和乙酸，不溶于乙醇和乙醚。骨胶加水分解便变成明胶，反应式如下：

$$C_{102}H_{149}O_{38}N_{31} + H_2O \rightleftharpoons C_{102}H_{151}O_{39}N_{31}$$

骨胶的黏度随温度、盐含量和体系 pH 变化而变化。

【实例 1】　常用骨胶胶黏剂（配方见表 36-23）。

表 36-23　常用骨胶胶黏剂配方（质量份）

| 名称 | 木材用 | 涂漆纸用 | 增韧用 |
|---|---|---|---|
| 牛皮胶 | 70 | 100 | 30 |
| 尿素 | 14 | — | — |
| 苯酚 | — | 2 | — |
| 甲醛 | 7 | — | — |
| 蓖麻油酸 | — | 60 | — |
| 山梨糖醇甘油（3∶7） | — | — | 1 |
| 液状石蜡 | 1 | — | — |
| 水 | 55～74 | 200 | 28 |

工业明胶为无色至微黄色透明或半透明薄片或粉粒，密度约 1.27g/cm$^3$，无臭，无味，在冷水中吸水膨胀至原来体积的 5～10 倍。工业明胶的质量指标见表 36-24。溶于热水、甘

油、醋酸，不溶于乙醇、乙醚等有机溶剂。在干燥条件下能长期储存，但遇湿空气后便会受潮，易受细菌作用而霉变。

### 表 36-24 工业明胶的质量指标

| 项目 | 一级品 | 二级品 | 项目 | 一级品 | 二级品 |
|---|---|---|---|---|---|
| 黏度(恩氏) | ≥7 | ≥6 | 透明度/mm | ≥60 | ≥25 |
| 水分/% | ≤16 | ≤16 | pH | 5.5～7 | 5.5～7 |
| 灰度/% | ≤2 | ≤2 | 色泽 | 淡黄色至黄色半透明微带光泽细粒或薄片 | 淡黄色至黄色半透明微带光泽细粒或薄片 |
| 凝冻浓度/% | ≤1.2 | ≤1.3 | | | |

**【实例2】** 常用工业明胶（配方见表36-25～表36-27）。

### 表 36-25 胶合板用明胶配方（质量份）

| 材料 | 配比 | 材料 | 配比 |
|---|---|---|---|
| 粉末牛皮胶 | 70 | 液体石蜡 | 1.0 |
| 尿素 | 14 | 去离子水 | 6～8 |
| 甲醛 | 7.0 | | |

### 表 36-26 木材粘接用明胶配方（质量份）

| 材料 | 配比 | 材料 | 配比 |
|---|---|---|---|
| 明胶(骨胶) | 100 | 其他助剂 | 适量 |
| 去离子水 | 160 | | |

### 表 36-27 木制品粘接用明胶配方（质量份）

| 材料 | 配比 | 材料 | 配比 |
|---|---|---|---|
| 明胶 | 100 | 尿素 | 20.0 |
| 稀醋酸 | 200 | 低亚硫酸钠 | 0.01 |
| 酒精 | 12.0 | 甘油 | 2.0～5.0 |
| 明矾 | 2.5 | | |

**【实例3】** 常用鱼胶配方（见表36-28）。

### 表 36-28 常用鱼胶典型配方（质量份）

| 材料 | 配比 | 材料 | 配比 |
|---|---|---|---|
| 45%鱼胶溶液 | 100 | 甲基溶纤剂 | 95 |
| 乙醇 | 50 | 二甲基甲酰胺 | 110 |
| 丙酮 | 25 | | |

**【实例4】** 常用血胶配方（见表36-29）。

### 表 36-29 常用血胶配方（质量份）

| 材料 | 配比 | 材料 | 配比 |
|---|---|---|---|
| 配方1(热压用) | | 配方3 | |
| 血粉(90%可溶) | 100 | 血粉 | 100 |
| 水 | 170 | 氨水 | 4.0 |
| 氨水(密度 0.9g/cm³) | 4 | 去离子水 | 170 |
| 消石灰 | 3 | 生石灰(先配制) | 3.0 |
| 去离子水 | 10 | 水(先配制) | 10.0 |
| 配方2(热压、冷压两用) | | 配方4 | |
| 血粉(90%可溶) | 100 | 血粉 | 100 |
| 去离子水 | 170 | 去离子水 | 140～200 |
| 氨水(密度 0.9g/cm³) | 5.5 | 氨水 | 55 |
| 多聚甲醛 | 15 | 多聚甲醛 | 15 |

## 36.3.3　动物胶黏剂生产工艺

胶原的制备是一个多步骤的过程，包括组织材料的选择、预处理、胶原的提取和纯化。由于胶原是细胞外的基质成分，在生物体内以不溶的巨分子结构存在，并和其他细胞外间质成分，例如蛋白多糖、粘连糖蛋白等结合在一起，因此胶原的分离制备首先要考虑如何将它从不溶性的巨分子结构转变成可溶性的单分子，从而提取出来，其次才是胶原分子的纯化鉴定。

（1）原料选取与预处理　不同类型胶原在体内的分布是不同的，提取时要根据不同类型胶原在组织器官上的分布、特异性选择适当的组织材料。Ⅰ型胶原主要分布在肌腱、骨骼、牙齿和各种软组织器官中；Ⅱ型胶原主要存在于透明软骨和弹性软骨中；Ⅲ型胶原在各种软组织脏器内；Ⅳ型胶原在基膜里；Ⅴ型胶原在细胞外周。由此可知，选择适当的组织材料是顺利地分离纯化各型胶原制品的首要条件。不同类型胶原在体内的分布见表 36-30。

表 36-30　不同类型胶原在体内的分布

| 组织 | 胶原类型 | 组织 | 胶原类型 |
| --- | --- | --- | --- |
| 骨 | Ⅰ | 基膜 | Ⅳ |
| 肌腱 | Ⅰ | 真皮 | Ⅰ、Ⅲ |
| 透明软骨 | Ⅱ | 血管壁 | Ⅰ、Ⅲ、Ⅴ |
| 胎盘绒毛 | Ⅰ、Ⅲ、Ⅳ、Ⅴ | EHS 瘤 | Ⅳ |
| 纤维化肝组织 | Ⅰ、Ⅲ | | |

预处理是对已经选取组织中某些杂质除去的步骤。因为这些杂质的存在将妨碍对胶原的有效提取，或者对已被提取出的胶原的进一步纯化造成困难。在这里我们选用三种常见的方法进行介绍。

① 中性盐溶液体系。含有 $0.15\sim1.0\text{mol/L}$ NaCl 的 Tris（三羟甲基氨基甲烷）-HCl 缓冲液体系（pH 值为 7.4 左右）。为了减少组织中各种蛋白水解酶在酸性和中性 pH 条件下的降解作用，在此缓冲体系中可同时加入各种蛋白水解酶的抑制物。用此体系提取胶原，其效率随盐浓度的升高而升高。

② 有机酸溶液体系（$0.5\text{mol/L}$ 乙酸，pH 值约为 $2.5\sim3.0$ 并含有蛋白酶抑制剂）。用稀的有机酸溶液提取胶原，其溶解胶原的能力较中性盐溶液好，它除了可溶解和提取出没有交联的胶原分子，还可以使多数组织膨胀，溶解其中的某些胶原纤维。这些胶原纤维主要是由含有醛胺类的交联键连接而成。在酸性条件下，这类交联键是不稳定的，因此由它们交联形成的胶原纤维可被溶解和提取出来。

③ 胃蛋白酶-$0.5\text{mol/L}$ 乙酸体系。是指在 $0.5\text{mol/L}$ 乙酸中加入一定量的胃蛋白酶，于 4℃下作用于粉碎的组织以提取胶原，又称为胃蛋白酶限制性降解法。组织经胃蛋白酶降解后，在巨分子结构中的大量胶原以近似完整的分子结构被释放出来，并溶解于 $0.5\text{mol/L}$ 的乙酸溶液中。胶原分子的主体部分是杆状三螺旋结构，能耐受较高浓度的胃蛋白酶的作用，但分子两端的球蛋白结构区能被胃蛋白酶选择性地水解。在低温条件下胶原蛋白三螺旋结构保持完好，胶原不易变性。$2.5\sim3.0$ 是胃蛋白酶作用的最适 pH 值。在此条件下胃蛋白酶能顺利对胶原分子进行限制性降解，使得胶原主体分子保持完整，末端肽被切割下来。

（2）胶原的分离纯化　对取得胶原的粗提物，需要进一步分离纯化，目前常用的纯化方法有分级沉淀法、凝胶电泳、离子交换层析等。

① 分级沉淀法。分级沉淀法是利用混合物中不同成分对于沉淀液（溶液）有不同溶解度，或者是利用这些成分在不同 pH 下的溶解度不同而分级依次沉淀下来达到分离纯化、浓缩的目的，目前一般常采用有机溶剂（如丙酮）沉淀法、盐溶液沉淀法，但由于有机溶剂易破坏蛋白质活性，因此在沉淀后需进一步处理（如离心）使其恢复活性。

② 凝胶电泳。蛋白质是一种两性离子，其离子随溶液中 pH 值不同而带上不同的电荷，改变溶液的 pH 后，在电场作用下，溶液中的各种蛋白质就会向正极或负极移动，而达到提纯的目的。此方法还可用于蛋白质纯度分析、分子量的测定、浓度的测定等。

③ 离子交换层析。按照离子交换原理，蛋白质可从大量缓冲溶液中被分离出来，故此方法适于蛋白质粗提物的初始纯化。离子交换层析同等电聚焦电泳一样，都是利用不同蛋白质表面电荷性质的不同达到分离、纯化蛋白质的目的。进行离子交换层析的最佳溶液 pH 值一般与蛋白质的等电点相差一个单位，这可使蛋白质的净电荷量既可保证将其结合在离子交换相树脂上，又不需在洗脱时采用使洗脱液的离子强度很大或与原溶液的 pH 值相差悬殊等苛刻条件。

④ 凝胶过滤层析。凝胶过滤层析是一种重要的蛋白质纯化技术，又称为凝胶排阻、分子筛等。这种方法利用分级分离，而不需要蛋白质的化学结合。这就明显降低了因不可逆结合导致的蛋白质损失和失活。另外，可利用此法更换蛋白质的缓冲溶液或降低缓冲液的离子强度，其原理是利用蛋白质分子尺寸（体积）大小不同，通过不同直径孔隙的速度和先后不同而将其分离纯化，之后可用与以前不同的缓冲液冲洗目标蛋白。

⑤ 亲和层析。亲和层析也是一类纯化蛋白质的方法，以蛋白质和结合在介质上的配基间的特异亲和为工作基础。

（3）明胶的精制纯化　用于制备医学生物材料的明胶及照相明胶，都要求有很高的透明度和纯度，可以采用一些处理技术达到精制、纯化明胶的目的。

① 硅藻土过滤脱色。

② 聚丙烯酰胺絮凝。聚丙烯酰胺絮凝剂不会絮凝明胶蛋白质，但对稀明胶溶液中的无机、有机杂质有黏结、架桥的絮凝作用，把微细颗粒聚集成团，在静置一段时间后下沉或悬浮，可经过滤除去。如与硅藻土脱色联用，则效果更好。预先配制好 0.2% 浓度的分子量为 $10^7$ 的阳离子聚丙烯酰胺溶液，浓度 0.1%、分子量为 $1.5 \times 10^7$ 的阴离子聚丙烯酰胺溶液。在 $50 \sim 80 ℃$ 的稀明胶溶液（5%）中加入硅藻土，搅匀，然后一边搅拌一边加入胶液量 4% 的阳离子聚丙烯酰胺溶液，接着再加入胶液量 1% 的阴离子聚丙烯酰胺溶液，静置 60min 后，即可过滤，得无色透明胶液。

③ 离子交换树脂处理。明胶是从动物骨或皮中提取的，含有较多金属离子，可以通过阴离子交换树脂和阳离子交换树脂处理而除去。如姚龙坤等最近申请的发明专利中，48℃ 的 5% 的明胶（pH 5.8），以 $6m^3/h$ 的流量，先经过硅藻土过滤，然后流经阳离子树脂交换柱和阴离子树脂交换柱，交换柱为直径 1.375m、高 1.8m 的圆柱。阳离子树脂为 1200H，这是一种苯乙烯二乙烯基苯共聚物强酸型阳离子交换树脂（相当于国产 732 树脂）；阴离子树脂为 IRA92RF，这是一种聚苯乙烯弱碱型阴离子交换树脂（相当于国产 701A 树脂），流出的胶液经真空浓缩到 35%，即可干燥。

## 参 考 文 献

［1］ 叶楚平，等. 天然胶黏剂. 北京：化学工业出版社，2004.

［2］ 顾继友. 胶粘剂与涂料. 北京：中国林业出版社，2012.

［3］ 詹怀宇. 纤维素化学与物理. 北京：科学出版社，2005.

［4］ 梁向晖，付时雨，林荣斌，等. 大豆蛋白胶粘剂的化学改性研究进展. 中国胶粘剂，2007，16（3）：38.

［5］ 蒋挺大. 胶原与胶原蛋白. 北京：化学工业出版社，2006.

［6］ 刘瑞雪，周腾，樊晓敏，等. 明胶基复合水凝胶研究进展. 轻工学报，2018，33（6）：48-60.

（张伟　韩雁明　王春鹏 编写）

# 第37章

# 功能型胶黏剂

## 37.1 功能型胶黏剂的种类与特点

功能型胶黏剂是指除了粘接功能以外，还同时兼具密封、导电、导热、导磁、耐高温、耐低温、光学透明、生物相容性等功能的胶黏剂，有时也称这类胶黏剂为特种胶黏剂。

功能型胶黏剂种类较多，最常用的有导电胶黏剂、导热胶黏剂、导磁胶黏剂、电磁屏蔽胶黏剂、光学胶黏剂、医用胶黏剂、耐高温胶黏剂、超低温胶黏剂、密封胶黏剂、应变胶黏剂、点焊胶黏剂等，这些胶黏剂主要靠主体材料自身的粘接性能，再结合配方中的功能性填料或配方组成产生的特殊结构引起的其他特定的性能，实现功能性粘接，已经广泛应用于航天航空、船舶、机械、电子、医疗等国民经济的各个领域。

## 37.2 导电胶黏剂

### 37.2.1 导电胶黏剂的特点、分类和发展历史

合成高分子胶黏剂材料一般不具备导电功能。其导电原理是在胶黏剂中加入了一定量的导电填料，通过粘接把导电粒子、被粘接物固定连接在一起，通过导电粒子的相互接触形成导电通路来实现的。

（1）导电胶的特点　同传统的焊接相比，导电胶技术具有以下多方面的优势：

① 不使用低熔点含有毒金属铅的焊锡，对环境友好。

② 固化温度与焊接温度（260℃）相比较低，特别适合于热敏性材料和不可焊接的材料。

③ 连续相为高分子材料，柔韧性好、抗疲劳性能佳，可有效避免因应力集中而造成的粘接破坏。

④ 导电胶施工工艺简单，减少了加工成本；线分辨率高，可在小粒子间形成细间距连接，特别适合精细间距制造，同时其自身密度小，使其更能满足现代微电子连接的需求。

（2）导电胶的分类　导电胶黏剂种类繁多，按胶黏剂主剂性质来分有无机导电胶和有机导电胶。有机导电胶又可分为环氧导电胶、丙烯酸酯导电胶、聚氨酯导电胶、酚醛导电胶、聚酰亚胺导电胶、有机硅导电胶等。按添加的导电粒子来分可分为铜粉导电胶、银粉导电胶、炭黑导电胶等。

按固化条件来分，导电胶有反应型、热熔型和溶剂型导电胶等。按包装形态来分有单组

分和双组分导电胶黏剂。

按导电胶黏剂应用领域功能来分，有电磁屏蔽、电信号传递、功率电流传输等。

按导电方向性质来分有各向同性和各向异性导电胶黏剂。各向同性导电胶树脂各个方向导电性相同。各向异性导电胶［anisotropic conductive adhesive/paste（ACA/ACP）是一种只在一个方向导电，而在另一方向电阻很大或几乎不导电的特殊导电胶，一般是垂直性导通、平行不导通］。

（3）导电胶的发展历史　导电胶黏剂是随着电子电器工业的发展逐步发展起来的功能型胶黏剂，最早的导电胶主要是各向同性导电胶。20 世纪 50 年代开始，日本、德国、美国相继开发出导电胶黏剂，我国 20 世纪 70 年代开始研制导电胶黏剂。

各向异性导电胶是 20 世纪 80 年代发展起来的。各向异性导电膜 ACF（anisotropic conductive film）最先于 1984 年由日本的日立化成工业株式会社开发成功并投入量产。ACF 的横向面导电性和纵向面厚度方向的导电性有较大的差别，见图 37-1。ACF 各向异性导电膜产品在 LCD 中应用见图 37-2。

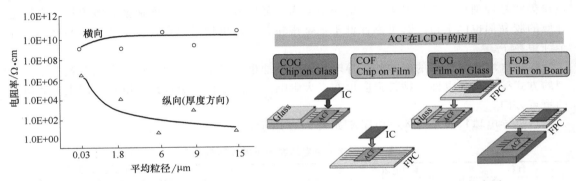

图 37-1　改变炭黑粒子大小及添加量，
横向及纵向的电阻呈现各向异性

图 37-2　ACF 在 LED 中的应用

20 世纪 90 年代，日本三键公司开发出了 ACP（anisotropic conductive paste）导电胶，其导电原理和 ACF 类似，但使用工艺完全不同，采用的是丝网印刷工艺，在 FPC 上丝印 ACP 之后加热干燥挥发掉里面的高沸点溶剂，形成一个干爽的膜。这个膜在常温下可以保存半年左右的时间，远好于 ACF 的保存性。也因为价格便宜，得到了广泛应用。

## 37.2.2　导电胶黏剂的组成

导电胶黏剂由胶黏剂基体、导电填料和添加剂组成。通过胶黏剂基体树脂和固化剂的粘接、固化作用，把导电粒子结合在一起，形成导电通路，实现被连接材料或器件间的导电连接。常用导电胶的组成及各组分的基本功能介绍如下。

（1）胶黏剂基体　把导电填料和被粘物粘接在一起，同时使得导电填料之间互相搭接获得导电性，给导电胶提供物理和化学稳定性。常用的导电胶黏剂有环氧树脂系、聚氨酯树脂系、丙烯酸树脂系和有机硅树脂系等。

环氧树脂系导电胶黏剂主要是由双酚 A 环氧树脂、双酚 F 环氧树脂、酚醛环氧树脂以及固体环氧树脂等环氧树脂主剂，双氰胺、咪唑、微胶囊型多元胺类等潜伏性固化剂以及相应的溶剂、硅烷偶联剂、增韧剂等一些助剂组成。

聚氨酯树脂系导电胶黏剂主要是封闭型聚氨酯树脂及相应的溶剂、硅烷偶联剂、增韧剂等一些助剂组成。

丙烯酸树脂系导电胶黏剂主要是由具有（甲基）丙烯酸封端的树脂、（甲基）丙烯酸单体、自由基阻聚剂、过氧化物或偶氮类化合物等热引发剂及相应的硅烷偶联剂组成。当然，如果添加的是光引发剂而不是热引发剂就可制备光固化型导电胶，但银粉透光率很小，所以光固化导电胶只能适用于表面涂层的应用。

有机硅树脂系导电胶黏剂主要是加成型热固化有机硅，一般是由乙烯基硅油、含氢硅油、乙烯基硅树脂、含氢硅树脂、铂金催化剂、粘接促进剂、反应抑制剂（或者叫作保存性稳定剂）、气相二氧化硅补强剂、溶剂等组成。湿气固化的有机硅导电胶主要用作电磁屏蔽用途。

（2）导电填料  导电粒子的代表物质有金、银、镀金微球、镀银微球、铜、银包铜、镍、石墨、石墨烯、碳纳米管等。其中金粉具有优异的导电性、极好的化学稳定性和高温稳定性，是最理想的导电粒子，但价格昂贵，目前只在稳定性要求极高的领域使用，用量很小。银粉具备金粉优异的导电性、极好的化学稳定性和高温稳定性，同时较金粉价格便宜，在可靠性要求很高的电子元器件（如水晶谐振器）中得到广泛应用。但其有一个缺点，就是在高高温环境长期作用下，会产生银离子迁移现象，导致电气断路或电阻增大。尽管如此，银粉仍然是较理想和应用最多的导电介质。为了降低成本，采用表面镀金和镀银粒子作导电介质的胶黏剂也已上市。其可靠性低于纯金银粉，价格也相对便宜，重量添加量要远小于纯金纯银粒子。

除导电填料导电率的影响外，导电粒子的添加量、形状、形貌、粒子直径及粒子表面处理的方式等对其导电性、粘接强度也有极大影响。其复配技术历来是导电胶黏剂生产商研究的重点方向。

常见导电填料粒子的体积电阻率如表 37-1 所示。

表 37-1  常见导电填料粒子的体积电阻率

| 材料 | 体积电阻率/$\Omega \cdot cm$ | 材料 | 体积电阻率/$\Omega \cdot cm$ |
|---|---|---|---|
| 银 | $1.62 \times 10^{-6}$ | 锌 | $5.92 \times 10^{-6}$ |
| 铜 | $1.70 \times 10^{-6}$ | 锡 | $1.20 \times 10^{-6}$ |
| 金 | $2.40 \times 10^{-6}$ | 石墨 | $10^{-3}$ |
| 铝 | $2.62 \times 10^{-6}$ | 炭黑 | $10^{-2}$ |
| 铁 | $9.78 \times 10^{-6}$ | | |

（3）添加剂  导电胶中有很多种添加剂，如溶剂、分散剂、偶联剂等。

溶剂是为了提高操作性而添加的，具有调整黏度的作用，所以，溶剂对导电胶中树脂的溶解性是十分重要的。另一方面，若溶剂对树脂没有很好的溶解性，树脂在固化时就难以凝集，导电粒子间也不能很好地互相搭接，导电胶就不会有很稳定的导电性、物理化学性。另外，由于导电胶固化时溶剂将被完全蒸发，这样，固化的温度选择就变得非常重要。导电胶固化后的固化物中若还有溶剂残留，会极大地影响导电胶的可靠性。

分散剂（包括气相二氧化硅、有机膨润土、纳米碳酸钙、超分散剂等）增加胶黏剂触变性，防止导电粒子沉降，并使其分散均匀。偶联剂和附着力促进剂可提高粘接强度等。这些添加剂是为了提高和弥补树脂性能不足而添加的。不过，在导电胶中的所有添加剂只是非常少量的一部分，因为过多的添加会影响导电胶的导电性。

# 37.2.3  导电胶黏剂导电机理

（1）各向同性导电胶的导电机理  导电胶的导电机理是导电粒子的互相接触而得到导电性的（见图 37-3）。这种粒子间的互相接触搭接通过树脂的固化而加强。固化之前导电粒子在树脂中呈游离分散状态，由于没有形成互相连续搭接，故导电性不佳。固化后，因溶剂的

蒸发或树脂的固化收缩、交联等原因，连续相的
树脂分子相互靠近固化，迫使导电粒子之间互相
靠近并搭接成导电通路，从而获得导电性。在这
个过程中，若基体树脂的量远多于导电粒子，导
电粒子之间的搭接就很难形成。即使搭接，导电
性也会处于不稳定的状态。相反，若导电粒子的
量过多，导电胶的物理、化学特性会变得不稳定

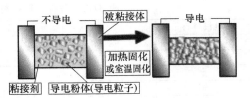

图 37-3　各向同性导电胶导电原理

等。同时，导电粒子过多也会使得导电胶不能很好地维持导电粒子间的搭接，使导电性变得
不稳定。因此，合理地分配导电粒子与树脂的比例是很重要的。

导电粒子银的含量与体积电阻之间具有正相关性。银的最佳含量是 70%～90%（质量
分数，体积分数 20%～50%）。70% 以下的体积电阻会很高且不稳定，但在 90% 以上体积电
阻反而会提高。

导电粒子的互相搭接根据粒子形状的不同而有所差异。导电粒子一般有球状、粒状、片
状、海绵状和不规则状，这些形状中，与球状相比，片状的粒子会显现出比较好的导电性。
而且导电粒子的粒径会对导电性产生影响。小于 $10\mu m$ 的粒子若分布合理且处于最密的填充
状态的话，则导电性能良好。但若粒径小于 $0.01\mu m$ 则其接触电阻反而会增大，导致导电性
变差。导电粒子形态大小不仅对导电性有影响，对黏度也有较大的影响。同样含量情况下，
球状的黏度最小，工艺性也较好。

除了导电粒子的搭接理论外还有隧道效应理论。即导电粒子之间不相互接触也会产生导
电性。导电粒子之间存在树脂隔层，会阻止电子的流动，但当树脂隔层薄至一定程度，在适
当电压下，电子可冲破隔层势垒从而导通。

导电胶的导电性除去上面讲到的固有因素之外，还与导电胶的固化工艺密切相关。温度
高，固化时间长，产生的固化收缩大，有利于导电粒子之间相互搭接，可提高其导电性。

导电粒子按照制造方法进行分类有机械粉碎研磨法、熔融法等物理方法和电解法、化学
还原法等化学方法。根据制备方法不同得到的粒子形状也不一样。使用导电胶的时候考虑到
导电性与流体特性，通常会混合 2～3 种使用。银粉一般采用电解法或化学还原法制备后经
球磨机研磨而得到。这样得到的是片状粒子，在同等添加量的情况下具有较高的导电性。

当电极和导电胶进行粘接时，测得的电阻是电极/导电胶/电极之间的连接电阻（接触电
阻或者叫作界面电阻）。因此，当导电胶用来粘接电极时，不仅要考虑导电胶本征体积电阻
而且要对被粘接电极材质进行适配以便得到更好的导电性。

表 37-2 显示了同样环氧树脂导电胶配方中掺杂不同导电填料后的体积电阻。可以看出，
金属银导电粒子用来作导电填料的体积电阻最低，导电效果是最好的。但是针对不同被粘接
材料电极，其界面电阻表现出了不同于本征电阻的现象。表 37-3 显示了不同电极和掺杂了
不同导电填料的胶黏剂之间的界面电阻。显然，低体积电阻并不意味着低界面电阻。对于一
个镍板来说，与镍膏的连接电阻要小于与银膏的连接电阻。

**表 37-2　不同导电胶的体积电阻**

| 项目 | 银膏 | 镍膏 | 金膏 | 铂金膏 | 碳膏 |
|---|---|---|---|---|---|
| 体积电阻率/$\Omega \cdot cm$ | $1.10\times10^{-4}$ | $2.70\times10^{-1}$ | $2.10\times10^{-2}$ | $8.20\times10^{-2}$ | $1.30\times10^{-1}$ |

（2）各向异性导电胶的导电机理　无论是 ACP 还是 ACF，其导电原理基本是一样的（如
图 37-4 所示），都是依靠热压上、下电极使导电填料将上、下电极之间接触而导电，而横向
面方向因为金球之间没有接触仍处于绝缘状态。

表 37-3　各种被粘接材质和各种导电胶的接触电阻（mΩ）

| 电极材料 | 银膏 | 镍膏 | 金膏 | 铂金膏 | 碳膏 |
|---|---|---|---|---|---|
| 镍 | 700 | 140 | 61 | 27 | 12000 |
| 银 | 1 | 2000 | 1.4 | 1.7 | 900 |
| 金 | 0.6 | 6.5 | 0.83 | 1.9 | 170 |
| 铝 | 6000 | 200 | 1200 | 10000 | 0.8 |
| 铜 | 0.33 | 8.3 | 18 | 34 | 3900 |
| 钛 | 4 | 22 | 4900 | 1400 | 26000 |
| 锡膏 | 34 | 1800 | 1800 | 4200 | 10000 |
| 青铜 | 2.9 | 23 | 520 | 1700 | 60000 |

图 37-4　ACP 或 ACF 导电原理

导电金球在树脂中的含量决定了纵向导电的电阻大小，是一个重要参数。一般对于较大粒径的金球（比如 30μm 直径），添加量为 2%～5% 质量分数，粒径小的金球添加量会相应少一些。添加量越多，纵向电阻越小，超过一定添加量，电阻急剧下降（见图 37-5）。但进一步提高金球添加量，纵向电阻的下降趋势变得平缓，而一旦超过某一数值，横向电阻开始急剧下降，不再是绝缘体了，失去了 ACF 或 ACP 应有的特性，因此金球添加量要处于图中箭头所指区域才能保持纵向导电而横向绝缘。

对于大粒径金球（30μm），其添加量以丝网印刷之后干膜厚度为 15～25μm 来考量的话，1mm² 的金球个数应该在 100 个左右为最佳。热压之后金球破裂，增加了金球与电极之间的导电面积。观察其破损状况也可以推测出所施加的压力是否合适，压力太小，金球未能破碎，导电性欠佳；压力太大，金球过度破碎也会损伤电极，树脂回弹变差。一般以 3MPa 的压力最为合适，热压条件为 140℃/10s。

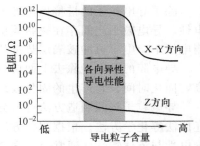

图 37-5　导电金球与纵向
电阻之间的关系

## 37.2.4　导电胶黏剂的配方

（1）各向同性导电胶配方　以溶剂型导电胶、热固化单组分环氧树脂导电胶和热固化单组分加成型有机硅导电胶为例，介绍其配方组成。

溶剂型导电胶可以用于显示器 LCM 导静电用途，要求常温下 1～5min 速干，因此往往采用 PVB、聚丙烯酸酯等醇溶性树脂作为导电胶基体，添加不同挥发度的醇类混合溶剂。选择合适的树脂及溶剂至关重要，醇类溶剂的挥发速度很快，可以满足常温快速固化的要求，但同时也带来点胶后表面迅速结皮、里面来不及干燥、出现假性固化的现象，影响后续操作，是本配方最大的难点之一。溶剂型导电胶典型配方见表 37-4。

表 37-4　溶剂型导电胶典型配方（质量份）

| 合成树脂(例如,PVB) | 10 | 防沉降剂 | 1 |
|---|---|---|---|
| 醇类混合溶剂 | 47 | 片状银粉 | 30 |
| 防结皮剂 | 1 | 球形银粉 | 10 |
| 硅烷偶联剂 | 1 | 合计 | 100 |

单组分环氧树脂导电胶可用于晶体谐振器、滤波器、红外传感器、LED 封装等导电粘

接用途。主要成分有液体/固体环氧树脂、可以耐溶剂的潜伏性固化剂、增韧剂、偶联剂、银粉及一定量溶剂。味之素的潜伏性固化剂 PN-23、MY-24 等虽然广泛用于单组分环氧树脂配方，也可以低温固化，但在含有溶剂或稀释剂的配方中保存性不佳，一般不建议使用。而双氰胺和咪唑的耐溶剂性、耐稀释剂性好，固化温度适中，固化物 $T_g$ 高，是比较理想的潜伏性固化剂。对于需要高黏度的导电胶用途也可以不添加溶剂，做成无溶剂体系。单组分环氧树脂导电胶的典型配方见表 37-5。

表 37-5　单组分环氧树脂导电胶的典型配方（质量份）

| 液体双酚 A 环氧树脂 | 8~10 | 片状银粉 | 60 |
| 固体双酚 A 环氧树脂 | 1~2 | 球形银粉 | 15 |
| 增韧剂 | 1~2 | 中沸点溶剂或稀释剂 | 0~5 |
| 双氰胺潜伏性固化剂 | 0.8 | 高沸点溶剂或稀释剂 | 0~5 |
| 咪唑潜伏性固化剂 | 0.8 | 合计 | 100 |
| 硅烷偶联剂 | 0.1~0.5 | | |

加成型有机硅导电胶主要用于需要耐高温的场所，比如晶振 SMD，要求可以长期耐温 300℃左右，具有极低的挥发物以防在使用过程中发生频率偏移。但是大多数有机硅都含有 D4-20 环体，沸点非常高，在固化过程中很难挥发干净，是 SMD 后期发生频率漂移的主要因素。因此必须采用经过分子蒸馏或溶剂萃取提纯之后的高纯度电子级有机硅原料，才能制备出电性能稳定的导电胶。D4-20 环体硅氧烷含量要控制在 300mg/kg 以下。

柔韧性也是一个重要考量指标，环氧树脂的固化物硬度往往在 D70 以上，虽然粘接强度很高，但在摔落实验中很容易脱落，不抗摔落、不抗震动，不适用于尺寸越来越小的 SMD。

有机硅导电胶具有良好柔韧性，可以抗震动、抗摔落，可以耐回流焊及长期 300℃ 的高温，但有一个致命缺点，就是粘接力不够好，尤其是镀金的 SMD。镀金表面具有惰性，是极难粘接的材料之一，而加成型有机硅本就粘接强度低，因此需要对加成型有机硅配方进行改进，添加特殊附着力促进剂才行。促进剂不能影响铂金催化剂活性，不能影响单组分有机硅的保存性，对镀金表面具有优异的附着力，因此是有机硅配方的关键材料之一，是有机硅导电胶研发的重点课题，也是导电胶制造商最核心秘不外传的配方技术。

加成型有机硅导电胶配方见表 37-6。

表 37-6　加成型有机硅导电胶配方（质量份）

| 乙烯基硅油 | 8~10 | 炔醇类抑制剂 | 0.01 |
| 高含氢硅油 | 0.1~1 | 片状银粉 | 60 |
| 乙烯基硅树脂(VMQ) | 2~5 | 球形银粉 | 15 |
| 气硅补强剂 | 2~5 | 饱和烷烃溶剂 | 0~8 |
| 铂催化剂 | 5~15mg/kg | 合计 | 100 |
| 附着力促进剂 | 0.1~0.5 | | |

代表性的环氧树脂、聚氨酯、有机硅导电胶性能对比见表 37-7。

表 37-7　环氧树脂、聚氨酯、有机硅导电胶性能对比

| 项目 | 环氧导电胶 | 聚氨酯导电胶 | 有机硅导电胶 |
|---|---|---|---|
| 外观 | 银白色 | 银白色 | 银白色 |
| 黏度/Pa·s | 23 | 15 | 41 |
| 体积电阻/Ω·m | $0.7 \times 10^{-6}$ | $0.9 \times 10^{-6}$ | $2.3 \times 10^{-6}$ |
| 芯片强度/MPa | 6.6 | 1.3 | 3.1 |
| 铅笔硬度 | 4H | 5B | >6B |
| 固化条件 | 150℃，30min | 150℃，30min | 180℃，1h |

（2）各向异性导电胶（ACP）配方　ACP 配方可以认为就是氯丁橡胶胶黏剂里面添加了一定数量的导电金球，当然为了适应 ACP 丝网印刷工艺，氯丁橡胶胶黏剂的溶剂需要改成甲苯、二甲苯、异佛尔酮、苯甲醇等高沸点溶剂。

ACP 配方的难点是要解决蠕变问题。因为氯丁橡胶是热塑性的，在比较高的温度下（80℃）会发生蠕变导致粘接力下降和导电性不稳定。添加无机填料在一定程度上可以缓解蠕变现象。另外，添加硅烷偶联剂也能提高氯丁橡胶的抗蠕变能力。

ACP 配方组成见表 37-8。

表 37-8　ACP 配方组成

| 成分 | 含量（质量分数）/% | 使用目的 |
| --- | --- | --- |
| 合成树脂（氯丁橡胶） | 30～35 | 主体树脂 |
| 甲苯异佛尔酮混合溶剂 | 60～65 | 黏度调整，溶解树脂 |
| 导电粒子（30μm 金球） | 2～4 | 导电功能 |
| 无机填料 | 3～5 | 提高丝网印刷性和补强 |
| 偶联剂 | 0.2～1 | 提高耐高温高湿性 |

随着 Apple Halogen-free Spec 069-1857-A 对电子材料的无卤化要求，上述氯丁橡胶为主体树脂的 ACP 将逐渐被淘汰，代之以无卤的聚酰胺热熔胶为主体树脂的 ACP 将成为今后开发的方向。

## 37.2.5　导电胶黏剂生产工艺对性能稳定性的影响

导电胶黏剂配方对最终性能起到决定性作用，但也不能忽视生产工艺对产品稳定性的影响。导电胶主要生产工艺是行星搅拌机混合→三辊研磨机研磨→行星搅拌机混合。但混合过程中银粉因为密度很大，容易产生沉降，尤其是成品灌装前最后一步的行星搅拌机的混合，如果银粉在混合过程中沉降了，则搅拌釜底部的导电胶银含量就会高于搅拌釜上部，造成上下不均匀，底部首先灌装出来的产品含银量高，导电性好，体积电阻小，产品的性能批次间波动较大，导致客户晶振产品频率偏差增大。对最后一步的搅拌工艺进行优化，充填灌装前放出部分导电胶然后再回充到搅拌釜上部，这样一个工艺操作让体积电阻的稳定性大幅提高了，见图 37-6。图内框起来的部分是工艺改良后的体积电阻值，可以看出比工艺改良前的体积电阻波动范围收窄很多。

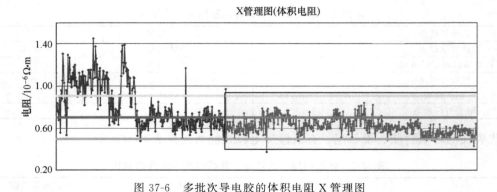

图 37-6　多批次导电胶的体积电阻 X 管理图

## 37.2.6　导电胶黏剂的研究进展

### 37.2.6.1　提高导电胶导电性能的方法

（1）合理选择与搭配导电填料的尺寸、形状　导电胶的导电性能主要取决于导电填料的种类、数量、粒径等。同等质量的片状银粉制备的导电胶导电性能优于球状银粉制备的导电胶，而花卉状银粉制备的导电胶导电性能则优于片状银粉所制备的导电胶，但是在同样加入量的情况下，球形导电填料体系的黏度较小。在工艺允许的条件下，选用平均粒径越大的片状银粉作导电填料的导电胶导电性能越好，这是因为在相同填充量的体系中，平均粒径小的银粉颗粒间接触面积相对要小，电子在颗粒内部运行路程短，隧穿次数增加，集中电阻和隧穿电阻比较大，因此电阻率高，粒径大的银粉电阻率就低。

（2）导电填料表面改性　导电胶中的导电填料在制备过程中为防止填料在球磨过程中产生冷焊现象，通常需要加入润滑剂，但该润滑剂不导电，因此对导电胶的导电性能带来很大的负面影响。若利用一些短链二元酸对片状微米银粉进行表面处理后制备成导电银胶，通过对导电胶进行性能测试发现，导电胶的导电性能提升显著，且己二酸和戊二酸处理后的银粉制备的导电胶导电性能最优，即这两种二元酸对银粉表面的润滑剂具有较好的去除效果。另外，通过将乙醛、水杨醛、氨基醛等作为助剂加入导电银胶中，在导电胶固化过程中，上述助剂中的醛基可以将氧化了的银还原为单质银，进而提高胶体的导电性能。

（3）偶联剂的添加　偶联剂在导电胶中主要改善树脂与导电填料的相容性，促进导电填料的分散，起到增强导电胶的力学性能的作用。通过添加钛酸酯偶联剂和硅烷偶联剂的导电胶的力学性能和电性能进行测试分析，结果表明偶联剂的添加不仅可以提升导电胶的力学性能，同时还对导电胶的导电性能也有很大的提高，并且硅烷类偶联剂较钛酸酯类偶联剂对提高导电胶导电性能效果更明显。

（4）纳米导电填料的添加　有学者研究发现，当导电胶中加入纳米银粉和纳米银线时，即使在银含量较低的情况下，导电胶也能具有较好的导电性能。这主要是由于纳米银粒子的添加可有效地填补导电胶中原有导电填料（银粉）之间的空隙，而纳米银线的添加则由于其在导电胶中可形成一个新的导电线路，从而降低银粉间的接触电阻，有效地提高导电胶的导电性能。同时，由于纳米银颗粒有较高的表面能，可以在较低的温度下熔化，当导电胶中以微米银粉添加少量纳米银粉作为导电填料时，在导电胶固化过程中，纳米银粉可在微米状银粉间烧结，从而降低银粉间的接触电阻，故其体积电阻率大幅降低。

（5）低熔点合金的添加　有学者研究发现在导电胶中添加 Sn-In、Sn-Bi 等低熔点合金时，由于这些合金具有较低的熔点，在导电胶固化过程中，这些低熔点合金受热后熔化、浸润在银粉周围，与银粉形成多元化的冶金结合，从而提高导电胶的导电性能。液体金属用于导电胶制备，不仅具有导电性好的优点，如果用弹性体基材做成弹性导电胶还具有抗拉伸效果好等优点，在很高拉伸率的情况下也能保持良好的导电性。

（6）提高树脂固化收缩率　有学者研究表明导电胶的固化过程对其导电性能具有一定的影响。在导电胶的树脂体系中加入 10% 的高固化收缩率的三官能团环氧树脂后，树脂体系的固化收缩率由原来的 2.98% 提高到 4.33%，导电胶的体积电阻率由原来的 $3 \times 10^{-3} \Omega \cdot cm$ 降低为 $5.8 \times 10^{-4} \Omega \cdot cm$。这主要是由于导电胶内部的银粉颗粒在体积收缩的作用下，原本相互远离的颗粒会相互靠近，原本相互靠近的颗粒会更贴近，这些均会在一定程度上降低颗粒间的接触电阻或隧道电阻，进而使导电胶体系的总电阻减小，从而获得较低的体积电阻率。

### 37.2.6.2　提高导电胶力学性能的方法

（1）添加增韧树脂　环氧树脂作为目前绝大部分导电胶的树脂基体存在着固化后韧性差的缺点，为提高导电胶的力学性能，可利用增韧剂液态端羧基丁腈橡胶、聚氨酯预聚体以及核壳树脂对环氧树脂进行改性，研究发现随着增韧剂的增加，导电胶的剪切强度明显增强，但同时导电胶的体积电阻却逐步上升，因此在选用增韧剂对导电胶进行改性时，应考虑导电性能和剪切强度，选择一个最佳用量。

（2）添加纳米粒子　由于纳米粒子具有高的比表面及热稳定性，有研究表明，通过在导电胶中添加纳米填料可以提高导电胶的力学性能。如采用镀银碳纳米管（SCCNT）多壁纳米碳管（MWCNT）和普通银粉（平均粒径为 1μm）作为导电填料制备三款导电胶，并对这三款导电胶进行性能测试，发现以 SCCNT、MWCNT 为导电填料的导电胶剪切强度皆可达到 19.6MPa，比普通导电银胶的剪切强度提升 64.7%。

（3）添加多孔导电粒子　将纳米银粉运用惰性气体冷凝法（inert gas condensation method，IGC）做成多孔结构银团粒子，作为导电填料制备导电胶，通过对导电胶的性能进行测试分析，得到的结果表明：无论选用双酚 A 环氧树脂还是脂环族环氧树脂，添加这种多孔银团粒子作为导电填料制备的导电胶最大剪切应力均为普通导电银胶的两倍，但该种导电胶的导电性能很差，只有 $10^{-2}\Omega\cdot cm$ 级别。

# 37.3　导热胶黏剂

## 37.3.1　导热胶黏剂的分类、组成和导热机理

### 37.3.1.1　导热胶黏剂分类

导热胶黏剂是一种固化后具有一定导热能力和力学性能的胶黏剂，常用于电子行业。其通常是以树脂胶黏剂作为基体，常用的树脂包括环氧树脂、酚醛树脂以及聚氨酯树脂等，导热胶的研究根据导热机理可以分为本征型导热胶和填充型导热胶。本征型导热胶是通过化学合成使自身没有导热性的聚合物出现共轭 π 键，通过电子或者声子导热机制提高导热性能；填充型导热胶则是在聚合物胶体中，添加高导热性能的填料，使其具备较高的导热性能。常用的导热填料包括氧化铝、氧化锌、氮化铝、氮化硼、石墨以及碳化硅等。

（1）本征型导热胶　高分子材料热导率低主要是因为分子和晶格的不规则振动、树脂界面等引起基体中声子的散热程度变大，使得导热性能变差。本征型导热胶则是通过外界的定向拉伸、超声以及模压等作用，使聚合物分子有序化，使热量沿分子链方向传递，减少声子散射，提高材料的导热性。本征型导热胶不足之处在于加工工艺复杂、成本高、内部分子有序化控制不稳定，导致其难以工业化生产。

（2）填充型导热胶　填充型导热胶制备工艺相对简单，在胶黏剂基体中填充高导热性能的填料使其均匀稳定分散在胶黏剂中，即得导热胶。填充型导热胶制备简单、导热胶的导热性能稳定、良好，受到人们广泛关注和研究，市场上以此类型为主。填充型导热胶填充物一般为无机高导热性能填料，需要注意的就是胶黏剂基体树脂选择和填料在胶黏剂内的分散相容性。

### 37.3.1.2　导热胶黏剂组成

导热胶黏剂的组成与导电胶类似，是由基体树脂、导热填料、固化剂和助剂组成，主要介绍导热填料。

填充型导热胶的导热能力主要还是由填料决定，主要受三方面的影响：①填料本身热导率的大小；②填料在基体中所占的比例，即填料的填充量；③填料与胶体的相互作用情况。所以想要提高导热胶的导热能力，就必须从这三方面入手。一般情况下，导热填料还需具备热导率高、不与基体发生反应、介电性及热稳定性良好等特点，保证导热填料在提高基体聚合物导热性能的同时其他性能不受影响。各种导热填料的热导率如表 37-9 所示。

表 37-9　常见导热填料的热导率比较

| 材料 | 热导率/[W/(m·K)] | 材料 | 热导率/[W/(m·K)] |
|---|---|---|---|
| MgO | 36 | SiC | 25～100 |
| $Al_2O_3$ | 30 | 立方体 BN | 1300 |
| AlN | 150～320 | 六方体 BN | 125 |
| BeO | 270 | 金刚石 | 1300～2400 |
| $SiO_2$ | 10 | 石墨烯 | 5000 |

### 37.3.1.3　导热胶导热机理

根据晶体导热机理可知，固体之所以能导热是因为固体内部存在电子、声子以及光子导热介质。金属材料的热导率之所以很高，是因为金属材料的内部有很多可以自由移动的电子；而非金属材料的导热主要是依靠声子和相邻原子或者基团的振动，相邻原子振动的频率就决定着导热的速率，而部分的晶格缺陷和声子散射则是非金属材料导热过程中最大的热阻，所以为了使非金属材料的热导率变大，就要最大化地减少声子散射。非金属材料又可以根据结晶度的不同分为晶体非金属和非晶体非金属，晶体非金属具有远程有序且声子散射程度低的特点，而非晶体非金属材料则恰恰相反，结晶度低、声子散射程度高，所以晶体非金属材料的热导率高于非晶体非金属材料。然而，聚合物材料的热导率最低，根据目前的研究，要想提高聚合物材料的导热能力，主要有两条路径：一是从聚合物材料本身的性质出发，在制备的过程中通过改变聚合物分子的结构使其具有 π-π 共轭键，这样制备出来的聚合物材料可以通过电子或者声子导热，提高了结晶程度，导热性能明显得到提升；二是在聚合物基体中添加高导热混合型导热

导热粒子承载增加

○ 导热粒子　■ 胶黏剂基体　◀ 缺陷(气孔、砂眼)

图 37-7　聚合物导热机理示意图

填料，依靠填料的相互接触形成导热网络来导热，见图 37-7。

## 37.3.2　导热胶黏剂的配方

导热胶黏剂原则上说和导电胶黏剂类似。导热粒子的添加量也需达到体积分数 20%～50%才具有良好热导率。为了提高热导率往往需要进行最大充填，不同粒径的球形导热粒子混配是达成最佳热导率和较低黏度的关键。环氧树脂导热胶黏剂和有机硅导热胶黏剂的基础配方见表 37-10～表 37-12。

表 37-10　单组分环氧树脂导热胶黏剂配方（质量份）

| 液体双酚 A 环氧树脂 | 8～10 | 硅烷偶联剂 | 0.1～0.5 |
|---|---|---|---|
| 环氧树脂稀释剂 | 5～10 | 球形氧化铝(7μm) | 60 |
| 增韧剂 | 1～2 | 球形氧化铝(3μm) | 15 |
| 双氰胺潜伏性固化剂 | 0.8 | 合计 | 100 |
| 咪唑潜伏性固化剂 | 0.8 | | |

表 37-11　RTV 型有机硅导热胶黏剂配方（质量份）

| 甲氧基封端有机硅 | 8～10 | 球形氧化铝(7μm) | 55 |
|---|---|---|---|
| 低黏度二甲基硅氧烷 | 5～10 | 球形氧化铝(3μm) | 20 |
| 有机锡催化剂 | 0.1～0.5 | 合计 | 100 |
| 氨基硅烷偶联剂 | 0.1～0.5 | | |

表 37-12　加成型热固化有机硅导热胶黏剂配方（质量份）

| 乙烯基硅油 | 8～10 | 附着力促进剂 | 0.1～0.5 |
| 高含氢硅油 | 0.1～1 | 炔醇类抑制剂 | 0.01 |
| 乙烯基硅树脂（VMQ） | 2～5 | 片状银粉 | 55 |
| 气硅补强剂 | 2～5 | 球形银粉 | 20 |
| 铂金催化剂 | 5～15mg/kg | 低黏度二甲基硅氧烷 | 0～8 |

# 37.3.3　导热胶黏剂的研究进展

## 37.3.3.1　提高导热胶导热性能的方法

（1）提高导热填料分数　增大导热填料在导热胶体系中所占的比例，以便于形成导热网络，但是随着导热填料的增多，体系的黏度不断增大，导致施工困难，而且导热胶机械强度下降，成本增加，所以导热填料不能无限增多。因此高填充导热填料制备和填充技术是发展方向之一。

（2）合理选择与搭配导热填料的尺寸、形状　导热胶的导热性能同样取决于导热填料的种类、数量、粒径等。将形貌不同、粒径大小不同的导热填料混合使用，有利于减小界面热阻，形成导热网络。

（3）导热填料表面改性　填料的表面处理就是利用硅烷偶联剂的结构特点，使其均匀地包裹在填料粒子的表面。硅烷偶联剂的结构中，两端分别是两种不同极性的基团，一端是亲水基团，能够和填料发生反应更好地相容；另一端是亲油基团，能够和非极性物质相容，所以硅烷偶联剂在连接基体和导热填料之间起到桥梁作用。此外，硅烷偶联剂还可以增强环氧树脂与导热填料之间的粘接作用，减少填料的自身聚合和胶体的黏度，同时使用硅烷偶联剂对导热填料进行改性处理，可增大填料与胶体的接触面积，使填料均匀地分散在胶体中，降低界面热阻。

## 37.3.3.2　提高导热胶力学性能的方法

添加增韧树脂，如添加橡胶、弹性体增韧改性、液晶（LCP）增韧、刚性高分子改性和核壳结构聚合物改性。

## 37.3.3.3　提高导热胶耐热性能的方法

（1）提高体系交联度　提高环氧树脂的交联度，但是这样会增加固化物的脆性，所以此方法目前很少使用。

（2）改变树脂结构　改性环氧树脂的结构，改变大分子结构，合成新分子结构的环氧树脂，从而降低其线膨胀系数和吸水性。如在环氧结构中引入酰亚氨基，在其玻璃化转变温度提高的同时，耐热性、机械性能、耐水性也得到了很大提高。

（3）选择合适的固化剂　环氧树脂的耐热性与环氧树脂和固化剂的品种，以及二者之间的匹配性有关。大量研究表明，选择合适的固化剂（比如含有芳香环骨架的二胺类），玻璃化转变温度、耐热性和耐水性都能得到一定的提高。因此，研究出新型的合适的固化剂也是提高环氧树脂耐热性的一种有效的方法。

（4）无机纳米粒子的填充　在以环氧树脂为基体的导热胶中添加一定量的高导热性能无机纳米粒子，也能有效提高其导热性能、耐热性能，有时也可以起到增韧、降低线膨胀系数的作用。目前，在环氧树脂中添加无机纳米粒子是改性环氧树脂的一种既简便又有效的方法，主要有以下几种无机纳米粒子：金刚石、BN、AlN、SiN、$Al_2O_3$、$SiO_2$ 等。

# 37.4 其他功能型胶黏剂

## 37.4.1 光学胶黏剂

光学胶黏剂是指具有透光性的光学功能胶黏剂，主要用于粘接光学透明元件，在光学仪器方面如触摸屏贴合、镜头、测距仪、高度仪、望远镜、光学显微镜、投影仪及放大镜等，也可用于汽车挡风玻璃和建筑窗框玻璃的透明粘接。特殊用途如光导纤维的连接。

光学胶黏剂一般需要符合如下要求：①无色透明；②在指定的光波波段内透光率大于95%，并且固化后胶的折射率与被粘接光学元件的折射率相近；③对光学玻璃不溶解、不腐蚀；④耐紫外线稳定性好，不黄变；⑤粘接力强，无吸湿性；⑥室温或 UV 固化，使用方便。

应用最为广泛的一类光学胶黏剂是 LOCA（liquid optical clear adhesive）或者 OCA（optical clear adhesive），是一种 UV 固化的透明树脂，可用于触摸屏显示器的贴合。

目前中高端的智能手机及平板市场，均采用全贴合技术（direct bonding or full lamination）来消除盖板玻璃和 LCM 模组之间的空隙，提高可视清晰度。触控面板厂在进行玻璃贴合时，习惯采用生产效率较高、厚度均一的光学胶带（OCA）贴合技术，但此技术在贴合时，容易产生气泡而增加不良率，且贴合时无法发现的微小气泡亦可能随着时间推移而逐步扩大。尤其是 12 英寸以上的大屏幕贴合，OCA 气泡很难除去，导致贴合良率居高不下，一直是困扰贴合工厂的最大难题。

除气泡问题会影响良率外，由于光学胶带（OCA）很难重工（repair），瑕疵品多半只能报废，导致生产效益不高，并增大贴合厂成本压力。

LOCA 液态光学胶贴合技术具有成本优势，性能足以满足要求，但贴合速度慢影响了生产效率。且在贴合时，液态光学胶亦可能会因受压溢流而超出贴合范围，必须采用人工擦拭来解决，更造成生产效率低落的问题。此外目前的 LOCA 大部分都是 UV 单固化模式，由于触控面板边框部分有不透光的油墨，致使油墨部分不能固化，需要另外进行侧光源固化，增加了生产工序，降低了生产效率。

为了解决传统 LOCA 双 Y 字型点胶（见图 37-8）工艺慢的难题，已有宽幅狭缝涂布（slot die）设备被开发出来，见图 37-9。狭缝涂布工艺数秒钟就能完成涂胶。采用的 LOCA 树脂黏度较大，在进行加压时不会溢流，避免了烦琐的人工擦胶。

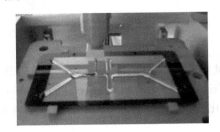

图 37-8 双 Y 字型点胶

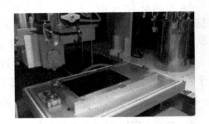

图 37-9 狭缝涂布设备

为了解决触摸屏边框油墨不能透光的难题，还开发了一种 UV/湿气双固化（dual-cure）有机硅光学透明树脂，边框的不透光部分可以透过湿气固化，不再需要侧光源照射了，大大简化了生产过程，节省了固化时间。几种产品的主要技术性能指标对比见表 37-13。

表 37-13 几种产品的主要技术性能指标对比

| 项目 | 有机硅双固化 LOCA | 丙烯酸体系 LOCA 产品 S | 丙烯酸体系 LOCA 产品 L |
|---|---|---|---|
| 外观 | 无色透明 | 无色透明 | 无色透明 |
| 黏度/Pa·s | 55 | 2.75 | 3.5 |
| 固化收缩率/% | 0.11 | 3.11 | 2.01 |
| 透光率/%<br>（膜厚 100μm） | 99.83 | 99.58 | 99.51 |
| 折射率 | 1.410 | 1.526 | 1.520 |
| 黄变指数 $b*$ | 0.16 | 0.39 | 0.62 |
| 扯断伸长率/% | 275 | 235 | 200 |
| 固化模式 | UV/湿气双固化 | UV 单固化 | UV 单固化 |

注：黄变指数 $b*$ 越小越好（关键性能指标）；透光率越高越好（关键性能指标）；固化收缩率越小越好（关键性能指标）。

其中黄变指数、透光率、固化收缩率是透明光学树脂的几个最关键性能指标。有机硅双固化体系的 LOCA 在这几个关键性能指标上均超过了丙烯酸体系 LOCA 产品，有机硅双固化 LOCA 固化收缩率仅为丙烯酸体系 LOCA 的 1/20～1/30，极低的固化收缩率对于大屏幕贴合降低固化应力极为有利。

## 37.4.2 弹性胶黏剂

在有关胶黏剂和密封胶的文献书籍中经常提到弹性密封胶，但很少有专门介绍弹性胶黏剂。一是因为弹性胶黏剂产品种类较少，没有形成完整的体系，另外也因为弹性胶黏剂的定义较模糊，不为大家所熟识。

弹性胶黏剂虽然没有像环氧树脂、聚氨酯、丙烯酸树脂之类按化学结构来划分的胶黏剂那样清晰明确，一般可认为通过一定的手段（光、热、水分）固化后具有橡胶弹性和一定粘接强度的胶黏剂为弹性胶黏剂。如果从应力-应变曲线来看，可以将高分子材料分成 4 种类型（图 37-10）。其中"软而韧"的材料可归类为弹性胶黏剂。换句话说，固化后能形成弹性体（elastomer）的胶黏剂可称为弹性胶黏剂。英文表述为 elastomeric adhesive 较为妥当，也有称作 elastic adhesive 的。

具备弹性特征的胶黏剂有聚氨酯、有机硅、橡胶型胶黏剂以及一部分热熔胶和端硅烷基改性聚合物。在日本，弹性胶黏剂一般专指端硅烷基改性聚合物为主体的湿气固化的胶黏剂。除特氟龙、POM、PP、PE、EP-DM 等少数低表面能材料外，弹性胶黏剂对

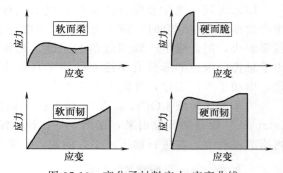

图 37-10 高分子材料应力-应变曲线

金属、塑料、橡胶、陶瓷、玻璃等各种材质都具有良好的粘接力，已经成为一大类广泛应用于各个行业的万能胶，比较知名的有日本三键的 TB1530 系列，施敏打硬（Cemedine）的 Super 8008 系列等。详细介绍读者可参考（23 硅烷化改性胶黏剂）一章，本章节不再重述。

## 37.4.3 导磁胶黏剂

导磁胶黏剂是指具有导磁功能的胶黏剂。导磁胶黏剂主要应用于磁性元件的粘接与密封中，变压器/线圈的铁芯、导磁棒、小型磁性天线等器件的粘接，以及数字磁带机磁头和风力发电机的制造都需要用到导磁胶黏剂。

导磁胶黏剂一般是由树脂主体、增韧剂、固化剂、磁性填料等组成，通过特定条件进行固化，固化后的胶层能显示出优良的导磁的性质。导磁胶黏剂的结构基体是树脂，固化以后的树脂为胶黏剂提供可靠的强度，同时还为导磁填料提供了分子骨架。导磁胶的导磁主体是导磁粉末，不同的磁粉，其导磁性能也略有不同，在制成导磁胶后的性能也有差别，如铁的不同价态的氧化物，所形成的导磁胶黏剂性质就会大大的不同。同时一般来说导磁粉末粒径较小，导磁性能会有所提高。

（1）导磁胶配方-1（见表 37-14）。

表 37-14 导磁胶配方-1

| 组分 | 用量/g | 组分 | 用量/g |
| --- | --- | --- | --- |
| E-51 环氧树脂 | 100 | 聚醚胺 | 15 |
| 液体丁腈 | 15 | 羧基铁粉 | 200～350 |

制备及固化：100℃下固化 2h。

用途：本胶导磁性能良好，用于粘接导磁件。

（2）导磁胶配方-2（见表 37-15）。

表 37-15 导磁胶配方-2

| 组分 | 用量/g | 组分 | 用量/g |
| --- | --- | --- | --- |
| E-44 环氧树脂 | 100 | 105 缩胺 | 30 |
| 增韧剂 | 10～20 | 羟基铁粉 | 200～3000 |

制备及固化：室温下 24h，或 80℃下 2h 固化。

用途：本胶用于导磁件粘接。

（3）导磁胶配方-3（见表 37-16）。

表 37-16 导磁胶配方-3

| 组分 | 用量/g | 组分 | 用量/g |
| --- | --- | --- | --- |
| E-51 环氧树脂 | 100 | 多乙烯多胺 | 15 |
| 邻苯二甲酸二丁酯 | 10 | 羰基铁粉 | 250 |

制备及固化：依次称量，混合均匀即成，室温下 24h，再 60～80℃下固化 2h。

用途：本胶用于导磁件粘接。

## 37.4.4 医用胶黏剂

医用胶黏剂是指用于活体、生物体粘接或修复的一类功能胶黏剂，该类胶黏剂必须具备一些特殊的性能，主要是要求具有良好的生物相容性，根据不同应用场合要求也有所不同。该类胶黏剂主要分为硬组织粘接用、软组织粘接用两大类。

硬组织粘接主要包括牙齿修复和骨组织修复及其与人工关节的连接，软组织粘接包括代替伤口缝合、器官连接、止血、内埋式人工器官与生物组织的粘接固定等，医疗器件粘接用是指需要与血液、药物、输液或组织直接接触的粘接部位用的胶黏剂。齿和骨等硬组织所用的胶黏剂，已经从最早的无机胶黏剂发展到目前常用的快固丙烯酸酯类型，包括光固化或双组分反应型。该类胶黏剂要求具有足够的硬度、粘接强度和韧性，同时要求足够长的使用寿命，同时在口腔环境或血液环境下，不析出或不分解出对人体有害的物质，且具有良好的生理相容性，不产生炎症和过敏性。因此该类胶黏剂不仅是要求纯度，关键是其中杂质的种类和含量。

软组织胶黏剂主要用于外科手术，代替缝合、血液及其他体液渗漏的封闭、组织的吻合、气管的吻合与封闭、生物导线的固定等。由于一般用于体内，而软组织主要是凝胶组织，属于难于粘接，因此要求具有定位速度快、良好的粘接性能，此些部位还要求具有生物降解或被人体组织自吸收功能。目前该胶黏剂主要是蛋白胶黏剂和 $\alpha$-氰基丙烯酸酯类胶黏剂。

活体功能胶黏剂、生物体功能胶黏剂这里不做详细介绍，请参见本书胶黏剂在医疗卫生行业应用相关章节。

## 37.4.5  耐高温和超低温胶黏剂

（1）耐高温胶黏剂  一般胶黏剂的使用温度很少超过 200℃，能在 200～500℃温度下长期使用的胶黏剂为耐高温胶黏剂。耐高温胶黏剂大多为含芳杂环的耐高温聚合物为基料配制成的胶黏剂。按主体树脂刚性链节的组成可将耐高温胶黏剂分为聚酰亚胺类、聚苯并咪唑类、聚苯并噻唑类、聚芳砜类、聚苯硫醚类、有机硅类、改性环氧类和聚芳醚类等。

（2）超低温胶黏剂  指在超低温条件下具有粘接性能的一类胶黏剂，能在液氮（−269℃）、液氢（−253℃）等条件下使用并具有一定的粘接强度，主要用于导弹飞行器，使用液氮、液氢的医疗及实验设备上的粘接。常用的超低温胶黏剂，通常以聚氨酯或环氧改性聚氨酯，以及聚氨酯或尼龙改性的环氧树脂等为材料主体配制而成。

耐高温和超低温胶黏剂详见本书相关章节。

## 37.4.6  密封胶黏剂

密封胶黏剂是指可防止气体或液体渗漏、水分和灰尘侵入的胶黏剂。密封胶一般为液态或膏状，使用方便，能与密封件完全吻合，有较好的耐介质、耐水、耐油等性能。密封胶也称为粘接密封材料，与传统的机械密封材料相比，密封性好、耐压性高。常用的密封胶有机硅胶、聚氨酯胶、MS 胶、丁基橡胶胶、聚硫橡胶胶、环氧树脂胶、聚酯树脂胶、尼龙等。密封胶黏剂在汽车、轨道车辆、飞机、船舶等交通工具及建筑工程、机械设备、工业管道、泵体、阀门、电机等器件中广泛应用。密封胶黏剂详见本书相关章节，这里不再赘述。

## 37.4.7  应变胶黏剂

应变胶黏剂是指用于粘接应变片，能承受和准确传递应变作用的胶黏剂，用于应变测量。应变测量要求应变胶固化后应力小，抗蠕变，刚性大，对基片与电阻丝无腐蚀作用，热膨胀系数与金属相近，模量大，绝缘性与耐热性好。应变胶有环氧应变胶、酚醛应变胶、有机硅应变胶和聚酰亚胺应变胶等。

## 37.4.8  点焊胶黏剂

点焊胶黏剂是指用于焊点周围填缝或粘接后再辅助以点焊的胶黏剂。目前使用的点焊胶绝大多数是环氧树脂胶，可用各种型号的环氧树脂，固化剂多为胺类、咪唑类、酸酐类化合物。

### 参 考 文 献

[1]  王玲. LED 封装用高性能导电胶的制备及性能研究. 哈尔滨：哈尔滨工业大学，2014.

[2]  Lu D Q, Li Y G, Wong C P. Recent advances in nano-conductive adhesives. Journal of Adhesion Science and Technology，2008，22（8-9）：815-834.

[3]  傅振晓, 张其土, 凌志达. 新型导电胶的研究与应用. 江苏陶瓷，2001，34（102）：16-17.

[4]  张陆旻. 导热高分子复合材料的制备、性能与应用. 广州：华南理工大学，2010.

[5] Pike G E，Seager C H. Percolation and conductivity：a computer study Ⅰ. Physical Review B，1974，10（4）：1421-1446.

[6] Kirkpatrick S. Percolation and Conduction. Reviews of Modern Physics，1973，45（4）：574-588.

[7] 张萌. 改性环氧树脂基填充型导热胶的制备及性能研究. 石家庄：河北科技大学，2018.

[8] 张学锋，何杰. 聚合物导热材料的研究进展. 上海塑料，2013（2）：12-16.

[9] 肖强强. 环氧树脂导热胶粘剂的改性及性能研究. 广州：华南理工大学，2016.

[10] 刘汉，吴宏武. 填充型导热高分子复合材料研究进展. 塑料工业，2011，39（4）：10-13.

[11] 王月祥. 填充型导热绝缘高分子材料的研究进展. 当代化工研究，2013（8）：8-11.

[12] Teng C C，Ma C C M，Chiou K C，et al. Synergetic effect of thermal conductive properties of epoxy composites containing functionalized multi-walled carbon nanotubes and aluminum nitride. Composites Part B Engineering，2012，43（2）：265-271.

[13] 孟丹，董云肖. 导热高分子材料的研究和开发进展. 科研，2015（14）：242.

[14] Kurabayashi K. Anisotropic thermal properties of solid polymers. International Journal of Thermophysics，2001，22（1）：277-288.

[15] Chen H，Ginzburg V V，Yang J，et al. Thermal conductivity of polymer-based composites：fundamentals and applications. Progress in Polymer Science，2016，59：41-85.

[16] Gao J S，Shiu S C，Tsal J L. Mechanical properties of polymer near graphite sheet. Journal of Composite Materials，2013，47（4）：449-458.

[17] 熊胜虎，杨荣春，吴丹菁，等. 银粉形貌与尺寸对导电胶电性能的影响. 电子元件与材料，2005，8（24）：14-16.

[18] Anuar S K，Mariatti M，Azizan A，et al. Effect of different types of silver and epoxy systems on the properties of silver/epoxy conductive adhesives. Journal of Materials Science：Materials in Electronics，2011，22（7）：757-764.

[19] Chiang H W，Chung C L，Chen L C，et al. Processing and shape effects on silver paste electrically conductive adhesives（ECAs）. Journal of Adhesion Science and Technology，2005，19（7）：565-578.

[20] 张中鲜，陈项艳，肖斐. 微米银片的表面处理及其导电胶的研究. 复旦学报：自然科学版，2010，49（5）：587-591.

[21] Li Y，Moon K S，Wong C P. Electrical property improvement of electrically conductive adhesives through in-situ replacement by short-chain difunctional acids. IEEE Transactions on Components and Packaging Technologies，2006，29（1）：173-178.

[22] Tan F T，Qiao X L，Chen J G，et al. Effects of coupling agents on the properties of epoxy-based electrically conductive adhesives. International Journal of Adhesion & Adhesives，2006，26（6）：406-413.

[23] Kim H，Kim J，Kim J. Effects of novel carboxylic acid-based reductants on the wetting characteristics of anisotropic conductive adhesive with low melting point alloy filler. Microelectronics Reliability，2010，50（2）：258-265.

（窦鹏 郝建强 编写）

# 第4篇 胶黏剂分析与测试技术

# 第38章

# 胶黏剂的测试方法

## 38.1 胶黏剂物理性能测试方法

### 38.1.1 外观

外观指胶黏剂的色泽、状态、宏观均匀性、机械杂质等，通过它可以直观地评定胶黏剂的品质。外观的测试方法因胶黏剂物理状态的不同而不同。

高黏度胶黏剂从外观上看应为细腻、均匀膏状物或黏稠体，不应有气泡、结皮、颗粒和凝胶，无不易分散的析出物。具体的测试方法是将一块尺寸大小为 200mm×300mm×5mm、平整的玻璃板除去灰尘和油渍，用清洗剂清洗后擦干备用。用宽度为 15~20mm、厚度为 1~2mm 的钢质刮刀将 20~30g 左右胶黏剂均匀涂覆在清洁过的玻璃板表面，涂覆面积约为 120mm×200mm，观察并记录其外观状态。

低黏度的胶黏剂如环氧类、丙烯酸类热固性胶黏剂外观测试方法是将 20~50g 胶液倒入 50~100mL 的玻璃烧杯中，用一根干净的玻璃棒蘸取胶液后将玻璃棒提升至超过烧杯口约 20cm 处，观察胶液的色泽是否均匀，有无凝胶颗粒或其他杂质。

水性胶黏剂的外观测试也可以采用上述方法通过目测观察，应为均匀黏稠液体，无凝胶、无机械杂质混入和分层现象。

### 38.1.2 黏度

黏度是流体的内摩擦力，是度量流体黏滞性大小的物理量，单位以 Pa·s 或 mPa·s 表示。黏度是表征胶黏剂质量的重要指标之一，黏度大小直接影响胶黏剂的流动性，决定着施胶的工艺方法。储存期的延长、溶剂的挥发、吸收湿气引起缓慢的化学反应等都会导致胶黏剂黏度增加，通过对适用期和贮存期内胶黏剂黏度的测定可以反映胶黏剂的质量，因此黏度的测定对胶黏剂施工性能和储存期的判断十分重要。

大多数的胶黏剂和密封胶都为非牛顿流体，常用的黏度测试方法包括以下几种：

（1）旋转黏度计法    将特定尺寸的转子浸入被测胶黏剂样品中，转子转动所受到的胶黏剂阻力通过与转子相连的指针在一个刻度盘上表示出来。采用的标准为 GB/T 2794—2013《胶粘剂黏度的测定    单圆筒旋转粘度计法》。

（2）品氏黏度计法    也叫毛细管黏度计法，适用于测定不含填料胶黏剂的黏度，在规定温度和环境压力条件下，测试给定体积的流出时间来表征胶黏剂的黏度大小。

（3）乌氏黏度计法    将胶黏剂按规定配成稀溶液，在一定温度下，分别测试一定溶液的流出时间和溶剂的流出时间，计算黏度和特定黏度。本方法依据 GB/T 1632.1—2008《塑料    使用毛细管粘度计测定聚合物稀溶液粘度    第 1 部分：通则》。

（4）黏度杯法    以一定体积的胶黏剂，在一定温度下从规定直径的孔中所流出的时间来表示黏度，该黏度也为条件黏度，适用于测试流出时间为 10～150s 的胶黏剂产品。本方法依据 GB/T 2794—2013《胶粘剂黏度的测定    单圆筒旋转粘度计法》。

（5）落球式黏度计法    本测试方法的原理是球体在液体中自由下落的速度与该液体的黏度有关，主要用来测试透明度好，且黏度小的胶黏剂的黏度，参考标准为 GB/T 27846—2011《化学品    黏度测定 Hoppler 落球式黏度计法》。

## 38.1.3  密度

密度是一定温度下单位体积物质的质量，单位为 $kg/m^3$ 或 $g/cm^3$。相对密度又称比重，为某一体积的固体或液体在一定温度下的质量与相同体积在相同温度或 4℃ 下水的质量之比值，是一无量纲的参数。测试密度的方法有重量杯法、比重杯法、金属环法。

重量杯法是用一定容量的重量杯测定液态胶黏剂密度的方法，用在 20℃ 下重量杯所盛液态胶黏剂的质量除以重量杯的容积所得到，适用于测定黏度较高或组分挥发性较大的胶黏剂。依据的标准是 GB/T 13354—2017《液态胶粘剂密度的测定方法    重量杯法》。

金属环法类似于比重杯法，是在一定温度下，先测量盛装一定质量水的金属环组成器皿的容积，再用盛满胶黏剂试样时试样的质量除以器皿的容积，即为试样的密度。依据是 GB/T 13477—92《建筑密封材料试验方法》，适用于测定建筑密封材料的密度。

## 38.1.4  硬度

硬度为材料表面抵抗外力压入其表面的能力。胶黏剂的硬度可反映胶的本体强度，是一种快速简便的判断胶黏剂性能的方法之一。胶黏剂的硬度测试方法多采用邵氏硬度计法，常用邵氏硬度计分为邵氏 A 型、D 型、00 型。

邵氏 A 型硬度试验是以一定的负荷，将硬度计压针按压在试样的表面上，测定由于材料的反作用力而使压针上升的高度从而表征材料硬度的大小，适用于测试弹性材料如有机硅、弹性体、橡胶类材料。依据的标准是 GB/T 531.1—2008《硫化橡胶或热塑性橡胶    压入硬度试验方法    第 1 部分：邵氏硬度计法（邵尔硬度）》。

邵氏 D 型硬度计适用于测试硬度大的材料，如环氧树脂类、硬聚氨酯类、聚丙烯酸酯类胶黏剂。测试方法与邵氏 A 型方法一样，唯一的不同在于压针，影响因素与 A 型相同。依据的标准是 GB/T 2411—2008《塑料和硬橡胶    使用硬度计测定压痕硬度（邵氏硬度）》。

邵氏 00 型硬度计用于测试凝胶类、软体橡胶、发泡海绵等很软的一类材料的硬度。测试仪器与方法与上述 A 型和 D 型硬度计类似。

## 38.1.5　挥发分与固含量

固含量又称不挥发分，指的是胶黏剂或密封胶在一定温度下，经过一定时间烘干后其剩余物的质量与原试样质量的比值。挥发分是溶剂、稀释剂、聚合物残余单体及低分子物质经过一定温度加热后挥发出来的质量与原试样质量的比值。固含量高低与胶膜质量及胶黏剂的使用有直接关系，是重要的物理性能与工艺指标。

固含量的测定大多采用烘箱法，也有的用红外灯法。采用烘箱法测试固含量时，对不同胶黏剂、密封胶采用不同的烘干温度与时间，详细测试方法可参考 GB/T 2793—1995《胶粘剂不挥发物含量的测定》方法。

## 38.1.6　折射率

折射率是光线从一种介质进入另一种介质时，入射角与折射角的正弦之比。折射率是化合物的重要参数之一，可以通过折射率测试液体物质的纯度。折射率可以用于确定混合物的组成，在蒸馏两种或两种以上的液体混合物且当各组分的沸点彼此接近时，就可以利用折射率来确定馏分的组成。因为当组分的结构和极性相近时，混合物的折射率和物质的量之间呈线性关系。

胶黏剂常用的测试折射率的方法是使用阿贝折光仪测试，参照的方法标准是 GB/T 614—2006《化学试剂折光率测定通用方法》。

## 38.1.7　细度

细度是反映胶黏剂与密封胶中颜料及填料分散程度的一种量度。细度的大小直接影响胶黏剂的填充量，进而影响胶的储存稳定性、强度和粘接能力。细度的测试方法直接沿用涂料细度的测试方法，胶黏剂中常采用千分尺法和刮板细度计法。

千分尺法是采用千分尺测试液体胶黏剂的细度。在千分尺的表面上涂覆一滴胶黏剂，用溶剂将胶黏剂稀释到需要的黏度，搅拌均匀，慢慢地旋转被动齿轮传动的螺杆，压缩所测试试样，直到齿轮转动 2～3 齿和转鼓停止转动时为止，从千分尺上读数。测试结果以 5 次测试结果的平均值为准，单位为 $\mu m$。

刮板细度计法利用刮板细度计上的楔形层，用肉眼辨别胶黏剂出现颗粒时对应刮板的刻度，得出细度度数。依据的标准是 GB/T 1724—2019《色漆、清漆和印刷油墨　研磨细度的测定》。

## 38.1.8　下垂度及流平性

胶黏剂的下垂度及流平性是胶黏剂重要的施工操作性能之一，如在立面施工时要求胶黏剂有很好的挤出性同时打在立面上不能出现流淌，要保持施工时形状；而如在灌封、地坪等应用领域则需要胶黏剂具有一定流动性，能达到一定时间内自流平的施工效果。测试胶黏剂的下垂度及流平性方法采用 GB/T 13477.6—2002《建筑密封材料试验方法　第 6 部分：流动性的测定》。

# 38.2　胶黏剂化学性能检测方法

## 38.2.1　环氧值

环氧值是指每 100g 树脂中所含环氧基的当量数。环氧质量分数是指每 100g 树脂中含有环氧基的质量。环氧值与环氧当量和环氧质量分数之间存在如下关系：

$$环氧质量分数 = 环氧基分子量 \times 环氧值 \tag{38-1}$$

$$环氧值 = \frac{100}{环氧当量} = \frac{环氧基数目}{环氧树脂分子量} \times 100 \tag{38-2}$$

测试环氧值对环氧树脂生产单位而言，是鉴定环氧树脂质量的主要手段。而对树脂用户而言，环氧值的大小，对胶黏剂黏度大小、固化剂用量多少及粘接强度等性能均有一定影响。因此，准确测试与控制环氧树脂的环氧值，对于确保胶黏剂的质量有重要意义。

环氧值的测定方法很多，现今国际上通用的分析法是高氯酸法，适用于各种环氧树脂，但操作过程烦琐。另外还有盐酸-丙酮法、盐酸-吡啶法。我国沿用的测定方法以盐酸-丙酮法和盐酸-吡啶法为准，其中盐酸-丙酮法适用于分子量在 1500 以下的环氧树脂，盐酸-吡啶法适用于分子量在 1500 以上的环氧树脂。

盐酸-丙酮法是用一定量的盐酸-丙酮溶液溶解环氧树脂并反应，放置 1h 后，加入 3 滴酚酞试剂，用已知浓度的氢氧化钠-乙醇溶液滴定至溶液变为粉红色，且 30s 内不褪色。同时，按上述条件进行两次空白滴定，最后计算环氧值。

盐酸-吡啶法先将称取的环氧树脂与一定量的盐酸-吡啶溶液加热回流使其充分反应，冷却后加入酚酞指示剂，最后用已知浓度的氢氧化钠-乙醇溶液滴定至溶液变为粉红色，且 30s 内不褪色。同时，按上述条件进行两次空白滴定，最后计算环氧值。

溴化季铵盐直接滴定法基于 0.1mol/L 的高氯酸标准溶液与溴化四乙胺作用所生成的初生态溴化氢同环氧基的反应，使用结晶紫指示剂，或对于深色产物使用电位滴定法测定终点。参考标准为 GB/T 4612—2008《塑料　环氧化合物　环氧当量的测定》。

## 38.2.2　氯含量

环氧树脂中的氯含量一般是指双酚 A 型环氧树脂中由环氧氯丙烷与双酚 A 在碱性催化剂催化下，由于闭环反应、各种副反应以及水洗后处理不完全而残留在环氧树脂中氯的含量。氯在环氧树脂中有多种结构，分为无机氯、有机氯，有机氯又分为活性氯（又称易皂化氯）、非活性氯（又称不易皂化氯）。环氧树脂中氯含量直接影响产品的电性能、耐热性能和防腐性能，尤其是电子电器行业用环氧胶黏剂中对氯的含量有严格要求，是重要的质量控制指标。

氯含量的检测方法有无机氯直接电位滴定法、易皂化氯（也称为可水解氯）测定法、古罗蒂法、氧弹法、水解萃取法几种。

无机氯直接电位滴定法是将试样溶解在适当溶剂中，用硝酸银标准溶液进行电位滴定，测定无机氯离子含量。本方法依据 GB/T 4618.1—2008《塑料　环氧树脂氯含量的测定　第 1 部分：无机氯》。

易皂化氯测定法是试样与氢氧化钠的 2-丁氧基乙醇溶液，在室温下反应 2h，再将混合物酸化，最后用硝酸银标准溶液电位滴定皂化作用生成的氯离子。本方法依据 GB 4618.1—2008《塑料　环氧树脂氯含量的测定　第 2 部分：易皂化氯》。

水解萃取法测得的是总氯含量，环氧树脂分子中的非活性氯原子其反应活性较差，但在强碱作用下，也能发生取代和消除反应而使氯离子除去。然后再用硝酸银溶液进行电位滴定，测出其总氯量。

## 38.2.3　游离酚

游离酚是指在酚醛树脂反应中，未参与反应的酚或反应终止后残留在树脂中的酚。测定树脂中的游离酚可以控制其缩聚反应程度，以及将酚醛树脂胶黏剂产品与食品或其他物品接触，因游离酚释放而引起的水、食品或其他物品的污染或腐蚀时，都应对游离酚的含量进行测定。

酚醛树脂中游离酚含量测定方法是以水蒸气蒸馏分离出的游离酚与过量的溴反应，并用硫代硫酸钠标准溶液反滴定过量的溴，计算出游离酚百分含量。本方法适用于测定酚醛树脂在规定条件下，含有可溴化的游离酚含量，又叫溴化法。具体测试方法参考 GB/T 7130—2016《塑料酚醛模塑制品　游离酚的测定　碘量法》。

## 38.2.4　游离甲醛

在木制品加工用酚醛树脂胶黏剂、脲醛树脂胶黏剂、三聚氰胺甲醛树脂胶黏剂以及建筑涂料用的 107 胶等胶黏剂生产制备过程中，都需要使用甲醛作为原材料，高温下甲醛会参与反应生成胶，没反应掉的就是游离甲醛，有的胶黏剂甚至含有高达 2%～3% 质量分数的游离甲醛。使用这些胶黏剂时，甲醛可以逐渐释放出来造成空气污染并对人体健康造成危害，若与水等液体接触时，微量甲醛可造成水或饮料等食品污染。同时，游离甲醛含量高，胶黏剂的储存稳定性变差、适用期变短。因此测定与控制甲醛含量是十分重要的。

测定的机理是甲醛与硫代硫酸钠反应，然后用盐酸滴定反应产生的氢氧化钠，计算得到。

对工业用酚醛树脂、脲醛树脂及三聚氰胺甲醛树脂中的游离甲醛进行测定，也可以采用甲醛与盐酸羟胺进行肟化，生成的盐酸再用氢氧化钠标准溶液滴定的方法来测定。

## 38.2.5　羟值

羟值（hydroxyl value）是指 100g 树脂中羟基基团的物质的量。而通常工业上用的羟值是指与 1g 样品中的羟基所相当的氢氧化钾（KOH）的毫克数，以 mg/g 表示。在胶黏剂行业中，环氧树脂、聚醚多元醇与聚酯多元醇及聚氨酯胶黏剂等都对羟值有要求，如聚酯多元醇生产过程中，利用羟值与酸值的测定来监控合成反应程度，而且羟值与酸值也是检验树脂质量是否符合产品出厂要求的有效方法。羟值是聚氨酯胶黏剂生产时的重要指标，羟值可以直接反映出聚合物分子量的大小，可通过羟值的测定计算所需异氰酸酯的加入量，从而设计配方需求，用于调配不同性能与用途的聚氨酯胶黏剂产品。

聚醚多元醇羟值的测定普遍采用邻苯二甲酸酐-吡啶酰化法，在 115℃ 回流及用咪唑作催化剂的条件下，试样中的羟基与邻苯二甲酸酐在吡啶溶液中发生酯化反应。过量的酸酐用水水解，生成的邻苯二甲酸用氢氧化钠标准溶液滴定。通过试样和空白滴定的差值计算羟值。

聚酯多元醇羟值的测定参照 HG/T 2709—1995《聚酯多元醇中羟值的测定》，乙酰化试剂中的乙酸酐与试样中的羟基进行酰化反应，加水分解剩余乙酸酐，用氢氧化钾乙醇标准溶液滴定生成的乙酸，同时做空白试验，由差值计算试样的羟值。乙酸酐-吡啶酰化法适用于伯、仲羟基的羟值分析。

对于环氧树脂而言，由于环氧基的干扰，使羟基的测定复杂化，采用通常的乙酰化法是达不到目的的。通常方法是先使环氧基开环形成羟基，测出的羟基含量再减去 2 倍的环氧值即可得到环氧树脂的羟值。

## 38.2.6　酸值

酸值是表示有机物质中游离酸含量的大小，用中和 1g 物质所需的氢氧化钾毫克数

（mg/g）表示。在胶黏剂生产与应用中，主要用来测定聚酯多元醇、聚醚多元醇以及植物油脂等的游离酸含量。如聚酯多元醇的酸碱性直接影响羟基与异氰酸酯的反应活性，而且还可能对羟值测定值有影响，所以在聚氨酯配方计算中，聚酯多元醇的羟值要以羟值加酸值修订过的数值为准。酸值大还会影响胶黏剂的电性能与耐老化性能等，因此必须控制产品的酸值。

酸值的测定是将一定量的试样溶于甲苯-乙醇混合溶剂（体积比为 2：1），以酚酞作指示剂，用氢氧化钾-乙醇标准溶液滴定，计算出中和 1g 物质所消耗的氢氧化钾的量。

## 38.2.7　胺值

环氧树脂广泛使用的胺类固化剂，常用胺值表示其官能性。所谓胺值就是中和 1g 碱性胺所需要的过氯酸和当量氢氧化钾的毫克数（mg/g）。环氧树脂与胺类反应是通过环氧基与氨基反应交联成网络结构。在设计配方时要通过环氧值计算固化剂的量，就需要测定胺值的大小。测定胺值的方法有盐酸-乙醇滴定法及高氯酸非水滴定法。

盐酸-乙醇滴定法适用于碱性较大的脂肪胺。测试方法为称取一定量的试样，用乙醇或其他溶剂溶解，加入溴酚蓝指示剂 2～3 滴，然后用盐酸-乙醇标准溶液滴定，以试样溶液由蓝（绿）色变为淡黄色为终点，记录所消耗的盐酸-乙醇溶液用量，并计算试样的胺值。

对于芳香胺、改性胺等碱性较弱的胺，在醇溶液中滴定时，终点变色不敏锐，滴定误差较大，采用高氯酸非水滴定法可获得更精准的结果。具体测定方法是称取适量的试样，用冰乙酸-纯苯溶剂溶解（可稍加热有助于溶解，后冷却到室温），加入 3～4 滴甲基紫指示剂，用高氯酸标准溶液滴定至溶液由紫色变为纯蓝色，即为终点，记录所消耗的高氯酸标准溶液用量，并计算试样的胺值。

## 38.2.8　端羧基含量

端羧基液体丁腈橡胶是环氧结构胶黏剂一种重要的韧性改性剂，它是丁二烯、丙烯腈与丙烯酸的三元共聚物，其活性官能团羧基分布在分子链的两端。在三级胺如 2-乙基甲基咪唑存在下，端羧基可与环氧树脂上的环氧基反应，在环氧树脂交联结构中镶嵌上丁腈共聚物链段，从而起增韧作用。为了控制端羧基液体丁腈橡胶的质量，除了分子量之外，端羧基含量则是一个十分关键的数据。

端羧基含量测定是用氢氧化钾与试样中的羧基进行反应，以盐酸标准溶液滴定过量的氢氧化钾，从而计算出试样中的羧基含量。

具体测定方法是称取 0.5g 试样置于 250mL 的锥形瓶中，加入 20mL 丁酮，放置 24h，用移液管移取 0.1mol/L 氢氧化钾-乙醇标准溶液 20mL，再加入 2～3 滴 1%酚酞指示剂，振荡 2h，用 0.1mol/L 的盐酸标准溶液滴定至颜色消失，即为终点，同时做空白试验。

## 38.2.9　异氰酸酯基含量

异氰酸酯基—NCO 是聚氨酯的主要活性成分，聚氨酯胶黏剂的配方计算中，必须了解异氰酸酯基含量，由于异氰酸酯基极易与空气中的湿气反应，若长时间储存或受湿气影响都会导致异氰酸酯含量降低，在使用时都要先检测异氰酸酯含量，从而确定多元醇组分的添加量。含有游离异氰酸酯基的聚氨酯预聚体、单组分湿气固化聚氨酯胶黏剂和双组分聚氨酯胶黏剂中的异氰酸酯基组分均应控制在一定范围内，否则影响产品的稳定性，引起凝胶。

异氰酸酯基含量的测定方法一般采用甲苯-二正丁胺法，测定原理是聚氨酯预聚体或中间产物中的异氰酸酯基与过量的二正丁胺在甲苯中反应，反应完成后，用盐酸标准溶液滴定过量的二正丁胺。具体方法为先将试样溶解于无水乙酸乙酯中，加入过量二正丁胺-甲苯溶液，反应后加入异丙醇及 0.1％溴甲酚绿指示剂，用 0.5mol/L 的盐酸标准溶液滴定过量的二正丁胺，滴定至溶液由蓝色变成黄色，同时做空白试验。具体方法参考 HG/T 2409—1992《聚氨酯预聚体中异氰酸酯基含量的测定》。

## 38.2.10　pH

pH 值是氢离子浓度的负对数值，它的大小代表水溶液中氢离子浓度的大小。用它来测试水溶性、干性或不含水介质以及能溶解、分散和悬浮在水中的胶黏剂的酸碱性，即 pH 值大小。胶黏剂中的酸碱性大小，直接影响胶黏剂的储存稳定性及对金属或基材的腐蚀性与粘接接头的耐久性能等。

pH 测试方法有试纸法和酸度计法。

pH 试纸法是一种简单的粗略测定方法。常用的 pH 试纸有两种，一种是广泛 pH 试纸，可以测定的 pH 值范围为 1～14；另一种是精密 pH 试纸，可以比较精确地测定一定范围的 pH。测试步骤为：①取一条 pH 试纸剪成 4～5 块，放在干净干燥的玻璃板上；②用干净的玻璃棒分别蘸少许待测试样于 pH 试纸上；③片刻后，观察试纸颜色，并与标准色卡对照，确定水样的 pH。

酸度计法是将玻璃测试电极与饱和甘汞电极浸入同一被测试溶液中构成原电池，其电动势与溶液的 pH 有关，在 25℃时，每相差一个 pH 单位时，产生 59.1mV 电位差，在仪器上直接以 pH 读数表示，通过测量原电池的电动势，即可得出溶液的 pH。本方法依照 GB/T 14518—1993《胶粘剂的 pH 值测定》。

## 38.2.11　含水量

对于通过湿气反应固化的胶黏剂，原材料的含水量直接影响胶黏剂或密封胶的储存稳定性，特别是对水分敏感的胶黏剂，如聚氨酯胶黏剂、改性硅烷密封胶等，原材料中的液体原料及粉料如聚氨酯的多元醇及纳米碳酸钙等，常含有一定水分，18g 的水就可以消耗 174g 的 TDI。所以在生产中必须通过物理或化学方法将水分除去，并测定水分含量。

测试含水量的方法有干燥恒重法、卡尔·费休法。

干燥恒重法是将待测试样放在 101.3kPa（一个大气压）和一定温度下（通常为 105～120℃）干燥至恒重，根据试样干燥前后的质量变化来计算其含水量。此法优点是条件简单，操作方便，但有一定的局限性，如合成树脂中有可能残留了低分子单体与反应副产物等，在加热时，它们会与水一起挥发出来，导致测试结果偏高。同样，对于有氢键存在的聚合物和分子量较大的树脂，即使加热到 115～130℃，水分也很难完全逸出，导致结果偏低。

卡尔·费休方法自 1935 年由卡尔·费休提出，采用 $I_2$、$SO_2$、吡啶和无水 $CH_3OH$ 配制成试剂，与样品中的水进行反应后，通过计算试剂消耗量而计算出样品中水含量。卡尔·费休容量法有滴定法与库仑电量法两种方法，适用于许多无机化合物和有机化合物含水量的测定，是世界公认的测定物质水分含量的经典方法。可快速测定液体、固体、气体中的水分含量，是最专一、最准确的化学方法，为世界通用的行业标准分析方法。卡尔·费休法是测试聚醚多元醇等所含微量水分的方法，是根据二氧化硫在水存在下还原碘时要消耗定量的水这一原理来测定其水分含量。具体测试方法可参考标准 GB/T 6283—2008《化工产品中水分含量的测定卡尔·费休法（通用方法）》。

## 38.2.12　腐蚀性

腐蚀是指胶黏剂与密封胶在一定温度、某些接触介质与一定浓度、水、氧、气体中有害杂质等有关环境条件下，自身受腐蚀变坏或者对金属及其合金所引起的破坏与变质。金属腐蚀按其形态可分为均匀腐蚀和局部腐蚀两大类。实际上，金属腐蚀过程中往往是以多种形态同时出现的，但局部腐蚀的危害性则远远大于均匀腐蚀。据统计，在设备因腐蚀损害的例子中，局部腐蚀要占 70% 以上，而且局部腐蚀往往还是突发性、灾难性的腐蚀。各种金属的腐蚀特征往往取决于金属本身的性质及其所处的环境条件，一般有腐蚀孔穴、颜色或光泽改变、胀大剥落的疏松物等。

(1) 厌氧胶腐蚀试验　厌氧胶通常用于金属材质，因此必须要测试其与金属的相容性（包括腐蚀试验），测试方法可参考 HB 5326—1993《航空用厌氧胶腐蚀性试验方法》。

(2) 密封胶腐蚀试验　密封胶施工后直接黏附在构件上，在其成型和使用过程中，可能会腐蚀构件的材料，也可能诱导腐蚀作用，或由于环境、介质的影响，造成密封胶本身变质，如发黏、变软、产生裂纹、脱落等，已致损坏构件或丧失密封能力。所以密封胶的耐腐蚀性能试验是必不可少的项目。检测方法依据 HB 5273—1993《室温硫化密封剂腐蚀性能试验方法》。

(3) 液态密封垫腐蚀试验　使用液态密封垫时，它都直接与金属结合面接触，因此其对金属的腐蚀性是一个十分重要的性能指标。测试方法依据 HB 5386—87《航空用液态密封垫腐蚀性试验方法》。

(4) 密封腻子腐蚀试验　密封腻子腐蚀试验是考核其对金属腐蚀的一项重要性能。测试方法采用湿热和干热交变处理来加速腐蚀，用直观的定性方法来测定。将腻子包裹在不同牌号的金属片上，使其经受湿热和干热交变处理 15d 后，观察金属的腐蚀情况以判断腻子的腐蚀性。

(5) 胶黏带电腐蚀试验　对电绝缘用胶黏带的电腐蚀试验，采用裸铜线作电极，在高温高湿气氛中，胶黏剂作电解质，通电后阳极起氧化反应即有阳极铜被腐蚀，而阴极铜线起还原反应。测定反应后阳极铜线与阴极铜线的拉伸强力之比，这一比值称为电蚀系数。测试标准可参见 GB/T 15333—1994《绝缘用胶粘带电腐蚀试验方法》。

# 38.3　胶黏剂力学性能检测方法

## 38.3.1　拉伸强度

### 38.3.1.1　胶黏剂粘接拉伸强度

在粘接接头受拉伸应力作用时，有三种不同的接头受力方式。

(1) 均匀拉伸应力　拉伸应力方法与粘接面互相垂直，并且通过粘接面中心均匀地分布在整个粘接结合面上，又称正拉伸应力。

(2) 不均匀拉伸应力　拉伸应力分布在整个粘接面上，但力呈现不均匀分布。

(3) 不对称拉伸应力　与不均匀拉伸相比，不对称拉伸力作用线不是通过试样中心，而是偏于试样的一端；它的受力面不是对称的，而是不对称的，这种拉伸叫不对称拉伸，人们有时将这一试验叫撕离试验或劈裂试验，以示与剥离相区别。

根据测试时粘接面受力不同，测试方法有拉伸强度试验、不均匀拉伸强度试验及不对称拉伸强度试验即劈裂试验。

（1）拉伸强度试验　拉伸强度试验又叫正拉伸强度试验或均匀扯离强度试验，接头是由两根棒状被粘物对接构成的，其粘接面和试样纵轴垂直，拉伸力通过试样纵轴传至粘接面直至破坏，以单位粘接面积所承受的最大载荷计算其拉伸强度。

（2）不均匀拉伸强度试验　不均匀拉伸试验其特征是拉伸应力的作用线虽然通过试样中心，但受力时粘接面上的应力分布是不均匀的。不均匀拉伸接头是航空工业中常用的一种粘接结构。不均匀拉伸强度的测定一定程度反映了胶黏剂的韧性，因此也能反映出各种粘接材料对胶缝应力集中的敏感程度。测试原理是由一块刚性金属厚块与一块挠性金属薄片被粘物对接组成的粘接接头，承受不均匀拉伸载荷，直至试样破坏。以单位长度上所承受的最大负荷计算不均匀拉伸强度。

（3）不对称拉伸强度试验（劈裂试验）不对称拉伸试验又称劈裂试验，它所测试出的强度叫劈裂强度。在 GB/T 7749—87 以及国外的 ASTMD 1062 与 JISK 6853 标准中都规定了不对称拉伸试验的方法。测试方法是将试样对接，在试样的胶界面边缘施加与粘接面垂直的拉力，测定试样被分离时所承受的最大负荷，以每单位粘接宽度上所需的分离力表示它的劈裂强度。

### 38.3.1.2　胶黏剂本体拉伸强度

（1）结构胶黏剂　结构胶黏剂的自身拉伸强度与其粘接性能有很大关系。一般来说，胶黏剂自身拉伸强度高，则粘接强度也好，是此类胶种的重要性能指标。测试过程是将要测试胶黏剂胶液浇注在金属模型中并彻底固化，然后再通过打磨成规定尺寸的哑铃型样条，取出样条在万能拉力试验机上进行强度测试。以拉断样条时的最大载荷除以断裂处截面积，即得胶黏剂的拉伸强度。目前尚无结构胶的拉伸强度测试的国家标准，可借用塑料行业热固性塑料件的拉伸强度测试方法 GB/T 1040—2006《塑料拉伸性能的测定 第一部分总则》进行测试。

（2）弹性密封胶　弹性密封胶测试采用 GB/T 528—2009《硫化橡胶或热塑性橡胶 拉伸应力应变性能的测定》。本方法适用于测定硫化橡胶或热塑性橡胶的性能。在动夹持器或滑轮恒速移动的拉力试验机上，将哑铃状或环状标准试样进行拉伸。按要求记录试样在不断拉伸过程中当其断裂时所需的力和伸长率的值，断裂时的载荷力除以截面积即为该胶黏剂的拉伸强度。

## 38.3.2　剪切强度

剪切强度也称抗剪强度，是指粘接件在单位面积上所能承受平行于粘接面的最大负荷，它是胶黏剂粘接强度的主要指标，是胶黏剂力学性能最基本的试验项目之一。按其粘接件的受力方式又分为拉伸剪切、压缩剪切、扭转剪切与弯曲剪切四种。目前国内外的胶黏剂力学性能数据中，采用单搭接的拉伸剪切性能是最基本的力学性能数据。

（1）拉伸剪切强度　试样为单搭接结构。在试样的搭接面上施加纵向拉伸剪切应力，测定试样能承受的最大负荷。搭接面单位面积上的平均剪切应力为胶黏剂的金属搭接的拉伸剪切强度。标准试板及试样形状和尺寸如图 38-1。标准试样的搭接长度是 (12.5±0.5) mm，金属片的厚度是 (1.6±0.1) mm，试样的搭接长度或金属片的厚度不同对试验结果会有影响。建议使用 LY12-CZ 铝合金、1Cr18Ni9Ti 不锈钢、45 碳钢、T2 铜等金属材料。常规试验，试样数量不应少于 5 个。测试方法可参考标准 GB/T 7124—2008《胶粘剂 拉伸剪切强度的测定（刚性材料对刚性材料）》。

（2）压缩剪切强度　压缩剪切强度主要用来评价木材用胶黏剂的强度。压缩剪切是在被粘接材料相当厚的情况下所采用的一种测定粘接材料强度的方法。压缩剪切强度试验所用的

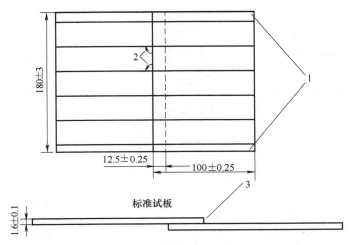

图 38-1　标准试板及试样形状和尺寸（单位：mm）

1—舍弃部分；2—夹角 90°±1°；3—胶黏剂

试样分单剪和双剪两种，常用的是单剪，如图 38-2 所示。试验时采用专用的试验机进行测

试，试样尺寸为 50mm×50mm×20mm，搭接长度为 40mm，

试件先在（23±1）℃，相对湿度 50%±2%条件下固化 7d，剪

切时加载速度为 10mm/min。试验结果以最大值、最小值、平

均值和木材破坏率来表示。测试方法详见 GB/T 17517—1998

《胶粘剂压缩剪切强度试验方法 木材与木材》。

# 38.3.3　撕裂强度

撕裂是以微小的力集中于切口尖端部位而形成新的表面的现

象，在撕裂过程中表现出的阻力称为撕裂强度（或撕裂阻力）。

用沿试样长度方向的外力作用于规定形状的试样上，将试

样撕裂所需的最大力除以试样的厚度，即为撕裂强度。撕裂强

度测试方法依据 GB/T 529—2008《硫化橡胶或热塑性橡胶撕

裂强度的测定（裤形、直角形和新月形试样）》。

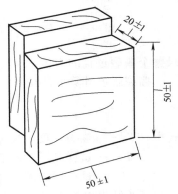

图 38-2　单剪压缩剪切
试样（单位：mm）

原理：用拉力试验机，对有豁口或无豁口的试样在规定的速度下进行连续拉伸，直至试

样撕断。将测定的力值按规定的计算方法求出撕裂强度。

撕裂强度值与试样形状、拉伸速度、试验温度和硫化橡胶的压延效应有关。试样的形状

有裤形试样、直角形试样、有豁口或无豁口的新月形试样。具体试样尺寸见图 38-3～图 38-

5 所示。

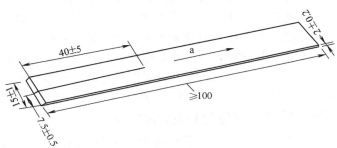

图 38-3　裤形试样及尺寸（单位：mm）

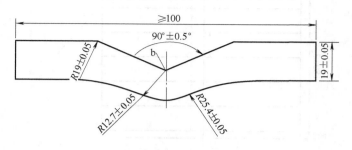

图 38-4　直角形试样及尺寸（单位：mm）

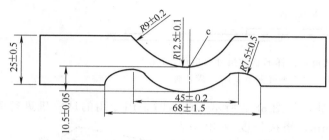

图 38-5　新月形试样及尺寸（单位：mm）

测试步骤：试样在标准温度下调节至少 3h，厚度为（2.0±0.2）mm，将试样安装在拉力试验机上，在夹持器移动的速度下［角形和新月形试样为（500±50）mm/min、裤形试样为（100±10）mm/min］，对试样进行拉伸，直至试样断裂。记录直角形和新月形试样的最大力值。当使用裤形试样时，应自动记录整个撕裂过程的力值。

撕裂强度计算方法按式：

$$T_s = \frac{F}{d} \tag{38-3}$$

式中　$T_s$——撕裂强度，N/mm；

　　　$F$——试样撕裂时所需的力，N；

　　　$d$——试样厚度的中位数，mm。

试验结果以每个试样的中位数、最大值和最小值共同表示，数值准确到整数位。

## 38.3.4　剥离强度

剥离强度是单位粘接面积所承受的最大破坏负荷，是粘接面剥离时单位试样宽度所需的力，剥离强度是评价胶黏剂粘接性能的重要方法。剥离是一种粘接接头常见的破坏形式，其特点是粘接接头在受外力作用时，力不是作用在整个粘接面上，而只是集中在接头端部的一个非常狭窄的区域，这个区域似乎是一条线，胶黏剂所受到的这种应力，就是线应力。当作用在这一条线上的外力大于胶黏剂的粘接强度时，接头受剥离力作用沿着粘接面发生破坏。测定粘接接头抵抗线应力的能力大小，主要采用剥离试验来测定它的剥离强度，其强度用每单位宽度粘接面上所能承受的最大破坏载荷来表示，单位是 kN/m。

剥离试验的材质一面是柔性材料，另一面是刚性材料，当接头承受剥离力作用时，被粘物的柔性材料首先发生变形，粘接接头被撕开。根据试样的结构和剥离方式的不同，剥离强度分为 180°剥离强度、90°剥离强度、T 型剥离强度、浮滚剥离强度、爬鼓剥离强度等。

### 38.3.4.1　180°剥离强度（挠性材料对刚性材料）

本测试方法依据 GB/T 2790—1995《胶粘剂 180 度剥离强度试验方法 挠性材料对刚性材料》。本方法适用于两种被粘材料（一种是挠性材料，另一种是刚性材料）组成的粘接试样在规定条件下，粘接面抵抗 180°剥离的性能测试。

原理：两块被粘材料用胶黏剂制备成粘接试样，然后将粘接试样以规定的速率从粘接的开口处剥开，两块被粘物沿着被粘面长度的方向逐渐分离，通过挠性材料被粘物所施加的剥离力基本上平行于粘接面。

测试试样：刚性试片宽为（25±0.5）mm，长为 200mm 以上。挠性材料能弯曲 180°而无严重的不可恢复的形变，长度不小于 350mm。在每块被粘试片的整个宽度上涂胶，涂胶长度为 150mm。具体的粘接方法如图 38-6 所示。

制备试样如需加压，应在整个粘接面上施加均匀的压力，推荐施加压力可达 1MPa。

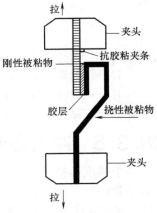

图 38-6　挠性材料与刚性材料 180°剥离粘接试样

试验步骤：将挠性被粘试片的未粘接的一端弯曲 180°，将刚性被粘试片夹紧在固定的夹头上，而将挠性试片夹紧在另一夹头上。注意使夹头间试样准确定位，以保证所施加的拉力均匀地分布在试样的宽度上。开动机器，使上、下夹头以恒定的速率分离。夹头的分离速率和当夹头分离运动时所受到的力，最好是能够自动记录。继续试验，直到至少有 125mm 的粘接长度被剥离。记录下在这至少 100mm 剥离长度内的剥离力的最大值和最小值，计算相应的剥离强度值。注意粘接破坏的类型，即黏附破坏、内聚破坏或被粘物破坏。

$$\delta_{180°} = \frac{F}{B} \tag{38-4}$$

式中　$\delta_{180°}$——180°剥离强度，N/mm；

　　　$F$——剥离力，N；

　　　$B$——试样宽度，mm。

计算所有试验试样的平均剥离强度、最小剥离强度和最大剥离强度，以及它们的算术平均值。

## 38.3.4.2　T 型剥离强度（挠性材料对挠性材料）

本测试方法依据 GB/T 2791—1995《胶粘剂 T 剥离强度试验方法　挠性材料对挠性材料》。

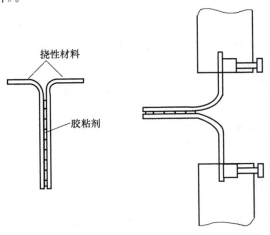

图 38-7　T 型剥离试样粘接方法

原理：挠性材料对挠性粘接的 T 型剥离试验是在试样的未粘接端施加剥离力，使试样沿着粘接线产生剥离，所施加的力与粘接线之间角度可不必控制。

测试试样：挠性材料的厚度要以能承受预计的拉伸力为宜，厚度要均匀，不超过 3mm，并能承受剥离弯曲角度而不出现裂缝。试样材料长 200mm、宽（25±0.5）mm。

在每块被粘试片的整个宽度上涂胶，涂胶长度为 150mm。具体的粘接方法如图 38-7 所示。

制备试样如需加压，应在整个粘接面上施加均匀的压力，推荐施加压力可达 1MPa。

试验步骤：将挠性试片未粘接一端分开，按图 38-7 所示对称地夹在上、下夹持器中，夹持部位不能滑移，以保证所施加的拉力均匀地分布在试样的宽度上。开动试验机，使上、下夹持器以（100±10）mm/min 的速率分离。试样剥离长度至少要 125mm，记录装置同时绘出负荷曲线。并注意破坏的形式，即黏附破坏、内聚破坏或被粘物破坏。

记录下在这至少 100mm 剥离长度内的剥离力的最大值和最小值，计算相应的剥离强度值。

$$\delta_t = \frac{F}{B} \tag{38-5}$$

式中　$\delta_t$——剥离强度，N/mm；

　　　$F$——剥离力，N；

　　　$B$——试样宽度，mm。

计算所有试验试样的平均剥离强度、最小剥离强度和最大剥离强度。

## 38.3.5　冲击强度

冲击强度是指试样受到冲击破坏时，试样本身可吸收的能量，或者说是试样抗冲击的能量所消耗的功。冲击强度以单位粘接面积上的功表示，单位为焦耳/米$^2$（J/m$^2$ 或 N·m/m$^2$）。冲击强度的大小主要与胶黏剂本身的韧性有关。

按照粘接接头形式与受力的不同，冲击强度又可分为压缩剪切冲击、拉伸剪切冲击、弯曲冲击、T 型剥离与扭转冲击等，而剪切冲击是常用的冲击强度测定方法。

原理：由两个试块粘接构成的试样，使粘接面承受一定速度的剪切冲击载荷，测定试样破坏时所消耗的功，以单位粘接面积承受的剪切冲击破坏功计算剪切冲击强度。

测试仪器采用摆锤式胶黏剂剪切冲击试验机，试验机摆锤速度为 3.35m/s。所有夹具应能保证试样的受击高度在 0.8～1.0mm 范围内；应使试样受击面及下试块的上表面与摆锤刀刃保持平行。具体方法参考 GB/T 6328—1999《胶粘剂剪切冲击强度试验方法》。

## 38.3.6　扭矩强度

螺纹紧固件中常使用厌氧胶，既能锁紧防松，又有良好的密封性能，这种液态锁紧技术的使用效果远远超过了传统的机械锁紧方法。由于胶液能自由地填充螺纹啮合处的所有空隙，在缺氧后固化，形成了不溶、不熔的高聚物，将螺纹的两结合面紧密地粘接成一体，从而有效地防止在外力作用下产生松动，同时由于胶层具有较好的吸振能力，也提高了螺纹连接件的抗振防松与密封性能。

不同的螺纹紧固件必须使用不同紧固扭矩的厌氧胶，若螺栓小使用了高强度厌氧胶则在需拆卸时易使螺栓断裂；若螺栓大使用了紧固扭矩小的厌氧胶，则起不到好的抗振防松效果。所以，对螺栓紧固用的厌氧胶来说，扭矩强度是关键的性能指标，可以确保机电产品的安全性和可靠性。

扭矩强度是由螺栓与螺母粘接构成的试样，是粘接面承受一定速度的扭矩时，测定试样发生相对运动时的转动扭矩，单位为 N·m。扭矩强度的测试方法依据 GB/T 18747.1—2002《厌氧胶粘剂扭矩强度的测定（螺纹紧固件）》。本方法适用于螺纹制动（锁固）用胶黏剂，常用的是厌氧胶黏剂，应对它的粘接强度做出评价，即判断厌氧胶黏剂的螺纹连接可靠性。破坏扭矩 $T_B$ 是指螺母和螺栓之间开始发生相对位移时所测出的转动扭矩。最大拆卸扭矩 $T_{max}$ 是螺母开始松动后转动一圈时的最大转动扭矩。平均拆卸扭矩 $T_P$ 是指将螺母松动 1/4、1/2、3/4 及一圈时的转动扭矩的平均值。测试时先将螺栓头固定在夹钳工具上，以一个恒定的速度旋松螺母，此速度应在试验报告中说明，其速度最好是 2r/min、5r/min 或 10r/min，扭矩可从扭力扳手直接读取或从记录仪上测量，记录破坏扭矩、最大拆卸扭矩和平均拆卸扭矩。

## 38.3.7　密封性试验

螺纹紧固件用的厌氧胶，除了有一定紧固的扭矩强度要求外，还要求有一定的耐压力，通过液体密封性试验可以测定出它耐压力的好坏。测试方法依据 HB 5313—1993《航空用厌氧胶液体密封性试验方法》。

原理：采用一专用的液体密封性试验设备，用压缩空气向注满肥皂水的加压容器上方施加 0.343MPa 的压力，检查肥皂水是否从涂有厌氧胶并聚合好的螺栓与螺母试件结合间隙中泄漏。

密封平面法兰的液体垫片胶黏剂有两种，即厌氧胶和有机硅密封胶，其密封性测试方法为：先将胶液均匀涂布在其中一个试件的配合密封面上，装配好法兰，按对角顺序拧紧螺栓，拧紧力矩为 40N·m，然后在规定条件下固化，最后将测试试件安装在压力试验设备接口处，按规定施加压力（油压或气压），直至达规定压力，然后保持一段时间后如果无泄漏，就表明密封胶可以耐该压力。具体测试方法可以参考 JB/T 7311—2016《工程机械 厌氧胶、硅橡胶及预涂干膜胶 应用技术规范》。

# 38.4　胶黏剂工艺性能检测方法

## 38.4.1　适用期

适用期是指对多组分胶黏剂与密封胶，将其按配方要求混合好开始起，黏度逐渐升高至不能再涂布组装或浇注时止，前后的时间间隔，又称为作业期、活性期或使用期。超过这一时间，胶黏剂不仅失去了可涂布性，而且充填性差，粘接与密封性能变坏。适用期是胶黏剂从开始固化，逐渐由黏流态向固态转变的过程，其可以相对表征胶黏剂的固化速度，也可以反映胶黏剂的质量。胶黏剂的适用期时间长短不仅与原材料有关，而且与胶黏剂或密封胶的配方、环境条件及其储存期限等因素有关。根据胶黏剂施工的要求，可通过配方设计调整适用期长短，来确定配胶量。

综上所述，适用期是胶黏剂与密封胶产品的重要工艺指标，也是出厂必检项目之一，一般可通过测试混合后胶黏剂的黏度变化或者粘接强度的变化来确定产品的适用期，另外，试验方法还有简易的手挑法与挤出法。注意，适用期长短还与一次配胶量的多少以及测试时的环境温度和湿度有关。

① 在 ASTMD 1338—2016 中所规定的方法，适用于所有适用期相对短的胶黏剂。它通过测试配好后的胶黏剂黏度（稠度）或粘接强度变化，或同时测试两者的变化来确定其适用期。该法特别适用于包装好的液体或膏状胶黏剂；也适用于加有固化剂（硫化剂）、催化剂、填料与稀释剂等的溶剂型胶黏剂；或在使用之前由多种组分组合而成的胶黏剂；以及要用水或其他溶剂溶解的粉末或片状胶黏剂制作而成的液体或膏状胶黏剂。

② 胶黏剂适用期测试采用 GB 7123.1—2015《多组分胶粘剂可操作时间的测定》。通过对胶黏剂混合开始不同时间的粘接强度和黏度的测定来确定在规定条件（配胶量、温度、湿度等）下胶黏剂的适用期。

③ 密封胶活性期试验是密封胶自配制开始直至保持适于涂覆稠度的时间，称为密封胶

的活性期，又称涂覆期或适用期。本方法依据 HB 5241—1993《室温硫化密封剂活性期试验方法（稠度法）》，它适用于黏度较大的室温硫化密封胶活性期的测定，利用针入度计测量其稠度与时间的关系，再根据密封胶的硫化时间随稠度的变化规律计算出活性期。

## 38.4.2　贮存期

胶黏剂与密封胶的贮存期是指在规定条件下储存胶黏剂与密封胶仍能保持其操作性能与规定强度的最长贮存时间。正常条件是指在规定的贮存温度、湿度、阴凉、干燥通风、远离热源、不受阳光直射的未开封的原包装容器中贮存。

胶黏剂在极端温度条件下贮存一定时间后，都可能会发生物理与化学变化，如黏度增大，甚至胶凝结团与强度降低等现象。由于通常不可能进行长时间的（23±2）℃贮存试验，而往往采用高温或低温条件下进行人工加速贮存期测试，后者测试的结果可能与胶黏剂及密封胶在正常条件下贮存所得的贮存期结果大不相同。比如在高温条件下，就可能发生在通常（23±2）℃贮存条件下并不会发生的变化。因此，在（50±1）℃下贮存 30d，即使这一加速试验合格后，并不完全意味着胶黏剂在（23±2）℃下贮存多久也不会变质。这中间没有一个通用的对照关系，事实上只有接近实际环境贮存条件下的贮存期数据才是合理的、实用的。但为了供需双方能有一个共同的标准来检测胶黏剂的贮存性能好坏，可以采用如下的贮存期测试方法。

（1）胶黏剂贮存期试验　本方法依据 GB/T 7123.2—2002《胶粘剂贮存期的测定》。通过测定胶黏剂贮存前后黏度与粘接强度的变化，确定胶黏剂在规定条件下的贮存期。

（2）厌氧胶贮存稳定性试验　本方法依据 HB 5329—93《航空用厌氧胶贮存稳定性试验方法》。其原理是将厌氧胶黏剂在贮存前后黏度与强度的变化来表征其贮存稳定性。

（3）$\alpha$-氰基丙烯酸酯胶黏剂贮存稳定性试验　对 $\alpha$-氰基丙烯酸酯胶黏剂，取带包装的 40g 试样，置于电热鼓风恒温箱中，于 70℃保温 120h 取出，待试样降至室温后，再对它进行外观、黏度、固化时间与拉伸剪切强度测试。

（4）乙酸乙烯酯乳液胶黏剂贮存稳定性试验　乙酸乙烯酯乳液胶黏剂在贮存时，随温度变化及使用时加水稀释其性能都会有变化。由于产品中含水，在水的冰点之下（冬季）会发生冻结，破坏聚合物乳液的水合层；在夏季高达 40℃左右的环境条件下存放，会造成聚合物乳液颗粒的融结；加水稀释，降低了保护乳液的胶体浓度。诸如以上原因都会使乳胶变质，检测项目一般有冻融稳定性、高温稳定性、稀释稳定性等测试。

## 38.4.3　表干时间

表干时间也称失黏时间，指胶黏剂表面失去黏性，使灰尘不再黏附其上的时间。测试方法依据 GB/T 13477.5—2002《建筑密封材料试验方法 第 5 部分：表干时间的测定》。主要过程为在规定条件下将密封材料试样填充到规定形状的模框中，用在试样表面放置薄膜或手指触碰的方法测量其干燥程度，报告薄膜或手指上无黏附试样所需的时间。

具体测试方法有两种，A 法是将制备好的试件在标准条件下静置一定的时间，然后在试样表面纵向 1/2 处放置聚乙烯薄膜，薄膜上中心位置加放黄铜板。30s 后移去黄铜板，将薄膜以 90°角从试样表面以 10m/s 的速度匀速揭开，如发现有试样黏附在塑料膜表面则停止揭开，等相隔适当时间在另外部位重复上述操作，直至无试样黏附在聚乙烯条上为止。记录试件成型后至试样不再黏附在聚乙烯条上所经历的时间，即为表干时间。B 法是将制备好的试件在标准条件下静置一定的时间，然后用无水乙醇擦净手指端部，轻轻接触试件上三个不同部位的试样。相隔适当时间重复上述操作，直至无试样黏附在手指上为止。记录试件成型后至试样不黏附在手指上所经历的时间，即为表干时间。

## 38.4.4　固化时间

固化时间是指胶黏剂通过化学反应以提高其强度，从液态转变为固态过程的时间。固化时间通常也称固化速度，是胶黏剂施工中的重要指标，也是影响下游生产效率的重要指标。它可以作为检验胶黏剂的性能、鉴定配方是否正确的一项简单易行的检验方法。

国内外广泛使用的方法是在规定的测试与试样制备条件下，测定胶黏剂的粘接强度形成来表征固化时间。

（1）厌氧胶固化速度试验　测试方法依据 HB 5325—93《航空用厌氧胶固化速度试验方法》。测定厌氧胶在规定温度与规定时间固化后的强度来表征固化时间。

（2）粘接接头强度形成试验　它适用于在规定的时间和温度条件下，或对被粘材料进行规定处理，如涂表面活化剂或促进剂（一种加快胶黏剂固化速度或改变胶黏剂固化反应，而涂在粘接表面的物质），经固化后的液态或糊状胶黏剂。测定在规定的测试和制备条件下，利用标准试样的胶黏剂强度形成的时间，通常测剪切强度。

（3）瞬干胶固化速度试验　方法依据 HG/T 2492—2018《α-氰基丙烯酸乙酯瞬间胶粘剂》。在一定的环境条件下，一定时间，瞬干胶达到一定粘接负荷的最短时间。

## 38.4.5　挤出性

挤出性是指用胶枪施工胶黏剂时挤出的难易程度。胶黏剂在施工时，挤出性决定了施工效率，是一项重要的工艺指标。目前高黏度的胶黏剂，尤其是密封胶的施工性能主要是通过测定其挤出性来进行表征和判断的。目前密封胶挤出性的检测方法有两种，依据 GB/T 13477.3—2017《建筑密封材料试验方法 第 3 部分：使用标准器具测定密封材料挤出性的方法》及 GB/T 13477.4—2017《建筑密封材料试验方法 第 4 部分：原包装单组分密封材料挤出性的测定》。

① 使用标准器具测定密封材料挤出性的方法是利用压缩空气在规定条件下从标准器具中挤出规定体积的密封材料，对单组分密封材料，以单位时间挤出的密封材料体积报告其挤出性；多组分密封材料，以绘图的方法报告其适用期。将试样填入标准挤出器的挤出筒中，注意勿混入空气，将填满的试样表面修平，然后将前盖、滑板、孔板及后盖装在挤出筒中。使滑板处于关闭状态，将组装好的挤出器与空压机相连接，使挤出器置于（200±2.5）kPa 的空气压力之下，在整个试验过程中保持压力稳定。测试之前先挤出 2～3cm 长的试样，使试样充满挤出器的挤出孔。以（200±2.5）kPa 的压缩空气一次挤完挤出器中的试样，同时用秒表记录所需时间。根据挤出筒的体积和所用的挤出时间计算试样的挤出率（mL/min），精确至 1 mL/min。

② 使用原包装测定单组分密封材料的挤出性是在规定条件下采用压缩空气将密封材料从生产厂所使用的包装中挤出至水中，以规定时间内挤出的体积报告挤出性。将包装从恒温箱中取出，带固定喷嘴的硬筒包装喷嘴的口径切割成（5±0.3）mm，并将喷嘴内与筒之间的内膜完全刺破。包装筒所配螺旋喷嘴的口径不少于 6mm，将香肠膜包装一端切开。准备好后将胶黏剂装入气动挤胶枪，升压至（250±10）kPa，先挤出 2～3cm 长的试样，以充满喷嘴、排出空气，然后关闭气阀。将 600mL 蒸馏水或去离子水倒入玻璃量筒，并将装有胶黏剂的挤胶枪垂直放在量筒的上方，喷嘴尖浸入水中约 12mm。在确认空气压力为（250±10）kPa 后，先在几秒钟内挤出少量试样，以确保试样在水中自由流动。然后第一次读取玻璃量筒中的水位。挤出试样至量筒中，使水位至少变化 200mL，记下所用的时间（s）。第

二次读取玻璃量筒的水位，两次读数之差即为胶黏剂的挤出体积（mL），该体积除以所用时间即为胶黏剂挤出性（mL/s）。

## 38.4.6　开放时间

开放时间是指热熔胶黏剂涂布后，在规定的粘接条件下达到 50% 以上被粘材料的粘接面积被剥离破坏所允许放置的最长时间。本方法依据 HG/T 3716—2003《热熔胶粘剂开放时间的测定》。

# 38.5　胶黏剂热性能检测方法

## 38.5.1　热稳定性

### 38.5.1.1　负荷热变形温度试验

负荷热变形温度是衡量环氧浇注料耐热性的主要指标之一，现在世界各国大部分塑料产品的标准中，都将负荷热变形温度作为产品质量控制指标，但该温度不是材料的最高使用温度，后者应根据制品的受力情况及使用要求等因素来确定。测试方法依据 GB 1634.1—2019《塑料 负荷变形温度的测定》。塑料试样放在跨距为 100mm 的支座上，将其放在一种合适的液体传热介质中，并在两支座的中点处，对其施加特定的静弯曲负荷，形成三点式简支梁式静弯曲，在等速升温条件下，在负载下试样弯曲变形达到规定值时的温度，为热变形温度。

### 38.5.1.2　线膨胀系数试验

不同种类的材料其受热时尺寸变化的程度不同，通常用线膨胀系数的大小来表示其热变形程度。胶黏剂与其他物质一样，当温度变化时，其三维方向上的长度都会发生变化。线膨胀系数为温度每变化 1℃ 时，试样长度的变化值与其原始长度值之比，单位为 $℃^{-1}$。它又可分为某一温度点的线膨胀系数与某一温度区间的平均线膨胀系数。前者用连续升温法测量，而后者使用两端点温度法或连续升温法测量。

测量胶黏剂在使用温度范围内的线膨胀系数对某些专用胶黏剂的产品质量有重要意义。如对某种导电胶其线膨胀系数值定为 $16×10^{-6}～24×10^{-6}/℃$，就给其特殊用途提供了选材依据。选择热膨胀测量方法时主要考虑测试范围、待测材料的种类和特性、测量精度和灵敏度等，胶黏剂热膨胀系数测试方法可依据 GB/T 1036—2008《塑料 －30℃～30℃线膨胀系数的测定 石英膨胀计法》。

### 38.5.1.3　浇注料收缩率试验

浇注料的线性收缩率指的是环氧浇筑树脂在固化过程中的收缩率，测试方法依据 HG/T 2625—1994《环氧浇铸树脂线性收缩率的测定》，为试样收缩量与模具两平行距离之比，单位为 cm/cm。后收缩率则为试样尺寸与经定温处理后的尺寸之间的变化率。

## 38.5.2　玻璃化转变温度

根据高分子链段的运动形式不同，绝大多数聚合物材料通常可处于以下三种物理状态（或称力学状态）：玻璃态、高弹态（橡胶态）和黏流态。而玻璃化转变则是高弹态和玻璃态之间的转变，从分子结构上讲，玻璃化转变温度是高聚物无定形部分从冻结状态到解冻状态的一种松弛现象。玻璃化转变温度（$T_g$）是非晶态聚合物的一种重要的物理性质，我们通常把玻璃态与高弹态之间的转变，称为玻璃化转变，它所对应的转变温度即是玻璃化转变温度，或简称玻璃化温度。当高聚物发生玻璃化转变时，其物理机械性能必然会发生急剧变化。除形变与模量变化之外，高聚物的比容、比热容、线膨胀系数、热导率、折射率、介电常数等都会表现出突变或不连续的变化。玻璃化温度是非晶态聚合物使用的最高温度，是橡胶型密封胶使用的最低温度。

胶黏剂是以非晶态高聚物或部分结晶高聚物为基体的混合物，它的性能主要由高聚物本身的性质所制约，研究胶黏剂的玻璃化温度对于胶黏剂的使用十分重要。不仅可以用于配方筛选，产品质量控制，而且可以给用户选材提供依据。从玻璃化转变的实质可以看出，玻璃化温度是高聚物链段运动刚刚被冻结时的温度，因此凡是不利于链段运动的因素都会使玻璃化温度升高；反之则降低。测试胶黏剂玻璃化温度的方法有膨胀计法、差示扫描量热分析法（DSC）、热机械法（也称温度-形变曲线法）、动态力学分析法（DMA）等。

（1）膨胀计法　在膨胀计内装入适量的被测聚合物，通过抽真空的方法在负压下将对被测聚合物没有溶解作用的惰性液体充入膨胀计内，然后在油浴中以一定的升温速率对膨胀计加热，记录惰性液体柱高度随温度的变化。由于高分子聚合物在玻璃化温度前后体积的突变，惰性液体柱高度-温度曲线上对应有折点。折点对应的温度即为受测聚合物的玻璃化温度。

（2）差示扫描量热分析法（DSC）　DSC 是热分析的一种方法，它是在程序升温的条件下，测量试样与参比物之间的能量差随温度变化的一种分析方法。以玻璃化温度为界，高分子聚合物的物理性质随高分子链段运动自由度的变化而呈现显著的变化，其中，热容的变化使热分析方法成为测定高分子材料玻璃化温度的一种有效手段。测试方法可参考标准 GB/T 19466.2—2004《塑料　差示扫描量热法（DSC）第 2 部分：玻璃化转变温度的测定》。

（3）热机械法　以一定加热速率加热试样，使试样在恒定的小负荷力的作用下随着温度升高，在玻璃态时发生膨胀。当试样从玻璃态变为高弹态时，试样变软，热机械分析仪探头逐渐针入试样，以测量试样随温度变化的形变曲线，类似于膨胀计法，找出曲线上的折点所对应的温度，即为玻璃化温度 $T_g$。

## 38.5.3　热导率

热量从物体的一部分传导到另一部分，或从一物体传导到另一物体，称为热传导。热导率（导热系数）λ 是一个表明物质热传导能力的性能参数。即在稳定条件下，垂直于单位面积方向的每单位温度梯度通过单位面积上的热量，单位为 W/(m·K)。

热导率的测定方法现已发展了多种，它们有不同的适用领域、测量范围、精度、准确度和试样尺寸要求等，不同方法对同一样品的测量结果可能会有较大的差别，因此选择合适的测试方法是首要的。稳态法是经典的保温材料的热导率测定方法，至今仍受到广泛应用。其原理是利用稳定传热过程中，传热速率等于散热速率的平衡状态，根据傅里叶一维稳态热传导模型，由通过试样的热流密度、两侧温差和厚度，计算得到热导率。稳态法适合在中等温度下测量的导热材料。适用于岩土、塑料、橡胶、玻璃、绝热保温材料等低导热系材料。测试方法可参考标准 GB/T 10297—2015《非金属固体材料导热系数的测定》。

## 38.5.4　流动性

流动性检测适用于热熔胶的性能测试，如熔点法、环球法、软化点法。由于热熔胶是多种材料的混合物，其基体高聚物是部分结晶的聚合物，体系中结晶相与非结晶相共存，分子量是正态分布的多种分子量的混合物，因此它不像低分子无机物或有机化合物有明确的熔点，而只是有一融熔范围。此法只适用于热熔胶。

(1) 熔点　采用差示扫描量热法（DSC）测定熔点，差动分析是在程序控温下，测量输给物质和参比物之间的功率差与温度关系的一种技术。也就是指对试样和参比物按一定速率加热与冷却时，使之置于相等的温度条件下，将两者间的温度差维持为零时所需要的能量对时间或温度做记录的方法。记录为差示扫描量热分析曲线，又称 DSC 曲线，它以样品吸热或放热的速率，即热流率 $dH/dt$（mJ/s）为纵坐标，以温度 $T$ 或时间 $t$ 为横坐标，可以测定多种热力学和动力学参数，例如比热容、反应热、转变热、相图、反应速率、结晶速率、高聚物结晶度、样品纯度等。

(2) 软化点　软化点是用来测定线型高聚物耐热性能的一个指标。而胶黏剂中适用于进行环球法软化点试验的基体聚合物有固体环氧树脂、EVA 与沥青等。胶黏剂中一般只有热熔胶才进行软化点测试，方法都采用环球法，实际上这是一个工艺性能指标。测试方法是把确定质量的钢球置于填满试样的金属环上，在规定的升温条件下，热熔胶开始软化，钢球进入试样，从一定的高度逐渐在受热的热熔胶试样内下落，当钢球触及底层金属挡板时的温度，视为软化点。

## 38.5.5　脆性温度

高聚物在玻璃态时，链运动被冻结。但其链段在玻璃化温度（$T_g$）附近还有一定的活动能力，通常高聚物在 $T_g$ 以下时，一般不发生高弹形变，但在一定的外力作用下，也可以拉长 $100\%\sim200\%$，但是当除去外力后其形变不能恢复，只有将它加热到 $T_g$ 以上时，形变才能自动收缩，说明这与橡胶的高弹形变不一样，而属于弹性形变。因为这一形变在很大外力作用下，使玻璃态高聚物强制发生的所谓强迫高弹形变，其应力称为"强迫高弹形变"的"极限应力"，当温度继续下降到一定值时，高聚物所受的强迫高弹形变的极限应力超过其断裂强度，再也不能够产生强迫高弹形变，这时它将发生脆性断裂，这一温度即为高聚物的脆性温度。

脆性温度的测试方法依据 GB/T 1682—2014《硫化橡胶 低温脆性的测定 单试样法》。是在一定条件下，密封胶试样产生脆性（断裂、裂纹及肉眼可见的微孔等）时的最高温度。

# 38.6　胶黏剂电性能检测方法

## 38.6.1　电阻率

高聚物材料大多为非导电的绝缘材料，其电绝缘性能的高低可以用电阻率表示，它们的电阻率通常在 $10^9\Omega\cdot cm$ 以上。电阻率低于 $10^6\Omega\cdot cm$ 的材料为导体，电阻率大于 $10^6\Omega\cdot cm$ 且小于 $10^9\Omega\cdot cm$ 的材料则为半导体，半导体处于绝缘体与导体之间。电阻是加于试样上的直流电压和流过试样全部电流之比，它包括体积电阻与表面电阻。绝缘电阻是电气与电子元器件彼此之间以及它们和大地之间的绝缘必不可少的性能。一般人们对电气绝缘材料要求具有尽可能高的绝缘电阻。

如果胶黏剂是专门的导电胶黏剂，通常为了保证导电胶黏剂的导电效果，会专门对导电胶黏剂的电阻率进行测试，通过测试之后，导电胶黏剂才能投入市场，必须对其品质严格保证。

测量胶黏剂绝缘电阻率的方法很多，通常有检流计法、高阻计法、电桥法等，目前应用较多的为前两种方法。

(1) 高阻计法　本测试方法依据 GB/T 1692—2008《硫化橡胶 绝缘电阻率测定》。对试样施加直流电压，测定通过内部或沿试样表面泄漏电流，计算出试样的体积电阻率（$\rho_v$）与表面电阻率（$\rho_s$）。

（2）检流计法　检流计法测试胶黏剂与密封胶的体积电阻率与表面电阻率的测试原理与高阻计法相同。

## 38.6.2　介电性能

高聚物在外电场作用下出现的对电能的贮存与损耗的性质，称为高聚物的介电性，表征介电性能的参数是介电常数与介电损耗。介电常数是表示绝缘材料在单位电场中，单位体积内积累静电能量的大小。介电损耗角正切则表示在电场作用下，电介质在单位时间内所消耗的能量。各种以高聚物为基体的绝缘用封装胶与密封胶，对介电常数与介电损耗都有一定的要求。

在各种电气工程中对绝缘材料有两种不同的用途与要求。一种作为电气工程网络各组件间绝缘或对地绝缘，则要求材料有较高的电阻率和介电强度、较小的介电常数；另一种是电容器的绝缘介质，它要求材料有较高的介电常数和高的介电强度。但是，不论是电气绝缘或电容器的介质，为了减少材料本身的发热对网络部分的影响，都要求材料的介电损耗要小。特别是在高频条件下，介电损耗的影响就更大，因为此时功率损率与频率是成正比的。胶黏剂介电性能的常见测试方法如下：

（1）工频介电性能测定法　本方法依据 GB/T 1693—2007《硫化橡胶　介电常数和介质损耗角正切值的测定方法》。采用工频高压电桥法，将试样置于 50Hz 工频的交变电场下，作为高压桥的一个桥臂，根据电桥平衡时的参数，测定其介电损耗正切和电容，并通过电容计算出介电常数。

（2）高频介电性能的测定——硫谐振升高法　本方法依据 GB/T 1693—2007《硫化橡胶　介电常数和介质损耗角正切值的测定方法》。高频时，介电性能 ε 中的介电常数与介电损耗角正切 tgδ 的测定多采用谐振升高法（如 Q 表）和变电纳法（如各种高频介电损耗测试仪）。试样在高频电场下，测量其电容与介电损耗正切，并通过电容计算出介电常数。

## 38.6.3　击穿电压

在高电压的作用下，电介质中也可能发生化学变化而使电气强度降低，从而导致击穿，这种击穿形式又称为电化学击穿。由于电介质中可能发生的化学变化而使电气强度发生变化的现象叫电介质老化。目前测定胶黏剂与密封胶的耐击穿电压要求越来越高，如集成电路正向超大规模、超高速、高密度、大功率、高精度、多功能方向迅速发展，对封装胶要求也越来越高。

击穿电压是指以连续均匀升压或逐渐升压方式对试样施加一交流电压后，直至在某一电压的作用下被击穿，此时电压值称作击穿电压，其值以 kV 表示。

击穿电压的测试方法依据 GB/T 1695—2005《硫化橡胶 工频击穿电压强度和耐电压的测定方法》。

## 38.6.4　耐电腐蚀

电腐蚀是指金属在潮湿条件下，由于不同的电位差而产生电流流动，从而导致金属腐蚀。测试材料以电气电子设备中常用的铜线作为腐蚀测试对象。注意，由于金属的腐蚀程度与金属本性有关，对铜有腐蚀，并不意味着对其他金属也同样有腐蚀。

测试方法是采用两根细铜线平行地螺旋形地绕在一小玻璃试管的浸蚀槽内，胶黏剂材料包覆在导线及试管上，然后让胶黏剂固化。将绕有导线的试管暴露在另一大试管中，大试管中充入湿气，并通 45V 直流电，用 5 倍放大镜目视观察导线是否有变绿或其他可见腐蚀现象。观察腐蚀时间分别为 1d、3d，然后每隔 15d 观察一次。同时做空白（无胶黏剂）的对照试验。

# 38.7 胶黏剂耐老化性试验方法

## 38.7.1 耐介质老化试验

胶黏剂耐介质试验是测试粘接试样在不同介质、不同温度下浸泡前后的强度变化。耐介质试验不仅包括不同的酸、碱、盐溶液，还包括各种化学试剂、有机溶剂与化合物以及常用的各种石油基油品以及合成油品等。介质对胶黏剂的作用分为两个方面，其一，因介质渗透膨胀变形而产生的应力，或胶黏剂与其组分被抽提出来使其性能变坏，这是物理因素；其二，介质分子使胶黏剂分子链发生解聚、断裂等化学因素。由于这些因素综合作用的结果，使粘接接头试样暴露在各种化学介质的环境中，可以测量胶黏剂的耐介质作用的能力。

通过测试粘接接头试样暴露在化学介质环境中，经不同温度和不同介质浸泡后的性能变化，同时通过比较试样在标准环境下（未受化学介质影响）性能的变化，来确定胶黏剂的耐介质性能好坏，为胶黏剂实际使用提供依据。

胶黏剂与密封胶的耐介质老化测试方法可参考 HB 5272—1993《室温硫化密封剂耐液体试验方法》。耐液体试验系采用玻璃油杯，当试验温度接近或高于试验液体沸点时，应配备冷凝回流装置。用玻璃油杯盛装试验液体，把胶黏剂试样浸渍在液体中，然后放入恒温金属浴中，经过一定周期后测定胶黏剂的拉伸性能，以及质量和体积的变化等。

## 38.7.2 耐盐雾老化试验

耐盐雾测试是加速金属粘接接头的电化学腐蚀，以考察被粘接金属的腐蚀性对粘接接头强度的影响。当盐雾的微粒沉降在粘接件上，便迅速与潮湿空气中的水滴溶解形成氯化物的水溶液并离解出氯离子，与水分子一样，它们都具有很高的渗透能力，能渗透入胶黏剂的内部，直达胶黏剂与被粘材料界面，而引起胶黏剂老化和被粘材料的腐蚀。从大气老化这一方面来讲，对于海上及沿海地区，由于大气中充满了盐雾，那么盐雾对被粘金属材料基材的腐蚀，则是这些地区产生粘接接头老化的一个重要原因。这种腐蚀状况的好坏与胶黏剂种类和被粘金属的材质有很大关系。可以认为，能与被粘金属形成较多化学键的胶黏剂对金属表面腐蚀有一定的保护作用。

耐盐雾老化测试用盐雾试验箱，采用 GB/T 10587—2006《盐雾试验箱技术条件》标准。胶接试样按耐水型试验方法制备，并应测出经状态调节后盐雾老化前原始强度值。

在 HB 5398—1998《金属胶接结构胶粘剂规范》中规定航空结构胶盐雾试验条件为 $(23\pm5)$℃、30d。试样放入试验箱前，试样表面应洁净、无油污、无灰尘。将试样放入特制试样盘中，使试样的纵向和盐雾沉降方向成 30°角，每个试样应保持一定的间隔，并要保证盐雾都能自由沉降在全部试样上。

## 38.7.3 耐湿热老化试验

胶黏剂在紫外光作用下虽能起化学反应，使聚合物中的大分子链破坏，但对大多数胶黏剂而言，由于受到被粘物屏蔽保护，光老化并非其老化主因，很难借以判明胶黏剂老化性能，而迄今只有在湿热的综合作用下才能检验其老化性能。原因：其一，湿气总能侵入胶层，而在一定温度促进下，还会加快其渗入胶层的速度，使之更迅速地起到破坏胶层易水解化学键的作用，使胶黏剂分子链更易降解；其二，水分子渗入胶黏剂与被粘物的界面，会促使其分离；其三，水分子还起着物理增塑作用，降低了胶层抗剪和抗拉性能；其四，热的作用还可使键能小的高聚物发生裂解和分解。所有这些由于湿热的作用使得胶黏剂性能降低或变坏的过程，即使在自然环境中也会随着时间的向前推移而逐渐地发生，并形成累积性损伤，只是老化的时间和过程较长而已。因此，显然可以利用胶黏剂对湿热老化作用的敏感性设计一种快速而有效的检验方法。

胶黏剂的耐湿热试验是测试胶黏剂粘接后的接头在恒温恒湿条件下，经过一定时间后的强度变化。测试方法可以参考标准 GJB 3383—1998《胶接耐久性试验方法》。试验用的湿热老化试验箱应符合 GB/T 10586—2006《湿热试验箱技术条件》的规定。恒温恒湿箱是由加湿器产生湿气借助空气流动鼓入试验箱内，通过温湿度控制器得到所需的温湿度。试验箱内任何一处的空气流动风速不应大于 1m/s，指示湿度的波动不大于相对湿度的 ±2%。加湿器内水一般采用蒸馏水。

## 38.7.4　耐疲劳试验

胶黏剂的疲劳是指由于受到不断循环交变应力作用使接头强度下降，直至破坏的现象。胶黏剂的疲劳强度是指在给定条件下，对接头重复地施加一定负荷至规定破坏次数后而不破坏的最大应力。在指定的疲劳应力条件下，造成接头破坏的交变应力循环次数则称为疲劳寿命。参照金属的疲劳极限强度的规定，将 $10^7$ 次时的粘接接头疲劳强度称为疲劳极限强度。在实验室测试中，胶黏剂往往有较高的粘接强度，而实际应用中，胶黏剂接头破坏时的强度远低于测试时的最大强度。主要原因是没有考虑到胶黏剂在使用中的动态性能，如连续的剪切疲劳对接头强度的影响。

在进行疲劳试验时，温度升高，疲劳强度降低，因此最好自始至终将试验温度控制在 $(23 \pm 2)$℃。动载荷频率也应相对固定，否则强度会随频率升高而提高。应力比 $R$ 值应保持不变，否则强度值会随 $R$ 值增加而增加。试样的平直性、对称性要好，夹具的同心度要好，这样可以减少试样上的应力集中。试样搭接长度加长，应力集中加剧，疲劳性能降低。目前国内没有相关标准，试验方法可参考 GB/T 27595—2011《胶粘剂 结构胶粘剂拉伸剪切疲劳性能的试验方法》。

## 38.7.5　耐紫外老化试验

密封胶经常用在户外墙体、幕墙玻璃、门窗等部位的密封，由于我国幅员辽阔，从南到北，温差较大，密封胶经常受到风吹、日晒、雨淋，而太阳光中的紫外线会破坏密封胶的结构，长年累月使其降解开裂，甚至脱落。所以需要通过荧光紫外灯和冷凝装置来模拟天然阳光、温度、冷凝等因素来测试人工加速后密封胶的耐老化性能。

测试方法是通过将密封胶暴露在紫外光、一定温度和冷凝水等老化因素的环境中，按规定的时间加速老化后，测试密封胶前后性能的变化，从而评价密封胶的耐候性。

试样按自由状态安装在试样架上，试样的暴露表面朝向灯源。当试样没有完全装满架时要用空白板填满剩下的空位，以保持箱内的试验条件稳定。在暴露期间要定期调换暴露区中央和边缘的试样，以减少不均匀的暴露，在整个暴露期要保持规定的测试条件恒定。试验循环时间一般规定为 4h 紫外光暴露，接着 4h 冷凝。如果需要可 8h 紫外光暴露，接着 4h 冷凝。紫外光暴露温度一般规定为 $(50 \pm 3)$℃，冷凝温度一般规定为 $(50 \pm 3)$℃。按规定的暴露时间间隔或辐射量从试验箱中取出试样进行拉伸性能测定，并与初始性能对比。

## 38.7.6　耐冻融性能

由于温度的差异，胶黏剂在冷热冲击作用下胶层和被粘基材会发生膨胀或收缩，主要是由于它们之间的热膨胀系数不同，耐冻融性能主要考察胶黏剂粘接试件在高低温下抗裂缝增长的能力。测试试验采用恒温试验箱和低温箱，试验时以高温—室温—低温—室温为一个循环周期。试验温度的确定，周期的次数，以及在高温、低温、室温中放置时间的长短，试样的结构等，均应根据具体要求而定。建筑类胶黏剂粘接试件一般在低温为－25℃、高温为35℃的冻融环境下，每次 8h，共 50 次循环。然后测试冻融试片的剪切强度，与空白强度对比，通过冻融前后剪切强度的变化值，来衡量胶种耐冻融性能的好坏。

### 参 考 文 献

[1] 张向宇. 胶黏剂分析与测试技术. 北京：化学工业出版社，2004.
[2] 黄应昌，吕正芸. 弹性密封胶与胶黏剂. 北京：化学工业出版社，2003.
[3] 李子东，李广宇，刘志军，等. 实用胶粘技术. 2 版. 北京：国防工业出版社，2007.
[4] 余先纯，孙德林. 胶黏剂基础. 北京：化学工业出版社，2009.
[5] 中国航空材料手册编辑委员会. 中国航空材料手册. 第 6 卷. 北京：中国标准出版社，2002.
[6] 中国航空材料手册编辑委员会. 中国航空材料手册. 北京：中国标准出版社，2002.
[7] 张向宇. 航空用柱面固体和螺纹制动单组分厌氧胶航标试验方法验证报告. 株洲：南方航空动力机械公司，1983.
[8] 周维祥. 塑料测试技术. 北京：化学工业出版社，1997.
[9] 贺曼罗. 建筑结构胶黏剂施工应用技术. 北京：化学工业出版社，2001.
[10] 上海树脂厂. 环氧树脂生产与应用. 北京：石油化学工业出版社，1974.
[11] 张向宇，等. 实用化学手册. 北京：国防工业出版社，1985.
[12] 杨玉崑，等. 合成胶粘剂. 北京：科学出版社，1980.
[13] 陈平，刘胜平. 环氧树脂. 北京：化学工业出版社，1999.
[14] 王德中. 环氧树脂生产与应用. 北京：化学工业出版社，1992.
[15] 王孟钟，黄应昌. 胶粘剂应用手册. 北京：化学工业出版社，1987.
[16] 贝有为. 合成胶粘剂及其性能测定. 北京：燃料化学工业出版社，1974.
[17] 山西省化工研究所. 聚氨酯弹性体. 北京：化学工业出版社，1985.
[18] 刘植榕，汤华远，郑亚丽. 橡胶工业手册第 8 分册：试验方法. 北京：化学工业出版社，1992.
[19] 张向宇. 胶粘剂测试. 北京：航空航天工业部非金属性能检测人员资格鉴定委员会，1991.
[20] 左景伊. 腐蚀数据手册. 北京：化学工业出版社，1982.
[21] 张康夫，等. 防锈封存包装手册. 北京：第三机械工业部 301 研究所，1982.
[22] 张向宇. 航空用柱面固定和螺纹制动单组分厌氧胶航标试验方法验证报告. 株洲：南方航空动力机械公司，1984.
[23] 张向宇. 航空用液态密封垫腐蚀性试验方法及其验证报告. 中国南方航空动力机械公司，1987.
[24] 占部诚亮，冯克勤. 橡胶参考资料，1988，(7)：33-38.
[25] 孙曼灵. 环氧树脂应用原理与技术. 北京：机械工业出版社，2002.
[26] 焦剑，雷渭媛. 高聚物结构、性能与测试. 北京：化学工业出版社，2003.
[27] 马庆麟. 涂料工业手册. 北京：化学工业出版社，2001.
[28] 吕百龄，刘登祥. 实用橡胶手册. 北京：化学工业出版社，2001.

（郭 焕 王一飞 编写）

# 第39章

# 胶黏剂的鉴别、测试表征与配方剖析

对一个未知胶黏剂产品配方分析，通常需遵循以下几个步骤：

（1）初步鉴别　剖析工作的第一步是对胶黏剂样品的外观特性、使用特性和溶解性等进行了解，根据不同胶黏剂物理性质的差异，如外观特性（物理状态和颜色）、使用特性、溶解性等，判断胶黏剂的大致类型，为胶黏剂各组分的分离以及定性、定量提供初步依据。

（2）样品的分离和纯化　大多数待剖析的胶黏剂样品是混合物，混合物的分离是剖析研究中的一个重要实验环节。解决一个复杂的胶黏剂样品剖析问题，需将各组分逐个分离纯化，再进行定性与结构分析。因此样品剖析需要采用一种或几种分离方法才能达到分离提纯的目的。胶黏剂剖析中常用的分离方法有索氏提取法、溶解沉淀法、制备型凝胶渗透色谱法、马弗炉灰化法等。

（3）测试表征　完成初步的鉴定及组分分离后，应选择合适的表征手段确定胶黏剂各分离组分的化学结构，如红外光谱（FTIR）、核磁共振（NMR）、气相色谱-质谱（GC-MS）、液相色谱-质谱（LC-MS）、基质辅助激光解吸电离飞行时间质谱（MALDI-TOF）、热分析（TGA/DSC）、元素分析（ICP/XRF/OEA）、扫描电子显微镜（SEM-EDX）等。

（4）配方剖析（各组分的定性、定量分析）　对于不同体系的胶黏剂，有着不同的剖析方法，利用不同的分离纯化方法和不同的解谱思路，最终可以得到待剖析的不同类型胶黏剂样品各组分的定性、定量结果。

# 39.1　胶黏剂的一般鉴别方法

## 39.1.1　外观特征

胶黏剂的外观特征主要是指状态、颜色、黏度、均匀性及是否含有其他机械杂质和凝结物等。胶黏剂样品一般是固体、液体或膏状物。

固体又分为块状固体、固体颗粒和固体粉末，此类胶黏剂一般观察颜色、透明度、软硬度等。液体样品一般是无色或淡黄色透明液体，也可能有乳白色、绿色、红色、黑色等其他颜色的胶液，此种情况一般是为了后期使用在胶液中添加了色料。观察时也可重点关注一下胶液的透明度情况，若澄清透明则一般条件下无粉料存在，明显浑浊的可初步确定有粉料或相容性不好的物质成分存在。

部分胶黏剂样品有悬浮物或者沉淀物存在，此类非均一体系需要充分摇匀或震荡后取样，否则取样没有代表性，可能会对剖析工作产生重大干扰，导致剖析出现重大偏差。

## 39.1.2 使用特性

对胶黏剂的使用特性进行了解和调查，可初步得到一些重要的成分或其他信息。

了解胶黏剂的固化条件不仅对于胶黏剂的储存、运输、分离纯化和仪器测试具有重要的意义，还可根据固化条件推测可能的固化剂类型。常见胶黏剂的固化方式见表 39-1。随着人们对胶黏剂的使用要求越来越高，逐步出现双重固化如 UV 和热双重固化、UV 和湿气双重固化等类型的胶黏剂。了解胶黏剂的韧性、初黏性、剥离强度、拉伸强度等对于胶黏剂中某些成分的预判，特别是环氧胶中增韧树脂的添加、热熔胶中增黏树脂的种类等有指导意义，方便开展后续成分鉴定工作。

表 39-1　常见胶黏剂固化方式

| 固化类型 | 常见胶黏剂实例 | 储存注意事项 |
| --- | --- | --- |
| 室温固化 | 溶剂型万能胶、结构胶、RTV 胶、双组分胶 | 密封保存 |
| 低温固化 | 有机硅胶和单组分环氧封装胶、底部填充胶 | −25℃下保存 |
| 中温固化 | 环氧结构胶 | — |
| 高温固化 | 高温密封胶、环氧高温胶 | — |
| 湿气固化 | 聚氨酯热熔胶（PUR） | 单包装，隔绝空气 |
| 紫外光固化 | UV 无影胶、UV 压敏胶、OCA 胶、甲油胶 | 避光保存 |
| 厌氧固化 | 厌氧胶 | 禁用金属容器 |

## 39.1.3 溶解性

利用胶黏剂样品在不同溶剂中的溶解性能，可提供有关该化合物性质和结构的有用信息。同时利用胶黏剂中各类成分与溶剂结构的相似相溶原理，为样品中各组分的分离纯化如溶解沉淀、索氏提取后测试表征时的溶剂选择提供依据。常用来做溶解性实验的溶剂有：水、甲醇、四氢呋喃、氯仿、丙酮和 $N,N$-二甲基甲酰胺。不同溶解性状态解读如表 39-2。

表 39-2　不同溶解性状态解读

| 溶解状态类型 | 状态解读 | 备注 |
| --- | --- | --- |
| 透明均一溶液 | 完全溶解 | 良溶剂 |
| 透明上下分层溶液 | 不完全溶解 | 不良溶剂 |
| 白色乳液 | 均匀分散不溶解 | 不良溶剂，样品一般为乳液样品 |
| 浑浊液 | 均匀分散不溶解 | 不良溶剂 |
| 底部有沉淀溶液 | 絮状沉淀，聚合物被沉淀出来 | 不良溶剂，后续可用溶解沉淀法 |
|  | 粉末状沉淀，粉料下沉 | 不良溶剂，后续可用密度分离法 |

# 39.2　胶黏剂剖析中常用的分离提纯方法

## 39.2.1 索氏提取法

常用的液-固萃取方式为索氏提取（装置图见图 39-1）。索氏提取是通过溶剂回流及虹吸现象，使待分离目标物为溶剂所提取，效率极高，且节省溶剂。提取后的溶剂经浓缩或干燥挥发后，即得到目标物质。

当索氏提取的目标物是添加剂时，索提溶剂要尽量选择那些对聚合物溶解度小、对添加剂溶解度大的溶剂。不同的添加剂需使用不同的溶剂萃取，常用的溶剂如表 39-3 所示。

## 39.2.2　溶解沉淀法

溶解沉淀法是向混合溶液（液体样品或固体样品全溶解于良溶剂中）中加入沉淀剂，使某一组分以一定组成的固定相析出，经过滤而与液相分离的方法。

沉淀物即高聚物，将过滤得到的沉淀物蒸干溶剂后送样测试红外光谱（FTIR）和裂解-气相色谱-质谱（Py-GC/MS）即可对高聚物结构进行确认。

溶解沉淀法常用于聚合物与添加剂之间的分离。对于聚合物的乳化体系，通过加入酸、相反电荷的表面活性剂、小分子醇或用冷冻法破坏乳化体系使聚合物沉淀出来，溶液用于鉴定乳化剂等。如丙烯酸乳液中乳化剂的分析通常是通过将甲醇或异丙醇等加入丙烯酸乳液中，使乳液破乳之后取溶液进行质谱测试得到乳化剂信息。

常见聚合物溶解沉淀法所用的溶剂和沉淀剂如表 39-4 所示。

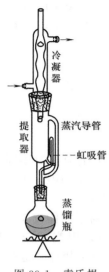

图 39-1　索氏提取装置示意图

**表 39-3　各类添加剂常用的萃取溶剂**

| 溶　剂 | 添　加　剂 |
|---|---|
| 乙醚 | 抗氧剂、增塑剂、稳定剂 |
| 甲醇 | 乳化剂、胺类抗氧剂、胺类固化剂 |
| 三氯甲烷 | 紫外吸收剂、酚类抗氧剂 |
| 正己烷 | 有机硅类助剂(如消泡剂) |

**表 39-4　常见聚合物溶解沉淀法所用的溶剂和沉淀剂**

| 聚合物 | 溶　剂 | 沉淀剂 |
|---|---|---|
| 环氧树脂 | 三氯甲烷 | 甲醇 |
| 乙烯-醋酸乙烯酯共聚物 | 三氯甲烷、四氢呋喃 | 甲醇、丙酮 |
| 丙烯酸树脂 | 三氯甲烷、四氢呋喃、丙酮 | 甲醇、乙醇、异丙醇 |
| 苯乙烯-丁二烯-苯乙烯嵌段共聚物 | 三氯甲烷、四氢呋喃、甲苯 | 甲醇、乙醇 |
| 聚氨酯类 | 三氯甲烷、四氢呋喃 | 石油醚、甲醇、乙醇 |
| 有机硅 | 甲苯、三氯甲烷 | 甲醇、乙醇、异丙醇 |
| 聚氨酯丙烯酸酯/环氧丙烯酸酯 | 三氯甲烷、四氢呋喃 | 甲醇、乙醇 |

## 39.2.3　制备型凝胶色谱法

制备型凝胶色谱法是指以分离获取较大量的单一化合物为目的的一种分离技术。该技术主要是将色谱进样量增大，采用大容量的色谱柱及相应设备，色谱柱分离后，进一步对所需组分进行收集。图 39-2 是制备型凝胶色谱工作示意图，制备完成后的馏分可根据需要测试红外光谱（FTIR）、核磁共振谱（NMR）和裂解气相质谱（Py-GC/MS）等。

## 39.2.4　马弗炉灰化法

马弗炉灰化法又称干法灰化，样品在马弗炉中（一般 550℃）煅烧一段时间后被充分灰化。经高温灼烧时，样品中有机物质和

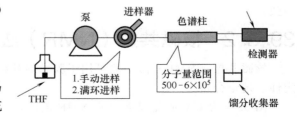

图 39-2　制备型凝胶色谱工作示意图

无机成分发生一系列的物理和化学变化，最后有机成分被氧化为二氧化碳、含氮的气体及水蒸气挥发逸散，而无机成分（主要是无机盐和氧化物）则残留下来，这些残留物称为灰分。

# 39.3 胶黏剂常用的测试表征方法

## 39.3.1 红外光谱（FTIR）法

红外光谱（FTIR）法是研究物质结构的方法之一，它是利用被测物质的分子对不同波长的红外辐射吸收程度不同而对物质进行分析的方法。在胶黏剂研发与生产质控中，主要用于合成树脂的研发表征、胶黏剂的样品剖析、固化机理与老化机理的研究等。

红外光谱不仅可以对液体胶黏剂样品通过涂抹法测试获得红外谱图，对于固体成膜或热压成膜的胶黏剂样品通过透射法测试获得红外谱图，固化后的胶黏剂采用衰减全反射（ATR）法测试获得红外谱图，还可以加热使试样分解，收集热裂解液，涂于盐片上进行测试获得红外谱图。

表 39-5 列出了胶黏剂中常用的聚合物的特征谱带。用红外光谱法鉴别胶黏剂时应设法将助剂分离出去，否则要注意助剂对判断的干扰。

表 39-5 胶黏剂中常用聚合物的特征谱带

| 胶黏剂种类 | 胶黏剂中共聚物类别 | 最强谱带/cm$^{-1}$ | 特征谱带/cm$^{-1}$ |
| --- | --- | --- | --- |
| 白乳胶 | 聚醋酸乙烯酯 | 1740 | 1240、1020、1375 |
| 聚丙烯酸胶 | 聚丙烯酸甲酯 | 1735 | 1170、1200、1260、2960 |
| | 聚丙烯酸丁酯 | 1730 | 1165、1245、2980、960～940 |
| | 聚甲基丙烯酸甲酯 | 1730 | 1150、1190、1240、1268、2995 |
| | 聚甲基丙烯酸丁酯 | 1730 | 1180、1240、1268、2965、970～950 |
| 聚氨酯胶 | 聚酯型聚氨酯 | 1735 | 1540 |
| 聚酰胺热熔胶 | 聚酰胺 | 1640 | 1550、3090、3300、700 |
| 橡胶型胶 | 氯化橡胶 | 790 | 760、736、1280～1250 |
| | 天然橡胶 | 1450 | 835 |
| | 氯磺化聚乙烯 | 1475 | 1250、1160、1316(肩带) |
| | 氯丁橡胶 | 1440 | 1670、1110、820 |
| 环氧胶 | 双酚 A 型环氧树脂 | 1250 | 2980、1300、1188、830 |
| 酚醛胶 | 酚醛树脂 | 1240 | 3300、815 |
| 水溶性胶 | 聚乙烯醇缩甲醛 | 1020 | 1060、1130、1175、1240 |
| | 聚乙烯醇缩丁醛 | 1140 | 1000 |
| | 聚丙烯酰胺 | 1650～1600 | 3300、3175、1020 |
| 有机硅胶 | 聚甲基硅氧烷 | 1100～1020 | 1260、800 |
| | 聚甲基苯基硅氧烷 | 1100～1020 | 3066、3030、1430、1260 |

双酚 A 型环氧树脂的红外谱图及解析如图 39-3，最强谱带和特征谱带与表 39-5 中一致。

## 39.3.2 核磁共振（NMR）法

核磁共振（NMR）法一般可用于胶黏剂基料的结构解析，也可用于胶黏剂中添加剂的定性、定量分析。

图 39-4 为 UV 固化胶黏剂的 NMR 谱图，$5.12 \times 10^{-6}$、$1.09 \times 10^{-6}$ 处为二丙二醇二丙烯酸酯上氢原子的特征化学位移，$6.79 \times 10^{-6}$、$7.11 \times 10^{-6}$ 处为二丙二醇二丙烯酸酯的特

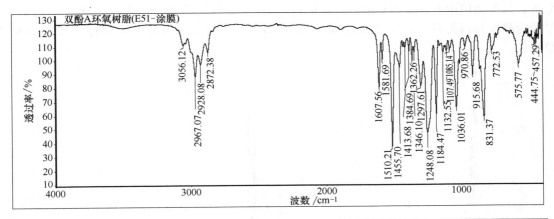

| 结构式 | 特征波数/cm$^{-1}$ | 归属 |
|---|---|---|
| | 1610、1582、1456 | 苯环 C—C 弯曲振动 |
| | 1508 | 对位取代苯环 C—C 弯曲振动 |
| | 1362 | —C(CH$_3$)$_2$弯曲振动 |
| | 1248 | 脂肪芳香醚 C—O—C 反对称伸缩 |
| | 1107、1036 | 对位取代苯环—CH 面内变形 |
| | 971、916、772 | 端基环氧环 |
| | 830 | 对位取代苯环—CH 面外变形 |

图 39-3　双酚 A 型环氧树脂的红外谱图及解析

征化学位移，$0.83 \times 10^{-6}$ 处为三羟甲基丙烷三丙烯酸酯的特征化学位移，$3.01 \times 10^{-6}$ 处为二甲氨基苯甲酸乙酯的特征化学位移，$1.41 \times 10^{-6}$ 处为 1,6-己二醇二丙烯酸酯的特征化学位移。通过以上特征位移的面积积分可得到以下结果：丙氧化新戊二醇二丙烯酸酯约 25%；二丙二醇二丙烯酸酯约 9%；三羟甲基丙烷三丙烯酸酯约 6%；1,6-己二醇二丙烯酸酯约 2.5%；2,4,6-三甲基苯甲酰基二苯基氧化膦约 3.0%；二甲氨基苯甲酸乙酯 0.8%。

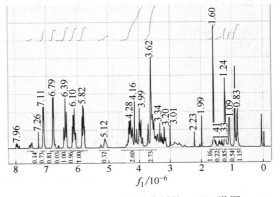

图 39-4　UV 固化胶黏剂的 NMR 谱图

## 39.3.3　气相色谱-质谱（GC-MS）法

气相色谱对有机化合物具有有效的分离能力，而质谱则是准确鉴定化合物的有效手段。由两者结合构成气相色谱-质谱联用技术。

图 39-5 是聚氨酯海绵中残留异氰酸酯单体的气相色谱图。由质谱进一步确认可知，1 号峰为 2,6-甲苯二异氰酸酯峰，2 号峰为 2,4-甲苯二异氰酸酯峰。在有二者标准品的情况下，可通过外标法对二者进行准确定量，检出限为 $10^{-6}$ 级。

图 39-6 是胶黏剂萃取液的气相色谱图。将溶剂提取出的无色液体 0.5 μL 用于气相色谱

分析，其色谱图中有 6 个明显的峰，由质谱鉴定：1 号峰为醋酸乙酯峰、2 号峰为甲醇峰、3 号峰为醋酸异丙酯峰、4 号峰为乙醇峰、5 号峰为 2-甲氧基乙醇峰、6 号峰为 2-乙氧基乙醇峰。

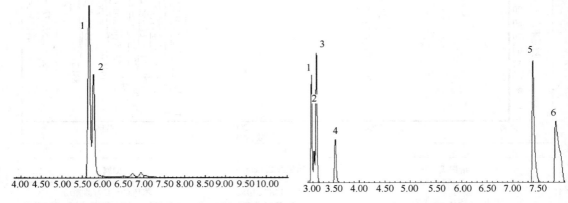

图 39-5　聚氨酯海绵中残留异氰酸酯单体的气相色谱　　图 39-6　胶黏剂萃取液的气相色谱图

## 39.3.4　裂解-气相色谱-质谱联用（Py-GC-MS）法

裂解-气相色谱-质谱联用是在气相色谱-质谱联用的基础上，在进样口上面接一个裂解器，高聚物首先进入裂解器进行高温裂解，变成低沸点的小分子物质后进入气相色谱-质谱仪进行分离检测。

图 39-7 为白乳胶干燥后测试得到的 Py-GC-MS 谱图，从碎片匹配结果来看，醋酸、丙烯酸丁酯、松香酸甲酯等片段可知该白乳胶中含有醋酸乙烯酯链节、丙烯酸树脂、松香树脂等，如需确认是否是醋丙树脂，还需要辅助其他手段，如 DSC 或分离纯化。

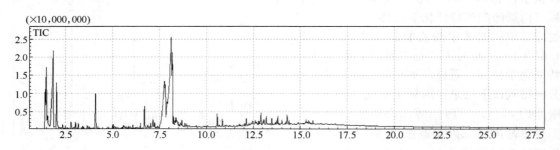

图 39-7　白乳胶干燥后测试 Py-GC-MS 谱图

## 39.3.5　液相色谱-质谱联用（LC-MS）法

液相色谱-质谱联用仪，简称 LC-MS 仪，是液相色谱与质谱联用的仪器。它结合了液相色谱仪有效分离热不稳性及高沸点化合物的分离能力与质谱仪很强的组分鉴定能力。强大的电喷雾电离技术造就了 LC-MS 质谱图十分简洁、后期数据处理简单的特点，是一种分离分析复杂有机混合物的有效手段。

使用质谱可以鉴别胶黏剂中小分子添加剂如乳化剂、固化剂、活性稀释剂、有机酸、防腐杀菌剂、光引发剂等的存在。图 39-8 为丙烯酸乳液的质谱图，图中 301.4 主要为松香酸的 $[M-1]$ 特征离子峰，421.4 主要为磺基琥珀酸二辛酯钠盐的 $[M-23]$ 特征离子峰。

使用质谱可以鉴别胶黏剂中低分子聚合物，特别是含有环氧乙烷和环氧丙烷重复链节的低聚物，通过质谱鉴别 EO 或 PO 的个数是行之有效的一种方式。图 39-9 为 UV 胶黏剂的质谱图。

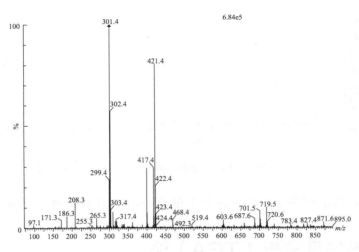

图 39-8　丙烯酸乳液的质谱图

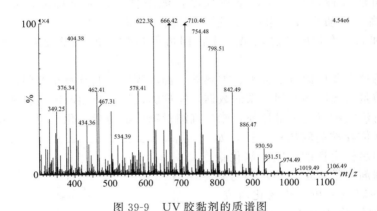

图 39-9　UV 胶黏剂的质谱图

## 39.3.6　基质辅助激光解吸电离飞行时间质谱（MALDI-TOF）法

基质辅助激光解吸电离飞行时间质谱（MALDI-TOF）是近年来发展起来的一种软电离新型有机质谱。原理是：当用一定强度的激光照射样品与基质形成的共结晶薄膜时，基质从激光中吸收能量，基质与样品之间发生电荷转移使得样品分子电离，电离的样品在电场作用下加速飞过飞行管道，根据到达检测器的飞行时间不同而被检测，即测定离子的质量电荷之比与离子的飞行时间成正比来检测离子。MALDI-TOF 的中心技术就是依据样品的质荷比（$m/z$）的不同来进行检测，并测得样品分子的分子量。

聚氨酯胶黏剂中的聚醚多元醇，可通过 MALDI-TOF 谱图确认聚醚多元醇的官能度、EO/PO 比例、嵌段共聚或无规共聚等。如图 39-10 所示，图中相隔 44 和 58 的峰为聚醚多元醇的特征峰，通过详细解析可知，样品中聚醚多元醇有两种，一种分子量约 2000，合成

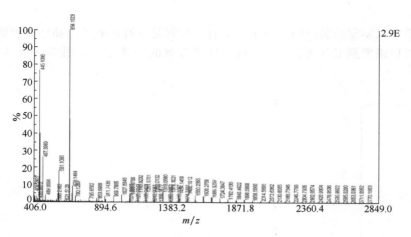

图 39-10　聚氨酯热熔胶黏剂水解样的 MALDI-TOF 谱图

单体为环氧丙烷，官能度为 2，另一种分子量约 1000，合成单体只有环氧丙烷，官能度为 2。

## 39.3.7　热失重分析（TGA）法

　　热失重分析法又称热失重法，是在程序控温条件下，测试样品质量与温度的关系。随着温度的升高，物质会发生相应变化，如蒸发、挥发、升华、分解、还原、氧化等。将其质量变化和温度变化的信息记录下来，即可得出物质的质量随温度变化的曲线，即热重曲线。

　　热失重分析仪主要由微量电天平、加热炉、温度程序控制计算机等组成。通常先由计算机存储一系列质量与温度和时间关系的数据，完成测试后，再由时间转换成温度。

　　热失重分析法的特点是定量性强，能准确测量物质的质量变化与变化速率。在胶黏剂中它被广泛用于评价胶黏剂的热稳定性，如添加剂对胶黏剂热稳定性的影响、氧化稳定性测定、添加剂含量测定、共聚物与共混聚合物基体的定量分析、热老化研究、热固性胶黏剂的固化程度及反应机理测定等。

　　EVA 中 VA 含量的测定，在无其他组分干扰时，EVA 的 TGA 曲线在 368℃左右有明显的醋酸失重峰，如图 39-11，由 EVA 乳液干燥样的 TGA 测试曲线可知，样品中有 61.78% 的醋酸失重，按照比例可以换算到 EVA 中的 VA 含量，进而确定 EVA 乳液的牌号。

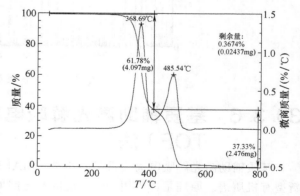

图 39-11　EVA 乳液干燥样的 TGA 测试曲线

## 39.3.8　差示扫描量热（DSC）法

　　差示扫描量热（DSC）法测量物质热流与温度的关系，提供物理或化学变化中吸热、放热、热容变化情况。测试高分子材料或者有机化学品的熔融温度、玻璃化转变温度、结晶温度、热熔等参数。DSC 在胶黏剂中常用于测试树脂的玻璃化温度和熔点，也可用来研究热固性胶黏剂特别是环氧固化剂的固化机理、固化过程及固化度 $\alpha$，而且可以用于配方设计与研究、筛选固化剂品种、确定最佳固化剂用量及选择最佳的固化条件等。

胶黏剂特别是热熔胶样品的熔点是主体树脂或增黏树脂的一个重要指标，在选择增黏树脂种类和牌号时至关重要。图 39-12 为热熔胶的 DSC 热流曲线，熔点在 106℃ 左右的主要为氧化聚乙烯蜡，熔点在 132℃ 左右的

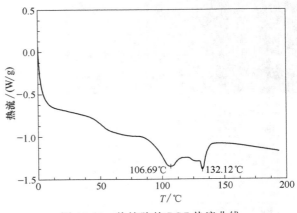

图 39-12　热熔胶的 DSC 热流曲线

主要为聚烯烃弹性体（POE），利用 DSC 对热熔胶中成分定性是一种行之有效的表征方法。

## 39.3.9　元素分析（XRF/ICP/OEA）法

在胶黏剂样品剖析中常用的元素分析手段包括荧光分析法、ICP 发射光谱法、有机元素分析法等。

荧光（XRF）分析法分波长型和能量型，一般用于胶黏剂中无机填料或树脂中常量元素的定性或半定量分析。

电感耦合等离子体（ICP）光谱仪，ICP 发射光谱法是根据处于激发态的待测元素原子回到基态时发射的特征谱线对待测元素进行分析的方法。ICP 发射光谱仪主要应用于胶黏剂样品中微量助剂中痕量元素的定性及定量分析。

有机元素分析（OEA）法一般用于胶黏剂样品中树脂或添加剂中碳、氢、氮、硫、氧元素含量的测定。

## 39.3.10　扫描电子显微镜（SEM-EDS）法

扫描电子显微镜的原理是电子与物质的相互作用，当一束极细的高能入射电子轰击物质表面时，被激发的区域将产生二次电子、俄歇电子、特征 X 射线和连续谱 X 射线、背散射电子、透射电子，以及在可见光、红外光、紫外光区域产生的电磁辐射。原则上讲，利用电子和物质的相互作用，可以获取被测样品本身的各种物理化学性质等信息，如形貌、组成、晶体结构、电子结构、内部电场和磁场等。

胶黏剂在应用或储存过程中常常会出现异物或黏结失效，为研究失效原因，我们常常需要用到 SEM-EDS 对异物或失效处进行表面形貌分析和元素分析。图 39-13 为有黑色异物胶黏剂部位的 SEM-EDS 测试结果，如果单独看元素分析结果，可能无法得出异物元素及异物来源信息，常常需要将异常部位和正常部位的测试结果进行对比，得出元素差别后方可进一步锁定异物来源。

胶黏剂中阻燃性粉料、易氧化或易破碎的粉料一般不经过灰化，直接用密度分离法将粉料分离提纯后测试其成分信息和粒径分布。SEM-EDS 既可对粉料的形貌进行观察，也可标识出粉料的大致粒径，从图 39-14 环氧胶 B 组分粉料 SEM 照片可知，样品中玻璃微珠的粒径在 $50\mu m$ 左右，部分玻璃微珠已破碎。

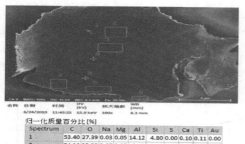

图 39-13　有黑色异物胶黏剂部位
的 SEM-EDS 测试结果

图 39-14　环氧胶 B 组
分粉料 SEM 照片

# 39.4　胶黏剂配方剖析方法

## 39.4.1　胶黏剂配方剖析概述

　　胶黏剂一般为多组分体系，其配方成分较为复杂。胶黏剂配方分两部分，一部分为基料，另一部分为各种添加剂。常用的添加剂有固化剂、抗氧剂、增塑剂、增韧剂、稀释剂、增黏剂和填料等。

　　不同类型的胶黏剂其基料和添加剂成分迥异，配方剖析时所用的基本鉴定方法、分离提纯方法和仪器表征方法差异较大，本节将针对不同类型胶黏剂常用的基本鉴定方法、分离提纯方法和仪器表征方法进行阐述，并辅以实例对几种常见胶黏剂的分析全流程进行介绍。

## 39.4.2　聚氨酯胶黏剂剖析方法

　　聚氨酯胶黏剂是指在分子链中含有氨基甲酸酯基团（—NHCOO—）或异氰酸酯基（—NCO）的胶黏剂。本节以单组分聚氨酯运动场跑道胶为例，对聚氨酯胶黏剂的成分剖析方法做简单介绍。

### 39.4.2.1　样品信息

　　(1) 样品基本物性参数（见表 39-6）

表 39-6　样品基本物性参数

| 物性 | 颜色 | 气味 | 透明性 | 状态 | 密度 | pH | 黏度 | 固含量 |
|---|---|---|---|---|---|---|---|---|
| 结果 | 红色 | 刺激 | 否 | 膏状 | — | — | — | 95% |

　　(2) 简单的前处理现象

　　① 燃烧性。燃烧后为略显红色粉末残余。

　　② 溶解性。部分溶解在氯仿和四氢呋喃中，不溶于水。

　　③ 是否含水。不含水。

　　④ 其他现象。灰分为红色，略发白。

### 39.4.2.2　分析流程

跑道聚氨酯胶样品的一般处理思路如图 39-15。

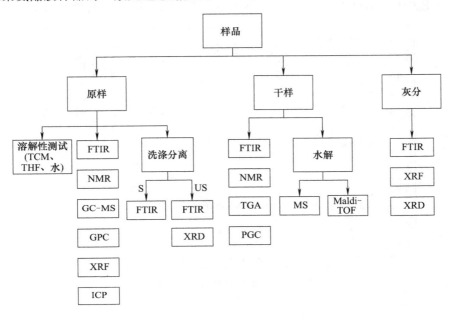

图 39-15　跑道聚氨酯胶样品的一般处理思路

### 39.4.2.3　分析结果与讨论

（1）FTIR　图 39-16 为样品原样的红外谱图，主要为聚醚型聚氨酯、碳酸钙、滑石粉的峰，图 39-17 为样品原样的红外匹配图。

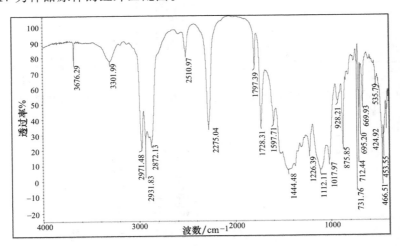

图 39-16　样品原样的红外谱图

（2）NMR　图 39-18 为样品原样的 $^1$H-NMR 谱图，主要为聚醚多元醇（$1.1 \times 10^{-6}$，$3.5 \times 10^{-6}$）的峰。

（3）GC-MS　图 39-19 是样品 THF 稀释液 GC-MS 溶剂法谱图，主要为乙酸乙酯、甲苯、TDI、MDI、KH-560 等的峰。

（4）XRF　图 39-20 是样品灰分的 XRF 测试数据，Cl 主要来自氯化石蜡，Ca 主要来自碳酸钙，Si 主要来自 KH-560 和滑石粉，Mg 主要来自滑石粉，Fe 可能来自氧化铁红。

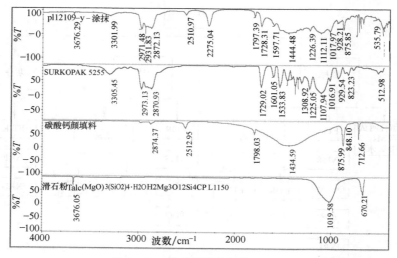

图 39-17　样品原样的红外匹配图

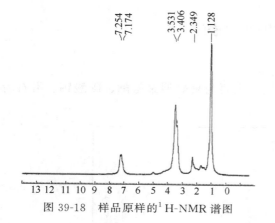

图 39-18　样品原样的 ¹H-NMR 谱图

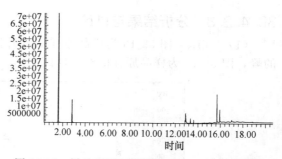

图 39-19　样品 THF 稀释液 GC-MS 溶剂法谱图

```
Quantitative Result

Analyte        Result      Std.Dev. Proc.-Calc. Line    Int.(cps/uA)

Ca             30.492 %    [ 0.081] Quan-FP     CaKa     86.1704
Cl              9.558 %    [ 0.082] Quan-FP     ClKa      2.8558
Mg              2.360 %    [ 0.075] Quan-FP     MgKa      0.4656
Si              2.338 %    [ 0.026] Quan-FP     SiKa      4.6906
Fe              1.068 %    [ 0.011] Quan-FP     FeKa     24.5240
K               0.177 %    [ 0.018] Quan-FP     K Ka      0.9712
S               0.048 %    [ 0.004] Quan-FP     S Ka      0.3468
Sr              0.012 %    [ 0.001] Quan-FP     SrKa      1.6408
C              53.946 %    [-----] Balance
```

图 39-20　样品灰分的 XRF 测试数据

（5）GPC　图 39-21 是样品原样的 GPC 谱图，树脂的分子量分布在 10000 左右。

（6）TGA　图 39-22 是样品烘干样的 TGA 谱图，其中 262℃为氯化石蜡的失重分解温度，391℃为树脂的失重分解温度，689℃为碳酸钙的失重分解温度。

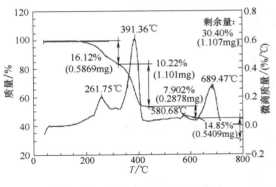

图 39-21　样品原样的 GPC 谱图 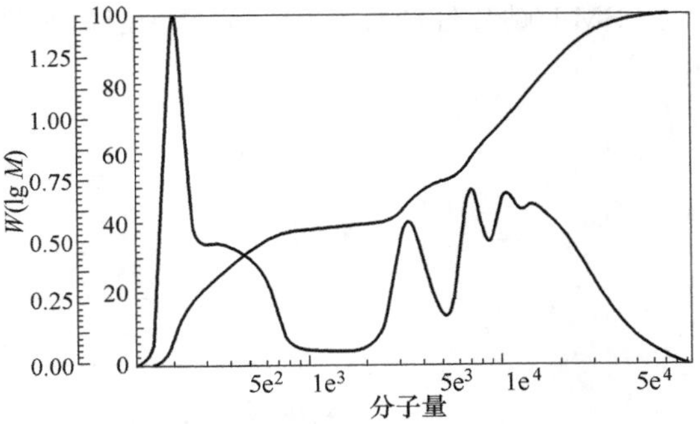　　　　图 39-22　样品烘干样的 TGA 谱图

（7）Py-GC-MS　图 39-23 为样品烘干样的 Py-GC-MS 谱图，图中主要为聚醚多元醇、TDI、KH-560、MDI 等的峰。

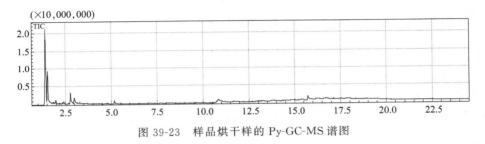

图 39-23　样品烘干样的 Py-GC-MS 谱图

（8）ICP　图 39-24 为样品原样的 ICP 测试结果，Zn 可能来自异辛酸锌，Fe 可能来自氧化铁红。

| Pb 220.353 | Zn 206.200 | Sn 189.927 | Hg 253.652 | Fe 238.204 |
| mg/kg | mg/kg | mg/kg | mg/kg | mg/kg |
| ND | 29.52 | ND | ND | 3951 |

图 39-24　样品原样的 ICP 测试结果

### 39.4.2.4　样品分析结果

综合以上谱图，得到部分分析结果如下（仅供参考）。

聚醚多元醇：约 32.5%；二苯基甲烷二异氰酸酯：约 3.3%；甲苯：约 8.0%；碳酸钙：约 31.2%；异辛酸锌：约 0.03%；KH-560：约 0.5%；铁红：约 0.6%。

## 39.4.3　环氧胶黏剂剖析方法

环氧胶黏剂主要由环氧树脂和固化剂组成，为满足不同的用途需要，配胶时常加入固化促进剂、活性稀释剂、填料等。本节以 SMT 贴片红胶为例介绍环氧胶配方剖析方法。

### 39.4.3.1　样品信息

（1）样品基本物性参数（见表 39-7）

**表 39-7　样品基本物性参数**

| 物性 | 颜色 | 气味 | 透明性 | 状态 | 密度 | pH | 黏度 | 固含量 |
|---|---|---|---|---|---|---|---|---|
| 结果 | 红色 | — | 不透明 | 膏状物 | — | 6～7 | — | — |

（2）简单的前处理现象

① 溶解性。样品在 THF、甲醇、乙腈和氯仿中部分溶，底部有沉淀。

② 是否含水。无水硫酸铜不变蓝，不含水。

### 39.4.3.2　分析流程

SMT 贴片红胶样品的一般处理思路如图 39-25。

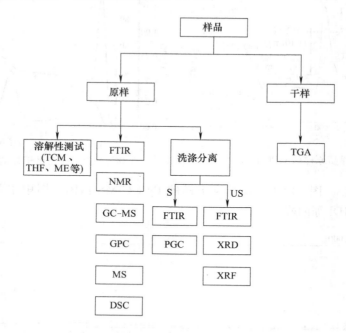

图 39-25　SMT 贴片红胶样品的一般处理思路

### 39.4.3.3　分析结果与讨论

（1）FTIR　图 39-26 为样品原样的红外谱图，图 39-27 是样品原样的红外匹配谱图，主要为双酚 F 环氧树脂。图 39-28 为样品四氢呋喃可溶物的红外谱图，图 39-29 是样品四氢呋喃可溶物的红外匹配谱图，主要为双酚 F 环氧树脂。图 39-30 为样品四氢呋喃不溶物的红外谱图，图 39-31 是样品四氢呋喃不溶物的红外匹配谱图，主要为纳米碳酸钙。

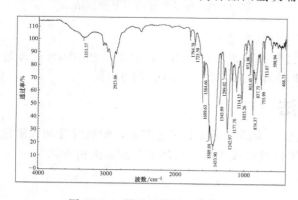

图 39-26　样品原样的红外谱图

（2）NMR　图 39-32 为样品原样的$^1$H-NMR 谱图，其中 3.38ppm、3.90ppm、3.98ppm、4.20ppm、6.80ppm、7.10ppm 为双酚 A 环氧树脂上氢的化学位移，2.75ppm、2.80ppm、3.38ppm、3.90ppm、2.75ppm、2.80ppm 等为苯基缩水甘油醚上氢的化学位移，2.26ppm、4.20ppm 等为新癸酸缩水甘油酯上氢的化学位移。

（3）GC-MS　图 39-33 为样品四氢呋喃可溶物的 GC-MS 助剂法谱图，图中 4.544min 流出物体现苯基缩水甘油醚特征，6.793min 流出物体现新癸酸缩水甘油酯特征，6.823min 流出物体现辛酸 3-甲基丁酯特征，13.772min 流出物体现双酚 F 环氧树脂特征，16.771min 流出物体现双酚 A 环氧树脂特征。

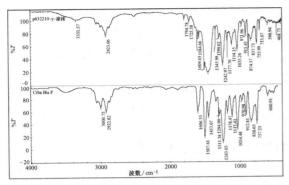

图 39-27　样品原样的红外匹配谱图

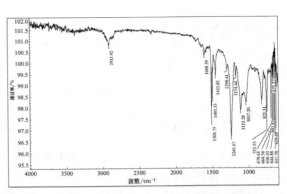

图 39-28　样品四氢呋喃可溶物的红外谱图

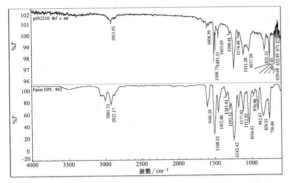

图 39-29　样品四氢呋喃可溶物的红外匹配谱图

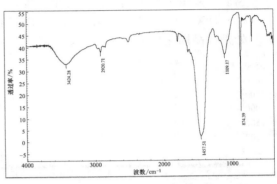

图 39-30　样品四氢呋喃不溶物的红外谱图

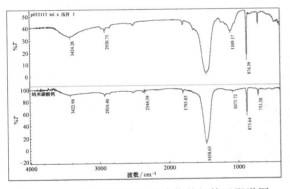

图 39-31　样品四氢呋喃不溶物的红外匹配谱图

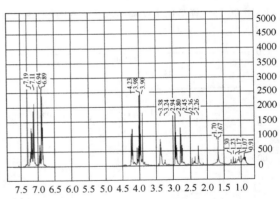

图 39-32　样品原样的 1H-NMR 谱图

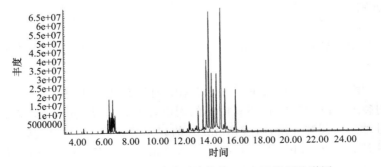

图 39-33　样品四氢呋喃可溶物的 GC-MS 助剂法谱图

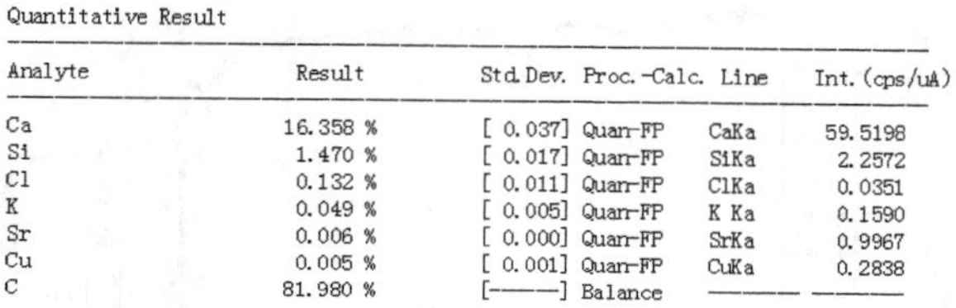

```
Quantitative Result

Analyte        Result      Std.Dev.  Proc.-Calc.  Line   Int.(cps/uA)
Ca           16.358 %     [ 0.037]  Quan-FP      CaKa    59.5198
Si            1.470 %     [ 0.017]  Quan-FP      SiKa     2.2572
Cl            0.132 %     [ 0.011]  Quan-FP      ClKa     0.0351
K             0.049 %     [ 0.005]  Quan-FP      K Ka     0.1590
Sr            0.006 %     [ 0.000]  Quan-FP      SrKa     0.9967
Cu            0.005 %     [ 0.001]  Quan-FP      CuKa     0.2838
C            81.980 %     [     ]   Balance
```

图 39-34　样品四氢呋喃不溶物的 XRF 测试结果

（4）XRF　图 39-34 为样品四氢呋喃不溶物的 XRF 测试结果，样品中的 Ca 元素主要来自碳酸钙，Si 元素来自二氧化硅。

（5）XRD　图 39-35 为样品四氢呋喃不溶物的 XRD 谱图，不溶物主要为碳酸钙。

（6）GPC　图 39-36 为样品原样的 GPC 测试结果，由图可知样品中双酚 A 环氧树脂、双酚 F 环氧树脂的分子量主要在 200～800。

（7）TGA　图 39-37 是样品烘干样的 TGA 谱图，其中 384℃、415℃是样品中双酚 A 环氧树脂、双酚 F 环氧树脂的热分解温度，648℃、752℃是样品中碳酸钙的分解温度。

（8）DSC　图 39-38 是样品原样的 DSC 谱图，其中 125℃处是样品原样的固化放热峰，90℃处是样品固化后的玻璃化转变温度。

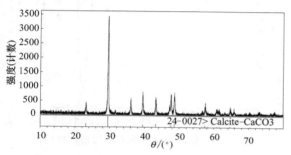

图 39-35　样品四氢呋喃不溶物的 XRD 谱图

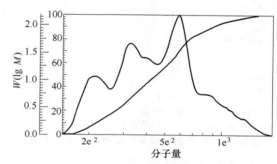

图 39-36　样品原样的 GPC 测试结果

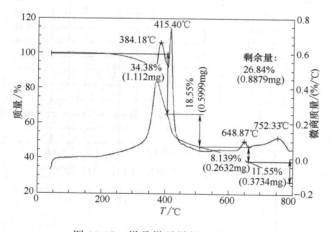

图 39-37　样品烘干样的 TGA 谱图

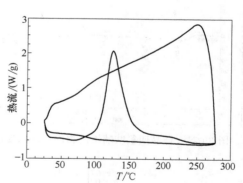

图 39-38　样品原样的 DSC 谱图

（9）PGC　图 39-39 为样品的 Py-GC-MS 测试结果，图中 2.025min、6.330min、13.230min 处的裂解片段为双酚 F 环氧树脂的裂解片段，1.785min、5.530min 处的裂解片段为苯基缩水甘油醚的裂解片段，1.715min 处的裂解片段为辛酸 3-甲基丁酯、新癸酸缩水甘油酯的裂解片段，5.185min、6.540min、7.370min、13.750min 处的裂解片段为改性胺聚合物的裂解片段。

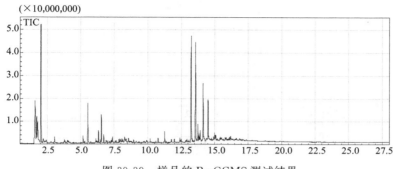

图 39-39　样品的 Py-GCMS 测试结果

### 39.4.3.4　样品分析结果

综合以上谱图，得到部分分析结果如下（仅供参考）。

双酚 F 环氧树脂：约 30.5%；苯基缩水甘油醚：约 7.5%；新癸酸缩水甘油酯：约 4.5%；辛酸 3-甲基丁酯：约 2.5%；碳酸钙：约 28.5%；气相二氧化硅：约 2.5%。

## 39.4.4　丙烯酸酯胶黏剂剖析方法

丙烯酸酯胶黏剂因其价格较低，广泛应用于包装、建筑、纺织等领域，本节以丙烯酸压敏胶为例，对丙烯酸酯类物质的成分剖析方法做一简要介绍。

### 39.4.4.1　样品信息

（1）样品基本物性参数（见表 39-8）

表 39-8　样品基本物性参数

| 物性 | 颜色 | 气味 | 透明性 | 状态 | 密度 | pH | 黏度 | 固含 |
|---|---|---|---|---|---|---|---|---|
| 结果 | 无色 | 溶剂味 | 透明 | 液体 | — | — | — | 约 30%～50% |

（2）简单的前处理现象

① 溶解性。样品在水中不溶，有明显分层现象；在氯仿、四氢呋喃中全溶；在甲醇中部分溶。

② 是否含水。不含水。

③ 其他现象。样品烘干样呈透明固体状。

### 39.4.4.2　分析流程

丙烯酸压敏胶一般处理思路如图 39-40。

### 39.4.4.3　分析结果与讨论

（1）FTIR　图 39-41 为样品原样的红外谱图，图 39-42 为样品原样的红外匹配谱图，从图中可以看出样品中主要含有丙烯酸酯共聚物。

（2）NMR　图 39-43 为样品原样的 $^1$H-NMR 测试结果，图中 2.36ppm 主要为甲苯的特征出峰，4.11ppm 主要为乙酸乙酯的特征出峰。图 39-44 为样品烘干样的 $^1$H-NMR 测试结果，图中 3.97ppm 主要为丙烯酸酯共聚物的特征出峰。

（3）GC-MS　图 39-45 为样品原样 THF 稀释液的 GC-MS 测试结果，图 39-46 为样品原样的顶空 GC-MS 测试结果，从图中可以看出样品中含有乙酸乙酯、甲苯、丙烯酸异辛酯、丙烯酸羟乙酯、偶氮二异丁腈。

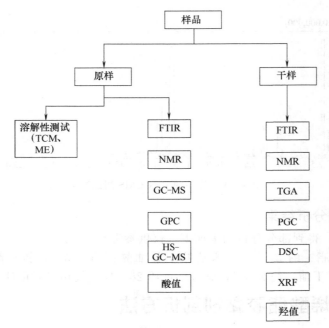

图 39-40　丙烯酸压敏胶一般处理思路

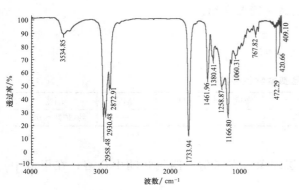

图 39-41　样品原样的红外谱图

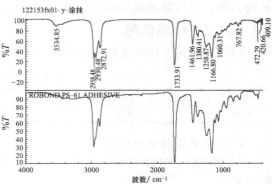

图 39-42　样品原样的红外匹配谱图

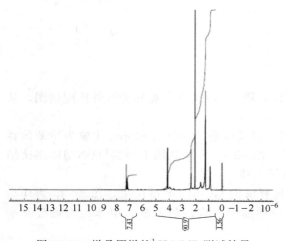

图 39-43　样品原样的 ¹H-NMR 测试结果

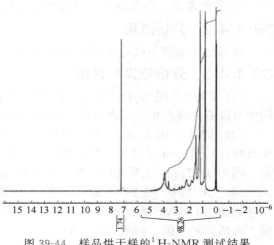

图 39-44　样品烘干样的 ¹H-NMR 测试结果

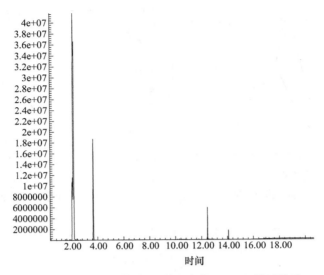

图 39-45　样品原样 THF 稀释液的 GC-MS 测试结果

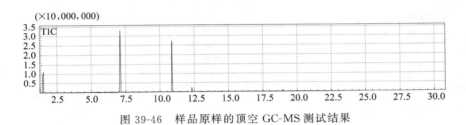

图 39-46　样品原样的顶空 GC-MS 测试结果

（4）XRF　图 39-47 为样品烘干样的 XRF 测试结果，从图中可以看出样品中主要含有硫元素等。

```
Quantitative Result

Analyte          Result        Std.Dev. Proc.-Calc. Line    Int.(cps/uA)

S                0.023 %       [ 0.003] Quan-FP     S Ka    0.0328
Ca               0.006 %       [ 0.001] Quan-FP     CaKa    0.0655
Ag               0.004 %       [ 0.000] Quan-FP     AgKa    2.6067
C               99.967 %       [——] Balance
```

图 39-47　样品烘干样的 XRF 测试结果

（5）GPC　图 39-48 为样品原样的 GPC 测试结果，从图中可以看出样品中丙烯酸树脂的数均分子量在 $5.6 \times 10^4$ 左右。

（6）TGA　图 39-49 为样品烘干样的 TGA 测试结果，从图中可以看出树脂的分解温度在 434℃左右。

（7）DSC　图 39-50 为样品烘干样的 DSC 测试结果，从图中可以看出样品中树脂的 $T_g$ 为 −41℃左右。

（8）PGC　图 39-51 为样品烘干样的 Py-GC-MS 测试结果，从图中可以看出丙烯酸羟乙酯、甲基丙烯酸缩水甘油醚、丙烯酸羟丁酯、丙烯酸异辛酯的片段信息。

## 39.4.4.4　样品分析结果

综合以上谱图，得到部分分析结果如下（仅供参考）。

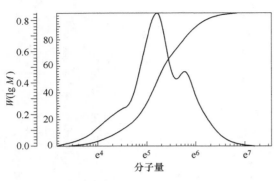

图 39-48　样品原样的 GPC 测试结果

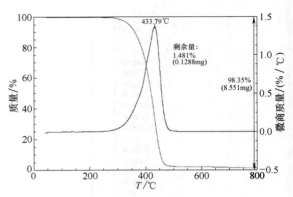

图 39-49　样品烘干样的 TGA 测试结果

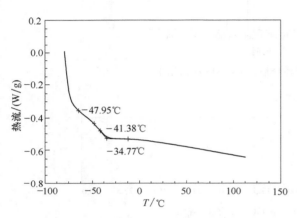

图 39-50　样品烘干样的 DSC 测试结果

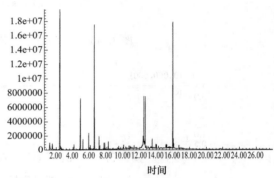

图 39-51　样品烘干样的 Py-GC-MS 测试结果

丙烯酸树脂：约 43％；乙酸乙酯：约 40％；甲苯：约 17％；偶氮二异丁腈：约 0.3％。其中丙烯酸树脂的合成单体有丙烯酸异辛酯（约 34.5％）、甲基丙烯酸缩水甘油醚（约 2.5％）、丙烯酸羟丁酯（约 4.5％）、丙烯酸羟乙酯（约 1％）。

# 39.4.5　有机硅胶黏剂剖析方法

本节以 LED 封装硅胶为例，对有机硅胶黏剂的成分剖析方法做一简单介绍。

## 39.4.5.1　样品信息

（1）样品基本物性参数（见表 39-9）

表 39-9　样品基本物性参数

| 物性 | 颜色 | 气味 | 透明性 | 状态 | 密度 | pH | 黏度 |
|---|---|---|---|---|---|---|---|
| A 组分 | 无色 | — | 透明 | 液体 | — | — | — |
| B 组分 | 白色 | — | 半透明 | 液体 | — | — | — |

（2）简单的前处理现象

① 溶解性。A 组分溶于氯仿、四氢呋喃，无色透明。B 组分部分溶于氯仿、四氢呋喃，底部有无色不溶物。

② 是否含水。不含水。

③ 其他现象。A 组分灰分偏黄色固体，结块。B 组分灰分偏黄色固体，结块。

## 39.4.5.2　分析流程

LED 封装胶的一般处理思路如图 39-52。

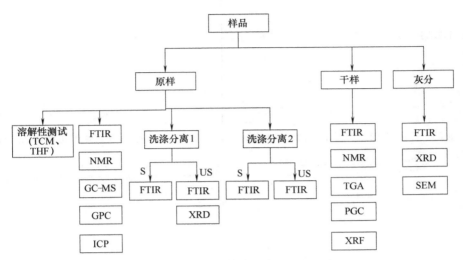

图 39-52　LED 封装胶的一般处理思路

## 39.4.5.3　分析结果与讨论

（1）FTIR　通过分析样品 A 胶原样及其甲醇可溶物的红外谱图，并进行红外谱图匹配，可以确认硅树脂的信息，并进一步推测可能为 MQ 类硅树脂。通过样品 B 胶原样及其甲醇可溶物的红外谱图，并进行红外谱图匹配，可以确认样品中含有含氢硅油和硅树脂。通过匹配样品 B 胶灰分的红外谱图，确认主要为二氧化硅。图 39-53、图 39-54 分别为样品 A 胶原样的红外谱图及红外匹配谱图；图 39-55、图 39-56 分别为样品 A 胶甲醇可溶物红外谱图及红外匹配谱图。

（2）NMR　图 39-57 是样品 A 胶原样的核磁谱图，$5.79 \sim 6.14 \times 10^{-6}$ 处为乙烯基的出峰。图 39-58 是样品 B 胶原样的核磁谱图，$5.78 \sim 6.13 \times 10^{-6}$ 处为乙烯基的出峰，$4.73 \times 10^{-6}$ 处为硅氢键的出峰，硅甲基的化学位移值为 $0 \times 10^{-6}$ 附近。

（3）GC-MS　图 39-59 是样品 A 胶原样的 GC-MS 谱图，样品中含有四甲基二乙烯基二硅氧烷、聚硅氧烷和硅树脂。图 39-60 是样品 B 胶原样的 GC-MS 谱图，样品中含有含氢聚硅氧烷、KH-560。

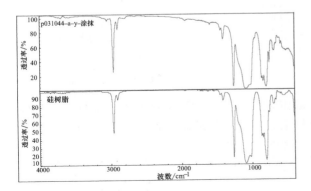

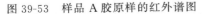

图 39-53　样品 A 胶原样的红外谱图

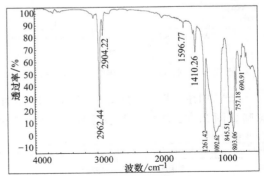

图 39-54　样品 A 胶原样的红外匹配谱图

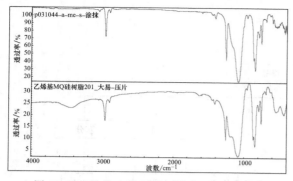

图 39-55 样品 A 胶甲醇可溶物的红外谱图

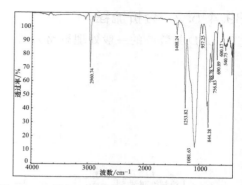

图 39-56 样品 A 胶甲醇可溶物的红外匹配谱图

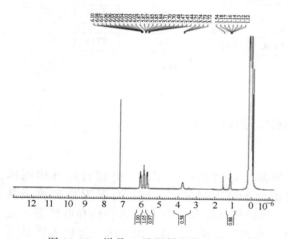

图 39-57 样品 A 胶原样的核磁谱图

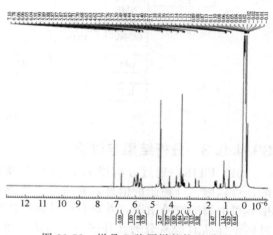

图 39-58 样品 B 胶原样的核磁谱图

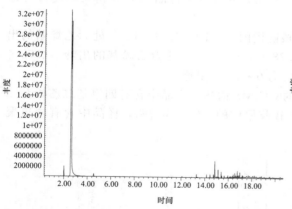

图 39-59 样品 A 胶原样的 GC-MS 谱图

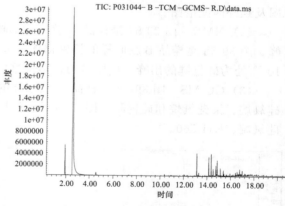

图 39-60 样品 B 胶原样的 GC-MS 谱图

（4）XRF 图 39-61 是样品 A 胶原样的 XRF 测试结果，主要为硅元素，来自硅油和硅树脂。图 39-62 是样品 B 胶原样的 XRF 测试结果，主要为硅元素，来自硅油和硅树脂。

Quantitative Result

| Analyte | Result | Std.Dev. Proc.-Calc. Line | Int.(cps/uA) |
|---|---|---|---|
| Si | 99.112 % | [ 0.732] Quan-FP SiKa | 1.6323 |
| S | 0.872 % | [ 0.057] Quan-FP S Ka | 0.0517 |
| Cu | 0.015 % | [ 0.002] Quan-FP CuKa | 0.3384 |

图 39-61 样品 A 胶原样的 XRF 测试结果

Quantitative Result

| Analyte | Result | Std.Dev. Proc.-Calc. Line | Int.(cps/uA) |
|---|---|---|---|
| Si | 192917.369 mg/l | [442.742] ********** ——— 37.6780 |  |
| Cl | 153.878 mg/l | [33.732] ********** ——— 0.0031 |  |
| Cu | 42.778 mg/l | [ 5.555] ********** ——— 0.2855 |  |
| C6H10O5 | 12.500 mg/cm2 | [———] Fix |  |

图 39-62 样品 B 胶原样的 XRF 测试结果

（5）GPC　图 39-63 是样品 A 胶的 GPC 谱图，乙烯基硅树脂的分子量约为 3000，乙烯基硅油的分子量为 $3 \times 10^4 \sim 6 \times 10^4$。图 39-64 是样品 B 胶的 GPC 谱图，乙烯基硅油的分子量为 $3 \times 10^4 \sim 6 \times 10^4$，含氢硅油和乙烯基硅树脂的分子量为 2000-4000。

（6）TGA　图 39-65 是样品 A 胶烘干样的 TGA 谱图，521℃ 为硅树脂的分解温度。图 39-66 是样品 B 胶烘干样的 TGA 谱图，578℃ 为硅树脂的分解温度。

（7）Py-GC-MS　图 39-67 是样品 A 胶烘干样的 Py-GC-MS 谱图，主要为硅油和硅树脂的片段信息。图 39-68 是样品 B 胶烘干样的 Py-GC-MS 谱图，主要为硅油和硅树脂的片段信息。

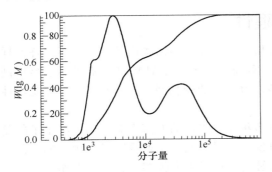

图 39-63　样品 A 胶的 GPC 谱图

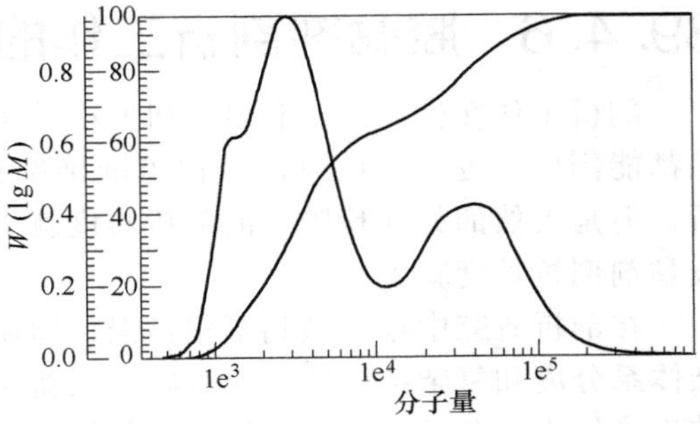

图 39-64　样品 B 胶的 GPC 谱图

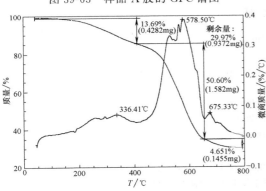

图 39-65　样品 A 胶烘干样的 TGA 谱图

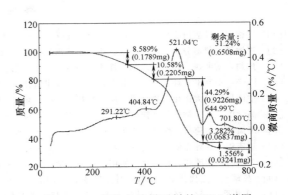

图 39-66　样品 B 胶烘干样的 TGA 谱图

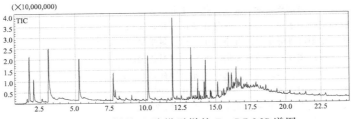

图 39-67　样品 A 胶烘干样的 Py-GC-MS 谱图

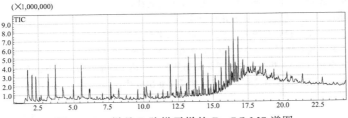

图 39-68　样品 B 胶烘干样的 Py-GC-MS 谱图

### 39.4.5.4　样品分析结果

综合以上谱图测试，得到部分分析结果如下（仅供参考）。

（1）LED封装硅胶（A胶）　乙烯基硅油：约35.5％；四甲基二乙烯基二硅氧烷：3.5％；铂催化剂：约0.2％。

（2）LED封装硅胶（B胶）　乙烯基硅油：约32.5％；有机硅树脂：约20.0％；含氢硅油：约45.5％；（2,3-环氧丙氧）丙基三甲氧基硅烷：约0.6％；气相二氧化硅：约2.0％。

## 39.4.6　胶黏剂剖析工作的局限性

剖析工作在生产研发和科学研究中的重要作用不言而喻，但需指出的是，并不是任何样品都能剖析，也不是任何样品都可准确剖析。在实践中发现，复配型的胶黏剂产品容易剖析，但是天然的如淀粉胶等的剖析难度就大很多，溶剂型的胶黏剂产品容易剖析，但是水性胶黏剂剖析难度就大。

在剖析研究中很难做到不犯错误，即使从业多年经验丰富的专家也会遇到解决不了的复杂体系分离和复杂结构鉴定的难题。在新材料研发、质量控制、工业诊断过程中，配方剖析结果可作为重要参考，但是仅仅靠剖析技术是不够的，还必须发挥多学科的综合作用。

### 参 考 文 献

[1] 王德中. 环氧树脂生产与应用. 北京：化学工业出版社，1992.
[2] 王秀泽. 仪器分析技术. 北京：化学工业出版社，2003.
[3] 焦剑，雷渭媛. 高聚物结构、性能与测试. 北京：化学工业出版社，2003.
[4] 陈平，刘胜平. 环氧树脂. 北京：化学工业出版社，1999.
[5] 中国科学院大连化学物理研究所. 气相色谱法. 北京：科学出版社，1972
[6] 高学敏，等. 粘接与粘接技术手册. 成都：四川科学技术出版社，1990.
[7] 王孟钟，黄应昌. 胶粘剂应用手册. 北京：化学工业出版社，1998.
[8] 董庆年. 红外光谱法. 北京：石油化学工业出版社，1977.
[9] 王宗明，何欣翔，孙殿卿. 实用红外光谱学. 北京：石油化学工业出版社，1978.
[10] 吴瑾光. 近代傅里叶变换红外光谱技术与应用. 北京：科学技术文献出版社，1994.
[11] 王正熙. 聚合物红外光谱分析与鉴定. 成都：四川大学出版社，1989.
[12] 王正熙. 高分子材料剖析实用手册. 北京：化学工业出版社，2015.
[13] 董慧茹，王志华. 复杂物质剖析技术. 北京：化学工业出版社，2015.
[14] 高扬，张军营. 胶黏剂选用手册. 北京：化学工业出版社，2012. 5.
[15] 林林等. 实用傅里叶变换红外光谱学. 北京：中国环境科学出版社，1991.
[16] 李子东，李广宇，于敏. 现代胶粘技术手册. 北京：新时代出版社，2002.
[17] 李和平. 胶黏剂生产原理与技术. 北京：化学工业出版社，2009.
[18] 张军营. 丙烯酸酯类胶黏剂. 北京：化学工业出版社，2006.
[19] 李和平. 胶黏剂配方工艺手册. 北京：化学工业出版社，2006.
[20] 李和平. 胶黏剂原材料与中间体手册. 北京：化学工业出版社，2005.
[21] 石军，李建颖. 热熔胶黏剂实用手册. 北京：化学工业出版社，2004.
[22] 贺曼罗. 环氧树脂胶粘剂. 北京：中国石化出版社，2004.
[23] 王慎敏. 胶黏剂合成、配方设计与配方实例. 北京：化学与工业出版社，2003.
[24] 李绍雄，刘益军. 聚氨酯胶粘剂. 北京：化学工业出版社，1998.
[25] 陆立明，唐远旺，蔡艺（译）. 热分析应用手册系列丛书——热塑性聚合物. 上海：东华大学出版社，2008.
[26] 刘振海，等. 热分析与量热仪及其应用. 北京：化学工业出版社，2010. 12.

（吴杰 闵彩娜 任天斌 李建波 编写）

# 第5篇 胶黏剂施工工艺与质量控制

# 第40章

# 胶黏剂的选用

## 40.1 胶黏剂选用的一般原则

随着社会的发展和科技的进步，胶黏剂作为一种消耗材料，在各行各业中的应用越来越广泛，也越来越重要。胶黏剂产品种类繁多，如何选择一款经济适用的胶黏剂，如何使用才能够达到产品的最佳性能，是广大用户非常关切的事情。本章建议用户根据自身的实际需求选择胶黏剂，可以结合被粘材料的性质、使用环境和工作条件、施工条件和固化条件、成本、使用寿命等方面因素进行综合考虑。

### 40.1.1 依据被粘材料的性质选用胶黏剂

#### 40.1.1.1 依据被粘材料的极性选择胶黏剂

材料极性的大小是由其分子结构的正负电荷中心重合程度决定的。

强极性材料，如金属、玻璃、陶瓷、云母和含有极性基团（—OH、—NH$_2$、—COOH、—CN、—CO—NH$_2$、—SH）的聚合物，应选择极性胶黏剂，例如酚醛-丁腈胶、酚醛-缩醛胶、环氧胶、丙烯酸聚酯胶、无机胶、聚氨酯胶、聚酰亚胺胶、不饱和聚酯胶、氯丁-酚醛胶、脲醛树脂胶、聚乙烯醇胶、聚醋酸乙烯酯乳胶、有机硅胶等。

非极性材料，如聚乙烯、聚丙烯、聚苯乙烯、聚苯醚、硅树脂、硅橡胶和含氟聚合物，应选择极性相当或同类材质胶黏剂，适用于此类材料的胶黏剂有聚异丁烯胶、聚烯烃热熔胶、EVA热熔胶、聚氨酯胶、聚丙烯酸酯胶、有机硅胶、硅橡胶等。

弱极性材料，如有机玻璃、聚碳酸酯、氯化聚醚、聚氯乙烯、ABS、天然橡胶、丁苯橡胶，应选择极性相当或同类材质胶黏剂，适用于此类材料的胶黏剂有聚氨酯胶、聚丙烯酸酯胶、氯丁胶、有机硅胶、硅橡胶。

### 40.1.1.2　依据被粘材料的结晶性选择胶黏剂

在粘接强度要求不高时，结晶聚合物可选用非极性或弱极性材料的胶黏剂。对粘接强度要求高的时候，被粘材料经适当的表面处理后，可选择极性胶黏剂。

### 40.1.1.3　根据被粘材料的表面张力选择胶黏剂

胶黏剂的临界表面张力应小于被粘材料的临界表面张力。通常，金属、玻璃、陶瓷等无机物表面张力大，容易被胶黏剂润湿，粘接容易。

### 40.1.1.4　根据被粘材料的溶解度参数选择胶黏剂

溶解度参数是衡量液体材料相溶性的一项物理常数。两种高分子材料的溶解度参数越相近，则共混效果越好。如果两者差值超过0.5，则一般难以共混均匀，需要增加增溶剂，降低两相的表面张力，使得界面处的表面被激化，从而提高相容的程度。即二者的溶解度参数差值不应大于0.5。

### 40.1.1.5　根据被粘材料的脆性和刚性选择胶黏剂

质地硬脆的材料选用强度高、硬度大且不易变形的热固性胶黏剂，例如环氧树脂胶黏剂、酚醛树脂胶黏剂、不饱和聚酯胶黏剂等。

坚韧、强度高的刚性材料选用冲击强度高且剥离强度也高的胶黏剂，例如热固性树脂胶黏剂和橡胶复合型胶黏剂（酚醛-丁腈胶、酚醛-缩醛胶、环氧-丁腈胶）。

### 40.1.1.6　根据被粘材料的弹性和韧性选择胶黏剂

弹性形变大的材料选用有相应的弹性和韧性的胶黏剂，例如有机硅胶、聚氨酯胶、氯丁橡胶和氯丁-酚醛胶。

质地柔软的材料选用韧性优良的胶黏剂，例如有机硅胶、聚氨酯胶、氯丁橡胶、聚乙烯醇缩醛胶、聚醋酸乙烯酯胶等胶黏剂。

## 40.1.2　依据使用环境和工作条件选用胶黏剂

工作环境条件因素对胶黏剂的粘接性能有重要影响，因此选用胶黏剂时不能忽视使用条件因素，这些因素包括温度、湿度、化学介质等。

### 40.1.2.1　温度

胶黏剂的性能与温度关系密切，随着温度的变化，粘接强度也会发生改变。不同的胶黏剂，其耐热性也有所差别。关于耐热性能，可以用粘接强度大小表示，有时也采用强度保持率来衡量，即以耐高温粘接强度性能变化作为确定胶黏剂使用温度范围的依据。通常将在某温度的粘接强度达到室温粘接强度1/3的状况，作为胶黏剂温度的上限。

大多数胶黏剂耐低温性较好，部分胶黏剂也可在超低温环境下使用。一般的胶黏剂使用温度为−20～150℃，如若在150℃以上使用，则必须选择耐高温胶黏剂。耐高温胶黏剂可分为几个档次，200～300℃下长期使用的胶种有硅橡胶、氟硅橡胶；300～400℃下长期使用的有聚酰亚胺胶黏剂、有机硅树脂胶黏剂；400～500℃使用的胶黏剂为聚苯并咪唑胶黏剂、聚苯硫醚胶黏剂、聚酰亚胺胶黏剂、有机硅树脂胶黏剂等；500～1200℃则采用无机胶黏剂。

若粘接部件在低温下应用，应选用低温胶黏剂或超低温胶黏剂。一般情况下，合成胶黏剂的耐低温性能较好。例如环氧/橡胶、酚醛/橡胶、尼龙/橡胶等耐低温性可达 $-40 \sim$ $-20℃$。通常有机硅橡胶可耐 $-60℃$，超低温下则应选择橡胶型胶黏剂，其中特种硅橡胶和弹性体类胶黏剂耐低温性能尤为突出，其最低温度可达 $-196 \sim -100℃$。

在冷热交换的环境下，粘接强度的高低由于被粘接材料与胶黏剂的线性膨胀系数不同而产生的内应力等所造成的。如玻璃的线膨胀系数为 $0.13 \times 10^{-5}/℃$，用环氧树脂粘接后，在 $80 \sim 100℃$ 下处理几分钟，又在室温下放置几分钟，如此经过 $2 \sim 3$ 次交变后，玻璃会因为热胀冷缩而破碎，粘接效果更好。如果需要在高低温循环条件下工作，应选用既耐高温又耐低温的胶黏剂，如硅橡胶、环氧-尼龙胶、环氧-酚醛胶、酚醛-丁腈胶、聚酰亚胺胶等。

有机硅密封胶具有优异的耐高低温性能，可在 $-60 \sim 180℃$ 下长期使用，有机硅树脂胶黏剂可在 $-60 \sim 500℃$ 下长期使用。

### 40.1.2.2　湿度

湿气和水分不利于粘接界面的稳定，水分子体积小，极性大，能够通过渗透、扩散积累于粘接面，破坏界面的粘接牢度，引起粘接强度下降。胶黏剂中含有的酯键、羧基、氰基、氨基越多，则受湿度影响越大，所以在湿度大或潮湿环境中不宜选用 $\alpha$-氰基丙烯酸酯胶、不饱和聚酯胶、环氧-尼龙胶、环氧-聚酰胺胶、厌氧胶等，而宜选用酚醛-丁腈胶、环氧-聚硫胶、氯丁-酚醛胶等。

### 40.1.2.3　化学介质

化学介质主要指的是酸、碱、盐、溶剂等，胶黏剂在介质的影响下会发生溶解、膨胀、老化或腐蚀等不同的变化，因此，要根据粘接件接触的介质选用适当的胶黏剂。

## 40.1.3　依据施工条件与固化条件选用胶黏剂

不同品种的胶黏剂，其粘接的施工条件也不同。有的需要室温固化，有的需要加热固化，有的需要加压固化，有的需要加温、加压固化，有的需要长时间固化，而有的只需要几秒钟就能固化，等等。选择胶黏剂时不能只看强度高、性能好，还必须考虑是否具备胶黏剂所要求的施工条件，例如酚醛-丁腈胶黏剂综合性能较好，但需要加压 $0 \sim 0.5MPa$ 于 $150℃$ 高温固化，若不具备加热和高温条件，则这种胶黏剂就不能使用。氟橡胶胶黏剂、氟硅橡胶胶黏剂耐油性好，但必须在加热下固化成型，若不具备加热条件，则这种胶黏剂就不能使用。在自动化生产线上，由于上下道工序速度快，就应该选用快速固化的胶黏剂，如热熔胶。工艺上最简单的是室温固化、单组分的胶黏剂，如室温固化环氧胶黏剂、氯丁胶黏剂、厌氧胶及白乳胶、有机硅胶等，对于大型设备或异型工件，由于加热、加压都难以实现，就应该选用室温固化胶黏剂。

胶黏剂以液态形式涂覆到被粘接物上，然后转化为固态，起到粘接作用，称胶黏剂的固化。以高分子聚合物为主体的胶黏剂，包括热塑性和热固性两种。热塑性高分子胶黏剂的固化通过物理方法进行。如熔体的冷却、溶剂的挥发以及溶液的凝聚等。热熔胶是典型的通过熔体冷却而固化的胶黏剂，热熔胶通过加热熔融，涂布到被粘物表面后冷却固化，起到粘接被粘物的作用。热塑性高分子聚合物配制成的溶液胶黏剂和乳液胶黏剂涂覆到被粘物的表面上后，通过溶剂和水的挥发，聚合物形成连续的胶膜后固化，溶剂或水的挥发扩散速度决定固化速度的快慢。热固性高分子胶黏剂是通过高分子交联实现固化的，双组分或多组分胶黏剂实际上也是通过交联实现固化的。此外，以空气中的水分或氧气促进固化，一般多为形成交联结构所致。

不论何种胶黏剂，在固化时都需考虑温度、压力、时间的影响。温度影响胶黏剂的固化速度和固化程度，对热塑性高分子胶黏剂，温度影响熔体的冷却、溶剂或水的挥发快慢。温度升高，固化速度加快。有些胶黏剂在室温下即可固化，而有的胶黏剂需要加温固化。对热固性高分子胶黏剂需视其种类确定固化温度和其相应的升温工艺。固化压力对大多数胶黏剂都是必需的，压力的大小和加压方式随胶黏剂的种类和被粘物表面的状况而定。固化压力的作用为：促进胶黏剂对被粘物质的润湿程度，提高胶黏剂的渗透和扩散；有助于排除胶层内的空气和低分子挥发物的气体；使胶层厚度保持一致，压实胶层，提高粘接强度。

固化时间与温度、压力是相互关联的，升高温度可以缩短固化时间，但不同的胶黏剂在同一温度时固化时间也存在很大差异，如瞬干胶黏剂的固化时间很短，而环氧胶黏剂要完全固化需要很长的时间。

## 40.1.4 依据特殊性能要求选用胶黏剂

① 对特殊要求的考虑，如导电、导热、导磁、超高温、超低温等则必须选择具有这些特殊性能应用的胶黏剂。

② 每种胶黏剂都具有各自的性能，应根据性能需要选用。如选用环氧化-聚酰胺胶黏剂可使疲劳寿命提高一个数量级，但聚硫橡胶胶黏剂就会使疲劳寿命下降。

③ 倘若被粘接件是较复杂的曲面，就要考虑在生产中能否实现。

④ 对于套接（嵌接）结构，不宜采用含溶剂的和加压固化压力较大的胶黏剂。

⑤ 对于热敏材料和压敏材料不宜使用固化温度较高和固化压力较大的胶黏剂。

## 40.1.5 胶黏剂选用中的成本因素

总体来说，采用粘接技术具有很大的效益，使用少量胶黏剂就能解决大问题，节约很多资材。但是在选用胶黏剂时必须充分兼顾经济性，除了考虑胶黏剂的价格外，还要考虑到所挑选的胶黏剂的生产效率以及其他因素，仅仅采用最低成本的胶黏剂，不顾下列有关因素，未必会得到好的经济效果：

① 粘接的总效率（与粘接面积和元件数目有关）。

② 应用或加工过程所需设备的难易性（设备包括模具、夹具、加压具、加热炉、涂覆器等）。

③ 过程所需的时间（包括装配时间、被粘元件的准备时间、固化时间等）。

④ 被粘元件装配和检验的劳动成本。

⑤ 同其他连接方法相比废弃料的数量。

⑥ 注意各种经济指标，被选用的胶黏剂应该成本低、效果好，整个工艺过程经济。

## 40.1.6 依据使用寿命来选择胶黏剂

因胶黏剂的化学结构不同，胶黏剂的使用寿命也不同。一般以 C—C 键为主链的胶黏剂，在户外有紫外光的环境下，其使用寿命不超过 10 年。需要在室外长期使用的胶黏剂可选用有机硅类，有机硅密封胶在通常情况下使用寿命可达 50 年以上。

## 40.1.7 胶黏剂选用注意事项

（1）储存期

① 每种产品均有储存期，根据相关标准，储存期均指常温（烯酸酯类为 20℃）时的储存时间。

② 对丙烯酸酯类产品而言，温度越高储存期越短。

③ 对水基类产品而言，低于 $-1℃$ 储存时将直接影响产品的质量。

（2）强度

① 世上无万能胶，被粘物材质、粘接件的使用环境与使用要求等对胶黏剂的选择起决定作用。

② 若被粘物本身强度较低，则不必选择高强度胶黏剂，否则会增加成本。

③ 不能只重视初始强度高，更应考虑耐久性好。

④ 高温固化型胶黏剂的性能远高于室温固化型胶黏剂（若要求强度高、耐久性好的胶黏剂应选用高温固化型）。

⑤ 对 $\alpha$-氰基丙烯酸酯胶（502 强力胶）而言，除应急、小面积修补和连续化生产外，不宜作为某些材料（如要求高粘接强度等）的首选胶黏剂。

（3）其他

① 白乳胶和脲醛胶不能用于金属材料的粘接。

② 要求使用透明型胶黏剂时，可选用聚氨酯胶、光学环氧树脂胶、饱和聚酯胶和聚乙烯醇缩醛胶等。

③ 胶黏剂不应对被粘物有腐蚀性（如聚苯乙烯泡沫板不能使用溶剂型氯丁胶）。

④ 脆性较高的胶黏剂不宜粘接软质材料。

⑤ 对非常构建的粘接，其粘接强度并不要求太高。

⑥ 接头设计必须与选用何种胶黏剂有机地结合起来进行综合考虑。

⑦ 在粘接的全过程中，对每个具体的生产条件综合考虑选择胶黏剂。

# 40.2　各种被粘材料适合的胶黏剂品种

## 40.2.1　金属

金属用胶黏剂的种类繁多，涉及面广，从天然高分子类到合成树脂类，乃至无机物类都有许多品种。随着新型汽车结构中引入大量的轻金属，不同金属材料（钢材、铝合金、镁合金）之间的连接，促进了金属用胶黏剂和密封胶的快速增长。常用的金属用胶黏剂一般分为环氧树脂类、酚醛树脂类、聚氨酯类、有机硅类、聚酰亚胺类、橡胶类、无机物类等。

（1）环氧树脂胶黏剂

① 室温固化环氧树脂胶黏剂。所谓室温固化胶黏剂，通常是指室温下为液体的，调制后可于室温 $20\sim30℃$ 条件下几分钟或几小时内凝胶，不超过 7d 的时间内完全固化并达到可用强度的一类胶黏剂。金属与玻璃粘接用环氧树脂胶黏剂主要用于金属元件与玻璃元器件的粘接，也可用于对金属部分损坏部分或砂眼等缺陷的浇注或粘接修复；铜与铁氧体粘接用环氧树脂胶黏剂主要用于镀锌铜（如扬声器盖板）与铁氧体（扬声器）的粘接，也可用于铜或其他金属间的粘接或金属与非金属的粘接；金属与塑料粘接用环氧树脂胶黏剂主要用于金属与金属、金属与玻璃、金属与塑料的粘接。电器部件装配时，环氧树脂胶黏剂主要用于陶瓷套管与金属螺杆粘接；机床维修用环氧树脂胶黏剂主要在机床或其他机械大修，用于粘接金属与玻纤增强环氧复合材料；铝制品粘接用环氧树脂胶黏剂主要用于铝制品之间的粘接，也可用于铝制品与铸铁制品的粘接，如可用于铝制铭牌与铝合金的粘接，同时也可用于铝制品与热固性玻纤增强复合材料（如酚醛基复合材料）的粘接等。

② 加热固化环氧树脂胶黏剂。加热固化环氧树脂胶黏剂的特点是固化速度快，粘接强度高，耐热性好，耐久性强。双组分厚胶层环氧树脂结构胶黏剂可用于套筒式粘接，如直升

机主减速器至尾减速器间三根传动轴的粘接，也可用于不平整表面、配合间隙较大、固化时不能施加压力的结构部件间的粘接；高强度环氧树脂胶黏剂可用于金属零件与玻璃棒或陶瓷棒的粘接，产品经－40～50℃冲击振动试验，胶层不变脆、不开裂，经长期使用质量良好；通用环氧树脂胶黏剂可用于金属与金属、金属与非金属的粘接；潜伏性中温固化胶黏剂主要用于粘接金属与金属、金属与非金属材料，对铝及其合金粘接性更佳；中温固化单组分环氧树脂胶黏剂（SE-9）可用于粘接钢-钢、铝-铝等金属材料，也是汽车灯粘接的专用胶黏剂。

（2）改性酚醛树脂胶黏剂

① 橡胶改性酚醛胶黏剂。橡胶改性酚醛结构胶黏剂是由酚醛树脂和橡胶所组成，因此，橡胶酚醛结构胶黏剂既具有酚醛树脂的耐热性，又兼有橡胶的弹性。它常以高抗剪强度、高剥离强度和耐热而著称。丁腈橡胶改性酚醛胶黏剂有较高的耐热性和粘接能力，耐油、水和耐湿热老化性能也很好，在各种金属件的粘接和刹车片的粘接中有很好的效果；丁腈-酚醛接枝共聚物胶黏剂耐介质、耐高低温交变、耐盐雾性能优良，主要用于各种金属结构件的粘接，也可用于飞机发动机、轿车液压传动系中离合器及大电机磁屏蔽装置的粘接等；丁腈橡胶改性氨酚醛胶黏剂适用于多种金属材料（如铝、铁、不锈钢、铜等）的粘接，也可用于粘接玻纤增强塑料和丁腈橡胶等；氯丁橡胶改性酚醛树脂胶黏剂通常用于粘接要求耐震动、耐疲劳和耐低温条件下工作的构件，对金属、塑料、陶瓷等材料均有良好的粘接效果。

② 聚乙烯醇缩醛改性酚醛胶黏剂。聚乙烯醇缩醛改性酚醛胶黏剂属金属结构材料粘接用结构胶，也是最早研制的航空结构胶之一。目前这类结构胶不仅在马赫数为1左右的各类型机种上获得应用，而且也应用于金属-金属、金属-塑料、金属-木材、汽车刹车及印刷电路等粘接上。酚醛-聚乙烯醇缩甲醛胶黏剂适用于铝、钢与玻璃钢的粘接，也可用于砂轮粘接；聚乙烯醇缩丁醛改性酚醛胶黏剂主要用于汽车制动蹄粘接，也可用于其他金属与金属、金属与非金属材料耐热部件的粘接；低温固化缩醛改性酚醛胶黏剂在低温固化性能方面显然优于缩醛改性酚醛胶，在耐湿热性能方面优于聚氨酯胶，对金属-金属、金属-非金属粘接具有较好的性能；导电胶黏剂可用于铜、铝波导元件的粘接，可对印刷电路板的缺陷进行修复，可用于无线电工业金属-金属、金属-陶瓷、金属-玻璃间的导电性粘接。

③ 环氧改性酚醛胶黏剂。此体系中，酚醛和环氧树脂皆属于热固性硬树脂。它们借助化学上镶嵌共聚反应而使新体系既保持了环氧树脂的高黏附性，又具有酚醛树脂的耐高温性能。其耐高温粉状环氧化酚醛结构胶黏剂（J-60胶黏剂）是国内最先研制成功的一种用于蜂窝夹芯局部部位压缩补强的耐高温发泡结构胶黏剂，还可用于夹芯内零件与蜂窝的粘接与镶嵌，具有相对密度低，压缩、拉伸强度高，使用工艺简便，无毒无臭，挥发性低的特点。

④ 改性耐高温酚醛胶黏剂。目前胶黏剂存在的两个最大缺点是强度不够高、耐热性能差，特别是在温度要求比较高的地方，限制了胶黏剂的广泛应用。有机硅/缩丁醛改性酚醛胶黏剂参考了苏联BC-10-T高温胶黏剂，在航空航天和兵器上得到了应用，也可应用于各种牌号的钢，及各种玻璃钢等；有机硅/丁腈改性酚醛胶黏剂具有好的耐热老化性能，完全满足航天工业的需要，还特别适用于汽车刹车蹄片、离合器粘接技术要求和流水线生产工艺。

⑤ 功能酚醛胶黏剂。导电银浆胶黏剂是为合成碳膜电位器应用而开发的，也可用于电子、电气元器件导电部位的粘接；金粉导电胶黏剂主要用于芯片的粘接，由于温度对电子元器件的性能影响较大，芯片粘接工艺也在进一步趋于合理化，特别是在组件较多的组合电路中，需要低温短时间固化的金粉导电胶黏剂。

（3）不饱和聚酯胶黏剂

① 气干型不饱和聚酯树脂胶黏剂。此胶是当今风靡国外的高档家具的装饰材料，性能

优良。用气干型不饱和聚酯树脂制成的常温快干固化胶泥可用作金属表面的底基嵌填物，特别适用于汽车、火车、飞机、机车等金属结构体表面的填平或修复，性能优良，且成本低廉，值得广泛推广。

② 功能性不饱和聚酯胶黏剂。自 20 世纪 60 年代开始，人们对聚酯的性能提出了多种多样的要求，一系列具有特殊功能的聚酯新品种不断问世。有耐腐蚀性聚酯树脂、耐热性聚酯树脂、自熄性聚酯树脂、低收缩性聚酯树脂、触变性聚酯树脂和柔韧性聚酯树脂。

（4）聚氨酯胶黏剂

① 单组分聚氨酯胶黏剂。单组分聚氨酯胶黏剂一般是指湿固化聚氨酯胶黏剂与封闭型聚氨酯胶黏剂，使用时无需计量混合。单组分湿固化密封胶黏剂具有良好延伸性、粘接性，可用于车辆、船舶、集装箱等的接缝弹性密封；单组分聚氨酯密封胶黏剂可用于建筑和车辆领域，主要用于金属制品或其他材料制品的密封；单组分发泡聚氨酯胶黏剂广泛地应用于汽车、造船、建筑工业和日常生活中，作为金属与金属、金属与其他材料粘接的密封胶黏剂。

② 双组分聚氨酯胶黏剂。此胶黏剂又可分为溶剂型胶黏剂、非溶剂型胶黏剂和改进型胶黏剂。双组分溶剂型胶黏剂（铁锚 101）可用于粘接金属材料，也可用于粘接玻璃、陶瓷、木材和塑料等；聚氨酯乳液胶黏剂可用于金属材料（如钢、铝、铁等）的粘接，同样也可用于其他非金属材料的粘接。

③ 聚氨酯改性胶黏剂。聚氨酯/环氧糊状胶黏剂适合汽车工业，用于轿车车门折边的粘接；水敏性硅烷改性聚氨酯胶黏剂可作为密封胶黏剂用于汽车工业、建筑业和电子工业，也可用作坦克履带板挂用胶黏剂等。

（5）有机硅胶黏剂

① 有机硅树脂胶黏剂。此类胶黏剂可在 $-60\sim400℃$ 下长期使用，短期可用于 $450\sim550℃$ 下，瞬间使用温度可达 $1000\sim1200℃$，已广泛用于各种金属如铝材、钢材、不锈钢等的粘接或各种耐烧蚀材料与金属的粘接。

② 有机硅密封胶。此类胶黏剂可在 $-60\sim180℃$ 下长期使用，已广泛用于各行业。按包装形式可分为单组分及双组分有机硅胶；按固化机理可分为加成型及缩合型；按固化时放出的低分子物质可分为：脱醇型、脱酮肟型、脱丙酮型等。室温固化有机硅胶可以粘接不锈钢、铝等金属类材料，具有很好的应用前景。

③ 有机硅改性树脂胶黏剂。各种有机硅改性耐热胶黏剂与有机硅胶黏剂对比，综合性能有明显改善，但耐热性及耐老化性能却有所下降，主要用于高温使用的非结构件中金属与非金属材料（无机玻璃、石棉制品、陶瓷及石墨制品）的粘接。如有机硅改性酚醛环氧树脂耐高温胶黏剂可用于航空工业、汽车、轮船、机械等耐高温部件的粘接，对铝、钢、钛等金属粘接性能良好；有机硅改性梯形高温绝缘胶黏剂应用于大功率家用电热器封口，如电砂锅等。

④ 幕墙用有机硅胶黏剂。现代建筑幕墙的主要表现形式有玻璃幕墙、石材幕墙、金属幕墙、人造板材幕墙等。为保证建筑幕墙具有优良的、持久的水密和气密性能以及良好的粘接性，需要选用合适的密封胶应用于建筑幕墙单元的粘接和密封。因为有机硅密封胶具有优异的耐气候老化和耐高低温性能，广泛的粘接性，良好的物理机械性能，在各类幕墙、门窗的粘接密封中已经有几十年的使用历史。一般而言，建筑的设计使用年限都在 50 年以上，要求使用的材料也必须具有较长的使用寿命。发达国家和我国强制性标准都规定，幕墙结构粘接只能使用有机硅密封胶。由于密封胶与建筑幕墙的其他材料不同，其出厂时只是密封在包装瓶或包装容器中，经施工养护固化后才能在粘接密封的部位起作用。因此密封胶能否实现良好的粘接密封作用，不仅取决于它本身的性能和质量，还取决于其应用过程中操作是否

正确。以阳极氧化铝为例，不同批次间的封孔程度存在差异性，表现出来就是使用相同的密封胶、相同的溶剂清洁、相同的施胶工艺，粘接效果也不一样。这种情况下，必须事先按照 GB 16776—2005《建筑用硅酮结构密封胶》附录 B 进行硅酮密封胶与接触材料的粘接性测试，如果仅仅凭经验判断，势必存在安全隐患。

（6）聚酰亚胺胶黏剂

① 耐高温共聚聚酰亚胺胶黏剂。此胶黏剂可用于航天、航空、导弹、火箭和发动机等耐热部件的粘接，其对经常粘接的铜、铝具有良好的粘接性，对金属的粘接强度见表 40-1。

表 40-1　PI 胶黏剂对金属的粘接强度

| 被粘接金属 | 剪切强度/MPa | 被粘接金属 | 剪切强度/MPa |
| --- | --- | --- | --- |
| 铝-铝 | 31～33 | 不锈钢-不锈钢 | 10～12 |
| 铜-铜 | 15～15.5 | 硅钢片-硅钢片 | 4.5～5.0 |

② 环氧改性聚酰亚胺胶黏剂。此类胶黏剂广泛应用于金属-金属、金属-非金属材料耐热制品的粘接，主要有环氧/双马来酰亚胺无溶剂改性胶黏剂、丁腈橡胶/环氧/双马来酰亚胺胶黏剂和丁腈橡胶改性聚酰亚胺胶黏剂等。

## 40.2.2　塑料

塑料是以单体为原料，通过加聚或缩聚反应聚合而成的高分子化合物，俗称塑料或树脂，可以自由改变成分及形体样式，由合成树脂及填料、增塑剂、稳定剂、润滑剂、色料等添加剂组成。具有加工性优良、质量轻、功能可设计性强、装饰性优良、化学稳定性和电绝缘性好等特点。常用的塑料用胶黏剂一般分为聚乙酸乙烯酯及其共聚物胶黏剂、改性聚乙烯醇胶黏剂、氯乙烯类胶黏剂、聚苯乙烯胶黏剂、聚氨酯胶黏剂、不饱和聚酯树脂胶黏剂等。

（1）聚乙酸乙烯酯及其共聚物胶黏剂

① 溶液型聚乙酸乙烯酯胶黏剂。该胶黏剂可由乙酸乙烯酯单体在溶剂中进行溶液聚合直接制成，也可以把聚合度为 500～1500 的聚乙酸乙烯酯固体树脂在适当的溶剂（如丙酮、乙酸乙酯、无水乙醇、甲苯）中配制而成，胶液的黏度随树脂用量的增加或聚合度的增加而提高。在这种胶液中通常需要加入适量的增塑剂来调节胶液的黏度。制备溶液型乙酸乙烯酯胶黏剂的主要原材料有乙酸乙烯酯单体和溶剂。乙酸乙烯酯的分子量为 86.09，为无色透明的可燃性液体，有强烈的气味，低毒，对眼睛有刺激性。其相对密度（20℃/4℃）为 0.9312，熔点为 −100.2℃，沸点为 72.2℃，燃点为 426.7℃。可溶于乙醇、乙醚、丙酮、三氯甲烷等有机溶剂，但不溶于水。应在阴凉、通风、温度低于 30℃ 的库房内贮存，远离火种、热源。

② 聚乙酸乙烯酯乳液型胶黏剂。聚乙酸乙烯酯乳液型胶黏剂是合成树脂乳液胶黏剂中生产最早、产量较大且最重要的品种。为适应不同的要求，人们将聚乙酸乙烯酯单体同其他单体如丙烯酸酯、甲基丙烯酸酯、乙烯、马来酸酯等进行共聚合来提高其性能，扩大应用范围，同样添加各种添加剂也是行之有效的方法。塑料粘接用聚乙酸乙烯酯乳液型胶黏剂多为乙酸乙烯酯与其他单体共聚制得的二元或三元共聚乳液胶黏剂。但也有少数乙酸乙烯酯均聚乳胶用于泡沫塑料的粘接。

（2）改性聚乙烯醇胶黏剂　聚乙烯醇（PVA）为白色颗粒或粉末状，易溶于水，是一种水溶性高聚物。其单体不稳定，因此它不能直接由单体聚合得到，而是由聚乙酸乙烯酯在甲醇或乙醇溶液中，以氢氧化钠作催化剂，水解得到。近年来，随着胶黏剂制备技术的发展，有人通过掺混改性方法与醛类进行缩聚反应制成胶黏剂，以适应塑料粘接（如泡沫塑料）。

① 发泡塑料粘接用胶黏剂。这种胶黏剂是一种常温固化的双组分胶黏剂，主要原料有聚乙烯醇、水和其他辅助成分（如氯化铵、脲醛树脂等）。该胶初黏度高，低毒、无臭，不易燃，可耐植物油、矿物油和各种溶剂，而且使用方便。可粘接聚氯乙烯和聚苯乙烯泡沫塑料，也可用于纸、木材的粘接。

② 聚乙烯醇标签胶黏剂。以前我国标签胶黏剂大都采用淀粉、改性淀粉、聚乙烯醇胶黏剂，虽价格比较便宜，但实际使用过程中有许多问题，如稳定性差、弹性差且易霉变，影响商品外观及包装质量。因而，有人开发了一种既能满足贴标签基本要求，又能随意调节黏度的改性聚乙烯醇甲醛胶黏剂——聚乙烯醇缩甲醛胶黏剂。主要原料有聚乙烯醇、甲醛和其他辅助材料（如盐酸、氢氧化钠、增黏剂）。该胶贮存稳定性好，原料易得，生产工艺简单，成本低廉，可用于塑料瓶或玻璃瓶贴标签。

（3）氯乙烯类胶黏剂

① 软质聚氯乙烯胶黏剂。将聚氯乙烯或聚氯乙烯碎片等按配方量溶于四氢呋喃与环己酮或丁酮混合溶剂中，再加入其他助剂混合均匀即可使用。可用于软质聚氯乙烯如塑料薄膜、塑料鞋底、软片、软管等的粘接。

② 硬质聚氯乙烯胶黏剂。按配方将硬质聚氯乙烯溶于溶剂，搅拌均匀使其完全溶解即可使用。该类胶黏剂制造方法简单、粘接力强（硬质聚氯乙烯剪切强度为＞5MPa），主要用于硬质聚氯乙烯制品的粘接。

③ 过氯乙烯胶黏剂。过氯乙烯的主要原料有过氯乙烯树脂、溶剂（如甲苯、二甲苯、乙酸乙酯或乙酸丁酯等）。过氯乙烯胶黏剂的应用较广泛，粘接性能较好。该胶黏剂主要用于硬质聚氯乙烯、软质聚氯乙烯、板材的粘接。

（4）聚苯乙烯胶黏剂

① 异氰酸酯改性聚苯乙烯胶黏剂。其原料有聚苯乙烯泡沫塑料、甲苯二异氰酸酯、偶氮二异丁腈、甲苯和乙酸丁酯等。将废聚苯乙烯洗净粉碎后用一定比例的乙酸丁酯、甲苯混合溶剂溶解，达到所需的温度后（反应温度为80℃）加入偶氮二异丁腈、异氰酸酯。反应90min后，加入助剂，搅匀，倾出胶液。该胶适用于聚苯乙烯塑料本身的粘接外，还可用于家具、建材的粘接等。

② 低毒性聚苯乙烯胶黏剂。为克服用废苯乙烯直接制备的胶黏剂胶层硬而脆、强度不稳、溶剂毒性大、成本高等缺点，人们利用合适的低毒混合溶剂和改性剂等研制粘接性好、成本低的低毒改性废聚苯乙烯胶黏剂是近年来的发展方向。其原料有废聚苯乙烯、SBS共聚物、松香、甲苯、汽油、松节油、乙酸乙酯、填料。该胶可代替白乳胶用于家具和塑料玩具的粘接，也可用于木材、瓷砖等装饰材料的粘接。

③ 无毒聚苯乙烯胶黏剂。利用废弃的聚苯乙烯泡沫塑料制备无毒胶黏剂的原料除废旧聚苯乙烯之外，还有溶剂和改性剂（如增黏剂、增塑剂等）。该胶黏剂工艺简单、成本低、使用方便、无毒。可用于聚苯乙烯塑料自身的粘接，塑料封皮上贴标签纸的粘贴，还可用于木材、瓷砖等建筑材料的粘接等。

（5）聚氨酯胶黏剂　适用于粘接各种热塑性塑料及工程塑料，例如硬质聚氯乙烯、乙酸纤维素、聚酰胺、聚碳酸酯、ABS塑料、聚砜、不饱和聚酯和经过预处理的聚烯烃、有机玻璃以及软质聚氯乙烯、人造皮革及塑料静电植绒等。

（6）不饱和聚酯树脂胶黏剂　主要用于粘接玻璃纤维增强塑料和其他硬质塑料、玻璃、木材、水泥、金属等。

## 40.2.3 橡胶

橡胶是一种玻璃化温度低于室温，在环境温度下能显示高弹性的高分子物质，具有良好的柔顺性、易变性、不透水性，耐酸碱性等特点。常用的橡胶用胶黏剂一般分为环氧橡胶胶黏剂、多异氰酸酯胶黏剂、天然橡胶胶黏剂、氯丁橡胶胶黏剂等。

(1) 环氧橡胶胶黏剂

① 环氧 65-01 胶黏剂。该胶是一种双组分的环氧树脂基胶黏剂，其原料有 E-51 环氧树脂、丁腈橡胶-40 和磷酸三甲酚酯。可用于橡胶与金属、玻璃钢的粘接，其粘接性能良好。

② 环氧 64-02 胶黏剂。用丁腈橡胶改性的环氧树脂胶黏剂，能提高其耐热性和抗冲击强度。国产 64-02 胶和 E-5 胶即属此类。它们为单组分的环氧胶黏剂，适用于橡胶粘接。

(2) 多异氰酸酯胶黏剂

① 二苯基甲烷-4,4′-二异氰酸酯胶黏剂。将二苯基甲烷-4,4′-二异氰酸酯（MDI）胶黏剂用氯苯或邻二氯苯配成 50% 的溶液即成 MDI 胶黏剂。该胶黏剂主要用于氯丁橡胶、丁苯橡胶、天然橡胶、人造丝、棉织品、尼龙以及金属的粘接。经硫化后橡胶与金属之间粘接效果好。以 MDI 胶黏剂粘接橡胶与金属的粘接强度见表 40-2，以 MDI 胶黏剂粘接橡胶与织物的剥离强度见表 40-3。

表 40-2 以 MDI 胶黏剂粘接橡胶与金属的粘接强度

| 被粘材料 | 粘接强度/MPa | 被粘材料 | 粘接强度/MPa |
| --- | --- | --- | --- |
| 氯丁橡胶-钢 | 7.6 | 氯丁橡胶-铝 | 9.1 |
| 氯丁橡胶-不锈钢 | 8.3 | 天然橡胶-钢 | 8.3 |
| 氯丁橡胶-铜 | 6.6 | 丁腈橡胶-钢 | 5.9 |
| 氯丁橡胶-黄铜 | 7.2 | | |

表 40-3 以 MDI 胶黏剂粘接橡胶与织物的剥离强度

| 被粘材料 | 胶黏剂品种 | | |
| --- | --- | --- | --- |
| | 氯丁橡胶/MDI/(kN/m) | 天然橡胶/MDI/(kN/m) | 丁苯橡胶/MDI/(kN/m) |
| 人造丝-天然橡胶 | 6.1 | 3.3 | 5.3 |
| 人造丝-氯苯橡胶 | 5.3 | 6.3 | 5.8 |
| 人造丝-丁苯橡胶 | 6.5 | 4.9 | 6.1 |
| 棉织物-天然橡胶 | 4.4 | 4.4 | — |
| 棉织物-氯苯橡胶 | 4.2 | 6.1 | — |
| 棉织物-丁苯橡胶 | 5.1 | 4.7 | — |
| 尼龙-天然橡胶 | 3.5 | 2.6 | — |
| 尼龙-氯苯橡胶 | 3.2 | 4.9 | — |
| 尼龙-丁苯橡胶 | 3.9 | 3.5 | — |

② 三苯基甲烷-4,4′,4″-三异氰酸酯胶黏剂。三苯基甲烷-4,4′,4″-三异氰酸酯简称 TTI，又称列克纳，商品牌号为 JQ-1。它是由对氨基苯甲醛与苯胺缩合制成的三（4-氨基苯基）甲烷为主要原料，配制成副品红氯苯溶液，滴加到溶液中，经低温光气化后，缓慢升温而进行高温光气化。反应结束后，再用氮气赶走剩余光气和 HCl，再降温过滤、蒸馏制得产品。该胶可用于聚氯乙烯、经处理的聚四氟乙烯与丁腈橡胶的粘接，皮革、纤维织物等的粘接，天然橡胶、丁苯橡胶、氯丁橡胶与金属（钢材）的粘接。

③ 二甲基三苯基甲烷四异氰酸酯胶黏剂。由甲苯二胺与苯甲醛缩合生成二甲基三苯基甲烷四胺，经光气化、活性炭脱色处理、抽滤浓缩或用溶剂配制而成。该种胶黏剂牌号为"7900"胶。该胶黏剂适用于塑料、橡胶、皮革等材料的粘接。

④ "七异氰酸酯"胶黏剂。国内生产的 "七异氰酸酯"胶黏剂是以二氯甲烷和四异氰酸酯为原料，在常温下反应而制得异氰酸酯含量为 30%～40% 的预聚物，再向预聚物中加入三苯三烷基三异氰酸酯，反应完毕后即制得 "七异氰酸酯"胶黏剂产品。该胶黏剂的分子量为 1800～2500，固体含量为 15%～35%。其制造方法简单，使用简便，粘接强度高，弹性好，耐低温、耐疲劳、耐震动，适用性强。可用于塑料、橡胶、帆布、皮革、人造革等的粘接。

⑤ 硫代磷酸三 (4-苯基异氰酸酯) 胶黏剂。硫代磷酸三 (4-苯基异氰酸酯) 胶黏剂又称 JQ-4 胶黏剂，是以硫代磷酸三 (4-苯基异氰酸酯) 和氯化苯为原料配制成含量为 20% 的溶液。该胶主要用于橡胶和金属之间的粘接，用作鞋用胶黏剂等。

⑥ 202 胶黏剂。202 胶黏剂是以聚三苯基甲烷三异氰酸酯为主体成分，用氯丁橡胶及其他配合剂改性的一种双组分胶黏剂。该胶使用温度范围在 -20～60℃，常温下胶膜柔软，具有一定的耐酸、耐水、耐碱等性能。可用于粘接橡胶、皮革、织物、各种软泡沫塑料、聚氯乙烯等非金属材料。

⑦ 404 胶黏剂。该 404 胶使用温度范围为 -50～80℃，常温下能粘接橡胶、皮革、金属、玻璃、木材和塑料等。粘接橡胶的剥离强度为 20～25 N/2.5cm。胶膜柔软，且具有良好的耐水、耐磨和耐老化性，用溶剂稀释后可用作各种材料的上光涂料。

⑧ J-38 胶黏剂。该胶以 JQ-1 胶和对亚硝基-$N,N'$-二甲基苯胺为原料，两组分以 10:1 互溶后 15min 可使用。用于橡胶与金属的粘接，可常温固化。也可用于天然橡胶与硬铝的粘接。

（3）天然橡胶胶黏剂

① 未硫化的天然橡胶胶黏剂。未经硫化的天然橡胶胶黏剂虽然初粘力较大，具有良好的弹性和优异的电性能，价格低廉，使用方便，但是粘接强度不大，一般不超过 3.5MPa，耐热性也不好，在 60～90℃ 下即丧失使用价值。可用于一般要求不高的天然橡胶的粘接、内胎和氨水胶袋及类似橡胶胶布制品在破损后的修补。

② 硫化的天然橡胶胶黏剂。硫化的天然橡胶胶黏剂比未硫化胶黏剂的粘接强度、弹性、抗蠕变性和耐老化性都有提高。天然橡胶经各种适当方法进行改性，可增强分子极性，改善天然橡胶胶黏剂的粘接性能，既增加了对天然橡胶制品的粘接力，又能用于橡胶与金属的粘接。

（4）氯丁橡胶胶黏剂

① 室温硫化型双组分氯丁橡胶胶黏剂。纯氯丁橡胶胶黏剂的活性很大，室温下数小时就可全部凝胶，故一般配成双组分储存，常见的有双组分氯丁-JQ-1 胶黏剂，可用于橡胶与橡胶的粘接，其粘接性能见表 40-4。

表 40-4　氯丁-JQ-1 胶黏剂的粘接性能

| 橡胶品种 | 被粘材料剥离强度/(kN/m) | | |
| --- | --- | --- | --- |
| | 丁基橡胶-丁基橡胶 | 天然橡胶-天然橡胶 | 皮革-皮革 |
| 通用型 | 2.5 | 4.4 | 2.4 |
| LDJ-240 | 6.5 | 6.6 | 4 |

② 单组分氯丁橡胶胶黏剂。单组分氯丁橡胶胶黏剂的代表品种有 XY-403 (74 胶液)。它是由氯丁混炼胶作为溶剂的汽油以 1:2 的比例配制而成的。该胶黏剂可用于粘接氯丁橡胶、天然橡胶、丁腈橡胶。

③ 双组分氯丁橡胶胶黏剂。在纯橡胶配方的基础上加入某些树脂可以提高耐热性，改善橡胶与金属等材料的黏附性能和其他性能。热固性烷基酚醛树脂（如对叔丁基酚醛树脂）

能与氧化镁形成高熔点的改性物，因而大大提高了氯丁橡胶胶黏剂的耐热性。由于这种树脂分子极性较大，加入后还能明显增加橡胶与金属等被粘材料的黏附能力，因此，对叔丁基酚醛树脂改性的氯丁橡胶胶黏剂已发展成了氯丁胶黏剂中性能最好、应用最广且最重要的品种。国产牌号有 XY-401、长城-303、FN-303、XY-6 等。其粘接性能见表 40-5 所示。

表 40-5　两种氯丁-树脂胶黏剂的粘接性能

| 产品牌号 | 常温拉伸强度/MPa | | | | | 常温剥离强度/(N/cm) | |
|---|---|---|---|---|---|---|---|
| | 橡胶-硬铝 | | 橡胶-钢 | | 棉帆布-钢 | 橡胶-硬铝 | |
| | 24h | 48h | 24h | 48h | 96h | 24h | 48h |
| 国产 XY-401 | 1.98 | 2.06 | 2.14 | 2.45 | 6.16 | 46.5 | 56.5 |
| 国产 XY-6 | 3.06 | 3.77 | — | — | | 36 | 58 |

## 40.2.4　陶瓷

陶瓷材料具有优异的抗腐蚀耐磨损性能，其耐磨性仅次于金刚石，而且质量轻，只有同体积金属的一半，广泛应用于电子、航空航天、化工、医学等行业。但陶瓷材料存在性脆、抗震性能差、不易焊接封装等缺点，限制了其在许多领域的应用，因此研究陶瓷与其他材料的连接技术尤其重要。常用的陶瓷用胶黏剂一般分为合成有机胶黏剂、天然有机胶黏剂、无机胶黏剂等。

（1）合成有机胶黏剂

① 环氧树脂胶黏剂。通常根据不同的条件选择不同配方的环氧树脂胶黏剂。环氧树脂在室温下固化，具有较高耐热性和机械性能，可在高温环境下长期工作一直是环氧胶黏剂研究和开发的一个方向。目前，已经有耐高温胶黏剂用于陶瓷材料的粘接，例如卡十硼烷改性酚醛树脂、$B_4C$ 改性酚醛树脂等，其使用温度可达 1000℃，而且有着较高的粘接强度，但是固化条件较为苛刻。所以研制一种固化工艺简单且综合性能良好的耐高温胶黏剂，具有很好的应用前景。有研究者以二甲苯作为溶剂，在硅烷偶联剂 KH560 的作用下，有机硅树脂和纳米 $SiO_2$ 成功改性环氧树脂。添加 Al、$B_4C$ 和 GP 无机填料后，在催化剂二月桂酸二丁基锡和固化剂低分子聚酰胺 650 作用下，制备出能在 65℃下固化的新型耐高温胶黏剂。

② 有机硅胶黏剂。有机硅树脂胶黏剂根据其用途的不同可分为三类。第一类是粘接金属和耐热非金属材料的有机硅树脂胶黏剂。这是一类含有填料和固化剂的热固性有机硅树脂溶液，粘接件可在 -60～1200℃温度范围内使用，具有良好的疲劳强度。在这类胶黏剂中，除了使用纯有机硅树脂外，还经常使用树脂和橡胶来改性，以获得更好的室温粘接强度。第二类是用于粘接耐热橡胶或粘接橡胶与金属的有机硅树脂胶黏剂。这类胶黏剂通常是有机硅生胶的溶液，具有良好的柔韧性。第三类是用于粘接绝热隔声材料与钢或钛合金的有机硅树脂胶黏剂。这类胶黏剂能在常温常压下固化，固化后的粘接件可在 300～400℃下工作。在陶瓷领域，以使用第一类胶黏剂为主，在某些特殊条件下也使用其他类别的胶黏剂。有研究者以甲基苯基聚硅氧烷为原料，制备了一种高温有机硅胶黏剂，可用于超高温空气中的工程应用。

③ α-氰基丙烯酸酯胶黏剂。常用的 α-氰基丙烯酸酯胶黏剂有 501、502 等，其粘接力强，固化速度快，适用于陶瓷元件的小面积粘接。

④ 聚氨酯胶黏剂。典型的聚氨酯胶黏剂如国产 101、404、405、707 等，适用于陶瓷自身、金属、陶瓷与其他柔性材料、玻璃以及其他材料的粘接，尤其适用于低温环境。

⑤ 酚醛-缩醛胶黏剂。酚醛-缩甲醛胶有 201、202、203 等，酚醛-缩丁醛胶有 JSF-1、JSF-2、JSF-4 等，均可用于陶瓷自身以及陶瓷与其他材料的粘接。

（2）天然有机胶黏剂　　在陶瓷领域常用的天然有机胶黏剂包括虫胶、鱼胶、大漆等。

（3）无机胶黏剂

① 硅酸盐类胶黏剂。可用于高温或常温下金属、陶瓷、玻璃和石料的粘接和紧固。

② 磷酸盐类胶黏剂。在陶瓷粘接中广泛应用的氧化铜无机胶黏剂是属于氧化物-磷酸胶黏剂的最出色代表，界面由于吸附力以及陶瓷组成物与胶黏剂反应的化学键等形成粘接。

③ 矿物胶黏剂。常用于陶瓷材料粘接的矿物胶黏剂主要有硫黄胶、地蜡胶、辉绿岩胶等。

④ 其他无机胶黏剂。美国罗斯·阿拉莫斯科学实验所（LASL）研制出两种专用于高纯度氧化铝、氧化锆、氧化钍特种陶瓷大型复杂制品粘接的胶黏剂。这种密封胶黏剂烧结之后均可变为透明的无气孔的粘接层，具有耐温性、气密性和耐化学性能。

## 40.2.5　玻璃

玻璃的主要成分是二氧化硅，玻璃质地硬且脆，是一种无色的透明材料，并可添加各种成分制成茶色玻璃、钴蓝色玻璃等。常用的玻璃用胶黏剂一般分为聚氨酯胶黏剂、环氧树脂胶黏剂、紫外光固化胶黏剂、室温硫化（RTV）有机硅胶黏剂等。

（1）聚氨酯胶黏剂

① 单组分湿固化聚氨酯玻璃胶黏剂。单组分聚氨酯胶黏剂目前应用比较广泛，现在汽车挡风玻璃都采用单组分湿固化的聚氨酯胶黏剂。全世界生产的几乎 90% 的汽车挡风玻璃采用直接上玻璃工艺，美、欧、日则完全使用胶黏剂粘接汽车挡风玻璃，每扇玻璃平均需800 g 聚氨酯胶。现该工艺已扩展到汽车的后窗、侧窗。又因其性能、价格优势，正拓展到卡车、大轿车、火车车厢以及城市轻轨车厢等方面，其用量正快速增长。预计全世界单组分聚氨酯胶黏剂将以每年 15% 的速度递增。

随着汽车挡风玻璃应用要求的提高，单组分聚氨酯玻璃胶黏剂的发展方向为：

a. 高模量型单组分聚氨酯玻璃胶。它在 10% 伸长时的剪切模量为 2～3MPa 左右，与单组分聚氨酯玻璃胶相比，车体的抗扭曲性可得到进一步的提高。

b. 高接触黏性型单组分聚氨酯玻璃胶。单组分聚氨酯玻璃胶的固化对温度、湿度都有很大的依赖性，初始粘接强度低。通过在胶中加入可以结晶的物质或以流变学方法来提高胶黏剂黏度，对其缺陷进行改善。

c. 低导电单组分聚氨酯玻璃胶黏剂。将汽车内收音机埋藏在风窗玻璃中时，单组分聚氨酯玻璃胶黏剂的导电率较高，对收音机的接收效果有较大的影响。导电单组分聚氨酯玻璃胶的粘接强度、施工工艺参数、固化速度等与高模量型相近，加入经过特殊处理的填充材料来降低导电性。

② 硅烷改性聚氨酯胶黏剂。聚氨酯密封胶对于无孔性材料（如玻璃、陶瓷等）的粘接并不令人满意。用硅烷改性聚氨酯胶黏剂，可使无孔性表面（玻璃、陶瓷等）粘接牢固。

（2）环氧树脂胶黏剂　　粘接性好、胶粘强度高、收缩率低、尺寸稳定、电性能优良、耐化学介质，在玻璃方面也有较多的应用。

（3）紫外光固化胶黏剂　　广泛用于玻璃家具、水晶首饰、LCD 组装等领域，借助 UV固化胶黏剂则仅需几秒或几分钟即可完成粘接过程。这样大大缩短了生产周期，节省了能源，提高了经济效益。

（4）室温硫化（RTV）有机硅胶黏剂　　广泛用于玻璃幕墙、中空玻璃、节能门窗、水族馆、汽车挡风玻璃等。

## 40.2.6 木材

随着木材加工工业的持续发展，木材胶黏剂的用量持续扩大，品种也在不断增多。胶黏剂一方面可以改善木料的机械物理性能和外观质量，提高木材的使用价值，扩大其应用范围，另一方面也可用于木材采伐和加工剩余物的综合应用，明显提高木材加工的经济效益。我国木材加工中使用胶黏剂主要是人造板制造和木制品生产两大领域，酚醛树脂（PF）胶黏剂、脲醛树脂（UF）胶黏剂、三聚氰胺-甲醛树脂胶黏剂是人造板工业应用最多的三大合成胶种，常用的木材用胶黏剂还有聚醋酸乙烯酯乳液胶黏剂、不饱和聚酯树脂胶黏剂等。

（1）酚醛树脂胶黏剂　在酚醛树脂中，以苯酚和甲醛缩聚合成的酚醛树脂胶，在木材加工中的应用很广泛。主要是由于酚醛树脂胶优良的耐水性、耐老化性、耐热性、耐候性及耐腐蚀性性能。酚醛树脂胶主要适用于Ⅰ类胶合板、航空胶合板、船舶胶合板、车厢板、木材层积塑料等，能在室内外长期使用，但是缺点是酚醛树脂的成本比较高，胶层的颜色比较深，所以其使用也就受到了限制。

（2）脲醛树脂胶黏剂　我国生产胶合板的主要胶黏剂是脲醛树脂胶，由于其制作简单、使用方便、成本低廉、性能良好，具有较高的粘接强度，较好的耐水性、耐热性、耐腐蚀性，已基本能取代血胶和豆胶。而且树脂是呈无色透明黏稠液体或乳白色的液体，不会污染木材粘接制件。但是，这种胶具有游离的甲醛，并有胶层易老化的缺点，所以使用范围也受到了限制。用于木材的脲醛树脂胶，有液体状和粉末状两种。

液体状的脲醛树脂胶是黏稠的液体，固含量随制造条件的不同而有所不同。储存时间为2～6个月，超过储存期，胶液逐渐变黏稠，就失去了粘接的作用。如尿素与甲醛在弱碱的条件转化为弱酸的条件下的二次缩聚反应产物，固含量较高，为白色黏稠液体，带有淡淡的甲醛味道，适合于胶合板、单板拼接；尿素与甲醛在碱性介质下反应后转化为酸性介质的树脂，经浓缩后形成的乳白色液体，适用于胶合板、细木工板等；甲醛与尿素以较高的摩尔比在酸性条件下缩聚而成的树脂，在低温下固化也能具有较好的粘接强度，适合于家具、缝纫机台板的粘接。

粉末状的脲醛树脂胶是经过干燥喷雾而形成的。其为低分子量缩聚物，能溶于水，不需要特殊的溶剂，而且能缩短固化时间，不论是在常温还是加热固化的条件下都能很快固化，使用方便，储存期可长达1～2年之久。

（3）三聚氰胺树脂胶黏剂　三聚氰胺树脂胶包括三聚氰胺-甲醛树脂胶和三聚氰胺-尿素-甲醛树脂胶。这种胶的耐热性和耐水性高于脲醛树脂和酚醛树脂，而且耐磨性和透明度都很好，特别适用于制造人造板贴面、家具装饰板等。在木材加工方面主要用的是纤维材料用的热固性胶和纸张浸渍层的低固含量胶。三聚氰胺胶的特点是化学活性高，但固化后胶层比较脆，未固化的胶层储存期比较短，所以其较少单独使用，一般情况下会在合成过程中加入适量的对甲苯磺酸胺或乙酸，所得到的树脂可用于塑料装饰板的表层浸渍、贴合等。

（4）环氧树脂胶黏剂　环氧树脂中的环氧基团能与介质表面的游离键起反应，形成化学键，所以其粘接力很强，对大部分材料，如木材、金属、玻璃、橡胶、皮革、陶瓷、纤维等都有很好的粘接性能。但由于其成本较高，在木材工业中目前仅限于作为装饰浸渍板使用，少部分作为塑料和木材的胶黏剂。

（5）聚醋酸乙烯酯乳液胶黏剂　主要应用于榫接合、细木工板的拼接、单板的修补和拼接、人造板的二次加工。但是由于其耐水性、耐热性差，在冬季低温条件下，乳液有可能冻结而影响使用，因此一般只适用于室内木质板的粘接。

（6）EVA乳液型胶黏剂　主要应用于建筑业、高速卷烟胶、纸加工用胶、水泥改进剂、复合材料胶等。

（7）不饱和聚酯树脂胶黏剂　不饱和聚酯树脂胶又称为聚酯胶，其光泽度、耐药品性和电绝缘性优良，适用于家具涂层或用作纸质塑料板的浸渍树脂。可以用来生产纸质塑料板，与三聚氰胺甲醛树脂纸质塑料板相比，聚酯胶塑料板具有较高的透明度和光泽度，压制时可在低温、低压、短时间内进行，甚至在室温、常压下也可以成型。因此聚酯胶的使用设备操作简单，其缺点是收缩率较大，易开裂，硬度与耐磨性较差。另外，由于生产不饱和聚酯树脂胶的成本较高，所以聚酯胶的使用范围就有了一定的限制。

（8）热熔胶黏剂　热熔胶在木材工业上主要用于封边、胶合板芯、板拼接、家具榫接合，也可用于把装饰材料贴在人造板基材上。

（9）橡胶胶黏剂　为了提高人造板的使用价值，需要将各种装饰材料胶贴在人造板的表面，进行人造板的二次加工。为了得到良好的装饰表面，就采用低温、低压、快速粘接的技术。为此，目前通常使用橡胶型热熔胶，主要以氯丁胶和丁腈胶为主。

（10）有机硅胶黏剂　有机硅胶黏剂具有优异的弹性、粘接性，长久使用寿命，可用于高档木材加工及家具的粘接。

## 40.2.7　石材

石材是一种多孔、吸湿、不稳定、不均质材料，因品种、产地、层理、方向等呈现不同的特性，根据工艺和用途使用不同材料，因此应用在石材上的辅助材料也会有所不同。石材作为一种古老的建筑材料，已经具有漫长的应用历史，目前石材的应用领域不仅仅局限于传统的建筑基础材料和结构材料，更多的是应用石材的装饰功能和艺术效果。石材的化学粘接就是利用不同种类胶黏剂进行有效粘接，改善安装工艺，提高使用效果和安全性。

常用的石材用胶黏剂一般有环氧树脂类胶黏剂、不饱和聚酯树脂类胶黏剂、大型石材速凝型胶黏剂、有机硅石材胶黏剂等。

（1）环氧树脂类胶黏剂

① 超薄石材复合板专用胶黏剂。天然石材色泽美观、性能稳定，广泛应用于高档外墙体和内墙体的装饰。随着优质的天然石材矿脉逐渐枯竭，人们认识到天然石材、矿床等不可再生资源的宝贵。将天然石材超薄化，即将石材切割为厚度在 5mm 左右，能够提高石材利用率，同时解决因石材自身重量带来的安全性问题，降低了石材单位价格。在超薄复合板的制造过程中，最重要的一个工序就是超薄石材的粘接，就是将面材（各种超薄的天然石材）和基材（瓷砖、石材、金属、节能保温板）用专用的胶黏剂粘接在一起。研制的超薄石材复合板专用胶黏剂以环氧树脂为主体树脂，配以改性胺固化剂、阻燃剂、填料及其他改性材料，具有黏度低，便于涂覆，粘接力强度高，耐温、耐水、耐老化性能好，对各类主要的节能保温板有很好的粘接强度，固化物无毒等特点，适用于石材、金属、节能保温板等材料的粘接。

② 干挂胶。干挂胶主要由环氧树脂、聚硫橡胶增韧剂、固化剂、助剂、填料等制成。干挂胶又分为普通型干挂胶和快固型干挂胶。两种胶的差别主要在适用期上，快固型的适用时间比普通型的短很多。环氧干挂胶属于改性环氧树脂聚合物，是分子中含有两个或两个以上环氧基团的高分子聚合物，固化后具有优异的物理化学性能，具有粘接强度高、固化快、耐候性好、化学稳定性好等优点，广泛应用于干挂石材幕墙的粘接，也可用于陶瓷、水泥、金属、玻璃等材料的粘接。

（2）不饱和聚酯树脂类胶黏剂　云石胶的主要成分是不饱和聚酯树脂，通过添加促进剂、引发剂、阻聚剂、光稳定剂和填料等制作而成。使用时加以适当比例的固化剂，能起到快速定位、修补和粘接的作用，适用于各类石材间的粘接或修补石材表面的裂缝和断痕，常用于各类型铺石工程及各类石材的修补、粘接定位和填缝。通过调整添加固化剂量的多少，可调整云石胶的固化时间，便于施工调节。少加一些固化剂，则混合后固化慢，多加固化剂则固化快，甚至可在几秒内固化。云石胶施工方便，所需固化剂量少，施工操作简单，比较适用于多人、大面积作业情况，施工进度较快，透明性好，容易着色，室温或者加热均能固化，固化时不产生副产物。云石胶的局限性在于只适用于石材与石材的粘接，不能用于石材与不锈钢的粘接。

（3）大型石材速凝型胶黏剂　以 L-SAC（低碱度硫铝酸盐水泥）40%、可再分散乳胶粉 EVA（醋酸乙烯酯-乙烯共聚物）4%、矿粉 5%、多种化合物 2% 和级配砂为主体制成的速凝型石材胶黏剂，具有优良的粘接性能和优异的耐候性，并且其性能超过 GB 24264—2009 标准中规定值的 15%～60%。该胶黏剂具有相对较好的工作性能和成本优势，可用于大型石材的粘接。

（4）有机硅石材胶黏剂　有机硅胶黏剂具有优异的耐气候老化、耐高低温性能，广泛的粘接性，良好的物理机械性能，用于各类幕墙、门窗的粘接密封。

石材种类非常多，建筑中常用的有大理石、花岗石和人造石等。花岗岩是一种岩浆在地表以下所凝结成的火成岩，属于深层侵入岩，主要成分为 $SiO_2$、$Al_2O_3$；大理石原指产于云南大理的白色带黑色花纹的石灰岩，其剖面可形成一幅似水墨山水画，现也指带各色花纹的石灰岩，主要成分为 $CaCO_3$；人造石通常指人造石实体面材，如人造石英石、人造岗石等，成分不尽相同，主要成分为树脂、铝粉、颜料和固化剂等。

许多石材都含有碳酸盐和金属氧化物，若使用酸性密封胶进行接缝密封，容易发生反应而导致出现石材污染和粘接失效，尤其是存在浸水后粘接性变差的粘接问题。因此，石材接缝用胶应选择中性密封胶，997 石材专用有机硅胶与多种石材具有良好的粘接性，且不会对石材产生污染。养护时间和浸水处理对石材胶与石材的粘接有显著影响，施打底涂料可明显改善有机硅石材专用密封胶对部分难粘石材的粘接性，且能在一定条件下缩短粘接的养护时间。

# 40.2.8　织物与皮革

## 40.2.8.1　织物

织物是指用纺织纤维织造而成的片状物体，其品种繁多，分为棉、麻、毛、丝、涤纶、尼龙等。胶黏剂在织物纤维中具有以下作用：改善纱线或织物的表面性能和质量，使其易于加工；将颜料黏附于纤维织物表面，给予其鲜艳的颜色和耐久的牢度；涂覆于织物表面，赋予其防水透湿、阻燃防火等多功能性；将不同种类的纤维或织物粘接在一起，制成非织造布或各种复合材料。不同的织物有各自的粘接性能，因此在选用胶黏剂时必须确认被粘织物为何种纤维。根据织物的使用目的，可将织物用胶黏剂分为以下几类：

（1）无纺织类织物用胶

① 纤维状胶。纤维状胶是一种低熔点的热塑性合成纤维胶，主要是由树脂、增黏剂、增塑剂、抗氧化剂、填料等配制而成，如聚丙烯胶、EVA 胶、聚氯乙烯胶等。在使用时，将他们混合在主体纤维网中，随后经烘房加热，使纤维状胶熔融，主体连成一体，成为具有高蓬松度的无纺织布产品。例如：生产服装用的棉絮及过滤材料等，就是用这类胶黏剂生产的。

② 溶液状胶。溶液状胶以水分散介质，使用时可用水无限稀释，适用于粘接法制造的无纺织布的浸渍。主要有以下几种。

　　a. 甲壳质乙酸溶液胶。甲壳质乙酸溶液胶又称为壳糖乙酸溶液胶，主要是由甲壳素、树脂、增黏剂、增塑剂、抗氧化剂、填料等组成。使用时，只要经烘干，乙酸挥发形成不溶性壳糖，即可完成固化。用甲壳质乙酸溶液胶浸渍制成的无纺织布有较好的强度和耐水性，但不耐酸，手感较硬，色泽较易泛黄。

　　b. 纤维素黄原酸钠盐胶。来源丰富，价格低廉，但它只能粘接较低级的无纺布，这种布不泛黄，其缺点是手感较硬，在使用过程中要求用酸进行后处理，易造成环境污染。这种胶液主要用于制造抛光布、脊布、包装布等低级无纺织布。

　　c. 聚乙烯醇胶。主要是以聚乙烯醇缩甲醛为主要的粘接基料，采用尿素、硫氰酸盐及矿物填充剂等对其进行掺混改性，得到了性能优良的改性胶乳液。该胶使用简单，粘接强度高；缺点是耐水性差，较少单独使用，一般与丙烯酸酯混合使用。

　　d. 淀粉溶液胶。采用淀粉类物质溶解于水粘接纤维素纤维，有一定强度，但耐水性很差，主要用于制造石膏药棉，以及医疗包扎用的无纺织物。

　　③ 粉末状胶。粉末状胶主要是聚乙烯胶、聚酰胺胶、EVA 类热塑性粉末树脂胶，主要用于印点法和撒粉法制造无纺织布，也用于服装衬制造，是一类很有发展前景的热熔胶。

　　④ 乳液状胶。随着无纺织布行业的发展，乳液状胶的使用也越来越广泛，尤其是在干式无纺织布上，主要方法是浸渍法和喷雾法，以浸渍法为主。高级无纺织布的粘接主要使用耐洗性和耐干性较好的丁腈橡胶胶黏剂、丁苯橡胶胶黏剂、聚丙烯酸酯胶黏剂。其中聚丙烯酸酯使用最为广泛，因为其对多种合成纤维的优良的粘接性能、突出的耐水性和耐溶剂性，受到无纺织行业的青睐，其使用量约占无纺织业中热熔胶使用总量的 60%。其次就是丁二烯/苯乙烯胶，因为其价格低廉，主要用于卫生保健类的一次性物品，也可以用于加工毛毯。丁二烯/丙烯腈胶乳能给予非纺织物较好的耐油性、耐磨性及强度等，多用于室内装修使用的非纺织物。聚氨酯胶由于其加工的产品手感柔软而干爽、弹性优良、耐干洗性好等特点，常用于人造毛皮等高级非制造物中。

　　(2) 静电植绒纺织物类用胶　静电植绒使用的胶黏剂与无纺织类使用的胶黏剂相似。主要有丙烯酸酯共聚物胶黏剂、醋酸乙烯共聚物胶黏剂、聚氯乙烯类乳液胶黏剂、合成橡胶胶乳，以及供改性掺混用的聚氨酯胶黏剂、三聚氰胺甲醛胶黏剂、酚醛胶黏剂、环氧胶黏剂等。其中丙烯酸酯共聚物胶黏剂的使用量最为广泛，占静电植绒使用胶黏剂的 80%~85%，具有黏度易调节、胶膜柔韧、无色、无毒、不燃烧、操作卫生安全等特性，对各种基材及绒毛有良好的粘接力，绒毛直立性好、耐气候、耐干洗等综合性能优异。胶黏剂的种类繁多，针对不同静电植绒的材料所选用的胶黏剂也有所不同。

　　① 180-SD 胶。由丙烯酸酯类和 N-羟甲基丙烯酰胺组成的热熔胶。不易浸入织物内部，适于各类基材植绒胶用。

　　② FA 胶。适用于鹿皮静电植绒。

　　③ VNF 胶。由醋酸乙烯和羟甲基丙烯酰胺等组成的乳液，适用于人造皮毛植绒。

　　(3) 涂料印花类用胶　用于涂料印花加工的胶黏剂主要有氨基树脂胶、丙烯酸酯胶、醋酸乙烯酯胶和合成橡胶胶黏剂等。

　　① 氨基树脂胶。涂料印花加工最早的一种胶。属于热固性树脂胶，形成的膜手感较硬，可以在其中加入一定量的热塑性树脂进行改性。

　　② 丙烯酸酯胶。涂料印花加工使用较早的一种胶。为了调节印花织物的手感可以采用不同的单体进行共聚，如丙烯腈、丙烯酸丁酯等。

　　③ 醋酸乙烯酯胶。原料充足，生产简便，价格低廉，但所形成的薄膜手感和耐皂洗性、耐干洗性较差，常采用醋酸乙烯和其他单体共聚的方法进行改性。

④ 合成橡胶胶黏剂。各种合成乳胶如丁腈乳胶、丁苯乳胶、氯丁乳胶等都可作为涂料印花加工用胶黏剂。它们所形成的薄膜手感柔软、弹性好、耐磨性优良，但对热和光的稳定性较差，且较易老化和泛黄。

（4）服装衬制造类用胶　已经使用的热熔胶品种很多，针对具体产品应用的胶黏剂配方更是千变万化。

### 40.2.8.2　皮革

（1）溶剂型氯丁橡胶胶黏剂　国内生产的氯丁橡胶胶黏剂的厂家甚多，诸如市面上的南奇、东宝、南宝、大明等胶黏剂。常用于鞋、箱包制造中皮革的粘接。

① 高性能环保型鞋用胶。在无三苯混合溶液下，采用复合引发剂，并配以高性能增黏树脂和 A-90/MMA/AA 三元接枝氯丁胶。

② JQ-1 胶、JQ-4、7900、PAPI 等可以作为氯丁胶黏剂及聚氨酯胶黏剂的交联固化剂使用，因为它不仅可以增加鞋的弹性，而且可以增加鞋子的耐用性。

（2）水基型氯丁橡胶胶黏剂　通过研制水基型氯丁橡胶胶黏剂，制备带有官能团的液态氯丁胶、带羧基官能团的液态氯丁基橡胶，解决溶剂型氯丁橡胶胶黏剂对环境的污染和毒性。

① 水基型氯丁胶乳。是乳化状的水分散体，具有氯丁橡胶结晶性强、极性大、耐燃性好等优点，而且没有溶剂型橡胶产生的对环境的污染和毒气。

② LDR-403 和 LDR-503 氯丁胶。以松香皂为乳化剂的聚合体，初黏度要求不高，室温粘着时间长。可用于国内制鞋厂家皮鞋绷楦，铝箔和 PVC 薄膜粘接，木材、纸张、纤维、玻璃布等的粘接和屋面防漏。

（3）聚氨酯系列胶黏剂　聚氨酯胶黏剂具有卓越的低温性能，优良的柔性、耐冲击性、对大多材料良好的浸润性和粘接性，常用于常温、快速固化以及要求柔软性的场合，适合于粘接不同膨胀系数的异种材料。

① 线性聚氨酯（或支链度低的聚氨酯）胶黏剂。其胶膜可挠性很好，适用于塑料、皮革和织物等软质材料的粘接。特别是对于某些难以粘接的材料，如聚氯乙烯（PVC）塑料底、热塑性橡胶（TPR）底、聚氨酯（PU）面革或鞋底等，具有良好的粘接性能。

② 耐黄变鞋用聚氨酯胶黏剂。市场上出售的聚氨酯胶黏剂，大部分具有变黄的问题，污染鞋面，影响美观。对于旅游鞋、运动鞋等白鞋来说，问题更加明显，因此使用耐黄变、非污染型的聚氨酯热熔胶。

（4）天然橡胶系列胶黏剂

① 以烟片胶为主体材料的天然橡胶胶黏剂。主要是汽油胶、松香天然胶、黑胶浆与白胶浆。在胶黏皮鞋绷楦复帮中，除可使用氯丁橡胶胶黏剂、聚氨酯胶黏剂等外，也可使用粘接保持时间长、在溶剂型胶黏剂中相对而言毒性较小的白色或浅白色天然橡胶胶黏剂；在白色或彩色胶鞋中也用作布面胶鞋的围条与鞋面布、鞋面、鞋面帮脚与外底胶、大底胶与后跟之间的胶黏剂。

② 以天然胶乳为主体材料的天然橡胶胶黏剂。天然乳胶是天然的存在于水介质中呈分散体系的聚合物胶液。乳液胶中的橡胶粒子未经破坏，分子量高，胶膜柔韧、抗氧性和其他抗降解作用好。天然乳胶通常与各种辅助剂配合，制成性能不同的天然乳胶浆用于胶鞋、硫化皮鞋、胶粘皮鞋、胶粘布鞋的生产中。以天然乳胶为基料，配以聚乙烯醇缩甲醛或聚醋酸乙烯酯乳液等制成的天然乳胶胶浆，一般用于皮鞋绷楦复帮，机缝鞋起墙、包木根皮，粘夹里布、夹里皮及生产鞋用材料再生革、钢纸板、主跟包头材料等。

# 参 考 文 献

[1] 李盛彪，黄世强，王石泉，等. 胶粘剂选用与粘接技术. 1 版. 北京：化学工业出版社，2002.

[2] 程时远，李盛彪，黄世强. 胶粘剂. 1 版. 北京：化学工业出版社，2001.

[3] 李卉. 室温固化环氧树脂胶黏剂流变性能研究. 长沙：中南林业科技大学，2012.

[4] 隋月梅. 酚醛树脂胶黏剂的研究进展. 黑龙江科学，2011，02（3）：42-44.

[5] 张玉龙，李长德. 金属用胶粘剂. 1 版. 北京：中国石化出版社，2004.

[6] 张振英，杨淑丽. 塑料、橡胶用胶粘剂. 1 版. 北京：中国石化出版社，2004.

[7] Zhigang L，Yuuki O，Naruhito H，et al. In-situ chemical structure analysis of aqueous vinyl polymer solution-isocyanate adhesive in post-cure process by using Fourier transform near infrared spectroscopy. Int J Adhes Adhes，2018，81：56-64.

[8] Cristina N，Julio G，Elena C，et al. Determination of partition and diffusion coefficients of components of two rubber adhesives in different multilayer materials. Int J Adhes Adhes，2013，40：56-63.

[9] 管蓉，鲁德平，杨世芳，等. 玻璃与陶瓷用胶粘剂及粘接技术. 北京：化学工业出版社，2004.

[10] 董柳杉，罗瑞盈. 一种新型陶瓷用耐高温胶粘剂的研制与性能研究. 表面技术，2012，41（06）：58.

[11] 杨世芳，代化，管蓉. 玻璃用胶粘剂的研究进展与展望. 粘接，2004（06）：24.

[12] Zhang W，Ma Y F，Wang C P，et al. Preparation and properties of lignin phenol formaldehyde resins based on：different biorefinery residues of agricultural biomass. Ind Crop Prod，2013，43（1）：326-333.

[13] 张晓华，朱华，施恩斌，等. 超薄石材复合板专用胶粘剂的应用研究. 新型建筑材料，2013，40（03）：34-37.

[14] 何冬梅，陈炳耀，毛秋燕，等. 浅析云石胶与干挂胶的区别和应用. 建材发展导向，2017，15（24）：39-41.

[15] 郭一锋，李光球，陈晓龙. 大型石材速凝型胶粘剂的制备及耐候性研究. 中国胶粘剂，2013，22（11）：13-17.

[16] 范念念，王晓莉，熊晓，等. 丙烯酸酯乳液胶粘剂配方和工艺研究进展. 粘接，2014，35（03）：41-46.

[17] 刘廷国，李斌. 天然水溶性甲壳素溶液的性质. 食品研究与开发，2012，33（12）：38.

[18] 刘雪琴. 植物秸秆改性制备的纤维素黄原酸钙盐吸附特性与工艺优化研究. 武汉：华中农业大学，2014.

（李盛彪　袁素兰　李峰 编写）

# 第41章

# 粘接接头设计

## 41.1 粘接接头的设计原则

### 41.1.1 粘接接头的基本形式

传统的机械连接的方法常带来连接工艺问题，如电化学腐蚀、本体材料破坏、紧固件引起结构重量增加、材料内部应力集中及裂纹扩展等，并影响耐久疲劳性能。随着新型工程材料的广泛应用，粘接连接方式因此得到了广泛的应用。在进行粘接接头设计之前，我们需要了解不同粘接接头的优点和特性，选择一个结构强度和综合性能满足设计要求的接头形式，是粘接接头设计过程中首先需要考虑的工作。

基本的粘接接头形式包括：对接接头、搭接（平接）接头、角接接头和 T 形接头、套接（嵌接）接头。

(1) 对接接头 对接接头是将两个涂抹有胶黏剂的粘接基材（基材）的端部粘接到一起（图 41-1）。这种接头形式基材间接触面积较小，常常会因为胶层边缘局部应力集中，造成粘接强度降低。所以在实际工程应用中，只有在结构空间尺寸限制和对接头承载能力要求不高的连接接头设计中，会采用对接接头形式进行连接，如盖板对接、台阶对接等。

(2) 搭接（平接）接头 搭接（平接）接头采用基材侧边相连接（图 41-2），与对接接头形式对比，其粘接面积比对接接头大。同时由于胶层在其受剪工况下的强度最高，因而这种接头形式所得到的接头剪切方向强度也较高，是工程应用中最常采用的连接方式。

(3) 角接接头和 T 形接头 角接接头和 T 形接头均由一个基材的端部与另一基材的侧边相连接（图 41-3 和图 41-4），适用于边缘和转角处部件的连接。但是这两种接头形式在受到不均匀载荷的作用下，容易产生局部的应力集中现象，从而影响粘接接头的整体强度。在实际工程设计和应用中，通常对角接接头和 T 形接头进行局部改良和加固，以提高其对复

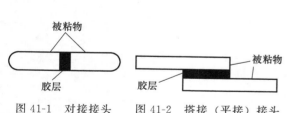

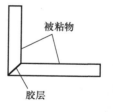

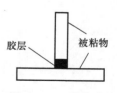

图 41-1 对接接头　　图 41-2 搭接（平接）接头　　图 41-3 角接接头　　图 41-4 T 形接头

杂载荷工况的适应能力。

（4）套接（嵌接）接头　套接（嵌接）接头如图 41-5 所示，将连接的一端套入另一端的空隙或打好的孔内进行粘接，或是直接利用套筒进行连接。这两种连接方式的优点在于连接面积大，连接强度高，承受的力也相对更大。同时，针对不同的受力情况，可以适当调整孔的类型，保证连接后的抗拉伸、抗剪切以及抗断裂能力都适中。

以上 4 种基本接头结构形式在实际应用中可以联用，也可以采取其他补强措施，以提高接头的承载能力和增加接头的应用功能。而实际应用中的粘接接头形式是多种多样的，有些是基本粘接形式的组合。不同粘接形式受力情况各也不同。接头的破坏既与应力大小有关，也与受力部位及接头内部缺陷、弱界面有关，因此，接头的受力状况是比较复杂的。为分析粘接接头受力情况，将受力形式分为四种（图 41-6）。

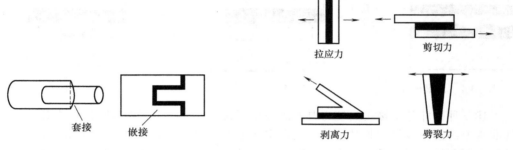

图 41-5　套接（嵌接）接头　　　　　图 41-6　接头中胶层的典型受力情况

（1）拉应力　受力方向与粘接面垂直，且均匀分布于整个交界面（或称正拉力）。当被粘件较厚或刚度较大时，受载荷时不产生挠曲变形，拉应力分布比较均匀。当被粘件较薄或集中力偏心时，拉应力不均匀，易造成粘接破坏。

（2）剪切力　受力方向与粘接面平行，且均匀分布于粘接面上，是粘接强度最高的受力形式，是实际设计和应用中最常采用的受力形式。

（3）剥离力　外力作用于接头边缘并与粘接面成一定角度，受力发生在两个挠性被粘件或挠性与刚性被粘件之间。并集中分布在粘接面的某一线上，是一种线受力。承载力随角度增加而降低。受力角度为 90°时，承载能力最小，受力设计时应尽量避免。

（4）劈裂力　外力垂直于粘接面且作用于接头边缘时，形成劈裂力，但不均匀分布在整个粘接面上。当被粘件较厚、刚度较大且外力作用与接头边缘时，通常有较大的应力集中。

## 41.1.2　粘接接头常见破坏类型

粘接接头在受到超过自身载荷极限或者受环境影响（如受热、盐雾、溶剂影响）时，会发生不同类型的破坏行为。可以通过破坏发生的位置不同，来区别不同的粘接接头破坏模式。

（1）内聚破坏　如果粘接接头在胶层内部出现了裂纹进而发生破坏行为，那么胶黏剂发生了内聚破坏，如图 41-7 所示。作为连接接头的薄弱环节，胶层部位发生破坏是工程实际中最常见的粘接接头破坏类型。发生这种破坏现象的主要原因是，基材以及粘接界面的强度远大于胶层的强度。

（2）黏附破坏　如果粘接接头发生破坏的位置在胶层和基材的接触界面，这种破坏形式称为黏附破坏，如图 41-8 所示。黏附破坏的发生，意味着胶黏剂与基材结构之间未产生有效和可靠的结合，粘接强度非常低，其原因可以归纳为两个方面：

① 基材和胶黏剂之间的浸润性较差，造成粘接接头在受到很小的载荷时，胶黏剂和基材的接触表面就发生脱离。

② 在制备粘接接头时，粘接基材的待粘接表面没有进行有效清理，表面残留的粉末、碎屑和油污等都有可能降低胶黏剂与基材之间的结合程度，连接构件承受较大的加载载荷时，接触表面首先发生破坏，然后再扩展到胶层内部和基材内部。

（3）混合破坏　粘接接头发生破坏时，既在粘接接头胶层内部发生破坏，又在胶层和基材的接触表面发生破坏，内聚破坏和黏附破坏都发生的破坏模式称为混合破坏形式，如图41-9所示。发生这种破坏的原因较为复杂，有诸多接头制备工艺和环境影响因素对粘接接头的破坏类型产生影响。

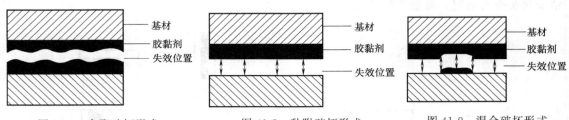

图 41-7　内聚破坏形式　　　　图 41-8　黏附破坏形式　　　　图 41-9　混合破坏形式

上述三种破坏是粘接接头较为典型的破坏形式，如果我们在设计粘接接头时，不选择黏附性非常差的接头基材和胶黏剂，一般在实际工程应用中是不存在真正的黏附破坏的。肉眼感觉的黏附破坏，利用显微镜来观察断面层的时候，通常会发现断面处会有一层非常薄的胶黏剂胶层附着在基材表面。同样的，实际工程应用中粘接接头单纯发生内聚破坏的情况也非常少见。通常发生的粘接接头破坏都是混合破坏形式，而且是以内聚破坏占主导地位的混合破坏形式。

为了提高粘接接头强度和防止产生对接头承载不利的破坏形式的发生，在设计粘接接头时，需要遵循以下设计原则：保证有效的粘接面积尽可能地加大；尽量使粘接接头各个部位承载均匀；采用适合于结构承载工况的合适接头形式进行连接；清洁待粘接表面以及进行粘接操作时，务必要仔细认真，严格遵循操作工艺规范要求；选用粘接基材和胶黏剂时，应充分考虑两者之间的浸润性能，并尽量避免热膨胀系数差异较大的两种材料进行粘接等。另外，环境中的湿度和温度等外界因素也会影响粘接接头的强度，在设计粘接接头的时候也要将这些因素考虑进去。

# 41.1.3　影响粘接接头强度的因素

粘接接头的实际力学性能表现受多种接头设计和工艺参数的影响，如接头形式（单搭接、双搭接、T搭接和斜面搭接等）、胶层厚度、粘接角度、胶瘤、固化工艺（固化温度和时间曲线）、表面处理工艺和服役环境工况等。粘接接头的强度是判断整个连接构件是否合格的重要指标。除了本节提到过的接头形式及其工艺参数（如接头形式、胶层厚度、粘接角度、胶瘤和固化工艺等）会显著影响粘接构件强度之外，还有一些因素（如待粘表面特性、环境温/湿度和腐蚀环境等）也会对粘接构件的整体力学承载能力产生影响。具体来说，待粘表面的物理性质，如凹坑和孔隙，会影响连接构件的机械特性，并且影响分子间黏附的程度。除了胶黏剂和连接构件本身的物理性质对粘接接头有影响之外，环境温度、湿度等因素对粘接接头的强度也有着显著的影响。一般来说，化学性质会影响接触表面对胶黏剂的反应性，从而影响表面能和基本润湿特性。

　　粘接接头耐久性研究是随着粘接技术广泛的工程应用而发展起来的一门应用研究学科，其研究分为环境耐久性、力学耐久性和综合耐久性三个方面。在粘接结构长期应用过程中，粘接接头长时间处于复杂的应用环境中，如动态载荷、高/低温、高湿和有机溶剂等，要保证其始终能够达到所要求的结构性能，就需要确定接头力学性能受环境影响的下降特性。对于粘接接头，特别是结构粘接接头的长期可靠性评价，是一个非常重要、也是非常困难的课题。近年来，国内外众多学者对接头环境耐久性评价方法做了大量的研究和总结。对于胶黏剂开展环境老化研究，其最终目的是为粘接接头的环境退化研究提供必需的试验数据和预测方法。需要指出的是，粘接接头的环境耐久性和胶黏剂的环境老化是两个不同的概念。粘接接头是由胶黏剂、粘接基材和两者之间的界面组成的复杂体系，其相应的环境耐久性不仅与三者本身的老化行为有关，还与他们之间的相互作用和影响程度有关，因而比胶黏剂本身的环境老化行为复杂得多。因而，采用"环境耐久性"这一概念来描述粘接接头在环境因素作用下的性能降低现象更为准确。影响粘接接头环境耐久性的因素包括：

　　（1）待粘表面特性及表面处理工艺　连接构件的表面粗糙度对粘接接头最终的强度有着很大的影响。不论物体的表面经过怎样的光滑处理，都不会实现表面的完全光滑，宏观看到的光滑表面也是如此。这就使得两个物体相接触时，会因为凹凸不平而增大接触面的表面积，从而提高粘接接头的强度。适当的基材表面处理工艺，通过去除基材表面污染物、控制氧化膜的形成和控制表面韧性等，可以有效地减缓甚至阻止环境腐蚀的发生，进而提高粘接接头的整体性能，特别在金属粘接接头的强度提高上尤为显著。

　　（2）环境温度和湿度　环境温度的变化同样对粘接接头的力学性能有着显著的影响。研究发现随着老化温度的提高，接头破坏表面的内聚破坏模式比例逐渐降低，界面破坏模式比例逐渐增大。同时，水分对于粘接接头力学性能的影响可以归纳为四种方式：可逆的塑化作用、诱导胶层内部产生微裂纹、胶层的吸湿膨胀和改变胶层/基材界面性质。

　　（3）老化时间　随着粘接接头老化时间的不断增加，胶层的吸水和蠕变等老化行为持续进行，使得其物理和力学属性逐渐退化，进而导致接头破坏载荷的退化。许多学者对金属和碳纤维增强复合材料基材接头在湿度环境下长期承受外载荷的退化行为进行了研究，发现随着接头退化时间的增加，胶黏剂的断裂韧性在开始阶段快速降低，随后降低趋势逐渐平缓，并降至一个较低的水平而保持稳定。Doyle 和 Petrick 通过将铝基材粘接接头浸泡在航空器经常遇到的 7 种溶剂环境中，来研究接头剪切强度在长期老化环境下的环境耐久性（图41-10）。

　　（4）腐蚀环境　另一种对粘接界面强度有着重要影响的环境影响因素就是阴极剥离（cathodic delamination）和电化学腐蚀。以粘接接头中的钢基材为例，其相应的化学反应为：

$$Fe \longrightarrow Fe^{2+} + 2e^- （阳极反应）$$
$$O_2 + 2H_2O + 4e^- \longrightarrow 4OH^- （阴极反应）$$

　　其他金属基材材料也可以发生类似的化学反应。Kinloch 等通过对渐变式双悬臂梁（tapered double cantilever beam）进行环境耐久性试验，发现完全浸泡在水中的试件的强度要低于暴露于 100% 相对湿度环境下的试件，这种结果可能是由于基材表面的腐蚀过程造成的。通过光电子能谱分析试件破坏表面，发现

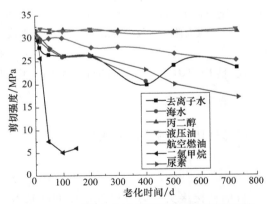

图 41-10　不同老化溶剂环境下的铝基材粘接接头剪切强度随老化时间的变化

存在钙离子的集中现象，表明有大量的羟基团形成，也意味着存在腐蚀现象的发生。

# 41.2　粘接接头力学性能分析

## 41.2.1　粘接接头受力分析

粘接接头受力分析通常分为解析法和数值法。解析法是一种快速求解的方法，适用于解决相对简单的问题，例如：在胶黏剂和粘接基材都是弹性材料的简单情况下，可以对给定的边界条件设计解析方法，使之得到的解析结果更接近实际问题。而数值分析法主要应用于复杂受力工况，在实际应用中通常借助于计算机进行数值求解（如有限元分析法）。由于非线性的出现、复杂的几何形状和有限宽度效应，解析方法变得难以使用，而且在实际粘接接头中产生的弯曲变形和材料塑性都可能产生非线性问题，然而通过对模型结构和约束工况进行合理简化，可以采用数值方法利用有限元分析得到一系列的解决方案，从而能够适用于各粘接接头的几何和材料参数。本节针对粘接接头受力分析方法进行介绍。

### 41.2.1.1　解析方法应用

对于解析方法而言，常用的是建立一系列的微分方程来描述单位宽度内的应力和应变状态，在粘接接头受力分析中，分析接头的单位宽度是比较重要的简化方法。解析方法中相关变量的确定通常是指材料的弹性性质（杨氏模量、泊松比、应力-应变曲线）和接头结构尺寸（基材厚度、搭接长度等）。解析值的获得通常利用应力函数或其他方法，通过使用数学表达式并结合可塑性近似表达粘接剂的应力-应变曲线，然后使用屈服准则来确定粘接剂中哪种应力组合产生初始屈服。与线性分析相比，在所有情况下都使用迭代的方法求解，会使分析速度减慢。如图 41-11 所示，应力-应变曲线的数学模型存在着各种可能性，这也是在推导解析解时的主要困难。

Hart-Smith 已经得到了一个具有非线性特性的单搭接接头的解析解，但是这种解析解基于了多种假设，如忽略了粘接剂所受的剥离力。其选择了以下两种粘接剂的剪切应变特性为本构模型：

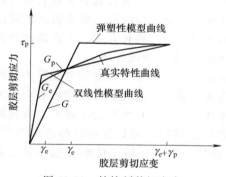

图 41-11　粘接剂剪切应力-应变曲线和数学模型

① 剪切应力-应变特性的理想弹塑性模型：

$$\tau = \begin{cases} G & \gamma \leqslant \gamma_e \\ \tau_p & \gamma_e \leqslant \gamma \leqslant \gamma_p \end{cases} \tag{41-1}$$

② 剪切应力-应变的双线型模型：

$$\tau = \begin{cases} G_e & \gamma \leqslant \gamma_e \\ \tau_e + G_p(\gamma - \gamma_e) & \gamma_e \leqslant \gamma \leqslant \gamma_p \end{cases} \tag{41-2}$$

目前粘接接头应力分析理论模型已基本形成，很多学者都对单搭接接头的受力分析进行了研究。在 Volkersen 的剪滞分析中，粘接胶层仅存在剪切变形，粘接基材仅存在拉伸变形。随后，Goland 和 Reissner 引入了粘接接头拉伸过程中产生的弯曲变形对应力分析的影响。他们假设剥离应力和剪切应力是关于粘接层厚度的常数，并推导出方程来评估粘接层以及连接基材中的剪切应力和法向应力。在 Cornell 研究工作中，Goland 和 Reissner 的扩展方法用于确定粘接接头的应力分析，在研究过程中假设单搭接接头的作用类似于简单的梁模型，较大弹性的粘接层是无限多的剪切弹簧和拉伸弹簧。在 Hart-Smith 的研究工作中，做了大量的粘接接头连续力学研究工作，其研究方法为 Volkersen 剪切滞后分析法以及对 Goland 和 Reissner 的两种理论延伸和发展的方法。

其中一种最简单的方法是假设基板是有有效刚性的。这意味着当荷载从基体传递到基体时，产生均匀的剪应力分布，如图 41-12 所示。在现实中，基体不是刚性的，它们的拉伸距离和承载点的关系如图 41-13 所示。因此产生的剪应力是不均匀的，接头部分的形变是不同的。在实际应用中，胶黏剂的剪切和偏置受力传到基材，致使相邻的未受力的基材分开。这种弯曲作用除了产生非均匀剪应力外，还会产生横向应力，有时称为剥离力或解离力，在接头端达到最大，如图 41-13 所示。因此，一个看似简单的接头中产生了相当复杂的粘接应力。

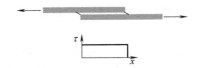

图 41-12　胶黏剂均匀剪切应力

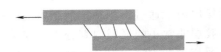

图 41-13　胶黏剂剪切应力不均匀

当粘接接头暴露在湿气中时，湿气通过扩散，使胶黏剂变质。如图 41-14 所示，分别展示了胶黏剂不同位置的水分随着时间的增加，以及水分增加带来的应力-应变曲线的改变。在许多胶黏剂体系中，可以看出最终的胶黏剂强度随着湿度的增加而降低。简单而有效的极限状态方法已经被应用于开发设计工具。这种极限状态方法最初是由 Crocombe 在使用"全局屈服"一词时提出的，用于粘接接头。

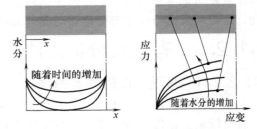

图 41-14　水分运输和接头的退化

图 41-14 所示的水分分布可以通过 Fickian 得到扩散系数 $D$。结合式（41-3）进行线性约简粘接强度与水分 $\tau_{\max}$ 终于提供了以下方程退化的接头强度公式。

$$p_{\max} = \int_0^L \tau_{\max}(c_m/c_{m\infty})\mathrm{d}x \tag{41-3}$$

$$\frac{p_{\max}}{\tau_{\mathrm{dry}}L} = \left[ 1 - F_\tau \left( 1 - \frac{8}{\pi^2}\sum_0^\infty \frac{1}{(2j+1)^2}\mathrm{e}^{-(2j+1)^2\left(\frac{D\pi^2 t}{L^2}\right)} \right) \right] \tag{41-4}$$

在 $F_\tau = 1 - \dfrac{\tau_{wet}}{\tau_{\mathrm{dry}}}$ 中，$\tau_{\mathrm{wet}}$ 和 $\tau_{\mathrm{dry}}$ 指的是饱和和干燥的胶黏剂强度。许多研究者采用了不同的方法来获得粘接接头的整体应力分析。他们使用平衡方程开发基板和胶黏剂的通用表达式（$\sigma_x$、$\sigma_y$ 和 $\tau_{xy}$）。因此，拉伸、弯曲和剪切状态都包括在其中。然后应用边界条件和连续性条件解方程。由于基体和粘接剂的截面被分别处理，可以在重叠端施加零粘接剂剪应力条件，如 Renton 和 Vinson。利用互补能的变分原理（最小化）找到剩余的未知参数。

$$\frac{\partial\sigma_x}{\partial x} + \frac{\partial\tau_{xy}}{\partial y} = 0 \, ; \, \frac{\partial\sigma_y}{\partial y} + \frac{\partial\tau_{xy}}{\partial x} = 0 \tag{41-5}$$

### 41.2.1.2    数值方法应用

粘接接头的机械性能不仅受接头几何形状的影响，而且受不同边界条件的影响。越来越复杂的几何形状和三维特性在接头结合中应用，增加了用于预测粘接接头机械性能控制方程整体系统的难度。此外，由于材料塑性特性导致的非线性很难加入控制方程之中，一旦分析中加入非线性，数学公式将变得非常复杂，并且会因此消耗大量的试验时间和成本。为了克服这些问题，有限元分析（FEA）被引入粘接接头力学性能分析之中。在胶黏剂结合的有限元领域，Adams 等人率先对不同的粘接接头进行有限元分析，如搭接接头、管状搭接接头、对接接头、斜面搭接和嵌接接头，并且成功引入了弹塑性和非线性有限元胶黏剂。他们的工作引领了有限元在粘接技术的发展。

有限元分析具有很大的优势，可以确定任何几何形状的粘接接头在各种负载条件下的机械性能。然而，在粘接接头的有限元分析之中，粘接层的厚度远小于粘接基材的厚度。有限元网格必须同时适应粘接剂层的小变形和整个模型的大尺寸。此外，粘接层的破坏通常发生在粘接层内。通过小于粘接剂层厚度的有限元网格来模拟粘接剂层尤为重要，有限元网格必须在胶层非常小的区域内划分出比在接头的其余部分更精细的网格，因此在粘接接头中的自由度数相当高，进而提高了粘接接头应力分析中的精确性。另外，因为粘接层厚度很薄，其厚度通常在 $0.05 \sim 0.5$ mm，粘接接头验证粘接层的预测应力理论相对比较困难。试验应力分析的方法有多种，可以采用应变仪测量法、光弹性分析测量法和莫尔干涉测量法。莫尔干涉测量法可能是最接近加载状态下的粘接层的实际应变，但该方法的准确性仍然不清楚。因此，理论的大部分验证都是通过与其他理论方法进行比较验证。

## 41.2.2    有限元分析方法

### 41.2.2.1    有限元法的基本原理

在有限元方法（FEM）中，连续结构被认为是节点连接的一些较小的元素。每个节点都有有限的自由度。例如结构分析中的位移，在每个单元上通常采用多项式形式给节点上的场量值进行插值。场量通过一系列多项表达式在整个结构上插值将这些元素连在一起，建立了一系列的方程组，其中主要未知量为节点场量的值。有限元法有许多变形，这取决于问题的公式和解决方案。最常见的是刚度法，该方法满足位移相容条件，求解平衡方程，得到未知的节点位移。其用矩阵符号表示的控制方程形式如下：

$$[F] = [K][U] \tag{41-6}$$

式中，$[U]$ 是在节点的一个向量的未知场量值；$[K]$ 是一个矩阵已知的常数；$[F]$ 是一个向量已知的载荷。在应力分析中，$[U]$ 是位移向量，$[F]$ 是施加负载向量，$[K]$ 是刚度矩阵。有限元公式中使用最广泛的方法是变分法和加权残差法。变分方法通过确定某一静止的条件（最大值或最小值）来解决控制偏微分方程。例如弹性问题中的平衡方程，所使用的函数是结构的总势能。所以有限元方法是通过假定解的近似形式，即它必须满足内部相容性和基本边界条件，然后通过有限元方程组得到连续体各个节点上的连续位移，进而求得各个单元上的应力分布。

有限元方法特别适用于复杂节点的几何图形分析。粘接接头在工程应用中的应用越来越广泛，使用闭合形式的方法对加载方式、粘接物形状及材料性能的模拟是极其困难的。计算结果表明，有限元法具有无限分析应力的可能性，但也会在一些尖锐的边缘结构上存在数值问题。

大多数的分析模型是针对搭接接头的常规的形状。闭合形式分析对于初始的应力分布估值非常有用，也同样适合于一般的设计。对粘接接头中形状复杂的节点，有限元等数值技术方法更可取。由于搭接接头的应力分布不均匀性，对搭接接头进行了改进。各种单搭接接头的荷载传递及剪应力分布如图41-15所示。

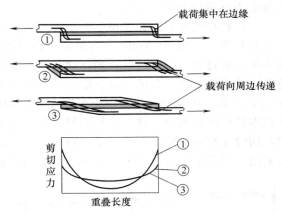

图41-15 单搭接接头荷载传递及剪切应力分布

为了节省计算机时间，用有限的单元和节点建立有限元模型当然是很重要的。然而，简化的模型有时会限制结果的全貌和准确性。近年来，显式有限元法在黏结节点有限元分析中的应用显著增加。利用显式的有限元程序，分别求解了各自由度的运动方程。可允许计算非常大的模型和详细的工艺结构，甚至可以计算超过100万个自由度的结构，只需要在合理的执行时间内进行模拟。对自由度的限制是由于计算机内存容量的限制以及需要保持解决方案时间的合理性安排。

### 41.2.2.2 非线性有限元分析

在线性分析中，响应与负载成正比。只有在结构发生变形且荷载保持原来的方向，并且位移和转动很小时，应力与应变成正比。在线性分析中根据初始构型写出平衡反应方程，求解方程得到位移解。但是线性分析使用范围非常有限，在粘接接头分析中往往会遇到各种非线性问题。非线性问题通常是由于材料或几何的非线性引起的。因为平衡方程所需要的几何形状、支撑条件和材料特性在求解之前是未知的，这使非线性问题变得困难。解析解不能在一个解析步骤中得到，因此必须使用某种迭代解，并进行相关的收敛检验。但注意在非线性分析中，不能应用叠加原理，需要对每个负载情况进行单独分析，这使得非线性问题分析非常复杂。当结构变形较大并且改变对结构施加荷载的方式时，几何非线性就会出现。有限元分析中如果大挠度问题中采用与小挠度问题相同的单元进行分析，必须重视在分析过程之中因单元过度变形产生的误差。接触非线性也可以看作是几何非线性的一种形式。然而，在许多情况下，有限元分析通过使用简化边界条件来规避它。在两个或多个物体相互作用的情况下，必须建立接触分析。需要注意的是，如果没有设置接触，两个接触体就会很容易发生渗透。在有限元分析中设置接触的方法很多，但大多数涉及两个主要步骤。第一是检测接触物，第二是施加压力以防止接触物体相互渗透。为了检测渗透，通常要先识别可能接触的表面。然后，随着非线性分析的进行，检查以评估接触，一旦接触，计算渗透距离并施加适当的力以防止渗入。通过分析，可以计算出接触点、接触力、接触体变形形状和接触应力。其结果可能会受到结构啮合区域、非线性控制和接触算法的影响。

材料非线性可以是超弹性的，也可以是弹塑性的。在卸载过程中，弹性材料和弹塑性材料的性能差别体现在卸载路径与加载路径上，超弹性材料两者路径相同，弹塑性材料，卸载路径与加载路径不同，进而在卸载过程中会产生永久变形。弹塑性行为的特征是在屈服点前为线性区域，在此之后有软化行为。超弹性材料对大应变均表现出非线性弹性响应，因此在有限元分析中考虑非线性因素对实际分析具有重要意义。

### 41.2.2.3 有限元分析应用实例

本节通过利用有限元软件对单搭接粘接接头进行二维数值建模，采用双线性内聚力模型对接头中胶层的破坏过程进行模拟，进而模拟粘接接头在拉伸过程中的破坏过程，并对胶层内部应力分布情况进行分析。

（1）粘接接头有限元建模　为了模拟粘接接头的准静态加载破坏过程和对接头的残余强度进行预测，采用 ABAQUS® 有限元软件对单搭接接头进行数值建模分析。本节中所采用的数值分析过程考虑基材材料的几何非线性特性，并在 ABAQUS® 软件的 Step 模块中进行定义。单搭接粘接接头的二维有限元模型和局部网格划分细节如图 41-16 所示。观察图 41-16 可以看到，由于存在局部应力集中和较大的应力梯度，在粘接区域附近采用局部细化网格技术进行网格划分。接头模型的网格划分过程采用 ABAQUS® 软件中的自动网格划分功能，同时在粘接区域边界采用手动布种（manual seeding）进行操作。接头模型中，基材部分采用 4 节点平面应力单元（CPS4），而胶层部分则采用 4 节点内聚力单元（COH2D4），

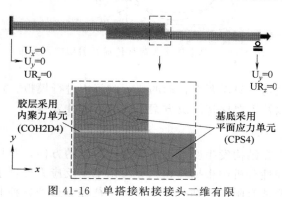

图 41-16　单搭接粘接接头二维有限元模型和局部网格划分细节

并考虑双线性牵引力-分离量关系进行网格划分。为了得到更加准确的粘接接头破坏过程数值仿真结果，通过对三种不同单元尺寸（0.1mm、0.15mm 和 0.3mm）进行灵敏度分析，在胶层区域采用 0.15mm×0.15mm 的较小网格尺寸进行划分。在模型的约束和边界条件方面，接头基材的一端采用固支约束，而另一端则仅仅限制其横向的平动自由度（$U_y$）和 $xy$ 平面内的转动自由度（$UR_z$），并在 $x$ 方向上施加一个平动位移，以模拟接头试件在万能拉伸机上的试验过程。随后接头的拉伸破坏分析在 ABAQUS® 软件的 CAE 分析模块中进行。还需要指出的是，在内聚力单元的本构关系定义中，还引入一个较低水平的黏滞阻尼系数，以避免由于数值不稳定引起的仿真过程中的突变破坏。

（2）有限元仿真结果-裂纹扩展分析　通过采用上述接头建模仿真方法，对接头中胶层进行牵引力-分离量（traction-separation）内聚力模型建模，得到了胶层内沿着接头轴向的裂纹扩展过程。该破坏过程从靠近铝合金基材的胶层边缘开始，并随着裂纹的扩展逐渐向粘接区域的内部延伸。胶黏剂粘接接头的准静态拉伸下的胶层内部裂纹扩展过程（从破坏初始到完全破坏）和试验得到的破坏后的基材变形情况，如图 41-17 所示。其中，ABAQUS® 软件中的输出变量 SDEG 是材料的破坏指示标量，指示裂纹扩展过程中胶层的刚度退化情况，以 SDEG＝0 表示材料未破坏，SDEG＝1 表示材料完全破坏。观察图 41-17 可以看到，采用内聚力模型建立的胶层破坏模型成功地模拟了单搭接接头中胶层的整个破坏进展过程，包括破坏初始阶段 ［图 41-17（a）］、裂纹扩展阶段 ［图 41-17（b）］和完全破坏状态 ［图 41-17（c）］。而通过观察图 41-17（c）和图 41-17（d）可以看到，在接头发生完全破坏之后，由于试验所采用的钢基材的屈服强度要低于铝合金基材，在胶层发生破坏之后，钢基材内部产生了一定的塑性变形，无法随着外载荷的消失而恢复。对比图 41-17（c）和图 41-17（d）可以看出，通过测量钢基材端部由于塑性变形而产生的挠度，发现试验测得的挠度值为 1.85mm，而数值仿真得到的挠度值为 1.96mm，两者的相对误差为 5.6%。因而证实了本研究采用内聚力模型对单搭接接头的准静态拉伸过程的模拟结果与接头的试验结果是一致的，可以用来对胶层的破坏进展过程和应力分布状态进行进一步分析。

（3）有限元仿真结果-胶层应力分析　在实际应用中应力的分布受到环境的影响，长期极限温度环境会对粘接接头的破坏载荷和破坏位移产生显著影响。持续环境老化后胶层力学

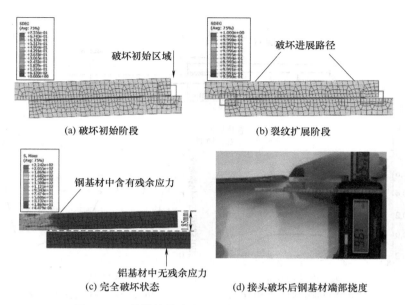

(a) 破坏初始阶段　　　　　　　　　(b) 裂纹扩展阶段

(c) 完全破坏状态　　　　　　(d) 接头破坏后钢基材端部挠度

图 41-17　单搭接接头中胶层的整个破坏进展过程

性能将发生退化，采用本节经过验证的内聚力模型，对胶层受到环境老化前后内部的应力状态分布情况进行研究分析。本节工作仅研究环境老化前后胶层发生破坏初始之前的应力状态分布，即胶层内部尚无裂纹扩展行为的状态。所有测试的粘接接头在端部发生轻微位移时均未发生破坏初始现象，因而选取单搭接接头一端发生 0.05mm 位移时的应力状态作为分析基准。同时为了简便起见，对所研究的胶层剥离应力和剪切应力均采用胶层沿接头轴向方向的剪切应力平均值进行归一化操作，所得到的胶层经历温度循环环境老化前后（0 个和 672 个环境老化周期时刻）沿 $x$ 轴方向的应力分布状态如图 41-18 所示。

观察图 41-18 可以看到，胶黏剂胶层的剥离和剪切应力分布特点与已发表的文献中的胶层典型应力分布状态是一致的。观察图 41-18（a）可以看到，胶层的剥离应力在粘接区域的边缘达到峰值并出现了应力集中现象，这是由于在该区域粘接接头的几何形状突变造成的。胶层的剥离应力随着向胶层中心区域（$x=0$）靠近而逐渐减小，并转变为压应力，其大小比胶层的平均剪切应力小很多。胶层的剥离应力的分布形状特点是由单搭接接头的几何形状离心引起的，使得基材发生横向变形，进而造成胶层在粘接区域出现了边缘受拉、内部受压的应力分布状态。观察胶层的剪切应力分布状态［图 41-18（b）］，发现两种胶层的剪切应力均呈现出典型的凹面形状，同时在粘接区域的边缘达到峰值，而在粘接区域的内部幅值较小，这种应力分布特征是由于基材之间轴向的不均匀变形引起的。

通过对比胶层内部靠近钢和铝合金基材一侧（分别对应胶层内部 $x=-7.5$ 和 $x=7.5$ 处）的应力分布状态，发现不论对于剥离应力还是剪切应力，胶层的应力集中现象（应力峰值和应力变化梯度）都要在靠近铝合金基材（其刚度较钢基材低）的一侧更为严重。总而言之，采用刚度较高的基材材料和韧性胶黏剂可以有效削弱胶层内部的应力集中现象，从而使得粘接接头的宏观强度得到提高。进一步来说，通过对胶层局部应力分布状态的放大观察（图 41-18 中的放大区域），可以研究循环温度老化环境对胶层内部应力的影响作用，发现胶层老化前后（经历 0 个和 672 个温度循环周期）的剥离应力和剪切应力的分布趋势是基本一致的，证实了对于某一种胶黏剂来说，其应力基本分布特征并没有因环境老化作用而发生改变。同时还可以发现，老化后的胶层在应力集中区域的峰值和梯度都有所增大，说明了其应

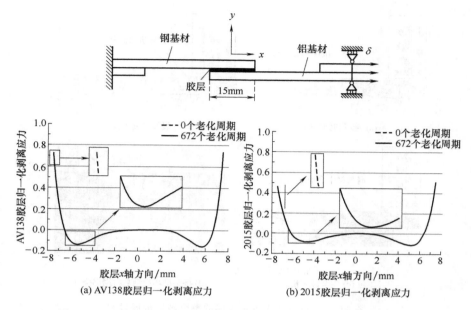

图 41-18　胶层在经历 0 个和 672 个温度循环周期老化后的应力状态

力集中现象在经历 672 个老化周期后有所加剧。

　　由于粘接接头的复杂性能以及环境因素对其性能的影响，有限元分析已被证明是粘接接头设计和分析的最佳工具之一。粘接接头的几何形状和载荷可能需要模型开发和啮合方面的特殊考虑。非线性应力分析方法已被成功地用于分析各种类型的粘接接头在载荷作用下的性能，并提出了一些基于应力或应变的标准来确定粘接接头的残余强度。随着计算能力和有限元代码的快速发展，以及技术的自动化程度的提高，有限元方法将会变得更加主流，成为设计和分析程序的重要组成部分。使用高性能计算集群可以轻松地解决高度复杂的问题，随着这些高性能集群可以用于桌面系统，可以解决的问题的复杂性将继续增加。目前，利用有限元法分析粘接接头比较复杂，意味着它仍然需要专业领域研究人员使用。然而，在未来可以让非专业人员使用有限单元法精确解决粘接问题，将会使有限元应用变得更加广泛。

## 41.2.3　粘接接头破坏行为预测

　　内聚力模型近年来越来越多地被应用于材料内部渐进破坏（progressive damage）和裂纹扩展（crack propagation）的模拟中，在粘接接头的破坏模拟中更是得到了广泛的研究和应用。另外，断裂力学的粘接接头破坏准则同样有助于分析粘接接头的破坏预测。断裂力准则是对各种形式的粘接接头破坏进行了能量分析，得出理想粘接接头的最薄弱环节。本节将对主要粘接接头破坏行为预测方法进行介绍。

### 41.2.3.1　基于内聚力模型的粘接接头破坏过程

　　典型的内聚力模型理论认为，材料内部的牵引力（traction）随着裂纹尖端分离量（separation）的增加而不断增加，直到达到一个最大值（破坏初始时刻）。随后内聚力不断降低，直到在完全分离状态时达到 0，如图 41-19 所示。内聚力模型通过预定义一个材料中的裂纹扩展路径（粘接接头中为胶层的轴向方向），来模拟沿着这一路径的裂纹扩展过程。通常由三部分组成：初始弹性（initial elastic）阶段、基于强度理论的破坏起始（damage initiation）阶段和基于断裂力学理论的损伤演化（damage propagation）阶段。内聚力模型最早由 Barenblatt 提出，并由 Hillerborg 最早引入数值模拟的研究中。通过考虑裂纹尖端区域的材料发生屈服的过程区（process zone），研究其微裂纹和孔隙形成的过程。本节主要通过采用较为常用的典型双线形内聚力模型，来对粘接接头中胶层区域的 I 型和 II 型加载工况下的裂纹扩展过程进行说明。

观察图 41-19 可以看到，在内聚力模型中牵引力随着分离量的增加而增大，直到达到其最大值，满足破坏初始准则。随后牵引力数值不断降低，直到在材料完全破坏时达到 0。ABAQUS® 有限元软件中包含了模拟双线性内聚力模型的模块，可以通过定义胶黏剂内聚力模型的关键参数对胶层的破坏过程进行数值仿真。典型的双线性内聚力模型包含三个主要的参数：初始刚度 $E_0$（initial stiffness）、临界牵引力 $T_{max}$（tripping traction）和断裂能 $G_c$（fracture energy）。

（1）初始刚度 观察图 41-19 可以看到，初始刚度 $E_0$ 是由双线性内聚力模型在初始阶段（图 41-19 中线段 OA）的斜率值表示的。为了不影响模型的整体柔度特征，通常需要定义一个较高的初始刚度值。在有限元数值模拟中，内聚力模型中材料的初始刚度可以由其弹性模量除以单元厚度得到。内聚力模型单元厚度的定义通常有三种方法：①定义单元厚度为单位长度 1；②使用模型中胶层的几何尺寸；③自定义单元厚度，也即材料的

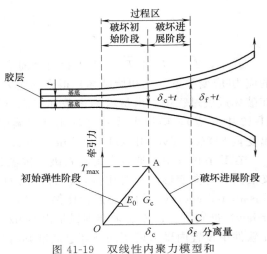

图 41-19 双线性内聚力模型和裂纹尖端过程区

真实厚度。采用第一种方法定义单元厚度，可以直接定义内聚力模型中的初始刚度为材料的杨氏模量 $E$ 数值。同时，通过有限元仿真得到的单元应变数值也与其相对应的分离量数值相同，并非单元的真实应变数值。当粘接区域的厚度在整个模型中不断变化时，则更适合采用第二种方法定义内聚力单元厚度，但这种方法在胶层厚度较小时的仿真结果准确性较差。

（2）破坏初始 在内聚力模型中，如图 41-19 所示，线段 OA 代表其预破坏（pre-damage）阶段，而 A 点则对应其破坏初始时刻。内聚力模型理论认为当相应的破坏初始准则满足时，材料内部即开始发生破坏行为。在 ABAQUS® 有限元软件中，有两种破坏初始准则的定义方法：①基于应变的破坏初始准则；②基于应力的破坏初始准则，如表 41-1 所示。

表 41-1 内聚力模型破坏初始准则

| 破坏初始准则 | 准则表达式 |
| --- | --- |
| 最大名义应力准则 | $\max\left\{\dfrac{T_n}{T_{n,max}}, \dfrac{T_s}{T_{s,max}}, \dfrac{T_t}{T_{t,max}}\right\} = 1$ |
| 二阶名义应力准则 | $\left\{\dfrac{\langle T_n \rangle}{T_{n,max}}\right\}^2 + \left\{\dfrac{T_s}{T_{s,max}}\right\}^2 + \left\{\dfrac{T_t}{T_{t,max}}\right\}^2 = 1$ |
| 最大名义应变准则 | $\max\left\{\dfrac{\varepsilon_n}{\varepsilon_{n,max}}, \dfrac{\varepsilon_s}{\varepsilon_{s,max}}, \dfrac{\varepsilon_t}{\varepsilon_{t,max}}\right\} = 1$ |
| 二阶名义应变准则 | $\left\{\dfrac{\langle \varepsilon_n \rangle}{\varepsilon_{n,max}}\right\}^2 + \left\{\dfrac{\varepsilon_s}{\varepsilon_{s,max}}\right\}^2 + \left\{\dfrac{\varepsilon_t}{\varepsilon_{t,max}}\right\}^2 = 1$ |

其中，下标 $n$、$s$ 和 $t$ 分别代表材料的法向、第一切向和第二切向，而 Macaulay 操作符 < > 表示压应力不会引起材料的破坏。文中采用最大名义应力准则作为胶层的破坏初始准

则，即当单元的名义正应力和两个方向的名义切应力中，任何一个达到相应的临界牵引力时，单元都将开始发生破坏。

（3）破坏进展　破坏进展阶段是指破坏初始（图41-19中A点）之后，材料刚度随着破坏进展而逐渐退化的阶段（图41-19中线段AC）。在破坏进展阶段材料内部应力分量的退化趋势如式（41-7）～式（41-9）所示：

$$T_n = \begin{cases} (1-D)\overline{T_n}, & \overline{T_n} \geqslant 0 \\ \overline{T_n}, & \overline{T_n} < 0 \end{cases} \tag{41-7}$$

$$T_s = (1-D)\overline{T_s} \tag{41-8}$$

$$T_t = (1-D)\overline{T_t} \tag{41-9}$$

式中，$\overline{T_n}$、$\overline{T_s}$和$\overline{T_t}$是考虑材料当前应变，并依照内聚力模型中预破坏阶段（OA段）的应力-应变关系（无初始破坏）得到的应力分量值；$D$是指示内聚力单元破坏程度的标量。在破坏进展过程中，由材料的未破坏状态（图41-19中A点）到材料的完全破坏状态（图41-19中C点），破坏指示标量$D$由0单调增加至1。在ABAQUS®有限元软件中，采用输出变量SDEG（overall scalar stiffness degradation）代表内聚力模型中的破坏指示标量。

在数值仿真中，通过考虑材料破坏进展过程中的模态混合比例（mode mix ratio）来定义法向和切向变形的相对比例，较为常用的方法是基于裂纹扩展过程中所产生的耗散能$G$（dissipated energy）的模态混合比例准则，如B-K能量准则和二阶幂次法（quadratic power-law）准则等。B-K能量准则最早由Benzeggagh和Kenane提出，可以在ABAQUS®有限元软件中设置内聚力模型的破坏进展准则时进行选择，如式（41-10）所示：

$$G_n^C + (G_s^C - G_n^C)\left\{\frac{G_S}{G_T}\right\}^{\eta} = G^C \tag{41-10}$$

式中，$G_S = G_s + G_t$，$G_T = G_n + G_S$，$G_n$、$G_s$、$G_t$分别为材料的法向、第一切向和第二切向的应变能释放率；$\eta$是材料参数；$G_n^C$、$G_s^C$和$G^C$分别是材料的法向、第一切向和混合加载模式下的临界耗散能。在这一准则的定义中，第一切向和第二切向的临界断裂能相等，即$G_s^C = G_t^C$。

二阶幂次法（quadratic power-law）准则如式（41-11）所示：

$$\left(\frac{G_{\mathrm{I}}}{G_{\mathrm{Ic}}}\right)^2 + \left(\frac{G_{\mathrm{II}}}{G_{\mathrm{IIc}}}\right)^2 = 1 \tag{41-11}$$

式中，$G_{\mathrm{I}}$和$G_{\mathrm{II}}$分别表示由法向和切向牵引力做功所释放的能量。当式（41-11）成立时，即认为材料达到了完全破坏状态（图41-19中C点）。

### 41.2.3.2　基于断裂力学的粘接接头破坏准则

在粘接结构中，由于粘接物通常较薄，应力集中发生在粘接边缘附近。粘接边缘应力随粘接厚度的减小而增大。当胶黏剂厚度趋于零时，边缘剪切应力和剥离应力将达到无穷大。即应力奇异性出现在粘接边缘附近。不同材料的自由边缘和界面处的奇异应力场得到了广泛的研究。在此，我们将讨论基于粘接接头断裂能量释放率的破坏准则。基于断裂能量释放率的破坏准则可以写成：

$$G_T < G_{Tc} \quad \mathrm{at} \, \varPhi = A\tan\sqrt{\frac{G_{\mathrm{II}}}{G_{\mathrm{I}}}} \quad \text{或者} \quad \left(\frac{G_{\mathrm{I}}}{G_{\mathrm{Ic}}}\right)^2 + \left(\frac{G_{\mathrm{II}}}{G_{\mathrm{IIc}}}\right)^2 < 1 \tag{41-12}$$

$G_{\mathrm{I}}$、$G_{\mathrm{II}}$和$G_T$分别是模式Ⅰ、模式Ⅱ和总能量释放率；$G_{\mathrm{Ic}}$、$G_{\mathrm{IIc}}$和$G_{Tc}$分别是它们的临界值；$\varPhi$是相位角。可以通过相关的方法测量得到临界能量释放率$G_{\mathrm{Ic}}$、$G_{\mathrm{IIc}}$和$G_{Tc}$。

$G_{\mathrm{I}}$、$G_{\mathrm{II}}$ 或 $G_{\mathrm{T}}$ 和 $\varPhi$ 可以通过分析或数值方式确定。另外，总能量释放率不足以预测结构强度，因为临界总能量释放率取决于相角。也就是说必须对不同断裂模式下的粘接接头破坏形式进行具体分析。对于不同模式下的破坏分析，首先应对粘接接头的断裂的三种模式进行划分，其三种模式的划分主要基于以下三种方法：①基于应力奇异场的局部方法；②基于梁理论的全局方法；③基于粘接梁模型的粘接边应力的方法。如图 41-20 所示，利用粘接剂边缘应力来计算粘接剂接头的能量释放率，它们可以写成：

$$G_{\mathrm{I}} = \int_{0}^{\varepsilon(0)} t_a \sigma \mathrm{d}\varepsilon = \frac{1}{2k_\sigma}[\sigma(0)^2] \quad G_{\mathrm{II}} = \int_{0}^{\gamma(0)} t_a \tau \mathrm{d}\gamma = \frac{1}{2k_\tau}[\tau(0)^2] \tag{41-13}$$

基于断裂力学的标准，Adams 等人的研究结果已经显示出脆性粘接剂的试验结果具有一致性。能量释放率标准可以应用于内聚破坏和界面破裂，通过测量并计算每种模式的能量释放率及其临界值和建立断裂包络以评估裂纹萌生和扩展。基于断裂力学概念的破坏分析方法被应用于不同成功程度的粘接接头中，最近，内聚区法已成功应用于不同类型的粘接接头的损伤和破坏预测。另外，连续损伤模型能够预测损伤和破坏，在应用于粘接接头时也取得了一定程度的成功。环境同样对粘接接头的退化也产生一定影响，主要是水分和温度的影响，在实际粘接接头预测分析中同样也应考虑。

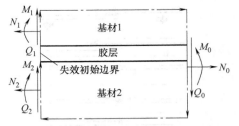

图 41-20　粘接接头的 $J$ 积分和能量释放率

# 41.3　提高粘接接头强度的方法

在生产和生活中，胶黏剂越来越多的应用已经是不争的事实。与传统连接方法相比，诸多的优势例如应力分布较为均匀、不损害被连接基材等使其越发受到关注和普及。尽管如此，即使在粘接接缝即胶层处，应力的分布也并非像想象中一样统一和均匀，这也为粘接接头的改进留下了空间。胶黏剂粘接胶层的主要问题是其会在某一方向或边缘处存在较为明显的剥离应力或剪切应力。如果要改进粘接接头以提高其粘接强度，应首先考虑如何减少胶层中在某一区域集中的剪切应力，或针对性地提高某一区域的粘接强度以抵抗其剪切应力。影响搭接接头强度的主要因素是材料特性（粘接基材和胶黏剂）和几何形状（粘接基材和胶黏剂厚度，以及重叠形式），甚至还应考虑由热效应引起的残余内应力。并且压力粘接接头的应力分布并不如想象般均匀，因此，平均剪切应力（即载荷除以粘接面积）可能远低于局部最大压力。所以粘接胶层的破坏总是发生在应力集中处，如果需要提高接合强度，则减小集中应力峰值是至关重要的。围绕这一改进思路，因此有了以下几点通过最小化应力集中来增加接头强度的指导原则：

① 进一步优化粘接接头的几何结构以减小或分散集中应力。

② 在粘接接头接缝处使用功能梯度胶层，针对性提高部分区域的抗剪切能力。

③ 使用复合连接方法，在应力较为集中的区域在使用粘接的同时使用其他连接方式以抵抗集中应力。

本节将分别讨论以上三点改进思路及其实现方法，并给出具体设计建议。

## 41.3.1　改进接头结构

优化粘接接头结构可以从以下几个方面考虑：①避免应力集中；②使得接头更多承受剪

切和压缩工况，而不是拉伸工况；③避免产生剥离力。

　　以搭接剪切接头为例，接头的平均应力分布可以通过几种方法来改善，包括对接头采用几种不同设计形式（如图 41-21），介绍了降低应力集中于搭接接头的设计方法，也可以通过使用弹性模量不同的胶黏剂（如图 41-22），有效地降低胶层边缘处的应力集中现象。

　　同时，一些简单的设计规则可以有效避免粘接接合处端部的剥离力（如图 41-23），并在很多工况下通过不同部件形式的组合，可以将接头所受拉应力转化为压应力（如图 41-24）。由于粘接接头所处的载荷和环境工况是确定的，通常需要通过对材料选择和接头几何形式的结合，来实现对粘接接头设计的改进和优化。图 41-23 和图 41-24 分别为两种接头改进前后的对比图。

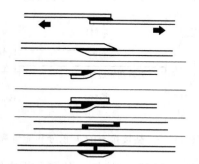

图 41-21　降低应力集中于搭接接头的设计方法

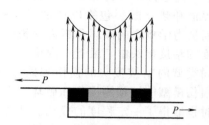

图 41-22　单搭接剪切接头的应力分布

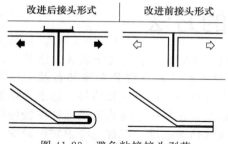

图 41-23　避免粘接接头剥落

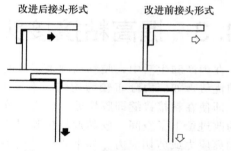

图 41-24　避免粘接接头内部拉应力

### 41.3.1.1　对接接头的结构改进

　　对接接头是最为简单的粘接接头，适用于胶层厚度较薄的应用场合。最基础的对接接头是单对接接头 ［图 41-25 （a）］，这种接头在粘接处无法抵抗弯曲载荷，集中于胶层边缘的拉伸应力会致使胶层断裂而破坏。同时由于其粘接面积较小，粘接强度也较为一般。斜对接接头 ［图 41-25 （b）］增大了胶层的粘接面积，并在粘接基材两端承受拉伸载荷时会将载荷分散为粘接面内的剪切应力和拉伸应力，提高了粘接强度，但对于弯曲载荷的抵抗能力依然没有得到较好的提升。为了进一步使得胶层内受力以剪切应力为主，双对接搭接接头和榫槽对接接头应运而生。双对接搭接接头 ［图 41-25 （c）］的改进进一步增大了粘接面积并同时会将粘接基材所承受的绝大部分拉伸载荷转化为粘接层的剪切应力，这符合粘接接头设计最优化的设计法则，同时双对接搭接接头对于弯曲载荷也有一定的抵抗作用。榫槽对接接头 ［图 41-25 （d）］在保留了双对接接头在粘接层以剪切应力为主的优势同时，进一步强化了对接接头的抵抗弯曲载荷的能力。除胶层之外，粘接基材本身强度也会对对接接头的抗弯曲载荷能力有一定的辅助作用。

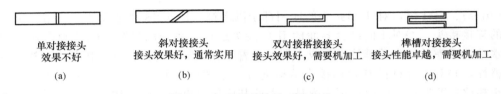

| 单对接接头<br>效果不好 | 斜对接接头<br>接头效果好，通常实用 | 双对接搭接接头<br>接头效果好，需要机加工 | 榫槽对接接头<br>接头性能卓越，需要机加工 |
| :---: | :---: | :---: | :---: |
| (a) | (b) | (c) | (d) |

图 41-25　不同结构的对接接头

### 41.3.1.2　搭接接头的结构改进

搭接接头是实验与工程上都极为常用的接头结构，这得益于其简易的制作方法。在搭接接头中，粘接层内应力主要以剪切应力为主。然而粘接层的负载并非是均匀的，在粘接层末端是应力分布最为集中的区域，尤其是单搭接接头 [图 41-26（a）]。此外传统的单搭接接头存在载荷不共线的问题，这会使在粘接层边缘存在弯矩堆积，若粘接基材的抗弯曲载荷能力较低，会导致粘接基材发生弯曲变形。对于属于传统单搭接接头缺陷改进方法的啮合单搭接接头 [图 41-26（b）] 可以使负载共线，从而防止粘接基材发生变形。另一种改进方法是双搭接接头 [图 41-26（c）]，双搭接接头总体具有良好的平衡架构，大大降低了粘接基材的弯矩，同时在粘接层内几乎只存在剪切应力。不过即使是双搭接接头，也会在粘接层内部存在弯矩而导致粘接层边缘处存在应力集中问题。更进一步的一些改进包括波浪形搭接接头 [图 41-26（d）]，以及反向弯曲形搭接接头 [图 41-26（e）]。

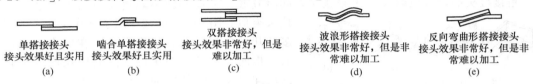

| 单搭接接头<br>接头效果好且实用 | 啮合单搭接接头<br>接头效果好且实用 | 双搭接接头<br>接头效果非常好，但是难以加工 | 波浪形搭接接头<br>接头效果非常好，但是非常难以加工 | 反向弯曲形搭接接头<br>接头效果非常好，但是非常难以加工 |
| :---: | :---: | :---: | :---: | :---: |
| (a) | (b) | (c) | (d) | (e) |

图 41-26　不同结构的搭接接头

### 41.3.1.3　柱形接头的结构改进

柱形接头又称为管形接头，粘接层一般在柱形接头内外两侧之间。柱形接头使用方便且适用情况广泛。其对负载的要求较小，载荷可以是轴向的，也可以是周向的。在承受轴向载荷的情况下，粘接层的上下两环形边缘存在应力集中，这有些类似于搭接接头。不过与搭接接头相比，柱形接头在其边缘处的集中应力因粘接面积增大而被降低了。而且将与柱面平行的粘接面改进为有锥度的斜面可以大大降低集中应力。而在承受扭转载荷的情况下，粘接层内的应力分布是较为均匀的。图 41-27（a）、图 41-27（b）分别是无锥度圆柱形粘接面的柱形接头以及含锥度的柱形接头。柱形接头在棒材的连接中应用广泛并在使用中得到进一步的改进，其中 Kim 等人研究了柱形接头的各种构型（主要包括单搭接和双搭接）。通过有限元分析和实

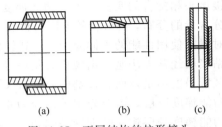

| (a) | (b) | (c) |
| :---: | :---: | :---: |

图 41-27　不同结构的柱形接头

验，我们发现双搭接柱形接头 [图 41-27（c）] 是最为坚固的接头之一。但是单从柱形接头的复杂程度可以预见其制造的难度较大，且价格较为昂贵。

### 41.3.1.4　T 形接头的结构改进

常见的 T 形接头包括 L 形筋接头、T 形筋接头以及结合界面多样的 Ⅱ 形筋接头，如图 41-28 所示。近年来，国外一些大型研究计划，例如 ROCSS（Robust Composite Sandwich

Structures）、CAI 等，对 T 形接头的应用都予以重视。ROCSS 通过设计夹层结构来获得高性能的连接接头，并对不同结合界面的 Π 形接头进行了系统的研究。CAI 则是在结构整体强度水平上考虑低成本关键技术及成本评估，着重强调设计与制造一体化和成型技术及结构的完整性，并对复合材料 Π 形筋接头结构进行了系统研究并开发了一系列分析工具。与 Π 形接头相比，T 形接头的制造更为容易，因此其应用也更为广泛。图 41-29 直观地展现了不同结构 T 形粘接接头在各种负载下的连接性能。

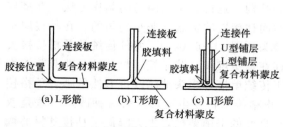

图 41-28　不同结构的 T 型接头

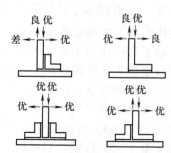

图 41-29　不同负载下不同结构 T 形接头的承载性能

### 41.3.1.5　角接接头的结构改进

角接接头的设计思路来自 T 形接头，

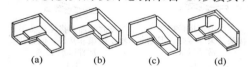

图 41-30　不同结构的角接接头

同时其改进方向和减小剥离应力的方法也与 T 形接头类似。图 41-30 详细介绍了现在工业上应用较多的几种角接接头。研究发现，在应力和刚度方面，横向载荷是最关键的。同时胶层厚度和长度的增加以及增强剂的加入可以增大接头的强度同时降低峰值应力。而角接接头的另一改进方向是圆角形状的改变，实验测试发现：通过改变圆角形状，接头强度增加100%。

## 41.3.2　功能梯度胶层

功能梯度材料是一种多相材料，作为一种设计概念，最早是由日本科学家在 20 世纪 80 年代中期提出的。而将功能梯度概念引入结构胶是最近几年才有的尝试，研究方向以与单搭接接头相配合的实验为主。功能梯度指在材料的制备过程中通过连续或阶段性地控制其各组分含量的分布，使材料的宏观特性在空间位置上呈现梯度变化，从而满足结构元件不同部位对材料使用性能的不同要求，达到优化结构整体使用性能的目的。在粘接接头领域，由于其粘接层经常无法避免出现应力集中等问题，使用同种胶黏剂会导致边缘应力较为集中，边缘区域强度不足，而粘接剂中心部分又强度过盈。因此，可以在此引入功能梯度材料的概念即功能梯度胶层。本节介绍了迄今为止关于功能梯度胶黏剂的大量理论及实验研究，重点介绍功能梯度胶层建立的理论基础和与传统胶黏剂相比其优势与发展前景。

接头内的应力分布随胶黏剂和附着性能以及整体几何形状的不同而不同。软胶黏剂往往产生更均匀的应力分布，然而，即使使用较软的胶黏剂，其载荷也不会均匀分布，应力状态也很复杂。以单搭接头为例，利用有限元软件分析得到胶层内部的应力分布状态，根据阶段性应力分布状态的不同，在不同区域设置不同强度的胶黏剂粘接层（图 41-31）。

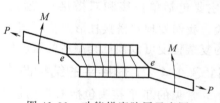

图 41-31　功能梯度胶层示意图

　　da Silva 等人对单种胶黏剂和混合胶黏剂制备的粘接接头模型进行了广泛的回顾和分析，重点关注了不同胶黏剂接头的适用性条件和考虑到的应力分量。他们还考虑了粘接接头仿真模型的强度预测与实验结果的比较。在过去的十年里，关于功能梯度胶层接头理论的研究有了进一步的发展。在类似的工作中，Stein 开发了一个功能梯度胶黏剂接头的解决方案，可以用于各种几何形状的胶黏剂接头。功能梯度胶层的研发仍处于实验室阶段而极少应用于实际的生产当中。不过从多项仿真与实验结果来看，经过优化后的功能梯度胶层会比传统形式的粘接接头在强度上有显著的提升，可以显著降低接头在端部的剪切应力和剥离应力。通过实验和仿真的结果汇总来看，基本可以得到功能梯度胶层建立的指导性规则，即硬而脆的胶黏剂应该多附着于胶层的中心部分，而在边缘部分，模量较低但韧性较好的胶黏剂会更加适用。从模型中可以看出，该方法在减小残余应力和增加某些组件固有振动频率方面具有显著的潜力。该方法也可以实现粘接接头温度适用范围的进一步增大，随着胶层中组分的变化，适用温度可以达到从极低到极高（−55～230℃）。几乎所有报告的实验工作都显示在特定情况下，使用经过优化的功能梯度胶层的粘接接头在强度方面提高了 20%～45%。强度的增加无疑有助于实现可持续性的要求，通过较大的温度适用范围和强度适用范围，以及更轻的质量和更少的用料，从而减少环境污染。因此可以预见功能梯度胶层在工业生产中的广阔应用前景。由此同时，功能梯度胶层的应用仍需要改进或注意以下几点：

　　① 开发易于优化的应用方法，使功能梯度胶层能够适用于更复杂的粘接接头和负载情况，同时在负载情况发生变化时能够更快速地映射其相应的胶层梯度优化方法。

　　② 开发多种可控的制备方法，最新的精密涂胶技术。通过在胶黏剂之间留出适当的间隙，可以避免胶黏剂混合。计算流体动力学可用于研究流型以确定极限，这可以通过实验验证。虽然使用硅橡胶和尼龙分离器取得了一些进展，但对这一问题还需要更多关注。同时，机器人制备和 3D 打印的方法已经开始出现。

　　③ 需要继续寻找新的固化方法，传统的热固化方法可能会由于不同组分的胶黏剂性质不同而在同一高温下的热固化效果不尽相同，这可能导致功能梯度胶层的部分区域强度与预想中不一致。因此考虑电加热、红外线辐射、感应加热、高频率介质加热、低压电加热、超声波活化固化等新方法来对功能梯度胶层进行分区固化。

　　④ 开展多种粘接剂和粘接相容性研究。

　　⑤ 虽然已经研究了接头静态强度的提高，但在动态负载下结构完整性和可靠性的可能增益还没有得到研究。

## 41.3.3　复合连接方法

　　41.1.1 节中介绍的几种粘接接头的连接方式都是单一地采用胶黏剂对不同的构件进行连接。但是由于胶黏剂本身在应用和工艺上的局限性，工程应用中通常不会只是用胶黏剂进行连接，而是将粘接与另外一种机械连接工艺一并使用，从而克服单一粘接接头所存在的韧性差、剥离强度低和环境耐久性差、初始刚度低等问题。粘接过程不需钻孔，不破坏基体的整体性，可使构件获得连续的面连接，从而提高了结构强度和整体刚度，改善接头的耐疲劳性，但粘接结构也存在抗剥离强度低等缺点。若采用粘接与传统机械紧固连接混合的连接方法，相互弥补缺点，即可取得良好的连接效果。与单纯的机械紧固件相比，不同的复合连接结构大多提供以下几个优点：

　　① 降低制造成本和适应自动化。

　　② 提供较高的静强度。

　　③ 提高疲劳强度。

(a) 胶-栓连接　　(b) 胶-铆连接　　(c) 胶-焊连接

图 41-32　三种复合连接方法示意图

④ 提高耐腐蚀性。

⑤ 减少了对密封操作的依赖。

本节简要介绍粘接相关复合连接方式中的胶-栓、胶-铆以及胶-焊等几种常见的复合连接方式（图 41-32）。

### 41.3.3.1　胶-铆复合连接

胶-铆复合连接顾名思义，就是在结构的粘接缝隙使用胶黏剂粘接的同时，在应力集中区域注入若干铆钉以提高连接接头的强度。相比于其他复合连接，胶-铆复合连接是通用性能最好的复合连接方法。铆钉的存在使零件在连接过程中不需要任何其他连接工具就能保持在一起。胶-铆复合连接最早广泛应用于汽车行业，多用于连接车身的铝制壳体结构。近些年，胶-铆复合连接也进一步延伸到造船业。铆钉连接作为机械连接的一种类型，在生产效率和吸能性等方面比粘接接头更具优势，因此粘接接头在强度方面的优点可以与铆接接头快速制造的优点相结合。从不同的行业来看，连接构件最重要的要求之一当然是强度问题。同时根据工业领域的不同，这一要求必须与其他一些特性结合在一起考虑。例如在航空航天应用中，其他相关的要求涉及刚度、损伤容限和接头重量。这些特点都是粘接的特点，如果胶黏剂与铆接结合使用，会使接头生产更快更容易，同时接头也会有更高的损伤耐受性。在航空航天领域，研究的趋势是为特定的应用量身定制合适的材料，以获得更轻的结构。轻质铝合金和高强钢连接情况相当常见，除此之外，复合材料和高分子材料现在得到了广泛的应用。这就带来了多种异种材料之间的连接问题，而传统的连接工艺例如焊接就显得无能为力了。螺栓连接虽然可以作为一种选择，但是由于螺栓连接会带来接头质量增大问题，尤其是在当代轻量化结构应用的趋势下，螺栓连接接头的性能表现显然不如焊接。胶-铆复合连接技术似乎是一种更好的解决方案，因为它通常满足强度、成本和重量的综合要求。在工业领域中，一般采用胶-铆复合连接，尤其是在接头连接处修补时，铆接的优势更加明显。所以胶-铆复合连接技术可以作为一种快速可靠的解决方案。

胶-铆复合接头常用的铆接方式为拉铆和自冲铆。拉铆是一种仅涉及铆钉塑性变形的紧固方法。这使得这种连接几乎可以用于所有的材料，唯一需要的是在零件上预先打孔。此外，即使只允许在接头的一侧进行连接，拉铆工艺也可以完成连接。另一方面，自冲铆是一种类似于紧固的连接技术，但铆钉是放置在板块之间。在自冲铆过程中，由于铆接件和零件都发生了塑性变形，因此脆性材料不能用自冲铆连接。从接头的制造层面来说，和拉铆工艺相比，自冲铆需要一个相对强大和昂贵的设备。尽管在这些方面自冲铆处于劣势，自冲铆因具备更高的强度和耐久性，在力学性能要求相对较高的情况下仍然是更好的选择。把粘接和铆接两个工艺结合起来可以减少这两种连接方式各自的缺点。使用胶-铆复合接头，粘接工艺的强度和铆接成型的生产效率可以得到很好的结合。

作为传统简易铆接的替代品，胶-铆复合连接方法不但可以使重量减轻，同时使强度和连接缝隙的密封性能都得到了较大提升。然而，无论具体到哪个工业领域，最重要的工业需求涉及强度和成本。除了这两个因素外，在选择连接技术时，行业中需要考虑的其他相关因素还包括连接材料、破坏时的能量吸收（尤其是在汽车碰撞试验中）和美学特征，所有这些要求似乎都可以通过复合接头来实现。

### 41.3.3.2　胶-栓复合连接

严格地来说，螺栓连接通常不是作为复合连接中的机械连接方法。然而，在某些情况下，使用胶-栓复合接头是有一定优势的。当接头从不同方向承载或暴露在高温下，胶-栓复合接头具有较好的实用性。此外，在复合接头机械连接部分破坏的情况下，螺栓连接可以提供补强作用。然而，胶-栓复合接头不能广泛地应用于连接的主要原因是接头的长期性能存在不确定性且这种不确定性难以被记录下来。通过将胶黏剂粘接与经过良好验证和测试的连接方法相结合，人们可以接受一些关于胶黏剂耐久性未量化的不确定性。同时，粘接和螺栓的设计通常是独立完成的。

通过对胶-栓复合材料单搭接节点的载荷传递进行实验和数值研究，研究不同情况下粘接和栓接的相互影响方式。刚度非常大的胶黏剂会导致螺栓对载荷传递的贡献很小。然而，低强度、低模量和高延性的粘接剂会使螺栓分担更大的载荷分量，可以做出如下总结：

① 螺栓传递的载荷随附着端厚度的增加而增大。
② 螺栓所传递的载荷随着粘接剂厚度的增加而增大。
③ 螺栓所传递的载荷随搭接长度的增加而减小。
④ 螺栓传递的载荷随节距的增大而减小。
⑤ 螺栓所传递的载荷随着粘接模量的增大而减小。

螺栓连接的抗滑移性是由粘接剂提供的，而不是由螺栓的压缩力提供的。因此接头的设计服役剪切强度不应超过滑移产生的强度。这意味着在正常的操作载荷下，胶黏剂提供了所有的强度。在剪切载荷条件下，粘接接头具有较高的强度。因此，胶-栓复合接头主要用于剪切载荷状态下。此外，由于胶层表面积通常都很大，单位面积的胶层趋向于很小的受力状况。这是拥有良好填隙特性粘接剂的剪切强度相对低于非常薄的航空级粘接剂的部分原因。这意味着，在正常使用条件下，没有发生滑移，胶-栓连接接头的行为类似于粘接接头；而在事故情况下，胶层瞬间破坏，螺栓承受所有载荷，胶-栓接头的行为更像普通螺栓接头。

## 41.3.3.3　胶-焊复合连接

粘接通过与另一种机械连接——焊接工序（如电阻点焊）的结合，可以克服粘接中初始强度不足的问题。常用的焊接技术有电阻点焊、弧焊、激光焊接、钎焊和激光钎焊。采用区域粘接与电阻点焊相结合的方法可以弥补两种连接技术的缺点，从而提高生产率。胶焊复合连接技术问世之初，是先将零件焊接在一起，再采用一种低黏度胶黏剂，利用毛细管作用穿透重叠接头，让胶黏剂流进接头内部并进行固化。胶-焊复合接头最初是由苏联开发，并用于制造 AN-24 型飞机。苏联最初完善了这种技术，当时被称为"胶黏剂焊接"。早在 20 世纪 50 年代中期，电阻点焊和粘接的特殊工艺组合就被应用于飞机结构铝合金的连接。在这种工艺中，首先进行点焊，然后使用注射装置在接头间隙中涂上低黏度胶黏剂。然而这个工艺是一个费时费力的过程，适合于小批量生产的生产模式。对于大规模的生产方式，需要先注胶再焊接。

胶-焊复合接头常见的制备工艺为：胶黏剂涂在一张薄片上，然后再进行接缝闭合，最后通过在涂抹胶黏剂的位置进行点焊来完成连接。由于焊接的加热是局部的，所以焊缝周围的胶黏剂几乎没有损坏，待胶黏剂最终固化完成连接过程。胶-焊过程本质上是将重叠区域粘接在一起的零件进行电阻点焊，之后这种方法开始被其他各个国家所采用。在胶-焊连接中，热固化膏类胶黏剂通常会被使用，因为它们是稳定的，在室温下具有一致的黏度。此类粘接剂通常是在温箱中进行固化，而一些粘接剂则利用磁化形式来进行电接触点焊。与传统机械紧固连接相比，胶焊连接具有以下优点：①静力状态下强度高；②提高连接件的疲劳强度；③降低了制造成本，适合自动化生产；④拥有较好的耐腐蚀性；⑤减少因铆接而产生的车间噪声等。胶-焊连接方式结合了粘接组件的优点，又结合了快速并且自动化的点焊技术，在固化过程中不需要任何其他操作，易于实现连接自动化。虽然粘接连接的剥离强度有限，但是焊接提供了防止剥落的效果。在汽车轻量化生产中，胶-焊复合连接技术的应用越来越重要。

　　需要特别注意的是，胶-焊复合接头的设计应考虑选用的胶黏剂对于电阻电焊的影响，不能因为胶黏剂的金属成分产生分流导致焊核尺寸过小，同时还不能因为形成焊核过程产生的高温对胶黏剂的粘接和固化产生影响。

## 参 考 文 献

［1］ 王华锋，王宏雁，陈君毅. 粘接、胶焊与点焊接头剪切拉伸疲劳行为. 同济大学学报，2011，39（3）：421-426.

［2］ 韩啸. 粘接接头湿热环境耐久性试验与建模研究. 大连理工大学，2014.

［3］ Critchlow G W，Brewis D M. Review of surface pretreatments for aluminum alloys. International Journal of Adhesion and Adhesives，1996，16（4）：255-275.

［4］ Underhill P R，Duqueanay D L. The role of corrosion/oxidation in the failure of aluminum adhesive joints under hot，wet conditions. International Journal of Adhesion and Adhesives，2006，26（1-2）：88-93.

［5］ Adams R D，Cowap J W，Farquharson G，et al. The relative merits of the Boeing wedge test and the double cantilever beam test for assessing the durability of adhesively bonded joints，with particular reference to the use of fracture mechanics. International Journal of Adhesion and Adhesives，2009，29（6）：609-620.

［6］ Armstrong K B. Effect of absorbed water in CFRP composites on adhesive bonding. International Journal of Adhesion & Adhesives，1996，16（1）：21-28.

［7］ Liljedahlc D M，Crocombee A D，Wahab M A，et al. Modelling the environmental degradation of the interface in adhesively bonded joints using a cohesive zone approach. Journal of Adhesion，2006，82（11）：1061-1089.

［8］ Ameli A，Papini M，Spelt J K. Hygrothermal degradation of two rubber-toughened epoxy adhesives：Application of open-faced fracture tests. International Journal of Adhesion and Adhesives，2011，31（1）：9-19.

［9］ Mubashar A，Ashcroft I A，Critchlow G W，et al. Moisture absorption - desorption effects in adhesive joints. International Journal of Adhesion & Adhesives，2009，29（8）：751-760.

［10］ Doyle G，Pethrick R A. Environmental effects on the ageing of epoxy adhesive joints. International Journal of Adhesion & Adhesives，2009，29（1）：77-90.

［11］ Kinlochk A J，Korenberg C F，Tan K T，et al. Crack growth in structural adhesive joints in aqueous environments. Journal of Materials Science，2007，42（15）：6353-6370.

［12］ 刘晓静. 5083 铝合金粘接工艺及接头性能研究. 大连：大连交通大学，2013.

［13］ 郑祥明，王维斌，史耀武. 粘接接头的耐久性及其无损评价. 兰州理工大学学报，2002，28（4）：43-47.

［14］ Deflorian F，Rossi S. The role of ions diffusion in the cathodic delamination rate of polyester coated phosphatized steel. Journal of Adhesion Science & Technology，2003，17（2）：291-306.

［15］ Hart-Smith L J. Adhesive-bonded double-lap joints. International Journal of Solids & Structures，1973，31（21）：2919-2931.

［16］ Crocombee A D. Global yielding as a failure criterion for bonded joints. International Journal of Adhesion and Adhesives，1989，9（3）：145-153.

［17］ Adams R D，Coppendle J. The stress-strain behaviour of axially-loaded butt joints. Journal of Adhesion，1979，10（1）：49-62.

［18］ Crocombee A D，Adams R D. An elasto-plastic investigation of the peel test. Journal of Adhesion，1982，13（3-4）：241-67.

［19］ Panigrahi S K，Pradhan B. Three dimensional failure analysis and damage propagation behavior of adhesively bonded single lap joints in laminated FRP composites. Journal of Reinforced Plastics & Composites，2007，26（2）：183-201.

［20］ Khoramishad H，Crocombee A D，Katnam K B，et al. Fatigue damage modelling of adhesively bonded joints under variable amplitude loading using a cohesive zone model. Engineering Fracture Mechanics，2011，78（18）：3212-3225.

［21］ Campilho R D，Banea M D，Pinto A M G，et al. Strength prediction of single- and double-lap joints by standard and extended finite element modelling［J］. International Journal of Adhesion & Adhesives，2011，31（5）：363-372.

［22］ 韩啸，金勇，杨鹏，等. 胶层厚度对胶粘剂 I 型断裂韧性影响试验和仿真研究. 机械工程学报. 2018，54（10）：43-52.

（韩啸 曲军 吴健伟 编写）

# 第42章

# 被粘接材料及表面处理

## 42.1　材料的表面特性与表面处理的意义

粘接的强度和耐久性，除了胶黏剂本身的因素以外，和被粘接基材的表面特性有着密不可分的关系。掌握被粘接的基材的表面实际状况和采用合适的表面处理，除了可以提高粘接强度和耐久性以外，对于整个全寿命周期的粘接构件的稳定性来说至关重要。

金属基材在经过机加工、热加工、贮存和运输过程后，会形成氧化层、润滑油、切削液、脱模剂、灰尘等污染物，这些都影响着金属基材的表面润湿。如果不进行前处理，会使胶黏剂粘接在疏松层上，造成粘接界面性能差，容易产生界面破坏，不可能得到较高的粘接强度和稳定的胶层承载能力。如果进行了合适的表面处理，则会显著提高粘接强度和粘接界面耐久性。另外，对于基材粘接表面来说，真正光滑的表面并不是最佳的选择，有一定的表面粗糙度其实可以增加粘接面积，增加机械啮合作用，从而提高粘接强度。再者，对于非极性表面的基材而言，如果不通过表面处理来增加活性基团，是无法实现有效粘接的，而通过表面处理，则可以解决非极性材料的粘接难题。所以做表面处理的基材肯定比不做表面处理的基材更适合粘接，做了正确的表面处理的基材比做了不适合的表面处理的基材更适合粘接。因此，认真地进行表面处理，是形成良好粘接的一个前提条件。

### 42.1.1　表面与环境

#### 42.1.1.1　金属基材表面与环境

金属基材的表面很容易受到环境的影响，在表面上会形成污染层，包括：油污、指纹、灰尘；污染层下会有吸附层，通常是潮湿的气体；再往下是金属本身的氧化层，表现为各类氢氧化物反应层；再往下就是金属热处理或轧制过程中产生的材料形变层；最下面才是金属材料的本体层。

金属基材的基本结构如图 42-1 所示。

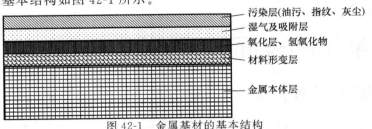

图 42-1　金属基材的基本结构

#### 42.1.1.2　塑料基材表面与环境

　　塑料基材并不是纯材质的化合物，而是一种复合材料，其组成通常包括：增塑剂、抗氧化剂、润湿剂等。另外大部分塑料材料也不是单一分子量，特别是那些自由基聚合制备的塑料，它们具有较宽的分子量分布，低分子量物质经常会"聚集"或前移至塑料表面。

　　工业生产的塑料基材基本结构如图 42-2 所示。工业塑料也经常会选用不同的脱模剂，脱模剂对粘接界面会产生不良的影响。为了保证形成良好的粘接性能，所以要进行表面处理，就是为了提供一个表面特性均匀、稳定的表面，使粘接过程能够排除各种不良因素的影响。

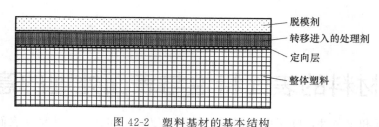

　　　　　　　　　　　　　　　　　脱模剂
　　　　　　　　　　　　　　　　　转移进入的处理剂
　　　　　　　　　　　　　　　　　定向层
　　　　　　　　　　　　　　　　　整体塑料

图 42-2　塑料基材的基本结构

### 42.1.2　表面处理的意义

　　粘接是发生在被粘接物体的两相界面分子间相互作用的结果，因而就要创造条件使粘接将要发生的界面上对应的分子接近，要做到这一点，就要去除被粘接材料表面的各种覆盖物，如积垢污染物、油污、氧化皮、切削油、涂覆层等。另外仅仅去除表层覆盖物这一点是不够的，因为被粘接材料表面并不一定适应所要采用的胶黏剂，需要将被粘接物体表面性质通过处理方法来做到与粘接用的胶黏剂性质相匹配。再者被粘接物体的表面处理不仅对良好粘接是必要，而且对涂装、防腐、电镀等后续表面处理工序也是不可缺少的前道处理工序。最关键的是，作为最佳粘接的先决条件是：基材表面必须有有效的润湿和黏附，和胶黏剂产生物理和化学的相互作用，粘接层必须与基材的基体牢固相连，在产品使用期限内，粘接后表面结构不能再任意改变，材料成分明确。所以为了达到以上的先决条件，必须采取必要的表面处理。

　　表面处理的意义是：在生产中创造粘接条件，保证稳定的粘接质量，优化粘接的长期化学和机械稳定性，优化润湿和黏附性能。

### 42.1.3　处理后表面的变化

　　在经过表面处理后，粘接基材有了以下的变化：除去粘接基材表面上的污染物、氧化物和可能产生弱界面层的物质；生成希望带有的极性基团；形成有利于粘接强度提升和耐久性提升的新的界面层；产生能与其他物质相结合的偶联物质层；粘接基材表面物理性能发生了变化；改进了粘接基材的粘接界面的表面能、表面张力和润湿性能；增加了粘接基材粘接界面的有效粘接面积。

## 42.2　常用的表面处理方法

### 42.2.1　表面处理准备

　　表面处理准备包括：外观检验、气候适应、精确适配、表面清洁去脂。

### 42.2.1.1　外观检验

外观检验是粘接过程的基本操作。检查材料表面时，光照度应至少达到 350Lx，推荐光照度 500Lx。检查位置距离检查表面 600mm，视角至少 30°范围；如有特别的表面检查要求，例如检查塑料表面开裂状态，可以采用辅助光源和辅助检查工具进行。在此条件下对基材和胶黏剂进行外观一致性检查，同时检查待粘接基材和胶黏剂的损伤和其他缺陷。

### 42.2.1.2　气候适应

气候适应是为了将粘接基材和胶黏剂调整到适合粘接施工的环境条件，并且防止冷热变化产生的冷凝水和其他影响粘接性能的环境影响因素的产生。

### 42.2.1.3　精确适配

精确适配就是在粘接前，对于待粘接基材需要做例如修边去毛刺，以及矫直等工作，并根据粘接工艺和产品特点充分考虑粘接件的尺寸公差如何控制。

### 42.2.1.4　表面清洁去脂

清洁去脂处理，可以去除粘接基材油脂、切削液、其他油脂性质的污染物及污垢。

清洁去脂的方法包括：手工擦拭、化学溶剂浸渍、蒸汽脱脂、超声波清洗、干冰清洗等方式。

① 污染物的特性。对于基材表面不同的污染物，其极性和溶解性如表 42-1。

**表 42-1　污染物特性**

| 基材表面污染源头 | 污染物 | 极性情况 | 溶解性 |
|---|---|---|---|
| 润滑剂 | 矿物油产品 | 非极性 | 可溶 |
| | 金属皂 | 极性和非极性 | 部分不溶 |
| | 石墨 | 非极性 | 不溶 |
| | 钼硫化物 | 极性 | 不溶 |
| | 颜料 | 极性和非极性 | 不溶 |
| 防腐蚀油 | 磺酸盐 | 极性 | 可溶 |
| | 羧酸盐 | 极性 | 可溶 |
| | 抑制剂 | 极性和非极性 | 大部分可溶 |
| | 矿物油 | 非极性 | 可溶 |
| 助焊剂 | 无机盐 | 极性 | 部分不溶 |
| 抛光剂 | 矿物油 | 非极性 | 可溶 |
| | 蜡类 | 非极性 | 可溶 |
| | 金属氧化物 | 极性 | 不溶 |
| 氧化层和腐蚀产物 | 金属氧化物 | 极性 | 不溶 |
| | 金属盐 | 极性 | 部分不溶 |
| | 金属粉末 | 非极性 | 不溶 |
| 其他 | 灰尘 | | 不溶 |
| | 裂纹产物 | 多变状态 | 部分不溶 |
| | 老化涂层 | | 多变状态 |

② 有机溶剂类型。有机溶剂清洗剂主要包括：

a. 卤代烃清洗剂。

b. 烃类清洁剂，包括非芳香烃（烷烃类、脂环烃、异构烷烃）。

c. 芳香烃，包括苯和二甲苯。

d. 萜类，包括天然乙醚油、松脂合成物等。

e. 含氧类，包括：醇类（异丙醇、甲醇、乙醇）、酮类（丙酮、甲氧乙基酮）、酯类

（乙酸乙酯、乙酸丁酯、乳酸酯）、烷氧基丙醇（甲氧基丙醇、乙氧基丙醇）。

③ 不同类型有机溶剂对不同污染物的处理效果见表 42-2。

表 42-2　不同类型有机溶剂对不同污染物的处理效果

| 污染物类型 | 烃类 | 醇类 | 酮类 | 烷氧基丙醇 |
| --- | --- | --- | --- | --- |
| 切削油 | 有条件去除 | 有条件去除 | 去除 | 去除 |
| 保护油 | 去除 | 有条件去除 | 去除 | 去除 |
| 硅油 | 难以去除 | 难以去除 | 难以去除 | 难以去除 |
| 画脂 | 有条件去除 | 有条件去除 | 去除 | 去除 |
| 蜡 | 去除 | 有条件去除 | 有条件去除 | 有条件去除 |
| 绘图皂 | 难以去除 | 难以去除 | 难以去除 | 难以去除 |
| 乳剂 | 有条件去除 | 有条件去除 | 去除 | 去除 |
| 润滑油 | 去除 | 有条件去除 | 去除 | 去除 |
| 抛光膏 | 有条件去除 | 有条件去除 | 有条件去除 | 有条件去除 |
| 颜料 | 有条件去除 | 难以去除 | 有条件去除 | 有条件去除 |
| 金属屑 | 有条件去除 | 难以去除 | 有条件去除 | 有条件去除 |
| 液态树脂 | 去除 | 去除 | 去除 | 去除 |
| 固化后的胶黏剂 | 难以去除 | 有条件去除 | 有条件去除 | 有条件去除 |
| 流体 | 难以去除 | 去除 | 去除 | 去除 |
| 盐残留物 | 难以去除 | 有条件去除 | 有条件去除 | 有条件去除 |
| 指纹 | 难以去除 | 去除 | 去除 | 去除 |

④ 非溶剂清洁剂对不同污染物的清洁。常用非溶剂清洁剂包括几下几种：

水基清洁剂，采用擦拭、浸渍、喷淋等方式对基材表面进行清洁，包括中性水基清洗剂、酸性水基清洗剂、碱性水基清洗剂。

a. 中性水基清洗剂，指的是 pH 5～9 的水溶液或乳液制成的清洗剂，通常清洁极性污染物的作用较弱，可以采用加温到 40～80℃后采用高压喷淋的方式加强清洁作用。

b. 酸性水基清洗剂，指的是 pH<5，通常要加温到 50～80℃，采用喷淋或浸泡的方式，适合清洗硬化油、绘画皂、氧化层、表面锈垢和水垢的清洗剂。

c. 碱性水基清洗剂，指是 pH 10～12 的水溶液清洗剂，通常要加温到 60～90℃，采用喷淋或浸泡的方式，对油脂和树脂能有效降解。

⑤ 手工擦拭。对于金属的清洁去脂工具通常采用不掉毛、不扬尘的棉布或无纺布，使用洗瓶将清洁溶剂喷在棉布或无纺布上，顺着一个方向进行擦拭，并检查清洁质量，棉布或无纺布要进行更换，需要手工清洁到擦拭布上没有明显污染物为止。工作区域必须有良好的通风，操作这道工序需要戴 PPE，并禁止吸烟，禁止现场存在产生火星的条件。

但是，对于非金属材料的清洁去脂需要考虑使用的清洁溶剂对非金属材料是否会存在破坏性的影响。

⑥ 蒸汽脱脂。蒸汽脱脂相比擦拭法有更好的处理效果，当需要批量生产时，蒸汽脱脂可以重复操作，是一种快速方便的方法。这种方法是用挂钩将粘接基材挂在充满处理溶剂蒸汽的腔体中，同时具有去油污和冲洗清洁的双重功能。实际操作中要及时对腔体进行清洗，并对蒸汽流淌下来的溶剂进行检测。污染后的溶剂不能继续使用，需要进行更换。该方法适合于对金属基材表面的清洁去脂处理，并不适合对塑料和弹性体基材表面进行处理。

⑦ 超声波清洗。超声波清洗主要是处理小型零部件，从高频发生器发出的超声波传到浸渍在清洗溶液中的零部件，从而对零部件进行清洗。清洗的零部件应该吊挂在清洗溶液中，不能与容器槽底相接触。如果零部件与底部接触，会影响清洁处理的效果。超声波清洗能清洗零部件表面细微的污染物，但是从清洗溶液中取出零部件时会有再次污染的可能。为

了保证充分清洗，通常会在超声波清洗后进行蒸汽脱脂。超声波清洗和蒸汽脱脂可以作为组合工序，以保证零部件表面彻底被清洁。

⑧ 干冰清洗。干冰清洗（又称冷喷处理），是以压缩空气作为动力和载体，以干冰颗粒为加速粒子，通过专用的喷射清洗机喷射到被清洗基材的表面，利用高速运动的固体干冰颗粒的动量变化、升华、熔化等能量转换，使被清洗物体表面的污垢、油污、残留杂质等污染物迅速冷冻，从而凝结、脆化、从基材表面剥离，且同时随气流流动而清除。它不会对被清洗物体表面，特别是金属表面造成任何伤害，也不会影响金属表面的光洁度。

具体清洗过程包括：低温冷冻剥离、吹扫剥离、冲击剥离。

a. 低温冷冻剥离。干冰颗粒作用在被清洗的物体表面时，首先会冷冻脆化污染物，污染物在被清洗的表面上出现本体破裂，由黏弹态变成固态，且脆性增大，黏性减小，使之在表面上的吸附强度骤减，部分污物可以自动剥离。

b. 吹扫剥离。在压缩空气作为动力的环境下，其对脆化了的污染物产生剪切力，引起机械断裂，由于污物与被清洗物表面低温收缩比差很大，在接触面处产生应力集中现象，污物在剪切力作用下剥离。

c. 冲击剥离。高速的干冰颗粒碰撞到增大了的污物表面时，将上述动能传递给污物，克服已经减小了的黏附力，因此而产生的剪切力使污物随气流卷走，达到了脱除污物的目的。

对于很多小结构金属的粘接部件表面，可以采用干冰清洗的方式进行处理，可以有效溶解油和脂，同时可以处理极性污染物。

## 42.2.2 表面前处理

表面前处理包括：机械处理、化学处理、物理处理、涂层处理、激光处理。

### 42.2.2.1 机械处理

机械处理是通过机械工具去除基材表面多余的表层组织，增加表面粗糙度，从而增大粘接面积和形成微机械结构。在机械处理前需要先进行除油去脂处理，否则会造成循环污染，导致油脂残留物进入表面难以去除。

通常机械处理方法是打磨和喷砂。

（1）打磨 指通过机械工具和砂纸、砂带等材料，采用手工或机械的办法，去除金属表面锈蚀和氧化层。作为最基础的表面处理适用于单件、小批量操作和要求不太高的表面处理产品。常用金属基材采用不同胶黏剂时，前处理打磨用砂纸和砂带目数的参考值如表42-3。

表 42-3　砂纸和砂带目数的参考值

| 常用材料 | 选用的胶黏剂 | 打磨砂纸和砂带的推荐目数 |
| --- | --- | --- |
| 铝镁合金/铝镁硅合金 | 单组分环氧 | 120～240 目 |
| | 双组分增韧型环氧 | 120～400 目 |
| | 单组分聚氨酯 | 120～240 目 |
| | 硅烷改性聚合物 | 120～400 目 |
| | 甲基丙烯酸甲酯 | 120～400 目 |
| 铝铜合金/铝锰合金 | — | 不推荐打磨处理 |
| 奥氏体不锈钢 | 双组分增韧型环氧 | 80～120 目 |
| | 单组分聚氨酯 | 80～120 目 |
| | 硅烷改性聚合物 | 120～400 目 |
| | 甲基丙烯酸甲酯 | 80～120 目 |

续表

| 常用材料 | 选用的胶黏剂 | 打磨砂纸和砂带的推荐目数 |
|---|---|---|
| 马氏体不锈钢 | 双组分增韧型环氧 | 120～240 目 |
| | 单组分聚氨酯 | 80～120 目 |
| | 硅烷改性聚合物 | 120～400 目 |
| | 甲基丙烯酸甲酯 | 120～240 目 |
| 碳钢 | 单组分环氧 | 80～120 目 |
| | 双组分增韧型环氧 | 80～120 目 |
| | 单组分聚氨酯 | 80～120 目 |
| | 硅烷改性聚合物 | 120～400 目 |
| | 甲基丙烯酸甲酯 | 80～120 目 |

注:推荐砂纸目数未考虑金属材料的实际状态,最佳砂纸目数的选择应采用工艺试验,综合判定粘接强度和破坏模式后来确定。

（2）喷砂　利用喷砂机产生的高速砂流对粘接基材表面进行处理。通过喷砂可以去除氧化层、锈蚀、油漆等表面物质。因为清洁后活性增加了,所以喷砂可以改善粘接界面的黏附性,同时工件表面污染物被清除掉,工件表面被微量破坏,粘接表面积大幅增加,从而增加粘接界面的物理粘接强度。

喷砂分为干式喷砂和湿式喷砂:

a. 干式喷砂适合清除碳钢板上的氧化层和锈蚀层,获得粗糙度均匀的待粘接表面。干式喷砂通常用于金属部件的处理。应小心使用这一方法,避免过度的侵蚀。使用侵蚀作用较小的处理方法对较为坚硬的塑料是有效的。一般情况下,金属部件通常用 $45～106\mu m$ 的磨料进行干式喷砂处理,直至表面状态均匀。铁和钢磨料不能用于铝、铜、不锈钢或钛的部件。

b. 湿式喷砂是将水和砂粒按照一定比例进行混合,通常会加入很多防锈的液体材料。除了得到均匀的表面粗糙度以外,还可以作为基材表面的防锈处理方法,得到稳定的粘接界面。湿式喷砂是将悬浮于水或蒸汽中的微小磨料垂直喷射于表面,对于小型金属部件非常有效。专用的湿式喷砂体系通常含有水溶性添加剂,为防止表面受到进一步的污染,应根据添加剂制造商技术规格书上的建议进行施工。

钛及钛合金基材的表面处理不建议使用湿式喷砂。

## 42.2.2.2　化学处理

化学处理就是将被粘接基材放在酸碱溶剂中进行处理,通过化学反应使表面活化或钝化。经过化学处理的金属基材会提高粘接强度和耐久性,适用对粘接性能要求比较高的使用工况。对于非金属材料,如难粘接的塑料,通过化学处理引入极性基团,可以解决难以粘接的问题。常见的化学处理方法如表 42-4。

表 42-4　常见的化学处理方法

| 粘接基材 | 常见处理基本流程 | 粘接基材 | 常见处理基本流程 |
|---|---|---|---|
| 碳钢 | 磷酸＋水混合溶剂处理 | 铝及铝合金 | 铬酸阳极氧化 |
| | 盐酸＋乙醇混合溶剂处理 | | 磷酸阳极氧化 |
| | 重铬酸钾＋浓硫酸溶液处理 | 铜及其合金 | 三氯化铁＋浓硝酸＋水处理 |
| 不锈钢 | 盐酸＋磷酸＋氢氟酸处理 | | 重铬酸钠＋浓硫酸＋水处理 |
| | 草酸＋硫酸＋水处理 | 镁及其合金 | 铬酸＋无水硫酸钠＋水处理 |
| | 重铬酸钠＋浓硫酸＋水处理 | | 氢氧化钠＋焦磷酸钠＋偏硅酸钠处理 |
| 铝及铝合金 | 重铬酸钠＋浓硫酸＋水处理 | 锌及其镀层 | 浓盐酸＋水 |
| | 浓磷酸＋铬酸＋乙醇＋水 | | 浓磷酸＋水 |
| | 硫酸阳极氧化 | 塑料化学处理 | 在后续章节详细说明 |

### 42.2.2.3 物理处理

物理处理就是通过电场、火焰等物理手段对需要粘接表面进行处理。主要是应用非极性的高分子材料和其他难粘材料。物理处理包括：火焰处理、电晕处理、等离子处理等。

（1）火焰处理 火焰处理是采用可以燃烧的气体火焰在需要粘接基材表面进行瞬时灼烧，使其表面氧化，得到含碳的极性表面，形成有利于粘接的极性表面的一种表面处理方式。而对塑料基材的火焰处理，实际上就是基材的表面氧化，通过火焰处理，可以增加待粘接基材表面的含氧量，并且可以生成如羟基、羰基、羧基、氢基、酰氨基等高表面能极性基团，使表面能增加到能够使很多胶黏剂可以在基材表面形成有效黏附的数值。

（2）电晕处理 电晕处理是通过电极间隙的空气离子化，产生火花或放电对粘接基材表面进行处理的一种方法。通过电晕处理，可以将离子化的粒子轰击并渗入基材表面的分子结构，使得大多数非极性高分子基材的表面分子链被破坏，产生游离基，迅速和氧反应并在基材表面形成极性基团，使表面能增加到能够使很多胶黏剂可以在基材表面形成有效黏附的数值。

电晕处理是价廉、清洁和容易连续生产的处理方式。通常适用于较薄的非极性高分子材料基材表面。

（3）等离子处理 等离子处理是使用气体等离子化对非极性高分子基材的待粘接表面进行处理的一种方法。对低表面能材料，如难以粘接的聚烯烃、聚四氟乙烯、聚对苯二甲酸乙酯、尼龙、硅橡胶等基材表面，通过等离子处理，可以使这些低表面能基材界面的粘接强度大幅度增加。

等离子处理工艺有两种不同的技术路线，即真空等离子工艺和常压等离子工艺。

真空等离子工艺是在小于大气压和非空气的其他气体中完成的处理过程。而气压变化的过程使得等离子处理是一个间歇性的处理过程。对非极性高分子材料进行等离子处理时，使用的气体包括氮、氩、氧、氮氧化物、氦、四氟甲烷、水和氨及其混合物，每种气体都能形成唯一的表面处理效果。用等离子处理可以对高分子材料的基材表面进行改性，可使高分子材料表面达到可润湿和不可润湿两种不同的状态。

常压等离子工艺是在开放的大气压环境中实现的，通过等离子喷枪产生等离子体，并将等离子体喷射到产品表面完成表面的改性，常压等离子工艺可以实现"在线"的连续化处理过程，自动化程度和效率较高。但是常压等离子工艺可以采用的工艺气体类型相对局限，主要以空气、氮气等为主，同时常压等离子工艺无法对聚四氟乙烯材料进行处理。

通常采用等离子处理得到的粘接表面，比化学处理、电晕处理、火焰处理等方式得到的待粘接界面的处理效果更加稳定。对于 PP、PE、PTFE 等难粘接的材料来说，采用等离子处理进行表面改性，可以使表面接触角产生明显的变化，提高粘接强度。

等离子处理对常用塑料基材接触角和润湿性的影响如表 42-5。

表 42-5　等离子处理对常用塑料基材接触角和润湿性的影响

| 基材 | 初始表面能 /($10^{-5}$N/cm) | 处理后的表面能 /($10^{-5}$N/cm) | 初始接触角 /(°) | 处理后的接触角 /(°) |
|---|---|---|---|---|
| 聚丙烯（PP） | 29 | >73 | 87 | 22 |
| 聚乙烯（PE） | 31 | >73 | 87 | 42 |
| 聚苯乙烯（PS） | 38 | >73 | 72.5 | 15 |
| 丙烯腈-苯乙烯-丁二烯共聚物（ABS） | 35 | >73 | 82 | 26 |
| 聚酰胺（尼龙） | <36 | >73 | 63 | 17 |
| 聚甲基丙烯酸甲酯（PMMA） | <36 | >73 | — | — |

| 基材 | 初始表面能 /($10^{-5}$N/cm) | 处理后的表面能 /($10^{-5}$N/cm) | 初始接触角 /(°) | 处理后的接触角 /(°) |
|---|---|---|---|---|
| 聚乙烯醇(PVA)/聚乙烯(PE) | 38 | >73 | — | — |
| 环氧树脂 | <36 | >73 | 59 | 12.5 |
| 聚酯 | 41 | >73 | 71 | 18 |
| 聚乙烯(PVC) | 39 | >73 | 90 | 35 |
| 四氟乙烯/乙烯共聚物(ETFE) | 37 | >73 | 92 | 53 |
| 氟化乙烯丙烯(FEP) | 22 | 72 | 96 | 68 |
| 聚偏氟乙烯(PVDP) | 25 | >73 | 78.5 | 36 |
| 聚对苯二甲酸乙二醇酯(PET) | 41 | >73 | 76.5 | 17.5 |
| 聚碳酸酯(PC) | 46 | >73 | 75 | 33 |
| 聚酰亚胺(PI) | 40 | >73 | 79 | 30 |
| 聚芳基醚酮 | <36 | >73 | 92.5 | 3.5 |
| 聚缩醛 | <36 | >73 | — | — |
| 聚苯醚(PPO) | 47 | >73 | 75 | 38 |
| 聚砜 | 41 | >73 | 76.6 | 16.5 |
| 硅氧烷(SR) | 24 | >73 | 96 | 53 |
| 天然橡胶 | 25 | >73 | — | — |
| 乳胶 | — | >73 | — | — |
| 聚氨酯(PUR) | — | >73 | — | — |
| 丁苯橡胶(SBR) | 48 | >73 | — | — |
| 氟橡胶(FKM) | <36 | >73 | 87 | 51.5 |

### 42.2.2.4　涂层处理

（1）陶瓷涂层-型砂覆膜　对于一些小面积处理的金属和塑料来说，采用带有硅酸盐的金刚砂砾对基材粘接表面进行处理，使得硅酸盐作为活性表面固定在粘接界面上，形成一层硅烷偶联剂在粘接界面上，而化学键在硅烷和基材表面及硅烷和胶黏剂的中间形成。

（2）等离子聚合镀膜　等离子聚合镀膜是通过等离子体激发化合物单体（预聚前体），使这些单体在材料表面发生聚合反应，形成一层纳米级厚度的聚合物薄膜。膜层的化学构成，取决于预聚前体的化学结构。这层膜层可以起到多种功能，其中包括作为粘接过渡层，增加材料和胶黏剂的结合能力。

（3）陶瓷涂层-火焰裂解　火焰裂解的原理是将液态的烷氧基硅烷以气雾的形式进入丙烷气体火焰，火焰将分子裂解成小片段，这些小片段使得金属基材表面形成一层有着很好弹性的含碳硅氧层，形成一层硅烷偶联剂在粘接界面上，化学键在硅烷和基材表面及硅烷和胶黏剂中间形成。这种方法适合于大面积处理。

（4）激光器前处理（CIBA）　该方式的原理是将硅烷材料加入乙醇中，通过激光将硅烷烧结在金属基材表面，形成硅酸盐陶瓷涂层，这一层涂层可以增强金属和胶黏剂的粘接界面性能。

（5）传统涂层　另外，还有一些传统的涂层方式，包括面漆、电泳涂层、含技术颗粒的环氧树脂涂层和镀锌层，这些涂层对不同胶黏剂进行粘接后的效果需要通过试验来进行验证。

### 42.2.2.5　激光处理

激光处理基于物体表面污染物吸收激光能量后，或汽化挥发，或瞬间受热膨胀而克服表面对粒子的吸附力，使其脱离物体表面，进而达到清洗的目的。

激光处理操作机理包括：烧蚀汽化、热振动与热冲击机理和声波振碎机理，如激光处理油漆层和橡胶层；当表面附着物与基体材料的热物理参数差别不大时，主要是烧蚀汽化机理在起作用，如激光除锈。另外激光处理还可以用于快速干净地在粘接前去除金属基材表面的油污。

## 42.2.3　表面后处理

表面后处理包括：环境适应和防护，涂底涂和粘接促进剂。

### 42.2.3.1　环境适应和防护

（1）环境适应　粘接基材在实验室储存和工业生产中的工序间隔之间存在差别。前者用于对粘接界面或胶黏剂性能的判定。用于试验目的时，储存条件应为（23±2）℃的环境温度和 50％±5％ 的相对湿度。除低碳钢等容易发生氧化的材料外，部件的储存时间可以长至8h。这些表面在处理后应尽可能快地进行粘接，粘接前应储存在干燥空气中。无论在什么情况下，操作时手不能触摸处理过的表面，即使触碰也要佩戴干净、不掉毛絮、不含有机硅的手套。处理过的表面应保存在密闭的容器中或用合适的非污染性的材料覆盖，如未漂白的牛皮纸或塑料材质的布袋。

工业生产要求粘接基材能够批量化达到其标准中规定的表面性能。为达到这一目的，应建立操作规程以保证表面处理的完整性在组装前受到的破坏程度是可以接受的。尤其应注意由于氧化、冷凝和污染（特别是有机硅）造成损害的可能性，决不能在表面处理区内使用有机硅。有机硅的材料包含：机油、脱模剂、润滑剂、护手霜、指甲油、硅胶、各类化妆品。粘接基材在进行了表面前处理后，为了保证粘接时不会出现因为环境变化产生形变和高湿度对粘接性能影响的问题，通常会采取将基材放置在粘接操作的同等环境下进行环境适应，同时对于金属基材，清洁后希望立刻进行粘接或底涂涂覆。考虑到处理后表面极性随着时间延长下降，不同的表面处理方式对基材处理后的保存时间也应有一个最低的要求。金属基材表面处理后对于环境适应的推荐时间和保存推荐时间如表 42-6 所示。

表 42-6　金属基材表面处理后对于环境适应的推荐时间和保存推荐时间

| 粘接基材 | 表面处理方式 | 环境适应推荐时间 | 保存推荐时间 |
| --- | --- | --- | --- |
| 铝合金 | 打磨/喷砂 | >2h | <72h |
| 铝合金 | 硫酸/铬酸处理 | >2h | <6d |
| 铝合金 | 阳极氧化 | >2h | <30d |
| 不锈钢 | 打磨 | >2h | <4h |
| 碳钢 | 打磨/喷砂 | >2h | <4h |
| 黄铜 | 打磨/喷砂 | >2h | <8h |

注：推荐的时间未考虑胶黏剂特性及实践生产环境的影响，最佳的环境适应时间和表面处理后的保存时间的最佳时间范围应采用工艺试验，综合判定粘接强度和破坏模式后来确定。

（2）防护　粘接基材在进行了表面前处理后到被粘接前，需要保存数小时或数日，并对其表面进行有效的包装防护，避免运输过程或其他操作工序损伤已经处理好的表面。金属基材的表面通常采取的方法是使用塑料薄膜贴合或包裹对表面进行防护。

### 42.2.3.2　涂底涂和粘接促进剂

（1）底涂　底涂是一种稀释后的有颜色的胶黏剂。其特点是涂覆在粘接基材表面，溶剂挥发后有固体颗粒残留。底涂黏度很小，可以均匀涂覆在基材表面，把基材和胶黏剂很好地粘接在一起的一种辅助材料。它用于提高粘接的强度和长期稳定性。常见的底涂有：玻璃底涂、金属底涂，还有提高复合材料与胶黏剂粘接的专用底涂等。

① 底涂的作用。底涂的作用是用于配合某些胶黏剂使用，提高某些胶黏剂对特定基材

的粘接能力。具体作用包括：

a. 用于提高胶黏剂与基材的粘接强度。底涂黏度较小，对于许多难粘基材的表面润湿好，黏附效果好，能够起到一个桥梁的作用，通过底涂把难粘的基材和某种胶黏剂很好地粘接在一起。

b. 在打磨过的基材表面底涂还起到了填充沟壑的作用，从而解决由于聚氨酯胶本身黏度过高而与基材不能完全接触的问题，从而起到粘接的桥梁作用。

c. 在某些金属粘接工艺中，底涂还起到防腐的作用。

② 底涂操作的注意事项。

a. 底涂种类或牌号的选择，需做基材、底涂、胶黏剂、清洗剂的适配性实验，如进行划格实验或胶条剥离实验。

b. 底涂含有一定量的固体填料，在使用前需要摇匀。如果未摇匀直接使用，涂抹在基材表面的可能只是底涂的上清液，而非树脂和填料的混合物，因此起不到粘接的作用。

c. 涂覆底涂时应注意做到均匀、单向、全覆盖。厚度越薄越好，底涂固化后形成硬而脆的膜层，底涂过厚会降低粘接强度。

d. 在涂覆底涂前需要对基材进行表面清洁。部分清洁剂会造成底涂失效，所以，清洁剂的选择也要做适配性实验。

e. 底涂在首次开瓶后其保质期会大大缩短，故需记录底涂的首次开瓶日期，并尽快用完。

f. 底涂涂覆后通常要等待溶剂充分挥发，一般在 10～30min，待其充分挥发后方可施胶。但也应避免长时间放置导致二次污染和极性增加造成效果的下降。

g. 底涂通常要求低温保存，存储环境温度过高，极易导致底涂失效。

（2）粘接促进剂　粘接促进剂是一种无颜色的溶剂，特点是涂覆在粘接基材表面，待溶剂挥发后无固体颗粒残留。粘接促进剂是一种专门用于增进和改善树脂涂层与基材之间附着力的一种处理剂，它主要用于各种胶黏剂与基材之间的粘接工艺中，主要作用是提高胶层对基材的黏附性能，同时也能提升耐水性，改善腐蚀性、耐盐雾性、耐化学性等。具体的使用注意事项与底涂基本一致。

# 42.3　各类材料的表面处理

## 42.3.1　金属

### 42.3.1.1　金属表面特性

（1）金属表面的特性　影响金属粘接的主要因素是金属材料的表面性能，如表面润湿性、表面结构及表面活性、表面对水的吸附能力等。活性金属，如钢、铁及其合金、铜及其合金、锰、铝合金等的表面，容易粘接且界面性能形成快；惰性金属，如纯铝、不锈钢、锌、镉、银、金等的表面，不容易粘接且界面性能形成慢，粘接强度低；滞性金属的表面，如部分金属的表面阳极化、氧化或电镀后的表面，因其表面层抑制固化，则不能粘接。

所以，对于金属而言，表面特性很大程度取决于氧化层，一般金属氧化层黏附性差，且不耐潮湿，必须彻底去除，形成有利于粘接的全新的、均匀的氧化层。

（2）金属表面处理要求　金属的粘接表面经过处理，应该满足以下要求：

① 金属表面可以被胶黏剂润湿。

② 适当的表面粗糙度。

③ 良好的表面活性。

④ 表面不含有不利于粘接的元素。

⑤ 内聚强度高的氧化层，应坚而不脆，和金属基体结合牢固。

⑥ 氧化层具有很高的环境稳定性。

## 42.3.1.2 铝和铝合金的表面处理

（1）铝及铝合金的表面特性 铝及其合金在空气中放置，生成厚度不均（0.005～0.015$\mu$m）、无定形的氧化铝薄膜。这种自然形成的氧化膜结构不牢固，存在很多缺陷，要获得牢固的粘接性能，应该充分考虑铝及其合金表面状态及如何进行适当的表面处理。

阳极氧化可生成均匀且分布致密的氧化膜。这种氧化膜由两层组成，底层氧化膜牢固地附在铝及其合金表面上，其结构紧密坚实且具有防腐特性；表面层为多孔氧化铝层，呈六角棱柱形晶体，每一晶体沿轴方向有微孔并与表面垂直，具有很强的吸附性能，这可使胶黏剂与铝表面能够产生很强的粘接界面强度。若将铝试样在沸水中加热，会很快使微孔封闭，会显著地降低其黏附粘接性能。

粘接性能与氧化膜的性质有关。实验表明，以溶剂脱脂后得到的干净的自然氧化膜，粘接强度不高；以碱液处理既能脱脂，又能溶解自然氧化膜，生成新的氧化膜，但粘接强度不高；可是用酸蚀法处理时，同样生成新的氧化膜，粘接性能却很好。这些结果是由于三种氧化膜的性质不同所致，自然氧化膜厚度不均匀，结构不牢固，缺陷很多；碱性氧化膜质软而疏松，内聚强度低；酸性氧化膜致密且坚硬，内聚强度高，吸附力强。

（2）铝及铝合金表面处理 表面处理的主要目的是除去其天然氧化铝膜，并在控制的条件和环境下制备适合粘接的表面层。试验研究表明，在酸蚀处理法中以重铬酸钠-硫酸溶液处理的效果最好，用重铬酸钠-硫酸浸蚀的表面用自来水冲洗要比用蒸馏水或去离子水冲洗的粘接效果好，可见氧化膜的性质与处理用的水质、温度和时间有关。铝合金表面处理方法包括酸蚀处理和阳极氧化处理。

① 硫酸-铬酸氧化法。该种酸蚀化学处理的标准方法为：

a. 用丁酮与三氯乙烯（烷）混合溶剂脱脂。

b. 用砂布打磨粗化。

c. 在重铬酸钠 1 质量份、体积分数为 96％的浓硫酸 10 质量份、蒸馏水 30 质量份（配制时先将重铬酸钠溶于水中，然后再将浓硫酸慢慢加入，并不断搅拌，切勿颠倒顺序，以免发生危险）配制的溶液中（60～70℃）浸泡 10～12min。

d. 用 60～65℃自来水漂洗干净，最后以蒸馏水冲洗至中性（pH＝7）。

e. 于 60～70℃干燥 30min。

当氧化液呈现蓝绿色时，表示已无效用，不应再继续使用。

铝及其合金的脱脂，除了用溶液还可用碱液，可采用体积分数为 5％～15％的氢氧化钠溶液，于 50～80℃处理数秒至几分钟，溶解产生的氢气能除去油污。

② 阳极化法。尽管阳极化表面的粘接性能不如硫酸-重铬酸盐法，但在航空工业中广泛应用，已成为提高铝合金表面硬度、防腐性和粘接强度的有效手段。

阳极化法又称阳极氧化法，有多种方法，如铬酸溶液氧化法、磷酸溶液氧化法、硫酸溶液氧化法等。采用不同的阳极氧化法和控制不同的阳极氧化条件，在铝表面上可形成不同结构、不同厚度、不同性质的表面氧化层。

工业上最早运用的是硫酸阳极化法和铬酸阳极法化，目前工业上还是多用铬酸阳极化氧化法。封闭式铬酸阳极化方法为：

a. 脱脂。依次在三个连续的丙酮槽冲洗，以除去油脂、油痕迹和溶剂等可除去的污物。

b. 碱洗。在 60℃含碱 11.2g/L 的去离子水中浸渍 5min。

c. 冲洗。在流动的自来水中冲洗 2min。

d. 浸蚀或脱氧。将部件在 60℃的溶液（重铬酸钠 1 质量份、硫酸 10 质量份、去离子水 10 质量份）浴槽中浸泡 2～3min。

e. 冲洗。用室温流动的自来水冲洗 2min。

f. 阳极化。用部件作阳极，不锈钢槽作阴极。将质量分数为 10% 的铬酸加到去离子水中，制成阳极化溶液。使溶液保持 33～36℃。以 5～10V 的增量施加直流电压。每间隔约 1mm 增加外加电压增量，要求在大于 5min 小于 10min 内达到（40±2）V，在（40±2）V 读数下处理部件 30～35min。关断电流后，部件在阳极化溶液中的搁置时间不得超过 5min。

g. 冲洗。在室温下用流动的自来水冲洗 2min。

h. 密封。在 82℃用去离子水配制的 100mg/kg 铬酸浴槽中浸渍 9min。

i. 干燥。在 60℃鼓风烘箱中干燥 30min。

试验研究证明，磷酸阳极化在铝合金表面上生成多孔的耐水解氧化层，比硫酸阳极化、铬酸阳极化有更好的粘接耐久性。

③ 反应性涂层法。通过涂层溶液与铝表面发生化学反应，会在铝及其合金表面形成一层非电解性化学膜。反应性涂料可通过喷淋、浸渍或刷涂等施加到铝制品表面，待 2～5min 后便可生成化学膜。这类涂料可根据应用需要由用户自行设计配比，一般情况下，其处理工艺程序包括以下步骤：溶剂脱脂→碱洗→冲洗→脱氧→冲洗→施加涂层→冲洗→干燥等。

### 42.3.1.3　钢和铁的表面处理

钢铁材料表面在空气中容易氧化锈蚀，锈蚀后形成的锈蚀层是一种疏松多孔的结构，这种结构会继续吸收空气中的水分，在氧的作用下，不断地对修饰层下的金属基体进行继续腐蚀。另外，钢铁在热加工过程中由于高温也会在表面形成一层氧化膜。很多的钢铁材料表面在加工过程中不可避免地接触各类油污、润滑油、切削液、人手。以上这些修饰层、氧化膜、油污、污染物均对粘接十分不利，影响长期粘接界面性能的稳定性，所以在粘接前必须将这些影响物质彻底清除。

钢铁表面最好的表面处理方法是脱脂、除锈、化学处理。

（1）脱脂　最简单的方法就是采用清洁溶剂擦拭，脱脂溶剂不能含有水分，因为水分会使钢铁表面再次生锈。

采用溶剂蒸气对钢铁表面进行脱脂是工业生产中常见的办法，适合小型零部件的处理。在三氯乙烯中加入荔枝壳和赤芍，气相脱脂效果更佳。

采用碱液脱脂也是一种对植物油类有效去除的办法。具体的配方为：氢氧化钠（50g）、磷酸三钠（30g）、碳酸钠（30g）、水玻璃（5g）、自来水（885g），于 90～100℃浸渍 20～30min。

（2）除锈　除锈粗化有机械法和化学法。机械法包括砂布、砂轮、钢丝刷、锉刀打磨和干湿法喷砂。喷砂对于除锈和粗化效果都很好，并且能够得到较高的粘接强度和较好的耐久性。喷砂用的压缩空气应滤油、干燥，不应含有水分和油脂。喷砂之后及粘接之前还要进行溶剂擦拭。薄板制件易翘导致变形，切勿用喷砂方法。一般的喷砂（如用河砂），污染较大，危害健康。有一种代替喷砂的化学方法，特别是对那些形状复杂的小型零部件，效果很好，粘接强度比喷砂还高。实用配方如下：磷酸锌（30～60g）、硝酸钠（30～60g）、氟化钠（4～5g）、氧化锌（8g）、水（100g），于 70～80℃浸泡 20～30min，水洗后立即烘干。

化学除锈在工业中也较为常用，通常是盐酸或硫酸洗涤，前者称作"白洗"，洗涤后的表面比后者干净，但仅适用于钢铁表面只有少量疏松锈蚀层的情况。盐酸的质量浓度一般为

120～150g/L，洗涤在室温下进行。如果是锈蚀严重或有氧化皮，温度可升高到 50℃左右或者延长时间至除掉为止。硫酸酸洗除锈具有机械除锈和化学除锈的双重效果，但其缺点是基体损失大，且表面因渗氢易变脆。混合酸除锈法不仅兼有两者的优点，还可改进各自的缺陷，取得更好的除锈效果。常用的混合酸是采用体积分数为 20％的硫酸和体积分数为 15％盐酸，配制成体积分数为 10％的溶液，还可根据锈油层厚度和坚固程度，降低或提高酸浓度含量。铸件酸洗不妨用磷酸。

（3）化学处理　为了得到较高的粘接强度，一般还要进行化学处理。化学处理的具体方法很多，实践表明，盐酸法是简单易行、效果较好的方法。盐酸法是将被粘件在体积分数为 18％的盐酸中室温浸泡 5～10min，这种方法同时兼有除锈的作用。处理好的试件需要用热水和冷水冲洗至中性，再用 90℃热风吹干或烘箱烘干。由于钢铁在烘干过程中易氧化而影响粘接效果，可在最后一次水洗之后，将钢铁放入热的体积分数为 0.3％～0.5％的三乙醇胺溶液中洗一次，然后干燥，表面既不生锈，又不影响粘接效果，而且由于界面上有胺类物质存在，对粘接还有促进作用。最近出现了钢铁除锈钝化的新工艺，采用含活性剂的盐酸除锈液和含生石灰、亚硝酸钠的钝化液，可使钢铁表面锈层和氧化膜迅速溶解脱落，形成稳定的钝化膜，与胶层有很强的黏附力。

钢铁表面适当地粗化，能够增大粘接面积，有助于机械粘接作用的发挥，可以提高粘接强度，但切忌粗糙过度，否则胶黏剂不易湿润表面，且界面包含气体，容易发生界面破坏而降低粘接强度。

钢铁表面处理后最好立即粘接，停放时间不应超过 4h。如果因为生产过程的周转不能及时粘接，可涂底胶或偶联剂进行保护。

## 42.3.1.4　不锈钢的表面处理

不锈钢是钢铁中加入铬、镍、钛、锰、钼等元素构成的合金钢，表面形成连接的钝化膜，而且有极强的耐蚀性。所以不锈钢表面不如普通钢铁表面活泼，不易粘牢。要得到较高的粘接强度，必须对不锈钢表面进行化学处理。

在化学处理之前也要进行一般的脱脂和粗化。脱脂溶剂可用丙酮、三氯乙烯、丁酮、醋酸乙酯等。对不锈钢进行化学处理，可用下述方法：

① 将不锈钢在体积分数为 96％的浓硫酸的 100 体积份和重铬酸钠饱和溶液（由 75g 重铬酸钠溶解在 300g 水中配成） 30 体积份配制的溶液中，于 50～65℃下浸泡 15min 处理，后用蒸馏水或去离子水洗涤干净，在低于 93℃温度下烘干，能得到高的粘接剪切强度和剥离强度。

② 用体积分数为 36％～38％的盐酸 2g、六次甲基四胺 5g、体积分数为 30％双氧水 1g、水 20g 配制的溶液，于 60～70℃下浸泡 5～10min 处理，后用蒸馏水洗涤干净，在低于 93℃温度下烘干。

## 42.3.1.5　铜及铜合金的表面处理

（1）铜及铜合金的表面特点

① 铜有三种基本分类形式，即纯铜、铜锌合金（黄铜）和铜锡合金（青铜）。

② 铜及铜合金的表面特性。铜及其合金表面容易氧化，生成的氧化膜和基体结合力弱，是较难粘接的金属。

铜粘接困难不是表现在氧化层上，而是由于铜容易与某些胶黏剂中的固化剂反应生成脆性的胺化物，使粘接界面强度变低或造成粘接接头破坏。另外，铜表面附着的氧化膜与基体结合力也较弱，新的表面也容易迅速氧化，因此新处理的表面应尽可能快地进行粘接或尽快地涂上底涂，减少其表面的氧化和污染。另一方面，铜的表面可形成与铜本身黏附性良好的"阻隔层"，通常是黑色氧化物层和铬酸盐反应性涂层，这种"阻隔层"与胶黏剂有良好的粘接性，因此若对铜表面进行轻微的腐蚀可以提高胶黏剂粘接的黏附效果。其他浸蚀处理，如用硫酸铁处理后再经重铬酸盐冲洗也产生这种"阻隔层"，有利于提高铜及其合金的粘接性能。

（2）铜及铜合金的表面处理方法

① 常规处理法。此法适用于一般用途的粘接。常采用 320 目砂纸打磨铜及其合金表面，脱脂后即可涂胶。也可经喷砂，再用钢丝刷或 100 目金刚砂布打磨，除锈后，再经蒸汽脱脂或溶剂脱脂可涂胶。

② 黑色氧化物涂层法。适用于 W（Cu）大于 95％的铜合金（而不适用于黄铜或青铜）。当与聚乙烯热粘接时及所用的胶黏剂含有氯化物时应使用这种方法。其步骤为：

a. 脱脂。

b. 在室温下在以体积分数为 70％的硝酸 10 质量份、水 90 质量份配成的溶液中浸渍 30s。

c. 用流动的水冲洗。

d. 在 90℃的用 710mL 金属黑化剂或等效物制成的 3.6L 或 3.785L 溶液中浸渍 1～2min。

e. 流动的冷自来水冲洗。

f. 在处理的当天尽快粘接。

这种表面处理方法仅适于铜含量高的表面，而不适像黄铜、青铜那样低铜合金的表面，由于此法对铜表面浸蚀性大，不能用于薄壁铜制品。

③ 几种化学处理方法。要求高强度和耐久性好的粘接，则表面还必须进行化学处理。可供选用的方法有：

a. 用体积分数为 42％的三氯化铁溶液 15 质量份、浓硝酸 30 质量份、水 197 质量份配制成溶液；在室温下浸泡 1～2min，取出用水冲洗，尽快干燥。

b. 三氯化铁 20 质量份、浓盐酸 50 质量份、水 30 质量份配制成溶液；在室温下浸泡 1～2min，取出用自来水冲洗干净，在空气中晾干。

c. 过硫酸铵 25 质量份、水 75 质量份配制成溶液；在室温下浸泡 1～3min，取出用自来水冲洗干净，在干燥空气中晾干。

d. 浓硫酸 250mL、浓硝酸 250mL、氧化锌 20g 配制成溶液；在室温下腐蚀 5min，洗净晾干。此法适宜于青铜和黄铜的表面处理。

## 42.3.1.6　钛及钛合金的表面处理

（1）钛及钛合金的表面特性　钛及其合金是优质耐温的结构材料，且具有良好的抗腐蚀能力。为了使粘接接头能适应 316℃的高温，经表面处理过的钛及其合金的表面应保证粘接能在上述高温温度下保持接头的粘接强度和耐久性。因此，钛及其合金的表面处理一直比较困难。

（2）钛及钛合金的表面处理　钛及其合金的表面处理技术是对不锈钢和铝合金表面处理技术进行改进而形成的。在其技术中除了具有专利权的酸蚀剂和强碱腐蚀剂技术外，在化学处理中，硝酸-氢氟酸酸洗技术，继而使用的磷酸盐-氟化物反应性涂层技术等，目前均已获得了广泛应用。

对钛及其合金处理过程中，最大的问题是当酸蚀剂处理时会释放出氢气，氢气会与钛表面起反应生成一种脆性的氢化物，严重影响钛合金的力学性能，即所谓的"氢脆作用"。如在用酸处理时，若使硝酸（体积）：氢氟酸（体积）＝10∶1，则可将这种脆性氢化物抑制到最低程度。应用实践表明，用碱液浸蚀法，钛表面易形成金红石型氧化物，粘接效果不好，用酸液浸蚀较好。实用配方为：体积分数为70%的硝酸15体积份、体积分数为50%的氢氟酸3体积份配制成溶液，在室温下浸泡30s，取出后水洗；再在磷酸三钠50g、氟化钠（钾）20g、体积分数为50%的氢氟酸26g、水1000mL配制成的溶液中浸泡2min，室温下用自来水冲洗，于65～70℃烘干。钛及其合金脱脂用的溶剂有丙酮、丁酮、异丙醇等，但不宜用三氯乙烯和四氯化碳。

### 42.3.1.7　镁及镁合金的表面处理

（1）镁及镁合金的表面特性　镁及其合金是最轻的金属，在空气中极易氧化生成极薄的一层氧化膜，这层膜的内聚强度低，与基体附着力差，不利于粘接。表面处理的目的是除去旧的氧化膜，生成一层内聚强度高、与基体结合牢的新氧化膜。

镁的电位处于高位，它对电腐蚀的敏感性远远高于其他金属。因此，在处理镁及其合金的粘接表面时，要高度注意其耐腐蚀性。引起镁及其合金腐蚀的最大危害物是水溶液中的氯化物离子，同时还要防止其他电解液（如强酸、弱酸等）。但有两种酸即铬酸和氢氟酸例外，基本不对镁及其合金形成腐蚀，而且可提高其表面质量。因而，这两种酸可用于镁及其合金粘接表面的处理剂，镁及其合金耐碱性相当好，在可控条件下，这种优越的耐碱特性也被用于镁粘接的表面处理。

（2）镁及镁合金的表面处理方法　镁及镁合金的脱脂溶剂有丙酮、四氯化碳，但不能用甲醇。脱脂后可用下述溶液（方法）进行化学处理：

① 偏硅酸钠2.5质量份、焦磷酸钠1.1质量份、氢氧化钠1.1质量份、洗衣粉0.3质量份、水95质量份配制成溶液；于60～70℃浸泡10min，水洗后于50～60℃干燥。

② 铬酐1质量份、水4质量份配制成溶液；于70～80℃浸泡10min（与镁反应很剧烈），水洗后低于60℃干燥。

### 42.3.1.8　其他金属材料的表面处理

（1）锌及镀锌制品的表面处理　锌是低熔点、低沸点的金属，大量用于制造镀锌铁板和铁件镀锌，可以防止钢铁的腐蚀。锌及镀锌层脱脂用的溶剂有汽油、丙酮、丁酮、醋酸乙酯、三氯乙烯等。

被粘物表面也要进行适当的粗化处理。如果要求高的粘接强度，脱脂后还应进行化学处理，具体方法如下：

① 体积分数为36%～38%的盐酸（或冰醋酸）10～20mL、水80～90mL配制成溶液；室温浸泡2～4min，温水洗，蒸馏水洗，于65～70℃干燥30min。

② 重铬酸钠1g、浓硫酸2g、水8g配制成溶液；于38℃浸泡3～6min，水洗，蒸馏水洗，40℃干燥。

③ 磷酸15g、水85g配制成溶液；于65℃浸泡1～2min，水洗、晾干。

（2）铬及镀铬制品表面处理　铬耐热、耐腐蚀性能好，是耐热钢、不锈钢等高合金钢中不可缺少的金属元素。铬表面氧化后生成钝化的氧化膜，常镀在其他金属表面成为镀铬制品。铬及镀铬制品的表面光滑、硬度高，比较难粘接。

铬及镀铬制品脱脂用的溶剂有丙酮、丁酮、醋酸乙酯、汽油、三氯乙烯等，要求高性能粘接时要进行化学处理。可用体积分数为36%～38%的盐酸17mL、水20mL配制成溶液，于90～95℃浸泡1～5min，冷水洗后热水洗，热风吹干。

（3）铅表面处理　可用丙酮或三氯乙烯进行脱脂，或碱液除油，以砂布打磨粗化，便可进行一般用途的粘接。粘接性能要求较高时，亦可进行化学处理。脱脂后在碳酸钠 50g、铬酸钠（$Na_2CrO_4 \cdot 10H_2O$）15g、氢氧化钠 2.5g、水 1000g 配制成的溶液中，于 30℃浸泡 20～30min。

（4）钨表面处理　以丙酮脱脂后进行化学处理，可用浓硫酸 50 质量份、浓硝酸 30 质量份、氢氟酸 5 质量份、水 15 质量份配制成的溶液，室温浸泡 1～5min，水洗，蒸馏水洗，于 70～80℃干燥 10～20min。或用氢氧化钠 50 质量份、水 50 质量份配制成的溶液，于 80～90℃浸泡 1～5min，水洗，热风吹干。

（5）锰表面处理　用溶剂脱脂后在偏硅酸钠 85 质量份、焦磷酸钠 42.5 质量份、氢氧化钠 42.5 质量份、洗衣粉 42.5 质量份、水 455 质量份配制成的溶液中，70～90℃浸泡 10min，水洗，95℃干燥 10～15min。

（6）铍表面处理　脱脂溶剂为三氯乙烯，化学处理的方法有：①脱脂后在重铬酸钠 66 质量份、体积分数为 96% 的浓硫酸 660 质量份、水 1000 质量份配制成的溶液中，于 50～60℃浸泡 30～60s，用蒸馏水洗至中性后，再放入用体积分数为 96% 的浓硫酸 26.5mL、铬酐 56.25mL、正磷酸 450mL 配制成的溶液中，于 110～120℃浸泡 1min，水洗，晾干；②在氢氧化钠 10～15 质量份、水 85～90 质量份配制成的溶液中，室温浸泡 5～10min，水洗，120～180℃干燥 10～15min。

（7）镍、镉、锗、锡、银、金、铂的表面处理

① 镍可在浓硝酸中室温浸泡 4～6s，水洗，热风吹干；对于很薄的镀镍制品，不能用酸蚀法处理，只能用不含氯的洗涤剂浸泡，水洗，50℃干燥。

② 镉及镀镉制品用三氯乙烯溶剂脱脂，砂布打磨粗化。

③ 锗用三氯乙烯脱脂。

④ 锡以丙酮溶剂脱脂，砂布轻轻打磨，用肥皂水洗涤水洗，吹干。

⑤ 银用三氯乙烯溶剂脱脂，砂布打磨。

⑥ 金、铂用火焰烧烤脱脂，砂布打磨，以三氯乙烯溶剂擦拭。

金属除了自身的粘接，还有相互之间即不同金属之间的粘接，表面处理可用它们各自的方法，胶黏剂则用两者皆能适用的品种。

## 42.3.2　塑料

为了改善塑料的表面性能，提高其粘接性能，获得良好和稳定的粘接效果，在塑料粘接之前，需要对塑料表面进行适当的表面处理。通常所采用的溶剂清洗和砂纸打磨方法，主要目的是除去塑料表面上的脱模剂、增塑剂、油脂、水、灰尘和污垢等污物。对低表面能塑料仅用上述方法远远不够，必须采用化学、放电、辐射等方法进行表面处理，以提高低表面能塑料的临界表面张力，较大幅度地提高粘接性能。

### 42.3.2.1　塑料的表面处理基本方法

（1）清洗法　用清洁的棉布或脱脂棉蘸溶剂擦拭塑料表面，也可将塑料粘接面浸渍到溶剂中清洗。应该采用不能溶解此种塑料的溶剂，而不能采用塑料自身溶剂。各种塑料所用溶剂虽不相同，但常用的溶剂有：丙酮、甲乙酮、醇类、苯、三氯乙烯等。

① 表面特性。塑料表面的污染物通常包括增塑剂（邻苯二甲酸酯类、羟酸酯、磷酸酯、聚酯、弹性体中的碳氢填充剂），润滑剂、脱模剂和疏水剂（脂肪酸、脂肪酸酯、烃蜡、酯/酰胺蜡、金属皂、有机硅），抗静电剂（季铵盐、烷基硫黄蜡、脂肪酸酯），指纹等，所以通常情况下采用有机溶剂和水性清洗剂来进行塑料清洁。

② 有机溶剂对塑料进行清洁的问题在于，塑料耐溶剂性是有限的，而且容易产生溶解、

溶胀、形态变化、应力裂纹等问题，一般要做精细清洁可以采用有机溶剂。

③ 水性清洗剂的问题在于，一般情况下，塑料是抵抗水性清洗剂的，但是可以避免应力裂纹的产生，塑料也会有不同程度地吸水。

④ 对于应力裂纹，通常在对塑料进行清洁之前，要进行一些介质浸入的测试，验证塑料产生应力裂纹的可能性，采用的测试标准为：ASTM D1693、ISO 4599 T2、DIN53449-第三部分。

采用的测试介质和浸入时间方案如表 42-7 所示。

表 42-7　测试介质和浸入时间

| 塑料材料 | 试验介质 | 浸入时间 |
|---|---|---|
| PE | 50℃的 2%的表面层溶剂＋50℃的 2%的表面活性剂溶剂<br>70℃的 2%的表面层溶剂＋70℃的 2%的表面活性剂溶剂<br>80℃的 5%的表面层溶剂＋80℃的 5%的表面活性剂溶剂 | ＞50h<br>＞48h<br>＞4h |
| PP | 50℃的铬酸 | — |
| PS | 正庚烷<br>50～70℃的汽油,沸点 50～70℃<br>正庚烷和正丙醇(1∶1) | — |
| S/B | 正庚烷<br>50～70℃的汽油,沸点 50～70℃<br>正庚烷和正丙醇(1∶1)<br>油酸 | |
| SAN | 甲苯和正丙醇(1∶5)<br>正庚烷<br>四氯化碳 | 15min |
| ABS | 邻苯二甲酸二辛酯<br>甲苯和正丙醇(1∶5)<br>甲醇<br>乙酸(80%)<br>甲苯 | 15min<br>20min<br>1h |
| PMMA | 甲苯和正庚烷(2∶3)<br>乙醇<br>N-甲基甲酰胺 | 15min |
| PVC | 甲醇<br>二氯甲烷<br>丙酮 | 30min<br>3h |
| POM | 50%硫酸,局部润湿 | 20min |
| PC | 甲苯和正丙醇[(1∶3)～(1∶10)]<br>四氯化碳<br>5%的氢氧化钠溶液 | 3～15min<br>1min<br>1h |
| PC＋ABS | 甲醇＋乙酸乙酯(1∶3)<br>甲醇＋醋酸(1∶3)<br>甲苯和正丙醇(1∶3) | — |
| PPE＋PS | 磷酸三丁酯 | 10min |
| PBT | 1N 氢氧化钠溶液 | |
| PA6 | 35%氯化锌溶液 | 20min |
| PA66 | 50%氯化锌溶液 | 1h |
| PA6-3-T | 甲醇<br>丙酮 | 1min |

续表

| 塑料材料 | 试验介质 | 浸入时间 |
|---|---|---|
| PSU | 乙二醇单乙醚<br>醋酸乙酯<br>三氯乙烷∶正庚烷(7∶3)<br>甲基乙二醇酯<br>四氯化碳<br>1,1,2-三氯乙烷<br>丙酮 | 1min<br><br><br><br>1min<br>1min |
| PES | 甲苯<br>乙酸乙酯 | 1min<br>1min |
| PEEK | 丙酮 | — |
| PAR | 5%氢氧化钠溶液<br>甲苯 | 1h<br>1h |
| PEI | 丙烯碳酸酯 | — |

(2) 机械打磨或喷砂法　对于塑料来说通常采用打磨或喷砂的办法,除去注塑表层、近表面脱模剂。对于复合纤维类的塑料来说,采用打磨的方式剥离外层保护膜,从而去除脱模剂和污染物,得到原始的塑料表面。主要适合于弹性体和热固性塑料,不适合较薄的零件。塑料表面可用砂纸、砂布、钢丝刷打磨,也可进行喷砂处理。处理之后便可清除塑料表面上的污物及某些塑料表面上的"弱表面层",另外还可使粘接表面糙化,使胶黏剂粘接有效表面积增大,有利于提高粘接强度。

(3) 化学处理法　化学处理法主要目的是改变塑料表面的结构,增加极性,提高塑料表面的可湿润性,改善其粘接性能。

如采用硫酸-重铬酸盐溶液处理非极性聚烯烃(聚乙烯或聚丙烯等),可使塑料表面产生极性基团,提高其表面能。采用钠-萘络合物溶液处理聚四氟乙烯,可使其表面产生碳化层或产生某些极性基团,提高其表面能,其接触角或由处理前的108°降至52°。

对于塑料来说,增加表面极性和反应性及聚合物链的可动性,非常有利于塑料粘接的效果,而通常采用从表面植入外来原子和产生偶极,破坏晶体结构的方式来实现的,这也就是所说的塑料化学和物理前处理。塑料的化学前处理方法如表42-8所示。

**表 42-8　塑料的化学前处理方法**

| 塑料化学前处理方法 | 基本处理步骤 |
|---|---|
| 蚀刻 | 用蚀刻槽,在塑料基材上涂蚀刻剂,或将基材置于蚀刻槽液中,经过一定的温度和时间后,清洗塑料表面,可以实现短时间粘接效果的提升 |
| 氟化 | 用氟和氮的混合气体对塑料表面进行处理,通过氮气来控制氟的高反应性,在塑料表面植入氟原子,产生极性中心,产生晶体结构,非常适合于低表面能塑料的表面处理 |

通过氟化处理的塑料表面能的提升范围如表42-9所示。

**表 42-9　氟化处理的塑料表面能的提升范围**

| 塑料材料 | 处理前的表面能值/(mN/m) | 处理后的表面能值/(mN/m) |
|---|---|---|
| SI、Q | 32 | 58 |
| PE-LD | 30 | 54 |
| PE-UHMW | 37 | 52 |
| POW | 40 | 72 |
| PC | 35 | 54~72 |
| PPS | 35 | 58 |
| PEEK | 35 | 56 |
| EPDM | 40 | 58 |
| PBT | 30 | 72 |
| PBT+ABS | 32 | 72 |

（4）火焰处理法　火焰在塑料上短时间停留后，塑料表面短时间可以达到 200～400℃，使塑料的光滑表面明显粗糙化，晶体结构溶化，使塑料表面生成 C—O 结构，但是由于极性基团在聚合物动力学的作用下会快速地浸入塑料基材内层，所以火焰处理后也需要进行快速粘接。

（5）高压放电法　这种方法主要用于处理非极性聚烯烃塑料表面，改变表面层结构，使表面生成具有极性和表面能高的不饱和双键和碳基基团，提高表面湿润性，降低接触角，改善并增加粘接强度。具体实施是利用高压（15000V 以上）放电，轰击处理塑料表面，使烯烃塑料表面能和极性明显增大，且表面粗糙度也随之增加。

（6）等离子体处理法　这种处理方法效果比较好。利用等离子体轰击处理塑料表面，以达到改变塑料表面层结构，增大其表面能和表面极性，改善胶黏剂的湿润程度，降低接触角，使"弱边界层"交联成大分子，提高粘接性能之目的。经等离子体处理过的塑料其粘接强度有明显提高，如烯烃类塑料经处理后，粘接强度可提高 6～10 倍；氟塑料经处理后，粘接强度可提高 4～8 倍；结晶大的工程塑料（如聚甲醛、聚碳酸酯和热塑性聚酯及尼龙等）经处理后，粘接强度可提高 2～5 倍。对其他塑料粘接强度同样也有不同程度的改善。通常有 3 种等离子方法：电晕法、真空等离子法、常压等离子法。通过引进新官能团，来改变塑料基材表面的化学组成，并且实现塑料表层的结构改变，来提高低表面能塑料的粘接性能和耐久性。三种等离子法的优点和缺点如表 42-10 所示。

表 42-10　三种等离子法的优点和缺点

| 方法 | 优点 | 缺点 |
| --- | --- | --- |
| 电晕法 | 处理速度快；<br>处理宽度大；<br>较好的前处理效率；<br>适合在线使用 | 再现性取决环境条件；<br>活化效果衰退的比较快；<br>容易产生不均匀的电晕灼伤；<br>复杂形状的部件有问题；<br>等离子体是热的，而且不是无电势的 |
| 常压等离子法 | 连续处理，适合在线生产；<br>可以进行局部处理；<br>非常短的处理时间；<br>可以进行大面积处理；<br>可以进行自动处理和手动处理；<br>比电晕法有更好的再现性；<br>等离子体是无电势的 | 高气体消耗；<br>一些系统需要稀有气体；<br>在开放的空气中处理会受到天气影响；<br>产生粉末颗粒 |
| 真空等离子法 | 气体和化学品的低消耗；<br>可实现 3D 处理；<br>最低的浪费；<br>密封屏蔽可以减少危害和监管的问题；<br>可控的气体环境；<br>高效率的清洁和活化；<br>低温 | 高固定资产投资；<br>需要分批处理；<br>产生真空需要时间 |

（7）辐射处理法　是一种比较昂贵的处理方法。其目的是通过高能辐射，使塑料表面层结构加以改变，使尚存的"弱边界层"在高能辐射下交联或内聚成强度大的高分子结构，提高表面能和极性，进而增大胶黏剂的湿润程度、增加有效接触面积、降低接触角、提高粘接强度和耐久性等。例如，将塑料表面置于 $^{60}$Co 辐射源下辐射，塑料表面就会产生游离基，并与单体发生反应，生成一种表面能和极性较高的共聚物。此法最适合于聚烯烃和聚四氟乙烯等非极性塑料的处理。

## 42.3.2.2　热塑性塑料的表面处理

与热固性塑料不同，热塑性塑料的表面通常必须进行物理或化学处理，对那些结晶的热塑性塑料尤其如此。通过表面处理可改变表面结构，赋予表面极性，改善表面粘接性能，达到理想粘接的目的。

（1）聚烯烃的表面处理　聚烯烃属非极性材料，分子结构中不含极性基因，表面能低，故难以粘接。如果要进行高强度的粘接，必须进行表面处理，对聚烯烃的表面处理包括化学处理、电子处理、火焰处理和底涂处理等。其中常用的方法是氧化处理法（即铬酸溶液浸泡）、电晕放电法、火焰氧化法等。

不同处理方法处理的聚烯烃的测试结果，按其效果优劣排列次序为：火焰处理或活化等离子体处理＞铬酸处理、水清洗、丙酮干燥＞铬酸处理、水清洗、擦拭并于23℃空气干燥＞铬酸处理、水清洗、71℃烘箱中干燥＞铬酸处理、水清洗、于90℃烘箱中干燥＞打磨（氧化铝砂纸）。

聚烯烃的表面处理方法有：

a. 底漆及粘接促进剂。常规的一些预处理或改性方法（比如上述物理机械处理法、化学氧化法、气体热氧化法、火焰法、电晕法、等离子体法等）都不方便，耗时且有时是昂贵的；使用底漆尽管有少许不便，但却是一个适合产品流水线的较佳选择；有广泛应用于产品装配行业的氰基丙烯酸酯类胶作底漆或促进剂，氯化聚丙烯作为底漆或促进剂，无卤素水溶型的粘接促进剂。

b. 聚烯烃表面改性剂。

c. 聚烯烃的化学改性。

d. 热化学接枝等。

（2）聚苯乙烯（PS）表面处理　聚苯乙烯具有良好的介电性能、耐化学性能和耐水性，属极性材料，可用溶剂粘接法粘接，采用胶黏剂粘接时应进行表面处理。

① 打磨或砂磨处理。用甲醇或异丙醇脱脂，用 $71\mu m$（200目）粒度砂纸打磨并除去尘粒。

② 重铬酸钠-硫酸处理。用异丙醇或甲醇脱脂；保持 $99\sim104$℃在浓硫酸90质量份与重铬酸钠10质量份配制的溶液中浸泡 $3\sim4min$；用蒸馏水彻底漂清；49℃干燥。

本法对铬酸刻蚀法作了根本性的改变，没用水稀释酸，可以采用很高的浸渍温度。

③ 无浸渍处理。用于聚苯乙烯高频电器部件，只进行接触面的处理。甲醇或异丙醇脱脂；在接触面上涂上触变糊（浓硫酸3质量份、粉状钾1质量份），加热零件至82℃并保持 $3\sim4min$（表面上），按要求加入熔凝硅土即可制得触变糊；用蒸馏水充分漂清；干燥。

（3）丙烯腈-丁二烯-苯乙烯共聚物（ABC）表面处理　为聚苯乙烯（PS）改性体，可用上述①、②法处理。其中，脱脂溶剂为甲醇、丙酮、无水乙醇；铬酸刻蚀溶液为浓硫酸26质量份、重铬酸钾3质量份、水11质量份。

（4）聚氯乙烯（PVC）表面处理　PVC有硬质和软质之分，具有良好的化学稳定性和介电性能，分子结构中有极性基团，可采用溶剂粘接、热熔粘接和胶黏剂粘接。由于PVC表面存有增塑剂、油脂、粉尘等，须进行表面处理。

PVC表面处理相对比较简单：用甲醇、低沸点石油醚、甲乙酮、甲苯或三氯乙烯等溶剂中任意一种擦洗粘接面；用中等粒度 $71\mu m$（200目）砂纸打磨；吹掉粉尘；再用溶剂擦洗；干燥，立即涂胶粘接。

（5）丙烯酸类塑料表面处理　此类塑料可用溶剂粘接法、热熔粘接法和胶黏剂粘接法。丙烯酸类塑料，如聚甲基丙烯酸甲酯（PMMA）经熔点温度下热处理后可采用溶剂粘接法直接粘接；采用胶黏剂与不同类或不同质材料粘接时，须进行表面处理。方法为：用甲醇、丙酮、甲乙酮、三氯乙烯或异丙醇擦拭，或采用清洗剂清洗；用 $0.08\sim0.036mm$（180～

400 目）的细砂纸或金刚砂纸打磨，或采用少量水冲洗的磨料，进行干磨喷砂或温磨喷砂；用干净的干布擦拭，以除去砂粒；用溶剂重复擦拭；干燥后即可涂胶。

（6）纤维素塑料的表面处理　纤维素塑料包括硝酸纤维素、醋酸纤维素、醋酸-丁酸纤维素、乙基纤维素等。此类塑料适合用溶剂粘接法，亦可用胶黏剂粘接，粘接前都应进行表面处理。表面处理方法可用溶剂处理法，也可进行化学处理成其他方式处理，以便取得较高的粘接强度。如用甲醇或异丙醇溶剂脱脂；喷砂和蒸汽冲刷，或使用 $0.07\mu m$（220 目）砂布打磨；再次溶剂脱脂；在 93℃ 温度下加热 1h，并趁热使用胶黏剂。等离子处理方法也在乙酸丁酸纤维素上成功应用。

（7）聚甲醛　聚甲醛结晶度高，且有良好的耐溶剂性，不可能用溶剂粘接法。胶黏剂粘接时，受表面能低的限制，必须进行表面处理后方可粘接。

均聚甲醛表面处理的目的是清洁表面，除去油脂和污物，清除低分子弱界面层，提高内聚强度，实现成功粘接。

常用的处理方法如：

① 金刚砂表面研磨法。

② 常规化学处理法。用丙酮或甲乙酮擦拭；室温 20～30℃ 在用浓硫酸 26 质量份、重铬酸钾 3 质量份、水 11 质量份配制的铬酸刻蚀溶液（重铬酸钾溶解于干净的自来水中，然后分批加入约 200g 硫酸，每次加入之后都要进行搅拌）中浸泡 10～20s；用干净流动的自来水冲洗至少 3min；用去离子水或蒸馏水清洗；38℃ 温度下在鼓风烘箱中干燥约 1h。此外还有全氯乙烯溶液处理法等。

共聚甲醛的表面处理：用丙酮擦拭部件；空气干燥；在用浓硫酸 400 质量份、重铬酸钾 11 质量份、去离子水 44 质量份配制的铬酸刻蚀溶液中浸渍 10～15s；立即用自来水冲洗被粘接制件；用去离子水清洗；在 60℃ 下烘干。

也可采用等离子体处理法，对共聚甲醛表面进行处理。

（8）尼龙（PA）表面处理　尼龙在普通无毒溶剂中溶解度很低，自粘或与金属等材料粘接时，通常采用溶剂型胶黏剂粘接。另外，尼龙属结晶型聚合物，对溶剂敏感性差，因而，在粘接前要进行适当的表面处理。

尼龙粘接前可用下列方法进行表面处理：①先用丙酮或甲乙酮脱脂，再用砂纸或砂布轻轻打磨至塑料表面失去光泽后，洗净，烘干等；②在体积分数为 80% 的苯酚水溶液中浸泡，然后用水洗净，烘干；③用等离子体处理，其粘接性能会有更大的改善；④表面涂异氰酸酯底胶。此法适于聚酰胺纤维与天然纤维或合成纤维的粘接。

在尼龙与金属粘接时，实际操作中有时不打磨尼龙也可获得较强的粘接强度。然而为安全起见实际上还应对尼龙表面进行必要的砂纸打磨或钢丝刷打磨，并用溶剂清洗后，才能获得最大粘接强度。

（9）热塑性聚酯（PET、PBT 等）表面处理　这类塑料耐溶剂性和耐化学药品性优良，粘接比较困难，粘接前必须进行表面处理。

① 常规表面处理法。

a. 将 PET、PBT 粘接制件置入 70～95℃ 体积分数为 20% 的氢氧化钠水溶液中浸泡 10min 左右，取出用清水冲洗，干燥后涂胶粘接，可明显提高其粘接强度。

b. 定向 PET 薄膜的表面处理可采用电晕放电处理法处理，也可改善其粘接性能。

c. PET 定向拉伸薄膜还可在乙烯基卤硅烷中浸泡、用水清洗，晒干处理，也可大大改善其粘接性能。

② 热塑性聚酯制品的打磨处理法。用 $0.07\mu m$（240 目）的砂纸轻轻打磨；甲苯或三氯

乙烷脱脂；净水清洗；干燥，即可涂胶。

③ 等离子体处理法。采用氮、氩等气体等离子体或水蒸气等离子体来活化处理聚酯粘接面，可使其粘接强度比上述处理法提高 3～4 倍。

（10）氟塑料表面处理　以聚四氟乙烯（PTFE）为典型代表，表面呈现非极性且表面能很低，是典型的难粘接材料。氟塑料除 PTFE 外，还有聚三氟氯乙烯、聚氟乙烯、全氟乙烯及其他共聚物。

表面处理方法有：

① 钠-萘-四氢呋喃溶液腐蚀法。此法效果较好，应用比较普遍，适于聚四氟乙烯、聚三氟氯乙烯及其含氟共聚物的表面处理。

a. 呋喃溶液制备。在搅拌器、通氮管的 2L 三口瓶内，加入 128g 精萘，1L 经干燥处理好的四氢呋喃，搅拌使萘全部溶解。此后，在室温下，缓慢加入 23g 的新鲜钠屑，再搅拌 2h 后钠全部参与反应，制得呈黑绿或黑褐色的处理溶液。整个反应过程都是在氮气保护下进行的。将制备好的溶剂装到密封性好的容器内并充入惰性气体保护，可保存三个月。

b. 氟塑料粘接制件的浸渍处理。表面清洁的氟塑料制件或片、板、膜材可直接浸渍处理溶液；表面脏的制件，应先用细砂纸打磨，丙酮擦拭，晾干后才能进行浸渍化学处理。方法是将氟塑料粘接制件放入处理液中，在氮气保护下，浸渍 1～15min；取出后经丙酮清洗，再水洗烘干。

② 等离子体处理法。用等离子体发生器通以惰性气体处理氟塑料表面，可显著改善其粘接性能。所采用的惰性气体压力为 133Pa，处理时间为 15min。其粘接剪切强度可由 0.53MPa 增加到 5.3MPa。

③ 辐射接技处理。用 $^{60}$Co 照射处理氟塑料，可使其表面发生接技，改善粘接性能，并可采用普通的胶黏剂粘接。其优点是处理后表面颜色不变，在潮湿环境下表面电阻保持不变。

④ 熔融醋酸钾处理。将氟塑料放入醋酸钾中，加热 295℃ 处理 30min，取出水洗，干燥后即可粘接，经处理的 PTFE 与铝粘接剪切强度为 11.4MPa。

⑤ 碱液回流处理法。碱液配比（配比各组分为质量份）为氢氧化钠 10 份、二丙烯基三聚氰胺 8 份，混合制成碱性溶液。放入氟塑料，将溶液加热回流 30min，然后取出洗净、烘干，即可粘接。

⑥ 聚偏氟二乙烯（PVDF）表面处理。结晶性非极性材料，表面能低，粘接性能较差，不经处理则无法取得高强度粘接。可采用等离子体处理方法，也可采用溶剂清洗-腐蚀法，均可取得良好的效果。

溶剂清洗-磨蚀法中采用异丙醇作为清洗剂。具体步骤为：

a. 将 PVDF 浸渍到异丙醇中进行清洗。

b. 喷砂或用砂纸打磨。

c. 用自来水和无卤素清洗剂溶液冲洗，再用自来水冲洗，然后用蒸馏水清洗。

d. 用异丙醇再次清洗。

e. 蒸馏水清洗，干燥后可涂胶粘接。

（11）聚砜表面处理　可用溶剂粘接或者用通用胶黏剂粘接，也可用超声波焊接。表面处理方法有酸蚀法、溶剂清洗法、超声波清洗器电器部件清洗法，以酸蚀法效果最好。

酸蚀法具体为：在碱性溶液中用超声波清洁；冷水漂洗；在浓硫酸 96.6 质量份与重铬酸钠 3.4 质量份配制的溶液中，于 66～71℃ 浸泡 5min；冷水洗；在鼓风烘箱中 66℃ 干燥。用环氧胶膜粘接钢-塑-钢，其拉伸剪切强度为 17.2MPa。

（12）改性聚苯醚（PPO）表面处理　改性聚苯醚可溶剂粘接、热熔粘接，也可用胶黏剂粘接。不管采用什么粘接方法，为提高粘接强度，均应进行表面处理，但不用采用过于复杂的表面处理方法。

改性聚苯醚制品粘接前，应用甲醇擦洗粘接面，然后用细砂纸轻轻打磨。打磨后再用甲醇（或异丙醇）擦洗，烘干后即可进行粘接。同时，聚苯醚还可采用酸磨蚀法进行表面处理。步骤如下：

① 利用异丙醇或已商品化的清洗剂水溶液进行溶剂清洗。

② 用砂纸打磨，或者采用铬酸溶液进行化学处理（将改性聚苯醚制件的粘接面，在浓硫酸 375g、重铬酸钾 18.5g、水 30g 配制的重铬酸溶液中，80℃下浸渍 1min；然后用蒸馏水清洗干净；干燥即可涂胶粘接）。

### 42.3.2.3　热固性塑料的表面处理

此类塑料本身或与其他材料不能采用溶剂粘接和热熔粘接，一般采用胶黏剂粘接。多数热固性塑料粘接并不困难，也不需进行特殊的表面处理。但热固性塑料制品加工过程中要施加脱模剂、润滑剂等，表面易形成油脂和污垢，粘接前通常用洗涤剂、溶剂等将其擦洗掉，随后可轻轻喷砂使表面粗糙化并增大粘接表面积，然后再用洗涤剂或清洁剂清洗，用不起毛的擦布和纸擦净，干燥后即可粘接。

通常采用的溶剂包括有丙酮、甲乙酮、甲苯、三氯乙烷和异丙醇等。表面打磨或粗糙化用精细砂纸（如砂、金刚砂和氧化铝）、磨料（如金属、砂和氢化物），或者金属棉（钢、铝或钢纤维棉）、钢丝刷等。

（1）氨基塑料表面处理　氨基塑料包括脲醛、脲甲醛、三聚氰胺甲醛等，以三聚氰胺甲醛（MF）最有实用价值和代表性。此类塑料只需对表面进行脱脂或打磨或加底胶即可粘接。

通常所采用的表面处理方法为：用带研磨剂的家用洗涤剂擦洗；用自来水洗，然后用去离子水清洗；干燥；喷砂；用异丙醇擦洗；干燥；涂底胶粘接。另外，还可采用环氧塑料的表面处理方法。

（2）环氧塑料表面处理　环氧塑料用胶黏剂很容易粘接，要求其表面清洁、干燥。粘接面采用常用的溶剂清洗法和喷砂或打磨法即可达到粘接要求。

溶剂清洗和喷砂打磨法步骤如下：用丙酮或其他溶剂擦拭，或者采用蒸汽脱脂；水冲洗，然后用去离子水清洗；干燥并喷砂处理或用砂纸打磨；用清洁干布擦除磨料；再用溶剂清洗；涂上用甲醇∶乙醇（体积比）＝（5～10）∶1 调制好的有机硅底胶，晒干后即可粘接。

（3）酚醛塑料表面处理　酚醛塑料较容易粘接，其粘接产品涉及各种模塑件。粘接表面的清洁度要求较严，粘接前也应进行必要的溶剂清洗和打磨喷砂等处理。表面处理步骤基本与氨基塑料相同。

（4）不饱和聚酯表面处理　粘接性能较好，表面处理比较简单，通常采用溶剂清洗、喷砂或砂纸打磨的方法即可满足粘接要求。具体实施步骤与环氧塑料表面处理相同。

（5）聚酰亚胺（PI）表面处理　其粘接性能尚好，表面处理也不复杂，通常采用溶剂清洗和喷砂打磨即可。常用的表面处理方法有两种：

① 溶液清洗-喷砂法。将 PI 制件放入四氯乙烯或三氯乙烯中回流，或者放入三氟三氯乙烷中，用超声波清洗，除去制件上的油脂、污染等；采用干法或湿法磨料喷砂法，机械擦磨（轻磨），擦磨完毕，再用上述溶剂清洗掉研磨颗粒；干燥后即可粘接。

② 氢氧化钠浸蚀法。先用丙酮对 PI 制件脱脂；在用氢氧化钠 5 质量份和水 95 质量份配制的溶液中，于 65～90℃浸泡 1min；用冷水漂洗；用热空气干燥。

（6）聚氨酯（PUR）表面处理　尽管有热塑性和热固性之分，但其粘接性能均好，表面处理只需溶剂清洁和喷砂即可。

常用的表面处理方法是溶剂清洗，轻度喷砂，涂漆即可。推荐的表面处理操作步骤：用丙酮或甲乙酮擦拭粘接面；用粒度 0.14mm（100 目）的砂布、砂纸或钢纤维棉打磨粘接面；用清洁的干布擦除磨料和颗粒；用丙酮再次擦洗；干燥；用聚氨酯胶黏剂或有机硅胶黏剂作底胶改进其粘接性能，然后再涂胶粘接。

（7）有机硅塑料表面处理　粘接强度低，通常采用涂底胶来改变其粘接性。推荐的表面处理方法：用家用洗涤剂加磨料擦拭粘接面；再用自来水漂洗、去离子水漂洗；干燥；喷砂；用异丙醇擦拭干燥；涂底胶或粘接。有机硅塑料制品也可采用环氧塑料表面处理的方法。

## 42.3.2.4　热固性增强塑料表面处理

常用的树脂基体有环氧、酚醛、不饱和聚酯、聚酰亚胺等，增强体系由棉纤维、玻璃纤维发展到碳纤维、芳纶纤维和超拉伸聚乙烯纤维等增强的高性能塑料。这类材料在粘接前的表面处理与热固性树脂体系基本相同，粘接性能尚好，表面处理工序并不繁杂。

此类材料制品的表面处理方法为通过溶剂清洗、喷砂等除去其制件表面上的粉尘、污染物，树脂层中的杂质、气泡、脱模剂等。常采用的办法如下：

（1）撕裂（剥离）层法　为防止制品被污染，往往在制品表面覆盖一层织物。剥去织物后再用刷子或清洁的过滤空气吹表面，除去已松动颗粒，然后再清洗、喷砂、粘接。

（2）喷砂法　增强塑料表面一般采用中等粒度的金刚砂喷砂，或采用同类型的砂纸或砂布进行打磨，要求使表面粗糙，以增大粘接表面积，不能损害增强纤维。喷砂之后，根据所用的脱模剂和润滑油选择合适的溶剂来清洗。常用的溶剂有丙酮、甲乙酮、甲苯、三氯乙烷等。在有些情况下，喷砂前就应先用溶剂清洗。

（3）手工擦洗法　擦洗时使用清洁的布或非金属纤维刷子刷洗。然后用流动的自来水漂洗，再用蒸馏水漂洗，最后在 54～56℃下干燥。制件粘接面应呈现水膜不破表面，如果达不到这一要求，应重复上述工艺。

（4）溶剂浸泡-打磨法　假如采用剥离层法、喷砂法或手工擦洗法仍然达不到呈现水膜不破的表面，可采用溶剂浸泡-打磨法处理，具体步骤如下：将增强塑料放入试剂级丙酮中浸泡 48h；在 86～104℃下干燥 3～4h；用粒度为 0.071mm（200 目）的砂纸轻轻打磨；检查粘接面是否符合水膜不破条件，若通过可进行粘接，如不通过应浸泡至少 24h，并重复上述步骤，否则将使粘接件报废。

## 42.3.2.5　热塑性增强塑料表面处理

尽管热塑性增强塑料也可用与未增强塑料一样的方法进行表面处理，但其粘接效果不一定很好。通常玻璃纤维增强塑料的粘接强度要比未增强塑料的强度低得多（约 50%）。在处理热塑性玻璃纤维增强塑料时，一是应按照树脂基体表面处理方法实施，但不应过度喷砂或打磨，以求制备均匀的粘接面；二是最好采用胶黏剂粘接，或涂底胶法粘接，不要采用溶剂粘接法。

## 42.3.2.6　泡沫塑料表面处理

泡沫塑料由于本身强度低、多孔，比较容易粘接。对其进行表面处理一般按照基体树脂的处理方法实施，特别适用于热塑性泡沫塑料。而热固性泡沫塑料（如聚氨酯），有硬质、半硬质和软质三种。硬质泡沫密度范围大，很显然随密度的增大，所暴露材料的实际面积增加，可很方便地采用轻度喷砂技术，然后再用真空或吹风方法除去粉尘或颗粒，再用溶剂清洗，干燥后即可粘接。

总之，泡沫塑料表面粗糙，不用进行特殊的表面处理就可粘接。热塑性泡沫塑料除采用胶黏剂粘接外，还可采用溶剂粘接。

## 42.3.3　橡胶

### 42.3.3.1　橡胶表面特性

橡胶制品表面通常都有白蜡、滑石粉、油脂、增塑剂等物质，这些物质严重影响黏附性和耐久性，通常的处理方法是用溶剂进行清洁，用纱布进行打磨，但是不同品种的橡胶，表面处理方式差异非常大，很多橡胶都要进行化学处理和其他类型处理。

### 42.3.3.2　常用橡胶表面处理方式

为了增加粘接强度和耐久性，常用橡胶的表面处理方式如表 42-11。

表 42-11　常用橡胶的表面处理方式

| 橡胶大类 | 橡胶小类 | 常用处理方式 |
| --- | --- | --- |
| 饱和烃类橡胶 | 乙丙橡胶 | 电晕、等离子处理、UV 辐射 |
|  | 丁基橡胶 | — |
| 不饱和烃类橡胶 | 天然橡胶 | 乙酸乙酯体系、电晕 |
|  | 苯二烯-丁二烯共聚物 | 次氯酸酸化、乙酸乙酯体系 |
| 卤化橡胶 | 氯丁橡胶 | 乙酸乙酯体系 |
| 杂原子橡胶 | 硅橡胶 | 等离子处理、UV 辐射 |
|  | 丁腈橡胶 | 乙酸乙酯体系 |

## 42.3.4　陶瓷

粘接是对陶瓷进行连接与维修的一个很重要的方法，表面处理也是陶瓷在粘接前必须实施的一个重要工序，否则就达不到满意的粘接效果。

### 42.3.4.1　陶瓷表面处理方法

陶瓷的表面处理根据其种类、性能和用途主要有如下几种方法。

（1）方法 1

① 蒸汽脱脂。

② 用 200 目砂纸轻轻打磨。

③ 用真空吸附式过滤空气吹去残粉。若表面有釉层，则尽量将釉层全部清除，以便达到最高粘接强度。

（2）方法 2

① 用溶剂或温热清洗液清洗。

② 用不锈钢处理液［重铬酸钠 3.5 份（质量份，下同）、水 3.5 份、浓硫酸 200 份］或镁合金处理液（铬酸 1 份、水 4 份）室温浸泡 10～15min。

③ 用水充分洗净，并在 65℃烘箱中烘干。

（3）方法 3　陶瓷与金属钎焊前的表面准备。

① 在空气中加热到 800～1000℃，除去其中的空气。

② 用碱性清洗液洗涤。

③ 在稀硝酸中浸泡。

④ 用中性洗涤剂清洗。

⑤ 干燥。

注意切不可用三氯乙烯脱脂。

### 42.3.4.2　不同陶瓷的表面处理

（1）无釉陶瓷表面处理　对于未上釉的矾土等陶瓷可进行如下处理：用 3 份（体积份）220～325 目氧化铝或碳化硅砂浆与 1 份蒸馏水配制的浆液喷砂；用丙酮或洗涤剂脱脂。

（2）上釉陶瓷表面处理　对于上釉的陶瓷，如瓷器，可进行如下处理：用丙酮溶剂脱脂或用热洗涤剂溶液清洗；冲洗；干燥。

陶瓷的常用表面处理方法如下：

① 蒸汽脱脂后，用 200 目的砂纸进行打磨，用真空吸附式的过滤空气吹除表面残粉，若表面有釉层，应当把釉层清理干净。

② 用溶剂或温热清洗液清洗，用不锈钢清洗液或镁合金清洗液浸泡 10～15min，用水洗净，烘干。

③ 无釉陶瓷的表面处理：对于未上釉的，采用氧化铝或碳化硅与水混合的砂浆进行喷砂后用丙酮和清洗剂脱脂。

④ 上釉陶瓷的表面处理：用丙酮脱脂，用水冲洗，烘干。

## 42.3.5　玻璃

### 42.3.5.1　玻璃表面的清洁

采用溶剂除油去脂，并通过加热进行干燥，防止形成冷凝水层，也可以采用蒸馏水或水基清洗剂洗掉碱性的水解物，但是不可以采用碱性清洗剂。

### 42.3.5.2　玻璃表面的处理

采用底涂或粘接促进剂对玻璃表面粘接位置进行涂覆，聚异氰酸酯和硅烷偶联剂可以起到稳定玻璃表面状态的作用。

### 42.3.5.3　光学玻璃的处理

光学玻璃严禁采用酸蚀、碱腐蚀，采用超声波清洗和烘干的方法进行前处理。

对玻璃表面进行处理的目的主要是清除表面的覆盖层，如水膜和污物，改变其表面活性，使之有利于润湿和粘接。表面处理的方法很多，如化学处理、涂底胶、机械处理等。下面介绍几种常用的有效处理方法。

光学玻璃可用下述方法进行处理。

（1）方法 1

① 在超声波装置内依次用洗涤剂溶液、清水、乙醇清洗。

② 置于 40℃ 以下热风或烘箱中干燥。

如果光学玻璃要储藏较长时间，储存用玻璃容器应按上述程序清洁并干燥，然后将光学玻璃放入清洁的玻璃容器内安全存放。

（2）方法 2

① 用单面刀片轻轻刮去被粘接表面的附着层。

② 用油石蘸水打磨。

③ 用棉球蘸溶剂擦拭脱脂（粘接操作中戴细纱手套）。

（3）方法 3（打磨处理，一般用途粘接）

① 用氧化铝或碳化硅的浆液喷砂。浆液配比为：在 1 体积 0.068～0.045mm 氧化铝或

碳化硅砂浆中加 3 体积蒸馏水。

　② 用丙酮或洗涤剂脱脂。

　③ 在 100℃下干燥半小时。

　④ 在玻璃冷至室温前涂布胶黏剂。

# 42.3.6　木材

### 42.3.6.1　木材表面特性

　　木材的粘接，如果想获得良好的粘接性能和耐久性，需要对粘接表面刨光到平整，对于木材中含有的油脂、树脂、单宁等物质，要采用有机溶剂擦拭处理，粘接前，先要进行干燥处理。木材的粘接表面处理主要在于精加工。要使接头的粘接强度高，应用锐利刨具将木材刨得平整光滑，表面无刀痕、无片材和木屑等。为使粘接压力均匀，每层板材的厚度最好要均匀。为确保粘接性能良好，应将加工好的木材马上粘接，如果片材的四个边也要粘接，分两次粘接为好，并应在每次粘接前进行加工处理。

　　用传统锯加工的木材表面比刨床、连锯器等加工的表面粗糙；而现代电锯的刀具较锋利，易锯平，加工后的表面可直接进行粘接，故而省时省力。但是，如果锯割工作异常，其表面粘接强度会比精刨的表面明显降低。比较可靠的方法是刨削式切割表面，但刨削时进给速度要均匀，如果太快，产生的刀纹会影响粘接面的紧密接触。由于加工刀具的磨损、研磨或固定不适，也会造成加工表面的粘接强度降低。使用迟钝刀具加工也会产生粗糙表面，不利于粘接。但对于制造浸渍树脂木材与纸和塑料板层压制品的粘接来说，轻度打磨对粘接有利。

### 42.3.6.2　木材处理方法

　　常用木材类表面处理方法如表 42-12。

表 42-12　常用木材类表面处理方法

| 木材类型 | 处理方法 | 注意 |
| --- | --- | --- |
| 软木 | 用胶黏剂作为底涂或采用封孔剂 | — |
| 层压木材 | 用砂纸顺着层压木材的纹理打磨并干燥处理 | 承载不高的粘接 |
| | 刨平表面，用砂纸顺着层压木材纹理方向砂光 | 木材需要干燥处理到含湿量 12%左右 |

# 42.3.7　石材

### 42.3.7.1　石材表面特性

　　对于石材的表面处理，应注意表面及本体的吸水性和含湿量，因为水分对粘接的效果有明显的影响。例如硬石棉、石膏、混凝土，一定要在干燥后才能粘接，否则被粘石材中的水分蒸发到粘接界面引起粘接界面失效。

### 42.3.7.2　石材表面处理方法

　　通常的石材表面处理如表 42-13。

表 42-13　石材类表面处理方法

| 石材材料类型 | 脱脂溶剂 | 处理方法 | 注意事项 |
| --- | --- | --- | --- |
| 硬石棉 | 丙酮 | 用 120 目砂纸打磨，去粉尘后用溶剂进行清洁；用稀释的胶黏剂或低黏度松香酯底涂 | 允许用加热板加热使得溶剂挥发，缩短晾干时间 |
| 沥青化表面 | 丙酮 | 用 120 目砂纸打磨，去粉尘后用溶剂进行清洁 | 用于管道工程 |

续表

| 石材材料类型 | 脱脂溶剂 | 处理方法 | 注意事项 |
|---|---|---|---|
| 混凝土、花岗石、石料 | 过氯乙烯清洗剂 | 用金属丝刷进行打磨,清洗剂除油,干燥前用热水漂洗 | 采用硬毛刷 |
| | | 盐酸腐蚀(15%)至表面呈泡沸状,用水冲洗至中性,再用10%氨水和水分别漂洗。粘接前充分干燥 | 酸在聚乙烯桶中配制,10%～12%的硫酸或15%的盐酸二选一,可用10%NaHCO$_3$溶液代替氨水中和酸 |
| 云母和石英 | 丙酮 | 溶剂清洁后涂覆底涂 | |
| | | 用硅树脂溶液作为底涂涂覆粘接面 | 适用于云母 |
| 碳、石墨 | 丙酮 | 用240目砂纸打磨,去粉尘后用溶剂进行清洁 | — |

## 42.3.8　织物与皮革

### 42.3.8.1　玻璃纤维的表面处理

（1）热清洗法　玻璃纤维制造过程中涂覆在玻璃纤维表面的润滑剂对树脂和玻璃粘接有不利影响，因此在制造玻璃钢之前，先要将这层润滑剂去掉，通常采取的办法就是热清洗法。

（2）酸洗法　玻璃纤维采用酸洗法处理，可提高纤维的表面粗糙度、增大表面积，有利于树脂在玻璃纤维表面微孔中产生机械联锁作用。同时也有利于表面接受硅烷偶联剂，因而酸洗法有利于粘接强度的提高。

（3）硅烷偶联剂处理法　用偶联剂处理纤维是提高玻纤粘接强度的有效方法，常用偶联剂为硅烷偶联剂。其中最为常用的硅烷偶联剂品种是含有三个可水解基团及一个反应性官能团的品种，这种可水解基团能与纤维表面的羟基发生水解缩合，反应性官能团与高聚物发生化学反应，从而使复合材料的粘接性能、耐久性和耐水解性得到提高。

### 42.3.8.2　碳纤维（石墨纤维）的表面处理

要充分发挥碳纤维复合材料的性能，首先，纤维对基体树脂应有很好的浸润性，但碳纤维，特别是石墨结构纤维，对树脂的浸润性是相当差的，为了改善这一弱点，就提出了碳纤维表面处理的各种方法，使纤维表面活化。表42-14列出了碳纤维的各种处理方法。

表 42-14　碳纤维表面处理方法

| 处理方法 | 操作步骤和条件 | 说明 |
|---|---|---|
| 硝酸氧化法 | 60%或79%硝酸槽里,将酸煮沸,恒温24h后,取出用水处理后,洗净,必须在蒸馏水中蒸煮几次,在水中漂洗过夜,洗净酸,150～200℃下真空干燥 | 所制成的复合材料层间剪切强度可提高一倍 |
| 次氯酸法 | 首先用醋酸调节10%或20%次氯酸钠水溶液至pH值为5.5,用调节后的次氯酸水溶液,在45℃浸渍16h | 对处理后的纤维和树脂基体的粘接力得到改进,制成的复合材料剪切强度从21MPa提高到70MPa |
| 空气氧化法 | 纤维在空气中氧化,控制温度在400℃或600℃,时间为1.5～4h | 可使复合材料的层间剪切强度从19MPa提高到66MPa |
| 电解处理NaOH溶液 | 将纤维连续通过电解槽,电解液为浓度为5%的NaOH溶液,处理3min,干燥温度为66℃ | — |
| 生长晶须法 | 将1100～1650℃的硅气体通过碳纤维中,使硅蒸气和碳纤维直接化合为垂直于纤维表面的羊毛状碳化硅晶须 | 当碳化硅晶须的含量达到6%时,用其制作的材料剪切强度为143MPa |

续表

| 处理方法 | 操作步骤和条件 | 说明 |
|---|---|---|
| 蒸汽沉积法 | 碳纤维连续通过蒸汽处理器,纤维被加热到 400～1600℃,处理时间随蒸汽种类($SiC$、$FeC$、$CH_4$)的不同为 6～12s | — |
| 溶液还原法 | 第一步将碳纤维通过处理液,经过干燥脱除溶剂;第二步加热纤维,使沉积在其表面的物质分解,生成能与碳纤维起反应的反应物,纤维在溶液中的处理时间为 4s,干燥时间为 25s | 有三种处理液,1%～5%三氯化铁的苯溶液或水溶液、1%～3%二茂铁的甲苯溶液、1%的聚苯基二氮萘的氯仿溶液(PPQ) |

### 42.3.8.3　皮革的表面处理

由于被粘皮革表面有各种油污、树脂、灰尘等,在界面上形成弱界面层,严重影响粘接效果。表面处理不仅可消除弱界面层,改善被粘物与胶黏剂的相容性,还能提高粘接质量稳定性和耐久性。

常用的方法有:机械打磨、溶剂洗涤和处理剂涂覆。

(1) 机械打磨　目的在于增大粘接面积,清洁表面,除去被粘接材料表面的树脂、油污、灰尘等。打磨时要均匀,掌握好深度。皮革表面强度较弱,打磨时一定要磨到网状表层为止,打磨后旋转时间过长会使表面失去活性,故应及时使用。

(2) 溶剂洗涤　溶剂洗涤主要是为了清洗表面污物、增塑剂等,使表面保持清洁。另外,还有利于胶黏剂的扩散、渗透。洗涤时,为保证洗涤效果,应用清洁布擦,而不是涂刷。溶剂的选择要根据基材的种类而异。通常,丁酮、丙酮多用来处理合成革、人造革。

(3) 处理剂涂覆　处理剂是由胶黏剂生产厂根据被粘材料和胶黏剂的不同,为改善材料的亲和性、提高粘接效果而配制的。处理剂含有极性较高的混合溶剂、低含量的固体成分和某些活性物质,能加强对被粘材料的渗透作用,还能在其表面发生氧化、环化或加成等反应,增加被粘材料的粘接性。处理剂与被粘皮革和胶黏剂都有良好的相容性,能在两者之间起桥梁作用,从而提高粘接强度。

## 42.3.9　纸

### 42.3.9.1　纸的表面特性

为了提高纸的表面性能,适应不同的使用要求,往往需要对纸张进行整体浸胶处理或表面涂覆处理,处理后,纸张表面性能便发生根本变化,粘接性能也随之发生根本改变。

未处理的一般纸与水的接触角,会随环境湿度的增大而减小。在相对湿度等于零时,纸与水的接触角约等于30°,而在相对湿度为100%时,其接触角为18°。这就是说,纸与水接触角的大小是与纸所吸收的水分成正比的。这说明湿度越大则纸张越易被润湿。但湿度过大,会增大纸的渗透性,反而又会使粘接效果变差。这一点应予以高度注意。务必将环境湿度控制在适当的范围内,方可获得理想的粘接效果。另外,当纤维吸收液体而发生自身体积膨胀时,不同方向的膨胀尺寸也各不相同,需要通过试验来得到参数。

为了控制上述因素,提高纸张表面质量,使其向有利于粘接的方向发展,近几年来,逐步采用性能更好的表面处理剂取代传统的处理剂(如用聚乙烯醇取代氧化淀粉等),采用先进而实用的处理方法,对各种纸进行了表面处理,从而提高了纸及其制品的耐油性、耐磨性、耐撕裂性和适应性。

### 42.3.9.2　纸表面处理方法

(1) 表面涂胶法　为了提高耐油纸、玻璃纸、纸币纸和复写纸等原纸的表面质量,改善其粘接性能，以及其表面平滑性和印刷的适应性，常给纸表面施加一层胶膜，以改性纸表面的耐油、耐磨、耐撕裂诸性能。常用的胶黏剂为氧化淀粉胶，近年来又采用性能更好的聚乙烯醇胶黏剂。但为降低成本，通常还将部分氧化淀粉胶与聚乙烯醇胶混合使用。

其施加方法：喷涂、刷涂、浸涂均可。

（2）上胶处理法　对原纸上胶处理的根本目的首先是改善纸张表面与水接触角随环境湿度变化而改变的稳定性，其次是改善纸张在印刷书写过程中对水墨和油墨的迁移性，并使之具有适度的吸墨性。

上胶处理的关键是选择合适的上胶剂。不同的纸张因用途不同，所采用的上胶剂亦不相同。此法多用于普通印刷纸和笔记本纸张的处理。普通印刷纸和笔记本纸常以马来酸改性松香胶或石蜡乳液作为上胶剂或涂料。经处理后，上胶剂中的亲水基团与纤维素中的羟基相吸附，在最外层（吸附表层）形成疏水层，此层使纸张的表面能下降，其表面与水接触角变为 $91°\sim100°$。此时纸及其制品对环境适应性强，便于使用和储存。若要提高其粘接性能，应降低其接触角。另外，由于纤维表面的不均匀性，内部存在亲水因素，加上处理液也未完全固化，其接触角还会随时间推移而发生变化。一旦上胶剂固化完全，其接触角不再随环境湿度变化而变化，不会因吸湿而起皱，印刷和书写质量会得到明显的改善。

（3）聚乙烯亚胺处理法　用聚乙烯亚胺水溶液对天然纤维纸进行处理，可提高纸张的耐水性及与其他材料的粘接性能。此法也可用于其他品种的纸张（如黏胶纤维纸或赛璐酚纸等），同样也可提高其表面可粘接性。多孔的天然纤维纸或合成纸通常采用 $2\%\sim3\%$ 的聚乙烯亚胺水溶液处理，其效果比较理想。而对于玻璃纸（即黏胶纤维纸或赛璐酚纸）则采用 $0.5\%\sim0.95\%$ 的聚乙烯亚胺水溶液处理效果更为理想。

（4）涂料处理法　涂料处理适合于铜版印刷纸的处理，处理后铜版纸所印刷的图案和文字更清晰，而对纸张的粘接性能无不利影响。此类涂料主体材料为皮胶和干酪素等，也可用聚乙烯醇部分取代，会使其性能更佳。另外还需添加增白剂（硫酸钡、碳酸钙和钛白粉等），亦可加入蜂蜡、煤油等作为光泽剂。手工刷涂或用毛刷涂布机刷涂，经干燥和压光而成。

（5）涂塑处理法　为了使纸张达到美观、挺括、防水和耐磨的目的，可采用聚氯乙烯对广告纸、内包装纸、书籍封皮及名片等进行表面涂塑处理。印刷制品的涂塑处理，可采用先印刷再涂塑的处理方法。若先涂塑后印刷，可采用过氯乙烯为胶黏剂的特种油墨进行印刷。这些涂塑纸及其制品的粘接方法与聚氯乙烯相同。值得注意的是，聚氯乙烯内部的增塑剂可能会向粘接界面迁移，从而造成粘接失败。另外，还可采用聚乙烯、聚丙烯和聚氯乙烯共聚物等作为纸张表面涂塑处理剂。施工方法以采用喷涂为宜，故又称为喷塑处理。

（6）石膏涂覆法　为制得建筑用防火、绝缘、绝热装饰纸制品，可在纸板或其他纸制品上涂覆一层石膏。涂料常以明胶为载体，经涂覆、干燥、压光即可成制品。

（7）熔胶涂覆处理法　采用热熔胶对纸及其制品进行表面处理，可制得耐水性良好的纸及其制品。常用采用的方法是机械化涂覆或随产品加工中涂覆。这是制备瓦楞纸的主要方法之一。经涂覆后的纸张或产品粘接性能亦佳，可与其他材料相复合。

## 参 考 文 献

[1]　高扬，张军营. 胶黏剂选用手册. 北京：化学工业出版社，2012.

[2]　阿方萨斯 V 波丘斯. 粘接与胶黏剂技术导论. 北京：化学工业出版社，2005.

[3]　爱德华 M 皮特里. 胶黏剂与密封胶工业手册. 北京：化学工业出版社，2005.

[4]　熊纳森. 粘接手册. 北京：机械工业出版社，2008.

[5]　北京粘接学会. 胶粘剂技术与应用手册. 北京：宇航出版社，1991.

[6]　中国汽车工业协会相关工业分会. 汽车胶粘剂密封胶使用手册. 北京：中国石化出版社，2018.

[7]　马长福. 简明粘接技术手册. 上海：上海科学技术文献出版社，2012.

[8]　高学敏. 粘接和粘接技术手册. 成都：四川科学技术出版社，1990.

[9]　结构胶粘剂粘接前金属和塑料表面处理导则：GB/T 20526—2008.

（孙健 王新 曲军 编写）

# 第43章

# 胶黏剂的涂覆、固化及所用设备

## 43.1 胶黏剂涂覆前的准备

胶黏剂涂覆施工前，粘接表面必须是干净和干燥的。潮湿和不干净的表面会影响胶黏剂与被粘接表面的浸润，降低粘接性能，水分层还会使胶黏剂失去黏附作用。

经表面处理后，制件在涂覆前的存放时间要尽量短。在涂覆胶黏剂时，使用的胶黏剂所处的状态是至关重要的。

（1）液体胶黏剂　涂胶前一定要保证胶黏剂胶液均匀一致。

（2）固态胶黏剂　粒状或粉状胶黏剂首先要加热融化成液状，然后用合适的工具涂覆到要粘接的表面上。粒状或粉状胶黏剂可以先热融化成液状再均匀涂布，或者先均匀分散到粘接面上再加热融化。对于胶膜，可剪成需要的形状放在粘接部位上，或模压在粘接部位上，然后在压力下加热固化。

### 43.1.1 双组分胶黏剂的配制

对于双组分胶黏剂，譬如第二代丙烯酸胶黏剂、部分环氧树脂胶黏剂、部分聚氨酯胶黏剂、不饱和聚酯胶黏剂等常温反应型胶黏剂，除了带有常温混合装置的包装（如静态混合器），一般均在涂覆前进行配制。首先须按产品说明书要求准确称量，其次必须搅拌均匀，手工搅拌时，搅拌棒应刮空内壁以保证胶液（板）不留死角，应采用8字形和O字形交替进行搅拌，还要将搅拌棒（板）上的胶液均匀混入整体胶中，此外还应注意将胶液脱泡。由于双组分胶配好后都有适用期，每次配胶量应适当控制，以免未使用完即已固化造成浪费。

上述要点中，配制的胶液搅拌是否均匀是决定粘接质量的关键。实践证明，双组分胶黏剂粘接失败，多数情况是由于配胶搅拌不均匀造成的。

### 43.1.2 溶剂型和水基型胶黏剂施工前准备

溶剂型和水基型胶黏剂在使用前经长时间运输、贮存，有的使用时已经出现胶液中密度大的组分下沉，甚至个别胶黏剂出现分层现象，造成胶液各部分成分比例失调。这类胶黏剂如果打开包装直接使用，将严重影响粘接质量甚至粘接失败。因此，溶剂型和水基型胶黏剂在涂覆前必须先搅拌均匀，甚至对于透明型胶黏剂亦需要搅拌，然后注意脱泡。

### 43.1.3 热熔胶黏剂施工前准备

热熔胶在涂覆前为固体或半固体态（热熔压敏胶），涂覆前需将其加热融化成流动状态备用。热熔胶热熔装置一般为槽状，热熔槽由槽体、电加热器件、温度计和过滤板等组成。外貌似长方形箱体，有内外套层组合的双层式结构物。内套层是热熔槽，供放置热熔胶，槽的上部有加料口，热熔槽底部安装电加热器件，槽体内装有温度计的温控器。

热熔槽根据涂覆热熔胶时消耗热熔胶量而定，小型熔化槽，容积为 4L 左右，大型的可达数百升。热熔胶涂覆前一般将胶加热到 120～200℃，一般热熔压敏胶预热温度为 120℃ 左右，聚酰胺热熔胶和聚酯热熔胶为 200℃ 左右。

采用热熔胶枪施工的热熔胶，因胶枪中有加热装置，不需要提前预热熔化。它是将固体状态的热熔胶材料加热熔化到要求温度下呈流动状态黏合胶液的一种装置。

# 43.2　胶黏剂常用涂覆方法与涂覆设备

胶黏剂和密封胶的涂覆方法很多，按其涂覆的方式有手工涂覆和机械涂覆两大类，而机械涂覆又分为手动机械涂覆和自动机械涂覆两大类。按胶黏剂和密封胶的涂覆生产过程来分有预先涂覆和现场涂覆等方式。预先涂覆如网板印刷、微胶囊厌氧胶涂覆和汽车焊装胶涂覆等均属于预先涂覆，在被粘物件装配生产之前即已完成涂覆作业；而现场涂覆则与产品装配同时进行，绝大部分涂覆作业均属现场涂覆。

胶黏剂使用早期粘接的物件零散而较小，通常为手工操作。随着胶黏剂应用越来越广泛，特别是在汽车等交通运输工具、制造、电子组装、建筑装饰的用胶量多而要求精准的地方，以及各种胶带的大量生产，为提高胶黏剂的涂覆效率和精准度，新的涂覆方法和涂覆设备应运而生。胶黏剂和密封胶的涂覆工具与装置按其涂胶的形式分类，大致有点状涂覆、线状涂覆、带状涂覆、面状涂覆等几种主要形式。胶黏剂和密封胶常用的涂覆方法见表 43-1。

表 43-1　胶黏剂和密封胶常用的涂覆方法

| 涂覆工具形式 | | 胶黏剂及密封胶材 | | | | 用途 | | | | 作业状态 | | | 动力源 |
| --- | --- | --- | --- | --- | --- | --- | --- | --- | --- | --- | --- | --- | --- |
| | | 胶黏剂 | | 密封胶 | | 涂覆形式 | | | | 连续作业 | 半连续作业 | 不连续作业 | |
| | | 低黏度 | 高黏度 | 低黏度 | 高黏度 | 点状涂覆 | 线状涂覆 | 带状涂覆 | 面状涂覆 | | | | |
| 简易涂覆工具 | 刮刀 | O | O | O | O | | | O | O | | | O | 手动式 |
| | 毛刷 | O | | O | | O | | | O | | | O | 手动式 |
| | 注射器 | O | | O | | O | O | | | | O | | 手动式 |
| | 棉签 | O | | O | | | O | | | | | O | 手动式 |
| | 挤胶器 | O | | O | | O | | | | | O | | 手动式 |
| | 油枪 | O | O | O | O | O | | | | | O | | 手动式 |
| 辊涂 | 手工浸蘸滚轮 | O | O | O | | | | | O | | | O | 手动式 |
| | 带供胶的滚轮 | O | O | O | | | | | O | | | O | 手动式 |
| | 辊涂机 | O | O | O | | | | O | O | O | O | | 电动式 |
| 卡套式挤胶枪 | 手动挤胶枪 | O | O | O | O | O | O | O | | | O | | 手动式 |
| | 气动挤胶枪 | O | O | O | O | O | O | O | | | | | 气动式 |
| | 电动挤胶枪 | O | O | O | O | O | O | O | | | | | 电动式 |
| 压力罐式涂胶枪 | 涂胶枪 | O | | O | | | O | | | O | | | 气动式 |
| | 涂胶刷 | O | | O | | | | O | O | O | | | 气动式 |
| | 喷枪 | O | | O | | | | | O | O | | | 气动式 |
| 压力泵（柱塞泵） | 涂胶枪 | O | O | O | O | O | O | | | O | | | 气动式或液压式 |
| | 喷枪 | O | | O | | | | | O | O | | | 气动式或液压式 |

续表

| 涂覆工具形式 | | 胶黏剂及密封胶材 | | | | 用途 | | | | 作业状态 | | | 动力源 |
| | | 胶黏剂 | | 密封胶 | | 涂覆形式 | | | | 连续作业 | 半连续作业 | 不连续作业 | |
| | | 低黏度 | 高黏度 | 低黏度 | 高黏度 | 点状涂覆 | 线状涂覆 | 带状涂覆 | 面状涂覆 | | | | |
| 双组分涂胶装置 | 涂胶枪 | O | O | O | O | O | O | | | | O | | 气动式或液压式 |
| | 喷枪 | O | O | O | O | | | O | O | | O | | 气动式或液压式 |
| 自动涂胶机 | 自动涂胶枪 | O | O | O | O | O | O | O | | | O | | 电动式 |
| | 自动喷枪 | O | O | O | O | | | O | O | | O | | |

注："O"表示适用。

## 43.2.1　刮涂法

刮涂法涂覆胶黏剂应用最久，直到现在仍然是零散物品粘接、维修以及家庭用胶的主要涂覆方法。这种方法简单方便，所用工具为金属制、木制、塑料制或橡胶制刮板，施工时将胶液按同一方向刮涂均匀一致，家庭粘接甚至可以使用更简陋的工具。缺点是效率低，涂胶量不易控制。

刮涂法是用金属制、木制、塑料或橡胶制刮板在被粘物件表面进行人工涂覆的一种方法。刮涂法除了直接用于进行胶黏剂、密封胶的涂覆之外，一般还用作挤涂或刷涂后涂覆表面的刮平和修整。

刮涂法用的工具有木制刮刀、塑料刮刀、橡胶刮刀或金属刮刀。汽车车身的胶缝修整用橡胶刮刀较为常用。刮涂用的工具和刮刀的操作方法分别如图 43-1、图 43-2 所示。

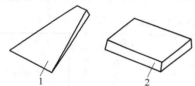

图 43-1　刮涂用的工具
1—木制刮刀；2—橡胶刮刀

图 43-2　刮刀的操作方法

## 43.2.2　刷涂法

刷涂是一种简便的人工涂覆方法。施工时操作者用手握住蘸有胶黏剂或密封胶的毛刷，依靠手腕和手臂的运动，在被涂工件表面涂覆上一层均匀的涂层。

刷涂法的特点如下。

① 工具设备简单，操作方便，不受地点、环境的限制，适应性强，无论是大工件还是小的装饰件均可采用刷涂法进行施工。

② 除黏度特别大的胶液外，大多数的胶黏剂和密封胶均可采用刷涂法进行施工。

③ 涂刷法能使胶黏剂或密封胶在工件表面更好地渗透，从而提高了粘接和密封效果。

④ 施工中材料浪费比喷涂法少，效率比刮涂法高。

⑤ 刷涂法比较费工、费时，故不适宜于机械化连续性生产。

⑥ 为了解决刷涂法在工厂连续性生产中的应用要求，可以采用自动供料的毛刷，其原理是采用压力罐将胶压送至涂胶刷，刷头采用特殊结构，中间配有一个或多个供胶管。这种系统既可用于手工连续刷涂作业，也可配自动枪用于自动刷涂作业。

刷涂法适用于黏度较小的胶黏剂和涂覆面积较大的物件，如高铁客车、厅房、地板等粘接的涂覆方法。如果胶黏剂含有溶剂或水，涂胶后必须晾置到溶剂或水分基本挥发后再粘接。

## 43.2.3　点涂法

点涂法涂胶是目前应用广泛的涂覆方法之一，可分为胶管手工点胶或气动点胶以及点胶机点胶、高压活塞打胶机点胶等。点涂法不但适用于单组分胶施工，也可用于双组分胶，但需要安装有混合功能的胶嘴。单组分和双组分手动打胶枪分别如图 43-3、图 43-4 所示。单组分气动打胶枪如图 43-5 所示，单组分全自动和半自动涂胶设备如图 43-6 所示，高黏度双组分自动涂胶系统如图 43-7 所示。

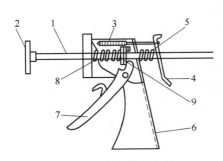

图 43-3　单组分打胶枪

1—枪杆；2—活塞推板；3—拉簧；4—止动板；
5，8—弹簧；6—枪柄；7—扳机；9—夹板

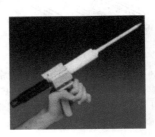

图 43-4　双组分打胶枪

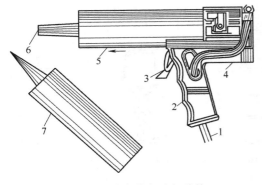

图 43-5　单组分气动打胶枪

1—进气筒；2—枪柄；3—扳机；4—枪体；5—枪筒；
6—吐胶口；7—密封胶

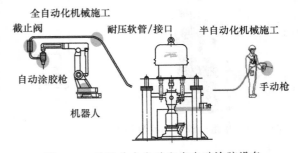

图 43-6　单组分全自动和半自动涂胶设备

## 43.2.4　喷涂法

如果涂胶面积大，胶液黏度小，可采用喷涂法，解决刮涂法、刷涂法施工效率低的缺点。采用喷涂法涂覆胶黏剂，要求胶黏剂黏度比刷涂法更低且涂覆面积大，如汽车制造中防石击胶的涂覆。喷胶工具可使用手动喷枪，如果待喷胶的物体用胶量大可采用高压无气喷涂设备喷涂，喷涂时应注意被涂覆件上的胶液均匀一致。热熔胶制造胶带亦可以采用带有喷涂装置的设备进行喷涂加工，通过控制喷胶量和喷涂位置可以在被涂覆件上控制胶层厚度和喷得

条状或格状胶条，达到节约用胶和有利于透气等效果。单组分和双组分喷胶设备分别如图 43-8、图 43-9 所示，使用压缩空气喷涂装置如图 43-10 所示。

### 43.2.5 辊涂法

将胶液通过橡胶辊或金属辊涂覆于被粘物件上，称为辊涂法。手工辊涂常用于墙壁粘贴壁纸等。机械方法辊涂应用最多的是生产各种胶黏带，包括使用溶剂型、水基型压敏胶带制造的胶黏带和热熔压敏胶带等。

辊涂法的特点是：

① 设备、工具简单，操作方便，可涂覆较高黏度的胶液。

② 涂覆质量较好。

③ 适应性较差，被涂物必须是有规则的平面物体，不适合于接头较为复杂的工件涂覆。

④ 采用压力罐或活塞泵进行压力供料方式的辊涂法可以进行连续作业。

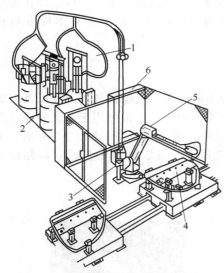

图 43-7　高黏度双组分自动涂胶系统
1—A 组分双供胶系统；2—B 组分双供胶系统；
3—双组分计量供胶装置；4—双组分混合自动
涂胶枪；5—机器人；6—控制柜

图 43-8　单组分胶黏剂喷涂装置

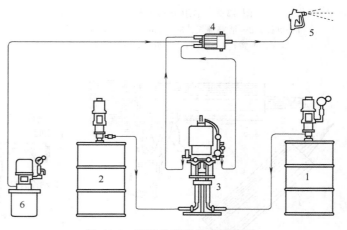

图 43-9　双组分胶黏剂喷涂装置
1—固化剂；2—基料；3—比例泵；
4—混合器；5—喷枪；6—清洗剂

辊涂法的主要工具为滚轮。按照输胶的方式，可分为手工滚轮、含有贮胶罐的滚轮以及机械送胶滚轮。前两种滚轮是人工辊涂常用的工具，而后一种则属于机械辊涂法的工具。如图 43-11 和图 43-12 所示。

### 43.2.6 浸渍法

浸渗密封在机械产品中主要用于铸件、压铸件的微气孔密封，如汽车发动机的缸

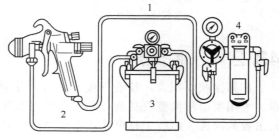

图 43-10　使用压缩空气喷涂装置
1—空气；2—涂料；3—压力罐；4—空气过滤器

体、缸盖，变速箱、离合器的壳体等铸件的微气孔密封。随着对发动机排放的要求越来越高，为达到更严格的排放要求、为提高燃烧效率而采用涡轮增压技术，因此对缸体、缸盖等发动机零件提出了更高的耐压要求。不采用浸渗工艺很难达到这一要求。

图 43-11　各种手工用辊涂工具

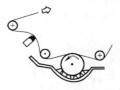

图 43-12　胶黏剂机械辊涂装置

浸渗工件可以是钢、铁、铜、铝、锌等多种金属材料，能密封的最大微气孔直径、耐压和耐温程度都与浸渗胶和浸渗工艺有关，一般能密封的最大微气孔直径为 0.1～0.3mm，耐压最高可以达到 20MPa 以上。为达到理想的浸渗效果，常使用真空加压浸渗设备（见图 43-13）。浸渗设备一般分为前处理设备、真空加压浸渗罐、后清洗和固化处理设备等几部分。浸胶还可以用于木材等多孔性物件的加工，常用胶液浸渍装置如图 43-14 所示。

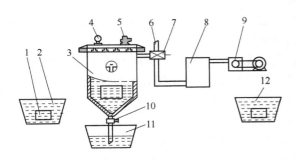

图 43-13　真空加压浸渗设备

1—工件；2—前处理液槽；3—真空压力浸渗罐；

4—真空压力表；5—气阀；6—空气压缩机气管；

7—二位三通阀；8—真空干燥筒；9—真空泵；

10—放液阀；11—贮液槽；12—后处理液槽

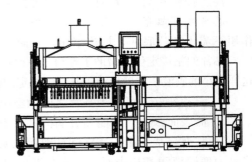

图 43-14　常用胶液浸渍装置

## 43.2.7　印胶法

印胶法使用较多的是电子工业片式元器件的贴装以及塑料制品，特别是用塑料薄膜的丝网或胶版印胶印字。电子工业片式元器件贴装初期几乎全部是将贴片胶装在 30mL 左右胶管中用点胶机点胶，现在多为效率高的印胶。印胶漏板也由最初的丝网板改为漏胶性好、胶量及胶形准确的不锈钢模板，印胶机有手工印胶机和自动印胶机二种。

印胶法为使用丝网板或不锈钢模板用刮刀将胶液刮印在被粘物件上。胶的涂覆位置和大小完全取决于丝网板或模板漏胶孔的位置。多适用于电子工业中片式器件的贴装以及塑料薄膜等的印胶印字。

片式元器件的漏印施工设备，如图 43-15 所示。

图 43-15　片式元器件的漏印施工设备

## 43.2.8　注入法

有些需用胶黏剂粘接或固定的物件，在胶黏剂涂覆前已用其他方法固定，施工时使用专用工具或设备将胶黏剂注入需粘接或固定的位置，电子器件的倒装芯片底部填充以及某些焊接部件、修补等采用注入法涂覆，如图 43-16 和图 43-17 所示。

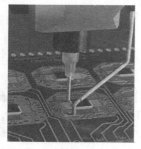

图 43-16　芯片的底部填充与固化

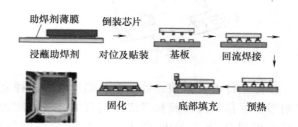

图 43-17　倒装芯片注胶流程

注胶按胶黏剂组分不同分为双组分注胶和单组分注胶。

芯片底部填充专门用于芯片保护，底部填充胶一般为低黏度单组分环氧胶，胶液在毛细作用下流入芯片底部，加热固化，从而保护芯片底脚。

芯片的粘接定位是借助于自动（手动）的点胶设备之针头挤出（注射）一滴直径约 0.076mm 这样微小的胶液，精确地滴于基片上规定的位置，因而要求胶黏剂必须有如下的特性。

① 流动性好，可填满基片之间的空隙，形成紧密的粘接。

② 低表面张力，以能充分润湿基片表面和形成致密的接触。

③ 胶液与基（晶）片之间的黏附力必须大于针头内余胶的内聚力及与针管的亲和力。这是为使胶液滴基片表面后，能在细长的胶体内自行截断，不致发生拉丝现象。

④ 胶液固化后应有足够的粘接强度，甚至超过基片材质的强度。

# 43.3　常用胶黏剂涂胶设备介绍

## 43.3.1　热熔胶涂覆设备

热熔胶是一种受热后成为熔融状态，经涂布而将各种材料粘接在一起的胶。热熔胶有粉状、粒状、带状、网状和薄膜状等，可采用手工涂刷、喷枪喷涂或专用设备喷涂等多种方式涂布。其中涂布器涂布方式有热辊式涂布、帘式涂布、间隙挤压涂布等几种类型。具体来说热熔胶涂布方式可分为接触式和非接触式。

应用热熔胶黏剂制造的压敏胶带虽然耐热性和粘接强度比溶剂型丙烯酸酯胶带差一些，但生产效率高、成本低，且完全适用于包装等用途，因此发展很快，用热熔压敏胶制造胶带的设备也成熟，如图 43-18 和图 43-19 所示。

## 43.3.2　表面贴装用单组分环氧胶的涂胶和固化设备

### 43.3.2.1　贴装胶的涂胶方式

（1）针式转移　先将针定位在贴装胶容器上面；使针头浸入贴装胶中；当针从贴装胶中

提起时，由于表面张力的作用，使贴装胶黏附在针头上；然后将粘有贴装胶的针在 PCB 上方对准焊盘图形，要对准所要安放元器件的中心，再使针向下移动直至贴装胶接触焊盘，而针头与焊盘保持一定间隙；当针提起时，由于贴装胶对非金属 PCB 的亲和力比对金属针的亲和力要大，部分离开针头留在 PCB 焊盘上。

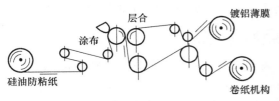

图 43-18　热熔胶涂布机的结构

图 43-19　热熔胶涂布机

实际应用中，针的转移都是采用矩阵式，同时进行多点施胶。

针式转移在手工施胶工艺中应用较多，也可采用自动化的针式转移设备，其成败取决于贴装胶的黏度以及 PCB 的翘曲状态。针式转移的优点是能一次完成许多元器件的施胶，设备投资少，但施胶量不易控制，且胶槽中易混入杂质。

（2）加压注射　又称注射式点胶或分配器点涂，是贴装胶最常采用的施胶方式。先将贴装胶装入注射器中，施胶时从上面加压缩空气或用旋转机械泵加压，迫使贴装胶从针头排出，滴到 PCB 要求的位置上。

气压、温度和时间是施胶的重要参数，除控制进气压力、施胶时间外，贮胶器往往还需带控温装置，以保证胶的黏度恒定。这些参数控制着施胶量的多少、胶点的尺寸大小以及胶点的状态，气压和时间调整合理，可以减少拉丝现象，而黏度大的贴装胶易形成拉丝，黏度过低又会导致胶量太大，甚至出现漏胶现象。为了精确调整施胶量和施胶位置，还可采用微机控制，以便按程序自动进行施胶操作。

加压注射的特点是：适应性强，特别适用于多品种的产品；易于控制，可方便地改变胶量以适应大小不同元器件的要求；且贴装胶处于密封状态，性能稳定。

（3）丝网印刷　丝网印刷法涂胶类似于油墨印刷，是一种适用于平面涂覆胶黏剂的方法，具有快速、准确、重复性好、节约用胶和能提高涂覆质量等优点。在完成贴装胶施胶工序后，要根据产品精度、生产量大小以及所具备的设备和工艺条件，采用人工、半自动或全自动等方式贴装元器件，然后再进行贴装胶固化，使元器件固定于印制板上。

贴装胶的施胶设备如图 43-20 所示。

### 43.3.2.2　贴装胶的固化设备

在 PCB 上施加贴装胶并安放元器件后，应尽快使贴装胶固化。固化的方式很多，有

(a) 高速点胶设备

(b) 丝网印刷设备

图 43-20　贴装胶的施胶设备

热固化、光固化、光热双重固化和超声固化等，其中光固化很少单独使用，磁场固化通常用于封存型固化剂的贴装胶。最常用的固化方式主要有两种。

热固化按设备情况又可分成烘箱间断式热固化和红外炉连续式热固化。

烘箱固化即是将一定数量已施胶并贴装的 PCB 分批放在料架上，然后一起放入已恒温的烘箱中固化，通常温度设定在 150℃为宜，以防 PCB 和元器件受损。固化时间可以长达 20～30min，也可缩短至 5min 以下。采用的烘箱要带有鼓风装置，使形成对流，避免上下层有温差，并使温度恒定。烘箱固化操作简便、投资费用小，但热能损耗大，所需时间长，

不利于生产线流水作业。

　　红外炉固化也称隧道炉固化，目前已成为贴装胶最常用的固化方式。所用设备不仅适用于贴装胶的固化，而且还可用于焊膏的回流焊。由于贴装胶对特定的红外波长有较强的吸收能力，在红外炉中只需较短的时间即可固化。红外炉固化热效率高，对生产线流水作业较为有利。随着贴装胶性能的差异以及红外炉设备的不同，红外炉所采用的固化曲线也不同。

## 43.3.3　汽车环氧折边胶自动点胶系统

　　折边胶在汽车厂焊装车间里主要用于车门、发动机罩盖和后备厢盖板的装配粘接，取代原有的点焊结构。折边胶的工艺是涂胶要沿着准备冲压折边的钣金外板的周边进行，涂胶的位置要准确、涂胶量要适当，如果涂胶量过多或涂胶的位置不当，则可能造成胶液外溢而污染翻边冲压模具；如果涂胶量不足，则有可能造成粘接不牢的现象。因此，在现代汽车工业大批量生产的前提下，焊装车间的折边胶涂布如有可能都应采用自动涂胶系统。

　　折边胶自动涂胶系统主要有两种涂胶方式：一种为六轴机器人布置在焊装输送线旁边或机器人悬吊在输送线的上方。机器人手腕拿着涂胶枪进行涂胶。供胶系统通常为双 55 加仑（1 加仑＝3.785L）双柱供胶泵供胶。具体的工艺流程是：流水线输送带将待涂胶的外板输送到涂胶工位，板件自动定位夹紧后给机器人一个信号，机器人拿着涂胶枪沿设定好的轨迹将折边胶均匀地涂在板件上，涂胶完成后机器人回原始位置等待下一个待涂工件的到来。早期的机器人折边胶自动涂胶系统不配备胶流量自动控制装置，只是靠胶调压阀来进行胶流量的简单控制。随着机器人及自动控制技术的发展，现在装备的机器人折边胶自动涂胶系统均配备胶计量装置。胶计量装置有两种配置，如果机器人涂胶时工作空间无大的障碍，则采用图 43-21 所示的胶计量装置。该装置采用液压伺服驱动型或交流伺服驱动型来控制涂胶量的大小，涂胶枪直接装在计量缸的出口上，其工作原理是通过液压伺服油缸驱动胶计量缸，或者是交流伺服电机带动滚珠丝杠驱动胶计量缸，胶计量缸为单作用柱塞式，计量缸端头分别装有计量缸的进胶开关阀和涂胶开关阀。如果机器人涂胶时工作空间狭小，机器人手腕的持重量较小，不允许胶计量装置直接装在机器人手腕上，则通常采用如图 43-22 所示的胶计量装置。该装置可以装在机器人的小臂后部或放置在机器人的旁边。总之，原则是胶计量装置到机器人手腕涂胶枪的管线越短越好，胶的阻力越小越好。

(a) 液压伺服驱动型　　　　(b) 交流伺服驱动型

图 43-21　带涂胶枪的胶计量装置　　　　图 43-22　外置型胶计量装置

　　为了更好地保证折边胶的流淌均匀性，现在更看好的办法是涂胶时涂胶嘴采用螺旋喷嘴使胶线呈螺旋状均匀地喷到板件上，这样可以保证冲压折边时折边胶能均匀地流淌，保证可靠的粘接。

　　图 43-23 为螺旋状胶线和直胶线外观图。

折边胶自动涂胶系统的另外一种涂胶方式是机器人手腕不安装涂胶枪或胶计量装置，而是机器人手腕安装带吸盘的定位抓持手爪，机器人拿着板件运动走出涂胶轨迹，涂胶枪不动而板件运动进行精确地涂胶，涂完胶后机器人将板件直接放到冲压折边模具上准备冲压折边。这种涂胶方式的好处是机器人不用拖着很多胶进行作业，充分发挥了机器人搬运工件进行多工位快速操作的特点，同时简化了流水线定位夹具的工作，只需

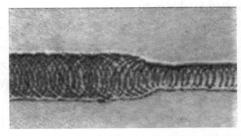

图 43-23　螺旋状胶线和直胶线外观图

设在机器人手腕上，则通常可以装在机器人的小臂后部，设计一套板件定位抓持夹具安装在机器人手腕上即可完成几个工位的工件搬运工作。

## 43.3.4　厌氧胶自动涂胶系统

厌氧胶是一种既可用于粘接又可用于密封的胶，最主要的特点是"厌氧性"，即胶中的固化成分只要与空气中的氧接触，就会具有惰性，呈液态不固化。当胶渗入工件的缝隙与空气隔绝时，常温下就可自行聚合，起到粘接和密封作用。由于厌氧胶的这种特点局限了其包装的型式及容量的大小。通常厌氧胶的包装为 300mL 筒装、850mL 筒装或 1 加仑筒装（内装 2kg 左右的厌氧胶）。

汽车工业采用的厌氧胶自动涂胶系统主要分为两大类：一类是用于平面密封（用厌氧胶替代垫片）的自动涂胶系统；另一类是用于发动机缸体、缸盖碗形塞孔的自动涂胶系统。

### 43.3.4.1　用于平面密封的厌氧胶自动涂胶系统

由气动或机械力驱动施胶枪，从 300mL 胶筒中挤出厌氧胶，靠人工进行轨迹控制，会使材料涂布的位置和数量有很大的变化，涂布的好坏很大程度上取决于操作者的技术，因此对于汽车工业大批量生产的要求来讲，采用手工施涂厌氧胶很难保证产品质量的一致性，同时造成胶的浪费。为此，对于平面密封厌氧胶施工来讲，最理想的施工工艺是采用自动涂胶机进行涂胶。

由于 300mL 或 850mL 筒装厌氧胶产品均会有一定量的空气在包装中，采用自动涂胶系统涂胶时会产生断胶现象（胶中偶尔会有气泡在其中），因此一般厌氧胶的平面自动涂胶设备都采用线外设备（见图 43-24）。通常自动涂胶机还配备手动涂胶枪，以便有断胶现象时进行补涂作业。

自动涂胶机的轨迹执行机构通常采用正交两轴系统外配 z 轴（气动）快速提枪和落枪。两轴系统可以实现连续轨迹控制（CP 控制），工件的涂胶轨迹事先编写好，运行速度与出胶量协调控制，以达到理想的胶形和施胶轨迹。

自动涂胶机供胶系统通常有以下几种方式。

① 压力罐供胶。如果是低黏度、流动性好的厌氧胶，出厂时通常装在 0.5L 和 2L 塑料瓶中。对于这种包装的厌氧胶，通常采用压力罐供料，涂胶阀控制胶形和出胶量。涂胶阀固定在轨迹执行机构的 z 轴上，自动涂胶系统通常配双压力供胶，缺料时自动切换供料（压力

图 43-24　用于平面密封的
厌氧胶自动涂胶系统

罐中带有液位传感器)。

② 对于高黏度厌氧胶,出厂时通常装在 300mL 或 850mL 筒中,此类胶筒单的配置是直接将厌氧胶安装在轨迹执行机构的 z 轴上,通过气压直接压迫 300mL 胶筒中的活塞进行涂胶。这种方法的优点是简单,但 z 轴承载较大。采用这种供胶方式涂胶,关枪时电磁阀应配有快速排气装置,否则涂胶嘴会出现明显的拖尾现象;另外一个缺点是胶筒无胶时没有显示。

③ 对于 300mL 和 850mL 筒装厌氧胶,采用外部加压装置将胶输送到涂胶阀中进行涂胶作业。这种方式的优点是采用涂胶阀可快速进行开关枪的控制,自动涂胶机 z 轴承载较轻,胶筒缺料时可自动报警提示,高配置时可采用双筒供胶自动切换。

外部加压方式有两种。

① 采用外置气缸同轴挤压 300mL 或 850mL 胶筒中的活塞进行供胶,外置气缸的作用面积与胶筒活塞的面积比通常为 (1∶1)~(4∶1),通过对胶增压供胶至涂胶阀进行涂胶。

② 对于 850mL 胶筒还可以采用柱塞泵二次加压进行长距离供胶。其工作原理是:采用外置式气缸同轴挤压,850mL 胶筒中的活塞对二次加压柱塞泵供胶,柱塞泵入口装有单向阀,柱塞泵出口装有气动开关阀,此阀与涂胶阀边锁控制,其动作顺序是柱塞泵吸料时柱塞泵出口气动开关阀关闭,850mL 胶筒中胶通过单向阀进入柱塞缸缸体中,排料时柱塞泵出口气动开关阀打开,此时涂胶阀可以打开进行涂胶作业。

### 43.3.4.2　用于碗形塞的自动涂胶系统

碗形塞自动涂胶系统是用在缸体、缸盖装碗形塞之前,通过旋转涂胶头将厌氧胶自动均匀涂在工件孔内壁上。采用碗形塞自动涂胶系统可以保证涂胶质量,降低胶消耗量,减轻工人劳动强度。碗形塞自动涂胶系统可以根据用户使用要求配置全自动系统或半自动系统,两种系统的主要区别为:

① 全自动系统。被涂工件的停止、定位、涂胶自动进行,涂后自动放行,然后工件再停止、定位,碗形塞自动供料(振动料斗)自动压装,压装完成后自动放行,整个涂胶压堵过程全部自动完成,人工不参与。

② 半自动涂胶系统。被涂工件的停止、定位及放行由人工辅助完成,碗形塞的供料也由人工完成,工件定位夹紧、孔壁涂胶、压碗形塞为自动进行。

碗形塞自动涂胶系统通常由以下几部分组成:厌氧胶压力罐、厌氧胶涂胶阀、旋杯涂胶枪、涂胶枪气动滑台、自动控制系统。

图 43-25 为一带四用于碗形塞厌氧胶自动涂胶系统。

下面分别对碗形塞自动涂胶系统各组成部分的设备功能进行简单描述。

(1) 厌氧胶压力罐　厌氧胶压力罐容积通常为 10~20L,其内部空间可允许将 1 加仑包装的厌氧胶胶筒直接放入压力罐中。压力罐罐盖上的出胶管和胶面检测探杆直接插入厌氧胶的包装筒中。压力罐为 1∶1 压送系统,通过压缩空气将厌氧胶压送至涂胶阀处,出胶速度可通过空气调压阀进行控制。由于厌氧胶具有一定的黏度,理想状态是 1 个压力罐 1 个胶头。如果 1 个压力罐配 2~8 个涂胶头则要在控制系统上采用特殊控制方法,以保证每个涂胶阀在单位时间内的出胶量为可控制的。压力罐的胶面自动检测装置在罐中无胶时发出信号至控制系统,控制系统停机并提示换胶。通常自动涂胶系统中配置双压力罐自动切换供胶,以保证换胶时不影响生产。

(2) 厌氧胶涂胶阀　厌氧胶涂胶阀在系统中起供胶到旋杯涂胶枪的自动开关阀的作用。比较好的涂胶阀设计为具有倒吸功能,即阀针向下运动时为开枪,阀针向上运动时为关枪,这样可以保证涂胶阀关闭时产生倒吸作用,将出胶嘴的胶吸干净,不会出现流淌胶的现象,

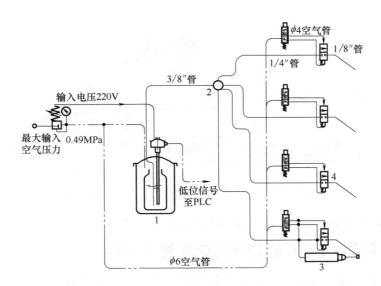

图 43-25　一带四用于碗形塞厌氧胶自动涂胶系统

1—厌氧胶压力罐；2——进四出分流块；3—旋杯涂胶枪；4—涂胶开关阀

以免污染涂胶现场。

通常厌氧胶涂胶阀固定在旋杯涂胶枪上，出胶嘴深入旋杯涂胶枪的喷胶杯中，以便胶能流入旋转杯中。图 43-26 为缸体碗形塞厌氧胶自动涂胶系统。

（3）旋杯涂胶枪　旋杯涂胶枪的原理是靠气动或电动高速旋转头带动喷胶杯，胶杯中的厌氧胶在离心力作用下均匀喷到碗形塞孔内壁上。涂胶时的工作顺序是气动滑台带动旋杯涂胶枪深入碗形塞孔中，旋转动力头带动喷胶杯高速旋转，然后厌氧胶涂胶阀打开，定量的胶流入喷杯中，胶到喷杯中立即被喷到内孔壁上，之后涂胶阀关闭，旋转头停转，气动滑台退回原位，完成一个碗形塞孔的自动涂胶作业。

急速旋转动力头有两种，可根据现场情况选择电动或气动两种方式。

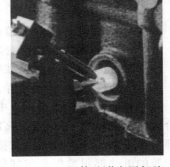

图 43-26　缸体碗形塞厌氧胶自动涂胶系统

① 气动高速旋转头。转速大于 10000r/min，优点是控制简单，价格较电动高速旋转头低一些，但耗气量较大，对气源质量要求较高。

② 电动高速旋转头。转速大于 8000r/min，电压通常为 24V，控制相对复杂，价格较气动旋转头高。

（4）涂胶枪气动滑台　这是搭载旋杯涂胶枪进出工件碗形塞孔中进行涂胶的动力装置，通常是双导杆气缸进行运动，滑台前后位置均有到位检测信号输出。

图 43-27 为气动滑台带动旋转动力头和涂胶阀的配置图。

（5）自动控制系统　厌氧胶碗形塞自动涂胶系统采用可编程序控制器（PLC）对系统各个工件进行控制。

① 手动状态下对各个动作进行单独控制。

② 对涂胶阀的开闭时间进行精确控制。

③ 模拟液位传感器，可指示压力罐中的液位，缺料报警。

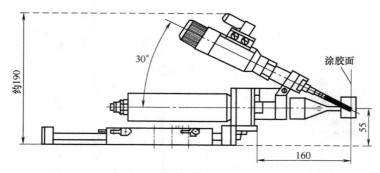

图 43-27　气动滑台带动旋转动力头和涂胶阀的配置图

④ 控制气动滑头和涂胶阀、旋杯涂胶枪的动作顺序和动作时间。

## 43.3.5　RTV 有机硅密封胶涂胶系统

由于 RTV 有机硅密封胶具有优良的耐热性、耐油性、耐寒性，其密封填隙能力很强，同时不含溶剂，胶固化后形成的膜具有很好的弹性，因此广泛用于汽车零部件产品的防漏密封。采用 RTV 有机硅密封胶代替纸垫，可以解决困扰汽车零部件生产企业的"三漏"问题。采用 RTV 有机硅密封胶代替纸垫的主要零部件有以下几大类。

① 发动机油底壳、前端盖、齿轮室盖板、正时齿轮壳等。

② 机油滤清器接合面、水冷系统接合面、进排气歧管接合面等。

③ 变速箱箱体前后侧盖接合面。

④ 离合器与发动机接合面。

⑤ 后桥壳盖板、桥壳减速器接合面、后桥差速器轴承盖。

⑥ 转向机底盖和侧盖等。

上述零部件在汽车生产中都是非常重要的零部件。采用 RTV 有机硅密封胶可以降低接合面的加工精度 1～2 级。RTV 有机硅密封胶具有优异的填隙功能，可以有效地填满上述零部件在搬运、装配过程中对接合面造成的磕碰、划伤等痕迹，而对于上述缺陷采用纸垫或者带胶的纸垫都很难保证零部件装配完成后不发生渗漏现象。RTV 有机硅密封胶接触空气中的湿气即固化，因此不会出现厌氧胶那种零部件接合面溢出的胶始终固化不了而致使外观污染的现象。另外，RTV 有机硅密封胶的优点是可采用大包装（5 加仑、55 加仑）进行自动或手动施胶，因为采用柱塞泵供胶（高压）换桶时放净空气后，柱塞泵泵出的胶中无气泡，所以在涂胶时不会产生断胶现象。而厌氧胶解决不了夹杂气泡的问题，因此采用 RTV 有机硅密封胶代替纸垫是解决"三漏"最理想的办法。采用 RTV 有机硅密封胶自动涂胶设备可以降低 RTV 有机硅密封胶的消耗同时提高成品的质量，因此 RTV 有机硅密封胶自动涂胶设备是汽车零部件厂家提高产品质量和生产效率、降低原材料消耗的最优选择。

根据涂胶与装配生产线的布置关系，RTV 有机硅密封胶自动涂胶系统分为以下三大类：

### 43.3.5.1　线上 RTV 有机硅密封胶自动涂胶系统

线上 RTV 有机硅密封胶自动涂胶系统是指在自动装配流水线上机器人或三轴自动机械手对装配线上的零部件直接进行涂胶的系统，通常每个零部件（发动机、变速箱）在自动装配流水线上都固定在随行夹具托盘上，托盘在机动摩擦辊道上自动输送。通常，线上 RTV 有机硅密封胶自动涂胶系统包括以下几大部分及功能。

（1）涂胶轨迹执行机构　采用六轴机器人或三轴自动机械手来实现平面或曲面涂胶轨迹

的动作。

（2）双泵供胶自动切换系统　根据生产量的大小采用 5 加仑或 55 加仑包装的 RTV 有机硅密封胶，根据 RTV 有机硅密封胶的黏度选配合适压力比的柱塞泵，柱塞泵可以采用单立柱，也可以采用双立柱进行举升，同时供胶泵应采用双泵配置。这样，一个胶桶无胶时可自动切换到另外一个有胶桶的柱塞进行不间断出胶，工人换胶时不影响自动涂胶系统的工作，双泵配置也是自动涂胶系统的设计原则所要求的。

（3）胶计量装置及涂胶枪　通常，线上自动涂胶系统均配备胶计量装置，采用胶计量装置可以精确控制出胶量的大小，以及与轨迹执行系统协调控制可以实现对胶形的任意控制。胶计量装置通常有两种控制方式：一种是采用伺服电机驱动计量齿轮泵来对胶的流量进行精确控制，另一种是采用液压伺服或交流伺服驱动计量柱塞缸来对胶的流量进行精确控制，胶计量装置的入口和出口均应安装压力传感器以对出入胶计量装置的状况进行实时监测。由于 RTV 有机硅密封胶具有遇湿气即固化的特性，所有输胶管线均应采用防湿气固化高压胶管。涂胶枪最理想的配置是采用具有倒吸功能的涂胶枪，这样可以保证关枪时胶嘴不拖尾。另外，应注意的是涂胶枪的开关阀针应配置硅油密封装置，防止阀针运动时使 RTV 有机硅密封胶与空气接触造成溢出的胶固化进而使阀针密封圈漏胶固化而失效。

（4）胶嘴防干胶装置　线上 RTV 有机硅密封胶自动涂胶机应配备胶嘴防干胶装置，以保证胶嘴不固化。

除了以上主要装置以外，线上 RTV 有机硅密封胶自动涂胶系统还包括隔料停止器和定位停止器、举升定位装置、安全护栏、胶形自动检测系统。图 43-28 为机器人 RTV 有机硅密封胶线上自动涂胶系统配置图。

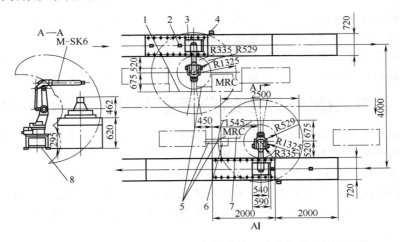

图 43-28　机器人 RTV 有机硅密封胶线上自动涂胶系统配置图

1—安全栅；2—停止器；3—举升定位台；4—操作台；5—电缆盒；
6—变压器；7—机器人控制器；8—机座

## 43.3.5.2　线下 RTV 有机硅密封胶自动涂胶系统

线下 RTV 有机硅密封胶自动涂胶系统是指在装配线外配置自动涂胶机，由人工将涂胶零件放入自动涂胶机涂胶，然后由人工搬运至装配线进行装配。线下 RTV 有机硅密封胶自动涂胶系统的轨迹执行机构采用三轴自动机械手，根据需要也可配置六轴机器人。图 43-29 为线下 RTV 有机硅密封胶自动涂胶机。

通常，线下 RTV 有机硅密封胶自动涂胶系统包括以下几大部分及功能。

（1）床身及轨迹执行机构　床身用来支撑轨迹执行机构及工件定位夹具，通常床身与控制柜连为一体，床身外装有安全网。

（2）双泵供胶自动切换系统　根据生产量的大小采用 5 加仑或 55 加仑包装的 RTV 有机硅密封胶，根据 RTV 有机硅密封胶的黏度选配合适压力比的柱塞泵，柱塞泵可以采用单立柱也可以采用双立柱进行举升，同时供胶泵应采用双泵配置。

（3）胶计量装置及涂胶枪　通常，线下自动涂胶系统配备胶计量装置，原理同线上自动涂胶系统。如果系统不配备此装置，则需要人工调整胶调压阀进行流量控制。

（4）胶嘴防干胶装置　线下 RTV 有机硅密封胶自动涂胶机应配备胶嘴防干胶装置，以保证胶嘴不固化。

图 43-29　线下 RTV 有机硅密封胶自动涂胶机

（5）工件定位夹具　由于是线下自动涂胶机，待涂胶工件由人工搬运放置在涂胶机上，因此需对工件准确定位才能保证涂胶轨迹的准确无误。有时自动涂胶机一次涂 2～3 种工件，则每种工件需配置各自的定位夹具。线下 RTV 有机硅密封胶自动涂胶机的定位夹具应配备工件是否到位检测信号和工件是否放平的检测信号，以保证自动涂胶机正常的涂胶。

### 43.3.5.3　线上 RTV 有机硅密封胶半自动涂胶系统

线上 RTV 有机硅密封胶半自动涂胶系统是针对发动机装配生产线（内装线）的工件没有精确定位的状况，有些工件的质量或体积较大，工人搬运工件到线下 RTV 有机硅密封胶自动涂胶机上很费力等情况而设计的。该系统将 $x$、$y$、$z$ 三轴轨迹系统涂胶枪、定位夹具装在气动平衡机械手上，借助气动平衡机械手平衡掉重力影响，由人工拿着 $x$、$y$、$z$ 三轴轨迹系统胶涂胶枪、定位夹具直接到发动机的缸体上进行自动涂胶，涂胶完成后再装配与缸体的连接零件。线上 RTV 有机硅密封胶半自动涂胶系统的配置与前述两种自动涂胶系统基本相同，关键是涂胶系统要轻以便于工人操作，同时涂胶机不工作时应放置在装配线工件移动空间之外并能定位。

## 43.3.6　汽车挡风玻璃单组分聚氨酯胶自动涂胶系统

现代汽车设计尤其是轿车设计，车窗玻璃均采用了直接粘接工艺，这种装配工艺将车窗玻璃与车身连为一体，大大增强了车身的刚性，同时提高了车窗的密封效果。早期的车窗玻璃粘接工艺首先被美国通用公司采用，使用双组分聚硫胶黏剂。由于双组分胶施工设备较复杂，现在汽车挡风玻璃胶黏剂基本上都采用性能更好的单组分湿气固化聚氨酯胶。为保证粘接质量，现今车窗玻璃涂胶基本上都采用自动涂胶设备。车窗玻璃自动涂胶系统通常包括以下几部分。

### 43.3.6.1　单组分聚氨酯胶供胶系统

聚氨酯胶的黏度很高，特别是低于 5℃ 时胶的黏度增加很快，因此通过稍微加热即可使黏度下降。针对聚氨酯胶的这种特点，通常的做法是采用大截面的双立柱柱塞泵，提高压胶盘压胶的力量，同时压胶盘带有加热功能，能更好地辅助柱塞泵进行充盈地吸胶和泵胶，柱塞泵的压力比通常选配大于 60∶1。为减小胶的压力降，出胶管均采用带加热保温功能的高压胶管，同时其管径至少应大于 25.4mm，以保证胶的流量满足涂胶速度的要求；聚氨酯胶供胶系统均为双泵配置（见图 43-30），以保证自动涂胶系统的正常工作。

### 43.3.6.2　单组分聚氨酯胶计量的供胶装置

由于挡风玻璃的涂胶胶形较粗（三角形），用胶量较大，如不采用胶计量装置，在自动涂胶系统中很难保证胶形的稳定一致，因此在聚氨酯胶自动涂胶系统中都需配置胶计量供胶装置。聚氨酯胶计量供胶装置有以下两种基本形式：

（1）齿轮计量泵供胶　这种计量供胶装置采用伺服电机通过减速器、联轴器带动齿轮计量泵进行供胶。齿轮计量泵靠每个齿的啮合均匀供胶，通过伺服电机控制齿轮计量泵的转速进行胶流量的实时控制。

（2）柱塞式计量泵供胶　这种计量供胶方式是采用柱塞式计量泵供胶。其工作原理是：先通过二位三通转阀将胶注入柱塞缸，然后二位三通转阀切换到柱塞缸与涂胶枪

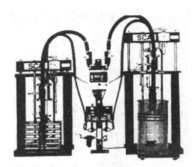

图 43-30　聚氨酯胶双泵供胶装置

相通，柱塞缸内的胶（足够一个工作循环的涂胶量）通过液压伺服缸挤出或是通过伺服电机带动滚珠丝杠挤出，同时，通过伺服控制与机器人协调控制控制胶的挤出速度。图 43-31 为柱塞计量泵供胶装置的原理图。

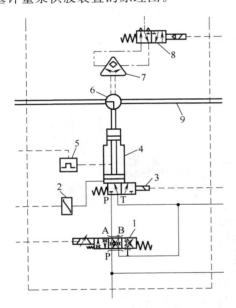

图 43-31　柱塞计量泵供胶装置的原理图

1—电磁比例伺服阀；2—卸压放气阀；3—电磁开关阀；4—计量供胶缸；5—油缸、胶缸连接活塞杆；6—二位三通转阀；7—摆动油缸；8—电磁换向阀；9—进胶胶管

### 43.3.6.3　涂胶轨迹执行机构

由于挡风玻璃都是空间曲面，而涂胶的胶条开头断面为三角形，涂胶轨迹执行机构必须具有 6 个自由度。现大都采用六轴工业机器人为涂胶轨迹执行机构。六轴工业机器人有两种采用方式，一种是采用持重较小的工业机器人，但至少应持重 10kg 以上。这种方式机器人只拿持涂胶枪，胶计量供胶装置放在机器人附近，原则要求是计量供胶装置到涂胶枪的距离不能太远，而且供胶应采用带加热保温功能的高压胶管，管径应至少 25.4mm 才能保证没有过大的压降（阻力）。另外一种是采用持重 60kg 以上的工业机器人，这种六轴工业机器人计量供胶装置可以安装在机器人的小臂上，这样计量供胶装置到涂胶枪的距离可以很短，高压胶管的长度只要满足机器人手腕转动涂胶枪的需要即可。这种配置可以使胶管的阻力变得很小，涂胶枪开关时几乎不会对胶形造成影响。

### 43.3.6.4　挡风玻璃工装夹具

挡风玻璃自动涂胶时需要用工装夹具定位，然后用真空吸盘固定。根据设计方式的不同，有以下几种挡风玻璃工装夹具。

（1）平面回转椅式挡风玻璃工装夹具　这种方式是挡风玻璃倾斜放置，在一个位置上机器人进行涂胶作业时，另一个位置上由人工用待涂胶的换下已涂完胶的玻璃。这种方式的优点是工装夹具占地面积较小，另外采用倾斜方式放置玻璃，工人可以直接用手工吸盘取走已涂完胶的挡风玻璃，涂胶系统不需要再配一台玻璃翻转机。这种方式的局限性是只能用于涂胶的部位在玻璃边缘里面，如有的车型涂胶的位置紧贴着玻璃边缘则不能采用这种结构。图 43-32 为平面回转椅式挡风玻璃工装夹具，图 43-33 为后挡风玻璃及三角窗定位夹具，

图 43-34 为平面回转椅式挡风玻璃自动涂胶系统。

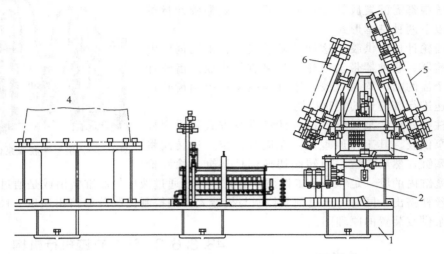

图 43-32　平面回转椅式挡风玻璃工装夹具
1—安装基座；2—定位装置；3—回转夹具台架；4—机器人基座；
5—后车窗及三角窗夹具；6—前车窗夹具

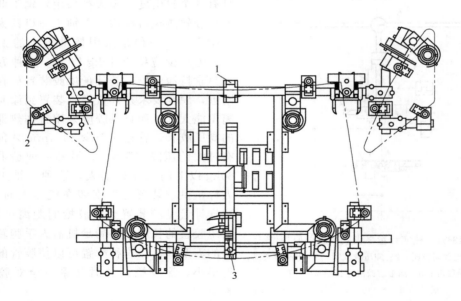

图 43-33　后挡风玻璃及三角窗定位夹具
1—车窗左右夹紧机构；2—三角窗定位装置；3—车窗上下夹紧机构

　　(2) 水平回转挡风玻璃工装夹具　这种方式是挡风玻璃水平放置，自动涂胶作业也分为两个工位，一个工位用于机器人涂胶作业，另一个工位用于玻璃翻转机取放待涂和涂后的挡风玻璃。这种方式满足各种玻璃的涂胶要求，对于涂胶部位没有限制，与上述方式相比只是多了一台玻璃翻转机，占地面积稍大一些。图 43-35 为水平回转挡风玻璃自动涂胶系统。

　　汽车挡风玻璃自动涂胶系统还应配备胶嘴清理装置和胶嘴防干胶装置，如果是全自动涂胶系统，系统还可配备气泡探测仪，检测胶里的气泡，以通知自动涂胶系统可能出现断胶现象。另外，由于挡风玻璃涂胶时出胶量较大，涂胶枪应专门设计大流道喷枪，同时高压胶管

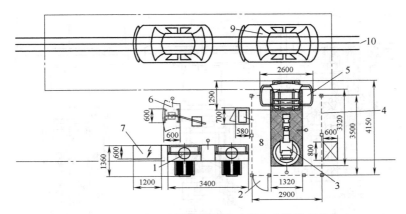

图 43-34 平面回转椅式挡风玻璃自动涂胶系统

1—双泵供胶装置；2—安全门；3—机器人；4—安全护栏；5—转椅式挡风玻璃夹具
6—手动涂胶装置；7—系统总电源柜；8—系统控制柜；9—装配车身；10—总装流水线

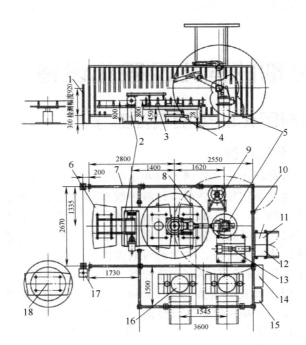

图 43-35 水平回转挡风玻璃自动涂胶系统

1—安全区域传感器；2—翻转机；3—玻璃定位夹具；4—转台；5—涂胶机器人；6—工人取放玻璃工位；7—安全护栏；
8—车窗玻璃定位装置；9—枪嘴清理器；10—安全插销；11—机器人控制柜；12—系统控制柜；13—计量供胶泵；
14—涂胶控制柜；15—温度控制装置；16—55 加仑双立柱泵；17—启动操作盒；18—手动涂胶装置

与涂胶嘴最好设计成同心，这样设计的涂胶枪可以避免加热保温高压胶管过度弯曲绞折。如果要做得更好，就可采用图 43-36 所示的涂胶枪单元。该单元将机器人的第 6 个自由度（回转动作）通过一套齿轮传动机构传到涂胶嘴，涂胶嘴与涂胶开关阀之间为回转接头连接，采用这种结构涂胶嘴旋转角度时，涂胶开关阀和高压胶管均不动，可以有效地保护加热保温高压胶管不受绞折，同时该单元不装有气动高度调节机构，它可以消除玻璃制造误差引起的定位偏差。

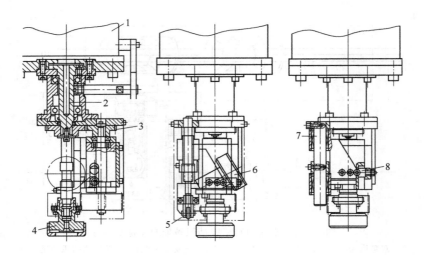

图 43-36　自调节防胶管绞折涂胶枪单元
1—机器人手腕；2—枪嘴回转驱动轴；3—回转齿轮；4—胶回转接头；
5—驱动气缸；6—进粘接头；7—导向杆；8—导向滚轮

# 43.4　胶黏剂的固化及固化设备

## 43.4.1　胶黏剂固化的类型和注意事项

### 43.4.1.1　胶黏剂固化的类型

液状胶黏剂系统分为物理固化（溶剂挥发和水的散逸）类和化学固化类。

（1）物理固化类　物理固化型胶黏剂包括溶剂胶黏剂、水基胶黏剂和热熔型胶黏剂等。

使用接触剂和粘接溶剂时，要在抽走液体后，才能把粘接件拼接起来。拼接时允许的时间被称为开放时间。在此时间以后，粘接连结在一般的条件下就不可能了。这类胶黏剂应一直在压力下使用，加热会使粘接更好，固化的时间变得短一些。

溶剂胶黏剂固化速度和涂胶胶层厚度和涂胶量、溶剂挥发速度、胶液不挥发分含量大小及环境温度有关。水乳胶不挥发分大多为 $40\%\sim60\%$，涂胶量以厚度为 0.1mm 左右为宜，溶剂胶的不挥发分含量大小主要和树脂（天然的、合成的）及橡胶分子量大小有关，分子量高于 $10^5$ 的胶液不挥发分含量多为 $15\%\sim20\%$，分子量低的如虫胶胶液不挥发分含量大于 $50\%$。不挥发分含量在 $20\%\sim30\%$ 的胶液涂胶胶层在 $0.15\sim0.2mm$ 为宜。胶层太薄，一方面不容易涂匀，另一方面容易局部缺胶。

溶剂胶黏剂的有效成分是不挥发成分中的树脂等基料，因此除非被粘物件是多孔性材质如木材、纸张及制造胶带等，必须待胶层溶剂或水挥发 $90\%$ 以上才能搭接，但溶剂挥发太干净则胶层会失去黏性，为保证粘接质量，应两个被粘面都涂胶。

（2）液状反应型系统（化学固化类）　所有单、双组成胶黏剂都属于这类液状反应型胶黏剂。这种胶黏剂的供货是分瓶装的。在单组成胶黏剂里已混有固化剂。只是在高温度时才会反应，这类系统胶黏剂的贮存时间大多为三至六月。

常见的常温固化胶黏剂使用前为双组分，组分之一是带有活性基团的树脂，另一组分为在常温下可以与树脂活性基团发生化学反应的固化剂、变联剂。比如室温固化环氧树脂胶、双组分聚氨酯胶、不饱和聚酯胶、第二代丙烯酸酯胶、双组分有机硅胶等。常温反应型胶黏剂固化速度主要与树脂和固化剂反应活性以及环境温度有关。为了缩短固化时间，可以适当加热固化，加热温度一般为60℃左右为宜。

另一种常温反应固化胶黏剂是单组分胶黏剂，如硅烷改性聚醚胶、硅烷封端聚氨酯胶、单组分硅酮胶以及氰基丙烯酸酯胶等，它们是和空气中水分发生化学反应或在水分子作用下进行反应而固化，成为有粘接力和一定强度的胶层。这类胶黏剂固化时应在粘接接头搭接后有水分来源或涂胶后晾置一定时间（依空气温度而定），才能达到较快固化速度。

另外，厌氧胶的固化是在胶液隔绝氧气后即可在常温下发生化学反应，亦属于常温反应固化。

一般常温反应胶黏剂在常温下反应速率较慢，特别是在15℃以下，大部分反应型胶黏剂需固化10d以上甚至更长。为加快固化速度，可适当提高固化温度，固化温度每提高10℃，固化速度会提高2～4倍，实践证明，常温反应型固化胶黏剂在60～80℃下固化不但大大缩短固化时间而且可以获得更佳粘接效果。

双组分系统要按胶黏剂制造时的规定进行混合和粘接。如果胶黏剂不含溶剂的话，则可免去排气过程。含溶剂的反应型胶黏剂则在涂覆后，其中的溶剂全部都需要被排走，然后才允许将胶黏剂和粘接零件压合在一起，否则会生成固化缺陷和出现粘接部位软化现象。

在正常条件下直接发生在输入和混合固化组成（固化剂、催化剂）后，在混合阶段，由于放热反应产生热量，黏度也因此降低（见图43-37）。

依反应温度和反应速率而定，有效使用期结束后不能使用，因为会产生浸润缺陷。

（3）单组分热固化　进行热固化的反应型单组分胶黏剂如含有掺入的固化剂，它们的固化仅在温度升高时实现。最佳固化范围可在120～180℃得到，在此固化范围内可达最好的强度值（见图43-38）。

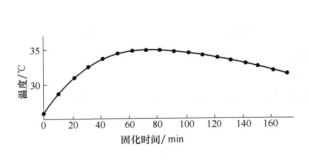

图 43-37　环氧树脂的热反应曲线

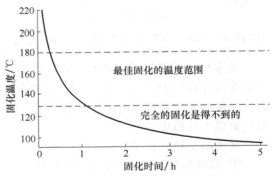

图 43-38　单组分环氧胶的最佳固化温度

在120℃以下不能发生完全的固化，因此造成强度下降。同时胶黏剂防化学物腐蚀性能大大降低，在遇到强度大的动力振动作用时，会使粘接零件裂开。但超过180℃固化温度时，胶黏剂组织结构则可能遭到破坏，也造成强度下降。此时胶黏剂要热分解，从而失效。

## 43.4.1.2　胶黏剂固化应关注的问题

胶黏剂的固化应关注如下几个问题。

（1）固化时间　使用反应型胶黏剂时，固化过程的长短取决于各自的系统。在所有的固化过程中都会遇到放热现象。在化学反应期间，要释放出热量，它反过来又加速了反应过程（见图43-39）。

提示：所有固化过程都与时间和温度有关。冷却胶黏剂混合物可延缓反应。在用某些胶黏剂系统时，使用促进剂一般能控制固化的时间。

注意：加入过量的促进剂，会使物理性能变差或粘接处开裂。促进剂还使系统变化反常，带来无法控制的分子键生成，从而使某些粘接制品变脆。

（2）温度和压力　对于胶黏剂的固化过程、拼接和固定，温度起着决定性的作用。

输入热量可大大地缩短粘接过程。大多数反应型胶黏剂和物理黏附型胶黏剂还是在室温下固化的。

提高温度带来下列益处：

① 胶黏剂变稀使其表面润滑性改善。

② 提高最终的粘接强度。

③ 固化时间缩短，由此改善生产流程。

热固化与室温固化相比粘接强度可提高约30%。此时一般只需在60~80℃时进行2h的后固化即可。

图43-40显示粘接强度与时间、温度的关系。

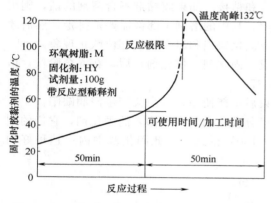

图 43-39　双组分环氧胶黏剂固化时的温度变化

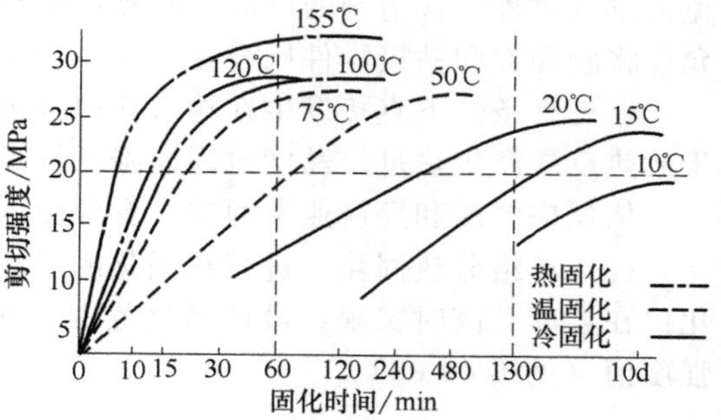

图 43-40　粘接强度与时间、温度的关系

大多数胶黏剂除了热量外，还要均匀施加在粘接面积上压力。只有当固化过程结束后，以及粘接零件的温度小于60℃时，才能停止施压。

热量输入要靠加热板和加热型腔等，并在合适的空间内完成。常常固化过程在压力下在通风炉或加热道中进行。

其他的加热系统是：

① 辐射加热，定位或在输送管道中。

② 粘接零件的感应加热（电感应传输）。

③ 在热压机中的固化。

一般说来，热固化必须要有昂贵的设备和辅助装置。但粘接处比冷固化有较高的化学和物理值，而且有较多的稳定性。

（3）室内条件　如果粘接要求未达到，或者空气湿度太大，粘接效果在一段时间后会变得很差。其后果是在粘接处开裂。什么时间会出现这种现象，这仅仅是时间问题。根据经验，粘接缺陷大约在六至十二个月后开始出现。

（4）真空中固化　对于要承受高压力的粘接件（航空工业），固化过程要在真空中进行。此方法应用在带粘接拼接型零件的粘接中。此时，粘接零件要在高的温度下，在真空中承受一定低压，到最终固化状态。此法还有一优点：系统中侵入的空气将被抽走。系统的加热由各种不同的加热装置完成。

（5）在高压釜中固化　要承受更高压力的粘接件可在高压釜中进行固化。固化将在真空加压力和加热的条件下完成。所有的数据由高压釜上的测量仪器监测。粘接零件常常是利用抽真空而被压在另一制品粘接部位上的。这样可得到一紧密的、无气泡的接触面。在整个固化过程中，用真空泵抽出中间层的空气，经一适合的加热系统（在制品件内和周围）固化。

## 43.4.2　胶黏剂固化设备

胶黏剂固化的加热方式通常有普通电加热固化、远红外线加热固化、微波加热固化和高频感应加热固化。

### 43.4.2.1　普通电加热设备

普通电加热固化简称电加热，是应用最早、使用最多的加热固化方法，主要设备是电烘箱、电烘房。电加热固化根据加热温度不同分为低温固化（温度低于 80℃）、中温固化（温度在 80～120℃）、高温固化（温度在 120～180℃），除个别胶黏剂，一般加热固化胶黏剂温度不超过 180℃，电加热烘箱如图 43-41 所示。

图 43-41　电加热烘箱

### 43.4.2.2　远红外线加热固化及设备

普通电加热是通过热传导方式将烘箱电阻丝发出的热先传导到被粘物件，再传导到胶黏剂层，加热效率低，耗时长。远红外线是波长 8～14μm（8000～14000nm）的电磁波，它可以进入粘接接头内部直接到达胶黏剂层，从而大大加速了胶黏剂固化速度。一般用远红外线加热固化粘接物件的固化速度是普通电加热的 2～4 倍。工业上，电子器件的粘接、汽车制造胶黏剂和涂料固化的加热隧道窑炉都是使用远红外线加热方式，远红外线加热炉如图 43-42 和图 43-43 所示。

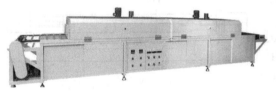

图 43-42　电子元器件粘接远红外加热炉

### 43.4.2.3　微波加热固化及设备

微波是频率为 0.3～300GHz 的电磁波，材料或物件在微波作用下会升温，促进胶黏剂固化反应，微波辐射能使化学反应在相同温度下快几倍甚至几十倍，而且还可以在比普通电加热温度低的条件下发生化学反应，促使胶黏剂固化。利用这一原理特别适于电子器件制造中固化耐热性低的电子器件的粘接，微波加热炉如图 43-44 所示，微波加热箱如图 43-45 所示。

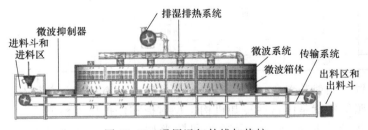

图 43-43　通用远红外线加热炉

### 43.4.2.4　高频感应加热固化设备

高频感应加热是利用电磁感应，在电导体中产生涡电流而造成电导体加热。由于加热物

图 43-44　微波加热炉

图 43-45　微波加热箱

图 43-46　高频感应加热箱

件必须是电导体，而且物件大小形状又受限制，在胶黏剂固化中用得很少，高频感应加热箱如图 43-46 所示。

### 43.4.2.5　紫外线固化及设备

用于胶黏剂固化的紫外线是波长为 365～400mm 的电磁波，它照射到组分中带端基丙烯酸酯双键的树脂和光敏剂的胶黏剂，形成激发态，分解成自由基或离子，与不饱和键发生聚合、交联等化学反应而固化。

用紫外线固化，不用加热，且速度很快，固化速度从几十秒到数分钟，缺点是粘接接头至少一面是透明的，以便让紫外线进入胶黏层。

紫外线固化设备包括光源和附属设备，是保证高效率而又稳定产生紫外线的一套装置。

（1）光源　紫外线可以由碳弧光灯、荧光灯、超高压汞灯和金属卤化物灯等发出。现在比较实用的是超高压汞灯和金属卤化物灯。超高压汞灯的构造如图 43-47 所示。发光管是由石英玻璃制造，其中封入高纯度的水银和惰性气体。金属卤化物灯是高压汞灯的改良形式，封入发光管的物质，除了水银和惰性气体以外，还有铁和锡的卤化物。

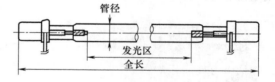

图 43-47　超高压汞灯的构造

图 43-48 分别表示出高压汞灯和金属卤化物灯的分光能量分布。金属卤化物灯的优点是光源强度、发光稳定性、分光能量分布均匀性都比较好，表 43-2 归纳出了各种紫外光源的优缺点。

表 43-2　各种紫外光源的优缺点

| 项目 | 发光稳定性 | 光源强度 | 分光能量分布均匀性 | 安全卫生 | 成本 | 热的不良影响 |
|---|---|---|---|---|---|---|
| 碳弧光灯 | 一般 | 一般 | 好 | 差 | 一般 | 好 |
| 荧光灯 | 好 | 差 | 好 | 最好 | 最好 | 好 |
| 超高压汞灯 | 好 | 好 | 最好 | 好 | 一般 | 最好 |
| 金属卤化物灯 | 最好 | 最好 | 最好 | 好 | 一般 | 最好 |
| 氙灯 | 最好 | 一般 | 差 | 好 | 一般 | 差 |

（2）照射装置　照射装置中，为了使发射紫外线的效率稳定，必须对高纯度铝制反射板和灯进行冷却，照射器就是由这些冷却机构、反射板和保护挡板构成。

反射板的形状分为集光型、平行光型和散光型三种。反射板的断面形状及其光型如图 43-49 所示。

（3）冷却装置　为了提高灯的寿命，冷却装置有空冷式和水冷式两种。空冷式和水冷式的构造不同，水冷式是专用的。

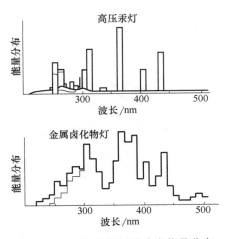

图 43-48 两种紫外灯的分光能量分布

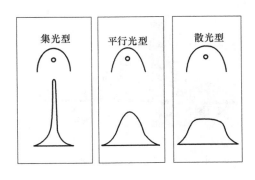

图 43-49 反射板的断面形状及其光型

（4）紫外线固化设备的种类

① 点光源。紫外光通过紫外专用光导高效传输，在光导输出口集中于一点（SPOT），使 UV 胶在适当的时间内达到最优固化。可随手携带，使用方便自如，UV 光输出有快门控制，分手动和自动设定固化时间，冷却风扇内置。适合小型零件粘接的固化和现场施工。点光源装置如图 43-50 所示，图 43-51 为医用点光源。

② 泛光源。泛光源也叫紫外光固化箱，紫外光封闭在箱内，照射一定的面积，对操作人员无害，箱内可设置转盘，利于获得均匀光照，也可配置可编程的精确电子计时器来获取精确的光照。适合小批量零件粘接的固化。泛光源装置如图 43-52 所示。

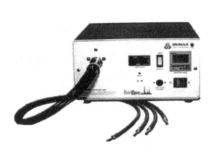

图 43-50 点光源装置

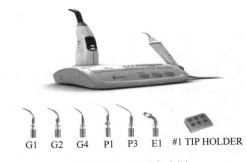

G1　G2　G4　P1　P3　E1　#1 TIP HOLDER

图 43-51 医用点光源

③ 传送带式光源。流水线式的光源，传送带速度可调，可配置精确的带速读数，灯泡照射小时累计，完全封闭，工件从两端窗口进出，负压吸附和冷却系统二合一，排风扇内置，灯和带间距离可调。适合于大批量生产流水线作业。传送带式光源装置如图 43-53 所示，紫外线固化装置如图 43-54 所示。

（5）紫外线固化设备使用注意事项

① 紫外线对操作者的皮肤、眼睛等

图 43-52 泛光源装置

有引起炎症的现象，应避免直接照射。

② 臭氧超过一定浓度时，具有特殊的恶臭味，应进行良好的排风。

图 43-53　传送带式光源装置

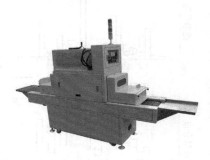

图 43-54　紫外线固化装置

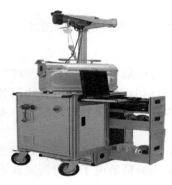

图 43-55　电子束固化装置

③ 在安装灯时，要戴手套。灯上附有积炭时，在点灯前用浸酒精的布擦去即可。要想延长灯的寿命，细心操作很关键。

### 43.4.2.6　电子束固化及设备

电子束固化是一种新型辐射固化技术，和紫外线固化有相似之处，它是由电子加速器中的电场将电子不断加速到一定速度而形成的电子束照射胶黏剂，将能量传递给胶黏剂中低分子树脂产生自由基或离子，引发其固化反应。目前由于设备成本高，在粘接施工中应用得还很少，电子束固化装置如图 43-55 所示。

## 参 考 文 献

[1]　翟海潮. 工程胶黏剂及其应用. 北京：化学工业出版社，2017.

[2]　童忠良. 胶黏剂最新设计制备手册. 北京：化学工业出版社，2010.

[3]　李和平. 胶黏剂生产原理与技术. 北京：化学工业出版社，2009.

[4]　李盛彪. 热熔胶黏剂制备、配方、应用. 北京：化学工业出版社，2013.

[5]　张玉龙，等. 丙烯酸酯胶黏剂. 北京：化学工业出版社，2010.

[6]　李广宁，等. 环氧胶黏剂与应用技术. 北京：化学工业出版社，2007.

[7]　杨保宏，等. 胶黏剂配方、工艺及设备. 北京：化学工业出版社，2018.

[8]　胡高平，等. 金属用胶黏剂及粘接技术. 北京：化学工业出版社，2003.

[9]　朱春山. 汽车胶黏剂. 北京：化学工业出版社，2009.

[10]　张玉书，等. 压敏胶黏剂制备、配方、应用. 北京：化学工业出版社，2016.

[11]　肖卫东，何培新，胡高平. 聚氨酯胶黏剂——制备、配方、应用. 北京：化学工业出版社，2009.

[12]　刘汉诚，汪正平，李宁成，等. 电子制造技术——利用无铅、无卤素和导电胶材料. 姜岩峰，张常年，译. 北京：
化学工业出版社，2005.

[13]　田民波. 电子封装工厂. 北京：清华大学出版社，2003.

[14]　黄应昌，等. 弹性密封胶与胶粘剂. 北京：化学工业出版社，2003.

[15]　李静，等. 汽车胶粘剂密封胶使用手册. 北京：中国石化出版社，2018.

（李士学　翟海潮　雷文民　编写）

# 第44章

# 粘接质量控制和无损检测

　　粘接质量控制目的就是要确保粘接的高质量，减小不同批次粘接件性能的差异，保证粘接结构安全可靠，牢固耐久。

　　高质量的粘接使被粘接结构牢固耐久，应当兼顾初始强度和耐久性这两方面，不可只追求最初的高强度而忽视耐久性。粘接质量受多种因素影响，了解这些因素的影响程度，采取必要的措施，消除能预料的隐患，为确保粘接技术高质量的合理应用提供可靠保证。

## 44.1　粘接质量的影响因素

　　影响粘接质量的主要因素可归为 4 个方面：胶黏剂的选择、接头设计、粘接工艺、质量管理等。它们之间互相联系、互相制约，无论疏忽哪一环节都会带来隐患、出现弊端，使质量达不到要求。因此要慎重对待、多方关照、认真处理，以保证粘接质量万无一失。

### 44.1.1　胶黏剂的影响

#### 44.1.1.1　黏料结构的影响

　　① 主黏料中含有极性基团如：—HC——CH$_2$、—OH、—Cl、—CONH—、—NHCOO—、

　　　　　　　　　　　　　　　　　　　O

—COOC—等，由它们配制的胶黏剂，内聚强度高，对提高粘接强度是非常有利的。只是含有酯键（—COOC—）、酰胺键（—CONH—）、氨酯键（—NHCOO—）的胶黏剂耐水性能较差，不适于长期在潮湿环境下使用。

　　② 含有苯环和支链的胶黏料，因柔顺性差、空间位阻大，影响分子的扩散，因而粘接力降低。

　　③ 结晶度大的黏料内聚力也大，但粘接力较差，配制的胶黏剂粘接强度不高。

#### 44.1.1.2　黏料分子量的影响

　　一般情况下，黏料的分子量低、黏度小、流动性大、易于湿润，则粘接力大，但是因为内聚力小，粘接强度低。分子量很大时，内聚力更大，但粘接力更差，粘接强度也不高。因此，只有中等分子量的黏料所配制的胶黏剂才是最合适的。将不同分子量的同类树脂混合使用，可得到中等分子量的黏料。如将 E-51 环氧树脂与 E-44 环氧树脂按 2∶8 或 6∶4 或 5∶5 比例混合使用，则因互相取长补短而能获得较高的粘接强度。

　　总的来说，黏料的分子量要有一个适当的范围，太低、太高皆不好。除了分子量外，分子量分布也有一定的影响，一般来说，分子量分布稍宽些为好。

### 44.1.1.3　增塑剂的影响

加入增塑剂可以提高黏料分子的扩散能力，增加粘接力，因此对粘接有利。但是增塑剂用量过大，则降低内聚强度，同时因低分子物过多，也降低粘接力，而导致粘接强度下降。因此，增塑剂加入量不能太大，适当为宜。对于非活性增塑剂，要注意与主树脂相容性要好，不然离析后逐步渗透扩散集中于粘接界面，会引起脱粘。

### 44.1.1.4　填料的影响

在胶黏剂中加入适量的填料，可以改进粘接性能。如降低收缩率、减小热膨胀系数、提高耐热性能等。在一定用量范围内剪切强度随填料的增加而提高，但剥离强度却降低，因此，在承受剥离力时，尽量不加或少加填料。

如果加入活性填料（如经偶联剂处理的硅微粉）粘接效果会更明显。

### 44.1.1.5　溶剂的影响

溶剂型胶黏剂，在选择溶剂时它必须与主黏料有很好的溶解性，否则离析、分层、结块，甚至凝胶却不能很好地湿润被粘物表面，而严重影响粘接效果，甚至根本粘不上。对于混合溶剂，各组分的溶解能力一定要配合好，应使良溶剂的挥发速度低于不良溶剂的挥发速度，否则良溶剂首先挥发而发生相分离，会出现胶浆凝固，对被粘接表面不湿润，自身聚集，形成不了粘接力，无法粘接。

### 44.1.1.6　配胶的影响

对含有相容性不好的树脂或质重的填料，储存时易分层或沉降，在使用前需要混合搅拌均匀，否则会影响粘接质量。

双组分或多组分的胶黏剂在配制时，各组分一定要按比例准确称量，混合均匀，否则固化剂少了，会固化不完全；固化剂多了，反应剧烈，胶黏剂变脆，韧性差。这些都能使胶黏剂的强度大为降低。

自行配制胶黏剂，各组分一定要符合要求，尤其是要控制水分含量，以免胶黏剂本身的内聚强度不高。

## 44.1.2　粘接工艺的影响

### 44.1.2.1　溶剂脱脂

被粘表面进行溶剂脱脂是最简单、最常用的方法，对于不同性质的被粘物要选用合适的溶剂，用量应适当控制。因为都是易挥发的溶剂，用量不宜过大，不然溶剂挥发之后被粘物表面温度降低过甚，会使空气中水分凝聚于表面，致使胶黏剂润湿困难，粘接后容易出现界面破坏，使粘接强度大为降低。溶剂要清洁，不含杂质和污染物，例如丁酮在储存期发生聚合而产生油污、溶剂，会留下一层膜，使用时需要注意。脱脂溶剂最好是试剂级的，因为好多工业级溶剂中含有水分或油脂，用它们清洗是不利于保证粘接质量的，如乙醇、汽油等。

### 44.1.2.2　表面粗糙程度

被粘物表面一般适当粗化能够增大粘接面积，可以提高粘接强度。因此在粘接之前表面要进行打磨或喷砂。但要说明的是表面不是越粗糙越好，要适度。如果表面凸凹过甚，造成界面接触不良，胶黏剂不易湿润、渗透，造成缺胶，包裹空气形成缺陷使粘接强度下降，尤其是流动性差的胶黏剂更严重。粗糙度还和胶黏剂的流动性有关。流动性好的胶黏剂，表面可以稍粗糙些，但 $\alpha$-氰基丙烯酸酯胶例外。

### 44.1.2.3　被粘物的表面性质

不同材料的被粘物，其表面性质和状态是不同的，有的易粘，有的难粘；有的粘接强度低，有的粘接强度高。例如用同种胶黏剂粘接不同的金属，其粘接强度的差异是很大的，粘接强度的一般规律是钢＞纯铝＞锌＞铸铁＞铜＞银、金＞锡、铅。

### 44.1.2.4　被粘物表面的温度

适当地提高被粘物表面的温度，对提高涂胶后的流动性、湿润性和渗透性都是有益的。如用环氧树脂胶黏剂、酚醛树脂胶黏剂粘接时，被粘物表面可预热到 $30\sim40℃$，特别是在低温的室外这种预热尤为必要。但是对于含有挥发性溶剂的胶黏剂，被粘物表面温度不宜超过 $25℃$，因为温度高了，涂胶后溶剂急速挥发，妨碍了对被粘表面的湿润，而破坏了粘接的基本条件，造成粘接困难。

### 44.1.2.5　胶层的厚度

胶层厚度对粘接质量有明显的影响。并不是胶层越厚，粘接强度越高，而大多数胶黏剂的粘接强度随着厚度的增加反而降低。例如某胶黏剂，当胶层厚度为 0.06mm 时剪切强度为 36.0MPa，0.20mm 时剪切强度为 33.7MPa，0.40mm 时剪切强度为 25.7MPa。这是因为胶层薄，变形所需的应力大，不易产生流动和蠕变，界面上内应力也小，产生气孔和缺陷的概率较小。当然胶层过薄，容易缺胶，使胶层不连续，也使强度和刚度降低。因此在保证不缺胶的前提下，胶层厚度尽量薄些为好，这样可以得到最大的粘接强度和刚度。一般有机胶的厚度以 $0.05\sim0.15mm$ 为宜，不超过 0.25mm，无机胶的厚度控制在 $0.1\sim0.2mm$。

### 44.1.2.6　晾置温度和时间

溶剂型胶黏剂涂胶后都需晾置，以挥发溶剂，增加黏性。假如涂胶后不经晾置，立刻叠合，是不会粘住的；若是晾置不充分，则会产生鼓包和气孔，使粘接强度下降；但如果晾置过度，黏性消失，也不会粘接。含有低沸点溶剂的胶黏剂，只需室温下晾置即可。含有高沸点溶剂，或要在高温下固化的胶黏剂，除了室温晾置，还应在高温下干燥。就是需要高温干燥的胶黏剂也不能马上进行干燥，应先在室温晾置一段时间，再进行高温干燥。否则，表面结成硬皮，内部溶剂难以挥发尽，其后果是不堪设想的。晾置时间与温度和被粘物种类有关，温度高，时间就短；反之亦然。对于致密被粘物，晾置时间长一些，多孔被粘物时间可短些，因为溶剂还有可能继续挥发。

### 44.1.2.7　固化温度

固化温度对粘接强度影响很大，一些胶种的粘接强度随着固化温度的提高而增加。例如用 JW-1 胶粘接铝合金，室温固化 24h 的剪切强度为 16.4MPa；在 60℃ 固化 2h 剪切强度为 20.3MPa；80℃ 固化 2h 剪切强度为 21.2MPa。固化温度提高，不仅粘接强度增大，而且固化时间缩短了。固化温度高有利于提高粘接强度，但也要防止温度过高，以免出现过固化，胶层变脆，使强度大幅度降低。加热时升温速度也影响粘接强度，需要控制，不宜过快。

### 44.1.2.8　固化压力

固化时增加一定的压力，能保证胶黏剂与被粘表面紧密接触，有利于胶黏剂扩散、渗透、排除气体，使胶层均匀致密。因此在一定范围内粘接强度随压力提高而增大，例如 J-08 胶粘接不锈钢，160℃ 固化 3h，当压力为 0.1MPa 时剪切强度是 12.3MPa；压力为 0.19MPa 时剪切强度是 16.7MPa；压力为 0.29MPa 时剪切强度是 17.9MPa；但当压力升为 0.49MPa 时剪切强度降为 16.9MPa。可见，当压力增大到一定值之后剪切强度开始降低，这是因为压力过大，胶液被挤出过多，造成缺胶所致。

### 44.1.2.9　固化时间

任何固化过程都需要一定的时间，如果固化时间不够，固化不完全，粘接强度必然要低。一般在一定时间内，胶黏剂随固化时间的延长粘接强度提高，但固化过程有一极限值，超过则粘接强度下降。升高温度可以缩短固化时间，如果低于特定的固化温度，无论怎样延长时间也是无济于事。对于不同种类的胶黏剂，必须给予一定的固化时间保证，才会获得最大的粘接强度。

### 44.1.2.10　后固化

后固化对于提高粘接质量有很重要的作用，可以减小内应力，增大粘接强度和耐久性。进行后固化虽然有些麻烦，但还是很有益处。

## 44.1.3　接头设计的影响

接头设计是否合理，直接影响着粘接质量。所采用的接头，应尽量避免剥离、弯曲、冲击，不要使应力集中于被粘接表面的末端或边缘。因为粘接接头应力分布不均匀程度越大，所能承受的载荷就越小，粘接强度也就越低。不要采用简单的对接，如果实属必须，应当设法加固。常用的接头形式为搭接、斜接以及粘接与机械混合连接，这些方法有利于提高粘接强度。

## 44.1.4　质量管理的影响

要保证粘接质量，必须进行科学管理。粘接质量的管理包括胶黏剂、操作人员、工作环境、工艺条件等方面。

### 44.1.4.1　胶黏剂

胶黏剂储存有一定的温度要求，在冷库中储存白乳胶要冻结变坏，如果处理不当再用于粘接，则难以保证质量。氯丁胶黏剂低温时凝胶，虽然不会变质，但也需要热复原后再用。即使在低温时不改变状态的胶黏剂，也不能拿来马上使用，应当在工作场所恒温一段时间，否则胶液温度太低，影响润湿性。发现胶黏剂有异常现象，如黏度、颜色等发生变化，一定要通过质量分析确定能否再用，如随便使用很可能出现粘接质量问题。对于胶黏剂要严格管理，剩余的胶黏剂一定要盖严，下次再用。配胶时要考虑用量，以免造成浪费。超过适用期的胶黏剂最好不用，避免带来粘接隐患。双组分胶黏剂，取用各组分的工具不可混用，以免局部固化，影响整体。储存胶黏剂，温度不宜过高。

### 44.1.4.2　操作人员

操作人员一定要经过培训，对粘接技术必须有一定的常识。操作人员一定要有科学的态度，按照工艺要求执行，具备严格认真、一丝不苟的素质。

### 44.1.4.3　工作环境

粘接操作的工作环境，必须有利于保证粘接的质量。在环境因素当中其湿度、温度、清洁度对粘接质量有着重要影响。

例如，对于环氧胶黏剂，粘接环境的空气湿度大，被粘物表面易吸水，影响环氧胶黏剂的湿润，粘接后容易出现界面破坏现象。

对于溶剂型环氧胶黏剂，湿度大，涂胶后溶剂不易挥发，使粘接强度下降。像 $\alpha$-氰基丙烯酸酯胶粘接还会出现泛白现象，聚氨酯胶容易产生气泡。许多胶黏剂在粘接金属时，雨天施工要比晴天的粘接强度低，因此，在阴雨天粘接对，除非有空调设备，质量难以保证。当然，空气过于干燥，对于 $\alpha$-氰基丙烯酸酯胶也不利。为了保证粘接质量，必须控制环境的空气相对湿度保持在 30％～65％。

如果粘接场所的温度低，环氧胶黏剂流动性就差，被粘表面温度也低，这些则使环氧胶黏剂润湿被粘表面困难。同时，溶剂型环氧胶的溶剂也难以挥发，残留量相对增大，若掌握不好，不可能形成牢固的粘接。所以粘接操作的室温不得低于 18℃。当然温度过高也不好，不易控制，最好不超过 30℃。

粘接现场应避免有尘土飞扬，对于溶剂型环氧胶黏剂，在粘接现场需要较长时间敞晾，若空气中灰尘大，会污染涂胶面，影响粘接效果。

### 44.1.4.4　工艺条件

每一种胶黏剂都有特定的工艺条件，必须按照规定执行。不能随心所欲，急于求成，只图进度，忽视质量，这是提高粘接质量的有力保证。

## 44.2　质量控制的内容

粘接质量的控制包括胶黏剂、粘接工艺、操作环境、仪器设备、粘接部件等的控制。

### 44.2.1　胶黏剂的控制

胶黏剂购进后应对包装进行检查，并对主要的理化性能进行复查，确认合格后才能使用。储存时应以原包装密封储存，防止受潮，另外温度、湿度、光线照射、搁置状态、时间等要符合要求。从低温或冷藏室中取出的胶黏剂应在与环境温度平衡后再开封使用，避免吸潮。超过储存期的胶黏剂一般不能使用。

### 44.2.2　粘接工艺的控制

所有被粘零件（机械）在涂胶前需进行预装配，检查配合间隙是否合适。处理好的被粘表面在涂胶前要保持清洁、干燥，如果是零部件最好戴卫生手套拿取。双组分胶黏剂配制后应在适用期前用完。涂底胶时应控制胶层厚度，以免影响粘接强度。还要严格控制固化温度、压力、时间，尤其是控制升温速度、最高温度、冷却特性。

### 44.2.3　操作环境的控制

环境的温度、湿度、灰尘等都会影响粘接效果，所以对粘接操作环境有严格要求，如环境温度最好保持在 18～30℃，相对湿度为 30％～65％，保持空气清洁无尘，并且现场不准有产生烟雾、粉尘和水蒸气的操作。

### 44.2.4　设备仪器的控制

加温和加压设备要适用可靠，测试仪表应有足够的准确性，所用的工具应洁净干燥。

### 44.2.5　粘接部件的控制

对已粘接好的部件应目视检查外观质量，不应有错位、凹坑、裂纹或鼓包等，最后还应进行力学性能检测。

## 44.3　粘接质量的缺陷及处理

由于影响粘接质量的因素很多，在粘接接头中有时难免会出现一些缺陷，了解这些缺陷的表现及其解决方法，便可以减少或避免缺陷的产生，从而提高粘接质量和良品率。根据缺陷的大小可分为宏观缺陷和微观缺陷。宏观缺陷主要有：颜色变化、杂质、裂纹、裂缝、压痕、起泡、小坑、起皱、焦化、分层、脱胶等。微观缺陷有：微小气孔、微裂纹、疏松结构等。宏观缺陷往往是小面积的、局部的、不连续的，而微观缺陷则是大面积的、连成片的。从大量的破坏实验结果来看，真正引起结构破坏的还是微观缺陷。表44-1列举了常见的粘接缺陷及解决方法。

表 44-1  常见的粘接缺陷及解决方法

| 缺陷表现 | 可能原因 | 解决方法 |
|---|---|---|
| 胶层发黏 | ①温度太低未完全固化；<br>②固化剂用之不当,变质或量少；<br>③配胶时混合不均匀；<br>④固化时间不够；<br>⑤溶剂型胶黏剂晾胶时间短,叠合太早；<br>⑥增塑剂析出表面；<br>⑦厌氧胶溢胶未消除；<br>⑧不饱和聚酯胶表面未覆盖 | ①提高固化温度；<br>②换用合适、适量、质好的固化剂；<br>③混合均匀；<br>④延长固化时间；<br>⑤延长晾置时间,选择最佳叠合时刻；<br>⑥选相容性好的增塑剂；<br>⑦清除未固化的溢胶；<br>⑧胶表面用涤纶薄膜覆盖 |
| 胶层粗糙 | ①配胶混合不均匀；<br>②胶黏剂变质或失效；<br>③用了超过适用期的胶；<br>④各组分相容性不好；<br>⑤涂胶温度过低；<br>⑥填料粒度太大或量多；<br>⑦环境湿度过大 | ①混合均匀；<br>②改用好的胶黏剂；<br>③不用超过适用期的胶；<br>④选择相容性好的组分；<br>⑤被粘物表面预热；<br>⑥提高填料细度,减少用量；<br>⑦通风干燥 |
| 胶层太脆 | ①增塑剂漏加或量少；<br>②固化剂用量过大；<br>③固化温度高,过固化；<br>④固化速度太快 | ①加入适量的增塑剂；<br>②固化剂用量适当；<br>③严格控制固化温度；<br>④降低升温速度 |
| 胶层疏松 | ①溶剂型胶黏剂涂胶后晾置时间太短,胶层中包含溶剂；<br>②一次涂胶太厚；<br>③被粘物表面有水分；<br>④黏度太大,包裹空气；<br>⑤填料未干燥；<br>⑥固化时压力不足；<br>⑦粘接环境湿度大 | ①适当延长晾置时间；<br>②均匀多次涂胶；<br>③用电吹风干燥；<br>④加热或稀释后涂胶；<br>⑤填料干燥,除去水分；<br>⑥增大固化压力；<br>⑦通风干燥或更换场所 |
| 接头裂缝 | ①接触面配合不好；<br>②涂胶量不足,涂胶遍数少；<br>③黏度太低,胶液流失；<br>④压力太大,胶被挤出 | ①接头要事先配试；<br>②固化前检查,缺胶补填；<br>③加增稠剂或减小配合间隙；<br>④压力不要过大,且要均匀 |
| 脱粘 | ①表面处理不干净；<br>②表面粗糙过度；<br>③胶黏剂选用不当；<br>④晾置时间过长；<br>⑤表面处理后停放时间太长；<br>⑥使用了超过适用期的胶；<br>⑦胶黏剂收缩率太大；<br>⑧胶黏剂黏度过大；<br>⑨重新粘接时未清理干净；<br>⑩脱脂溶剂用量过大 | ①认真进行表面清理；<br>②适当地粗化表面；<br>③选择合适的胶黏剂；<br>④控制晾置时间；<br>⑤表面处理后立即粘接；<br>⑥不要使用超过适用期的胶；<br>⑦选择收缩率小的胶黏剂；<br>⑧加热或稀释降黏；<br>⑨将残胶清除干净；<br>⑩减少溶剂用量 |
| 接头错位 | ①放置位置不得当；<br>②施压时间过早；<br>③加热固化升温太急；<br>④未有夹持限位 | ①放好位置；<br>②初固化,黏度增大后施压；<br>③阶梯升温；<br>④用夹具定位 |

# 44.4　确保粘接质量的要点

为了确保粘接质量，必须做到如下一些要求：

① 选择合适的胶黏剂。

② 兼顾胶黏剂强度高和耐久性好两个方面。

③ 不要使用超过储存期和适用期的胶黏剂。

④ 单组分胶如果分层、沉淀，使用前应搅拌均匀。

⑤ 双组分胶应按规定比例准确计量，调配混合均匀。

⑥ 不要采用简单的对接，非对接不可时需采取增强措施。

⑦ 尽量采用搭接、斜接、套接、混合连接。

⑧ 搭接长度不要太长。

⑨ 粘接层压材料勿用搭接，宜用斜接。

⑩ 加螺加铆，卷边包角，防止剥离。

⑪ 脱脂溶剂用量不宜过大，以防空气中湿气凝集于表面，降低粘接强度。

⑫ 将被粘表面的油污清除干净，先脱脂后打磨再脱脂。

⑬ 脱脂用的溶剂和织物及喷砂用的磨料应适时更换，以免脏污后影响处理效果。

⑭ 表面粗糙度适当为宜，不要过度。较大的粗糙度会使粘接接头产生应力集中，降低粘接强度。

⑮ 表面处理后停放时间不要过长，最好立即粘接。

⑯ 施胶前被粘表面要进行适当预热（30～40℃），增加润湿性。

⑰ 施胶量不要太大，胶层宜薄不宜厚，但要保证不缺胶。

⑱ 溶剂型胶黏剂涂胶后应充分晾置，但不能过度。

⑲ 胶黏剂黏度不要太大，可用加热或稀释的方法降低黏度。

⑳ 装配用夹具压力足够，过大过小皆不利。

㉑ 加热固化的胶黏剂应先在室温下凝胶，过早升温会造成流淌缺胶。

㉒ 加热固化要阶梯升温，速度不要太快，温度要均匀一致。

㉓ 施压不宜过早，应分段加压，压力要均匀。

㉔ 固化温度切忌过高或过低，避免过固化或欠固化。

㉕ 固化时间应严格控制，勿长、勿短。

㉖ 加热固化后冷却时要缓慢降温，不要急于取出粘接件。

㉗ 尽可能进行后固化，消除内应力。

㉘ 粘接环境温度不低于18℃，相对湿度不大于65％，空气清洁，无尘土飞扬，防止污染被粘表面。

㉙ 加强对粘接成品的外观和性能检验。

㉚ 粘接所用的装置和器具一定要清洁干燥，无不良影响产生。

# 44.5　粘接接头的无损检测

为了保证粘接密封质量，人们往往采用抽样检测，即在成批粘接件中抽出一定量（5％）试样来做破坏性试验以确定其所达到的性能。这种方法既浪费，又可能产生漏检而保证不了质量。也有对高质量的胶黏剂制定较低的企业标准，这样虽能较大程度地保证质量，但由于大材小用，浪费惊人，因而无损检验是一种理想的方法。

无损检测技术（NDT）是应用物理学原理，通过对比完好的粘接件与缺陷粘接件在物理性能上的差异来推断缺陷的形状、大小、所在位置，并寻求某一物理性质的变化或缺陷程度与粘接性能间的关系以判定粘接质量。目前无损检测已普遍用于金属探伤及金属焊接质量的检测，对于粘接件的无损检测还存在一些问题，其原因是粘接件由不同种材料粘接而成，这些材料的密度、电性能、机械性能均不相同，因此给粘接件的无损检测带来了困难。目前对粘接件的无损检测主要着重于胶层的界面缺陷与内聚强度。主要方法有光学检测法如目视检测法、射线照相法、全息照相干涉法，热学检测法如红外线法、液晶检测法，声学检测法如敲击法、超声波法、声阻抗法、声谐振法、声发射法、泄漏测试法等。

## 44.5.1　目视检测（VT）法

目视检测法，又被称为外观检测法，是在可见光线下用肉眼或放大镜对粘接成品外表进行检查。粘接接头的表面缺陷通常包括：划痕、印记、裂纹、腐蚀、气泡、水泡、填充度、空隙等。

检查时必须注意由固化压力所形成的余胶流痕的性质，整个粘接面沿胶线的余胶留痕是均匀的则表明粘接良好，忽多忽少或有间断现象表明加压不均匀或粘接面配合不良，在无余胶处可能脱胶。在查看外表时，若沿胶线能见到接头的端面，则应能发现延伸到粘接接头端面的局部脱胶现象。同敲击法一样，它也是一种早期的方法，可靠性差，采用此法只能发现一些外表的缺陷。目视检测的方法同时对粘接表面处理也可以进行初步判断。

## 44.5.2　X射线检测法

射线照相法是利用X射线和γ射线进行透视拍片的方法。通过胶层密度的变化判断粘接质量。最近也有利用中子射线照相技术的报道，但价格昂贵。

用X射线检验粘接件，要比检验金属的伤痕困难，因为胶层的密度比金属低得多，当射线穿过它时强度将减弱，为提高检测效果，往往于胶黏剂中掺入一些金属粉末作填充剂（如氧化铅、氧化铝等，但需注意加入金属填料不应影响胶黏剂的性能）以增强粘接良好处对X射线的吸收，便于粘接缺陷被检测出来。在此情况下，采用此法甚至能检查出很小的气泡。X射线法主要用于各种蜂窝粘接结构的质量检查，如水的浸入、气泡及空穴等。

## 44.5.3　全息照相检测法

如果把物体反射的光波同另一个与之相干的光波在照相底片上发生干涉，那么在照相片上就会产生反映像位的干涉条纹（干涉条纹的形状和间距完全取决于像位），这样的照相便能记录光波的全部信息，故称为全息照相。

应用全息照相技术对粘接结构进行无损检测，是通过对被测件加热或施加应力及声振动等，使被测件表面发生至少 0.002mm 的位移，被测件由于内部缺陷产生表面变形造成全息干涉图形的畸变，观察干涉图形便能判断缺陷是否存在。随着激光技术的不断完善，全息照相干涉法已迅速发展，实验证明全息干涉法检验蒙皮和轻质量蜂窝芯子之间的粘接是非常适用的。福克公司已建立大型航空粘接蜂窝结构的全尺寸检验装置，可以夹持 6m 长的部件，用单张全息照片即可完成检测。

光学全息照相不要求测试仪器与被测件表面接触，不要求耦合剂，灵敏度高，速度快（$10m^2/min$），由于本法对物体表面的变形和位移极为敏感，故要求排除外来机械或声学方面的干扰，对于工业的振动和工厂噪声以及航空环境必须采取专门的隔离措施。

　　全息照相除利用激光技术外，还有超声波、红外线、X 射线、微波等全息照相，由于超声波能在不透明物体中传播，而且能量集中、方向性好，更有利于粘接件内部缺陷的检测。

## 44.5.4　敲击检测法

　　敲击法是最早使用的一种检查方法。敲击用的工具有木棒、尼龙棒、小锤（长 10～15cm、直径 6～8cm，两端制成圆弧形）等。试验时，检验人员用一定质量的上述工具沿着胶线轻轻敲击工件，凭经验听敲击的声音来判别缺陷是否存在并确定缺陷的大致位置。因为缺陷部位的振动状态（包括各种固有频率和它们的谐波）与整体振动不同，发出的声响也就不同，这种不同的声响往往能被听觉所鉴别。如果存在脱粘的情况，也可以用手指辅助放在敲击位置的周围，感受脱胶板材的振动幅度和周围未脱胶位置的不同，来确定脱胶的具体位置。敲击法简单易行，目前仍在国内外普遍使用，尤其在对产品作初步检查时，更有一定的实用价值。但由于每次敲击力大小不同，辨别声音又完全依靠个人的经验，影响了判断的准确性。

　　结合电子技术，也可以在锤头上安装传感器，每一次敲击会检测敲击得到的反馈阻尼信号，并和参考阻尼信号进行自动比较，遇到明显差异时，会进行自动预警，用于判断粘接位置是否有脱粘现象，这样的检测工具在航空复合粘接结构检测领域广泛使用，产品名称为"Woodpecker 啄木鸟波音锤"。

## 44.5.5　超声波检测（UT）法

　　频率超过 20kHz 的声波称为超声波，超声波几乎完全不能通过空气和金属接触的界面，即当超声波由空气传向金属或由金属传向空气时，差不多 99% 被这种界面反射回去。当超声波由发射探头传向金属而遇到缺陷时，就被缺陷的空气与金属界面反射回去，结果超声波入射的一方就有声波反射回来，而在缺陷的另一方由于不能透过超声波，便会产生投射面积和缺陷相近似的"阴影"，利用这种现象可以发现缺陷。常用的有反射法与穿透法两种，超声波无损测定示意如图 44-1 所示。

　　反射法需采用脉冲电流，将超声波发射探头和接收探头合并在一起进行测定。当粘接部位胶层内没有缺陷时，超声波即从接合部位底面反射回来，在指示仪表上出现一个信号。如果胶层内有缺陷，则一部分超声波先被反射回来，出现的信号要比从接合部位底面反射回来的信号要早，从而可以判断缺陷的存在。穿透法通常需将接合部位浸入水中进行测定，发生器连续发射超声波，当胶层没有缺陷时，所发射的超声波全部可以被接收器接收；如果胶层存在缺陷，超声波就会被反射回去，而在缺陷的另一面，由于没有透过超声波，便会产生投影面积和缺陷相近的"阴影"，在阴极射线管上显示出来，从而可以判定缺陷的存在。穿透法的声波传输路程为反射法的一半，所以它有利于对声阻材料的检测，适用于薄板结构和金属蜂窝夹芯结构，能检测多胶层的脱胶及蜂窝夹芯的损坏情况。该法的优点是对粘接结构缺陷检测的灵敏度较高，易于自动化和永久性记录。缺点是对多层结构的缺陷不能指出具体位于哪一层，且操作设备庞大，对于形状较复杂的粘接件操作困难。而反射法的优点是能检测多界面系统，较灵敏，并能快速检验和永久记录，它克服了穿透法被检件两侧探头难以同步的缺点。缺点是需流体耦合剂，涂和擦拭过程比较烦琐，工序较多，且对被检件表面有表面粗糙度的要求。超声波检测实际操作过程需要查看不同的波形变化，效率比较低。对胶黏剂固化后的形状变化容易产生波形影响，需要经验丰富的检测人员才能完成。

　　目前先进的粘接超声波检测技术为取样相控阵技术（sampling phased array, IZFP），适合检测碳纤维增强塑料部分的分层缺陷和各种人工缺陷。

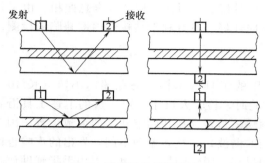

图 44-1　超声波无损测定示意

# 44.5.6　声振检测法

针对粘接结构、复合材料试验件的特点，声振法是较为合适的检测方法。其检测原理是利用换能器激发被检测件振动，如果被测件内部的粘接质量不同，其振动特性也不相同，再通过换能器把这些振动用电信号（如谐振频率、相位、幅度等）显示出来。声振法有两种检测模式，即声阻检测模式和声谐振检测模式。

## 44.5.6.1　声阻抗法

各种不同材料都有其固有的机械阻抗，它同材料的尺寸、密度、弹性等性能及吸收弹性振动的程度等因素有关。当制件的厚度、密度和刚度增大时，机械阻抗也随之增大，一旦有了缺陷，机械阻抗就立刻下降。声阻法就是通过检测粘接件表面机械阻抗的变化来判断粘接件缺陷的一种方法。通常声阻检测仪由振荡器、放大器、电源装置和传感器等组成。它的工作方式是向上端发射压电元件提供交变电压，该压电元件由于反压电效应而成为弹性振动源，并在下端测力压电元件上产生交变电压。在传感器未同被测件的表面接触时，作用在探针上的负载及反作用力为零。当探针压在被测件表面时便产生一反作用力引起下端测力压电元件变形，电压相应上升。当传感器在被测件表面上移动时，在粘接完好处电压值最大，而缺陷部位电压值最小。电压的变化就由接在放大器输出端的指示仪记录下来，若电压低到某一值（低于规定水平时），继电器便接通安装在探针内的信号灯，这就表示有粘接缺陷存在。

声阻抗法的优点是能对粘接件进行单面检查，而且换能器与被测件之间是干接触，接触的面积在 $0.01 \sim 0.5 mm^2$ 范围内。由于传感器是点接触，所以能检查各种形式的粘接接头和大曲率表面的粘接件。缺点是蒙皮的厚度和密度增加时检测灵敏度迅速降低，同时也不能用于由小弹性模量材料（例如泡沫塑料）制成的粘接件的检测。

## 44.5.6.2　声谐振法

声谐振方法的基本特点是用换能器来激励被测件振动，并将这种局部谐振与标准件比较，进而判断被测件各种类型的缺陷。在测定强度方面，该法（所测量的超声响应）是迄今最灵敏最可靠的一种方法。属于声谐振方法的检测仪很多，像阿汶（Arvin）声冲击仪、NAA 声谐振器、桑迪凯特（Sondicator）仪、福克（Forkker）粘接检测仪（福克仪）等，其中以福克粘接检测仪应用最广。福克仪的工作原理是借助超声波向粘接接头引入快速变化的剪切载荷或拉伸载荷，测出胶层对所加载的相应反应并测量此时所产生的应力。粘接强度性能的判断就是将仪器所指示的应力值与试样机械试验所测得的应力值进行比较。根据大量试样的试验结果，绘制实测的和仪器指示的剪切强度和拉伸强度的关系曲线。

福克仪亦可检验粘接件内的裂纹和胶层，以及蜂窝夹芯脱胶、裂缝、搭接不良和压瘪等。但这种仪器的缺点是对胶黏剂与被粘件之间的界面状态不敏感，故不能检测被粘件与胶黏剂之间由于界面黏附力不强所引起的粘接破坏。另外，对由于胶黏剂的配方不当、过固化、污染及固化不完全所引起的粘接强度下降的反应也不很灵敏；对多层粘接，不规则形状的、锥形的、逐渐变薄和外形剧变的粘接体，以及对表面非常粗糙和形状复杂的接头进行定量检验也有困难。尽管如此，由于福克仪能给出定量的数据，而且又比其他设备更易操作，所以在国外应用广泛，国内也根据福克仪研制出了粘接强度检测仪。

## 44.5.7　声发射检测（AE）法

声发射技术是一种动态无损检测技术，是显示缺陷发展过程和预测缺陷破坏性的一种检测技术。它把试样所受的动态载荷与变形过程联系起来，可表征试样在动态测试中产生的微小形变。应用特征参数分析方法测定粘接结构中的缺陷分布情况和估计粘接强度，其精度与根据超声回波特征参数估计的强度精度相近。这些研究成果为在低应力条件下应用声发射技术无损检测粘接结构缺陷提供了依据。

声发射是国外 20 世纪 60 年代发展起来的新技术，60 年代后期用于粘接质量的检测。声发射现象是指材料在变形和破坏过程中往往伴有声响，对这种声响进行监测，就能知道材料破坏的情况。利用电子技术接收和分析声发射信号能对材料破坏进行检测，声发射的工作特性是动态的，例如对粘接件施加为破坏压力 40% 的低应力就会产生声发射，这说明声发射是工件破坏的前兆，因此利用电子技术接收和分析声发射信号就能对粘接破坏进行动态检测，美国在 1974 年已用于飞机粘接结构的动态监视，声发射法的优点是操作简单、迅速，可以查出低的粘接强度，大面积工作可一次检查且设备小。缺点是需表面接触，传感器必须紧固在结构上，构件需加应力且难以辨别缺陷的性质，对蜂窝结构不易检测远侧的缺陷。

## 44.5.8　错位散斑干涉检测法

粘接结构中的大多数缺陷均可应用无损检测方法检测。在检测脱粘等缺陷时，超声法等不同类型的检测技术被广泛应用，但对于粘接面积较大的情况，其测试效率较低，因而快速扫描方法如错位散斑干涉法、瞬态热成像法应运而生。

错位散斑干涉法是利用错位散斑干涉测量结构表面位移梯度的一种光学方法，其测量系统如图 44-2 所示。将产生在受力状态的散斑图从未受力时得到的图中减去，即可显示位移梯度的变化。在损伤区域该变化更为显著。只要表面粗糙度达到光波长度的数量级，就可以产生激光散斑。在一些适当距离的点处，光发生散射组成许多相干小波，表面出现不同成分。由于波长不一致，不同小波的光学路径也不同，小波干涉产生激烈的粒状条纹，这都是散斑造成的。错位散斑干涉法在可见光范围内操作，利用激光去照射结构的目标区域。如图44-2（a）所示，激光器发出的光线通过纤维光线电缆反射到放大镜上，然后经过图像剪切透镜，用摄像机观察目标。图 44-2（b）概要地说明了干涉的形成过程。用一块薄的玻璃楔块（小角度的棱镜）遮住透镜孔的一半，光线通过楔块时将发生偏转，点 $P$ 发出的光线在成像平面上映射成 $P_1$ 和 $P_2$ 两点，因此，整个物体产生了两个散斑图像，再由计算机分析和处理。当物体变形时，干涉图发生变化，视频监视器可以显示出其与对照图像之差。显示的干涉条纹反映了变形的结果。应用最普遍的载荷是真空压力。

用于生产环境的检测装置，其观察范围可达 $1m^2$，用于野外的手持便携式检测仪器也已经开发出来。在大多数应用领域，压力下降 $2.67 \sim 13.33kPa$（$20 \sim 100mmHg$）即可满足需要，无须严格的密封。还有一种热气流的技术，用来制作振

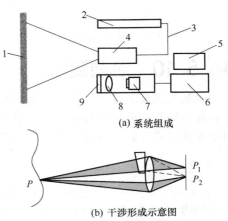

(a) 系统组成

(b) 干涉形成示意图

图 44-2　错位散斑干涉法测量系统
1—试样；2—氢气激光器；3—光导纤维；
4—光纤图像显示装置；5—视频监视器；
6—图形处理机；7—CCD 摄像机；
8—透镜；9—图形截取装置

动激励产生的位移梯度平均时间图。当结构受载时，位移梯度发生变化，错位散斑干涉法利用位移梯度的变化来检测缺陷。对于给定载荷，位移梯度的变化与缺陷上层形成的板块的刚度相关。这与上面讨论的超声波试验机监测变化相同。因此，错位散斑干涉法的灵敏度依赖于脱粘缺陷的尺寸和深度。

## 44.5.9　瞬态热成像检测（IRT）法

瞬态热成像法以材料外表面的某一点受到快速的热脉冲时产生的效果为基础，最初，热脉冲将使表面温度升高，然后当热脉冲传播到材料内部时，表面开始冷却。因此，这个过程可以看作一个热前波从暴露在外的表面进入材料内部的过程。对于同种材料来说，热前波通过的情况是一致的，然而，如果有分层、脱粘等缺陷，"前波"的通道中将产生高热阻抗。当缺陷接近表面时，由于扩散过程的限制，该点及其附近区域中冷却速度显著下降，因此出现了所谓"热点"。通过热成像仪观察表面发现，热脉冲会在缺陷处即刻引起不同的温升。与之相反，在试件的背面上，缺陷以"冷点"显示出来，这是因为缺陷阻断了热量传递到背面的通道。由于脉冲能量的集聚，被加热表面温度上升，这与材料表面的热敏特性有关。从这点来看，由于发出的脉冲足够短，扩散过程被材料本身控制。观察缺陷表面，可以发现缺陷尺寸、距离被观察表面的深度、材料初始表面温升和材料的热特性。这些参数随试样的改变而变化，应用瞬态热敏技术可以直接记录每个表面温度的变化，判断缺陷处的情况。

瞬态热激励方式采用有一定时间长度的矩形波进行热激励，其功率较大、能量高，能使热量被热导率较小的材料充分吸收并以热波的形式在试件内部传播，其热波形式如图 44-3 所示，检测示意图如图 44-4 所示。

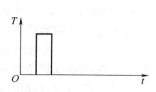

图 44-3　瞬态热激励波形

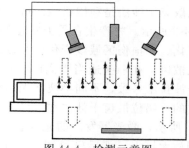

图 44-4　检测示意图

## 44.5.10　泄漏测试

泄漏测试技术是将复合材料夹层粘接结构浸渍在盛满 65℃ 水的浅水槽中，通过目视观察有疑似缺陷的粘接位置有没有气泡产生，然后对曲线部分进行标记，通常是对复合粘接结构是否分层或脱胶的一种检测方法，但是仅仅只能检测到复合粘接结构边缘的缺陷。

### 参 考 文 献

[1]　李子东，李广宇，于敏. 现代胶粘技术手册. 北京：新时代出版社，2002.
[2]　孙德林，余先纯. 胶黏剂与粘剂技术基础. 北京：化学工业出版社，2014.
[3]　童忠良. 胶黏剂最新设计制备手册. 北京：化学工业出版社，2010.
[4]　马长福. 简明粘接技术手册. 上海：上海科学技术文献出版社，2012.
[5]　李和平. 胶黏剂生产原理与技术. 北京：化学工业出版社，2009.
[6]　李慧娟，刘雨生. 航空制造技术，2017，60（22）：87.

（赵苗 李士学 编写）

# 第45章

# 胶黏剂职业危害的分析与控制

## 45.1　胶黏剂各组分的职业危害及特征

胶黏剂由多种化学物质组成，不同种胶黏剂因其中的化学成分不同导致对机体健康损害各不同，如有些胶黏剂可致皮肤损害，有些可引起窒息、胃肠功能失调、神经系统病变等；有些会造成肝脏或造血系统损害，甚至导致癌症的发生；还有些属于易燃易爆品。各种胶黏剂的不同毒害性或危险性主要来自其中的不同化学成分，如基料、增塑剂、固化剂、催化剂等。

### 45.1.1　基料

基料又称为主剂、主料或黏料，是胶黏剂的主要和最重要的成分，主导胶黏剂粘接性能，同时也是区别不同胶黏剂类别的重要标志。常见基料主要可分为有机黏料和无机黏料两类，其特点及危险性说明如下：

（1）有机黏料　可分为天然高分子（包括植物类黏料如淀粉，动物类黏料如骨胶，矿物类胶如沥青等）、合成树脂（分为热固性树脂如环氧和热塑性树脂如聚氯乙烯两类，是胶黏剂用量最大的一类黏料）和弹性体（包括橡胶如氯丁橡胶和热塑性弹性体如 SBS 等）。

这些有机黏料（天然高分子、合成树脂与弹性体）都属于有机高分子材料，种类繁多、成分各异，虽然总体而言危害性较低，但是人体直接接触或吸入蒸气、粉尘后可能造成身体损害。如制备和使用环氧树脂的工人，可能会出现头痛、恶心、食欲不振，及各种皮肤病症；呋喃树脂的蒸气有强烈的刺激性，长期接触可能会出现皮炎、鼻炎等；丁腈橡胶可造成皮肤及眼刺激；吸入高浓度聚异丁烯橡胶蒸气可发生窒息和中毒。

使用上述黏料时要密闭操作，提供良好的通风条件，要注意防止吸入蒸气或粉尘，避免皮肤直接接触，穿戴丁腈耐油手套，在休息时和下班前应洗手。另外，这类基料一般都属于可燃物，有些与空气接触可形成爆炸性混合物，有些可通过热分解或燃烧产生刺激性或高毒性气体（如氮氧化物、氯化物等）。操作时要注意远离明火和高热，工作现场严禁吸烟。

（2）无机黏料　常见有硫酸盐（硫酸钠、硫酸钙等）、硅酸盐（水玻璃、波特兰水泥等）、磷酸盐（如磷酸-氧化铜）和其他（如硼酸盐、重铬酸钾）等。

这些无机黏料，一般都属于难燃物，没有燃爆危险，但是其对人体的毒性比上述三类有机高分子材料要大。比如水玻璃硅酸钠，对眼有强烈刺激性，对皮肤和黏膜有刺激性和腐蚀性，食入后腐蚀消化道，会出现恶心、呕吐、头痛及肾损害。磷酸盐体系胶黏剂中含有大量磷酸，具有强腐蚀性，可致皮肤或眼灼伤，受热分解产生剧毒的氧化磷烟气，对眼、鼻、喉有刺激性。因此在操作这些胶黏剂时，必须采用适当的安全措施，严禁直接接触无机胶黏剂及其原材料，应穿戴橡胶耐油手套和防毒物渗透工作服，加强通风。

## 45.1.2 单体

单体是组成胶黏剂基料大分子的结构单元，尤其是单体反应型胶黏剂，如许多聚氨酯胶、氰基丙烯酸酯胶、UV胶等在配方中含有较多的单体，在胶黏剂固化时，会有单体反应不完全而残留；还有合成胶黏剂基料时过量或者未反应完的单体。这些单体按其参与聚合反应的类型，可分为加成型单体和缩合型单体两类。

加成型单体一般为含有活性碳碳双键的分子，主要分为乙烯类（如苯乙烯、醋酸乙烯等）、丙烯酸类（如丙烯酸、甲基丙烯酸甲酯等）和其他类（如丁二烯、顺丁烯二酸酐等），现各举一例说明，见表45-1。

表 45-1　常见加成型单体分子的危害性等性质说明

| 名称 | 理化性质 | 健康危害 | 燃烧危险 | 危险说明 | 安全措施 |
|---|---|---|---|---|---|
| 苯乙烯 | 无色透明油状液体，熔点−30℃，沸点146℃，相对密度0.91，不溶于水，溶于醇、醚等多数有机溶剂 | 对眼和呼吸道黏膜有刺激作用，急性中毒时出现眼痛、流泪、流涕、咳嗽及头晕、恶心、全身乏力等症状 | 易燃，遇明火、高热和氧化剂有燃烧爆炸的危险 | R10 易燃。R20 吸入有害。R36/38 刺激眼睛和皮肤 | S23 不要吸入蒸气。S24 避免接触皮肤。S25 避免接触眼睛。S37 使用合适的防护手套 |
| 丙烯酸 | 无色液体，有刺激性气味，熔点14℃，沸点141℃，相对密度1.05，与水混溶，可混溶于乙醇、乙醚 | 对皮肤有刺激性，可致灼伤；眼接触可致灼伤，造成永久性损害。可能引起肺、肝、肾慢性损害 | 易燃，遇明火、高热能引起燃烧爆炸。遇热、光、过氧化物及铁质易自聚而引起爆炸 | R10 易燃。R20/21/22 吸入、皮肤接触及吞食有害。R35 引起严重灼伤 | S36/37/39 穿戴适当的防护服、手套和护目镜或面具 |
| 丁二烯 | 无色气体，熔点−109℃，沸点−5℃，相对密度0.62，溶于丙酮、乙酸乙酯等多数有机溶剂 | 长期接触可出现头痛、头晕、全身乏力、失眠、恶心等症状 | 易燃，接触热、火星或氧化剂易燃烧爆炸 | R12 高度易燃。R45 可能致癌 | S45 出现意外或者感到不适，立刻到医生那里寻求帮助 |

缩合型单体，主要有异氰酸酯类（如 TDI、HDI、MDI 等）、醛类（如甲醛、三聚甲醛等）、醇类（如苯酚、季戊四醇等）、其他类（如尿素、环氧氯丙烷、八甲基环四硅氧烷等）。这些单体分子理化性质和危险性等性质现各举一例说明，见表 45-2。

表 45-2　常见缩合型单体分子的危害性等性质说明

| 名称 | 理化性质 | 健康危害 | 燃烧危险 | 危险说明 | 安全措施 |
|---|---|---|---|---|---|
| TDI（化学名为甲苯-2,4-二异氰酸酯） | 无色透明液体，熔点13℃，沸点（1.33kPa）118℃，相对密度1.22。会与水反应并产生二氧化碳。能与乙醇（分解）、乙醚、丙酮、苯等混溶 | 吸入时损害呼吸道黏膜，液体对皮肤有刺激作用，易引起皮炎。经口能引起消化道的刺激和腐蚀 | 遇明火、高热可燃，与氧化剂可发生爆炸反应。加热或燃烧时可分解生成有毒气体 | R26 吸入有毒。R36/37/38 对眼睛、呼吸系统和皮肤有刺激性。R52/53 对水中生物体有害，可能导致长期的对水环境的不利影响 | S23.5 切勿吸入蒸气。S36/37 穿戴适合的防护衣和手套。S45 一旦事故发生，感觉不适，必须立即就医。S61 不可释放入环境 |

续表

| 名称 | 理化性质 | 健康危害 | 燃烧危险 | 危险说明 | 安全措施 |
|---|---|---|---|---|---|
| 甲醛 | 无色,具有刺激性和窒息性的气体,商品为其水溶液。熔点-92℃,沸点-19℃,相对密度0.82。易溶于水,溶于乙醇等多数有机溶剂 | 对黏膜、呼吸道、眼睛和皮肤有强烈刺激性。接触蒸气,引起结膜炎、鼻炎等。经口灼伤口腔和消化道 | 遇明火、高热能引起燃烧爆炸。与氧化剂接触猛烈反应 | R23/24/25 吸入、皮肤接触和不慎吞咽有毒。R40 有限证据表明其致癌作用。R43 皮肤接触会产生过敏反应 | S26 万一接触眼睛,立即使用大量清水冲洗并送医诊治。S36/37/39 穿戴合适的防护服、手套并使用防护眼镜或者面罩 |
| 苯酚 | 白色结晶,有特殊气味。熔点40℃,沸点182℃,相对密度1.07。可混溶于乙醇、醚、氯仿、甘油 | 对皮肤、黏膜有强烈的腐蚀作用,可抑制中枢神经系统;眼接触可致灼伤 | 遇明火、高热可燃。粉尘与空气可形成爆炸性混合物 | R20/21/22 吸入、皮肤接触和不慎吞咽有害 | S28 接触皮肤之后,立即使用大量皂液洗涤。S36/37 穿戴合适的防护服和手套 |
| 尿素 | 白色结晶或粉末,熔点133℃,相对密度1.34,溶于水、乙醇 | 对眼睛、皮肤和黏膜有刺激作用 | 遇明火、高热可燃,受高热分解放出有毒气体 | 不属于危险品 | S24/25 防止皮肤和眼睛接触 |

# 45.1.3　溶剂与稀释剂

胶黏剂中的高分子基料需加入与其混溶性良好的溶剂或稀释剂（以下统称溶剂）来降低胶的黏度而便于进一步加工或施工，同时也可降低胶黏剂的成本。有机溶剂的种类较多，按其化学结构可分为 10 大类：

①芳香烃类：苯、甲苯等；②脂肪烃类：戊烷、辛烷等；③脂环烃类：环己烷、环己酮等；④卤代烃类：三氯甲烷、氯苯等；⑤醇类：甲醇、异丙醇等；⑥醚类：乙醚、环氧丙烷等；⑦酯类：醋酸甲酯、醋酸乙酯等；⑧酮类：丙酮、甲基丁酮等；⑨二醇衍生物：乙二醇单甲醚、乙二醇单乙醚等；⑩其他：乙腈、吡啶等。这些溶剂大多数具有危险性和毒性，现各举一例予以说明，见表 45-3。

表 45-3　常见有机溶剂的危害性等性质说明

| 名称 | 理化性质 | 健康危害 | 燃烧危险 | 危险说明 | 安全措施 |
|---|---|---|---|---|---|
| 苯 | 无色透明液体,沸点80℃,熔点5℃,相对密度0.88。不溶于水,溶于乙醇、乙醚等有机溶剂 | 对中枢神经系统产生麻痹作用,急性中毒会产生神经痉挛甚至昏迷、死亡 | 高度易燃,遇明火、高热能引起燃烧爆炸 | R11 非常易燃。R45 可能致癌。R23/24/25 吸入、皮肤接触和不慎吞咽有毒 | S45 出现意外或者感到不适,立刻到医生那里寻求帮助。S53 避免暴露 |
| 正戊烷 | 无色液体,沸点36℃,相对密度0.63。微溶于水,溶于乙醇、氯仿等多数有机溶剂 | 可引起眼与呼吸道黏膜轻度刺激症状和麻醉状态 | 极易燃,遇明火、高热极易燃烧爆炸 | R12 极端易燃。R65 若吞咽可能伤害肺部器官。R67 蒸气可导致嗜睡昏厥 | S9 保持容器在一个有良好通风场所。S16 远离火源。S33 采取防护措施防止静电发生 |
| 环己烷 | 无色透明液体,熔点6℃,沸点81℃,相对密度0.77。不溶于水,溶于乙醇、乙醚、苯等有机溶剂 | 对眼和上呼吸道有刺激作用。持续吸入可引起头晕、嗜睡和其他一些麻醉症状 | 易挥发和极易燃烧物,蒸气与空气形成爆炸性混合物。遇明火、高热极易燃烧爆炸 | R11 高度易燃。R65 吞食可能造成肺部损伤。R67 蒸气可能引起困倦和眩晕 | S16 远离火源。S25 避免眼睛接触。S33 采取措施,预防静电发生 |

续表

| 名称 | 理化性质 | 健康危害 | 燃烧危险 | 危险说明 | 安全措施 |
|---|---|---|---|---|---|
| 三氯甲烷 | 无色透明液体,熔点−63℃,沸点61℃,相对密度1.50。不溶于水,溶于醇、醚、苯 | 主要作用于中枢神经系统,具有麻醉作用,对心、肝、肾有损害 | 不燃,但与明火或灼热的物体接触时能产生剧毒的光气 | R22 吞咽有害。R38 刺激皮肤。R40 有限证据表明其致癌作用 | S23 不要吸入蒸汽。S51 只能在通风良好的场所使用 |
| 甲醇 | 无色透明液体,熔点−98℃,沸点65℃,相对密度0.79。溶于水,可混溶于醇类、乙醚等多数有机溶剂 | 对中枢神经系统有麻醉作用;对视神经和视网膜有特殊选择作用,易引起病变 | 易燃,能与空气形成爆炸性混合物。遇明火、高温有燃烧爆炸危险 | R11 非常易燃。R23 吸入有毒。R24 与皮肤接触有毒。R25 吞咽有毒 | S16 远离火源。S24 避免接触皮肤。S37 使用合适的防护手套。S39 佩戴眼/面防护装置 |
| 乙醚 | 无色透明液体,相对密度0.71,熔点−116℃,沸点34℃。溶于苯、氯仿、石油醚,微溶于水 | 急性大量接触,早期出现兴奋,继而嗜睡、呕吐、面色苍白,甚至有生命危险 | 易燃,遇明火、高热极易燃烧爆炸 | R12 极端易燃。R19 可能生成易爆的过氧化物。R67 蒸气可能导致嗜睡和昏厥 | S16 远离火源。S29 不要将残余物倾入排水口。S33 采取防护措施防止静电发生 |
| 醋酸甲酯 | 无色透明液体,相对密度0.92,熔点−98℃,沸点57℃。微溶于水,可混溶于乙醇等多数有机溶剂 | 有麻醉和刺激作用。较高浓度接触后,可引起眼、鼻、咽喉和呼吸道刺激症状 | 易燃,其蒸气与空气可形成爆炸性混合物,遇明火、高热能引起燃烧爆炸 | R11 非常易燃。R36 刺激眼睛。R66 反复接触可能导致皮肤干燥或皲裂 | S16 远离火源。S26 万一接触眼睛,立即使用大量清水冲洗并送医诊治 |
| 丙酮 | 无色透明液体,熔点−95℃,沸点56℃,相对密度0.79。能与水、乙醇、氯仿等混溶 | 对眼、鼻、喉有刺激性;对中枢神经系统有麻醉作用,出现头晕、呕吐甚至昏迷 | 易燃,其蒸气与空气可形成爆炸性混合物,遇明火、高热极易燃烧爆炸 | R11 非常易燃。R36 刺激眼睛。R66 反复接触可能导致皮肤干燥或皲裂 | S16 远离火源。S26 万一接触眼睛,立即使用大量清水冲洗并送医诊治 |
| 乙二醇单甲醚 | 无色透明液体,熔点−85℃,沸点124℃,相对密度0.97。与水、乙醇、甘油、丙酮等混溶 | 吸入引起无力、失眠头痛、胃肠功能紊乱、体重减轻、眼烧灼感。误服可致死 | 易燃,遇高热、明火或与氧化剂接触,有引起燃烧的危险 | R10 易燃。R20/21/22 吸入、皮肤接触和不慎吞咽有害。R60 可能降低生殖能力 | S45 出现意外或者感到不适,立刻到医生那里寻求帮助 |
| 乙腈 | 无色透明液体,熔点−45℃,沸点82℃,相对密度0.79。与水混溶,溶于多数溶剂 | 有毒,吸入后引起恶心、呕吐、腹泻,严重者呼吸及循环系统紊乱 | 易燃,遇明火、高热或与氧化剂接触,有引起燃烧爆炸的危险 | R11 非常易燃。R20/21/22 吸入、皮肤接触和不慎吞咽有害 | S15 远离热源。S36 穿戴合适的防护服装 |

有机溶剂多数对人体有一定毒性。人若长时间吸入有机溶剂蒸气将会引起慢性中毒,短时间暴露在高浓度有机溶剂蒸气之下,也会有急性中毒的危险。低浓度蒸气引起慢性中毒,影响血小板、红细胞等造血系统,使鼻孔、齿龈及皮下组织出血,造成人体贫血现象。高浓度急性中毒抑制中枢神经系统,使人丧失意识、产生麻醉现象,初期引起兴奋、头痛、目眩、食欲不振、意识消失等。

有机溶剂除了会对人体产生有害影响外,还因其易燃易爆的特点,遇到高温、氧化剂、静电、火花容易引发火灾甚至爆炸事故。

因此使用有机溶剂时，务必要小心，穿戴好必要的劳保用品，防止接触或吸入溶剂。同时注意通风，不要在高热或有火源、氧化剂的地方使用有机溶剂，对有机溶剂的储存容器应尽可能做好密闭工作，尽量避免敞口操作，杜绝滴漏跑冒，减少有机溶剂挥发气体散发，同时也要防止外部空气进入设备容器内部形成爆炸性气体混合物。

## 45.1.4  增韧剂与增塑剂

凡能减低脆性，增加韧性，而又不影响胶黏剂其他主要性能的物质即为增韧剂，主要可分为橡胶类增韧剂（如聚丁二烯）和热塑性弹性体类增韧剂（如 EVA），其毒害性各举一例说明，见表 45-4。

表 45-4  常见增韧剂的危害性等性质说明

| 名称 | 理化性质 | 健康危害 | 燃烧危险 | 危险说明 | 安全措施 |
| --- | --- | --- | --- | --- | --- |
| 聚丁二烯橡胶（简称 BR） | 白色固体，相对密度 0.93，熔点 128℃。不溶于水、乙醇，溶于甲苯 | 无毒 | 遇明火、高热可燃 | 不属于危险品 | S24/25 防止皮肤和眼睛接触 |
| 乙烯-醋酸乙烯酯共聚物（简称 EVA） | 白色粉末，熔点 75℃，相对密度 0.95。不溶于水，溶于甲苯、四氢呋喃 | 对眼睛和皮肤有刺激作用 | 遇明火、高热可燃 | 不属于危险品 | S24/25 防止皮肤和眼睛接触 |

增塑剂又称塑化剂，是指能使高分子材料塑性增加的物质。胶黏剂中常见增塑剂主要可分为邻苯二甲酸酯类（如邻苯二甲酸二辛酯）和其他类（如磷酸三甲苯酯），其毒害性各举一例说明，见表 45-5。

表 45-5  常见增塑剂的危害性等性质说明

| 名称 | 理化性质 | 健康危害 | 燃烧危险 | 危险说明 | 安全措施 |
| --- | --- | --- | --- | --- | --- |
| 邻苯二甲酸二（2-乙基己）酯（又称邻苯二甲酸二辛酯，简称 DOP 或 DEHP） | 无色透明液体，熔点 −55℃，沸点 386℃，相对密度 0.99。微溶于水，溶于多数有机溶剂 | 对皮肤、眼睛、黏膜和上呼吸道有刺激作用。食入后可致胃肠功能紊乱 | 遇明火、高热可燃，与氧化剂可发生反应 | R60 可能降低生殖能力。R61 可能对未出生的婴儿导致伤害 | S29 不要将残余物倾入排水口。S36/37 穿戴合适的防护服和手套 |
| 磷酸三甲苯酯（简称 TCP） | 无色油状液体，熔点 −33℃，沸点 410℃，相对密度 1.16。不溶于水，溶于乙醇、苯等多数有机溶剂 | 有强烈刺激性，接触后可引起烧灼感、咳嗽、喘息、喉炎、气短、头痛、恶心和呕吐 | 遇明火、高热可燃，燃烧时生成有毒的磷氧化物 | R23/24/25 吸入、皮肤接触和不慎吞咽有毒。R51/53 对水生生物有毒，可能导致对水生环境长期不良影响 | S28 接触皮肤之后，立即使用大量皂液洗涤。S61 避免排放到环境中 |

## 45.1.5  引发剂与固化剂

引发剂指一类容易受热或其他作用后分解成初级自由基的化合物，可用于引发烯类单体的自由基聚合反应。一般可分为受热分解型（如过氧化二苯甲酰）和见光分解型（如二苯甲酮），其毒害性各举一例说明，见表 45-6。

固化剂又名硬化剂，是一类能够增进或控制胶黏剂固化反应的物质或混合物，使热固性树脂发生不可逆的变化。主要可分为碱性固化剂（如 4,4′-二氨基二苯甲烷）、酸性固化剂

（如顺丁烯二酸酐）和其他类（如癸二酸二酰肼），其毒害性各举一例说明，见表 45-7。

**表 45-6　常见引发剂的危害性等性质说明**

| 名称 | 理化性质 | 健康危害 | 燃烧危险 | 危险说明 | 安全措施 |
|---|---|---|---|---|---|
| 过氧化二苯甲酰（又称引发剂 BPO） | 白色晶体粉末，熔点 105℃（分解），相对密度 1.16。能溶于苯、氯仿、乙醚，微溶于乙醇及水 | 对上呼吸道有刺激性，对皮肤有强烈刺激及致敏作用，进入眼内可造成损害 | 性质极不稳定，摩擦、撞击、遇明光、高温、硫及还原剂等，均有引起着火爆炸的危险 | R2 遇到震动、摩擦、火焰或者其他引燃物有爆炸危险。R36 刺激眼睛。R43 皮肤接触会产生过敏反应 | S14 远离还原剂、高温、震动。S36/37/39 穿戴合适的防护服、手套并使用防护眼镜或者面罩 |
| 二苯甲酮（又称光引发剂 BP） | 无色棱状结晶，熔点49℃，相对密度1.11。能溶于乙醇、氯仿等有机溶剂，不溶于水 | 皮肤接触可能有害 | 易燃，与氧化剂激烈反应，受热较易燃，燃烧产生刺激烟雾 | R36/37/38 对眼睛、呼吸道和皮肤有刺激作用。R50/53 对水生生物极毒，可能导致对水生环境的长期不良影响 | S37/39 使用合适的手套和防护眼镜或者面罩 |

**表 45-7　常见固化剂的危害性等性质说明**

| 名称 | 理化性质 | 健康危害 | 燃烧危险 | 危险说明 | 安全措施 |
|---|---|---|---|---|---|
| 4,4'-二氨基二苯甲烷（简称 DDM） | 白色或淡黄色结晶，相对密度1.15，熔点89℃，沸点232℃(1.2kPa)。溶于丙酮、甲醇，难溶于苯、乙醚 | 皮肤接触会导致致敏，对肝脏有毒害作用。吸入、摄入或经皮肤吸收均对身体有害，可能致癌 | 遇明火、高热可燃，受热放出有毒氧化氮气体 | R23 吸入有毒。R24 与皮肤接触有毒。R25 吞咽有毒。R45 可能致癌 | S45 出现意外或者感到不适，立刻到医生那里寻求帮助 |
| 顺丁烯二酸酐（简称顺酐） | 无色或白色固体，熔点53℃，沸点202℃，相对密度1.48。溶于乙醇、乙醚等多种有机溶剂 | 具有刺激性，吸入后可引起咽炎、喉炎，眼和皮肤直接接触有明显刺激作用，引起灼伤 | 粉体与空气可形成爆炸性混合物，当达到一定浓度时，遇火星会发生爆炸 | R22 吞咽有害。R34 会导致灼伤。R42/43 吸入和皮肤接触会导致过敏 | S22 不要吸入粉尘。S36/37/39 穿戴合适的防护服、手套并使用防护眼镜或者面罩 |
| 癸二酸二酰肼（简称癸二酰肼） | 白色结晶粉末，相对密度1.08，熔点185℃，沸点515℃，不溶水，微溶于丙酮 | 吞咽可能有害 | 热、撞击、摩擦等条件下可能爆炸分解，燃烧或高温下可能分解产生毒烟 | R20/21/22 吸入、皮肤接触和不慎吞咽有害 | S36/37/39 穿戴合适的防护服、手套并使用防护眼镜或者面罩 |

## 45.1.6　填料与颜料

填料是一种在胶黏剂组分中不和主体材料起化学反应，但又可以改变其性能（如改善胶的热膨胀系数、触变性、机械强度等），或降低成本的一种固体材料。胶黏剂中常见的填料一般可分为无机填料（如碳酸钙）和其他填料（如聚四氟乙烯粉）两类，其毒害性各举一例说明，见表 45-8。

颜料是一种有色的细颗粒粉状物质，具有遮盖力、着色力，对光相对稳定，可用于配制不同颜色的胶黏剂和密封胶，因此又称着色剂。可分为无机颜料（如二氧化钛）和有机颜料（如靛蓝等），其毒害性各举一例说明，见表 45-9。

表 45-8　常见填料的危害性等性质说明

| 名称 | 理化性质 | 健康危害 | 燃烧危险 | 危险说明 | 安全措施 |
|---|---|---|---|---|---|
| 碳酸钙 | 无味的白色粉末,熔点825℃(分解),相对密度2.70。不溶于水和有机溶剂,溶于酸 | 从事开采加工的工人常出现上呼吸道炎症、支气管炎,并伴有肺气肿 | 不燃 | R36/38 对眼睛和皮肤有刺激作用 | S37/39 使用合适的手套和防护眼镜或者面罩 |
| 聚四氟乙烯粉 | 白色粉末,熔点327℃,沸点400℃,相对密度2.15。不溶于水 | 基本无毒,吸入高热分解物可引起中毒 | 粉体与空气可形成爆炸性混合物 | 非危险品 | S24/25 防止皮肤和眼睛接触 |

表 45-9　常见颜料的危害性等性质说明

| 名称 | 理化性质 | 健康危害 | 燃烧危险 | 危险说明 | 安全措施 |
|---|---|---|---|---|---|
| 二氧化钛(又称钛白粉) | 白色粉末,熔点1850℃,不溶于水、盐酸、稀硫酸、醇 | 低毒,对皮肤有刺激作用 | 不燃,稳定 | R36/37/38 刺激眼睛、呼吸系统和皮肤 | S26 不慎与眼睛接触后,请立即用大量清水冲洗并征求医生意见 |
| 3,3′-二氧-2,2′-联吲哚基-5,5′-二磺酸二钠盐(又称靛蓝) | 蓝色粉末,无味,熔点392℃(分解),相对密度1.42。微溶于水、乙醇、甘油,不溶于油脂 | 对皮肤和眼睛有刺激性。长期接触可能损害器官 | 可燃,燃烧产生有毒氮氧化物烟雾 | R36/37/38 对眼睛、呼吸道和皮肤有刺激作用 | S26 万一接触眼睛,立即使用大量清水冲洗并送医诊治。S36 穿戴合适的防护服装 |

## 45.1.7　交联剂、防老剂

交联剂也叫固化剂、硬化剂,它能使胶黏剂中的线型或轻度支链型的大分子之间产生化学键,使线型分子相互连在一起,转变成三维网状结构,以此提高胶黏剂的强度、耐热性、耐磨性、耐溶剂性等性能,根据其形成交联反应的种类可分为加成型交联剂(如1,2-二乙烯基苯)和缩合型交联剂(如1,1,1-三羟甲基丙烷),其毒害性各举一例说明,见表 45-10。

表 45-10　常见交联剂的危害性等性质说明

| 名称 | 理化性质 | 健康危害 | 燃烧危险 | 危险说明 | 安全措施 |
|---|---|---|---|---|---|
| 1,2-二乙烯基苯 | 无色液体,熔点−67℃,沸点199℃,相对密度0.93。不溶于水,溶于乙酸乙酯、甲苯等溶剂 | 具有麻醉和轻度刺激作用,长期接触蒸气有头痛、上呼吸道刺激症状 | 遇明火、高热可燃;火场释放辛辣刺激烟雾;容易自聚 | R37/38 对呼吸道和皮肤有刺激作用。R41 有严重损伤眼睛的危险 | S23 不要吸入蒸气。S36 穿戴合适的防护服装 |
| 1,1,1-三羟甲基丙烷(又称TMP) | 白色片状结晶,相对密度1.12,熔点60℃,沸点295℃,易溶于水 | 未见中毒病例报道,怀疑对生育能力或胎儿造成伤害 | 遇明火、高热可燃;粉体与空气可形成爆炸性混合物 | 非危险品 | S24/25 防止皮肤和眼睛接触 |

防老剂是指能延缓胶黏剂产品老化的物质,大多能抑制氧化作用,有些能抑制热或光的作用,从而延长胶黏剂的使用寿命。主要可分为光稳定剂(如光稳定剂 770)、抗氧化剂

（如抗氧剂 264）及其他类（如热稳定剂 DBTM），其毒害性各举一例说明，见表 45-11。

表 45-11　常见防老剂的危害性等性质说明

| 名称 | 理化性质 | 健康危害 | 燃烧危险 | 危险说明 | 安全措施 |
|---|---|---|---|---|---|
| 双（2,2,6,6-四甲基-4-哌啶基）癸二酸酯（又称光稳定剂 770） | 无色或微黄色结晶粉末，熔点 85℃。溶于乙酸乙酯，不溶于水 | 吞咽或吸入有害。造成严重眼刺激。对水生生物有毒并具有长期持续影响 | 可燃，燃烧时会分解生成有害物质碳氧化物和氮氧化物 | R23 吸入有毒。R37/38 对呼吸道和皮肤有刺激作用 | S26 万一接触眼睛，立即使用大量清水冲洗并送医诊治。S39 佩戴眼/面防护装置 |
| 2,6-二叔丁基对甲酚（又称抗氧剂 264 或 BHT） | 白色结晶。熔点 71℃，沸点 265℃。溶于甲苯、石油醚，不溶于水 | 对眼睛、皮肤、黏膜和上呼吸道有刺激作用，并引起头痛、恶心和眩晕 | 遇明火、高热、或与氧化剂接触能燃烧，并散发出有毒气体 | R22 吞咽有害。R36/37/38 对眼睛、呼吸道和皮肤有刺激作用 | S37/39 使用合适的手套和防护眼镜或者面罩 |
| 马来酸二正丁基锡（又称热稳定剂 DBTM） | 白色非晶型粉末，熔点 137℃，沸点 324℃，相对密度 1.32。微溶于苯，不溶于水 | 高毒，接触导致严重皮肤烧伤和眼睛损伤，可能引起过敏性皮肤反应 | 遇明火可燃。与水接触释放有毒、高度易燃气体。灭火时不要用水 | R23/25 吸入和不慎吞咽有毒。R36/37/38 对眼睛、呼吸道和皮肤有刺激作用 | S22 不要吸入粉尘。S36/37/39 穿戴合适的防护服、手套并使用防护眼镜或者面罩 |

## 45.1.8　催化剂及其他

在使用胶黏剂时，为了加快固化速度或者降低固化温度，往往需要加入相应的催化剂。胶黏剂中常见的催化剂主要可分为有机金属类（如二丁基锡二月桂酸酯）和其他类（如对甲苯磺酸），其毒害性各举一例说明，见表 45-12。

表 45-12　常见催化剂的危害性等性质说明

| 名称 | 理化性质 | 健康危害 | 燃烧危险 | 危险说明 | 安全措施 |
|---|---|---|---|---|---|
| 二丁基锡二月桂酸酯（简称 DBTDL） | 淡黄色透明液体，相对密度 1.07，熔点 24℃，沸点 > 204℃（10mmHg）。不溶于水，溶于乙醚、丙酮等多数有机溶剂 | 皮肤接触可致皮炎。长期接触可引起神经衰弱综合征，有头痛、头晕、乏力、精神萎靡、恶心等 | 遇明火、高热可燃。与氧化剂可发生反应。受高热分解放出有毒的气体 | R36/38 对眼睛和皮肤有刺激作用。R50/53 对水生生物极毒，可能导致对水生环境的长期不良影响 | S28 接触皮肤之后，立即使用大量皂液洗涤。S36/37 穿戴合适的防护服和手套 |
| 对甲苯磺酸（简称 PTSA） | 白色粉末状结晶，相对密度 1.24，熔点 138℃。易溶于水、醇和醚，难溶于苯、甲苯 | 对眼睛、皮肤和呼吸道有强烈刺激作用，表现有烧灼感、咳嗽、头痛、恶心和呕吐 | 受高热分解产生有毒的硫化物烟气 | R10 易燃。R34 会导致灼伤 | S23 不要吸入蒸气。S26 万一接触眼睛，立即使用大量清水冲洗并送医诊治 |

胶黏剂中的原材料，除了上述几种外，根据配方需要，另外有时还加有偶联剂（如乙烯基三乙氧基硅烷）、乳化剂（如壬基酚聚氧乙烯醚）、阻聚剂（如对羟基苯甲醚）、阻燃剂（如四溴双酚 A）等，其毒害性各举一例说明，见表 45-13。

表 45-13 胶黏剂其他组分的危害性等性质说明

| 名称 | 理化性质 | 健康危害 | 燃烧危险 | 危险说明 | 安全措施 |
|---|---|---|---|---|---|
| 偶联剂乙烯基三乙氧基硅烷(简称硅烷偶联剂 A-151) | 无色透明液体,沸点 161℃,相对密度 0.90。与水反应 | 吸入有毒,引起头痛、恶心,严重可致死。对眼有刺激性 | 遇明火、高热能引起燃烧爆炸,对湿气敏感 | R10 易燃。R36/37 刺激眼睛和呼吸系统 | S24/25 防止皮肤和眼睛接触。S36 穿戴适当的防护服 |
| 乳化剂壬基酚聚氧乙烯醚(简称 OP-10 或 NPEO) | 无色或淡黄色油状液体。相对密度 1.05,易溶于水 | 对皮肤和眼睛有刺激性,吸入可能造成呼吸道过敏 | 直接明火加热可能引起燃烧或产生高温蒸气 | R36 刺激眼睛。R37 刺激呼吸道。R38 刺激皮肤 | S36 穿戴合适的防护服装。S39 佩戴眼/面防护装置 |
| 阻聚剂对羟基苯甲醚(简称 MEHQ) | 白色结晶,熔点 55℃,相对密度 1.55。溶于醇、苯、醚等,微溶于水 | 对眼睛、皮肤、黏膜和上呼吸道有刺激作用 | 遇明火、高热可燃。火场释放辛辣刺激烟雾 | R22 吞食有害。R36 刺激眼睛。R43 与皮肤接触可能致敏 | S24/25 防止皮肤和眼睛接触。S36/37 穿戴合适的防护服和手套 |
| 阻燃剂 2,2-双(3,5-二溴-4-羟苯基)丙烷(别名四溴双酚 A,简称 TBB-PA) | 白色粉末,相对密度 2.13,熔点 184℃,沸点 316℃。可溶于丙酮和甲苯 | 对皮肤、眼睛有刺激性;对水生生物有较强的毒性并具有长期持续影响 | 难燃,可作阻燃剂 | R36/37/38 对眼睛、呼吸道和皮肤有刺激作用 | S39 佩戴眼/面防护装置。S60 本物质残余物和容器必须作为危险废物处理 |

# 45.2 各种胶黏剂的毒性

## 45.2.1 三醛胶

三醛胶系指酚醛树脂胶、脲醛树脂胶与三聚氰胺甲醛树脂胶三种胶黏剂,因制作过程中都需要使用甲醛,因此合称三醛胶。这类胶具有价格便宜、固化速度快、强度高等优点,广泛用于木材行业,尤其在人造板制造中大量应用。因为三醛胶的合成工艺中使用甲醛作原材料,使得在人造板使用过程中会有甲醛释放,其释放周期可长达十年左右,游离甲醛含量超标的人造板是导致"装修病"的主要原因,甲醛的具体理化性质和毒害性见前一节胶黏剂的单体部分 45.1.2 节。

现以脲醛树脂胶为例,脲醛树脂生产以尿素和甲醛为原料,其合成反应包括加成和缩聚反应两个阶段。首先甲醛与尿素在中性或弱碱性的介质中进行加成,生成比较稳定的羟甲基脲,而后一羟甲基脲和二羟甲基脲在加热或酸性反应介质中脱水缩聚成线型结构的脲醛树脂。脲醛树脂本身无毒,但传统的生产工艺中,为增加树脂性能,降低生产成本,须加入过量的甲醛反应物,导致树脂中游离甲醛含量较高,增加了树脂使用过程中的毒性。

此外,在脲醛树脂生产过程中除大量使用合成原料甲醛和尿素外,还需用到控制发生化学反应进度的氢氧化钠和盐酸等试剂,主要职业病危害因素是甲醛、盐酸雾、氢氧化钠、噪声和热辐射等,其中的盐酸和氢氧化钠都是强腐蚀性的无机化合物,操作的时候要小心,必须穿戴好合适的劳保用品,不得直接接触这些化学品。脲醛胶在使用过程中主要是脲醛树脂中残留甲醛挥发导致的职业病危害。

针对三醛胶,国内外胶黏剂制造商通过多年科研攻关新开发了多种无醛胶产品,但是综合性能与三醛胶相比还有很多缺点。未来,预计"三醛胶"由于其价格低廉、使用方便、性能优良,短时间内还无法完全被代替,在木材胶黏剂中仍占主体地位。但是由于社会环保呼声越来越高，开发绿色环保的胶黏剂势在必行，这就使得要对"三醛胶"进行改性，或减少反应物甲醛的配比，同时改善木材加工工艺，将甲醛的释放减到最低量。

## 45.2.2 丙烯酸酯类胶黏剂

丙烯酸酯类胶黏剂是以（甲基）丙烯酸及其酯类，如丙烯酸乙酯、丙烯酸丁酯等为主要原料，与苯乙烯或醋酸乙烯等物质共聚而制得的一种胶黏剂。此类胶黏剂具有良好的耐水性和广泛的粘接性，另外通过改变共聚组分，可以获得一系列的不同性能的胶黏剂。主要可以分为以下两大类：

① 以丙烯酸酯类聚合物或预聚体作胶黏剂基料，包括溶液型丙烯酸酯胶黏剂（油性胶）和乳液型丙烯酸酯胶黏剂（水性胶），这类丙烯酸酯胶黏剂的毒性和危险性将分别在溶剂型胶黏剂和水性胶黏剂中介绍，详见本章 45.2.6 节和 45.2.7 节部分。

② 以丙烯酸单体作胶黏剂的黏料，使用时通过单体聚合而固化。主要有氰基丙烯酸酯胶、UV 胶和厌氧胶、双组分快固型结构胶等。这类胶黏剂的毒性、危险性主要来自各种丙烯酸单体等，常见胶黏剂用丙烯酸类单体有甲基丙烯酸甲酯、丙烯酸和丙烯酸丁酯等，分别介绍如表 45-14 所示。

表 45-14 常见胶黏剂用丙烯酸单体的性质

| 单体名称 | 状态与性质 |
| --- | --- |
| 甲基丙烯酸甲酯（简称 MMA） | 无色液体，易挥发，易燃，溶于乙醇、乙醚、丙酮等多种有机溶剂，微溶于乙二醇和水。在光、热、电离辐射和催化剂存在下易聚合。遇明火、高温、氧化剂易燃；燃烧产生刺激烟雾。有中等毒性，应避免长期接触 |
| 丙烯酸（简称 AA） | 有辛辣气味的无色酸性液体。溶于水、乙醚、乙醇。有氧存在时极易聚合。易燃烧，受热分解放出有毒气体。有腐蚀性，其水溶液刺激皮肤、黏膜 |
| 丙烯酸丁酯（简称 BA） | 无色液体。微溶于水，能与乙醇、乙醚混溶。受热易聚合。易燃，遇高热、明火、氧化剂有引起燃烧的危险。中等毒性。吸入、经口或经皮肤吸收对身体有害。其蒸气或雾对眼睛、黏膜和呼吸道有刺激作用 |

以上这些丙烯酸单体化合物多数具有强烈的刺激性气味，对皮肤、眼睛和呼吸道有刺激作用，在人体中具有积聚性和潜伏性，从而危害人体健康。操作人员必须经过专门培训，严格遵守操作规程。建议操作人员戴化学安全防护眼镜，穿防静电工作服，戴橡胶耐油手套。此外这些单体属于易燃物品，其蒸气与空气可形成爆炸性混合物，遇明火、高热能引起燃烧爆炸，与氧化剂能发生强烈反应。储存、使用时远离火种、热源，工作场所严禁吸烟。储存于阴凉、通风的库房，远离火种、热源，库温不宜超过 37℃。包装要求密封，不可与空气接触。应与氧化剂、酸类、碱类、过氧化物分开存放，切忌混储。

## 45.2.3 聚氨酯类胶黏剂

聚氨酯胶黏剂是指在分子链中含有氨基甲酸酯基团（—NHCOO—）或异氰酸酯基（—NCO）的胶黏剂。虽然各种聚氨酯胶的应用和状态都不一样，配方与成分也有所区别，但都会涉及异氰酸酯。在毒性和危险性方面，聚氨酯胶区别于其他种类胶黏剂的重要方面也是会使用到—NCO 类化合物。目前胶黏剂原材料中应用最广、产量最大的异氰酸酯化合物是甲苯二异氰酸酯（简称 TDI）、二苯基甲烷二异氰酸酯（简称 MDI），其理化性质和毒害性见前面胶黏剂原材料组分中的交联剂部分 45.1.7 节。

异氰酸酯基团是非常活泼的基团，容易与包含有活泼氢原子的化合物，如胺、水、醇、酸、碱发生反应。人体如果接触异氰酸酯，—NCO 可迅速与皮肤或者黏膜中的水、蛋白质中的氨基反应，严重时可使蛋白质变性。另外，常用的异氰酸酯如 TDI、MDI，分子结构含苯环，与水反应后可生成具有致癌性的初级芳香胺（PAAS）。初级芳香胺是一类典型的有毒有害物质，可通过皮肤、胃肠道和呼吸道进入人体，导致机体细胞的功能和结构发生变化，严重时可引发人体输尿管癌、肾癌、膀胱癌等恶性疾病。

因为异氰酸酯毒性大，在操作时应小心谨慎，防止其与皮肤接触或溅入眼内，操作人员应该佩戴自吸过滤式防毒面具，戴化学安全防护眼镜，穿防毒物渗透工作服，戴耐油橡胶手套。此外，这些异氰酸酯化合物，多属于可燃物，蒸气与空气能形成爆炸性混合物，遇明火、高热能引起燃烧或爆炸，因此须密闭操作、防止泄漏，提供充分的局部排风，由于异氰酸酯会与水、醇、醇胺、伯胺和仲胺等反应，所以贮存时忌与这些物质接触，另外碱和酸有催化剂作用，也不能接触。

降低聚氨酯胶的毒性，需要通过配方设计和工艺控制选择经济性、活性与低毒性兼顾的异氰酸酯单体并且降低胶黏剂中游离—NCO 的含量。

## 45.2.4　环氧类胶黏剂

环氧胶是一类应用非常广泛的胶黏剂，由环氧树脂和添加物共同组成，以获得应用价值。固化剂是环氧胶中必不可少的添加物，否则环氧树脂不能固化。环氧树脂本身是无毒或低毒的，但由于在环氧胶黏剂制备过程中添加了固化剂及其他助剂，最终的环氧胶黏剂可能有毒。

环氧胶黏剂中的毒性主要来自其固化剂，具体固化剂的毒性与危险性见本章 45.1.5 节部分。不同结构固化剂的物理、化学性质不同，其毒性差别也很大。通常固化剂的化学活性大，则其生物质活性也强，更易引起毒害。固化剂的毒性主要表现在以下三个方面：

（1）急性毒性　一般采用半致死量 $LD_{50}$ 表示，胺类固化剂毒性较大，大多数有机多胺对老鼠呼吸道刺激致死的 $LD_{50}$ 值为 $1 \sim 12 g/kg$，暴露时间为 $4 \sim 6h$。芳香胺总体毒性比脂肪胺大。如间苯二胺的毒性比二乙烯三胺毒性高 10 倍。

（2）对皮肤、黏膜的刺激作用　因为许多胺类化合物能溶于脂肪，能在皮肤的脂肪中溶解、浸透，引起皮炎，或出现点状红斑，形成水泡、开裂甚至形成片状剥落，以至于组织坏死。酸酐类固化剂对皮肤的刺激性较弱，但其粉尘对眼、鼻和喉等呼吸道黏膜的刺激相当强，可引起支气管炎。

（3）其他毒害作用　除了芳胺、杂环胺类固化剂对内脏的损害外，联苯芳香胺具有致癌性，目前国家已经禁止生产、使用。胺类固化剂对水生生物有极高毒性，会对水体环境产生长期不良影响。

由于这些固化剂对人体（包括皮肤、眼睛、体内组织等）有刺激性、危害性，同时也多属于易燃物，操作和储运环氧胶或其固化剂时要小心，穿戴适当的防护服、手套和眼睛/面保护罩；避免皮肤、眼睛接触或吸入蒸气、粉末。储存于阴凉、通风的库房，远离火种、热源。发生事故或感觉不适时，立即求医。

降低环氧胶的毒性与危害性，主要是选择和使用低毒类的固化剂，同时降低固化后环氧胶黏剂中游离固化剂的含量。使用单位也要根据胶黏剂厂家的产品说明书进行准确配胶与固化，让环氧树脂与固化剂可以充分反应，减少游离固化剂的影响。

## 45.2.5　有机硅类胶黏剂

有机硅胶黏剂，按分子结构可分为有机硅树脂胶黏剂和有机硅橡胶胶黏剂两大类，可分别由硅树脂或硅橡胶、填料、交联剂、催化剂及其他添加剂等配制而成。硅树脂、硅橡胶和固化后的有机硅胶黏剂毒性都较低，有机硅胶黏剂的毒性主要来自其中的有机锡催化剂，其毒性介绍如下：

有机锡化合物是锡和碳元素直接结合所形成的金属有机化合物，其通式为：$R_m SnX_{(4-m)}$（$m=1\sim4$，R 一般为烷基或芳香基，X 可以为无机或有机酸根，或氟、氯、溴、碘、氧等原子）。有机锡的毒性与其分子结构有关，只有当 Sn 原子与 C 原子相连时才表现出毒性。在同一系列的有机锡化合物中，取代烷基数目越多，毒性越大，但当取代烷基数增加到四个后，由于分子体积过大，毒性反而降低。

有机锡化合物对生物的毒性效应主要有免疫毒性、神经毒性、生殖毒性和遗传毒性等。有机锡化合物一般可通过呼吸道、消化道和皮肤黏膜进入机体，对皮肤、呼吸道、角膜有刺激作用，常在暴露部位出现丘疹、疱疹、糜烂和溃疡。有机锡进入体内后，主要分布到血液、肝脏，会造成机体一系列肝胆或神经系统损害，患者精神萎靡，常有头晕、恶心、呕吐、食欲减退及行动过缓，严重者可突然昏迷、抽搐、呼吸停止。有些有机锡化合物还会引起细胞免疫、体液免疫及非特异性宿主防御反应缺陷。

为了防止有机锡中毒，操作时穿戴适当的防护服和手套，不慎与皮肤接触后，立即用大量肥皂水冲洗。生产过程应密闭化、管道化，并应在负压下操作，避免手工操作。生产结束后要及时洗手洗澡。多数有机锡化合物遇明火、高热可燃，与氧化剂可发生反应，受高热分解放出有毒的气体。应储存于阴凉、通风的库房，远离火种、热源。此外，该物质及其容器须作为危险性废料处置，不能随意排放。

## 45.2.6 溶剂型胶黏剂

溶剂型胶黏剂的毒性和危险性（包括生产、储运和使用胶黏剂的过程），主要来自其中的有机溶剂。胶黏剂中使用的有机溶剂主要有甲苯、混合苯、乙酸乙酯、丁酮、四氢呋喃、正己烷、溶剂汽油等，都对环境有污染，对人体有毒害。此外，在用有机溶剂进行基材表面处理时，同样存在溶剂的毒性和危险性问题。

胶黏剂中有机溶剂的种类和毒害性，详见本章 45.1.3 节溶剂类原材料的职业危害与安全措施，避免吸入或接触有机溶剂。用人单位应当通过工艺改造、加强通风等防护措施，使作业场所的职业危害因素低于国家职业卫生标准，为劳动者提供一个安全、卫生的工作环境。劳动者也应当加强劳动保护和自我防护意识，降低胶黏作业过程中的职业危害。

大部分有机溶剂还具有易燃易爆的特点，导致配制而成的溶剂型胶黏剂通常属于易燃液体。因此溶剂型胶黏剂应储存于阴凉、通风的库房，包装要求密封，不可与空气接触。远离火种、热源或其他不相容的物质，切忌混储；不宜大量储存或久存；禁止使用易产生火花的机械设备和工具；储存区应备有泄漏应急处理设备和合适的收容材料。

## 45.2.7 水性胶黏剂

水性胶黏剂是以天然高分子或合成高分子为黏料，以水为溶剂或分散制备成的一种胶黏剂。优点主要是不燃烧、使用安全等，缺点包括干燥速度慢、耐水性差等。

但是目前市场上水性胶黏剂并非 100% 无毒害的，有些可能含有一定量作为助剂的挥发性有机化合物（VOC），以便调节产品黏度或改善固化性能。另外某些水性胶黏剂的生产中也会涉及有毒的单体或其他化合物，从而对人体或环境产生不良影响，如三醛胶在生产时会使用甲醛作原材料，胶黏剂使用和固化后也会释放甲醛（具体见本章 45.2.1 节）。另外一种常见的含甲醛的水性胶是聚乙烯缩甲醛胶黏剂（俗称 107 胶），107 胶是一种无色或微黄的水性黏稠液体，广泛用于建筑工程，如作为建筑胶黏剂可用来粘贴壁纸和塑料地板，也可以将其与水泥混合后粘贴瓷砖。但是 107 胶中甲醛含量严重超标，国家法规也已经限制 107 胶的生产与使用，目前的趋势是用其他环保产品来代替 107 胶，或者改进 107 胶的配方及工艺，做成低甲醛释放量的胶黏剂。

水性胶黏剂，虽然成品为水性，具有低毒和不燃的特点，但是其生产时一般采用单体在水相中聚合而成。这些单体，如醋酸乙烯、丙烯酸酯、丁二烯、乙烯等，都是低沸点的液体或气体，具有易燃易爆的特点，人体接触后也会对健康造成损害。如水性丙烯酸胶里面最常见的单体丙烯酸丁酯，可以与各种其他单体如甲基丙烯酸甲酯、苯乙烯、丙烯腈、醋酸乙烯等进行共聚、交联、接枝等，做成上千种丙烯酸类树脂产品。但丙烯酸丁酯单体具有一定刺激性和对人体的毒害性，同时也属于易燃液体，属于危险品（具体见本章 45.1.3 节部分）。其他的水性胶黏剂单体大部分也都属于易燃易爆的危险物质，类似于有机溶剂，因此在存储和使用这些单体原材料的时候，要务必小心，采取合适的防护措施，避免引起中毒或爆炸事件。具体安全措施可参考本章 45.1.2 节、45.2.2 节和 45.2.6 节中有关单体及有机溶剂的内容。

## 45.2.8　压敏胶

压敏胶是压敏胶黏剂的简称，是一类对压力有敏感性的胶黏剂，具有干黏性和永久黏性的特点，也称为不干胶，主要用于制备压敏胶带或标签。压敏胶按照主体树脂成分可分为橡胶型和树脂型两类，按分散介质可以分为溶剂型胶、水性胶和其他三类。

压敏胶使用时具有迅速施胶、无需混合、只需用手或手指施压的特点，许多胶不含溶剂，因此在胶黏剂使用时属于环保、安全的产品。但是在压敏胶制作过程中，尤其是在橡胶型压敏胶制作时，需要用大量有机溶剂溶解或稀释橡胶，然后再进行涂布、烘干并同时回收溶剂，有些甚至不回收溶剂，在这个过程中就会导致有机溶剂的散发。因此这类胶黏剂生产与使用时具有与溶剂型胶黏剂类似的危险性和毒性，即有机溶剂危害环境和人体健康，甚至引起爆燃事故。另外，水性压敏胶生产时也是通过有机单体聚合而成，类似水性胶黏剂的生产过程，也同样有单体的毒性与易燃易爆的问题。溶剂和单体的毒性与安全措施具体参考本章的有关内容，如 45.1.2 节、45.1.3 节、45.2.6 节、45.2.7 节。

在环保风暴倒逼的条件下，无溶剂类的压敏胶无疑将成为行业的热点，具有广阔的前景。无溶剂压敏胶，是指在制造、涂布和使用压敏胶的时候都不使用有机溶剂的压敏胶，是目前最环保的压敏胶产品，如紫外光聚合压敏胶或热熔类压敏胶等。

## 45.2.9　热熔胶

热熔胶是一种不需溶剂、不含水分、100％固含量的胶黏剂，在常温下为固体，使用时加热熔融到一定温度变为可以流动且有一定黏性的液体，冷却后又成为固体，从而起到粘接作用。因为热熔胶使用简单，粘接范围广，而且 100％固含量，不含溶剂，不会对环境造成污染，基本上也不含影响身体健康的有毒有害物质。因此广泛用于各种包装业、家居日用品业、标签胶带业、鞋帽箱包业、医疗用品业、汽车制造业、电子电器业、物流速递业等多种行业。

相对于溶剂型胶、水性胶等产品来说，热熔胶生产和使用时不涉及有机溶剂或单体小分子，因此更环保、安全。但是因为热熔胶生产和使用时需要加热，其主要安全问题是预防烫伤，操作时要戴好手套及工作服，避免直接接触加热设备高温部件的表面，也要防止融化的热熔胶滴落到皮肤上。如果不小心烫伤，则应马上对伤口用自来水冲洗 15min 左右进行降温，这样做可有效缓解创面加深的风险。如冲水后没有看到烫伤部位有明显起泡，只需在伤口处擦拭烫伤膏即可。若伤口处出现水泡则需要即刻就医，期间切记擅自将水泡戳破。在这期间避免用手撕扯粘在伤口的胶黏剂，若不小心将皮肤扯破很容易会引起伤口感染。

## 45.2.10　其他类胶黏剂

聚硫密封胶是以液态聚硫橡胶为主体材料，配合以增黏树脂、硫化剂、补强剂等制成的密封胶。此类密封胶具有优良的耐燃油、液压油、水和各种化学药品性能以及耐热和耐大气老化性能。其黏料液体聚硫橡胶是由饱和的碳氢键及硫硫键结合而成的高分子化合物。虽然液体聚硫橡胶的急性毒性较低，但是因为其分子结构含有巯基，所以有股很难闻的气味，做出的胶也同样有味道，甚至该气味在胶黏剂固化以后也会长期存在，造成人体的不适感，同时也对皮肤和眼睛有刺激作用。因此在生产和使用聚硫胶黏剂时必须穿戴好防护用品，戴好手套与口罩，避免直接接触和吸入。

此外，为了让胶黏剂更快、更好地发挥粘接作用，还有许多与胶黏剂配套使用的助剂，如底涂剂、固化促进剂、清洗剂、除胶剂等。这些助剂为了方便施工，往往做成稀溶液状态，含有大量溶剂，就像溶剂型胶黏剂一样，其中的有机溶剂会对人体和环境造成危害或者引起燃烧爆炸等事故。比如底涂剂是一种黏度很小，可以均匀涂覆在基材表面，提高基材表面张力，可以把基材和胶黏剂很好地粘接在一起的一种辅助材料，用于提高粘接的强度和长期稳定性。底涂剂类似一种稀释了的胶黏剂，其中有机溶剂含量一般都在70%以上，因此也具有较大的毒性和危险性，配制、生产、储运和使用时都要小心（具体可参考45.1.3节和45.2.6节部分）。

# 45.3　胶黏剂使用行业的职业危害识别与分析

## 45.3.1　制鞋与箱包制造业

作为世界上最大的鞋类和箱包生产国，我国每年生产成品鞋约130多亿双，皮鞋、运动鞋90%采用胶粘工艺制造。目前我国鞋用胶黏剂有70%以上是溶剂型胶黏剂，每年使用40万吨以上的溶剂型胶黏剂，基本上以溶剂型的氯丁胶、聚氨酯胶为主。各种箱包制作时，经常都需要使用胶黏剂来进行局部的加工固定，目前在箱包生产中以溶剂型的天然橡胶胶黏剂应用最多，该类胶黏剂以汽油为溶剂，所以通常又称为汽油胶，另一种应用较多的胶黏剂是氯丁胶胶黏剂，但无论是天然橡胶胶黏剂还是氯丁胶胶黏剂都属于溶剂型胶黏剂。

上述鞋和箱包行业中经常使用的溶剂型胶黏剂及稀释剂，易引起中毒及爆炸的生产环节，主要包括胶黏剂的分装、配胶、刷胶、涂覆、晾胶，以及固化干燥过程。许多有机溶剂的蒸气挥发或散发到工作场所的车间空气中，经呼吸道进入人体内从而引起中毒或造成健康损害。如果人体直接接触胶黏剂或者其稀释剂，其中的有机溶剂也会经过皮肤进入人体，引起皮肤刺激，造成皮肤或黏膜受损。另外这些有机溶剂与空气混合易形成爆炸性混合物，一旦有火星就可能发生燃爆事故。溶剂的危害性，具体见45.1.3节和45.2.6节部分。

为了减少胶黏剂对工人的危害，制鞋和箱包工厂所用胶黏剂要符合GB 19340—2014《鞋和箱包用胶黏剂》，在管理上要严格执行WS/T 737—2015《箱包制造企业职业病危害防治技术规范》、GBZ/T 195—2007《有机溶剂作业场所个人职业病防护用品使用规范》及GBZ 2.1—2019《工作场所有害因素职业接触限值　第1部分：化学有害因素》。

卫生行政部门应加强对制鞋、皮革皮具、箱包行业工厂企业的日常管理及监督，督促超标企业改进工艺和原辅材料，尽量使用低毒或无毒的胶黏剂。如因工艺需要而无法更改的，则应合理设计和安装职业病危害防护设施，设置有效的局部通风排毒设施，尽可能使职业病危害降低到职业接触限值以下。如仍达不到国家职业卫生标准和卫生要求的，作业过程必须加强个人防护用品的佩戴使用，个人防护用品应有定期发放制度，活性炭防毒口罩的滤料要定期更换。

此外，在制鞋和箱包行业中要大力推广使用环保胶来代替溶剂型胶黏剂，比如水性胶黏剂、热熔胶胶黏剂等，从根本上解决有机溶剂的毒性及易燃易爆的问题。环保胶黏剂是制鞋与箱包业的发展方向，顺应了鞋用、箱包用胶的发展趋势，环保胶的使用无论是从应对国际贸易绿色壁垒，还是从创建技术品牌、和谐社会、爱护员工及环境保护的立场上来说，都有重大意义。

## 45.3.2　建筑装修业

建筑装修过程中，在不同的场合与部位会使用到不同的胶黏剂产品，如瓷砖胶、门窗胶、填缝剂、密封胶等（具体见表 45-15）。虽然胶黏剂不像其他主材，如地板、涂料、瓷砖等那样受业主重视，金额也不大，但是在粘接、密封、防水、堵漏等场合也起着非常重要的作用。建筑胶黏剂常见产品及其毒性见表 45-15。

表 45-15　建筑胶黏剂常见产品及其毒性介绍

| 名称 | 主要成分 | 主要使用部位 | 毒性、危险性及备注 |
|---|---|---|---|
| 防水密封胶 | 胶料(有机硅、聚氨酯、丙烯酸等)、填料、交联剂等助剂 | 厨卫、门窗的密封，如台盆与台面缝隙的填充、木门上玻璃缝隙的填充等 | 基本无毒，但是不要选择含有机溶剂的密封胶；另外要注意厨卫间要使用专门的防霉密封胶，否则胶体容易滋生霉菌影响健康 |
| 免钉胶 | SBS 树脂、增黏树脂、填料、溶剂；也有水性丙烯酸或者改性硅烷树脂做成的免钉胶 | 粘接挂钩、毛巾架等厨卫五金；粘接固定各种木线、门套线、石膏线、地板瓷砖、各种装饰挂件及各种墙板工程等 | SBS 型免钉胶，含 20%左右的有机溶剂，属于危险化学品；注意要选择低毒类有机溶剂制成的免钉胶。建议选择不含有机溶剂的水性或者硅烷改性聚醚类的免钉胶产品 |
| 万能胶 | 氯丁橡胶或 SBS 橡胶，增黏树脂、溶剂 | 用于室内外粘接异形面和面积较大的施工领域，如用于防火板、铝塑板的粘接等 | 含大量有机溶剂，尽量不要在家装中应用(可以用水性胶、热熔胶代替)。如果一定要使用，则应选择大品牌、不含"三苯"的产品 |
| 白乳胶 | 聚醋酸乙烯酯水乳液、增塑剂等 | 主要用于粘贴木面板、家具制作等，也可用于墙面壁纸、底腻的粘贴 | 好的白乳胶无毒、无甲醛，但有的白乳胶中会加入甲醛作为防霉剂，应选择大品牌、"无醛"的产品 |
| 美缝剂 | 环氧树脂、稀释剂、颜料和固化剂 | 用于瓷砖、马赛克、石材、玻璃、铝塑板等材料的缝隙装饰 | 含有胺类固化剂，对身体有刺激性及毒害性。稀释剂及邻苯类增塑剂，也会对人体和环境造成不良影响 |
| 门窗胶 | 单组分发泡聚氨酯胶 | 门窗填缝、大孔洞封堵 | 气雾剂产品，通常由丙丁烷和/或二甲醚等压缩气体作为抛射剂，易燃易爆，使用要小心。另外含有异氰酸酯 |

目前市场上建筑胶黏剂品牌众多，产品种类繁多，功能也不一样，成分也不一样，甚至有些胶黏剂中含有有毒有害物质，家庭装修时，要选择合适、环保的胶黏剂，注意以下几个方面。

不符合国家环保安全要求的胶黏剂不得使用。不符合 GB 18583—2008《室内装饰装修材料 胶粘剂中有害物质限量》GB 30982—2014《建筑胶粘剂有害物质限量》等环保安全标准的胶黏剂不得生产和使用。

要买正规公司的产品，注意包装上有无品名、厂名、规格、产地、颜色、出厂日期；有无合格证、质保证书、产品检验报告；看胶瓶上的用途、用法、危险说明等内容表述是否清楚完整；看净含量是否准确，厂家必须在包装瓶上标明规格型号和净含量。

尽量不要用溶剂型产品和有刺激性气味的产品，可用环保的水性胶、热熔胶或者本体型胶黏剂或胶带来代替。如果一定要使用溶剂型产品，则必须满足前面两条要求。

## 45.3.3　木材加工与家具业

木材加工业是胶黏剂下游使用量最大的行业，使用胶黏剂的主要制品有人造板、集成材、地板、复合门、家具和木制品等，其中人造板消耗的胶黏剂量最大。

人造板是重要的木材加工产品，主要是由木质和非木质被粘接单元利用胶黏剂粘接形成的一种人造板材，品种包括胶合板、纤维板、刨花板、细木工板等，主要用于家具制造和室内装修，同时作为车船制造、建筑模板、集装箱底板、粘接木材等结构类用材。

人造板生产企业主要存在甲醛等高毒物质，粉尘、噪声及其他有毒有害物质等多种职业危害因素。有毒有害物质主要存在于胶黏剂中，木材及人造板工业胶黏剂按主要合成原料分为脲醛树脂胶、酚醛树脂胶、三聚氰胺甲醛树脂胶，合称"三醛胶"（具体见45.2.1节部分）。

在这些木材加工用胶黏剂中，脲醛树脂胶黏剂的用量在90%以上，脲醛树脂的生产过程中会使用过量的甲醛作为反应物，成品脲醛树脂胶黏剂也会有大量的甲醛残余，被称为游离甲醛，这部分游离甲醛在胶黏剂施工、固化及后期木材使用时会释放出来，这就是装修甲醛危害的直接来源。甲醛的危害和预防措施具体可以见本章45.1.2节和45.2.1节部分。

在木材加工环节中，胶黏剂的毒性和危害性主要来源于涂胶和干燥工序。操作该工序时须与其他作业隔离，并设置通风排毒设施，以确保作业场所有毒物质浓度不超过国家职业卫生标准。此外工厂须为从事开料、拼板、加工、打磨、喷漆、涂胶、晾漆等作业的工作人员配备符合 GB/T 11651—2008《个人防护装备选用规范》和 GB/T 18664—2002《呼吸防护用品的选择、使用与维护》要求的口罩、耳塞、护发帽、防护服、手套以及防毒面具，并督促其正确佩戴使用。

目前木材和家具行业对甲醛的控制要求有 GB 18580—2017《室内装饰装修材料 人造板及其制品中甲醛释放限量》GB 18584—2001《室内装饰装修材料 木家具中有害物质限量》。

## 45.3.4　汽车工业

胶黏剂/密封胶是汽车生产中重要的工艺材料之一，其功能渗透在汽车制造过程的各个环节，在汽车的结构增强、密封防锈、减震降噪、隔热消声、紧固防松、内外装饰，以及简化制造工艺、减轻车身重量，促进新型材料、结构或内饰材料在汽车上的应用等方面起着特殊的作用。

汽车胶黏剂应用十分广泛，包括用于白车身、喷涂车间、动力系统以及组装等场合及工序，产品种类包括聚氨酯胶、环氧胶、有机硅胶、PVC胶、丙烯酸胶、橡胶型胶、压敏胶等40多种胶黏剂，基本上所有的胶黏剂品种在汽车上都有对应的产品，单车的用胶量可达20~40kg。其中用胶量最大的是聚氯乙烯（PVC）塑溶胶，主要用作焊缝密封胶、抗石击涂料和指压密封胶，单车平均用量在10kg左右。因为这类产品在车上用胶量大，而且基本上只有汽车或车辆行业在使用，因此本节主要讨论该类胶的毒性问题。

PVC塑溶胶是由 PVC 糊树脂经邻苯二甲酸酯类增塑剂塑化而制得，树脂中残留的氯乙烯单体为致癌物质，邻苯二甲酸酯类增塑剂对人有低毒性，对小鼠有致畸胎性，研究表明邻苯二甲酸酯在人体和动物体内发挥着类似雌性激素的作用，可干扰内分泌，如会使男子精液量和精子数量减少、运动能力低下、形态异常；女性接触后会增加患乳腺癌的概率，还会危害到她们未来生育的婴儿的生殖系统。此外，这些 PVC 塑溶胶在车辆报废焚烧处理中或车辆发生燃烧事故时，会释放出有毒的氯化氢气体，对环境和人体健康造成危害。生产和使用这些 PVC 塑溶胶时要穿戴好必要的劳保用品，避免直接接触。增塑剂的危害和预防措施具体可以见本章 45.1.4 节部分。

目前某些汽车厂商和胶黏剂生产商正在考虑使用不含 PVC 的胶黏剂，比如丙烯酸型焊缝密封胶和抗石击涂料，以高强度的聚丙烯酸树脂为主体材料，配合其他助剂，不含邻苯类增塑剂，属于环保型材料，汽车回收焚烧时不会产生氯化氢等有害气体，对环境友好。虽然目前这类产品由于价格较高，市场份额较少，但不少主机厂和大的胶黏剂公司都在大力推广和应用。

## 45.3.5　电子行业

目前，中国是世界第一大电子信息产品制造国，在电子信息产业的拉动下，中国电子电器胶黏剂市场快速发展，如硅胶、瞬干胶、UV 胶、聚氨酯胶、环氧胶、胶带等，大量用于电子电器元器件的粘接、密封、灌封、涂覆和 SMT 贴片等。

其中 UV 胶为单组分、无溶剂的胶黏剂，主要成分是丙烯酸酯系列的低聚物和单体及引发剂，在 UV 光照射下几秒到十几秒就可以固化，广泛用于电子产品的焊点补强、排线补强、固定、涂覆等。随着下游微电子行业对生产效率及产品精度、高可靠性等要求较高，UV 胶在电子行业中得到了迅速发展，本节主要介绍 UV 胶的危害性。

光引发剂是任何 UV 固化体系必需的成分之一，它对 UV 胶的固化速率起着决定性的作用。光引发剂在吸收相应波长的能量后转变为激发态，在激发态转变为基态的过程中将能量释放给氧或者周围介质，生成单线态氧、超氧离子等高反应性物质，这些高反应性物质会损伤人体 DNA 和细胞膜，最终导致光毒性反应的发生。如毒理学研究表明，二苯甲酮光引发剂被证明具有致癌作用、皮肤接触毒性和生殖毒性（具体可参考本章 45.1.5 节部分）。

UV 胶中含有丙烯酸酯单体和预聚体，都有一定的挥发性和渗透性，对皮肤、黏膜有刺激性或毒性，从而对环境或身体产生不良影响。使用 UV 胶时，如果保护不当，直接接触或长期暴露在高浓度胶体环境下，会出现皮肤过敏，如眼睛红肿，身上起疹子、发痒等现象。因此生产与使用 UV 胶的时候要注意身体防护，穿戴合适的防护用品，不要让胶黏剂直接接触皮肤。胶黏剂一旦接触到皮肤，立刻用大量清水冲洗，再用肥皂水冲洗干净，严重时送医。

此外，UV 胶固化的时候，需要用紫外线辐照。紫外线过度照射，则对机体有害。如紫外线强烈作用于皮肤时，可发生光照性皮炎，皮肤上出现红斑、水疱、水肿等；作用于中枢神经系统，可出现头痛、头晕、体温升高等；作用于眼部，可引起结膜炎、角膜炎，称为光照性眼炎。因此为了防止紫外线的危害，使用 UV 机或接触强烈紫外线的工作人员应配戴专用的防护面罩、UV 防护眼镜和防护手套。

## 45.3.6　其他行业

塑料软包装指采用塑料薄膜作为包装材料，在充填或取出内装物后，容器形状可发生变化的包装。作为当今社会必备的一种包装方式，塑料软包装适合商品范围非常广泛，从药品、化妆品、医疗器械，到文具、食品、日常百货用品等无不适用。塑料软包装主要由薄膜、油墨和胶黏剂构成，各自所占重量比例约为 70%、20%、10%，其中胶黏剂起粘接两层基材使其成为复合材料的作用。目前软包装行业常用胶黏剂主要有无溶剂型胶黏剂、水性胶黏剂和溶剂型胶黏剂三大类。

随着生活水平的提高，人们对包装的要求越来越高，用于软包装的胶黏剂新品种也越来越多，老品种将不断被淘汰或改进。据统计，2016 年国内软包装胶黏剂用量约 30 万吨，其中溶剂型胶黏剂约占 27 万吨，无溶剂型胶黏剂用量不足 3 万吨。由此可见，在中国市场上主要还是溶剂型软包装覆膜胶占主流。但由于传统的溶剂型胶黏剂中的溶剂通常有毒，且易着火，对环境也造成污染（具体参见本章 45.3.1 节鞋类和箱包用胶），所以使用范围逐渐减小。生产和应用这些溶剂型软包装胶黏剂时，要注意通风，穿戴好合适的劳保用品，具体可以参考前述的溶剂型胶黏剂职业中毒与控制措施 45.1.3 节部分。

目前无溶剂复合技术在欧美市场已占据相当重要的地位，占新增复合机设备的 80%～90%。无溶剂软性复合是采用无溶剂类胶黏剂及专用复合设备使薄膜状基材（塑料薄膜或纸张、铝箔等）相互贴合，然后经过胶黏剂的化学反应熟化处理后，使各层基材粘接在一起的复合方式，是目前最先进的软包装膜复合工艺。

# 45.4　胶黏剂研发与生产中的安全防护

## 45.4.1　胶黏剂环保政策要求

胶黏剂是由各种化学成分按规定的配方及工艺配制而成，这些化学成分有些是有毒有害的原材料。由于技术水平或经济成本的原因，目前胶黏剂中有害物质或危险因素还无法完全被消除。为了减少有害物质对环境和从业人员身体健康的影响，各国政府和相关组织发布了大量与胶黏剂环保要求相关的法律、法规和标准，包括直接对胶黏剂中所含有害物质的含量进行限量，也有的对生产、使用胶黏剂场所的有害物质暴露浓度和排放量进行限量。

对有害物质的限量要求是随着人类对有害物质对环境和健康影响认知程度的不断提高而日趋严格的，同时也取决于相关法律、法规和标准的健全程度，社会经济的发达程度，制造商的社会责任心和消费者的环保意识程度等诸多方面。总之，各国政府及相关组织对有害物质限量的发展趋势是限制的程度越来越严格，所限制的有害物质种类越来越多，同时鼓励环保要求更高的、自愿性的绿色标志认证。

受全球环保运动的影响和国内环保的压力，以及民众的健康意识日益提高和一些下游行业环保标准的颁布与实施，我国不断推行更高的胶黏剂相关环保标准，有利于整个行业向着环保的方向发展。生产和使用的胶黏剂首先要符合强制性国家标准 GB 18583—2008《室内装饰装修材料 胶粘剂中有害物质限量》，同时继续加大研发与环保投入，开发与使用在现有技术条件下，较好地满足使用要求、对环境没有影响或影响程度最低的胶黏剂。

除了通过法律、法规、标准等方式对有害物质进行限量外，各国政府和相关组织都在积极推进绿色标志认证。绿色标志认证具有环保要求高和自愿性的特点，如我国已经发布了很多环境标志产品认证标准 HJ 2541—2016《环境标志 产品技术要求 胶粘剂》，覆盖了木材加工胶黏剂、包装用水性胶黏剂、鞋和箱包用胶黏剂、建筑用胶黏剂和地毯用胶黏剂等。

## 45.4.2　胶黏剂与挥发性有机物（VOC）

VOC 是挥发性有机化合物（volatile organic compound）的英文缩写，通常指在常温下容易挥发的有机化合物。根据世界卫生组织（WHO）对 VOC 的定义，VOC 为熔点低于室温而沸点在 50～260℃的挥发性有机化合物的总称，较常见的有苯、苯乙烯、卤代烃、醛、酮类等。这些化合物具有易挥发和亲油等特点，通常作为溶剂，被广泛应用于油漆、油墨、胶黏剂、密封胶、化妆品等领域。

挥发性有机化合物在胶黏剂中应用很多，如溶剂型胶黏剂中的有机溶剂；三醛胶中的甲醛；不饱和聚酯胶黏剂中的苯乙烯；丙烯酸酯乳液胶黏剂中的未反应单体；改性丙烯酸酯快固结构胶黏剂中的丙烯酸单体；聚氨酯胶黏剂中的游离异氰酸酯等。

当 VOC 达到一定浓度时，易导致中枢神经系统受到抑制，引起头痛、恶心、呕吐、乏力等，严重时甚至引发抽搐、昏迷，伤害肝脏、肾脏、大脑和神经系统。此外，VOC 还可以在一定条件下与氮氧化物发生光化学反应，形成光化学烟雾污染。胶黏剂也是各种 VOC 污染的一类重要来源，因此政府部门也颁布了多项关于限定胶黏剂产品 VOC 含量的标准，要求尽可能使用低挥发性的胶黏剂，有效地从源头上保护人类和环境的健康。

GB 18583—2008《室内装饰装修材料胶粘剂中有害物质限量》标准中规定，溶剂型胶黏剂有害物质中游离甲醛浓度限值为 0.5g/kg，苯浓度限值为 5g/kg，甲苯和二甲苯浓度限值为 200g/kg，总挥发性有机物（TVOC）浓度限值为 750g/L。所以现阶段必须严格控制胶黏剂 VOC 含量，尽量使用低溶剂含量的胶黏剂，同时大力发展水基胶黏剂、无溶剂的胶黏剂。

国内首个区域性胶黏剂 VOC 限量标准——DB11/3005—2017《建筑类涂料与胶粘剂挥发性有机化合物含量限值标准》指出，在京津冀区域内生产、销售和使用的各类建筑类涂料与胶黏剂，都应满足标准规定的 VOC 含量限值、试验方法与包装标志要求。该标准的实施，推动 VOC 含量高的建筑涂料与胶黏剂产品退出京津冀区域，引导京津冀生产企业采用低 VOC 含量的原料与先进的生产工艺，向市场提供达标的产品，引导销售单位销售达标产品，引导建筑工程与个人消费者使用达标产品，从而实现从源头减排 VOC 的目的。

## 45.4.3　作业场所的毒性控制与安全措施

胶黏剂所含有机溶剂等有害物质所引起的职业中毒具有广泛性和严重性的特点。广泛性体现在职业中毒涉及生产和使用胶黏剂的各个行业，如胶黏剂制造、家具、制鞋、玩具、皮革、箱包、电子等领域。严重性表现在一般急性中毒多、起病急、事故涉及人数多，慢性中毒发病工龄短，发病即为重度中毒，甚至引起死亡。

通过对各种案例分析，中毒主要原因为胶黏剂工作场所有害物质浓度严重超标而致，造成这种现象主要原因有管理混乱，组织管理制度不完善；职业健康监护和工作场所有害物质监测、检验制度不健全；作业场所狭小、密闭或通风不良；无个人防护用品或使用不合格的防护用品，而不能达到有效的防护目的；作业人员缺乏自我保护意识，没有经过自我防护和自救措施的培训等。

为了确保企业安全生产和工人身体健康，避免发生职业中毒和火灾爆炸等事故，企业可采取的措施有如下。

### 45.4.3.1　胶黏剂生产和使用企业职业中毒控制

① 建立胶黏剂开发、生产、使用和管理的制度。尤其是生产和使用溶剂型胶黏剂时，要加强密闭和通风，减少有机溶剂的散发，降低空气中有害物质的浓度。尽可能不要生产和使用溶剂型胶黏剂产品或者至少要使用符合国家标准的、低毒性的溶剂胶。

② 采用自动化和机械化操作，以减少操作人员直接接触胶黏剂或其原材料、底涂剂等助剂的机会。

③ 经常检测作业环境空气中有机溶剂或其他有害物质（含粉尘）的浓度，必须使其降低到符合国家职业卫生标准的浓度范围。

④ 加强对作业工人的健康检查，做好上岗前和在岗期间的定期健康检查工作。加强劳动者的职业卫生防护知识培训教育和职业健康监护。

⑤ 劳动者要提高个人防护意识，工作中正确使用劳动防护用品，没有个人防护用品可以拒绝在有毒有害工作环境下作业。同时劳动者必须遵守操作规程，不能违章作业。

### 45.4.3.2　易燃易爆原材料及胶黏剂生产、使用过程中的主要安全对策措施

① 源头治理。科学选择配方、优化工艺，尽量不用或少用易挥发、易燃易爆或有毒有害的溶剂，改用沸点高、不易燃、毒性较低的溶剂。

② 密闭生产。对生产设备、储存容器应尽可能做好密闭工作，杜绝滴漏跑冒。

③ 加强通风换气。通风换气应达到规定的技术要求，对于易燃易爆物质气体，在车间内浓度一般应低于爆炸下限值的 25％。对有毒物质气体，不应超过国家标准规定的工作场所有害物质最高容许浓度。

④ 消除、控制引火源。引火源主要有明火、高温表面、摩擦和撞击、电气火花、静电火花、化学反应放热、雷击等。当易燃溶剂使用中存在上述引火源时会引燃溶剂形成火灾、爆炸。

⑤ 配备灭火器材。在生产、储存场所配备足够的灭火器材，可应对突发的火警事件，将事故消灭在萌芽之中。

## 45.4.4　个人防护措施

在生产与使用胶黏剂的时候，包括生产、灌装、配制、刷胶、晾干等过程，胶黏剂中的有毒有害物质会挥发到工作环境中，劳动者主要是通过呼吸道（也可能通过皮肤和消化道吸收）吸入了这些有毒有害物质，当吸入达到了一定的剂量时，就易发生职业中毒，临床表现及救护措施一般为：

急性中毒，一般多见于生产环境中发生意外事故如爆炸、燃烧等时或在通风不良的条件下进行苯、卤代烃等高毒性溶剂作业，而又缺乏有效的个人防护条件。具体可分为急性轻度中毒和急性重度中毒，前者表现为头痛、头晕、咳嗽、胸闷、兴奋、步态蹒跚等，后者表现为神志模糊、血压下降、肌肉震颤、呼吸浅快、脉搏快而弱。

急性中毒的诊断与治疗，送医之前具体措施包括应迅速将中毒者移至空气新鲜处，脱去被毒物污染的衣服，用温水清洗皮肤并注意保暖。必要时吸氧，若呼吸停止，应立即进行人工呼吸。急性中毒抢救及时经数小时或数天可恢复健康，但严重者也可因呼吸中枢麻痹死亡。

慢性中毒，一般发生在长期接触挥发性有机溶剂或单体，以及有毒有害的粉尘、固化剂、催化剂等物质时。表现为症状逐渐出现，以血液系统和神经衰弱症候群为主，表现为血液中白细胞、血小板减少，头晕，失眠等。严重者可发生再生障碍性贫血，甚至白血病、死亡。

救治慢性中毒，首要措施是让患者离开有毒有害的环境；治疗主要针对改善神经衰弱或出血症状，另给予改善血液循环、营养神经系统等对症治疗。

职业中毒预防措施：

① 企业应加强对胶黏剂使用的管理，建立和执行各项规章制度，采取安全环保措施（具体见本章 45.4.3 节部分）。

② 个体防护。

a. 避免眼和皮肤的接触，避免吸入蒸气。

b. 身体防护。呼吸系统防护：空气中浓度超标时，佩戴过滤式防毒面具（半面罩）。紧

急事态抢救或撤离时，应该佩戴携气式呼吸器。手防护：戴橡胶耐油手套。眼睛防护：戴化学安全防护眼镜。皮肤和身体防护：穿防毒物渗透工作服。

c. 皮肤、黏膜受污染时，应及时冲洗干净。

d. 工作现场禁止吸烟、进食和饮水，工作完毕要淋浴更衣，保持良好的卫生习惯。

e. 勤洗手、洗澡与更衣。

f. 定期进行健康检查，如发现中毒时，进行相应的治疗和严密的动态观察。

g. 出现意外或者感到不适，立刻到医生那里寻求帮助（最好带去相应产品容器标签）。

h. 远离火种、热源，工作场所严禁吸烟。

## 参 考 文 献

[1]　四川省总工会. 化工生产企业职业病危害及防护职工普及读本. 成都：四川科学技术出版社，2016.
[2]　黎涛，王忠旭，张敏. 胶黏剂职业危害分析与控制技术. 北京：化学工业出版社，2009.
[3]　赵敏. 胶黏剂毒性与安全实用手册. 北京：化学工业出版社，2004.
[4]　张洪涛，黄锦霞. 胶黏剂助剂手册. 北京：化学工业出版社，2014.
[5]　李子东，李广宇，于敏. 实用胶粘剂原材料手册. 北京：国防工业出版社，1999.
[6]　室内装饰装修材料　胶粘剂中有害物质限量：GB 18583—2008.
[7]　建筑胶粘剂有害物质限量：GB 30982—2014.
[8]　建筑类涂料与胶粘剂挥发性有机化合物含量限制标准：DB 11-3005—2017.
[9]　个体防护装备配备规范　第 1 部分：总则：GB 39800. 1—2020.
[10]　呼吸防护用品的选择、使用与维护：GB/T 18664—2002.
[11]　鞋和箱包用胶粘剂：GB 19340—2014.
[12]　箱包制造企业职业病危害防治技术规范：WS/T 737—2015.
[13]　有机溶剂作业场所个人职业病防护用品使用规范：GBZ/T 195—2007.
[14]　工作场所有害因素职业接触限值　第 1 部分：化学有害因素：GBZ 2.1—2019.
[15]　室内装饰装修材料人造板及其制品中甲醛释放限量：GB 18580—2017.
[16]　室内装饰装修材料木家具中有害物质限量：GB 18584—2001.

（王一飞 郭焕 编写）

# 附录1

# 胶黏剂技术与信息资料源

## 1.1 协会/学会

（1）美国胶黏剂与密封剂协会 The Adhesives and Sealants Council（ASC）Washington DC www. ascouncil. org

（2）美国粘接学会 The Adhesion Society Virginia Tech Blacksburg，VA www. adhesionsociety. org/

（3）美国压敏胶带协会 Pressure Sensitive Tape Council（PSTC） www. pstc. org

（4）欧洲胶黏剂制造商协会 Association of European Adhesives Manufacturers（FEICA）Dusseldorf，Germany www. feica. com

（5）英国胶黏剂与密封剂协会 British Adhesives and Sealants Association（BASS）Stevenage Herts，UK www. basa. uk. com/

（6）日本胶黏剂工业协会 Japan Adhesives Industry Association Tokyo，Japan www. jaia. gr. jp

（7）中国胶粘剂与胶粘带工业协会（CATIA）www. cnaia. org

（8）北京粘接学会（BAS） www. adhesionsociety. org. cn

（9）上海粘接技术协会 www. sh-adhesion. com

（10）浙江省粘接技术协会 www. zj-adhesion. com

## 1.2 杂志/期刊

（1）Adhesion（德语），Bertelsmann Fachzeitschrifen GmbH，Munich（德国）

（2）Adhesion and Adhesives（日语），High Polymer Publishing Association，Kyoto（日本）

（3）Adhesives Abstracts Journal，Elsevier Science Ltd. ，Oxford，UK（英国）

（4）International Journal of Adhesion and Adhesives，Elsevier Science Ltd. ，Oxford，UK（英国）

（5）Journal of Adhesion，Gordon Beach Science Publishers（美国）

（6）The Journal of Adhesion Science and Technology，VSP Publishing（荷兰）

（7）Journal of the Adhesives and Sealants Council，Adhesives and Sealants Council（美国）

（8）Adhesive Age，Chemical Week Associates（美国）

（9）Adhesives & Sealants Industry，Business News Publishing Company（美国）

（10）The Adhesives & Sealants Newsletter，Adhesives & Sealants Consultants（美国）

（11）《中国胶粘剂》，上海市合成树脂研究所有限公司、中国胶粘剂和胶粘带工业协会主办

（12）《粘接》，武汉工程大学、湖北省襄樊市胶粘技术研究所联合主办

（13）《化学与黏合》，黑龙江石油化学研究院主办

# 1.3　重要国际会议

（1）"世界胶黏剂和密封剂大会"（World Adhesives & Sealants Conference，WAC），四年一次，由亚洲、欧洲、美洲轮流举办

（2）"世界粘接及相关现象大会"（World Congress on Adhesion and Related Phenomena，WCARP）。四年一次，由亚洲、欧洲、美洲轮流举办

（3）"全球胶粘带论坛"（Global Tape Forum，GTF），由美国压敏胶带委员会（PSTC，网址 http：//www.pstc.org）、欧洲胶粘带工业协会（AFERA，网址 https：//www.afera.com）、日本压敏胶带工业协会（JATMA，网址 http：//www.jatma.jp）、中国胶粘剂和胶粘带工业协会联合举办，每年举办一次，由亚洲、欧洲、美洲轮流举办

（4）美国粘接学会年会，每年一次，由美国粘接学会 Adhesion Society 主办

（5）欧洲胶黏剂大会 EU-ADH，两年举办一次，由德国、法国、英国轮流举办

（6）亚洲粘接大会 ACA，三年举办一次，由中国、日本、韩国轮流举办

（7）亚洲胶黏剂大会 ARAC，四年举办一次，由中国大陆、中国台湾、日本、韩国轮流举办

# 1.4　胶黏剂数据库（搜索引擎、胶黏剂选择器）

（1）AdhesivesMart（胶黏剂市场），www.AdhesivesMart.com，1000 余种胶黏剂信息，装有搜索引擎，为胶黏剂厂商与用户提供桥梁。

（2）Adhesive Selector（胶黏剂选择器），www.assemblymag.com/toolbox/adhesive（装配在线胶黏剂篇），选择器中客户可输入大量可变的项目，提供最好的胶黏剂使用材料。

# 1.5　胶黏剂培训机构

（1）Fraunhofer IFAM 研究所：德国 Fraunhofer IFAM（弗劳恩霍夫研究院·先进材料与制造技术研究所）是欧洲最大的粘接技术研发机构，其下属认证中心 TBBCert 是德国联邦铁路局 EBA 授权具有在全球范围内进行 DIN6701 认证、德国认证管理机构 DAKKs 授权具有在全球范围内进行 DIN2304 认证，并颁发 DIN6701 和 DIN2304 证书的唯一权威机构。同时也是 EWF（欧洲焊接粘接学会）和 DVS-PersZert（德国焊接粘接学会）授权开展相关职业技术培训（EAE、EAS、EAB）的最权威机构。Fraunhofer IFAM 遵守 EBA、DAKKs、EWF 和 DVS 的承诺，在各胶黏剂企业间保持中立。

（2）上海胶之道管理咨询有限公司：胶之道由任天斌、林中祥、翟海潮等数位知名专家联合发起成立，是国内专注于胶黏剂行业职业人才培养与企业管理咨询的专业化科技服务机

构。胶之道聘任国内外胶黏剂行业的多位知名专家为顾问，以"为中国胶企传道、授业、解惑"为使命，以成为胶黏剂行业的专业人才培养及企业咨询机构为愿景，致力于在全球范围内以专业的眼光、负责任的态度为中国胶黏剂生产及应用企业提供最优质的技术咨询服务。胶之道汇聚了一大批胶黏剂行业经验丰富的国际和国内知名专家，针对胶黏剂生产及应用企业在发展过程中面临的困境，通过职业人才培养、专业论坛、行业咨询、网络课程四大板块，为胶企不同群体提供专业的企业发展战略、研发管理体系、新产品开发、技术创新和生产、营销、应用实践等方面的一流培训咨询服务，将全球最先进的创新技术和管理理念传导到胶企，帮助企业培养创新型产品研发与管理人才，提升企业的研发水平和技术创新能力，解决中小型胶企在经营发展方面遇到的问题，从而提升胶企的核心竞争力，助推企业顺利转型升级，推动胶黏剂行业持续发展，为行业的创新发展做出贡献。

# 1.6　胶黏剂网站与交易平台

（1）中国胶粘剂产业信息网（http://www.bondch.com/）

（2）中国胶粘剂网（http://www.nhj.com.cn/）

（3）中国粘接网（http://www.zhanjie.com.cn/）

（4）亚洲胶粘剂论坛（http://www.yzjnj.com/）

（5）胶粘剂1号网（美国）（https://www.adhesives1.com/）

（6）胶粘剂与密封剂在线（美国）（https://www.adhesivesandsealants.com/）

（7）胶粘剂技术中心（美国）（https://www.ellsworth.com/）

（8）美国胶带网站（http://www.thinktape.org/）

（9）新英格兰粘接网（https://www.adhesion.co.nz/）

（10）胶粘剂专家（国外）（http://www1.orcexperts.com/）

（11）粘接实验室（美国）（https://www.adherentlabs.com/）

（12）TLMI标签制造研究所（https://www.tlmi.com/）

（13）Chemsultants实验室分析方法（http://chemsultants.com/）

（14）35个欧洲国家二百六十万公司商业链接（https://www.europages.com/）

（15）美国官方商业链接网站（https://www.usa.gov/）

（16）ADHESIVE胶粘剂教育网（https://www.adhesives.org/）

（17）胶粘剂网（http://www.cnadhesives.com/）

（18）胶黏剂网（http://www.jiaoshui.net/）

（19）林中祥胶粘剂技术信息网：http://www.adhesive-lin.com/

（20）中国胶粘剂交易平台：APP

# 1.7　专业书籍

（1）《汽车胶粘剂密封胶实用手册》中国汽车工业协会汽车相关工业分会组织编写，中国石化出版社，2018年

（2）《胶粘剂技术与应用手册》北京粘接学会编译，宇航出版社，1991年

（3）《粘接和粘接技术手册》高学敏等编著，四川科学技术出版社，1990年

（4）《胶粘剂应用手册》陈根座等编著，电子工业出版社，1994年

（5）《胶粘剂应用手册》王孟钟等主编，化学工业出版社，1987年

（6）《胶黏剂选用手册》高扬，张军营等主编，化学工业出版社，2012 年

（7）《压敏胶制品技术手册（第二版）》杨玉昆等主编，化学工业出版社，2014 年

（8）《化工产品手册：胶黏剂（第六版）》张军营等编，化学工业出版社，2016 年

（9）《胶粘剂：精细化工产品手册》周学良主编，化学工业出版社，2002 年

（10）《胶接手册》夏文干等编著，国防工业出版社，1989 年

（11）《胶黏剂与密封胶工业手册》（美）爱德华·皮特里著，孟声等译，化学工业出版社，2005 年

（12）《建筑胶黏剂与密封胶应用手册》（美）约瑟夫·埃姆斯托克著，吴良义等译，化学工业出版社，2004 年

（13）《胶黏剂行业那些事》翟海潮著，化学工业出版社，2018 年

（14）《Handbook of Adhesives and Sealants》Edward M. Petrie，The McGraw-Hill Companies，Inc.，2007

（15）《Handbook of Sealant Technology》K. L. Mittal & A. Pizzi，CRC Press，2009

（16）《Handbook of Adhesive Raw Materials》Ernest W. Flick，William Andrew Inc.，1990

（17）《Adhesives Technology Handbook》Sina Ebnesajjad，William Andrew Inc.，2009

（18）《Handbook of Adhesion》Lucas F. M. da Silva, et al.，Springer-Verlag Berlin Heidelberg，2011

（19）《Applied Adhesive Bonding：A Practical Guide for Flawless Results》Gerd Habenicht，Wiley-VCH Verlag GmbH & Co. KGaA，2009

（20）《Adhesive Bonding：Materials，Applications and Technology》Walter Brockmann, et al.，Wiley-VCH Verlag GmbH & Co. KGaA，2009

（21）《Adhesive Bonding：Science，Technology and Applications》R. D. Adams，Woodhead 2005

（22）《Adhesive Bonding》Robert Adams，Woodhead Publishing，2005

（23）《Progress in Adhesion and Adhesives》K. L. Mittal，Scrivener Publishing LLC，2015

（24）《Adhesion Science：Principles and Practice》Steven Abbott，DEStech Publications，Inc.，2015

（25）《Adhesion：Current Research and Applications》Wulff Possart，Wiley-VCH Verlag GmbH & Co. KGaA，2006

（26）《Advances in Structural Adhesive Bonding》DA Dillard，Woodhead Publishing，2010

（27）《Sealants in Construction》Jerome Klosowski & Andreas T. Wolf，CRC Press，2015

（28）《Durability of Building Sealants》J. C. Beech & A. T. Wolf，Routledge，1995

（29）《Construction Sealants and Adhesives》Julian R. Panek & John Philip Cook，Wiley，1992

（30）《Industrial Applications of Adhesive Bonding》J. H. Sadek，Springer Science & Business Media，2012

（31）《合成胶粘剂》杨玉崑等编著，科学出版社，1980 年

（32）《胶粘剂与涂料》顾继友主编，中国林业出版社，1999 年

（33）《聚合物胶粘剂》王致录等编著，上海科学技术出版社，1988 年

（34）《胶黏剂（第二版）》程时远等编著，化学工业出版社，2008 年

（35）《粘合与密封材料》张开主编，科学出版社，1996 年

（36）《粘接与表面粘涂技术（第二版）》翟海潮著，化学工业出版社，1997 年

（37）《工程胶黏剂及其应用》翟海潮编著，化学工业出版社，2017 年

（38）《胶粘剂及其工程应用》黄世强等编著，机械工业出版社，2006 年

（39）《胶粘剂及其应用》黄世强等编著，机械工业出版社，2011 年

（40）《实用胶粘技术》李子东编著，新时代出版社，1992 年

（41）《胶粘原理、技术及应用》李红强编，华南理工大学出版社，2014 年

（42）《粘接表面处理技术》 （美）K. 密特等著，陈步宁等译，化学工业出版社，2004 年

（43）《粘接实践 200 例》肖卫东等编著，化学工业出版社，2007 年

（44）《粘接密封技术》李健民等编著，化学工业出版社，2003 年

（45）《胶粘剂选用与粘接技术》李盛彪等编著，化学工业出版社，2002 年

（46）《胶黏剂与粘接技术基础》孙德林等编著，化学工业出版社，2014 年

（47）《胶黏剂实用技术》邱建辉等编著，化学工业出版社，2004 年

（48）《胶粘剂应用技术》李宝库等主编，中国商业出版社，1989 年

（49）《聚合物的粘接作用》法西洛夫斯基著，王洪祚等译 ，化学工业出版社，2004 年

（50）《环氧树脂应用原理与技术》孙曼灵主编，机械工业出版社，2003 年

（51）《环氧树脂胶粘剂》贺曼罗编著，中国石化出版社，2004 年

（52）《环氧胶黏剂》张玉龙等主编，化学工业出版社，2010 年

（53）《环氧胶黏剂与应用技术》李广宇等编著，化学工业出版社，2007 年

（54）《脲醛树脂胶粘剂》李东光编著，化学工业出版社，2002 年

（55）《聚氨酯胶粘剂》李绍雄等著，化学工业出版社，2003 年

（56）《弹性密封胶与胶粘剂》黄应昌等编著，化学工业出版社，2003 年

（57）《丙烯酸酯胶黏剂》张军营著，化学工业出版社，2006 年

（58）《丙烯酸酯胶黏剂》邢德林著，化学工业出版社，2010 年

（59）《快固型胶粘剂》陆企亭编著，科学出版社，1992 年

（60）《热熔胶黏剂》李盛彪等编著，化学工业出版社，2013 年

（61）《热熔胶粘剂》向明等编著，化学工业出版社，2002 年

（62）《水基胶粘剂》张立武编著，化学工业出版社，2002 年

（63）《水性胶黏剂：制备 配方 应用》张玉龙编著，化学工业出版社，2012 年

（64）《淀粉胶黏剂（第二版）》张玉龙等编著，化学工业出版社，2008 年

（65）《环保胶黏剂》黄世强等编著，化学工业出版社，2003 年

（66）《压敏胶粘剂》张爱清编著，化学工业出版社，2002 年

（67）《耐高温胶粘剂》卢凤才等编著，科学出版社，1993 年

（68）《高性能胶粘剂》赵福君编著，化学工业出版社，2006 年

（69）《特种胶粘剂》黄世强编著，化学工业出版社，2002 年

（70）《功能性特种胶粘剂》（日）永田宏二著，谢世杰等译，化学工业出版社，1991 年

（71）《无机胶粘剂及应用》贺孝先编著，国防工业出版社，1993 年

（72）《紫外光固化材料》王德海等编著，科学出版社，2001 年

（73）《汽车用胶黏剂》王超等编著，化学工业出版社，2005 年

（74）《汽车胶黏剂》朱春山主编，化学工业出版社，2009 年 2 月

（75）《建筑结构胶粘剂与施工应用技术》贺曼罗著，化学工业出版社，2016 年

（76）《建筑胶黏剂（第二版）》贺曼罗著，化学工业出版社，2006 年

（77）《金属用胶粘剂》张玉龙等编著，中国石化出版社，2004 年

（78）《塑料橡胶用胶粘剂》张振英等编著，中国石化出版社，2004 年

（79）《化工密封技术》胡国桢等主编，化学工业出版社，1990 年

（80）《医用粘接技术》梁向党等主编，科学出版社，2005 年

（81）《织物用胶粘剂及粘接技术》徐祖顺等编著，化学工业出版社，2004 年

（82）《木材用胶粘剂》唐星华主编，化学工业出版社，2002 年

（83）《新型木材胶粘剂》储富祥，王春鹏编著，化学工业出版社，2017 年

（84）《木材胶黏剂与胶合技术》余先纯等编著，中国轻工业出版社，2011 年

（85）《制鞋与纺织品用胶粘剂》肖卫东等编著，化学工业出版社，2003 年

（86）《实用胶黏剂配方及生产技术》翟海潮编著，化学工业出版社，2002 年

（87）《实用胶粘剂配方手册》翟海潮等编著，化学工业出版社，1997

（88）《胶粘剂实用配方与生产工艺》宋小平等主编，中国纺织出版社，2010 年

（89）《环保胶黏剂配方 800 例》张玉龙等主编，化学工业出版社，2011 年

（90）《胶粘剂改性技术》张玉龙主编，机械工业出版社，2006 年

（91）《胶黏剂配方精选》张玉龙主编，化学工业出版社，2012 年

（92）《胶黏剂最新设计制备手册》李嘉主编，化学工业出版社，2015 年

（93）《胶黏剂合成、配方设计与配方实例》王慎敏编著，化学工业出版社，2003 年

（94）《胶黏剂配方工艺手册》李和平主编，化学工业出版社，2006 年

（95）《胶黏剂生产与应用手册》程时远等编著，化学工业出版社，2003 年

（96）《粘合剂配方》黄玉媛等编著，中国纺织出版社，2008 年

（97）《胶黏剂配方与生产》李东光主编，化学工业出版社，2013 年

（98）《胶黏剂分析与测试技术》张向宇编著，化学工业出版社，2004 年

（99）《胶粘剂技术标准与规范》《胶粘剂技术标准与规范》编写组编写，化学工业出版社，2004 年

（100）《胶粘剂工业标准汇编（第 2 版》中国标准出版社，中国标准出版社，2010 年

（101）《胶黏剂助剂》李子东等编著，化学工业出版社，2005 年

（102）《胶黏剂助剂手册》张洪涛等编著，化学工业出版社，2014 年

（103）《胶黏剂毒性与安全实用手册》赵敏主编，化学工业出版社，2004 年

（104）《胶黏剂职业危害分析与控制技术》李涛等主编，化学工业出版社，2009 年

（105）《无处不在的粘接现象》北京粘接学会编著，北京出版社，2018 年

（范宏 翟海潮 编写）

# 附录2

# 国内国际胶黏剂技术标准目录

## 2.1 国内标准

### 2.1.1 国家标准

GB 16776—2005　建筑用硅酮结构密封胶

GB 18583—2008　室内装饰装修材料　胶粘剂中有害物质限量

GB 18587—2001　室内装饰装修材料　地毯、地毯衬垫及地毯胶粘剂有害物质释放限量

GB 19340—2014　鞋和箱包用胶粘剂

GB 24266—2009　中空玻璃用硅酮结构密封胶

GB 30982—2014　建筑胶粘剂有害物质限量

GB 33372—2020　胶粘剂挥发性有机化合物限量

GB/T 13553—1996　胶粘剂分类

GB/T 14683—2017　硅酮和改性硅酮建筑密封胶

GB/T 14732—2017　木材工业胶粘剂用脲醛、酚醛、三聚氰胺甲醛树脂

GB/T 16997—1997　胶粘剂　主要破坏类型的表示法

GB/T 18079—2012　动物胶制造业卫生防护距离

GB/T 22083—2008　建筑密封胶分级和要求

GB/T 22377—2008　装饰装修胶粘剂制造、使用和标识通用要求

GB/T 23261—2009　石材用建筑密封胶

GB/T 24264—2009　饰面石材用胶粘剂

GB/T 24267—2009　建筑用阻燃密封胶

GB/T 26825—2011　FJ 抗静电防腐胶

GB/T 27561—2011　苯乙烯-丁二烯-苯乙烯嵌段共聚物（SBS）胶粘剂

GB/T 2943—2008　胶粘剂术语

GB/T 29755—2013　中空玻璃用弹性密封胶

GB/T 30778—2014　聚醋酸乙烯-丙烯酸酯乳液纸塑冷贴复合胶

GB/T 30779—2014　鞋用水性聚氨酯胶粘剂

GB/T 31818—2015　粉状纸制品淀粉胶粘剂

GB/T 33320—2016　食品包装材料和容器用胶粘剂

GB/T 33383—2016 耐蚀改性聚氯乙烯（HFVC）结构胶及胶泥防腐技术规范

GB/T 11177—1989 无机胶粘剂套接压缩剪切强度试验方法

GB/T 12954.1—2008 建筑胶粘剂试验方法 第 1 部分：陶瓷砖胶粘剂试验方法

GB/T 13353—1992 胶粘剂耐化学试剂性能的测定方法 金属与金属

GB/T 13354—1992 液态胶粘剂密度的测定方法 重量杯法

GB/T 13465.5—2009 不透性石墨酚醛粘接剂收缩率试验方法

GB/T 13465.8—2009 不透性石墨粘接剂粘接剪切强度试验方法

GB/T 13465.9—2009 不透性石墨粘接剂粘接抗拉强度试验方法

GB/T 14074—2017 木材工业用胶粘剂及其树脂检验方法

GB/T 14518—1993 胶粘剂的 pH 值测定

GB/T 14903—1994 无机胶粘剂套接扭转剪切强度试验方法

GB/T 15332—1994 热熔胶粘剂软化点的测定 环球法

GB/T 16998—1997 热熔胶粘剂热稳定性测定

GB/T 17517—1998 胶粘剂压缩剪切强度试验方法 木材与木材

GB/T 18747.1—2002 厌氧胶粘剂扭矩强度的测定（螺纹紧固件）

GB/T 18747.2—2002 厌氧胶粘剂剪切强度的测定（轴和套环试验法）

GB/T 20740—2006 胶粘剂取样

GB/T 21526—2008 结构胶粘剂 粘接前金属和塑料表面处理导则

GB/T 22376.1—2008 胶粘剂 本体试样的制备方法 第 1 部分：双组份体系

GB/T 22376.2—2008 胶粘剂 本体试样的制备方法 第 2 部分：热固化单组份体系

GB/T 27595—2011 胶粘剂 结构胶粘剂拉伸剪切疲劳性能的试验方法

GB/T 2790—1995 胶粘剂 180°剥离强度试验方法 挠性材料对刚性材料

GB/T 2791—1995 胶粘剂 T 剥离强度试验方法 挠性材料对挠性材料

GB/T 2793—1995 胶粘剂不挥发物含量的测定

GB/T 2794—2013 胶粘剂黏度的测定 单圆筒旋转黏度计法

GB/T 30777—2014 胶粘剂闪点的测定 闭杯法

GB/T 31113—2014 胶粘剂抗流动性试验方法

GB/T 31851—2015 硅酮结构密封胶中烷烃增塑剂检测方法

GB/T 32371.1—2015 低溶剂型或无溶剂型胶粘剂涂敷后释放特性的短期测量方法
第 1 部分：通则

GB/T 32371.2—2015 低溶剂型或无溶剂型胶粘剂涂敷后释放特性的短期测量方法
第 2 部分：挥发性有机化合物的测定

GB/T 32371.3—2015 低溶剂型或无溶剂型胶粘剂涂敷后释放特性的短期测量方法
第 3 部分：挥发性醛类化合物的测定

GB/T 32371.4—2015 低溶剂型或无溶剂型胶粘剂涂敷后释放特性的短期测量方法
第 4 部分：挥发性二异氰酸酯的测定

GB/T 32448—2015 胶粘剂中可溶性重金属铅、铬、镉、钡、汞、砷、硒、锑的测定

GB/T 33333—2016 木材胶粘剂拉伸剪切强度的试验方法

GB/T 33334—2016 胶粘剂单搭接拉伸剪切强度试验方法（复合材料对复合材料）

GB/T 33403—2016 胶粘剂自流平性能的试验方法

GB/T 33799—2017 工程塑料用胶粘剂对接强度的测定

GB/T 6328—1999 胶粘剂剪切冲击强度试验方法

GB/T 6329—1996　胶粘剂对接接头拉伸强度的测定

GB/T 7122—1996　高强度胶粘剂剥离强度的测定 浮辊法

GB/T 7123.1—2015　多组分胶粘剂可操作时间的测定

GB/T 7123.2—2002　胶粘剂适用期和贮存期的测定

GB/T 7124—2008　胶粘剂　拉伸剪切强度的测定（刚性材料对刚性材料）

GB/T 7749—1987　胶粘剂劈裂强度试验方法（金属对金属）

GB/T 7750—1987　胶粘剂拉伸剪切蠕变性能试验方法（金属对金属）

GB/T 8299—2008　浓缩天然胶乳　干胶含量的测定

## 2.1.2　国家军用标准

GJB 94—1986　胶粘剂——不均匀扯离强度试验方法（金属与金属）

GJB 130.1—1986　胶接铝蜂窝夹层结构和铝蜂窝芯子性能试验方法 总则

GJB 130.3—1986　胶接铝蜂窝芯子节点强度试验方法

GJB 130.4—1986　胶接铝蜂窝夹层结构平面拉伸试验方法

GJB 130.5—1986　胶接铝蜂窝夹层结构和芯子平面压缩性能试验方法

GJB 130.6—1986　胶接铝蜂窝夹层结构和芯子平面剪切试验方法

GJB 130.7—1986　胶接铝蜂窝夹层结构滚筒剥离试验方法

GJB 130.8—1986　胶接铝蜂窝夹层结构 90°剥离试验方法

GJB 130.9—1986　胶接铝蜂窝夹层结构弯曲性能试验方法

GJB 130.10—1986　胶接铝蜂窝夹层结构侧压性能试验方法

GJB 444—1988　胶粘剂高温拉伸剪切强度试验方法（金属对金属）

GJB 445—1988　胶粘剂高温拉伸强度试验方法（金属对金属）

GJB 446—1988　胶粘剂 90°剥离强度试验方法（金属与金属）

GJB 447—1988　胶粘剂高温 90°剥离强度试验方法（金属与金属）

GJB 448—1988　胶粘剂低温 90°剥离强度试验方法（金属与金属）

GJB 587A—2015　光学仪器用非硫化硅橡胶密封腻子规范

GJB 980.1—1990　95℃使用的高耐久性环氧基胶膜详细规范

GJB 980.2—1990　120℃使用的高耐久性环氧基胶膜详细规范

GJB 980.3—1990　175℃使用的高耐久性环氧基胶膜详细规范

GJB 980.4—1990　215℃使用的高耐久性环氧基胶膜详细规范

GJB 1087A—2005　室温固化耐高温无机胶粘剂规范

GJB 1388A—2015　高耐久性结构胶接用缓蚀底胶规范

GJB 1480A—2013　发泡结构胶黏剂规范

GJB 1709—1993　胶粘剂低温拉伸剪切强度试验方法

GJB 1791—1993　铝箔压敏胶粘带规范

GJB 1969—2017A　液态聚硫橡胶规范

GJB 2356—1995　飞机金属结构胶接用耐热胶粘剂规范

GJB 2357—1995　金属蜂窝夹层结构用胶膜规范

GJB 2454B—2011　军用光缆填充膏规范

GJB 3379—1998　包装用纤维增强压敏胶粘带规范

GJB 3383—1998　胶接耐久性试验方法

## 2.1.3　行业标准

CY/T 87—2012　印刷加工用水基胶粘剂有害物质限量

CY/T 93—2013　印刷技术 不干胶标签质量要求及检验方法

CY/T 109—2014　书刊装订用反应型聚氨酯热熔胶（PURHM）使用要求及检验方法

CY/T 144—2015　网版印刷 感光胶使用性能要求及检验方法

FZ/T 01081—2018　粘合衬热熔胶涂布量试验方法

FZ/T 01110—2020　粘合衬粘合压烫后的渗胶试验方法

HG/T 2378—2007　石墨粘接剂粘接抗拉强度试验方法

HG/T 2379—2007　石墨粘接剂粘接剪切强度试验方法

HG/T 2492—2018　$\alpha$-氰基丙烯酸乙酯瞬间胶粘剂

GB 19340—2014　鞋和箱包用胶粘剂

HG/T 2727—2010　聚乙酸乙烯酯乳液木材胶粘剂

HG/T 2814—2009　溶剂型聚酯聚氨酯胶粘剂

HG/T 2815—1996　鞋用胶粘剂耐热性试验方法 蠕变法

HG/T 3075—2003　胶粘剂产品包装、标志、运输和贮存的规定

HG/T 3318—2018　纤维织物和真皮用天然橡胶胶粘剂

HG/T 3659—1999　快速粘接输送带用氯丁胶粘剂

HG/T 3660—1999　热熔胶粘剂熔融粘度的测定

HG/T 3664—2015　胶面胶靴（鞋）耐渗水试验方法

HG/T 3697—2016　纺织品用热熔胶粘剂

HG/T 3698—2002　EVA 热熔胶粘剂

HG/T 3716—2003　热熔胶粘剂开放时间的测定

HG/T 3737—2018　厌氧胶粘剂

HG/T 3738—2004　溶剂型多用途氯丁橡胶胶粘剂

HG/T 3827—2006　通用型双组份丙烯酸酯胶粘剂

HG/T 3947—2007　单组份室温硫化有机硅胶粘剂/密封剂

HG/T 4065—2008　胶粘剂气味评价方法

HG/T 4221—2011　双组份室温硫化有机硅模具胶

HG/T 4222—2011　热熔胶粘剂低温挠性试验方法

HG/T 4223—2011　木地板铺装胶粘剂

HG/T 4245—2011　阳图型热敏 CTP 版材用感光胶

HG/T 4362—2012　水性干法纸塑复膜胶

HG/T 4363—2012　汽车车窗玻璃用单组份聚氨酯胶粘剂

HG/T 4583—2014　耐酵素洗纺织品用热熔胶粘剂

HG/T 4771—2014　纺织品印花用胶粘剂

HG/T 4805—2015　胶鞋 胶制部件与织物粘合强度的测定

HG/T 4909—2016　车灯用有机硅密封胶

HG/T 4910—2016　车用纸质滤芯热熔胶 第 1 部分：空气滤清器热熔胶

HG/T 4911—2016　车用纸质滤芯热熔胶 第 2 部分：燃油滤清器热熔胶

HG/T 4912—2016　静电植绒胶粘剂

HG/T 4913—2016　橡胶地板用胶粘剂

HG/T 5051—2016　低压注塑封装用热熔胶粘剂
HG/T 5052—2016　热熔胶粘剂热剪切破坏温度试验方法
HG/T 5053—2016　有机硅灌封胶
HG/T 5054—2016　胶粘制品用水性丙烯酸酯压敏胶粘剂
HG/T 5247—2017　单组份热固化环氧结构胶粘剂
HG/T 5248—2017　风力发电机组叶片用环氧结构胶粘剂
JB/T 4254—2016　液态密封胶
JB/T 7311—2016　工程机械 厌氧胶、硅橡胶及预涂干膜胶应用技术规范
JB/T 10901—2016　工程机械 双组份结构胶粘剂、瞬干胶 应用技术规范
JB/T 11566—2013　机床用定位胶
JC 485—2007　建筑窗用弹性密封剂
JC 471—2015　建筑门窗幕墙用中空玻璃弹性密封剂
JC/T 438—2019　水溶性聚乙烯醇建筑胶粘剂
JC/T 482—2003　聚氨酯建筑密封胶
JC/T 483—2006　聚硫建筑密封胶
JC/T 484—2006　丙烯酸酯建筑密封胶
JC/T 485—2007　建筑窗用弹性密封胶
JC/T 547—2017　陶瓷砖胶粘剂
JC/T 548—2016　壁纸胶粘剂
JC/T 549—1994　天花板胶粘剂
JC/T 863—2011　高分子防水卷材胶粘剂
JC/T 881—2017　混凝土接缝用建筑密封胶
JC/T 884—2016　金属板用建筑密封胶
JC/T 885—2016　建筑用防霉密封胶
JC/T 914—2014　中空玻璃用丁基热熔密封胶
JC/T 976—2006　道桥接缝用密封胶
JC/T 989—2016　非结构承载用石材胶粘剂
JC/T 992—2005　墙体保温用膨胀聚苯乙烯板胶粘剂
JC/T 2186—2013　室内墙面轻质装饰板用免钉胶
JG/T 271—2019　粘钢加固用建筑结构胶
JG/T 340—2011　混凝土结构工程用锚固胶
JG/T 355—2012　天然石材用水泥基胶粘剂
JG/T 471—2015　建筑门窗幕墙用中空玻璃弹性密封胶
JG/T 475—2015　建筑幕墙用硅酮结构密封胶
JT/T 740—2015　路面加热型密封胶
JT/T 811—2011　集装箱密封胶
JT/T 968—2015　突起路标胶粘剂胶接性能指标及试验方法
JT/T 969—2015　路面裂缝贴缝胶
JT/T 970—2015　沥青路面有机硅密封胶
JT/T 988—2015　桥梁结构加固修复用粘贴钢板结构胶
JT/T 990—2015　桥梁混凝土裂缝压注胶和裂缝注浆料
LY/T 1206—2008　木工用氯丁橡胶胶粘剂

LY/T 1280—2008　木材工业胶粘剂术语
LY/T 1601—2011　水基聚合物-异氰酸酯木材胶黏剂
LY/T 1977—2011　木质板材用热熔胶线
LY/T 2371—2014　木材工业用复合改性玉米淀粉基-异氰酸酯胶粘剂
LY/T 2373—2014　木材工业用豆基蛋白胶粘剂
LY/T 2722—2016　指接材用结构胶黏剂胶合性能测试方法
MT/T 351.1—2005　矿用橡套软电缆聚氨酯冷补胶技术条件
MT/T 351.2—2005　矿用橡套软电缆聚氨酯冷补胶浇注式样制备方法
MT/T 351.3—2005　矿用橡套软电缆聚氨酯冷补胶甲组分试验方法
QB 1093—2013　家具实木胶接件剪切强度的测定
QB 1094—2013　家具实木胶接件耐水性的测定
QB/T 1093—2013　家具实木胶接件剪切强度的测定
QB/T 1094—2013　家具实木胶接件耐水性的测定
QB/T 2568—2002　硬聚氯乙烯（PVC-U）塑料管道系统用溶剂型胶粘剂
QB/T 2857—2007　固体胶
QB/T 5128—2017　热熔胶枪
QC/T 852—2011　汽车用折边胶
QC/T 1024—2015　汽车用单组分聚氨酯密封胶
SH/T 0018—2007　含添加剂石油蜡（热熔胶）表观粘度测定法
SN/T 2553—2010　进出口建筑用胶中苯、甲苯、二甲苯、游离甲苯二异氰酸酯及邻苯
二甲酸酯类增塑剂的测定
SN/T 2554—2010　进出口建筑用胶中游离甲醛含量的测定
SN/T 3350—2012　进出口建筑用酚醛树脂粘接剂中游离苯酚的测定
SN/T 3351—2012　进出口建筑用环氧树脂粘接剂中双酚 A 的测定
SN/T 3352—2012　进出口建筑用粘接剂中磷酸酯类增塑剂的测定
SN/T 3353—2012　进出口建筑用粘接剂中卤代烃的测定 气相色谱法
SN/T 3354—2012　进出口建筑用粘接剂中正己烷、丙酮的测定 气相色谱-质谱法
SN/T 3694.10—2013　进出口工业品中全氟烷基化合物测定 第 10 部分：胶粘剂液相
色谱-串联质谱法
SN/T 3802—2014　进出口建筑用聚氨酯粘接剂中游离二异氰酸酯类化合物的测定
SN/T 3803—2014　进出口建筑用粘接剂中苯胺类添加剂的测定
SN/T 4309—2015　建筑用胶中游离甲苯二异氰酸酯含量的测定 高效液相色谱法
SN/T 4573—2016　涂料、油墨、胶粘剂中二乙二醇二甲醚的测定 气相色谱-质谱法
TB/T 2975—2018　铁轨胶接绝缘接头
WJ/T 2709—2014　光学仪器用 GGJ 光敏胶规范
WJ/T 741—2014　光学仪器用胶清洁度试验方法
WJ/T 742—2014　光学仪器用胶透过率试验方法
WJ/T 743—2014　光学仪器用胶应力试验方法
WJ/T 746—2014　光学仪器用胶冲击试验方法
WJ/T 747—2014　光学仪器用胶高温试验方法
WJ/T 748—2014　光学仪器用胶低温试验方法
WJ/T 749—2014　光学仪器用胶浸水、低温、高温、高湿试验方法

WJ/T 751—2014　光学仪器用胶耐溶剂试验方法

YC/T 187—2004　烟用热熔胶

YC/T 188—2004　高速卷烟胶

YC/T 196—2005　烟用聚丙烯丝束滤棒成型胶粘剂

YC/T 332—2010　烟用水基胶　甲醛的测定　高效液相色谱法

YC/T 333—2010　烟用水基胶　邻苯二甲酸酯的测定　气相色谱-质谱联用法

YC/T 334—2010　烟用水基胶　苯、甲苯及二甲苯的测定　气相色谱-质谱联用法

YC/T 410—2011　烟用聚丙烯丝束滤棒成型水基胶粘剂　丙烯酸酯类和甲基丙烯酸酯类的测定　高效液相色谱法

YC/T 411—2011　烟用聚丙烯丝束滤棒成型水基胶粘剂　丙烯酸酯类和甲基丙烯酸酯类的测定　气相色谱-质谱连用法

YC/T 412—2011　烟用聚丙烯丝束滤棒成型水基胶粘剂　亚硝酸盐的测定　离子色谱法

## 2.1.4　地方标准

DB11/ 3005—2017　建筑类涂料与胶粘剂挥发性有机化合物含量限值标准

DB11/T 344—2017　陶瓷墙地砖胶粘剂应用技术规程

DB11/T 344—2017　陶瓷墙地砖胶粘剂施工技术规程

DB12/ 3005—2017　建筑类涂料与胶粘剂挥发性有机化合物 含量限值标准

DB13/ 3005—2017　建筑类涂料与胶粘剂挥发性有机化合物含量限值标准

DB35/T 1191—2011　公路工程混凝土结构裂缝压力注胶（浆）法修复技术规程

DB35/T 1234—2012　钢筋混凝土桥梁压力注胶法粘贴钢板加固施工技术规程

DB35/T 426—2014　硬聚氯乙烯（PVC-U）塑料管道系统用 溶剂型胶粘剂

DB37/T 2744—2015　制鞋企业胶粘剂使用安全规范

DB37/T 2744—2015　制鞋企业胶粘剂使用安全规范

DB41/T 1015—2015　路面热熔型灌缝胶

DB43/T 444—2009　缩醛类胶粘剂中游离甲醛的测定

DB43/T 644—2011　胶粘剂中苯、甲苯、二甲苯的测定

DB43/T 444—2009　缩醛类胶粘剂中游离甲醛的测定

DB44/T 1165—2013　鞋用水性聚氨酯胶粘剂

DB44/T 1541—2015　水性氯丁橡胶胶粘剂

DB51/T 1920—2014　胶粘剂中卤代烃的检测　电子捕获法

## 2.1.5　港澳台标准

CNS 2064—1982　电气绝缘用粘性聚氯乙烯胶带

CNS 9449—2017　印刷用感压性黏胶纸

CNS 8904—2011　建筑用密封材料试验法

CNS 8903—2011　建筑用密封材料

CNS 8749—2003　包装用感压性聚丙烯粘胶带

CNS 8639—2007　印刷用感压性粘着薄膜

CNS 8638—1982　表面处理用遮蔽粘胶带

CNS 8337—2003　防蚀用感压性聚氯乙烯粘胶带

CNS 6225—1980　聚氯乙烯粘着剂检验法

CNS 6224—1980　聚氯乙烯粘着剂
CNS 5812—1980　粘着剂之剥离强度测定法
CNS 5811—1980　粘着剂之剥裂强度测定法
CNS 5810—1980　粘着剂之抗剪强度测定法（冲击法）
CNS 5809—1980　粘着剂之抗剪强度测定法（压缩负荷法）
CNS 5808—1980　木材用粘着剂之抗剪强度测定法（拉力负荷法）
CNS 5761—1980　磁带之层膜间粘着性测试法
CNS 5609—1980　粘着剂之粘合强度耐化学药品测定法
CNS 5608—1980　粘着剂之粘合强度耐水耐潮测定法
CNS 5607—1980　粘着剂之粘度测定法
CNS 5606—1980　粘着剂之抗剪强度测定法（拉力负荷法）
CNS 5605—1980　粘着剂之抗拉强度测定法
CNS 5604—1980　粘着剂之粘合强度测定法（总则）
CNS 5345—1980　粘着剂有关名词定义
CNS 5138—1980　粘着剂之软化温度测定法
CNS 5137—1980　粘着剂之粘着强度进展性测定法
CNS 5136—1980　粘着剂之堆积粘性测定法
CNS 5135—1980　液状粘着剂之涂布量测定法
CNS 5134—1980　粘着剂之可用时限测定法
CNS 5133—1980　粘着剂之不挥发分测定法
CNS 5132—1980　粘着剂之贮藏安定性测定法
CNS 5131—1980　液状粘着剂之比重测定法
CNS 5130—1980　粘着剂检验法（总则）
CNS 4293—2003　感压性玻璃纸粘胶带
CNS 4291—2003　包装用感压性聚氯乙烯粘胶带
CNS 4289—2003　包装用感压性纸粘胶带
CNS 4287—2003　包装用感压性布粘胶带
CNS 3296—1992　聚氯丁二烯橡胶接着剂检验法
CNS 2189—1965　胶粘用糊精检验法
CNS 3295—1992　聚氯丁二烯橡胶接着剂
CNS 14377—1999　牙科用玻璃离子体粘合剂
CNS 13764—1996　牙科用聚羧酸锌粘合剂
CNS 13133—2012　建筑用接合密封材料用语
CNS 13065—1992　环氧树脂及硬化剂粘度测定法
CNS 12648—1989　尼龙钩环型粘扣带
CNS 12435—1988　电绝缘用聚酯膜粘带
CNS 12249—1988　电绝缘用粘带其它试验法
CNS 12248—1988　电绝缘用粘带试验法
CNS 12004—1987　木材用干酪素黏着剂检验法
CNS 12003—1987　木材用干酪素粘着剂
CNS 12001—1987　木材用酚树脂粘着剂
CNS 11888—2014　感压性黏胶带与黏胶片试验法

CNS 11886—2003 双面粘胶带

CNS 11517—1986 尼龙橡胶雨衣防水用粘胶带（热封型）检验法

CNS 11516—1986 尼龙橡胶雨衣防水用粘胶带（热封型）

CNS 11197—1985 壁纸施工用淀粉系粘着剂检验法

CNS 11196—1985 壁纸施工用淀粉系粘着剂

## 2.1.6 团体标准

T/CPIA 0004—2017 光伏组件封装用乙烯-醋酸乙烯酯共聚物（EVA）胶膜

T/CPIA 0006—2017 光伏组件封装用共聚烯烃胶膜

T/CRIA 17001.3—2017 绿色鞋用材料 限量物质要求 第 3 部分：胶粘剂

T/FSI 002—2016 电子电器用加成型耐高温硅橡胶胶粘剂

# 2.2 国际及欧盟标准

## 2.2.1 国际标准

IEC 60454-1：1992 Specifications for pressure-sensitive adhesive tapes for electrical purposes—Part 1：General requirements

IEC 60454-2：2007 Pressure-sensitive adhesive tapes for electrical purposes—Part 2：Methods of test

IEC 60454-3-1：2001 Pressure-sensitive adhesive tapes for electrical purposes-Part 3：Specifications for individual materials-Sheet 1：PVC film tapes with pressure-sensitive adhesive

IEC 60454-3-12：2006 Pressure-sensitive adhesive tapes for electrical purposes-Part 3：Specifications for individual materials-Sheet 12：Requirements for polyethylene and polypropylene film tapes with pressure sensitive adhesive

IEC 60454-3-14：2001 Pressure-sensitive adhesive tapes for electrical purposes-Part 3：Specifications for individual materials-Sheet 14：Polytetrafluoroethylene film tapes with pressure-sensitive adhesive

IEC 60454-3-2：2006 Pressure-sensitive adhesive tapes for electrical purposes-Part 3：Specifications for individual materials-Sheet 2：Requirements for polyester film tapes with rubber thermosetting，rubber thermoplastic or acrylic crosslinked adhesives

IEC 60454-3-4：2007 Pressure-sensitive adhesive tapes for electrical purposes-Part 3：Specifications for individual materials-Sheet 4：Cellulose paper，creped and non-creped，with rubber thermosetting adhesive

IEC 60454-3-7：1998 Pressure-sensitive adhesive tapes for electrical purposes-Part 3：Specifications for individual materials-Sheet 7：Polyimide film tapes with pressure-sensitive adhesive

IEC 60454-3-8：2006 Pressure-sensitive adhesive tapes for electrical purposes-Part 3：Specifications for individual materials-Sheet 8-Woven fabric tapes

with pressure-sensitive adhesive based on glass，cellulose acetate alone or combined with viscose fibre

IEC 61196-1-313：2009 Coaxial communication cables-Part 1-313：Mechanical test methods-Adhesion of dielectric and sheath

IEC 61249-3-3：1999 Materials for printed boards and other interconnecting structures-Part 3-3：Sectional specification set for unreinforced base materials, clad and unclad（intended for flexible printed boards）-Adhesive coated flexible polyester film

IEC 61249-3-4：1999 Materials for printed boards and other interconnecting structures-Part 3-4：Sectional specification set for unreinforced base materials, clad and unclad（intended for flexible printed boards）-Adhesive coated flexible polyimide film

IEC 61249-3-5：1999 Materials for printed boards and other interconnecting structures-Part 3-5：Sectional specification set for unreinforced base materials, clad and unclad（intended for flexible printed boards）-Transfer adhesive films

IEC 62047-13：2012 Semiconductor devices-Micro-electromechanical devices-Part 13：Bend-and shear-type test methods of measuring adhesive strength for MEMS structures

ISO 10123：2013 Adhesives—Determination of shear strength of anaerobic adhesives using pin-and-collar specimens

ISO 10354：1992 Adhesives—Characterization of durability of structural-adhesive-bonded assemblies—Wedge rupture test

ISO 10363：2000 Hot-melt adhesives—Determination of thermal stability

ISO 10364：2015 Structural adhesives—Determination of the pot life（working life）of multi-component adhesives

ISO 10365：1992 Adhesives—Designation of main failure patterns

ISO 10563：2017 Buildings and civil engineering works —Sealants—Determination of change in mass and volume

ISO 10590：2005 Building construction—Sealants—Determination of tensile properties of sealants at maintained extension after immersion in water

ISO 10591：2005 Building construction—Sealants—Determination of adhesion/cohesion properties of sealants after immersion in water

ISO 10873：2010 Dentistry—Denture adhesives

ISO 10964：2013 Adhesives—Determination of torque strength of anaerobic adhesives on threaded fasteners

ISO 11003-1：2019 Adhesives—Determination of shear behaviour of structural adhesives—Part 1：Torsion test method using butt-bonded hollow cylinders

ISO 11003-2：2019 Adhesives—Determination of shear behaviour of structural adhesives—Part 2：Tensile test method using thick adherends

ISO 11339：2010 Adhesives—T-Peel test for flexible-to-flexible bonded assemblies

ISO 11343：2019 Adhesives—Determination of dynamic resistance to cleavage of high-strength adhesive bonds under impact conditions—Wedge impact method

ISO 11405：2015 Dentistry—Testing of adhesion to tooth structure

ISO 11431：2002 Building construction—Jointing products—Determination of adhesion/cohesion properties of sealants after exposure to heat，water and artificial light through glass

ISO 11432：2005 Building construction—Sealants determination of resistance to compression

ISO 11527：2018 Buildings and civil engineering works—Sealants—Test method for the determination of stringiness

ISO 11528：2016 Buildings and civil engineering works—Sealants—Determination of crazing and cracking following exposure to artificial or natural weathering

ISO 11600：2002 Building construction—Jointing products—Classification and requirements for sealants

ISO 11617：2014 Buildings and civil engineering works—Sealants—Determination of changes in cohesion and appearance of elastic weatherproofing sealants after exposure of statically cured specimens to artificial weathering and mechanical cycling

ISO 11618：2015 Buildings and Civil Engineering Works—Sealants—Classification and requirements for pedestrian walkway sealants

ISO 11644：2009 Leather—Test for adhesion of finish

ISO 12505-2：2016 Skin barrier for ostomy aids—Test methods—Part 2：Wet integrity and adhesive strength

ISO 13007-1：2014 Ceramic tiles—Grouts and adhesives—Part 1：Terms，definitions and specifications for adhesives

ISO 13007-2：2013 Ceramic tiles—Grouts and adhesives—Part 2：Test methods for adhesives ISO 13007-3：2013 Ceramic tiles—Grouts and adhesives—Part 3：Terms，definitions and specifications for grouts

ISO 13007-4：2010 Ceramic tiles—Grouts and adhesives—Part 4：Test methods for grouts

ISO 13007-5：2015 Ceramic tiles —Grouts and adhesives—Part 5：Requirements，test methods，evaluation of conformity，classification and designation of liquid-applied waterproofing membranes for use beneath ceramic tiling bonded with adhesives

ISO 13007-6：2020 Ceramic tiles—Grouts and adhesives—Part 6：Test methods for waterproof membranes used with the installation of ceramic tiles

ISO 13445：2003 Adhesives—Determination of shear strength of adhesive bonds between rigid substrates by the block-shear method

ISO 13638：2021 Building construction—Sealants—Determination of resistance to prolonged exposure to water

ISO 13640：2018 Buildings and civil engineering works—Sealants—Specifications for test substrates

ISO 17212：2012 Structural adhesives—Guidelines for surface preparation of metals and plastics prior to adhesive bonding

ISO 12505-2：2016 Skin barrier for ostomy aids—Test methods—Part 2：Wet integrity and adhesive strength

ISO 14448：2016 Low modulus adhesives for exterior tile finishing

ISO 14615：1997 Adhesives—Durability of structural adhesive joints—Exposure to humidity and temperature under load

ISO 14676：1997 Adhesives—Evaluation of the effectiveness of surface treatment techniques for aluminium—Wet-peel test by floating-roller method

ISO 14678：2005 Adhesives—Determination of resistance to flow （sagging）

ISO 14679：1997 Adhesives—Measurement of adhesion characteristics by a three-point bending method

ISO 14916：2017 Thermal spraying—Determination of tensile adhesive strength

ISO 15107：2021 Adhesives—Determination of cleavage strength of bonded joints

ISO 15109：2021 Adhesives—Determination of the time to rupture of bonded joints under static load

ISO 15137：2005 Self-adhesive hanging devices for infusion bottles and injection vials—Requirements and test methods

ISO 15166-1：2021 Adhesives—Methods of preparing bulk specimens—Part 1：Two-part systems

ISO 19209：2017 Adhesives—Classification of thermoplastic wood adhesives for non-structural applications

ISO 19210：2017 Adhesives—Wood adhesives for non-structural applications—Determination of tensile shear strength of lap joints

ISO 19212：2006 Adhesives—Determination of temperature dependence of shear strength

ISO 19402：2018 Paints and varnishes—Adhesion of coatings

ISO 19861：2015 Buildings and civil engineering works—Sealants—Determination of curing behaviour

ISO 19862：2015 Buildings and civil engineering works —Sealants—Durability to extension compression cycling under accelerated weathering

ISO 19863：2016 Buildings and civil engineering works—Sealants—Determination of tear resistance

ISO 20152-1：2010 Timber structures—Bond performance of adhesives—Part 1：Basic requirements

ISO 20152-2：2011 Timber structures—Bond performance of adhesives—Part 2：Additional requirements

ISO 20152-3：2013 Timber structures—Bond performance of adhesives—Part 3：Use of alternative species for bond tests

ISO 20436：2017 Buildings and civil engineering works—Sealants—Paintability and paint compatibility of sealants

ISO 20492-4：2019 Glass in buildings—Insulating glass—Part 4：Methods of test for the physical attributes of edge seals

ISO 22632：2019 Adhesives—Test methods for adhesives for floor and wall coverings—Shear test

ISO 22633：2019 Adhesives—Test methods for adhesives for floor coverings and wall coverings—Determination of the dimensional changes of a linoleum floor covering in contact with an adhesive

ISO 22635：2019 Adhesives—Test method for adhesives for plastic or rubber floor coverings or wall coverings—Determination of dimensional changes after accelerated ageing

ISO 22636：2020 Adhesives—Adhesives for floor coverings—Requirements for mechanical and electrical performance

ISO 22637：2019 Adhesives—Test of adhesive for floor covering—Determination of the electrical resistance of adhesive films and composites

ISO 22970：2019 Paints and varnishes—Test method for evaluation of adhesion of elastic adhesives on coatings by peel test, peel strength test and tensile lap-shear strength test with additional stress by condensation test or cataplasm storage

ISO 25179：2018 Adhesives—Determination of the solubility of water-soluble or alkali-soluble pressure-sensitive adhesives

ISO 25217：2009 Adhesives—Determination of the mode 1 adhesive fracture energy of structural adhesive joints using double cantilever beam and tapered double cantilever beam specimens

ISO 26842-1：2020 Adhesives—Test methods for the evaluation and selection of adhesives for indoor wood products—Part 1：Resistance to delamination in non-severe environments

ISO 26842-2：2020 Adhesives—Test methods for the evaluation and selection of adhesives for indoor wood products—Part 2：Resistance to delamination in severe environments

ISO 27307：2015 Thermal spraying—Evaluation of adhesion/cohesion of thermal sprayed ceramic coatings by transverse scratch testing

ISO 28278-1：2011 Glass in building—Glass products for structural sealant glazing—Part 1：Supported and unsupported monolithic and multiple glazing

ISO 28278-2：2010 Glass in building—Glass products for structural sealant glazing—Part 2：Assembly rules

ISO 29022：2013 Dentistry—Adhesion —Notched-edge shear bond strength test

ISO 29804：2009 Thermal insulation products for building applications—Determination of the tensile bond strength of the adhesive and of the base coat to the thermal insulation material

ISO 29862：2018 Self adhesive tapes—Determination of peel adhesion properties

ISO 29863：2018 Self adhesive tapes—Measurement of static shear adhesion

ISO 29864：2018 Self adhesive tapes—Measurement of breaking strength and elongation at break

ISO 4578：1997 Adhesives—Determination of peel resistance of high-strength adhesive bonds—Floating-roller method

ISO 4587：2003 Adhesives—Determination of tensile lap-shear strength of rigid-to-rigid bonded assemblies

ISO 4647：2010 Rubber, vulcanized—Determination of static adhesion to textile cord—H-pull test

ISO 5600：2017 Rubber—Determination of adhesion to rigid materials using conical shaped parts

ISO 5603：2017 Rubber, vulcanized—Determination of adhesion to wire cord

ISO 6237：2017 Adhesives—Wood-to-wood adhesive bonds—Determination of shear strength by tensile loading

ISO 6238：2018 Adhesives—Wood-to-wood adhesive bonds—Determination of shear strength by compressive loading

ISO 6874：2015 Dentistry—Polymer-based pit and fissure sealants

ISO 6927：2021 Buildings and civil engineering works—Sealants—Vocabulary

ISO 7387-1：1983 Adhesives with solvents for assembly of PVC-U pipe elements—Characterization—Part 1：Basic test methods

ISO 7389：2002 Building construction—Jointing products—Determination of elastic recovery of sealants

ISO 7390：2002 Building construction—Jointing products—Determination of resistance to flow of sealants

ISO 8033：2016 Rubber and plastics hoses—Determination of adhesion between components

ISO 8094：2013 Steel cord conveyor belts—Adhesion strength test of the cover to the core layer

ISO 814：2017 Rubber，vulcanized or thermoplastic—Determination of adhesion to metal—Two-plate method

ISO 8339：2005 Building construction—Sealants Determination of tensile properties（Extension to break）

ISO 8340：2005 Building construction—Sealants—Determination of tensile properties at maintained extension

ISO 8394-1：2010 Building construction Jointing products—Part 1：Determination of extrudability of sealants

ISO 8394-2：2017 Buildings and civil engineering works—Determination of extrudability for sealant—Part 2：Using standardized apparatus

ISO 8510-2：2006 Adhesives—Peel test for a flexible-bonded-to-rigid test specimen assembly—Part 2：180 degree peel

ISO 9046：2021 Building construction—Jointing products—Determination of adhesion/cohesion properties of sealants at constant temperature

ISO 9047：2001 Building construction—Jointing products—Determination of adhesion/cohesion properties of sealants at variable temperatures

ISO 9142：2003 Adhesives—Guide to the selection of standard laboratory ageing conditions for testing bonded joints

ISO 9311-1：2005 Adhesives for thermoplastic piping systems—Part 1：Determination of film properties

ISO 9311-2：2011 Adhesives for thermoplastic piping systems—Part 2：Determination of shear strength

ISO 9311-3：2005 Adhesives for thermoplastic piping systems—Part 3：Test method for the determination of resistance to internal pressure

ISO 9653：1998 Adhesives—Test method for shear impact strength of adhesive bonds

ISO 9665：1998 Adhesives—Animal glues—Methods of sampling and testing

## 2.2.2　欧盟标准

EN 1015-12：2016 Methods of test for mortar for masonry-Part 12：Determination of adhesive strength of hardened rendering and plastering mortars on substrates

EN 10590：2005 Building construction-Sealants-Determination of tensile properties of sealants at maintained extension after immersion in water

EN 1067：2005 Adhesives-Examination and preparation of samples for testing

EN 12002：2009 Adhesives for tiles-Determination of transverse-Deformation for cementitious adhesives and grouts

EN 12004-2：2017 Adhesives for ceramic tiles-Part 2：Test methods

EN 12024：1996 Self adhesive tapes-Measurement of resistance to elevated temperature and humidity

EN 12025：1996 Self adhesive tapes-Measurement of tear resistance by the pendulum

EN 12032：1996 Self-adhesive tapes-Measurement of bonding of thermosetting adhesive tapes during curing

EN 12033：1996 Self adhesive tapes-Measurement of bonding of thermosetting adhesive tapes after curing

EN 12034：1996 Self adhesive tapes-Measurement of the length of a roll of adhesive tape

EN 12035：1996 Self adhesive tapes-Flagging of adhesive tape

EN 12039：2017 Flexible sheets for waterproofing-Bitumen sheets for roof waterproofing-Determination of adhesion of granules

EN 12036：1996 Self adhesive tapes-Solvent penetration into adhesive masking tapes

EN 12092：2001 Adhesives-Determination of viscosity

EN 12283：2002 Printing and business paper-Determination of toner adhesion

EN 1238：2011 Adhesives-Determination of the softening point of thermoplastic adhesives（ring and ball）

EN 1239：2011 Adhesives-Freeze-thaw stability

EN 1240：2011 Adhesives-Determination of hydroxyl value and/or hydroxyl content

EN 1241：1998 Adhesives-Determination of acid value

EN 1242：2013 Adhesives-Determination of isocyanate content

EN 12436：2002 Adhesives for load-bearing timber structures-Casein adhesives-Classification and performance requirements

EN 1244：1998 Adhesives-Determination of the colour and/or colour changes of adhesive coats under the influence of light

EN 1245：2011 Adhesives-Determination of pH

EN 1246：1998 Adhesives-Determination of ash and sulphated ash

EN 12481：2001 Self Adhesive Tapes-Terminology

EN 12703：2016 Adhesives for paper and board，packaging and disposable sanitary products-Determination of low temperature flexibility or cold crack temperature

EN 12704：2016 Adhesives for paper and board，packaging and disposable sanitary products-Determination of foam formation for aqueous adhesives

EN 12705：2011 Adhesives for leather and footwear materials-determination of colour change of white or bright coloured leather surfaces by migration

EN 12765：2016 Classification of thermosetting wood adhesives for non-structural applications

EN 12961：2001 Adhesives for leather and footwear materials-Determination of optimum activation temperature and maximum activation life of solvent-based and dispersion adhesives

EN 12962：2011 Adhesives-Determination of elastic behaviour of liquid adhesives（elasticity index）

EN 12963：2001 Adhesives-Determination of free monomer content in adhesives based on synthetic polymers

EN 12964：2001 Adhesives for leather and footwear materials-Lasting adhesives-Testing heat resistance of bonds at increasing temperature

EN 13022-1：2014 Glass in building-Structural sealant glazing-Part 1：Glass products for structural sealant glazing systems for supported and unsupported monolithic and multiple glazing

EN 13022-2：2014 Glass in building-Structural sealant glazing-Part 2：Assembly rules

EN 1308：2007 Adhesives for tiles-Determination of slip

EN 1323：2007 Adhesives for tiles-Concrete slabs for tests

EN 13415：2010 Test of adhesives for floor covering-Determination of the electrical resistance of adhesive films and composites

EN 1346：2012 Adhesives for tiles-Determination of open time

EN 1347：2007 Adhesives for tiles-Determination of wetting capability

EN 13494：2019 Thermal insulation products for building applications-Determination of the tensile bond strength of the adhesive and of the base coat to the thermal insulation material

EN 13523-20：2020 Coil coated metals-Test methods-Part 20：Foam adhesion

EN 1372：2015 Adhesives-Test method for adhesives for floor and wall coverings-Peel test

EN 1373：2015 Adhesives-Test method for adhesives for floor and wall coverings-Shear test

EN 13880-1：2003 Hot applied joint sealants-Part 1：Test method for the determination of density at 25℃

EN 13880-10：2018 Hot applied joint sealants-Part 10：Test method for the determination of adhesion and cohesion following continuous extension and compression

EN 13880-11：2003 Hot applied joint sealants-Part 11：Test method for the preparation of asphalt test blocks used in the function test and for the determination of compatibility with asphalt pavements

EN 13880-12：2003 Hot applied joint sealants-Part 12：Test method for the manufacture of concrete test blocks for bond testing（recipe methods）

EN 13880-13：2018 Hot applied joint sealants-Part 13：Test method for the determination of the discontinuous extension

EN 13880-2：2003 Hot applied joint sealants-Part 2：Test method for the determination of cone penetration at 25℃

EN 13880-3：2003 Hot applied joint sealants-Part 3：Test method for the determination of penetration and recovery（resilience）

EN 13880-4：2003 Hot applied joint sealants-Part 4：Test method for the determination of heat resistance；Change in penetration value

EN 13880-5：2004 Hot applied joint sealants-Part 5：Test method for the determination of flow resistance

EN 13880-6：2019 Hot applied joint sealants-Part 6：Test method for the preparation of samples for testing

EN 13880-7：2019 Hot applied joint sealants-Part 7：Function testing of joint sealants

EN 13880-8：2019 Hot applied joint sealants-Part 8：Test method for the determination of the change in weight of fuel resistance joint sealants after fuel immersion

EN 13880-9：2003 Hot applied joint sealants-Part 9：Test method for the determination of compatibility with asphalt pavements

EN 13887：2003 Structural adhesives-Guidelines for surface preparation of metals and plastics prior to adhesive bonding

EN 1392：2006 Adhesives for leather and footwear materials-Solvent-based and dispersion adhesives-Testing of bond strength under specified conditions

EN 13999-1：2013 Adhesives-Short term method for measuring the emission properties of low-solvent or solvent-free adhesives after application-Part 1：General procedure

EN 13999-2：2013 Adhesives-Short term method for measuring the emission properties of low-solvent or solvent-free adhesives after application-Part 2：Determination of volatile organic compounds

EN 13999-3：2009 Adhesives-Short term method for measuring the emission properties of low-solvent or solvent-free adhesives after application-Part 3：Determination of volatile aldehydes

EN 13999-4：2009 Adhesives-Short term method for measuring the emission properties of low-solvent or solvent-free adhesives after application-Part 4：Determination of volatile diisocyanates

EN 14187-1：2017 Cold applied joint sealants-Test methods-Part 1：Determination of rate of cure

EN 14187-2：2017 Cold applied joint sealants-Test methods-Part 2：Determination of tack free time

EN 14187-3：2017 Cold applied joint sealants-Test methods-Part 3：Determination of self-levelling properties

EN 14187-4：2017 Cold applied joint sealants-Test methods-Part 4：Determination of the change in mass and volume after immersion in test fuels and liquid chemicals

EN 14187-5：2019 Cold applied joint sealants-Part 5：Test method for the determination of the resistance to hydrolysis

EN 14187-6：2017 Cold applied joint sealants-Test method-Part 6：Determination of the adhesion/cohesion properties after immersion in test fuels and liquid chemicals

EN 14187-9：2019 Cold applied joint sealants-Test methods-Part 9：Function testing of joint sealants

EN 14188-1：2004 Joint fillers and sealants-Part 1：Specifications for hot applied sealants

EN 14188-2：2005 Joint fillers and sealants-Part 2：Specifications for cold applied sealants

EN 14188-3：2006 Joint fillers and sealants-Part 3：Specifications for preformed joint seals

EN 14188-4：2009 Joint fillers and sealants-Part 4：Specifications for primers to be used with joint sealants

EN 14241-1：2013 Chimneys-Elastomeric seals and elastomeric sealants-Material requirements and test methods-Part 1：Seals in flue liners

EN 14256：2007 Adhesives for non-structural wood applications-Test method and requirements for resistance to static load

EN 14257：2019 Adhesives-Wood adhesives-Determination of tensile strength of lap joints at elevated temperature（WATT'91）

EN 14258：2004 Structural adhesives-Mechanical behaviour of bonded joints subjected to short and long terms exposure at specified conditions of temperature

EN 14259：2003 Adhesives for floor coverings-Requirements for mechanical and electrical performance

EN 14292：2005 Adhesives-Wood adhesives-Determination of static load resistance with increasing temperature

EN 14293：2006 Adhesives-Adhesives for bonding parquet to subfloor-Test methods and minimum requirements

EN 14410：2003 Self adhesive tapes-Measurement of breaking strength and elongation at break EN 14510：2005 Adhesives for leather and footwear materials-Solvent-based and dispersion adhesives-Determination of sole positioning tack（spotting tack）

EN 1464：2010 Adhesives-Determination of peel resistance of adhesive bonds-Floating roller method

EN 1465：2009 Adhesives-Determination of tensile lap-shear strength of bonded assemblies

EN 14680：2015 Adhesives for non-pressure thermoplastic piping systems-Specifications

EN 14713：2016 Adhesives for paper and board，packaging and disposable sanitary products-Determination of friction properties of films potentially suitable for bonding

EN 14814：2016 Adhesives for thermoplastic piping systems for fluids under pressure-Specifications

EN 14840：2005 Joint fillers and sealants-Test methods for preformed joint seals

EN 14869：2011 Structural adhesives-Determination of shear behaviour of structural bonds-Part 1：Torsion test method using butt-bonded hollow cylinders

EN 15062：2006 Adhesives for leather and footwear materials-Solvent-based and dispersion adhesives-Testing ageing of bonds under specified conditions

EN 15190：2007 Structural adhesives-Test methods for assessing long term durability of bonded metallic structures

EN 15274：2015 General purpose adhesives for structural assembly-Requirements and test methods

EN 15275：2015 Structural adhesives-Characterisation of anaerobic adhesives for co-axial metallic assembly in building and civil engineering structures

EN 15337：2007 Adhesives-Determination of shear strength of anaerobic adhesives using pin-and-collar specimens

EN 15416-1：2017 Adhesives for load bearing timber structures other than phenolic and aminoplastic-Test methods-Part 1：Longterm tension load test perpendicular to the bond line at varying climate conditions with specimens perpendicular to the glue line （Glass house test）

EN 15416-3：2017 Adhesives for load bearing timber structures other than phenolic and aminoplastic-Test methods-Part 3：Creep deformation test at cyclic climate conditions with specimens loaded in bending shear

EN 15416-4：2017 Adhesives for load bearing timber structures other than phenolic and aminoplastic-Test methods-Part 4：Determination of open assembly time under referenced conditions

EN 15416-5：2017 Adhesives for load bearing timber structures other than phenolic and aminoplastic-Test methods-Part 5：Determination of minimum pressing time under referenced conditions

EN 1966：2009 Structural adhesives-Characterization of a surface by measuring adhesion by means of the three point bending method

EN 2828：1993 Aerospace series；adhesion test for metallic coatings by burnishing

EN 2829：1995 Aerospace series-Adhesion test for metallic coatings by shot peening

EN 2830：1993 Aerospace series；adhesion test for metallic coatings by shearing action

EN 301：2017 Adhesives，phenolic and aminoplastic，for load-bearing timber structures-Classification and performance requirements

EN 302-8：2017 Adhesives for load-bearing timber structures-Test methods-Part 8：Static load test of multiple bond line specimens in compression shear

EN 3094：2017 Aerospace series-Sealants-Test method-determination of the application time

EN 3102：2013 Aerospace series-Sealants-Test methods-Determination of low-temperature flexibility

EN 4106：2013 Aerospace series-Non-metallic materials-Structural adhesive systems-Paste adhesive-Technical specification

EN 4624：2010 Paints and varnishes；pull-off test for adhesion

EN 542：2003 Adhesives-Determination of density

EN 543：2003 Adhesives-Determination of apparent density of powder and granule adhesives

EN 60454-3-1：2001 Pressure-sensitive adhesive tapes for electrical purposes-Part 3：Specifications for individual materials；Sheet 1：PVC film tapes with pressure-sensitive adhesive

EN 827：2006 Adhesives-Determination of conventional solids content and constant mass solids content

EN 868-7：2017 Packaging for terminally sterilized medical devices-Part 7：Adhesive coated paper for low temperature sterilization processes-Requirements and test methods

EN 923：2005 Adhesives- Terms and definitions

EN 924：2003 Adhesives-Solvent-borne and solvent-free adhesives-Determination of flashpoint

（王一飞 侯一斌 编写）

# 胶黏剂及新材料技术服务

为胶黏剂（电子胶、汽车胶、航空航天用胶）/新材料行业提供分析、测试、检测一站式技术服务

## 服务项目

**分析：** 配方分析、竞品分析、结构解析、原材料评价、杂质分析、异物分析、失效分析等；

**测试：** 芯片浸出物测试、高纯材料的杂质测试、材料表面元素分析、微观形貌分析（ICP-MSMS、GDMS、XPS、TOF-SIMS、SEM-EDS、FIB-TEM、AFM）等；

**检测：** 有害物质检测（RoHS、REACH、ELV、VOC等）、材料性能检测（力学、环境可靠性、阻燃性能等）和绿色可降解材料降解性能检测等。

## 技术优势

**1700人+**
专业团队

**100万条+**
谱图数据库

**100+**
精准的前处理方法及多年的仪器分析方法积累

**600套+**
大型精密仪器

**8万家+**
合作客户

**7万平方米+**
办公区及实验室面积

## 服务领域

**新材料及化学品领域**

**5G/半导体领域**

**新能源（汽车）领域**

**轨道航空船舶领域**

微谱具备市场监督管理局授权的CMA资质和中国合格评定认可委员会认可的CNAS资质，被认定为国家中小企业公共服务示范平台、高新技术企业、院士专家工作站等。微谱始终秉承"服务，不止于检测！"的理念，为客户提供专业的分析测试、产品检测、环境健康安全、产品注册备案、产品质量鉴定、计量校准与验证测试、体系及产品审核与认证、药物研发与临床研究等技术服务。

400-700-8005    www.weipugroup.com

胶之道
Adhesives Consultir

**ABOUT**
关于我们

胶之道学院是由任天斌、林中祥、翟海潮等人发起成立，由多位国内外知名专家为顾问组成的专注于精细化工与新材料行业的专业人才培养与管理咨询服务平台。依托在细分领域多年的行业经验、龙头企业与科研单位广泛的专家资源以及全国范围内百余所高等院校的科研资源和人才资源，我们致力于成为企业专业的HRBP和咨询顾问。

WE HELP YOU TO
FIND THE TALENT

## 我们的解决方案

⊙ **优秀校园人才的选拔**

⊙ **定向人才寻访**

⊙ **专业人才培养**

⊙ **企业定制化内训**

⊙ **材化企业的战略规划和咨询**

## 服务核心优势

**01** **丰富的行业资源**
胶黏剂行业龙头企业一手掌握
资深专家裂变式人脉渠道
百余家材料强校应往届学生资源

**02** **专业高效的筛选评价手段**
针对材化行业特别打造的岗位胜任力模型
围绕材化行业特点特别设计的结构化面试
行业资深专家对应聘人员的综合评估

**03** **细分领域的专业把握**
丰富的专业技术知识和产业化经验
对材化企业运作模式和痛点更加透彻的理解
对材化人才所需要的专业素质更加精准的把握

**限时免费发布招聘信息**
咨询热线
**17091319768**
上海杨浦区国伟路135号10号楼

 汽车行业用胶专家

产品囊括：

水性胶

热熔胶　　溶剂胶

应用方向：

门板　　车用皮革

顶棚　　座椅背板

仪表台

扶手　　车灯　　等……

上海九元
JIUYUAN PETROCHEMICAL

咨询电话：13817536724

公司地址：上海市浦东新区杨高南路428号2号楼9层BC

**胶业真专家**

# 传承使命　胶业报国

**装饰胶** **建筑胶** **工业胶**
系列　　系列　　系列

辽宁吕氏化工[集团]有限公司
LIAONING LUSHI CHEMICAL GROUP CO.,LTD.
辽宁省大石桥市金桥区吕氏工业园
集团电话：0417-5202888　传真：0417-5202999
咨询电话：800-890-2345　400-166-3345
欲了解更多信息，敬请访问：www.china-lushi.com

智慧粘接 昌德有道
WISE BONDING,CHANDOR MANAGING

## 昌德简介

**福建省昌德胶业科技有限公司**是一家从事工业胶黏剂、密封胶研发、生产、销售的高新技术型企业。自1990年成立以来，以优良的产品和服务，帮助客户解决制造、装配、维修等领域的粘接密封问题。

昌德企业历经近30年的发展与积累，已形成热熔胶、硅胶、环氧胶、丙烯酸、厌氧胶、瞬干胶、聚氨酯七大主力产品系列，主要应用于航空材料、汽车、工程机械、轨道交通、新能源、电子电器、船舶、卫生用品、食品包装、印刷等30多个行业。 并已在28个省、市建立了销售与服务网点，可为多区域的客户提供更便捷的产品与服务。

昌德企业通过ISO三体系认证、IATF16949质量管理体系认证、相关产品通过绿色十环、RoHS、UL等认证检测。

昌德产品

热熔胶　瞬干胶

丙烯酸　厌氧胶　全程为您提供胶黏剂应用解决方案　工业胶黏剂系列

**福建省昌德胶业科技有限公司**
CHANDOR ADHESIVE SCIENCE & TECHNOLOGY CO.,LTD
生产基地：福建省泉州市南安康美工业区昌德工业园

电话：86-595-22355888
传真：86-595-22442889
服务热线：800-858-5557
网址：http://www.chang-de.com

二十多项专利技术认证
More than twenty patented technology certifications

ISO9001质量管理认证
ISO9001 quality management certification

Oeko-Tex100国际环保纺织协会认证
Oeko-Tex100 International Environmental Textile Association Certification

# 江苏和和新材料股份有限公司

热粘难题 交给和和

江苏和和新材料股份有限公司，起源于2004年的上海和和，2013年由上海迁至江苏启东，2020年又在安徽广德设立工厂，车间拥有百级涂布环境、高端精密涂布设备和检测仪器。

和和是一家集研发、生产、销售与服务为一体的高科技企业，主要包括环保型热熔胶膜、各类特种工业胶带、漆面保护膜以及光学级保护膜等产品，主要应用于服装、家居、汽车、电子以及半导体等多种新兴行业。公司目前年销售额达2亿元以上，员工人数300人左右。

## 部分产品展示

### TPU热熔胶膜

TPU热熔胶膜是以热塑性聚氨酯为主要原料制造的热熔胶膜产品。特点是具有良好的弹性、优良的机械性能，十分适宜于高速粘接自动生产，不污染环境，常用于粘接织物、皮革、塑料、金属及玻璃等材料。

### EVA热熔胶膜

EVA热熔胶膜是以乙烯-醋酸乙烯共聚物为主要原料制造的热熔胶膜产品。其具有优异的粘接性、柔软性、加热流动性和耐寒性。由于EVA凝聚力大，熔融表面张力小，对几乎所有物质均有热粘接力。由于EVA很好的相容性，根据胶粘剂所需要的性能要求，亦可调配出具有特异性的热熔胶膜产品。

### PES热熔胶膜

PES热熔胶膜是以聚酯为主要原料制造的热熔胶膜产品。聚酯热熔胶对多种材料，如金属、陶瓷、织物、木材、塑料、橡胶等都有较满意的粘接力，广泛应用于服装、电器、制鞋、建筑等行业。

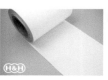

### PA热熔胶膜

PA热熔胶膜是以聚酰胺为主要原料制造的热熔胶膜产品。具有优良的耐热性、耐寒性、电性能、耐油性、耐化学和耐介质性能，无味，无色污，能快速固化。适用于皮革、织物、塑料、金属等材料的粘接，耐干洗、水洗性能较好。

# 德邦科技

— 聚/焦/半/导/体/电/子/材/料 —

## 烟台德邦科技股份有限公司

成立于2003年,山东省瞪羚示范企业,集研发、生产、销售于一体的,具有高度自主知识产权的创新型国家级高新技术企业。

主营产品涵盖半导体电子封装材料、导电材料、导热材料、UV膜等400余种,广泛应用于半导体、消费电子、新能源、先进制造等领域,为客户提供芯片封装、结构组装、装配制造等功能性材料及全套产品解决方案和专业的技术服务。

德邦科技始终将环境保护作为持续发展的关键任务,积极履行社会责任。

## 研发中心&生产基地

烟台德邦科技股份有限公司
德邦(昆山)材料有限公司
深圳德邦界面材料有限公司
东莞德邦翌骅材料有限公司
威士达半导体科技(张家港)有限公司

**200+** 授权发明专利　　**5** 大生产基地 烟台总部,昆山,苏州,深圳,东莞　　**4** 大研发中心 烟台总部,苏州,深圳,东莞

## 产品应用领域

集成电路　　LED封装

平面显示　　绿色能源

消费电子　　交通运输

## 行业资质认证

美国UL认证　德国TUV认证　GL认证　瑞士SGS认证　ISO14001认证　ISO18001认证

业务热线 **0535-3469926**
人才热线 **0535-3469990**

中国·烟台·化学工业园
地址:烟台市开发区开封路3-3号
网站:Http://www.darbond.com

# 美信新材料股份有限公司

## 创新让生活更美好

美信新材料股份有限公司是一家专注于特殊胶黏剂和胶黏带的研发、生产和销售的企业，是中国胶粘剂和胶粘带工业协会常务理事会员单位，拥有多项自主发明专利和实用专利，参与多项国家标准的制定和修订，同时承担省市政府科技攻关项目的研制。

Meixin is a enterprise specialized in designing & manufacturing industrial adhesive and tapes, a director member of CATIA. Meixin owns several invention and utility patents. We are involved in China national standard creation and revision, also in research activities from Shenzhen Science and Technology Innovation Committee.

中国胶粘剂和胶粘带工业协会常务理事单位

全国胶粘剂标准化技术委员会委员

主导和参与多项国家和行业标准制修订

广东省高性能特种粘接材料工程技术研究中心

产品均具有自主知识产权

通过IATF16949、ISO9001、ISO14001、OHSA18001等管理体系认证

## www.szmeixin.net

# CM 成铭胶粘剂
## CO-MO ADHESIVES

专注热熔胶研究，创造更多满意客户

Focus on hot melt adhesives, create more satisfied customers.

持续稳定的产品品质；全覆盖的产品系列；定制化的专属服务。

Sustained and stable quality; Full range of products; Customized services

**东莞市成铭胶粘剂有限公司**
DONGGUAN CO-MO ADHESIVES CO., LTD.

地址:中国广东省东莞市高埗镇冼沙村三塘路成铭科技园
ADD:CO-MO Science and Technology Park, Santang Road, Xiansha,
Gaobu Town, Dongguan City 523275, Guangdong Province,P.R.China
电话Tel: +86-769-86319710    传真Fax: +86-769-86320242
网址Website: www.cheng-ming.com / cheng-ming.en.alibaba.com

# DINGLI 顶立®

无醛胶 用顶立

## 公司简介

顶立——创始于1998年。

匠心专注20多年，顶立始终致力于环保胶黏剂的研发、制造与销售。产品涉及木工胶黏剂、建筑装修胶黏剂、印刷包装胶黏剂三大系列，已有1300多种单品应用于木门窗、家具、地板、全屋定制、木制工艺品、板材加工、建筑装修、印刷包装等行业。目前拥有浙江、四川、山东三大智能化制造基地，总面积约200,000平方米，年产量达100,000多吨，是国内无醛木工胶的倡导者。

## 顶立为什么值得您选择

 **3**
3大智能化制造基地
占地总面积约200,000m²

 **100,000**
年产量100,000多吨

 **20⁺**
遍布20多个国家
应用于工业、建筑
和纸品行业

 **10,000⁺**
服务10,000多家木制
家居企业

 **CNAS L14065**
CNAS国家认可实验室

 **国标起草**
参与GB 3098-2004
《建筑胶粘剂有害物质限量》
标准起草

 **3,000⁺**
拥有省级研究院
省级研发中心
占地面积3,000多平方米

 **智能制造**
4大工段、28道工序
DCS自动精准控制
4QC全流程检验

## 一站式用胶解决方案

| 拼板组装用胶系列 | 压板加厚用胶系列 | 线条涂装用胶系列 |
| --- | --- | --- |
| 热熔封边用胶系列 | PUR包覆用胶系列 | 真空吸塑用胶系列 |
| 贴面贴皮用胶系列 | 纸品包装用胶系列 | 建筑装修用胶系列 |

**A** 顶立新材料科技有限公司
地址：浙江省临海市沿江镇水洋工业区

**B** 山东顶立新材料科技有限公司
地址：山东省临沂市郯城县郯城经济开发区

**C** 四川顶立胶业有限公司
地址：四川广汉市向阳工业区

## 行业应用
### Product Area

**书刊装订行业**
目标明确 坚定不移

**纺织鞋材行业**
持之以恒 追求卓越

**汽车制造行业**
全力以赴 不断探索

**家电电子行业**
创新科技 乐享生活

**家居建材行业**
精雕细琢 精益求精

**PSA应用领域**
锲而不舍 存义精思

 销售总监
毛心愿

 手机号码
13656199696

电话
0510-85345301

邮箱
maoxinyuan@wlnh.net

传真
0510-85347822

地址
无锡市新吴区长江南路17-17号

# 无锡市万力粘合材料股份有限公司
### Wuxi Wanli Adhesion Materials Co,Ltd.

成立于1995年，注册资金2091万元，坐落于江苏省无锡市高新技术开发区，是一家专业从事PUR热熔胶、双组分PU胶、EVA热熔胶、热熔压敏胶、聚烯烃热熔胶、功能涂料等产品的研发、生产、销售为一体的多元化企业，为客户提供全套的热熔胶应用和涂层的解决方案。

公司坚持自主创新并致力于科研开发，产品以绿色环保为重要标准，全部通过了中国环境标志产品认证，ISO 9001-2015、ISO 14001-2015、IATF 16949-2016体系认证。

为了满足市场的需求，公司于2010年创建全资子公司——南通恒华粘合材料科技有限公司，位于江苏省如东沿海经济开发区（专属化工园区）。

公司拥有优良的技术人才、精干的销售团队、完善的设备和先进的生产工艺，生产能力超万吨。

## 企业荣誉
### Corporate Glory

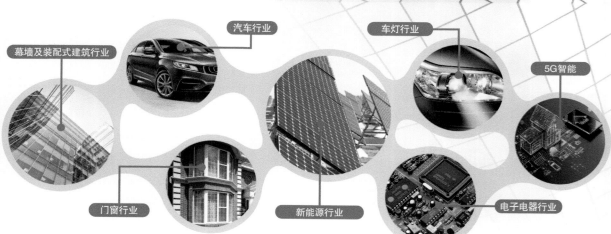

# 库思迈智能装备
## KUSIMAI intelligent equipment

热熔胶枕头包装机
热塑性弹性体水下切粒机
热熔胶制胶系统

生产 **智能化**
数据 **模块化**
绿色 **节能化**

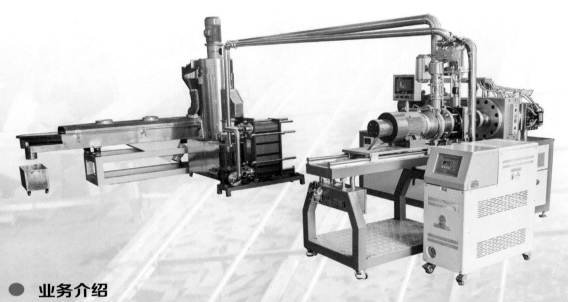

● **业务介绍**

库思迈在热熔胶行业深耕，主要开展热熔胶装备的制造、研究与探索工作。立足客户，为胶块生产、在线制胶、精密过滤及设备节能、自动包装、生产效率提高等提供更多解决方案和具竞争力的产品。

设备有简易入门型到全自动智能化多种选择。

库思迈为多家大型用胶企业提供生产线成功案例。

库思迈提供智能制胶设备，同时可提供制胶工艺，降低生产成本。

首创专用设备低温制胶，降低制胶成本，增强市场竞争力。

成本

01 减少投入 提高效益
02 节约时间 增加产量
03 节约能耗 增加效益

工厂地址：无锡市胡埭丁香东路20号
销售部地址：无锡南泉鑫茂苑38-10号
联系电话：0510-85956978　85952842
手　　机：13601483318　13771579676　13906195026
传　　真：0510-85959978
邮箱地址：2435350951@qq.com
市场部：顾先生

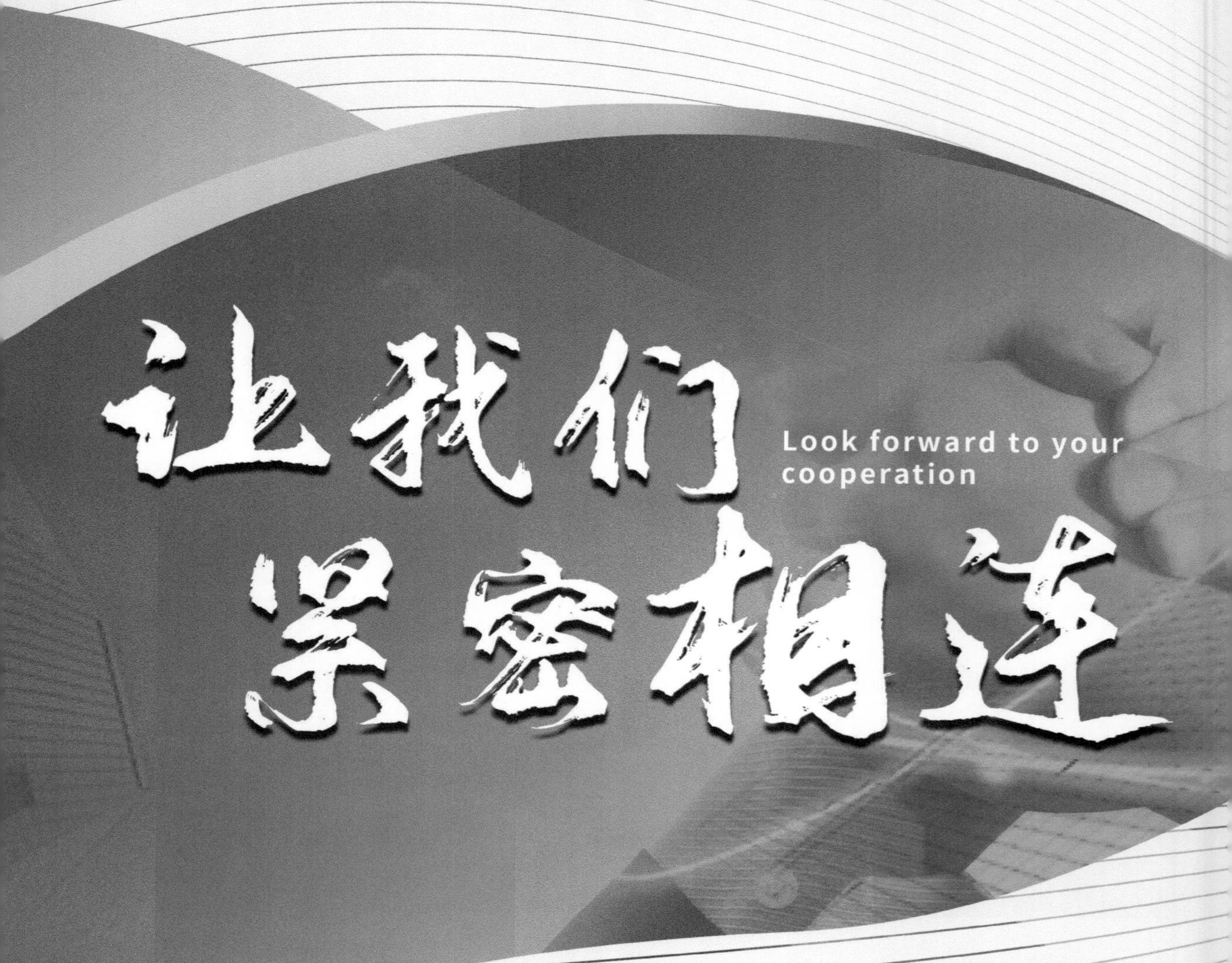
让我们
紧密相连
Look forward to your cooperation

好，从点点滴滴做起……

"合"而不同

# 读好书 品人生
# 选好胶 哥俩好

## 人生要读三种书

　　第一种是读有字之书，即书本知识，要系统学习读万卷书；

　　第二种是读无字之书，是读社会、人生，是行万里路，阅人无数，是读日月、山川、江海，读山石读树木，读空中鸟，山中兽，水中鱼……大自然会让我们品读和慧悟无限的智慧与灵性；

　　第三种是读心灵之书，是学习实践历练后在心中的积淀、顿悟和觉醒，是自我修养和完善，是人生回味，是慧眼，是人生前行的心力……

since 1984

# 东莞市阿普帮新材料科技有限公司
# 东莞市北洋电子材料有限公司

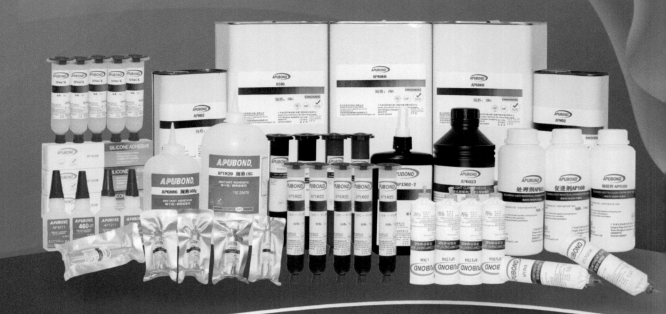

## 公司简介

东莞市阿普帮新材料科技有限公司(东莞市北洋电子材料有限公司)成立于2007年，公司专注于胶黏剂新材料的研发、生产和销售，主要经营：紫外线UV胶、聚氨酯胶、PUR热熔胶、改性有机硅胶、环氧胶、丙烯酸酯结构胶、瞬间胶、三防胶、水性胶、丁基改性橡胶、解胶剂、处理剂等，同时可提供配套的点胶设备与用胶解决方案，公司有大量的知识产权的产品，能为客户提供使用产品的具体方案。公司已获得高新企业称号，并且于2020年获得ISO9001质量体系证书与ISO14001环境体系证书。我们坚持以质量为本、用高时效的宗旨服务于客户！期待您的莅临！

## 资质证书

地址：广东省东莞市寮步镇仁居路1号松湖智谷研发中心
电话：0769-23394670　　传真：0769-23191370
网址：www.apubond.com

服务热线 **400-8890736**

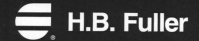 **H.B. Fuller** | Connecting what matters.™

# 富乐公司概览

超过
## 10,000
**粘合剂解决方案**

## 73 全球工厂/办公地点

## 富乐服务的市场

- 航空航天
- 农业和建筑机械
- 家用电器
- 房屋与建筑
- 电子
- 过滤
- 住宅、办公室和厨房家具
- 卫材和无纺布
- 医疗
- 维护、维修和大修
- 包装
- 人造板贴合
- 纸品加工
- 聚合物
- 可再生能源
- 体育和休闲用品
- 纺织
- 交通

超过 ## 9,000 个员工志愿服务小时

超过
## 130
**多年的公司**

 **我们的技术**

- 热熔胶
- 聚合物和专用技术
- 反应型化学物：聚氨酯、环氧树脂、无溶剂
- 溶剂胶
- 水胶

 **客户遍布**
## 100
**多个国家**